执业资格考试丛书

# 注册结构工程师专业考试规范解析·解题流程·考点算例

## ① 混凝土结构

吴伟河　鲁　恒　编著

中国建筑工业出版社

**图书在版编目（CIP）数据**

注册结构工程师专业考试规范解析·解题流程·考点算例. 1，混凝土结构 /吴伟河，鲁恒编著. —北京：中国建筑工业出版社，2022.2
（执业资格考试丛书）
ISBN 978-7-112-26989-1

Ⅰ. ①注… Ⅱ. ①吴… ②鲁… Ⅲ. ①建筑结构—资格考试—自学参考资料②混凝土结构—资格考试—自学参考资料 Ⅳ. ①TU3

中国版本图书馆CIP数据核字（2021）第266970号

本书以现行注册结构工程师专业考试大纲为依据，以考试所用规范规程为基础，结合【羿学堂】注册结构工程师专业考试考前培训授课经验以及工程结构设计实践经验编写而成。全书先对考试考点所涉及的规范条文进行剖析，归纳为必要的图表；然后在流程化答题步骤中着重梳理易错点、系数取值要点等内容；之后，通过对历年真题中典型题目的讲解，帮助考生熟悉考试思路。本书主要包括混凝土结构、钢结构、砌体与木结构、地基基础、高层与高耸结构、桥梁结构6个分册，可供参加一、二级注册结构工程师专业考试的考生考前复习使用。

责任编辑：刘瑞霞　武晓涛
责任校对：李美娜

执业资格考试丛书
**注册结构工程师专业考试规范解析·解题流程·考点算例**
吴伟河　鲁　恒　孙利骄　编著
*
中国建筑工业出版社出版、发行（北京海淀三里河路9号）
各地新华书店、建筑书店经销
北京红光制版公司制版
北京君升印刷有限公司印刷
*
开本：787毫米×1092毫米　1/16　印张：65½　字数：1621千字
2022年5月第一版　2022年5月第一次印刷
定价：**198.00**元（共六册）
ISBN 978-7-112-26989-1
（38762）

# 前　　言

注册结构工程师专业考试涉及的专业知识覆盖面较广，如何在有限的复习时间里，掌握考试要点，提高复习效率，是每一个考生希望解决的问题。本书以现行注册结构工程师专业考试大纲为依据，以考试所用规范规程为基础，结合【羿学堂】注册结构工程师专业考试考前培训授课经验以及工程结构设计实践经验编写而成。

现就本书的适用范围、编写方式及使用建议等作如下说明。

**一、适用范围**

本书主要适用于一、二级注册结构工程师专业考试备考考生。

**二、编写方式**

（1）本书主要包括混凝土结构、钢结构、砌体与木结构、地基基础、高层与高耸结构、桥梁结构6个分册。其中，各科目涉及的荷载及地震作用的相关内容，《混凝土结构设计规范》GB 50010—2010第11章的构件内力调整的相关内容，均放在高层分册中。各分册根据考点知识相关性进行内容编排，将不同出处的类似或相关内容全部总结在一起，可以大大节省翻书的时间，提高做题速度。

（2）大部分考点下设“主要的规范规定”“对规范规定的理解”“历年真题解析”三个模块。“主要的规范规定”里列出该考点涉及的主要规范名称、条文号及条文要点；“对规范规定的理解”则是深入剖析规范条文，必要时，辅以简明图表，并在流程化答题步骤中着重梳理易错点、系数取值要点等内容；“历年真题解析”则选取了历年真题中典型的题目，讲解解答过程，以帮助考生熟悉考试思路。对历年未考过的考点，则设置了高质量的自编题，以防在考场上遇到而无从下手。本书所有题目均依据现行规范解答，出处明确，过程详细，并带有知识扩展。部分题后备有注释，讲解本题的关键点和复习时的注意事项，明确一些存在争议的问题。

（3）为节省篇幅，本书涉及的规范名称，除试题题干采用全称外，其余均采用简称。《混凝土结构》分册涉及的主要规范及简称如表1所示。

**《混凝土结构》分册中主要规范及简称　　表1**

| 规范全称 | 本书简称 |
|---|---|
| 《建筑结构可靠性设计统一标准》GB 50068—2018 | 《可靠性标准》 |
| 《建筑结构荷载规范》GB 50009—2012 | 《荷规》 |
| 《建筑抗震设计规范》GB 50011—2010（2016年版） | 《抗规》 |
| 《建筑工程抗震设防分类标准》GB 50223—2008 | 《分类标准》 |
| 《混凝土结构设计规范》GB 50010—2010（2015年版） | 《混规》 |
| 《高层建筑混凝土结构技术规程》JGJ 3—2010 | 《高规》 |
| 《混凝土异形柱结构技术规程》JGJ 149—2017 | 《异柱规》 |

续表

| 规范全称 | 本书简称 |
| --- | --- |
| 《混凝土结构加固设计规范》GB 50367—2013 | 《混加规》 |
| 《混凝土结构工程施工质量验收规范》GB 50204—2015 | 《混验规》 |
| 《混凝土结构工程施工规范》GB 50666—2011 | 《混施规》 |

**三、使用建议**

本书涵盖专业考试绝大部分基础考点，知识框架体系较为完整，逻辑性强，有助于考生系统地学习和理解各个考点。之后，再通过有针对性的练习，既巩固上一阶段复习效果，还可以熟悉命题规律，抓住复习重点，具有较强的应试针对性。

对于基础薄弱、上手困难，学习多遍仍然掌握不了本书精髓，多年考试未能通过的考生，可以购买注册考试网络培训课程。课程从编者思路出发，帮你快速上手、高效复习，全面深入地掌握本书及考试相关内容。

此外，编者提醒考生，一本好的辅导教材虽然有助于备考，但自己扎实的专业基础才是根本，任何时候都不能本末倒置，辅导教材只是帮你熟悉、理解规范，最终还是要回归到规范本身。正确理解规范的程度和准确查找规范的速度是检验备考效率的重要指标，对规范的规定要在理解其表面含义的基础上发现其隐含的要求和内在逻辑，并学会在实际工程中综合应用。

**四、致谢**

本书在编写过程中参考了朱炳寅、兰定筠等前辈的著作，中国建筑工业出版社刘瑞霞、武晓涛两位老师在审稿、编辑润色等方面的工作给作者带来巨大的帮助与启发，在此一并致以崇高的敬意和衷心的感谢。

由于编者水平有限，书中难免存在疏漏及不足，欢迎读者加入 QQ 群 895622993 或添加吴工微信“TandEwwh”，对本书展开讨论或提出批评建议。另外，微信公众号“注册结构”会发布本书的相关更新信息，欢迎关注。

最后祝大家取得好的成绩，顺利通过考试。

# 总 目 录

# 本 册 目 录

# 1　受弯构件正截面承载力计算

## 1.1　矩形截面承载力计算

### 1.1.1　单筋矩形截面

**1. 主要的规范规定**

1)《混规》6.2.1 条：正截面承载力计算基本假定。

2)《混规》6.2.6 条：受压区混凝土的应力图形简化为等效的矩形应力图。

3)《混规》6.2.10 条：矩形截面和翼缘位于受拉边倒 T 形截面计算公式。

4)《混规》8.5 节：纵向受力钢筋的最小配筋率。

5)《混规》3.3.2 条：结构重要性系数的规定。

**2. 对规范规定的理解**

1) 保护层厚度

混凝土保护层厚度：结构构件中钢筋外边缘至构件表面范围用于保护钢筋的混凝土，简称保护层。注意与纵筋保护层厚度区别，如图 1.1-1 所示。

2) 配筋率与最小配筋率

假设受弯构件的截面宽度为 $b$，截面高度为 $h$，纵向受力钢筋截面面积为 $A_s$，从受压边缘至纵向受力钢筋截面重心的距离 $h_0$ 为截面的有效高度，截面宽度与截面有效高度的乘积 $bh_0$ 为截面的有效面积。

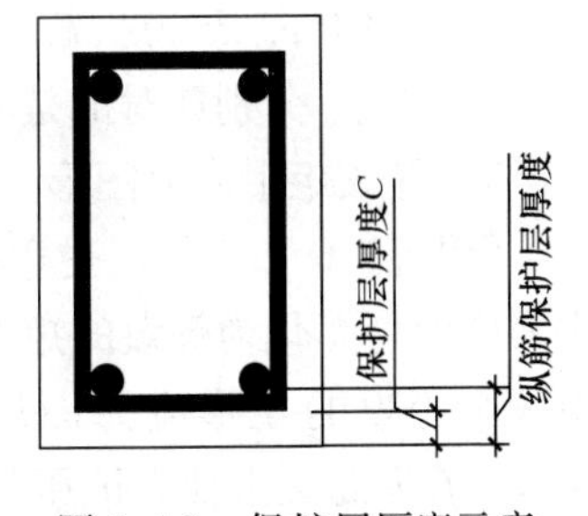

图 1.1-1　保护层厚度示意

构件的截面配筋率是指纵向受力钢筋截面面积与截面有效面积之比，即

$$\rho = A_s / bh_0$$

最小配筋率：受拉钢筋的最小配筋率是根据“开裂即破坏”的概念确定的。计算配筋率的底面积是构件的全截面 $bh$。因为在开裂前，保护层部分混凝土也承受拉应力，是起作用的，因此必须计入。

$$\rho_{\min} = A_s / A = A_s / bh$$

对 T 形和工字形截面的最小配筋率计算，《混规》表 8.5.1 注 5，受弯构件、大偏心受拉构件一侧受拉钢筋的配筋率应按全截面面积扣除受压翼缘面积 $(b'_f - b)h'_f$ 后的截面面积计算，即 T 形截面取：

$$A = \text{全截面面积} - (b'_f - b)h'_f$$

梁板纵筋最小配筋率见表 1.1-1。

**梁板纵筋最小配筋率（%）** **表 1.1-1**

| 情况 | 钢筋 | C20 | C25 | C30 | C35 | C40 | C45 | C50 |
|---|---|---|---|---|---|---|---|---|
| 板 max(0.2%, $45f_t/f_y$) HRB400 以上非悬挑 0.15% | HRB335 | 0.200 | 0.200 | 0.215 | 0.236 | 0.257 | 0.270 | 0.284 |
| | HRB400 | 0.150 | 0.158 | 0.179 | 0.196 | 0.214 | 0.225 | 0.236 |
| 三四级（跨中）非抗震 max(0.2%, $45f_t/f_y$) | HRB335 | 0.200 | 0.200 | 0.215 | 0.236 | 0.257 | 0.270 | 0.284 |
| | HRB400 | 0.200 | 0.200 | 0.200 | 0.200 | 0.214 | 0.225 | 0.236 |
| 二级（跨中）三四级（支座） max(0.25%, $55f_t/f_y$) | HRB335 | 0.250 | 0.250 | 0.262 | 0.288 | 0.314 | 0.330 | 0.347 |
| | HRB400 | 0.250 | 0.250 | 0.250 | 0.250 | 0.261 | 0.275 | 0.289 |
| 一级（跨中）二级（支座） max(0.3%, $65f_t/f_y$) | HRB335 | 0.300 | 0.300 | 0.310 | 0.340 | 0.371 | 0.390 | 0.410 |
| | HRB400 | 0.300 | 0.300 | 0.300 | 0.300 | 0.309 | 0.325 | 0.341 |
| 一级（支座） max(0.4%, $80f_t/f_y$) | HRB335 | 0.400 | 0.400 | 0.400 | 0.419 | 0.456 | 0.480 | 0.504 |
| | HRB400 | 0.400 | 0.400 | 0.400 | 0.400 | 0.400 | 0.400 | 0.420 |

3）结构重要性系数与构件承载力抗震调整系数

（1）持久设计状况、短暂设计状况

$$\gamma_0 S_d \leqslant R_d$$

（2）地震设计状况

$$S_d \leqslant R_d/\gamma_{RE}$$

$\gamma_0$ 为结构重要性系数，对于安全等级为一级的结构构件不应小于 1.1，对安全等级为二级的结构构件不应小于 1.0，对安全等级为三级的结构构件不应小于 0.9。

$\gamma_{RE}$ 为构件承载力抗震调整系数。

$\gamma_0$ 和 $\gamma_{RE}$ 分别针对的是不同的状况，解题时应予以注意，两个系数不同时考虑。

4）等效矩形应力图形

《混规》6.2.6 条，受弯构件、偏心受力构件正截面承载力计算时，受压区混凝土的应力图形可简化为等效的矩形应力图。为了简化计算，受压区混凝土的应力图形可进一步用一个等效的矩形应力图形代替，如图 1.1-2 所示。矩形应力图的宽度（应力）取为 $\alpha_1 f_c$，$f_c$为混凝土轴心抗压强度设计值。所谓“等效”，是指这两个图形不但压应力合力的大小相等，而且合力的作用位置完全相同。

按等效矩形应力图形计算的受压区高度 $x$ 与按平截面假定确定的受压区高度 $x_0$ 之间的关系为 $x=\beta_1 x_0$。

5）基本方程

由于截面在破坏前的一瞬间处于静力平衡状态，所以对于图 1.1-2 的受力状态可以建立两个静力平衡方程，一个是所有各力在水平轴方向上的合力为零，另一个是所有各力对截面上任何一点的合力矩为零。有：

$$\sum N = 0, \alpha_1 f_c bx = f_y A_s$$

$$\sum M = 0, M \leqslant M_u = \alpha_1 f_c bx\left(h_0 - \frac{x}{2}\right) = f_y A_s\left(h_0 - \frac{x}{2}\right)$$

上式为单筋矩形截面受弯构件正截面承载力的基本计算公式。式中有三个未知量弯矩

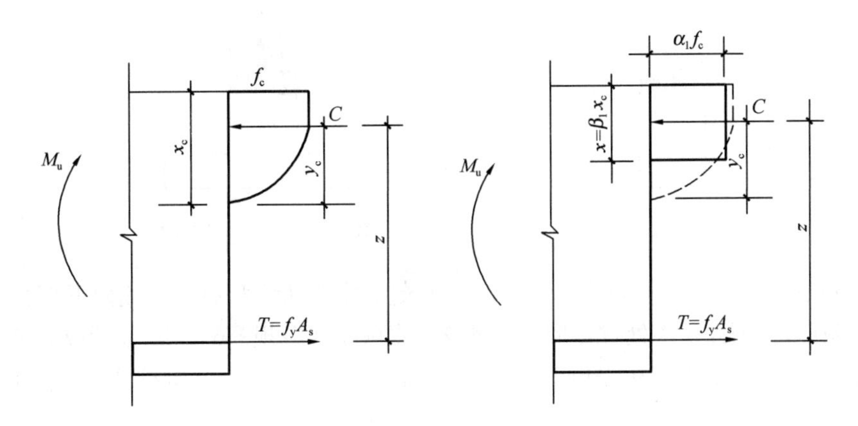


图 1.1-2 单筋矩形截面受压区混凝土的等效应力图

$M$、受压区高度 $x$ 以及纵筋配筋面积 $A_s$，设计中通常遇到两种情况：(1) 已知弯矩 $M$ 求配筋 $A_s$；(2) 已知配筋 $A_s$，求承载力 $M$。其本质是 2 个方程、2 个未知数的联立求解，转变为方程组的求解问题。

注：上述基本方程的本质是力的平衡和弯矩的平衡，后续的双筋截面、T 形截面受弯、偏心受压构件及偏心受拉构件的求解与此类似，都是力的平衡方程和弯矩的平衡方程的求解。

《混规》6.2.10 条给出的公式是综合了 T 形、双筋、预应力等多种情况，式 (6.2.10-1) 是对受拉钢筋合力点的力矩平衡方程，式 (6.2.10-2) 是力的平衡方程。

6) 基本方程适用条件

基本方程是根据适筋构件的破坏简图推导出的静力平衡方程式。它们只适用于适筋构件计算，不适用于少筋构件和超筋构件计算。少筋构件和超筋构件的破坏都属脆性破坏，应避免将构件设计成这两类。为此，受弯构件必须满足下列两个适用条件：

为了防止将构件设计成少筋构件，要求构件纵向受力钢筋的截面面积满足：

$$A_s \geqslant \rho_{min} bh$$

为了防止将构件设计成超筋构件，要求构件截面的相对受压区高度 $\xi$ 不得超过其相对界限受压区高度 $\xi_b$（表 1.1-2），即：

$$\xi < \xi_b$$

**相对界限受压区高度** **表 1.1-2**

| 混凝土强度等级 | ≤C50 | | | | C60 | | | |
|---|---|---|---|---|---|---|---|---|
| 钢筋牌号 | HPB300 | HRB335 | HRB400 | HRB500 | HPB300 | HRB335 | HRB400 | HRB500 |
| $\xi_b$ | 0.576 | 0.550 | 0.518 | 0.482 | 0.557 | 0.531 | 0.499 | 0.464 |

7) 截面分类

《混规》6.2.10 条是针对“矩形截面或翼缘位于受拉边的倒 T 形截面受弯构件”，矩形截面如图 1.1-3 所示，而所谓翼缘位于受拉边的倒 T 形截面（图 1.1-4），受拉区位于翼缘侧。常见倒 T 形截面有：多跨连续梁的支座位置，悬臂梁的根部。这些处于负弯矩作用的区域，上部（翼缘侧）受拉。结构设计中不考虑混凝土的抗拉强度，“翼缘位于受拉边的倒 T 形截面受弯构件”仍按矩形构件设计。

图 1.1-3 矩形截面　　　　图 1.1-4 倒 T 形截面

对于现浇楼盖的连续梁（图 1.1-5），由于支座处承受负弯矩，梁截面下部受压，上部受拉（1-1 截面），因此支座处按矩形截面计算，也就是《混规》6.2.10 条所说的翼缘位于受拉边的倒 T 形截面（悬臂梁也是倒 T 形截面）。而跨中（2-2 截面）则按 T 形截面计算。

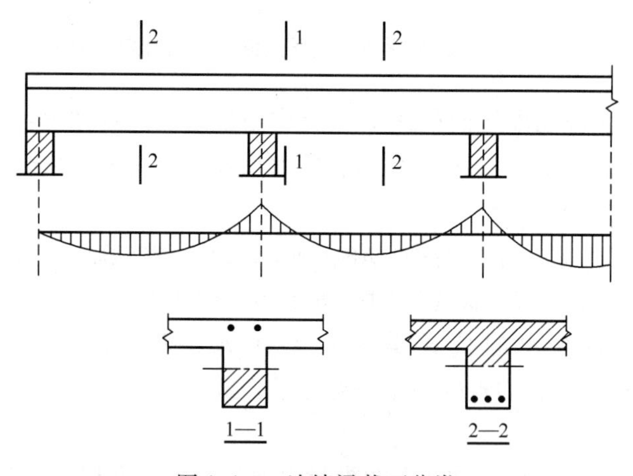


图 1.1-5 连续梁截面分类

8）单筋矩形截面解答流程

（非抗震，无 $\gamma_{RE}$；抗震，《混规》11.1.6 条，受弯构件 $\gamma_{RE}=0.75$）

（1）已知弯矩 $M$，求受拉钢筋 $A_S$。（配筋计算）

① 计算受压区高度 $x=h_0-\sqrt{h_0^2-\dfrac{2\gamma_{RE}M}{\alpha_1 f_c b}}$　$\leqslant \xi_b h_0$；$> \xi_b h_0$，截面过小

② 配筋计算 $A_s=\dfrac{\alpha_1 f_c b x}{f_y}$

③ 验算最小配筋率 $A_{smin}=\rho_{min} b h$　$\leqslant A_s$，取 $A_s$；$> A_s$，取 $A_{smin}$

（2）已知受拉钢筋 $A_s$，求构件承载力 $M_u$。（截面复核）

① 计算受压区高度

《混规》6.2.10 条 $x=\dfrac{f_y A_s}{\alpha_1 f_c b}$　$\leqslant \xi_b h_0$；$> \xi_b h_0$，取 $x=\xi_b h_0$

② 承载力计算

$$M_u=\alpha_1 f_c b x\left(h_0-\frac{x}{2}\right)/\gamma_{RE}$$

注意：非抗震设计状况，求荷载组合效应设计值时，$\gamma_{RE}$ 由结构重要性系数 $\gamma_0$ 替换。

$\gamma_{RE}$ 与 $\gamma_0$ 不会同时出现，$\gamma_0$ 是针对持久设计状况和短暂设计状况，$\gamma_{RE}$ 是针对地震设计状况。

**3. 历年真题解析**

**【例 1.1.1】** 2017 上午 8 题

某民用建筑普通房屋中的钢筋混凝土 T 形截面独立梁，安全等级为二级，荷载简图及截面尺寸如图 2017-8 所示。梁上作用有均布永久荷载标准值 $g_k$、均布可变荷载标准值 $q_k$、集中永久荷载标准值 $G_k$、集中可变荷载标准值 $Q_k$。混凝土强度等级为 C30，梁纵向钢筋采用 HRB400，箍筋采用 HPB300。纵向受力钢筋的保护层厚度 $c_s=30\text{mm}$，$a_s=70\text{mm}$，$a'_s=40\text{mm}$，$\xi_b=0.518$。

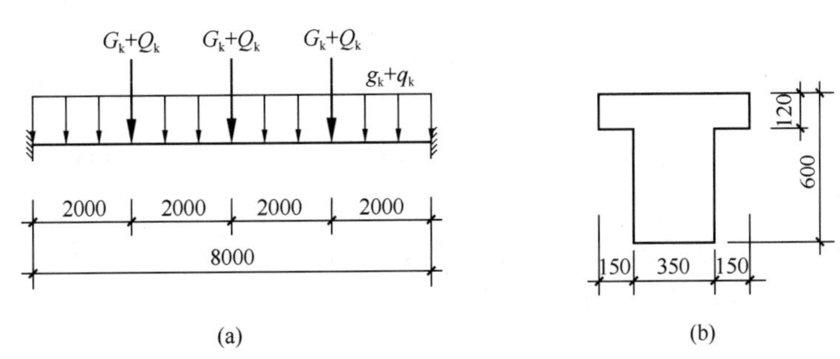


图 2017-8

(a) 荷载简图；(b) 梁截面尺寸

假定，该梁支座截面按荷载效应组合的最大弯矩设计值 $M=490\text{kN}\cdot\text{m}$。试问，在不考虑受压钢筋作用的情况下，按承载能力极限状态设计时，该梁支座截面纵向受拉钢筋的截面面积 $A_s$ ($\text{mm}^2$)，与下列何项数值最为接近？

(A) 2780　　(B) 2870　　(C) 3320　　(D) 3980

**【答案】**(C)

根据《混规》式 (6.2.10-1)，支座截面，翼缘受拉，应按矩形截面计算。

$b\times h=350\text{mm}\times 600\text{mm}$，$h_0=600-70=530\text{mm}$。

$$M=\alpha_1 f_c bx(h_0-x/2)$$

$490\times 10^6=1.0\times 14.3\times 350x\ (530-x/2)=2652650x-2502.5x^2$

解得 $x=238.3\text{mm}<\xi_b h_0=0.518\times 530=274.5\text{mm}$。

根据《混规》式 (6.2.10-2) 得：

$$A_s=\frac{\alpha_1 f_c bx}{f_y}=\frac{1.0\times 14.3\times 350\times 238.3}{360}=3313\text{mm}^2$$

**【编者注】** 对于支座截面来说，翼缘位于受拉边，因此应按矩形截面梁计算。

**【例 1.1.2】** 2016 上午 9 题

某民用房屋，结构设计使用年限为 50 年，安全等级为二级。二层楼面上有一带悬臂段的预制钢筋混凝土等截面梁，其计算简图和梁截面如图 2016-9 所示，不考虑抗震设计。梁的混凝土强度等级为 C40，纵筋和箍筋均采用 HRB400，$a_s=60\text{mm}$。未配置弯起钢筋，不考虑纵向受压钢筋作用。

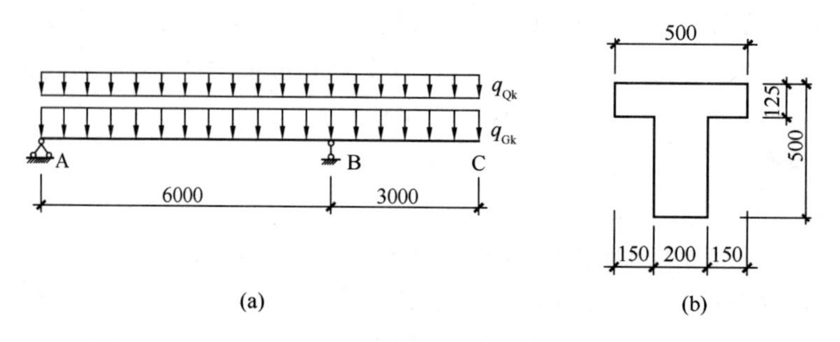


图 2016-9
(a) 计算简图；(b) 截面示意

假定，支座B处的最大弯矩设计值 $M=200\text{kN}\cdot\text{m}$。试问，按承载能力极限状态计算，支座B处的梁纵向受拉钢筋截面面积 $A_s$ ($\text{mm}^2$)，与下列何项数值最为接近?

**提示**：$\xi_b=0.518$。

(A) 1550　　(B) 1750　　(C) 1850　　(D) 2050

**【答案】**(A)

由于支座B承受负弯矩，梁截面下部受压，上部受拉，故支座B属于翼缘位于受拉边的倒T形截面受弯构件，按矩形截面计算。

按《混规》6.2.10条：$M=\alpha_1 f_c bx\left(h_0-\dfrac{x}{2}\right)$

已知：$M=200\text{kN}\cdot\text{m}$，$\alpha_1=1.0$，$f_c=19.1\text{MPa}$，$b=200\text{mm}$，$h_0=440\text{mm}$

即　$200\times10^6=1.0\times19.1\times200x\left(440-\dfrac{x}{2}\right)$

得 $x=141.9\text{mm}<\xi_b h_0=0.518\times440=227.9\text{mm}$

$$A_s=\frac{\alpha_1 f_c bx}{f_y}=\frac{1.0\times19.1\times200\times141.9}{360}=1506\text{mm}^2$$

**【编者注】**(1) 本题中的梁是悬臂梁（截面上部受拉），截面看似T形实际上是翼缘位于受拉边的倒T形。容易犯的错误就是没有先判断翼缘是否受拉，直接套用T形截面的计算公式。

(2) 倒T形截面受弯构件可按矩形截面计算，矩形截面的宽度 $b$ 应取倒T形截面的腹板宽度。本题，$b=200\text{mm}$。

**【例 1.1.3】**2011上午11题

某多层现浇钢筋混凝土结构，设两层地下车库，局部地下一层外墙内移，如图2011-11所示。已知：室内环境类别为一类，室外环境类别为二b类，混凝土强度等级均为C30。

假定，Q1墙体的厚度 $h=250\text{mm}$，墙体竖向受力钢筋采用HRB400级钢筋，外侧为Φ16@100，内侧为Φ12@100，均放置于水平钢筋外侧。试问，当按受弯构件计算并不考虑受压钢筋作用时，该墙体下端截面每米宽的受弯承载力设计值 $M$ (kN·m)，与下列何项数值最为接近?

(A) 115　　(B) 135　　(C) 165　　(D) 190

**【答案】**(B)

室外环境为二b类，根据《混规》8.2.1条，混凝土保护层最小厚度为25mm（大于

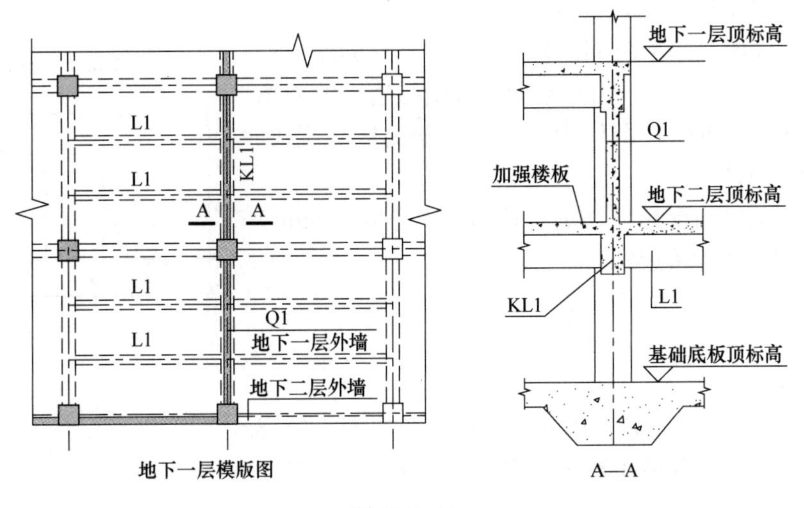


图 2011-11

钢筋直径）。

$$a_s = 25 + 16/2 = 33\text{mm}, h_0 = 250 - 33 = 217\text{mm}$$

混凝土受压区高度按《混规》式（6.2.10-2）得：

$$x = \frac{f_y A'_s}{\alpha_1 f_c b} = \frac{360 \times 2010}{1 \times 14.3 \times 1000} = 50.6\text{mm} < \xi_b h_0 = 0.518 \times 217 = 112\text{mm}$$

不考虑受压钢筋作用时受弯承载力设计值按《混规》式（6.2.10-1）：

$$M = \alpha_1 f_c bx\left(h_0 - \frac{x}{2}\right) = 1 \times 14.3 \times 1000 \times 50.6 \times \left(217 - \frac{50.6}{2}\right) \times 10^{-6} = 138.7\text{kN} \cdot \text{m}$$

**【编者注】**地下室外墙的计算简图如图 1.1-6 所示，在顶板支承处，地下室外墙没有水平位移，其顶端发生转动，上部简化为简支，下部简化为固结。因此题目计算墙体下端截面每米宽的受弯承载力设计值时，应先通过墙外侧钢筋保护层厚度来计算截面有效高度 $h_0$，并采用墙外侧钢筋Φ 16@100 进行计算。

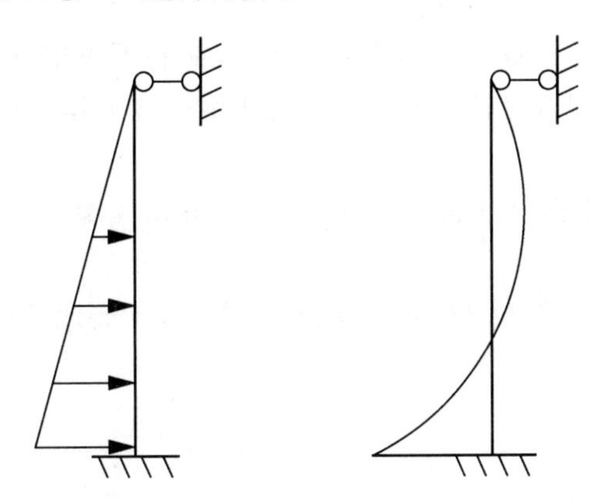

图 1.1-6 地下室外墙计算简图

**【例 1.1.4】**2012 上午 13 题

某钢筋混凝土简支梁，其截面可以简化成工字形（如图 2012-13 所示），混凝土强度等级为 C30，纵向钢筋采用 HRB400，纵向钢筋的保护层厚度为 28mm。受拉钢筋合力点至梁截面受拉边缘的距离为 40mm。该梁不承受地震作用，不直接承受重复荷载，安全等级为二级。

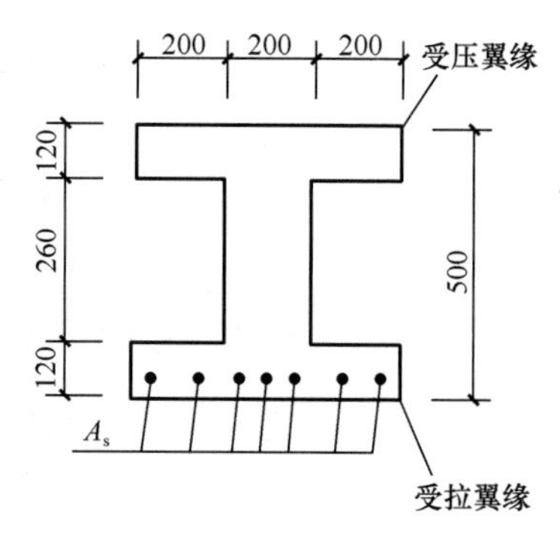


图 2012-13

试问，该梁纵向受拉钢筋的构造最小配筋量（$mm^2$）与下列何项数值最为接近？

(A) 200　　(B) 270

(C) 300　　(D) 400

**【答案】**(C)

根据《混规》8.5.1 条，受弯构件一侧受拉钢筋的配筋率按全截面面积扣除受压翼缘面积后的截面面积计算：

$$\rho_{\min} = \max\left(45\frac{f_t}{f_y}, 0.2\right)\% = \max\left(45\times\frac{1.43}{360}, 0.2\right)\% = 0.2\%$$

$$A_{s,\min} = \rho_{\min}[bh + (b_f - b)h_f] = 0.2\%\times(200\times500 + 400\times120) = 296\ \text{mm}^2$$

### 1.1.2 双筋矩形截面

**1. 主要的规范规定**

1)《混规》6.2.1 条：正截面承载力计算基本假定。

2)《混规》6.2.6 条：受压区混凝土的应力图形简化为等效的矩形应力图。

3)《混规》6.2.10 条：矩形截面和翼缘位于受拉边倒 T 形截面计算公式。

4)《混规》8.5 节：纵向受力钢筋的最小配筋率。

5)《混规》6.2.14 条：当 $x<2a'$ 时，承载力计算公式。

**2. 对规范规定的理解**

1) 双筋矩形截面受弯构件正截面承载力计算中，除了引入单筋矩形截面受弯构件承载力计算中的各项假定以外，由于受压纵筋一般都可以充分利用，因此还假定当 $x\geqslant 2a'$ 时受压钢筋的应力等于其抗压强度设计值 $f'_y$。

2) 当 $x<2a'$ 时，受压钢筋的应变很小，受压钢筋不可能屈服。设计时，可近似取 $x=2a'$ 计算，弯矩平衡方程取受拉钢筋合力对受压钢筋合力作用点求矩。弯矩平衡方程详见《混规》6.2.14 条。

3) 考题分类及解答流程（非抗震，无 $\gamma_{RE}$；抗震，《混规》11.1.6 条，$\gamma_{RE}=0.75$）如下。

(1) 已知受压钢筋 $A'_s$、弯矩 $M$，求受拉钢筋 $A_s$。(配筋计算)

① 受压区高度计算

《混规》6.2.10 条　$x = h_0 - \sqrt{h_0^2 - \dfrac{2[\gamma_{RE}M - f'_y A'_s(h_0 - a'_s)]}{\alpha_1 f_c b}} \leqslant \xi_b h_0$

抗震计算，端截面 $x\begin{cases}\leqslant 0.25h_0(\text{一级})\\ \leqslant 0.35h_0(\text{二、三级})\end{cases}$

② 配筋计算

$$x\begin{cases}\boxed{\geqslant} 2a' & A_s=\dfrac{\alpha_1 f_c bx+f_y' A_s'}{f_y}\\ \boxed{<} 2a' \text{《混规》6.2.14 条} & A_s=\dfrac{\gamma_{RE}M}{f_y(h-a_s-a_s')}\end{cases}$$

③ 最小配筋率验算

$$A_{smin}=\rho_{min}bh\begin{cases}\boxed{\leqslant} A_s\text{，取 }A_s\\ \boxed{>} A_s\text{，取 }A_{smin}\end{cases}$$

（2）已知受拉钢筋 $A_s$，受压钢筋 $A'_s$，求构件承载力 $M_u$。（截面复核）

① 受压区高度计算

$$\text{《混规》6.2.10 条}\quad x=\frac{f_yA_s-f'_yA'_s}{\alpha_1 f_c b}\begin{cases}\boxed{\leqslant} \zeta_b h_0\\ \boxed{>} \zeta_b h_0\text{，取 }x=\zeta_b h_0\end{cases}$$

$$\text{抗震计算，端截面}\begin{cases}x\leqslant 0.25h_0\text{（一级）}\\ x\leqslant 0.35h_0\text{（二、三级）}\end{cases}$$

② 构件承载力计算

$$x\begin{cases}\boxed{\geqslant} 2a' & M_u=\left[\alpha_1 f_c bx\left(h_0-\dfrac{x}{2}\right)+f'_yA'_s(h_0-a'_s)\right]/\gamma_{RE}\\ \boxed{<} 2a' \text{《混规》6.2.14 条} & M_u=f_yA_s(h-a_s-a'_s)/\gamma_{RE}\end{cases}$$

注意：非抗震设计状况，求荷载组合效应设计值时，$\gamma_{RE}$ 由结构重要性系数 $\gamma_0$ 替换。

**3. 历年真题解析**

**【例 1.1.5】** 2018 上午 2 题

某办公楼为现浇混凝土框架结构，混凝土强度等级 C35，纵向钢筋采用 HRB400，箍筋采用 HPB300。其二层（中间楼层）的局部平面图和次梁 L-1 的计算简图如图 2018-2 所示，其中 KZ-1 为角柱，KZ-2 为边柱。假定，次梁 L-1 计算时 $a_s$=80mm，$a'_s$=40mm。楼面永久荷载和楼面活荷载为均布荷载，楼面均布永久荷载标准值 $q_{Gk}=7\text{kN/m}^2$（已包括次梁、楼板等构件自重，L-1 荷载计算时不必再考虑梁自重），楼面均布活荷载的组合值系数 0.7，不考虑楼面活荷载的折减系数。

假定，不考虑楼板作为翼缘对梁的影响，充分考虑 L-1 梁顶面受压钢筋 3Φ25 的作用，试问，按次梁 L-1 的受弯承载力计算，楼面允许最大均布荷载设计值（$\text{kN/m}^2$），与下列何项数值最为接近？

(A) 26.0　　(B) 21.5　　(C) 17.0　　(D) 26.3

**【答案】**(D)

当 $\xi_b$ 最大，受压区高度 $x=\xi_{max}h_0=0.518\times570=295.3\text{mm}$ 时，梁的受弯承载力最大，则按《混规》6.2.10 条，考虑受压钢筋：

$$\begin{aligned}M_{max}&=f'_yA'_s(h_0-a'_s)+\alpha_1 f_c bx\left(h_0-\frac{x}{2}\right)\\&=360\times3\times490.9\times(570-40)+1.0\times16.7\times300\times295.3\times\left(570-\frac{295.3}{2}\right)\\&=905.8\times10^6\text{N}\cdot\text{mm}=905.8\text{kN}\cdot\text{m}\end{aligned}$$

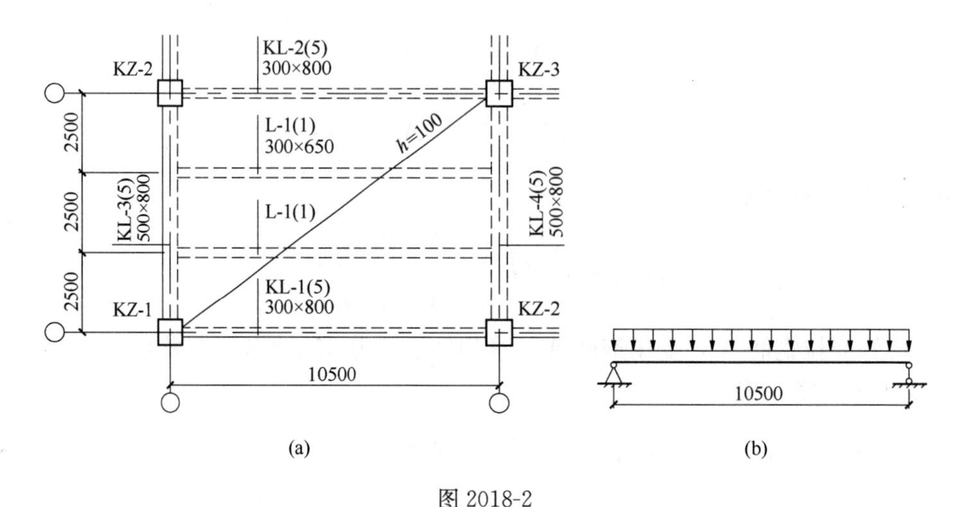


图 2018-2
（a）局部平面图；（b）L-1 计算简图

简支梁，由弯矩 $M$ 反算楼面均布荷载设计值得：

$$q=(8\times 905.8/10.5^2)/2.5=26.29\text{kN/m}^2$$

**【编者注】**(1)《混凝土结构设计规范》GB 50010—2010 式（6.2.10-1）和式（6.2.10-2）是表示内力平衡的两个公式，其中式（6.2.10-1）是对受拉钢筋合力点的力矩平衡，式（6.2.10-2）表示力的平衡。

(2) 当梁顶面的受压钢筋不变时，随着梁底钢筋的增大，混凝土受压区高度随之增加，抗弯承载力也不断提高。但混凝土受压区高度 $x$ 受到界限受压区高度 $x_b$ 的限制，$x\leqslant \xi_b h_0$，因此当 $x=\xi_b h_0$ 时抗弯承载力最大。

**【例 1.1.6】** 2012 上午 6 题

某钢筋混凝土框架结构多层办公楼局部平面布置如图 2012-6 所示（均为办公室），梁、板、柱混凝土强度等级均为 C30，梁、柱纵向钢筋为 HRB400 钢筋，楼板纵向钢筋及梁、柱箍筋为 HRB335 钢筋。

若该工程位于抗震设防地区，框架梁 KL3 左端支座边缘截面在重力荷载代表值、水平地震作用下的负弯矩标准值分别为 300kN・m、300kN・m，梁底、梁顶纵向受力钢筋分别为 4Φ25、5Φ25，截面抗弯设计时考虑了有效翼缘内楼板钢筋及梁底受压钢筋的作用。当梁端负弯矩考虑调幅时，调幅系数取 0.80。试问，该截面考虑承载力抗震调整系数的受弯承载力设计值 [$M$]（kN・m）与考虑调幅后的截面弯矩设计值 $M$（kN・m），分别与下列哪组数值最为接近？

**提示：**① 考虑板顶受拉钢筋面积为 628mm²；

② 近似取 $a_s=a'_s=50$mm。

(A) 707；600　　(B) 707；678　　(C) 857；600　　(D) 857；678

**【答案】**(D)

根据《抗规》5.4.1 条、《混规》5.4.1 条得调幅后的弯矩设计值：

$$M=1.2\times 300\times 0.8+1.3\times 300=678\text{kN}\cdot\text{m}$$

根据《混规》6.2.10 条，考虑有效翼缘内楼板钢筋及梁底受压钢筋的作用：

$$\alpha_1 f_c bx=f_y A_s-f'_y A'_s$$

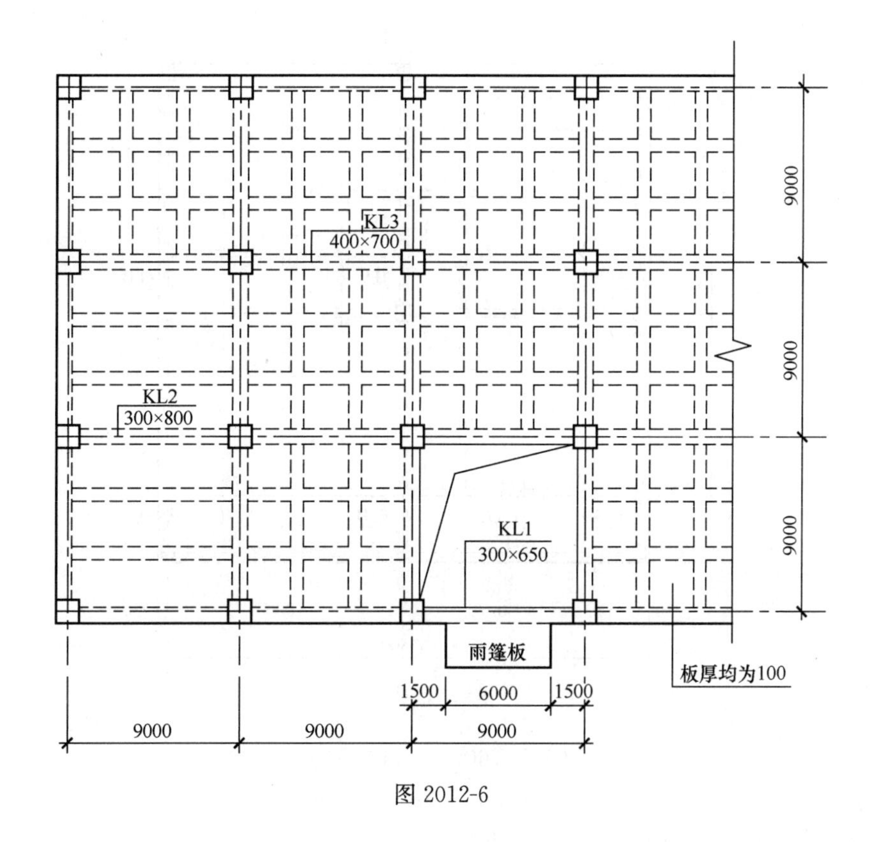


图 2012-6

$$x=\frac{300\times628+360\times2454-360\times1964}{1.0\times14.3\times400}=63.8\text{mm}<2a'_s=2\times50=100\text{mm}$$

需按《混规》6.2.14 条计算正截面受弯承载力。

查《混规》11.1.6 条：

$$[M]=\frac{f_yA_s(h-a_s-a'_s)}{\gamma_{RE}}=\frac{(300\times628+360\times2454)\times(700-50-50)}{0.75}$$

$$=857\times10^6\text{N}\cdot\text{mm}=857\text{kN}\cdot\text{m}$$

**【例 1.1.7】** 2011 上午 4 题

某四层现浇钢筋混凝土框架结构，各层结构计算高度均为 6m，平面布置如图 2011-4 所示，抗震设防烈度为 7 度，设计基本地震加速度为 0.15$g$，设计地震分组为第二组，建筑场地类别为Ⅱ类，抗震设防类别为重点设防类。

假定，现浇框架梁 KL1 的截面尺寸 $b\times h=600\text{mm}\times1200\text{mm}$，混凝土强度等级为 C35，纵向受力钢筋采用 HRB400，梁端底面实配纵向受力钢筋面积 $A'_s=4418\text{mm}^2$，梁端顶面实配纵向受力钢筋面积 $A_s=7592\text{mm}^2$，$h_0=1120\text{mm}$，$a'_s=45\text{mm}$，$\xi_b=0.55$。试问，考虑受压区受力钢筋作用，梁端承受负弯矩的正截面抗震受弯承载力设计值 $M$（kN·m）与下列何项数值最为接近？

(A) 2300　　(B) 2700　　(C) 3200　　(D) 3900

**【答案】**(D)

考虑受压区受力钢筋作用，按《混规》式（6.2.10-2）：

$$\alpha_1f_cbx=f_yA_s-f'_yA'_s=360\times7592-360\times4418$$

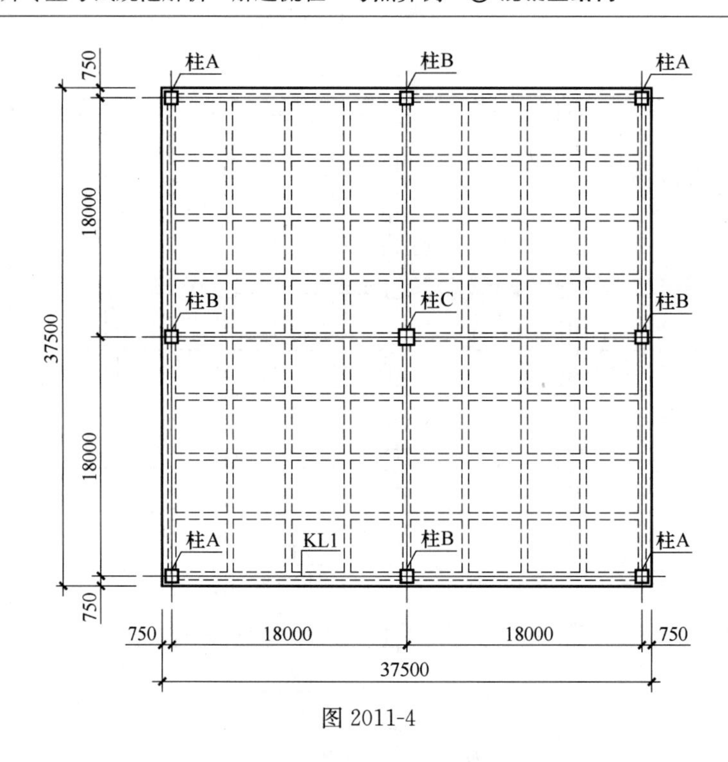


图 2011-4

$$16.7\times600x=1142640$$

$$x=114\text{mm}>2a'_s=90\text{mm}$$

$x\leqslant0.25h_0$，满足《混规》11.3.1条。

根据《混规》式（6.2.10-1），查《混规》11.1.6条得 $\gamma_{RE}=0.75$。

故抗震受弯承载力设计值：

$$M=\frac{1}{\gamma_{RE}}\left[\alpha_1f_cbx\left(h_0-\frac{x}{2}\right)+f'_yA'_s(h_0-a'_s)\right]$$

$$=\frac{1}{0.75}\left[1.0\times16.7\times600\times114\times\left(1120-\frac{114}{2}\right)+360\times4418\times(1120-45)\right]$$

$$=3899\text{kN}\cdot\text{m}$$

## 1.2 T形截面承载力计算

**1. 主要的规范规定**

1）《混规》6.2.11条：翼缘位于受压区的T形、I形截面受弯构件正截面承载力。

2）《混规》5.2.4条：受弯构件受压区有效翼缘计算宽度。

**2. 对规范规定的理解**

1）T形截面分类

如图1.2-1所示，T形截面受弯构件按受压区的高度不同，可分为下述两种类型（以单筋T形为例）：

第一类T形截面，中和轴在翼缘内，即 $x<h'_f$；第二类T形截面，中和轴在梁肋内，即 $x>h'_f$。

两类T形截面的判别：当中和轴通过翼缘底面，即 $x=h'_f$时为两类T形截面的界限情况。由平衡条件，此时有：

$$f_yA_s = \alpha_1 f_c b'_f h'_f$$

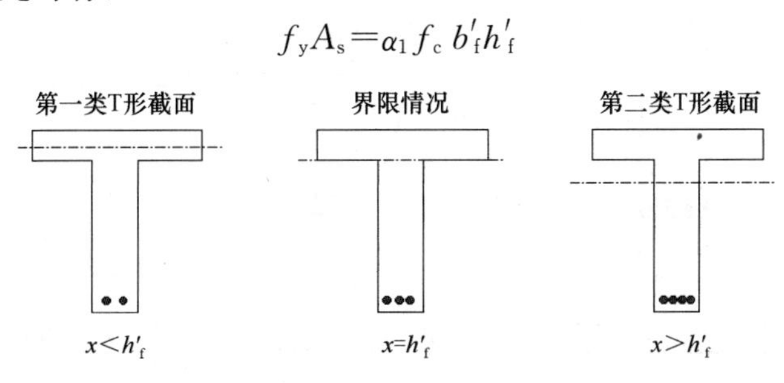


图 1.2-1　T形截面分类

若 $f_yA_s < \alpha_1 f_c b'_f h'_f$，此时中和轴在翼缘内，即 $x < h'_f$，故属于第一类 T 形截面。反之 $f_yA_s > \alpha_1 f_c b'_f h'_f$，此时中和轴在肋内，即 $x > h'_f$，故属于第二类 T 形截面。

第一类 T 形截面（图 1.2-2），计算截面的正截面承载力时，不考虑受拉区混凝土参加受力。因此，第一类 T 形截面相当于宽度 $b = b'_f$ 的矩形截面，可用 $b'_f$ 代替 $b$ 按矩形截面的公式计算。

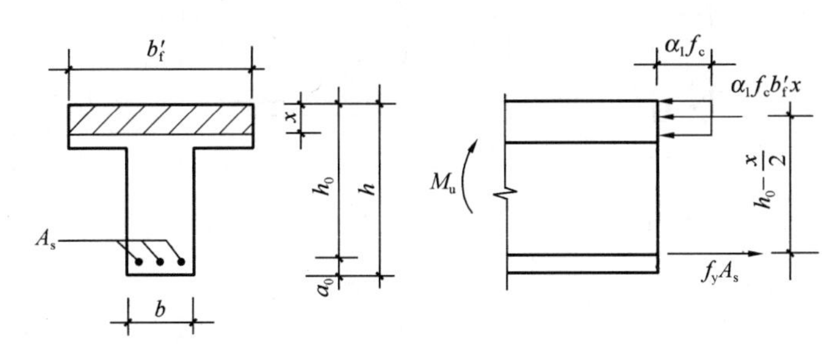


图 1.2-2　第一类 T 形截面计算简图

第二类 T 形截面（图 1.2-3）的受弯承载力可以分解为两部分：①肋板受压区混凝土和相应受拉钢筋贡献的承载力；②受压翼缘混凝土和相应受拉钢筋贡献的承载力。

2）箱形、工字形、槽形截面等效

受弯构件正截面承载力计算的本质就是力的平衡和弯矩的平衡，因此对于箱形截面、槽形截面、倒 L 形截面可等效为相应的 T 形截面进行计算（图 1.2-4）。

3）《混规》对翼缘宽度的规定

影响翼缘宽度的三个因素（图 1.2-5）：计算跨度；梁肋净距；翼缘厚度。

4）T 形单筋截面解答流程（非抗震，无 $\gamma_{RE}$；抗震，《混规》11.1.6 条，$\gamma_{RE}=0.75$）

（1）已知弯矩 $M$，求配筋 $A_s$。（配筋计算）

① 确定翼缘的计算宽度 $b'_f$，查《混规》表 5.2.4。

② 判断截面属于第几类 T 形截面：

$$\alpha_1 f_c b'_f h'_f\left(h_0 - \frac{h'_f}{2}\right)\begin{cases}\geqslant \gamma_{RE}M,\text{按宽度为 } b'_f \text{ 矩形计算}\\ < \gamma_{RE}M,\text{按 T 形截面计算}\end{cases}$$

③ 第二类 T 形截面——计算受压区高度：

$$M_1 = \alpha_1 f_c (b'_f - b)h'_f\left(h_0 - \frac{h'_f}{2}\right)$$

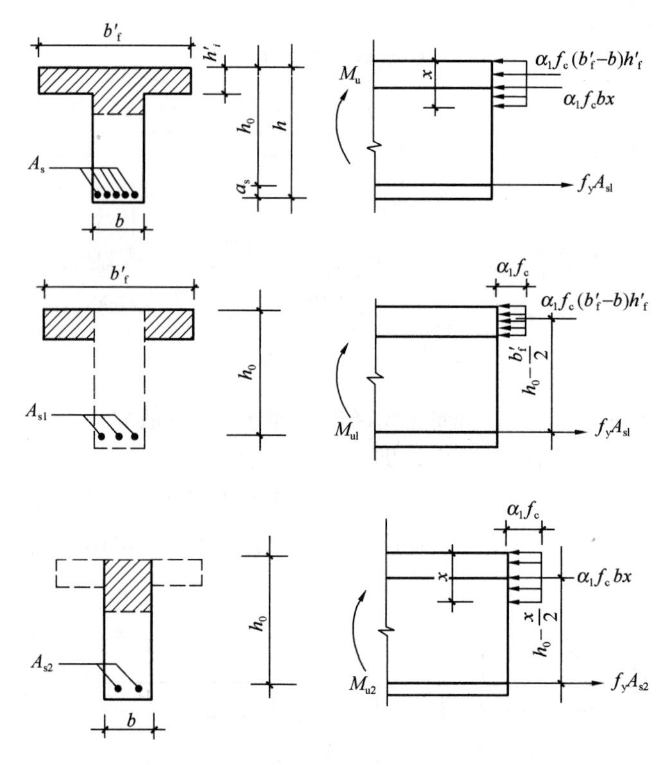

图 1.2-3 第二类 T 形截面计算简图

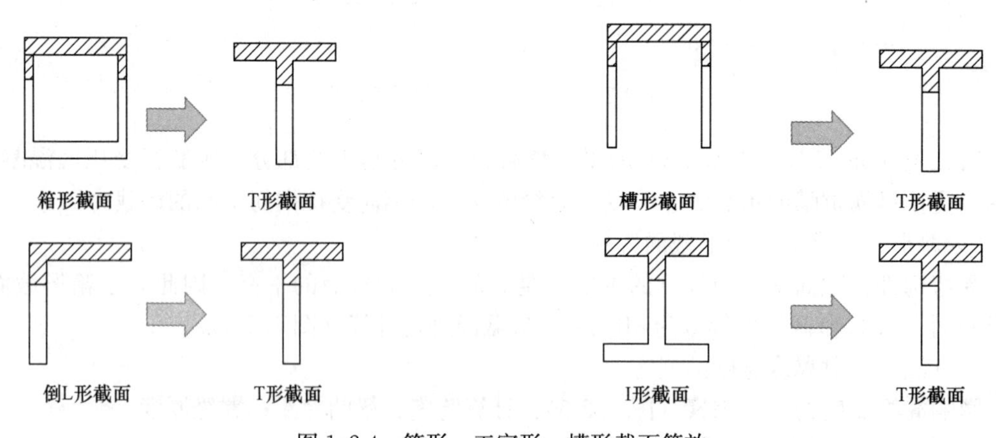


图 1.2-4 箱形、工字形、槽形截面等效

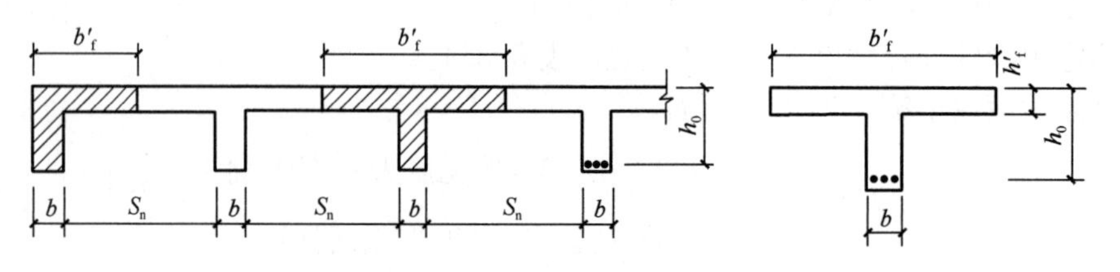

图 1.2-5 翼缘宽度取值示意

$$x = h_0 - \sqrt{h_0^2 - \frac{2[\gamma_{RE}M - M_1]}{\alpha_1 f_c b}} \begin{cases} \boxed{\leqslant} \xi_b h_0 \\ \boxed{>} \xi_b h_0 \quad 截面过小 \end{cases}$$

④ 第二类 T 形截面——计算配筋：

$$A_s = \frac{\alpha_1 f_c [bx + (b'_f - b)h'_f]}{f_y}$$

⑤ 最小配筋率验算：

$$A_{smin} = \rho_{min} bh \begin{cases} \boxed{\leqslant} A_s, 取 A_s \\ \boxed{>} A_s, 取 A_{smin} \end{cases}$$

(2) 已知受拉 $A_s$，求构件承载力 $M_u$。(截面复核)

① 确定翼缘的计算宽度 $b'_f$，查《混规》表 5.2.4。

② 判断截面属于第几类 T 形截面：

《混规》6.2.11 条 $\alpha_1 f_c b'_f h'_f \begin{cases} \boxed{\geqslant} f_y A_s, 按宽度为 b'_f 矩形计算 \\ \boxed{<} f_y A_s, 按 T 形截面计算 \end{cases}$

③ 第二类 T 形截面——计算受压区高度：

$$x = \frac{f_y A_s - \alpha_1 f_c (b'_f - b)h'_f}{\alpha_1 f_c b} \begin{cases} \boxed{\leqslant} \zeta_b h_0 \\ \boxed{>} \zeta_b h_0, \quad 取 x = \zeta_b h_0 \end{cases}$$

④ 第二类 T 形截面——计算承载力：

$$M_u = \left[\alpha_1 f_c bx\left(h_0 - \frac{x}{2}\right) + \alpha_1 f_c (b'_f - b)h'_f\left(h_0 - \frac{h'_f}{2}\right)\right] \Big/ \gamma_{RE}$$

5) T 形双筋截面解答流程

(1) 已知受压钢筋 $A'_s$、弯矩 $M$，求受拉钢筋 $A_s$。(配筋计算)

① 确定翼缘的计算宽度 $b'_f$，查《混规》表 5.2.4。

② 判断截面属于第几类 T 形截面：

$$\alpha_1 f_c b'_f h'_f\left(h_0 - \frac{h'_f}{2}\right) + f'_y A'_s (h_0 - \alpha'_s) \begin{cases} \boxed{\geqslant} \gamma_{RE} M, 按宽度为 b'_f 矩形计算 \\ \boxed{<} \gamma_{RE} M, 按 T 形截面计算 \end{cases}$$

③ 第二类 T 形截面——计算受压区高度：

$$M_1 = \alpha_1 f_c (b'_f - b)h'_f\left(h_0 - \frac{h'_f}{2}\right) + f'_y A'_s (h_0 - \alpha'_s)$$

$$x = h_0 - \sqrt{h_0^2 - \frac{2[\gamma_{RE}M - M_1]}{\alpha_1 f_c b}} \begin{cases} \boxed{\leqslant} \zeta_b h_0 \\ \boxed{>} \zeta_b h_0 \quad 截面过小 \end{cases}$$

抗震计算，端截面 $\begin{cases} x \leqslant 0.25h_0 (一级) \\ x \leqslant 0.35h_0 (二、三级) \end{cases}$

④ 第二类 T 形截面——计算配筋：

$$x\begin{cases}\boxed{\geqslant} 2a' \quad A_s=\dfrac{\alpha_1 f_c[bx+(b'_f-b)h'_f]+f'_yA'_s}{f_y}\\ \boxed{<} 2a' \quad \text{《混规》6.2.14 条} \quad A_s=\dfrac{\gamma_{RE}M}{f_y(h-a_s-a'_s)}\end{cases}$$

⑤ 最小配筋率验算：

$$A_{smin}=\rho_{min}bh\begin{cases}\boxed{\leqslant} A_s\text{，取 }A_s\\ \boxed{>} A_s\text{，取 }A_{smin}\end{cases}$$

（2）承载力计算，即已知 $A_s$，$A'_s$，求承载力 $M_u$。（截面复核）

① 确定翼缘的计算宽度 $b'_f$，查《混规》表 5.2.4。

② 判断截面属于第几类 T 形截面：

$$\text{《混规》6.2.11 条}\quad \alpha_1 f_c b'_f h'_f+f'_yA'_s\begin{cases}\boxed{\geqslant} f_yA_s\text{，按宽度为 }b'_f\text{ 矩形计算}\\ \boxed{<} f_yA_s\text{，按 T 形截面计算}\end{cases}$$

③ 第二类 T 形截面——计算受压区高度：

$$x=\frac{f_yA_s-\alpha_1 f_c(b'_f-b)h'_f-f'_yA'_s}{\alpha_1 f_c b}\begin{cases}\boxed{\leqslant} \zeta_b h_0\\ \boxed{>} \zeta_b h_0\text{，取 }x=\zeta_b h_0\end{cases}$$

$$\text{抗震计算，端截面}\begin{cases}x\leqslant 0.25h_0\text{（一级）}\\ x\leqslant 0.35h_0\text{（二、三级）}\end{cases}$$

④ 第二类 T 形截面——计算承载力：

$$x\begin{cases}\boxed{\geqslant} 2a' \quad M_u=\left[\alpha_1 f_c bx\left(h_0-\dfrac{x}{2}\right)+\alpha_1 f_c(b'_f-b)h'_f\left(h_0-\dfrac{h'_f}{2}\right)+f'_yA'_s(h_0-a'_s)\right]/\gamma_{RE}\\ \boxed{<} 2a' \quad \text{《混规》6.2.14 条} \quad M_u=f_yA_s(h-a_s-a'_s)/\gamma_{RE}\end{cases}$$

注意：非抗震设计状况，求荷载组合效应设计值时，$\gamma_{RE}$由结构重要性系数 $\gamma_0$ 替换。

**3. 历年真题解析**

**【例 1.2.1】** 2017 上午 6 题

某民用建筑普通房屋中的钢筋混凝土 T 形截面独立梁，安全等级为二级，荷载简图及截面尺寸如图 2017-6 所示。梁上作用有均布永久荷载标准值 $g_k$、均布可变荷载标准值 $q_k$、集中永久荷载标准值 $G_k$、集中可变荷载标准值 $Q_k$。混凝土强度等级为 C30，梁纵向钢筋采用 HRB400，箍筋采用 HPB300。纵向受力钢筋的保护层厚度 $c_s$=30mm，$a_s$=70mm，$a'_s$

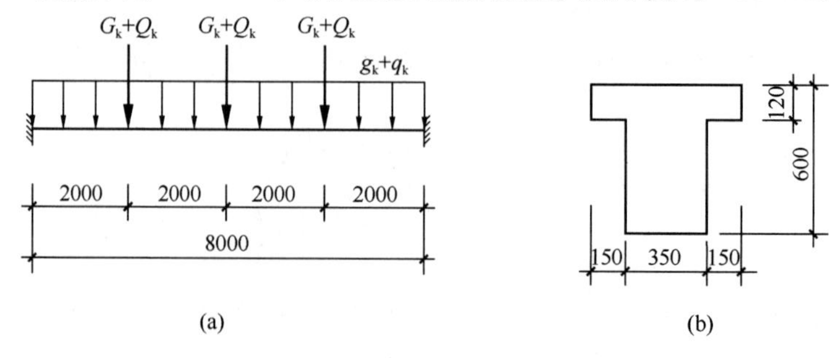


图 2017-6

（a）荷载简图；（b）梁截面尺寸

$=40\text{mm}$，$\xi_b = 0.518$。

假定，该梁跨中顶部受压纵筋为 4Φ20，底部受拉纵筋为 10Φ25（双排）。试问，当考虑受压钢筋的作用时，该梁跨中截面能承受的最大弯矩设计值 $M$（kN·m），与下列何项数值最为接近？

(A) 580　　(B) 740　　(C) 820　　(D) 890

**【答案】**(C)

翼缘位于受压区的 T 形截面受弯构件：

$$f_y A_s = 360 \times 10 \times 491 = 1767600\text{N}$$

$$\alpha_1 f_c b'_f h'_f + f'_y A'_s = 1.0 \times 14.3 \times 650 \times 120 + 4 \times 360 \times 314 = 1567560\text{N}$$

$f_y A_s > \alpha_1 f_c b'_f h'_f + f'_y A'_s$，不满足《混规》6.2.11 条 1 款，按《混规》6.2.11 条 2 款进行计算。

$$\alpha_1 f_c [bx + (b'_f - b)h'_f] = f_y A_s - f'_y A'_s$$

$$1.0 \times 14.3 \times (350x + 300 \times 120) = 360 \times (10 \times 491 - 4 \times 314)$$

解得 $x = 160\text{mm} > 2a'_s = 2 \times 40 = 80\text{mm}$ 且 $< \xi_b h_0 = 0.518 \times 530 = 275\text{mm}$。

由《混规》式（6.2.11-2），计入受压钢筋的作用：

$$M = 1.0 \times 14.3 \times 350 \times 160 \times \left(600 - 70 - \frac{160}{2}\right) + 1.0 \times 14.3 \times 300 \times 120 \times$$

$$\left(600 - 70 - \frac{120}{2}\right) + 360 \times 4 \times 314 \times (600 - 70 - 40)$$

$$= 823.9 \times 10^6 \text{N} \cdot \text{mm} = 823.9\text{kN} \cdot \text{m}$$

**【编者注】**(1) 翼缘位于受压区的工字形截面和 T 形截面受弯承载力计算时，首先应判断属于第一类截面还是属于第二类截面，当受压区高度大于翼缘高度时，应按第二类截面进行计算。

(2) 根据截面平衡条件，计算截面的受弯承载力设计值。

(3) 计算受压区高度和截面受弯承载力时，均应计入受压钢筋的作用。对于适筋梁来说，受压钢筋的应力应取受压钢筋抗压强度设计值。

**【例 1.2.2】**2014 上午 9 题

某现浇钢筋混凝土框架-剪力墙结构高层办公楼，抗震设防烈度为 8 度（0.2$g$），场地类别为Ⅱ类，抗震等级：框架二级、剪力墙一级，二层局部配筋平面表示法如图 2014-9 所示，混凝土强度等级：框架柱及剪力墙 C50，框架梁及楼板 C35，纵向钢筋及箍筋均采用 HRB400(Φ)。

不考虑地震作用组合时框架梁 KL1 的跨中截面及配筋如图 2014-9(a) 所示，假定，梁受压区有效翼缘计算宽度 $b'_f = 2000\text{mm}$，$a_s = a'_s = 45\text{mm}$，$\xi_b = 0.518$，$\gamma_0 = 1.0$。试问，当考虑梁跨中纵向受压钢筋和现浇楼板受压翼缘的作用时，该梁跨中正截面受弯承载力设计值 $M$（kN·m），与下列何项数值最为接近？

**提示：**不考虑梁上部架立筋及板内配筋的影响。

(A) 500　　(B) 540　　(C) 670　　(D) 720

**【答案】**(B)

$$f_y A_s = 360 \times 2945 = 1060200\text{N}$$

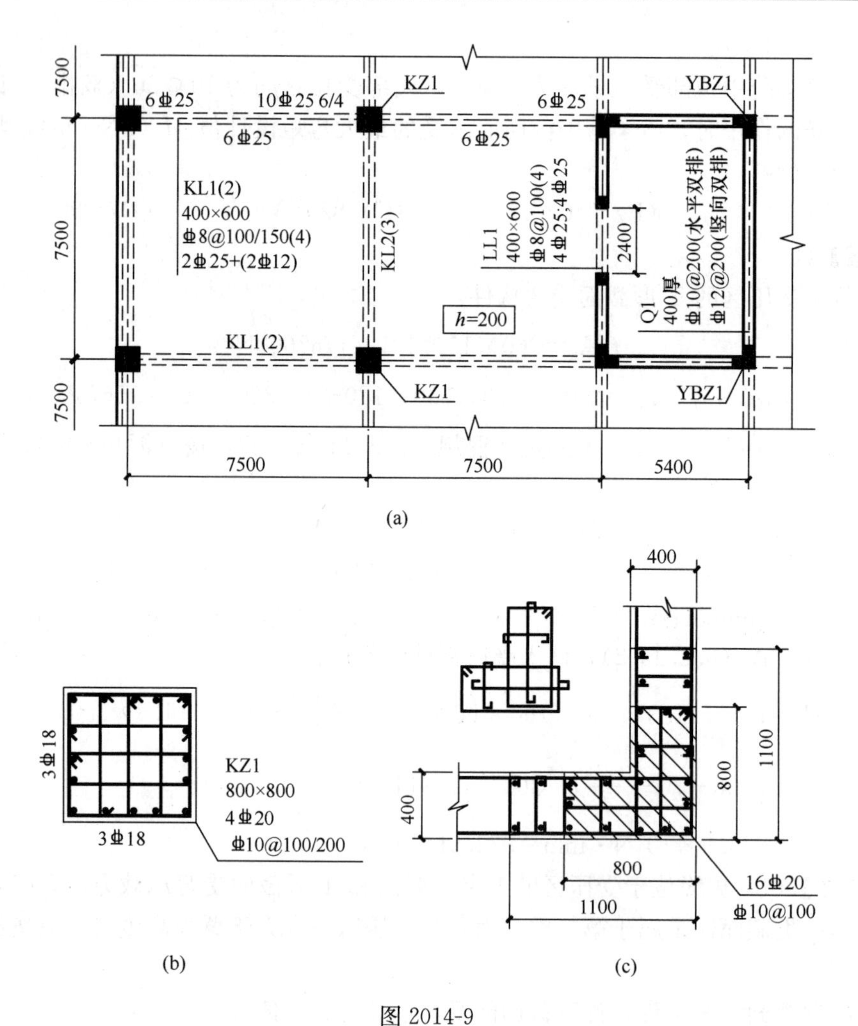


图 2014-9

(a) 局部配筋平面图；(b) KZ1 配筋图；(c) YBZ1 配筋图

$$f_y A_s < \alpha_1 f_c b'_f h'_f + f'_y A'_s = 1.0 \times 16.7 \times 2000 \times 200 + 360 \times 982 = 7033520\text{N}$$

满足《混规》式（6.2.11-1），应按宽度为 $b'_f$ 的矩形截面计算。

根据《混规》6.2.10 条，混凝土受压区高度：

$$x = (f_y A_s - f'_y A'_s)/\alpha_1 f_c b'_f = (360 \times 2945 - 360 \times 982)/(1.0 \times 16.7 \times 2000) = 21.2\text{mm}$$

$$x = 21.2\text{mm} < 2a'_s = 2 \times 45 = 90\text{mm}$$

不满足《混规》式（6.2.10-4），应按《混规》式（6.2.14）计算正截面受弯承载力设计值：

$$M = f_y A_s (h - a_s - a'_s) = 360 \times 2945 \times (600 - 2 \times 45)$$
$$= 540.7 \times 10^6 \text{N} \cdot \text{mm} = 541\text{kN} \cdot \text{m}$$

# 2 受弯构件斜截面承载力计算

## 2.1 斜截面承载力（非抗震）计算

**1. 主要的规范规定**

1)《混规》6.3.1条：受弯构件的受剪截面限制条件（上限值）。

2)《混规》6.3.3条：不配置箍筋和弯起钢筋的一般板类受弯构件的斜截面承载力计算。

3)《混规》6.3.4条：配置箍筋时，矩形、T形和I形截面受弯构件的斜截面受剪承载力。

4)《混规》6.3.5条：配置箍筋和弯起钢筋时，矩形、T形和I形截面受弯构件的斜截面受剪承载力。

**2. 对规范规定的理解**

1）横向钢筋的抗拉强度设计值$f_{yv}$取值

《混规》4.2.3条，横向钢筋的抗拉强度设计值$f_{yv}$取值，用作受剪、受扭、受冲切承载力计算时，其数值大于360kN/mm²应取360kN/mm²。但用作围箍约束混凝土的间接配筋时，其强度设计值不受此限，具体可归纳如下：

《混规》11.4.17条、11.7.18条，《高规》6.4.7条、7.2.15条：体积配箍率计算，无限制。

《混规》11.3.9条，《高规》6.3.4条：面筋配箍率，非承载力计算，无限制。

《混规》11.7.6条，《高规》7.2.12条：一级剪力墙施工缝验算，非箍筋，无限制。

《混规》11.7.4条、11.7.5条，《高规》7.2.10条、7.2.11条：剪力墙水平抗剪钢筋，非箍筋，无限制。

《混规》9.2.11条：附加箍筋限制360，附加吊筋无限制。

2）独立梁的概念

《混规》6.3.4条中，关于$\alpha_{cv}$的取值分为两种情况，其中“对于集中荷载作用下（包括作用多种荷载，其中集中荷载对支座截面或节点边缘产生的剪力占总剪力的75%以上的情况）的独立梁”，规范对于独立梁没有给出相关的定义。此处可参照2002版《混规》，7.5.4条条文说明所述“这里所指的独立梁为不与楼板整体浇筑的梁”。例如，厂房的吊车梁就是独立梁。

3）矩形受弯构件斜截面承载力计算流程

（1）已知箍筋，求受剪承载力$V$。($f_{yv}>360$ 取 360)

$$①\ \alpha_{cv}\begin{cases}\text{一般受弯构件},0.7\\ \text{集中荷载(75\%)下独立梁},\lambda=a/h_0(1.5\sim3.0),\alpha_{cv}=\dfrac{1.75}{\lambda+1}\end{cases}$$

② 斜截面受剪承载力。

$$A_{sv} = nA_{sv1}$$

$$V_{cs} = \alpha_{cv} f_t b h_0 + f_{yv} A_{sv} h_0 / s$$

③ 截面限制条件。

$$《混规》6.3.1条\ h_w/b\begin{cases}\leqslant 4 & V_1 = 0.25\beta_c f_c b h_0 \\ 4 \sim 6 & 内插 \\ \geqslant 6 & V_1 = 0.20\beta_c f_c b h_0\end{cases} \qquad V = \min(V_{cs}, V_1)$$

(2) 已知剪力$V$，求箍筋。($f_{yv} > 360$ 取 360)

① 判断集中荷载对支座截面产生的剪力占总剪力值是否在 75%以上。

$$\alpha_{cv}\begin{cases}一般受弯构件, 0.7 \\ 集中荷载(75\%)下独立梁, \lambda = a/h_0 (1.5 \sim 3.0), \alpha_{cv} = \dfrac{1.75}{\lambda + 1}\end{cases}$$

② 验算是否满足仅配构造钢筋条件。

$$V \leqslant \alpha_{cv} f_t b h_0 + 0.05 N_{P0}$$

若满足，按《混规》9.2.9 条确定箍筋设置。

③ 通过计算配置箍筋。

$$\frac{A_{sv}}{s} \geqslant \frac{V - \alpha_{cv} f_t b h_0}{f_{yv} h_0}$$

④ 根据箍筋肢数 $n$ 和间距 $s$ 计算单肢箍筋面积，验算配筋率。

$$\frac{nA_{sv1}}{s} \geqslant \frac{A_{sv}}{s}$$

$$\frac{nA_{sv1}}{bs} \geqslant \rho_{svmin} = 0.24 \frac{f_t}{f_{yv}}\ 且满足构造要求$$

4) 箱形截面抗剪计算

箱形截面抗剪计算公式，可参照矩形截面的计算流程，此时取截面宽度 $b=2t_w$，$t_w$ 为箱形截面一侧的壁厚。

5) 圆形截面抗剪计算

根据《混规》6.3.15 条，圆形截面钢筋混凝土受弯构件和偏心受压、受拉构件，其截面限制条件和斜截面受剪承载力可参照矩形截面计算，但上述条文公式中的截面宽度 $b$ 和截面有效高度 $h_0$ 应分别以 $1.76r$ 和 $1.6r$ 代替，此处，$r$ 为圆形截面的半径。计算所得的箍筋截面面积应作为圆形箍筋的截面面积，即：

$$b = 1.76r = 0.88d,\ h_0 = 1.6r = 0.8d,\ A = \pi r^2 = \pi d^2/4$$

6) 板类受弯构件的受剪承载力

《混规》6.3.3 条，不配置箍筋和弯起钢筋的一般板类受弯构件，其斜截面受剪承载力的计算：

$$V \leqslant 0.7\beta_h f_t b h_0$$

《混规》6.3.5 条，配置箍筋和弯起钢筋时（图 2.1-1），矩形、T 形和 I 形截面受弯构件的斜截面承载力的规定：

$$V \leqslant V_{cs}+V_p+0.8f_yA_{sb}\sin\alpha_s+0.8f_{py}A_{pb}\sin\alpha_p$$

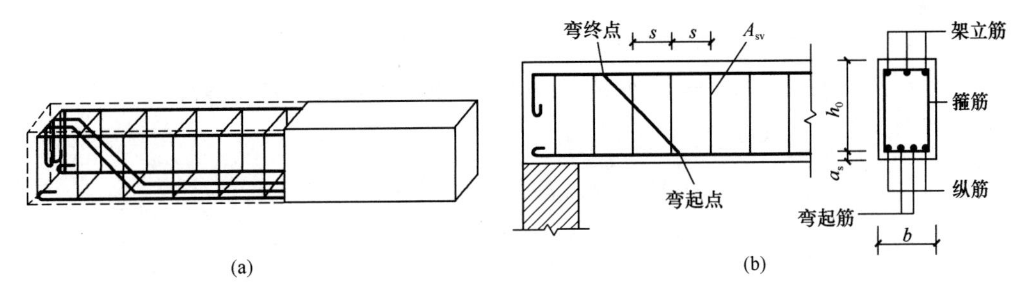


图 2.1-1 梁的箍筋和弯起钢筋

**3. 历年真题解析**

**【例 2.1.1】** 2019 上午 6 题

7 度（0.15$g$）地区，某小学单层体育馆（屋面相对标高 7.000m），屋面用作屋顶花园，覆土（重度 18kN/m³，厚度 600mm）兼作保温层，结构设计使用年限 50 年，Ⅱ类场地，双向均设置适量的抗震墙，形成现浇钢筋混凝土框架-抗震墙结构（如图 2019-6 所示）。纵筋采用 HRB500，箍筋和附加钢筋采用 HRB400。

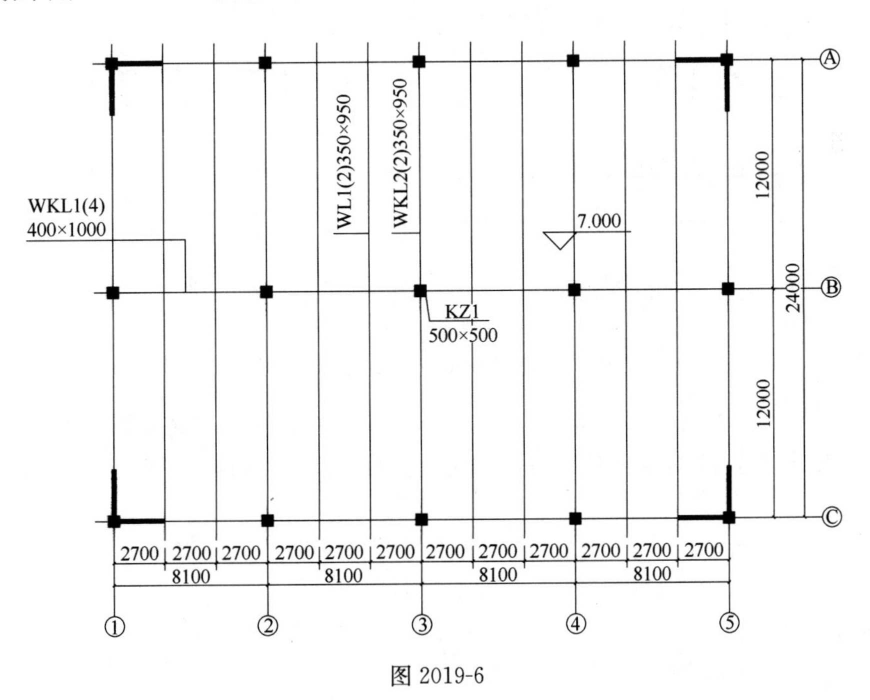


图 2019-6

假定，框架梁 WKL1（4）为普通钢筋混凝土构件，混凝土强度等级为 C40，箍筋沿梁全长为Φ8@100（4），未配置弯起钢筋。梁截面有效高度 $h_0$ =930mm。试问，不考虑地震设计状况时，在轴线③支座边缘处，该梁斜截面抗剪承载力设计值（kN）与下列何项最为接近？

**提示：** WKL1 不是独立梁。

(A) 1000　　(B) 1100　　(C) 1200　　(D) 1300

**【答案】**(B)

由《混规》6.3.1 条得：

当 $h_w/b \leqslant 4$ 时，$V \leqslant 0.25\beta_c f_c b h_0$

$$0.25\beta_c f_c b h_0 = 0.25 \times 1 \times 19.1 \times 400 \times 930 = 1776.3\text{kN}$$

由《混规》6.3.4 条得：

$$V \leqslant \alpha_{cv} f_t b h_0 + f_{yv} \frac{A_{sv}}{s} h_0$$

$$V = 0.7 \times 1.71 \times 400 \times 930 + 360 \times \frac{4 \times 50.3}{100} \times 930 = 1118.9\text{kN}$$

两者取小值，斜截面受剪承载力为 1118.9kN。

**【例 2.1.2】** 2017 上午 7 题

某民用建筑普通房屋中的钢筋混凝土 T 形截面独立梁，安全等级为二级，荷载简图及截面尺寸如图 2017-7 所示。梁上作用有均布永久荷载标准值 $g_k$、均布可变荷载标准值 $q_k$、集中永久荷载标准值 $G_k$、集中可变荷载标准值 $Q_k$。混凝土强度等级为 C30，梁纵向钢筋采用 HRB400，箍筋采用 HPB300。纵向受力钢筋的保护层厚度 $c_s = 30\text{mm}$，$a_s = 70\text{mm}$，$a'_s = 40\text{mm}$，$\xi_b = 0.518$。

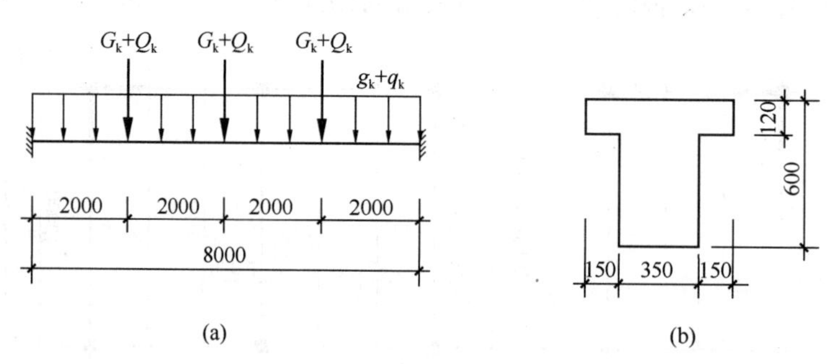


图 2017-7

(a) 荷载简图；(b) 梁截面尺寸

假定，$g_k = q_k = 7\text{kN/m}$，$G_k = Q_k = 70\text{kN}$。当采用四肢箍且箍筋间距为 150mm 时，试问，该梁支座截面斜截面抗剪所需箍筋的单肢截面面积（$\text{mm}^2$），与下列何项数值最为接近？

**提示：** 按《建筑结构可靠性设计统一标准》GB 50068—2018 作答。

(A) 45　　(B) 70　　(C) 90　　(D) 120

**【答案】**(B)

根据《混规》6.3.4 条，支座截面处：

均布荷载 $V_1 = (1.3 \times 7 + 1.5 \times 7) \times \dfrac{8.0}{2}$

集中荷载 $V_2 = (1.3 \times 70 + 1.5 \times 70) \times \dfrac{3}{2}$

支座截面剪力设计值 $V = V_1 + V_2 = 372.4\text{kN}$

集中荷载产生的剪力与总剪力之比为：

$$\frac{(1.3 \times 70 + 1.5 \times 70) \times 1.5}{372.4} \times 100\% = 79\% > 75\%$$

为集中荷载作用下的独立梁，则

$$\lambda=\frac{2000}{600-70}=3.77>3，取\lambda=3.0$$

$$\alpha_{cv}=\frac{1.75}{\lambda+1}=\frac{1.75}{3+1}=0.4375$$

$$V_{cs}=\alpha_{cv}f_tbh_0+f_{yv}=\frac{A_{sv}}{s}h_0$$

即 $$372.4\times10^3=0.4375\times1.43\times350\times530+270\times\frac{A_{sv}}{150}\times530$$

$$A_{sv}=269\text{mm}^2,\ \frac{A_{sv}}{4}=67\text{mm}^2$$

**【例 2.1.3】** 2016 上午 10 题

某民用房屋，结构设计使用年限为 50 年，安全等级为二级。二层楼面上有一带悬臂段的预制钢筋混凝土等截面梁，其计算简图和梁截面如图 2016-10 所示，不考虑抗震设计。梁的混凝土强度等级为 C40，纵筋和箍筋均采用 HRB400，$a_s=60$mm。未配置弯起钢筋，不考虑纵向受压钢筋作用。

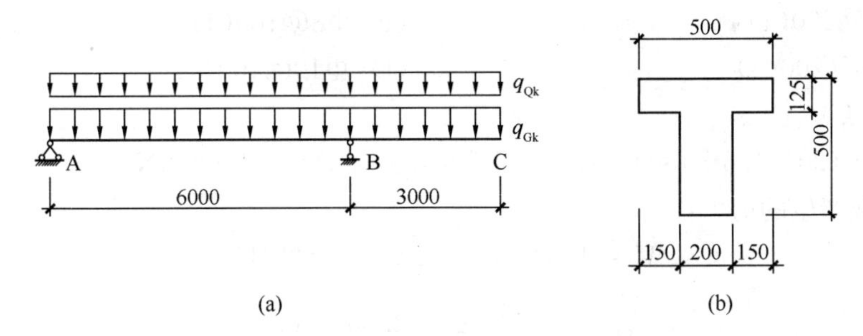


图 2016-10
(a) 计算简图；(b) 截面示意

假定，支座 A 的最大反力设计值 $R_A=180$kN。试问，按斜截面承载力计算，支座 A 边缘处梁截面的箍筋配置，至少应选用下列何项？

**提示：** 不考虑支座宽度的影响。

(A) Φ6@200(2)　　(B) Φ8@200(2)

(C) Φ10@200(2)　　(D) Φ12@200(2)

**【答案】** (B)

支座 A 边缘的剪力设计值等于支座 A 的反力设计值，$V=R_A=180$kN。

根据《混规》6.3.1 条截面限制条件，$h_w/b\leqslant4$ 时，$V\leqslant0.25\beta_cf_cbh_0$。则

$$V=180.0\text{kN}<0.25\beta_cf_cbh_0=0.25\times1\times19.1\times200\times440\times10^{-3}=420.2\text{kN}$$

根据《混规》9.2.9 条：

$$V=180.0\text{kN}>0.7f_tbh_0=0.7\times1.71\times200\times440\times10^{-3}=105.3\text{kN}$$

且 $300<h\leqslant500$mm，故箍筋最大间距为 200mm。

根据《混规》6.3.4 条：

$$V\leqslant\alpha_{cv}f_tbh_0+f_{yv}\frac{A_{sv}}{s}h_0$$

$$A_{sv} \geqslant \frac{(V-\alpha_{cv}f_tbh_0)s}{f_{yv}h_0} = \frac{(180\times10^3-105.3\times10^3)\times200}{360\times440} = 94.3\text{mm}^2$$

选用Φ8@200，$A_{sv}=2\times50.3=100.6\text{mm}^2>94.3\text{mm}^2$。

箍筋的构造要求如下：

$$A_{sv,min}=(0.24f_t/f_{yv})bs=(0.24\times1.71/360)\times200\times200=46\text{mm}^2<100.6\text{mm}^2$$

**【例 2.1.4】**2012 上午 5 题

某钢筋混凝土框架结构多层办公楼，梁、板、柱混凝土强度等级均为 C30，梁、柱纵向钢筋采用 HRB400，楼板纵向钢筋及梁、柱箍筋采用 HRB335。

框架梁的截面尺寸为 400mm×700mm，计算简图如图 2012-5 所示。作用在 KL3 上的均布静荷载、均布活荷载标准值 $q_D$、$q_L$ 分别为 20kN/m、7.5kN/m；作用在 KL3 上的集中静荷载、集中活荷载标准值 $P_D$、$P_L$ 分别为 180kN、60kN。试问，支座截面处梁的箍筋配置下列何项较为合适？

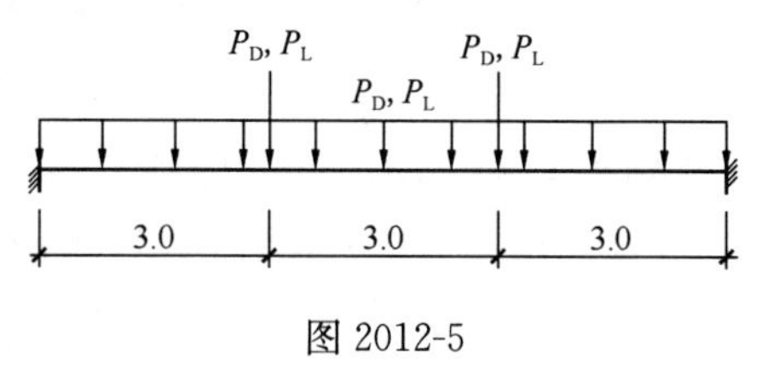


图 2012-5

**提示**：$h_0$=660mm；不考虑抗震设计。

(A) Φ8@200(4)　　(B) Φ8@100(4)

(C) Φ10@200(4)　　(D) Φ10@100(4)

**【答案】**(C)

$V$=1.3×(20×4.5+180)+1.5×(7.5×4.5+60)=491.625kN

集中荷载产生的剪力：

$$V_1=1.3\times180+1.5\times60=324\text{kN}$$

$$\frac{V_1}{V}=\frac{324}{491.625}=0.66<0.75$$

根据《混规》6.3.4 条：

$$V\leqslant\alpha_{cv}f_tbh_0+f_{yv}\frac{A_{sv}}{s}h_0,\ \alpha_{cv}=0.7$$

$$\frac{A_{sv}}{s}\geqslant\frac{491.625\times10^3-0.7\times1.43\times400\times660}{300\times660}=1.15$$

选Φ10@200(4)：

$$\frac{A_{sv}}{s}=\frac{4\times78.5}{200}=1.57>1.15$$

$$\rho_{sv}=\frac{A_{sv}}{bs}=\frac{4\times78.5}{400\times200}=0.39\%>\frac{0.24f_t}{f_{yv}}=\frac{0.24\times1.43}{300}=0.11\%$$

满足。

**【编者注】**可以根据工程经验判断计算结果是否满足箍筋最小配置量的要求，不需要再对箍筋最小配置量进行复核，以节约考试的时间。只有根据经验判断，计算出的配筋量较小，有可能不满足最小配筋量的要求时，才需要进行最小配筋量的复核。

**【例 2.1.5】**2020 上午 11 题

某普通钢筋混凝土等截面连续梁，安全等级为二级，其计算简图和支座 B 边缘处 1-1 截面的配筋示意如图 2020-11 所示。梁截面 $b\times h$ =300mm×650mm，混凝土强度等级为

C35，钢筋采用 HRB400。假定，该连续梁为非独立梁，作用在梁上的均布荷载设计值 $q$=48kN/m（包括自重），集中荷载设计值 $P$=600kN，$A_s$ =40mm$^2$，梁中未配置弯起钢筋。试问，按斜截面受剪承载力计算，1-1 截面处的抗剪箍筋 $\frac{A_{sv}}{s}$（mm$^2$/mm）最小值与下列何项数值最为接近？

**提示：**不考虑活荷载不利布置。

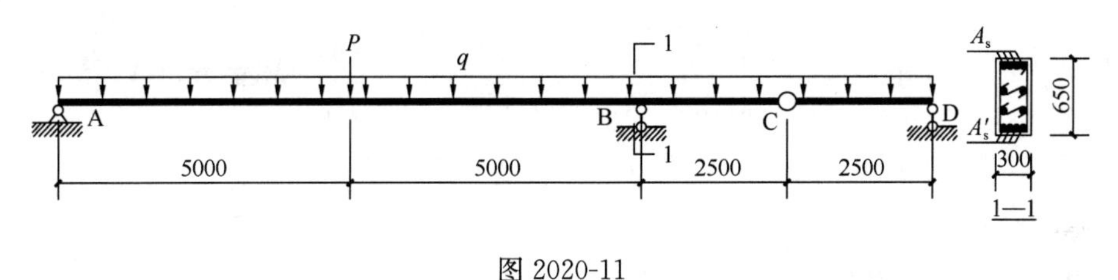


图 2020-11

(A) 1.2　　(B) 1.5　　(C) 1.7　　(D) 2.0

**【答案】**(C)

$$\sum M_c = 0, F_A \times (5\times2+2.5) + F_B \times 2.5 = 600\times(5\times2.5) + 48\times(5\times2+2.5)\times\frac{(5\times2+3)}{2}$$

$$\sum M_D = 0, F_A \times 5\times3 + F_B \times 5 = 6000\times5\times2 + 48\times5\times3\times\frac{5\times3}{2}$$

解得：$F_A$ =510kN。

$$V_{B左} + 510 = 600 + 48\times10$$

解得：$V_{B左}$ =570kN。

根据《混规》6.3.4 条，非独立梁：

$$V_{B左} \leqslant 0.7 f_t b h_0 + f_{yv}\frac{A_{sv}}{s}h_0$$

$$570\times10^3 \leqslant 0.7\times1.57\times300\times610 + 360\times\frac{A_{sv}}{s}\times160$$

$$\frac{A_{sv}}{s} \geqslant 1.68\text{mm}$$

## 2.2 斜截面抗震承载力计算

**1. 主要的规范规定**

1)《混规》11.3.2 条：考虑地震组合的框架梁端剪力值 $V_b$ 的调整。

2)《混规》11.3.3 条：考虑地震组合的矩形、T 形和 I 形截面框架梁，截面限制条件。

3)《混规》11.3.4 条：考虑地震组合的矩形、T 形和 I 形截面框架梁，斜截面承载力计算公式。

**2. 对规范规定的理解**

1) 斜截面抗震承载力计算流程如下。

(1) 已知箍筋，求 $V$。($f_{yv} > 360$ 取 360，$\gamma_{RE} = 0.85$)

① $\alpha_{cv}\begin{cases}\text{一般受弯构件},0.7\\ \text{集中荷载}(75\%)\text{下独立梁},\lambda=a/h_0(1.5\sim3.0),\ \alpha_{cv}=\dfrac{1.75}{\lambda+1}\end{cases}$

② 斜截面受剪承载力

$$A_{sv}=nA_{sv1}\quad V_b=(0.6\alpha_{cv}f_tbh_0+f_{yv}A_{sv}h_0/s)/\gamma_{RE}$$

③ 截面限制条件

《混规》11.1.3 条　$l_n/h$ $\boxed{>}$ 2.5　$V_1=0.20\beta_cf_cbh_0/\gamma_{RE}$；$\boxed{\leqslant}$ 2.5　$V_1=0.15\beta_cf_cbh_0/\gamma_{RE}$　　$V=\min(V_b,V_1)$

（2）已知$V$，求箍筋。($f_{yv}>360$ 取 360，$\gamma_{RE}=0.85$)

① 截面限制条件（《混规》11.3.3 条）

$l_n/h$ $\boxed{>}$ 2.5　$0.20\beta_cf_cbh_0/\gamma_{RE}\geqslant V$；$\boxed{\leqslant}$ 2.5　$0.15\beta_cf_cbh_0/\gamma_{RE}\geqslant V$　　截面满足要求（题目均应满足）

② $\alpha_{cv}\begin{cases}\text{一般受弯构件},0.7\\ \text{集中荷载}(75\%)\text{下独立梁},\lambda=a/h_0(1.5\sim3.0),\alpha_{cv}=\dfrac{1.75}{\lambda+1}\end{cases}$

③ 配筋计算

《混规》11.3.4 条　$\dfrac{A_{sv}}{s}\geqslant\dfrac{V\gamma_{RE}-0.6\alpha_{cv}f_tbh_0}{f_{yv}h_0}$　取 $\dfrac{nA_{sv1}}{s}\geqslant\dfrac{A_{sv}}{s}$

④ 验算最小配筋率

$\dfrac{nA_{sv1}}{bs}\geqslant\rho_{svmin}$ 且满足构造要求。

2）在抗震受剪承载力中，箍筋项承载力降低不明显，将混凝土项取为非抗震设计状况下的 60%，箍筋项则不予折减。因此，抗震受剪承载力中，除考虑抗震承载力调整系数外，尚应注意计算公式中混凝土承载力的系数同时发生变化。

**3. 历年真题解析**

**【例 2.2.1～2.2.2】** 2017 上午 14～15 题

某钢筋混凝土框架结构办公楼，抗震等级为二级，框架梁的混凝土强度等级为 C35，梁纵向钢筋及箍筋均采用 HRB400。取某边榀框架（C 点处为框架角柱）的一段框架梁，梁截面：$b\times h$=400mm×900mm，受力钢筋的保护层厚度 $c_s$=30mm，梁上线荷载标准值分布图、简化的弯矩标准值见图 2017-14～15，其中框架梁净跨 $l_n$=8.4m。假定，永久荷载标准值 $g_k$=83kN/m，等效均布可变荷载标准值 $q_k$=55kN/m。

**【例 2.2.1】** 2017 上午 14 题

试问，考虑地震作用组合时，BC 段框架梁端截面组合的剪力设计值 $V$（kN），与下列何项数值最为接近？

(A) 670　　(B) 740　　(C) 810　　(D) 880

**【答案】**(B)

根据《抗规》6.2.4 条，二级框架，$\eta_{vb}$=1.2。

根据《抗规》5.1.3、5.4.1 条：

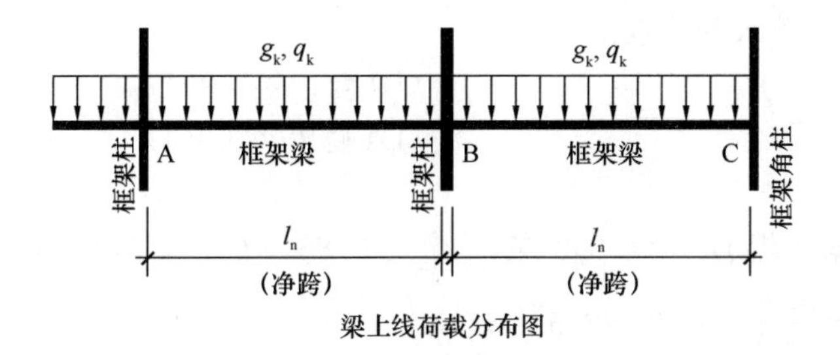


梁上线荷载分布图

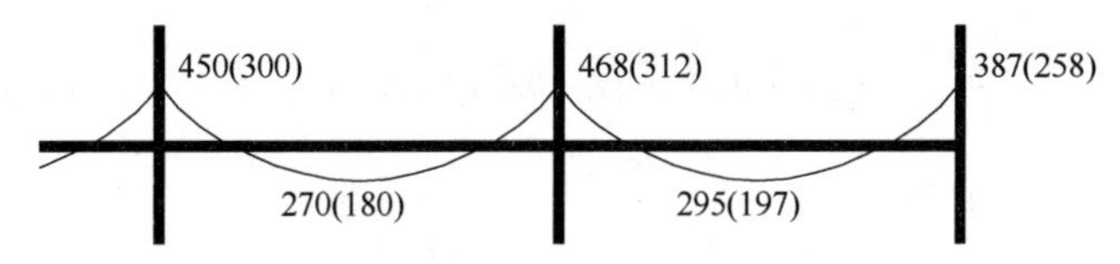


永久荷载（等效均布可变荷载）作用下梁端弯矩标准值（kN·m）

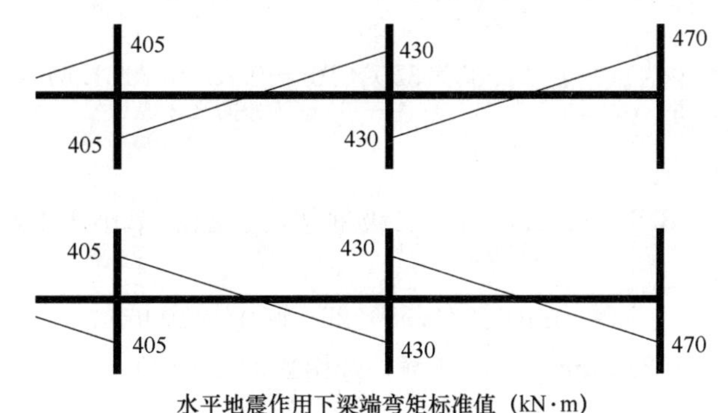


水平地震作用下梁端弯矩标准值（kN·m）

图 2017-14～15

$$V_{Gb}=1.2\times(83+0.5\times55)\times8.4/2=556.9\text{kN}$$

（1）地震作用由左至右：

$$M_b^l=-1.2\times(468+0.5\times312)+1.3\times430=-189.8\text{kN}\cdot\text{m}$$

$$M_b^r=1.2\times(387+0.5\times258)+1.3\times470=1230.2\text{kN}\cdot\text{m}$$

梁端剪力设计值：

$$V_1=\frac{\eta_{vb}(M_b^l+M_b^r)}{l_n}+V_{Gb}=1.2\times(-189.8+1230.2)/8.4+556.9=705.5\text{kN}$$

（2）地震作用由右至左：

$$M_b^l=-1.2\times(468+0.5\times312)-1.3\times430=-1307.8\text{kN}\cdot\text{m}$$

$$M_b^r=1.2\times(387+0.5\times258)-1.3\times470=8.2\text{kN}\cdot\text{m}$$

梁端剪力设计值：

$$V_2=\frac{\eta_{vb}(M_b^l+M_b^r)}{l_n}+V_{Gb}=1.2\times(1307.8-8.2)/8.4+556.9=742.6\text{kN}$$

两者取大，$V=\max\{V_1, V_2\}=742.6$kN。

**【例 2.2.2】** 2017 上午 15 题

考虑地震作用组合时，假定 BC 段框架梁 B 端截面组合的剪力设计值为 320kN，纵向钢筋直径 $d=25$mm，梁端纵向受拉钢筋配筋率 $\rho=1.80\%$，$a_s=70$mm，试问，该截面抗剪箍筋采用下列何项配置最为合理?

(A) Φ8@150(4)　　(B) Φ10@150(4)

(C) Φ8@100(4)　　(D) Φ10@100(4)

【答案】(C)

受剪截面，根据《混规》11.3.3条，$\gamma_{RE}=0.85$，$f_t=1.57N/mm^2$，$f_c=16.7N/mm^2$，梁跨高比 $\frac{l_n}{h}=\frac{8400}{900}=9.33>2.5$。

$$\frac{1}{\gamma_{RE}}(0.20\beta_c f_c b h_0)=\frac{1}{0.85}\times0.2\times1.0\times16.7\times400\times830\times10^{-3}=1305\text{kN}>V=320\text{ kN}$$

根据《混规》11.3.4条：

$$V\leqslant\frac{1}{\gamma_{RE}}\left(0.6\alpha_{cv}f_t b h_0+f_{yv}\frac{A_{yv}}{s}h_0\right)$$

$$\frac{A_{yv}}{s}\geqslant\frac{\gamma_{RE}V-0.6\alpha_{cv}f_t b h_0}{f_{yv}h_0}=\frac{0.85\times320\times10^3-0.6\times0.7\times1.57\times400\times830}{360\times830}=0.18\approx0$$

可按构造要求配筋。

根据《混规》11.3.6、11.3.8条，二级框架，且配筋率小于2%，箍筋最小直径取8mm，箍筋间距取：

$$s=\min(900/4,\ 8\times25,\ 100)=100\text{mm}$$

箍筋肢距不宜大于250mm，取四肢箍，选用Φ8@100(4)。

## 2.3 受弯构件纵筋与箍筋构造要求

**1. 主要的规范规定**

1)《混规》8.5.1条：纵向受力钢筋的最小配筋率。

2)《混规》8.5.3条：结构中次要的钢筋混凝土受弯构件配筋率。

3)《混规》9.2.9条：箍筋间距与最小配筋率。

4)《混规》11.3.6条：框架梁钢筋配置要求。

5)《混规》11.3.9条：框架梁箍筋间距与最小配筋率。

6)《抗规》6.3.3～6.3.4条：框架梁纵筋与箍筋构造要求。

**2. 对规范规定的理解**

1) 纵筋构造要求分抗震、非抗震两大类型，如表2.3-1所示。

**纵筋构造要求**　　**表2.3-1**

| 类别 | 非抗震 | 抗震 |
| --- | --- | --- |
| 最大配筋率 | — | 《混规》11.3.7条、《抗规》6.3.4条1款，梁端受拉钢筋不宜大于2.5% |
| 最小配筋率 | 《混规》表8.5.1，$\max(0.2\%, 45f_t/f_y)$ | 《混规》表11.3.6-1，$\max[0.2\%\sim0.4\%, (45\sim80)f_t/f_y]$ |

续表

| 类别 | 非抗震 | 抗震 |
|---|---|---|
| 直径 | 《混规》9.2.1条2款<br>纵向受力筋：<br>$h \geqslant 300$，$d \geqslant 10$；$h < 300$，$d \geqslant 8$ | ①通长筋：《混规》11.3.7条、《抗规》6.3.4条1款，一、二级，$d \geqslant 14$ 且 $A_s \geqslant A_{smax}/4$，三、四级，$d \geqslant 12$；<br>② 贯通中柱筋：《混规》11.6.7条，9度框架和一级框架结构，$d \leqslant B/25$，一、二、三级，$d \leqslant B/20$；《抗规》6.3.4条，一、二、三级，$d \leqslant B/20$ |
| 其他构造 | 《混规》9.2.1条3款<br>间距：<br>① 受顶筋$\geqslant \max(30, 1.5d)$<br>② 底筋及各层$\geqslant \max(25, d)$<br>③ 两层以上钢筋中距增大一倍 | ① 受压区高度：《混规》11.3.1条、《抗规》6.3.3条1款，梁端，一级 $x \leqslant 0.25h_0$，二、三级 $x \leqslant 0.35h_0$；<br>② 纵筋面积：《混规》11.3.6条2款、《抗规》6.3.3条2款，梁端底面/顶面，一级$\geqslant 0.5$，二、三级$\geqslant 0.3$ |

梁纵筋构造往往结合承载力计算一同考察，复习过程中应予以注意。

2）箍筋构造要求分抗震、非抗震两大类型，如表2.3-2所示。

**箍筋构造要求**　　**表2.3-2**

| 类别 | 非抗震 | 抗震 |
|---|---|---|
| 面积配筋率 | 《混规》9.2.9条3款<br>$\geqslant 0.24 f_t/f_{yv}$ | 《混规》11.3.9条，一级 $\geqslant 0.30 f_t/f_{yv}$，二级 $\geqslant 0.28 f_t/f_{yv}$，三、四级 $\geqslant 0.26 f_t/f_{yv}$ |
| 加密区长度 | — | 《混规》表11.3.6-2、《抗规》表6.3.3 |
| 最大间距 | 《混规》表9.2.9 | 《混规》表11.3.6-2、《抗规》表6.3.3 |
| 最小直径 | 《混规》9.2.9条2款<br>① $h > 800$，$d \geqslant 8$；$h \leqslant 800$，$d \geqslant 6$<br>② 有计算需要的压筋时 $d \geqslant D/4$ | ①《混规》表11.3.6-2、《抗规》表6.3.3<br>② 梁端受拉钢筋配筋率 $A_s/bh_0 > 2\%$，最小直径(+2) |
| 肢距 | — | 《混规》11.3.8条、《抗规》6.3.4条，一级 $\leqslant \max(200, 20d)$，二、三级 $\leqslant \max(250, 20d)$，四级$\leqslant 300$ |

梁纵筋构造往往结合承载力计算一同考察，复习过程中应予以注意。

# 3 受压构件承载力计算及构造要求

## 3.1 轴心受压构件正截面承载力计算

### 3.1.1 轴压普通箍筋正截面承载力

**1. 主要的规范规定**

1）《混规》6.2.15 条：轴心受压构件正截面承载力计算公式。

2）《混规》6.2.20 条：轴心受压和偏心受压柱的计算长度取值。

3）《混规》4.2.3 条：轴心受压构件高强钢筋的抗压强度设计值 $f'_y$ 取值。

**2. 对规范规定的理解**

1）钢筋混凝土构件稳定系数

相同材料、截面和配筋下，长柱的承载力低于短柱的承载力。《混规》6.2.15 条采用稳定系数 $\varphi$ 的方法来考虑长柱纵向挠曲的不利影响。其中，稳定系数计算优先以边长或直径计算，没有明确的直径和边长时，用回转半径 $i$ 计算。

2）柱的计算长度取值

见表 3.1-1、表 3.1-2。

**刚性屋盖单层房屋排架柱、露天吊柱、栈桥柱 $l_0$** 表 3.1-1

| 柱的类别 | | $l_0$ | | | 图示 |
|---|---|---|---|---|---|
| | | 排架方向 | 垂直排架方向 | | |
| | | | 有柱间支撑 | 无柱间支撑 | |
| 无吊车房屋柱 | 单跨 | $1.5H$ | $H$ | $1.2H$ | 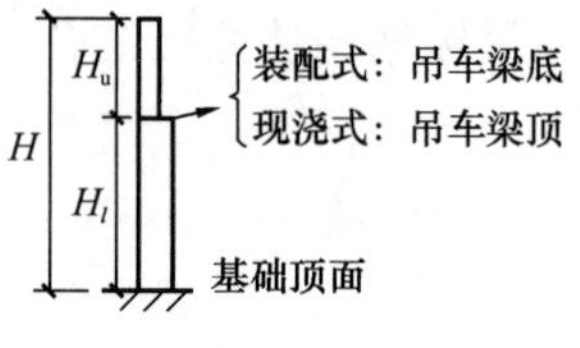 |
| | 两跨及多跨 | $1.25H$ | | | $H_u$<br>$H$<br>$H_l$<br>装配式：吊车梁底<br>现浇式：吊车梁顶<br>基础顶面 |
| 有吊车房屋柱 | 上柱 | $H_u/H_l<0.3$ 时：$2.5H_u$ | $1.25H_u$ | $1.5H_u$ | |
| | | $H_u/H_l\geqslant 0.3$ 时：$2H_u$ | | | |
| | 下柱 | $H_l$ | $0.8H_l$ | $H_l$ | |
| 露天吊车柱，栈桥柱 | | $2H_l$ | $H_l$ | — | |

注：1. $H$ 为基础顶面算起的全高。
2. 有吊车房屋柱，下柱，不考虑吊车荷载时：下柱 $l_0$：可按无吊车。

**多层房屋，梁柱为刚接的框架结构各柱 $l_0$** 表 3.1-2

| 楼盖类型 | 柱的类别 | $l_0$ | 图示 |
|---|---|---|---|
| 现浇楼盖 | 底层柱 | $H$（层高） | 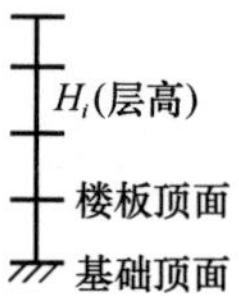 $H_l$(层高)<br>楼板顶面<br>基础顶面 |
| | 其余各层柱 | $1.25H$ | |
| 装配式楼盖 | 底层柱 | $1.25H$ | |
| | 其余各层柱 | $1.5H$ | |

上、下端有支点的轴压构件：可取 $l_0=l\times1.1$。

3）轴心受压构件高强度钢筋的抗压强度设计值 $f'_y$ 取值

在轴心受压短柱中，不论受压钢筋在构件破坏时是否屈服，构件的最终承载力都是由混凝土被压碎来控制。对于高强度钢筋，在构件破坏时可能达不到屈服，钢材的强度不能被充分利用。

对轴心受压构件，当采用 HRB500、HRBF500 钢筋时，钢筋的抗压强度设计值 $f'_y$ 应取 $400N/mm^2$。

4）题型分类及答题流程

（1）已知受压钢筋 $A'_s$，求 $N$。（受压纵筋采用 500 级时，$f'_y$ 取 400）

① 计算长度的确定

《混规》6.2.20 条→ $l_0$

② 稳定系数

《混规》6.2.15 条 $\begin{cases}矩形截面, i=b/\sqrt{12}, l_0/b, l_0/i \\ 圆形截面, i=d/4, l_0/d, l_0/i\end{cases}$ →《混规》表 6.2.15 查 $\varphi$

③ 承载力计算

$$\rho'=A'_s/A \begin{cases}\boxed{\leqslant} 3\%, & 取 A=A \\ \boxed{>} 3\%, & 取 A=A-A'_s\end{cases}$$

$$N=0.9\varphi(f_cA+f'_yA'_s)$$

（2）已知 $N$，求 $A'_s$。（受压纵筋采用 500 级时，$f'_y$ 取 400）

① 计算长度的确定

《混规》6.2.20 条→ $l_0$

② 稳定系数

《混规》6.2.15 条 $\begin{cases}矩形截面, i=b/\sqrt{12}, l_0/b, l_0/i \\ 圆形截面, i=d/4, l_0/d, l_0/i\end{cases}$ →《混规》表 6.2.15 查 $\varphi$

③ 配筋计算

$$A'_s=\frac{N}{0.9\varphi f'_y}-\frac{f_cA}{f'_y}$$

$$\rho'=A'_s/A \begin{cases}\boxed{\leqslant} 3\%, & 取 A'_s \\ \boxed{>} 3\%, & 取 f'_y=f'_y-f_c, 重新计算 A'_s\end{cases}$$

$$A'_{smin}=\rho'_{min}bh \begin{cases}\leqslant A'_s, 取 A'_s \\ > A'_s, 取 A'_{smin}\end{cases}$$

**3. 历年真题及自编题解析**

**【例 3.1.1】** 2019 上午 4 题

柱 KZ1 为普通钢筋混凝土构件，截面如图 2019-4 所示。假设不考虑地震设计状况，KZ1 可近似作为轴心受压构件设计，混凝土强度等级为 C40，计算长度为 8.0m，试问，KZ1 轴心受压构件承载力设计值（kN）与下列何项数值最为接近？

（A）6300　　（B）5600　　（C）4900　　（D）4200

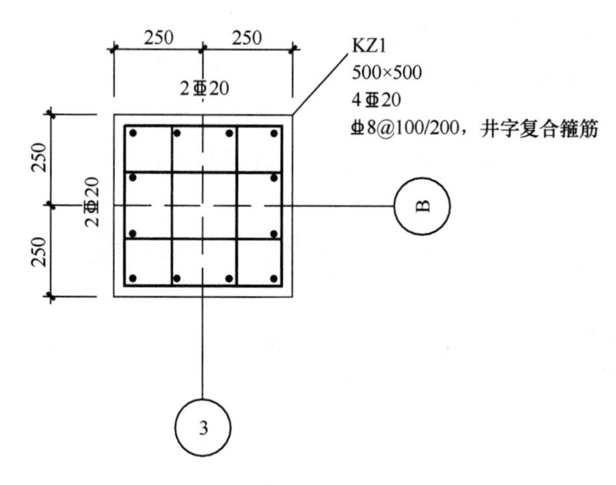


图 2019-4

**【答案】**(C)

根据《混规》4.2.3 条，$f'_y$取 400N/mm²。

根据《混规》6.2.15 条：

$$\rho=\frac{A_s}{A}=\frac{12\times 314.2}{500^2}=1.5\%<3\%$$

$$\frac{l_0}{b}=\frac{8000}{500}=16 \quad \varphi=0.87$$

$$N=0.9\times 0.87(19.1\times 500^2+400\times 12\times 314.2)=4919\text{kN}$$

**【例 3.1.2】**自编题

某单层双跨等高钢筋混凝土柱厂房，刚性屋盖，其排架计算简图如图 3.1-1 所示，有柱间支撑。试问：

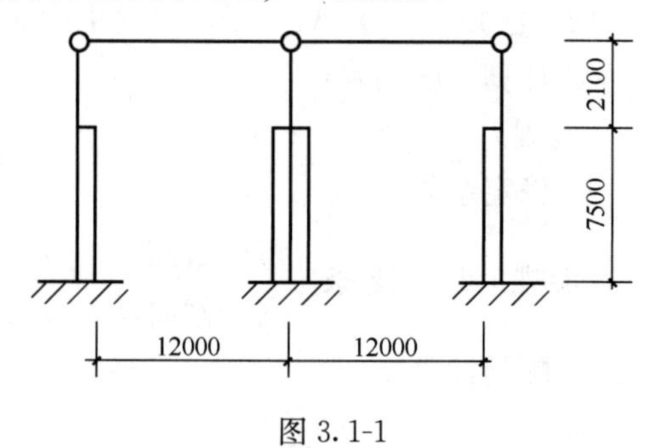


图 3.1-1

(1) 当有吊车荷载参与组合计算时，该厂房上柱在排架方向的计算长度（m）与下列何项数值最为接近？

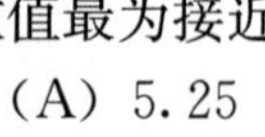

(A) 5.25　　(B) 7.5

(C) 2.625　　(D) 6.0

(2) 当不考虑吊车荷载参与组合计算时，该厂房下柱在垂直排架方向的计算长度（m）与下列何项数值最为接近

(A) 5.25　　(B) 12.0　　(C) 2.625　　(D) 9.6

**【答案】**(1) A；(2) (D)

(1) 有吊车荷载参与组合的计算

$H_u/H_l=2100/7500=0.28<0.3$，根据《混规》表 6.2.20-1 注 3 的规定，则上柱在排架方向的计算长度为 $2.5H_u$，即：

排架方向：上柱的计算长度 $l_0=2.5H_u=2.5\times 2.1=5.25\text{m}$

下柱的计算长度 $l_0=1.0H_l=1\times 7.5=7.5\text{m}$

垂直排架方向：上柱的计算长度 $l_0=1.25H_u=1.25\times 2.1=2.625\text{m}$

下柱的计算长度 $l_0=0.8H_l=0.8\times 7.5=6.0\text{m}$

（2）不考虑吊车荷载的计算

根据《混规》表 6.2.20-1 注 2 的规定，且 $H_u/H_l = 2100/7500 = 0.28 < 0.3$ 及注 3 的规定，则：

排架方向：上柱的计算长度 $l_0 = 2.5H_u = 2.5 \times 2.1 = 5.25$m（不变）

下柱的计算长度 $l_0 = 1.25H = 1.25 \times (7.5 + 2.1) = 12.0$m

垂直排架方向：上柱的计算长度 $l_0 = 1.25H_u = 1.25 \times 2.1 = 2.625$m（不变）

下柱的计算长度 $l_0 = 1.0H = 1.0 \times (7.5 + 2.1) = 9.6$m

**【例 3.1.3】**自编题

某钢筋混凝土柱，截面尺寸为 350mm×350mm，计算长度 $l_0 = 4.9$m，混凝土强度等级为 C25，柱内配有 8Φ25 的 HRB400 级钢筋。

试问，该柱所能承担的轴心受压承载力（kN）与下列何项数值最为接近？

（A）2000　　（B）2350　　（C）2700　　（D）3000

**【答案】**（B）

$f_c = 11.9\text{N/mm}^2, f'_y = 360\text{N/mm}^2, l_0/b = 4900/350 = 14$，查《混规》表 6.2.15 知，$\varphi = 0.92$。

验算配筋率：

$$\rho = \frac{A'_s}{bh} = \frac{3927}{350 \times 350} = 3.2\% > 3\%$$

由《混规》式（6.2.15）计算，$A_s$ 改用 $A - A'_s$，则：

$$\begin{aligned} N_u &= 0.9\varphi[f_c(A - A'_s) + f'_y A'_s] \\ &= 0.9 \times 0.92 \times [11.9 \times (350 \times 350 - 3927) + 360 \times 3927] \\ &= 2338.88\text{kN} \end{aligned}$$

### 3.1.2　轴压螺旋箍正截面承载力

**1. 主要的规范规定**

1）《混规》6.2.16 条：钢筋混凝土轴心受压构件，配置螺旋式或焊接环式间接钢筋，正截面承载力计算公式。

2）《混规》9.3.2 条：柱中箍筋要求。

**2. 对规范规定的理解**

1）$d_{cor} = d - 2c - 2d_{间}$，$c$ 为间接钢筋的混凝土保护层厚度；$d_{间}$ 为间接钢筋的直径。$A_{cor}$ 为构件核心截面面积，取间接钢筋内表面范围内的混凝土截面面积。

2）间接钢筋抗拉强度设计值 $f_{yv}$ 的取值，此处为约束混凝土的间接配筋，无 360MPa 的限制。

3）解题流程如下。

（1）以下三种情况均不符合时，考虑间接钢筋影响。

$$\begin{cases} \text{①箍筋间距不满足 } 40 \leqslant s \leqslant \min(80, d_{cor}/5)\text{（《混规》9.3.2 条）} \\ \text{②}\ l_0/d > 12 \\ \text{③}\ A_{ss0} = \pi d_{cor} A_{ss1}/s < 25\% A'_s \end{cases}$$

（2）考虑间接钢筋影响时，承载力计算按下式（$N_l$ 为按《混规》式（6.2.15）计算结果）。

$$N = 0.9(f_c A_{cor} + f'_y A'_s + 2\alpha f_{yv} A_{ss0}) \geqslant N_l \text{ 且} \leqslant 1.5N_l$$

注：对500级钢筋，$f'_y = 400\text{MPa}$。

**3. 历年真题解析**

**【例3.1.4】** 2018上午6题

某普通钢筋混凝土轴心受压圆柱，直径600mm，混凝土强度等级C35，纵向钢筋和箍筋均采用HRB400。纵向受力钢筋14 Φ 22，沿周边均匀布置，配置螺旋式箍筋Φ 8@70，箍筋保护层厚度22mm。假定，圆柱的计算长度 $l_0 = 7.15\text{m}$，试问，不考虑抗震时，该柱的轴心受压承载力设计值 $N$（kN），与下列何项数值最为接近？

（A）4500　　（B）5100

（C）5500　　（D）5900

**【答案】**（C）

根据《混规》9.3.2条6款：

$$d_{cor} = d - 2c - 2d_{间} = 600 - 2\times22 - 2\times8 = 540\text{mm}$$

箍筋间距 $s = 70 < \min(80, d_{cor}/5)$，初步判断可以考虑间接钢筋的作用。

根据《混规》式（6.2.16-2）：

$$A_{ss0} = \frac{\pi d_{cor} A_{ss1}}{s} = \frac{3.14\times540\times50.3}{70} = 1218\ \text{mm}^2$$

$$A'_s = 14\times380 = 5320\ \text{mm}^2$$

$$A_{ss0}/A'_s = 1218/5320 = 0.23 < 0.25$$

故不计入间接钢筋的影响，按《混规》6.2.15条计算。

$$l_0/d = 7.15\times1000/600 = 11.92 \approx 12$$

查《混规》表6.2.15，$\varphi = 0.92$。

$$A = \frac{1}{4}\times3.14\times600^2 = 282600\ \text{mm}^2$$

$$\frac{A'_s}{A} = 1.88\% < 3\%$$

根据《混规》式（6.2.15）：

$$N = 0.9\varphi(f_c A + f'_y A'_s) = 0.9\times0.92\times(16.7\times282600 + 360\times5320)/1000 = 5493\text{kN}$$

## 3.2 偏心受压构件正截面承载力计算

**1. 主要的规范规定**

1）《混规》6.2.17条：矩形截面偏心受压构件正截面受压承载力计算。

2）《混规》6.2.18条：I形截面偏心受压构件的正截面受压承载力计算公式。

3）《混规》6.2.19条：沿截面腹部均匀配置纵向普通钢筋的矩形、T形和I形截面钢筋混凝土偏心受压构件，正截面受压承载力。

4）《混规》6.2.20条：轴心受压和偏心受压柱计算长度。

5）《混规》6.2.12条、《混规》5.2.4条受压区翼缘 $b'_f$ 取值。

**2. 对规范规定的理解**

1）破坏特征

随轴向力 $N$ 在截面上的偏心距 $e_0$ 大小的不同和纵向钢筋配筋率 [$\rho=A_s/(bh_0)$] 的不同，偏心受压构件的破坏特征有两种（如图 3.2-1 所示）：

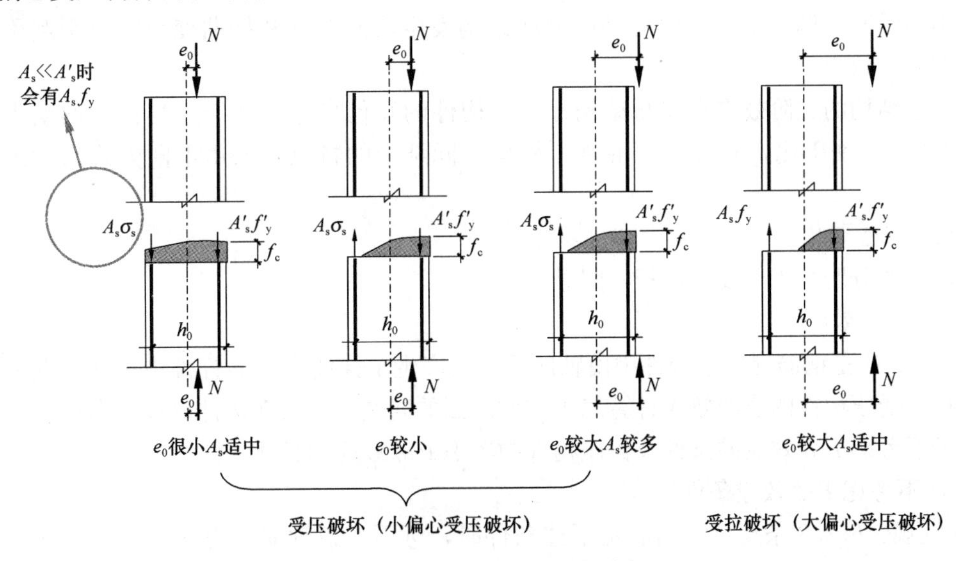


图 3.2-1　偏心受压构件破坏特征

当偏心距 $e_0$ 较大，且纵筋配筋率不高，这种偏心受压构件的破坏是由于受拉钢筋首先达到屈服，而导致的压区混凝土压坏，其承载力主要取决于受拉钢筋，故称为受拉破坏（大偏心受压破坏）。

当轴向力 $N$ 的偏心距较小，或当偏心距较大但纵筋配筋率很高时，截面可能部分受压、部分受拉，也可能全截面受压。构件的破坏是由于受压区混凝土达到其抗压强度，距轴力较远一侧的钢筋 $A_s$，无论受拉或受压，一般均未到达屈服，其承载力主要取决于受压区混凝土及受压钢筋 $A'_s$，故称为受压破坏（小偏心受压破坏）。

2）大小偏心判别

两类破坏的本质区别在于破坏时受拉钢筋 $A_s$ 能否达到屈服，那么两类破坏的界限应该是当受拉钢筋初始屈服的同时，受压区混凝土达到极限压应变。同受弯构件的适筋梁和超筋梁间的界限破坏一样。此时相对受压区高度称为界限相对受压区高度 $\xi_b$。

当 $\xi \leqslant \xi_b$ 时，为大偏心受压破坏；当 $\xi > \xi_b$ 时，为小偏心受压破坏。

3）偏心受压构件的 $N$-$M$ 相关曲线(图 3.2-2)

对于给定截面、配筋及材料强度的偏心受压构件，到达承载能力极限状态时，截面承受的内力设计值 $N$、$M$ 并不是独立的，而是相关的。在大偏心受压情况下，随着轴向压力的增大，截面所能承受的弯矩增大；在小偏心受压情况下，随着轴向压力的增大，截面所能承担的弯矩反而降低。

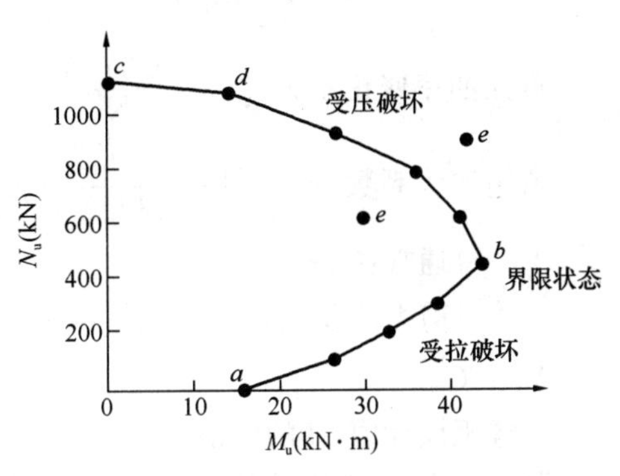


图 3.2-2　偏心受压构件 $M$-$N$ 相关曲线图

因而，大偏心受压构件，当弯矩 $M$ 大、轴力 $N$ 小时为最不利；小偏心受压构件，当弯矩

$M$大、轴力$N$大时为最不利。

4）二阶效应

钢筋混凝土偏心受压构件的轴向力在结构发生层间位移和挠曲变形时会引起附加内力，即二阶效应。

由于结构的二阶效应不仅与结构形式、构件的几何尺寸有关，还与构件的受力特点（变形曲率、轴压比）有关。《混规》根据不同结构的特点，采用不同方式来考虑二阶效应。

（1）$P\text{-}\Delta$效应

详见本分册9.1节及《混规》附录B。

（2）$P\text{-}\delta$效应

$P\text{-}\delta$效应是钢筋混凝土构件中由轴向压力在产生了挠曲变形的杆件中引起的曲率和弯矩增量。受压构件的挠曲效应计算属于构件层面的问题，一般在构件设计时考虑。《混规》给出了不考虑$P\text{-}\delta$效应的条件及偏压构件中考虑$P\text{-}\delta$效应的具体方法。

① 不考虑$P\text{-}\delta$效应条件

《混规》6.2.3条规定，当满足下述条件时，可不考虑轴向压力在该方向挠曲杆件中产生的附加弯矩影响。即

$$\text{弯矩作用平面内，截面对称的偏压构件}\begin{cases}\text{同一主轴方向,杆端弯矩:}M_1/M_2\leqslant 0.9\\ \text{轴压比:}\mu_N=N/(f_cA)\leqslant 0.9\\ \text{长细比:}l_c/i\leqslant 34-12M_1/M_2\end{cases}$$

注意：当构件按单曲率弯曲（反弯点不在杆件高度范围内）时，$M_1/M_2$取正值，否则取负值（如图3.2-3、图3.2-4所示）。

② 考虑$P\text{-}\delta$效应

若构件较细长，且轴压比偏大的偏压构件，当反弯点不在杆件高度范围内（即沿杆件长度均为同号），此时，经$P\text{-}\delta$效应增大后的杆件中部弯矩有可能超过端部控制截面的弯矩。因此，就必须在截面设计中考虑$P\text{-}\delta$效应的附加影响。《混规》6.2.4条指出，除排架结构柱外，其他偏心受压构件考虑轴向压力在挠曲杆件中产生的二阶效应后控制截面的弯矩设计值$M$为：

$$\begin{cases}C_m=0.7+0.3\dfrac{M_1}{M_2}\geqslant 0.7\\ \text{截面曲率修正系数:}\zeta_c=\dfrac{0.5f_cA}{N}\leqslant 1\\ \text{弯矩增大系数:}\eta_{ns}=1+\dfrac{1}{1300(M_2/N+e_a)/h_0}\left(\dfrac{l_c}{h}\right)^2\zeta_c\\ C_m\eta_{ns}\begin{cases}\text{通常:}C_m\eta_{ns}\geqslant 1\\ \text{剪力墙及核心筒:}C_m\eta_{ns}=1\end{cases}\\ M=C_m\eta_{ns}M_2\end{cases}$$

5）弯矩设计值$M$的取值

《混规》6.2.17条规定，偏心受压构件的计算中，当需要考虑二阶效应（即重力二阶效应和挠曲效应）时，$M$应按《混规》附录B的简化方法和《混规》6.2.3条、6.2.4条

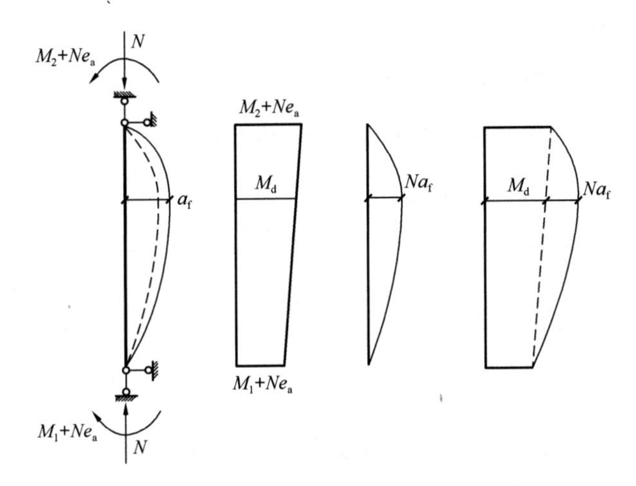


图 3.2-3　杆端弯矩同号的二阶效应（$P$-$\delta$ 效应）

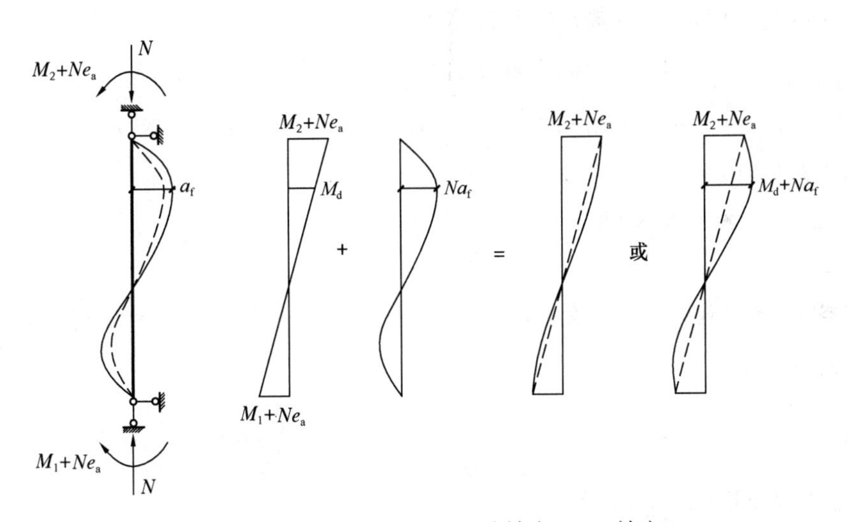


图 3.2-4　杆端弯矩异号的二阶效应（$P$-$\delta$ 效应）

的规定考虑二阶效应的影响。

6）附加偏心距 $e_a$

无论用哪种方式考虑结构的二阶效应，截面设计时均应考虑附加偏心距 $e_a$ 的影响。

$$e_a = \max(20, h/30)$$

7）解题流程

非抗震，无 $\gamma_{RE}$；抗震，《混规》11.1.6 条，查 $\gamma_{RE}\begin{cases} N/f_cA < 0.15, \gamma_{RE} = 0.75 \\ N/f_cA \geqslant 0.15, \gamma_{RE} = 0.80 \end{cases}$

（1）矩形偏压（对称配筋），已知 $N$、$M$，求 $A_s$

① 偏心距计算

$$e_0 = \frac{M}{N}\text{（}M\text{需按《混规》6.2.4 条，判断是否考虑二阶效应）}$$

$$e_a = \max(20, h/30)$$

$$e_i = e_0 + e_a$$

② 受压区高度计算（《混规》6.2.17 条）

$$x=\frac{\gamma_{RE}N}{\alpha_1 f_c b}\begin{cases}\leqslant \xi_b h_0\text{，大偏压，取此 }x\text{ 计算}\\ > \xi_b h_0\text{，小偏压，按式(6.2.17-8)重新计算 }x=\xi h_0\end{cases}$$

③ 配筋计算

$$x\begin{cases}\geqslant 2a' \quad e=e_i+\dfrac{h}{2}-a_s \quad A'_s=A_s=\dfrac{\gamma_{RE}Ne-\alpha_1 f_c bx(h_0-x/2)}{f'_y(h_0-a'_s)}\\ < 2a' \quad \text{《混规》6.2.14 条} \quad e'_s=e_i-\dfrac{h}{2}+a'_s \quad A_s=A'_s=\dfrac{\gamma_{RE}Ne'_s}{f_y(h-a_s-a'_s)}\end{cases}$$

④ 最小配筋率复核

$\rho_{全}=\dfrac{A_{全}}{bh}\geqslant\rho_{全\min}$，$\rho_{一侧}=\dfrac{A_{一侧}}{bh}\geqslant\rho_{一侧\min}$ 且满足构造要求。

（2）矩形偏压（对称配筋），已知 $N$、$A_s$，求 $M$

① 受压区高度计算（《混规》6.2.17 条）

$$x=\frac{\gamma_{RE}N}{\alpha_1 f_c b}\begin{cases}\leqslant \zeta_b h_0\text{，大偏压，取此 }x\text{ 计算}\\ > \zeta_b h_0\text{，小偏压，按式(6.2.17-1)，6.2.8 条重新计算 }x\end{cases}$$

② 偏心距计算

$$x\begin{cases}\geqslant 2a' \quad e=\dfrac{\alpha_1 f_c bx(h_0-x/2)+f'_yA'_s(h_0-a'_s)}{\gamma_{RE}N} \quad e_i=e-\dfrac{h}{2}+a_s\\ < 2a' \quad \text{《混规》6.2.14 条} \quad e'_s=\dfrac{f_y A_s(h-a_s-a'_s)}{\gamma_{RE}N} \quad e_i=e'_s+\dfrac{h}{2}-a'_s\end{cases}$$

③ 承载力复核

$$e_0=e_i-e_a$$
$$M=Ne_0$$

（3）偏心受压构件，非对称配筋（求 $A_s$）

① 受压区高度

$$x=h_0-\sqrt{h_0^2-2\left[\frac{Ne\times\gamma_0-f'_yA'_s(h_0-a'_s)}{\alpha_1 f_c b}\right]}$$

② 配筋计算

$$A_s\begin{cases}x\leqslant\xi_b h_0\text{ 时：大偏压}\begin{cases}x<2a'_s\text{ 时：}\begin{cases}e'_s=e_i-0.5h+a'_s\\ A_s=\dfrac{\gamma_0 Ne'_s}{f_y(h-a_s-a'_s)}\end{cases}\\ x\geqslant 2a'_s\text{ 时：}A_s=\dfrac{\alpha_1 f_c bx+f'_yA'_s-\gamma_0 N}{f_y}\end{cases}\\ x>\xi_b h_0\text{ 时：小偏压}\begin{cases}\xi=\dfrac{x}{h_0}\leqslant\beta_1\begin{cases}\leqslant C50:\beta_1=0.8\\ \text{其间内插}\\ C80:\beta_1=0.74\end{cases}\\ \sigma_s=\dfrac{\xi-\beta_1}{\xi_b-\beta_1}f_y\leqslant f_y\\ A_s=(\alpha_1 f_c bx+f'_yA'_s-\gamma_0 N)/\sigma_s\end{cases}\end{cases}$$

③ 矩形截面非对称配筋的小偏心受压构件（$N>f_c bh$），尚应验算

$$Ne' \leqslant f_c b_2 \left(h'_0 - \frac{h}{2}\right) + f'_y A_s (h'_0 - a_s) - (\sigma_{p0} - f'_{py}) A_p (h'_0 - a_p)$$

$$e' = \frac{h}{2} - a' - (e_0 - e_a)$$

(4) I形截面(图 3.2-5)和 T 形截面偏心受压承载力计算

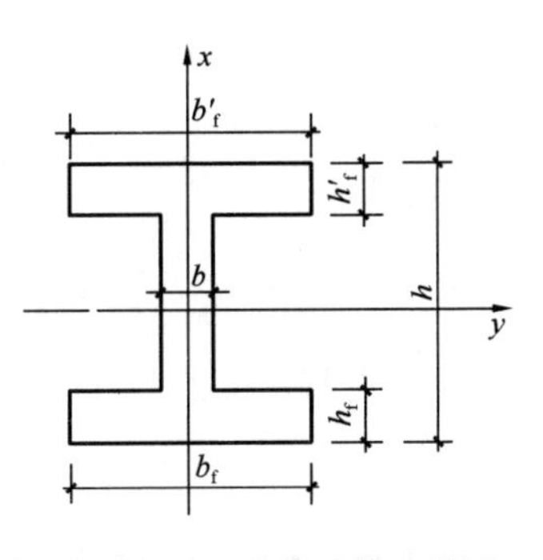

图 3.2-5 I形截面偏心受压

① 受压区高度 $x$。

当 $x \leqslant h'_f$ 时，按 $b'_f \times h$ 的矩形截面计算，具体又分两种情况，见下面②；

当 $h'_f < x < h - h_f$ 时，按《混规》式(6.2.18-1)、式(6.2.18-2)计算。

当 $x > h - h_f$ 时，按《混规》6.2.18 条 3 款规定计算。

② 第一种情况，当 $2a'_s < x < h'_f$ 时，按 $b'_f \times h$ 的矩形截面计算。

第二种情况，当 $x \leqslant h'_f$，且 $x < 2a'_s$ 时，按 $b'_f \times h$ 的矩形截面计算，且按《混规》6.2.17 条 2 款规定，即按《混规》式(6.2.14)计算。

**3. 历年真题及自编题解析**

**【例 3.2.1】** 2019 上午 10 题

某⺁形普通钢筋混凝土构架，安全等级为二级，如图 2019-10 所示。梁柱截面均为 400mm×600mm，混凝土强度等级为 C40，钢筋采用 HRB400，$a_s = a'_s = 50\text{mm}$，$\xi_b = 0.518$。假定，不考虑地震作用状况，刚架自重忽略不计。集中荷载设计值 $P = 224\text{kN}$，柱 AB 采用对称配筋。试问，按正截面承载力计算得出柱 AB 单边纵向受力筋 $A_s$ ($\text{mm}^2$) 与下列何项数值最为接近?

**提示：** ①不考虑二阶效应；

②不必验算平面外承载力和稳定。

(A) 2550　　(B) 2450　　(C) 2350　　(D) 2250

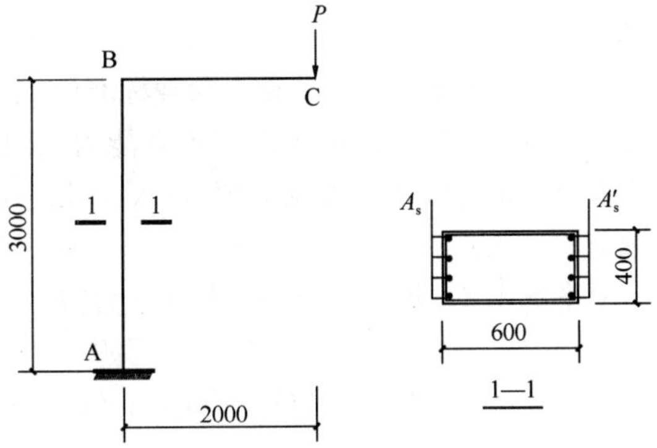

图 2019-10

**【答案】** (D)

根据《混规》6.2.17 条：

$$x = \frac{224 \times 10^3}{1.0 \times 19.1 \times 400} = 29.3 < \xi_b h_0 = 0.518 \times (610 - 50) = 284.9\text{mm}$$

$x=29.3<2a'_s$，故为大偏压。

不考虑二阶效应：

$$e_0=\frac{M}{N}=\frac{224\times 2}{224}=2000\text{mm}$$

$$e_a=\max\left(\frac{h}{30},20\right)=20\text{mm}$$

$$e_i=e_0+e_a=2020\text{mm}$$

$$e'_s=e_i-\frac{h}{2}+a_s=2020-300+50=1770\text{mm}$$

由《混规》6.2.17 条和 6.2.14 条：

$$A'_s=\frac{Ne'_s}{f'_y(h_0-a'_s)}=\frac{224000\times 1770}{360\times 500}=2202\text{ mm}^2$$

**【例 3.2.2～3.2.3】** 2018 上午 12～13 题

某普通钢筋混凝土刚架，不考虑抗震设计。计算简图如图 2018-12～13 所示。其中竖杆 CD 截面尺寸 600mm×600mm，混凝土强度等级为 C35，纵向钢筋采用 HRB400，对称配筋，$a_s=a'_s=80$mm，$\xi_b=0.518$。

**提示：**不考虑各构件自重，不需要验算最小配筋率。

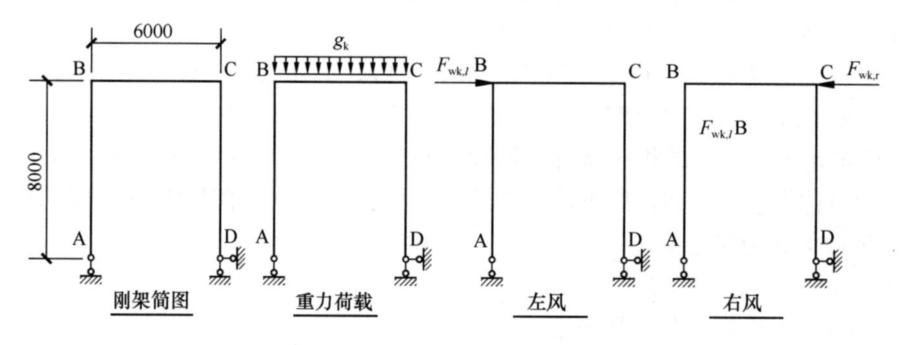


图 2018-12～13

**【例 3.2.2】** 2018 上午 12 题

在图 2018-12～13 所示荷载作用下，假定，重力荷载标准值 $g_k=145$kN/m，左风、右风荷载标准值 $F_{wk,l}=F_{wk,r}=90$kN。试问，按正截面承载能力极限状态计算时，竖杆 CD 最不利截面的最不利荷载组合：轴力设计值的绝对值（kN），相应的弯矩设计值的绝对值（kN・m），与下列何项数值最为接近？

**提示：**按重力荷载分项系数 1.2，风荷载分项系数 1.4 计算。

（A）350，700　　（B）700，700

（C）350，1000　　（D）700，1000

**【答案】**（C）

在弯矩不变的情况下，大偏压时轴压力越小越不利，小偏压时轴压力越大越不利。

（1）竖杆 CD，轴力沿高度不变，弯矩在 C 端最大，在 D 端为 0，因此 C 端为最不利截面。

（2）C 端内力及内力组合（压力为正，拉力为负）如下。

重力荷载：$N_{k1}=0.5\times145\times6=435\text{kN}, M_{k1}=0$

左风：$N_{k2}=90\times8/6=120\text{kN}, M_{k2}=90\times8=720\text{kN}\cdot\text{m}$

右风：$N_{k3}=-90\times8/6=-120\text{kN}, M_{k3}=90\times8=720\text{kN}\cdot\text{m}$

根据《抗规》5.4.1条：

重力荷载+左风组合：$N_1=1.2\times435+1.4\times120=690\text{kN}, M_1=1.4\times720=1008\text{kN}\cdot\text{m}$

重力荷载+右风组合：$N_2=1.2\times435-1.4\times120=354\text{kN}, M_2=1.4\times720=1008\text{kN}\cdot\text{m}$

$N$=690kN时，$x$最大，则

$$\frac{690\times10^3}{16.7\times600}=68.9\text{mm}<\xi_b h_0=0.518\times(600-80)=269.36\text{mm}$$

两种组合均为大偏压。

大偏压时，在弯矩不变的情况下，轴压力越小，配筋越大。

（重力荷载+右风）为控制组合。

**【编者注】**（1）根据“在轴力不变的情况下，弯矩越大越不利”的原则找出最不利截面。

（2）进行荷载组合，判断大小偏压。根据“在弯矩不变的情况下，大偏压时轴压力越小越不利，小偏压时轴压力越大越不利”的原则找出最不利荷载组合。

**【例3.2.3】**2018上午13题

假定，CD杆最不利截面的最不利荷载组合为：$N$=260kN，$M$=800kN·m。试问，不考虑二阶效应，按承载能力极限状态计算，对称配筋，计入纵向受压钢筋作用，竖杆CD最不利截面的单侧纵向受力钢筋截面面积$A_s$（mm²），与下列何项数值最为接近？

（A）3700　　（B）4050　　（C）4400　　（D）4750

**【答案】**（D）

对称配筋，先假定为大偏心受压，受拉钢筋$\sigma_s=f'_y$，则$x=\dfrac{260\times1000}{16.7\times600}=25.95\text{mm}$ $<\xi_b h_0=269.36\text{mm}$，假定成立。

根据《混规》6.2.17条2款：

$$x<2a'_s=2\times80=160\text{mm}$$

则正截面受压承载力应按《混规》式（6.2.14）计算。

$$e_0=\frac{M}{N}=\frac{800\times10^6}{260\times10^3}=3076.9\text{mm}$$

$$e_a=\max(20,600/30)=20\text{mm}$$

$$e_i=e_0+e_a=3096.9\text{mm}$$

$$e'_s=e_i-\frac{h}{2}+a'_s=3096.9-300+80=2876.9\text{mm}$$

$$A_s=\frac{Ne'_s}{f_y(h-a_s-a'_s)}=\frac{260\times1000\times2876.9}{360\times(600-80-80)}=4722\text{mm}^2$$

**【例3.2.4】**2016上午12题

某7度（0.10$g$）地区多层重点设防类民用建筑，采用现浇钢筋混凝土框架结构，建筑平、立面均规则，框架的抗震等级为二级。框架柱的混凝土强度等级均为C40，钢筋采用HRB400，$a_s=a'_s$=50mm。

假定，底层某角柱截面为700mm×700mm，柱底截面考虑水平地震作用组合的、未经调整的弯矩设计值为900kN·m，相应的轴压力设计值为3000kN。柱纵筋采用对称配筋，相对界限受压区高度 $\xi_b=0.518$，不需要考虑二阶效应。试问，按单偏压构件计算，该角柱满足柱底正截面承载能力要求的单侧纵筋截面面积 $A_s$（$mm^2$），与下列何项数值最为接近？

**提示**：不需要验算最小配筋率。

(A) 1300　　(B) 1800

(C) 2200　　(D) 2900

**【答案】**(D)

根据《抗规》6.2.3条、6.2.6条，二级框架底层柱：1.5，框架角柱：1.1，则

$$M=900\times1.5\times1.1=1485\text{kN}\cdot\text{m}$$

根据《抗规》5.4.2条：

$$\mu_c=\frac{3000\times10^3}{19.1\times700\times700}=0.32>0.15$$

$\gamma_{RE}=0.8$，根据《混规》6.2.17条、11.1.6条：

$$x=\frac{\gamma_{RE}N}{\alpha_1 f_c b}=\frac{0.8\times3000\times10^3}{1\times19.1\times700}=179.51\text{mm}<\xi_b h_0=0.518\times(700-50)=336.7\text{mm}$$

属大偏心受压。

$$x=179.51\text{mm}>2a'_s=2\times50=100\text{mm}$$

不需要考虑二阶效应。

$$e_0=\frac{M}{N}=\frac{1485\times10^6}{3000\times10^3}=495\text{mm}$$

$$e_a=\max(20,700/30)=23.33\text{mm}$$

$$e_i=e_0+e_a=518.33\text{mm}$$

$$e=e_i+\frac{h}{2}-a_s=518.33+\frac{700}{2}-50=818.33\text{mm}$$

根据《混规》式(6.2.17-2)：

$$\gamma_{RE}Ne=\alpha_1 f_c bx\left(h_0-\frac{x}{2}\right)+f'_y A'_s(h_0-a'_s)$$

$$A'_s=\frac{\gamma_{RE}Ne-\alpha_1 f_c bx(h_0-x/2)}{f'_y(h_0-a'_s)}$$

$$=\frac{0.8\times3000\times10^3\times818.33-1\times19.1\times700\times179.51\times(650-179.51/2)}{360\times(650-50)}$$

$$=\frac{1963992000-1344615284}{216000}=2867\text{mm}^2$$

**【例3.2.5】**2013上午10题

某外挑三角架，安全等级为二级，计算简图如图2013-10所示。其中横杆AB为混凝土构件，截面尺寸300mm×400mm，混凝土强度等级为C35，纵向钢筋采用HRB400，对称配筋，$a_s=a'_s=45$mm。假定，均布荷载设计值 $q=25$kN/m（包括自重），集中荷载设计值 $P=350$kN（作用于节点B上）。试问，按承载能力极限状态计算（不考虑抗震），横杆最不利截面的纵向配筋 $A_s$（$mm^2$）与下列何项数值最为接近？

(A) 980

(B) 1190

(C) 1400

(D) 1600

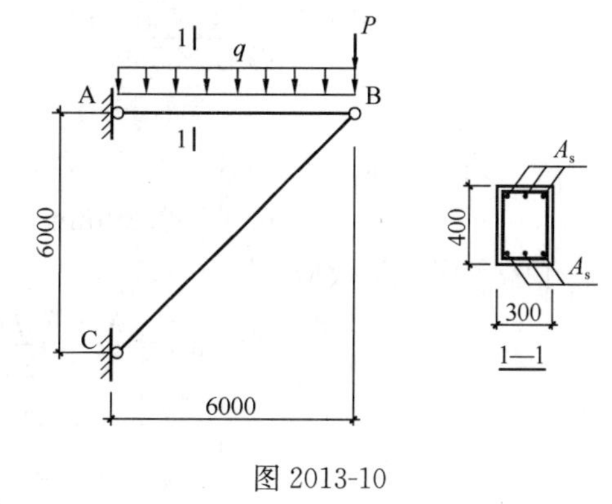


图 2013-10

**【答案】**(D)

横杆 AB 跨中的弯矩设计值：

$M=1/8\times25\times6\times6=112.5\text{kN}\cdot\text{m}$

对点 C 取矩，得横杆 AB 的拉力设计值：

$N=(350\times6+0.5\times25\times6\times6)/6=425\text{kN}$

横杆全跨轴拉力不变，跨中截面弯矩最大，因此跨中截面为最不利截面，按偏心受拉构件计算。

$$e_0=\frac{M}{N}=\frac{112.5\times1000}{425}=264.7\text{mm}>0.5h-a_s=200-45=155\text{mm}$$

为大偏心受拉。

对称配筋，根据《混规》式（6.2.23-2）：

$$e'=e_0+\frac{h}{2}-a'_s=264.7+200-45=419.7\text{mm}$$

$$h'_0=h_0=400-45=355\text{mm}$$

$$A_s\geqslant\frac{Ne'}{f_y(h'_0-a_s)}=\frac{425\times1000\times419.7}{360\times(355-45)}=1598.3\text{mm}^2$$

**【例 3.2.6】** 2013 上午 15 题

8 度区某多层重点设防类建筑，采用现浇钢筋混凝土框架-剪力墙结构，房屋高度 20m。柱截面均为 550mm×550mm，混凝土强度等级为 C40。假定，底层角柱柱底截面考虑水平地震作用组合的、未经调整的弯矩设计值为 700kN·m，相应的轴力设计值为 2500kN。柱纵筋采用 HRB400 钢筋，对称配筋，$a_s=a'_s=50\text{mm}$，相对界限受压区高度 $\xi_b=0.518$，不需要考虑二阶效应。试问，该角柱满足柱底正截面承载能力要求的单侧纵筋截面面积 $A'_s$（$\text{mm}^2$）与下列何项数值最为接近？

**提示：**不需要验算配筋率。

(A) 1480　　(B) 1830

(C) 3210　　(D) 3430

**【答案】**(B)

8 度、重点设防类建筑，按 9 度采取抗震措施。

查《抗规》表 6.1.2，$H=20\text{m}<24\text{m}$，框架的抗震等级为二级。

根据《抗规》6.2.6 条，角柱的弯矩增大系数取 1.1，则

$$M=700\times1.1=770\text{kN}\cdot\text{m}$$

根据《抗规》5.4.2 条：

$$\mu_c=\frac{2500\times1000}{19.1\times550\times550}=0.433>0.15$$

则 $\gamma_{RE}=0.8$。

根据《混规》6.2.17 条、11.1.6 条：

$$x=\frac{\gamma_{RE}N}{\alpha_1 f_c b}=\frac{0.8\times2500\times1000}{1\times19.1\times550}=190.39\text{mm}<\xi_b h_0=0.518\times(550-50)=259\text{mm}$$

属大偏心受压。

$$x=190.39\text{mm}>2a'_s=2\times50=100\text{mm}$$

不需考虑二阶效应。

$$e_0=\frac{M}{N}=\frac{770\times10^6}{2500\times10^3}=308\text{mm}$$

$$e_a=\max(20550/30)=20\text{mm}$$

$$e_i=e_0+e_a=328\text{mm}$$

$$e=e_i+\frac{h}{2}-a_s=328+\frac{550}{2}-50=553\text{mm}$$

根据《混规》式（6.2.17-2）：

$$A'_s=\frac{\gamma_{RE}Ne-\alpha_1 f_c bx(h_0-x/2)}{f'_y(h_0-a'_s)}$$

$$=\frac{0.8\times2500\times1000\times553-1\times19.1\times550\times190.39\times(500-190.39/2)}{360\times(500-50)}$$

$$=1829.5\text{mm}^2$$

**【例 3.2.7】**2012 上午 12 题

假设，某边柱截面尺寸为 700mm×700mm，混凝土强度等级为 C30，纵筋采用 HRB400，纵筋合力点至截面边缘的距离 $a_s=a'_s=40$mm，考虑地震作用组合的柱轴力、弯矩设计值分别为 3100kN、1250kN·m。试问，对称配筋时柱单侧所需的钢筋，下列何项配置最为合适?

**提示：**按大偏心受压进行计算，不考虑重力二阶效应的影响。

(A) 4 Φ 22 (B) 5 Φ 22

(C) 4 Φ 25 (D) 5 Φ 25

**【答案】**(D)

$$\mu=\frac{N}{f_c A}=\frac{3100\times10^3}{14.3\times700\times700}=0.44>0.15$$

根据《混规》表 11.1.6，$\gamma_{RE}=0.8$。

根据《混规》6.2.17 条：

$$x=\frac{\gamma_{RE}N}{\alpha_1 f_c b}=\frac{0.8\times3100\times10^3}{1.0\times14.3\times700}=248\text{mm}$$

根据《混规》6.2.5 条：

$$e_a=\max(20,700/30)=23.3\text{mm}$$

$$e_0=\frac{M}{N}=\frac{1250\times10^6}{3100\times10^3}=403.2\text{mm}$$

$$e=e_0+e_a+h/2-a_s=403.2+23.3+700/2-40=736.5\text{mm}$$

根据《混规》6.2.17 条：

$$\gamma_{RE}Ne\leqslant\alpha_1 f_c bx\left(h_0-\frac{x}{2}\right)+f'_y A'_s(h_0-a'_s)$$

$$A'_s=\frac{\gamma_{RE}Ne-\alpha_1 f_c bx\left(h_0-\dfrac{x}{2}\right)}{f'_y(h_0-a'_s)}$$

$$=\frac{0.8\times3100\times10^3\times736.5-1.0\times14.3\times700\times248\times\left(660-\dfrac{248}{2}\right)}{360\times(660-40)}$$

$$=2222\text{mm}^2$$

取 5 Φ 25，$A_s=2454\text{mm}^2$。

单侧配筋率$=\dfrac{2454}{700^2}=0.5\%>0.2\%$，满足。

**【例 3.2.8】** 2011 上午 5 题

某五层重点设防类建筑，采用现浇钢筋混凝土框架结构如图 2011-5 所示，抗震等级为二级，各柱截面均为 600mm×600mm，混凝土强度等级 C40。

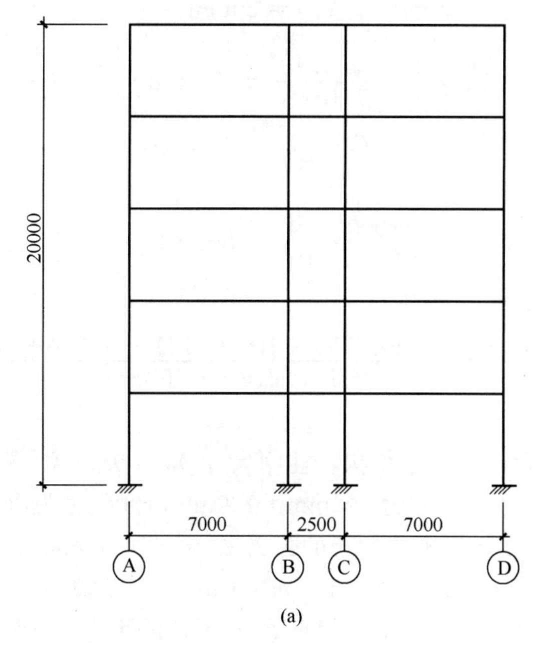


(a)

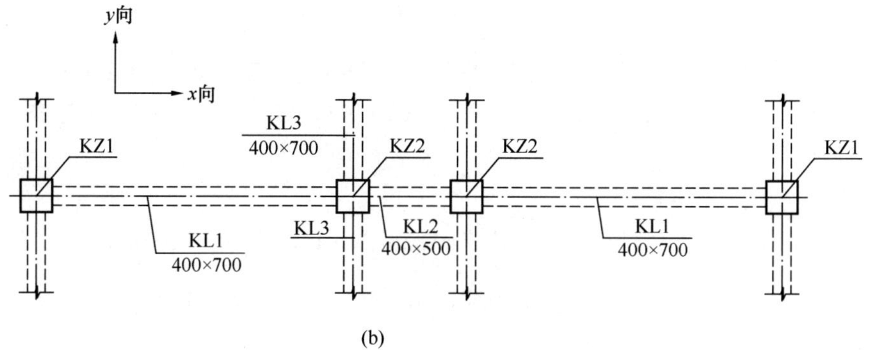


(b)

图 2011-5

(a) 计算简图；(b) 二、三层局部结构布置假定，底层边柱 KZ1 考虑水平地震作用组合、经调整后的弯矩设计值为 616kN·m，相应的轴力设计值为 880kN，柱纵筋采用 HRB335 级钢筋，对称配筋。$a_s = a'_s = 40mm$，相对界限受压区高度 $\xi_b = 0.55$，考虑二阶效应 $C_m \eta_{ns} = 1.03$，承载力抗震调整系数 $\gamma_{RE} = 0.75$。试问，满足承载力要求的纵筋截面面积 $A_s$ 或 $A'_s$（$mm^2$）与下列何项数值最为接近？

**提示**：柱的配筋由该组内力控制且满足构造要求。

(A) 1500 (B) 2100

(C) 2700 (D) 3500

**【答案】**(B)

根据《混规》6.2.4 条，考虑二阶效应：

$$M = C_m \eta_{ns} M_2 = 1.03 \times 616 = 634.48 kN \cdot m$$

根据《混规》6.2.5 条、6.2.17 条、6.2.14 条：

$$e_a = \max\left\{\frac{h}{30}, 20\right\} = 20mm$$

$$e_0 = \frac{M}{N} = \frac{634.48 \times 10^3}{880} = 721mm$$

$$e_i = e_0 + e_a = 721 + 20 = 741mm$$

采用对称配筋，并已知 $\gamma_{RE} = 0.75$。

$$x = \gamma_{RE} \times \frac{N}{\alpha_1 f_c b} = 0.75 \times \frac{880000}{1 \times 19.1 \times 600} = 58mm < 2a'_s = 2 \times 40 = 80mm$$

且小于 $\xi_b \cdot h_0 = 0.55 \times 560 = 308mm$，则

$$A_s = A'_s = \frac{\gamma_{RE} N(e_i - h/2 + a'_s)}{f_y(h_0 - a'_s)} = \frac{0.75 \times 880 \times 10^3 \times (741 - 600/2 + 40)}{300 \times (600 - 40 - 40)} = 2035 \ mm^2$$

**【例 3.2.9】**自编题

某五层现浇钢筋混凝土框架-剪力墙结构，柱网尺寸 9m×9m，各层层高均为 4.5m，位于非地震区。假设，某边柱截面尺寸为 700mm×700mm，混凝土强度等级为 C30，纵筋采用 HRB400 钢筋，纵筋合力点至截面边缘的距离 $a_s = a'_s = 40mm$，最不利荷载组合的柱上端轴力、弯矩设计值分别为 3080kN、1150kN·m，柱下端轴力、弯矩设计值分别为 3100kN、1250kN·m，柱中部无反弯点。试问，对称配筋时柱单侧所需的钢筋，下列何项配置最为合适？

**提示**：按大偏心受压进行计算，需考虑挠曲二阶效应的影响，$\eta_{ns} = 1.09$。

(A) 6Φ25 (B) 7Φ25 (C) 6Φ28 (D) 7Φ28

**【答案】**(C)

根据《混规》6.2.4 条：

$$M_1 = 1150kN \cdot m, \quad M_2 = 1250kN \cdot m, \quad N = 3100kN$$

$$C_m = 0.7 + 0.3\frac{M_1}{M_2} = 0.7 + 0.3 \times \frac{1150}{1250} = 0.976 > 0.7$$

$$C_m \eta_{ns} = 0.976 \times 1.09 = 1.064 > 1.0$$

$$M = C_m \eta_{ns} M_2 = 1.064 \times 1250 = 1330kN \cdot m$$

$$e_0 = \frac{M}{N} = \frac{1330 \times 10^3}{3100} = 429mm$$

$$e_a = \max\{20, h/30\} = 23.3\text{mm}$$

$$e_i = e_0 + e_a = 452.3\text{mm}$$

$$e = e_i + \frac{h}{2} - a_s = 452.3 + 700/2 - 40 = 762.3\text{mm}$$

$$x = \frac{N}{\alpha_1 f_c b} = \frac{3100 \times 10^3}{1.0 \times 14.3 \times 700} = 309.7\text{mm} > 2a'_s = 80\text{mm}$$

$$A_s = A'_s = \frac{Ne - \alpha_1 f_c bx(h_0 - x/2)}{f_y(h_0 - a'_s)}$$

$$= \frac{3100 \times 10^3 \times 762.3 - 1.0 \times 14.3 \times 700 \times 309.7 \times (660 - 309.7/2)}{360 \times (660 - 40)}$$

$$= 3571.3\text{mm}^2$$

选 6 Φ 18，$A_s = 3694.8\text{ mm}^2$，单侧配筋率 $= \frac{3694.8}{700^2} = 0.75\% > 0.2\%$，满足要求。

## 3.3　受压构件斜截面承载力计算

### 3.3.1　受压构件斜截面（非抗震）计算

**1. 主要的规范规定**

1）《混规》6.3.11 条：矩形、T 形和 I 形截面的偏心受压构件和偏心受拉构件的截面限制条件。

2）《混规》6.3.12 条：矩形、T 形和 I 形截面的偏心受压构件斜截面承载力。

3）《混规》6.3.13 条：矩形、T 形和 I 形截面的偏心受压构件按构造配置箍筋的条件。

**2. 对规范规定的理解**

（1）已知箍筋，求 $V$。（$f_{yv} > 360$ 取 360）

① 剪跨比计算（《混规》6.3.12 条）

$$\lambda = \frac{M}{Vh_0}\begin{cases}\text{框架结构框架柱，反弯点在层高范围内 } \lambda = H_n/2h_0 (1.0 \sim 3.0) \\ \text{其他偏压构件，均布荷载 } \lambda = 1.5\text{；集中荷载}(75\%)\lambda = a/h_0 (1.5 \sim 3.0)\end{cases}$$

② 斜截面受剪承载力

$$0.3f_cA \begin{cases}\boxed{\geqslant} N \\ \boxed{<} N \quad \text{取 } N = 0.3f_cA\end{cases} \qquad V = \frac{1.75}{\lambda + 1} f_t bh_0 + f_{yv}\frac{A_{sv}}{s}h_0 + 0.07N$$

③ 截面限制条件（《混规》6.3.1 条）

$$h_w/b \begin{cases}\boxed{\leqslant} 4 \quad V_1 = 0.25\beta_c f_c bh_0 \\ 4 \sim 6 \text{ 间} \quad \text{内插} \\ \boxed{\geqslant} 6 \quad V_1 = 0.20\beta_c f_c bh_0\end{cases} \qquad \beta_c \begin{cases}\leqslant \text{C50} \quad 1 \\ \text{其间内插} \\ \text{C80} \quad 0.8\end{cases}$$

$V = \min(V_1, V)$

（2）已知 $V$，求箍筋。（$f_{yv} > 360$ 取 360）

① 截面限制条件(《混规》6.3.1 条)

$$h_w/b\begin{cases}\boxed{\leqslant}\ 4 & 0.25\beta_c f_c bh_0 \geqslant V\\ 4\sim 6\ \text{间} & \text{内插} \qquad \text{截面满足要求(题目均应满足)}\\ \boxed{\geqslant}\ 6 & 0.20\beta_c f_c bh_0 \geqslant V\end{cases}$$

② 剪跨比计算

$$\lambda=\frac{M}{Vh_0}\begin{cases}\text{框架结构框架柱,反弯点在层高范围内}\ \lambda=H_n/2h_0(1.0\sim 3.0)\\ \text{其他偏压构件,均布荷载}\ \lambda=1.5;\text{集中荷载}(75\%)\ \lambda=a/h_0(1.5\sim 3.0)\end{cases}$$

③ 验算是否构造配筋

$$0.3f_cA\begin{cases}\boxed{\geqslant}\ N\\ \boxed{<}\ N \quad \text{取}\ N=0.3f_cA\end{cases}$$

$$\frac{1.75}{\lambda+1}f_tbh_0+0.07N\begin{cases}\boxed{\geqslant}\ V,\text{《混规》6.3.13 条构造配筋}\\ \boxed{<}\ V,\text{《混规》6.3.12 条}\end{cases}$$

④ 箍筋计算

$$\frac{A_{sv}}{s}\geqslant\frac{V-\dfrac{1.75}{\lambda+1}f_tbh_0-0.07N}{f_{yv}h_0}\quad \text{取}\ \frac{nA_{sv1}}{s}\geqslant\frac{A_{sv}}{s}\ \text{且满足构造要求}$$

### 3.3.2 受压构件斜截面抗震计算

**1. 主要的规范规定**

1)《混规》11.4.6 条:考虑地震组合的矩形截面框架柱和框支柱,截面限制条件。

2)《混规》11.4.7 条:考虑地震组合的矩形截面框架柱和框支柱,截面受剪承载力。

3)《混规》11.1.6 条:抗震调整系数 $\gamma_{RE}$。

**2. 对规范规定的理解**

(1)已知箍筋,求 $V$。($f_{yv}>360$ 取 360)

《混规》11.1.6 条,$\gamma_{RE}=0.85$。

① 剪跨比计算

《混规》11.4.7 条,$\lambda=M/(Vh_0)$。

框架柱,反弯点在层高范围内,$\lambda=H_n/2h_0(1.0\sim 3.0)$。

② 斜截面受剪承载力

$$0.3f_cA\begin{cases}\boxed{\geqslant}\ N\\ \boxed{<}\ N \quad \text{取}\ N=0.3f_cA\end{cases}\qquad V=\left[\frac{1}{\gamma_{RE}}\left(\frac{1.05}{\lambda+1}\right)f_tbh_0+f_{yv}\frac{A_{sv}}{s}h_0+0.056N\right]$$

③ 截面限制条件(《混规》11.4.6 条)

$$\lambda\begin{cases}\boxed{>}\ 2\ \text{的框架柱} & V_1=0.20\beta_c f_c bh_0/\gamma_{RE}\\ \boxed{\leqslant}\ 2\ \text{的框架柱和框支柱} & V_1=0.15\beta_c f_c bh_0/\gamma_{RE}\end{cases}\quad V=\min(V_1,V)$$

(2)已知 $V$,求箍筋。($f_{yv}>360$ 取 360)

《混规》11.1.6 条,$\gamma_{RE}=0.85$。

① 剪跨比计算

$\lambda = M/(Vh_0)$，框架柱和框支柱，反弯点在层高范围内 $\lambda = H_n/2h_0$(1.0～3.0)。

② 截面限制条件（《混规》11.4.6条）

$\lambda$ $>$ 2 的框架柱　　$0.20\beta_c f_c bh_0/\gamma_{RE} \geqslant V$ 截面满足要求

$\lambda$ $\leqslant$ 2 的框架柱和框支柱　　$0.15\beta_c f_c bh_0/\gamma_{RE} \geqslant V$(题目均应满足)

③ 配筋计算（《混规》11.4.7条）

$0.3f_cA$ $\geqslant N$

$0.3f_cA$ $< N$　取 $N = 0.3f_cA$

$$\frac{A_{sv}}{s} \geqslant \frac{V\gamma_{RE} - \frac{1.05}{\lambda+1}f_t bh_0 - 0.056N}{f_{yv}h_0} \quad 取 \frac{nA_{sv1}}{s} \geqslant \frac{A_{sv}}{s}$$

④ 复核构造要求

$\frac{A_{sv1}\Sigma l_i}{A_{cor}s} \geqslant \rho_{vmin}$ 且满足构造要求。

**3. 历年真题解析**

**【例 3.3.1】** 2018上午8题

某外挑三角架，计算简图如图2018-8所示。其中横杆AB为等截面普通混凝土构件，截面尺寸300mm×400mm，混凝土强度等级为C35，纵向钢筋和箍筋均采用HRB400，全跨范围内纵筋和箍筋的配置不变，未配置弯起钢筋，$a_s = a'_s = 40$mm。假定，不计BC杆自重，均布荷载设计值 $q$=70kN/m（含AB杆自重）。试问，按斜截面受剪承载力计算（不考虑抗震），横杆AB在A支座边缘处的最小箍筋配置与下列何项最为接近？

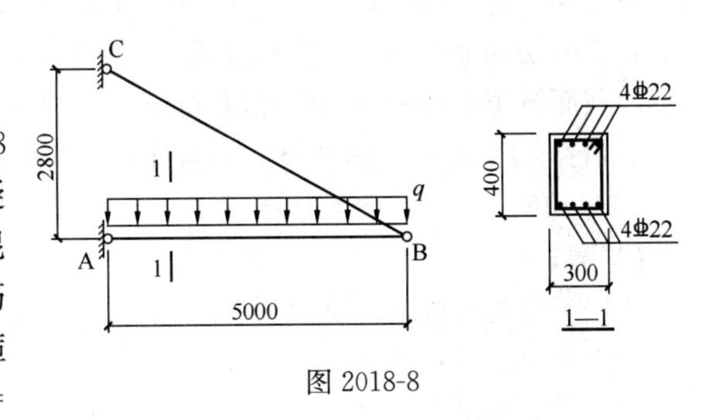


图 2018-8

**提示：** 满足计算要求即可，不需要复核最小配箍率和构造要求。

(A) Φ6@200 (2)　　(B) Φ8@200 (2)

(C) Φ10@200 (2)　　(D) Φ12@200 (2)

**【答案】** (A)

横杆AB支座截面的剪力设计值：

$$V=0.5\times70\times5=175\text{kN}$$

对点C取矩，可得横杆AB的轴向压力设计值：

$$N=0.5\times70\times5\times5/2.8=312.5\text{kN}$$

因此按偏心受压构件计算。

截面限制条件：

根据《混规》6.3.11条、6.3.1条，$h_0 = 400 - 40 = 360$mm，当 $h_w/b \leqslant 4$ 时：

$0.25\beta_c f_c bh_0 = 0.25 \times 1.0 \times 16.7 \times 300 \times 360/1000 = 450.9\text{kN} > V = 175\text{kN}$，满足

根据《混规》6.3.12条，$\lambda = 1.5$，则

$$0.3f_cA = 0.3\times16.7\times300\times400/1000 = 601.2\text{kN} > N = 312.5\text{kN}$$

根据《混规》式（6.3.12）：

$$V \leqslant \frac{1.75}{\lambda+1}f_tbh_0 + f_{yv}\frac{A_{sv}}{s}h_0 + 0.07N$$

$$\frac{A_{sv}}{s} = \frac{175\times10^3 - \dfrac{1.75}{1.5+1}\times1.57\times300\times360 - 0.07\times312.5\times10^3}{360\times360} = 0.2657$$

单肢 $A_{sv1} = 0.2657\times200/2 = 26.57\ \text{mm}^2$，单肢Φ 6 的面积 28.3mm²，满足。

**【例 3.3.2】** 2010 上午 9 题

某钢筋混凝土多层框架结构的中柱，剪跨比 $\lambda>2$，截面尺寸及计算配筋如图 2010-9 所示，抗震等级为四级，混凝土强度等级为 C30，考虑水平地震作用组合的底层柱底轴向压力设计值 $N_1=300\text{kN}$，二层柱底轴向压力设计值 $N_2=225\text{kN}$，纵向受力钢筋采用 HRB335 级钢筋（Φ），箍筋采用 HPB300 级钢筋（Φ），$a_s = a'_s = 40\text{mm}$，$\xi_b=0.55$。

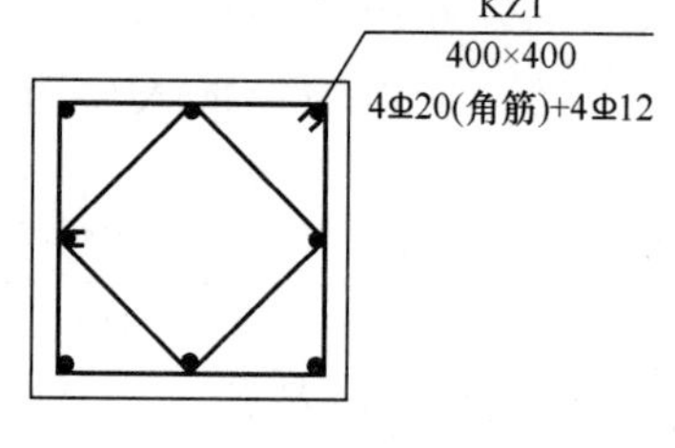


图 2010-9

若图 2010-9 所示的柱为二层中柱，已知框架柱的反弯点在柱的层高范围内，二层柱净高 $H_n=3.0\text{m}$，箍筋采用Φ 6@90/180，试问，该柱下端的斜截面抗震受剪承载力设计值（kN），与下列何项数值最为接近？

**提示：** $\gamma_{RE}=0.85$，斜向箍筋参与计算时，取其在剪力设计值方向的分量。

(A) 148　　(B) 160　　(C) 174　　(D) 200

**【答案】**(D)

依据《混规》11.4.7 条计算。

令 $N = 225\text{kN} < 0.3f_cA = 0.3\times14.3\times400\times400 = 686.4\times10^3\text{N}$，取 $N = 225\text{kN}$。

$$\lambda = \frac{H_n}{2h_0} = \frac{3000}{2\times(400-40)} = 4.17 > 3\text{，取}\lambda = 3$$

考虑斜向箍筋的贡献 $2\times28.3\times0.7$，则

$$A_{sv} = 2\times28.3 + 2\times28.3\times0.7 = 96.22\ \text{mm}^2$$

$$\frac{1}{\gamma_{RE}}\left[\frac{1.05}{\lambda+1}f_tbh_0 + f_{yv}\frac{A_{sv}}{s}h_0 + 0.056N\right]$$

$$=\frac{1}{0.85}\left[\frac{1.05}{3+1}\times1.43\times400\times360 + 270\times\frac{96.22}{90}\times360 + 0.056\times225\times10^3\right]$$

$$=200.7\times10^3\text{N}$$

**【例 3.3.3】** 2020 上午 2 题

某普通钢筋混凝土墙为偏心受压构件，安全等级为二级，其截面尺寸 200mm × 1800mm，如图 2020-2 所示。混凝土强度等级为 C30，钢筋采用 HRB400，沿截面腹部均

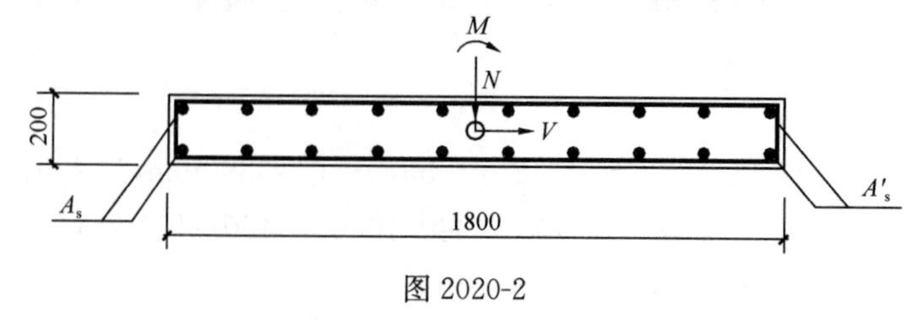


图 2020-2

匀配置纵向普通钢筋，墙两端集中配置一排纵向受力钢筋。假定，不考虑地震设计状况，墙底部截面形心上的内力设计值为：弯矩 $M=1710\text{kN}\cdot\text{m}$，轴向压力 $N=1800\text{kN}$，剪力 $V=690\text{kN}$，$a_s=a'_s=40\text{mm}$。试问，按斜截面受剪承载力计算，墙底截面处的水平分布钢筋配置 $\dfrac{A_{sh}}{s_v}$ ($\text{mm}^2/\text{mm}$) 最小值，与下列何项数值最为接近？

提示：① $A_{sh}$为配置在同一截面内的水平分布钢筋的全部截面面积；

② 墙满足受剪截面限制条件要求；

③ 剪跨比计算按 $\lambda=\dfrac{M}{Vh_0}$。

(A) 0.40　　(B) 0.50　　(C) 0.60　　(D) 0.70

**【答案】** (B)

根据《混规》6.3.21 条：

$$h_0=1800-40=1760\text{mm}$$

$$\lambda=\frac{M}{Vh_0}=\frac{1710\times10^6}{690\times10^3\times1760}=1.41<1.5,\text{取}\lambda=1.5$$

$$N=1800\text{kN}>0.2f_cA=0.2\times14.3\times200\times1800=1029.6\text{kN},\text{取}N=1029.6\text{kN}$$

由 $V\leqslant\dfrac{1}{\lambda-0.5}\left(0.5f_cbh_0+0.13N\dfrac{A_w}{A}\right)+f_y\dfrac{A_{sh}}{s_v}\times h_0$ 可得：

$$690\times10^3\leqslant\frac{1}{1.5-0.5}(0.5\times1.43\times200\times1760+0.13\times1029.6\times10^3)+360\times\frac{A_{sh}}{s}\times1760$$

解得：$\dfrac{A_{sh}}{s}=0.48\text{mm}$。

## 3.4 构造要求

**1. 主要的规范规定**

1)《混规》8.5 节：纵向受力钢筋的最小配筋率。

2)《混规》9.3.1 条：柱纵向钢筋要求。

3)《混规》11.4.11～11.4.18 条：框支柱及框架柱配筋要求。

4)《抗规》6.3.7～6.3.9 条：框支柱及框架柱配筋要求。

**2. 对规范规定的理解**

1) 内力调整

2) 框架柱构造

(1) 纵筋构造如表 3.4-1 所示。

**纵筋构造**　　**表 3.4-1**

| 抗震要求 | 非抗震 | 抗震 |
|---|---|---|
| 最大配筋率 | 根据《混规》9.3.1 条 1 款，$\rho_{全}$不宜大于 5% | 根据《混规》11.4.13 条、《抗规》6.3.8 条 3 款：<br>① $\rho_{全}$不应大于 5%；<br>② $\lambda\leqslant2$ 的一级柱，$\rho_{一侧}$不宜大于 1.2% |

续表

| 抗震要求 | 非抗震 | 抗震 |
| --- | --- | --- |
| 最小配筋率 | $\rho_{全}$：《混规》表 8.5.1<br>$\rho_{一侧}$：不小于 0.2% | $\rho_{全}$：根据《混规》表 11.4.12 条 1 款、《抗规》表 6.3.7-1，HRB400（+0.05%），HRB335（+0.1%），C60 以上（+0.1%），四类场地较高建筑（+0.1%）；根据《抗规》14.3.1 条，地下中柱（+0.2%）<br>$\rho_{一侧}$：不小于 0.2% |
| 直径 | 根据《混规》9.3.1 条 1 款，$d \geqslant 12$mm | — |
| 间距 | 根据《混规》9.3.1 条 2 款，净间距≥50mm，≤300mm | 根据《抗规》6.3.8 条 2 款，截面边长>400mm，净间距≤200mm |

注：根据《抗规》6.3.8 条 4 款、《高规》6.4.4 条 5 款，边柱、角柱、端柱小偏拉，纵筋面积比计算值增加 25%。

（2）箍筋构造如表 3.4-2 所示。

**箍筋构造** **表 3.4-2**

| 抗震要求 | 非抗震 | 抗震 |
| --- | --- | --- |
| 体积配箍率 | — | 根据《混规》11.4.17 条、《抗规》6.3.9 条 3 款：<br>$\mu_N = N/f_cA$（$N$ 考虑地震作用组合）；$\lambda = H_0/2h_0 \rightarrow \lambda_v$<br>① 一级 $\max(0.8\%, \lambda_v f_c/f_{yv})$；<br>二级 $\max(0.6\%, \lambda_v f_c/f_{yv})$；<br>三、四级 $\max(0.4\%, \lambda_v f_c/f_{yv})$（$f_c$ 小于 C35 按 C35）；<br>② 框支柱 $\lambda_v + 0.02$，≥1.5%；<br>③ $\lambda \leqslant 2$ 的柱，≥1.2%；9 度一级，≥1.5%；<br>④ 根据最小直径和给定的箍筋形式求得 $\rho_{vmin}$<br>配箍率验算：$\rho_v = A_{sv1}\Sigma l_i / A_{cor}s \geqslant \rho_{vmin}$ |
| 加密区范围 | — | 根据《混规》11.4.14 条、《抗规》6.3.9 条 1 款、《抗规》6.1.4 条 2 款：<br>① 柱端：$\max(H_n/6, h, 500\text{mm})$；<br>② 柱根：$H_m/3$，刚性地面±500mm；<br>③ $\lambda \leqslant 2$、$H_n/h \leqslant 4$ 的柱，一、二级框架角柱，框支柱：全高；<br>④ 8、9 度框架结构防震缝两侧层高相差大，两侧柱全高 |
| 最大间距 | 《混规》9.3.2 条 2 款：<br>① $\min(400, b, 15D_{min})$；<br>② $\rho > 3\%$，$\min(200\text{mm}, 10D_{min})$ | 根据《混规》表 11.4.12-2、《抗规》表 6.3.7-2：<br>① 一、二级特定条件允许 150mm；<br>② 框支柱及 $\lambda \leqslant 2$ 框架柱：《混规》$\min(6d, 100\text{mm})$；《抗规》100mm |
| 最小直径 | 《混规》9.3.2 条 1 款：<br>① $\max(D_{max}/4, 6\text{mm})$；<br>② $\rho > 3\%$，8mm | 根据《混规》表 11.4.12-2、《抗规》表 6.3.7-2：<br>① 三级 $b \leqslant 400$mm，允许 6mm；<br>② 四级 $\lambda \leqslant 2$，要求≥8mm |
| 肢距 | — | 根据《混规》11.4.15 条、《抗规》6.3.9 条 2 款（无 $20d$）：一级≤200mm；二、三级≤$\max(250\text{mm}; 20d)$；四级≤300mm；隔一根两向约束 |

注：体积配箍率计算公式为：$\rho_v = \dfrac{n_1 A_{s1} l_1 + n_2 A_s l_2}{A_{cor} s}$，$l_1$、$l_2$ 为箍筋中心到中心距离，$A_{cor}$ 为箍筋内表面核心区面积。

**3. 历年真题解析**

**【例 3.4.1】** 2018 上午 11 题

某办公楼，为钢筋混凝土框架-剪力墙结构，纵向钢筋采用 HRB400，箍筋采用 HPB300，框架抗震等级为二级。假定，底层某中柱 KZ-1，混凝土强度等级为 C60，剪跨比为 2.8，截面和配筋如图 2018-11 所示。箍筋采用井字复合箍（重叠部分不重复计算），箍筋肢距约为 180mm，箍筋的保护层厚度 22mm。试问，该柱按抗震构造措施确定的最大轴压力设计值 $N$（kN），与下列何项数值最为接近？

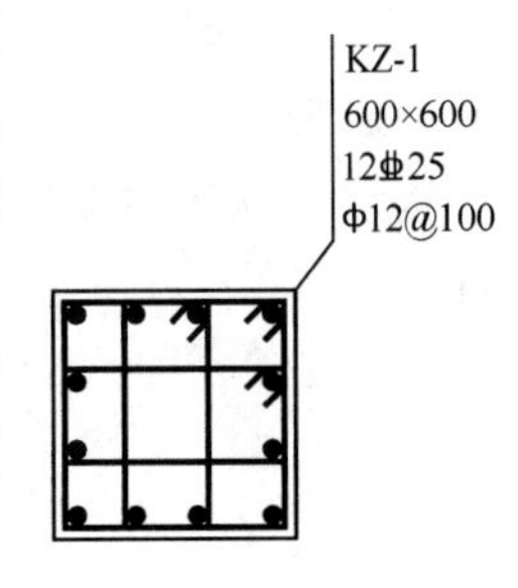


图 2018-11

(A) 7900　　(B) 8400

(C) 8900　　(D) 9400

**【答案】**(A)

(1) 根据《抗规》表 6.3.6 和注 3，轴压比限值为：0.85+0.1=0.95。

(2) 体积配箍率：

$$\rho_v = \frac{113.1 \times (600-2\times22-12)\times8}{(600-2\times22-2\times12)^2\times100} = 1.739\%$$

根据《抗规》6.3.9 条：

$$\rho_v \geqslant \lambda_v f_c / f_{yv}$$

$$\lambda_v \leqslant \frac{\rho_v f_{yv}}{f_c} = \frac{0.01739\times270}{27.5} = 0.1707$$

查表知，当 $\lambda_v = 0.17$ 时，柱轴压比为 0.8。两者取小，柱轴压比限值=min（0.95，0.8）=0.8。

$$N = 0.8\times27.5\times600\times600/1000 = 7920\text{kN}$$

**【例 3.4.2～3.4.3】** 2016 上午 13～14 题

某 7 度（0.10$g$）地区多层重点设防类民用建筑，采用现浇钢筋混凝土框架结构，建筑平、立面均规则，框架的抗震等级为二级。框架柱的混凝土强度等级均为 C40，钢筋采用 HRB400，$a_s=a'_s=50$mm。

**【例 3.4.2】** 2016 上午 13 题

假定，底层某边柱为大偏心受压构件，截面 900mm×900mm。试问，该柱满足构造要求的纵向钢筋最小总面积（mm²），与下列何项数值最为接近？

(A) 6500　　(B) 6900

(C) 7300　　(D) 7700

**【答案】**(B)

(1) 根据《混规》8.5.1 条注 4，纵筋面积应按构件的全截面面积计算。

(2) 根据《抗规》表 6.3.7-1，抗震等级为二级，0.8%；由注 2：钢筋强度标准值为 400MPa 时，增加 0.05。故框架边柱的最小总配筋率为 0.8%+0.05%=0.85%。

$$A_{s,\min}=0.85\%\times900\times900=6885\text{mm}^2$$

**【例 3.4.3】** 2016 上午 14 题

假定，某中间层的中柱 KZ-6 的净高为 3.5m，截面和配筋如图 2016-14 所示，其柱底考虑地震作用组合的轴向压力设计值为 4840kN，柱的反弯点位于柱净高中点处。试问，该柱箍筋加密区的体积配箍率 $\rho_v$ 与规范规定的最小体积配箍率 $\rho_{vmin}$ 的比值 $\rho_v/\rho_{vmin}$，与下列何项数值最为接近？

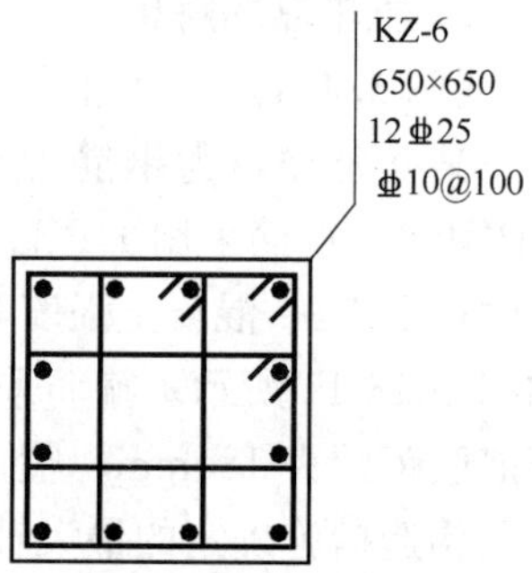

KZ-6
650×650
12⏀25
⏀10@100

图 2016-14

**提示：**箍筋的保护层厚度取 27mm，不考虑重叠部分的箍筋面积。

(A) 1.2　　(B) 1.4

(C) 1.6　　(D) 1.8

**【答案】**(C)

$$\rho_v=\frac{78.5\times(650-27\times2-10)\times8}{(650-27\times2-10\times2)^2\times100}=1.11\%$$

根据《抗规》6.3.9 条：

$$剪跨比\ \lambda=\frac{H_n}{2h_0}=\frac{3500}{2\times(650-50)}=2.92>2$$

$$轴压比=\frac{4840\times10^3}{19.1\times650^2}\approx0.6$$

查表得柱最小配筋特征值 $\lambda_v=0.13$。

$$\rho_{vmin}=\lambda_v\cdot f_c/f_{yv}=0.13\times19.1/360=0.69\%>0.6\%$$

$$\frac{\rho_v}{\rho_{vmin}}=\frac{1.11}{0.69}=1.6$$

**【例 3.4.4】**2012 上午 11 题

假设，某框架角柱截面尺寸及配筋形式如图 2012-11 所示，混凝土强度等级为 C30，箍筋采用 HRB335 级钢筋，纵筋混凝土保护层厚度 $c=40$mm。该柱地震作用组合的轴力设计值 $N=3603$kN。试问，以下何项箍筋配置相对合理？

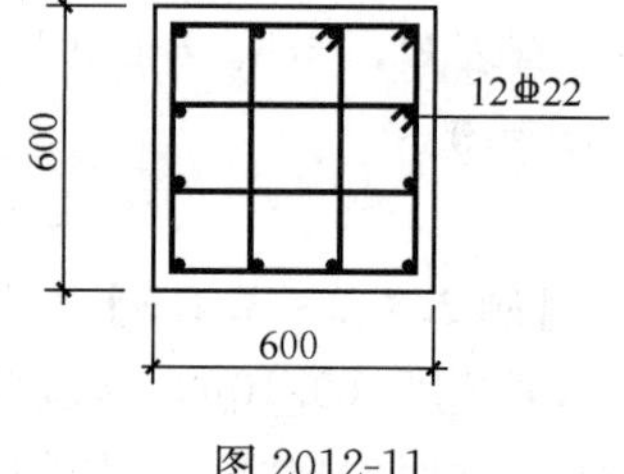


图 2012-11

**提示：**①假定对应于抗震构造措施的框架抗震等级为二级；

②按《混凝土结构设计规范》GB 50010—2010 作答。

(A) Φ8@100

(B) Φ8@100/200

(C) Φ10@100

(D) Φ10@100/200

**【答案】**(C)

根据《混规》11.4.14 条，二级角柱，全长加密，排除 (B)、(D)。

根据《混规》11.4.17 条：

$$\mu=\frac{3603\times10^3}{14.3\times600\times600}=0.7$$

查表，$\lambda_v=0.15$。$f_c$按 C35 取值，$f_c=16.7$。

$$\rho_v=0.15\times\frac{16.7}{300}\times100\%=0.84\%$$

选Φ 8@100：

$$\rho_v = \frac{(600-2\times40+8)\times8\times50.3}{(600-2\times40)^2\times100} = 0.79\%\text{，不满足}$$

选Φ 10@100：

$$\rho_v = \frac{(600-2\times40+10)\times8\times78.5}{(600-2\times40)\times(600-2\times40)\times100} = 1.23\% > 0.84\%$$

**【例 3.4.5】** 2011 上午 8 题

某五层重点设防类建筑，采用现浇钢筋混凝土框架结构，抗震等级为二级，各柱截面均为 600mm×600mm，混凝土强度等级 C40。

假定，二层中柱 KZ2 截面为 600mm×600mm，剪跨比大于 2，轴压比为 0.6，纵筋和箍筋均采用 HRB335 级钢筋，箍筋采用普通复合箍。试问，图 2011-8 中何项柱加密区配筋符合《建筑抗震设计规范》GB 50011—2010 的要求?

**提示：**复合箍的体积配箍率按扣除重叠部位的箍筋体积计算。

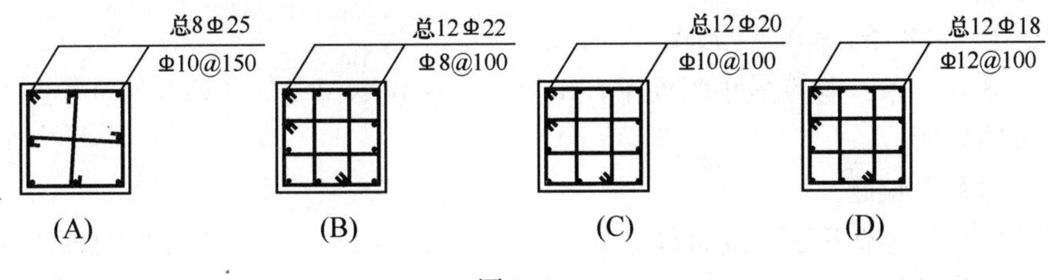


图 2011-8

**【答案】**（C）

（1）根据《抗规》6.3.9 条 2 款，二级框架柱加密区肢距不宜大于 250mm，（A）不满足。

（2）根据《抗规》表 6.3.9，轴压比为 0.6 时，$\lambda_v = 0.13$。

$$\rho_v = \lambda_v \frac{f_c}{f_{yv}} = 0.13\times19.1\div300 = 0.0083\text{，(B) 不满足}$$

（3）根据《抗规》表 6.3.7-1，二级框架结构及钢筋强度标准值小于 400MPa 时，柱截面纵向钢筋的最小总配筋率为 0.8%+0.1%=0.9%，（D）不满足。

仅有（C）满足。

# 4 受拉构件承载力计算及构造要求

## 4.1 轴心受拉构件

**1. 主要的规范规定**

1）《混规》6.2.22 条：轴心受拉构件的正截面受拉承载力计算。

2）《混规》8.5.1 条：轴心受拉构件最小配筋率。

**2. 对规范规定的理解**

《混规》6.2.22 条：$\gamma_0 N = f_y A_s + f_{py} A_p$ 。

《混规》8.5.1 条：验算最小配筋率，单侧 $\rho_{min} = \max\{0.2\%, (45 f_t / f_y)\%\}$。

**3. 自编题解析**

**【例 4.1.1】**自编题

某钢筋混凝土屋架下弦，截面尺寸 $b \times h = 200mm \times 150mm$，其所受的轴心拉力设计值为 240kN，采用 C30 混凝土，HRB400 级钢筋。试确定其截面配筋？

(A) 4 Φ 16　　(B) 4 Φ 18　　(C) 4 Φ 20　　(D) 4 Φ 22

**【答案】**(A)

根据《混规》表 4.2.3-1 的规定，取 $f_y = 360N/mm^2$。

由《混规》式（6.2.22）求 $A_s$：

$$A_s = \frac{N}{f_y} = \frac{240000}{360} = 667mm^2$$

选 4 Φ 16，$A_s = 804mm^2$。

## 4.2 偏拉正截面承载力计算

**1. 主要的规范规定**

1）《混规》6.2.23 条：矩形截面偏心受拉构件的正截面承载力计算。

2）《混规》8.5.1 条：构件最小配筋率验算。

**2. 对规范规定的理解**

1）偏心受拉构件分类及判别

如图 4.2-1 所示，对 $h/2 - a_s > e_0 > 0$ 的偏心受拉构件，即纵向力 $N$ 作用在钢筋 $A_s$ 合力点与 $A'_s$ 合力点范围以内的受拉构件，混凝土完全不参加工作，两侧钢筋 $A_s$ 及 $A'_s$ 均受拉屈服，属于小偏心受拉；当纵向力 $N$ 作用在钢筋 $A_s$ 合力点与 $A'_s$ 合力点范围以外的受拉构件时，属于大偏心受拉。即

$e_0 = \dfrac{M}{N} < \dfrac{h}{2} - a_s$，为小偏拉；

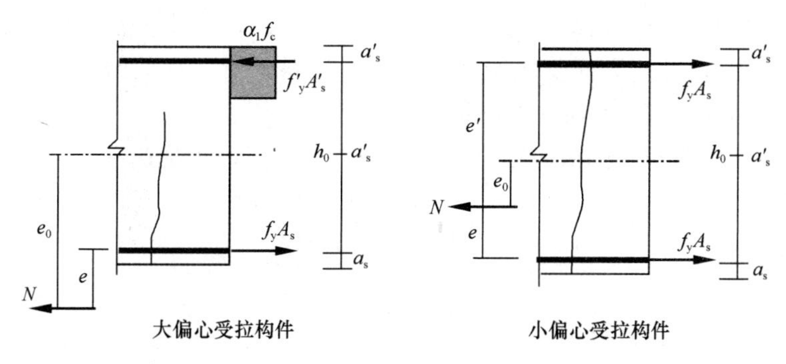


图 4.2-1　偏心受拉构件的分类

$e_0=\dfrac{M}{N}>\dfrac{h}{2}-a_s$，为大偏拉。

2）计算流程（非抗震，无 $\gamma_{RE}$；抗震，《混规》11.1.6 条，$\gamma_{RE}=0.85$）

（1）已知 $N$、$M$，求 $A_s$。$(f_y, h'_0)$

对称配筋，《混规》6.2.23 条，$e_0=\dfrac{M}{N}, e'=e_0+\dfrac{h}{2}-a'_s, A_s=\dfrac{\gamma_{RE}Ne'}{f_y(h'_0-a_s)}$。

非对称配筋，$e_0=\dfrac{M}{N}$ $\boxed{<}$ $h/2-a_s$，小偏拉，$A_s$ 计算同对称配筋。

$\boxed{\geqslant}$ $h/2-a_s$，大偏拉，按《混规》式(6.2.23-3)、式(6.2.23-4)计算。

受拉构件一侧受拉钢筋的最小配筋率：

$$\rho_{min}=\frac{A_s}{A}=\max\{0.2\%, (45f_t/f_y)\%\}$$

小偏心受拉：$A$=全截面面积。

大偏心受拉：$A$=全截面面积－$(b'_f-b)h'_f$。

（2）已知 $N$、$A_s$，求 $M$。$(f_y, h'_0)$

《混规》6.2.23 条，对称配筋或小偏拉：

$$e'=\frac{f_yA_s(h'_0-a_s)}{\gamma_{RE}N}$$

$$e_0=e'-\frac{h}{2}+a'_s$$

$$M=Ne_0$$

**3. 历年真题解析**

**【例 4.2.1】** 2018 上午 9 题

某悬挑斜梁为等截面普通混凝土独立梁，计算简图如图 2018-9 所示。斜梁截面尺寸 400mm×600mm（不考虑梁侧面钢筋的作用），混凝土强度等级为 C35，纵向钢筋采用 HRB400，梁底实配纵筋 4 Φ 14，$a'_s=40$mm，$a_s=70$mm，$\xi_b=0.518$。梁端永久荷载标准值 $G_k=80$kN，可变荷载标准值 $Q_k=70$kN，不考虑构件自重。

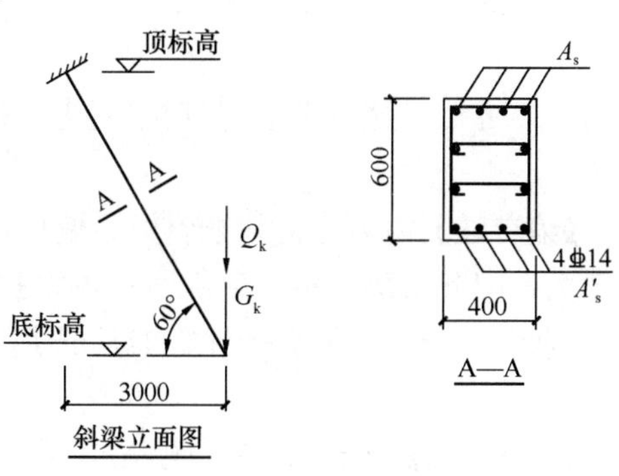


图 2018-9

假定，永久荷载和可变荷载的分项系数分别为1.2、1.4。试问，按承载能力极限状态计算（不考虑抗震），计入纵向受压钢筋作用，悬挑斜梁最不利截面的梁面纵向受力钢筋截面面积 $A_s$（$mm^2$），与下列何项数值最为接近？

**提示：**按可变荷载控制的效应组合计算，不需要验算最小配筋率。

(A) 3500　　　　(B) 3700

(C) 3900　　　　(D) 4200

**【答案】**(B)

悬挑斜梁根部轴拉力设计值：

$$N=(1.2\times 80+1.4\times 70)\times \sin 60^\circ=168\text{kN}$$

悬挑斜梁根部弯矩设计值：

$$M=(1.2\times 80+1.4\times 70)\times 3=582\text{kN}\cdot\text{m}$$

悬挑斜梁整跨轴拉力不变，根部弯矩最大，因此根部截面为最不利截面，按偏拉构件计算。

根据《混规》6.2.23条：

$$e_0=\frac{M}{N}=\frac{582\times 10^6}{168\times 10^3}=3464\text{mm}>0.5h-a_s=300-70=230\text{mm}$$

为大偏心受拉。

$$e=e_0-0.5\times h+a_s=3464-300+70=3234\text{mm}$$

$$h_0=600-70=530\text{mm}$$

代入

$$\alpha_1 f_c bx\left(h_0-\frac{x}{2}\right)=Ne-f'_yA'_s(h_0-a'_s)$$

$$1\times 16.7\times 400x(530-0.5x)=168\times 1000\times 3234-360\times 4\times 153.9\times(530-40)$$

解得：$x=141.8\text{mm}$。

$x<\xi_b h_0=0.518\times 530=274.5\text{mm}$，$x>2a'_s=2\times 40=80\text{mm}$，则

$$A_s=\frac{N+\alpha_1 f_c bx+f'_yA'_s}{f_y}$$

$$=\frac{168\times 1000+16.7\times 400\times 141.8+360\times 4\times 153.9}{360}=3713\text{ mm}^2$$

**【编者注】**内力分析判断斜梁为偏拉构件，其整跨轴拉力不变（无节间荷载），根部弯矩最大，因此根部为最不利截面；再根据偏心距（轴向拉力作用点的位置）判别大小偏心，判断为大偏心受拉构件，然后选用大偏心受拉构件的相关公式进行正截面承载力计算。

**【例4.2.2】**2016上午6题

某刚架计算简图如图2016-6所示，安全等级为二级。其中竖杆CD为钢筋混凝土构件，截面尺寸400mm×400mm，混凝土强度等级为C40，纵向钢筋采用HRB400，对称配

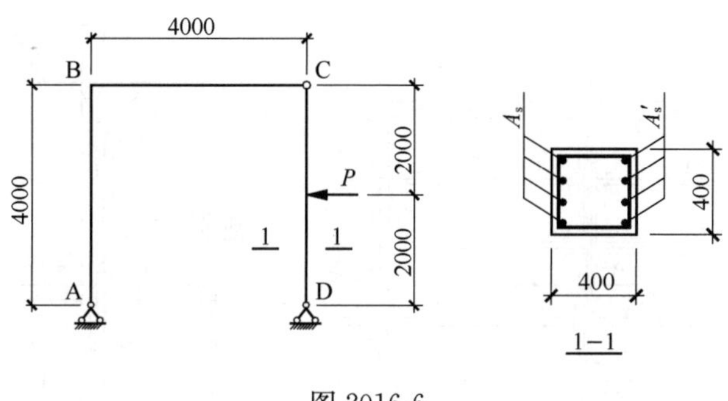


图 2016-6

筋 ($A_s = A'_s$), $a_s = a'_s = 40$mm。假定，集中荷载设计值 $P$=160kN，构件自重可忽略不计。试问，按承载能力极限状态计算时（不考虑抗震），在刚架平面内竖杆 CD 最不利截面的单侧纵筋截面面积 $A_s$（mm²），与下列何项数值最为接近？

(A) 1250　　(B) 1350　　(C) 1500　　(D) 1600

**【答案】**(C)

对 A 点取矩，竖杆 CD 的拉力设计值：

$$N = 160 \times 2/4 = 80\text{kN}$$

竖杆 CD 中点的弯矩设计值：

$$M = 160 \times 4/4 = 160\text{kN} \cdot \text{m}$$

竖杆 CD 全长轴拉力不变，中点截面弯矩最大，因此中点截面为最不利截面，按偏心受拉构件计算。

$$e_0 = \frac{M}{N} = \frac{160 \times 10^6}{80 \times 10^3} = 2000\text{mm} > 0.5h - a_s = 200 - 40 = 160\text{mm}$$

为大偏心受拉。

对称配筋，不论大小偏心，均可按《混规》式（6.2.23-2）计算配筋：

$$e' = e_0 + \frac{h}{2} - a'_s = 2000 + 200 - 40 = 2160\text{mm}$$

$$h'_0 = h_0 = 400 - 40 = 360\text{mm}$$

$$A_s \geqslant \frac{Ne'}{f_y(h'_0 - a_s)} = \frac{80 \times 10^3 \times 2160}{360 \times (360 - 40)} = 1500\text{mm}^2$$

**【编者注】**内力分析判断竖杆 CD 为偏拉构件，竖杆 CD 全长轴拉力不变，中点截面弯矩最大，因此中点截面为最不利截面，根据受力状态，选用大偏心受拉构件的相关公式进行截面设计。

**【例 4.2.3】**2011 上午 13 题

某多层现浇钢筋混凝土结构，设两层地下车库，局部地下一层外墙内移，如图 2011-13（A）所示。已知：室内环境类别为一类，室外环境类别为二 b 类，混凝土强度等级均为 C30。

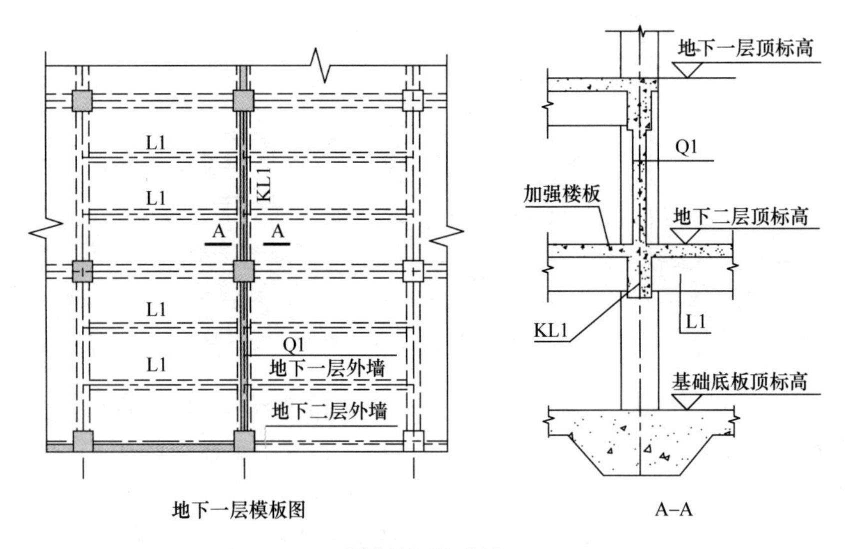


图 2011-13（A）

方案比较时，假定框架梁 KL1 截面及跨中配筋如图 2011-13（B）所示。纵筋采用 HRB400 级钢筋，$a_s=a'_s=70\text{mm}$，跨中截面弯矩设计值 $M=880\text{kN}\cdot\text{m}$，对应的轴向拉力设计值 $N=2200\text{kN}$。试问，非抗震设计时，该梁跨中截面按矩形截面偏心受拉构件计算所需的下部纵向受力钢筋面积 $A_s$（$\text{mm}^2$），与下列何项数值最为接近？

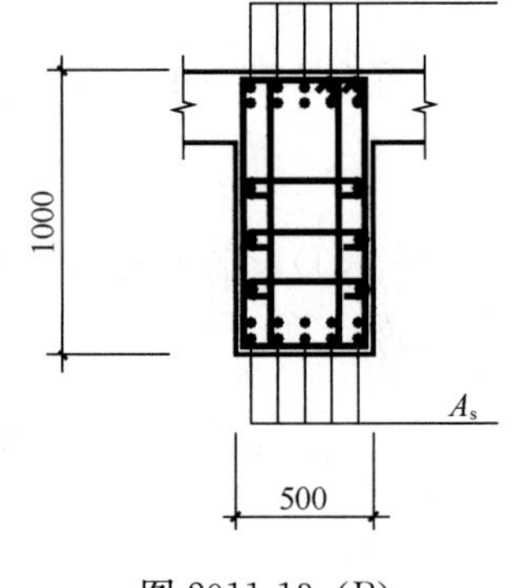


图 2011-13（B）

**提示：**该梁配筋计算时不考虑上部墙体及梁侧腰筋的作用。

（A）2900　　（B）3500

（C）5900　　（D）7100

**【答案】**（C）

根据《混规》6.2.23 条：

$$e_0=\frac{M}{N}=\frac{880\times10^6}{2200\times10^3}=400\text{mm}<\frac{h}{2}-a_s=\frac{1}{2}\times1000-70=430\text{mm}$$

为小偏心受拉。

$$e'=\frac{h}{2}-a'_s+e_0=\frac{1}{2}\times1000-70+400=830\text{mm}$$

$$A_s=\frac{Ne'}{f_y(h'_0-a_s)}=\frac{2200\times10^3\times830}{360\times(1000-2\times70)}=5898\ \text{mm}^2$$

**【例 4.2.4】**2020 上午 1 题

某构架计算简图如图 2020-1 所示，安全等级为二级，其中竖杆 AB 为普通钢筋混凝土构件，对称配筋，混凝土强度等级为 C30，钢筋采用 HRB400。1-1 截面为 AB 杆下端截面。假定，不考虑地震设计状况，$a_s=a'_s=70\text{mm}$，忽略构件自重，不考虑二阶效应，不考虑截面腹部钢筋的作用。试问，当集中荷载设计值 $P=150\text{kN}$ 时，按正截面承载力计

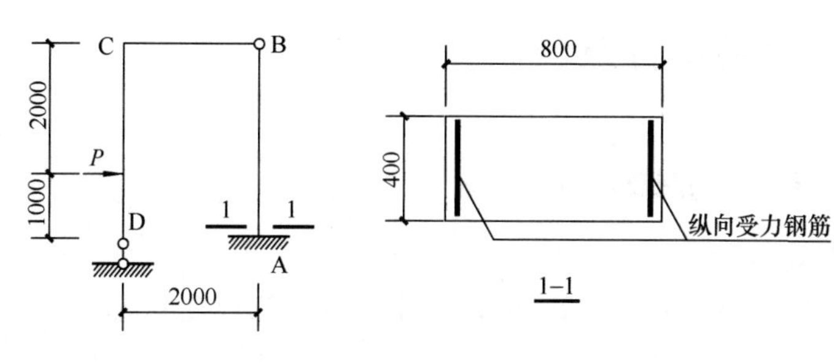


图 2020-1

算，竖杆 AB 的受力状态和 1-1 截面一侧所需的最小纵向受力钢筋 $A_s$（mm$^2$），与下列何项数值最为接近？

（A）偏压 1700　　　　（B）偏压 2150

（C）偏拉 1700　　　　（D）偏拉 2150

**【答案】**（D）

1）根据力学平衡：

$$N_{BX} = P = 150\text{kN}$$

$$N_{BY} \times 2 + 150 = 150 \times 1$$

$$N_{BY} = -150\text{kN}$$

故 BA 杆轴力为拉力，BA 杆为偏拉构件：$M = 150 \times 3 = 450\text{kN} \cdot \text{m}$

2）根据《混规》6.2.23 条 3 款：

$$e_0 = \frac{M}{N} = \frac{450 \times 10^6}{450 \times 10^3} = 3000 > \frac{h}{2} - a_s$$

对称配筋：

$$e' = e_0 + \frac{h}{2} - a'_s = 3000 + \frac{800}{2} - 70 = 3330\text{mm}$$

3）根据《混规》6.2.23 条 3 款：

$$A_s = A'_s = \frac{Ne'}{f_y(h_0 - a'_s)} = \frac{150 \times 10^3 \times 3330}{360 \times (800 - 2 \times 70)} = 2102\text{mm}^2$$

## 4.3 受拉构件斜截面计算

### 4.3.1 受拉构件斜截面（非抗震）计算

**1. 主要的规范规定**

1）《混规》6.3.14 条：矩形、T 形和 I 形截面的钢筋混凝土偏心受拉构件，斜截面承载力计算。

2）《混规》6.3.12 条：剪跨比 $\lambda$ 的取值。

3）《混规》6.3.11 条：受剪截面限制条件。

**2. 对规范规定的理解**

1）一般偏心受拉构件，在承受弯矩和拉力的同时，也存在着剪力，当剪力较大时，不能忽视斜截面承载力的计算，拉力 $N$ 的存在会使斜裂缝贯穿全截面，使斜截面末端没有剪压区，构件的斜截面承载力比无轴向拉力时要降低一些，降低的程度与轴向拉力的数值有关。

2）《混规》式（6.3.14）右边的计算值小于 $f_{yv}\dfrac{A_{sv}}{s}h_0$ 时，应取等于 $f_{yv}\dfrac{A_{sv}}{s}h_0$，因为轴向拉力即使完全抵消了混凝土的受剪承载力，但也不会影响箍筋的受剪承载力；$f_{yv}\dfrac{A_{sv}}{s}h_0$ 值不应小于 $0.36f_tbh_0$，相当于规定了箍筋的最小特征值。

3）解答流程如下。

（1）已知箍筋，求 $V$。($f_{yv}>360$ 取 360）

① 剪跨比计算（《混规》6.3.14 条）

$$\lambda=\frac{M}{(Vh_0)}\begin{cases}\text{框架结构框架柱,反弯点在层高范围内 } \lambda=H_n/2h_0(1.0\sim3.0)\\ \text{其他构件,均布荷载 } \lambda=1.5;\text{集中荷载}(75\%)\lambda=a/h_0(1.5\sim3.0)\end{cases}$$

② 斜截面受剪承载力计算

$$\frac{1.75}{\lambda+1}f_tbh_0-0.02N\begin{cases}\boxed{\geqslant}\ 0\\ \boxed{<}\ 0\text{ 取 }0\end{cases}$$

$$f_{yv}\frac{A_{sv}}{s}h_0\begin{cases}\boxed{\geqslant}\ 0.36f_tbh_0\\ \boxed{<}\ 0.36f_tbh_0\text{ 取 }0.36f_tbh_0\end{cases}$$

$$V=\frac{1.75}{\lambda+1}f_tbh_0+f_{yv}\frac{A_{sv}}{s}h_0-0.2N$$

③ 截面限制条件（《混规》6.3.1 条）

$$h_w/b\begin{cases}\boxed{\leqslant}\ 4 & 0.25\beta_cf_cbh_0\geqslant V\\ 4\sim6\text{ 间} & \text{内插}\\ \boxed{\geqslant}\ 6 & 0.20\beta_cf_cbh_0\geqslant V\end{cases}$$

④ 承载力确定

$$V=\min(V_1,V)$$

(2) 已知$V$，求箍筋。($f_{yv}>360$取360)

① 截面限制条件(《混规》6.3.1条)

$$h_w/b\begin{cases}\boxed{\leqslant}4 & 0.25\beta_c f_c bh_0\geqslant V\\ 4\sim6\text{间} & \text{内插}\qquad\text{截面满足要求(题目均应满足)}\\ \boxed{\geqslant}6 & 0.20\beta_c f_c bh_0\geqslant V\end{cases}$$

② 剪跨比计算

$$\lambda=\frac{M}{(Vh_0)}\begin{cases}\text{框架结构框架柱,反弯点在层高范围内}\lambda=H_n/2h_0(1.0\sim3.0)\\ \text{其他构件,均布荷载}\lambda=1.5;\text{集中荷载}(75\%)\lambda=a/h_0(1.5\sim3.0)\end{cases}$$

③ 配筋计算(《混规》6.3.14条)

$$\frac{1.75}{\lambda+1}f_t bh_0-0.2N\begin{cases}\boxed{\geqslant}0\\ \boxed{<}0\text{取}0\end{cases}$$

$$f_{sv}\frac{A_{sv}}{s}h_0=V-\frac{1.75}{\lambda+1}f_t bh_0+0.2N\geqslant0.36f_t bh_0$$

$$\frac{A_{sv}}{s}\geqslant\frac{V-\dfrac{1.75}{\lambda+1}f_t bh_0+0.2N}{f_{yv}h_0}$$

④ 验算构造要求

$\dfrac{nA_{sv1}}{s}\geqslant\dfrac{A_{sv}}{s}$且满足构造要求。

**3. 历年真题解析**

**【例4.3.1】**2019上午9题

某简支斜置普通钢筋混凝土独立梁的计算简图如图2019-9所示，安全等级为二级。梁截面尺寸$b\times h=300\text{mm}\times700\text{mm}$，混凝土强度等级为C30，钢筋牌号为HRB400。永久均布荷载设计值为$g$(含自重)，可变荷载设计值为集中力$F$。

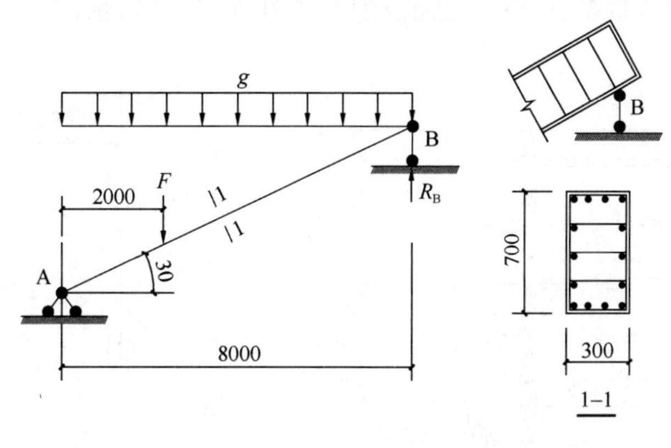


图2019-9

假定，荷载基本组合下，B支座的支座反力设计值$R_B=428\text{kN}$(其中集中力$F$产生的反力设计值为160kN)，梁支座截面有效高度$h_0=630\text{ mm}$。试问，不考虑地震设计状况，按斜截面抗剪承载力计算，支座B边缘处梁截面的箍筋配置采用下列何项最为经济合理。

**提示：**不需要复核构造。

(A) Φ 8@150 (2)　　(B) Φ 10@150 (2)

(C) Φ 10@120 (2)　　(D) Φ 10@100 (2)

**【答案】**(B)

根据《混规》6.3.4、6.3.12 条，集中荷载对支座截面产生的剪力值占总剪力值的比：$\frac{160}{428}=37\%<75\%$，取 $\lambda=1.5$。

根据《混规》6.3.14 条：

$$V=\frac{1.75}{\lambda+1}f_{t}bh_{0}+f_{yv}\frac{A_{sv}}{s}h_{0}-0.2N$$

$$428\times\cos30^{\circ}\times10^{3}=\frac{1.75}{1.5+1}\times1.43\times300\times630+360\times\frac{A_{sv}}{s}\times630-0.2\times428\times\sin30^{\circ}\times10^{3}$$

$$\frac{1.75}{1.5+1}\times1.43\times300\times630-0.2\times428\times\sin30^{\circ}\times10^{3}=146389$$

即公式右边 $>f_{yv}\frac{A_{sv}}{s}h_{0}$，解得 $\frac{A_{sv}}{s}=0.99$。

经比较，选用Φ 10@150 (2)：

$$\frac{A_{sv}}{s}=\frac{2\times78.5}{150}=1.04>0.99$$

$$f_{yv}\frac{A_{sv}}{s}h_{0}=360\times1.04\times630=235.9\text{kN}>0.36f_{t}bh_{0}=0.36\times1.43\times300\times630=97.3\text{kN}$$

**【例 4.3.2】** 2011 上午 14 题

某多层现浇钢筋混凝土结构，设两层地下车库，局部地下一层外墙内移，如图 2011-13 所示。室内环境类别为一类，室外环境类别为二 b 类，混凝土强度等级均为 C30。

方案比较时，假定框架梁 KL1 截面及配筋如图 2011-13 所示，$a_{s}=a'_{s}=70$mm。支座

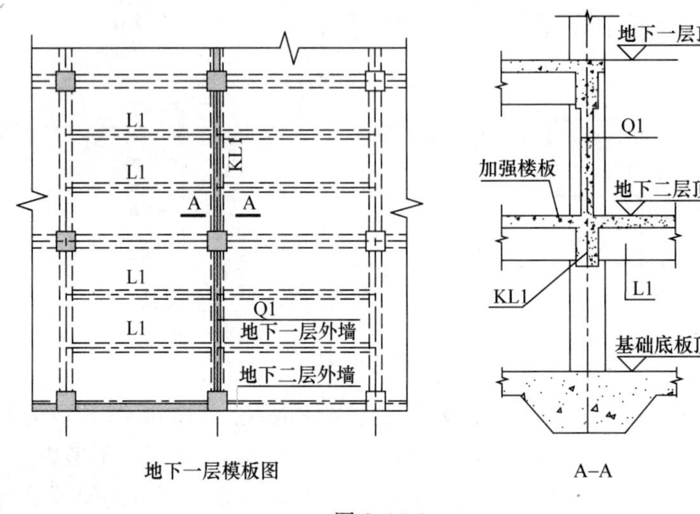


图 2011-13

截面剪力设计值 $V=1600\text{kN}$，对应的轴向拉力设计值 $N=2200\text{kN}$，计算截面的剪跨比 $\lambda=1.5$，箍筋采用 HRB335 级钢筋。试问，非抗震设计时，该梁支座截面处的按矩形截面计算的箍筋配置选用下列何项最为合适？

**提示**：不考虑上部墙体的共同作用。

(A) Φ10@100 (4)　　(B) Φ12@100 (4)

(C) Φ14@150 (4)　　(D) Φ14@100 (4)

**【答案】**(D)

根据《混规》式(6.3.14)：

$$V=\frac{1.75}{\lambda+1}f_tbh_0+f_{yv}\frac{A_{sv}}{s}h_0-0.2N$$

$$\frac{A_{sv}}{s}=\frac{1600\times10^3+0.2\times2200\times10^3-\dfrac{1.75}{1.5+1}\times1.43\times500\times(1000-70)}{300\times(1000-70)}=5.64\text{mm}$$

经比较，选用Φ14@100 (4)：

$$\frac{A_{sv}}{s}=\frac{4\times154}{100}=6.16>5.64\text{mm}$$

$$f_{yv}\frac{A_{sv}}{s}h_0=300\times6.16\times930=1718640\text{N}>0.36f_tbh_0=0.36\times1.43\times500\times930=239382\text{N}$$

式(6.3.14)右端的计算值：

$$\frac{1.75}{1.5+1}\times1.43\times500\times930+1718640-0.2\times2200\times10^3=1744105\text{N}>1718640\text{N}$$

### 4.3.2　受拉构件斜截面抗震计算

**1. 主要的规范规定**

1)《混规》11.4.6 条：考虑地震组合的矩形截面框架柱和框支柱，截面限制条件。

2)《混规》11.4.8 条：考虑地震组合的矩形截面框架柱和框支柱，当出现拉力时，斜截面抗震受剪承载力计算。

**2. 对规范规定的理解**

(1) 已知箍筋，求 $V$。($f_{yv}>360$ 取 360)

《混规》11.1.6 条，$\gamma_{RE}=0.85$。

① 剪跨比计算(《混规》11.4.6 条)

$$\lambda=M/(Vh_0)$$

框架柱和框支柱，反弯点在层高范围内 $\lambda=H_n/2h_0(1.0\sim3.0)$

② 斜截面受剪承载力计算

$$\frac{1.05}{\lambda+1}f_tbh_0-0.2N\begin{cases}\boxed{\geqslant}\ 0\\\boxed{<}\ 0\text{，取 }0\end{cases}$$

$$f_{yv}\frac{A_{sv}}{s}h_0\begin{cases}\boxed{\geqslant}\ 0.36f_tbh_0\\\boxed{<}\ 0.36f_tbh_0\text{，需增大箍筋满足}\geqslant0.36f_tbh_0\end{cases}$$

$$V=\frac{1}{\gamma_{RE}}\left[\frac{1.05}{\lambda+1}f_tbh_0+f_{yv}\frac{A_{sv}}{s}h_0-0.2N\right]$$

③ 截面限制条件（《混规》11.4.6条）

$$\lambda\begin{cases}>2\ \text{框架柱} & V_1=0.20\beta_cf_cbh_0/\gamma_{RE}\\ \leqslant 2\ \text{的框架柱和框支柱} & V_1=0.15\beta_cf_cbh_0/\gamma_{RE}\end{cases}$$

$$V=\min(V_1,V)$$

（2）已知$V$，求箍筋。（$f_{yv}>360$取360）

《混规》11.1.6条，$\gamma_{RE}=0.85$。

① 剪跨比计算（《混规》11.4.6条）

$$\lambda=M/(Vh_0)$$

框架柱和框支柱，反弯点在层高范围内$\lambda=H_n/2h_0$（1.0～3.0）

② 截面限制条件（《混规》11.4.6条）

$$\lambda\begin{cases}>2\ \text{框架柱} & 0.20\beta_cf_cbh_0/\gamma_{RE}\geqslant V\\ \leqslant 2\ \text{的框架柱和框支柱} & 0.15\beta_cf_cbh_0/\gamma_{RE}\geqslant V\end{cases}$$

③ 箍筋面积计算（《混规》11.4.8条）

$$\frac{1.05}{\lambda+1}f_tbh_0-0.2N\begin{cases}\geqslant 0\\ <0\text{，取}0\end{cases}$$

$$f_{sv}\frac{A_{sv}}{s}h_0=V\gamma_{RE}-\frac{1.05}{\lambda+1}f_tbh_0+0.2N\geqslant 0.36f_tbh_0$$

$$\frac{A_{sv}}{s}\geqslant\frac{V\gamma_{RE}-\frac{1.05}{\lambda+1}f_tbh_0+0.2N}{f_{yv}h_0}\text{，取}\frac{nA_{sv1}}{s}\geqslant\frac{A_{sv}}{s}$$

④ 验算构造要求

$\frac{A_{sv1}\sum l_i}{A_{cor}s}\geqslant\rho_{vmin}$且满足构造要求。

# 5 受扭构件承载力计算

## 5.1 纯扭构件承载力计算

**1. 主要的规范规定**

1)《混规》6.4.1 条：在弯矩、剪力和扭矩共同作用下，矩形、T 形、I 形和箱形截面构件截面限制条件。

2)《混规》6.4.4 条：矩形纯扭构件受扭承载力。

3)《混规》6.4.5 条：T 形和 I 形截面纯扭构件受扭承载力。

4)《混规》6.4.6 条：箱形截面纯扭构件受扭承载力。

5)《混规》9.2.5 条：受扭纵向钢筋最小配筋率。

6)《混规》9.2.10 条：弯剪扭构件箍筋最小配筋率。

**2. 对规范规定的理解**

1）平衡扭转和协调扭转

当构件所受扭矩的大小与该构件的扭转刚度无关时，相应的扭转就称为平衡扭转。例如雨篷梁［图 5.1-1（a)］就是典型的平衡扭转情况。显然，无论该雨篷梁的抗扭刚度如何变化，其承受的扭矩是不变的（此处仅考虑等截面构件）。

当构件所受扭矩的大小取决于与该构件的扭转刚度时，相应的扭转就称为协调扭转。例如框架边梁［图 5.1-1（b)］就是典型的协调扭转情况。在这种情况下，如果边梁因开裂而引起扭转刚度的降低，则其承受的扭矩也会降低。因此，边梁即使不进行受扭承载力设计，结构的承载力仍然是足够的，但要以构件的开裂和较大的变形为代价。

规范所提出的扭曲截面承载力计算公式主要是对平衡扭转而言的。至于协调扭转，过

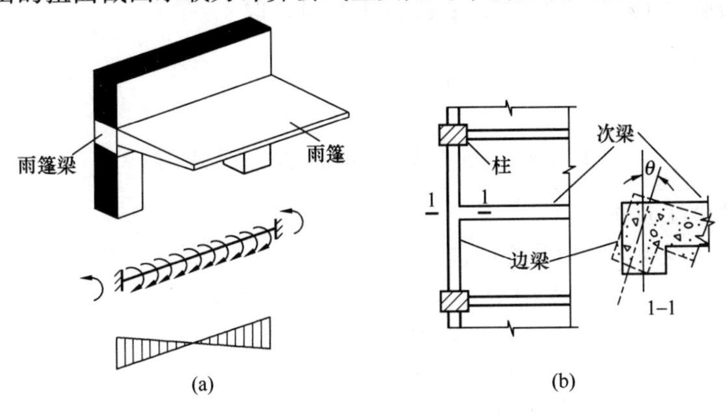


图 5.1-1 平衡扭转和协调扭转

（a）雨篷梁；（b）框架边梁

去工程实践中常不作专门计算，而仅适当增配若干抗扭的构造钢筋。

2）矩形纯扭构件答题流程

已知 $T$，求箍筋。（$f_{yv} > 360$ 取 360）

《混规》6.4.3 条，$W_t = \dfrac{b^2}{6}(3h - b)$（矩形）

《混规》6.4.1 条，$h_w/b\begin{cases}\boxed{\leqslant} 4 & \dfrac{T}{0.8W_t} \leqslant 0.25\beta_c f_c \\ \text{其间内插} & \\ \boxed{=} 6 & \dfrac{T}{0.8W_t} \leqslant 0.20\beta_c f_c\end{cases}$ 截面满足要求（题目均应满足）

《混规》6.4.4 条，$\dfrac{A_{st1}}{s} \geqslant \dfrac{T - 0.35 f_t W_t}{1.2\sqrt{\zeta} f_{yv} A_{cor}}$ 且满足构造要求

3）T 形和工字形截面纯扭构件承载力计算

《混规》对常用的 T 形和工字形截面按图 5.1-2 划分矩形块，按矩形纯扭构件分别验算其承载力。

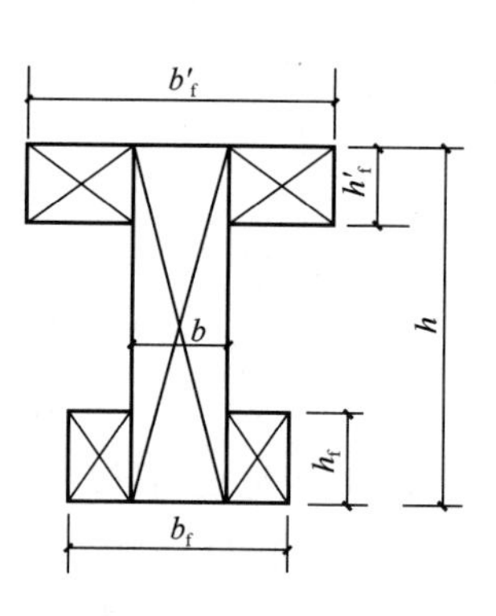


图 5.1-2　工字形截面按受扭划分截面的方法

（1）受扭塑性抵抗矩 $\begin{cases}\text{腹板 } T_w = \dfrac{W_{tw}}{W_t} T \\ \text{受压翼缘 } T'_f = \dfrac{W'_{tf}}{W_t} T \\ \text{受拉翼缘 } T_f = \dfrac{W_{tf}}{W_t} T\end{cases}$

（2）分别按矩形纯扭进行承载力计算。

4）箱形截面纯扭构件承载力计算

（1）$W_t = \dfrac{b_h^2}{6}(3h_h - b_h) - \dfrac{(b_h - 2t_w)^2}{6}[3h_w - (b_h - 2t_w)]$

（2）截面限制条件 $\begin{cases}\dfrac{h_w}{t_w} \leqslant 4 \text{ 时：} \dfrac{T}{0.8W_t} \leqslant 0.25\beta_c f_c \\ \dfrac{h_w}{t_w} = 6 \text{ 时：} \dfrac{T}{0.8W_t} \leqslant 0.2\beta_c f_c\end{cases}$

（3）承载力验算（$0.6 \leqslant \zeta \leqslant 1.7$；$\alpha_h > 1.0$ 时，取 1.0）

$$\zeta = \frac{f_y A_{stl} s}{f_{yv} A_{st1} u_{cor}}$$

$$T \leqslant 0.35\alpha_h f_t W_t + 1.2\sqrt{\zeta} f_{yv} A_{st1} A_{cor}/s$$

（4）验算最小配筋率

抗扭纵筋（《混规》9.2.5 条）：

$$\rho_{tl} \geqslant 0.6\sqrt{\frac{T}{Vb_h}} \times \frac{f_t}{f_y}$$

配箍率（《混规》9.2.10 条）：

$$\rho_{st} = \frac{A_{st}}{b_h s} \geqslant 0.28\frac{f_t}{f_{yv}}$$

**3. 历年真题解析**

**【例 5.1.1】** 2009 上午 8 题

某承受竖向力作用的钢筋混凝土箱形截面梁，截面尺寸如图 2009-8 所示。作用在梁上的荷载为均布荷载。混凝土强度等级为 C25，纵向钢筋采用 HRB335，箍筋采用 HPB300。$a_s = a'_s = 35\text{mm}$。

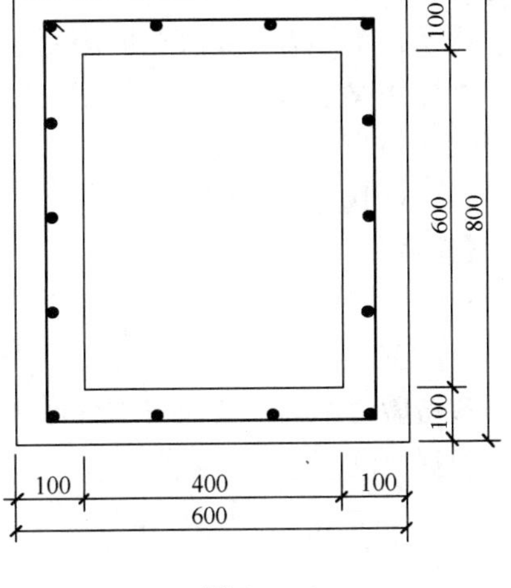

图 2009-8

假设该箱形梁某截面处的剪力设计值 $V=65\text{kN}$，扭矩设计值 $T=60\text{kN}\cdot\text{m}$。试问，采用下列何项箍筋配置最接近《混凝土结构设计规范》GB 50010—2010 规定的最小箍筋配置要求？

**提示：** ①已经求得 $a_h=0.417$，$W_t=7.1\times10^7\text{mm}^3$，$\xi=1.0$，$A_{cor}=4.125\times10^5\text{m}$。

②配箍率验算时精确至小数点后 2 位。

(A) Φ 8@200　　(B) Φ 8@150

(C) Φ 10@200　　(D) Φ 10@150

**【答案】**(C)

依据《混规》6.4.12 条：

$$0.35f_tbh_0 = 0.35\times1.27\times200\times765 = 68\times10^3\text{N} > V = 65\text{kN}$$

可忽略剪力的影响。由 6.4.6 条可知：

$$T \leqslant 0.35\alpha_h f_t W_t + 1.2\sqrt{\zeta} f_{yv}\frac{A_{st1}A_{cor}}{s}$$

$$\frac{A_{st1}}{s} \geqslant \frac{T-0.35\alpha_h f_t W_t}{1.2\sqrt{\zeta}f_{yv}A_{cor}}$$

$$= \frac{60\times10^6-0.35\times0.417\times1.27\times7.1\times10^7}{1.2\times270\times4.125\times10^5} = 0.350\ \text{mm}^2/\text{mm}$$

上式中，$\alpha_h = 2.5\dfrac{t_w}{b_h} = 2.5\times\dfrac{100}{600} = 0.417$。

Φ 8 箍筋的截面积为 $50.3\text{mm}^2$，所需间距为 50.3/0.350=144mm；Φ 10 箍筋的截面积为 $78.5\text{mm}^2$，所需间距为 78.5/0.350=224mm。(A)、(B)、(C)、(D) 中最合适的为 (C)。

对选项 (C) 验算配箍率：

$$\rho_{sv} = \frac{A_{st}}{bs} = \frac{2\times78.5}{600\times200} = 0.13\% \geqslant 0.28\frac{f_t}{f_{yv}} = 0.28\times\frac{1.27}{270} = 0.13\%$$

**【例 5.1.2】** 2020 上午 9 题

某普通钢筋混凝土雨篷，雨篷梁两端与柱刚接，平面布置如图 2020-9 所示，安全等级为二级，不考虑地震设计状况，混凝土强度等级为 C30，梁截面为矩形，$b\times h=200\text{mm}\times400\text{mm}$，梁箍筋采用 HPB300。假定，$h_0=360\text{mm}$，截面核心部分的面积 $A_{cor}=47600\text{mm}^2$，截面受扭塑性抵抗矩 $W_t=6.667\times10^6\text{mm}^3$，受扭的纵向普通钢

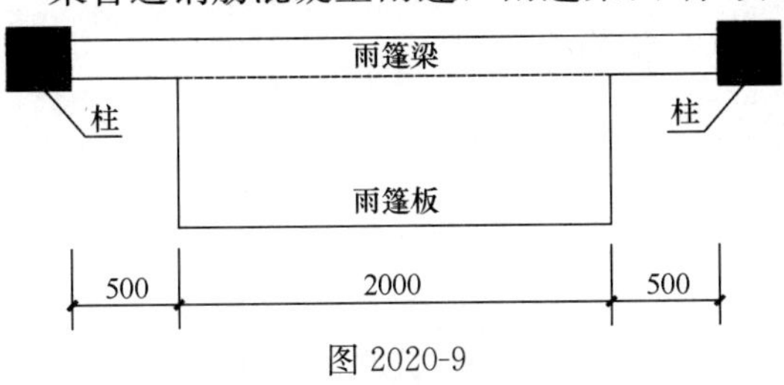

图 2020-9

筋与箍筋的配筋强度比值 $\zeta=1.2$。雨篷梁支座边缘截面的内力设计值为：弯矩 $M=12\text{kN}\cdot\text{m}$、剪力 $V=27\text{kN}$、扭矩 $T=11\text{kN}\cdot\text{m}$。

试问，梁支座边缘截面满足承载力要求时，其最小箍筋配置与下列何项数值最为接近？

**提示：**①不需要验算截面限制条件和最小配箍率；

②雨篷梁上无集中荷载作用，轴力影响忽略不计。

(A) Φ6@150 (2)　　(B) Φ8@150 (2)

(C) Φ10@150 (2)　　(D) Φ12@150 (2)

**【答案】**(C)

根据《混规》6.4.12条：

$$V=27\times10^3\text{N}<0.35f_tbh_0=0.35\times1.43\times200\times360=36\times10^3\text{N}$$

忽略剪力影响，按纯扭构件计算。

根据《混规》6.4.4条：

$$T\leqslant0.35f_tW_t+1.2\sqrt{\xi}f_{yv}\frac{A_{st1}}{s}\times A_{cor}$$

$$11\times10^6\leqslant0.35\times1.43\times6.667\times10^6+1.2\sqrt{1.2}\times270\times\frac{A_{st1}}{s}\times47600$$

$\frac{A_{st1}}{s}=0.453\text{mm}$，箍筋间距均为150mm，$A_{st1}=68\text{mm}^2$，经比选，选用Φ10@150 (2)。

$$\rho_{sv}=\frac{A_{sv}}{bs}=\frac{2\times78.5}{200\times150}=0.52\%$$

根据《混规》9.2.10条：

$$0.28\frac{f_t}{f_{yv}}=\frac{0.28\times1.43}{270}=0.148\%<0.52\%$$

## 5.2 弯剪扭承载力计算

**1. 主要的规范规定**

1)《混规》6.4.1条：弯剪扭构件截面限制条件。

2)《混规》6.4.2条：在弯矩、剪力和扭矩共同作用下，可不进行受剪扭承载力计算条件。

3)《混规》6.4.8条：在剪力和扭矩共同作用的矩形截面剪扭构件，受剪扭承载力的计算。

4)《混规》6.4.9条：T形和I形截面剪扭构件的受剪扭承载力的计算。

5)《混规》6.4.10条：箱形截面钢筋混凝土剪扭构件的受剪扭承载力的计算。

6)《混规》6.4.12条：判断构件承载力计算是否考虑剪力或扭矩影响。

7)《混规》6.4.13条：弯剪扭构件纵向钢筋与箍筋的分配。

8)《混规》9.2.5条：受扭纵向钢筋构造要求。

9)《混规》9.2.10条：弯剪扭构件箍筋构造要求。

**2. 对规范规定的理解**

1) 弯剪扭构件答题流程

箱形截面计算步骤与矩形截面相同，参数及计算公式不同，详见《混规》6.4节。

已知$V$、$T$、$\zeta$，求箍筋。（$f_{yv}>360$ 取 360）

（1）截面限制条件（《混规》6.4.1 条）

$$h_w/b\begin{cases}\boxed{\leqslant}4 & \dfrac{V}{bh_0}+\dfrac{T}{0.8W_t}\leqslant 0.25\beta_c f_c\\ 其间内插 & \\ \boxed{=}6 & \dfrac{V}{bh_0}+\dfrac{T}{0.8W_t}\leqslant 0.20\beta_c f_c\end{cases}$$

截面满足要求(题目均应满足)

（2）配筋计算

① 构造配箍条件

$$\frac{V}{bh_0}+\frac{T}{W_t}\begin{cases}\boxed{\leqslant}0.7f_t，《混规》6.4.2 条，构造配筋\\ \boxed{>}0.7f_t，需计算配筋\end{cases}$$

一般剪、扭构件计算过程如下，集中荷载下独立剪扭构件有不同，见 6.4.8 条。

② 验算是否可以简化（《混规》6.4.12 条）

均布荷载，$0.35f_tbh_0$ $\boxed{\geqslant}$ $V$，忽略剪力影响，按纯扭计算。

集中荷载，$0.875f_tbh_0/(\lambda+1)$ $\boxed{<}$ $V$，需考虑剪力影响。

$$0.175f_tW_t\begin{cases}\boxed{\geqslant}T，忽略扭矩影响，按受弯构件斜截面计算。\\ \boxed{<}T，需考虑扭矩影响。\end{cases}$$

③ 同时考虑剪力和扭矩影响时，按剪扭构件计算

《混规》6.4.3 条，$W_t=\dfrac{b^2}{6}(3h-b)$（矩形）$a/h_0(1.5\sim3.0)$

《混规》6.4.8 条，$\beta=\dfrac{1.5}{1+0.5VW_t/Tbh_0}(0.5\sim1.0)$

受剪箍筋 $$\frac{A_{sv}}{s}\geqslant\frac{V-(1.5-\beta_t)0.7f_tbh_0}{f_{yv}h_0}$$

受扭箍筋 $$\frac{A_{st1}}{s}\geqslant\frac{T-0.35f_tW_t\beta_t}{1.2\sqrt{\zeta}f_{yv}A_{cor}}$$

《混规》9.2.10 条，$\rho_{sv,min}=0.28\dfrac{f_t}{f_{yv}}$，$\dfrac{A_{sv}+2A_{st1}}{bs}\geqslant\rho_{sv,min}$ 且满足构造要求

2）钢筋配置

《混规》6.4.13 条，矩形、T 形、I 形和箱形截面弯剪扭构件，其纵向钢筋截面面积应分别按受弯构件的正截面受弯承载力和剪扭构件的受扭承载力计算确定，并应配置在相应的位置；箍筋截面面积应分别按剪扭构件的受剪承载力和受扭承载力计算确定，并应配置在相应的位置。

纵筋配置方式：受弯纵筋 $A_s$和 $A'_s$均分别布置在截面受拉和受压侧，受扭纵筋沿截面四周均匀配置，最后叠加。

箍筋配置应同时满足两个条件：①外侧单肢箍筋满足抗扭需求；②总箍筋配置量满足抗剪+抗扭的需求（图 5.2-1）。

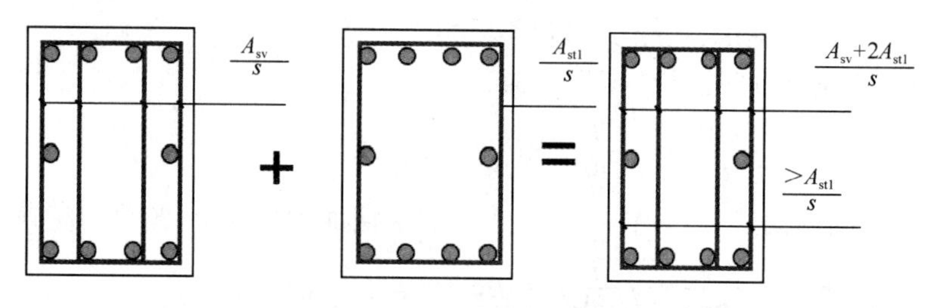


图 5.2-1 抗扭箍筋配置

3）《混规》6.4.12 条的理解

《混规》6.4.12 条中，规定了当剪力小于混凝土能承载剪力的一半时，也就是 $V \leqslant 0.35f_tbh_0$ 或 $V \leqslant 0.875f_tbh_0/(\lambda+1)$，则可忽略剪力不计，按弯扭构件计算。这时由弯矩按受弯构件求出 $A_s$；由扭矩按纯扭构件求出受扭纵筋 $A_{stl}$ 及受扭箍筋 $A_{st1}/s$。

当扭矩小于混凝土能承载扭矩的一半时，即 $T \leqslant 0.175f_tW_t$ 或 $T \leqslant 0.175\alpha_hf_tW_t$（箱形截面）时，则可忽略扭矩不计，按弯剪构件计算。这时由弯矩按受弯构件求出 $A_s$，由剪力求出受剪箍筋 $A_{sv}/s$。

4）构造要求

① 纵筋构造（表 5.2-1）

**纵筋构造** **表 5.2-1**

| | |
|---|---|
| 最小配筋率 | 《混规》9.2.5 条，受扭纵筋 $\rho_{tl,\min}=0.6\sqrt{\frac{T}{Vb}}\frac{f_t}{f_y}\left(\frac{T}{Vb}>2.0;\ \rho_{tl,\min}=0.85\frac{f_t}{f_y}\right)$<br>《混规》8.5.1 条，受弯纵筋 $\rho_{\min}=\max(0.2\%,\ 45f_t/f_y)$<br>受拉区全部纵筋 $A_{s,\min}=A_{s,\min(受弯)}+A_{stl,\min(受扭)}$ |
| 间距 | 《混规》9.2.5 条，沿周边布置受扭纵筋间距≤200mm，≤$b$ |

《混规》9.2.5 条，在弯剪扭构件中，配置在截面弯曲受拉边的纵向受力钢筋，其截面面积不应小于按《混规》第 8.5.1 条规定的受弯构件受拉钢筋最小配筋率计算的钢筋截面面积与按本条受扭纵向钢筋配筋率计算并分配到弯曲受拉边的钢筋截面面积之和。

② 箍筋构造（表 5.2-2）

**箍筋构造** **表 5.2-2**

| | |
|---|---|
| 最小配筋率 | 《混规》9.2.10 条，全部箍筋 $\rho_{sv,\min}=0.28\frac{f_t}{f_{yv}}$ |
| 间距 | 《混规》9.2.9 条、9.2.10 条，协调扭转，间距≤$0.75b$ |

注：对箱形截面 $b$ 均应以 $b_h$ 替代。

### 3. 历年真题解析

**【例 5.2.1～5.2.2】** 2019 上午 15～16 题

某雨篷如图 2019-15～16 所示，XL-1 为层间悬挑梁，不考虑地震设计状况，截面尺寸 $b\times h=350\text{mm}\times650\text{mm}$，悬挑长度 $L_1$（从 KZ-1 柱边起算），雨篷的净悬挑长度为 $L_2$。所有构件均为普通钢筋混凝土构件，设计使用年限 50 年，安全等级为二级，混凝土强度等级为

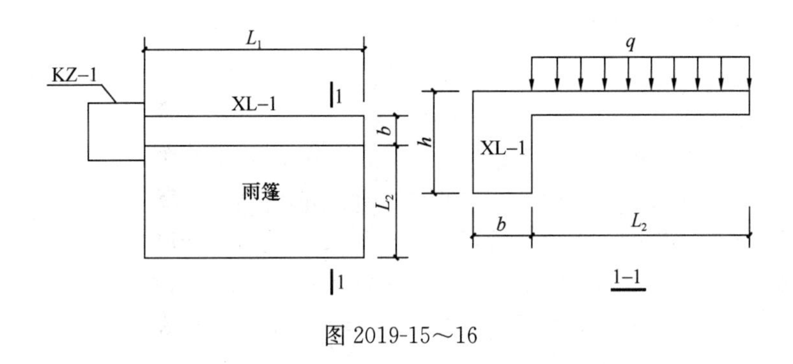


图 2019-15～16

C35，纵筋牌号为 HRB400，箍筋牌号为 HPB300。

**【例 5.2.1】** 2019 上午 15 题

假定，$L_1=3\text{m}$，$L_2=1.5\text{m}$，仅雨篷板上的均布荷载设计值 $q=6\text{kN/m}^2$（包括自重），会对梁产生扭矩。试问，悬挑梁 XL-1 的扭矩图和支座处的扭矩设计值 $T$ 与下列何项最为接近？

**提示：** 板对梁的扭矩计算至梁截面中心线。

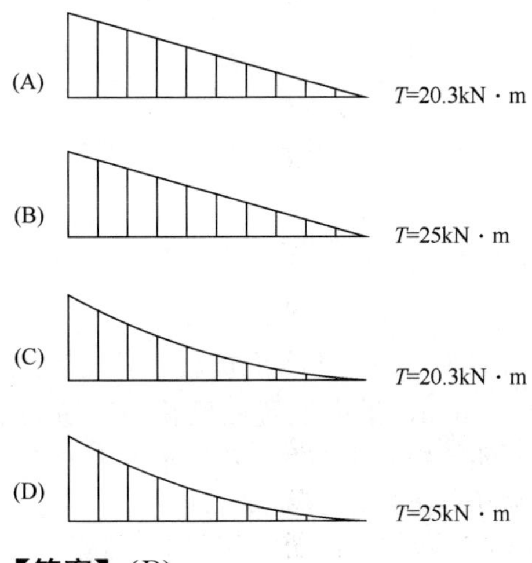


**【答案】**（B）

沿雨篷梁长方向，任意截面所受扭矩：$T=q\times x\times L_2\times\dfrac{(L_2+b)}{2}$，其中 $x$ 是所求截面距雨篷梁右端的距离。故扭矩图沿梁长为直线分布。

悬挑梁根部产生的扭矩：

$$T=6\times 3\times 1.5\times\frac{(1.5+0.35)}{2}=24.98\text{kN}\cdot\text{m}$$

**【例 5.2.2】** 2019 上午 16 题

假定，荷载效应基本组合下，悬挑梁 XL-1 支座边缘处的弯矩设计值 $M=150\text{kN}\cdot\text{m}$，剪力设计值 $V=100\text{kN}$，扭矩设计值 $T=85\text{kN}\cdot\text{m}$，按矩形截面计算，$h_0=600\text{mm}$，箍筋间距 $s=100\text{mm}$。受扭的纵向普通钢筋与箍筋的配筋强度比值为 $\zeta=1.7$。试问，按承载能力极限状态计算，悬挑梁 XL-1 支座边缘处的箍筋配置采用下列何项最为经济合理？

**提示：** ①满足《混凝土结构设计规范》GB 50010—2010（2015 年版）6.4.1 条的截面

限值条件，不必验算最小配箍率；

②截面受扭塑性抵抗矩 $W_t = 32.67 \times 10^6 mm^3$，截面核心部分面积 $A_{cor} = 162.4 \times 10^3 mm^2$。

(A) Φ8@100 (2)　　(B) Φ10@100 (2)

(C) Φ12@100 (2)　　(D) Φ14@100 (2)

**【答案】**(C)

根据《混规》6.4.2条：

$$\frac{V}{bh_0} + \frac{T}{W_t} = \frac{100 \times 10^3}{350 \times 600} + \frac{85 \times 10^6}{32.67 \times 10^6} = 3.08 > 0.7 f_t$$

故需要按计算配。

根据《混规》6.4.12条：

$$V = 100\text{kN} < 0.35 f_c b h_0 = 0.35 \times 1.57 \times 350 \times 600 = 115\text{kN}$$

可忽略剪力影响，按纯扭计算。

根据《混规》6.4.4条：

$$T \leqslant 0.35 f_t W_t + 1.2\sqrt{\zeta} f_{yv} \frac{A_{stl} A_{cor}}{s}$$

$$85 \times 10^6 \leqslant 0.35 \times 1.57 \times 32.67 \times 10^6 + 1.2 \times \sqrt{1.7} \times 270 \times \frac{A_{sv}}{100} \times 162.4 \cdot 10^3$$

$$A_{stl} = 97.7 mm^2$$

故选Φ12，此时 $A_{stl} = 113.1 mm^2 > 97.7 mm^2$。

**【例 5.2.3～5.2.4】**2013 上午 13～14 题

某钢筋混凝土边梁，独立承担弯剪扭，安全等级为二级，不考虑抗震。梁混凝土强度等级为 C35，截面尺寸 400mm×600mm，$h_0 = 550mm$，梁内配置四肢箍筋，箍筋采用 HPB300 钢筋，梁中未配置计算需要的纵向受压钢筋。箍筋表面范围内截面核心部分的短边和长边尺寸分别为 320mm 和 520mm，截面受扭塑性抵抗矩 $W_t = 37.333 \times 10^6 mm^3$。

**【例 5.2.3】**2013 上午 13 题

假定，梁中最大剪力设计值 $V = 150kN$，最大扭矩设计值 $T = 10kN \cdot m$。试问，梁中应选用下列何项箍筋配置？

(A) Φ6@200 (4)　　(B) Φ8@350 (4)

(C) Φ10@350 (4)　　(D) Φ12@400 (4)

**【答案】**(C)

根据《混规》式 (6.4.2-1)：

$$\frac{V}{bh_0} + \frac{T}{W_t} = \frac{150 \times 1000}{400 \times 550} + \frac{10 \times 10^6}{37.333 \times 10^6} = 0.95 < 0.7 f_t = 0.7 \times 1.57 = 1.099 N/mm^2$$

故可不进行构件受剪扭承载力计算，应按构造箍筋。

根据《混规》9.2.9条3款，$V \leqslant 0.7 f_t b h_0$，则梁中箍筋的最大间距为 350mm，因此 (D) 错。

根据《混规》9.2.10条：

$$\rho_{sv,min} = 0.28f_t/f_{yv} = 0.28 \times 1.57/270 = 0.001628$$

Φ 6@200：$\dfrac{A_{sv}}{bs} = \dfrac{4 \times 28.3}{400 \times 200} = 0.001415 < \rho_{sv,min}$

Φ 8@350：$\dfrac{A_{sv}}{bs} = \dfrac{4 \times 50.3}{400 \times 350} = 0.001437 < \rho_{sv,min}$

Φ 10@350：$\dfrac{A_{sv}}{bs} = \dfrac{4 \times 78.5}{400 \times 350} = 0.002243 > \rho_{sv,min}$

因此选（C）。

**【例 5.2.4】** 2013 上午 14 题

假定，梁端剪力设计值 $V$=300kN，扭矩设计值 $T$=70kN·m，按一般剪扭构件受剪承载力计算所得 $\dfrac{A_{sv}}{s} = 1.206$。试问，梁端至少选用下列何项箍筋配置才能满足承载力要求？

**提示：**①受扭的纵向钢筋与箍筋的配筋强度比值 $\zeta$=1.6；

②按一般剪扭构件计算，不需要验算截面限制条件和最小配箍率。

（A）Φ 8@100（4）　　（B）Φ 10@100（4）

（C）Φ 12@100（4）　　（D）Φ 14@100（4）

**【答案】**（B）

根据《混规》6.4.8 条：

$$\beta_t = \frac{1.5}{1+0.5\dfrac{VW_t}{Tbh_0}} = \frac{1.5}{1+0.5 \times \dfrac{300 \times 10^3 \times 37.333 \times 10^6}{70 \times 10^6 \times 400 \times 550}} = 1.1 > 1.0$$

因此 $\beta_t$ 取 1.0。

$A_{cor} = b_{cor}h_{cor} = 320 \times 520 = 166400\text{mm}^2$，$\zeta$=1.6，受扭承载力：

$$T \leqslant \beta_t(0.35f_tW_t) + 1.2\sqrt{\zeta}f_{yv}\frac{A_{st1}A_{cor}}{s}$$

则外围单肢箍筋面积：

$$A_{st1} \geqslant \frac{(70 \times 10^6 - 0.35 \times 1.0 \times 1.57 \times 37.333 \times 10^6) \times 100}{1.2 \times \sqrt{1.6} \times 270 \times 166400} = 72.56\ \text{mm}^2$$

（A）错。

根据《混规》6.4.13 条：

$$\text{总箍筋面积} \geqslant 1.206 \times 100 + 72.56 \times 2 = 265.72\text{mm}^2$$

Φ 10@100（4）：$4 \times 78.5 = 314\ \text{mm}^2 > 265.72\text{mm}^2$，已满足要求。

因此选（B）。

**【例 5.2.5～5.2.6】** 2012 上午 1～2 题

某钢筋混凝土框架结构多层办公楼局部平面布置如图 2012-1～2 所示（均为办公室），梁、板、柱混凝土强度等级均为 C30，梁、柱纵向钢筋为 HRB400 钢筋，楼板纵向钢筋及梁、柱箍筋为 HRB335 钢筋。

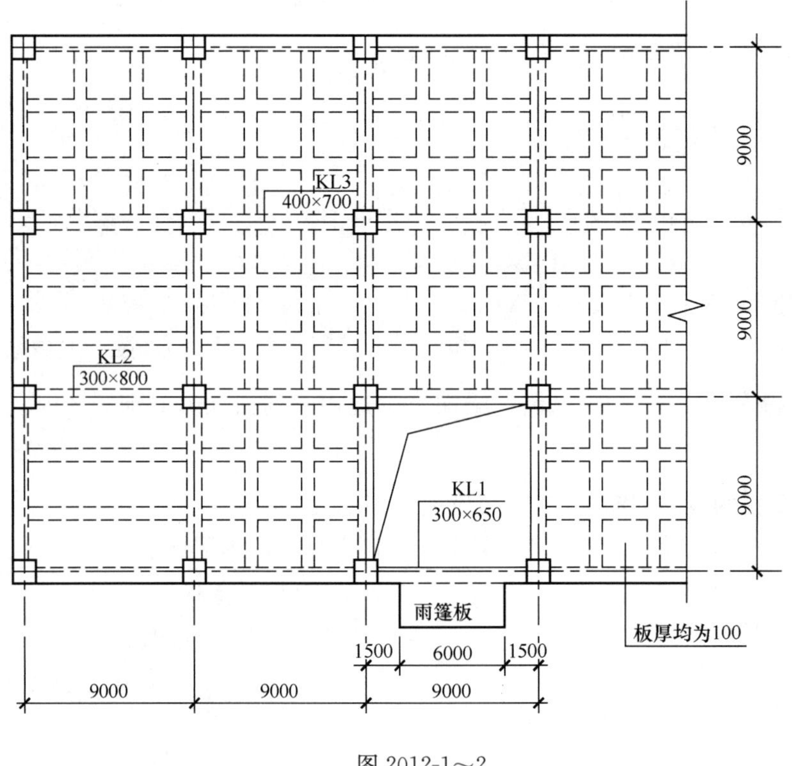


图 2012-1～2

**【例 5.2.5】** 2012 上午 1 题

假设，雨篷梁 KL1 与柱刚接，试问，在雨篷荷载作用下，梁 KL1 的扭矩图与下列何项图示较为接近？

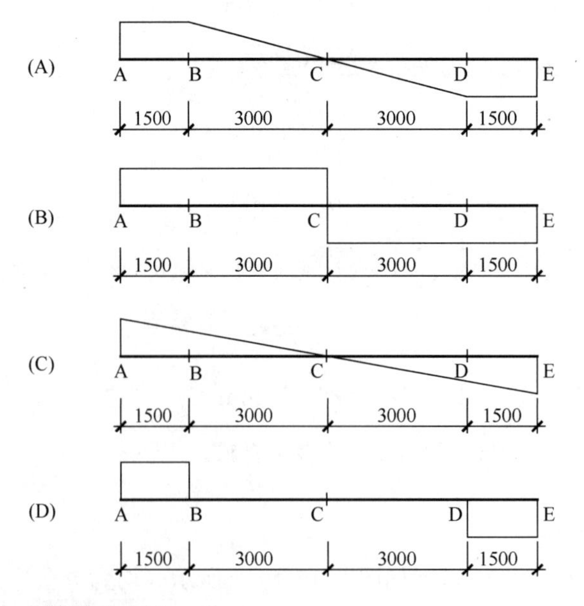


**【答案】**（A）

雨篷梁在两端刚接的条件下，梁的扭矩图在雨篷板范围以内为斜线，在雨篷板范围以外为直线，故答案（A）正确。

**【例 5.2.6】** 2012 上午 2 题

假设，KL1 梁端截面的剪力设计值 $V$=160kN，扭矩设计值 $T$=36kN·m，截面受扭塑性抵抗矩 $W_t=2.475\times10^7\text{mm}^3$，受扭的纵向普通钢筋与箍筋的配筋强度比 $\zeta=1.0$，混凝土受扭承载力降低系数 $\beta_t=1.0$，梁截面尺寸及配筋形式如图 2012-2 所示。试问，下列何项箍筋配置与计算所需要的箍筋最为接近？

**提示：**纵筋的混凝土保护层厚度取 30mm，$a_s=40\text{mm}$。

（A）Φ10@200　　（B）Φ10@150

（C）Φ10@120　　（D）Φ10@100

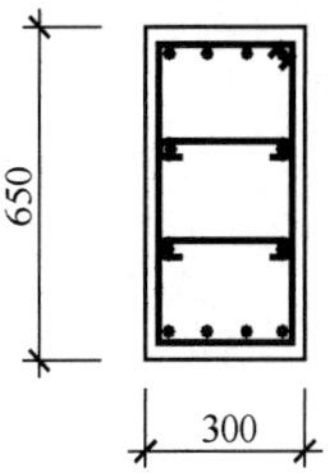

图 2012-2

**【答案】**（C）

根据《混规》6.4.8 条：

$$T\leqslant\beta_t\cdot0.35f_tW_t+1.2\sqrt{\zeta}f_{yv}\frac{A_{stl}A_{cor}}{s}A_{cor}$$

$$=(300-2\times30)\times(650-2\times30)=141600\text{mm}^2$$

$$\frac{A_{stl}}{s}=\frac{36\times10^6-1.0\times0.35\times1.43\times2.475\times10^7}{1.2\times\sqrt{1}\times300\times141600}=0.463$$

$$V\leqslant(1.5-\beta_t)\times0.7f_tbh_0+f_{yv}\frac{A_{sv}}{s}h_0$$

$$\frac{A_{sv}}{s}=\frac{160\times10^3-(1.5-1.0)\times0.7\times1.43\times300\times(650-40)}{300\times(650-40)}=0.374$$

$$\frac{A_{sv}/2}{s}=\frac{0.374}{2}=0.187$$

$$\frac{A_{sv}/2}{s}+\frac{A_{stl}}{s}=0.187+0.463=0.65$$

Φ10@200：0.393；Φ10@150：0.523；Φ10@120：0.654；Φ10@100：0.785。经比较，选用Φ10@120。

$$\rho_{sv}=\frac{A_{sv}}{bs}=\frac{2\times78.5}{300\times120}=0.44\%$$

根据《混规》9.2.10 条：

$$\frac{0.28f_t}{f_{yv}}=\frac{0.28\times1.43}{300}=0.13\%<0.44\%\text{，满足}$$

**【例 5.2.7】** 2017 上午 18 题（二级）

假定，钢筋混凝土矩形截面简支梁，梁跨度为 5.4m，截面尺寸 $b\times h=250\text{mm}\times450\text{mm}$，混凝土强度等级为 C30，纵筋采用 HRB400 钢筋，箍筋采用 HPB300 钢筋，该梁的跨中受拉区纵筋 $A_s=620\text{mm}^2$，受扭纵筋 $A_{stl}=280\text{mm}^2$（满足受扭纵筋最小配筋率要求），受剪箍筋 $A_{sv1}/s=0.112\text{mm}^2/\text{mm}$，受扭箍筋 $A_{st1}/s=0.2\text{mm}^2/\text{mm}$。试问，该梁跨中截面配筋应取图 2017-18 中何项？

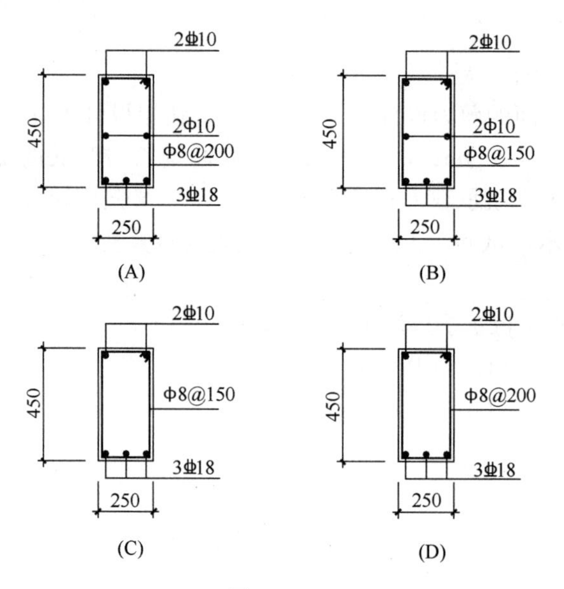


图 2017-18

**【答案】**(B)

根据《混规》9.2.5条，沿截面周边布置受扭纵向钢筋的间距不应大于200mm及梁截面短边长度，抗扭纵筋除应在梁截面四角设置外，其余宜沿截面周边均匀对称布置，故该梁截面上、中、下各配置2根抗扭纵筋，$A_{stl}/3=280/3=93.3\text{ mm}^2$。

顶部和中部选用2Φ10（$A_s=157.1\text{ mm}^2>93\text{ mm}^2$）。

底面纵筋$620+93.3=713.3\text{ mm}^2$，选用3Φ18（$A_s=763.4\text{ mm}^2>717.3\text{ mm}^2$）。

$$\frac{A_{sv1}}{s}+\frac{A_{st1}}{s}=(0.112+0.2)/s=0.312\text{ mm}^2/\text{mm}$$

箍筋直径选Φ8：

$$s\leqslant\frac{A_{sv1}+A_{st1}}{0.312}=\frac{50.3}{0.312}=161\text{mm},取\ s=150\text{mm}$$

**【例5.2.8】** 2017上午6题（二级）

某钢筋混凝土梁截面$b\times h=250\text{mm}\times 600\text{mm}$，受弯剪扭作用。混凝土强度等级为C30，纵向钢筋采用HRB400，箍筋采用HPB300。假定，经计算，受扭纵向钢筋总面积为600mm²，梁下部按受弯承载力计算的纵向受拉钢筋面积为610mm²，初步确定梁截面两侧各布置两根受扭纵筋（沿梁高均匀布置）。试问，该梁的下部纵向钢筋配置，选用下列何项最为恰当?

**提示：**受扭纵筋沿截面周边均匀布置，受扭纵筋截面中心至梁截面边距可按$a_s=$40mm取用。

(A) 3Φ22　　(B) 3Φ20　　(C) 3Φ18　　(D) 3Φ16

**【答案】**(C)

根据《混规》9.2.5条，弯剪扭构件受扭纵筋除应在梁截面四角配置外，其余沿截面周边均匀对称布置，且间距不应大于200mm。

因此，受扭纵筋的布置沿截面周边应为：

$$\frac{600}{2\times(170+520)}=0.435\ \text{mm}^2/\text{mm}$$

按梁两侧各布置 2 根受扭纵筋，此时梁侧纵筋间距为：

$$\frac{600-2\times40}{3}=173\text{mm}<200\text{mm}$$

下部纵筋应为：

$$610+0.435\times(170+520/3)=759\ \text{mm}^2$$

配 3Φ18，$A_s=763\ \text{mm}^2$，故选（C）。

# 6 冲切及局压计算

## 6.1 冲切承载力计算

### 6.1.1 不配置抗冲切钢筋的板

**1. 主要的规范规定**

1）《混规》6.5.1 条：不配置箍筋或弯起钢筋的板的受冲切承载力计算。

2）《混规》6.5.2 条：当板开有孔洞时，板的受冲切承载力计算。

**2. 对规范规定的理解**

1）应用对象

板受冲切承载力计算应用对象如图 6.1-1 所示。

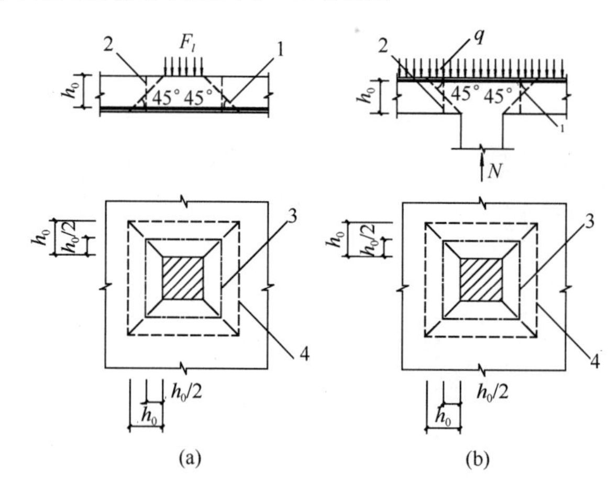


图 6.1-1 板受冲切承载力计算

（a）局部荷载作用下；（b）集中反力作用下

1—冲切破坏锥体的斜截面；2—计算截面；

3—计算截面的周长；4—冲切破坏锥体的底面线

2）冲切力与冲切承载力

$F_l$为局部荷载设计值或集中反力设计值；板柱节点，取柱所承受的轴向压力设计值的层间差值减去柱顶冲切破坏锥体范围内板所承受的荷载设计值。

$$F_l \rightarrow \underline{\text{柱轴向力设计值}} - \text{均布荷载设计值} \times \begin{cases} (b_c + 2h_0)(\text{方形}) \\ (b_c + 2h_0)(h_c + 2h_0)(\text{矩形}) \end{cases}$$

解题过程中需注意，题目的问题是求冲切力 $F_l$，还是求受冲切承载力 $0.7\beta_h f_t \eta u_m h_0$。

3）受冲切承载力计算答题流程（《混规》6.5.1条）

$$\beta_h\begin{cases}\leqslant 800,1.0\\ \geqslant 2000,0.9\end{cases}$$

$$\beta_s=\frac{h_c}{b_c}\ (2\sim 4,\text{圆形}\ \beta_s=2)$$

$$a_s\begin{cases}\text{中柱},40\\ \text{边柱},30\\ \text{角柱},20\end{cases}$$

$$u_m\begin{cases}\text{矩形},2(b_c+h_c+2h_0)\\ \text{方形},4(b_c+h_0)\\ \text{开孔洞时，见 6.5.2 条}\end{cases}$$

$$\eta_1=0.4+\frac{1.2}{\beta_s}$$

$$\eta_2=0.5+\frac{a_sh_0}{4u_m}$$

$$\eta=\min(\eta_1,\eta_2)$$

$$0.7\beta_hf_t\eta u_mh_0\geqslant F_1\rightarrow \underline{\text{柱轴向力设计值}}-\text{均布荷载设计值}\times\begin{cases}(b_c+2h_0)^2(\text{方形})\\ (b_c+2h_0)(h_c+2h_0)(\text{矩形})\end{cases}$$

↓

均布荷载设计值×柱负荷面积

4）周围有洞口板

当板开有孔洞且孔洞至局部荷载或集中反力作用面积边缘的距离不大于 $6h_0$，计算方法同“3）受冲切承载力计算答题流程”，只是 $u_m$ 应减去图 6.1-2 中 4 所指线段长度。

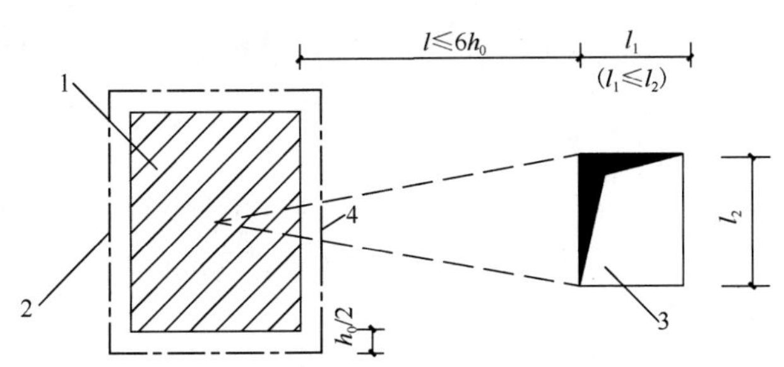


图 6.1-2　邻近孔洞时的计算截面周长

$l_1\leqslant l_2$ 时：$l_4=\dfrac{b+h_0}{b+2l}l_2$

$l_1>l_2$ 时：$l_4=\dfrac{b+h_0}{b+2l}\sqrt{l_1l_2}$

5）冲切位置

如果存在柱帽，题目包括板对柱帽的冲切以及柱帽对板的冲切两种情况，解题时，应明确计算位置。

**3. 历年真题解析**

**【例 6.1.1～6.1.3】**2017 上午 10～12 题

某二层地下车库，安全等级为二级，抗震设防烈度为8度（0.20$g$），建筑场地类别为Ⅱ类，抗震设防类别为丙类，采用现浇钢筋混凝土板柱-抗震墙结构。某中柱顶板节点如图2017-10～12所示，柱网8.4m×8.4m，柱截面600mm×600mm，板厚250mm，设1.6m×1.6m×0.15m的托板，$a_s = a'_s = 45$mm。

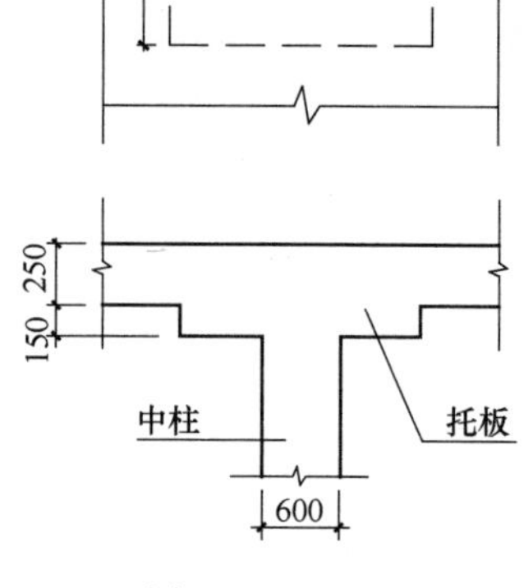


图2017-10～12

**【例6.1.1】** 2017上午10题

假定，板面均布荷载设计值为15kN/m²（含板自重），当忽略托板自重和板柱节点不平衡弯矩的影响时，试问，当仅考虑竖向荷载作用时，该板柱节点柱边缘处的冲切反力设计值$F_l$（kN），与下列何项数值最为接近？

(A) 950　(B) 1000

(C) 1030　(D) 1090

**【答案】**（C）

根据《混规》式（6.5.1-1），板柱节点的冲切反力设计值$F_l$，取柱所承受的轴向压力设计值的层间差值减去柱顶冲切破坏椎体范围内板所承受的荷载设计值。

$$F_l = [8.4^2 - (0.6 + 2 \times 0.355)^2] \times 15 = 1033\text{kN}$$

**【例6.1.2】** 2017上午11题

假定，该板柱节点混凝土强度等级为C35，板中未配置抗冲切钢筋。试问，当仅考虑竖向荷载作用时，该板柱节点柱边缘处的受冲切承载力设计值$[F_l]$(kN)，与下列何项数值最为接近？

(A) 860　(B) 1180　(C) 1490　(D) 1560

**【答案】**（C）

根据《混规》6.5.1条：

$$u_m = 4 \times (600 + 355) = 3820\text{mm}$$
$$h_0 = 250 + 150 - 45 = 355\text{mm}$$

$\beta_s = 1 < 2$，取$\beta_s = 2$，$\alpha_s = 40$。

$$\eta_1 = 0.4 + \frac{1.2}{\beta_s} = 1.0$$

$$\eta_2 = 0.5 + \frac{\alpha_s h_0}{4u_m} = 0.5 + \frac{40 \times 355}{4 \times 3820} = 1.43 > \eta_1 = 1.0$$

两者取小，取$\eta = 1.0$。

$$[F_l] = 0.7\beta_h f_t \eta u_m h_0 = 0.7 \times 1.0 \times 1.57 \times 1.0 \times 3820 \times 355$$
$$= 1490 \times 10^3\text{N} = 1490\text{kN}$$

**【例6.1.3】** 2017上午12题

试问，该板柱节点的柱纵向钢筋直径最大值$d$（mm），不宜大于下列何项数值？

(A) 20　(B) 22　(C) 25　(D) 28

**【答案】**（C）

根据《混规》11.9.2条，托板根部的厚度（包括板厚）不应小于柱纵向钢筋直径的16倍，$d \leqslant h/16=400/16=25$。

**【例6.1.4～6.1.5】** 2014上午11～12题

某现浇钢筋混凝土楼板，板上有作用面为400mm×500mm的局部荷载，并开有550mm×550mm的洞口，平面位置示意如图2014-11～12所示。

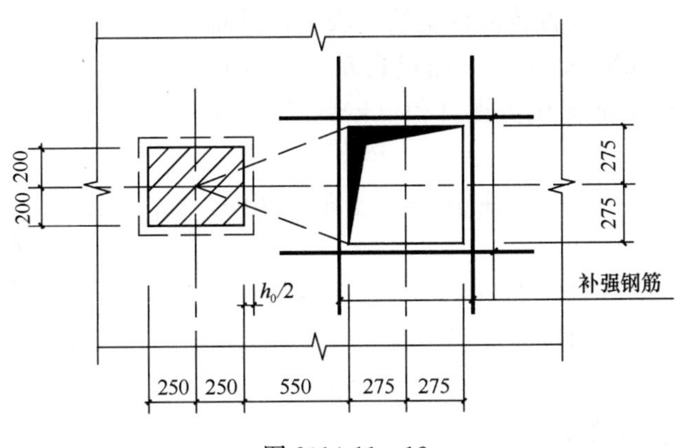


图2014-11～12

**【例6.1.4】** 2014上午11题

假定，楼板混凝土强度等级为C30，板厚$h$=150mm，截面有效高度$h_0$=120mm。试问，在局部荷载作用下，该楼板的受冲切承载力设计值$F_l$（kN），与下列何项数值最为接近？

**提示：** ① $\eta=1.0$；

②未配置箍筋和弯起钢筋。

(A) 250　　(B) 270　　(C) 340　　(D) 430

**【答案】** (A)

根据《混规》6.5.2条，孔洞至局部荷载边缘的距离：

$$s=550\text{mm}<6h_0=6\times120=720\text{mm}$$

临界截面周长$\mu_m$应扣除局部荷载中心至开孔外边切线之间所包含的长度：

$$\mu_m=2\times(520+620)-(250+120/2)\times550/800=2280-213=2067\text{mm}$$

$$F_l=0.7\beta_h f_t\eta u_m h_0=0.7\times1.0\times1.43\times1.0\times2067\times120\times10^{-3}=248\text{kN}$$

**【例6.1.5】** 2014上午12题

假定，该楼板板底配置Φ12@100的双向受力钢筋，试问，图2014-11～12中洞口周边每侧板底补强钢筋，至少应选用下列何项配筋？

(A) 2Φ12　　(B) 2Φ16　　(C) 2Φ18　　(D) 2Φ22

**【答案】** (A)

洞口每侧补强钢筋面积应不小于孔洞宽度内被切断的受力钢筋面积的一半，550/100=5.5，最少切断5根，最多切断6根。

洞口被切断的受力钢筋数量为6Φ12，洞边每侧补强钢筋面积为：$A_s \geqslant 6\times113/2=339\text{mm}^2$。

选用2Φ16，$A_s=2\times201=402\text{mm}^2>339\text{mm}^2$。

【例 6.1.6】2013 上午 11 题

非抗震设防的某钢筋混凝土板柱结构屋面层，某中柱节点如图 2013-11 所示，构件安全等级为二级。中柱截面 600mm×600mm，柱帽的高度为 500mm，柱帽中心与柱中心的竖向投影重合。混凝土强度等级为 C35，$a_s = a'_s = 40$mm，板中未配置抗冲切钢筋。假定，板面均布荷载设计值为 15kN/m$^2$（含屋面板自重）。试问，板与柱冲切控制的柱顶轴向压力设计值（kN）与下列何项数值最为接近？

**提示**：忽略柱帽自重和板柱节点不平衡弯矩的影响。

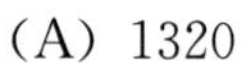

(A) 1320 (B) 1380

(C) 1440 (D) 1500

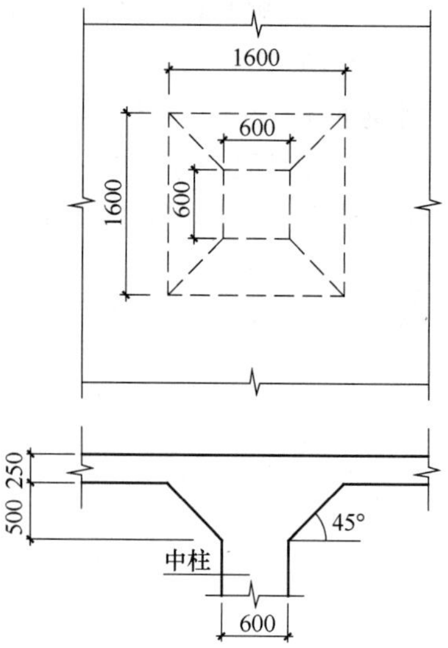

图 2013-11

【答案】(B)

根据《混规》6.5.1 条：

$$u_m = 4 \times (1600 + 210) = 7240\text{mm}$$

$$h_0 = 250 - 40 = 210\text{mm}$$

$\beta_s = 1 < 2$，取 $\beta_s = 2$，$\alpha_s = 40$。

$$\eta_1 = 0.4 + \frac{1.2}{\beta_s} = 1.0$$

$$\eta_2 = 0.5 + \frac{\alpha_s h_0}{4u_m} = 0.5 + \frac{40 \times 210}{4 \times 7240} = 0.79 < 1.0$$

两者取小，取 $\eta = 0.79$。

$$F_l = 0.7\beta_h f_t \eta u_m h_0 = 0.7 \times 1.0 \times 1.57 \times 0.79 \times 7240 \times 210 = 1320 \times 10^3\text{N} = 1320\text{kN}$$

$$N = F_l + q \times A = 1320 + 15 \times \left(\frac{1600 + 2 \times 210}{1000}\right)^2 = 1381\text{kN}$$

**【编者注】**本题考点是板柱节点处柱轴向压力设计值与集中反力设计值 $F_l$ 的相互关系。板柱节点处的集中反力设计值 $F_l$，应取柱所承受的轴向压力设计值的层间差值减去柱顶冲切破坏锥体范围内板所承受的荷载设计值。柱所承受的轴向压力设计值的层间差值＝下柱柱顶轴向压力设计值－上柱柱底轴向压力设计值。

### 6.1.2 配置箍筋或弯起钢筋的板的受冲切承载力

**1. 主要的规范规定**

1）《混规》6.5.3 条：配置箍筋和抗冲切钢筋的冲切承载力计算。

2）《混规》6.5.4 条：配置抗冲切钢筋的冲切破坏锥体以外的截面受冲切承载力。

3）《混规》9.1.11 条：板的抗冲切箍筋或弯起钢筋的构造规定。

**2. 对规范规定的理解**

1）为了使抗冲切箍筋或弯起钢筋能够充分发挥作用，《混规》式（6.5.3）规定了板的受冲切截面限制条件，实际上是对抗冲切箍筋或弯起钢筋数量的限制，以避免其不能充分发挥作用和使用阶段在局部荷载附近的斜裂缝过大。即 $F_l$ 的计算按《混规》式（6.5.3-1）

和式（6.5.3-2）双控。

2）《混规》6.5.4条：对配置抗冲切钢筋的冲切破坏锥体以外的截面受冲切承载力进行验算，$u_m$取配置抗冲切钢筋的冲切破坏锥体以外0.5$h_0$处的最不利周长：

$$u_m = 2 \cdot [(b + 2h_0 + 2 \times 0.5h_0) + (l + 2h_0 + 2 \times 0.5h_0)]$$

3）解题流程如下。

（1）已知$A_{svu}$、$A_{sbu}$，承载力验算。（$f_{yv} > 360$取360）

① 参数计算

《混规》6.5.1条，计算$\beta_h$、$\beta_s$、$a_s$、$u_m$、$\eta_1$、$\eta_2$、$\eta$。

② 截面限制条件

《混规》6.5.3条，满足$1.2f_t\eta u_m h_0 \geqslant F_l$的要求。

③ 冲切承载力计算

《混规》式（6.5.3-2），$0.5f_t\eta u_m h_0 + 0.8f_{yv}A_{svu} + 0.8f_y A_{sbu}\sin\alpha \geqslant F_l$。

（2）已知$F_l$，求箍筋。（$f_{yv} > 360$取360）

《混规》6.5.1条，计算$\beta_h$、$\beta_s$、$a_s$、$u_m$、$\eta_1$、$\eta_2$、$\eta$。

《混规》6.5.3条，$A_{svu} = \dfrac{F_l - 0.5f_t\eta u_m h_0}{0.8f_{yv}}$，取$nA_{sv1} \geqslant A_{svu}$，$n$为四周总肢数。

《混规》9.1.11条，$d \geqslant 6\text{mm}$；$s \leqslant (h_0/3, 100\text{mm})$。

（3）已知$F_l$，求弯起筋。（$f_t$，$f_y$，$h_0$）

《混规》6.5.1条，计算$\beta_h$、$\beta_s$、$a_s$、$u_m$、$\eta_1$、$\eta_2$、$\eta$。

《混规》6.5.3条，$A_{sbu} = \dfrac{F_l - 0.5f_t\eta u_m h_0}{0.8f_y\sin\alpha}$，取$nA_{sv1} \geqslant A_{sbu}$。

《混规》9.1.11条，$d \geqslant 12\text{mm}$；每向$\geqslant$3根。

**3. 历年真题解析**

**【例6.1.7～6.1.8】** 2009上午10～11题

非抗震设防的某板柱结构顶层，钢筋混凝土屋面板板面均布荷载设计值为13.5kN/m$^2$（含板自重），混凝土强度等级为C40，板有效计算高度$h_0$=140mm，中柱截面700mm×700mm，板柱节点忽略不平衡弯矩的影响，$\alpha$=30°。如图2009-10～11所示。

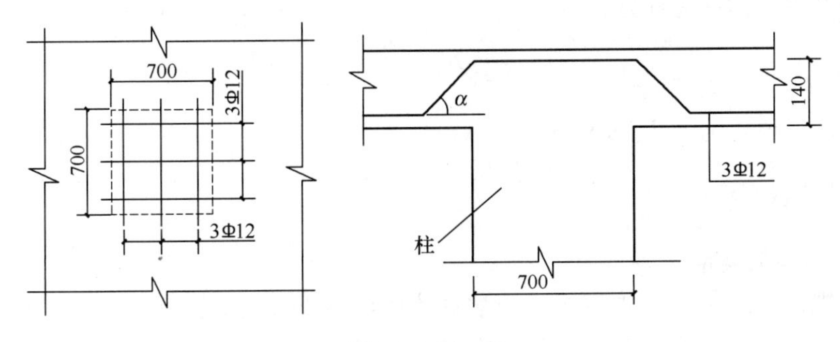


图2009-10～11

**【例6.1.7】** 2009上午10题

当不考虑弯起钢筋作用时，试问，板与柱冲切控制的柱轴向压力设计值（kN），与下列何项数值最为接近？

(A) 280 (B) 390 (C) 450 (D) 530

**【答案】**(D)

不考虑弯起钢筋时，依据《混规》6.5.1条，冲切截面应满足：

$$F_l \leqslant 0.7\beta_h f_t \eta u_m h_0$$

$$\eta_1 = 0.4 + \frac{1.2}{\beta_s} = 0.4 + \frac{1.2}{2} = 1.0$$

$$\eta_2 = 0.5 + \frac{\alpha_s h_0}{4u_m} = 0.5 + \frac{40 \times 140}{4 \times 4 \times (700 + 140)} = 0.92$$

$\eta$取以上二者的较小值，为0.92。

$$F_l \leqslant 0.7\beta_h f_t \eta u_m h_0 = 0.7 \times 1.0 \times 1.71 \times 0.92 \times 4 \times (700 + 140) \times 140 = 518.0 \times 10^3 \mathrm{N}$$

破坏锥体范围内板承受的荷载设计值为：

$$(0.7 + 2 \times 0.14) \times (0.7 + 2 \times 0.14) \times 13.5 = 13.0\mathrm{kN}$$

可承受的柱压力设计值最大为518.0+13.0=531kN。

**【例6.1.8】**2009上午10题

当考虑弯起钢筋作用时，试问，板受柱的冲切承载力设计值(kN)，与下列何项数值最为接近?

(A) 420 (B) 303 (C) 323 (D) 533

**【答案】**(D)

依据《混规》6.5.3条2款计算：

$$0.5 f_t \eta u_m h_0 + 0.8 f_y A_{sbu} \sin\alpha$$

$$= 0.5 \times 1.71 \times 0.92 \times 4 \times (700 + 140) \times 140 + 0.8 \times 300 \times 339 \times 4 \times 0.5$$

$$= 532.7 \times 10^3 \mathrm{N}$$

上式中，冲切破坏锥体共4个面，每个面与弯起钢筋相交的数量为3Φ12，339为3Φ12的截面面积，则总面积为4×339。

再按照截面限制条件计算：

$$1.2 f_t \eta u_m h_0 = 1.2 \times 1.71 \times 0.92 \times 4 \times (700 + 140) \times 140 = 888.0 \times 10^3 \mathrm{N}$$

取二者较小值，为532.7kN。

### 6.1.3 板柱节点

**1. 主要的规范规定**

1)《混规》9.1.11条：混凝土板中配置冲切箍筋或弯起钢筋时的构造要求。

2)《混规》9.1.12条：板柱节点柱帽或托板的结构形式。

3)《混规》11.9.3条：地震组合作用下，等效集中反力设计值的确定。

4)《混规》F.0.1条：等效集中反力设计值的确定。

**2. 对规范规定的理解**

1) 板柱结构在竖直荷载和水平荷载作用下，其板柱节点上有可能存在有不平衡弯矩。

此时，板柱节点一方面承受冲切剪力作用，形成受冲切破坏锥体；一方面又通过破坏锥体的临界截面上的剪应力来传递不平衡弯矩 $M_{unb}$（图 6.1-3）。

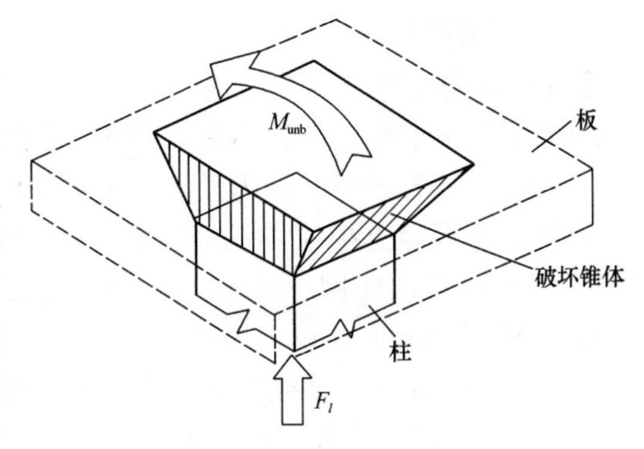


图 6.1-3 存在不平衡弯矩的板柱节点

在考虑不平衡弯矩对冲切承载力的影响时，规范借鉴了美国 AC1318 规范的方法，将受冲切承载力计算中的板柱结构集中反力设计值 $F_l$ 用等效集中反力设计值 $F_{l,eq}$ 代替。$F_{l,eq}$ 也就是将原来的单纯冲切时的板柱结构集中反力设计值 $F_l$，再加上由不平衡弯矩 $M_{unb}$ 在破坏锥体周边产生的剪应力的总和。

$F_{l,eq}$ 的计算基于下列 3 个假设：

(1) 将破坏锥体的倾斜面转化为临界截面周长 $u_m$ 处的板的垂直截面，不平衡弯矩就通过板的垂直截面上的竖向剪应力来实现传递，从而忽略截面上水平剪应力的传递，如图 6.1-4所示。

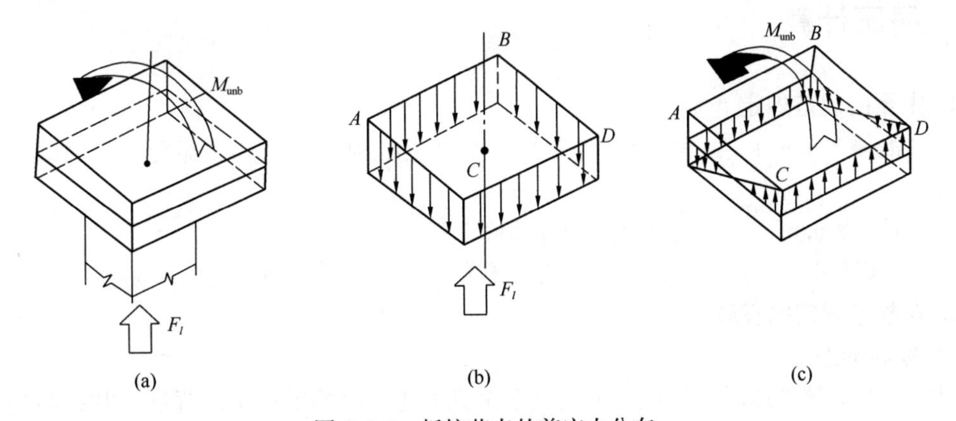


图 6.1-4 板柱节点的剪应力分布

(a) 将破坏锥体的侧面转化为临界周长处板的垂直截面；

(b) 由 $F_l$ 产生的剪应力分布；(c) 由不平衡弯矩产生的剪应力分布

(2) 假定由不平衡弯矩产生的，沿弯矩平面上的竖向剪应力在板的垂直截面上呈线性分布［图 6.1-4 (c)］。

(3) 以最大的竖向剪应力 $\tau_{max}$ 作为确定等效集中反力设计值 $F_{l,eq}$ 的依据。

2) 板柱节点冲切（抗震）验算。

《混规》11.9.3 条规定，由地震组合的不平衡弯矩在板柱节点处引起的等效集中反力设计值乘以增大系数，对一、二、三级抗震等级的板柱节点，该增大系数分别取 1.7、1.5、1.3。

对配置抗冲切钢筋的冲切破坏锥体以外的截面，尚应验算受冲切承载力。其中 $u_m$ 取值如下：

式 (11.9.4-1)、式 (11.9.4-2)：按 6.5.1 条；

式 (11.9.4-3)：取最外排冲切钢筋周边以外 $0.5h_0$ 处最不利周长。

**3. 历年真题解析**

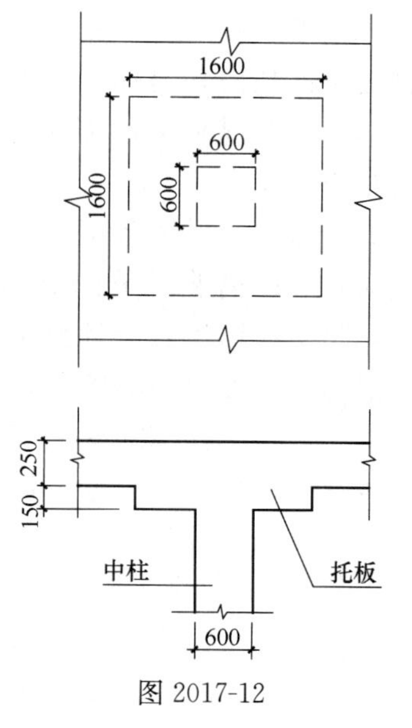

图 2017-12

**【例 6.1.9】** 2017 上午 12 题

某二层地下车库，安全等级为二级，抗震设防烈度为 8 度（0.20$g$），建筑场地类别为Ⅱ类，抗震设防类别为丙类，采用现浇钢筋混凝土板柱-抗震墙结构。某中柱顶板节点如图 2017-12 所示，柱网 8.4m × 8.4m，柱截面 600mm × 600mm，板厚 250mm，设 1.6m×1.6m×0.15m 的托板，$a_s = a'_s = 45$mm。试问，该板柱节点的柱纵向钢筋直径最大值 $d$（mm），不宜大于下列何项数值？

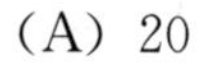

（A）20 （B）22

（C）25 （D）28

**【答案】**（C）

根据《混规》11.9.2 条，托板根部的厚度（包括板厚）不应小于柱纵向钢筋直径的 16 倍，$d \leqslant h/16 = 400/16 = 25$。

## 6.2 局压计算

**1. 主要的规范规定**

1）《混规》6.6.1 条：配置间接钢筋的混凝土结构构件，其局部受压区的截面尺寸要求。

2）《混规》6.6.2 条：局部受压的计算底面积。

3）《混规》6.6.3 条：配置方格网式或螺旋式间接钢筋的局部受压承载力。

**2. 对规范规定的理解**

1）破坏形态

混凝土在局部受压时的抗压强度远高于全截面受压时的轴心抗压强度，其提高的程度随面积比 $A_c/A_l$ 的增加而加大。这是由于局部受压区的外围混凝土，形成一个“套箍”，发挥了“套箍”的约束作用，使局部受压区混凝土处于三向受压状态，从而提高了混凝土的纵向抗压强度。

2）配筋局压承载力计算流程（相关参数示意见图 6.2-1）

（1）计算 $A_b$、$A_l$、$A_{ln}$、$\beta_l$

《混规》6.6.1 条，$\beta_l = \sqrt{\dfrac{A_b}{A_l}}$。

（2）截面限制条件

《混规》6.6.1 条，满足 $1.35\beta_c\beta_l f_c A_{ln} \geqslant F_l$ 要求，其中 $\beta_c \begin{cases} \leqslant \text{C50}, 1 \\ \text{C80}, 0.8 \end{cases}$

（3）局部受压承载力计算

《混规》6.6.3 条，$A_{cor} \begin{cases} \boxed{>} \ A_b, \text{取} A_b \\ \boxed{\leqslant} \ 1.25A_l, \beta_{cor} = 1, \text{其中} \beta_{cor} = \sqrt{\dfrac{A_{cor}}{A_l}} \end{cases}$

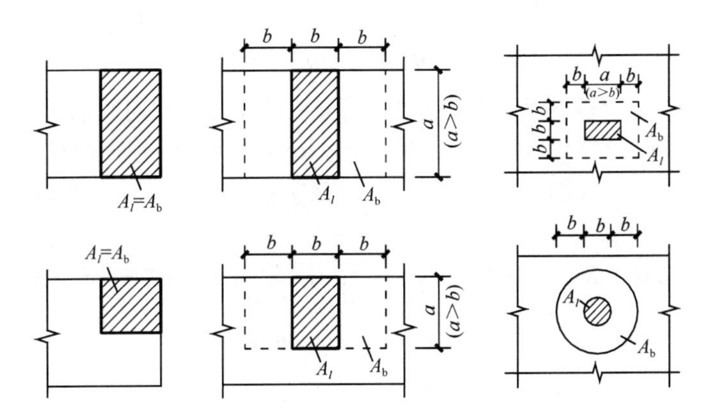


图 6.2-1 局部受压的计算底面积

$$\rho_v=\begin{cases}\dfrac{n_1A_{s1}l_1+n_2A_{s2}l_2}{A_{cor}s}(\text{方格网}),A_{cor}>A_l\\ \dfrac{4A_{ss1}}{d_{cor}s}(\text{螺旋式})\end{cases}$$

《混规》6.6.3 条，$0.9(\beta_c\beta_l f_c+2\alpha\rho_v\beta_{cor}f_{yv})A_{ln}\geqslant F_l$，其中 $\alpha\begin{cases}\leqslant C50,1\\ C80,0.85\end{cases}$

3）素混凝土局压承载力计算详见《混规》D.5.1 条及本书 9.3 节。

**3. 历年真题解析**

**【例 6.2.1～6.2.2】** 2013 上午 13～14 题（二级）

某混凝土构件局部受压情况如图 2013-13～14 所示，局部受压范围无孔洞、凹槽，并忽略边距的影响，混凝土强度等级为 C25，安全等级为二级。

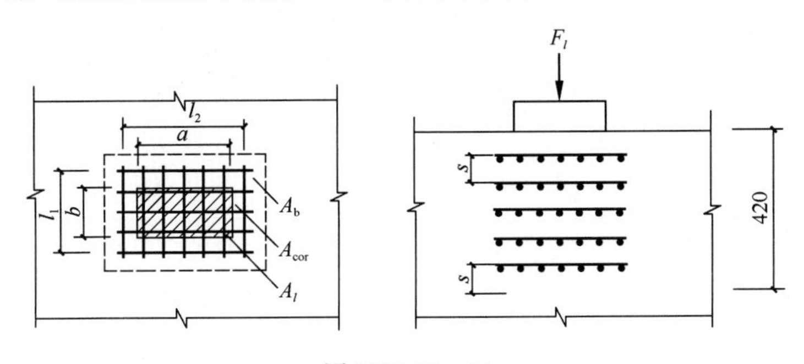


图 2013-13～14

**【例 6.2.1】** 2013 上午 13 题（二级）

假定，局部受压作用尺寸 $a$=300mm，$b$=200mm。试问，进行混凝土局部受压验算时，其计算底面积 $A_b$（$mm^2$）与下列何项数值最为接近？

（A）300000　　（B）420000　　（C）560000　　（D）720000

**【答案】**（B）

根据《混规》6.6.2 条：

$$A_b=(a+2b)\times(3b)=(300+2\times200)\times(3\times200)=420000\ mm^2$$

**【例 6.2.2】** 2013 上午 14 题（二级）

假定，局部受压面积 $a\times b=400\text{mm}\times250\text{mm}$，局部受压计算底面积 $A_b=675000\text{mm}^2$，局部受压区配置焊接钢筋网片 $l_1\times l_2=600\text{mm}\times400\text{mm}$，其中心与 $F$ 重合，钢筋直径为 $\phi6$（HPB300），钢筋网片单层钢筋 $n_1=7$（沿 $l_1$ 方向）及 $n_2=5$（沿 $l_2$ 方向），间距 $s=70\text{mm}$。试问，局部受压承载力设计值（kN）应与下列何项数值最为接近？

(A) 3500　　(B) 4200　　(C) 4800　　(D) 5300

**【答案】**(A)

根据《混规》6.6.1条、6.6.3条，$\beta_c=1.0$，$A_l=100000\text{ mm}^2$，$A_b=675000\text{ mm}^2$，$\beta_l=\sqrt{\dfrac{A_b}{A_l}}=2.60$，$f_c=11.9\text{N/mm}^2$，$f_{yv}=270\text{N/mm}^2$，$\alpha=1.0$，$A_{s1}=A_{s2}=28.3\text{mm}^2$，$l_1=400\text{mm}$，$l_2=600\text{mm}$。则

$$A_{cor}=400\times600=240000\text{mm}^2$$

$$\beta_{cor}=\sqrt{\frac{A_{cor}}{A_l}}=1.55$$

$$\rho_v=\frac{n_1A_{s1}l_1+n_2A_{s2}l_2}{A_{cor}s}=\frac{7\times28.3\times400+5\times28.3\times600}{240000\times70}=0.98\%$$

$$1.35\beta_c\beta_l f_c A_l=1.35\times1.0\times2.6\times11.9\times100000=4177\text{kN}$$

$$\begin{aligned}&0.9(\beta_c\beta_l f_c+2\alpha_1\alpha_v\beta_{cor}f_{yv})A_{ln}\\&=0.9\times(1.0\times2.6\times11.9+2\times0.98\%\times1.55\times270)\times100000\times10^{-3}\\&=3523\text{kN}\end{aligned}$$

# 7 正常使用极限状态

## 7.1 裂缝控制验算

**1. 主要的规范规定**

1）《混规》3.4.2 条：正常使用极限状态对应的荷载组合。

2）《混规》3.5.2 条：环境类别的判定。

3）《混规》3.4.4 条、7.1.1 条：裂缝控制等级及裂缝宽度验算要求。

4）《混规》3.4.5 条：裂缝控制限值。

5）《混规》7.1.2 条：最大裂缝宽度计算公式。

6）《混规》7.1.4 条：钢筋应力的计算。

**2. 对规范规定的理解**

1）《混规》3.4.2 条，对于正常使用极限状态，钢筋混凝土构件、预应力混凝土构件应分别按荷载的准永久组合并考虑长期作用的影响或标准组合并考虑长期作用的影响。

2）《混规》3.4.4 条、7.1.1 条，裂缝控制等级。如表 7.1-1 所示。

**裂缝控制等级** **表 7.1-1**

| 控制等级 | 荷载组合 | 理解 | 公式：《混规》7.1.1 条 |
|---|---|---|---|
| 一级 | 标准组合（预应力） | 不允许出现裂缝：受拉边缘混凝土不应产生拉应力 | $\sigma_{ck}-\sigma_{pc}\leqslant 0$ |
| 二级 | 标准组合（预应力） | 不允许出现裂缝：受拉边缘混凝土拉应力不应大于混凝土抗拉强度的标准值 | $\sigma_{ck}-\sigma_{pc}\leqslant f_{tk}$ |
| 三级 | 钢筋混凝土：准永久组合<br>预应力混凝土：标准组合 | 允许出现裂缝：不应超过《混规》3.4.5 条最大裂缝宽度限值 | $w_{max}\leqslant w_{lim}$ |
| | 二 a 类环境预应力混凝土：准永久组合 | 允许出现裂缝：受拉边缘混凝土拉应力不应大于混凝土抗拉强度的标准值 | $\sigma_{cq}-\sigma_{pc}\leqslant f_{tk}$ |

3）裂缝宽度计算（钢筋混凝土构件）。

（1）受拉区纵向普通钢筋应力（准永久组合）

① 轴心受拉构件

$$\sigma_{sq}=N_q/A_s$$

式中：$A_s$ ——全部纵向普通钢筋截面面积。

② 受弯构件

$$\sigma_{sq}=\frac{M_q}{0.87h_0A_s}$$

式中：$A_s$——受拉区纵向普通钢筋截面面积。

③ 偏心受拉构件

$$\sigma_{sq}=\frac{N_q e'}{A_s(h_0-a'_s)}$$

式中：$A_s$——取受拉较大边纵向普通钢筋截面面积。

$$e'=e_0+0.5h-a'_s=M/N+0.5h-a'_s$$

④ 偏心受压构件（图 7.1-1）

偏心距增大系数 $\eta_s\begin{cases}\dfrac{l_0}{h}\leqslant 14\text{ 时}:\eta_s=1\\ \dfrac{l_0}{h}>14\text{ 时}:\eta_s=1+\dfrac{1}{4000e_0/h_0}\left(\dfrac{l_0}{h}\right)^2\end{cases}$

$$e=\eta_s e_0+y_s$$

初始偏心距　$e_0=M_q/N_q$

$$z=\left[0.87-0.12(1-\gamma'_f)\left(\frac{h_0}{e}\right)^2\right]h_0\leqslant 0.87h_0$$

受压翼缘　$\gamma'_f=\dfrac{(b'_f-b)h'_f}{bh_0}$

其中，$h'_f\leqslant 0.2h_0$；矩形、倒 T 形：$\gamma'_f=0$。

$$\sigma_{sq}=\frac{N_q(e-z)}{A_s z}$$

（2）裂缝计算 $w_{max}$

① 受拉区面积

$$A_{te}=\begin{cases}\text{截面面积(轴拉)}\\0.5bh+(b_f-b)h_f\text{(其他)}\end{cases}$$

$$\rho_{te}=\frac{A_s}{A_{te}}\geqslant 0.01$$

② 不均匀系数

$$\psi=\begin{cases}\psi=1\text{(直接承受重复荷载)}\\ \psi=1.1-0.65\dfrac{f_{tk}}{\rho_{te}\sigma_{sq}}\begin{matrix}\geqslant 0.2\\<1\end{matrix}\text{(其他)}\end{cases}$$

③ 等效直径

$$d_{eq}=\frac{\sum n_i d_i^2}{\sum n_i v_i d_i}$$

$d$ 相同时：

$$d_{eq}=\frac{d}{v}$$

粘结特性系数 $v\begin{cases}\text{光圆}:v=0.7\\ \text{带肋}\begin{cases}\text{环氧树脂涂层}:1.0\times 80\%=0.8\\ \text{其他}:v=1\end{cases}\end{cases}$

④ 裂缝计算

$$w_{max}\begin{cases}w_{max}=\alpha_{cr}\psi\dfrac{\sigma_s}{E_s}\left(1.9c_s+0.08\dfrac{d_{eq}}{\rho_{te}}\right)\\ \text{注 1,受吊车荷载,但不验疲劳的受弯构件}:\omega_{max}\times 0.85\\ \text{注 2,按 9.2.15 条配表层钢筋网片的梁}:\omega_{max}\times 0.7\\ \text{注 3,偏压构件}:e_0/h_0\leqslant 0.55\text{ 时,可不验算}\end{cases}$$

其中，$c_s$ 为受拉钢筋保护层厚度，$20\leqslant c_s\leqslant 65$。

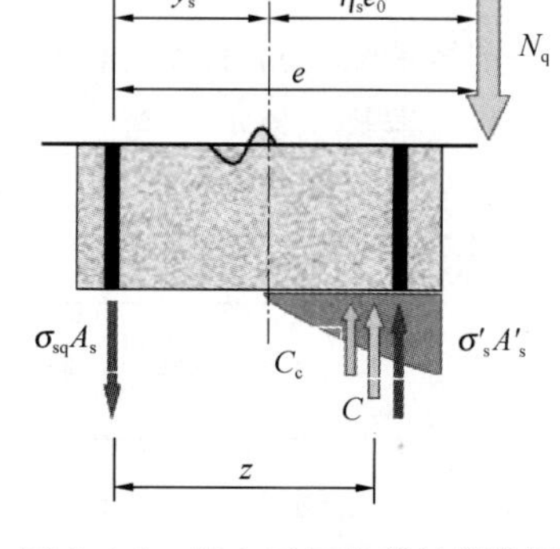

图 7.1-1　偏心受压构件计算简图

**3. 历年真题及自编题解析**

**【例 7.1.1】** 2017 上午 9 题

某民用建筑普通房屋中的钢筋混凝土 T 形截面独立梁，安全等级为二级，荷载简图及截面尺寸如图 2017-9 所示。梁上作用有均布永久荷载标准值 $g_k$、均布可变荷载标准值 $q_k$、集中永久荷载标准值 $G_k$、集中可变荷载标准值 $Q_k$。混凝土强度等级为 C30，梁纵向钢筋采用 HRB400，箍筋采用 HPB300。纵向受力钢筋的保护层厚度 $c_s=30$mm，$a_s=70$mm，$a'_s=40$mm，$\xi_b=0.518$。

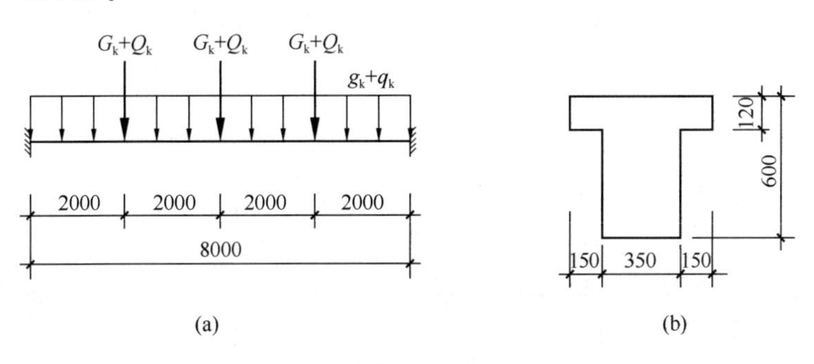


图 2017-9

(a) 荷载简图；(b) 梁截面尺寸

假定，该梁支座截面纵向受拉钢筋配置为 8 Φ 25，按荷载准永久组合计算的梁纵向受拉钢筋的应力 $\sigma_s=220\text{N/mm}^2$。试问，该梁支座处按荷载准永久组合并考虑长期作用影响的最大裂缝宽度 $w_{max}$（mm），与下列何项数值最为接近？

(A) 0.21　　(B) 0.24　　(C) 0.27　　(D) 0.30

**【答案】**(B)

根据《混规》7.1.2 条，对于受弯构件：

$$A_{te}=0.5bh+(b_f-b)h_f=0.5\times350\times600+(650-350)\times120=141000\text{mm}^2$$

$$\rho_{te}=\frac{A_s}{A_{te}}=\frac{3927}{141000}=0.0279>0.01$$

$$\psi=1.1-0.65\frac{f_{tk}}{\rho_{te}\sigma_s}=1.1-0.65\times\frac{2.01}{0.0279\times220}=0.887$$

$$w_{max}=\alpha_{cr}\psi\frac{\sigma_s}{E_s}\left(1.9C_s+0.08\frac{d_{eq}}{\rho_{te}}\right)$$

$$=1.9\times0.887\times\frac{220}{2.0\times10^5}\times\left(1.9\times30+0.08\times\frac{25}{0.0279}\right)=0.24\text{mm}$$

**【例 7.1.2】** 2016 上午 7 题

某民用建筑的楼层钢筋混凝土吊柱，其设计使用年限为 50 年，环境类别为二 a 类，安全等级为二级。吊柱截面 $b\times h=400\text{mm}\times400\text{mm}$，按轴心受拉构件设计。混凝土强度等级 C40，柱内仅配置纵向钢筋和外围箍筋。永久荷载作用下的轴向拉力标准值 $N_{Gk}=400$kN（已计入自重），可变荷载作用下的轴向拉力标准值 $N_{Qk}=200$kN，准永久值系数 $\psi_q=0.5$。假定，纵向钢筋采用 HRB400，钢筋等效直径 $d_{eq}=25$mm，最外层纵向钢筋的保

护层厚度 $c_s$＝40mm。试问，按《混凝土结构设计规范》GB 50010—2010 计算的吊柱全部纵向钢筋截面面积 $A_s$（$mm^2$），至少应选用下列何项数值？

**提示：**需满足最大裂缝宽度的限值，裂缝间纵向受拉钢筋应变不均匀系数 $\psi$＝0.6029。

（A）2200　　（B）2600　　（C）3500　　（D）4200

**【答案】**（C）

根据《混规》6.2.22 条，计算满足承载力要求的配筋率：

$$A_s = N/f_y = (1.2\times400+1.4\times200)\times10^3/360 = 2111\text{mm}^2$$

$$\rho_{te} = A_s/(bh) = 2111/(400\times400) = 0.0132 > 0.01$$

因此，$\rho_{te}$可按$\dfrac{A_s}{A_{te}}$计算。

根据《混规》3.4.5 条，环境类别为二 a 类，$w_{lim}$＝0.20mm。

根据裂缝宽度限值计算配筋：

$$w_{max} = \alpha_{cr}\psi\frac{\sigma_s}{E_s}\left(1.9c_s+0.08\frac{d_{ed}}{\rho_{te}}\right)$$

其中，荷载准永久组合 $N_q$＝400＋200×0.5＝500kN。

根据《混规》式（7.1.4-1）：

$$\sigma_s = \frac{N_q}{A_s} = \frac{500\times10^3}{A_s}$$

根据《混规》7.1.2 条

$$\rho_{te} = \frac{A_s}{A_{te}} = \frac{A_s}{400\times400} = \frac{A_s}{16\times10^4}$$

代入

$$2.7\times0.6029\times\frac{500\times10^3}{2\times10^5A_s}\left(1.9\times40+0.08\times\frac{25\times16\times10^4}{A_s}\right) = 0.2$$

解得：$\dfrac{1}{A_s}$＝0.0002908，$A_s$＝3439$mm^2$＞2111$mm^2$，假定满足要求。

**【例 7.1.3】**2013 上午 2 题

某办公楼中的钢筋混凝土四跨连续梁，结构设计使用年限为 50 年，其计算简图和支座 C 处的配筋如图 2013-2 所示。梁的混凝土强度等级为 C35，纵筋采用 HRB500 钢筋，$a_s$＝45mm，箍筋的保护层厚度为 20mm。假定，作用在梁上的永久荷载标准值为 $q_{Gk}$＝28kN/m（包括自重），可变荷载标准值为 $q_{Qk}$＝8kN/m，可变荷载准永久值系数为 0.4。试问，按《混凝土结构设计规范》GB 50010—2010 计算的支座 C 梁顶面裂缝最大宽度 $w_{max}$（mm）与下列何项数值最为接近？

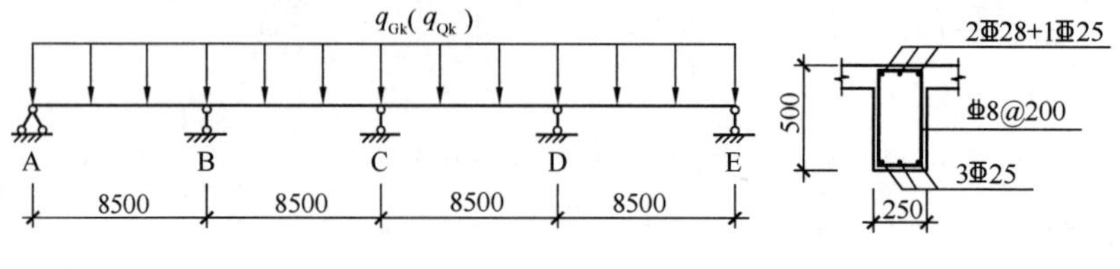


图 2013-2

（A）0.24　　（B）0.28　　（C）0.32　　（D）0.36

**提示：**①裂缝宽度计算时不考虑支座宽度和受拉翼缘的影响；

②本题需要考虑可变荷载不利分布，等跨梁在不同荷载分布作用下，支座 C 的弯矩计算公式分别为：

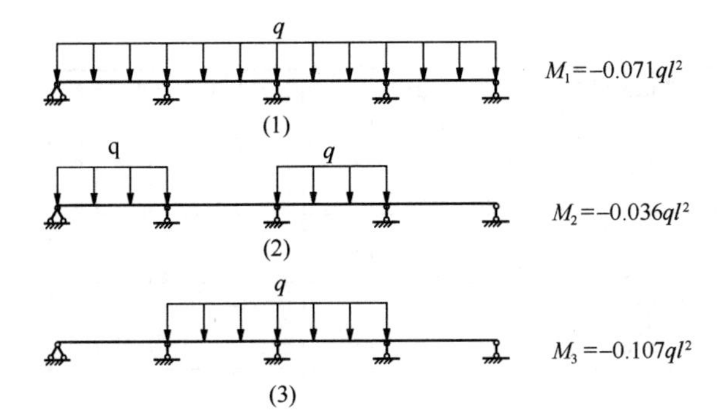


**【答案】**(B)

$$A_s=1232+490.9=1722.9\text{mm}^2$$

$$h_0=500-45=455\text{mm}$$

$$M_q=0.071\times28\times8.5\times8.5+0.4\times(0.107\times8\times8.5\times8.5)=168.37\text{kN}\cdot\text{m}$$

根据《混规》式（7.1.4-3）：

$$\sigma_{sq}=\frac{M_q}{0.87\cdot h_0\cdot A_s}=\frac{168.37\times10^6}{0.87\times455\times1722.9}=246.87\text{N/mm}^2$$

相对粘结特性系数 $v_i=1$。

$$d_{eq}=\frac{2\times28^2+25^2}{2\times28+25}=27.07\text{mm}$$

$$A_{te}=0.5bh=0.5\times250\times500=62500\text{mm}^2$$

根据《混规》式（7.1.2-4）：

$$\rho_{te}=\frac{A_s}{A_{te}}=\frac{1722.9}{62500}=0.02757>0.01$$

$$\psi=1.1-0.65\times\frac{f_{tk}}{\rho_{te}\cdot\sigma_s}=1.1-0.65\times\frac{2.2}{0.02757\times246.87}=0.890$$

$\alpha_{cr}=1.9, E_s=2\times10^5\text{N/mm}^2, c_s=28\text{mm}$，根据《混规》7.1.2 条：

$$w_{max}=\alpha_{cr}\psi\frac{\sigma_s}{E_s}\left(1.9c_s+0.08\frac{d_{eq}}{\rho_{te}}\right)$$

$$=1.9\times0.890\times\frac{246.87}{200000}\left(1.9\times28+0.08\times\frac{27.07}{0.02757}\right)=0.275\text{mm}$$

**【例 7.1.4】** 2012 上午 3 题

某钢筋混凝土框架结构多层办公楼局部平面布置如图 2012-3 所示（均为办公室），梁、板、柱混凝土强度等级均为 C30，梁、柱纵向钢筋为 HRB400 钢筋，楼板纵向钢筋及梁、柱箍筋为 HRB335 钢筋。

框架梁 KL2 的截面尺寸为 300mm×800mm，跨中截面底部纵向钢筋为 4Φ25。已知该截面处由永久荷载和可变荷载产生的弯矩标准值 $M_{Dk}$、$M_{Lk}$ 分别为 250kN·m、100kN·m。试问，该梁跨中截面考虑荷载长期作用影响的最大裂缝宽度 $w_{max}$（mm）与下列何项数值最为接近？

**提示：** $c_s=30\text{mm}$，$h_0=755\text{mm}$。

(A) 0.25　　(B) 0.29　　(C) 0.32　　(D) 0.37

**【答案】**(B)

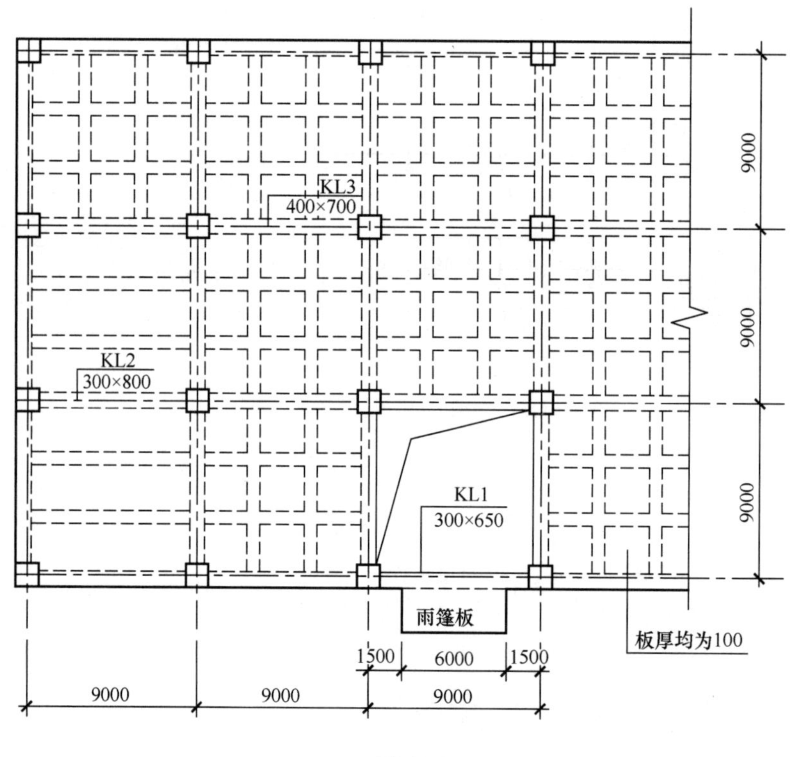


图 2012-3

根据《荷规》3.2.10 条、4.1.1 条：

$$M_q = 250 + 0.4 \times 100 = 290\text{kN} \cdot \text{m}$$

根据《混规》式（7.1.4-3）：

$$\sigma_{sq} = \frac{M_q}{0.87h_0A_s} = \frac{290 \times 10^6}{0.87 \times 755 \times 1964} = 224.8\text{N/mm}^2$$

$$\rho_{te} = \frac{A_s}{A_{te}} = \frac{1964}{0.5 \times 300 \times 800} = 0.0164$$

$$\psi = 1.1 - 0.65 \times \frac{f_{tk}}{\rho_{te}\sigma_s} = 1.1 - 0.65 \times \frac{2.01}{0.0164 \times 224.8} = 0.746$$

$\alpha_{cr} = 1.9$，$d_{eq} = 25\text{mm}$，$A_s = 1964\text{mm}^2$，$E_s = 2.0 \times 10^5\ \text{N/mm}^2$，根据《混规》7.1.2 条：

$$w_{max} = \alpha_{cr}\psi\frac{\sigma_s}{E_s}\left(1.9c_s + 0.08\frac{d_{eq}}{\rho_{te}}\right)$$

$$= 1.9 \times 0.746 \times \frac{224.8}{2.0 \times 10^5} \times \left(1.9 \times 30 + 0.08 \times \frac{25}{0.0164}\right) = 0.285\text{mm}$$

**【例 7.1.5】** 2011 上午 12 题

某多层现浇钢筋混凝土结构，设两层地下车库，局部地下一层外墙内移，如图 2011-12 所示。已知室内环境类别为一类，室外环境类别为二 b 类，混凝土强度等级均为 C30。

梁 L1 在支座梁 KL1 右侧截面及配筋如图所示，假定按荷载效应准永久组合计算的该截面弯矩值 $M_q = 600\text{kN} \cdot \text{m}$，$a_s = a'_s = 70\text{mm}$。试问，该支座处梁端顶面按矩形截面计算

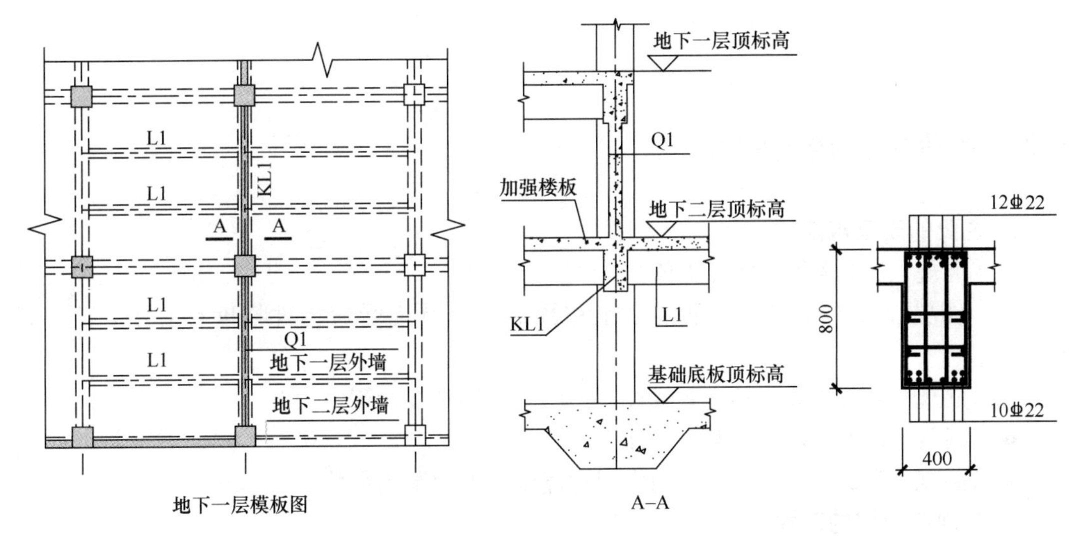


图 2011-12

的考虑长期作用影响的最大裂缝宽度 $w_{max}$（mm），与下列何项数值最为接近？

**提示：**按《混凝土结构设计规范》GB 50010—2010 作答。

（A）0.21　　（B）0.25　　（C）0.28　　（D）0.32

**【答案】**(B)

根据《混规》8.2.1 条、7.1.2 条、7.1.4 条，二 b 类环境类别 $c=35\text{mm}$，$A_s=4560\text{mm}^2$，则

$$\rho_{te}=\frac{A_s}{A_{te}}=\frac{4560}{0.5\times400\times800}=0.0285>0.01$$

$$\sigma_{sq}=\frac{M_q}{0.87h_0A_s}=\frac{600\times10^6}{0.87\times(800-70)\times4560}=207.2\text{N/mm}^2$$

$$\psi=1.1-0.65\frac{f_{tk}}{\rho_{te}\sigma_{sk}}=1.1-0.65\times\frac{2.01}{0.0285\times207.2}=0.879$$

$$w_{max}=\alpha_{cr}\psi\frac{\sigma_{sq}}{E_s}\left(1.9c+0.08\frac{d_{eq}}{\rho_{te}}\right)$$

$$=2.1\times0.879\times\frac{207.2}{2.0\times10^5}\times\left(1.9\times35+0.08\times\frac{22}{0.0285}\right)=0.25\text{mm}$$

**【例 7.1.6】**自编题

柱吊装验算拟按强度验算的方法进行，吊装方法采用翻身起吊。已知上柱柱底截面由柱自重产生的标准组合时的弯矩值 $M=27.2\text{kN}\cdot\text{m}$，$a_s=35\text{mm}$，假定上柱截面配筋如图 7.1-2 所示。试问，吊装验算时，上柱柱底截面纵向钢筋的应力（N/mm²），应与下列何项数值最为接近？

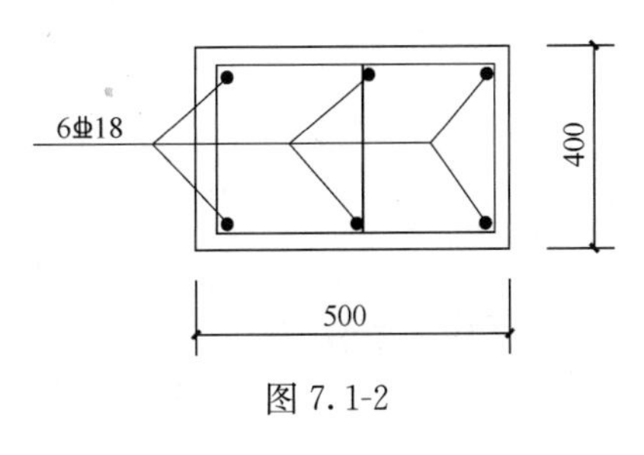


图 7.1-2

（A）132　　（B）172　　（C）198　　（D）238

**【答案】**(C)

根据《混规》9.6.2 条，动力系数取为 1.5；根据《混规》7.1.4 条，取标准组合值，则

$$\sigma_{sk}=\frac{1.5M_k}{0.87h_0A_s}=\frac{1.5\times 27.2\times 10^6}{0.87\times 465\times 509}=198\text{N/mm}^2$$

## 7.2　受弯构件挠度验算

**1. 主要的规范规定**

1)《混规》3.4.3 条：挠度限值。

2)《混规》7.2.1 条：钢筋混凝土和预应力混凝土受弯构件挠度计算中，刚度的确定。

3)《混规》7.2.2 条：考虑荷载长期作用影响的刚度计算。

4)《混规》7.2.3 条：短期刚度计算。

5)《混规》7.2.5 条：考虑长期作用对挠度增大的影响系数。

**2. 对规范规定的理解**

1) 刚度的选取

(1) 等截面

取 $M_{max}$ 处的 $B$（《混规》7.2.1 条）(对于允许出现裂缝的构件，它就是区段内的最小刚度)。

(2) 非等截面

当计算跨度 $l_0$ 内的 $0.5B_{支座}\leqslant B_{跨中}\leqslant 2B_{支座}$ 时，按等截面，$B=B_{跨中}$（$M_{max}$ 处)。

2) 普通钢筋混凝土构件（准永久组合）

(1) 刚度 $B$ 计算

① 短期刚度 $B_s$ (《混规》7.2.3 条 1 款)

$$B_s=\frac{E_sA_sh_0^2}{1.15\psi+0.2+\dfrac{6\alpha_E\rho}{1+3.5\gamma_f'}}$$

a. 受拉区面积

$$A_{te}\begin{cases}\text{轴拉，截面面积}\\ \text{其他，}0.5bh+(b_f-b)h_f\\ \rho_{te}=\dfrac{A_s}{A_{te}}\geqslant 0.01\end{cases}$$

$$\sigma_{sq}=\frac{M_q}{0.87h_0A_s}$$

$$\rho=\frac{A_s^{拉}}{bh_0}\qquad \alpha_E=\frac{E_s}{E_c}$$

b. 不均匀系数

$$\psi\begin{cases}\text{直接承受重复荷载：}\psi=1\\ \text{其他：}\psi=1.1-0.65\dfrac{f_{tk}}{\rho_{te}\sigma_{sq}},0.2\geqslant\psi\leqslant 1\end{cases}$$

c. 受压翼缘

$$\gamma_f'=\frac{(b_f'-b)h_f'}{bh_0}$$

其中，$h'_f \leqslant 0.2h_0$；矩形、倒T形：$\gamma'_f = 0$。

② 长期刚度

$$B = \frac{B_s}{\theta}$$

$$\theta \begin{cases} \rho' = 0 \text{ 时}: \theta = 2 \\ \text{其间内插,即 } \theta = 2 - 0.4\dfrac{A'_s}{A_s} \\ \rho' = \rho \text{ 时}: \theta = 1.6 \\ \text{翼缘受拉的倒 T 形截面}: \theta \times 1.2\text{(《混规》7.2.5 条)} \end{cases}$$

$$\rho' = \frac{A'_s}{bh_0}, \rho = \frac{A_s}{bh_0}$$

（2）计算长期挠度

$$f_{\text{长期}}^{\text{计算值}} = S\frac{M_q}{B}l_0^2 \begin{cases} \text{简支受弯}: f_{\text{长期}}^{\text{计算值}} = \dfrac{5}{384}\dfrac{q_q}{B}l_0^4 = \dfrac{5}{48}\dfrac{M_q}{B}l_0^2 \\ \text{悬臂受弯}: f_{\text{长期}}^{\text{计算值}} = \dfrac{1}{8}\dfrac{q_q}{B}l_0^4 = \dfrac{1}{4}\dfrac{M_q}{B}l_0^2 \end{cases}$$

注：计算悬臂构件的挠度限值时，其计算跨度 $l_0$ 按实际悬臂长度的 2 倍取用。

3）预应力混凝土构件（标准组合）

（1）短期刚度 $B_s$（《混规》7.2.3 条 2 款）

① 要求不出现裂缝的构件（一级、二级）

$$B_s = 0.85E_cI_0$$

注：预压时，预拉区出现裂缝，则 $B_s \times 0.9$。

② 允许出现裂缝（三级）

抵抗矩塑性影响系数（《混规》7.2.4 条）：

$$\gamma = \left(0.7 + \frac{120}{h}\right)\gamma_m$$

开裂弯矩：

$$M_{cr} = (\sigma_{pc} + \gamma f_{tk})W_0$$

$$\kappa_{cr} = \frac{M_{cr}}{M_k} \leqslant 1.0$$

$$\omega = \left(1 + \frac{0.21}{\alpha_E\rho}\right)(1 + 0.45\gamma_f) - 0.7$$

$$\gamma_f = \frac{(b_f - b)h_f}{bh_0}$$

短期刚度：

$$B_s = \frac{0.85E_cI_0}{\kappa_{cr} + (1 - \kappa_{cr})\omega}$$

注：预压时，预拉区出现裂缝，则 $B_s \times 0.9$。

（2）考虑长期作用影响的刚度

$$B = \frac{M_k}{(\theta - 1)M_q + M_k}B_s$$

$$\theta = 2$$

（3）计算长期挠度

$$f_{长期}^{计算值}=S\frac{M_q}{B}l_0^2\begin{cases}简支受弯：f_{长期}^{计算值}=\dfrac{5}{384}\dfrac{q_k}{B}l_0^4=\dfrac{5}{48}\dfrac{M_k}{B}l_0^2\\ 悬臂受弯：f_{长期}^{计算值}=\dfrac{1}{8}\dfrac{q_k}{B}l_0^4=\dfrac{1}{4}\dfrac{M_k}{B}l_0^2\end{cases}$$

注：计算悬臂构件的挠度限值时，其计算跨度 $l_0$ 按实际悬臂长度的 2 倍取用。

4）叠合式受弯钢筋混凝土构件刚度

详见《混规》H.0.9 条。

5）受弯构件的预先起拱

（1）构件制作中的预先起拱（《混规》3.4.3 条）

挠度=计算所得的挠度值−起拱值

（2）预应力混凝土受弯构件使用阶段的预应力反拱值（《混规》7.2.6 条）

计算求得的预应力反拱值×2

（3）预应力混凝土叠合构件使用阶段的预应力反拱值（《混规》H.0.12 条）

计算求得的预应力反拱值×1.75

**3. 历年真题解析**

**【例 7.2.1】** 2018 上午 1 题

某办公楼为现浇混凝土框架结构，混凝土强度等级 C35，纵向钢筋采用 HRB400，箍筋采用 HPB300。其二层（中间楼层）的局部平面图和次梁 L-1 的计算简图如图 2018-1 所示，其中 KZ-1 为角柱，KZ-2 为边柱。假定，次梁 L-1 计算时 $a_s=80\text{mm}$，$a'_s=40\text{mm}$。楼面永久荷载和楼面活荷载为均布荷载，楼面均布永久荷载标准值 $q_{Gk}=7\text{kN/m}^2$（已包括次梁、楼板等构件自重，L-1 荷载计算时不必再考虑梁自重），楼面均布活荷载的组合值系数 0.7，不考虑楼面活荷载的折减系数。

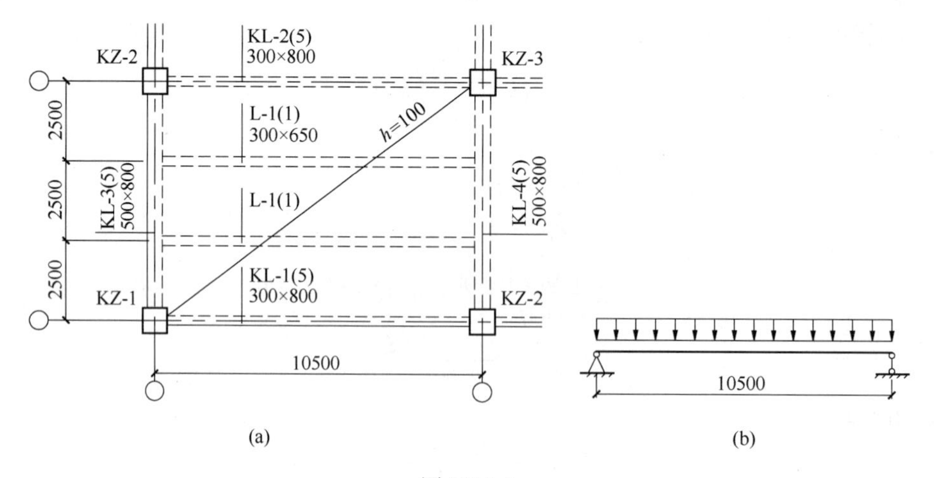


图 2018-1

（a）局部平面图；（b）L-1 计算简图

假定，楼面均布活荷载标准值 $q_{Qk}=2\text{kN/m}^2$，准永久值系数 0.6。不考虑受压钢筋的作用，构件浇筑时未预先起拱。试问，当使用上对次梁 L-1 的挠度有较高要求时，为满足受弯构件挠度要求，次梁 L-1 的短期刚度 $B_s$（$\times10^{14}\text{N}\cdot\text{mm}^2$），与下列何项数值最为接近？

**提示**：简支梁的弹性挠度计算公式为 $\Delta=\dfrac{5ql^4}{384EI}$。

(A) 1.25　　(B) 2.50　　(C) 2.75　　(D) 3.00

**【答案】**(B)

荷载准永久组合：$q_q=7\times2.5+0.6\times(2\times2.5)=20.5\text{kN/m}$。

根据《混规》表 3.4.3，挠度限值为 10500/400＝26.25mm，则

$$\frac{5\times20.5\times(10.5\times1000)^4}{384B}=26.25$$

解得：$B=1.236\times10^{14}\text{N}\cdot\text{mm}^2$。

根据《混规》7.2.5 条，$\theta=2.0$。

根据《混规》7.2.2 条 2 款，$B=\dfrac{B_s}{\theta}$，$B_s=2.472\times10^{14}\text{N}\cdot\text{mm}^2$。

**【例 7.2.2】**2016 上午 11 题

某民用房屋，结构设计使用年限为 50 年，安全等级为二级。二层楼面上有一带悬臂段的预制钢筋混凝土等截面梁，其计算简图和梁截面如图 2016-11 所示，不考虑抗震设计。梁的混凝土强度等级为 C40，纵筋和箍筋均采用 HRB400，$a_s$＝60mm。未配置弯起钢筋，不考虑纵向受压钢筋作用。

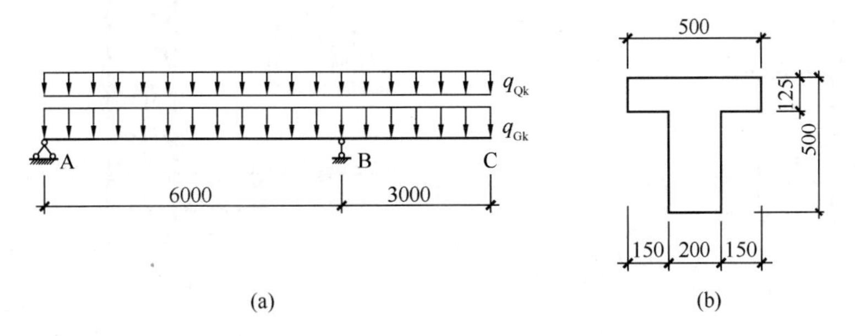


图 2016-11

(a) 计算简图；(b) 截面示意

假定，不考虑支座宽度等因素的影响，实际悬臂长度可按计算简图取用。试问，当使用上对挠度有较高要求时，C 点向下的挠度限值（mm），与下列何项数值最为接近？

**提示**：未采取预先起拱措施。

(A) 12　　(B) 15　　(C) 24　　(D) 30

**【答案】**(C)

根据《混规》3.4.3 条，悬臂构件的计算跨度 $l_0$ 按实际悬臂长度的 2 倍取用：

$$l_0=3\times2=6\text{m}<7\text{m}$$

使用上对挠度有较高要求，挠度限值 $[f]$ ＝6000/250＝24mm。

**【例 7.2.3】**2014 上午 10 题

某现浇钢筋混凝土框架-剪力墙结构高层办公楼，抗震设防烈度为 8 度（0.2$g$），场地类别为Ⅱ类，抗震等级：框架二级、剪力墙一级。二层局部配筋如图 2014-10（a）所示，纵向钢筋及箍筋均采用 HRB400。混凝土强度等级：框架柱及剪力墙 C50，框架梁及楼板 C35。

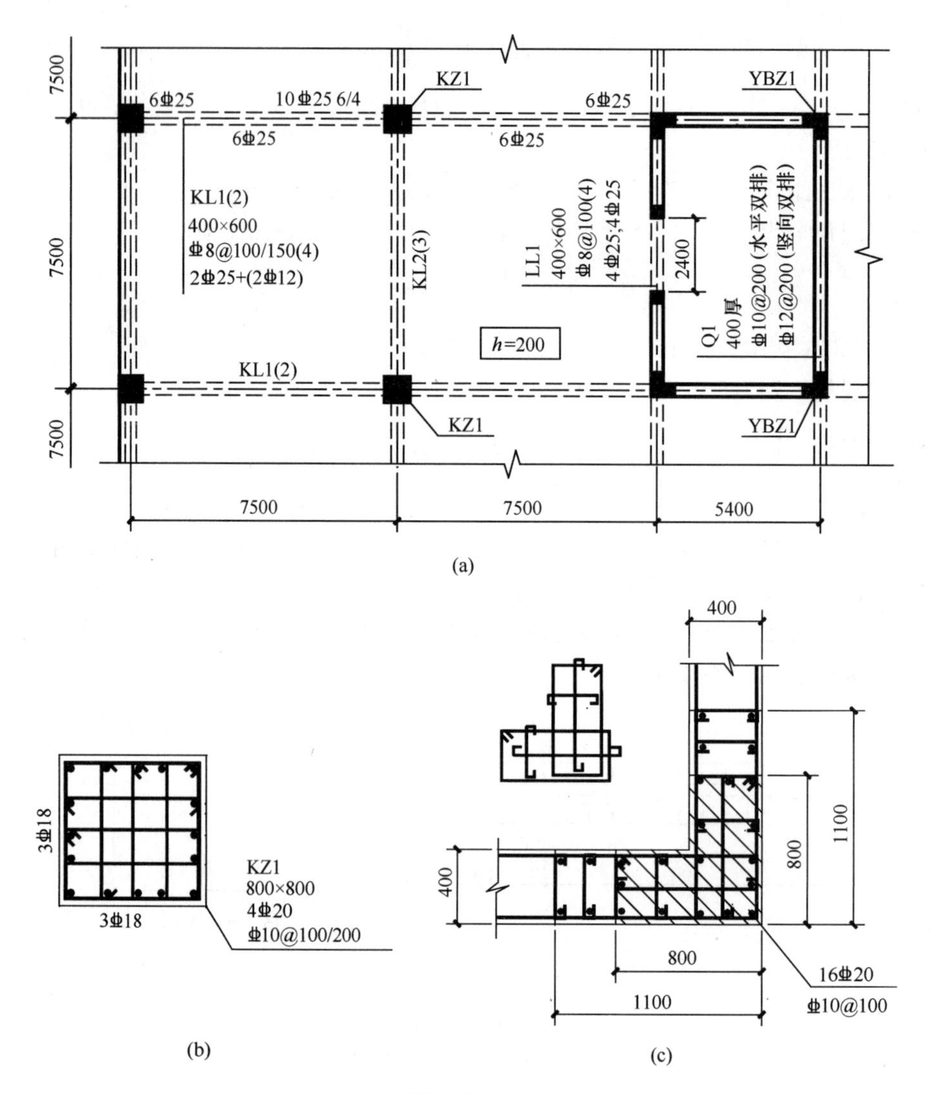


图 2014-10

(a) 局部配筋平面图；(b) KZ1 配筋图；(b) YBZ1 配筋图

框架梁 KL1 截面及配筋如图 2014-10（b）所示，假定，梁跨中截面最大正弯矩：按荷载标准组合计算的弯矩 $M_k = 360\text{kN}\cdot\text{m}$，按荷载准永久组合计算的弯矩 $M_q = 300\text{kN}\cdot\text{m}$，$B_s = 1.418\times10^{14}\text{N}\cdot\text{mm}^2$。试问，按等刚度构件计算时，该梁跨中最大挠度 $f$（mm）与下列何项数值最为接近？

**提示：** 跨中最大挠度近似计算公式 $f = 5.5\times10^6\dfrac{M}{B}$。

式中：$M$——跨中最大弯矩设计值；

$B$——跨中最大弯矩截面的刚度。

(A) 17　　(B) 22　　(C) 26　　(D) 30

**【答案】**(B)

根据《混规》式（7.2.2-2）、7.2.5 条：

$$\theta = 2.0 - (2.0 - 1.6) \times 2/6 = 1.867$$

$$B = \frac{B_s}{\theta} = \frac{1.418 \times 10^{14}}{1.867} = 7.595 \times 10^{13}\text{N} \cdot \text{mm}^2$$

根据《混规》3.4.3 条，钢筋混凝土受弯构件的最大挠度应按荷载的准永久组合计算：

$$f = 5.5 \times 10^6 \frac{M_q}{B} = 5.5 \times 10^6 \times \frac{300 \times 10^6}{7.595 \times 10^{13}} = 22\text{mm}$$

**【例 7.2.4】** 2012 上午 4 题

某钢筋混凝土框架结构多层办公楼局部平面布置如图 2012-4 所示（均为办公室），梁、板、柱混凝土强度等级均为 C30，梁、柱纵向钢筋采用 HRB400 钢筋，楼板纵向钢筋及梁、柱箍筋采用 HRB335 钢筋。

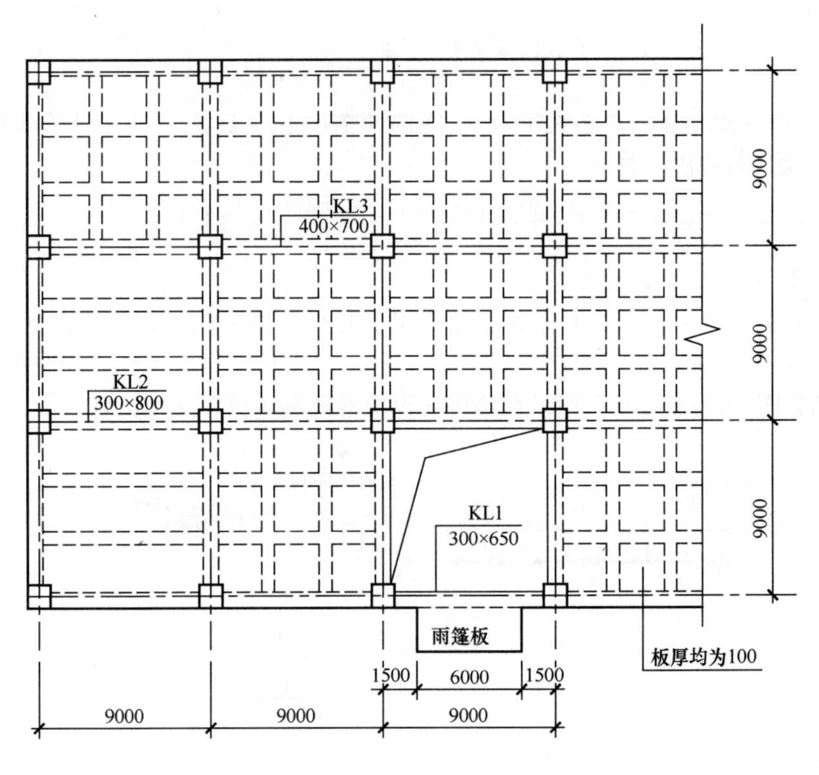


图 2012-4

假设，框架梁 KL2 的左、右端截面考虑荷载长期作用影响的刚度 $B_A$、$B_B$分别为 $9.0\times10^{13}\text{N} \cdot \text{mm}^2$、$6.0\times10^{13}\text{N} \cdot \text{mm}^2$；跨中最大弯矩处纵向受拉钢筋应变不均匀系数 $\psi = 0.8$，梁底配置 4 Φ 25 纵向钢筋。作用在梁上的均布静荷载、均布活荷载标准值分别为 30kN/m、15kN/m。试问，按规范提供的简化方法，该梁考虑荷载长期作用影响的挠度 $f$（mm）与下列何项数值最为接近?

**提示：**① 按矩形截面梁计算，不考虑受压钢筋的作用，$a_s = 45\text{mm}$；

② 梁挠度近似按公式 $f = 0.00542 \dfrac{ql^4}{B}$ 计算；

③ 不考虑梁起拱的影响。

(A) 17　　(B) 21　　(C) 25　　(D) 30

**【答案】**(A)

根据《混规》7.2.3 条、7.2.2 条、7.2.5 条，$\alpha_E=\dfrac{E_s}{E_c}=\dfrac{2.0\times10^5}{3.0\times10^4}=6.667$，$\rho=\dfrac{1964}{300\times755}\times100\%=0.867\%$，$\gamma'_f=0$，则

$$B_s=\frac{E_sA_sh_0^2}{1.15\psi+0.2+\dfrac{6\alpha_E\rho}{1+3.5\gamma'_f}}$$

$$=\frac{2.0\times10^5\times1964\times755^2}{1.15\times0.8+0.2+\dfrac{6\times6.667\times0.00867}{1+3.5\times0}}=1.526\times10^{14}\text{N}\cdot\text{mm}^2$$

$$B=\frac{B_s}{\theta}=\frac{1.526\times10^{14}}{2}=7.63\times10^{13}\text{N}\cdot\text{mm}^2$$

根据《混规》7.2.1 条，$B$ 不大于 $B_A$、$B_B$的两倍，不小于 $B_A$、$B_B$的 1/2，可按刚度为 $B$ 的等截面梁进行挠度计算：

$$f=0.00542\times\frac{(30+0.4\times15)\times9000^4}{7.63\times10^{13}}=16.8\text{mm}$$

**【例 7.2.5】** 2020 上午 7 题

某后张法有粘结预应力混凝土等截面悬臂梁，安全等级为二级，不考虑地震设计状况。混凝土强度等级 C40（$f_c=19.1\text{N/mm}^2$，$f_t=1.71\text{N/mm}^2$），梁的计算简图及梁端部锚固区示意图如图 2020-7 所示，梁端部锚固区设置普通钢垫板和间接钢筋。

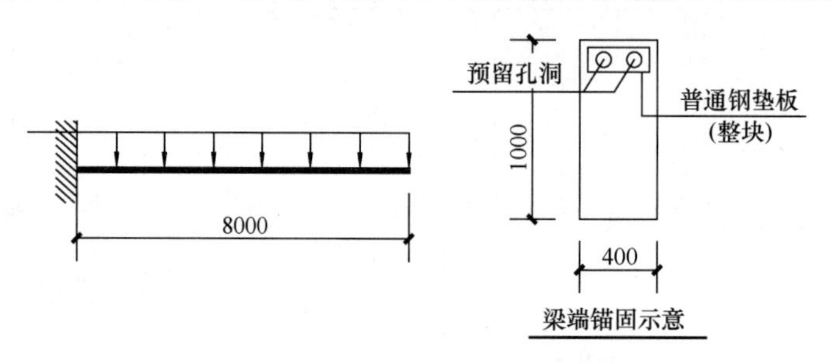


图 2020-7

假定，该梁要求不出现裂缝，其支座截面处，按荷载标准组合计算的弯矩值 $M_k=860\text{kN}\cdot\text{m}$，按荷载准永久组合计算的弯矩值 $M_q=810\text{kN}\cdot\text{m}$，换算截面惯性矩 $I_0=4.115\times10^4\text{mm}^4$。试问，该梁由竖向荷载作用引起的最大竖向位移计算值（mm），与下列何项数值最为接近？

**提示：**悬臂梁由竖向均布荷载作用引起的最大竖向位移的计算公式为 $f=\dfrac{Ml_0^2}{4EI}$。

A. 24　　B. 28　　C. 12　　D. 14

**【答案】**(A)

根据《混规》7.2.3 条，$E_c=3.25\times10^4$，则

$B_s=0.85E_cI_0=0.85\times3.25\times10^4\times4.115\times10^{10}=11.368\times10^{14}\text{N}\cdot\text{mm}^2$

根据《混规》3.4.3条，预应力混凝土结构采用标准组合。

根据《混规》7.2.5条，$\theta=2.0$。根据《混规》7.2.2条：

$$B=\frac{M_k}{M_q(\theta-1)+M_k}\times B_s=\frac{860}{810\times(2-1)+860}\times 11.368\times 10^{14}=5.85\times 10^{14}\mathrm{N\cdot mm^2}$$

$$f=\frac{860\times 10^6\times 8000^2}{4\times 5.85\times 10^{14}}=23.52\mathrm{mm}$$

# 8 构造规定与结构构件的基本规定

## 8.1 构造规定

### 8.1.1 混凝土保护层

**1. 主要的规范规定**

1）《混规》8.2.1 条：构件中普通钢筋及预应力筋的混凝土保护层厚度。

2）《混规》2.1.18 条：混凝土保护层的概念。

3）《混规》3.5.2 条：混凝土结构的环境类别。

**2. 对规范规定的理解**

1）保护层厚度的定义

结构构件中钢筋外边缘至构件表面范围用于保护钢筋的混凝土，简称保护层。对于梁、柱类构件，混凝土保护层厚度即为箍筋保护层厚度，此时钢筋的外边缘是箍筋的外边缘。此处注意与纵筋保护层厚度区别，如图 8.1-1 所示。

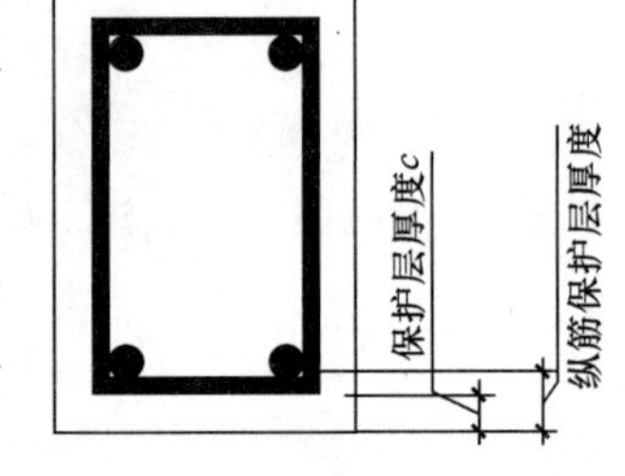

图 8.1-1 保护层厚度示意

2）保护层厚度的双控要求

应该注意的是，上述定义从耐久性的角度确定的是保护层的绝对厚度。而在《混规》8.2.1 条 1 款仍从受力钢筋粘结锚固性能角度，提出了“受力钢筋保护层厚度”（对于梁，即为纵筋保护层）不小于钢筋直径（$d$）的要求。

3）其他应注意的问题

对于设计使用年限为 100 年的混凝土结构，最外层的钢筋保护层厚度不应小于《混规》表 8.2.1 中数值的 1.4 倍。

混凝土强度等级不大于 C25、基础设置垫层时，应注意《混规》表 8.2.1 的注。

### 8.1.2 钢筋的锚固

**1. 主要的规范规定**

1）《混规》8.3.1 条：钢筋锚固长度计算。

2）《混规》8.3.2 条：纵向受拉普通钢筋的锚固长度修正系数。

3）《混规》9.3 节：梁柱节点中纵向受拉钢筋的锚固要求。

**2. 对规范规定的理解**

1）基本锚固长度 $l_{ab}$

$$l_{ab}=\alpha\frac{f_y}{f_t}d$$

式中：$\alpha$——锚固钢筋的外形系数，查《混规》表 8.3.1；

$f_t$——当混凝土强度等级高于 C60 时，按 C60 取，即 $f_t\leqslant 2.04\text{N/mm}^2$。

2）锚固长度 $l_a$

$$l_a=\zeta_a l_{ab}\geqslant 0.6l_{ab}$$

式中：$\zeta_a$——锚固长度修正系数，多于一项时，应连乘，详见表 8.1-1。

**锚固长度修正系数** **表 8.1-1**

| 序号 | 情况 | | 修正系数 |
|---|---|---|---|
| 1 | 带肋钢筋的公称直径 $d>25$mm | | 1.10 |
| 2 | 环氧树脂涂层带肋钢筋 | | 1.25 |
| 3 | 施工过程中易扰动的钢筋 | | 1.10 |
| 4 | 纵向钢筋的实配筋面积大于其设计计算面积 | | 设计计算面积/实际配筋面积（抗震及直接承受动力荷载不考虑） |
| 5 | 锚固钢筋的保护层厚度（$d$ 为锚固钢筋直径） | $3d$ | 0.8 |
| | | $5d$ | 0.7 |

3）受拉钢筋的抗震锚固长度 $l_{aE}$

$$l_{aE}=\zeta_{aE}l_a$$

$$l_{abE}=\zeta_{aE}l_{ab}$$

$$\zeta_{aE}\begin{cases}\text{一二级}:1.15\\\text{三级}:1.05\\\text{四级}:1.00\end{cases}$$

### 8.1.3 钢筋的连接

**1. 主要的规范规定**

1）《混规》8.4.3 条：同一连接区段内纵向受拉钢筋的搭接接头要求。

2）《混规》8.4.4 条：纵向受拉钢筋绑扎搭接接头的搭接长度。

3）《混规》11.1.7 条：混凝土结构构件的纵向受力钢筋的锚固和连接要求（抗震）。

**2. 对规范规定的理解**

1）受拉钢筋绑扎搭接长度（图 8.1-2）

$$l_l=\zeta_l l_a\geqslant 300\text{mm}$$

其中，修正系数 $\zeta_l$ 见表 8.1-2。

**纵向受拉钢筋搭接长度修正系数** **表 8.1-2**

| 纵向搭接钢筋接头面积百分率（%） | ≤25 | 50 | 100 |
|---|---|---|---|
| $\zeta_l$ | 1.2 | 1.4 | 1.6 |

（1）受拉搭接接头面积百分率：连接区段内有搭接接头的纵向受拉钢筋截面面积与全部纵向受力钢筋截面面积的比值。

（2）粗、细钢筋在同一区段搭接时，按较细钢筋的截面积计算接头面积百分率及搭接

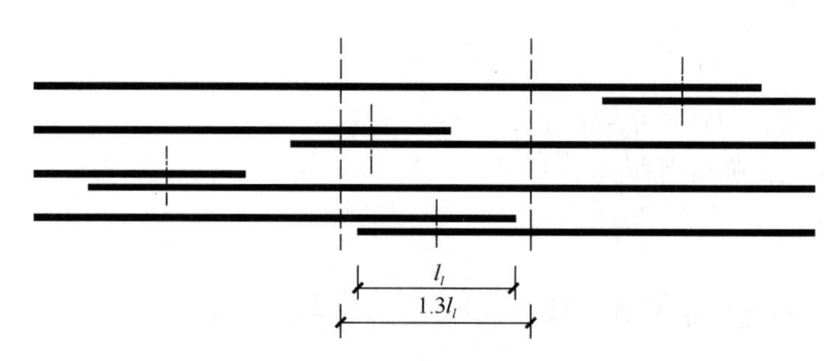


图 8.1-2 同一连接区段内纵向受拉钢筋的绑扎搭接接头

注：连接区段为 $1.3l_l$；图中所示同一连接区段内的搭接接头钢筋为两根，当钢筋直径相同时，钢筋搭接接头面积百分率为 50%。

长度。

2）并筋的注意事项

《混规》4.2.7 条对并筋的布置方式做出了相关规定，提出了等效直径的概念。并筋等效直径的概念适用于规范中钢筋间距、保护层厚度、钢筋锚固长度；《混规》8.4.3 条规定，并筋采用绑扎搭接连接时，应按每根单筋错开搭接的方式连接，相关计算和构造按单筋的有关条文进行。

因此并筋应采用分散、错开搭接的方式实现连接，并按截面内各根单筋计算搭接长度及接头面积百分率。

**3. 历年真题解析**

**【例 8.1.1】** 2018 上午 3 题

假定，框架的抗震等级为二级，构件的环境类别为一类，KL-3 梁上部纵向钢筋Φ 28 采用二并筋的布置方式，箍筋Φ 12@100/200，其梁上部钢筋布置和端节点梁钢筋弯折锚固的示意图如图 2018-3 所示。试问，梁侧面箍筋保护层厚度 $c$（mm）和梁纵筋的锚固水平段最小长度 $l$（mm），与下列何项数值最为接近？

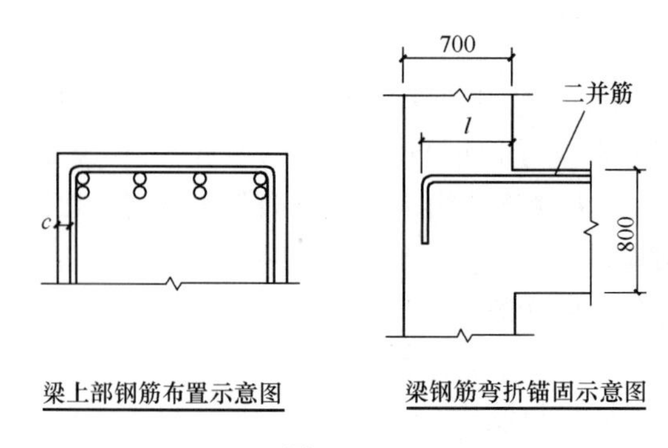


图 2018-3

(A) 28，590　　(B) 28，640　　(C) 35，590　　(D) 35，640

**【答案】**(C)

根据《混规》4.2.7 条和条文说明：

$$二并筋的等效钢筋直径 = 1.41 \times 28 = 39.5\text{mm} \approx 40\text{mm}$$

根据《混规》8.2.1 条 1 款：

等效钢筋中心离构件边的距离=40/2+40=60mm

梁侧面箍筋保护层厚度 $c=60-28/2-12=34\text{mm}>20\text{mm}$

根据《混规》11.1.7条，框架抗震等级为二级，$\zeta_{aE}=1.15$。

根据《混规》式（8.3.1-1）：

$$l_{ab}=\alpha\frac{f_y}{f_t}d=0.14\times\frac{360}{1.57}\times39.5=1268\text{mm}$$

根据《混规》式（11.6.7）和图11.6.7（b）：

$$l\geqslant0.4\,l_{abE}=0.4\zeta_{aE}\,l_{ab}=0.4\times1.15\times1268=583\text{mm}$$

**【编者注】**并筋的等效直径按截面面积相等的原则换算确定，并按并筋的重心作为等效钢筋的重心，按此原则将并筋简化成单根“粗”钢筋。钢筋间距、保护层厚度、钢筋锚固长度等的计算均按此“粗”钢筋的直径和重心进行。

**【例8.1.2】**2012上午15题

某现浇钢筋混凝土梁，混凝土强度等级C30，梁底受拉纵筋按并筋方式配置了2×2Φ25的HRB400普通热轧带肋钢筋。已知纵筋混凝土保护层厚度为40mm，该纵筋配置比设计计算所需的钢筋面积大了20%。该梁无抗震设防要求也不直接承受动力荷载，采取常规方法施工，梁底钢筋采用搭接连接，接头方式如图2012-15所示。若要求同一连接区段内钢筋接头面积不大于总面积的25%，试问，图中所示的搭接接头中点之间的最小间距 $l$（mm）应与下列何项数值最为接近？

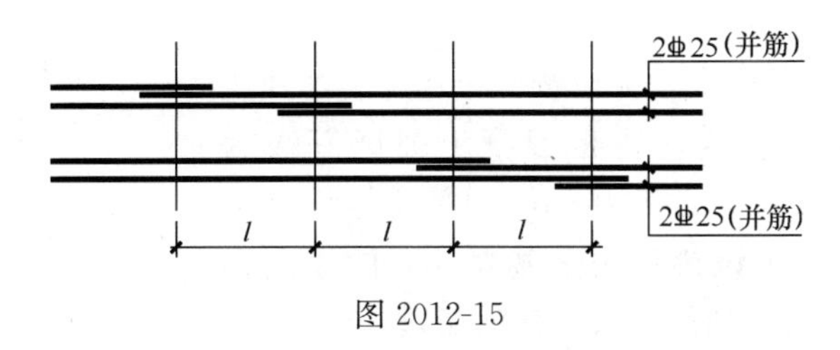


图2012-15

(A) 1400　　(B) 1600　　(C) 1800　　(D) 2000

**【答案】**(A)

根据《混规》式（8.3.1-1）：

$$l_{ab}=\alpha\frac{f_y}{f_t}d'=0.14\times\frac{360}{1.43}\times25=881\text{mm}$$

根据《混规》8.3.1条及8.3.2条：

$$l_a=\zeta_a l_{ab}=\frac{1}{1.2}\times881=734\text{mm}$$

根据《混规》8.4.4条：

$$l_l=\zeta_l l_a=1.2\times734=881\text{mm}$$

根据《混规》8.4.3条：

$$l=1.3l_l=1.3\times881=1145\text{mm}$$

### 8.1.4　纵向受力钢筋的最小配筋率

#### 1. 主要的规范规定

1)《混规》8.5.1条：钢筋混凝土结构构件中纵向受力钢筋的最小配筋率。

2）《混规》8.5.2 条：卧置于地基上的混凝土板，板中受拉钢筋的最小配筋率可适当降低，但不应小于 0.15%。

3）《混规》8.5.3 条：对结构中次要钢筋混凝土受弯构件的最小配筋率要求。

**2. 对规范规定的理解**

1）受力钢筋的最小配筋率

《混规》8.5.1 条针对的是非抗震设计的钢筋混凝土结构构件中纵向受力钢筋。抗震设计时，框架梁纵筋最小配筋率的规定详见《混规》11.3.6 条、框架柱的纵筋最小配筋率见《混规》11.4.12 条。

T 形和工字形截面的最小配筋率计算详见本书 1.1 节。

2）结构中次要的钢筋混凝土受弯构件最小配筋率（《混规》8.5.3 条）

$$h_{cr}=1.05\sqrt{\frac{M}{\rho_{min}f_yb}}\geqslant\frac{h}{2}$$

$$\rho_s=\frac{A_s}{A_{全}}\geqslant\frac{h_{cr}}{h}\rho_{min}$$

式中：$M$——构件的正截面受弯承载力设计值；

$\rho_{min}$——纵向受力钢筋的最小配筋率。

**3. 历年真题解析**

**【例 8.1.3】** 2020 上午 5 题

某建筑外立面造型需要在梁侧设置挑板作为装饰性线脚，如图 2020-5 所示。假定，挑板混凝土强度等级为 C30，钢筋牌号为 HPB300，$a_s=30$mm，根部弯矩设计值为 0.2kN·m/m。试问，该挑板按全截面计算的纵向钢筋最小配筋率（%），与下列何项数值最为接近？

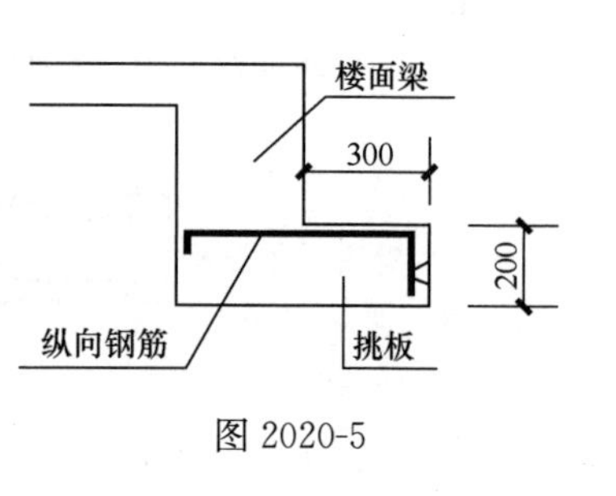


图 2020-5

**提示：** 挑板线脚为次要受弯构件。

(A) 0.12 (B) 0.15 (C) 0.20 (D) 0.24

**【答案】**(A)

根据《混规》8.5.1 条：

$$\rho_{min}=\max\left(0.2\%,0.45\frac{f_t}{f_y}\right)=0.24\%$$

根据《混规》8.5.3 条：

$$h_{cr}=1.05\times\sqrt{\frac{0.2\times10^6}{0.24\%\times270\times1000}}=18.44<\frac{h}{2}=100$$

故取 $h_{cr}=100$mm。

$$\rho_{min}\geqslant\frac{100}{200}\times\rho_{min}=\frac{100}{200}\times0.24\%=0.12\%$$

# 8.2　结构构件的基本规定

## 8.2.1　梁

**1. 主要的规范规定**

1)《混规》9.2.11 条：吊筋及附加箍筋的计算。

2)《混规》9.2.12 条：折梁内折角箍筋的计算。

3)《混规》9.2.2 条：下部纵向受力钢筋从支座边缘算起伸入支座内的锚固长度。

**2. 对规范规定的理解**

1）梁的附加钢筋计算

当集中荷载在梁高范围内或梁下部传入时，应在集中荷载影响区 $s$ 范围内配置附加横向钢筋（图 8.2-1)。不允许用布置在集中荷载影响区内的受剪箍筋代替附加横向钢筋。

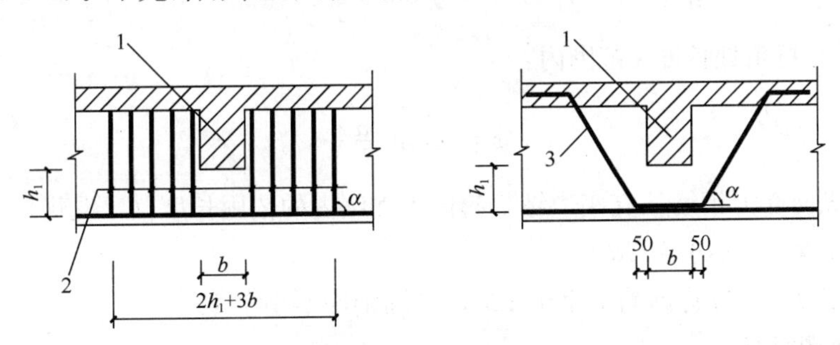


图 8.2-1　梁截面高度范围内有集中荷载作用时附加横向钢筋的布置

1—传递集中荷载的位置；2—附加箍筋；3—附加吊筋

(1）采用附加箍筋，箍筋总截面面积：

$$A_{sv}=\frac{F}{f_{yv}}$$

设置在长度 $s$ 的范围内：

$$s=2h_1+3b$$

(2）采用附加吊筋：

$$A_{sv}=\frac{F}{f_{yv}\sin\alpha}$$

注意：采用附加吊筋时，一根吊筋按 2 倍的钢筋截面面积进行计算。

2）折梁增设箍筋计算

只有当折梁内折角受拉时，才应增设箍筋（图 8.2-2)。

(1）计算未在受压区锚固的纵向受拉钢筋（面积为 $A_{s1}$）合力

$$N_{s1}=2f_yA_{s1}\cos\frac{\alpha}{2}$$

(2）计算全部纵向受拉钢筋（面积为 $A_{s2}$）合力的 35%

$$N_{s2}=0.7f_yA_s\cos\frac{\alpha}{2}$$

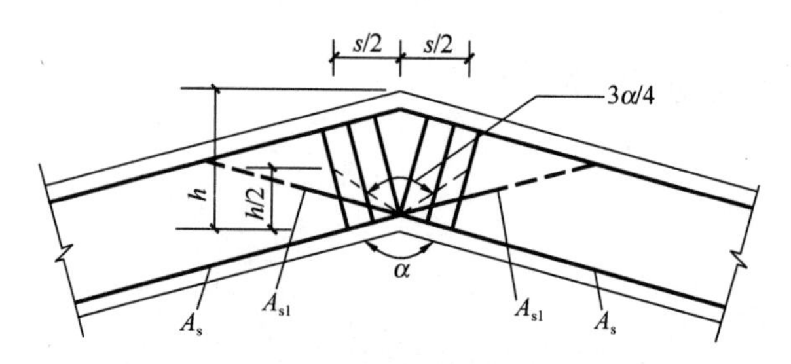


图 8.2-2 折梁内折角处的配筋

(3) 计算所需的箍筋面积

$$N=\max(N_{s1},N_{s2})$$

$$A_{sv}=\frac{N}{f_{yv}\sin\frac{\alpha}{2}}$$

箍筋设置在折角处长度 $s$ 范围内:

$$s=h\tan\frac{3\alpha}{8}$$

3) 下部纵向受力钢筋从支座边缘算起伸入支座内的锚固长度(《混规》9.2.2 条)

$V\leqslant 0.7f_tbh_0$,不小于 $5d$;

$V>0.7f_tbh_0$,带肋钢筋不小于 $12d$,光圆钢筋不小于 $15d$。

**3. 历年真题解析**

**【例 8.2.1】** 2019 上午 7 题

7 度(0.15$g$)地区,某小学单层体育馆(屋面相对标高 7.000m),屋面用作屋顶花园,覆土(重度 18kN/m$^3$,厚度 600mm)兼做保温层,结构设计使用年限 50 年,Ⅱ类场地,双向均设置适量的抗震墙,形成现浇钢筋混凝土框架-抗震墙结构。纵筋采用 HRB500,箍筋和附加钢筋采用 HRB400。

如图 2019-7 所示,假定,荷载基本组合下,次梁 WL1(2)传至 WKL1(4)的集中力设计值为 850kN,WKL1(4)在次梁两侧各 400mm 宽范围内共布置 8 道Φ8 的 4 肢附加箍筋。试问,在 WKL1(4)的次梁位置,计算所需附加吊筋与下列何项最为接近?

**提示:**①附加吊筋与梁轴线夹角 60°;

② $\gamma_0=1.0$。

(A) 2Φ18　　(B) 2Φ20　　(C) 2Φ22　　(D) 2Φ25

**【答案】**(A)

根据《混规》9.2.11 条,由附加箍筋承担的集中力:

$$F_1=8\times4\times50.3\times360=579.5\text{kN}$$

附加吊筋总面积:

$$A_{sv}=\frac{F-F_1}{f_{yv}\times\sin\alpha}=\frac{850\times10^3-579.5\times10^3}{360\times\sin60^\circ}=867.6\text{mm}^2$$

2 根,每根吊筋面积:

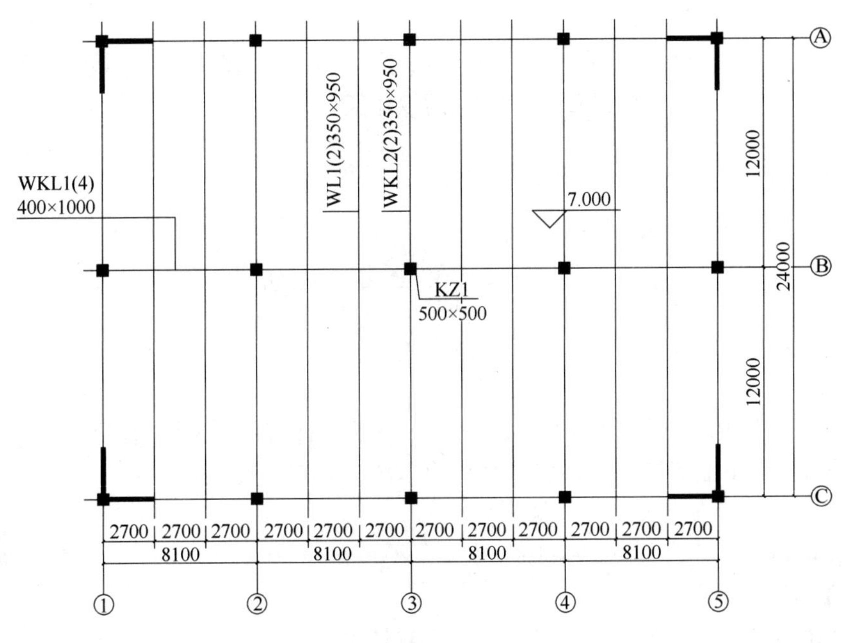


图 2019-7

$$A_{\mathrm{sv1}}=\frac{868}{2\times2}=217\mathrm{mm}^2$$

因此选 2Φ18。

**【例 8.2.2～8.2.3】** 2016 上午 2～3 题

某办公楼为现浇混凝土框架结构，设计使用年限 50 年，安全等级为二级。其二层局部平面图、主次梁节点示意图和次梁 L-1 的计算简图如图 2016-2～3 所示，混凝土强度等级为 C35，钢筋均采用 HRB400。

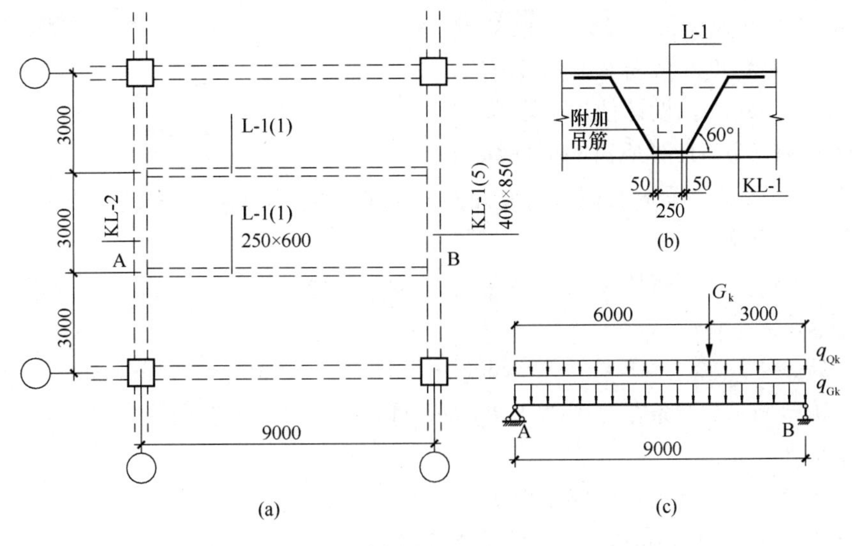


图 2016-2～3

(a) 局部平面图；(b) 主次梁节点示意图；(c) L-1 计算简图

**【例 8.2.2】** 2016 上午 2 题

假定，次梁 L-1 传给主梁 KL-1 的集中荷载设计值 $F$＝220kN，且该集中荷载全部由附加吊筋承担。试问，附加吊筋的配置选用下列何项最为合适？

(A) 2 Φ 16　　(B) 2 Φ 18　　(C) 2 Φ 20　　(D) 2 Φ 22

**【答案】**(A)

根据《混规》式 (9.2.11)：

$$A_{sv} \geqslant \frac{F}{f_{yv}\sin\alpha} = \frac{220 \times 10^3}{360 \times \sin 60^\circ} = 706\text{mm}^2$$

选用Φ 16，$A_{sv}$＝201×4＝804mm$^2$＞706mm$^2$。

**【例 8.2.3】** 2016 上午 3 题

假定，次梁 L-1 跨中下部纵向受力钢筋按计算所需的截面面积为 2480mm$^2$，实配 6 Φ 25。试问，L-1 支座上部的纵向钢筋，至少应采用下列何项配置？

**提示：** 梁顶钢筋在主梁内满足锚固要求。

(A) 2 Φ 14　　(B) 2 Φ 16　　(C) 2 Φ 20　　(D) (A) 2 Φ 22

**【答案】**(C)

根据《混规》9.2.6 条 1 款，当梁端按简支计算但实际受到部分约束时，应在支座区上部设置纵向构造钢筋。其截面面积不应小于梁跨中下部纵向受力钢筋计算所需截面面积的 1/4，且不应少于 2 根。

选用 2 Φ 20，$A_s$ = 628mm$^2$ ＞ 2480/4 =620mm$^2$。

**【例 8.2.4】** 2016 上午 9 题（二级）

某钢筋混凝土次梁，截面尺寸 $b \times h$＝250mm×600mm，支承在宽度为 300mm 的混凝土主梁上。该次梁下部纵筋在边支座处的排列及锚固方式见图 2016-9。已知混凝土强度等级为 C30，纵筋采用 HRB400 钢筋，$a_s = a'_s$＝55mm，设计使用年限为 50 年，环境类别为二 b，计算所需的梁底纵向钢筋面积为 1450mm$^2$，梁端截面剪力设计值 $V$＝200kN。试问，梁底纵向受力钢筋选择下列何项配置较为合适？

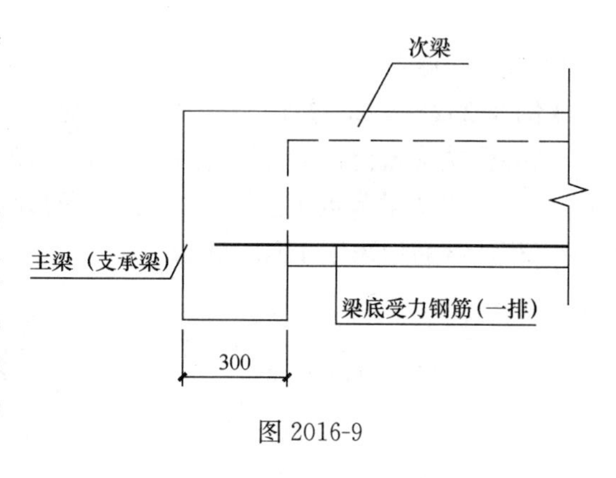


图 2016-9

(A) 6 Φ 18　　(B) 5 Φ 20　　(C) 4 Φ 22　　(D) 3 Φ 25

**【答案】**(C)

$$0.7f_tbh_0 = 0.7 \times 1.43 \times 250 \times (600 - 55) = 136 \times 10^3\text{N} = 136\text{kN} < 200\text{kN}$$

根据《混规》9.2.2 条，当 $V > 0.7f_tbh_0$ 时，简支梁下部纵向受力钢筋伸入支座内的锚固长度不应小于 $12d$。

根据《混规》8.2.1 条，混凝土保护层最小厚度 35mm。

选用 (A)、(B) 时，根据《混规》9.2.1 条 3 款，不满足钢筋水平方向净间距要求。

选用 (D) 时，12×25=300，梁底纵筋需有弯折段。

选用 (C) 时，锚固长度 $l_a = 12d = 12 \times 22 = 264\text{mm} < 300 - 35 = 265\text{mm}$。钢筋面

积 $A_s = 1520\,mm^2 > 1450\,mm^2$，满足要求。

### 8.2.2 柱、梁柱节点及牛腿

**1. 主要的规范规定**

1)《混规》9.3.4 条：梁纵向钢筋在框架中间层端节点的锚固。

2)《混规》9.3.5 条：框架中间层的中间节点，梁纵筋锚固要求。

3)《混规》9.3.6 条：柱纵向钢筋在顶层中节点的锚固规定。

4)《混规》9.3.8 条：顶层端节点处梁上部纵向钢筋的截面面积。

5)《混规》9.3.10 条：柱牛腿截面尺寸。

6)《混规》9.3.11 条：牛腿中纵向受力钢筋的总截面面积。

7)《抗规》9.1.12 条：牛腿的承载力抗震调整系数。

**2. 对规范规定的理解**

1) 顶层端节点处梁上部纵向钢筋的截面面积（《混规》9.3.8 条）

$$A_s \leqslant \frac{0.35\beta_c f_c b_b h_0}{f_y}$$

对顶层端节点梁上部纵筋配筋率作出限制，是因为当梁上部和柱外侧钢筋配筋率过高时，将引起顶层端节点核心区混凝土的斜压破坏。

2) 框架梁上部纵向钢筋在中间层端节点内的锚固（图 8.2-3）

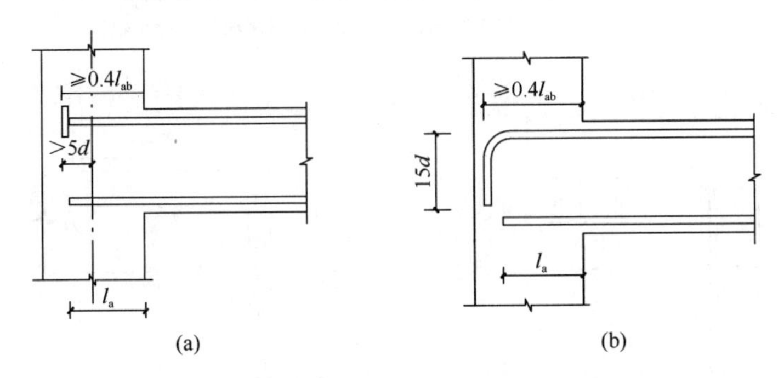


图 8.2-3 梁上部纵向钢筋在中间层端节点内的锚固

(a) 钢筋端部加锚头锚固；(b) 钢筋末端 90°弯折锚固

(1) 直线锚固

锚固长度≥ $l_a$；伸过柱中心线，伸过的长度≥5$d$。

(2) 柱截面尺寸不足

采用机械锚固：包括机械锚头在内的水平投影锚固长度≥ 0.4$l_{ab}$。

向下弯折：水平投影长度≥ 0.4$l_{ab}$；竖直投影长度≥15$d$。

3) 框架梁下部纵向钢筋在中间层端节点内的锚固（图 8.2-4）

4) 顶层节点中柱纵向钢筋在节点内的锚固（图 8.2-5）

5) 顶层端节点梁、柱纵向钢筋在节点内的锚固与搭接（图 8.2-6）

6) 梁和柱的纵向受力钢筋在节点区的锚固和搭接（抗震）（图 8.2-7）

7) 牛腿的计算模型

如图 8.2-8 所示，牛腿（短悬臂）的受力特征可以用由顶部水平的纵向受力钢筋作为

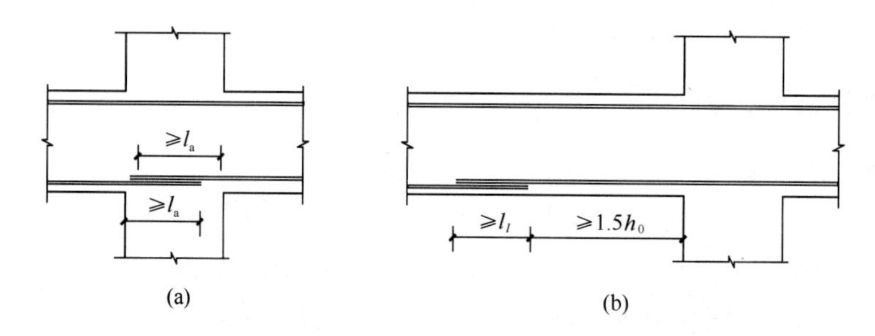


图 8.2-4 梁下部纵向钢筋在中间节点或中间支座范围的锚固与搭接

(a) 下部纵向钢筋在节点中直线锚固；(b) 下部纵向钢筋在节点或支座范围外的搭接

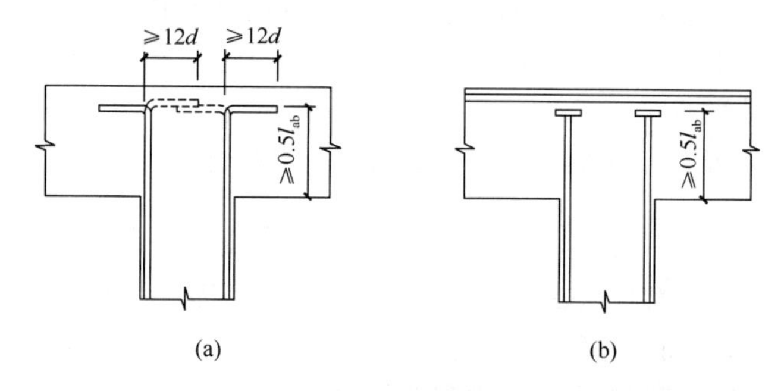


图 8.2-5 顶层节点中柱纵向钢筋在节点内的锚固

(a) 柱纵向钢筋 90°弯折锚固；(b) 柱纵向钢筋端头加锚板锚固

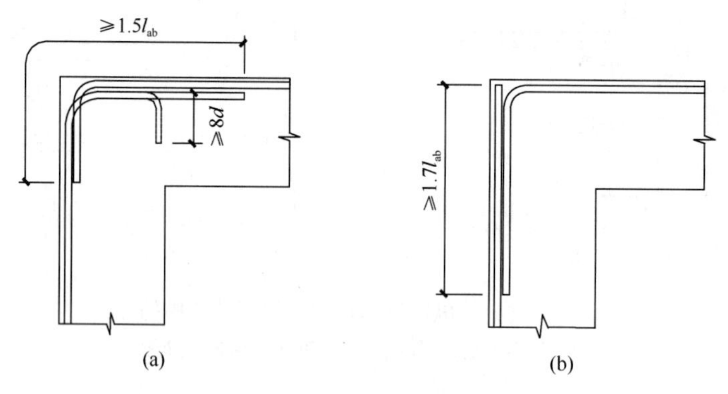


图 8.2-6 顶层端节点梁、柱纵向钢筋在节点内的锚固与搭接

(a) 搭接接头沿顶层端节点外侧及梁端顶部布置；(b) 搭接接头沿节点外侧直线布置

拉杆和牛腿内的混凝土斜压杆组成的简化三角桁架模型描述。竖向荷载将由水平拉杆的拉力和斜压杆的压力承担；作用在牛腿顶部向外的水平拉力则由水平拉杆承担。

8) 牛腿截面尺寸

牛腿要求不致因斜压杆压力较大而出现斜压裂缝，故其截面尺寸通常以不出现斜裂缝为条件（图 8.2-9），即由《混规》9.3.10 条计算公式控制。

$$F_{vk} \leqslant \beta\left(1-0.5\frac{F_{hk}}{F_{vk}}\right)\frac{f_{tk}bh_0}{0.5+\dfrac{a}{h_0}}$$

式中：$a$ ——竖向力作用点至下柱边缘的水平距离，应考虑安装偏差 20mm；当考虑安装

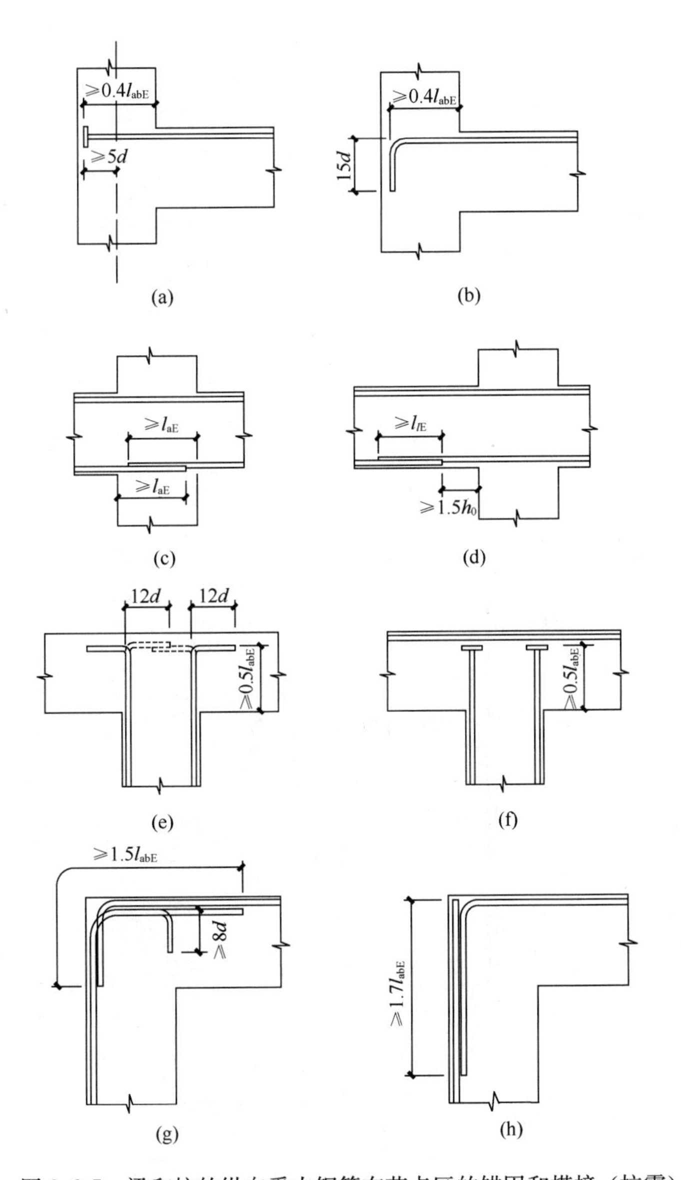


图 8.2-7　梁和柱的纵向受力钢筋在节点区的锚固和搭接（抗震）

（a）中间层端节点梁筋加锚头（锚板）锚固；（b）中间层端节点梁筋 90°弯折锚固；
（c）中间层中间节点梁筋在节点内直锚固；（d）中间层中间节点梁筋在节点外搭接；
（e）顶层中间节点柱筋 90°弯折锚固；（f）顶层中间节点柱筋加锚头（锚板）锚固；
（g）钢筋在顶层端节点外侧和梁端顶部弯折搭接；（h）钢筋在顶层端节点外侧直线搭接

偏差后的竖向力作用点仍位于下柱截面以内时取等于 0；

$\beta$ ——裂缝控制系数，支承吊车梁取 0.65，其他取 0.8；

$h_0$ ——牛腿与下柱交接处的垂直截面有效高度，取 $h_1 - a_s + c \cdot \tan\alpha$，当 $\alpha$ 大于 45°时，取 45°，$c$ 为下柱边缘到牛腿外边缘的水平长度。

牛腿外边缘高度：$h_1 \geqslant \dfrac{h}{3}$,200mm。

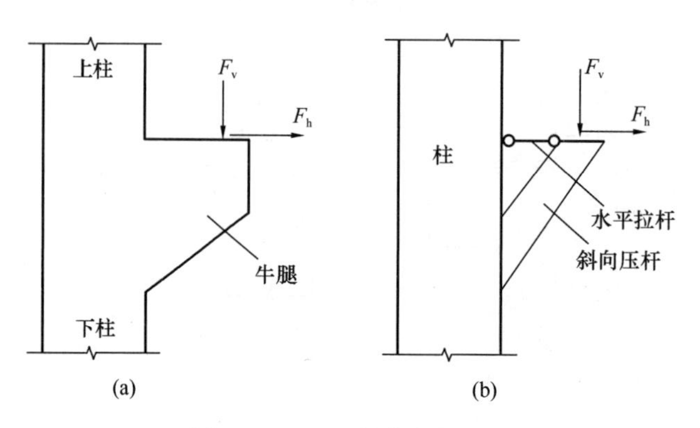


图 8.2-8 牛腿的荷载与受力

(a) 牛腿受力；(b) 牛腿的受力模型

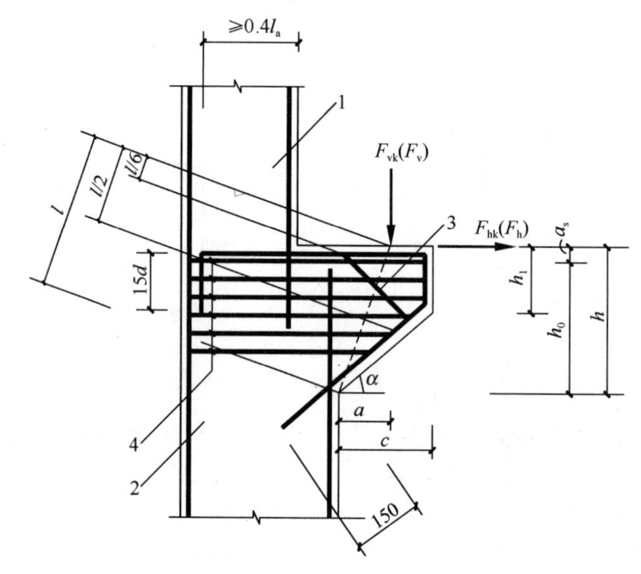


图 8.2-9 牛腿的外形及钢筋配置

1—上柱；2—下柱；3—弯起钢筋；4—水平箍筋

9）牛腿局压

在牛腿顶受压面上，竖向力 $F_{vk}$ 所引起的局部压应力不应超过 $0.75f_c$。

10）牛腿纵向受力钢筋面积计算流程

$$A_s \geqslant \frac{F_v a}{0.85 f_y h_0} + 1.2\frac{F_h}{f_y} = A_{sv} + 1.2F_h/f_y$$

《混规》9.3.11条，$a$ 取 $a+20$（$<0.3h_0$ 取 $0.3h_0$）。

承受竖向力的钢筋 $A_{sv} = \dfrac{F_v a}{0.85 f_y h_0}$ $\boxed{<}$ $\rho_{svmin}bh$，取 $A_{sv}=\rho_{min}bh$；$\boxed{\geqslant}$ $\rho_{svmin}bh$，取 $A_{sv}$

$$\rho_{svmin} = \max\left\{0.2\%,\ \left(45\frac{f_t}{f_y}\right)\%\right\} \leqslant \rho = \frac{A_{sv}}{bh} \leqslant 0.6\%$$

**3. 历年真题解析**

**【例 8.2.5】** 2013 上午 3 题

某 8 度区的框架结构办公楼，框架梁混凝土强度等级为 C35，均采用 HRB400 钢筋。框架的抗震等级为一级。Ⓐ轴框架梁的配筋平面表示法如图 2013-3 所示，$a_s = a_s' = 60\text{mm}$。①轴的柱为边柱，框架柱截面尺寸 $b \times h = 800\text{mm} \times 800\text{mm}$，定位轴线均与梁、柱中心线重合。

**提示：** 不考虑楼板内的钢筋作用。

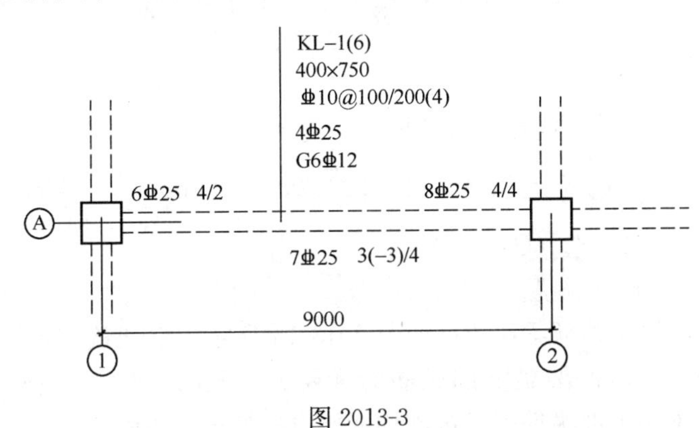


图 2013-3

假定，该梁为顶层框架梁。试问，为防止配筋率过高而引起节点核心区混凝土的斜压破坏，KL-1 在靠近①轴的梁端上部纵筋最大配筋面积（$\text{mm}^2$）的限值与下列何项数值最为接近？

(A) 3200　(B) 4480　(C) 5160　(D) 6900

**【答案】** (B)

根据《混规》9.3.8 条，①/Ⓐ轴节点为顶层端节点，则

$$A_s \leqslant \frac{0.35\beta_c f_c b_b h_0}{f_y} = \frac{0.35 \times 1.0 \times 16.7 \times 400 \times (750 - 60)}{360}$$

$$= 4481\text{mm}^2$$

**【例 8.2.6】** 2020 上午 4 题

某钢筋混凝土牛腿，如图 2020-4 所示，安全等级为二级，牛腿的截面宽度 $b = 400\text{mm}$，混凝土强度等级为 C30，钢筋采用 HRB400。假定，不考虑地震设计状况，$a = 40\text{mm}$，牛腿顶面的荷载作用设计值为：水平拉力 $F_h = 115\text{kN}$，竖向压力 $F_v = 420\text{kN}$。试问，沿牛腿顶部配置的纵向受力钢筋的最小截面面积 $A_s(\text{mm}^2/\text{mm})$，与下列何项数值最为接近？

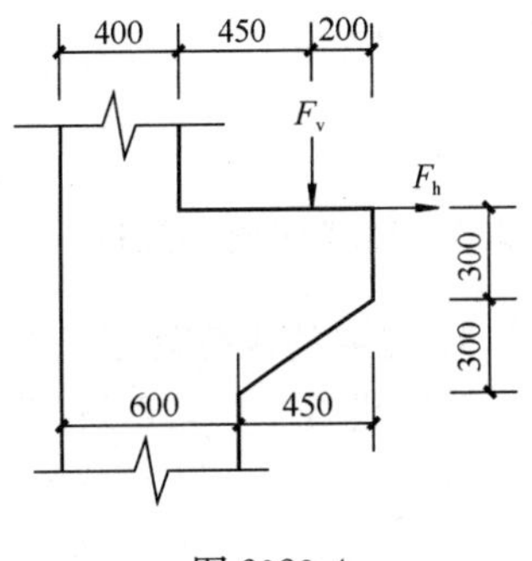


图 2020-4

**提示：** 牛腿的截面尺寸满足规范要求。

(A) 650　(B) 850

(C) 1050　(D) 1250

**【答案】** (C)

根据《混规》9.3.10 条，$h_0 = 600 - a_s = 600 - 40 = 560\text{mm}$，$a = 450 - 200 + 20 =$

$270 > 0.3h_0 = 168\text{mm}$，故取 $a = 270\text{mm}$。则

$$A_s \geqslant \frac{F_v a}{0.85 f_y h_0} + 1.2\frac{F_h}{f_y} = \frac{420 \times 10^3 \times 270}{0.85 \times 360 \times 560} + 1.2 \times \frac{11.5 \times 10^3}{360}$$

$$= 1045\text{mm}^2$$

根据《混规》9.3.12 条：

$$45\frac{f_t}{f_y} = 45 \times \frac{1.43}{360} = 0.179 < 0.2$$

取 $\rho_{\min} = 0.2\%$。

承受竖向力的纵向受拉钢筋截面面积：

$$A_{sv,\min} = \rho_{\min} bh = 0.2\% \times 400 \times 600 = 480\text{mm}^2 < 662\text{mm}^2$$

故取 $A_s = 1045\text{mm}^2$，选（C）。

**【例 8.2.7】** 2013 上午 16 题

某框架结构中间楼层端部梁柱节点如图 2013-16 所示，框架抗震等级为二级，梁柱混凝土强度等级均为 C35，框架梁上部纵筋为 4 Φ 28（HRB500），弯折前的水平段 $l_1 = 560\text{mm}$。试问，框架梁上部纵筋满足抗震构造要求的最小总锚固长度 $l$（mm）与下列何项数值最为接近？

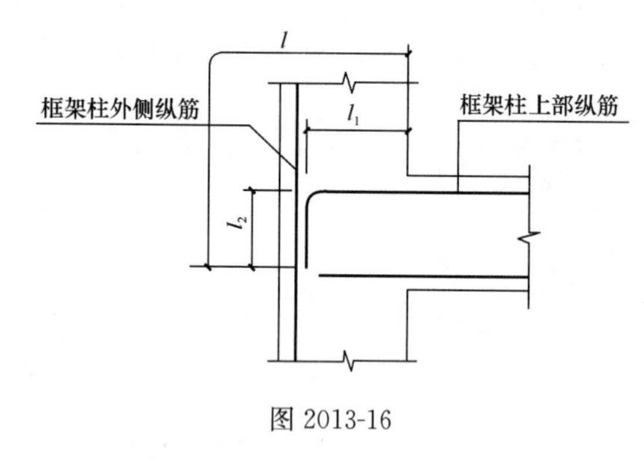


图 2013-16

（A）980　　（B）1086

（C）1195　　（D）1245

**【答案】**（A）

根据《混规》11.6.7 条：

$$l_{ab} = \alpha\frac{f_y}{f_t}d = 0.14 \times 435 \times 28/1.57$$

$$= 1086\text{mm}$$

$$l_{abE} = \zeta_{aE} l_{ab} = 1.15 \times 1086 = 1249\text{mm}$$

$$l_1 = 560\text{mm} > 0.4 l_{abE} = 500\text{mm}$$

$$l_2 = 15d = 15 \times 28 = 420\text{mm}$$

$$l = l_1 + l_2 = 560 + 420 = 980\text{mm}$$

### 8.2.3 预埋件及连接件

**1. 主要的规范规定**

1）《混规》9.7.2 条：锚板和对称配置的直锚筋所组成的受力埋件，锚筋的总截面面积计算。

2）《混规》9.7.3 条：锚板和对称配置的弯折锚筋和直锚筋共同承受剪力的预埋件，弯折锚筋的截面面积。

3）《混规》9.7.6 条：吊环计算的规定。

4）《混规》11.1.9 条：考虑地震作用的预埋件构造。

**2. 对规范规定的理解**

1）锚杆和对称直锚筋——剪力、法向拉力、弯矩共同作用下

（1）系数

$$\alpha_v = (4-0.08d)\sqrt{f_c/f_y} \leqslant 0.7$$

$$\alpha_b \begin{cases} 当采取防止锚板弯曲变形的措施时:\alpha_b = 1.0 \\ 其他:\alpha_b = 0.6+0.25t/d \end{cases}$$

（2）$A_s$ 下两式取大

$$A_s \geqslant \frac{V}{\alpha_r \alpha_v f_y} + \frac{N_{拉}}{0.8\alpha_b f_y} + \frac{M}{1.3\alpha_r \alpha_b f_y z}$$

$$A_s \geqslant \frac{N_{拉}}{0.8\alpha_b f_y} + \frac{M}{0.4\alpha_r \alpha_b f_y z}$$

其中，$\alpha_r$(顺剪力方向的锚筋层数)$\begin{cases} 二层:1.0 \\ 三层:0.9 \\ 四层:0.85 \end{cases}$

2）锚杆和对称直锚筋——剪力、法向压力、弯矩共同作用下

$$A_s \geqslant \frac{V-0.3N_{压}}{\alpha_r \alpha_v f_y} + \frac{M-0.4N_{压}z}{1.3\alpha_r \alpha_b f_y z}$$

$$A_s \geqslant \frac{MM-0.4N_{压}z}{0.4\alpha_r \alpha_b f_y z}$$

其中，$N_{压} \leqslant 0.5f_cA$，$M > 0.4N_{压}z$。

《混规》9.7.2 条、9.7.3 条中 $f_y \leqslant 300\text{N/mm}^2$。

3）锚板和对称配置弯折锚筋及直锚筋

弯折锚筋截面面积：

$$A_{sb} \geqslant 1.4\frac{V}{f_y} - 1.25\alpha_v A_s$$

当直锚筋按构造要求设置时，$A_s$ 应取为 0。

4）调整系数

抗震时，$\gamma_{RE}=1.0$，详见《混规》表 11.1.6；$A_s \times 1.25$，详见《混规》11.1.9 条。

5）吊环的要求

（1）应采用 HPB300 钢筋（≤14mm）或 Q235 圆钢（>14mm）。

（2）锚入混凝土的深度不应小于 $30d$ 并应焊接或绑扎在钢筋骨架上。$d$ 为吊环钢筋或圆钢的直径。

（3）应验算在荷载标准值作用下（构件自重、悬挂设备自重、活荷载）的吊环应力，每个吊环按 2 个截面计算。HPB300 钢筋，吊环应力不应大于 $65\text{N/mm}^2$；Q235 圆钢，不应大于 $50\text{N/mm}^2$。

（4）当在一个构件上设有 4 个吊环时，应按 3 个吊环进行计算。

**3. 历年真题解析**

**【例 8.2.8】** 2018 上午 14 题

某建筑中的幕墙连接件与楼面混凝土梁上的预埋件刚性连接。预埋件由锚板和对称配置的直锚筋组成，如图 2018-14 所示。假定，混凝土强度等级为 C35，直锚筋为 6 Φ 12

(HRB400)，已采取防止锚板弯曲变形的措施（$\alpha_b=1.0$），锚筋的边距均满足规范要求。连接件端部承受幕墙传来的集中力 $F$ 的作用，力的作用点和作用方向如图 2018-14 所示。试问，当不考虑抗震时，该预埋件可以承受的最大集中力设计值 $F$（kN），与下列何项数值最为接近？

**提示**：① 预埋件承载力由锚筋面积控制；

② 幕墙连接件的重量忽略不计。

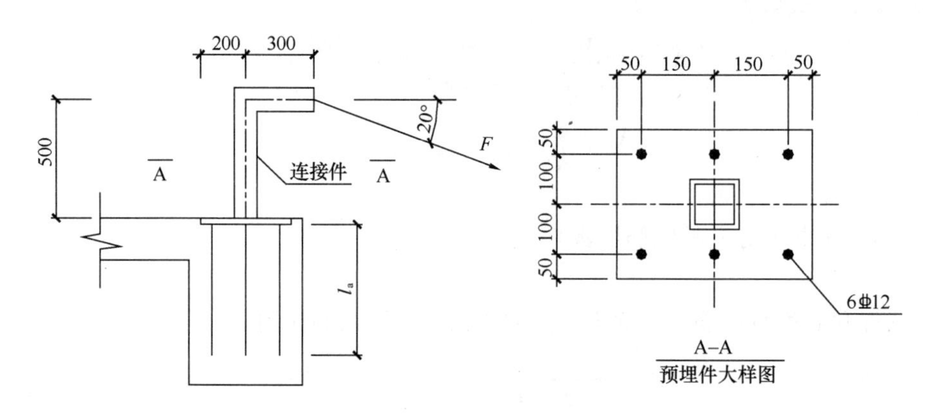


图 2018-14

(A) 40　　(B) 50　　(C) 60　　(D) 70

**【答案】**(A)

经受力分析：

$$V=F\cos20^\circ=0.94F$$

$$N=F\sin20^\circ=0.342F$$

$$M=0.94F\times500+0.342F\times300=572.6F$$

埋件受力状态为压、弯、剪。

$\alpha_r=0.9$，$\alpha_b=1.0$，$f_y=300\text{MPa}$，$A_s=6\times113.1=678.6\text{mm}^2$，$z=300\text{mm}$。

$$\alpha_v=(4.0-0.08d)\sqrt{\frac{f_c}{f_y}}=(4.0-0.08\times12)\times\sqrt{\frac{16.7}{300}}=0.717>0.7$$

取 $\alpha_v=0.7$。

$$M=572.6F>0.4Nz=0.4\times0.342F\times300=41.04F$$

根据《混规》式 (9.7.2-3)：

$$\frac{0.94F-0.3\times0.342F}{\alpha_r\alpha_v f_y}+\frac{572.6F-41.04F}{1.3\alpha_r\alpha_b f_y z}\leqslant A_s$$

解得：$F\leqslant71.6\times10^3\text{ N}=71.6\text{kN}$。

根据《混规》式 (9.7.2-4)：

$$\frac{572.6F-41.04F}{0.4\alpha_r\alpha_b f_y z}\leqslant A_s$$

解得：$F\leqslant41.4\times10^3\text{N}=41.4\text{kN}<71.6\text{kN}$，取 $F=41.4\text{kN}$。

**【例 8.2.9】** 2016 上午 4 题

某预制钢筋混凝土实心板，长×宽×厚=6000mm×500mm×300mm，四角各设有1个吊环，吊环均采用HPB300钢筋，可靠锚入混凝土中并绑扎在钢筋骨架上。试问，吊环钢筋的直径（mm），至少应采用下列何项数值？

**提示：**① 钢筋混凝土的自重按25kN/m³计算；

② 吊环和吊绳均与预制板面垂直。

(A) 8　　(B) 10　　(C) 12　　(D) 14

**【答案】**(B)

根据《混规》9.7.6条，在构件的自重标准值作用下，每个吊环按2个截面计算的钢筋应力不应大于65N/mm²；当在一个构件上设有4个吊环时，应按3个吊环进行计算。

$$A_s=\frac{6\times0.5\times0.3\times25\times10^3}{3\times2\times65}=57.7\text{mm}^2$$

选用Φ10，$A_s=78.5\text{mm}^2>57.7\text{mm}^2$。

**【例8.2.10】**2013上午9题

钢筋混凝土梁底有锚板和对称配置的直锚筋组成的受力预埋件，如图2013-9所示。构件安全等级均为二级，混凝土强度等级为C35，直锚筋为6Φ18（HRB400），已采取防止锚板弯曲变形的措施。锚板上焊接了一块连接板，连接板上需承受集中力$F$的作用，力的作用点和作用方向如图2013-9所示。试问，当不考虑抗震时，该预埋件可以承受的最大集中力设计值$F_{max}$（kN）与下列何项数值最为接近？

**提示：**①预埋件承载力由锚筋面积控制；

②连接板的重量忽略不计。

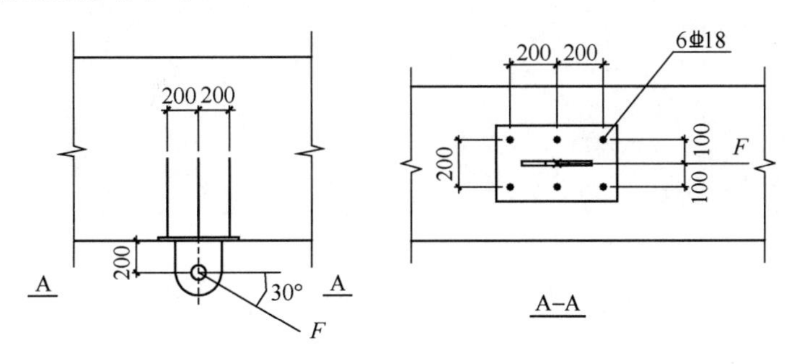


图2013-9

(A) 150　　(B) 175　　(C) 205　　(D) 250

**【答案】**(B)

$\alpha_r=0.9$，$\alpha_b=1$，$f_y=300\text{MPa}$，$A_s=6\times254=1524\text{mm}^2$，$z=400\text{mm}$。

$$\alpha_v=(4.0-0.08d)\sqrt{\frac{f_c}{f_y}}=(4.0-0.08\times18)\times\sqrt{\frac{16.7}{300}}=0.604<0.7$$

$$V=\frac{\sqrt{3}}{2}F$$

$$N=\frac{1}{2}F$$

$$M=\frac{\sqrt{3}}{2}F\times200$$

根据《混规》式（9.7.2-1）：

$$\frac{(\sqrt{3}/2)F}{\alpha_{\mathrm{r}}\alpha_{\mathrm{v}}f_{\mathrm{y}}}+\frac{(1/2)F}{0.8\alpha_{\mathrm{b}}f_{\mathrm{y}}}+\frac{(\sqrt{3}/2)F\times200}{1.3\alpha_{\mathrm{r}}\alpha_{\mathrm{b}}f_{\mathrm{y}}z}\leqslant A_{\mathrm{s}}$$

解得：$F\leqslant176.6\times10^{3}\mathrm{N}=176.6\mathrm{kN}$。

根据《混规》式（9.7.2-2）：

$$\frac{(1/2)F}{0.8\alpha_{\mathrm{b}}f_{\mathrm{y}}}+\frac{(\sqrt{3}/2)F\times200}{0.4\alpha_{\mathrm{r}}\alpha_{\mathrm{b}}f_{\mathrm{y}}z}\leqslant A_{\mathrm{s}}$$

解得：$F\leqslant250.2\times10^{3}\mathrm{N}=250.2\mathrm{kN}$。

# 9 混凝土规范附录

## 9.1 近似计算偏压构件侧移二阶效应的增大系数法

**1. 主要的规范规定**

1）《混规》附录 B. 0. 1 条：$P$-$\Delta$ 效应弯矩和位移增大公式。

2）《混规》附录 B. 0. 2 条：框架结构中 $P$-$\Delta$ 效应增大系数的规定。

3）《混规》附录 B. 0. 3 条：剪力墙结构、框架-剪力墙结构、筒体结构中的 $P$-$\Delta$ 效应增大系数的规定。

4）《混规》附录 B. 0. 5 条：计算弯矩增大系数时，构件的弹性抗弯刚度折减系数。

**2. 对规范规定的理解**

1）$P$-$\Delta$ 效应的理解

如图 9. 1-1 所示，框架结构在水平力作用下产生的侧向水平位移与重力荷载共同作用会在结构内产生附加内力，即所谓的 $P$-$\Delta$ 效应，亦称重力二阶效应或侧移二阶效应。

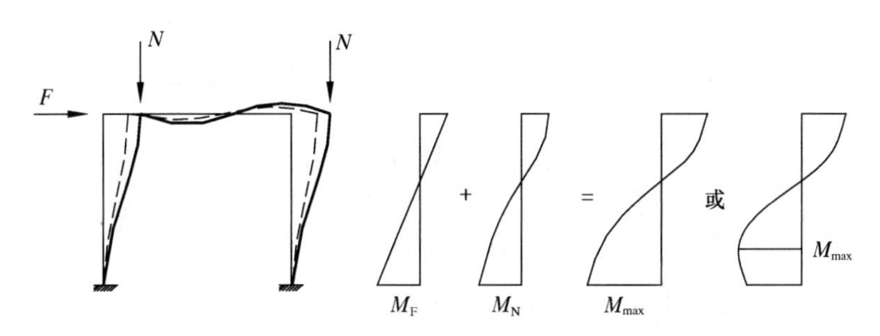


图 9. 1-1 由侧移产生的二阶效应

2）手算结构的 $P$-$\Delta$ 效应

$P$-$\Delta$ 效应是在结构的内力计算中考虑的，考虑 $P$-$\Delta$ 效应后得到构件的内力设计值。而 $P$-$\delta$ 效应是截面承载力设计时，是否考虑构件侧向挠曲的影响。二者是不同概念，应注意区别。

采用《混规》附录 B 的增大系数法，对未考虑 $P$-$\Delta$ 效应的一阶弹性分析所得的柱、墙肢端弯矩和梁端弯矩及层间位移分别增大。

（1）$\eta_s$ 的计算

① 框架结构

$$\text{楼层侧向刚度 } D \text{ 折减}\begin{cases}\text{弯矩增大，梁：}E_cI\times 0.4\text{；柱：}E_cI\times 0.6\\ \text{位移增大，不折减}\end{cases}$$

$$\eta_s = \frac{1}{1-\frac{\sum N_j}{DH_0}}$$

不同楼层，分别取各层柱 $\eta_s$；同一楼层，各柱 $\eta_s$ 相同。

② 剪力墙结构、框架-剪力墙结构、筒体结构

$$\eta_s = \frac{1}{1-0.14\frac{H^2\sum G}{E_c J_d}}$$

(2) 弯矩及位移计算

弯矩增大： $M = M_{ns} + \eta_s M_s$

位移增大： $\Delta = \eta_s \Delta_1$

梁端 $\eta_s$ 取为相应节点处上、下柱端或上、下墙肢端 $\eta_s$ 平均值。

框架结构采用的是层增大系数法，根据所计算楼层的侧向刚度确定各层柱的 $P$-$\Delta$ 效应增大系数。

剪力墙结构、框架-剪力墙结构、筒体结构中的增大系数为全楼统一的整体增大系数法。

3）排架结构柱的二阶效应

$$\zeta_c = 0.5 f_c A/N \leqslant 1$$

$$e_0 = M_0/N$$

$$e_a = \max\{20, h/30\} \text{（}h\text{ 为 }M\text{ 作用方向）}$$

$$\eta_s = 1 + \frac{1}{1500 e_i/h_0}\left(\frac{l_0}{h}\right)^2 \zeta_c$$

$$M = \eta_s M_0$$

4）反弯点法

对于反弯点法，结构的侧向刚度只与柱的侧向刚度有关，所以在计算 $\eta_s$ 时，如果题目提示采用反弯点法，只对框架柱的侧向刚度折减。具体反弯点法的介绍详见本书10.4节。

**3. 自编题解析**

**【例 9.1.1】** 自编题

7层现浇钢筋混凝土框架结构，如图9.1-2所示为一榀框架，假定按反弯点计算，首层的弹性侧向刚度为 $1.5\times10^5$ kN/m³，第2层至第6层的弹性侧向刚度均为 $4.2\times10^5$ kN/m³，图中BC梁的B端，其第2层柱的轴力设计值为40000kN，其第1层柱的轴力设计值为45000kN。试问，当考虑重力二阶效应时，梁端B的二阶效应增大系数，与下列何项数值最为接近？

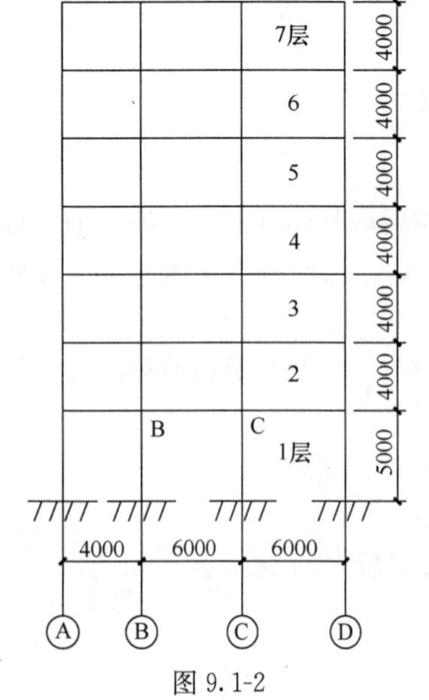

图 9.1-2

(A) 1.04　　　(B) 1.08　　　(C) 1.11　　　(D) 1.16

**【答案】**(B)

根据《混规》附录 B.0.1 条、B.0.2 条、B.0.5 条：

$$\eta_{s,2}=\frac{1}{1-\frac{\sum N_i}{DH_0}}=\frac{1}{1-\frac{40000}{0.6\times4.2\times10^5\times4}}=1.041$$

$$\eta_{s,1}=\frac{1}{1-\frac{45000}{0.6\times1.5\times10^5\times5}}=1.111$$

$$\eta_B=\frac{1}{2}(\eta_{s,2}+\eta_{s,1})=1.077\approx1.08$$

**【例 9.1.2】**自编题

钢筋混凝土框架结构，其中一榀框架如图 9.1-3 所示，假定按反弯点法计算，首层弹性侧向刚度为 $3.6\times10^5$kN/m，第 2 层至第 7 层的各层弹性侧向刚度为 $6.0\times10^5$kN/m。图中 BC 框架梁的梁端 B 处，其第 2 层柱轴力设计值为 60000kN，其第 1 层柱轴力设计值为 70000kN。经计算得到，梁端 B 处未考虑重力二阶效应，引起结构侧移的荷载产生的弯矩设计值 $M_1=400$kN·m，不引起结构侧移的荷载产生的弯矩设计值 $M_2=500$kN·m，该框架结构应考虑重力二阶效应。试问，当考虑重力二阶效应后，梁端 B 处的弯矩设计值（kN·m）与下列何项数值最为接近？

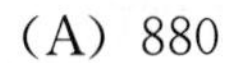

(A) 880　　　(B) 900

(C) 920　　　(D) 940

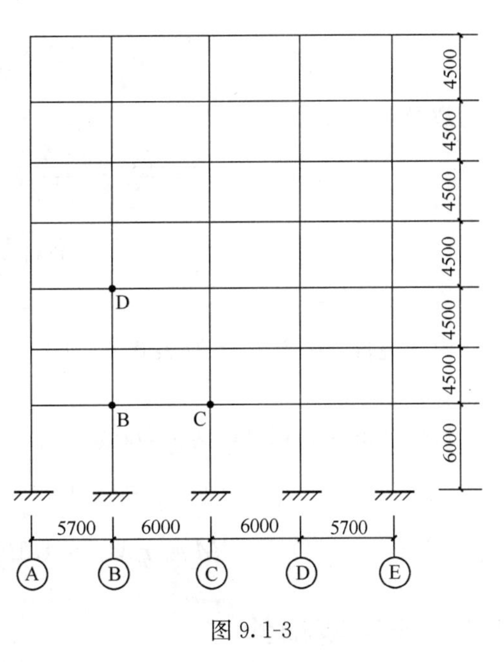


图 9.1-3

**【答案】**(C)

根据《混规》B.0.2 条、B.0.5 条，弯矩增大系数 $\eta_s$，$D$ 应折减，对框架柱，取 $E_cI$ 的折减系数为 0.6。

$$D_1=0.6\times3.6\times10^5=2.16\times10^5\text{kN/m}$$

$$D_2=0.6\times6.0\times10^5=3.60\times10^5\text{kN/m}$$

$$\eta_{s1}=\frac{1}{1-\frac{\sum N_j}{DH_0}}=\frac{1}{1-\frac{70000}{2.16\times10^5\times6}}=1.0571$$

$$\eta_{s2}=\frac{1}{1-\frac{60000}{3.60\times10^5\times4.5}}=1.0385$$

由《混规》B.0.1 条，梁端 B 处的 $\eta_s$：

$$\eta_s=(1.0571+1.0385)/2=1.0478$$

$$M=\eta_sM_s+M_{ns}=1.0478\times400+500=919.12\text{kN}\cdot\text{m}$$

**【例 9.1.3】**自编题

某一设有吊车的单层钢筋混凝土厂房，抗震设防烈度为 8 度，Ⅱ类场地。上柱高 $H_u=3.0\text{m}$，下柱高 $H_l=6.0\text{m}$，上柱截面尺寸 $b\times h=400\text{mm}\times400\text{mm}$，采用 C25 混凝土，柱子纵向钢筋采用 HRB400，箍筋采用 HPB300，柱子对称配筋，在地震作用组合下的排架平面内的一阶弹性分析内力设计值，上柱的弯矩设计值 $M=140\text{kN}\cdot\text{m}$，轴力设计值 $N=270\text{kN}$。设 $a_s=a'_s=40\text{mm}$。试问，此排架结构上柱考虑二阶效应的弯矩设计值（kN·m）与下列何项数值最为接近？

（A）135　　（B）145　　（C）155　　（D）165

**【答案】**（C）

根据《混规》B.0.4 条确定增大系数 $\eta_s$。

$$\xi_c=\frac{0.5f_cA}{N}=\frac{0.5\times11.9\times400\times400}{270000}=3.53>1.0$$

故取 $\xi_c=1.0$。

$$e_0=\frac{M_0}{N}=\frac{140}{270}=0.5185\text{m}=518.5\text{mm}$$

$$e_a=\max\left(\frac{400}{30},20\right)=20\text{mm}$$

$$e_i=e_0+e_n=538.5\text{mm}$$

由《混规》6.2.20 条及表 6.2.20-1，$H_u/H_l=3/6=0.5703$，故上柱的 $l_0=2.0H_u=6\text{m}$。

根据《混规》式（B.0.4-2）：

$$\eta_s=1+\frac{1}{1500e_i/h_0}\left(\frac{l_0}{h}\right)^2\xi_c=1+\frac{1}{1500\times538.5/360}\times\left(\frac{6}{0.4}\right)^2\times1.0=1.100$$

$$M=\eta_sM_0=1.100\times140=154\text{kN}\cdot\text{m}$$

## 9.2　深受弯构件

**1. 主要的规范规定**

1）《混规》附录 G.0.2 条：深受弯构件的正截面受弯承载力。

2）《混规》附录 G.0.3 条：深受弯构件的受剪截面。

3）《混规》附录 G.0.4 条：矩形、T 形和 I 形截面的深受弯构件，斜截面的受剪截面。

4）《混规》附录 G.0.5 条：一般要求不出现斜裂缝的钢筋混凝土深梁的承载力计算。

5）《混规》附录 G.0.8 条：钢筋混凝土深梁纵向受力钢筋构造。

**2. 对规范规定的理解**

1）一般规定

深受弯构件　$l_0/h<5.0$（简支单跨梁或多跨连续梁）

深梁 $\begin{cases}l_0/h<2.0 & \text{简支单跨梁}\\ l_0/h<2.5 & \text{简支多跨连续梁}\end{cases}$

其中，$l_0=\min$（支座中心线之间距离，$1.15\times$ 梁的净跨）。

2）正截面受弯承载力计算

（1）计算截面有效高度 $h_0$

$l_0/h < 2.0$ 时：$\begin{cases}跨中：h_0 = 0.9h\ (a_s = 0.1h)\\ 支座：h_0 = 0.8h\ (a_s = 0.2h)\end{cases}$

$l_0/h > 2$ 时：$h_0 - a_s$

（2）$\alpha_d = 0.8 + 0.04\dfrac{l_0}{h}$

（3）计算内力臂

$l_0 < h$ 时：$z = 0.6l_0$

$l_0 > h$ 时：$\begin{cases}x < 0.2h_0：z = \alpha_d(h_0 - 0.5\times 0.2h_0) = \alpha_d 0.9h_0\\ x \geqslant 0.2h_0：z = \alpha_d(h_0 - 0.5x)\end{cases}$

注：$x$ 计算详见《混规》6.2 节。

（4）验算 $M \leqslant f_y A_s z$

（5）配筋率验算

配筋率详见《混规》G.0.12 条；纵筋及拉筋布置详见《混规》G.0.8 条、G.0.9 条。

3）斜截面受弯承载力计算

（1）截面限制条件

$h_w/b \leqslant 4$ 时：$V \leqslant \dfrac{1}{60}\left(10 + \dfrac{l_0}{h}\right)\beta_c f_c b h_0$；

$h_w/b \geqslant 6$ 时：$V \leqslant \dfrac{1}{60}\left(7 + \dfrac{l_0}{h}\right)\beta_c f_c b h_0$；

$4 < h_w/b < 6$ 时：按线性内插法采用。

$l_0 < 2h$ 时，取 $2h$。

（2）受剪承载力

① 一般不要求出现斜裂缝的钢筋混凝土深梁（《混规》G.0.5 条）

$$V_k \leqslant 0.5 f_{tk} b h_0$$

② 承载力验算

均布荷载：

$$V \leqslant 0.7\frac{(8 - l_0/h)}{3} f_t b h_0 + \frac{(l_0/h - 2)}{3} f_{yv}\frac{A_{sv}}{s_h} h_0 + \frac{(5 - l_0/h)}{6} f_{yh}\frac{A_{sh}}{s_v} h_0$$

集中荷载（包括作用多种荷载，且其中集中荷载对支座截面所产生的剪力值占总剪力值 75%的情况）：

$$V \leqslant \frac{1.75}{\lambda + 1} f_t b h_0 + \frac{(l_0/h - 2)}{3} f_{yv}\frac{A_{sv}}{s_h} h_0 + \frac{(5 - l_0/h)}{6} f_{yh}\frac{A_{sh}}{s_v} h_0$$

$\lambda\begin{cases}当\ l_0/h\ 不大于\ 2.0\ 时：\lambda = 0.25\\ 当\ l_0/h\ 大于\ 2\ 且小于\ 5\ 时：\lambda = a/h_0\begin{cases}\lambda \leqslant 0.92l_0/h - 1.58\\ \lambda \geqslant 0.42l_0/h - 0.58\end{cases}\end{cases}$

其中，跨高比 $l_0/h \geqslant 2.0$。

4）吊筋计算

附加吊筋（图 9.2-1）的总截面面积 $A_{sv}$ 按《混规》9.2 节计算，但吊筋的设计强度

$f_{yv}$应乘以承载力计算附加系数 0.8。

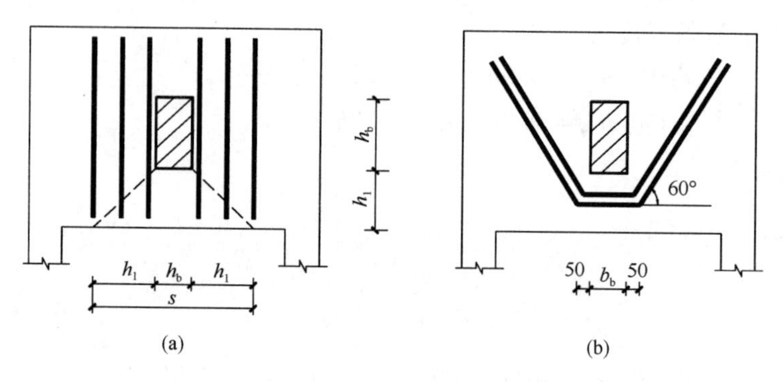


图 9.2-1 深梁承受集中荷载作用时的附加吊筋
(a) 竖向吊筋；(b) 斜向吊筋

竖向吊筋：

$$A_{sv} \geqslant \frac{F}{(f_{yv} \times 0.8)}$$

斜向吊筋：

$$A_{sv} \geqslant \frac{F}{(f_{yv} \times 0.8 \times \sin\alpha)}$$

**3. 历年真题解析**

**【例 9.2.1】** 2012 上午 16 题

某钢筋混凝土连续梁，截面尺寸 $b \times h = 300\text{mm} \times 3900\text{mm}$，计算跨度 $l_0 = 6000\text{mm}$，混凝土强度等级为 C40，不考虑抗震。梁底纵筋采用Φ 20，水平和竖向分布筋均采用双排Φ 10@200 并按规范要求设置拉筋。试问，此梁要求不出现斜裂缝时，中间支座截面对应于标准组合的抗剪承载力（kN）与下列何项数值最为接近？

(A) 1120　　(B) 1250　　(C) 1380　　(D) 2680

**【答案】**(A)

梁计算跨度 $l_0 = 6000\text{mm}$，梁截面高度 $h = 3900\text{mm}$，按《混规》附录 G.0.2：

$$\frac{l_0}{h} = \frac{6000}{3900} = 1.54 < 2.0$$

支座截面 $a_s = 0.2h = 0.2 \times 3900 = 780\text{mm}$，$h_0 = h - a_s = 3900 - 780 = 3120\text{mm}$。

要求不出现斜裂缝，按《混规》附录式（G.0.5）：

$$V_k \leqslant 0.5 f_{tk} b h_0 = 0.5 \times 2.39 \times 300 \times 3120 \times 10^{-3} = 1118.5\text{kN}$$

水平及竖向分布筋Φ 10@200（大于Φ 8@200），则

$$\rho = \frac{2 \times 78.5}{300 \times 200} = 0.26\% > 0.2\%，满足要求$$

**【例 9.2.2】** 2020 上午 3 题

某普通钢筋混凝土三跨连续深梁，计算简图如图 2020-3 所示，安全等级为二级。混凝土强度等级为 C30，钢筋采用 HRB400。假定，不考虑地震设计状况，梁截面均为矩形，$b \times h = 200\text{mm} \times 1800\text{mm}$。试问，按《混凝土结构设计规范》GB 50010—2010（2015 年版），该梁在支座 B 边缘处的截面，满足受剪截面控制条件的最大剪力设计值 $V$（kN），与

下列何项数值最为接近？

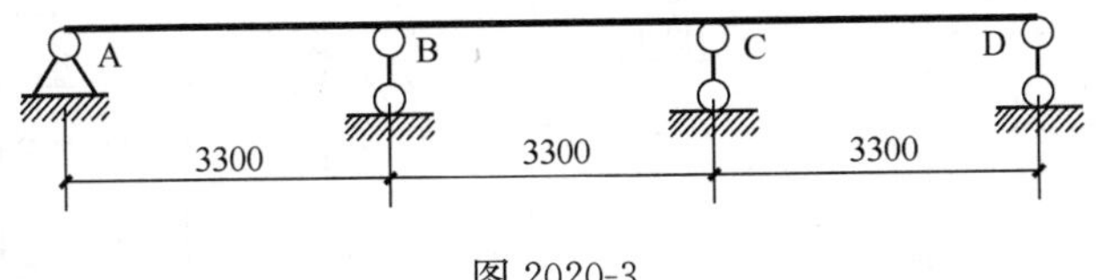


图 2020-3

(A) 510　　　(B) 610　　　(C) 710　　　(D) 810

**【答案】**(B)

根据《混规》附录 G. 0. 3 条，$l_0 = 3300\text{mm}$，$\dfrac{l_0}{h} = \dfrac{3300}{1800} = 1.83 < 2$。

根据《混规》附录 G. 0. 2 条，支座截面 $a_s = 0.2h = 360\text{mm}$，$h_w = h_0 = h - a_s = 1800 - 360 = 1440\text{mm}$。

$\dfrac{h_w}{b} = \dfrac{1440}{200} = 7.2 > 6$，$\beta_c = 1.0$，根据《混规》附录 G. 0. 3：

$$V \leqslant \frac{1}{60}(7+2) \times 1.0 \times 14.3 \times 200 \times 1440 = 617.8\text{kN}$$

## 9.3　素混凝土结构构件设计

**1. 主要的规范规定**

1)《混规》附录 D. 1. 3 条：素混凝土墙和柱的计算长度。

2)《混规》附录 D. 2. 1 条：素混凝土受压构件的受压承载力。

3)《混规》附录 D. 2. 2 条：对不允许开裂的素混凝土受压构件，其受压承载力。

4)《混规》附录 D. 3. 1 条：素混凝土受弯构件的受弯承载力。

5)《混规》附录 D. 5. 1 条：素混凝局部受压承载力规定。

**2. 对规范规定的理解**

1) 轴压或偏心受压（允许开裂）

(1) 对称于弯矩作用平面的截面

$$N \leqslant \varphi f_{cc} A'_c = \varphi 0.85 f_c A'_c$$

$$A'_c = bx（轴压时 A'_c = bh）$$

$$x = h - 2e_0 = h - 2M/N$$

$$e_c = e_0 = M/N = h/2 - x/2 \leqslant 0.9 y'_0 = 0.9 \times h/2 = 0.45h$$

$$e_0 \leqslant 0.9 y'_0 = 0.9 \times h/2 = 0.45h$$

(2) 矩形截面（图 9.3-1）

$$N \leqslant \varphi f_{cc} b(h - 2e_0) = \varphi \times 0.85 f_c b(h - 2e_0)$$

$$e_c = e_0 = M/N = \frac{h}{2} - \frac{x}{2} \leqslant 0.9 y'_0 = 0.9 \times \frac{h}{2} = 0.45h$$

当 $e_0 \geqslant 0.45 y'_0 = 0.45 \times \dfrac{h}{2} = 0.225h$ 时，应在受拉区配构造钢筋；但符合《混规》式(D. 2. 1-1)、式(D. 2. 1-2) 时，可不配此筋。

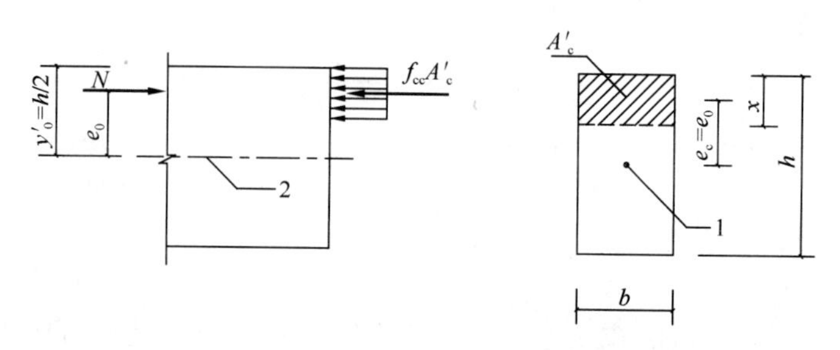


图 9.3-1 矩形截面的素混凝土受压构件受压承载力计算

2）对不允许开裂的素混凝土构件（如液体压力下的受压构件、女儿墙等）

（1）当 $e \geqslant 0.45y'_0$ 时

对称于 $M$ 作用平面的截面：

$$N \leqslant \varphi \frac{\gamma f_{ct} A}{\frac{e_0 A}{W} - 1} = \varphi \frac{\gamma \times 0.55 f_t \times A}{\frac{6e_0}{h} - 1}$$

$$\gamma = \left(0.7 + \frac{120}{h}\right)\gamma_m$$

矩形截面：

$$N \leqslant \varphi \frac{\gamma f_{ct} bh}{\frac{6e_0}{h} - 1} = \varphi \frac{\gamma \times 0.55 f_t \times bh}{\frac{6e_0}{h} - 1}$$

（2）当 $e < 0.45y'_0$ 时

同允许开裂构件算法。

3）素混凝土局压承载力计算

（1）计算 $A_b$、$A_l$、$\beta_l$（《混规》6.6.2 条）

$$\beta_l = \sqrt{\frac{A_b}{A_l}}$$

（2）计算局压承载力（《混规》D.5.1 条）

仅有局部荷载：

$$\omega \beta_l f_{cc} A_l \geqslant F_l$$

有非局部荷载：

$$\omega \beta_l (f_{cc} - \sigma) A_l \geqslant F_l$$

其中：$f_{cc} = 0.85 f_c$，$\omega = \begin{cases} 1 \text{（均匀分布）} \\ 0.75 \text{（非均匀分布）} \end{cases}$。

**3. 历年真题及自编题解析**

**【例 9.3.1】** 2019 上午 5 题

KZ1 柱下独立基础如图 2019-5 所示，C30 混凝土。试问，KZ1 处基础顶面的局部受压承载力设计值（kN）与下列何项数值最为接近？

**提示：** ①基础顶压域未设置间接钢筋网，且不考虑柱纵筋的有利影响；

②仅考虑 KZ1 的轴力作用，且轴力在受压面上均匀分布。

（A）7000　　（B）8500　　（C）10000　　（D）11500

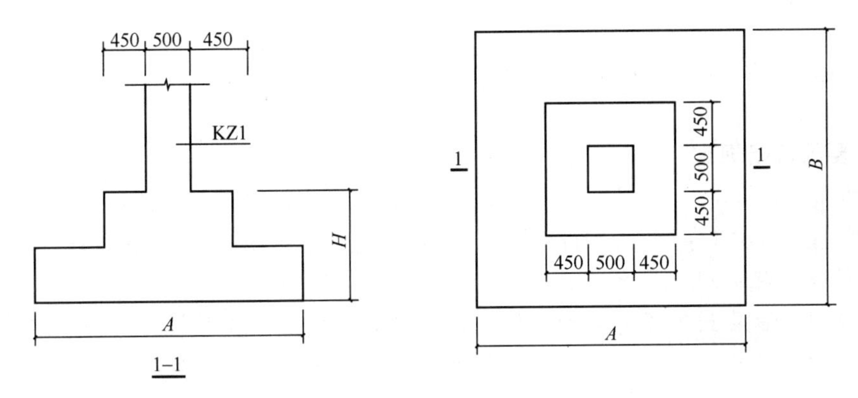


图 2019-5

【答案】(B)

根据《混规》6.6.1条：

$$\beta_l = \sqrt{\frac{A_b}{A_l}} = \sqrt{\frac{1400^2}{500^2}} = 2.8$$

根据《混规》D.5.1条：

$$f_{cc} = 0.85 \times 14.3 = 12.155$$

$$F_l = \omega \beta_l f_{cc} A_l = 1 \times 2.8 \times 12.155 \times 500^2 = 8508.5\text{kN}$$

【例9.3.2】自编题

某素混凝土偏心受压墙肢，弯矩作用方向为沿墙肢长边方向，其几何尺寸如图9.3-2所示，其计算高度 $l_0 = 3600\text{mm}$，该墙肢采用C30混凝土，环境类别为一类，结构安全等级为二级。试问，该构件所能承受的最大轴力值 $N$（kN）与下列何项数值最为接近？

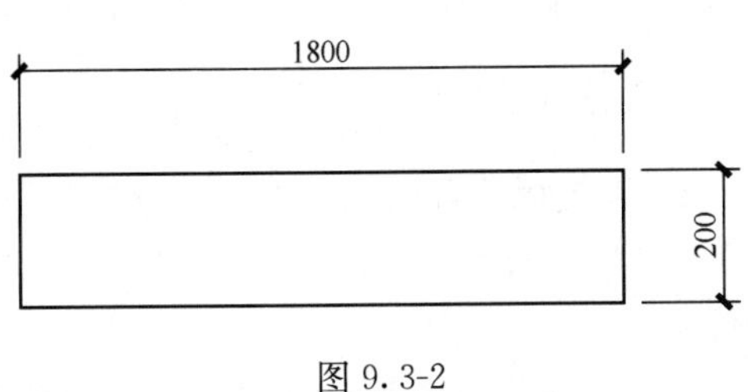


图 9.3-2

**提示：** 假定偏心距离 $e_0 = 200 < 0.9y'_0$，其中 $y'_0$ 为截面重心至受压区边缘的距离。

(A) 2917　　(B) 2950　　(C) 2975　　(D) 3000

【答案】(C)

根据《混规》附录D.2.1条，由附表D.2.1注的规定，弯矩作用平面内，$l_0/b = 3600/1800 = 2$，查附录表D.2.1，取 $\varphi = 1.0$。

矩形截面，由《混规》式（D.2.1-4）：

$$f_{cc} = 0.85 f_c = 0.85 \times 14.3 = 12.155\text{N/mm}^2$$

$$N_u = \varphi f_{cc} b(h - 2e_0) = 1.0 \times 12.155 \times 200 \times (1800 - 2 \times 200) = 3400\text{kN}$$

轴心受压验算，根据《混规》D.2.3条规定：

$$l_0/b = 3600/1800 = 2$$

由《混规》附表D.2.1，取 $\varphi = 0.68$。

$$N_u = \varphi f_c bh = 0.68 \times 12.155 \times 200 \times 1800 = 2975.5\text{kN}$$

# 9.4 叠合构件

**1. 主要的规范规定**

1)《混规》9.5.1条：二阶段成形的水平叠合受弯构件设计规定。

2)《混规》9.5.3条：在既有结构的楼屋盖上浇筑混凝土叠合层的受弯构件计算。

3)《混规》附录H.0.1条：叠合受弯构件内力计算规定。

4)《混规》附录H.0.2条：叠合受弯构件受弯承载力计算规定。

5)《混规》附录H.0.3条：预制构件和叠合受弯构件斜截面受剪承载力计算规定。

6)《混规》附录H.0.4条：叠合面受剪承载力计算规定。

7)《混规》附录H.0.7条：叠合受弯构件纵向受拉钢筋应力计算。

8)《混规》附录H.0.8条：叠合受弯构件裂缝宽度计算。

9)《混规》附录H.0.9条：叠合构件长期作用影响的刚度计算。

10)《混规》附录H.0.9条：叠合构件短期刚度计算。

**2. 对规范规定的理解**

1) 有支撑叠合构件

二阶段成形的水平叠合受弯构件，当预制构件高度不足全截面高度的40%时，施工阶段应有可靠的支撑。

有支撑叠合构件 {受弯承载力：按整体受弯构件设计计算<br>受剪承载力：分斜截面和叠合面受剪承载力（《混规》附录H）

2) 无支撑叠合构件内力计算分析阶段

① 第1阶段（后浇的叠合层混凝土未达到设计强度）：荷载由预制构件承担，按简支构件。

荷载=预制构件自重+预制楼板+叠合层自重+本阶段施工活荷载

② 第2阶段：按整体计算，包括施工阶段和使用阶段。

施工阶段：

叠合构件自重+预制楼板自重+面层、吊顶自重+本阶段施工活荷载

使用阶段：

叠合构件自重+预制楼板自重+面层、吊顶自重+使用阶段施工活荷载

3) 无支撑叠合构件弯矩设计值

(1) 预制构件

$$M_1 = M_{1G} + M_{1Q}$$

式中：$M_{1G}$——预制构件自重+预制楼板+叠合层自重产生的弯矩设计值；

$M_{1Q}$——第一阶段施工活荷载产生的弯矩设计值。

(2) 叠合构件的正弯矩区段

$$M = M_{1G} + M_{2G} + M_{2Q}$$

式中：$M_{2G}$——第二阶段面层、吊顶等自重在计算截面产生的弯矩设计值；

$M_{2Q}$——第二阶段施工活荷载和使用阶段可变荷载产生的弯矩中较大值。

(3) 叠合构件的负弯矩区段

$$M_1=M_{2G}+M_{2Q}$$

注：在计算中，正弯矩区段的混凝土强度等级按叠合层取用；负弯矩区段的混凝土强度等级按计算截面受压区的实际情况取用。

4）无支撑叠合构件剪力设计值

（1）预制构件

$$V_1=V_{1G}+V_{1Q}$$

式中：$V_{1G}$——预制构件自重＋预制楼板＋叠合层自重产生的剪力设计值；

$V_{1Q}$——第一阶段施工活荷载产生的剪力设计值。

（2）叠合构件

$$V_1=V_{1G}+V_{2G}+V_{2Q}$$

式中：$V_{2G}$——第二阶段叠合构件自重＋预制楼板自重＋面层、吊顶自重产生的剪力设计值；

$V_{2Q}$——第二阶段施工活荷载和使用阶段可变荷载产生的剪力中较大值。

5）无支撑叠合构件叠合面的受剪承载力

叠合板配置箍筋（《混规》H.0.4条）：

$$V_u=1.2f_tbh_0+0.85f_{yv}\frac{A_{sv}}{s}h_0$$

叠合板不配置箍筋（《混规》H.0.4条）：

$$V=0.4(\text{N/mm}^2)\times bh_0$$

$$V=V_{1G}+V_{2G}+V_{2Q}<V_u$$

注：《混规》附录H.0.3条中，受剪承载力设计值$V_u$，应取叠合层和预制构件中较低的混凝土强度等级进行计算，且不低于预制构件的受剪承载力设计值。

6）叠合式受弯构件钢筋应力（准永久组合下）计算

$$\sigma_{sq}\leqslant 0.9f_y$$

$$\sigma_{sq}=\sigma_{s1k}+\sigma_{s2q}$$

$$\sigma_{slk}=\frac{M_{1Gk}}{0.87A_sh_{01}}$$

$$\begin{cases} M_{1Gk}\geqslant 0.35M_{1u}\text{ 时：}\sigma_{s2q}=\dfrac{0.5\left(1+\dfrac{h_1}{h}\right)M_{2q}}{0.87A_sh_0} \\ M_{1Gk}<0.35M_{1u}\text{ 时：}\sigma_{s2q}=\dfrac{M_{2q}}{0.87A_sh_0} \end{cases}$$

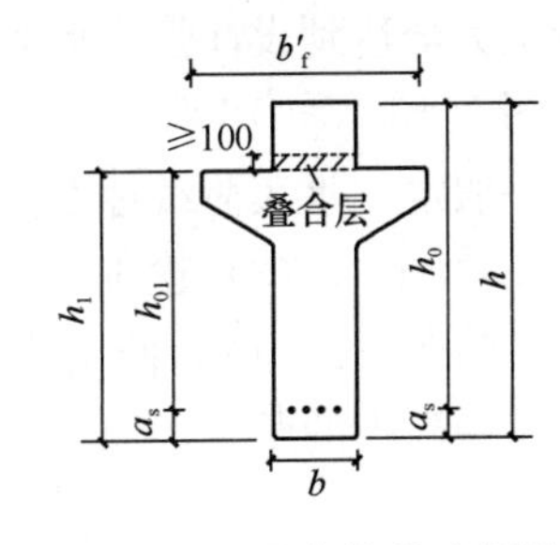

图9.4-1　叠合构件示意图

以上式中的参数可结合图9.4-1理解。

7）钢筋混凝土叠合式受弯构件短期刚度

① 叠合构件第二阶段正弯矩区段的短期刚度

$$B_{s2}=\frac{E_sA_sh_0^2}{0.7+0.6\dfrac{h_1}{h}+\dfrac{45\alpha_E\rho}{1+3.5\gamma'}}$$

式中：$\gamma'_f=\dfrac{(b'_f-b)h'_f}{bh_0}$，矩形截面$\gamma'_f=0$；

$\alpha_E=\dfrac{E_s}{E_{c2}}$，即钢筋弹性模量与叠合层混凝土弹性模量的比值。

② 预制构件的短期刚度 $B_{s1}$

与普通受弯构件短期刚度计算方法相同。

③ 叠合构件第二阶段负弯矩区段的短期刚度 $B_{s2}$

与普通受弯构件短期刚度计算方法相同，但 $\alpha_E=\dfrac{E_s}{E_{c1}}$。

8）钢筋混凝土叠合式受弯构件刚度

$$B=\frac{M_q}{\left(\frac{B_{s2}}{B_{s1}}-1\right)M_{1Gk}+\theta M_q}B_{s2}$$

$$M_k=M_{1Gk}+M_{2k}$$

$$M_q=M_{1Gk}+M_{2Gk}+\psi_q M_{2Qk}$$

$\begin{cases}\rho'=0\text{ 时},\theta=2.0\\ \rho'=\rho\text{ 时},\theta=1.6\end{cases}$，翼缘位于受拉边的倒T形截面，$\theta$ 还应乘以1.2。

9）施工阶段验算

《混规》9.6.2条规定，预制混凝土构件在生产、施工过程中应按实际工况的荷载、计算简图、混凝土实体强度进行施工阶段验算。

验算时应将构件自重乘以相应的动力系数：对脱模、翻转、吊装、运输时可取1.5，临时固定时可取1.2。

**3. 历年真题及自编题解析**

**【例 9.4.1～9.4.2】** 2016上午15～16题

某三跨混凝土叠合板，其施工流程如下：（1）铺设预制板（预制板下不设支撑）；（2）以预制板作为模板铺设钢筋、灌缝并在预制板面现浇混凝土叠合层；（3）待叠合层混凝土完全达到设计强度形成单向连续板后，进行建筑面层等装饰施工。最终形成的叠合板如图2016-15～16所示，其结构构造满足叠合板和装配整体式楼盖的各项规定。

假定，永久荷载标准值为：（1）预制板自重 $g_{k1}=3\text{kN/m}^2$，（2）叠合层总荷载 $g_{k2}=1.25\text{kN/m}^2$，（3）建筑装饰总荷载 $g_{k3}=1.6\text{kN/m}^2$；可变荷载标准值为：（1）施工荷载 $q_{k1}=2\text{kN/m}^2$，（2）使用阶段活荷载 $q_{k2}=4\text{kN/m}^2$。沿预制板长度方向计算跨度 $l_0$ 取图示支座中到中的距离。

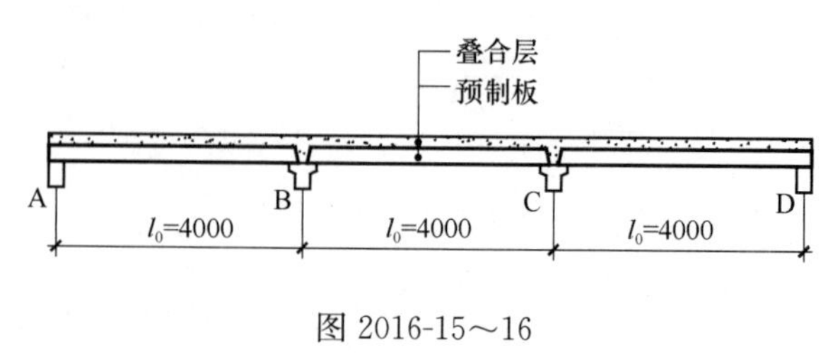


图 2016-15～16

**【例 9.4.1】** 2016上午15题

试问，验算第一阶段（后浇的叠合层混凝土达到强度设计值之前的阶段）预制板的正截面受弯承载力时，其每米板宽的弯矩设计值 $M$（kN·m），与下列何项数值最为接近？

**提示：**按《建筑结构可靠性设计统一标准》GB 50068—2018 作答。

(A) 10　　(B) 13　　(C) 17　　(D) 20

**【答案】**(C)

根据《混规》附录 H. 0. 2 条中的式（H. 0. 2-1）：

$$V_{1Gk}=\frac{1}{2}q_{1Gk}l_n=\frac{1}{2}\times12\times5.8=34.8\text{kN}$$

$$V_{1Qk}=\frac{1}{2}\times10\times5.8=29\text{kN}$$

$$V_1=1.3V_{1Gk}+1.5V_{1Qk}=1.3\times34.8+1.5\times29=88.7\text{kN}$$

$$M_{1G}=\frac{1}{8}\times1.3\times(3+1.25)\times4^2=11\text{kN}\cdot\text{m}$$

$$M_{1Q}=\frac{1}{8}\times1.5\times2\times4^2=6\text{kN}\cdot\text{m}$$

$$M=M_{1G}+M_{1Q}=11+6=17\text{kN}\cdot\text{m}$$

**【例 9. 4. 2】**2016 上午 16 题

试问，当不考虑支座宽度的影响，验算第二阶段（叠合层混凝土完全达到强度设计值形成连续板之后的阶段）叠合板的正截面受弯承载力时，支座 B 处的每米板宽负弯矩设计值 $M$（kN・m)，与下列何项数值最为接近？

**提示：**① 本题仅考虑荷载满布的情况，不必考虑荷载的不利分布。等跨梁在满布荷载作用下，支座 B 的负弯矩计算公式见图 2015-16。

② 按《建筑结构可靠性设计统一标准》GB 50068—2018 作答。

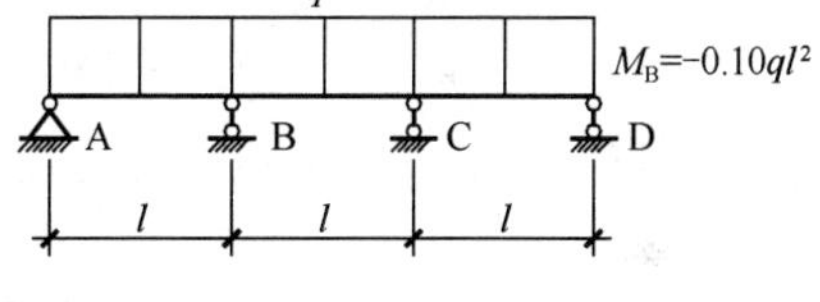


图 2015-16

(A) 9　　(B) 13　　(C) 16　　(D) 20

**【答案】**(B)

根据《混规》附录 H. 0. 2 条中的式（H. 0. 2-3）：

$$M_{2G}=0.1\times1.3\times1.6\times4^2=3.328\text{kN}\cdot\text{m}$$

$$M_{2Q}=0.1\times1.5\times4\times4^2=9.6\text{kN}\cdot\text{m}$$

$$M=M_{2G}+M_{2Q}=3.328+9.6=12.928\text{kN}\cdot\text{m}$$

**【例 9. 4. 3～9. 4. 4】**自编题

某装配整体式单跨简支叠合梁，结构完全对称，计算跨度 $l_0=5.8$m，净跨径 $l_n=5.8$m，采用钢筋混凝土叠合梁和预制板方案，叠合梁截面如图 9. 4-2 所示，梁宽 $b=250$mm，预制梁高 $h_1=450$mm，$b'_f=500$mm，$h'_f=120$mm，混凝土采用 C30；叠合梁高 $h=650$mm，叠合层混凝土采用 C35。受拉纵向钢筋采用 HRB400、箍筋采用 HPB300。施工阶段不加支撑。第一阶段预制梁、板及叠合层自重标准值 $q_{1Gk}=12$kN/m，施工阶段活荷载标准值 $q_{1Qk}=10$kN/m；第二阶段，因楼板的面层、吊顶等传给该梁的恒荷载标准值 $q_{2Gk}=8$kN/m，使用阶段活荷载标准值 $q_{2Qk}=12$kN/m。取 $a_s=40$mm。设计使用年限为 50 年，结构安全等级为二级。

**【例 9. 4. 3】**自编题

施工阶段的第一阶段梁的最大内力设计值 $M$（kN・m)、$V$（kN)，与下列何项数值最

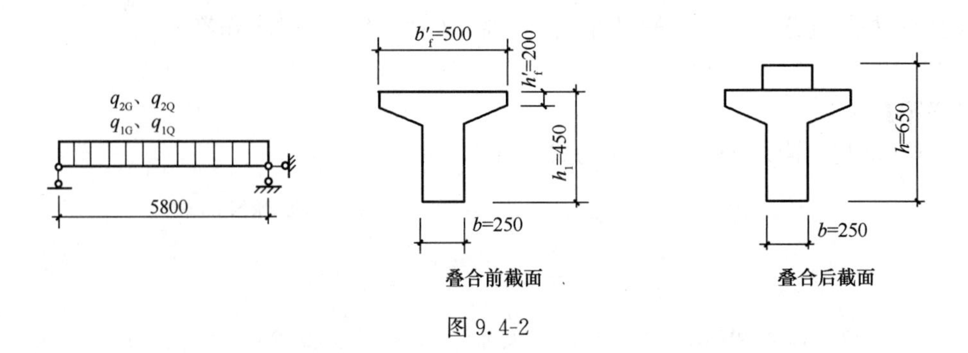


图 9.4-2

为接近？

**提示：**按《建筑结构可靠性设计统一标准》GB 50068—2018 作答。

(A) 119.5；98.6　(B) 128.7；88.7　(C) 109.4；98.6　(D) 109.4；82.4

**【答案】**(B)

根据《混规》H.0.1 条、H.0.2 条、H.0.3 条，第一阶段（施工阶段）最大内力设计值：

$$M_{1Gk}=\frac{1}{8}q_{1Gk}l_0^2=\frac{1}{8}\times 12\times 5.8^2=50.46\text{kN}\cdot\text{m}$$

$$M_{1Qk}=\frac{1}{8}q_{10k}l_0^2=\frac{1}{8}\times 10\times 5.8^2=42.05\text{kN}\cdot\text{m}$$

$$M_1=1.3M_{1Gk}+1.5M_{1Qk}=1.3\times 50.46+1.5\times 42.05=128.7\text{kN}\cdot\text{m}$$

$$V_{1Gk}=\frac{1}{2}q_{1Gk}l_n=\frac{1}{2}\times 12\times 5.8=34.8\text{kN}$$

$$V_{1Qk}=\frac{1}{2}\times 10\times 5.8=29\text{kN}$$

$$V_1=1.3V_{1Gk}+1.5V_{1Qk}=1.3\times 34.8+1.5\times 29=88.7\text{kN}$$

**【例 9.4.4】**自编题

假定叠合梁满足构造要求，配有双肢箍Φ 8@150。试问，叠合面的受剪承载力设计值(kN)，与下列何项数值最为接近？

(A) 380　(B) 355　(C) 275　(D) 250

**【答案】**(B)

Φ 8@150，$\frac{A_{sv}}{s}=\frac{2\times 50.3}{150}=0.67$。

根据《混规》H.0.4 条，取叠合层 C30 混凝土计算受剪承载力设计值：

$$\begin{aligned}V&=1.2f_tbh_0+0.85f_{yv}\frac{A_{sv}}{s}h_0\\&=1.2\times 1.43\times 250\times 610+0.85\times 270\times 0.67\times 610\\&=355.5\text{kN}\end{aligned}$$

# 10 其他知识点真题解析

## 10.1 异形柱结构规范

**【例 10.1.1～10.1.4】** 2014 上午 1～4 题

某现浇钢筋混凝土异形柱框架结构多层住宅楼，安全等级为二级，框架抗震等级为二级。该房屋各层层高均为 3.6m，各层梁高均为 450mm，建筑面层厚度为 50mm，首层地面标高为±0.000m，基础顶面标高为－1.000m。框架某边柱截面如图 2014-1～4 所示，剪跨比 $\lambda>2$。混凝土强度等级：框架柱为 C35，框架梁、楼板为 C30，梁、柱纵向钢筋及箍筋均采用 HRB400（Φ），纵向受力钢筋的保护层厚度为 30mm。

**【例 10.1.1】** 2014 上午 1 题

假定，该底层柱下端截面产生的竖向内力标准值如下：由结构和构配件自重荷载产生的 $N_{Gk}=980\text{kN}$；由按等效均布荷载计算的楼（屋）面可变荷载产生的 $N_{Qk}=220\text{kN}$，由水平地震作用产生的 $N_{Ehk}=280\text{kN}$。试问，该底层柱的轴压比 $\mu_N$ 与轴压比限值 $[\mu_N]$ 之比，与下列何项数值最为接近？

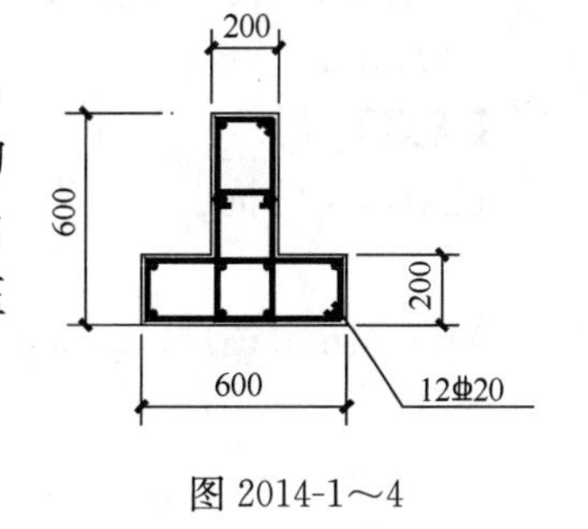

图 2014-1～4

(A) 0.67　　(B) 0.80

(C) 0.91　　(D) 0.98

**【答案】**(C)

根据《抗规》5.1.3 条和 5.4.1 条，轴压力设计值为：

$$N=1.2(N_{Gk}+0.5N_{Qk})+1.3N_{Ehk}=1.2\times(980+0.5\times220)+1.3\times280=1672\text{kN}$$

根据《抗规》6.3.6 条或《异形柱规》6.2.2 条：

$$\mu_N=\frac{N}{f_cA}=\frac{1672\times10^3}{16.7\times(600\times600-400\times400)}=0.50$$

查《异形柱规》表 6.2.2，二级 T 形框架柱的轴压比限值为 $[\mu_N]=0.55$，则

$$\mu_N/[\mu_N]=0.50/0.55=0.91$$

**【例 10.1.2】** 2014 上午 2 题

假定，该底层柱轴压比为 0.45。试问，该底层框架柱柱端加密区的箍筋配置选用下列何项才能满足规程的最低要求？

**提示：**① 按《混凝土异形柱结构技术规程》JGJ 149—2017 作答；

② 扣除重叠部分箍筋的体积。

(A) Φ 8@150　　(B) Φ 8@100

(C) Φ 10@150　　(D) Φ 10@100

**【答案】**(B)

查《异形柱规》表 6.2.9，当轴压比为 0.45 时，二级 T 形框架柱 $\lambda_v=0.2$。

$f_c=16.7N/mm^2$。箍筋均采用 HRB400 级，$f_{yv}=360N/mm^2>300N/mm^2$，取 $f_{yv}=300N/mm^2$。根据《异形柱规》式（6.2.9）：

$$\rho_v \geqslant \lambda_v \frac{f_c}{f_{yv}}=0.17\times\frac{16.7}{300}=0.95\%>0.8\%$$

经验算，取Φ 8@100。

$$\rho_v=\frac{4\times[(600-2\times30+8)+(200-2\times30+8)]\times50.3}{(540^2-400^2)\times100}=1.06\%>0.95\%$$

箍筋最大间距为 min（100mm，6×20＝120mm）＝100mm，满足《异形柱规》表 6.2.10 柱加密区箍筋最大间距的构造要求。

**【例 10.1.3】** 2014 上午 3 题

假定，该框架边柱底层柱下端截面（基础顶面）有地震作用组合未经调整的弯矩设计值为 320kN・m，底层柱上端截面有地震作用组合并经调整后的弯矩设计值为 312kN・m，柱反弯点在柱层高范围内。试问，该柱考虑地震作用组合的剪力设计值 $V_c$(kN)，与下列何项数值最为接近？

**提示：** 按《混凝土异形柱结构技术规程》JGJ 149—2017 作答。

(A) 185　　(B) 232　　(C) 266　　(D) 290

**【答案】**(B)

已知框架的抗震等级为二级，根据《异形柱规》5.1.6 条：

$$M_c^b=\eta_c M_c=1.5\times320=480kN\cdot m$$

根据《异形柱规》5.2.3 条：

$$H_n=3.6+1-0.45-0.05=4.1m$$

$$V_c=1.2\frac{M_c^t+M_c^b}{H_n}=1.2\times\frac{312+480}{4.1}=232kN$$

**【例 10.1.4】** 2014 上午 4 题

假定，该异形柱框架顶层端节点如图 2014-4 所示，计算时按刚接考虑，柱外侧按计算配置的受拉钢筋为 4 Φ 20。试问，柱外侧纵向受拉钢筋伸入梁内或板内的水平段长度 $l$（mm），取以下何项数值才能满足《混凝土异形柱结构技术规程》JGJ 149—2017 的最低要求？

(A) 700　　(B) 900

(C) 1100　　(D) 1300

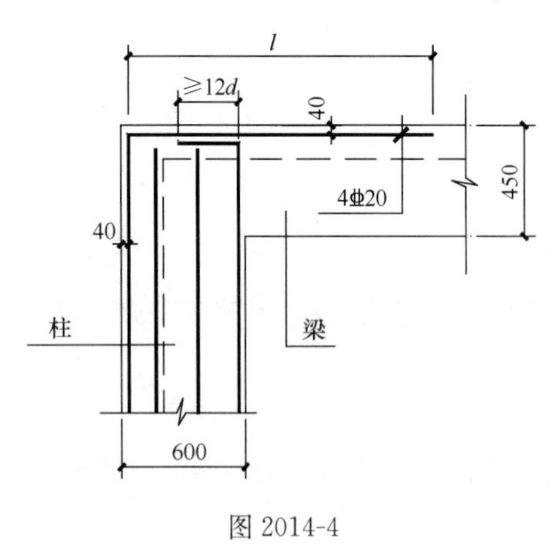


图 2014-4

**【答案】**(D)

根据《混规》8.3.1 条，受拉钢筋的基本锚固长度：

$$l_{ab}=\alpha\frac{f_y}{f_t}d=0.14\times\frac{360}{1.43}\times20=705mm$$

根据《混规》11.6.7 条，二级抗震等级受拉钢筋的抗震锚固长度：

$$l_{abE}=1.15l_{ab}=1.15\times705=811mm$$

根据《异形柱规》图 6.3.2（a）：

$$l \geqslant 1.6 l_{abE} - (450-40) = 1.6 \times 811 - 410 = 888\text{mm}$$

$$l \geqslant 1.5 h_b + (600-40) = 1.5 \times 450 + 560 = 1235\text{mm}$$

两者取较大值，选（D）。

## 10.2　预应力混凝土结构构件

**【例 10.2.1】** 2019 上午 14 题

某先张法预应力混凝土环形截面轴心受拉构件，裂缝控制等级为一级，混凝土强度等级为 C60，外径为 700mm，壁厚 110mm，环形截面面积为 $A=203889\text{mm}^2$（纵筋采用螺旋肋消除应力钢丝，纵筋总面积 $A_P=1781\text{mm}^2$）。假定，扣除全部预应力损失后，混凝土的预压应力 $\sigma_{pc}=6.84\text{MPa}$（全截面均匀受压）。试问，为满足裂缝控制要求，按荷载标准组合计算的构件最大轴拉力值 $N_k$（kN）与下列何项数值最为接近？

**提示：** 环形截面内无内孔道和凹槽。

（A）1350　　（B）1400　　（C）1450　　（D）1500

**【答案】**（C）

根据《混规》10.1.6 条：

$$\alpha_E = \frac{E_s}{E_c} = \frac{2.05 \times 10^5}{3.6 \times 10^4} = 5.69$$

$$A_n = 203889 - 1781 = 202108\text{mm}^2$$

$$A_0 = A_n + \alpha_E A_P = 202108 + 5.69 \times 1781 = 212241.9\text{mm}^2$$

根据《混规》7.1.1 条，一级裂缝控制构件，在荷载标准组合下，受拉边缘的应力应符合：$\sigma_{ck} - \sigma_{pc} \leqslant 0$。

根据《混规》7.1.5 条：

$$N_k = \sigma_{ck} \cdot A_0 = 6.84 \times 212241.89 = 1451.7\text{kN}$$

**【例 10.2.2】** 2009 上午 15 题

某预应力钢筋混凝土受弯构件，截面 $b \times h = 300\text{mm} \times 550\text{mm}$，要求不出现裂缝。经计算，跨中最大弯矩截面 $M_{q1}=0.8M_{k1}$，左端支座截面 $M_{q左}=0.85M_{k左}$，右端支座截面 $M_{q右}=0.7M_{k右}$。当用结构力学的方法计算其正常使用极限状态下的挠度时，试问，刚度 $B$ 按以下何项取用最为合适？

**提示：** 梁截面刚度变化不大。

（A）$0.47E_cI_0$　　（B）$0.42E_cI_0$　　（C）$0.50E_cI_0$　　（D）$0.72E_cI_0$

**【答案】**（A）

由于要求不出现裂缝，故依据《混规》7.2.3 条可知：

$$B_s = 0.85 E_c I_0$$

依据《混规》7.2.1 条，对于等截面构件，取区段内最大弯矩处刚度。由《混规》式（7.2.2-1）得：

$$B = \frac{M_k}{M_q(\theta - 1) + M_k} B_s = \frac{M_k \times 0.85 E_c I_0}{0.8 M_k (2-1) + M_k} = 0.47 E_c I_0$$

**【例 10.2.3】** 2020 上午 7 题

某后张法有粘结预应力混凝土等截面悬臂梁，安全等级为二级，不考虑地震设计状况。混凝土强度等级 C40（$f_c = 19.1\text{N/mm}^2$，$f_t = 1.71\text{N/mm}^2$），梁的计算简图及梁端部锚固区示意图如图 2020-7 所示，梁端部锚固区设置普通钢垫板和间接钢筋。

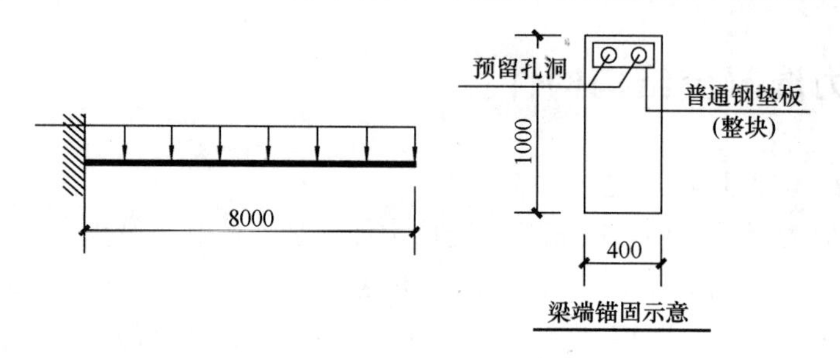


图 2020-7

假定，预留两个孔道，每个孔道内配置 $6\phi^s 15.2$ 预应力钢绞线，$f_{ptk} = 1860\text{N/mm}^2$。施工时所有钢绞线同步张拉，张拉控制应力取 $\sigma_{con} = 0.7 f_{ptk}$。钢垫板有足够的强度和刚度。试问，梁端部锚固区进行局部受压承载力计算时，钢垫板下的局部总压力设计值（kN），与下列何项数值最为接近？

(A) 900　　(B) 840　　(C) 780　　(D) 720

**【答案】**(B)

根据《混规》10.3.8 条，局部受压承载力计算时，局部压力设计值对有粘结预应力混凝土构件取 1.2 倍张拉控制力。

$$
\begin{aligned}
F_l &= 1.2 \times \sigma_{con} \times A_p = 1.2 \times 0.7 \times f_{ptk} \times A_p \\
&= 1.2 \times 0.7 \times 1860 \times 2 \times 6 \times 140 \\
&= 2624.8 \times 10^3 \text{N}
\end{aligned}
$$

**【例 10.2.4】** 自编题

先张法预应力混凝土轴心受拉构件，混凝土在受压前产生的第一批预应力损失 $\sigma_{l\text{I}}$ 和预压后产生的第二批预应力损失 $\sigma_{l\text{II}}$ 分别为下列何项？

(A) $\sigma_{l\text{I}} = \sigma_{l1} + \sigma_{l2} + \sigma_{l3}$；$\sigma_{l\text{II}} = \sigma_{l4} + \sigma_{l5}$

(B) $\sigma_{l\text{I}} = \sigma_{l1} + \sigma_{l2}$；$\sigma_{l\text{II}} = \sigma_{l4} + \sigma_{l5} + \sigma_{l6}$

(C) $\sigma_{l\text{I}} = \sigma_{l1} + \sigma_{l2} + \sigma_{l3} + \sigma_{l4}$；$\sigma_{l\text{II}} = \sigma_{l5}$

(D) $\sigma_{l\text{I}} = \sigma_{l1} + \sigma_{l2} + \sigma_{l4}$；$\sigma_{l\text{II}} = \sigma_{l5} + \sigma_{l6}$

**【答案】**(C)

根据《混规》10.2.7 条，查表 10.2.7 可得先张法构件预应力损失值。

## 10.3 混凝土结构加固设计

**【例 10.3.1】** 2019 上午 12 题

在 7 度（0.15$g$），Ⅲ类场地，钢筋混凝土框架结构，其设计、施工均按现行规范进行，现根据功能要求，需在框架柱上新增一框架梁，采用植筋技术，所植钢筋为Φ 18

（HRB400），设计要求充分利用钢筋抗拉强度，框架柱混凝土强度等级为 C40，采用快固型胶粘剂（A 级），其粘结性能通过了耐长期应力作用能力检验。假定，植筋间距、边距分别为 150mm、100mm，$\alpha_{spt}=1.0$，$\Psi_N=1.265$。试问，植筋深度最小值（mm）与下列何项接近？

（A）540　　（B）480　　（C）420　　（D）360

**【答案】**（C）

根据《混加规》表 15.2.4，$S_1=150>7d$，$S_2=100>3.5d$，故 $f_{bd}=5$。

采用快固型胶粘剂，根据 15.2.4 条，乘系数 0.8，故 $f_{bd}=5\times0.8=4$。

根据《混加规》15.2.3 条：

$$l_s=0.2\alpha_{spt}\cdot d\frac{f_y}{f_{bd}}=0.2\times1.0\times18\times\frac{360}{4}=324\text{mm}$$

根据《混加规》15.2.2 条：

$$l_d\geqslant\psi_N\cdot\psi_{ce}\cdot l_s=1.265\times1.0\times324=409\text{mm}$$

满足 15.3.1 条构造要求。

**【例 10.3.2】** 2020 上午 6 题

某普通钢筋混凝土简支梁，处于室内正常环境，安全等级为二级，梁截面 $b\times h=300\text{mm}\times600\text{mm}$，设计、施工、使用和维护均满足现行规范各项要求。钢筋混凝土等级为 C35（$f_{c0}=16.7\text{N/mm}^2$），梁底纵向钢筋为 5Φ25（$f_{y0}=360\text{N/mm}^2$，$A_{s0}=2452\text{mm}^2$）。

现拟采用梁底粘贴钢板加固提高其受弯承载力。假定，加固设计使用年限 30 年，不考虑地震设计状况，加固前梁的正截面受弯承载力为 399kN·m，$a_s=60\text{mm}$，原构件不会发生因加固部分意外失效而导致的坍塌。粘钢加固的钢板总宽度为 200mm，钢板抗拉强度设计值 $f_{sp}=305\text{N/mm}^2$，钢板端部可靠锚固，加固施工时，采取临时支撑和卸载措施，不考虑二次受力影响。试问，该构件加固后可获得的最大正截面受弯承载力设计值（kN·m），与下列何项数值最为接近？

**提示：**① $\xi_b=0.518$；

②不考虑梁受压钢筋及梁腰筋的作用，加固后受剪承载力满足要求；

③按《混凝土结构加固设计规范》GB 50367—2013 作答。

（A）480　　（B）520　　（C）560　　（D）600

**【答案】**（B）

根据《混加规》9.2.2 条，$\xi_{bsp}=0.85\xi_b=0.85\times0.518=0.4403$，$h_0=600-60=540\text{mm}$，$x=0.4403\times540=237.76\text{mm}$。

根据《混加规》9.2.3 条：

$$\begin{aligned}M&=\alpha_1f_cbx\left(h-\frac{x}{2}\right)-f_{y0}A_{s0}(h-h_0)\\&=1.0\times16.7\times300\times237.76\times\left(600-\frac{237.76}{2}\right)-360\times2452\times(600-540)\\&=520.1\text{kN}\end{aligned}$$

根据《混加规》9.2.11 条：

$$M=520.1<1.4\times399=558.6\text{kN}$$

## 10.4 反弯点法与 D 值法

规范无相关内容，但 D 值法和反弯点法仍是需要掌握的补充内容。

**1. 反弯点法**

1）基本假定

（1）求各个柱的剪力时，假定各柱上、下端都不发生角位移，即认为梁的线刚度与柱的线刚度之比为无限大；梁的线刚度 $i_b\left(i_b=\dfrac{EI_b}{l_b}\right)$ 与柱线刚度 $i_c\left(i_c=\dfrac{EI_c}{l_c}\right)$ 之比大于 3，可认为梁刚度为无穷大。

（2）梁柱轴向变形均可忽略不计。

（3）梁端弯矩可由节点弯矩平衡条件求出不平衡弯矩，再按节点左右梁的线刚度进行分配。

2）基本概念

反弯点：弯矩为零且弯矩即将反弯的点（图 10.4-1）。

抗侧移刚度：无角位移的两端固定杆件单位侧移时产生的剪力。

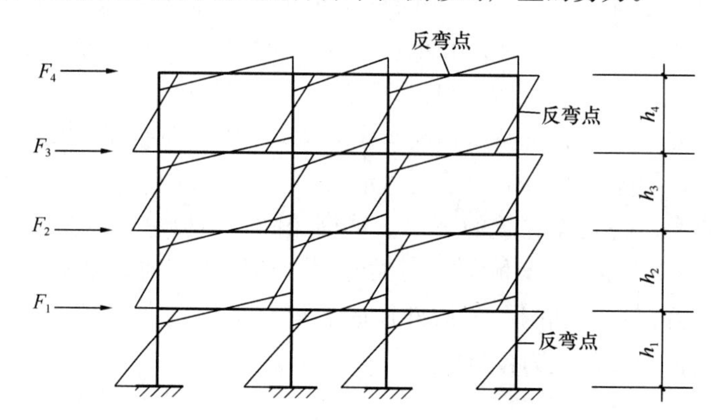


图 10.4-1 框架在水平力作用下的弯矩图

（反弯点位置只有剪力无弯矩）

3）反弯点位置

（1）底层反弯点在距基础顶 2/3 柱高处。

（2）其他层柱的反弯点在 1/2 柱高处。

注意：当题目中要求计算反弯点位置或上下柱反弯点之间的距离时，不可以使用此结论。

4）平衡条件

$\Delta_{j1}=\Delta_{j2}=\cdots=\Delta_{jm}=\Delta_j$（同一楼层各柱顶点层间位移相同）。

$\Delta_j=\dfrac{V_j}{\sum\limits_{k=1}^{m}D'_{jk}}=\dfrac{V_j}{\sum\limits_{k=1}^{m}\dfrac{12i_{jk}}{h_j^2}}$，其中柱的侧移刚度 $D'=\dfrac{12i_c}{h^2}$。

5）计算步骤

（1）计算各层总剪力，按每柱侧移刚度分配计算柱水平剪力。

$$V_j = \sum_{k=1}^{m} V_{jk}$$

$$V_{jk} = \frac{i_{jk}}{\sum\limits_{k=1}^{m} i_{jk}} V_j$$

（2）根据各柱分配到的剪力和反弯点位置，计算柱端弯矩（图 10.4-2）。

上层柱：上下端弯矩相等　$M_{ij上} = M_{ij下} = V_{ij} h_j / 2$

底层柱：上端弯矩　　　　$M_{i上} = V_{i1} h_1 / 3$

　　　　下端弯矩　　　　$M_{i上} = V_{i1} 2h_1 / 3$

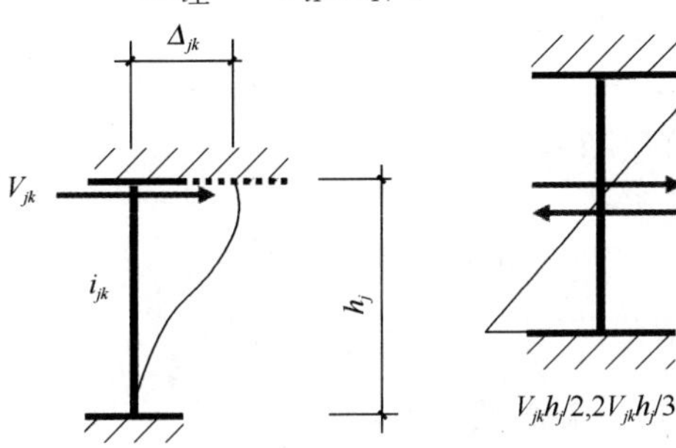


图 10.4-2　反弯点法计算示意

（3）根据节点平衡计算梁端弯矩（图 10.4-3），再按梁的线刚度进行分配（图 10.4-3）。

$$M_b^r = \frac{i_b^r}{i_b^r + i_b^l}(M_c^t + M_c^b)$$

$$M_b^l = \frac{i_b^l}{i_b^r + i_b^l}(M_c^t + M_c^b)$$

（4）根据梁的平衡条件求梁的剪力。

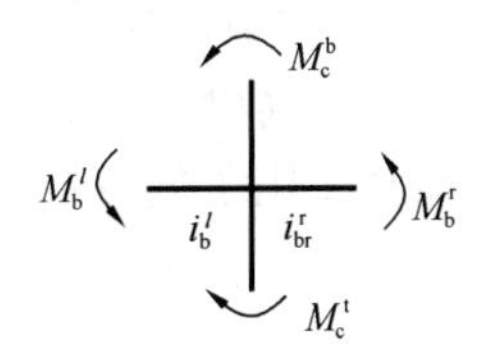


图 10.4-3　节点平衡计算示意

**2. *D* 值法**

1）$D$ 值的定义

考虑柱端梁的变形和约束后，柱的侧移刚度 $D$ 为：

$$D = \alpha \frac{12 i_c}{h^2}$$

$\alpha$ 反映了梁柱线刚度比值对柱侧移刚度的影响，称为柱侧移刚度降低系数。其计算见表 10.4-1。

**$\alpha$ 值的计算**　　　　**表 10.4-1**

| 楼层 | 边柱 | 中柱 | $\alpha$ |
|---|---|---|---|
| 一般层 | $i_2$<br>$i$<br>$i_4$<br>$\bar{i} = \frac{i_2 + i_4}{2i}$ | $i_1$　$i_2$<br>$i$<br>$i_3$　$i_4$<br>$\bar{i} = \frac{i_1 + i_2 + i_3 + i_4}{2i}$ | $\alpha = \frac{\bar{i}}{2 + \bar{i}}$ |

续表

| 楼层 | 边柱 | 中柱 | $\alpha$ |
| --- | --- | --- | --- |
| 底层 | $i_5$ $i$ $\bar{i}=\dfrac{i_5}{i}$ | $i_5$ $i_6$ $i$ $\bar{i}=\dfrac{i_5+i_6}{i}$ | $\alpha=\dfrac{0.5+\bar{i}}{2+\bar{i}}$ |

2）剪力的计算

求得柱侧移刚度 $D$ 以后，与反弯点法相似，由同一层内各柱的层间位移的条件，可把层间剪力 $V_j$ 按下式分配给该层的各柱：

$$V_{jk}=\frac{D_{jk}}{\sum_{k=1}^{m}D_{jk}}V_j$$

式中：$V_{jk}$ ——第 $j$ 层第 $k$ 柱所分配到的剪力；

$D_{jk}$ ——第 $j$ 层第 $k$ 柱的侧移刚度；

$m$——第 $j$ 层框架柱数；

$V_j$ ——第 $j$ 层框架柱所承受的层间总剪力。

**3. 历年真题及自编题解析**

**【例 10.4.1】** 2012 上午 14 题

某现浇钢筋混凝土三层框架，各梁、柱的相对线刚度及楼层侧向荷载标准值如图 2012-14 所示。假设，该框架满足用反弯点法计算内力的条件，首层柱反弯点在距本层柱底 2/3 柱高处，二、三层柱反弯点在本层 1/2 柱高处。试问，一层顶梁 L1 的右端在该侧向荷载作用下的弯矩标准值$M_{\mathrm{k}}$(kN·m) 与下列何项数值最为接近？

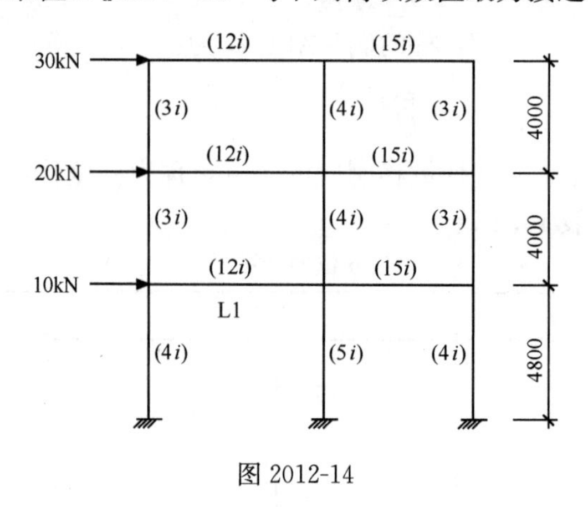


图 2012-14

(A) 29　　(B) 34　　(C) 42　　(D) 50

**【答案】**(B)

$$V_1=30+20+10=60\text{kN},\ V_2=30+20=50\text{kN}$$

中柱一层顶节点处柱弯矩之和$=50\times\dfrac{4}{3+4+3}\times\dfrac{4.0}{2}+60\times\dfrac{5}{4+5+4}\times\dfrac{4.8}{3}$

$$=77\text{kN}\cdot\text{m}$$

$$M_k=\frac{12}{12+15}\times77=34.2\text{kN}\cdot\text{m}$$

**【例 10.4.2】**自编题

某现浇钢筋混凝土多层框架结构房屋，抗震设防烈度为 9 度，抗震等级为一级。梁、柱混凝土强度等级为 C30，纵向受力钢筋均采用 HRB400。框架中间楼层某端节点平面及节点配筋如图 10.4-4 所示。

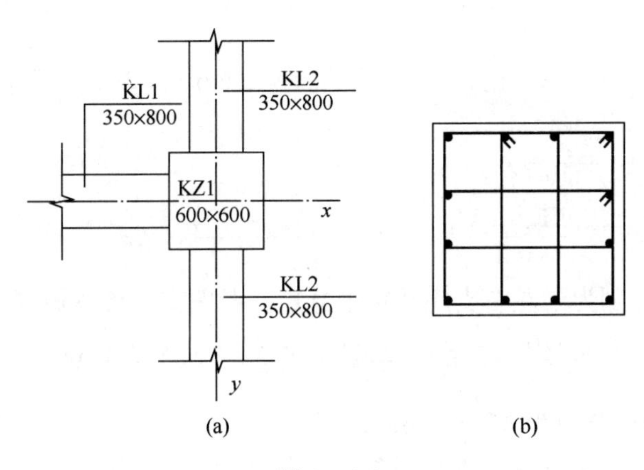


图 10.4-4

该节点上、下楼层的层高均为 4.8m。上柱的上、下端设计值分别为 $M_{c1}^{t}=450\text{kN}\cdot\text{m}$，$M_{c1}^{b}=400\text{kN}\cdot\text{m}$；下柱的上、下端弯矩设计值分别 $M_{c2}^{t}=450\text{kN}\cdot\text{m}$，$M_{c2}^{b}=600\text{kN}\cdot\text{m}$；柱上除端点外无水平荷载作用。试问，上、下柱反弯点之间的距离 $H_c$，与下列何项数值最为接近？

(A) 4.3　　(B) 4.6　　(C) 4.8　　(D) 5.0

**【答案】**(A)

节点上层柱反弯点距节点距离：

$$H_1=\frac{400\times4.8}{400+450}=2.259\text{m}$$

节点下层柱反弯点距节点距离：

$$H_2=\frac{450\times4.8}{450+600}=2.057\text{m}$$

故 $H_c=H_1+H_2=4.316\text{m}$。

## 10.5　内力调幅

**【例 10.5.1】**2019 上午 14 题

假定，不考虑活荷载的不利布置，WL1 (2) 由竖向荷载控制设计且该工况下经弹性内力分析得到的标准组合下支座及跨度中点的弯矩如图 2019-14 所示，该梁按考虑塑性内力重分布的方法设计。试问，当考虑支座负弯矩调幅幅度为15％时，标准组合下梁跨度中点的弯矩（kN·m），与下列何项最为接近？

**提示**：按图中给出的弯矩值计算。

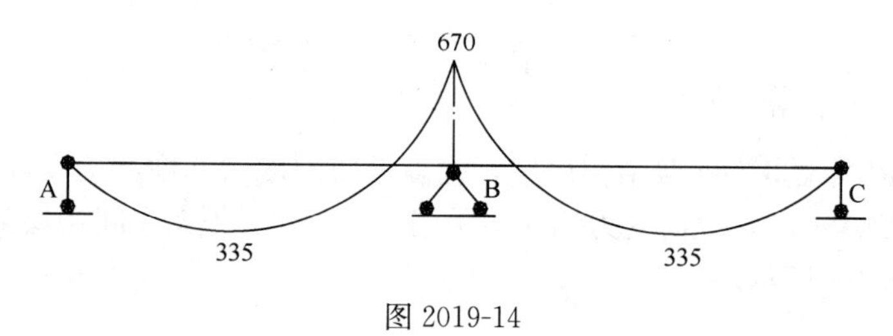


图 2019-14

（A）480　　（B）435　　（C）390　　（D）345

**【答案】**（C）

根据结构力学，调幅前后有：

$$\frac{M_{左}+M_{右}}{2}+M_{中}=\frac{M'_{左}+M'_{右}}{2}+M'_{中}$$

$M_{左}$、$M_{右}$、$M_{中}$分别为梁左右支座及跨中弯矩。考虑支座负弯矩调幅幅度为15％时：

$$\frac{0+670}{2}+335=\frac{0+670\times(1-0.15)}{2}+M'_{中}$$

解得调幅后梁跨中弯矩为$M'_{中}=385.25$。

**【编者注】**本题主要考查有地震作用参与组合时，如何对梁端负弯矩进行调幅。

《混规》5.4.1条规定，重力荷载作用下的框架等，可对支座或节点弯矩进行适当调幅；5.4.3条规定，负弯矩调幅幅度不宜大于25％。

考生应注意调幅的对象，是对重力荷载作用下的负弯矩进行调幅，而不是对与地震作用效应组合后的内力进行调幅。

根据结构力学叠加原理可知：

$$\frac{M_{左}+M_{右}}{2}+M_{中}=M_0$$

其中，$M_0$为按简支梁计算跨中弯矩，$M_{左}$、$M_{右}$、$M_{中}$分别为梁左右支座及跨中弯矩。调幅前后，上式为一定值，均等于$M_0$。据此可推算出调幅后跨中弯矩。

同时如为高层，应注意《高规》5.2.3条考虑弯矩调幅时，框架梁跨中截面正弯矩设计值不应小于竖向荷载作用下按简支梁计算的跨中弯矩设计值的50％。

另外，对允许出现裂缝的后张法有粘结预应力混凝土框架梁及连续梁，考虑内力重分布，具体详见《混规》10.1.8条的相关规定。

# 参 考 文 献


[1] 中华人民共和国住房和城乡建设部. 建筑结构可靠性设计统一标准：GB 50068—2018[S]. 北京：中国建筑工业出版社，2019.

[2] 中华人民共和国住房和城乡建设部. 建筑抗震设计规范：GB 50011—2010(2016年版)[S]. 北京：中国建筑工业出版社，2016.

[3] 中华人民共和国住房和城乡建设部. 建筑结构荷载规范：GB 50009—2012[S]. 北京：中国建筑工业出版社，2012.

[4] 中华人民共和国住房和城乡建设部. 混凝土结构设计规范：GB 50010—2010(2015年版)[S]. 北京：中国建筑工业出版社，2016.

[5] 中华人民共和国住房和城乡建设部. 建筑工程抗震设防分类标准：GB 50223—2008[S]. 北京：中国建筑工业出版社，2008.

[6] 中华人民共和国住房和城乡建设部. 混凝土异形柱结构技术规程：JGJ 149—2017[S]. 北京：中国建筑工业出版社，2017.

[7] 中华人民共和国住房和城乡建设部. 混凝土结构加固设计规范：GB 50367—2013[S]. 北京：中国建筑工业出版社，2013.

[8] 东南大学，同济大学，天津大学. 混凝土结构[M]. 7版. 北京：中国建筑工业出版社，2020.

[9] 沈蒲生，梁兴文. 混凝土结构设计[M]. 5版. 北京：高等教育出版社，2020.

[10] 徐有邻，刘刚. 混凝土结构设计规范理解与应用[M]. 北京：中国建筑工业出版社，2013.

[11] 严士超. 混凝土异形柱结构技术规程理解与应用[M]. 北京：中国建筑工业出版社，2007.

[12] 本书编委会. 全国一级注册结构工程师专业考试试题解答及分析(2012～2018)[M]. 北京：中国建筑工业出版社，2019.

[13] 朱炳寅. 建筑抗震设计规范应用与分析 GB 50011—2010[M]. 2版. 北京：中国建筑工业出版社，2017.

[14] 姚谏. 建筑结构静力计算实用手册[M]. 3版. 北京：中国建筑工业出版社，2021.

执业资格考试丛书

# 注册结构工程师专业考试规范解析·解题流程·考点算例

## ② 钢结构

吴伟河　编著

中国建筑工业出版社

**图书在版编目（CIP）数据**

注册结构工程师专业考试规范解析·解题流程·考点算例. 2，钢结构 / 吴伟河编著. — 北京 ：中国建筑工业出版社，2022.2

（执业资格考试丛书）

ISBN 978-7-112-26989-1

Ⅰ. ①注… Ⅱ. ①吴… Ⅲ. ①建筑结构－资格考试－自学参考资料②建筑结构－钢结构－资格考试－自学参考资料 Ⅳ. ①TU3

中国版本图书馆 CIP 数据核字（2021）第 266992 号

# 前　言

注册结构工程师专业考试涉及的专业知识覆盖面较广，如何在有限的复习时间里，掌握考试要点，提高复习效率，是每一个考生希望解决的问题。本书以现行注册结构工程师专业考试大纲为依据，以考试所用规范规程为基础，结合【羿学堂】注册结构工程师专业考试考前培训授课经验以及工程结构设计实践经验编写而成。

现就本书的适用范围、编写方式及使用建议等作如下说明。

**一、适用范围**

本书主要适用于一、二级注册结构工程师专业考试备考考生。

**二、编写方式**

(1) 本书主要包括混凝土结构、钢结构、砌体与木结构、地基基础、高层与高耸结构、桥梁结构 6 个分册。其中，各科目涉及的荷载及地震作用的相关内容，《混凝土结构设计规范》GB 50010—2010 第 11 章的构件内力调整的相关内容，均放在高层分册中。各分册根据考点知识相关性进行内容编排，将不同出处的类似或相关内容全部总结在一起，可以大大节省翻书的时间，提高做题速度。

(2) 大部分考点下设“主要的规范规定”“对规范规定的理解”“历年真题解析”三个模块。“主要的规范规定”里列出该考点涉及的主要规范名称、条文号及条文要点；“对规范规定的理解”则是深入剖析规范条文，必要时，辅以简明图表，并在流程化答题步骤中着重梳理易错点、系数取值要点等内容；“历年真题解析”则选取了历年真题中典型的题目，讲解解答过程，以帮助考生熟悉考试思路。对历年未考过的考点，则设置了高质量的自编题，以防在考场上遇到而无从下手。本书所有题目均依据现行规范解答，出处明确，过程详细，并带有知识扩展。部分题后备有注释，讲解本题的关键点和复习时的注意事项，明确一些存在争议的问题。

(3) 为节省篇幅，本书涉及的规范名称，除试题题干采用全称外，其余均采用简称。《钢结构》分册涉及的主要规范及简称如表 1 所示。

**《钢结构》分册中主要规范及简称**　　　　**表 1**

| 规范全称 | 本书简称 |
|---|---|
| 《建筑结构可靠性设计统一标准》GB 50068—2018 | 《可靠性标准》 |
| 《建筑结构荷载规范》GB 50009—2012 | 《荷规》 |
| 《建筑抗震设计规范》GB 50011—2010（2016 年版） | 《抗规》 |
| 《建筑工程抗震设防分类标准》GB 50223—2008 | 《分类标准》 |
| 《钢结构设计标准》GB 50017—2017 | 《钢标》 |
| 《门式刚架轻型房屋钢结构技术规范》GB 51022—2015 | 《门刚》 |
| 《冷弯薄壁型钢结构技术规范》GB 50018—2002 | 《薄壁规》 |

续表

| 规范全称 | 本书简称 |
| --- | --- |
| 《空间网格结构技术规程》JGJ 7—2010 | 《网格规》 |
| 《钢结构焊接规范》GB 50661—2011 | 《焊接规》 |
| 《钢结构高强度螺栓连接技术规程》JGJ 82—2011 | 《螺栓规》 |
| 《钢结构工程施工规范》GB 50755—2012 | 《钢施规》 |
| 《钢结构工程施工质量验收标准》GB 50205—2020 | 《钢验规》 |

**三、使用建议**

本书涵盖专业考试绝大部分基础考点，知识框架体系较为完整，逻辑性强，有助于考生系统地学习和理解各个考点。之后，再通过有针对性的练习，既巩固上一阶段复习效果，还可以熟悉命题规律，抓住复习重点，具有较强的应试针对性。

对于基础薄弱、上手困难，学习多遍仍然掌握不了本书精髓，多年考试未能通过的考生，可以购买注册考试网络培训课程。课程从编者思路出发，帮你快速上手、高效复习，全面深入地掌握本书及考试相关内容。

此外，编者提醒考生，一本好的辅导教材虽然有助于备考，但自己扎实的专业基础才是根本，任何时候都不能本末倒置，辅导教材只是帮你熟悉、理解规范，最终还是要回归到规范本身。正确理解规范的程度和准确查找规范的速度是检验备考效率的重要指标，对规范的规定要在理解其表面含义的基础上发现其隐含的要求和内在逻辑，并学会在实际工程中综合应用。

**四、致谢**

本书在编写过程中参考了朱炳寅、兰定筠等前辈的著作，中国建筑工业出版社刘瑞霞、武晓涛两位老师在审稿、编辑润色等方面的工作给作者带来巨大的帮助与启发，在此一并致以崇高的敬意和衷心的感谢。

由于编者水平有限，书中难免存在疏漏及不足，欢迎读者加入 QQ 群 895622993 或添加吴工微信“TandEwwh”，对本书展开讨论或提出批评建议。另外，微信公众号“注册结构”会发布本书的相关更新信息，欢迎关注。

最后祝大家取得好的成绩，顺利通过考试。

# 本 册 目 录

# 1 受弯构件

## 1.1 强度计算

### 1.1.1 受弯强度计算

**1. 主要的规范规定**

1）《钢标》6.1.1条：在主平面内受弯的实腹式构件，受弯强度验算公式。

2）《钢标》6.1.2条：截面塑性发展系数的取值规定。

3）《钢标》3.5.1条：受弯构件的截面板件宽厚比等级及限值规定。

4）《钢标》16.1.1条：应进行疲劳验算的应力循环次数规定。

**2. 对规范规定的理解**

1）普通受弯构件弯曲应力计算流程如下：

（1）荷载设计值组合→$M$。

（2）《钢标》4.4节→$f$。

（3）《钢标》3.5.1条→确定板件宽厚比等级。

$$W_{nx},W_{ny}\begin{cases}\text{宽厚比 S1} \sim \text{S4,全截面模量}\\ \text{宽厚比 S5,有效截面模量}\end{cases}$$

（4）《钢标》6.1.2条→确定截面塑性发展系数。

$$\gamma_x,\gamma_y\begin{cases}\text{需计算疲劳的梁(16.1.1条,16.2.4条)},\gamma_x=\gamma_y=1.0\\ \text{工字形}\begin{cases}\text{宽厚比 S4、S5},\gamma_x=\gamma_y=1.0\\ \text{宽厚比 S1} \sim \text{S3},\gamma_x=1.05,\gamma_y=1.20\end{cases}\\ \text{箱形}\begin{cases}\text{宽厚比 S4、S5},\gamma_x=\gamma_y=1.0\\ \text{宽厚比 S1} \sim \text{S3},\gamma_x=\gamma_y=1.05\end{cases}\\ \text{其他截面按表 8.1.1 采用}\end{cases}$$

（5）《钢标》6.1.1条，若 $\frac{M_x}{\gamma_x W_{nx}}+\frac{M_y}{\gamma_y W_{ny}}\leqslant f$，满足要求。

2）本条采用有效截面模量考虑腹板屈曲的影响。另一种考虑腹板屈曲的焊接工字形截面梁强度计算方法见《钢标》6.4.1条。

3）工字形截面受弯构件截面板件宽厚比等级，应取翼缘与腹板宽厚比等级的较大值。强度计算时应采用净截面模量。梁弯矩相同时，若采用非对称截面且塑性发展系数相同，可采用较小的净截面模量进行强度计算；若采用非对称截面且塑性发展系数不同时，应对受拉、受压翼缘进行强度包络计算。

4）直接承受动力荷载重复作用的钢结构构件及其连接，当应力变化的循环次数 $n$ 等于或大于 $5\times10^4$ 时，应进行疲劳计算。根据《起重机设计规范》GB 3811—2005，工作级别为 A5～A8 的吊车及使用等级为 $U_3$～$U_5$ 的 A4 工作级别吊车，满足此循环次数要求，主要包括《钢标》16.2.4 条的重级工作制吊车梁、重级及中级工作制吊车桁架。

5）设置在刚架斜梁上的檩条在垂直于地面的均布荷载作用下，沿截面两个形心主轴方向都有弯矩作用，属于双向受弯构件。在进行内力分析时，首先要把均布荷载分解为沿截面形心主轴方向的荷载分量 $q_x$、$q_y$。

（1）不设拉条的檩条，跨中受弯强度计算见表 1.1-1。

**不设拉条的檩条内力计算** **表 1.1-1**

| 荷载分量 | 弯矩图 | 跨中弯矩 | 支座处剪力 |
|---|---|---|---|
| $q_x=q\cos\alpha$ | $q_x$；$l$ | $M_y=\frac{1}{8}q_xl^2$ | $V_x=\frac{1}{2}q_xl$ |
| $q_y=q\sin\alpha$ | $q_y$；$l$ | $M_x=\frac{1}{8}q_yl^2$ | $V_y=\frac{1}{2}q_yl$ |

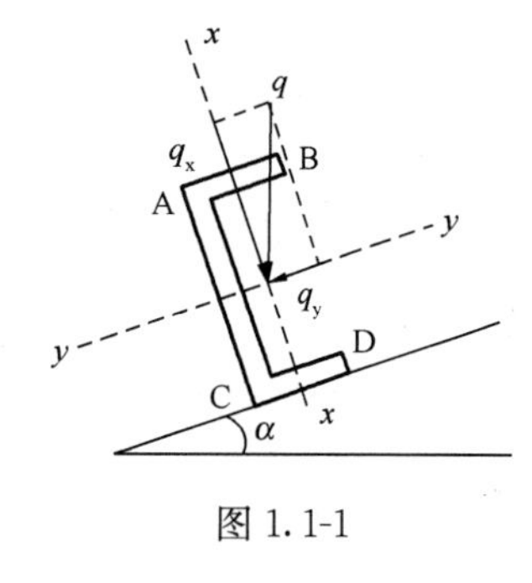

图 1.1-1

以槽钢为例子，如图 1.1-1 所示，受弯强度按如下方法计算：

$$\text{B点受压：}\frac{M_x}{1.2W_{nx,B}}+\frac{M_y}{1.05W_{ny}}\leqslant f$$

$$\text{C点受拉：}\frac{M_x}{1.05W_{nx,C}}+\frac{M_y}{1.05W_{ny}}\leqslant f$$

（2）设拉条的檩条，拉条处受弯强度计算。当檩条跨度大于 4m 时，应在檩条跨中位置设置拉条。当檩条跨度大 6m 时，应在檩条跨度三分点处各设置一道拉条，如图 1.1-2 所示。拉条的作用是防止檩条侧向变形和扭转并且提供弱轴方向的中间支点。

此时，内力计算结果见表 1.1-2、表 1.1-3。

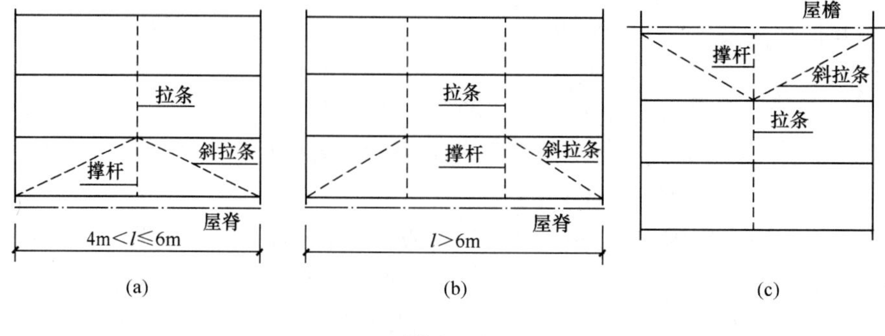

图 1.1-2

**跨中设一道拉条的檩条内力计算** **表 1.1-2**

| 荷载分量 | 弯矩图 | 檩条内力 | | | 拉条拉力 $N_l$ |
|---|---|---|---|---|---|
| | | 拉条处 | | 支座处剪力 | |
| | | 弯矩 | 剪力 | | |
| $q_x=q\cos\alpha$ | $q_x$ $l$ | $M_y=\frac{1}{8}q_x l^2$ | $V_x=0$ | $V_x=\frac{1}{2}q_x l$ | $V_y=\frac{5}{8}q_y l$ |
| $q_y=q\sin\alpha$ | $q_y$ $l$ | $M_x=-\frac{1}{32}q_y l^2$ | $V_y=\frac{5}{16}q_y l$ | $V_y=\frac{3}{16}q_y l$ | |

**跨中设两道拉条的檩条内力计算** **表 1.1-3**

| 荷载分量 | 弯矩图 | 檩条内力 | | | 拉条拉力 $N_l$ |
|---|---|---|---|---|---|
| | | 拉条处 | | 支座处剪力 | |
| | | 弯矩 | 剪力 | | |
| $q_x=q\cos\alpha$ | $q_x$ $l$ | $M_y=\frac{1}{9}q_x l^2$ | $V_x=\frac{1}{6}q_x l$ | $V_x=\frac{1}{2}q_x l$ | $0.367q_y l$ |
| $q_y=q\sin\alpha$ | $q_y$ $l$ | $M_x=-\frac{1}{90}q_y l^2$ | $V_y=\frac{1}{5}q_y l$ | $V_y=\frac{2}{15}q_y l$ | |

以槽钢为例子，（图 1.1-1 及表 1.1-2），跨中设一道拉条时，檩条在拉条支座处受弯强度按如下方法计算：

A 点受压：$\frac{M_x}{1.05W_{nx,A}}+\frac{M_y}{1.05W_{ny}}\leqslant f$

D 点受拉：$\frac{M_x}{1.2W_{nx,D}}+\frac{M_y}{1.05W_{ny}}\leqslant f$

其中，$M_x=-\frac{1}{32}\cdot l^2\cdot q\sin a$，$M_y=\frac{1}{8}\cdot l^2\cdot q\cos a$。

**3. 历年真题解析**

**【例 1.1.1】** 2019 上午 17 题

某焊接工字形等截面简支梁跨度为 12m，钢材采用 Q235，结构的重要性系数取 1.0，基本组合下简支梁的均布荷载设计值（含自重）$q=95\text{kN/m}$。梁的截面尺寸如图 2019-17 所示，截面

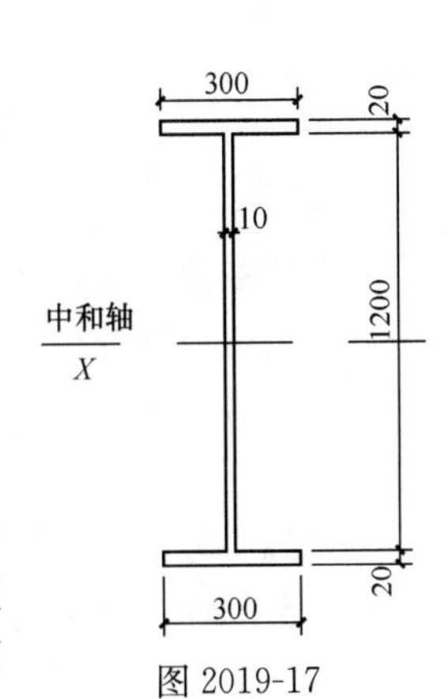

图 2019-17

无栓（钉）孔削弱。截面特性：毛截面惯性矩：$I_x = 590560 \times 10^4 mm^4$；翼缘毛截面对梁中和轴的面积矩：$S_f = 3660 \times 10^3 mm^3$；毛截面面积：$A = 240 \times 10^2 mm^2$；截面绕 $y$ 轴回转半径：$i_y = 61mm$。

对梁跨中截面进行抗弯强度计算，其正应力设计值（$N/mm^2$），与下列何项数值最为接近？

(A) 200　　(B) 190　　(C) 180　　(D) 170

**【答案】**(C)

弯矩设计值：

$$M_x = \frac{ql^2}{8} = \frac{95 \times 12^2}{8} = 1710kN \cdot m$$

焊接截面，根据《钢标》表 3.5.1 及 6.1.2 条：

翼缘板件宽厚比 $= \frac{300-10}{2}/20 = 7.25 < 9$，S1 级；

腹板板件宽厚比 $= \frac{1200}{10} < 124$，S4 级。

取截面等级为 S4 计算，$\gamma_x = 1.0$。

根据《钢标》式（6.1.1）：

$$\frac{M_x}{\gamma_x W_x} == \frac{1710 \times 10^6}{1.0 \times (2I_x/h)} = \frac{1710 \times 10^6}{1.0 \times (590560 \times 10^4/620)} = 179.5 N/mm^2$$

**【例 1.1.2】** 2018 上午 17 题

某非抗震设计的单层钢结构平台，钢材均为 Q235B，梁柱均采用轧制 H 型钢，$r=16mm$，$X$ 向采用梁柱刚接的框架结构，$Y$ 向采用梁柱铰接的支撑结构，平台满铺 $t=6mm$ 的花纹钢板，见图 2018-17。假定，平台自重（含梁自重）折算为 $1kN/m^2$（标准值），活荷载为 $4kN/m^2$（标准值），梁均采用 H300×150×6.5×9，柱均采用 H250×250×9×14，所有截面均无削弱，不考虑楼板对梁的影响。截面特性见表 2018-17。

**截面特性**　　**表 2018-17**

| 规格 | 面积 $A$ ($cm^2$) | 惯性矩 $I_x$ ($cm^4$) | 回转半径 $i_x$ (cm) | 惯性矩 $I_y$ ($cm^4$) | 回转半径 $i_y$ (cm) | 弹性截面模量 $W_x$ ($cm^3$) |
|---|---|---|---|---|---|---|
| H300×150×6.5×9 | 46.78 | 7210 | 12.4 | 508 | 3.29 | 481 |
| H250×250×9×14 | 91.43 | 10700 | 10.8 | 3650 | 6.31 | 860 |

假定，荷载传递路径为板传递至次梁，次梁传递至主梁。试问，在设计弯矩作用下，②轴主梁正应力计算值（$N/mm^2$），与下列何项数值最为接近？

**提示：**按《建筑结构可靠性设计统一标准》GB 50068—2018 作答。

(A) 80　　(B) 90　　(C) 120　　(D) 170

**【答案】**(D)

传递至②轴主梁的集中力设计值：

$$N_d = (1.3 \times 1 + 1.5 \times 4) \times 1 \times 6 = 43.8kN$$

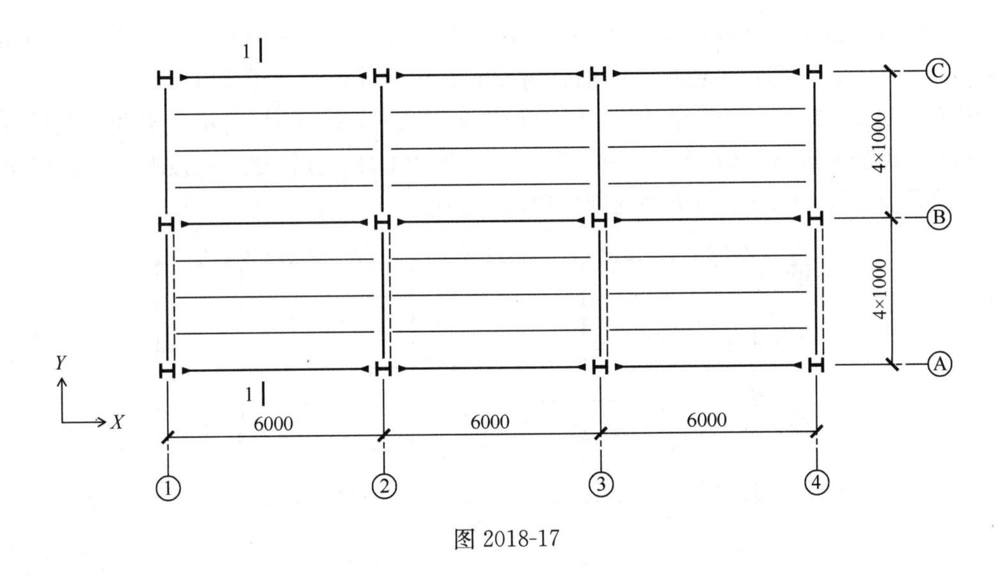


图 2018-17

② 轴主梁跨中弯矩设计值：

$$M_d = 43.8 \times \frac{3}{2} \times 2 - 43.8 \times 1 = 87.6\text{kN} \cdot \text{m}$$

根据《钢标》3.5.1 条及 6.1.2 条：

$$\text{翼缘板件宽厚比} = \frac{150/2 - 6.5/2 - 16}{9} = 6.2 < 13$$

$$\text{腹板板件宽厚比} = \frac{300 - 2 \times 9 - 2 \times 16}{6.5} = 38.5 < 93$$

满足 S3 级，$\gamma_x = 1.05$。

根据《钢标》6.1.1 条式（6.1.1）：

$$\frac{M_d}{\gamma_x W_x} == \frac{87.6 \times 10^6}{1.05 \times 481 \times 10^3} = 173.4\ \text{N/mm}^2$$

**【编者注】**（1）《钢标》3.3.4 条规定，计算冶炼车间或其他类似车间的工作平台结构时，由检修材料所产生的荷载对主梁可乘以 0.85，柱及基础可乘以 0.75。本题未涉及。

（2）《荷载规范》3.2.4 条 2 款规定，可变荷载的分项系数，对标准值大于 $4\text{kN/m}^2$ 的工业房屋楼面结构的活荷载，应取 1.3。本题未涉及。

（3）因截面板件宽厚比等级为 S1～S3 级时，截面塑性发展系数相同，故可优先与 S3 级限值比较。

（4）对轧制型截面，翼缘外伸宽度及腹板净高不包括翼缘腹板过渡层圆弧段。国产热轧普通工字钢截面的翼缘外伸宽厚比 $b/t < 3.4$，腹板 $h_0/t_w < 43$，当钢材采用 Q235、Q345 时，满足 S3 等级限值要求。热轧 H 型钢截面验算宽厚比时，应扣除翼缘腹板过渡处圆弧段。

**【例 1.1.3】** 2017 上午 17 题

某商厦增建钢结构入口大堂，其屋面结构布置如图 2017-17（a）所示，新增钢结构依附于商厦的主体结构。钢材采用 Q235B 钢，钢柱 GZ-1 和钢梁 GL-1 均采用热轧 H 型钢 H446×199×8×12 制作，其截面特性为：$r = 13\text{mm}$，$A = 8297\text{mm}^2$，$I_x = 28100 \times 10^4\ \text{mm}^4$，

$I_y=1580\times10^4\text{mm}^4$，$i_x=184\text{mm}$，$i_y=43.6\text{mm}$，$W_x=1260\times10^3\text{mm}^3$，$W_y=159\times10^3\text{mm}^3$。钢柱高 15m，上、下端均为铰接，弱轴方向 5m 和 10m 处各设一道系杆 XG。

假定，钢梁 GL-1 按简支梁计算，计算简图如图 2017-17（b）所示，永久荷载设计值 $G=55\text{kN}$，可变荷载设计值 $Q=15\text{kN}$。试问，对钢梁 GL-1 进行抗弯强度验算时，最大弯曲应力设计值（$\text{N/mm}^2$），与下列何项数值最为接近？

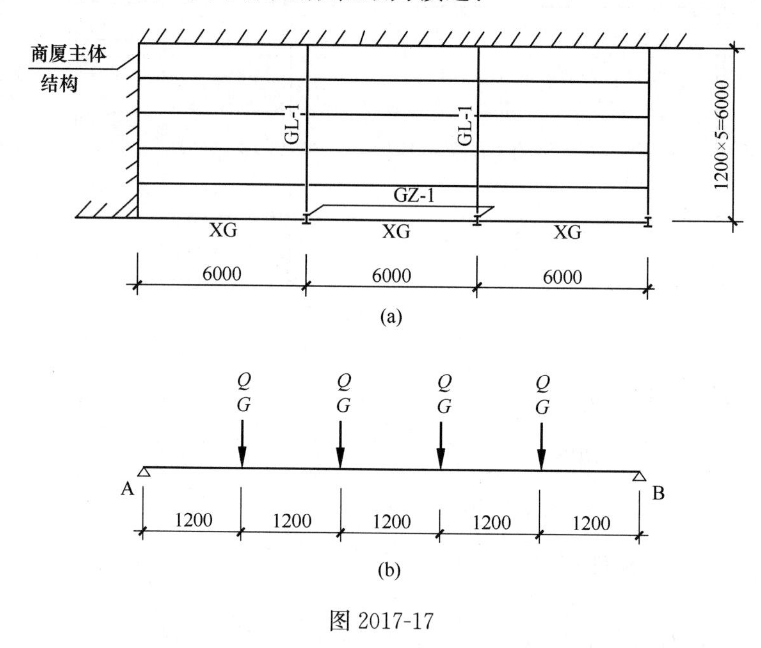


图 2017-17

**提示：**不计钢梁的自重。

(A) 170　　(B) 180　　(C) 190　　(D) 200

**【答案】**(C)

$$R_A=(55+15)\times2=140\text{kN}$$

$$M_{max}=140\times2.4-(55+15)\times1.2=252\text{kN}\cdot\text{m}$$

轧制截面，根据《钢标》表 3.5.1 及 6.1.2 条：

$$翼缘板件宽厚比=\frac{199/2-8/2-13}{12}=6.875<13$$

$$腹板板件宽厚比=\frac{446-2\times12-2\times13}{8}=49.5<93$$

故取全截面模量计算，$\gamma_x=1.05$。

$$\sigma_x=\frac{M}{\gamma_x W_x}=\frac{252\times10^6}{1.05\times1260\times10^3}=190.5\text{N/mm}^2$$

**【例 1.1.4】** 2016 上午 19 题

某冷轧车间单层钢结构主厂房，设有两台起重量为 25t 的重级工作制（A6）软钩吊车。吊车梁系统布置见图 2016-19（a），吊车梁钢材为 Q345。

吊车梁截面见图 2016-19（b），截面几何特性见表 2016-19。假定，吊车梁最大竖向弯矩设计值为 1200kN·m，相应水平向弯矩设计值为 100kN·m。试问，在计算吊车梁抗弯强度时，其计算值（$\text{N/mm}^2$）与下列何项数值最为接近？

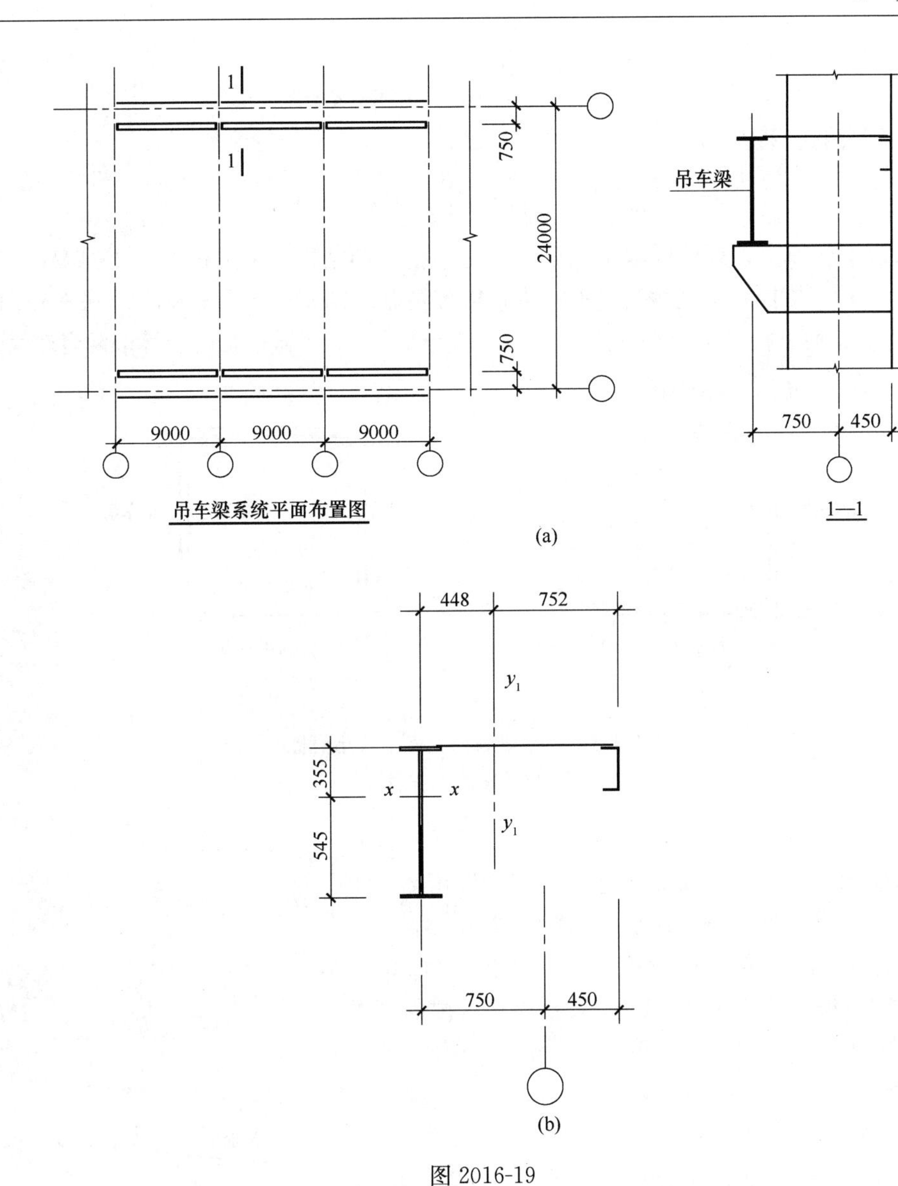


图 2016-19

**截面几何特性**　　　　**表 2016-19**

| 吊车梁对 $x$ 轴毛截面模量（$mm^3$） | | 吊车梁对 $x$ 轴净截面模量（$mm^3$） | | 吊车梁制动结构对 $y_1$ 轴净截面模量（$mm^3$） |
|---|---|---|---|---|
| $W_x^{上}$ | $W_x^{下}$ | $W_{nx}^{上}$ | $W_{nx}^{下}$ | $W_{ny1}^{左}$ |
| $8202\times10^3$ | $5362\times10^3$ | $8085\times10^3$ | $5266\times10^3$ | $6866\times10^3$ |

(A) 150　　(B) 165　　(C) 230　　(D) 240

**【答案】**(C)

重级工作制吊车梁，需验算疲劳，根据《钢标》6.1.2 条，截面塑性发展系数取 1.0。

根据《钢标》式（6.1.1）：

上翼缘双向受弯正应力：

$$\sigma=\frac{M_{x,max}}{W_{nx}^{上}}+\frac{M_{y,max}}{W_{ny1}^{左}}=\frac{1200\times10^6}{8085\times10^3}+\frac{100\times10^6}{6866\times10^3}=163\text{N/mm}^2$$

下翼缘单向受弯正应力：

$$\sigma=\frac{M_{x,max}}{W_{nx}^{下}}=\frac{1200\times10^6}{5266\times10^3}=228\text{N/mm}^2$$

**【编者注】**吊车梁系列构件除吊车梁外，尚包括制动结构、辅助桁架及支撑等。其组成如图 1.1-3 所示。横向水平荷载通过上翼缘直接传给制动结构，故吊车梁上翼缘按双向受弯进行强度计算；而下翼缘不受水平荷载，按单向受弯计算。梁截面强度计算取两者较大值。

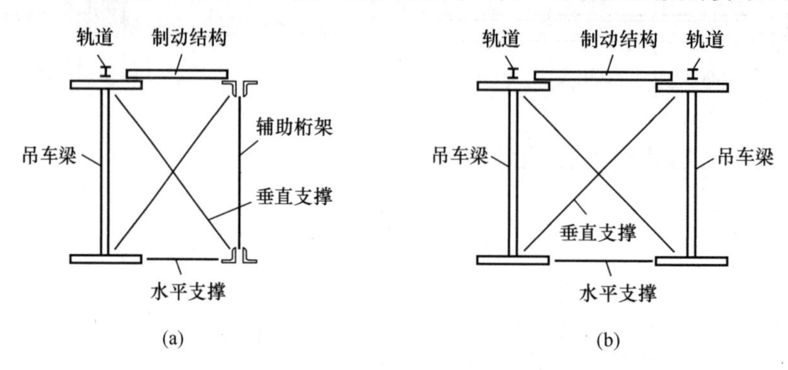


图 1.1-3 吊车梁系列构件组成示意图

(a) 边列吊车梁；(b) 中列吊车梁

**【例 1.1.5】**2013 上午 18 题

某轻屋盖钢结构厂房，屋面不上人，屋面坡度为 1/10。采用热轧 H 型钢屋面檩条，其水平间距为 3m，钢材采用 Q235 钢。屋面檩条按简支梁设计，计算跨度 $l=12$m。热轧 H 型钢檩条型号为 H400×150×8×13，其截面特性：$A=70.37\times10^2\text{mm}^2$，$I_x=18600\times10^4\text{mm}^4$，$W_x=929\times10^3\text{mm}^3$，$W_y=97.8\times10^3\text{mm}^3$，$i_y=32.2$mm。屋面檩条的截面形式如图 2013-18 所示。

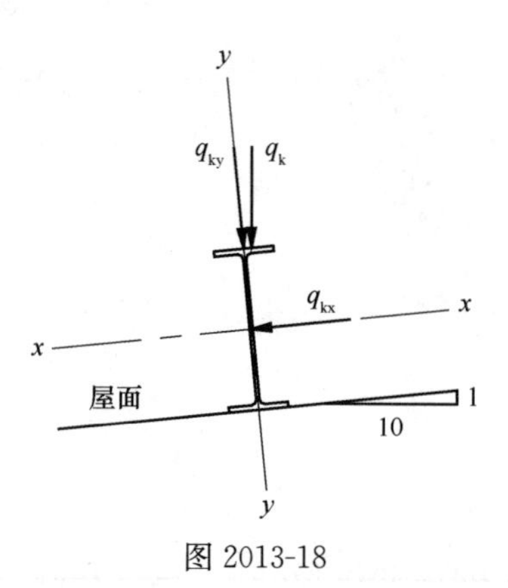


图 2013-18

假定，屋面檩条垂直于屋面方向的最大弯矩设计值 $M_x=133$kN·m，同一截面处平行于屋面方向的侧向弯矩设计值 $M_y=0.3$kN·m。试问，若计算截面无削弱，在上述弯矩作用下，强度计算时，屋面檩条上翼缘的最大正应力计算值（N/mm²）应与下列何项数值最为接近?

**提示：**截面满足 S3 等级要求。

(A) 180　　(B) 165　　(C) 150　　(D) 140

**【答案】**(D)

计算截面无削弱，根据《钢标》6.1.1 条，截面满足 S3，$\gamma_x=1.05$，$\gamma_y=1.20$，则

$$\frac{M_x}{\gamma_xW_{nx}}+\frac{M_y}{\gamma_yW_{ny}}=\frac{133\times10^6}{1.05\times929\times10^3}+\frac{0.3\times10^6}{1.20\times97.8\times10^3}=136.3+2.6=138.9\text{N/mm}^2$$

**【例 1.1.6】**2011 上午 23 题

次梁 EF 均匀受弯，弯矩设计值为 4.05kN·m，当截面采用 T125×125×6×9 时（截

面特性见表 2011-23)，构件抗弯强度计算数值（N/mm²）与下列何项数值最为接近?

**提示：**截面满足 S3 等级要求。

**截面特性　　　　表 2011-23**

| 截面 | $A$（mm²） | $W_{x1}$（mm³） | $W_{x2}$（mm³） | $i_y$（mm） |
|---|---|---|---|---|
| T125×125×6×9 | 1848 | $8.81\times10^4$ | $2.52\times10^4$ | 28.2 |

(A) 60　　(B) 130　　(C) 150　　(D) 160

**【答案】**(B)

查《钢标》表 8.1.1，$\gamma_{x1}=1.05$，$\gamma_{x2}=1.2$。

$$\frac{M_x}{\gamma_{x1}W_{nx1}}=\frac{4.05\times10^6}{1.05\times8.81\times10^4}=44\text{N/mm}^2$$

$$\frac{M_x}{\gamma_{x2}W_{nx2}}=\frac{4.05\times10^6}{1.2\times2.52\times10^4}=134\text{N/mm}^2$$

**【编者注】**T 形截面可以由双角钢组成，或者为热轧 T 形截面，也可以是焊接截面。作为受弯构件，焊接 T 形截面腹板的局部稳定凭借设置加劲肋实现。而规范仅对腹板的上、下端有约束的工字形截面给出了宽厚比限值的具体规定，未对 T 形截面的宽厚比提出限值判断方法。本题按提示作答。

### 1.1.2　抗剪强度计算

**1. 主要的规范规定**

1)《钢标》6.1.3 条：主平面内受弯的实腹式构件，受剪强度验算公式。

2)《钢标》6.1.5 条：腹板边缘折算应力计算。

**2. 对规范规定的理解**

1) 本条抗剪强度计算不考虑腹板屈曲。考虑腹板屈曲的焊接工字形截面梁抗剪强度计算见《钢标》6.4.1 条。

2) 截面面积矩：平面图形的面积 $A$ 与其形心到某一坐标轴的距离的乘积。对工字形截面、槽形截面腹板上的点，计算 $S$ 时的面积取计算点至截面最边缘的面积（计算腹板高度边缘点时为翼缘面积）；对翼缘上的点，则取计算点至翼缘外伸端的面积。翼缘上的剪应力竖向分量很小且分布复杂，一般不考虑；水平分量认为沿翼缘厚度均匀分布，计算公式与矩形截面相同，见图 1.1-4。

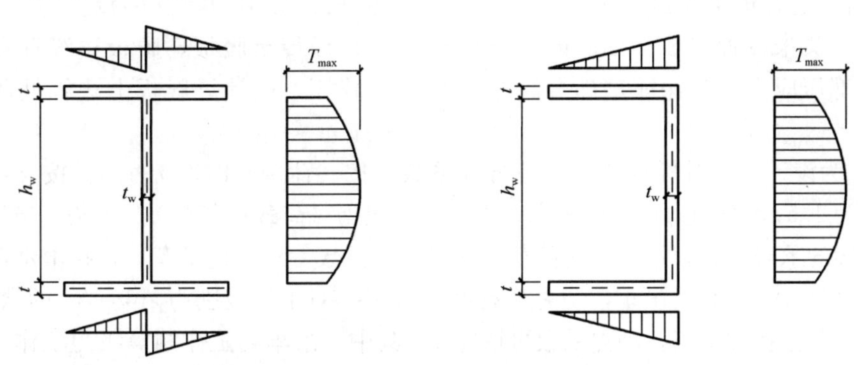


图 1.1-4　工字形和槽形截面梁中的剪应力

3）工字形截面的剪力主要由腹板承受，中性轴处有最大剪应力，按材料力学公式计算。钢材的抗剪强度设计值应根据腹板厚度 $t_w$，查表 4.1.1 取值。当近似认为剪力完全由腹板承担时，剪应力用 $\tau = V/A_w$ 近似计算。

4）不同于弯曲强度计算，由于剪切应力计算公式推导过程中，假定剪应力沿截面宽度均匀分布，故剪切强度采用毛截面而不是净截面计算。

5）由材料力学可知，中和轴上下面积矩相等。

6）抗剪强度计算较少单独出题，考点往往结合《钢标》6.1.5 条一并出题。应注意抗剪强度计算公式为材料力学公式，也适用于对接焊缝的剪应力计算（假设焊缝均匀受力时除外）。

### 1.1.3 局部承压强度计算

**1. 主要的规范规定**

1）《钢标》6.1.4 条：腹板计算高度上边缘的局部承压强度验算公式。

2）《钢标》6.1.5 条：腹板边缘折算应力计算。

**2. 对规范规定的理解**

1）受弯构件局部承压强度计算流程：

(1) $F = \begin{cases} \text{上翼缘，分项系数} \times \text{动力系数} \times \text{最大轮压} \\ \text{支座处，支座反力设计值} \end{cases}$

(2) 动力系数，《荷规》6.3.1 条 $\begin{cases} \text{悬挂吊车及 A1} \sim \text{A5，软钩吊车 1.05} \\ \text{A6} \sim \text{A8，软钩、硬钩、特种吊车 1.1} \end{cases}$

(3) $l_z = \begin{cases} \text{上翼缘}, a + 5h_y + 2h_R, \text{钢轨上的轮压}, a \text{ 取 50mm} \\ \text{支座处}, a + 2.5h_y + a_1, a \text{ 为支座宽度}, a_1 \text{为支座边与梁边距离} \end{cases}$

$$h_y = \begin{cases} \text{焊接梁}: h_y = t_f, \text{上翼缘} \\ \text{轧制工字形梁}: h_y = t + r \\ \text{铆接(或高强度螺栓) 组合梁}: h_y = (h - h_0)/2 \end{cases}$$

(4) $\phi = \begin{cases} \text{重级工作制吊车梁}, 1.35 \\ \text{其他梁及支座处}, 1.0 \end{cases}$

(5) $\sigma_c = \dfrac{\phi F}{t_w l_z} \leqslant f$ 满足要求

2）当梁上有集中荷载（如吊车轮压、次梁传来的集中力、支座反力等）作用时，且该荷载处又未设置支承加劲肋时，集中荷载由翼缘传至腹板，腹板边缘存在沿高度方向的局部压应力。为保证这部分腹板不致受压破坏，应计算腹板上边缘处的局部承压强度。

3）$F$ 为设计值，对标准值应考虑分项系数（按《荷规》时取为 1.4，按《可靠性标准》时取为 1.5），对动力荷载应考虑动力系数。根据《荷载规范》6.3.1 条，当计算吊车梁及其连接的承载力时，吊车竖向荷载应乘以动力系数。对悬挂吊车（包括电动葫芦）及工作级别 A1～A5 的软钩吊车，动力系数可取 1.05；对工作级别为 A6～A8 的软钩吊车、硬钩吊车和其他特种吊车，动力系数可取 1.1。其中，吊车的工作制等级与工作级别见表 1.1-4。

吊车的工作制等级与工作级别 **表 1.1-4**

| 工作制等级 | 轻级 | 中级 | 重级 | 超重级 |
|---|---|---|---|---|
| 工作级别 | A1～A3 | A4、A5 | A6、A7 | A8 |

4）集中荷载在腹板计算高度的假定分布长度一般采用简化公式计算（图 1.1-5）。上翼缘受集中荷载时，$l_z = a + 5h_y + 2h_R$；支座边与梁边平齐时（支座边与梁边距离 $a_1=0$），此时，对支座处取值为 $l_z = a + 2.5h_y$。

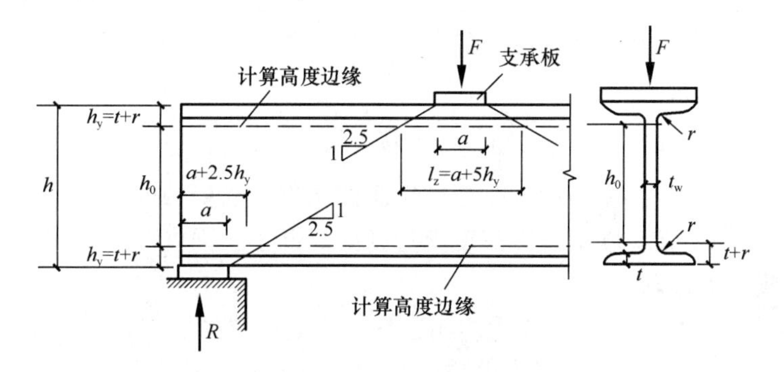


图 1.1-5 轧制型钢梁在集中荷载下的荷载分布长度 $l_z$（$h_R=0$，$a_1=0$）

**3. 历年真题解析**

**【例 1.1.7】** 2010 上午 18 题

某单层单跨工业厂房为钢结构，厂房柱距 21m，设置有两台重级工作制的软钩吊车，吊车每侧有 4 个车轮，最大轮压标准值 $P_{k,max}=355kN$，吊车轨道高度 $h_R=150mm$，每台吊车的轮压分布如图 2010-18（a）所示。吊车梁为焊接工字形截面如图 2010-18（b）所示。横向加劲肋间距为 1000mm，纵向加劲肋距离上翼缘内侧为 1000mm。钢梁采用 Q345C 钢制作，焊条采用 E50 型。图中长度单位为 mm。

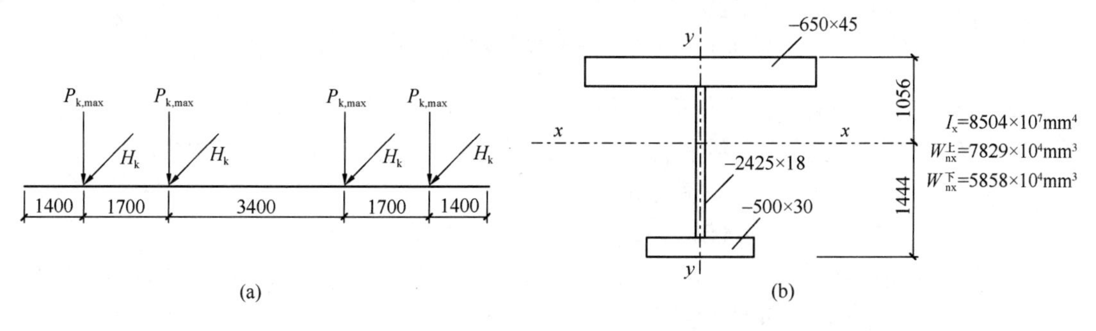


图 2010-18

在吊车最大轮压作用下，试问，吊车梁在腹板计算高度上边缘的局部承压应力设计值（$N/mm^2$），与下列何项数值最为接近？

**提示：** 活荷载分项系数按《荷规》取为 1.4。

（A）78　　（B）71　　（C）61　　（D）52

**【答案】**（B）

重级工作制吊车梁，$\psi=1.35$。

$$l_z = a + 5h_y + 2h_R = 50 + 5 \times 45 + 2 \times 150 = 575\text{mm}$$

依据《荷规》6.3.1 条，重级工作制软钩吊车动力系数取 1.1。可变荷载分项系数 1.4。

依据《钢标》6.1.4 条：

$$\sigma_c = \frac{\psi F}{l_z t_w} = \frac{1.35 \times 1.4 \times 1.1 \times 355}{575 \times 18} = 71\text{N/mm}^2$$

### 1.1.4 折算应力计算

**1. 主要的规范规定**

1)《钢标》6.1.5 条：在梁的腹板计算高度边缘处，折算应力计算公式。

2)《钢标》6.1.3 条：主平面内受弯的实腹式构件，受剪强度验算公式。

3)《钢标》6.1.4 条：腹板计算高度上边缘的局部承压强度验算公式。

**2. 对规范规定的理解**

1) 折算应力公式中，所有的应力应当是发生在同一点的应力，见图 1.1-6。腹板计算高度边缘的正应力应根据材料力学弯曲应力公式，即不考虑塑性发展系数，采用腹板高度边缘与梁中和轴的距离计算。而剪切应力为同一计算点，应采用翼缘毛截面对梁中和轴的面积矩进行计算。

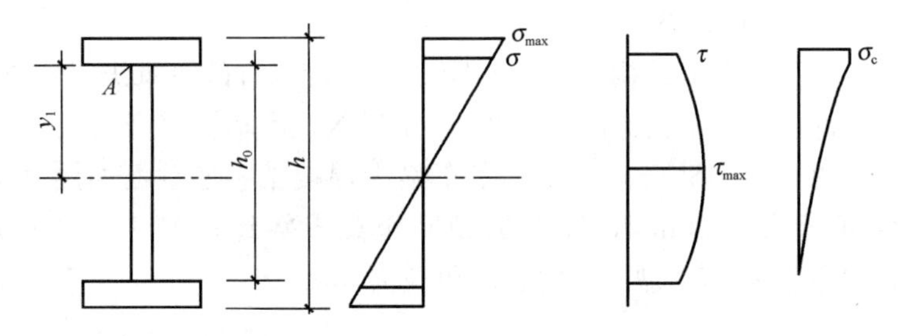


图 1.1-6 工字形焊接组合截面的应力分布

2) 复合应力状态验算公式是根据材料力学中第四强度理论进行判断。公式右端采用强度增大系数的原因，是考虑到个别点的应力进入塑性后截面还有承载力富余。

**3. 真题解析**

**【例 1.1.8】** 2019 上午 20 题

假设某焊接工字形等截面简支梁，梁的截面尺寸及截面特性如图 2019-20 所示。

某截面的正应力和剪应力均较大，基本组合弯矩设计值为 1282kN·m，剪力设计值为 1296kN。试问，梁腹板计算高度边缘处折算应力（$\text{N/mm}^2$）与下列何项数值最为接近?

**提示：** ① 翼缘为 S1 级，腹板为 S4 级；

② 不计算局部压应力；

③ 毛截面惯性矩：$I_x = 590560 \times 10^4\ \text{mm}^4$；翼缘毛截面对梁中和轴的面积矩：$S_f = 3660 \times 10^3\ \text{mm}^3$。

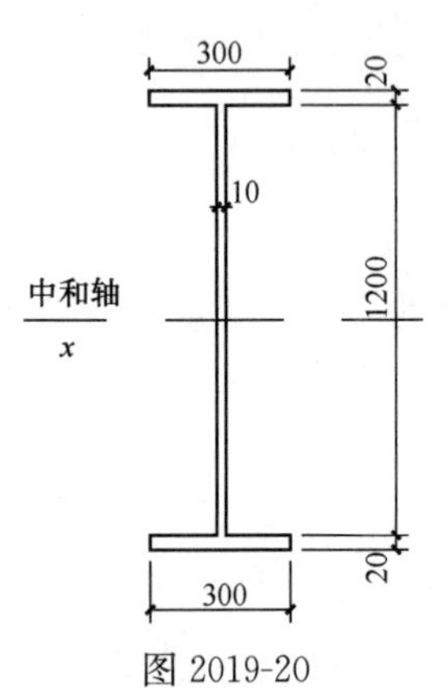


图 2019-20

(A) 145　　(B) 170　　(C) 190　　(D) 205

**【答案】**(C)

根据《钢标》6.1.5 条计算。

弯曲正应力：

$$\sigma=\frac{M}{I_n}y_1=\frac{1282\times10^6\times600}{590560\times10^4}=130.25\text{N/mm}^2$$

剪应力：

$$\tau=\frac{VS_f}{It_w}=\frac{1296\times10^3\times3660\times10^3}{590560\times10^4\times10}=80.32\text{N/mm}^2$$

局部压应力等于 0，则折算应力：

$$\sqrt{\sigma^2+3\tau^2}=\sqrt{130.25^2+3\times80.32^2}=190.6\text{N/mm}^2$$

## 1.2　结构整体稳定性计算

### 1.2.1　单向受弯构件

**1. 主要的规范规定**

1)《钢标》6.2.2 条：在最大刚度主平面内受弯的构件，整体稳定验算公式。

2)《钢标》附录 C：梁的整体稳定系数。

3)《钢标》3.5.1 条：受弯构件的截面板件宽厚比等级及限值规定。

4)《钢标》6.2.1 条：铺板密铺时可不计算梁的整体稳定性的条件。

5)《钢标》6.2.4 条：箱形截面简支梁可不计算整体稳定性的条件。

6)《钢标》6.2.5 条：简支梁侧向支承点距离计算。

7)《钢标》6.2.6 条：梁侧向支撑设置及计算要求。

**2. 对规范规定的理解**

1) 最大刚度主平面受弯构件的整体稳定计算流程：

(1) 确定稳定系数 $\varphi_b$

$\varphi_b$：
- 工字形
  - $\lambda_y=l_1/i_y\leqslant120\varepsilon_k$ 且均匀弯曲 → 《钢标》式(C.0.5-1)、式(C.0.5-2) 近似公式
  - $l_1$ 满足《钢标》6.2.5 条时，乘 1.2
  - 其他（$\varphi_b>0.6$ 时，按式(C.0.1-7) 修正）
    - 焊接工字钢和轧制 H 型钢 → 《钢标》式(C.0.1-1)
    - 轧制工字钢 → 《钢标》表 C.0.2
    - 悬臂梁 → 《钢标》表 C.0.4 → $\beta_b$ → 式(C.0.1-1)
- 轧制槽钢 → 《钢标》C.0.3 条，$\varphi_b>0.6$ 时，按式(C.0.1-7) 修正
- T 形 → 《钢标》按式(C.0.5-3) ～ 式(C.0.5-5) 近似公式

(2) 判断截面有效性（《钢标》3.5.1 条、6.2.2 条）

S4 级限值：
- 工字形翼缘 $15\varepsilon_k$、腹板 $124\varepsilon_k$
- 箱形翼缘 $42\varepsilon_k$、腹板 $124\varepsilon_k$

$W_x$：
- 宽厚比 S1 ～ S4，全截面模量
- 宽厚比 S5，有效截面模量(均匀受压翼缘宽度 $15\varepsilon_k t_f$，腹板按 8.4.2 条)

（3）确定 $f$

按《钢标》4.4 节。

（4）验算

《钢标》6.2.2 条，若 $\frac{M_x}{\varphi_b W_x f} \leqslant 1.0$，满足要求。

2）受弯构件的受压翼缘类同于压杆，由于腹板的限制，受压翼缘只可能在翼缘板平面内发生屈曲。当弯矩增大到某一数值时，构件可能突然发生在弯矩作用平面外的侧移 $u$ 和扭转 $\theta$，构件由平面内弯曲状态变为弯扭状态，这就是整体失稳。非对称性截面抵抗矩上、下不同，计算时应采用受压最大纤维确定的梁毛截面模量。

3）构件的整体稳定主要依赖于构件的整体状况，如端部约束条件、支承间长度及荷载沿构件的分布等，故计算整体稳定时采用毛截面几何参数进行。

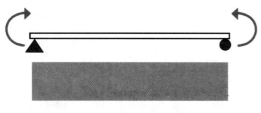

图 1.2-1　均匀弯曲的简支梁

4）理论上的均匀弯曲的受弯构件，是指弯矩沿全长数值不变的纯受弯构件，如图 1.2-1 所示。题干要求采用近似公式计算时，也可按式（C.0.5）计算。此时，整体稳定系数的计算结果，不需要按式（C.0.1-7）进行修正。

5）应注意题干条件及提示，结合附录 C.0.1～C.0.5 的规范条文，选择合适的计算方法。

当采用式（C.0.1-1）、表 C.0.2、表 C.0.4 计算的结果大于 0.6 时，需按式（C.0.1-7）进行修正。

6）根据《钢标》6.2.5 条，对仅腹板相连的钢梁，因为钢梁腹板容易变形，抗扭刚度小，并不能保证梁端截面不发生扭转。因此在稳定性计算时，用放大计算长度的方法，考虑铰支对稳定的不利影响，侧向支撑点距离取实际距离的 1.2 倍，如图 1.2-2 所示，取为 1.2$L$。

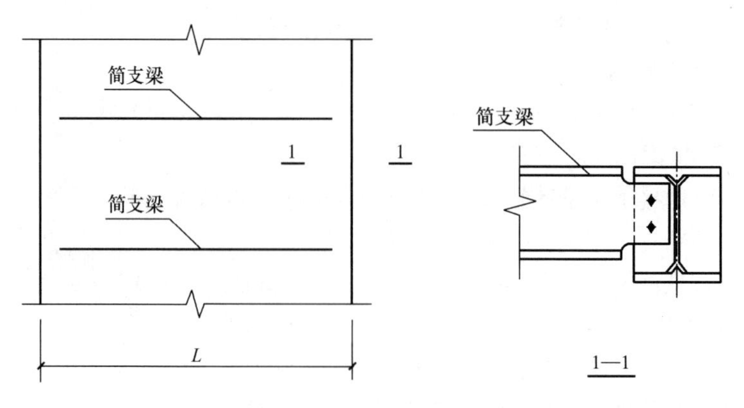


图 1.2-2　简支梁仅腹板相连平面图示意 1

不论是哪种荷载作用，简支钢梁整体稳定承载力都是由中间弯矩最大段来决定。如图 1.2-3，设置了侧向支承点，满足 6.2.5 条仅腹板与相邻构件相连的条件时，也只是对与梁端铰支有关的侧向支承点的距离乘 1.2（即侧向支撑点距离取 1.2$L_1$ 及 1.2$L_3$），起控制作用的次梁中间侧向支承点的距离 $L_2$ 不用放大。

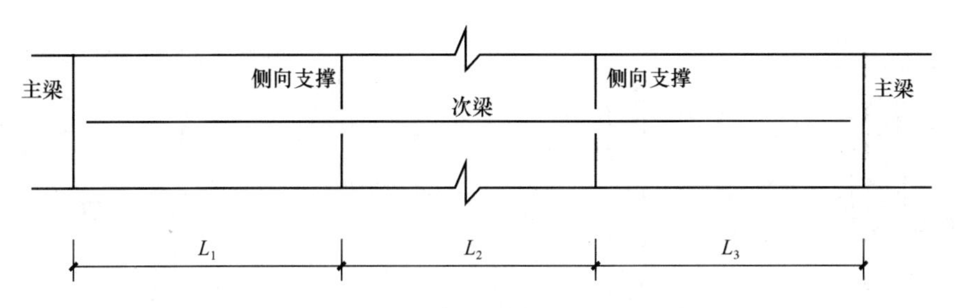


图 1.2-3 简支梁仅腹板相连平面图示意 2

当梁的支座处采取构造措施，能防止梁截面的扭转时（图 1.2-4），可不放大。

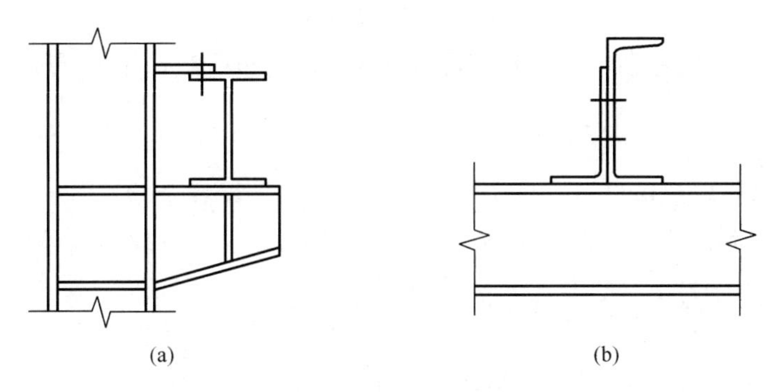


图 1.2-4 防止梁端截面扭转措施示意图

7）根据《钢标》6.2.6 条及条文说明，用作减少梁受压翼缘自由长度的侧向支撑，应设置在受压翼缘。次梁仅腹板与主梁铰接时，不能作为主梁的侧向支撑。

8）H 型钢和等截面工字形简支梁的梁整体稳定的等效弯矩系数 $\beta_b$，应根据侧向支承及荷载情况，按《钢标》附录表 C.0.1 确定。《钢标》只是给出了均布荷载或者集中荷载单独作用时的计算公式。当梁既受集中荷载，又受均布荷载时，在各种荷载作用下的等效弯矩系数 $\beta_b$ 可按如下公式计算：

$$\beta_b == \frac{M_{1,集中力} + M_{2,均布荷载} + \cdots}{\frac{M_{1,集中力}}{\beta_{b1,集中力}} + \frac{M_{2,均布荷载}}{\beta_{b2,均布荷载}} + \cdots}$$

**3. 历年真题解析**

**【例 1.2.1】** 2020 上午 22 题

假定，平台设置水平支撑，平台板采用钢格栅板，采用焊接 H 形钢，Q235 钢材。GL2 长度为 6000mm，两端与 GL1 连接节点如图 2020-22 所示，均布荷载作用于 GL2 上翼缘。试问，对 GL2 进行整体稳定计算时，梁整体稳定系数，与下列何项数值最为接近？

**提示：** 不考虑格栅板对 GL2 受压翼缘的支承作用且水平支撑不与 GL2 相连。

(A) 0.53　　(B) 0.70　　(C) 0.77　　(D) 1.00

**【答案】** (B)

简支梁仅腹板相连，根据《钢标》6.2.5 条，梁计算长度放大系数为 1.2，则

$$l_{0y} = 1.2 \times 6000 = 7200\text{mm}$$

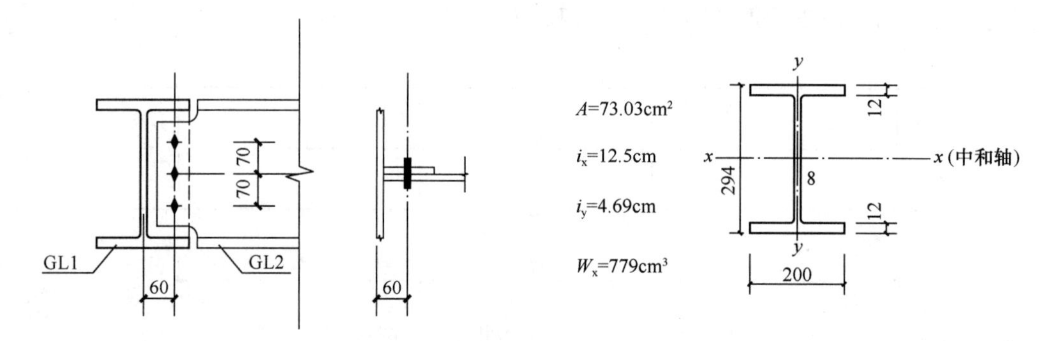


图 2020-22

$$\lambda_y = l_{oy}/i_y = 7200/46.9 = 153.5$$

根据《钢标》附录表 C.0.1，跨中无侧向支撑，均布荷载作用上翼缘，则

$$\xi = \frac{l_1 t_1}{b_1 h} = \frac{7200 \times 12}{200 \times 294} = 1.47 < 2$$

$$\beta_b = 0.69 + 0.13\xi = 0.69 + 0.13 \times 1.47 = 0.881$$

根据《钢标》附录式（C.0.1-1），$W_x = 779 \times 10^3 \text{mm}^3$，$t_1 = 12\text{mm}$，双轴对称 $\eta_b = 0$，则

$$\varphi_b = \beta_b \frac{4320}{\lambda_y^2} \cdot \frac{Ah}{W_X}\left[\sqrt{1+\left(\frac{\lambda_y t_1}{4.4h}\right)^2} + \eta_b\right]\varepsilon_k^2$$

$$= 0.881 \times \frac{4320}{153.5^2} \cdot \frac{7303 \times 294}{779 \times 10^3}\left[\sqrt{1+\left(\frac{153.5 \times 12}{4.4 \times 294}\right)^2} + 0\right] \times 1^2$$

$$= 0.775 > 0.6$$

根据《钢标》附录式（C.0.1-7）：

$$\varphi_b' = 1.07 - \frac{0.282}{\varphi_b} = 1.07 - \frac{0.282}{0.775} = 0.706 < 1$$

**【例 1.2.2】** 2019 上午 19 题

某焊接工字形等截面简支梁跨度为 12m，钢材采用 Q235，结构的重要性系数取 1.0。梁截面尺寸及特性如图 2019-19 所示。假设简支梁在两端及距两端 $l/4$ 处有可靠的侧向支撑，其中 $l$ 为梁跨度。作为在主平面内受弯的构件，进行整体稳定计算时，稳定系数取值与下列哪项最为接近？

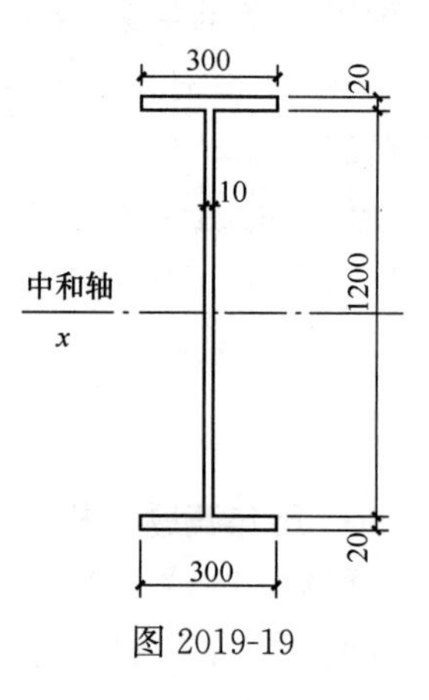


图 2019-19

$$I_x = 590560 \times 10^4 \text{mm}^4$$

$$A = 240 \times 10^2 \text{mm}^2$$

$$i_y = 61\text{mm}$$

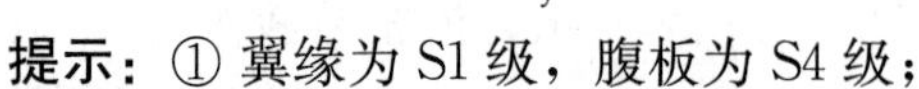
**提示：** ① 翼缘为 S1 级，腹板为 S4 级；

② 梁整体稳定的等效弯矩系数取 $\beta_b = 1.2$。

(A) 0.52　　(B) 0.65　　(C) 0.8　　(D) 0.91

**【答案】**(D)

梁受压翼缘侧向支撑点间距离 $l_1 = 6\text{m}$，则

$$\lambda_y = \frac{l_1}{i_y} = \frac{6000}{61} = 98.36$$

$$W_x = \frac{I_x}{y} = \frac{590560 \times 10^4}{620} = 9525161.29 \text{ mm}^3$$

双轴对称截面 $\eta_b = 0$，由《钢标》式（C.0.1-1）：

$$\varphi_b = \beta_b \frac{4320}{\lambda_y^2} \cdot \frac{Ah}{W_x}\left[\sqrt{1+\left(\frac{\lambda_y t_1}{4.4h}\right)^2} + \eta_b\right]\frac{235}{f_y}$$

$$= 1.20 \times \frac{4320}{98.36^2} \times \frac{240 \times 10^2 \times 1240}{9525161.29}\left[\sqrt{1+\left(\frac{98.36 \times 20}{4.4 \times 1240}\right)^2} + 0\right] \times \frac{235}{235} = 1.78 > 0.6$$

根据《钢标》式（C.0.1-7）：

$$\varphi_b' = 1.07 - \frac{0.282}{\varphi_b} = 1.07 - \frac{0.282}{1.78} = 0.91 < 1.0$$

**【例 1.2.3】** 2017 上午 23 题

某商厦增建钢结构入口大堂，其屋面结构布置如图 2017-23 所示，新增钢结构依附于商厦的主体结构。钢材采用 Q235B 钢，钢柱 GZ-1 和钢梁 GL-1 均采用热轧 H 型钢 H446×199×8×12 制作，其截面特性为：$r$=13mm，$A$=8297mm$^2$，$I_x$=28100×10$^4$mm$^4$，$I_y$=1580×10$^4$mm$^4$，$i_x$=184mm，$i_y$=43.6mm，$W_x$=1260×10$^3$mm$^3$，$W_y$=159×10$^3$mm$^3$。钢柱高 15m，上、下端均为铰接，弱轴方向 5m 和 10m 处各设一道系杆 XG。

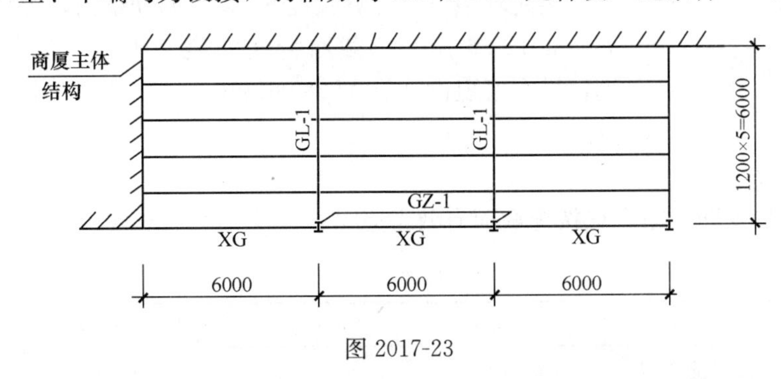


图 2017-23

假定，构造不能保证钢梁 GL-1 上翼缘平面外稳定。试问，在计算钢梁 GL-1 整体稳定时，其允许的最大弯矩设计值 $M_x$（kN·m），与下列何项数值最为接近？

**提示：**①梁整体稳定的等效临界弯矩系数 $\beta_b = 0.83$。

②截面满足 S4 级的要求。

(A) 185 (B) 200 (C) 215 (D) 230

**【答案】**(A)

等截面轧制 H 型钢简支梁，按《钢标》C.0.1 条计算整体稳定系数。

$$\lambda_y = \frac{6000}{43.6} = 138$$

$$\varphi_b = \beta_b \frac{4320}{\lambda_y^2} \frac{Ah}{W_x}\left[\sqrt{1+\left(\frac{\lambda_y t_1}{4.4h}\right)^2} + \eta_b\right]\frac{235}{f_y}$$

$$= 0.83 \times \frac{4320}{138^2} \times \frac{8297 \times 446}{1260 \times 10^3}\left[\sqrt{1+\left(\frac{138 \times 12}{4.4 \times 446}\right)^2} + 0\right] \times \frac{235}{f_y}$$

$$= 0.72 > 0.6$$

根据《钢标》式（C.0.1-7）：

$$\varphi'_b = 1.07 - \frac{0.282}{0.72} = 0.68$$

根据《钢标》6.2.2条：

$$M_x = \varphi'_b W_x f = 0.68 \times 1260 \times 10^3 \times 215 = 184\text{kN} \cdot \text{m}$$

**【编者注】**（1）构造不能保证钢梁GL-1上翼缘平面外稳定，即不满足《钢标》6.2.1条规定，需要进行稳定性计算。

（2）次梁与主梁一般采用铰接，无法约束主梁受压翼缘扭转。根据《钢标》6.2.6条条文说明，用作减少梁受压翼缘自由长度的侧向支撑，应设置在受压翼缘，故次梁不作为侧向支撑考虑。

（3）题目未明确梁端截面是否有采取防止扭转的措施，也没有说明是否仅腹板相连，故不能判断是否需执行《钢标》6.2.5条的相关规定。

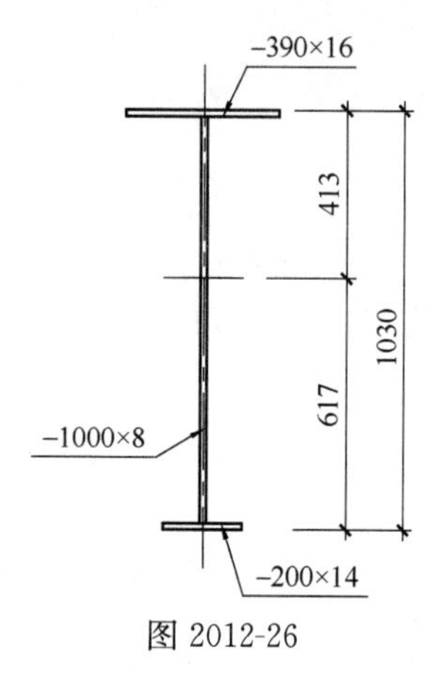

图 2012-26

**【例 1.2.4】** 2012上午26题

某简支吊车梁计算长度6m，无制动结构，焊接截面，尺寸如图2012-26所示，截面特性如表2012-26所示，采用Q345钢，最大弯矩设计值$M_x$=960kN·m。试问，梁的整体稳定系数与下列何项数值最为接近？

**提示：**① $\beta_b$ =0.696，$\eta_b$ = 0.631。

②已设置加劲肋，吊车梁按全截面有效考虑。

**截面特性** **表 2012-26**

| $A$（$mm^2$） | $I_x$（$mm^4$） | $I_y$（$mm^4$） | $W_{x1}$（$mm^3$） | $W_{x2}$（$mm^3$） | $i_y$（mm） |
|---|---|---|---|---|---|
| 17040 | $2.82\times10^9$ | $8.84\times10^7$ | $6.82\times10^6$ | $4.566\times10^6$ | 72 |

（A）1.25　　（B）0.92　　（C）0.85　　（D）0.5

**【答案】**（C）

等截面焊接工字形简支梁，按《钢标》C.0.1条计算整体稳定系数。

$$\lambda_y = \frac{6000}{72} = 83$$

$$\varphi_b = \beta_b \cdot \frac{4320}{\lambda_y^2} \cdot \frac{Ah}{W_x}\left[\sqrt{1+\left(\frac{\lambda_y t_1}{4.4h}\right)^2}+\eta_b\right] \cdot \frac{235}{f_y}$$

$$= 0.696 \times \frac{4320}{83^2} \times \frac{17040 \times 1030}{6.82 \times 10^6}\left[\sqrt{1+\left(\frac{83 \times 16}{4.4 \times 1030}\right)^2}+0.631\right] \times \frac{235}{345}$$

$$= 1.28 > 0.6$$

根据《钢标》式（C.0.1-7）：

$$\varphi'_b = 1.07 - \frac{0.282}{\varphi_b} = 1.07 - \frac{0.282}{1.28} = 0.85 < 1$$

**【例 1.2.5】** 2012上午27题

某车间设备平台改造增加一跨，新增部分跨度8m，柱距6m，采用柱下端铰接、梁柱刚接、梁与原有平台铰接的刚架结构，平台铺板为钢格栅板；刚架计算简图如图 2012-27 所示；图中长度单位为 mm。刚架与支撑全部采用 Q235-B 钢，手工焊接采用 E43 型焊条。

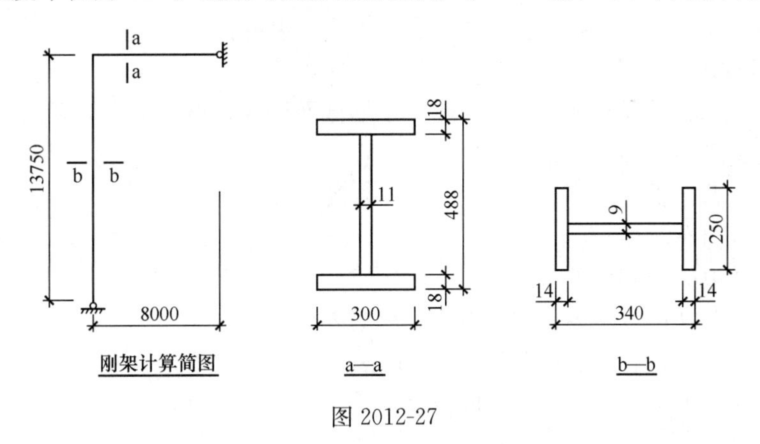


图 2012-27

构件截面参数（$r$=13mm）如表 2012-27 所示。

**截面特性**　　　　**表 2012-27**

| 截面 | 截面面积 $A$（mm²） | 惯性矩（平面内）$I_x$（mm⁴） | 惯性半径 $i_x$（mm） | 惯性半径 $i_y$（mm） | 截面模数 $W_x$（mm³） |
|---|---|---|---|---|---|
| HM340×250×9×14 | 99.53×10² | 21200×10⁴ | 146 | 60.5 | 1250×10³ |
| HM488×300×11×18 | 159.2×10² | 68900×10⁴ | 208 | 71.3 | 2820×10³ |

假设刚架无侧移，刚架梁及柱均采用双轴对称轧制 H 型钢，梁计算跨度 $l_x$=8m，平面外自由长度 $l_y$=4m，梁截面为 HM488×300×11×18，柱截面为 HM340×250×9×14；刚架梁的最大弯矩设计值为 $M_{xmax}$=486.4kN·m，且不考虑截面削弱。试问，刚架梁整体稳定验算时，以应力形式表达的稳定性计算数值（N/mm²）与下列何项数值最为接近？

**提示：**① 假定梁为均匀弯曲的受弯构件。

② 截面满足 S4 等级要求。

(A) 163　　(B) 173　　(C) 183　　(D) 193

**【答案】**(B)

均匀受弯工字形截面，根据《钢标》式（C.0.5-1）计算稳定性系数。

$$\lambda_y = \frac{l_y}{i_y} = \frac{4000}{71.3} = 56.1 < 120$$

$$\varphi_b = 1.07 - \frac{\lambda_y^2}{44000} = 1.07 - \frac{56.1^2}{44000} = 0.998$$

截面满足 S4 等级要求，采用全截面计算。根据《钢标》6.2.2 条计算：

$$\frac{M_x}{\varphi_b W_x} = \frac{486.4 \times 10^6}{0.998 \times 2820 \times 10^3} = 172.8\text{N/mm}^2$$

## 1.2.2　双向受弯构件

### 1. 主要的规范规定

1)《钢标》6.2.3 条：两个主平面内受弯的构件，整体稳定验算公式。

2）《钢标》附录 C：梁的整体稳定系数。

3）《钢标》3.5.1 条：受弯构件的截面板件宽厚比等级及限值规定。

4）《钢标》6.1.2 条：截面塑性发展系数的相关规定。

**2. 对规范规定的理解**

1）两个主平面受弯的 H 型钢截面或工字形截面构件，整体稳定计算流程：

（1）确定稳定系数 $\varphi_b$

同 1.2.1 节单向受弯构件。

（2）判断截面有效性

同 1.2.1 节单向受弯构件。

（3）确定截面塑性发展系数（《钢标》6.1.2 条）

$$\gamma_x,\gamma_y\begin{cases}\text{需计算疲劳的梁(16.1.1 条、16.2.4 条)}，\gamma_x=\gamma_y=1.0\\ \text{H 形、工字形}\begin{cases}\text{宽厚比 S4、S5}，\gamma_x=\gamma_y=1.0\\ \text{宽厚比 S1}\sim\text{S3}，\gamma_x=1.05，\gamma_y=1.20\end{cases}\end{cases}$$

（4）验算

《钢标》式（6.2.3），若 $\dfrac{M_x}{\varphi_b W_x f}+\dfrac{M_y}{\gamma_y W_y f}\leqslant 1.0$，满足要求。

2）《钢标》式（6.2.3）是一个经验公式，公式左边第二项分母中引进绕弱轴的截面塑性发展系数，并不意味绕弱轴弯曲出现塑性，而是适当降低第二项影响，并使公式与式（6.1.1）和式（6.2.2）形式上协调。

**3. 历年真题解析**

**【例 1.2.6】** 2013 上午 19 题

某轻屋盖钢结构厂房，屋面不上人，屋面坡度为 1/10。采用热轧 H 型钢屋面檩条，其水平间距为 3m，钢材采用 Q235 钢。屋面檩条按简支梁设计，计算跨度 $l=12$m。热轧 H 型钢檩条型号为 H400×150×8×13，其截面特性：$A=70.37\times10^2\text{mm}^2$，$I_x=18600\times10^4\text{mm}^4$，$W_x=929\times10^3\text{mm}^3$，$W_y=97.8\times10^3\text{mm}^3$，$i_y=32.2$mm。

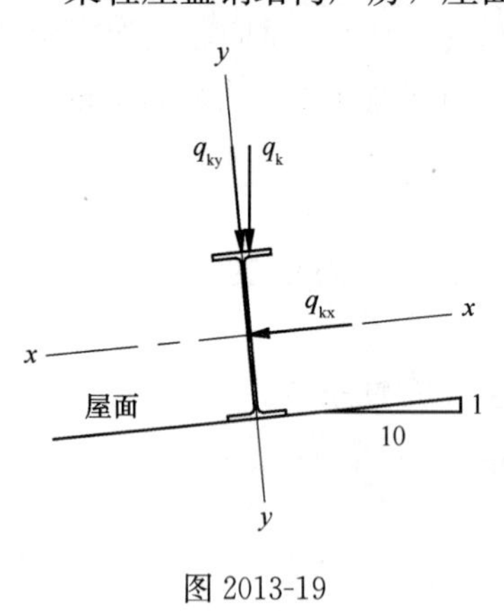

图 2013-19

屋面檩条的截面形式如图 2013-19 所示。屋面檩条支座处已采取构造措施以防止梁端截面的扭转。假定，屋面不能阻止屋面檩条的扭转和受压翼缘的侧向位移，而在檩条间设置水平支撑系统，则檩条受压翼缘侧向支承点之间间距为 4m。檩条垂直于屋面方向的最大弯矩设计值 $M_x=133$kN·m，同一截面处平行于屋面方向的侧向弯矩设计值 $M_y=0.3$kN·m。截面满足 S3 级的要求。试问，对屋面檩条进行整体稳定性计算时，以应力形式表达的整体稳定性计算值（N/mm²）应与下列何项数值最为接近？

（A）205　　（B）190　　（C）170　　（D）145

**【答案】**(C)

等截面轧制 H 型钢简支梁，按《钢标》C.0.1 条计算整体稳定系数。

根据《钢标》附录 C 表 C.0.1 项次 8：$\beta_b=1.20$。

$$l_1 = 4000\text{mm},\ i_y = 32.2\text{mm},\ \lambda_y = \frac{l_1}{i_y} = \frac{4000}{32.2} = 124.2，则$$

$$\varphi_b = \beta_b \frac{4320}{\lambda_y^2} \cdot \frac{Ah}{W_x}\left[\sqrt{1+\left(\frac{\lambda_y t_1}{4.4h}\right)^2} + \eta_b\right]\frac{235}{f_y}$$

$$= 1.20 \times \frac{4320}{124.2^2} \cdot \frac{70.37 \times 10^2 \times 400}{929 \times 10^3}\left[\sqrt{1+\left(\frac{124.2 \times 13}{4.4 \times 400}\right)^2} + 0\right] \times \frac{235}{235}$$

$$= 1.20 \times 0.8485 \times 1.357 = 1.38 > 0.6$$

根据《钢标》式（C.0.1-7）：

$$\varphi'_b = 1.07 - \frac{0.282}{\varphi_b} = 1.07 - \frac{0.282}{1.38} = 0.866 < 1.0$$

$\gamma_y = 1.20$，根据《钢标》6.1.2条：

$$\frac{M_x}{\varphi_b W_x} + \frac{M_y}{\gamma_y W_y} = \frac{133 \times 10^6}{0.866 \times 929 \times 10^3} + \frac{0.3 \times 10^6}{1.20 \times 97.8 \times 10^3}$$

$$= 165.3 + 2.6 = 167.9\text{N/mm}^2$$

**【编者注】**对屋盖檩条来说，屋面是否能阻止屋盖檩条的扭转和受压翼缘的侧向位移取决于屋面板的安装方式：屋面板采用咬合型连接时，宜将其看成对檩条上翼缘无约束，此时应设置横向水平支撑加以约束；屋面板采用自攻螺钉与屋盖檩条连接时，可视其为檩条上翼缘的约束。

## 1.3 局部稳定

**1. 主要的规范规定**

1)《钢标》6.3.1条：可考虑腹板屈曲后强度的条件；腹板稳定性计算的一般规定。

2)《钢标》6.3.2条：焊接截面梁腹部设置加劲肋的规定。

3)《钢标》6.3.6条：梁的横、纵向加劲肋的构造要求

4)《钢标》6.3.7条：梁的支承加劲肋设置规定。

5)《钢标》16.3.2条6款：吊车梁横向加劲肋设置规定。

6)《钢标》6.4节：焊接截面梁腹板考虑屈曲后强度的计算。

**2. 对规范规定的理解**

1）设置加劲肋改变板件区格划分，是防止板件局部屈曲的有效途径，横向加劲肋主要防止剪应力和局部压应力作用下的腹板失稳。纵向加劲肋主要防止弯曲压应力可能引起的腹板失稳。短加劲肋主要防止局部压应力下的腹板失稳。

2）考虑腹板屈曲后强度且满足6.4节要求时，无需额外的加劲肋措施。

3）对无局部加劲肋且承受静力荷载的工字形截面梁，推荐按《钢标》6.4节利用腹板屈曲后强度。因此，《钢标》6.3.2条2款，仅对直接承受动力荷载的吊车梁及类似构件，提出了配置加劲肋的相关要求。

4）梁的受压翼缘受到约束，指的是有刚性铺板、制动板或焊有钢轨时的情况。

5）由于轧制条件限制，轧制梁的翼缘和腹板的厚度较大，轧制型钢一般不会出现局部弹性失稳；而焊接截面梁的设计必须考虑局部稳定。各类焊接截面梁在不同荷载下的截面板件要求见表1.3-1。直接承受动力荷载和需要计算疲劳的差别：可以/不可以考虑塑性

发展；间接与直接承受动力荷载的差别：容许/不容许腹板局部失稳。

**构件截面最低等级要求** **表 1.3-1**

| 构件情况 | 截面板件要求 | 截面最低等级要求 |
|---|---|---|
| 承受静力荷载和<br>间接承受动力荷载的焊接截面梁 | 容许腹部局部失稳（6.3.1条） | S5 |
| 直接承受动力荷载的吊车梁<br>及类似构件 | 不容许腹板局部失稳，截面不考虑塑性发展<br>（6.1.1条条文说明） | S4 |
| | 不容许腹板局部失稳，截面考虑塑性发展<br>（6.1.1条条文说明） | S3 |
| 需要验算疲劳的吊车梁<br>及类似构件 | 截面不可以发生塑性发展<br>（6.1.2条3款） | S4 |

注：S4截面等级要求，在弹性弯曲应力条件下，翼缘、腹板不出现弹性屈曲。

### 3. 历年真题解析

**【例 1.3.1】** 2016 上午 20 题

Q345 焊接吊车梁腹板采用$-900\times10$截面。试问，采用下列何种措施最为合理？

（A）设置横向加劲肋，并计算腹板的稳定性

（B）设置纵向加劲肋

（C）加大腹板厚度

（D）可考虑腹板屈曲后强度，按《钢结构设计标准》GB 50017—2017 第 6.4 节的规定计算抗弯和抗剪承载力

**【答案】**（A）

吊车梁承受动力荷载，根据《钢标》6.3.1条，不可考虑屈曲后强度，排除（D）。

腹板高厚比：$\frac{h_0}{t_w}=\frac{900}{10}=90>80\sqrt{\frac{235}{345}}=66$，$\frac{h_0}{t_w}=\frac{900}{10}=90<170\sqrt{\frac{235}{345}}=140$，依据6.3.1条，应计算腹板的稳定性。

依据6.3.2条2款，应配置横向加劲肋，无需设置纵向加劲肋。

腹板厚度取值对构件用钢量影响很大，采用设置腹板横向加劲肋的设计最为合理。

**【例 1.3.2】** 2014 上午 29 题

假定，某承受静力荷载作用且无局部压应力的两端铰接钢结构次梁，腹板仅配置支承加劲肋，材料采用 Q235 钢，截面如图 2014-29 所示。试问，当符合《钢结构设计标准》GB 50017—2017 第 6.4.1 条的设计规定时，下列说法何项最为合理？

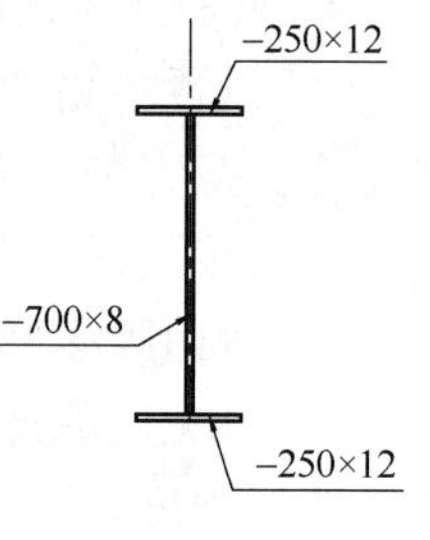

图 2014-29

**提示：**“合理”指结构造价最低。

（A）应加厚腹板

（B）应配置横向加劲肋

（C）应配置横向及纵向加劲肋

（D）无需增加额外措施

**【答案】**（D）

依据《钢标》6.3.1条，承受静力荷载作用且无局部压应力的焊接截面梁，可考虑腹

板屈曲后强度。

根据题干，仅设置支承加劲肋且满足《钢标》6.4.1条的计算要求，故满足屈曲后强度的计算要求，无需额外的加劲肋措施。

**【例 1.3.3】** 2013上午21题

假定，次梁AB两端铰接，采用焊接工字形截面，截面尺寸为H600×200×6×12，如图2013-21所示，Q235钢材。试问，下列说法何项正确？

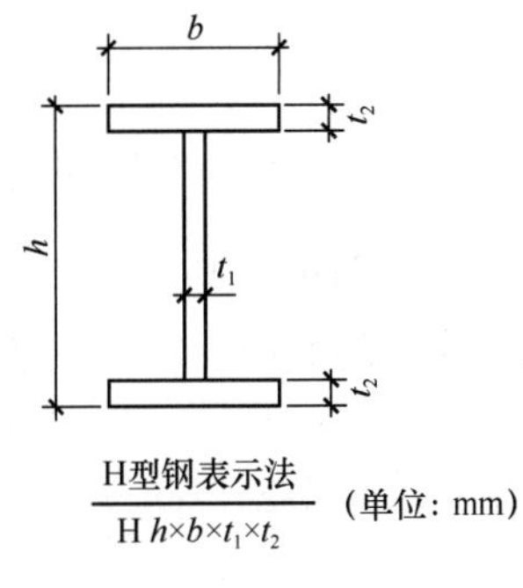


图 2013-21

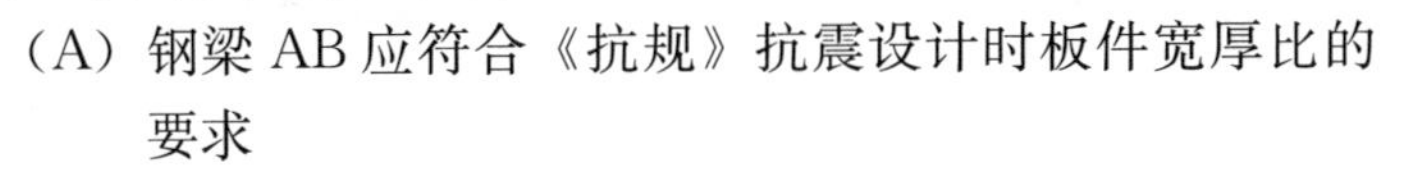

(A) 钢梁AB应符合《抗规》抗震设计时板件宽厚比的要求

(B) 按《钢标》式(6.1.1)、式(6.1.3)计算强度，按《钢标》6.3.2条设置横向加劲肋，需计算腹板稳定性

(C) 按《钢标》式(6.1.1)、式(6.1.3)计算强度，并按《钢标》6.3.2条设置横向加劲肋及纵向加劲肋，无需计算腹板稳定性

(D) 可按《钢标》6.4节计算腹板屈曲后强度，并按《钢标》6.3.3条、6.3.4条计算腹板稳定性

**【答案】**(B)

钢梁AB为非抗震构件，无需按《抗规》进行抗震设计，因此(A)错误。

腹板高厚比计算：$\dfrac{600-2\times12}{6}=96>80$

不考虑腹板屈曲后强度时，根据《钢标》6.3.2条，应设置横向加劲肋，无需设置纵向加劲肋，且根据6.3.1条，应计算腹板稳定性，因此(B)正确、(C)错误。

钢梁AB为次梁，仅承受静力荷载，可考虑腹板屈曲后强度，进行抗弯及抗剪承载力计算，无需再计算腹板的稳定性，故(D)错误。

## 1.4　挠度变形计算

**1. 主要的规范规定**

1)《钢标》3.1.5条：荷载组合相关规定。

2)《钢标》3.1.7条：荷载取值相关规定。

3)《钢标》3.4.1条及附录B：结构或构件的容许变形值。

4)《钢标》3.4.2条：计算截面的规定。

5)《钢标》3.4.3条：起拱的相关规定。

**2. 对规范规定的理解**

1) 简支梁、悬臂梁在集中荷载、均布荷载作用下的挠度计算公式：

跨度为$l$的简支梁在跨中集中荷载作用下，挠度计算值为$v=\dfrac{F_k l^3}{48EI}$；

跨度为$l$的简支梁在均布荷载作用下，挠度计算值为$v=\dfrac{5q_k l^4}{384EI}$；

跨度为 $l$ 的悬臂梁在端部集中荷载作用下，挠度计算值为 $v=\dfrac{F_k l^3}{3EI}$；

跨度为 $l$ 的悬臂梁在均布荷载作用下，挠度计算值为 $v=\dfrac{q_k l^4}{8EI}$。

2）《钢标》附录表 B.1.1 注 1，计算挠度限值时，悬臂梁跨度为悬臂长度的 2 倍（《混规》亦有类似规定）。由于同样荷载作用下，悬臂梁的挠度计算值远大于同跨度的简支梁（均布荷载下为 9.6 倍），可以认为即使计算挠度限值时，悬臂梁跨度放大了 2 倍，其实际挠度要求还是比相同长度的简支梁要求严格。

3）双向弯曲时，挠度取值为 $v=\sqrt{v_x^2+v_y^2}$。

**3. 历年真题解析**

**【例 1.4.1】** 2019 上午 21 题

某焊接工字形等截面简支梁跨度为 12m，钢材采用 Q235，结构的重要性系数取 1.0。假定，简支梁上承受均布荷载标准值为 $q_k=90\text{kN/m}$，不考虑起拱因素。试问，简支梁的最大挠度与其跨度之比值，与下列哪项数值最为接近？

**提示：** 毛截面惯性矩 $I_x=590560\times10^4\text{mm}^4$。

（A）1/300　　（B）1/400　　（C）1/500　　（D）1/600

**【答案】**（D）

根据《钢标》4.4.8 条，$E=206\times10^3\text{N/mm}^2$。

均布荷载作用下，简支梁挠度 $\omega=\dfrac{5q_k l^4}{384EI}$，最大挠度与跨度比为：

$$\frac{\omega}{l}=\frac{5q_k l^3}{384EI}=\frac{5\times90\times(12000)^3}{384\times206\times10^3\times590560\times10^4}\approx\frac{1}{600}$$

**【例 1.4.2】** 2013 上午 17 题

某轻屋盖钢结构厂房，不上人屋面坡度为 1/10。采用热轧 H 型钢屋面檩条，水平间距为 3m，Q235 钢。檩条按简支梁设计，计算跨度 $l=12\text{m}$。假定，屋面水平投影面上的荷载标准值：屋面自重为 $0.18\text{kN/m}^2$，均布活荷载为 $0.5\text{kN/m}^2$，积灰荷载为 $1.00\text{kN/m}^2$，雪荷载为 $0.65\text{kN/m}^2$。热轧 H 型钢檩条型号为 H400×150×8×13，自重为 0.56kN/m；其截面特性：$A=70.37\times10^2\text{mm}^2$，$I_x=18600\times10^4\text{mm}^4$，$W_x=929\times10^3\text{mm}^3$，$W_y=97.8\times10^3\text{mm}^3$，$i_y=32.2\text{mm}$。屋面檩条的截面形式如图 2013-17 所示。

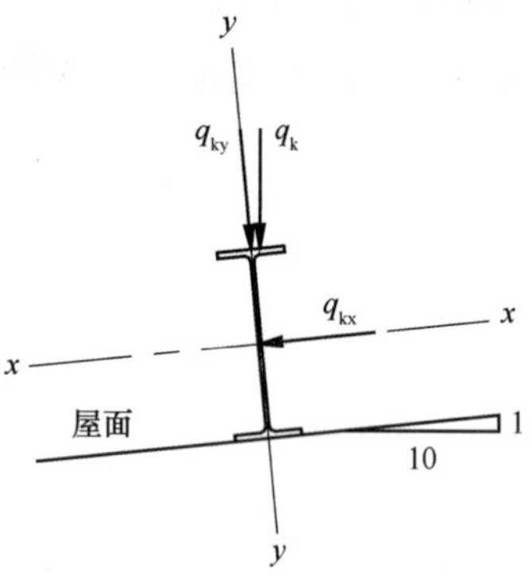

图 2013-17

试问，屋面檩条垂直于屋面方向的最大挠度（mm）应与下列何项数值最为接近？

**提示：** 根据《荷规》作答。

（A）40　　（B）50　　（C）60　　（D）80

**【答案】**（A）

根据《钢标》3.1.5 条：按正常使用极限状态设计钢结构时，应考虑荷载效应的标准组合。

根据《荷规》5.4.3 条：积灰荷载应与雪荷载或不上人的屋面均布活荷载两者中的较

大值同时考虑。本题应考虑积灰荷载与雪荷载共同作用。

《荷规》5.4.1条，适用于有大量积灰荷载且有有效除灰措施的情况，本题应按3.2.3条条文说明，积灰荷载组合值系数0.7。

根据《荷规》7.1.5条：雪荷载的组合值系数可取0.7。

因此积灰荷载为第一控制活荷载。

根据《荷规》3.2.8条，作用在屋面檩条上的线荷载标准值为：

$$q_k=(0.18\times3+0.56)+(1.00+0.7\times0.65)\times3=5.465\text{kN/m}$$

垂直于屋面方向的荷载标准值为：

$$q_{ky}=5.465\times\frac{10}{\sqrt{10^2+1^2}}=5.44\text{kN/m}$$

$$\upsilon=\frac{5}{384}\cdot\frac{q_{ky}l^4}{EI_x}=\frac{5}{384}\cdot\frac{5.44\times12000^4}{206\times10^3\times18600\times10^4}=38.3\text{mm}$$

# 2 轴心受力构件

## 2.1 截面强度计算

**1. 主要的规范规定**

1)《钢标》7.1.1 条：轴心受拉构件截面强度计算规定。

2)《钢标》7.1.2 条：轴心受压构件计算要求。

3)《钢标》7.1.3 条：危险截面的有效截面系数。

4)《钢标》7.3.1 条：不出现局部失稳的宽厚比要求。

5)《钢标》11.5.1 条：高强度螺栓 $d_0$ 取值规定。

6)《钢标》11.5.2 条：计算螺栓孔引起的截面削弱时孔型尺寸取值。

**2. 对规范规定的理解**

1) 除采用高强度螺栓摩擦型连接者外，截面无削弱时，采用毛截面屈服准则计算。当截面上的拉应力超过屈服强度 $f_y$，虽然受拉构件还能承担荷载，但其伸长会明显增加，实际上已不能继续使用；截面有削弱的轴心受拉构件，需补充净截面断裂准则计算。在截面削弱处产生应力集中，弹性阶段孔洞边缘应力很大，一旦材料屈服后，截面内便发生应力重分布，最后由于削弱截面的平均应力达到钢材的抗拉强度 $f_u$ 而破坏，局部削弱的截面在整个构件长度范围内所占比例较小，这些截面屈服后局部变形的发展对构件整体的伸长变形影响不大。

当构件为沿全长都有排列较密螺栓的组合构件时（图 2.1-1），其截面强度可仅按净截面计算。

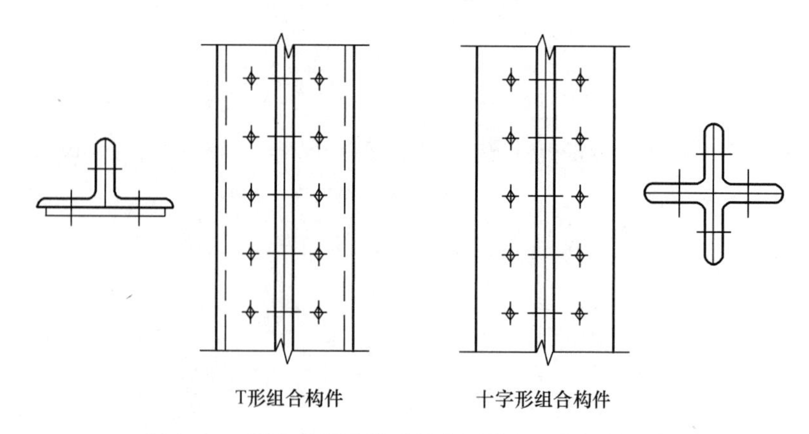


图 2.1-1 沿全长都有排列较密螺栓的组合构件示意

2) 当采用普通螺栓（或铆钉）连接，并且为并列布置时，如图 2.1-2 (a) 所示，最危险截面为正交截面（Ⅰ-Ⅰ）；错列布置时，如图 2.1-2（b）所示，可能沿正交截面（Ⅰ-Ⅰ）破坏，也可能沿齿状截面（Ⅱ-Ⅱ）破坏，$A_n$ 取较小面积计算。

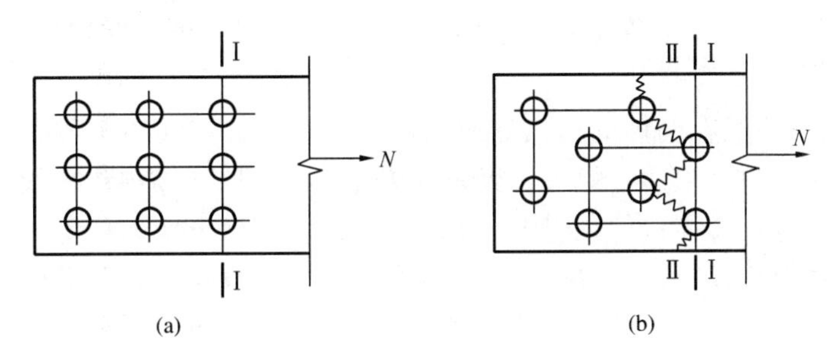


图 2.1-2　最危险截面的确定

3）高强度螺栓摩擦型连接，在轴心力作用下，存在孔前接触面传力。根据试验结果，孔前传力系数可取 0.5，即每排高强度螺栓所分担的内力，已有 50%在孔前摩擦面中传递。如图 2.1-3 所示，芯板①在Ⅰ-Ⅰ截面处，螺栓孔前传力为：$0.5\times2\times\frac{N}{8}=\frac{1}{8}N$，故Ⅰ-Ⅰ截面传力为 $N-\frac{1}{8}N=\frac{7}{8}N$。

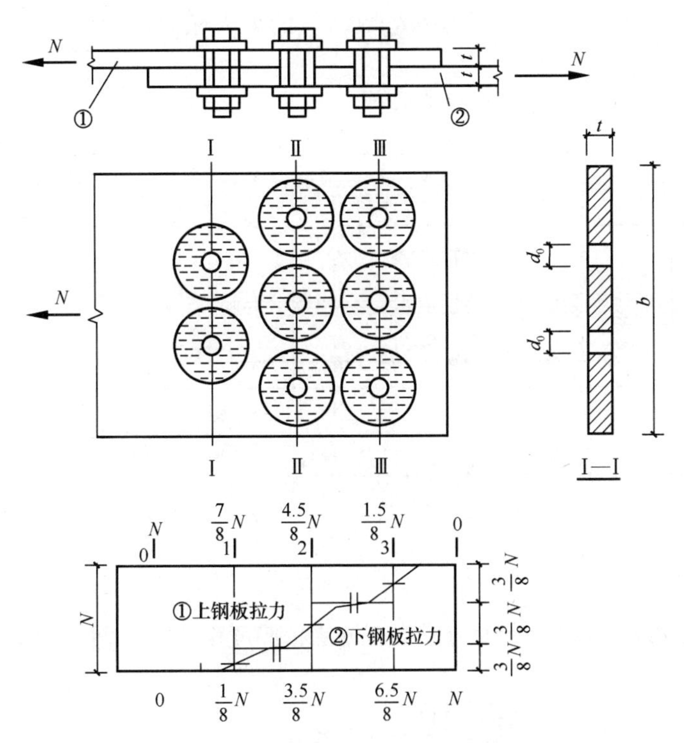


图 2.1-3　轴心力作用下高强度螺栓摩擦型连接

同理，芯板①在Ⅱ-Ⅱ截面处，螺栓孔前传力为：$2\times\frac{1}{8}N+0.5\times3\times\frac{1}{8}N=\frac{3.5}{8}N$，故Ⅱ-Ⅱ截面传力为 $N-\frac{3.5}{8}N=\frac{4.5}{8}N$。应注意，Ⅰ-Ⅰ净截面断裂可采用《钢标》式

(7.1.1-3)计算。而Ⅱ-Ⅱ截面净截面断裂计算，根据实际截面传力，按 $N_{Ⅱ-Ⅱ}/A_{n,Ⅱ-Ⅱ} \leqslant 0.7f_u$ 计算。

4)《钢标》表11.5.2注3规定，计算螺栓孔引起的截面削弱时取 $d$+4mm和 $d_0$ 的较大者。

5)净截面位置一般在构件的拼接处或构件的两端的节点处。工字形截面上、下翼缘和腹板都有拼接板，力可以通过腹板、翼缘直接传递，这种连接构造净截面全部有效。仅在工字形上、下翼缘设有连接件，当力接近连接处时，截面上应力从均匀分布转为不均匀分布，净截面不能全部发挥作用，设计按均匀分布假定计算时，应采用有效净截面面积。

6)实腹轴心受压构件满足7.3.1条的板件宽厚比要求时，方可按7.1.2条进行强度计算，否则应按7.3.3条进行设计。

7)《钢标》7.1.3条条文说明指出，孔洞有螺栓填充者，不属于虚孔，不需要验算净截面轴压强度。

**3. 历年真题解析**

**【例2.1.1】**2017上午24题

假定，钢梁按内力需求拼接，翼缘承受全部弯矩，钢梁截面采用焊接H形钢H450×200×8×12，连接接头处弯矩设计值 $M$=210kN·m，采用摩擦型高强度螺栓连接(标准孔)，如图2017-24所示。试问，该连接处翼缘板的最大应力设计值 $\sigma$ (N/mm²)，与下列何项数值最为接近?

**提示：**翼缘板根据弯矩按轴心受力构件计算。

(A) 120　　(B) 150　　(C) 190　　(D) 220

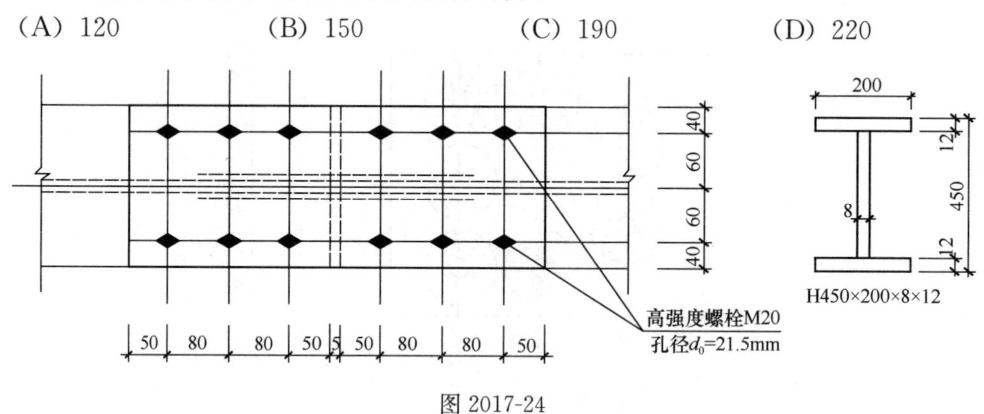


图2017-24

**【答案】**(D)

弯矩等效为力偶，截面的高度应取两个翼缘板厚度中心线之间的距离，翼缘板所受到的轴心力：

$$N=\frac{M}{h}=\frac{210\times10^6}{450-12}\times10^{-3}=479.5\text{kN}$$

根据《钢标》式(7.1.1-1)，毛截面屈服：

$$\sigma=\frac{N}{A}=\frac{479.5\times10^3}{200\times12}=199.8\text{N/mm}^2$$

根据《钢标》式(7.1.1-3)，净截面断裂：$\sigma=\left(1-0.5\dfrac{n_1}{n}\right)\dfrac{N}{A_n}$，其中：$n_1$=2，$n$=6。

根据《钢标》表 11.5.2 注 3，max($d$+4mm，$d_0$)=max(24，21.5)=24mm。

$$\sigma=\left(1-0.5\frac{n_1}{n}\right)\frac{N}{A_n}=\left(1-0.5\times\frac{2}{6}\right)\times\frac{479.5\times10^3}{(200-2\times24)\times12}=219\text{N/ mm}^2$$

应取两者中较大值。

**【例 2.1.2】**2013 上午 28 题

次梁与主梁采用高强度螺栓摩擦型连接，次梁上翼缘与连接板每侧各采用 6 个高强度螺栓，其刚接节点如图 2013-28 所示。次梁上翼缘处的连接板厚度 $t$=16mm，在高强度摩擦型螺栓处连接板的净截面面积 $A_n$=18.5×10$^2$mm$^2$。次梁上翼缘处的连接板需要承受由支座弯矩产生的轴心拉力设计值 $N$=360kN。试问，该连接板按轴心受拉构件进行计算，在高强度螺栓摩擦型连接处的最大应力计算值（N/mm$^2$）应与下列何项数值最接近?

(A) 140　　(B) 165　　(C) 195　　(D) 215

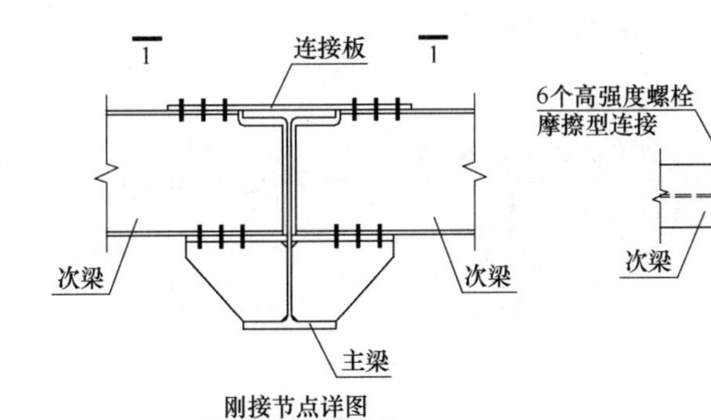


图 2013-28

**【答案】**(B)

根据《钢标》式（7.1.1-1），毛截面屈服：

$$\sigma=\frac{N}{A}=\frac{360\times10^3}{160\times16}=140.6\text{N/mm}^2$$

根据《钢标》式（7.1.1-3），净截面断裂：

$$\sigma=\left(1-0.5\frac{n_1}{n}\right)\frac{N}{A_n}=\left(1-0.5\times\frac{2}{6}\right)\frac{360\times10^3}{18.5\times10^2}=162.2\text{N/mm}^2$$

应取两者中较大值。

**【例 2.1.3】**2003 上午 29 题

受拉板件（Q235 钢，−400×22），工地采用高强度螺栓摩擦型连接（M20，10.9 级，标准孔，$\mu$=0.45）。试问，图 2003-29 中，关于板件的抗拉承载力，何项判断是正确的?

(A) 图（A）和图（B）承载力相等　　(B) 图（D）承载力最大

(C) 图（C）承载力最大　　(D) 四种连接承载力相等

**【答案】**(D)

根据《钢标》7.1.1 条，4 个连接的毛截面承载力均为 400×22$f$=8800$f$。

以下计算各选项的净截面承载力。

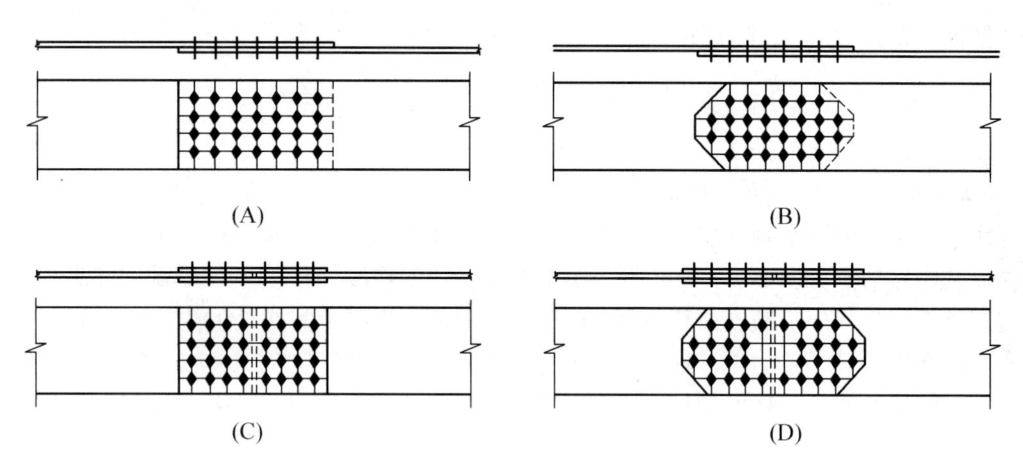


图 2003-29

(A) 选项：

$$\frac{A_n \times (0.7f_u)}{1-0.5\dfrac{n_1}{n}} = \frac{22\times(400-4\times24)\times(0.7f_u)}{1-0.5\times\dfrac{4}{28}} = 7202\times(0.7f_u)$$

(B) 选项：

最左侧一排螺栓处：

$$\frac{A_n \times (0.7f_u)}{1-0.5\dfrac{n_1}{n}} = \frac{22\times(400-2\times24)\times(0.7f_u)}{1-0.5\times\dfrac{2}{28}} = 8031\times(0.7f_u)$$

左侧第二排螺栓处：

$$\frac{A_n \times (0.7f_u)}{1-\dfrac{n_1}{n}-0.5\dfrac{n_2}{n}} = \frac{22\times(400-4\times24)\times(0.7f_u)}{1-\dfrac{2}{28}-0.5\times\dfrac{4}{28}} = 7803\times(0.7f_u)$$

净截面承载力取 7803× $(0.7f_u)$。

(C) 选项：

$$\frac{A_n \times (0.7f_u)}{1-0.5\dfrac{n_1}{n}} = \frac{22\times(400-4\times24)\times(0.7f_u)}{1-0.5\times\dfrac{4}{16}} = 7643\times(0.7f_u)$$

(D) 选项：

最左侧一排螺栓处：

$$\frac{A_n \times (0.7f_u)}{1-0.5\dfrac{n_1}{n}} = \frac{22\times(400-2\times24)\times(0.7f_u)}{1-0.5\times\dfrac{2}{16}} = 8260\times(0.7f_u)$$

左侧第二排螺栓处：

$$\frac{A_n \times (0.7f_u)}{1-\dfrac{n_1}{n}-0.5\dfrac{n_2}{n}} = \frac{22\times(400-4\times24)\times(0.7f_u)}{1-\dfrac{2}{16}-0.5\times\dfrac{4}{16}} = 8917\times(0.7f_u)$$

净截面承载力取 8260× $(0.7f_u)$。

Q235，厚度 20mm，$f=205\text{N/mm}^2$，$0.7f_u=259\text{N/mm}^2$。四种连接板件承载力均由

毛截面控制，承载力相等。

## 2.2 整体稳定性计算

### 2.2.1 不考虑屈曲后强度的实腹式构件整体稳定计算

**1. 主要的规范规定**

1）《钢标》7.2.1 条：实腹式构件轴心受压构件的稳定性公式。

2）《钢标》7.2.2 条：实腹式构件的长细比计算。

3）《钢标》7.3.1 条：不出现局部失稳的宽厚比要求。

4）《钢标》7.4 节：轴心受力构件的计算长度及容许长细比。

5）《钢标》附录 D：轴心受压构件的稳定系数表。

**2. 对规范规定的理解**

1）实腹式构件轴压稳定计算流程：

（1）确定长细比（计算长度取值见《钢标》7.4 节，本书表 2.4-1）

$\lambda$
- 形心与剪心重合
  - 弯曲屈曲，$\lambda_x = l_{0x}/i_x$，$\lambda_y = l_{0y}/i_y$ → 对称工字形、H 形
  - 扭转屈曲，按《钢标》式(7.2.2-3) 计算 $\lambda_z$（仅 $Z$ 形、十字形 $b/t > 15\varepsilon_k$ 时）
- 单轴对称
  - 绕非对称轴弯曲屈曲，$\lambda_x = l_{0x}/i_x$
  - 绕对称轴弯扭屈曲，按《钢标》式(7.2.2-4) 计算 $\lambda_{yz}$（等边单角钢 $l_{0x} = l_{0y}$，可不计算）
  - 双角钢组合 T 形绕对称轴按《钢标》式(7.2.2-5) ～ (7.2.2-13) 计算 $\lambda_{yz}$
- 无对称轴且形心剪心不重合，按《钢标》式(7.2.2-14) 计算 $\lambda_{yz}$
- 不等边角钢，按《钢标》式(7.2.2-20) ～ (7.2.2-22) 计算 $\lambda_{yz}$（简化公式）

（2）确定较小的稳定系数

$\lambda/\varepsilon_k$，由《钢标》表 7.2.1-1、表 7.2.1-2 截面分类结合附录 D，查 $\varphi_{min}$。

（3）验算

按《钢标》7.2.1 条，若 $\dfrac{N}{\varphi A f} \leqslant 1.0$，满足要求。

2）整体失稳破坏是轴心受压构件的主要破坏形式。轴心受压构件整体失稳的变形形式与截面形式有密切关系。一般情况下，双轴对称截面如工字形截面、H 形截面在失稳时只出现弯曲变形，称为弯曲失稳。单轴对称截面如不对称工字形截面、槽形截面、T 形截面等，在绕非对称轴失稳时也是弯曲失稳；而绕对称轴失稳时，不仅出现弯曲变形，还有扭转变形，称为弯扭失稳。无对称轴的截面如不等肢 L 形截面，在失稳时均为弯扭失稳。对于十字形截面和 Z 形截面，除去出现弯曲失稳外，还可能出现只有扭转变形的扭转失稳。

3）使用换算长细比后，弹性阶段的理想轴心压杆的弯扭失稳、扭转失稳的临界应力计算公式，与弯曲失稳的临界应力公式，可以统一成《钢标》式（7.2.1）的相同形式。

4）从理想构件到实际构件的修正：实际轴心压杆都带有多种初始缺陷，如杆件的初弯曲、初扭曲、荷载作用的初偏心、制作引起的残余应力、材性的不均匀等。上述这些初始缺陷对失稳极限荷载值都会有影响，因此实际轴心压杆的稳定极限承载力不是长细比的

唯一函数。《钢标》按截面形式、失稳方向、板件厚度、制造加工方式确定归类，确定了附录 D 中 a、b、c、d 的 4 条稳定系数曲线。

5）剪心指截面扭转不动点，也称弯曲中心、扭转中心。横向力过该点不产生扭矩，无外扭矩构件只受弯剪。剪力中心一定在对称轴上。如果组成截面的板件，交于一点，此点即为剪力中心（图 2.2-1）。

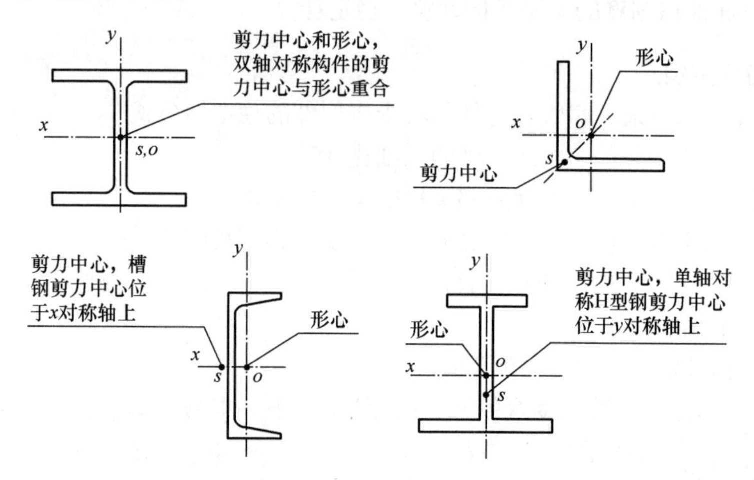


图 2.2-1 各种截面的剪力中心和形心

6）实腹轴心受压构件满足《钢标》7.3.1 条的板件宽厚比要求时，方可使用《钢标》式（7.2.1）进行稳定性计算，否则应按《钢标》7.3.3 条进行设计。

7）在进行轴心受压构件的稳定性计算时，需要考虑受压构件在两个方向的截面分类，再根据截面分类确定两个方向相应的稳定系数，最终取较小的稳定性系数进行计算。

8）等稳定性设计原则：设计构件时，使构件在两个主轴方向的长细比尽量接近。若已知一个主轴方向的长细比，可根据此原则对另一主轴方向长细比进行计算。此原则同样适用于格构式受压构件。一般来说，较大的计算长度对应较大的回转半径，较小的计算长度对应较小的回转半径。

9）单边连接的钢角钢计算详见《钢标》7.6 节及本书 2.6 节。

**3. 历年真题解析**

**【例 2.2.1】** 2020 上午 26 题

某轧制截面摇摆柱，几何长度为 4000mm，采用 Q345 钢，截面特性如图 2020-26 所示。

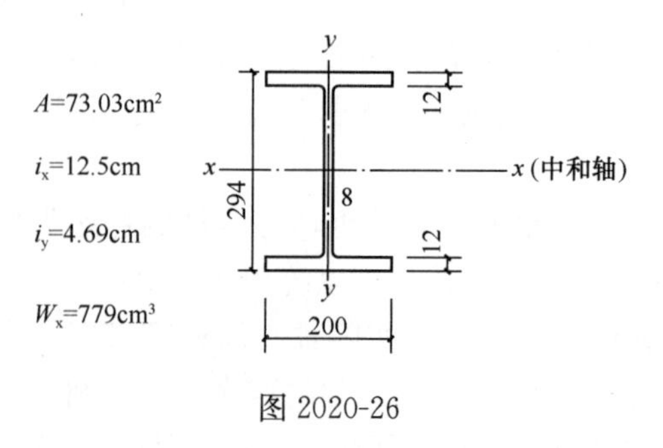


图 2020-26

试问，其受压承载力设计值（kN），与下列何项数值最为接近？

（A）1027　　（B）1192　　（C）1457　　（D）2228

**【答案】**（B）

摇摆柱为轴心受力构件，根据《钢标》7.2.2条，计算长度 $l_{0x}=4000\text{mm}$，回转半径 $i_x=125\text{mm}, i_y=46.9\text{mm}$，回转半径相差较大，取 $y$ 轴计算：

$$\lambda_y=\frac{4000}{46.9}=85.3$$

根据《钢标》表7.2.1-1，$b/h=\frac{200}{294}=0.68<0.8$，对 $y$ 轴取b类：

$$\lambda_y/\varepsilon_k=85.3/0.825=103$$

由《钢标》附录D.0.2得 $\varphi_y=0.535$。

根据《钢标》式（7.2.1）：

$$\varphi Af=0.535\times7303\times305\times10^{-3}=1191.6\text{kN}$$

**【例2.2.2】**2017上午18题

某商厦增建钢结构入口大堂，其屋面结构布置如图2017-18所示，新增钢结构依附于商厦的主体结构。钢材采用Q235B钢，钢柱GZ-1和钢梁GL-1均采用热轧H型钢H446×199×8×12制作，其截面特性为：$r=13\text{mm}$，$A=8297\text{mm}^2$，$I_x=28100\times10^4\text{mm}^4$，$I_y=1580\times10^4\text{mm}^4$，$i_x=184\text{mm}$，$i_y=43.6\text{mm}$，$W_x=1260\times10^3\text{mm}^3$，$W_y=159\times10^3\text{mm}^3$。钢柱高15m，上、下端均为铰接，弱轴方向5m和10m处各设一道系杆XG。

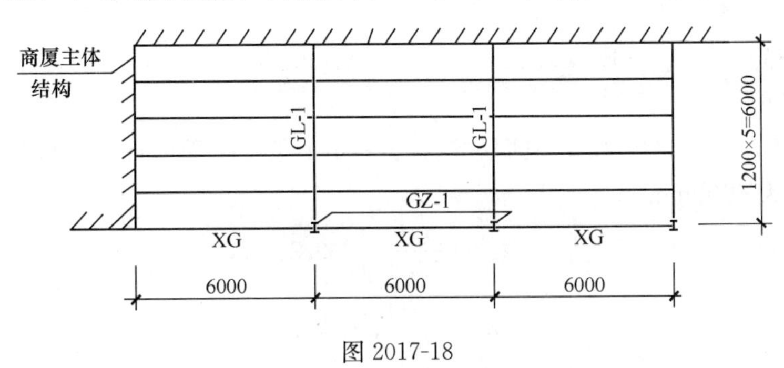


图2017-18

假定，钢柱GZ-1轴心压力设计值 $N=330\text{kN}$。试问，对该钢柱进行稳定性验算，由 $N$ 产生的最大应力设计值（$\text{N/mm}^2$），与下列何项数值最为接近？

**提示：**截面板件宽厚比满足局部稳定要求。

（A）50　　（B）65　　（C）85　　（D）100

**【答案】**（C）

热轧型钢，截面宽厚比满足《钢标》7.3.1条局部稳定要求。

主轴平面内：$$\lambda_x=\frac{l_{0x}}{i_x}=\frac{15000}{184}=82$$

主轴平面外：$$\lambda_y=\frac{l_{0y}}{l_y}=\frac{5000}{43.6}=115$$

根据《钢标》表7.2.1-1，$b/h<0.8$，截面对 $x$ 轴属于a类，对 $y$ 轴属于b类。根据《钢标》附录D，较小的稳定性系数为0.464。

$$\sigma_y = \frac{N}{\varphi_y A} = \frac{330 \times 10^3}{0.464 \times 8297} = 85.7\text{N/mm}^2$$

$$\sigma_{max} = \sigma_y = 85.7\text{N/mm}^2$$

**【例 2.2.3】** 2011 上午 24 题

某厂房屋面上弦平面布置如图 2011-24 所示，钢材采用 Q235，焊条 E43 型。

托架上弦杆 CD 选用双角钢组合 T 形截面，┬┬ 140×10，截面特性为：$A=5475\text{mm}^2$，$i_x=43.4\text{mm}$，$i_y=61.2\text{mm}$，轴心压力设计值为 450kN，当对该压杆验算整体稳定性时，公式左侧求得的数值，与下列何项数值最为接近？

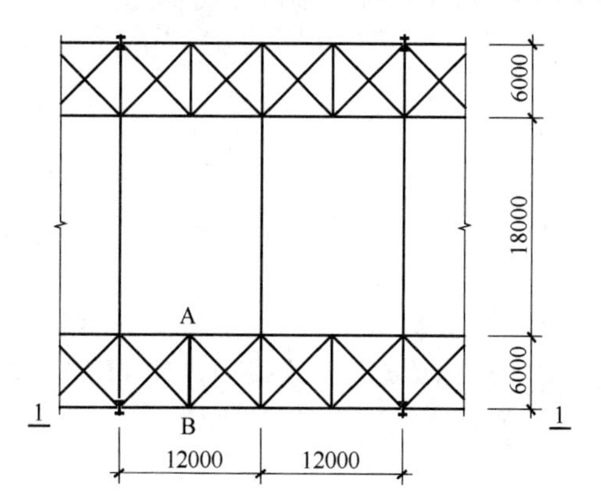


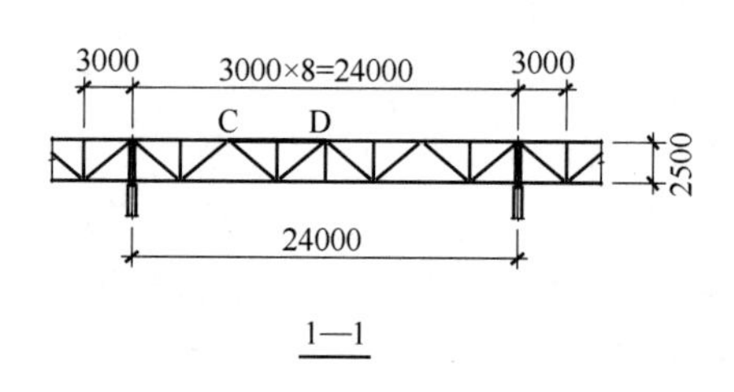


图 2011-24

(A) 0.465　　(B) 0.512　　(C) 0.605　　(D) 0.715

**【答案】** (D)

CD 杆长度 $l_{cd} = 6000\text{mm}$，根据《钢标》7.4.1 条，平面内计算长度为 3000mm，平面外计算长度为 6000mm。

$$\lambda_x = \frac{3000}{43.4} = 69.1$$

$$\lambda_y = \frac{6000}{61.2} = 98$$

双角钢组合 T 形截面，根据《钢标》式 (7.2.2-7)：

$$\lambda_z = 3.9\frac{b}{t} = 3.9 \times 14 = 54.6 < \lambda_y = 98$$

$$\lambda_{yz} = \lambda_y\left[1 + 0.16\left(\frac{\lambda_z}{\lambda_y}\right)^2\right] = 98 \times \left[1 + 0.16 \times \left(\frac{54.6}{98}\right)^2\right] = 103$$

根据《钢标》表 7.2.1-1，对 $x$ 轴和 $y$ 轴均为 b 类，用较大的长细比查《钢标》附录 D，得 $\varphi_{min} = 0.535$。

根据《钢标》式 (7.2.1)：

$$\frac{N}{\varphi A f} = \frac{450 \times 10^3}{0.535 \times 5475 \times 215} = 0.715$$

### 2.2.2　格构式构件的整体稳定计算

**1. 主要的规范规定**

1）《钢标》7.2.3 条：格构式轴心受压构件稳定性的计算公式及虚轴换算长细比。

2）《钢标》7.2.1 条：轴心受压构件的稳定性计算。

**2. 对规范规定的理解**

1）双肢组合构件轴压稳定计算流程如下：

（1）计算长细比

$\lambda$：

缀板柱：
- 实轴 $\lambda_y = l_{0y}/i_y$
- 虚轴 $\lambda_{0x} = \sqrt{\lambda_x^2 + \lambda_1^2}$，其中 $\lambda_x = l_{0x}/i_x$，$\lambda_1 = l_{01}/i_1$（$l_{01}$：焊接，缀板净距；螺栓连接，螺栓间距）

（其中，分肢的最小刚度轴为 1-1 轴，分肢截面相同时 $i_x = \sqrt{i_1^2 + s^2}$，见图 2.2-3）

缀条柱：
- 实轴 $\lambda_y = l_{0y}/i_y$
- 虚轴 $\lambda_{0x} = \sqrt{\lambda_x^2 + 27A/A_{1x}}$，其中 $\lambda_x = l_{0x}/i_x$，$A_{1x}$：单系缀条，2 根缀条面积；双系缀条，4 根缀条面积

（2）确定稳定系数

根据 $\lambda$、$\varepsilon_k$，由表 7.2.1-1、表 7.2.1-2 确定截面分类，查附录 D 得 $\varphi_{min}$。

（3）验算

按《钢标》7.2.1 条验算，若 $\dfrac{N}{\varphi Af} \leqslant 1.0$，满足要求。

2）轴心受压格构式构件绕实轴失稳时，它的整体稳定与实腹式压杆相同。因此，其整体稳定的极限承载力计算公式采用《钢标》式（7.2.1）计算，其中 $\lambda_y = l_{0y}/i_y$，$l_{0y}$ 为整个组合构件对实轴 $y$ 的计算长度，$i_y$ 为整个组合截面对实轴 $y$ 轴的回转半径。

3）轴心受压格构式构件绕虚轴失稳时，需要考虑在剪力作用下，柱肢和缀条或缀板变形的影响。采用换算长细比后，计算方法与实腹式构件相同。

4）分肢对最小刚度轴 1-1 的长细比，如图 2.2-2 所示，其计算长度取值：焊接时，为相邻两缀板的净距离；螺栓连接时，为相邻两缀板边缘螺栓的距离。设图 2.2-3 中，1 轴与 $x$ 轴的距离为 $s$，若两分肢截面相同，根据移轴公式，则有 $i_x = \sqrt{i_1^2 + s^2}$。

5）双肢组合构件，当缀件为缀条时，《钢标》式（7.2.3-2）中，$A$ 为整个组合截面的面积；$A_{1x}$ 为构件截面中垂直于 $x$ 轴的各斜缀条毛面积之和，取值见图 2.2-4。

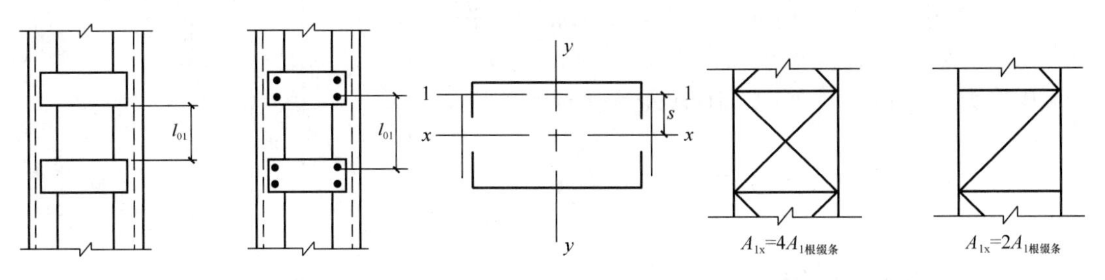


图 2.2-2　分肢计算长度取值　　图 2.2-3　双肢组合构件轴线示意　　图 2.2-4　双肢组合构件面积取值

**3. 历年真题及自编题解析**

**【例 2.2.4】** 2012 上午 20 题

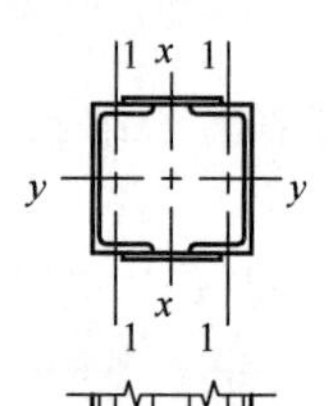


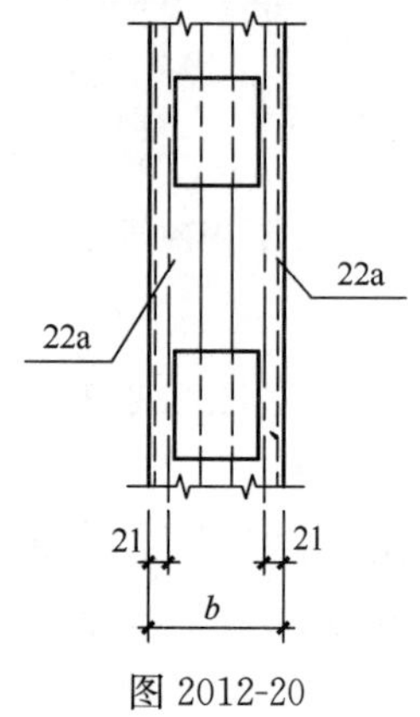


图 2012-20

某钢结构平台，由于使用中增加荷载，需增设一格构柱，柱高 6m，两端铰接，轴心压力设计值为 1000kN，钢材采用 Q235 钢，焊条采用 E43 型，截面无削弱，格构柱如图 2012-20 所示，截面特性如表 2012-20 所示。

**截面特性** **表 2012-20**

| 截面 | $A$（mm²） | $I_1$（mm⁴） | $i_y$（mm） | $i_1$（mm） |
|---|---|---|---|---|
| [22a | 3180 | $1.58\times10^6$ | 86.7 | 22.3 |

缀板的设置满足《钢结构设计标准》GB 50017—2017 的规定。试问，该格构柱作为轴心受压构件，当采用最经济截面进行绕 $y$ 轴的稳定性计算时，以应力形式表达的稳定性计算值（N/mm²）应与下列何项数值最为接近？

**提示：**所有板厚均≤16mm。

(A) 210　　(B) 190

(C) 160　　(D) 140

**【答案】**(A)

根据《钢标》7.2.1 条、7.2.2 条：

$$\lambda_y=\frac{l_{0y}}{i_y}=\frac{6000}{86.7}=69.2$$

b 类截面、Q235 钢材，查《钢标》表 D.0.2 得 $\varphi_y=0.756$。根据《钢标》式（7.2.1）：

$$\frac{N}{\varphi A}=\frac{1000\times10^3}{0.756\times2\times3180}=208\ \mathrm{N/mm^2}$$

**【例 2.2.5】** 自编题

某缀条式格构式轴心受压柱，柱高 6m，两端铰接，$b=400\mathrm{mm}$。柱肢选用 [25b，截面如图 2.2-5 所示，$A_1=3991\,\mathrm{mm^2}$，$I_y=3.619\times10^7\,\mathrm{mm^4}$，$i_y=95.2\mathrm{mm}$，$I_1=1.96\times10^6\,\mathrm{mm^4}$，$i_1=22.2\mathrm{mm}$，$y_0=19.9\mathrm{mm}$。斜缀条选用单角钢 ∟45×4，$A_d=349\,\mathrm{mm^2}$，$i_{min}=8.9\mathrm{mm}$，$i_x=i_y=13.8\mathrm{mm}$。承受的轴心压力设计值 $N=1500\mathrm{kN}$。钢材为 Q235，焊条 E43 型，手工焊。

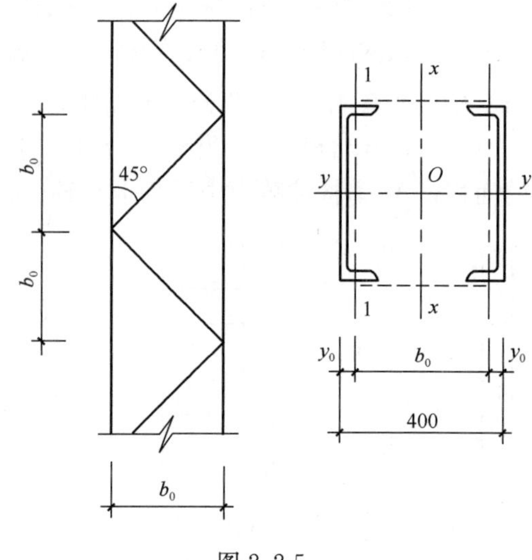


图 2.2-5

试问，格构式柱绕虚轴整体稳定计算时，最大压应力（N/mm²），与下列何项最为接近？

(A) 145　　(B) 163

(C) 178　　(D) 182

**【答案】**(B)

确定虚轴换算长细比：

$$I_x=2\times\left[I_1+A_1\times\left(\frac{b_0}{2}\right)^2\right]$$

$$i_x = \sqrt{\frac{I_x}{2A_1}} = \sqrt{I_1/A_1 + \left(\frac{b_0}{2}\right)^2} = \sqrt{\frac{1.96\times10^6}{3991} + \left(\frac{400-2\times19.9}{2}\right)^2} = 181.5\text{mm}$$

$$\lambda_x = \frac{l_{0x}}{i_x} = \frac{6000}{181.5} = 33.1$$

$$\lambda_{0x} = \sqrt{\lambda_x^2 + 27A/A_{1x}} = \sqrt{33.1^2 + 27\times\frac{2\times3991}{2\times349}} = 37.5$$

根据《钢标》表 7.2.1-1，b 类截面，查附表 D.0.2 得 $\varphi_x = 0.908$。

$$\frac{N}{\varphi_x A} = \frac{1500\times10^3}{0.908\times2\times3991} = 207\text{N/ mm}^2$$

**【例 2.2.6】**自编题

某缀板式格构式轴心受压柱如图 2.2-6 所示。柱身由 2［22a 组成，缀板采用－180×8 钢板。钢材为 Q235，焊条 E43 型，手工焊。柱高 6.0m，两端铰接。承受的轴心压力设计值 $N$=1000kN。已知单个［22a 截面特征：$A_1 = 3180\ \text{mm}^2$ ，$I_1 = 1.58\times10^6\ \text{mm}^4$ ，$i_1 = 22.3\text{mm}$ ，$i_y = 86.7\text{mm}$ 。

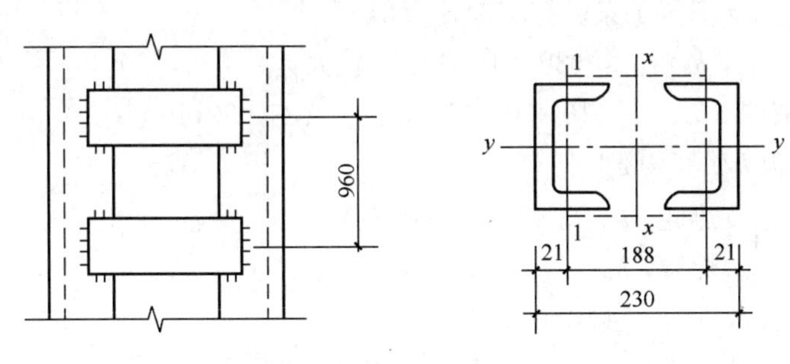


图 2.2-6

试问，该格构式柱绕虚轴整体稳定计算时，其最大压应力（N/mm²），与下列何项数值最为接近？

(A) 187　　(B) 192　　(C) 208　　(D) 212

**【答案】**(D)

分肢的 $\lambda_1$ ，计算长度为 $l_{01} = 960 - 180 = 780\text{mm}$ 。确定虚轴换算长细比：

$$\lambda_1 = \frac{l_{01}}{i_1} = \frac{780}{22.3} = 35.0$$

$$I_x = 2\times\left[I_1 + A_1\left(\frac{b_0}{2}\right)^2\right]$$

$$i_x = \sqrt{\frac{I_x}{2A_1}} = \sqrt{I_1/A_1 + \left(\frac{b_0}{2}\right)^2} = \sqrt{\frac{1.58\times10^6}{3180} + \left(\frac{188}{2}\right)^2} = 96.6\text{mm}$$

$$\lambda_x = \frac{l_{0x}}{i_x} = \frac{6000}{96.6} = 62.11$$

$$\lambda_{0x} = \sqrt{\lambda_x^2 + \lambda_1^2} = \sqrt{62.11^2 + 35^2}$$

根据《钢标》表 7.2.1-1，b 类截面，查附表 D.0.2 得 $\varphi_x = 0.743$。

$$\frac{N}{\varphi_x A} = \frac{1000\times10^3}{0.743\times2\times3180} = 211.6\text{N/ mm}^2$$

# 2.3 实腹式及格构式构件的局部稳定性计算

## 2.3.1 实腹式构件的局部稳定及屈曲后强度

**1. 主要的规范规定**

1)《钢标》7.3.1 条：实腹轴压构件满足局部稳定要求的宽厚比限值。

2)《钢标》7.3.2 条：宽厚比限值放大系数。

3)《钢标》7.3.3 条：考虑屈曲后强度的强度及稳定性验算公式。

4)《钢标》7.3.4 条：受压构件的有效截面系数。

5)《钢标》7.3.5 条：满足宽厚比的纵向加劲肋设置要求。

**2. 对规范规定的理解**

1) 实腹轴压构件不出现局部失稳的验算流程：

(1) 根据《钢标》7.3.1 条验算宽厚比限值。

$$\begin{cases} \text{H 形截面}\begin{cases}\text{腹板},\ h_0/t_w\leqslant(25+0.5\lambda)\varepsilon_k,\ \text{较大}\ \lambda\in[30,100]\\ \text{翼缘},\ b/t_f\leqslant(10+0.1\lambda)\varepsilon_k,\ \text{较大}\ \lambda\in[30,100]\end{cases}\\ \text{箱形截面壁板}\ b/t\leqslant 40\varepsilon_k \\ \text{T 形截面}\begin{cases}\text{腹板}\begin{cases}\text{热轧},\ h_0/t_w\leqslant(15+0.2\lambda)\varepsilon_k\\ \text{焊接},\ h_0/t_w\leqslant(13+0.17\lambda)\varepsilon_k\end{cases}\\ \text{翼板},\ b/t_f\leqslant(10+0.1\lambda)\varepsilon_k\end{cases}\\ \text{等边角钢肢件}\begin{cases}\lambda\leqslant80\varepsilon_k,\ \omega/t\leqslant15\varepsilon_k,\ \omega=b-2t\\ \lambda>80\varepsilon_k,\ \omega/t\leqslant5\varepsilon_k+0.125\lambda\end{cases}\\ \text{圆管外径 / 壁厚},\ D/t\leqslant100\varepsilon_k^2\end{cases}$$

(2) 根据《钢标》7.3.2 条，不满足时，上述限值可乘以放大系数 $\alpha=\sqrt{\varphi Af/N}$。

2) 实腹轴压构件考虑屈曲后强度的验算流程：

(1) 根据《钢标》7.3.1 条、7.3.2 条验算，不满足宽厚比限值。

(2) 计算有效截面系数。

$$\rho\begin{cases}\text{箱形截面壁板、H 形或工字形的腹板}\begin{cases}b/t\leqslant42\varepsilon_k,\ \rho=1.0\\ b/t>42\varepsilon_k,\lambda_{n,p}=\dfrac{b/t}{56.2\varepsilon_k},\ \rho=\dfrac{1}{\lambda_{n,p}}\left(1-\dfrac{0.19}{\lambda_{n,p}}\right)\\ \lambda>52\varepsilon_k,\rho\geqslant(29\varepsilon_k+0.25\lambda)t/b\end{cases}\\ \text{单角钢}\begin{cases}\omega/t>15\varepsilon_k,\lambda_{n,p}=\dfrac{\omega/t}{16.8\varepsilon_k}\rho=\dfrac{1}{\lambda_{n,p}}\left(1-\dfrac{0.1}{\lambda_{n,p}}\right),\ \omega=b-2t\\ \lambda>80\varepsilon_k,\rho\geqslant(5\varepsilon_k+0.13\lambda)t/\omega\end{cases}\end{cases}$$

(3) 根据《钢标》7.3.3 条验算。

强度计算：$A_{ne}=\Sigma\rho_iA_{ni}$，工字形 $A_{ne}=$ 原翼缘面积 $A_{nf}+$ 有效腹板面积 $\rho A_{nw}$，$\dfrac{N}{A_{ne}}\leqslant f$，满足要求。

稳定计算：$A_e=\Sigma\rho_i A_i$，工字形 $A_e$ = 原翼缘面积 $A_f$ + 有效腹板面积 $\rho A_w$，$\dfrac{N}{\varphi A_e f}\leqslant 1.0$，满足要求。

3）如图 2.3-1 所示，H 形、工字形采用纵向加劲肋加强满足宽厚比时：

腹板，翼缘与纵肋间净宽厚比 $h'_1/t_w$ 和 $h'_2/t_w$ 应不大于 $(25+0.5\lambda)\varepsilon_k\times\alpha$，其中 $\alpha=\sqrt{\varphi Af/N}$。

加劲肋，宜在腹板两侧成对配置，$b_2\geqslant 10t_w$，$t_2\geqslant 0.75t_w$。

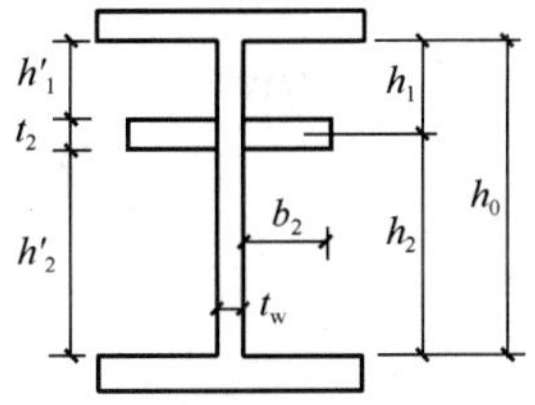

图 2.3-1 H 形、工字形纵向加劲肋

**3. 历年真题解析**

**【例 2.3.1】** 2018 上午 30 题

某非抗震设计的钢柱采用焊接工字形截面 H900×350×10×20，钢材采用 Q235 钢。假定，该钢柱作为受压构件，其腹板高厚比不符合《钢结构设计标准》GB 50017—2017 关于受压构件腹板局部稳定的要求。试问，若腹板不能采用加劲肋加强，在计算该钢柱的强度和稳定性时，其截面面积（mm²）应采用下列何项数值？

**提示：** 计算截面无削弱。较大的长细比为 40。

(A) $86\times10^2$mm²　　(B) $140\times10^2$mm²

(C) $180\times10^2$mm²　　(D) $226\times10^2$mm²

**【答案】**(C)

由《钢标》7.3.4 条：

$$\frac{b}{t}=\frac{h_0}{t_W}=\frac{900-20\times2}{10}=86>42\sqrt{\frac{235}{235}}=42$$

根据《钢标》式（7.3.4-2）和式（7.3.4-3）：

$$\lambda_{np}=\frac{86}{56.2\varepsilon_k}=1.53$$

$$\rho=\frac{1}{1.53}\left(1-\frac{0.19}{1.53}\right)=0.572$$

由《钢标》式（7.3.3）可知：

$$A_{ne}=2\times350\times20+0.572\times(900-20\times2)\times10=18922\ \text{mm}^2$$

**【例 2.3.2】** 2010 上午 23 题

某平台钢柱的轴心压力设计值 $N$ = 3400kN，柱的计算长度 $l_{0x}$=6m，$l_{0y}$=3m，采用焊接工字形截面，截面尺寸如图 2010-23 所示，翼缘钢板为剪切边，每侧翼缘板上有两个直径 $d_0$=24mm 的螺栓孔，钢柱采用 Q235B 钢制作，采用 E43 型焊条。假定，柱腹板未设置加劲肋。试问，稳定计算时，该柱最大压应力设计值（N/mm²）与下列何项数值最为接近？

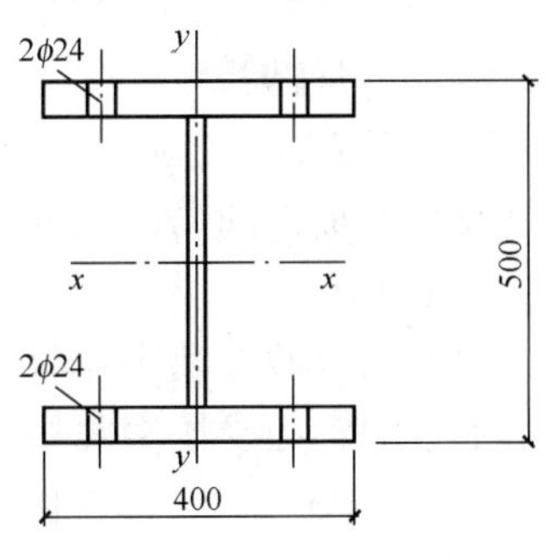


H500×400×10×20
毛截面几何特征
$A=206\times10^2$mm²
$I_x=100300\times10^4$mm⁴
$I_y=21340\times10^4$mm⁴
$i_x$=221mm
$i_y$=102mm

图 2010-23

**提示：** 不采用将宽厚比限值放大的方法。

(A) 0.756　　(B) 0.805　　(C) 0.854　　(D) 0.898

**【答案】**(D)

依据《钢标》7.3.1条验算板件的宽厚比。

$$\lambda_x = l_{0x}/i_x = 6000/221 = 27$$

$$\lambda_y = l_{0y}/i_y = 3000/102 = 29$$

$$h_0/t_w = 460/10 = 46 > (25 + 0.5\lambda)\varepsilon_k = 25 + 0.5 \times 30 = 40$$

$$b/t_f = [(400 - 10)/2]/20 = 9.75 < (10 + 0.1\lambda)\varepsilon_k = 10 + 0.1 \times 30 = 13$$

可见，翼缘宽厚比满足要求而腹板宽厚比不满足要求。

依据《钢标》7.3.4条确定$\rho$。

$$\lambda_{n,p} = \frac{b/t}{56.2\varepsilon_k} = \frac{46}{56.2} = 0.819$$

$$\rho = \frac{1}{\lambda_{n,p}}\left(1 - \frac{0.19}{\lambda_{n,p}}\right) = \frac{1}{0.819}\left(1 - \frac{0.19}{0.819}\right) = 0.938$$

于是，有效截面积：

$$A_e = 460 \times 10 \times 0.938 + 2 \times 400 \times 20 = 20315\ \text{mm}^2$$

稳定系数$\varphi$仍按毛截面确定，$\varphi = 0.909$，于是

$$\frac{N}{\varphi A_e f} = \frac{3400 \times 10^3}{0.909 \times 20315 \times 205} = 0.898$$

## 2.3.2 格构式构件的局部稳定

### 1. 主要的规范规定

1)《钢标》7.2.4条：缀条柱分肢稳定要求。

2)《钢标》7.2.5条：缀板柱分肢稳定要求。

3)《钢标》7.2.7条：缀材面剪力计算公式。

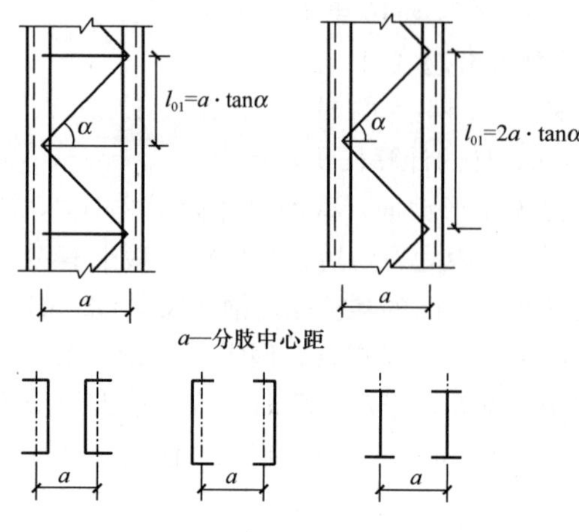


图2.3-2 缀条柱分肢计算长度取值

### 2. 对规范规定的理解

1）轴心受压缀条格构式构件的局部稳定包括受压构件单肢截面板件的局部稳定、受压构件单肢自身的稳定以及缀条的稳定。

(1) 受压构件单肢截面板件的局部稳定计算与《钢标》7.3.1条相同。

(2) 缀条格构式构件的单肢在两个相邻缀条节点之间是一个单独的轴心受压实腹构件，其长细比$\lambda_1 = l_{01}/i_1$，其中$l_{01}$为计算长度，取缀条节点间的距离，见图2.3-2；$i_1$为单肢绕自身1-1轴的回转半径。为了保证单肢的稳定性不低于受压构件的整体稳定性，应使$\lambda_1$不大于整个构件的最大长细比$\lambda_{max} =$

$\max[\lambda_y, \lambda_{0x}]$ 的 0.7 倍。需要注意的是，《钢标》7.2.4 条规定，斜缀条与构件轴线的夹角应为 40°～70°，即图 2.3-2 中（90°$-\alpha$）∈［40°，70°］。

（3）轴心受压格构式构件中的缀条的实际受力情况不容易确定。构件受力后的压缩、构件的初弯曲、荷载和构造上的偶然偏心以及失稳时的挠曲等均会使缀条受力。通常先估算轴心受压格构柱挠曲时的剪力，然后计算由此剪力在缀条中产生的内力（见图 2.3-3）。

$$
\text{内力}\begin{cases} V = \dfrac{Af}{85\varepsilon_k} \\ \text{一个缀材面承受的剪力：} V_1 = V/2 \\ l = a/\cos\alpha \\ \text{轴力 } N_t \begin{cases} \text{单系缀条：} N_t = V_1/\cos\alpha = \dfrac{V_1 l}{a} \\ \text{交叉缀条：} N_t = V_1/2\cos\alpha = \dfrac{V_1 l}{2a} \end{cases} \end{cases}
$$

缀条按轴心受压构件计算，当缀条采用单角钢时，应满足《钢标》7.6 节相关规定。

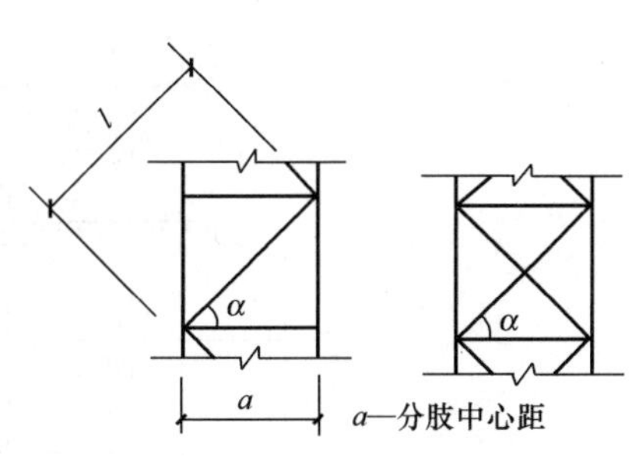

图 2.3-3 单系缀条与交叉缀条

2）轴心受压缀板格构式构件的局部稳定包括受压构件单肢截面板件的局部稳定、受压构件单肢自身的稳定以及缀板的稳定。

（1）受压构件单肢截面板件的局部稳定计算与《钢标》7.3.1 条相同。

（2）缀板格构式构件的单肢除轴力外还受弯矩作用，应按压弯构件计算其稳定性。《钢标》经过计算分析，给出了实用的计算公式，即要求 $\lambda_1 \leqslant 40\varepsilon_k$，同时 $\lambda_1 \leqslant 0.5\lambda_{max}$，当 $\lambda_{max} < 50$ 时，取 $\lambda_{max} = 50$。缀板柱根据等稳条件（$\lambda_y = \lambda_{0x}$）及分肢稳定性要求，确定分肢中心距 $a$ 的计算流程：

① 计算实轴 $\lambda_y = l_{0y}/i_y$；

② 计算分肢 $\lambda_1 = l_{01}/i_1 \leqslant \min(0.5\lambda_y, 40\varepsilon_k)$；

③ 计算虚轴 $\lambda_{0x} = \sqrt{\lambda_x^2 + \lambda_1^2} = \sqrt{\left(\dfrac{l_{0x}}{i_x}\right)^2 + \lambda_1^2} = \sqrt{\dfrac{l_{0x}^2}{i_1^2 + (a/2)^2} + \lambda_1^2}$；

注：移轴公式仅适用两个分肢截面相同的情况。

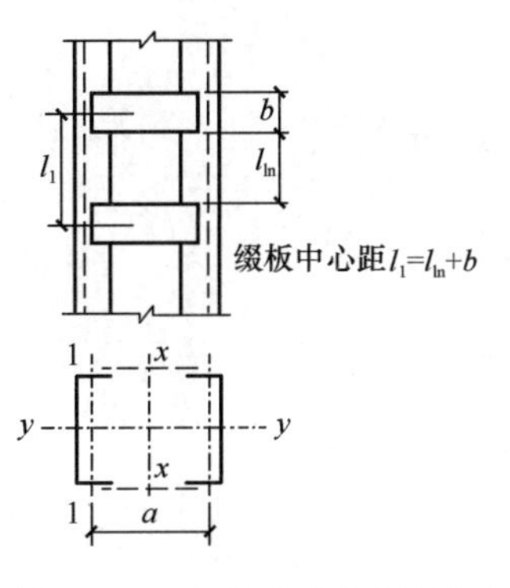

图 2.3-4 缀板柱中心矩计算

④ 根据等稳条件，$\lambda_{0x} = \lambda_y \Rightarrow a = 2\sqrt{\dfrac{l_{0x}^2}{\lambda_y^2 - \lambda_1^2} - i_1^2}$。

（3）缀板刚度要求：缀板柱中同一截面处缀板或型钢横杆的线刚度之和不得小于较大分肢线刚度之和的 6 倍。即 $\dfrac{n \cdot I_b}{a} \geqslant 6\dfrac{I_{max}}{l_1}$，其中，$n$ 为同一截面缀板数，$I_b = t_{板厚}b^3/12$，$I_{max}$ 为较大分肢对 1-1 轴的惯性矩，$l_1$ 为缀板中心距，见图 2.3-4。

（4）缀板所受的剪力和弯矩为：

$$
\text{内力}\begin{cases} V=\dfrac{Af}{85\varepsilon_k} \\ \text{一个缀材面承受的剪力}:V_1=V/2 \\ \text{板端弯矩}:M_{\text{板}}=V_1l_1/2\text{,其中 }l_1\text{ 为缀板中心距} \\ \text{竖向剪力}:V_{\text{板}}=V_1l_1/a\text{,其中 }a\text{ 为分肢轴心距} \end{cases}
$$

满足刚度及厚度要求时，缀板强度一般能满足计算要求。

**3. 历年真题解析**

**【例 2.3.3】**2021 上午 25 题

某双肢格构缀板柱，采用 Q235 钢材。柱肢采用 2［28a，（如图 2021-25 所示）一个槽钢的截面特性：$A_1=4003\text{mm}^2$，$I_{y,\text{单肢}}=4760\times10^4\text{mm}^4$，$I_1=218\times10^4\text{mm}^4$。整个格构柱，$l_{0x}=l_{0y}=10\text{m}$，$I_y=9505\times10^4\text{mm}^4$，$I_x=13955.8\times10^4\text{mm}^4$，$\lambda_{max}=91.7$。

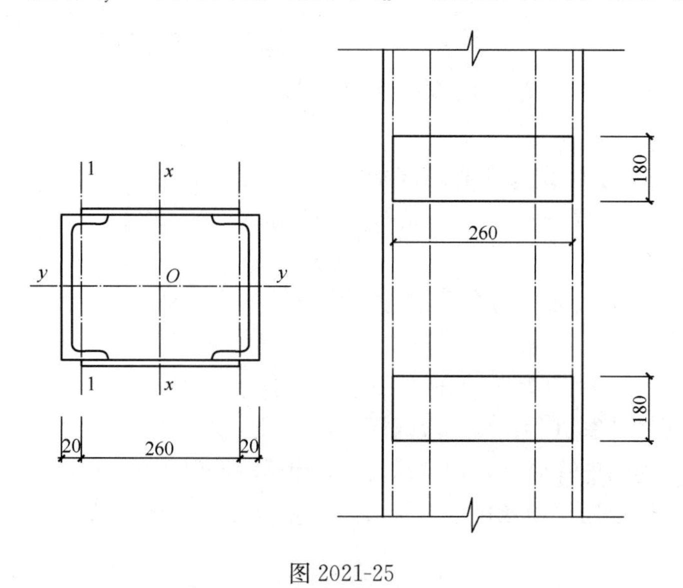


图 2021-25

焊接缀板尺寸－180×6×260，试问，缀板间净距 $l$ 的取值（mm），下列何项数值最为合理？

（A）400　　（B）900　　（C）1000　　（D）1250

**【答案】**(B)

缀板刚度要求，根据《钢标》7.2.5 条：

$$2\left(\frac{t_bh_b^3}{12}\cdot\frac{1}{b_0}\right)=2\times\frac{6\times180^3}{12}\times\frac{1}{260}=22431\text{mm}^3$$

因 $l_1=l_{\text{净距}}+h_b=l_{\text{净距}}+180$，代入：

$$6\left(\frac{I_1}{l_1}\right)=6\times\frac{218\times10^4}{l_{\text{净距}}+180}<22431\text{mm}^3$$

解得：$l_{\text{净距}}>403\text{mm}$。

分肢长细比要求：

$$\lambda_1=l_{01}/i_1=l_{\text{净距}}/23.3\leqslant\min(0.5\lambda_{max},40\varepsilon_k)=40$$

解得：$l_{净距} \leqslant 23.3 \times 40 = 932\text{mm}$。

综上，$932\text{mm} > l_{净距} > 403\text{mm}$。

**【编者注】**满足计算要求角度选（B），最接近角度勉强选（A）。

**【例 2.3.4】**2012 上午 19 题

某钢结构平台，由于使用中增加荷载，需增设一格构柱，柱高 6m，两端铰接，轴心压力设计值为 1000kN，钢材采用 Q235 钢，焊条采用 E43 型，截面无削弱，格构柱如图 2012-19 所示。

| 截面 | $A$ (mm²) | $I_1$ (mm⁴) | $i_y$ (mm) | $i_1$ (mm) |
|---|---|---|---|---|
| [22a | 3180 | $1.58\times10^6$ | 86.7 | 22.3 |

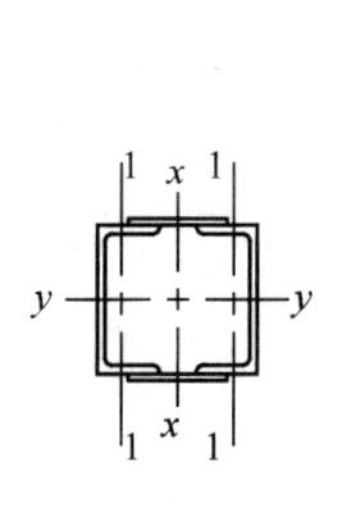


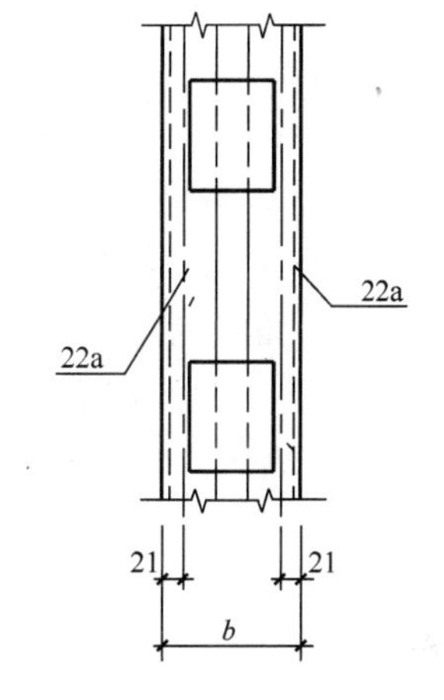


图 2012-19

试问，根据构造确定，柱宽 $b$（mm）与下列何项数值最为接近？

**提示：**所有板厚均≤16mm。

(A) 150　　(B) 250　　(C) 350　　(D) 450

**【答案】**(B)

$$l_{0x} = l_{0y} = 6000,\ \lambda_{0x} \approx \lambda_y = \frac{6000}{86.7} = 69.2,\ 取\ \lambda_{max} = 69.2。$$

根据《钢标》7.5.2 条，$\lambda_1 \leqslant 0.5\lambda_{max} = 0.5\times69.2 = 35 < 40$，取 $\lambda_1 = 35$。

由 $\lambda_{0x} = \sqrt{\lambda_x^2 + \lambda_1^2}$ 解得 $\lambda_x = 60$。$i_x \geqslant \frac{6000}{60} = 100\text{mm}$，得

$$I_x \geqslant 2A \cdot i_x^2 = 2\times3180\times100^2 = 6.36\times10^7\text{mm}^4$$

$$I_x \leqslant 2I_1 + \left(\frac{1}{2}b - 21\right)^2 \cdot 2A$$

$$b > 21\times2 + 2\times\sqrt{\frac{I_x - 2I_1}{2A}} = 42 + 2\times\sqrt{\frac{6.36\times10^7 - 2\times1.58\times10^6}{2\times3180}} = 237\text{mm}$$

## 2.4 计算长度及容许长细比

### 1. 主要的规范规定

1）《钢标》7.4 节：轴心受力构件的计算长度及容许长细比。

2）《钢标》7.6.2 条：塔架单边连接单角钢压杆等效长细比。

3）《抗规》9.2.9 条：厂房屋盖构件的抗震计算要求。

4）《抗规》9.2.12 条：厂房屋盖支撑的抗震构造措施。

### 2. 对规范规定的理解

1）基本原则：

(1) 哪个轴位置发生了改变，就是绕哪个轴失稳；绕哪个轴线失稳，就用哪个轴的回转半径计算。

（2）等稳原则——长的计算长度与强轴（对应大的回转半径）对应，短的计算长度与弱轴（对应小的回转半径）对应。

（3）相连杆件的约束作用的大小，取决于它的线刚度 $EI/l$ 和内力性质。从内力性质上说，拉杆所起的约束作用比压杆要大得多；当内力性质相同时，线刚度大的约束作用大，反之则小。这是因为构件受压时弯曲刚度将减弱，相反，杆件受拉时，则会使弯曲刚度增大，并且拉力越大约束作用也越大。

（4）设计中未用足承载力的压杆，也可起到一定的约束作用。

2）《钢标》轴心受压构件计算长度取值可按表 2.4-1 确定。

**轴心受压构件计算长度取值** **表 2.4-1**

| 构件 | 杆件类型 | 截面形式 | 平面内计算长度 | 平面外计算长度 | 斜平面计算长度 | 备注 |
|---|---|---|---|---|---|---|
| 桁架 | 弦杆 | 按具体设计 | 节点中心距 $l$ | 侧向支撑点距 $l_1$ | — | $l_1/l=2$ 时，平面外计算长度按 7.4.3 条调整 |
| | 单系腹杆 | 按具体设计 | 0.8$l$（$l$） | $l$ | | — |
| | | 单角钢及双角钢 十字 | — | — | 0.9$l$（$l$） | 有节点板时，用 $i_{min}$ 计算长细比 |
| | 交叉腹杆 | 按具体设计 | 节点中心到交叉点 | 按 7.4.2 条计算 | — | — |
| | | 交叉单角钢拉杆 | — | 节点中心距 | 节点中心到交叉点 | 交叉点不作为节点，平面外采用 $i_{平行轴}$ 计算长细比，斜平面采用 $i_{min}$ 计算长细比。单边连接时按 7.6.2 条 |
| | 再分式及 K 形腹杆 | 按具体设计 | 节点中心距 | 按 7.4.3 条 | — | — |
| 塔架 | 主杆 | 单角钢 | 计算长度取较大节间长度 | | | 按式（7.4.4-1）～式（7.4.4-3）计算，节点完全重合取 $i_{min}$，否则取 $i_{平行轴}$ |
| | 交叉压杆 | 单角钢 | 平面外按换算长细比计算稳定系数，详见 7.6.2 条 | | | |
| 格构柱 | 缀条无侧向约束 | 单角钢 | — | — | 0.9$l$ | 有节点板用 $i_{min}$ 计算长细比 |
| | 缀条有侧向约束 | 单角钢 | 0.8$l$ | 侧向约束间距离 | — | 采用 $i_{平行轴}$ 计算长细比 |
| 柱 | | 铰轴柱脚计算长度系数 1.0<br>平板支座柱脚 0.8（当 $t_{平板}>2t_w$ 时） | | | | 分段柱按 7.4.8 条条文说明 |

注：1. $l$ 为节点中心距。括号内参数用于支座处。

2. 无节点板，尤其是单角钢，任意平面计算长度按 7.4.1 条取几何长度。

3. 单边连接单角钢，按 7.6 节计算强度及稳定性。

4. 验算长细比时按《钢标》7.4.6 条、7.4.7 条。

3）将屋架弦杆视为屋面横向水平支撑的弦杆，共同组成平面桁架体系。支撑中的交叉斜杆和柔性系杆按拉杆设计；横杆、支撑桁架的弦杆、刚性系杆按压杆设计。

4）在十字交叉的腹杆体系中，当相交的另一杆受拉时，受压斜杆在交点处受到的约束大；而当另一杆也受压时则所受约束小。两杆在交点处是否断开，在分析平面内的稳定时，这两种构造没有什么区别，但在分析平面外稳定时，由于节点板平面外刚度很小，只能看作是铰。

5）验算容许长细比时，可不考虑扭转效应。计算单角钢构件的长细比时，应采用角钢的最小回转半径，但计算在交叉点相互连接的交叉杆件平面外的长细比时，可采用与角钢边平行轴的回转半径。等边角钢，当为拉杆时，由于 $l_{平面外}/i_{平行轴} > l_{平面内}/i_{min}$，只需计算平面外，采用平行轴回转半径。对不等肢角钢，计算长度应按平面内和平面外分别计算，取相应的平行轴回转半径。

6）角钢腹杆中间由缀条连系时，见图 2.4-1，验算平面内的稳定时，回转半径取对应平行角钢肢轴的值，不取最小回转半径。

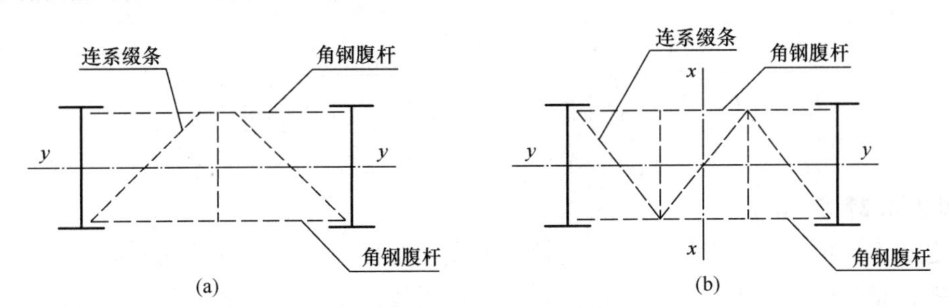


图 2.4-1 连系缀条的布置简图

（a）分肢距离较近时；（b）分肢距离较远时

7）《抗规》9.2.9 条 2 款规定，屋盖横向水平支撑、纵向水平支撑的交叉斜杆均可按抗拉杆设计，并取相同的截面面积。《抗规》9.2.12 条 5 款规定，交叉支撑杆的长细比限值可取 350。

**3. 历年真题解析**

**【例 2.4.1】** 2020 上午 27 题

只承受节点荷载的某钢桁架，跨度 30m，两端各悬挑 6m，桁架高度 4.5m，钢材采用 Q345，其杆件截面均采用 H 形，结构重要性系数取 1.0。钢桁架计算简图及采用一阶弹性分析时的内力设计值如图 2020-27 所示，其中轴力正值为拉力，负值为压力。

假定，杆件 AB 和 CD 截面相同且在相连交叉点处均不中断，不考虑节点刚性的影响。试问，杆件 AB 平面外计算长度（m），与下列何项数值最为接近？

（A）2.3　　（B）3.75　　（C）5.25　　（D）7.5

**【答案】**（B）

AB 构件几何长度：

$$l = \sqrt{4.5^2 + 6.0^2} = 7.5\text{m}$$

根据《钢标》7.4.2 条，计算压杆，另一根杆受拉，交叉点不中断，按式（7.4.2-3）计算。取一组可以算出最大的 $l_0$ 的荷载，$N_{max} = 1138\text{kN}, N_{0,min} = 1233\text{kN}$，则

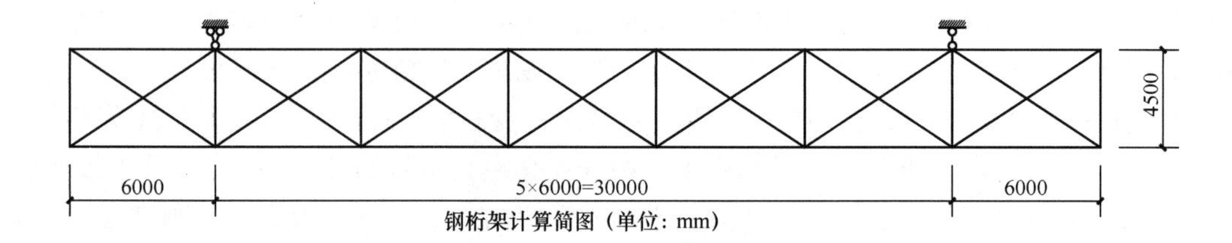

钢桁架计算简图（单位：mm）

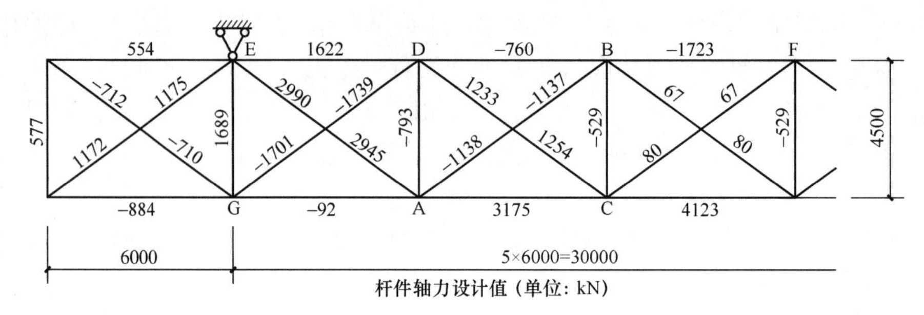

杆件轴力设计值（单位：kN）

图 2020-27

$$l_0 = l\sqrt{\frac{1}{2}\left(1-\frac{3}{4}\cdot\frac{N_0}{N}\right)} = 7.5\times\sqrt{\frac{1}{2}\left(1-\frac{3}{4}\cdot\frac{1233}{1138}\right)}$$

$$= 2.295\text{m} \leqslant 0.5l_0 = 0.5\times 7.5 = 3.75\text{m}$$

**【例 2.4.2】** 2018 上午 27 题

假定，不按抗震设计考虑，柱间支撑采用交叉支撑，支撑两杆截面相同并在交叉点处均不中断且相互连接，支撑杆件一杆受拉，一杆受压。试问，关于受压支撑杆，下列何种说法错误？

（A）平面内计算长度取节点中心至交叉点间距离

（B）平面外计算长度不大于桁架节点间距离的$\sqrt{0.5}$倍

（C）平面外计算长度等于桁架节点中心间的距离

（D）平面外计算长度与另一杆的内力大小有关

**【答案】**（C）

根据《钢标》7.4.2 条，（A）正确。

根据《钢规》7.4.2 条 1 款 3 项，$\frac{N_0}{N}\geqslant 0, l_0 = l\sqrt{\frac{1}{2}\left(1-\frac{3}{4}\cdot\frac{N_0}{N}\right)}\leqslant l\sqrt{0.5}$，（B）、（D）正确，（C）错误。

**【例 2.4.3】** 2018 上午 29 题

假定，某一般建筑的屋面支撑采用按拉杆设计的交叉支撑，截面采用单角钢，两杆截面相同且在交叉点处均不中断并相互连接，支撑节间横向和纵向尺寸均为 6m，支撑截面由构造确定。试问，采用表 2018-29 中何项支撑截面最为合理？

**截面特性** **表 2018-29**

| 截面名称 | 面积 $A$（cm²） | 回转半径 $i_x$（cm） | 回转半径 $i_{x0}$（cm） | 回转半径 $i_{y0}$（cm） |
|---|---|---|---|---|
| L56×5 | 5.415 | 1.72 | 2.17 | 1.10 |
| L70×5 | 6.875 | 2.16 | 2.73 | 1.39 |

续表

| 截面名称 | 面积 $A$ (cm²) | 回转半径 $i_x$ (cm) | 回转半径 $i_{x0}$ (cm) | 回转半径 $i_{y0}$ (cm) |
| --- | --- | --- | --- | --- |
| L90×6 | 10.637 | 2.79 | 3.51 | 1.84 |
| L110×7 | 15.196 | 3.41 | 4.30 | 2.20 |

(A) L56×5　　(B) L70×5　　(C) L90×6　　(D) L110×7

**【答案】**(B)

当屋面支撑采用按拉杆设计的交叉支撑时，根据《钢标》7.4.7条，容许长细比取400。

根据《钢标》7.4.2条，计算长度 $l = 6\sqrt{2} = 8.484\text{m}$。

最小回转半径要求：$i = \dfrac{8484}{400} = 21.21\text{mm}$。

根据《钢标》7.4.7条，采用与角钢肢边平行轴的回转半径。

因此，可取L70×5。

**【例2.4.4】**2017上午21题

钢柱高15m，水平方向间距6m，上、下端均为铰接，弱轴方向5m和10m处各设一道系杆XG。系杆XG采用钢管制作，水平方向间距为6m。试问，该系杆选用下列何种截面的钢管最为经济合理？

(A) $\phi$76×5钢管（$i$=2.52cm）

(B) $\phi$83×5钢管（$i$=2.76cm）

(C) $\phi$95×5钢管（$i$=3.19cm）

(D) $\phi$102×5钢管（$i$=3.43cm）

**【答案】**(C)

根据《钢标》表7.4.6，用以减小受压构件长细比的杆件，容许长细比为200。

$i$=600/200=3.0cm，$\phi$95×5钢管，$i$=3.19cm>3.0cm。

**【例2.4.5】**2016上午21题

假定，厂房位于8度区，采用轻屋面，屋面支撑布置见图2016-21，支撑采用Q235。试问，屋面支撑采用表2016-21中何种截面最为合理（满足规范要求且用钢量最低）？

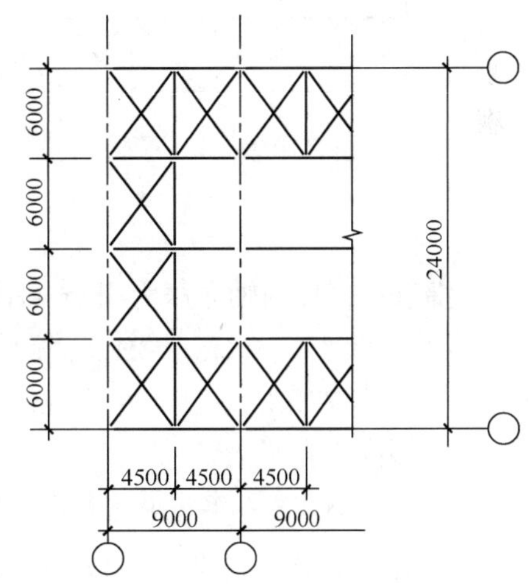


图2016-21　屋面支撑布置图

各支撑截面特性　　表2016-21

| 截面 | 回转半径 $i_x$ (mm) | 回转半径 $i_y$ (mm) | 回转半径 $i_v$ (mm) |
| --- | --- | --- | --- |
| L70×5 | 21.6 | 21.6 | 13.9 |
| L110×7 | 34.1 | 34.1 | 22.0 |
| 2L63×5 | 19.4 | 28.2 | |
| 2L90×6 | 27.9 | 39.1 | |

(A) L70×5　　(B) L110×7　　(C) 2L63×5　　(D) 2L90×6

**【答案】**(A)

支撑长度 $l_{br}=\sqrt{4500^2+6000^2}=7500mm$。

根据《抗规》9.2.9条2款，屋面支撑交叉斜杆可按拉杆设计。

根据《抗规》9.2.12条5款，允许长细比取350。

根据《钢标》7.4.7条、7.4.2条，平面外拉杆计算长度 $l_{br}=7500mm$，单角钢斜平面内计算长度 $0.5l_{br}=\frac{7500}{2}=3750mm$。

采用等边单角钢时，构造要求的最小回转半径：$i_x=i_y\geqslant\frac{7500}{350}=21.4mm$，$i_v\geqslant\frac{3750}{350}=10.7mm$。

**【例 2.4.6】** 2011 上午 26 题

图 2011-26 中，AB杆为双角钢十字截面，采用节点板与弦杆连接，当按杆件的长细比选择截面时，下列何项截面最为合理？

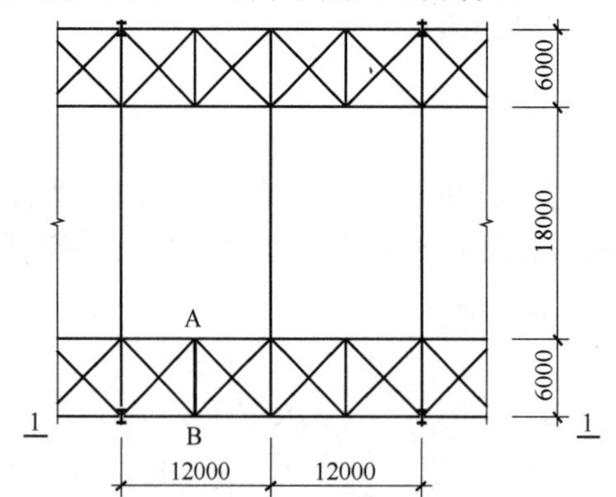


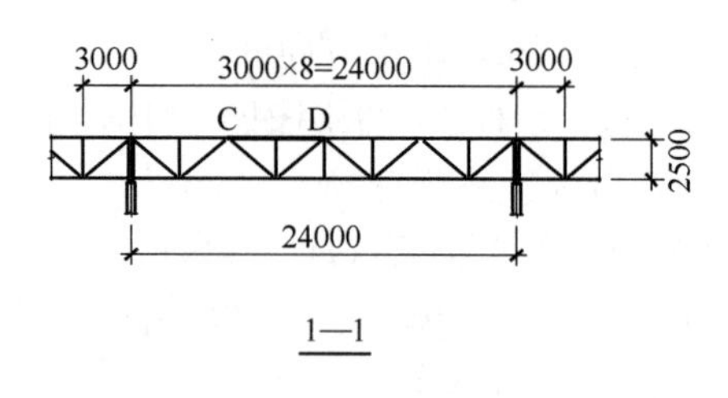


图 2011-26

**提示：** 杆件的轴心压力很小（小于其承载能力的50%）。

(A) ┐└ 63×5 （$i_{min}=24.5mm$）　　(B) ┐└ 70×5 （$i_{min}=27.3mm$）

(C) ┐└ 75×5 （$i_{min}=29.2mm$）　　(D) ┐└ 80×5 （$i_{min}=31.3mm$）

**【答案】** (B)

根据《钢标》7.4.6条，容许长细比 $\lambda=200$。

根据《钢标》表7.4.1-1，按斜平面考虑计算长度；$i_{min}=\frac{0.9\times6000}{200}=27mm<27.3mm$，取（B）项截面。

## 2.5 轴心受压构件的支撑

**1. 主要的规范规定**

1）《钢标》7.5.1条：减少轴压构件自由长度的支撑所承受的支撑力计算方法。

2）《钢标》7.5.2条：横向支撑系统中系杆和支承斜杆的节点支撑力计算。

3）《抗规》7.5.3条：塔架主杆与主斜杆之间的辅助杆支撑力计算。

**2. 对规范规定的理解**

1）如图2.5-1所示，当有一排相同的柱子时，撑杆要对不止一根压杆起减小计算长度的作用。在左端两柱之间有十字交叉支撑体系，使这部分成为没有侧移的构架，其他四根柱都靠水平支撑杆减少它在柱列平面内的计算长度。显而易见，AB 杆只对右边第一根柱起支撑作用，而 DE 杆则对四根柱都起支撑作用。

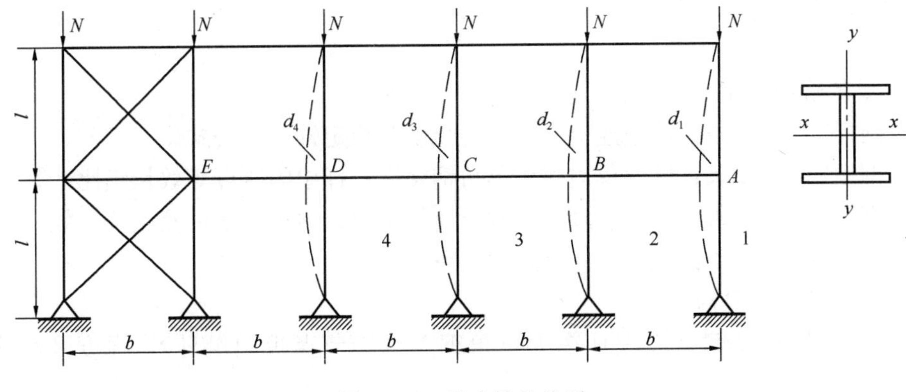

图 2.5-1　带支撑的柱列

《钢标》式（7.5.1-4），规定了被支撑构件为多根柱组成的柱列时，支撑力的计算。根据公式，图 2.5-2 中，各杆支撑力计算结果为：

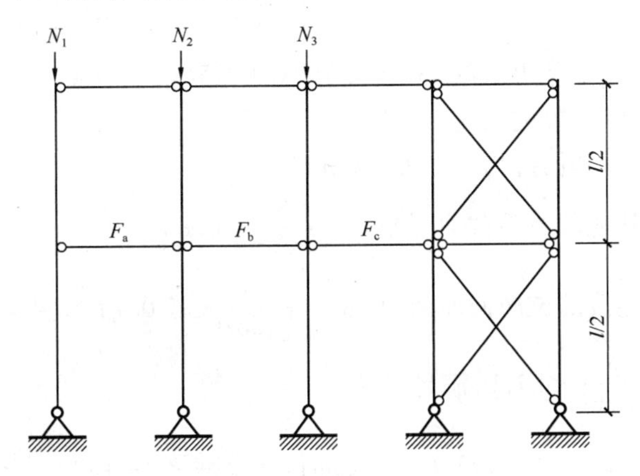

图 2.5-2　轴心受压构件支撑力计算

$$F_{a}=\frac{\Sigma N_i}{60}\left(0.6+\frac{0.4}{n}\right)=\frac{N_1}{60}\left(0.6+\frac{0.4}{1}\right)=\frac{N_1}{60}$$

$$F_{b}=\frac{\Sigma N_i}{60}\left(0.6+\frac{0.4}{n}\right)=\frac{N_1+N_2}{60}\left(0.6+\frac{0.4}{2}\right)$$

$$F_{c}=\frac{\Sigma N_i}{60}\left(0.6+\frac{0.4}{n}\right)=\frac{N_1+N_2+N_3}{60}\left(0.6+\frac{0.4}{3}\right)$$

在具体的设计工作中，可考虑以 $F_c$ 为准进行设计。上述分析模型中，均假定柱顶有约束支座，与支撑结构（体系）不符。

2)《钢标》图 7.5.2（即本书图 2.5-3）为屋面横向支撑系统平面图，$m$ 为纵向系杆道数，按支撑系统节间数减 1 计算，图中取值为 5；$n$ 为支撑系统

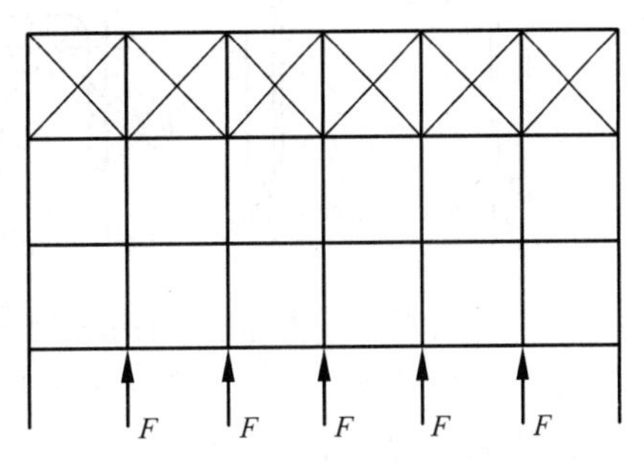

图 2.5-3　桁架受压弦杆横向支撑系统的节点支撑

所支撑桁架数，图中取值为 4。此处因支撑系统本身存在侧移（与图 2.5-1 不同），支撑系统所支撑桁架数包括支撑系统自身的平面桁架数。

## 2.6 单边连接的单角钢

**1. 主要的规范规定**

1）《钢标》7.6.1 条：单边连接单角钢的强度及稳定性验算公式。

2）《钢标》7.6.2 条：塔架单边连接单角钢交叉斜杆中的压杆等效长细比计算。

3）《钢标》7.6.3 条：单边连接单角钢压杆稳定承载力折减条件及相关系数。

4）《钢标》7.1.3 条：危险截面有效截面系数。

**2. 对规范规定的理解**

1）单边连接单角钢（除弦杆亦为单角钢并位于节点板同侧外），强度及稳定计算流程：

（1）计算长度按表 2.4-1。

中间无连系单角钢，长细比计算：$\lambda = l_{计算长度}/i_{\min}$，$\lambda \geqslant 20$；

中间有连系单角钢，长细比计算：$\lambda = l_{计算长度}/i_{平行轴}$，$\lambda \geqslant 20$，按 2003 版《钢规》，b 类截面。

（2）计算折减系数 $\eta$ $\begin{cases} 等边角钢，\eta = 0.6 + 0.0015\lambda \leqslant 1.0 \\ 短边相连不等边，\eta = 0.5 + 0.0025\lambda \leqslant 1.0 \\ 长边相连不等边，\eta = 0.7 \end{cases}$

（3）强度计算 $\begin{cases} 其他部位毛截面屈服，\sigma = \dfrac{N}{A} \leqslant 0.85f \\ 连接部位净截面断裂，\sigma = \dfrac{N}{0.85A_n} \leqslant 0.7f_u，见第 4) 点理解说明 \end{cases}$

（4）稳定计算 $\begin{cases} \dfrac{N}{\eta\varphi Af} \leqslant 1.0，满足要求 \\ \omega/t = (b-2t)/t > 14\varepsilon_k 时，分母乘 \rho_e = 1.3 - \dfrac{0.3\omega}{14t\varepsilon_k} \end{cases}$

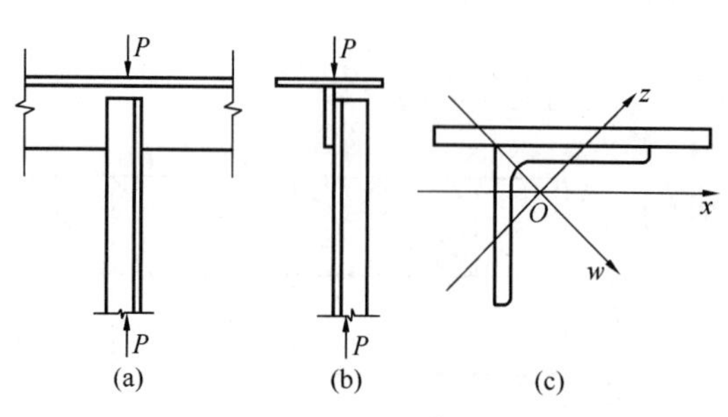


图 2.6-1 单边连接的单角钢

（a）正面、（b）侧面；（c）横截面

2）单角钢端部靠在节点板（弦杆的腹板）一侧，用焊缝或螺栓相连接，构造十分简便，如图 2.6-1 所示。然而简便的构造却造成了复杂的受力情况。荷载从节点板或弦杆的腹板传来，不经过杆件截面的形心，造成力的偏心。单角钢截面的 2 个主轴不在桁架平面内，而是有一斜角，以至于荷载对 2 个主轴都有偏心。更有甚者，由于失稳时截面绕哪个轴转动不易确定，杆件端部的约束程度难以估计。

上述情况使得确定单角钢压杆稳定承载力的精确计算十分复杂。最简单的方法是把单边连接的单角钢压杆按轴心压杆计算其稳定承载力，并乘以一个折减系数，见《钢标》式

(7.6.1-1)。

3)《钢标》7.1.3 条的有效截面系数考虑了杆端非全部直接传力造成的剪切滞后和截面上正应力分布不均匀的影响。《钢标》表 7.1.3 图例中单边连接单角钢取有效截面系数 $\eta=0.85$，是不均匀传力的结果。

4) 单角钢轴心受力构件，当其组成板件在节点或连接处并非全部传力时，应将危险截面的面积乘以有效截面系数。分两种情况：

(1) 弦杆亦为单角钢，并位于节点板同侧时（见《钢标》7.6.1 条条文说明图 9），计算图 2.6-2 中 A-A 截面时按《钢标》7.1.3 条有效截面系数取 0.85；计算 B-B 截面时按《钢标》7.6.1 条，由于弦杆与腹杆同侧，腹杆偏心小可不乘强度折减系数 0.85。

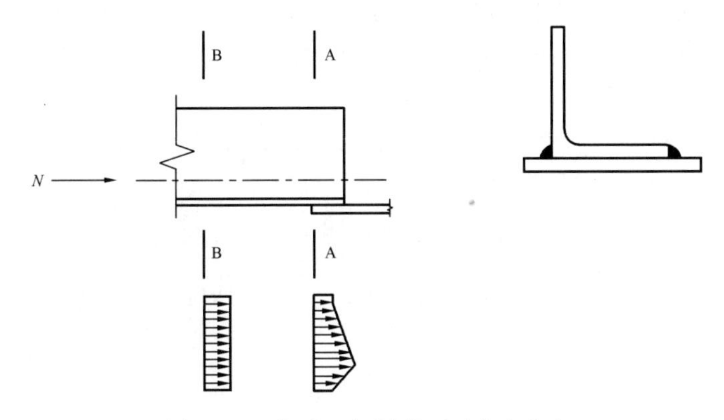


图 2.6-2　杆中、杆端截面正应力分布

(2) 不属于第（1）种情况的单边连接单角钢，为偏压受力力学模型，计算图 2.6-2 中 A-A 截面时按《钢标》7.1.3 条有效截面系数取 0.85；计算 B-B 截面时按《钢标》7.6.1 条，由于偏心较大，按轴心受力构件计算强度时，强度设计值应乘以折减系数 0.85。由于验算的截面位置不同，不会出现同一截面同时考虑的连乘情况。

**3. 自编题解析**

**【例 2.6.1】** 自编题

某格构式单向压弯柱，采用 Q345 钢（含缀件），见图 2.6-3。

柱肢选用［25b，$A_1=3991\text{mm}^2$，$I_y=3.619\times10^7\text{mm}^4$，$i_y=95.2\text{mm}$，$I_1=1.96\times10^6\text{mm}^4$，$i_1=22.2\text{mm}$，$y_0=19.9\text{mm}$。斜缀条选用单角钢 L63×4，$A_d=498\text{mm}^2$，$i_{min}=12.6\text{mm}$，$i_x=i_y=19.6\text{mm}$。

试问，斜缀条进行轴心受压稳定性验算时，其承载力设计值（kN），与下列何项数值最为接近？

**提示：**①斜缀条与柱肢单边连接，有节点板；

②《钢标》附录 D 按四舍五入取整数

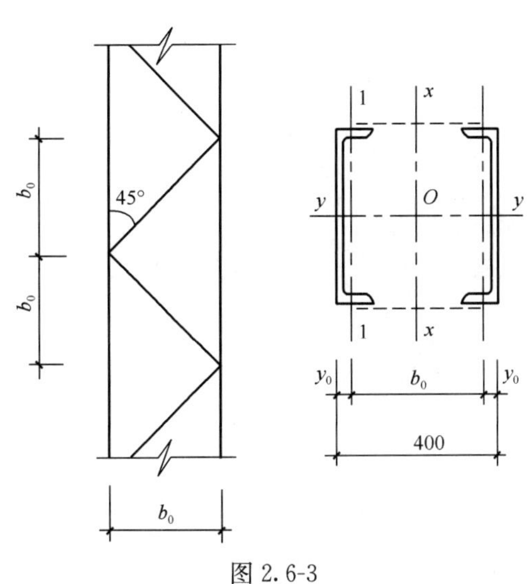


图 2.6-3

查表。

(A) 42.3　　(B) 61.7　　(C) 88.1　　(D) 92.4

**【答案】**(C)

根据《钢标》7.6.1条：

$$l=\frac{400-2\times19.9}{\cos45^{\circ}}=509.4\text{mm}$$

$$\lambda=0.9\times509.6/12.6=36.4$$

Q345，查《钢标》表7.2.1-1，a类，$\varepsilon_k=0.825$。

查《钢标》表D.0.1，$\varphi=0.932$。则

$$\eta=0.6+0.0015\lambda=0.6+0.0015\times36.4=0.655$$

$$N=\eta\varphi Af=0.655\times0.932\times498\times305=92.7\text{kN}$$

根据《钢标》7.6.3条：

$$\frac{w}{t}=\frac{63-2\times4}{4}=13.75>14\varepsilon_k=11.55$$

$$\rho_e=1.3-0.3\times\frac{13.75}{11.55}=0.943$$

$$N=0.943\times92.7=87.4\text{kN}$$

# 3 拉弯、压弯构件

## 3.1 截面强度计算

**1. 主要的规范规定**

1）《钢标》8.1.1 条：拉弯、压弯构件的截面强度验算公式。

2）《钢标》8.4.1 条：实腹压弯构件满足局部稳定的条件。

3）《钢标》8.5.2 条：承受次弯矩的桁架构件截面强度计算。

**2. 对规范规定的理解**

1）拉弯、压弯构件弯曲应力计算流程如下：

（1）由荷载组合确定 $M$。

（2）由《钢标》4.4 节确定 $f$。

（3）由《钢标》6.1.2 条确定截面塑性发展系数。

$$\gamma_x,\gamma_y\begin{cases}\text{需计算疲劳的梁（《钢标》16.1.1 条，含重级吊车）}\gamma_x=\gamma_y=1.0\\ \text{工字形}\begin{cases}\text{宽厚比 S1}\sim\text{S3，}\gamma_x=1.05\text{，}\gamma_y=1.20\\ \text{宽厚比 S4，}\gamma_x=\gamma_y=1.0\\ \text{宽厚比 S5，按《钢标》式(8.4.2-9)}\end{cases}\\ \text{箱形}\begin{cases}\text{宽厚比 S1}\sim\text{S3，}\gamma_x=\gamma_y=1.05\\ \text{宽厚比 S4，}\gamma_x=\gamma_y=1.0\\ \text{宽厚比 S5，按《钢标》式(8.4.2-9)}\end{cases}\\ \text{其他截面按《钢标》表 8.1.1 采用}\end{cases}$$

（4）按《钢标》8.1.1 条验算，若 $\dfrac{N}{A_n}\pm\dfrac{M_x}{\gamma_x W_{nx}}\pm\dfrac{M_y}{\gamma_y W_{ny}}\leqslant f$，满足要求。

2）拉弯、压弯构件强度计算采用截面部分塑性发展作为强度计算准则。当《钢标》式（8.1.1）中 $N=0$ 时，变为式（6.1.1）；当 $M_x=M_y=0$，与式（7.1.1-1）类似。这样就使得轴心受力构件、受弯构件、拉弯构件和压弯构件的强度计算协调一致。

3）实腹式压弯构件满足 S4 级截面要求时，满足局部稳定要求，方可按《钢标》式（8.1.1）计算。不满足局部稳定要求时，应按《钢标》8.4 节的有关规定计算。

4）《钢标》8.5.2 条，节点具有刚性连接的特征，指的是节点的转动受到约束，承受弯矩的情况，如图 3.1-1 所示。此时，在次弯矩和轴力作用下，杆端可能出现塑性铰。在出现塑性铰后，由于塑性内力重分布，轴力仍然可以继续增大，采用塑性内力重分布系数 $\alpha$、应力放大系数 $\beta$，对刚接计算的应力按《钢标》式（8.5.2-2）予以调整，其中，塑性模量的计算见本书图 5.0-3。

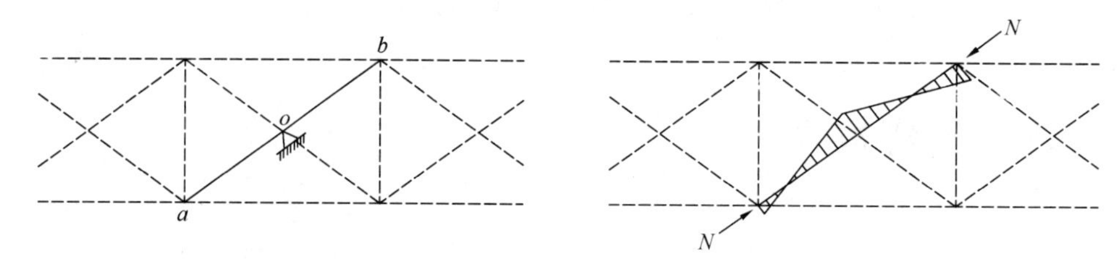


图 3.1-1 交叉腹杆在桁架平面内的情况

杆件细长的桁架，弯曲次效应一般不超过主应力的20%，即$\varepsilon=\dfrac{MA}{NW}\leqslant 0.2$时，可忽略次弯矩效应，按《钢标》式（8.5.2-1）计算。

**3. 历年真题解析**

**【例 3.1.1】** 2020 上午 19 题

只承受节点荷载的某钢桁架，跨度 30m，两端各悬挑 6m，桁架高度 4.5m，钢材采用 Q345，其杆件截面均采用 H 形，结构重要性系数取 1.0。钢桁架计算简图及采用一阶弹性分析时的内力设计值如图 2020-19 所示，其中轴力正值为拉力，负值为压力。

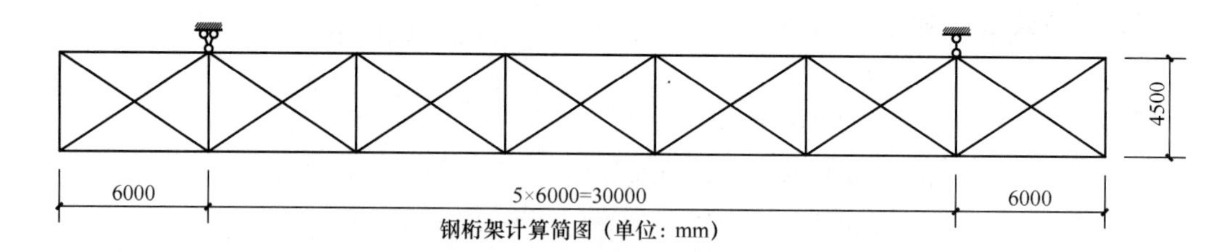


钢桁架计算简图（单位：mm）

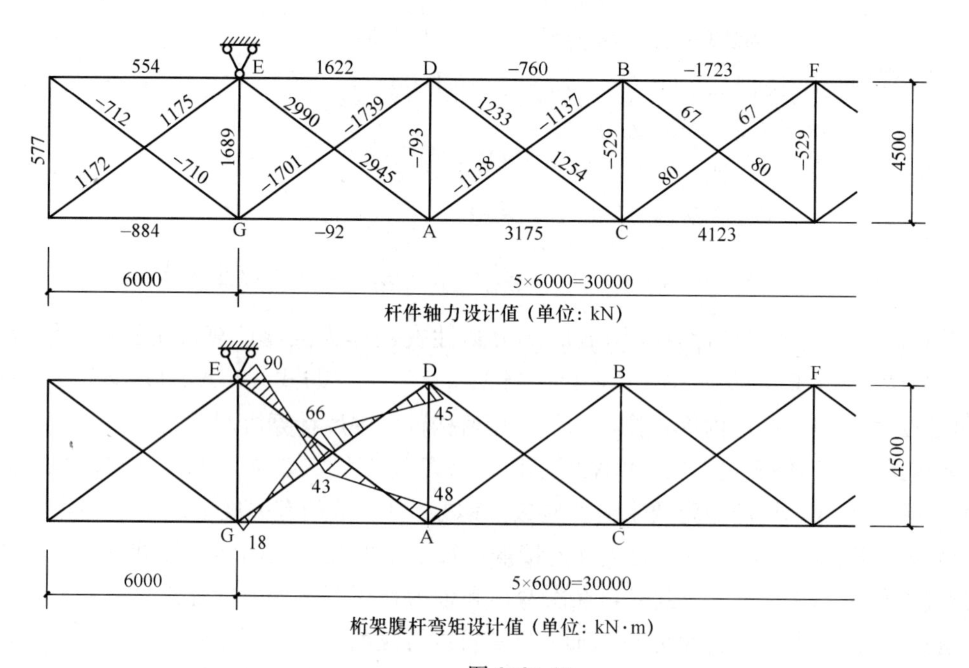


杆件轴力设计值（单位：kN）



桁架腹杆弯矩设计值（单位：kN·m）

图 2020-19

承受次弯矩的桁架杆件 EA 采用轧制 H 型钢 HW344×348×10×16，腹板位于桁架平面内，其截面特性：毛截面面积 $A = 144\text{cm}^2$；回转半径 $i_x = 15\text{cm}$，$i_y = 8.8\text{cm}$；毛截面模量 $W_x = 1892\text{cm}^3$。进行截面强度计算时，杆件 EA 的作用效应设计值与承载力设计值之比，与下列何项数值最为接近？

**提示**：杆件 EA 塑性截面模量 $W_{Px} = 2070\text{cm}^3$。

(A) 0.68 (B) 0.70 (C) 0.81 (D) 0.84

**【答案】**(B)

根据《钢标》8.5.2 条，$M = 90\text{kN}\cdot\text{m}$，$N = 2990\text{kN}$，则

$$\varepsilon = \frac{MA}{NW} = \frac{90\times10^6\times144\times10^3}{2990\times10^3\times10^3} = 0.23 > 0.2$$

查《钢标》表 8.5.2，H 形截面，腹板桁架平面内，$\alpha = 0.85$，$\beta = 1.15$。

由《钢标》式（8.5.2-2）：

$$\frac{\dfrac{N}{A}+\alpha\dfrac{M}{W_p}}{\beta f} = \frac{\dfrac{2900\times10^3}{144\times10^2}+0.85\times\dfrac{90\times10^6}{2070\times10^3}}{1.15\times305} = 0.697$$

**【例 3.1.2】** 2008 上午 24 题

某支架为一单向压弯格构式双肢缀条柱结构，如图 2008-24 所示，截面无削弱，材料采用 Q235B，E43 型焊接，手工焊接，柱肢采用 HA300×200×6×10（翼缘为焰切边），缀条采用 L63×6。该柱承受的荷载设计值为：轴心压力 $N$=980kN，弯矩 $M_x$=230kN·m，剪力 $V$=25kN。柱在弯矩作用平面内有侧移，计算长度 $l_{0x}$=17.5m，柱在弯矩作用平面外计算长度 $l_{0y}$=8m。缀条与分肢连接有节点板。

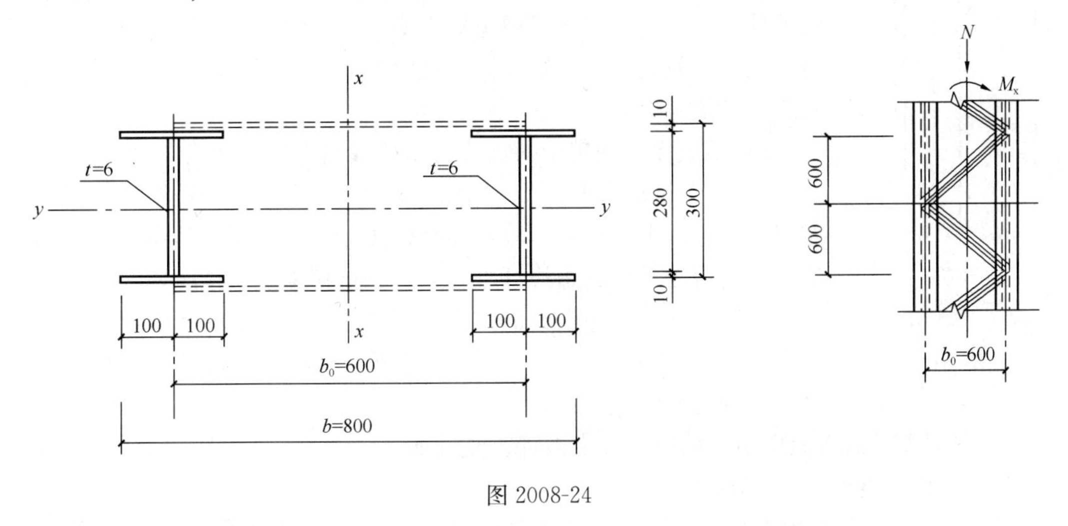


图 2008-24

试问，强度计算时，该格构式双肢缀条柱柱肢翼缘外侧最大压应力设计值（N/mm²），与下列何项数值最为接近？

**提示**：双肢缀条柱组合截面 $I_x = 104900\times10^4\text{mm}^4$，$i_x$=304mm。

(A) 165 (B) 174 (C) 178 (D) 183

**【答案】**(B)

柱肢翼缘外侧：

$$W_{nx}=\frac{2I_x}{b}=\frac{2\times104900\times10^4}{800}=2622.5\times10^3\text{mm}^3$$

根据《钢标》8.1.1条及表8.1.1，取 $\gamma_x=1.0$，则

$$\frac{N}{A_n}+\frac{M_x}{\gamma_x W_{nx}}=\frac{980\times10^3}{113.6\times10^2}+\frac{230\times10^6}{1.0\times2622.5\times10^3}=173.97\text{N/mm}^2$$

## 3.2 实腹式压弯构件的整体稳定计算

### 3.2.1 弯矩作用平面内的稳定计算

**1. 主要的规范规定**

1)《钢标》8.2.1条：实腹式压弯构件弯矩作用平面内稳定计算公式。

2)《钢标》8.2.5条：弯矩作用在两个主平面内的双轴对称实腹构件稳定计算公式。

**2. 对规范规定的理解**

1）如图3.2-1所示，弯矩 $M$ 绕 $X$ 轴，作用在 $YZ$ 平面内。在 $YZ$ 平面内（绕 $X$ 轴）的失稳，称为弯矩作用平面内的失稳。在非 $YZ$ 平面内的失稳，称为弯矩作用平面外的失稳。

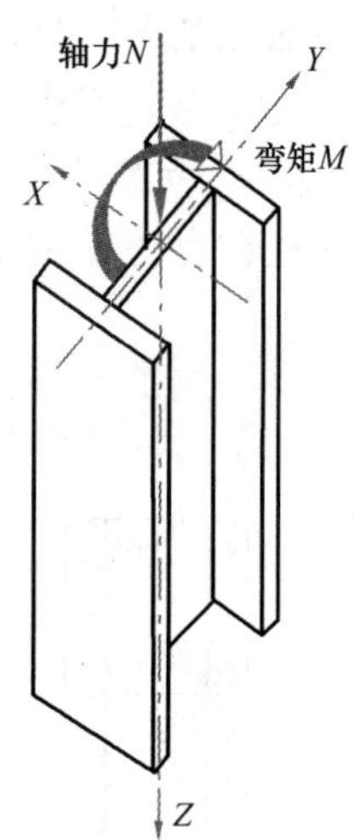

图3.2-1 实腹式压弯构件

2）实际工程中，压弯构件作用于两端的弯矩不相等，或因中间承受横向力而产生弯扭，这些导致弯矩沿构件杆长是变化的，即非均匀弯矩。而压弯构件的稳定计算方法，是基于两端受轴力和均匀弯矩的条件下得到的。引入等效弯矩系数 $\beta_{mx}$，使非均匀弯矩对构件的稳定效应和等效的均匀弯矩相同。此时，非均匀弯矩和均匀弯矩的二阶效应最大值相等。

3）横截面上的集中荷载或均布荷载均为横向荷载。

4）对单轴对称截面（《钢标》表8.1.1的3、4项构件），当弯矩作用在对称轴平面内且使较大翼缘受压时，有可能在较小翼缘一侧产生较大的应力并在其边缘纤维首先达到抗拉强度。这时，轴心压力 $N$ 引起的压应力对弯矩引起的拉应力起抵消作用。对这种情况的压弯构件尚应按《钢标》式（8.2.1-4）计算。此时 $W_{2x}$ 取较小翼缘（无翼缘端）的毛截面抵抗矩。

5）非圆管截面弯矩作用平面内的稳定性计算流程如下：

（1）根据《钢标》4.4节确定 $f$。

（2）根据 $\lambda_x/\varepsilon_k$，由表7.2-1、表7.2.1-2确定截面分类，结合附录D确定稳定系数 $\varphi_x$。

（3）计算 $N'_{Ex}=\pi^2EA/(1.1\lambda_x^2)$，其中 $E=206\times10^3\text{N/mm}^2$。

（4）计算 $N_{cr}=\pi^2EA/\lambda_x^2=1.1N'_{Ex}$。

（5）验算，若 $\dfrac{N}{\varphi_x Af}+\dfrac{\beta_{mx}M_x}{\gamma_x W_{1x}(1-0.8N/N'_{Ex})f}\leqslant1.0$，满足要求。

$\beta_{mx}$

- 无侧移框架柱两端支承构件
  - 有端弯矩无横向荷载：$\beta_{mx}=0.6+0.4M_2/M_1$，$|M_1|\geqslant|M_2|$，无反弯点时，$M_1$、$M_2$ 同号，反之异号
  - 无端弯矩有横向荷载
    - 跨中单个集中荷载，$\beta_{mx}=1-0.36N/N_{cr}$
    - 全跨均布荷载，$\beta_{mx}=1-0.18N/N_{cr}$
  - 有端弯矩有横向荷载：$\beta_{mx}M_x=\beta_{mqx}M_{qx}+\beta_{m1x}M_1$
- 有侧移框架柱悬臂构件
  - 一般情况框架柱：$\beta_{mx}=1-0.36N/N_{cr}$
  - 有横向荷载柱脚铰接底层柱：$\beta_{mx}=1.0$
  - 自由端有弯矩的悬臂柱：$\beta_{mx}=1-0.36(1-m)N/N_{cr}$，$m$ 为自由端弯矩 / 固定端弯矩，无反弯点正，有反弯点负

**3. 历年真题解析**

**【例 3.2.1】** 2017 上午 19 题

某商厦增建钢结构入口大堂，其屋面结构布置如图 2017-19 所示，新增钢结构依附于商厦的主体结构。钢材采用 Q235B 钢，钢柱 GZ-1 和钢梁 GL-1 均采用热轧 H 型钢 H446×199×8×12 制作，其截面特性为：$A=8297\text{mm}^2$，$I_x=28100\times10^4\text{mm}^4$，$I_y=1580\times10^4\text{mm}^4$，$i_x=184\text{mm}$，$i_y=43.6\text{mm}$，$W_x=1260\times10^3\text{mm}^3$，$W_y=159\times10^3\text{mm}^3$。钢柱高 15m，上、下端均为铰接，弱轴方向 5m 和 10m 处各设一道系杆 XG。

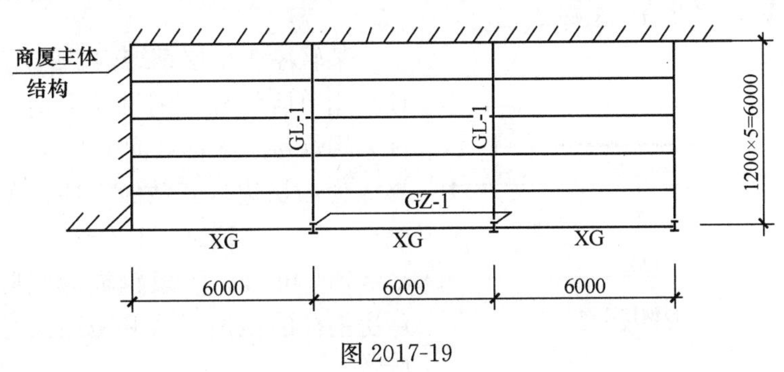


图 2017-19

假定，钢柱 GZ-1 主平面内的弯矩设计值 $M_x=88.0\text{kN}\cdot\text{m}$。试问，对该钢柱进行平面内稳定性验算，仅由 $M_x$产生的应力设计值（N/mm²），与下列何项数值最为接近？

**提示：** $\dfrac{N}{N'_{Ex}}=0.135$，$\beta_{mx}=1.0$。柱截面满足 S3 等级要求。

(A) 75　　(B) 90　　(C) 105　　(D) 120

**【答案】** (A)

根据《钢标》8.2.1 条计算，$\beta_{mx}=1.0$，$\gamma_x=1.05$。

$$\sigma_m=\frac{\beta_{mx}M_x}{\gamma_x W_{1x}\left(1-0.8\dfrac{N}{N'_{Ex}}\right)}=\frac{1.0\times88\times10^6}{1.05\times1260\times10^3(1-0.8\times0.135)}$$

$$=74.6\text{N/mm}^2$$

**【例 3.2.2】** 2016 上午 25 题

假定，柱采用焊接箱形截面 B500×22。截面特性如表 2016-25 所示。

双向受弯框架柱 CD 在框架平面内计算长度系数取为 2.4，平面外计算长度系数取为

1.0。试问，当按公式 $\frac{N}{\varphi_x A}+\frac{\beta_{mx}M_x}{\gamma_x W_x\left(1-0.8\frac{N}{N'_{Ex}}\right)}+\eta\frac{\beta_{ty}M_y}{\varphi_{by}W_y}$ 进行平面内（$M_x$方向）稳定性计算时，$N'_{Ex}$的计算值（N）与下列何项数值最为接近？

截面特性 表 2016-25

| 截面 | 面积 $A$（$mm^2$） | 惯性矩 $I_x$（$mm^4$） | 回转半径 $i_x$（mm） | 弹性截面模量 $W_x$（$mm^3$） | 塑性截面模量 $W_{px}$（$mm^3$） |
|---|---|---|---|---|---|
| B500×22 | 42064 | $1.61\times10^9$ | 195 | $6.42\times10^6$ | |

（A）$2.40\times10^7$ （B）$3.50\times10^7$ （C）$1.40\times10^8$ （D）$2.20\times10^8$

**【答案】**（B）

框架柱平面内长细比：

$$\lambda_x=\frac{2.4\times3800}{195}=47$$

根据《钢标》式（8.2.1-1）：

$$N'_{Ex}=\frac{\pi^2 EA}{1.1\lambda_x^2}=\frac{\pi^2\times2.06\times10^5\times42064}{1.1\times47^2}=3.52\times10^7\text{N}$$

**【例 3.2.3】** 2013 上午 24 题

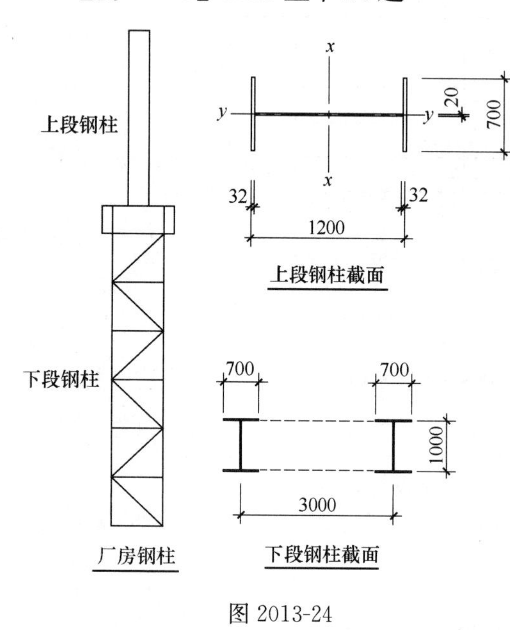


图 2013-24

某轻屋盖单层钢结构多跨厂房，中列厂房柱采用单阶钢柱，钢材采用 Q345 钢。上段钢柱采用焊接工字形截面 H1200×700×20×32，翼缘为焰切边，其截面特性：$A=675.2\times10^2$ $mm^2$，$W_x=29544\times10^3mm^3$，$i_x=512.3$mm，$i_y=164.6$mm；下段钢柱为双肢格构式构件。厂房钢柱的截面形式和截面尺寸如图 2013-24 所示。

假定，厂房上段钢柱框架平面内计算长度 $H_{0x}=30860$mm，框架平面外计算长度 $H_{0y}=12230$mm。上段钢柱的内力设计值：弯矩 $M_x=5700$kN・m，轴心压力 $N=2100$kN。试问，上段钢柱作为压弯构件，进行弯矩作用平面内的稳定性计算时，以应力形式表达的稳定性计算值（$N/mm^2$）应与下列何项数值最为接近？

**提示：**取等效弯矩系数 $\beta_{mx}=1.0$。截面等级满足 S3。

（A）215 （B）235 （C）270 （D）295

**【答案】**（B）

根据《钢标》8.2.1 条：

$$\lambda_x=\frac{H_{0x}}{i_x}=\frac{30860}{512.3}=60.24$$

b 类截面，根据 $\lambda_x\sqrt{\frac{f_y}{235}}=60.24\times\sqrt{\frac{345}{235}}=73$ 查附录表 D.0.2，$\varphi_x=0.732$。

$$N'_{Ex}=\frac{\pi^2EA}{1.1\lambda_x^2}=\frac{\pi^2\times206\times10^3\times675.2\times10^2}{1.1\times60.24^2}\times10^{-3}=34390\text{kN}$$

$\gamma_x=1.05$，$\beta_{mx}=1.0$，根据《钢标》式（8.2.1-1）：

$$\frac{N}{\varphi_xA}+\frac{\beta_{mx}M_x}{\gamma_xW_{1x}\left(1-0.8\frac{N}{N'_{Ex}}\right)}$$

$$=\frac{2100\times10^3}{0.732\times675.2\times10^2}+\frac{1.0\times5700\times10^6}{1.05\times29544\times10^3\times\left(1-0.8\times\frac{2100}{34390}\right)}$$

$$=42.5+193.2=235.7\text{N/mm}^2$$

**【例 3.2.4】** 2012 上午 29 题

刚架无侧移，刚架梁及柱均采用双轴对称轧制 H 型钢，柱截面为 HM340×250×9×14。刚架柱上端的弯矩及轴向压力设计值分别为 $M_2=192.5\text{kN}\cdot\text{m}$，$N=276.6\text{kN}$；刚架柱下端的弯矩及轴向压力设计值分别为 $M_1=0.0\text{kN}\cdot\text{m}$，$N=292.1\text{kN}$；且无横向荷载作用。假设刚架柱在弯矩作用平面内计算长度取 $l_{0x}=10.1\text{m}$，Q235 钢材。试问，对刚架柱进行弯矩作用平面内整体稳定性验算时，以应力形式表达的稳定性计算数值（N/mm²）与下列何项数值最为接近？

构件截面如图 2012-29 所示，截面特性如表 2012-29 所示。

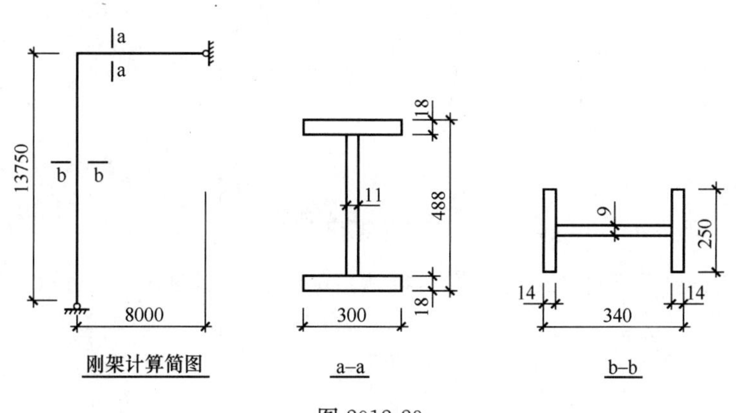


图 2012-29

**构件截面特性** **表 2012-29**

| 截面 | 截面面积 $A$（mm²） | 惯性矩（平面内）$I_x$（mm⁴） | 惯性半径 $i_x$（mm） | 惯性半径 $i_y$（mm） | 截面模数 $W_x$（mm³） |
|---|---|---|---|---|---|
| HM340×250×9×14 | $99.53\times10^2$ | $21200\times10^4$ | $14.6\times10$ | $6.05\times10$ | $1250\times10^3$ |

**提示：** $1-0.8\frac{N}{N'_{Ex}}=0.942$。截面等级满足 S3。

(A) 126　　(B) 156　　(C) 173　　(D) 189

**【答案】**（A）

$$\lambda_x = \frac{l_{0x}}{i_x} = \frac{10100}{146} = 69.2$$

根据《钢标》表 7.2.1-1 及附录表 D.0.1，a 类截面，$\varphi_x = 0.844$。

$$\gamma_x = 1.05。$$

$$\beta_{mx} = 0.60 + 0.4\frac{M_2}{M_1} = 0.6$$

$$\frac{N}{\phi_x A} + \frac{\beta_{mx} M_x}{\gamma_x W_{1x}\left(1-0.8\dfrac{N}{N'_{Ex}}\right)} = \frac{276.6\times10^3}{0.844\times99.53\times10^2} + \frac{0.60\times192.5\times10^6}{1.05\times1250\times10^3\times0.942}$$

$$= 33 + 93.4 = 126.4\text{N/mm}^2$$

### 3.2.2 弯矩作用平面外的稳定计算

**1. 主要的规范规定**

1)《钢标》8.2.1 条：实腹式压弯构件弯矩作用平面外稳定计算公式。

2)《钢标》8.2.5 条：弯矩作用在两个主平面内的双轴对称实腹构件稳定计算公式。

**2. 对规范规定的理解**

1) 同向曲率和反向曲率：

同向曲率指杆件长度范围内弯矩图无反弯点的情况，如图 3.2-2 所示。

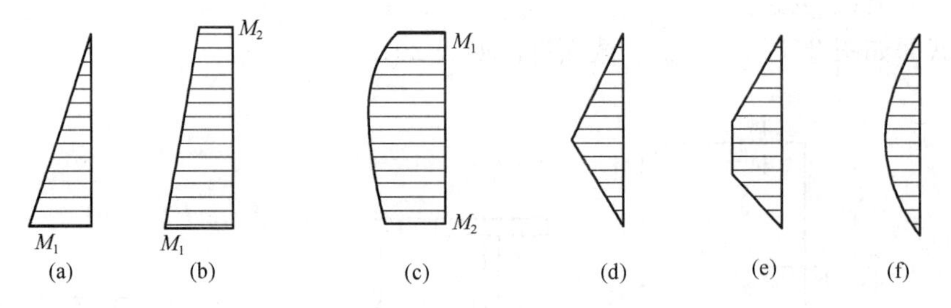


图 3.2-2 同向曲率

反向曲率指杆件长度范围内弯矩图有反弯点的情况，如图 3.2-3 所示。

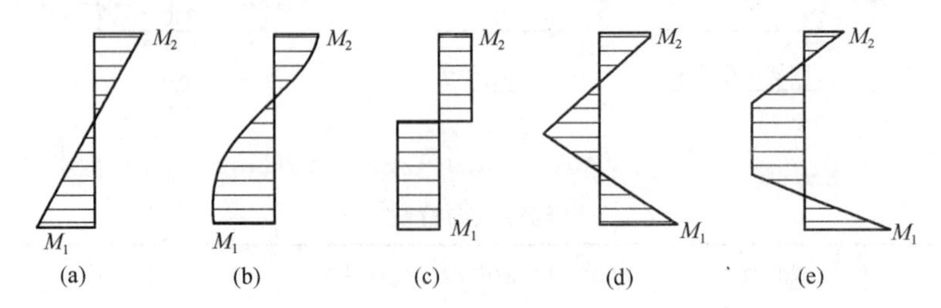


图 3.2-3 反向曲率

2) 非圆管截面弯矩作用平面外的稳定性计算流程如下：

(1) 由《钢标》4.4 节确定 $f$。

(2) 根据 $\lambda_y/\varepsilon_k$ 或 $\lambda_{yz}/\varepsilon_k$，由表 7.2.1-1、表 7.2.1-2 确定截面分类，结合附录 D 确定稳定系数 $\varphi_y$。

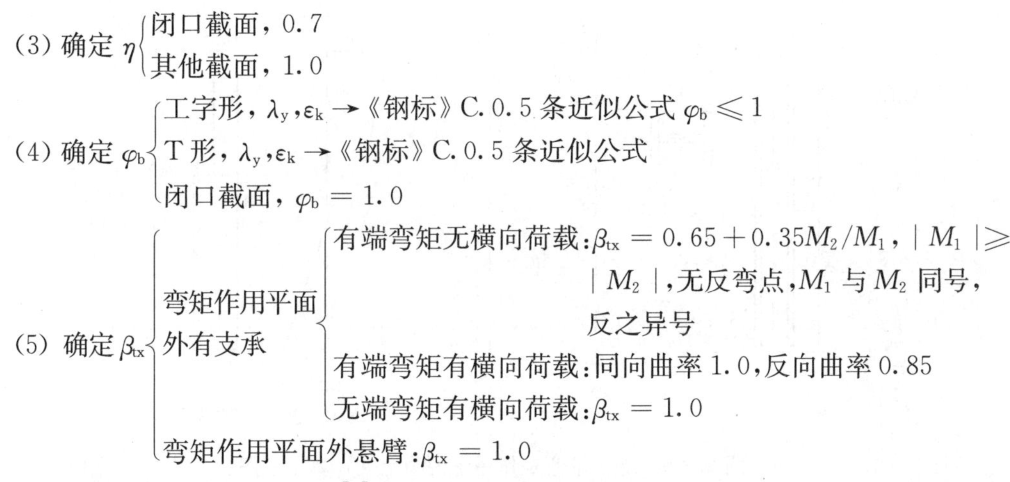

(3) 确定 $\eta$ {闭口截面，0.7；其他截面，1.0}

(4) 确定 $\varphi_b$ {工字形，$\lambda_y$，$\varepsilon_k$ → 《钢标》C.0.5 条近似公式 $\varphi_b \leqslant 1$；T 形，$\lambda_y$，$\varepsilon_k$ → 《钢标》C.0.5 条近似公式；闭口截面，$\varphi_b = 1.0$}

(5) 确定 $\beta_{tx}$ {弯矩作用平面外有支承 {有端弯矩无横向荷载：$\beta_{tx} = 0.65 + 0.35M_2/M_1$，$|M_1| \geqslant |M_2|$，无反弯点，$M_1$ 与 $M_2$ 同号，反之异号；有端弯矩有横向荷载：同向曲率 1.0，反向曲率 0.85；无端弯矩有横向荷载：$\beta_{tx} = 1.0$}；弯矩作用平面外悬臂：$\beta_{tx} = 1.0$}

(6) 验算，若 $\dfrac{N}{\varphi_y Af} + \eta\dfrac{\beta_{tx}M_x}{\varphi_b W_{1x} f} \leqslant 1.0$，满足要求。

3）在弯矩作用平面外有支承的构件，应根据两相邻支承间构件段内的荷载和内力确定等效弯矩系数 $\beta_{tx}$。这里的两相邻支承指的是包含支座在内的侧向支承点。如图 3.2-4 所示，构件的左段起控制作用，同向曲率，$\beta_{tx} = 0.65 + 0.35(M_x/2)/M_x = 0.825$。

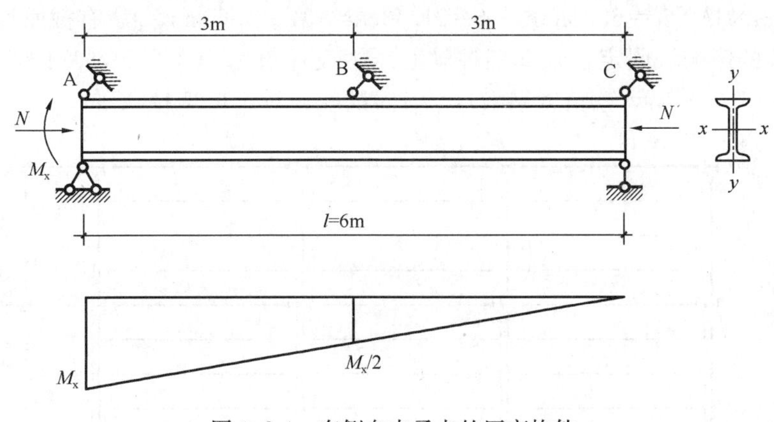


图 3.2-4 有侧向支承点的压弯构件

4）由于等效弯矩系数 $\beta_{tx}$ 的存在，使非均匀弯矩对构件的稳定效应和等效的均匀弯矩相同。稳定系数 $\varphi_b$ 也可按均匀弯曲的受弯构件整体稳定系数取值。对工字形和 T 形截面的非悬臂构件，可按《钢标》C.0.5 条的规定确定。

5）压弯构件分段时（如设置侧向支撑），应计算每一个计算长度范围内的构件稳定性。

如图 3.2-5 所示，弯矩绕 $x$ 轴，在弯矩作用平面外距离柱底 6m 处设置平面外支撑点。弯矩作用平面内稳定计算时，柱无需分段，按整段柱进行分析；弯矩作用平面外稳定计算时，应分别按上柱（计算长度 4m，根据《钢标》式（8.2.1-12），按无反弯点计算等效弯矩系数）、下柱（计算长度 6m，根据《钢标》式（8.2.1-12），按有反弯点计算等效弯矩系数）相应的内力值及稳定参数进行计算。需要注意的是，此处根据内力，无法判断上柱还是下柱起控制作用，故两段均需计算，应注意与图 3.2-4 的不同之处。

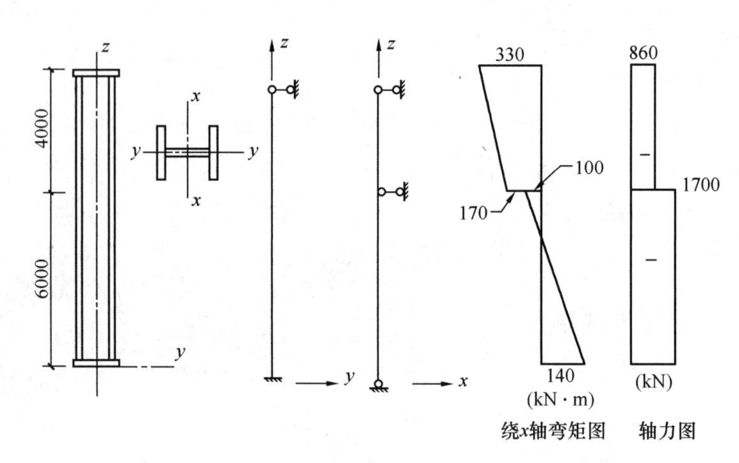


图 3.2-5 绕 $x$ 轴弯矩作用下的稳定性计算示意图

**3. 历年真题解析**

**【例 3.2.5】**2018 上午 19 题

某非抗震设计的单层钢结构平台，钢材均为 Q235B，梁柱均采用轧制 H 型钢，如图 2018-19 所示，$X$ 向采用梁柱刚接的框架结构，$Y$ 向采用梁柱铰接的支撑结构。柱均采用 H250×250×9×14，$i_y=63.1\text{mm}$，$A=91.43\text{cm}^2$，$W_x=860\text{cm}^3$。所有截面均无削弱，不考虑楼板对梁的影响。假定，某框架柱轴心压力设计值为 163.2kN，$X$ 向弯矩设计值为 $M_x=20.4\text{kN}\cdot\text{m}$，$Y$ 向计算长度系数取为 1。试问，对于框架柱 $X$ 向，以应力形式表达

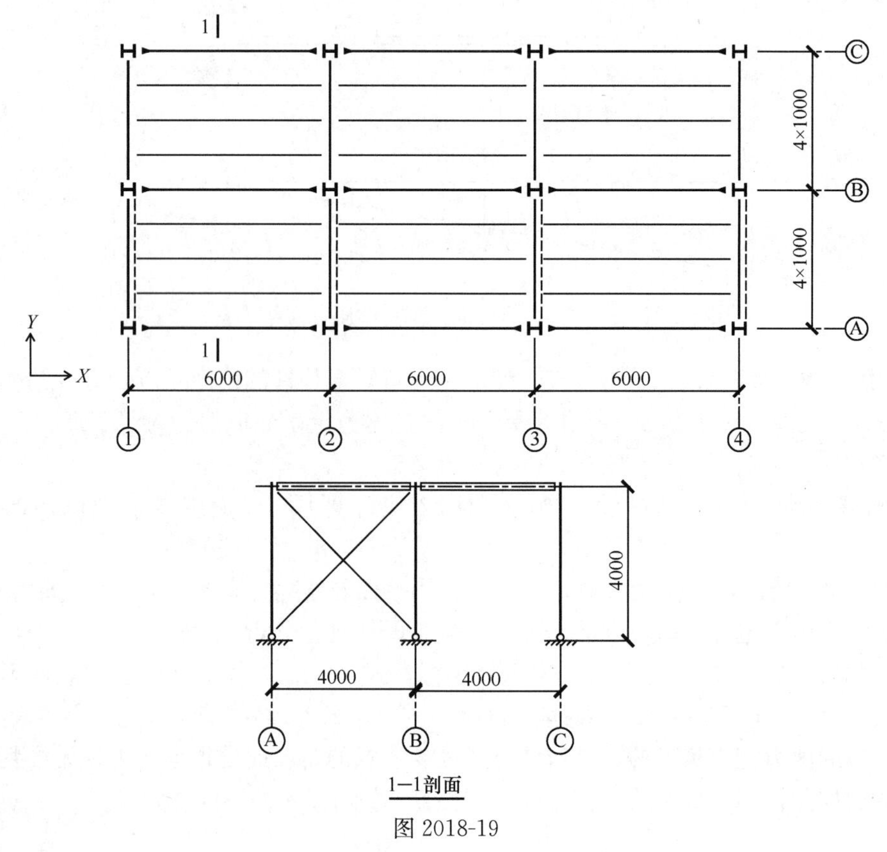


图 2018-19

的弯矩作用平面外稳定性计算最大值（$N/mm^2$），与下列何项数值最为接近？

**提示：**所考虑构件段无横向荷载作用。

(A) 20　　(B) 40　　(C) 60　　(D) 80

**【答案】**(B)

$$\lambda_y = \frac{4000}{63.1} = 63.4。$$

根据《钢标》表 7.2-1-1，轧制，$b/h=1.0>0.8$，Q235B，对 $y$ 轴截面为 C 类。

查《钢标》表 D-3，$\varphi_y = 0.686$。

$$\varphi_b = 1.07 - \frac{\lambda_y^2}{44000} = 1.07 - \frac{63.4^2}{44000} = 0.98$$

根据《钢标》8.2.1 条：

$$\beta_{tx} = 0.65 + 0.35\frac{M_2}{M_1} = 0.65$$

$$\frac{N}{\phi_y A} + \eta\frac{\beta_{tx}M_x}{\phi_b W_{1x}} = \frac{163.2\times1000}{0.686\times91.43\times100} + 1.0\times\frac{0.65\times20.4\times10^6}{0.98\times860\times10^3} = 41.72\text{N/mm}^2$$

**【例 3.2.6】**2017 上午 20 题

某商厦增建钢结构入口大堂，其屋面结构布置如图 2017-20 所示，新增钢结构依附于商厦的主体结构。钢材采用 Q235B 钢，钢柱 GZ-1 和钢梁 GL-1 均采用热轧 H 型钢 H446×199×8×12 制作，其截面特性为：$A=8297\text{mm}^2$，$I_x=28100\times10^4\text{mm}^4$，$I_y=1580\times10^4\text{mm}^4$，$i_x=184\text{mm}$，$i_y=43.6\text{mm}$，$W_x=1260\times10^3\text{mm}^3$，$W_y=159\times10^3\text{mm}^3$。钢柱高 15m，上、下端均为铰接，弱轴方向 5m 和 10m 处各设一道系杆 XG。

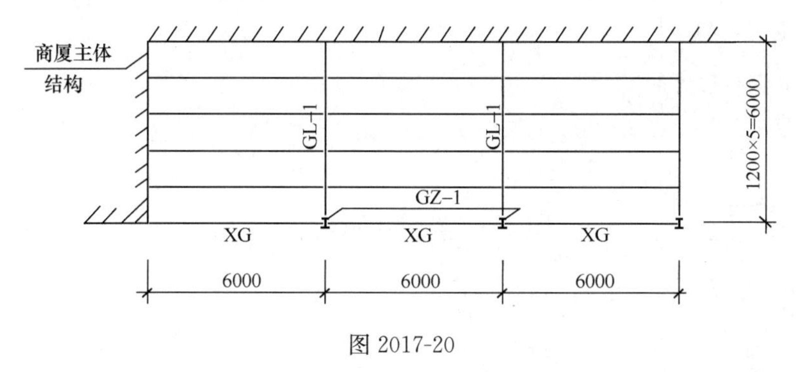


图 2017-20

假定，钢柱 GZ-1 主平面内的弯矩设计值 $M_x=88.0\text{kN}\cdot\text{m}$。试问，对钢柱 GZ-1 进行弯矩作用平面外稳定性验算，仅由 $M_x$ 产生的应力设计值（$N/mm^2$），与下列何项数值最为接近？

**提示：**等效弯矩系数 $\beta_{tx}=1.0$，截面影响系数 $\eta=1.0$。

(A) 70　　(B) 90　　(C) 100　　(D) 110

**【答案】**(B)

$$\lambda_y = \frac{l_{ay}}{i} = \frac{5000}{43.6} = 115$$

根据《钢标》附录式（C.0.5）计算整体稳定系数 $\varphi_b$：

$$\varphi_b = 1.07 - \frac{\lambda_y^2}{44000} \cdot \frac{f_y}{235} = 1.07 - \frac{115^2}{44000} = 0.769$$

$\eta$=1.0，$\beta_{tx}$=1.0（已知条件），根据《钢标》式（8.2.1-3）第 2 项：

$$\sigma_m = \eta \frac{\beta_{tx} M_x}{\varphi_b W_{1x}} = 1.0 \times \frac{1.0 \times 88 \times 10^6}{0.769 \times 1260 \times 10^3} = 90.8\text{N/mm}^2$$

**【例 3.2.7】**2013 上午 25 题

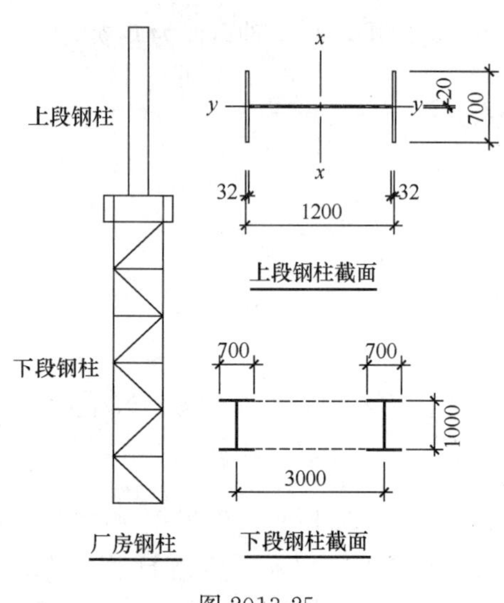


图 2013-25

某轻屋盖单层钢结构多跨厂房，中列厂房柱采用单阶钢柱，钢材采用 Q345 钢。上段钢柱采用焊接工字形截面 H1200×700×20×32，翼缘为焰切边，其截面特性：$A=675.2\times10^2\text{mm}^2$，$W_x = 29544 \times 10^3\text{mm}^3$，$i_x = 512.3\text{mm}$，$i_y = 164.6\text{mm}$；下段钢柱为双肢格构式构件。厂房钢柱的截面形式和截面尺寸如图 2013-25 所示。

假定，厂房上段钢柱框架平面内计算长度 $H_{0x}$=30860mm，框架平面外计算长度 $H_{0y}$=12230mm。上段钢柱的内力设计值：弯矩 $M_x$=5700kN·m，轴心压力 $N$=2100kN。试问，上段钢柱作为压弯构件，进行弯矩作用平面外的稳定性计算时，以应力形式表达的稳定性计算值（N/mm²）应与下列何项数值最为接近？

**提示：**取等效弯矩系数 $\beta_{tx} = 1.0$。截面等级满足 S3。

(A) 215　　(B) 235　　(C) 270　　(D) 295

**【答案】**(C)

根据《钢标》8.2.1 条：

$$\lambda_y = \frac{H_{0y}}{i_y} = \frac{12230}{164.6} = 74.3 < 120\sqrt{\frac{235}{f_y}} = 120\sqrt{\frac{235}{345}} = 99$$

b 类截面，根据 $\lambda_y\sqrt{\frac{f_y}{235}} = 74.3 \times \sqrt{\frac{345}{235}} = 90$ 查附录表 D.0.2，$\varphi_y = 0.621$。

根据《钢标》附录 C 式（C.0.5-1）：

$$\varphi_b = 1.07 - \frac{\lambda_y^2}{44000} \times \frac{f_y}{235} = 1.07 - \frac{74.3^2}{44000} \times \frac{345}{235} = 0.886$$

$\eta = 1.0$，$\beta_{tx} = 1.0$，根据《钢标》式（8.2.1-3）：

$$\frac{N}{\varphi_y A} + \eta \frac{\beta_{tx} M_x}{\varphi_b W_{1x}} = \frac{2100 \times 10^3}{0.621 \times 675.2 \times 10^2} + 1.0 \times \frac{1.0 \times 5700 \times 10^6}{0.886 \times 29544 \times 10^3} = 267.8\text{N/mm}^2$$

**【例 3.2.8】**2011 上午 21 题

框架柱截面为□500×25 箱形柱，按单向弯矩计算时，弯矩设计值见框架柱弯矩图，轴压力设计值 $N$=2693.7kN，在进行弯矩作用平面外的稳定性计算时，构件以应力形式表达的稳定性计算数值（N/mm²）与下列何项数值最为接近？

**提示：**① 框架柱截面分类为 C 类，$\lambda_y\sqrt{\frac{f_y}{235}} = 41$。

② 框架柱所考虑构件段无横向荷载作用。

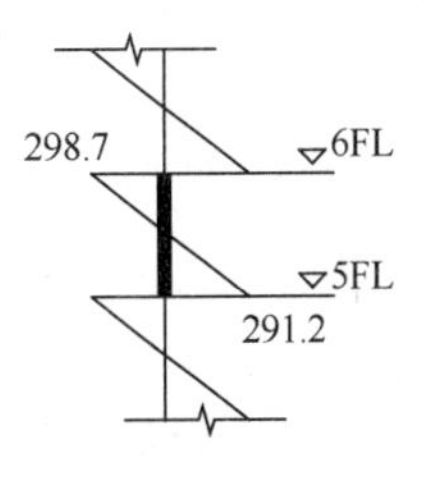

框架柱弯矩图
（单位：kN·m）

| 截面 | $A$（mm²） | $I_x$（mm⁴） | $W_x$（mm³） |
|---|---|---|---|
| □500×25 | $4.75\times10^4$ | $1.79\times10^9$ | $7.16\times10^6$ |

(A) 75　　(B) 90

(C) 100　　(D) 110

**【答案】**(A)

根据《钢标》8.2.1条，$\eta=0.7$，$\varphi_b=1.0$。

$$\beta_{tx}=0.65+0.35\frac{M_2}{M_1}=0.65-0.35\times\frac{291.2}{298.7}=0.31$$

根据提示，框架柱截面分类为C类，$\lambda_y\sqrt{\frac{f_y}{235}}=41$。查《钢标》附录表D.0.3，$\varphi_y=0.833$。则

$$\frac{N}{\varphi_y A}+\eta\frac{\beta_{tx}M_x}{\varphi_b W_{1x}}=\frac{2693.7\times10^3}{0.833\times4.75\times10^4}+0.7\times\frac{0.31\times298.7\times10^6}{1\times7.16\times10^6}$$

$$=68.1+9.1=77.2$$

## 3.3 格构式压弯构件的整体稳定计算

### 3.3.1 弯矩绕虚轴作用平面内整体稳定计算

**1. 主要的规范规定**

1)《钢标》8.2.2条：弯矩绕虚轴格构式压弯构件整体稳定性验算公式。

2)《钢标》7.2.3条：格构式柱换算长细比计算。

3)《钢标》附录D：轴心受压构件的稳定系数表。

**2. 对规范规定的理解**

1)《钢标》式（8.2.2-2）中，$y_0$为由虚轴到压力较大分肢的轴线距离或者到压力较大分肢腹板外边缘的距离，两者取大值，见图3.3-1。

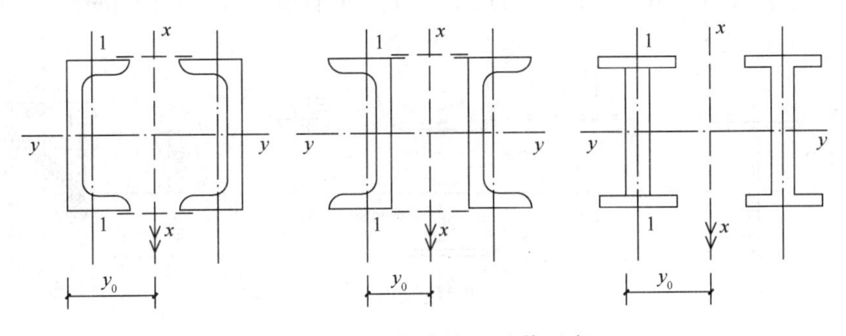


图3.3-1　格构式柱$y_0$取值示意

2）弯矩绕虚轴双肢格构式压弯构件整体稳定性验算流程：

(1) $\lambda_{0x}$
- 缀板，$\lambda_{0x}=\sqrt{\lambda_x^2+\lambda_1^2}$，$\lambda_x=l_{0x}/i_x$，$\lambda_1=l_{01}/i_1$
- 缀条，$\lambda_{0x}=\sqrt{\lambda_x^2+27A/A_{1x}}$，$\lambda_x=l_{0x}/i_x$
- $l_{01}$，焊接取缀板净距；螺栓连接取螺栓间距
- 两分肢截面相同时：$i_x=\sqrt{i_1^2+(a/2)^2}$，$a$ 为分肢 1-1 轴距离

(2) $\lambda_{0x}$，$\varepsilon_k$，B类→附录表 D.0.2，查 $\varphi_x$

(3) $N'_{Ex}=\pi^2EA/(1.1\lambda_{0x}^2)$，$E=206\times10^3\text{N/mm}^2$

(4) $N_{cr}=\pi^2EA/\lambda_{0x}^2=1.1N'_{Ex}$

(5) $\beta_{mx}$
- 无侧移框架柱 两端支承构件
  - 有端弯矩无横向荷载：$\beta_{mx}=0.6+0.4M_2/M_1$，$|M_1|\geqslant|M_2|$，无反弯点，$M_1$ 与 $M_2$ 同号，反之异号
  - 无端弯矩有横向荷载
    - 跨中单个集中荷载：$\beta_{mx}=1-0.36N/N_{cr}$
    - 全跨均布荷载：$\beta_{mx}=1-0.18N/N_{cr}$
  - 有端弯矩有横向荷载：$\beta_{mx}M_x=\beta_{mqx}M_{qx}+\beta_{m1x}M_1$
- 有侧移框架柱 悬臂构件
  - 一般情况框架柱：$\beta_{mx}=1-0.36N/N_{cr}$
  - 有横向荷载柱脚铰接底层柱：$\beta_{mx}=1.0$
  - 自由端有弯矩的悬臂柱：$\beta_{mx}=1-0.36(1-m)N/N_{cr}$，$m$ 为自由端弯矩/固定端弯矩，无反弯点正，有反弯点负

(6) $W_{1x}=I_x/y_0$ → $x$ 轴至分肢轴线距离和至分肢腹板外边缘距离较大值（弯矩方向）

(7) $\dfrac{N}{\varphi_xAf}+\dfrac{\beta_{mx}M_x}{W_{1x}(1-N/N'_{Ex})f}\leqslant1.0$，满足要求

**3. 历年真题解析**

**【例 3.3.1】** 2008 上午 25 题

某支架为一单向压弯格构式双肢缀条柱结构，如图 2008-25 所示，截面无削弱，材料采用 Q235B，E43 型焊接，手工焊接，柱肢采用 HA300×200×6×10（翼缘为焰切边），缀条采用 L63×6。该柱承受的荷载设计值为：轴心压力 $N=980\text{kN}$，弯矩 $M_x=230\text{kN}\cdot\text{m}$，剪力 $V=25\text{kN}$。双肢缀条柱组合截面 $I_x=104900\times10^4\text{mm}^4$，$i_x=304\text{mm}$。柱在弯矩作用平面内有侧移，计算长度 $l_{0x}=17.5\text{m}$，柱在弯矩作用平面外计算长度 $l_{0y}=8\text{m}$。缀条与分肢连接有节点板。一个分肢面积为 $56.8\times10^2\ \text{mm}^2$，一个角钢面积为 $7.29\times10^2\ \text{mm}^2$。

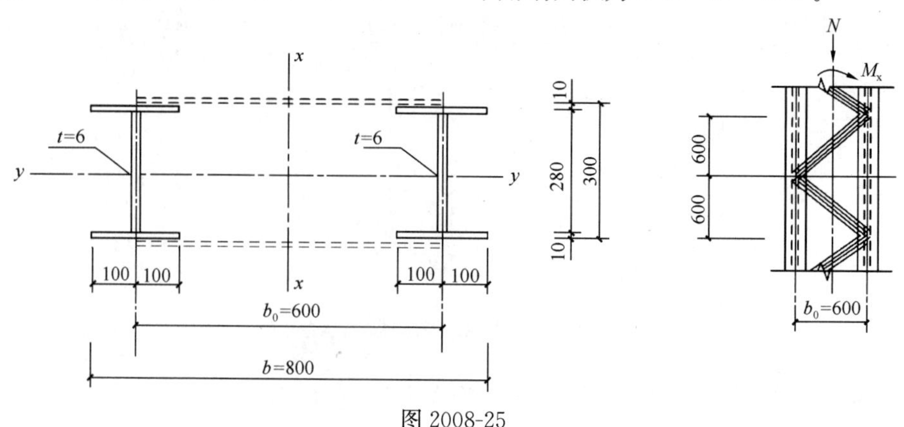


图 2008-25

验算格构式双肢缀条柱弯矩作用平面内的整体稳定性，其最大压应力设计值（N/mm$^2$），与下列何项数值最为接近？

**提示：**$\frac{N}{N'_{\mathrm{Ex}}}=0.162$；$\beta_{\mathrm{mx}}=1.0$。

(A) 165　　(B) 173　　(C) 185　　(D) 190

**【答案】**(C)

根据《钢标》7.2.3 条：

$$\lambda_x=\frac{l_{0x}}{i_x}=\frac{17500}{304}=57.6$$

$$\lambda_{0x}=\sqrt{\lambda_x^2+27\frac{A}{A_{1x}}}=\sqrt{57.6^2+27\times\frac{2\times56.8\times10^2}{2\times7.29\times10^2}}=59.4$$

查《钢标》表 7.2.1-1，对 $x$ 轴、$y$ 轴均为 b 类截面；查附表 D.0.2，取 $\varphi_x=0.810$。由 8.2.2 条：

$$W_{1x}=\frac{I_x}{b_0/2+3}=\frac{104900\times10^4}{600/2+3}=3462\times10^3\mathrm{mm}^2$$

$$\frac{N}{\varphi_x A}+\frac{\beta_{\mathrm{mx}}M_x}{W_{1x}\left(1-\frac{N}{N'_{\mathrm{Ex}}}\right)}=\frac{980\times10^3}{0.810\times2\times5680}+\frac{1.0\times230\times10^6}{3462\times10^3\times(1-0.162)}=186\mathrm{N/mm}^2$$

### 3.3.2 分肢稳定计算

**1. 主要的规范规定**

1)《钢标》8.2.2 条 2 款：分肢受力计算。

2)《钢标》7.2 节：轴心受压构件的稳定性计算。

3)《钢标》8.2 节：压弯构件的稳定性计算。

**2. 对规范规定的理解**

1) 缀条式分肢构件（图 3.3-2）按实腹式轴心受力构件计算其整体及局部稳定性。分肢的轴心力按桁架的弦杆计算。设压弯格构式柱受轴力 $N$ 及弯矩 $M$，则分肢受力可按下列公式计算：

$$N_1=\frac{y_2}{y_1+y_2}N+\frac{M}{y_1+y_2}$$

$$N_2=\frac{y_1}{y_1+y_2}N-\frac{M}{y_1+y_2}$$

$$N_1+N_2=N$$

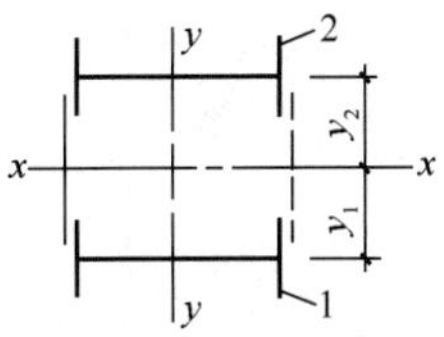

图 3.3-2 格构式构件截面

2) 计算格构式受压构件中槽形分肢对其实轴 $y$ 轴（即分肢截面对称轴）的稳定性时，不考虑扭转效应，按 b 类截面考虑（参考旧规范第 5.1.2 条注 3，新标准中没有规定）。

3) 根据 8.2.2 第 2 款，缀板柱的分肢尚应考虑由剪力引起的局部弯矩。这里的剪力，按 8.2.7 条计算，$V=\max\left(\frac{Af}{85\varepsilon_k},V_{实际}\right)$。缀板式分肢构件按实腹式压弯受力构件计算其整体及局部稳定性。分肢的轴心力按桁架的弦杆计算。设压弯格构式柱受轴力 $N$ 及弯矩 $M$，

缀板中心矩为 $l_1$，则分肢受力可按下列公式计算：

$$N_1=\frac{y_2}{y_1+y_2}N+\frac{M}{y_1+y_2}$$

$$N_2=\frac{y_1}{y_1+y_2}N-\frac{M}{y_1+y_2}$$

$$N_1+N_2=N$$

$$M_1=M_2=Vl_1/4$$

**3. 历年真题解析**

**【例 3.3.2】** 2008 上午 26 题

某支架为一单向压弯格构式双肢缀条柱结构，如图 2018-26 所示，截面无削弱，材料采用 Q235B，E43 型焊接，手工焊接，柱肢采用 HA300×200×6×10（翼缘为焰切边），缀条采用 L63×6。该柱承受的荷载设计值为：轴心压力 $N$=980kN，弯矩 $M_x$= 230kN·m，剪力 $V$=25kN。柱在弯矩作用平面内有侧移，计算长度 $l_{0x}$=17.5m，柱在弯矩作用平面外计算长度 $l_{0y}$=8m。缀条与分肢连接有节点板。

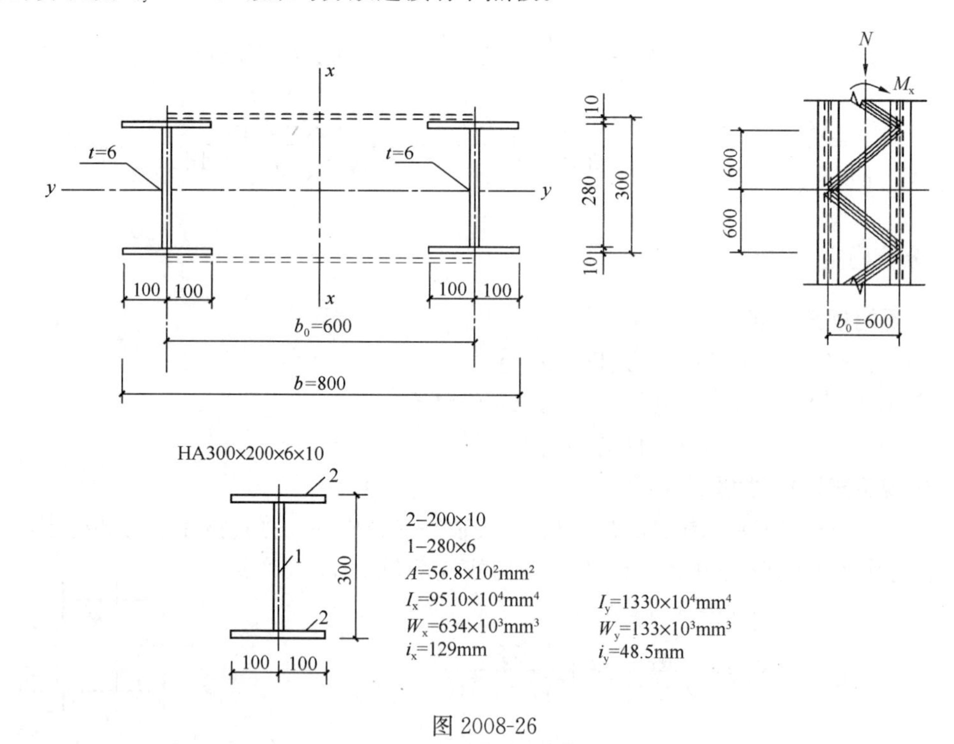


图 2008-26

验算格构式柱分肢的稳定性，其最大压应力设计值（N/mm²），与下列何项数值最为接近？

(A) 165　　(B) 179　　(C) 185　　(D) 193

**【答案】**(D)

分肢承受的最大轴心压力 $N_1$：

$$N_1=\frac{N}{2}+\frac{M_x}{b_0}=\frac{980}{2}+\frac{230}{0.6}=873.33\text{kN}$$

分肢平面内：$l_{0x1}=1200\text{mm}$，$\lambda_{x1}=\dfrac{1200}{48.5}=24.7$。

分肢平面外：$l_{0y1}=8000\text{mm}$，$\lambda_{y1}=\dfrac{8000}{129}=62.0$。

焊接 H 形截面，焰切边，查《钢标》表 7.2.1-1，对 $x$ 轴、$y$ 轴均为 b 类截面，取 $\lambda_{y1}$ 查附录表 D.0.2，取 $\varphi_{y1}=0.796$。

$$\frac{N_1}{\varphi_{y1}A_1}=\frac{873.33\times10^3}{0.796\times56.8\times10^2}=193.2\text{N/mm}^2$$

### 3.3.3 缀件计算

**1. 主要的规范规定**

1）《钢标》8.2.7 条：缀件计算时，格构式构件的剪力取值要求。

2）《钢标》7.2.7 条：缀材面剪力计算公式。

3）《钢标》7.6 节：单边连接单角钢强度及稳定计算。

**2. 对规范规定的理解**

1）根据《钢标》8.2.7 条及 7.2.7 条，格构式构件的剪力取值 $V=\max\left(\dfrac{Af}{85\varepsilon_k},V_{实际}\right)$。

2）此剪力在缀条（图 3.3-3）中产生的内力：

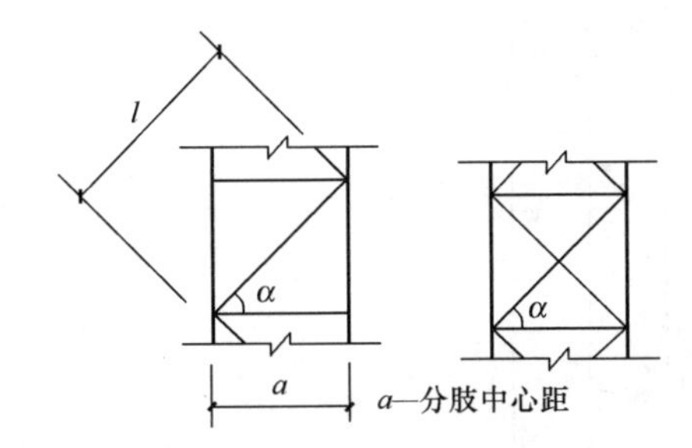

图 3.3-3 单系缀条与交叉缀条

$$内力\begin{cases}V=\max\left(\dfrac{Af}{85\varepsilon_k},V_{实际}\right)\\ 一个缀材面承受的剪力:V_1=V/2\\ 轴力\ N_t\begin{cases}单系缀条:N_t=V_1/\cos\alpha=\dfrac{V_1 l}{a}\\ 交叉缀条:N_t=V_1/2\cos\alpha=\dfrac{V_1 l}{2a}\end{cases}\end{cases}$$

缀条可按轴心受压构件计算，当缀条采用单角钢时，应满足《钢标》7.6 节相关规定。

3）缀板（图 3.3-4）所受的剪力和弯矩为：

$$内力\begin{cases}V=\max\left(\dfrac{Af}{85\varepsilon_k},V_{实际}\right)\\ 一个缀材面承受的剪力:V_1=V/2\\ 板端弯矩:M_{板}=V_1 l_1/2\\ 竖向剪力:V_{板}=V_1 l_1/a\end{cases}$$

满足刚度及厚度要求时，缀板强度一般能满足计算要求：

$$\sigma=\frac{M}{W}\leqslant f$$

$$\tau=1.5\frac{V}{bt}\leqslant f_v$$

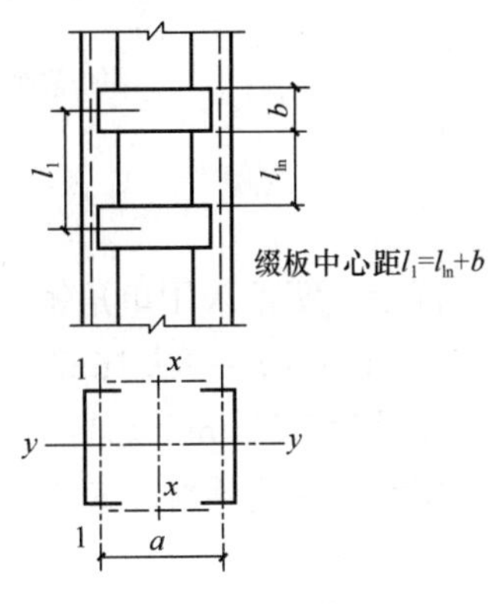

图 3.3-4 缀板柱中心矩计算

### 3. 历年真题解析

**【例 3.3.3】** 2014 上午 20 题

某单层钢结构厂房，钢材均为 Q235B。边列单阶柱截面及内力见图 2014-20。

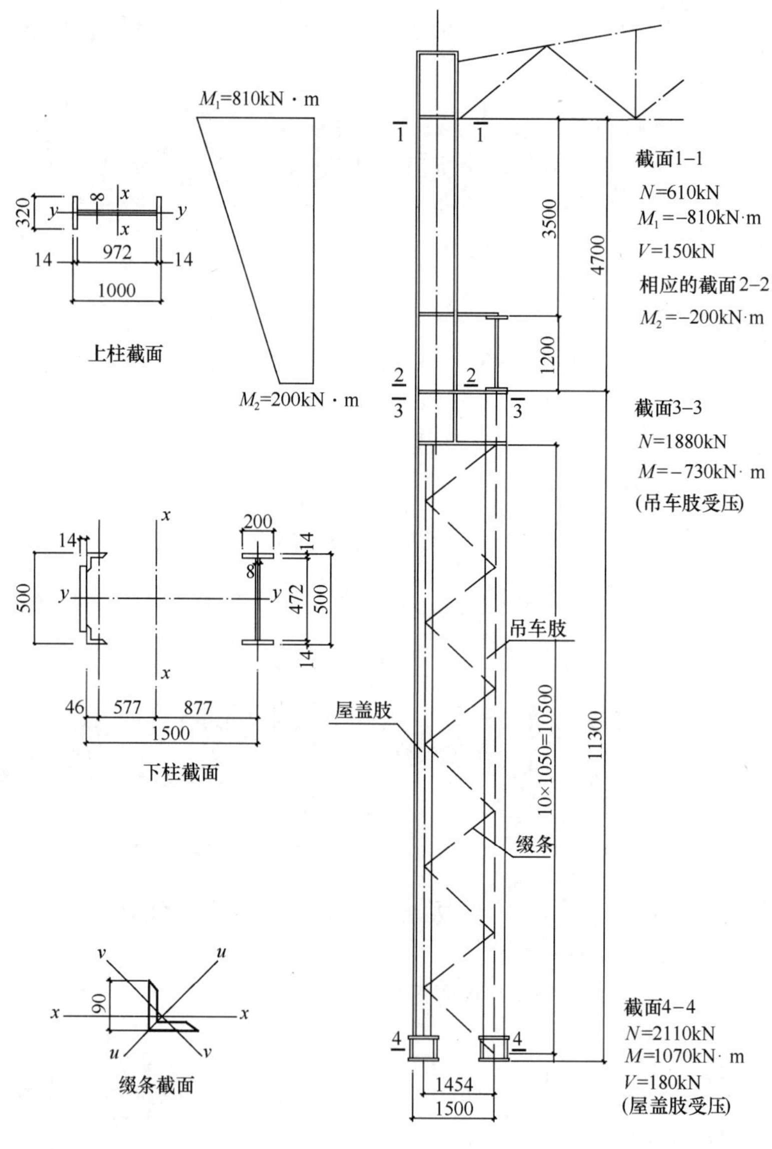


图 2014-20

假定，缀条采用单角钢 L90×6，L90×6 截面特性：面积 $A_1=1063.7\ \text{mm}^2$，回转半径 $i_x=27.9\text{mm}$，$i_u=35.1\text{mm}$，$i_v=18.0\text{mm}$。下柱组合柱面积：$236.4\text{cm}^2$。试问，缀条稳定应力设计值（$\text{N/mm}^2$）与下列何项数值最为接近？

**提示：** 单边连接单角钢，按有节点板考虑。

(A) 120　　(B) 127　　(C) 168　　(D) 228

**【答案】** (D)

根据《钢标》7.2.7 条：

$$V=180\text{kN}>\frac{Af}{85}\sqrt{\frac{f_y}{235}}=\frac{236.4\times10^2\times215}{85}=59.8\text{kN}$$

缀条长度 $l_1=\sqrt{1050^2+1454^2}=1793\text{mm}$，$A_1=1063.7\text{mm}^2$，$i_v=18.0\text{mm}$。

根据《钢标》表 7.4.1-1，$\lambda_v=\frac{0.9\times1793}{18}=90$。

根据《钢标》表 D.0.2，$\varphi=0.621$。

缀条压力 $$N=\frac{1793}{1454}\times\frac{180}{2}=111\text{kN}$$

根据《钢标》7.6.2 条 2 款：

$$\eta=0.6+0.0015\lambda=0.6+0.0015\times90=0.735$$

$$w/t=(90-12)/6=13<14$$

$$\frac{N}{\eta\varphi A_1}=\frac{111\times10^3}{0.735\times0.621\times1063.7}=228.6\text{N/mm}^2$$

### 3.3.4 压弯构件的局部稳定和屈曲后强度

**1. 主要的规范规定**

1)《钢标》8.4.1 条：实腹压弯构件满足局部稳定的宽厚比要求。

2)《钢标》3.5.1 条：截面板件宽厚比等级及限值要求。

3)《钢标》8.4.3 条：采用加劲肋加强以满足宽厚比限值时的设置要求。

4)《钢标》8.4.2 条：考虑屈曲后的压弯构件强度及稳定性计算。

**2. 对规范规定的理解**

1) 实腹式压弯构件满足 S4 级截面要求时，满足局部稳定要求。国产热轧普通工字钢截面的翼缘外伸宽厚比 $b'/t<3/4$，腹板 $h_0/t_w$，当钢材采用 Q235 时，压弯构件的局部稳定性必然满足要求，因而不必计算。

2) 腹板稳定问题与其压应力的不均匀分布的梯度 $a_0=(\sigma_{\max}-\sigma_{\min})/\sigma_{\max}$ 有关，其中 $\sigma_{\min}$ 为腹板计算高度另一边缘相应的应力，压应力时取正值，拉应力取负值。$a_0=0$ 表示截面均匀受压，$a_0=1$ 表示截面三角形分布受压，$a_0=2$ 表示纯弯曲。腹板应力采用材料力学公式计算，$\sigma=\frac{N}{A_n}\pm\frac{M_x}{W_{nx}}\frac{h_0}{h}$，其中，弯曲应力不考虑塑性发展系数。

3) 如图 3.3-5 所示，H 形、工字形采用纵向加劲肋加强满足宽厚比时：

腹板：翼缘与纵肋间净宽厚比 $h'_1/t_w$ 和 $h'_2/t_w$ 应不大于 S4 限值要求；

加劲肋：宜在腹板两侧成对配置，$b_2\geqslant10t_w$，$t_2\geqslant0.75t_w$。

4) 工字形压弯构件，考虑腹板屈曲后强度验算流程如下：

(1) 计算应力梯度 $a_0=(\sigma_{\max}-\sigma_{\min})/\sigma_{\max}$，按《钢标》3.5.1 条判断是否满足截面等级 S4 的要求。满足时按《钢标》8.1.1 条及 8.2.1 条相关要求计算。

(2) 不满足 S4 时，按《钢标》式（8.4.2-3）计算正则化宽厚比 $\lambda_{np}$。

(3) 按《钢标》式（8.4.2-2）计算有效宽度系数 $\rho$。

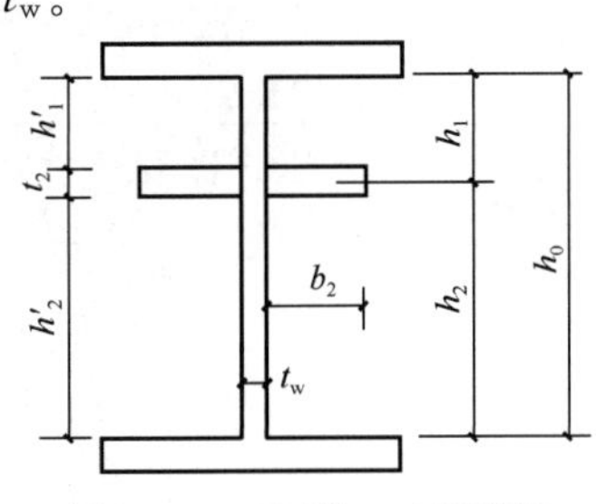


图 3.3-5 H 形、工字形纵向加劲肋

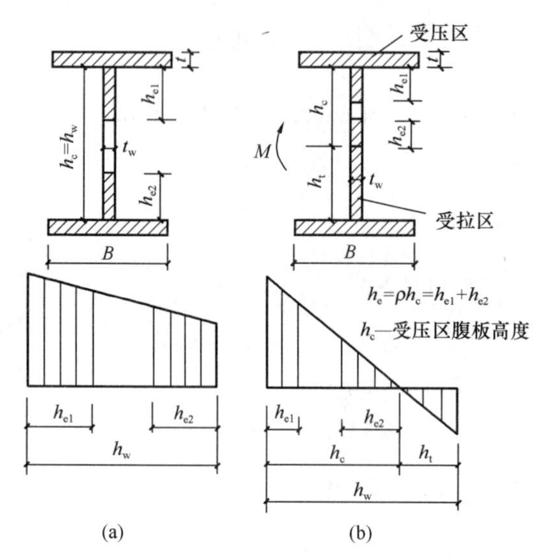


图 3.3-6　工字形压弯构件的有效截面

（a）截面全部受压；（b）截面部分受压

（4）计算腹板受压区有效宽度 $h_e=\rho h_c$。其中当应力梯度 $a_0\leqslant 1$ 时，腹板全部受压，$h_c=h_w$；当应力梯度 $a_0>1$ 时，腹板部分受拉，$h_c=h_w/a_0$。

（5）按《钢标》8.4.2 条 1 款，第 2 点，画出有效截面形状，如图 3.3-6 所示。

（6）根据《钢标》8.4.2 条 2 款，计算屈曲后承载力。其中，有效截面特性应根据图 3.3-6，按材料力学方法和几何关系计算。

**【例 3.3.4】** 2014 上午 18 题（有改编）

某单层钢结构厂房，钢材均为 Q235B。边列单阶柱截面及内力见图 2014-18。柱上端与钢屋架形成钢接。上段柱为焊接工字形截面实腹柱，焰切边。截面无削弱。截面特性见表 2014-18。

**截面特性**　　**表 2014-18**

| 构件 | 面积 $A$（$cm^2$） | 惯性矩 $I_x$（$cm^4$） | 回转半径 $i_x$（cm） | 惯性矩 $I_y$（$cm^4$） | 回转半径 $i_y$（cm） | 弹性截面模量 $W_x$（$cm^3$） |
|---|---|---|---|---|---|---|
| 上柱 | 167.4 | 279000 | 40.8 | 7646 | 6.4 | 5580 |

上柱进行强度计算时，试问，验算公式左侧数值（$N/mm^2$）与下列何项数值最接近？

**提示：**$\sigma_{max}=177.5N/mm^2$，$\sigma_{min}=-104.7N/mm^2$。

（A）175　　（B）185　　（C）195　　（D）205

**【答案】**（C）

应力梯度 $\alpha_0=(\sigma_{max}-\sigma_{min})/\sigma_{max}=1.59$，根据《钢标》3.5.1 条：

翼缘 $b/t=(320-8)/(2\times 14)=11.1\leqslant 15\varepsilon_k=15$，满足 S4；

腹板 $h_0/t_w=972/8=121.5>(45+25a_0^{1.66})\varepsilon_k=45+25\times 1.59^{1.66}=99.0$ 不满足 S4，$\leqslant 250$，整个截面为 S5 级。

根据《钢标》8.4.2 条：

$$k_0=\frac{16}{2-\alpha_0+\sqrt{(2-\alpha_0)^2+0.112\alpha_0^2}}$$

$$=\frac{16}{2-1.59+\sqrt{(2-1.59)^2+0.112\times 1.59^2}}=14.78$$

$$\lambda_{n,p}=\frac{h_w/t_w}{28.1\sqrt{k_0}}\cdot\frac{1}{\varepsilon_k}=\frac{121.5}{28.1\sqrt{14.79}}=1.125>0.75$$

$$\rho=\frac{1}{\lambda_{n,p}}\left(1-\frac{0.19}{\lambda_{n,p}}\right)=\frac{1}{1.125}\left(1-\frac{0.19}{1.125}\right)=0.739$$

$$h_e=\rho h_c=\rho h_0/a=0.739\times 972/1.59=0.739\times 612=452mm$$

$$h_{e1}=0.4h_e=0.4\times 452=181mm$$

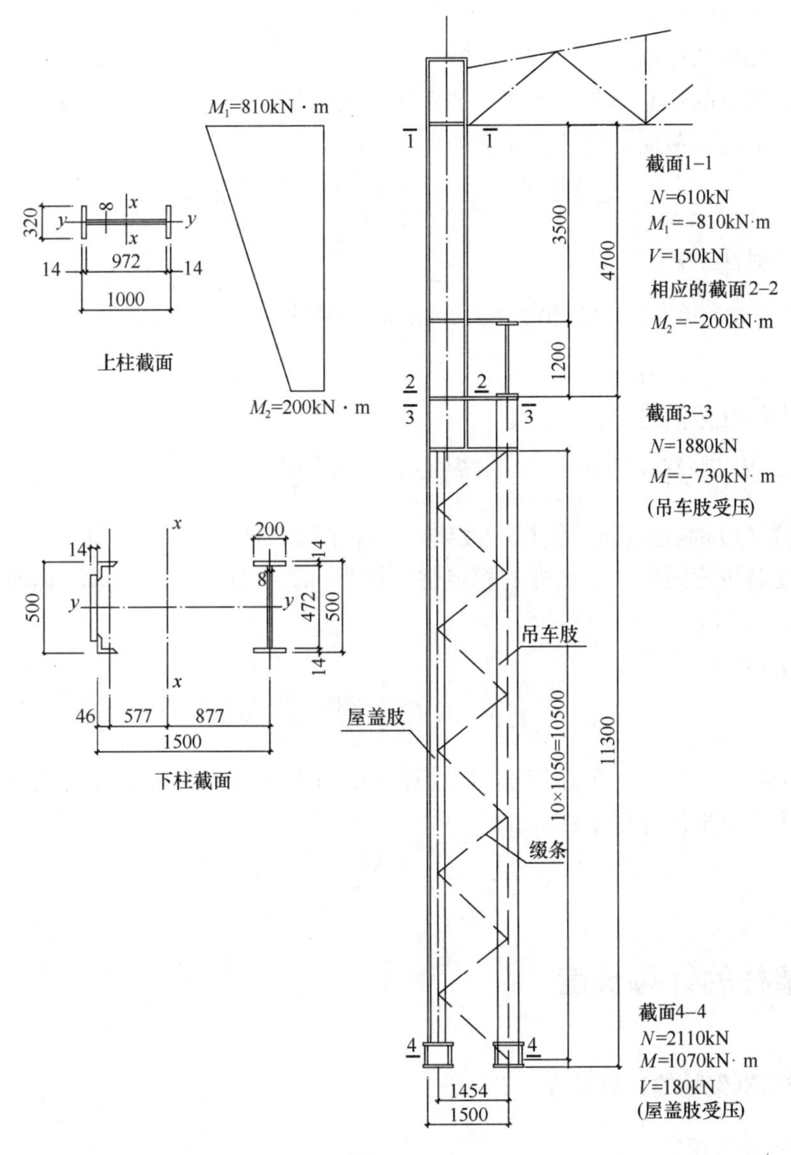


图 2014-18

$$h_{e2} = 0.6h_e = 271\text{mm}$$

有效截面形状，如图 3.3-7 所示。

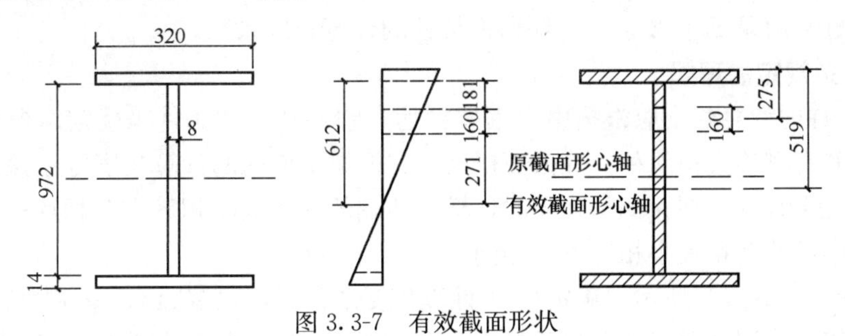


图 3.3-7 有效截面形状

腹板失效部分的高度：$h_c - h_e = 612 - 452 = 160\text{mm}$

腹板失效部分的面积：$160 \times 8 = 1280\ \text{mm}^2$

腹板失效部分的形心至截面上边缘的距离：$14 + 181 + 160/2 = 275\ \text{mm}^2$

有效截面形心至截面上边缘的距离：

$$y_c = \frac{16740 \times 500 - 1280 \times 275}{16740 - 1280} = 519\text{mm}$$

有效截面惯性矩：

$$I_{ne,x} = 279000 \times 10^4 + 16740 \times (519 - 500)^2 - \left[\frac{8 \times 160^3}{12} + 1280 \times (519 - 275)^2\right]$$

$$= 2.717 \times 10^9 \text{mm}^4$$

受压最大纤维截面强度计算：

$$\frac{N}{A_{ne}} + \frac{M_x + Ne}{\gamma_x W_{ne,x}} = \frac{610 \times 10^3}{15460} + \frac{810 \times 10^6 + 610 \times 10^3 \times 19}{2.717 \times 10^9 / 519} = 196\text{N/ mm}^2$$

**【编者注】**（1）本题按新《钢标》改编，增加了计算量。

（2）本题若按弯矩作用平面外的稳定性计算时，$\lambda_y = 4700/64 = 73$，截面对 $y$ 轴属于 b 类，查表 D.0.2，$\varphi_y = 0.732$。

依据《钢标》C.0.5 条：

$$\varphi_b = 1.07 - \frac{73^2}{44000}\frac{235}{235} = 0.949$$

根据《钢标》8.4.2 条条文说明，取计算段中间 1/3 范围内弯矩最大截面的有效截面特性验算弯矩作用平面外稳定性：

$$\frac{N}{\varphi_y A_e} + \eta \frac{\beta_{tx} M_x + Ne}{\varphi_b W_{clx}}$$

## 3.4 框架柱的计算长度

### 3.4.1 等截面框架柱的计算长度

**1. 主要的规范规定**

1）《钢标》8.3.1 条：等截面框架柱平面内计算长度规定。

2）《钢标》8.3.5 条：框架柱平面外计算长度规定。

3）《钢标》附录 E.0.1 条：无侧移框架柱的计算长度系数。

4）《钢标》附录 E.0.2 条：有侧移框架柱的计算长度系数。

**2. 对规范规定的理解**

1）框架柱的计算长度应根据整个框架到达其临界状态的条件来确定。框架的失稳形式有无侧移和有侧移失稳两种。等截面框架柱在框架平面内的计算长度等于该层柱的高度乘以计算长度系数 $\mu$。在无侧移失稳时，横梁两端的转角大小相等方向相反；在有侧移失稳时，横梁两端的转角大小相等方向相同。

2）如图 3.4-1（a）所示，确定柱 A 计算长度系数时，顶端梁 C，a 端为近端刚接，b 端为远端刚接；确定柱 B 计算长度系数时，顶端梁 C，b 端为近端刚接，a 端为远端刚接。

如图 3.4-1（b）所示，确定柱 A 计算长度系数时，顶端梁 C，a 端为近端铰接，b 端为远端固接。

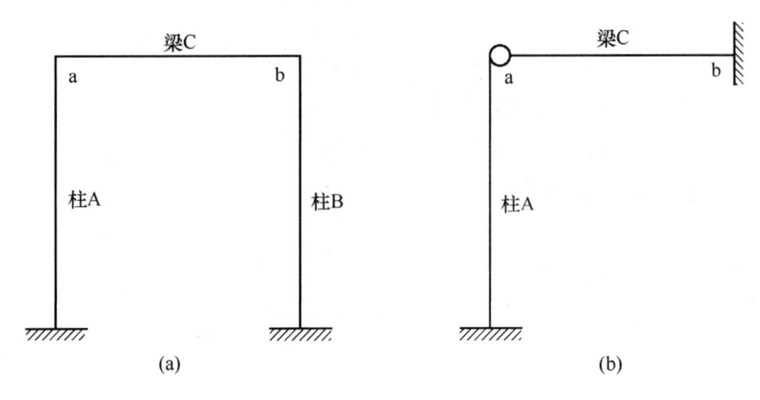


图 3.4-1　框架柱计算简图

3）无支撑框架计算长度系数 $\mu$ 按《钢标》附录 E 表 E.0.2 有侧移框架柱的计算长度系数确定，也可按《钢标》式（8.3.1-1）计算。表 E.0.2 是按梁柱节点刚接的子结构推导而来，当实际情况不同时，需要修正：

（1）当横梁远端为铰接时，应将横梁线刚度乘以 0.5。

（2）当横梁远端为固接时，应将横梁线刚度乘以 2/3。

（3）当横梁近端为铰接时，取横梁线刚度为零。

（4）对底层框架柱，当柱与基础铰接时，取 $K_2=0$；当柱与基础刚接时，取 $K_2=10$；平板支座，取 $K_2=0.1$；

（5）考虑梁轴力影响的横梁线刚度折减系数见《钢标》E.0.2 条。

4）多跨框架可以把一部分和梁组成刚（框）架来抵抗侧向力，而把其余的柱制作成两端铰接，不参与承受侧向力的摇摆柱。摇摆柱截面较小，连接构造简单，可降低造价，其计算长度系数可取 $\mu=1.0$。但摇摆柱的设置必然使其由于承受荷载所产生的倾覆作用由其他刚（框）架来抵抗，使刚（框）架柱的计算长度增大。《钢标》8.3.1 条 1 款第 2 点规定，对无支撑框架柱，其计算长度系数因有摇摆柱时应乘以放大系数 $\eta$（图 3.4-2）。

满足强支撑条件的有支撑框架不存在摇摆柱。

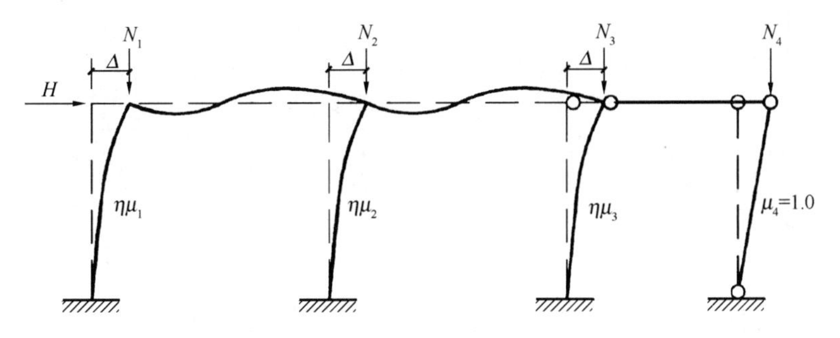


图 3.4-2　设有摇摆柱的有侧移框架计算长度系数示意

5）有支撑框架，满足《钢标》式（8.3.1-6）的强支撑框架计算条件时，计算长度系

数 $\mu$ 按《钢标》附录 E 表 E. 0. 1 无侧移框架柱的计算长度系数确定，也可按《钢标》式（8. 3. 1-7）计算。表 E. 0. 1 是按梁柱节点刚接的子结构推导而来，当实际情况不同时，需要修正：

（1）当横梁远端为铰接时，应将横梁线刚度乘以 1. 5。

（2）当横梁远端为固接时，应将横梁线刚度乘以 2。

（3）当横梁近端为铰接时，取横梁线刚度为零。

（4）对底层框架柱，当柱与基础铰接时，取 $K_2=0$；当柱与基础刚接时，取 $K_2=10$；平板支座，取 $K_2=0.1$。

（5）考虑梁轴力影响的横梁线刚度折减系数见《钢标》E. 0. 1 条。

6）《钢标》8. 3. 5 条规定，框架柱在框架平面外的计算长度可取面外支撑点之间的距离。

**3. 历年真题解析**

**【例 3. 4. 1】** 2020 上午 25 题

某现浇混凝土平台板，采用一阶弹性设计分析内力，底层框架柱轴压力设计值（kN）如图 2020-25 所示，其中仅 GZ1 为双向摇摆柱。各构件的 $EI$ 值相同。

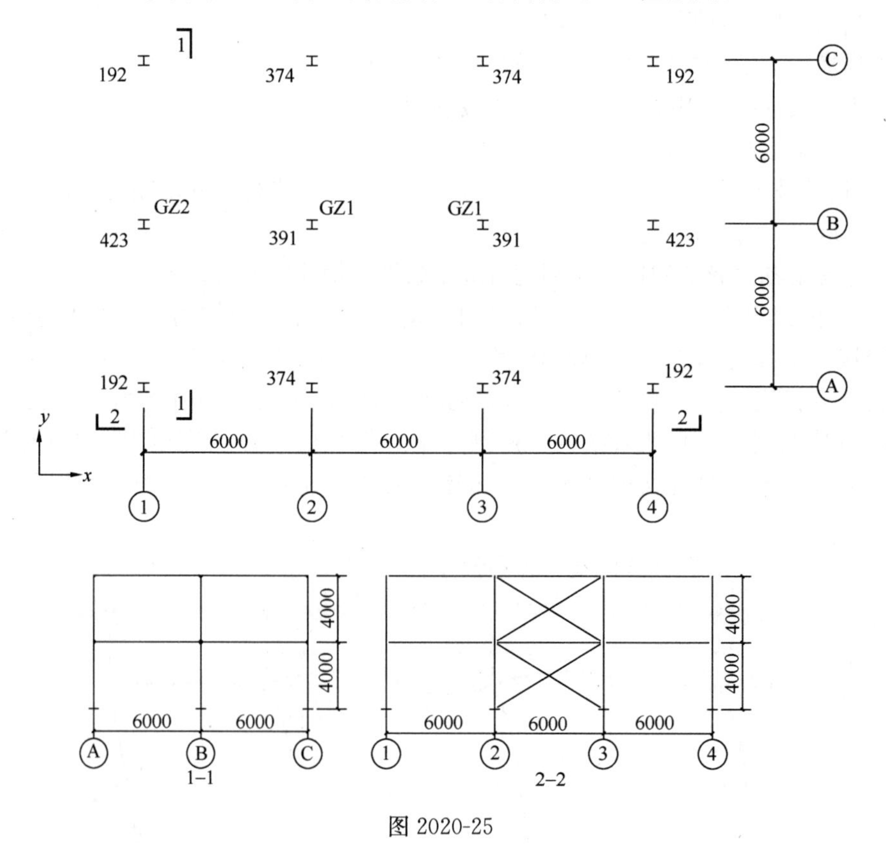


图 2020-25

试问，该工况底层框架柱 GZ2 在 $Y$ 向平面内计算长度（mm），与下列何项数值最为接近？

**提示：** ① 不计混凝土板对梁的刚度贡献；

② 不要求考虑各柱 $N/I$ 的差异进行详细分析。

(A) 3350 (B) 4000 (C) 5050 (D) 5650

**【答案】**(D)

$Y$ 向为有侧移框架，根据《钢标》附录 E.0.2 条：

$$K_1=\frac{(EI/6)\times 2}{(EI/4)\times 2}=0.67,\text{柱脚刚接},K_2=10$$

$$\mu=1.3+\frac{1.17-1.3}{1-0.5}\times(0.67-0.5)=1.26$$

根据《钢标》式（8.3.1-2）：

$$\eta=\sqrt{1+\frac{\Sigma(N_1/h_1)}{\Sigma(N_f/h_f)}}=\sqrt{1+\frac{(391\times 2)/4}{(192\times 4+374\times 4+423\times 2)/4}}=1.12$$

$$H_0=1.12\times 1.26\times 4000=5644.8\text{mm}$$

**【例 3.4.2】**2018 上午 18 题

某非抗震设计的单层钢结构平台，钢材均为 Q235B，梁柱均采用轧制 H 型钢，$X$ 向采用梁柱刚接的框架结构，$Y$ 向采用梁柱铰接的支撑结构，见图 2018-18。梁均采用 H300×150×6.5×9，惯性矩 7210cm$^4$。柱均采用 H250×250×9×14，惯性矩 10700cm$^4$。所有截面均无削弱，不考虑楼板对梁的影响。

假定，内力计算采用一阶弹性分析，柱脚铰接，取 $K_2=0$。试问，②轴柱 $X$ 向平面内计算长度系数，与下列何项数值最为接近？

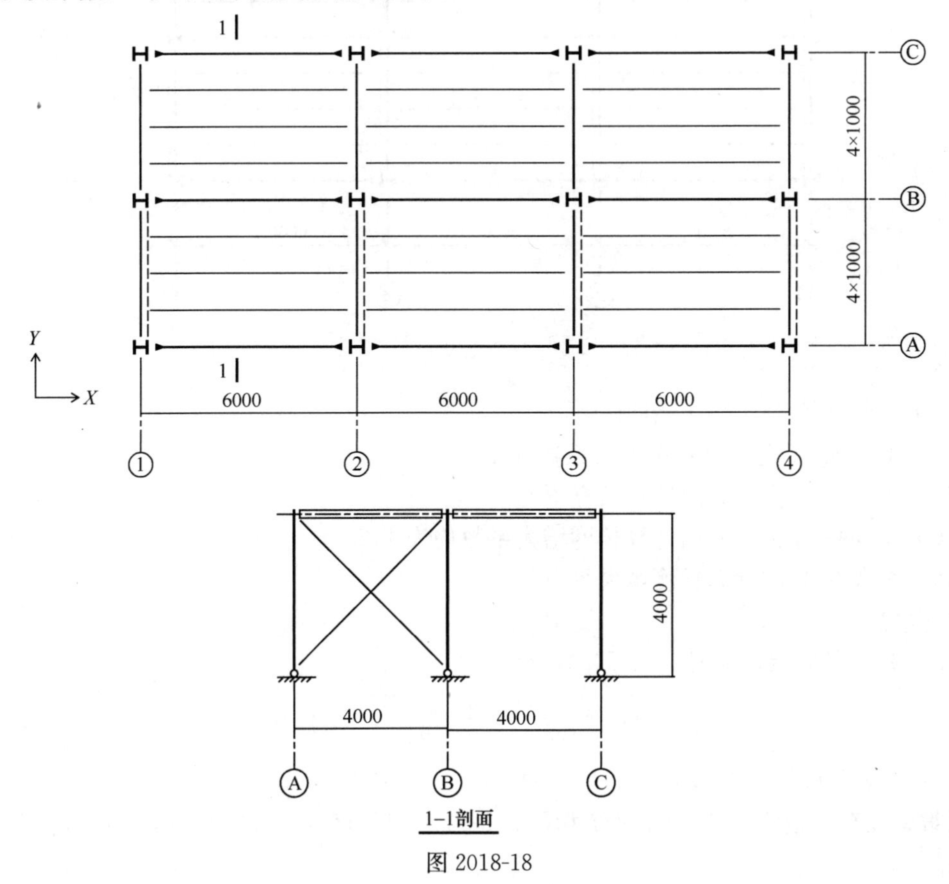


图 2018-18

(A) 0.9　　(B) 1.0　　(C) 2.4　　(D) 2.7

**【答案】**(C)

根据《钢标》8.3.1条1款按附录E表E.0.2：

$$K_1=\Sigma\frac{I_b}{l_b}/\Sigma\frac{I_c}{l_c}=2\times\frac{7210}{600}/\frac{10700}{400}=0.9$$

$$K_2=0$$

$$\mu=2.64-\frac{2.64-2.33}{1-0.5}\times(0.9-0.5)=2.39$$

**【例3.4.3】**2018上午21题

由于生产需要，如图2018-21中所示处增加集中荷载，故梁下增设三根两端铰接的轴心受压柱，其中，边柱（Ⓐ、Ⓒ轴）轴心压力设计值为100kN，中柱（Ⓑ轴）轴心压力设计值为200kN。假定，$Y$向为强支撑框架，Ⓑ轴框架柱总轴心压力设计值为486.9kN，Ⓐ、Ⓒ轴框架柱总轴心压力设计值均为243.5kN。试问，与原结构相比，关于框架柱的计算长度，下列何项说法最接近《钢结构设计标准》GB 50017—2017规定？

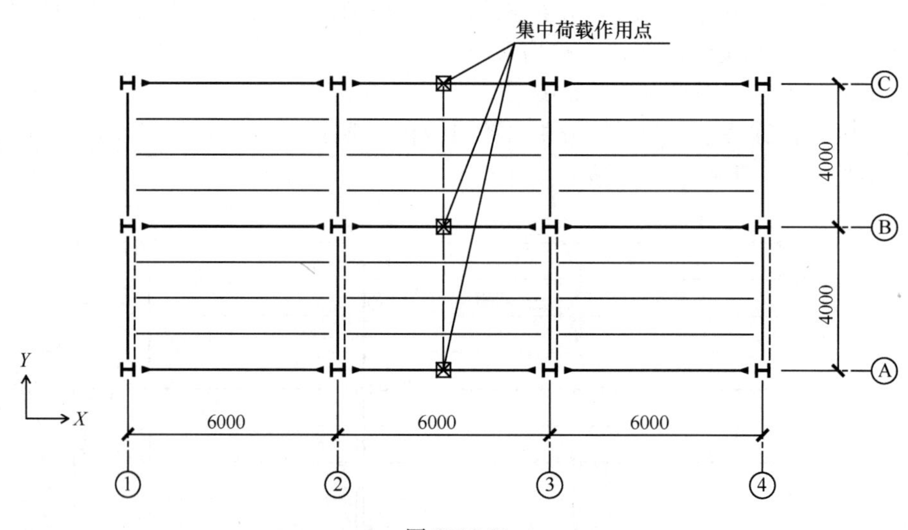


图2018-21

**提示：**假设各柱的$N/I$相同。

(A) 框架柱$X$向计算长度增大系数为1.2

(B) 框架柱$X$向、$Y$向计算长度不变

(C) 框架柱$X$向、$Y$向计算长度增大系数均为1.2

(D) 框架柱$Y$向计算长度增大系数为1.2

**【答案】**(A)

$X$向有侧移框架，根据《钢标》式（8.3.1-2）：

$$\eta=\sqrt{1+\frac{200+2\times100}{486.9+2\times243.5}}=1.19$$

$Y$向无侧移框架，无需考虑摇摆柱影响。

**【编者注】**本题假设各柱的$N/I$相同，是考虑到《钢标》8.3.1条1款第3点的相关规定。

**【例 3.4.4】** 2018 上午 24 题

某 4 层钢结构商业建筑，层高 5m，房屋高度 20m，抗震设防烈度 8 度，$X$ 方向采用框架结构，$Y$ 方向采用框架-中心支撑结构，如图 2018-24 所示。框架梁柱采用 Q345，各框架柱截面均相同，内力计算采用一阶弹性分析。

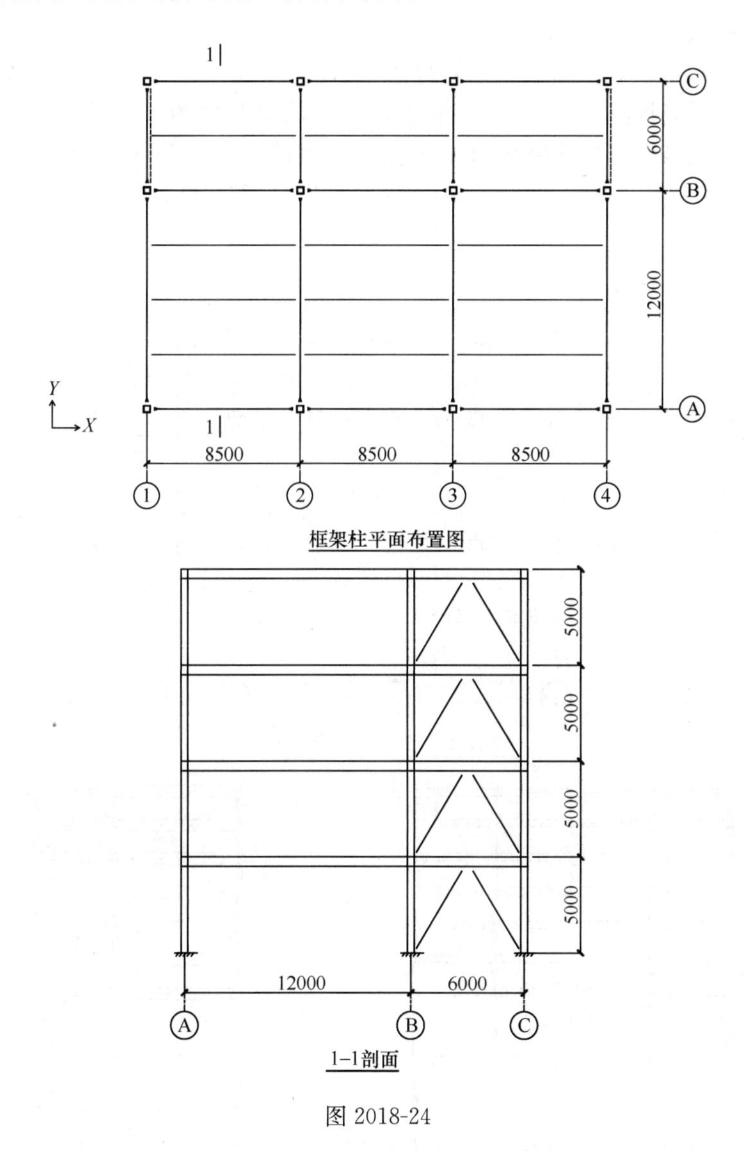


图 2018-24

假定，框架柱每层几何长度为 5m，$Y$ 方向满足强支撑框架要求。试问，关于框架柱计算长度，下列何项符合《钢结构设计标准》GB 50017—2017 规定？

(A) $X$ 方向计算长度大于 5m，$Y$ 方向计算长度不大于 5m

(B) $X$ 方向计算长度不大于 5m，$Y$ 方向计算长度大于 5m

(C) $X$、$Y$ 方向计算长度均可取为 5m

(D) $X$、$Y$ 方向计算长度均大于 5m

**【答案】**(A)

本结构 $X$ 方向为框架结构，根据《钢标》8.3.1 条 1 款第 1 项及附录 E 表 E.0.2，可知其计算长度大于 5m。

本结构 $Y$ 方向为强支撑结构，根据《钢标》8.3.1 条 2 款第 1 项及附录 E 表 E.0.1，可知其计算长度不大于 5m。

**【例 3.4.5】** 2016 上午 24 题

某 9 层钢结构办公建筑，房屋高度 $H$=34.9m，8 度，布置如图 2016-24 所示，所有连接均采用刚接。支撑框架为强支撑框架，各层均满足刚性平面假定。框架梁柱采用 Q345。框架梁为焊接截面，除跨度为 10m 的框架梁截面采用 H700×200×12×22 外，其他框架梁截面采用 H500×200×12×16，柱采用焊接箱形 B500×22。梁柱截面特性如表 2016-24所示。

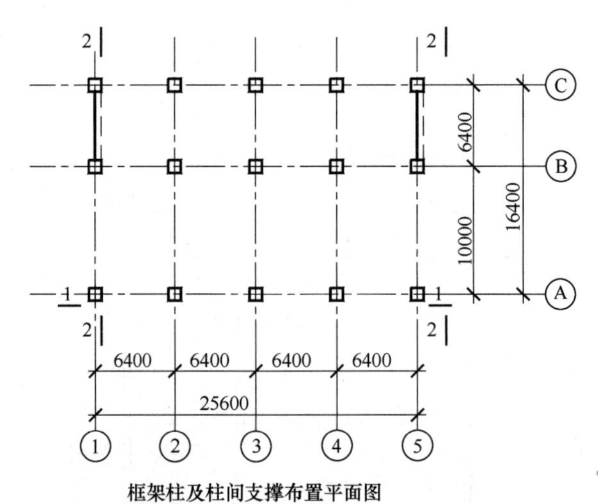


框架柱及柱间支撑布置平面图

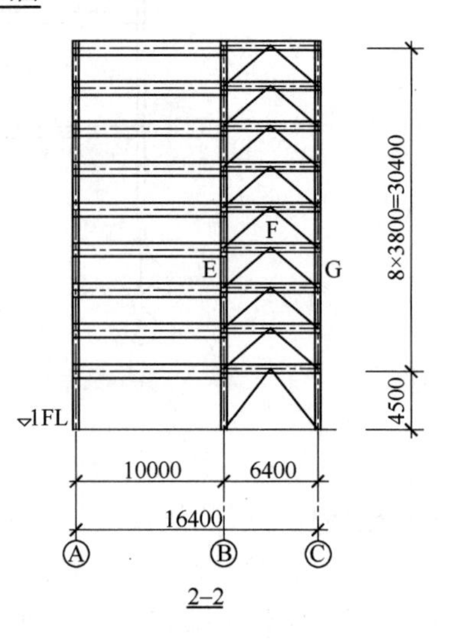


1-1　　2-2

图 2016-24

**梁柱截面特性**　　**表 2016-24**

| 截面 | 面积 $A$ (mm²) | 惯性矩 $I_x$ (mm⁴) | 回转半径 $i_x$ (mm) | 弹性截面模量 $W_x$ (mm³) | 塑性截面模量 $W_{px}$ (mm³) |
|---|---|---|---|---|---|
| H500×200×12×16 | 12016 | $4.77\times10^8$ | 199 | $1.91\times10^6$ | $2.21\times10^6$ |

续表

| 截面 | 面积 $A$ (mm²) | 惯性矩 $I_x$ (mm⁴) | 回转半径 $i_x$ (mm) | 弹性截面模量 $W_x$ (mm³) | 塑性截面模量 $W_{px}$ (mm³) |
|---|---|---|---|---|---|
| H700×200×12×22 | 16672 | $1.29\times10^9$ | 279 | $3.70\times10^6$ | $4.27\times10^6$ |
| B500×22 | 42064 | $1.61\times10^9$ | 195 | $6.42\times10^6$ | |

试问，当按剖面 1-1（Ⓐ轴框架）计算稳定性时，框架柱 AB 平面外的计算长度系数，与下列何项数值最为接近？

(A) 0.89　　(B) 0.95　　(C) 1.80　　(D) 2.59

**【答案】**(B)

由于采用刚性平面假定，因此平面外为无侧移框架。

根据《钢标》附录 E 表 E.0.1：

$$K_1=K_2=\frac{\sum i_b}{\sum i_c}=\frac{1.29\times10^9}{1000}\Big/\left(2\times\frac{1.61\times10^9}{3800}\right)=0.15$$

插值得计算长度系数 $\mu$=0.946。

**【例 3.4.6】**2012 上午 28 题

某车间设备平台改造增加一跨，新增部分跨度 8m，柱距 6m，采用柱下端铰接、梁柱刚接、梁与原有平台铰接的刚架结构，平台铺板为钢格栅板；刚架计算简图如图 2012-28 所示；图中长度单位为 mm。刚架与支撑全部采用 Q235-B 钢，手工焊接采用 E43 型焊条。

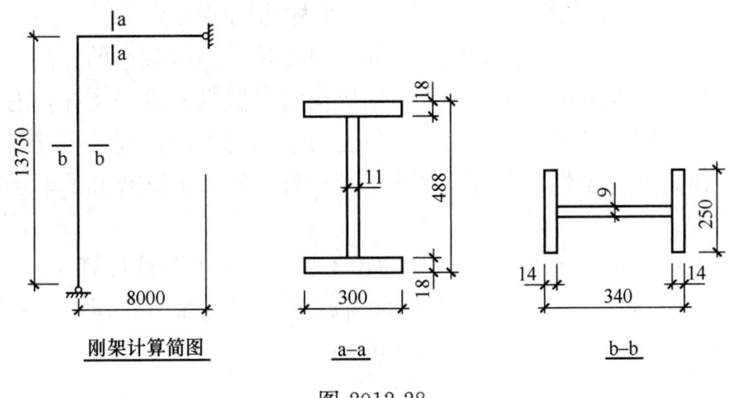


图 2012-28

构件截面参数如表 2012-28 所示。

**构件截面参数**　　　　**表 2012-28**

| 截面 | 截面面积 $A$ (mm²) | 惯性矩（平面内）$I_x$ (mm⁴) | 惯性半径 $i_x$ (mm) | 惯性半径 $i_y$ (mm) | 截面模数 $W_x$ (mm³) |
|---|---|---|---|---|---|
| HM340×250×9×14 | $99.53\times10^2$ | $21200\times10^4$ | 146 | 60.5 | $1250\times10^3$ |
| HM488×300×11×18 | $159.2\times10^2$ | $68900\times10^4$ | 208 | 71.3 | $2820\times10^3$ |

柱下端铰接采用平板支座。试问，框架平面内，柱的计算长度系数与下列何项数值最为接近？

**提示：**忽略横梁轴心压力的影响。

(A) 0.79　　(B) 0.76　　(C) 0.73　　(D) 0.70

**【答案】**（C）

如题图，柱高度取 $H=13750\text{mm}$，梁跨度 $L=8000\text{mm}$。

根据《钢标》8.3.1 条及附录 E.0.1 条：

柱下端铰接采用平板支座：$K_2=0.1$；

柱上端，梁远端为铰接：

$$K_1=\frac{1.5I_bH}{I_cL}=\frac{1.5\times68900\times10^4\times13750}{21200\times10^4\times8000}=8.4$$

查《钢标》表 E.0.1，计算长度系数 $\mu=0.73$。

### 3.4.2　单层厂房框架柱

**1. 主要的规范规定**

1）《钢标》8.3.2 条：单层厂房框架下端刚性固定的带牛腿等截面柱计算长度。

2）《钢标》8.3.3 条：单层厂房框架下端刚性固定的阶形柱计算长度。

**2. 对规范规定的理解**

1）带牛腿荷载的柱的特征是变轴力常截面构件。轴力作用位置的变化直接影响柱的稳定承载力。若按照全柱承受（$N_1+N_2$）轴力计算其稳定性，偏于保守。《钢标》式（8.3.2-1）考虑了压力变化的实际条件，经济而合理。公式未考虑相邻柱的支撑的有利作用，也未考虑柱脚实际上并非完全刚性的不利因素。两个因素同时忽略的结果略偏安全。

2）单层厂房阶形柱主要承受吊车荷载，一个柱达到最大荷载时，同一框架的其他柱一般并不同时达到最大荷载。荷载大的柱要屈曲时必然受到荷载小的柱的支持作用，使其临界荷载增大，计算长度减小。同时，厂房沿纵向常设置纵向水平支撑，有的还有大型屋面板结构，这些构件都可以起空间作用，可使受力较小的邻近柱起到限制和减小受力大的柱的侧移，从而提高其稳定性的作用。因此，《钢标》8.3.3 条给出了单层厂房阶形柱计算长度的折减系数。

3）《钢标》式（8.3.3-2）中，$K_b$ 按式（8.3.2-2），取上阶柱计算。

4）柱子的几何长度：当柱顶与屋架铰接时，取柱脚底面至柱顶；当柱顶与屋架刚接时，取柱脚底面至屋架下弦重心线之间的高度。

5）单层厂房下端固定的单阶柱计算长度：

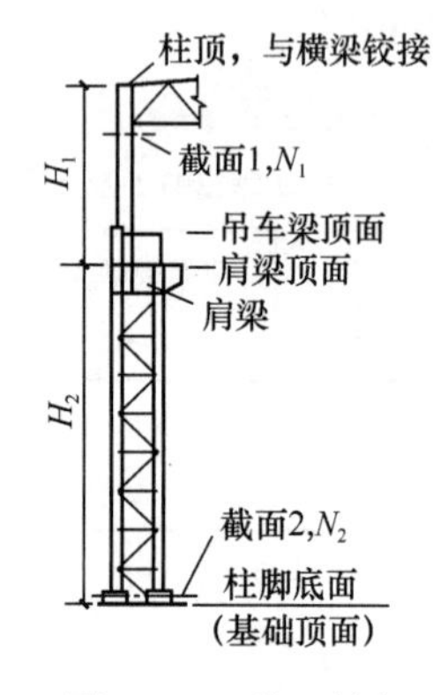


图 3.4-3　柱上端与横梁铰接

（1）当柱上端与横梁铰接时（图 3.4-3）

下段柱：
- 下柱高 $H_2$：柱脚底面（基础顶面）到肩梁顶面（肩梁高属于下段柱）
- 计算：$K_1=\dfrac{I_1}{I_2}\cdot\dfrac{H_2}{H_1}$，$\eta_1=\dfrac{H_1}{H_2}\sqrt{\dfrac{N_1}{N_2}\cdot\dfrac{I_2}{I_1}}$
- 据 $K_1$、$\eta_1$ 查表 E.0.3，得 $\mu_2$
- 对 $\mu_2$ 折减：$\mu'_2=\mu_2\times\eta_{折减}$（表 8.3.3）
- $l_{0x下}=\mu'_2\times H_2$

上段柱：
- 上柱高 $H_1$：取柱顶至肩梁顶面
- $\mu_1=\dfrac{\mu'_2}{\eta_1}$，$l_{0x上}=\mu_1\times H_1$

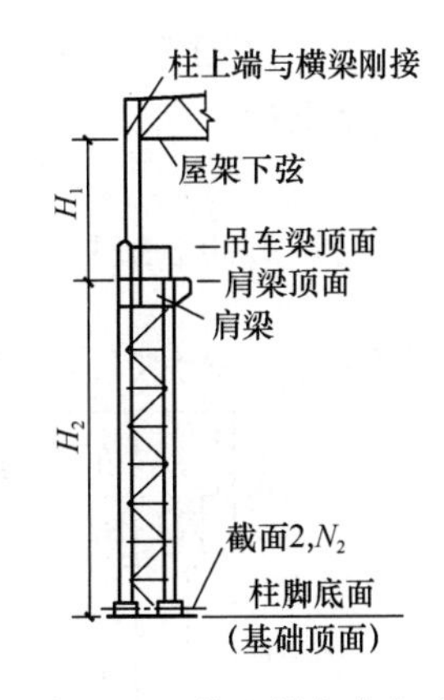

图 3.4-4 柱上端与桁架型横梁刚接

（2）当柱上端与桁架型横梁刚接时（图 3.4-4）

下段柱：
- 下柱高 $H_2$：柱脚底面（基础顶面）到肩梁顶面（肩梁高属于下段柱）
- 计算：$K_1=\dfrac{I_1}{I_2}\cdot\dfrac{H_2}{H_1}$，$\eta_1=\dfrac{H_1}{H_2}\sqrt{\dfrac{N_1}{N_2}\cdot\dfrac{I_2}{I_1}}$
- 据 $K_1$、$\eta_1$ 查表 E.0.4，得 $\mu_2$
- 对 $\mu_2$ 折减：$\mu'_2=\mu_2\times\eta_{折减}$（表 8.3.3）
- $l_{0x下}=\mu'_2\times H_2$

上段柱：
- 上柱高 $H_1$：取屋架下弦至肩梁顶面
- $\mu_1=\dfrac{\mu'_2}{\eta_1}$，$l_{0x上}=\mu_1\times H_1$

（3）当柱上端与实腹横梁刚接时

下段柱：
- 下柱高 $H_2$：柱脚底面（基础顶面）到肩梁顶面（肩梁高属于下段柱）
- 计算：$K_c=\dfrac{I_1/H_1}{I_2/H_2}$，$\eta_1=\dfrac{H_1}{H_2}\sqrt{\dfrac{N_1}{N_2}\cdot\dfrac{I_2}{I_1}}$
- $\mu_2^1=\dfrac{\eta_1^2}{2(\eta_1+1)}\cdot\sqrt[3]{\dfrac{\eta_1\cdot K_b}{K_b}}+(\eta_1-0.5)K_c+2$
- $\mu_2$（横梁铰接）$\geqslant\mu_2^1\geqslant\mu_2$（桁架型横梁刚接）（8.3.3-2）
- 对 $\mu_2^1$ 折减：$\mu_2'^1=\mu_2^1\times\eta_{折减}$（表 8.3.3），$l_{0x下}=\mu_2'^1\times H_2$

上段柱：
- 上柱高 $H_1$：取屋架下弦至肩梁顶面
- $\mu_1=\dfrac{\mu_2'^1}{\eta_1}$，$l_{0x上}=\mu_1\times H_1$

以上式中：$l_1$、$H_1$——上段柱的惯性矩（$mm^4$）、柱高（mm）；

$l_2$、$H_2$——下段柱的惯性矩（$mm^4$）、柱高（mm）；

$K_c$——阶形柱上段柱线刚度与下段柱线刚度的比值。

6）单层厂房下端固定的双阶柱计算长度：

（1）当柱上端与横梁铰接时（图 3.4-5）

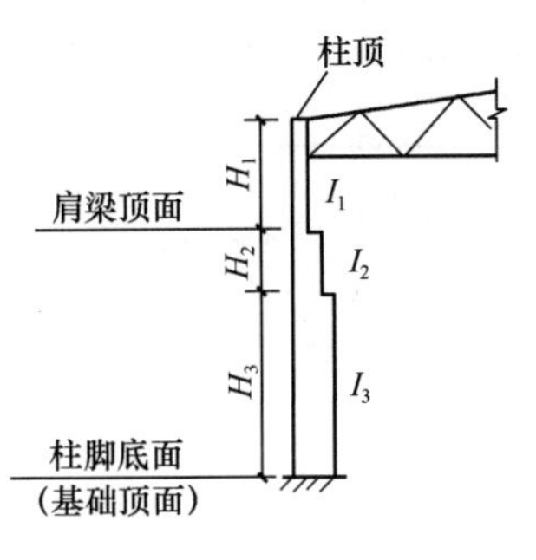

图 3.4-5 柱上端与横梁铰接

下段柱：
- 柱高 $H_3$：自柱脚底面（基础顶面）
- 计算：$K_1=\dfrac{I_1}{I_3}\cdot\dfrac{H_3}{H_1}$，$K_2=\dfrac{I_2}{I_3}\cdot\dfrac{H_3}{H_2}$，
- $\eta_1=\dfrac{H_1}{H_3}\cdot\sqrt{\dfrac{N_1}{N_3}\cdot\dfrac{I_3}{I_1}}$，$\eta_2=\dfrac{H_2}{H_3}\cdot\sqrt{\dfrac{N_2}{N_3}\cdot\dfrac{I_3}{I_2}}$
- 据 $K_1$、$K_2$、$\eta_1$、$\eta_2$ 查表 E.0.5，得 $\mu_3$
- 对 $\mu_3$ 折减得：$\mu'_3=\mu_3\times\eta_{折减}$（表 8.3.3）
- $l_{0x下}=\mu'_3\times H_3$

中段柱：$\mu_2=\mu'_3/\eta_2$，$l_{0x中}=\mu_2\times H_2$

上段柱 $\begin{cases}\text{上柱高 } H_1\text{：取柱顶至肩梁顶面} \\ \mu_1 = \dfrac{\mu_3'}{\eta_1}，l_{0x上} = \mu_1 \times H_1\end{cases}$

（2）当柱上端与横梁刚接时（图 3.4-6）

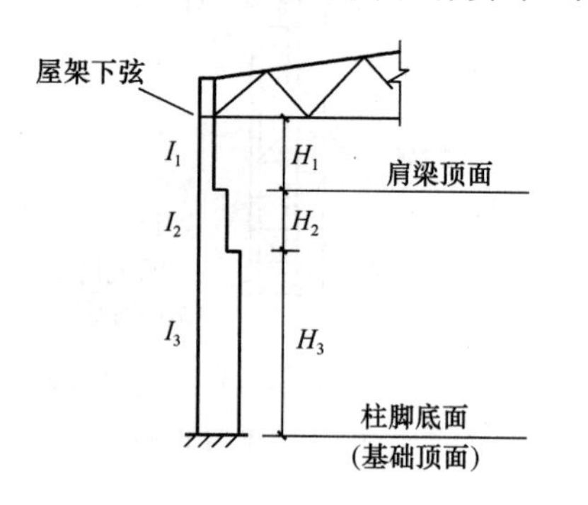


图 3.4-6 柱上端与横梁刚接

下段柱 $\begin{cases}\text{柱高 } H_3\text{：柱脚（基础顶面）到肩梁顶面（肩梁高属于下段柱）} \\ \text{计算：} K_1 = \dfrac{I_1}{I_3}\cdot\dfrac{H_3}{H_1}，K_2 = \dfrac{I_2}{I_3}\cdot\dfrac{H_3}{H_2}， \\ \eta_1 = \dfrac{H_1}{H_3}\cdot\sqrt{\dfrac{N_1}{N_3}\cdot\dfrac{I_3}{I_1}}，\eta_2 = \dfrac{H_2}{H_3}\cdot\sqrt{\dfrac{N_2}{N_3}\cdot\dfrac{I_3}{I_2}} \\ \text{据 } K_1、K_2、\eta_1、\eta_2 \text{ 查表 E.0.6，得 } \mu_3 \\ \text{对 } \mu_3 \text{ 折减得：} \mu_3' = \mu_3 \times \eta_{折减}\text{（表 8.3.3）} \\ l_{0x下} = \mu_3' \times H_3\end{cases}$

中段柱：$\mu_2 = \mu_3'/\eta_2$，$l_{0x中} = \mu_2 \times H_2$

上段柱 $\begin{cases}\text{上柱高 } H_1\text{：取屋架下弦至肩梁顶面} \\ \mu_1 = \dfrac{\mu_3'}{\eta_1}，l_{0x上} = \mu_1 \times H_1\end{cases}$

**3. 历年真题解析**

**【例 3.4.7】** 2014 上午 17 题

某单层钢结构厂房，钢材均为 Q235B。边列单阶柱截面及内力见图 2014-17，上段柱为焊接工字形截面实腹柱，下段柱为不对称组合截面格构柱，所有板件均为火焰切割。柱上端与钢屋架形成刚接，无截面削弱。

各柱截面特性如表 2014-17 所示。

**柱截面特性** 表 2014-17

<table>
<tr><th colspan="2">柱段</th><th>面积 $A$（cm²）</th><th>惯性矩 $I_x$（cm⁴）</th><th>回转半径 $i_x$（cm）</th><th>惯性矩 $I_y$（cm⁴）</th><th>回转半径 $i_y$（cm）</th><th colspan="2">弹性截面模量 $W_x$（cm³）</th></tr>
<tr><td colspan="2">上柱</td><td>167.4</td><td>279000</td><td>40.8</td><td>7646</td><td>6.4</td><td colspan="2">5580</td></tr>
<tr><td rowspan="2">下柱</td><td>屋盖肢</td><td>142.6</td><td>4016</td><td>5.3</td><td>46088</td><td>18.0</td><td colspan="2"></td></tr>
<tr><td>吊车肢</td><td>93.8</td><td>1867</td><td></td><td>40077</td><td>20.7</td><td colspan="2"></td></tr>
<tr><td colspan="2">下柱组合柱截面</td><td>236.4</td><td>1202083</td><td>71.3</td><td></td><td></td><td>屋盖肢侧<br>19295</td><td>吊车肢侧<br>13707</td></tr>
</table>

试问，柱平面内计算长度系数与下列何项数值最为接近？

**提示：** 格构式下柱惯性矩取为 $I_2 = 0.9 \times 1202083\ \text{cm}^4$。

（A）上柱 1.0、下柱 1.0 （B）上柱 3.52、下柱 1.55

（C）上柱 3.91、下柱 1.55 （D）上柱 3.91、下柱 1.72

**【答案】**（B）

$$K_1 = \frac{I_1}{I_2}\cdot\frac{H_2}{H_1} = \frac{279000}{0.9 \times 1202083} \times \frac{11.3}{4.7} = 0.62$$

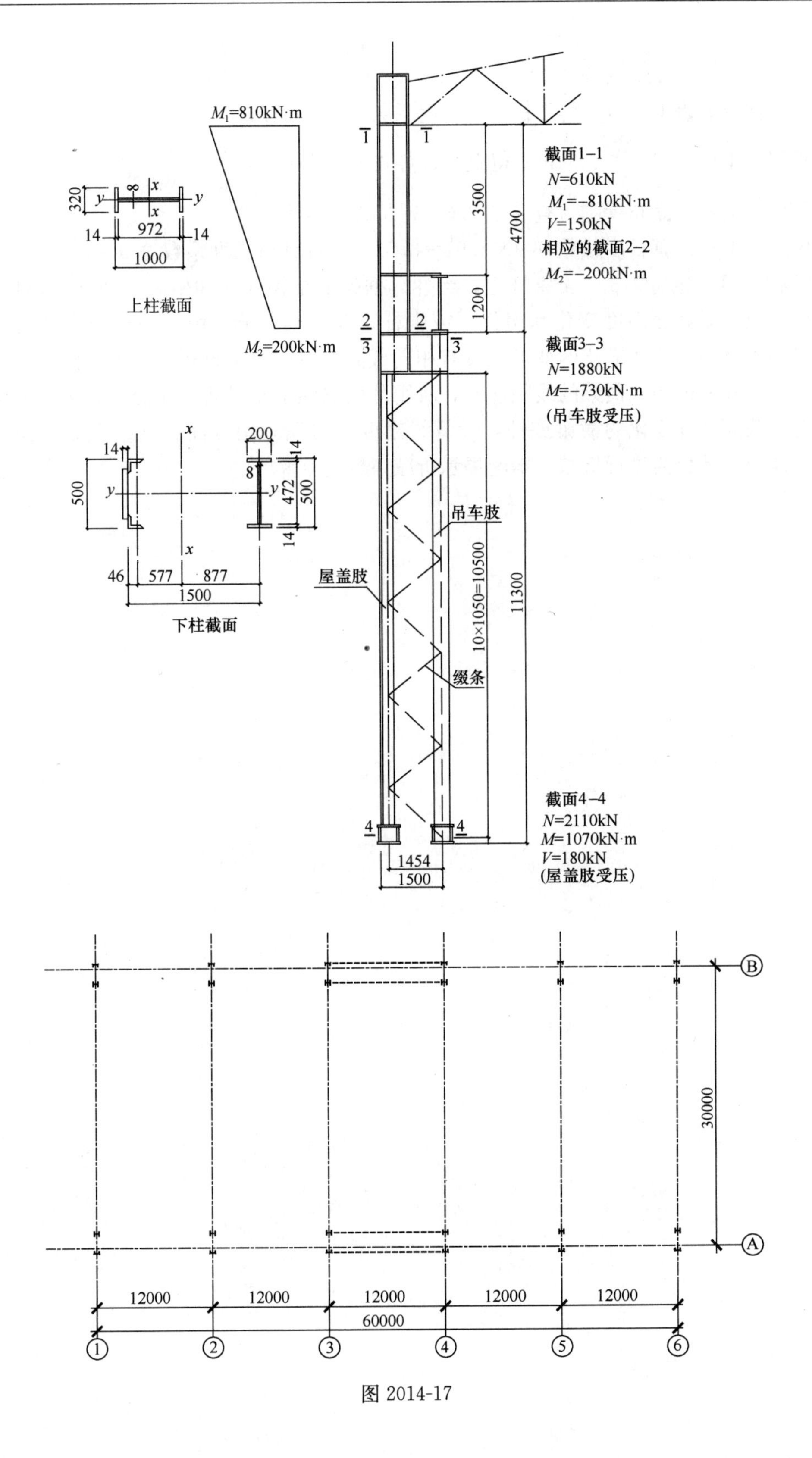

$M_1$=810kN·m
$M_2$=200kN·m
上柱截面
下柱截面
截面1-1
N=610kN
$M_1$=−810kN·m
V=150kN
相应的截面2-2
$M_2$=−200kN·m
截面3-3
N=1880kN
M=−730kN·m
(吊车肢受压)
吊车肢
屋盖肢
缀条
截面4-4
N=2110kN
M=1070kN·m
V=180kN
(屋盖肢受压)
3500
4700
1200
11300
10×1050=10500
1454
1500
12000
60000
30000


图 2014-17

$$\eta_1=\frac{H_1}{H_2}\cdot\sqrt{\frac{N_1}{N_2}\cdot\frac{I_2}{I_1}}=\frac{4.7}{11.3}\times\sqrt{\frac{610}{2110}\times\frac{0.9\times1202083}{279000}}=0.44$$

查《钢标》表 E.0.4，得下柱计算长度系数 $\mu_2=1.72$。

根据《钢标》式（8.3.3-4），得上柱计算长度系数 $\mu_1=\frac{\mu_2}{\eta_1}=\frac{1.72}{0.44}=3.91$。

根据框架柱平面布置图，查表 8.3.3，得折减系数为 0.9。

因此，上柱计算长度系数 0.9×3.91=3.52，下柱计算长度系数 0.9×1.72=1.55。

**【编者注】**《钢标》8.3.4 条规定，当计算框架的格构式柱和桁架式横梁的惯性矩时，应考虑柱或横梁截面高度变化和缀件（或腹杆）变形的影响。由于缀材或腹杆变形的影响，格构式柱和桁架式横梁的变形比具有相同截面惯性矩的实腹式构件大，因此当计算框架的格构式柱和桁架式横梁的线刚度时，所用截面惯性矩要根据上述变形增大影响进行折减。对于截面高度变化的横梁或柱，计算线刚度时习惯采用截面高度最大处的截面惯性矩，同样应对其数值进行折减。本题提示折减系数为 0.9。

# 4 连接

## 4.1 对接焊缝计算

### 4.1.1 垂直于轴心拉（压）力的焊缝强度计算

**1. 主要的规范规定**

1）《钢标》11.2.1 条：全熔透对接焊缝或对接与角接组合焊缝强度验算公式。

2）《钢标》4.4.5 条：焊缝的强度指标。

**2. 对规范规定的理解**

1）对接焊缝的形式有直边缝、单边 V 形缝、双边 V 形缝、U 形缝、K 形缝、X 形缝等。一、二级对接焊缝和没有拉应力构件中的三级对接焊缝与主材等强度，即只要钢材强度已经计算能满足设计要求，则焊缝强度同样能满足要求。只有拉应力构件中的三级直焊缝，才需专门进行焊缝抗拉强度计算。

2）对接焊缝的起点和终点，常因不能熔透而出现凹形的焊口，受力后容易出现裂缝及应力集中。为避免出现这种不利情况，施焊时常将焊缝两端施焊至引弧板上，然后将多余部分割掉，见图 4.1-1。在工程焊接时可采用引弧板，在工地焊接，除了受动力荷载的结构外，一般不用引弧板，而是在计算焊缝强度时将焊缝两端各减去一连接板件最小厚度 $t$。反之，在确定焊缝长度时，无引弧板及引出板时，计算结果应增加 $2t$。

3）垂直于轴拉力或轴压力的对接或 T 形连接，焊缝强度计算时：

$$\text{验算公式}\begin{cases}\text{轴拉：}\sigma=\dfrac{N}{l_{w}h_{e}}\leqslant f_{t}^{w}\\[2ex]\text{轴压：}\sigma=\dfrac{N}{l_{w}h_{e}}\leqslant f_{c}^{w}\end{cases}$$

$$\text{计算厚度}\begin{cases}\text{对接：}h_{e}=t_{min}\\\text{T 形连接：}h_{e}=t_{w}\text{（腹板厚）}\end{cases}$$

$$\text{焊缝长度}\begin{cases}\text{无引弧板和引出板：}l_{w}=l-2t_{min}\\\text{有引弧板和引出板：}l_{w}=l\end{cases}$$

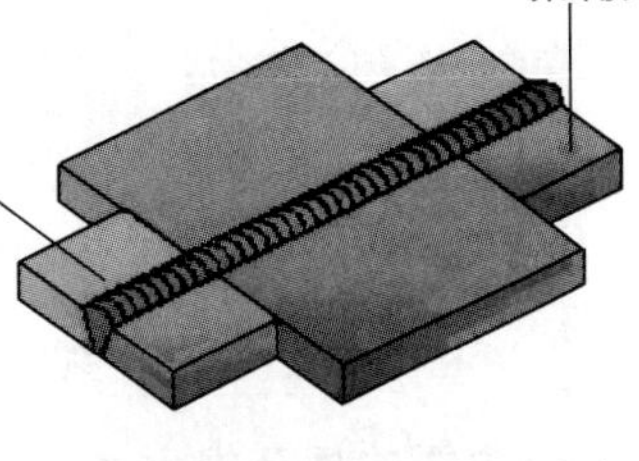

图 4.1-1　对接焊缝的引弧板与引出板

对于 T 形连接，《钢标》式（11.2.1-1），公式左侧焊缝强度设计值，应按《钢标》表 4.4.5 注，取较厚板件厚度查表，即取 T 形连接腹板和翼缘的较大厚度查表。

**3. 历年真题解析**

**【例 4.1.1】**2009 上午 24 题

非抗震的某梁柱节点，如图 2009-24 所示。梁柱均采用热轧 H 型钢截面，梁采用 HN500×200×10×16（$r$=13mm），柱采用 HM390×300×10×16（$r$=13mm），梁、柱

钢材均采用Q345B，主梁上下翼缘与柱翼缘为全熔透坡口对接焊缝，采用引弧板和引出板施焊；梁腹板与柱为工地熔透焊，单侧安装连接板并采用4×M16安装螺栓。

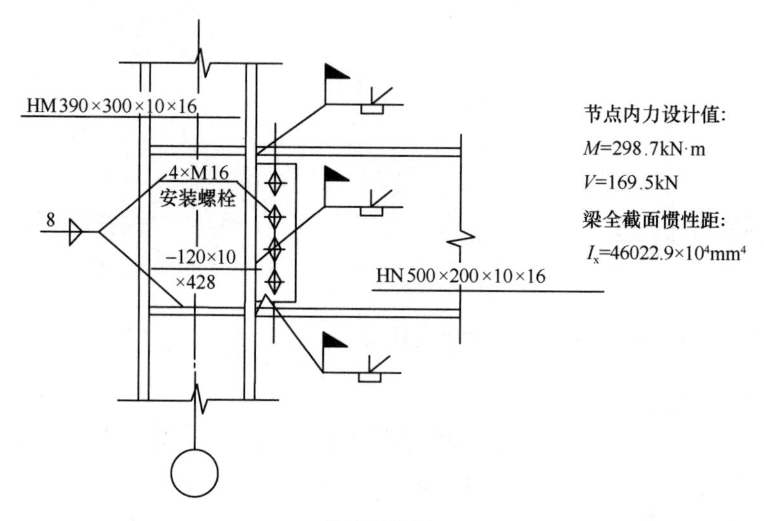


图 2009-24

梁柱节点采用全截面设计法，即弯矩由翼缘和腹板共同承担，剪力由腹板承担。试问，梁翼缘与柱之间全熔透坡口对接焊缝的应力设计值（N/mm²），与下列何项数值最为接近?

**提示：** 梁腹板和翼缘的截面惯性矩分别为 $I_{wx}=8541.9\times10^4\text{mm}^4$，$I_{fr}=37480.96\times10^4\text{mm}^4$。

(A) 300　　(B) 280　　(C) 246　　(D) 157

**【答案】**(D)

梁翼缘承担的弯矩设计值按照惯性矩分配，将该弯矩等效为力偶：

$$M_{fy}=\frac{37480.96}{37480.96+8541.9}\times298.7=243.3\text{kN}\cdot\text{m}$$

$$N_f=\frac{243.3\times10^3}{500-16}=502.7\text{kN}$$

焊缝所受应力为：

$$\sigma=\frac{N_f}{l_w t}=\frac{502.7\times10^3}{200\times16}=157.1\text{N/mm}^2$$

### 4.1.2 斜向受力对接焊缝

**1. 主要的规范规定**

1)《钢标》11.2.1条：全熔透对接焊缝或对接与角接组合焊缝强度验算公式。

2)《钢标》4.4.5条：焊缝的强度指标。

**2. 对规范规定的理解**

1) 对接焊缝斜向受力是指作用力通过焊缝重心，且与焊缝长度方向呈 $\theta$ 角度（图4.1-2）。

2) 对接焊缝斜向受力是指作用力通过焊缝重心，且与焊缝长度方向呈 $\theta$ 夹角，其正应力计算：

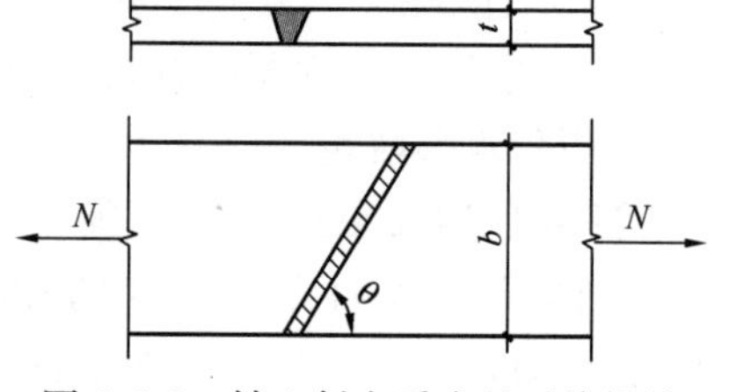


图 4.1-2 轴心斜向受力的对接焊缝

$\sigma=\dfrac{N\sin\theta}{l_{\mathrm{w}}h_{\mathrm{e}}}\leqslant f_{\mathrm{t}}^{\mathrm{w}}$ 或 $f_{\mathrm{c}}^{\mathrm{w}}$；剪应力计算：$\tau=\dfrac{N\cos\theta}{l_{\mathrm{w}}h_{\mathrm{e}}}\leqslant f_{\mathrm{v}}^{\mathrm{w}}$。其中，无引弧板时，$l_{\mathrm{w}}=b_{宽度}/\sin\theta-2t$；有引弧板时，$l_{\mathrm{w}}=b_{宽度}/\sin\theta$。《钢标》11.2.1条条文说明指出，斜焊缝与作用力间的夹角 $\theta$ 符合 $\tan\theta\leqslant1.5$ 时，其强度满足要求，可不计算。

3）应该指出，钢结构设计要求所用焊条与焊件金属相适应，也就是焊缝金属与母材性能相一致。因此，在对接焊缝的强度分析中，处理原则与结构钢材相同。轴心斜向受力的对接焊缝，处于法向应力与剪应力共同作用的应力状态，理论上应进行折算应力的计算：$\sqrt{\sigma^2+3\tau^2}\leqslant1.1f_{\mathrm{t}}^{\mathrm{w}}$。斜缝分别按正应力和剪应力的计算时近似的方法，在通常的设计中将会求得较高的承载力，最多可高出约28.5%，这有可能造成不安全事故。

**3. 历年真题解析**

**【例4.1.2】**2021上午21题

如图2021-21所示，非抗震节点，双角钢，承受轴力280kN，节点板厚度10mm，Q235，E43焊条。节点板与柱采用二级全熔透对接焊缝，不考虑偏心，试问，焊缝的最小长度 $l_1$（mm）与下列何项数值最为接近？

**提示：**实际长度＝计算长度＋2$t$。

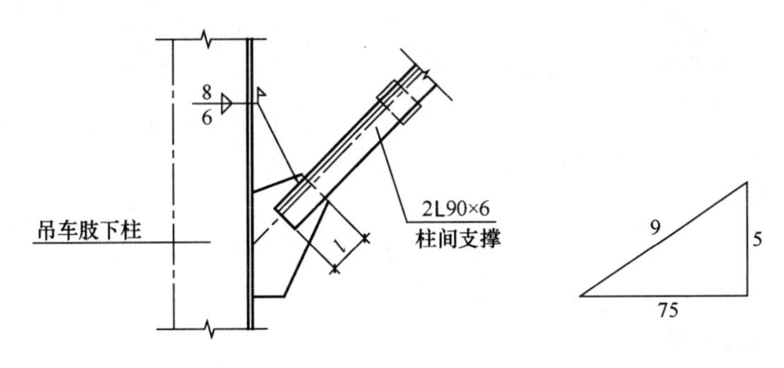


图2021-21

(A) 135　　(B) 175　　(C) 210　　(D) 240

**【答案】**(B)

根据《钢标》11.2.1条计算。

正应力：

$$\sigma=\frac{N}{l_{\mathrm{w}}h_{\mathrm{e}}}=280\times\frac{7.5}{9}\times10^3/(10l_{\mathrm{w}})\leqslant f_{\mathrm{t}}^{\mathrm{w}}=215$$

解得：$l_{\mathrm{w}}$＝108.5mm。

剪应力：

$$\tau=\frac{N}{l_{\mathrm{w}}h_{\mathrm{e}}}=280\times\frac{5}{9}\times10^3/(10l_{\mathrm{w}})\leqslant f_{\mathrm{v}}^{\mathrm{w}}=125$$

解得：$l_{\mathrm{w}}$＝124.4mm。

折算应力：

$$\sqrt{\sigma^2+3\tau^2}\leqslant1.1f_{\mathrm{t}}^{\mathrm{w}}$$

$$\sqrt{\left[280\times\frac{7.5}{9}\times10^3/(10l_{\mathrm{w}})\right]^2+3\left[280\times\frac{5}{9}\times10^3/(10l_{\mathrm{w}})\right]^2}\leqslant1.1\times215$$

解得：$l_w=150\text{mm}$。

$$l=l_w+2t=170\text{mm}$$

### 4.1.3 $M+V$ 或 $M+V+N$ 下的焊缝强度计算

**1. 主要的规范规定**

1）《钢标》11.2.1 条：全熔透对接焊缝或对接与角接组合焊缝强度验算公式。

2）《钢标》4.4.5 条：焊缝的强度指标。

**2. 对规范规定的理解**

1）《钢标》12.2.1 条 2 款规定，工字形或者 T 形焊缝，应分别验算最大正应力与最大剪应力外，还应验算腹板与翼缘交接处折算应力。

2）对接焊缝应采用材料力学方法计算弯曲应力、剪应力及正应力。若题目提示剪力分布均匀时，剪力可采用平均值计算，由承担剪力的焊缝面积共同承担。一般来说，梁柱节点处的牛腿，假定剪力由腹板承担，均匀分布，考试应注意题目提示。

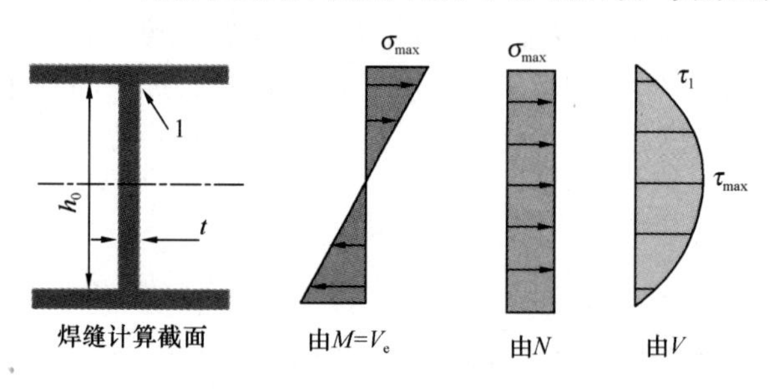


图 4.1-3 工字形的对接焊缝受力

3）以图 4.1-3 所示受 $M$、$V$、$N$ 的工字形焊缝为例，需要验算的内容包括：

（1）翼缘边缘最大正应力：

$$\sigma_{\max}=\frac{N}{A_w}\pm\frac{M}{W_w}\leqslant f_t^w \text{ 或 } f_c^w$$

（2）腹板中线最大剪应力：

$$\tau_{\max}=\frac{VS_{中点}}{I_w t}\leqslant f_v^w$$

（3）腹板与翼缘交接处折算应力：

$$\sqrt{\sigma_1^2+3\tau_1^2}\leqslant 1.1f_1^w$$

其中：

$$\sigma_{弯曲}=\frac{M}{W_w}\frac{h_0}{h}=\frac{M}{W_{w腹板}}\frac{I_{w腹板}}{I_{w总}}$$

$$\sigma_{轴力}=\frac{N}{A_w}$$

$$\sigma_1=\sigma_{弯曲}+\sigma_{轴力}$$

$$\tau_1=\frac{VS_1}{It}\leqslant f_v$$

**3. 历年真题解析**

**【例 4.1.3】** 2009 上午 25 题

非抗震的某梁柱节点，如图 2009-25 所示。梁柱均采用热轧 H 型钢截面，梁采用

HN500×200×10×16（$r$=13mm），柱采用 HM390×300×10×16（$r$=13mm），梁、柱钢材均采用 Q345B，主梁上下翼缘与柱翼缘为全熔透坡口对接焊缝，采用引弧板和引出板施焊；梁腹板与柱为工地熔透焊，单侧安装连接板并采用 4×M16 安装螺栓。

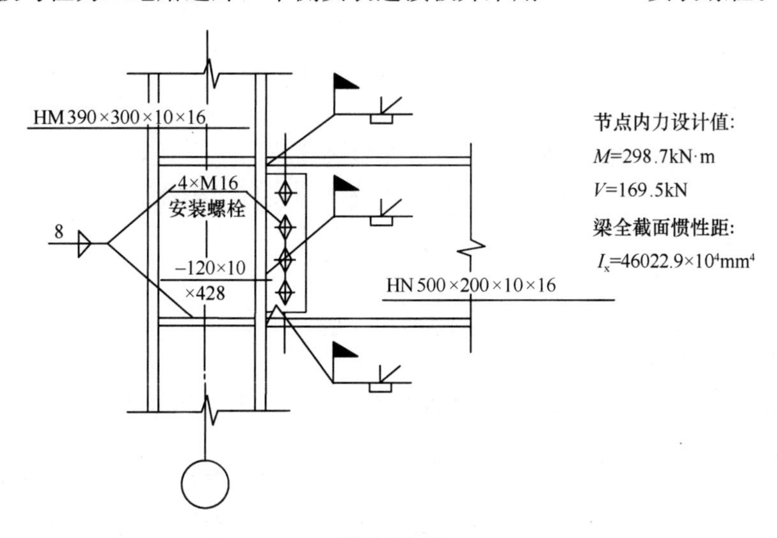


图 2009-25

梁柱节点采用全截面设计法，即弯矩由翼缘和腹板共同承担，剪力由腹板承担。试问，梁腹板与柱对接连接焊缝的应力设计值（$N/mm^2$），与下列何项数值最为接近？

**提示**：①假定梁腹板与柱对接连接焊缝的截面抵抗矩为 $365.0\times10^3mm^3$。

②扣除过焊孔之后的焊缝计算长度取 383mm。

③腹板和翼缘的截面惯性矩分别为 $I_{wx}=8541.9\times10^4mm^4$，$I_{fr}=37480.96\times10^4mm^4$。

(A) 160　　(B) 170　　(C) 180　　(D) 190

**【答案】**(B)

梁腹板承受的弯矩：

$$M_w=\frac{8541.9}{46022.9}\times298.7=55.4\text{kN}\cdot\text{m}$$

焊缝承受的最大正应力：

$$\sigma=\frac{55.4\times10^6}{365.0\times10^3}=151.8\text{N/mm}^2$$

焊缝承受的剪应力：

$$\tau=\frac{169.5\times10^3}{383\times10}=44.3\text{N/mm}^2$$

折算应力：

$$\sqrt{\sigma^2+3\tau^2}=\sqrt{151.8^2+3\times44.3^2}=170.1\text{N/mm}^2$$

# 4.2　角焊缝计算

## 4.2.1　非角钢直角角焊缝计算

**1. 主要的规范规定**

1)《钢标》11.2.2 条：直角角焊缝强度验算公式。

2)《钢标》11.2.6 条：角焊缝搭接焊缝连接的超长折减系数。

3)《钢标》4.4.5 条：焊缝的强度指标。

4)《钢标》11.3.5 条：角焊缝的尺寸规定。

5)《钢标》11.3.6 条：搭接角焊缝的尺寸规定。

**2. 对规范规定的理解**

1)《钢标》11.2.6 条规定，角焊缝的搭接焊缝连接中（如图 4.2-1 所示），当焊缝计算长度 $l_w$ 超过 $60h_f$ 时，焊缝的承载力设计值应乘以折减系数 $\alpha_f = 1.5 - \frac{l_w}{120h_f}$，并不小于 0.5。这是由于搭接角焊缝应力沿长度分布不均匀，两端较中间大，焊缝越长其差别也越大，太长时两端应力可先达到极限而破坏，此时焊缝中部还未发挥其承载力。类似梁腹板与柱翼缘焊接、凸缘支座、翼缘拼接等可以近似认为剪应力是沿着腹板全长均匀分布，可以不受这条的限制。

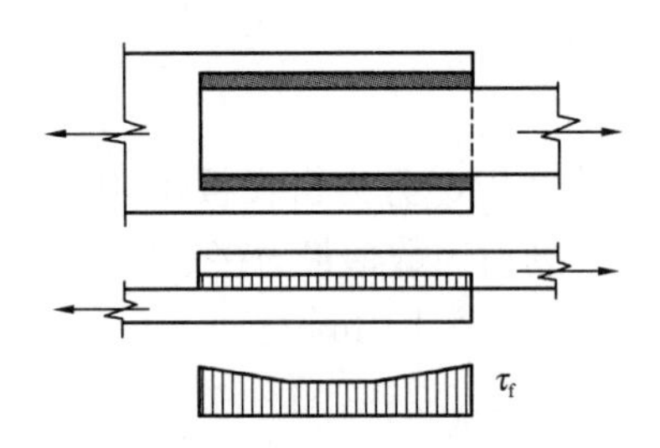


图 4.2-1　搭接角焊缝应力分布

2）为避免角焊缝过短，应力集中较大和起落弧坑太近可能产生不利影响，受力角焊缝的计算长度不得小于 $8h_f$ 和 40mm。焊缝计算长度应为扣除引弧、收弧长度后的焊缝长度。当侧面角焊缝的端部在构件的转角处时，宜连续绕转角加焊一段长度，此长度为 $2h_f$，如图 4.2-2（a）所示。杆件与节点板的连接焊缝一般采用两面侧面角焊缝，也可采用三面围焊（图 4.2-2b），角钢焊件也可用 L 形围焊（图 4.2-2c）。所有围焊的转角必须连续施焊。图 4.2-2（a），侧面焊缝计算长度 $l_w = l - h_f$；图 4.2-2（b），正面焊缝计算长度 $l_w = l$，侧面焊缝计算长度 $l_w = l - h_f$；图 4.2-2（c），正面焊缝计算长度 $l_w = l$，侧面焊缝计算长度 $l_w = l - h_f$。

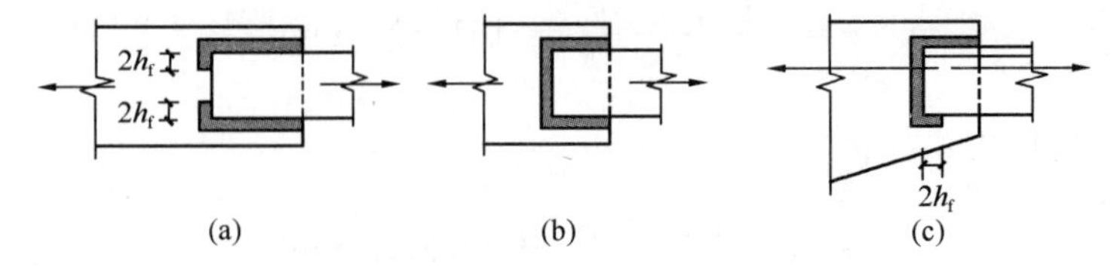


图 4.2-2　杆件与节点板的角焊缝连接

（a）两面侧焊；（b）三面围焊；（c）L 形围焊

3）三面围焊计算公式：

端缝：$N_3 = \beta_f h_e l_{w3} f_f^w \times n$，$n$ 为焊缝条数；

侧缝：$\tau_{f1} = \tau_{f2} = \frac{(N - N_3)/2}{h_e l_{w1} \times n} \leqslant f_f^w$，$n$ 为焊缝条数，一块盖板。

其中：两焊件间隙 $b \leqslant 1.5$mm 时，$h_e = 0.7h_f$；

直接动荷载，$\beta_f = 1.0$；静荷载、间接动荷载，$\beta_f = 1.22$；

$$\text{计算长度 } l_w \begin{cases} \text{无绕角：} l_w = l_{\text{实际}} - 2h_f \\ \text{一端绕角：} l_w = l_{\text{实际}} - h_f \\ \text{两端绕角：} l_w = l_{\text{实际}} \end{cases}$$

侧面 $l_w > 60h_f$ 时，承载力设计值乘 $\alpha_f$，$\alpha_f = 1.5 - \dfrac{l_w}{120h_f} \geqslant 0.5$。

三面围焊在杆件端部转角处必须连续施焊，如图 4.2-3所示，故 $l_{w3} = l_3$，$l_{w1} = l_1 - h_f$。无正面角焊缝时，即 $N_3 = 0$，此时可仅计算侧面角焊缝。无侧面角焊缝时，则有 $N_3 = N$。

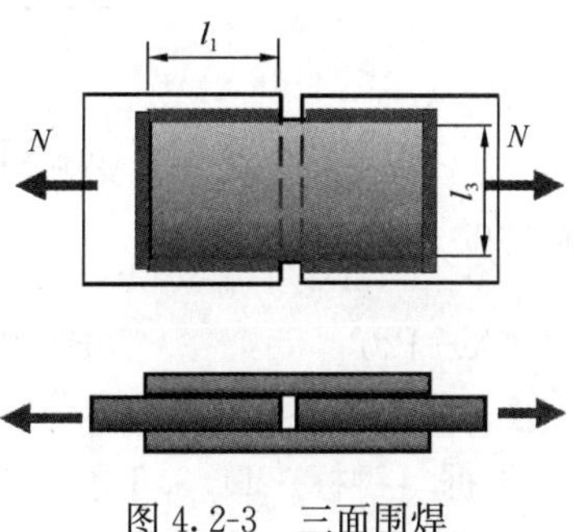

图 4.2-3 三面围焊

4）在轴力、剪力和弯矩共同作用下的直角角焊缝，其内力计算原则如下：

（1）首先求单独外力作用下角焊缝的应力，并判断该应力对焊缝产生正面角焊缝受力（垂直于焊缝长度方向），还是侧面角焊缝受力（平行焊缝长度方向）。正面角焊缝受力用 $\sigma_f$ 表示，侧面角焊缝受力用 $\sigma_f$ 表示。

（2）采用叠加原理，将各种外力作用下的焊缝应力进行叠加。叠加时注意应取焊缝截面同一点的应力进行叠加，而不能用各种外力作用下产生最大应力进行叠加。因此，应根据单独外力作用下产生应力分布情况判断最危险点进行计算。

（3）在轴力 $N$ 作用下，在焊缝有效截面上产生均匀应力 $\sigma_f^N(\tau_f^N) = N/A_f$，其中 $A_f$为焊缝有效截面面积。

（4）在剪力 $V$ 作用下，由于角焊缝的实际应力和破坏模式很复杂，难以准确计算，计算所有角焊缝都假设只受均匀分布的剪应力作用并在有效截面上剪切破坏，在受剪截面上应力分布是均匀的，即：$\sigma_f^V(\tau_f^V) = V/A'_f$，其中 $A'_f$ 为焊缝受剪截面面积。

（5）在弯矩 $M$ 作用下，焊缝应力按材料力学公式 $\sigma_f^M(\tau_f^M) = M \cdot y/I_f$ 计算。

（6）根据《钢标》式（11.2.2-1）～式（11.2.2-3）进行计算，满足 11.2.6 条超长折减条件时，焊缝的承载力设计值应乘以折减系数。

5）《钢标》表 11.3.5 给出了角焊缝最小焊脚尺寸要求，其中，母材厚度 $t$ 应根据注 1，根据焊接方法，采用较厚或者较薄的母材厚度。旧版《钢规》规定，角焊缝尺寸不宜超过较薄焊件厚度 1.2 倍。根据上海地方规范，角焊缝尺寸不应超过较薄构件厚度。《钢标》表 11.3.5 注 2 的"不要求超过"，可以理解为"要求不超过"，此时不需要满足表格要求。例如，2mm 板和 10mm 板焊缝连接，最小焊脚尺寸可取 2mm，不需要满足《钢标》表 11.3.5 的要求。也可以简单理解为：角焊缝焊脚尺寸不应超过较小板件的厚度。应注意的是，《钢标》11.3.6 条 4 款，给出了搭接角焊缝的最大焊脚尺寸要求。

**3. 历年真题解析**

**【例 4.2.1】** 2013 上午 26 题

假定，主梁与次梁的刚接节点如图 2013-26 所示，次梁上翼缘与连接板采用角焊缝连接，三面围焊，焊缝长度一律满焊，焊条采用 E43 型。试问，若角焊缝的焊脚尺寸 $h_f =$

8mm，次梁上翼缘与连接板的连接长度 $L$（mm）采用下列何项数值最为合理？

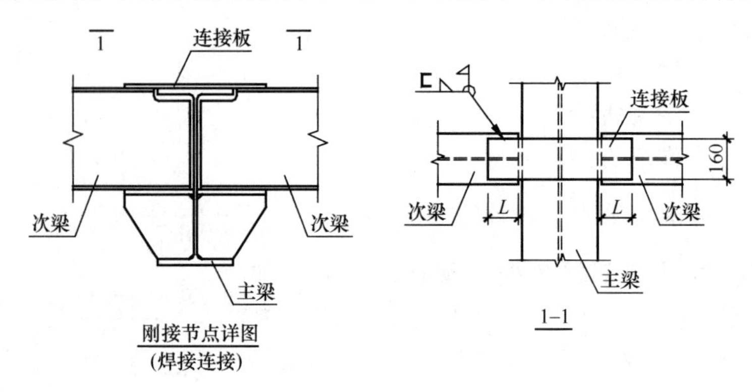


图 2013-26

（A）120　　（B）260　　（C）340　　（D）420

**【答案】**（A）

根据《钢标》11.3.6 条，围焊的转角处必须连续施焊。

根据《钢标》11.2.2 条，正面角焊缝的计算长度取其实际长度 $l_{w1}=160\text{mm}$。

$$N_1=\beta_f f_f^w h_e l_{w1}=1.22\times160\times0.7\times8\times160\times10^{-3}=175\text{kN}$$

其余轴心拉力由两条侧面角焊缝承受，其计算长度 $l_{w2}$ 为：

$$l_{w2}=\frac{N-N_1}{2\times h_e f_f^w}=\frac{360\times10^3-175\times10^3}{2\times0.7\times8\times160}=103\text{mm}$$

$$L\geqslant l_{w2}+h_f=103+8=111\text{mm}$$

**【例 4.2.2】** 2012 上午 23 题

某钢梁采用端板连接接头，钢材为 Q345 钢，采用 10.9 级高强度螺栓摩擦型连接，连接处钢材接触表面的处理方法为未经处理的干净轧制表面，其连接形式如图 2012-23 所示，考虑了各种不利影响后，取弯矩设计值 $M=260\text{kN}\cdot\text{m}$，剪力设计值 $V=65\text{kN}$，轴力设计值 $N=100\text{kN}$（压力）。

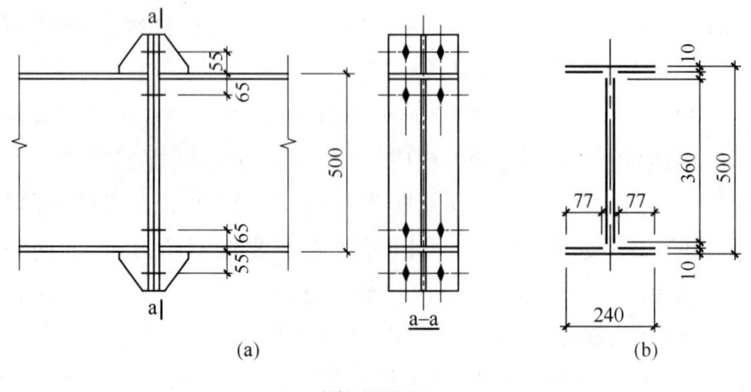


图 2012-23

端板与梁的连接焊缝采用角焊缝，焊条为 E50 型，焊缝计算长度如图 2012-23 所示，翼缘焊脚尺寸 $h_f=8\text{mm}$，腹板焊脚尺寸 $h_f=6\text{mm}$。试问，按承受静力荷载计算，角焊缝最大应力（N/mm²）与下列何项数值最为接近？

**提示：**剪应力由全部焊缝承担。

(A) 156　　(B) 164　　(C) 190　　(D) 199

**【答案】**(C)

$$A_f = (240\times2+77\times4)\times0.7\times8+360\times2\times0.7\times6 = 7436.8\text{mm}^2$$

$$I_f \approx 240\times0.7\times8\times250^2\times2+77\times0.7\times8\times240^2\times4+\frac{1}{12}\times0.7\times6\times360^3\times2$$

$$=3\times10^8\text{mm}^4$$

$$W_f = \frac{I_f}{250} = 1.2\times10^6\text{mm}^3$$

根据《钢标》11.2.2条：

$$\sigma_f = \frac{M}{W_f}+\frac{N}{A_f} = \frac{260\times10^6}{1.2\times10^6}+\frac{100\times10^3}{7436.8}$$

$$=216.7+13.4$$

$$=230.1\text{N/mm}^2 < \beta_f f_f^w = 1.22\times200 = 244\text{N/mm}^2$$

$$\tau_f = \frac{V}{A_f} = \frac{65\times10^3}{7436.8} = 8.7\text{N/mm}^2$$

$$\sqrt{\left(\frac{\sigma_f}{\beta_f}\right)^2+\tau_f^2} = \sqrt{\left(\frac{230.1}{1.22}\right)^2+8.7^2} = 188.8\text{N/mm}^2 < f_f^w = 200\text{N/mm}^2$$

**【例 4.2.3】**2010上午26题

某钢平台承受静荷载，支撑与柱的连接节点如图2010-26所示，支撑杆的斜向拉力设计值 $N=650\text{kN}$，采用Q235B钢制作，E43型焊条。

节点板与钢柱采用双面角焊缝连接，取焊脚尺寸 $h_f=8\text{mm}$，试问，焊缝连接长度（mm），与下列何项数值最为接近？

(A) 120　　(B) 260

(C) 340　　(D) 420

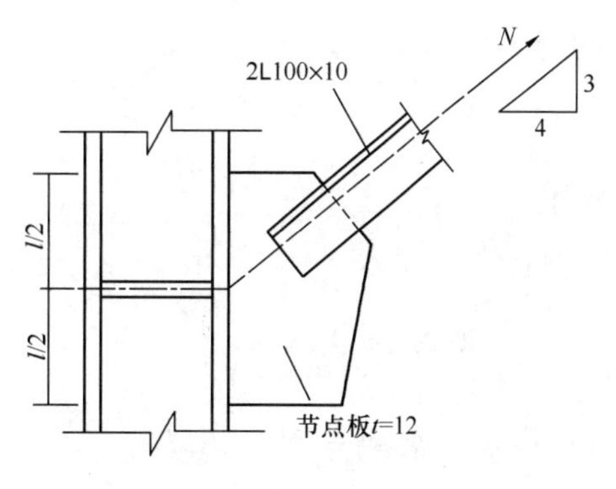


图 2010-26

**【答案】**(C)

依据《钢标》11.2.2条确定。

焊缝受到的水平力为 $N_x = 4/5\times650 = 520\text{kN}$，竖向力为 $N_y = 3/5\times650 = 390\text{kN}$。于是，得到

$$\sqrt{\left(\frac{N_x}{2\times1.22\times0.7h_f l_w}\right)^2+\left(\frac{N_y}{2\times0.7h_f l_w}\right)^2} \leqslant f_f^w$$

即

$$\sqrt{\left(\frac{520\times10^3}{2\times1.22\times0.7\times8l_w}\right)^2+\left(\frac{390\times10^3}{2\times0.7\times8l_w}\right)^2} \leqslant 160$$

解方程得到 $l_w = 322\text{mm}$。

考虑端部缺陷之后，角焊缝所需几何长度为 $322+2\times8 = 338\text{mm}$。

## 4.2.2 角钢直角角焊缝计算

**1. 主要的规范规定**

1)《钢标》11.2.2 条：直角角焊缝强度验算公式。

2)《钢标》11.2.6 条：角焊缝搭接焊缝连接的超长折减系数。

3)《钢标》4.4.5 条：焊缝的强度指标。

4)《钢标》11.3.5 条：角焊缝的尺寸规定。

5)《钢标》11.3.6 条：搭接角焊缝的尺寸规定。

**2. 对规范规定的理解**

1）角钢用侧面角焊缝连接时，如图 4.2-4 所示，由于角钢截面形心到肢背和肢尖的距离不相等，靠近形心的肢背焊缝承受较大的内力。设 $N_1$ 和 $N_2$ 分别为角钢肢背与肢尖焊缝承担的内力，由平衡条件解得：

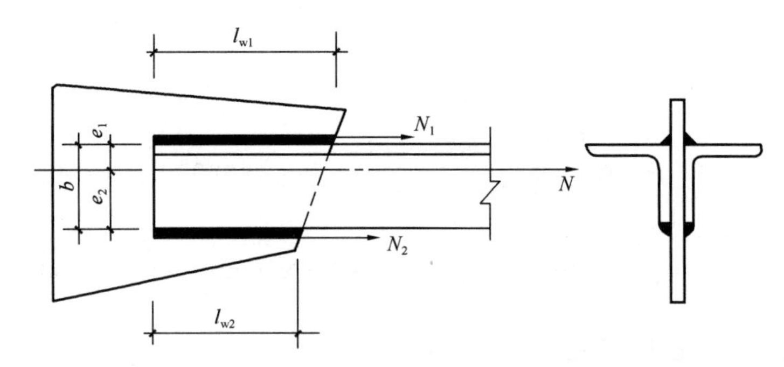


图 4.2-4 角钢的侧面角焊缝连接

$$N_1 = \frac{e_2}{b}N = K_1 N$$

$$N_2 = \frac{e_1}{b}N = K_2 N$$

其中，$K_1$、$K_2$ 取值见表 4.2-1。

**$K_1$、$K_2$ 取值** 表 4.2-1

| 工况 | | $K_1$（肢背） | $K_2$（肢尖） |
|---|---|---|---|
| 等边 | | 0.7 | 0.3 |
| 短边相连 | | 0.75 | 0.25 |
| 长边相连 | | 0.65 | 0.35 |

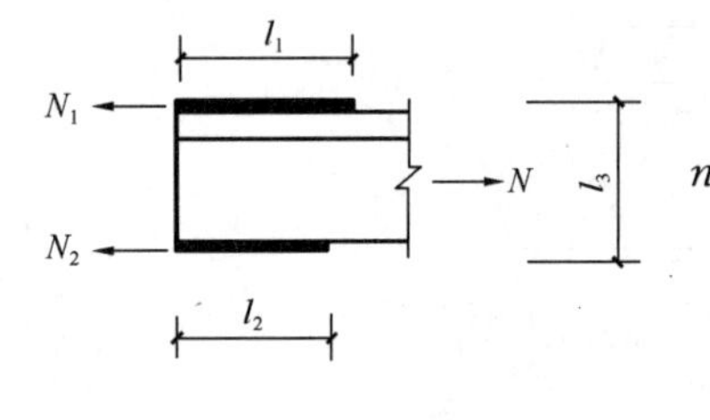


图 4.2-5 两面侧焊

2）搭接角钢角焊缝计算流程（单角钢 $n=1$，双角钢 $n=2$）：

（1）两面侧焊（图 4.2-5）

肢背：

$$N_1 = K_1 N$$

$$\tau_{f1}=\frac{N_1}{h_e l_{w1}\times n}\leqslant f_f^w$$

肢尖：

$$N_2=K_2N=(N-N_1)$$

$$\tau_{f2}=\frac{N_2}{h_e l_{w2}\times n}\leqslant f_f^w$$

（2）三面围焊（图 4.2-6）

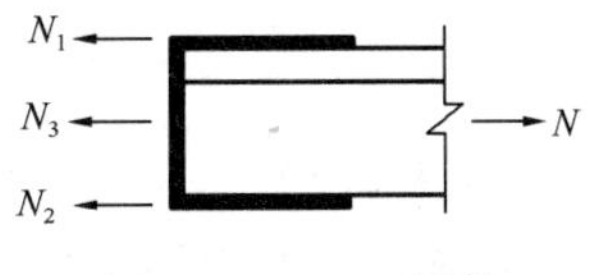

图 4.2-6 三面围焊

端缝：

$$N_3=\beta_f h_e l_{w3} f_t^w\times n<2K_2N$$

肢背：

$$N_1=K_1N-0.5N_3$$

$$\tau_{f1}=\frac{N_1}{h_e l_{w1}\times n}\leqslant f_f^w$$

肢尖：

$$N_2=K_2N-0.5N_3=N-N_1-N_3$$

$$\tau_{f2}=\frac{N_2}{h_e l_{w2}\times n}\leqslant f_f^w$$

其中：两焊件间隙 $b\leqslant1.5$mm 时，$h_e=0.7h_f$；

直接动荷载，$\beta_f=1.0$；静荷载、间接动荷载，$\beta_f=1.22$；

计算长度 $l_w$ $\begin{cases}无绕角：l_w=l_{实际}-2h_f；\\一端绕角：l_w=l_{实际}-h_f；\\两端绕角：l_w=l_{实际}；\end{cases}$

侧面 $l_w>60h_f$ 时，承载力设计值乘 $\alpha_f$，$\alpha_f=1.5-\dfrac{l_w}{120h_f}\geqslant0.5$。

采用 L 形围焊时，可在三面围焊计算公式中，令 $N_2=0$ 即可。

**3. 历年真题解析**

**【例 4.2.4】**2016 上午 22 题

假定，厂房位于 8 度区，支撑采用 Q235，吊车肢下柱柱间支撑采用 2L90×6，截面面积 $A=2128\text{mm}^2$。试问，根据《建筑抗震设计规范》GB 50011—2010 的规定，图 2016-22 中柱间支撑与节点板最小连接焊缝长度 $l$（mm），与下列何项数值最为接近？

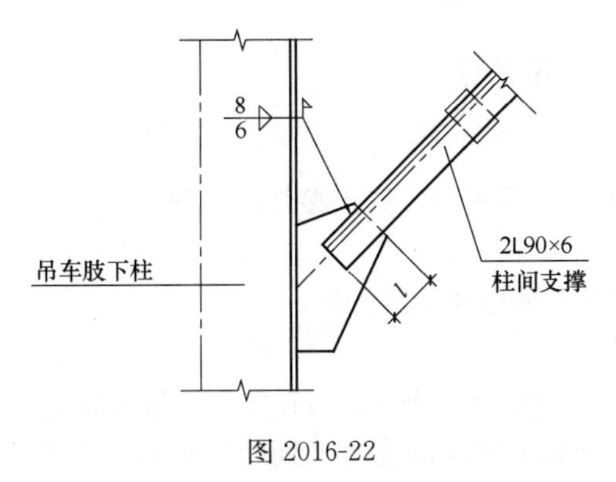

图 2016-22

**提示：**①焊条采用 E43 型，焊接时采用绕焊，即焊缝计算长度可取标示尺寸；

②不考虑焊缝强度折减；角焊缝极限强度 $f_u^f=240\text{N/mm}^2$；

③肢背处内力按总内力的 70%计算。

(A) 90　(B) 135　(C) 155　(D) 235

**【答案】**(C)

根据《抗规》9.2.11 条 4 款，柱间支撑与构件的连接，不应小于支撑杆件塑性承载力的 1.2 倍。

支撑杆件塑性受拉承载力：

$$2128 \times 235 = 500.1 \times 10^{3}\text{N} = 500.1\text{kN}$$

肢背焊缝长度：

$$\frac{0.7 \times 1.2 \times 500.1 \times 10^{3}}{2 \times 0.7 \times 8 \times 240} = 156\text{mm}$$

肢尖焊缝长度：

$$\frac{0.3 \times 1.2 \times 500.1 \times 10^{3}}{2 \times 0.7 \times 6 \times 240} = 89\text{mm}$$

**【例 4.2.5】** 2010 上午 25 题

某钢平台承受静荷载，支撑与柱的连接节点如图 2010-25 所示。支撑杆的斜向拉力设计值 $N=650\text{kN}$，采用 Q235B 钢制作，E43 型焊条。支撑拉杆为双角钢 2L100×10，角钢与节点板采用两侧角焊缝连接，角钢肢背焊缝 $h_{f1}=10\text{mm}$，肢尖焊缝 $h_{f2}=8\text{mm}$，试问，角钢肢背的焊缝连接长度（mm），与下列何项数值最为接近？

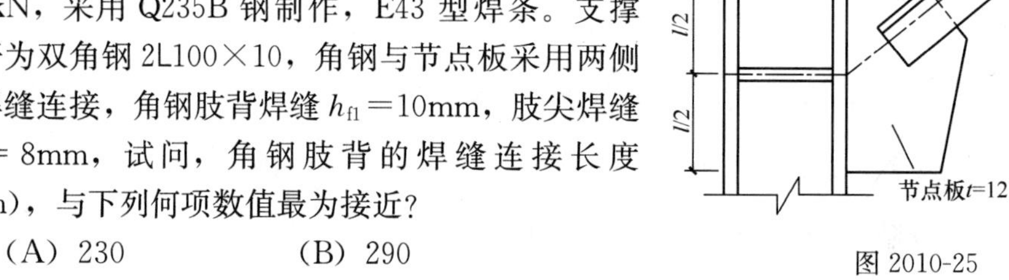


图 2010-25

（A） 230　　　（B） 290

（C） 340　　　（D） 460

**【答案】**（A）

依据《钢标》11.2.2 条确定。

肢背焊缝所需计算长度为：

$$l_{w1} = \frac{N_1}{0.7h_{f1}f_f^w} = \frac{0.7 \times 650 \times 10^{3}}{2 \times 0.7 \times 10 \times 160} = 203\text{mm}$$

所需焊缝几何长度为 203+2×10=223mm。

### 4.2.3　焊接截面工字形梁翼缘与腹板的焊缝连接强度计算

**1. 主要的规范规定**

1）《钢标》11.2.7 条：焊接截面工字形梁翼缘与腹板的焊缝连接强度计算。

2）《钢标》4.4.5 条：焊缝的强度指标。

3）《钢标》6.1.4 条：梁受集中荷载且未设置支承加劲肋的计算。

**2. 对规范规定的理解**

1）焊接截面工字梁翼缘与腹板的焊缝强度，应根据《钢标》11.2.7 条相关规定计算。当梁上翼缘有固定集中荷载，宜在该处设置顶紧上翼缘的支承加劲肋，此时公式中的 $F=0$。

2）公式中的第二项指垂直于焊缝长度方向的应力。引入系数 $\beta_f$，对直接承受动力荷载的梁，$\beta_f=1.0$；对承受静力荷载或间接承受动力荷载的梁，$\beta_f=1.22$。其实对后者来说，承受固定集中力处规定设置支承加劲肋后，此时 $F=0$，对前者又取 $\beta_f=1.0$，所以公式中的 $\beta_f$ 基本无实际意义。

**3. 历年真题解析**

**【例 4.2.6】** 2019 上午 18 题

某焊接工字形等截面简支梁跨度为 12m，钢材采用 Q235，结构的重要性系数取 1.0，基本组合下简支梁的均布荷载设计值（含自重）$q=95\text{kN/m}$。截面尺寸及截面特性如图 2019-18 所示。

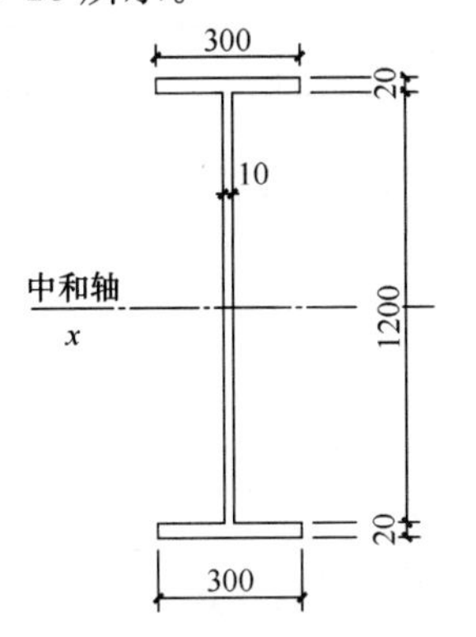


毛截面惯性矩：$I_x=590560\times10^4\text{mm}^4$

翼缘毛截面对梁中和轴的面积矩：$S_f=3660\times10^3\text{mm}^3$

毛截面面积：$A=240\times10^2\text{mm}^2$

截面绕 $y$ 轴回转半径：$i_y=61\text{mm}$

图 2019-18

假定，简支梁翼缘与腹板的双面角焊缝焊脚尺寸 $h_f=8\text{mm}$，两焊件间隙 $b\leqslant1.5\text{mm}$。试问，进行焊接截面工字形梁翼缘与腹板的焊缝连接强度计算时，最大剪力作用下，该角焊缝的连接应力与角焊缝强度设计值之比，与下列何项数值最为接近？

**提示：** 无局部压应力。

(A) 0.2　　(B) 0.3　　(C) 0.4　　(D) 0.5

**【答案】**(A)

剪力设计值：

$$V=q\times\frac{l}{2}=95\times6=570\text{kN}=570\times10^3\text{N}$$

根据《钢标》11.2.7 条：

$$\frac{1}{2h_e}\sqrt{\left(\frac{VS_f}{I}\right)^2+\left(\frac{\phi F}{\beta_f l_z}\right)^2}=\frac{1}{2\times0.7\times8}\times\sqrt{\left(\frac{570\times10^3\times3660\times10^3}{590560\times10^4}\right)^2+0^2}$$

$$=31.54\text{N/mm}^2$$

根据《钢标》4.4.5 条，$f_f^w=160\text{N/mm}^2$。

角焊缝的连接应力与角焊缝强度设计值之比：$\dfrac{31.54}{160}=0.197\approx0.2$。

**【例 4.2.7】** 2011 上午 30 题

材质为 Q235 的焊接工字钢次梁，截面尺寸见图 2011-30，腹板与翼缘的焊接采用双面角焊缝，焊条采用不预热 E43 型非低氢型焊条，最大剪力设计值 $V=204\text{kN}$，无集中荷载，截面惯性矩及翼缘面积矩见表 2011-30。试问，翼缘与腹板连接焊缝焊脚尺寸 $h_f$（mm）取下列何项数值最为合理？

**提示：** 最为合理指在满足规范的前提下数值最小。

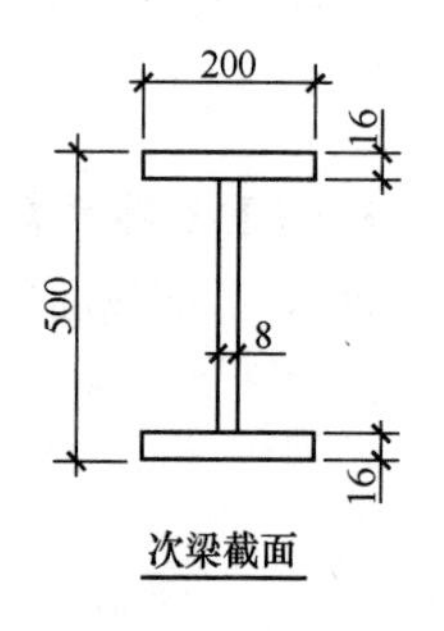


图 2011-30

截面特性 表 2011-30

| 截面 | $I_x$ (mm$^4$) | $S$ (mm$^3$) |
| --- | --- | --- |
| 见图 2011-30 | $4.43\times10^8$ | $7.74\times10^5$ |

(A) 2　　(B) 4　　(C) 6　　(D) 8

**【答案】**(C)

根据《钢规》11.2.7 条：

$$\frac{1}{2h_e}\sqrt{\left(\frac{VS_t}{I}\right)^2+\left(\frac{\psi F}{\beta_f l_z}\right)^2}\leqslant f_f^w$$

已知 $V=204$kN，$F=0$，$I=4.43\times10^8$mm$^4$，$S=7.74\times10^5$mm$^3$，$f_t^f=160$MPa，代入解得 $h_e=1.1$mm。则 $h_f=\frac{h_e}{0.7}=1.6$mm。

根据《钢标》11.3.5 条，较厚母材厚度为 16mm，$h_f\geqslant6$mm，取 $h_f=6$mm。

## 4.3 普通螺栓的计算

**1. 主要的规范规定**

1)《钢标》11.1.3 条：C 级螺栓的使用范围。

2)《钢标》11.5.2 条：螺栓或铆钉的孔距、边距和端距容许值。

3)《钢标》11.4.1 条：普通螺栓、锚栓或铆钉的连接承载力规定。

4)《钢标》11.4.5 条：螺栓承载力设计值的超长折减。

5)《钢标》11.4.4 条：螺栓或铆钉的数目应增加的情况。

6)《钢标》4.4.6 条：螺栓连接的强度指标。

7)《钢标》7.1.1 条：轴心受力构件截面强度计算。

**2. 对规范规定的理解**

1) C 级普通螺栓的螺杆直径较螺孔直径小 1.0～1.5mm，受剪时工作性能较差，在螺栓群中各螺栓所受剪力也不均匀，因此宜用于承受沿其杆轴方向的受拉连接中。C 级普通螺栓的拆装比较方便，常用于安装连接及可拆卸的结构以及不重要结构的受剪连接中。

2) 螺栓在构件上的布置、排列应满足受力要求、构造要求和施工要求。

(1) 受力要求：在受力方向，螺栓的端距过小时，钢板有剪断的可能。当各排螺栓距和线距过小时，构件有沿直线或折线破坏的可能。对受压构件，当沿作用力方向的螺栓距过大时，在被连接的板件间易发生张口或鼓曲现象。因此，从受力的角度规定了最大和最小的容许间距。

(2) 构造要求：当螺栓距及线距过大时，被连接的构件接触面就不够紧密，潮气容易浸入缝隙而产生腐蚀，所以规定了螺栓的最大容许间距。

(3) 施工要求：要保证一定的空间，便于转动螺栓扳手，规定了最小容许间距。

3) 剪力螺栓连接在受力以后，当外力并不大时，由构件间摩擦力来传递外力。当外力继续增大而超过极限摩擦力时，构件之间出现相对滑移，螺栓开始接触构件的孔壁而受剪，孔壁则受压，见图 4.3-1。

应特别注意，《钢标》表 11.5.2 中，布置螺栓时，$d_0$ 为螺栓或铆钉的孔径，按《钢标》11.5.1 条 1～3 款及表 11.5.1 取值。根据表 11.5.2-注 3，计算螺栓孔引起的截面削弱时取 $d_0$ 和 $d+4\text{mm}$ 的较大值。

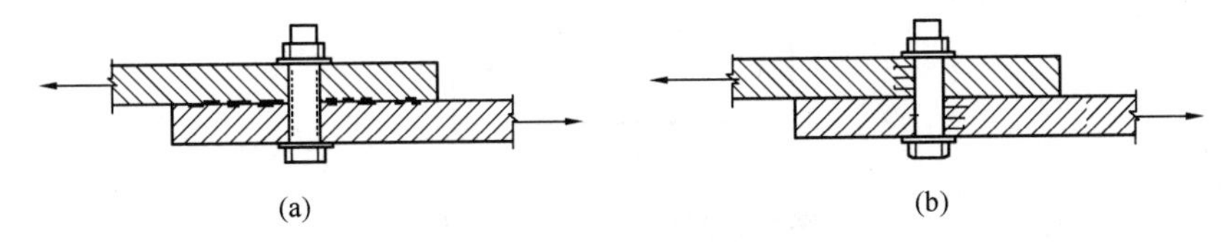


图 4.3-1 剪力螺栓连接的工作性能

(a) 螺栓连接受力不大时，靠钢板间的摩擦力来传递；

(b) 螺栓连接受力较大时，靠孔壁受压和螺杆受剪来传力

4) 一个螺栓的受剪承载力取螺杆受剪承载力（《钢标》式（11.4.1-1））和孔壁承压承载力（《钢标》式（11.4.1-3））的较小值。每个螺栓的受剪面数目，单剪(图 4.3-2a) $n_v=1.0$，双剪（图 4.3-2b) $n_v=2.0$。$\Sigma t$ 为在不同受力方向中同一受力方向承压构件（板件，非螺杆）总厚度的较小值，单剪（图 4.3-2a) $\Sigma t$ 取较小厚度，双剪（图 4.3-2b) $\Sigma t=\min(b,a+c)$。螺栓的承压强度设计值按承压板件钢材牌号取值。

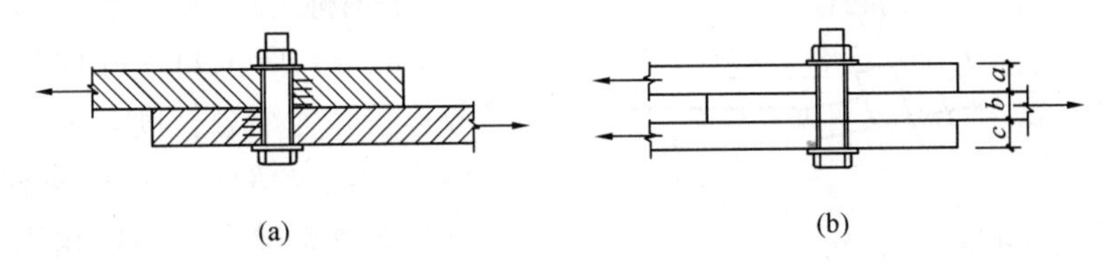


图 4.3-2 剪力螺栓的受剪面数目和承压厚度

5)《钢标》11.4.5 条螺栓超长折减：当连接处于弹性阶段时，螺栓群中各螺栓受力不相等，两端大而中间小（图 4.3-3b），超过弹性阶段出现塑性变形后，因为力重分布使各螺栓受力趋于均匀（图 4.3-3c）。但当构件的节点处或拼接缝的一侧螺栓很多，且沿受力方向的连接长度 $l_1$ 过大时，端部的螺栓会因受力过大而首先破坏，随后依次向内发展逐个破坏。因此，当 $l_1>15d_0$ 时，应将螺栓的承载力乘以折减系数 $\eta=1.1-\dfrac{l_1}{150d_0}$，当 $l_1>60d_0$，折减系数为 0.7，$d_0$ 为螺栓孔径。此时，当外力通过螺栓群中心（轴向受力）时，可认为所有螺栓受力相同。但是，螺栓群受剪扭（如梁采用栓焊拼接节点）、受扭或拉弯综合作用时，螺栓不考虑超长折减系数。

6)《钢标》11.4.4 条 1 款规定，如图 4.3-4 所示，厚度不等钢板的螺栓对接接头中，因填板一侧的螺栓受力后易弯曲，工作状况较左侧差，故该侧螺栓数目应按计算增加 10%再取整。

《钢标》11.4.4 条 2 款规定，如图 4.3-5 采用搭接拼头或用搭接板的单面连接，由于

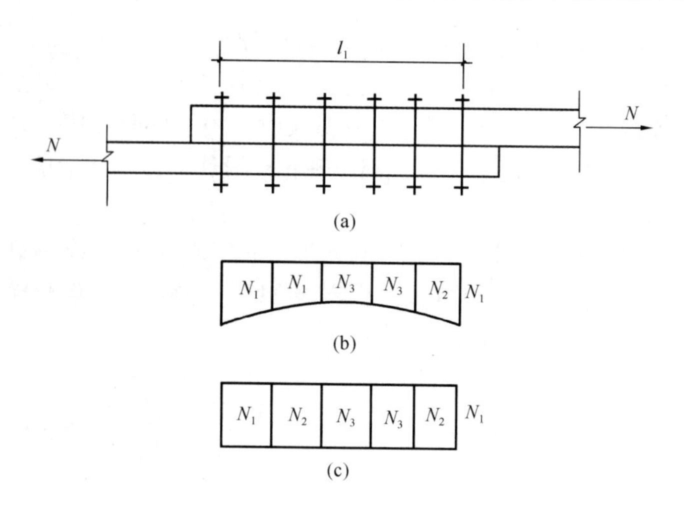


图 4.3-3 螺栓受剪力状态

(a) 受剪螺栓；(b) 弹性阶段受力状态；(c) 塑性阶段受力状态

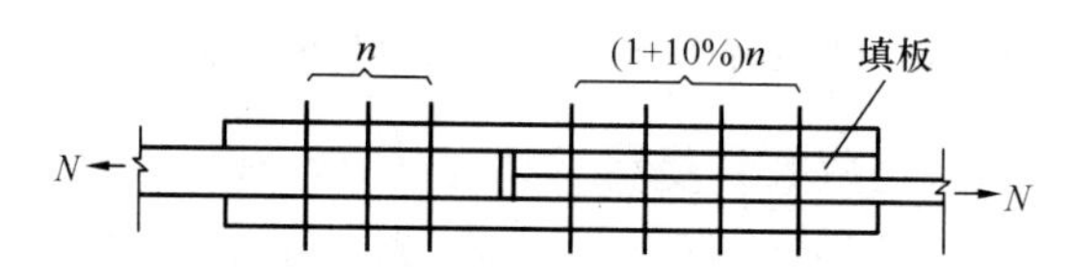


图 4.3-4 用填板的螺栓对接接头

接头易弯曲，螺栓（不包括摩擦型高强度螺栓）或铆钉数量，应按计算增加 10%。

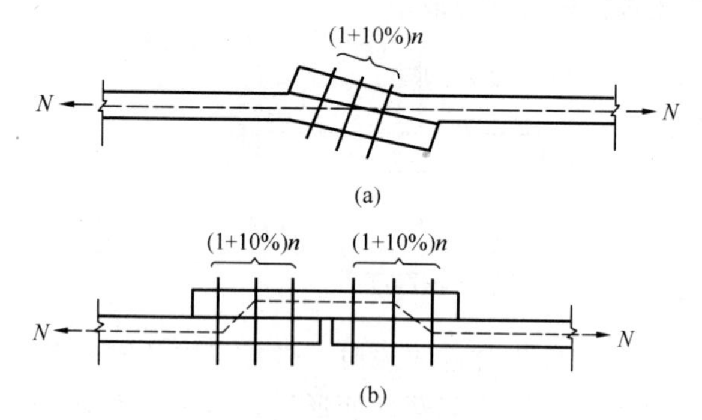


图 4.3-5 搭接接头和单面拼接接头

(a) 搭接接头；(b) 单面拼接板连接

《钢标》11.4.4 条 3 款规定，如图 4.3-6 (a) 所示角钢杆件与节点板的螺栓连接，为缩短长度，采用短角钢分担传力。拟保留所需 6 个螺栓中的 4 个，其余 2 个螺栓则利用短角钢与节点段相连。此时，短角钢两肢中的一肢上，所需螺栓数量为：2×(1＋50%)＝3 个，短角钢另一肢的螺栓数目仍为 2 个，如图 4.3-6 (b) 所示。此外，也可将短角钢的外伸肢安放 3 个螺栓，连接肢上安放 2 个螺栓。

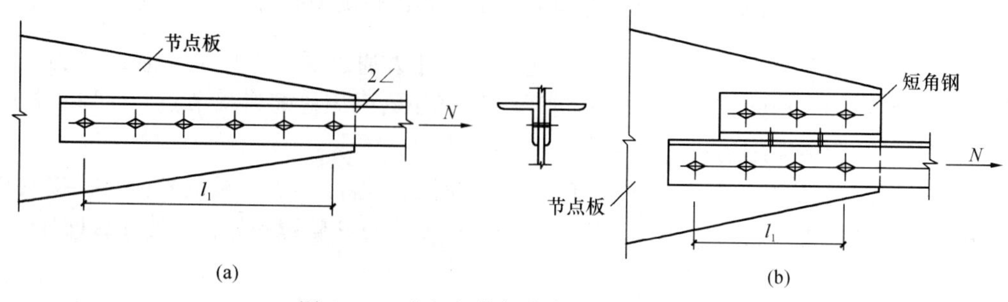


图 4.3-6 角钢杆件与节点板的螺栓连接

7）普通螺栓的抗剪计算流程：

（1）根据《钢标》4.4 节，确定强度设计值；

（2）根据《钢标》7.1.1 条，计算螺栓群所受轴力；

沿全长有排列较密螺栓的组合构件：

$$N \leqslant A_n f$$

其他情况：

$$N \leqslant Af, N \leqslant 0.7A_n f_u$$

（3）根据《钢标》11.4.1 条，确定螺栓受剪承载力：

$$N_v^b = n_v \frac{\pi d^2}{4} f_v^b$$

$$N_c^b = d \Sigma t f_c^b$$

$$\eta \begin{cases} l_1 \leqslant 15d_0，取 1.0 \\ l_1 > 15d_0，取 1.1 - l_1/150d_0 \\ l_1 > 60d_0，取 0.7 \end{cases}$$

（4）计算螺栓数量：

$$N = n \times \min(N_v^b, N_c^b) \times \eta$$

（5）计算数量时，应核对《钢标》11.4.4 条，是否有增加 10%的要求。

注意：已知数量和排列，要先看看是否需要折减。如果是计算数量，算完后要反算是否需要折减。

已知数量和排列，连接构件承载力=min（螺栓承载力，毛截面承载力，净截面承载力）。

8）在抗拉螺栓连接中，最不利截面在螺母下螺纹削弱处，破坏时在这被拉断，设计时应根据螺纹处削弱后的有效直径 $d_e$ 和相应的有效截面面积 $A_e$ 进行计算。当外力通过螺栓群形心（图 4.3-7）时，假定所有拉力螺栓受力相等，所需螺栓数目为：

$$n = \frac{N}{N_t^b}$$

$$N_t^b = \frac{\pi d_e^2}{4} f_t^b$$

9）普通螺栓在 $M+N$ 作用下的计算（图 4.3-8）：

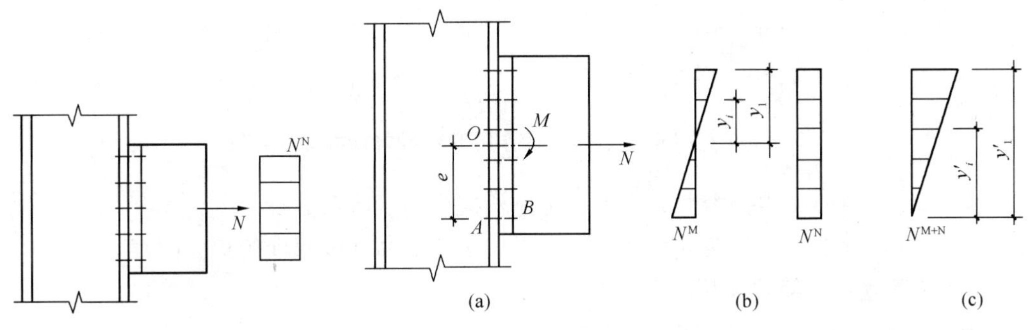


图 4.3-7 轴力作用下的螺栓拉力

图 4.3-8 在弯矩和轴力共同作用下拉力螺栓群的受力情况

（1）假设中和轴位于螺栓群形心，按小偏拉计算：

$$N_{\min}=\frac{N}{n}-\frac{My_1}{\sum y_i^2}$$

$$N_{\max}=\frac{N}{n}+\frac{My_1}{\sum y_i^2}$$

若 $N_{\min}\geqslant 0$，且 $N_{\max}<N_t^b$，满足要求。

式中，$n$ 为螺栓数；$y_i$ 为各螺栓到螺栓群形心 $O$ 的距离；$y_1$ 为 $y_i$ 中最大值。

（2）若 $N_{\min}<0$，中和轴位于底排（弯矩方向相反时为顶排）螺栓处，按大偏拉计算：

$$N_{\max}=\frac{(M+Ne')y_1'}{\sum y_i'^2}$$

若 $N_{\max}<N_t^b$，满足要求。

式中，$e'$为轴向力到螺栓转动中心（底排或顶排）的距离；$y_i'$为各螺栓到转动中心的距离。

10）剪-拉普通螺栓群的计算：

图 4.3-9 表示在轴力 $N$、剪力 $V$ 和弯矩 $M$ 共同作用下的螺栓群受力。当设支托时（图 4.3-9a）时，剪力 $V$ 由支托承受，螺栓只受弯矩和轴力引起的拉力，按第 9）点流程计算。当不设支托时（图 4.3-9b），螺栓不仅受拉力，还承受由剪力 $V$ 引起的剪力 $N_v$。螺栓在同时承受拉力和剪力作用下按下式计算：

$$\sqrt{\left(\frac{N_v}{N_v^b}\right)^2+\left(\frac{N_t}{N_t^b}\right)^2}\leqslant 1$$

其中，$N_v^b=n_v\frac{\pi d^2}{4}f_v^b$；$N_c^b=d\sum tf_c^b$；$N_v=\frac{V}{n}\leqslant N_c^b$；$N_t$ 由 $M+N$ 引起，按第 9）点计算。

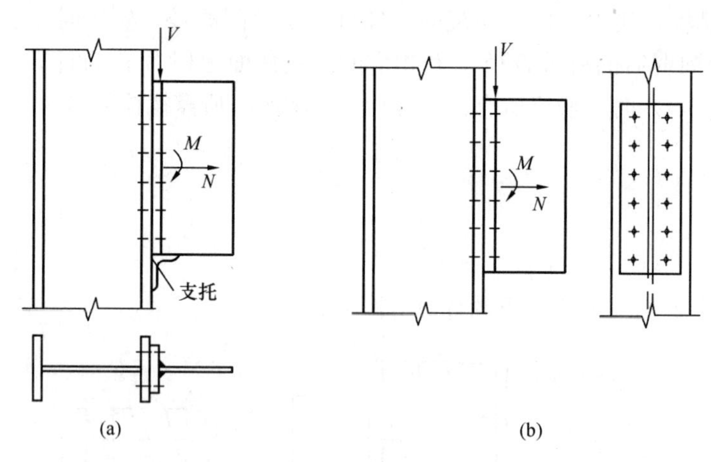


图 4.3-9 在 $N$、$V$、$M$ 共同作用下剪-拉螺栓群受力情况

此时，每个螺栓平均分配剪力，不必考虑长接头的折减系数 $\eta$。

11）普通螺栓的受扭相关计算，可参考本书 4.4 节高强度螺栓的相关内容。

**3. 历年真题及自编题解析**

**【例 4.3.1】** 2008 上午 23 题

某工业钢平台主梁，采用焊接工字形断面，Q345B 钢制造，由于长度超长，需在现场拼装。主梁翼缘拟在工地用 5.6 级的 M24，A 级普通螺栓连接（孔径 $d_0=25.5$mm），如

图 2008-23 所示。按等强度原则，试问，在拼接头一端，主梁上翼缘拼接所需的普通螺栓数量（个），与下列何项数值最为接近？

（A）12　　　　（B）18　　　　（C）24　　　　（D）30

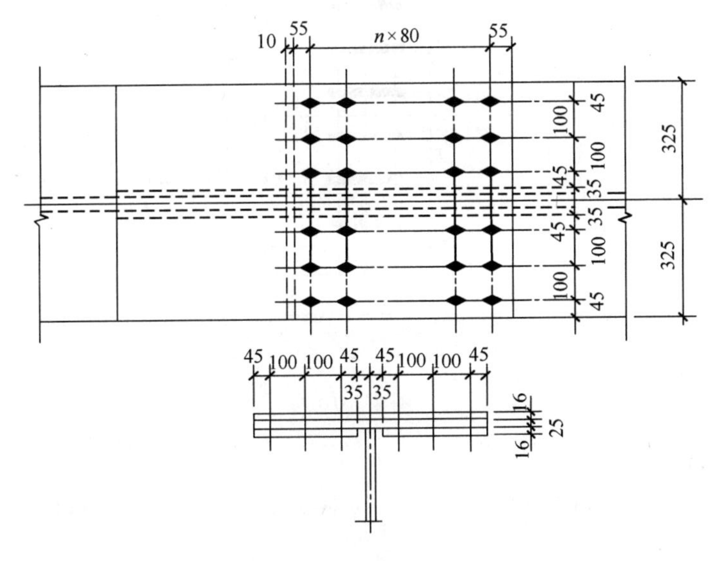


图 2008-23

注：图例为高强度螺栓，按题干 A 级普通螺栓作答。

【答案】（C）

$$d_0 = \max(24+4, 25.5) = 28\text{mm}$$

上翼缘净截面 $A_n$：

$$A_n = (650 - 6\times 28)\times 25 = 12050\text{mm}^2$$

盖板净截面 $A'_n$：

$$A'_n = (650 - 6\times 28)\times(16\times 2) = 15424\text{mm}^2$$

查《钢标》表 4.4.1，Q345 钢，$t=16$mm 时，$f=305\text{N/mm}^2$，$t=25$mm 时，$f=295\text{N/mm}^2$。

$$N_1 = fA = 295\times 650\times 25 = 4794\text{kN}$$

$$N_2 = 0.7f_uA_n = 0.7\times 470\times 12050 = 3964.5\text{kN}$$

取较小值，$N = 3974.5$kN。

$$N_v^b = n_v\frac{\pi d^2}{4}f_v^b = 2\times\frac{\pi\times 24^2}{4}\times 190 = 172\text{kN}$$

$$N_c^b = d\sum t\cdot f_c^b = 24\times 25\times 510 = 306\text{kN}$$

取较小值 $N_v^b = 172$kN 计算。

螺栓数目：$n=\dfrac{N}{N_v^b}=\dfrac{3964.5}{172}=23$ 个，由题目所示螺栓排列，每排 6 个，取 $n=24$ 个。

螺栓群连接长度：$l=(4-1)\times 80 = 240 < 15d_0$，故不考虑超长折减，最终取 $n$=24 个。

**【例 4.3.2】**自编题

如图 4.3-10 所示，刚接屋架下弦节点，竖向力由承托承受。采用两列 12 个 C 级普通螺栓。假定，静荷载拉力值 $N$=240kN，试问，单个螺栓的有限面积 $A_e$（mm$^2$）应与下列

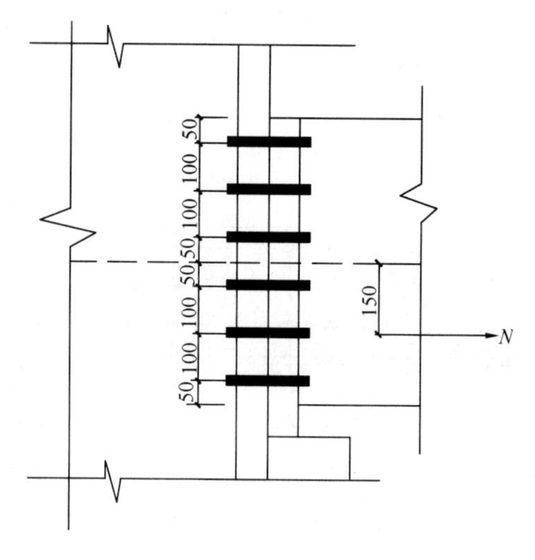


图 4.3-10

何项数值最为接近?

(A) 301　　(B) 335　　(C) 255　　(D) 275

**【答案】**(C)

假设中和轴位于螺栓群形心，先按小偏拉受拉计算：

$$N_{\min}=\frac{N}{n}-\frac{Ne\cdot y_1}{\sum y_1^2}=\frac{240\times10^3}{12}-\frac{240\times0.15\times10^6\times250}{4\times(50^2+150^2+250^2)}=-5.7\text{kN}<0$$

故属于大偏拉，中和轴位于顶排螺栓处：

$$N_{\max}=\frac{Ne\cdot y_1}{\sum y_1^2}=\frac{240\times(0.15+0.25)\times10^6\times500}{2\times(500^2+400^2+300^2+200^2+100^2)}=43.6\text{kN}$$

$$A_e=\frac{N_{\max}}{f_t^b}=\frac{43.6\times10^3}{170}=256.5\text{mm}^2$$

**【例 4.3.3】**自编题

如图 4.3-11 所示，短横梁与柱翼缘连接，采用两列 10 个 C 级 M20 普通螺栓，$d_0=21.5$mm，$A_e=244.8\text{mm}^2$。

钢材为 Q235，假设竖向力设计值 $F=200$kN。承托在安装后拆除，试问，螺栓在剪力、拉力共同作用下，$\sqrt{\left(\frac{N_v}{N_v^b}\right)^2+\left(\frac{N_t}{N_t^b}\right)^2}$ 应与下列何项数值最为接近?

(A) 0.76　　(B) 0.82

(C) 0.60　　(D) 0.89

**【答案】**(C)

螺栓承受全部剪力及弯矩，此时，无需考虑超长折减。

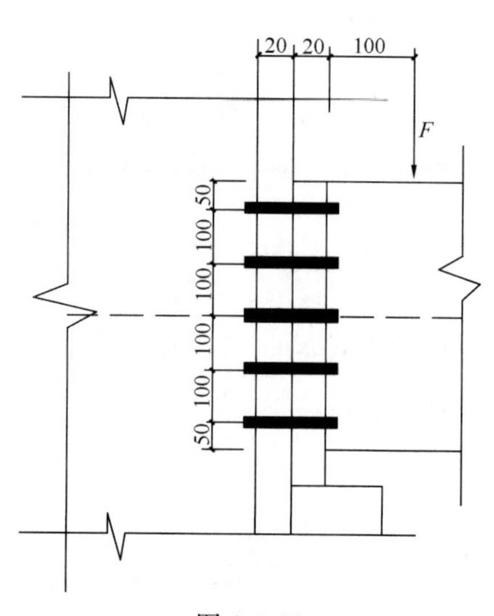


图 4.3-11

单个螺栓的受剪，承压承载力为：

$$N_v^b = n_v \frac{\pi d^2}{4} f_v^b = 1 \times \frac{3.14 \times 20^2}{4} \times 140 = 43.96\text{kN}$$

$$N_c^b = d \Sigma t f_c^b = 20 \times 20 \times 305 = 122\text{kN}$$

单个螺栓的受拉承载力为：

$$N_t^b = \frac{\pi d_e^2}{4} \cdot f_t^b = 244.8 \times 170 = 41.62\text{kN}$$

螺栓群绕最下排螺栓转动，一个螺栓的最大拉力：

$$N_{max} = \frac{M \cdot y_1}{\Sigma y_i^2} = \frac{200 \times 0.12 \times 10^6 \times 400}{2 \times (400^2 + 300^2 + 200^2 + 100^2)} = 16\text{kN}$$

一个螺栓的最大剪力：

$$N_v = \frac{V}{n} = \frac{200}{10} = 20\text{kN}$$

根据《钢标》11.4.1 条 3 款：

$$\sqrt{\left(\frac{N_v}{N_v^b}\right)^2 + \left(\frac{N_t}{N_t^b}\right)^2} = \sqrt{\left(\frac{20}{43.96}\right)^2 + \left(\frac{16}{41.62}\right)^2} = 0.596 < 1$$

**【例 4.3.4】**自编题

某牛腿与柱的连接采用两列 10 个 A 级 M20 普通螺栓 5.6 级，$d_0 = 21.5\text{mm}$，$A_e = 245\text{mm}^2$，如图 4.3-12 所示。钢材为 Q235，假设竖向力设计值 $F = 100\text{kN}$，轴向拉力设计值 $N = 150\text{kN}$。承托在安装后拆除，试问，螺栓在剪力、拉力共同作用下，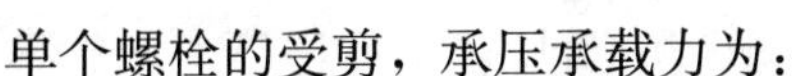 $\sqrt{\left(\frac{N_v}{N_v^b}\right)^2 + \left(\frac{N_t}{N_t^b}\right)^2}$ 应与下列何项数值最为接近？

(A) 0.56　　(B) 0.68

(C) 0.72　　(D) 0.65

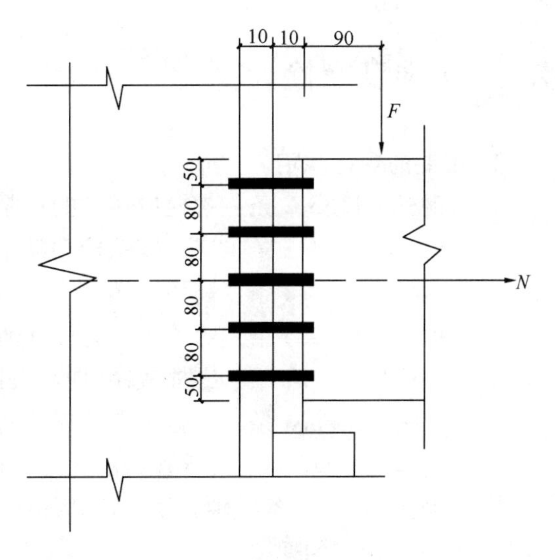


图 4.3-12

**【答案】**(A)

螺栓承受全部剪力及弯矩，不考虑超长折减。

单个螺栓的受剪，承压承载力为：

$$N_v^b = n_v \frac{\pi d^2}{4} f_v^b = 1 \times \frac{3.14 \times 20^2}{4} \times 190 = 59.66\text{kN}$$

$$N_c^b = d \Sigma t f_c^b = 20 \times 10 \times 405 = 81\text{kN}$$

单个螺栓的受拉承载力为：

$$N_{\mathrm{t}}^{\mathrm{b}}=\frac{\pi d_{\mathrm{e}}^{2}}{4}\cdot f_{\mathrm{t}}^{\mathrm{b}}=245\times 210=51.45\mathrm{kN}$$

一个螺栓的最大拉力：

假设中和轴位于螺栓群形心，先按小偏心受拉计算：

$$N_{\min}=\frac{N}{n}-\frac{M\cdot y_{1}}{\sum y_{1}^{2}}=\frac{150\times 10^{3}}{10}-\frac{100\times 0.1\times 10^{6}\times 160}{4\times(80^{2}+160^{2})}=2.5\mathrm{kN}>0$$

故属于小偏拉，中和轴位于螺栓形心处。

$$N_{\max}=\frac{N}{n}+\frac{M\cdot y_{1}}{\sum y_{1}^{2}}=\frac{150\times 10^{3}}{10}+\frac{100\times 0.1\times 10^{6}\times 160}{4\times(80^{2}+160^{2})}=27.5\mathrm{kN}$$

一个螺栓的最大剪力：

$$N_{\mathrm{v}}=\frac{V}{n}=\frac{100}{10}=10\mathrm{kN}$$

根据《钢标》11.4.1条3款：

$$\sqrt{\left(\frac{N_{\mathrm{v}}}{N_{\mathrm{v}}^{\mathrm{b}}}\right)^{2}+\left(\frac{N_{\mathrm{t}}}{N_{\mathrm{t}}^{\mathrm{b}}}\right)^{2}}=\sqrt{\left(\frac{10}{59.66}\right)^{2}+\left(\frac{27.5}{51.45}\right)^{2}}=0.560<1$$

## 4.4 高强度螺栓计算

**1. 主要的规范规定**

1）《钢标》11.5.2条：螺栓或铆钉的孔距、边距和端距容许值。

2）《钢标》11.4.2条：高强度螺栓摩擦型连接的计算规定。

3）《钢标》11.4.3条：高强度螺栓承压型连接的计算规定。

4）《钢标》11.4.5条：螺栓承载力设计值的超长折减。

5）《钢标》11.4.4条：螺栓或铆钉的数目应增加的情况。

6）《钢标》11.5.4条：高强度螺栓连接的设计规定

7）《钢标》4.4.6条：螺栓连接的强度指标。

8）《钢标》7.1.1条：轴心受力构件截面强度计算。

**2. 对规范规定的理解**

1）高强度螺栓连接有摩擦型和承压型两种，高强度螺栓承压型连接只能采用标准圆孔，摩擦型连接可采用标准圆孔、大圆孔和槽孔。

高强度摩擦型螺栓安装时将螺栓拧紧，使螺杆产生预应力压紧构件接触面，靠接触面的摩擦力来阻止其相互滑移，以达到传递外力的目的。高强度摩擦型连接与普通螺栓连接的重要区别，就是完全不靠螺杆的抗剪和孔壁的承压拉传力，而是靠钢板间接触面的摩擦力传力。

而高强度承压型连接的传力特征是剪力超过摩擦力时，构件之间发生相对滑移，螺杆杆身和孔壁接触，使螺杆受剪和孔壁受压，破坏形式和普通螺栓相同。

由于承压型连接和摩擦型连接是同一高强度螺栓的两个不同阶段，因此可以将摩擦型连接定义为承压型连接的正常使用状态。另外，进行连接极限承载力计算时，承压型连接可视为摩擦型连接的损伤极限状态。

因高强度螺栓承压型的剪切变形比摩擦型大，所以只适于承受静力荷载或间接承受动力荷载的结构中。另外，高强度螺栓承压型连接在荷载设计值作用下将产生滑移，也不宜用于承受方向内力的连接中。

2）高强度摩擦型螺栓的抗剪计算流程：

（1）根据《钢标》4.4 节，确定强度设计值。

（2）根据《钢标》7.1.1 条，计算螺栓群所受轴力（取小值）。

毛截面屈服：

$$N \leqslant Af$$

净截面断裂：

$$N \leqslant A_{n} 0.7 f_{u} / (1 - 0.5 n_{1} / n)$$

其中，$A_{n} = (b - n_{1} d') t$，$d' = \max(d + 4\text{mm}, d_{0})$。

（3）根据《钢标》表 11.4.2-1、表 11.4.2-2 查 $\mu$ 和 $p$，确定螺栓受剪承载力。

$$N_{v}^{b} = 0.9 k n_{f} \mu P$$

（4）计算螺栓数量。

$$N = n \times N_{v}^{b} \times \eta$$

其中：$\eta \begin{cases} l_{1} \leqslant 15 d_{0}\text{，取 } 1.0\text{；} \\ l_{1} > 15 d_{0}\text{，取 } 1.1 - l_{1}/150 d_{0}\text{；} \\ l_{1} > 60 d_{0}\text{，取 } 0.7\text{。} \end{cases}$

（5）计算数量时，应核对《钢标》11.4.4 条，是否有增加 10%的要求。

3）高强度摩擦型螺栓的螺栓拼接接头，翼缘板按轴心受力构件计算（图 4.4-1）。

翼缘板承受全部弯矩和轴力：

$$N_{t} = M / h_{\text{翼缘中心距}} + N/2$$

翼缘、腹板共同承担弯矩和轴力：

$$N_{t} = M \frac{I_{f}}{h \cdot I_{\text{总}}} + N \frac{A^{\text{翼缘}}}{A^{\text{总}}}$$

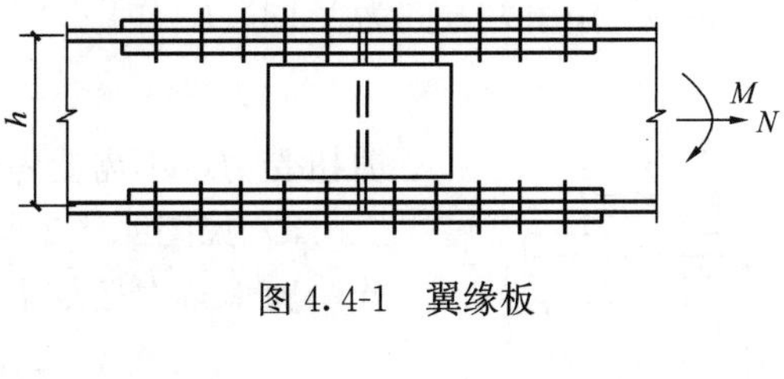

图 4.4-1　翼缘板

翼缘抗拉强度：

$$\sigma = \frac{N_{t}}{A^{\text{翼缘}}} \leqslant f$$

$$\sigma = \left(1 - 0.5 \frac{n_{1}}{n}\right) \frac{N_{t}}{A_{n}^{\text{翼缘}}} \leqslant 0.7 f_{u}$$

螺栓受剪：

$$\frac{N_t}{n} \leqslant N_v^b = 0.9kn_f\mu P \cdot \eta$$

其中：$n$ 为一端上（或下）翼缘螺栓总数；

$$\eta \begin{cases} l_1 \leqslant 15d_0，取 1.0； \\ l_1 > 15d_0，取 1.1 - l_1/150d_0； \\ l_1 > 60d_0，取 0.7。\end{cases}$$

4）高强度摩擦型螺栓的螺栓拼接接头，腹板计算（如图 4.4-2 所示，拼接截面受力为 $M$、$V$）：

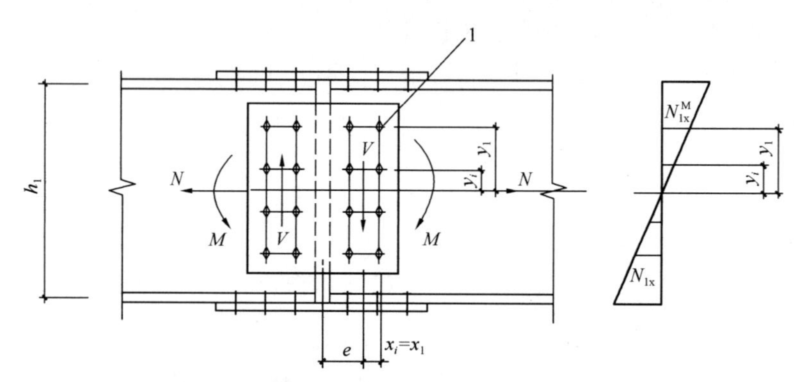


图 4.4-2 H 型钢梁高强度螺栓拼接接头

1—1 号角点螺栓

（1）设一侧螺栓数量为 $n$，剪力 $V$ 作用下，$V_1 = V/n$。

（2）将剪力 $V$ 移至拼接一边的螺栓群形心处，引起的扭矩增量 $\Delta M_v = V \cdot e$。假设腹板和翼缘共同承担弯矩，按惯性矩分配 $M_w = M\frac{I_w}{I_总}$。螺栓群受扭，因每侧螺栓呈窄长形，则：

$$T_1 = \frac{(M_w + \Delta M_v) \cdot \sqrt{x_1^2 + y_1^2}}{\Sigma(x^2 + y^2)} \approx \frac{(M_w + \Delta M_v) \cdot y_1}{\Sigma y^2}$$

（3）$V_1$ 作用力方向为 $Y$ 向，$T_1$ 作用力方向为 $X$ 向，则 1 号角点螺栓受力为：

$$\sqrt{V_1^2 + T_1^2} \leqslant 0.9kn_f\mu P$$

剪扭受力，不需要考虑超长折减问题。

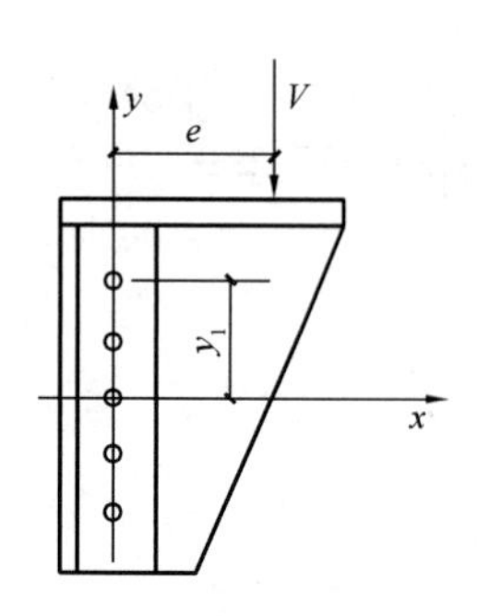


图 4.4-3 高强度摩擦型螺栓的剪、扭计算示意图

5）如图 4.4-3 所示，高强度摩擦型螺栓在剪、扭作用下，螺栓受剪承载力按如下计算：

$$受剪\begin{cases} N_v^M = \frac{Vey_1}{\Sigma y_i^2}，N_v^v = \frac{V}{n} \\ N_v = \sqrt{(N_v^M)^2 + (N_v^V)^2} \leqslant 0.9kn_f\mu P \end{cases}$$

6）如图 4.4-4 所示，高强度摩擦型螺栓在 $M+N+V$ 作用下，$M$、$N$ 作用使螺栓承受拉力，$V$ 作用使螺栓承受剪力。受弯矩作用时，由于连接板中存在较大的预拉力作用，始终处于紧密接触状态，故螺栓群中心（中和轴）始终位于螺栓群的形心处。

$$
M+N+V\begin{cases}M+N\text{ 作用}:N_t=\dfrac{N}{n}+\dfrac{My_1}{\sum y_i^2}\\ V\text{ 作用}:N_v=\dfrac{V}{n}\\ M+N+V\text{ 作用}:\dfrac{N_v}{N_v^b}+\dfrac{N_t}{N_t^b}\leqslant 1.0\end{cases}
$$

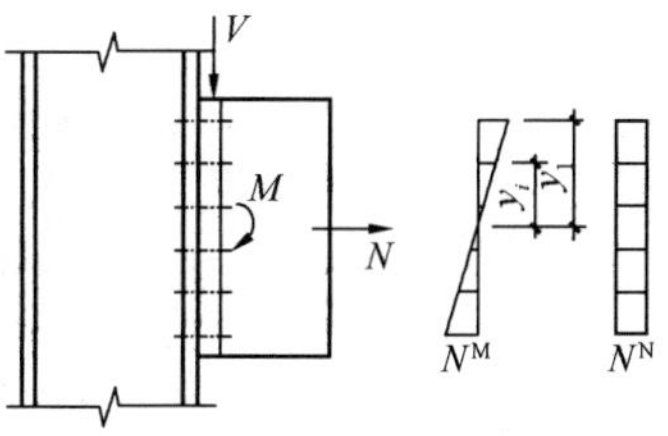

图 4.4-4 高强度摩擦型螺栓在 $M$、$V$、$N$ 共同作用下的受力

7）高强度承压型螺栓因容许被连接构件之间产生滑移，所以受剪连接计算方法与普通螺栓相同。在螺栓杆轴方向受拉的承压型连接中，每个高强度螺栓的受拉承载力为 $N_t=A_e f_t^b$。

高强度承压型螺栓在承受弯矩和轴力时，一部分螺栓将受拉力而使螺栓附近钢板间压紧力减少；但钢板间始终保持紧密，即仍然保留一部分压紧力。因此，计算拉力时，中和轴取螺栓群中心，计算方法与摩擦型高强度螺栓相同。

同时承受剪力和杆轴方向拉力的高强度承压型螺栓，应按《钢标》式（11.4.3-1）及式（11.4.3-2）计算。其中式（11.4.3-2）右边分母 1.2 是考虑由于螺栓杆轴方向的外拉力使孔壁承压强度的设计值有所降低之故。

8）高强度摩擦型螺栓，在如图 4.4-5 所示偏心剪力 $F$ 作用下，每个螺栓平均受力 $V_{y,F}=\dfrac{F}{n}(\downarrow)$。

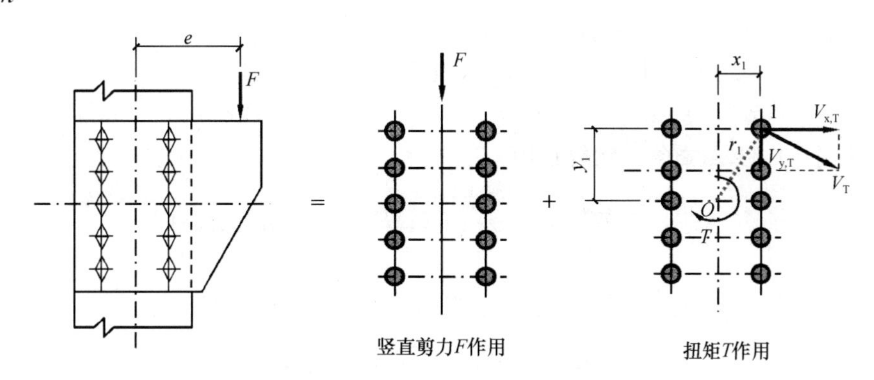


图 4.4-5 高强度螺栓的偏心受剪受力

扭矩 $F\times e$ 作用下，连接板件绕螺栓群形心转动，各螺栓所受剪力大小与该螺栓至形心距离 $r_i$ 成正比，方向则与它和形心的连线垂直。"1"号螺栓距形心最远，因此，其所受剪力最大，将 $V_T$ 分解为水平和竖直分力：

$$V_T=\frac{Tr_1}{\sum r_i^2}=\frac{Tr_1}{\sum x_i^2+\sum y_i^2}$$

$$V_{x,T}=\frac{Ty_1}{\sum x_i^2+\sum y_i^2}(\rightarrow)$$

$$V_{y,T}=\frac{Tx_1}{\sum x_i^2+\sum y_i^2}(\downarrow)$$

此时，剪力的合力为：

$$V=\sqrt{V_{x,T}^{2}+(V_{y,F}+V_{y,T})^{2}}。$$

当 $y_1 \geqslant 3x_1$，或仅有一排螺栓时，假设 $x_i=0$，此时有：

$$V=\sqrt{\left(\frac{Ty_1}{\sum y_i^2}\right)^2+\left(\frac{F}{n}\right)^2}$$

当 $V \leqslant N_v^b$ 时，满足设计要求。对普通螺栓或高强度承压型螺栓，$V$ 的计算方法相同。

**3. 历年真题解析**

**【例 4.4.1】** 2021 上午 27 题

如图 2021-27 所示，采用 8.8 级承压型高强度螺栓 M20 螺栓，标准孔，剪切面不在螺纹处，采用 Q235 钢材，轴心受拉，板厚均为 8mm。试问，构件和节点最大轴力 $N$(kN) 与下列何项数值最为接近?

(A) 351.7　　(B) 309.6

(C) 273.5　　(D) 195.2

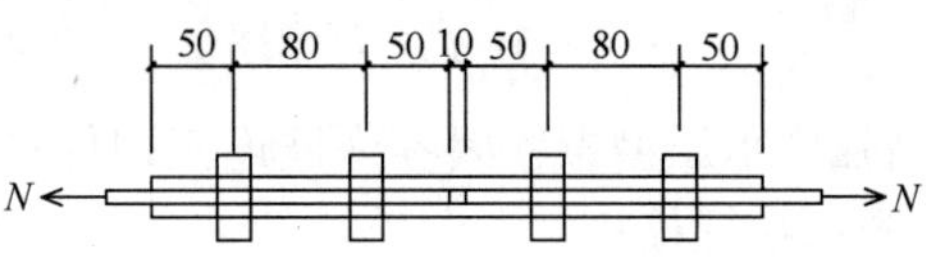


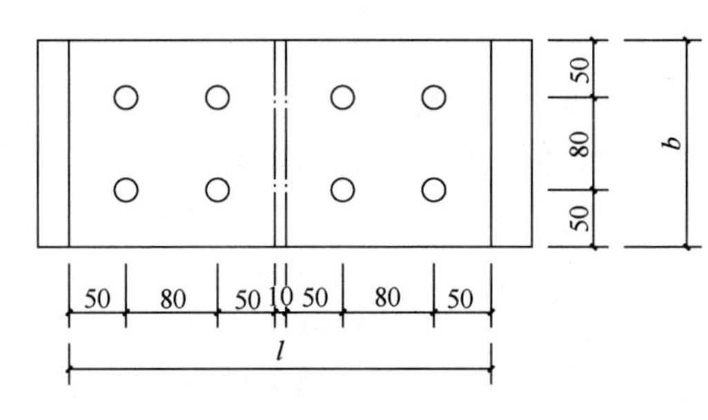


图 2021-27

**【答案】**(C)

根据《钢标》式（7.1.1-1），毛截面屈服：

$$N_1=fA=215\times180\times8=309.6\text{kN}$$

根据《钢标》式（7.1.1-2），表 11.5.2 注 3，净截面断裂：

$$N_2=0.7f_uA_n=0.7\times370\times(180-2\times24)\times8=273.5\text{kN}$$

根据《钢标》11.4.3 条，螺栓抗剪：

$$N_v^b=n_v\frac{\pi d^2}{4}f_v^b=2\times\frac{\pi\times20^2}{4}\times250=157\text{kN}$$

$$N_c^b=d\sum t\cdot f_c^b=20\times8\times470=75.2\text{kN}$$

$$N_3=4\times75.2=300.8\text{kN}$$

$$N=\min(N_1、N_2、N_3)=273.5\text{kN}$$

**【例 4.4.2】** 2021 上午 29 题

基本题干同例 4.4.1。按高强度螺栓标准孔采用紧凑型排列时，$l$ 与 $b$ 的最小取值(mm) 与下列何项最为接近?

(A) 320；140　　(B) 350；150　　(C) 360；160　　(D) 380；180

**【答案】**(A)

根据《钢标》表 11.5.1、表 11.5.2 计算。

中距最小容许间距：$3d_0=3\times22=66$mm。

顺内力边距：$2d_0=2\times22=44$mm。

垂直内力边距：$1.5d_0=1.5\times22=33$mm。

$$l = 44 + 66 + 44 + 10 + 44 + 66 + 44 = 318\text{mm}$$
$$b = 33 + 66 + 33 = 132\text{mm}$$

**【例 4.4.3】** 2020 上午 23 题

假定，平台板采用钢格栅板，GL2 与 GL1 连接节点如图 2020-23 所示，GL2 梁端剪力设计值为 100.8kN，采用高强度螺栓摩擦型连接，高强度螺栓为 10.9 级，摩擦面的抗滑移系数取 0.4，螺栓孔为标准孔，加劲肋厚度为 10mm，不考虑格栅板刚度，主梁 GL1 扭转刚度为 0。

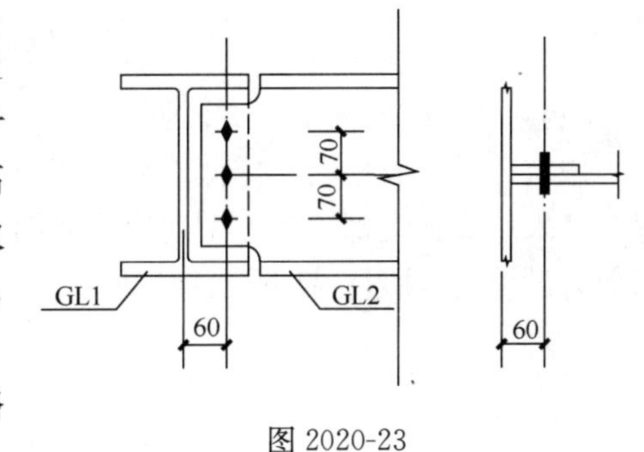

图 2020-23

试问，满足规范要求的高强度螺栓最小规格为下列何项？

**提示：** 除图 2020-23 所示尺寸外，均满足构造要求。

(A) M16　　(B) M20　　(C) M22　　(D) M24

**【答案】** (B)

GL1 扭转刚度为 0，故偏心引起的扭矩只能由螺栓群自己承担。

$$T = Ve = 100.8 \times 0.06 = 6.048\text{kN} \cdot \text{m}$$

竖向剪力：

$$V_v = 100.8/3 = 33.06\text{kN}$$

水平剪力：

$$V_h = \frac{6.048 \times 0.07}{2 \times 0.07^2} = 43.2\text{kN}$$

一个高强度螺栓的剪力：

$$N_v = \sqrt{33.6^2 + 43.2^2} = 54.7\text{kN}$$

根据《钢标》11.4.2 条，标准孔，则

$$N_v^b = 0.9kn_f\mu P = 0.9 \times 1 \times 1 \times 0.4P = 0.36P$$

解得：$P \geqslant \frac{54.7}{0.36} = 151.9\text{kN}$。

根据《钢标》表 11.4.2-2，取 M20，$P$=155kN。

**【例 4.4.4】** 2017 上午 22 题

假定，次梁和主梁连接采用 8.8 级 M16 高强度螺栓摩擦型连接，标准孔，接触面喷砂后涂无机富锌漆，连接节点如图 2017-22 所示，考虑连接偏心的影响后，次梁剪力设计值 $V$=38.6kN。试问，连接所需的高强度螺栓个数应为下列何项数值？

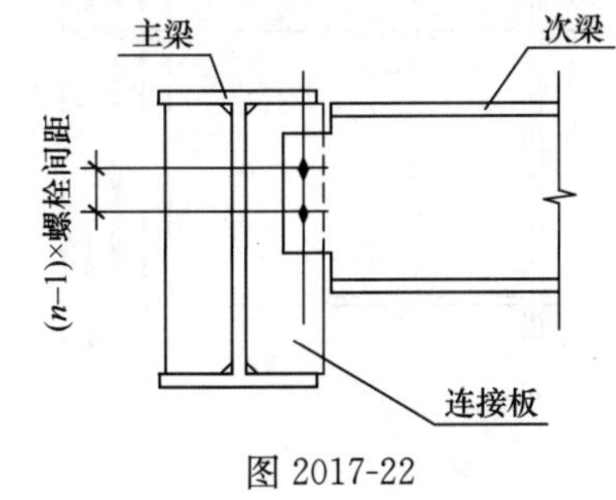

图 2017-22

(A) 2　　(B) 3

(C) 4　　(D) 5

**【答案】** (A)

根据《钢标》表 11.4.2-1，$\mu$=0.40。

根据《钢标》表 11.4.2-2，$P$=80kN。

根据《钢标》式（11.4.2-1）：

$$N_v^b = 0.9k_f n_f \mu P = 0.9 \times 1 \times 1 \times 0.40 \times 80 = 28.8\text{kN}$$

$$n = \frac{V}{N_v^b} = \frac{38.6}{28.8} = 1.3，取 n = 2$$

**【例 4.4.5】** 2014 上午 22 题

假定，吊车肢柱间支撑截面采用 2L90×6，其所承受最不利荷载组合值为 120kN。支撑与柱采用高强度螺栓摩擦型连接，如图 2014-22 所示。试问，单个高强度螺栓承受的最大剪力设计值（kN）与下列何项数值最为接近？

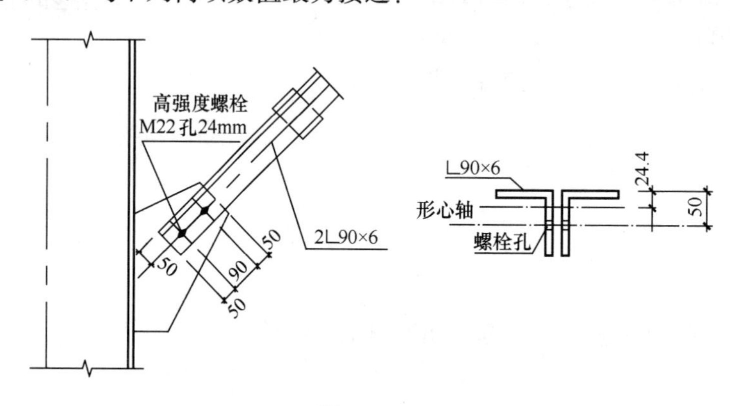


图 2014-22

（A）60　　（B）70　　（C）95　　（D）120

**【答案】**（B）

螺栓中心与构件形心偏差产生的弯矩（螺栓的扭矩）：

$$120 \times 10^3 \times (50 - 24.4) = 120 \times 10^3 \times 25.6 = 3.07 \times 10^6 \text{N} \cdot \text{mm}$$

高强度螺栓承受的最大剪力：

$$V = \sqrt{\left(\frac{Ty_1}{\sum y_i^2}\right)^2 + \left(\frac{F}{n}\right)^2}$$

$$= \sqrt{\left(\frac{3.07 \times 10^6 \times 45}{2 \times 45^2}\right)^2 + \left(\frac{120 \times 10^3}{2}\right)^2}$$

$$= 69\text{kN}$$

**【编者注】** 本题主要根据构件内力直接进行内力计算，只要正确考虑偏心引起的剪力增加即可，由于弯矩产生的剪力方向垂直于构件方向，因此最大剪力为$\sqrt{(N_{vy})^2 + (N_{vx})^2}$。

**【例 4.4.6】** 2012 上午 22 题

某钢梁采用端板连接接头，钢材为 Q345 钢，采用 10.9 级高强度螺栓摩擦型连接，连接处钢材接触表面的处理方法为未经处理的干净轧制表面，其连接形式如图 2012-22 所示，考虑了各种不利影响后，取弯矩设计值 $M = 260\text{kN} \cdot \text{m}$，剪力设计值 $V = 65\text{kN}$，轴力设计值 $N =$

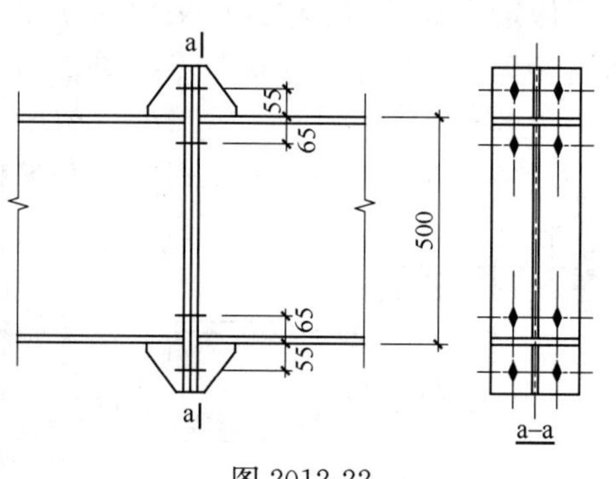


图 2012-22

100kN（压力）。设计值均为非地震作用组合内力。

试问，连接可采用的高强度螺栓最小规格为下列何项？

**提示：**① 梁上、下翼缘板中心间的距离取 $h$=490mm；

② 忽略轴力和剪力影响。

(A) M20　　(B) M22　　(C) M24　　(D) M27

**【答案】**(B)

单个螺栓最大拉力：

$$N_{\mathrm{t}}=\frac{M}{n_1 h}=\frac{260\times10^3}{4\times490}=132.7\mathrm{kN}$$

根据《钢标》11.4.2 条，单个螺栓预拉力：

$$P\geqslant\frac{132.7}{0.8}=165.9\mathrm{kN}<190\mathrm{kN}$$

**【例 4.4.7】**2011 上午 18 题

次梁与主梁连接采用 10.9 级 M16 的高强度螺栓摩擦型连接，标准孔，连接处钢材接触表面的处理方法为喷砂后涂无机富锌漆，其连接形式如图 2011-18 所示，考虑了连接偏心的不利影响后，取次梁端部剪力设计值 $V$=110.2kN，连接所需的高强度螺栓数量（个）与下列何项数值最为接近？

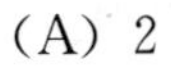

(A) 2　　(B) 3

(C) 4　　(D) 5

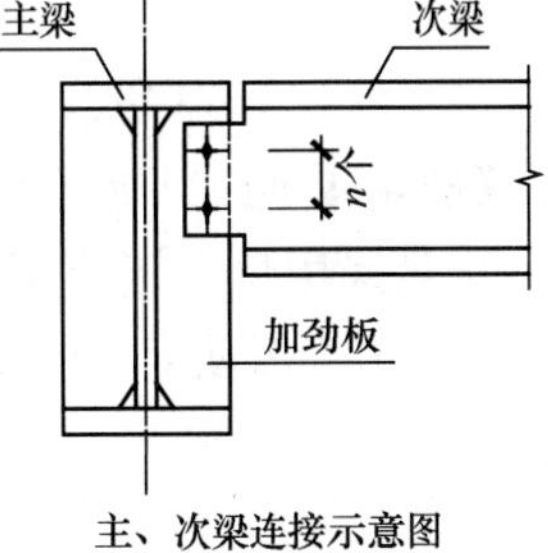


图 2011-18

**【答案】**(C)

根据《钢标》11.4.2 条，一个 10.9 级 M16 高强度螺栓的受剪承载力设计值为：

$$N_{\mathrm{v}}^{\mathrm{b}}=0.9n_{\mathrm{f}}\mu P=0.9\times1\times0.40\times100=36\mathrm{kN}$$

高强度螺栓数量计算：

$$n=\frac{V}{N_{\mathrm{v}}^{\mathrm{b}}}=\frac{110.2\times10^3}{36\times10^3}=3.1\quad 取 4 个$$

**【例 4.4.8】**2008 上午 21 题

某工业钢平台主梁，采用焊接工字形断面，Q345B，由于长度超长，需在现场拼装。主梁腹板拟在工地用 10.9 级高强度螺栓摩擦型进行双面拼接，如图 2008-21 所示。

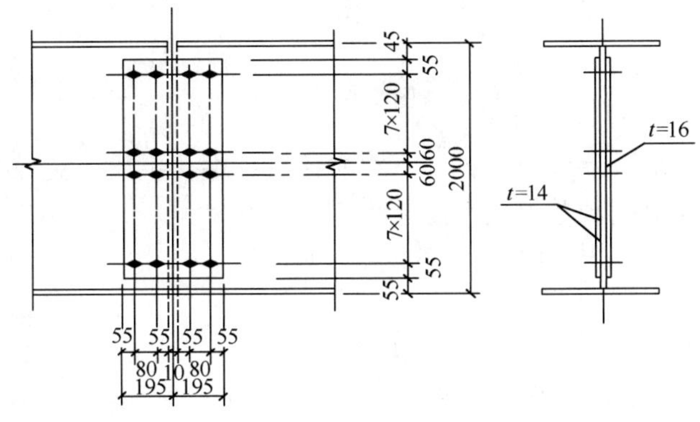


图 2008-21

$\mu$=0.50，拼接处梁的弯矩设计值 $M_x$= 6000kN·m，剪力设计值 $V$=1400kN。试问，梁腹板拼接采用的高强度摩擦型螺栓，应选用下列何项？

**提示**：弯矩设计值引起的单个螺栓水平向最大剪力：$N_v^M = M_腹\ y_{max}/(2\sum y_i^2) =$ 142.2kN。

(A) M16　　(B) M20　　(C) M22　　(D) M26

**【答案】**(C)

剪力设计值产生的每个螺栓竖向剪力 $N_v^v$：

$$N_v^v = \frac{V}{n} = \frac{1400}{2\times16} = 43.75\text{kN}$$

螺栓群中一个螺栓承受的最大剪力 $N_v$：

$$N_v = \sqrt{(N_v^M)^2 + (N_v^v)^2} = \sqrt{142.2^2 + 43.75^2} = 148.8\text{kN}$$

根据《钢标》11.4.2条：

$$P = \frac{N_v}{0.9kn_f u} = \frac{148.8}{0.9\times1\times2\times0.5} = 165.3\text{kN}$$

查《钢标》表11.4.2-2，选M22（$P$=190kN），满足。

**【例4.4.9】**2008上午22题

主梁采用焊接工字形断面，Q345B，长度超长，需在现场拼装。梁翼缘拟在工地用10.9级M24高强度螺栓摩擦型进行双面拼接，如图2008-22所示，螺栓孔径 $d_0$=26mm。

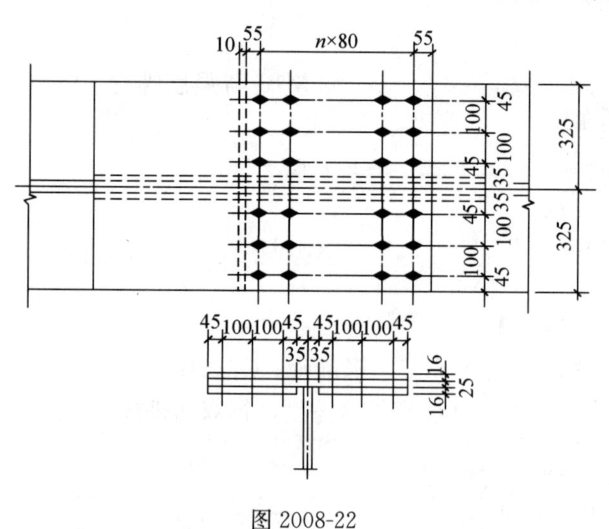


图2008-22

设计按等强度原则，$\mu$=0.50。试问，在拼接头一端，主梁上翼缘拼接所需的高强度螺栓数量（个），与下列何项数值最为接近？

(A) 12　　(B) 18　　(C) 24　　(D) 30

**【答案】**(C)

根据《钢标》11.4.2条、表11.5.2及注3：

$$N_v^b = 0.9kn_f\mu P = 0.9\times1\times2\times0.50\times225 = 202.5\text{kN}$$

$$d_c = \max(24+4, 26) = 28\text{mm}$$

上翼缘净截面面积：

$$A_u = (650 - 6 \times 28) \times 25 = 12050\text{mm}^2$$

由《钢标》7.1.1条：

$$N \leqslant fA = 295 \times 650 \times 25 = 4793.75\text{kN}$$

高强螺栓数目：

$$n \geqslant \frac{N}{N_v^b} = \frac{4793.75}{202.5} = 23.4\text{个}$$

由 $\left(1 - 0.5\frac{n_1}{n}\right)\frac{N}{A_u} \leqslant 0.7f_u$，可得：$N \leqslant \dfrac{0.7f_uA_u}{1 - 0.5\dfrac{n_1}{n}}$。又因 $N \leqslant nN_v^b$，则

$$n \geqslant \frac{0.7f_uA_u}{N_v^b\left(1 - 0.5\dfrac{n_1}{n}\right)} = \frac{0.7 \times 470 \times 12050 \times 10^{-3}}{202.5 \times \left(1 - 0.5 \times \dfrac{6}{n}\right)}$$

解得：$n \geqslant 22.6$个。

最终取 $n = 24$个，满足题目图示，一排6个，且螺栓群连接长度 $l = (4-1)d_0 = 3d_0 < 15d_0$，不考虑超长折减。

# 5 塑性及弯矩调幅设计

**1. 主要的规范规定**

1）《钢标》10.1.1 条：可采用塑性及弯矩调幅设计的结构或构件类型。

2）《钢标》10.1.5 条：采用塑性及弯矩调幅设计的构件，截面板件宽厚比等级要求。

3）《钢标》10.2.2 条：弯矩调幅代替塑性分析，调幅幅度的确定。

4）《钢标》10.3 节：构件的计算。

5）《钢标》10.4 节：容许长细比和构造要求。

**2. 对规范规定的理解**

1）《钢标》10.1.1 条规定了塑性设计及弯矩调幅设计的应用范围，包络如图 5.0-1 所示结构或者构件。

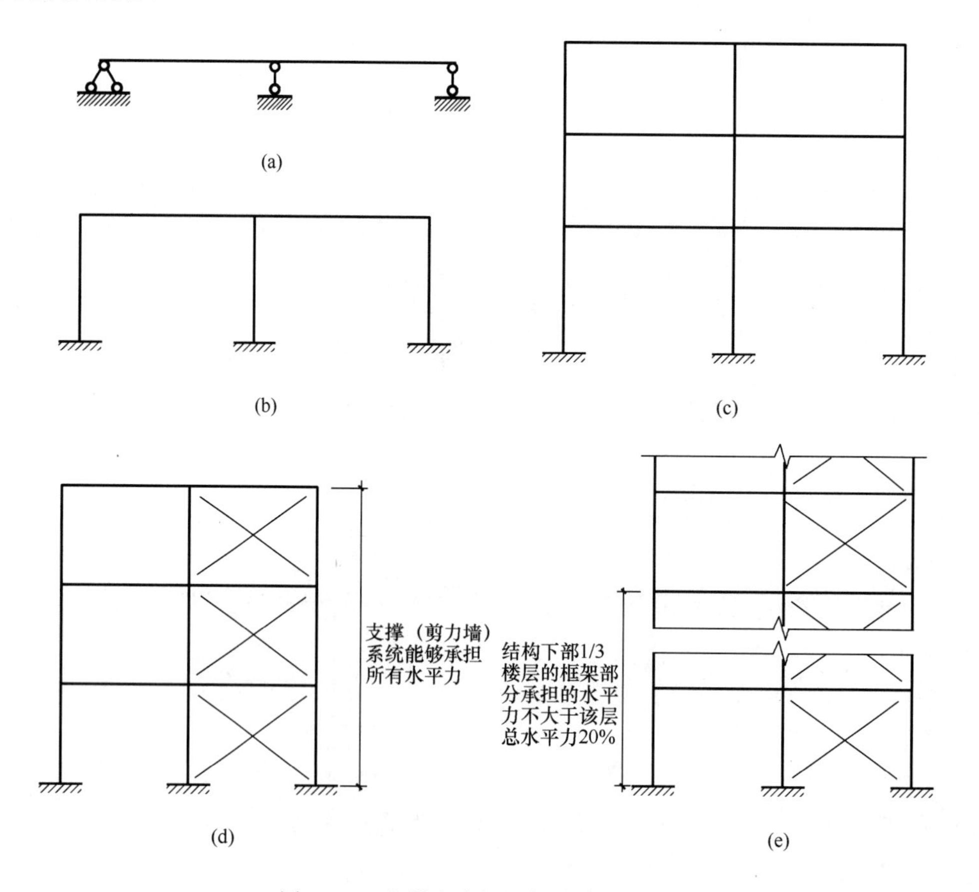


图 5.0-1 塑性和弯矩调幅设计适用条件

(a) 超静定梁；(b) 梁柱均为实腹式构件的单层框架结构；(c) 2～6 层框架结构，层间位移不大于容许值 50%；(d) 框架-支撑（剪力墙、核心筒等）结构类型一；(e) 框架-支撑（剪力墙、核心筒等）结构类型二

2）《钢标》10.1.3 条条文说明指出，允许采用弯矩调幅代替塑性机构分析，使得塑性设计能够结合到弹性分析的程序中去。由于柱端弯矩和水平荷载（风荷载及地震作用）产生的弯矩不得进行调幅，弯矩调幅法内力计算结果梁柱节点内力不平衡。

弯矩调幅（图 5.0-2）步骤：先对竖向荷载下的弯矩进行调幅，若构件承受水平荷载，调幅后再与水平作用产生的弯矩进行组合。梁端弯矩调幅后，应根据弯矩平衡条件相应增加梁的跨中弯矩。平衡条件如下：

$$\frac{M_{\text{调幅前,左支座}}^{\text{竖向荷载}}+M_{\text{调幅前,右支座}}^{\text{竖向荷载}}}{2}+M_{\text{调幅前,跨中}}^{\text{竖向荷载}}$$

$$=\frac{M_{\text{调幅后,左支座}}^{\text{竖向荷载}}+M_{\text{调幅后,右支座}}^{\text{竖向荷载}}}{2}+M_{\text{调幅后,跨中}}^{\text{竖向荷载}}=M_{0,\text{简支梁跨中}}^{\text{竖向荷载}}$$

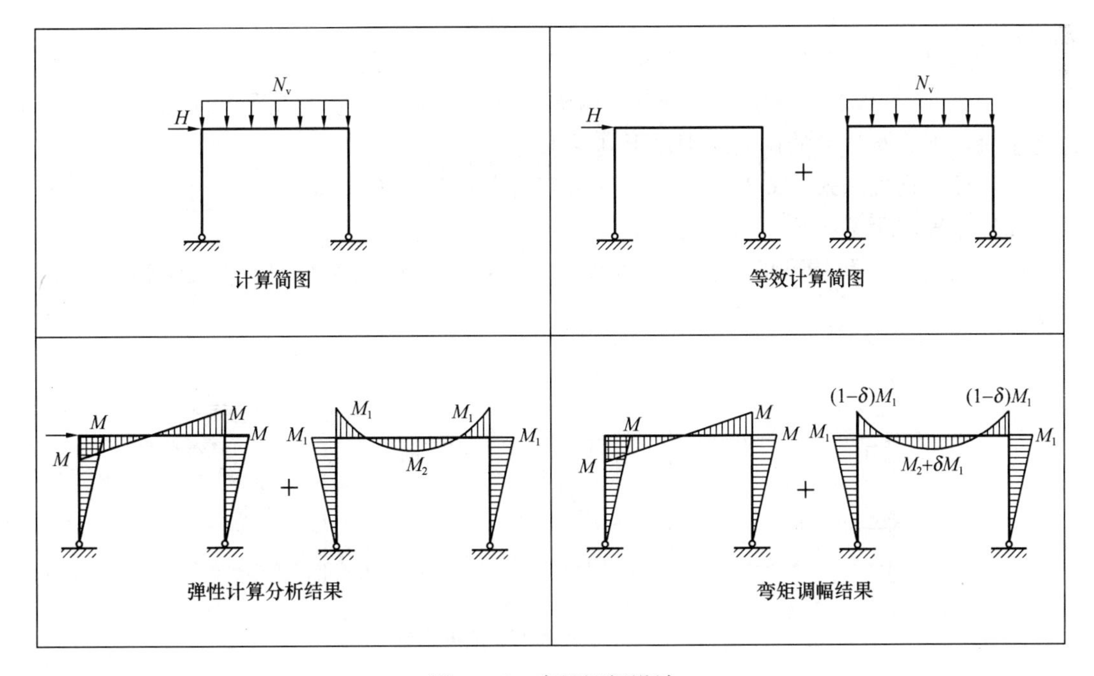


图 5.0-2　弯矩调幅设计

根据《钢标》10.1.6 条规定，构成抗侧力支撑系统的梁、柱构件，不得进行弯矩调幅设计（注意：没有限制塑性设计）。

3）《钢标》10.2.1 条规定了框架-支撑结构，采用弯矩调幅设计时，支撑系统应设计成强支撑框架。《钢标》10.2.2 条规定了采用弯矩调幅代替塑性分析，调幅幅度、截面分类、挠度验算、侧移增大系数的相关要求，这里的侧移增大系数可以理解为对层间位移（角）的增大系数。

4）《钢标》10.1.5 条规定，采用塑性设计时，形成塑性铰并发生塑性转动的截面，其截面板件宽厚比等级应采用 S1，最后形成塑性铰的截面，其截面板件宽厚比等级不应低于 S2 级截面要求。以两端刚接单跨梁为例，采用塑性设计时支座为第一个塑性铰截面（S1 级），跨中为最后一个塑性铰截面（S2 级）。调幅设计是塑性设计的简化方法，以两端刚接单跨梁为例，支座出现塑性铰，转动没有塑性设计大，为 S1 级；跨中不出现塑性铰，为 S3 级。

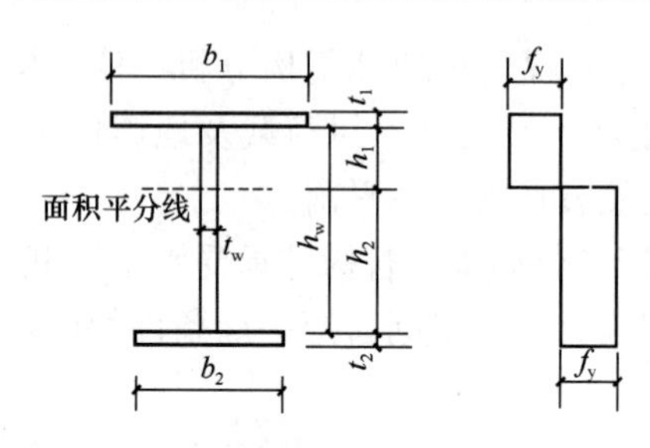


图 5.0-3 截面的塑性中和轴

5）《钢标》式（10.3.4-2）中，塑性设计的弯矩值，采用全截面塑性准则，即以整个截面的内力达到截面承载极限强度状态作为强度破坏的界限，计算时采用梁的塑性截面模量进行计算。此时，根据水平力为零这一平衡条件可知，中和轴为截面的面积平分线，见图 5.0-3。根据内外力平衡，可得塑性截面模量 $W_{npx}=S_1+S_2$，式中 $S_1$、$S_2$ 分别为中和轴以上、以下的面积矩。当采用双轴对称工字形截面时，$W_{npx}=bt_f(h_w+t_f)+t_w\dfrac{h_w^2}{4}$。当采用单轴对称工字形截面时，$W_{npx}=b_1t_1\left(h_1+\dfrac{t_1}{2}\right)+h_1t_w\dfrac{h_1}{2}+b_2t_2\left(h_2+\dfrac{t_2}{2}\right)+h_2t_w\dfrac{h_2}{2}$。

6）《钢标》10.4.3 条规定，当工字钢梁受拉的上翼缘有楼板或刚性隔板与钢梁有可靠连接时，形成塑性铰的截面应满足下列要求之一：

（1）按《钢标》式（6.2.7-3）计算的正则化长细比不大于 0.3；

（2）布置间距不大于 2 倍梁高的加劲肋；

（3）受压下翼缘设置侧向支撑，即隅撑(图 5.0-4)。但应优先采用加劲肋，避免现场焊接。

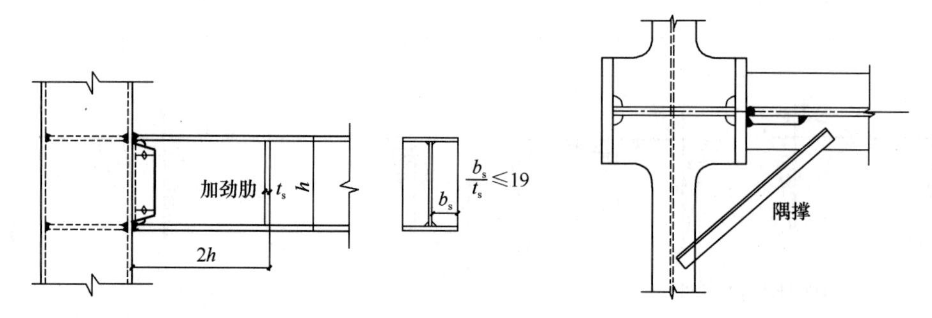


图 5.0-4 避免畸变屈曲的措施

7）《钢标》10.4.5 条规定节点及其连接的设计，应按所传递弯矩的 1.1 倍和 $0.5\gamma_x W_x f$ 二者中较大值进行计算，使节点强度稍有余量，以减小在连接处产生永久变形的可能性。

**3. 历年真题解析**

**【例 5.0.1】** 2020 上午 27 题

某二层钢结构平台，所有构件均采用 Q235 钢制作，梁柱截面均为 HM294×200×8×12。$Y$ 向框架的层间位移角为 1/571，一阶弹性分析得到的框架弯矩设计值如图 2020-27 所

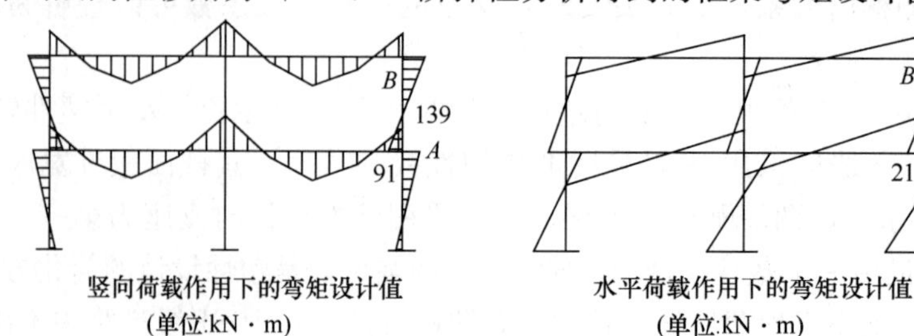


图 2020-27

示。试问，按调幅幅度最大的原则采用弯矩调幅设计时，节点 A 处梁端弯矩设计值和柱 AB 下端弯矩设计值（kN·m），分别与下列何项数值最为接近？

**提示：**轧制型钢腹板圆弧段半径按 0.5 倍翼缘厚度考虑。

(A) 154，90　　(B) 154，112　　(C) 165，94　　(D) 165，112

**【答案】**(D)

根据《钢标》3.5.1 条：

$$\frac{b}{t}=\frac{200-8-0.5\times12\times2}{2\times12}=7.5>9\varepsilon_k=9$$

翼缘为 S1 级。

$$\frac{h_0}{t_w}=\frac{294-2\times12-0.5\times12\times2}{8}=32.25<65\varepsilon_k=65$$

腹板为 S1 级。

根据《钢标》表 10.2.2-1，层间位移角为 1/571，按 1.05 侧移增大后仍可以满足位移角限值要求，故可按 20%调幅。

根据《钢标》10.1.3 条 3 款，柱端弯矩及水平荷载产生的弯矩不进行调幅：

$$M_{梁}=139\times(1-0.2)+54=165.2\text{kN}\cdot\text{m}$$

$$M_{柱}=91+21=112\text{kN}\cdot\text{m}$$

**【例 5.0.2】**2019 上午 22 题

不进行抗震设计，不承受动力荷载，结构重要性系数 1.0。如图 2019-22 所示，$Y$ 向为框架，$X$ 向设置支撑保证结构侧向稳定，钢材强度取 Q235。材料满足塑性设计要求，板件宽厚比等级为 S1。框架梁 GL-1 采用焊接工字形截面 H500×250×12×16，按塑性设计。试问，该框架塑性铰部位受弯承载力设计值(kN·m)，与下列何项数值最为接近？

**提示：**①不考虑轴力对框架梁的影响。

②框架梁剪力 $V<0.5h_wt_wf_v$。

③截面无削弱。

(A) 440　　(B) 500　　(C) 550　　(D) 600

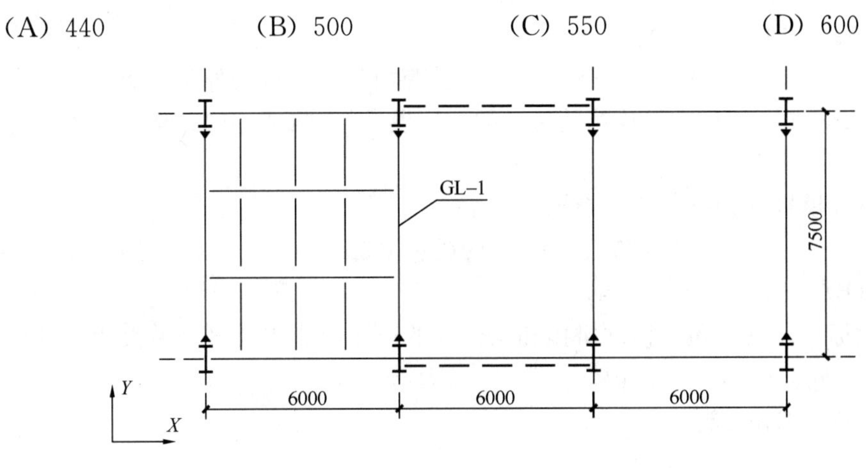


图 2019-22

**【答案】**（B）

根据《钢标》10.3.4 条 1 款，当不考虑轴力影响，按 $\frac{N}{A_n f} \leqslant 0.15$ 时计算。

塑性设计：

$$M_x \leqslant 0.9 w_{npx} f = 0.9 \times [0.5 \times 250 \times 500 \times 250 - 0.5 \times (250-12) \times 234 \times 468] \times 215$$
$$= 501.8\text{kN} \cdot \text{m}$$

**【例 5.0.3】**2019 上午 23 题

设计条件同例 5.0.2。假定，框架梁 GL-1 最大剪力设计值 $V$=650kN，进行受弯构件塑性铰部位的剪切强度计算时，梁截面剪应力与抗剪强度设计值之比，与下列何项数值最为接近？

（A）0.93　　（B）0.83　　（C）0.73　　（D）0.63

**【答案】**（A）

根据《钢标》10.3.2 条：

$$h_w t_w f_v = 468 \times 12 \times 125 = 702000\text{N} = 702\text{kN}$$

梁截面剪应力与抗剪强度设计值之比为：

$$\frac{V}{h_w t_w f_v} = \frac{650}{702} \approx 0.93$$

**【例 5.0.4】**2019 上午 24 题

设计条件同例 5.0.2。假定，框架梁 GL-1 上翼缘有楼板与钢梁可靠连接，通过设置加劲肋保正梁端塑性铰的发展，试问，加劲肋的最大间距（mm），与下列何项数值最为接近？

（A）900　　（B）1000　　（C）1100　　（D）1200

**【答案】**（B）

框架梁上翼缘有楼板与钢梁可靠连接，根据《钢标》10.4.3 条，加劲肋布置间距不大于 2 倍梁高，$S \leqslant 2h = 2 \times 500 = 1000\text{mm}$。

**【例 5.0.5】**2019 上午 25 题

设计条件同例 5.0.2。假定，框架梁 GL-1 在跨内某拼接接头外基本组合的最大弯矩设计值为 250kN·m。试问，该连接能传递的弯矩设计值（kN·m），至少应为下列何项数值？

**提示：**截面模量 $W_x = 2285 \times 10^3 \text{mm}^3$。

（A）250　　（B）275　　（C）305　　（D）350

**【答案】**（B）

根据《钢标》10.4.5 条，构件拼接和构件间的连接应能传递该处最大弯矩设计值的 1.1 倍，且不得低于 $0.5\gamma_x w_x f$。

连接能传递的弯矩设计值为：

$$M \geqslant \max(1.1M_x,\ 0.5\gamma_x w_x f) = \max(1.1 \times 250, 0.5 \times 1.05 \times 2285 \times 10^3 \times 215)$$
$$= 275\text{kN} \cdot \text{m}$$

**【例 5.0.6】** 2012 上午 18 题

不直接承受动力荷载且钢材的各项性能满足塑性设计要求的下列钢结构：

Ⅰ. 符合计算简图 2012-18（a），材料采用 Q345 钢，截面均采用焊接 H 形钢 H300×200×8×12；

Ⅱ. 符合计算简图 2012-18（b），材料采用 Q345 钢，截面均采用焊接 H 形钢 H300×200×8×12；

Ⅲ. 符合计算简图 2012-18（c），材料采用 Q235 钢，截面均采用焊接 H 形钢 H300×200×8×12；

Ⅳ. 符合计算简图 2012-18（d），材料采用 Q235 钢，截面均采用焊接 H 形钢 H300×200×8×12。

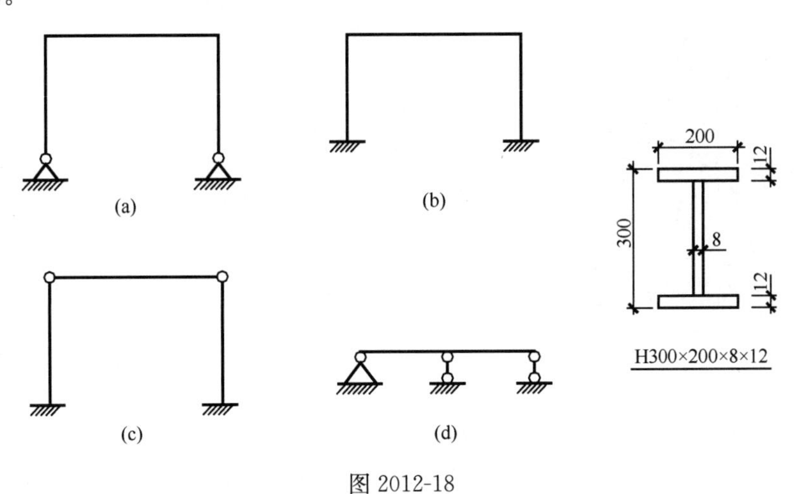


图 2012-18

试问，根据《钢结构设计标准》GB 50017—2017 的有关规定，针对上述结构是否可采用塑性设计的判断，下列何项正确？

（A）Ⅱ、Ⅲ、Ⅳ可采用，Ⅰ不可采用

（B）Ⅳ可采用，Ⅰ、Ⅱ、Ⅲ不可采用

（C）Ⅲ、Ⅳ可采用，Ⅰ、Ⅱ不可采用

（D）Ⅰ、Ⅱ、Ⅳ可采用，Ⅲ不可采用

**【答案】**（B）

根据《钢标》10.1.1 条，适用的结构有Ⅰ、Ⅱ、Ⅳ。

根据《钢标》10.1.5 条、3.5.1 条，焊接 H 形钢 H300×200×8×12，$b=\dfrac{200-8}{2}=96$。

翼缘需满足 S1：$9\sqrt{\dfrac{235}{345}}=7.4\leqslant\dfrac{b}{t}=\dfrac{96}{12}=8.0\leqslant 9\sqrt{\dfrac{235}{235}}$。

腹板：$\dfrac{h_0}{t_w}=\dfrac{276}{8}=34.5$。

适用的截面有Ⅲ、Ⅳ，两项要求均符合的只有Ⅳ。

**【例 5.0.7】** 2010 上午 29 题

某多跨连续钢梁，按塑性设计，当选用工字形焊接断面，且钢材采用 Q235B 时，试问，其翼缘外伸宽度与厚度之比的限值，应为下列何项数值？

(A) 9　　(B) 11　　(C) 13　　(D) 15

**【答案】**(A)

依据《钢标》10.1.5条1款，板件应采用S1级。依据《钢标》表3.5.1，截面翼缘外伸宽度与厚度之比应不超过$9\varepsilon_k$，由于为Q235钢材，故选择(A)。

# 6　钢与混凝土组合梁

**1. 主要的规范规定**

1)《钢标》14.1.2 条：混凝土翼板的有效宽度 $b_e$ 的计算。

2)《钢标》14.1.4 条：组合梁施工荷载、挠度、裂缝计算的基本规定。

3)《钢标》14.1.6 条：钢梁采用塑性方法设计的宽厚比或连接件设计规定。

4)《钢标》14.2 节：组合梁设计及计算。

5)《钢标》14.3 节：抗剪连接件的计算。

6)《钢标》14.7 节：构造要求。

**2. 对规范规定的理解**

1）跨中及中间支座处混凝土翼板的有效宽度 $b_e$ 的计算如图 6.0-1 所示。

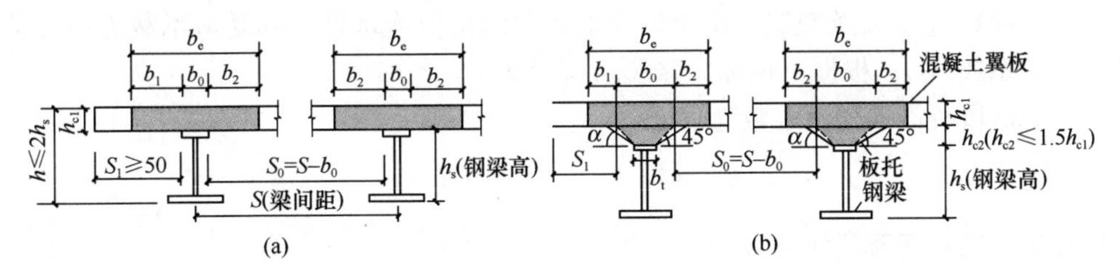


图 6.0-1　混凝土翼板的有效宽度计算

(a) 无板托；(b) 有板托

(1) 承载能力验算时：$b_e = b_0 + b_1 + b_2$，若为中间梁，$b_1 = b_2$。

$$b_0\begin{cases}\text{有板托}\begin{cases}a \geqslant 45°：b_0 = b_t + 2h_{c2}\cot a\\ a < 45°：b_0 = b_t + 2h_{c2}\end{cases}\\ \text{无板托}：b_0 = \text{钢梁上翼缘宽 } b_t\\ \text{有压型钢板分割}\begin{cases}b_0 = \text{栓钉横向间距}\\ \text{一列栓钉}：b_0 = 0\end{cases}\end{cases}$$

$b_1 = \min(l_e/6，S_1)$

$b_2 = \min(l_e/6，S_0/2)$

$$l_e\begin{cases}\text{简支梁}：l_e = l(\text{组合梁跨度})\\ \text{连续梁}\begin{cases}\text{中间跨正弯矩区}：l_e = 0.6l\\ \text{边跨正弯矩区}：l_e = 0.8l\\ \text{支座负弯矩区}：l_e = 0.2(l_{左} + l_{右})\end{cases}\end{cases}$$

(2) 结构整体内力和变形计算时：当组合梁和柱铰接或组合梁作为次梁时，仅承受竖向荷载，不参与结构整体抗侧，混凝土翼板的有效宽度 $b_e$ 可统一按跨中截面的有效宽度取值。

(3) 当塑性中和轴位于混凝土板外时，$b_e$ 计算方法同上。此时说明钢梁抗弯模量过大，截面设计不合理。

2)《钢标》对组合梁的设计计算，考虑两种情况：

(1) 完全抗剪连接组合梁设计法（14.2.1 条）：连接件数量满足 14.3 节规定的相关要求；

(2) 部分抗剪连接组合梁设计法（14.2.2 条）：当抗剪连接件的布置受构造等原因影响，不足以承受组合梁剪跨区段内总的纵向水平剪力时，可采用部分抗剪连接设计法。连接数量满足本条规定和 14.3 节规定的相关要求。

3) 正弯矩作用区段，塑性中和轴在钢梁截面内时，由《钢标》式（14.2.1-4）计算的 $A_c \leqslant b_f t_f$ 时，此时中和轴在钢梁上翼缘内。

4)《钢标》式（14.2.1-6），$M_s=(S_1+S_2)f=W_p f$，其中 $W_p$ 为塑性截面模量。

5) 部分抗剪连接组合梁中，混凝土翼板的压力等于最大弯矩截面一侧抗剪连接件所能够提供的纵向剪力之和。

6)《钢标》14.3.1 条条文说明指出，圆柱头焊钉的极限强度设计值 $f_u$ 不得小于 400MPa。

7)《钢标》14.3.3 条规定，位于负弯矩区段的抗剪连接件，其受剪承载力设计值 $N_v^c$ 应乘以折减系数 0.9。根据《钢标》14.3.4 条 2 款：

正弯矩区段所需连接件总数为：

$$n_f=V_s/N_v^c=\min\{Af,\ b_c h_{ci} f_c\}/N_v^c$$

负弯矩区段所需连接件总数为：

$$n_f=V_s/0.9N_v^c=A_{st}f_{st}/0.9N_v^c$$

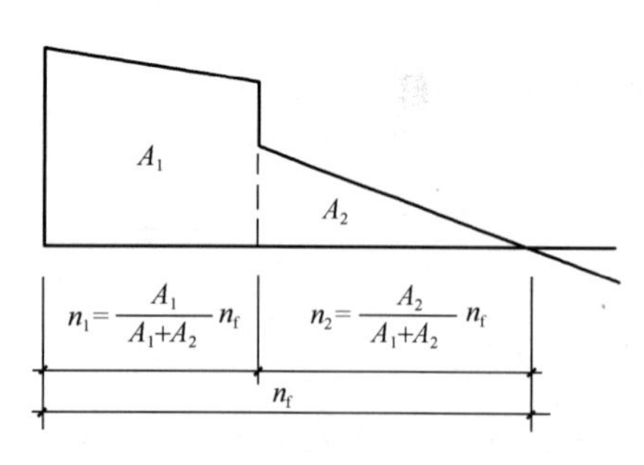


图 6.0-2 连接件个数按剪力图面积比分配

8)《钢标》14.3.4 条规定，按式（14.3.4-2）算得的连接件数量，可在对应的剪跨区段内均匀布置。当在此剪跨区内有较大集中荷载时，应将连接件个数 $n_f$ 按剪力图面积比分配后，再各自均匀布置，如图 6.0-2 所示。

9)《钢标》14.7.1 条及 14.7.4 条 2 款的构造要求，可按图 6.0-3、图 6.0-4 理解。

10)《钢标》14.7.5 条圆柱头栓钉连接件的其他构造要求，可按图 6.0-5、图 6.0-6 理解。

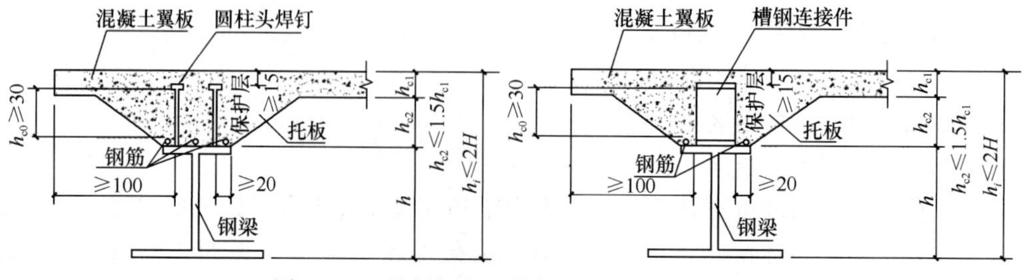


图 6.0.3 设托板和连接件的组合梁设计要求

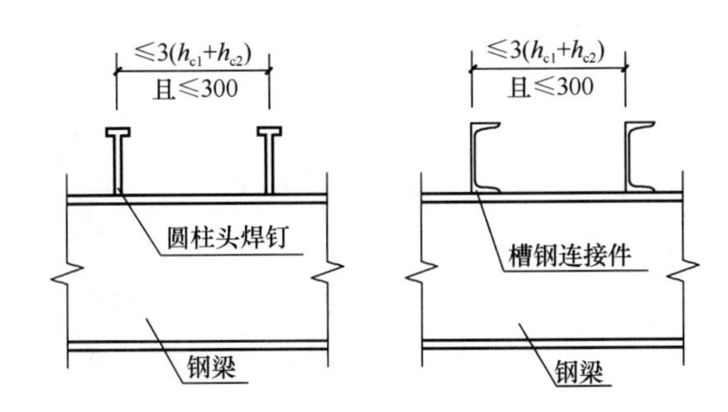


图 6.0-4 连接件沿梁跨度方向的最大间距要求

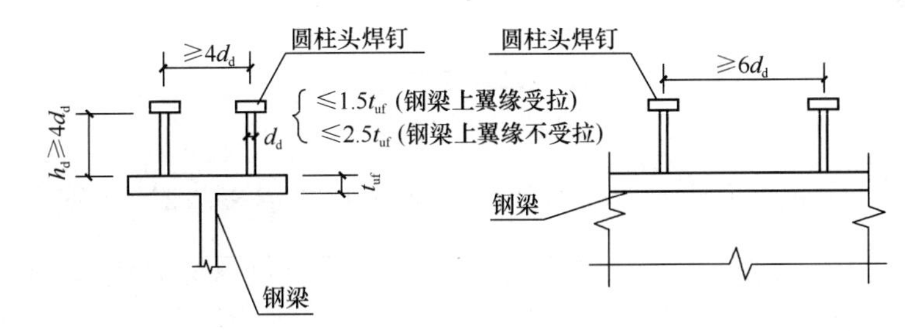


图 6.0-5 圆柱头栓钉连接件设计要求

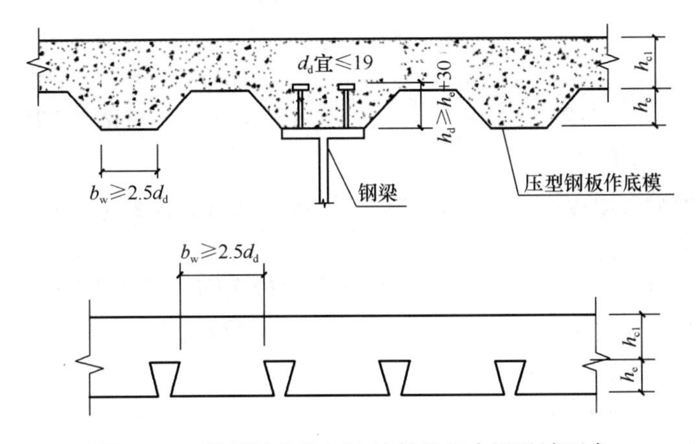


图 6.0-6 设圆柱头栓钉连接件的组合梁设计要求

**3. 历年真题与自编题解析**

**【例 6.0.1】** 2020 上午 29 题

假定，采用现浇混凝土平板，某简支钢梁跨度为 6m，截面为焊接 H 形钢 H300×200×8×12，均布荷载下最大弯矩设计值为 238.6kN·m，按部分抗剪连接组合梁设计，混凝土采用 C30，板厚为 120mm，$f_c$ = 14.3N/mm$^2$，$E_c$ = 3.0×10$^4$N/mm$^2$，如图 2020-29 所示。采用满足国家标准的 M19 圆柱头焊钉连接件，圆柱头焊钉连接件强度满足设计要求。试问，钢梁满足承载力和构造要求的最少栓钉数量，与下列何项数值最为接近？

**提示：**不需验算梁截面板件宽厚比。

(A) 10　　(B) 20　　(C) 30　　(D) 40

**【答案】**(B)

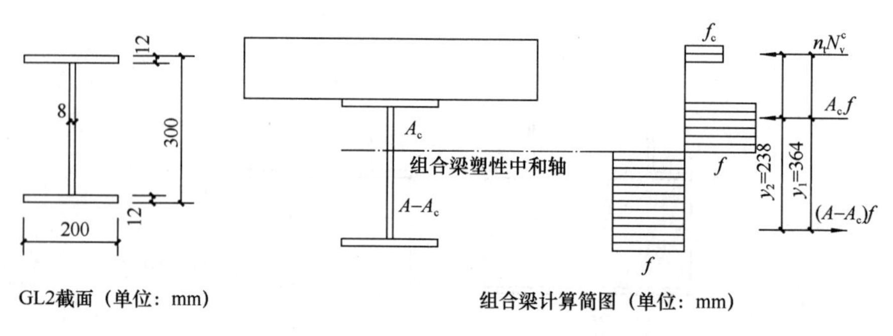


图 2020-29

（1）计算要求

根据《钢标》14.3.1 条：

$$A_s = 3.14 \times 19^2/4 = 283\text{mm}^2$$

$$0.7A_sf_u = 0.7 \times 283 \times 400 \times 10^{-3} = 79.2\text{kN}$$

$$N_v^c = 0.43A_s\sqrt{E_cF_c} = 0.43 \times 283 \times \sqrt{3 \times 10^4 \times 14.3} \times 10^{-3} = 79.7\text{kN}$$

取 $N_v^c = 79.2\text{kN}$。

根据《钢标》式（14.2.2-3），其中钢梁截面 $A = 200 \times 12 \times 2 + 276 \times 8 = 7008\text{mm}^2$，有

$$M_{u,r} = n_rN_v^cy_1 + 0.5(Af - n_rN_v^c)y_2$$

$$238.6 \times 10^6 = n_r \times 79.2 \times 10^3 \times 364 + 0.5 \times (7008 \times 215 - n_r \times 79.2 \times 10^3) \times 238$$

解得：$n_r = 3.05$，取 4。

一跨梁有两个端弯矩零点到弯矩最大点的区段，故计算需要的，取 $n_r = 8$。

（2）构造要求

根据《钢标》14.7.4 条 2 款，沿梁跨度方向的最大间距不应大于混凝土翼板厚度的 3 倍，且不大于 300mm，取间距 min(3×120，300)，跨度为 6m，6000/300=20，共 20 个间距，至少布置 19 个栓钉，取 20 个。

**【例 6.0.2】** 2018 上午 26 题

假定，连续次梁采用 Q345，截面采用工字形，考虑全截面塑性发展进行组合梁的强度计算，上翼缘为形成塑性铰并发生塑性转动的截面。试问，上翼缘最大的板件宽厚比，与下列何项数值最为接近？

(A) 15　　(B) 13　　(C) 9　　(D) 7.4

**【答案】** (D)

根据《钢标》14.1.6 条、10.1.5 条，组合梁中钢梁形成塑性铰并发生塑性转动的截面板件宽厚比等级采用 S1 级，即 $9\sqrt{235/f_y} = 9\sqrt{235/345} = 7.4$。

**【例 6.0.3】** 2017 上午 28 题

某综合楼标准层楼面采用钢与混凝土组合结构。钢梁 AB 与混凝土楼板通过抗剪连接件（栓钉）形成钢与混凝土组合梁，栓钉在钢梁上按双列布置，其有效截面形式如图 2017-28 所示。楼板的混凝土强度等级为 C30，板厚 $h = 150\text{mm}$，钢材采用 Q235B 钢。

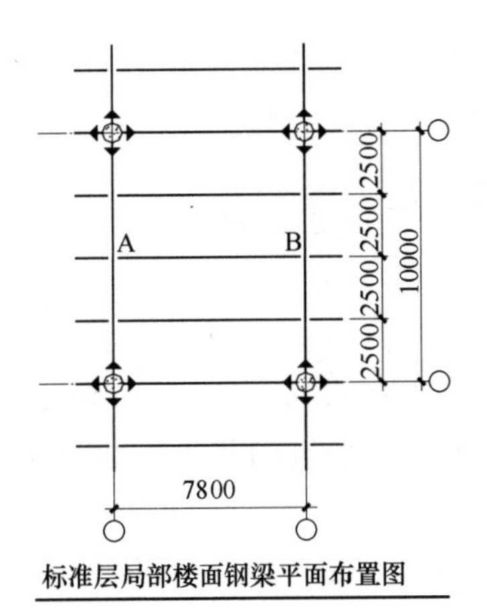

标准层局部楼面钢梁平面布置图

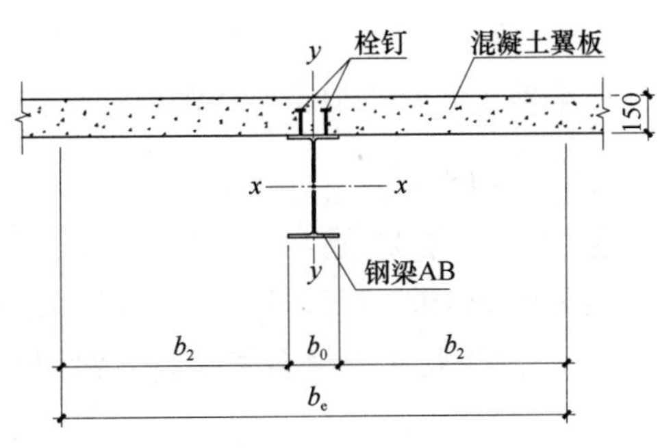

钢与混凝土组合梁 AB 的截面形式

图 2017-28

假定，组合楼盖施工时设置了可靠的临时支撑，梁 AB 按单跨简支组合梁计算，钢梁采用热轧 H 型钢 H400×200×8×13，截面面积 $A=8337\text{mm}^2$。试问，梁 AB 按考虑全截面塑性发展进行组合梁的强度计算时，完全抗剪连接的最大抗弯承载力设计值 $M$(kN·m)，与下列何项数值最为接近？

**提示：**塑性中和轴在混凝土翼板内。

(A) 380　　(B) 440　　(C) 510　　(D) 580

**【答案】**(D)

根据《钢标》14.1.2 条、14.2.1 条：

$$b_2=\min\left(\frac{7800}{6},\frac{2500-200}{2}\right)=1150\text{mm}$$

$$b_e=b_0+2b_2=200+2\times1150=2500\text{mm}$$

根据提示，塑性中和轴在混凝土翼板内，则

$$x=\frac{Af}{b_c f_c}=\frac{8337\times215}{2500\times14.3}=50.1\text{mm}$$

$$y=200+150-\frac{x}{2}=325\text{mm}$$

$$M_u=b_e x f_c y=2500\times50.1\times14.3\times325=582\text{kN}\cdot\text{m}$$

**【例 6.0.4】**2017 上午 29 题

假定，栓钉材料的性能等级为 4.6 级，栓钉钉杆截面面积 $A_s=190\text{mm}^2$，其余条件同例 6.0.3。试问，梁 AB 按完全抗剪连接设计时，其全跨需要的最少栓钉总数 $n_f$（个），与下列何项数值最为接近？

**提示：**钢梁与混凝土翼板交界面的纵向剪力 $V_s$ 按钢梁的截面面积和设计强度确定。

(A) 38　　(B) 68　　(C) 76　　(D) 98

**【答案】**(B)

根据《钢标》14.3.1 条及条文说明：

$$0.7A_s f_u=0.7\times190\times400\times10^{-3}=53.2\text{kN}$$

$$0.43A_s\sqrt{E_c f_c}=0.43\times190\times\sqrt{30000\times14.3}=53.5\text{kN}$$

取一个抗剪连接件的承载力设计值 $N_v^c=53.2\text{kN}$。

全梁分为两个剪跨，每个剪跨区内需要的栓钉数量为 $\dfrac{8337\times215}{53.2\times10^3}=33.7$，取为 34 个。

全梁共需 34×2=68 个。

**【例 6.0.5】** 2016 上午 27 题

假定，次梁采用 H350×175×7×11，底模采用压型钢板，$h_e=76\text{mm}$，混凝土楼板总厚为 130mm，采用钢与混凝土组合梁设计，沿梁跨度方向栓钉间距约为 300mm。试问，栓钉应选用下列何项？

(A) 采用 $d=13\text{mm}$ 栓钉，栓钉总高度 100mm，垂直于梁轴线方向间距 $a=90\text{mm}$

(B) 采用 $d=16\text{mm}$ 栓钉，栓钉总高度 110mm，垂直于梁轴线方向间距 $a=90\text{mm}$

(C) 采用 $d=16\text{mm}$ 栓钉，栓钉总高度 115mm，垂直于梁轴线方向间距 $a=125\text{mm}$

(D) 采用 $d=19\text{mm}$ 栓钉，栓钉总高度 120mm，垂直于梁轴线方向间距 $a=125\text{mm}$

**【答案】**(B)

根据《钢标》14.7.4 条，栓钉应满足下式：

$$\frac{\text{梁上翼缘宽度}-\text{栓钉横向间距}-\text{栓钉直径}}{2}=\frac{175-a-d}{2}\geqslant 20\text{mm}$$

(A)、(B) 符合。

根据《钢标》14.7.5 条，栓钉应符合下列条件：

(1) 栓钉长度≥$4d$，(A)、(B) 均符合；

(2) 垂直于梁轴线方向间距 $a\geqslant4d$，(A)、(B) 均符合；

(3) 栓钉直径≤19mm，栓钉高度 $76+30=106\text{mm}\leqslant h_d$，只有 (B) 符合。

**【例 6.0.6】** 2011 上午 19 题

某钢结构办公楼，结构布置如图 2011-19 所示。框架梁、柱采用 Q345，次梁、中心支撑、加劲板采用 Q235，楼面采用 150mm 厚 C30 混凝土楼板，钢梁顶采用抗剪栓钉与楼

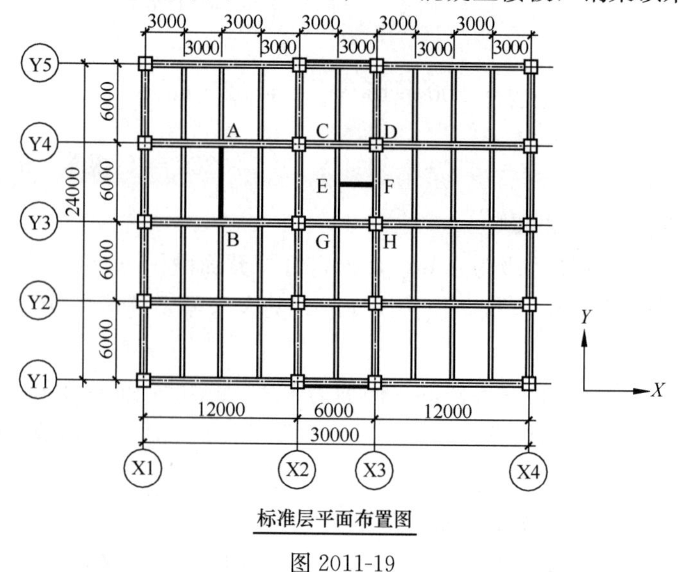


图 2011-19

板连接。次梁AB截面为H346×174×6×9，当楼板采用无板托连接，按组合梁计算时，混凝土翼板的有效宽度（mm）与下列何项数值最为接近？

(A) 1050　　(B) 1400　　(C) 2200　　(D) 2300

**【答案】**(C)

根据《钢标》14.1.2条：

$$b_1 = b_2 = \frac{1}{6} \times 6000 = 1000\text{mm} < \frac{1}{2} \times (3000 - 174) = 1413\text{mm}$$

$$b_e = b_0 + b_1 + b_2 = 174 + 1000 \times 2 = 2174\text{mm}$$

**【例6.0.7】**2009上午23题

若次梁按照组合梁设计，钢材为Q235，E43焊条，并采用压型钢板混凝土组合板作为翼缘板，压型钢板板肋垂直于次梁。混凝土强度等级为C20，抗剪连接件采用材料等级为4.6级的$d$=19mm圆柱头螺栓。已知组合次梁上跨中最大弯矩点与支座零弯矩点之间钢梁与混凝土翼缘板交界面的纵向剪力$V_s$=665.4kN；螺栓抗剪连接件承载力设计值折减系数$\beta_v$=0.54，试问，组合次梁上连接螺栓的个数，与下列何项数值最为接近？

**提示：**按完全抗剪连接计算。

(A) 20　　(B) 34　　(C) 42　　(D) 46

**【答案】**(C)

依据《钢标》14.3.1条1款及条文说明，一个抗剪连接件的承载力设计值按下式计算：

$$N_v^c = 0.43A_s\sqrt{E_c f_c} = 0.43 \times \frac{3.14 \times 19^2}{4} \times \sqrt{2.55 \times 10^4 \times 9.6} = 60.3 \times 10^3\text{N}$$

$$0.7A_s f_1 = 0.7 \times \frac{3.14 \times 19^2}{4} \times 400 = 79.3 \times 10^3\text{N}$$

取二者较小者，为60.3kN。

依据《钢标》14.3.2条考虑折减，承载力设计值为0.54×60.3 = 32.6kN。

依据《钢标》14.3.4条，半跨范围内所需连接件数目为：

$$n_f = V_s / N_v^c = 665.4/32.6 = 20.4$$

取为21个，全跨需要21×2=42个。

**【例6.0.8】**自编题

某7跨连续组合梁，混凝土板采用C30，厚度150mm，钢筋采用HRB335。钢材为Q235，钢梁截面面积为10020 mm$^2$，强度设计值$f$=215MPa，栓钉直径16mm。该连续梁某一中间跨，支座截面混凝土翼板有效宽度为1950mm，该范围内纵向钢筋截面面积为1810mm$^2$；跨中截面混凝土翼板有效宽度为2950mm，该范围内纵向钢筋截面面积为1460mm$^2$。试问，该连续梁中间跨计算所需的栓钉数量，与下列哪项数值最为接近？

**提示：**按完全抗剪连接设计；连续梁中间跨弯矩图左右对称；栓钉按两列布置。

(A) 80　　(B) 96　　(C) 106　　(D) 120

**【答案】**(C)

根据《钢标》14.3.1条，栓钉抗剪承载力设计值：

$$N_v^c = 0.7A_s f_u = 56.30\text{kN} < 0.43A_s\sqrt{E_c f_c} = 56.63\text{kN}$$

根据《钢标》式(14.3.4-1)，一侧正弯矩区所需栓钉数量：

$$V_s = \min(Af, b_e h_{c1} f_c) = \min(10020 \times 215, 2950 \times 150 \times 14.3) = 2154.3\text{kN}$$

$$n_f = \frac{V_s}{N_v^c} = \frac{2154.3}{56.30} = 38.3，取为 40 个$$

根据《钢标》式（14.3.4-1）及 14.3.3 条，一侧负弯矩区所需栓钉数量：

$$V_s = A_{st} f_{st} = 1810 \times 300 = 543\text{kN}$$

$$n_f = \frac{V_s}{0.9N_v^c} = \frac{543}{0.9 \times 56.30} = 10.8，取为 12 个$$

全跨需要栓钉计算数量为 2×(40+12)=104 个。

**【例 6.0.9】**自编题

某组合梁截面尺寸如图 6.0-7 所示。采用 C30 混凝土，钢材为 Q235，横向受力钢筋采用 HPB300。栓钉直径 16mm，高度为 100mm，栓钉头宽 29mm，单列布置。

已知钢梁与混凝土交界面纵向剪力 $V_s$ = 2154.3kN，剪跨区长度为 6000mm。横向钢筋双层布置，$A_t = A_b$，试问，每层横向钢筋的面积 (mm²/mm)，哪项符合组合梁及翼缘板界面纵向受剪承载力设计要求且钢筋含量最小?

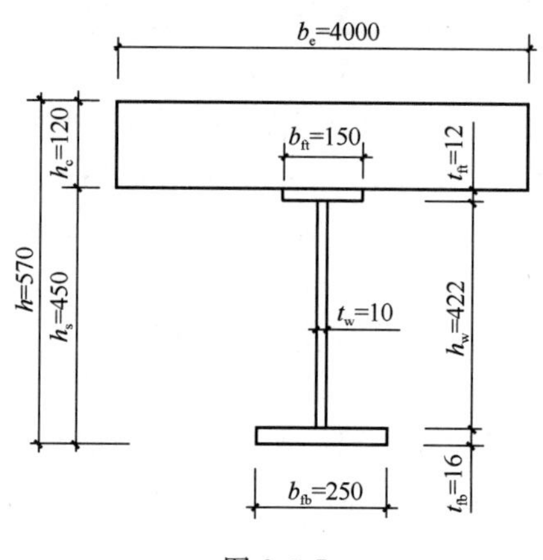


图 6.0-7

**提示**：纵向受剪界面由包络栓钉外缘的界面控制，图中未画出栓钉。

(A) 0.306 (B) 0.400 (C) 0.800 (D) 1.650

**【答案】**(B)

根据《钢标》14.6.2 条：

$$v = \frac{V_s}{m_i} = \frac{2154.3 \times 10^3}{6000} = 359.05\text{N/mm}$$

根据《钢标》14.6.3 条，由 $v_{lu,1} = 0.7 f_t b_f + 0.8 A_e f_r \geqslant v_{l,1}$，可得：

$$A_e \geqslant \frac{v_{l,1} - 0.7 f_t b_f}{0.8 f_r} = \frac{359.05 - 0.7 \times 1.43 \times (100 + 100 + 29)}{0.8 \times 270} = 0.601\ \text{mm}^2/\text{mm}$$

由 $v_{lu,1} = 0.7 f_t b_f + 0.8 A_e f_r \leqslant 0.25 b_f f_c$，可得：

$$A_e \leqslant \frac{0.25 b_f f_c - 0.7 f_t b_f}{0.8 f_r} = \frac{0.25 \times 229 \times 14.3 - 0.7 \times 1.43 \times 229}{0.8 \times 270} = 2.72\text{mm}^2/\text{mm}$$

根据《钢标》14.6.4 条：

$$A_e > \frac{0.75 \times 229}{270} = 0.636\text{mm}^2/\text{mm}$$

综上可知：$0.636\text{mm}^2/\text{mm} \leqslant A_e \leqslant 2.72\text{mm}^2/\text{mm}$。

$A_e = 2A_b$，每层横向钢筋应满足：$0.318\text{mm}^2/\text{mm} \leqslant A_b \leqslant 1.617\text{mm}^2/\text{mm}$。

# 7 钢结构抗震设计

## 7.1 多层及高层钢结构房屋

**1. 主要的规范规定**

1)《抗规》8.1节：一般规定。

2)《抗规》8.2节：计算要点。

3)《抗规》8.3节：钢框架结构的抗震构造措施。

4)《抗规》8.4节：钢框架-中心支撑结构的抗震构造措施。

5)《抗规》8.5节：钢框架-偏心支撑结构的抗震构造措施。

**2. 对规范规定的理解**

1)《抗规》8.1.1条注1，房屋高度指室外地面到主要屋面板顶的高度（不包括局部突出屋顶的部分）。

2)《抗规》8.1.2条注规定，塔形建筑的底部有大底盘时，高宽比可按大底盘以上计算。规定对“大底盘”没有定量的区分标准。实际工程，若不含塔楼的裙房面积不小于塔楼面积的2倍，包含塔楼在内的裙房顶层侧向刚度不小于其上塔楼的1.5倍时，可认为属于大底盘之情形。

3)《抗规》8.1.3条注2，当某个部位各构件的承载力均满足2倍地震作用组合下的内力要求时，7～9度的构件抗震等级应允许按降低一度确定。“某个部位各构件”强调的是某区域内所有构件，而不是一两个构件。

4)《抗规》8.1.4条规定，钢结构范围的防震缝宽度，不应小于相应混凝土结构房屋的1.5倍。

$$
\text{防震缝宽 } \delta_{\min}\begin{cases}
\text{钢框架}\begin{cases} H \leqslant 15\text{m}:\ \delta_{\min} \geqslant 150 \\ H > 15\text{m}:\ \delta_{\min} \geqslant 150 + 30\dfrac{H-15}{\Delta h} \end{cases},\ \Delta h\begin{cases} 6\text{ 度}:5\text{m} \\ 7\text{ 度}:4\text{m} \\ 8\text{ 度}:3\text{m} \\ 9\text{ 度}:2\text{m} \end{cases} \\
\text{框架-支撑}:\ \delta_{\min} \geqslant 1.5 \times 0.7\left(100 + 20\dfrac{H-15}{\Delta h}\right) = 105 + 21\dfrac{H-15}{\Delta h} \geqslant 150 \\
\text{筒体和巨型框架}:\ \delta_{\min} \geqslant 1.5 \times 0.5\left(100 + 20\dfrac{H-15}{\Delta h}\right) = 75 + 15\dfrac{H-15}{\Delta h} \geqslant 150 \\
\text{按较低的房屋高度，较宽的结构类型计算}
\end{cases}
$$

5)《抗规》8.2.2条规定了钢结构计算的阻尼比。现将混凝土结构、钢结构、混合结构在不同情况下的结构阻尼比取值汇总如表 7.1-1 所示。

**结构的阻尼比取值** **表 7.1-1**

| 结构类型 | 混凝土结构 | 钢结构 | 混合结构 |
|---|---|---|---|
| 多遇地震 | 0.05<br>(《抗规》5.1.5条) | $H \leqslant 50$，0.04<br>$50 < H < 200$，0.03<br>$H \geqslant 200$，0.02<br>(《抗规》8.2.2条) | 0.04<br>(《高规》11.3.5条) |
| 弹塑性计算 | 增加值不大于 0.02<br>(《高规》3.11.3条条文说明) | 0.05<br>(《抗规》8.2.2条) | 增加值不大于 0.02<br>(《高规》3.11.3条条文说明) |
| 风荷载位移及配筋 | 0.05<br>(《荷规》8.4.4条) | 钢结构 0.01<br>有填充墙 0.02<br>(《荷规》8.4.4条) | 0.02～0.04<br>(《高规》11.3.5条) |
| 风荷载舒适度 | 按《荷规》附录 J 及 8.4.4 条执行 | | |
| 预应力混凝土结构，弹性 0.03，弹塑性 0.05（《混规》11.8.3条条文说明） | | | |
| 砌体结构弹性，0.05（《抗规》5.1.5条） | | | |
| 钢结构偏心支撑框架承担倾覆力矩超 50%时，增加 0.005（《抗规》8.2.2条） | | | |
| 钢结构单层厂房，0.045～0.05（《抗规》9.2.5条） | | | |
| 屋盖钢结构支承于钢结构或地面时，0.02；支承在混凝土结构上时，0.025～0.035（《抗规》10.2.8条） | | | |
| 钢支撑混凝土框架不大于 0.045（《抗规》附录 G） | | | |
| 人行振动计算，楼盖阻尼比要求（《高规》附录 A） | | | |

6）《抗规》8.2.5 条规定了钢框架节点处的抗震承载力计算，包括节点的抗震承载力计算（式 8.2.5-1、式 8.2.5-2）、节点域的屈服承载力计算（式 8.2.5-3）、节点域的稳定性计算（式 8.2.5-7、式 8.2.5-8）。

应注意节点域的屈服承载力计算时，$h_{b1}$、$h_{c1}$ 分别为梁翼缘厚度中点的距离和柱翼缘厚度中点的距离，即 $h_{b1} = h_{梁}^{腹板} + t_{梁}^{翼缘}$，$h_{c1} = h_{柱}^{腹板} + t_{柱}^{翼缘}$。

7）《抗规》8.2.6 条规定了中心支撑框架的抗震承载力验算要求。支撑的破坏模式分为强度破坏和稳定破坏两种，其抗震承载力调整系数 $\gamma_{RE}$ 应按《抗规》5.4.2 条取值，强度破坏时取 $\gamma_{RE} = 0.75$，稳定破坏时取 $\gamma_{RE} = 0.80$。

人字形和 V 形支撑的框架梁在支撑连接处应保持连续，并按不计入支撑支点作用的梁验算重力荷载和支撑屈曲时不平衡力作用下的承载力。不平衡力应按受拉支撑的最小屈服承载力（$f_y A_{br}^{支撑面积}$）和受压支撑最大屈曲承载力的 0.3 倍（$0.3\varphi f_y A_{br}^{支撑面积}$）计算。计算见图 7.1-1。

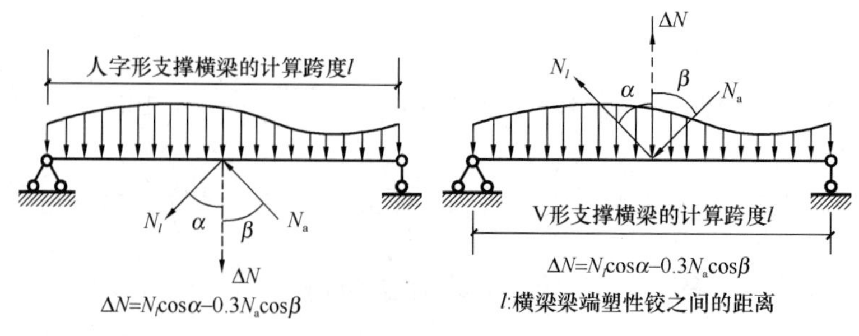


图 7.1-1 框架梁计算简图

8)《抗规》8.2.3 条 5 款给出了与消能梁段连接构件的内力设计值调整要求，此条应结合《高钢规》7.6.5 条理解。

9)《抗规》8.2.7 条规定了偏心支撑框架构件的抗震承载力验算要求。消能梁端指偏心支撑框架中斜杆与梁交点和柱之间的区域或同一跨内相邻两个斜杆与梁交点之间的区段。地震时消能梁段先于梁柱节点域屈服，而使其余区段仍处于弹性受力状态。为使支撑杆件能承受消能梁段的梁端弯矩，支撑与梁段的连接应设计为刚接，计算按铰接，见《抗规》8.2.7 条条文说明。

10)《抗规》8.2.8 条规定了钢结构抗侧力构件的连接计算。关于钢结构弹性承载力、塑性承载力、屈服承载力和极限承载力，多本规范不统一。现分情况解释如下：

(1)《钢标》第 10 章塑性设计等非抗震设计状况和《抗规》多遇地震设计状况，计算表达式中，需要考虑抗力分项系数时，"塑性承载力"按强度设计值 $f$ 计算：

①《钢标》式 (10.3.4-2)、式 (10.3.4-4)、式 (10.3.4-5)；

②《抗规》式 (8.2.7-1)。

(2) 抗震设计时，下列情况下的"塑性承载力"按 $f_y$ 计算：

① 抗震性能化设计中，设防地震作用下的承载力计算（《钢标》17.2.3 条）——《钢标》在抗震性能化设计中采用设防地震设计状况，采用的地震组合验算式不再用到抗力分项系数和材料抗震调整系数，而是在承载力性能系数中统一考虑；

②《抗规》式 (8.2.5-3)，计算屈服承载力；

③ 以强柱弱梁、强剪弱弯、强节点弱构件等为代表的极限承载力验算，可理解为偶然组合。其中，《抗规》8.2.8 条相关公式右侧梁塑性受弯承载力计算、《钢标》式 (17.2.5-1)、式 (17.2.5-2) 等、《抗规》9.2.11 条 4 款支撑杆件塑性承载力计算，采用 $f_y$ 计算。

(3)"极限承载力"按 $f_u$ 计算：

①《钢标》式 (7.1.1-2) 及式 (17.2.6) 的右侧；

②《抗规》8.2.8 条相关公式极限承载力计算的公式左侧；

③《抗规》9.2.11 条 4 款连接承载力计算。

其中，2018 下午 26 题，涉及《抗规》式 (8.2.5-3)，《高钢规》7.3.8 条，命题组解答使用 $f$，与上述观点矛盾；2016 上午 26 题，涉及《抗规》式 (8.2.5-3)，命题组解答使用 $f_y$，与上述观点相符，与 2018 年解答矛盾；2016 上午 22 题，涉及《抗规》9.2.11 条，命题组解答用 $f$，与上述观点矛盾。本书例题编写，均采用上述最新观点。

11)《抗规》表 8.3.1 的长细比限值，当采用其他牌号时，应乘以 $\sqrt{235/f_{ay}}$，其中 $f_{ay}$ 为钢材屈服强度，其值随厚度变化。而《钢标》$\varepsilon_k$ 为 235 与钢材牌号中屈服点数值的比值的平方根，其值为固定值，是为了方便应用的简化计算方法。由于钢材屈服强度小于等于钢材牌号中屈服点数值，按《钢标》计算自然满足《抗规》要求。

**3. 历年真题解析**

**【例 7.1.1】** 2018 下午 25 题

关于梁柱刚性连接，下列何种说法符合抗震规范规定？

(A) 假定，框架梁柱均采用 H 形截面，当满足《钢结构设计标准》GB 50017—2017 12.3.4 条规定时，采用柱贯通型的 H 形柱在梁翼缘对应处可不设置横向加劲肋

(B) 进行梁与柱刚性连接的极限承载力验算时，焊接的连接系数大于螺栓连接

（C）柱在梁翼缘上下各 500mm 的范围内，柱翼缘与柱腹板间的连接焊缝应采用全熔透坡口焊缝

（D）进行柱节点域屈服承载力验算时，节点域要求与梁内力设计值有关

**【答案】**（C）

根据《抗规》8.3.4 条，（A）错误；

根据《抗规》8.2.8 条，（B）错误；

根据《抗规》8.3.6 条，（C）正确；

根据《抗规》8.2.5 条，（D）错误。

**【例 7.1.2】** 2016 上午 26 题

某 9 层钢结构办公建筑，房屋高度 $H=34.9$m，抗震设防烈度为 8 度，布置如图 2016-26所示，所有连接均采用刚接。支撑框架为强支撑框架，各层均满足刚性平面假定。框架梁柱采用 Q345。框架梁采用焊接截面，除跨度为 10m 的框架梁截面采用

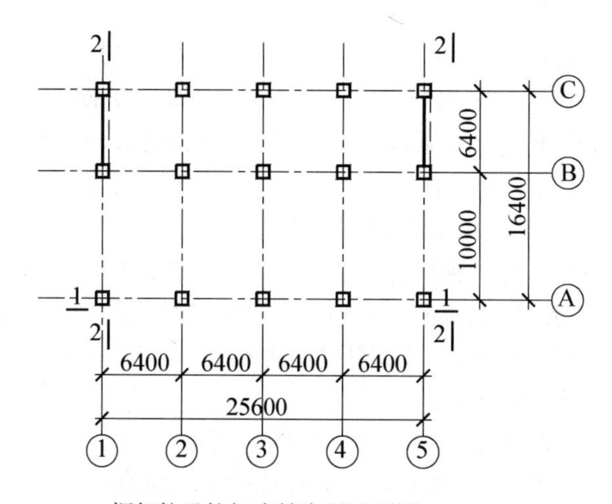


框架柱及柱间支撑布置平面图

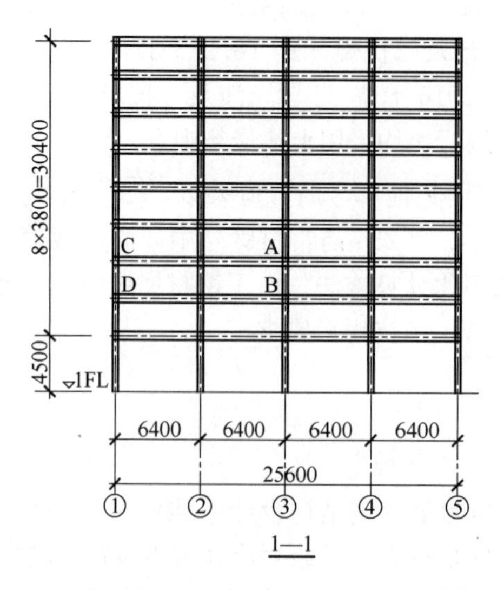


1—1

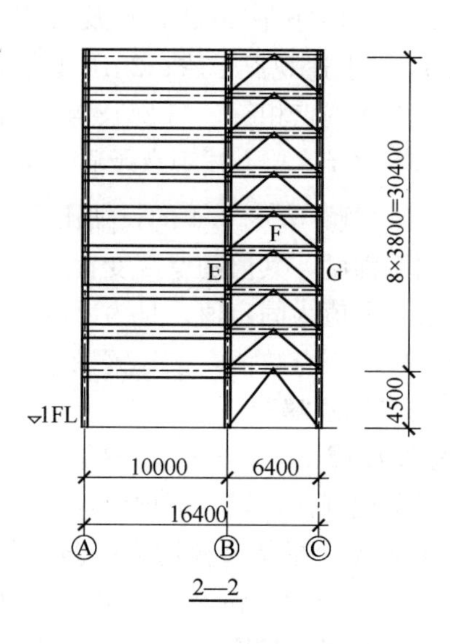


2—2

图 2016-26

H700×200×12×22 外，其他框架梁截面均采用 H500×200×12×16，柱采用焊接箱形截面 B500×22。梁柱截面特性如表 2016-26 所示。

**梁柱截面特性** **表 2016-26**

| 截面 | 面积 $A$ ($mm^2$) | 惯性矩 $I_x$ ($mm^4$) | 回转半径 $i_x$ (mm) | 弹性截面模量 $W_x$ ($mm^3$) | 塑性截面模量 $W_{px}$ ($mm^3$) |
|---|---|---|---|---|---|
| H500×200×12×16 | 12016 | $4.77\times10^8$ | 199 | $1.91\times10^6$ | $2.21\times10^6$ |
| H700×200×12×22 | 16672 | $1.29\times10^9$ | 279 | $3.70\times10^6$ | $4.27\times10^6$ |
| B500×22 | 42064 | $1.61\times10^9$ | 195 | $6.42\times10^6$ | |

假定，地震作用下截面 1-1 中 B 处框架梁 H500×200×12×16 弯矩设计值最大值为 $M_{x,左}=M_{x,右}=163.9\text{kN}\cdot\text{m}$。试问，当按公式 $\psi(M_{pb1}+M_{pb2})/V_p\leqslant\frac{4}{3}f_{yv}$ 验算梁柱节点域屈服承载力时，剪应力 $\psi(M_{pb1}+M_{pb2})/V_p$ 计算值（$N/mm^2$），与下列何项数值最为接近？

**提示：**按《建筑抗震设计规范》GB 50011—2010 作答。

(A) 36 (B) 80 (C) 100 (D) 165

**【答案】**(C)

根据《抗规》表 8.1.3，可知本建筑物抗震等级为三级，故取 $\psi=0.6$。

$$M_{pb1}=M_{pb2}=2.21\times10^6\times345=7.62\times10^8\text{N}\cdot\text{mm}$$

根据《抗规》式（8.2.5-5）：

$$V_P=1.8h_{b1}h_{c1}t_w=1.8\times(500-16)\times(500-22)\times22=916539.2\text{mm}^3$$

根据《抗规》式（8.2.5-3）：

$$\tau=\frac{\psi(M_{pb1}+M_{pb2})}{V_p}=\frac{0.6\times7.62\times10^8\times2}{9161539.2}=99.81\text{N/mm}^2$$

**【例 7.1.3】** 2016 上午 28 题

基本题干同例 7.1.2。假定，结构满足强柱弱梁要求，比较如图 2016-28 所示的栓焊连接。试问，下列说法何项正确？

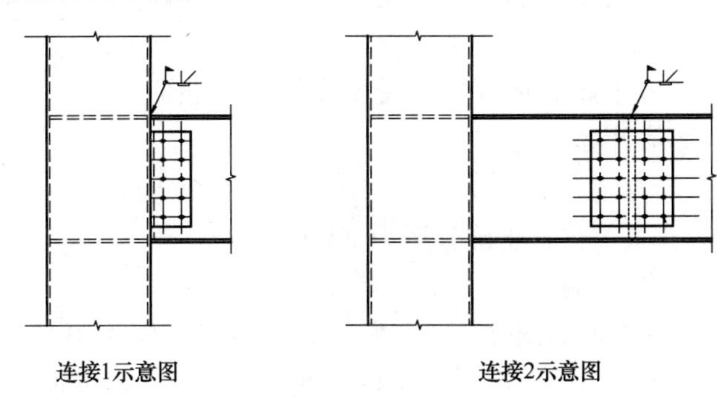


图 2016-28

(A) 满足规范最低设计要求时，连接 1 比连接 2 极限承载力要求高

(B) 满足规范最低设计要求时，连接 1 比连接 2 极限承载力要求低

（C）满足规范最低设计要求时，连接1与连接2极限承载力要求相同

（D）梁柱连接按内力计算，与承载力无关

**【答案】**（A）

梁柱连接应根据《抗规》8.2.8条计算，连接1根据式（8.2.8-1）、式（8.2.8-2），连接2根据式（8.2.8-4）进行连接计算。其中连接系数按表8.2.8取值，可知连接1比连接2极限承载力要求高。

**【例7.1.4】**2016上午29题

基本题干同例7.1.2。假定，支撑均采用Q235，截面采用P299×10焊接钢管，截面面积为9079mm$^2$，回转半径为102mm。当框架梁EG按不计入支撑支点作用的梁，验算重力荷载和支撑屈曲时不平衡力作用下的承载力，试问，计算此不平衡力时，受压支撑提供的竖向力计算值（kN），与下列何项最为接近？

（A）430　　（B）550　　（C）1400　　（D）1650

**【答案】**（A）

支撑计算长度：$\sqrt{3200^2+3800^2}=4968\text{mm}^2$。

长细比：4968/102=49。

根据《钢标》表7.2.2-1，b类截面，查表D.0.2，可知$\varphi=0.861$。

根据《抗规》8.2.6条2款，受压支撑提供的竖向力为：

$$0.3\times0.861\times9079\times235\times\frac{3800}{4968}=422\text{kN}$$

**【例7.1.5】**2013上午30题

某高层钢结构办公楼，8度，采用框架-中心支撑结构，如图2013-30所示。试问，与V形支撑连接的框架梁AB，关于其在C点处不平衡力的计算，下列说法何项正确？

（A）按受拉支撑的最大屈服承载力和受压支撑最大屈曲承载力计算

（B）按受拉支撑的最小屈服承载力和受压支撑最大屈曲承载力计算

（C）按受拉支撑的最大屈服承载力和受压支撑最大屈曲承载力的0.3倍计算

（D）按受拉支撑的最小屈服承载力和受压支撑最大屈曲承载力的0.3倍计算

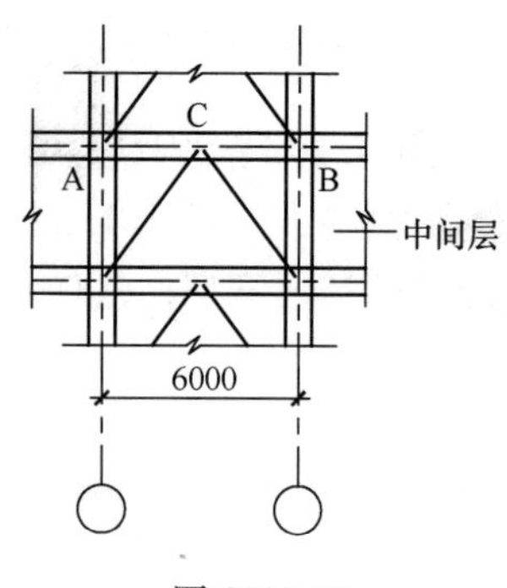

图2013-30

**【答案】**（D）

根据《抗规》8.2.6条2款，正确答案为（D）。

**【例7.1.6】**2011上午22题

钢结构办公楼，结构布置如图2011-22所示。框架梁、柱采用Q345，次梁、中心支撑、加劲板采用Q235，楼面采用150mm厚C30混凝土楼板，钢梁顶采用抗剪栓钉与楼板连接。

中心支撑为轧制H型钢H250×250×9×14，几何长度5000mm。试问，考虑地震作用时，支撑斜杆的受压承载力限值（kN）与下列何项数值最为接近？

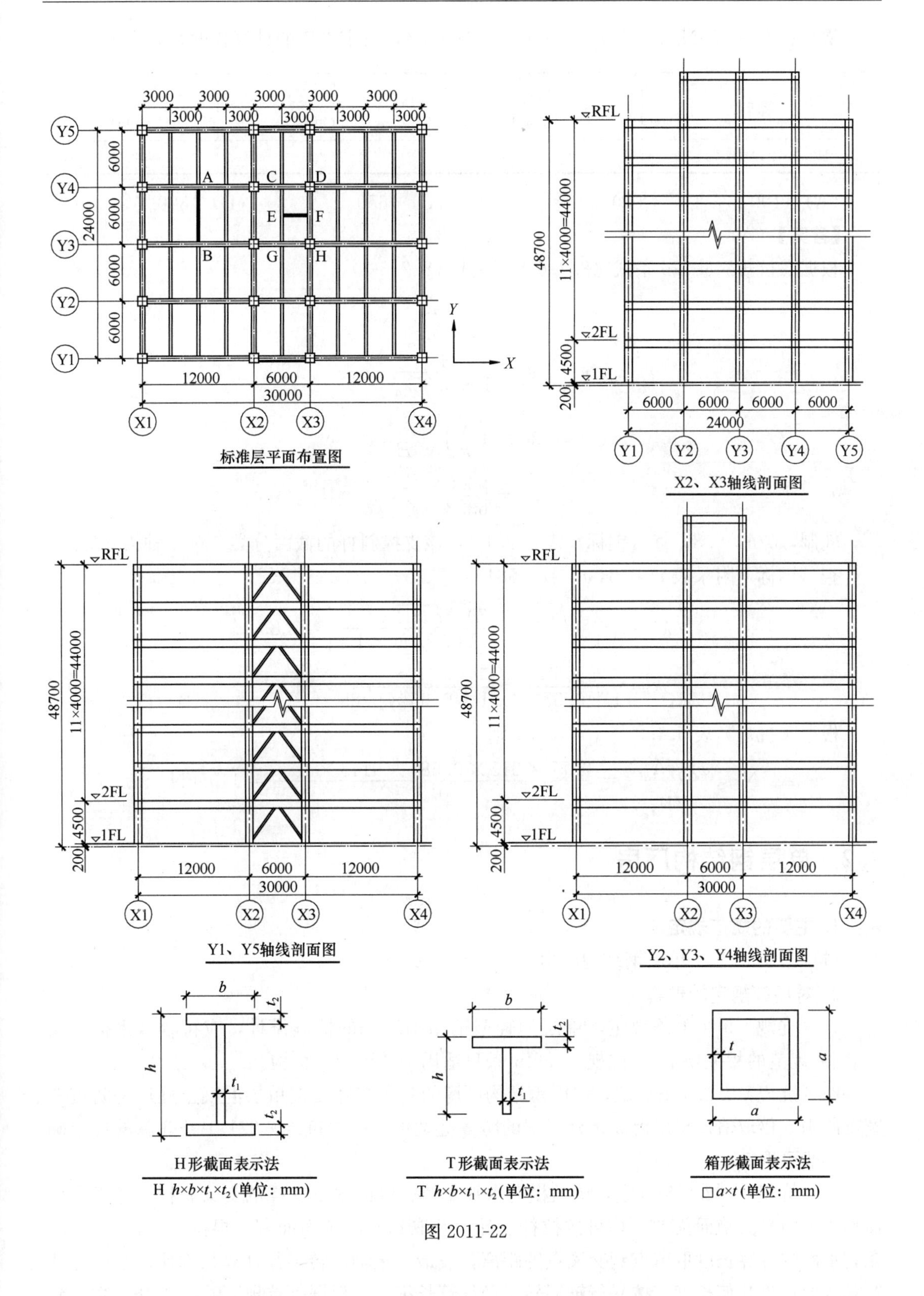

3000
3000
Y5
Y4
Y3
Y2
Y1
6000
24000
A
B
C
D
E
F
G
H
12000
6000
30000
X1
X2
X3
X4
Y
X
标准层平面布置图
RFL
2FL
1FL
48700
11×4000=44000
4500
200
24000
X2、X3轴线剖面图
Y1、Y5轴线剖面图
Y2、Y3、Y4轴线剖面图
b
h
$t_1$
$t_2$
t
a
H形截面表示法
H $h×b×t_1×t_2$(单位：mm)
T形截面表示法
T $h×b×t_1×t_2$(单位：mm)
箱形截面表示法
□$a×t$(单位：mm)


图 2011-22

**提示：**$f_{ay}=235\text{N/mm}^2$，$E=2.06\times105\text{N/mm}^2$，假定支撑的计算长度系数为1.0。

| 截面 | $A$ (mm²) | $i_x$ (mm) | $i_y$ (mm) |
|---|---|---|---|
| H250×250×9×14 | 91.43×102 | 108.1 | 63.2 |

(A) 1100 (B) 1450 (C) 1650 (D) 1800

**【答案】**(A)

根据《抗规》8.2.6条式(8.2.6-1)～式(8.2.6-3)：

$$\frac{N}{\varphi A_{br}}\leqslant\frac{\psi f}{\gamma_{RE}}$$

$$\psi=\frac{1}{1+0.35\lambda_n}$$

$$\lambda_n=\left(\frac{\lambda}{\pi}\right)\sqrt{\frac{f_{ay}}{E}}$$

$$\lambda_y=\frac{5000}{63.2}=79$$

轧制，$b/h>0.8$，查《钢标》表7.2.1-1，该支撑斜杆的截面分类，对$y$轴为c类。查《钢标》附录表D.0.3，$\varphi_y=0.584$。

$$\lambda_n=\left(\frac{\lambda}{\pi}\right)\sqrt{\frac{f_{ay}}{E}}=\frac{79}{3.14}\sqrt{\frac{235}{2.06\times10^5}}=0.85$$

$$\psi=\frac{1}{1+0.35\lambda_n}=\frac{1}{1+0.35\times0.85}=0.77$$

根据《抗规》表5.4.2，$\gamma_{RE}=0.8$，则

$$N\leqslant\frac{\psi f(\phi A_{br})}{\gamma_{RE}}=\frac{0.77\times215\times0.584\times9143\times10^{-3}}{0.8}=1105\text{kN}$$

## 7.2 单层钢结构厂房

### 1. 主要的规范规定

《抗规》9.2节：单层钢结构厂房。

### 2. 对规范规定的理解

1)《抗规》9.2.1条规定，单层的轻型钢结构厂房的抗震设计，应符合《钢标》及《门刚》规范的相关规定。《抗规》9.2.1条只适用于“重钢”结构。

2)《抗规》9.2.3条规定，单层钢结构厂房的防震缝宽度按单层混凝土柱厂房防震缝宽度的1.5倍取值。单层混凝土柱厂房的防震缝宽度，按《抗规》9.1.1条3款的规定确定，一般可取50～90mm。

3)《抗规》9.2.9条规定，屋盖横向水平支撑、纵向水平支撑的交叉斜杆，考虑在地震作用下斜杆失稳而失效，均可按拉杆设计，并取相同的截面面积。根据《钢标》7.4.2条，平面内计算长度取节点到交叉点的距离，按最小主轴回转半径计算长细比；平面外计算长度取构件几何长度，按平行轴回转半径计算长细比。根据《抗规》9.2.12条5款，允

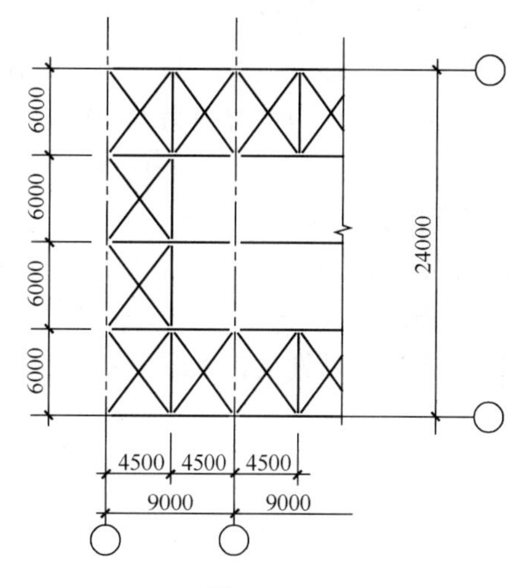

图 2016-21

许长细比取 350。

4)《抗规》9.2.11 条规定，柱间支撑与构件的连接，不应小于支撑杆件塑性承载力的 1.2 倍。

5）根据《抗规》9.2.14 条及条文说明，当构件的强度和稳定承载力均满足高承载力即 2 倍多遇地震作用下的要求时，可采用《钢标》弹性设计阶段的板件宽厚比限制。《抗规》的 A、B 类截面，相当于《钢标》表 3.5.1 的 S1、S2 级截面；《抗规》的 C 类截面，相当于《钢标》表 3.5.1 的 S3、S4 级截面。

**3. 历年真题解析**

**【例 7.2.1】** 2016 上午 21 题

假定，厂房位于 8 度区，采用轻屋面，屋面支撑布置见图 2016-21，支撑采用 Q235。各支撑截面特性如表 2016-21 所示。试问，屋面支撑采用下列何种截面最为合理（满足规范要求且用钢量最低）？

**支撑截面特性** **表 2016-21**

| 截面 | 回转半径 $i_x$（mm） | 回转半径 $i_y$（mm） | 回转半径 $i_v$（mm） |
|---|---|---|---|
| L70×5 | 21.6 | 21.6 | 13.9 |
| L110×7 | 34.1 | 34.1 | 22.0 |
| 2L63×5 | 19.4 | 28.2 | |
| 2L90×6 | 27.9 | 39.1 | |

(A) L70×5 (B) L110×7 (C) 2L63×5 (D) 2L90×6

**【答案】**（A）

支撑计算长度：$l_{br}=\sqrt{4500^2+6000^2}=7500\text{mm}$。

根据《抗规》9.2.9 条 2 款，屋面支撑交叉斜杆可按拉杆设计。

根据《抗规》9.2.12 条 5 款，允许长细比取 350。

根据《钢标》7.4.7 条、7.4.2 条：

平面外拉杆计算长度：$l_{br}=7500\text{mm}$。

单角钢斜平面内计算长度：$0.5l_{br}=\dfrac{7500}{2}=3750\text{mm}$。

采用等边单角钢时，构造要求的最小回转半径：$i_x=i_y\geqslant\dfrac{7500}{3500}=21.4\text{mm}$，$i_v\geqslant\dfrac{3750}{350}=10.7\text{mm}$。

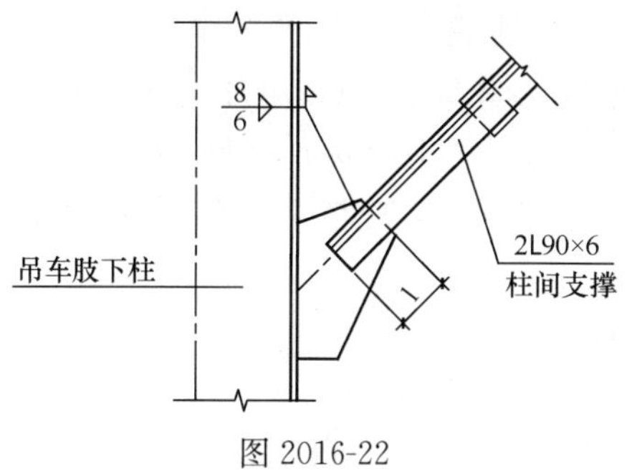

图 2016-22

**【例 7.2.2】** 2016 上午 22 题

假定，厂房位于 8 度区，支撑采用 Q235，吊车肢下柱柱间支撑采用 2L90×6，截面面积 $A=2128\text{mm}^2$。试问，根据《建筑抗震设计规范》GB 50011—2010 的规定，图 2016-22 柱间支撑与节点板最小连接焊缝长度 $l$（mm），与下列何项数值最为接近？

**提示：**①焊条采用 E43 型，焊接时采用绕焊，即焊缝计算长度可取标示尺寸；

②不考虑焊缝强度折减；角焊缝极限强度 $f_u^f=240\text{N/mm}^2$；

③肢背处内力按总内力的 70%计算。

(A) 90 (B) 135 (C) 155 (D) 235

**【答案】**(C)

根据《抗规》9.2.11 条 4 款，柱间支撑与构件的连接，不应小于支撑杆件塑性承载力的 1.2 倍。

支撑杆件塑性受拉承载力：

$$2128\times235=500.08\times10^3\text{N}=500.08\text{kN}$$

肢背焊缝长度：

$$\frac{0.7\times1.2\times500.08\times10^3}{2\times0.7\times8\times240}=156.275\text{mm}$$

肢尖焊缝长度：

$$\frac{0.3\times1.2\times500.08\times10^3}{2\times0.7\times6\times240}=89.3\text{mm}$$

**【例 7.2.3】**2014 上午 23 题

假定，厂房位于 8 度区，采用轻屋面，梁、柱的板件宽厚比均符合《钢结构设计标准》GB 50017—2017 中 S4 的板件宽厚比限值要求，但不符合《建筑抗震设计规范》GB 50011—2010 表 8.3.2 的要求，其中，梁翼缘板件宽厚比为 13。试问，在进行构件强度和稳定的抗震承载力计算时，应满足以下何项地震作用要求？

(A) 满足多遇地震的要求，但应采用有效截面

(B) 满足多遇地震下的要求

(C) 满足 1.5 倍多遇地震下的要求

(D) 满足 2 倍多遇地震下的要求

**【答案】**(D)

根据《抗规》9.2.14 条及条文说明，当构件的强度和稳定承载力均满足高承载力即 2 倍多遇地震作用下的要求时，可采用现行《钢标》弹性设计阶段的板件宽厚比限制。另外，由于梁翼缘板件宽厚比为 13，所以板件宽厚比不满足 B 类截面要求，因此选项（C）不符合要求。

**【例 7.2.4】**2014 上午 21 题

假定，抗震设防烈度 8 度，采用轻屋面，2 倍多遇地震作用下水平作用组合值为 400kN 且为最不利组合，柱间支撑采用双片支撑，布置见图 2014-21，单片支撑截面采用槽钢 12.6，截面无削弱，槽钢 12.6 截面特性：面积 $A_1=1569\text{mm}^2$，回转半径 $i_x=49.8\text{mm}$，$i_y=15.6\text{mm}$。试问，支撑杆的强度设计值（$\text{N/mm}^2$）与下列何项数值最为接近？

**提示：**①按拉杆计算，并计及相交受压杆的影响；

②支撑平面内计算长细比大于平面外计算长细比。

(A) 86 (B) 118 (C) 159 (D) 323

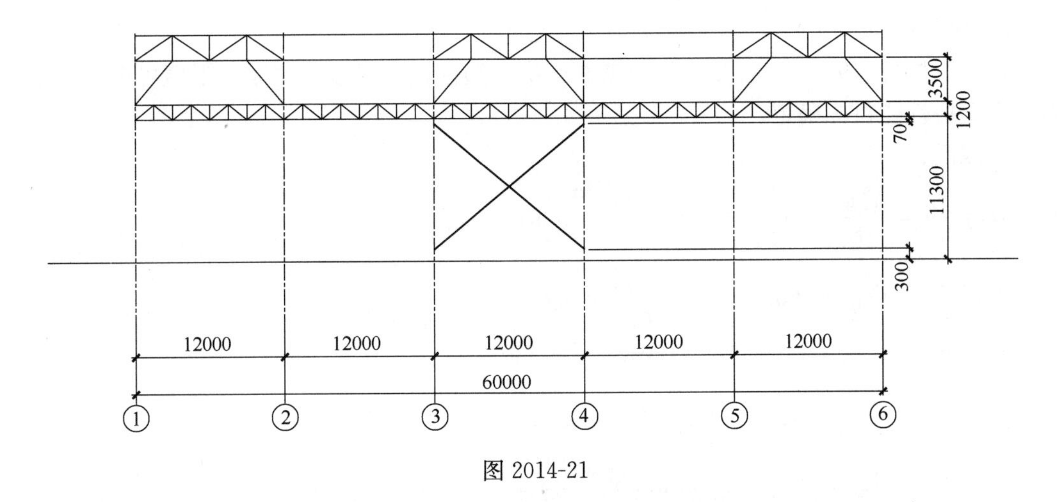


图 2014-21

**【答案】**（C）

根据《抗规》9.2.10 条，交叉支撑可按受拉构件设计，则

$$l_{br}=\sqrt{(11300-300-70)^2+12000^2}=16232\text{mm}$$

平面内计算长度：$0.5l_{br}=8116\text{mm}$。

长细比：$\lambda=\dfrac{8116}{49.8}=163$。

由 $\lambda=163$ 查《钢标》表 D.0.2，得压杆稳定系数 $\varphi=0.267$。

根据《抗规》9.2.10 条：

单肢轴力：

$$N_{br}=\frac{1}{1+0.3\times0.267}\times\frac{16232}{12000}\times\frac{400000}{2}=2.50\times10^5\text{N}=250\text{kN}$$

强度设计值：

$$\frac{N_{br}}{A_n}=\frac{250000}{1569}=159\ \text{N/mm}^2$$

**【例 7.2.5】** 2012 上午 24 题

某单层工业厂房，屋面及墙面的围护结构均为轻质材料，屋面梁与上柱刚接，梁柱均采用 Q345 焊接 H 形钢，梁、柱 H 形截面表示方式为：梁高×梁宽×腹板厚度×翼缘厚度。上柱截面为 H800×400×12×18，梁截面为 H1300×400×12×20，抗震设防烈度为 7 度，框架上柱最大设计轴力为 525kN。

试问，在进行构件的强度和稳定性的承载力计算，应满足以下何项地震作用要求？

**提示：** 梁、柱腹板宽厚比均符合《钢结构设计标准》GB 50017—2017 弹性设计阶段的板件宽厚比限值。$f_y$ 统一取 $345\text{N/mm}^2$ 计算。

（A）按有效截面进行多遇地震下的验算

（B）满足多遇地震下的要求

（C）满足 1.5 倍多遇地震下的要求

（D）满足 2 倍多遇地震下的要求

【答案】(D)

根据《抗规》9.2.14 条 2 款，轻屋面厂房，塑性耗能区板件宽厚比限值可根据其承载力的高低按性能目标确定。

柱截面：

翼缘 $\frac{b}{t}=\frac{194}{18}=10.8>12\sqrt{\frac{235}{345}}=9.9$；

腹板 $\frac{h_0}{t_w}=\frac{764}{12}=63.7>50\sqrt{\frac{235}{345}}=41.3$。

梁截面：

翼缘 $\frac{b}{t}=\frac{194}{20}=9.7>11\sqrt{\frac{235}{345}}=9.1$；

腹板 $\frac{h_0}{t_w}=\frac{1260}{12}=105>72\sqrt{\frac{235}{345}}=59.4$。

塑性耗能区板件宽厚比为 C 类。

根据《抗规》9.2.14 条条文说明，由于其板件宽厚比为 C 类，因此，应满足高承载力即 2 倍多遇地震下的要求。

**【例 7.2.6】** 2012 上午 25 题

基本题干同例 7.2.5，试问，本工程框架上柱长细比限值应与下列何项数值最为接近？

(A) 150 (B) 123 (C) 99 (D) 80

**【答案】**(A)

框架柱截面面积：

$$A=400\times18\times2+764\times12=23568\text{mm}^2$$

框架柱轴压比：

$$\frac{N}{Af}=\frac{525\times10^3}{23568\times295}=0.08<0.2$$

根据《抗规》9.2.13 条，框架柱长细比限值为 150。

## 7.3 钢结构的抗震性能化设计

**1. 主要的规范规定**

《钢标》17 章：钢结构抗震性能化设计。

**2. 对规范规定的理解**

1) 抗震设计的本质是控制地震施加给建筑物的能量，弹性变形与塑性变形均可消耗能量。如图 7.3-1 所示，在能量输入相同的条件下，结构延性越好，弹性承载力要求越低，反之，结构延性差，则弹性承载力要求高。“高延性-低承载力”和“低延性-高承载力”两种抗震设计思路，均可达成大致相同的设防目标。结构根据预先设定的延性等级确定对应的地震作用的设计方法，称为“性能化设计方法”。

大部分的多高层钢结构适合采用高延性-低承载力设计思路。在低烈度区，多层钢框架结构及单层工业厂房，更适合采用低延性-高承载力的抗震思路。高烈度区的民用高层建筑不应采用低延性结构。

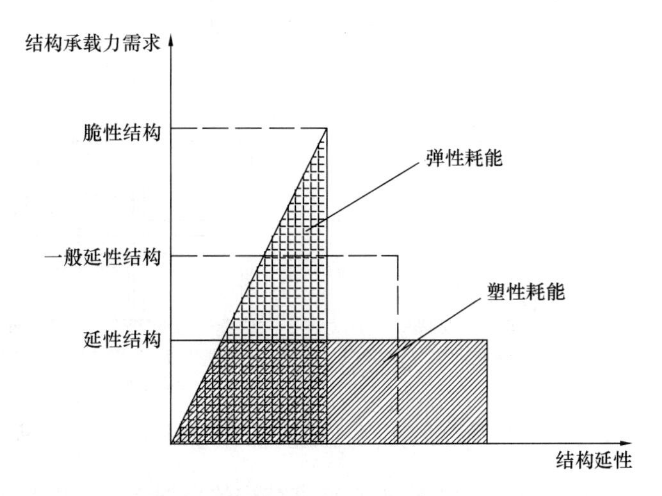


图 7.3-1 性能化设计

钢结构的抗震设计，可采用《钢标》性能化方法或《抗规》方法。根据《钢标》17.1.4 条条文说明，依据钢标进行抗震设计时，不要求结构所有构件满足《抗规》小震承载力设计要求，比如偏心支撑的耗能梁段在多遇地震作用下即可进入塑性状态。另外，进行小震计算时，仅塑性耗能区屈服的结构可考虑刚度折减。

依据《钢标》进行抗震设计，满足设防地震作用下考虑性能系数的承载力要求后，在多遇地震作用下，除塑性耗能区外，通常其余构件与节点可处于弹性状态并满足设计承载力要求。因此，采用《抗规》的层间位移角限值，满足设防地震作用下考虑性能系数的承载力要求后，即能保证当遭受低于本地区抗震设防烈度的多遇地震影响时，主体结构不受损坏或不需修理可继续使用（小震不坏）。

此外，依据《钢标》17.1.1 条条文说明，采用《钢标》性能化方法后，无需满足《抗规》针对特定结构的抗震构造要求及规定。

2)《钢标》表 17.1.4-1 对标准设防类的建筑根据设防烈度和结构高度提出了构件塑性耗能区不同的抗震性能要求范围。表 17.1.4-2 是为实现高延性-低承载力、低延性-高承载力设计思路的具体规定。

3) 塑性耗能区性能系数取值最低、关键构件和节点取值较高，是性能化设计的基本原则。《钢标》17.1.5 条条文说明指出，柱脚、多高层钢结构中低于 1/3 总高度的框架柱、伸臂结构竖向桁架的立柱、水平伸臂与竖向桁架交汇区杆件、直接传递转换构件内力的抗震构件等都应按关键构件处理。关键构件和节点的性能系数不宜小于 0.55。框架-中心支撑与框架-偏心支撑的结构性能系数要求如图 7.3-2 所示。

4) 构件的连接，需符合强连接弱构件的原则。《钢标》17.2.9 条与《抗规》8.2.8 条 2～5 款的规定基本一致。

5) 根据《钢标》17.3.9 条及条文说明，在采用梁端加腋、梁端换厚板、梁翼缘楔形加宽和上下翼缘加盖板等方法，满足加强后的柱表面处的梁截面的塑性铰弯矩计算要求时，可以预计梁加强段及其等截面部分长度内均能产生一定的塑性变形，能够将对梁端塑性铰的转动需求分散在更长的长度上，从而改善结构的延性，或减小对节点转动的需求。

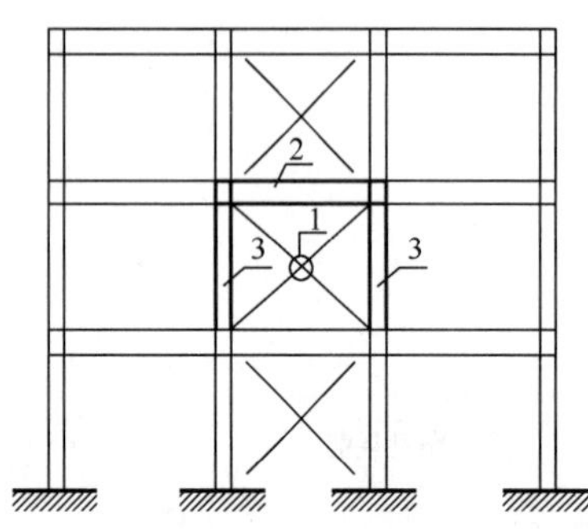

1-支撑；2-框架梁；3-框架柱
性能系数要求：3＞2＞1

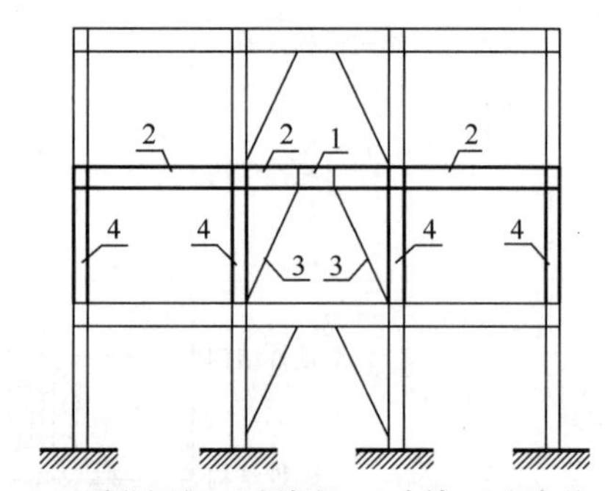

1-消能梁段；2-框架梁；3-支撑；4-框架柱
性能系数要求：4＞3＞2＞1

图 7.3-2 框架-中心支撑与框架-偏心支撑的结构性能系数要求

6）《钢标》17.3.11 条规定，框架-中心支撑结构的框架部分，即不传递支撑内力的梁柱构件，其抗震构造应根据延性等级，按框架结构采用。如图 7.3-3 所示，★表示传递支撑内力的梁柱构件；▲表示根据结构实际情况确定其是否传递支撑内力，当构件内力较小时，可视为不传递支撑内力。

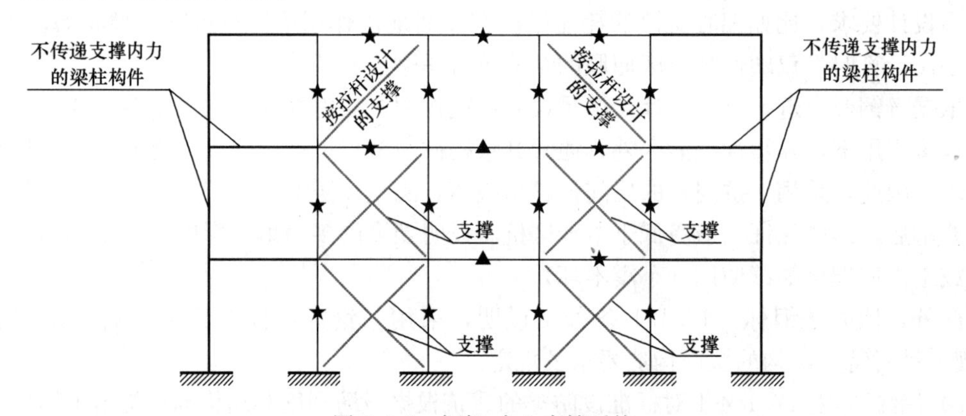


图 7.3-3 框架-中心支撑系统

**3. 历年真题及自编题解析**

**【例 7.3.1】** 2020 上午 28 题

某二层钢结构平台布置及梁，抗震设防烈度为 7 度，抗震设防类别为丙类，所有构件的安全等级均为二级。$Y$ 向梁柱刚接形成框架结构：$X$ 向梁与柱铰接，设置柱间支撑。所有构件均采用 Q235 钢制作。

框架梁柱截面板件宽厚比等级均为 S3 级，根据《钢结构设计标准》GB 50017—2017 进行抗震设计，对于横向（$Y$ 向）框架结构部分有下列观点：

Ⅰ. 必须修改截面，使框架梁柱截面板件宽厚比满足抗震等级四级的规定；

Ⅱ. 构件截面承载力设计时，地震内力及其组合均按《建筑抗震设计规范》GB 50011—2010 规定采用；

III. 节点域承载力应符合《钢结构设计标准》GB 50017—2017 式（17.2.10-2）的规定；

Ⅳ. 节点域计算必须满足《建筑抗震设计规范》GB 50011—2010 式（8.2.5-3）的规

定。试问，针对上述观点的判断，下列何项结论正确？

(A) Ⅰ、Ⅱ、Ⅲ正确　　(B) Ⅱ、Ⅲ正确

(C) Ⅰ、Ⅱ、Ⅳ正确　　(D) Ⅲ正确

**【答案】**(D)

钢结构的抗震设计方法，可采用《钢标》第 17 章的性能设计方法或《抗规》第 8 章相关设计方法。

依据《钢标》17.1.1 条条文说明，满足性能设计要求时，无需满足《抗规》的构造要求和规定。Ⅰ错误。

依据《钢标》17.1.4 条，可按 17.2 节规定进行设防地震下的承载力抗震计算。Ⅱ错误。

依据《钢标》表 17.3.4-1，板件宽厚比等级均为 S3 级时，结构的延性等级不高于Ⅲ级；根据 17.2.10 条判断，节点域应该符合式（17.2.10-2）的规定要求。Ⅲ正确。

依据《钢标》17.1.4 条条文说明，不要求所有构件满足小震承载力要求。按《钢标》进行能力设计后，在多遇地震下，除塑性耗能区外，构件和节点可处于弹性状态并满足设计承载力要求。Ⅳ错误。

**【例 7.3.2】**2019 上午 26 题

某钢结构建筑采用框架结构体系，框架简图如图 2019-26 所示。结构位于 8 度（0.20$g$）抗震设防地区，抗震设防类别为丙类。框架柱采用焊接箱形截面，框架梁采用焊接工字形截面，梁柱钢材均为 Q345，框架结构总高度 $H$=50m。

在钢结构抗震性能化设计中，假定，塑性耗能区承载性能等级采用性能 7。试问，下列关于构件性能系数的描述，哪项不符合《钢结构设计标准》GB 50017—2017 中有关钢结构构件性能系数的规定？

(A) 框架柱 A 的性能系数宜高于框架梁 a、b 的性能系数

(B) 框架柱 A 的性能系数不应低于框架柱 C、D 的性能系数

(C) 当该框架底层设置偏心支撑后，框架柱 A 的性能系数可以低于框架梁 a、b 的性能系数

(D) 框架梁 a、b 与框架梁 c、d 可有不同的性能系数

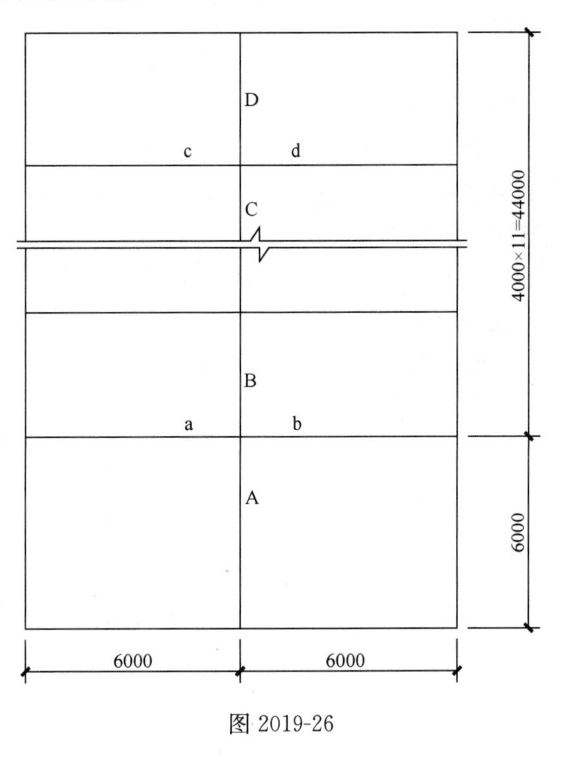


图 2019-26

**【答案】**(C)

根据《钢标》17.1.5 条 2 款，对框架结构，同层框架柱的性能系数宜高于框架梁，选项（A）正确。

根据《钢标》17.1.5 条 5 款，关键构件的性能系数不应低于一般构件。根据条文说明可知，底层柱 A 为关键构件，选项（B）正确。

根据《钢标》17.1.5条4款，偏心支撑，同层框架柱的性能系数宜高于支撑，支撑的性能系数宜高于框架梁，选项（C）错误。

根据《钢标》17.1.5条1款，选项（D）正确。

**【例7.3.3】** 2019上午27题

基本题干同例7.3.2。在塑性耗能区的连接计算中，假定，框架柱柱底承载力极限状态最大组合弯矩设计为$M$，考虑轴力影响对柱的塑性受弯承载力为$M_{pc}$。试问，采用外包式柱脚时，柱脚与基础的连接极限承载力，应按下列何项取值？

(A) $1.0M$　　(B) $1.2M$　　(C) $1.0M_{pc}$　　(D) $1.2M_{pc}$

**【答案】**(D)

根据《钢标》17.2.9条4款，$M_{u,base} \geqslant \eta_j M_{pc}$。

根据《钢标》表17.2.9，外包式柱脚，$\eta_j = 1.2$，$M_{u,base} \geqslant 1.2M_{pc}$。

**【例7.3.4】** 2019上午28题

基本题干同例7.3.2。假定，梁柱节点采用梁端加强的办法来保证塑性铰外移，试问，采用下述哪些措施符合《钢结构设计标准》GB 50017—2017的规定？

Ⅰ.上下翼缘加盖板　　Ⅱ.加宽翼缘板且满足宽厚比的规定

Ⅲ.增加翼缘板的厚度　　Ⅳ.增加腹板的厚度

(A) Ⅰ、Ⅱ、Ⅲ　　(B) Ⅰ、Ⅱ、Ⅳ

(C) Ⅱ、Ⅲ、Ⅳ　　(D) Ⅰ、Ⅲ、Ⅳ

**【答案】**(A)

根据《钢标》17.3.9条及条文说明，可知Ⅰ、Ⅱ、Ⅲ正确，Ⅳ错误。

**【例7.3.5】** 2019上午29题

基本题干同例7.3.2。假定，框架梁截面H700×400×12×24，弹性截面模为$W$，塑性截面模量为$W_p$。试问，计算框架梁的性能系数时，该构件塑性耗能区截面模量$W_E$，应按下列何值取值？

(A) $1.05W_p$　　(B) $1.05W$　　(C) $1.0W_p$　　(D) $1.0W$

**【答案】**(C)

根据《钢标》3.5.1条计算。

翼缘：

$$\frac{b}{t} = \frac{(400-12)}{2\times 24} = 8.08$$

$$9\varepsilon_k = 9\sqrt{\frac{235}{f_y}} = 9\sqrt{\frac{235}{345}} = 7.42$$

$$11\varepsilon_k = 11\sqrt{\frac{235}{345}} = 9.07$$

$$9\varepsilon_k < \frac{b}{t} < 11\varepsilon_k$$

翼缘为S2级。

腹板：

$$\frac{h_0}{t_w} = \frac{700-24\times 2}{12} = 54.3 < 72\varepsilon_k = 72\sqrt{\frac{235}{345}} = 59.4$$

腹板为 S2 级。

根据《钢标》表 17.2.2-2，当为 S2 级时，$W_{\mathrm{E}}=W_{\mathrm{p}}$。

**【例 7.3.6】** 2019 上午 30 题

基本题干同例 7.3.2。假定，该框架结构增加一层至 $H$=54m。试问，进行抗震性能化设计时，框架塑性耗能区（梁端）截面板件宽厚比采用下列何项等级最为合适？

(A) S1　　(B) S2　　(C) S3　　(D) S4

**【答案】**(A)

根据《钢标》17.1.4 条表 17.1.4-1，当 $H$=54m，8 度 (0.20$g$) 时，塑性耗能区承载力性能等级为性能 7。

根据《钢标》表 17.1.4-2，抗震设防类（丙类），性能 7 时，延性等级为Ⅰ级。

根据《钢标》表 17.3.4-1，当延性等级为Ⅰ级时，板件宽厚比为 S1 级。

**【例 7.3.7】** 自编题

某钢结构普通办公楼采用框架-偏心支撑结构体系，如图 7.3-4 所示。结构位于 8 度 (0.20$g$) 抗震设防地区，抗震设防类别为丙类。框架柱采用焊接箱形截面，框架梁及支撑采用焊接工字形截面，钢材均为 Q345，结构总高度 $H$=54m。

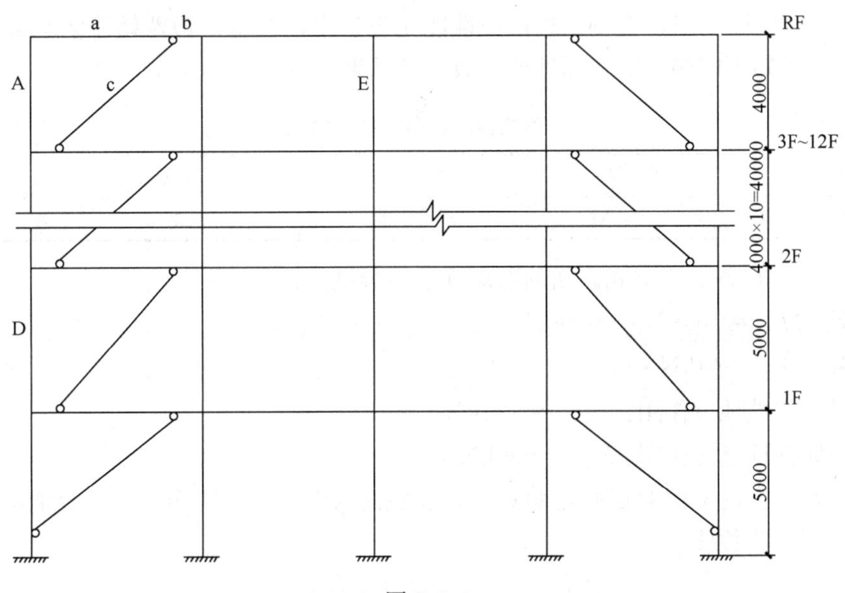


图 7.3-4

在钢结构抗震性能化设计中，下列关于各构件性能系数大小的比较，何项符合《钢结构设计标准》GB 50017—2017 中有关钢结构构件性能系数的有关规定？

(A) D＞A＞c＞a=b　　(B) D＞A＞c＞a＞b

(C) D=A＞c＞a＞b　　(D) D＞A＞a＞c＞b

**【答案】**(B)

构件 D 为底部框架柱，A 为顶部框架柱，c 为支撑，a 为框架梁，b 为消能梁段。根据《钢标》17.1.5 条 4 款，框架-偏心支撑结构的支撑系统，同层框架柱的性能系数宜高于支撑，支撑的性能系数宜高于框架梁，框架梁的性能系数应高于消能梁段，故 A＞c＞a＞b。

根据条文说明，构件D为关键构件，关键构件的性能系数不应低于一般构件，故D>A。

**【例 7.3.8】**自编题

基本题干同例7.3.7，在钢结构抗震性能化设计中，构件和节点均满足既定的性能目标设计要求。现对结构进行罕遇地震下结构的弹塑性变形分析，试问，框架柱D的弹塑性层间位移（mm），不应超过下列何项数值？

(A) 75　　(B) 100　　(C) 125　　(D) 150

**【答案】**(C)

根据《钢标》17.1.4条2款，8度丙类建筑，塑性耗能区承载性能等级为性能7。

根据《钢标》17.1.4条4款及表17.1.4-2，结构构件最低延性等级为Ⅰ级。

根据《钢标》17.1.4条5款，延性等级为Ⅰ级时，结构弹塑性层间位移角限值可增加25%。

查《抗规》表5.5.5，钢结构弹塑性层间位移角限值为1/50。

竖向构件D的弹塑性层间位移：

$$\Delta u = 1/50 \times 125\% \times 5000 = 125\text{mm}$$

**【例 7.3.9】**自编题

基本题干同例7.3.7，在钢结构抗震性能化设计中，假定，塑性耗能区承载性能等级采用性能7，已知不同构件的实际性能系数计算结果如表7.3-1所示。

**各构件的实际性能系数**　　**表 7.3-1**

| 构件 | RF层框架梁 | RF层耗能梁 | 12F层框架梁 | 12F层耗能梁 |
|---|---|---|---|---|
| 实际性能系数 | 0.31 | 0.32 | 0.33 | 0.29 |

若框架柱E在各效应下底截面的弯矩标准值分别为：

恒荷载：$M_{gx} = 156\text{kN}\cdot\text{m}$

活荷载：$M_{qx} = 44\text{kN}\cdot\text{m}$；

水平设防弹性地震作用：$M_{Ehx} = 120\text{kN}\cdot\text{m}$；

竖向设防弹性地震作用：$M_{Evx} = 30\text{kN}\cdot\text{m}$。

试问，在进行框架柱E的强度验算时，底截面的设防地震弯矩性能组合值（kN·m），不应小于下列何项数值？

(A) 215　　(B) 235　　(C) 245　　(D) 265

**【答案】**(B)

根据《钢标》17.1.3条条文说明，塑性耗能区为框架梁端、耗能梁端。

由《钢标》式（17.2.2-1），$\Omega \geqslant \beta_e \Omega^a_{i,\min}$。项目采用Q345钢材，$\beta_e = 1.1\eta_y = 1.21$，$\Omega^a_{i,\min} = 0.31$，故：

$$\Omega \geqslant \beta_e \Omega^a_{i,\min} = 1.21 \times 0.31 = 0.3751$$

根据《钢标》式（17.2.3-1）：

$$\begin{aligned} S_{E2} &= S_{GE} + \Omega_i S_{Eh2} + 0.4 S_{Evk2} \\ &= 156 + 0.5 \times 44 + 0.3751 \times 120 + 0.4 \times 30 \\ &= 235\text{kN}\cdot\text{m} \end{aligned}$$

# 8 其他知识点真题解析

## 8.1 结构分析与稳定性设计

《钢标》第 5 章，结构分析与稳定性设计中，关于静力分析法的有关规定，可汇总如表 8.1-1 所示。

**《钢标》静力分析方法的相关规定** **表 8.1-1**

| 设计方法 | 整体初始几何缺陷 $P$-$\Delta$ | 构件初始缺陷、残余应力、几何非线性 $P$-$\delta$ | 计算长度系数 | 柱稳定系数 | 材料本构 | 荷载组合 | 构件设计 |
|---|---|---|---|---|---|---|---|
| 一阶弹性分析及设计 | 无 | 无。确定柱稳定系数时考虑 | 考虑 | 附录 D | 弹性 | 荷载效应线性组合 | E-P 方法 |
| 二阶 $P$-$\Delta$ 弹性分析与设计 | 按 5.2.1 条 | 无。确定柱稳定系数时考虑 | 轴心受压 ≤1.0 | 附录 D | 弹性 | 非线性组合 | E-P 方法 |
| 直接分析法（不考虑材料弹塑性） | 按 5.2.1 条 大跨按 5.5.10 条 | 5.2.2 条 | — | — | 弹性 | 非线性工况 | 按 5.5.7 条 式(5.5.7-1)～式(5.5.7-4) |
| 直接分析法（考虑材料弹塑性） | 按 5.2.1 条 大跨按 5.5.10 条 | 5.5.8 条、5.5.9 条 | — | — | 理想弹塑性 | 非线性工况 | 根据 5.5.7 条，按式(5.5.7-1)、式(5.5.7-2)、式(5.5.7-5)、式(5.5.7-6)设计（满足 S2 时）；按式(5.5.7-3)、式(5.5.7-4)设计（不满足 S2 时） |

注：1. 分析方法选择见 5.1.6 条、5.1.9 条、5.5.10 条。

2. 二阶 $P$-$\Delta$ 弹性分析与设计，采用一阶弹性分析及设计放大时，详见 5.4.2 条。

**【例 8.1.1】** 2020 上午 30 题

假定，某幕墙结构，如图 2020-30 所示。构件的安全等级均为二级，所有构件均采用 Q235 钢制作，梁柱均采用焊接 H 形截面，结构最大二阶效应系数为 0.21。

关于本结构内力分析方法，下列何项观点相对合理？

（A）本结构内力分析宜采用二阶 $P$-$\Delta$ 弹性分析或直接分析

（B）本结构内力分析不可采用二阶 $P$-$\Delta$ 弹性分析

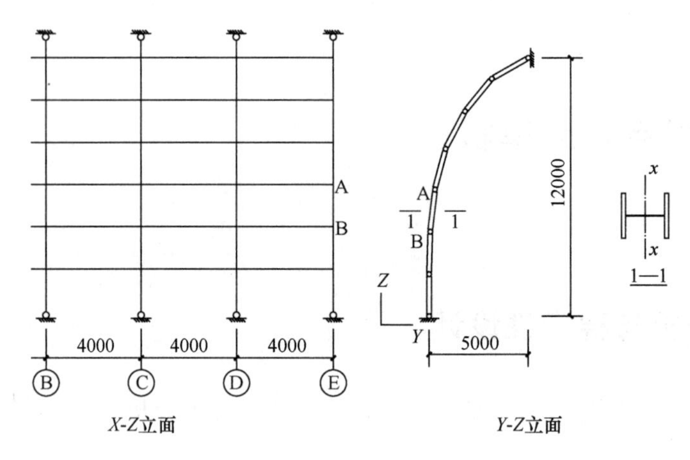


图 2020-30

(C) 本结构内力分析不可采用直接分析

(D) 本结构内力分析宜采用一阶弹性分析

**【答案】**(A)

根据《钢标》5.1.6 条，$\theta_{i,\max}^{\text{II}}=0.21>0.1$，且$<0.25$，宜采用 $P$-$\Delta$ 弹性分析或直接分析。

**【例 8.1.2】**2020 上午 31 题

基本题干同例 8.1.2。假定，本结构内力分析采用直接分析，内力分析时不考虑材料弹塑性发展。试问，AB 构件在 $YZ$ 平面内的初始弯曲缺陷值 $e_0/l$，应采用下列何项数值?

(A) 1/400　　(B) 1/350　　(C) 1/300　　(D) 1/250

**【答案】**(B)

根据《钢标》表 7.2.1-1，焊接截面，$x$ 轴的截面分类均为 b 类。

根据《钢标》表 5.2.2，直接分析，不考虑材料弹塑性发展，可直接查表 5.2.2，初始缺陷为 1/350。

**【例 8.1.3】**2014 上午 24 题

某 4 层钢结构商业建筑，层高 5m，房屋高度 20m，抗震设防烈度 8 度，采用框架结构。假定，框架柱几何长度为 5m，采用二阶弹性分析方法计算且考虑假想水平力时，关于框架柱稳定性计算，下列何项说法正确?

(A) 只需计算强度，无须计算稳定　　(B) 计算长度取 4.275m

(C) 计算长度取 5m　　(D) 计算长度取 7.95m

**【答案】**(C)

根据《钢标》5.4.1 条，计算长度系数 $\mu=1$，计算长度为 5m。

**【例 8.1.4】**2010 上午 28 题

钢结构框架内力分析，$\dfrac{\Sigma N\cdot\Delta u}{\Sigma H\cdot h}$ 至少大于下列何项数值时，宜采用二阶弹性分析?

**提示:** $\Sigma N$——所计算楼层各柱轴心压力设计值之和；

$\Sigma H$——产生层间侧移 $\Delta u$ 的所计算楼层及以上各层的水平荷载之和；

$\Delta u$——按一阶弹性分析求得的所计算楼层的层间侧移；

$h$——所计算楼层的高度。

(A) 0.10　　(B) 0.15　　(C) 0.20　　(D) 0.25

**【答案】**(A)

依据《钢标》5.1.6 条，选择（A)。

## 8.2 钢管连接节点

**【例 8.2.1】** 2020 上午 20 题

如图 2020-20 所示，只承受节点荷载的某钢桁架，跨度 30m，两端各悬挑 6m，桁架高度 4.5m，钢材采用 Q345，杆件 AB 和 CD 均采用热轧无缝钢管 D350×14，$A=147.8\text{cm}^2$，采用无加劲直接焊接的平面节点。拉杆 CD 连续，压杆 AB 在交叉点处断开相贯焊于 CD 管，并忽略杆 AB 的次弯矩。

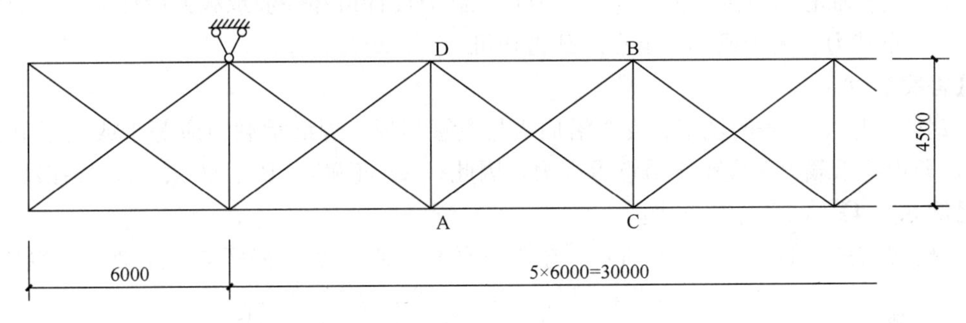


图 2020-20

试问，杆件 AB 在交叉节点处的承载力设计值（kN），与下列何项数值最为接近？

(A) 1650　　(B) 1780　　(C) 3950　　(D) 4300

**【答案】**(B)

根据《钢标》13.3.2 条 1 款计算。CD 主管受拉，AB 直管受压。

$\psi_n=1.0$，$\beta=\dfrac{D_i}{D}=\dfrac{350}{350}=1.0$。

由 $\dfrac{\theta}{2}=\arctan\dfrac{2250}{3000}$ 得 $\theta=73.74°$，则 $\sin\theta=\sin73.74°=0.96$。

$$N_{cx}=\frac{5.45}{(1-0.81\beta)\sin\theta}\psi_n t^2 f=\frac{5.45}{(1-0.81\times1)\times0.96}\times1.0\times14^2\times305=1786.2\text{kN}$$

**【例 8.2.2】** 2020 上午 21 题

基本题干同例 8.2.1。试问，杆件 AB 和 CD 连接的角焊缝计算长度（mm）与下列何项数值最为接近？

(A) 1100　　(B) 1150　　(C) 1200　　(D) 1300

**【答案】**(C)

根据《钢标》式（13.3.9-3）计算。

$$D_i/D=1.0。$$

由 $\dfrac{\theta}{2}=\arctan\dfrac{2250}{3000}$ 得 $\theta=73.74°$，则 $\sin\theta=\sin73.74°=0.96$。

$$
\begin{aligned}
l_{\mathrm{w}} &= (3.81D_i - 0.389D)\left(\frac{0.534}{\sin\theta_i} + 0.466\right)\\
&= (3.81\times 350 - 0.389\times 350)\times\left(\frac{0.534}{0.96} + 0.466\right)\\
&= 1224\mathrm{mm}
\end{aligned}
$$

**【编著注】**《钢标》式（13.3.9-2）、式（13.3.9-3）中的 0.446 应为 0.466。对于本题，不影响选项。

**【例 8.2.3】** 2018 上午 28 题

关于钢管连接节点，下列何项说法符合《钢结构设计标准》GB 50017—2017 的规定？

（A）支管沿周边与主管相焊，焊缝承载力不应小于节点承载力

（B）支管沿周边与主管相焊，节点承载力不应小于焊缝承载力

（C）焊缝承载力必须等于节点承载力

（D）支管轴心内力设计值不应大于节点承载力设计值和焊缝承载力设计值，至于焊缝承载力，大于或小于节点承载力均可

**【答案】**（A）

《钢标》13.3.8 条的规定，支管沿周边与主管相焊，焊缝承载力应等于或大于节点承载力，即焊缝承载力不应小于节点承载力，因此（A）正确，（B）、（C）、（D）错误。

**【例 8.2.4】** 2017 上午 26 题

某桁架结构，如图 2017-26 所示。桁架上弦杆、腹杆及下弦杆均采用热轧无缝钢管，

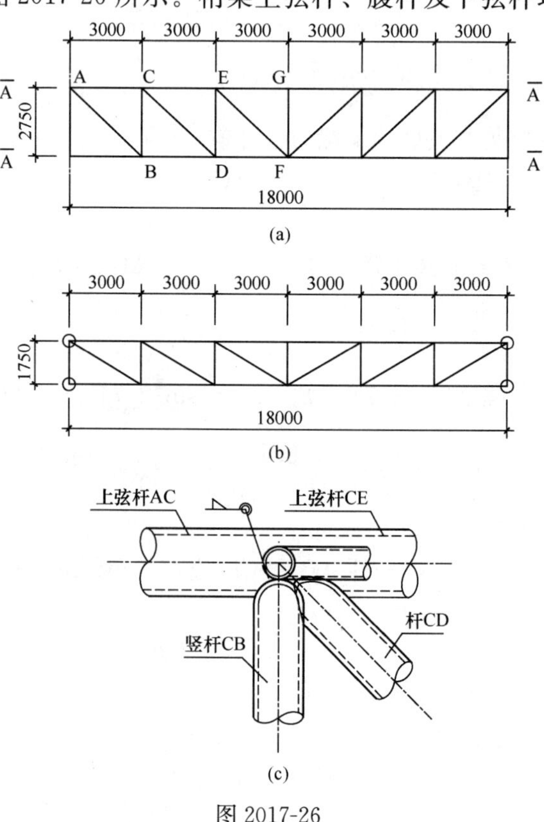


图 2017-26

（a）桁架简图；（b）A-A；（c）节点 C

桁架腹杆与桁架上、下弦杆直接焊接连接；钢材均采用 Q235B 钢，手工焊接使用 E43 型焊条。

桁架腹杆与上弦杆在节点 C 处的连接如图 2017-26（c）所示。上弦杆主管贯通，腹杆支管搭接，主管规格为 D140×6，支管规格为 D89×4.5，杆 CD 与上弦主管轴线的交角为 $\theta_t=42.51°$。假定，节点 C 处支管 CB 受压。试问，受拉支管 CD 的承载力设计值（kN），与下列何项数值最为接近?

**提示：**支管为非全搭接型，搭接率为 45%。

（A）195　（B）181　（C）175　（D）165

**【答案】**（B）

根据《钢标》13.3.3 条 2 款，空间 KK 型，由 13.3.2 条 4 款：

$$\beta=\frac{89}{140}=0.636,\gamma=\frac{D}{2t}=\frac{140}{2\times 6}=11.67$$

$$\tau=\frac{4.5}{6}=0.75,\ \eta_{ov}=0.45$$

$$\phi_q=0.636^{0.45}\times 11.67\times 0.75^{0.8-0.45}=8.61$$

$$N_{tk}=\left(\frac{29}{8.61+25.2}-0.074\right)\times\frac{\pi}{4}(89^2-80^2)\times 215=201\text{kN}$$

$$N_{tkk}=0.9\times 201=180.9\text{kN}$$

**【例 8.2.5】**2017 上午 27 题

设计条件及节点构造同例 8.2.4。假定，支管 CB 与上弦主管间用角焊缝连接，焊缝全周连续焊接并平滑过渡，焊脚尺寸 $h_f=6$mm。试问，该焊缝的承载力设计值（kN），与下列何项数值最为接近?

**提示：**正面角焊缝的强度设计值增大系数 $\beta_f=1.0$。

（A）190　（B）180　（C）170　（D）160

**【答案】**（A）

$d_i/d=89/140=0.64\leqslant 0.65$，$\theta_i=90°$。

根据《钢标》13.3.9 条 1 款计算：

$$l_w=(3.25d_i-0.025d)\left(\frac{0.534}{\sin\theta_i}+0.466\right)=3.25\times 89-0.025\times 140=286\text{mm}$$

$$N=0.7h_f l_w\beta_f f_f^w=0.7\times 6\times 286\times 1\times 160\times 10^{-3}=192.2\text{kN}$$

**【例 8.2.6】**2009 上午 29 题

以下有关钢管结构的观点，其中何项符合《钢结构设计标准》GB 50017—2017 的要求?

（A）对于 Q345 钢材，圆钢管的外径与壁厚之比不应超过 146

（B）主管内设置未开孔的加劲肋时，加劲肋厚度应不小于支管壁厚，也不宜小于主管壁厚的 2/3 和主管内径的 1/40

（C）圆形钢管，主管与支管轴线间的夹角不得小于 45°

（D）圆形主管表面贴加强板时，加强板厚度不宜小于主管的壁厚

**【答案】**（B）

依据《钢标》13.2.3条2款，选择（B）。

## 8.3 疲劳与防脆断设计

**【例8.3.1】** 2018上午23题

关于常幅疲劳计算，当$n \leqslant 5 \times 10^6$时，下列何项说法正确？

（A）应力变化的循环次数越多，容许应力幅越小；构件和连接的类别序数越大，容许应力幅越大

（B）应力变化的循环次数越多，容许应力幅越大；构件和连接的类别序数越大，容许应力幅越小

（C）应力变化的循环次数越少，容许应力幅越小；构件和连接的类别序数越大，容许应力幅越大

（D）应力变化的循环次数越少，容许应力幅越大；构件和连接的类别序数越大，容许应力幅越小

**【答案】**（D）

根据《钢标》式（16.2.2-2）可知，应力变化的循环次数越少，容许应力幅越大；构件和连接的类别序数越大，容许应力幅越小。

**【例8.3.2】** 2010上午20题

某单层单跨工业厂房为钢结构，厂房柱距21m，设置有两台重级工作制的软钩吊车，吊车每侧有4个车轮，最大轮压标准值$P_{k,max}=355$kN，吊车轨道高度$h_R=150$mm，每台吊车的轮压分布如图2010-20（a）所示。吊车梁为焊接工字形截面如图2010-20（b）所示。横向加劲肋间距为1000mm，纵向加劲肋距离上翼缘内侧为1000mm。钢梁采用Q345C钢制作，焊条采用E50型。图中长度单位为mm。吊车梁由一台吊车荷载引起的最大竖向弯矩标准值$M_{k,max}=5583.5$kN·m。试问，考虑欠载效应，吊车梁下翼缘与腹板连接处腹板的疲劳应力幅（N/mm²），与下列何项数值最为接近？

（A）74　　（B）70　　（C）66　　（D）53

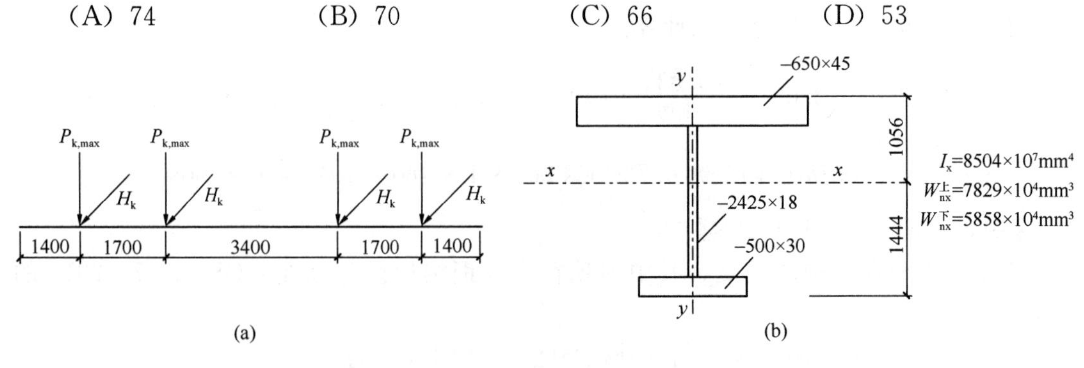


图2010-20

**【答案】**（A）

依据《钢标》16.2.4条，题目要求计算的是$\alpha_f \Delta\sigma$。

由于$\Delta\sigma=\sigma_{max}-\sigma_{min}$，且$\sigma_{max}$与$\sigma_{min}$中均包含相同的永久荷载效应，故可以用可变荷载引起的应力表示$\Delta\sigma$。下翼缘与腹板连接处的应力幅：

$$\Delta\sigma=\frac{5583.5\times10^6}{5858\times10^4}\times\frac{1444-30}{1444}=93.3\text{N/mm}^2$$

查《钢标》表 16.2.4 得到 $\alpha_f=0.8$，于是

$$\alpha_f\Delta\sigma=0.8\times93.3=74.6\text{N/mm}^2$$

## 8.4 柱脚设计

**【例 8.4.1】** 2021 上午 17 题

埋入式柱脚，焊接截面 H1000×400×14×25，C30 混凝土，弯矩 $M=2500\text{kN}\cdot\text{m}$，忽略剪力，试问，埋入深度最小值 $d$(mm) 与下列何项数值最为接近？

(A) 1325　　(B) 1500　　(C) 1650　　(D) 1800

**【答案】**(B)

根据《钢标》12.7.9 条及表 12.7.10 确定。

构造要求：最小埋入深度 $d=1.5h_c=1.5\times1000=1500\text{mm}$。

计算要求：

$$\frac{V}{b_fd}+\frac{2M}{b_fd^2}+\frac{1}{2}\sqrt{\left(\frac{2V}{b_fd}+\frac{4M}{b_fd^2}\right)^2+\frac{4V^2}{b_f^2d^2}}\leqslant f_c$$

由于 $V=0$，则

$$\frac{4M}{b_fd^2}\leqslant f_c$$

$$\frac{4\times2500\times10^6}{400d^2}\leqslant14.3$$

解得：$d\geqslant1322\text{mm}$。

综上，取 1500mm。

**【编者注】** 考试中，若需按《钢标》式（12.7.9-1）、式（12.7.9-2）进行柱脚埋深计算，可将选项依次代入验算，避免解方程的繁琐。

**【例 8.4.2】** 2018 上午 20 题

假定，柱脚竖向压力设计值为 163.2kN，水平反力设计值为 30kN。试问，关于如图 2018-20 所示的柱脚，下列何项说法符合《钢结构设计标准》GB 50017—2017 的规定？

(A) 柱与底板必须采用熔透焊缝

(B) 底板下必须设抗剪键承受水平反力

(C) 必须设置预埋件与底板焊接

(D) 可以通过底板与混凝土基础间的摩擦传递水平反力

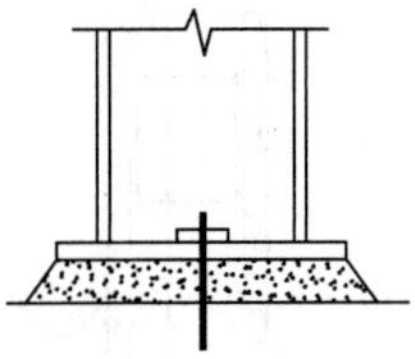

图 2018-20

**【答案】**(D)

$$162.3\times0.4=64.92\text{kN}>30\text{kN}$$

根据《钢标》12.7.4 条，水平反力可由底板与混凝土基础间的摩擦力承受。

**【编者注】** 由于钢结构的安装精度要求远远高于混凝土，因此进行外露式柱脚设计时，钢结构与混凝土间的连接应采用便于调整的连接方式，如锚栓连接，在实际工程应用中，通过底板与混凝土基础间的摩擦传递水平反力最为安全经济。

**【例 8.4.3】**2013 上午 23 题

某轻屋盖单层钢结构多跨厂房，中列厂房柱采用单阶钢柱，钢材采用 Q345 钢。下段钢柱为双肢格构式构件。厂房钢柱的截面形式和截面尺寸如图 2013-23 所示。

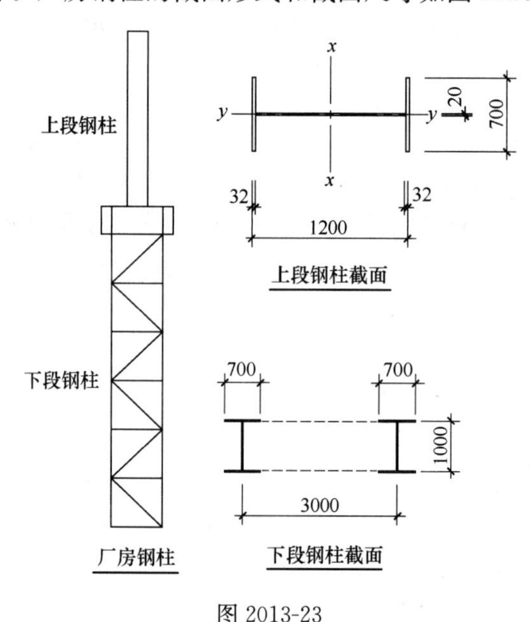


图 2013-23

厂房钢柱采用插入式柱脚。试问，若仅按抗震构造措施要求，厂房钢柱的最小插入深度（mm）应与下列何项数值最为接近？

（A）2500　　（B）2000　　（C）1850　　（D）1500

**【答案】**（A）

根据《抗规》9.2.16 条，格构式柱的最小插入深度不得小于单肢截面高度（或外径）的 2.5 倍，且不得小于柱总宽度的 0.5 倍。

$$2.5\times1000=2500\text{mm}>0.5\times(3000+700)=1850\text{mm}$$

**【例 8.4.4】**2012 上午 21 题

某钢结构平台，由于使用中增加荷载，需增设一格构柱，柱高 6m，两端铰接，轴心压力设计值为 1000kN，钢材采用 Q235 钢，焊条采用 E43 型，截面无削弱，格构柱如图 2012-21 所示，截面特性如表 2012-21 所示。

**提示：**所有板厚均≤16mm。

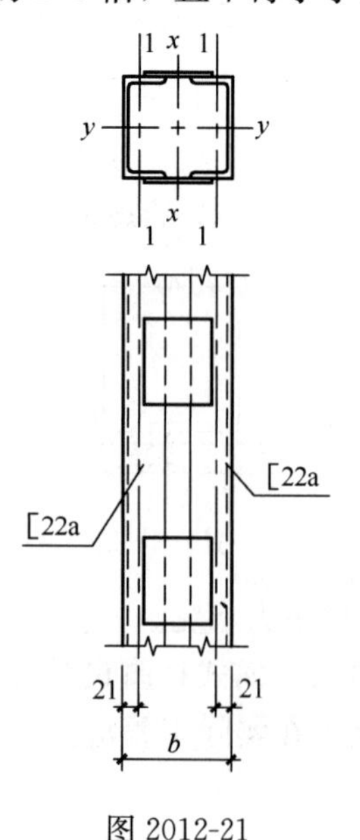


图 2012-21

**截面特性　　表 2012-21**

| 截面 | $A$ (mm²) | $I_1$ (mm⁴) | $i_y$ (mm) | $i_1$ (mm) |
|---|---|---|---|---|
| [22a | 3180 | $1.58\times10^6$ | 86.7 | 22.3 |

柱脚底板厚度为 16mm，端部要求铣平，总焊缝计算长度取 $l_w$ =1040mm。试问，柱与底板间的焊缝采用下列何种做法最为合理？

(A) 角焊缝连接，焊脚尺寸为 8mm

(B) 柱与底板焊透，一级焊缝质量要求

(C) 柱与底板焊透，二级焊缝质量要求

(D) 角焊缝连接，焊脚尺寸为 12mm

**【答案】**(A)

很多柱脚在任何工况下都不会产生拉力，或只有很小的拉力，柱与底板的焊接通过计算采用角焊缝连接较为合理。

根据《钢标》12.7.3 条，焊脚尺寸应满足 $h_f \geqslant \frac{15\% \times 1000 \times 10^3}{0.7 \times 160 \times 1040} = 1.28\text{mm}$。

# 参 考 文 献


[1] 中华人民共和国住房和城乡建设部. 钢结构设计标准：GB 50017—2017[S]. 北京：中国建筑工业出版社，2018.

[2] 中华人民共和国住房和城乡建设部. 建筑抗震设计规范：GB 50011—2010(2016年版)[S]. 北京：中国建筑工业出版社，2016.

[3] 本书编委会. 全国一级注册结构工程师专业考试试题解答及分析(2012～2018)[M]. 北京：中国建筑工业出版社，2019.

[4] 但泽义，柴昶，李国强，等. 钢结构设计手册[M]. 北京：中国建筑工业出版社，2018.

[5] 中国建筑标准设计研究院.《钢结构设计标准》图示：20G108-3[M]. 北京：中国计划出版社，2020.

[6] 沈祖炎，陈以一，陈扬骥，等. 钢结构基本原理[M]. 3版. 北京：中国建筑工业出版社，2018.

[7] 姚谏，夏志斌. 钢结构原理[M]. 北京：中国建筑工业出版社，2020.

[8] 姚谏，夏志斌. 钢结构设计：方法与例题[M]. 2版. 北京：中国建筑工业出版社，2019.

[9] 兰定筠. 一、二级注册结构工程师专业考试应试技巧与题解[M]. 11版. 北京：中国建筑工业出版社，2019.

[10] 朱炳寅. 钢结构设计标准理解与应用[M]. 北京：中国建筑工业出版社，2020.

[11] 崔佳，魏明钟，赵熙元，等. 钢结构设计规范理解与应用[M]. 北京：中国建筑工业出版社，2004.

[12] 陈绍蕃. 钢结构设计原理[M]. 4版. 北京：科学出版社，2016.

[13] 朱炳寅. 建筑抗震设计规范应用与分析 GB 50011—2010[M]. 2版. 北京：中国建筑工业出版社，2017.

执业资格考试丛书

# 注册结构工程师专业考试规范解析·解题流程·考点算例

## ③ 砌体与木结构

吴伟河　孙利骄　编著

中国建筑工业出版社

**图书在版编目（CIP）数据**

注册结构工程师专业考试规范解析·解题流程·考点算例. 3，砌体与木结构 / 吴伟河，孙利骄编著. — 北京：中国建筑工业出版社，2022.2
（执业资格考试丛书）
ISBN 978-7-112-26989-1

Ⅰ. ①注… Ⅱ. ①吴… ②孙… Ⅲ. ①建筑结构—资格考试—自学参考资料②砌体结构—资格考试—自学参考资料③木结构—资格考试—自学参考资料 Ⅳ. ①TU3

中国版本图书馆 CIP 数据核字（2021）第 266995 号

# 前　　言

注册结构工程师专业考试涉及的专业知识覆盖面较广，如何在有限的复习时间里，掌握考试要点，提高复习效率，是每一个考生希望解决的问题。本书以现行注册结构工程师专业考试大纲为依据，以考试所用规范规程为基础，结合【羿学堂】注册结构工程师专业考试考前培训授课经验以及工程结构设计实践经验编写而成。

现就本书的适用范围、编写方式及使用建议等作如下说明。

**一、适用范围**

本书主要适用于一、二级注册结构工程师专业考试备考考生。

**二、编写方式**

（1）本书主要包括混凝土结构、钢结构、砌体与木结构、地基基础、高层与高耸结构、桥梁结构6个分册。其中，各科目涉及的荷载及地震作用的相关内容，《混凝土结构设计规范》GB 50010—2010第11章的构件内力调整的相关内容，均放在高层分册中。各分册根据考点知识相关性进行内容编排，将不同出处的类似或相关内容全部总结在一起，可以大大节省翻书的时间，提高做题速度。

（2）大部分考点下设“主要的规范规定”“对规范规定的理解”“历年真题解析”三个模块。“主要的规范规定”里列出该考点涉及的主要规范名称、条文号及条文要点；“对规范规定的理解”则是深入剖析规范条文，必要时，辅以简明图表，并在流程化答题步骤中着重梳理易错点、系数取值要点等内容；“历年真题解析”则选取了历年真题中典型的题目，讲解解答过程，以帮助考生熟悉考试思路。对历年未考过的考点，则设置了高质量的自编题，以防在考场上遇到而无从下手。本书所有题目均依据现行规范解答，出处明确，过程详细，并带有知识扩展。部分题后备有注释，讲解本题的关键点和复习时的注意事项，明确一些存在争议的问题。

（3）为节省篇幅，本书涉及的规范名称，除试题题干采用全称外，其余均采用简称。《砌体与木结构》分册涉及的主要规范及简称如表1所示。

**《砌体与木结构》分册中主要规范及简称**　　　　**表1**

| 规范全称 | 本书简称 |
| --- | --- |
| 《建筑结构可靠性设计统一标准》GB 50068—2018 | 《可靠性标准》 |
| 《建筑结构荷载规范》GB 50009—2012 | 《荷规》 |
| 《建筑抗震设计规范》GB 50011—2010（2016年版） | 《抗规》 |
| 《建筑工程抗震设防分类标准》GB 50223—2008 | 《分类标准》 |
| 《混凝土结构设计规范》GB 50010—2010（2015年版） | 《混规》 |
| 《砌体结构设计规范》GB 50003—2011 | 《砌规》 |
| 《木结构设计标准》GB 50005—2017 | 《木标》 |

续表

| 规范全称 | 本书简称 |
| --- | --- |
| 《砌体结构工程施工质量验收规范》GB 50203—2011 | 《砌验规》 |
| 《砌体结构工程施工规范》GB 50924—2014 | 《砌施规》 |
| 《木结构工程施工规范》GB/T 50772—2012 | 《木施规》 |
| 《木结构工程施工质量验收规范》GB 50206—2012 | 《木验规》 |

**三、使用建议**

本书涵盖专业考试绝大部分基础考点，知识框架体系较为完整，逻辑性强，有助于考生系统地学习和理解各个考点。之后，再通过有针对性的练习，既巩固上一阶段复习效果，还可以熟悉命题规律，抓住复习重点，具有较强的应试针对性。

对于基础薄弱、上手困难，学习多遍仍然掌握不了本书精髓，多年考试未能通过的考生，可以购买注册考试网络培训课程。课程从编者思路出发，帮你快速上手、高效复习，全面深入地掌握本书及考试相关内容。

此外，编者提醒考生，一本好的辅导教材虽然有助于备考，但自己扎实的专业基础才是根本，任何时候都不能本末倒置，辅导教材只是帮你熟悉、理解规范，最终还是要回归到规范本身。正确理解规范的程度和准确查找规范的速度是检验备考效率的重要指标，对规范的规定要在理解其表面含义的基础上发现其隐含的要求和内在逻辑，并学会在实际工程中综合应用。

**四、致谢**

本书在编写过程中参考了朱炳寅、兰定筠等前辈的著作，中国建筑工业出版社刘瑞霞、武晓涛两位老师在审稿、编辑润色等方面的工作给作者带来巨大的帮助与启发，在此一并致以崇高的敬意和衷心的感谢。

由于编者水平有限，书中难免存在疏漏及不足，欢迎读者加入 QQ 群 895622993 或添加吴工微信“TandEwwh”，对本书展开讨论或提出批评建议。另外，微信公众号“注册结构”会发布本书的相关更新信息，欢迎关注。

最后祝大家取得好的成绩，顺利通过考试。

# 本册目录

# 1 砌体结构材料及计算指标

**1. 主要的规范规定**

1）《砌规》3.1 节、附录 A：砌体结构材料。

2）《砌规》3.2 节、附录 B：砌体结构计算指标。

**2. 对规范规定的理解**

1）砌体结构主要材料为块体和砂浆。块体材料按强度等级分类，用于承重结构和自承重墙时，见《砌规》3.1.1 条和 3.1.2 条；砂浆主要有水泥砂浆（M）、混合砂浆（M）、用于混凝土砖及混凝土砌块的砂浆（Mb）、蒸压灰砂砖或蒸压粉煤灰砖的专用砂浆（Ms）。

2）施工质量控制等级见《砌体结构工程施工质量验收规范》GB 50203—2011 的 3.0.15 条。

《砌规》4.1.5 条文说明：当采用 C 级时，砌体强度设计值应乘第 3.2.3 条的 $\gamma_a$，$\gamma_a$＝0.89；当采用 A 级施工质量控制等级时，可将表中砌体强度设计值提高 5％。

3）砌体的抗压强度设计值根据块体和砂浆类型查《砌规》表 3.2.1-1～表 3.2.1-7，表中数值为施工质量控制等级为 B 级时的数值。查表注意点见表 1.1-1。

**砌体的抗压强度设计值查表注意点** **表 1.1-1**

| 砌体类型 | 注意点 |
|---|---|
| 烧结普通砖、烧结多孔砖 | 烧结多孔砖的孔洞率＞30％时，查表数值×0.9 |
| 混凝土普通砖、混凝土多孔砖 | 查表取值 |
| 蒸压灰砂普通砖、蒸压粉煤灰普通砖 | 表中数值同时适用于普通砂浆和专用砂浆的情况 |
| 单排孔混凝土砌块、轻集料混凝土砌块对孔砌筑 | 独立柱或厚度为双排组砌的砌块砌体，×0.7；<br>T 形截面墙、柱，×0.85；<br>两种情况均有时，连乘 |
| 双排孔或多排孔轻集料混凝土砌块 | 表中的砌块为火山渣、浮石和陶粒轻集料混凝土砌块<br>厚度方向为双排组砌时，×0.8 |
| 块体高度为 180～350mm 的毛料石砌体（料石：加工过的毛石，见附录 A） | 细料石砌体，×1.4<br>粗料石砌体，×1.2<br>干砌勾缝石砌体，×0.8 |
| 毛石砌体 | 查表取值 |
| 单排孔混凝土砌块对孔砌筑时的抗压、抗剪强度设计值 | 详见本节第 7）点 |
| 其他注意点：施工阶段尚未硬化的新砌砌体，按砂浆强度为 0 查表（3.2.4 条） | |

4）砌体的轴心抗拉强度设计值 $f_t$、弯曲抗拉强度设计值 $f_{tm}$、抗剪强度设计值 $f_v$ 根据块体和砂浆类型查规范表 3.2.2，表中数值为施工质量控制等级为 B 级时的数值。

（1）通缝和齿缝（图 1.1-1）：对于某段砌体墙，如果以墙体面内水平方向作为 $x$ 轴，以竖直方向作为 $y$ 轴，那么，若力产生绕 $x$ 轴的弯矩，会发生“沿通缝破坏”；若力产生绕 $y$ 轴的弯矩，则是发生“沿齿缝破坏”。

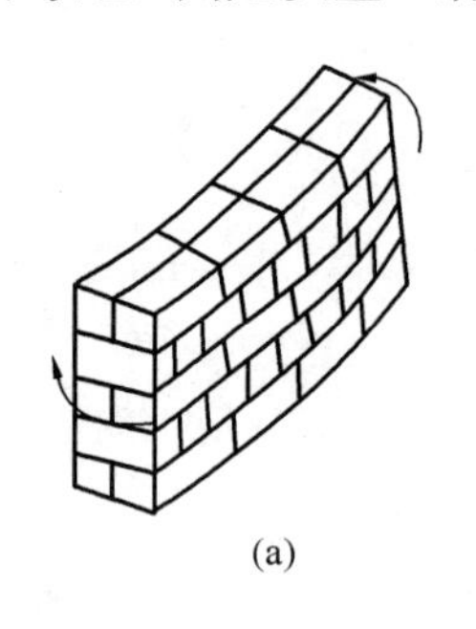
(a)

(b)

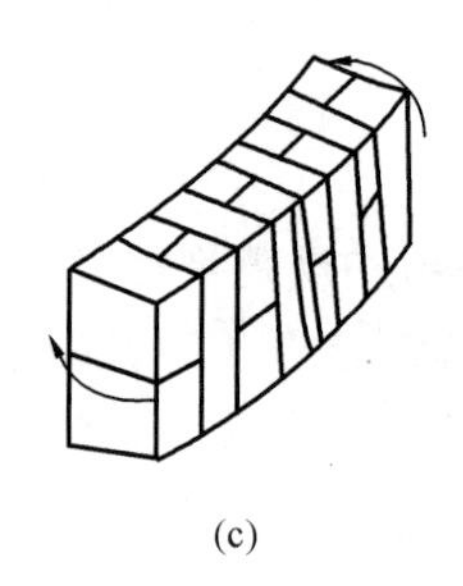
(c)

图 1.1-1
（a）齿缝；（b）块体和竖向灰缝；（c）通缝

（2）蒸压灰砂砖或蒸压粉煤灰砖采用专用砂浆时，其砌体抗剪强度设计值 $f_v$ 按相同砂浆等级的烧结普通砖取值（未采用 Ms 系列专用砂浆时，只能取相同砂浆等级烧结普通砖的 70%）。

5）砌体的强度调整系数 $\gamma_a$ 归纳如表 1.1-2 所示。

**砌体强度设计值调整系数 $\gamma_a$** **表 1.1-2**

| 使用情况 | $\gamma_a$ |
|---|---|
| 小面积调整 | 根据砌体部分面积 $A$ 进行调整，其中 $A$ 以 $m^2$ 计，且仅指砌体部分面积<br>无筋砌体构件：面积 $A<0.3m^2$ 时，$\gamma_a=A+0.7$<br>配筋砌体构件：砌体部分面积 $A<0.2m^2$ 时，$\gamma_a=A+0.8$ |
| 采用小于 M5.0 的水泥砂浆时 | （即 M2.5 水泥砂浆时，不含 M5.0 和 M0）<br>抗压强度设计值：3.2.1 条中各表数值 $\gamma_a=0.9$<br>轴心抗拉、弯曲抗拉、抗剪强度设计值：3.2.2 条中各表数值 $\gamma_a=0.8$ |
| 施工阶段 | 验算施工中房屋构件，$\gamma_a=1.1$<br>施工阶段砂浆尚未硬化的新砌砌体的强度和稳定性，可按砂浆强度为 0 进行验算 |
| 施工质量控制等级 | 《砌规》4.1.5 条条文说明，A 级：$\gamma_a=1.05$；C 级：$\gamma_a=0.89$ |

注：对砌体强度查表后的数值应进行上述调整。上述前三种情况同时存在时，应连乘。

关于小面积调整，5.2 节砌体的局部受压计算时，局部受压面积小于 $0.3m^2$ 时，可不考虑 $\gamma_a$ 的影响，此处理解存在争议。砌体的小面积折减系数，主要用于柱（墙应按全截面计算，而不是按每延米计算，一般不控），适合于全截面均匀受力的构件，局压（局部均匀受力）构件可不考虑。

6）砌体的线膨胀系数、收缩率、弹性模量相关注意事项如下：

（1）线膨胀系数：温度每升高 1℃，单位长度的伸长量。

（2）收缩率：物质干燥后的变形与原尺寸之比。

（3）确定弹性模量 $E$ 时，所采用的砌体抗压强度设计值 $f$ 不进行小面积、砂浆强度情况、施工阶段验算情况的调整。

7）单排孔混凝土砌块对孔砌筑灌孔砌体计算指标解题流程：

（1）抗压强度设计值 $f_g$：

① 查表确定 $f$，并进行强度调整 $f \times \gamma_a$。

② 混凝土砌块砌体的灌孔混凝土强度等级不应低于 Cb20，且不应低于 1.5 倍的块体强度等级。（C20：$f_c = 9.6$MPa，$f_t = 1.1$MPa）

③灌孔率 $\rho$ 不应小于 33%。当灌孔率 $\rho$ 小于 33%时，其强度设计值不考虑灌孔的影响，按无灌孔情况查《砌规》表 3.2.1-4。

④ 确定 $\alpha = \delta\rho$。

⑤ $f_g = f + 0.6\alpha f_c \leqslant 2f$。

（2）抗剪强度设计值 $f_{vg}$：$f_{vg} = 0.2f_g^{0.55}$。

（3）弹性模量 $E$：$E = 2000f_g$。

**3. 历年真题解析**

**【例 1.1.1】** 2012 上午 31 题

关于砌体结构的以下论述：

Ⅰ. 砌体的抗压强度设计值以龄期为 28d 的毛截面面积计算；

Ⅱ. 砂浆强度等级是用边长为 70.7mm 的立方体试块以 MPa 表示的抗压强度平均值确定；

Ⅲ. 砌体结构的材料性能分项系数，当施工质量控制等级为 C 级时，取为 1.6；

Ⅳ. 砌体施工质量控制等级分为 A、B、C 三级，当施工质量控制等级为 A 级时，砌体强度设计值可提高 10%。

试问，针对以上论述正确性的判断，下列何项正确？

（A）Ⅰ、Ⅳ正确，Ⅱ、Ⅲ错误　　（B）Ⅰ、Ⅱ正确，Ⅲ、Ⅳ错误

（C）Ⅱ、Ⅲ正确，Ⅰ、Ⅳ错误　　（D）Ⅱ、Ⅳ正确，Ⅰ、Ⅲ错误

**【答案】**（B）

依据《砌规》3.2.1 条，Ⅰ正确；

参见王庆霖等编著的《砌体结构》，Ⅱ正确；

依据《砌规》4.1.5 条，Ⅲ不正确；

依据《砌规》4.1.5 条条文说明，Ⅳ不正确。

**【编者注】** 砌体材料的强度取值贯穿于整个砌体考试中，应当熟练掌握考点，快速准确地查表取值，节省考试时间。

**【例 1.1.2】** 2017 上午 31 题

关于砌体结构设计的以下论述：

Ⅰ. 计算混凝土多孔砖砌体构件轴心受压承载力时，不考虑砌体孔洞率的影响；

Ⅱ. 通过提高块体的强度等级可以提高墙、柱的允许高厚比；

Ⅲ. 单排孔混凝土砌块对孔砌筑灌孔砌体抗压强度设计值，除与砌体及灌孔材料强度有关外，还与砌体灌孔率和砌块孔洞率指标密切相关；

Ⅳ. 施工阶段砂浆尚未硬化砌体的强度和稳定性，可按设计砂浆强度 0.2 倍选取砌体强度进行验算。

试问，针对以上论述正确性的判断，下列何项正确？

(A) Ⅰ、Ⅱ正确　　(B) Ⅰ、Ⅲ正确

(C) Ⅱ、Ⅲ正确　　(D) Ⅱ、Ⅳ正确

**【答案】**(B)

依据《砌规》5.1.1条和3.2.1条，Ⅰ正确；

依据《砌规》6.1.1条，Ⅱ不正确；

依据《砌规》3.2.1条5款，Ⅲ正确；

依据《砌规》3.2.4条，Ⅳ不正确。

**【例1.1.3】**2012上午32题

关于砌体结构设计与施工的以下论述：

Ⅰ.采用配筋砌体时，当砌体截面面积小于0.3$m^2$时，砌体强度设计值的调整系数为构件截面面积($m^2$)加0.7；

Ⅱ.对施工阶段尚未硬化的新砌砌体进行稳定验算时，可按砂浆强度为零进行验算；

Ⅲ.在多遇地震作用下，配筋砌块砌体剪力墙结构楼层最大弹性层间位移角不宜超过1/1000；

Ⅳ.砌体的剪变模量可按砌体弹性模量的0.5倍采用。

试问，针对以上论述正确性的判断，下列何项正确？

(A) Ⅰ、Ⅱ正确，Ⅲ、Ⅳ错误　　(B) Ⅰ、Ⅲ正确，Ⅱ、Ⅳ错误

(C) Ⅱ、Ⅲ正确，Ⅰ、Ⅳ错误　　(D) Ⅱ、Ⅳ正确，Ⅰ、Ⅲ错误

**【答案】**(C)

依据《砌规》3.2.3条，Ⅰ不正确；

依据《砌规》3.2.4条，Ⅱ正确；

依据《砌规》10.1.8条，Ⅲ正确；

依据《砌规》3.2.5条，Ⅳ不正确。

**【例1.1.4】**2011上午32题

关于砌体结构的设计，有下列四项论点：

Ⅰ.当砌体结构作为刚体需验算其整体稳定性时，例如倾覆、滑移、漂浮等，分项系数应取0.9；

Ⅱ.烧结黏土砖砌体的线膨胀系数比蒸压粉煤灰砖砌体小；

Ⅲ.当验算施工中房屋的构件时，砌体强度设计值应乘以调整系数1.05；

Ⅳ.《砌体结构设计规范》的强度指标是按施工质量控制等级为B级确定的，当采用A级时，可将强度设计值提高5%后采用。

试问，以下何项组合是全部正确的？

(A) Ⅰ、Ⅱ、Ⅲ　　(B) Ⅱ、Ⅲ、Ⅳ

(C) Ⅰ、Ⅲ、Ⅳ　　(D) Ⅱ、Ⅳ

**【答案】**(D)

依据《砌规》4.1.6条，Ⅰ不正确；

依据《砌规》表3.2.5-2，Ⅱ正确；

依据《砌规》3.2.3条，Ⅲ不正确；

依据《砌规》3.2.3条及4.1.5条条文说明，Ⅳ正确。

**【例 1.1.5】**2014 上午 34 题

一多层房屋配筋砌块砌体墙（如图 2014-34 所示），结构安全等级二级。砌体采用 MU10 级单排孔混凝土小型空心砌块、Mb7.5 级砂浆对孔砌筑，砌块的孔洞率为 40%，采用 Cb20($f_t=1.1$MPa) 混凝土灌孔，灌孔率为 43.75%。构造措施满足规范要求，砌体施工质量控制等级为 B 级。试问，砌体的抗剪强度设计值 $f_{vg}$（MPa）与下列何项数值最为接近？

**提示：**小数点后四舍五入取两位。

(A) 0.33　　(B) 0.38　　(C) 0.40　　(D) 0.48

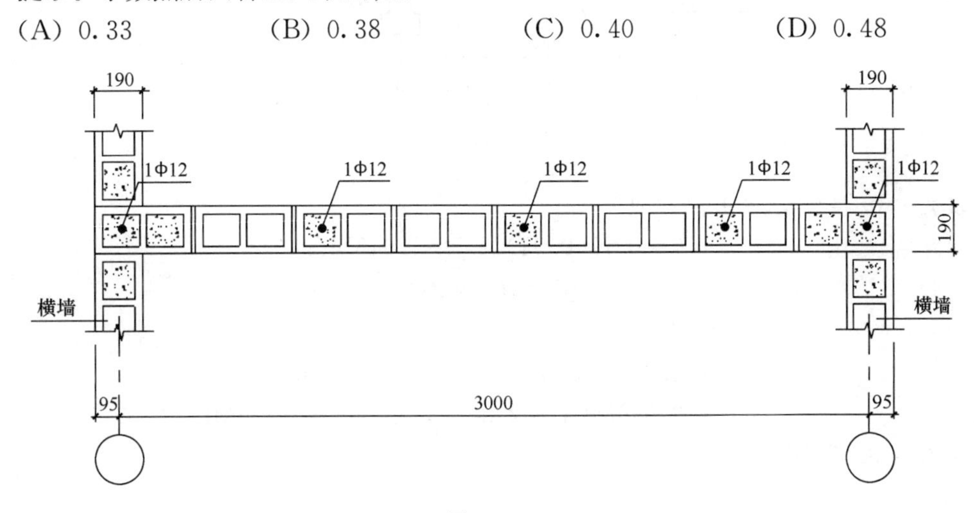


图 2014-34

**【答案】**(C)

根据《砌规》表 3.2.1-4，砌体抗压强度 $f=2.5$MPa。

根据《砌规》式（3.2.1-2）：

$$\alpha=\delta\rho=0.4\times43.75\%=0.175$$

根据《砌规》式（3.2.1-1），灌孔砌体的抗压强度设计值：

$f_g=f+0.6\alpha f_c=2.5+0.6\times0.175\times9.6=3.508<2f=2\times2.5=5.0\text{MPa}$

取 $f_g=3.508$MPa。

根据《砌规》式（3.2.2）：

$$f_{vg}=0.2f_g^{0.55}=0.2\times3.508^{0.55}=0.40\text{MPa}$$

**【例 1.1.6】**2009 上午 31 题

如图 2009-31 所示，某无吊车单层单跨库房，柱采用 MU10 级单排孔混凝土小型空心砌块、Mb7.5 级混合砂浆对孔砌筑，砌块的孔洞率为 40%，采用 Cb20 灌孔混凝土灌孔，灌孔率为 100%，砌体施工质量控制等级为 B 级。

试问，柱砌体的抗压强度设计值 $f_g$（MPa），与下列何项数值最为接近？

(A) 3.30　　(B) 3.50　　(C) 4.20　　(D) 4.70

**【答案】**(A)

根据《砌规》表 3.2.1-4，$f=2.50$MPa。根据表 3.2.1-4 的注释 1，独立柱，强度折减系数为 0.7。

根据 3.2.3 条第 1 款，由于柱截面面积 $A=0.4\times0.6=0.24\text{m}^2<0.3\text{m}^2$，小面积强度调

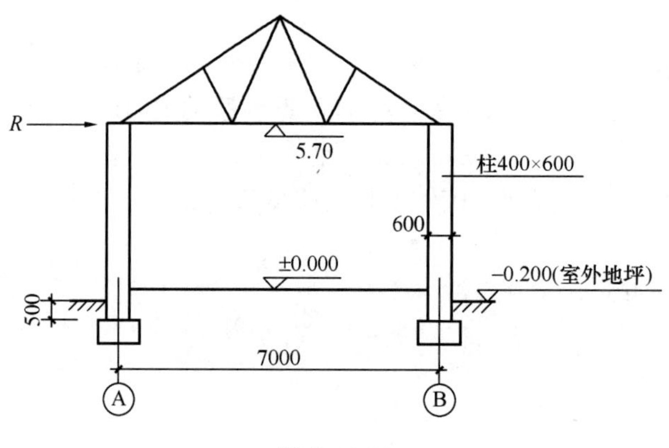


图 2009-31

整系数 $\gamma_a=0.24+0.7=0.94$，故

$$f=0.7\times0.94\times2.5=1.645\text{MPa}$$

$$f_c=9.6\text{MPa}$$

$$\begin{aligned}f_g&=f+0.6\delta\rho f_c\\&=1.645+0.6\times40\%\times100\%\times9.6\\&=3.949\text{MPa}>2f=2\times1.645=3.29\text{MPa}\end{aligned}$$

取 $f_g=3.29\text{MPa}$。

# 2 基本设计规定

## 2.1 设计原则与荷载组合

**1. 主要的规范规定**

1)《砌规》4.1.1～4.1.4 条：砌体结构设计一般性规定。

2)《砌规》4.1.5 条：承载能力极限状态荷载组合。

3)《砌规》4.1.6 条：整体稳定性验算荷载组合。

4)《砌规》4.3.1～4.3.5 条：砌体耐久性的相关规定。

**2. 对规范规定的理解**

1) 承载能力极限状态荷载组合主要系数取值如下：

当工业建筑楼面活荷载标准值大于 $4kN/m^2$ 时，式中活荷载分项系数 1.4 应为 1.3。

$$\gamma_0\begin{cases}\text{安全等级一级或 50 年以上:}\gamma_0 \geqslant 1.1\\ \text{安全等级二级或 50 年:}\gamma_0 \geqslant 1.0\\ \text{安全等级三级或 1 ～ 5 年:}\gamma_0 \geqslant 0.9\end{cases}$$

注意：根据《可靠性标准》8.2.8 条，结构的重要性系数与使用年限无关。注册考试应按指定规范作答。

$$\gamma_L\begin{cases}\text{50 年:}\gamma_L = 1.0\\ \text{100 年:}\gamma_L = 1.1\end{cases}$$

$$\psi_c\begin{cases}\text{一般：0.7}\\ \text{书库、档案库、储藏室、通风机房、电梯机房:0.9}\\ \text{风荷载:0.6}\end{cases}$$

$$f = \frac{f_k}{\gamma_f}\text{,材料性能分项系数 }\gamma_f\begin{cases}\text{A 级:}\gamma_f = 1.5\\ \text{B 级:}\gamma_f = 1.6\text{，材料标准值见附录 B}\\ \text{C 级:}\gamma_f = 1.8\end{cases}$$

2) 整体稳定性验算荷载组合：注意公式右侧起有利作用只计永久荷载标准值 $S_{G1k}$。

**3. 历年真题解析**

**【例 2.1.1】** 2009 下午 41 题

关于砖砌体结构设计原则，有以下说法：

Ⅰ. 采用以概率理论为基础的极限状态设计法；

Ⅱ. 按承载能力极限状态设计，进行变形验算来满足正常使用极限状态要求；

Ⅲ. 按承载能力极限状态设计，并满足正常使用极限状态要求；

Ⅳ. 按承载能力极限状态设计，进行整体稳定验算来满足正常使用极限状态要求。

试问，下列何项全部正确?

（A）Ⅰ、Ⅱ　　（B）Ⅰ、Ⅲ　　（C）Ⅰ、Ⅳ　　（D）Ⅱ、Ⅲ

**【答案】**（B）

依据《砌规》4.1.1条，Ⅰ项正确；

依据《砌规》4.1.2条，Ⅲ项正确。

**【例 2.1.2】**二级 2013 下午 5 题

某烧结普通砖砌体结构，因特殊需要需设计有地下室，如图 2013-5 所示。房屋的长度为 $L$，宽度为 $B$，抗浮设计水位为－1.000m，基础底面标高为－4.000m；算至基础底面的全部恒荷载标准值 $g=50\text{kN/m}^2$，全部活荷载标准值 $q=10\text{kN/m}^2$；结构重要性系数 $\gamma_0=0.9$。

在抗漂浮验算中，漂浮荷载效应值 $\gamma_0 S_1$ 与抗漂浮荷载效应 $S_2$ 之比，应与下列何组数值最为接近？

**提示：**按《砌体结构设计规范》GB 50003—2011 作答，砌体结构按刚体计算，水浮力按活荷载计算。

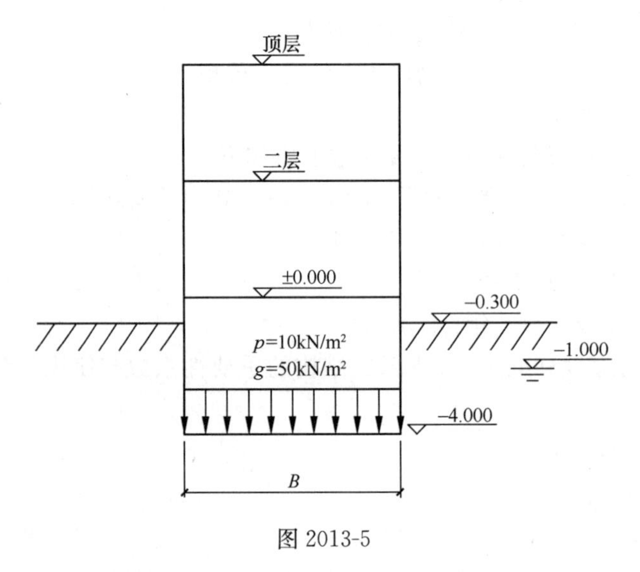


图 2013-5

（A）$\gamma_0 S_1/S_2=0.85>0.8$；不满足漂浮验算

（B）$\gamma_0 S_1/S_2=0.75<0.8$；满足漂浮验算

（C）$\gamma_0 S_1/S_2=0.70<0.8$；不满足漂浮验算

（D）$\gamma_0 S_1/S_2=0.65<0.8$；不满足漂浮验算

**【答案】**（B）

水的重度为 $10\text{kN/m}^3$。水浮力按活荷载计算，则可得到漂浮荷载效应值：

$$\gamma_0 S_1=0.9\times1.4\times10\times(4-1)=37.8\text{kN/m}^2$$

抗漂浮荷载仅考虑永久荷载，则效应 $S_2=50\text{kN/m}^2$，于是

$$\gamma_0 S_1/S_2=37.8/50=0.756<0.8$$

**【例 2.1.3】**2018 上午 36 题

假定，基础所处环境类别为 3 类。试问，关于独立柱在地面以下部分砌体材料的要求，下列何项正确？

Ⅰ. 采用 MU15 级混凝土砌块、Mb10 级砌筑砂浆砌筑，但须采用 Cb20 级混凝土预

先灌实。

Ⅱ. 采用 MU25 级混凝土普通砖、M15 级水泥砂浆砌筑。

Ⅲ. 采用 MU25 级蒸压灰砂普通砖、M15 级水泥砂浆砌筑。

Ⅳ. 采用 MU20 级实心砖、M10 级水泥砂浆砌筑。

(A) Ⅰ、Ⅱ正确　　(B) Ⅰ、Ⅲ正确

(C) Ⅰ、Ⅳ正确　　(D) Ⅱ、Ⅳ正确

**【答案】**(D)

依据《砌规》4.3.5 条 2 款:

灌孔混凝土的强度等级不应低于 Cb30，Ⅰ错;

不应采用蒸压灰砂普通砖，Ⅲ错;

Ⅱ、Ⅳ正确。

## 2.2 房屋的静力计算规定

**1. 主要的规范规定**

1)《砌规》4.2 节：房屋静力计算方案。

2)《砌规》附录 C：刚弹性方案静力计算方法。

**2. 对规范规定的理解**

1) 房屋的静力计算方案

砌体房屋的结构计算包括两部分内容：内力计算和截面承载力计算。进行墙、柱内力计算要确定计算简图，因此首先要确定房屋的静力计算方案，即根据房屋的空间工作性能确定的结构静力计算简图。

框支墙梁的上部墙体房屋，及设有承重简支墙梁或连续墙梁的房屋：应满足刚性方案要求（《砌规》7.3.12 条 3 款）。

2)"横墙"间距

判断房屋静力计算方案的横墙间距，采用房屋的最大相邻横墙中心距。

3) 刚性方案

(1) 单层房屋：在荷载作用下，墙、柱可视为上端不动铰支承于屋盖，下端嵌固于基础的竖向构件（见图 2.2-1）;

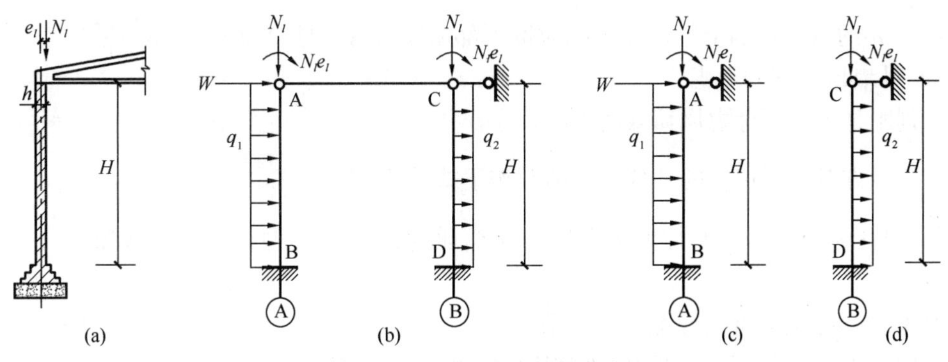


图 2.2-1 单层房屋刚性方案

（2）多层房屋：在竖向荷载作用下，墙、柱在每层高度范围内，可近似地视作两端铰支的竖向构件；在水平荷载作用下，墙、柱可视作竖向连续梁（见图 2.2-2）。

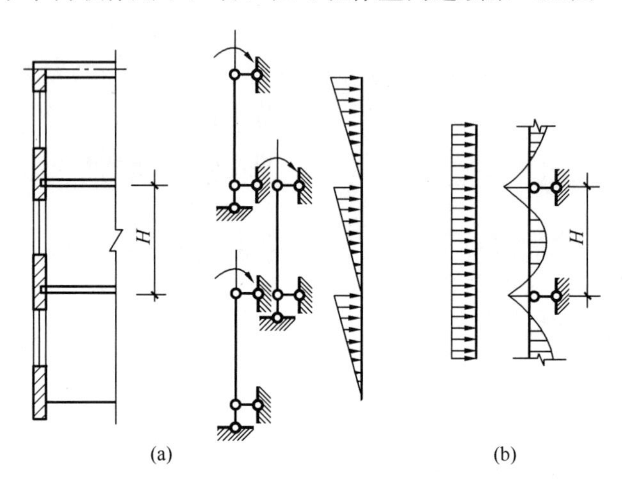


图 2.2-2 多层房屋刚性方案

（a）竖向荷载下；（b）水平荷载下

（3）梁跨度大于 9m 的墙承重的多层房屋，按刚性方案计算时，应考虑梁端约束弯矩的影响。解题流程为：

①按梁端固结计算梁端弯矩 $M=\dfrac{ql^2}{12}$；

②计算所得弯矩 $M$ 乘以修正系数 $\gamma=0.2\sqrt{\dfrac{a}{h}}$，得 $M_b=\gamma M$，按墙体线性刚度分到上层墙底部和下层墙顶部。

$$\text{墙 } M_W\begin{cases}M_W^{\text{上层墙底}}=M_b\times\dfrac{i_W^{\text{上}}}{i_W^{\text{上}}+i_W^{\text{下}}}\\[2ex]M_W^{\text{下层墙顶}}=M_b\times\dfrac{i_W^{\text{下}}}{i_W^{\text{上}}+i_W^{\text{下}}}\end{cases}$$

式中：$i_W^{\text{上}}$ ——上层墙体线性刚度；

$i_W^{\text{下}}$ ——下层墙体线性刚度。

注意：$h$ 的取值，当上下墙厚不同时取下部墙厚，有壁柱时取 $h_T=3.5i$。

（4）外墙风荷载的考虑。

① 判断是否可不考虑风荷载的影响；

② 刚性方案多层房屋的外墙，风荷载按下式计算：$M=\dfrac{\omega H_i^2}{12}$。

风荷载为水平荷载，刚性方案多层房屋简化为连续梁模型，多跨连续梁在支座弯矩最大。

4）刚弹性方案的空间性能影响系数 $\eta_i$

刚弹性方案空间工作通过空间性能影响系数 $\eta_i$ 进行考虑，$\eta_i$ 按表 2.2-1 采用。

**房屋各层的空间性能影响系数 $\eta_i$** **表 2.2-1**

| 屋盖或楼盖类别 | 横墙间距 $s$ (m) | | | | | | | | | | | | | | |
|---|---|---|---|---|---|---|---|---|---|---|---|---|---|---|---|
| | 16 | 20 | 24 | 28 | 32 | 36 | 40 | 44 | 48 | 52 | 56 | 60 | 64 | 68 | 72 |
| 1 | 刚性方案 | | | | 0.33 | 0.39 | 0.45 | 0.5 | 0.55 | 0.6 | 0.64 | 0.68 | 0.71 | 0.74 | 0.77 |
| 2 | | 0.35 | 0.45 | 0.54 | 0.61 | 0.68 | 0.73 | 0.78 | 0.82 | 弹性方案 | | | | | |
| 3 | 0.37 | 0.49 | 0.6 | 0.68 | 0.75 | 0.81 | | | | | | | | | |

5）静力计算方案下的计算公式

下面以单层单跨房屋为例，列举不同静力计算方案下的计算公式，见表 2.2-2、表 2.2-3。

**单层单跨房屋不同静力计算方案下的内力计算** **表 2.2-2**

| 静力计算方案 | 单层单跨排架计算图示 | 反力计算结果 |
|---|---|---|
| 弹性方案 | 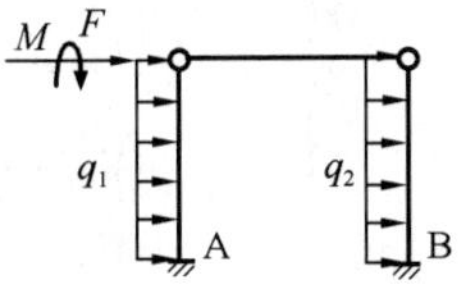 | 弯矩 $\begin{cases} M_A=\dfrac{M}{4}+\dfrac{FH}{2}+\dfrac{5q_1H^2}{16}+\dfrac{3q_2H^2}{16} \\ M_B=\dfrac{3M}{4}+\dfrac{FH}{2}+\dfrac{3q_1H^2}{16}+\dfrac{5q_2H^2}{16} \end{cases}$<br>剪力 $\begin{cases} V_A=-\dfrac{3M}{4H}+\dfrac{F}{2}+\dfrac{13q_1H}{16}+\dfrac{3q_2H}{16} \\ V_B=\dfrac{3M}{4H}+\dfrac{F}{2}+\dfrac{3q_1H}{16}+\dfrac{13q_2H}{16} \end{cases}$ |
| 刚性方案 | 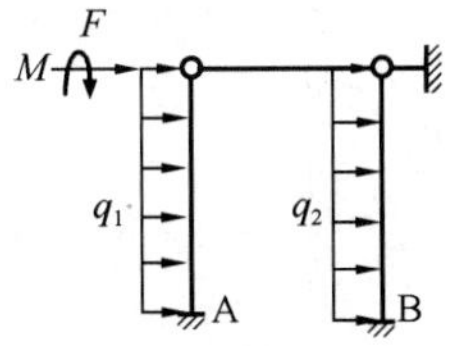 | 弯矩 $\begin{cases} M_A=\dfrac{M}{2}+\dfrac{q_1H^2}{8} \\ M_B=\dfrac{q_2H^2}{8} \end{cases}$<br>剪力 $\begin{cases} V_A=-\dfrac{3M}{2H}+\dfrac{5q_1H}{8} \\ V_B=\dfrac{5q_2H}{8} \end{cases}$<br>$R=-\dfrac{3M}{2H}-F-\dfrac{3q_1H}{8}-\dfrac{3q_2H}{8}$ |
| 刚弹性方案 | 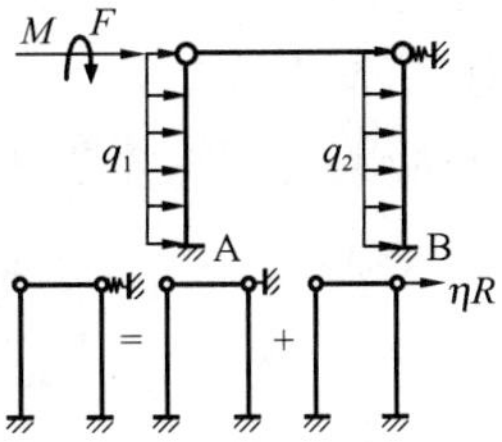 | 柱顶 $M$ 下：<br>弯矩 $\begin{cases} M_A=\left(\dfrac{1}{2}+\dfrac{3}{4}\eta_i\right)M \\ M_B=\dfrac{3}{4}\eta_iM \end{cases}$<br>剪力 $\begin{cases} V_A=\left(-\dfrac{3}{2}+\dfrac{3}{4}\eta_i\right)\dfrac{M}{H} \\ V_B=\dfrac{3}{4}\eta_i\dfrac{M}{H} \end{cases}$<br>水平荷载($F+q_1+q_2$)下：<br>弯矩 $\begin{cases} M_A=\dfrac{\eta_iFH}{2}+\left(\dfrac{1}{8}+\dfrac{3}{16}\eta_i\right)q_1H^2+\dfrac{3\eta_i}{16}q_2H^2 \\ M_B=\dfrac{\eta_iFH}{2}+\dfrac{3\eta_i}{16}q_1H^2+\left(\dfrac{1}{8}+\dfrac{3}{16}\eta_i\right)q_2H^2 \end{cases}$<br>剪力 $\begin{cases} V_A=\dfrac{\eta_iF}{2}+\left(\dfrac{5}{8}+\dfrac{3}{16}\eta_i\right)q_1H+\dfrac{3\eta_i}{16}q_2H \\ V_B=\dfrac{\eta_iF}{2}+\dfrac{3}{16}\eta_iq_1H+\left(\dfrac{5}{8}+\dfrac{3}{16}\eta_i\right)q_2H \end{cases}$ |

单层单跨房屋不同静力计算方案下的内力计算（不同荷载下） 表 2.2-3

| 静力计算方案 | 柱顶弯矩 $M$ 作用下的支座反力 | 水平集中荷载 $F$ 作用下的支座反力 | 水平均布荷载 $q_1$ 作用下的支座反力 | 水平均布荷载 $q_2$ 作用下的支座反力 |
|---|---|---|---|---|
| 弹性方案 | $\begin{cases}M_A=\frac{M}{4}\\M_B=\frac{3M}{4}\end{cases}$ $\begin{cases}V_A=-\frac{3M}{4H}\\V_B=\frac{3M}{4H}\end{cases}$ | $\begin{cases}M_A=\frac{FH}{2}\\M_B=\frac{FH}{2}\end{cases}$ $\begin{cases}V_A=\frac{F}{2}\\V_B=\frac{F}{2}\end{cases}$ | $\begin{cases}M_A=\frac{5q_1H^2}{16}\\M_B=\frac{3q_1H^2}{16}\end{cases}$ $\begin{cases}V_A=\frac{13q_1H}{16}\\V_B=\frac{3q_1H}{16}\end{cases}$ | $\begin{cases}M_A=\frac{3q_2H^2}{16}\\M_B=\frac{5q_2H^2}{16}\end{cases}$ $\begin{cases}V_A=\frac{3q_2H}{16}\\V_B=\frac{13q_2H}{16}\end{cases}$ |
| 刚性方案 | $\begin{cases}M_A=\frac{M}{2}\\M_B=0\end{cases}$ $\begin{cases}V_A=-\frac{3M}{2H}\\V_B=0\end{cases}$ $R=-\frac{3M}{2H}$ | $\begin{cases}M_A=0\\M_B=0\end{cases}$ $\begin{cases}V_A=0\\V_B=0\end{cases}$ $R=-F$ | $\begin{cases}M_A=\frac{q_1H^2}{8}\\M_B=0\end{cases}$ $\begin{cases}V_A=\frac{5q_1H}{8}\\V_B=0\end{cases}$ $R=-\frac{3q_1H}{8}$ | $\begin{cases}M_A=0\\M_B=\frac{q_2H^2}{8}\end{cases}$ $\begin{cases}V_A=0\\V_B=\frac{5q_2H}{8}\end{cases}$ $R=-\frac{3q_2H}{8}$ |
| 刚弹性方案 | $\begin{cases}M_A=\left(\frac{1}{2}+\frac{3}{4}\eta_i\right)M\\M_B=\frac{3}{4}\eta_iM\end{cases}$ $\begin{cases}V_A=\left(-\frac{3}{2}+\frac{3}{4}\eta_i\right)\frac{M}{H}\\V_B=\frac{3}{4}\eta_i\frac{M}{H}\end{cases}$ | $\begin{cases}M_A=\frac{\eta_iFH}{2}\\M_B=\frac{\eta_iFH}{2}\end{cases}$ $\begin{cases}V_A=\frac{\eta_iF}{2}\\V_B=\frac{\eta_iF}{2}\end{cases}$ | $\begin{cases}M_A=\left(\frac{1}{8}+\frac{3}{16}\eta_i\right)q_1H^2\\M_B=\frac{3\eta_i}{16}q_1H^2\end{cases}$ $\begin{cases}V_A=\left(\frac{5}{8}+\frac{3}{16}\eta_i\right)q_1H\\V_B=\frac{3}{16}\eta_iq_1H\end{cases}$ | $\begin{cases}M_A=\frac{3\eta_i}{16}q_2H^2\\M_B=\left(\frac{1}{8}+\frac{3}{16}\eta_i\right)q_2H^2\end{cases}$ $\begin{cases}V_A=\frac{3\eta_i}{16}q_2H\\V_B=\left(\frac{5}{8}+\frac{3}{16}\eta_i\right)q_2H\end{cases}$ |

6）带壁柱墙的计算截面翼缘宽宽 $b_f$

（1）多层房屋，当有门窗洞口时，可取窗间墙宽度；当无门窗洞口时，每侧翼墙宽度可取壁柱高度（层高）的 1/3，但不应大于相邻壁柱间的距离（图 2.2-3）。

（2）单层房屋，可取壁柱宽加 2/3 墙高，但不应大于窗间墙宽度和相邻壁柱间的距离（图 2.2-4）。

（3）计算带壁柱墙的条形基础时，可取相邻壁柱间的距离。

7）砌体的构件类型

砌体或砌体构件类型主要分为无筋砌体构件、约束砌体构件和配筋砌体构件三类。

（1）无筋砌体构件

砌体中不配置受力钢筋或配置少量且仅作为某种构造要求钢筋的砌体构件，如无筋砌体墙、柱或壁柱等。

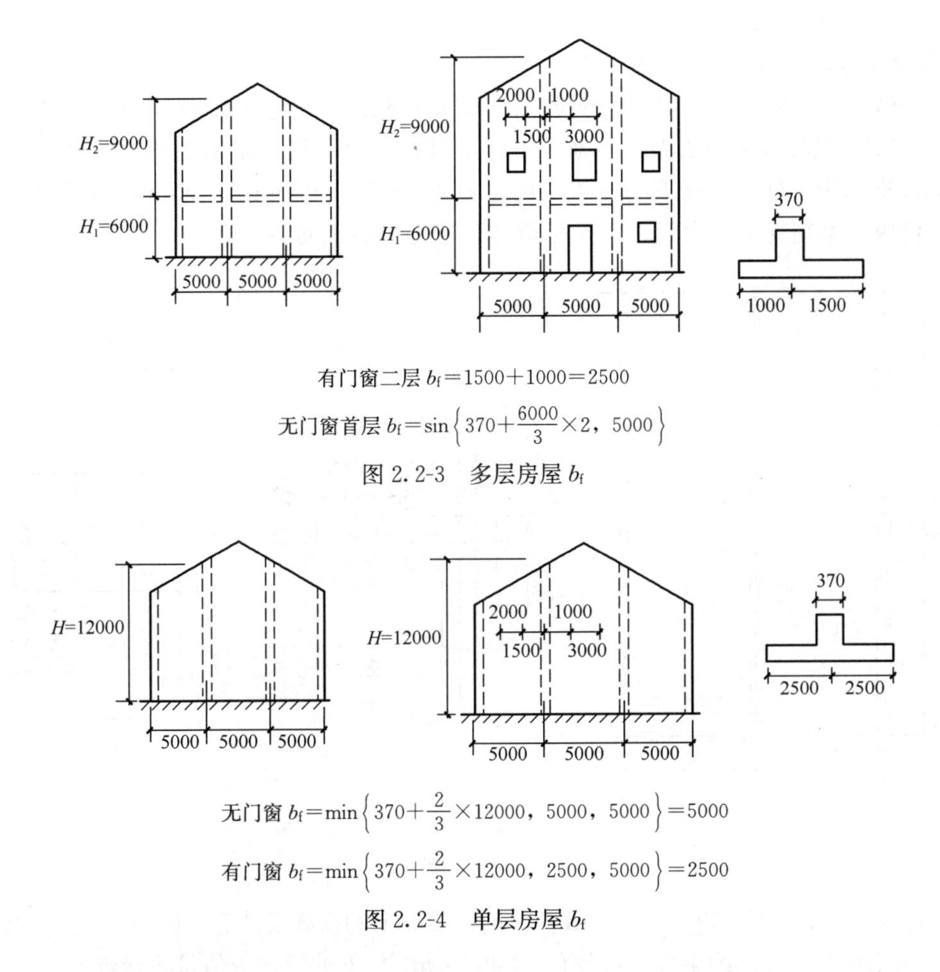


有门窗二层 $b_f=1500+1000=2500$

无门窗首层 $b_f=\sin\left\{370+\frac{6000}{3}\times 2,\ 5000\right\}$

图 2.2-3 多层房屋 $b_f$

无门窗 $b_f=\min\left\{370+\frac{2}{3}\times 12000,\ 5000,\ 5000\right\}=5000$

有门窗 $b_f=\min\left\{370+\frac{2}{3}\times 12000,\ 2500,\ 5000\right\}=2500$

图 2.2-4 单层房屋 $b_f$

（2）约束砌体构件

按规定在墙片的两端或纵横墙交接处设置构造柱或芯柱，同时在墙片的上下或楼层位置设置与构造柱有可靠连接的圈梁，且构造柱或芯柱与圈梁的间距分别不大于 5m 和 4m，也不宜小于 2m 和 2.8m。

注：和无筋砌体构件相比，约束砌体构件能显著提高砌体的变形能力和抗倒塌能力，而且随着约束砌体周边约束构件（构造柱、芯柱和圈梁）间距的从大变小，其对砌体的约束作用程度也从弱到强，即从弱约束、中等约束到强约束砌体构件。不仅可提高构件的受压承载力，同时也可大幅度提高构件平面外的抗弯和抗倒塌能力，但不能显著提高砌体的抗剪能力。

（3）配筋砌体构件

配筋砌体按配筋方式有水平配筋、竖向配筋以及水平和竖向配筋三种，而且每种配筋方式具有不同的受力性能和功能。主要有：

① 水平配筋砌体；

② 组合砖砌体构件（Ⅰ）；

③ 砖砌体和钢筋混凝土组合墙（简称组合墙，属集中配筋砖或砌块砌体构件，其受力性质为约束砌体中的中等约束砌体类构件）；

④ 配筋混凝土砌块砌体构件。

### 3. 历年真题解析

**【例 2.2.1】** 2021 上午 33 题

某砌体结构房屋，二层局部平面如图 2021-33 所示，层高为 3.6m，采用 MU10 烧结普通砖、M10 混合砂浆砌筑而成，施工质量控制等级为 B 级，梁 L 截面尺寸为 250mm×800mm，支承于壁柱上，梁下刚性垫块尺寸为 480mm×360mm×180mm，采用现浇钢筋混凝土楼板，梁端支承压力为 $N_l$，上层墙体传来的荷载轴向力为 $N_u$。

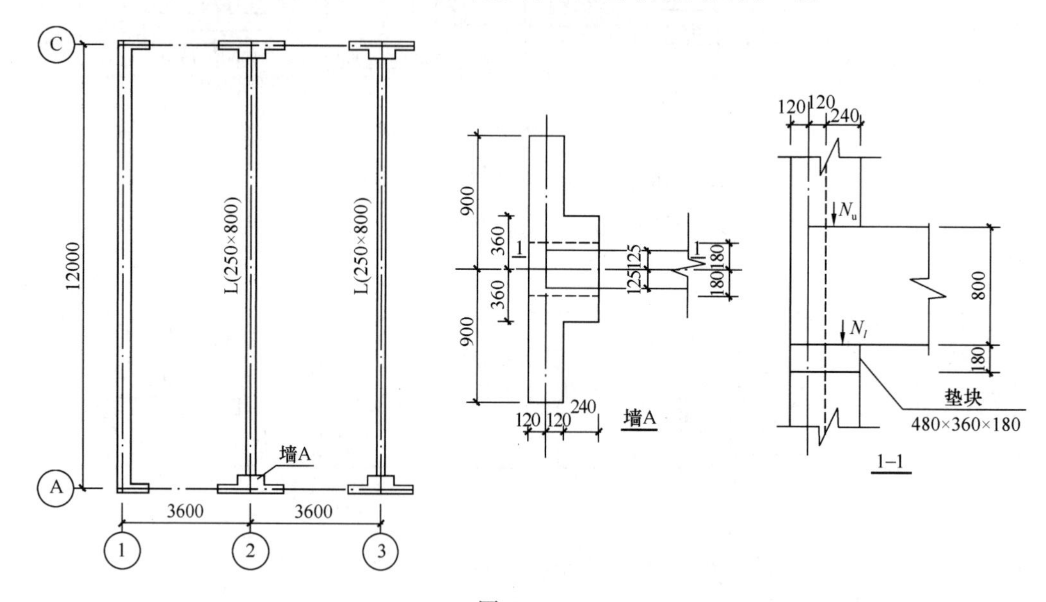


图 2021-33

假定墙 A 截面折算厚度 $h_T$ =0.4m，作用在梁 L 上的荷载设计值（恒+活）为 40kN/m。试问，一层顶梁 L 端部约束弯矩设计值 $M$(kN・m) 与下列何项数值最为接近？

**提示：** 梁计算跨度为 11.85m。

(A) 90　　(B) 120　　(C) 240　　(D) 480

**【答案】**(A)

梁跨度 11.85m，大于 9m，应考虑梁端约束的影响。

根据《砌规》4.2.5 条，在计算梁端弯矩时按两端固结的计算简图计算。

$$M=\frac{1}{12}ql^2=\frac{1}{12}\times 40\times 11.85^2=468.075\text{kN}\cdot\text{m}$$

$$\gamma=0.2\sqrt{\frac{a}{h_T}}=0.2\sqrt{\frac{360}{400}}=0.190$$

$$M=0.190\times 468.075=88.93\text{kN}\cdot\text{m}$$

**【例 2.2.2】** 2016 上午 34 题

下列关于无筋砌体结构房屋静力计算时，房屋空间工作性能的表述何项不妥？

(A) 房屋的空间工作性能与楼（屋）盖的刚度有关

(B) 房屋的空间工作性能与刚性横墙的间距有关

(C) 房屋的空间工作性能与伸缩缝处是否设置刚性双墙无关

(D) 房屋的空间工作性能与建筑物的层数关系不大

**【答案】**(C)

依据《砌规》4.2.1条、4.2.2条，(A)、(B)、(D)正确。

依据《砌规》4.2.1条注3，伸缩缝处无横墙的房屋，应按弹性方案考虑，(C)错误。

**【例 2.2.3】** 2016上午32题

某砖混结构多功能餐厅，上下层墙体厚度相同，层高相同，采用MU20混凝土普通砖和Mb10专用砌筑砂浆砌筑，施工质量为B级，结构安全等级二级，现有一截面尺寸为300mm×800mm钢筋混凝土梁，支承于尺寸为370mm×1350mm的一字形截面墙垛上，如图2016-32所示。

**提示：** 计算跨度按 $l=9.6\text{m}$ 考虑。

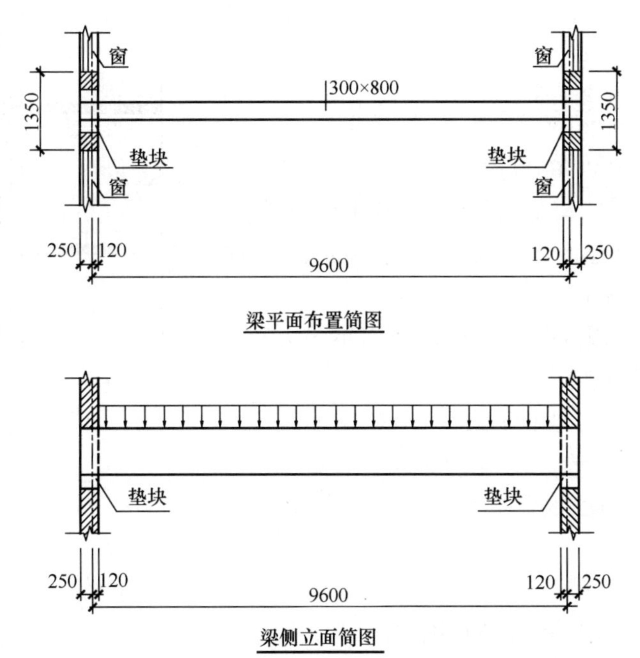


图 2016-32

进行刚性方案房屋的静力计算时，假定，梁的荷载设计值（含自重）为48.9kN/m，梁上下层墙体的线性刚度相同。试问，由梁端约束引起的下层墙体顶部弯矩设计值(kN·m)，与下列何项数值最为接近？

(A) 25　　(B) 40　　(C) 75　　(D) 375

**【答案】**(B)

梁跨度9.6m，大于9m，应考虑梁端约束的影响。

根据《砌规》4.2.5条，在计算梁端弯矩时按两端固结的计算简图计算：

$$M=\frac{1}{12}ql^2=\frac{1}{12}\times48.9\times9.6^2=375.6\text{kN}\cdot\text{m}$$

$$\gamma=0.2\sqrt{\frac{a}{h}}=0.2\sqrt{\frac{370}{370}}=0.2$$

$$M_{\text{A}}=\gamma M=0.2\times375.6=75.12\text{kN}\cdot\text{m}$$

梁上下层墙的计算高度相同、墙厚相同，则下层墙上端弯矩：

$$M=\frac{1}{2}M_{\mathrm{A}}=37.6\mathrm{kN}\cdot\mathrm{m}$$

**【例 2.2.4】** 2005 上午 32 题

某砌体结构的多层房屋（刚性方案），如图 2005-32 所示。试问，外墙在二层顶处由风荷载引起的负弯矩标准值（kN·m），应与下列何项数值最为接近？

**提示：** 按每米墙宽计算。

(A) −0.3　　(B) −0.4　　(C) −0.5　　(D) −0.6

**【答案】** (B)

根据《砌规》4.2.5 条 2 款，对刚性方案房屋的静力计算，水平荷载作用下，墙、柱可视作竖向连续梁。根据 4.2.6 条，有

$$M=-\frac{0.5\times(6.3-3.3)^2}{12}=-0.38\mathrm{kN}\cdot\mathrm{m}$$

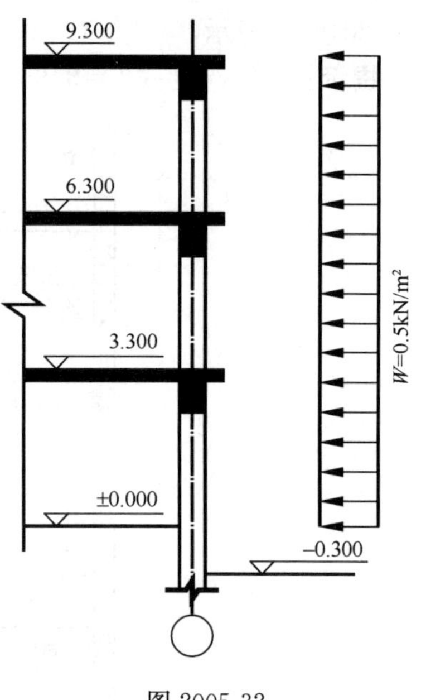


图 2005-32

**【例 2.2.5】** 2020 上午 39 题

试问，下列关于砌体结构的表述，其中何项错误？

(A) 带有砂浆面层的组合砖砌体构件的允许高厚比可以适当提高

(B) 对于安全等级为一级或设计使用年限大于 50 年的房屋，不应采用砌体结构

(C) 在冻胀地区，地面以下的砌体不宜采用多孔砖

(D) 砌体结构房屋的静力计算方案是根据房屋空间工作性能划分的

**【答案】** (B)

依据《砌规》6.1.1 条，(A) 正确；

依据《砌规》4.1.5 条，(B) 错误；

依据《砌规》表 4.3.5 注 1，(C) 正确；

依据《砌规》4.2.1 条，(D) 正确。

# 3　无筋砌体构件

砌体受压破坏机理：试验研究表明，砌体轴心受压从加载直到破坏，按照裂缝的出现、发展和最终破坏，大致经历三个阶段（图 3.0-1）。

第Ⅰ阶段：荷载不增加，裂缝也不会继续扩展，裂缝仅仅是单砖裂缝。

第Ⅱ阶段：若不继续加载，裂缝也会缓慢发展。

第Ⅲ阶段：荷载增加不多，裂缝也会迅速发展。

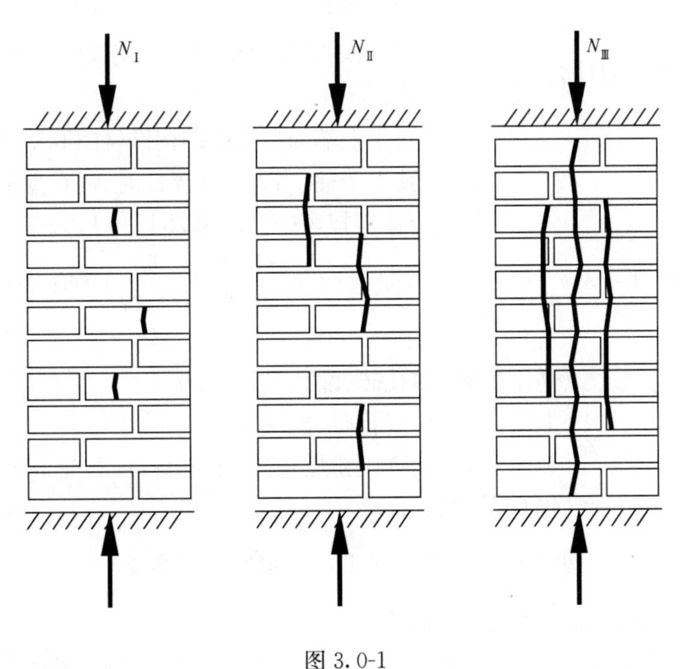


图 3.0-1

## 3.1　受压构件

**1. 主要的规范规定**

《砌规》5.1 节：受压构件的承载力计算。

**2. 对规范规定的理解**

1）无筋砌体受压构件的承载力计算解题流程

①《砌规》3.2.1 条、3.2.3 条确定 $f$ 或 $f_g$（$f$ 考虑调整系数 $\gamma_a$）；

② 确定 $H_0$
- 由房屋横墙间距 $s$、楼盖类别，查《砌规》表 4.2.1 确定静力计算方案
- 《砌规》5.1.3 条，确定 $H$
  - 底层
    - 楼板顶至基础顶
    - 当基础埋置较深且有刚性地坪时，取至室外地面下 500mm
  - 其他层：楼板或其他水平支点间距离，一般为层高
  - 山墙
    - 无壁柱，层高 $+\dfrac{山墙尖高度}{2}$
    - 带壁柱，壁柱处山墙高度
- 由静力计算方案和 $H$
  - 柱：计算方向 → 查表 5.1.3 确定 $H_0$
  - 变截面柱：计算方向 → 结合 5.1.4 条及表 5.1.3 确定 $H_0$
  - 墙：横墙间距 $s$(墙面外无支长度）、$H$ → 查表 5.1.3 确定 $H_0$
  - 对于上端为自由端的构件(柱和墙)，$H_0=2H$
  - 独立砖柱，当无柱间支撑时，柱在垂直排架方向的 $H_0$ 应按表中数值乘以 1.25 后采用

③ 确定高厚比 $\beta=\gamma_\beta\dfrac{H_0}{h}\left(对\ \mathrm{T}\ 形截面:\beta=\gamma_\beta\dfrac{H_0}{h_\mathrm{T}}=\gamma_\beta\dfrac{H_0}{3.5i}\right)$ 和轴力的偏心距 $\dfrac{e}{h}$ 或 $\dfrac{e}{h_\mathrm{T}}$

$\gamma_\beta$
- 烧结普通、多孔砖、灌孔砌块：1.0
- 混凝土普通、多孔砖、砌块：1.1
- 蒸压灰砂砖、蒸压粉煤灰砖、细料石：1.2
- 粗料石、毛石：1.5

④ 根据 $\beta$、$\dfrac{e}{h}$ 或 $\dfrac{e}{h_\mathrm{T}}$、砂浆等级，查附录 D，确定影响系数 $\varphi$；

⑤ 计算受压构件的承载力：$N\leqslant\varphi fA$。

注：(1) 对矩形截面构件，当轴向力偏心方向的截面边长大于另一方向的边长时，除按偏心受压计算外，还应对较小边长方向，按轴心受压进行验算；此时应计算两个方向的高厚比。(2) 对带壁柱墙，当考虑翼缘宽度时，可按《砌规》4.2.8 条采用。

2）受压构件的计算高度 $H_0$ 确定流程

(1) 一般情况（柱和墙）

见 1）条确定 $H_0$ 流程。

(2) 变截面柱上段 $H_0$ (图 3.1-1)

适用于有吊车房屋、无吊车房屋、有吊车房屋不考虑吊车作用。

① 由房屋横墙间距 $s$、楼盖类别，查《砌规》表 4.2.1 确定静力计算方案；

② 变截面柱上段 $H_u$；

③ 由静力计算方案和 $H_u$，对于变截面柱，结合计算方向、《砌规》5.1.4 条及表 5.1.3确定 $H_0$。

(3) 变截面柱下段 $H_0$ (图 3.1-1)

有吊车房屋：

① 变截面柱下段 $H_l$；

② 由 $H_l$，结合计算方向、《砌规》表 5.1.3 确定 $H_0$。

无吊车房屋、有吊车房屋但荷载组合不考虑吊车作用：

① 由房屋横墙间距 $s$、楼盖类别，查《砌规》表 4.2.1 确定静力计算方案；

② 由变截面柱 $H_u$、$H_l$ 得：$H=H_u+H_l$；

③ 由静力计算方案和 $H$，结合计算方向、表 5.1.3 确定无吊车房屋 $H_0$；

④ $\begin{cases} H_u/H \leqslant 1/3 \text{ 时：取 } H_0; \\ 1/3 < H_u/H < 1/2 \text{ 时：取 } H_0 \times \mu \quad \mu = 1.3 - 0.3 I_u/I_1; \\ H_u/H \geqslant 1/2 \text{ 时：取 } H_0\text{，但确定 } \beta \text{ 时，用上柱截面。} \end{cases}$

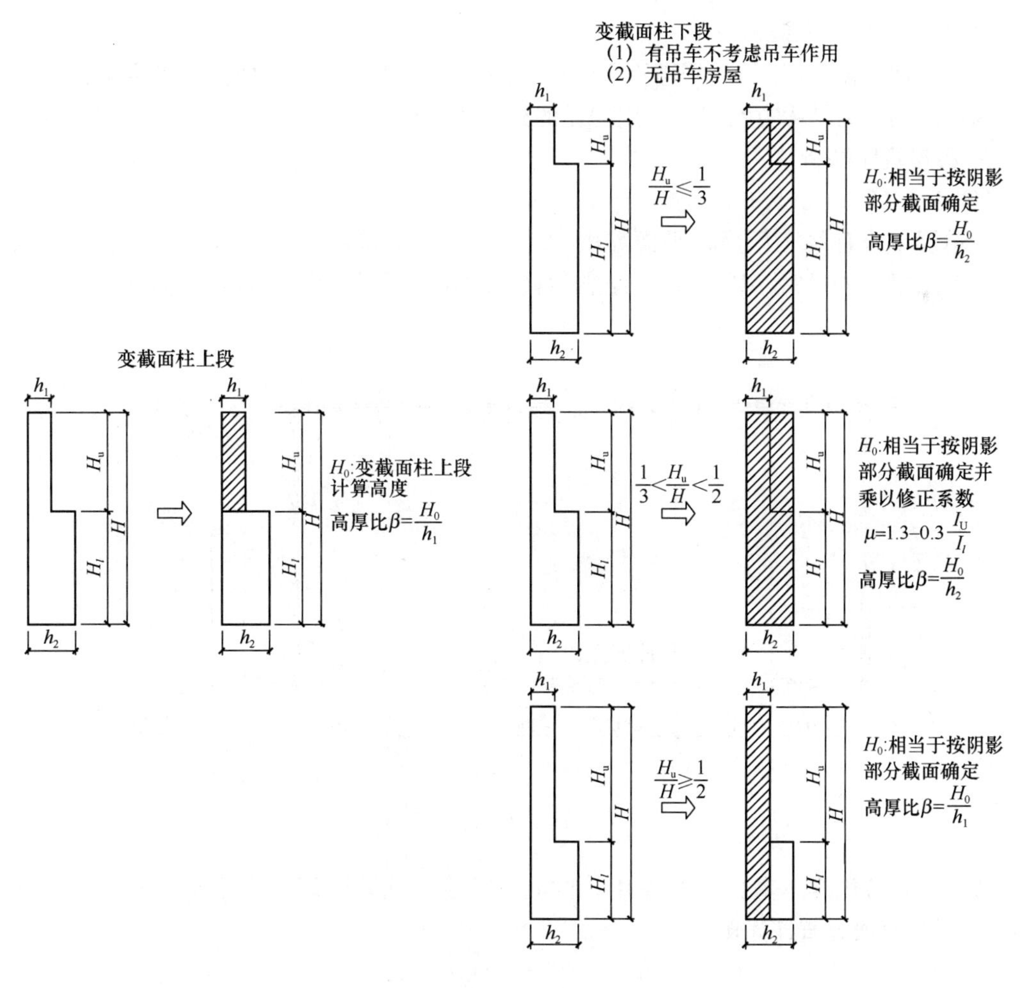


图 3.1-1 变截面柱计算高度示意图

3）受压构件的高厚比 $\beta$ 和偏心距 $e$

（1）在计算影响系数 $\varphi$、确定受压承载力时，考虑高厚比材料修正系数 $\gamma_\beta$。仅作高厚比验算（6.1.1 条）时，不考虑高厚比修正系数 $\gamma_\beta$。

(2) 受压构件的偏心距 $e$ : $e=\dfrac{M}{N}$，按内力设计值计算的轴向力的偏心距应满足 $e\leqslant 0.6y$。

4) 几点理解

(1) 关于“埋置较深且有刚性地坪”，其中的刚性地坪，按相关规范规定：基础以上墙体两侧的回填土应分层回填压实（回填土和压实密度应符合国家有关规定），在压实土层上铺设的混凝土面层厚度不小于 150mm。这样在基础埋深较深的情况下，设置该刚性地坪能对埋入地下的墙体，在一定程度上起到侧向嵌固或约束作用。

(2) 自承重墙的计算高度应根据周边支承或拉接条件确定：①当自承重墙（如：隔墙）与相邻墙（横墙或纵墙）同时砌筑时，即由于接搓连接作用，在查表时，$s$ 按该相邻墙的间距进行取值；②当自承重墙（如：隔墙）后砌筑时，即由于与相邻墙无连接作用，故查表时，不考虑相邻墙。

(3) 墙体的横墙间距 $s$：采用所研究墙体两端横墙的中心距（墙体面外无支撑长度）。而判断房屋的静力计算方案时，采用房屋的最大相邻横墙间距。

**3. 历年真题解析**

**【例 3.1.1】** 2013 上午 38 题

一单层单跨有吊车厂房，平面如图 2013-38 所示。采用轻钢屋盖，屋架下弦标高为 6.0m。变截面砖柱采用 MU10 级烧结普通砖、M10 级混合砂浆砌筑，砌体施工质量控制等级为 B 级。

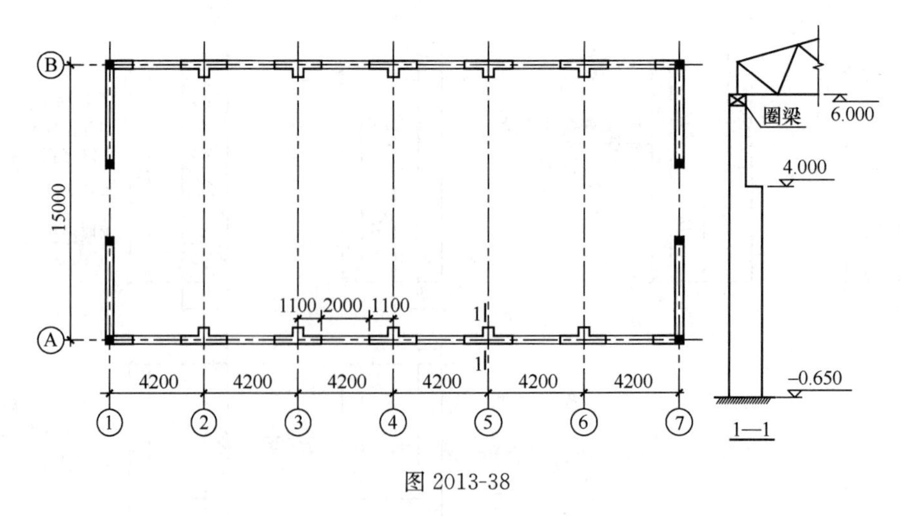


图 2013-38

假定，荷载组合不考虑吊车作用。试问，其变截面柱下段排架方向的计算高度 $H_{l0}$ (m) 与下列何项数值最为接近？

(A) 5.32　　(B) 6.65　　(C) 7.98　　(D) 9.98

**【答案】** (C)

依据《砌规》表 4.2.1，$s=6\times4.2=25.2\text{m}>20\text{m}$ 且 $<48\text{m}$，房屋的静力计算方案为刚弹性方案。

上柱高 $H_{\text{u}}=2.0\text{m}$，下柱高 $H_l=4.65\text{m}$，柱总高 $H=2+4.65=6.65\text{m}$。

根据《砌规》5.1.4 条：

$$\frac{H_u}{H}=\frac{2}{6.65}=0.3<\frac{1}{3}$$

根据《砌规》表 5.1.3：

$$H_{l0}=1.2H=1.2\times6.65=7.98\text{m}$$

**【例 3.1.2】** 2013 上午 36 题

某多层砖砌体房屋，底层结构平面布置如图 2013-36 所示，外墙厚 370mm，内墙厚 240mm，轴线均居墙中。窗洞口均为 1500mm×1500mm（宽×高），门洞口除注明外均为 1000mm×2400mm（宽×高）。室内外高差 0.5m，室外地面距基础顶 0.7m。楼、屋面板采用现浇钢筋混凝土板，砌体施工质量控制等级为 B 级。

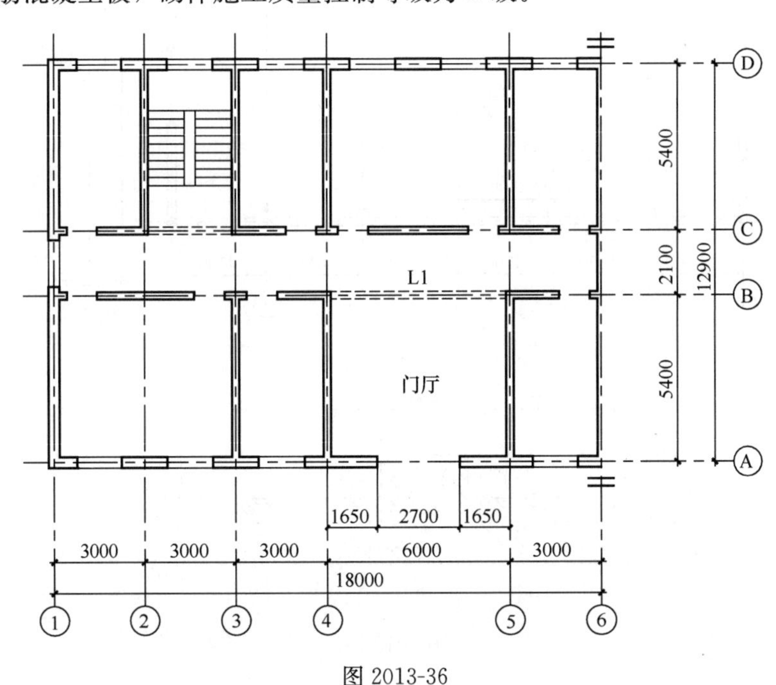


图 2013-36

假定，墙体采用 MU15 级蒸压灰砂砖、M10 级混合砂浆砌筑，底层层高为 3.6m。试问，底层②轴楼梯间横墙轴心受压承载力 $\varphi fA$ 中的 $\varphi$ 值与下列何项数值最为接近？

**提示**：横墙间距 $s$=5.4m。

(A) 0.62　　(B) 0.67　　(C) 0.73　　(D) 0.80

**【答案】**(C)

依据《砌规》5.1.3：

$$H=3.6+0.5+0.7=4.8\text{m}$$

横墙间距 $s=5.4\text{m}>H$ 且 $<2H=9.6\text{m}$。

由《砌规》4.2.1 条，$s<32\text{m}$，刚性方案，根据《砌规》表 5.1.3：

$$H_0=0.4s+0.2H=0.4\times5.4+0.2\times4.8=3.12\text{m}$$

根据《砌规》式（5.1.2-1）：

$$\beta=\gamma_\beta\frac{H_0}{h}=1.2\times\frac{3.12}{0.24}=15.6$$

$e=0$，查《砌规》表 D.0.1-1，得：

$$\varphi=\frac{0.72-0.77}{2}\times1.6+0.77=0.73$$

**【例 3.1.3】** 2013 上午 39 题

一单层单跨有吊车厂房，平面如图 2013-39(a) 所示。采用轻钢屋盖，屋架下弦标高为 6.0m。变截面砖柱采用 MU10 级烧结普通砖、M10 级混合砂浆砌筑，砌体施工质量控制等级为 B 级。

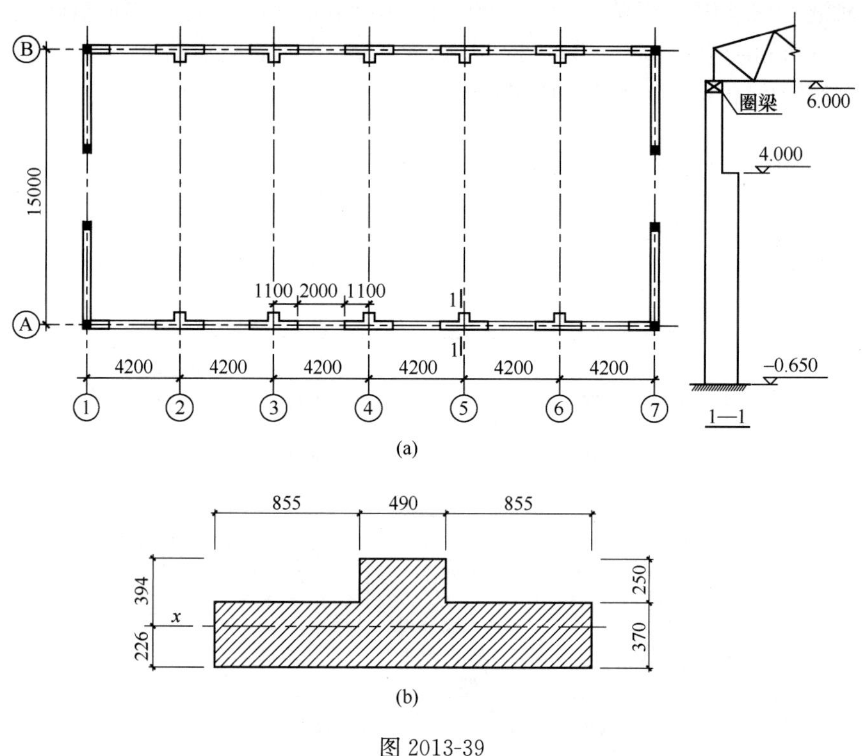


图 2013-39

假定，变截面柱上段截面尺寸如图 2013-39(b) 所示，截面回转半径 $i_x=147\text{mm}$，作用在截面形心处绕 $x$ 轴的弯矩设计值 $M=19\text{kN}\cdot\text{m}$，轴心压力设计值 $N=185\text{kN}$（含自重）。试问，排架方向高厚比和偏心距对受压承载力的影响系数 $\varphi$ 与下列何项数值最为接近？

**提示**：小数点后四舍五入取两位。

(A) 0.46　　(B) 0.50　　(C) 0.54　　(D) 0.58

**【答案】** (B)

由《砌规》表 4.2.1，房屋的静力计算方案为刚弹性方案。

上柱高 $H_u=2.0\text{m}$，由《砌规》表 5.1.3：

$$H_{u0}=2.0H_u=2\times2=4.0\text{m},$$

$h_T=3.5i=3.5\times147=514.5\text{mm}$，由《砌规》5.1.2 条：

$$\beta=\gamma_\beta\frac{H_0}{h_T}=1.0\times4.0\times1000/514.5=7.77$$

$$e=\frac{M}{N}=\frac{19000}{185}=102.70\text{mm}<0.6y=0.6\times394=236.40\text{mm}$$

$$\frac{e}{h_{\mathrm{T}}}=\frac{102.70}{514.5}=0.2$$

查《砌规》表 D. 0. 1-1，得 $\varphi$ =0. 50。

**【例 3. 1. 4】** 2011 上午 38 题

某多层刚性方案砖砌体教学楼，墙体采用 MU15 蒸压粉煤灰普通砖、M10 混合砂浆砌筑，楼、屋面板采用现浇钢筋混凝土板。砌体施工质量控制等级为 B 级，结构安全等级为二级。假定，三层需在梁上设隔断墙，采用不灌孔的混凝土砌块，墙体厚度 190mm。试问，三层该隔断墙承载力影响系数 $\varphi$ 与下列何项数值最为接近?

**提示：**隔断墙按两侧有拉接、顶端为不动铰考虑，隔断墙计算高度按 $H_0$ =3. 0m 考虑，砌筑砂浆采用 Mb5。

(A) 0. 725　　(B) 0. 685　　(C) 0. 635　　(D) 0. 585

**【答案】** (B)

$h$ =190mm，由《砌规》5. 1. 2 条：

$$\beta=\gamma_{\beta}\frac{H_0}{h}=1.0\times\frac{3000}{190}=17.4$$

由《砌规》表 D. 0. 1：

$$\varphi=0.72-\frac{17.4-16}{48-16}\times(0.72-0.67)=0.685$$

**【例 3. 1. 5】** 2009 上午 32 题

某无吊车单层单跨库房，跨度为 7m，无柱间支撑，房屋的静力计算方案为弹性方案，其中间榀排架立面如图 2009-32 所示。柱截面尺寸 400mm×600mm，采用 MU10 级单排孔混凝土小型空心砌块、Mb7. 5 级混合砂浆对孔砌筑，砌块的孔洞率为 40%，采用 Cb20 灌孔混凝土灌孔，灌孔率为 100%，砌体施工质量控制等级为 B 级。

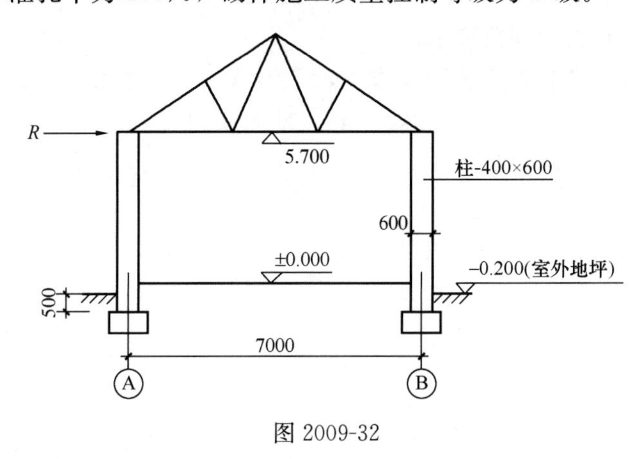


图 2009-32

假设屋架为刚性杆，其两端与柱铰接。在排架方向由风荷载产生的每榀柱顶水平集中力设计值 $R$=3. 5kN；重力荷载作用下柱底反力设计值 $N$=85kN。试问，柱受压承载力影响系数 $\varphi$，应与下列何项数值最为接近?

**提示：**不考虑柱本身受到的风荷载。

(A) 0. 29　　(B) 0. 31　　(C) 0. 35　　(D) 0. 37

**【答案】** (C)

由《砌规》5.1.3条，柱的高度 $H=5.7+0.2+0.5=6.4$m。

排架方向：

查表5.1.3，排架方向计算高度 $H_0=1.5H=1.5\times6.4=9.6$m。

根据5.1.2条，高厚比 $\beta=\gamma_\beta\dfrac{H_0}{h}=1.0\times\dfrac{9600}{600}=16$。

按弹性方案排架计算模型，排架顶的水平力引起柱底最大弯矩为：

$$M=\frac{1}{2}RH=\frac{3.5\times6.4}{2}=11.2\text{kN}\cdot\text{m}$$

轴向力的偏心距 $e=\dfrac{M}{N}=\dfrac{11.2\times10^3}{85}=132\text{mm}<0.6y=0.6\times300=180\text{mm}$。

根据 $\beta=16$，$e/h=132/600=0.22$ 查表D.0.1-1，得：

$$\varphi=0.37-\frac{0.37-0.34}{0.225-0.2}\times(0.22-0.2)=0.346$$

垂直排架方向：

根据5.1.1条的注释，在垂直于排架方向按照轴心受压构件确定 $\varphi$。

根据表5.1.3，垂直于排架方向的计算高度为 $1.25\times6.4=8$m。

$$\beta=\gamma_\beta\frac{H_0}{h}=1.0\times\frac{8000}{400}=20$$

根据 $\beta=20$，$e/h=0$，查表D.0.1-1，得 $\varphi=0.62$。

$\varphi$ 应取以上两者的较小者，为0.346，故选择（C）。

**【例3.1.6】** 2019上午36题

某单层单跨砌体无吊车厂房，采用装配式无檩体系钢筋混凝土屋盖，厂房柱高度 $H=5.6$m，采用MU20混凝土多孔砖，Mb10专用砂浆砌筑，施工质量控制等级为B级，其结构布置及构造措施均符合规范要求。

假设，房屋的静力计算方案为弹性方案，T形截面柱（图2019-36）偏心方向为排架方向，柱底绕 $x$ 轴弯矩设计值 $M=52\text{kN}\cdot\text{m}$；轴向压力设计值 $N=404$kN，重心至轴向力所在偏心方向截面边缘的距离 $y=394$ mm。试问，厂房柱的受压承载力设计值（kN）与下例何项数值最为接近？

**提示：**①T形柱：$A=0.9365\times10^6\ \text{mm}^2$；

②柱绕 $x$ 轴回转半径：$i=147$mm。

(A) 630　　(B) 680　　(C) 730　　(D) 780

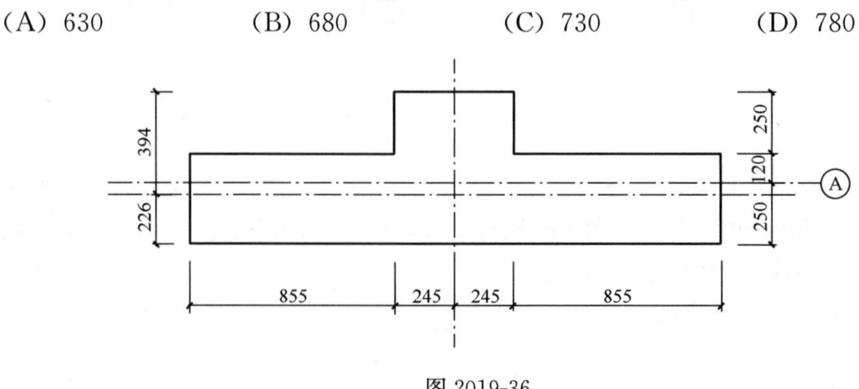


图2019-36

**【答案】**(C)

根据《砌规》5.1.5条：

$$e=\frac{M}{N}=\frac{52\times10^{3}}{404}=128.7\text{mm}\leqslant0.6y=236.4\text{mm}$$

根据《砌规》5.1.2、5.1.3条：

$$H_0=1.5H=1.5\times5.6=8.40\text{m}$$

$$\beta=\gamma_\beta\frac{H_0}{h_\text{T}}=1.1\times\frac{8400}{3.5\times147}=18$$

根据《砌规》表D.0.1-1，$\frac{e}{h_\text{T}}=\frac{128.7}{3.5\times147}=0.25, \varphi=0.29$。

根据《砌规》表3.2.1-2、3.2.3条，$f=2.67\text{N/mm}^2$。

根据《砌规》5.1.1条：

$$N\leqslant\varphi fA=0.29\times2.67\times0.9365\times10^{6}\times10^{-3}=725\text{kN}$$

**【例3.1.7】**2017上午32题

某多层无筋砌体结构房屋，采用190mm厚单排孔混凝土小型空心砌块砌体结构，砌块强度等级采用MU15级，砂浆采用Mb10级，墙A截面如图2017-32所示，计算高度$H_0=3.3\text{m}$，承受荷载的偏心距$e=44.46\text{mm}$。试问，第二层该墙垛非抗震受压承载力(kN)，与下列何项数值最为接近？

**提示**：$I=3.16\times10^{9}\text{mm}^4$，$A=3.06\times10^{5}\text{mm}^2$。

(A) 425　　(B) 525

(C) 625　　(D) 725

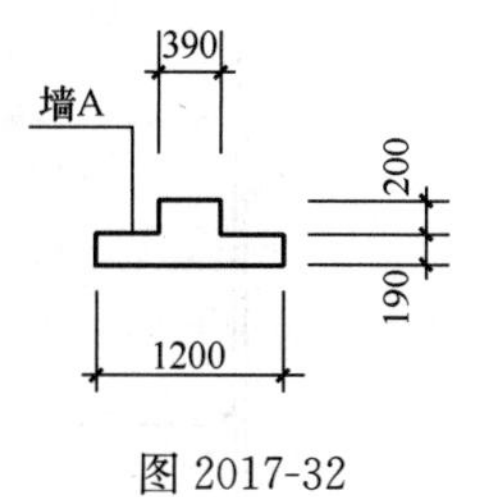

图2017-32

**【答案】**(C)

根据《砌规》式(5.1.2-2)，墙段A的折算厚度为：

$$h_\text{T}=3.5i=3.5\sqrt{\frac{I}{A}}=3.5\times\sqrt{3.16\times10^{9}/3.06\times10^{5}}$$
$$=355.7\text{mm}$$

$$\beta=\gamma_\beta\frac{H_0}{h_\text{T}}=1.1\times\frac{3300}{355.7}=10.2$$

其中$\frac{e}{h_\text{T}}=\frac{44.46}{355.7}=0.125$，查表D.0.1-1，得承载力影响系数$\varphi=0.595$。

查《砌规》表3.2.1-4，砌体的抗压强度设计值$f=4.02\times0.85=3.417\text{MPa}$。

根据《砌规》式(5.1.1)，则受压构件的承载力：

$$\varphi fA=0.595\times3.417\times3.06\times10^{5}=622\text{kN}$$

**【例3.1.8】**2014上午33题

一地下室外墙，墙厚$h$，采用MU10烧结普通砖、M10水泥砂浆砌筑，砌体施工质量控制等级为B级。计算简图如图2014-33所示，侧向土压力设计值$q=34\text{kN/m}^2$。承载力验算时不考虑墙体自重，$\gamma_0=1.0$。

假定，墙体计算高度$H_0=3000\text{mm}$，上部结构传来的轴心受压荷载设计值$N=220\text{kN/m}$，墙厚$h=370\text{mm}$。试问，墙受压承载力设计值(kN)与下列何项数值最为

接近？

**提示**：计算截面宽度取 1m。

(A) 260　　(B) 270

(C) 280　　(D) 290

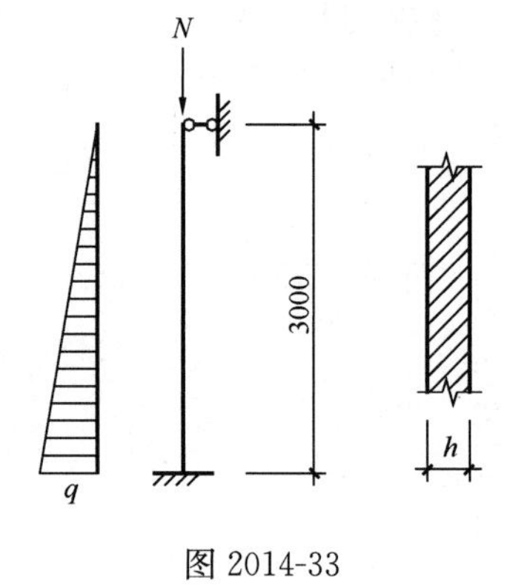

图 2014-33

**【答案】**(D)

根据《砌规》式 (5.1.2-1)：

$$\beta = \gamma_{\beta}\frac{H_0}{h} = 1.0\times\frac{3000}{370} = 8.11$$

$$M = \frac{1}{15}qH^2 = 34\times3^2/15 = 20.40\text{kN}\cdot\text{m}$$

$$e = \frac{M}{N} = \frac{20400}{220} = 92.73\text{mm} < 0.6y = 0.6\times370/2 = 111.00\text{mm}$$

$$e/h = 92.73/370 = 0.25$$

根据《砌规》表 D.0.1-1，得 $\varphi = 0.42$。

根据《砌规》表 3.2.1-1，$f = 1.89$MPa。

根据《砌规》式 (5.1.1)：

$$\varphi fA = 0.42\times1.0\times1.89\times370\times1000 = 293.71\text{kN}$$

**【例 3.1.9】** 2011 上午 33 题

某多层刚性方案砖砌体教学楼，其局部平面如图 2011-33 所示。墙体厚度均为 240mm，轴线均居墙中。室内外高差 0.3m，基础埋置较深且有刚性地坪。墙体采用

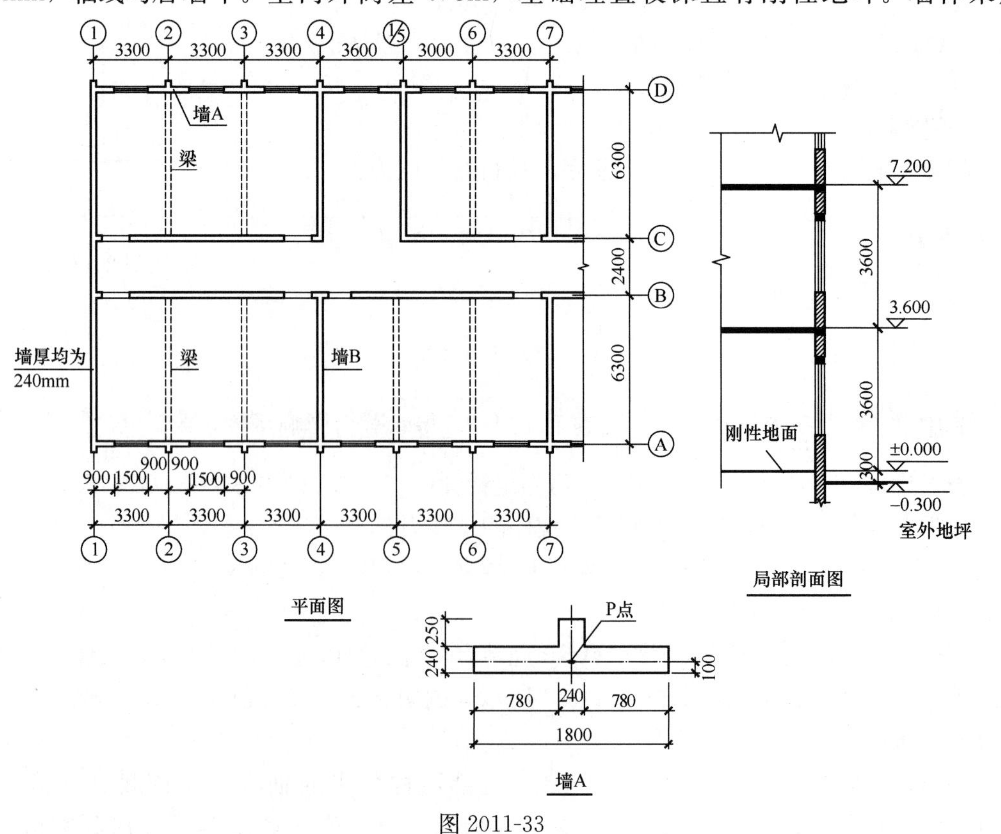

图 2011-33

MU15 蒸压粉煤灰普通砖、M10 混合砂浆砌筑，底层、二层层高均为 3.6m；楼、屋面板采用现浇钢筋混凝土板。砌体施工质量控制等级为 B 级，结构安全等级为二级。钢筋混凝土梁的截面尺寸为 250mm×550mm。

假定，墙 B 某层计算高度 $H_0=3.4$m。试问，每延米非抗震轴心受压承载力（kN），应与下列何项数值最为接近？

(A) 300　　(B) 315　　(C) 340　　(D) 385

**【答案】**(C)

根据《砌规》5.1.2 条：

$$\beta=\gamma_\beta\frac{H_0}{h}=1.2\times\frac{3.4}{0.24}=17$$

$e/h=0$，查附录 D，$\varphi=0.695$。

查《砌规》表 3.2.1-3，$f=2.31$MPa。

根据《砌规》5.1.1 条，受压构件承载力：

$$\varphi fA=0.695\times2.31\times1000\times240\times10^{-3}=385.3\text{kN/m}$$

**【例 3.1.10】**2011 上午 37 题

基本题干同例 3.1.9。

假定，二层墙 A 折算厚度 $h_T=360$mm，截面重心至墙体翼缘边缘的距离为 150mm，墙体计算高度 $H_0=3.6$m。试问，当轴向力作用在该墙截面 P 点时，该墙体非抗震承载力设计值（kN）与下列何项数值最为接近？

(A) 420　　(B) 500　　(C) 550　　(D) 600

**【答案】**(D)

轴向力作用在 P 点时，属偏心受压构件，轴向力作用在墙体的翼缘。

$$e=y_1-0.1=0.15-0.1=0.050\text{m}$$

$\dfrac{e}{y_1}=\dfrac{0.05}{0.15}=0.333<0.6$，$\dfrac{e}{h_T}=\dfrac{0.05}{0.36}=0.138$，$\beta=\gamma_\beta\dfrac{H_0}{h_T}=1.2\times\dfrac{3.6}{0.36}=12$，查《砌规》表 D.0.1：

$$\varphi=0.55-\frac{0.138-0.125}{0.15-0.125}\times(0.55-0.51)=0.5292$$

查《砌规》表 3.2.1-3 及 3.2.3 条，$f=2.31$MPa，$A>0.3\text{m}^2$，$\gamma_a=1.0$。根据《砌规》5.1.1 条：

$$N=\varphi fA=0.5292\times2.31\times4.92\times10^5\times10^{-3}=601\text{kN}$$

**【例 3.1.11】**2010 上午 32 题

某单层、单跨有吊车砖柱厂房，剖面如图 2010-32 所示，砖柱采用 MU15 烧结普通砖，M10 混合砂浆砌筑，砌体施工质量控制等级为 B 级，屋盖为装配式无檩体系，钢筋混凝土屋盖柱间无支撑，静力计算方案为弹性方案，荷载组合考虑吊车作用。

假设轴向力沿排架方向的偏心距 $e=155$mm，变截面柱下段柱的高厚比 $\beta=8$。试问，变截面柱下段柱的受压承载力设计值（kN），与下列何项数值最为接近？

(A) 220　　(B) 240　　(C) 260　　(D) 295

**【答案】**(D)

根据《砌规》5.1.1 条计算。

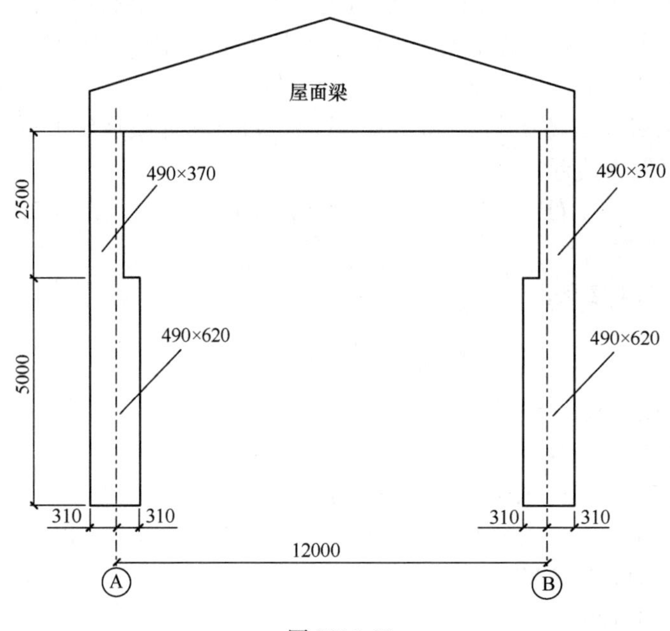


图 2010-32

排架方向：由 $\beta=8$，$e/h=155/620=0.25$ 查表 D.0.1-1，得到 $\varphi=0.42$。

垂直于排架方向：计算高度为 $1.25\times0.8H_l=1.0H_l$，计算 $\beta$ 时对应取 $h=490\text{mm}$。因此，垂直于排架方向 $\beta=8\times620/490=10.1$。

按 $\beta\approx10, e/h=0$ 查表 D.0.1-1，得到 $\varphi=0.87$。

可见，排架方向控制设计。

根据 3.2.3 条，$A=0.62\times0.49=0.3038\text{m}^2>0.3\text{m}^2$，不需调整强度。则受压承载力：

$$\varphi fA=0.42\times620\times490\times2.31=294.7\text{kN}$$

**【例 3.1.12】** 2020 上午 33 题

某三层教学楼局部平、剖面如图 2020-33 所示，各层平面布置相同，各层层高均为 3.60m，楼、屋盖均为现浇钢筋混凝土板，静力计算方案为刚性方案。纵横墙厚度均为 200mm，采用 MU20 混凝土多孔砖、Mb7.5 专用砂浆砌筑，砌体施工质量控制等级为 B 级。

假定，一层带壁柱墙 A 对截面形心 $x$ 轴的惯性矩 $I=1.20\times10^{10}\text{mm}^4$。试问，进行构造要求验算时，一层带壁柱墙 A 的高厚比 $\beta$，与下列何项数值最为接近？

(A) 6.2　　(B) 6.7　　(C) 7.3　　(D) 8.0

**【答案】**(C)

根据《砌规》5.1.3 条：

$$s=3200\times3=9600\text{mm}>2H=2\times(3600+300+300)=8400\text{mm}$$

$$H_0=1.0H=4200\text{mm}$$

根据《砌规》5.1.2 条：

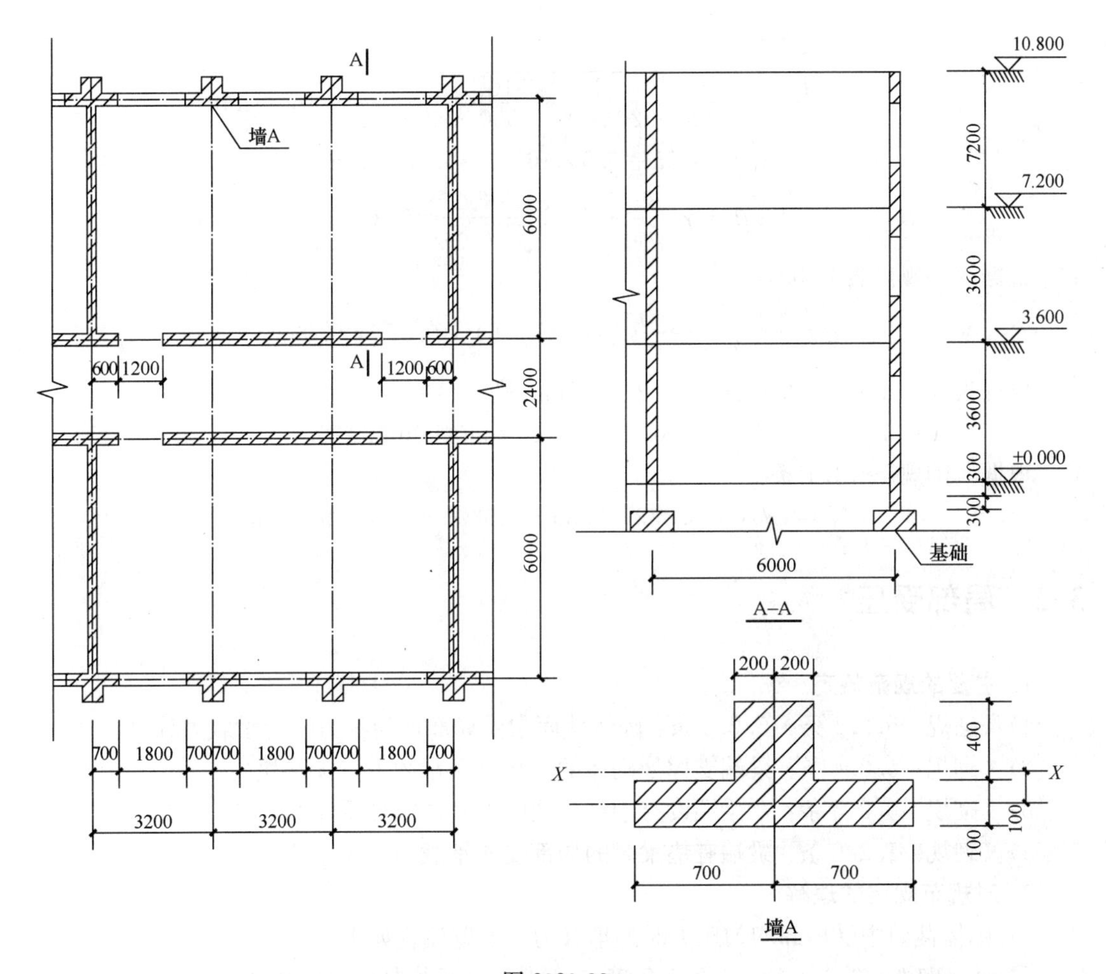


图 2020-33

$$i=\sqrt{\frac{I}{A}}=\sqrt{\frac{1.20\times10^{10}}{700\times2\times600-500\times400\times2}}=165.1\text{mm}$$

$$h_{\mathrm{T}}=3.5i=3.5\times165.1=577.85\text{mm}$$

根据《砌规》6.1.1 条：

$$\beta=\frac{4200}{577.85}=7.27$$

**【例 3.1.13】** 2020 上午 34 题

基本题干同例 3.1.12。

假设二层带壁柱墙 A 对截面形心的惯性矩 $I=1.20\times10^{10}\text{mm}^4$，按轴心受压构件计算时，试问，二层带壁柱墙 A 的最大承载力设计值（kN），与下列何项数值最为接近？

（A）940　　（B）960　　（C）980　　（D）1000

**【答案】**（C）

根据《砌规》5.1.3 条：

$$s=3200\times3=9600\text{mm}>2H=7200\text{mm}$$

$$H_0=1.0H=3600\text{mm}$$

根据《砌规》5.1.2条：

$$i=\sqrt{\frac{I}{A}}=\sqrt{\frac{1.20\times10^{10}}{700\times2\times600-500\times400\times2}}=165.1\text{mm}$$

$$h_{\text{T}}=3.5i=3.5\times165.1=577.85\text{mm}$$

$$\beta=\gamma_{\beta}\frac{H_0}{h_{\text{T}}}=1.1\times\frac{3600}{577.85}=6.85$$

根据《砌规》表D.0.1-1：

$$\varphi=\frac{0.91-0.95}{8-6}\times(6.85-6)+0.95=0.933$$

根据表3.2.1-1、3.2.3条，$f=2.39\text{MPa}$，则

$$A=700\times2\times600-500\times400\times2=440000\text{mm}^2=0.4\text{m}^2>0.3\text{m}^2$$

根据《砌规》5.1.1条：

$$N=\varphi fA=0.933\times2.39\times440000\times10^{-3}=981\text{kN}$$

## 3.2 局部受压

**1. 主要的规范规定**

1)《砌规》5.2.1条～5.2.3条：砌体截面中受局部均匀压力时的承载力计算。

2)《砌规》5.2.4条：梁端支撑处砌体的局部受压承载力（无垫块）。

3)《砌规》5.2.5条：在梁端设有刚性垫块时的砌体局部受压。

4)《砌规》5.2.6条：梁端有垫梁时的局部受压承载力。

**2. 对规范规定的理解**

1) 砌体截面中受局部均匀压力时的承载力，解题流程如下：

① 由《砌规》3.2.1条，3.2.3条确定 $f$ 或 $f_{\text{g}}$（不考虑小面积调整）；

② 计算 $A_l$（图中阴影部分面积）；

③ 计算 $A_0$［按表3.2-1图（a）～图（d）］；

④ 计算 $\gamma=1+0.35\sqrt{\frac{A_0}{A_l}-1}$，$\gamma$ 须满足表3.2-1限值规定；

⑤ 计算局部受压承载力，$N_l\leqslant\gamma fA_l$。

**砌体局部受压计算时 $A_0$ 和 $\gamma$ 取值示意表** **表3.2-1**

| 图示 | $A_0$ | 砌体局部抗压强度提高系数 $\gamma$ 限值 |
| --- | --- | --- |
| h a c $A_0$ $A_l$ b h<br>图（a） | $A_0=(a+c+h)h$<br>$c>h$ 时取 $c=h$ | 多孔砖：难以灌实时，$\gamma=1.0$<br>混凝土砌块：按6.2.13条灌孔：$\gamma\leqslant1.5$；未灌孔：$\gamma=1.0$<br>其他：$\gamma\leqslant2.5$ |

续表

| 图示 | $A_0$ | 砌体局部抗压强度提高系数 $\gamma$ 限值 |
|---|---|---|
| 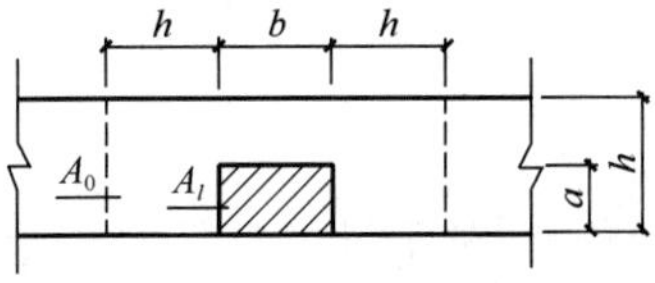 图（b） | $A_0=(b+2h)h$ | 多孔砖：难以灌实时，$\gamma=1.0$<br>混凝土砌块：按 6.2.13 条灌孔：$\gamma\leqslant1.5$；未灌孔：$\gamma=1.0$<br>其他：$\gamma\leqslant2$ |
| 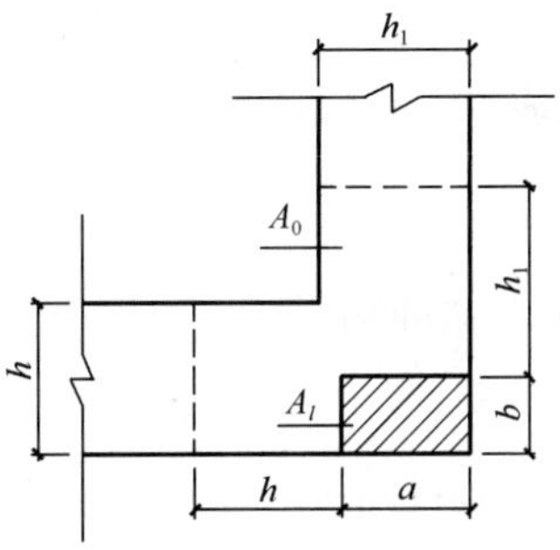 图（c） | $A_0=(a+h)h+(b+h_1-h)h_1$ | 多孔砖：难以灌实时，$\gamma=1.0$<br>混凝土砌块：未灌孔：$\gamma=1.0$；其他：$\gamma\leqslant1.5$<br>其他：$\gamma\leqslant1.5$ |
| 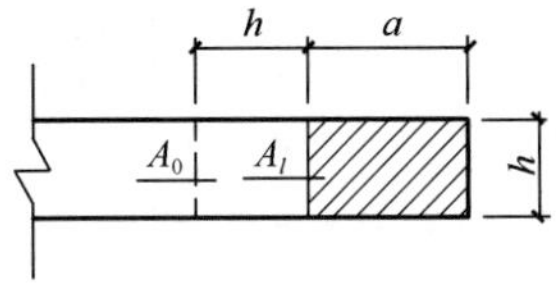 图（d） | $A_0=(a+h)h$ | 多孔砖：难以灌实时，$\gamma=1.0$<br>混凝土砌块：未灌孔：$\gamma=1.0$；其他：$\gamma\leqslant1.25$<br>其他：$\gamma\leqslant1.25$ |

2）梁端支撑处砌体的局部受压承载力（无垫块）解题流程如下：

① 由《砌规》3.2.1 条、3.2.3 条确定 $f$ 或 $f_g$（不考虑小面积调整）；

② 求 $a_0=10\sqrt{\frac{h_c}{f}}\leqslant a$（过梁取 $a_0=a$ 且不大于墙厚）；

③ 求梁端局部受压面积，$A_l=a_0b$；

④ 求 $A_0$，按局部受压面积尺寸为 $a_0\times b$ 确定 $A_0$（窗间墙时，$A_0\leqslant$ 墙实际面积）；

⑤ 求 $\gamma=1+0.35\sqrt{\frac{A_0}{A_l}-1}$、$\eta=0.7$（过梁、墙梁，$\eta=1.0$）；

⑥求 $\sigma_0=\frac{N_u}{A_{墙}}$，$N_0=\sigma_0A_l$，$\psi=1.5-0.5\frac{A_0}{A_l}\left(\frac{A_0}{A_l}\geqslant3\text{ 时，取 }\psi=0\right)$；

⑦ 按公式 $\psi N_0+N_l\leqslant\eta\gamma fA_l$ 求解。

以上式中：$N_u$ ——经上部墙体传递下来的压力设计值（N），作用于上部墙体轴线；

$N_0$ ——局部受压面积 $A_l$ 范围内上部轴向力设计值（N），与 $\sigma_0$ 对应；顶层无上部墙体时为 0；$\frac{A_0}{A_l}\geqslant3$ 时，取 $\psi=0$，不用计算 $N_0$；

$N_l$ ——梁端支承压力设计值（N），$N_l$ 的作用点：$0.4a_0$。

3）梁端有刚性垫块时的局部受压承载力，解题流程如下：

① 由《砌规》3.2.1 条、3.2.3 条确定 $f$ 或 $f_g$（不考虑小面积调整）；

② 求 $\sigma_0=\dfrac{N_u}{A_{墙}}$，得$\dfrac{\sigma_0}{f}$，查表插值求 $\delta_1$，$a_0=\delta_1\sqrt{\dfrac{h_c}{f}}\leqslant a$；

③ 垫块下局部受压面积 $A_b=a_b b_b$；

④ 按局部受压面积尺寸确定 $A_0$（窗间墙时，$A_0\leqslant$ 墙实际面积），对于带壁柱墙且设有刚性垫块时，$A_0$ 取壁柱范围内面积；

⑤ 求偏心距 $e$，取 $\beta\leqslant 3$、$\dfrac{e}{a_b}$ 查附录 D 确定 $\varphi$；

⑥ 求 $\gamma_1=0.8\gamma=0.8\left(1+0.35\sqrt{\dfrac{A_0}{A_b}-1}\right)\geqslant 1$，$\gamma$ 应满足表 3.2-1 限值要求；

⑦ 按 $N_0=\sigma_0 A_b$，$N_0+N_l\leqslant\varphi\gamma_1 fA_b$ 求解。

以上式中：$N_0$ ——垫块面积 $A_b$ 内上部轴向力设计值（N）；顶层无上部轴向力时，$N_0=0$。

注意：①有垫块时，不管梁端有效支承长度是否进入墙体，$A_0$ 均取壁柱范围内的面积，不计翼缘。

②无垫块时，若梁端有效支承长度未进入墙体，则 $A_0$ 取壁柱范围内的面积；若梁端有效支承长度进入墙体，注意和普通局压一样，从梁边开始计算 $h$，后计算面积 $A_0$。如图 3.2-1所示，假设 $a_0=183\text{mm}<250\text{mm}$，$A_0=490\times 490=240100\text{mm}^2$；假设 $a_0=270\text{mm}>250\text{mm}$，$A_0=490\times 490+2\times(240-120)\times 240=297700\text{mm}^2$。

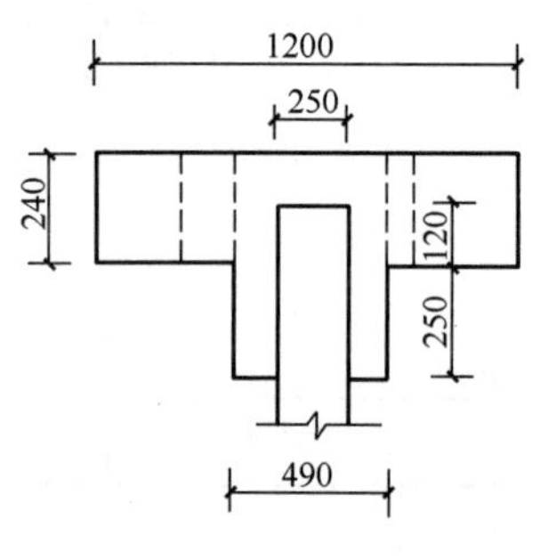

图 3.2-1　无垫块梁端

4）梁端有（柔性）垫梁时的局部受压承载力，解题流程如下：

① 由《砌规》3.2.1 条、3.2.3 条确定 $f$ 或 $f_g$（不考虑小面积调整）；

② 查垫梁的混凝土弹性模量、截面惯性矩 $E_c$、$I_c$，查砌体的弹性模量 $E$（3.2.5 条）；

③ 求 $h_0=2\sqrt[3]{\dfrac{E_c I_c}{Eh}}$，当垫梁下砌体墙体设置有壁柱时，$h$ 取砌体的墙体厚度；

④ 求 $\sigma_0=\dfrac{N_u}{A_{墙}}$，$N_0=\pi b_b h_0\sigma_0/2$；

⑤ 按 $N_0+N_l\leqslant 2.4\delta_2 fb_b h_0$ 求解，$\delta_2\begin{cases}荷载沿墙厚方向均匀分布,1.0(中间支座)\\荷载沿墙厚方向不均匀分布,0.8(边支座)\end{cases}$。

注意：梁下设有长度大于 $\pi h_0$ 的垫梁时，垫梁上梁端有效支承长度 $a_0=\delta_1\sqrt{\dfrac{h_c}{f}}$。

5）偏心距计算示意如表 3.2-2 所示。

**偏心距计算示意表** **表 3.2-2**

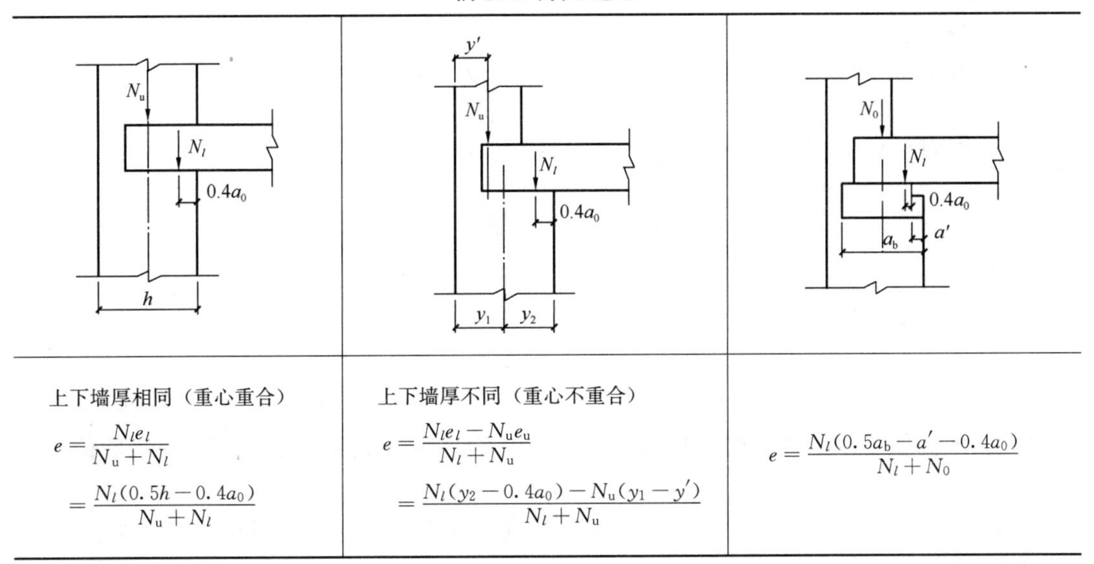


| 上下墙厚相同（重心重合） | 上下墙厚不同（重心不重合） | |
|---|---|---|
| $e=\dfrac{N_l e_l}{N_u+N_l}=\dfrac{N_l(0.5h-0.4a_0)}{N_u+N_l}$ | $e=\dfrac{N_l e_l-N_u e_u}{N_l+N_u}=\dfrac{N_l(y_2-0.4a_0)-N_u(y_1-y')}{N_l+N_u}$ | $e=\dfrac{N_l(0.5a_b-a'-0.4a_0)}{N_l+N_0}$ |

**3. 历年真题解析**

**【例 3.2.1～3.2.4】** 2021 上午 34～37 题

某砌体结构房屋，二层局部平面如图 2021-34～37 所示，层高为 3.6m，采用 MU10 烧结普通砖、M10 混合砂浆砌筑而成，施工质量控制等级为 B 级，梁 L 截面尺寸为 250mm×800mm，支承于壁柱上，梁下刚性垫块尺寸为 480mm×360mm×180mm，采用现浇钢筋混凝土楼板，梁端支承压力为 $N_l$，上层墙体传来的荷载轴向力为 $N_u$。

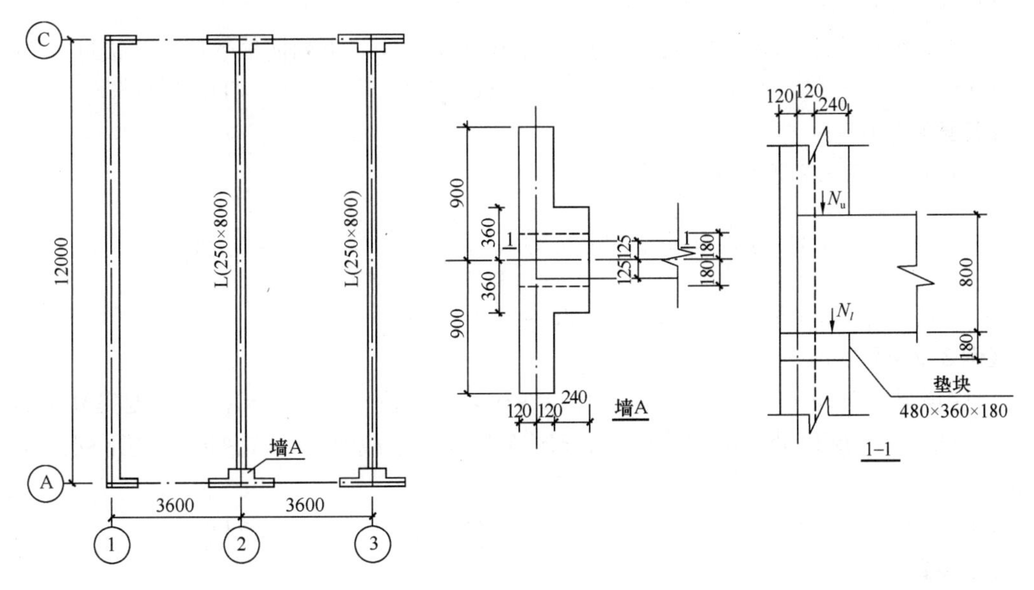


图 2021-34～37

**【例 3.2.1】** 2021 上午 34 题

一层顶梁 L 端部构造如图 2021-34～37 所示，上部荷载产生的平均压应力设计值 $\sigma_0=0.756$MPa。试问，一层顶梁 L 端部有效支承长度 $a_0$（mm）与下列何项数值最为接近？

(A) 360　　(B) 180　　(C) 120　　(D) 60

**【答案】**(C)

由《砌规》3.2.1 条，$f=1.89\text{MPa}$。

由《砌规》5.2.5 条，$\frac{\sigma_0}{f}=\frac{0.756}{1.89}=0.4$，查表 $\delta_1=6.0$。则

$$a_0=\delta_1\sqrt{\frac{h_c}{f}}=6\times\sqrt{\frac{800}{1.89}}=123.44\text{mm}$$

**【例 3.2.2】** 2021 上午 35 题

一层顶梁 L 端部如图 2021-34～37 所示，上部平均压应力 $\sigma_0=1.0\text{MPa}$，梁端有效支承长度 $a_0=140\text{mm}$，梁端支承压力设计值 $N_l=240\text{kN}$。试问，验算一层顶梁 L 端部垫块下砌体局部受压承载力时，垫块上 $N_0$ 及 $N_l$ 合力的影响系数 $\varphi$ 与下列何项数值最为接近？

(A) 0.5　　(B) 0.6　　(C) 0.7　　(D) 0.8

**【答案】**(B)

根据《砌规》5.2.5 条，$\varphi$ 按 $\frac{e}{a_b}$ 和高厚比 $\beta\leqslant 3$，查附录 D.0.1。

$$e=\frac{N_l(a_b/2-0.4a_0)}{N_l+N_0}=\frac{240\times(480/2-0.4\times 140)}{240+172.8}=107\text{mm}$$

$\frac{e}{a_b}=\frac{107}{480}=0.22$，$\beta\leqslant 3$，查附录 D.0.1，$\varphi\approx 0.6$。

**【例 3.2.3】** 2021 上午 36 题

一层顶梁 L 端部垫块外砌体面积的有利影响系数 $\gamma_1$，与下列何项数值最为接近？

(A) 1.4　　(B) 1.3　　(C) 1.2　　(D) 1.1

**【答案】**(D)

由《砌规》5.2.2 条和 5.2.5 条 2 款：

$$\gamma=1+0.35\sqrt{\frac{A_0}{A_l}-1}=1+0.35\times\sqrt{\frac{720\times 480}{360\times 480}-1}=1.35\leqslant 2.0$$

由《砌规》5.2.5 条，$\gamma_1=0.8\times 1.35=1.08$。

**【例 3.2.4】** 2021 上午 37 题

一层顶梁 L 垫块上 $N_0$ 及 $N_l$ 偏心距 $e=96\text{mm}$，垫块下砌体局部抗压强度提高系数 $\gamma=1.5$。试问，一层顶梁 L 端刚性垫块下砌体局部受压承载力 $\varphi\gamma_1 fA_b$ (kN) 与下列何项最为接近？

(A) 220　　(B) 260　　(C) 320　　(D) 380

**【答案】**(B)

由《砌规》5.2.5 条，$\frac{e}{a_b}=\frac{96}{480}=0.2$，$\beta\leqslant 3$，查附录 D.0.1，$\varphi=0.68$。

$\gamma_1=0.8\gamma$，则

$$\varphi\gamma_1 fA_b=0.68\times 0.8\times 1.5\times 1.89\times 480\times 360=266.5\text{kN}$$

**【例 3.2.5】** 2019 上午 37 题

某砌体结构房屋的窗间墙长 1600mm，厚 370mm，有一截面尺寸为 250mm×500mm 的钢筋混凝土梁支承在墙上，梁端实际支承长度为 250mm，如图 2019-37 所示。窗间墙采用 MU15 烧结普通砖、M10 混合砂浆砌筑，施工质量控制等级为 B 级。

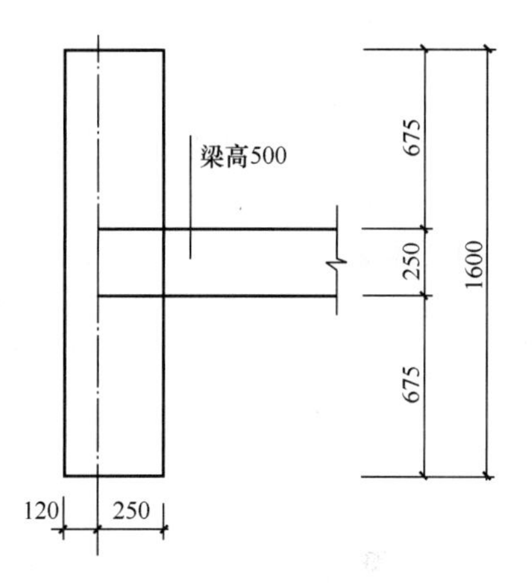

图 2019-37

试问，梁端支撑处砌体的局部受压承载力设计值（kN）与下列何项数值最为接近？

（A）120　　（B）140

（C）160　　（D）180

**【答案】**（A）

根据《砌规》表 3.2.1-1，$f=2.31\text{N/mm}^2$。

根据《砌规》5.2.4 条：

$$a_0=10\sqrt{\frac{h_c}{f}}=10\times\sqrt{\frac{500}{2.31}}=147\text{mm}<250\text{mm}，取 a_0=147\text{mm}$$

$$A_l=a_0b=147\times250=36750\text{mm}^2$$

根据《砌规》5.2.3 条图（b）：

$$A_0=(250+370\times2)\times370=366300\text{mm}^2$$

根据《砌规》5.2.2 条：

$$\gamma=1+0.35\sqrt{\frac{A_0}{A_l}-1}=1+0.35\times\sqrt{\frac{366300}{36750}-1}=2.05>2.0，取 \gamma=2.0$$

根据《砌规》5.2.4 条：

$$\eta\gamma fA_l=0.7\times2.0\times2.31\times36750\times10^{-3}=119\text{kN}$$

**【例 3.2.6】** 2018 上午 35 题

某单层砌体结构房屋中一矩形截面柱（$b\times h$），其柱下独立基础如图 2018-35 所示，柱居基础平面中。结构的设计使用年限为 50 年，砌体施工质量控制等级为 B 级。

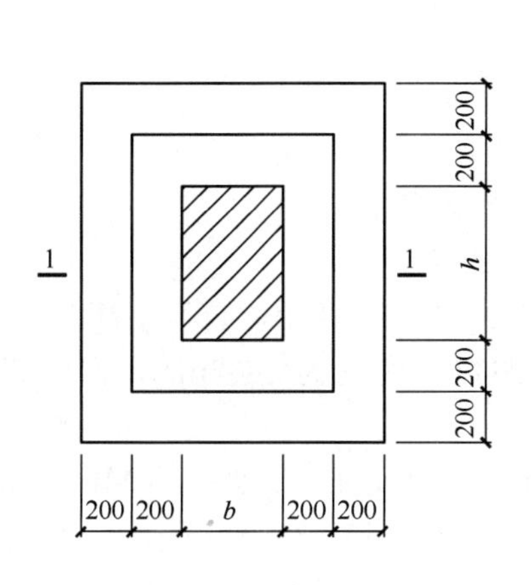

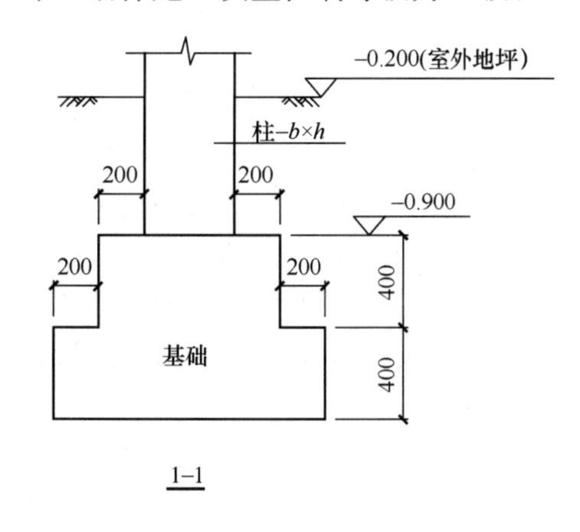

图 2018-35

假定，柱截面尺寸为 370mm×490mm，柱底轴压力设计值 $N=270\text{kN}$，基础采用

MU60 级毛石和水泥砂浆砌筑。试问，由基础局部受压控制时，砌筑基础采用的砂浆最低强度等级，与下列何项数值最为接近？

**提示：**不考虑强度设计值调整系数 $\gamma_a$ 的影响。

(A) 0　　(B) M2.5　　(C) M5　　(D) M7.5

**【答案】**(D)

根据《砌规》式（5.2.2），砌体局部抗压强度提高系数 $\gamma=1+0.35\sqrt{\frac{A_0}{A_l}-1}$，其中：$A_0=770\times890=685300\text{mm}^2$，$A_l=490\times370=181300\text{mm}^2$。则

$$\gamma=1+0.35\sqrt{\frac{685300}{181300}-1}=1.58<2.5$$

根据《砌规》式（5.2.1），局部受压面积上的轴向压力设计值 $N_l=\gamma f A_l$，则

$$f\geqslant\frac{N_l}{\gamma A_l}=\frac{270000}{1.58\times181300}=0.94\text{N/mm}^2$$

根据《砌规》表 3.2.1-7，为 M7.5。

**【例 3.2.7】**2009 上午 30 题

一截面 $b\times h=370\text{mm}\times370\text{mm}$ 的砖柱，其基础平面如图 2009-30 所示。柱底反力设计值 $N=170\text{kN}$，基础采用 MU30 毛石和水泥砂浆砌筑，施工质量控制等级为 B 级。试问，为砌筑该基础所采用的砂浆最低强度等级，与下列何项数值最为接近？

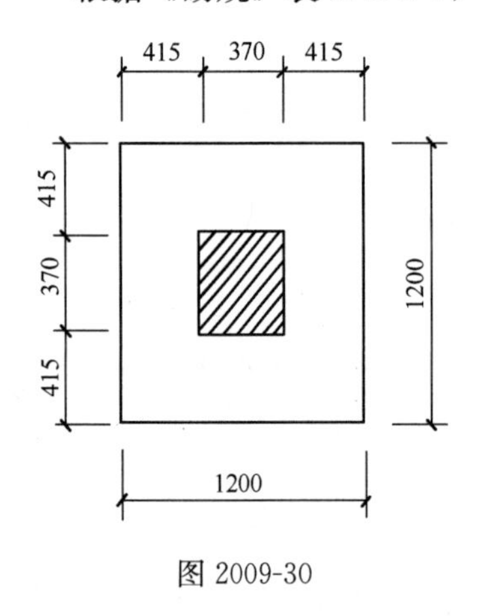

图 2009-30

**提示：**不考虑强度调整系数 $\gamma_a$ 的影响。

(A) M0　　(B) M2.5

(C) M5　　(D) M7.5

**【答案】**(C)

根据《砌规》5.2.1 条计算。

$$\gamma=1+0.35\sqrt{\frac{A_0}{A_l}-1}=1+0.35\sqrt{\frac{1200\times1200}{370\times370}-1}=2.08<2.5$$

$$f\geqslant\frac{N_l}{\gamma A_l}=\frac{170\times10^3}{2.08\times370\times370}=0.597\text{MPa}$$

查《砌规》表 3.2.1-7，MU30 毛石、砂浆强度等级 M5 时，强度可达 0.61MPa。M5 水泥砂浆也符合《砌规》4.3.5 条的耐久性要求。故选择（C）。

**【例 3.2.8】**2017 上午 37 题

某多层无筋砌体结构房屋，结构平面布置如图 2017-37(a) 所示，首层层高 3.6m，其他各层层高均为 3.3m，内外墙均对轴线居中，窗洞口高度均为 1800mm，窗台高度均为 900mm。

假定，该建筑采用单排孔混凝土小型空心砌块砌体，砌块强度等级采用 MU15 级，砂浆采用 Mb15 级，一层墙 A 作为楼盖梁的支座，截面如图 2017-37(b) 所示，梁的支承长度为 390mm，截面为 250mm×500mm（宽×高），墙 A 上设有 390mm×390mm×190mm（长×宽×高）钢筋混凝土垫块。试问，该梁下砌体局部受压承载力（kN），与下列何项数值最为接近？

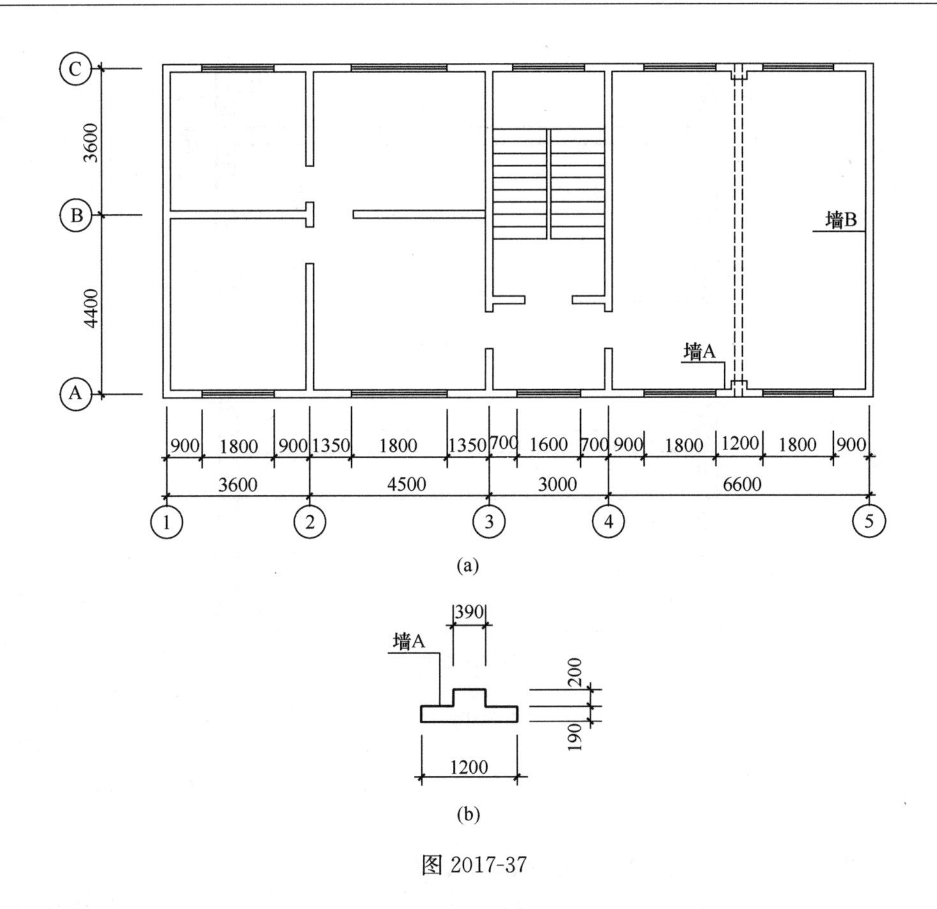


图 2017-37

**提示**：偏心距 $e/h_T=0.075$。

(A) 400　　(B) 450　　(C) 500　　(D) 550

**【答案】**(D)

根据《砌规》表 3.2.1-4，砌体的抗压强度设计值 $f=4.61\times0.85=3.92\text{MPa}$。

根据《砌规》5.2.5 条 1 款，垫块外砌体面积的有利影响系数：

$$\gamma_1=0.8(1+0.35\sqrt{\frac{A_0}{A_b}-1})=0.8<1.0\text{，取 }\gamma_1=1.0$$

根据《砌规》5.2.5 条和附表 D.0.1-1，影响系数 $\varphi=0.94$。

根据《砌规》式（5.2.5-1）：

$$\varphi\gamma_l fA_b=0.94\times1.0\times3.92\times390\times390=560\text{kN}$$

**【例 3.2.9】** 2016 上午 31 题

某砖混结构多功能餐厅，上下层墙体厚度相同，层高相同，采用 MU20 混凝土普通砖和 Mb10 专用砌筑砂浆砌筑，施工质量为 B 级，结构安全等级二级。现有一截面尺寸为 300mm×800mm 钢筋混凝土梁，支承于尺寸为 370mm×1350mm 的一字形截面墙垛上，梁下拟设置预制钢筋混凝土垫块，垫块尺寸为 $a_b=370\text{mm}$，$b_b=740\text{mm}$，$t_b=240\text{mm}$，如图 2016-31 所示。

试问，垫块外砌体面积的有利影响系数 $\gamma_l$，与下列何项数值最为接近？

**提示**：计算跨度按 $l=9.6\text{m}$ 考虑。

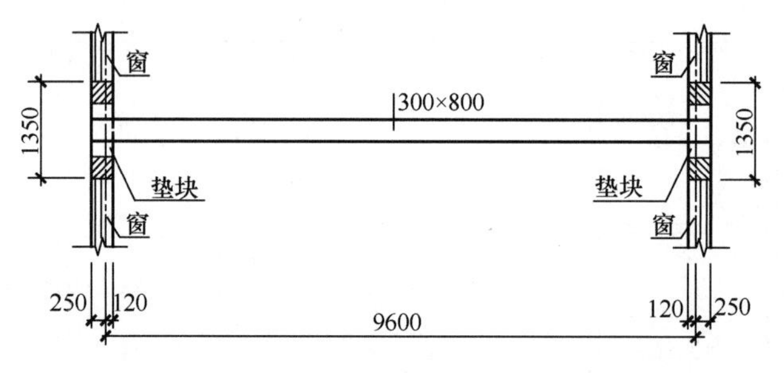


梁平面布置简图

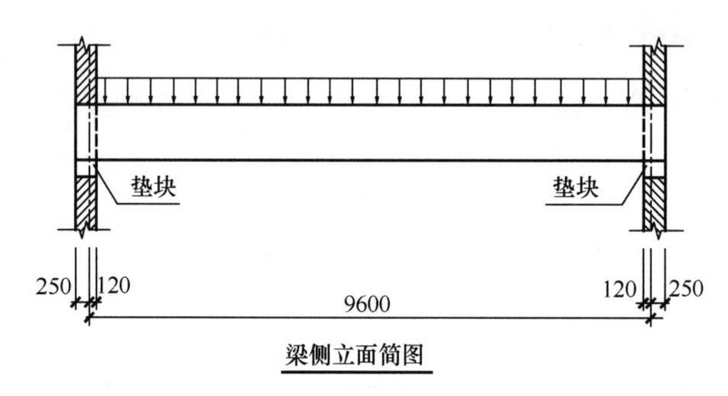


梁侧立面简图

图 2016-31

(A) 1.00　　(B) 1.05　　(C) 1.30　　(D) 1.35

**【答案】**(B)

根据《砌规》表 3.2.1-2（MU20，Mb10），$f=2.67\text{MPa}$。

根据《砌规》5.2.5 条和 5.2.2 条，计算砌体局部强度提高系数 $\gamma$ 时，应以 $A_b$ 代替 $A_l$，$A_b=A_l=740\times370=273800\text{mm}^2$。

$A_0=(b+2h)h$，其中 $b+2h=740+2\times370=1480\text{mm}>1350\text{mm}$，只能取 $A_0=370\times1350=499500\text{mm}^2$。

$$\gamma=1+0.35\sqrt{\frac{A_0}{A_b}}=1+0.35\sqrt{\frac{499500}{273800}-1}=1.318<2$$

根据《砌规》5.2.5 条，$\gamma_1=0.8\gamma=0.8\times1.318=1.054$。

**【例 3.2.10】**2016 上午 33 题

假定，梁的荷载设计值（含自重）为 38.6kN/m，上层墙体传来的轴向荷载设计值为 320kN。试问，垫块上梁端有效支承长度 $a_0$（mm），与下列何项数值最为接近?

(A) 60　　(B) 90　　(C) 100　　(D) 110

**【答案】**(C)

根据《砌规》5.2.5 条，上部轴向力设计值在窗间墙的平均压应力为

$$\sigma_0=\frac{N_0}{A_0}=\frac{320\times10^3}{370\times1350}=0.641\text{MPa}$$

$\frac{\sigma_0}{f}=\frac{0.641}{2.67}=0.24$，据此查表 5.2.5：

$$\delta_1=5.7+\frac{6.0-5.7}{0.4-0.2}\times(0.24-0.2)=5.76$$

$$a_0=\delta_1\sqrt{\frac{h_c}{f}}=5.76\times\sqrt{\frac{800}{2.67}}=99.7\text{mm}$$

**【例 3.2.11】** 2012 上午 40 题

一钢筋混凝土简支梁，截面尺寸为 200mm×500mm，跨度 5.4m，支承在 240mm 厚的窗间墙上，如图 2012-40 所示。窗间墙长 1500mm，采用 MU15 级蒸压粉煤灰砖、M10 级混合砂浆砌筑，砌体施工质量控制等级为 B 级。在梁下、窗间墙墙顶部位，设置有钢筋混凝土圈梁，圈梁高度为 180mm。梁端的支承压力设计值 $N_l=110$kN，上层传来的轴向压力设计值为 360kN。试问，作用于垫梁下砌体局部受压的压力设计值 $N_0+N_l$（kN），与下列何项数值最为接近？

**提示：** ① 圈梁惯性矩 $I_b=1.1664\times10^8\text{mm}^4$；

② 圈梁混凝土弹性模量 $E_b=2.55\times10^4$MPa。

(A) 190　　　　(B) 220

(C) 240　　　　(D) 260

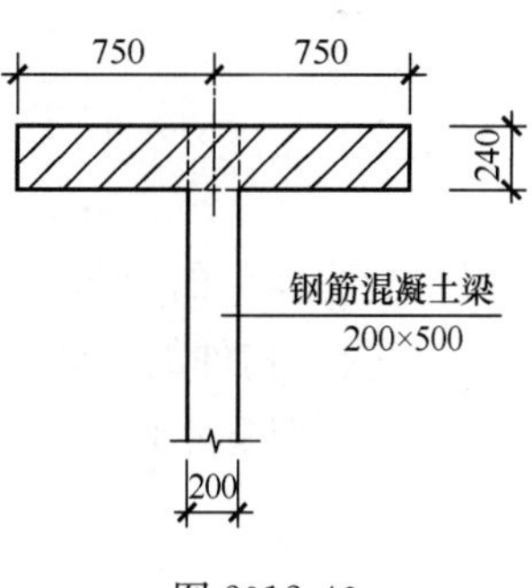

图 2012-40

**【答案】**(C)

根据《砌规》表 3.2.1-3，$f=2.31$MPa。

根据《砌规》表 3.2.5-1，砌体弹性模量 $E=1060f=2448.6$MPa，$h=240$mm。

根据《砌规》5.2.6 条：

$$h_0=2\sqrt[3]{\frac{E_bI_b}{Eh}}=2\times\sqrt[3]{\frac{2.55\times10^4\times1.1664\times10^8}{2448.6\times240}}=343.4\text{mm}$$

$$\pi h_0=3.14\times343.4=1078.2\text{mm}<1500\text{mm}$$

根据《砌规》5.2.4 条，$\sigma_0=\dfrac{360\times10^3}{240\times1500}=1.0\text{N/mm}^2$，垫梁上部轴向力设计值：

$$N_0=\frac{\pi b_0h_0\sigma_0}{2}=\frac{3.14\times240\times343.4\times1}{2}=129393\text{N}=129.4\text{kN}$$

$$N_0+N_l=129.4+110=239.4\text{kN}$$

## 3.3　轴心受拉构件、受弯构件、受剪构件

**1. 主要的规范规定**

1)《砌规》5.3.1 条：轴心受拉构件的承载力计算。

2)《砌规》5.4.1 条、5.4.2 条：受弯构件的受弯、受剪承载力。

3)《砌规》5.5.1 条：沿通缝或沿阶梯形截面破坏时受剪构件的承载力。

**2. 对规范规定的理解**

1) 轴心受拉构件的承载力解题流程：

① 由《砌规》3.2.2 条、3.2.3 条确定 $f_t$（需考虑调整系数）；

② 确定受拉断面面积 $A$、相应的轴心拉力设计值 $N_t$；

③ 求 $N_t\leqslant f_tA$ 。

举例：砌体水池壁，如图 3.3-1 所示。

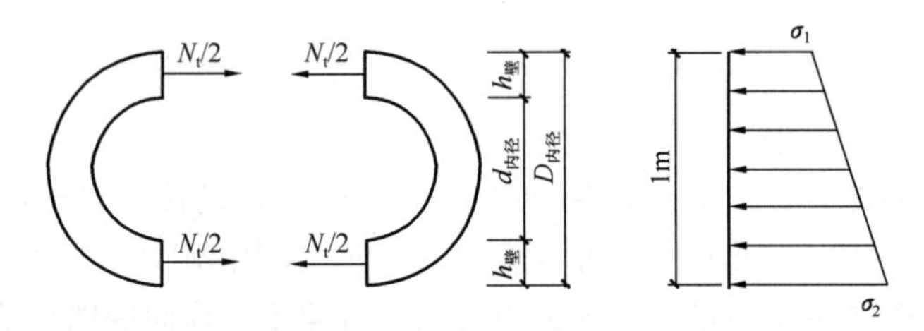


图 3.3-1 砌体水池壁

水池内力计算，其中 $\gamma_w=10\text{kN/m}^3$，水的荷载分项系数为 $\gamma_G$。

$$A=1000\times h_{壁}\times 2$$

$$N_t=\gamma_G(\sigma_1+\sigma_2)\times\frac{1}{2}\times 1\times d_{内径}=\gamma_G(\sigma_1+\sigma_1+10\times 1)\times\frac{1}{2}\times 1\times d_{内径}$$

当 $\sigma_1=0$ 时

$$N_t=\gamma_G\times\frac{1}{2}\gamma_w h^2 d_{内径}$$

2）受弯构件的受弯、受剪承载力解题流程：

（1）受弯构件的受弯承载力

① 由《砌规》3.2.2 条、3.2.3 条确定 $f_{tm}$（需考虑调整系数，并注意是通缝还是齿缝）；

② 确定截面抵抗矩 $W$ $\left(矩形截面时 W=\dfrac{bh^2}{6}\right)$、相应的弯矩设计值 $M$；

③ 求 $M\leqslant f_{tm}W$。

注意：公式也适用于砖砌平拱过梁，其 $f_{tm}$ 按齿缝取值。

（2）受弯构件的受剪承载力

① 由《砌规》3.2.2 条、3.2.3 条确定 $f_v$ 或 $f_{vg}$（需考虑调整系数，蒸压灰砂砖采用专用砂浆时，按普通砖查表取值）；

② 确定内力臂 $z=\dfrac{I}{S}$ $\left(矩形时取 z=\dfrac{2h}{3}\right)$、相应的剪力设计值 $V$；

③ 求 $V\leqslant f_v bz$。

注意：① 公式也适用于砖砌平拱过梁、钢筋砖过梁；

② 计算时，墙体如果取每延米计算，应注意单位换算；

③ 根据材料力学，应有 $\dfrac{VS}{Ib}\leqslant f_v$，将其变形，得 $V\leqslant\dfrac{f_v Ib}{S}$；对于矩形截面，$\dfrac{I}{S}=\dfrac{bh^3/12}{bh/2\times h/4}=\dfrac{2h}{3}$。

3）沿通缝或沿阶梯形截面破坏时受剪构件的承载力，解题流程如下：（此处分项系数按《荷载规范》取值）

①由《砌规》3.2.1 条、3.2.3 条确定 $f$ 或 $f_g$（需考虑调整系数）。

②由《砌规》3.2.2 条、3.2.3 条确定 $f_v$ 或 $f_{vg}$（需考虑调整系数）。

③ 确定水平截面面积 $A$。

④ 求$\sigma_0=\dfrac{\gamma_G N_{Gk}}{A}$，$\dfrac{\sigma_0}{f}\leqslant 0.8$，活荷载控制或恒荷载控制时分别按下式计算：

$$\gamma_G=1.2\text{时}\begin{cases}\sigma_0=\dfrac{1.2N_{Gk}}{A},\ \dfrac{\sigma_0}{f}\leqslant 0.8\\ \mu=0.26-0.082\dfrac{\sigma_0}{f}\geqslant 0.1944\\ \alpha\begin{cases}\text{砖：}\alpha=0.6\\ \text{混凝土砌块：}\alpha=0.64\end{cases}\end{cases}$$

$$\gamma_G=1.35\text{时}\begin{cases}\sigma_0=\dfrac{1.35N_{Gk}}{A},\ \dfrac{\sigma_0}{f}\leqslant 0.8\\ \mu=0.23-0.065\dfrac{\sigma_0}{f}\geqslant 0.178\\ \alpha\begin{cases}\text{砖：}\alpha=0.64\\ \text{混凝土砌块：}\alpha=0.66\end{cases}\end{cases}$$

⑤ 求$V\leqslant(f_v+\alpha\mu\sigma_0)A$。(相应的剪力设计值$V$)。

注意：2018版可靠性标准修改了分项系数，砌体规范尚未更新，此处按砌体规范作答。

**3. 历年真题解析**

**【例3.3.1】** 2014上午31题

一地下室外墙，墙厚$h$，采用MU10烧结普通砖、M10水泥砂浆砌筑，砌体施工质量控制等级为B级。计算简图如图2014-31所示，侧向土压力设计值$q=34\text{kN/m}^2$。承载力验算时不考虑墙体自重，$\gamma_0=1.0$。

假定，不考虑上部结构传来的竖向荷载$N$。试问，满足受弯承载力验算要求时，最小墙厚计算值$h$（mm）与下列何项数值最为接近？

**提示：** 计算截面宽度取1m。

(A) 620　　(B) 750

(C) 820　　(D) 850

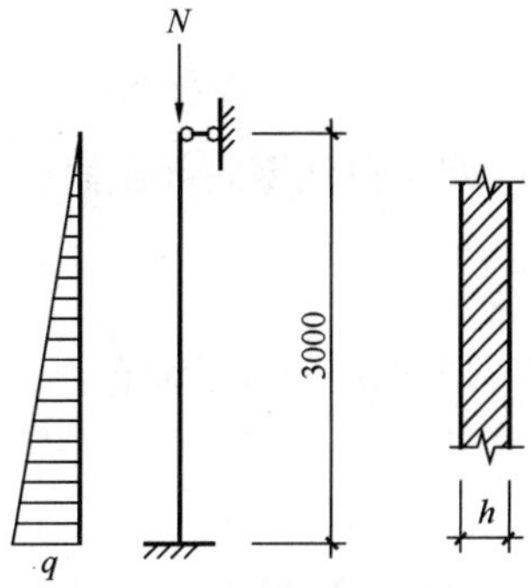

**【答案】**(D)

最大弯矩设计值：

$$M=\frac{1}{15}qH^2=\frac{1}{15}\times 34\times 3^2=20.40\text{kN}\cdot\text{m}$$

N
3000
h
q

图2014-31

根据《砌规》式(5.4.1)，$M\leqslant f_{tm}W$，其中$W=\dfrac{1}{6}bh^2$。

根据《砌规》表3.2.2，砌体弯曲抗拉强度设计值$f_{tm}=0.17\text{MPa}$。则

$$h\geqslant\sqrt{\frac{6M}{f_{tm}b}}=\sqrt{\frac{6\times 20.4\times 10^6}{0.17\times 1000}}=848.53\text{mm}$$

**【例3.3.2】** 2014上午32题

基本题干同例3.3.1。

假定，不考虑上部结构传来的竖向荷载$N$。试问，满足受剪承载力验算要求时，设计选用的最小墙厚$h$（mm）与下列何项数值最为接近？

**提示：**计算截面宽度取1m。

(A) 240　(B) 370　(C) 490　(D) 620

**【答案】**(B)

最大剪力设计值：

$$V=\frac{2}{5}qH=\frac{2}{5}\times34\times3=40.80\text{kN}$$

根据《砌规》式(5.4.2-1)、式(5.4.2-2)，$V\leqslant f_{\text{v}}bz$，$z=\frac{2}{3}h$。根据《砌规》表3.2.2，砌体抗剪强度设计值$f_{\text{v}}=0.17\text{MPa}$。则

$$h\geqslant\frac{3V}{2f_{\text{v}}b}=\frac{3\times40.8\times1000}{2\times0.17\times1000}=360\text{mm}$$

**【例3.3.3】**2012上午39题

某悬臂砖砌水池，采用MU10级烧结普通砖、M10级水泥砂浆砌筑，墙体厚度740mm，砌体施工质量控制等级为B级。水压力按可变荷载考虑，假定其荷载分项系数取1.4。试问，按抗剪承载力验算时，该池壁底部能承受的最大水压高度设计值$H$(m)，与下列何项数值最为接近？

**提示：**① 不计池壁自重的影响；

② 取池壁中间1m宽度进行计算。

(A) 2.5　(B) 3.0　(C) 3.5　(D) 4.0

**【答案】**(C)

根据《砌规》表3.2.2，砌体抗剪强度设计值$f_{\text{v}}=0.17\text{MPa}$。

根据《砌规》5.4.2条，单位长度池壁底部的抗剪承载力：

$$f_{\text{v}}bz=\frac{0.17\times1000\times2\times740}{3}=83867\text{N}=83.88\text{kN}$$

水压在池壁底部截面产生的剪力设计值$V$：

$$V=\frac{1}{2}\times1.4\gamma H^2=0.5\times10\times1.4\times H^2=7H^2$$

取$f_{\text{v}}bz=V$，则有：

$$H=\sqrt{\frac{f_{\text{v}}bz}{7}}=\sqrt{\frac{83.88}{7}}=3.46\text{m}$$

**【例3.3.4】**2012二级上午40题

一砖拱端部窗间墙宽度600mm，墙厚240mm，采用MU10级烧结普通砖和M7.5级水泥砂浆砌筑，砌体施工质量控制等级为B级，如图2012-40所示。作用在拱支座端部A-A截面由永久荷载设计值产生的纵向力$N_{\text{u}}=40\text{kN}$。试问，该端部截面水平受剪承载力设计值(kN)，与下列何项数值最为接近？

**提示：**按《砌体结构设计规范》GB 50003—2011作答。

(A) 23　(B) 22　(C) 21　(D) 19

**【答案】**(A)

查《砌规》表3.2.1-1，$f=1.69\text{MPa}$；查表3.2.2，$f_{\text{v}}=0.14\text{MPa}$。

根据《砌规》3.2.3条对强度进行调整。由于$A=0.6\times0.24=0.144\text{m}^2<0.3\text{m}^2$，故

强度调整系数 $\gamma_a=0.144+0.7=0.844$。水泥砂浆为 M7.5，不考虑强度折减。调整后的强度为：

$$f=1.69\times0.844=1.43\text{MPa}$$

$$f_v=0.14\times0.844=0.12\text{MPa}$$

根据《砌规》5.5.1 条：

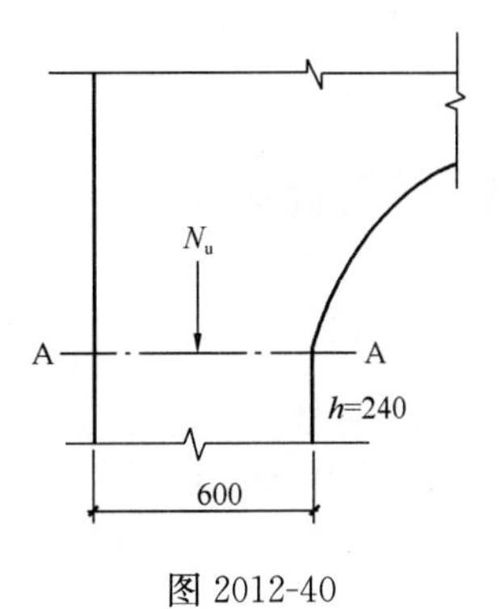


图 2012-40

$$\sigma_0=\frac{N_u}{A}=\frac{40\times10^3}{600\times240}=0.28\text{MPa}$$

$$\frac{\sigma_0}{f}=\frac{0.28}{1.43}=0.20<0.8$$

$$\mu=0.23-0.065\frac{\sigma_0}{f}=0.23-0.065\times0.20=0.217$$

$\gamma_G=1.35$ 时，对于砖砌体，$\alpha=0.64$，则

$$(f_v+\alpha\mu\sigma_0)A=(0.12+0.64\times0.217\times0.28)\times144000=22.9\times10^3\text{N}$$

# 4 构造要求

**1. 主要的规范规定**

1)《砌规》6.1 节：墙柱的高厚比验算。

2)《砌规》6.2 节：一般构造要求。

3)《砌规》6.3 节：框架填充墙。

4)《砌规》6.4 节：夹心墙。

5)《砌规》6.5 节：防止或减轻墙体开裂的主要措施。

**2. 对规范规定的理解**

1) 墙柱高厚比验算解题流程

① 根据《砌规》5.1.3 条、5.1.4 条确定构件计算高度 $H_0$；

② $\beta=\dfrac{H_0}{h}$ 或 $\beta=\dfrac{H_0}{h_T}=\dfrac{H_0}{3.5i}$；

③ 根据《砌规》6.1.1 条确定允许高厚比 $[\beta]$；

④ 对自承重墙、有门窗洞口墙、带构造柱墙，修正 $[\beta]$；

⑤ 比较 $\beta=\dfrac{H_0}{h}<\mu_1\mu_2[\beta]$ 是否满足。

注意：① 仅作高厚比验算（6.1.1 条）时，高厚比 $\beta=\dfrac{H_0}{h}$ 不考虑材料修正系数 $\gamma_\beta$。

② 变截面柱的高厚比可按上、下截面分别验算，其计算高度可按《砌规》5.1.4 条的规定采用。

2) 允许高厚比 $[\beta]$

允许高厚比仅与砂浆强度等级有关，与块体强度等级无关。查表后注意对 $[\beta]$ 进行下述调整：

(1) 毛石：×0.8；

(2) 带有混凝土或砂浆面层的组合砖砌体构件：×1.2，且≤28；

(3) 施工阶段砂浆尚未硬化：墙 $[\beta]=14$，柱 $[\beta]=11$；

(4) 变截面柱的上柱 ：×1.3。

3) 允许高厚比 $[\beta]$ 的修正：$\mu_1\mu_2[\beta]$

(1) 自承重墙允许高厚比的修正系数 $\mu_1$（《砌规》6.1.3 条）

厚度≤240mm 的自承重墙，$\mu_1=1.5-\dfrac{h-90}{150}\times0.3$，常根据墙厚按表 4.1-1 取值。

**常用墙厚的修正系数 $\mu_1$** **表 4.1-1**

<table>
<tr><td rowspan="2">$\mu_1$</td><td colspan="4">自承重墙厚度</td><td rowspan="2">承重墙</td></tr>
<tr><td>90mm</td><td>120mm</td><td>180mm</td><td>240mm</td></tr>
<tr><td rowspan="2">插值结果</td><td>1.5</td><td>1.44</td><td>1.32</td><td>1.2</td><td rowspan="2">1.0</td></tr>
<tr><td colspan="4">上端为自由端墙：$\mu_1$ 上述结果×1.3(计算高度 $H_0=2H$)</td></tr>
</table>

（2）有门窗洞口墙允许高厚比的修正系数 $\mu_2$（《砌规》6.1.4 条）

$\frac{洞口高度}{墙高} \leqslant \frac{1}{5}$ 时：$\mu_2 = 1.0$；

$\frac{1}{5} < \frac{洞口高度}{墙高} < \frac{4}{5}$ 时：$\mu_2 = 1 - 0.4\frac{b_s}{s} \geqslant 0.7$；

$\frac{洞口高度}{墙高} \geqslant \frac{4}{5}$ 时：按独立墙段验算。

4）带壁柱墙和带构造柱墙的高厚比验算

（1）带壁柱整片墙的高厚比验算：把带壁柱墙视为厚度为 $h_T = 3.5i$ 的一片墙的整体验算，翼缘宽度 $b_f$ 可按《砌规》4.2.8 条计算。

（2）带构造柱墙的允许高厚比修正系数 $\mu_c$ 按下列流程确定：

① $b_c < h_{墙厚}$、施工阶段时：$\mu_c = 1$

② 确定系数 $\gamma \begin{cases} 细料石：\gamma = 0 \\ 混凝土砌块、混凝土多孔砖、粗料石、毛料石及毛石：\gamma = 1.0 \\ 其他砌体：\gamma = 1.5 \end{cases}$

③ 判断 $b_c/l \begin{cases} \frac{b_c}{l} < 0.05 时：\mu_c = 1 \\ 0.05 \leqslant \frac{b_c}{l} \leqslant 0.25 时：\mu_c = 1 + \gamma\frac{b_c}{l} \\ \frac{b_c}{l} > 0.25 时：\mu_c = 1 + 0.25\gamma \end{cases}$

（3）壁柱之间墙或构造柱间墙局部高厚比验算：横墙间距 $s$ 取相邻壁柱间距（或构造柱间距）；确定壁柱间墙的计算高度 $H_0$ 时，按刚性方案。

**3. 历年真题解析**

**【例 4.1.1】** 2019 上午 35 题

某单层单跨砌体无吊车厂房，如图 2019-35 所示。采用装配式无檩体系钢筋混凝土屋盖，厂房柱高度 $H = 5.6$ m，采用 MU20 混凝土多孔砖、Mb10 专用砂浆砌筑，施工质量控制等级为 B 级，其结构布置及构造措施均符合规范要求。

试问，按构造要求进行高厚比验算时，排架方向厂房柱的高厚比与下列何项数值最为接近？

**提示：**①T 形柱：$A = 0.9365 \times 10^6\ \text{mm}^2$；

②柱绕 $x$ 轴回转半径：$i = 147$ mm。

(A) 11　　(B) 13　　(C) 15　　(D) 17

**【答案】**(B)

根据《砌规》4.2.1 条，排架方向：$32\text{m} \leqslant s = 4.2 \times 11 = 46.2\text{m} \leqslant 72\text{m}$，房屋静力计算方案为刚弹性方案。

根据《砌规》5.1.3 条，厂房柱计算高度：

$$H_0 = 1.2H = 1.2 \times 5.6 = 6.72\text{m}$$

根据《砌规》6.1.1 条：

$$\beta = \frac{H_0}{h_T} = \frac{6720}{3.5 \times 147} = 13$$

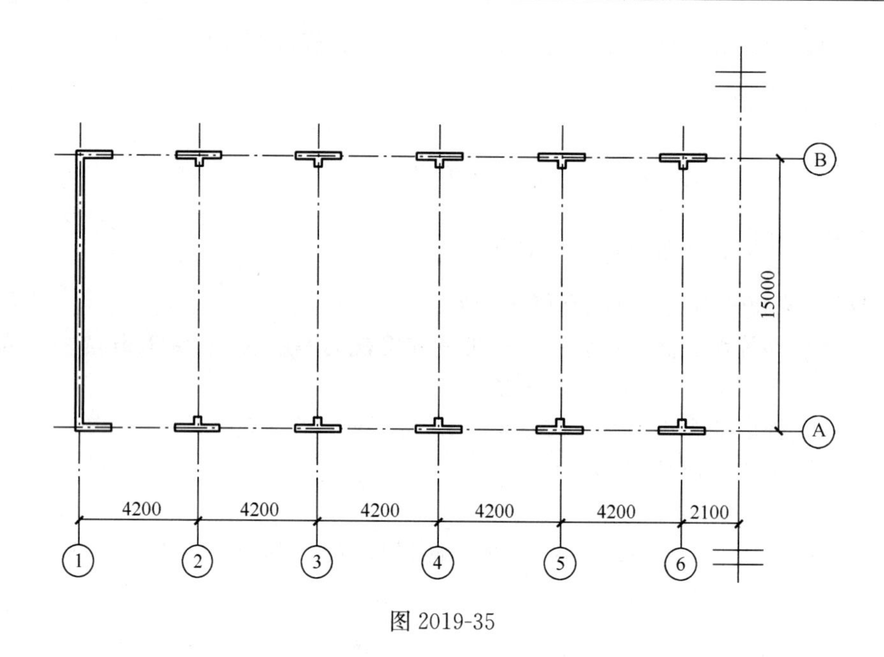


图 2019-35

**【例 4.1.2】** 2017 上午 35 题

某多层无筋砌体结构房屋，结构平面布置如图 2017-35 所示，首层层高 3.6m，其他各层层高均为 3.3m，内外墙均对轴线居中，窗洞口高度均为 1800mm，窗台高度均为 900mm。

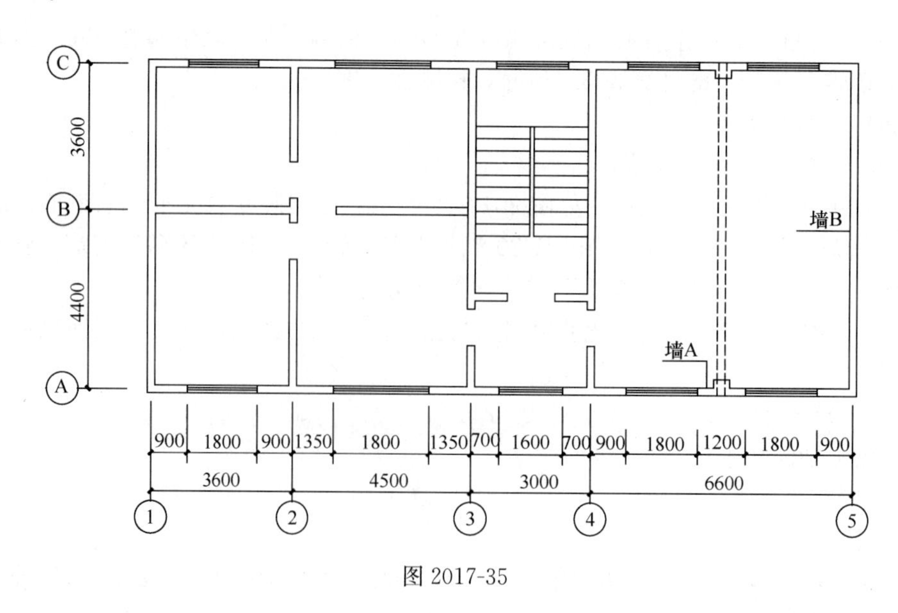


图 2017-35

假定，该建筑采用 190mm 厚混凝土小型空心砌块砌体结构，刚性方案，室内外高差 0.3m，基础顶面埋置较深，一楼地面可以看作刚性地坪。试问，墙 B 首层的高厚比与下列何项数值最为接近?

(A) 18　　(B) 20　　(C) 22　　(D) 24

**【答案】**(C)

根据《砌规》5.1.3条：

$H=3.6+0.3+0.5=4.4\text{m}$，$H=4.4\text{m}<s=8.0\text{m}<2H=8.8\text{m}$。查《砌规》表5.1.3：

$$H_0=0.4s+0.2H=0.4\times8.0+0.2\times4.4=4.08\text{m}$$

由《砌规》式（6.1.1）：

$$\beta=\frac{H_0}{h}=\frac{4.08}{0.19}=21.5$$

**【例4.1.3】** 2016上午37题

某建筑局部结构布置如图2016-37所示，按刚性方案计算，二层层高3.6m，墙体厚度均为240mm，采用MU10烧结普通砖、M10混合砂浆砌筑，已知墙A承受重力荷载代表值518kN，由梁端偏心荷载引起的偏心距$e=35\text{mm}$，施工质量控制等级为B级。

假定，外墙窗洞3000mm×2100mm，窗洞底距楼面900mm。试问，二层Ⓐ轴墙体A的高厚比验算与下列何项最为接近？

（A）15.0<22.1　　（B）15.0<19.1

（C）18.0<19.1　　（D）18.0<22.1

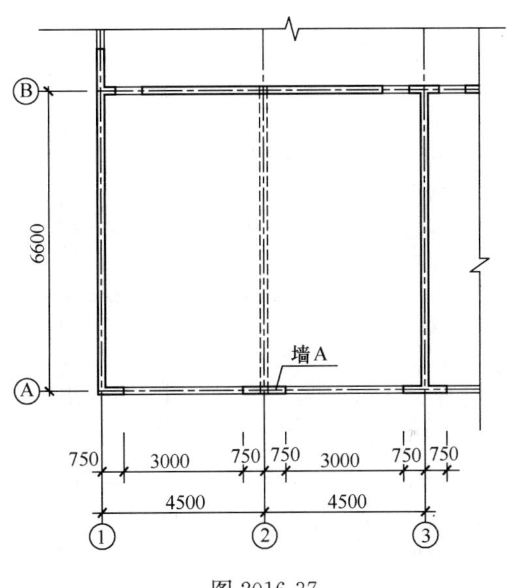


图2016-37

**【答案】**（B）

根据《砌规》5.1.3条，构件高度$H=3.6\text{m}$。横墙间距$s=9.0\text{m}>2H=7.2\text{m}$，由《砌规》表5.1.3，计算高度$H_0=1.0H=3.6\text{m}$。

根据《砌规》式（6.1.1）：

$$\beta=\frac{H_0}{h}=\frac{3.6}{0.24}=15$$

根据《砌规》6.1.4条，$\frac{2.1}{3.6}=0.58>0.2$，且$<0.8$。故根据《砌规》式（6.1.4）：

$$\mu_2=1-0.4\frac{b_s}{s}=1-0.4\times\frac{6000}{9000}=0.733>0.7$$

根据《砌规》表6.1.1，$[\beta]=26$，则

$$\mu_1\mu_2[\beta]=1\times0.733\times26=19.1$$

**【例4.1.4】** 2014上午38题

下述关于影响砌体结构受压构件高厚比$\beta$计算值的说法，哪一项不正确？

（A）改变墙体厚度　　（B）改变砌筑砂浆的强度等级

（C）改变房屋的静力计算方案　　（D）调整或改变构件支承条件

**【答案】**（B）

根据《砌规》5.1.2条，（A）正确。

根据《砌规》5.1.2条式（5.1.2-1）、式（5.1.2-2），计算$\beta$时与砌筑砂浆没有关系，

(B) 不正确。

根据《砌规》5.1.3条及表5.1.3，(C)、(D) 正确。

**【例4.1.5】** 2013上午37题

某多层砖砌体房屋，底层结构平面布置如图2013-37(a)所示，外墙厚370mm，内墙厚240mm，轴线均居墙中。窗洞口均为1500mm×1500mm（宽×高），门洞口除注明外均为1000mm×2400mm（宽×高）。室内外高差0.5m，室外地面距基础顶0.7m。楼、屋面板采用现浇钢筋混凝土板，砌体施工质量控制等级为B级。

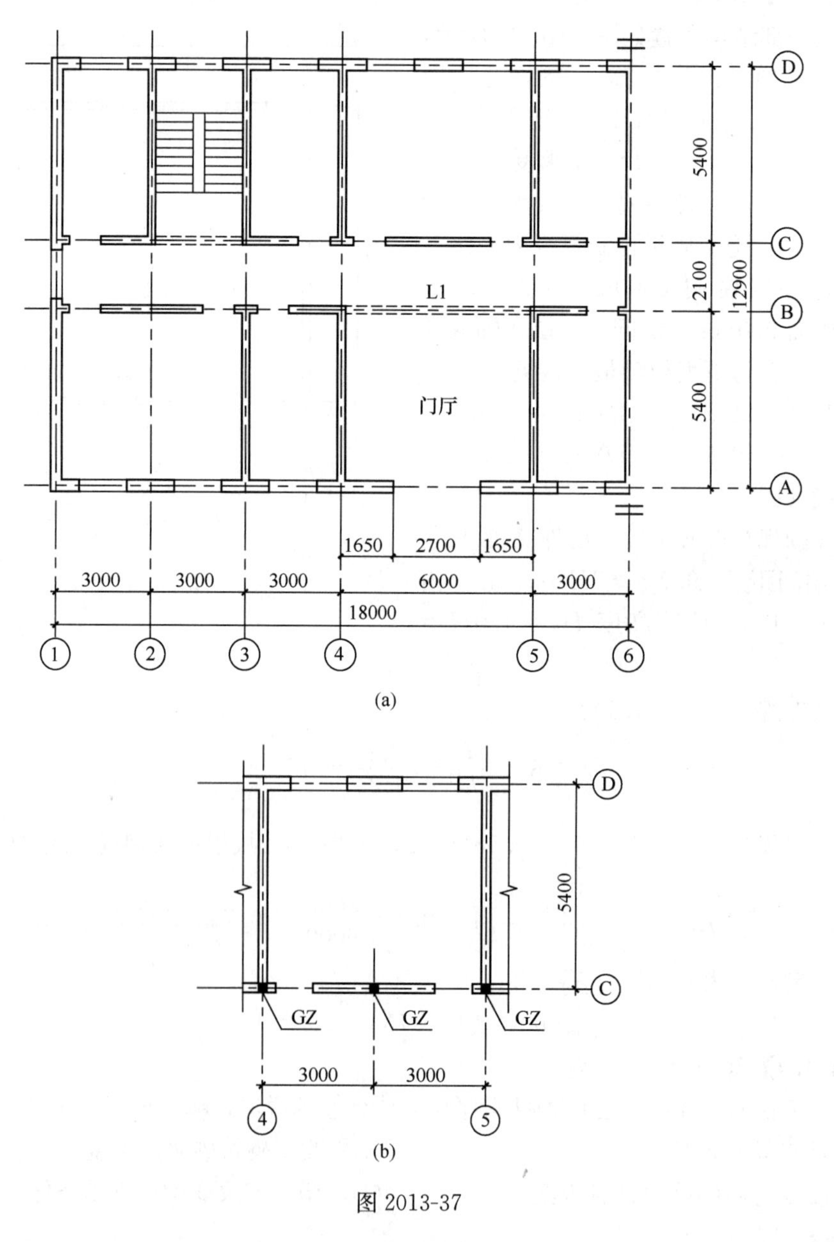


图2013-37

假定，底层层高为3.0m，④～⑤轴之间内纵墙如图2013-37(b)所示。砌体砂浆强度等级M10，构造柱截面均为240mm×240mm，混凝土强度等级为C25，构造措施满足规范要求。试问，其高厚比验算式 $\frac{H_0}{h} < \mu_1\mu_2[\beta]$ 的左右端数值与下列何项数值最为接近？

**提示：**小数点后四舍五入取两位。

(A) 13.50<22.53　　(B) 13.50<25.24

(C) 13.75<22.53　　(D) 13.75<25.24

**【答案】**(B)

根据《砌规》5.1.3条，构件高度 $H=3.0+0.5+0.7=4.2\text{m}$。横墙间距 $s=6.0\text{m}>H$，且 $<2H=8.4\text{m}$。根据《砌规》表5.1.3，计算高度：

$$H_0 = 0.4s + 0.2H = 0.4\times 6.0 + 0.2\times 4.2 = 3.24\text{m}$$

根据《砌规》式（6.1.1）：

$$\beta = \frac{H_0}{h} = \frac{3.24}{0.24} = 13.50$$

$$\mu_c = 1 + \gamma\frac{b_c}{l} = 1 + 1.5\times\frac{240}{3000} = 1.12$$

$$\mu_2 = 1 - 0.4\frac{b_s}{s} = 1 - 0.4\frac{2\times 1}{6} = 0.867$$

$$\mu_c\mu_2[\beta] = 1.12\times 0.867\times 26 = 25.24$$

**【例 4.1.6】**2012 上午 33 题

某多层砌体结构房屋，各层层高均为3.6m，内外墙厚度均为240mm，轴线居中。室内外高差0.3m，基础埋置较深且有刚性地坪。采用现浇钢筋混凝土楼、屋盖，平面布置图和A轴剖面如图2012-33所示。各内墙上门洞均为1000mm×2600mm（宽×高），外墙上窗洞均为1800mm×1800mm（宽×高）。

试问，底层②轴墙体的高厚比与下列何项数值最为接近？

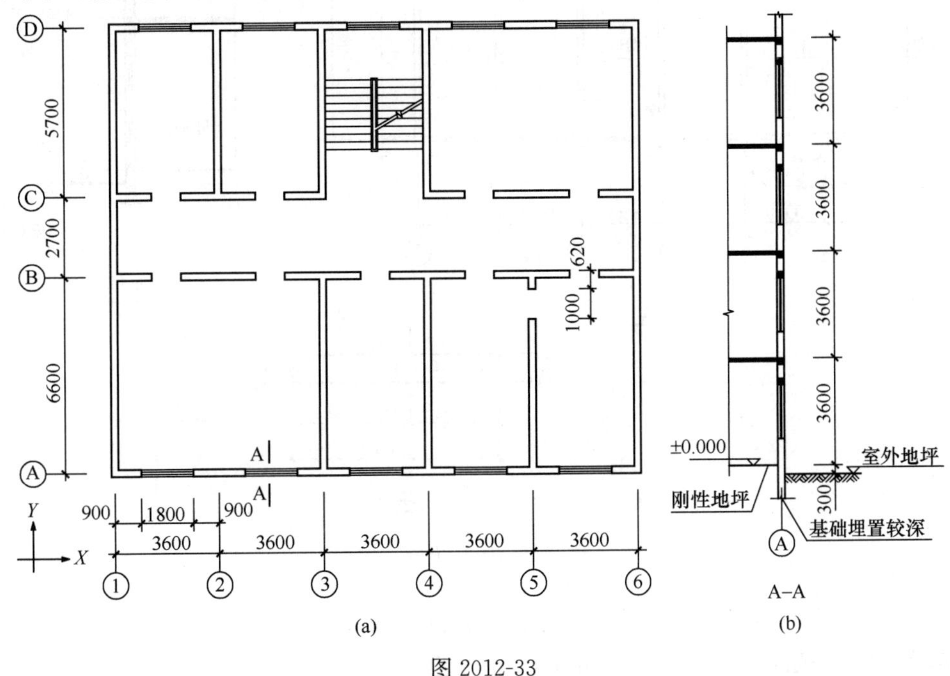


图 2012-33

(a) 平面布置图；(b) 局部剖面示意图

**提示：** 横墙间距 $s$ 按 5.7m 计算。

(A) 13　　(B) 15　　(C) 17　　(D) 19

**【答案】**(A)

根据《砌规》5.1.3 条，$H=3.6+0.3+0.5=4.4\text{m}$。$H=4.4\text{m}<s=5.7\text{m}<2H=8.8\text{m}$，查《砌规》表 5.1.3，得：

$$H_0=0.4s+0.2H=0.4\times5.7+0.2\times4.4=3.16\text{m}$$

由《砌规》式（6.1.1）：

$$\beta=\frac{H_0}{h}=\frac{3.16}{0.24}=13.2$$

**【例 4.1.7】** 2011 上午 36 题

某多层刚性方案砖砌体教学楼，其局部平面如图 2011-36 所示。墙体厚度均为 240mm，轴线均居墙中。室内外高差 0.3m，基础埋置较深且有刚性地坪。墙体采用 MU15 蒸压粉煤灰普通砖、M10 混合砂浆砌筑，底层、二层层高均为 3.6m；楼、屋面板采用现浇钢筋混凝土板。砌体施工质量控制等级为 B 级，结构安全等级为二级。

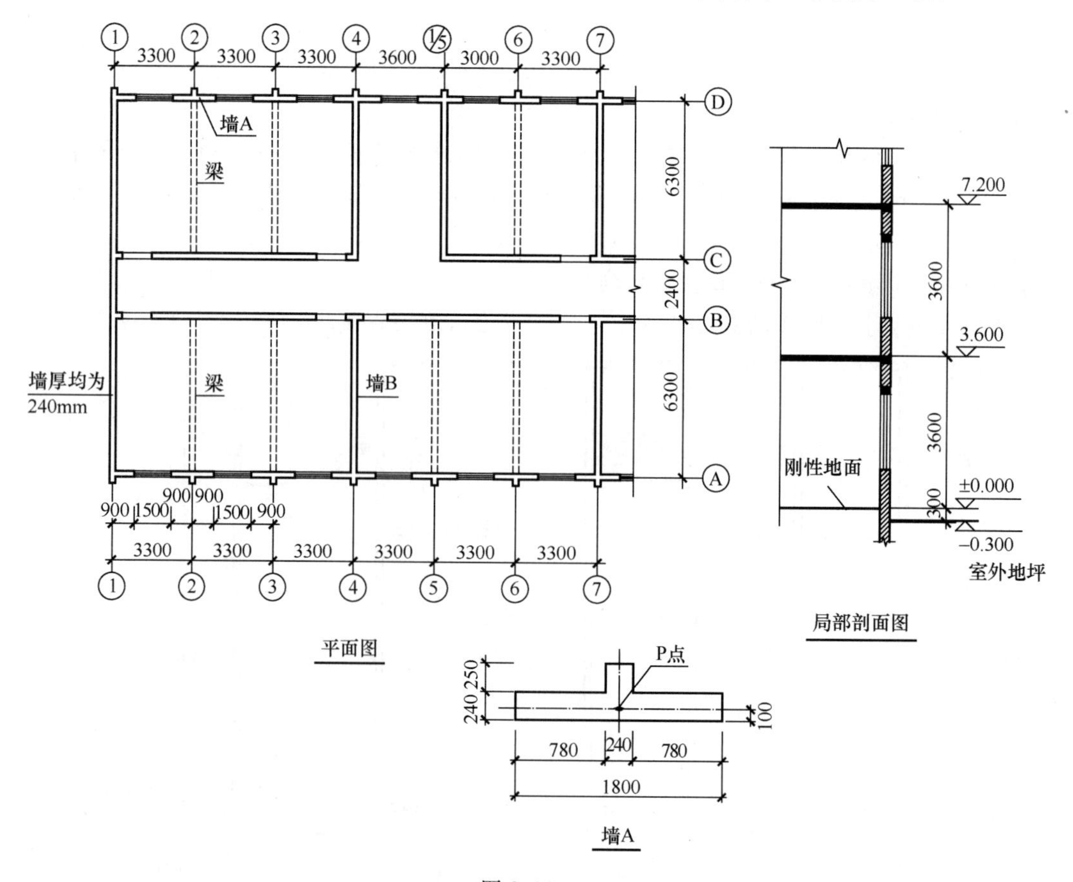


图 2011-36

试问，底层外纵墙墙 A 的高厚比，与下列何项数值最为接近？

**提示：** 墙 A 截面 $I=5.55\times10^9\text{mm}^4$，$A=4.92\times10^5\text{mm}^2$。

(A) 8.5　　(B) 9.7　　(C) 10.4　　(D) 11.8

【答案】(D)

$I=5.55\times10^9\text{mm}^4$，$i=\sqrt{\dfrac{I}{A}}=\sqrt{\dfrac{5.55\times10^9}{4.92\times10^5}}=106.2\text{mm}$。

由《砌规》5.1.2条，截面折算厚度 $h_T=3.5i=3.5\times106.2=371.7\text{mm}$。

由《砌规》5.1.3条，$H=3.6+0.3+0.5=4.4\text{m}$，$s=9.9\text{m}>2H=8.8\text{m}$，$H_0=1.0H=4.4\text{m}$。

$$\beta=\frac{H_0}{h_T}=\frac{4.4}{0.3717}=11.84$$

**【例4.1.8】** 2011上午31题

关于砌体结构的设计，有下列四项论点：

Ⅰ. 某六层刚性方案砌体结构房屋，层高均为3.3m，均采用现浇钢筋混凝土楼板，外墙洞口水平截面面积约为全截面面积的60%，基本风压0.6kN/m²，外墙静力计算时可不考虑风荷载的影响；

Ⅱ. 通过改变砌块强度等级可以提高墙、柱的允许高厚比；

Ⅲ. 在蒸压粉煤灰砖强度等级不大于MU20、砂浆强度等级不大于M10的条件下，为增加砌体受压承载力，提高砖的强度等级一级比提高砂浆强度等级一级效果好；

Ⅳ. 厚度180mm、上端非自由端、无门窗洞口的自承重墙体，允许高厚比修正系数为1.32。

试问，以下何项组合是全部正确的?

(A) Ⅰ、Ⅲ　　(B) Ⅱ、Ⅲ

(C) Ⅲ、Ⅳ　　(D) Ⅱ、Ⅳ

【答案】(C)

(Ⅰ)《砌规》4.2.6条，不正确；

(Ⅱ)《砌规》6.1.1条，不正确；

(Ⅲ)《砌规》3.2.1条，正确；

(Ⅳ)《砌规》6.1.3条，正确。

**【例4.1.9】** 2010上午30题

某单层、单跨有吊车砖柱厂房，剖面如图2010-30所示，砖柱采用MU15烧结普通砖，M10混合砂浆砌筑，砌体施工质量控制等级为B级，屋盖为装配式无檩体系，钢筋混凝土屋盖柱间无支撑，静力计算方案为弹性方案，荷载组合考虑吊车作用。

当对该变截面柱上段柱垂直于排架方向的高厚比按公式 $\beta=\dfrac{H_0}{h}\leqslant\mu_1\mu_2[\beta]$ 进行验算时，试问，其公式左右端数值与下列何项数值最为接近?

(A) 6<17　　(B) 6<22　　(C) 8<22　　(D) 10<22

【答案】(C)

根据《砌规》表5.1.3，吊车单层厂房，变截面柱上段，垂直排架方向 $H_0=1.25H_u$，又由于是独立砖柱，柱间无支撑，垂直排架方向表中值以1.25，故

$$H_0=1.25\times1.25\times2.5=3.91\text{m}$$

$$H_0/h=3.91/0.49=8.0$$

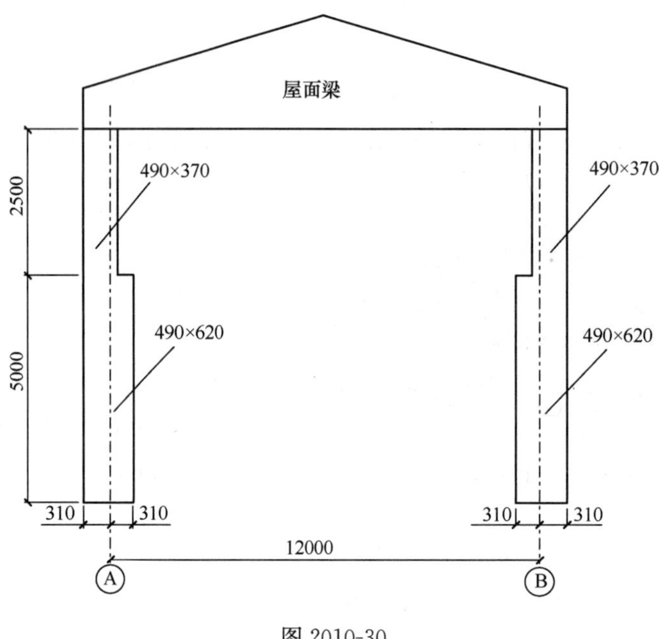


图 2010-30

由《砌规》6.1.1条：

$$\mu_1\mu_2[\beta] = 1.0 \times 1.0 \times 1.3 \times 17 = 22$$

式中，1.3为根据该条注释3对上段柱允许高厚比的增大系数。

**【例 4.1.10】** 2010 上午 31 题

基本题干同上题。

该变截面柱下段柱排架方向的高厚比按公式 $\beta = \dfrac{H_0}{h} \leqslant \mu_1\mu_2[\beta]$ 进行验算时，试问，其公式左、右端数值与下列何项数值最为接近？

(A) 8<17　(B) 8<22　(C) 10<17　(D) 10<22

**【答案】**(A)

由《砌规》表5.1.3，有吊车单层厂房，变截面柱下段，排架方向

$$H_0 = 1.0H_l = 5\text{m}$$

$$H_0/h = 5000/620 = 8.1$$

根据《砌规》6.1.1条：

$$\mu_1\mu_2[\beta] = 1.0 \times 1.0 \times 17 = 17$$

**【例 4.1.11】** 2020 上午 35 题

某三层教学楼局部平、剖面如图2020-35所示，各层平面布置相同，各层层高均为3.60m，楼、屋盖均为现浇钢筋混凝土板，静力计算方案为刚性方案。纵横墙厚度均为200mm，采用MU20混凝土多孔砖、Mb7.5专用砂浆砌筑，砌体施工质量控制等级为B级。

已知二层内纵墙门洞高度为2100mm。试问，二层内纵墙段高厚比验算式 $\left(\beta = \dfrac{H_0}{h} \leqslant \mu_1\mu_2[\beta]\right)$ 中的左右端数值，与下列何项数值最为接近？

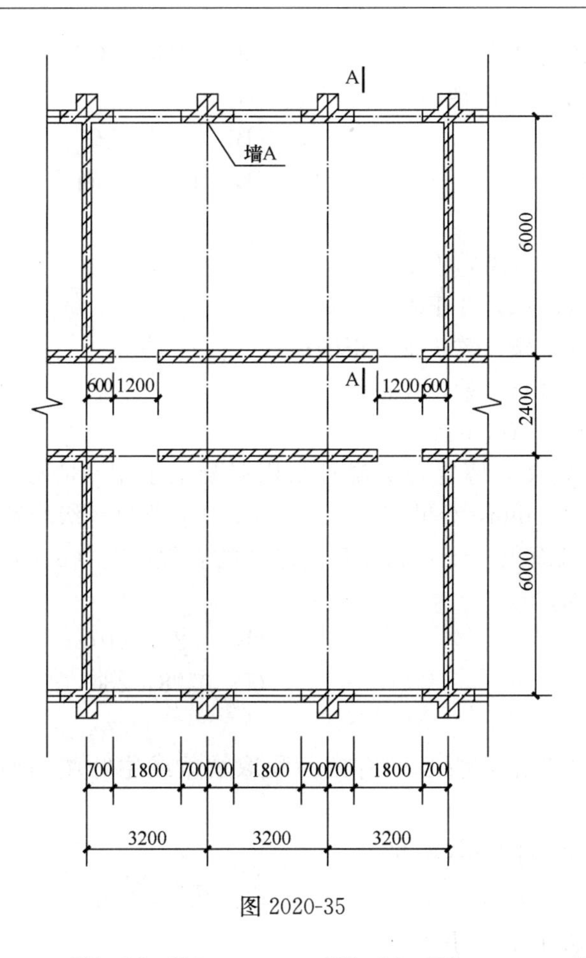


图 2020-35

(A) 20＜23　　(B) 18＜23　　(C) 20＜26　　(D) 18＜26

**【答案】**(B)

由《砌规》5.1.3 条，$s=3200\times 3=9600\text{mm}>2H=7200\text{mm}$，则

$$H_0=1.0H=3600\text{mm}$$

由《砌规》6.1.1 条：

$$\beta=\frac{H_0}{h}=\frac{3600}{200}=18$$

由《砌规》6.1.4 条：

$$\mu_2=1-0.4\frac{b_s}{s}=1-0.4\times\frac{2400}{9600}=0.90\geqslant 0.70$$

由《砌规》6.1.1 条，$[\beta]=26$：

$$\mu_1\mu_2[\beta]=1.0\times 0.9\times 26=23.4$$

**【例 4.1.12】**2017 上午 40 题

关于砌体结构房屋设计的下列论述：

Ⅰ. 混凝土实心砖砌体砌筑时，块体产品的龄期不应小于 14d；

Ⅱ. 南方地区某工程，层高 5.1m 采用装配整体式钢筋混凝土屋盖的烧结普通砖砌体结构单层房屋，屋盖有保温层时的伸缩缝间距可取为 65m；

Ⅲ. 配筋砌块砌体剪力墙沿竖向和水平方向的构造钢筋配筋率均不应少于 0.10%；

Ⅳ. 采用装配式有檩体系钢筋混凝土屋盖是减轻墙体裂缝的有效措施之一。

试问，针对以上论述正确性的判断，下列何项正确？

(A) Ⅰ、Ⅲ正确　　(B) Ⅰ、Ⅳ正确

(C) Ⅱ、Ⅲ正确　　(D) Ⅱ、Ⅳ正确

**【答案】**(D)

根据《砌验规》5.1.3条，Ⅰ不正确；

根据《砌规》表6.5.1，Ⅱ正确；

根据《砌规》9.4.8条5款，Ⅲ不正确；

根据《砌规》6.5.2条3款，Ⅳ正确。

**【例4.1.13】**2017上午36题

假定，某建筑采用夹心墙复合保温且采用混凝土小型空心砌块砌体，内叶墙厚度190mm，夹心层厚度120mm，外叶墙厚度90mm，块材强度等级均满足要求。试问，墙B的每延米受压计算有效面积（$m^2$）和计算高厚比的有效厚度（mm），与下列何项数值最为接近？

(A) 0.19，190　　(B) 0.28，210

(C) 0.19，210　　(D) 0.28，280

**【答案】**(C)

根据《砌规》6.4.3条，墙B的有效面积取承重或主叶墙的面积，即$0.190\times1=0.19m^2$。

高厚比验算时，墙B的有效厚度：

$$h_l=\sqrt{h_1^2+h_2^2}=\sqrt{190^2+90^2}=210\text{mm}$$

**【例4.1.14】**2010上午40题

采用轻骨料混凝土小型空心砌块砌筑框架填充墙砌体时，试指出以下的几种论述中何项不妥？

A. 施工时所用到的小砌块的产品龄期不应小于28d

B. 轻骨料混凝土小型空心砌块不应与其他块材混砌

C. 轻骨料混凝土小型空心砌块搭砌长度不应小于90mm，竖向通缝不超过3皮

D. 轻骨料混凝土小型空心砌块的水平和竖向砂浆饱满度均不应小于80%

**【答案】**(C)

根据《砌验规》6.1.3条，(A)项正确；

根据《砌验规》9.1.8条，(B)项正确；

根据《砌验规》9.3.4条，竖向通缝不应大于2皮，故(C)项有误；

根据《砌验规》9.3.2条，(D)项正确。

# 5 圈梁、过梁、墙梁、挑梁

## 5.1 圈梁、过梁

**1. 主要的规范规定**

1）《砌规》7.1.1 条～7.1.6 条：圈梁设置的位置、数量及圈梁的构造要求。

2）《抗规》7、10 章：砌体结构抗震相关条文。

3）《砌规》7.2 节：过梁相关条文。

**2. 对规范规定的理解**

1）圈梁的作用

①增强砌体结构房屋的整体刚度；

②加强结构的整体稳固性；

③防止和减轻可能的地基不均匀沉降或较大振动荷载等因素对房屋的不利影响。

设置在基础顶面和檐口部位的圈梁对抵抗不均匀沉降最有效；当房屋中部沉降较两端大时，基础顶面圈梁发挥较大作用；当房屋两端沉降较中部大时，檐口圈梁发挥较大作用。

2）过梁的类型及适用范围

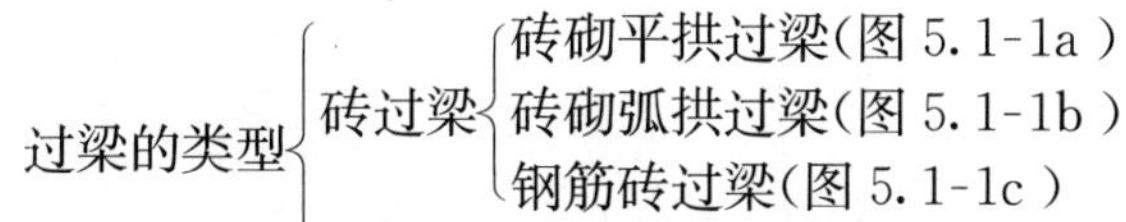


适用的范围
- 《砌规》7.2.1 条
  - 有较大振动或可能产生不均匀沉降的房屋，应采用钢筋混凝土过梁
  - 砖砌平拱过梁：跨度不应超过 1.2m
  - 钢筋砖过梁：跨度不应超过 1.5m
- 《抗规》7.3.10 条及条文说明
  - 门窗洞处不应采用砖过梁
  - 过梁支承长度
    - 6 ～ 8 度时不应小于 240mm
    - 9 度时不应小于 360mm

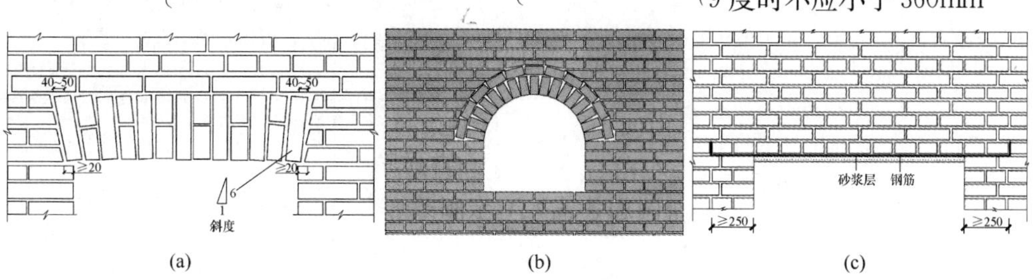


图 5.1-1 砖过梁的类型

（a）砖砌平拱过梁；（b）砖砌弧拱过梁；（c）钢筋砖过梁

3）过梁的荷载

计算简图、梁板荷载及墙体荷载总结如表5.1-1所示。

**过梁的荷载** **表5.1-1**

| 计算简图 | 砌体种类 | 荷载取值 | |
|---|---|---|---|
| 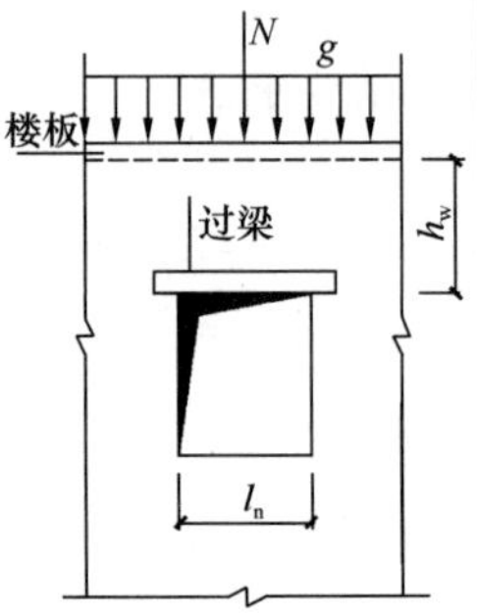 | 砖砌体 | $h_w < \frac{l_n}{3}$ | 1. 应计入梁、板传来的荷载<br>2. 墙体荷载应按墙体的均布自重采用 |
| | | $\frac{l_n}{3} \leqslant h_w \leqslant l_n$ | 1. 应计入梁、板传来的荷载<br>2. 墙体荷载应按高度为 $l_n/3$ 墙体的均布自重来采用 |
| | | $h_w \geqslant l_n$ | 1. 可不计入梁、板传来的荷载<br>2. 墙体荷载应按高度为 $l_n/3$ 墙体的均布自重来采用 |
| | 砌块砌体 | $h_w < \frac{l_n}{2}$ | 1. 应计入梁、板传来的荷载<br>2. 墙体荷载应按墙体的均布自重采用 |
| | | $\frac{l_n}{2} \leqslant h_w \leqslant l_n$ | 1. 应计入梁、板传来的荷载<br>2. 墙体荷载应按高度为 $l_n/2$ 墙体的均布自重来采用 |
| | | $h_w \geqslant l_n$ | 1. 可不计入梁、板传来的荷载<br>2. 墙体荷载应按高度为 $l_n/2$ 墙体的均布自重来采用 |
| | 其中：$l_n$ ——过梁的净跨；$h_w$ ——梁、板下的墙体高度 | | |

4）过梁的计算

（1）计算跨度和计算截面（表5.1-2）

**过梁的计算跨度和计算截面** **表5.1-2**

| 过梁形式 | 计算跨度 $l_0$（两端铰支） | 截面计算宽度 $b$ | 截面计算高度 $h$ |
|---|---|---|---|
| 砖砌平拱过梁 | $l_0 = l_n$（用于求弯矩、剪力） | 墙厚 | $h_w^{实际} < l_n$ 时，$h = h_w^{实际}$（此时考虑梁、板荷载，应按梁、板下的高度）<br>$h_w^{实际} \geqslant l_n$ 时，$h = l_n/3$（可不计入梁、板传来的荷载） |
| 钢筋砖过梁 | $l_0 = l_n$（用于求弯矩、剪力） | 墙厚 | |
| 钢筋混凝土过梁（参考墙梁） | 求弯矩：$l_0 = \min\{1.1l_n, l_c^{支座中心距}\}$<br>求剪力：用净跨 $l_n$<br>局压时：$l_0$，有效支承长度可取实际支承长度，但不应大于墙厚 | 过梁宽 | 过梁高 |

（2）过梁的承载力计算（表5.1-3）

**过梁的承载力计算汇总表** **表 5.1-3**

| 过梁形式 | 受弯承载力 | 受剪承载力 | 过梁下砌体局压 |
|---|---|---|---|
| 砖砌平拱过梁 | 5.4.1 条 $\begin{cases} M \leqslant f_{tm}W \\ M = ql_n^2/8 \\ W = bh^2/6 \end{cases}$ $f_{tm}$ 采用沿齿缝的弯曲抗拉强度 | 5.4.2 条 $\begin{cases} V \leqslant f_v bz \\ z = I/S \\ V = ql_n/2 \end{cases}$ 矩形截面 $z = 2h/3$ | — |
| 钢筋砖过梁 | 7.2.3 条 $\begin{cases} M \leqslant 0.85h_0 f_y A_s \\ M = ql_n^2/8 \\ h_0 = h - a_s \end{cases}$ | 5.4.2 条 $\begin{cases} V \leqslant f_v bz \\ z = I/S \\ V = ql_n/2 \end{cases}$ 矩形截面 $z = 2h/3$ | — |
| 钢筋混凝土过梁 | 按钢筋混凝土受弯构件计算 | 按钢筋混凝土受弯构件计算 | 7.2.3 条 $\begin{cases} N_l \leqslant \eta\gamma f A_l = \gamma f A_l \\ \gamma = 1 + 0.35\sqrt{\dfrac{A_0}{A_l} - 1} \\ A_l = ab_{梁宽} \end{cases}$ |

**3. 历年真题解析**

**【例 5.1.1】** 2010 上午 37 题

某住宅楼的钢筋砖过梁净跨 $l_n = 1.50$m，墙厚 240mm，立面如图 2010-37 所示。采用 MU10 烧结多孔砖（孔洞率小于 30%），M10 混合砂浆砌筑。过梁底面配筋采用 3 根直径为 8mm 的 HPB300（$f_y = 270\text{N/mm}^2$）钢筋，锚入支座内的长度为 250mm。多孔砖砌体自重 18kN/m³。砌体施工质量控制等级为 B 级。在离窗口上皮 800mm 高度处作用有楼板传来的均布恒荷载标准值 $g_k = 10$kN/m，均布活荷载标准值 $q_k = 5$kN/m。

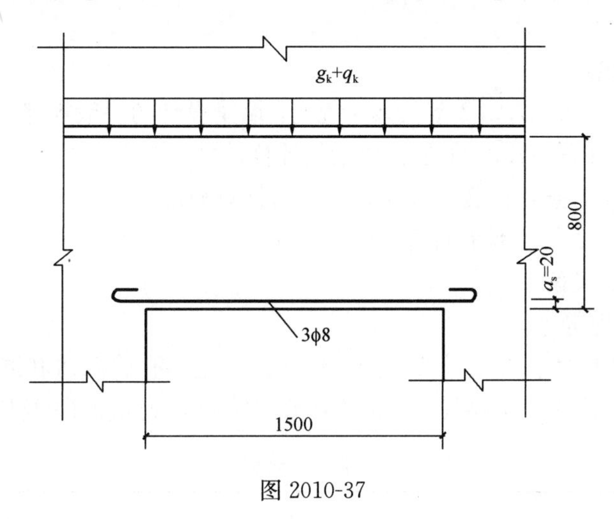


图 2010-37

试问，过梁承受的均布荷载设计值（kN/m），与下列何项数值最为接近？

**提示：**①荷载组合按《建筑结构可靠性设计统一标准》GB 50068—2018；

②按《砌体结构设计规范》GB 50003—2011 作答。

（A）18　　　（B）20　　　（C）23　　　（D）25

**【答案】**（C）

根据《砌规》7.2.2 条，$h_w = 800mm < l_n = 1500mm$，应考虑上部楼面传来的荷载。今 $l_n/3 = 1500/3 = 500mm < h_w = 800mm$，应考虑 500mm 范围内墙体重。

于是，过梁承受的永久荷载标准值为 $10 + 0.5 \times 0.24 \times 18 = 12.16kN/m$，则均布荷载设计值为 $1.3 \times 12.16 + 1.5 \times 5 = 23.31kN/m$。

**【例 5.1.2】** 2010 上午 38 题

基本题干同例 5.1.1。

过梁的受弯承载力设计值（kN·m），与下列何项数值最为接近？

（A）27　　　（B）21　　　（C）17　　　（D）13

**【答案】**（A）

根据《砌规》7.2.3 条：

$$0.85h_0A_sf_y = 0.85 \times (800 - 20) \times 270 \times 151 = 27.0 \times 10^6 N \cdot mm$$

**【例 5.1.3】** 2010 上午 39 题

基本题干同例 5.1.1。

过梁的受剪承载力设计值（kN），与下列何项数值最为接近？

**提示：**砌体强度设计值调整系数 $\gamma_a = 1.0$。

（A）12　　　（B）15　　　（C）22　　　（D）25

**【答案】**（C）

根据《砌规》7.2.3 条、5.4.2 条：

$$f_vbz = 0.17 \times 240 \times 800 \times 2/3 = 21.76 \times 10^3 N$$

## 5.2 墙梁

**1. 主要的规范规定**

1）《砌规》7.3.1 条～7.3.2 条及条文说明：墙梁设计的一般规定。

2）《砌规》7.3.3 条～7.3.11 条：墙梁的计算。

3）《砌规》10.4.5 条：抗震设计时托梁内力计算规定。

4）《砌规》7.3.12 条：墙梁的构造要求。

**2. 对规范规定的理解**

1）墙梁的一般规定

采用烧结普通砖砌体、混凝土普通砖砌体、混凝土多孔砖砌体和混凝土砌块砌体（注意：没有蒸压灰砂砖、蒸压粉煤灰砖）的墙梁设计应符合表 5.2-1 的规定。

**墙梁一般规定　　　表 5.2-1**

| 墙梁类别 | 承重墙梁 | 自承重墙梁 |
|---|---|---|
| 墙体总高度（m） | ≤18<br>（墙体均为配筋砌块砌体时，不受此限） | |
| 跨度（m） | ≤9 | ≤12 |

续表

<table>
<tr><th colspan="2">墙梁类别</th><th>承重墙梁</th><th>自承重墙梁</th></tr>
<tr><td colspan="2">墙体高跨比 $h_w/l_{0i}$</td><td>≥0.4</td><td>≥1/3</td></tr>
<tr><td colspan="2" rowspan="2">托梁高跨比 $h_b/l_{0i}$</td><td>≥1/10<br>（配筋砌块砌体墙梁：≥1/14）</td><td>≥1/15<br>（配筋砌块砌体墙梁：≥1/14）</td></tr>
<tr><td colspan="2">无洞口：≤1/7<br>靠近支座有洞口：≤1/6</td></tr>
<tr><td colspan="2">洞宽比 $b_h/l_{0i}$</td><td>≤0.3</td><td>≤0.8</td></tr>
<tr><td colspan="2">洞口高度 $h_h$</td><td>≤$5h_w/6$ 且≤（$h_w-0.4$）</td><td>—</td></tr>
<tr><td rowspan="2">洞口边至支座中心距离 $a_i$</td><td>边支座</td><td>≥$0.15l_{0i}$</td><td>≥$0.1l_{0i}$</td></tr>
<tr><td>中间支座</td><td>≥$0.07l_{0i}$</td><td>—</td></tr>
<tr><td colspan="2">门窗洞上口至墙顶的距离</td><td>—</td><td>≥0.5m</td></tr>
</table>

注：墙体总高度指托梁顶面到檐口的高度，带阁楼的坡屋面应算到山尖墙 1/2 高度处；
洞口高度，对窗洞取洞顶至托梁顶面距离（墙梁计算高度范围内每跨允许设置一个洞口）；
托梁支座处上部墙体设置混凝土构造柱且构造柱边缘至洞口边缘的距离不小于 240mm 时，洞口边至支座中心距离的限值可不受本规定限制 。

2）墙梁的计算参数

① 墙梁计算跨度 $l_0\begin{cases}简支墙梁、连续墙梁：l_0=\min\{1.1l_n,l_c^{支座中心距}\}\\框支墙梁：l_0=l_c^{框架柱中心距}\end{cases}$

② 墙体计算高度 $h_w$（包括顶梁）$\begin{cases}h_w\leqslant l_0\ 时：取\ h_w\\h_w>l_0\ 时：取\ h_w=l_0（连续墙梁、多跨框支墙梁取\overline{l_0}）\end{cases}$

③ 墙梁跨中截面计算高度 $H_0$：$H_0=h_w+0.5h_b$

④ 翼墙计算宽度 $b_f$：$b_f=\min\left\{b_{窗间墙宽},\dfrac{2}{3}S_{横墙间距},2\times3.5h_{墙厚},2\times\dfrac{l_0}{6}\right\}$

⑤ 框架柱计算高度 $H_c$：$H_c=H_{cn}+0.5h_b$

3）墙梁的计算荷载

（1）使用阶段墙梁上的荷载，应按下列规定采用：

① 承重墙梁的托梁顶面的荷载设计值（$Q_1$、$F_1$），取托梁自重 $S_{GK}^{托梁}$ 及本层楼盖的恒荷载 $S_{Gk}^{本层楼恒}$ 和活荷载 $S_{Qk}^{本层楼活}$。

荷载组合按《建筑结构荷载规范》GB 50009—2012：

$$Q_1(F_1)=\begin{cases}Q_1^1(F_1^1)=\gamma_0\times[1.2(S_{Gk}^{托梁}+S_{Gk}^{本层楼恒})+1.4\gamma_L S_{Qk}^{本层楼活}]\\Q_1^2(F_1^2)=\gamma_0\times[1.35(S_{Gk}^{托梁}+S_{Gk}^{本层楼恒})+1.4\gamma_L\psi_c S_{Qk}^{本层楼活}]\\Q_1(F_1)=\max\{Q_1^1(F_1^1),Q_1^2(F_1^2)\}\end{cases}$$

荷载组合按《建筑结构可靠性设计统一标准》GB 50068—2018：

$$Q_1(F_1)=\gamma_0\times[1.3(S_{Gk}^{托梁}+S_{Gk}^{本层楼恒})+1.5\gamma_L S_{Qk}^{本层楼活}]$$

② 承重墙梁的墙梁顶面的荷载设计值（$Q_2$），取托梁以上各层墙体自重 $\sum S_{Gik}^{墙重}$，以及墙梁顶面以上各层楼（屋）盖的恒荷载 $\sum\limits_{i=2} S_{Gik}^{上部楼恒}$ 和活荷载 $\sum\limits_{i=2} S_{Qik}^{上部楼活}$；集中荷载可沿作

用的跨度近似化为均布荷载。

荷载组合按《建筑结构荷载规范》GB 50009—2012：

$$Q_2^1(F_2^1)=\gamma_0\times\left[1.2(\sum S_{Gik}^{墙重}+\sum_{i=2}S_{Gik}^{上部楼恒})+1.4\gamma_L\sum_{i=2}S_{Qik}^{上部楼活}\right]$$

$$Q_2^2(F_2^2)=\gamma_0\times\left[1.35(\sum S_{Gik}^{墙重}+\sum_{i=2}S_{Gik}^{上部楼恒})+1.4\gamma_L\psi_c\sum_{i=2}S_{Qik}^{上部楼活}\right]$$

$$Q_2(F_2)=\max\{Q_2^1(F_2^1),Q_2^2(F_2^2)\}$$

荷载组合按《建筑结构可靠性设计统一标准》GB 50068—2018：

$$Q_2(F_2)=\gamma_0\times\left[1.3(\sum S_{Gik}^{墙重}+\sum_{i=2}S_{Gik}^{上部楼恒})+1.5\gamma_L\sum_{i=2}S_{Qik}^{上部楼活}\right]$$

将集中荷载$F_2$转化为恒荷载：$\begin{cases}墙体：\dfrac{S_{Gk}^{墙}-S_{Gk2}^{洞}}{l_{0i}}\\集中力：\dfrac{F_2}{l_{0i}}\end{cases}$

③自承重墙梁的墙梁顶面的荷载设计值（$Q_2$），取托梁自重及托梁以上墙体自重。

荷载组合按《建筑结构荷载规范》GB 50009—2012：

$$Q_2=1.35\times(S_{Gk}^{托梁}+S_{Gk}^{墙})$$

荷载组合按《建筑结构可靠性设计统一标准》GB 50068—2018：

$$Q_2=1.3\times(S_{Gk}^{托梁}+S_{Gk}^{墙})$$

（2）施工阶段托梁上的荷载，应按下列规定采用：

① 托梁自重$S_{Gk}^{托梁}$及本层楼盖的恒荷载$S_{Gk}^{本层楼恒}$。

② 本层楼盖的施工荷载$S_{Qk}^{本层楼盖施工活载}$。

③ 墙体自重，可取高度为$l_{0\max}/3$的墙体自重，开洞时尚应按洞顶以下实际分布的墙体自重复核；$l_{0\max}$为各计算跨度的最大值。

荷载组合按《建筑结构荷载规范》GB 50009—2012：

$$S_1=1.2(S_{Gk}^{托梁}+S_{Gk}^{本层楼恒}+S_{Gk}^{高为l_{0\max}/3的墙体})+1.4\gamma_L S_{Qk}^{本层楼盖施工活荷载}$$

$$S_2=1.35(S_{Gk}^{托梁}+S_{Gk}^{本层楼恒}+S_{Gk}^{高为l_{0\max}/3的墙体})+1.4\gamma_L\psi_c S_{Qk}^{本层楼盖施工活荷载}$$

$$S=\max\{S_1,S_2\}$$

荷载组合按《建筑结构可靠性设计统一标准》GB 50068—2018：

$$S=1.3(S_{Gk}^{托梁}+S_{Gk}^{本层楼恒}+S_{Gk}^{高为l_{0\max}/3的墙体})+1.5\gamma_L S_{Qk}^{本层楼盖施工活荷载}$$

墙梁荷载汇总见表5.2-2。

**墙梁荷载汇总表** **表5.2-2**

| 阶段 | 墙梁分类 | $Q_1$、$F_1$ | $Q_2$ |
|---|---|---|---|
| 使用阶段 | 承重墙梁 | 托梁自重及本层楼盖的恒荷载和活荷载 | 托梁以上各层墙体自重<br>墙梁顶面以上各层楼（屋）盖的恒荷载和活荷载（集中荷载可近似化为均布荷载） |
| | 自承重墙梁 | — | 托梁自重及托梁以上墙体自重 |
| 施工阶段 | （1）托梁自重及本层楼盖的恒荷载<br>（2）本层楼盖的施工荷载<br>（3）高度为$l_{0\max}/3$墙体的自重（开洞时应按洞顶以下实际分布的墙体自重复核），$l_{0\max}$为各计算跨度的最大值 | | |

4）墙梁的承载力计算内容（表 5.2-3）

**墙梁承载力计算汇总表** **表 5.2-3**

| 墙梁分类 | 使用阶段 | 施工阶段 |
|---|---|---|
| 承重墙梁 | 托梁正截面承载力计算（7.3.6 条）<br>托梁斜截面受剪承载力计算（7.3.8 条）<br>墙体受剪承载力计算（7.3.9 条，满足条件时可不计算）<br>托梁支座上部砌体局部受压承载力计算（7.3.10 条，满足条件时可不计算） | 托梁正截面承载力计算（7.3.11 条）<br>托梁斜截面受剪承载力计算（7.3.11 条） |
| 自承重墙梁 | 托梁正截面承载力计算（7.3.6 条）<br>托梁斜截面受剪承载力计算（7.3.8 条） | 托梁正截面承载力计算（7.3.11 条）<br>托梁斜截面受剪承载力计算（7.3.11 条） |

5）墙梁的托梁正截面承载力计算解题流程

（1）托梁跨中正截面应按混凝土偏心受拉构件计算。（弯矩计算采用计算跨度）

① 确定墙梁计算跨度 $l_0$，墙梁跨中截面计算高度 $H_0$，墙梁的荷载 $Q_1$、$Q_2$、$F_1$。

② 计算 $M_{1i}$、$M_{2i}$，自承重墙梁 $M_{1i}=0$。

③ 计算 $\psi_M$：

a. 确定 $a_i$，当 $a_i>0.35l_{0i}$ 时，取 $a_i=0.35l_{0i}$

b. 无洞口：$\psi_M=1.0$

简支墙梁：$\psi_M=4.5-10\dfrac{a}{l_0}$

连续墙梁和框支墙梁：$\psi_M=3.8-8.0\dfrac{a_i}{l_{0i}}$

④ 计算 $\alpha_M$：

简支墙梁：$\alpha_M=\psi_M\left(1.7\dfrac{h_b}{l_0}-0.03\right)\leqslant1.0$；其中 $\dfrac{h_b}{l_0}>\dfrac{1}{6}$ 时，取 $\dfrac{h_b}{l_0}=0.167$

（自承重简支墙梁应乘以折减系数 0.8）

连续墙梁和框支墙梁：$\alpha_M=\psi_M\left(2.7\dfrac{h_b}{l_{0i}}-0.08\right)\leqslant1.0$；其中 $\dfrac{h_b}{l_{0i}}>\dfrac{1}{7}$ 时，取 $\dfrac{h_b}{l_{0i}}=0.143$

⑤计算 $\eta_N$：

简支墙梁：$\eta_N=0.44+2.1\dfrac{h_w}{l_0}$；其中 $\dfrac{h_w}{l_{0i}}>1$ 时，取 $\dfrac{h_w}{l_{0i}}=1$

（自承重简支墙梁应乘以折减系数 0.8）

连续墙梁和框支墙梁：$\eta_N=0.8+2.6\dfrac{h_w}{l_{0i}}$；其中 $\dfrac{h_w}{l_{0i}}>1$ 时，取 $\dfrac{h_w}{l_{0i}}=1$

⑥ 按公式 $M_{bi}=M_{1i}+\alpha_M M_{2i}$、$N_{bti}=\eta_N\dfrac{M_{2i}}{H_0}$ 计算。

自承重简支墙梁

$$\begin{cases} M_{bi}=\alpha_M M_{2i}、N_{bti}=\eta_N\dfrac{M_{2i}}{H_0} \\ \psi_M=4.5-10\dfrac{a}{l_0}，当 a_i>0.35l_{0i} 时，取 a_i=0.35l_{0i}，无洞口时 \psi_M=1.0 \\ \alpha_M=0.8\times\psi_M\left(1.7\dfrac{h_b}{l_0}-0.03\right)\leqslant 1.0；其中\dfrac{h_b}{l_0}>\dfrac{1}{6} 时，取\dfrac{h_b}{l_0}=0.167 \\ \eta_N=0.8\times\left(0.44+2.1\dfrac{h_w}{l_0}\right)；其中\dfrac{h_w}{l_{0i}}>1 时，取\dfrac{h_w}{l_{0i}}=1 \end{cases}$$

(2) 托梁支座截面应按混凝土受弯构件计算。(弯矩计算采用计算跨度)

① 确定墙梁计算跨度 $l_0$，墙梁的荷载 $Q_1$、$Q_2$、$F_1$。

② 计算 $M_{1j}$、$M_{2j}$，自承重墙梁 $M_{1j}=0$。

③ 计算 $\alpha_M$

$$\begin{cases} ① 无洞口时，取 \alpha_M=0.4 \\ ② 有洞口时\begin{cases} ① 确定 a_i，当 a_i>0.35l_{0i} 时，取 a_i=0.35l_{0i} \\ (当两侧均有洞口时，a_i 取较小值) \\ ② \alpha_M=0.75-\dfrac{a_i}{l_{0i}}\geqslant 0.4 \end{cases} \end{cases}$$

④ 按公式 $M_{bj}=M_{1j}+\alpha_M M_{2j}$ 计算。

(3) 根据《砌规》10.4.5 条，抗震设计时，$\alpha_M$ 按下列规定增大：

$$\alpha_M\begin{cases} 一级：\alpha_M\times 1.15 \\ 二级：\alpha_M\times 1.1 \\ 三级：\alpha_M\times 1.05 \end{cases}$$

6) 多跨框支墙梁的框支柱内力修正(7.3.7 条及条文说明)

$$\begin{cases} 当柱的轴向压力增大对承载力有利时(如大偏压)：框支柱内力\begin{cases} N=N_1+N_2 \\ M=M_1+M_2 \end{cases} \\ 当柱的轴向压力增大对承载力不利时(如小偏压)：\begin{cases} 框支中柱\begin{cases} N=N_1+N_2 \\ M=M_1+M_2 \end{cases} \\ 框支边柱\begin{cases} N=N_1+N_2\times 1.2 \\ M=M_1+M_2 \end{cases} \end{cases} \end{cases}$$

式中：$N_1$、$M_1$ ——荷载设计值 $Q_1$、$F_1$ 作用下的框支柱的轴力、弯矩值；

$N_2$、$M_2$ ——荷载设计值 $Q_2$ 作用下的框支柱的轴力、弯矩值。

7) 墙梁的托梁斜截面受剪承载力计算解题流程

墙梁的托梁斜截面受剪承载力应按混凝土受弯构件计算(剪力计算采用净跨 $l_n$)。

① 确定墙梁净跨 $l_n$，墙梁的荷载 $Q_1$、$Q_2$、$F_1$。

② 计算 $V_{1j}$、$V_{2j}$，自承重墙梁 $V_{1j}=0$。

③ 确定 $\beta_v$(表 5.2-4)。

**$\beta_v$ 取值表** **表 5.2-4**

| $\beta_v$ | 无洞口 | 有洞口 | 抗震设计 |
|---|---|---|---|
| 承重墙梁 | 边支座 0.6<br>中间支座 0.7 | 边支座 0.7<br>中间支座 0.8 | $\beta_v$ 一级：$\beta_v\times1.15$<br>二级：$\beta_v\times1.1$<br>三级：$\beta_v\times1.05$ |
| 自承重墙梁 | 0.45 | 0.5 | |

④ 按公式 $V_{bj}=V_{1j}+\beta_v V_{2j}$ 计算。

8）承重墙梁的墙体受剪承载力验算解题流程

（1）先判断：当墙梁支座处墙体中设置上、下贯通的落地混凝土构造柱，且其截面不小于 240mm ×240mm 时，可不验算墙梁的墙体受剪承载力。

（2）再按下述步骤验算：

① 确定 $b_f$、$h$、$h_b$、$h_t$、$h_w$、$l_{0i}$。

② 确定 $\xi_1$、$\xi_2$（表 5.2-5）。

**影响系数 $\xi_1$、$\xi_2$ 取值表** **表 5.2-5**

| 影响系数类型 | 单层墙梁 | 多层墙梁 |
|---|---|---|
| 翼墙影响系数 $\xi_1$ | 1.0 | $b_f/h=3$，取 1.3<br>$b_f/h=7$，取 1.5<br>中间插值 |
| 洞口影响系数 $\xi_2$ | 无洞口 1.0<br>有洞口 0.6 | 无洞口 1.0<br>有洞口 0.9 |

③ 按《砌规》3.2.1 条、3.2.3 条确定 $f$ 或 $f_g$（墙体一般不考虑小面积调整）。

④ 按公式 $V_2\leqslant\xi_1\xi_2\left(0.2+\frac{h_b}{l_{0i}}+\frac{h_t}{l_{0i}}\right)fhh_w$ 验算墙体受剪承载力。

9）承重墙梁的托梁支座上部砌体局部受压承载力解题流程

（1）先判断：① 当墙梁支座处墙体中设置上、下贯通的落地混凝土构造柱，且其截面不小于 240mm ×240mm；② $b_f/h\geqslant5$。

承重墙满足上述两个条件之一，可不验算托梁支座上部砌体局部受压承载力。

（2）再按下述步骤验算：

① 按《砌规》3.2.1 条、3.2.3 条确定 $f$ 或 $f_g$（不考虑小面积调整）。

② 确定 $b_f$、$h$。

③ 计算 $\zeta=0.25+0.08\frac{b_f}{h}$。

④ 验算 $Q_2\leqslant\zeta fh$。

**3. 历年真题解析**

**【例 5.2.1】** 2018 上午 31 题

非抗震设计时，某顶层两跨连续墙梁，支承在下层的砌体墙上，如图 2018-31 所示。墙体厚度为 240mm，墙梁洞口居墙梁跨中布置，洞口尺寸为 $b\times h$（mm×mm），托梁截面尺寸为 240mm×500mm。使用阶段墙梁上的荷载分别为托梁顶面的荷载设计值 $Q_1$ 和墙梁顶面的荷载设计值 $Q_2$。GZ1 为墙体中设置的钢筋混凝土构造柱，墙梁的构造措施满足规

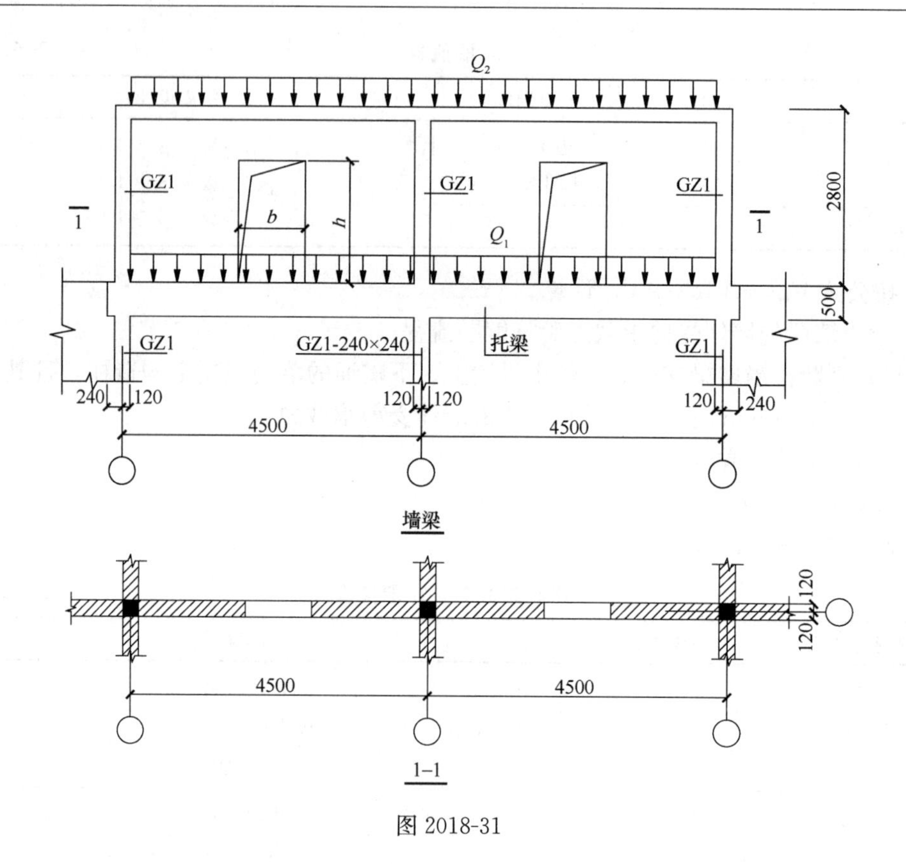


图 2018-31

范要求。

试问，最大洞口尺寸 $b\times h$（mm×mm），与下列何项数值最为接近？

（A）1200×2200　　（B）1300×2300

（C）1400×2400　　（D）1500×2400

**【答案】**（B）

查《砌规》表 7.3.2，承重墙梁的洞宽比 $b/l_0 \leqslant 0.3$。

由《砌规》7.3.3 条 1 款，$l_0$ 取 $1.1\times(4500-240)=4686$mm 及 4500mm 的较小值，则 $b\leqslant 0.3\times4500=1350$mm。

承重墙梁洞口高度 $h\leqslant 5h_w/6$ 且 $h_w-h\geqslant0.4$m，则 $h\leqslant5\times2800/6=2333$mm，且 $h\leqslant2800-400=2400$mm。

**【例 5.2.2】** 2018 上午 34 题

基本题干同例 5.2.1。

关于本题的墙梁设计，试问，下列说法中何项正确？

Ⅰ. 对使用阶段墙体的受剪承载力、托梁支座上部砌体局部受压承载力，可不必验算；

Ⅱ. 墙梁洞口上方可设置钢筋砖过梁，其底面砂浆层处的钢筋伸入支座砌体内的长度不应小于 240mm；

Ⅲ. 托梁上部通长布置的纵向钢筋面积为跨中下部纵向钢筋面积的 50%；

Ⅳ. 墙体采用 MU15 级蒸压粉煤灰普通砖、Ms7.5 级专用砌筑砂浆砌筑，在不加设临时支撑的情况下，每天砌筑高度不超过1.5m。

(A) Ⅰ、Ⅱ正确 (B) Ⅰ、Ⅲ正确 (C) Ⅱ、Ⅲ正确 (D) Ⅱ、Ⅳ正确

**【答案】**(B)

根据《砌规》7.3.9条、7.3.10条，Ⅰ对。

根据《砌规》7.3.12条5款，Ⅱ错。

根据《砌规》7.3.12条12款，Ⅲ对。

根据《砌规》7.3.12条2款，Ⅳ错。

**【例5.2.3】**2018上午32题

基本题干同例5.2.1。

假定，洞口尺寸$b \times h = 1000\text{mm} \times 2000\text{mm}$，试问，考虑墙梁组合作用的托梁跨中截面弯矩系数$\alpha_M$值，与下列何项数值最为接近?

(A) 0.09 (B) 0.15 (C) 0.22 (D) 0.27

**【答案】**(C)

根据《砌规》式(7.3.6-6)，考虑墙梁组合作用的托梁跨中截面弯矩系数：

$$\alpha_M = \psi_M \left(2.7 \frac{h_b}{l_0} - 0.08\right)$$

$$\psi_M = 3.8 - 8.0 \frac{a_1}{l_0}$$

根据《砌规》7.3.3条1款，$l_0$取$1.1 \times (4500-240) = 4686\text{mm}$及4500mm的较小值，则$L_0 = 4500\text{mm}$。$a_1 = \frac{1}{2}(4500-1000) = 1750\text{mm} > 0.35 l_0 = 1575\text{mm}$，取$a_1 = 1575\text{mm}$。于是

$$\psi_M = 3.8 - 8.0 \times \frac{1575}{4500} = 1.0$$

$$\alpha_M = 1.0 \times \left(2.7 \times \frac{500}{4500} - 0.08\right) = 0.22$$

**【例5.2.4】**2018上午33题

基本题干同例5.2.1。

假定，$Q_1 = 30\text{kN/m}$，$Q_2 = 90\text{kN/m}$，试问，托梁跨中轴心拉力设计值$N_{bt}$(kN)，与下列何项数值最为接近?

**提示：**两跨连续梁在均布荷载作用下跨中弯矩的效应系数为0.07。

(A) 50 (B) 100 (C) 150 (D) 200

**【答案】**(B)

根据《砌规》式(7.3.6-2)，托梁轴心拉力设计值：

$$N_{bt} = \eta_N \frac{M_2}{H_0}$$

根据《砌规》7.3.3条1款，$l_0$取$1.1 \times (4500-240) = 4686\text{mm}$及4500mm的较小值，则$l_0 = 4500\text{mm}$。

$$M_2 = 0.07 Q_2 l_0^2 = 0.07 \times 90 \times 4.5^2 = 127.575\ \text{kN} \cdot \text{m}$$

根据《砌规》7.3.3条3款：

$$H_0 = h_w + 0.5h_b = 2800 + 0.5 \times 500 = 3050\text{mm}$$

根据《砌规》式（7.3.6-8），考虑墙梁组合作用的托梁跨中截面轴力系数：

$$\eta_N = 0.8 + 2.6\frac{h_w}{l_0} = 0.8 + 2.6 \times \frac{2800}{4500} = 2.42$$

$$N_{bt} = 2.42 \times \frac{127.575}{3.05} = 101.22\text{kN}$$

## 5.3 挑梁

**1. 主要的规范规定**

1）《砌规》7.4.1 条～7.4.5 条：挑梁的抗倾覆、局压、挑梁自身承载力计算。

2）《砌规》7.4.7 条：雨篷的抗倾覆验算。

**2. 对规范规定的理解**

1）挑梁的抗倾覆计算解题流程

（1）求计算倾覆点至墙外边缘的距离 $x_0$。

① 当 $l_1 \geqslant 2.2h_b$ 时，$x_0 = 0.3h_b$ 且 $x_0 \leqslant 0.13l_1$。

② 当 $l_1 < 2.2h_b$ 时，$x_0 = 0.13l_1$。

③ 当挑梁下有混凝土构造柱或垫梁时，计算倾覆点到墙外边缘的距离可取 $0.5x_0$。

（2）求倾覆力矩 $M_{ov} = F(l + x_0) + ql\left(\frac{1}{2}l + x_0\right)$，挑梁的倾覆荷载主要有集中力 $F_k$、本层楼（屋）盖传来的恒荷载 $g_k^{楼面}$（$g_k^{屋面}$）和活荷载 $q_k^{楼面}$（$q_k^{屋面}$）、挑梁自重 $g_k^{挑梁}$。

① 荷载组合按《建筑结构荷载规范》GB 50009—2012：

$$楼层挑梁\begin{cases} M_{ov1} = \gamma_0 \times 1.2 \times F_k \times (l + x_0) + \gamma_0[1.2 \times (g_k^{楼面} + g_k^{挑梁}) + 1.4\gamma_L q_k^{楼面}] \times \\ \quad l \times (0.5l + x_0) \\ M_{ov2} = \gamma_0 \times 1.35 \times F_k \times (l + x_0) + \gamma_0[1.35 \times (g_k^{楼面} + g_k^{挑梁}) + 1.4\gamma_L \psi_c q_k^{楼面}] \times \\ \quad l \times (0.5l + x_0) \\ M_{ov} = \max\{M_{ov1}, M_{ov2}\} \end{cases}$$

$$屋顶挑梁\begin{cases} M_{ov1} = \gamma_0[1.2 \times (g_k^{屋面} + g_k^{挑梁}) + 1.4\gamma_L q_k^{屋面}] \times l \times (0.5l + x_0) \\ M_{ov2} = \gamma_0[1.35 \times (g_k^{屋面} + g_k^{挑梁}) + 1.4\gamma_L \psi_c q_k^{屋面}] \times l \times (0.5l + x_0) \\ M_{ov} = \max\{M_{ov1}, M_{ov2}\} \end{cases}$$

② 荷载组合按《建筑结构可靠性设计统一标准》GB 50068—2018：

楼层挑梁：

$$M_{ov} = \gamma_0 \times 1.3 \times F_k \times (l + x_0) + \gamma_0[1.3 \times (g_k^{楼面} + g_k^{挑梁}) + 1.5\gamma_L q_k^{楼面}] \times l \times (0.5l + x_0)$$

屋顶挑梁：

$$M_{ov} = \gamma_0[1.3 \times (g_k^{屋面} + g_k^{挑梁}) + 1.5\gamma_L q_k^{屋面}] \times l \times (0.5l + x_0)$$

（3）求抗倾覆力矩 $M_r = 0.8G_r(l_2 - x_0)$，$G_r$ 包含挑梁自重、墙体自重、挑梁上梁板传来的恒荷载、上部楼层无挑梁时由上部楼层的楼面梁板传来的恒荷载，其相应的荷载作用点至墙外边缘的距离 $l_2$ 是不同的。

$$\begin{cases} M_{r1}=0.8\times g_{k}^{挑梁}\times l_1\times\left(\frac{l_1}{2}-x_0\right) \\ M_{r2}=0.8\times G_{r}^{墙重}\times(l_2-x_0) \\ M_{r3}=0.8\times g_{k}^{本层楼盖}\times l_1\times\left(\frac{l_1}{2}-x_0\right) \\ M_{r4}=0.8\times G_{r}^{上层梁板恒荷载}\times(l_2-x_0) \\ M_r=M_{r1}+M_{r2}+M_{r3}+M_{r4} \end{cases}$$

(4) 验算 $M_{ov}\leqslant M_r$ 是否满足。

2) 挑梁下砌体局部受压计算解题流程

(1) 按《砌规》3.2.1 条、3.2.3 条确定 $f$ 或 $f_g$（局压不考虑小面积调整）。

(2) 求 $A_l=1.2bh_b$。

(3) 确定 $\gamma\begin{cases}一字墙:\gamma=1.25; \\ 丁字墙:\gamma=1.5。\end{cases}$

(4) 求 $N_l=2R$，$R$ 为挑梁的倾覆荷载设计值。

① 荷载组合按《建筑结构荷载规范》GB 50009—2012：

$$楼层挑梁\begin{cases} R_1=\gamma_0\times\{1.2\times[F_k+(g_k^{楼面恒荷载}+g_k^{挑梁})\times l]+1.4\gamma_L q_k^{楼面活荷载}\times l\} \\ R_2=\gamma_0\times\{1.35\times[F_k+(g_k^{楼面恒荷载}+g_k^{挑梁})\times l]+1.4\gamma_L\psi_c q_k^{楼面活荷载}\times l\} \\ R=\max\{R_1,R_2\} \end{cases}$$

$$屋顶挑梁\begin{cases} R_1=\gamma_0\times[1.2\times(g_k^{屋顶恒荷载}+g_k^{挑梁})+1.4\gamma_L q_k^{屋顶活荷载}]\times(l+x_0) \\ R_2=\gamma_0\times[1.35\times(g_k^{屋顶恒荷载}+g_k^{挑梁})+1.4\gamma_L\psi_c q_k^{屋顶活荷载}]\times(l+x_0) \\ R=\max\{R_1,R_2\} \end{cases}$$

② 荷载组合按《建筑结构可靠性设计统一标准》GB 50068—2018：

楼层挑梁：

$$R=\gamma_0\times\{1.3\times[F_k+(g_k^{楼面恒荷载}+g_k^{挑梁})\times l]+1.5\gamma_L q_k^{楼面活荷载}\times l\}$$

屋顶挑梁：

$$R=\gamma_0\times[1.3\times(g_k^{屋顶恒荷载}+g_k^{挑梁})+1.5\gamma_L q_k^{屋顶活荷载}]\times l$$

(5) 验算局压是否满足 $N_l\leqslant\eta\gamma fA_l=0.7\gamma fA_l$。

3) 挑梁弯曲或剪切承载力计算

$$M_{max}=M_0=F(l+x_0)+ql\left(\frac{1}{2}l+x_0\right)$$

$$V_{max}=V_0=F+ql$$

4) 雨篷抗倾覆验算

(1) 求计算倾覆点至墙外边缘的距离 $x_0$。

① 当 $l_1\geqslant 2.2h_b$ 时，$x_0=0.3h_b$ 且 $x_0\leqslant 0.13l_1$。

② 当 $l_1<2.2h_b$ 时，$x_0=0.13l_1$。

③ 当挑梁下有混凝土构造柱或垫梁时，计算倾覆点到墙外边缘的距离可取 $0.5x_0$。

(2) 求倾覆力矩 $M_{ov}=F(l+x_0)+ql\left(\frac{1}{2}l+x_0\right)$。

(3) 求抗倾覆力矩 $M_r=0.8G_r(l_2-x_0)$，$G_r$ 包括倾覆点以内的雨篷梁自重（全长范围)、墙体自重（图 5.3-1 阴影范围内）、梁板传来的恒荷载 $g_k^{本层楼盖}$。

$$\begin{cases} M_{r1} = 0.8 \times G_k^{雨篷梁} \times (l_2 - x_0) \\ M_{r2} = 0.8 \times G_r^{墙重} \times (l_2 - x_0) \\ M_{r3} = 0.8 \times g_k^{本层楼盖} \times (l_2 - x_0) \end{cases}$$

$$M_r = M_{r1} + M_{r2} + M_{r3}$$

（4）验算 $M_{ov} \leqslant M_r$ 是否满足。

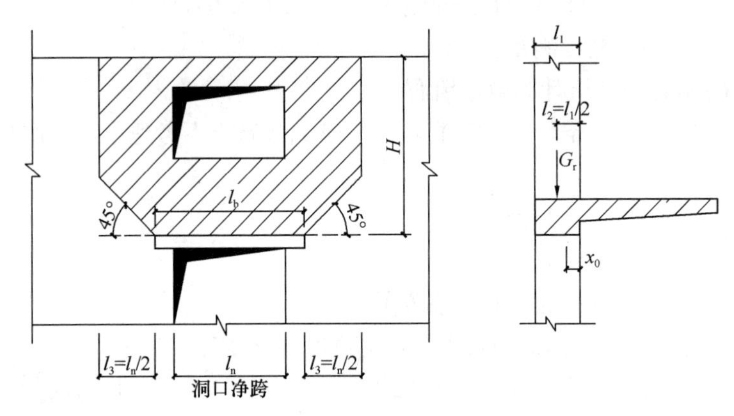


图 5.3-1 雨篷计算简图

**3. 历年真题解析**

**【例 5.3.1】** 2017 上午 39 题

某多层砌体结构房屋，在楼层设有梁式悬挑阳台（图 2017-39），支承墙体厚度 240mm，悬挑梁截面尺寸 240mm×400mm（宽×高），梁端部集中荷载设计值 $P$=12kN，梁上均布荷载设计值 $q_1$=21kN/m，墙体面密度标准值为 5.36kN/m²，各层楼面在本层墙上产生的永久荷载标准值为 $q_2$=11.2kN/m。试问，该挑梁的最大倾覆弯矩设计值（kN·m）和抗倾覆弯矩设计值（kN·m），与下列何项数值最为接近？

**提示**：不考虑梁自重。

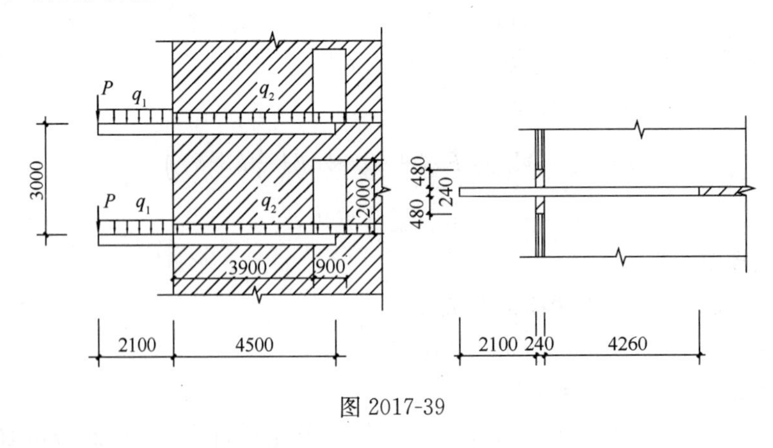


图 2017-39

(A) 80，160　　(B) 80，200　　(C) 90，160　　(D) 90，200

**【答案】**(A)

根据《砌规》7.4.2 条：

$$l_1 = 4500 > 2.2h_b = 2.2 \times 400 = 880\text{mm}$$

$$x_0 = 0.3h_0 = 0.3 \times 400 = 120\text{mm} < 0.13l_1 = 0.13 \times 4500 = 585\text{mm}$$

取 $x_0 = 120\text{mm}$。

倾覆力矩设计值：

$$M_{ov} = 12 \times (2.1 + 0.12) + 21 \times 2.1 \times \left(\frac{2.1}{2} + 0.12\right) = 78.24\text{kN} \cdot \text{m}$$

根据《砌规》式（7.4.3），抗倾覆力矩设计值：

$$\begin{aligned} M_r &= 0.8G_r(l_2 - x_0) \\ &= 0.8 \times \left[5.36 \times 2.6 \times 3.9 \times \left(\frac{3.9}{2} - 0.12\right) + 11.2 \times 4.5 \times \left(\frac{4.5}{2} - 0.12\right)\right] \\ &= 165.45\text{kN} \cdot \text{m} \end{aligned}$$

**【例 5.3.2】** 2011 上午 39 题

某多层砌体结构房屋，顶层钢筋混凝土挑梁置于丁字形（带翼墙）截面的墙体上，端部设有构造柱，如图 2011-39 所示。挑梁截面 $b \times h_b = 240\text{mm} \times 450\text{mm}$，墙体厚度均为 240mm。屋面板传给挑梁的恒荷载及挑梁自重标准值 $g_k = 27\text{kN/m}$，不上人屋面，活荷载标准值 $q_k = 3.5\text{kN/m}$。设计使用年限为 50 年，结构安全等级为二级。试问，该挑梁的最大弯矩设计值（kN·m），与下列何项数值最为接近？

**提示：**荷载组合按《建筑结构可靠性设计统一标准》GB 50068—2018。

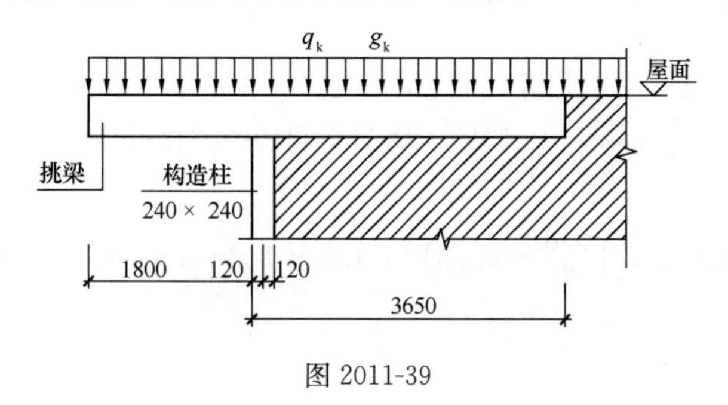


图 2011-39

(A) 60　　(B) 65　　(C) 70　　(D) 75

**【答案】**(C)

根据《砌规》7.4.2 条：

$$l_1 = 3650 > 2.2h_b = 2.2 \times 450 = 990\text{mm}$$

$$x_0 = 0.3h_b = 0.3 \times 450 = 135\text{mm} < 0.13l_1 = 0.13 \times 3650 = 475\text{mm}$$

挑梁端部设有构造柱，倾覆点至墙外边缘的距离可取 $0.5x_0 = 67.5\text{mm}$。

弯矩组合设计值为：

$$M_L = 1.8 \times (1.3 \times 27 + 1.5 \times 3.5) \times (0.5 \times 1.8 + 0.0675) = 70.27\text{kN} \cdot \text{m}$$

所以，挑梁倾覆弯矩为 $M_{ov} = 70.27\text{kN} \cdot \text{m}$。

**【例 5.3.3】** 自编题

某钢筋混凝土雨篷的尺寸如图 5.3-2 所示，采用 MU10 烧结普通砖及 M5 混合砂浆砌筑。雨篷板自重标准值（包括粉刷）为 5kN/m，悬臂端集中可变荷载为 1kN，楼盖传给雨篷梁的永久荷载标准值 $g_k = 8\text{kN/m}$，墙体自重标准值（包括粉刷）为 $19\text{kN/m}^3$。

试问，雨篷的抗倾覆力矩与倾覆力矩的比值与下列何项数值最为接近？

**提示：**荷载组合按《建筑结构可靠性设计统一标准》GB 50068—2018。

(A) 1.10　　(B) 1.15　　(C) 1.20　　(D) 1.25

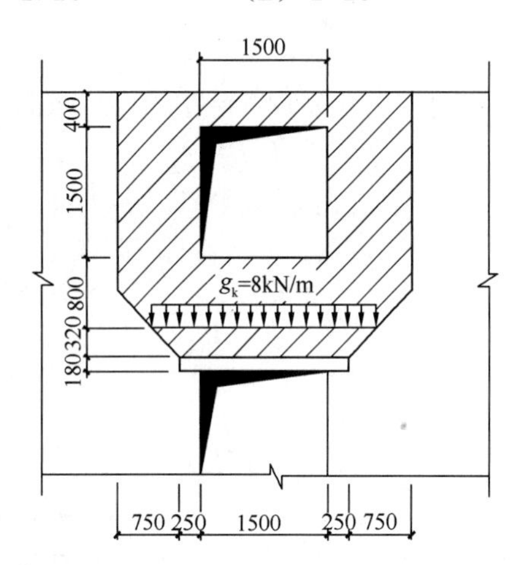


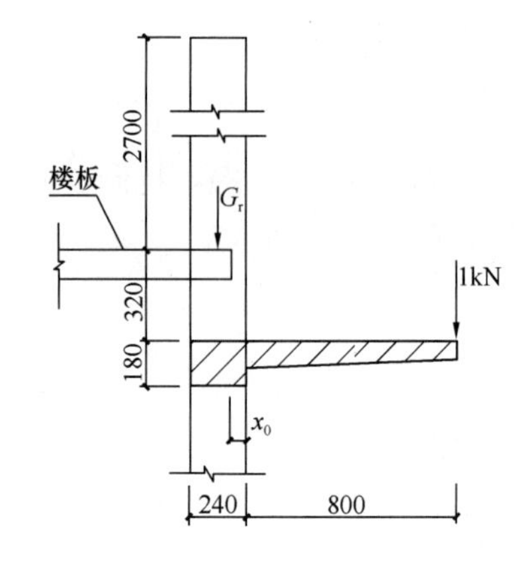


图 5.3-2

**【答案】**(C)

根据《砌体》7.4.2 条、7.4.7 条：

(1) 计算倾覆点

$$l_1 = 240\text{mm} < 2.2h_b = 2.2 \times 180 = 396\text{mm}$$

$$x_0 = 0.13l_1 = 0.13 \times 240 = 31\text{mm}$$

(2) 倾覆力矩

$$M_{ov} = 1.3 \times 5 \times 0.8 \times \left(\frac{0.8}{2} + 0.031\right) + 1.5 \times 1 \times (0.8 + 0.031) = 3.49\text{kN} \cdot \text{m}$$

(3) 抗倾覆力矩

墙体：

$$M_{r1} = 0.8 \times \left[(2.7 + 0.32) \times (1.5 + 2 \times 0.25 + 2 \times 0.75) - 1.5 \times 1.5 - \frac{0.75 \times 0.75}{2} \times 2\right] \times 0.24 \times 19 \times \left(\frac{0.24}{2} - 0.031\right) = 2.519\text{kN} \cdot \text{m}$$

楼板：

$$M_{r2} = 0.8 \times [8 \times (2 + 2 \times 0.32)] \times \left(\frac{0.24}{2} - 0.031\right) = 1.504\text{kN} \cdot \text{m}$$

雨篷：

$$M_{r3} = 0.8 \times (0.24 \times 0.18 \times 25 \times 2) \times \left(\frac{0.24}{2} - 0.031\right) = 0.154\text{kN} \cdot \text{m}$$

总抗倾覆力矩：

$$M_r = 2.519 + 1.504 + 0.154 = 4.177\text{kN} \cdot \text{m} > 3.49\text{kN} \cdot \text{m}$$

抗倾覆力矩/倾覆力矩=4.177/3.49=1.20。

# 6 配筋砖砌体

## 6.1 网状配筋砖砌体构件

**1. 主要的规范规定**

《砌规》8.1节：网状配筋砖砌体构件的适用条件。

**2. 对规范规定的理解**

网状配筋砖砌体受压构件的承载力计算解题流程：

(1) 按《砌规》3.2.1条、3.2.3条确定 $f$(需考虑调整系数)。

(2) 求 $\beta$、$e$，验算 $\begin{cases}\beta\leqslant 16\\ \dfrac{e}{h}\leqslant 0.17\end{cases}$，当不能满足时，应按无筋砌体构件设计。

(3) 计算 $\rho=\dfrac{(a+b)A_s}{abs_n}$，且 $0.1\%\leqslant\rho\leqslant 1.0\%\begin{cases}\rho<0.1\%\text{ 时，按无配筋。}\\ \rho>1.0\%\text{ 时，取 }\rho=1.0\%\text{。}\end{cases}$

(4) 求 $f_n=f+2\left(1-\dfrac{2e}{y}\right)\rho f_y$，当 $f_y\geqslant 320\text{MPa}$ 时，取 $f_y=320\text{MPa}$。

(5) 根据 $\beta$、$e/h$、$\rho$ 查《砌规》附录D表D.0.2插值或按下式计算：

$$\varphi_n=\frac{1}{1+12\left[\dfrac{e}{h}+\sqrt{\dfrac{1}{12}\left(\dfrac{1}{\varphi_{0n}}-1\right)}\right]^2}$$

$$\varphi_{0n}=\frac{1}{1+(0.0015+0.45\rho)\beta^2}$$

(6) 求受压承载力 $N\leqslant\varphi_n f_n A$。

注意：对矩形截面，还应对较小边长方向按轴心受压进行验算。

**3. 历年真题解析**

**【例 6.1.1】** 2016上午38题

某建筑局部结构布置如图2016-38所示，按刚性方案计算，二层层高3.6m，墙体厚度均为240mm，采用MU10烧结普通砖、M10混合砂浆砌筑。已知墙A承受重力荷载代表值518kN，由梁端偏心荷载引起的偏心距 $e$ 为35mm，施工质量控制等级为B级。

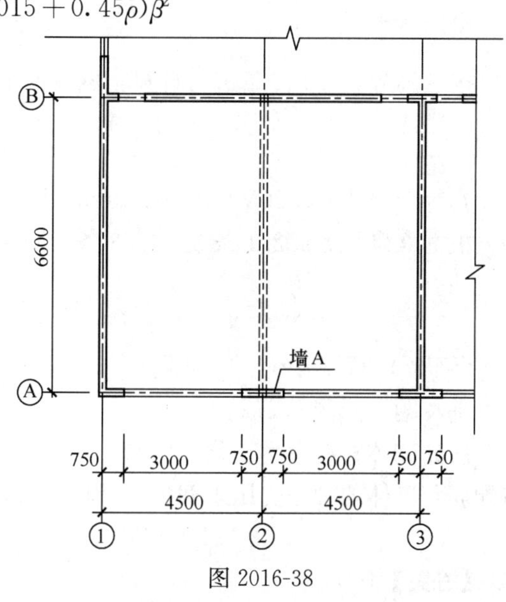

图 2016-38

假定，二层墙A配置有直径4mm冷拔低碳钢丝网片，方格网孔尺寸为80mm，其抗拉强度设计值为550MPa，竖向间距为180mm。试问，该网状配筋砌体的抗压强度设计值 $f_n$（MPa），与下列何项数值最为接近？

(A) 1.89 (B) 2.35 (C) 2.50 (D) 2.70

**【答案】**(B)

根据《砌规》3.2.1条，$f=1.89\text{MPa}$。

根据《砌规》8.1.1条，$\frac{e}{h}=\frac{35}{240}=0.146<0.17$。

刚性方案，$s=9\text{m}>2H=7.2\text{m}$，取 $H_0=3.6\text{m}$。

根据《砌规》8.1.1条，$\beta=\frac{H_0}{h}=\frac{3600}{240}=15<16$。

根据《砌规》8.1.2条，该墙体的体积配筋率为：

$$\rho=\frac{(a+b)A_s}{abs_n}=\frac{(80+80)\times12.56}{80\times80\times180}=0.174\%>0.1\%\text{且}<1\%$$

$f_y>320\text{MPa}$，取 $f_y=320\text{MPa}$。

$$f_n=f+2\left(1-\frac{2e}{y}\right)\rho f_y=1.89+2\left(1-\frac{70}{120}\right)\times0.00174\times320=2.35\text{N/mm}^2$$

**【例 6.1.2】**2012上午35题

某网状配筋砖砌体墙体，墙体厚度为240mm，墙体长度为6000mm，其计算高度 $H_0=3600\text{mm}$。采用MU10级烧结普通砖、M7.5级混合砂浆砌筑，砌体施工质量控制等级为B级。钢筋网采用冷拔低碳钢丝$\Phi^b4$制作，其抗拉强度设计值 $f_y=430\text{MPa}$，钢筋网的网格尺寸 $a=60\text{mm}$，竖向间距 $s_n=240\text{mm}$。

试问，轴心受压时，该配筋砖砌体抗压强度设计值 $f_n$（MPa），应与下列何项数值最为接近？

(A) 2.6 (B) 2.8 (C) 3.0 (D) 3.2

**【答案】**(B)

根据《砌规》8.1.1条，$\beta=\frac{H_0}{h}=\frac{3600}{240}=15<16$。

按《砌规》8.1.2条进行计算，网状配筋的体积配筋百分率为：

$$\rho=\frac{2A_s\times100}{as_n}=\frac{2\times12.6\times100}{60\times240}=0.175\%>0.1\%\text{且}<1.0\%\text{（《砌规》8.1.3条）}$$

$f_y=430\text{MPa}>320\text{MPa}$，取 $f_y=320\text{MPa}$。

根据《砌规》3.2.1条及3.2.3条，$f=1.69\text{MPa}$，$e=0$。

$$f_n=f+\frac{2\rho}{100}f_y=1.69+\frac{2\times0.175}{100}\times320=2.81\text{MPa}$$

**【例 6.1.3】**2012上午36题

基本题干同例6.1.2。

假如砌体材料发生变化，已知 $f_n=3.5\text{MPa}$，网状配筋体积配筋率 $\rho=0.30\%$。试问，该配筋砖砌体的轴心受压承载力设计值（kN/m），应与下列何项数值最为接近？

(A) 410 (B) 460 (C) 510 (D) 560

**【答案】**(C)

根据《砌规》8.1.2 条，$\beta=\dfrac{H_0}{h}=\dfrac{3600}{240}=15$，$e=0$。

查《砌规》表 D.0.2，得 $\varphi_n=0.61$。

$$[N]=\varphi_n f_n A=0.61\times3.5\times240\times1000=512400\text{N/m}=512.4\text{kN/m}$$

## 6.2　组合砖砌体（Ⅰ）

**1. 主要的规范规定**

《砌规》8.2.1 条～8.2.6 条：砖砌体和钢筋混凝土面层或钢筋砂浆面层组成的组合砖砌体构件计算及构造。

**2. 对规范规定的理解**

1）砖砌体和钢筋混凝土面层或钢筋砂浆面层组成的组合砖砌体构件截面见图 6.2-1。对于砖墙与组合砌体一同砌筑的 T 形截面构件（图 6.2-1b），其承载力和高厚比可按矩形截面组合砌体构件计算（图 6.2-1c）。

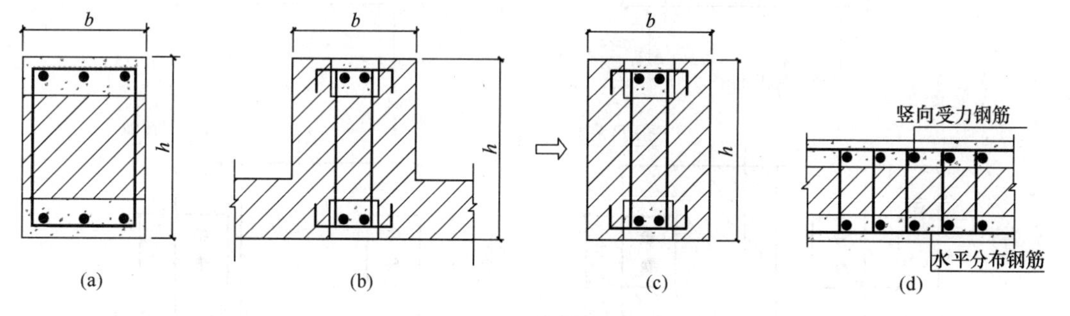


图 6.2-1　组合砌体截面

2）组合砖砌体构件轴心受压承载力计算解题流程：

（1）确定 $f$（需考虑调整系数）、$f_c$、$f'_y$，$f_c$ 按表 6.2-1 确定。

**$f_c$ 确定表**　　　　**表 6.2-1**

| 混凝土面层 | C15 | C20 | C25 | C30 | C35 | C40 | C45 | C50 |
|---|---|---|---|---|---|---|---|---|
| $f_c$（MPa） | 7.2 | 9.6 | 11.9 | 14.3 | 16.7 | 19.1 | 21.1 | 23.1 |

| 砂浆面层 | M7.5 | M10 | M15 | 可取为同强度等级混凝土的轴心抗压强度设计值的 70% |
|---|---|---|---|---|
| $f_c$（MPa） | 2.5 | 3.4 | 5.0 | |

（2）计算 $A=A_{总}-A_{砼}$、$A_c$、$A'_s$。

（3）确定 $\eta_s\begin{cases}混凝土面层：\eta_s=1.0\\砂浆面层：\eta_s=0.9（钢筋强度不能充分发挥）\end{cases}$

（4）根据 $\beta$、$\rho$ 按《砌规》表 8.2.3 确定 $\varphi_{com}\begin{cases}\beta=\gamma_\beta\dfrac{H_0}{b_{短}}（当明确计算方向时，应按计算方向边长）\\\rho=\dfrac{A'_{s全}}{bh}\begin{cases}混凝土面层：\geqslant0.4\%\\砂浆面层：\geqslant0.2\%\end{cases}\end{cases}$

（5）求承载力 $N\leqslant\varphi_{com}(fA+f_cA_c+\eta_s f'_yA'_s)$。

3）组合砖砌体偏心受压构件的大小偏压判断（图 6.2-2）：

小偏心受压构件：$\xi = \dfrac{x}{h_0} > \xi_b$，$\sigma_s = 650 - 800\xi \leqslant f_y$。

大偏心受压构件：$\xi = \dfrac{x}{h_0} \leqslant \xi_b$，$\sigma_s = f_y$。

其中 $\xi_b \begin{cases} \text{HRB400：} \xi_b = 0.36 \\ \text{HRB335：} \xi_b = 0.44 \\ \text{HPB300：} \xi_b = 0.47 \end{cases}$

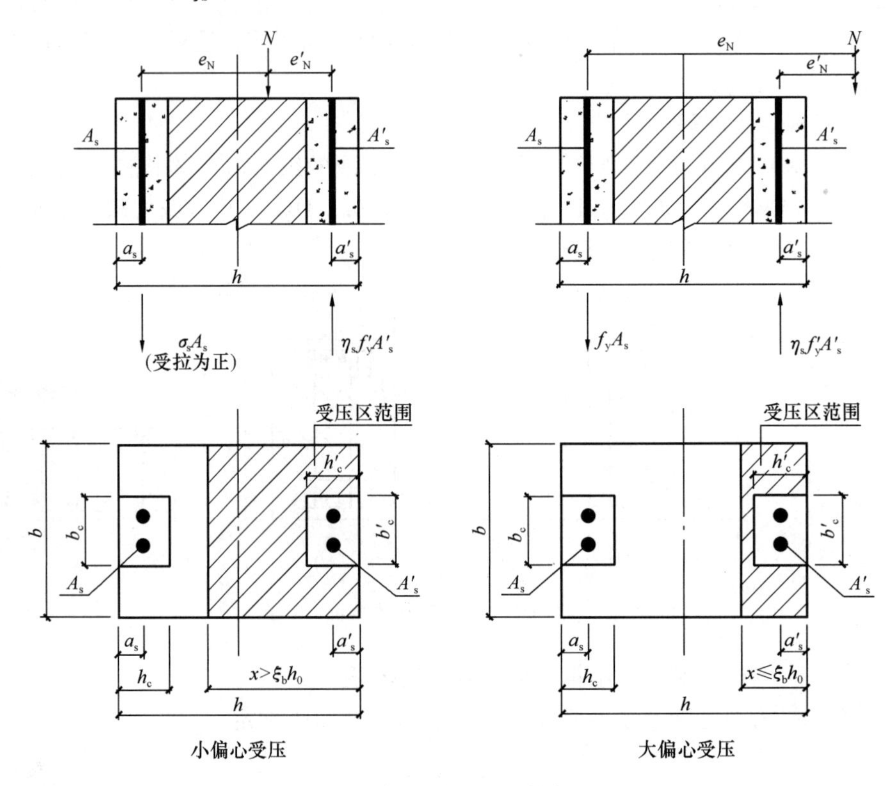


图 6.2-2 偏心受压构件

4）组合砖砌体偏心受压构件的承载力，应按下式计算：

根据力的平衡条件：

$$N \leqslant fA' + f_c A'_c + \eta_s f'_y A'_s - \sigma_s A_s$$（$\sigma_s$ 受拉为正，受压为负）

根据对受拉钢筋 $A_s$ 中心求力矩的平衡条件：

$$Ne_N \leqslant fS_s + f_c S_{c,s} + \eta_s f'_y A'_s (h_0 - a'_s)$$

大偏心受压 $\xi \leqslant \xi_b$：

$$\sigma_s = f_y$$

小偏心受压 $\xi > \xi_b$：

$$\sigma_s = 650 - 800\xi \leqslant f_y$$

此时受压区的高度 $x$ 可按下列公式确定（对轴向压力 $N$ 作用点求力矩）：

$$fS_N + f_c S_{c,N} + \eta_s f'_y A'_s e'_N - \sigma_s A_s e_N = 0$$

$$e_{N}=e+e_{a}+(h/2-a_{s})$$

$$e'_{N}=e+e_{a}-(h/2-a'_{s})$$

$$e_{a}=\frac{\beta^{2}h}{2200}(1-0.022\beta)$$

上式计算中需注意：

① 应先求 $x$ 判定大小偏心受压。

② 计算组合砌体偏心受压时，需考虑由于柱的纵向弯曲引起的附加偏心距 $e_{a}$ 。

③ $e'_{N}$ 可能为正，也可能为负。若 $e'_{N}$ 为正，表示荷载 $N$ 作用在 $A_{s}$ 和 $A'_{s}$ 之外；若 $e'_{N}$ 为负，表示荷载 $N$ 作用在 $A_{s}$ 和 $A'_{s}$ 之间，这时将负值直接代入公式计算。

④ 面积矩 $S_{s}$ 和 $S_{c,s}$ 计算为正值。

⑤ 面积矩 $S_{N}$ 和 $S_{c,N}$ 计算若为负值，直接将负值代入公式。($fA'$、$f_{c}A'_{c}$ 在图中 $N$ 的右侧时，面积矩 $S_{N}$ 和 $S_{c,N}$ 为负值)。

⑥ 面积矩求解如图 6.2-3 所示，按如下公式进行：

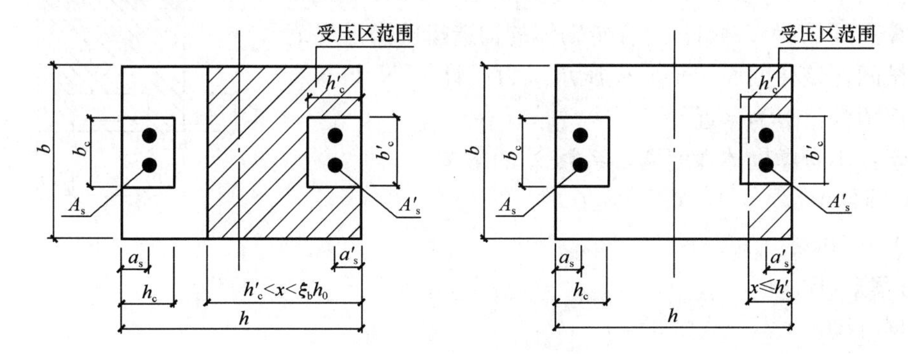


图 6.2-3 面积矩求解简图

$h'_{c}\leqslant x\leqslant\xi_{b}h_{0}$ 时：

$$S_{c,s}=b'_{c}h'_{c}\left(h_{0}-\frac{h'_{c}}{2}\right)$$

$$S_{s}=bx\left(h_{0}-\frac{x}{2}\right)-b'_{c}h'_{c}\left(h_{0}-\frac{h'_{c}}{2}\right)$$

$$S_{c,N}=b'_{c}h'_{c}\left[(e+e_{a})-\left(\frac{h}{2}-\frac{h'_{c}}{2}\right)\right]$$

$$S_{N}=bx\left[(e+e_{a})-\left(\frac{h}{2}-\frac{x}{2}\right)\right]-b'_{c}h'_{c}\left[(e+e_{a})-\left(\frac{h}{2}-\frac{h'_{c}}{2}\right)\right]$$

$2a'_{s}\leqslant x\leqslant h'_{c}$ 时：

$$S_{c,s}=b'_{c}x\left(h_{0}-\frac{x}{2}\right)$$

$$S_{s}=(b-b'_{c})x\left(h_{0}-\frac{x}{2}\right)$$

$$S_{c,N}=b'_{c}x\left(e+e_{a}-\frac{h}{2}+\frac{x}{2}\right)$$

$$S_{N}=(b-b'_{c})x\left(e+e_{a}-\frac{h}{2}+\frac{x}{2}\right)$$

⑦ 采用混凝土面层时的对称配筋大偏心受压承载力计算：

$$N \leqslant fA' + f_c A'_c$$

$$A' = bx - A'_c$$

$x > h'_c$ 时： $A'_c = b'_c h'_c$

$x \leqslant h'_c$ 时： $A'_c = b'_c x$

已知 $N$ 时，可按上式求 $x$ 。

**3. 历年真题解析**

**【例 6.2.1】** 2018 上午 37 题

某单层砌体结构房屋中一矩形截面柱（$b \times h$），结构的设计使用年限为 50 年，砌体施工质量控制等级为 B 级。假定，柱采用砖砌体与钢筋混凝土面层的组合砌体，砌体采用 MU15 级烧结普通砖、M10 级砂浆砌筑。混凝土采用 C20（$f_c$ =9.6MPa），纵向受力钢筋采用 HPB300，对称配筋，单侧配筋面积为 730mm²。其截面如图 2018-37 所示。若柱计算高度 $H_0$=6.4m。组合砖砌体的构造措施满足规范要求。试问，该柱截面的轴心受压承载力设计值 $N$（kN），与下列何项数值最为接近？

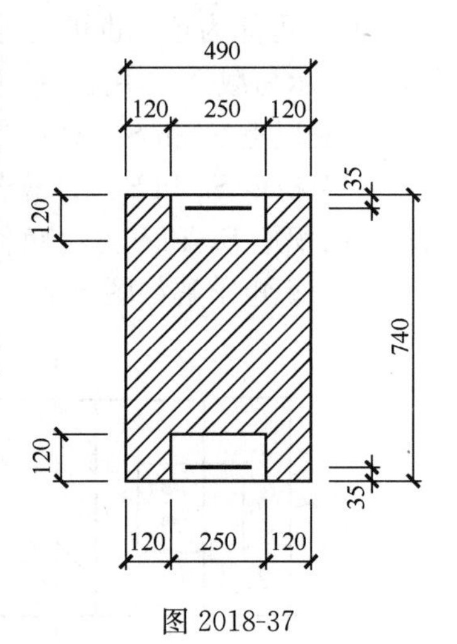

图 2018-37

**提示：**不考虑砌体强度调整系数 $\gamma_a$ 的影响。

（A）1700　　（B）1400

（C）1000　　（D）900

**【答案】**（B）

根据《砌规》式（8.2.3）：

$$N \leqslant \varphi_{com}(fA + f_c A_c + \eta_s f'_y A'_s)$$

其中，配筋率：

$$\rho = \frac{A'_s}{bh} = \frac{730 \times 2}{490 \times 740} = 0.40\%$$

高厚比：

$$\beta = \gamma_\beta \frac{H_0}{h} = 1.0 \times \frac{6400}{490} = 13.06$$

组合砖砌体构件的稳定系数：

$$\varphi_{com} = \frac{0.83 - 0.88}{14 - 12} \times (13.06 - 12) + 0.88 = 0.8535$$

混凝土部分：

$$A_c = 120 \times 250 \times 2 = 6 \times 10^4 \text{mm}^2$$

砖砌体部分：

$$A = 490 \times 740 - 6 \times 10^4 = 3.026 \times 10^5 \text{mm}^2$$

查《砌规》表 3.2.1-1，$f$ =2.31MPa，则

$$N \leqslant 0.8535 \times (2.31 \times 3.026 \times 10^5 + 9.6 \times 60000 + 1.0 \times 270 \times 730 \times 2) = 1424.67\text{kN}$$

**【例 6.2.2】** 2013 上午 40 题

一单层单跨有吊车厂房，平面如图 2013-40(a) 所示。采用轻钢屋盖，屋架下弦标高为 6.0m。变截面砖柱采用 MU10 级烧结普通砖、M10 级混合砂浆砌筑，砌体施工质量控

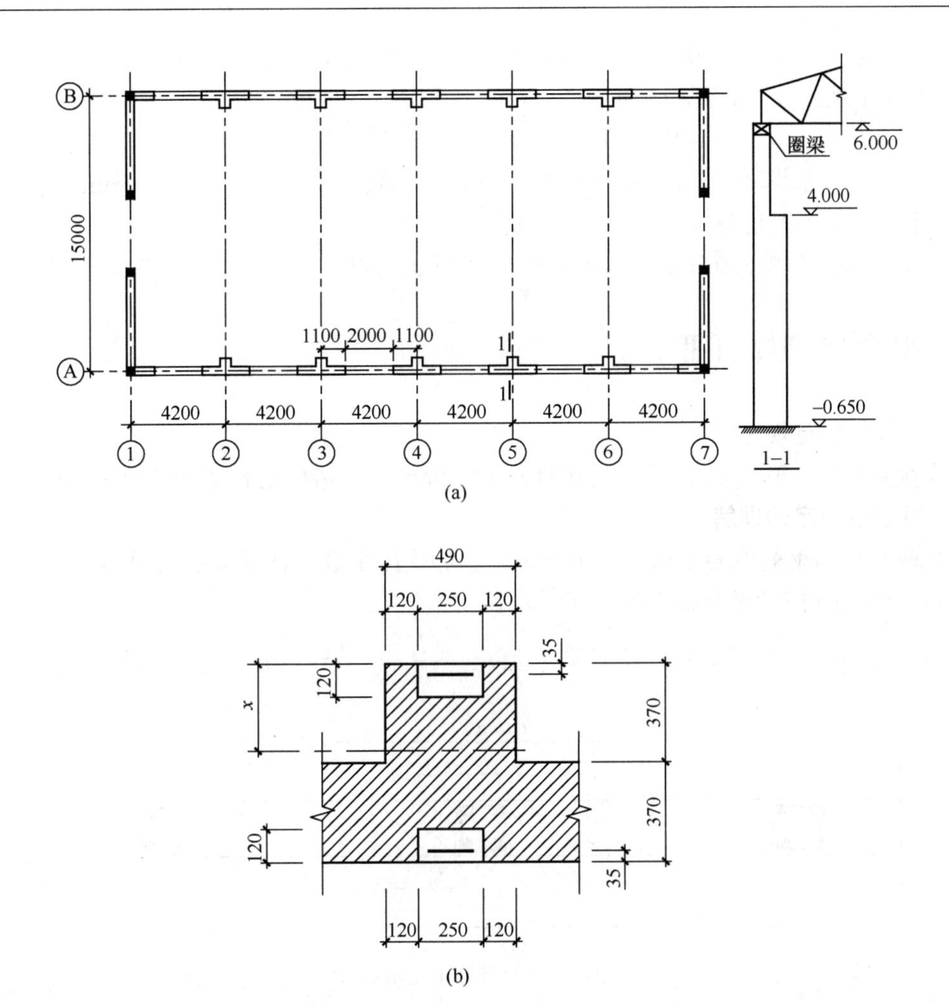


图 2013-40

制等级为 B 级。

假定，变截面柱采用砖砌体与钢筋混凝土面层的组合砌体，其下段截面如图 2013-40（b）所示。混凝土采用 C20（$f_c=9.6\text{N/mm}^2$），纵向受力钢筋采用 HRB335，对称配筋，单侧配筋面积为 763mm²。试问，其偏心受压承载力设计值（kN）与下列何项数值最为接近？

**提示：**① 不考虑砌体强度调整系数 $\gamma_a$ 的影响；

② 受压区高度 $x=315\text{mm}$。

(A) 530　　(B) 580　　(C) 750　　(D) 850

**【答案】**(A)

根据《砌规》8.2.2 条，按矩形截面计算。

根据《砌规》8.2.5 条，相对受压区高度：

$$\xi=\frac{x}{h_0}=\frac{315}{740-35}=0.447>\xi_b=0.44$$

截面为小偏心受压，则

$$\sigma_s = 650 - 800\xi = 650 - 800 \times 0.447 = 292.4\text{MPa} < f_y = 300\text{MPa}$$

根据《砌规》8.2.4 条，受压承载力：

$$N = fA' + f_c A'_c + \eta_s f'_y A'_s - \sigma_s A_s$$

其中：$A' = 490 \times 315 - 250 \times 120 = 124350\text{mm}^2$，$A'_c = 250 \times 120 = 30000\text{mm}^2$，$\eta_s = 1.0$，查《砌规》表 3.2.1-1，$f = 1.89\text{MPa}$，则

$$N = 1.89 \times 124350 + 9.6 \times 30000 + 1.0 \times 300 \times 763 - 292.4 \times 763 = 528.82\text{kN}$$

## 6.3 组合砖砌体（Ⅱ）

**1. 主要的规范规定**

《砌规》8.2.7 条～8.2.9 条：砖砌体和钢筋混凝土构造柱组合墙计算及构造。

**2. 对规范规定的理解**

1）砖砌体和钢筋混凝土构造柱组合墙的轴心受压承载力计算解题流程：

（1）确定 $f$（需考虑调整系数）、$f_c$、$f'_y$。

（2）如图 6.3-1 所示，取一个计算单元 $l = \dfrac{(l_1 + l_2)}{2} \leqslant 4\text{m}$，计算 $A$、$A_c$、$A'_s$。

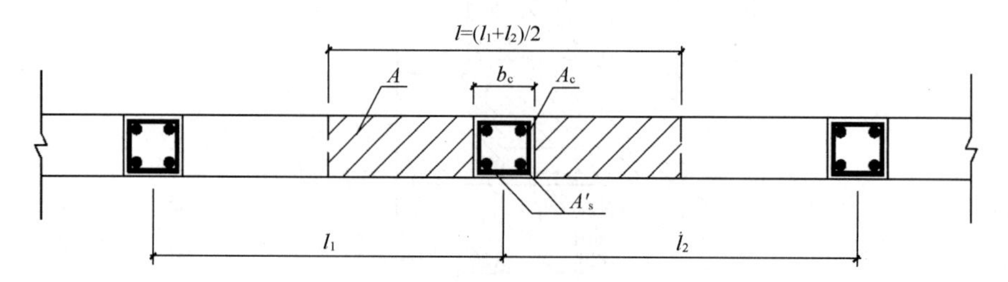


图 6.3-1 计算单元示意

（3）计算 $\eta = \left[\dfrac{1}{\dfrac{l}{b_c} - 3}\right]^{\frac{1}{4}}$，当 $l/b_c < 4$ 时，取 $l/b_c = 4$。

（4）求 $\beta = \gamma_\beta \dfrac{H_0}{h}$、$\rho = \dfrac{A'_{s全}}{lh}$。

（5）根据 $\beta$、$\rho$ 查《砌规》表 8.2.3 插值确定 $\varphi_{com}$。

（6）按 $N \leqslant \varphi_{com}[fA + \eta(f_c A_c + f'_y A'_s)]$ 计算。

注：可按计算单元 $l$ 长度范围求解，也可按整片墙求解，最后折合成每米。

2）砖砌体和钢筋混凝土构造柱组合墙的平面外偏心受压承载力计算：

（1）大小偏心受压的判别。

小偏心受压构件：$\xi = \dfrac{x}{h_0} > \xi_b$，$\sigma_s = 650 - 800\xi \leqslant f_y$。

大偏心受压构件：$\xi = \dfrac{x}{h_0} \leqslant \xi_b$，$\sigma_s = f_y$。

其中 $\xi_b$ $\begin{cases} \text{HRB400：} \xi_b = 0.36 \\ \text{HRB335：} \xi_b = 0.44 \\ \text{HPB300：} \xi_b = 0.47 \end{cases}$

（2）构件的弯矩或偏心距可按《砌规》4.2.5条确定。

（3）平面外大偏心受压承载力计算（$x \leqslant \xi_b h_0$）。

大偏心受压时，可不计受压区构造柱混凝土和钢筋的作用。计算截面取 $l \times h$，计算公式简化如下：

根据力的平衡条件：$N \leqslant fA' - f_y A_s$，求 $A_s$。

根据对受拉钢筋 $A_s$ 中心求力矩的平衡条件：$Ne_N \leqslant fS_s$，可求得 $x$，且 $x \leqslant \xi h_0$。

$$e_N = e + e_a + (h/2 - a_s)$$

$$e_a = \frac{\beta^2 h}{2200}(1 - 0.022\beta)$$

式中：$A'$——砖砌体受压部分的面积，$A' = (l - b_c)x$；

$S_s$——砖砌体受压部分的面积对钢筋 $A_s$ 重心的面积矩，$S_s = (l - b_c)x\left(h_0 - \dfrac{x}{2}\right)$。

根据上式可计算构造柱配筋（构造柱为对称配筋时，$A_s = A'_s$），并需满足《砌规》8.2.9条第2点的构造要求。

（4）平面外小偏心受压承载力计算（$x > \xi_b h_0$）。

计算截面取 $l \times h$，计算公式简化如下：

根据力的平衡条件：

$$N \leqslant fA' + f_c A'_c + f'_y A'_s - \sigma_s A_s \text{（}\sigma_s\text{ 受拉为正，受压为负）}$$

$$\sigma_s = 650 - 800\xi \leqslant f_y$$

根据对受拉钢筋 $A_s$ 中心求力矩的平衡条件：

$$Ne_N \leqslant fS_s + f_c S_{c,s} + f'_y A'_s (h_0 - a'_s)$$

$$e_N = e + e_a + (h/2 - a_s)$$

$$e_a = \frac{\beta^2 h}{2200}(1 - 0.022\beta)$$

式中：$A'$——砖砌体受压部分的面积，$A' = (l - b_c)x$；

$A'_c$——混凝土构造柱受压部分的面积，$A'_c = b_c x$；

$S_s$——砖砌体受压部分的面积对钢筋 $A_s$ 重心的面积矩，$S_s = (l - b_c)x\left(h_0 - \dfrac{x}{2}\right)$；

$S_{c,s}$——混凝土构造柱受压部分的面积对钢筋 $A_s$ 重心的面积矩，$S_{c,s} = b_c x\left(h_0 - \dfrac{x}{2}\right)$。

**3. 历年真题解析**

**【例 6.3.1】** 2014 上午 39 题

某砖砌体和钢筋混凝土构造柱组合墙，如图 2014-39 所示，结构安全等级二级。构造柱截面均为 240mm×240mm，混凝土采用 C20（$f_c$=9.6MPa）。砌体采用 MU10 烧结多孔砖和 M7.5 混合砂浆砌筑，构造措施满足规范要求，施工质量控制等级为B级。承载力验算时不考虑墙体自重。

假定，房屋的静力计算方案为刚性方案，其所在二层层高为 3.0m。构造柱纵向钢筋配 4Φ14（$f_y$=270MPa）。试问，该组合墙体单位墙长的轴心受压承载力设计值（kN/m）

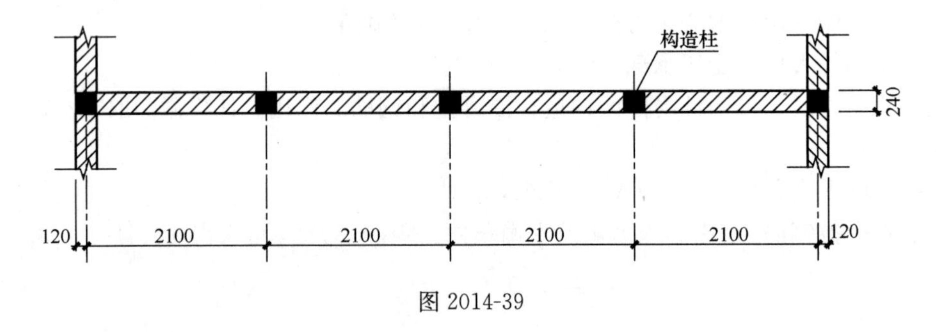


图 2014-39

与下列何项数值最为接近？

**提示**：强度系数 $\eta=0.646$。

(A) 300　　(B) 400　　(C) 500　　(D) 600

**【答案】**(C)

查《砌规》表 3.2.1-1，砌体抗压强度设计值为 $f=1.69$MPa。

扣除构造柱的砌体面积按 2100mm 墙长计算时，$A=(2100-240)\times240=446400\text{mm}^2$。

根据《砌规》式（8.2.7-1），组合墙体的轴心受压承载力：

$$N=\varphi_{\text{com}}[fA+\eta(f_cA_c+f'_yA'_s)]$$

横墙间距 $s=8.4$m，刚性方案；根据《砌规》5.1.3 条，构件高度 $H=3.0$，计算高度 $H_0=1.0H=3.0$m。

根据《砌规》式（5.1.2-1），高厚比：

$$\beta=\gamma_\beta\frac{H_0}{h}=1.0\times\frac{3.0}{0.24}=12.5$$

根据《砌规》表 8.2.3，组合砖砌体构件的稳定系数 $\varphi_{\text{com}}=0.8225$，则

全墙轴心受压承载力：

$$N=0.8225\times[1.69\times446400+0.646\times(9.6\times240^2+270\times616)]=1002.7\text{kN}$$

折合单位墙长轴心受压承载力：

$$\frac{1002.7}{2.1}=477.5\text{kN/m}$$

**【编者注】**砖砌体和钢筋混凝土构造柱组合墙体的轴心受压承载力计算，可以按构造柱间距内墙体计算轴心受压承载力（一个计算单元），折合为单位墙长；也可以按全部墙体的轴心受压承载力计算，折合为单位墙长。

**【例 6.3.2】**2014 上午 40 题

基本题干同例 6.3.1。

假定，组合墙中部构造柱顶作用一偏心荷载，其轴向压力设计值 $N=672$kN，在墙体平面外方向的砌体截面受压区高度 $x=120$mm。构造柱纵向受力钢筋为 HPB300 级，采用对称配筋，$a_s=a'_s=35$mm。试问，该构造柱计算所需总配筋值（$\text{mm}^2$）与下列何项数值最为接近？

**提示**：计算截面宽度取构造柱的间距。

(A) 310　　(B) 440　　(C) 610　　(D) 800

**【答案】**（B）

《砌规》式（8.2.5-3），组合砖砌体构件截面的相对受压区高度：

$$\xi = x/h_0 = 120/(240-35) = 0.585 > \xi_b = 0.47$$

截面为小偏心受压，则

$$\sigma_s = 650 - 800\xi = 650 - 800 \times 0.585 = 182\text{MPa} < f_y = 270\text{MPa}$$

查《砌规》表 3.2.1-1，砌体抗压强度设计值 $f=1.69$MPa。

构造柱间距范围内的受压砌体面积：

$$A' = (2100 - 240) \times 120 = 223200\text{mm}^2$$

根据《砌规》式（8.2.4-1）：

$$N = fA' + f_c A'_c + \eta_s f'_y A'_s - \sigma_s A_s$$

$$A_s = A'_s = \frac{(N - fA' - f_c A_c)}{\eta_s f'_y - \sigma_s}$$

$$= \frac{(672 \times 10^3 - 1.69 \times 223200 - 9.6 \times 120 \times 240)}{(1.0 \times 270 - 182)}$$

$$= 208\text{mm}^2$$

总配筋值$=2\times208=416\text{mm}^2$。

# 7 配筋砌块砌体构件

## 7.1 正截面受压承载力计算

**1. 主要的规范规定**

1）《砌规》9.2.1 条：配筋砌块砌体构件正截面承载力计算的基本假定。

2）《砌规》9.2.2 条：轴心受压配筋砌块砌体构件正截面受压承载力计算。

3）《砌规》9.2.3 条：配筋砌块砌体构件平面外偏心受压承载力。

4）《砌规》9.2.4 条～9.2.5 条：偏心受压配筋砌块砌体构件正截面承载力计算。

**2. 对规范规定的理解**

1）配筋砌块砌体构件轴心受压承载力计算解题流程：

当配有箍筋或水平分布钢筋时：

（1）确定 $f'_y$、$f_g$。$f_g = f + 0.6\alpha f_c \leqslant 2f$，其中，当全截面面积 $A < 0.2\text{m}^2$ 时，$f$ 需乘以 $\gamma_a$，$\gamma_a = A + 0.8$。

（2）确定 $A$、$A'_s$。

（3）计算 $\beta = \gamma_\beta \dfrac{H_0}{h_{短}}$ 或 $\beta = \gamma_\beta \dfrac{H_0}{h_T}$（灌孔时，$\gamma_\beta = 1.0$）。当明确计算方向时，应取计算方向边长，$H_0 = H_{层高}$。

（4）计算 $\varphi_{0g} = \dfrac{1}{1 + 0.001\beta^2}$。

（5）计算 $N \leqslant \varphi_{0g}(f_g A + 0.8 f'_y A'_s)$。

无箍筋或水平分布钢筋时：

$$N \leqslant \varphi_{0g} f_g A$$

墙高一般按《砌规》5.1.3 条取值，在受压构件承载力计算、高厚比计算的过程中使用；《砌规》第 10 章、《抗规》第 7 章关于层高的限制，就是建筑层高，也即实际的层高。

此处规范规定 $H_0 = H_{层高}$，笔者认为是指墙高。

2）配筋砌块砌体构件，当竖向钢筋仅配在中间时，其平面外偏心受压承载力按下式计算：

$$N \leqslant \varphi f_g A$$

3）矩形截面偏心受压配筋砌块砌体构件正截面承载力计算：

（1）大小偏心受压判断（图 7.1-1）

① $x > \xi_b h_0$ 为小偏心受压构件，不考虑竖向分布钢筋的作用。

② $x \leqslant \xi_b h_0$ 为大偏心受压构件，受拉钢筋考虑在 $h_0 - 1.5x$ 范围屈服，然后受压区被

压坏。

其中，界限相对受压区高度 $\xi_b\begin{cases}HPB300：\xi_b=0.57\\HRB335：\xi_b=0.55（《砌规》9.2.4条）\\HRB400：\xi_b=0.52\end{cases}$

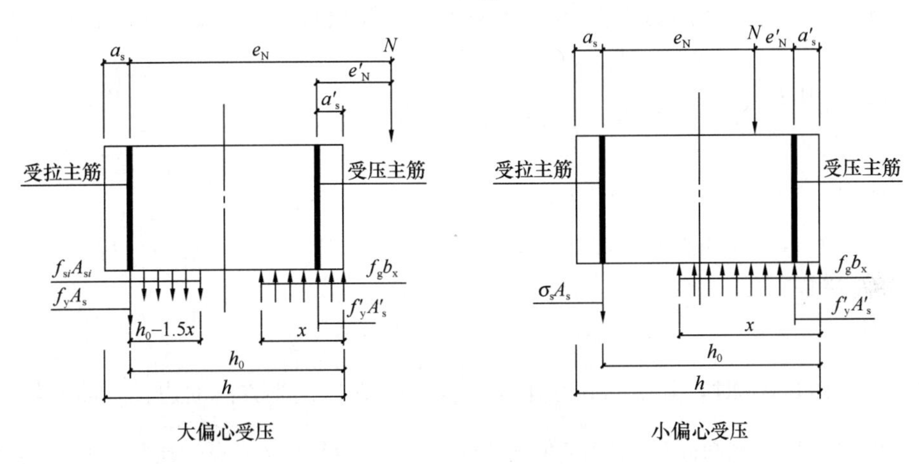


图 7.1-1　大小偏心受压判断

（2）大偏心受压配筋砌块砌体构件正截面承载力计算：

力的平衡：

$$N\leqslant f_gbx+f'_yA'_s-f_yA_s-\Sigma f_{si}A_{si}$$

对受拉主筋 $A_s$ 中心的力矩平衡：

$$Ne_N\leqslant f_gbx(h_0-x/2)+f'_yA'_s(h_0-a'_s)-\Sigma f_{si}S_{si}$$

注意：① 如图 7.1-2 所示，$a_s$、$a'_s$ 取值按下述。

$a_s\begin{cases}T形、L形、工字形翼缘受压时：a_s=300mm\\其他情况：a_s=100mm\end{cases}$

$a'_s\begin{cases}T形、L形、工字形翼缘受压时：a'_s=100mm\\其他情况：a'_s=300mm\end{cases}$

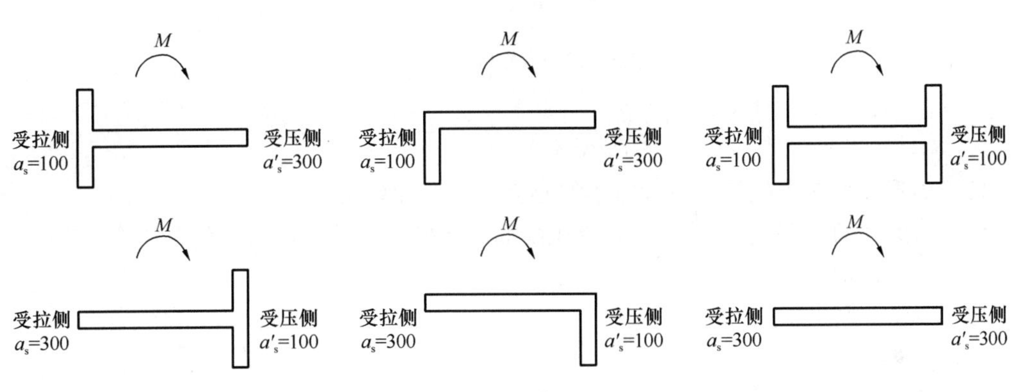


图 7.1-2　$a_s$、$a'_s$ 取值示意

② 在计算 $e_N$、$e'_N$ 时，其中的高厚比 $\beta=\gamma_\beta\dfrac{H_0}{h}$，$h$ 取偏心方向的边长，而不是墙厚。

③ 当受压区竖向受压主筋无箍筋或无水平钢筋约束时，可不考虑竖向受压主筋的作用，即取 $f'_yA'_s=0$。

④上述公式中，当竖向分布筋的配筋率为 $\rho_w$，其设计值为 $f_{yw}$，竖向主筋对称配筋，$f'_yA'_s=f_yA_s$，则：$\begin{cases}\Sigma f_sA_{si}=f_{yw}\rho_w(h_0-1.5x)b\\ \Sigma f_sS_{si}\approx f_{yw}\dfrac{1}{2}\rho_wb\,(h_0-1.5x)^2\end{cases}$。

大偏压时，$N\leqslant f_gbx-f_{yw}\rho_w(h_0-1.5x)b$，故 $x=\dfrac{N+f_{yw}\rho_{wh}bh_0}{(f_g+1.5f_{yw}\rho_w)b}$。

（3）当大偏心受压计算的受压区高度 $x<2a'_s$ 时，其正截面承载力可按下式进行计算（不考虑分布筋）：

$$Ne'_N\leqslant f_yA_s(h_0-a'_s)$$

注意：在计算 $e'_N$ 时，其中的高厚比 $\beta=\gamma_\beta\dfrac{H_0}{h}$，$h$ 取偏心方向的边长，而不是墙厚。

（4）小偏心受压配筋砌块砌体构件正截面承载力计算（小偏心受压计算中未考虑竖向分布钢筋的作用）：

力的平衡：

$$N\leqslant f_gbx+f'_yA'_s-\sigma_sA_s$$

对受拉主筋 $A_s$ 中心的力矩平衡：

$$Ne_N\leqslant f_gbx\left(h_0-\frac{x}{2}\right)+f'_yA'_s(h_0-a'_s)$$

$$\sigma_s=\frac{f_y}{\xi_b-0.8}\left(\frac{x}{h_0}-0.8\right)$$

注意：① 上述公式在计算 $e_N$、$e'_N$ 时，其中的高厚比 $\beta=\gamma_\beta\dfrac{H_0}{h}$，$h$ 取偏心方向的边长，而不是墙厚；

② 当受压区竖向受压主筋无箍筋或无水平钢筋约束时，可不考虑竖向受压主筋的作用，即取 $f'_yA'_s=0$，公式变为：

$$N\leqslant f_gbx-\sigma_sA_s$$

$$Ne_N\leqslant f_gbx\left(h_0-\frac{x}{2}\right)$$

$$\sigma_s=\frac{f_y}{\xi_b-0.8}\left(\frac{x}{h_0}-0.8\right)$$

（5）矩形截面对称配筋砌块砌体小偏心受压近似计算见规范。

4）T 形、L 形、工字形截面偏心受压配筋砌块砌体构件正截面承载力计算：

（1）$x\leqslant h'_f$ 时

按 $b'_f\times h$ 的矩形截面计算。

（2）$x>h'_f$ 时

① 大偏压（$x\leqslant\xi_bh_0$）时：

$$N\leqslant f_g[bx+(b'_f-b)h'_f]+f'_yA'_s-f_yA_s-\Sigma f_{yi}A_{si}$$

$$Ne_N \leqslant f_g[bx(h_0-0.5x)+(b'_f-b)h'_f(h_0-0.5h'_f)]+f'_yA'_s(h_0-a'_s)-\Sigma f_{yi}S_{si}$$

② 小偏压($x>\xi_b h_0$)时(无$\Sigma f_{yi}A_{si}$项):

$$N \leqslant f_g[bx+(b'_f-b)h'_f]+f'_yA'_s-\sigma_s A_s$$

$$Ne_N \leqslant f_g[bx(h_0-0.5x)+(b'_f-b)h'_f(h_0-0.5h'_f)]+f'_yA'_s(h_0-a'_s)$$

以上式中 $b'_f$ 取值见表 7.1-1。

**T 形、L 形、工字形截面偏心受压构件翼缘计算宽度 $b'_f$** **表 7.1-1**

| 考虑情况 | T 形、工字形截面 | L 形截面 | 说明 |
|---|---|---|---|
| 按构件计算高度 $H_0$ 考虑 | $H_0/3$ | $H_0/6$ | 1. 取左侧四项的最小值;<br>2. 配筋砌块砌体构件的计算高度 $H_0$ 可取层高 |
| 按腹板间距 $L$ 考虑 | $L$ | $L/2$ | |
| 按翼缘厚度 $h'_f$ 考虑 | $b+12h'_f$ | $b+6h'_f$ | |
| 按翼缘的实际宽度 $b'_f$ 考虑 | $b'_f$ | $b'_f$ | |

**3. 历年真题解析**

**【例 7.1.1】** 2018 上午 38 题

某单层砌体结构房屋中一矩形截面柱($b\times h$)。结构的设计使用年限为 50 年,砌体施工质量控制等级为 B 级。假定,柱采用配筋灌孔混凝土砌块砌体,钢筋采用 HPB300,砌体的抗压强度设计值 $f_g=4.0$ MPa,截面如图 2018-38 所示,柱计算高度 $H_0=6.4$m,配筋砌块砌体的构造措施满足规范要求。试问,该柱截面的轴心受压承载力设计值 $N$(kN),与下列何项数值最为接近?

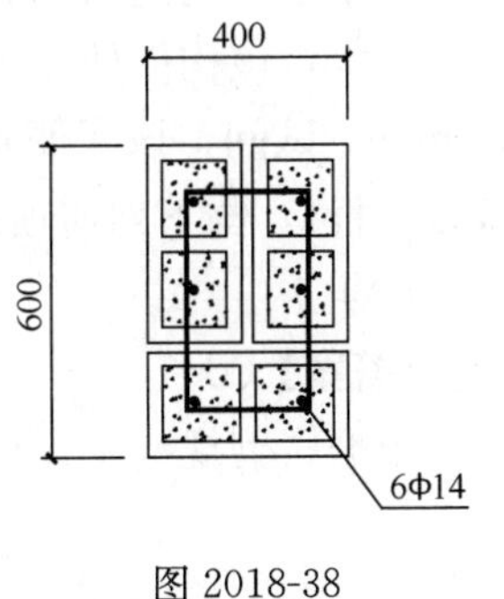

图 2018-38

**提示:** 不考虑砌体强度调整系数 $\gamma_a$ 的影响。

(A) 700 (B) 800 (C) 900 (D) 1000

**【答案】**(C)

根据《砌规》式(5.1.2-1),对灌孔混凝土砌块砌体 $\gamma_\beta=1.0$,则高厚比:

$$\beta=\gamma_\beta\frac{H_0}{h}=1.0\times\frac{6400}{400}=16$$

根据《砌规》式(9.2.2-2),轴心受压构件的稳定系数:

$$\varphi_{0g}=\frac{1}{1+0.001\beta^2}=\frac{1}{1+0.001\times16^2}=0.796$$

根据《砌规》式(9.2.2-1),构件的截面面积 $A=400\times600=240000\text{mm}^2$,则轴心受压承载力:

$$N=\varphi_{0g}(f_gA+0.8f'_yA'_s)$$
$$=0.796(4\times240000+0.8\times270\times6\times153.9)=922.93\text{kN}$$

**【例 7.1.2】** 2016 上午 39 题

某配筋砌块砌体剪力墙结构房屋,标准层有一配置足够水平钢筋、100%全灌芯的配筋砌块砌体受压构件,采用 MU15 级混凝土小型空心砌块,Mb10 级专用砌筑砂浆砌筑,灌孔混凝土强度等级为 Cb30,采用 HRB400 钢筋。截面尺寸、竖向配筋如图 2016-39 所示。

假定，该剪力墙为轴心受压构件。试问，该构件的稳定系数 $\varphi_{0g}$，与下列何项数值最为接近？

(A) 1.00　　(B) 0.80

(C) 0.75　　(D) 0.65

**【答案】**(B)

根据《砌规》5.1.2条和9.2.2条，该墙体的计算高度取层高3.0m，则

$$\beta=\gamma_{\beta}\frac{H_0}{h}=1.0\times\frac{3000}{190}=15.79$$

$$\varphi_{0g}=\frac{1}{1+0.001\beta^2}=\frac{1}{1+0.001\times15.79^2}=0.8$$

**【例7.1.3】**2016上午40题

基本题干同例7.1.2。

假定，该构件处于大偏心界限受压状态，且取 $a_s=100$mm。试问，该配筋砌块砌体剪力墙受拉钢筋屈服的数量（根），与下列何项数值最为接近？

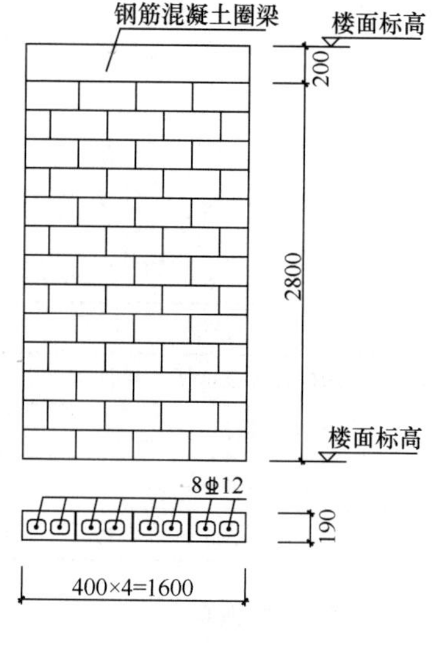

图 2016-39

(A) 1　　(B) 2　　(C) 3　　(D) 4

**【答案】**(B)

根据《砌规》9.2.4条，$\xi_b=0.52$，则

$$h_0=h-a_s=1600-100=1500\text{mm}$$

$$x_b=h_0\cdot\xi_b=1500\times0.52=780\text{mm}$$

根据《砌规》9.2.1条，大偏心受压时，受拉钢筋考虑在 $h_0-1.5x$ 范围内屈服，所以受拉钢筋的屈服范围为：

$$h_0-1.5x_b=1500-780\times1.5=330\text{mm}$$

距墙端100+330=430mm范围内有2根钢筋屈服。

**【例7.1.4】**2014上午35题

一多层房屋配筋砌块砌体墙，平面如图2014-35所示，结构安全等级二级。砌体采用MU10级单排孔混凝土小型空心砌块、Mb7.5级砂浆对孔砌筑，砌块的孔洞率为40%，采用Cb20（$f_t=1.1$MPa）混凝土灌孔，灌孔率为43.75%，内有插筋共5Φ12（$f_y=270$MPa）。构造措施满足规范要求，砌体施工质量控制等级为B级。承载力验算时不考虑墙体自重。

假定，房屋的静力计算方案为刚性方案，砌体的抗压强度设计值 $f_g=3.6$MPa，其所在层高为3.0m。试问，该墙体截面的轴心受压承载力设计值（kN）与下列何项数值最为接近？

**提示：**不考虑水平分布钢筋的影响。

(A) 1750　　(B) 1820　　(C) 1890　　(D) 1960

**【答案】**(A)

横墙间距 $s=3.0$m，刚性方案。

根据《砌规》9.2.2条注2，计算高度 $H_0=3.0$m。

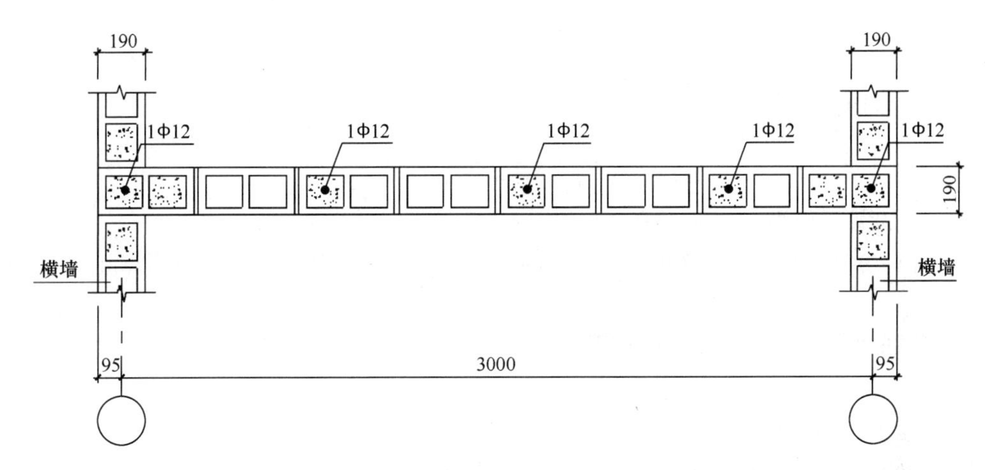


图 2014-35

根据《砌规》式（5.1.2-1），高厚比：

$$\beta = \gamma_{\beta}\frac{H_0}{h} = 1.0 \times \frac{3.0}{0.19} = 15.79$$

墙体截面面积：

$$A = 190 \times 3190 = 606100\text{mm}^2$$

根据《砌规》式（9.2.2-2），轴心受压构件的稳定系数：

$$\varphi_{0g} = \frac{1}{1+0.001\beta^2} = \frac{1}{1+0.001 \times 15.79^2} = 0.80$$

根据《砌规》式（9.2.2-1），轴心受压承载力：

$$N = \varphi_{0g}(f_g A + 0.8 f'_y A'_s)$$
$$= 0.80 \times (3.6 \times 606100 + 0.8 \times 0) = 1745.68\text{kN}$$

**【例 7.1.5】** 2009 上午 34 题

某无吊车单层单跨库房，柱截面尺寸 400mm×600mm，采用 MU10 级单排孔混凝土小型空心砌块、Mb7.5 级混合砂浆对孔砌筑，砌体施工质量控制等级为 B 级。

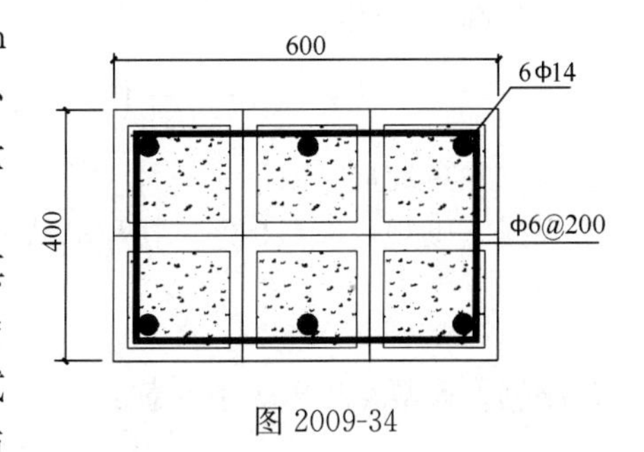


图 2009-34

若柱采用配筋砌体，采用 HPB300 级钢筋，其截面如图 2009-34 所示。假定柱计算高度 $H_0$ = 6.4m，砌体的抗压强度设计值 $f_g$ = 4.0MPa。试问，该柱截面的轴心受压承载力设计值（kN），与下列何项数值最为接近？

(A) 690　　(B) 790

(C) 922　　(D) 1000

**【答案】**(C)

根据《砌规》9.2.2 条，该柱截面的轴心受压承载力设计值按照下式计算：

$$N = \varphi_{0g}(f_g A + 0.8 f'_y A'_s)$$

其中，高厚比：

$$\beta=\gamma_{\beta}\frac{H_0}{h}=1.0\times\frac{6400}{400}=16$$

轴心受压构件稳定系数：

$$\varphi_{0g}=\frac{1}{1+0.001\beta^2}=\frac{1}{1+0.001\times16^2}=0.796$$

6Φ14 的截面积为 $A'_s=923\text{mm}^2$，则

$$\varphi_{0g}(f_gA+0.8f'_yA'_s)=0.796\times(4\times400\times600+0.8\times270\times923)\approx922.9\times10^3\text{N}$$

## 7.2　斜截面受剪承载力计算

**1. 主要的规范规定**

1）《砌规》9.3.1 条：配筋砌块砌体剪力墙斜截面受剪承载力。

2）《砌规》9.3.2 条：配筋砌块砌体剪力墙连梁的斜截面受剪承载力。

**2. 对规范规定的理解**

1）偏心受压配筋砌块砌体剪力墙斜截面受剪承载力计算流程：

（1）计算 $f_g$、$f_{vg}$。

$$f_g=f+0.6\alpha f_c\leqslant2f$$

$$f\times\gamma_a,\quad\alpha=\delta\rho$$

$$f_{vg}=0.2f_g^{0.55}$$

（2）验算截面。

$$V\leqslant0.25f_gbh_0$$

（3）$\lambda=M/Vh_0$，　$1.5\leqslant\lambda\leqslant2.2$。

（4）当 $N>0.25f_gbh$ 时，取 $N=0.25f_gbh$。

其中，T 形或倒 L 形的截面宽度 $b$，取腹板宽；$N$ 为有利作用，$N$ 的分项系数 $\gamma_G=1.0$。

（5）确定 $A$ 和 $A_w$。

$$V\leqslant\frac{1}{\lambda-0.5}\left(0.6f_{vg}bh_0+0.12N\frac{A_w}{A}\right)+0.9f_{yh}\frac{A_{sh}}{s}h_0$$

（6）验算配筋。

根据《砌规》9.4.9 条，按壁式设计的窗间墙：

$$\frac{A_{sh}}{bs}\geqslant0.15\%$$

根据《砌规》9.4.8 条 5 款：

$$\frac{A_{sh}}{bs}\geqslant0.07\%$$

2）偏心受拉配筋砌块砌体剪力墙斜截面受剪承载力计算流程：

（1）计算 $f_g$、$f_{vg}$。

$$f_g=f+0.6\alpha f_c\leqslant2f$$

$$f\times\gamma_a,\quad\alpha=\delta\rho$$

$$f_{vg}=0.2f_g^{0.55}$$

（2）验算截面。

$$V\leqslant0.25f_gbh_0$$

(3) $\lambda = M/Vh_0$，$1.5 \leqslant \lambda \leqslant 2.2$。

(4) 确定 $A$ 和 $A_w$。

$$V \leqslant \frac{1}{\lambda - 0.5}\left(0.6 f_{vg} b h_0 - 0.22 N \frac{A_w}{A}\right) + 0.9 f_{yh} \frac{A_{sh}}{s} h_0$$

其中，$N$ 为不利作用，$N$ 的分项系数 $\gamma_G = 1.2$ 或 $1.35$。

(5) 验算配筋。

根据《砌规》9.4.9 条，按壁式设计的窗间墙：

$$\frac{A_{sh}}{bs} \geqslant 0.15\%$$

根据《砌规》9.4.8 条 5 款：

$$\frac{A_{sh}}{bs} \geqslant 0.07\%$$

3) 配筋砌块砌体剪力墙连梁的斜截面受剪承载力计算流程：

(1) 计算 $f_g$、$f_{vg}$。

$$f_g = f + 0.6\alpha f_c \leqslant 2f$$

$$f \times \gamma_a, \quad \alpha = \delta\rho$$

$$f_{vg} = 0.2 f_g^{0.55}$$

(2) 验算截面。

$$V_b \leqslant 0.25 f_g b h_0$$

(3) $V_b \leqslant 0.8 f_{vg} b h_0 + f_{yv} \dfrac{A_{sv}}{s} h_0$。

(4) 验算配筋。

根据《砌规》9.4.12 条 3 款，箍筋的面积配筋率：

$$\frac{A_{sv}}{bs} \geqslant 0.15\%$$

**3. 历年真题解析**

**【例 7.2.1】** 2014 上午 37 题

一多层房屋配筋砌块砌体墙，平面如图 2014-37 所示，结构安全等级二级。砌体采用 MU10 级单排孔混凝土小型空心砌块、Mb7.5 级砂浆对孔砌筑，砌块的孔洞率为 40%，采用 Cb20（$f_t = 1.1$MPa）混凝土灌孔，灌孔率为 43.75%，内有插筋共 5 Φ 12（$f_y = 270$MPa）。构造措施满足规范要求，砌体施工质量控制等级为 B 级。承载力验算时不考虑墙体自重。

假定，小砌块墙改为全灌孔砌体，砌体的抗压强度设计值 $f_g = 4.8$MPa，其所在层高为 3.0m。砌体沿高度方向每隔 600mm 设 2 Φ 10 水平钢筋（$f_y = 270$MPa）。墙片截面内力：弯矩设计值 $M = 560$kN·m、轴压力设计值 $N = 770$kN、剪力设计值 $V = 150$kN。墙体构造措施满足规范要求，砌体施工质量控制等级为 B 级。试问，该墙体的斜截面受剪承载力最大值（kN）与下列何项数值最为接近？

**提示：**① 不考虑墙翼缘的共同工作；

② 墙截面有效高度 $h_0 = 3100$mm。

(A) 150　　(B) 250　　(C) 450　　(D) 710

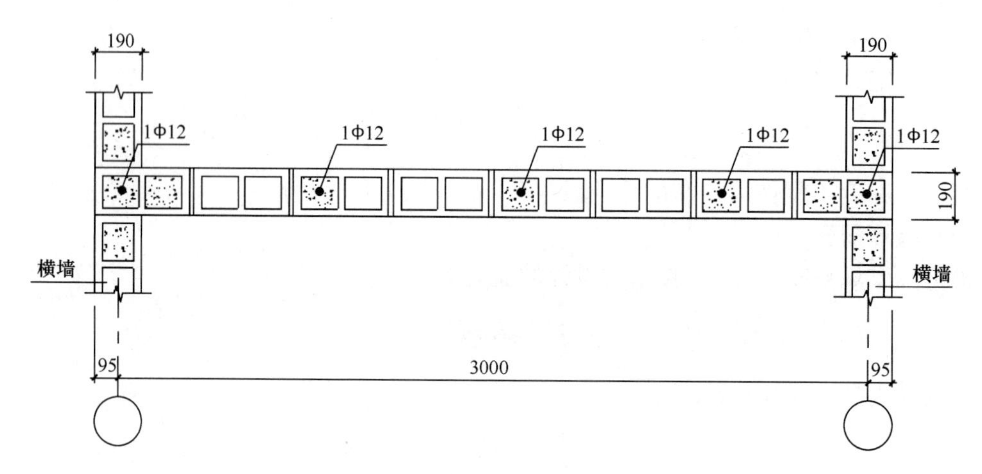


图 2014-37

**【答案】**（C）

根据《砌规》3.2.2 条：

$$f_{vg}=0.2f_g^{0.55}=0.2\times 4.8^{0.55}=0.47\text{MPa}$$

根据《砌规》式（9.3.1-1）：

$$V\leqslant 0.25f_gbh_0=0.25\times 4.8\times 190\times 3100=706.80\text{kN}$$

根据《砌规》式（9.3.1-3）：

$$\lambda=\frac{M}{Vh_0}=\frac{560\times 10^3}{150\times 3100}=1.20<1.5, 取\lambda=1.5$$

根据《砌规》式（9.3.1-2）：

$$\frac{1}{\lambda-0.5}\left(0.6f_{vg}bh_0+0.12N\frac{A_w}{A}\right)+0.9f_{yh}\frac{A_{sh}}{s}h_0$$

其中：$N=770>0.25f_gbh=0.25\times 4.8\times 190\times 3190=727.32\text{kN}$，取 $N=727.32\text{kN}$；$A_{sh}=2\times 78.54=157.08\text{mm}^2$。则

$$\frac{1}{1.5-0.5}(0.6\times 0.47\times 190\times 3100+0.12\times 727.32\times 10^3)+0.9\times 270\times\frac{157.08}{600}\times 3100$$
$$=450.59\text{kN}$$

# 8 砌体结构构件抗震设计

《砌规》《抗规》中抗震设计相关条文如表 8.0-1 所示。

**《砌规》《抗规》中抗震设计相关条文　　表 8.0-1**

| 条文类型 | 条文涉及内容 | 《砌规》条文号 | 《抗规》条文号 |
|---|---|---|---|
| 一般规定 | 适用范围 | 10.1.1 | 7.1.1 |
| | 房屋层数和高度 | 10.1.2　砌体房屋<br>10.1.3　配筋砌块砌体抗震墙房屋 | 7.1.2　砌体房屋<br>附录 F.1.1 配筋砌块砌体抗震墙房屋 |
| | 层高 | 10.1.4 | 7.1.3、附录 F.1.4 |
| | 承载力抗震调整系数 | 10.1.5 | 5.4.2 |
| | 高宽比限值 | — | 7.1.4、附录 F.1.1 |
| | 房屋横墙间距 | — | 7.1.5、附录 F.1.3 |
| | 砌体墙段的局部尺寸限值（墙垛） | — | 7.1.6 |
| | 配筋砌块砌体结构的抗震等级 | 10.1.6 | 附录 F.1.2 |
| | 配筋砌块砌体抗震墙结构位移角限值 | 10.1.8 | 附录 F.2.1（与砌规不同） |
| | 结构材料性能指标 | 10.1.12 | 3.9.2 |
| | 受力钢筋的锚固和接头 | 10.1.13 | — |
| | 配筋砌块砌体抗震墙房屋底部加强部位范围 | 10.5.9 | 附录 F.1.4 注 |
| | 防震缝设置 | — | 多层砌体房屋：7.1.7 条第 3 点<br>配筋砌块砌体房屋：附录 F.1.3 条第 4 点 |
| 结构布置 | 多层砌体房屋的建筑布置和结构体系 | 10.1.7（条文说明：规则性判断） | 7.1.7 |
| | 底部框架-抗震墙砌体房屋的结构布置 | — | 7.1.8 |
| | 底部框架-抗震墙砌体房屋钢筋混凝土部分抗震等级 | 10.1.9 | 7.1.9 |
| | 配筋砌块砌体短肢抗震墙及一般抗震墙设置 | 10.1.10 | 附录 F.1.3<br>附录 F.1.5 |
| | 部分框支配筋砌块砌体抗震墙房屋 | 10.1.11 | — |
| 结构计算 | 地震作用剪力计算及分配 | — | 7.2.1～7.2.5 |
| | 结构的截面抗震验算规定 | 10.1.7（条文说明：规则性判断） | — |

续表

| 条文类型 | 条文涉及内容 | 《砌规》条文号 | 《抗规》条文号 |
|---|---|---|---|
| 构造要求 | 砖砌体房屋 | 10.2.4～10.2.7 | 7.3 节 |
| | 砌块砌体房屋 | 10.3.4～10.3.9 | 7.4 节 |
| | 底部框架-抗震墙砌体房屋 | 10.4.6～10.4.13 | 7.5 节 |
| | 配筋砌块砌体抗震墙房屋 | 10.5.9～10.5.15 | 附录 F.3 节 |

注：带下画线为强条。

## 8.1 多层砌体房屋的结构布置、总层数和总高度

**1. 主要的规范规定**

1）《抗规》7.1.4～7.1.7 条：多层砌体房屋结构布置一般规定。

2）《砌规》10.1.2 条、《抗规》7.1.2 条：多层砌体结构房屋的总层数和总高度。

**2. 对规范规定的理解**

1）砌体结构房屋承重方案

砌体结构房屋中的屋盖、楼盖、内外纵墙、横墙、柱和基础等是主要承重构件，它们互相连接，共同构成承重体系。根据结构的承重体系和荷载的传递路线，房屋的结构布置可分为以下几种方案。

（1）纵墙承重方案

纵墙承重方案是指纵墙直接承受屋面、楼面荷载的结构方案（图 8.1-1）。这种方案房屋的竖向荷载的主要传递路线为：

板→梁（屋架）→纵向承重墙→基础→地基

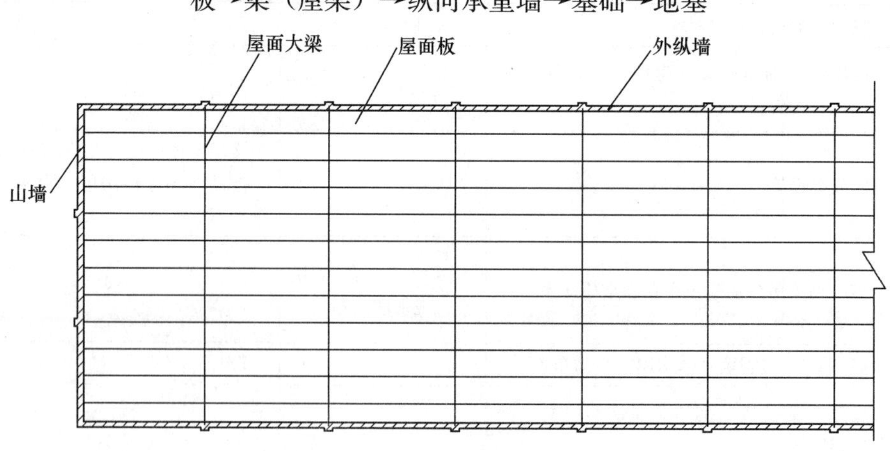


图 8.1-1　纵墙承重方案

（2）横墙承重方案

横墙承重方案是指板传来的竖向荷载全部由横墙承受，并由横墙传至基础和地基，纵墙仅承受墙体自重（图 8.1-2）。这种方案房屋的竖向荷载的主要传递路线为：

楼（屋）面板→横墙→基础→地基

（3）纵横墙混合承重方案

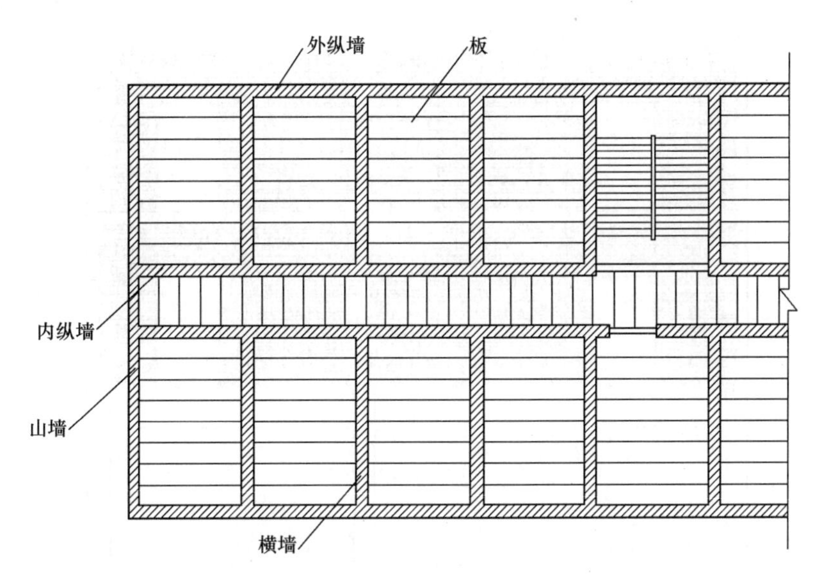


图 8.1-2　横墙承重方案

当建筑物的功能要求房间的大小变化较多时，为了结构布置的合理性，通常采用纵横墙混合承重方案（图 8.1-3）。这种方案房屋的竖向荷载的主要传递路线为：

$$\text{楼(屋)面板} \rightarrow \left\{\begin{array}{l}\text{梁} \rightarrow \text{纵墙}\\ \text{横墙}\end{array}\right\} \rightarrow \text{基础} \rightarrow \text{地基}$$

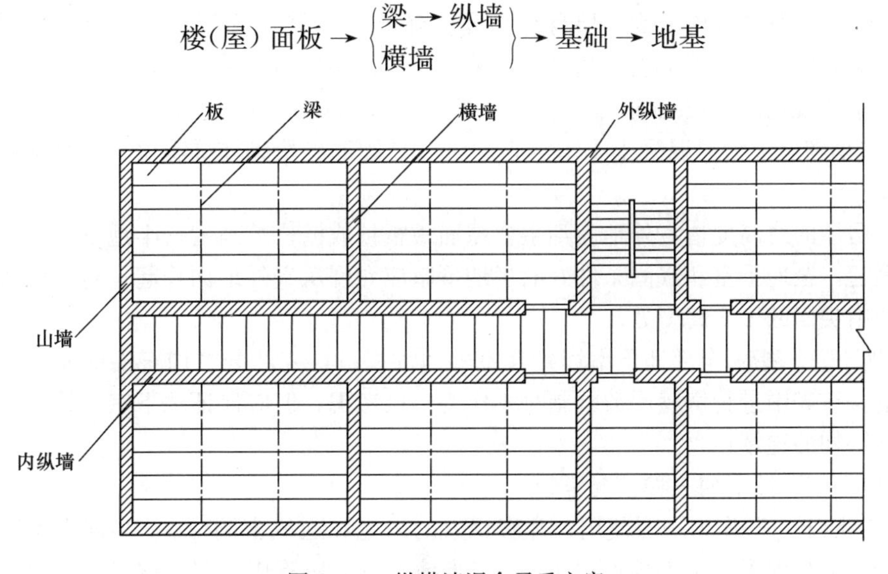


图 8.1-3　纵横墙混合承重方案

（4）底部框架承重方案

当沿街住宅底部为公共房时，在底部也可以用钢筋混凝土框架结构同时取代内外承重墙体，相关部位形成结构转换层，成为底部框架承重方案（图 8.1-4）。这种方案房屋的竖向荷载的主要传递路线为：

上部几层梁板荷载→内外墙体→结构转化层→钢筋混凝土梁→柱→基础→地基

2）多层砌体结构房屋的总层数和总高度

规定见《砌规》10.1.2 条和《抗规》7.1.2 条，其中：

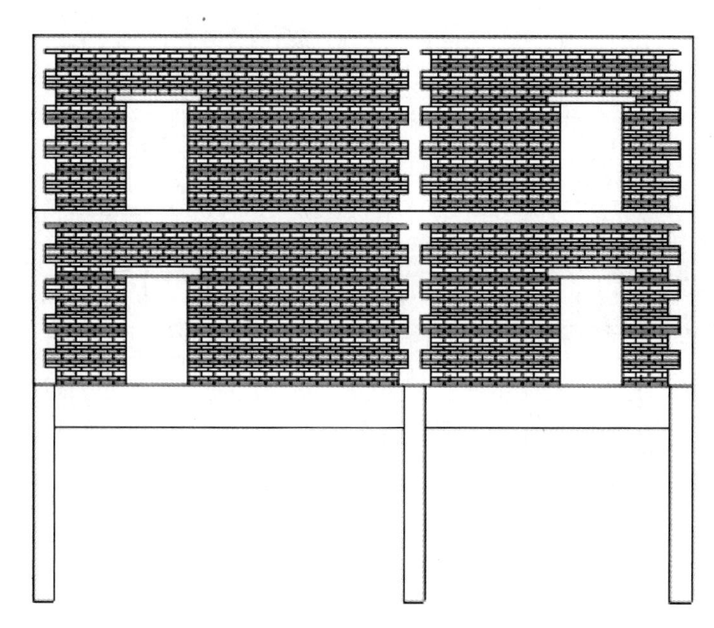

图 8.1-4 底部框架承重方案

(1) 表格中为丙类多层砌体房屋的总高度和层数要求；乙类多层砌体房屋仍按本地区设防烈度查表，其层数应减少一层且总高度应降低 3m；乙类多层砌体房屋不应采用底部框架抗震墙砌体房屋；甲类设防建筑不宜采用砌体结构，当需采用时，应进行专门研究并采取高于本章规定的抗震措施。

(2)“小砌块”为“混凝土小型空心砌块”；“配筋砌块砌体抗震墙”为全部灌芯配筋砌块砌体。

(3) 房屋的总高度指室外地面到主要屋面板板顶或檐口的高度，半地下室从地下室室内地面算起，全地下室和嵌固条件好的半地下室应允许从室外地面算起；对带阁楼的坡屋面应算到山尖墙的 1/2 高度处。

“全地下室”指：全部地下室埋置在室外地坪以下，或部分结构露出地面而无窗洞口的地下室。按表中进行房屋层数限制时不作为一层考虑，但应保证地下室结构的整体性及其与上部结构的连续性。

“半地下室”按下列三种情况考虑：

①“半地下室”作为一层使用，开有较大的采光和通风窗洞口。“半地下室”层高中有大部分或部分埋置于室外地面以下时，“半地下室”应算作一层（按表进行房屋总层数及总高度控制时，地下室作为一层考虑），房屋总高度从地下室室内地面算起；

②“半地下室”层高较小（一般在 2.2m 左右）地下室外墙无洞口或仅有较小的通气窗口，对“半地下室”墙的截面削弱很少，半地下室层高中有大部分埋置于室外地面以下，或高出地面部分不超过 1.0m 时，“半地下室”可以不算作一层（按表进行房屋总层数及总高度控制时，地下室不作为一层考虑），房屋总高度从室外地面算起；

③ 当“半地下室”外窗设有窗井，每开间的窗并两侧墙与“半地下室”的横墙相贯通，并使窗井周围墙体形成封闭空间，使外窗井形成扩大的半地下室底盘结构，并对半地下室作为上部结构的嵌固端有利时，可将其确定为“嵌固条件好的半地下室”（按表进行

房屋总层数及总高度控制时）不作为一层考虑。

“嵌固条件好的半地下室”（条文说明）应同时满足下列条件，此时 $H$ 应允许从室外地面算起，其顶板可视为上部多层砌体结构的嵌固端：

① 半地下室顶板和外挡土墙采用现浇钢混凝土；

② 当半地下室开有窗洞并设置窗井，内横墙延伸至窗井外挡土墙并与其相交；

③ 上部外墙均与半地下室墙体对齐，与上部墙体不对齐的半地下室内纵、横墙总量分别≤30%；

④ 半地下室室内地面至室外地面的高度应>地下室净高的 1/2，地下室周边回填土的压实系数≥0.93。

坡屋面阁楼层一般仍需计入房屋总高度和层数；坡屋面下的阁楼层，当其实际有效使用面积或重力荷载代表值小于顶层 30%时，可不计入房屋总高度和层数，但按局部凸出计算地震作用效应。对不带阁楼的坡屋面，当坡屋面坡度大于 45°时，房屋总高度宜算到山尖墙的 1/2 高度处。

（4）室内外高差大于 0.6m 时，房屋总高度应允许比表中的数据适当增加，但增加量应少于 1.0m。

需要注意《抗规》7.2.2 条文说明：

表 7.1.2 的注 2 表明，房屋高度按有效数字控制。当室内外高差不大于 0.6m 时，房屋总高度限值按表中数据的有效数字控制，则意味着可比表中数据增加 0.4m；当室内外高差大于 0.6m 时，虽然房屋总高度允许比表中的数据增加不多于 1.0m，实际上其增加量只能少于 0.4m。

室内外高差≤0.6m，总高度限值=表中数值+0.4

室内外高差>0.6m，总高度限值=表中数值+1.0

（5）横墙较少和横墙很少。

“横墙较少”可按下式量化：

$$\frac{A_{i,4.2}}{A_i} > 40\%$$

式中：$A_{i,4.2}$ —— $i$ 楼层内开间大于 4.2m 的房间面积之和；

$A_i$ —— $i$ 楼层的总面积。

“横墙很少”的情况一般为教学楼中全部为教室的多层砌体房屋或食堂、俱乐部和会议楼等。“横墙很少”应同时具备下列两个条件：

① 开间不大于 4.2m 的房间面积之和占该层总面积不到 20%，即按下式计算的面积比超过 80%时的砌体房屋。

$$\frac{A_{i,4.2}}{A_i} \geqslant 80\%$$

② 开间大于 4.8m 的房间面积之和占该层总面积的 50%以上，即按下式计算的面积比超过 50%时的砌体房屋。

$$\frac{A_{i,4.8}}{A_i} > 50\%$$

式中：$A_{i,4.2}$ —— $i$ 楼层内开间大于 4.2m 的房间面积之和；

$A_{i,4.8}$ —— $i$ 楼层内开间大于 4.8m 的房间面积之和；

$A_i$ —— $i$ 楼层的总面积。

注意：①《抗规》7.1.2 条文说明：对各层横墙很少的多层砌体房屋，其总层数应比横墙较少时再减少一层，由于层高的限值，总高度也有所降低（未要求再减少 3m）。

② 命题组在 2017 年题 33 的真题解答中提到，对于横墙很少的多层砌体房屋，其房屋总层数应比横墙较少时再减少一层，此时，不再需要验算房屋的总高度。

(6)《抗规》7.1.2 条 3 款中的“按规定采取加强措施”，可理解为按《抗震规范》第 7.3.14 条规定采取相应加强措施。

(7) 蒸压灰砂砖、蒸压粉煤灰砖采用普通砂浆时，其抗剪强度仅达到普通黏土砖砌体的 70%，房屋的层数应比普通砖房屋减少一层，总高度应减少 3m；当采用专用砂浆时，房屋的层数和总高度同普通砖房屋。

**3. 历年真题解析**

**【例 8.1.1】** 2019 上午 31 题

多层砌体房屋抗震设计时，关于建筑布置和结构体系，下列何项论述正确？

Ⅰ. 应优先选择采用砌体墙和钢筋混凝土墙混合承重的结构体系；

Ⅱ. 房屋平面轮廓凹凸尺寸不应超过典型尺寸的 50%；当超过典型尺寸的 25%时，房屋转角处应采取加强措施；

Ⅲ. 楼板局部大洞口的尺寸未超过楼板宽度的 30%，可在墙体两侧同时开洞；

Ⅳ. 不应在房屋转角处设置转角窗。

(A) Ⅰ、Ⅲ　　(B) Ⅱ、Ⅳ　　(C) Ⅱ、Ⅲ　　(D) Ⅰ、Ⅳ

**【答案】** (B)

根据《抗规》7.1.7 条 1 款，Ⅰ错误；

根据《抗规》7.1.7 条 2 款，Ⅱ正确、Ⅲ错误；

根据《抗规》7.1.7 条 5 款，Ⅳ正确。

**【例 8.1.2】** 2017 上午 33 题

某多层无筋砌体结构房屋，结构平面布置如图 2017-33 所示，首层层高 3.6m，其他各层层高均为 3.3m，内外墙均对轴线居中，窗洞口高度均为 1800mm，窗台高度均

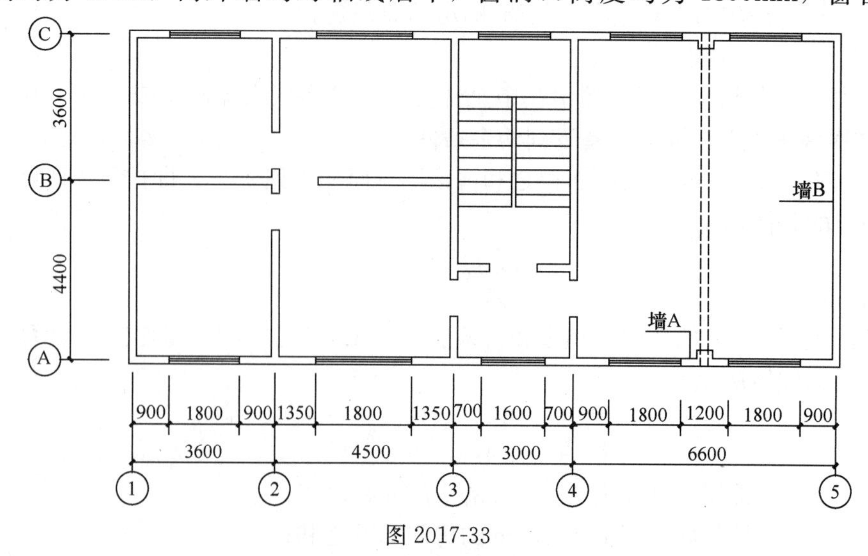


图 2017-33

为900mm。

假定，本工程建筑抗震设防类别为乙类，抗震设防烈度为7度（0.10$g$），各层墙体上下连续且洞口对齐，采用混凝土小型空心砌块砌筑。试问，按照该结构方案可以建设房屋的最多层数，与下列何项数值最为接近？

(A) 7　　(B) 6　　(C) 5　　(D) 4

**【答案】**(D)

根据《抗规》表7.1.2，房屋的层数为7层，总高度限值为21+1=22m。

根据《抗规》表7.1.2注3，对乙类的多层砌体房屋，其层数应减少一层且总高度降低3m。

楼层建筑面积 $A=17.7\times8=141.6\text{m}^2$，开间大于4.2m的房间总面积 $A_1=(6.6+4.5)\times8=88.8\text{m}^2$，则 $\dfrac{A_1}{A}=\dfrac{88.8}{141.6}=0.627>0.4$，属于横墙较少的多层砌体房屋。

根据《抗规》7.1.2条2款，层数还应再减少一层，总高度还应再降低3m。

因此，本结构方案可以建设的最多房屋层数为：7－1－1=5层，房屋高度限值 $H=22-3-3=16\text{m}$。

当为5层时，其房屋高度最小值 $H=3.6+4\times3.3+0.6=17.4\text{m}>16\text{m}$；

当为4层时，其房屋高度最小值 $H=3.6+3\times3.3+0.6=14.1\text{m}<16\text{m}$。

**【编者注】**(1) 建筑抗震类别为乙类的多层砌体房屋，房屋总层数应减少一层且总高度降低3m。

(2) 对横墙较少的多层砌体房屋，层数应比《抗规》表7.1.2的规定减少一层且高度降低3m（注意：对于横墙很少的多层砌体房屋，其房屋总层数应比横墙较少时再减少一层，此时，不再需要验算房屋的总高度）。

(3) 根据《抗规》表7.1.2注2，可知房屋总高度限值为21+1－3－3=16m，房屋总层数限值为7－1－1=5层。本题考生需根据给出的各层层高值再验算一下5层时是否成立。

**【例8.1.3】**2013上午33题

某多层砖砌体房屋，底层结构平面布置如图2013-33所示，外墙厚370mm，内墙厚240mm，轴线均居墙中。窗洞口均为1500mm×1500mm（宽×高），门洞口除注明外均为1000mm×2400mm（宽×高）。室内外高差0.5m，室外地面距基础顶0.7m。楼、屋面板采用现浇钢筋混凝土板，砌体施工质量控制等级为B级。

假定，本工程建筑抗震类别为乙类，抗震设防烈度为7度，设计基本地震加速度值为0.10$g$。墙体采用MU15级蒸压灰砂砖、M10级混合砂浆砌筑，砌体抗剪强度设计值为 $f_v=0.12\text{MPa}$。各层墙上下连续且洞口对齐。试问，房屋的层数 $n$ 及总高度 $H$ 的限值与下列何项最为接近？

(A) $n=7$，$H=21\text{m}$　　(B) $n=6$，$H=18\text{m}$

(C) $n=5$，$H=15\text{m}$　　(D) $n=4$，$H=12\text{m}$

**【答案】**(D)

(1) 根据《抗规》表7.1.2，7度设防的普通砖房屋层数为7层，总高度限值为21m；乙类房屋的层数应减少一层且总高度降低3m。

(2) 根据《抗规》7.1.2条2款，横墙较少的房屋，房屋的层数应比表7.1.2的规定

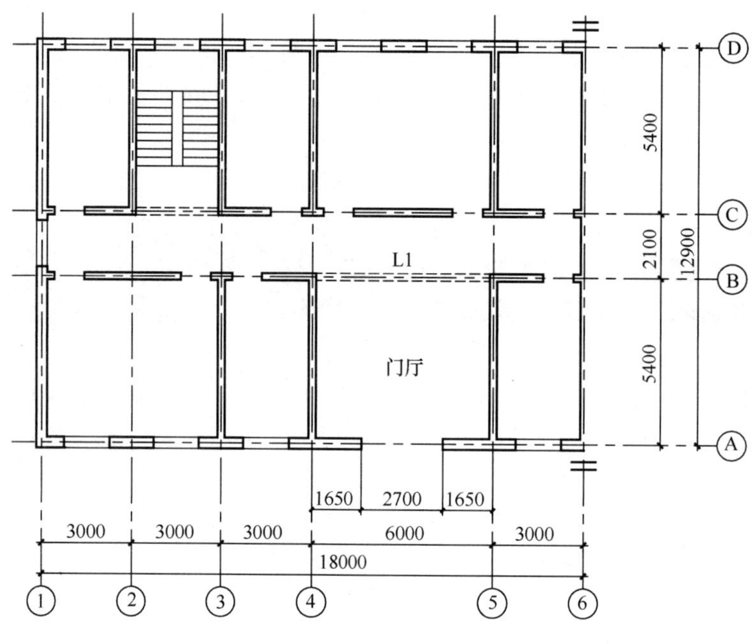


图 2013-33

减少一层且高度降低 3m。

(3) 根据《抗规》7.1.2 条 4 款，蒸压灰砂砖砌体房屋，当砌体的抗剪强度仅为普通黏土砖砌体的 70%时，房屋的层数应比表 7.1.2 的规定减少一层且高度降低 3m。

(4) 横墙较少计算：3×6×5.4/18×12.9=41.86%。

**【例 8.1.4】** 2009 上午 40 题

一多层砖砌体办公楼，其底层平面如图 2009-40 所示。外墙厚 370mm，内墙厚 240mm，墙均居轴线中。底层层高 3.4m，室内外高差 300mm，基础埋置较深且有刚性地坪。墙体采用 MU10 烧结多孔砖、M10 混合砂浆砌筑（孔洞率不大于 30%）；楼、屋面层

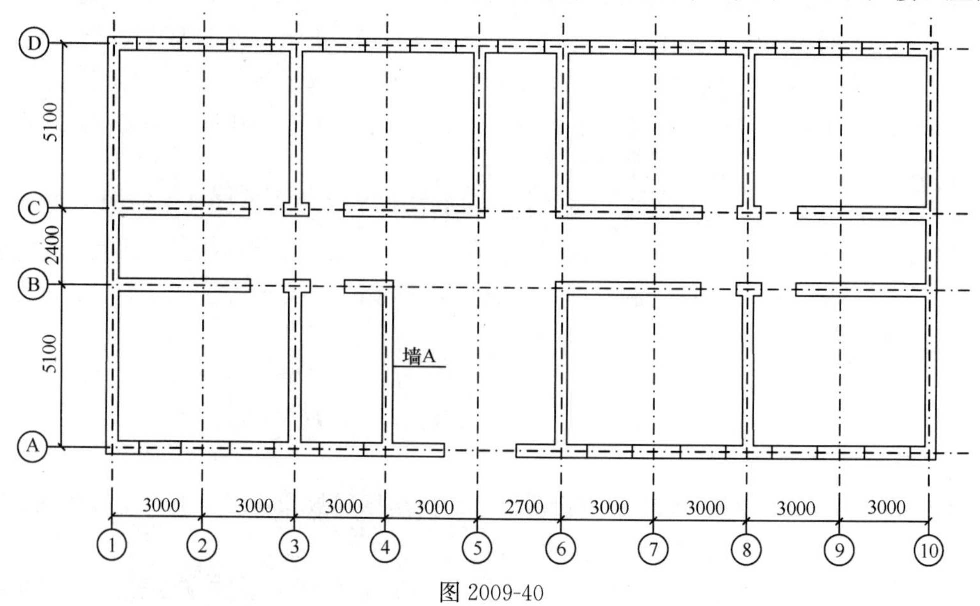


图 2009-40

采用现浇钢筋混凝土板。砌体施工质量控制等级为B级。

假定本工程为一中学教学楼，抗震设防烈度为8度（0.20$g$），各层墙上下对齐，试问，其结构层数$n$及总高度$H$的限值，下列何项符合规范规定？

(A) $n=6$，$H=18$m　　(B) $n=5$，$H=15$m

(C) $n=4$，$H=15$m　　(D) $n=3$，$H=12$m

**【答案】**(D)

根据《分类标准》6.0.8条，抗震设防类别应不低于重点设防类（乙类）。

按8度查表得到的层数限值为6，高度限值为18m。

根据《抗规》表7.1.2下注释3，乙类层数应减少一层，且总高度应降低3m。调整之后成为层数限值为5，高度限值为15m。

同一楼层开间大于4.2m的房间面积之和占该层总面积的比例：

$$\frac{5.1\times8\times3+5.1\times(7\times3+2.7)}{(2\times5.1+2.4)\times(8\times3+2.7)}=72.3\%>40\%$$

开间不大于4.2m的房间面积之和占该层总面积的比例：

$$\frac{5.1\times3+5.1\times2.7}{(2\times5.1+2.4)\times(8\times3+2.7)}=8.6\%<20\%$$

同时，开间大于4.8m的房间面积之和占该层总面积比例为72.3%>50%，故属于横墙很少，最终层数限值为5−2=3，总高度限值为15−3=12m。

## 8.2　地震剪力计算及分配

**1. 主要的规范规定**

1)《抗规》7.2.1条、5.2.1条：地震剪力计算。

2)《抗规》7.2.2条：截面抗震承载力验算的墙段。

3)《抗规》7.2.3条：砌体墙段的层间等效侧向刚度的计算。

4)《砌规》10.1.5条，《抗规》5.4.2条、5.4.3条：承载力抗震调整系数$\gamma_{RE}$。

**2. 对规范规定的理解**

1) 地震剪力计算——底部剪力法

(1) 多层砌体房屋、底部框架-抗震墙砌体房屋的抗震计算，可采用底部剪力法，并应按《抗规》7.2.4条、7.2.5条规定调整地震作用效应。

(2) 采用底部剪力法时，应按下列公式确定：

$$F_{Ek}=\alpha_{max}G_{eq}$$

$$F_{ik}=\frac{G_iH_i}{\sum_{j=1}^{n}G_jH_j}F_{Ek}$$

$$\Delta F_n=0$$

参数含义见图8.2-1。

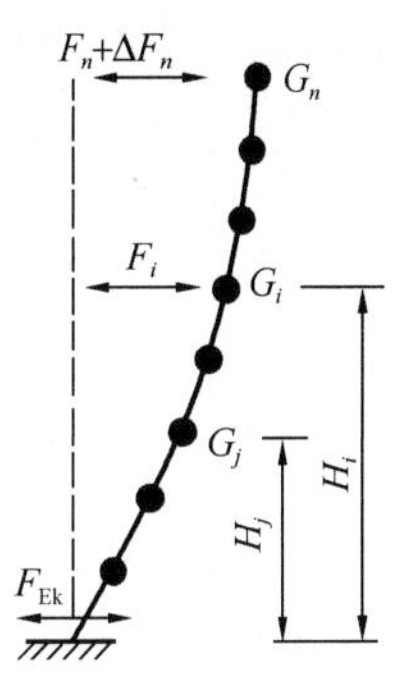

图8.2-1　参数示意

2) 地震剪力分配——砌体墙段的层间等效侧向刚度

对砌体房屋，可只选从属面积较大或竖向应力较小的墙段进行截面抗震承载力验算。条文说明指出，根据一般的设计经验，抗震验算时，只需对纵、横向的不利墙段进行截面验算。不利墙段为：①承担地震作用较大的；②竖向压应力较小的；③局部截面较小的墙段。

3）砌体墙段的层间等效侧向刚度计算

（1）高宽比及高宽比对墙段侧向刚度的影响

墙段高宽比计算如图 8.2-2 所示。

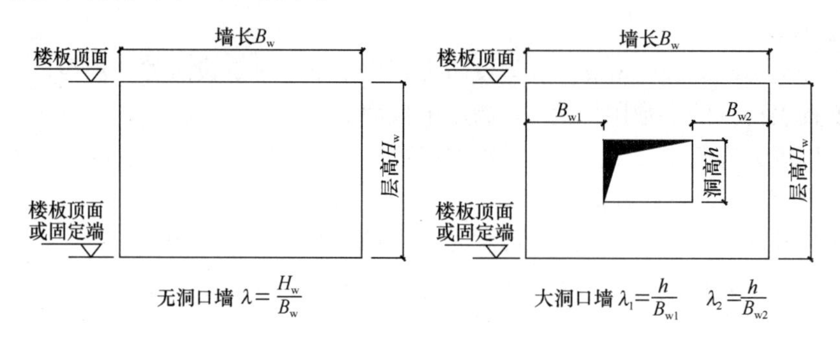


图 8.2-2 墙段高宽比计算

墙段侧向刚度计算见表 8.2-1。

**墙段侧向刚度 K 计算表** **表 8.2-1**

| 序号 | 情况 | 对墙段侧向刚度 $K$ 的影响 |
|---|---|---|
| 1 | $\lambda<1$ | 可只计算剪切变形，$K=\frac{GA_w}{\xi H_w}=\frac{EA}{3H}$ |
| 2 | $1\leqslant\lambda\leqslant4$ | 应同时计算弯曲和剪切变形，$K=1/\left(\frac{H_w^3}{12EI}+\frac{H_w\xi}{GA_w}\right)$ |
| 3 | $\lambda>4$ | 等效侧向刚度可取 0.0 |

注：$\lambda$ 为墙段的高宽比，指层高与墙长之比，对门窗洞边的小墙段指洞净高与洞侧墙宽之比；
$G$ 为砌体的剪变模量，取 $G=0.4E$；
$\xi$ 为剪应变不均匀系数，对矩形截面 $\xi=1.2$；
$H_w$ 为该墙段的层间高度；
$I$ 为该墙段的截面惯性矩；
$A_w$ 为该墙段的截面面积。

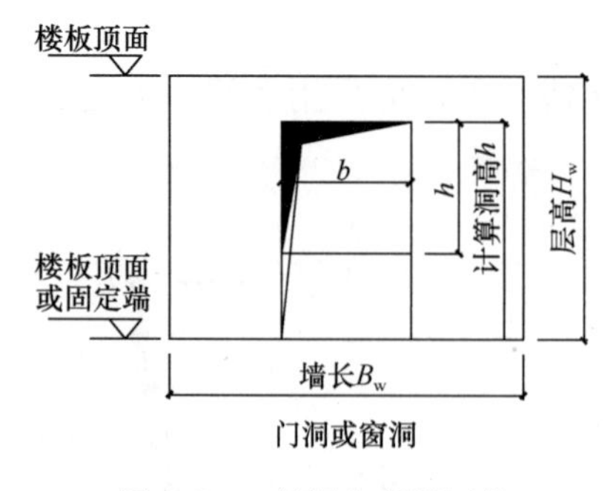


图 8.2-3 门洞和窗洞区分

（2）门洞和窗洞

如图 8.2-3 所示，门洞和窗洞的区分与是否称其为门洞无关，关键指标是洞口高度与层高的比值，当洞口高度大于层高 50%时，即为门洞，应按门洞对待。

（3）大开洞墙、小开洞墙

本条未规定小开洞墙段的开洞率范围，可结合表中的数值确定。当开洞率不大于 30%时，可判定为小开洞墙段。当门洞的洞顶高度大于层高的 80%时，不再属于小开洞墙，洞口两侧应分为不同的墙段。

（4）开洞率计算（图 8.2-4）

开洞率为洞口水平截面积与墙段水平毛截面面积之比，相邻洞口之间净宽小于

500mm 的墙段视为洞口。

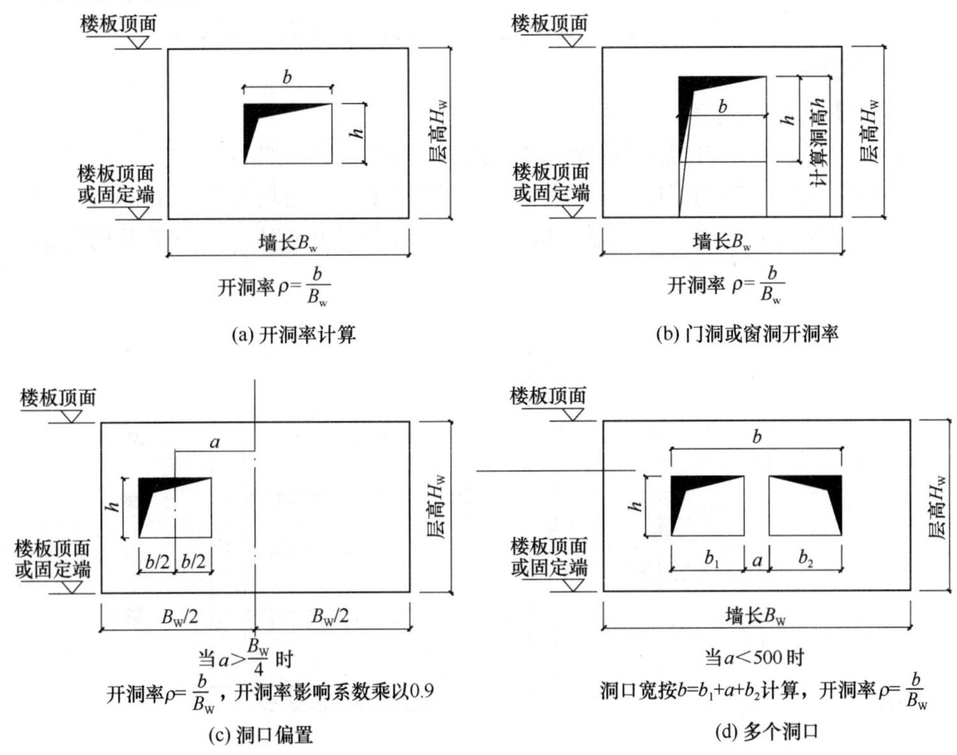


图 8.2-4　开洞率计算示意图

（5）墙段宜按门窗洞口划分

对设置构造柱的小开口墙段按毛墙面计算的刚度，可根据开洞率乘以墙段洞口影响系数 $\eta$。(窗洞高度大于 50%层高时按门洞对待)

① $\frac{h^{门洞顶高度}}{H_W^{层高}}>0.8$ 时：为大开口墙段，两侧分为不同墙段；

② $\frac{h^{门洞顶高度}}{H_W^{层高}}\leqslant 0.8$ 且未设置构造柱墙段：两侧分为不同墙段；

③ 窗洞、$\frac{h^{门洞顶高度}}{H_W^{层高}}\leqslant 0.8$ 并按规范设置构造柱墙段时：

a. 大开口墙段(开洞率 $\rho>0.3$)：洞口两侧分为不同墙段

b. 小开口墙段(开洞率 $\rho\leqslant 0.3$)：

(a) 按整墙毛截面：$K\times\eta_{洞口影响系数}$

(b)
- 相邻洞口间的净宽 < 500mm 的墙段：视为洞口
- 洞口中线偏离墙段中线 $a>B_W^{端长}/4$ 时：$\eta\times 0.9$
- 窗洞高 > 50% 层高时：按门洞

4）承载力抗震调整系数

详见《砌规》10.1.5 条和《抗规》5.4.2 条、5.4.3 条。

《砌规》10.1.5 条条文说明指出，表中配筋砌块砌体抗震墙的偏压、大偏拉和受剪承载力抗震调整系数与《抗规》中钢筋混凝土墙相同，为 0.85。对于灌孔率达不到 100%的配筋砌块砌体，如果承载力抗震调整系数采用 0.85，抗力偏大，因此建议取 1.0。对两端均设有构造柱、芯柱的砌块砌体抗震墙，受剪承载力抗震调整系数取 0.9。

**3. 历年真题解析**

**【例 8.2.1】** 2019 上午 32 题

某 8 度（0.20$g$）设防的底部框架-抗震墙砌体结构房屋，如图 2019-32 所示，共四层，底层柱、墙均采用现浇钢筋混凝土，二、三、四层砌体承重墙均为 240mm 厚多孔砖砌体，楼屋面为现浇钢筋混凝土楼（屋）盖。抗震设防类别为丙类，其结构布置及构造措施均满足规范要求。

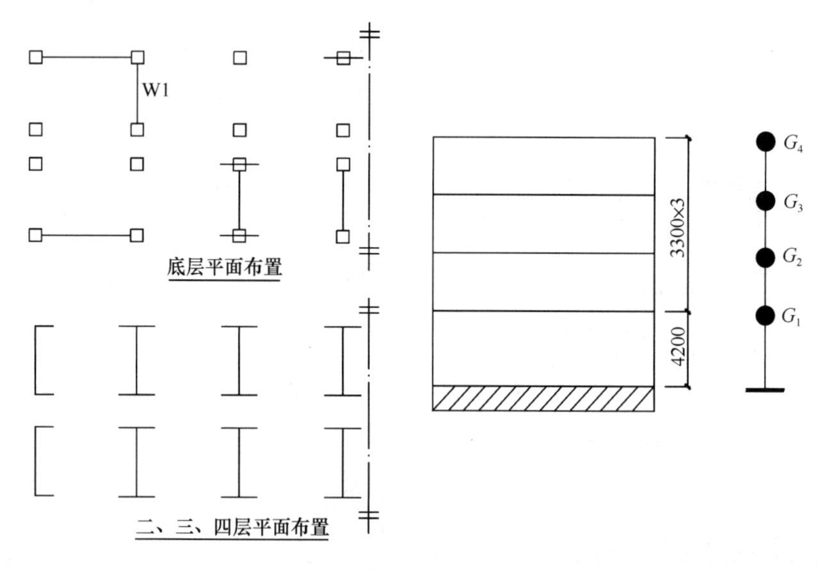


图 2019-32

假定重力荷载代表值：$G_1 = 5200\text{kN}, G_2 = G_3 = 6000\text{kN}, G_4 = 4500\text{kN}$，采用底部剪力法计算地震作用，底层地震剪力增大系数为 1.5。试问，底层地震剪力设计值 $V_1$（kN）与下列何项数值最为接近？

(A) 2950　　(B) 3840　　(C) 4430　　(D) 5760

**【答案】**(D)

根据《抗规》5.1.4 条、5.2.1 条，水平地震影响系数 $\alpha_1 = \alpha_{\max} = 0.16$，则

$$G_{eq} = 0.85 \times (5200 + 6000 \times 2 + 4500) = 18445\text{kN}$$

$$F_{Ek} = \alpha_1 G_{eq} = 0.16 \times 18445 = 2951\text{kN}$$

根据《抗规》5.4.1 条，$\gamma_{Eh} = 1.3$，故

$$V_1 = 1.3 \times 1.5 \times 2951 = 5754\text{kN}$$

**【例 8.2.2】** 2012 上午 37 题

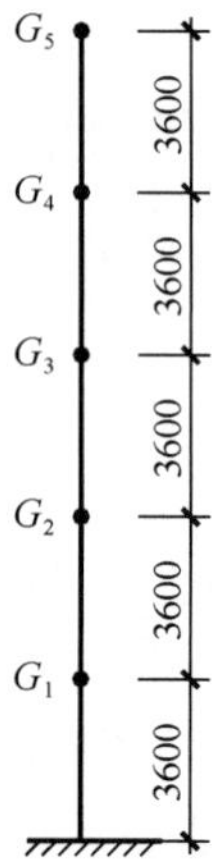

某五层砌体结构办公楼，抗震设防烈度 7 度，设计基本地震加速度值为 0.15$g$。各层层高及计算高度均为 3.6m（图 2012-37），采用现浇钢筋混凝土楼、屋盖。砌体施工质量控制等级为 B 级，结构安全等级为二级。

图 2012-37

已知各种荷载（标准值）：屋面恒荷载总重 1800kN，屋面活荷载总重

150kN，屋面雪荷载总重100kN；每层楼层恒荷载总重1600kN，按等效均布荷载计算的每层楼面活荷载600kN；2～5层每层墙体总重2100kN，女儿墙总重400kN。采用底部剪力法对结构进行水平地震作用计算。试问，总水平地震作用标准值$F_{Ek}$（kN），应与下列何项数值最为接近？

**提示：**楼层重力荷载代表值计算时，集中于质点$G_1$的墙体荷载按2100kN计算。

(A) 1680　　(B) 1970　　(C) 2150　　(D) 2300

**【答案】**(B)

根据《抗规》5.1.3条规定：

屋面质点处　$G_5=1800+0.5\times2100+0.5\times100+400=3300\text{kN}$

楼层质点处　$G_1=1600+2100+0.5\times600=4000\text{kN}$

$$G_2=G_3=G_4=4000\text{kN}$$

根据《抗规》5.2.1条及5.1.4条：

$$G=\Sigma G_i=4000\times4+3300=19300\text{kN}$$

$$G_{eq}=0.85G=0.85\times19300=16405\text{kN}$$

$$\alpha_1=\alpha_{max}=0.12$$

$$F_{Ek}=\alpha_1 G_{eq}=0.12\times16405=1968.6\text{kN}$$

**【例8.2.3】**2012上午38题

基本题干同例8.2.2。

采用底部剪力法对结构进行水平地震作用计算时，假设重力荷载代表值$G_1=G_2=G_3=G_4=5000\text{kN}$、$G_5=4000\text{kN}$。若总水平地震作用标准值为$F_{Ek}$，截面抗震验算仅计算水平地震作用。试问，第二层的水平地震剪力设计值$V_2$（kN）应与下列何项数值最为接近？

(A) $0.8F_{Ek}$　　(B) $0.9F_{Ek}$　　(C) $1.1F_{Ek}$　　(D) $1.2F_{Ek}$

**【答案】**(D)

根据《抗规》第5.2.1条：

$$\sum_{2}^{5}G_iH_i=5000\times(7.2+10.8+14.4)+4000\times18=234000\text{kN}\cdot\text{m}$$

$$\sum_{1}^{5}G_iH_i=5000\times(3.6+7.2+10.8+14.4)+4000\times18=252000\text{kN}\cdot\text{m}$$

则第二层的水平地震剪力标准值$V_{2k}$为：

$$V_{2k}=\frac{F_{Ek}\sum_{2}^{5}G_iH_i}{\sum_{1}^{5}G_iH_i}=\frac{234000F_{Ek}}{252000}=0.9286F_{Ek}(\text{kN})$$

根据《抗规》第5.4.1条，水平地震剪力设计值：

$$V_2=\gamma_{Eh}V_{2k}=1.3\times0.9286F_{Ek}=1.2F_{Ek}(\text{kN})$$

**【例8.2.4】**2012上午34题

某多层砌体结构房屋，各层层高均为3.6m，内外墙厚度均为240mm，轴线居中。室内外高差0.3m，基础埋置较深且有刚性地坪。采用现浇钢筋混凝土楼、屋盖，平面布置图和A轴剖面如图2012-34所示。各内墙上门洞均为1000mm×2600mm（宽×高），外墙上窗洞均为1800mm×1800mm（宽×高）。

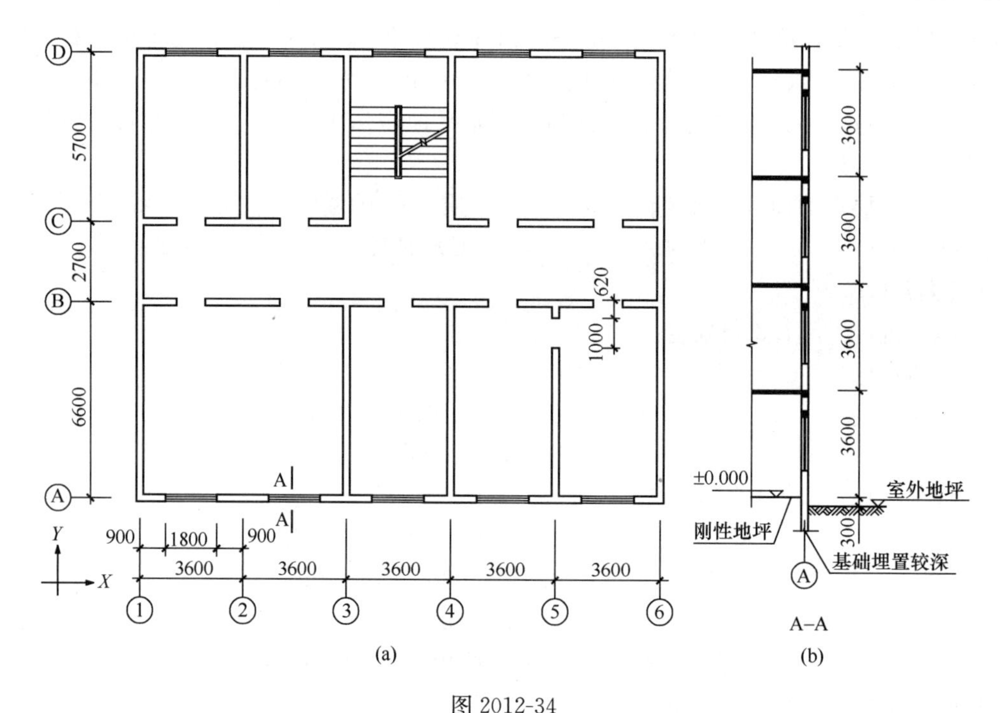


图 2012-34

（a）平面布置图；（b）局部剖面示意图

假定，该房屋第二层横向（$Y$ 向）的水平地震剪力标准值 $V_{2k}=2000\text{kN}$。试问，第二层⑤轴墙体所承担的地震剪力标准值 $V_k$（kN），应与下列何项数值最为接近？

（A）110　　（B）130　　（C）160　　（D）180

**【答案】**（C）

按《抗规》7.2.3 条 1 款的规定计算。

⑤ 轴线墙体等效侧向刚度：

图 8.2-5 中墙段 B：

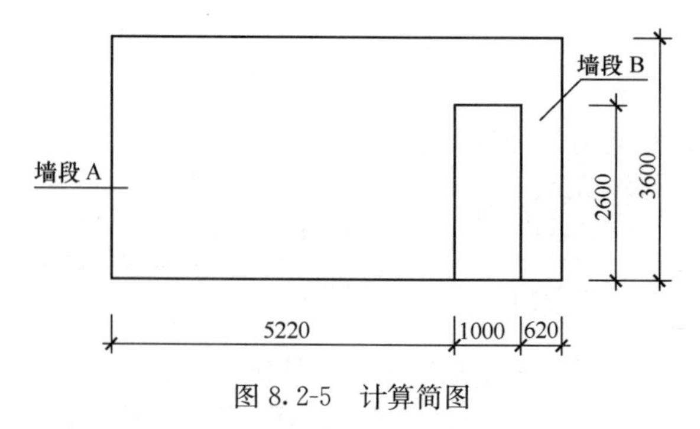


图 8.2-5　计算简图

$\dfrac{h_1}{b}=\dfrac{2.6}{0.62}=4.19>4$，根据《抗规》7.2.3 条，该段墙体等效侧向刚度可取 0。

图 8.2-5 中墙段 A：

$\dfrac{h}{b}=\dfrac{3.6}{5.22}=0.69<1.0$，可只计算剪切变形，其等效剪切刚度 $K=\dfrac{EA}{3h}$。

其他各轴线横墙长度均大于层高 $h$，即 $h/b$ 均小于<1.0，故均需只计算剪切变形。根

据等效剪切刚度计算公式，$K=\dfrac{EA}{3h}$。

各段墙体等效侧向刚度与墙体的长度成正比。根据《抗规》5.2.6 条 1 款的规定，⑤轴墙体地震力分配系数：

$$u=\frac{K_5}{\sum K_i}=\frac{A_5}{\sum A_i}=\frac{5220}{15240\times 2+5940\times 3+6840\times 2+5220}=0.078$$

⑤ 轴墙段分配的地震剪力标准值：$V_k=0.078\times 2000=156\text{kN}$。

**【编者注】**本题墙段 B 高宽比大于 4，其等效侧向刚度可取 0。而其他墙体高宽比均小于 1，只需计算剪切变形。

**【例 8.2.5】**2009 上午 38 题

一多层砖砌体办公楼，其底层平面如图 2009-38 所示。外墙厚 370mm，内墙厚 240mm，墙均居轴线中。底层层高 3.4m，室内外高差 300mm，基础埋置较深且有刚性地坪。墙体采用 MU10 烧结多孔砖、M10 混合砂浆砌筑（孔洞率不大于 30%）；楼、屋面层采用现浇钢筋混凝土板。砌体施工质量控制等级为 B 级。

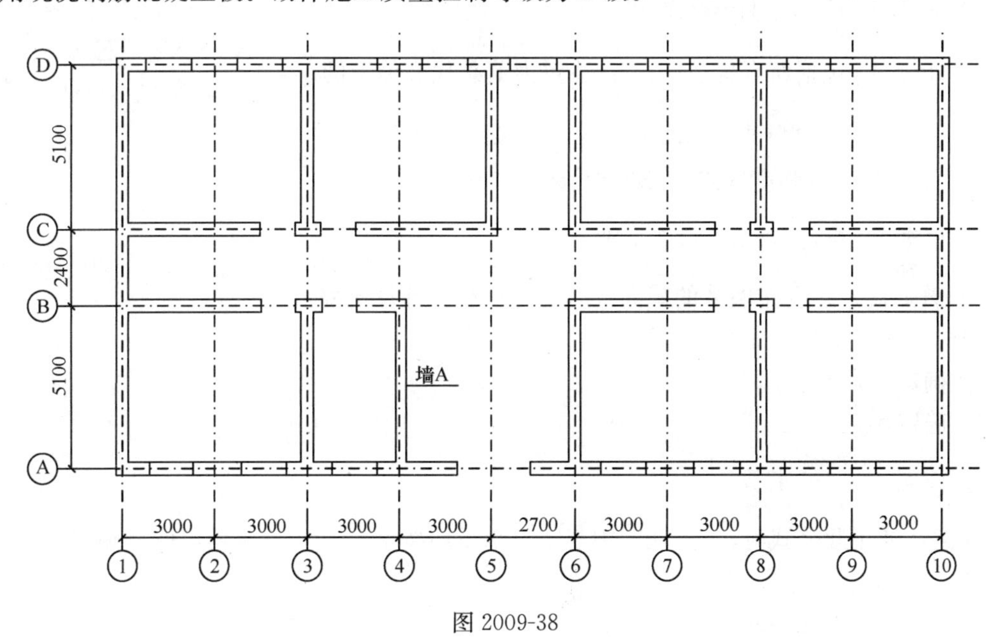


图 2009-38

假定底层横向水平地震剪力设计值 $V=3300\text{kN}$，试问，由墙 A 承担的水平地震剪力设计值（kN），与下列何项数值最为接近？

(A) 190　　(B) 210　　(C) 230　　(D) 260

**【答案】**(B)

根据《抗规》5.2.6 条，按照抗侧力构件等效侧向刚度的比例分配。

根据《抗规》7.2.3 条，由于横墙的高宽比小于 1，计算等效侧向刚度时可只计算剪切变形的影响。于是，可以按照墙体截面积分配剪力。

墙 A 承担的水平地震剪力设计值为：

$$\frac{240\times(5100+370/2+240/2)}{8\times 240\times(5100+370/2+240/2)+2\times 370\times(2\times 5100+2400+370)}\times 3300=214\text{kN}$$

# 8.3 无筋和配筋砌体构件抗震设计

## 8.3.1 抗震受剪承载力计算

**1. 主要的规范规定**

1）《砌规》10.2.1条、10.3.1条，《抗规》7.2.6条：砌体沿阶梯形截面破坏的抗震抗剪强度设计值 $f_{vE}$。

2）《砌规》10.2.2条、10.3.1条，《抗规》7.2.7条：截面抗震受剪承载力计算。

3）《砌规》10.2.3条：砖砌体墙的截面抗震受压承载力。

4）《砌规》10.3.2条、《抗规》7.2.8条：设置构造柱和芯柱的混凝土砌块墙体的截面抗震受剪承载力。

**2. 对规范规定的理解**

1）砖砌体构件 $f_{vE}$ 计算流程：

① 计算 $A$（包括所有构造柱），计算重力荷载代表值下的 $\sigma_0$：$\begin{cases}N=N_{Gk}+\sum\psi_E N_{Qk}\\ \sigma_0=N/A\end{cases}$。

② $\gamma_a\begin{cases}A_{全}-A_c^{所有构造柱}<0.2\text{m}^2\text{ 时}:\gamma_a=A_{全}-A_c^{所有构造柱}+0.8\\ \text{水泥砂浆强度等级}<\text{M5 时}:\gamma_a=0.8\text{。}\end{cases}$，$f_v\times\gamma_a$。

③ 根据 $\dfrac{\sigma_0}{f_v}$ 查表10.2.1得 $\zeta_N$，则 $f_{vE}=\zeta_N f_v$。

2）普通砖、多孔砖墙体的截面抗震受剪承载力计算流程：

（1）一般情况下（无水平配筋时）计算流程：

① 确定 $A$，计算 $f_{vE}$。

② 确定 $\gamma_{RE}$。

③ 按 $V\leqslant\dfrac{f_{vE}A}{\gamma_{RE}}$ 验算。

注意：使用此公式时，《抗规》中规定自承重墙按 $\gamma_{RE}=0.75$ 采用，而《砌规》中 $\gamma_{RE}=1.0$。

（2）采用水平配筋的墙体计算流程：

① 确定 $A$，计算 $f_{vE}$、$f_{yh}$。

② 确定 $A_{sh}$，并满足：$0.07\%\leqslant\rho=\dfrac{A_{sh}}{H_{墙高}h}\leqslant0.17\%\begin{cases}\rho<0.07\%\text{ 时，取 }\rho=0\\ \rho>0.17\%\text{ 时，取 }\rho=0.17\%\end{cases}$。

③ 求墙体高宽比 $\dfrac{H}{B}$，插值确定 $\zeta_s$。

④ 确定 $\gamma_{RE}$。

⑤ 按 $V=\dfrac{1}{\gamma_{RE}}(f_{vE}A+\zeta_s f_{yh}A_{sh})$ 验算。

注意：① 墙段的高宽比指层高与墙长之比，对门窗洞边的小墙段指洞净高与洞侧墙宽之比；

② 一般情况下，可将配筋率0.02%～0.07%的砌体确定为约束砌体，将配筋率

0.07%～0.17%的砌体确定为配筋砌体。

(3) 墙段中部基本均匀的设置构造柱（满足规范要求时），计入墙段中部构造柱对墙体受剪承载力的提高作用，计算流程如下：

① 计算 $f_{vE}$

② 计算中部所有构造柱面积

$$A_c = n_{中} A_{c1}: \begin{cases} 对横墙和内纵墙,若\ A_c > 0.15A,取\ A_c = 0.15A \\ 对外纵墙,若\ A_c > 0.25A,取\ A_c = 0.25A \end{cases}$$

③ 验算构造柱配筋

$$\rho_s = \frac{A_{sc}}{A_c} = \frac{n_{中} A_{sc1}}{n_{中} A_{c1}} \begin{cases} \geqslant 0.6\% \\ \leqslant 1.4\%,当 > 1.4\%\ 时,A_{sc} = 0.014 \times A_c \end{cases}$$

④ 水平纵筋 $A_{sh}$

$$\rho = \frac{A_{sh}}{H_{墙高} h} \begin{cases} \geqslant 0.07\%,当 < 0.07\%\ 时,A_{sh} = 0 \\ \leqslant 0.17\%,当 > 0.17\%\ 时,A_{sh} = 0.17\% \times H_{墙高} h \end{cases}$$

⑤ 确定 $\eta_c$、$\zeta_c$、$\zeta_s$

$$\eta_c \begin{cases} 构造柱间距\ l \leqslant 3m\ 时:\eta_c = 1.1 \\ 3m \leqslant l \leqslant 4m\ 时:\eta_c = 1.0 \end{cases}$$

$$\zeta_c \begin{cases} 居中设一根时:\zeta_c = 0.5 \\ 居中多于一根时:\zeta_c = 0.4 \end{cases}$$

$\zeta_s$ ：求墙体高宽比 $\frac{H}{B}$，插值确定 $\zeta_s$

⑥ 确定 $\gamma_{RE}$

$$\gamma_{RE} \begin{cases} 承重墙:\gamma_{RE} = 0.9 \\ 仅考虑竖向地震、自承重墙:\gamma_{RE} = 1.0 \end{cases}$$

⑦ 验算

$$V = 1.3V_{hk} \leqslant \frac{1}{\gamma_{RE}} [\eta_c f_{vE}(A - A_c) + \zeta_c f_t A_c + 0.08 f_{yc} A_{sc} + \zeta_s f_{yh} A_{sh}]$$

⑧ 验算构造柱构造要求

注意：① 公式主要特点有：

a. 墙段两端的构造柱对承载力的影响主要反映其约束作用，忽略其对墙段刚度的影响。

b. 引入中部构造柱参与工作及构造柱对墙体约束修正系数。

c. 构造柱的承载力分别考虑了混凝土和钢筋的抗剪作用，同时又限制过分加大混凝土。

② 对“墙段中部”的范围，建议按墙长中间的 1/3 区域考虑，作为抗剪需要的构造柱，宜配置在上述中部区域内。

③ 墙中部设置构造柱后，砌体由一般约束砌体变为砖砌体和钢筋混凝土构造柱组合墙。

3) 砌块砌体沿阶梯形截面破坏的抗震抗剪强度设计值 $f_{vE}$，计算流程如下：

① 确定 $f_v \times \gamma_a$，当为灌孔砌块砌体时（灌孔率大于 33%），计算 $f_{vg}$。

$$f_g = f + 0.6\alpha f_c \leqslant 2f$$

$$f \times \gamma_a,\quad \alpha = \delta\rho$$

$$f_{vg} = 0.2 f_g^{0.55}$$

② 计算重力荷载代表值下 $\sigma_0$。

$$N = N_{Gk} + \sum \psi_E N_{Qk}$$

$$\sigma_0 = N/A$$

③ 根据 $\sigma_0/f_v$，插值确定 $\zeta_N$。（灌孔砌块砌体采用 $f_{vg}$）

④ 求 $f_{vE} = \zeta_N f_v$。（灌孔砌块砌体采用 $f_{vg}$）

4）设置构造柱和芯柱的混凝土砌块墙体的截面抗震受剪承载力，计算流程如下：

① 求 $f_{vE} = \zeta_N f_v$。

② 确定计算面积：$A$ 、$A_{c1}$ 、$A_{c2}$ 、$A_{s1}$ 、$A_{s2}$ 。

《砌规》中芯柱、构造柱仅考虑了中部芯柱 $A_{c1}$ 、构造柱 $A_{c2}$ 的作用；

《抗规》中芯柱、构造柱考虑了全部的芯柱 $A_{c1}$ 、构造柱 $A_{c2}$ 的作用。

③ 确定 $f_{t1}$ 、$f_{t2}$ 、$f_{y1}$ 、$f_{y2}$ 。

④ 计算填孔率 $\rho$，根据填孔率 $\rho$ 确定 $\zeta_c$。

⑤ 确定承载力抗震调整系数 $\gamma_{RE}$。

⑥ 验算。

《砌规》：

$$V \leqslant \frac{1}{\gamma_{RE}}[f_{vE}A + (0.3f_{t1}A_{c1} + 0.3f_{t2}A_{c2} + 0.05f_{y1}A_{s1} + 0.05f_{y2}A_{s2})\zeta_c]$$

《抗规》：

$$V \leqslant \frac{1}{\gamma_{RE}}[f_{vE}A + (0.3f_tA_c + 0.05f_yA_s)\zeta_c]$$

**3. 历年真题解析**

**【例 8.3.1】** 2019 上午 38 题

某砌体结构房屋的窗间墙长 1600mm，厚 370mm，有一截面尺寸为 250mm×500mm 的钢筋混凝土梁支撑在墙上，梁端实际支撑长度为 250mm，如图 2019-38 所示，窗间墙采用 MU15 烧结普通砖，M10 混合砂浆砌筑，施工质量控制等级为 B 级。

假设，窗间墙在重力荷载代表值作用下的轴向力 $N = 604$ kN，试问，该窗间墙的抗震受剪承载力设计值 $f_{vE}A/\gamma_{RE}$（kN），与下列何项数值最为接近？

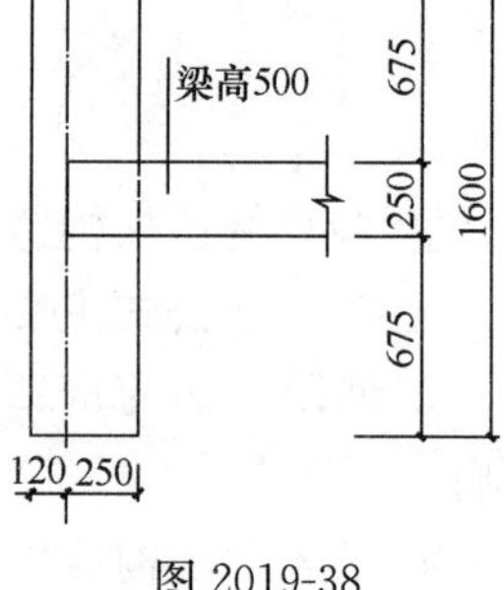

图 2019-38

(A) 140　　(B) 160　　(C) 180　　(D) 200

**【答案】**(B)

根据《砌规》表 3.2.2、3.2.3 条，$f_v = 0.17\text{N/mm}^2$。

根据《砌规》表 10.1.5，$\gamma_{RE} = 1.0$ 。

根据《砌规》10.2.1 条、10.2.2 条：

$$\sigma_0 = \frac{604 \times 10^3}{1600 \times 370} = 1.02\text{MPa}$$

$$\frac{\sigma_0}{f_v}=\frac{1.02}{0.17}=6\text{；}\xi_N=\frac{1.65+1.47}{2}=1.56$$

$$f_{vE}=\xi_N f_V=1.56\times0.17=0.265\text{N/mm}^2$$

$$\frac{f_{vE}A}{\gamma_{RE}}=0.265\times1600\times370\times10^{-3}=156.88\text{kN}$$

**【例 8.3.2】** 2017 上午 38 题

两端设构造柱的蒸压灰砂普通砖砌体墙，采用强度等级 MU20 砖和 Ms10 专用砂浆砌筑，墙体为 3.6m×3.3m×240mm（长×高×厚），墙体对应于重力荷载代表值的平均压应力 $\sigma_0$=0.84MPa，墙体灰缝内配置有双向间距为 50mm×50mm 钢筋网片，钢筋直径 4mm，钢筋抗拉强度设计值 270N/mm²，钢筋网片竖向间距为 300mm，竖向截面总水平钢筋面积为 691mm²。试问，该墙体的截面抗震受剪承载力（kN），与下列何项数值最为接近？

（A）160　　（B）180　　（C）200　　（D）220

**【答案】**（D）

根据《砌规》表 3.2.2 中注 2，砌体的抗剪强度设计值 $f_v=0.17$MPa。

墙体水平钢筋配筋率 $\rho=\frac{691}{3300\times240}=0.087\%>0.07\%$ 且 $<0.17\%$。

根据《抗规》表 5.4.2，砌体受剪承载力抗震调节系数 $\gamma_{RE}=0.9$。

根据《抗规》7.2.6 条，$\sigma_0/f_v=0.84/0.17=4.94$，查表 7.2.6，砌体强度的正应力影响系数：

$$\zeta_N=\frac{1.47-1.25}{2}\times(4.94-3)+1.25=1.46$$

则砌体沿阶梯形截面破坏的抗震抗剪强度设计值：

$$f_{vE}=\zeta_N f_v=1.46\times0.17=0.248\text{N/mm}^2$$

墙体高宽比为 3.3/3.6=0.92，根据《抗规》表 7.2.7，则钢筋参与工作系数 $\zeta_s$=0.146。根据《抗规》式（7.2.7-2），则墙体的抗震受剪承载力：

$$V=\frac{1}{\gamma_{RE}}(f_{vE}A+\zeta_s f_{yh}A_{sh})$$

$$=\frac{1}{0.9}(0.248\times3600\times240+0.146\times270\times691)=268.5\text{kN}$$

**【例 8.3.3】** 2016 上午 36 题

某建筑局部结构布置如图 2016-36 所示，按刚性方案计算，二层层高 3.6m，墙体厚度均为 240mm，采用 MU10 烧结普通砖，M10 混合砂浆砌筑，已知墙 A 承受重力荷载代表值 518kN，由梁端偏心荷载引起的偏心距 $e$ 为 35mm，施工质量控制等级为 B 级。

试问，墙 A 沿阶梯形截面破坏的抗震抗剪强度设计值 $f_{vE}$（N/mm²），与下列何项数值最为接近？

（A）0.26　　（B）0.27　　（C）0.28　　（D）0.30

**【答案】**（D）

根据《砌规》3.2.2 条，$f_v$=0.17MPa。

根据《砌规》10.2.1 条或《抗规》7.2.6 条：

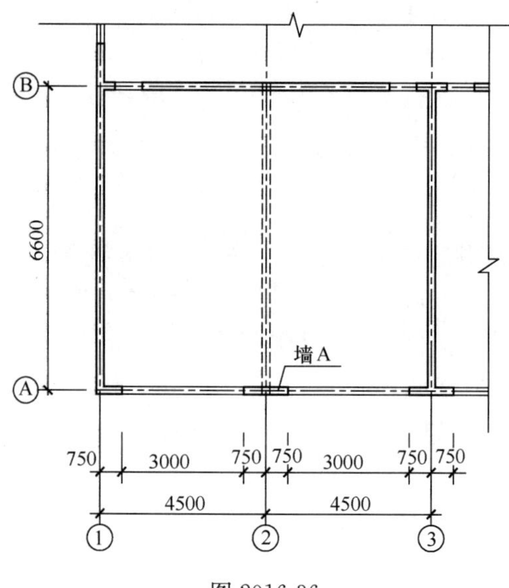


图 2016-36

$$\sigma_0=\frac{518000}{240\times1500}=1.44$$

$$\frac{\sigma_0}{f_v}=\frac{1.44}{0.17}=8.47$$

$$\xi_N=1.65+\frac{1.9-1.65}{3}\times(8.47-7)=1.773$$

$$f_{vE}=\xi_N f_v=0.17\times1.773=0.30\text{MPa}$$

**【例 8.3.4】** 2011 上午 34 题

某多层刚性方案砖砌体教学楼，其局部平面如图 2011-34 所示。墙体厚度均为 240mm，轴线均居墙中。室内外高差 0.3m，基础埋置较深且有刚性地坪。墙体采用

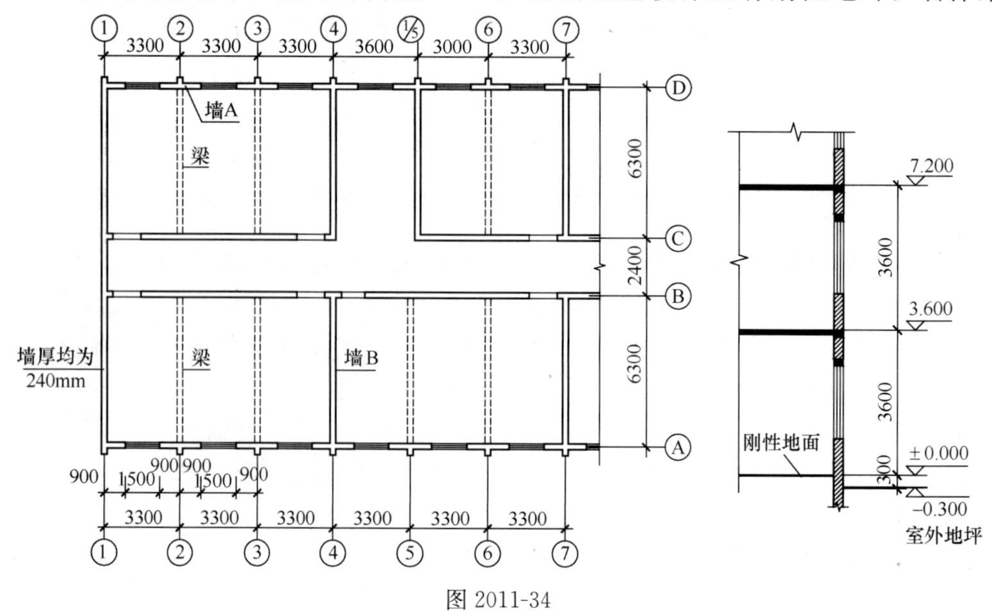


图 2011-34

MU15 蒸压粉煤灰普通砖、M10 混合砂浆砌筑，底层、二层层高均为 3.6m；楼、屋面板采用现浇钢筋混凝土板。砌体施工质量控制等级为 B 级，结构安全等级为二级。钢筋混凝土梁的截面尺寸为 250mm×550mm。

假定，墙 B 在重力荷载代表值作用下底层墙底的荷载为 172.8kN/m，两端设有构造柱。试问，该墙段截面每延米墙长抗震受剪承载力（kN）与下列何项数值最为接近？

（A）45　　（B）50　　（C）60　　（D）70

**【答案】**（B）

根据《砌规》表 3.2.2，$f_v=0.12\text{MPa}$。

$$\sigma_0=\frac{172.8}{240}=0.72\text{MPa}$$

根据《抗规》7.2.6 条，$\frac{\sigma_0}{f_v}=\frac{0.72}{0.12}=6$，则 $\xi_N=1.56$。

$$f_{vE}=\xi_N f_v=1.56\times 0.12=0.1872\text{MPa}$$

根据《抗规》表 5.4.2，$\gamma_{RE}=0.9$。

根据《抗规》7.2.7 条：

$$V\leqslant\frac{f_{vE}A}{\gamma_{RE}}=\frac{0.1872\times 240\times 1000\times 10^{-3}}{0.9}=49.9\text{kN}$$

**【例 8.3.5】** 2011 上午 35 题

基本题干同例 8.3.4。假定，墙 B 在两端（Ⓐ、Ⓑ轴处）及正中均设 240mm×240mm 构造柱，构造柱混凝土强度等级为 C20，每根构造柱均配 4 根 HPB300、直径 14mm 的纵向钢筋。试问，该墙段考虑地震作用组合的最大受剪承载力设计值（kN），应与下列何项数值最为接近？

**提示：** $f_y=270\text{N/mm}^2$，按 $f_{vE}=0.22\text{N/mm}^2$ 进行计算，不考虑Ⓐ轴处外伸 250mm 墙段的影响，按《砌体结构设计规范》GB 50003—2011 作答。

（A）400　　（B）420　　（C）440　　（D）480

**【答案】**（B）

根据《砌规》式（10.2.2）进行计算。

根据《混规》，$f_t=1.1\text{N/mm}^2$。

$$A=240\times 6540=1569600\text{mm}^2$$

$$A_c=240\times 240=57600\text{mm}^2$$

$$A_c/A=57600/1569600=0.0367<0.15$$

$\zeta=0.5$，查《砌规》表 10.1.5，$\gamma_{RE}=0.9$。

构造柱间距大于 3m，取 $\eta_c=1.0$。

$$\frac{1}{\gamma_{RE}}[\eta_c f_{vE}(A-A_c)+\zeta_c f_t A_c+0.08f_{yc}A_{sc}+\zeta_s f_{yh}A_{sh}]$$

$$=\frac{1}{0.9}\times[1.0\times 0.22\times(1569600-57600)+0.5\times 1.1\times 57600+0.08\times 270\times 615]$$

$$=419.56\text{kN}$$

**【编者注】**（1）组合砖墙的承载力抗震调整系数 $\gamma_{RE}=0.9$。

（2）因为构造柱间距为 3.15m，大于 3.0m，墙体约束修正系数应取 1.0。

**【例 8.3.6～8.3.9】** 2010 上午 33～36 题、2020 年上午 36～38 题

某抗震设防烈度为 7 度的多层砌体结构住宅，底层某道承重横墙的尺寸和构造柱的布置如图 2010-33～36 所示，墙体采用 MU10 烧结普通砖、M7.5 混合砂浆砌筑，构造柱 GZ 截面为 240mm×240mm，采用 C20 级混凝土，纵向钢筋为 4 根直径 12mm 的 HRB335 级钢筋，箍筋为Φ 6@200，砌体施工质量控制等级为 B 级。在该墙墙顶作用的竖向恒荷载标准值为 200kN/m，活荷载标准值为 70kN/m。

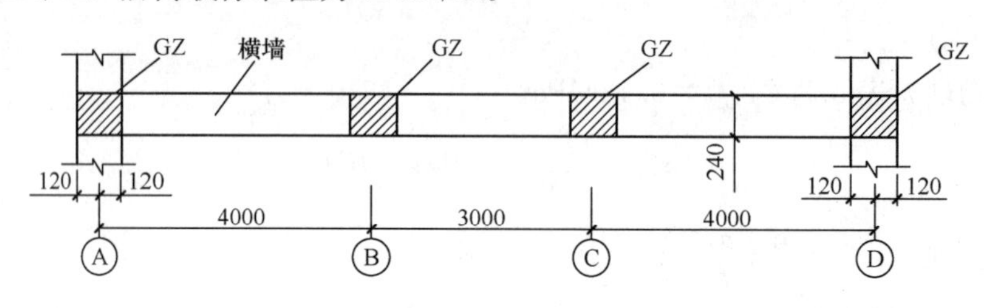


图 2010-33～36

**提示：** ① 按《建筑抗震设计规范》GB 50011—2010 计算；

② 计算中不另考虑本层墙体自重。

**【例 8.3.6】** 2010 上午 33 题、2020 年上午 36 题

该墙体沿阶梯形截面破坏时的抗震抗剪强度设计值 $f_{vE}$（MPa），与下列何项数值最为接近？

(A) 0.12　　(B) 0.16　　(C) 0.20　　(D) 0.23

**【答案】** (D)

根据《砌规》表 3.2.2，砌体抗剪强度 $f_v = 0.14\text{MPa}$。

根据《抗规》7.2.6 条计算 $f_{vE}$：

$$\frac{\sigma_0}{f_v} = \frac{(200+0.5\times70)\times10^3/(240\times1000)}{0.14} = 7$$

查表 7.2.6，$\zeta_N = 1.65$。

$$f_{vE} = \zeta_N f_v = 1.65\times0.14 = 0.231\text{N/mm}^2$$

**【例 8.3.7】** 2010 上午 34 题

假设砌体抗震抗剪强度的正应力影响系数 $\zeta_N = 1.5$，当不考虑墙体中部构造柱对受剪承载力的提高作用时，试问，该墙体的截面抗震受剪承载力设计值（kN），与下列何项数值最为接近？

(A) 630　　(B) 540　　(C) 450　　(D) 360

**【答案】** (A)

根据《抗规》7.2.7 条 1 款计算：

$$f_{vE}A/\gamma_{RE} = 1.5\times0.14\times11240\times240/0.9 = 629.4\times10^3\text{N}$$

**【例 8.3.8】** 2010 上午 35 题、2020 年上午 37 题

假设砌体抗震抗剪强度的正应力影响系数 $\zeta_N = 1.5$，考虑构造柱对受剪承载力的提高作用，该墙体的截面抗震受剪承载力设计值（kN），与下列何项数值最为接近？

(A) 500　　(B) 590　　(C) 680　　(D) 770

**【答案】** (C)

根据《抗规》7.2.7 条 3 款计算：

$A_c = 240 \times 240 \times 2 = 115200\ \text{mm}^2 < 0.15A = 0.15 \times 11240 \times 240 = 404640\text{mm}^2$

应取 $A_c = 115200\ \text{mm}^2$。

中部构造柱配筋为 4Φ12，配筋率为 $\dfrac{452}{240 \times 240} = 0.78\% < 1.4\%$，故

$$A_{sc} = 2 \times 452 = 904\ \text{mm}^2$$

$\dfrac{1}{\gamma_{RE}}[\eta_c f_{vE}(A - A_c) + \zeta_c f_t A_c + 0.08 f_{yc} A_{sc} + \zeta_s f_{yh} A_{sh}]$

$= \dfrac{1}{0.9}[1.0 \times 1.5 \times 0.14 \times (11240 \times 240 - 115200) + 0.4 \times 1.1 \times$

$115200 + 0.08 \times 300 \times 904]$

$= 683.0 \times 10^3\text{N}$

**【例 8.3.9】** 2010 上午 36 题、2020 年上午 38 题

假设图 2010-33～36 所示墙体中不设置构造柱，砌体抗震抗剪强度的正应力影响系数 $\zeta_N = 1.5$，该墙体的截面抗震受剪承载力设计值（kN），与下列何项数值最为接近？

(A) 630　　(B) 570　　(C) 420　　(D) 360

**【答案】**(B)

按《抗规》7.2.7 条 1 款计算，根据表 5.4.2 应取 $\gamma_{RE} = 1.0$，则

$$f_{vE}A/\gamma_{RE} = 1.5 \times 0.14 \times 11240 \times 240/1.0 = 566.5 \times 10^3\text{N}$$

**【例 8.3.10】** 2009 上午 39 题

一多层砖砌体办公楼，其底层平面如图 2009-39 所示。外墙厚 370mm，内墙厚 240mm，墙均居轴线中。底层层高 3.4m，室内外高差 300mm，基础埋置较深且有刚性地坪。墙体采用 MU10 烧结多孔砖、M10 混合砂浆砌筑（孔洞率不大于 30%）；楼、屋面层采用现浇钢筋混凝土板。砌体施工质量控制等级为 B 级。

假定墙 A 在重力荷载代表值作用下的截面平均压应力 $\sigma_0 = 0.51\text{MPa}$，墙体灰缝内水平配筋总面积 $A_s = 1008\text{mm}^2$（$f_y = 270\text{MPa}$）。试问，墙 A 的截面抗震受剪承载力设计值（kN），与下列何项数值最为接近？

**提示：**承载力抗震调整系数 $\gamma_{RE} = 1.0$。

(A) 280　　(B) 290　　(C) 310　　(D) 340

**【答案】**(C)

根据《抗规》7.2.7 条，墙 A 的截面抗震受剪承载力设计值按照下式计算：

$$\frac{1}{\gamma_{RE}}(f_{vE}A + \zeta_s f_{yh} A_{sh})$$

墙体高宽比为 $\dfrac{4200}{5100 + 370/2 + 240/2} = 0.8$，查表 7.2.7 得到 $\zeta_s = 0.14$。

$\sigma_0/f_v = 0.51/0.17 = 3$，查表 7.2.6 得到 $\zeta_N = 1.25$。

$$f_{vE} = \zeta_N f_v = 1.25 \times 0.17 = 0.21\text{MPa}$$

墙体竖向截面的配筋率为 $1008/(4200 \times 240) = 0.1\%$，满足不小于 0.07% 且不大于 0.17%。

$\dfrac{1}{\gamma_{RE}}(f_{vE}A + \zeta_s f_{yh} A_{sh})$

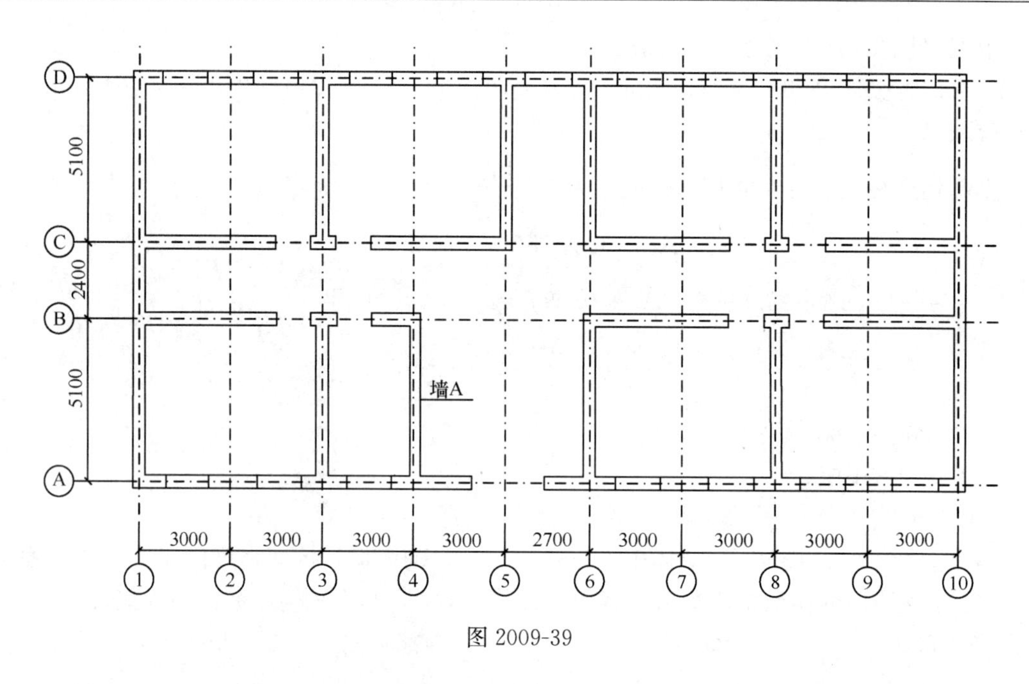


图 2009-39

$=0.21\times240\times(5100+370/2+240/2)+0.14\times270\times1008=318.5\times10^{3}$

**【例 8.3.11】** 2014 上午 36 题

一多层房屋配筋砌块砌体墙，平面如图 2014-36 所示，结构安全等级二级。砌体采用 MU10 级单排孔混凝土小型空心砌块、Mb7.5 级砂浆对孔砌筑，砌块的孔洞率为 40%，采用 Cb20（$f_t=1.1$MPa）混凝土灌孔，灌孔率为 43.75%，内有插筋共 5 Φ 12（$f_y=270$MPa）。构造措施满足规范要求，砌体施工质量控制等级为 B 级。承载力验算时不考虑墙体自重。

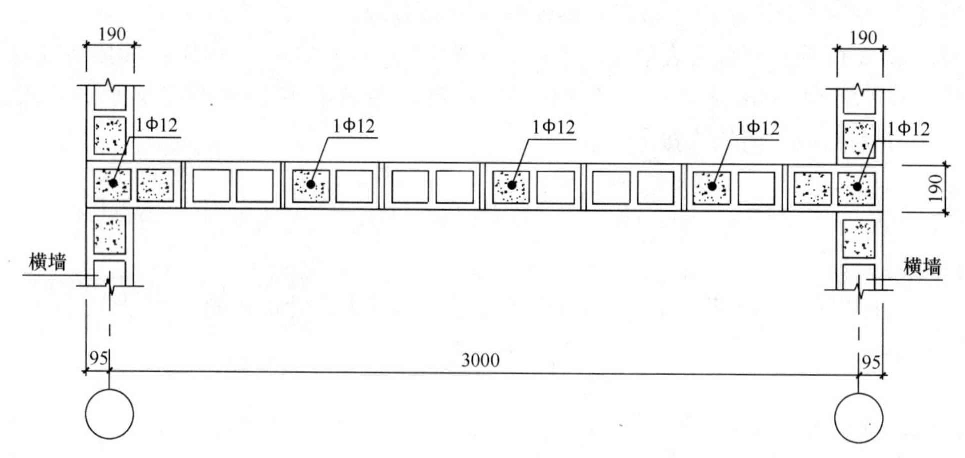


图 2014-36

假定，小砌块墙在重力荷载代表值作用下的截面平均压应力 $\sigma_0=2.0$MPa，砌体的抗剪强度设计值 $f_{vg}=0.40$MPa。试问，该墙体的截面抗震受剪承载力（kN）与下列何项数值最为接近？

**提示：** ① 芯柱截面总面积 $A_c=100800\text{mm}^2$；

② 按《建筑抗震设计规范》GB 50011—2010 作答。

(A) 470　　　　(B) 530　　　　(C) 590　　　　(D) 630

**【答案】**(D)

根据《抗规》7.2.6 条，$\frac{\sigma_0}{f_{vg}}=\frac{2.0}{0.40}=5$，则 $\xi_N=2.15$。

砌体沿阶梯形截面破坏的抗震抗剪强度设计值 $f_{vE}=\xi_N f_{vg}=2.15\times0.40=0.86\text{MPa}$。

根据《抗规》7.2.8 条，小砌块墙体的截面抗震受剪承载力按下式计算：

$$\frac{1}{\gamma_{RE}}[f_{vE}A+(0.3f_tA_c+0.05f_yA_s)\zeta_c]$$

其中：填孔率 $\rho=7/16=0.4375<0.5$ 且 $>0.25$，芯柱参与工作系数 $\xi_c=1.10$；墙体截面面积 $A=190\times3190=606100\text{mm}^2$；根据《抗规》5.4.2 条，$\gamma_{RE}=0.9$。则

$$\frac{1}{0.9}\times[0.86\times606100+(0.3\times1.1\times100800+0.05\times270\times565)\times1.1]=629.14\text{kN}$$

### 8.3.2　砖砌体房屋构造柱设置要求、多层砌块房屋芯柱设置要求

**1. 主要的规范规定**

1)《砌规》10.2.4 条、《抗规》7.3.1 条：砖砌体房屋构造柱设置要求。

2)《砌规》10.2.5 条～10.2.7 条、《抗规》7.3.2 条～7.3.14 条：砖砌体房屋构造要求。

3)《砌规》10.3.4 条、《抗规》7.4.1 条：多层砌块房屋芯柱设置要求。

4)《砌规》10.3.4 条～10.3.9 条、《抗规》7.4.1 条～7.4.7 条：多层砌块房屋抗震构造措施。

**2. 对规范规定的理解**

1）砖砌体房屋设置构造柱时所需的计算楼层数（表 8.3-1）

**设置构造柱的各类房屋查表所需的计算楼层数　　表 8.3-1**

<table>
<tr><th>序号</th><th colspan="2">房屋类型及烈度</th><th>房屋实际层数</th><th>设置构造柱时查表的房屋层数</th></tr>
<tr><td>1</td><td colspan="2">一般情况</td><td>$n$</td><td>$n$</td></tr>
<tr><td>2</td><td colspan="2">外廊式和单面走廊式</td><td rowspan="2">$n$</td><td rowspan="2">$n+1$</td></tr>
<tr><td>3</td><td colspan="2">横墙较少的房屋</td></tr>
<tr><td rowspan="4">4</td><td rowspan="4">横墙较少的外廊式或单面走廊式房屋</td><td>6 度不超过 4 层</td><td rowspan="2">$n$</td><td rowspan="2">$n+2$</td></tr>
<tr><td>7 度不超过 3 层</td></tr>
<tr><td>8 度不超过 2 层</td><td rowspan="2">$n$</td><td rowspan="2">$n+1$（宜 $n+2$）</td></tr>
<tr><td>其他情况</td></tr>
<tr><td>5</td><td colspan="2">各层横墙很少的房屋</td><td>$n$</td><td>$n+2$</td></tr>
<tr><td rowspan="4">6</td><td rowspan="4">采用蒸压灰砂砖和蒸压粉煤灰砖的砌体房屋，当砌体的抗剪强度仅达到普通黏土砖砌体的 70%时</td><td>6 度不超过 4 层</td><td rowspan="3">$n$</td><td rowspan="3">$n+2$</td></tr>
<tr><td>7 度不超过 3 层</td></tr>
<tr><td>8 度不超过 2 层</td></tr>
<tr><td>其他情况</td><td>$n$</td><td>按（$n+1$）层再按 1～5 项确定</td></tr>
</table>

2）芯柱设置位置规定（表 8.3-2）

详见《砌规》10.3.4 条、《抗规》7.4.1 条。

**设置芯柱的各类房屋查表所需的计算楼层数　　表 8.3-2**

<table>
<tr><th>序号</th><th colspan="2">房屋类型及烈度</th><th>房屋实际层数</th><th>设置芯柱时查表的房屋层数</th></tr>
<tr><td>1</td><td colspan="2">一般情况</td><td>$n$</td><td>$n$</td></tr>
<tr><td>2</td><td colspan="2">外廊式和单面走廊式</td><td rowspan="2">$n$</td><td rowspan="2">$n+1$</td></tr>
<tr><td>3</td><td colspan="2">横墙较少的房屋</td></tr>
<tr><td rowspan="4">4</td><td rowspan="4">横墙较少的外廊式或单面走廊式房屋</td><td>6 度不超过 4 层</td><td rowspan="3">$n$</td><td rowspan="3">$n+2$</td></tr>
<tr><td>7 度不超过 3 层</td></tr>
<tr><td>8 度不超过 2 层</td></tr>
<tr><td>其他情况</td><td>$n$</td><td>$n+1$（宜 $n+2$）</td></tr>
<tr><td>5</td><td colspan="2">各层横墙很少的房屋</td><td>$n$</td><td>$n+2$</td></tr>
</table>

3）几点理解：

(1)“大房间”：一般情况下，当房屋开间（横墙间距）大于 4．2m 时，可确定为“大房间”。

(2)“较小墙垛”：墙垛尺寸不满足《砌规》表 7.1.6 中尺寸限值时，可确定为“较小墙垛”。

(3)“较大洞口”：内外墙“较大洞口”可按如下原则把握：

① 内墙，当洞宽度或高度中某一尺寸不小于 2.1m 时，可确定为“较大洞口”。

② 外墙，当洞宽度或高度中某一尺寸不小于 2.1m 时，可确定为“较大洞口”。当外墙在内外墙交接处已设置构造柱时，洞宽度或高度中某一尺寸不小于 2．4m 时，可确定为“较大洞口”。

**3. 历年真题解析**

**【例 8.3.12～8.3.13】** 2021 上午 38～39 题

某 7 层砖砌体结构房屋，抗震设防烈度为 7 度（0.10$g$），抗震设防类别为丙类，层高均为 2.8m，室内±0.000 高于室外地面 0.6m，墙厚 240mm，现浇钢筋混凝土楼、屋盖，平面布置如图 2021-38～39 所示。

**【例 8.3.12】** 2021 上午 38 题

第一层墙体内，满足《建筑抗震设计规范》GB 50011—2010（2016 年版）要求的构造柱设置最少数量与下列何项最为接近？

（A）32　　（B）30　　（C）22　　（D）20

**【答案】**（A）

根据《抗规》7.1.2 条，房屋层数接近规范限值。

根据《抗规》7.3.1 条，按照 7 度，≥6 层的要求设置构造柱共 22 根。

根据《抗规》7.3.2 条 5 款，横墙内的构造柱间距不宜大于层高的两倍，下部 1/3 楼层的构造柱间距适当减小，另设置构造柱共 10 根。

共 32 根。

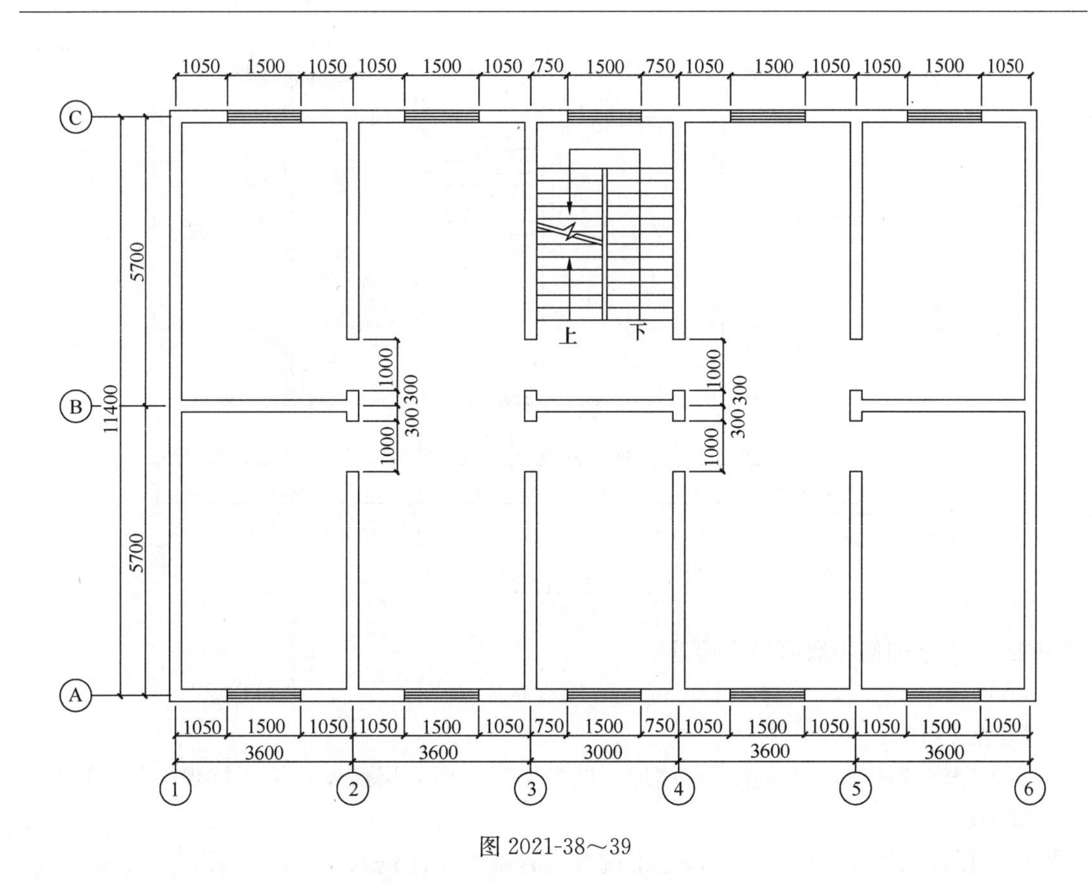


图 2021-38～39

**【例 8.3.13】** 2021 上午 39 题

第一层墙体内，满足《建筑抗震设计规范》GB 50011—2010（2016 年版）要求的构造柱最小截面及最小配筋，在仅限于表 2021-39 中的四种构造柱形式，应选何项？

**构造柱形式**　　**表 2021-39**

| 构造柱编号 | GZ1 | GZ2 | GZ3 | GZ4 |
|---|---|---|---|---|
| 截面 $b\times h$(mm×mm) | 240×180 | 240×180 | 240×240 | 240×240 |
| 纵向钢筋直径 | 4ϕ12 | 4ϕ12 | 4ϕ14 | 4ϕ14 |
| 箍筋直径及间距 | ϕ6@300 | ϕ6@250 | ϕ6@250 | ϕ6@200 |

(A) GZ1　　(B) GZ2　　(C) GZ3　　(D) GZ4

**【答案】**(D)

根据《抗规》7.3.2 条，7 度超过 6 层时，构造柱纵向钢筋宜采用 4ϕ14，箍筋间距不应大于 200。

**【例 8.3.14】** 2017 上午 34 题

某多层无筋砌体结构房屋，结构平面布置如图 2017-34 所示，首层层高 3.6m，其他各层层高均为 3.3m，内外墙均对轴线居中，窗洞口高度均为 1800mm，窗台高度均为 900mm。

假定，该建筑总层数 3 层，抗震设防类别为丙类，抗震设防烈度 7 度（0.10$g$），采用 240mm 厚普通砖砌筑。试问，该建筑按照抗震构造措施要求，最少需要设置的构造柱数

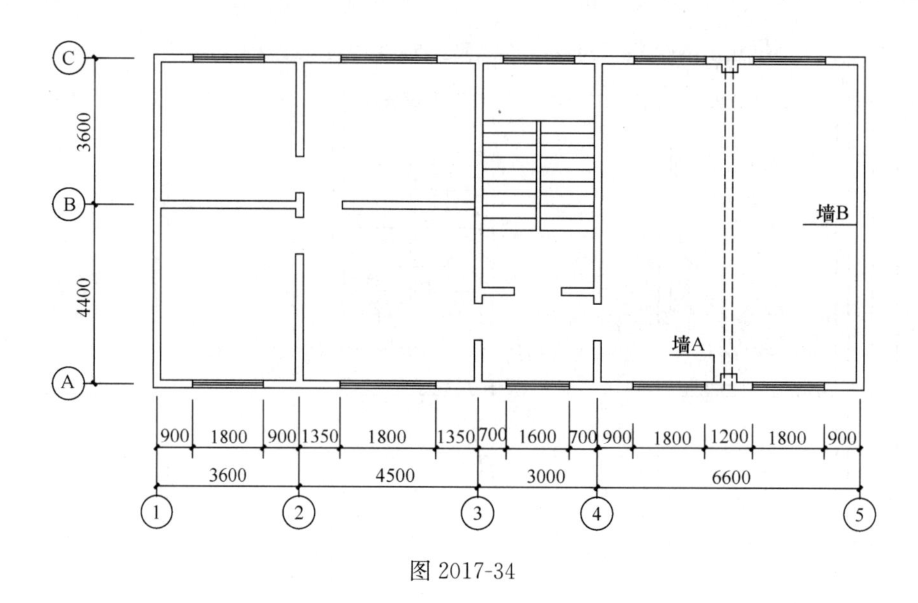


图 2017-34

量（根），与下列何项数值最为接近?

(A) 14　　(B) 18　　(C) 20　　(D) 22

**【答案】**(B)

本工程横墙较少，应根据房屋增加一层的层数，即四层房屋，按《抗规》7.3.1 条要求设置构造柱。

(1) 楼梯间四角，楼梯斜梯段上下端对应的墙体处，8 根；

(2) 外墙四角，4 根；

(3) 楼梯间对应的另一侧内横墙与外纵墙交接处，2 根；

(4) 大房间内外墙交接处，2 根。

综上，最少应设 16 根构造柱（图 8.3-1）。

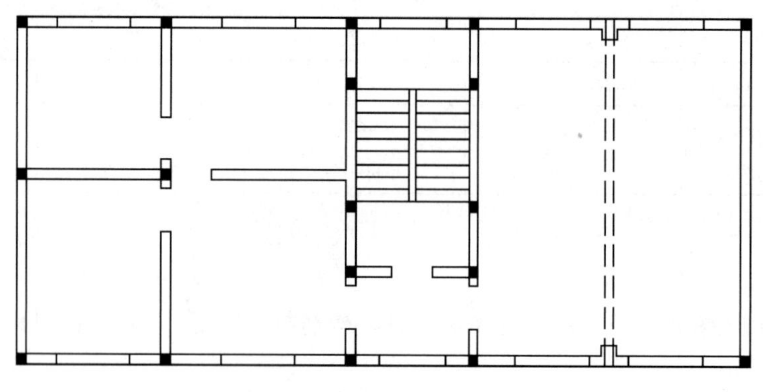

图 8.3-1　构造柱设置示意

**【编者注】**本题按规范规定最少需要设置的构造柱为 16 根，正确答案设计成 18 根，这样答案能包容 16 根和 18 根。

**【例 8.3.15】**2013 上午 34 题

某多层砖砌体房屋，底层结构平面布置如图 2013-34 所示，外墙厚 370mm，内墙厚

240mm，轴线均居墙中。窗洞口均为1500mm×1500mm（宽×高），门洞口除注明外均为1000mm×2400mm（宽×高）。室内外高差0.5m，室外地面距基础顶0.7m。楼、屋面板采用现浇钢筋混凝土板，砌体施工质量控制等级为B级。

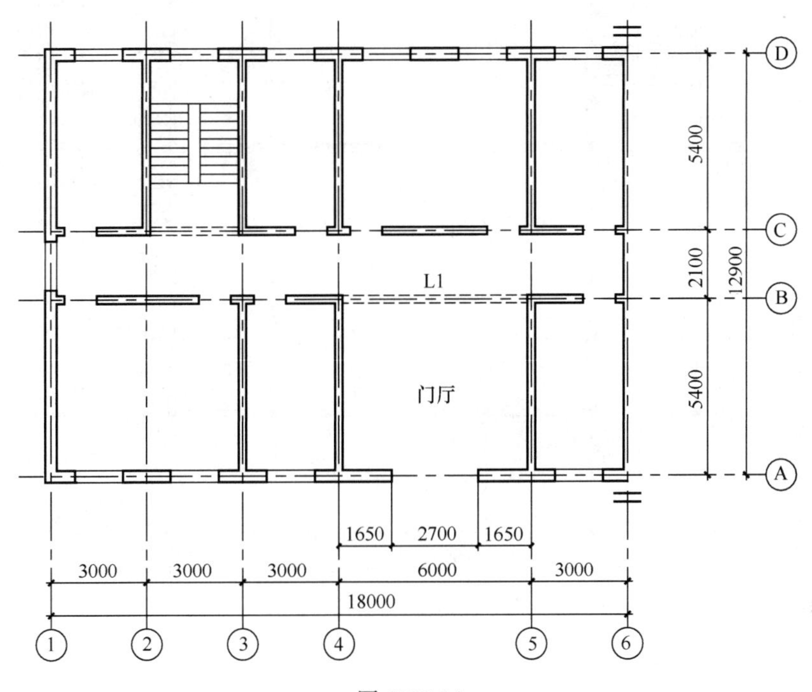


图 2013-34

假定，本工程建筑抗震类别为丙类，抗震设防烈度为7度，设计基本地震加速度值为0.15$g$。墙体采用MU15级烧结多孔砖、M10级混合砂浆砌筑。各层墙上下连续且洞口对齐。除首层层高为3.0m外，其余五层层高均为2.9m。试问，满足《建筑抗震设计规范》GB 50011—2010抗震构造措施要求的构造柱最少设置数量（根）与下列何项数值最为接近?

(A) 52　　(B) 54　　(C) 60　　(D) 76

**【答案】**(D)

本工程横墙较少，且房屋总高度和层数达到《抗规》表7.1.2规定的限值。

根据《抗规》7.1.2条3款，当按规定采取加强措施后，其高度和层数应允许按表7.1.2的规定采用。

根据《抗规》7.3.1条构造柱设置部位要求及7.3.14条5款加强措施要求，所有纵横墙中部均应设置构造柱，且间距不宜大于3.0m。

构造柱设置示意如图8.3-2所示。

**【编者注】**(1) 需判断是否属于横墙较少的多层砌体房屋。

(2) 本题属建筑抗震类别为丙类房屋，抗震设防烈度为7度。当采用加强措施并满足抗震承载力要求时，根据《抗规》7.1.2条3款，其层数允许为6层、总高度为18m。

(3) 构造柱设置除满足一般规定外，根据《抗规》7.3.14条5款，对横墙较少房屋，当其层数及总高度达到限值时，加强措施之一是所有纵横墙中部应设置构造柱且间距不宜

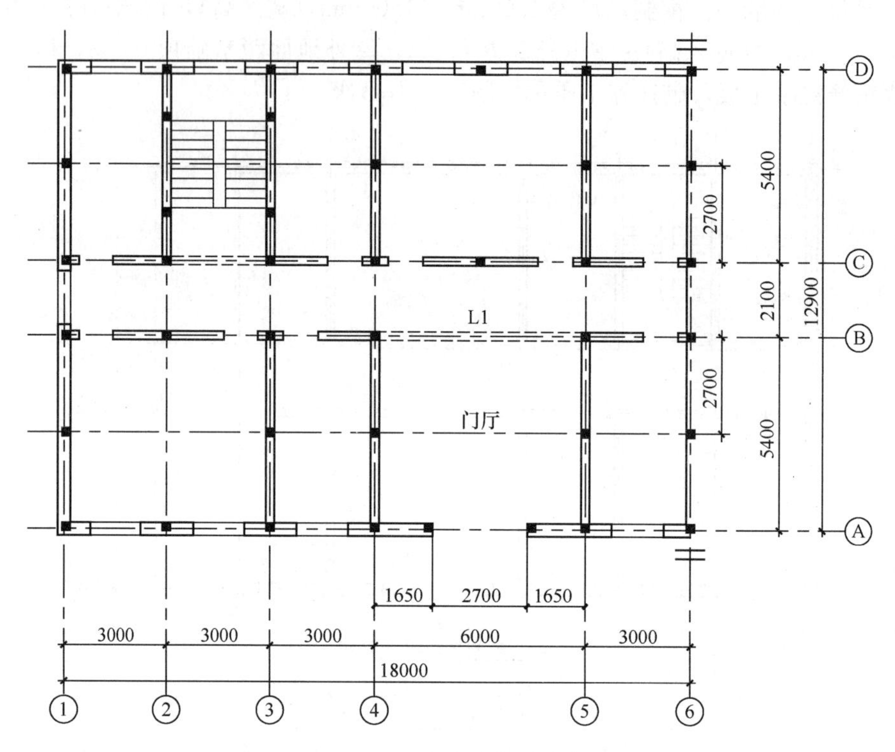


图 8.3-2 构造柱设置示意

大于 3m。

**【例 8.3.16】** 2010 下午 41 题

某抗震设防烈度为 7 度的 P 型多孔砖 3 层砌体结构住宅，按抗震构造措施要求设置构造柱，试问，下列关于构造柱的几种主张，何项不妥？

(A) 宽度大于 2.1m 的内墙洞口两侧应设置构造柱

(B) 构造柱纵向钢筋宜采用 4$\phi$12，箍筋间距不宜大于 250mm，且在柱上下端适当加密

(C) 构造柱与圈梁连接处，构造柱的纵筋应在圈梁纵筋的内侧穿过，保证构造柱纵筋上下贯通

(D) 构造柱可不单独设置基础，当遇有地下管沟时，可锚入小于管沟埋深的基础圈梁内

**【答案】**(D)

根据《抗规》表 7.3.1，三层、7 度时，应在较大洞口两侧设置构造柱，而宽度大于 2.1m 属于较大洞口，故 (A) 项正确；

根据《抗规》7.3.2 条 1 款，(B) 项正确；

根据《抗规》7.3.2 条 3 款，(C) 项正确；

根据《抗规》7.3.2 条 4 款，构造柱可不单独设置基础，但应伸入室外地面下 500mm，或与埋深小于 500mm 的基础圈梁相连，故 (D) 项错误。

**【例 8.3.17】** 2013 上午 35 题

某多层砖砌体房屋，底层结构平面布置如图 2013-35 所示，外墙厚 370mm，内墙厚 240mm，轴线均居墙中。楼、屋面板采用现浇钢筋混凝土板，砌体施工质量控制等级为 B 级。

假定，本工程建筑抗震类别为丙类，抗震设防烈度为 7 度，设计基本地震加速度值为 0.15$g$。墙体采用 MU15 级烧结多孔砖、M10 级混合砂浆砌筑。试问，L1 梁在端部砌体墙上的最小支承长度（mm）与下列何项数值最为接近？

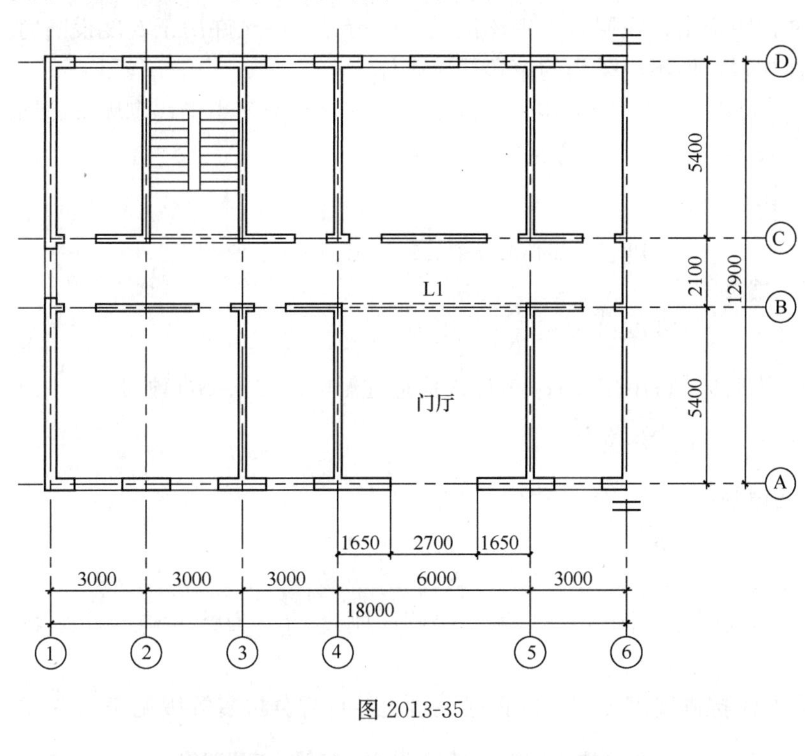


图 2013-35

(A) 120　　(B) 240　　(C) 360　　(D) 500

**【答案】**(D)

根据《抗规》7.3.8 条，门厅内墙阳角处的大梁支承长度不应小于 500mm。

## 8.4 底部框架-抗震墙砌体房屋抗震设计

### 8.4.1 底部框架-抗震墙砌体房屋一般规定

**1. 主要的规范规定**

1)《砌规》10.1.4 条、《抗规》7.1.3 条：底部框架-抗震墙砌体房的层高。

2)《抗规》7.1.5 条：底部框架-抗震墙砌体房屋抗震横墙最大间距。

3)《抗规》7.1.8 条：底部框架-抗震墙砌体房屋的结构布置。

4)《砌规》10.1.9 条、《抗规》7.1.9 条：底部框架-抗震墙砌体房屋的钢筋混凝土结构部分抗震等级。

**2. 对规范规定的理解**

1）底部框架抗震墙砌体房屋包括：①底层框架抗震墙房屋；②底部两层框架抗震墙房屋。由底部、过渡层和上部三部分构成。

2）底部框架-抗震墙砌体房屋的结构布置相关规定如下：

（1）6度且总层数不超过四层的底层框架-抗震墙砌体房屋允许采用嵌砌于框架之间的约束普通砖砌体或小砌块砌体的砌体抗震墙。注意本条不适用于底部两层框架-抗震墙砌体房屋。条文说明指出，底层采用砌体抗震墙的情况，仅允许用于6度设防时，且明确应采用约束砌体加强，但不应采用约束多孔砖砌体。

其余情况：
- 6度、7度：应采用钢筋混凝土抗震墙或配筋小砌块砌体抗震墙。
- 8度：应采用钢筋混凝土抗震墙。

（2）刚度比：

① 底部一层框架：
- 6度、7度时：$1.0 \leqslant \dfrac{K_2}{K_1} \leqslant 2.5$
- 8度：$1.0 \leqslant \dfrac{K_2}{K_1} \leqslant 2.0$

其中，$K_1$ 为底层侧向刚度；$K_2$ 为计入构造柱影响的二层侧向刚度。

② 底部两层框架：
- $K_1 \approx K_2$
- $\dfrac{K_3}{K_2}$：
  - 6、7度时：$1 \leqslant \dfrac{K_3}{K_2} \leqslant 2$
  - 8度时：$1 \leqslant \dfrac{K_3}{K_2} \leqslant 1.5$

其中，$K_1$ 为底层侧向刚度；$K_2$ 为二层侧向刚度；$K_3$ 为计入构造柱影响的三层侧向刚度。

3）底部框架-抗震墙砌体房屋的钢筋混凝土结构部分抗震等级见表8.4-1。

**底部框架结构中钢筋混凝土结构部分抗震等级　　表8.4-1**

| 结构或构件 | 6度 | 7度 | 8度 |
| --- | --- | --- | --- |
| 底部钢筋混凝土框架 | 三 | 二 | 一 |
| 底部钢筋混凝土抗震墙和配筋砌块抗震墙 | 三 | 三 | 二 |
| 局部上有上部砌体墙不能连续贯通落地时，托梁、柱 | 三 | 三 | 二 |

**3. 历年真题解析**

**【例8.4.1】** 2013上午31题

某底层框架-抗震墙房屋，总层数四层。建筑抗震设防类别为丙类。砌体施工质量控制等级为B级。其中一榀框架立面如图2013-31所示，托墙梁截面尺寸为300mm×600mm，框架柱截面尺寸均为500mm×500mm，柱、墙均居轴线中。

假定，抗震设防烈度为6度，试问，下列说法何项错误？

（A）抗震墙采用嵌砌于框架之间的约束砖砌体墙，先砌墙后浇筑框架。墙厚240mm，砌筑砂浆等级为M10，选用MU10级烧结普通砖

（B）抗震墙采用嵌砌于框架之间的约束小砌块砌体墙，先砌墙后浇筑框架。墙厚190mm，砌筑砂浆等级为Mb10，选用MU10级单排孔混凝土小型空心砌块

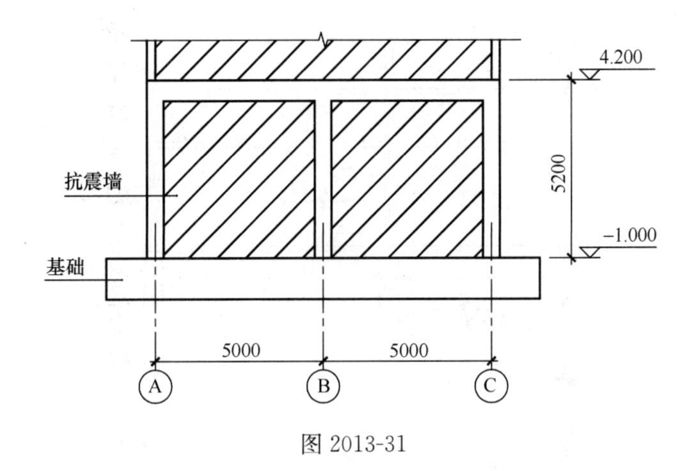


图 2013-31

(C) 抗震墙采用嵌砌于框架之间的约束砖砌体墙，先砌墙后浇筑框架。墙厚 240mm，砌筑砂浆等级为 M10，选用 MU15 级混凝土多孔砖

(D) 抗震墙采用嵌砌于框架之间的约束小砌块砌体墙。当满足抗震构造措施后，尚应对其进行抗震受剪承载力验算

**【答案】**(C)

根据《抗规》7.1.8 条及 7.5.4 条，(A) 正确。

根据《抗规》7.1.8 条及 7.5.5 条，(B) 正确。

根据《抗规》7.1.8 条条文说明，(C) 错误。

根据《抗规》7.2.9 条，(D) 正确。

**【编者注】**(1) 根据《抗规》7.1.8 条，抗震设防烈度区为 6 度区的底层框架-抗震墙房屋，当房屋总层数不超过四层时，抗震墙可采用嵌砌于框架之间的约束普通砖砌体或小砌块砌体。

(2) 根据《抗规》7.5.4 条，对约束砖砌体抗震墙，其构造要求墙厚不应小于 240mm、砌筑砂浆强度等级不应低于 M10，应先砌墙后浇筑框架。选项 (A) 正确。

(3) 根据《抗规》7.5.5 条，对约束小砌块砌体抗震墙，其构造要求墙厚不应小于 190mm、砌筑砂浆强度等级不应低于 Mb10，应先砌墙后浇筑框架。选项 (B) 正确。

(4) 根据《抗规》7.1.8 条条文说明，砌体抗震墙不应采用约束多孔砖砌体。选项 (C) 错误。

(5) 根据《抗规》7.2.9 条，在满足抗震构造措施条件下，虽然为 6 度设防区，为判断其安全性，仍应进行抗震验算。选项 (D) 正确。

**【例 8.4.2】**2016 上午 35 题

某抗震设防烈度 7 度 (0.10$g$)、总层数为 6 层的房屋，采用底层框架-抗震墙砌体结构，某一榀框支墙梁剖面简图如图 2016-35 所示，墙体采用 240mm 厚烧结普通砖、混合砂浆砌筑，托梁截面尺寸为 300mm × 700mm。试问，按《建筑抗震设计规范》GB 50011—2010 要求，该榀框支墙梁二层过渡层墙体内，设置的构造柱最少数量 (根)，与下列何项最为接近?

(A) 9　　(B) 7　　(C) 5　　(D) 3

**【答案】**(B)

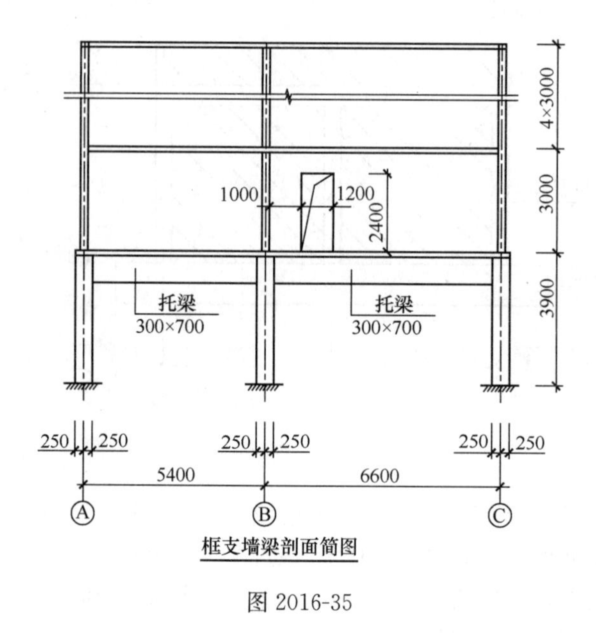


图 2016-35

根据《抗规》7.5.2 条 5 款，过渡层墙体内宽度不小于 1.2m 的门洞，洞口两侧宜设置构造柱，2 根。

根据《抗规》7.5.2 条 2 款，过渡层应在底部框架柱对应位置设置构造柱，3 根。

墙体内的构造柱间距不宜大于层高，2 根。

综上，共 7 根。

### 8.4.2 底部框架-抗震墙砌体房屋地震作用效应计算

**1. 主要的规范规定**

1）《抗规》7.2.4 条～7.2.5 条：底部框架-抗震墙砌体房屋的地震作用效应计算及调整。

2）《抗规》7.2.6 条、《砌规》10.4.4 条：嵌砌于框架之间的普通砖或小砌块的砌体墙抗震验算。

3）《砌规》10.4.2 条：底层柱的反弯点。

4）《砌规》10.4.3 条、《抗规》7.5.6 条：底部框架、托梁和抗震墙组合的内力设计值调整。

5）《砌规》10.4.5 条：托梁弯矩系数、剪力系数。

**2. 对规范规定的理解**

1）底部框架-抗震墙砌体房屋的水平地震作用标准值采用底部剪力法进行计算。

2）地震作用效应主要有以下几个方面：

（1）抗震墙剪力：底层或底部两层的纵向和横向地震剪力设计值应全部由该方向的抗震墙承担，并按各墙体的侧向刚度比例分配；

（2）框架柱剪力：底部框架柱承担的地震剪力设计值，可按各抗侧力构件有效侧向刚度比例分配确定；

（3）倾覆力矩：上部砖房可视为刚体，底部各轴线承受的地震倾覆力矩，可近似按底部抗震墙和框架的有效侧向刚度的比例分配确定；

（4）框架柱附加轴力：应计入地震倾覆力矩引起的附加轴力；

（5）底层框架柱的附加轴向力和剪力：嵌砌于框架之间的普通砖或小砌块的砌体墙，当符合《抗规》7.5.4条、7.5.5条的构造要求时，底层框架柱的轴向力和剪力，应计入砖墙或小砌块墙引起的附加轴向力和附加剪力。

3）底部框架抗震墙砌体房屋的地震作用剪力，应按以下规定调整：

（1）底部一层框架时，底层纵、横向地震作用剪力调整：

$$V_{E1} = 1.3V_{1Ehk} \times \eta$$

$$\eta = \begin{cases} 6\text{度、}7\text{度：}\dfrac{K_2}{K_1}\begin{cases}\geqslant 1.0, \eta = 1.2 \\ \leqslant 2.5, \eta = 1.5\end{cases} \\ 8\text{度：}\dfrac{K_2}{K_1}\begin{cases}\geqslant 1, \eta = 1.2 \\ \leqslant 2, \eta = 1.5\end{cases} \end{cases}$$

（2）底部两层框架时，纵、横向地震作用剪力调整：

$$\begin{cases} \text{底层：}V_{E1} = 1.3V_{1Ehk} \times \eta \\ \text{第二层：}V_{E2} = 1.3V_{2Ehk} \times \eta \end{cases}$$

$$\eta = \begin{cases} 6\text{度、}7\text{度：}\dfrac{K_3}{K_2}\begin{cases}\geqslant 1, \eta = 1.2 \\ \leqslant 2, \eta = 1.5\end{cases} \\ 8\text{度：}\dfrac{K_3}{K_2}\begin{cases}\geqslant 1, \eta = 1.2 \\ \leqslant 1.5, \eta = 1.5\end{cases} \end{cases}$$

（3）底层或底部两层的纵向和横向地震作用剪力设计值应全部由该方向的抗震墙承担，并按各墙体的侧向刚度比例分配。

（4）在底部框架-抗震墙砌体房屋中，在抗震墙承担了全部地震作用剪力（经《抗规》7.2.4条调整后的设计值比计算值放大1.2～1.5倍）后，底部框架还需要承担相应的地震作用剪力。

底部某一根框架柱承担的地震剪力设计值 $V_{c1}$ 按下式计算：

$$V_c = V_{E1} \times \frac{K_c}{\Sigma K_{cf} + 0.3\Sigma K_{cw} + 0.2\Sigma K_{mw}}$$

式中：$V_{E1}$ ——按《抗规》7.2.4条调整完毕的结构底部总地震作用剪力设计值；

$V_c$ ——某单根钢筋混凝土框架柱承担的地震作用剪力；

$K_c$ ——某单根钢筋混凝土框架柱的侧向刚度；

$K_{cf}$ ——某一榀钢筋混凝土框架的侧向刚度，为该榀框架上各柱侧向刚度之和；

$K_{cw}$ ——某一片混凝土墙或配筋混凝土小砌块墙的侧向刚度；

$K_{mw}$ ——某一片约束普通砖砌体墙或小砌块砌体墙的侧向刚度；

$\Sigma K_{cf}$ ——框架的侧向刚度，$\Sigma K_{cf} = \sum_{j=1}^{n} K_{cj}$，为所有柱侧向刚度之和；

$\Sigma K_{cw}$ ——混凝土墙或配筋砌块砌体抗震墙的侧向刚度和；

$\Sigma K_{mw}$ ——约束普通砖砌体墙或小砌块砌体墙的侧向刚度和。

结构构件的有效侧向刚度系数见表 8.4-2

**结构构件的有效侧向刚度系数** **表 8.4-2**

| 构件名称 | 框架柱 | 混凝土墙或配筋混凝土小砌块砌体墙 | 约束普通砖砌体或小砌块砌体抗震墙 |
|---|---|---|---|
| 侧向刚度折减系数 | 1.0 | 0.3 | 0.2 |

4）地震倾剪力矩可以近似按底部抗震墙和框架的有效侧向刚度的比例进行分配(图 8.4-1)。

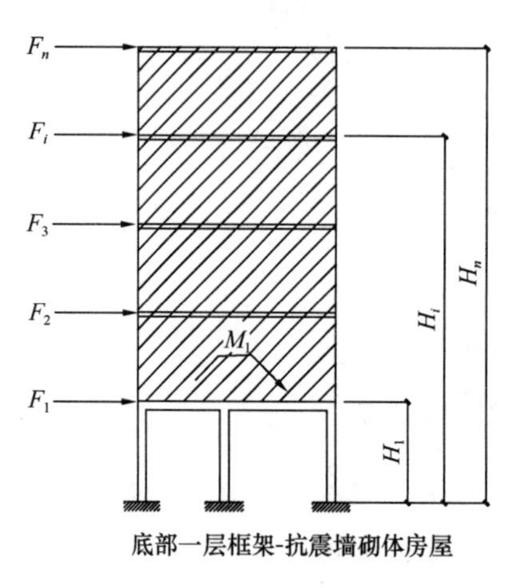

底部一层框架-抗震墙砌体房屋

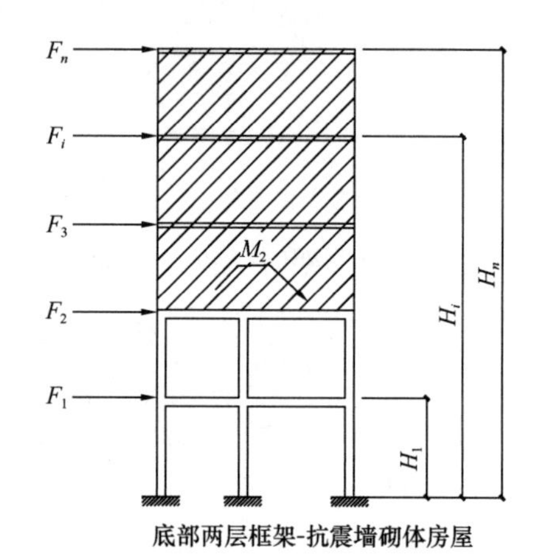

底部两层框架-抗震墙砌体房屋

图 8.4-1 倾覆力矩计算示意图

底层框架-抗震墙房屋的地震倾覆力矩 $M_1$：

$$M_1 = 1.3\sum_{i=2}^{n} F_i(H_i - H_1)$$

底部两层框架-抗震墙房屋的地震倾覆力矩 $M_2$：

$$M_2 = 1.3\sum_{i=3}^{n} F_i(H_i - H_2)$$

式中：$F_i$ —— $i$ 质点的水平地震作用标准值；

$H_i$ —— $i$ 质点的计算高度。

底部一层框架-抗震墙砌体房屋的地震倾覆力矩 $M_1$，按《抗规》7.2.5 条规定，分配给框架柱、抗震墙（混凝土墙、砖墙），即：

一榀框架承担的倾覆力矩 $M_f$：

$$M_f = \frac{K_{cf}}{\Sigma K_{cf} + 0.30\Sigma K_{cw} + 0.20\Sigma K_{mw}} M_1$$

一片混凝土抗震墙（或配筋砌块砌体抗震墙）承担的倾覆力矩 $M_{cw}$：

$$M_{cw} = \frac{0.30K_{cw}}{\Sigma K_{cf} + 0.30\Sigma K_{cw} + 0.20\Sigma K_{mw}} M_1$$

一片约束砌体（砖墙或小砌块墙）抗震墙承担的倾覆力矩 $M_{mw}$：

$$M_{mw} = \frac{0.20K_{mw}}{\Sigma K_{cf} + 0.30\Sigma K_{cw} + 0.20\Sigma K_{mw}} M_1$$

5）底部框架柱在倾覆力矩 $M_f$ 作用下的附加轴力按如下公式计算（图 8.4-2）：

在倾覆力矩 $M_f$ 作用下，假定墙梁刚度为无限大，底部框架柱的附加轴力为：

$$N_{ci}=\pm\frac{A_i x_i}{\sum A_i x_i^2}M_f$$

当框架柱为等截面时：

$$N_{ci}=\pm\frac{x_i}{\sum x_i^2}M_f$$

当为两跨，跨度相等，且柱截面相等时：

$$N_{ci}=\pm\frac{M_f}{2x_1}$$

式中：$N_{ci}$ ——由倾覆力矩 $M_f$ 产生的框架柱附加轴力；

$x_i$ ——第 $i$ 根框架柱到所在框架中和轴的距离；

$A_i$ ——第 $i$ 根框架柱的截面面积。

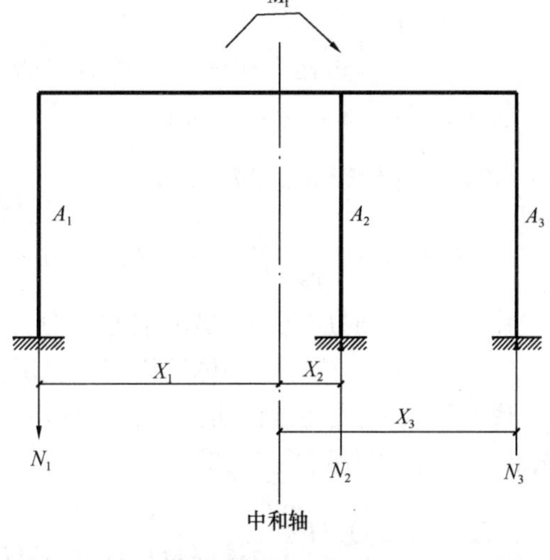


图 8.4-2　倾覆力矩下的附加轴力计算示意图

6）底层框架-抗震墙砌体房屋中嵌砌于框架之间的普通砖或小砌块的砌体墙（图 8.4-3），当符合《抗规》7.5.4 条、7.5.5 条的构造要求时，其抗震验算应符合下列规定：

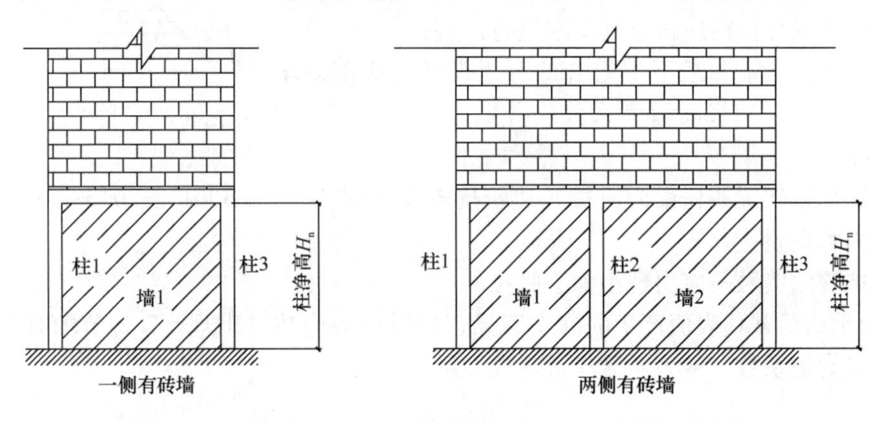


图 8.4-3　嵌砌于框架之间的普通砖墙或小砌块墙及两端框架柱

（1）砖墙或小砌块墙引起的底层框架柱附加轴向力和附加剪力，计算流程如下：

① 确定框架的层高和跨度 $H_f$、$l$。

② 确定 $V_w$（柱两侧有墙时可取二者的较大值）。

③ $\begin{cases}\text{附加轴力}: N_f = V_w H_f / l; \\ \text{附加剪力}: V_f = V_w\text{。}\end{cases}$

（2）嵌砌于框架之间的普通砖墙或小砌块墙及两端框架柱，其抗震受剪承载力计算流程如下：

① 确定 $f_{vE}$。

② 确定 $A_{w0}$ $\begin{cases}\text{无洞口时}: A_{w0} = 1.25A_{\text{实际截面}}; \\ \text{有洞口时}: A_{w0} = A_{\text{净}} - (\text{宽度小于}\dfrac{h_{\text{洞高}}}{4}\text{的墙肢面积})\text{。}\end{cases}$

③ 确定 $H_0$ $\begin{cases}中间柱2，两侧均有砖墙时：H_0=\dfrac{2H_{n1}}{3}；\\ 边柱1和柱3，一侧有砖墙时：H_0=H_{n1}。\end{cases}$

④ $\gamma_{REC}=0.8$，$\gamma_{REW}=0.9$。

⑤ 确定非抗震 $M_{yc}^{u}$，$M_{yc}^{l}$：　$x=\dfrac{f_yA_s-f'_yA'_s}{\alpha_1 f_c b}$。

⑥ 计算：$V\leqslant\dfrac{1}{\gamma_{REC}}\Sigma(M_{yc}^{u}+M_{yc}^{l})/H_0+\dfrac{1}{\gamma_{REW}}\Sigma f_{vE}A_{w0}$。

注意：计算时应采用公式对各柱子分开计算后求和、各片墙体分开计算后求和。

7）底部框架-抗震墙砌体结构房屋底层柱的反弯点及组合内力调整按如下规定：

底部框架-抗震墙砌体房屋中，计算由地震剪力引起的柱端弯矩时，底层柱的反弯点（图 8.4-4）高度比可取 0.55。

$$\begin{cases}反弯点高度\ H_c\begin{cases}距柱顶：H_c=0.45H\\ 距柱底：H_c=0.55H\end{cases}\\ 柱端弯矩\begin{cases}最上端：M_{E上}=V_c\times H_c=V_c\times0.45H\\ 最下端：M_{E下}=V_c\times H_c=V_c\times0.55H\end{cases}\end{cases}$$

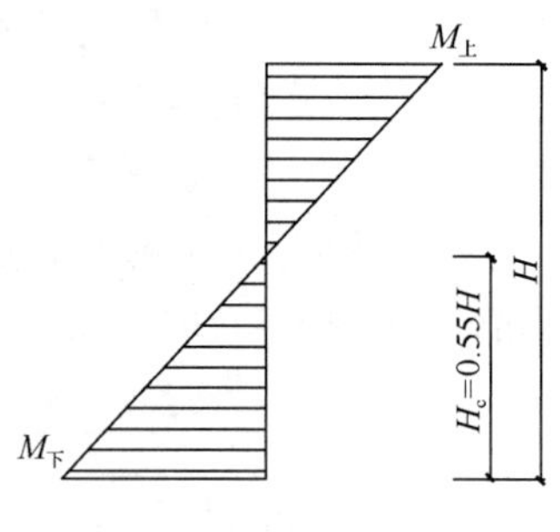


图 8.4-4　反弯点计算示意

底部框架-抗震墙砌体房屋中，底部框架、托梁和抗震墙组合的内力设计值尚应按下列要求进行调整：

（1）柱的最上端和最下端组合的弯矩设计值应乘以增大系数，一、二、三级的增大系数应分别按 1.5、1.25 和 1.15 采用。

（2）底部框架梁或托梁尚应按《建筑抗震设计规范》GB 50011—2010 第 6 章的相关规定进行内力调整。

（3）抗震墙墙肢不应出现小偏心受拉。

8）由重力荷载代表值产生的框支墙梁、托梁内力应按《砌规》7.3 节的有关规定计算，但托梁弯矩系数、剪力系数应考虑放大系数：

$$\alpha_M\begin{cases}一级：\alpha_M\times1.15\\ 二级：\alpha_M\times1.1\\ 三级：\alpha_M\times1.05\end{cases}$$

$$\beta_V\begin{cases}一级：\beta_V\times1.15\\ 二级：\beta_V\times1.1\\ 三级：\beta_V\times1.05\end{cases}$$

**3. 历年真题解析**

**【例 8.4.3】** 2019 上午 33 题

某 8 度（0.20$g$）设防的底部框架-抗震墙砌体结构房屋，如图 2019-33 所示，共四层，底层柱、墙均采用现浇钢筋混凝土，二、三、四层砌体承重墙均为 240mm 厚多孔砖砌体，楼屋面为现浇钢筋混凝土楼（屋）盖。抗震设防类别为丙类，其结构布置及构造措施均满足规范要求。

在进行该房屋横向地震作用分析时，假设底层横向总侧向刚度为 $K_1$（柱墙之和），其

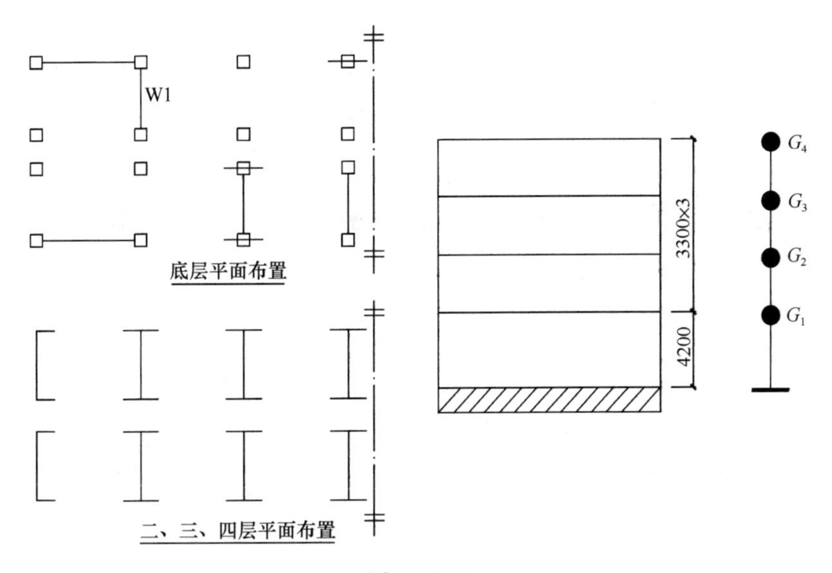


图 2019-33

中柱总侧向刚度 $\Sigma K_c=0.28K_1$，墙总侧向刚度 $\Sigma K_w=0.72K_1$。底层剪力设计值 $V_1=6000$kN；若 W1 墙体横向侧向刚度 $K_{W1}=0.18K_1$，试问，W1 墙体地震剪力设计值 $V_{W1}$(kN) 与下列何项数值最为接近？

(A) 1100　　(B) 1300　　(C) 1500　　(D) 1700

**【答案】**(C)

根据《抗规》7.2.4 条 3 款：

$$V_{W1}=\frac{0.18K_1}{0.72K_1}\times 6000=1500\text{kN}$$

**【例 8.4.4】** 2019 上午 34 题

基本题干同例 8.4.3。试问，框架柱承担的地震剪力设计值 $\Sigma V_c$(kN)，与下列何项数值最为接近？

(A) 3400　　(B) 2800　　(C) 2200　　(D) 1700

**【答案】**(A)

根据《抗规》7.2.5 条 1 款：

$$\Sigma V_c=\frac{0.28K_1}{(0.28+0.72\times 0.3)K_1}\times 6000=3387\text{kN}$$

**【例 8.4.5】** 2009 上午 35 题

某底层框架-抗震墙砖砌体房屋，底层结构平面布置如图 2009-35 所示，柱高度 $H=4.2$m，框架柱截面尺寸均为 500mm×500mm，各框架柱的横向侧移刚度 $K_c=2.5\times 10^4$ kN/m，各横向钢筋混凝土抗震墙的侧移刚度 $K_Q=330\times 10^4$kN/m（包括端柱）。

若底层顶的横向地震倾覆力矩标准值 $M=1.0\times 10^4$kN·m，试问，由横向地震倾覆力矩引起的框架柱 $KZ_a$附加轴力标准值（kN），与下列何项数值最为接近？

(A) 10　　(B) 20　　(C) 30　　(D) 40

**【答案】**(C)

根据《抗规》7.2.5 条，每榀框架分担的倾覆力矩为：

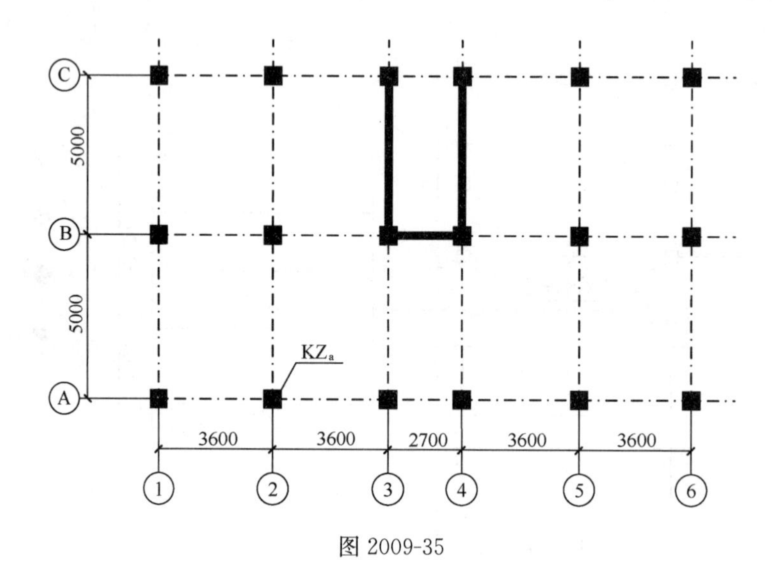


图 2009-35

$$M_c=\frac{\sum K_c}{\sum K_c+\sum K_Q}M=\frac{3\times2.5\times10^4}{14\times2.5\times10^4+0.3\times2\times330\times10^4}\times1.0\times10^4=321.9\text{kN}\cdot\text{m}$$

倾覆力矩导致 $KZ_a$ 的附加轴力为：

$$N=\frac{M_c x_1}{\sum x_i^2}=\frac{321.9\times5}{(-5)^2+5^2}=32.19\text{kN}$$

**【例 8.4.6】** 2009 上午 36 题

基本题干同例 8.4.5。若底层横向水平地震剪力设计值 $V=2000$kN，其他条件同上，试问，由横向水平地震剪力产生的框架柱 $KZ_a$ 柱顶弯矩设计值（kN·m），与下列何项数值最为接近？

(A) 20　　(B) 30　　(C) 40　　(D) 50

**【答案】**(C)

根据《抗规》7.2.5 条，框架柱分担的剪力：

$$V_c=\frac{K_c}{\sum K_c+0.3\sum K_Q}V=\frac{2.5\times10^4}{14\times2.5\times10^4+0.3\times2\times330\times10^4}\times2000=21.5\text{kN}$$

根据《砌规》10.4.2 条，反弯点取距离底部 0.55 倍柱高，于是，柱顶弯矩设计值为：

$$(1-0.55)V_cH=(1-0.55)\times21.5\times4.2=40.6\text{kN}\cdot\text{m}$$

**【例 8.4.7】** 2013 上午 32 题

某底层框架-抗震墙房屋，总层数四层。建筑抗震设防类别为丙类。砌体施工质量控制等级为 B 级。其中一榀框架立面如图 2013-32 所示，托墙梁截面尺寸为 300mm×600mm，框架柱截面尺寸均为 500mm×500mm，柱、墙均居轴线中。

假定，抗震设防烈度为 7 度，抗震墙采用嵌砌于框架之间的配筋小砌块砌体墙，墙厚 190mm。抗震构造措施满足规范要求。框架柱上下端正截面受弯承载力设计值均为 165kN·m，砌体沿阶梯形截面破坏的抗震抗剪强度设计值 $f_{vE}=0.52$MPa。试问，其抗震受剪承载力设计值 $V$（kN）与下列何项数值最为接近？

(A) 1220　　(B) 1250　　(C) 1550　　(D) 1640

**【答案】**(C)

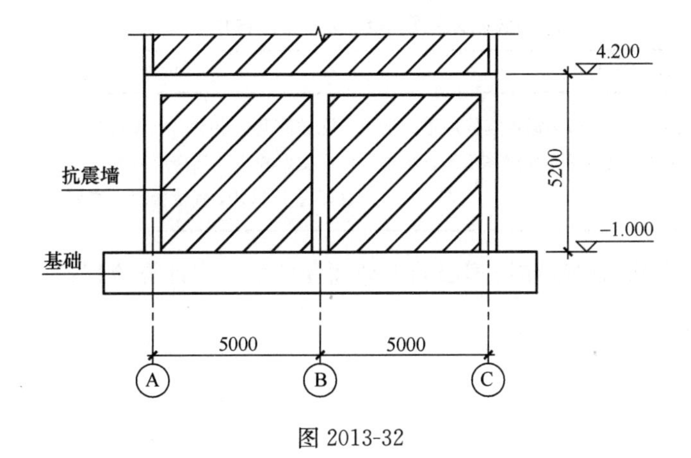


图 2013-32

根据《抗规》式（7.2.9-3）：

$$V=\frac{1}{\gamma_{\mathrm{REc}}}\Sigma(M_{\mathrm{yc}}^{\mathrm{u}}+M_{\mathrm{yc}}^{l})/H_0+\frac{1}{\gamma_{\mathrm{REw}}}\Sigma f_{\mathrm{vE}}A_{\mathrm{w0}}$$

其中：$\gamma_{\mathrm{REc}}=0.8$，$\gamma_{\mathrm{REw}}=0.9$；

砌体水平截面计算面积 $A_{\mathrm{w0}}=0.19\times(10-0.5\times2)\times1.25=2.1375\mathrm{m}^2$；

底层框架柱计算高度 $H_0=(5.2-0.6)\times\frac{2}{3}=3.07\mathrm{m}$ 及 $5.2-0.6=4.6\mathrm{m}$。

代入得：

$$V=\frac{1}{0.8}\times(2\times165/3.07+4\times165/4.6)+\frac{1}{0.9}\times0.52\times2.1375\times10^3=1548.71\mathrm{kN}$$

**【编者注】**根据《抗规》7.2.9 条式（7.2.9-3）计算，需注意：

（1）砌体抗震墙水平截面的计算面积，当无洞口时，取实际面积的 1.25 倍。

（2）本题框架中柱 $H_0=(5.2-0.6)\times2/3=3.07\mathrm{m}$，两根框架边柱 $H_0=5.2-0.6=4.6\mathrm{m}$。

## 8.5 配筋砌块砌体抗震墙房屋计算与构造措施

**1. 主要的规范规定**

1）《抗规》附录 F：配筋砌块砌体抗震墙房屋。

2）《砌规》10.5 节：配筋砌块砌体抗震墙。

3）《砌规》10.1.3 条、10.1.4 条、10.1.6 条、10.1.8 条：一般规定。

**2. 对规范规定的理解**

1）配筋砌块砌体抗震墙为全部灌孔砌块砌体。

2）配筋砌块砌体抗震墙结构房屋位移角限值见表 8.5-1。

3）考虑地震作用组合的配筋砌块砌体抗震墙的正截面承载力应按《砌规》9.2.4 条、9.2.5 条的规定计算，但其抗力应除以承载力抗震调整系数。

$\gamma_{\mathrm{RE}}$ 偏压：$\gamma_{\mathrm{RE}}=0.85$；
大偏拉：$\gamma_{\mathrm{RE}}=0.85$；
小偏拉：$\gamma_{\mathrm{RE}}=1.0$。

**配筋砌块砌体抗震墙结构房屋位移角限值规定** **表 8.5-1**

| 《砌规》10.1.8 条 | 《抗规》附录 F.2.1 条 |
|---|---|
| 配筋砌块砌体抗震墙结构应进行多遇地震作用下的抗震变形验算，其楼层内最大的层间弹性位移角不宜超过 1 /1000 | 配筋混凝土小砌块抗震墙房屋应进行多遇地震作用下的抗震变形验算，其楼层内最大的弹性层间位移角，底层不宜超过 1/1200，其他楼层不宜超过 1/800 |

4）偏心受压配筋砌块砌体抗震墙的斜截面受剪承载力计算流程：

① 求 $f_g$、$f_{vg}$。

$$f_{vg} = 0.2 f_g^{0.55}$$

$$f_g = f + 0.6\alpha f_c \leqslant 2f$$

$$\alpha = \delta\rho$$

② 求剪跨比 $\lambda = \dfrac{M}{Vh_0}$（用调整前内力计算），验算抗剪截面是否满足。

当 $\lambda = \dfrac{M}{Vh_0} > 2$ 时：

$$V_w \leqslant \frac{1}{\gamma_{RE}}(0.2 f_g bh)$$

当 $\lambda = \dfrac{M}{Vh_0} \leqslant 2$ 时：

$$V_w \leqslant \frac{1}{\gamma_{RE}}(0.15 f_g bh)$$

③ 确定 $\lambda$。

$\lambda \leqslant 1.5$ 时，取 $\lambda = 1.5$；

$\lambda \geqslant 2.2$ 时，取 $\lambda = 2.2$。

④ 计算 $0.2 f_g bh$ 并与 $N$ 比较，当 $N \geqslant 0.2 f_g bh$ 时，取 $N = 0.2 f_g bh$。

⑤ 计算 $h_0 = h - a_s$，根据《砌规》9.2.4 条：

$$a_s \begin{cases} \text{T 形、L 形、工字形，翼缘受压时：} a_s = 300\text{mm} \\ \text{其他情况：} a_s = 100\text{mm} \end{cases}$$

$$a'_s \begin{cases} \text{T 形、L 形、工字形，翼缘受压时：} a'_s = 100\text{mm} \\ \text{其他情况：} a'_s = 300\text{mm} \end{cases}$$

⑥ 取 $\gamma_{RE} = 0.85$ 按下式验算：

《砌规》：

$$V_w \leqslant \frac{1}{\gamma_{RE}}\left[\frac{1}{\lambda - 0.5}\left(0.48 f_{vg} bh_0 + 0.1N\frac{A_w}{A}\right) + 0.72 f_{yh}\frac{A_{sh}}{s}h_0\right]$$

式中：$A_w$ ——T 形或工字形截面抗震墙腹板的截面面积，对于矩形截面取 $A_w = A$；

$A$ ——抗震墙的截面面积，其中翼缘的有效面积，可按 9.2.5 条的规定计算。

《抗规》：

$$V \leqslant \frac{1}{\gamma_{RE}}\left[\frac{1}{\lambda - 0.5}(0.48 f_{vg} bh_0 + 0.1N) + 0.72 f_{yh}\frac{A_{sh}}{s}h_0\right]$$

$$0.5V \leqslant \frac{1}{\gamma_{RE}}\left(0.72 f_{yh}\frac{A_{sh}}{s}h_0\right)$$

5）在多遇地震作用组合下，配筋混凝土小型空心砌块抗震墙的墙肢不应出现小偏心受拉。大偏心受拉配筋砌块砌体抗震墙的斜截面受剪承载力计算流程：

① 求 $f_g$、$f_{vg}$。

$$f_{vg}=0.2f_g^{0.55}$$
$$f_g=f+0.6\alpha f_c\leqslant 2f$$
$$\alpha=\delta\rho$$

② 求剪跨比 $\lambda=\dfrac{M}{Vh_0}$（用调整前内力计算），验算抗剪截面是否满足。

当 $\lambda=\dfrac{M}{Vh_0}>2$ 时：

$$V_w\leqslant\frac{1}{\gamma_{RE}}(0.2f_gbh)$$

当 $\lambda=\dfrac{M}{Vh_0}\leqslant 2$ 时：

$$V_w\leqslant\frac{1}{\gamma_{RE}}(0.15f_gbh)$$

③ 确定 $\lambda$。

$\lambda\leqslant 1.5$ 时，取 $\lambda=1.5$；

$\lambda\geqslant 2.2$ 时，取 $\lambda=2.2$。

④计算 $h_0=h-a_s$，根据《砌规》9.2.4 条：

$$a_s\begin{cases}\text{T 形、L 形、工字形，翼缘受压时：}a_s=300\text{mm}\\\text{其他情况：}a_s=100\text{mm}\end{cases}$$

$$a'_s\begin{cases}\text{T 形、L 形、工字形，翼缘受压时：}a'_s=100\text{mm}\\\text{其他情况：}a'_s=300\text{mm}\end{cases}$$

⑤ 取 $\gamma_{RE}=0.85$ 按下式验算：

《砌规》：

计算 $0.48f_{vg}bh_0-0.17N\dfrac{A_w}{A}$，当 $0.48f_{vg}bh_0-0.17N\dfrac{A_w}{A}\leqslant 0$ 时，取 $0.48f_{vg}bh_0-0.17N\dfrac{A_w}{A}=0$。

$$V_w\leqslant\frac{1}{\gamma_{RE}}\left[\frac{1}{\lambda-0.5}\left(0.48f_{vg}bh_0-0.17N\frac{A_w}{A}\right)+0.72f_{yh}\frac{A_{sh}}{s}h_0\right]$$

式中：$A_w$ ——T 形或工字形截面抗震墙腹板的截面面积，对于矩形截面取 $A_w=A$；

$A$ ——抗震墙的截面面积，其中翼缘的有效面积，可按 9.2.5 条的规定计算。

《抗规》：

计算 $0.48f_{vg}bh_0-0.17N$，当 $0.48f_{vg}bh_0-0.17N\leqslant 0$ 时，取 $0.48f_{vg}bh_0-0.17N=0$。

$$V\leqslant\frac{1}{\gamma_{RE}}\left[\frac{1}{\lambda-0.5}(0.48f_{vg}bh_0-0.17N)+0.72f_{yh}\frac{A_{sh}}{s}h_0\right]$$

$$0.5V\leqslant\frac{1}{\gamma_{RE}}\left(0.72f_{yh}\frac{A_{sh}}{s}h_0\right)$$

6）配筋砌块砌体连梁计算按如下规定。

根据《砌规》，配筋砌块砌体连梁的地震剪力设计值，按下式调整（本条《抗规》未作规定）：

$$V_b = \eta_v \frac{M_b^l + M_b^r}{l_n} + V_{Gb}$$

其中，$V_b$ 为连梁的剪力设计值；$\eta_v$ 为剪力增大系数按以下规定取值：

$$\eta_v \begin{cases} 一级：1.3 \\ 二级：1.2 \\ 三级：1.1 \\ 四级：1.0 \end{cases}$$

配筋砌块砌体连梁的斜截面受剪承载力计算流程：

① 求 $f_g$、$f_{vg}$。

$$f_{vg} = 0.2 f_g^{0.55}$$

$$f_g = f + 0.6\alpha f_c \leqslant 2f$$

$$\alpha = \delta\rho$$

② 验算抗剪截面是否满足。

$$V_b \leqslant \frac{1}{\gamma_{RE}}(0.15 f_g bh)$$

③ 取 $\gamma_{RE} = 0.85$，按下式验算：

$$V_b \leqslant \frac{1}{\gamma_{RE}}\left(0.56 f_{vg} bh_0 + 0.7 f_{yv} \frac{A_{sv}}{s} h_0\right)$$

**3. 历年真题解析**

**【例 8.5.1】** 2011 上午 40 题

抗震等级为二级的配筋砌块砌体抗震墙房屋，首层某矩形截面抗震墙墙体厚度为 190mm，墙体长度为 5100mm，抗震墙截面的有效高度 $h_0$=4800mm，为单排孔混凝土砌块对孔砌筑，砌体施工质量控制等级为 B 级。若此段砌体抗震墙计算截面的剪力设计值 $V$=210kN，轴力设计值 $N$=1250kN，弯矩设计值 $M$=1050kN·m，灌孔砌体的抗压强度设计值 $f_g$=7.5N/mm²，水平分布筋采用 HPB300 钢筋。试问，底部加强部位抗震墙的水平分布钢筋配置，下列哪种说法合理？

**提示**：按《砌体结构设计规范》GB 50003—2011 作答。

（A）按计算配筋

（B）按构造，最小配筋率取 0.10%

（C）按构造，最小配筋率取 0.11%

（D）按构造，最小配筋率取 0.13%

**【答案】**（D）

根据《砌规》式（3.2.2）：

$$f_{vg} = 0.2 f_g^{0.55} = 0.2 \times 7.5^{0.55} = 0.606\text{N/mm}^2$$

根据《砌规》10.4.4 条：

$$\lambda = \frac{M}{Vh_0} = \frac{1050}{210 \times 4.8} = 1.04 < 1.5，取 \lambda = 1.5$$

对于矩形截面，$A_W = A$。

根据《砌规》10.1.5条，$\gamma_{RE} = 0.85$。

根据《砌规》10.4.4条：

$0.2f_gbh = 0.2 \times 7.5 \times 190 \times 5100 = 1453.5\text{kN} > N = 1250\text{kN}$，取 $N = 1250\text{kN}$

$$\frac{1}{\gamma_{RE}} \times \frac{1}{\lambda - 0.5}\left(0.48f_{vg}bh_0 + 0.10N\frac{A_W}{A}\right)$$

$$= \frac{1}{0.85} \times \frac{1}{1.5 - 0.5} \times (0.48 \times 0.606 \times 190 \times 4800 + 0.10 \times 1250 \times 1000)$$

$$= \frac{1}{0.85} \times (265283 + 125000) = 459.2\text{kN} > V_W = 1.4V = 1.4 \times 210 = 294\text{kN}$$

故不需要按计算配置水平钢筋，只需按照构造要求配筋。

根据《砌规》10.5.9条，抗震等级为二级的配筋砌块砌体抗震墙，底部加强部位水平分布钢筋的最小配筋率为0.13%。

# 9　木结构

## 9.1　木结构材料与基本规定

### 1. 主要的规范规定

1）《木标》第 3 章：材料。

2）《木标》第 4 章：基本规定。

### 2. 对规范规定的理解

1）结构用木材概述

① 天然木材：原木、锯材（方木、板材）、规格材。

② 工程木：层板胶合木、木基结构板材、结构复合木材。

木材的缺陷：木节、变色及腐朽、虫害、裂纹、树干形状缺陷、木材构造缺陷、伤疤、不正常的沉积物、木材加工缺陷等。其中木节、腐朽及裂纹对材质影响最大。

原木：树干经砍去枝杈、去除树皮的圆木，斜率不超过 0.9%，以梢径计径级，梢径 80～200mm，长 4～8m。

原木标注直径为 $d$（mm）时，中间截面直径为 $d=d_{标}+\frac{l}{2}\times 9$（原木构件沿其长度的直径变化率，可按每米 9mm 或当地经验数值采用）。验算挠度和稳定时，可取构件的中央截面；验算抗弯强度时，可取弯矩最大处截面。

2）结构用木材材质等级（表 9.1-1、表 9.1-2）

**结构用木材现场目测材质分级与选用**　　**表 9.1-1**

<table>
<tr><th>木材种类</th><th>（现场）目测分级材质标准</th><th>（现场）目测分级材质等级</th><th>（现场）目测分级构件的最低材质等级选用要求</th></tr>
<tr><td>原木</td><td>腐朽、木节、扭纹、髓心、虫蛀<br>（《木标》附录 A 表 A.1.2）</td><td>$\text{I}_a$、$\text{II}_a$、$\text{III}_a$</td><td rowspan="2">受拉或拉弯构件 $\text{I}_a$<br>受弯或压弯构件 $\text{II}_a$<br>受压构件及次要受弯构件 $\text{III}_a$</td></tr>
<tr><td>方木</td><td>腐朽、木节、斜纹、髓心、裂缝、虫蛀<br>（《木标》附录 A 表 A.1.1）</td><td>$\text{I}_a$、$\text{II}_a$、$\text{III}_a$</td></tr>
<tr><td>板材</td><td>腐朽、木节、斜纹、髓心、裂缝、虫蛀<br>（《木标》附录 A 表 A.1.3）</td><td>$\text{I}_a$、$\text{II}_a$、$\text{III}_a$</td><td></td></tr>
<tr><td>规格材</td><td colspan="3">规定的树种或树种组合，规定的规格尺寸，已经分等定级的结构用商品材</td></tr>
</table>

**结构用木材工厂目测材质分级与选用** **表 9.1-2**

| 木材种类 | （工厂）目测分级并加工的方木材质标准 | （工厂）目测分级并加工的方木材质等级划分 | （工厂）目测分级并加工的方木构件的最低材质等级选用要求 |
|---|---|---|---|
| 方木 | 梁：《木标》附录 A 表 A.1.4-1<br>柱：《木标》附录 A 表 A.1.4-2 | 梁：$Ⅰ_e$、$Ⅱ_e$、$Ⅲ_e$<br>柱：$Ⅰ_f$、$Ⅱ_f$、$Ⅲ_f$ | 梁：$Ⅲ_e$<br>柱：$Ⅲ_f$ |

3）木结构强度

（1）木材各种强度图示见表 9.1-3。木材强度设计值根据木材类型查《木标》4.3 节取值。

**木材强度图示** **表 9.1-3**

| 强度 | 图示 |
|---|---|
| 抗弯强度 |  |
| 顺纹抗压强度 | 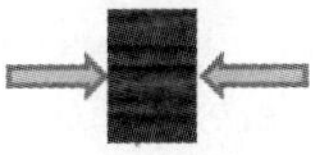 |
| 顺纹承压强度 |  |
| 顺纹抗拉强度 | 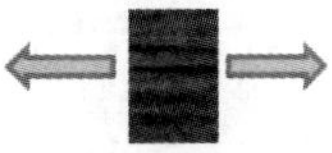 |
| 顺纹抗剪强度 |  |
| 横纹抗压强度（横纹抗拉因强度太低，应尽可能避免） |  |

（2）木结构强度设计值和弹性模量调整汇总见表 9.1-4。

**木结构强度设计值和弹性模量调整** **表 9.1-4**

| 木材种类 | 受力状况 | 强度设计值调整系数 $\gamma_a$ | 弹性模量调整系数 $\gamma_a$ |
|---|---|---|---|
| 承重木结构（通用调整）4.3.9 条 | 露天环境 | 0.9 | 0.85 |
| | 长期高温环境（40 ～50℃） | 0.8 | 0.8 |
| | 按恒荷载验算（恒荷载产生的内力＞80％） | 0.8 | 0.8 |
| | 木构筑物 | 0.9 | 1.0（不调整） |
| | 施工和维修时的短暂情况 | 1.2 | 1.0（不调整） |
| | 设计使用年限 | 5 年：1.1<br>25 年：1.05<br>50 年：1.0<br>100 年及以上：0.9 | 5 年：1.1<br>25 年：1.05<br>50 年：1.0<br>100 年及以上：0.9 |

续表

| 木材种类 | 受力状况 | 强度设计值调整系数 $\gamma_a$ | 弹性模量调整系数 $\gamma_a$ |
|---|---|---|---|
| 方木、原木 4.3.2 条 4.3.20 条 | 原木（验算部位未经切削时） | 顺纹抗压 $f_c$、抗弯 $f_m$：1.15 | 1.15 |
| | 矩形截面短边尺寸≥150mm | 1.1 | 1.0（不调整） |
| | 含水率>25%的湿材 | 横纹抗压 $f_{c,90}$、落叶松抗弯 $f_m$：0.9 | 0.9 |
| | 采用刻痕加压防腐处理 | $\gamma_a \leqslant 0.8$ | $\gamma_a \leqslant 0.9$ |
| 规格材 4.3.9 条 4.3.10 条 4.3.20 条 | 目测分级规格材 | 尺寸调整系数 $\gamma_a$ → 表 4.3.9-3 | 1.0（不调整） |
| | 荷载作用方向与规格材宽度方向垂直 | 抗弯 $f_m$：平放调整系数 $\gamma_a$ → 表 4.3.9-4 | 1.0（不调整） |
| | 作为搁栅，且数量>3 根，有可靠连接 | 抗弯 $f_m$：1.15 | 1.0（不调整） |
| | 采用刻痕加压防腐处理 | $\gamma_a \leqslant 0.8$ | $\gamma_a \leqslant 0.9$ |
| | $\rho=\dfrac{可变荷载标准值}{永久荷载标准值}<1$ | $\gamma_a=k_d=0.83+0.17\rho<1.0$ | 1.0（不调整） |
| | 雪荷载、风荷载作用 | 雪荷载 $\gamma_a=0.83$ 风荷载 $\gamma_a=0.91$ | 1.0（不调整） |
| 胶合木、进口结构材 4.3.10 条 | $\rho=\dfrac{可变荷载标准值}{永久荷载标准值}<1$ | $\gamma_a=k_d=0.83+0.17\rho<1.0$ | 1.0（不调整） |
| | 雪荷载、风荷载作用 | 雪荷载 $\gamma_a=0.83$ 风荷载 $\gamma_a=0.91$ | 1.0（不调整） |

4）构件长细比

受压构件的长细比限值见《木标》表 4.3.17。

长细比 $\lambda=\dfrac{l_0}{i}$，其中：$i=\sqrt{\dfrac{I}{A}}$，圆形截面，$i=d/4$；矩形截面，$i=\dfrac{h}{\sqrt{12}}=0.289h$。

**3. 历年真题解析**

**【例 9.1.1】** 2021 下午 40 题

关于方木桁架的设计，下列何项说法不正确？

（A）桁架下弦可采用型钢

（B）当木桁架采用木檩条时，桁架间距不宜大于 4m

（C）桁架制作应按其跨度的 1/200 起拱

（D）桁架节点可采用多种不同的连接方式，计算应考虑几种连接的共同工作

**【答案】**（D）

根据《木标》7.5.1 条、7.5.8 条，（A）正确。

根据《木标》7.5.2 条，（B）正确。

根据《木标》7.5.4 条，(C) 正确。

**【例 9.1.2】** 2011 下午 1 题

露天环境下某工地采用红松原木制作混凝土梁底模立柱，强度验算部位未经切削加工，试问，在确定设计指标时，该红松原木轴心抗压强度最大设计值（N/mm²），与下列何项数值最为接近？

(A) 10　　(B) 12　　(C) 14　　(D) 15

**【答案】** (B)

根据《木标》表 4.3.1-1，红松强度等级为 TC13B。

根据《木标》表 4.3.1-3，$f_c = 10\text{N/mm}^2$。

根据《木标》4.3.2 条，未经切削，强度设计值可提高 15%。

根据《木标》表 4.3.9-1，露天环境下应乘以调整系数 0.9，对于施工时的短暂情况应乘以调整系数 1.2。

$$f_c = 1.15 \times 0.9 \times 1.2 \times 10 = 12.42\text{N/mm}^2$$

**【编者注】** 本题指出的施工和维修时的短暂情况，不存在按照设计使用年限为 5 年的情况。

**【例 9.1.3】** 2011 下午 2 题

关于木结构，下列何项说法不正确？

(A) 现场制作的原木、方木承重构件，木材的含水率不应大于 25%

(B) 普通木结构受弯或压弯构件当采用原木时，对髓心不做限制指标

(C) 木材顺纹抗压强度最高，斜纹承压强度最低，横纹承压强度介于两者之间

(D) 标注原木直径时，应以小头为准；验算原木构件挠度和稳定时，可取中央截面

**【答案】** (C)

(1) 根据《木标》3.1.12 条，(A) 正确；

(2) 根据《木标》3.1.3 条及附录 A 表 A.1.2，(B) 正确；

(3) 根据《木标》图 4.3.3，(C) 不正确；

(4) 根据《木标》4.3.18 条，(D) 正确。

**【编者注】**《木标》对普通承重结构所用木材的分级，按其材质分为三级。根据《木标》3.1.2 条，受弯或受压普通木结构构件，其材质等级应选用 $\text{Ⅱ}_a$ 级；根据附录 A 表 A.1.3，承重结构原木当材质等级选用 $\text{Ⅱ}_a$ 级时，对髓心不做限制。

**【例 9.1.4】** 2012 下午 1 题

关于木结构有以下论述：

Ⅰ. 用原木、方木制作承重构件时，木材的含水率不应大于 30%；

Ⅱ. 木结构受拉或拉弯构件应选用 $\text{Ⅰ}_a$ 级材质的木材；

Ⅲ. 验算原木构件挠度和稳定时，可取中央截面；

Ⅳ. 对设计使用年限为 25 年的木结构构件，强度设计值调整系数可取 0.9。

试问，针对以上论述正确性的判断，下列何项正确？

(A) Ⅰ、Ⅱ正确，Ⅲ、Ⅳ错误　　(B) Ⅱ、Ⅲ正确，Ⅰ、Ⅳ错误

(C) Ⅰ、Ⅳ正确，Ⅱ、Ⅲ错误　　(D) Ⅲ、Ⅳ正确，Ⅰ、Ⅱ错误

**【答案】** (B)

（1）根据《木标》3.1.12 条，用原木、方木制作承重构件时，木材的含水率不应大于 25%，Ⅰ不正确；

（2）根据《木标》3.1.3 条，Ⅱ正确；

（3）根据《木标》4.3.18 条，Ⅲ正确；

（4）根据《木标》4.3.9 条，Ⅳ不正确。

**【例 9.1.5】** 2013 下午 2 题

一下撑式木屋架，形状及尺寸如图 2013-2 所示，两端铰支于下部结构。其空间稳定措施满足规范要求。$P$ 为由檩条（与屋架上弦锚固）传至屋架的节点荷载。要求屋架露天环境下设计使用年限 5 年。选用西北云杉 TC11A 制作。安全等级为三级。

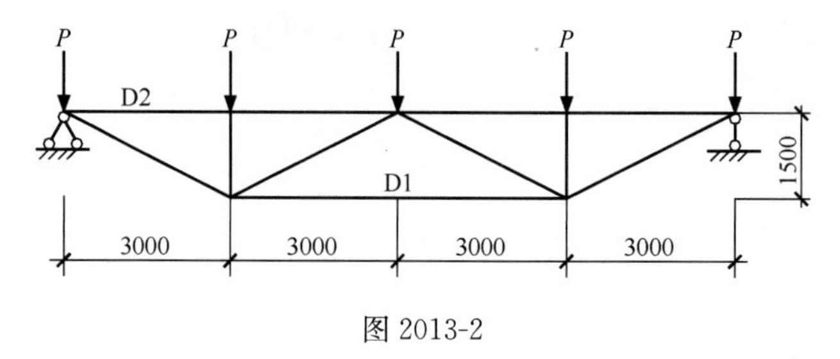


图 2013-2

假定，杆件 D2 采用截面为正方形的方木。试问，满足长细比要求的最小截面边长（mm）与下列何项数值最为接近？

（A）60　　（B）70　　（C）90　　（D）100

**【答案】**（C）

根据《木标》表 4.3.17，受压构件长细比限值 $[\lambda]=120$。

根据《木标》5.1.5 条，$\lambda=\frac{l_0}{i}$，$i=\sqrt{\frac{I}{A}}$。

根据《木标》4.2.8 条，计算长度 $l_0=3\text{m}$，若截面边长为 $a$，则

$$i=\sqrt{\frac{I}{A}}=a\sqrt{\frac{1}{12}}=\frac{l_0}{[\lambda]}=\frac{3000}{120}=25$$

解得：$a=86.6\text{mm}$。

**【例 9.1.6】** 2014 下午 2 题

关于木结构房屋设计，下列说法何项错误？

（A）对于木柱木屋架房屋，可采用贴砌在木柱外侧的烧结普通砖砌体，并应与木柱采取可靠拉结措施

（B）对于有抗震要求的木柱木屋架房屋，其屋架与木柱连接处均须设置斜撑

（C）对于木柱木屋架房屋，当有吊车使用功能时，屋盖除应设置上弦横向支撑外，尚应设置垂直支撑

（D）对于设防烈度为 8 度地震区建造的木柱木屋架房屋，除支撑结构与屋架采用螺栓连接外，椽与檩条、檩条与屋架连接均可采用钉连接

**【答案】**（D）

根据《抗规》11.3.10 条，（A）正确。

根据《木标》7.7.10 条，(B) 正确。

根据《木标》7.7.3 条，(C) 正确。

根据《木标》7.4.11 条，(D) 错误。

**【例 9.1.7】** 2016 下午 2 题

关于木结构设计，下列说法何项正确?

(A) 胶合木层板宜采用硬质阔叶林树种制作

(B) 制作木构件时，受拉构件的连接板木材含水率不应大于 25%

(C) 承重结构现场目测分级方木材质标准对各材质等级中的髓心均不做限制规定

(D)“破心下料”的制作方法可以有效减小木材因干缩引起的开裂，但标准不建议大量使用

**【答案】** (D)

根据《木标》3.1.10 条，(A) 错误。

根据《木标》3.1.12 条，(B) 错误。

根据《木标》附录 A.1.1，(C) 错误。

根据《木标》3.1.13 条及条文说明，(D) 正确。

**【例 9.1.8】** 2020 上午 40 题

试问，下述对于木结构的理解，其中何项错误?

(A) 原木、方木、层板胶合木可作为承重木结构的用材

(B) 标注原木直径时，应以小头为准；验算挠度时，可取构件的中央截面

(C) 抗震设防地区，设计使用年限 50 年的木柱木梁房屋宜建单层，高度不宜超过 3m

(D) 抗震设防地区，设计使用年限 50 年的木结构房屋可以采用木柱与砖墙混合承重

**【答案】** (D)

根据《木标》3.1.1 条，(A) 正确；

根据《木标》4.3.18 条，(B) 正确；

根据《抗规》11.3.3 条，(C) 正确；

根据《抗规》11.3.2 条，(D) 错误。

## 9.2　构件计算

**1. 主要的规范规定**

1)《木标》5.1 节：轴心受拉和轴心受压构件计算。

2)《木标》5.2 节：受弯构件计算。

3)《木标》5.3 节：拉弯和压弯构件计算。

**2. 对规范规定的理解**

1) 轴心受拉构件承载力计算。

(1) 查表确定 $f_t$(应进行强度调整)。

(2) 确定 $A_n$，计算 $A_n$ 时应扣除分布在 150mm 长度上的缺孔投影面积。

(3) 按 $\frac{\gamma_0 N}{A_n} \leqslant f_t$ 求解。

注意：① 计算受拉构件的净截面面积 $A_n$ 时，考虑有缺孔木材受拉时有“迂回”破坏的特征，故规定应将分布在 150mm 长度上的缺孔投影在同一截面上扣除，其所以定为 150mm，是考虑到与《木标》附录表 A.1.1 中有关木节的规定相一致。

② 计算受拉下弦支座节点处的净截面面积 $A_n$ 时，应将槽齿和保险螺栓的削弱一并扣除。

③ 原木构件取最小截面。

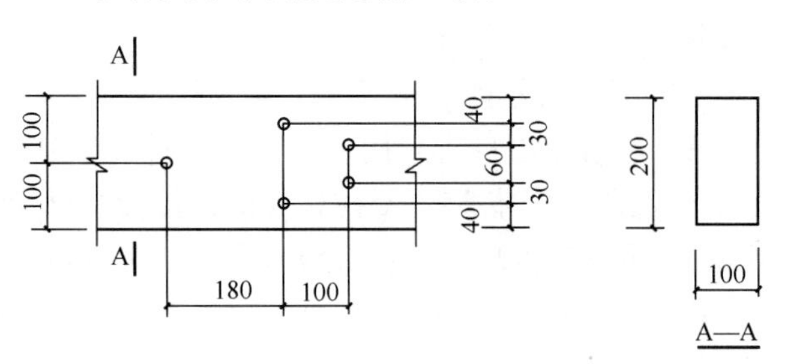


图 9.2-1 圆孔的分布

举例来说，一桁架轴心受拉下弦杆，截面尺寸为 100mm×200mm。弦杆上有 5 个直径为 14mm 的圆孔，圆孔的分布如图 9.2-1 所示。则轴心受拉承载力计算时：$A_n=100\times(200-4\times14)=14400\text{mm}^2$。

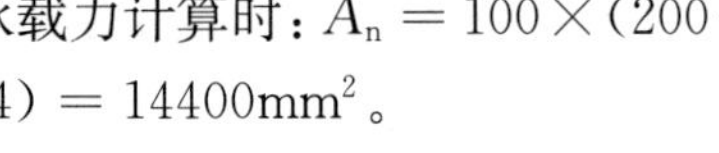

2）轴心受压构件承载力计算

（1）按强度验算解题流程

① 查表确定 $f_c$（应进行强度调整）。

② 确定 $A_n$（净截面面积）。

③ 按 $\dfrac{\gamma_0 N}{A_n}\leqslant f_c$ 求解。

注意：①$A_n$ 采用净截面面积；

② 原木构件 $A_n$ $\begin{cases}\text{端部：用标注直径，梢径 } d_{标}\text{；}\\ \text{中央截面：} d=d_{标}+\dfrac{l}{2}\times 9\text{（mm，长度 } l \text{ 单位为 m）；}\end{cases}$

③ 原木：中间截面（有切削时）、端部截面（无切削时）可分别验算，取二者不利值。

（2）按稳定验算解题流程

① 查表确定 $f_c$（应进行强度调整）。

② 确定 $A_0$（净截面面积）。

$A_0$：
- 取构件的中央截面，原木时：$d=d_{标}+\dfrac{l}{2}\times 9$（mm，长度 $l$ 单位为 m）（4.3.18 条）。
- 5.1.3 条：
  - 1 款，无缺口时：$A_0=A_{全截面}$；
  - 2 款，缺口不在边缘时（螺栓孔不作为缺口，图 5.1.3a）：$A_0=0.9A$；
  - 3 款，缺口在边缘且对称时（图 5.1.3b）：$A_0=A_n$（与强度计算的 $A_n$ 不同）；
  - 4 款，缺口在边缘但不对称时（图 5.1.3c）：$A_0=A_n$（按偏压计算）；
  - 5 款，螺栓孔：可不作为缺孔；
  - 6 款，原木：取平均直径。

③ 确定构件长细比 $\lambda=\dfrac{l_0}{i}$。

其中，计算长度 $l_0=k_l l$（5.1.5 条）；

回转半径 $i=\sqrt{\dfrac{I}{A}}$：

恒截面：
- 圆形截面：$i=\dfrac{d}{4}$
- 矩形截面：$i=\dfrac{h}{\sqrt{12}}=0.289h$

变截面（5.1.6条）：
- 圆形截面：$i=\dfrac{d_{有效直径}}{4}$
- 矩形截面：取构件截面每边的有效边长 $b_n$ 进行计算

④ 确定 $\varphi$ 值（5.1.4条）。本书将公式汇总于表9.2-1。

**确定 $\varphi$ 值所用计算式** **表9.2-1**

| 构件材料 | $\varphi$ 值计算式 |
| --- | --- |
| 方木原木<br>TC15、TC17、TB20 | $\lambda_c=4.13\times\sqrt{1\times330}=75$<br>$\lambda>\lambda_c=75$ 时，$\varphi=\dfrac{0.92\times3.14^2\times1\times330}{\lambda^2}=\dfrac{2993}{\lambda^2}$<br>$\lambda\leqslant\lambda_c=75$ 时，$\varphi=\dfrac{1}{1+\dfrac{\lambda^2}{1.96\times3.14^2\times1\times330}}=\dfrac{1}{1+\dfrac{\lambda^2}{6377}}$ |
| 方木原木<br>TC11、TC13、TB11<br>TB13、TB15、TB17 | $\lambda_c=5.28\times\sqrt{1\times330}=91.5$<br>$\lambda>\lambda_c=91.5$ 时，$\varphi=\dfrac{0.95\times3.14^2\times1\times330}{\lambda^2}=\dfrac{2810}{\lambda^2}$<br>$\lambda\leqslant\lambda_c=91.5$ 时，$\varphi=\dfrac{1}{1+\dfrac{\lambda^2}{1.43\times3.14^2\times1\times330}}=\dfrac{1}{1+\dfrac{\lambda^2}{4230}}$ |

注：本表公式按《木标》5.1.4条得到，当采用规格材、进口方木和进口结构材、胶合木时，应按5.1.4条参数重新计算 $\varphi$ 值。

⑤ 按 $\dfrac{\gamma_0 N}{\varphi A_0}\leqslant f_c$ 求解。

3）受弯构件的受弯承载力计算

（1）按强度验算解题流程

① 查表确定 $f_m$（应进行强度调整）。

② 确定 $W_n$。

圆形：$W_n=\dfrac{\pi d^3}{32}$（原木可取最大弯矩截面计算）；

矩形：$W_n=\dfrac{bh^2}{6}$。

③ 按 $\dfrac{\gamma_0 M}{W_n}\leqslant f_m$ 求解。

（2）按稳定验算解题流程

① 查表确定 $f_m$（应进行强度调整）。

② 确定 $W_n$。

圆形：$W_n=\dfrac{\pi d^3}{32}$；

矩形：$W_n=\dfrac{bh^2}{6}$。

③ 确定受弯构件长细比 $\lambda_b=\sqrt{\frac{l_e h}{b^2}}\leqslant 50$。

此处 $b$、$h$ 主要针对矩形截面，圆形截面无明确规定；受弯构件计算长度 $l_e$ 见表5.2.2-2。

④ 确定 $\varphi_l$。

本书将相关公式规定汇总于表 9.2-2。

**确定 $\varphi_l$** **表 9.2-2**

| 构件材料 | $\varphi_l$ 值计算式 |
|---|---|
| 方木原木<br>TC15、TC17、TB20<br>TC11、TC13、TB11<br>TB13、TB15、TB17 | $\lambda_m=0.9\times\sqrt{1\times 220}=13.35$<br>$50\geqslant\lambda_b>\lambda_m=13.35$ 时，$\varphi_l=\frac{0.7\times 1\times 220}{\lambda_b^2}=\frac{154}{\lambda_b^2}$<br>$\lambda_b\leqslant\lambda_m=13.35$ 时，$\varphi_l=\frac{1}{1+\frac{\lambda_b^2}{4.9\times 1\times 220}}=\frac{1}{1+\frac{\lambda_b^2}{1078}}$ |
| 当受弯构件的两个支座处设有防止其侧向位移和侧倾的侧向支承，并且截面的最大高度对其截面宽度之比以及侧向支承满足下列规定时，侧向稳定系数 $\varphi_l=1.0$：<br>① $h/b\leqslant 4$ 时，中间未设侧向支承；<br>② $4<h/b\leqslant 5$ 时，在受弯构件长度上有类似檩条等构件作为侧向支承；<br>③ $5<h/b\leqslant 6.5$ 时，受压边缘直接固定在密铺板上或直接固定在间距不大于 610mm 的搁栅上；<br>④ $6.5<h/b\leqslant 7.5$ 时，受压边缘直接固定在密铺板上或直接固定在间距不大于 610mm 的搁栅上，并且受弯构件之间安装有横隔板，其间隔不超过受弯构件截面高度的 8 倍；<br>⑤ $7.5<h/b\leqslant 9$ 时，受弯构件的上下边缘在长度方向上均有限制侧向位移的连续构件 | |

⑤ 按 $\frac{\gamma_0 M}{\varphi_l W_n}\leqslant f_m$ 求解。

4）受弯构件的受剪承载力计算

① 查表确定 $f_v$（应进行强度调整）。

② 确定 $I$、$S$、$b$（圆形截面 $b=d$）。

$$\text{圆形}\begin{cases}I_x=\frac{\pi d^4}{64}=0.0491d^4\\W_x=\frac{\pi d^3}{32}=0.0982d^3\\S=\frac{d^3}{12}=0.0833d^3\end{cases}$$

$$\text{矩形}\begin{cases}I_x=\frac{bh^3}{12}\\W_x=\frac{bh^2}{6}\\S=\frac{bh^2}{8}\end{cases}$$

③ 确定 $V$。

当荷载作用在梁的顶面，计算受弯构件的剪力设计值 $V$ 时，可不考虑梁端处距离支座长度为梁截面高度范围内，梁上所有荷载的作用。

④ 按公式 $\frac{\gamma_0 VS}{Ib} \leqslant f_v$ 求解。

5）受弯构件的挠度验算

挠度限值见 4.3.15 条。挠度计算公式可参照静力计算手册。如：

$$\text{简支梁}\begin{cases}\text{均布荷载 } q_k: f = \dfrac{5q_k l^4}{384EI} \\ \text{跨中集中荷载 } F_k: f = \dfrac{F_k l^3}{48EI}\end{cases}$$

6）拉弯构件计算

① 查表确定 $f_t$、$f_m$（应进行强度调整）。

② 确定 $A_n$、$W_n$。

计算 $A_n$ 时应扣除分布在 150mm 长度上的缺孔投影面积。

$$W_n\begin{cases}\text{圆形}: W_n = \dfrac{\pi d^3}{32}\text{（原木可取最大弯矩截面计算）} \\ \text{矩形}: W_n = \dfrac{bh^2}{6}\end{cases}$$

③ 按 $\frac{\gamma_0 N}{A_n f_t} + \frac{\gamma_0 M}{W_n f_m} \leqslant 1$ 求解。

$A_n$ 的计算同受拉构件中的规定。

7）压弯构件计算

（1）按强度验算解题流程

① 查表确定 $f_c$、$f_m$（应进行强度调整）。

② 确定 $A_n$、$W_n$。

$$W_n\begin{cases}\text{圆形}: W_n = \dfrac{\pi d^3}{32}\text{（原木可取最大弯矩截面计算）} \\ \text{矩形}: W_n = \dfrac{bh^2}{6}\end{cases}$$

③ 按 $\frac{\gamma_0 N}{A_n f_c} + \frac{\gamma_0 (M_0 + Ne_0)}{W_n f_m} \leqslant 1$ 求解。

注意：式中 $e_0$ 为构件轴向压力的初始偏心距（mm），当不能确定时，取 $e_0 = 0.05h$，体现构件的初始缺陷，不同于偏心距计算中的偏心距 $e = \frac{M_0}{N}$。

（2）按稳定验算解题流程

① 查表确定 $f_c$、$f_m$（应进行强度调整）。

② 确定 $A$、$A_0$、$W_0$。

$A_0$ 的确定同受压构件稳定验算。

③ 按轴心受压构件确定 $\varphi$。

④ 确定 $k_0$、$k$。

$$k = \frac{Ne_0 + M_0}{Wf_m\left(1 + \sqrt{\dfrac{N}{Af_c}}\right)}$$

$$k_0 = \frac{Ne_0}{Wf_m\left(1+\sqrt{\frac{N}{Af_c}}\right)}$$

注意：式中 $e_0$ 为构件轴向压力的初始偏心距（mm），当不能确定时，取 $e_0 = 0.05h$，体现构件的初始缺陷，不同于偏心距计算中的偏心距 $e = \frac{M_0}{N}$。

⑤ 确定 $\varphi_m$。

$$\varphi_m = (1-k)^2(1-k_0)$$

⑥ 按 $\frac{N}{\varphi\varphi_m A_0} \leqslant f_c$ 验算。

**3. 历年真题解析**

**【例 9.2.1】** 2009 下午 2 题

一芬克式木屋架，几何尺寸及杆件编号如图 2009-2 所示。处于正常环境，设计使用年限为 25 年，安全等级二级。选用西北云杉 TC11A 制作。

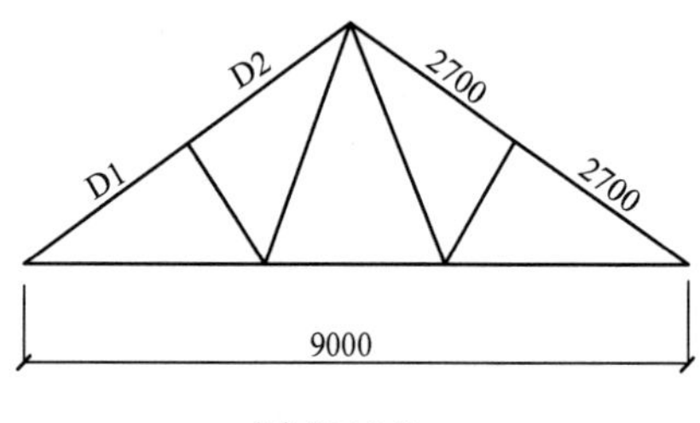

图 2009-2

若该屋架为原木屋架，杆件 D1 未经切削，轴心压力设计值 $N=120$kN，其中恒荷载产生的压力占 60%。试问，当按强度验算时，其设计最小截面直径（mm），与下列何项数值最为接近？

（A）90　　（B）100　　（C）120　　（D）130

**【答案】**（C）

根据《木标》4.3.1 条，TC11A 的抗压强度设计值 $f_c = 10\text{N/mm}^2$。

根据《木标》4.3.2 条，采用原木且未经切削，抗压强度可提高 15%。

根据《木标》4.3.9 条，设计使用年限 25 年，强度调整系数为 1.05。

于是，调整后 $f_c = 10 \times 1.15 \times 1.05 = 12.1\text{N/mm}^2$。安全等级为二级，取 $\gamma_0 = 1.0$。

所需截面积：

$$A_n = \frac{N}{f_c} = \frac{120 \times 10^3}{12.1} = 9917\ \text{mm}^2$$

对应的半径：

$$d = \sqrt{\frac{9917 \times 4}{3.14}} = 112\text{mm}$$

**【例 9.2.2】** 2009 下午 3 题

基本题干同例 9.2.1。

若杆件 D2 采用端面 120mm×160mm（宽×高）的方木，跨中承受的最大初始弯矩设计值 $M_0=3.1\text{kN}\cdot\text{m}$，轴向压力设计值 $N=100$kN，构件的初始偏心距 $e_0=0$，已知恒荷载产生的内力不超过全部荷载所产生的内力的 80%。试问，按稳定验算时，考虑轴向初始弯矩共同作用的折减系数 $\varphi_m$，与下列何项数值最为接近？

**提示：** 小数点后四舍五入保留两位。

（A）0.46　　（B）0.48　　（C）0.52　　（D）0.54

**【答案】**(B)

根据《木标》4.3.1条，TC11A的抗弯强度 $f_m = 11N/mm^2$，抗压强度 $f_c = 10N/mm^2$。

根据《木标》4.3.9条，设计使用年限25年，强度调整系数为1.05。

调整后 $f_m = 11 \times 1.05 = 11.55N/mm^2$，$f_c = 10 \times 1.05 = 10.5N/mm^2$。

杆件截面积：$A = 120 \times 160 = 19200\ mm^2$。

截面抵抗矩：$W = \frac{1}{6}bh^2 = \frac{1}{6} \times 120 \times 160^2 = 512000\ mm^3$。

根据《木标》5.3.2条计算 $\varphi_m$。

由于 $e_0 = 0$，故 $k_0 = 0$。

$$k = \frac{M_0}{Wf_m\left(1+\sqrt{\frac{N}{Af_c}}\right)} = \frac{3.1 \times 10^6}{512000 \times 11.55\left(1+\sqrt{\frac{100 \times 10^3}{19200 \times 10.5}}\right)} = 0.308$$

$$\varphi_m = (1-k)^2 = (1-0.308)^2 = 0.48$$

**【例9.2.3】**2010下午2题

一未经切削的欧洲赤松（TC17B）原木简支檩条，标注直径为120mm，支座间的距离为6m，该檩条的安全等级为二级，设计使用年限为50年。试问，按强度计算时，该檩条的抗弯承载力设计值（kN·m）与下列何项最为接近？

（A）3 （B）4 （C）5 （D）6

**【答案】**(D)

根据《木标》4.3.1条，TC17B的抗弯强度设计值 $f_m = 17N/mm^2$。

根据《木标》4.3.2条，原木未经切削，抗弯强度提高15%，$f_m = 1.15 \times 17 = 19.55N/mm^2$。

根据《木标》4.3.18条，跨中截面直径为120+9×3=147mm。

根据《木标》5.2.1条，得到檩条的抗弯承载力设计值：

$$M_u = f_m W_n = f_m \frac{\pi d^3}{32} = 19.55 \times \frac{3.14 \times 147^3}{32} = 6.1 \times 10^6 N \cdot mm$$

**【例9.2.4】**2010下午3题

一未经切削的欧洲赤松（TC17B）原木简支檩条，标注直径为120mm，支座间的距离为6m，该檩条的安全等级为二级，设计使用年限为50年。试问，该檩条的抗剪承载力(kN)，与下列何项数值最为接近？

（A）14 （B）18 （C）20 （D）27

**【答案】**(A)

**【解题】**根据《木标》5.2.4条计算。

根据《木标》4.3.1条，$f_v = 1.6N/mm^2$。

由 $\frac{VS}{Ib} \leqslant f_v$ 可得

$$V \leqslant \frac{Ib}{S}f_v = \frac{\pi d^4/64 \times d}{\pi d^2/8 \times 2d/(3\pi)} \times f_v = \frac{\pi d^4/64 \times d}{\pi d^2/8 \times 2d/(3\pi)} \times f_v = \frac{3\pi d^2}{16} \times f_v$$

上式中，$2d/(3\pi)$ 为半圆形的形心至直径轴的距离。

$$V \leqslant \frac{3 \times 3.14 \times 120^2}{16} \times 1.6 = 13.6 \times 10^3 N$$

**【例 9.2.5】** 2012 下午 2 题

用北美落叶松原木制作的轴心受压柱，两端铰接，柱计算长度为 3.2m，在木柱 1.6m 高度处有一个 $d=22\text{mm}$ 的螺栓孔穿过截面中央，原木标注直径 $d=150\text{mm}$。该受压杆件处于室内正常环境，安全等级为二级，设计使用年限为 25 年。试问，当按稳定验算时，柱的轴心受压承载力（kN），应与下列何项数值最为接近？

**提示：** 验算部位按经过切削考虑。

(A) 95　　(B) 100　　(C) 105　　(D) 110

**【答案】**(D)

根据《木标》表 4.3.1-1，北美落叶松 TC13A 顺纹抗压强度设计值 $f_c=12\text{MPa}$。

使用年限 25 年，强度设计调整系数为 1.05，$f=1.05f_c=1.05\times12=12.6\text{MPa}$。

根据《木标》4.2.10 条，木柱截面中央直径：

$$d_{中}=150+\frac{3200}{2}\times\frac{9}{1000}=164.4\text{mm}$$

根据《木标》5.1.2 条、5.1.4 条，验算稳定时，螺栓孔不做缺口考虑。则

$$A=\frac{3.14\times164.4^2}{4}=21216\text{mm}^2$$

$$i=\frac{d}{4}=\frac{164.4}{4}=41.1\text{mm}$$

$$\lambda=\frac{l_0}{i}=\frac{3200}{41.1}=77.9<\lambda_c=5.28\times\sqrt{1\times300}=91.45$$

$$\varphi=\frac{1}{1+\dfrac{77.9^2}{1.43\pi^2\times1\times300}}=0.41$$

$$N=\varphi Af=0.41\times21216\times12.6=109602\text{N}=109.6\text{kN}$$

**【例 9.2.6】** 2013 下午 1 题

一下撑式木屋架，形状及尺寸如图 2013-1 所示，两端铰支于下部结构。其空间稳定措施满足规范要求。$P$ 为由檩条（与屋架上弦锚固）传至屋架的节点荷载。要求屋架露天环境下设计使用年限 5 年。选用西北云杉 TC11A 制作，安全等级为三级。

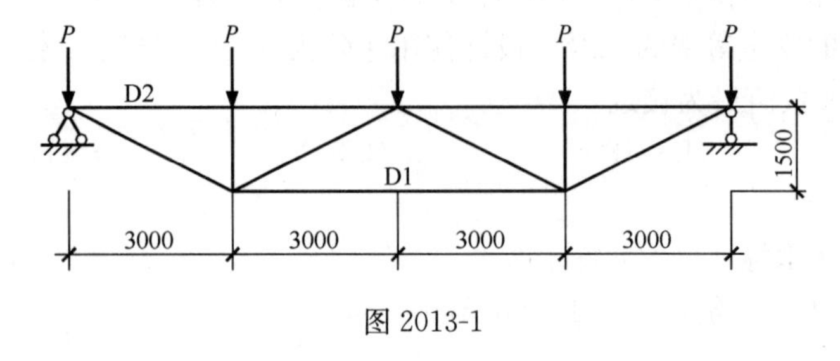


图 2013-1

假定，杆件 D1 采用截面为正方形的方木，$P=16.7\text{kN}$（设计值）。试问，当按强度验算时，其设计最小截面尺寸（mm×mm）与下列何项数值最为接近？

**提示：** 强度验算时不考虑构件自重。

(A) 80×80　　(B) 85×85　　(C) 90×90　　(D) 95×95

**【答案】**(C)

根据《木标》表 4.3.1-3，TC11A 的顺纹抗拉强度 $f_t=7.5\text{N/mm}^2$。

根据《木标》表 4.3.9-1，露天环境下的木材强度设计值调整系数为 0.9。

根据《木标》表 4.3.9-2，设计使用年限 5 年时的木材强度设计值调整系数为 1.1。

则调整后的 TC11A 的顺纹抗拉强度 $f_t=0.9\times1.1\times7.5=7.425\text{N/mm}^2$。

D1 杆承受的轴心拉力 $N=2\times3\times16.7/1.5=66.8\text{kN}$。

由《木标》式（5.1.1）：

$$A_n \geqslant \gamma_0 \frac{N}{f_t} = 0.9 \times \frac{66800}{7.425} = 8096.97\text{mm}^2$$

选 90mm×90mm。

**【例 9.2.7】** 2014 下午 1 题

一原木柱（未经切削），标注直径 $d=110\text{mm}$，选用西北云杉 TC11A 制作，正常环境下设计使用年限 50 年，安全等级二级。计算简图如图 2014-1 所示。假定，上、下支座节点处设有防止其侧向位移和侧倾的侧向支撑。试问，当 $N=0$、$q=1.2\text{kN/m}$（设计值）时，其侧向稳定验算式 $\frac{M}{\varphi_l W}\leqslant f_m$ 左右两侧数值与下列何项最为接近？

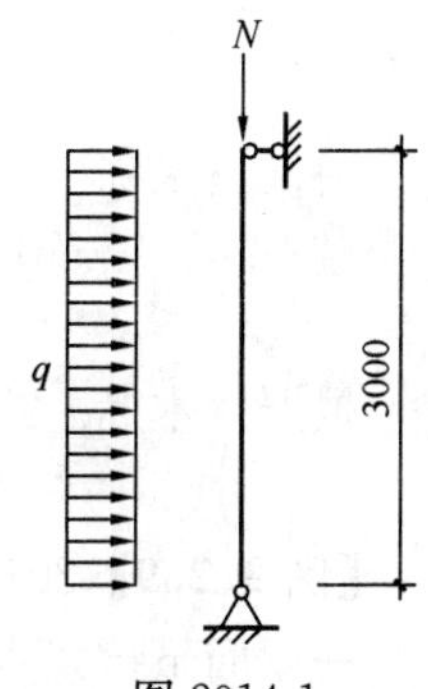

图 2014-1

**提示：**①不考虑构件自重；

②小数点后四舍五入保留两位。

(A) 7.30<11.00　(B) 8.30<11.00　(C) 7.30<12.65　(D) 10.33<12.65

**【答案】**(C)

根据《木标》4.1.7 条，$\gamma_0=1.0$。

根据《木标》4.3.18 条，验算稳定时取中央截面 $d=110+1.5\times9=123.5\text{mm}$。

根据《木标》表 4.3.1-3，TC11A 的抗弯强度 $f_m=11\text{N/mm}^2$。

根据《木标》4.3.2 条，采用原木，抗弯强度设计值调整系数为 1.15。

则调整后的 $f_m=1.15\times11=12.65\text{N/mm}^2$。

最大弯矩 $M=\frac{1}{8}ql^2=0.125\times1.2\times3^2=1.35\text{kN}\cdot\text{m}$。

截面抵抗矩 $W=\frac{1}{32}\pi d^3=\frac{1}{32}\times\pi\times123.5^3=184833.44\text{mm}^3$。

根据《木标》5.2.3 条，$h/b=1<4$，$\varphi_l=1.0$，则

$$\frac{M}{\varphi_l W}=1.35\times10^6/184833.44=7.30\text{N/mm}^2$$

**【例 9.2.8】** 2016 下午 1 题

某设计使用年限为 50 年、安全等级为二级的木结构办公建筑中，有一轴心受压柱，两端铰接，使用未经切削的东北落叶松原木，计算高度为 3.9m，中央截面直径 180mm，回转半径为 45mm，中部有一通过圆心贯穿整个截面的缺口。试问，该杆件的稳定承载力(kN)，与下列何项数值最为接近？

(A) 100　(B) 120　(C) 140　(D) 160

**【答案】**(D)

根据《木标》表 4.3.1-1、表 4.3.1-3，东北落叶松适用的强度等级为 TC17-B，顺纹

抗压强度为 $f_c=15\text{MPa}$。

根据《木标》4.3.2 条 1 款，$f_c=1.15\times15=17.25\text{MPa}$。

根据《木标》5.1.4 条、5.1.5 条，按稳定计算。

构件长细比：

$$\lambda=\frac{l}{i}=\frac{3900}{45}=86.7$$

$$\lambda_c=4.13\times\sqrt{1\times330}=75<\lambda$$

轴心受压构件稳定系数：

$$\varphi=\frac{0.92\pi^2\times1\times330}{86.7^2}=0.399$$

根据《木标》5.1.3 条 2 款，截面计算面积：

$$A_0=0.9A=0.9\times\frac{3.14\times180^2}{4}=22891\text{mm}^2$$

根据《木标》式（5.1.2-2）：

$$N\leqslant\varphi f_cA_0=0.3991\times17.25\times22891=157.6\text{kN}$$

**【例 9.2.9】** 2017 下午 1 题

一屋面下撑式木屋架，形状及尺寸如图 2017-1 所示，两端铰支于下部结构上。假定，该屋架的空间稳定措施满足规范要求。$P$ 为传至屋架节点处的集中恒荷载，屋架处于正常使用环境，设计使用年限为 50 年，材料选用未经切削的 TC17B 东北落叶松，安全等级为二级。

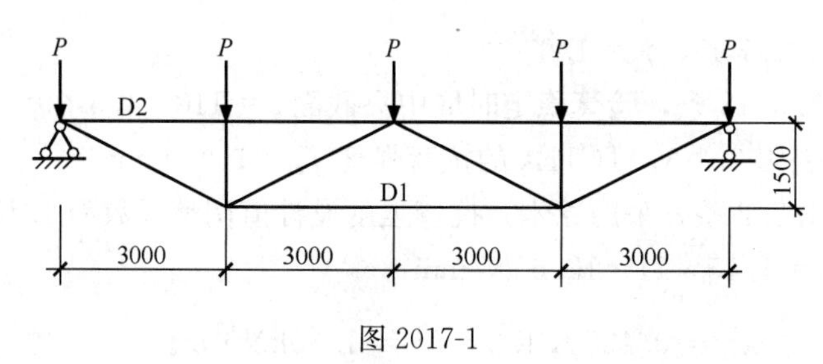


图 2017-1

假定，杆件 D1 采用截面标注直径为 120mm 原木。试问，当不计杆件自重，按恒荷载进行强度验算时，能承担的节点荷载 $P$（设计值，kN），与下列何项数值最为接近？

（A）17　　（B）19　　（C）21　　（D）23

**【答案】**（C）

根据《木标》4.1.7 条，设计使用年限为 50 年的结构构件，$\gamma_0=1.0$。

根据《木标》表 4.3.1-3，TC17B 的顺纹抗拉强度 $f_t=9.5\text{MPa}$。

根据《木标》表 4.3.9-1，按照恒荷载验算时，木材强度设计值调整系数为 0.8。

根据《木标》表 4.3.9-2，设计使用年限为 50 年，木材强度设计值调整系数为 1.0。

则调整后的 TC17B 的顺纹抗拉强度 $f_t=9.5\times0.8\times1.0=7.6\text{MPa}$。

根据《木标》式（5.1.1）：

$$N=\frac{A_nf_t}{\gamma_0}=\frac{120\times120\times3.14\times7.6}{1.0\times4}=85.91\text{kN}$$

则节点集中荷载 $P$ 为：

$$P=\frac{1.5N}{2\times3}=\frac{1.5\times85.91}{6}=21.48\text{kN}$$

**【例 9.2.10】** 2017 下午 2 题

基本题干同例 9.2.9。

假定，杆件 D2 拟采用标注直径 $d$=100mm 的原木。试问，当按照强度验算且不计杆件自重时，该杆件所能承受的最大轴压力设计值（kN），与下列何项数值最为接近？

**提示：** 不考虑施工和维修时的短暂情况。

(A) 118　　(B) 124　　(C) 130　　(D) 136

**【答案】**(D)

根据《木标》表 4.3.1-3，TC17B 的顺纹抗压强度 $f_c=15\text{MPa}$。

根据《木标》表 4.3.2，未经切削的顺纹抗压强度提高系数为 1.15。

则顺纹抗压强度 $f_c=15\times1.15=17.25\text{MPa}$。

根据《木标》5.1.2 条 1 款，净截面面积

$$A_n=\frac{3.14\times100^2}{4}=7850\text{mm}^2。$$

按强度验算时的压力设计值：

$$N=f_cA_n=17.25\times7850=135.4\text{kN}$$

**【例 9.2.11】** 2018 下午 1 题

一正方形截面木柱，木柱截面尺寸为 200mm×200mm，选用东北落叶松 TC17B 制作，正常环境下设计使用年限为 50 年，安全等级为二级。计算简图如图 2018-1 所示。上、下支座节点处设有防止其侧向位移和侧倾的侧向支撑。

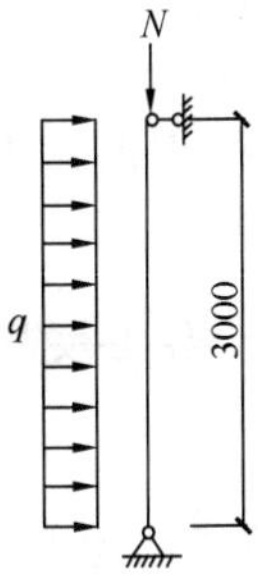

假定，侧向荷载设计值 $q$=1.2kN/m。试问，当按强度验算时，其轴向压力设计值 $N$（kN）的最大值，与下列何项数值最为接近？



图 2018-1

**提示：** ① 不考虑构件自重；

② 构件初始偏心距 $e_0=0$。

(A) 400　　(B) 500　　(C) 600　　(D) 700

**【答案】**(C)

根据《木标》4.3.3 条 2 款及表 4.3.1-3，TC17B 的抗弯强度设计值 $f_m=1.1\times17=18.7\text{N/mm}^2$，TC17B 的顺纹抗压强度设计值 $f_c=1.1\times15=16.5\text{N/mm}^2$。

根据《木标》式（5.3.2-1）：

$$\frac{N}{A_nf_c}+\frac{M+Ne_0}{W_nf_m}\leqslant1$$

其中，构件截面面积 $A_n=200\times200=40000\text{mm}^2$。

根据《木标》式（5.3.2-2），跨中弯矩设计值：

$$M=Ne_0+M_0=0.125\times1.2\times3^2=1.35\text{kN}\cdot\text{m}$$

构件截面抵抗矩 $W_n=\frac{1}{6}\times200\times200^2=1.33\times10^6\text{mm}^3$，则

$$N\leqslant\left(1-\frac{M}{W_nf_m}\right)\times A_nf_c=\left(1-\frac{1.35\times10^6}{1.33\times10^6\times18.7}\right)\times40000\times16.5=624.18\text{kN}$$

**【例 9.2.12】** 2018 下午 2 题

基本题干同例 9.2.11。

假定，侧向荷载设计值 $q=0$。试问，当按稳定验算时，其轴向压力设计值 $N$（kN）的最大值，与下列何项数值最为接近？

**提示：** 不考虑构件自重。

(A) 450　　(B) 550　　(C) 650　　(D) 750

**【答案】** (A)

根据《木标》，构件截面的回转半径 $i=\sqrt{\dfrac{I}{A}}$。

其中，构件截面惯性矩 $I=\dfrac{1}{12}b^4$，构件截面面积 $A=b^2$。则

$$i=\sqrt{\frac{I}{A}}=200\times\sqrt{\frac{1}{12}}=57.74\text{mm}$$

根据《木标》5.1.4 条、5.1.5 条，构件的长细比 $\lambda=\dfrac{l_0}{i}$。两端铰接条件下受压构件的计算长度 $l_0=3000\text{mm}$，则

$$\lambda=\frac{3000}{57.74}=51.96$$

根据《木标》5.1.4 条：

$$\lambda_c=4.13\times\sqrt{1\times 330}=75\geqslant\lambda$$

轴心受压构件的稳定系数：

$$\varphi=\frac{1}{1+\dfrac{51.96^2}{1.96\times 3.14^2\times 1\times 330}}=0.7$$

根据《木标》4.3.2 条 2 款及表 4.3.1-3，TC17B 的顺纹抗压强度设计值 $f_c=1.1\times 15=16.5\text{N/mm}^2$。

根据《木标》式 (5.1.2-2)，按稳定验算时 $\dfrac{N}{\varphi A_0}\leqslant f_c$，则轴心受压构件压力设计值最大值：

$$N=0.7\times 200^2\times 16.5=462\text{kN}$$

**【例 9.2.13】** 2019 下午 1 题

某露天环境木屋架，采用云南松 TC13A 制作，计算简图如图 2019-1 所示，其室内稳定措施满足《木结构设计标准》GB 50005—2017 的规定，$P$ 为檩条（与屋架上弦锚固）传至屋架的节点荷载，设计使用年限为 5 年，结构重要性 $\gamma_0=1.0$。

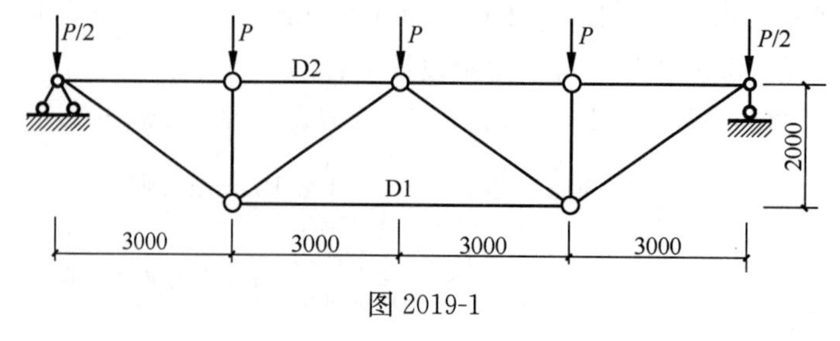


图 2019-1

假设，杆件 D1 为正方形方木，在恒荷载和活荷载共同作用下 $P=20$kN（设计值）。试问，此工况进行强度验算时，其最小截面边长（mm）与下列何项数值最为接近？

**提示：** 强度验算时不考虑构件自重。

(A) 70　　(B) 85　　(C) 100　　(D) 110

**【答案】**(B)

支座反力为 $2P$，采用截面法，在对称轴切开，对对称轴铰接点取矩：

$$N \times 2 = 2P \times 6 - P/2 \times 6 - P \times 3$$

解得 $N=60$kN（拉力）。

根据《木标》表 4.3.1-3，顺纹抗拉强度 $f_t = 8.5\text{N/mm}^2$。

根据《木标》4.3.9 条，$f_t = 0.9 \times 1.1 \times 8.5 = 8.42\text{N/mm}^2$。

根据《木标》5.1.1 条：

$$a \geqslant \sqrt{\frac{N}{f_t}} = \sqrt{\frac{60000}{8.42}} = 84.4\text{ mm}$$

**【编者注】**本题需用结构力学计算出构件 D1 的轴心拉力值。

**【例 9.2.14】**2019 下午 2 题

基本题干同例 9.2.13。

假设杆件 D2 采用截面为正方形的方木，试问，满足长细比要求的最小截面边长（mm）与下列何项数值最为接近？

(A) 90　　(B) 100　　(C) 110　　(D) 120

**【答案】**(A)

杆件 D2 为轴心受压杆件，根据《木标》4.3.17 条，弦杆 $[\lambda] \leqslant 120$。

根据《木标》5.1.5 条，$l_0 = 1.0l = 3000$mm。

根据《木标》5.1.4 条：

$$i \geqslant \frac{l_0}{[\lambda]} = \frac{3000}{120} = 25\text{mm}$$

$$i = \frac{a}{\sqrt{12}}$$

$$a \geqslant 2\sqrt{3}i = 86.6\text{mm}$$

**【编者注】**(1) 本题考查木结构轴心受压构件长细比限值。

(2) 应掌握方形截面回转半径 $i$ 的计算公式。

## 9.3　连接计算

**1. 主要的规范规定**

1)《木标》6.1 节：齿连接。

2)《木标》6.2 节：销连接。

**2. 对规范规定的理解**

1) 齿连接

(1) 齿面承压计算流程（《木标》6.1.2 条 1 款）

① 确定齿面斜纹承压强度 $f_{c\alpha}$。

$\alpha \leqslant 10°$ 时：

$$f_{c\alpha} = f_c$$

$10° < \alpha < 90°$ 时：

$$f_{c\alpha} = \left[\frac{f_c}{1+\left(\frac{f_c}{f_{c,90}}-1\right)\frac{(\alpha-10°)}{80°}\sin\alpha}\right]$$

② 确定齿面尺寸 $h_c$、$b'$。

③ 确定齿面承压面积。

$$A_c = \frac{h_c b'}{\cos\alpha}$$

双齿连接，承压面面积应取两个齿承压面面积之和，即

$$A_c = \frac{(h_c + h_{c1})b'}{\cos\alpha}$$

④ 验算。

$$\frac{N}{A_c} = \frac{N\cos\alpha}{h_c b'} \leqslant f_{c\alpha}$$

⑤ 检查构造要求是否满足。

$$齿深\ h_c\begin{cases}齿连接的\ h_c\begin{cases}方木:h_c \geqslant 20\text{mm}\\ 圆木:h_c \geqslant 30\text{mm}\end{cases}\\ 桁架的\ h_c\begin{cases}支座节点:h_c \leqslant h/3\\ 中间节点:h_c \leqslant h/4\end{cases}\end{cases}$$

（2）下弦受剪面计算流程（《木标》6.1.2 条 2 款）

① 确定下弦受剪面顺纹抗剪强度设计值 $f_v$（需进行强度调整）。

② 确定受剪面计算长度 $l_v$、宽度 $b_v$（表 9.3-1）。

**受剪面计算长度、宽度相关规定　　表 9.3-1**

| 连接形式 | 计算宽度 $b_v$ | 计算长度 $l_v$ |
|---|---|---|
| 单齿 | 取下弦受剪面处截面宽度 | 计算长度：$4.5h_c \leqslant l_v \leqslant 8h_c$<br>湿材制作时，桁架支座节点，剪面实际长度=计算长度 $l_v$+50mm |
| 双齿 | 取下弦第二齿受剪面处截面宽度 | 仅考虑第二齿剪面的工作，计算长度：$\begin{cases}l_{v1} \geqslant 4.5h_c\\ l_v \leqslant 10h_c\end{cases}$<br>湿材制作时，桁架支座节点，剪面实际长度 = 计算长度 $l_v$ + 50mm |

③ 确定 $\psi_v$。

根据 $\frac{l_v}{h_c}$ 查《木标》表 6.1.2（单齿）或表 6.1.3（双齿）插值确定。

④ 受剪验算。

$$\frac{V}{l_v b_v} = \frac{N\cos\alpha}{l_v b_v} \leqslant \psi_v f_v$$

（3）上弦轴压力 $N_u$ 计算

按齿面承压：

$$N_{u1} \leqslant \frac{f_{c\alpha} h_c b'}{\cos\alpha}$$

按下弦受剪：

$$N_{u2} \leqslant \frac{\psi_v f_v l_v b_v}{\cos\alpha}$$

$$N_u = \min\{N_{u1}, N_{u2}\}$$

2）销连接

采用单剪或对称双剪连接的销轴类紧固件，每个剪面的承载力设计值 $Z_d$ 按下式计算：

$$Z_d = C_m C_n C_t k_g Z$$

① 确定 $C_m$、$C_n$、$C_t$。

$C_m$、$C_t$：按《木标》表 6.2.5 确定。

$$C_n\text{：根据《木标》4.3.9 条 2 款}\begin{cases}5\text{ 年：}1.10\\25\text{ 年：}1.05\\50\text{ 年：}1.00\\100\text{ 年及以上：}0.90\end{cases}$$

② 确定 $k_g$。

侧构件为木材：查《木标》表 K.2.3。

侧构件为钢板：查《木标》表 K.2.4。

③ 计算 $Z$。

$$Z = k_{min} t_s d f_{es}$$

式中：$k_{min} = [k_{\text{I}}, k_{\text{II}}, k_{\text{III}}, k_{\text{IV}}]$，按《木标》6.2.7 条计算，该条中 $R_e = \dfrac{f_{em}}{f_{es}}$，$R_t = \dfrac{t_m}{t_s}$；

$t_s$—— 较薄构件或边部构件的厚度；

$d$—— 销轴类紧固件的直径；

$t_m$——较厚构件或中部构件的厚度；

$f_{em}$——较厚构件或中部构件的销槽承压强度标准值，按《木标》6.2.8 条计算；

$f_{es}$——较薄构件或边部构件的销槽承压强度标准值，按《木标》6.2.8 条计算。

**3. 历年真题解析**

**【例 9.3.1】** 2008 下午 2 题

某三角形木桁架的上弦杆和下弦杆在支座节点处采用单齿连接，节点连接如图 2008-2 所示。齿连接的齿深 $h_c$=30mm，上弦轴线与下弦轴线的夹角 $\alpha$=30°，上、下弦杆采用红松（TC13），其截面尺寸均为 140mm×140mm。该桁架处于室内正常环境，安全等级为二级，设计使用年限为 50 年。

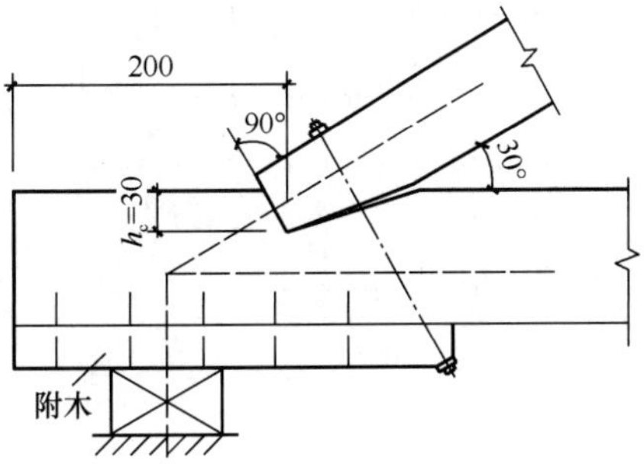

图 2008-2

根据对下弦杆齿面的承压承载力计算，试问，齿面能承受的上弦杆最大轴向压力设计值（kN），应与下列何项数值最为接近？

（A）28　　（B）37　　（C）49　　（C）60

**【答案】**（B）

根据《木标》表 4.3.1-3，$f_c = 10\text{N/mm}^2$，$f_{c,90} = 2.9\text{N/mm}^2$。

根据《木标》表 4.3.3，$10° < \alpha = 30° < 90°$，则

$$f_{c\alpha} = \frac{f_c}{1+\left(\frac{f_c}{f_{c,90}}-1\right)\frac{(\alpha-10°)}{80°}\sin\alpha} = \frac{10}{1+\left(\frac{10}{2.9}-1\right)\frac{(30°-10°)}{80°}\sin 30°} = 7.66\text{N/mm}^2$$

根据《木标》6.1.2 条：

$$A_c = \frac{bh_c}{\cos\alpha} = \frac{140\times 30}{\cos 30°} = 4849.74\text{mm}^2$$

$$N = A_c f_{c\alpha} = 4849.74\times 7.66\times 10^{-3} = 37.15\text{kN}$$

**【例 9.3.2】** 2008 下午 3 题

基本题干同例 9.3.1。

若采用湿材制作，根据对下弦杆齿面的受剪承载力计算，试问，齿面能承受的上弦杆最大轴向压力设计值（kN），应与下列何项数值最为接近？

（A）23　　（B）30　　（C）32　　（C）35

**【答案】**（B）

根据《木标》表 4.3.1-3，$f_v = 1.4\text{N/mm}^2$。

根据《木标》6.1.1 条，湿材，$l_v = 200-50 = 150\text{mm} < 8h_c = 8\times 30 = 240\text{mm}$。

根据《木标》6.1.2 条，$\frac{l_v}{h_c} = \frac{150}{30} = 5$，查表 6.1.2，$\psi_v = 0.89$。

$$V = l_v b_v \psi_v f_v = 150\times 140\times 0.89\times 1.4\times 10^{-3} = 26.17\text{kN}$$

$$N = \frac{V}{\cos\alpha} = \frac{26.17}{\cos 30°} = 30.22\text{kN}$$

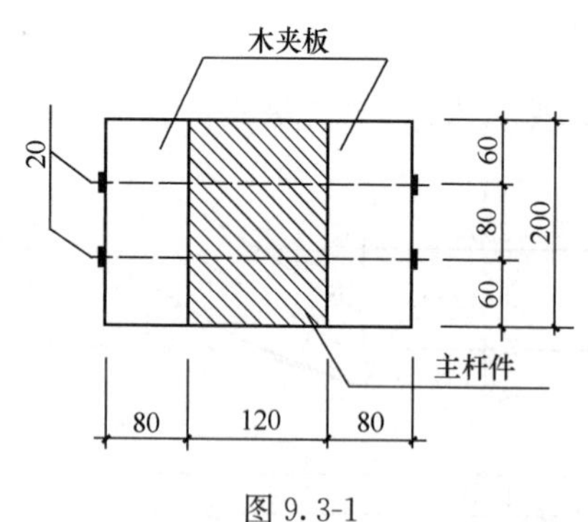


图 9.3-1

**【例 9.3.3】** 自编题

某受拉木构件由两段矩形截面干燥的油松木连接而成，顺纹受力，接头采用螺栓木夹板连接，夹板木材与主杆件相同；连接节点处的构造，如图 9.3-1 所示。该构件处于室内正常环境，安全等级为二级，设计使用年限为 50 年；螺栓采用 4.6 级普通螺栓，其排列方式为两纵行齐列：螺栓纵向中距为 $9d$，端距为 $7d$。若该杆件的轴心拉力设计值为 170kN，试问，接头每端所需的最少螺栓总数（个），应与下列何项数值最为接近？

**提示：**$k_{min} = 0.17$，$k_g = 0.95$。

（A）14　　（B）12　　（C）10　　（D）8

**【答案】**（C）

根据《木标》表 L.0.1，油松，$G = 0.43$。

根据《木标》6.2.8 条：

$$f_{es} = 77G = 77 \times 0.43 = 33.11\text{N/mm}^2$$

根据《木标》6.2.6 条：

$$Z = k_{min} t_s d f_{es} = 0.17 \times 80 \times 20 \times 33.11 \times 10^{-3} = 9\text{kN}$$

根据《木标》6.2.5 条：

$$Z_d = C_m C_n C_t k_g Z = 1.0 \times 1.0 \times 1.0 \times 0.95 \times 9 = 8.55\text{kN}$$

$$n = \frac{N}{2Z_d} = \frac{170}{2 \times 8.55} = 9.94\text{ 个，取 } 10\text{ 个}$$

# 参 考 文 献


[1] 中华人民共和国住房和城乡建设部. 砌体结构设计规范：GB 50003—2011[S]. 北京：中国建筑工业出版社，2012.

[2] 中华人民共和国住房和城乡建设部. 砌体结构工程施工质量验收规范：GB 50203—2011 [S]. 北京：中国建筑工业出版社，2012.

[3] 中华人民共和国住房和城乡建设部. 建筑抗震设计规范：GB 50011—2010(2016 年版)[S]. 北京：中国建筑工业出版社，2016.

[4] 中华人民共和国住房和城乡建设部. 木结构设计标准：GB 50005—2017[S]. 北京：中国建筑工业出版社，2018.

[5] 中华人民共和国住房和城乡建设部. 木结构工程施工质量验收规范：GB 50206—2012 [S]. 北京：中国建筑工业出版社，2012.

[6] 朱炳寅. 建筑抗震设计规范应用与分析[M]. 2 版. 北京：中国建筑工业出版社，2017.

[7] 苑振芳. 砌体结构设计手册[M]. 4 版. 北京：中国建筑工业出版社，2013.

[8] 唐岱新，龚绍熙，周炳章. 砌体结构设计规范理解与应用[M]. 2 版. 北京：中国建筑工业出版社，2012.

[9] 本书编委会. 全国一级注册结构工程师专业考试试题解答及分析(2012～2018)[M]. 北京：中国建筑工业出版社，2019.

[10] 本书编委会. 全国二级注册结构工程师专业考试试题解答及分析(2012～2018)[M]. 北京：中国建筑工业出版社，2019.

执业资格考试丛书

# 注册结构工程师专业考试规范解析・解题流程・考点算例

## ④ 地基基础

吴伟河　鲁　恒　编著

中国建筑工业出版社

**图书在版编目（CIP）数据**

注册结构工程师专业考试规范解析·解题流程·考点算例．4，地基基础 / 吴伟河，鲁恒编著．— 北京：中国建筑工业出版社，2022.2

（执业资格考试丛书）

ISBN 978-7-112-26989-1

Ⅰ．①注… Ⅱ．①吴… ②鲁… Ⅲ．①建筑结构—资格考试—自学参考资料②地基—基础（工程）—资格考试—自学参考资料 Ⅳ．①TU3

中国版本图书馆 CIP 数据核字(2021)第 266988 号

# 前　言

注册结构工程师专业考试涉及的专业知识覆盖面较广，如何在有限的复习时间里，掌握考试要点，提高复习效率，是每一个考生希望解决的问题。本书以现行注册结构工程师专业考试大纲为依据，以考试所用规范规程为基础，结合【羿学堂】注册结构工程师专业考试考前培训授课经验以及工程结构设计实践经验编写而成。

现就本书的适用范围、编写方式及使用建议等作如下说明。

**一、适用范围**

本书主要适用于一、二级注册结构工程师专业考试备考考生。

**二、编写方式**

（1）本书主要包括混凝土结构、钢结构、砌体与木结构、地基基础、高层与高耸结构、桥梁结构6个分册。其中，各科目涉及的荷载及地震作用的相关内容，《混凝土结构设计规范》GB 50010—2010第11章的构件内力调整的相关内容，均放在高层分册中。各分册根据考点知识相关性进行内容编排，将不同出处的类似或相关内容全部总结在一起，可以大大节省翻书的时间，提高做题速度。

（2）大部分考点下设“主要的规范规定”“对规范规定的理解”“历年真题解析”三个模块。“主要的规范规定”里列出该考点涉及的主要规范名称、条文号及条文要点；“对规范规定的理解”则是深入剖析规范条文，必要时，辅以简明图表，并在流程化答题步骤中着重梳理易错点、系数取值要点等内容；“历年真题解析”则选取了历年真题中典型的题目，讲解解答过程，以帮助考生熟悉考试思路。对历年未考过的考点，则设置了高质量的自编题，以防在考场上遇到而无从下手。本书所有题目均依据现行规范解答，出处明确，过程详细，并带有知识扩展。部分题后备有注释，讲解本题的关键点和复习时的注意事项，明确一些存在争议的问题。

（3）为节省篇幅，本书涉及的规范名称，除试题题干采用全称外，其余均采用简称。《地基基础》分册涉及的主要规范及简称如表1所示。

**《地基基础》分册中主要规范及简称　　表1**

| 规范全称 | 本书简称 |
|---|---|
| 《建筑结构可靠性设计统一标准》GB 50068—2018 | 《可靠性标准》 |
| 《建筑结构荷载规范》GB 50009—2012 | 《荷规》 |
| 《建筑抗震设计规范》GB 50011—2010（2016年版） | 《抗规》 |
| 《建筑工程抗震设防分类标准》GB 50223—2008 | 《分类标准》 |
| 《混凝土结构设计规范》GB 50010—2010（2015年版） | 《混规》 |
| 《建筑地基基础设计规范》GB 50007—2011 | 《地规》 |
| 《建筑桩基技术规范》JGJ 94—2008 | 《桩规》 |

续表

| 规范全称 | 本书简称 |
| --- | --- |
| 《建筑地基处理技术规范》JGJ 79—2012 | 《地处规》 |
| 《建筑边坡工程技术规范》GB 50330—2013 | 《坡规》 |
| 《建筑地基基础工程施工质量验收标准》GB 50202—2018 | 《地验规》 |
| 《既有建筑地基基础加固技术规范》JGJ 123—2012 | 《既有地规》 |
| 《建筑基桩检测技术规范》JGJ 106—2014 | 《桩验规》 |
| 《建筑地基基础工程施工规范》GB 51004—2015 | 《地施规》 |

## 三、使用建议

本书涵盖专业考试绝大部分基础考点，知识框架体系较为完整，逻辑性强，有助于考生系统地学习和理解各个考点。之后，再通过有针对性的练习，既巩固上一阶段复习效果，还可以熟悉命题规律，抓住复习重点，具有较强的应试针对性。

对于基础薄弱、上手困难，学习多遍仍然掌握不了本书精髓，多年考试未能通过的考生，可以购买注册考试网络培训课程。课程从编者思路出发，帮你快速上手、高效复习，全面深入地掌握本书及考试相关内容。

此外，编者提醒考生，一本好的辅导教材虽然有助于备考，但自己扎实的专业基础才是根本，任何时候都不能本末倒置，辅导教材只是帮你熟悉、理解规范，最终还是要回归到规范本身。正确理解规范的程度和准确查找规范的速度是检验备考效率的重要指标，对规范的规定要在理解其表面含义的基础上发现其隐含的要求和内在逻辑，并学会在实际工程中综合应用。

## 四、致谢

本书在编写过程中参考了朱炳寅、兰定筠等前辈的著作，中国建筑工业出版社刘瑞霞、武晓涛两位老师在审稿、编辑润色等方面的工作给作者带来巨大的帮助与启发，在此一并致以崇高的敬意和衷心的感谢。

由于编者水平有限，书中难免存在疏漏及不足，欢迎读者加入 QQ 群 895622993 或添加吴工微信“TandEwwh”，对本书展开讨论或提出批评建议。另外，微信公众号“注册结构”会发布本书的相关更新信息，欢迎关注。

最后祝大家取得好的成绩，顺利通过考试。

# 本册目录

# 1　地基总论、基本规定、土的分类及工程特性指标

## 1.1　基本规定

### 1.1.1　地基基础设计等级及地基变形控制原则

**1. 主要的规范规定**

1）《地规》3.0.1 条：地基基础设计等级的规定。

2）《地规》3.0.2～3.0.3 条：地基变形对基础设计影响的基本规定。

**2. 对规范规定的理解**

1）根据地基复杂程度、建筑物规模和功能特征以及由于地基问题可能造成建筑物破坏或影响正常使用的程度分为甲、乙、丙三个设计等级。不同设计等级对应不同的变形控制要求及承载力确定（检测）方案。

2）《地规》3.0.3 条列出可不作变形验算的丙级的建筑物范围，规范条文注 1：地基主要受力层系指条形基础底面下深度为 $3b$（$b$ 为基础底面宽度），独立基础下为 $1.5b$，且厚度均不小于 5m 的范围（二层以下一般的民用建筑除外）。

对于“主要受力层”的理解，地基附加应力随深度扩散分布，即地基附加应力不仅发生在基底面积之下，而且分布在基底以外相当大的范围之外。随着深度越深附加应力越小。《地规》以附加应力 $\sigma=0.2P_0$ 对应的深度作为地基的主要受力层。从图 1.1-1 中可以看出，对于条形荷载附加应力 $\sigma=0.2P_0$ 时，对应的深度为 $3B$；而对于方形荷载，附加应力 $\sigma=0.2P_0$ 时，对应的深度为 $1.5B$，方形基础的影响深度比条形荷载小很多（这也是规范注 1 规定地基主要受力层对于方形和条形基础分别为 $1.5B$ 和 $3B$ 的原因）。

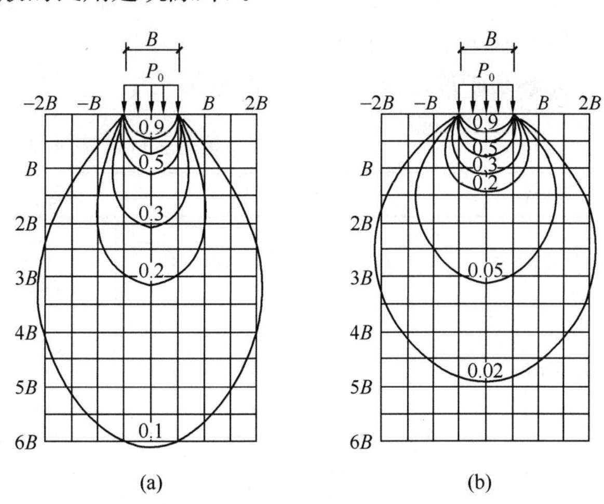


图 1.1-1　均布荷载下附加应力分布图

（a）条形荷载；（b）方形荷载

**3. 历年真题解析**

**【例 1.1.1】** 2010 下午 5 题

下列关于地基基础设计等级及地基变形设计要求的论述，其中何项是不正确的？

(A) 场地和地基条件复杂的一般建筑物的地基基础设计等级为甲级

(B) 位于复杂地质条件及软土地区的单层地下室的基坑工程的地基基础设计等级为乙级

(C) 按地基变形设计或应作变形验算且需进行地基处理的建筑物或构筑物，应对处理后的地基进行变形验算

(D) 场地和地基条件简单，荷载分布均匀的6层框架结构，采用天然地基，其持力层的地基承载力特征值为120kPa时，建筑物可不进行地基变形计算

**【答案】**(D)

依据《建筑地基基础设计规范》GB 50007—2011 表3.0.3，对于框架结构，$f_{ak}$ 在100kPa和130kPa之间时，不进行地基变形计算对应的层数为≤5层，故(D)项不正确。

### 1.1.2 作用效应与抗力限值

**1. 主要的规范规定**

1)《地规》3.0.5条：地基基础设计时，所采用的作用效应与相应的抗力限值。

2)《地规》3.0.6条：地基基础设计时，作用组合的效应设计值计算。

3)《地规》9.4.1条：基坑支护结构设计时，基本组合的效应设计值的简化计算。

**2. 对规范规定的理解**

1) 对于地基的滑移、倾覆和稳定问题，属于承载能力极限状态的范围，由于地基材料特性既影响荷载，又影响抗力，为避免设计人员的理解错误，在上述计算中仍采用国际上通用的计算方法，即规范3.0.5条第3款的规定：

计算挡土墙、地基或滑坡稳定以及基础抗浮稳定时，作用效应应按承载能力极限状态下作用的基本组合，但其分项系数均为1.0。

地基基础设计两种极限状态见表1.1-1。

**地基基础设计两种极限状态** **表1.1-1**

| 设计状态 | 作用组合 | 设计对象 | 适用范围 |
|---|---|---|---|
| 承载力极限状态 | 基本组合或简化基本组合 | 基础 | 基础的弯曲、剪切、冲切计算 |
| | | 地基 | 滑移、倾覆或稳定问题 |
| 正常使用极限状态 | 标准组合<br>频遇组合<br>准永久组合 | 基础 | 裂缝宽度等 |
| | | 地基 | 沉降、差异沉降、倾斜等 |

荷载组合与抗力限值见表1.1-2。

**荷载组合与抗力限值** **表1.1-2**

| 验算内容 | 选取的荷载组合 | 相应抗力 |
|---|---|---|
| 基础面积与埋深 | 标准组合 | 地基承载力特征值 |
| 确定桩数 | 标准组合 | 单桩承载力特征值 |
| 地基变形 | 准永久组合（不计风荷载和地震作用） | 地基变形允许值 |
| 挡土墙、地基或滑坡稳定、基础抗浮稳定 | 基本组合（分项系数均为1.0） | |

续表

| 验算内容 | 选取的荷载组合 | 相应抗力 |
| --- | --- | --- |
| 基础或桩基承台高度、支挡结构截面、基础或支挡结构内力、配筋、材料强度验算，上部结构传来的作用效应和相应基底反力、挡土墙土压力及滑坡推力 | 基本组合（采用相应分项系数） | |
| 基础裂缝宽度 | 标准组合 | |

2）《地规》3.0.6 条，对由永久作用控制的基本组合，可采用简化规则，基本组合的效应设计值 $S_d=1.35S_k$。《地规》9.4.1 条规定基坑支护结构设计时，基本组合的效应设计值可采用简化规则 $S_d=1.25S_k$（例如排桩支护中的支护桩桩身受弯计算），对于轴向受力为主的构件 $S_d=1.35S_k$（例如内支撑支护中的内撑），复习过程中需注意区分。

**3. 自编题解析**

**【例 1.1.2】**自编题

在进行建筑地基基础设计时，关于所采用的荷载效应最不利组合与相应的抗力限值的下述内容，何项不正确？

（A）按地基承载力确定基础底面积时，传至基础的荷载效应按正常使用极限状态下荷载效应的标准组合，相应抗力采用地基承载力特征值

（B）按单桩承载力确定桩数时，传至承台底面上的荷载效应按正常使用极限状态下荷载效应的标准组合，相应抗力采用单桩承载力特征值

（C）计算地基变形时，传至基础底面上的荷载效应按正常使用极限状态下荷载效应的标准组合，相应限值应为相关规范规定的地基变形允许值

（D）计算基础内力，确定其配筋和验算材料强度时，上部结构传来的荷载效应组合及相应的基底反力，应按承载能力极限状态下荷载效应的基本组合采用相应的分项系数

**【答案】**（C）

依据《地规》3.0.5 条第 1 款，可知（A）、（B）正确；依据本条第 2 款可知（C）不正确；依据本条第 4 款可知（D）正确。

## 1.2 地基岩土分类

**1. 主要的规范规定**

1）《地规》4.1.3～4.1.4 条：岩石的划分。

2）《地规》4.1.5～4.1.6 条：碎石土的划分。

3）《地规》4.1.7～4.1.8 条：砂土的划分。

4）《地规》4.1.9～4.1.10 条：黏性土和粉土的划分。

5）《地规》4.1.11～4.1.12 条：淤泥及其他特殊土的划分。

**2. 对规范规定的理解**

1） 土的物理性质

（1） 土的三相组成（图 1.2-1）

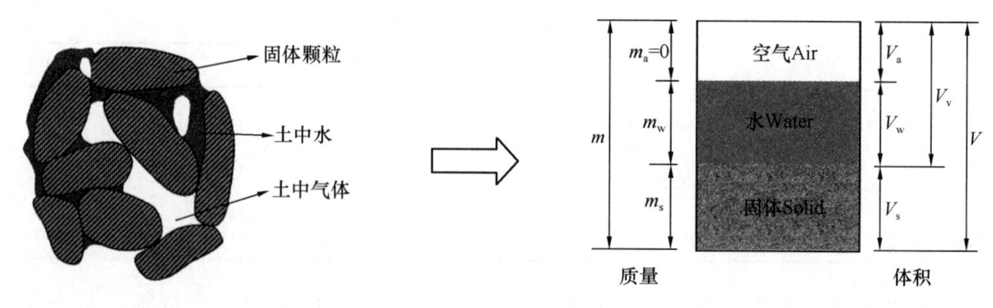


图 1.2-1　土的三相组成与三相草图

图中符号意义：

$V$——土的总体积；

$V_v$——土的孔隙部分总体积；

$V_s$——土的固体颗粒部分总体积；

$V_w$——土中水的体积；

$V_a$——土中气体的体积；

$m$——土的总质量；

$m_v$——土中孔隙流体总质量；

$m_s$——土中固体颗粒总质量；

$m_w$——土中水质量；

$m_a$——土中空气质量。

（2）常用物理性质指标

组成土的三相的性质，特别是固体颗粒的性质，直接影响土的工程特性。同样一种土，密实时抗剪强度高，松散时抗剪强度低；对于细粒土，水含量少时则硬，水含量多时则软。这说明土的性质不仅受三相组成的性质影响，也和三相之间量的比例有密切关系。

① 表示土体密度和重度的指标如表 1.2-1 所示。

**土体密度和重度的指标**　　**表 1.2-1**

| | |
|---|---|
| 天然密度：$\rho=\frac{m}{V}=\left(\frac{m_s+m_w}{V_s+V_w+V_a}\right)^2$<br>天然重度：$\gamma=\rho g$ | 干密度：被烘干时的密度，$\rho_d=m_s/V$<br>干重度：$\gamma_d=\rho_d g$ |
| 饱和密度：土饱和时的密度，$\rho_{sat}=\frac{m_s+\rho_w V_v}{V}$<br>饱和重度：$\gamma_{sat}=\rho_{sat}g$ | 浮重度：$\gamma'=\gamma_{sat}-\gamma_w$ |

② 工程上常用孔隙比 $e$ 或孔隙率 $n$ 表示土中孔隙的含量。

孔隙比 $e$——指土体孔隙总体积与固体颗粒总体积之比，表示为：

$$e=\frac{V_v}{V_s}$$

孔隙率（或称孔隙度）——指孔隙总体积与土体总体积之比，常用百分数表示：

$$n=\frac{V_v}{V}\times 100\%$$

孔隙比和孔隙率都是用以表示孔隙体积含量的指标。

$$n=\frac{e}{1+e}\times100\%$$

$$e=\frac{n}{1-n}$$

土的孔隙比与孔隙率都可用来表示同一种土的松密程度。它与土形成过程中所受的压力、粒径级配和颗粒排列的状况有关。一般粗粒土的孔隙率小，细粒土的孔隙率大。例如砂类土的孔隙率一般是28%～35%；黏性土的孔隙率可高达60%～70%，亦即孔隙比大于1.0，这时单位体积内孔隙的体积比土颗粒的体积大。

（3）土的物理状态指标

所谓土的物理状态，是指土的松密和软硬状态。对于粗粒土，是指土的松密程度；对于细粒土则是指土的软硬程度或称为黏性土的稠度。

① 粗粒土的密实状态

土的密实度通常指单位体积中固体颗粒的含量，土颗粒含量多，土就密实；反之土就疏松。工程上为了更好地表明粗粒土（无黏性土）所处的松密状态，采用将现场土的孔隙比 $e$ 与该种土所能达到最密时的孔隙比 $e_{min}$ 和最松时的孔隙比 $e_{max}$ 相对比来表示孔隙比为 $e$ 时土的密实程度。这种度量密实度的指标称为相对密度 $D_r$ ，表示为：

$$D_r=\frac{e_{max}-e}{e_{max}-e_{min}}$$

$D_r=0$ 时，$e=e_{max}$ 表示土处于最松的状态；$D_r=1$ 时，$e=e_{min}$ 表示土处于最密实的状态。

② 黏性土的稠度状态

黏性土最主要的物理状态特征是它的稠度。如图1.2-2所示，黏性土中含水量很低时，水都被颗粒表面的电荷紧紧吸附于颗粒表面，成为强结合水。强结合水的性质接近于固态。因此，当土粒之间只有强结合水时，按水膜厚薄不同，土表现为固态或半固态。

当含水量增加，被吸附在颗粒周围的水膜加厚，土粒周围除强结合水外还有弱结合水，弱结合水呈黏滞状态，受力时可以变形。在这种含水量情况下，土体受外力作用可以被捏成任意形状而不破裂，外力取消后仍然保持改变后的形状。这种状态称为塑态，土的这种性质称为塑性。

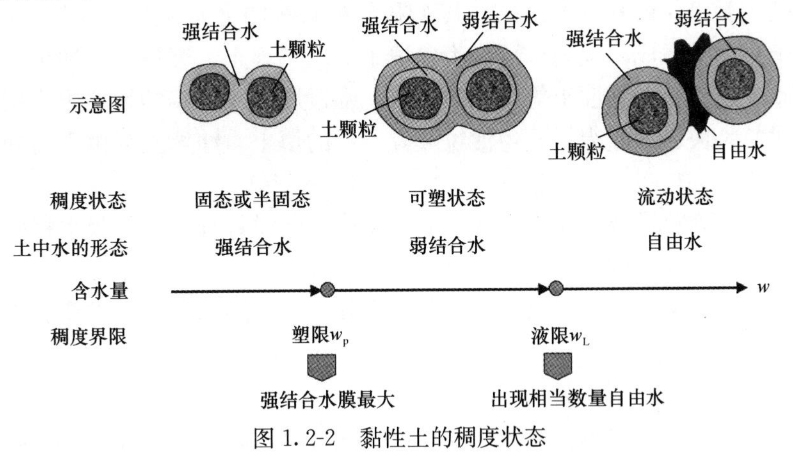


图1.2-2　黏性土的稠度状态

当含水量继续增加，土中除结合水外，已有相当数量的水处于电场引力影响范围以外，成为自由水。这时土粒之间被自由水所隔开，土体不能承受剪应力，而呈流动状态。

液性界限 $w_L$ 亦即液限含水量，简称液限。相当于土从塑性状态转变为液性状态时的含水量。这时，土中水的形态除结合水外，已有一定数量的自由水。

塑性界限 $w_p$ 亦即塑性含水量，简称塑限。相当于土从半固体状态转变为塑性状态时的含水量。这时，土中水的形态大约是强结合水含量的上限。

塑性指数 $I_p$，等于液限与塑限之差：$I_p = w_L - w_p$ 。就物理概念而言，它大体上表示土所能吸附的弱结合水的能力。吸附结合水的能力是土的黏性大小的标志。

仅仅知道含水量的绝对值，并不能说明土处于什么状态。要说明细粒土的稠度状态，需要有一个表征土的天然含水量与分界含水量之间相对关系的指标，这就是液性指数 $I_L$。

$$I_L = \frac{w - w_p}{w_L - w_p} = \frac{w - w_p}{I_p}$$

2）地基岩土的分类

（1）岩体完整程度根据完整性指数划分为完整、较完整、较破碎、破碎和极破碎。完整性指数为岩体纵波波速与岩块纵波波速之比的平方。

$$K_V = \left(\frac{\text{岩体纵波速度}}{\text{岩块纵波速度}}\right)^2 = \left(\frac{V_{pm}}{V_{pr}}\right)^2$$

《地规》5.2.6 条，对完整、较完整和较破碎的岩石地基承载力特征值，可根据室内饱和单轴抗压强度进行计算，$f_a = \psi_r \cdot f_{rk}$，$\psi_r$ 的取值对完整岩体可取 0.5；对较完整岩体可取 0.2～0.5；对较破碎岩体可取 0.1～0.2。

（2）规范对特殊性土作了如下定义，复习中应该注意。

粉土为介于砂土与黏性土之间，塑性指数（$I_p$）小于或等于 10 且粒径大于 0.075mm 的颗粒含量不超过全重 50％的土。

淤泥为在静水或缓慢的流水环境中沉积，并经生物化学作用形成，其天然含水量大于液限、天然孔隙比大于或等于 1.5 的黏性土。当天然含水量大于液限而天然孔隙比小于 1.5 但大于或等于 1.0 的黏性土或粉土为淤泥质土。含有大量未分解的腐殖质，有机质含量大于 60％的土为泥炭，有机质含量大于等于 10％且小于等于 60％的土为泥炭质土。

红黏土为碳酸盐岩系的岩石经红土化作用形成的高塑性黏土。其液限一般大于 50％。红黏土经再搬运后仍保留其基本特征，其液限大于 45％的土为次生红黏土。

人工填土根据其组成和成因，可分为素填土、压实填土、杂填土、冲填土。素填土为由碎石土、砂土、粉土、黏性土等组成的填土。经过压实或夯实的素填土为压实填土。杂填土为含有建筑垃圾、工业废料、生活垃圾等杂物的填土。冲填土为由水力冲填泥砂形成的填土。

膨胀土为土中黏粒成分主要由亲水性矿物组成，同时具有显著的吸水膨胀和失水收缩特性，其自由膨胀率大于或等于 40％的黏性土。

湿陷性土为在一定压力下浸水后产生附加沉降，其湿陷系数大于或等于 0.015 的土。

**3. 历年真题解析**

**【例 1.2.1】** 2016 下午 13 题

假定，持力层岩石饱和单轴抗压强度标准值为 10MPa，岩体纵波波速为 600m/s，岩块纵波波速为650m/s。试问，不考虑施工因素引起的强度折减及建筑物使用后岩石风化作用的继续时，根据岩石饱和单轴抗压强度计算得到的持力层地基承载力特征值（kPa），与下列何项数值最为接近？

（A）2000　（B）3000　（C）4000　（D）5000

**【答案】**（D）

根据《地规》4.1.4条，岩体完整性指数$=\left(\frac{600}{650}\right)^2=0.852>0.75$，属于完整岩体。

根据《地规》5.2.6条，完整岩，$\psi_r=0.5$

$$f_a=0.5\times10000=5000\text{kPa}$$

**【例1.2.2】** 2016下午14题（二级）

某地基土层粒径小于0.05mm的颗粒含量为50%，含水率$w=39.0\%$，液限$w_L=28.9\%$，塑限$w_p=18.9\%$，天然孔隙比$e=1.05$。

试问，该地基土层采用下列何项名称最为合适？

（A）粉砂　（B）粉土

（C）淤泥质粉土　（D）淤泥质粉质黏土

**【答案】**（C）

塑性指数$I_p=w_L-w_p=28.9\%-18.9\%=10\%$，根据《地规》4.1.11条，土层粒径小于0.05mm的颗粒含量为50%，介于砂土和黏性土之间，为粉土；

$1.0\leqslant e=1.05<1.5$，$w=39.0\%>w_L=28.9\%$，根据《地规》4.1.12条，为淤泥质土。

**【例1.2.3】** 2012下午10题（二级）

根据地勘资料，已知③层黏土的天然含水率$w=42\%$，液限$w'_L=53\%$，塑限$w_p=29\%$，土的压缩系数$a_{1-2}=0.32\text{MPa}^{-1}$。试问，下列关于该土层的状态及压缩性评价，何项正确？

**提示**：液性指数$I_L=\frac{w-w_p}{w_L-w_p}$。

（A）硬塑，低压缩性土　（B）可塑，低压缩性土

（C）可塑，中压缩性土　（D）软塑，中压缩性土

**【答案】**（C）

液性指数$I_L=\frac{w-w_p}{w_L-w_p}=\frac{42-29}{53-29}=\frac{13}{24}=0.54$。

根据《地规》4.1.10条，$0.25\leqslant I_L\leqslant0.75$，为可塑。

根据《地规》4.2.5条，$0.1\text{MPa}^{-1}\leqslant a_{1-2}=0.32\text{MPa}^{-1}<0.5\text{MPa}^{-1}$，为中压缩性土。

**【例1.2.4】** 2020下午16题

关于岩土工程勘察有下列观点：

Ⅰ.建筑物地基均应进行施工验槽；

Ⅱ.在抗震设防烈度为7度及高于7度的建筑场地勘察时，必须测定土层的剪切波速；

Ⅲ.砂土和平均粒径不超过50mm且最大粒径不超过100mm的碎石土密实度都可采用动力触探试验评价；

Ⅳ. 对抗震设防烈度为6度的地区不需要进行土的液化评价。

试问，依据《建筑地基基础设计规范》GB 50007—2011和《建筑抗震设计规范》GB 50011—2010（2016年版）的有关规定，针对上述观点的判断，下列何项结论正确？

(A) Ⅰ、Ⅱ正确　　(B) Ⅰ、Ⅲ正确

(C) Ⅱ、Ⅳ正确　　(D) Ⅱ、Ⅲ正确

**【答案】**(B)

1) 根据《地规》3.0.4条第3款，Ⅰ正确；

2) 根据《抗规》4.1.3条，Ⅱ错误；

3) 根据《地规》4.1.6条，Ⅲ正确；

4) 根据《抗规》4.3.1条，Ⅳ错误。

## 1.3 工程特性指标

### 1.3.1 土的强度指标

**1. 主要的规范规定**

1)《地规》4.2.1条：土的工程特性指标可采用强度指标、压缩性指标以及静力触探探头阻力、动力触探锤击数、标准贯入试验锤击数、载荷试验承载力等特性指标表示。

2)《地规》4.2.2条：地基土工程特性指标的代表值应分别为标准值、平均值及特征值。抗剪强度指标应取标准值，压缩性指标应取平均值，载荷试验承载力应取特征值。

3)《地规》4.2.4条：土的抗剪强度指标，可采用原状土室内剪切试验、无侧限抗压强度试验、现场剪切试验、十字板剪切试验等方法测定。

**2. 对规范规定的理解**

1) 地基土工程特性代表值

抗剪强度指标 $\varphi_k$、$c_k$：应取标准值；

压缩性指标：应取平均值；

载荷试验承载力：应取特征值。

2) 土的抗剪强度指标

土的抗剪强度主要依靠室内试验和原位测试确定。室内试验方法主要包括三轴剪切试验、直剪试验、无侧限压缩试验以及其他室内试验方法。现场试验包括十字板剪切试验等。

当采用室内剪切试验确定时，宜选择三轴压缩试验的自重压力下预固结的不固结不排水试验。经过预压固结的地基可采用固结不排水试验。每层土的试验数量不得少于六组。

### 1.3.2 土的压缩性指标

**1. 主要的规范规定**

1)《地规》4.2.5条：土的压缩性指标可采用原状土室内压缩试验、原位浅层或深层平板载荷试验、旁压试验确定，并应符合下列规定：

(1) 当采用室内压缩试验确定压缩模量时，试验所施加的最大压力应超过土自重压力

与预计的附加压力之和，试验成果用 $e$-$p$ 曲线表示。

（2）当考虑土的应力历史进行沉降计算时，应进行高压固结试验，确定先期固结压力、压缩指数，试验成果用 $e$-$\lg p$ 曲线表示。为确定回弹指数，应在估计的先期固结压力之后进行一次卸荷，再继续加荷至预定的最后一级压力。

（3）当考虑深基坑开挖卸荷和再加荷时，应进行回弹再压缩试验，其压力的施加应与实际的加卸荷状况一致。

2）《地规》4.2.6 条：地基土的压缩性可按 $p_1$ 为 100kPa，$p_2$ 为 200kPa 时相对应的压缩系数值 $a_{1-2}$ 划分为低、中、高压缩性，并符合以下规定：

当 $a_{1-2}<0.1\text{MPa}^{-1}$ 时，为低压缩性土；

当 $0.1\text{MPa}^{-1}\leqslant a_{1-2}<0.5\text{MPa}^{-1}$ 时，为中压缩性土；

当 $a_{1-2}\geqslant 0.5\text{MPa}^{-1}$ 时，为高压缩性土。

**2. 对规范规定的理解**

1）土颗粒在通常的压力范围下可以认为是不可压缩的，因而可将土的体积变化看作完全是土的孔隙体积变化，则侧限条件下压缩量 $s$ 和孔隙比 $e$ 之间具有一一对应关系，由图 1.3-1 可得压缩量 $s$ 和孔隙比 $e$ 之间计算式。

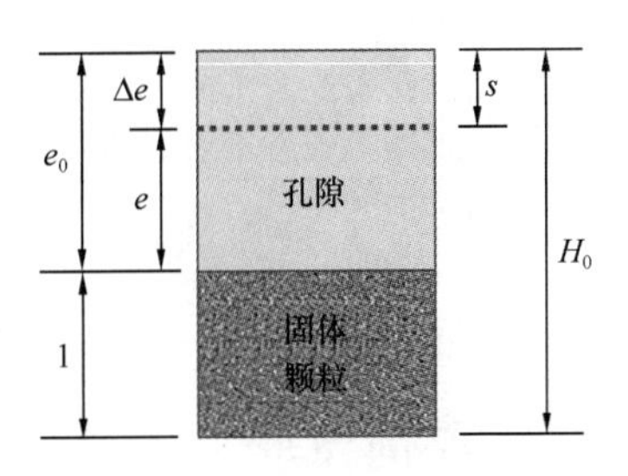


图 1.3-1　三相草图

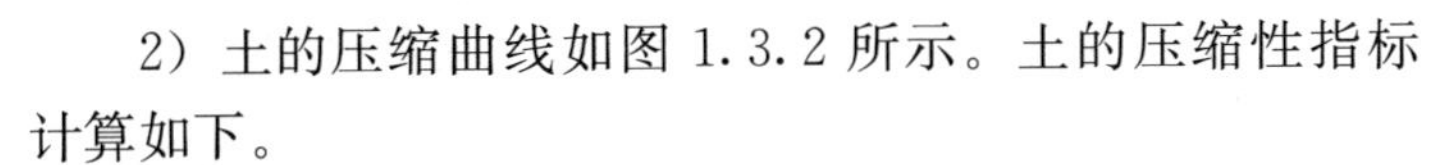

$$\frac{H_0}{H_0-s}=\frac{1+e_0}{1+e}\Rightarrow e=e_0-(1+e_0)\frac{s}{H_0}$$

2）土的压缩曲线如图 1.3.2 所示。土的压缩性指标计算如下。

（1）侧限压缩模量

$$E_s=\frac{\Delta p}{\Delta \varepsilon}$$

（2）压缩系数

$$a=-\frac{e_1-e_2}{p_1-p_2}$$

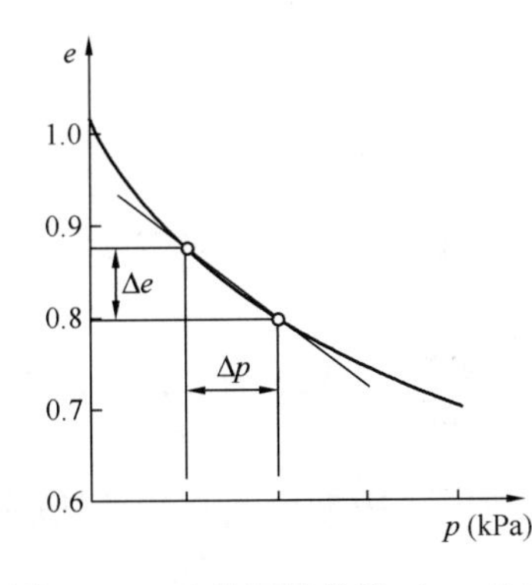


图 1.3-2　土的压缩曲线（$e$-$p$ 曲线）

由三相草图可知 $\Delta\varepsilon=\dfrac{\Delta e}{1+e_0}$，可得 $E_s=\dfrac{1+e_0}{a}$。

不同土的压缩系数不同，$a$ 越大，土的压缩性越大；同种土的压缩系数 $a$ 不是常数，与应力 $p$ 有关；通常用 $a_{1-2}$ 即应力范围为 100～200kPa 的 $a$ 值对不同土的压缩性进行比较。

（3）体积压缩系数

$$m_v=\frac{1}{E_s}=\frac{a}{1+e_0}$$

3）压缩系数 $a_{1-2}$。

地基土的压缩性可按 $p_1$ 为 100kPa，$p_2$ 为 200kPa 时相对应的压缩系数值 $a_{1-2}$ 划分为低、中、高压缩性。

$$\text{压缩系数 } a_{1-2}=-\frac{e_1-e_2}{p_1-p_2}\begin{cases}a_{1-2}<0.1\text{MPa}^{-1} & \text{低压缩性土}\\ 0.1\leqslant a_{1-2}<0.5\text{MPa}^{-1} & \text{中压缩性土}\\ a_{1-2}\geqslant 0.5\text{MPa}^{-1} & \text{高压缩性土}\end{cases}$$

压缩模量 $E_s = \dfrac{\Delta p}{\Delta H/H} = \dfrac{1+e_1}{a}\begin{cases} E_s \leqslant 4\text{MPa}^{-1} & \text{高压缩性土} \\ 4\text{MPa}^{-1} < E_s < 15\text{MPa}^{-1} & \text{中压缩性土} \\ E_s > 15\text{MPa}^{-1} & \text{低压缩性土} \end{cases}$

**3. 历年真题解析**

**【例 1.3.1】** 2012 下午 14 题

根据地勘资料，某黏土层的天然含水率 $w=35\%$，液限 $w_L=52\%$，塑限 $w_p=23\%$，土的压缩系数 $a_{1-2}=0.12\text{MPa}^{-1}$，$a_{2-3}=0.09\text{MPa}^{-1}$。试问，下列关于该土层的状态及压缩性评价，何项正确？

(A) 可塑，中压缩性土　　(B) 硬塑，低压缩性土

(C) 软塑，中压缩性土　　(D) 可塑，低压缩性土

**【答案】**(A)

液性指数 $I_L = \dfrac{w-w_p}{w_L-w_p} = \dfrac{35-23}{52-23} = \dfrac{12}{29} = 0.41$。

根据《地规》4.1.10 条，$0.25 < I_L < 0.75$，为可塑。

根据《地规》4.2.5 条，$0.1\text{MPa}^{-1} < a_{1-2} = 0.12\text{MPa}^{-1} < 0.5\text{MPa}^{-1}$，为中压缩性土。

## 1.4 载荷试验

**1. 主要的规范规定**

1)《地规》4.2.3 条：载荷试验应采用浅层平板载荷试验或深层平板载荷试验。浅层平板载荷试验适用于浅层地基，深层平板载荷试验适用于深层地基。两种载荷试验的试验要求应分别符合本规范附录 C、D 的规定。

2)《地规》附录 C.0.1～C.0.4 条：浅层平板载荷试验条件。

3)《地规》附录 C.0.5 条：浅层平板载荷试验终止加载条件。

4)《地规》附录 C.0.6～C.0.8 条：地基承载力确定。

**2. 对规范规定的理解**

1) 典型的 $p$-$s$ 曲线（图 1.4-1）

(1) 直线变形阶段（压实阶段）：当压力小于比例界限压力 $p_0$ 时，$p$-$s$ 曲线为直线关系，主要是承压板以下土体的压实；

(2) 局部剪切阶段：当压力大于比例界限压力 $p_0$，但小于极限荷载 $p_u$ 时，$p$-$s$ 变为曲线关系，这阶段除了土体的压实外，还有局部剪切破坏发生；

(3) 破坏阶段：压力增加很小，沉降却急剧增加，不能稳定，土中形成连续的剪切破坏滑动面，在地表出现隆起及裂缝。

2) 载荷试验破坏类型

载荷试验的破坏类型见图 1.4-2，第一类是荷载不大于某一值时呈直线变形，超过此值后很快破坏，多见于半胶结岩土，表现为脆性破坏；第二类最为常见，曲线前段大体为直线，过第一拐点后呈曲线，过第二拐点后破坏；第三类无明显直线段，两个特征点均不明显，多见于软土。

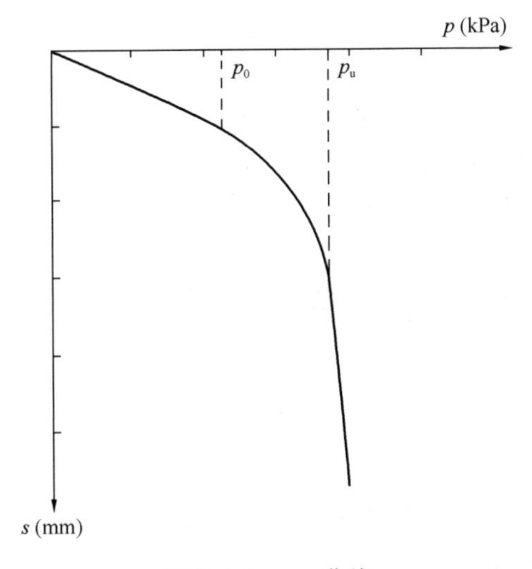


图 1.4-1 $p$-$s$ 曲线

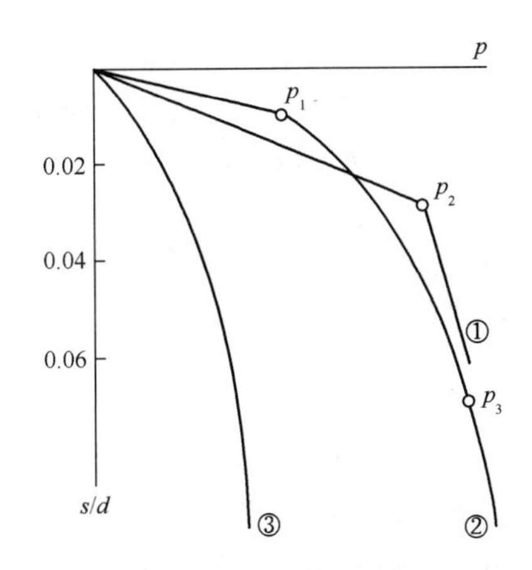


图 1.4-2 载荷试验破坏类型

3）浅层平板载荷试验

（1）终止加载条件

① 承压板周围的土明显地侧向挤出；

② 沉降 $s$ 急骤增大，$p$-$s$ 曲线出现陡降段；

③ 在某一级荷载下，24h 内沉降速率不能达到稳定标准；

④ 沉降量与承压板宽度或直径之比大于或等于 0.06。

（2）承载力特征值的确定

① 当 $p$-$s$ 曲线上有比例界限时，取该比例界限所对应的荷载值；

② 当极限荷载小于对应比例界限的荷载值的 2 倍时，取极限荷载值的一半；

$$f_{ak} = \min\{p_{cr}, p_u/2\}$$

③ 当不能按上述两款要求确定时，当压板面积为 0.25～0.5m$^2$，可取 $s/b=0.01$～0.05 所对应的荷载，但其值不应大于最大加载量的一半。

$$f_{ak} = p_{0.01\sim0.05} \leqslant \frac{p_{max}}{2}$$

（3）承载力特征值的取值

同一土层参加统计的试验点不应少于三点，各试验实测值的极差不得超过其平均值的 30%，取此平均值作为该土层的地基承载力特征值（$f_{ak}$）。

$$f_{max} - f_{min} \leqslant \frac{f_1 + f_2 + f_3}{3} \times 30\% \Rightarrow f_{ak} = \frac{f_1 + f_2 + f_3}{3}$$

4）深层平板载荷试验

（1）终止加载条件

① 沉降 $s$ 急剧增大，$p$-$s$ 曲线上有可判定极限承载力的陡降段，且沉降量超过 0.04$d$（$d$ 为承压板直径）；

② 在某级荷载下，24h 内沉降速率不能达到稳定；

③ 本级沉降量大于前一级沉降量的 5 倍；

④ 当持力层土层坚硬，沉降量很小时，最大加载量不小于设计要求的 2 倍。

（2）承载力特征值的确定

① 当 $p$-$s$ 曲线上有比例界限时，取该比例界限所对应的荷载值；

② 满足终止加载条件前三款的条件之一时，其对应的前一级荷载定为极限荷载，当该值小于对应比例界限的荷载值的 2 倍时，取极限荷载值的一半；

$$f_{ak} = \min\{p_{cr}, p_u/2\}$$

③ 不能按上述两款要求确定时，可取 $s/d=0.015$ 所对应的荷载值，但其值不应大于最大加载量的一半。

$$f_{ak} = p_{0.01\sim0.05} \leqslant \frac{p_{max}}{2}$$

（3）承载力特征值的取值

同一土层参加统计的试验点不应少于三点，各试验实测值的极差不得超过其平均值的 30%，取此平均值作为该土层的地基承载力特征值（$f_{ak}$）。

$$f_{max} - f_{min} \leqslant \frac{f_1+f_2+f_3}{3} \times 30\% \Rightarrow f_{ak} = \frac{f_1+f_2+f_3}{3}$$

**3. 历年真题解析**

**【例 1.4.1】** 2002 上午 3 题（岩土）

在较软弱的黏性土中进行平板载荷试验，承压板为正方形，面积为 $0.25m^2$。各级荷载及相应的累计沉降如表 2002-3 所示。根据 $p$-$s$ 曲线（如图 2002-3 所示），试按《建筑地基基础设计规范》GB 50007—2011 计算承载力特征值（假设软土层中取 $s/b$ 小值计算）。

**各级荷载及相应的累计沉降　　表 2002-3**

| $p$（kPa） | 54<br>162 | 81<br>189 | 108<br>216 | 135<br>243 |
|---|---|---|---|---|
| $s$（mm） | 2.15<br>21.50 | 5.05<br>30.55 | 8.95<br>40.35 | 13.90<br>48.50 |

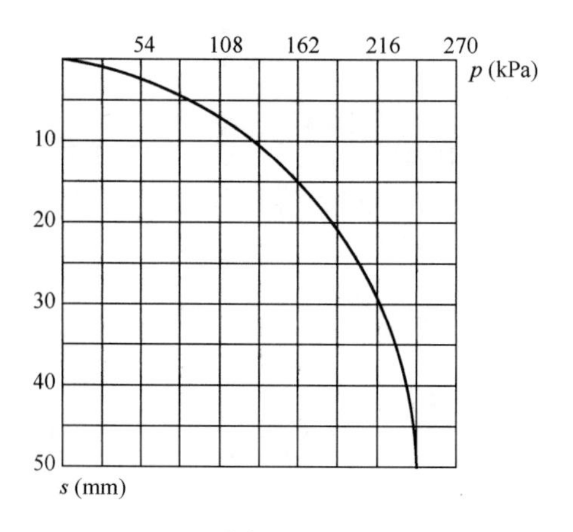


图 2002-3

**【答案】**

根据《地规》附录C：

（1）该 $p$-$s$ 曲线为缓变型，压板面积为 $0.25m^2$，为浅层平板载荷试验。取小值，$s/b=0.01$ 所对应的荷载为承载力特征值，计算如下：

$$s=0.01b=0.01\times\sqrt{0.25}\times1000=5.0\text{mm}$$

插值计算：$p=54+(81-54)\times\dfrac{5.0-2.15}{5.05-2.15}=80.5\text{kPa}$

（2）最大加载量为 $p=243\text{kPa}$，取最大加载量的一半为121.5kPa。

（3）取两者的小值，即承载力特征值为80.5kPa。

**【例1.4.2】** 2020上午17题

某工程场地进行地基土浅层平板载荷试验，采用方形承压板，面积为 $0.5m^2$，试验加载至375kPa时，承压板周围土体侧向挤出，实测数据如表2020-17所示。

**试验实测数据**　　　　**表2020-17**

| $p$（kPa） | 25 | 50 | 75 | 100 | 125 | 150 | 175 | 200 | 225 | 250 | 275 | 300 | 325 | 350 |
|---|---|---|---|---|---|---|---|---|---|---|---|---|---|---|
| $s$（mm） | 0.80 | 1.60 | 2.41 | 3.20 | 4.00 | 4.80 | 5.60 | 6.40 | 7.85 | 9.80 | 12.1 | 16.4 | 21.5 | 26.6 |

试问，由该试验点确定的承载力特征值（kPa），与下列何项数值最为接近？

（A）175　　（B）188　　（C）200　　（D）225

**【答案】**（A）

根据《地规》C.0.5条、C.0.6条，可得极限荷载为350kPa，由表2020-17中数据可知，比例界限等于200kPa，200kPa>350/2=175kPa，由该试验点确定的土层承载力特征值为175kPa。

# 2 基础埋置深度和承载力计算

## 2.1 基础埋置深度

**1. 主要的规范规定**

1)《地规》5.1.6 条：季节性冻土地区基础埋置深度。

2)《地规》5.1.7 条：季节性冻土地基的场地冻结深度。

3)《地规》G.0.2 条：建筑基础底面允许冻土层最大厚度。

**2. 对规范规定的理解**

1) 土的冻涨与融陷（图 2.1-1）

土体冻结过程中有聚冰膨胀现象，即土的冻胀现象。

当天气转暖气温升至 0℃以上时，已经冻结的土体开始融化，冻结时冻土的吸水膨胀变形将在融化过程中逐步消失，已经胀起的地面将恢复原位，冻土出现融沉现象。

2) 季节性冻土地基的场地冻结深度（图 2.1-2）

(1) 场地冻结深度 $z_d$的计算有实测资料时，$z_d=h'-\Delta z$。场地冻结深度从夏天地面作为计算基准。

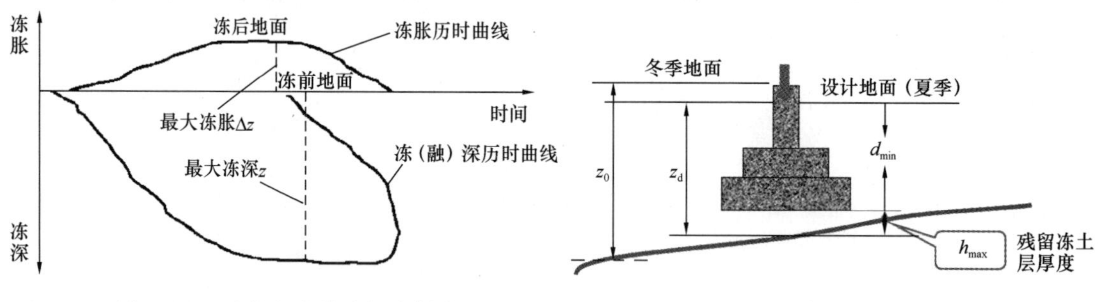


图 2.1-1 地基土冻融过程示意图

图 2.1-2 场地冻结深度示意图

$z_0$：标准冻结深度。可按《建筑地基基础设计规范》GB 50007—2002 附录 F 确定，也可根据不少于 10 年的多年实测资料的平均值确定。

$\psi_{zs}$：土的类别对冻结深度的影响系数。土体类别不同，其导热系数不同，会直接影响地基土的冻深。一般地，粗粒土的导热系数较大，其受环境温度影响的程度较大，冻深也较大。

$\psi_{zw}$：土的冻胀性对冻结深度的影响系数。根据土层的平均冻胀率，土的冻胀性可分为五个等级，即不冻胀土、弱冻胀土、冻胀土、强冻胀土、特强冻胀土。土的颗粒越粗，透水性越强，冻结过程中未冻水被排出冰冻区的可能性越大，土的冻胀性越小。土的天然含水率越高，特别是自由水的含量越高，则冻胀性越强。

$\psi_{ze}$：环境对冻结深度的影响系数。由于热岛效应，城市的气温高于郊外，在规范中采用环境因素来考虑，当城市市区人口为20万～50万人时，按城市近郊取值。

(2)《地规》5.1.8条，要求最小埋深为：$d_{min}=z_d-h_{max}$。基础附加应力是影响建筑基础底面之下允许冻土层厚度的因素之一，对基础抵抗冻胀有利，当附加应力较大时，基底下允许残留冻土层的厚度也较大。因此有《地规》附录G.0.2，确定允许残留冻土层厚度的基底平均压力代表值应为永久荷载标准值效应乘以0.9。

**3. 历年真题解析**

**【例2.1.1】**2012下午3题

地处北方的某城市，市区人口30万，集中供暖。现拟建设一栋三层框架结构建筑，地基土层属季节性冻胀的粉土，标准冻深2.4m，采用柱下方形独立基础，基础底面边长$b$=2.7m，荷载效应标准组合时，永久荷载产生的基础底面平均压力为144.5kPa。试问，当基础底面以下容许存在一定厚度的冻土层且不考虑切向冻胀力的影响时，根据地基冻胀性要求的基础最小埋深（m）与下列何项数值最为接近？

(A) 2.40　　(B) 1.80

(C) 1.60　　(D) 1.40

**【答案】**(B)

查表得：$\psi_{zs}=1.2$，$\psi_{zw}=0.90$，$\psi_{ze}=0.95$；由题意有$z_0=2.4$m。

根据《地规》5.1.7条，设计冻深为：

$$z_d=z_0\cdot\psi_{zs}\cdot\psi_{zw}\cdot\psi_{ze}=2.4\times1.2\times0.9\times0.95=2.4624\text{m}$$

根据《地规》附录表G.0.2的注4，采用基底平均压力为0.9×144.5=130kPa，查附录表G.0.2，得$h_{max}$=0.70m。

根据《地规》5.1.8条，最小埋深为：

$$d_{min}=z_d-h_{max}=2.4624-0.70=1.7624\text{m}$$

注意：当城市市区人口为20万～50万人时，环境影响系数$\psi_{ze}$一项按城市近郊取值。

## 2.2　地基土承载力计算

### 2.2.1　基底压力计算

**1. 主要的规范规定**

1)《地规》5.2.2条1款：轴心荷载作用时，基础底面压力计算。

2)《地规》5.2.2条2款：偏心荷载作用时，基础底面压力计算。

3)《地规》5.2.2条3款：基础底面形状为矩形且偏心距$e>b/6$时，基础底面压力计算。

**2. 对规范规定的理解**

1) 基底压力的影响因素

精确地确定基底压力的大小与分布形式是一个很复杂的问题，它涉及上部结构、基础、地基三者间的共同作用问题，与三者的变形特性（如建筑物和基础的刚度，土层的应力应变关系等）有关，影响因素很多。

实测资料表明，刚性基础底面上的压力分布形状大致有图 2.2-1 所示的几种情况。当荷载较小时，基底压力分布形状如图 2.2-1（a）所示，接近弹性理论解；荷载增大后，基底压力可呈马鞍形［图 2.2-1（b）］；荷载再增大时，边缘塑性区逐渐扩大，所增加的荷载必须靠基底中部应力的增大来平衡，基底压力图形可变为抛物线形［图 2.2-1（d）］以至倒钟形分布［图 2.2-1（c）］。

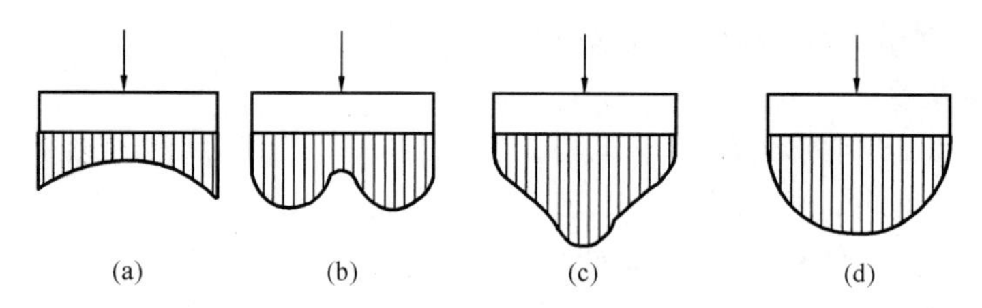


图 2.2-1　实测刚性基础底面上的压应力分布

2）基底压力简化计算（图 2.2-2）

基底压力的分布形式是十分复杂的，目前的设计计算是采用简化的方法，即假定基底压力按直线分布的材料力学方法。

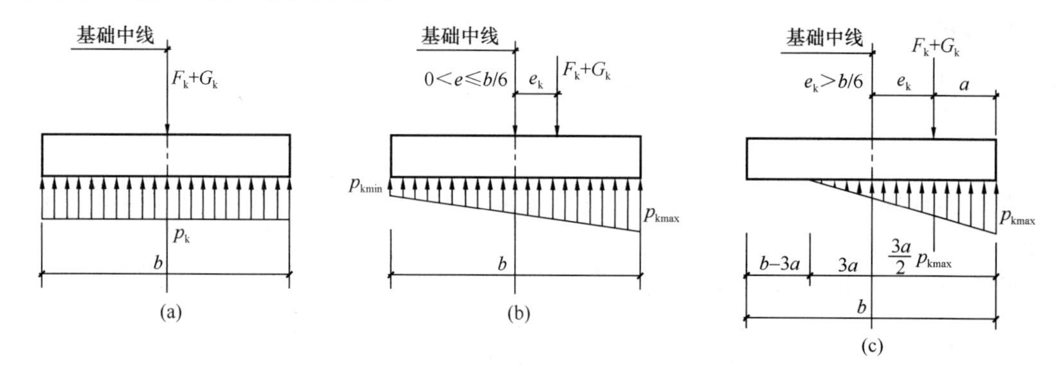


图 2.2-2　基底压力计算示意

（a）轴心荷载作用；（b）$0<e\leqslant b/6$；（c）$e>b/6$

（1）轴心荷载作用（《地规》5.2.2 条）

$$p_k=\frac{F_k+G_k}{A}=\frac{F_k+20Ad}{A}=\frac{F_k}{A}+20d\,(\text{有水时}-10d_w)$$

↗室内外平均值

（2）偏心荷载作用

① 偏心距计算

$$e=\frac{M_k}{F_k+G_k}\begin{cases}\boxed{\leqslant}\dfrac{b}{6}\\[2ex]\boxed{>}\dfrac{b}{6}\end{cases}$$

② 地基反力计算

$$0<e\leqslant\frac{b}{6}\Rightarrow p_{kmin}^{max}=\frac{F_k+G_k}{A}\pm\frac{M_k}{W}=\frac{F_k+G_k}{A}\left(1\pm\frac{6e}{b}\right)$$

$$e>\frac{b}{6}\Rightarrow p_{kmax}=\frac{2(F_k+G_k)}{3la}$$

其中：$b$ 为力矩作用方向边长；$W=lb^2/6$；$a=b/2-e$；$G_k$ 为基础自重和基础上的土重，地下水位以下取浮重度。

3）几种压力的比较和应用范围（表 2.2-1）

**几种压力的比较和应用范围** **表 2.2-1**

| | | |
|---|---|---|
| 基底压力 $P_k$ | 相应于作用的标准组合时基础底面处的平均压力值<br>$P_k=(F_k+G_k)/A$ | 承载力验算、基础面积计算 |
| 软弱下卧层顶面附加压力 $P_Z$ | 相应于作用的标准组合时，软弱下卧层顶面处的附加压力值（《地规》5.2.7 条） | 软弱下卧层承载力验算 |
| 基底附加压力 $P_0$ | 相应于作用的准永久组合时基础底面处的附加压力<br>$P_0=P_q-P_c$ | 沉降计算 |
| 基底反力 $P_{max}$、$P_{min}$ | 相应于作用基本组合时，基础底面边缘最大和最小地基反力设计值（注意此处不是净反力，结合《地规》式（8.2.11-1）和式（8.2.11-2），式中减去 $G/A$，本质上还是净反力的概念） | 独基弯矩计算 |
| 基底净反力 $P_j$ | 扣除基础自重及其上土重后，相应于作用的基本组合时地基土单位面积净反力<br>$P_j=F/A$，$P_{jmax}=F/A+M/W$（注：$e=M/(F+G)<b/6$） | 基础内力计算、配筋计算 |

注意：地基承载力计算对应标准组合，考虑上部荷载和地基及其上土自重。而基础构件设计（抗剪、抗冲切、抗弯）对应于基本组合，同时采用的是净反力，即扣除基础自重及其上土重。

**3. 历年真题解析**

**【例 2.2.1】** 2019 下午 2 题

某土质建筑边坡采用毛石混凝土重力式挡土墙支护，挡土墙墙背竖直，如图 2019-2 所示，墙高为 6.5m，墙顶宽度为 1.5m，墙底宽度为 3m，挡土墙毛石混凝土重度为 $24kN/m^3$。假定墙后填土表面水平并与墙齐高，填土对墙背的摩擦角 $\delta=0°$，排水良好，挡土墙基底水平。底部埋置深度为 0.5m，地下水位在挡土墙底部以下 0.5m。

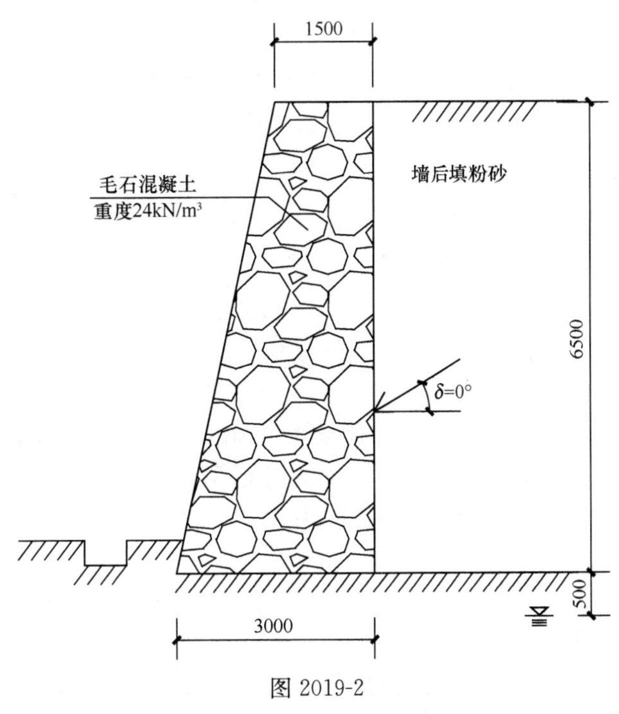

图 2019-2

假定作用于挡土墙的主动土压力 $E_a$ 为 112kN，试问，基础底面边缘最大压应力 $p_{kmax}$($kN/m^2$) 与下列何项数值最为接近？

**提示**：① 不考虑墙前被动土压力的有利作用，不考虑地震设计状况；

② 不考虑地面荷载影响；

③ $\gamma_0 = 1.0$。

(A) 170　　(B) 180　　(C) 190　　(D) 200

**【答案】**(D)

(1) 计算挡土墙重心对基底形心的距离 $x_0$，对墙趾列弯矩平衡方程

$$\frac{1}{3} \cdot G \cdot \frac{2}{3} \cdot 1.5 + \frac{2}{3} \cdot G\left(1.5 + \frac{1.5}{2}\right) = G \cdot (1.5 + x_0)$$

$$G = V \cdot \gamma = \frac{1}{2} \cdot (1.5 + 3) \times 6.5 \times 24 = 351\text{kN/m}$$

解得 $x_0 = \dfrac{1}{3}$。

(2) 计算偏心距 $e$

$$M_k = \frac{1}{3} \cdot E_a \cdot h - G \cdot x_0 = \frac{1}{3} \times 112 \times 6.5 - 351 \times \frac{1}{3} = 125.67\text{kN/m}$$

$$e = \frac{M_k}{F_k + G_k} = \frac{125.67}{351} = 0.358 < \frac{b}{6} = \frac{3}{6} = 0.5$$

(3) 根据《地规》式 (5.2.2-2) 计算

$$p_{kmax} = \frac{F_k + G_k}{A} + \frac{M_k}{W} = \frac{351}{3 \times 1} + \frac{125.67}{\frac{1}{6} \times 1 \times 3 \times 3} = 200.78\text{kPa}$$

**【编者注】**本题主要考察以下几个内容：

(1) 基础底面压力 $p_k$ 的计算，特别是偏心荷载作用下最大压力值 $p_{kmax}$ 的计算；

(2) 能准确分析挡土墙的受力，计算出挡土墙墙底受力偏心距 $e$。

对于挡土墙偏心距的计算，应从作用在挡土墙上各力的分布入手。本题只涉及两个力：挡土墙自重 $G_k$ 以及墙背的主动土压力 $E_a$。分解挡土墙主动土压力，通过力矩平衡，即可得出偏心距 $e$。本题求出的偏心距属于 $e < \dfrac{b}{6}$ 的情况，按《地规》式 (5.2.2-3) 即可计算最大压力值。

**【例 2.2.2】**2016 下午 14 题

某框架结构商业建筑，采用柱下扩展基础，基础埋深 1.5m，基础持力层为中风化凝灰岩。边柱截面为 1.0m×1.0m，基础底面形状为正方形，边长 $a$ 为 1.8m，该柱下基础剖面及地基情况如图 2016-14 所示。地下水位在地表下 1.5m 处。基础及基底以上填土的加权平均重度为 $20\text{kN/m}^3$。

假定，$\gamma_0 = 1.0$，荷载效应标准组合时，上部结构柱传至基础顶面处的竖向力 $F_k =$ 10000kN，作用于基础底面的弯矩 $M_{xk} = 500\text{kN} \cdot \text{m}$，$M_{yk} = 0$。试问，荷载效应标准组合时，作用于基础底面的最大压力值 (kPa)，与下列何项数值最为接近？

(A) 3100　　(B) 3600

(C) 4100　　(D) 4600

**【答案】**(B)

作用于基础底面的弯矩 $M_{xk} = 500\text{kN} \cdot \text{m}$，$M_{yk} = 0$。

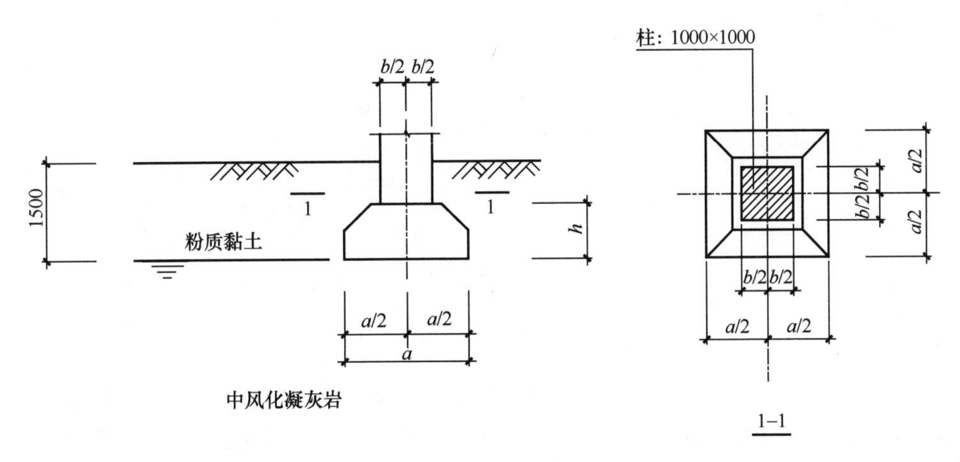


图 2016-14

作用于基础底面的竖向力 $F_{zk}=F_k+G_k=10000+1.8\times1.8\times1.5\times20=10097\text{kN}$。

偏心矩　$e=\dfrac{500}{10097}=0.05\text{m}<\dfrac{a}{6}=0.3\text{m}$。

根据《地规》式（5.2.2-2）：

$$p_{kmax}=\frac{10097}{1.8\times1.8}+\frac{500}{\dfrac{1.8}{6}\times1.8^2}=3630\text{kPa}$$

### 2.2.2　地基承载力确定

**1. 主要的规范规定**

1）《地规》5.2.3 条：地基承载力特征值可由载荷试验或其他原位测试、公式计算，并结合工程实践经验等方法综合确定。

2）《地规》5.2.4 条：当基础宽度大于 3m 或埋置深度大于 0.5m 时，从载荷试验或其他原位测试、经验值等方法确定的地基承载力特征值，尚应进行深宽修正。

3）《地规》5.2.5 条：当偏心距 $e$ 小于或等于 0.033 倍基础底面宽度时，根据土的抗剪强度指标确定地基承载力特征值可按下式计算，并满足变形要求。

4）《地规》5.2.6 条：对于完整、较完整、较破碎的岩石地基承载力特征值可按《地规》附录 H 岩石地基载荷试验方法确定；对破碎、极破碎的岩石地基承载力特征值，可根据平板载荷试验确定。对完整、较完整和较破碎的岩石地基承载力特征值，也可根据室内饱和单轴抗压强度按式（5.2.6）计算。

**2. 对规范规定的理解**

1）地基承载力特征值的深宽修正

$$f_a=f_{ak}+\eta_b\cdot\gamma\cdot(b-3)+\eta_d\cdot\gamma_m\cdot(d-0.5)$$

（1）地基承载力的深度修正（图 2.2-3）

深度修正主要就是考虑了侧压力对地基承载力的增大作用。基础的埋置深度越深，基础底面以上土的重量就越大，对地基土形成有效的侧压力，能够显著地提高地基承载力。土的工程性质只能确定土承载力的特征值，约束条件对实际承载力具有决定性作用，这也就是地基土需进行深度修正的原因。

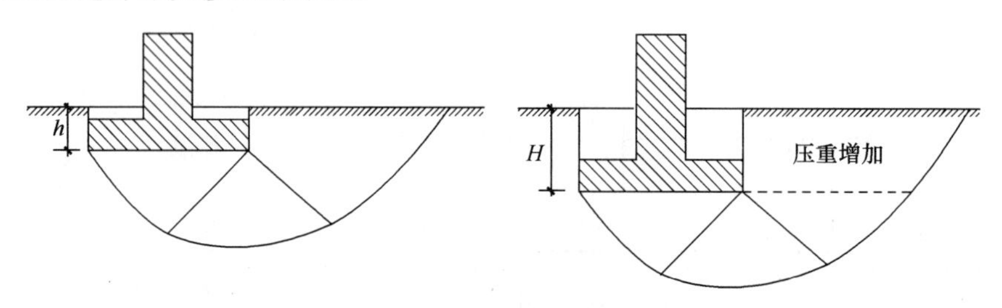


图 2.2-3 地基深度修正原理示意图

（2）地基承载力的宽度修正（图 2.2-4）（$b$<3m 取 3m，$b$>6m 取 6m，$b$ 为基础短边尺寸）

宽度修正就是考虑了破坏形式对土体承载力的影响。基础的宽度越大，基础底面与土的接触面积越大，滑弧越深、越长，土体越稳定，承载力有所提高，所以进行宽度修正。

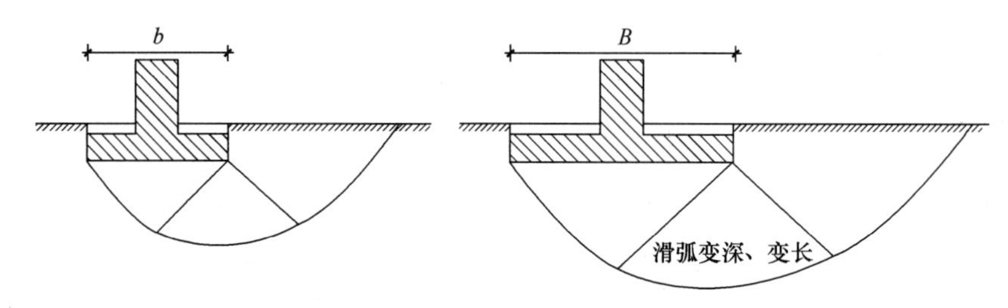


图 2.2-4 地基宽度修正原理示意图

宽度超过 6m 时，一般不再考虑宽度对承载力的增大作用，因为此时基础可能沉降量已经很大，限制了采用更大的承载力。

承载力修正系数见表 2.2-2。

**承载力修正系数** **表 2.2-2**

| 土的类别 | | $\eta_b$ | $\eta_d$ |
|---|---|---|---|
| 淤泥和淤泥质土 | | 0 | 1.0 |
| 人工填土<br>$e$ 或 $I_L$ 大于等于 0.85 的黏性土 | | 0 | 1.0 |
| 红黏土 | 含水比 $\alpha_w > 0.8$ | 0 | 1.2 |
| | 含水比 $\alpha_w \leqslant 0.8$ | 0.15 | 1.4 |
| 大面积压实填土 | 压实系数大于 0.95、黏粒含量 $\rho_c \geqslant 10\%$ 的粉土 | 0 | 1.5 |
| | 最大干密度大于 2100kg/m$^3$ 的级配砂石 | 0 | 2.0 |
| 粉土 | 黏粒含量 $\rho_c \geqslant 10\%$ 的粉土 | 0.3 | 1.5 |
| | 黏粒含量 $\rho_c < 10\%$ 的粉土 | 0.5 | 2.0 |
| $e$ 及 $I_L$ 均小于 0.85 的黏性土 | | 0.3 | 1.6 |
| 粉砂、细砂（不包括很湿与饱和时的稍密状态） | | 2.0 | 3.0 |
| 中砂、粗砂、砾砂和碎石土 | | 3.0 | 4.4 |

注：1. 强风化和全风化的岩石，可参照所风化成的相应土类取值，其他状态下的岩石不修正。

2. 深层载荷试验法时，不再进行深度修正。即：地基承载力特征值按《地规》附录 D 深层平板载荷试验确定时 $\eta_d$ 取 0。

3. 含水比指土的天然含水量与液限的比值。

4. 对于淤泥和淤泥质土等，地基可能直接发生冲剪破坏，不进行宽度修正。

5. 当采用大面积压实填土（指填土范围大于两倍基础宽度的填土）时，不考虑承载力的宽度修正（注意：仍应考虑深度修正）。

（3）基础埋置深度 $d$ 的取值（图 2.2-5）

在填方整平地区，可自填土地面标高算起，但填土在上部结构施工后完成时，应从天然地面标高算起。对于地下室，当采用箱形基础或筏基时，基础埋置深度自室外地面标高算起；当采用独立基础或条形基础时，应从室内地面标高算起。

主裙楼一体的结构，对于主体结构地基承载力的深度修正，宜将基础底面以上范围内的荷载，按基础两侧的超载考虑，当超载宽度大于基础宽度两倍时，可将超载折算成土层厚度作为基础埋深，基础两侧超载不等时，取小值。

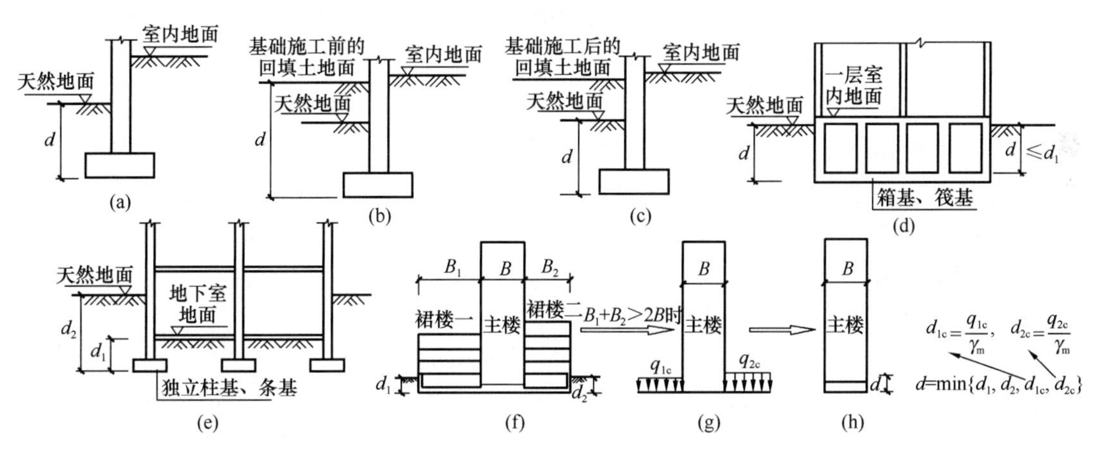


图 2.2-5　基础埋深 $d$ 的计算

（4）$\gamma_m$ 与 $\gamma$ 取值

$\gamma$ 为基础底面以下土的重度，地下水位以下取浮重度。即：取值为与基础底面接触的土层的重度（地下水位以下取浮重度）。

$\gamma_m$ 为基础底面以上土的加权平均重度，位于地下水位以下的土层取有效重度。

饱和土体内任一平面上受到的总应力可分为由土骨架承受的有效应力和由孔隙水承受的孔隙水压力两部分。土的变形和强度变化只取决于有效应力的变化。因此，在计算地基土承载力及变形计算时，位于地下水位以下的土层取有效重度。

2）岩石地基承载力确定

（1）对于完整、较完整、较破碎岩石地基承载力特征值，可按《地规》附录 H 岩石地基载荷试验方法确定。需注意以下几点：

① 将极限荷载除以 3 的安全系数，所得值与对应于比例界限的荷载相比较，取小值。

② 每个场地载荷试验的数量不应少于 3 个，取最小值作为岩石地基承载力特征值。

③ 岩石地基承载力不进行深宽修正。

（2）对完整、较完整和较破碎的岩石地基承载力特征值，可根据岩体完整程度按《地规》4.1.4 条划分为完整、较完整、较破碎、破碎和极破碎。

其中，完整性指数为岩体纵波波速与岩块纵波波速之比的平方。即，

$$k_v = \left(\frac{V_{pm}}{V_{pr}}\right)^2$$

（3）岩石饱和单轴抗压强度试验要点

平均值：$f_{rm} = \dfrac{\Sigma f_{ri}}{n}$

标准差：$\sigma_f=\sqrt{\frac{1}{n-1}\times\left[\sum_{i=1}^{n}f_{ri}^2-\frac{(\sum f_{ri})^2}{n}\right]}$

变异系数：$\delta=\frac{\sigma_f}{f_{rm}}$

3）按地基土抗剪强度指标计算地基承载力特征值

$$f_a=M_b\gamma b+M_d\gamma_m d+M_c c_k$$

式中：$b$——基础底面宽度（m），大于6m时按6m取值，对于砂土小于3m时按3m取值；

$c_k$——基底下一倍短边宽度的深度范围内土的黏聚力标准值（kPa）。

由土的抗剪强度指标确定的地基承载力特征值，无需再进行深宽修正。

由于该公式是在条形基础、均布荷载、均质土的条件下推导出的，当受到较大的水平荷载而使合力的偏心距过大时，地基反力分布将很不均匀。根据《地规》的规定，在偏心荷载下允许基础底面边缘的最大压力 $P_{max}$ 为平均压力值 $P_k$ 的1.2倍，对该公式的应用，相应增加了一个限制条件为荷载合力的偏心距 $e$ 应小于或等于0.033倍基础底面宽度 $b$ 的要求。

**3. 历年真题解析**

**【例 2.2.3】** 2012下午9题

非抗震设防地区的某工程，柱下独立基础及地质剖面如图2012-9所示，其框架中柱A的截面尺寸为500mm×500mm，②层粉质黏土的内摩擦角和黏聚力标准值分别为 $\varphi_k=15.0°$ 和 $c_k=24.0$kPa。相应于荷载效应标准组合时，作用于基础顶面的竖向压力标准值为1350kN，基础所承担的弯矩及剪力均可忽略不计。试问，当柱A下独立基础的宽度 $b=2.7$m（短边尺寸）时，所需的基础底面最小长度（m）与下列何项数值最为接近?

提示：①基础自重和其上土重的加权平均重度按18kN/m³取用（已考虑地下水）；

②土层②粉质黏土的地基承载力特征值可根据土的抗剪强度指标确定。

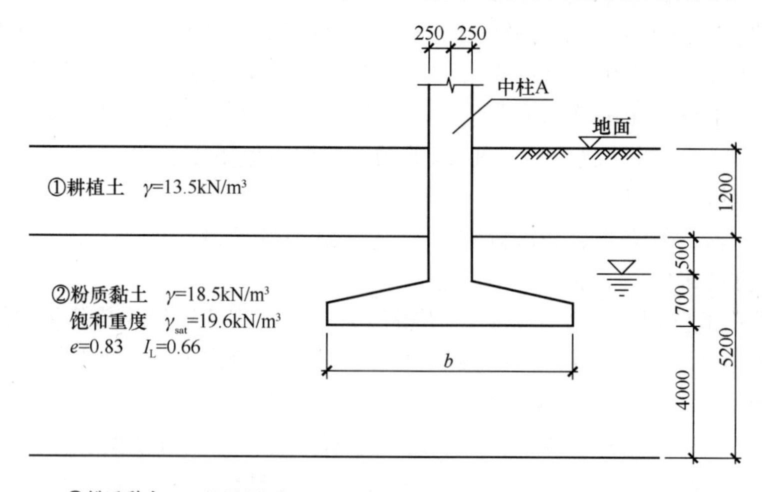


图2012-9

（A）2.6　　（B）3.2　　（C）3.5　　（D）3.8

**【答案】**（B）

根据《地规》5.2.5 条，$f_a = M_b\gamma b + M_d\gamma_m d + M_c c_k$

查表 5.2.5，可得 $M_b=0.325$，$M_d=2.30$，$M_c=4.845$。

$$c_k=24.0\text{kPa}, \ d=2.4\text{m}, \ b=2.7\text{m}。$$

$$\gamma=19.6-10=9.6\text{kN/m}^3$$

$$\gamma_m=\frac{13.5\times1.2+18.5\times0.5+9.6\times0.7}{1.2+0.5+0.7}=13.40\text{kN/m}^3$$

$$f_a=0.325\times9.6\times2.7+2.30\times13.40\times2.4+4.845\times24=198.7\text{kPa}$$

根据《地规》5.2.1 条及 5.2.2 条：

$$\frac{1350}{2.7L}+2.4\times18\leqslant198.7$$

解得：$L\geqslant3.2\text{m}$。

**【编者注】**（1）按《地规》式（5.2.5）计算地基承载力特征值时，基础埋深 $d$ 不扣减 0.5m。

（2）对于本题中粉质黏土，基础宽度按 $b=2.7\text{m}$ 取用，仅对砂土，$b$ 大于 6m 时按 6m 取值，小于 3m 时按 3m 取值。

（3）《地规》式（5.2.5）中的 $c_k$、$\varphi_k$ 均系指基底一倍宽深度内土的黏聚力标准值、内摩擦角标准值。

**【例 2.2.4】** 2011 下午 3 题

某多层框架结构带一层地下室，采用柱下矩形钢筋混凝土独立基础，基础底面平面尺寸 3.3m×3.3m，基础底绝对标高 60.000m，天然地面绝对标高 63.000m，设计室外地面绝对标高 65.000m，地下水位绝对标高为 60.000m，回填土在上部结构施工后完成，室内地面绝对标高 61.000m，基础及其上土的加权平均重度为 $20\text{kN/m}^3$，地基土层分布及相关参数如图 2011-3 所示。

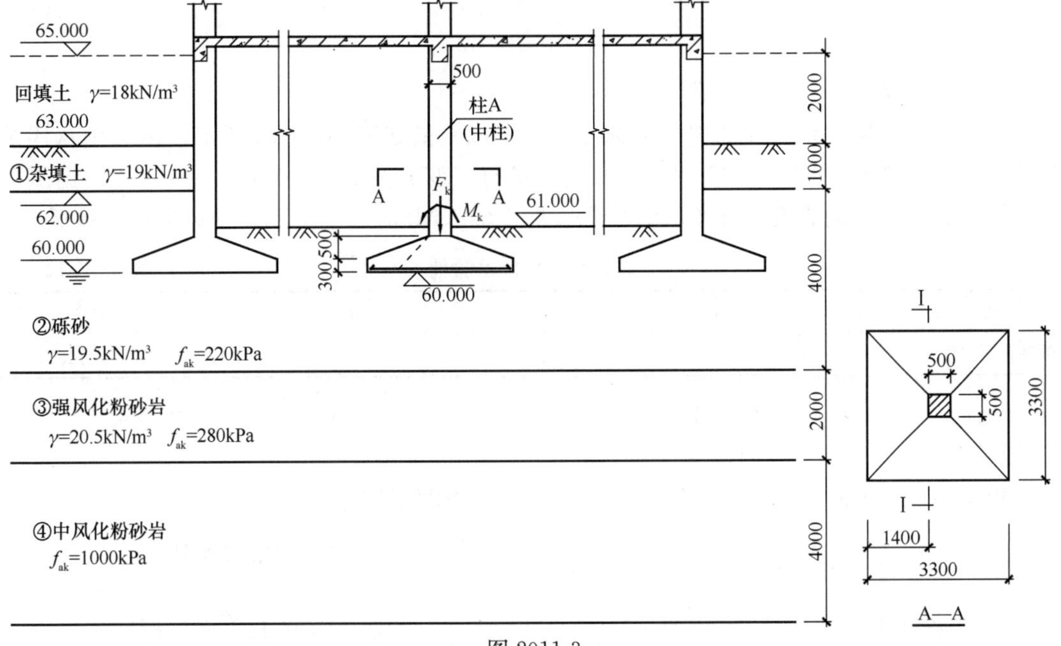


图 2011-3

试问，柱A基础底面修正后的地基承载力特征值 $f_a$（kPa）与下列何项数值最为接近？

（A）270　　（B）350　　（C）440　　（D）600

**【答案】**（A）

根据《地规》5.2.4条，地基承载力深宽修正系数 $\eta_b=3.0, \eta_d=4.4$，则

$$f_a=f_{ak}+\eta_b\gamma(b-3)+\eta_d\gamma_m(d-0.5)$$
$$=220+3.0\times(19.5-10)\times(3.3-3)+4.4\times19.5\times(1-0.5)$$
$$=220+8.55+42.9=271.5\text{kPa}$$

**【例 2.2.5～2.2.6】** 2016 下午 12～13 题

某框架结构商业建筑，采用柱下扩展基础，基础埋深 1.5m，基础持力层为中风化凝灰岩。边柱截面为 1.0m×1.0m，基础底面形状为正方形，边长 $a$ 为 1.8m，该柱下基础剖面及地基情况如图 2016-12～13 所示。地下水位在地表下 1.5m 处。基础及基底以上填土的加权平均重度为 20kN/m³。

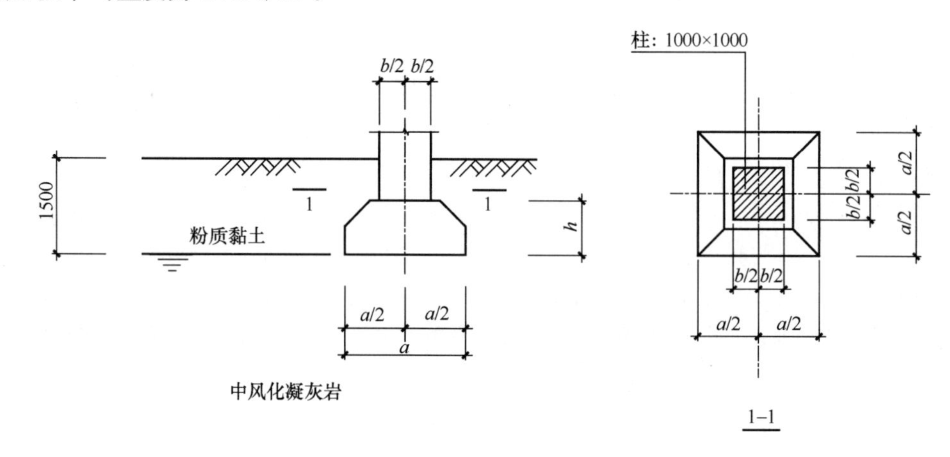


图 2016-12～13

**【例 2.2.5】** 2016 下午 12 题

假定，持力层 6 个岩样的饱和单轴抗压强度试验值如表 2016-12 所示，试验按《建筑地基基础设计规范》GB 50007—2011 的规定进行，变异系数 $\delta=0.142$。试问，根据试验数据统计分析得到的岩石饱和单轴抗压强度标准值（MPa），与下列何项数值最为接近？

**单轴抗压强度试验值**　　　　**表 2016-12**

| 试样编号 | 1 | 2 | 3 | 4 | 5 | 6 |
|---|---|---|---|---|---|---|
| 单轴抗压强度（MPa） | 10.7 | 11.3 | 14.8 | 10.8 | 12.4 | 14.1 |

（A）9　　（B）10　　（C）11　　（D）12

**【答案】**（C）

根据《地规》附录 J 计算。岩石饱和单轴抗压强度平均值：

$$f_{rm}=\frac{10.7+11.3+14.8+10.8+12.4+14.1}{6}=12.35\text{MPa}$$

$$\psi=1-\left(\frac{1.704}{\sqrt{n}}+\frac{4.678}{n^2}\right)\delta=1-\left(\frac{1.704}{\sqrt{6}}+\frac{4.678}{36}\right)\times0.142=0.883$$

$$f_{rk}=0.883\times12.35=10.9\text{MPa}$$

**【例 2.2.6】** 2016 下午 13 题

假定，持力层岩石饱和单轴抗压强度标准值为 10MPa，岩体纵波波速为 600m/s，岩块纵波波速为 650m/s。试问，不考虑施工因素引起的强度折减及建筑物使用后岩石风化作用的继续时，根据岩石饱和单轴抗压强度计算得到的持力层地基承载力特征值（kPa），与下列何项数值最为接近?

（A）2000　　（B）3000　　（C）4000　　（D）5000

**【答案】**（D）

根据《地规》4.1.4 条，岩体完整性指数$=\left(\dfrac{600}{650}\right)^2=0.852>0.75$，属于完整岩体。

根据《地规》5.2.6 条，完整岩 $\psi_r=0.5$。

$$f_a=0.5\times10000=5000\text{kPa}$$

### 2.2.3 地基承载力验算

**1. 主要的规范规定**

1）《地规》5.2.1 条：地基承载力非抗震验算。

2）《抗规》4.2.2 条：天然地基基础抗震验算时，应采用地震作用效应标准组合，且地基承载力应取地基承载力特征值乘以地基抗震承载力调整系数计算。

**2. 对规范规定的理解**

1）轴心荷载作用时

（1）基底压力计算（《地规》5.2.2 条）

$$p_k=\frac{F_k+G_k}{A}=\frac{F_k+20Ad}{A}=\frac{F_k}{A}+20d\,(\text{有水时}-10d_w)$$

（2）承载力验算（《地规》5.2.1 条）

$$p_k\leqslant f_a$$

2）偏心荷载作用时

（1）偏心距计算

$$e=\frac{M_k}{F_k+G_k}\begin{cases}\boxed{\leqslant}\dfrac{b}{6}\\[2ex]\boxed{>}\dfrac{b}{6}\end{cases}$$

（2）基底压力计算

$$0<e\leqslant\frac{b}{6}\Rightarrow p_{k\min}^{\max}=\frac{F_k+G_k}{A}\pm\frac{M_k}{W}=\frac{F_k+G_k}{A}\left(1\pm\frac{6e}{b}\right)$$

$$e>\frac{b}{6}\Rightarrow p_{k\max}=\frac{2(F_k+G_k)}{3la}$$

其中 $a=b/2-e$。

$$p_k=\frac{F_k+G_k}{A}=\frac{F_k+20Ad}{A}=\frac{F_k}{A}+20d\,(\text{有水时}-10d_w)$$

（3）承载力验算（《地规》5.2.1 条）

$$需同时满足\begin{cases}p_k \leqslant f_a \\ p_{kmax} \leqslant 1.2f_a\end{cases}$$

**3. 历年真题解析**

**【例 2.2.7】** 2020 下午 3 题

边坡坡面与水平面夹角 45°，该建筑采用框架结构，柱下独立基础，基础底面中心线与柱截面中心线重合，方案设计时，靠近边坡的边柱截面尺寸取 500mm×500mm，基础底面形状采用正方形，边柱基础剖面及土层分布如图 2020-3 所示，基础及其底面以上土的加权平均重度为 20kN/m³，无地下水，不考虑地震作用。

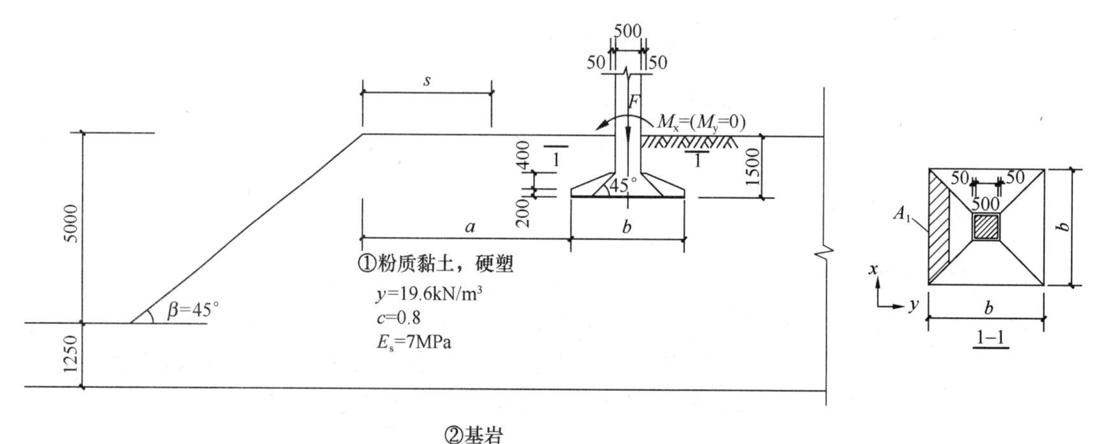


图 2020-3

假定，基础宽度 $b<3\text{m}$，相应于作用效应标准组合时，作用于基础顶面的竖向 $F_k=1000\text{kN}$，力矩 $M_{xk}=80\text{kN}\cdot\text{m}$，忽略水平剪力影响。该基础底修正后的地基力特征值 $f_a=192\text{kPa}$。试问，该正方形独立基础最小宽度 $b$（m），与下列何项最为接近？

(A) 2.1　　(B) 2.3　　(C) 2.5　　(D) 2.8

**【答案】**(C)

1) 根据《地规》5.2.1 条、5.2.2 条有：

$$p_k \leqslant f_a$$

即
$$p_k=\frac{F_k+G_k}{A}\leqslant\frac{1000+30b^2}{b^2}=\frac{1000}{b^2}\leqslant 192\text{kPa}$$

解得 $b\geqslant 2.48\text{m}$。

2) 假设为小偏心受压（$e<b/6$），有：

$$p_{kmax}\leqslant 1.2f_a$$

$$p_{kmax}=\frac{F_k+G_k}{A}+\frac{M_k}{W}=\frac{1000+20\times b^2\times 1.5}{b^2}+\frac{80}{\frac{b^3}{6}}\leqslant 1.2\times 192$$

解得 $b\geqslant 2.44\text{m}$。

3) 综上，取 $b=2.5\text{m}$，验算偏心距：

$$e=\frac{M_k}{F_k+G_k}=\frac{80}{1000+1.5\times 20\times 2.5^2}=0.07<\frac{b}{6}$$

假定正确。

因此，正方形独立基础最小宽度 $b$ 为 2.5m。

**【例 2.2.8】** 2021 下午 1 题

某多层办公楼，混凝土框架结构，结构安全等级为二级。采用独立基础，基础埋深 2m，基础横剖面、场地土层情况如图 2021-1 所示。现办公楼拟直接增层改造。基础及基底以上填土的加权平均重度为 $20kN/m^3$。

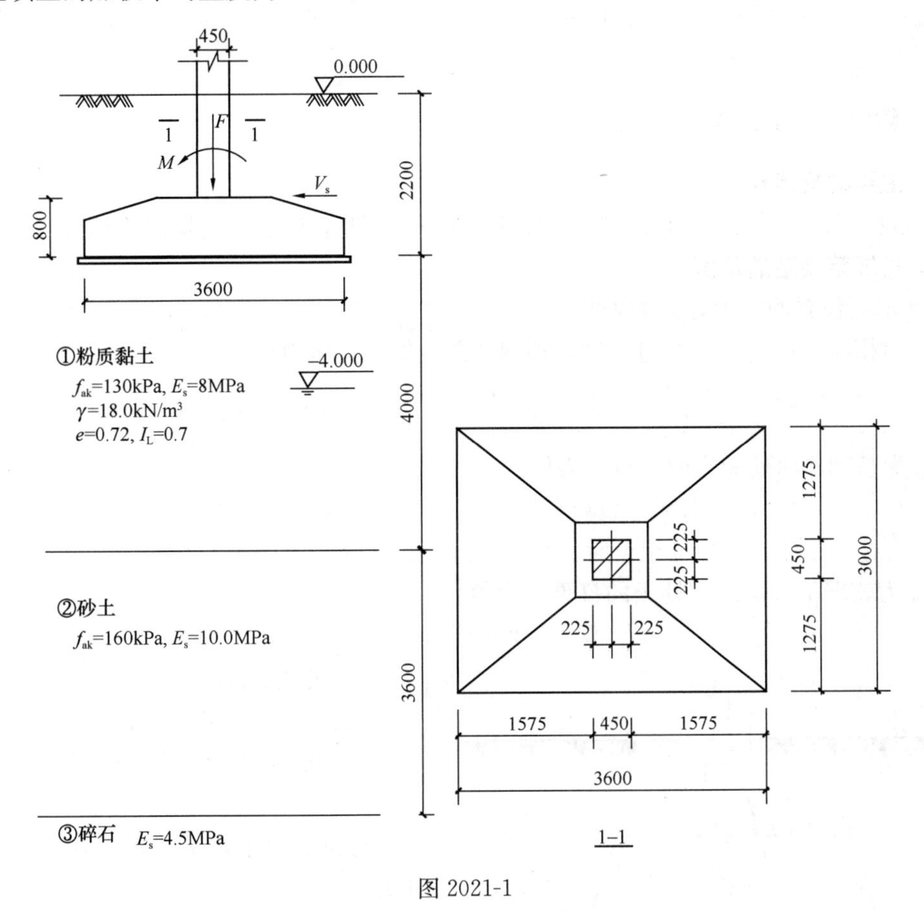


图 2021-1

假定，增层后，荷载效应标准组合时，上部结构柱传至基础顶面处的力为：$M_x=300kN\cdot m$，$F=1620kN$，$V_x=60kN$。原基础平面尺寸恰好使增层后的地基承载力满足要求。试问，既有建筑再加荷的地基承载力特征值 $f_{ak}$（kPa）与下列何项数值最接近？

(A) 145　　(B) 160　　(C) 175　　(D) 200

**【答案】**(B)

根据《既有地规》5.2.2 条：

$$p_k=\frac{F_k+G_k}{A}+\gamma_G d=\frac{1620}{3.6\times 3}+20\times 2.2=194kPa\leqslant f_a$$

$$e=\frac{M_k}{F_k+G_k}=\frac{300+60\times 0.8}{1620+20\times 3.6\times 3\times 2.2}=0.17<\frac{b}{6}$$

$$p_{kmax}=\frac{F_k+G_k}{A}+\frac{M_k}{W}=194+\frac{300+60\times0.8}{\frac{1}{6}\times3\times3.6^2}=247.7\text{kPa}<1.2f_a$$

解得 $f_a\geqslant206.4$kPa。

故，修正后地基承载力 $f_a\geqslant206.4$kPa。

根据《地规》5.2.4 条，深度修正系数 $\eta_d=1.6$，则

$f_a=f_{ak}+\eta_b\gamma(b-3)+\eta_d\gamma_m(d-0.5)=f_{ak}+0+1.6\times18\times(2.2-0.5)\geqslant206.4$kPa

解得 $f_{ak}\geqslant157.44$kPa。

## 2.2.4 软弱下卧层验算

**1. 主要的规范规定**

《地规》5.2.7 条：地基受力层范围有软弱下卧层时，软弱下卧层的验算公式。

**2. 对规范规定的理解**

1）不同位置的压力计算的理解

$p_k$ 为相应于作用的标准组合时，基础底面处的平均压力值。

$$p_k=\frac{F_k+G_k}{A}=\frac{F_k+20Ad}{A}=\frac{F_k}{A}+20d\text{（有水时}-10d_w\text{）}$$

$p_c$ 为基础底面处的土的自重压力值。

$$p_c=\sum\gamma_id_i\text{（算至基础底，地下水位以下取浮重度）}$$

$p_z$ 为相应于作用的标准组合时，软弱下卧层顶面处的附加压力值。

$p_{cz}$ 为软弱下卧层顶面处土的自重压力值。

$$p_{cz}=\sum\gamma_id_i\text{（算至下卧层顶面，水位以下取浮重度）}$$

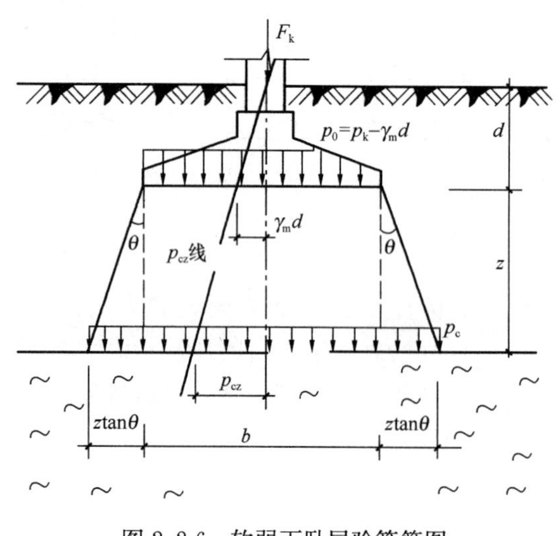


图 2.2-6 软弱下卧层验算简图

2）解题思路

（1）附加应力 $p_z$ 计算

基础底面处，土体自重压力：

$$p_c=\sum\gamma_id_i$$

标准组合下，基础底面处的平均基底压力：

$$p_k=\frac{F_k+G_k}{A}$$

标准组合下，软弱下卧层（图 2.2-6）顶面处的附加应力：

条形基础：

$$p_z=\frac{b(p_k-p_c)}{b+2z\tan\theta}$$

矩形基础：

$$p_z=\frac{bl(p_k-p_c)}{(b+2z\tan\theta)\times(l+2z\tan\theta)}$$

圆形基础：

$$p_z = \frac{\pi r^2 (p_k - p_c)}{\pi (r + z\tan\theta)^2}$$

（2）软弱下卧层顶面处深度修正

$$\gamma_m = p_{cz}/(d+z)$$

$$f_{az} = f_{ak} + \eta_d \gamma_m (d + z - 0.5)$$

深度修正系数 $\eta_d$ 按软弱下卧层对应的土层取值，只进行深度修正，不进行宽度修正。

（3）软弱下卧层验算

$$p_z + p_{cz} = f_{az}$$

**3. 历年真题解析**

**【例 2.2.9】** 2017 下午 3 题

某多层砌体房屋，采用钢筋混凝土条形基础。基础剖面及土层分布如图 2017-3 所示。基础及以上土的加权平均重度为 20kN/m³。

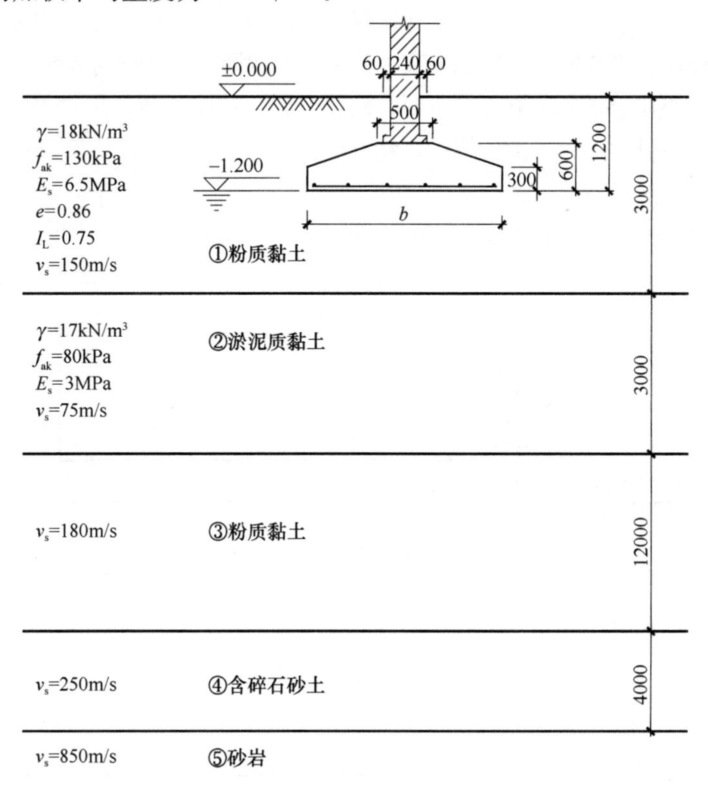


图 2017-3

假定，基础底面处相应于荷载效应标准组合的平均竖向力为 300kN/m，①层粉质黏土地基压力扩散角 $\theta=14°$。试问，按地基承载力确定的条形基础最小宽度 $b$（mm），与下述何项数值最为接近？

（A）2200　　（B）2500　　（C）2800　　（D）3100

**【答案】**（B）

（1）按持力层确定基础宽度

根据《地规》5.2.4 条，$e=0.86$，故 $\eta_b=0$，$\eta_d=1$，则

$$f_a = f_{ak} + \eta_b\gamma(b-3) + \eta_d\gamma_m(d-0.5) = 130 + 1\times18\times(1.2-0.5) = 142.6\text{kPa}$$

$$b = 300/142.6 = 2.10\text{m}$$

（2）按软弱下卧层确定基础宽度

根据《地规》5.2.7条：

$$\gamma_m = (18\times1.2+8\times1.8)/3 = 12\text{kN/m}^3$$

$$f_{az} = 80+1\times12\times(3-0.5) = 110\text{kPa}$$

$$p_k = 300/b$$

$$p_c = 18\times1.2 = 21.6\text{kPa}$$

$$p_{cz} = 18\times1.2+8\times1.8 = 36\text{kPa}$$

$$\frac{b(p_k-p_c)}{b+2z\tan\theta} \leqslant f_{az}-p_{cz}$$

$$300-21.6b \leqslant (110-36)\times(b+2\times1.8\times\tan14°)$$

解得 $b \geqslant 2.44$m。

**【编者注】**（1）在地基受力层范围内有软弱下卧层时，基础的宽度不但要满足地基持力层承载力的需求，还应验算软弱下卧层的地基承载力，并按同时满足这两者的要求取值。

（2）进行软弱下卧层地基承载力验算时，软弱下卧层顶面处地基承载力特征值只需进行深度修正，进行软弱下卧层应力扩散计算后，就可得到满足下卧层地基承载力的基础宽度。

**【例 2.2.10】** 2014下午7题

某多层框架结构办公楼采用筏形基础，$\gamma_0=1.0$，基础平面尺寸为39.2m×17.4m。基础埋深为1.0m，地下水位标高为−1.0m，地基土层及有关岩土参数见图2014-7。初步

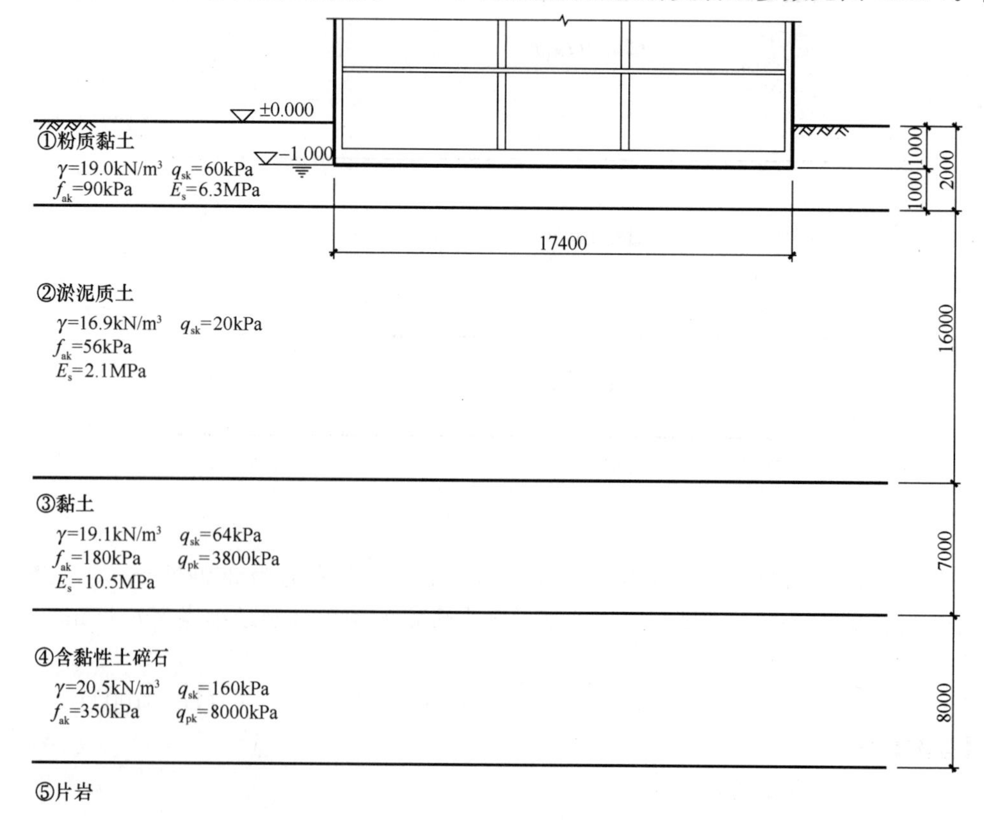


图 2014-7

设计时考虑三种地基基础方案：方案一，天然地基方案；方案二，桩基方案；方案三，减沉复合疏桩方案。

采用方案一时，假定，相应于作用的标准组合时，上部结构与筏板基础总的竖向力为 45200kN；相应于作用的基本组合时，上部结构与筏板基础总的竖向力为 59600kN。试问，进行软弱下卧层地基承载力验算时，②层土顶面处的附加压力值 $p_z$ 与自重应力值 $p_{cz}$ 之和（$p_z+p_{cz}$）(kPa)，与下列何项数值最为接近？

（A）65　　（B）75　　（C）90　　（D）100

**【答案】**（B）

根据《地规》5.2.7 条，$E_{s1}/E_{s2}=6.3/2.1=3$，$z/b=1/17.4=0.06<0.25$，查表 5.2.7得，$\theta=0°$。

$$p_z=\frac{lb(p_k-p_c)}{(b+2z\tan\theta)(l+2z\tan\theta)}=\frac{45200}{17.4\times39.2}-19\times1=66.3-19=47.3\text{kPa}$$

$$p_{cz}=1\times19+1\times(19-10)=28\text{kPa}$$

$$p_z+p_{cz}=47.3+28=75.3\text{kPa}$$

**【例 2.2.11】** 2009 下午 11 题

某柱下扩展锥形基础，柱截面尺寸 0.4m×0.5m，基础尺寸、埋深及地基条件见图 2009-11。基础及其以上土的加权重度取 20kN/m$^3$。

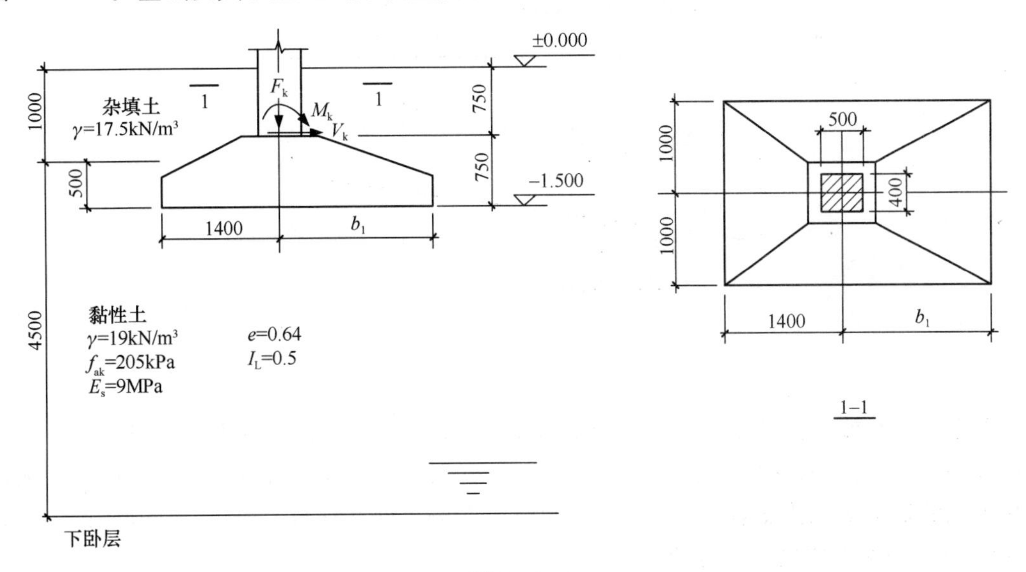


图 2009-11

假定黏性土层的下卧层为淤泥质土，其压缩模量 $E_s$=3MPa，假定基础只受轴心荷载作用，且 $b_1$=1.4m；相应于荷载效应标准组合时，柱底的竖向力 $F_k$=1120kN。试问，荷载效应标准组合时，软弱下卧层顶面处的附加压力值 $p_z$（kPa），与下列何项数值最为接近？

（A）28　　（B）34　　（C）40　　（D）46

**【答案】**（B）

依据《地规》5.2.7 条：

$$p_k = \frac{F_k + G_k}{A} = \frac{1120}{2 \times 2.8} + 1.5 \times 20 = 230\text{kPa}$$

$$p_c = 17.5 \times 1 + 19 \times 0.5 = 27\text{kPa}$$

$E_{s1}/E_{s2} = 9/3 = 3, z/b = 4/2 = 2$，查表 5.2.7，$\theta = 23°$。

$$p_z = \frac{lb(p_k - p_c)}{(b + 2z\tan\theta)(l + 2z\tan\theta)} = \frac{2 \times 2.8 \times (230 - 27)}{(2 + 2 \times 4\tan 23°)(2.8 + 2 \times 4\tan 23°)} = 34\text{kPa}$$

**【例 2.2.12】** 2013 下午 7 题

某多层砌体结构建筑采用墙下条形基础，荷载效应基本组合由永久荷载控制，基础埋深 1.5m，地下水位在地面以下 2m。其基础剖面及地质条件如图 2013-7 所示，基础的混凝土强度等级 C20（$f_t$=1.1N/mm$^2$），基础及其以上土体的加权平均重度为 20kN/m$^3$。

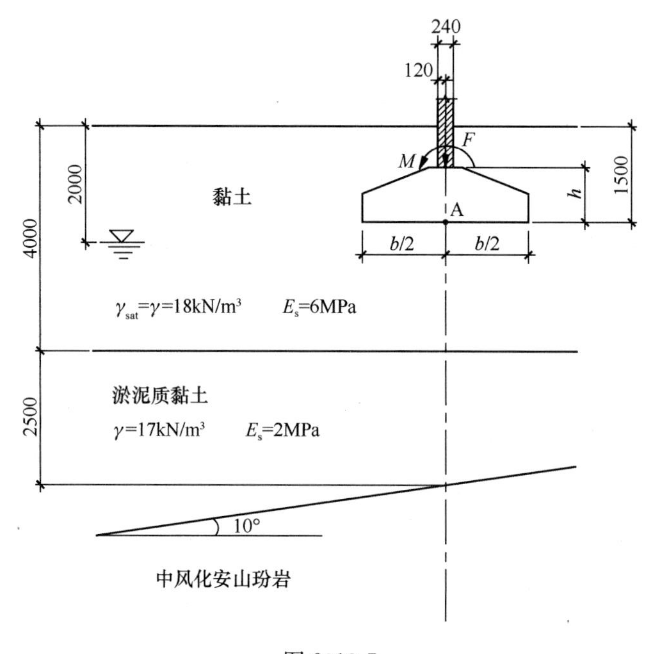


图 2013-7

假定，荷载效应标准组合时，上部结构传至基础顶面的竖向力 $F$=240kN/m，力矩 $M$=0；黏土层地基承载力特征值 $f_{ak}$=145kPa，孔隙比 $e$=0.8，液性指数 $I_L$=0.75；淤泥质黏土层的地基承载特征值 $f_{ak}$=60kPa。试问，为满足地基承载力要求，基础底面的宽度 $b$（m）取下列何项数值最为合理?

(A) 1.5　　(B) 2.0　　(C) 2.6　　(D) 3.2

**【答案】**(C)

(1) 基础底面承载力验算

根据《地规》5.2.1 条：

$$f_a = 145 + 1.6 \times 18 \times 1.0 = 173.8\text{kPa}$$

$$p_k = \frac{240}{b} + \frac{1 \times b \times 1.5 \times 20}{b} < 173.8$$

解得 $b$>1.67m。

(2) 基础底面软弱下卧层承载力验算

$\frac{E_{s1}}{E_{s2}}=3$，根据 4 个选项中的基础宽度，$\frac{z}{b}>0.5$，查《地规》表 5.2.7 有压力扩散角取 23°；$\gamma_m=\frac{18\times2+8\times2}{2}=13\text{kN/m}^3$；淤泥 $\eta_d=1.0$。则

$$f_a=60+1.0\times13\times(4.0-0.5)=105.5$$

根据《地规》5.2.7 条：

$$\frac{b\left(\frac{240}{b}+30-1.5\times18\right)}{b+2\times2.5\tan23^\circ}+18\times2+8\times2\leqslant105.5$$

解得 $b\geqslant2.5$m。

**【编者注】** 由于 4 个选项中基础宽度均不大于 3m，故不考虑宽度修正。

## 2.3　稳定性计算

**1. 主要的规范规定**

1)《地规》5.4.1 条：地基稳定性可采用圆弧滑动面法进行验算。

2)《地规》5.4.2 条：位于稳定土坡坡顶上的建筑物的设计规定。

3)《地规》5.4.3 条：建筑物基础存在浮力作用时应进行抗浮稳定性验算。

**2. 对规范规定的理解**

1) 地基整体稳定——可采用圆弧滑动面法

(1) 非抗震：

$$1.2\leqslant\frac{M_R}{M_s}$$

其中，$M_R$ 为抗滑动力矩；$M_s$ 为滑动力矩。

(2) 抗震：

滑动力矩 $M_s$ 需计入水平地震及竖向地震产生的效应（《抗规》3.3.5 条）。

2) 坡顶建筑物稳定性

(1) 对于条形基础或矩形基础，当垂直于坡顶边缘线的基础底面边长小于或等于 3m 时，其基础底面外边缘线至坡顶的水平距离（图 2.3-1）应符合下列规定：

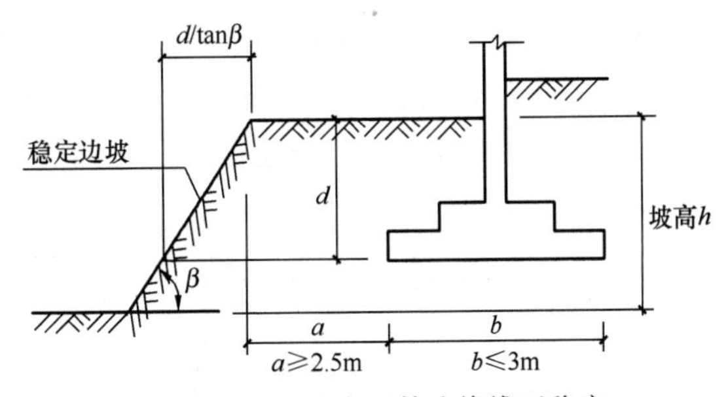


图 2.3-1　基础底面外边缘线至稳定边坡坡顶的水平距离

条形基础：

$$a\geqslant3.5b-\frac{d}{\tan\beta}$$

$$a\geqslant2.5$$

矩形基础：

$$a\geqslant2.5b-\frac{d}{\tan\beta}$$

$$a\geqslant2.5$$

（2）考虑抗震的基础底面外边缘线至坡顶的水平距离要求（《抗规》3.3.5条）

$b \leqslant 3\text{m}$ 时：

$$条形基础\ a \geqslant 3.5b - \frac{d}{\tan(\beta - \alpha_E)} \geqslant 2.5$$

$$矩形基础\ a \geqslant 2.5b - \frac{d}{\tan(\beta - \alpha_E)} \geqslant 2.5$$

$b > 3\text{m}$ 时：

$$条形基础\ a \geqslant 3.5b - \frac{d}{\tan(\beta - \alpha_E)} \geqslant b$$

$$矩形基础\ a \geqslant 2.5b - \frac{d}{\tan(\beta - \alpha_E)} \geqslant b$$

其中 $\alpha_E$ 取值见表 2.3-1。

**挡土结构的地震角 $\alpha_E$** **表 2.3-1**

| 情况 | 7度 | | 8度 | | |
|---|---|---|---|---|---|
| | 0.10$g$ | 0.15$g$ | 0.20$g$ | 0.30$g$ | 0.40$g$ |
| 地下水位以上 | 1.5° | 2.3° | 3° | 4.5° | 6° |
| 地下水位以下 | 2.5° | 3.8° | 5° | 7.5° | 10° |

3）基础抗浮稳定验算

对于简单的浮力作用情况，基础抗浮稳定性应符合下式：

$$\frac{G_k}{N_{w,k}} \geqslant K_w = 1.05$$

其中，$G_k$ 为建筑物自重及压重之和，计算时，水下取饱和重度。

**3. 历年真题解析**

**【例 2.3.1】** 2014 下午 4 题

某安全等级为二级的长条形坑式设备基础，高出地面 500mm，设备荷载对基础没有偏心，基础的外轮廓及地基土层剖面、地基土参数如图 2014-4 所示，地下水位在自然地面下 0.5m。

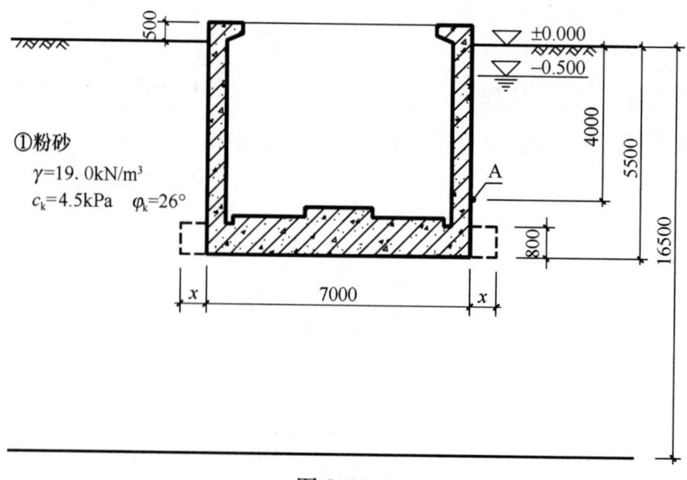


图 2014-4

**提示：**基础施工时基坑用原状土回填，回填土重度、强度指标与原状土相同。

已知基础的自重为 280kN/m，基础上设备自重为 60kN/m，设备检修活荷载为 35kN/m。当基础的抗浮稳定性不满足要求时，本工程拟采取对称外挑基础底板的抗浮措施。假定，基础底板外挑板厚度取 800mm，抗浮验算时钢筋混凝土的重度取 23kN/m$^3$，设备自重可作为压重，抗浮水位取地面下 0.5m。试问，为了保证基础抗浮的稳定安全系数不小于 1.05，图中虚线所示的底板外挑最小长度 $x$（mm），与下列何项数值最为接近？

(A) 0　　(B) 250　　(C) 500　　(D) 800

**【答案】**(B)

根据《地规》5.4.3 条：

$$\frac{G_{\mathrm{k}}}{N_{\mathrm{w,k}}}=(280+60)/(7\times5\times10)=0.97<1.05$$

不满足抗浮要求。

列方程式 $G_{\mathrm{k}}=1.05N_{\mathrm{w,k}}$ 求解：

$$280+60+2x(0.8\times23+4.7\times19)=1.05\times(7+2x)\times5\times10$$

$$x=\frac{350\times1.05-280-60}{2\times(19\times4.7+23\times0.8-5\times10\times1.05)}=249\mathrm{mm}$$

**【例 2.3.2】**2006（岩土）上午 8 题

如图 2006-8 所示，某稳定边坡坡角为 30°，坡高 $H$ 为 7.8m，条形基础长度方向与坡顶边缘线平行，基础宽度 $B$ 为 2.4m。若基础底面外缘线距坡顶的水平距离 $a$ 为 4.0m，无地下水，按非抗震设计及 8 度抗震设计时，基础埋置深度 $d_1$（m）及 $d_2$（m），与下列何组数值最为接近？

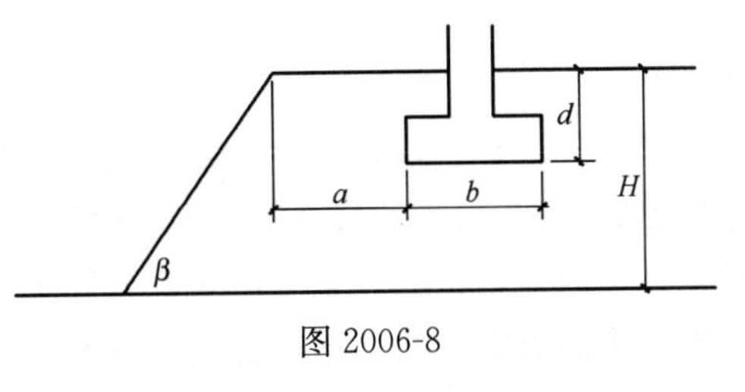

图 2006-8

(A) 2.55；2　　(B) 2；2.55　　(C) 2.55；2.25　　(D) 2；2.35

**【答案】**(C)

(1) 根据《地规》5.4.2 条：

条形基础：

$$a\geqslant3.5b-\frac{d}{\tan\beta}$$

$$4\geqslant3.5\times2.4-\frac{d}{\tan30}$$

解得：$d\geqslant2.54$。

(2) 抗震设防烈度为 8 度，无地下水，查表得 $\rho=3°$。则

$$\beta_{\mathrm{E}}=\beta-\rho=30°-3°=27°$$

条形基础：

$$a\geqslant3.5b-\frac{d}{\tan\beta_{\mathrm{E}}}$$

$$4\geqslant3.5\times2.4-\frac{d}{\tan27}$$

解得：$d \geqslant 2.24$。

**【题 2.3.3】** 2020 下午 2 题

边坡坡面与水平面夹角 45°，该建筑采用框架结构，柱下独立基础，基础底面中心线与柱截面中心线重合，方案设计时，靠近边坡的边柱截面尺寸取 500mm×500mm，基础底面形状采用正方形，边柱基础剖面及土层分布如图 2020-2 所示，基础及其底面以上土的加权平均重度为 20kN/m³，无地下水，不考虑地震作用。

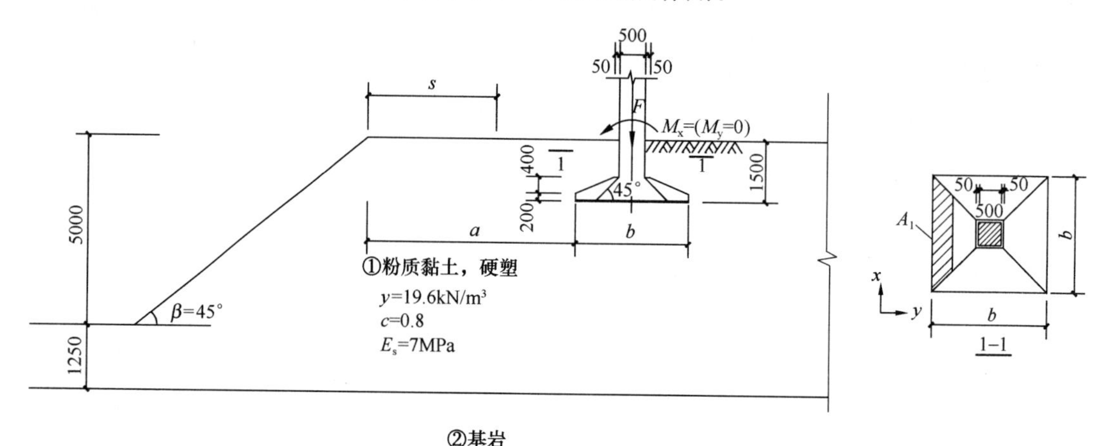


图 2020-2

假定，土坡本身稳定，基础宽度 $b < 3\text{m}$，相应于荷载作用标准组合下，基础底面中心处 $F_k + G_k = 1000\text{kN}, M_{xk} = 0$，①粉质黏土地基承载力特征值 $f_{ak} = 150\text{kPa}$。根据《地规》有关规定，试问，当基础底面外边缘线至坡顶的水平距离 $a$（m）最小取以下何项时，可不必按圆弧滑动面法进行稳定验算？

(A) 2.5　　(B) 3.5　　(C) 4.5　　(D) 5.5

**【答案】**(C)

(1) 根据《地规》4.1.10 条，①粉质黏土、硬塑，可得：$0 < I_L \leqslant 0.25$。

(2) 根据《地规》5.2.4 条，查表，$\eta_b = 0.3$、$\eta_d = 1.6$，则

$f_a = f_{ak} + \eta_b \gamma(b-3) + \eta_d \gamma_m(d-0.5) = 150 + 0 + 1.6 \times 19.6 \times (1.5-0.5) = 181.36\text{kPa}$

(3) 根据《地规》5.2.1 条、5.2.2 条：

$$p_k = \frac{F_k + G_k}{A} = \frac{1000}{b^2} \leqslant f_a = 181.36$$

解得：$b \geqslant 2.35\text{m}$。

(4) 根据《地规》5.4.2 条，矩形基础有：

$$a \geqslant 2.5b - \frac{d}{\tan\beta} = 2.5 \times 2.35 - \frac{1.5}{\tan 45^\circ} = 4.37\text{m}$$

**【题 2.3.4】** 2017（二级）下午 9 题

某地下消防水池采用钢筋混凝土结构，其底部位于较完整的中风化泥岩上，外包平面尺寸为 6m×6m，顶面埋深 0.8m，地基基础设计等级为乙级，地基土层及水池结构剖面如图 2017-9 所示。

假定，水池外的地下水位稳定在地面以下 1.5m，粉砂土的重度为 19kN/m²，水池自

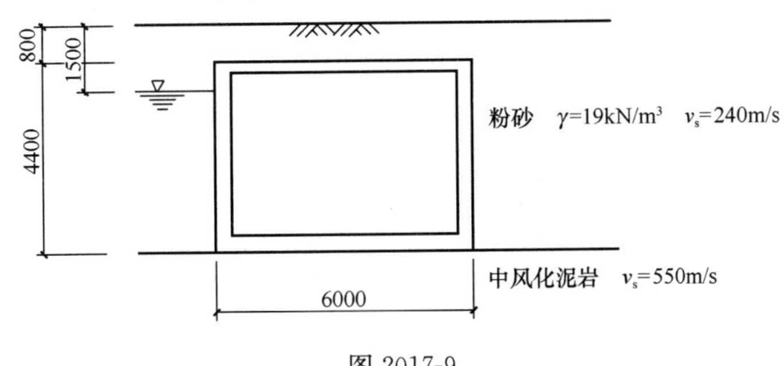


图 2017-9

重 $G$ 为 900kN，试问，当水池里面的水全部放空时，水池的抗浮稳定安全系数，与下列何项数值最为接近？

(A) 1.5　　(B) 1.3　　(C) 1.1　　(D) 0.9

**【答案】**(C)

水池自重及压重：

$$G_k = 900 + 6\times6\times0.8\times19 = 1447.2\text{kN}$$

水池浮力：

$$N_{wk} = 6\times6\times3.7\times10 = 1332\text{kN}$$

根据《地规》5.4.3 条 1 款：

$$\text{抗浮稳定安全系数} = 1447.2/1332 = 1.09$$

# 3 地基变形验算

## 3.1 沉降允许值

**1. 主要的规范规定**

1)《地规》5.3.1 条～5.3.3 条：地基变形的基本规定。

2)《地规》5.3.4 条：建筑物地基变形允许值。

**2. 对规范规定的理解**

地基变形特征可分为沉降量、沉降差、倾斜、局部倾斜。由于建筑地基不均匀、荷载差异很大、体型复杂等因素引起的地基变形，对于砌体承重结构应由局部倾斜值控制；对于框架结构和单层排架结构应由相邻柱基的沉降差控制；对于多层或高层建筑和高耸结构应由倾斜值控制；必要时尚应控制平均沉降量。地基变形指标见表 3.1-1。

**地基变形指标** **表 3.1-1**

| 地基变形指标 | 图　　例 | 计算方法 |
| --- | --- | --- |
| 沉降量 | 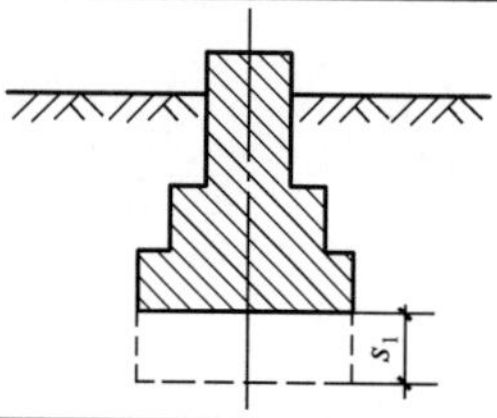 $s_1$ | $s_1$ 基础中点沉降值 |
| 沉降差 | 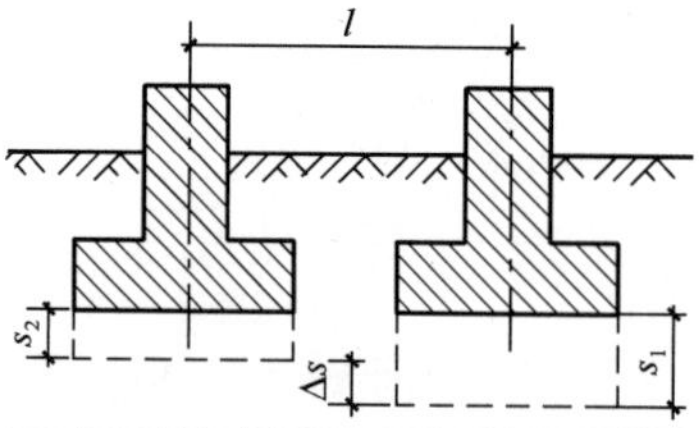 $l$　$s_2$　$\Delta s$　$s_1$ | 两相邻独立基础沉降值之差 $\Delta s=s_1-s_2$ |
| 倾斜 | 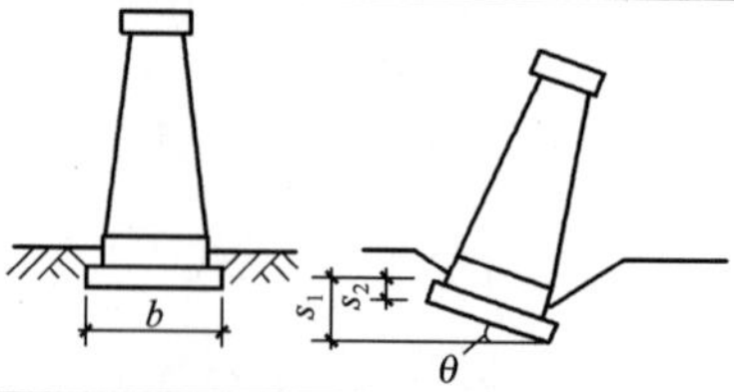 $b$　$s_1$　$s_2$　$\theta$ | $\tan\theta=\frac{s_1-s_2}{b}$ |
| 局部倾斜 | 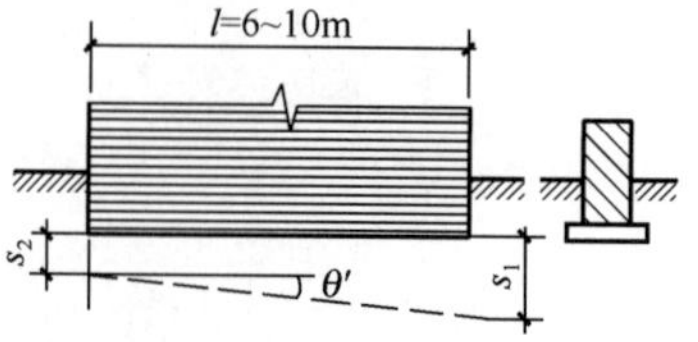 $l$=6~10m　$s_2$　$\theta'$　$s_1$ | $\tan\theta'=\frac{s_1-s_2}{l}$ |

**3. 历年真题解析**

**【例 3.1.1】** 2017 下午 10 题

某三跨单层工业厂房，采用柱顶铰接的排架结构，纵向柱距为 12m，厂房每跨均设有桥式吊车，且在使用期间轨道没有条件调整。在初步设计阶段，基础拟采用浅基础。场地地下水位标高为－1.5m。厂房的横剖面、场地土分层情况如图 2017-10 所示。

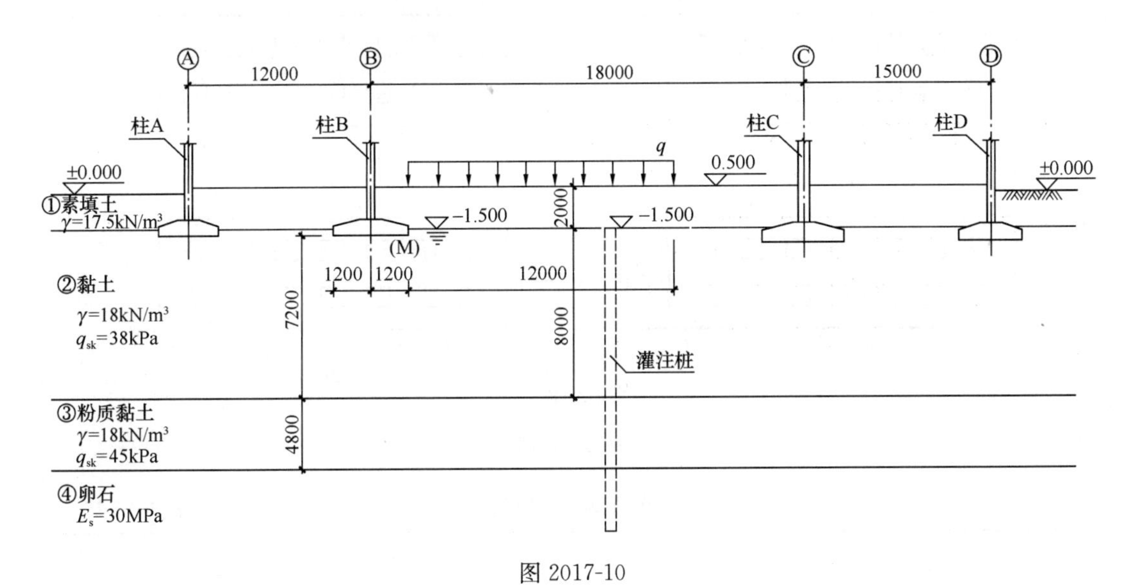


图 2017-10

假定，②层黏土压缩系数 $a_{1-2}$＝0.51MPa$^{-1}$。初步确定柱基础的尺寸时，计算得到柱 A、B、C、D 基础底面中心的最终地基变形量分别为：$s_A$＝50mm，$s_B$＝90mm，$s_C$＝120mm，$s_D$＝85mm。试问，根据《建筑地基基础设计规范》GB 50007—2011 的规定，关于地基变形的计算结果，下列何项说法正确？

(A) 3 跨都不满足规范要求　　(B) A-B 跨满足规范要求

(C) B-C、C-D 跨满足规范要求　　(D) 3 跨都满足规范要求

**【答案】**(C)

柱顶铰接的排架结构，基础不均匀沉降时不产生附加应力。

根据《地规》5.3.4 条，沉降差的控制指标为 $\Delta s \leqslant 0.005l$。

桥式吊车轨面的倾斜控制，对横向应为$\Delta s \leqslant 0.003l$。

A-B 跨：$\Delta s/l=(90-50)/12000=0.0033>0.003$，不满足规范要求。

B-C 跨：$\Delta s/l=(120-90)/18000=0.0017<0.003$，满足规范要求。

C-D 跨：$\Delta s/l=(120-85)/15000=0.0023<0.003$，满足规范要求。

**【例 3.1.2】** 2017 下午 15 题

砌体结构纵墙等距离布置了 8 个沉降观测点，测点布置、砌体纵墙可能出现裂缝的形态等如图 2017-15 所示。

各点的沉降量见表 2017-15。

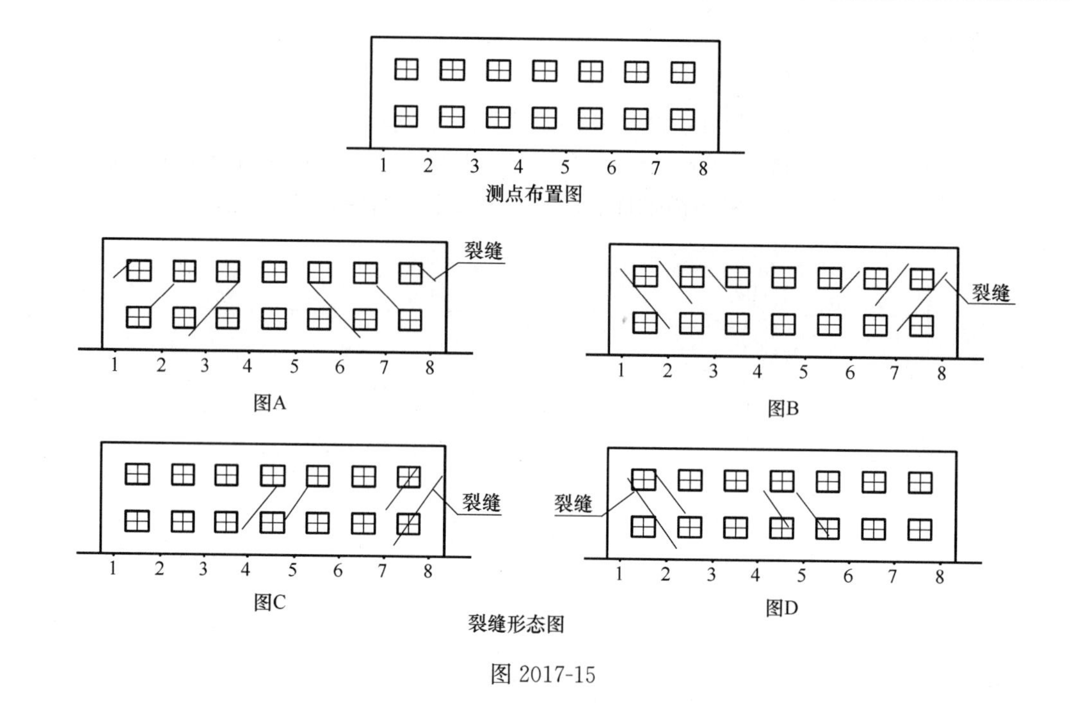


图 2017-15

**各观测点沉降量** **表 2017-15**

| 观测点 | 1 | 2 | 3 | 4 | 5 | 6 | 7 | 8 |
|---|---|---|---|---|---|---|---|---|
| 沉降量（mm） | 102.2 | 116.4 | 130.8 | 157.3 | 177.5 | 180.6 | 190.9 | 210.5 |

试问，根据沉降量的分布规律，砌体结构纵墙最可能出现的裂缝形态，为下列何项？

(A) 图 A (B) 图 B (C) 图 C (D) 图 D

**【答案】**(C)

图 A 正八字缝的产生原因是沉降中部大，两端小。

图 B 倒八字缝的产生原因是沉降中部小，两端大。

图 C 斜裂缝的产生原因是右端沉降大，左端小。

图 D 斜裂缝的产生原因是左端沉降大，右端小。

根据砌体结构沉降的实测值，故选 (C)。

**【编者注】**砌体结构，在地基不均匀变形较大的情况下，会出现裂缝。裂缝的方向与地基的变形是有规律的。当地基基础沉降中部大，两端小时，砌体结构一般会出现正八字缝；当地基基础沉降中部小，两端大时，砌体结构一般会出现倒八字缝；当地基基础沉降右端沉降大，左端小，砌体结构一般会出现向右上方向发展的裂缝；当地基基础左端沉降大，砌体结构一般会出现向左上方向发展的裂缝。

**【例 3.1.3】**2021 下午 17 题

关于建（构）筑物沉降变形有下列主张：

Ⅰ. 180m 高的钢筋混凝土烟囱采用桩基，其基础的倾斜不应大于 0.003，基础的沉降量不应大于 350mm；

Ⅱ. 加大建筑物基础尺寸，可降低基底土附加压应力，减小建筑物的沉降；

Ⅲ. 受邻近深基坑开挖施工影响的建筑物，应进行沉降变形观测；

Ⅳ. 高度为120m的带裙房高层建筑下的整体筏形基础，主楼边柱与相邻的裙房柱的差异沉降不应大于其跨度的0.002倍。

试问，上述主张中，哪些是正确的呢？

(A) Ⅰ、Ⅱ　　(B) Ⅱ、Ⅲ

(C) Ⅰ、Ⅲ　　(D) Ⅱ、Ⅲ、Ⅳ

**【答案】**(B)

(1) 根据《桩规》表5.5.4，高耸建筑，建筑高度 $H_g=180m$，则沉降变形允许值 $[s]=250mm$，故Ⅰ错误。

(2) 根据《地规》5.3.5条，附加压应力 $p_0=\frac{F+G}{A}-p_c$，基础截面面积增加，附加压应力随之减小，建筑物沉降也随之减小，故Ⅱ正确。

(3) 根据《地规》10.3.8条5款，Ⅲ正确。

(4) 根据《地规》8.4.22条，主楼与相邻的裙房柱的差异沉降不应大于其跨度的0.1%，即0.001倍，故Ⅳ错误。

## 3.2　地基变形计算

### 3.2.1　土体中的应力计算与一维压缩变形

**1. 主要的规范规定**

土力学教材。

**2. 对规范规定的理解**

1) 土体自重应力（有效自重应力）

(1) 基础底面自重应力的计算

$$p_c=\Sigma\gamma_i d_i$$

算至基础底，地下水位以下取浮重度。

(2) 有效应力原理

① 饱和土体内任一平面上受到的总应力可分为由土骨架承受的有效应力和由孔隙水承受的孔隙水压力两部分，二者间关系总是满足下式：

$$\sigma=\sigma'+u$$

② 土的变形（压缩）与强度的变化都只取决于有效应力的变化。

因此，在涉及土体强度和变形计算时，均采用浮重度，即计算有效应力。

2) 地基中的附加应力计算

(1) 准永久组合基底平均附加应力计算

$$p_0=p_q-p_c$$

式中：$p_q$——准永久组合基底平均压力；

$p_c$——基础底面处的土体自重压力。

(2) 地基中的附加应力 $p_z$——角点法计算土中的附加应力

土中附加应力是由建筑物荷载在地基内引起的应力，通过土粒之间的传递，向水平与深度方向扩散，并逐渐减小。地基中附加应力离荷载作用点越远，其值越小。我们称这种现象为附加应力的扩散作用。

平面上任意一点 M 附加应力的大小可通过角点法求解。《地规》附录 K 就是采用这种方法。

① M 点在矩形均布荷载面以内时（图 3.2-1）：

$$\sigma_{z(M)} = (\alpha_{\text{I}} + \alpha_{\text{II}} + \alpha_{\text{III}} + \alpha_{\text{IV}})P$$

② M 点在矩形均布荷载面以外时（图 3.2-2）：

$$\sigma_{z(M)} = (\alpha_{zoedh} - \alpha_{zofch} - \alpha_{zoeag} + \alpha_{zofbg})P$$

注：将矩形（条形）基础底面分块后，各个小矩形角点附加应力计算时采用的 $l$、$b$ 为小矩形尺寸，并非是原基础底面尺寸，此点易错，需特别注意。

3）附加应力系数 $\alpha_i$ 和平均附加应力系数 $\bar{\alpha}_i$ 的区别

附加应力系数 $\alpha_i$：指基底下某一深度 $z$ 处的附加应力系数，用于计算地基某一点的附加应力，常应用于附加应力简化为直线分布法的沉降估算（分层总和法沉降计算）。

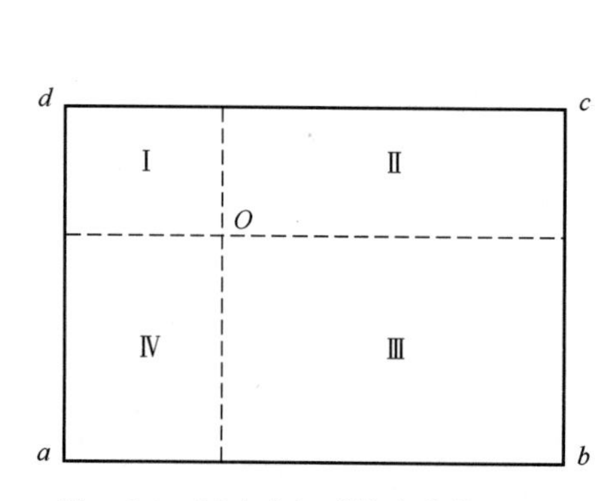


图 3.2-1 M 点在矩形均布荷载面以内

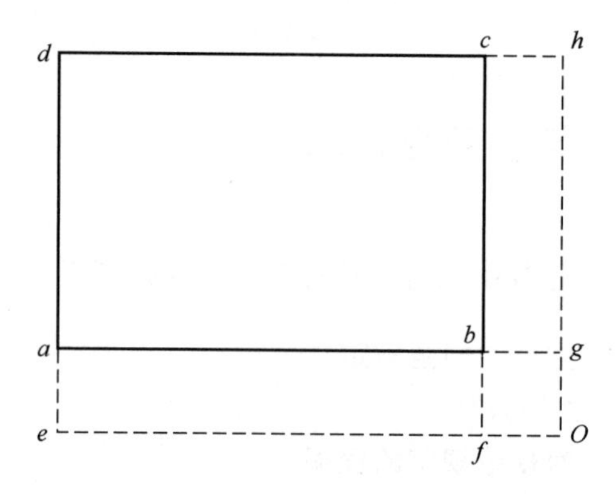


图 3.2-2 M 点在矩形均布荷载面以外

平均附加应力系数 $\bar{\alpha}_i$：指基底下某一深度 $z$ 范围内的附加应力系数的平均值，用于计算地基土中某一深度范围内的平均附加应力，常应用于地基中附加应力呈曲线分布法的沉降计算（规范法沉降计算）。

4）单一土层的一维压缩问题（大面积填土情况）

如图 3.2-3 所示，在厚度为 $H$ 的土层上面施加大面积连续均布荷载 $p$，这时土层主要在竖直方向发生压缩变形，而侧向变形可以忽略，属于一维压缩问题。

在荷载 $P$ 作用下，土的压缩变形量为：

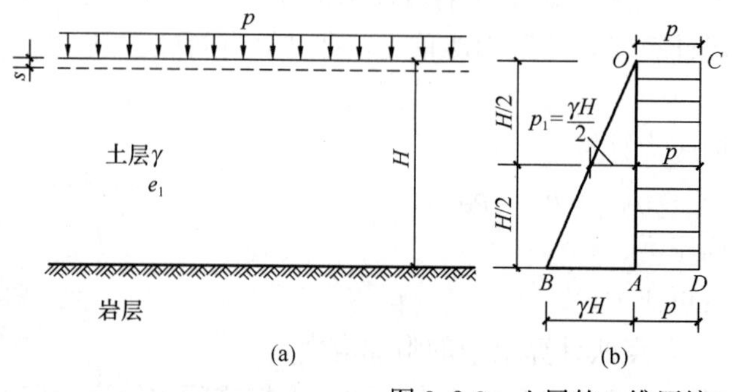


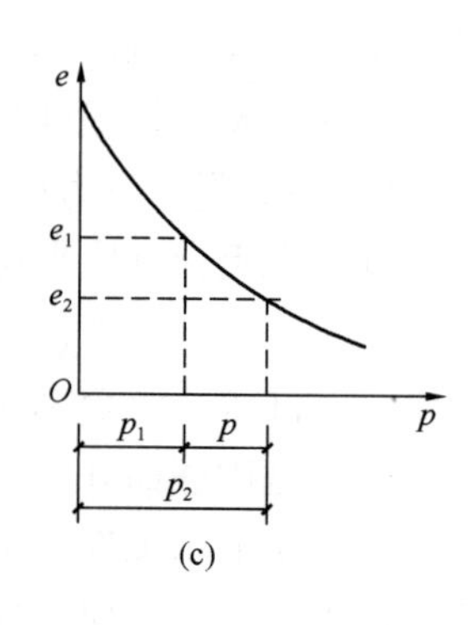


图 3.2-3 土层的一维压缩

$$\Delta s=\frac{e_1-e_2}{1+e_1}H=\frac{a\Delta p}{1+e_1}H=\frac{\Delta p}{E_s}H$$

$$a=\frac{e_1-e_2}{p_2-p_1}$$

$$E_s=\frac{1+e_1}{a}$$

**3. 历年真题解析**

**【例 3.2.1】** 2013 下午 3 题

某城市新区拟建一所学校，建设场地地势较低，自然地面绝对标高为 3.000m，根据规划地面设计标高要求，整个建设场地需大面积填土 2m。地基土层剖面如图 2013-3 所示，地下水位在自然地面下 2m，填土的重度为 $18kN/m^3$，填土区域的平面尺寸远远大于地基压缩层厚度。

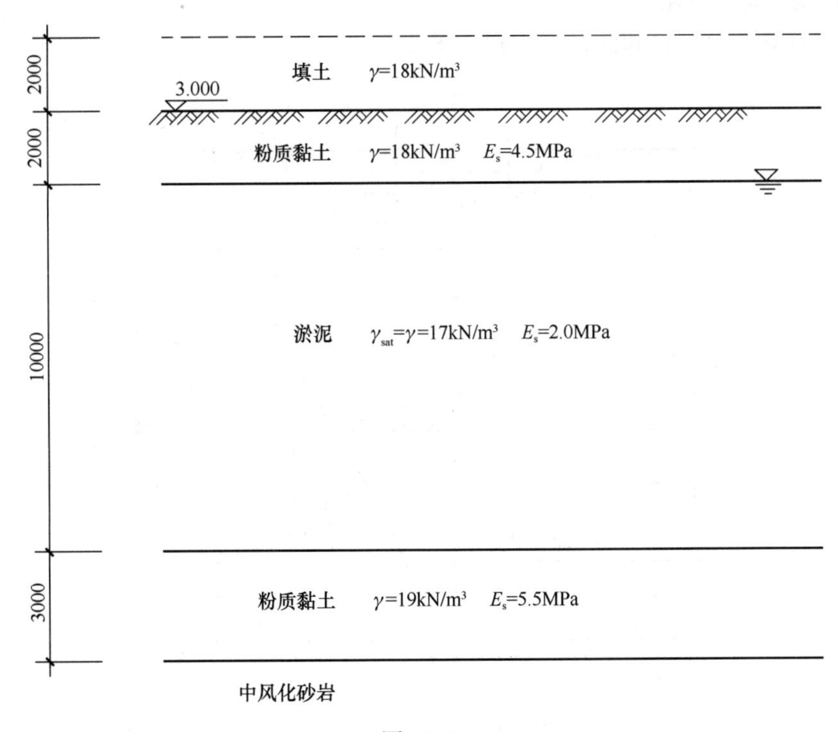


图 2013-3

假定，不进行地基处理，不考虑填土本身的压缩量。试问，由大面积填土引起的场地中心区域最终沉降量 $s$（mm）与下列何项数值最为接近？

**提示：**① 地基变形计算深度取至中风化砂岩顶面。

② 沉降计算经验系数 $\psi_s$ 取 1.0。

(A) 150　(B) 220　(C) 260　(D) 350

**【答案】**(B)

根据《地规》5.3.5 条，$P_0=18\times2=36kPa$，$\psi_s=1.0$，则

$$s=\frac{36}{4.5}\times 2+\frac{36}{2}\times 10+\frac{36}{5.5}\times 3=215.6\text{mm}$$

## 3.2.2 地基变形计算

### 1. 主要的规范规定

1）《地规》5.3.5 条：计算地基变形时，地基内的应力分布，可采用各项同性匀质线性变形理论，最终沉降量计算公式按《地规》5.3.5 条。

2）《地规》5.3.6 条：变形计算深度范围内压缩模量的当量值。

3）《地规》5.3.7 条：地基变形计算深度的确定。

4）《地规》5.3.8 条：在计算深度范围存在基岩时，地基土的附加压力分布应考虑相对硬层存在的影响。

5）《地规》6.2.2 条：刚性下卧层对地基变形的放大效应。

### 2. 对规范规定的理解

1）沉降计算的分层总和法计算步骤（图 3.2-4）

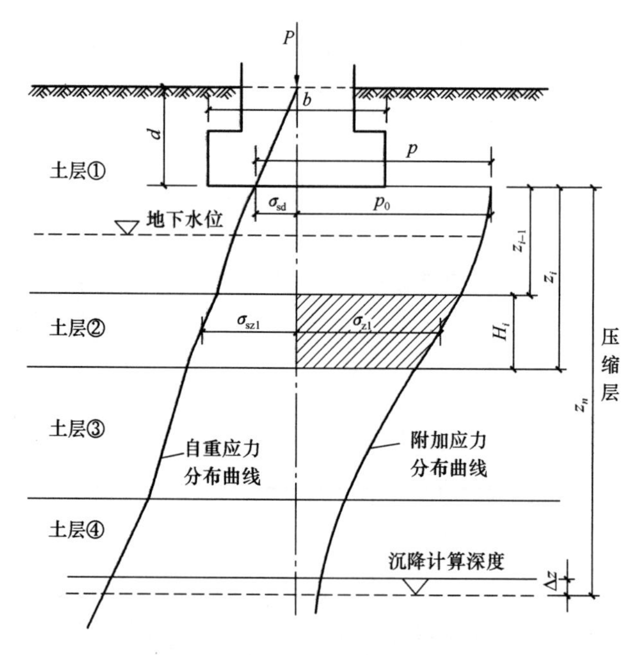


图 3.2-4 分层总和法计算地基沉降量

（1）计算基础底面土的自重应力：

$$p_{\mathrm{c}}=\Sigma\gamma_i d_i$$

算至基础底，地下水位以下取浮重度。

（2）计算相应于作用的准永久组合时，基础底面附加应力：

$$p_0=p_{\mathrm{q}}-p_{\mathrm{c}}$$

（3）确定地基中附加应力 $\sigma_{\mathrm{z}}$ 。对矩形荷载可通过角点法和叠加原理求解任意点的附加应力：

$$\sigma_{\mathrm{z}}=\Sigma\alpha_i p_0$$

(4) 计算每层沉降量 $s_i$：

$$s_i = \frac{\sigma_{zi} H_i}{E_{si}} = \frac{\sigma_{zi,\text{上端}} + \sigma_{zi,\text{下端}}}{2} \frac{H_i}{E_{si}} = \frac{\text{阴影区面积}}{E_{si}}$$

(5) 各层沉降量叠加：

$$s = \sum_{i=1}^{n} s_i$$

2) 规范算法沉降计算

(1) 计算基础底面土的自重应力：

$$p_c = \sum \gamma_i d_i$$

算至基础底，地下水位以下取浮重度。

(2) 计算相应于作用的准永久组合时，基础底面附加应力：

$$p_0 = p_q - p_c$$

(3) 确定平均附加应力系数 $\overline{\alpha}_i$。

如为矩形荷载，分块后根据各块的 $\frac{l_j}{b_j}$、$\frac{z}{b_j}$ 查《地规》附录 K 的 $\overline{\alpha}_i$。

中心时：$4 \times \overline{\alpha}$

基础边中点：$2 \times \overline{\alpha}$

(4) 分层总和法计算变形量：

$$s = \psi_s s' = \psi_s \sum_{i=1}^{n} \frac{p_0}{E_{si}} (\overline{\alpha}_i z_i - \overline{\alpha}_{i-1} z_{i-1})$$

图 3.2-5 中阴影线的曲边梯形面积 $efdc$，可近似表示为“阴影区面积” $= \sigma_{zi} H_i$，该面积也等于 $z_i$ 范围内附加应力分布图 $abdc$ 的面积减去 $z_{i-1}$ 范围内附加应力分布图 $abfe$ 的面积，两个面积可以从应力分布图积分求得。令矩形面积 $\overline{\alpha}_i p_0 z_i$ 等于曲边梯形 $abdc$ 的面积，$\overline{\alpha}_{i-1} p_0 z_{i-1}$ 等于曲边梯形 $abfe$ 的面积，则有

阴影区面积 $= p_0(\overline{\alpha}_i z_i - \overline{\alpha}_{i-1} z_{i-1}) \Rightarrow$

$$s_i = \frac{\text{阴影区面积}}{E_{si}}$$

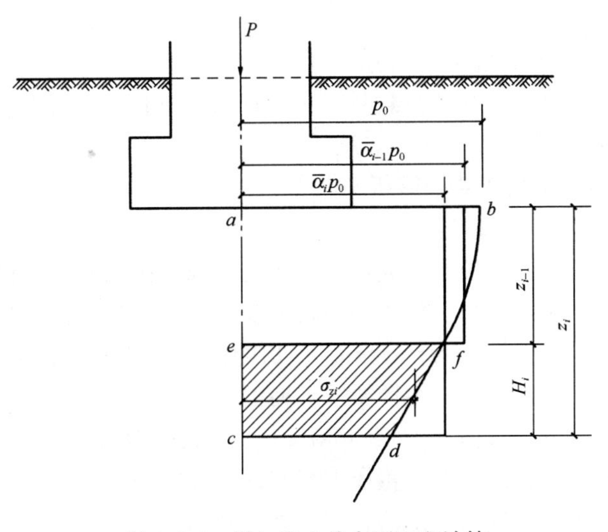


图 3.2-5 附加应力分布图面积计算

采用这种方法计算沉降的优点是可查 $\overline{\alpha}_i$ 值，而不必计算基础底面下的附加应力分布。

3) 参数取值注意事项

(1) 土层压缩模量 $E_{si}$

基础底面下第 $i$ 层土的压缩模量，土的压缩模量不是一个常数，它随应力的增大而增大。因此，在沉降计算的过程中，应选择与之对应的压缩模量，即应取土的自重压力至土的自重压力与附加压力之和的压力段计算。

（2）附加应力系数 $\alpha_i$ 和平均附加应力系数 $\bar{\alpha}_i$ 的区别

《地规》附录 K.0.1 给出的是附加应力系数 $\alpha_i$ ，应与附录 K.0.2 的平均附加应力系数 $\bar{\alpha}_i$ 加以区别。附加应力系数 $\alpha_i$ 是用于计算某一深度位置的附加应力，可用于分层总和法的计算。而平均附加应力系数 $\bar{\alpha}_i$ 是用于计算某一深度范围的平均附加应力，应注意理解《地规》5.3.5 条的沉降计算采用的是平均附加应力系数 $\bar{\alpha}_i$ 。

（3）沉降计算经验系数 $\psi_s$

变形计算深度范围内，压缩模量的当量值：

$$\overline{E}_s = \frac{\Sigma A_i}{\Sigma \dfrac{A_i}{E_{si}}}$$

其中，$A_i$ 为第 $i$ 层土附加应力系数沿土层厚度的积分值：

$$A_i = \bar{\alpha}_i z_i - \bar{\alpha}_{i-1} z_{i-1}$$

沉降计算经验系数 $\psi_s$ 按表 3.2-1 确定。

**沉降计算经验系数$\psi_s$** **表 3.2-1**

| $\overline{E}_s$（MPa） | 2.5 | 4.0 | 7.0 | 15.0 | 20.0 |
|---|---|---|---|---|---|
| $p_0 \geqslant f_{ak}$ | 1.4 | 1.3 | 1.0 | 0.4 | 0.2 |
| $p_0 \leqslant 0.75 f_{ak}$ | 1.1 | 1.0 | 0.7 | 0.4 | 0.2 |

4）刚性下卧层对地基变形的放大效应

$$考虑刚性下卧层影响时\begin{cases}计算深度:实际土层厚\\ s_{gz} = s \times \beta_{gz}\end{cases}$$

5）相邻荷载引起的地基变形

当存在相邻荷载时，应计算相邻荷载引起的地基变形，可按应力叠加原理，采用角点法计算。

**3. 历年真题解析**

**【例 3.2.2】**2017 下午 11 题

某三跨单层工业厂房，采用柱顶铰接的排架结构，纵向柱距为 12m，厂房每跨均设有桥式吊车，且在使用期间轨道没有条件调整。在初步设计阶段，基础拟采用浅基础。场地地下水位标高为−1.5m。厂房的横剖面、场地土分层情况如图 2017-11 所示。

假定，根据生产要求，在 B-C 跨有大面积的堆载。对堆载进行换算，作用在基础底面标高的等效荷载 $q_{eq}$ =45kPa，堆载宽度为 12m，纵向长度为 24mm。②层黏土相应于土的自重压力至土的自重压力与附加压力之和的压力段的 $E_s$=4.8MPa，③层粉质黏土相应于土的自重压力至土的自重压力与附加压力之和的压力段的 $E_s$=7.5MPa。试问，当沉降计算经验系数 $\psi_s$ =1，对②层及③层土，大面积堆载对柱 B 基础底面内侧中心 M 的附加沉降值 $s_M$（mm），与下列何项数值最为接近？

（A）25　　（B）35　　（C）45　　（D）60

**【答案】**（C）

根据《地规》5.3.5 条：

$$s_M = \psi_s \sum_{i=1}^{2} \frac{P_0}{E_{si}} (z_i \bar{\alpha}_i - z_{i-1} \bar{\alpha}_{i-1})$$

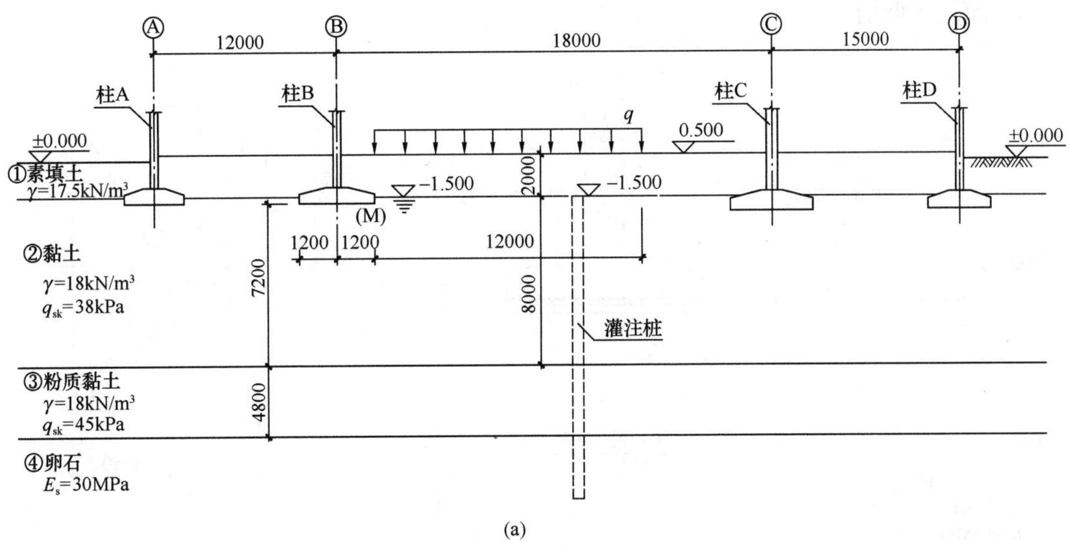


(a)

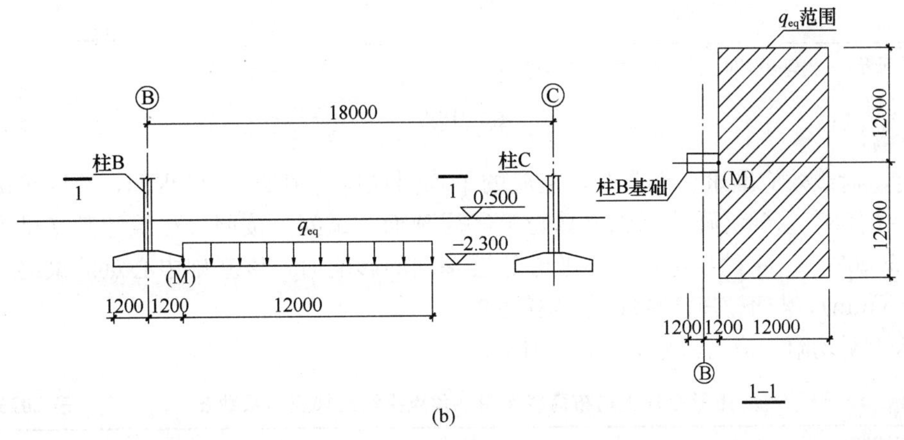


(b)

图 2017-11

$l/b = 12/12 = 1, z_1/b = 7.2/12 = 0.6, z_2/b = (7.2+4.8)/12 = 1$，查《地规》附录 K 表 K.0.1-2，$\bar{a}_1 = 0.2423$，$\bar{a}_2 = 0.2252$。故

$$S_M = 1 \times 2 \times \left[\frac{45}{4800} \times (7200 \times 0.2423) + \frac{45}{7500} \times (12000 \times 0.2252 - 7200 \times 0.2423)\right]$$

$$= 2 \times (16.4 + 5.7) = 44.2\text{mm}$$

**【编者注】** 矩形基础一般是计算基础中心点的沉降，而本题是求基础底面内侧中心的附加变形，在基础沉降计算采用角点法分块时，前者是分成四块，而本题应分层两块，应特别注意选取正确的基础分块长度、基础分块宽度。

**【例 3.2.3】** 2016 下午 5 题

截面尺寸为 500mm×500mm 的框架柱，采用钢筋混凝土扩展基础，基础底面形状为矩形，平面尺寸 4m×2.5m，混凝土强度等级 C30，$\gamma_0 = 1.0$。荷载效应标准组合时，上部结构传来的竖向压力 $F_k$=1750kN，弯矩及剪力忽略不计，荷载效应由永久作用控制，基础平面及地勘剖面如图 2016-5 所示。

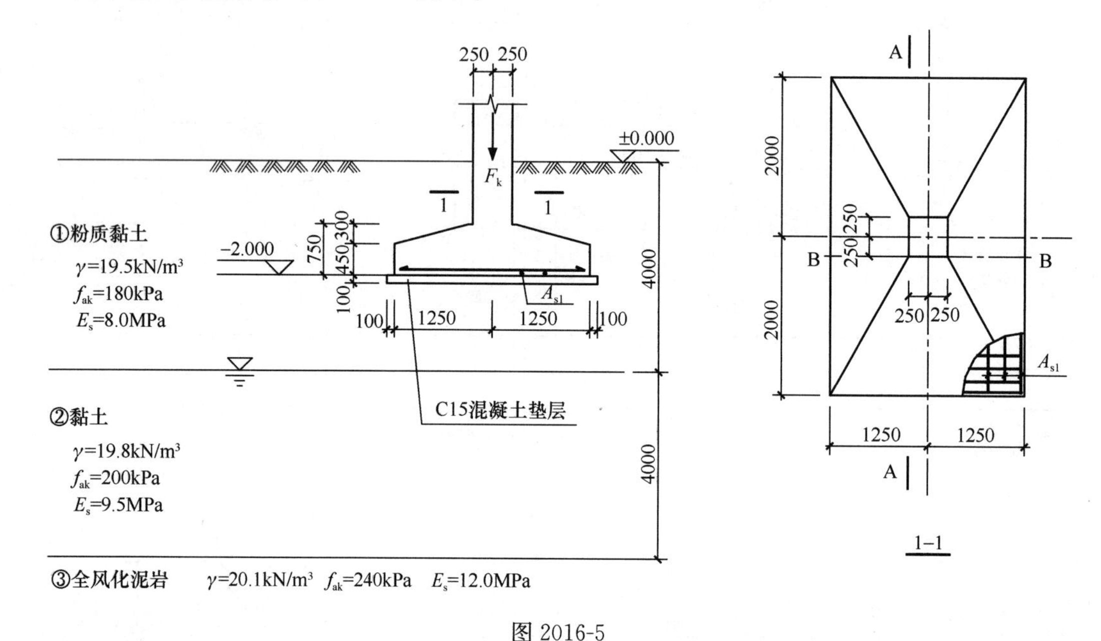


图 2016-5

假定，荷载效应准永久组合时，基底的平均附加压力值 $P_0$ =160kPa，地区沉降经验系数 $\psi_s$ =0.58，基础沉降计算深度算至第③层顶面。试问，按照《建筑地基基础设计规范》GB 50007—2011 的规定，当不考虑邻近基础的影响时，该基础中心点的最终沉降量计算值 $s$ (mm)，与下列何项数值最为接近?

**提示：**平均附加应力系数 $\bar{\alpha}$ 见表 2016-5。

**矩形面积上均布荷载作用下角点平均附加应力系数 $\bar{\alpha}$**　　**表 2016-5**

| $z/b$ | $l/b$ | | |
|---|---|---|---|
| | 1.2 | 1.6 | 2.0 |
| 0 | 0.2500 | 0.2500 | 0.2500 |
| 1.6 | 0.2006 | 0.2079 | 0.2113 |
| 4.8 | 0.1036 | 0.1136 | 0.1204 |

(A) 20　　(B) 25　　(C) 30　　(D) 35

**【答案】**(C)

根据角点法及《地规》5.3.5 条，将基底分成 4 块矩形。

$l$=2.0m，$b$=1.25m，$l/b$=1.6。分为两层土，$z_1$=2.0m，$z_2$=6.0m，$z_1/b$=1.6，$z_2/b$=4.8。分别查表可得：$\bar{\alpha}_1$=0.2079；$\bar{\alpha}_2$=0.1136。

$E_{s1}$=8.0MPa，$E_{s2}$=9.5MPa，$\psi_s$=0.58，则

$$s=4\psi_s\sum_{1}^{2}\frac{p_0}{E_{si}}(z_i\bar{\alpha}_i-z_{i-1}\bar{\alpha}_{i-1})$$

$$=4\times0.58\left[\frac{160}{8000}(2\times0.2079-0)+\frac{160}{9500}(6\times0.1136-2\times0.2079)\right]$$

$$=4\times0.58\times(0.00832+0.00448)$$

$$=0.0297\text{m}$$

**【例 3.2.4】** 2020 下午 7 题

边坡坡面与水平面夹角 45°，该建筑采用框架结构，柱下独立基础，基础底面中心线与柱截面中心线重合，方案设计时，靠近边坡的边柱截面尺寸取 500mm×500mm，基础底面形状采用正方形，边柱基础剖面及土层分布如图 2020-7 所示，基础及其底面以上土的加权平均重度为 $20\text{kN/m}^3$，无地下水，不考虑地震作用。

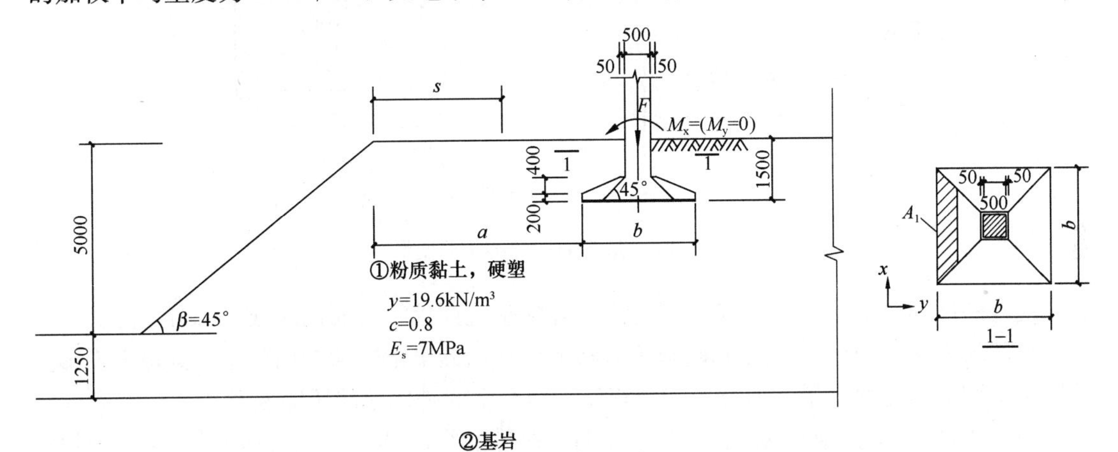


图 2020-7

假定，该正方形独立基础宽度 $b$=2.5m。在作用效应准永久组合下，基底平均附加压力 $p_0 = 150\text{kPa}$，①粉质黏土的地基承载力特征值 $f_{ak} = 150\text{kPa}$。不考虑相邻基础及边坡的影响，试问，考虑基岩对压力分布影响后，该基底中心点处地基最终计算变形量 $s$（mm），与下列何项数值最为接近？

(A) 42　　(B) 47　　(C) 52　　(D) 57

**【答案】**(C)

(1) 根据《地规》5.3.5 条、5.3.8 条，沉降计算至岩石顶面处。

$\frac{l}{b} = \frac{1.25}{1.25} = 1, \frac{z_1}{b} = \frac{4.75}{1.25} = 3.8$，查表得 $\overline{a} = 0.1158$。

$\overline{E}_s = 7\text{MPa}$，$p_0 = 150\text{kPa} \geqslant f_{ak} = 150\text{kPa}$，查表得 $\psi_s = 1.0$。

$$s = \psi_s s' = 1.0 \times \frac{150}{7} \times (0.1158 \times 4 \times 4.75) = 47.15\text{mm}$$

(2) 根据《地规》5.3.8 条、6.2.2 条计算。其中 $h = 4.75\text{m}$，$b = 2.5\text{m}$，插值得 $\beta_{gz} = 1.096$。

$$\text{最终沉降 } S = \beta_{gz} s = 1.096 \times 4.1 = 51.67\text{mm}$$

## 3.2.3 地基回弹再压缩计算

### 1. 主要的规范规定

1)《地规》5.3.10 条：当建筑物基础埋置较深时，地基土的回弹变形量计算。

2)《地规》5.3.11 条：回弹再压缩变形量计算。

**2. 对规范规定的理解**

建筑物地基变形（图 3.2-6）的大致过程如下：地基回弹变形量 $s_c$ → 地基再压缩变形量 $s'_c$ → 地基变形 $s$。

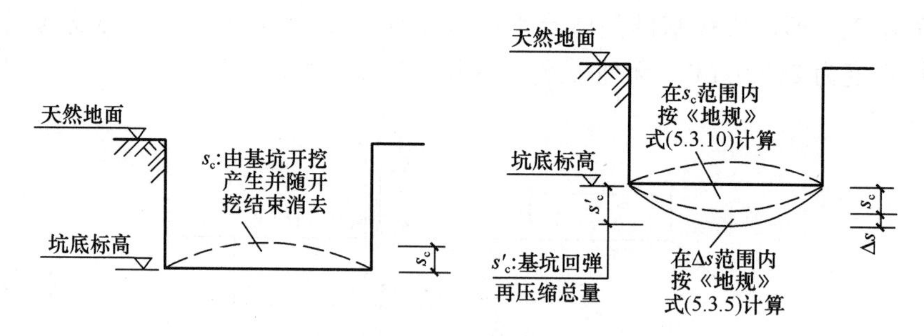


图 3.2-6 地基的回弹再压缩变形

地基的回弹变形 $s_c$ 一般随基坑开挖产生并随基坑开挖结束而消除或大部分消除。

地基的再压缩变形 $s'_c$ 是在基础施工后随上部结构的重量的增加而产生，其最大变形量等同于基坑的回弹变形量（但方向与之相反，即产生的是地基的压缩变形）。

当地基的变形超过地基的回弹变形量 $s'_c$ 时，地基变形 $s$ 的量值可按《地规》5.3.5 条计算。

考虑地基回弹变形时地基的沉降计算：

$p_k \leqslant p_c \Rightarrow$ 地基回弹变形未被完全压缩 $\Rightarrow s = s'_c$。

$p_k > p_c \Rightarrow$ 地基回弹被压缩完毕，继续产生压缩沉降 $\Rightarrow s = s_c + s_s$。

**3. 历年真题解析**

**【例 3.2.5】** 2018 下午 2 题

某地下水池采用钢筋混凝土结构，平面尺寸 6m×12m，基坑支护采用直径 600mm 钻孔灌注桩结合一道钢筋混凝土内支撑联合挡土，地下结构平面、剖面及土层分布如图 2018-2所示，

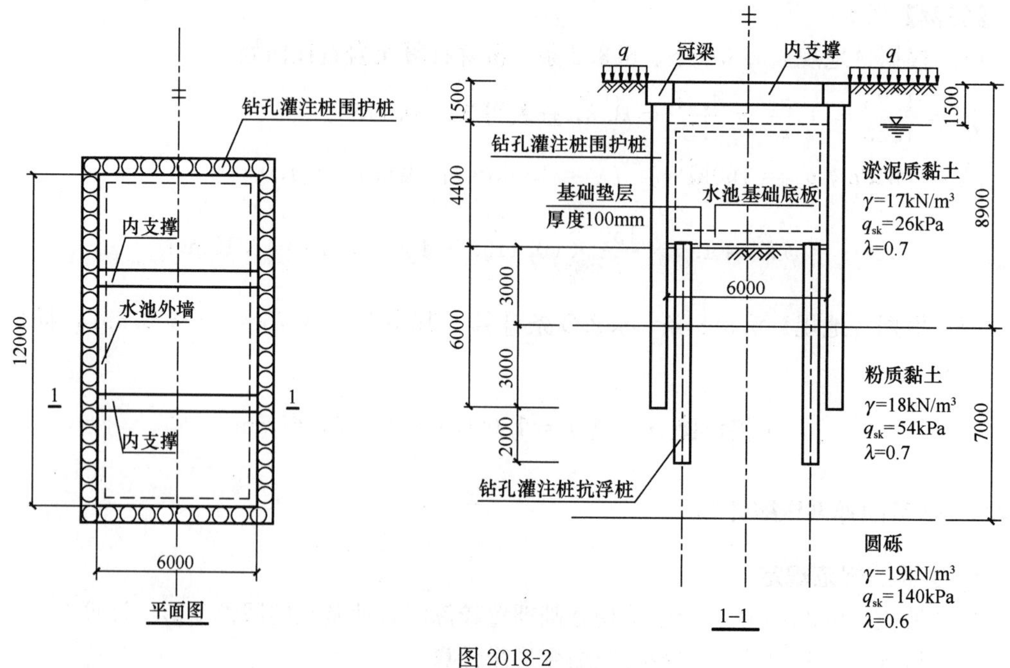


图 2018-2

土的饱和重度按天然重度采用。

**提示：** 不考虑主动土压力增大系数。

假定，坑底以下淤泥质黏土的回弹模量为10MPa。试问，根据《建筑地基基础设计规范》GB 50007—2011，基坑开挖至底部后，坑底中心部位由淤泥质黏土层回弹产生的变形量 $s_c$（mm），与下列何项数值最为接近？

**提示：** ① 坑底以下的淤泥质黏土层按一层计算，计算时不考虑工程桩及周边围护桩的有利作用；

② 回弹量计算的经验系数 $\psi_c$ 取1.0。

(A) 8　　(B) 16　　(C) 25　　(D) 40

**【答案】**(B)

将基底平面等分为四块，$z=3.0$m，$b=3.0$m，$l=6.0$m。

根据 $z/b=1$，$l/b=2$，查《地规》附录表K.0.1-2，有 $\bar{\alpha}_1=0.2340$。

根据《地规》5.3.10条：

$$p_c=17\times5.9-10\times4=56.3\text{kPa}$$

$$s_c=\psi_c\sum_{i=1}^{n}\frac{p_c}{E_{ci}}(z_i\bar{\alpha}_i-z_{i-1}\bar{\alpha}_{i-1})$$

$$=1.0\times4\times\frac{56.3}{10\times10^3}\times0.234\times3$$

$$=0.0158\text{m}=15.8\text{mm}$$

### 3.2.4　大面积地面荷载引起的附加沉降计算

**1. 主要的规范规定**

1)《地基》7.5.5条：对于在使用过程中允许调整吊车轨道的单层钢筋混凝土工业厂房和露天车间的天然地基设计。

2)《附录》N.0.1条～N.0.4条：大面积地面荷载作用下地基附加沉降量计算。

**2. 对规范规定的理解**

大面积地面荷载引起的附加沉降计算步骤：

(1) 计算等效均布荷载 $q_{eq}$

① 参与计算的地面荷载包括地面堆载和基础完工后的填土，地面荷载应按均布荷载考虑。

② 荷载计算范围（图3.2-7）：

纵向：实际堆载长度 $a_{实际}$

横向：$\begin{cases}b'_{荷载范围}>5b_{基础宽}\text{时：}b'\text{；}\\b'_{荷载范围}<5b_{基础宽}\text{或分布不均时：换算成宽为}5b\text{的}q_{eq}\text{。}\end{cases}$

③ 计算 $q_{eq}$。

$$q_{eq}=0.8\left[\sum_{i=0}^{10}\beta_iq_i-\sum_{i=0}^{10}\beta_ip_i\right]$$

(2) 计算地面荷载引起柱基内侧边缘中点的沉降 $s'_g$

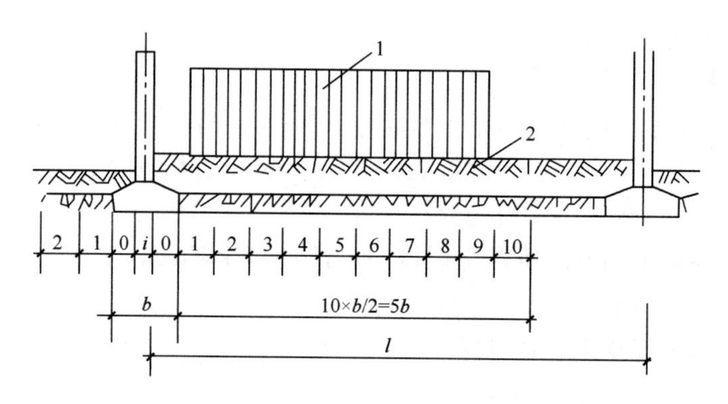


图 3.2-7 地面荷载区段划分

1—地面堆载；2—大面积填土

a—地面荷载的纵向长度（垂直纸面）；b—车间跨度方向基础底面边长

$$s'_{\mathrm{g}}=\sum_{i=1}^{n}\frac{q_{\mathrm{eq}}}{E_{si}}(\bar{\alpha}_i z_i-\bar{\alpha}_{i-1}z_{i-1})$$

$\bar{\alpha}_i$、$\bar{\alpha}_{i-1}$ 分别为基础底面至 $i$ 层、第 $i-1$ 层土层底面范围内的平均附加应力系数。按 $l=\dfrac{a}{2}$、$b'=5b$ 由《地规》附录 K 查表所得。

**3. 历年真题解析**

**【例 3.2.6～3.2.7】** 2008 下午 8～9 题

某单层单跨工业厂房建于正常固结的黏性土地基上，跨度 27m，长度 84m，采用柱下钢筋混凝土独立基础。厂房基础完工后，室内外均进行填土。厂房投入使用后，室内地面局部范围内有大面积堆载，堆载宽度 6.8m，堆载的纵向长度 40m。具体的厂房基础及地基情况、地面荷载大小等如图 2008-8 所示。

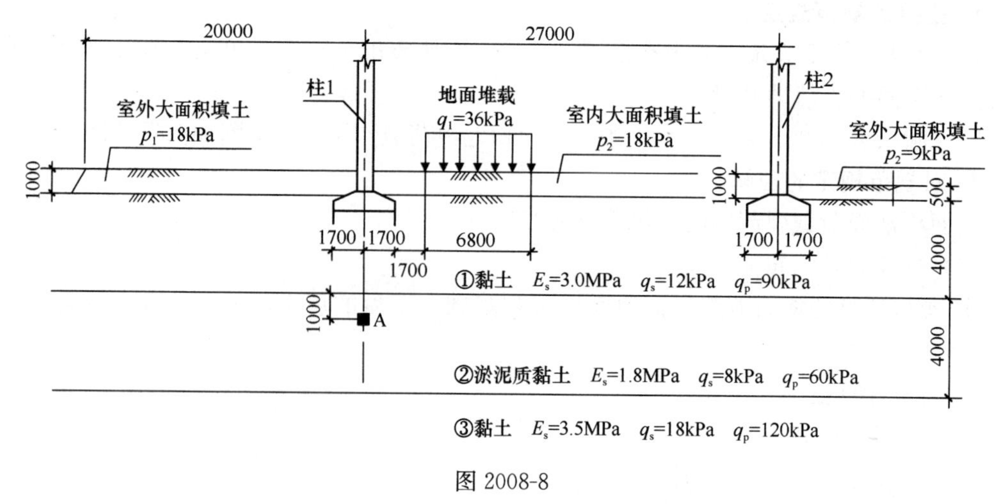


图 2008-8

**【例 3.2.6】** 2008 下午 8 题

地面堆载 $q_1$ 为 36kPa，室内外填土重度 $\gamma$ 均为 18kN/m³。试问，为计算大面积地面荷载对柱 1 的基础产生的附加沉降量，所采用的等效均布地面荷载 $q_{\mathrm{eq}}$（kPa），与下列何项数值最为接近？

**提示**：注意对称荷载，可减少计算量。

(A) 13　　(B) 16　　(C) 23　　(D) 30

**【答案】**(B)

根据《地规》附录N的规定及7.5.5条条文说明，因为室外填土荷载与室内填土荷载相等，二者相互抵消，故列表（表3.2-2）计算。

**荷载计算表**　　**表3.2-2**

| 区段 | 0 | 1 | 2 | 3 | 4 | 5 | 6 | 7 | 8 | 9 | 10 |
|---|---|---|---|---|---|---|---|---|---|---|---|
| $\beta_i\left(\frac{a}{5b}=\frac{40}{5\times3.4}=2.35>1\right)$ | 0.3 | 0.29 | 0.22 | 0.15 | 0.1 | 0.08 | 0.06 | 0.04 | 0.03 | 0.02 | 0.01 |
| 堆载 $q_i$(kPa) | 0 | 0 | 36 | 36 | 36 | 36 | 0 | 0 | 0 | 0 | 0 |
| $\beta_i q_i$(kPa) | 0 | 0 | 7.92 | 5.4 | 3.6 | 2.88 | 0 | 0 | 0 | 0 | 0 |

$$
\begin{aligned}
q_{eq} &= 0.8\left[\sum_{i=0}^{10}\beta_i q_i - \sum_{i=0}^{10}\beta_i p_i\right] \\
&= 0.8\times[(7.92+5.4+3.6+2.88)-0] \\
&= 15.84\text{kPa}
\end{aligned}
$$

**【例3.2.7】**2008下午9题

条件同上题，若在使用过程中允许调整该厂房的吊车轨道，试问，由地面荷载引起柱1基础内侧边缘中点的地基附加沉降允许值 $[s'_g]$ (mm)，与下列何项数值最为接近？

(A) 40　　(B) 58　　(C) 72　　(D) 85

**【答案】**(C)

根据《地规》表7.5.5，$a=40$m，$b=3.4$m，则：

$$
[s'_g] = 70 + \frac{3.4-3}{4-3}\times(75-70) = 72\text{mm}
$$

# 4 山区地基

## 4.1 土岩组合地基

**1. 主要的规范规定**

1）《地规》6.2.1 条：土岩组合地基范围。

2）《地规》6.2.2 条：当地基中下卧基岩面为单向倾斜、岩面坡度大于 10%、基底下土层厚度大于 1.5m 时的计算规定。

3）土压力计算朗肯土压力理论和库仑土压力理论。

**2. 对规范规定的理解**

当地基中下卧基岩面为单向倾斜、岩面坡度大于 10%、基底下的土层厚度大于 1.5m 时：

（1）当结构类型和地质条件符合《地规》表 6.2.2-1 的要求时，可不作地基变形验算。

（2）不满足上述条件时，应考虑刚性下卧层的影响，按下式计算地基的变形：

$$s_{gz} = \beta_{gz} s_z$$

**3. 历年真题解析**

**【例 4.1.1】** 2013 下午 11 题

某多层砌体结构建筑采用墙下条形基础，荷载效应基本组合由永久荷载控制，基础埋深 1.5m，地下水位在地面以下 2m。其基础剖面及地质条件如图 2013-11 所示，基础的混凝土强度等级 C20（$f_t=1.1\text{N/mm}^2$），基础及其以上土体的加权平均重度为 $20\text{kN/m}^3$。

假定，黏土层的地基承载力特征值 $f_{ak}=140\text{kPa}$，基础宽度为 2.5m，对应于荷载效应准永久组合时，基础底面的附加压力为 100kPa。采用分层总和法计算基础底面中点 A 的沉降量，总土层数按两层考虑，分别为基底以下的黏土层及其下的淤泥质土层，层厚均为 2.5m；A 点至黏土层底部范围内的平均附加应力系数为 0.8，至淤泥质黏土层底部范围内的平均附加应力系数为 0.6，基岩以上变形计算深度范围内土层的压缩模量当量值为 3.5MPa。试问，基础中点 A 的最终沉降量（mm）最接近于下列何项数值？

**提示：**地基变形计算深度可取至基岩表面。

（A）75　　（B）86　　（C）94　　（D）105

**【答案】**（C）

根据《地规》表 5.3.5：

$$p_0=100\text{kPa}<0.75f_{ak}=0.75\times140=105\text{kPa}$$

$$\psi_s = 1.0+\frac{0.5\times(1.1-1.0)}{1.5}=1.033$$

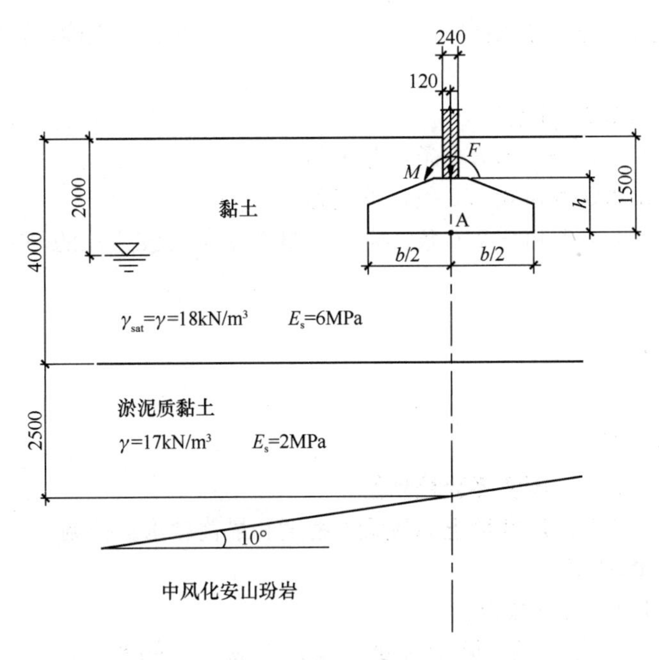


图 2013-11

根据《地规》式（5.3.5）计算：

$$s=1.033\times\left[\frac{100}{6}\times2.5\times0.8+\frac{100}{2}\times(5\times0.6-2.5\times0.8)\right]=86.1\text{mm}$$

下部基岩的坡度 tan10°＝17.6％＞10％，基底下的土层厚度 $h$＝5m＞1.5m，需要考虑刚性下卧层的放大效应。

地基承载力特征值不满足《地规》6.2.2 条 1 款规定，根据《地规》6.2.2 条 2 款及式（6.2.2），$\frac{h}{b}=\frac{5}{2.5}=2$，查表 6.2.2-2 得 $\beta_{gz}=1.09$。

$$s=1.09\times86.1=93.8\text{mm}$$

**【例 4.1.2】** 2016 下午 16 题

关于山区地基设计有下列主张：

Ⅰ. 对山区滑坡，可采取排水、支挡、卸载和反压等治理措施；

Ⅱ. 在坡体整体稳定的条件下，某充填物为坚硬黏性土的碎石土，实测经过综合修正的重型圆锥动力触探锤击数平均值为 17，当需要对此土层开挖形成 5～10m 的边坡时，边坡的允许高宽比可为 1∶0.75～1∶1.00；

Ⅲ. 当需要进行地基变形计算的浅基础在地基变形计算深度范围有下卧基岩，且基底下的土层厚度不大于基础底面宽度的 2.5 倍时，应考虑刚性下卧层的影响；

Ⅳ. 某工程砂岩的饱和单轴抗压强度标准值为 8.2MPa，岩体的纵波波速与岩块的纵波波速之比为 0.7，此工程无地方经验可参考，则砂岩的地基承载力特征值初步估计在 1640～4100kPa 之间。

试问，依据《建筑地基基础设计规范》GB 50007—2011 的有关规定，针对上述主张正确性的判断，下列何项正确？

（A）Ⅰ、Ⅱ、Ⅲ、Ⅳ正确　　　　（B）Ⅰ正确；Ⅱ、Ⅲ、Ⅳ错误

（C） Ⅰ、Ⅱ正确；Ⅲ、Ⅳ错误　　　　（D） Ⅰ、Ⅱ、Ⅲ正确；Ⅳ错误

**【答案】**（D）

根据《地规》6.4.2，Ⅰ正确。

根据《地规》4.1.6条和6.7.2条，Ⅱ正确。

根据《地规》5.3.8条和6.2.2条，Ⅲ正确。

根据《地规》4.1.4条和5.2.6条，岩体完整性系数为波速比的平方，岩体应为较破碎，Ⅳ错误。

## 4.2 填土地基

**1. 主要的规范规定**

1）《地规》6.3.7条：压实系数控制值。

2）《地规》6.3.8条：压实填土的最大干密度和最优含水量控制。

**2. 对规范规定的理解**

1）填土的质量以压实系数控制

压实系数（$\lambda_c$）为填土的实际干密度（$\rho_d$）与最大干密度（$\rho_{dmax}$）之比：

$$\lambda_c = \frac{\rho_d}{\rho_{dmax}}$$

2）压实填土的最大干密度和最优含水量，应采用击实试验确定。

对于黏性土或粉土填料，可按下式计算最大干密度：

$$\rho_{dmax} = \eta \frac{\rho_w d_s}{1 + 0.01 w_{op} d_s}$$

式中：$\rho_{dmax}$——压实填土的最大干密度；

$\eta$——经验系数，粉质黏土取0.96，粉土取0.97；

$\rho_w$——水的密度；

$d_s$——土粒相对密度；

$w_{op}$——最优含水量（%）。

**3. 历年真题及自编题解析**

**【例4.2.1】**自编题

某砌体承重结构，地基持力层为厚度较大的粉质黏土，其承载力特征值不能满足设计要求，拟采用压实填土进行地基处理，现场测得粉质黏土的最优含水量为15%，土粒相对密度为2.7。

试问，该压实填土在持力层范围内的控制干密度（kg/m³）与下列何项数值最为接近？

（A） 1700　　（B） 1740　　（C） 1790　　（D） 1850

**【答案】**（C）

（1）确定压实填土的最大干密度

根据《地规》6.3.8条，取$\eta$=0.96（粉质黏土）。

$$\rho_{dmax} = \eta \frac{\rho_w d_s}{1 + 0.01 w_{op} d_s} = 0.96 \times \frac{1000 \times 2.7}{1 + 0.01 \times 15 \times 2.7} = 1845\text{kg/m}^3$$

（2）确定压实填土的干密度

$\rho_d = \lambda_c \rho_{dmax}$，查《地规》表 6.3.7，取 $\lambda_c \geqslant 0.97$，则

$$\rho_d \geqslant 0.97 \times 1845 = 1790\text{kg/m}^3$$

**【例 4.2.2】** 2021 下午 8 题

如图 2021-8 所示，某山区工程，建设场地设计地面设计标高±0.000 比现状地面高 7m，整个建设场地需大面积填土。

填土采用粉质黏土，土粒相对密度 $d_s = 2.71$，最优含水量 $w_{op} = 20\%$，检验 A 点的干密度为 $1.52\text{t/m}^3$。试问，A 点的压实系数 $\lambda_c$ 与下列何项数值最为接近？

（A）0.9　　（B）0.94

（C）0.95　　（D）0.96

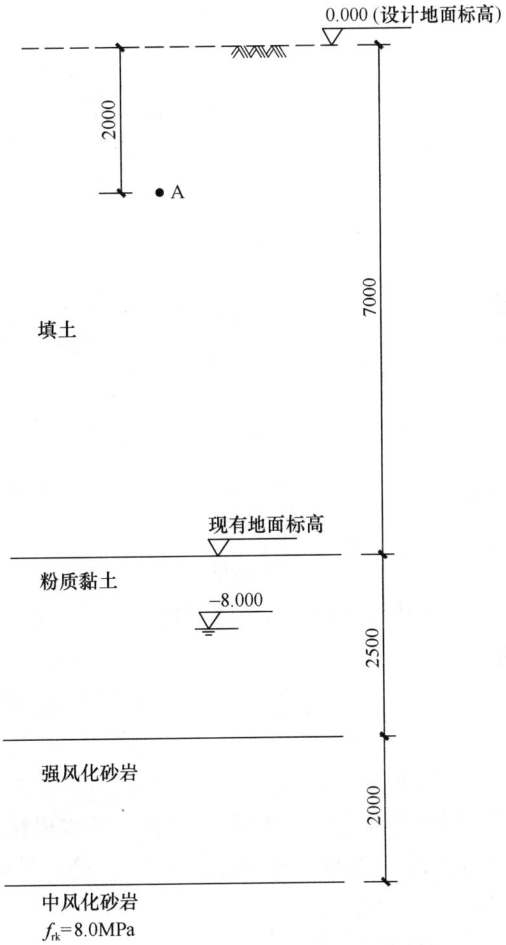

**【答案】**（A）

根据《地规》6.3.8 条，粉质黏土，经验系数 $\eta$ 取 0.96。

$$\rho_{dmax} = \eta \frac{\rho_w d_s}{1 + 0.01 w_{op} d_s}$$

$$= 0.96 \times \frac{1 \times 2.71}{1 + 0.01 \times 20 \times 2.71}$$

$$= 1.69\text{t/m}^3$$

根据《地规》6.3.7 条注 1：

$$\lambda_c = \frac{\rho_d}{\rho_{dmax}} = \frac{1.52}{1.69} = 0.9$$

图 2021-8

## 4.3 滑坡防治

**1. 主要的规范规定**

1）《地规》6.4.1 条：滑坡基本规定。

2）《地规》6.4.3 条：滑坡推力计算。

**2. 对规范规定的理解**

滑坡推力计算示意见图 4.3-1。

1）当滑体有多层滑动面（带）时，可取推力最大的滑动面（带）确定滑坡推力。

2）选择平行于滑动方向的几个具有代表性的断面进行计算。计算断面一般不得少于 2 个，其中应有 1 个是滑动主轴断面。根据不同断面的推力设计相应的抗滑结构。

3）当滑动面为折线形时，滑坡推力可按下列公式进行计算。

$$F_n = F_{n-1}\psi + \gamma_t G_{nt} - G_{nn}\tan\varphi_n - c_n l_n$$

$$\psi = \cos(\beta_{n-1} - \beta_n) - \sin(\beta_{n-1} - \beta_n)\tan\varphi_n$$

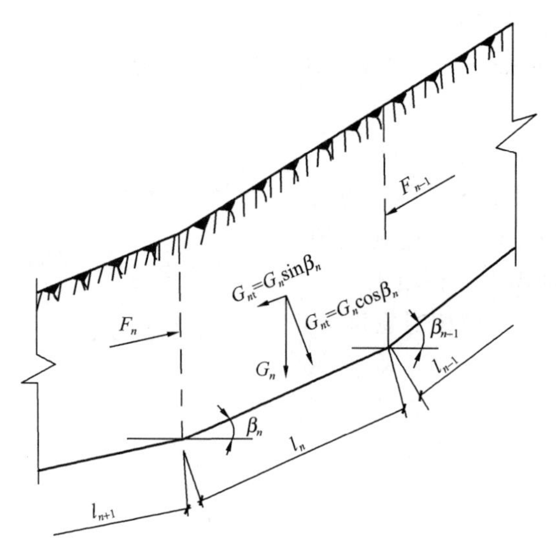


图 4.3-1 滑坡推力计算示意

式中：$F_n$、$F_{n-1}$——第 $n$ 块、第 $n-1$ 块滑体的剩余下滑力（kN）；

$\psi$——传递系数；

$\gamma_t$——滑坡推力安全系数；

$G_{nt}$、$G_{nn}$——第 $n$ 块滑体自重沿滑动面、垂直滑动面的分力（kN）；

$\varphi_n$——第 $n$ 块滑体沿滑动面土的内摩擦角标准值（°）；

$c_n$——第 $n$ 块滑体沿滑动面土的黏聚力标准值（kPa）；

$l_n$——第 $n$ 块滑体沿滑动面的长度（m）。

4）滑坡推力作用点，可取在滑体厚度的 1/2 处。

5）滑坡推力安全系数，应根据滑坡现状及其对工程的影响等因素确定，对地基基础设计等级为甲级的建筑物宜取 1.30，设计等级为乙级的建筑物宜取 1.20，设计等级为丙级的建筑物宜取 1.10。

**3. 自编题解析**

**【例 4.3.1】**自编题

某滑坡需作支挡设计。据勘察资料，该滑坡体可分为 3 个条块，各条块的重量 $G$、滑动面长度 $l$ 如表 4.3-1 所示，滑动面倾角 $\beta$ 见图 4.3-2。滑动面的黏聚力 $c$=10kPa，内摩擦角 $\varphi$=10°，地基基础设计等级为乙级。

**各条块重量与滑动面长度　表 4.3-1**

| 条块编号 | $G$（kN/m） | $l$（m） |
|---|---|---|
| 1 | 500 | 11.03 |
| 2 | 900 | 10.15 |
| 3 | 700 | 10.79 |

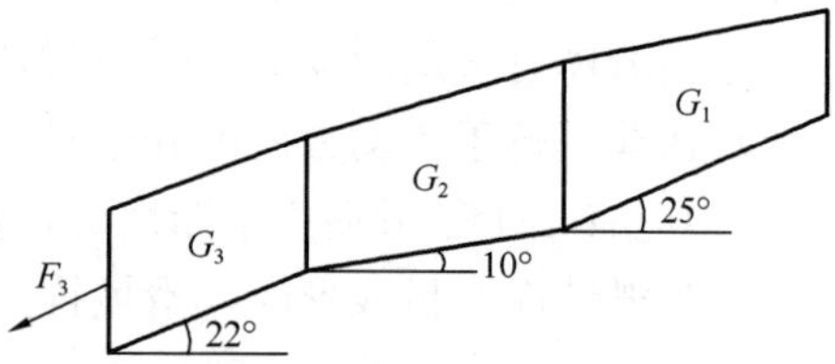

图 4.3-2 滑坡示意

试问，第三块下部边界处每米宽土体的下滑推力 $F_3$ 与下列何项最为接近？

(A) 83　　(B) 93　　(C) 103　　(D) 113

**【答案】**(B)

$$F_1 = \gamma_1 G_{1t} - G_{1n}\tan\varphi_1 - c_1 l_1$$

$$F_2 = F_1\psi_1 + \gamma_1 G_{2t} - G_{2n}\tan\varphi_2 - c_2 l_2 \qquad \psi_1 = \cos(\beta_1 - \beta_2) - \sin(\beta_1 - \beta_2)\tan\varphi_2$$

$$F_3 = F_2\psi_2 + \gamma_1 G_{3t} - G_{3n}\tan\varphi_3 - c_3 l_3 \qquad \psi_2 = \cos(\beta_2 - \beta_3) - \sin(\beta_2 - \beta_3)\tan\varphi_3$$

$$G_{1t} = 500 \times \sin 25° = 211.31 \qquad G_{1n} = 500 \times \cos 25° = 453.15$$

$$G_{2t} = 900 \times \sin 10° = 156.28 \qquad G_{2n} = 900 \times \cos 10° = 886.33$$

$$G_{3t} = 700 \times \sin 22° = 262.22 \qquad G_{3n} = 700 \times \cos 22° = 649.03$$

$$F_1 = 1.2 \times 211.31 - 453.15\tan 10° - 11.03 \times 10 = 63.37$$

$$\psi_1 = \cos(25° - 10°) - \sin(25° - 10°)\tan 10° = 0.9203$$

$$F_2 = 0.9203 \times 63.37 + 1.2 \times 156.28 - 886.33 \times \tan 10° - 10.15 \times 10$$

$= -11.93$(不向下传递)

$$F_3 = 1.2 \times 262.22 - 649.03 \times \tan 10° - 10.79 \times 10 = 92.32$$

## 4.4 土质边坡与重力式边坡

**1. 主要的规范规定**

1)《地规》6.7.3 条：重力式挡墙土压力计算。

2)《地规》6.7.5 条：挡土墙的稳定性验算规定。

**2. 对规范规定的理解**

1) 重力式挡墙土压力计算，对土质边坡，边坡主动土压力应按下式进行计算。当填土为无黏性土时，主动土压力系数可按库伦土压力理论确定。当支挡结构满足朗肯条件时，主动土压力系数可按朗肯土压力理论确定。黏性土或粉土的主动土压力也可采用楔体试算法图解求得。

$$E_a = \frac{1}{2}\psi_a \gamma h^2 k_a$$

式中：$\psi_a$ ——主动土压力增大系数，挡土墙高度小于 5m 时宜取 1.0，高度 5～8m 时宜取 1.1，高度大于 8m 时宜取 1.2；

$k_a$——主动土压力系数，按《地规》附录 L 确定。

2) 当支挡结构后缘有较陡峻的稳定岩石坡面，岩坡的坡角 $\theta >(45° + \varphi/2)$ 时，应按有限范围填土计算土压力，取岩石坡面为破裂面（图 4.4-1）。根据稳定岩石坡面与填土间的摩擦角按下式计算主动土压力系数：

$$k_a = \sin(\alpha + \theta)\sin(\alpha + \beta)\sin(\theta - \delta_r) / \sin^2\alpha \sin(\theta - \beta)\sin(\alpha - \delta + \theta - \delta_r)$$

式中：$\theta$——稳定岩石坡面倾角（°）；

$\delta_r$——稳定岩石坡面与填土间的摩擦角（°），根据试验确定。当无试验资料时，可取 $\delta_r = 0.33\varphi_k$，$\varphi_k$ 为填土的内摩擦角标准值（°）。

3) 土压力计算时的水土分算和水土合算（朗肯土压力理论）。

主动土压力系数：

$$k_{a,i} = \tan^2(45° - \varphi_i/2)$$

被动土压力系数：

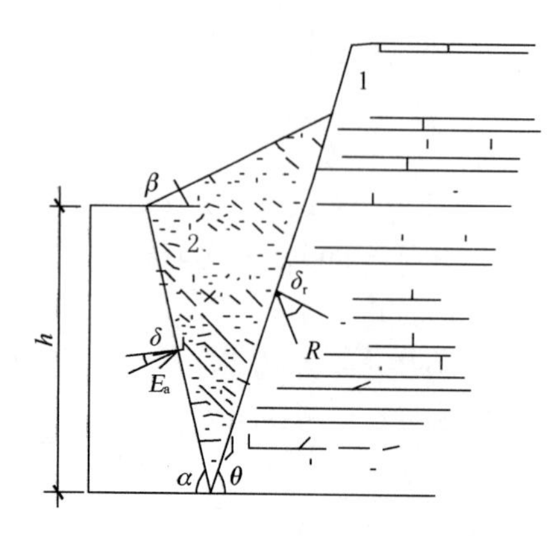


图 4.4-1 有限填土挡土墙土压力计算示意
1—岩石边坡；2—填土

$$k_{p,i}=\tan^2(45°+\varphi_i/2)$$

（1）水土合算：直接采用饱和重度计算主动（被动）土压力。适用于黏性土，如黏土、粉质黏土等。

主动土压力：

$$p_{ak}=\sigma k_{a,i}-2c_i\sqrt{k_{a,i}}$$

被动土压力：

$$p_{pk}=\sigma k_{p,i}+2c_i\sqrt{k_{p,i}}$$

竖向压力 $\sigma$ = 土重产生的竖向应力 + 外荷载产生的竖向应力，竖向压力计算时采用饱和重度。

（2）水土分算：采用浮重度计算主动（被动）土压力，再单独计算静水压力，最后两者叠加作为作用在挡土结构上的土压力。适用于无黏性土，如砂、卵石等。

主动土压力：

$$p_{ak}=\sigma k_{a,i}-2c_i\sqrt{k_{a,i}}+u$$

被动土压力：

$$p_{pk}=\sigma k_{p,i}+2c_i\sqrt{k_{p,i}}+u$$

竖向压力 $\sigma$ 计算时采用饱和重度。$u$ 为水压力。

### 3. 历年真题解析

**【例 4.4.1】** 2019 下午 1 题

某土质建筑边坡采用毛石混凝土重力式挡土墙支护，挡土墙墙背竖直，如图 2019-1 所示，墙高为 6.5m，墙顶宽度为 1.5m，墙底宽度为 3m，挡土墙毛石混凝土重度为

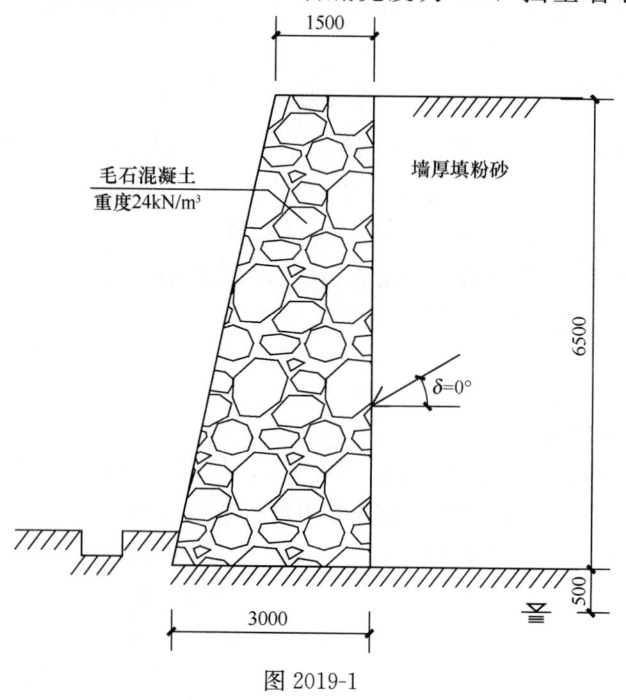


图 2019-1

$24kN/m^3$。假定墙后填土表面水平并与墙齐高，填土对墙背的摩擦角 $\delta = 0°$，排水良好，挡土墙基底水平。底部埋置深度为 0.5m，地下水位在挡土墙底部以下 0.5m。

假定墙后填土的重度为 $20kN/m^3$，主动土压力系数为 $k_a = 0.22$，土与挡土墙基底的摩擦系数 $\mu = 0.45$，试问，挡土墙的抗滑移稳定安全系数 $K$ 与下列何项数值最为接近？

**提示：**① 不考虑墙前被动土压力的有利作用，不考虑地震设计状况；

② 不考虑地面荷载影响；

③ $\gamma_0 = 1.0$。

(A) 1.35　　(B) 1.45　　(C) 1.55　　(D) 1.65

**【答案】**(C)

(1) 根据《地规》6.7.5 条 1 款，抗滑移稳定安全系数：

$$K = \mu \frac{G_n + E_{an}}{E_{at} - G_t}$$

其中：

$$G_n = G \cdot \cos\alpha_0 = G \cdot \cos 0 = G$$

$$G_t = G \cdot \sin\alpha_0 = G \cdot \sin 0 = 0$$

$$E_{an} = E_a \cdot \cos(\alpha - \alpha_0 - \delta) = E_a \cdot \cos(90° - 0° - 0°) = 0$$

$$E_{at} = E_a \cdot \sin(\alpha - \alpha_0 - \delta) = E_a \cdot \sin(90° - 0° - 0°) = E_a$$

$$G = V \cdot \gamma = \frac{1}{2} \cdot (1.5 + 3) \times 6.5 \times 24 = 351kN/m$$

(2) 根据《地规》式 (6.7.3-1)：

$$E_a = \frac{1}{2} \cdot \psi_a \cdot \gamma h^2 k_a = \frac{1}{2} \times 1.1 \times 20 \times 6.5^2 \times 0.22 = 102.25kN/m$$

$$K = \mu \frac{G_n + E_{an}}{E_{at} - G_t} = \mu \frac{G + 0}{E_a - 0} = \frac{351 \times 0.45}{102.25} = 1.55$$

**【编者注】**本题考点是挡土墙的抗滑移稳定安全系数计算。

本题涉及两个力：挡土墙自重 $G_k$ 以及墙背的主动土压力 $E_a$，其受力图可根据《地规》图 6.7.5-1 确定。

根据《地规》式 (6.7.3-1)，主动土压力计算公式为 $E_a = \frac{1}{2}\psi_a \gamma h^2 k_a$。尤其应注意主动土压力增大系数 $\psi_a$ 的确定及主动土压力系数 $k_a$ 的计算。

**【例 4.4.2】**2014 下午 3 题

某安全等级为二级的长条形坑式设备基础，高出地面 500mm，设备荷载对基础没有偏心，基础的外轮廓及地基土层剖面、地基土参数如图 2014-3 所示，地下水位在自然地面下 0.5m。基础施工时基坑用原状土回填，回填土重度、强度指标与原状土相同。

根据当地工程经验，计算坑式设备基础侧墙侧压力时按水土分算原则考虑主动土压力和水压力的作用。试问，当基础周边地面无超载时，图 2014-3 中 A 点承受的侧向压力标准值 $\sigma_A$ (kPa)，与下列何项数值最为接近？

**提示：**主动土压力按朗肯公式计算：$\sigma = \Sigma(\gamma_i h_i) k_a - 2c\sqrt{k_a}$，式中 $k_a$ 为主动土压力系数。

(A) 40　　(B) 45　　(C) 55　　(D) 60

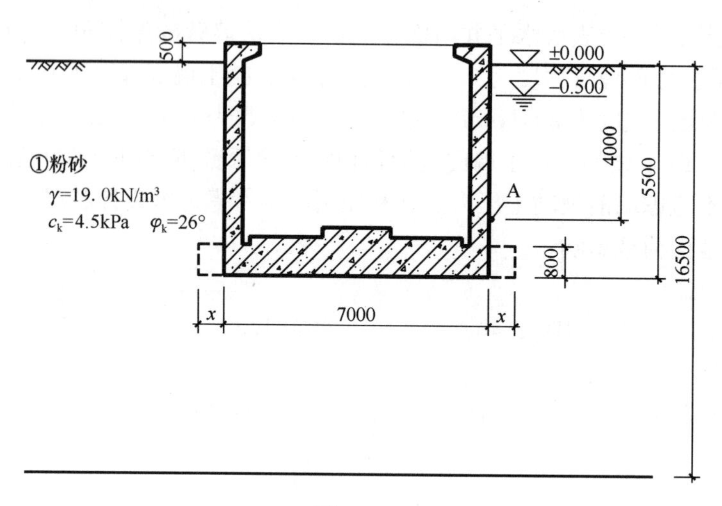


图 2014-3

**【答案】**(B)

主动土压力系数：

$$k_a = \tan^2(45° - \varphi_k/2) = \tan^2(45° - 13°) = 0.39$$

根据朗肯土压力公式，水土分算：

$$\begin{aligned}\sigma_A &= \Sigma(\gamma_i h_i)k_a - 2c\sqrt{k_a} + \gamma_w h_w \\ &= (19 \times 0.5 + 9 \times 3.5) \times 0.39 - 2 \times 4.5 \times \sqrt{0.39} + 10 \times 3.5 \\ &= 16.0 - 5.6 + 35 = 45.4\text{kPa}\end{aligned}$$

**【编者注】**(1) 土压力依据土体与地下建（构）筑物的位移情况可分为主动土压力、静止土压力和被动土压力三种。依据工程的实际情况，本题题目明确了侧墙受到的土压力为主动土压力。

(2) 对地下水位以下的侧壁的水、土压力计算有水土分算和水土合算两种方法，对砂性土，应按水土分算的原则进行计算，本题题目也作了明确的说明。

**【例 4.4.3～4.4.4】** 2011 下午 6～7 题

某混凝土挡土墙墙高 5.2m，墙背倾角 $\alpha = 60°$，挡土墙基础持力层为中风化较硬岩。挡土墙剖面如图 2011-6 所示，其后有较陡峻的稳定岩体，岩坡的坡角 $\theta = 75°$，填土对挡土墙墙背的摩擦角 $\delta = 10°$。

**提示：**不考虑挡土墙前缘土体作用，按《建筑地基基础设计规范》GB 50007—2002 作答。

**【例 4.4.3】** 2011 下午 6 题

假定，挡土墙后填土的重度 $\gamma = 19\text{kN/m}^3$，内摩擦角标准值 $\varphi = 30°$，内聚力标准值 $c = 0\text{kPa}$。填土与岩坡坡面间的摩擦角 $\delta_r = 10°$。试问，当主动土压力增大系数 $\psi_c$ 取 1.1 时，作用于挡土墙上的主动土压力合力 $E_a$（kN/m）与下列何项数值最为接近？

(A) 200　　(B) 215　　(C) 240　　(D) 260

**【答案】**(C)

根据《地规》6.7.3 条，$\theta = 75° > (45° + \frac{\varphi}{2}) = 60°$，则

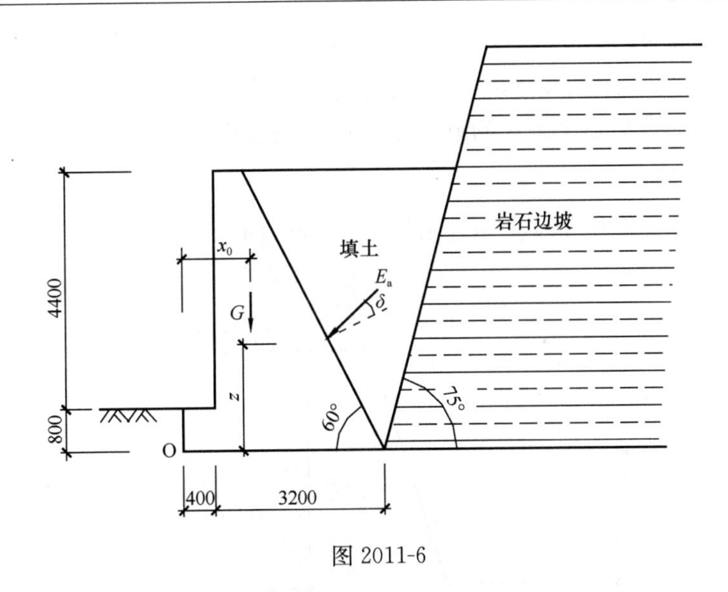


图 2011-6

$$k_a = \frac{\sin(\alpha+\theta)\sin(\alpha+\beta)\sin(\theta-\delta_r)}{\sin^2\alpha\sin(\theta-\beta)\sin(\alpha-\delta+\theta-\delta_r)}$$

$$= \frac{\sin(60°+75°)\sin(60°+0°)\sin(75°-10°)}{\sin^2 60°\sin(75°-0°)\sin(60°-10°+75°-10°)} = 0.845$$

$$E_a = \psi_c \frac{1}{2}\gamma h^2 k_a = 1.1 \times \frac{1}{2} \times 19 \times 5.2^2 \times 0.845 = 239\text{kN/m}$$

**【例 4.4.4】** 2011 下午 9 题

条件同上题，假定，挡土墙主动土压力合力 $E_a$=250kN/m，主动土压力合力作用点位置距离挡土墙底 1/3 墙高，挡土墙每延米自重 $G_k$=220kN，其重心距挡土墙墙趾的水平距离 $x_0$=1.426m。试问，相应于荷载效应标准组合时，挡土墙底面边缘最大压力值 $p_{kmax}$（kPa）与下列何项数值最为接近？

(A) 105　　(B) 200　　(C) 240　　(D) 280

**【答案】**(C)

根据《地规》6.7.5 条：

$$E_{ax} = E_a\sin(\alpha-\delta) = 250\sin(60°-10°) = 191.5\text{kN/m}$$

$$E_{az} = E_a\cos(\alpha-\delta) = 250\cos(60°-10°) = 160.7\text{kN/m}$$

$$e = \frac{b}{2} - \frac{G_k x_0 + E_{az}x_f - E_{ax}z_f}{G_k + E_{az}}$$

$$= 1.8 - \frac{220\times1.426 + 160.7\times(3.6-5.2/3\times\cot 60°) - 191.5\times5.2/3}{220+160.7}$$

$$= 0.75\text{m} > \frac{b}{6} = 0.6\text{m，且 } e < b/4 = 0.9\text{m}$$

根据《地规》5.2.2 条：

$$p_{kmax} = \frac{2(F_k+G_k)}{3la} = \frac{2\times(160.7+220)}{3\times(1.8-0.75)} = 242\text{kPa}$$

**【例 4.4.5～4.4.8】** 二级 2016 下午 9～12 题

某土坡高差 4.3m，采用浆砌块石重力式挡土墙支挡，如图 2016-9～12 所示。墙底水平，墙背竖直光滑；墙后填土采用粉砂，土对挡土墙墙背的摩擦角 $\delta=0°$，地下水位在挡墙顶部地面以下 5.5m。

**提示：** 朗肯土压力理论主动土压力系数 $k_a=\tan^2\left(45°-\frac{\varphi}{2}\right)$。

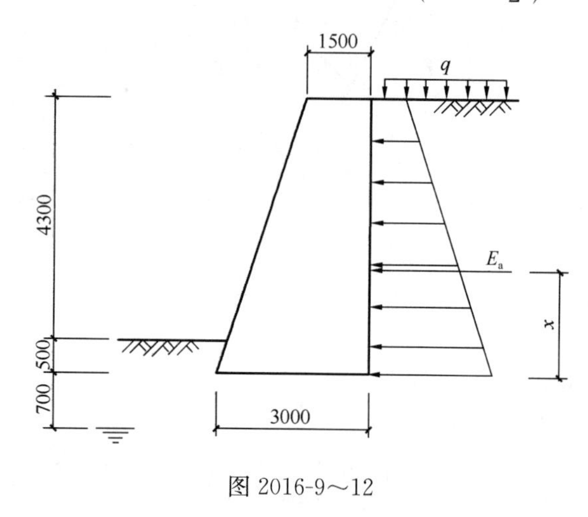


图 2016-9～12

**【题 4.4.5】** 二级 2016 下午 9 题

粉砂的重度 $\gamma=18\text{kN/m}^3$，内摩擦角 $\varphi=25°$，黏聚力 $c=0$，地面超载 $q=15\text{kPa}$。试问，按朗肯土压力理论计算时，作用在墙背的主动土压力每延米的合力 $E_a$ (kN)，与下列何项数值最为接近？

(A) 95　　(B) 105　　(C) 115　　(D) 125

**【答案】** (C)

根据《地规》6.7.3 条：

$$k_a=\tan^2\left(45°-\frac{\varphi}{2}\right)=0.406$$

挡墙高度小于 5m，主动土压力增大系数 $\varphi_a$ 取 1.0。

挡墙顶部主动土压力：

$$\sigma_1=qk_a=15\times0.406=6.1\text{kPa}$$

挡墙底部主动土压力：

$$\sigma_2=(q+\gamma h)k_a=(15+18\times4.8)\times0.406=41.2\text{kPa}$$

$$E_a=1.0\times(6.1+41.2)\times4.8\times0.5=113.5\text{kN}$$

**【例 4.4.6】** 二级 2016 下午 10 题

条件同上题，试问，按《建筑地基基础设计规范》GB 50007—2011，计算作用在挡土墙上的主动土压力时，主动土压力系数 $k_a$ 与下列何项数值最为接近？

**提示：** 本题中 $k_a=k_q\cdot\frac{1-\sin\varphi}{1+\sin\varphi}$。

(A) 0.40　　(B) 0.45　　(C) 0.50　　(D) 0.55

**【答案】** (D)

根据《地规》附录 L，$\alpha=90°$，$\beta=0°$，$\delta=0°$，$q=15\text{kPa}$，则

$$k_q = 1+\frac{2q}{\gamma h} = 1+\frac{2\times 15}{18\times 4.8} = 1.347$$

$\eta = 0$，则

$$k_a = k_q \cdot \frac{1-\sin\varphi}{1+\sin\varphi} = 1.347 \cdot \frac{1-\sin 25°}{1+\sin 25°} = 0.547$$

**【例 4.4.7】**二级 2016 下午 11 题

假定，作用在挡土墙上的主动土压力每延米合力为 116kN，合力作用点与挡墙底面的垂直距离 $x=1.9\text{m}$，挡土墙的重度 $\gamma=25\text{kN/m}^3$。试问，当不考虑墙前被动土压力的作用时，挡土墙的抗倾覆安全系数（抵抗倾覆与倾覆作用的比值），与下列何项数值最为接近？

(A) 1.8　　(B) 2.2　　(C) 2.6　　(D) 3.0

**【答案】**(B)

根据《地规》式（6.7.5-6），抗倾覆安全系数为：

$$\frac{Gx_0+E_{az}x_f}{E_{ax}z_i} = \frac{25\times 1.5\times 4.8\times(\frac{1.5}{2}+1.5)+25\times\frac{1}{2}\times 1.5\times 4.8\times\frac{2}{3}\times 1.5}{116\times 1.9}$$

$$=\frac{495}{220.4} = 2.25$$

**【例 4.4.8】**二级 2016 下午 12 题

土对挡土墙基底的摩擦系数 $\mu=0.6$。试问，当不考虑墙前被动土压力的作用时，挡土墙的抗滑移安全系数（抵抗滑移与滑移作用的比值），与下列何项数值最为接近？

(A) 1.2　　(B) 1.3　　(C) 1.4　　(D) 1.5

**【答案】**(C)

根据《地规》式（6.7.5-1），$\alpha_0=0°$，$\alpha=90°$，则抗滑移安全系数为：

$$\frac{(G_n+E_{an})\mu}{E_{at}-G_t} = \frac{\frac{1}{2}\times(1.5+3)\times 4.8\times 25\times 0.6}{116} = \frac{162}{116} = 1.4$$

## 4.5 岩石边坡与岩石锚杆挡墙

### 1. 主要的规范规定

1)《地规》6.8.5 条：岩石锚杆的构造要求。

2)《地规》6.8.6 条：岩石锚杆锚固段的抗拔承载力。

### 2. 对规范规定的理解

岩石锚杆锚固段的抗拔承载力按下式计算：

$$R_t = \xi f u_r h_r$$

式中：$\xi$——经验系数，对于永久锚杆取 0.8，对于临时性锚杆取 1.0；

$f$——砂浆和岩石间的粘结强度特征值；

$u_r$——锚杆的周长；

$h_r$——锚杆锚固段嵌入岩层中的长度（m），当长度超过 13 倍锚杆直径时，按 13 倍直径计算。

注：《地规》6.8节为岩石锚杆挡墙，应与《地规》8.6.2条锚杆基础加以区分。

**3. 自编题解析**

**【例4.5.1】**自编题

某岩石锚杆挡土结构，对其支护用的永久性岩石锚杆进行设计，锚杆直径为120mm，用HRB335级钢筋，直径为14mm。锚杆嵌入未风化的泥质砂岩中的有效锚固长度为650mm，用M30水泥砂浆灌孔。

试问，单根锚杆抗拔承载力特征值（kN）最接近于下列何项数值？

(A) 36.1　　(B) 39.2　　(C) 45.3　　(D) 48.6

**【答案】**(B)

(1) 有效锚固长度 $h_r=650mm>40d=40\times14=560mm$，$h_r=650mm>3d_1=3\times120=360mm$；$d_1=120mm>100mm$，满足《地规》6.8.5条1款、2款的规定。

(2) 永久性锚杆，根据《地规》6.8.6条规定，取 $\xi=0.8$。未风化的泥质砂岩，查《地规》附录表A.0.1，属软岩；查《地规》表6.8.6，取 $f<0.2MPa$。又 $h_r=650mm<13d_1=13\times120=1560mm$，故取 $h_r=650mm$。

$$R_t=\xi f u_r h_r=0.8\times0.2\times\pi\times120\times650=39.19kN$$

# 5　天然基础及岩石锚杆基础

## 5.1　天然基础

### 5.1.1　无筋扩展基础

**1. 主要的规范规定**

《地规》8.1.1条：无筋扩展基础的高度要求。（高宽比及素混凝土基础的抗剪计算）

**2. 对规范规定的理解**

1）《地规》8.1.1条：条文说明

当基础单侧扩展范围内基础底面处的平均压力值超过300kPa时，应按下式验算墙（柱）边缘或变阶处的受剪承载力：

$$V_s \leqslant 0.366 f_t A$$

式中：$V_s$——相应于作用的基本组合时的地基土平均净反力产生的沿墙（柱）边缘或变阶处的剪力设计值；

$A$——沿墙（柱）边缘或变阶处基础的垂直截面面积，当验算截面为阶形时，其截面折算宽度按附录U计算。

2）无筋扩展基础高度

$$H_0 \geqslant \frac{b - b_0}{2\tan\alpha}$$

**3. 历年真题解析**

**【例5.1.1】** 2012下午16题

某砌体结构建筑采用墙下钢筋混凝土条形基础，以强风化粉砂质泥岩为持力层，底层墙体剖面及地质情况如图2012-16所示。荷载效应标准组合时，作用于钢筋混凝土扩展基础顶面处的轴心竖向力 $N_k$=390kN/m，由永久荷载起控制作用。

方案阶段，若考虑将墙下钢筋混凝土条形基础调整为等强度的C20（$f_t$=1.1N/mm$^2$）素混凝土基础，在保持基础底面宽度不变的情况下，试问，满足抗剪要求所需基础最小高度（mm）与下列何项数值最为接近？

**提示：** 刚性基础的抗剪验算可按 $V_s \leqslant 0.366 f_t A$ 进行，其中 $A$ 为沿砖墙外边缘处混凝土基础单位长度的垂直截面面积。

（A）300　　（B）400　　（C）500　　（D）600

**【答案】**（B）

根据《地规》表8.1.2注4，基底净反力为：

$$p_n = \frac{390}{1.2} = 325\text{kN/m}^2 > 300$$

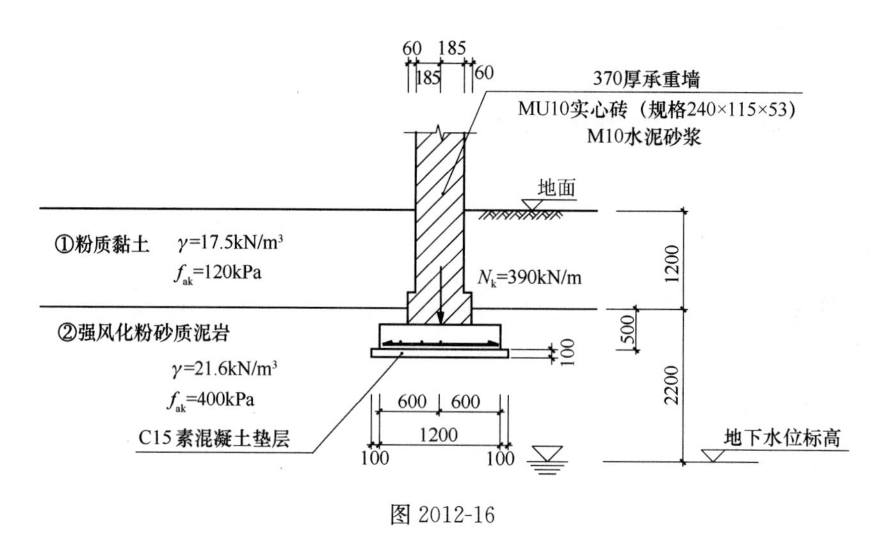


图 2012-16

抗剪危险截面应为墙边缘处截面，且

$$V=\gamma_p p_n(1.2-0.49)/2=1.35\times 325\times 0.355=155.76\text{kN/m}$$

根据《地规》表 8.1.1 及条文说明，C20 混凝土，$f_t=1.1\text{N/mm}^2$，取单位 1m 宽度进行计算，有

$$V_s\leqslant 0.366f_tA$$

$$0.366\times 1.1h\geqslant 155.76$$

解得 $h\geqslant 386.9\text{mm}$。

## 5.1.2 扩展基础

### 1. 主要的规范规定

1）《地规》8.2.7 条：扩展基础的计算规定。

2）《地规》8.2.8 条：柱下独立基础的受冲切承载力计算。

3）《地规》8.2.9 条：基础底面短边尺寸小于或等于柱宽加两倍基础有效高度时，应验算柱与基础交接处截面受剪承载力。

4）《地规》8.2.10 条：墙下条形基础底板应验算墙与基础底板交接处截面受剪承载力。

5）《地规》8.2.11 条：在轴心荷载或单向偏心荷载作用下，当台阶的宽高比小于或等于 2.5 且偏心距小于或等于 1/6 基础宽度时，柱下矩形独立基础任意截面的底板弯矩计算。

6）《地规》8.2.12 条：计算最小配筋率时，对阶形或锥形基础截面，可将其截面折算成矩形截面，截面的折算宽度和截面的有效高度，按附录 U 计算。基础底板钢筋计算公式。

7）《地规》8.2.14 条：墙下条形基础的受弯计算和配筋。

### 2. 对规范规定的理解

1）几种压力的比较和应用范围（表 5.1-1）

**几种压力的比较和应用范围　　表 5.1-1**

| | | |
|---|---|---|
| 基底压力 $P_k$ | 相应于作用的标准组合时，基础底面处的平均压力值 $P_k=(F_k+G_k)/A$ | 承载力验算、基础面积计算 |
| 软弱下卧层顶面附加压力 $P_z$ | 相应于作用的标准组合时，软弱下卧层顶面处的附加压力值（《地规》5.2.7 条） | 软弱下卧层承载力验算 |
| 基底附加压力 $P_0$ | 相应于作用的准永久组合时，基础底面处的附加压力 $P_0=P_q-P_c$ | 沉降计算 |
| 基底反力 $P_{max}$、$P_{min}$ | 相应于作用基本组合时，基础底面边缘最大和最小地基反力设计值（注意此处不是净反力，结合《地规》式（8.2.11-1）和式（8.2.11-2），式中减去 $G/A$，本质上还是净反力的概念） | 独基弯矩计算 |
| 基底净反力 $P_j$ | 扣除基础自重及其上土重后，相应于作用的基本组合时，地基土单位面积净反力 $P_j=F/A$，$P_{jmax}=F/A+M/W$（注：$e=M/(F+G)<b/6$） | 基础内力计算、配筋计算 |

注意：地基承载力计算对应标准组合，考虑上部荷载和地基及其上土自重。而基础构件设计（抗剪、抗冲切、抗弯）对应于基本组合，同时采用的是净反力，即扣除基础自重及其上土重。

2）抗冲切计算（图 5.1-1）

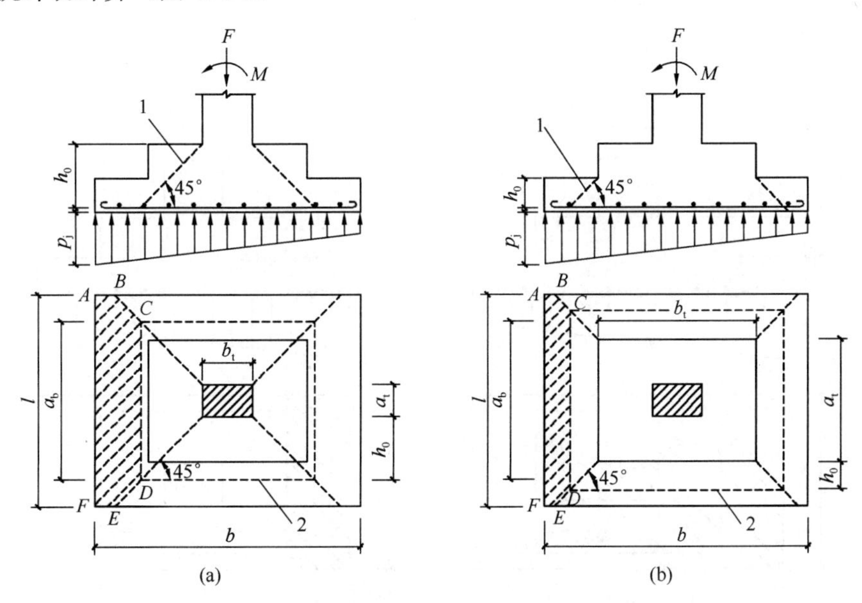


图 5.1-1　计算阶形基础的受冲切承载力截面位置

（a）柱与基础交接处；（b）基础变阶处

1—冲切破坏锥体最不利一侧的斜截面；2—冲切破坏锥体的底面线

（1）地基土净反力设计值 $F_l$

计算净反力时，需扣除基础及其上土自重；如题目给的是标准组合，永久荷载控制时，需乘以 1.35 转化为基本组合。

① 计算 $A_l$。

$$A_l=\left(\frac{b}{2}-\frac{b_t}{2}-h_0\right)l-\left(\frac{l}{2}-\frac{a_t}{2}-h_0\right)^2$$

② 计算 $p_j$ 。

$$e=\frac{M}{F+G}\begin{cases}e\leqslant\dfrac{b}{6}\text{ 时}:p_{jmax}=\dfrac{F}{A}+\dfrac{6M}{lb^2}\\ e>\dfrac{b}{6}\text{ 时}:a=\dfrac{b}{2}-e,p_{jmax}=\dfrac{2F}{3la}\end{cases}$$

$$p_j=p_{jmax}=1.35p_{kmax}-1.35\gamma_G\,\overline{d}_G$$

③ 计算 $F_l$。

$$F_l=p_jA_l=p_{jmax}A_l$$

(2) 抗冲切力承载力验算

$$F_l\leqslant0.7\beta_{hp}f_ta_mh_0$$

$$a_b=\begin{cases}\text{柱边}:a_{\text{柱}}+2h_0\\ \text{变阶处}:a_t+2h_0\end{cases}$$

$$a_m=(a_t+a_b)/2=a_t+h_0$$

$$\text{基础高度影响系数 }\beta_{hp}\begin{cases}h\leqslant800,\ \beta_{hp}=1.0\\ 800<h<2000,\ \beta_{hp}=1-\dfrac{h-800}{1200}\\ h\geqslant2000,\ \beta_{hp}=0.9\end{cases}$$

3) 受剪计算(图 5.1-2)

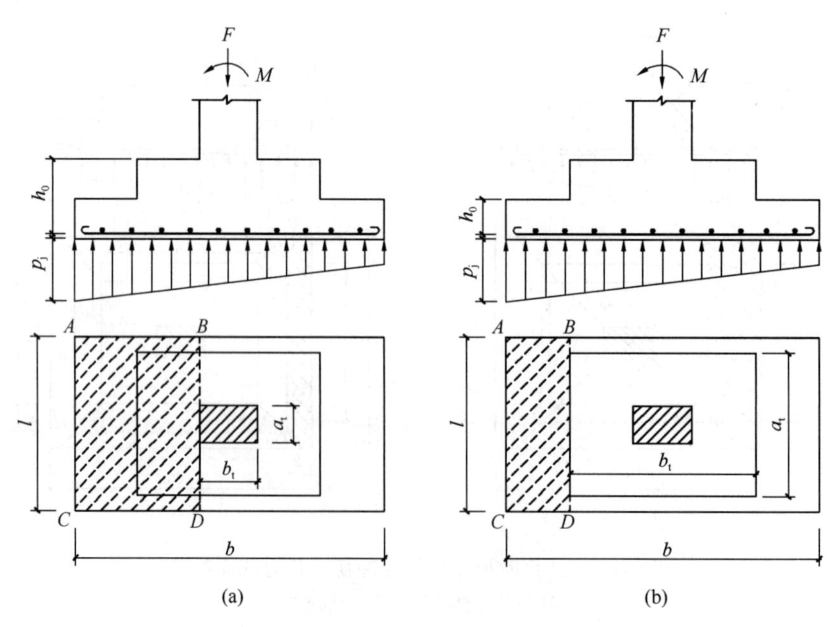


图 5.1-2 验算阶形基础受剪切承载力示意图

(a) 柱与基础交接处;(b) 基础变阶处

当基础底面短边尺寸小于或等于柱宽加两倍基础有效高度时(注:此时不会形成冲切破坏锥体,不进行抗冲切验算,只验算受剪切承载力),应验算柱与基础交接处的受剪承载力。即,符合下列条件需进行抗剪验算:

$$b_{短} \leqslant b_{柱宽} + 2h_{有效高度}$$

(1) 剪力设计值 $V_s$ 计算

基底净反力：

轴心：$\overline{p}_j = \dfrac{F}{A} = \dfrac{1.35F_k}{A}$

偏心：$\overline{p}_j = \dfrac{p_j + p_{j1}}{2}$

$p_{j1}$ 为基础或变阶处和柱交接位置基底净反力。

剪力设计值：

$$V_s = \overline{p}_j \cdot A_{阴影} = \overline{p}_j \cdot \frac{b - b_t}{2} \cdot l$$

(2) 抗剪承载力验算

$$V_s = \overline{p}_j \cdot A_{阴影} \leqslant 0.7\beta_{hs} f_t A_0$$

4) 阶梯形承台及锥形承台斜截面受剪承载力

阶梯形承台及锥形承台斜截面受剪的截面宽度应注意《地规》和《桩规》的区别，《桩规》图 5.9.10-3（本书图 5.1-3）中 $b_{x2}$ 和 $b_{y2}$ 应为台阶宽度，《桩规》图 5.9.10-3标注为柱宽（印刷错误），此处可参见《地规》U.0.2 条。

(1) 计算变阶处截面（$A_1$-$A_1$，$B_1$-$B_1$）的斜截面受剪承载力时，其截面有效高度均为 $h_{10}$，截面计算宽度分别为 $b_{y1}$ 和 $b_{x1}$。

$$A_1\text{-}A_1 截面 \begin{cases} h_0 = h_{01} \\ b_0 = b_{y1} \end{cases}$$

$$B_1\text{-}B_1 截面 \begin{cases} h_0 = h_{01} \\ b_0 = b_{x1} \end{cases}$$

(2) 计算柱边处截面（$A_2$-$A_2$，$B_2$-$B_2$）的斜截面受剪承载力时，其截面有效高度和截面计算宽度如下：

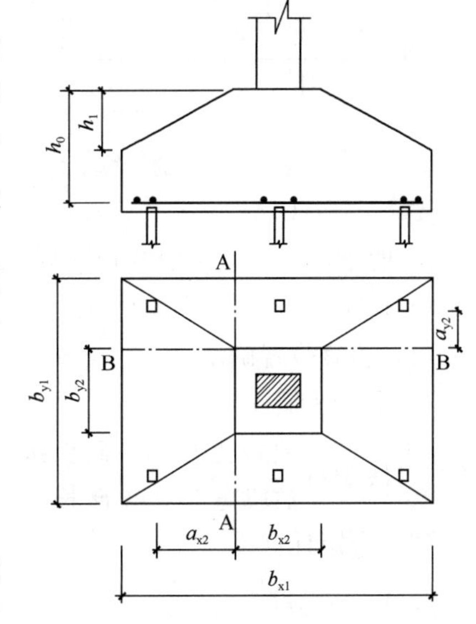


图 5.1-3 锥形承台受剪计算

$$A_2\text{-}A_2 截面 \begin{cases} h_0 = h_{01} + h_{02} \\ b_{y0} = \dfrac{b_{y1} \cdot h_{01} + b_{y2} \cdot h_{02}}{h_{01} + h_{02}} \end{cases}$$

$$B_2\text{-}B_2 截面 \begin{cases} h_0 = h_{01} + h_{02} \\ b_{x0} = \dfrac{b_{x1} \cdot h_{01} + b_{x2} \cdot h_{02}}{h_{01} + h_{02}} \end{cases}$$

(3) 对于锥形承台应对两个截面进行受剪承载力计算，截面有效高度及计算宽度按下式计算：

$$A\text{-}A 截面 \begin{cases} h_0 \\ b_{y0} = \left[1 - 0.5\dfrac{h_1}{h_0}\left(1 - \dfrac{b_{y2}}{b_{y1}}\right)\right] b_{y1} \end{cases}$$

$$B\text{-}B 截面 \begin{cases} h_0 \\ b_{x0} = \left[1 - 0.5\dfrac{h_1}{h_0}\left(1 - \dfrac{b_{x2}}{b_{x1}}\right)\right] b_{x1} \end{cases}$$

5) 独立基础受弯计算（图 5.1-4）

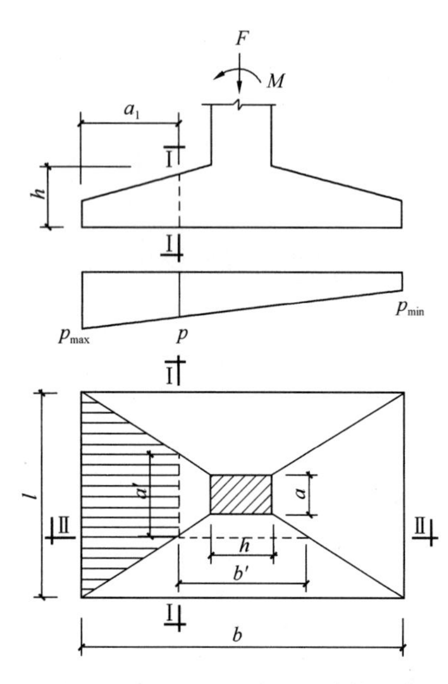


图 5.1-4 矩形基础底板的计算示意

(1) 弯矩计算

① 轴心荷载

$$M_{\text{I-I}}=a_1^2/6[(2l+a')(p-G/A)]$$

$$M_{\text{II-II}}=1/24[(l-a')^2(2b+b')(p-G/A)]$$

② 偏心荷载

当台阶的宽高比小于或等于 2.5 且偏心距小于或等于 1/6 基础宽度时，柱下矩形独立基础任意截面的底板弯矩：

$$M_{\text{I}}=\frac{1}{12}a_1^2\left[(2l+a')\left(p_{max}+p-\frac{2G}{A}\right)+(p_{max}-p)l\right]$$

$$M_{\text{II}}=\frac{1}{48}(l-a')^2(2b+b')\left(p_{max}+p_{min}-\frac{2G}{A}\right)$$

(2) 配筋计算

$$A_s=\frac{M}{0.9\cdot f_y\cdot h_0}$$

(3) 校核配筋

$$\rho_s=A_s/A_0\geqslant 0.15\%$$

$$A_s^{分布}\geqslant 0.15A_s^{受力钢筋}$$

$A_0$ 取全截面，对于锥形基础及阶梯基础，需按《地规》附录 U 折算成矩形截面。

6) 墙下条形基础（图 5.1-5）

(1) 验算位置确定

$$a_1\begin{cases}混凝土墙:a_1=b_1\\ 砖墙:\begin{cases}放脚宽\leqslant 1/4\ 砖长:a_1=b_1+1/4\ 砖长\\ 放脚宽>1/4\ 砖长:a_1=b_1+b_2\end{cases}\end{cases}$$

(2) 弯矩计算

验算 $e=\dfrac{M}{F+G}\leqslant\dfrac{b}{6}$

$$p_{jmax}=\frac{\Sigma F}{b_{jmin}}\pm\frac{6M}{b^2}$$

Ⅰ-Ⅰ 截面：

$$p_{j1}=p_{jmin}+\frac{b-a_1}{b}(p_{jmax}-p_{jmin})$$

$$M_1=\frac{1}{6}a_1^2\left(2p_{max}+p-\frac{3G}{A}\right)=\frac{1}{6}a_1^2(2p_{jmax}+p_{j1})$$

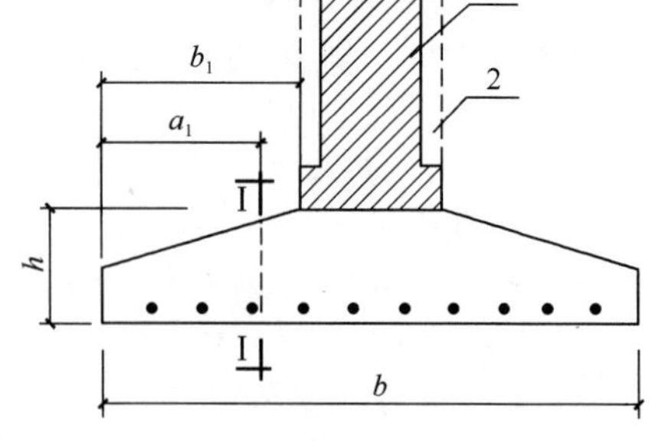


图 5.1-5 墙下条形基础的计算示意图

1—砖墙；2—混凝土墙

(3) 配筋计算

$$A_s=\frac{M}{0.9\cdot f_y\cdot h_0}$$

(4) 校核配筋

$$\rho_s=A_s/A_0\geqslant 0.15\%$$

$$A_s^{分布}\geqslant 0.15A_s^{受力钢筋}$$

**3. 历年真题解析**

**【例 5.1.2】** 2017 下午 4 题

某多层砌体房屋，采用钢筋混凝土条形基础。基础剖面及土层分布如图 2017-4 所示。基础及以上土的加权平均重度为 $20kN/m^3$。

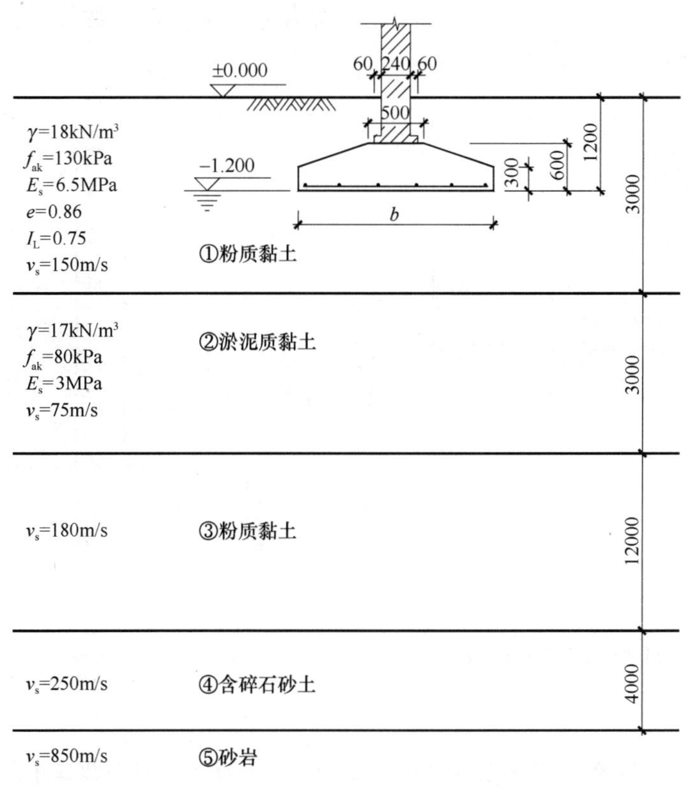


图 2017-4

假定，基础宽度 $b$=2.8m，基础有效高度 $h_0$=550mm。在荷载效应基本组合下，传给基础顶面的竖向力 $F$=364kN/m，基础的混凝土强度等级为 C25，受力钢筋采用 HPB300。试问，基础受力钢筋采用下列何项配置最为合理？

(A) Φ12@200　　　　(B) Φ12@140

(C) Φ14@150　　　　(D) Φ14@100

**【答案】**(C)

根据《地规》8.2.14 条，砖墙放脚不大于 1/4 砖长时，$a_1=b_1+1/4$ 砖长=1.4－0.12=1.28m。

基底的净反力为：364/2.8=130kPa。

$$M=0.5\times130\times1.28^2=106.5\text{kN}\cdot\text{m}$$

根据《地规》8.2.12 条：

$$A_s=\frac{M}{0.9f_yh_0}=\frac{106.5\times10^6}{0.9\times270\times550}=797\text{mm}^2$$

按《地规》8.2.1 条构造要求，最小配筋率不小于 0.15%，则

$$A_s=600\times1000\times0.15\%=900\text{mm}^2$$

Φ14@150，$A_s=1026mm^2$，且符合《地规》8.2.1条的构造要求。

【例5.1.3】2016下午3题

截面尺寸为500mm×500mm的框架柱，采用钢筋混凝土扩展基础，基础底面形状为矩形，平面尺寸4m×2.5m，混凝土强度等级C30，$\gamma_0=1.0$。荷载效应标准组合时，上部结构传来的竖向压力$F_k=1750kN$，弯矩及剪力忽略不计，荷载效应由永久作用控制，基础平面及地勘剖面如图2016-3所示。

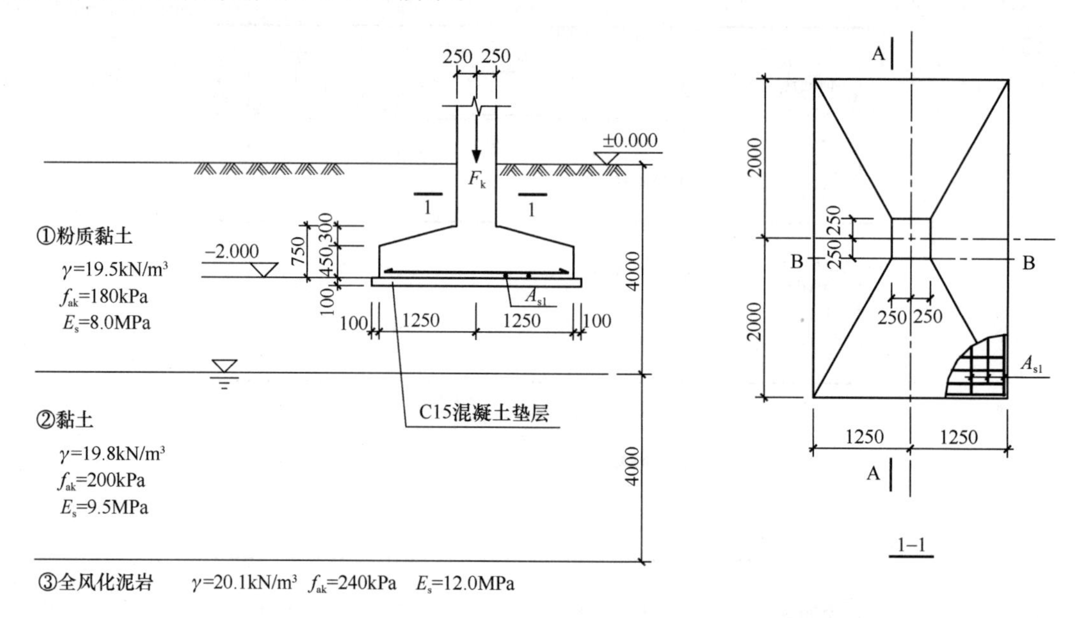


图2016-3

试问，B-B剖面处基础的弯矩设计值（kN·m），与下列何项数值最为接近？

**提示：**基础自重和其上土重的加权平均重度按20kN/m³取用。

(A) 770 (B) 660 (C) 550 (D) 500

**【答案】**(B)

根据《地规》8.2.11条及式(8.2.11-1)：

$$p_n=\frac{F_k}{A}=\frac{1750}{4\times2.5}=175kN/m^2$$

$$a_1=\frac{1}{2}(b-b_c)=\frac{1}{2}(4.0-0.5)=1.75m$$

$$M_B=\frac{1}{6}\gamma_G a_1^2(2l+a')p_n=\frac{1}{6}\times1.35\times1.75^2\times(2\times2.5+0.5)\times175$$
$$=663.2kN\cdot m$$

【例5.1.4】2016下午4题

基本题干同例5.1.3。试问，在柱与基础的交接处，冲切破坏锥体最不利一侧斜截面的受冲切承载力（kN），与下列何项数值最为接近？

**提示：**基础有效高度$h_0=700mm$。

(A) 850 (B) 750 (C) 650 (D) 550

**【答案】**(A)

根据《地规》8.2.8条及式（8.2.8-1）～式（8.2.8-3），其中$\beta_{hp}=1.0$，$a_t=500\text{mm}$，$a_b=500+2\times700=1900\text{mm}$，$a_m=(a_t+a_b)/2=1200\text{mm}$，则

$$F_l\leqslant0.7\beta_{hp}f_ta_mh_0=0.7\times1.0\times1.43\times1200\times700=840840\text{N}=840.84\text{kN}$$

**【例5.1.5】** 2013下午8题

某多层砌体结构建筑采用墙下条形基础，荷载效应基本组合由永久荷载控制，基础埋深1.5m，地下水位在地面以下2m。其基础剖面及地质条件如图2013-8所示，基础的混凝土强度等级C20（$f_t=1.1\text{N/mm}^2$），基础及其以上土体的加权平均重度为$20\text{kN/m}^3$。

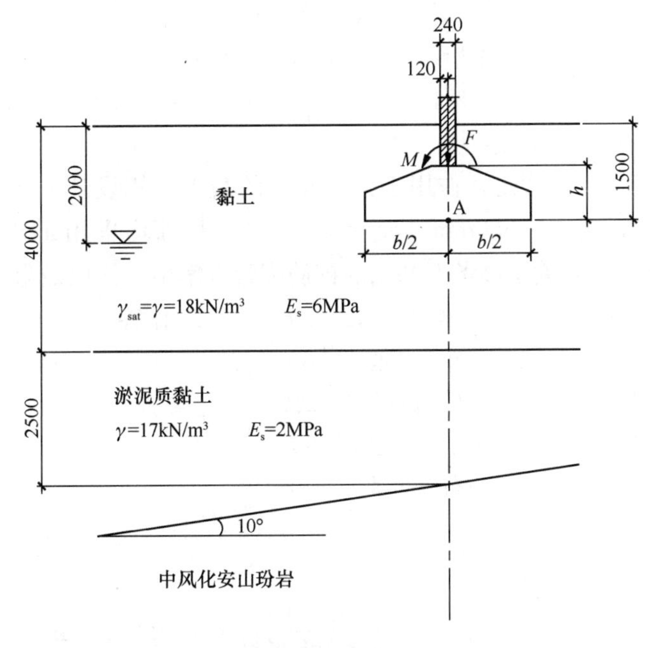


图2013-8

假定，荷载效应标准组合时，上部结构传至基础顶面的竖向力$F=260\text{kN/m}$，力矩$M=10\text{kN}\cdot\text{m/m}$，基础底面宽度$b=1.8\text{m}$，墙厚240mm。试问，验算墙边缘截面处基础的受剪承载力时，单位长度剪力设计值（kN）取下列何项数值最为合理？

（A）85　　（B）115　　（C）165　　（D）185

**【答案】**（C）

作用于基础底部的竖向力：

$$F=260+1.8\times1\times1.5\times20=314\text{kN}$$

$$e=\frac{M}{F}=\frac{10}{314}=0.03<\frac{1.8}{6}=0.3$$

根据《地规》式（5.2.2-2）及式（5.5.2-3）：

$$p_{\text{kmax}}=\frac{260}{1.8}+\frac{10}{\frac{1}{6}\times1.8^2}=162.9\text{kPa}$$

$$p_{\text{kmin}}=\frac{260}{1.8}-\frac{10}{\frac{1}{6}\times1.8^2}=125.9\text{kPa}$$

通过插值求得墙与基础交接处的地基净反力为$125.9+\dfrac{37\times1020}{1800}=146.9\text{kPa}$。

墙与基础交接处由基底平均净反力产生的剪力设计值：

$$V=1.35\times\frac{162.9+146.9}{2}\times0.78=163.1\text{kN}$$

**【例 5.1.6】** 2013 下午 9 题

基本题干同例 5.1.5。假定，基础高度 $h$=650mm（$h_0$=600mm）。试问，墙边缘截面处基础的受剪承载力（kN/m）最接近于下列何项数值？

(A) 100　　(B) 220　　(C) 350　　(D) 460

**【答案】** (D)

根据《地规》8.2.10 条，墙边缘截面处基础的受剪承载力为：

$$0.7\beta_{hs}f_tA_0=0.7\times1.0\times1.1\times1000\times600/1000=462\text{kN}$$

**【例 5.1.7】** 2013 下午 10 题

基本题干同例 5.1.5。假定，作用于条形基础的最大弯矩设计值 $M$=140kN·m/m，最大弯矩处的基础高度 $h$=650mm（$h_0$=600mm），基础均采用 HRB400 钢筋（$f_y$=360N/mm$^2$）。试问，下列关于该条形基础的钢筋配置方案中，何项最为合理？

**提示：**按《建筑地基基础设计规范》GB 50007—2011 作答。

(A) 受力钢筋Φ 12@200，分布钢筋Φ 8@300

(B) 受力钢筋Φ 12@150，分布钢筋Φ 8@200

(C) 受力钢筋Φ 14@200，分布钢筋Φ 8@300

(D) 受力钢筋Φ 14@150，分布钢筋Φ 8@200

**【答案】** (D)

根据《地规》8.2.12 条：

$$A_s=\frac{M}{0.9f_yh_0}=\frac{140\times10^6}{0.9\times360\times600}=720\text{mm}^2/\text{m}$$

根据《地规》8.2.1 条 3 款的最小配筋率要求：

$$A_s=0.15\%\times1000\times600=900\ \text{mm}^2/\text{m}$$

受力主筋Φ 14@150，实配 1027mm$^2$，满足要求，其余选项不满足要求；

分布钢筋Φ 8@200，实配 252mm$^2$，大于 15%×1027=154mm$^2$，满足《地规》8.2.1 条 3 款的要求，故选（D）。

**【例 5.1.8】** 2012 下午 15 题

某砌体结构建筑采用墙下钢筋混凝土条形基础，以强风化粉砂质泥岩为持力层，底层墙体剖面及地质情况如图 2012-15 所示。荷载效应标准组合时，作用于钢筋混凝土扩展基础顶面处的轴心竖向力 $N_k$=390kN/m，由永久荷载起控制作用。

试问，在轴心竖向力作用下，该条形基础的最大弯矩设计值（kN·m）与下列何项数值最为接近？

(A) 20　　(B) 30　　(C) 40　　(D) 50

**【答案】** (C)

根据《地规》8.2.7 条，基础弯矩计算位置为自 370mm 厚墙下放脚的边缘向内 1/4 砖长，即 $a_1=\frac{1.2-0.49}{2}+\frac{0.24}{4}$=0.415m。

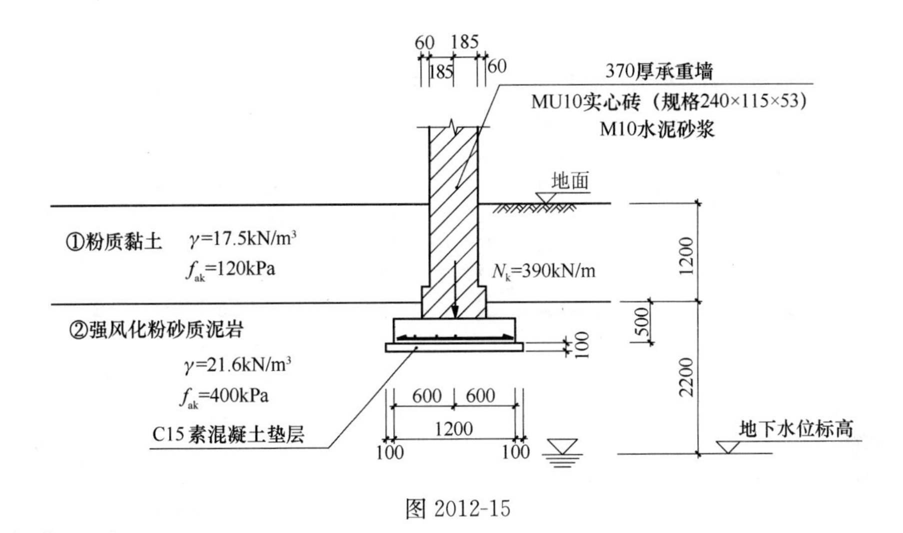


图 2012-15

基底净反力为：$p_n=\dfrac{390}{1.2}=325\text{kN/m}^2$。

根据《地规》3.0.5条，由永久荷载起控制作用时，荷载分项系数取 $\gamma_p=1.35$。则

$$M=\frac{1}{2}\gamma_p p_n a_1^2=\frac{1}{2}\times1.35\times325\times0.415^2=37.78\text{kN}\cdot\text{m}$$

**【例 5.1.9】** 2012下午16题

基本题干同例5.1.8。方案阶段，若考虑将墙下钢筋混凝土条形基础调整为等强度的C20（$f_t=1.1\text{N/mm}^2$）素混凝土基础，在保持基础底面宽度不变的情况下，试问，满足抗剪要求所需基础最小高度（mm）与下列何项数值最为接近？

**提示：**刚性基础的抗剪验算可按下式进行：$V_s\leqslant0.366f_tA$。其中 $A$ 为沿砖墙外边缘处混凝土基础单位长度的垂直截面面积。

（A）300　　（B）400　　（C）500　　（D）600

**【答案】**（B）

根据《地规》表8.1.2注，基底净反力为：

$$p_n=\frac{390}{1.2}=325\text{kN/m}^2>300$$

抗剪危险截面应为墙边缘处截面，且

$$V=\gamma_p p_n(1.2-0.49)/2=1.35\times325\times0.355=155.76\text{kN/m}$$

根据《地规》表8.1.1条文说明，$V_s\leqslant0.366f_tA$。C20混凝土，$f_t=1.1\text{N/mm}^2$，取单位1m宽度进行计算，有

$$0.366\times1.1h\geqslant155.76$$

解得 $h\geqslant386.9\text{mm}$。

**【例 5.1.10】** 2011下午4题

某多层框架结构带一层地下室，采用柱下矩形钢筋混凝土独立基础，基础底面平面尺寸3.3m×3.3m，基础底绝对标高60.000m，天然地面绝对标高63.000m，设计室外地面绝对标高65.000m，地下水位绝对标高为60.000m，回填土在上部结构施工后完成，室内地面绝对标高61.000m，基础及其上土的加权平均重度为$20\text{kN/m}^3$，地基土层分布及相关参数如图2011-4所示。

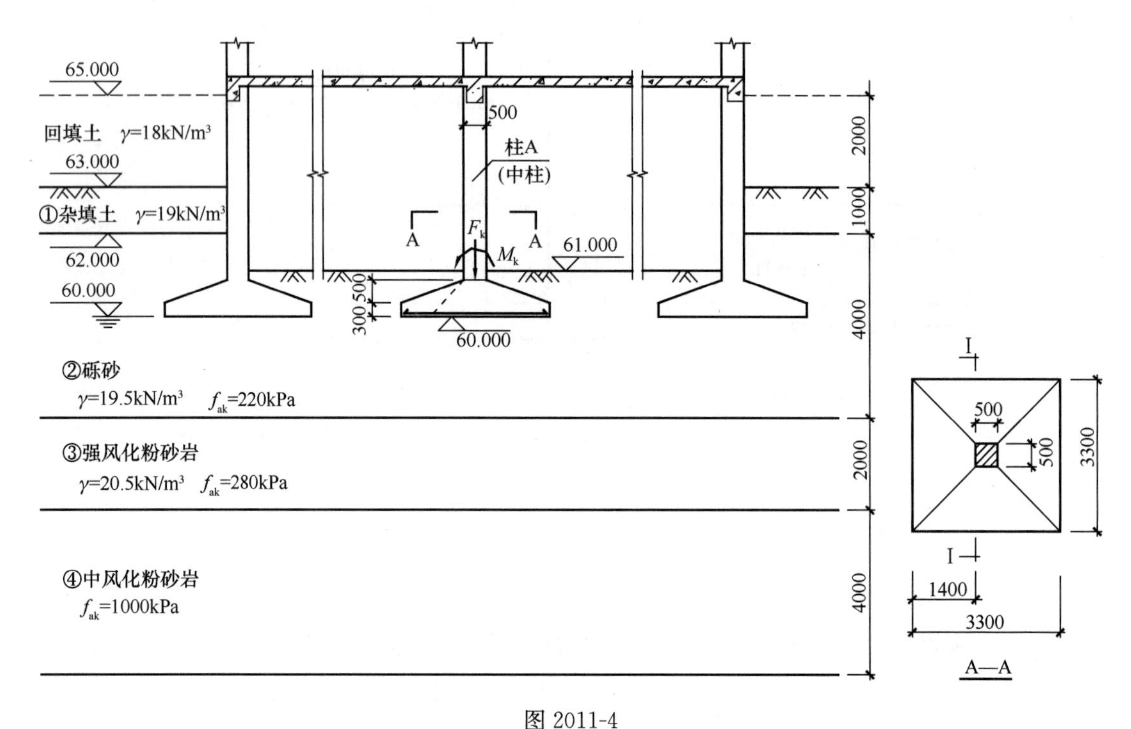


图 2011-4

假定，柱 A 基础采用的混凝土强度等级为 C30（$f_t$=1.43N/mm²），基础冲切破坏锥体的有效高度 $h_0$=750mm。试问，图中虚线所示冲切面的受冲切承载力设计值（kN）与下列何项数值最为接近？

(A) 880　　(B) 940　　(C) 1000　　(D) 1400

**【答案】**(B)

根据《地规》8.2.8 条，当 $h$=800mm 时，$\beta_{hp}=1$，则

$0.7\beta_{hp}f_t a_m h_0=0.7\times1\times1.43\times(500+2\times750+500)/2\times750\times10^{-3}=938\text{kN}$

**【例 5.1.11】**2011 下午 5 题

基本题干同上题。假定，荷载效应基本组合由永久荷载控制，相应于荷载效应基本组合时，柱 A 基础在图 2011-4 所示单向偏心荷载作用下，基底边缘最小地基反力设计值为 40kPa，最大地基反力设计值为 300kPa。试问，柱与基础交接处截面 Ⅰ-Ⅰ 的弯矩设计值（kN·m）与下列何项数值最为接近？

(A) 570　　(B) 590　　(C) 620　　(D) 660

**【答案】**(A)

根据《地规》8.2.11 条：

$$p=40+(300-40)\times(3.3/2+0.5/2)/3.3=189.7\text{kPa}$$

$$M_Ⅰ=\frac{1}{12}a_1^2\left[(2l+a')(p_{max}+p-2G/A)+(p_{max}-p)l\right]$$

$$=1/12\times1.4^2\times[(2\times3.3+0.5)\times(300+189.7-2\times1.35\times20\times1)+(300-189.7)\times3.3]$$

$$=564.7\text{kN}\cdot\text{m}$$

**【例 5.1.12】** 2020 下午 4 题

边坡坡面与水平面夹角 45°，该建筑采用框架结构，柱下独立基础，基础底面中心线与柱截面中心线重合，方案设计时，靠近边坡的边柱截面尺寸取 500mm×500mm，基础底面形状采用正方形，边柱基础剖面及土层分布如图 2020-4 所示，基础及其底面以上土的加权平均重度为 20kN/m³，无地下水，不考虑地震作用。

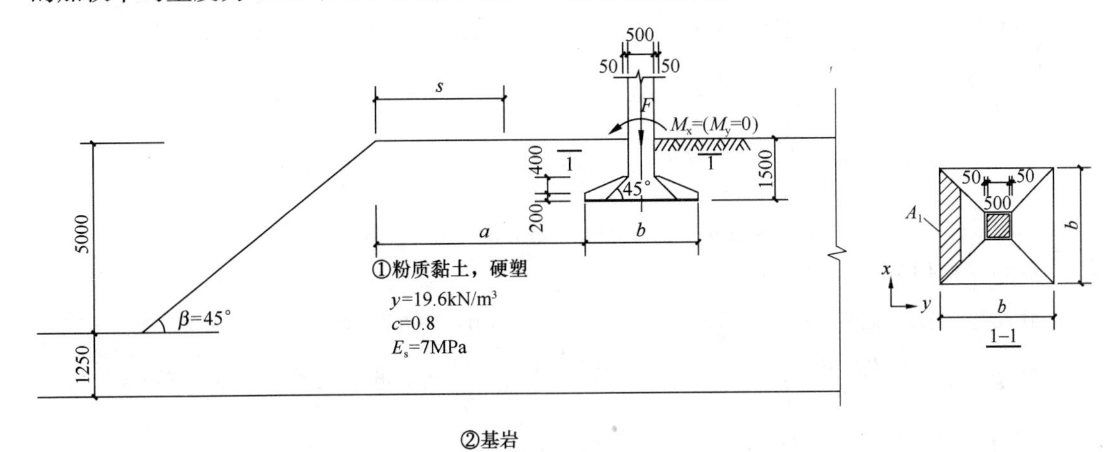


图 2020-4

假定，结构安全等级为二级，正方形独立基础宽度 $b$ 为 2.5m，基础冲切破坏锥体有效高度 $h_0$ =545m，基础混凝土强度等级为 C30（$f_t$ =1.43N/mm²），相应于作用效应基本组合时，作用于基础顶面的竖向力 $F$ =1500kN，力矩 $M_k$ =120kN·m，忽略水平剪力影响。试问，柱下独立基础冲切承载力验算时，基础最不利一侧的受冲切承载力计算值与冲切力设计值的比值，与下述何项数值最为接近？

**提示**：最不利一侧的冲切力设计值为相应于作用的基本组合时，作用在图中 $A_l$ 上的地基土净反力设计值，其中，地基土单位面积净反力取最大值。

(A) 1.55　　(B) 2.15　　(C) 3.00　　(D) 4.50

**【答案】**(B)

根据《地规》8.2.8 条，$h$ =600mm≤800mm，有：

$$\beta_{hp}=1，a_m=\frac{1}{2}(a_t+a_b)=a_t+h_0=500+545=1045\text{mm}$$

受冲切承载力设计值：

$$0.7\beta_{hp}f_t a_m h_0=0.7\times1.0\times1.43\times1045\times545=570.1\text{kN}$$

$$e=\frac{M}{F+G}=\frac{M}{F+1.35G_k}=\frac{120}{1500+1.35\times20\times2.5^2\times1.5}=0.06<\frac{b}{6}$$

$$p_{jmax}=\frac{F}{A}+\frac{M}{W}=\frac{1500}{2.5^2}+\frac{1200}{2.5^3/6}=286\text{kPa}$$

$$A_l=\frac{1}{4}[a^2-(a_t+2h_0)^2]=\frac{1}{4}[2.5^2-(0.5+2\times0.545)^2]=0.9305\text{m}^2$$

$$F_l=p_{jmax}\cdot A_l=266.7\text{kN}$$

两者比值：$\frac{570.1}{266.1}=2.14$。

**【例 5.1.13】** 2020 下午 5 题

基本题干同例 5.1.12。假定结构安全等级为二级，基础宽度 $b=2.5\text{m}$，基础及其上自重分项系数取 1.35，相应于作用效应基本组合时，作用于基础顶面的竖向力 $F=1600\text{kN}$，承受单向力矩 $M_x$ 作用，基底最小地基反力设计值 $p_{min}=230\text{kPa}$，试问，独立基础底板在柱边处正截面的最大弯矩设计值 $M$(kN·m)，与下列何项数值最为接近?

(A) 210　　(B) 260　　(C) 285　　(D) 310

**【答案】**(C)

根据《地规》5.2.2 条:

$$p=\frac{F+G}{A}=\frac{F+1.35G_k}{A}=\frac{1600}{2.5\times2.5}+1.35\times20\times1.5=296.5$$

$$p_{max}=2p-p_{min}=2\times296.5-230=363\text{kPa}$$

根据《地规》8.2.11 条:

最大弯矩在柱边处，$a_1=(2.5-0.5)/2=1.0\text{m}$，$l=2.5\text{m}$，$a'=0.5\text{m}$，则

$$p=p_{min}+\frac{b-a_1}{b}(p_{max}-p_{min})=230+\frac{2.5-1}{2.5}\times(363-230)=309.8\text{kPa}$$

$$M=\frac{1}{12}a_1^2\left[(2l+a')\left(p_{max}+p-\frac{2G}{A}\right)+(p_{max}-p)l\right]$$

$$=\frac{1}{12}\times1^2\times[(2\times2.5+0.5)\times(363+309.8-2\times1.35\times20\times1.5+)$$

$$(363-309.8)\times2.5]$$

$$=282.33\text{kN}\cdot\text{m}$$

**【例 5.1.14】** 2020 下午 6 题

基本题干同例 5.1.12。假定，结构安全等级一级，基础宽度 $b=2.5\text{m}$，基础有高度 $h_0=545\text{mm}$。在作用效应基本组合下，独立基础底板在柱边处的正截面弯矩设计值 $M=180\text{kN}\cdot\text{m}$，基础的混凝土强度等级为 C30，受力钢筋采用 HRB400 ($f_y=360\text{N/mm}^2$)。试问，根据《建筑地基基础设计规范》GB 50007—2011，基础受力钢筋采用下列何项配置最为合理?

(A) Φ12@210　　(B) Φ12@170　　(C) Φ12@150　　(D) Φ12@200

**【答案】**(B)

根据《地规》8.2.12 条，在结构安全等级一级时:

$$A_s=\frac{r_0M}{0.9f_yh_0}=\frac{1.1\times180\times10^6}{0.9\times360\times545}=1121.3\text{mm}^2$$

根据《地规》8.2.1 条 3 款，最小配筋率要求不应小于 0.15%，根据《地规》附录 U，对其宽度进行等效计算:

$$b_{y0}=\left[1-0.5\frac{h_1}{h_0}\left(1-\frac{b_{y2}}{b_{y1}}\right)\right]b_{y1}=\left[1-0.5\times\frac{400}{545}\left(1-\frac{600}{2500}\right)\right]\times2500=1802.75\text{mm}^2$$

按最小配筋率:

$$A_{smin}=0.15\%\times1802.75\times600=1622.5\text{mm}^2$$

四个选项中，Φ12@170 最为经济合理。

**【例 5.1.15】** 2021 下午 2 题

某多层办公楼，混凝土框架结构，结构安全等级为二级。采用独立基础，基础埋深2m，基础横剖面、场地土层情况如图 2021-2(a) 所示。现办公楼拟直接增层改造。基础及基底以上填土的加权平均重度为 $20kN/m^3$。

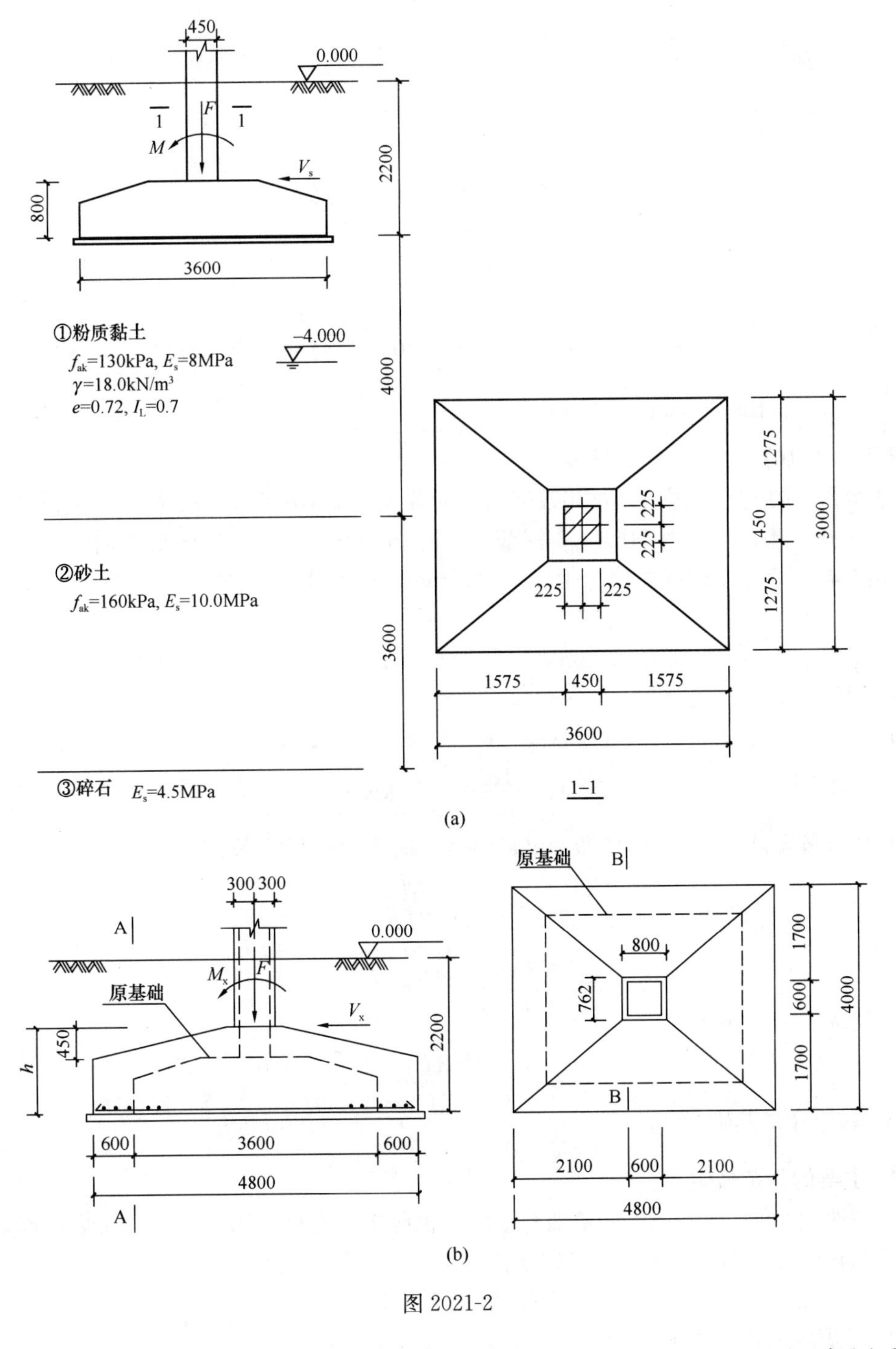


图 2021-2

假定，增层后采用扩大基础加固，新旧形成整体，如图 2021-2(b) 所示。加固后上部结构传至基础底面荷载为单向偏心，此时在荷载效应基本组合下，基底净反力 $p_{jmax}=$

160kPa，$p_{jmin}$=120kPa，基础高度 $h$=1250mm。试问，A-A（新旧基础相交处）截面的弯矩设计值 $M$（kN·m）与下列何项数值最为接近？

(A) 100　　(B) 150　　(C) 200　　(D) 250

**【答案】**(A)

扩大基础加固后，仍为柱下矩形基础。根据《地规》8.2.11 条：

$$a'=0.6+\frac{2.1-0.6}{2.1}\times1.7\times2=3.03\text{m}$$

$$p_j=120+\frac{160-120}{4.8}\times(4.8-0.6)=155\text{kPa}$$

$$M=\frac{1}{12}a_1^2[(2l+a')(p_{jmax}+p_j)+(p_{jmax}-p_j)l]$$

$$=\frac{1}{12}\times0.6^2\times[(2\times4+3.03)(160+155)+(160-155)\times4.8]$$

$$=105\text{kN}\cdot\text{m}$$

**【例 5.1.16】** 2021 下午 3 题

基本题干同上题。假定，增层改造后，荷载效应基本组合下 B-B 截面弯矩设计值 $M$=1820kN·m。基础均采用 HRB400 钢筋（$f_y$=360N/mm²），原基础受力钢筋采用Φ16@125，钢筋合力点至基础底面边缘距离 $a_s$=55mm，扩大部分配筋Φ16@125。试问，加层改造后基础高度 $h$（mm）至少为多少？

(A) 1000　　(B) 1100　　(C) 1200　　(D) 1300

**【答案】**(B)

B-B 截面弯矩设计值 $M$=1820kN·m，单位长度弯矩设计值为：

$$M=\frac{1820}{4}=455\text{kN}\cdot\text{m}$$

单位长度配筋面积 $A_s$=1609mm²，根据《地规》8.2.12 条：

$$A_s=\frac{M}{0.9f_yh_0}$$

$$1609=\frac{455\times10^6}{0.9\times300\times h_0}$$

解得 $h_0$=1047mm。

$$h=h_0+a_s=1047+55=1102\text{mm}$$

### 5.1.3 柱下条形基础

**1. 主要的规范规定**

1)《地规》8.2.6 条：扩展基础的基础面积应按《地规》第 5 章的有关规定确定。在条形基础相交处，不应重复计入基础面积。

2)《地规》8.3.2 条：柱下条形基础的计算规定。

**2. 对规范规定的理解**

在比较均匀的地基上，上部结构刚度较好，荷载分布较均匀，在条形基础梁的高度不小于 1/6 柱距时，地基反力可按直线分布，条形基础梁的内力可按连续梁计算（图 5.1-6），此时边跨跨中弯矩及第一内支座的弯矩值宜乘以 1.2 的系数。

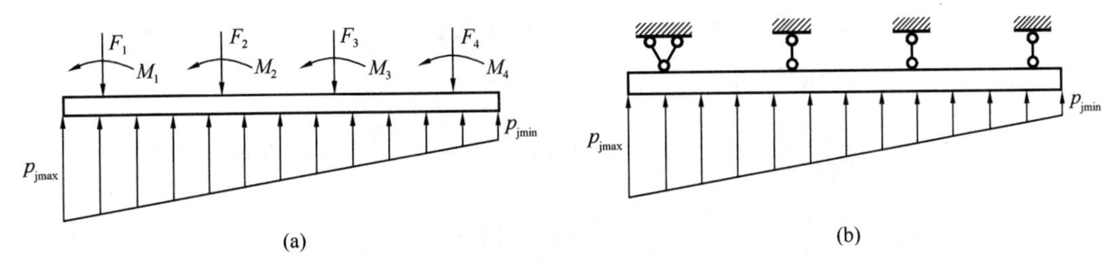


图 5.1-6　墙下条形基础的计算示意图

（a）基底净反力分布；（b）按连续梁求内力

按直线分布的基底净反力：

$$p_{\rm kmin}^{\rm kmax}=\frac{\Sigma F_i}{A}\pm\frac{\Sigma M_i}{W}$$

当不满足上述条件时，宜按弹性地基梁设计。

**3. 自编题解析**

**【例 5.1.17】** 自编题

某双柱矩形联合基础，如图 5.1-7 所示，基底尺寸为 2.0m×5.5m。基础项面处由上部结构传来相应于作用的标准组合的竖向力 $F_{1k}$ =800kN，弯矩 $M_{1k}$ =60kN · m，竖向力 $F_{2k}$ =900kN，弯矩 $M_{2k}$ =40kN · m。

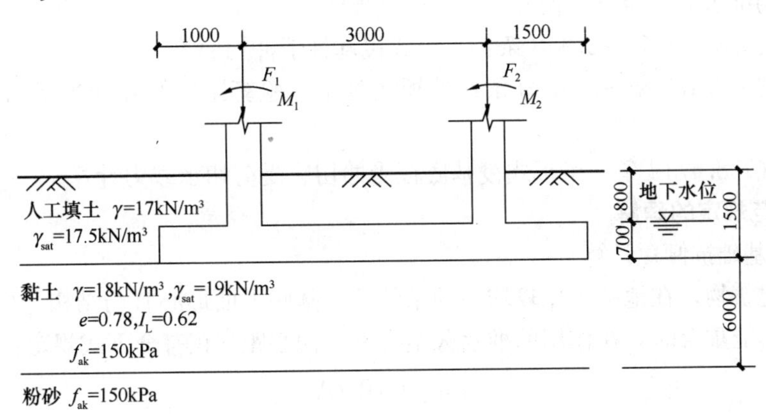


图 5.1-7

试问，基底的最大、最小压力标准值（kPa），与下列何项数值最为接近？

（A）215；140　　（B）230；140　　（C）215；160　　（D）230；160

**【答案】**（A）

矩形底板的形心位置距左端为：$\frac{1+3+1.5}{2}=2.75\text{m}$

基础自重和基础上土重 $G_k$：

$$G_k=20\times1.5\times5.5\times2-\gamma_\omega Ah_w=330-10\times5.5\times2\times0.7=253\text{kN}$$

$$F_k+G_k=F_{1k}+F_{2k}+G_k=800+900+253=1953\text{kN}$$

外荷载对基底形心的弯矩 $M_k$：

$$M_k = M_{1k} + M_{2k} + F_{1k} \times (2.75 - 1.0) - F_{2k} \times (2.75 - 1.5)$$
$$= 60 + 40 + 800 \times 1.75 - 900 \times 1.25$$
$$= 375\text{kN} \cdot \text{m}$$

$$e = \frac{M_k}{F_k + G_k} = \frac{375}{1953} = 0.19\text{m} < \frac{b}{6} = \frac{5.5}{6} = 0.92\text{m}$$

$$p_k = \frac{F_k + G_k}{bl} = \frac{1953}{5.5 \times 2} = 177.5\text{kPa}$$

$$p_{kmax} = \frac{F_k + G_k}{bl} + \frac{6M_k}{b^2 l} = 177.5 + \frac{6 \times 375}{5.5^2 \times 2} = 214.7\text{kPa}$$

$$p_{kmin} = \frac{F_k + G_k}{bl} - \frac{6M_k}{b^2 l} = 177.5 - \frac{6 \times 375}{5.5^2 \times 2} = 140.3\text{kPa}$$

$$p_k = 177.5\text{kPa} < f_a = 200.1\text{kPa}$$

$$p_{kmax} = 214.7\text{kPa} < 1.2f_a = 240.1\text{kPa}$$

### 5.1.4 筏形基础

**1. 主要的规范规定**

1）《地规》8.4.2 条：基底平面形心宜与结构竖向永久荷载重心重合。当不能重合时，在作用的准永久组合下，偏心距 $e$ 宜符合规定。

2）《地规》8.4.6 条～8.4.8 条：平板式筏基柱下冲切验算。

3）《地规》8.4.9 条～8.4.10 条：平板式筏基应验算距内筒和柱边缘 $h_0$ 处截面的受剪承载力。

4）《地规》8.4.12 条：梁板式筏基底板受冲切、受剪切承载力计算。

**2. 对规范规定的理解**

1）筏形基础抗倾覆计算

对单幢建筑物，在地基土比较均匀的条件下，基底平面形心宜与结构竖向永久荷载重心重合。当不能重合时，在作用的准永久组合下，偏心距 $e$ 宜符合下式规定：

$$e \leqslant 0.1W/A$$

式中：$W$ ——与偏心距方向一致的基础底面边缘抵抗矩；

$A$ ——基础底面积。

2）平板式筏基柱下受冲切承载力计算

$$\tau_{max} = \frac{F_l}{u_m h_0} + \alpha_s \frac{M_{unb} c_{AB}}{I_s}$$

$$\tau_{max} \leqslant 0.7(0.4 + 1.2/\beta_s)\beta_{hp} f_t$$

$$\alpha_s = 1 - \frac{1}{1 + \frac{2}{3}\sqrt{\left(\frac{c_1}{c_2}\right)}}$$

其中，$F_l$ 为相应于作用的基本组合时的冲切力（kN），对内柱取轴力设计值减去筏板冲切破坏锥体内的基底净反力设计值；对边柱和角柱，取轴力设计值减去筏板冲切临界截面范围内的基底净反力设计值。

注：① 需结合《地规》附录 P 确定冲切临界截面。

② 对基础的边柱和角柱进行冲切验算时，其冲切力应分别乘以 1.1 和 1.2 的增大系数。即，边柱：$1.1F_l$；角柱：$1.2F_l$。

3）平板式筏基柱边和内筒边下受剪切承载力计算（图 5.1-8）

$$V_s \leqslant 0.7\beta_{hs} f_t b_w h_0$$

其中，$V_s$ 为相应于作用基本组合时，基底净反力平均值产生的距内筒或柱边缘 $h_0$ 处筏板单位宽度的剪力设计值（kN）。

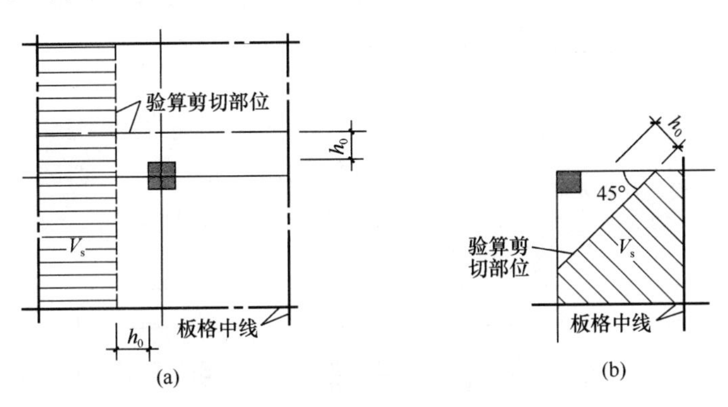


图 5.1-8 验算剪切部位示意

（a）内柱（筒）下筏板；（b）角柱下筏板

4）梁板式筏基受冲切、受剪切承载力计算

受冲切承载力计算（图 5.1-9）：

$$F_l \leqslant 0.7\beta_{hp} f_t u_m h_0$$

其中：$F_l = p_j(l_{n1} - 2h_0)(l_{n2} - 2h_0)$，$u_m = 2(l_{n1} + l_{n2} - 2h_0)$。

底板区格为矩形双向板：

$$h_0 = \frac{(l_{n1} + l_{n2}) - \sqrt{(l_{n1} + l_{n2})^2 - \dfrac{4p_n l_{n1} l_{n2}}{p_n + 0.7\beta_{hp} f_t}}}{4}$$

其中，$p_n$ 为扣除底板及其上填土自重后，相应于作用的基本组合时的基底平均净反力设计值（kPa）。

梁板式筏基双向板斜截面受剪承载力

$$V_s \leqslant 0.7\beta_{hs} f_t (l_{n2} - 2h_0) h_0$$

其中，$V_s$ 为距梁边缘 $h_0$ 处，作用在图 5.1-10 中阴影部分面积上的基底平均净反力产生的剪力设计值。

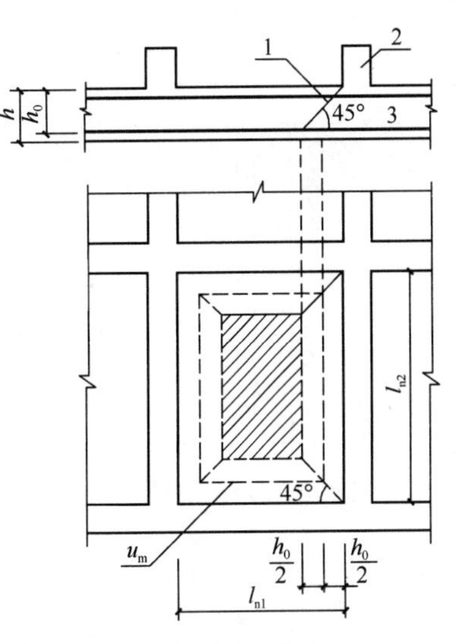


图 5.1-9 底板的冲切计算示意

1—冲切破坏锥体的斜截面；
2—梁；3—底板

**3. 历年真题解析**

**【例 5.1.18】** 2019 下午 13 题

某安全等级为二级的高层建筑，采用混凝土框架结构体系，框架柱截面尺寸均为 900mm×900mm，如图 2019-13 所示，基础采用平板式筏基，板厚 1.4m，均匀地基，荷载效应由永久荷载控制。

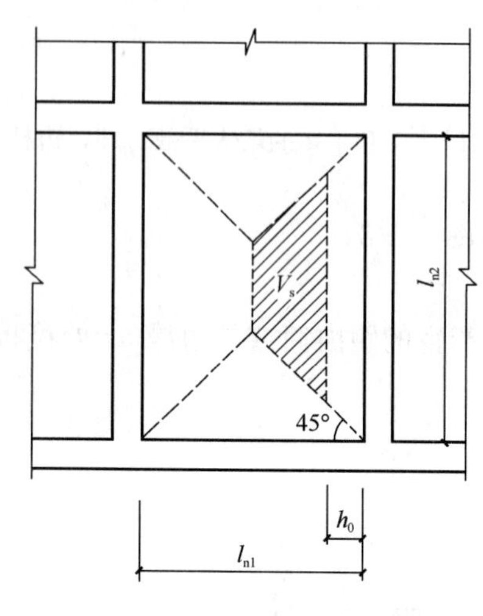

图 5.1-10 底板剪切计算示意

**提示：**① 计算时 $h_0$ 取 1.34m；

② 荷载组合按照简化规则计算。

假设，图中 KZ1 柱底按荷载效应标准组合的柱轴力 $F_{1k}$ =9000kN、柱底端弯矩 $M_{1kx}$ =0kN·m，$M_{1ky}$ =150kN·m，荷载标准组合的基底净反力值为 135kPa（已扣除筏基及其上土自重），已知 $I_s$ = 11.17m$^4$，$\alpha_s$ =0.4。试问，距离 KZ1 柱边 $h_0/2$ 处的筏板冲切临界截面的最大剪应力设计值 $\tau_{max}$（kPa），与下列何项数值最为接近？

（A）600　（B）800

（C）1000　（D）1200

**【答案】**（B）

根据《地规》附录 P.0.1：

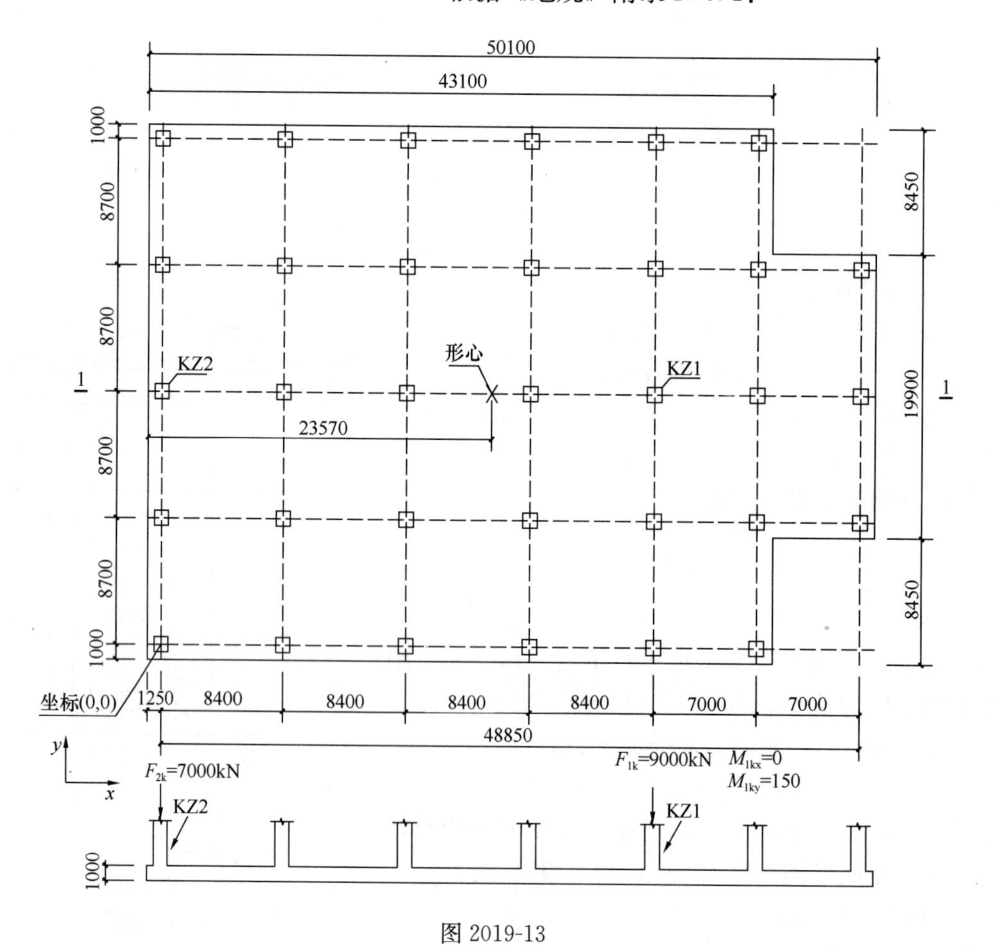

图 2019-13

$$u_m = 4\times(0.9+1.34) = 8.96\text{m},\ c_1 = 0.9+1.34 = 2.24\text{m},\ c_{AB} = \frac{1}{2}c_1 = 1.12\text{m}$$

根据《地规》8.4.7 条 1 款：

$F_l = 1.35[N_k - p_{jk}(h_c + 2h_0)(b + 2h_0)] = 1.35 \times [9000 - 135 \times (0.9 + 2 \times 1.34)^2]$

$= 9814.2\text{kN}$

$$\tau_{max} = \frac{F_l}{u_m h_0} + \alpha_s \frac{M_{unb} c_{AB}}{I_s} = \frac{9814.2}{1.34 \times 8.96} + \frac{0.4 \times 1.35 \times 150 \times 1.12}{11.17} = 825\text{kPa}$$

**【编者注】**《地规》8.4.6条（强制性条文）规定，平板式筏基的板厚应满足受冲切承载力要求。平板式筏基柱下冲切验算时应考虑作用在冲切临界截面重心上的不平衡弯矩产生的附加剪力，本题考核平板式筏基距柱边 $h_0/2$ 处的筏板冲切临界截面的最大剪应力设计值 $\tau_{max}$ 的计算。解题中应注意所需相关参数的正确计算和取值。

**【例5.1.19】**2019下午14题

基本题干同例5.1.16。假定，柱KZ2按荷载效应标准组合的柱底轴力 $F_{2k} = 7000\text{kN}$，其余条件同例5.1.16。试问，筏板冲切验算时，作用在KZ2下冲切力设计值 $F_l$(kN)，与下列何项数值最为接近？

(A) 7800　　(B) 8200　　(C) 8600　　(D) 9000

**【答案】**(D)

根据《地规》公式（8.4.7-1）及附录P.0.1条2款，KZ2为边柱，柱外侧悬挑长度 $1.25 - 0.45 = 0.8 < h_0 + 0.5b_c$，则

$$F_l = 1.1 \times 1.35 \times \left[N_k - p_k\left(h_c + \frac{h_0}{2} + 1.05\right)(b_c + h_0)\right]$$

$$= 1.1 \times 1.35 \times \left[7000 - 135 \times \left(0.9 + \frac{1.34}{2} + 0.8\right)(0.9 + 1.34)\right] = 9330\text{kN}$$

**【编者注】**本题考查的是平板式筏基中冲切力设计值 $F_l$ 的计算。对基础边柱和角柱冲切验算时，其冲切力应分别乘以1.1和1.2的增大系数。本题KZ2为边柱，边柱冲切力应乘以1.1的增大系数。

《地规》附录P.0.1条2款规定，当边柱外侧的悬挑长度小于或等于 $h_0 + 0.5b$ 时，冲切临界截面可计算至垂直于自由边的板端，计算 $c_1$ 及 $I_s$ 值时应计及边柱外侧的悬挑长度；当边柱外侧筏板的悬挑长度大于 $h_0 + 0.5b$ 时，边柱柱下筏板冲切临界截面的计算模式同内柱。

**【例5.1.20】**2019下午15题

基本题干同例5.1.6。在准永久组合作用下，当结构竖向荷载重心与筏板平面形心不能重合时，根据《建筑地基基础设计规范》GB 50007—2011，荷载重心左、右侧偏离筏板形心的距离限制值（m），与下列何项数值最为接近？

**提示：**已知形心坐标 $X = 23.57\text{m}$，$Y = 18.4\text{m}$。

(A) 0.710，0.580　　(B) 0.800，0.580

(C) 0.800，0.710　　(D) 0.880，0.690

**【答案】**(C)

$$I = \frac{36.8 \times 43.1^3}{12} + \left(23.57 - \frac{43.1}{2}\right)^2 \times 43.1 \times 36.8 + \frac{19.9 \times 7^3}{12}$$

$$+ \left(43.1 - 23.57 + \frac{7}{2}\right)^2 \times 7 \times 19.9$$

$$= 326449.215\text{m}^4$$

根据《地规》式（8.4.2）：

$$e \leqslant 0.1 \frac{W}{A}$$

$$A = 43.1 \times 36.8 + 7 \times 19.9 = 1725.38\text{m}^2$$

$$e_{左} = 0.1 \frac{W}{A} = 0.1 \frac{I}{Ax_{左}} = \frac{0.1 \times 326449.215}{1725.38 \times 23.57} = 0.80\text{m}$$

$$e_{右} = 0.1 \frac{W}{A} = 0.1 \frac{I}{Ax_{右}} = \frac{0.1 \times 326449.215}{1725.38 \times (7 + 43.1 - 23.57)} = 0.71\text{m}$$

**【例 5.1.21】** 2012 下午 10 题

抗震设防烈度为 6 度的某高层钢筋混凝土框架-核心筒结构，风荷载起控制作用，采用天然地基上的平板式筏板基础，基础平面如图 2012-10 所示，核心筒的外轮廓平面尺寸为 9.4m×9.4m，基础板厚 2.6m（基础板有效高度按 2.5m 计）。

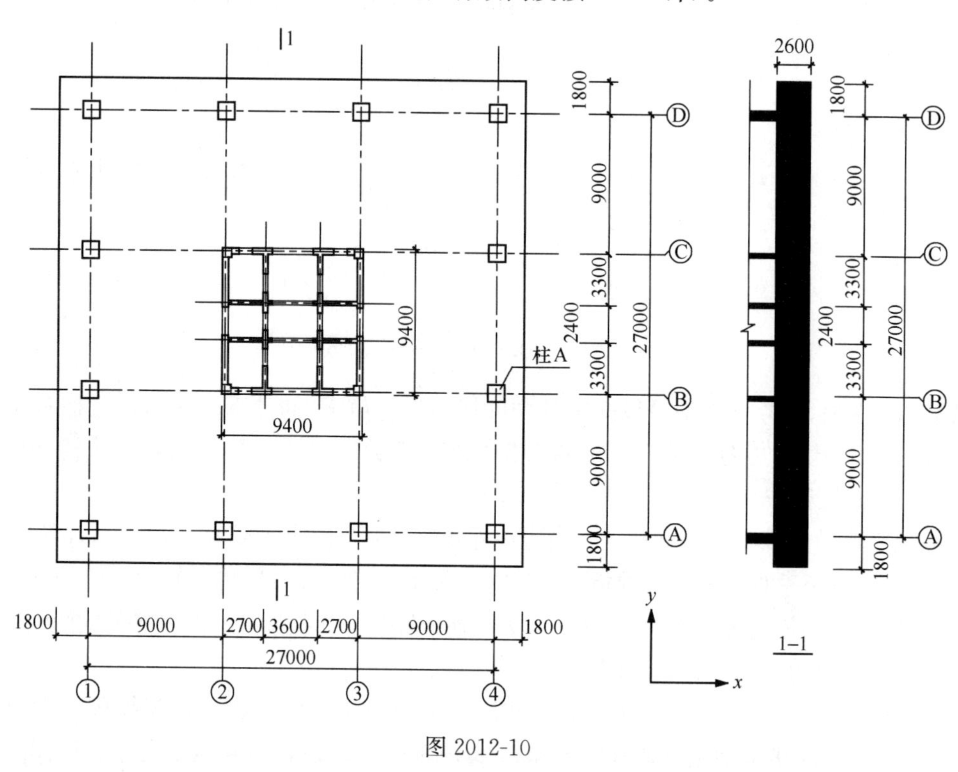


图 2012-10

假定，荷载效应基本组合时，核心筒筏板冲切破坏锥体范围内基底的净反力平均值 $p_n = 435.9\text{kN/m}^2$，筒体作用于筏板顶面的竖向力为 177500kN、作用在冲切临界面重心上的不平衡弯矩设计值为 151150kN·m。试问，距离内筒外表面 $h_0/2$ 处冲切临界截面的最大剪应力（N/mm²）与下列何项数值最为接近？

**提示：** $u_m = 47.6\text{m}$，$I_s = 2839.59\text{m}^4$，$\alpha_s = 0.40$。

(A) 0.74　　(B) 0.85　　(C) 0.95　　(D) 1.10

**【答案】**（B）

根据《地规》8.4.7 条及附录 P：$c_1 = c_2 = 9.4 + h_0 = 11.9\text{m}$，$c_{AB} = c_1/2 = 5.95\text{m}$，$u_m = 47.6\text{m}$，$I_s = 2839.59\text{m}^4$，$\alpha_s = 0.40$。

$$F_l = 177500 - (9.4 + 2h_0)^2 p_n = 87111.8\text{kN}$$

已知 $M_{unb}=151150\text{kN}\cdot\text{m}$，以上数代入《地规》式（8.4.7-1）：

$$\tau_{max} = \frac{F_l}{u_m h_0} + \frac{\alpha_s M_{unb} c_{AB}}{I_s}$$

$$= \frac{87111800}{47.6\times10^3\times2500} + \frac{0.40\times151150\times10^6\times5.95\times10^3}{2839.59\times10^{12}}$$

$$= 0.732 + 0.127 = 0.859\text{N/mm}^2$$

**【例 5.1.22】** 2012 下午 11 题

基本题干同例 5.1.21。假定，(1) 荷载效应基本组合下，地基土净反力平均值产生的距内筒右侧外边缘 $h_0$ 处的筏板单位宽度的剪力设计值最大，其最大值为 2400kN/m；(2) 距离内筒外表面 $h_0/2$ 处冲切临界截面的最大剪应力 $\tau_{max}=0.90\text{N/mm}^2$。试问，满足抗剪和抗冲切承载力要求的筏板最低混凝土强度等级为下列何项最为合理？

**提示：**各等级混凝土的强度指标如表 2012-11 所示。

**各等级混凝土的强度指标** **表 2012-11**

| 混凝土强度等级 | C40 | C45 | C50 | C60 |
|---|---|---|---|---|
| $f_t$ (N/mm²) | 1.71 | 1.80 | 1.89 | 2.04 |

(A) C40　　(B) C45　　(C) C50　　(D) C60

**【答案】**(B)

(1) 抗剪要求：

根据《地规》式（8.4.5-4）：

$$\beta_{hs} = \left(\frac{800}{h_0}\right)^{0.25} = \left(\frac{800}{2000}\right)^{0.25} = 0.795\ (h_0>2000，取\ h_0=2000)$$

根据《地规》8.4.9 条：

$$0.7\times0.795\times1000\times2500f_t \geqslant 2400000$$

解得：$f_t \geqslant 1.73\text{N/mm}^2$。

(2) 抗冲切要求：

根据《地规》8.4.8 条，$\tau_{max} \leqslant \dfrac{0.7\beta_{hp}f_t}{\eta}$，$\eta=1.25$，$h>2000\text{mm}$，根据《地规》8.2.7 条，$\beta_{hp}=0.9$。则要求：

$$f_t \geqslant \frac{0.9\times1.25}{0.7\times0.9} = 1.79\text{N/mm}^2$$

根据 (1) 和 (2)，混凝土强度等级取 C45（$f_t=1.80\text{N/mm}^2$）。

## 5.2 岩石锚杆基础

**1. 主要的规范规定**

1)《地规》8.6.2 条：锚杆基础中单根锚杆所承受的拔力计算。

2)《地规》8.6.3 条：单根锚杆的抗拔承载力特征值确定。

**2. 对规范规定的理解**

单根锚杆抗拔承载力特征值：

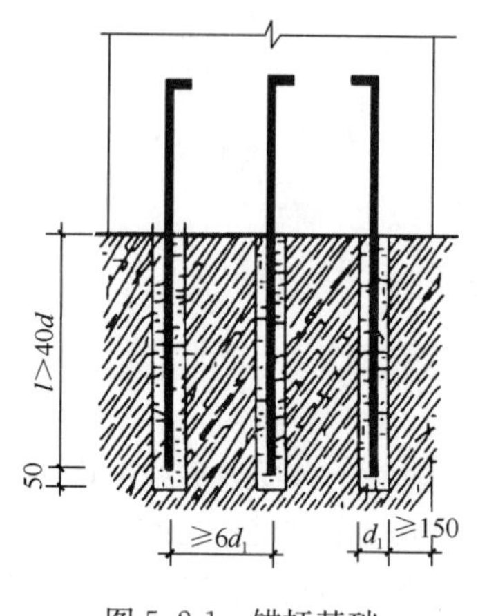

图 5.2-1 锚杆基础

$$R_t \leqslant 0.8\pi d_1 l f$$

式中：$d_1$ ——锚杆直径（锚固体（孔）直径）；

$l$ ——锚杆的有效锚固长度（$l \geqslant 40d$）。

如图 5.2-1 所示，总孔深=有效锚固长度 $l$ +50mm。

**3. 历年真题解析**

**【例 5.2.1】** 2017（二级）下午 11 题

某地下消防水池采用钢筋混凝土结构，其底部位于较完整的中风化泥岩上，外包平面尺寸为 6m×6m，顶面埋深 0.8m，地基基础设计等级为乙级，地基土层及水池结构剖面如图 2017-11 所示。

拟采用岩石锚杆提高水池抗浮稳定安全度，假定，岩石锚杆的有效锚固长度 $l$=1.8m，锚杆孔径 $d_1$ =150mm，砂浆与岩石间的粘结强度特征值为 200kPa，要求所有抗浮锚杆提供的荷载效应标准组合下上拔力特征值 600kN。试问，满足锚固体粘结强度要求的全部锚杆最少数量（根），与下列何项数值最为接近?

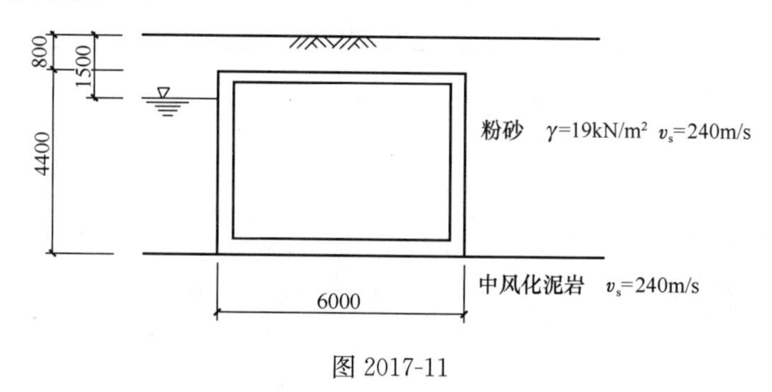

图 2017-11

**提示：** 按《建筑地基基础设计规范》GB 50007—2011 作答。

(A) 4　　(B) 5　　(C) 6　　(D) 7

**【答案】** (B)

根据《地规》8.6.3 条及 6.8.6 条：

$$l = 1.8\text{m} < 13d = 1.95\text{m}，取\ l = 1.8\text{m}$$

$$R_1 \leqslant 0.8\pi d_1 l f = 0.8 \times 3.14 \times 0.15 \times 1.8 \times 200 = 135.6\text{kN}$$

600/135.6 ≈ 5 根。

**【例 5.2.2】** 2008 下午 13 题

某单层地下车库建于岩石地基上，采用岩石锚杆基础。柱网尺寸 8.4m×8.4m，中间柱截面尺寸 600mm×600mm，地下水位位于自然地面以下 1m，如图 2008-13 为中间柱的基础示意图。

相应于作用的标准组合时，作用在中间柱承台底面的竖向力总和为−600kN（方向向上，已综合考虑地下水浮力、基础自重及上部结构传至柱基的轴力）；作用在基础底面形心的力矩值 $M_{xk}$、$M_{yk}$ 均为 100kN·m。试问，作用的标准组合时，单根锚杆承受的最大拔力值 $N_{max}$（kN），与下列何项数值最为接近?

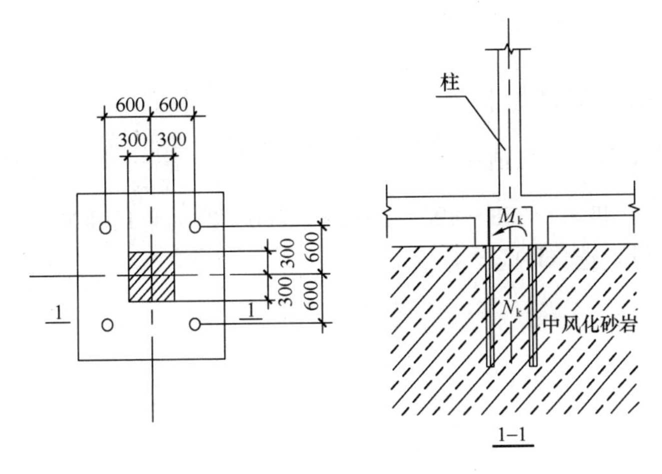


图 2008-13

(A) 125 (B) 167 (C) 233 (D) 270

**【答案】**(C)

根据《地规》8.6.2 条：

$$N_{max}=\frac{F_k+G_k}{n}-\frac{M_{xk}y_i}{\sum y_i^2}-\frac{M_{yk}x_i}{\sum x_i^2}$$

$$=\frac{-600}{4}-\frac{100\times0.6}{4\times0.6^2}-\frac{100\times0.6}{4\times0.6^2}=-233.33\text{kN}$$

**【例 5.2.3】**2008 下午 14 题

基本题干同例 5.2.2。假定相应于作用的标准组合时，单根锚杆承担的最大拔力值 $N_{max}$ 为 170kN，锚杆孔直径为 150mm，锚杆采用 HRB400 钢筋，直径为 32mm，锚杆孔灌浆采用 M30 水泥砂浆，砂浆与岩石间的粘结强度特征值为 0.42MPa。试问，锚杆有效锚固长度 $l$（m）取值，与下列何项数值最为接近？

(A) 1.0 (B) 1.1 (C) 1.2 (D) 1.3

**【答案】**(D)

根据《地规》8.6.3 条，抗拔承载力特征值计算：

$$l\geqslant\frac{R_t}{0.8\pi d_1 f}=\frac{170\times10^3}{0.8\times\pi\times150\times0.42}=1074\text{mm}$$

根据《地规》8.6.1 条及图 8.6.1，按构造要求：

$$l>40d=40\times32=1280\text{mm}$$

故二者取大，$l=1300$mm。

**【例 5.2.4】**2008 下午 15 题

基本题干同例 5.2.2。现场进行了 6 根锚杆抗拔试验，得到的锚杆抗拔极限承载力分别为 420kN，530kN，480kN，479kN，588kN，503kN。试问，单根锚杆抗拔承载力特征值 $R_t$（kN），与下列何项数值最为接近？

(A) 250

(B) 420

(C) 500

（D）宜增加试验量且综合各方面因素后再确定

**【答案】**（D）

根据《地规》附录 M 的规定：

$$极限承载力平均值=\frac{420+530+480+479+588+503}{6}=500\text{kN}$$

$$极差=588-420=168\text{kN}>500\times30\%=150\text{kN}$$

故应增大试验量，选（D）。

# 6 基坑工程、检测与监测

## 6.1 土压力和水压力计算

**1. 主要的规范规定**

1）《地规》9.3.2 条：主动土压力、被动土压力可采用库仑或朗肯土压力理论计算。当对支护结构水平位移有严格限制时，应采用静止土压力计算。

2）《地规》9.3.3 条：作用于支护结构的土压力和水压力，对砂性土宜按水土分算计算；对黏性性土宜按水土合算计算；也可按地区经验确定。

**2. 对规范规定的理解**

主动土压力系数：

$$k_{a,i} = \tan^2(45° - \varphi_i/2)$$

被动土压力系数：

$$k_{p,i} = \tan^2(45° + \varphi_i/2)$$

（1）水土合算

直接采用饱和重度计算主动（被动）土压力，适用于黏性土，如黏土、粉质黏土等。

主动土压力：

$$p_{ak} = \sigma k_{a,i} - 2c_i\sqrt{k_{a,i}}$$

被动土压力：

$$p_{pk} = \sigma k_{p,i} + 2c_i\sqrt{k_{p,i}}$$

竖向压力 $\sigma$ = 土重产生的竖向应力 + 外荷载产生的竖向应力，竖向压力计算时采用饱和重度。

（2）水土分算

采用浮重度计算主动（被动）土压力，再单独计算静水压力，最后两者叠加作为作用在挡土结构上的土压力，适用于无黏性土，如砂、卵石等。

主动土压力：

$$p_{ak} = \sigma k_{a,i} - 2c_i\sqrt{k_{a,i}} + u$$

被动土压力：

$$p_{pk} = \sigma k_{p,i} + 2c_i\sqrt{k_{p,i}} + u$$

竖向压力 $\sigma$ 计算时采用有效重度；$u$ 为水压力。

**3. 历年真题解析**

**【例 6.1.1】** 2018 下午 1 题

某地下水池采用钢筋混凝土结构，平面尺寸 6m×12m，基坑支护采用直径 600mm 钻孔灌注桩结合一道钢筋混凝土内支撑联合挡土，地下结构平面、剖面及土层分布如图 2018-1 所示，土的饱和重度按天然重度采用。

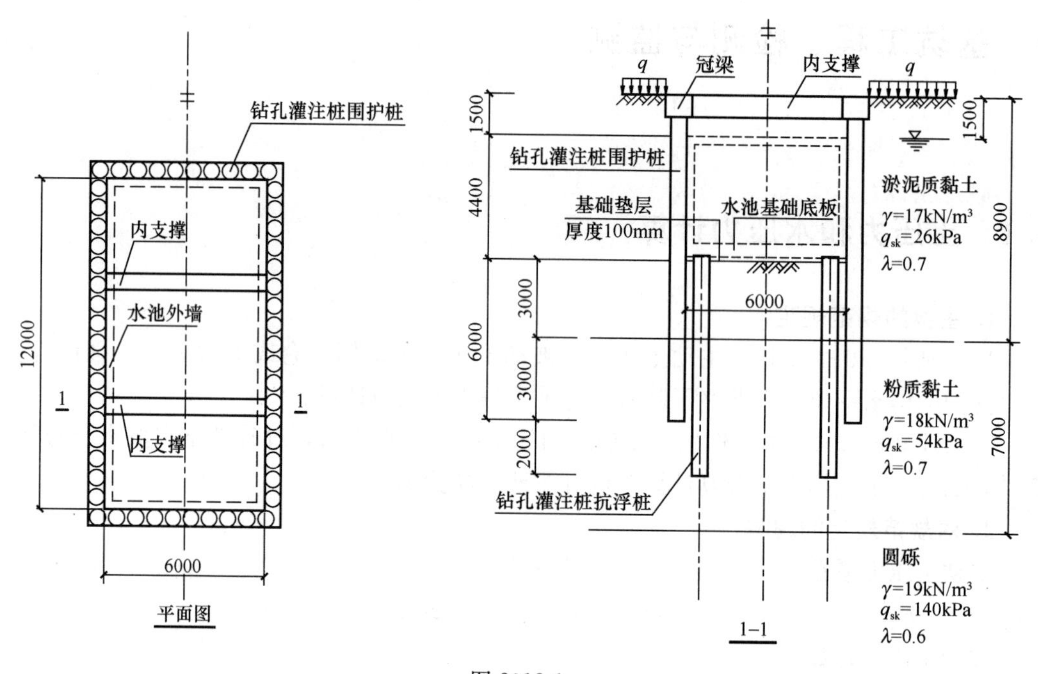


图 2018-1

假定，坑外地下水位稳定在地面以下 1.5m，粉质黏土处于正常固结状态，勘察报告提供的粉质黏土抗剪强度指标见表 2018-1，地面超载 $q$ 为 20kPa。试问，基坑施工以较快的速度开挖至水池底部标高后，作用于围护桩底端的主动土压力强度（kPa），与下列何项数值最为接近？

**粉质黏土抗剪强度指标** **表 2018-1**

| 抗剪强度指标 | 三轴不固结不排水试验 | | 土的有效自重应力下预固结的三轴不固结不排水试验 | | 三轴固结不排水试验 | |
|---|---|---|---|---|---|---|
| | $c$（kPa） | $\varphi$（°） | $c$（kPa） | $\varphi$（°） | $c$（kPa） | $\varphi$（°） |
| 粉质黏土 | 22 | 5 | 10 | 15 | 5 | 20 |

**提示：**① 主动土压力按朗肯土压力理论计算，$p_a=(q+\Sigma\gamma_i h_i)k_a-2c\sqrt{k_a}$，水土合算。

② 不考虑主动土压力增大系数。

③ 按《建筑地基基础设计规范》GB 50007—2011 作答。

(A) 80　　(B) 100　　(C) 120　　(D) 140

**【答案】**(C)

根据《地规》9.1.6 条 2 款，选用土的有效自重应力下预固结的三轴不固结不排水抗剪强度指标，$c=10\text{kPa}$，$\varphi=15°$。

由朗肯土压力理论：

$$p_a=(q+\Sigma\gamma_i h_i)k_a-2c\sqrt{k_a}$$

$$k_a = \tan^2\left(45 - \frac{\varphi}{2}\right) = 0.589$$

$$p_a = (20 + 17 \times 8.9 + 18 \times 3) \times 0.589 - 2 \times 10\sqrt{0.589} = 117\text{kPa}$$

**【例 6.1.2】** 2014 下午 15 题

关于基坑支护有下列主张：

Ⅰ. 验算软黏土地基基坑隆起稳定性时，可采用十字板剪切强度或三轴不固结不排水抗剪强度指标；

Ⅱ. 位于复杂地质条件及软土地区的一层地下室基坑工程，可不进行因土方开挖、降水引起的基坑内外土体的变形计算；

Ⅲ. 作用于支护结构的土压力和水压力，对黏性土宜按水土分算计算，也可按地区经验确定；

Ⅳ. 当基坑内外存在水头差，粉土应进行抗渗流稳定验算，渗流的水力梯度不应超过临界水力梯度。

试问，依据《建筑地基基础设计规范》GB 50007—2011 的有关规定，针对上述主张正确性的判断，下列何项正确？

(A) Ⅰ、Ⅱ、Ⅲ、Ⅳ 正确　　(B) Ⅰ、Ⅲ 正确；Ⅱ、Ⅳ错误

(C) Ⅰ、Ⅳ 正确；Ⅱ、Ⅲ错误　　(D) Ⅰ、Ⅱ、Ⅳ正确；Ⅲ 错误

**【答案】**(C)

根据《地规》9.1.6 条 4 款，Ⅰ正确。

根据《地规》3.0.1 条及 9.1.5 条 2 款，Ⅱ错误。

根据《地规》9.3.3 条，Ⅲ 错误

根据《地规》9.4.7 条 1 款及附录 W，Ⅳ正确。

## 6.2 支护结构设计计算

**1. 主要的规范规定**

《地规》9.4.1 条：基坑支护结构设计时，作用的效应设计值基本规定。

**2. 对规范规定的理解**

1）基本组合的效应设计值可采用简化规则：

$$S_d \geqslant 1.25S_k$$

式中：$S_d$ ——基本组合的效应设计值；

$S_k$ ——标准组合的效应设计值。

2）对于轴向受力为主的构件，$S_d$ 简化计算可按下式进行：

$$S_d \geqslant 1.35S_k$$

**3. 历年真题解析**

**【例 6.2.1】** 2018 下午 4 题

某地下水池采用钢筋混凝土结构，平面尺寸 6m×12m，基坑支护采用直径 600mm 钻孔灌注桩结合一道钢筋混凝土内支撑联合挡土，地下结构平面、剖面及土层分布如图 2018-4所示，土的饱和重度按天然重度采用。

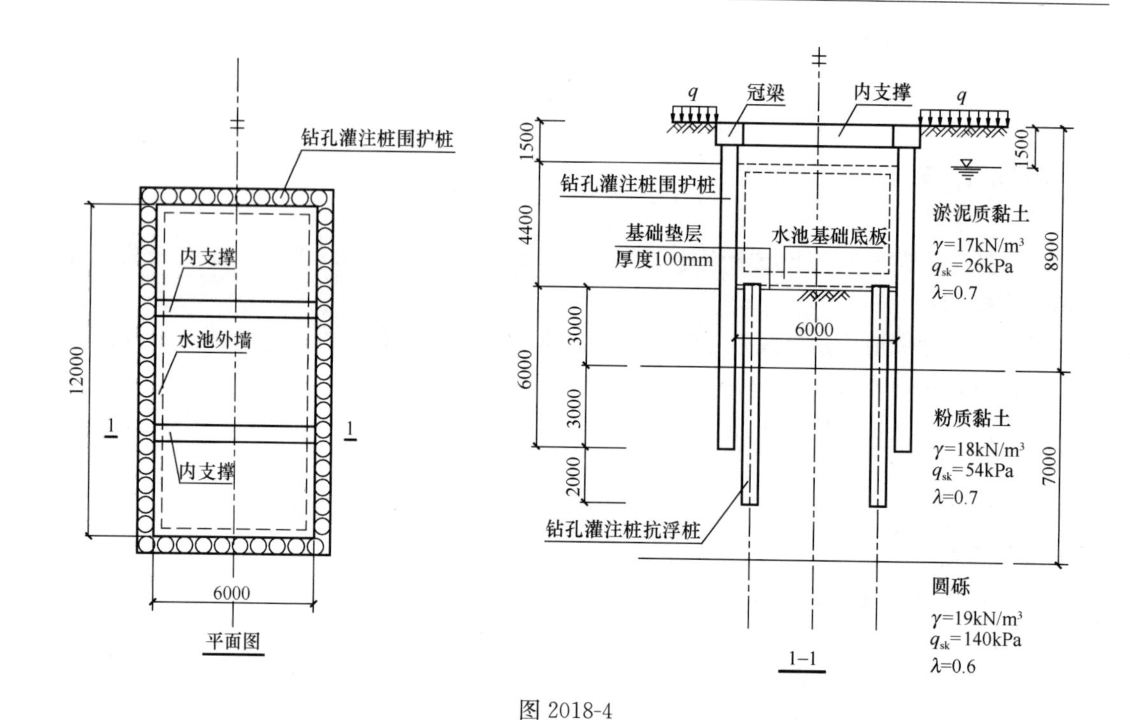


图 2018-4

假定，在作用效应标准组合下，作用于单根围护桩的最大弯矩为 260kN·m，作用于内支撑的最大轴力为 2500kN。试问，分别采用简化规则对围护桩和内支撑构件进行强度验算时，围护桩的弯矩设计值（kN·m）和内支撑构件的轴力设计值（kN），分别取下列何项数值最为合理?

**提示**：不考虑主动土压力增大系数。

(A) 260，2500　　(B) 260，3125　　(C) 350，3375　　(D) 325，3375

**【答案】**(D)

按《地规》9.4.1 条，基本组合的效应设计值可采用简化规则。

围护桩以受弯为主，则

$$S_d = 1.25 \times 260 = 325\text{kN} \cdot \text{m}$$

内支撑以承受轴向压力为主，则

$$S_d = 1.35 \times 2500 = 3375\text{kN}$$

**【编者注】**(1) 分析本工程围护桩和支撑的受力状态，围护桩承受水平向水土压力，以受弯为主；支撑以对撑形式布置，以受压为主；

(2) 受弯为主的围护桩，分项系数取 1.25；受压为主的支撑，分项系数取 1.35。

## 6.3 土层锚杆计算

### 1. 主要的规范规定

1)《地规》9.6.1 条～9.6.3 条：土层锚杆的类型和构造要求。

2)《地规》9.6.5 条～9.6.6 条：锚杆预应力筋和锚固长度计算。

**2. 对规范规定的理解**

1）锚杆预应力筋的截面面积

$$A \geqslant 1.35\frac{N_t}{\gamma_p f_{pt}}$$

式中：$N_t$——相应于作用的标准组合时，锚杆所受的拉力值；

$\gamma_p$——锚杆张拉施工工艺控制系数，当预应力筋为单束时，可取1.0；当预应力筋为多束时，可取0.9。

2）土层锚杆的锚固长度

$$L_a \geqslant \frac{k \cdot N_t}{\pi \cdot D \cdot q_s}$$

式中：$D$——锚固体直径；

$k$——安全系数，可取1.6；

$q_s$——土体与锚固体间粘结强度特征值。

## 6.4 支护结构稳定与渗流稳定验算

**1. 主要的规范规定**

1）《地规》附录V.0.1条：支护结构的稳定性验算。

2）《地规》附录W.0.1条：基坑底抗渗流稳定性验算。

**2. 对规范规定的理解**

1）桩、墙式支护结构应按《地规》表V.0.1的规定进行抗倾覆稳定、隆起稳定和整体稳定验算。土的抗剪强度指标的选用应符合《地规》9.1.6条的规定。

2）当上部为不透水层，坑底下某深度处有承压水层时，基坑底抗渗流稳定性按《地规》式（W.0.1）计算。

（1）抗渗流稳定性验算

如图6.4-1所示，基坑内外的水力坡降为：

$$i = \frac{\Delta h}{\Delta h + 2t}$$

当$\gamma' \geqslant i\gamma_w$时，则可避免发生流土破坏。

（2）承压水对坑底突涌的验算

当坑底土上部为不透水层，坑底以下某深度处有承压水时，应进行承压水对坑底土产生突涌的验算。

$$\frac{\gamma_m(t+\Delta t)}{p_w} \geqslant 1.1$$

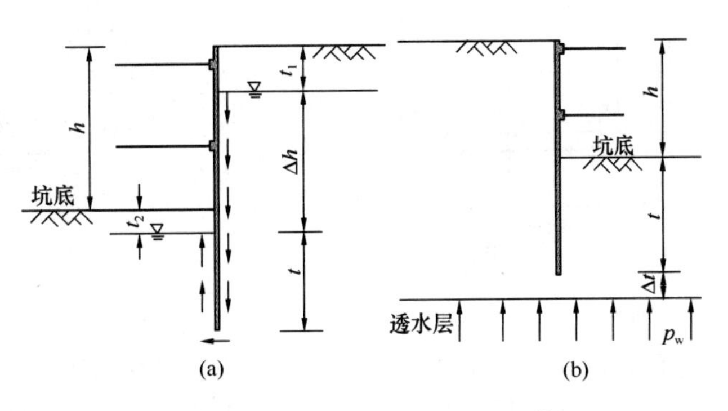


图6.4-1 抗渗流破坏稳定性验算

（a）流土稳定性验算；（b）抗渗流稳定验算

**3. 历年真题解析**

【例6.4.1】2011（岩土）上午22题

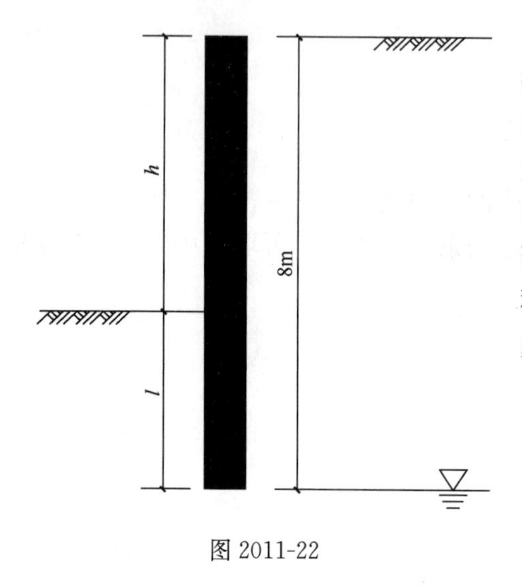


图 2011-22

如图 2011-22 所示，在饱和软黏土地基中开挖条形基坑，采用 8m 长的板桩支护，地下水位已降至板桩底部，坑边地面无荷载，地基土重度为 $\gamma=19\text{kN/m}^3$，通过十字板现场测试得地基土的抗剪强度为 30kPa。按《建筑地基基础设计规范》GB 50007—2011 规定，为满足基坑抗隆起稳定性要求，此基坑最大开挖深度不能超过多少？

**【答案】**

根据《地规》附录 V：

$$\frac{N_c\tau_0+\gamma t}{\gamma(h+t)+q}\geqslant 1.6$$

$$\frac{5.14\times 30+19\times(8-h)}{19\times 8+0}\geqslant 1.6$$

解得：$h\leqslant 3.3\text{m}$。

**【例 6.4.2】** 2018 下午 5 题

某地下水池采用钢筋混凝土结构，平面尺寸 6m×12m，基坑支护采用直径 600mm 钻孔灌注桩结合一道钢筋混凝土内支撑联合挡土，地下结构平面、剖面及土层分布如图 2018-5所示，土的饱和重度按天然重度采用。

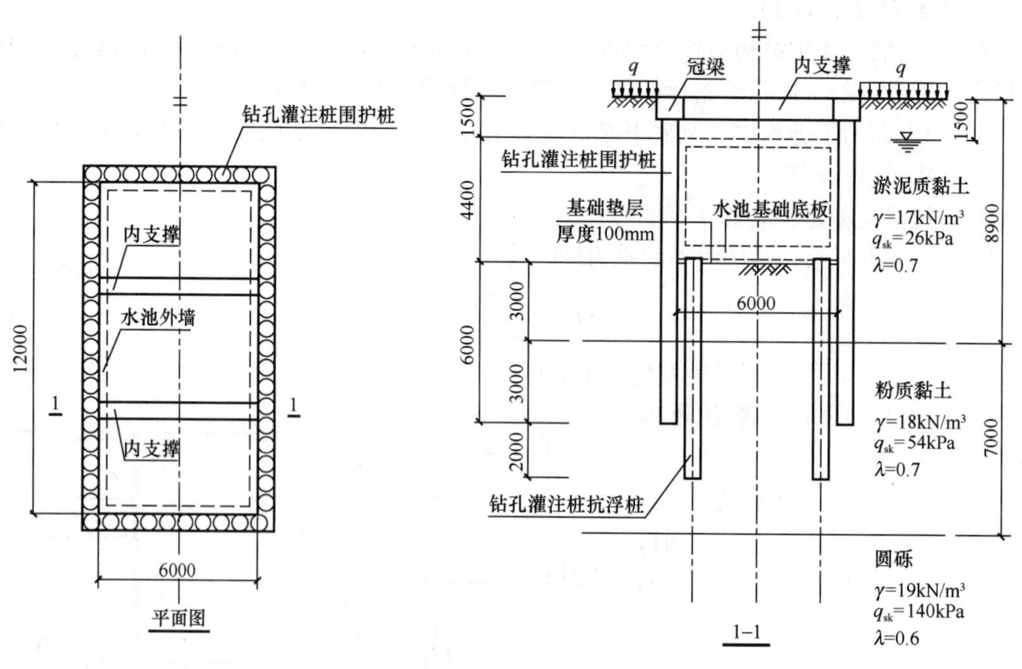


图 2018-5

假定，粉质黏土为不透水层，圆砾层赋存承压水，承压水水头在地面以下 4m。试问，基坑开挖至基底后，基坑底抗承压水渗流稳定安全系数，与下列何项数值最为接近？

**提示：** 不考虑主动土压力增大系数。

(A) 0.9　　(B) 1.1　　(C) 1.3　　(D) 1.5

**【答案】**(D)

根据《地规》附录 W.0.1 条，承压水层顶面土体自重＝17×3＋18×7＝177kPa。

承压水顶托力＝(15.9－4)×10＝119kPa。

渗流稳定安全系数为 177/119＝1.49。

**【编者注】**(1) 根据承压水赋水层的顶面埋深及水头，计算承压水顶托力；

(2) 坑底至承压水赋水层顶面范围的土体，承受承压水顶托力作用，其自重小于顶托力时，将产生突涌破坏；计算坑底至承压水赋水层顶面范围的土体自重；

(3) 坑底至承压水赋水层顶面范围的土体自重与承压水顶托力的比值，即为基坑底抗承压水渗流稳定安全系数，本项目得到的安全系数为 1.49，大于规范规定的 1.1，满足要求，不需要采取降压或隔断等承压水治理措施。

**【例 6.4.3】**2020 下午 8 题

7 度抗震设防区某建筑工程，上部结构采用框架结构，设一层地下室，采用预应力混凝土空心管桩基础，承台下普遍布桩 3～5 根，桩型为 AB 型，桩径 400mm，壁厚 95mm，无柱尖，桩基环境类别为三类，场地地下潜水水位标高为－0.500～－1.500m，③粉土中承压水水位标高为－5.000m，局部基础面及场地土分层情况如图 2020-8 所示。

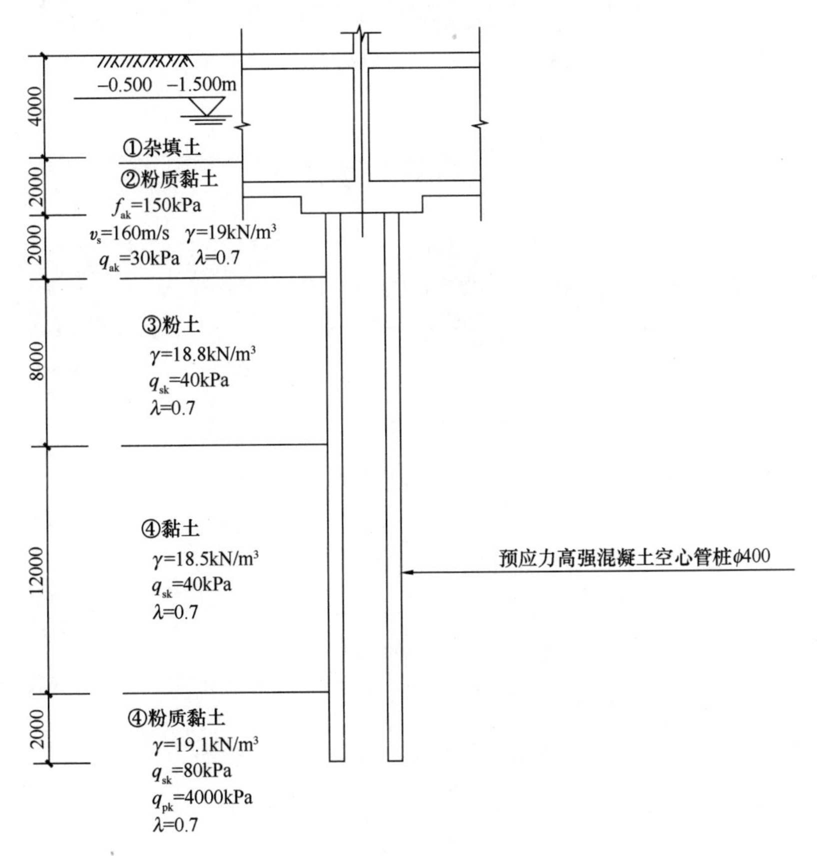

图 2020-8

假定，基坑支护采用坡率法，试问，根据《建筑地基基础设计规范》GB 50007—

2011 的规定，基坑挖至承台底标高（－6.000m）时，承台底抗承压水渗流稳定安全系数与下列何项数值最为接近？

(A) 0.85　　(B) 1.05　　(C) 1.27　　(D) 1.41

**【答案】**(C)

根据《地规》附录 W.0.1 条，承台底抗承压水渗流稳定安全系数为：

$$\frac{\gamma_m(t+\Delta t)}{p_w}=\frac{19\times2}{30}=1.27$$

# 7 桩基基本规定与桩基构造

## 7.1 桩基基本规定

**1. 主要的规范规定**

1)《桩规》3.1.3 条：桩基承载能力计算和稳定性验算基本规定。

2)《桩规》3.1.4 条：桩基沉降计算基本规定。

3)《桩规》3.1.7 条：桩基设计时，所采用的作用效应组合与相应的抗力规定。

**2. 对规范规定的理解**

1）需要进行承载力验算的情形

(1) 分别进行桩基的竖向承载力计算和水平承载力计算；

(2) 对桩身和承台结构承载力进行计算；

(3) 桩端平面以下存在软弱下卧层时，软弱下卧层承载力验算；

(4) 抗浮、抗拔桩基，进行基桩相群桩的抗拔承载力计算；

(5) 抗震设防区的桩基，进行抗震承载力验算。

2）需要进行稳定性验算的情形

(1) 桩侧土不排水抗剪强度＜10kPa 且长径比＞50 的桩，进行桩身压屈验算；

(2) 混凝土预制桩，按吊装、运输和锤击作用进行桩身承载力验算；

(3) 钢管桩，进行局部压屈验算；

(4) 位于坡地、岸边的桩基，进行整体稳定性验算。

3）需要进行沉降验算的情形；

(1) 设计等级为甲级的非嵌岩桩和非深厚坚硬持力层的建筑桩基；

(2) 设计等级为乙级的体型复杂、荷载分布显著不均匀或桩端平面以下存在软弱土层的建筑桩基；

(3) 软土地基多层建筑减沉复合疏桩基础。

4）桩基设计采用的作用效应组合和相应的抗力（表 7.1-1）

**桩基设计采用的作用效应组合和相应的抗力　　表 7.1-1**

| 验算内容 | 选取的荷载组合 | 相应抗力 |
|---|---|---|
| 桩数、布桩 | 标准组合 | 基桩或复合基桩承载力特征值 |
| 桩基沉降、水平变形 | 准永久组合（不计入风荷载和地震作用） | |
| 水平地震作用、风荷载作用下桩基水平变形 | 水平地震作用、风荷载效应标准组合 | |

续表

| 验算内容 | 选取的荷载组合 | 相应抗力 |
| --- | --- | --- |
| 坡地、岸边建筑桩基的整体稳定性 | 标准组合（抗震设计采用地震作用和荷载的标准组合） | |
| 桩基承载力、确定尺寸和配筋 | 基本组合 | |
| 承台和桩身裂缝控制 | 分别采用标准组合和准永久组合 | |

**3. 历年真题解析**

**【例 7.1.1】** 2018 下午 14 题

某高层框架-核心筒结构办公用房，地上 22 层，大屋面高度 96.8m，结构平面尺寸见图 2018-14。拟采用端承型桩基础，采用直径 800mm 混凝土灌注桩，桩端进入中风化片麻岩（$f_{rk}$=10MPa）。

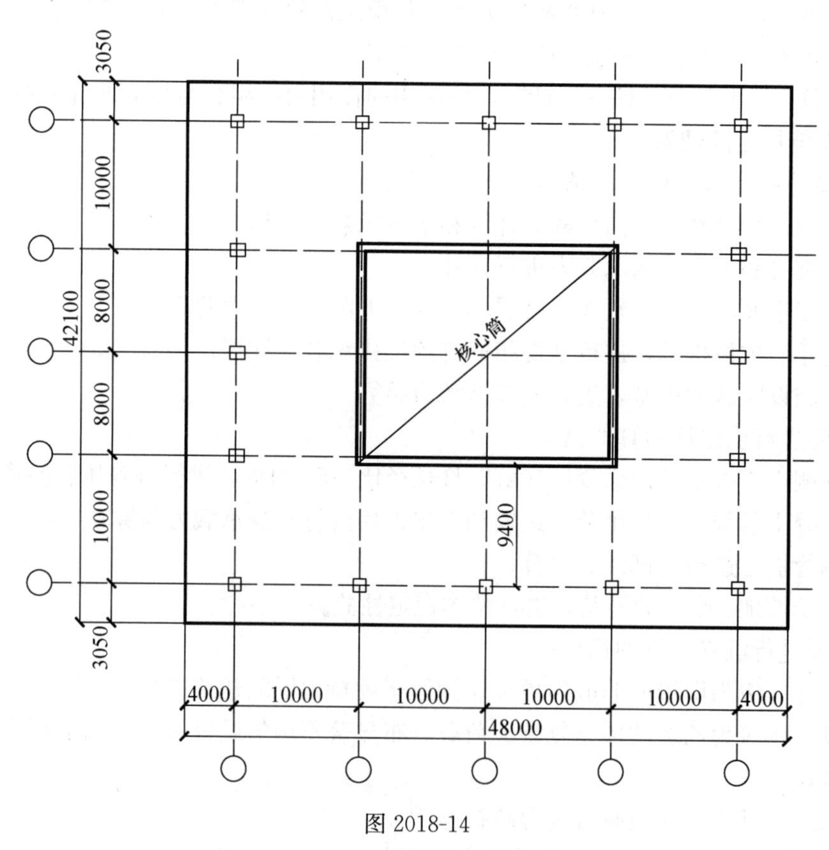


图 2018-14

相邻建筑勘察资料表明，该地区地基土层分布较均匀平坦。试问，根据《建筑桩基技术规范》JGJ 94—2008，详细勘察时勘探孔（个）及控制性勘探孔（个）的最少数量，下列何项最为合理？

(A) 9，3　　(B) 6，3　　(C) 12，4　　(D) 4，2

**【答案】**(A)

根据《桩规》表 3.1.2，桩基设计等级应为甲级。

根据《桩规》3.2.2 条，对于土层分布均匀平坦的端承桩间距宜 12～24m，本工程角柱间距离分别为 40m、36m，应布设不少于 9 个勘探孔。

设计等级为甲类的建筑桩基，控制性孔不少于 3 个，且数量不宜少于勘探孔的 1/3～1/2，控制性勘探孔为 3 个，一般性勘探孔为 6 个。

## 7.2 桩基构造

**1. 主要的规范规定**

1)《桩规》4.1.1 条：灌注桩的配筋规定。

2)《桩规》4.2.3 条：承台的配筋规定。

3)《桩规》4.2.4 条：桩与承台的连接构造要求。

4)《桩规》4.2.5 条：柱与承台的连接构造要求。

**2. 历年真题解析**

**【例 7.2.1】**2019 下午 11 题

某 8 度抗震设防建筑，未设地下室，采用水下成孔混凝土灌注桩，桩径 800mm，混凝土强度等级 C40，桩长 30m，桩底端进入强风化片麻岩，桩基按位于腐蚀环境设计。基础形式采用独立桩承台，承台间设连系梁，桩基础及土层剖面如图 2019-11(a) 所示。

试问，如图 2019-11(b) 所示工程桩结构图中，共有几处不满足《建筑地基基础设计规范》GB 50007—2011 及《建筑桩基技术规范》JGJ 94—2008 规定的构造要求？

(A) 1　　(B) 2　　(C) 3　　(D) ≥4

**【答案】**(D)

(1) 箍筋加密区间距 150＞100，不满足《桩规》4.1.1 条 4 款；

(2) 纵筋配筋长度不满足《地规》8.5.3 条 8 款第 3) 点；

(3) 混凝土保护层厚度不满足《地规》8.5.3 条 11 款，腐蚀环境中主筋混凝土保护层厚度不应小于 55mm；

(4) 加劲箍筋Φ10@2500 不满足《桩规》4.1.1 条 4 款Φ12@2000 的要求。

**【例 7.2.2】**2019 下午 12 题

假定，某抗震等级为一级的六层框架结构，采用直径为 600mm 的混凝土灌注桩基础，无地下室。试问，图 2019-12 中共有几处不满足《建筑地基基础设计规范》GB 50007—2011 及《建筑桩基技术规范》JGJ 94—2008 规定的构造要求？

(A) 1　　(B) 2　　(C) 3　　(D) ≥4

**【答案】**(D)

(1) 根据《桩规》4.1.1 条 1 款，桩配筋率。$\rho=\dfrac{A_s}{A}=\dfrac{1582}{\dfrac{\pi\times600^2}{4}}=0.56\%<0.65\%-\dfrac{600-300}{2000-300}\times(0.65-0.2)\%=0.571\%$，不满足。

(2) 根据《桩规》4.2.4 条 2 款，桩基钢筋锚固长度 $360<35d=420$，不满足。

(3) 根据《桩规》4.2.3 条 1 款，承台配筋率 $\rho=\dfrac{A_s}{bh}=\dfrac{2011}{1000\times1500}=0.13\%<0.15\%$，不满足。

(4) 根据《桩规》4.2.5 条 3 款，柱中部钢筋锚固长度 $950<1.15\times35d=1006$，不

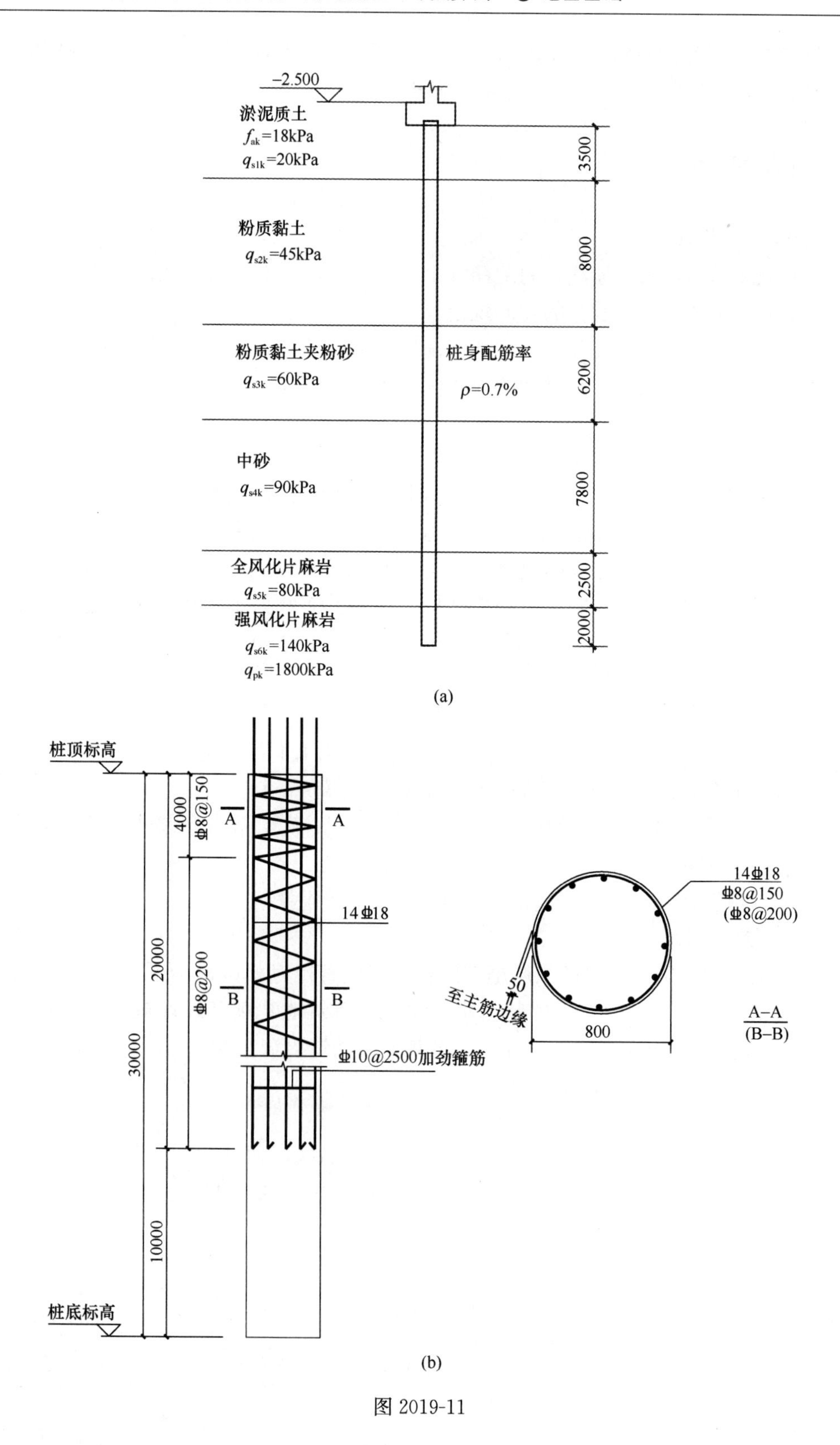

-2.500
淤泥质土
$f_{ak}$=18kPa
$q_{s1k}$=20kPa
3500
粉质黏土
$q_{s2k}$=45kPa
8000
粉质黏土夹粉砂
$q_{s3k}$=60kPa
桩身配筋率
$\rho$=0.7%
6200
中砂
$q_{s4k}$=90kPa
7800
全风化片麻岩
$q_{s5k}$=80kPa
2500
强风化片麻岩
$q_{s6k}$=140kPa
$q_{pk}$=1800kPa
2000
(a)
桩顶标高
4000
Φ8@150
A
A
14Φ18
20000
Φ8@200
B
B
30000
Φ10@2500加劲箍筋
10000
桩底标高
14Φ18
Φ8@150
(Φ8@200)
50
至主筋边缘
800
A–A
(B–B)
(b)


图 2019-11

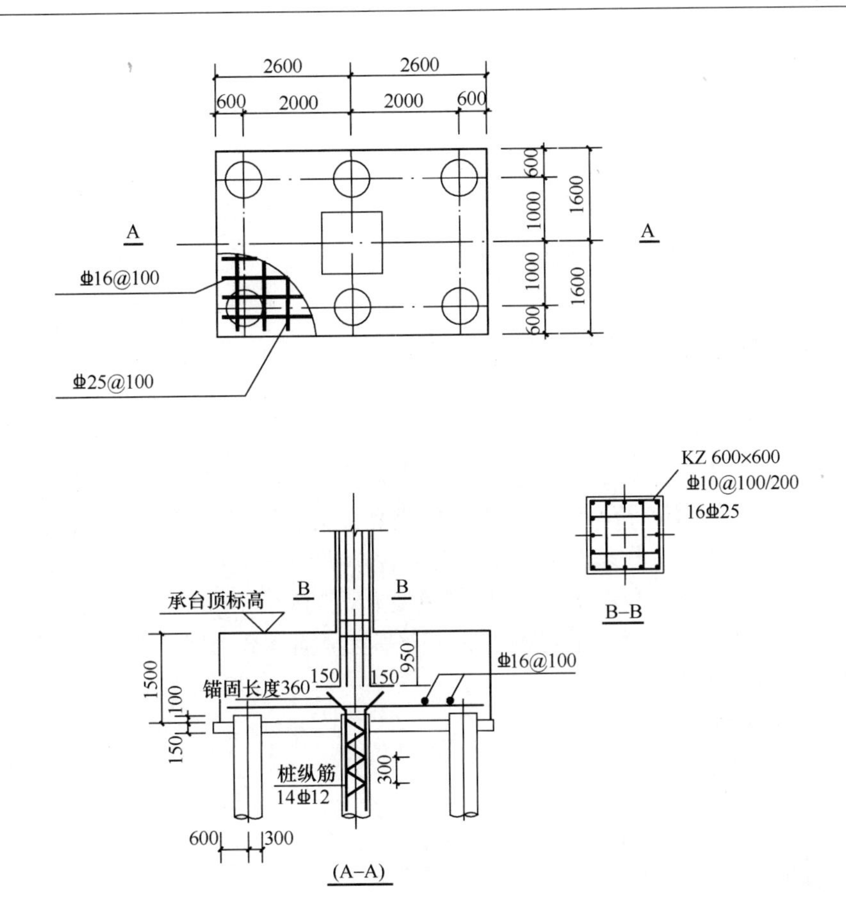


图 2019-12

满足。

**【编者注】**灌注桩与预制桩配筋的不同之处是无需考虑吊装、锤击沉桩等因素，正截面最小配筋率宜根据桩径确定。另外，从承受水平力的角度考虑，桩身受弯截面模量为桩径的 3 次方，配筋对水平抗力的贡献随桩径增大显著增大。从以上两方面考虑，规定正截面最小配筋率为 0.2%～0.65%，大桩径取低值，小桩径取高值。

混凝土桩的桩顶纵向主筋锚入承台内的长度一般情况下为 35 倍直径，对于专用抗拔桩，桩顶纵向主筋的锚固长度应按现行《混凝土结构设计规范》GB 50010 的受拉钢筋锚固长度确定。

当有抗震设防要求时，对于一、二级抗震等级的柱，纵向主筋锚固长度应乘以 1.15 的系数；对于三级抗震等级的柱，纵向主筋锚固长度应乘以 1.05 的系数。

# 8 桩基计算

## 8.1 桩顶作用效应计算

**1. 主要的规范规定**

1）《桩规》5.1.1 条：对于一般建筑物和受水平力（包括力矩与水平剪力）较小的高层建筑群桩基础，柱、墙、核心筒群桩中基桩或复合基桩的桩顶作用效应计算。

2）《桩规》5.2.1 条：桩基竖向承载力计算。

3）《桩规》5.2.2 条：单桩竖向承载力特征值 $R_a$ 的确定。

4）《桩规》5.2.5 条：考虑承台效应的复合基桩竖向承载力特征值的确定。

**2. 对规范规定的理解**

1）桩顶竖向力计算

轴心荷载作用下：

$$N_k = \frac{F_k + G_k}{n}$$

偏心荷载作用下：

$$N_k = \frac{F_k + G_k}{n} \pm \frac{M_{xk} \cdot y_i}{\sum y_i^2} \pm \frac{M_{yk} \cdot x_i}{\sum x_i^2}$$

式中：$F_k$ ——荷载效应标准组合下，作用于承台顶面的竖向力；

$M_{xk}$、$M_{yk}$ ——荷载效应标准组合下，作用于承台底面，绕通过桩群形心的 $X$、$Y$ 主轴的力矩。

$G_k$ ——桩基承台和承台上土自重标准值，对稳定的地下水位以下部分应扣除水的浮力。

2）水平力

$$H_{ik} = \frac{H_k}{n}$$

**3. 历年真题解析**

**【例 8.1.1】** 2018 下午 11 题

某框架结构柱基础，作用标准组合下，由上部结构传至该柱基竖向力 $F=6000\text{kN}$，由风荷载控制的力矩 $M_x=M_y=1000\text{kN}\cdot\text{m}$。柱基础独立承台下采用 400mm×400mm 钢筋混凝土预制桩，桩的平面布置及承台尺寸如图 2018-11 所示。承台底面埋深 3.0m，柱截面尺寸为 700mm×700mm，居承台中心位置。承台采用 C40 混凝土，$a_s=65\text{mm}$。承台及承台以上土的加权平均重度取 $20\text{kN/m}^3$。

试问，满足承载力要求的单桩承载力特征值最小值（kN），与下列何项数值最为接近？

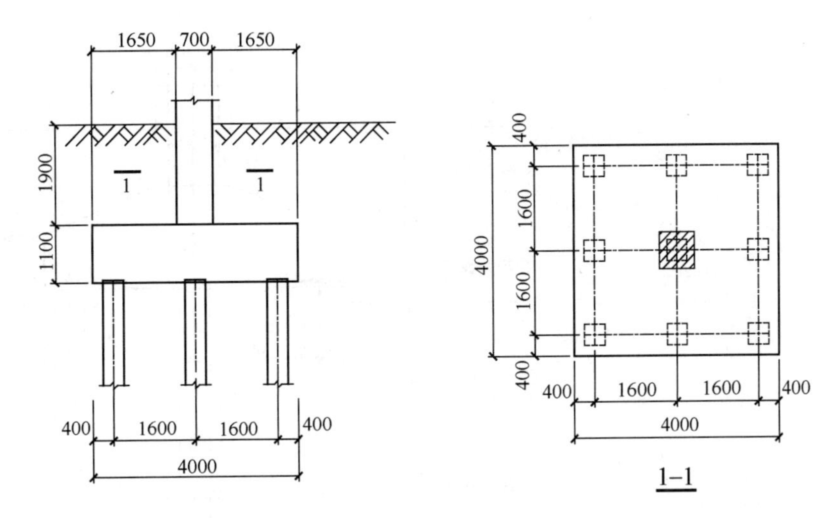


图 2018-11

(A) 700　　(B) 770　　(C) 820　　(D) 1000

**【答案】**(C)

根据《桩规》5.1.1 条：

$$Q_k=\frac{F_k+G_k}{n}=\frac{6000+4\times4\times3\times20}{9}=773\text{kN}$$

$$Q_{1k}=\frac{F_k+G_k}{n}+\frac{M_{xk}y_1}{\sum y_i^2}+\frac{M_{yk}x_1}{\sum x_i^2}=773+\frac{1000\times1.6}{1.6^2\times6}+\frac{1000\times1.6}{1.6^2\times6}=981\text{kN}$$

根据《桩规》5.2.1 条：

$$R_a\geqslant\frac{Q_{1k}}{1.2}=\frac{981}{1.2}=817\text{kN}>Q_k$$

故取：$R_a=820\text{kN}$。

**【例 8.1.2】** 2014 下午 11 题

某地基基础设计等级为乙级的柱下桩基础，承台下布置有 5 根边长为 400mm 的 C60 钢筋混凝土预制方桩。框架柱截面尺寸为 600mm×800mm，承台及其以上土的加权平均重度 $\gamma_0=20\text{kN/m}^3$。承台平面尺寸、桩位布置等如图 2014-11 所示。

假定，在荷载效应标准组合下，由上部结构传至该承台顶面的竖向力 $F_k=5380\text{kN}$，弯矩 $M_k=2900\text{kN}\cdot\text{m}$，水平力 $V_k=200\text{kN}$。试问，为满足承载力要求，所需单桩竖向承载力特征值 $R_a$（kN）的最小值，与下列何项数值最为接近？

(A) 1100　　(B) 1250　　(C) 1350　　(D) 1650

**【答案】**(C)

根据《桩规》5.1.1 条：

$$N_k=\frac{F_k+G_k}{n}=\frac{5380+4.8\times2.8\times2.5\times20}{5}=1210\text{kN}$$

$$N_{k\max}=\frac{F_k+G_k}{n}+\frac{M_{xk}y_i}{\sum y_i^2}=1210+\frac{(2900+200\times1.6)\times2}{2^2\times4}=1210+402.5=1613\text{kN}$$

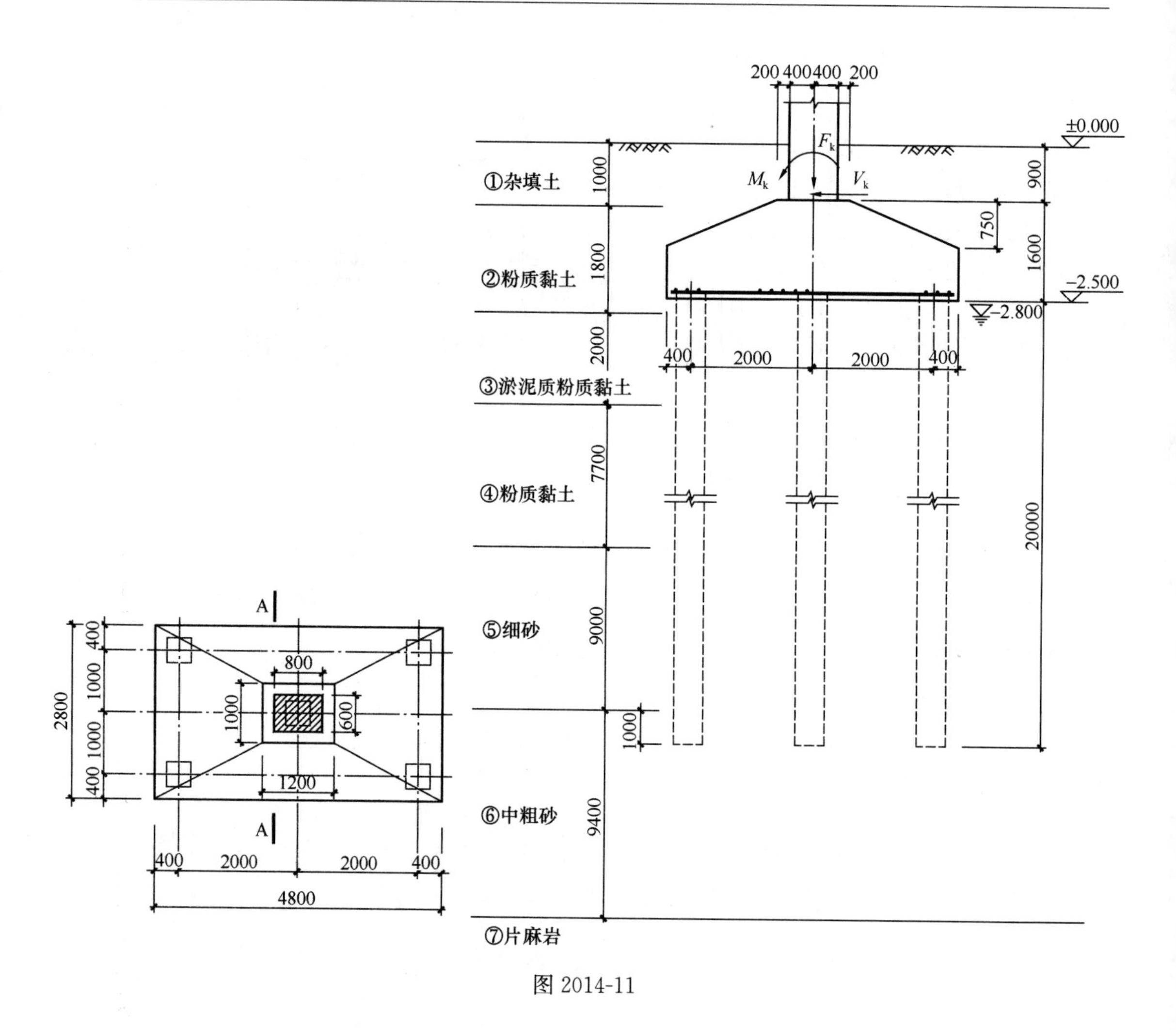


图 2014-11

根据《桩规》5.2.1 条：

$$R_a \geqslant \frac{N_{kmax}}{1.2}=\frac{1613}{1.2}=1344\text{kN}>N_k$$

**【例 8.1.3】** 2013 下午 13 题

某扩建工程的边柱紧邻既有地下结构，抗震设防烈度 8 度，设计基本地震加速度值为 0.3$g$，设计地震分组第一组，基础采用直径 800mm 泥浆护壁旋挖成孔灌注桩，图 2013-13 为某边柱等边三桩承台基础图，柱截面尺寸为 500mm×1000mm，基础及其以上土体的加权平均重度为 20kN/m³。

**提示：** 承台平面形心与三桩形心重合。

地震作用效应和荷载效应标准组合时，上部结构柱作用于基础顶面的竖向力 $F=$ 6000kN，力矩 $M=$1500kN·m，水平力为 800kN。试问，作用于桩 1 的竖向力（kN）最接近于下列何项数值？

**提示：** 等边三角形承台的平面面积为 10.6m²。

(A) 570　　(B) 2100　　(C) 2900　　(D) 3500

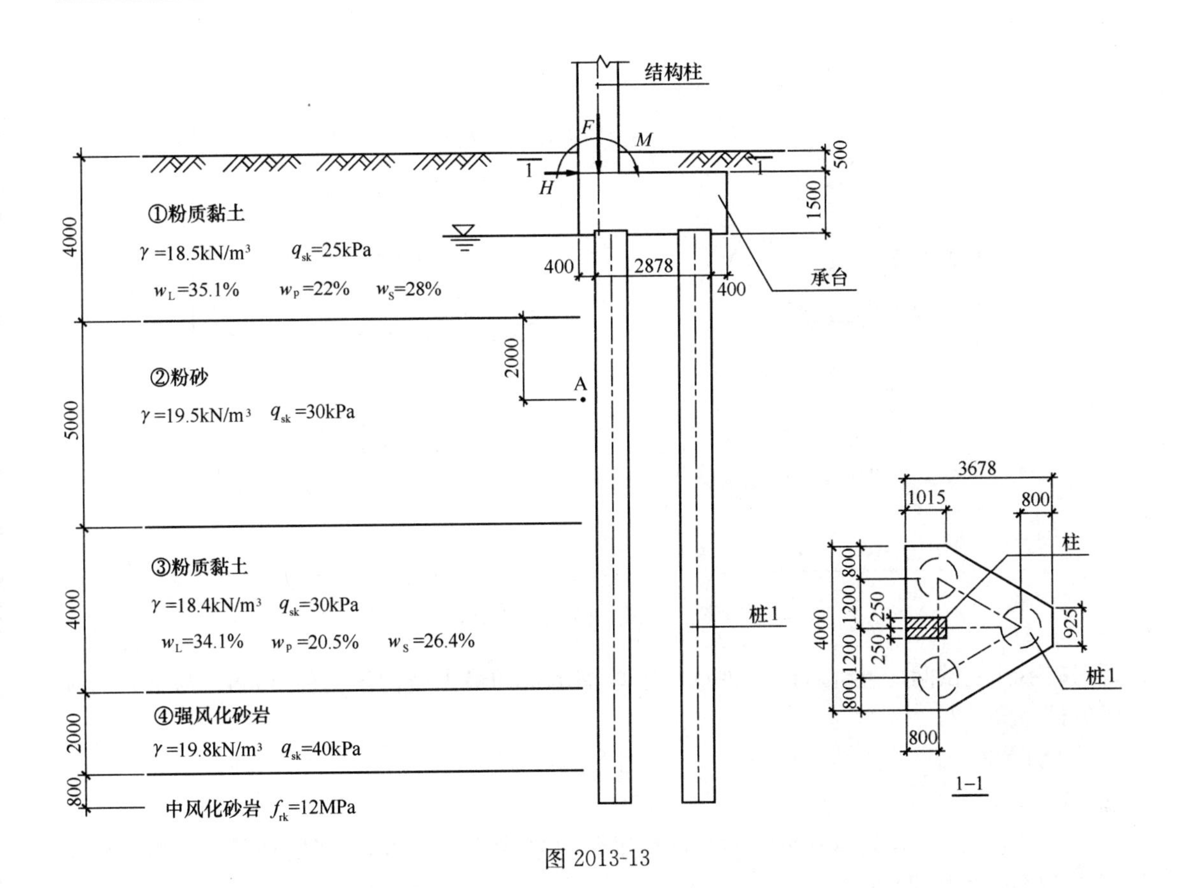


图 2013-13

**【答案】**（A）

将基础顶部的作用换算为作用于基础底部形心的作用：

$$F=6000+10.6\times2\times20=6424\text{kN}$$

$$M=1500+800\times1.5-6000\times(0.3+2.078/3)=-3256.2\text{kN}$$

根据《桩规》5.1.1条及式（5.1.1-2）：

$$F_{\text{A}}=\frac{6424}{3}-\frac{3256.2\times1.3853}{1.3853^2+2\times0.6927^2}=574\text{kN}$$

**【例 8.1.4】** 2011下午10题

某工程采用打入式钢筋混凝土预制方桩，桩截面边长为400mm，单桩竖向抗压承载力特征值 $R_a=750\text{kN}$。某柱下原设计布置A、B、C三桩，工程桩施工完毕后，检测发现B桩有严重缺陷，按废桩处理（桩顶与承台始终保持脱开状态），需要补打D桩，补桩后的桩基承台如图2011-10所示。承台高度为1100mm，混凝土强度等级为C35（$f_t=1.57\text{N/mm}^2$），柱截面尺寸为600mm×600mm。

**提示：** 按《建筑桩基技术规范》JGJ 94—2008作答，承台的有效高度 $h_0$ 按1050mm取用。

假定，柱只受轴心荷载作用，相应于荷载效应标准组合时，原设计单桩承担的竖向压力均为745kN，承台尺寸变化引起的承台及其上覆土重量和基底竖向力合力作用点的变化

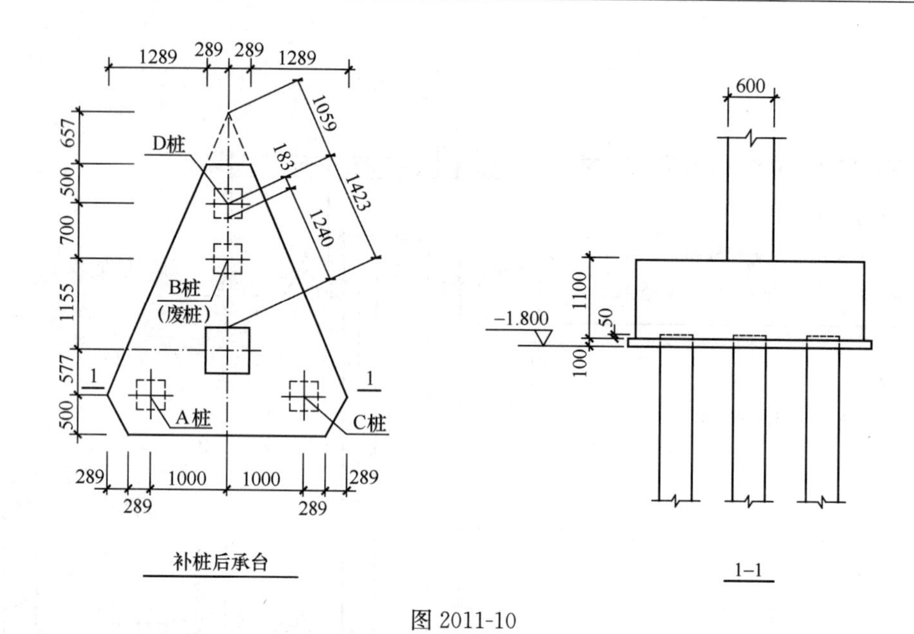


图 2011-10

可忽略不计。试问，补桩后此三桩承台下单桩承担的最大竖向压力值（kN）与下列何项数值最为接近?

(A) 750　　(B) 790　　(C) 850　　(D) 900

**【答案】**(C)

设图中 A、D 点处单桩承担的荷载标准值分别为 $N_A$ 和 $N_D$，则根据题意，由三桩承担的总竖向力为 $N=745\times3=2235$kN。

对 AC 轴取矩：

$$(0.577+1.155+0.7)N_D-0.577\times2235=0$$

故 $N_D=530.3$kN。

$$N_A=N_C=(2235-530.3)/2=852.4\text{kN}<1.2R_a=1.2\times750=900\text{kN}$$

对 D 桩中心取矩：

$$N_A=N_C=\frac{2235\times(1155+700)}{2\times(577+1155+700)}=852\text{kN}<1.2R_a=1.2\times750=900\text{kN}$$

## 8.2 桩基竖向承载力的确定与验算

**1. 主要的规范规定**

1)《桩规》5.2.1 条：桩基竖向承载力计算。

2)《桩规》5.2.2 条：单桩竖向承载力特征值 $R_a$ 的确定。

3)《桩规》5.2.5 条：考虑承台效应的复合基桩竖向承载力特征值的确定。

**2. 对规范规定的理解**

1) 桩基竖向承载力验算

(1) 荷载效应标准组合

轴心竖向力作用下：$N_k \leqslant R$。

偏心竖向力作用下：$N_k \leqslant R$ 且 $N_{kmax} \leqslant 1.2R$。

（2）地震作用效应和荷载效应标准组合

轴心竖向力作用下：$N_{Ek} \leqslant 1.25R$。

偏心竖向力作用下：$N_{Ek} \leqslant 1.25R$ 且 $N_{Ekmax} \leqslant 1.5R$。

2）单桩竖向承载力特征值确定

$$R_a = \frac{Q_{uk}}{K} = \frac{Q_{uk}}{2}$$

3）计算考虑承台效应的复合基桩竖向承载力特征值 $R$

不考虑地震时：

$$R = R_a + \eta_c f_{ak} A_c$$

考虑地震时：

$$R = R_a + \frac{\zeta_a}{1.25}\eta_c f_{ak} A_c$$

式中：$A_c$ ——承台底净面积，$A_c = (A - nA_{ps})/n$；

$f_{ak}$ ——承台下 1/2 承台宽度且不超过 5m 深度范围内各层土的地基承载力特征值按厚度加权的平均值；

$\zeta_a$ ——地基抗震承载力调整系数；

$\eta_c$ ——承台效应系数。

**3. 历年真题解析**

**【例 8.2.1】** 2012 下午 12 题

某抗震设防烈度为 8 度（0.30$g$）的框架结构，采用摩擦型长螺旋钻孔灌注桩基础，初步确定某中柱采用如图 2012-12 所示的四桩承台基础，已知桩身直径为 400mm，单桩竖向抗压承载力特征值 $R_a$＝700kN，承台混凝土强度等级 C30（$f_t$＝1.43N/mm$^2$），桩间距有待进一步复核。考虑 $x$ 向地震作用，相应于荷载效应标准组合时，作用于承台底面标高处的竖向力 $F_{Ek}$＝3341kN，弯矩 $M_{Ek}$＝920kN·m，水平力 $V_{Ek}$＝320kN，承台有效高度 $h_0$＝730mm，承台及其上土重可忽略不计。

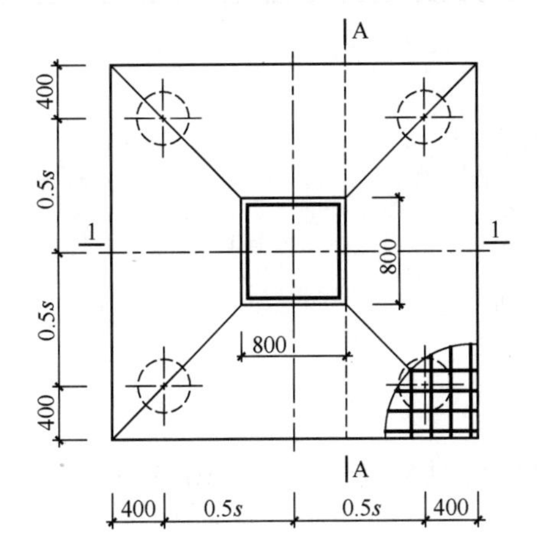


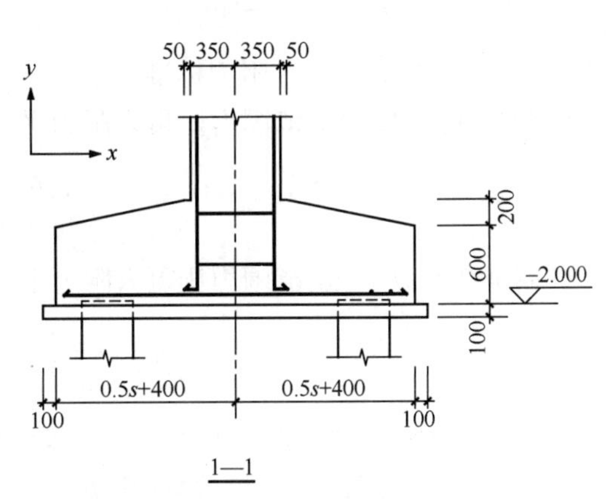


图 2012-12

假定 $x$ 向地震作用效应控制桩中心距，$x$、$y$ 向桩中心距相同，且不考虑 $y$ 向弯矩的影响。试问，根据桩基抗震要求确定的桩中心距 $s$（mm）与下列何项数值最为接近？

（A）1400　　（B）1800　　（C）2200　　（D）2600

**【答案】**（C）

根据《桩规》5.2.1 条 2 款及式（5.2.1-4）：

$$N_{\text{Ekmax}} \leqslant 1.5R = 1.5 \times 700 = 1050\text{kN}$$

$$N_{\text{Ekmax}} = \frac{F_{\text{Ek}}}{4} + \frac{M_{\text{Ek}} x_i}{\sum x_i^2} = \frac{3341}{4} + \frac{920 \times 0.5s}{4 \times (0.5s)^2} = 835.25 + \frac{460}{s} \leqslant 1050$$

解得 $s \geqslant 2.142$m，故选（C）。

## 8.3 单桩竖向极限承载力

### 8.3.1 原位测试法

**1. 主要的规范规定**

1）《桩规》5.3.3 条：根据单桥探头静力触探资料确定混凝土预制桩单桩竖向极限承载力标准值。

2）《桩规》5.3.4 条：根据双桥探头静力触探资料确定混凝土预制桩单桩竖向极限承载力标准值。

**2. 对规范规定的理解**

1）单桥静力触探法

$$Q_{\text{uk}} = Q_{\text{sk}} + Q_{\text{pk}} = u \sum q_{\text{sik}} l_i + \alpha p_{\text{sk}} A_{\text{p}}$$

（1）桩端阻力修正系数（表 8.3-1）

**桩端阻力修正系数 $\alpha$ 值　　表 8.3-1**

| 桩长（m） | $l<15$ | $15 \leqslant l \leqslant 30$ | $30 < l \leqslant 60$ |
|---|---|---|---|
| $\alpha$ | 0.75 | 0.75～0.90 | 0.90 |

注：表中的桩长 $l$ = 总桩长 $L$ － 桩尖高度。

（2）桩端静力触探比贯入阻力标准值 $p_{\text{sk}}$

① 桩端全截面以上 $8d$ 范围内比贯入阻力平均值

$$p_{\text{sk1}} = \frac{\sum p_{si} \cdot h_i}{8d}$$

② 桩端全截面以下 $4d$ 范围内比贯入阻力平均值

$$p_{\text{sk2}} = \frac{\sum p_{si} \cdot h_i}{4d}$$

桩端持力层为密实砂土层，且其比贯入阻力平均值超过 20MPa，则需乘以《桩规》表 5.3.3-2 中系数 $C$ 予以折减后，再计算 $p_{\text{sk}}$。

③ 计算 $p_{\text{sk}}$

当 $p_{sk1} \leqslant p_{sk2}$ 时，$p_{sk} = \frac{1}{2}(p_{sk1} + \beta \cdot p_{sk2})$；

当 $p_{sk1} > p_{sk2}$ 时，$p_{sk} = p_{sk2}$。

④ 桩侧各土层极限侧阻力 $q_{sik}$

用静力触探比贯入阻力值估算桩周第 $i$ 层土的极限侧阻力，查《桩规》图 5.3.3 "$q_{sk}$-$p_{sk}$ 曲线"。

2）双桥静力触探法

$$Q_{uk} = Q_{sk} + Q_{pk} = u \sum l_i \beta_i f_{si} + \alpha q_c A_p$$

（1）桩端阻力修正系数（表 8.3-2）

**桩端阻力修正系数 $\alpha$ 值** **表 8.3-2**

| 土的类别 | 黏性土、粉土 | 饱和砂土 |
|---|---|---|
| $\alpha$ | 2/3 | 1/2 |

（2）桩端平面探头阻力标准值 $q_c$

① 桩端全截面以上 $4d$ 范围内按土层厚度的探头阻力加权平均值

$$q_{c1} = \frac{\sum q_{ci} \cdot h_i}{4d}$$

② 桩端全截面以下 $1d$ 范围内探头阻力值

$$q_{c2} = q_{ci}$$

③ 桩端平面上、下探头阻力标准值 $q_c$

$$q_c = \frac{q_{c1} + q_{c2}}{2}$$

（3）计算桩侧各土层极限侧阻力综合修正系数 $\beta_i$

### 8.3.2 经验参数法

**1. 主要的规范规定**

1）《桩规》5.3.5 条：根据土的物理指标与承载力参数之间的经验关系，确定单桩竖向极限承载力标准值。

2）《桩规》5.3.6 条：根据土的物理指标与承载力参数之间的经验关系，确定大直径桩单桩极限承载力标准值。

**2. 对规范规定的理解**

1）确定单桩竖向极限承载力特征值

$$Q_{uk} = Q_{sk} + Q_{pk} = u \sum q_{sik} l_i + q_{pk} A_p$$

2）确定大直径桩（$d \geqslant 800$mm）单桩极限承载力标准值

$$Q_{uk} = Q_{sk} + Q_{pk} = u \sum \psi_{si} q_{sik} l_i + \psi_p q_{pk} A_p$$

式中：$u$——当人工挖孔桩桩周护壁为振捣密实的混凝土时，$u$ 按护壁外直径计算；

$q_{sik}$——扩底桩斜面及变截面以上 $2d$ 长度范围不计侧阻力；

$\psi_{si}$、$\psi_p$——按表 8.3-3 计算。

**大直径灌注桩侧阻力尺寸效应系数$\psi_{si}$、端阻力尺寸效应系数$\psi_p$　　表 8.3-3**

| 土类型 | 黏性土、粉土 | 砂土、碎石土 |
|---|---|---|
| $\psi_{si}$ | $(0.8/d)^{1/5}$ | $(0.8/d)^{1/3}$ |
| $\psi_p$ | $(0.8/D)^{1/4}$ | $(0.8/D)^{1/3}$ |

注：当为等直径桩时，表中 $D=d$。

### 3. 历年真题解析

**【例 8.3.1】** 2016 下午 6 题

某多层框架结构，拟采用一柱一桩人工挖孔桩基础 ZJ-1，桩身内径 $d=1.0$m，护壁采用振捣密实的混凝土，厚度为 150mm，以⑤层硬塑状黏土为桩端持力层，基础剖面及地基土层相关参数见图 2016-6（图中 $E_s$ 为土的自重压力至土的自重压力与附加压力之和的压力段的压缩模量）。

**提示：** 根据《建筑桩基技术规范》JGJ 94—2008 作答；粉质黏土可按黏土考虑。

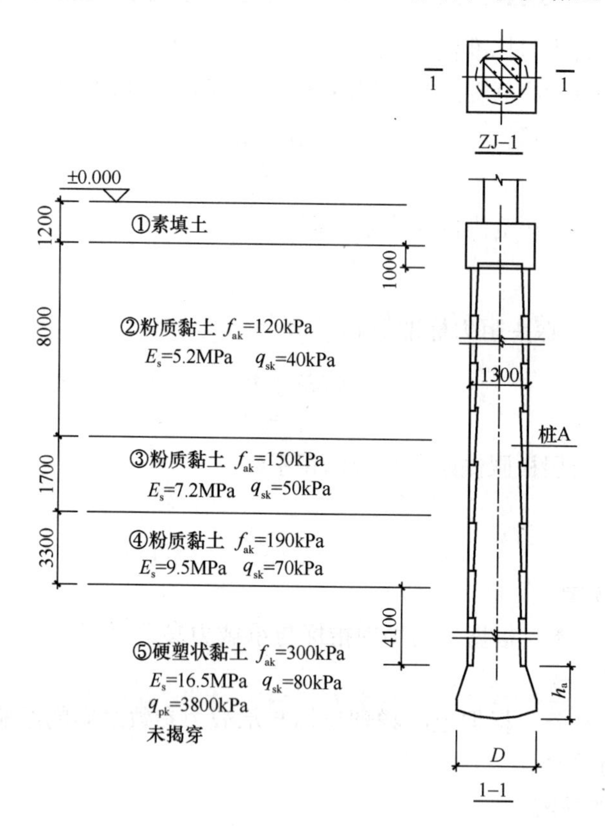


图 2016-6

试问，根据土的物理指标与承载力参数之间的经验关系，确定单桩极限承载力标准值时，该人工挖孔桩能提供的极限桩侧阻力标准值（kN），与下述何项数值最为接近？

**提示：** 桩周周长按护壁外直径计算。

(A) 2050　　(B) 2300　　(C) 2650　　(D) 3000

**【答案】** (C)

根据《桩规》5.3.6条，计算人工挖孔桩侧阻承载力时，桩身直径将护壁计算在内，对于扩底桩斜面及变截面以上$2d$范围内不计侧阻力。

$$d = 1.0 + 2 \times 0.15 = 1.30\text{m}$$

$$\psi_{si} = (0.8/d)^{1/5} = 0.907$$

$$\begin{aligned} Q_{sk} &= u\sum\psi_{si}q_{sik}l_i \\ &= 3.14 \times 1.3 \times 0.907 \times [40 \times 7 + 50 \times 1.7 + 70 \times 3.3 + 80 \times (4.1 - 2 \times 1.3)] \\ &= 2650.9\text{kN} \end{aligned}$$

**【例 8.3.2】** 2016下午7题

基本题干同例8.3.1。假定，桩A的桩端扩大头直径$D = 1.6\text{m}$，试问，当根据土的物理指标与承载力参数之间的经验关系，确定单桩极限承载力标准值时，该桩提供的桩端承载力特征值（kN），与下列何项数值最为接近？

(A) 3000　　(B) 3200　　(C) 3500　　(D) 3750

**【答案】** (B)

根据《桩规》5.3.6条：

$$A_p = \frac{\pi}{4}D^2 = 2.01\text{m}^2$$

$$q_p = 3800/2 = 1900\text{kPa}$$

$$\psi_p = (0.8/D)^{1/4} = (0.8/1.6)^{1/4} = 0.841$$

$$Q_p = \psi_p q_p A_p = 0.841 \times 1900 \times 2.01 = 3212\text{kN}$$

### 8.3.3 钢管桩

**1. 主要的规范规定**

《桩规》5.3.7条：根据土的物理指标与承载力参数之间的经验关系，确定钢管桩单桩竖向极限承载力标准值。

**2. 对规范规定的理解**

敞口钢管桩在沉桩过程，桩端部分土涌入管内形成土塞，影响桩的承载力性状。钢管桩竖向极限承载力按下式计算：

$$Q_{uk} = Q_{sk} + Q_{pk} = u\sum q_{sik}l_i + \lambda_p q_{pk} A_p$$

$$\text{桩端土塞效应系数 } \lambda_p \begin{cases} \text{敞口桩} \begin{cases} h_b/d_1 < 5 \text{ 时：} \lambda_p = 0.16h_b/d_1 \\ h_b/d_1 \geqslant 5 \text{ 时：} \lambda_p = 0.8 \end{cases} \\ \text{敞口桩：} \lambda_p = 1 \end{cases}$$

如图8.3-1所示，带隔板的半敞口桩（应以$d_e$代替$d$）：$d_e = d/\sqrt{n}$（只在计算$\lambda_p$时，用$d_e$）。

图8.3-1　隔板分隔

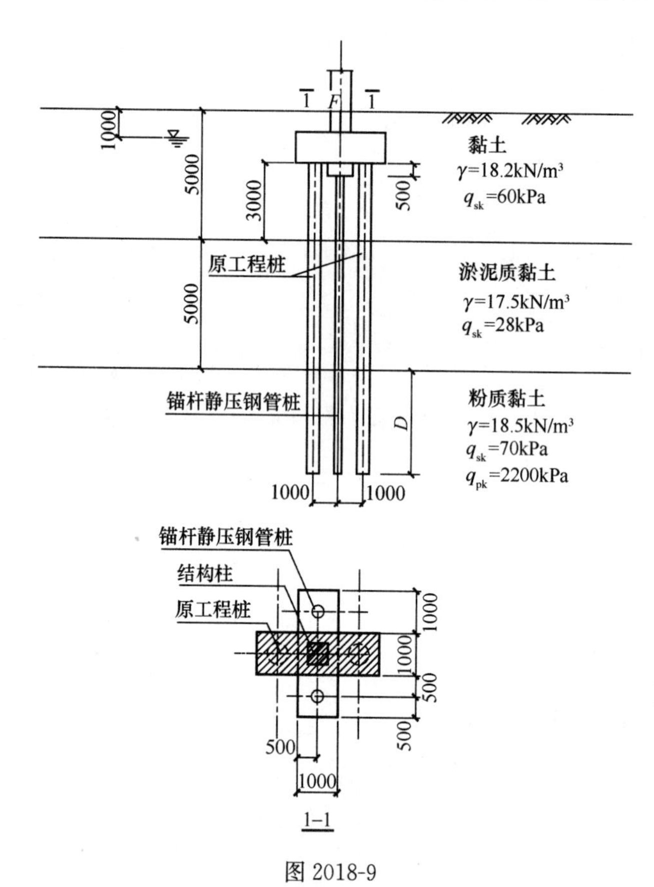


图 2018-9

### 3. 历年真题解析

**【例 8.3.3】**2018 下午 9 题

某框架结构柱下设置两桩承台，工程桩采用先张法预应力混凝土管桩，桩径 500mm；桩基施工完成后，由于建筑加层，柱竖向力增加，设计采用锚杆静压桩基础加固方案。基础横剖面、场地土分层情况如图 2018-9 所示。

假定，锚杆静压桩采用敞口钢管桩，桩直径 250mm，桩端进入粉质黏土层 $D=4$m。试问，根据《建筑桩基技术规范》JGJ 94—2008，根据土的物理指标与承载力参数之间的经验关系，确定的钢管桩单桩竖向极限承载力标准值（kN），与下列何项数值最为接近？

(A) 420　　(B) 480

(C) 540　　(D) 600

**【答案】**(C)

根据《桩规》5.3.7 条，$h_b/d=4000/250=16>5$，取 $\lambda_p=0.8$，则

$$
\begin{aligned}
Q_{uk} &= u\sum q_{sik}l_i+\lambda_p q_{pk}A_p \\
&= 3.14\times 0.25\times(60\times 2.5+28\times 5+70\times 4) \\
&\quad +0.8\times 2200\times 3.14\times 0.25^2/4 \\
&= 447.5+86.4 \\
&= 534\text{kN}
\end{aligned}
$$

## 8.3.4 混凝土空心桩

### 1. 主要的规范规定

《桩规》5.3.8 条：根据土的物理指标与承载力参数之间的经验关系，确定敞口预应力混凝土空心桩单桩竖向极限承载力标准值。

### 2. 对规范规定的理解

混凝土空心桩单桩竖向极限承载力

$$Q_{uk}=Q_{sk}+Q_{pk}=u\sum q_{sik}l_i+q_{pk}(A_j+\lambda_p A_{p1})$$

其中，管桩 $A_j=\dfrac{\pi}{4}(d^2-d_1^2)$；

空心方桩 $A_j=b^2-\dfrac{\pi}{4}d_1^2$；

空心敞口面积 $A_{p1}=\frac{\pi}{4}d_1^2$；

桩端土塞效应系数 $\lambda_p\begin{cases}h_b/d_1<5\text{ 时：}\lambda_p=0.16h_b/d_1\text{；}\\h_b/d_1\geqslant5\text{ 时：}\lambda_p=0.8\text{。}\end{cases}$

**3. 历年真题解析**

**【例 8.3.4】** 2019 下午 6 题

有一六桩承台基础，采用先张法预应力混凝土管桩，桩外径 500mm，壁厚 100mm，桩身混凝土强度等级 C80，不设桩尖，有关地基各层土分布情况、桩端土极限端阻力标准值 $q_{pk}$、桩侧土极限侧阻力标准值 $q_{sik}$ 及桩的布置、承台尺寸等如图 2019-6 所示。假定，荷载效应的基本组合由永久荷载控制，承台及其上土的平均重度取22kN/m³。

**提示：** ① 荷载组合按简化规则计算；

② $\gamma_0=1.0$。

试问，按《建筑桩基技术规范》JGJ 94—2008，根据土的物理指标与承载力参数之间的经验关系估算的该桩基础单桩竖向承载力特征值 $R_a$（kN），与下列何项数值最为接近？

(A) 800　　(B) 1000

(C) 1500　　(D) 2000

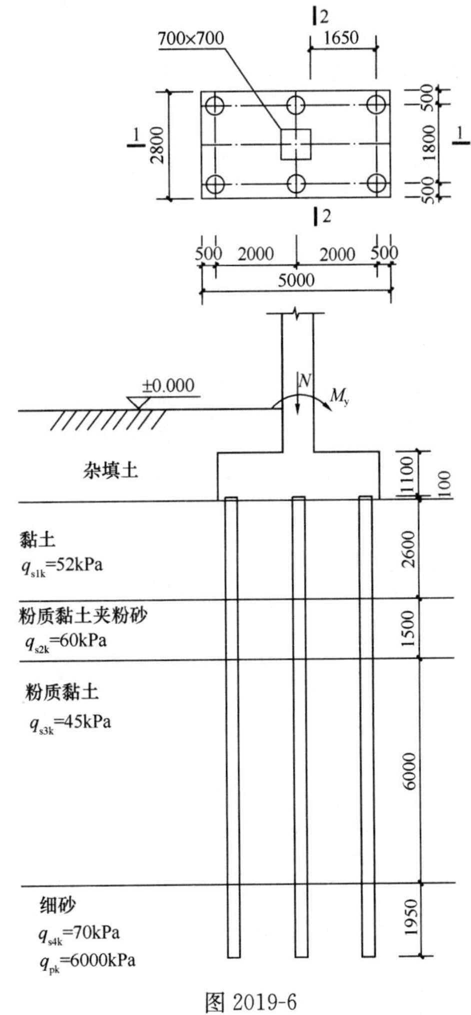

图 2019-6

**【答案】**(B)

根据《桩规》5.3.8 条，$\frac{h_b}{d_1}=\frac{1.95}{0.3}=6.5\geqslant5$，所以 $\lambda_p=0.8$。则

$$Q_{uk}=u\sum q_{sik}l_i+q_{pk}(A_j+\lambda_pA_{p1})$$
$$=3.14\times0.5\times(2.6\times52+1.5\times60+6\times45+70\times1.95)+6000\times\left[\frac{3.14}{4}\times(0.5\times0.5-0.3\times0.3)+0.8\times\frac{3.14}{4}\times0.3\times0.3\right]$$
$$=2084.5\text{kN}$$

根据《桩规》5.2.2 条：

$$R_a=Q_{uk}/2=1042.3\text{kN}$$

**【编者注】** 本题考点是桩基础单桩竖向承载力特征值的计算。

(1) 桩的竖向极限承载力，由桩侧极限承载力和桩端极限承载力组成。

(2) 对 PHC 桩，可采用开口桩尖和闭口桩尖。当采用闭口桩尖时，桩端极限承载力计算时，桩端截面面积应采用桩身全面积。当采用本题所要求的开口桩尖时，桩端截面面积应根据《桩规》5.3.8 条的规定，采用空心桩端净面积加上空心桩敞口面积乘以桩端土塞效应系数。本题如错误地按闭口桩尖进行计算，则会得出错误答案。

（3）实际工程中，应考虑沉桩时土的挤土效应大小、桩端土的端承力高低、土塞效应系数大小等多种因素，经综合比较后确定桩尖形式。

（4）求得单桩竖向极限承载力标准值后，根据《桩规》5.2.2 条的规定，除以 2 的安全系数，就得到单桩竖向承载力特征值。

**【例 8.3.5】** 2014 下午 8 题

某多层框架结构办公楼采用筏形基础，$\gamma_0=1.0$，基础平面尺寸为 39.2m×17.4m。基础埋深为 1.0m，地下水位标高为−1.0m，地基土层及有关岩土参数见图 2014-8。初步设计时考虑三种地基基础方案：方案一，天然地基方案；方案二，桩基方案；方案三，减沉复合疏桩方案。

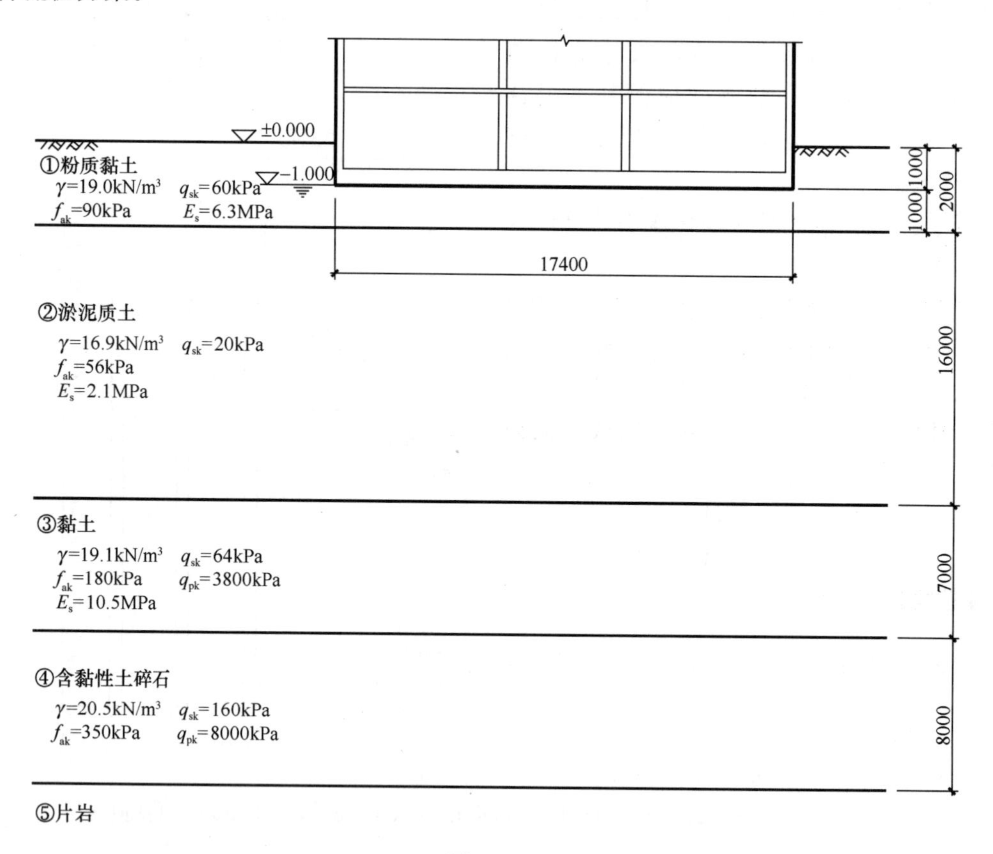


图 2014-8

采用方案二时，拟采用预应力高强混凝土管桩（PHC 桩），桩外径 400mm，壁厚 95mm，桩尖采用敞口形式，桩长 26m，桩端进入第④层土 2m，桩端土塞效应系数 $\lambda_p=0.8$。试问，按《建筑桩基技术规范》JGJ 94—2008 的规定，根据土的物理指标与桩承载力参数之间的经验关系，单桩竖向承载力特征值 $R_a$（kN），与下列何项数值最为接近？

(A) 1100　　(B) 1200　　(C) 1240　　(D) 2500

**【答案】**(B)

根据《桩规》5.3.8 条、5.2.2 条：

$$A_j = \frac{3.14}{4}(0.4^2 - 0.21^2) = 0.091\text{m}^2$$

$$A_{p1} = \frac{3.14}{4} \times 0.21^2 = 0.035\text{m}^2$$

$$\begin{aligned} Q_{uk} &= u\Sigma q_{sik}l_i + q_{pk}(A_j + \lambda_p A_{p1}) \\ &= 3.14 \times 0.4 \times (60 \times 1 + 20 \times 16 + 64 \times 7 + 160 \times 2) + 8000 \times \\ &\quad (0.091 + 0.8 \times 0.035) \\ &= 2394\text{kN} \end{aligned}$$

$$R_a = Q_{uk}/2 = 1197\text{kN}$$

### 8.3.5 嵌岩桩

**1. 主要的规范规定**

《桩规》6.1.1条：桩端置于完整、较完整基岩的嵌岩桩单桩竖向极限承载力，由桩周土总极限侧阻力和嵌岩段总极限阻力组成。应根据岩石单轴抗压强度确定单桩竖向极限承载力标准值。

**2. 对规范规定的理解**

嵌岩桩单桩竖向极限承载力标准值：

$$Q_{uk} = Q_{sk} + Q_{rk}$$

其中，土的总极限侧阻力标准值：

$$Q_{sk} = u\ \Sigma q_{sik} l_i$$

嵌岩段总极限阻力标准值（包括桩端和桩侧）：

$$Q_{rk} = \zeta_r f_{rk} A_p$$

$\zeta_r$ 为桩嵌岩段侧阻和端阻综合系数，表8.3-4数值适用于泥浆护壁成桩，对于干作业成桩（清底干净）和泥浆护壁成桩后注浆，$\zeta_r$ 应取表列数值的1.2倍。

**桩嵌岩段侧阻和端阻综合系数 $\zeta_r$** 表8.3-4

| 嵌岩深径比 $h_r/d$ | 0 | 0.5 | 1.0 | 2.0 | 3.0 | 4.0 | 5.0 | 6.0 | 7.0 | 8.0 |
|---|---|---|---|---|---|---|---|---|---|---|
| 极软岩、软岩 | 0.60 | 0.80 | 0.95 | 1.18 | 1.35 | 1.48 | 1.57 | 1.63 | 1.66 | 1.70 |
| 较硬岩、坚硬岩 | 0.45 | 0.65 | 0.81 | 0.90 | 1.00 | 1.04 | — | — | — | — |

注：1. 极软岩、软岩指 $f_{rk} \leqslant 15$MPa，较硬岩、坚硬岩指 $f_{rk} > 30$MPa，介于二者之间可内插取值。
2. $h_r$ 为桩身嵌岩深度，当岩面倾斜时，以坡下方嵌岩深度为准；当 $h_r/d$ 非表列值时，$\zeta_r$ 可内插取值。

**3. 历年真题解析**

**【例8.3.6】** 2010下午12题

某多层地下建筑采用泥浆护壁成孔的钻孔灌注桩基础，柱下设三桩等边承台，钻孔灌注桩直径为800mm，其混凝土强度等级为C30（$f_c = 14.3\text{N/mm}^2$，$\gamma = 25\text{kN/m}^3$），工程场地的地下水设防水位为−1.0m，有关地基各土层分布情况、土的参数、承台尺寸及桩身配筋等，详见图2010-12。

假定基桩嵌固入岩深度 $l = 3200$mm，试问，按《建筑桩基技术规范》JGJ 94—2008

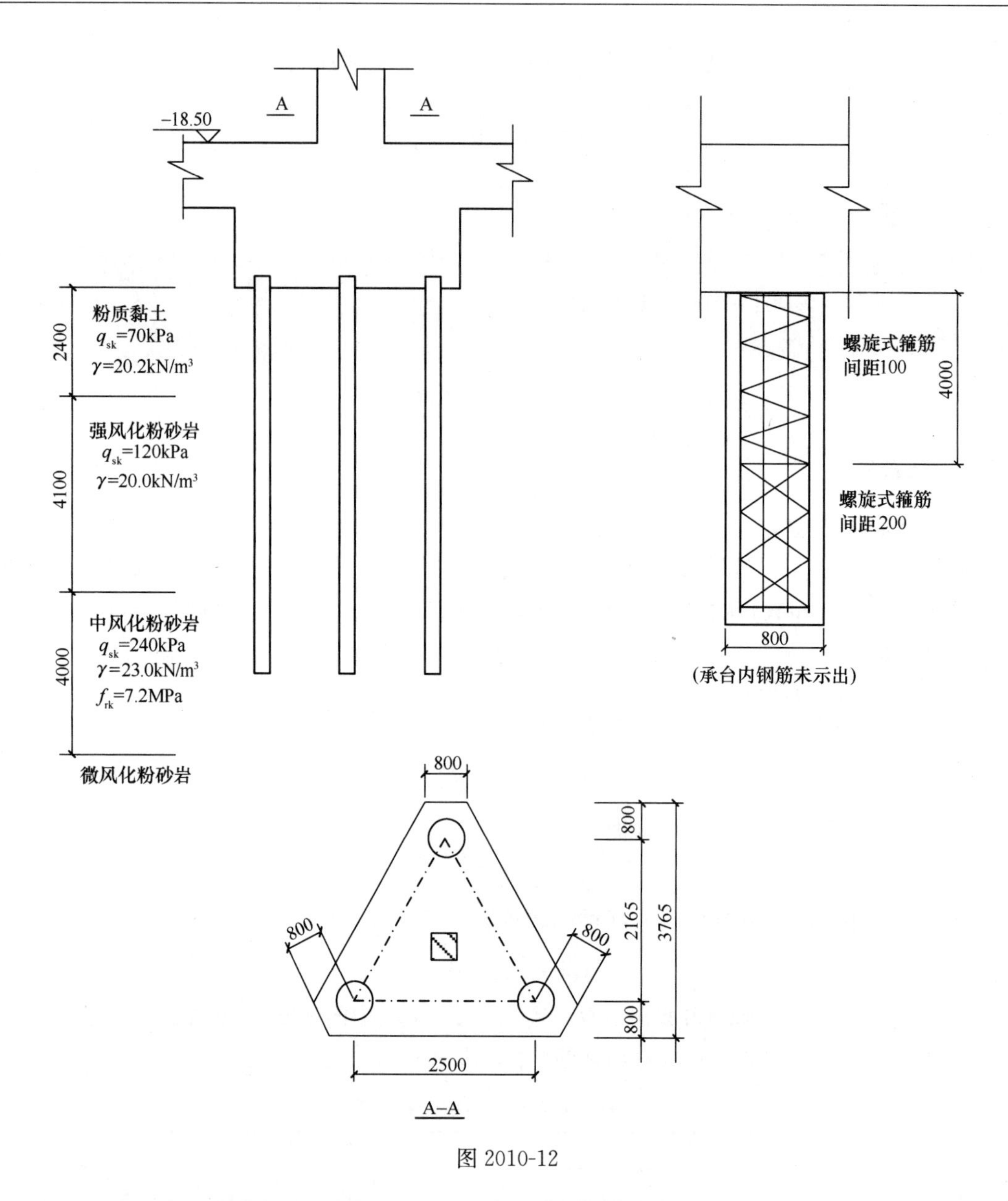


图 2010-12

规定，单桩竖向承载力特征值 $R_a$（kN），与下列何项数值最为接近？

(A) 3500　　(B) 4000　　(C) 4500　　(D) 5000

**【答案】**(A)

依据《桩规》5.3.9 条计算。

$h_r/d = 3200/800 = 4$，查表 5.3.9，得到 $\zeta_r = 1.48$。

$$Q_{uk} = Q_{sk} + Q_{tk}$$

$$= 3.14 \times 0.8 \times (70 \times 2.4 + 120 \times 4.1) + 1.48 \times 7.2 \times 10^3 \times 3.14 \times 0.8^2/4$$

$$= 7011.5\text{kN}$$

单桩竖向承载力特征值 $R_a = 7011.5/2 = 3506\text{kN}$。

【例 8.3.7】2021 下午 10 题

某山区工程，如图 2021-10 所示，建设场地设计地面设计标高±0.000 比现状地面高 7m，整个建设场地需大面积填土。

在填土地基上建仓库，拟采用一柱一桩，桩径 800mm，桩顶标高−2.000m，桩端嵌入砂岩 1.2m，采用泥浆护壁灌注桩，灌注桩桩底采用后注浆措施。试问，嵌岩段总极限阻力标准值 $Q_{rk}$（kN）与下列何项数值最为接近？

（A）2800　　（B）4200

（C）5000　　（D）5500

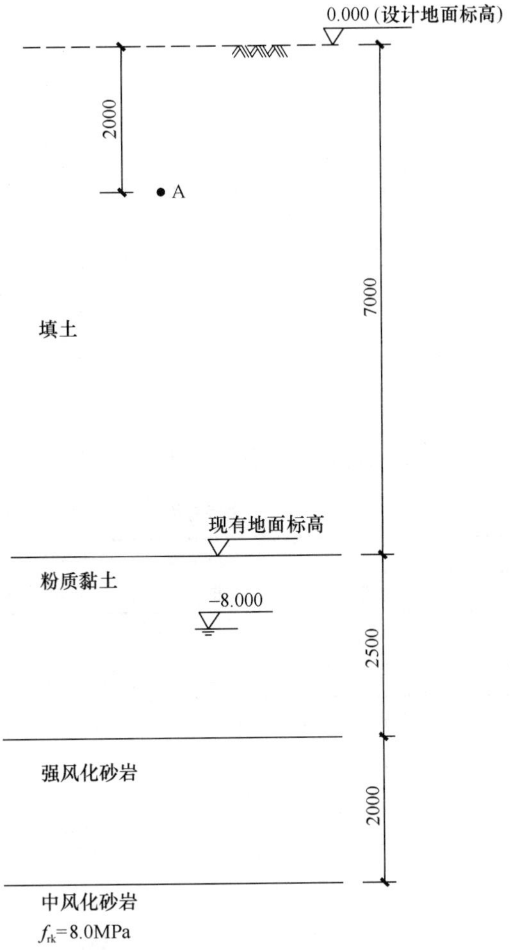

图 2021-10

【答案】（C）

根据《桩规》5.3.9 条，中风化砂岩 $f_{rk}=8.0$MPa，属于极软岩、软岩。

嵌岩深径比：

$$\frac{h_r}{d}=\frac{1.2}{0.8}=1.5$$

泥浆护壁桩底后注浆，嵌岩段侧阻和端阻综合系数取《桩规》表 5.3.9 中数值的 1.2 倍：

$$\zeta_r=1.2\times\frac{0.95+1.18}{2}=1.278$$

根据《桩规》式（5.3.9-3）可得

$$Q_{rk}=\zeta_r f_{rk} A_p=1.278\times 8000\times\frac{\pi}{4}\times 0.8^2=5139\text{kN}$$

### 8.3.6　后注浆灌注桩

**1. 主要的规范规定**

《桩规》5.3.10 条：后注浆灌注桩的单桩极限承载力的估算。

**2. 对规范规定的理解**

1）后注浆竖向增强段划分（表 8.3-5）及成孔方式（图 8.3-2）

竖向增强段划分　　表 8.3-5

| 成孔方式 | 注浆方式 | 竖向增强段 $l_g$ |
|---|---|---|
| 泥浆护壁成孔 | 单一桩端注浆 | 桩端以上 12m |
| | 桩侧＋桩端注浆 | 桩端以上 12m＋桩侧注浆断面以上 12m |
| 干作业成孔 | 单一桩端注浆 | 桩端以上 6m |
| | 桩侧＋桩端注浆 | 桩端以上 6m＋桩侧注浆断面上、下各 6m |

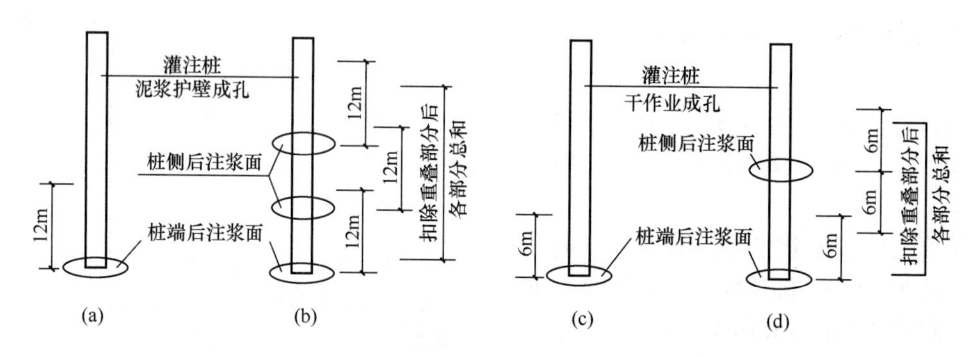


图 8.3-2 成孔方式

(a)、(b) 泥浆护壁成孔；(c)、(d) 干作业成孔

2）后注浆侧阻力增强系数 $\beta_{si}$、端阻力增强系数 $\beta_p$（表 8.3-6）。

**后注浆侧阻力增强系数 $\beta_{si}$、端阻力增强系数 $\beta_p$** **表 8.3-6**

| 土层名称 | 淤泥<br>淤泥质土 | 黏性土<br>粉土 | 粉砂<br>细砂 | 中砂 | 粗砂<br>砾砂 | 砾石<br>卵石 | 全风化岩<br>强风化岩 |
|---|---|---|---|---|---|---|---|
| $\beta_{si}$ | 1.2～1.3 | 1.4～1.8 | 1.6～2.0 | 1.7～2.1 | 2.0～2.5 | 2.4～3.0 | 1.4～1.8 |
| $\beta_p$ | — | 2.2～2.5 | 2.4～2.8 | 2.6～3.0 | 3.0～3.5 | 3.2～4.0 | 2.0～2.4 |

注：干作业钻、挖孔桩，$\beta_p$ 按表列数值乘以小于 1.0 的折减系数。当桩端持力层为黏性土或粉土时，折减系数取 0.6；为砂土或碎石土时，取 0.8。

3）大直径桩尺寸效应系数（表 8.3-7）

对于桩径＞800mm 的桩，应进行侧阻和端阻尺寸效应修正，相应效应系数见表 8.3.3。

4）单桩竖向极限承载力标准值 $Q_{uk}$

$$\begin{aligned} Q_{uk} &= Q_{sk} + Q_{gsk} + Q_{gpk} \\ &= u\Sigma q_{sjk} l_j + u\Sigma \beta_{si} q_{sik} l_{gi} + \beta_p q_{pk} A_p \end{aligned}$$

**3. 历年真题解析**

**【例 8.3.8】** 2012 下午 5 题

某工程由两幢 7 层主楼及地下车库组成，统一设一层地下室，采用钢筋混凝土框架结构体系，桩基础。工程桩采用泥浆护壁旋挖成孔灌注桩，桩身纵筋锚入承台内 800mm，主楼桩基础采用一柱一桩的布置形式，桩径 800mm，有效桩长 26m，以碎石土层作为桩端持力层，桩端进入持力层 7m；地基中分布有厚度达 17m 的淤泥，其不排水抗剪强度为 9kPa。主楼局部基础剖面及地质情况如图 2012-5 所示，地下水位稳定于地面以下 1m，$\lambda$ 为抗拔系数。

主楼范围的灌注桩采取桩端后注浆措施，注浆技术符合《建筑桩基技术规范》JGJ 94—2008 的有关规定，根据地区经验，各土层的侧阻及端阻提高系数如图 2012-5 所示。试问，根据《建筑桩基技术规范》JGJ 94—2008 估算得到的后注浆灌注桩单桩极限承载力标准值 $Q_{uk}$（kN），与下列何项数值最为接近？

(A) 4500　　(B) 6000　　(C) 8200　　(D) 10000

**【答案】**(C)

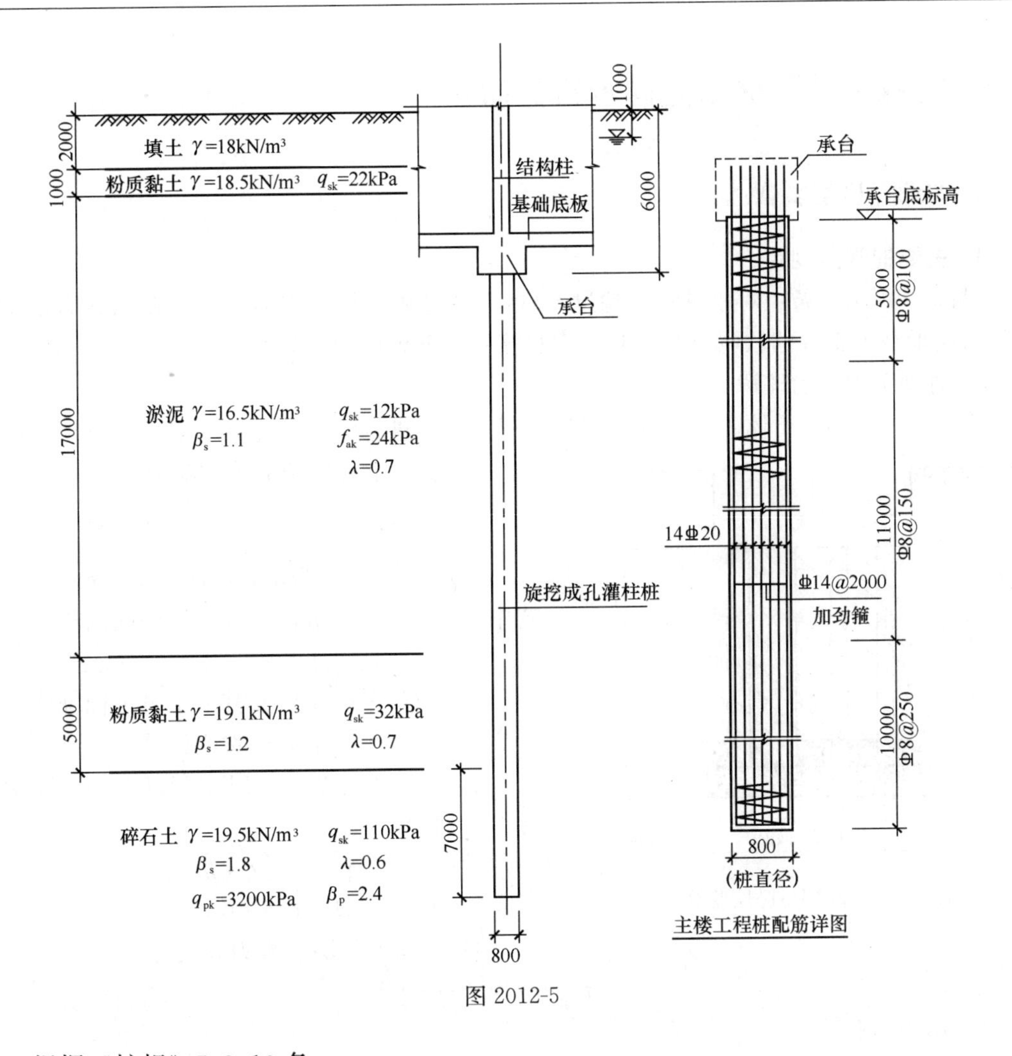


图 2012-5

根据《桩规》5.3.10 条：

$$Q_{uk}=u\sum q_{sjk}l_j+u\sum\beta_{si}q_{sik}l_{gi}+\beta_p q_{pk}A_p$$

根据《桩规》表 5.3.6-2，桩身直径为 800mm，故侧阻和端阻尺寸效应系数均为 1.0，桩端后注浆的影响深度应按 12m 取用，因此：

$$Q_{uk}=3.14\times0.8\times12\times14+3.14\times0.8\times(1.0\times1.2\times32\times5+1.0\times1.8\times110\times7)+2.4\times3200\times\frac{3.14}{4}\times0.8^2$$

$$=8244.38\text{kN}$$

**【编者注】**(1) 注浆对侧阻力的影响深度是有限的，当为单一桩端后注浆时，竖向增强段为桩端以上 12m。当工程桩较长且需全长提高后注浆灌注桩的侧阻承载力时，应采取多断面分段注浆工艺。

(2) 注浆对桩端和桩侧极限阻力的提高效应不同，提高程度主要与土质、注浆量、注浆工艺等有关。

(3) 根据土层力学指标计算大直径基桩的承载力时，需考虑端阻和侧阻尺寸效应，题中，桩身直径 800mm，端、侧阻尺寸效应系数均为 1.0。

# 8.4　特殊条件下桩基竖向承载力验算

## 8.4.1　软弱下卧层验算

### 1. 主要的规范规定

《桩规》5.4.1 条：对于桩距不超过 $6d$ 的群桩基础，桩端持力层下存在承载力低于桩端持力层承载力 1/3 的软弱下卧层时，应验算软弱下卧层的承载力。

### 2. 对规范规定的理解

将“群桩包围的土体＋桩”视为“实体深基础”进行验算。验算示意图见图 8.4-1。

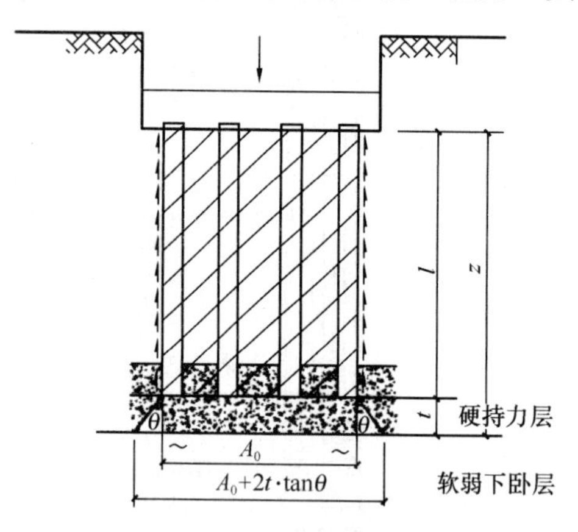


图 8.4-1　软弱下卧层验算示意

1）软弱下卧层顶面附加应力 $\sigma_z$

$$\sigma_z=\frac{(F_k+G_k)-\frac{3}{2}(A_0+B_0)\sum q_{sik}l_i}{(A_0+2t\tan\theta)(B_0+2t\tan\theta)}$$

式中：$A_0$、$B_0$ ——桩群外缘矩形底面的长、短边边长；

$G_k$ ——承台及其上土自重标准值，水下取浮重度计算。

2）自承台底至软弱层顶面以上各土层重度按厚度加权平均值

$$\gamma_m=\sum\gamma_i\cdot h_i/z$$

注：地下水位以下取浮重度。

3）软弱下卧层承载力修正

$$f_{az}=f_{ak}+\eta_d\gamma_m(z-0.5)$$

4）承载力验算

$$\sigma_z+\gamma_m z\leqslant f_{az}$$

## 8.4.2　负摩阻力计算

### 1. 主要的规范规定

1）《桩规》5.4.3 条、5.4.4 条：桩周土沉降可能引起桩侧负摩阻力时，应根据工程具体情况考虑负摩阻力对桩基承载力和沉降的影响。

2）《桩规》5.4.4 条：桩侧负摩阻力及其引起的下拉荷载。

### 2. 对规范规定的理解

1）负摩阻力产生的几种情形

符合下列条件之一的桩基，当桩周土层产生的沉降超过基桩的沉降时，在计算基桩承载力时应计入桩侧负摩阻力：

（1）桩穿越较厚松散填土、自重湿陷性黄土、欠固结土、液化土层进入相对较硬土层时；

（2）桩周存在软弱土层，邻近桩侧地面承受局部较大的长期荷载，或地面大面积堆载（包括填土）时；

（3）由于降低地下水位，使桩周土有效应力增大，并产生显著压缩沉降时。

2）负摩阻力桩基承载力验算

（1）对于摩擦型基桩可取桩身计算中性点以上侧阻力为零，并可按下式验算基桩承载力：

$$N_k \leqslant R_a$$

（2）对于端承型基桩除应满足上式要求外，尚应考虑负摩阻力引起基桩的下拉荷载 $Q_g^n$，并可按下式验算基桩承载力：

$$N_k + Q_g^n \leqslant R_a$$

（3）当土层不均匀或建筑物对不均匀沉降较敏感时，尚应将负摩阻力引起的下拉荷载计入附加荷载验算桩基沉降。

注：①本条中基桩的竖向承载力特征值 $R_a$ 只计中性点以下部分侧阻值及端阻值。

②摩擦桩不计入下拉荷载的影响。

③应熟悉负摩阻力与桩身轴力的关系，掌握验算方法。

3）中性点深度的确定

中性点深度 $l_n$ 应按桩周土层沉降与桩沉降相等的条件计算确定，也可按表 8.4-1 确定。

**中性点深度比** **表 8.4-1**

| 持力层性质 | 黏性土、粉土 | 中密以上砂 | 砾石、卵石 | 基岩 |
| --- | --- | --- | --- | --- |
| 中性点深度比 $l_n/l_0$ | 0.5～0.6 | 0.7～0.8 | 0.9 | 1.0 |

注：1. $l_n$ 为“自桩顶起算”的中性点深度；

2. $l_0$ 为“自桩顶起算”的桩周软弱土层的下限深度；

3. 桩穿越自重湿陷性黄土层时，$l_n$ 可按表中数值增大 10%（基岩除外）；

4. 桩周土层固结与桩基固结沉降同时完成时，取 $l_n=0$；

5. 当桩周土层计算沉降量小于 20mm 时，$l_n$ 应按表列值乘以 0.4～0.8 折减。

4）下拉荷载 $Q_g^n$ 计算（下拉荷载分布于桩顶～$l_n$ 的范围）

（1）各土层负摩阻力标准值 $q_{si}^n$

① 由于地面大面积堆载 $P$ 和土层自重引起的桩周 $i$ 层土的平均竖向有效应力

$$\sigma'_{\gamma i} = P + \sum_{2}^{i-1} \gamma_e \Delta z_e + \frac{1}{2}\gamma_i \Delta z_i$$

注：计算时，地下水位以下取浮重度。

② 中性点以上（即桩顶～$l_n$ 范围内）第 $i$ 层土的负摩阻力标准值

$$q_{si}^n = \xi_{ni}\sigma'_i \text{（}q_{si}^n > \text{正摩阻 } q_{sik} \text{ 时，取 } q_{si}^n = q_{sik}\text{）}$$

（2）下拉荷载 $Q_g^n$ 计算

① 单桩：中性点以上，$Q_g^n = u\sum_{i=1}^{n} q_{si}^n l_i$

② 群桩：$Q_g^n = \eta_n \cdot u\sum_{i=1}^{n} q_{si}^n l_i$

负摩阻群桩效应系数：$\eta_n = s_{ax} \cdot s_{ay} / \left[\pi d\left(\frac{q_s^n}{\gamma_m} + \frac{d}{4}\right)\right]$

**3. 历年真题解析**

**【例 8.4.1】** 2017 下午 12 题

某三跨单层工业厂房，采用柱顶铰接的排架结构，纵向柱距为 12m，厂房每跨均设有桥式吊车，且在使用期间轨道没有条件调整。在初步设计阶段，基础拟采用浅基础。场地地下水位标高为－1.5m。厂房的横剖面、场地土分层情况如图 2017-12 所示。

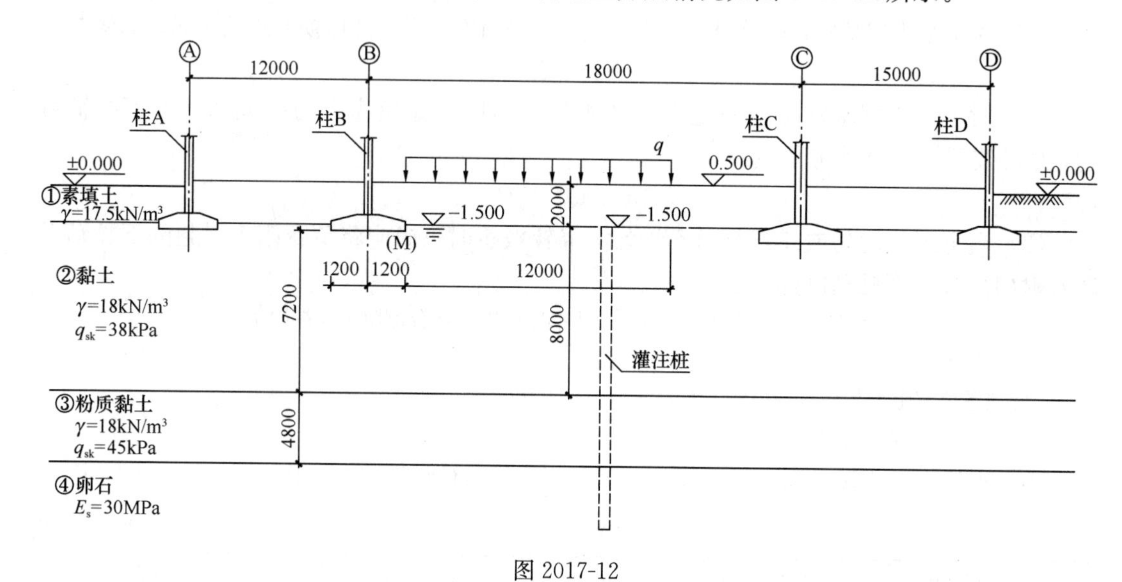


图 2017-12

假定，在 B-C 跨有对沉降要求严格的设备，采用直径为 600mm 的钻孔灌注桩桩基础，持力层为④卵石层。作用在 B-C 跨地坪上的大面积堆载为 45kPa，堆载使桩周土层对桩基产生负摩阻力，中性点位于③层粉质黏土内。②层黏土的负摩阻力系数 $\xi_{n1}=0.27$。试问，单桩桩周②层黏土的负摩阻力标准值（kPa），与下列何项数值最为接近？

(A) 25　　(B) 30　　(C) 35　　(D) 40

**【答案】**(B)

根据《桩规》5.4.4 条：

$$\sigma_1' = p + \sigma_{r1}' = 45 + 17.5 \times 2 + 0.5 \times 8 \times 8 = 112\text{kN}$$

$$q_{s1}^{n} = \xi_1 \sigma_1' = 112 \times 0.27 = 30\text{kPa} < q_{s1k} = 38\text{kPa}$$

**【例 8.4.2】**2013 下午 5 题

某城市新区拟建一所学校，建设场地地势较低，自然地面绝对标高为 3.000m，根据规划地面设计标高要求，整个建设场地需大面积填土 2m。地基土层剖面如图 2013-5 所示，地下水位在自然地面下 2m，填土的重度为 18kN/m³，填土区域的平面尺寸远远大于地基压缩层厚度。

**提示：**沉降计算经验系数 $\psi_s$ 取 1.0。

某 5 层教学楼采用钻孔灌注桩基础，桩顶绝对标高 3.000m，桩端持力层为中风化砂岩，按嵌岩桩设计。根据项目建设的总体部署，工程桩和主体结构完成后进行填土施工，桩基设计需考虑桩侧土的负摩阻力影响，中性点位于粉质黏土层，为安全计，取中风化砂岩顶面深度为中性点深度。假定，淤泥层的桩侧正摩阻力标准值为 12kPa，负摩阻力系数为 0.15。试问，根据《建筑桩基技术规范》JGJ 94—2008，淤泥层的桩侧负摩阻力标准值 $q_s^n$（kPa）取下列何项数值最为合理？

(A) 10　　(B) 12　　(C) 16　　(D) 23

**【答案】**(B)

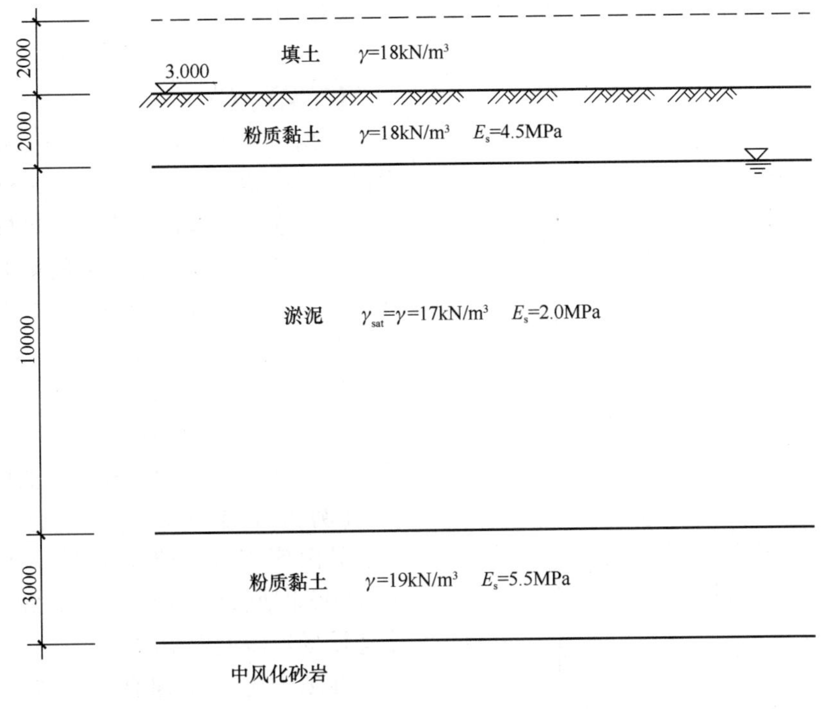


图 2013-5

根据《桩规》5.4.4 条：

$$q_{si}^{n}=\xi_{ni}\sigma'_i=0.15\times\left[18\times2+18\times2+\frac{1}{2}\times(17-10)\times10\right]=16.1\text{kPa}>12\text{kPa}$$

取 12kPa。

**【例 8.4.3】** 2013 下午 6 题

基本题干同例 8.4.2。为安全计，取中风化砂岩顶面深度为中性点深度。根据《建筑桩基技术规范》JGJ 94—2008、《建筑地基基础设计规范》GB 50007—2011 和地质报告对某柱下桩基进行设计，荷载效应标准组合时，结构柱作用于承台顶面中心的竖向力为 5500kN，钻孔灌注桩直径 800mm，经计算，考虑负摩阻力作用时，中性点以上土层由负摩阻引起的下拉荷载标准值为 350kN，负摩阻力群桩效应系数取 1.0。该工程对三根试桩进行了竖向抗压静载荷试验，试验结果见表 2013-6。试问，不考虑承台及其上土的重量，根据计算和静载荷试验结果，该柱下基础的布桩数量（根）取下列何项数值最为合理？

**试验结果** **表 2013-6**

| 编号 | 桩周土极限侧阻力（kN） | 嵌岩段总极限阻力（kN） | 单桩竖向极限承载力（kN） |
|---|---|---|---|
| 试桩 1 | 1700 | 4800 | 6500 |
| 试桩 2 | 1600 | 4600 | 6200 |
| 试桩 3 | 1800 | 4900 | 6700 |

(A) 1　　(B) 2
(C) 3　　(D) 4

【答案】(C)

根据《地规》附录 Q.0.10 条 6 款，假设该柱下桩数≤3，对桩数为 3 根及 3 根以下的柱下承台，取最小值作为单桩竖向极限承载力。考虑长期负摩阻力的影响，只考虑嵌岩段的总极限阻力即 4600kN，中性点以下的单桩竖向承载力特征值为 2300kN。

根据《桩规》5.4.3 条 2 款及式(5.4.3-2)：

$$5500 \leqslant (2300-350) \times n$$

解得 $n \geqslant 2.8$，取 3 根（与假设相符）。

【例 8.4.4】2021 下午 11 题

某山区工程，建设场地设计地面标高±0.000比现状地面高 7m（图 2021-11），整个建设场地需大面积填土。

在填土地基上建仓库，拟采用一柱一桩，桩径 800mm，桩顶标高－2m，桩端嵌入砂岩 1.2m，采用泥浆护壁灌注桩，灌注桩桩底采用后注浆措施。地面大面积堆载 20kPa，填土重度 18kN/m³，负摩阻力系数为 0.35，正摩阻力标准值 40kPa。试问，填土层下拉荷载 $Q_g^n$（kN）与下列何项数值最接近？

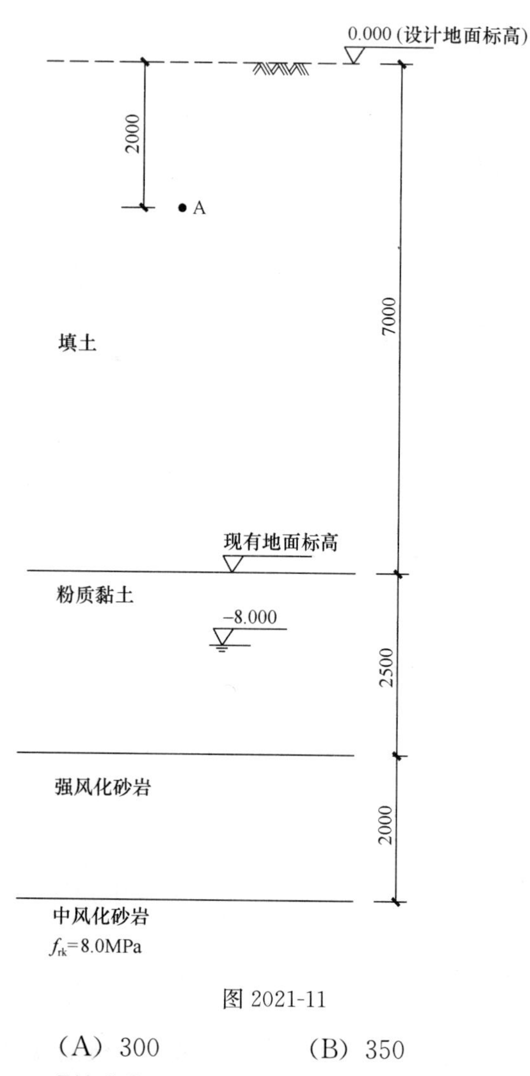


图 2021-11

(A) 300　　(B) 350　　(C) 450　　(D) 500

【答案】(C)

根据《桩规》5.4.4 条，持力层为砂岩，中性点深度比 $l_n/l_0=1$。

填土层桩侧范围内的平均竖向有效应力：

$$\sigma = 20 + 18 \times 2 + \frac{18 \times 5}{2} = 101\text{kPa}$$

负摩阻力标准值：

$$q_s^n = 0.35 \times 101 = 35.35 < 40$$

故下拉荷载：

$$Q_g^n = uq_s^n l = \pi \times 0.8 \times 35.35 \times 5 = 444\text{kN}$$

## 8.4.3 抗拔桩基承载力验算

### 1. 主要的规范规定

1)《桩规》5.4.5 条：承受拔力的桩基，应同时验算群桩基础呈整体破坏和呈非整体破坏时基桩的抗拔承载力。

2)《桩规》5.4.6 条：群桩基础及其基桩的抗拔极限承载力的确定。

**2. 对规范规定的理解**

1）桩基抗拔承载力计算

整体破坏（图 8.4-2）
$$\begin{cases} N_k \leqslant T_{gk}/2 + G_{gp} \\ T_{gk} = \dfrac{1}{n} u_l \sum \lambda_i q_{sik} l_i \\ G_{gp} = \dfrac{A_l \cdot l \cdot \gamma_G}{n} \end{cases}$$

非整体破坏
$$\begin{cases} N_k \leqslant T_{uk}/2 + G_p \\ T_{uk} = \sum \lambda_i q_{sik} u_i l_i \\ G_p = A_p \cdot l \cdot \gamma \end{cases}$$

式中：$N_k$——按荷载效应标准组合计算的基桩拔力；

$T_{gk}$——群桩呈整体破坏时，基桩的抗拔极限承载力标准值；

$T_{uk}$——群桩呈非整体破坏时，基桩的抗拔极限承载力标准值；

$G_{gp}$——群桩基础所包围体积的桩土自重除以总桩数，地下水位以下取浮重度；

$G_p$——基桩自重，地下水位以下取浮重度，对于扩底桩应按表 8.4-2 确定桩、土柱体周长，计算桩、土自重；

$u_l$——桩群外围边长，$u_l = 2(A_0 + B_0)$；

$A_l$——桩群外边缘所围成的面积，$A_l = A_0 \times B_0$；

$u_i$——桩身周长（如图 8.4-3 所示），对于等直径桩 $u = \pi d$；对于扩底桩按表 8.4-1 取值；

$\lambda_i$——抗拔系数，可按表 8.4-3 取值。

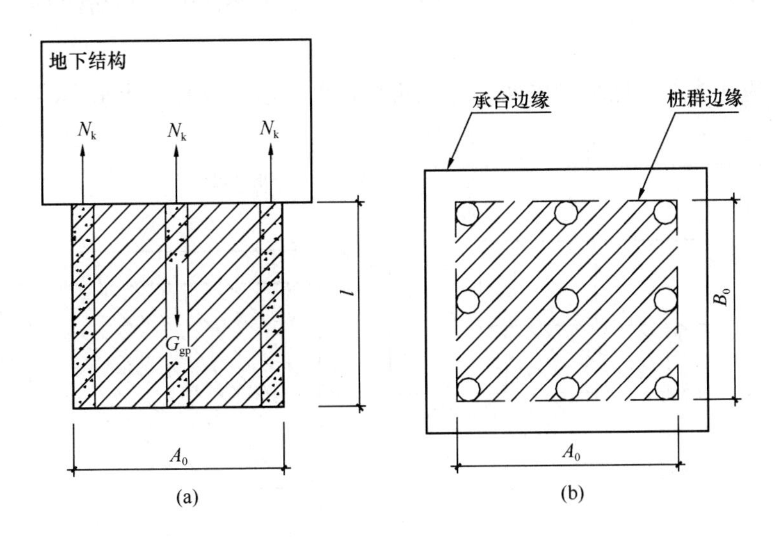


图 8.4-2　整体破坏抗浮计算示意图

（a）剖面；（b）平面

扩底桩破坏表面周长 $u_i$　　表 8.4-2

| 自桩底起算的长度 $l_i$ | $\leqslant(4\sim10)d$ | $>(4\sim10)d$ |
|---|---|---|
| $u_i$ | $\pi D$ | $\pi d$ |

注：$l_i$ 对于软土取低值，对于卵石、砾石取高值；$l_i$ 取值按内摩擦角增大而增加。

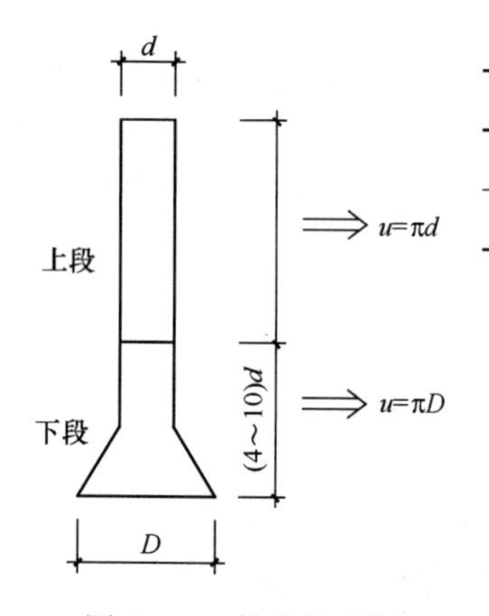


图 8.4-3　扩底桩破坏表面周长示意

抗拔系数　　表 8.4-3

| 土类 | λ（$l/d<20$ 时，λ 取小值） |
|---|---|
| 砂土 | 0.5～0.7 |
| 黏性土、粉土 | 0.7～0.8 |

注：1. 注意群桩基础在水位以下时，取浮重度 $\gamma'$ 进行计算；
2. 应注意考题中需要计算的是基桩拔力 $N_k$，还是抗拔极限承载力标准值 $T_{gk}$、$T_{uk}$。

2）抗冻拔桩基承载力验算（计算简图见图 8.4-4）

（1）整体破坏

$$\eta_f q_f u z_0 \leqslant T_{gk}/2 + N_G + G_{gp}$$

（2）非整体破坏

$$\eta_f q_f u z_0 \leqslant T_{uk}/2 + N_G + G_p$$

式中：$\eta_f$ ——冻深影响系数；

$q_f$ ——切向冻胀力；

$z_0$ ——季节性冻土的标准冻深；

$T_{gk}$ ——标准冻深线以下群桩呈整体破坏时，基桩抗拔极限承载力标准值；

$$T_{gk} = \frac{1}{n} u_l \sum \lambda_i q_{sik} l_{ei}$$

$T_{uk}$ ——标准冻深线以下单桩呈整体破坏时，基桩抗拔极限承载力标准值；

$$T_{uk} = \sum \lambda_i q_{sik} u_i l_{ei}$$

$N_G$ ——基桩承受的桩承台底面以上建筑物自重、承台及其上土重标准值。

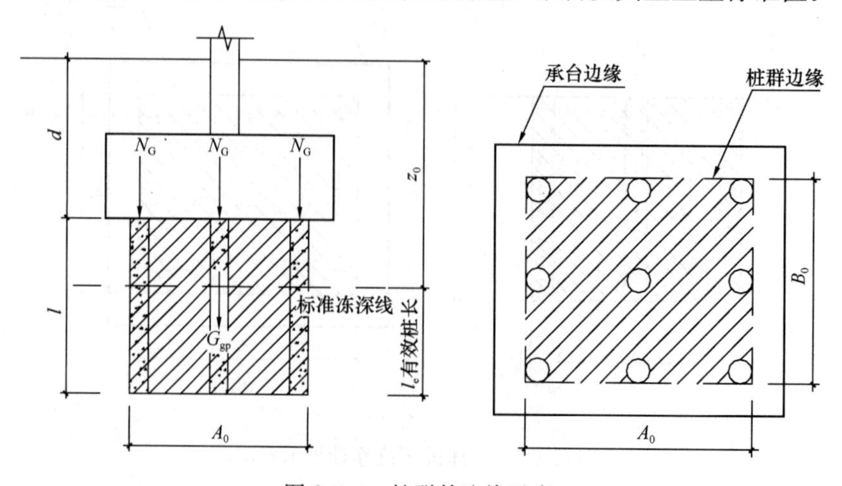


图 8.4-4　桩群外边缘示意

3）抗胀拔桩基承载力验算

（1）整体破坏

$$u\sum q_{ei}l_{ei} \leqslant T_{gk}/2 + N_G + G_{gp}$$

（2）非整体破坏

$$u\sum q_{ei}l_{ei} \leqslant T_{uk}/2 + N_G + G_p$$

**3. 历年真题解析**

**【例 8.4.5】** 2018 下午 3 题

某地下水池采用钢筋混凝土结构，平面尺寸 6m×12m，基坑支护采用直径 600mm 钻孔灌注桩结合一道钢筋混凝土内支撑联合挡土，地下结构平面、剖面及土层分布如图 2018-3所示，土的饱和重度按天然重度采用。

**提示：**不考虑主动土压力增大系数。

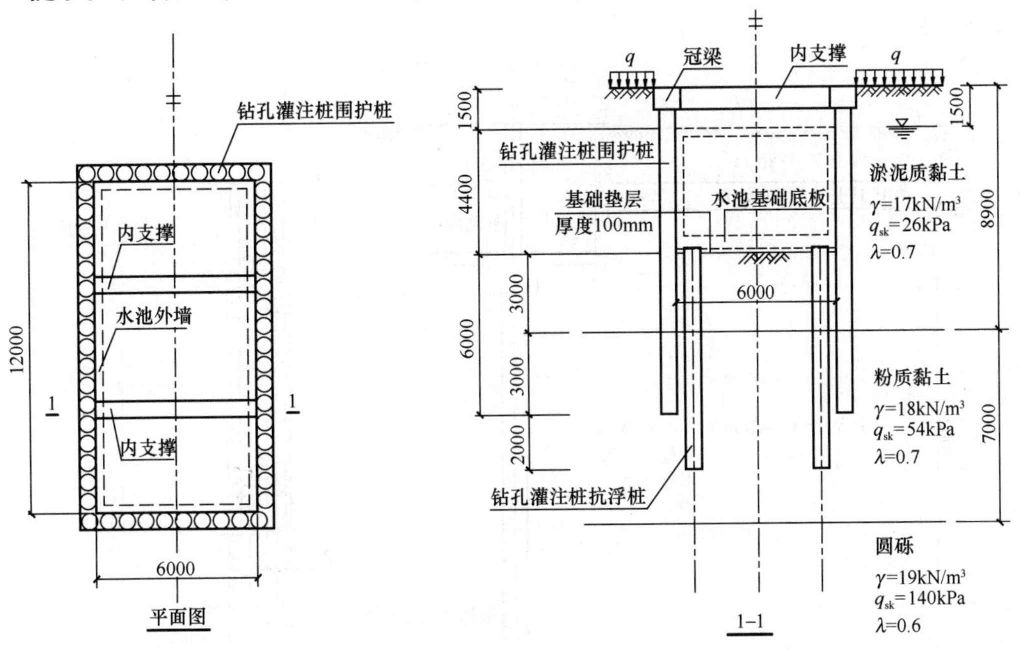


图 2018-3

假定，地下结构顶板施工完成后，降水工作停止，水池自重 $G_k$ 为 1600kN，设计拟采用直径 600mm 钻孔灌注桩作为抗浮桩，各层地基土的承载力参数及抗拔系数 λ 见图 2018-3。试问，为满足地下结构抗浮，按群桩呈非整体破坏考虑，需要布置的抗拔桩最少数量（根），与下列何项数值最为接近？

**提示：**① 桩的重度取 25kN/m³；

② 不考虑围护桩的作用。

（A）4　　（B）5　　（C）7　　（D）10

**【答案】**（C）

（1）根据《桩规》5.4.5 条及式（5.4.6-1），有：

$$T_{uk} = \sum\lambda_i q_{sik} u_i l_i = 3.14\times0.6\times（0.7\times26\times3.1 + 0.7\times54\times5）= 462.4\text{kN}$$

$$G_p = 3.14\times0.3^2\times8.1\times(25-10) = 34.3\text{kN}$$

单桩抗拔承载力＝462.4/2＋34.3＝265.5kN

（2）水池浮力 $N_w$＝6×12×4.3×10＝3096kN。

（3）根据《桩规》5.4.5 条及《地规》5.4.3 条：

$$265\times n+1600=3096\times1.05$$

解得 $n$＝6.2，取 7 根。

**【例 8.4.6】** 2012 下午 7 题

某工程由两幢 7 层主楼及地下车库组成，统一设一层地下室，采用钢筋混凝土框架结构体系，桩基础。工程桩采用泥浆护壁旋挖成孔灌注桩，桩身纵筋锚入承台内 800mm，主楼桩基础采用一柱一桩的布置形式，桩径 800mm，有效桩长 26m，以碎石土层作为桩端持力层，桩端进入持力层 7m；地基中分布有厚度达 17m 的淤泥，其不排水抗剪强度为 9kPa。主楼局部基础剖面及地质情况如图 2012-7 所示，地下水位稳定于地面以下 1m，$\lambda$ 为抗拔系数。

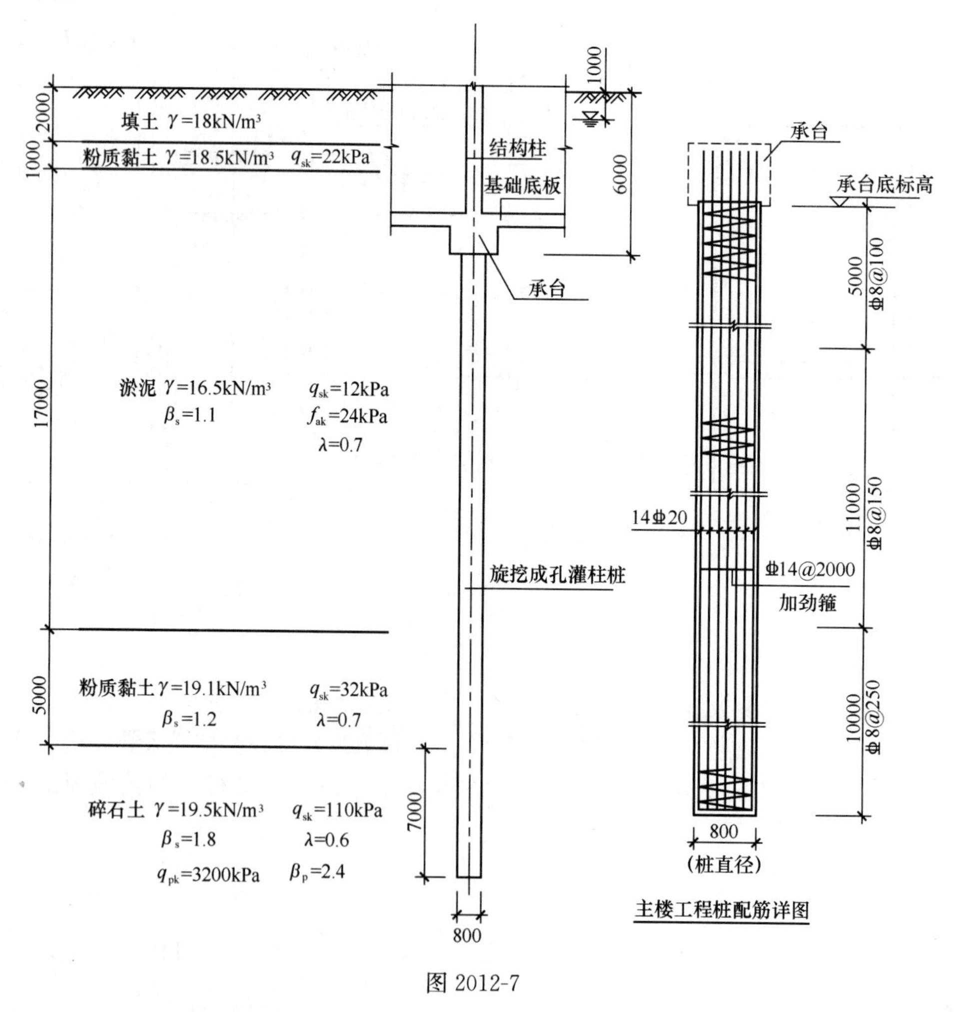


图 2012-7

**提示：** 按《建筑桩基技术规范》JGJ 94—2008 作答。

主楼范围以外的地下室工程桩均按抗拔桩设计，一柱一桩，抗拔桩未采取后注浆措施。已知抗拔桩的桩径、桩顶标高及桩底标高同图 2012-7 所示的承压桩（重度为 25kN/m³）。

试问，为满足地下室抗浮要求，荷载效应标准组合时，基桩允许拔力最大值（kN）与下列何项数值最为接近？

**提示：** 单桩抗拔极限承载力标准值可按土层条件计算。

(A) 850　　(B) 1000　　(C) 1700　　(D) 2000

**【答案】** (B)

根据《桩规》式（5.4.6-1）：

$$T_{uk}=\sum\lambda_i q_{sik}u_i l_i=3.14\times0.8\times(0.7\times12\times14+0.7\times32\times5+0.6\times110\times7)=1737.3\text{kN}$$

$$G_p=\frac{\pi}{4}\times0.8^2\times26\times(25-10)=195.9\text{kN}$$

$$N_k\leqslant\frac{1737.3}{2}+195.9=1064\text{kN}$$

**【编者注】** (1) 计算桩侧土对竖向抗拔承载力特征值的贡献时，安全系数取2.0。

(2) 桩身自重的变异性较小，不考虑安全系数；地下水位以下应扣除水浮力，采用桩的浮重度。

**【例 8.4.7】** 2020下午10题

7度抗震设防区某建筑工程，上部结构采用框架结构，设一层地下室，采用预应力混凝土空心管桩基础，承台下普遍布桩3～5根，桩型为AB型，桩径400mm，壁厚95mm，无柱尖，桩基环境类别为三类，场地地下潜水水位标高为−0.500～−1.500m，③粉土中承压水水位标高为−5.000m。局部基础面及场地上分层情况如图2020-10所示。

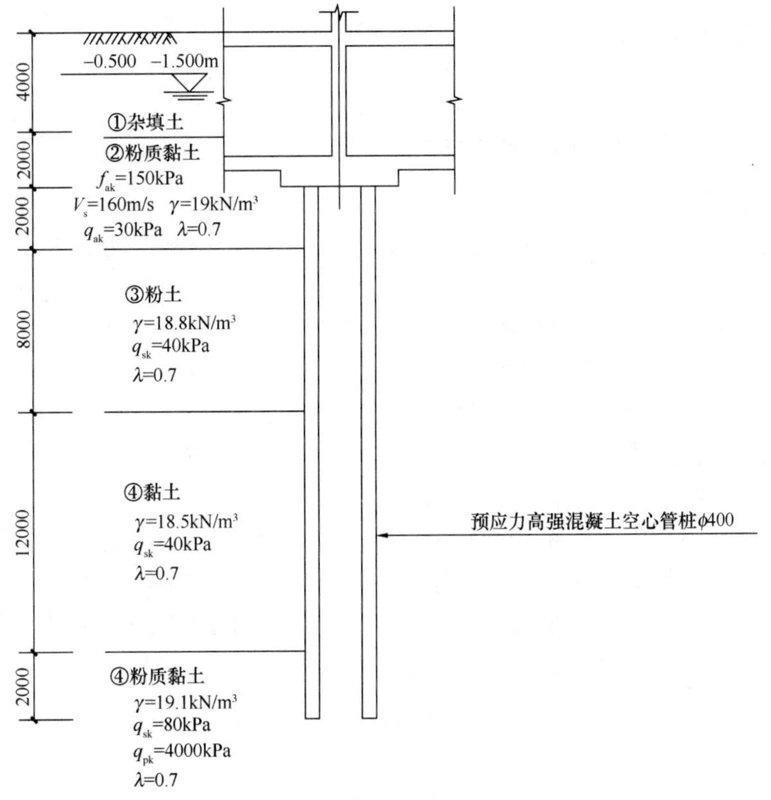


图 2020-10

假定，桩基设计等级为丙级，不考虑地震作用，抗拔系数 $\lambda$ 如图 2020-10 所示，扣除全部预应力损失后的管桩混凝土有效预压应力 $\sigma_{pc}=4.9\text{MPa}$，桩每米自重 2.49kN。试问，结构抗浮验算时，相应于作用效应标准组合的基桩允许拔力最大值（kN），与下列何项数值最为接近？

**提示**：① 不考虑群桩整体破坏；

② 桩节之间连接、桩与承台连接及桩身预应力主筋不起控制作用；

③ 根据《建筑桩基技术规范》JGJ 94—2008 作答。

(A) 400　　(B) 440　　(C) 480　　(D) 520

**【答案】**(B)

根据《桩规》5.4.5 条、5.4.6 条：

$$T_{uk}=\Sigma\lambda_i q_{sik}u_i l_i=0.7\times\pi\times0.4\times(30\times2+40\times8+40\times12+80\times2)=896.8\text{kN}$$

$$G_p=24\times(2.49-10\times0.25\pi\times0.4^2)=29.6\text{kN}$$

$$N_k\leqslant\frac{T_{uk}}{2}+G_p=\frac{896.9}{2}+29.6=478\text{kN}$$

根据《桩规》3.5.3 条，桩基环境类别为三类，预应力混凝土桩裂缝控制等级为一级。

根据《桩规》5.8.8 条，裂缝控制等级为一级，$\sigma_{ck}-\sigma_{pc}\leqslant0$，即

$$N_{ck}\leqslant\sigma_{ck}A=4.9\times\frac{\pi}{4}\times(400^2-210^2)\times10^{-3}=445.8\text{kN}$$

# 8.5 桩基沉降计算

## 8.5.1 桩中心距不大于 6 倍桩径的桩基

### 1. 主要的规范规定

1)《桩规》5.5.6 条：对于桩中心距不大于 6 倍桩径的桩基，其最终沉降量计算可采用等效作用分层总和法。

2)《桩规》5.5.7 条：计算矩形桩基中点沉降时，桩基沉降量的简化计算公式。

3)《桩规》5.5.8 条：桩基沉降计算深度 $z_n$ 应按应力比法确定。

4)《桩规》5.5.11 条：桩基沉降计算经验系数 $\psi$ 的确定。

### 2. 对规范规定的理解

1) 沉降量计算

对于桩中心距不大于 6 倍桩径的桩基，其最终沉降量计算可采用等效作用分层总和法。等效作用面位于桩端平面，等效作用面积为桩承台投影面积，等效作用附加压力近似取承台底平均附加压力。等效作用面以下的应力分布采用各向同性均质直线变形体理论，桩基中点最终沉降量可用角点法按下式计算（矩形桩基承台，如图 8.5-1 所示）：

$$s=\psi\cdot\psi_e\cdot s'=4\cdot\psi\cdot\psi_e\cdot p_0\sum_{i=1}^{n}\frac{z_i\bar{\alpha}_i-z_{i-1}\bar{\alpha}_{i-1}}{E_{si}}$$

$$\psi_e=C_0+\frac{n_b-1}{C_1(n_b-1)+C_2}$$

$$n_b = \sqrt{n \cdot B_c / L_c}$$

当布桩不规则时，等效距径比可按下列公式近似计算：

圆形桩：$s_a/d = \sqrt{A}/(\sqrt{n} \cdot d)$

方形桩：$s_a/d = 0.886\sqrt{A}/(\sqrt{n} \cdot b)$

注：(1) 查表求角点平均附加应力系数时，注意 $b$ 取承台宽度的一半。

(2) $P_0$ 实际应取桩端处附加压力，但此处近似取承台底平均附加应力，两者相差不大。

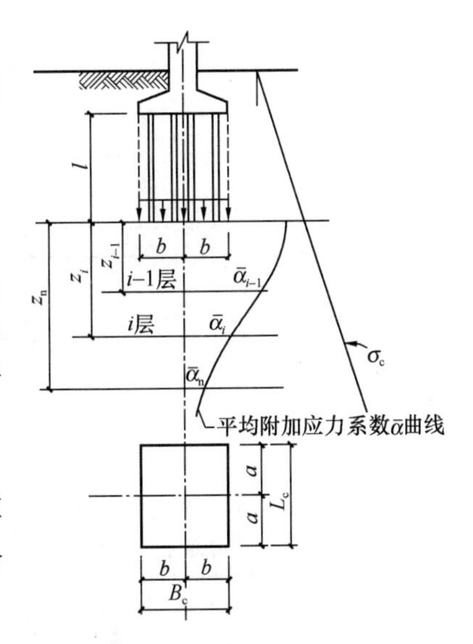

图 8.5-1 桩基沉降计算示意

2) 沉降量计算深度（应力比法）

桩基沉降计算深度 $z_n$ 应按应力比法确定，即计算深度处的附加应力 $\sigma_z$ 与土的自重应力 $\sigma_c$ 应符合下列公式要求：

$$\sigma_z \leqslant 0.2\sigma_c$$

$$\sigma_z = \sum_{j=1}^{m} \alpha_j p_{0j}$$

注：此处沉降计算深度自桩底算起，减沉复合疏桩基础沉降计算深度自承台底算起；$\sigma_c$ 为土层自重应力，从地面算起。

**3. 历年真题解析**

**【例 8.5.1】** 2014 下午 14 题

某地基基础设计等级为乙级的柱下桩基础，承台下布置有 5 根边长为 400mm 的 C60 钢筋混凝土预制方桩。框架柱截面尺寸为 600mm×800mm，承台及其以上土的加权平均重度 $\gamma_0$ =20kN/m$^3$。承台平面尺寸、桩位布置等如图 2014-14 所示。

假定，荷载效应准永久组合时，承台底的平均附加压力值 $P_0$=400kPa，桩基等效沉降系数 $\psi_e$ =0.17，第⑥层中粗砂在自重压力至自重压力加附加压力之压力段的压缩模量 $E_s$=17.5MPa，桩基沉降计算深度算至第⑦层片麻岩层顶面。试问，按照《建筑桩基技术规范》JGJ 94—2008 的规定，当桩基沉降经验系数无当地可靠经验且不考虑邻近桩基影响时，该桩基中心点的最终沉降量计算值 $s$ (mm)，与下列何项数值最为接近？

**提示：** 矩形面积上均布荷载作用下角点平均附加应力系数 $\bar{\alpha}$ 见表 2014-14。

**平均附加应力系数 $\bar{\alpha}$** **表 2014-14**

| $z/b$ | $a/b$ | | |
|---|---|---|---|
| | 1.6 | 1.71 | 1.8 |
| 3 | 0.1556 | 0.1576 | 0.1592 |
| 4 | 0.1294 | 0.1314 | 0.1332 |
| 5 | 0.1102 | 0.1121 | 0.1139 |
| 6 | 0.0957 | 0.0977 | 0.0991 |

注：$a$—矩形均布荷载长度 (m)；$b$—矩形均布荷载宽度 (m)；$z$—计算点离桩端平面的垂直距离 (m)。

(A) 10 (B) 13 (C) 20 (D) 26

**【答案】** (A)

根据《桩规》5.5.7 条及 5.5.11 条计算。

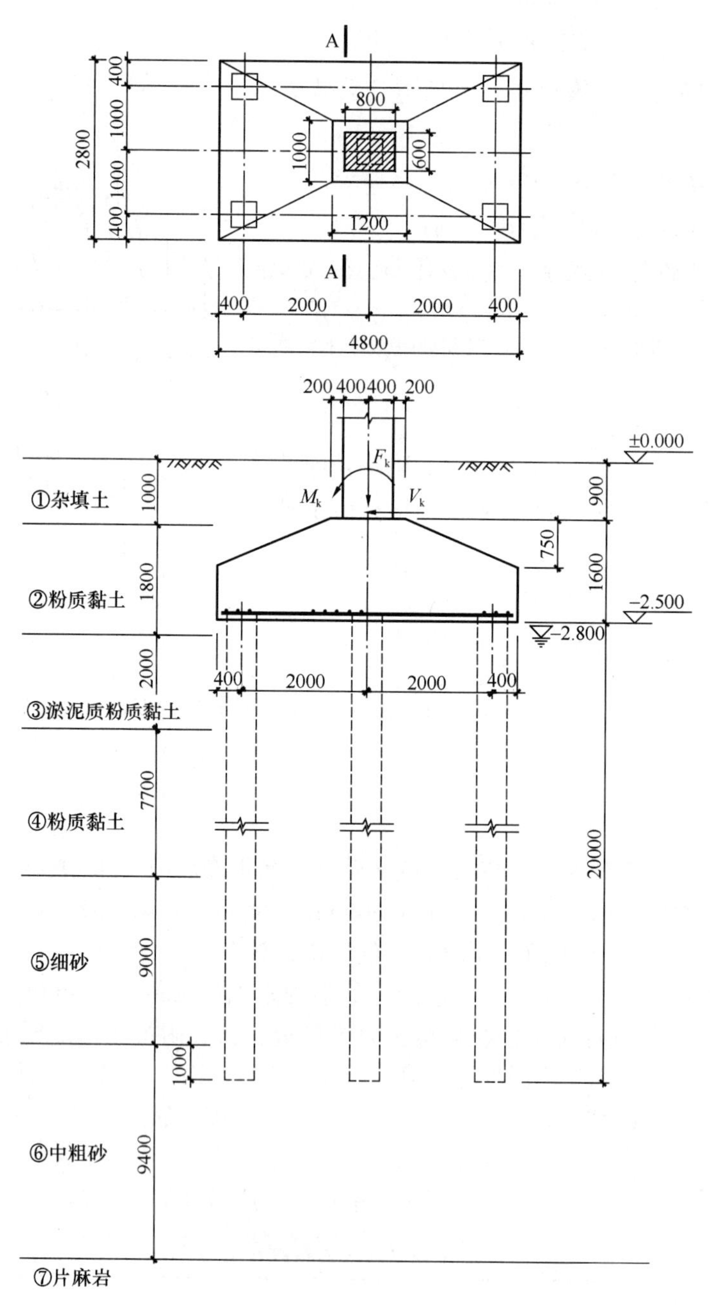


图 2014-14

$a/b = 2.4/1.4 = 1.71$，$z/b = 8.4/1.4 = 6$，查表得：$\bar{a} = 0.0977$。

$E_s = 17.5\text{MPa}$，$\psi = (0.9 + 0.65)/2 = 0.775$，则

$$
\begin{aligned}
s &= 4 \cdot \psi \cdot \psi_e \cdot p_0 \sum_{i=1}^{n} \frac{z_i \bar{a}_i - z_{i-1} \bar{a}_{i-1}}{E_{si}} \\
&= 4 \times 0.775 \times 0.17 \times 400 \times 8.4 \times 0.0977/17.5 \\
&= 9.9\text{mm}
\end{aligned}
$$

**【例 8.5.2】** 2013 下午 16 题

下列关于《建筑桩基技术规范》JGJ 94—2008 中桩基等效沉降系数 $\psi_e$ 的各种叙述中，

何项是正确的?

（A）按 Mindlin 解计算沉降量与实测沉降量之比

（B）按 Boussinesq 解计算沉降量与实测沉降量之比

（C）按 Mindlin 解计算沉降量与按 Boussinesq 解计算沉降量之比

（D）非软土地区桩基等效沉降系数取 1

**【答案】**（C）

根据《桩规》5.5.9 条及条文说明的解释，桩基等效沉降系数 $\psi_e$ 按 Mindlin 解计算沉降量与按 Boussinesq 解计算沉降量之比，故（C）为正确选项。

**【例 8.5.3】** 2021 下午 13 题

某安全等级为二级的办公楼，框架柱截面尺寸为 1250×1000，柱下采用 8 桩承台，桩基础为 PHC 管桩，管桩外径 600mm，管桩壁厚 110mm，桩长 30m，为摩擦桩，基础及基底以上填土的加权平均重度为 20kN/m$^3$，地下水位标高－4m，不考虑抗震。基础平面、剖面及部分土层参数如图 2021-13 所示。

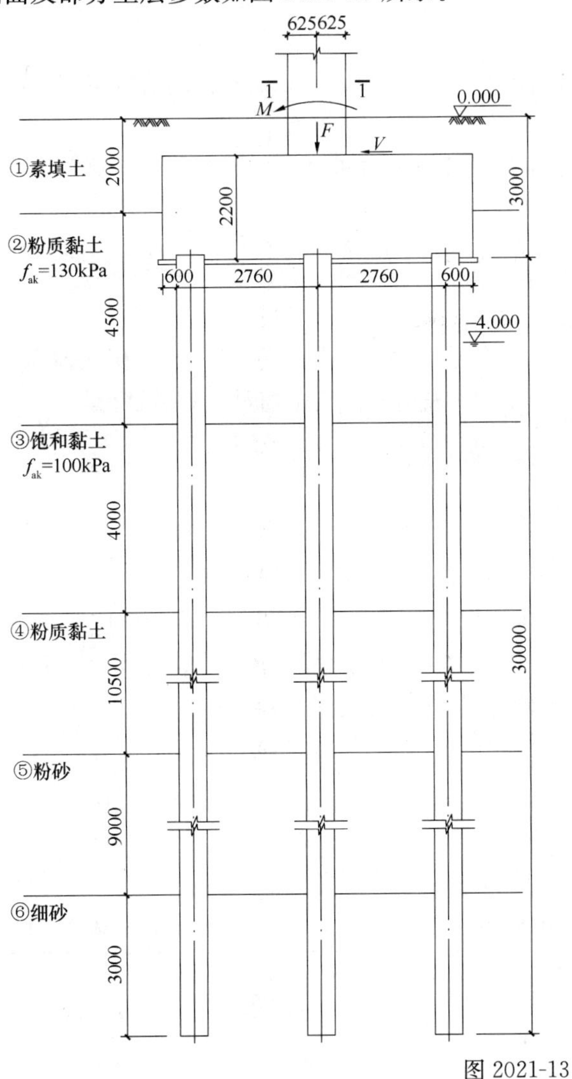


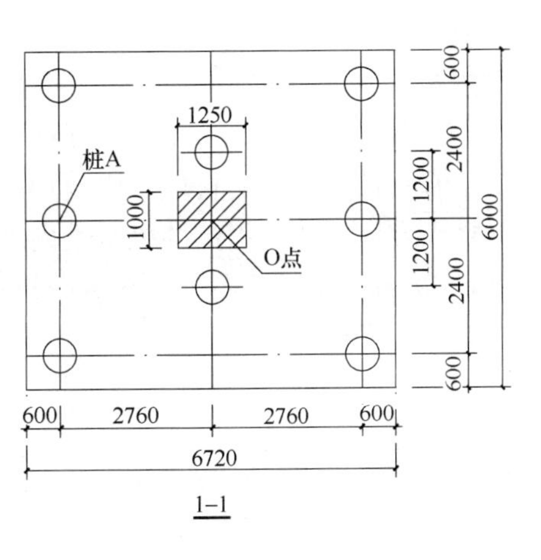


图 2021-13

按分层总和法计算桩基沉降量时，已知 $C_0=0.041$，$C_1=1.66$，$C_2=10.14$。试问，计算的群桩距径比 $s_a/d$ 和桩基等效沉降系数 $\psi_e$ 与下列何项数值最为接近？

(A) 3.25，0.2 (B) 3.75，0.17 (C) 3.25，0.17 (D) 3.75，0.2

**【答案】**(B)

**【解题】**

属于非规则布桩，根据《桩规》5.5.10条，距径比 $\frac{s_a}{d}=\frac{\sqrt{A}}{\sqrt{n}\cdot d}=\frac{\sqrt{6\times 6.72}}{\sqrt{8}\times 0.6}=3.74$。

根据《桩规》5.5.9条：

$$n_b=\sqrt{n\frac{B_c}{L_c}}=\sqrt{8\times\frac{6}{6.72}}=2.67>1$$

$$\psi_e=C_0+\frac{n_b-1}{C_1(n_b-1)+C_2}=0.041+\frac{2.67-1}{1.66\times(2.67-1)+10.14}=0.17$$

### 8.5.2 单桩、单排桩、梳桩基础

**1. 主要的规范规定**

1)《桩规》5.5.14条：对于单桩、单排桩、桩中心距大于6倍桩径的疏桩基础的沉降计算应符合下列规定。

2)《桩规》5.5.15条：对于单桩、单排桩、疏桩复合桩基础的最终沉降计算深度 $z'_n$。

**2. 对规范规定的理解**

单桩、单排桩、桩中心距大于6倍桩径的疏桩基础的沉降计算包括两部分：桩身压缩量和桩端土的压缩量。

在桩顶附加荷载作用下，桩身压缩模量 $s_e$

由基桩荷载引起的桩端土内附加应力<br>由承台底土压力引起的桩端土内附加应力 } ⇒ 桩端地基土压缩量

} ⇒ 二者相加即为最终沉降量

1) 承台底地基土不分担荷载的桩基沉降计算步骤。

(1) 桩身压缩量

$$s_e=\xi_e\frac{Q_j l_j}{E_c A_{ps}}$$

式中：$Q_j$ ——第 $j$ 桩在荷载效应准永久组合作用下（对于复合桩基应扣除承台底土分担荷载），桩顶的附加荷载（kN）；当地下室埋深超过5m时，取荷载效应准永久组合作用下的总荷载为考虑回弹再压缩的等代附加荷载；

$l_j$ ——第 $j$ 桩桩长；

$A_{ps}$ ——桩身截面面积；

$E_c$ ——桩身混凝土的弹性模量；

$\xi_e$ ——桩身压缩系数，可查表8.5-1确定。

**桩身压缩系数** **表8.5-1**

| 桩型 | 端承桩 | 摩擦桩 | | |
|---|---|---|---|---|
| | | $l/d\leqslant 30$ | $30<l/d<50$ | $l/d\geqslant 50$ |
| 桩身压缩系数 | 1.0 | 2/3 | 内插取值 | 1/2 |

（2）水平面影响范围内各基桩对应力计算点处产生的附加应力

$$\sigma_{zi}=\sum_{j=1}^{m}\frac{Q_j}{l_j^2}[\alpha_j I_{p,ij}+(1-\alpha_j)I_{s,ij}]$$

式中：$\sigma_{zi}$——水平面影响范围内各基桩对应力计算点桩端平面以下第 $i$ 层土 1/2 厚度处产生的附加竖向应力之和；应力计算点应取与沉降计算点最近的桩中心点。

（3）桩基的最终沉降量

$$s=\psi\sum_{i=1}^{n}\frac{\sigma_{zi}}{E_{si}}\Delta z_i+s_e$$

2）承台底地基土分担荷载的复合桩基沉降计算步骤。

（1）桩身压缩量

$$s_e=\xi_e\frac{Q_j l_j}{E_c A_{ps}}$$

（2）水平面影响范围内各基桩对应力计算点处产生的附加应力 $\sigma_{zi}$

（3）承台压力对应力计算点处产生的附加应力 $\sigma_{zci}$

承台压力对应力计算点桩端平面以下第 $i$ 计算土层 1/2 厚度处产生的应力；可将承台板划分为 $u$ 个矩形块，可按《桩规》附录 D 采用角点法计算；

$$\sigma_{zci}=\sum_{k=1}^{u}\alpha_{ki}\cdot p_{c,k}$$

（4）桩基的最终沉降量

$$s=\psi\sum_{i=1}^{n}\frac{\sigma_{zi}+\sigma_{zci}}{E_{si}}\Delta z_i+s_e$$

**3. 历年真题解析**

**【例 8.5.4】** 2016 下午 8 题

某多层框架结构，拟采用一柱一桩人工挖孔桩基础 ZJ-1，桩身内径 $d$=1.0m，护壁采用振捣密实的混凝土，厚度为 150mm，以⑤层硬塑状黏土为桩端持力层，基础剖面及地基土层相关参数见图 2016-8（图中 $E_s$ 为土的自重压力至土的自重压力与附加压力之和的压力段的压缩模量）。

**提示：** 根据《建筑桩基技术规范》JGJ 94—2008 作答；粉质黏土可按黏土考虑。

假定，桩 A 采用直径为 1.5m、有效桩长为 15m 的等截面旋挖桩。在荷载效应准永久组合作用下，桩顶附加荷载为 4000kN。不计桩身压缩变形，不考虑相邻桩的影响，承台底地基土不分担荷载。试问，当基桩的总桩端阻力与桩顶荷载之比 $\alpha_j=0.6$ 时，基桩的桩身中心轴线上、桩端平面以下 3.0m 厚压缩层（按一层考虑）产生的沉降量 $s$（mm），与下列何项数值最为接近？

**提示：** ① 根据《建筑桩基技术规范》JGJ 94－2008 作答；

②沉降计算经验系数 $\psi=0.45$，$I_{p,11}=15.575$，$I_{s,11}=2.599$。

(A) 10.0　　(B) 12.5　　(C) 15.0　　(D) 17.5

**【答案】**(C)

根据《桩规》5.5.14 条、式（5.5.14-1）、式（5.5.14-2）计算。

$Q_1$=4000kN，$\alpha_1$=0.6。故

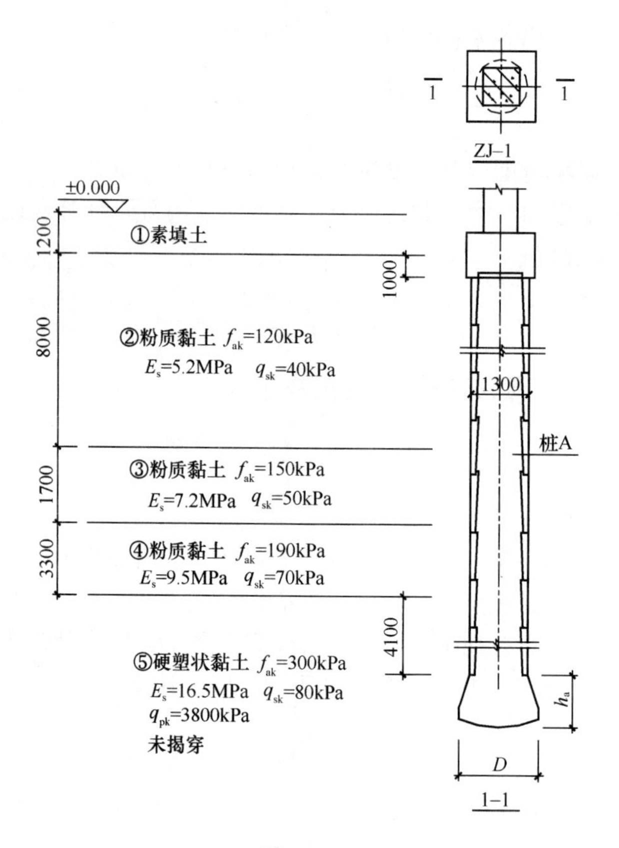


图 2016-8

$$\sigma_{z1}=\frac{4000}{15^2}[\alpha_1 I_{p,11}+(1-\alpha_1)I_{s,11}]=17.78\times(0.6\times15.575+0.4\times2.599)$$
$$=184.64\text{kPa}$$

$$s=\psi\frac{\sigma_{z1}}{E_{s1}}\Delta_{z1}=0.45\times\frac{184.64}{16500}\times3.0\times1000=15.11\text{mm}$$

## 8.6 软土地基减沉复合梳桩基础

**1. 主要的规范规定**

1）《桩规》5.6.1 条：减沉复合疏桩基础承台面积和桩数的确定。

2）《桩规》5.6.2 条：减沉复合疏桩基础中点沉降计算。

**2. 对规范规定的理解**

1）承台面积和桩数的确定

当软土地基上多层建筑，地基承载力基本满足要求（以底层平面面积计算）时，可设置穿过软土层进入相对较好土层的疏布摩擦型桩，由桩和桩间土共同分担荷载。

桩基承台总净面积：

$$A_c=\xi\frac{F_k+G_k}{f_{ak}}$$

基桩数：

$$n \geqslant \frac{F_k + G_k - \eta_c f_{ak} A_c}{R_a}$$

式中：$G_k$ ——桩基承台和承台上土自重标准值，水下应扣除浮力作用；

$f_{ak}$ ——承台底地基土承载力特征值。

2）基础中点的沉降计算步骤

（1）承台底地基土附加应力作用产生的沉降 $s_s$

$$p_0 = \eta_p \frac{F - nR_a}{A_c}$$

$$s_s = 4p_0 \sum_{i=1}^{m} \frac{z_i \bar{\alpha}_i - z_{(i-1)} \bar{\alpha}_{(i-1)}}{E_{si}}$$

式中：$F$ ——荷载效应准永久值组合下，作用于承台底的总附加荷载；

$$F = (F_k + G_k) - \gamma_m \cdot d \cdot A$$

$\bar{\alpha}_i$ ——平均附加应力系数；

等效承台宽度 $B_c = \frac{B \cdot \sqrt{A_c}}{L} \Rightarrow b = \frac{B_c}{2}$

等效承台长度 $L_c = \frac{L \cdot \sqrt{A_c}}{L} \Rightarrow a = \frac{L_c}{2}$

由承台底算起，第 $i$ 层底埋深

$\Rightarrow$ 角点法：长宽比：$\frac{a}{b}$；深宽比：$\frac{z_i}{b}$ $\Rightarrow$ 查规范附录 D

$\eta_p$ ——基桩刺入变形影响系数；按桩端持力层土质确定，砂土为 1.0，粉土为 1.15，黏性土为 1.30。

（2）桩土相互作用产生的沉降 $s_{sp}$

$$s_{sp} = 280 \frac{\bar{q}_{su}}{\bar{E}_s} \cdot \frac{d}{(s_a/d)^2}$$

式中：$\bar{q}_{su}$、$\bar{E}_s$ ——桩身范围内按厚度加权的平均桩侧极限摩阻力、平均压缩模量；

$s_a/d$ ——等效距径比，计算如表 8.6-1 所示。

**等效距径比计算** **表 8.6-1**

| | |
|---|---|
| 正方形布桩 | 圆桩（$d$）：$s_a/d$ 直接按图计算使用 |
| | 方桩（$d$）：$s_a/d = s_a/(1.128 \cdot b)$ |
| 非正方形布桩 | 圆桩（$d$）：$s_a/d = \sqrt{A}/(\sqrt{n} \cdot d)$ |
| | 方桩（$d$）：$s_a/d = 0.886\sqrt{A}/(\sqrt{n} \cdot b)$ |

（3）减沉复合梳桩基础沉降 $s$

$$s = \psi(s_s + s_{sp})$$

**3. 历年真题解析**

**【例 8.6.1】** 2014 下午 9 题

某多层框架结构办公楼采用筏形基础，$\gamma_0 = 1.0$，基础平面尺寸为 39.2m×17.4m。基础埋深为 1.0m，地下水位标高为－1.0m，地基土层及有关岩土参数见图 2014-9。初步设计时考虑三种地基基础方案：方案一，天然地基方案；方案二，桩基方案；方案三，减沉复合疏桩方案。

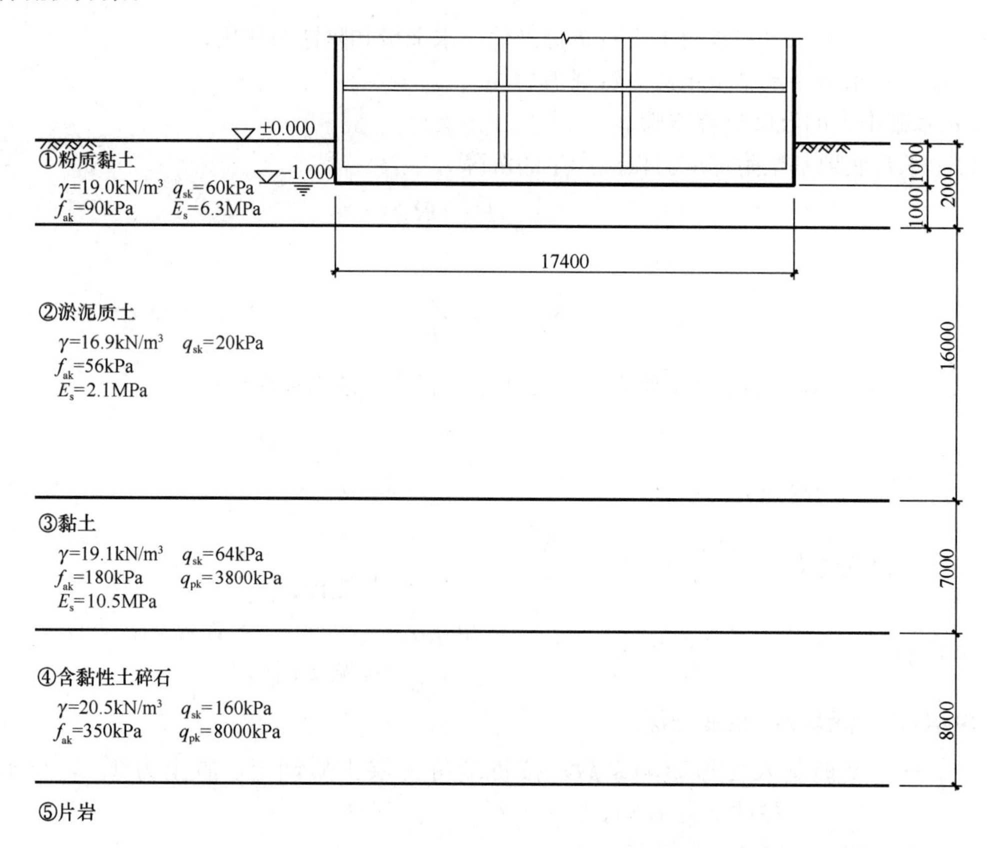


图 2014-9

采用方案三时，在基础范围内较均匀布置 52 根 250mm×250mm 的预制实心方桩，桩长（不含桩尖）为 18m，桩端进入第③层土 1m。假定，方桩的单桩承载力特征值 $R_a$ 为 340kN，相应于荷载效应准永久组合时，上部结构与筏板基础总的竖向力为 43750kN。试问，按《建筑桩基技术规范》JGJ 94—2008 的规定，计算由筏基底地基土附加压力作用下产生的基础中点的沉降 $s_s$ 时，假想天然地基平均附加压力 $p_0$ (kPa)，与下列何项数值最为接近？

(A) 15　　(B) 25　　(C) 40　　(D) 50

**【答案】**(B)

根据《桩规》5.6.2 条计算。

$\eta_p=1.3$，$F=43750-39.2\times17.4\times19=30790$kN，代入得：

$$p_0=\eta_p\frac{F-nR_a}{A_c}=1.3\times\frac{30790-52\times340}{39.2\times17.4-52\times0.25\times0.25}=25.1\text{kPa}$$

**【例 8.6.2】** 2014 下午 10 题

基本题干同例 8.6.1，试问，按《建筑桩基技术规范》JGJ 94—2008 的规定，计算筏基中心点的沉降时，由桩土相互作用产生的沉降 $s_{sp}$（mm），与下列何项数值最为接近？

(A) 5　　(B) 15　　(C) 25　　(D) 35

**【答案】**（A）

根据《桩规》5.6.2 条、《桩规》5.5.10 条计算。

$$\bar{q}_{su}=(60+20\times16+64)/18=24.7\text{kPa}$$

$$\bar{E}_s=(6.3+2.1\times16+10.5)/18=2.8\text{MPa}$$

$$s_a/d=0.886\sqrt{A}/(\sqrt{n}\cdot b)=0.886\sqrt{39.2\times17.4}/(\sqrt{52}\times0.25)=12.8$$

$$s_{sp}=280\frac{\bar{q}_{su}}{\bar{E}_s}\cdot\frac{d}{(s_a/d)^2}=280\times\frac{24.7}{2.8}\times\frac{(1.27\times0.25)}{(12.8)^2}=4.8\text{mm}$$

## 8.7 桩基水平承载力与位移计算

### 8.7.1 单桩基础

**1. 主要的规范规定**

《桩规》5.7.2 条：单桩的水平承载力特征值的确定。

**2. 对规范规定的理解**

单桩水平承载力 $R_{ha}$ 的确定参见表 8.7-1。

**单桩水平承载力特征值 $R_{ha}$ 的确定**　　**表 8.7-1**

<table>
<tr><td>受水平荷载较大的甲、乙级桩基</td><td colspan="2">通过单桩水平静载荷试验</td></tr>
<tr><td rowspan="3">钢筋混凝土预制桩、钢桩、$\rho_g\geq0.65\%$的灌注桩</td><td rowspan="2">根据水平静载荷试验结果，取地面水平位移Δ所对应荷载的75%</td><td>一般建筑物：Δ=10mm（需调整）</td></tr>
<tr><td>对水平位移敏感的建筑物：Δ=6mm（需调整）</td></tr>
<tr><td>无试验资料时</td><td>按式（5.7.2-2）估算（不调整）：$R_{ha}=0.75\frac{\alpha^3EI}{\nu_x}\chi_{0a}$</td></tr>
<tr><td rowspan="2">$\rho_g<0.65\%$的灌注桩</td><td>有试验资料时</td><td>取单桩水平静载试验的临界荷载的75%（需调整）</td></tr>
<tr><td>无试验资料时</td><td>按式（5.7.2-1）估算（需调整）：$R_{ha}=\frac{0.75\alpha\gamma_m f_t W_0}{\nu_M}(1.25+22\rho_k)\left(1\pm\frac{\zeta_N N_k}{\gamma_m f_t A_n}\right)$</td></tr>
<tr><td>调整</td><td colspan="2">永久荷载控制：$R_{ha}\times0.8$<br>地震作用：$R_{ha}\times1.25$</td></tr>
</table>

（1）式（5.7.2-1）

$$R_{ha}=\frac{0.75\alpha\gamma_m f_t W_0}{\nu_M}(1.25+22\rho_k)\left(1\pm\frac{\zeta_N N_k}{\gamma_m f_t A_n}\right)$$

式中：$R_{ha}$——单桩水平承载力特征值，±号根据桩顶竖向力的性质确定，压力取"+"，拉力取"-"；

$\alpha$——桩的水平变形系数，$\alpha=\sqrt[5]{\frac{mb_0}{EI}}$；

圆形$\begin{cases}W_0=\frac{\pi d}{32}[d^2+2(\alpha_E-1)\rho_g d_0^2]\\A_n=\frac{\pi d^2}{4}[1+(\alpha_E-1)\rho_g]\\\gamma_m=2, d'_0=d-2c_{保护层厚度}\end{cases}$ 方形$\begin{cases}W_0=\frac{b}{6}[b^2+2(\alpha_E-1)\rho_g b_0^2]\\A_n=b^2[1+(\alpha_E-1)\rho_g]\\\gamma_m=1.75, b'_0=b-2c_{保护层厚度}\end{cases}$

$\zeta_N$——桩顶竖向力影响系数，竖向压力取0.5，拉力取1.0；

$\nu_M$——桩身最大弯矩系数，查《桩规》表5.7.2。

（2）式（5.7.2-2）

$$R_{ha}=0.75\frac{\alpha^3 EI}{\nu_x}\chi_{0a}$$

式中：$EI$——桩身抗弯刚度，对于钢筋混凝土桩，$EI=0.85E_cI_0$，$E_c$为混凝土弹性模量，$I_0=\begin{cases}W_0d_0/2\\W_0b_0/2\end{cases}$；

$\chi_{0a}$——桩顶允许水平位移；

$\nu_x$——桩顶水平位移系数，查《桩规》表5.7.2。

（3）验算

$$H_{ik}=\frac{H_k}{n}\leqslant R_{ha}$$

**3. 历年真题解析**

**【例8.7.1】**2019下午10题

某8度设防地区建筑，未设地下室，采用水下成孔混凝土灌注桩，桩径800mm，混凝土强度等级C40，桩长30m，桩底端进入强风化片麻岩，桩基按位于腐蚀环境设计。基础形式采用独立桩承台，承台间设连系梁，桩基础及土层剖面如图2019-10所示。

图2019-10

假定桩顶固接，桩身配筋率$\rho=0.7\%$，桩身抗弯刚度$4.33\times10^5$ kN·m²，桩侧土水平抗力系数的比例系数$m=4$MN/m⁴，桩水平承载力由水平位移控制，允许位移为10mm。试问，初步设计时，按《建筑桩基技术规范》JGJ 94—

2008，估算考虑地震作用组合的桩基单桩水平承载力特征值（kN），与下列何项数值最为接近？

(A) 161　　(B) 201　　(C) 270　　(D) 330

**【答案】**(C)

(1) 根据《桩规》式（5.7.5）：

$$b_0 = 0.9 \times (1.5 \times 0.8 + 0.5) = 1.53\text{m}$$

$$\alpha = \sqrt[5]{\frac{mb_0}{EI}} = \sqrt[5]{\frac{4 \times 1000 \times 1.53}{4.33 \times 10^5}} = 0.427$$

$$\alpha h = 12.81 > 4$$

(2) 根据《桩规》表 5.7.2 及附注，$v_x = 0.94$。

(3) 根据《桩规》5.7.2 条 6 款：

$$R_{ha} = 0.75 \frac{\alpha^3 EI}{\nu_x} \chi_{0a} = 0.75 \times \frac{0.427^3 \times 4.33 \times 10^5}{0.94} \times 10 \times 10^{-3} = 268.97\text{kN}$$

**【例 8.7.2】** 2018 下午 3 题

某地下水池采用钢筋混凝土结构，平面尺寸 6m×12m，基坑支护采用直径 600mm 钻孔灌注桩结合一道钢筋混凝土内支撑联合挡土，地下结构平面、剖面及土层分布如图 2018-3所示，土的饱和重度按天然重度采用。

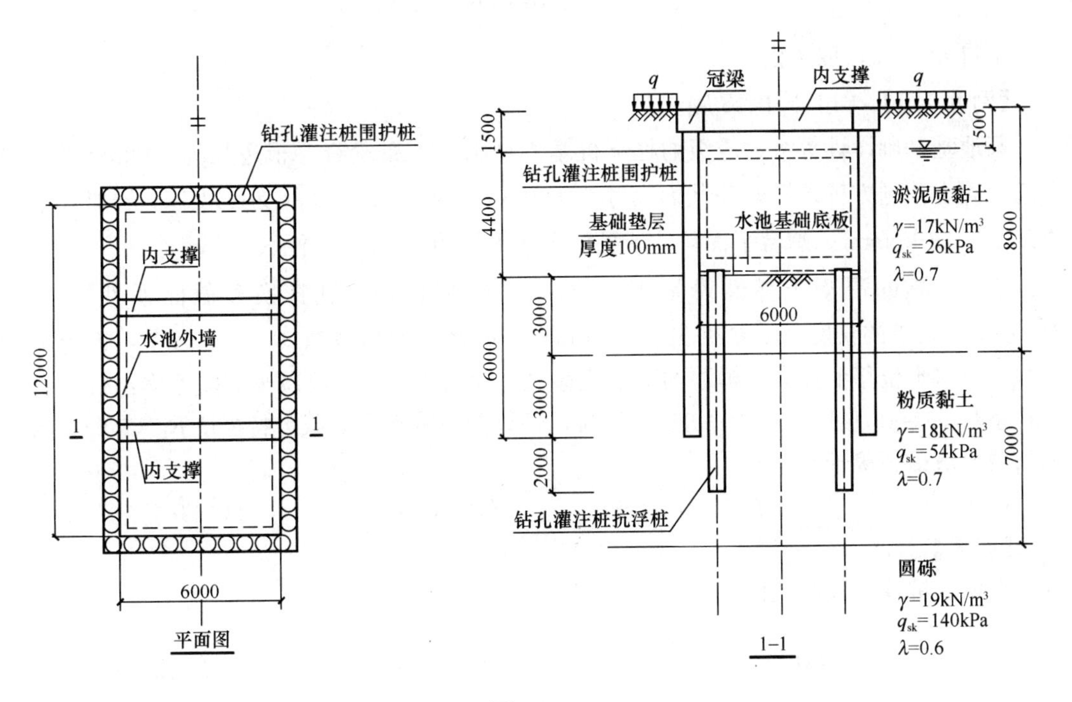


图 2018-3

假定，地下结构顶板施工完成后，降水工作停止，水池自重$G_k$为1600kN，设计拟采用直径600mm钻孔灌注桩作为抗浮桩，各层地基土的承载力参数及抗拔系数λ见图2018-3。试问，为满足地下结构抗浮，按群桩呈非整体破坏考虑，需要布置的抗拔桩最少数量（根），与下列何项数值最为接近？

**提示：**① 桩的重度取25kN/m³；

② 不考虑围护桩的作用。

③ 不考虑主动土压力增大系数。

（A）4　　（B）5　　（C）7　　（D）10

**【答案】**（C）

（1）根据《桩规》5.4.5条及式（5.4.6-1），有：

$$T_{uk}=\sum\lambda_i q_{sik}u_i l_i=3.14\times0.6\times(0.7\times26\times3.1+0.7\times54\times5)=462.4\text{kN}$$

$$G_p=3.14\times0.3^2\times8.1\times(25-10)=34.3\text{kN}$$

$$\text{单桩抗拔承载力}=462.4/2+34.3=265.5\text{kN}$$

（2）水池浮力为：

$$N_w=6\times12\times4.3\times10=3096\text{kN}$$

（3）根据《桩规》5.4.5条及《地规》5.4.3条：

$$265\times n+1600=3096\times1.05$$

解得$n=6.2$，取7根。

**【例8.7.3】**2014下午13题

某地基基础设计等级为乙级的柱下桩基础，承台下布置有5根边长为400mm的C60钢筋混凝土预制方桩。框架柱截面尺寸为600mm×800mm，承台及其以上土的加权平均重度$\gamma_0=20\text{kN/m}^3$。承台平面尺寸、桩位布置等如图2014-13所示。

假定，桩的混凝土弹性模量$E_c=3.6\times10^4\text{N/mm}^2$，桩身换算截面惯性矩$I_0=213000\text{cm}^4$，桩的长度（不含桩尖）为20m，桩的水平变形系数$a=0.63\text{m}^{-1}$，桩的水平承载力由水平位移值控制，桩顶的水平位移允许值为10mm，桩顶按铰接考虑，桩顶水平位移系数$v_x=2.441$。试问，初步设计时，估算的单桩水平承载力特征值$R_{ha}$(kN)，与下列何项数值最为接近？

（A）50　　（B）60　　（C）70　　（D）80

**【答案】**（A）

根据《桩规》5.7.2条：

$$EI=0.85E_cI_0=0.85\times3.6\times10^4\times213000\times10^{-5}=65178\text{kN}\cdot\text{m}^2$$

$$R_{ha}=0.75\frac{a^3EI}{v_x}\chi_{0a}=0.75\times\frac{0.63^3\times65178}{2.441}\times0.010=50.1\text{kN}$$

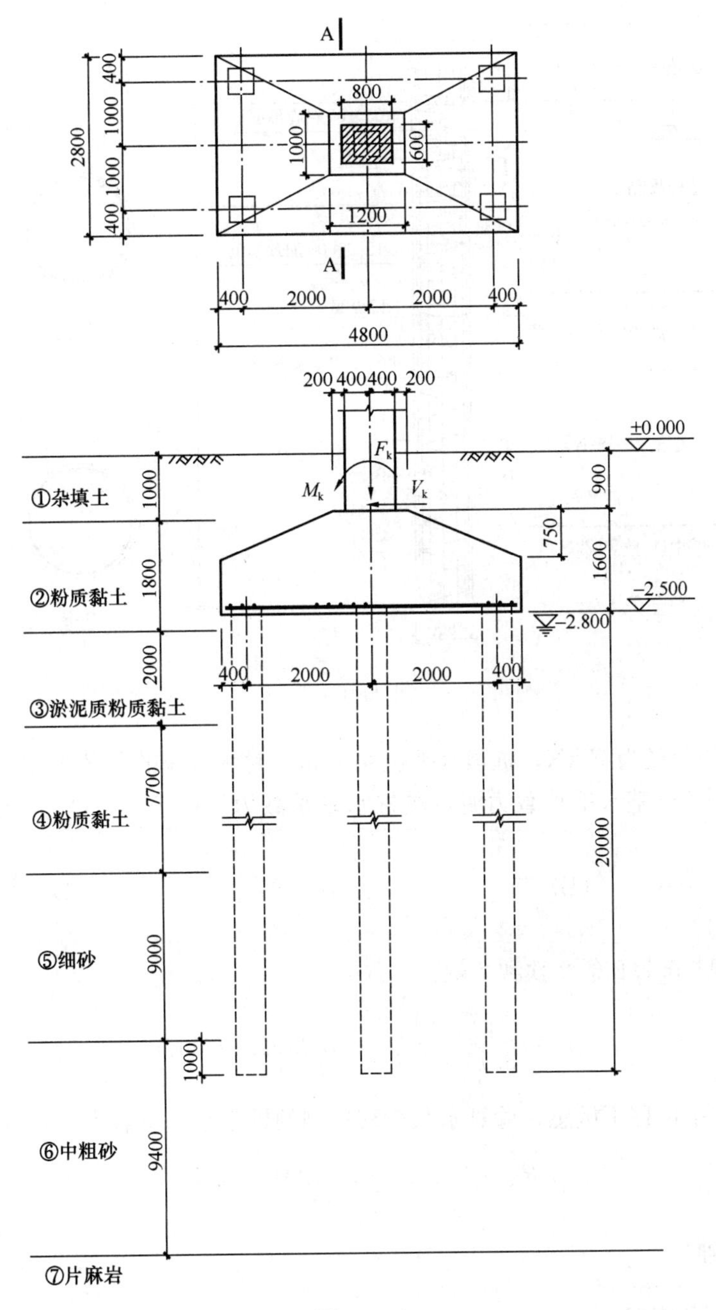


图 2014-13

【例 8.7.4】2011 下午 13 题

某桩基工程采用泥浆护壁非挤土灌注桩，桩径 $d$ 为 600mm，桩长 $l$=30m，灌注桩配筋、地基土层分布及相关参数情况如图 2011-13 所示，第③层粉砂层为不液化土层，桩身配筋符合《建筑桩基技术规范》JGJ 94—2008 第 4.1.1 条灌注桩配筋的有关要求。

**提示：** 按《建筑桩基技术规范》JGJ 94—2008 作答。

已知，建筑物对水平位移不敏感。假定，进行单桩水平静载试验时，桩顶水平位移

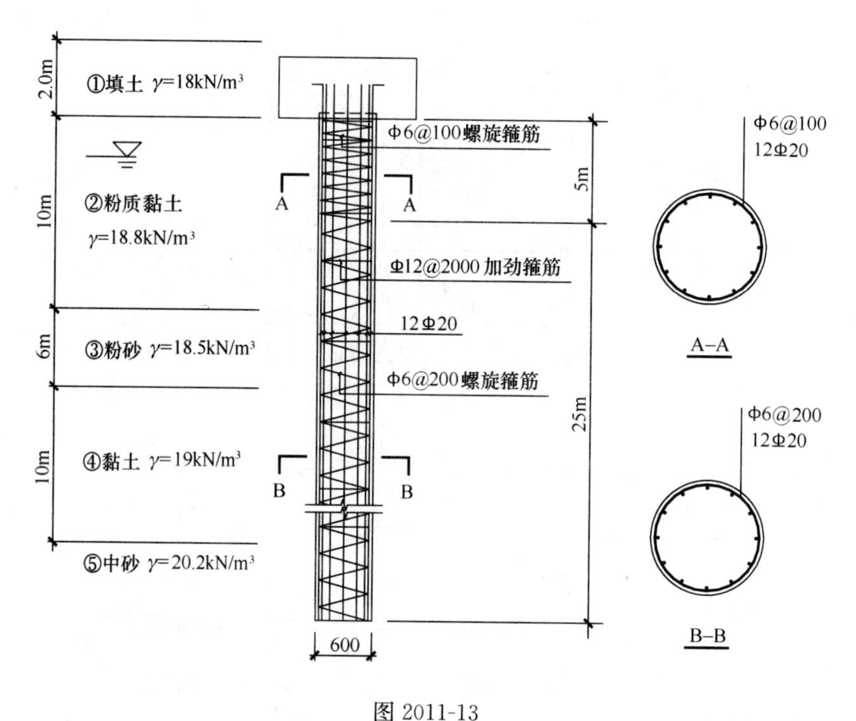


图 2011-13

6mm 时所对应的荷载为 75kN，桩顶水平位移 10mm 时所对应的荷载为 120kN。试问，验算永久荷载控制的桩基水平承载力时，单桩水平承载力特征值（kN）与下列何项数值最为接近？

(A) 60 (B) 70 (C) 80 (D) 90

**【答案】**(B)

根据《桩规》5.7.2 条 2 款和 7 款：

$$\rho_s = \frac{12 \times 314}{3.14 \times 300^2} = 1.33\% > 0.65\%$$

建筑物对水平位移不敏感，验算永久荷载控制的桩基水平承载力时，有：

$$R_{ha} = 0.8 \times 0.75 \times 120 = 72\text{kN}$$

## 8.7.2 群桩基础

**1. 主要的规范规定**

《桩规》5.7.3 条：群桩基础基桩水平承载力特征值确定。

**2. 对规范规定的理解**

1）群桩基础基桩的水平承载力特征值（考虑群桩效应）

$$R_h = \eta_h R_{ha}$$

2）群桩效应综合系数

(1) 考虑地震作用且 $s_a/d \leqslant 6$ 时

① 群桩效应综合系数：

$$\eta_h = \eta_i \eta_r + \eta_l$$

② 桩的相互影响效应系数：

$$\eta_i = \frac{\left(\dfrac{s_a}{d}\right)^{0.015n_2+0.45}}{0.15n_1 + 0.10n_2 + 1.9}$$

式中：$s_a/d$ ——沿“水平荷载作用方向”的距径比；

$n_1$ ——沿水平荷载方向每排桩中的桩数；

$n_2$ ——垂直水平荷载方向每排桩中的桩数。

③ 桩顶约束效应系数 $\eta_r$ ：（桩顶嵌入承台长度 50～100mm 时）按《桩规》表 5.7.3-1 确定。

④ 承台侧向土水平抗力效应系数 $\eta_l$（承台外围回填土为松散状态时，取 $\eta_l=0$）：

$$\eta_l = \frac{m\chi_{0a}B'_c h_c^2}{2n_1 n_2 R_{ha}}$$

式中：$\chi_{0a}$ ——桩顶（承台）的水平位移允许值；

以位移控制时：$\chi_{0a}=10\text{mm}$；

对水平位移敏感时：$\chi_{0a}=6\text{mm}$；

以桩身强度控制（低配筋率灌注桩）时：$\chi_{0a}=\dfrac{R_{ha}\nu_x}{\alpha^3 EI}$；

$B'_c$ ——承台受侧向土抗力一边的计算宽度，$B'_c = B_c + 1$。

（2）其他情况

① 群桩效应综合系数：

$$\eta_h = \eta_i \eta_r + \eta_l + \eta_b$$

② 承台底摩阻效应系数：

$$\eta_b = \frac{\mu P_c}{n_1 n_2 R_{ha}}$$

式中：$P_c$ ——承台底地基土分担的竖向总荷载标准值，$P_c = \eta_c f_{ak}(A - nA_{ps})$；

$\eta_c$ ——按《桩规》5.2.5 条确定。

**3. 历年真题解析**

**【例 8.7.5】** 2017 下午 7 题

某公共建筑地基基础设计等级为乙级，其联合柱下桩基采用边长为 400mm 预制方桩，承台及其上土的加权平均重度为 $20\text{kN/m}^3$。柱及承台下桩的布置、地下水位、地基土层分布及相关参数如图 2017-7 所示。该工程抗震设防烈度为 7 度，设计地震分组为第三组，设计基本地震加速度值为 $0.15g$。

该建筑物属于对水平位移不敏感建筑。单桩水平静载试验表明，地面处水平位移为 10mm，所对应的水平荷载为 32kN。假定，作用于承台顶面的弯矩较小，承台侧向土水平抗力效应系数 $\eta_l=1.27$，桩顶约束效应系数 $\eta_r=2.05$。试问，当验算地震作用桩基的水平承载力时，沿承台长方向，群桩基础的基桩水平承载力特征值 $R_h$（kN），与下列何项数值最为接近？

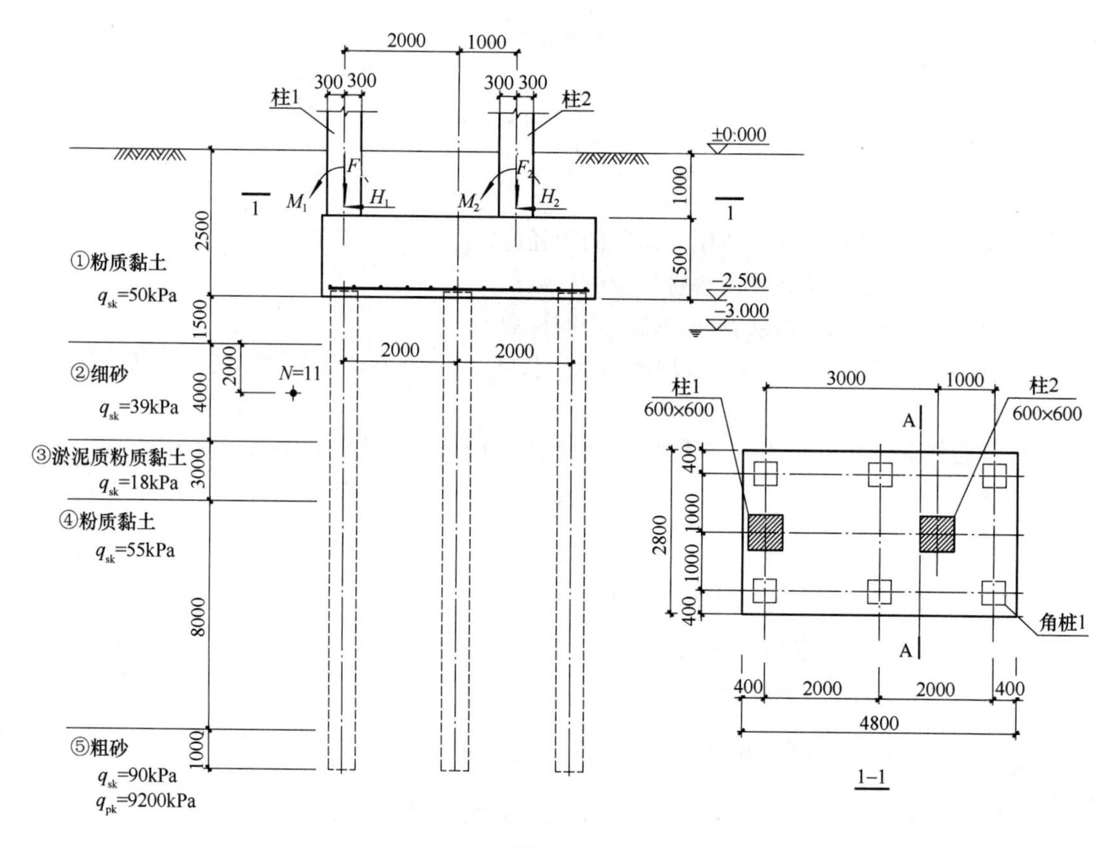


图 2017-7

**提示：**① 按《建筑桩基技术规范》JGJ 94—2008 作答；

② $s_a/d$ 计算中，$d$ 可取为方桩的边长。$n_1=3$，$n_2=2$。

(A) 60　　(B) 75　　(C) 90　　(D) 105

**【答案】**(C)

根据《桩规》5.7.2 条 2 款及 7 款：

$$R_{ha}=32\times0.75\times1.25=30\text{kN}$$

根据《桩规》5.7.3 条，$s_a/d<6$，则

$$\eta_i=\frac{(s_a/d)^{0.015n_2+0.45}}{0.15n_1+0.10n_2+1.9}=\frac{(2/0.4)^{0.015\times2+0.45}}{0.15\times3+0.10\times2+1.9}=\frac{2.165}{2.55}=0.85$$

$$\eta_h=\eta_i\eta_r+\eta_l=0.85\times2.05+1.27=3.01$$

$$R_h=\eta_h R_{ha}=3.01\times30=90\text{kN}$$

## 8.8 桩身承载力与裂缝控制计算

### 1. 主要的规范规定

1)《桩规》5.8.2 条：钢筋混凝土轴心受压桩正截面受压承载力。

2)《桩规》5.8.3 条：基桩成桩工艺系数 $\psi_c$ 的取值。

3）《桩规》5.8.4 条：稳定系数 $\varphi$ 的取值。

4）《桩规》5.8.6 条：打入式钢管桩验算桩身局部压屈的规定。

**2. 对规范规定的理解**

1）受压桩桩身承载力验算——不考虑压屈影响

（1）当桩顶以下 $5d$ 范围的桩身螺旋式箍筋间距≤100mm，且符合《桩规》4.1.1 条规定时：

$$N \leqslant \psi_c f_c A_{ps} + 0.9 f'_y A'_s$$

当桩身配筋不符合上述规定时：

$$N \leqslant \psi_c f_c A_{ps}$$

式中：$N$——荷载效应基本组合下，桩顶轴向压力设计值；

$$N = 1.35 N_k$$

$\psi_c$：
- 混凝土预制桩、预应力混凝土空心桩，0.85；
- 干作业非挤土灌注桩，0.9；
- 泥浆护壁和套管护壁非挤土灌注桩、部分挤土灌注桩、挤土灌注桩，0.7～0.8；
- 软土地区挤土灌注桩，0.6；

$A_{ps}$——桩身有效截面面积，对空心桩应扣除空心面积。

（2）端承型桩，计入负摩阻力时：

考虑受压纵筋：

$$N + 1.35 Q_g^n \leqslant \psi_c f_c A_{ps} + 0.9 f'_y A'_s$$

不考虑受压纵筋：

$$N + 1.35 Q_g^n \leqslant \psi_c f_c A_{ps}$$

2）受压桩桩身承载力验算——考虑压屈影响

受压稳定系数 $\varphi$

一般取稳定系数 $\varphi = 1.0$；

高承台基桩、桩身穿越可液化土或不排水抗剪强度<10kPa，地基承载力特征值小于25kPa 的软弱基桩，查《桩规》表 5.8.4-1、表 5.8.4-2 确定 $\varphi$。

3）打入式钢管桩局部压屈验算

（1）当 $t/d = \dfrac{1}{50} \sim \dfrac{1}{80}$，$d \leqslant 600$mm，最大锤击压应力小于钢材强度设计值时，可不进行局部压屈验算；

（2）$d > 600$mm，可按下式验算：

$$t/d > f'_y / 0.388E$$

（3）$d > 900$mm，除按（2）验算外，尚应按下式验算：

$$t/d > \sqrt{f'_y / 14.5E}$$

式中：$t$——钢管桩壁厚；

$d$——钢管桩外径；

$E$——钢材弹性模量；

$f'_y$——钢材抗压强度设计值。

4）抗拔桩正截面受拉承载力验算

$$N \leqslant f_y A_s + f_{py} A_{py}$$

式中：$N$——荷载效应基本组合下，桩顶轴向拉力设计值。

**3. 历年真题解析**

**【例 8.8.1】** 2019 下午 9 题

某工程桩基础采用钢管桩，钢管材质 Q345B（$f'_y = 305\text{N/mm}^2, E = 206000\text{N/mm}^2$），外径 $d = 950\text{mm}$，采用锤击式沉桩工艺。试问，满足打桩时桩身不出现局部压屈的最小钢管壁厚（mm），与下列何项数值最为接近？

（A）7　　（B）8　　（C）9　　（D）10

**【答案】**（D）

根据《桩规》5.8.6 条，由于 $d = 950\text{mm} > 900\text{mm}$，应同时满足：

$$\frac{t}{d} \geqslant \frac{f'_y}{0.388E} = \frac{305}{0.388 \times 206000} = 3.816 \times 10^{-3}$$

解得 $t \geqslant 3.63\text{mm}$。

$$\frac{t}{d} \geqslant \sqrt{\frac{f'_y}{14.5E}} = \sqrt{\frac{305}{14.5 \times 206000}} = 0.0101$$

解得 $t \geqslant 9.6\text{mm}$

故 $t \geqslant 9.6\text{mm}$ 。

**【例 8.8.2】** 2012 下午 6 题

某工程由两幢 7 层主楼及地下车库组成，统一设一层地下室，采用钢筋混凝土框架结构体系，桩基础。工程桩采用泥浆护壁旋挖成孔灌注桩，桩身纵筋锚入承台内 800mm，主楼桩基础采用一柱一桩的布置形式，桩径 800mm，有效桩长 26m，以碎石土层作为桩端持力层，桩端进入持力层 7m；地基中分布有厚度达 17m 的淤泥，其不排水抗剪强度为 9kPa。主楼局部基础剖面及地质情况如图 2012-6 所示，地下水位稳定于地面以下 1m，$\lambda$ 为抗拔系数。

**提示**：按《建筑桩基技术规范》JGJ 94—2008 作答。

主楼范围的工程桩桩身配筋构造如图 2012-6 所示，主筋采用 HRB400 钢筋，$f'_y$ 为 $360\text{N/mm}^2$，若混凝土强度等级为 C40，$f_c = 19.1\text{N/mm}^2$，基桩成桩工艺系数 $\psi_c$ 取 0.7，桩的水平变形系数 $\alpha$ 为 $0.16\text{m}^{-1}$，桩顶与承台的连接按固接考虑。试问，桩身轴心受压正截面受压承载力设计值（kN）最接近于下列何项数值？

**提示**：淤泥土层按液化土、$\psi_l = 0$ 考虑，$l'_0 = l_0 + (1 - \psi_l) d_l$ 。

（A）4800　　（B）6500　　（C）8000　　（D）10000

**【答案】**（A）

因为 $f_{ak} = 24\text{kPa} < 25\text{kPa}$，$l'_0 = l_0 + (1 - \psi_l) d_l = 14\text{m}$，$h' = 26 - 14 = 12\text{m}$，$h' < \dfrac{4}{\alpha} = 25$，故：

$$l_c = 0.7(l'_0 + h') = 0.7 \times 26 = 18.2\text{m}$$

$\dfrac{l_c}{d} = 22.75$，查表 5.8.4-2 并插值得：

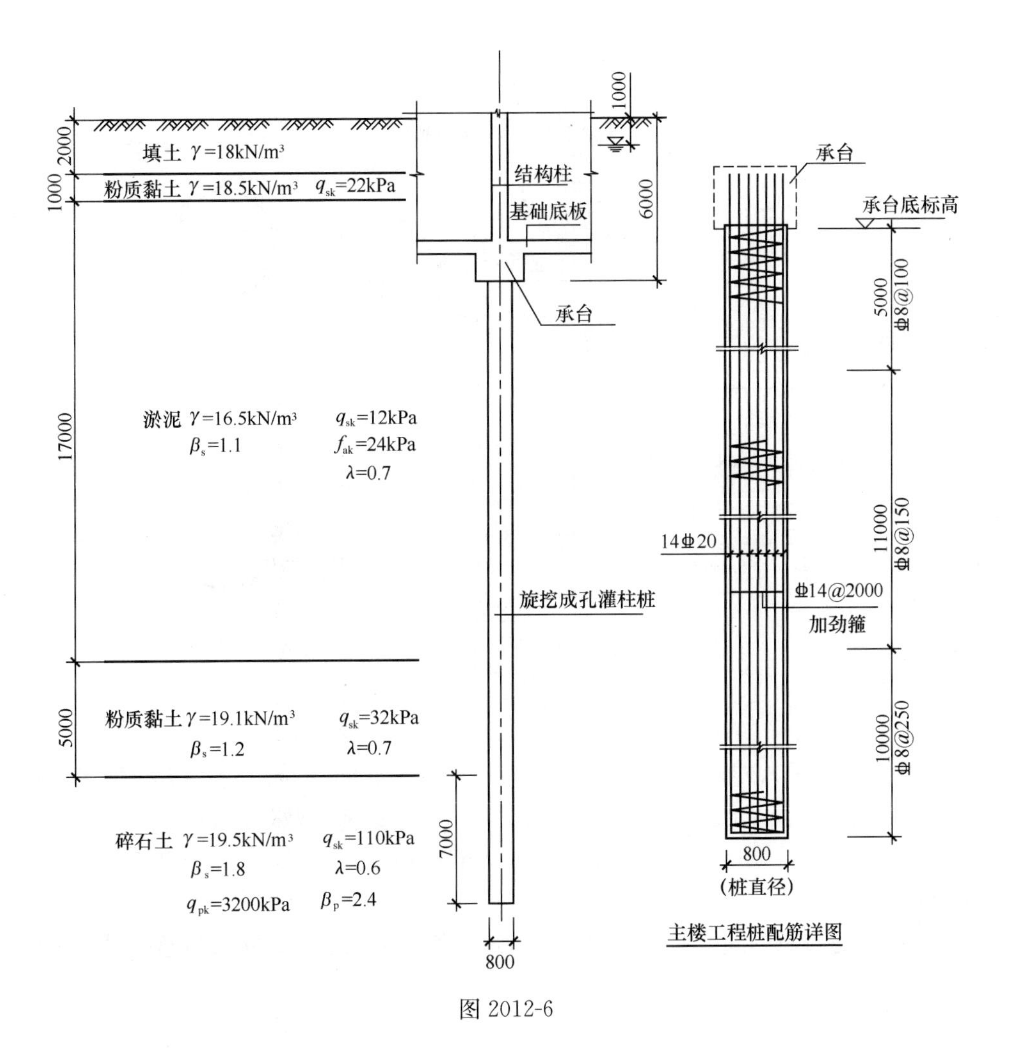


图 2012-6

$$\varphi = 0.56 + \frac{24 - 22.75}{24 - 22.5} \times 0.04 = 0.5933$$

根据《桩规》5.8.2 条及 5.8.4 条：

$$N \leqslant \varphi(\psi_c f_c A_{ps} + 0.9 f'_y A'_s)$$

$$N \leqslant \frac{0.5933 \times \left(0.7 \times 19.1 \times \frac{3.14}{4} \times 800^2 + 0.9 \times 360 \times 4396\right)}{1000} = 4830\text{kN}$$

**【例 8.8.3】** 2011 下午 14 题

某桩基工程采用泥浆护壁非挤土灌注桩，桩径 $d$ 为 600mm，桩长 $l=30$m，灌注桩配筋、地基土层分布及相关参数情况如图 2011-14 所示，第③层粉砂层为不液化土层，桩身配筋符合《建筑桩基技术规范》JGJ 94—2008 第 4.1.1 条灌注桩配筋的有关要求。

**提示：**按《建筑桩基技术规范》JGJ 94—2008 作答。

已知，桩身混凝土强度等级为 C30（$f_c=14.3\text{N/mm}^2$），桩纵向钢筋采用 HRB335 级

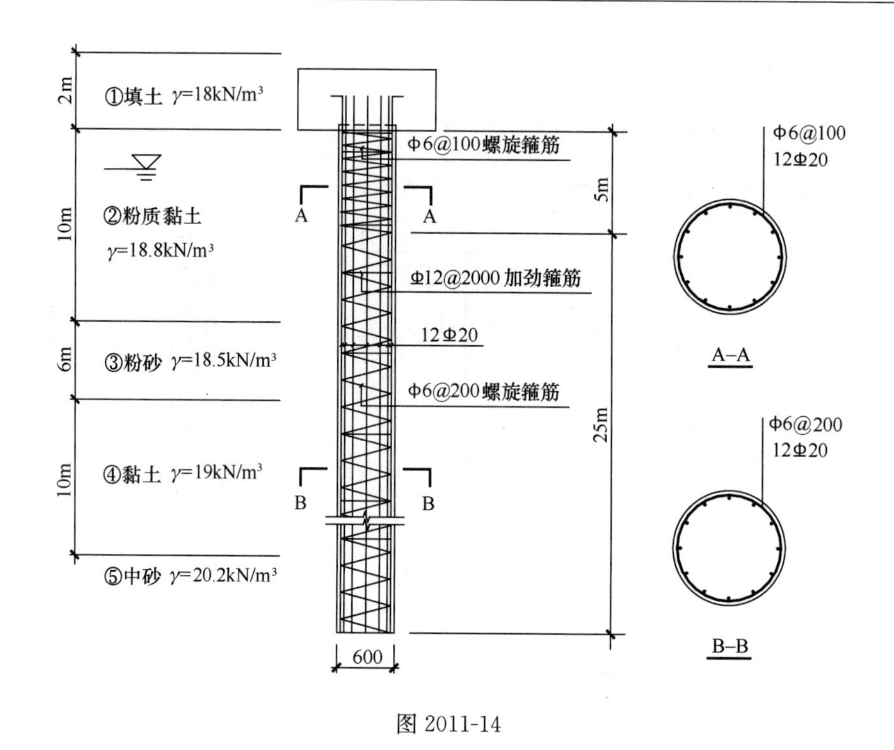


图 2011-14

钢（$f'_y$ =300N/mm²），基桩成桩工艺系数 $\psi_c$ =0.7。试问，在荷载效应基本组合下，轴心受压灌注桩的正截面受压承载力设计值（kN），与下列何项数值最为接近？

(A) 2500　　(B) 2800　　(C) 3400　　(D) 3800

**【答案】**(D)

桩身配筋及螺旋箍的间距符合《桩规》5.8.2 条 1 款的要求，按《桩规》式（5.8.2-1）计算：

$$N \leqslant \psi_c f_c A_{ps} + 0.9 f'_y A'_s$$

$$=0.7 \times 14.3 \times 3.14 \times 600^2/4/1000 + 0.9 \times 300 \times 12 \times 3.14 \times 20^2/4/1000$$

$$=3846\text{kN}$$

**【例 8.8.4】** 2016 下午 16 题

某工程所处的环境为海风环境，地下水、土具有弱腐蚀性。试问，下列关于桩身裂缝控制的观点中，何项是不正确的？

(A) 采用预应力混凝土桩作为抗拔桩时，裂缝控制等级为二级

(B) 采用预应力混凝土桩作为抗拔桩时，裂缝宽度限值为 0mm

(C) 采用钻孔灌注桩作为抗拔桩时，裂缝宽度限值为 0.2mm

(D) 采用钻孔灌注桩作为抗拔桩时，裂缝控制等级应为三级

**【答案】**(A)

根据《混规》3.5.2 条，桩身处于三 a 类环境。

根据《桩规》表 3.5.3，采用预应力混凝土桩作为抗拔桩时，裂缝控制等级应为一级。故（A）选项的观点是不正确的。

# 8.9　承台计算

## 8.9.1　受弯计算

**1. 主要的规范规定**

《桩规》5.9.2 条：柱下独立桩基承台的正截面弯矩设计值。

**2. 对规范规定的理解**

（1）两桩条形承台和多桩矩形承台（图 8.9-1）

① 基桩竖向净反力设计值（基本组合）

轴心作用：

$$N_i=\frac{F}{n}=\frac{1.35\cdot F_{\mathrm{k}}}{n}$$

偏心作用：

$$N_i=\frac{F}{n}\pm\frac{M_{\mathrm{x}}\cdot y_i}{\Sigma y_i^2}\pm\frac{M_{\mathrm{y}}\cdot x_i}{\Sigma x_i^2}=1.35\left(\frac{F_{\mathrm{k}}}{n}\pm\frac{M_{\mathrm{xk}}\cdot y_i}{\Sigma y_i^2}\pm\frac{M_{\mathrm{yk}}\cdot x_i}{\Sigma x_i^2}\right)$$

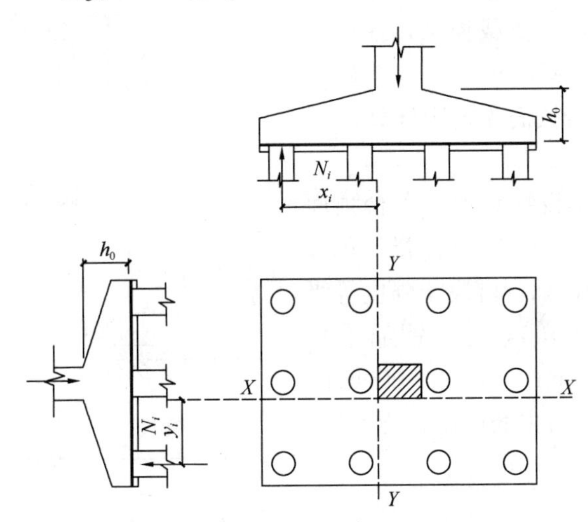

图 8.9-1　矩形承台弯矩计算示意

注：$N_i$ 不计承台及其上土重，在荷载效应基本组合下的第 $i$ 基桩或复合基桩竖向反力设计值。

② 截面弯矩计算

$$\begin{cases}M_{\mathrm{x}}=\Sigma(N_i\cdot y_i)\\M_{\mathrm{y}}=\Sigma(N_i\cdot x_i)\end{cases}$$

（2）三桩承台

① 等边三桩承台（圆柱转方柱 $c=0.8d$）（图 8.9-2）

$$M=\frac{N_{\max}}{3}\left(s_{\mathrm{a}}-\frac{\sqrt{3}}{4}c\right)$$

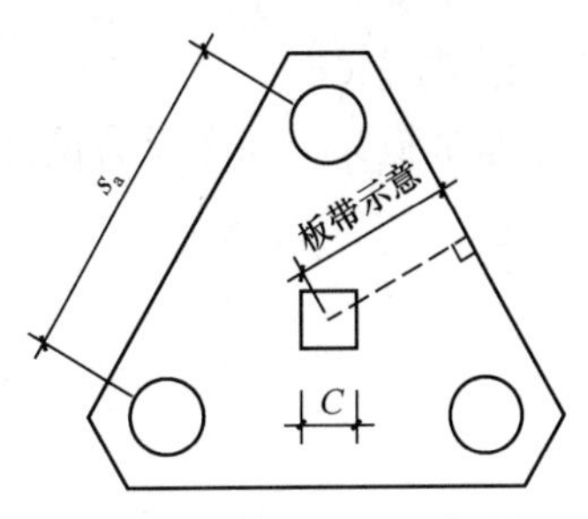

图 8.9-2　等边三桩承台弯矩计算示意

式中：$M$——通过承台形心至各边边缘正交截面范围内板带的弯矩设计值。

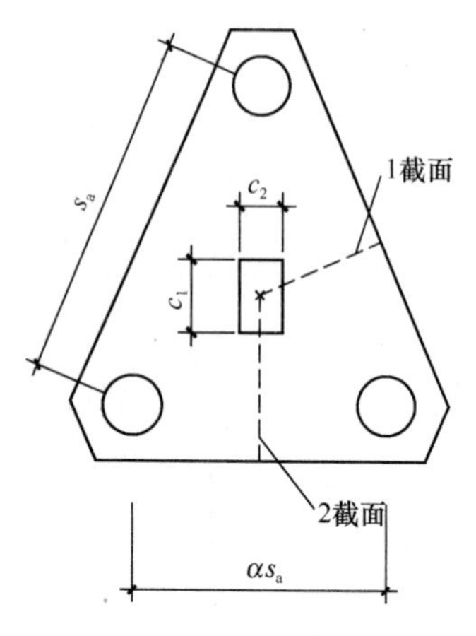


图 8.9-3　等腰三桩承台弯矩计算示意

② 等腰三桩承台（圆柱转方柱 $c=0.8d$）（图 8.9-3）

过承台形心至腰边正交截面（1 截面）的弯矩设计值 $M_1$：

$$M_1=\frac{N_{\max}}{3}\left(s_a-\frac{0.75}{\sqrt{4-\alpha^2}}c_1\right)$$

过承台形心至底边（2 截面）的弯矩设计值 $M_2$：

$$M_2=\frac{N_{\max}}{3}\left(\alpha\cdot s_a-\frac{0.75}{\sqrt{4-\alpha^2}}c_2\right)$$

式中：$\alpha$——短向桩中心距与长向桩中心距之比，当 $\alpha<0.5$ 时，按变截面的两桩承台设计。

### 3. 历年真题解析

**【例 8.9.1】** 2019 下午 8 题

有一六桩承台基础，采用先张法预应力混凝土管桩，桩外径 500mm，壁厚 100mm，桩身混凝土强度等级 C80，不设桩尖，地基各层土分布情况、桩端土极限端阻力标准值 $q_{pk}$、桩侧土极限侧阻力标准值 $q_{sik}$ 及桩的布置、承台尺寸等如图 2019-8 所示。假定，荷载效应的基本组合由永久荷载控制，承台及其上土的平均重度取 22kN/m$^3$。

**提示：** ① 荷载组合按简化规则计算；

② $\gamma_0=1.0$。

假定，不考虑地震设计状况，承台顶面中心的弯矩标准值 $M_{kx}=0$kN·m，最大单桩反力设计值为 1180kN，承台混凝土强度等级为 C35（$f_t=1.57$N/mm$^2$），受力钢筋采用 HRB400（$f_y=360$N/mm$^2$），$h_0$ 取 1000mm，试问，下列承台长向受力主筋的配置方案中，何项最为合理？

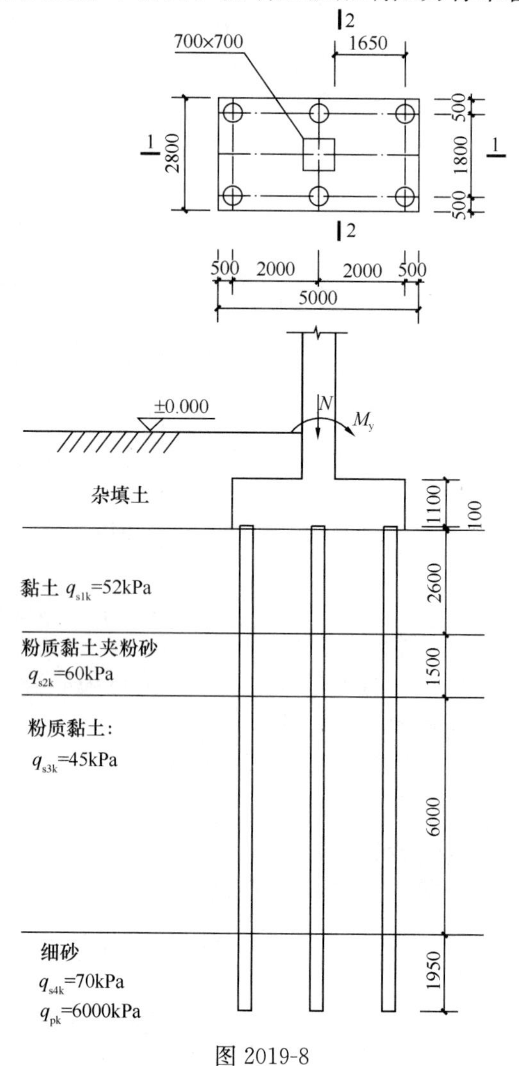


图 2019-8

（A）Φ 20@100

（B）Φ 22@100

（C）Φ 22@150

（D）Φ 25@100

**【答案】**（B）

基桩最大竖向净反力设计值：

$$N_j=N-\frac{1.35G}{n}$$

$$=1180-\frac{1.35\times22\times5\times2.8\times2}{6}$$

$$=1041.4\text{kN}$$

根据《桩规》5.9.2 条：

$$M = \sum N_i y_i = 1041.4 \times 2 \times (2 - 0.35) = 3436.62 \text{kN} \cdot \text{m}$$

根据《地规》8.2.12 条：

$$A_{s总} = \frac{M}{0.9 f_y h_0} = \frac{3436.62 \times 10^6}{0.9 \times 360 \times 1000} = 10607 \text{mm}^2$$

每米 $A_s = \frac{10607}{2.8} = 3788 \text{mm}^2$；选用Φ 22@100，实配 3801mm²，经验算满足最小配筋率要求。

**【例 8.9.2】** 2017 下午 8 题

某公共建筑地基基础设计等级为乙级，其联合柱下桩基采用边长为 400mm 预制方桩，承台及其上土的加权平均重度为 20kN/m³。柱及承台下桩的布置、地下水位、地基土层分布及相关参数如图 2017-8 所示。该工程抗震设防烈度为 7 度，设计地震分组为第三组，设计基本地震加速度值为 0.15$g$。

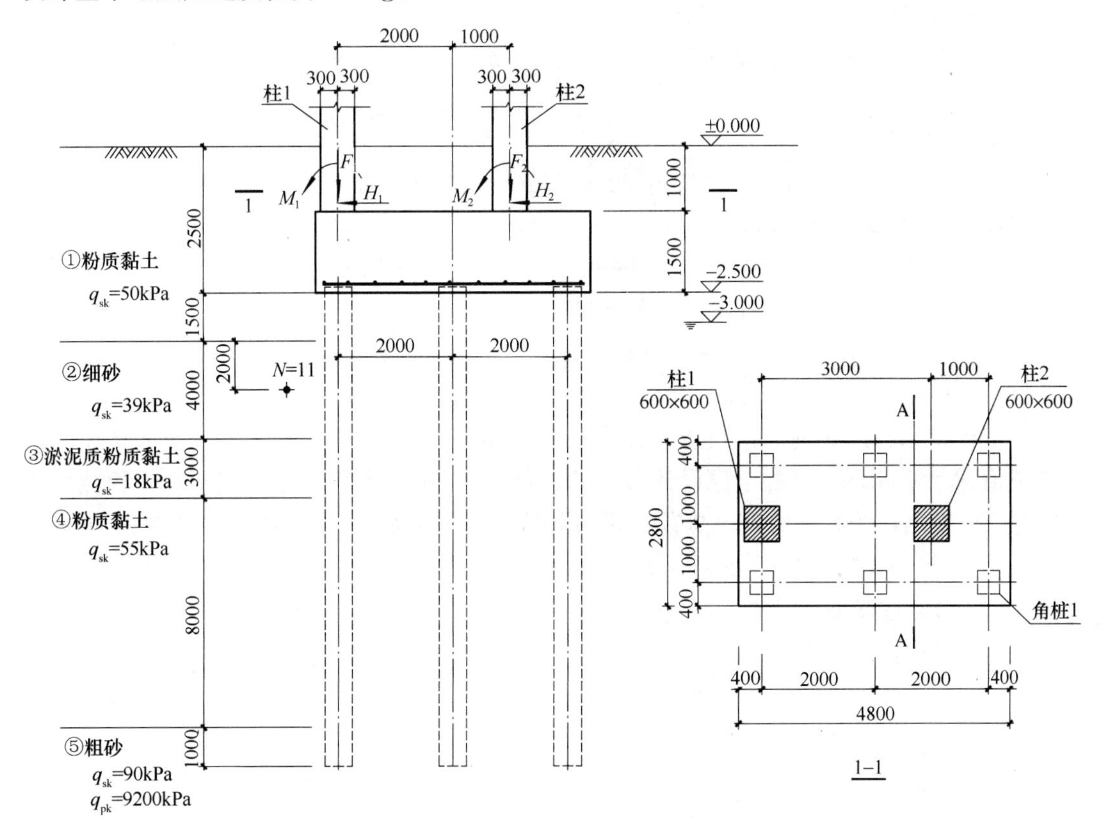


图 2017-8

假定，在荷载效应标准组合下，柱 1 传给承台顶面的荷载为：$M_1 = 205\text{kN} \cdot \text{m}$，$F_1 = 2900\text{kN}$，$H_1 = 50\text{kN}$；柱 2 传给承台顶面的荷载为：$M_2 = 360\text{kN} \cdot \text{m}$，$F_2 = 4000\text{kN}$，$H_2 = 80\text{kN}$。荷载效应由永久荷载效应控制。试问，承台在柱 2 柱边 A-A 截面的弯矩设计值 $M$（kN·m），与下列何项数值最为接近？

(A) 1400　　(B) 2000　　(C) 3600　　(D) 4400

**【答案】**(B)

作用于承台底板中心的净合力矩：

$$M_k=205+360+(50+80)\times1.5+2900\times2-4000\times1=2560\text{kN}\cdot\text{m}$$

净竖向合力：

$$F_k=2900+4000=6900\text{kN}$$

解答一：

左边位置桩的净反力：

$$N_1=6900/6+2560\times2/(4\times2^2)=1150+320=1470\text{kN}$$

中桩的净反力：

$$N_2=6900/6=1150\text{kN}$$

截面 A-A 的弯矩设计值：

$$\begin{aligned}M&=1.35\times[(1470\times2-2900)\times(3-0.3)+1150\times2\times(1-0.3)-205-50\times1.5]\\&=1.35\times(108+1610-205-75)\\&=1.35\times1438=1941\text{kN}\cdot\text{m}\end{aligned}$$

解答二：

角桩 1 的净反力：

$$N=6900/6-2560\times2/(4\times2^2)=1150-320=830\text{kN}$$

截面 A-A 的弯矩设计值：

$$\begin{aligned}M&=1.35\times[830\times2\times(1+0.3)-4000\times0.3+360+80\times1.5]\\&=1.35\times(2158-1200+360+120)\\&=1.35\times1438=1941\text{kN}\cdot\text{m}\end{aligned}$$

**【例 8.9.3】** 2011 下午 12 题

某工程采用打入式钢筋混凝土预制方桩，桩截面边长为 400mm，单桩竖向抗压承载力特征值 $R_a=750\text{kN}$。某柱下原设计布置 A、B、C 三桩，工程桩施工完毕后，检测发现 B 桩有严重缺陷，按废桩处理（桩顶与承台始终保持脱开状态），需要补打 D 桩，补桩后的桩基承台如图 2011-12 所示。承台高度为 1100mm，混凝土强度等级为 C35（$f_t=1.57\text{N/mm}^2$），柱截面尺寸为 600mm×600mm。

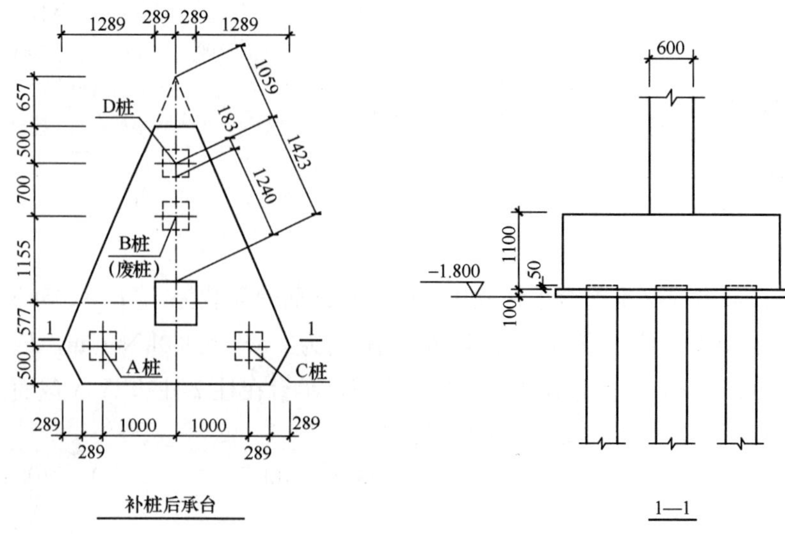


图 2011-12

**提示：**按《建筑桩基技术规范》JGJ 94—2008 作答，承台的有效高度 $h_0$ 按 1050mm 取用。

假定，补桩后，在荷载效应基本组合下，不计承台及其上土重，A 桩和 C 桩承担的竖向反力设计值均为 1100kN，D 桩承担的竖向反力设计值为 900kN。试问，通过承台形心至两腰边缘正交截面范围内板带的弯矩设计值 $M$（kN·m），与下列何项数值最为接近？

(A) 780　　(B) 880　　(C) 920　　(D) 940

**【答案】**(B)

根据《桩规》5.9.2 条计算。

$N_{\max}=1100\text{kN}$，$s_a=\sqrt{1000^2+2432^2}=2629.6\text{mm}$，$c_1=600\text{mm}$，$\alpha=\dfrac{2000}{2629.6}=0.761$，

代入：

$$M_1=\frac{N_{\max}}{3}\left(s_a-\frac{0.75}{\sqrt{4-\alpha^2}}c_1\right)$$
$$=\frac{1100}{3}\times\left(2629.6-\frac{0.75}{\sqrt{4-0.761^2}}\times 600\right)$$
$$=874976\text{kN}\cdot\text{mm}=875\text{kN}\cdot\text{m}$$

### 8.9.2 冲切计算

**1. 主要的规范规定**

1)《桩规》5.9.7 条：轴心竖向力作用下桩基承台受柱（墙）的冲切。

2)《桩规》5.9.8 条：位于柱（墙）冲切破坏锥体以外的基桩受冲切承载力计算。

**2. 对规范规定的理解**

1) 柱（墙）对承台的冲切承载力验算

(1) 通用计算公式

① 冲切破坏锥体

自柱（墙）边或承台变阶处至相应桩顶边缘连线所构成的锥体，锥体斜面与承台底面之夹角不应小于 45°。

② 柱（墙）冲切力设计值 $F_l$

$$F_l=F-\Sigma Q_i$$

式中：$\Sigma Q_i$ ——冲切破坏锥体内的基桩竖向净反力设计值之和。

$$Q_i=\frac{F}{n}=1.35\frac{F_k}{n}$$

③ 承台受冲切承载力

冲跨比：

$$0.25\leqslant\lambda=a_0/h_0\leqslant 1.0$$

柱（墙）冲切系数：

$$\beta_0=\frac{0.84}{\lambda+0.2}$$

受冲切承载力截面高度影响系数：

$$\beta_{hp}\begin{cases} h\leqslant 800\text{mm}, & \beta_{hp}=1.0\\ 800\text{mm}\leqslant h\leqslant 2000\text{mm}, & \beta_{hp}=1-\dfrac{h-800}{1200}\\ h\geqslant 2000\text{mm}, & \beta_{hp}=0.9\end{cases}$$

承台受冲切承载力 $=\beta_{hp}\beta_0 u_m f_t h_0$

④ 承台受冲切承载力验算

$$F_l\leqslant \beta_{hp}\beta_0 u_m f_t h_0$$

（2）矩形柱下独立承台受柱冲切承载力（图 8.9-4）

$$\begin{cases}0.25\leqslant\lambda_{0x}=a_{0x}/h_0\leqslant 1.0\\ \beta_{0x}=0.84/(\lambda_{0x}+0.2)\end{cases}\qquad\begin{cases}0.25\leqslant\lambda_{0y}=a_{0y}/h_0\leqslant 1.0\\ \beta_{0y}=0.84/(\lambda_{0y}+0.2)\end{cases}$$

$$F_l\leqslant 2[\beta_{0x}(b_c+a_{0y})+\beta_{0y}(h_c+a_{0x})]\beta_{hp}f_t h_0$$

（3）矩形柱下独立承台受上阶冲切承载力

$$\begin{cases}0.25\leqslant\lambda_{1x}=a_{1x}/h_0\leqslant 1.0\\ \beta_{1x}=0.84/(\lambda_{1x}+0.2)\end{cases}\qquad\begin{cases}0.25\leqslant\lambda_{1y}=a_{1y}/h_0\leqslant 1.0\\ \beta_{1y}=0.84/(\lambda_{1y}+0.2)\end{cases}$$

$$F_l\leqslant 2[\beta_{1x}(b_c+a_{1y})+\beta_{1y}(h_c+a_{1x})]\beta_{hp}f_t h_0$$

注：① 圆柱和圆桩计算时应将截面换算成方柱和方桩。($b=0.8d$)

② 对于柱下两桩承台，宜按深受弯构件（$l_0/h<5.0$，$l_0=1.15l_n$，$l_n$ 为两桩净距）计算受弯、受剪承载力，不需要进行受冲切承载力计算。

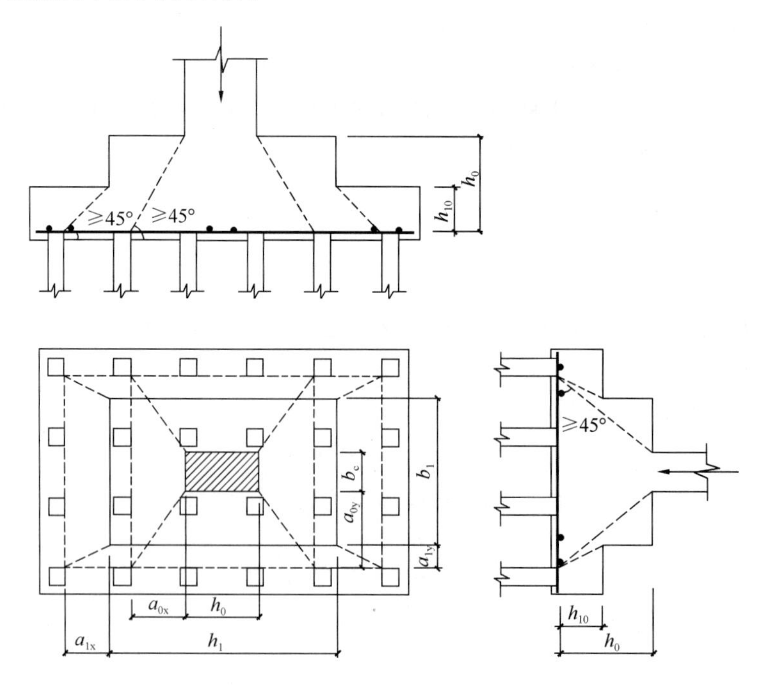


图 8.9-4　柱对承台的冲切计算示意

2）四桩及以上承台受角桩冲切承载力验算（图 8.9-5）

（1）角桩冲切力 $N_l$

不计承台及其上土重，在基本组合下，角桩的净反力设计值。

轴心作用：

$$N_l = \frac{F}{n}$$

偏心作用：

$$N_l = \frac{F}{n} + \frac{M_x \cdot y_i}{\sum y_i^2} + \frac{M_y \cdot x_i}{\sum x_i^2}$$

（2）承台受冲切承载力验算

$$N_l \leqslant [\beta_{1x}(c_2 + a_{1y}/2) + \beta_{1y}(c_1 + a_{1x}/2)]\beta_{hp} f_t h_0$$

$$\begin{cases} 0.25 \leqslant \lambda_{1x} = a_{0x}/h_0 \leqslant 1.0 \\ \beta_{1x} = \dfrac{0.56}{\lambda_{1x} + 0.2} \end{cases} \qquad \begin{cases} 0.25 \leqslant \lambda_{1y} = a_{0y}/h_0 \leqslant 1.0 \\ \beta_{1y} = \dfrac{0.56}{\lambda_{1y} + 0.2} \end{cases}$$

$a_{1x}$、$a_{1y}$ 为从承台底角桩顶内边缘引 45°冲切线与承台顶面相交点至角桩内边缘的水平距离；当柱（墙）边或承台变阶处位于该 45°线以内时，则取由柱（墙）边或承台变阶处与桩内边缘连线为冲切锥体的锥线。

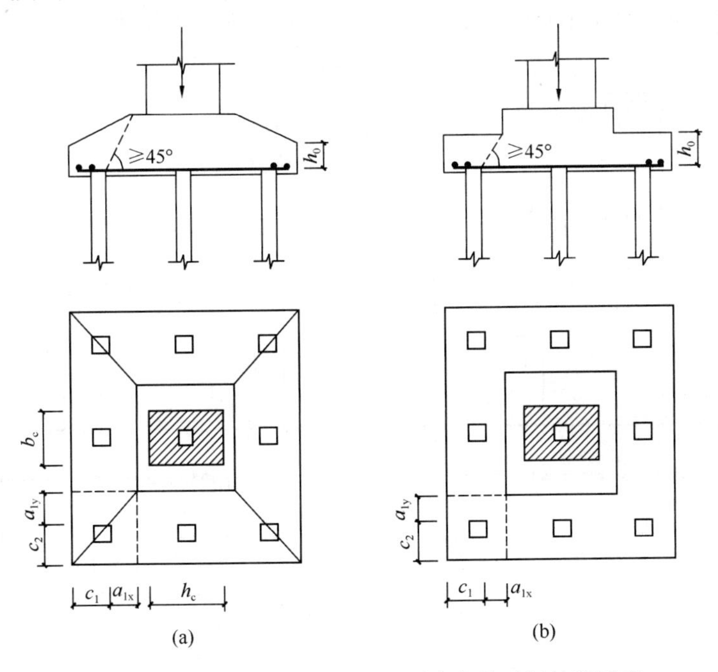


图 8.9-5 四桩以上（含四桩）承台角桩冲切计算示意

（a）锥形承台；（b）阶形承台

3）三桩及三角形承台受角桩冲切承载力验算（图 8.9-6）

（1）角桩冲切力 $N_l$

不计承台及其上土重，在基本组合下，角桩的净反力设计值。

轴心作用：

$$N_l = \frac{F}{n}$$

偏心作用：

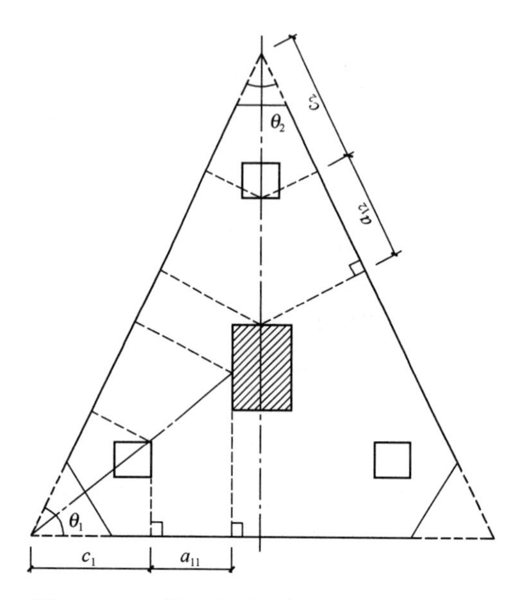

图 8.9-6 三桩三角形承台角桩冲切计算示意

$$N_l = \frac{F}{n} + \frac{M_x \cdot y_i}{\sum y_i^2} + \frac{M_y \cdot x_i}{\sum x_i^2}$$

（2）承台受冲切承载力验算

① 底部角桩对承台冲切

$$N_l \leqslant \beta_{11}(2c_1 + a_{11})\beta_{hp}\tan\frac{\theta_1}{2}f_t h_0$$

$$0.25 \leqslant \lambda_{11} = a_{11}/h_0 \leqslant 1.0$$

$$\beta_{11} = \frac{0.56}{\lambda_{11} + 0.2}$$

② 顶部角桩对承台冲切

$$N_l \leqslant \beta_{12}(2c_2 + a_{12})\beta_{hp}\tan\frac{\theta_2}{2}f_t h_0$$

$$0.25 \leqslant \lambda_{12} = a_{12}/h_0 \leqslant 1.0$$

$$\beta_{12} = \frac{0.56}{\lambda_{12} + 0.2}$$

4）箱形、筏形承台受内部基桩冲切承载力验算（图 8.9-7）

（1）计算受基桩的冲切承载力

$$N_l \leqslant 2.8(b_p + h_0)\beta_{hp}f_t h_0$$

（2）计算受桩群的冲切承载力

$$\sum N_{li} \leqslant 2[\beta_{0x}(b_y + a_{0y}) + \beta_{0y}(b_x + a_{0x})]\beta_{hp}f_t h_0$$

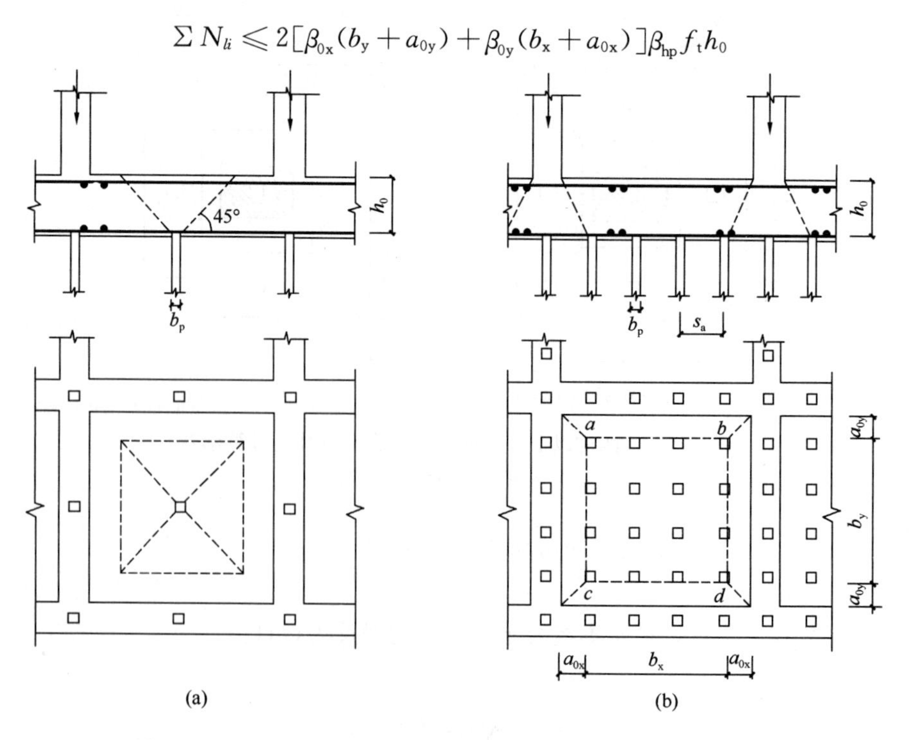

图 8.9-7 基桩对筏形承台的冲切和墙对筏形承台冲切计算示意

（a）受基桩的冲切；（b）受桩群的冲切

式中：$N_l$ ——不计承台及其上土重，在基本组合作用下，每根基桩净反力设计值，$N_l = F/n$；

$\sum N_{li}$ ——不计承台及其上土重，在基本组合作用下，冲切破坏锥体内所有基桩净反力设计值之和。

**3. 历年真题解析**

**【例 8.9.4】** 2017 下午 9 题

某公共建筑地基基础设计等级为乙级，其联合柱下桩基采用边长为 400mm 预制方桩，承台及其上土的加权平均重度为 $20kN/m^3$。柱及承台下桩的布置、地下水位、地基土层分布及相关参数如图 2017-9 所示。该工程抗震设防烈度为 7 度，设计地震分组为第三组，设计基本地震加速度值为 $0.15g$。

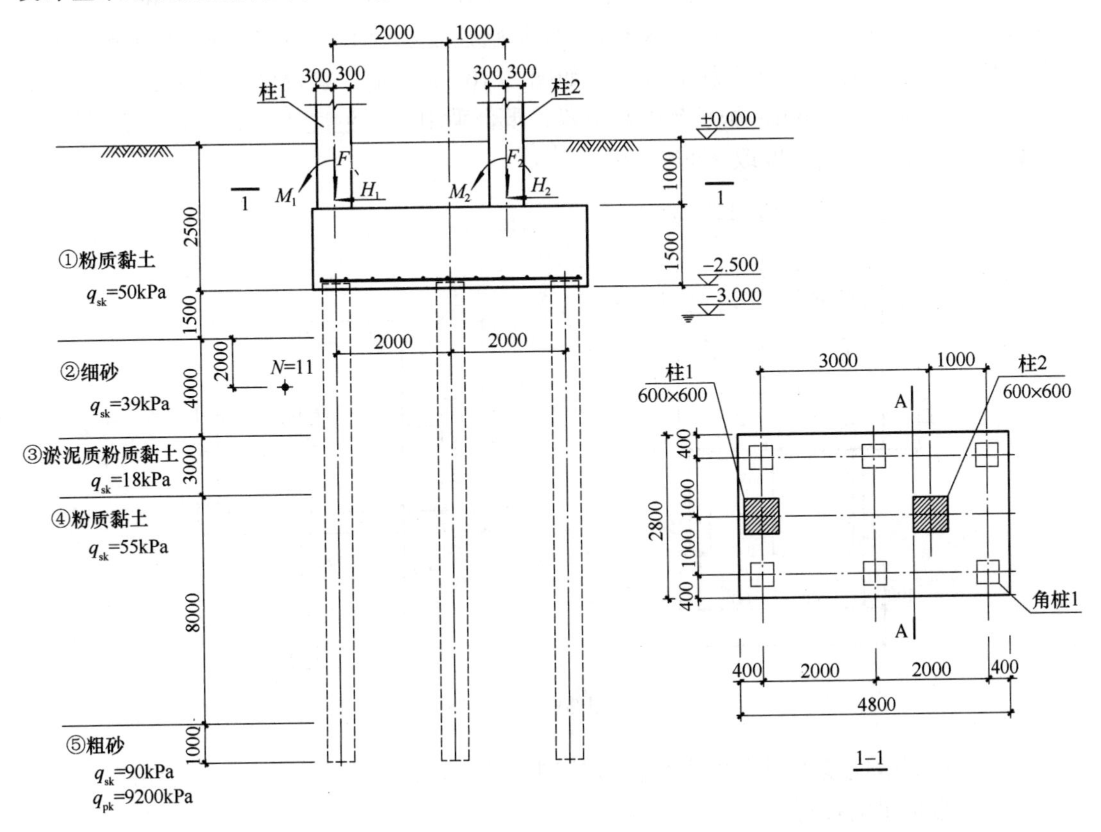


图 2017-9

假定，承台的混凝土强度等级为 C30，承台的有效高度 $h_0 = 1400mm$。试问，承台受角桩 1 冲切的承载力设计值（kN），与下列何项数值最为接近？

(A) 3200　　(B) 3600　　(C) 4000　　(D) 4400

**【答案】**(A)

根据《桩规》5.9.8 条，因为 $x$，$y$ 向对称，则

$$a_{1x} = a_{1y} = 1 - 0.3 - 0.2 = 0.5m$$

$$0.25 < \lambda_{1y} = \lambda_{1x} = a_{1x}/h_0 = 0.5/1.4 = 0.357 < 1.0$$

$$\beta_{1y}=\beta_{1x}=\frac{0.56}{\lambda_{1x}+0.2}=\frac{0.56}{0.357+0.2}=1.0$$

$$\beta_{hp}=0.9+\frac{2-1.5}{2-0.8}\times(1-0.9)=0.94$$

$$[\beta_{1x}(c_2+a_{1y}/2)+\beta_{1y}(c_1+a_{1x}/2)]\beta_{hp}f_t h_0$$
$$=2\times1.0\times(0.6+0.5/2)\times0.94\times1.43\times1400$$
$$=3199\text{kN}$$

**【例 8.9.5】** 2018 下午 12 题

某框架结构柱基础，作用标准组合下，由上部结构传至该柱基竖向力 $F$=6000kN，由风荷载控制的力矩 $M_x=M_y$=1000kN·m。柱基础独立承台下采用 400mm×400mm 钢筋混凝土预制桩，桩的平面布置及承台尺寸如图 2018-12 所示。承台底面埋深 3.0m，柱截面尺寸为 700mm×700mm，居承台中心位置。承台采用 C40 混凝土，$a_s$=65mm。承台及承台以上土的加权平均重度取 20kN/m³。

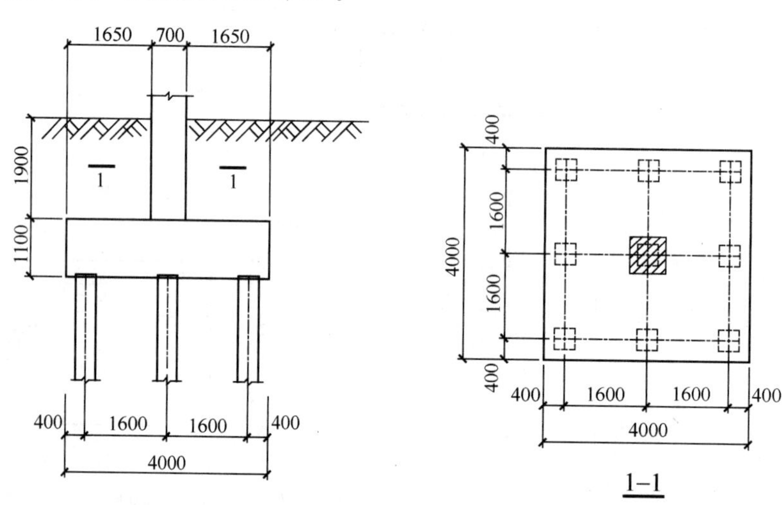


图 2018-12

假定，荷载效应基本组合由永久荷载控制，试问，柱对承台的冲切力设计值（kN），与下列何项数值最为接近？

(A) 5300　　(B) 7200　　(C) 8300　　(D) 9500

**【答案】**(B)

根据《地规》8.5.19 条、3.0.6 条，或根据《地规》3.0.6 条及《桩规》5.9.7 条：

$$F_l=1.35S_k=1.35\times(F-\Sigma N_i)$$
$$=1.35\times\left(6000-\frac{6000}{9}\right)$$
$$=1.35\times8\times\frac{6000}{9}=7200\text{kN}$$

**【例 8.9.6】** 2018 下午 13 题

基本题干同例 8.9.5。验算角桩对承台的冲切时，试问，承台的抗冲切承载力设计值

(kN)，与下列何项数值最为接近?

(A) 800　　(B) 1000　　(C) 1500　　(D) 1800

**【答案】**(D)

根据《地规》8.5.19条，或根据《桩规》5.9.8条计算。

$$h_0 = 1100 - a_s = 1100 - 65 = 1035\text{mm}$$

$$a_{1x} = a_{1y} = 1050\text{mm}$$

$$\lambda_{1x} = \lambda_{1y} = \frac{1050}{1035} = 1.01 > 1.0, \text{取} 1.0$$

$$c_1 = c_2 = 600\text{mm}$$

$$\alpha_{1x} = \alpha_{1y} = \frac{0.56}{0.2+1} = 0.467$$

$$\beta_{hp} = 1.0 - 0.1 \times \frac{1100-800}{2000-800} = 0.975$$

$$\left[\alpha_{1x}\left(c_2 + \frac{a_{1y}}{2}\right) + \alpha_{1y}\left(c_1 + \frac{a_{1x}}{2}\right)\right]\beta_{hp} \cdot f_t \cdot h_0$$

$$= 0.467 \times (600 + 1050/2) \times 2 \times 0.975 \times 1.71 \times 1035 \times 10^{-3} = 1813\text{kN}$$

**【例 8.9.7】** 2011 下午 11 题

某工程采用打入式钢筋混凝土预制方桩，桩截面边长为 400mm，单桩竖向抗压承载力特征值 $R_a$=750kN。某柱下原设计布置 A、B、C 三桩，工程桩施工完毕后，检测发现 B 桩有严重缺陷，按废桩处理（桩顶与承台始终保持脱开状态），需要补打 D 桩，补桩后的桩基承台如图 2011-11 所示。承台高度为 1100mm，混凝土强度等级为 C35（$f_t$ = 1.57N/mm²），柱截面尺寸为 600mm×600mm。

**提示：**按《建筑桩基技术规范》JGJ 94—2008 作答，承台的有效高度 $h_0$ 按 1050mm 取用。

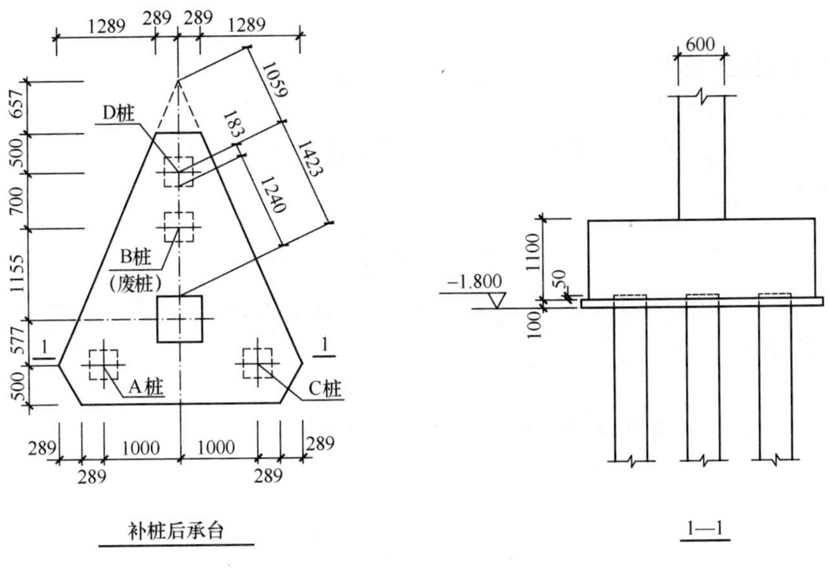


图 2011-11

试问，补桩后承台在D桩处的受角桩冲切的承载力设计值（kN），与下列何项数值最为接近？

(A) 1150　　(B) 1300　　(C) 1400　　(D) 1500

**【答案】**(A)

根据《桩规》式（5.9.8-6）和式（5.9.8-7）计算。

由图可得：$a_{12}=1050\text{mm}$，$h_0=1050\text{mm}$，$c_2=1059+183=1242\text{mm}$，$\tan\frac{\theta_2}{2}=\frac{289}{657}=0.44$。则

$$\lambda_{12}=1$$

$$\beta_{12}=\frac{0.56}{1+0.2}=0.467$$

$$\beta_{hp}=0.9+\frac{2-1.1}{2-0.8}\times0.1=0.975$$

$$N_l\leqslant\beta_{12}(2c_2+a_{12})\beta_{hp}\tan\frac{\theta_2}{2}f_th_0$$

将上述数值代入上式右边得：

$$\beta_{12}(2c_2+a_{12})\beta_{hp}\tan\frac{\theta_2}{2}f_th_0$$

$$=0.467\times(2\times1242+1050)\times0.975\times0.44\times1.57\times1050\div1000=1167\text{kN}$$

### 8.9.3 受剪计算

**1. 主要的规范规定**

1）《桩规》5.9.9条：柱下独立桩基承台斜截面受剪承载力。

2）《桩规》5.9.12条：砌体墙下条形承台梁配有箍筋，但未配弯起钢筋时，斜截面的受剪承载力计算。

3）《桩规》5.9.13条：砌体墙下承台梁配有箍筋和弯起钢筋时，斜截面的受剪承载力计算。

**2. 对规范规定的理解**

1）剪切力（图8.9-8）

不计承台及其上土重，在基本组合下，验算斜截面的最大剪力设计值$V$。

轴心作用条件下：

$$V=n_1\times\frac{F}{n}$$

式中：$F$——基本组合作用下，作用于承台顶部的竖向力设计值。

偏心作用条件下：

$$V=\Sigma N_i$$

式中：$\Sigma N_i$——验算截面外侧的所有基桩的竖向净反力之和。

2）一阶矩形承台受剪承载力验算

剪跨比：

$$0.25\leqslant\begin{cases}\lambda_x=a_x/h_0\\\lambda_y=a_y/h_0\end{cases}\leqslant3$$

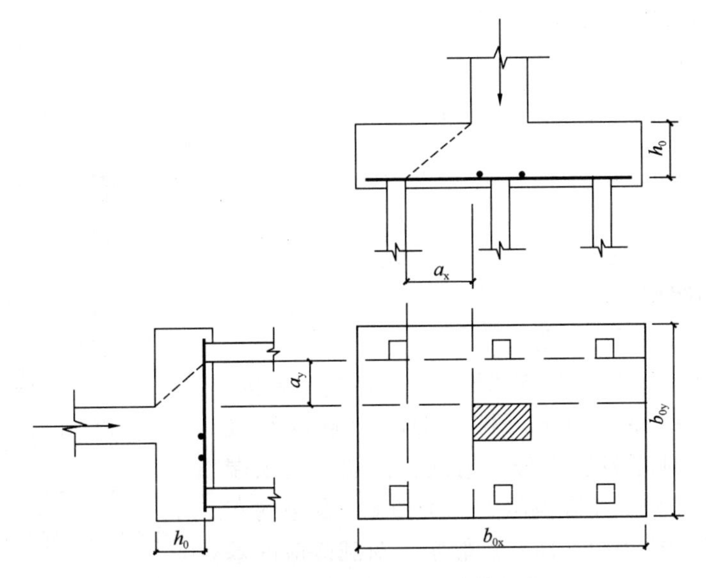


图 8.9-8 承台斜截面受剪计算示意

承台剪切系数：

$$\alpha=\frac{1.75}{\lambda+1}$$

受剪切承载力截面高度影响系数：

$$\beta_{hs}=\left(\frac{800}{h_0}\right)^{1/4}，800\leqslant h_0\leqslant 2000$$

承台受冲切承载力：

$$V=\beta_{hs}\alpha f_t b_0 h_0$$

3）二阶矩形承台柱边和变阶处受剪承载力验算（图 8.9-9）

（1）计算变阶处截面（$A_1$-$A_1$，$B_1$-$B_1$）的斜截面受剪承载力时，其截面有效高度均为 $h_{10}$，截面计算宽度分别为 $b_{y1}$ 和 $b_{x1}$。

$$A_1\text{-}A_1\ 截面\begin{cases}h_0=h_{10}\\ b_0=b_{y1}\end{cases}$$

$$B_1\text{-}B_1\ 截面\begin{cases}h_0=h_{10}\\ b_0=b_{x1}\end{cases}$$

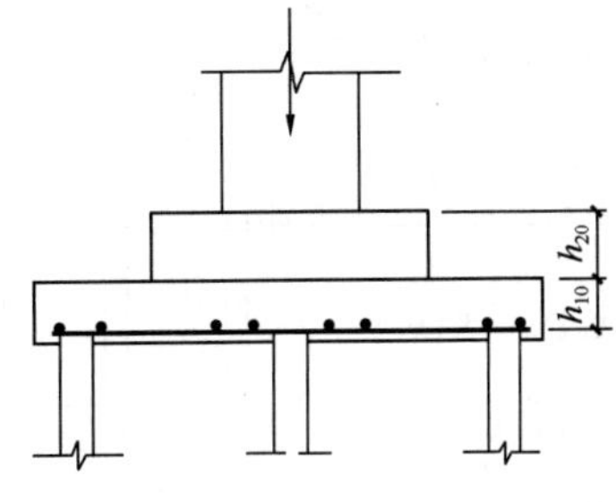


（2）计算柱边处截面（$A_2$-$A_2$，$B_2$-$B_2$）的斜截面受剪承载力时，其截面有效高度均为 $h_{10}+h_{20}$，截面计算宽度如下：

$$A_2\text{-}A_2\ 截面\begin{cases}h_0=h_{10}+h_{20}\\ b_{y0}=\dfrac{b_{y1}\cdot h_{10}+b_{y2}\cdot h_{20}}{h_{10}+h_{20}}\end{cases}$$

$$B_2\text{-}B_2\ 截面\begin{cases}h_0=h_{10}+h_{20}\\ b_{x0}=\dfrac{b_{x1}\cdot h_{10}+b_{x2}\cdot h_{20}}{h_{10}+h_{20}}\end{cases}$$

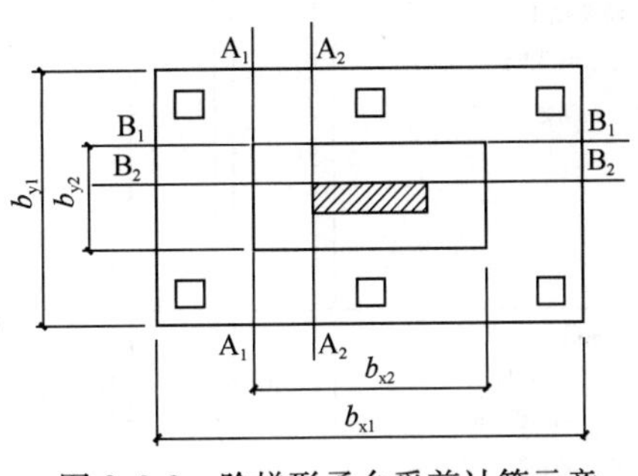


图 8.9-9 阶梯形承台受剪计算示意

4）锥形承台柱边受剪承载力验算（图 8.9-10）

$$\text{A-A 截面}\begin{cases}h_0\\ b_{y0}=\left[1-0.5\dfrac{h_{10}}{h_0}\left(1-\dfrac{b_{y2}}{b_{y1}}\right)\right]b_{y1}\end{cases}$$

$$\text{B-B 截面}\begin{cases}h_0\\ b_{x0}=\left[1-0.5\dfrac{h_{10}}{h_0}\left(1-\dfrac{b_{x2}}{b_{x1}}\right)\right]b_{x1}\end{cases}$$

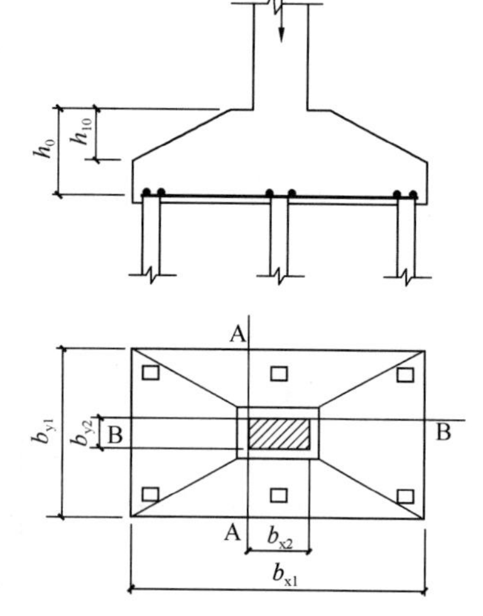

图 8.9-10 锥形承台受剪计算

**3. 历年真题解析**

**【例 8.9.8】** 2019 下午 7 题

有一六桩承台基础，采用先张法预应力混凝土管桩，桩外径 500mm，壁厚 100mm，桩身混凝土强度等级 C80，不设桩尖，地基各层土分布情况、桩端土极限端阻力标准值 $q_{pk}$、桩侧土极限侧阻力标准值 $q_{sik}$ 及桩的布置、承台尺寸等如图 2019-7 所示。假定，荷载效应的基本组合由永久荷载控制，承台及其上土的平均重度取 $22kN/m^3$。

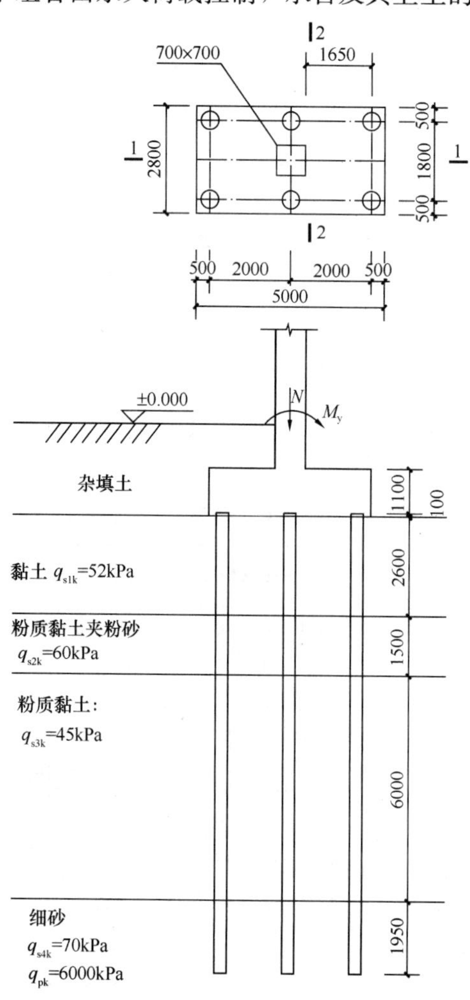

图 2019-7

**提示：**① 荷载组合按简化规则计算；

② $\gamma_0=1.0$。

假定，相应于作用的标准组合时，上部结构柱传至承台顶面中心的作用标准值竖向力 $N_k=5200kN$，弯矩 $M_{kx}=0kN\cdot m$，$M_{ky}=560kN\cdot m$。试问，承台 2-2 截面（柱边）处剪力设计值（kN），与下列何项数值接近？

（A）2550　　（B）2650

（C）2750　　（D）2850

**【答案】**（A）

根据《桩规》5.9.10 条，剪力设计值不计承台及其上土自重。

由《桩规》式（5.1.1-2），计算桩的最大净反力：

$$N_{ik}=\frac{F_k}{n}\pm\frac{M_{xk}y_i}{\sum y_i^2}\pm\frac{M_{yk}x_i}{\sum x_i^2}$$

$$N_{1k}=\frac{5200}{6}+\frac{560\times2}{2^2\times4}=936.7kN$$

承台 2—2 截面（柱边）剪力设计值：

$$V=936.7\times2\times1.35=2529kN$$

**【例 8.9.9】** 2014 下午 12 题

某地基基础设计等级为乙级的柱下桩基础，承台下布置有 5 根边长为 400mm 的 C60 钢筋混凝土预制方桩。框架柱截面尺寸为 600mm×800mm，承台及其以上土的加权平均

重度 $\gamma_0 = 20\text{kN/m}^3$。承台平面尺寸、桩位布置等如图 2014-12 所示。

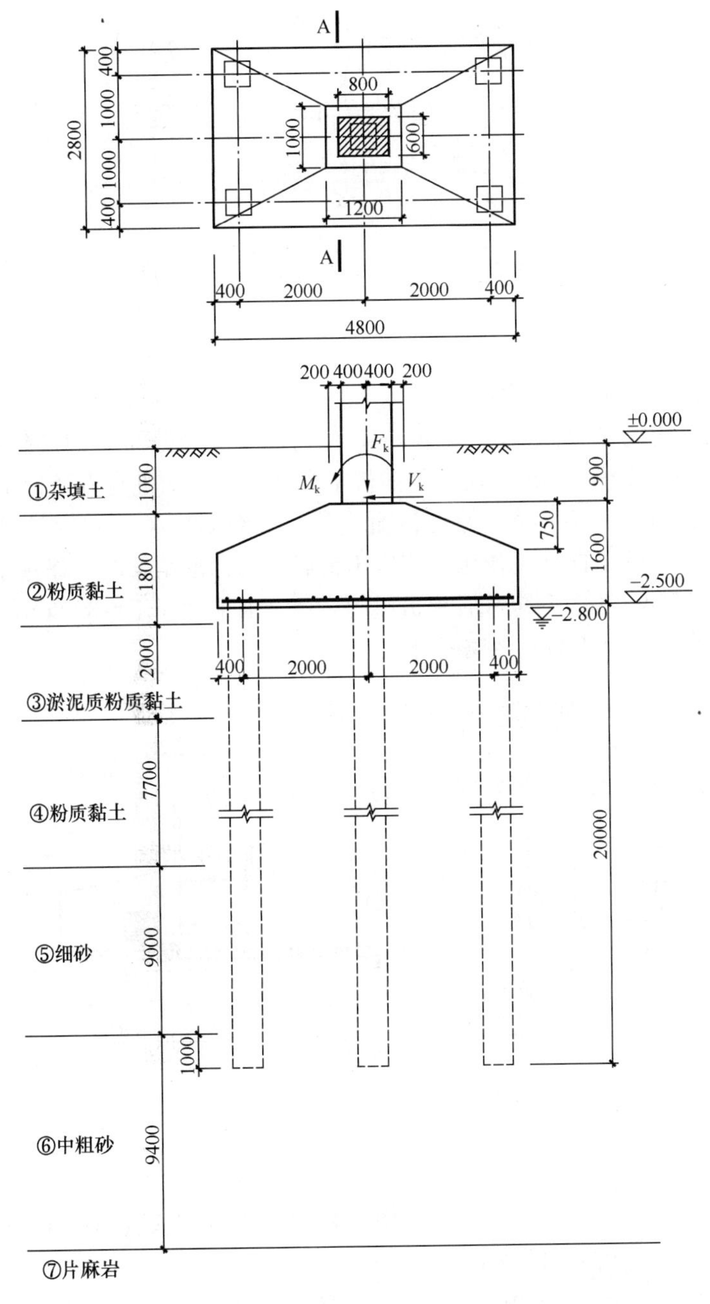


图 2014-12

假定，承台混凝土强度等级为 C30（$f_t = 1.43\text{N/mm}^2$），承台计算截面的有效高度 $h_0 = 1500\text{mm}$。试问，图中柱边 A-A 截面承台的斜截面承载力设计值（kN），与下列何项数值最为接近？

(A) 3700　　(B) 4000　　(C) 4600　　(D) 5000

**【答案】**(A)

根据《桩规》5.9.10 条：

$$b_0 = \left[1 - 0.5 \times \frac{0.75}{1.5} \times (1 - \frac{0.6}{2.8})\right] \times 2.8 = 2.25\text{m}$$

$$0.25 < \lambda = (2 - 0.4 - 0.2)/1.5 = 0.933 < 3$$

$$\alpha = \frac{1.75}{\lambda + 1} = \frac{1.75}{0.933 + 1} = 0.905$$

$$\beta_{hs} = \left(\frac{800}{h_0}\right)^{1/4} = \left(\frac{800}{1500}\right)^{1/4} = 0.855$$

$$\beta_{hs}\alpha f_t b_0 h_0 = 0.855 \times 0.905 \times 1.43 \times 2.25 \times 1500 = 3734\text{kN}$$

**【例 8.9.10】** 2012 下午 13 题

某抗震设防烈度为 8 度（0.30$g$）的框架结构，采用摩擦型长螺旋钻孔灌注桩基础，初步确定某中柱采用如图 2012-13 所示的四桩承台基础，已知桩身直径为 400mm，单桩竖向抗压承载力特征值 $R_a$=700kN，承台混凝土强度等级 C30（$f_t$=1.43N/mm²），桩间距有待进一步复核。考虑 $x$ 向地震作用，相应于荷载效应标准组合时，作用于承台底面标高处的竖向力 $F_{Ek}$=3341kN，弯矩 $M_{Ek}$=920kN·m，水平力 $V_{Ek}$=320kN，承台有效高度 $h_0$=730mm，承台及其上土重可忽略不计。

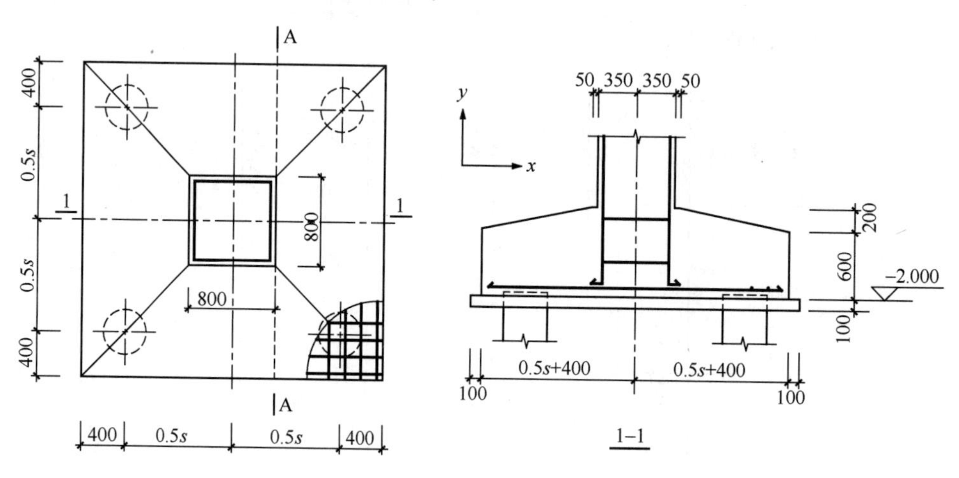


图 2012-13

试问，当桩中心距 $s$=2400mm，地震作用效应组合时，承台 A-A 剖面处的抗剪承载力设计值（kN），与下列何项数值最为接近？

（A）3500　　（B）3100　　（C）2800　　（D）2400

**【答案】**（B）

根据《桩规》5.9.10 条，有效高度 $h_0$=730mm，有效宽度为：

$$b_{y0} = \left[1 - 0.5\frac{h_{20}}{h_0}\left(1 - \frac{b_{y2}}{b_{y1}}\right)\right]b_{y1} = \left[1 - 0.5 \times \frac{200}{730}\left(1 - \frac{800}{3200}\right)\right] \times 3200 = 2871.2\text{mm}$$

$$\lambda_x = \frac{a_x}{h_0} = \frac{1200 - 350 - 200 \times 0.8}{730} = 0.945$$

$$\alpha = \frac{1.75}{\lambda_x + 1} = \frac{1.75}{0.945 + 1} = 0.9$$

C30 混凝土，$f_t = 1.43\text{N/mm}^2$，$\beta_{hs} = \left(\frac{800}{h_0}\right)^{1/4} = 1.0$（当 $h_0 < 800$mm 时，取 $h_0 =$ 800mm）。

根据《抗规》表 5.4.2，进行抗震验算时，抗剪承载力调整系数 $\gamma_{RE} = 0.85$。

$$[V] = \frac{\beta_{hs}\alpha f_t b_{y0} h_0}{\gamma_{RE}} = \frac{1.0 \times 0.9 \times 1.43 \times 2871.2 \times 730}{0.85} = 3173.6\text{kN}$$

# 9 桩基施工及验收

## 9.1 单桩竖向静载试验

**1. 主要的规范规定**

《地规》附录Q：单桩竖向静载荷试验要点。

**2. 对规范规定的理解**

单桩竖向抗压极限荷载承载力的确定需注意以下要点。

（1）陡降段明显时，取相应于陡降段起点的荷载值。

（2）当出现《地规》Q.0.8条2款的情况时，取前一级荷载值。

（3）$Q$-$s$ 曲线（图9.1-1）呈缓变型时，取桩顶总沉降量 $s$=40mm 所对应的荷载值，当桩长大于40m，宜考虑桩身的弹性压缩。

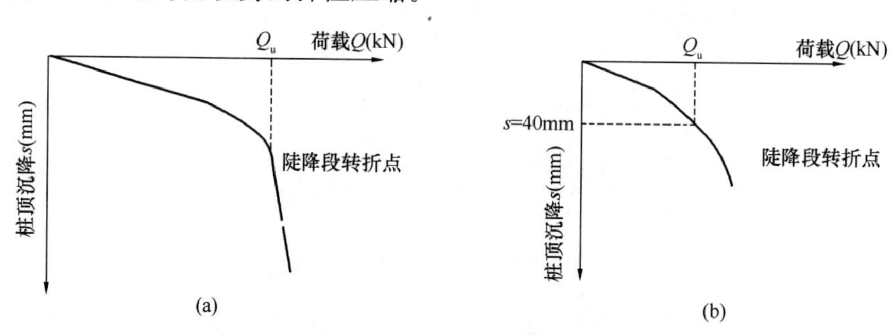


图9.1-1 $Q$-$s$ 曲线

（a）陡变型；（b）缓变型

（4）单桩竖向抗压极限承载力统计值按以下原则确定。

极差（极差=最大值－最小值）≤平均值的30%⇒取平均值。

极差≥平均值的30%⇒分析极差过大的原因，必要时可增加试桩数量。

桩数≤3根的柱下承台或工程桩的抽检数量<3根⇒取最小值。

（5）将单桩竖向抗压极限承载力除以安全系数2，为单桩竖向抗压承载力特征值。

**3. 历年真题解析**

**【例9.1.1】**2018下午16题

某建筑物地基基础设计等级为乙级，采用两桩和三桩承台基础，桩长约30m，三根试桩的竖向抗压静载试验结果如图2018-16所示，试桩3加载至4000kN，24小时后变形尚未稳定。试问，桩的竖向抗压承载力特征值（kN），取下列何项数值最为合理？

（A）1750　　（B）2000　　（C）3500　　（D）8000

**【答案】**（A）

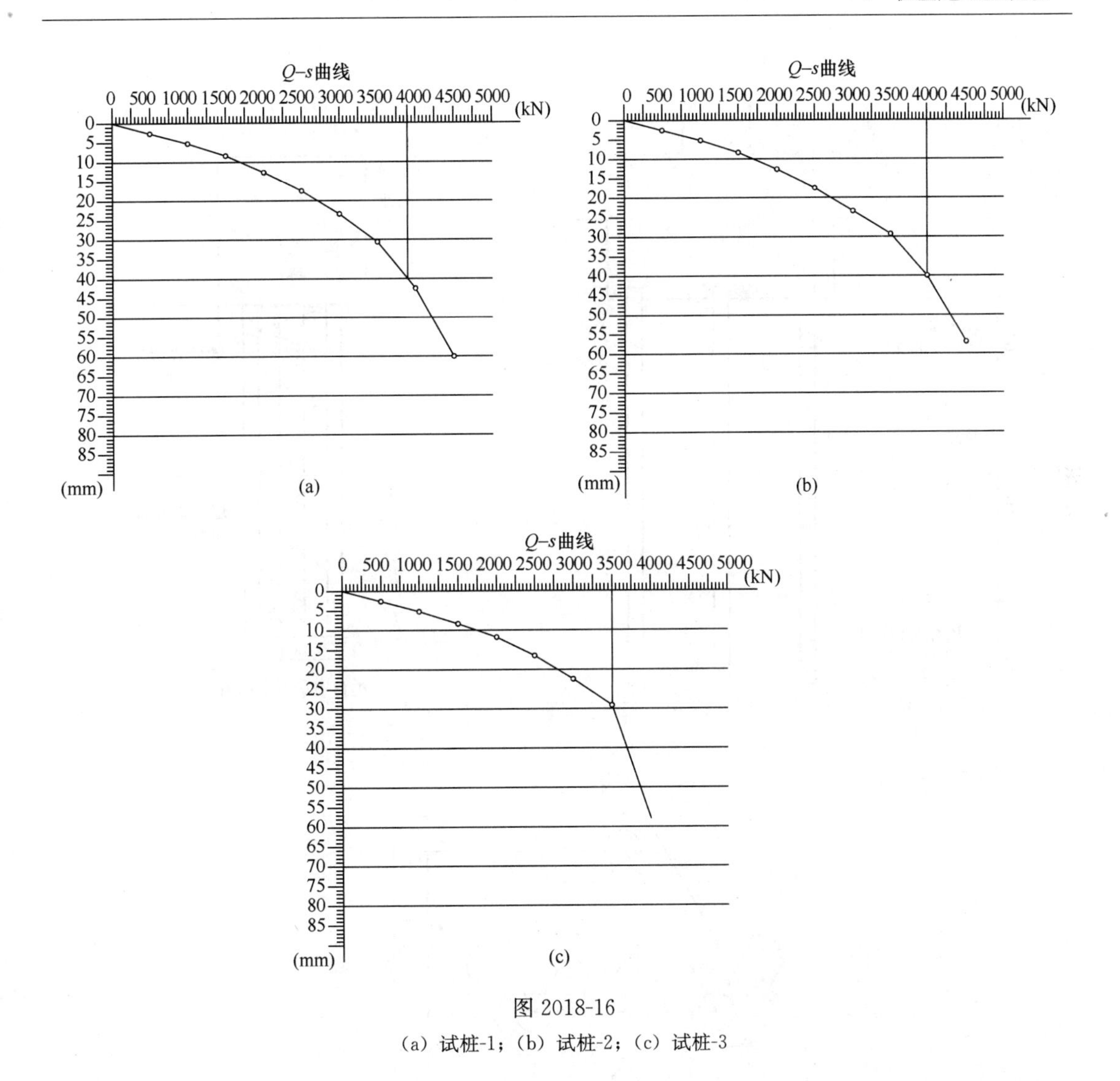


图 2018-16

(a) 试桩-1；(b) 试桩-2；(c) 试桩-3

根据《地规》附录 Q，试桩 1 的 $Q$-$s$ 曲线为缓变型，对应 40mm 沉降量的荷载作为桩承载力极限值，为 3900kN；试桩 2 的 $Q$-$s$ 曲线为缓变型，对应 40mm 沉降量的荷载作为桩承载力极限值，为 4000kN；试桩 3 的 $Q$-$s$ 曲线为陡降型，桩承载力极限值为 3500kN。

两桩和三桩承台，取最小值 3500kN。单桩承载力特征值 $R_a$=3500/2=1750kN。

**【例 9.1.2】** 2010 下午 14 题

某多层地下建筑采用泥浆护壁成孔的钻孔灌注桩基础，柱下设三桩等边承台，钻孔灌注桩直径为 800mm，其混凝土强度等级为 C30（$f_c=14.3\text{N/mm}^2$，$\gamma=25\text{kN/m}^3$），工程场地的地下水设防水位为－1.0m，地基各土层分布情况、土的参数、承台尺寸及桩身配筋等，详见图 2010-14。

在该工程的试桩中，由单桩竖向静载试验得到 3 根试验桩竖向极限承载力分别为 7680kN，8540kN，8950kN。根据《建筑地基基础设计规范》GB 50007—2011 的规定，试问，工程设计中所采用的桩竖向承载力特征值 $R_a$（kN），与下列何项数值最为接近？

(A) 3800　　(B) 4000　　(C) 4200　　(D) 4400

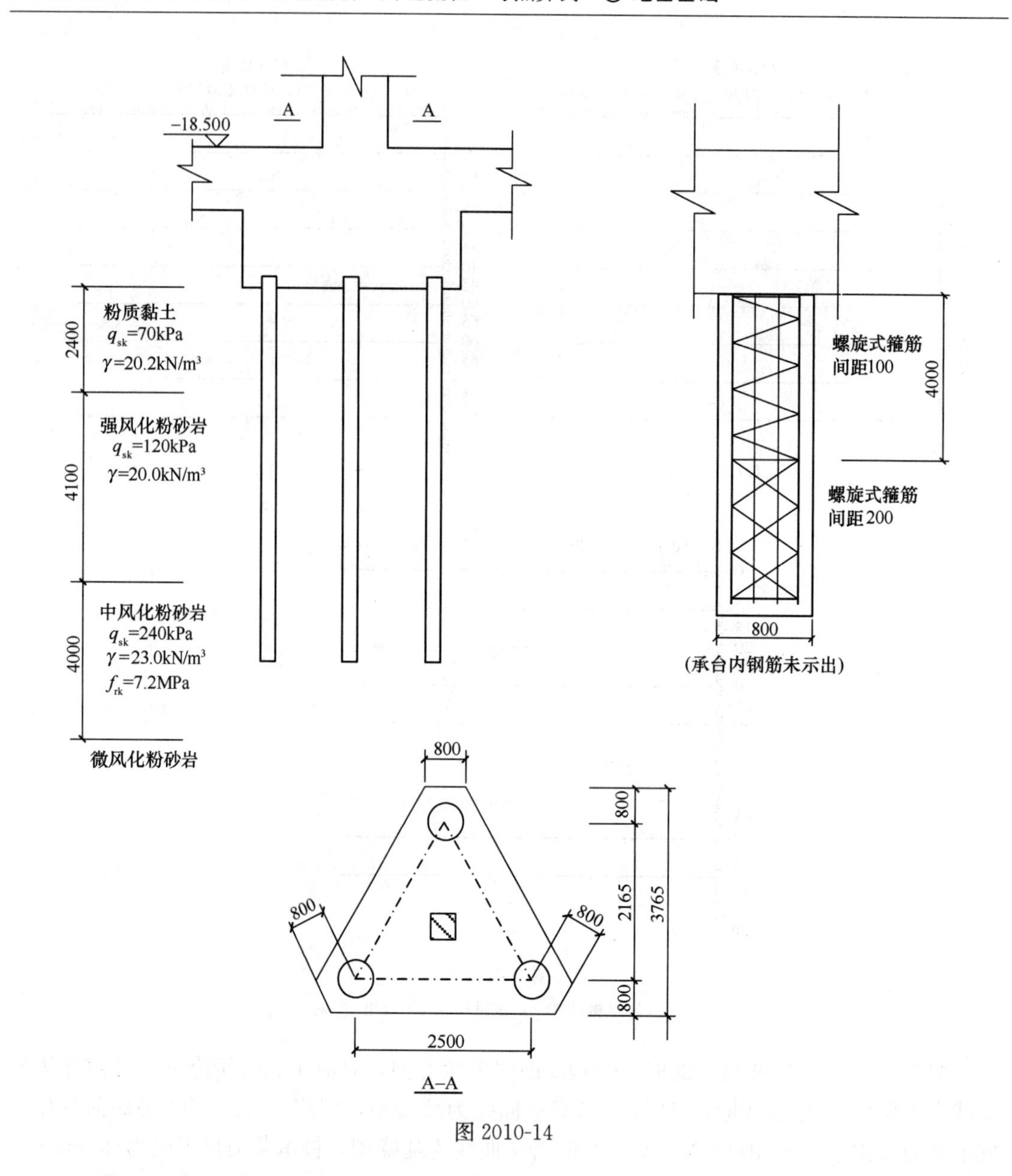


图 2010-14

【答案】(A)

依据《地规》Q.0.10 条，极差 8950 − 7680 = 1270kN < (7680 + 8540 + 8950)/3 × 30% = 2517kN，由于工程中桩数为 3 根，故取最小值 7680kN 作为桩竖向极限承载力。桩竖向承载力特征值为 $R_a$ = 7680/2 = 3840kN。

**【例 9.1.3】** 2021 下午 12 题

某安全等级为二级的办公楼，框架柱截面尺寸为 1250×1000，柱下采用 8 桩承台，桩基础为 PHC 管桩，管桩外径 600mm，管桩壁厚 110mm，桩长 30m，为摩擦桩，基础及基底以上填土的加权平均重度为 20kN/m³，地下水位标高 −4m，不考虑抗震。基础平面、剖面及部分土层参数如图 2021-12 所示。

该工程对三根桩进行竖向抗压载荷试验，单桩竖向极限承载力分别为 3400kN、

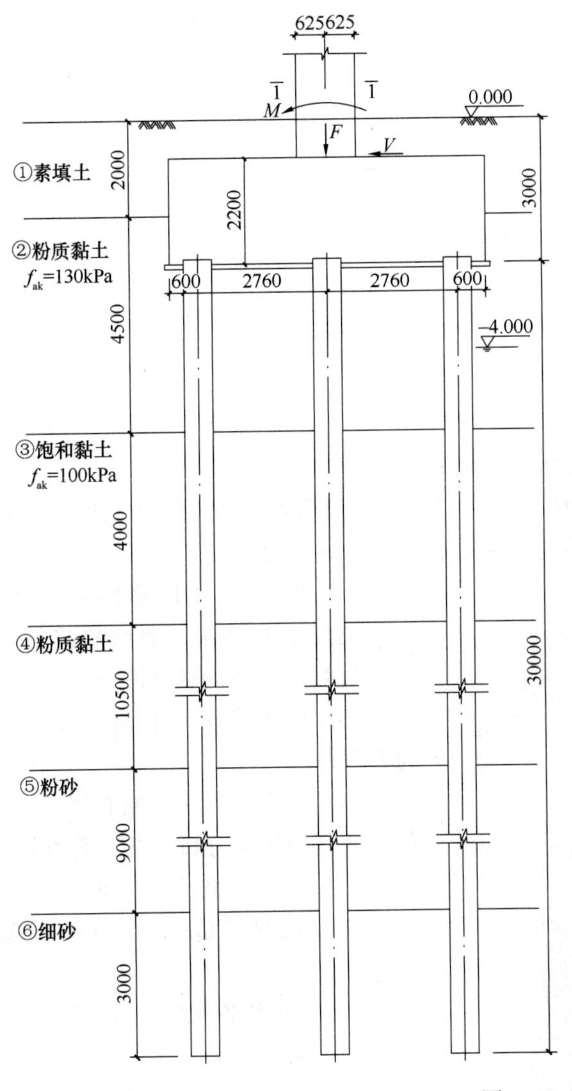


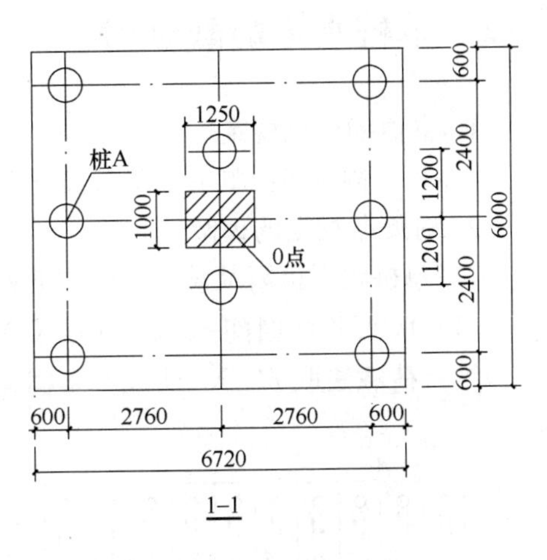


图 2012-12

3700kN、3800kN，承台效应系数 $\eta_c$ 为 0.13。计算考虑承台效应的复合基桩竖向承载力特征值 $R$（kN），与下列何项数值最为接近？

（A）1800　　（B）1900　　（C）2000　　（D）2100

**【答案】**（B）

根据《地规》附录 Q.0.10 条，试桩结果平均值为：

$$\overline{Q}_{uk}=\frac{3400+3700+3800}{3}=3633\text{kN}$$

试桩结果的极差为 3800－3400＝400kN，不超过平均值的 30％，故取平均值作为基桩抗压承载力极限值。则

$$R_a=\frac{3633}{2}=1816.5\text{kN}$$

根据《桩规》5.2.5 条，承台下 1/2 承台宽度且不超过 5m 深度范围均为第二层粉质黏土，故 $f_{ak}=130\text{kPa}$。

$$A_c=\frac{A}{n}-A_p=\frac{6.72\times6}{8}-\frac{\pi}{4}\times0.6^2=4.79\text{m}^2$$

$$R=R_a+\eta_c f_{ak}A_c=1816.5+0.13\times130\times4.79=1898\text{kN}$$

## 9.2 单桩水平静载试验

**1. 主要的规范规定**

《地规》附录 S：单桩水平载荷试验要点。

**2. 对规范规定的理解**

1）单桩水平极限荷载 $H_u$ 可按下列方法综合确定。

（1）取水平力-时间-位移（$H_0$-$t$-$X_0$）曲线明显陡变的前一级荷载为极限荷载（图 9.2-1）；慢速维持荷载法取 $H_0$-$X_0$ 曲线产生明显陡变的起始点对应的荷载为极限荷载。

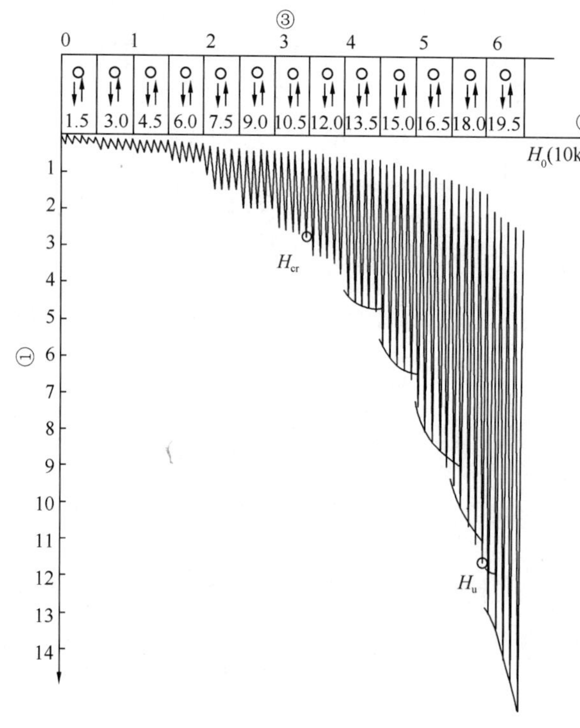


图 9.2-1 $H_0$-$t$-$X_0$ 曲线

①—水位位移 $X_0$；②—水平力；③—时间 $t$

（2）取水平力-位移梯度（$H_0$-$\Delta X_0/\Delta H_0$）曲线第二直线段终点对应的荷载为极限荷载（图 9.2-2）。

（3）取桩身折断的前一级荷载为极限荷载（图 9.2-3）；

（4）按上述方法判断有困难时，可结合其他辅助分析方法综合判定。

（5）极限承载力统计取值方法应符合《地规》Q.0.10 条的有关规定。

2）单桩水平承载力特征值应按以下方法综合确定。

（1）单桩水平临界荷载（$H_{cr}$）可取 $H_0$-$\Delta X_0/\Delta H_0$ 曲线第一直线段终点或 $H_0$-$\sigma_g$ 曲线第一拐点所对应的荷载（图 9.2-2、图 9.2-3）。

（2）参加统计的试桩，当满足其极差不超过平均值的 30%时，可取其平均值为单桩水平极限荷载统计值。极差超过平均值的 30%时，宜增加试桩数量并分析极差过大的原因，结合工程具体情况确定单桩水平极限荷载统计值。

（3）当桩身不允许裂缝时，取水平临界荷载统计值的 0.75 倍为单桩水平承载力特征值。

（4）当桩身允许裂缝时，单桩水平极限荷载统计值除以安全系数 2 为单桩水平承载力特征值，且桩身裂缝宽度应满足相关规范要求。

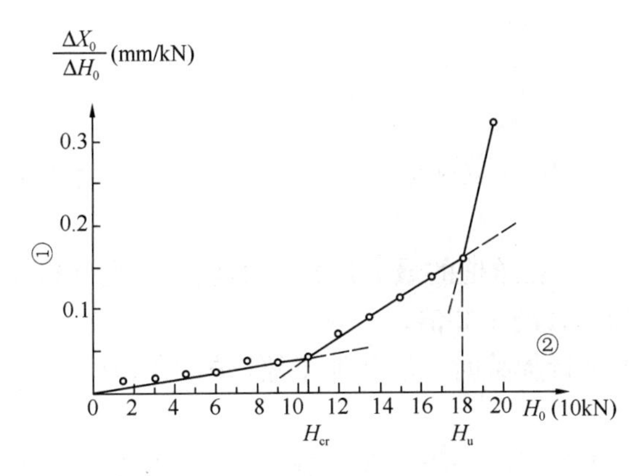


图 9.2-2 $H_0$-$\Delta X_0/\Delta H_0$ 曲线

①—位移梯度；②—水平力

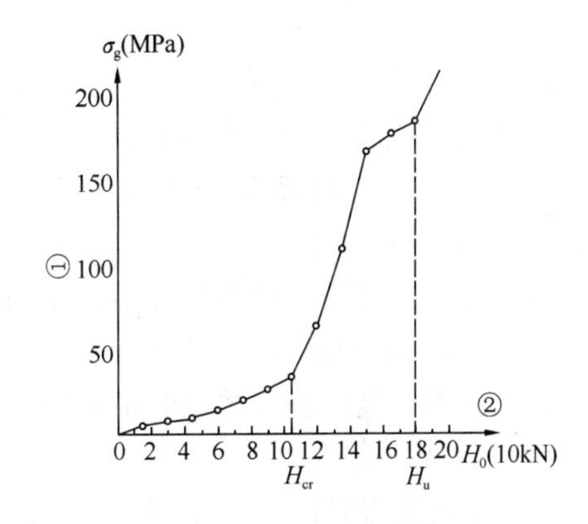


图 9.2-3 $H_0$-$\sigma_g$ 曲线

①—最大弯矩点钢筋应力；②—水平力

## 9.3 单桩抗拔试验要点

**1. 主要的规范规定**

《地规》附录 Q：单桩竖向抗拔荷载试验要点。

**2. 对规范规定的理解**

单桩竖向抗拔极限承载力的确定需注意以下要点。

（1）对于陡变形曲线（图 9.2-4），取相应于陡升段起点的荷载值。

（2）对于缓变形 $U$-$\Delta$ 曲线，可根据 $\Delta$-lg$t$ 曲线，取尾部显著弯曲的前一级荷载值（图 9.2-5）。

（3）当出现《地规》T.0.9 条 1 款的情况时，取其前一级荷载。

（4）单桩竖向抗拔极限承载力统计值按以下原则确定。

极差（极差＝最大值－最小值）≤平均值的 30%⇒取平均值。

极差≥平均值的 30%⇒分析极差过大的原因，必要时可增加试桩数量。

桩数≤3 根的柱下承台或工程桩的抽检数量<3 根⇒取最小值。

（5）单桩竖向抗拔承载力特征值按以下原则确定。

① 将单桩竖向抗拔极限承载力除以 2，此时桩身配筋应满足裂缝宽度设计要求。

② 当桩身不允许开裂时，应取桩身开裂的前一级荷载。

③ 按设计允许的上拔变形量所对应的荷载取值。

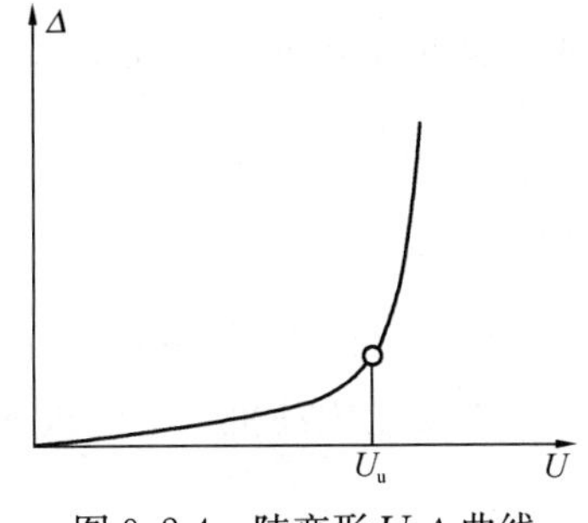


图 9.2-4 陡变形 $U$-$\Delta$ 曲线

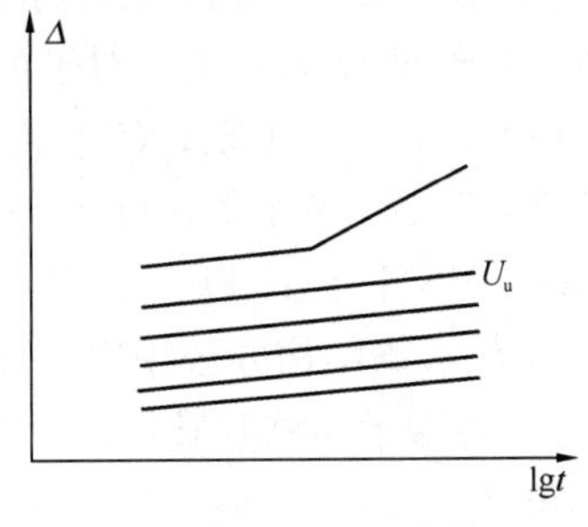


图 9.2-5 $\Delta$-lg$t$ 曲线

**3. 历年真题解析**

**【例 9.3.1】** 2012 下午 8 题

下列与桩基相关的 4 点主张：

Ⅰ. 液压式压桩机的机架重量和配重之和为 4000kN 时，设计最大压桩力不应大于 3600kN；

Ⅱ. 静压桩的最大送桩长度不宜超过 8m，且送桩的最大压桩力不宜大于允许抱压压桩力，场地地基承载力不应小于压桩机接地压强的 1.2 倍；

Ⅲ. 在单桩竖向静荷载试验中采用堆载进行加载时，堆载加于地基的压应力不宜大于地基承载力特征值；

Ⅳ. 抗拔桩设计时，对于严格要求不出现裂缝的一级裂缝控制等级，当配置足够数量的受拉钢筋时，可不设置预应力钢筋。

试问，针对上述主张正确性的判断，下列何项正确?

(A) Ⅰ、Ⅲ正确，Ⅱ、Ⅳ错误　　(B) Ⅱ、Ⅳ正确，Ⅰ、Ⅲ错误

(C) Ⅱ、Ⅲ正确，Ⅰ、Ⅳ错误　　(D) Ⅱ、Ⅲ、Ⅳ正确，Ⅰ错误

**【答案】**(A)

根据《桩规》7.5.4 条，Ⅰ正确；

根据《桩规》7.5.1 条、7.5.13 条 5 款，Ⅱ错误；

根据《地规》附录 Q.0.2，Ⅲ正确；

根据《桩规》3.4.8 条，Ⅳ错误。

## 9.4 桩基施工

**【例 9.4.1】** 2013 下午 15 题

关于预制桩的下列主张中，何项不符合《建筑地基基础设计规范》GB 50007—2011 和《建筑桩基技术规范》JGJ 94—2008 的规定?

(A) 抗震设防烈度为 8 度的地区，不宜采用预应力混凝土管桩

(B) 对于饱和软黏土地基，预制桩入土 15 天后方可进行竖向静载试验

(C) 混凝土预制实心桩的混凝土强度达到设计强度的 70%及以上方可起吊

(D) 采用锤击成桩时，对于密集桩群，自中间向两个方向或四周对称施打

**【答案】**(B)

根据《桩规》3.3.2 条 3 款，(A) 正确。

根据《地规》附录 Q.0.4 条，对于饱和软黏土，不得少于 25 天，(B) 错误；

根据《桩规》7.2.1 条 1 款，(C) 正确。

根据《桩规》7.4.4 条 1 款，(D) 正确。

**【例 9.4.2】** 2018 下午 15 题

某高层框架-核心筒结构办公用房，地上 22 层，大屋面高度 96.8m，结构平面尺寸见图 2018-15。拟采用端承型桩基础，采用直径 800mm 混凝土灌注桩，桩端进入中风化片麻岩 ($f_{rk}$=10MPa)。

试问，下列选项中的成桩施工方法，何项不适宜用于本工程?

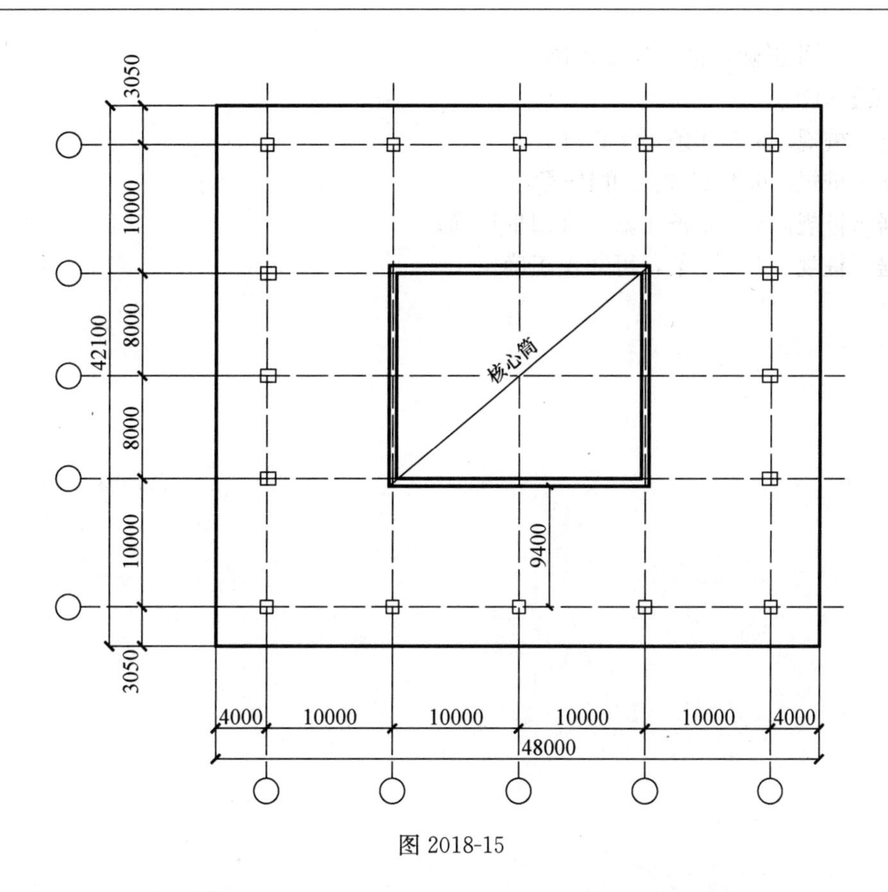


图 2018-15

(A) 正循环钻成孔灌注桩　　(B) 反循环钻成孔灌注桩

(C) 潜水钻成孔灌注桩　　(D) 旋挖成孔灌注桩

**【答案】**(C)

持力层 $f_{rk}$=10MPa，属软质岩。根据《桩规》附录 A，表 A.0.1，桩端持力层为软质岩石或风化岩石，不宜采用潜水钻成孔灌注桩。

**【例 9.4.3】**2020 下午 14 题

关于桩基施工有下列观点：

Ⅰ. 用于抗水平力的旋挖成孔及正反循环钻孔灌注桩，在灌注混凝土前，孔底沉渣厚度不应大于 200mm；

Ⅱ. 压灌桩的充盈系数宜为 1.0～1.2，桩顶混凝土超灌高度宜为 0.1～0.20m；

Ⅲ. 灌注桩后注浆量应根据桩长，桩径，桩距，注浆顺序，桩端、桩侧土性质，单桩承载力增幅以及是否复式注浆等因素确定；

Ⅳ. 静压沉桩时，最大压桩力不宜小于设计的单桩竖向极限承载力标准值，必要可由现场试验确定。

试问，依据《建筑桩基技术规范》JGJ 94—2008 的有关规定，针对上述观点的下列何项结论是正确的?

(A) Ⅲ正确，Ⅰ、Ⅱ、Ⅳ不正确

(B) Ⅰ、Ⅲ、Ⅳ正确，Ⅱ不正确

(C) Ⅰ、Ⅳ正确，Ⅱ、Ⅲ不正确

（D）Ⅰ、Ⅱ正确，Ⅲ、Ⅳ不正确

**【答案】**（B）

根据《桩规》6.3.9条，Ⅰ正确；

根据《桩规》6.4.11条，Ⅱ错误；

根据《桩规》6.7.4条4款，可知Ⅲ正确；

根据《桩规》7.5.7条，可知Ⅳ正确。

# 10　地基处理基本规定

**1. 主要的规范规定**

1)《地处规》3.0.4 条：处理后的地基，地基承载力修正参数取值。

2)《地处规》3.0.5 条：处理后的地基验算内容。

**2. 对规范规定的理解**

1）地基处理深宽修正系数修正

详见表 10.0-1。

**地基处理深宽修正系数　　　　表 10.0-1**

| 地基处理方式 | | $\eta_b$ | $\eta_d$ |
|---|---|---|---|
| 大面积压实填土地基（处理宽度>2 倍基础宽度） | 粉土，压实系数 $\lambda_c > 0.95$，黏粒含量 $\rho_c > 10\%$ | 0 | 1.5 |
| | 级配砂石，干密度 $\rho_d > 2.1 t/m^3$ | 0 | 2.0 |
| 其他处理地基（换填垫层、预压地基、复合地基等） | | 0 | 1.0 |

注：换填垫层法处理地基需特别注意，基础底深度修正系数取 $\eta_d = 1.0$，软弱下卧层验算时，垫层底面土层为原状土，不属于处理土层范围，下卧层承载力 $f_{az}$ 深度修正系数 $\eta_d$ 按原土参数取值，参《地规》，不能按处理地基直接取值 1.0。

2）地基承载力验算

偏心荷载作用下，对于换填垫层、预压地基、压实地基、夯实地基、散体桩复合地基、注浆加固等处理后地基可按现行国家标准《建筑地基基础设计规范》GB 50007 的要求进行验算，即满足：

单轴心荷载作用时：

$$p_k \leqslant f'_a$$

偏心荷载作用时：

$$p_{kmax} \leqslant 1.2 f'_a$$

式中：$f'_a$——处理后的地基承载力特征值。

对于有一定粘结强度增强体复合地基，由于增强体布置不同，分担偏心荷载时增强体上的荷载不同，应同时对桩、土作用的力加以控制，满足建筑物在长期荷载作用下的正常使用要求。

3）软弱下卧层承载力验算

受力层范围仍存在软弱下卧层时，应进行软弱下卧层的承载力验算。

# 11 换填垫层

**1. 主要的规范规定**

1）《地处规》4.1.1条：换填的适用范围。

2）《地处规》4.2.2条：换填垫层厚度的确定。

3）《地处规》4.2.3条：换填垫层宽度的确定。

4）《地处规》4.2.7条：垫层地基的变形验算。

5）《地处规》4.2.8条：加筋垫层的材料强度验算。

**2. 对规范规定的理解**

1）基底地基承载力（确定基底面积 $A$）

（1）垫层承载力特征值的深度修正

$$f'_{a}=f_{ak}+\gamma_{m}\cdot(d-0.5)$$

注：换填垫层法处理地基需特别注意，基础底深度修正系数取 $\eta_d=1.0$。软弱下卧层验算时，垫层底面土层为原状土，不属于处理土层范围，下卧层承载力 $f_{az}$ 深度修正系数 $\eta_d$ 按原土参数取值，参见《地规》，不能按处理地基直接取值1.0。

（2）地基承载力验算

单轴心荷载作用时：

$$p_k\leqslant f'_a$$

偏心荷载作用时：

$$p_{kmax}\leqslant 1.2f'_a$$

2）垫层底面下卧土层的承载力验算（软弱下卧层验算）

（1）计算基底的平均压力 $p_k$，基地处土的自重压力 $p_c$

$$p_k=\frac{F_k+G_k}{A}-\gamma_w h_w=\frac{F_k}{A}+\gamma_G d_G-\gamma_w h_w$$

$$p_c=\Sigma\gamma_i h_i=\gamma_1 d$$

式中：$\gamma_i$——水下用浮重度。

（2）垫层底面附加应力 $p_z$

条形基础：

$$p_z=\frac{b(p_k-p_c)}{b+2z\tan\theta}$$

矩形基础：

$$p_z=\frac{bl(p_k-p_c)}{(b+2z\tan\theta)(l+2z\tan\theta)}$$

（3）垫层底面处的土体自重应力 $p_{cz}$

$$p_{cz}=\Sigma\gamma_i h_i$$

式中：$\gamma_i$——在垫层段时，取垫层段的材料重度；其他段仍采用原土层重度。

（4）垫层底下卧层承载力 $f_{az}$

$$f_{az}=f_{ak}+\eta_d\cdot\gamma_m\cdot(d+z-0.5)$$

式中：$\eta_d$——根据下卧层土体性质，查《地规》表 5.2.4；

$\gamma_m$——垫层底面以上“原土层”的加权平均重度。

（5）验算地基承载力

$$p_z+p_{cz}<f_{az}$$

3）垫层底面宽度计算

垫层底面宽度应满足基础底面应力扩散的要求，可按下式确定：

$$b'>b+2z\tan\theta$$

同时，垫层顶面每边超出基础底边不得小于 300mm，如图 11.0-1 所示。

4）变形验算

垫层地基的变形由垫层自身变形和下卧层变形组成。

换填垫层在满足《地处规》4.2.2 条～4.2.4 条的条件下，垫层地基的变形可仅考虑其下卧层的变形。

对地基沉降有严格限制的建筑，应计算垫层自身的变形。垫层下卧层的变形量可按现行国家标准《建筑地基基础设计规范》GB 50007 的规定采用分层总和法进行计算。

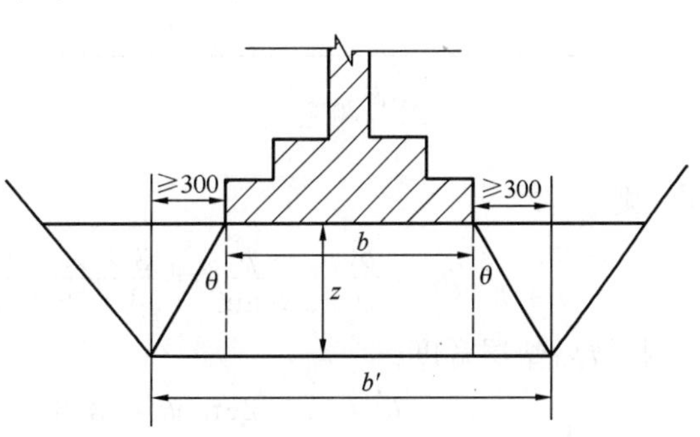


图 11.0-1 垫层底面宽度示意

5）加筋土垫层土工合成材料要求

加筋土垫层所选用的土工合成材料尚应进行材料强度验算：

$$T_p\leqslant T_a$$

**3. 历年真题及自编题解析**

**【例 11.0.1】** 2017 下午 16 题（二级）

某小区服务用房为单层砌体结构，采用墙下条形基础，基础埋深 1.0m，地下水位在地表下 2m。由于基底为塘泥，设计采用换土垫层处理地基，垫层材料为灰土。荷载效应标准组合时，作用于基础顶面的竖向力 $F=75\text{kN/m}$，力矩 $M=20\text{kN}\cdot\text{m/m}$，基础及基底以上填土的加权平均重度为 $20\text{kN/m}^3$。

试问，基础宽度 1.5m，灰土垫层底部的最小宽度（m），与下列何项数值最为接近?

（A）2.1　　（B）2.6　　（C）3.1　　（D）3.6

**【答案】**（B）

《地处规》式（4.2.3）：

$$b'>1.5+2\times1\times\tan28^\circ=2.56\text{m}$$

**【例 11.0.2】** 自编题

某混凝土条形基础，基础宽度 3.6m，采用换填垫层进行地基处理，砂石垫层厚度 2m，垫层厚度、宽度和压实度均满足要求，土层分布如图 11.0-2 所示，基础底面处相应

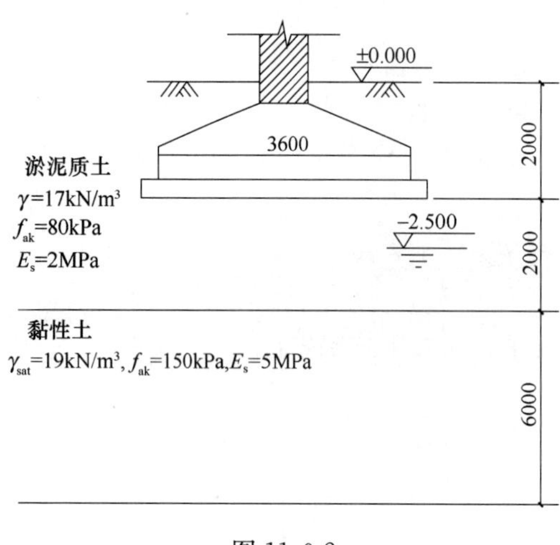


图 11.0-2

于荷载效应准永久组合时的平均压力值为280kPa。试问，自地面9.2m深度范围内土层的最终沉降量（mm），与下列何项数值最为接近？

（A）100　　（B）120

（C）140　　（D）160

**【答案】**（D）

根据《地处规》和《地规》，垫层厚度、宽度和压实度均满足要求，可仅考虑其下卧层的变形，垫层下卧层附加压力采用应力扩散法计算，下卧层的变形量按《地规》分层总和法进行计算。

$z/b = 2/3.6 = 0.56 > 0.50$，查表 $\theta = 30°$，则

$$p_z = \frac{b(p_k - p_c)}{b + 2z\tan\theta} = \frac{3.6 \times (280 - 17 \times 2)}{3.6 + 2 \times 2 \times \tan 30°} = 149.86\text{kPa}$$

扩散后垫层宽度：

$$b' = b + 2z\tan\theta = 3.6 + 2 \times 2 \times \tan 30° = 5.91$$

垫层厚度、宽度和压实度均满足要求，只需计算下卧层的变形。

变形计算深度：

$$z = 9.2 - 2 - 2 = 5.2\text{m}$$

$\dfrac{z}{b} = \dfrac{5.2}{5.91/2} = 1.76$；条形基础，取 $l/b = 10$，查表，角点平均附加压力系数 $\bar{a} = 0.2098$。

$E_s = 5\text{MPa}$，$p_0 = 149.86\text{kPa} \approx f_{ak} = 150\text{kPa}$，查表，沉降计算经验系数 $\psi_s = 1.2$。

最终沉降量：

$$s = \psi_s \cdot \sum_{i=1}^{n} \frac{p_0}{E_{si}}(z_i\bar{\alpha}_i - z_{i-1}\bar{\alpha}_{i-1}) = 1.2 \times \frac{149.86}{5} \times 4 \times 0.2098 \times 5.2 = 156.95\text{mm}$$

# 12　预压地基

**1. 主要的规范规定**

1)《地处规》5.1.1 条：预压地基的适用范围。

2)《地处规》5.2.3 条～5.2.5 条：排水竖井布置的相关规定。

3)《地处规》5.2.7 条：一级或多级等速加载下平均固结度计算。

4)《地处规》5.2.8 条：瞬时加载条件下，考虑涂抹和井阻影响时，竖井地基径向排水平均固结度。

**2. 对规范规定的理解**

1）预压地基的适用范围

预压地基适用于处理淤泥质土、淤泥、冲填土等饱和黏性土地基。预压地基按处理工艺可分为堆载预压、真空预压、真空和堆载联合预压。

2）排水系统设计——排水竖井的布置

排水竖井分普通砂井、袋装砂井和塑料排水带。

(1）尺寸

普通砂井：

$$d_w = 300 \sim 500\text{mm}$$

袋装砂井：

$$d_w = 70 \sim 120\text{mm}$$

塑料排水带的当量换算直径：

$$d_p = \frac{2(b+\delta)}{\pi}$$

(2）竖井布置

等边三角形布置：

$$d_e = 1.05l$$

正方形布置：

$$d_e = 1.13l$$

(3）竖井间距

按“井径比 $n$”确定。

$$n = \frac{d_e}{d_w}$$

对塑料排水带：

$$d_w = d_p = \frac{2\cdot(b+\delta)}{\pi}$$

3）一级或多级等速加载条件下地基平均固结度计算

$$\overline{U}_t=\sum_{i=1}^{n}\frac{\dot{q}_i}{\sum\Delta p}\left[(T_i-T_{i-1})-\frac{\alpha}{\beta}e^{-\beta t}(e^{\beta T_i}-e^{\beta T_{i-1}})\right]$$

式中，$\alpha$、$\beta$按表12.0-1计算取值。

**$\alpha$和$\beta$值** **表12.0-1**

| 排水固结条件 | 竖向排水固结 $\overline{U}_z>30\%$ | 向内径向排水固结 | 竖向和向内径向排水固结（竖井穿透受压土层） | 说 明 |
|---|---|---|---|---|
| $\alpha$ | $\frac{8}{\pi^2}$ | 1 | $\frac{8}{\pi^2}$ | $F_n=\frac{n^2}{n^2-1}\ln n-\frac{3n^2-1}{4n^2}$<br>$c_h$——土的径向排水固结系数（cm²/s）；<br>$c_v$——土的竖向排水固结系数（cm²/s）；<br>$H$——土层竖向排水距离（cm）；<br>$\overline{U}_z$——双面排水上层或固结应力均匀分布的单面排水土层平均固结度 |
| $\beta$ | $\frac{\pi^2 c_v}{4H^2}$ | $\frac{8c_h}{F_n d_e^2}$ | $\frac{8c_h}{F_n d_e^2}+\frac{\pi^2 c_v}{4H^2}$ | |

排水示意见图12.0-1。

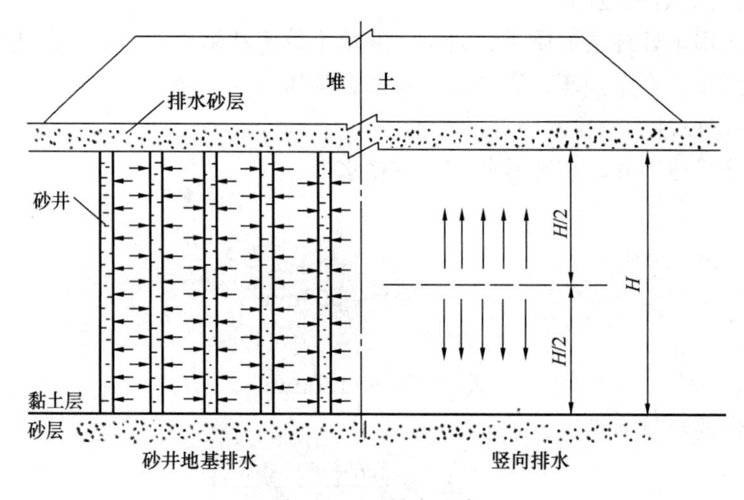


图12.0-1 排水示意

4）涂抹和井阻影响

当排水竖井采用挤土方式施工时，应考虑涂抹对土体固结的影响。当竖井的纵向通水量$q_w$与天然土层水平向渗透系数$k_h$的比值较小，且长度较长时，尚应考虑井阻影响。

涂抹影响系数：

$$F_s=\left(\frac{k_h}{k_s}-1\right)\ln s$$

井阻影响系数：

$$F_r=\frac{\pi^2 L^2}{4}\cdot\frac{k_h}{q_w}$$

综合系数：

$$F=F_n+F_s+F_r$$

$$F_n=\ln n-\frac{3}{4},\ n\geqslant 15$$

（1）瞬时加载条件下，考虑涂抹和井阻影响时，竖井地基径向排水平均固结度：

$$\overline{U}_{\mathrm{r}}=1-\mathrm{e}^{-\frac{8c_{\mathrm{n}}}{Fd_{\mathrm{c}}^{\mathrm{t}}}t}$$

（2）一级或多级等速加载条件下，考虑涂抹和井阻影响时，竖井穿透受压土层地基的平均固结度计算：

$$\overline{U}_{\mathrm{t}}=\sum_{i=1}^{n}\frac{\dot{q}_i}{\Sigma\Delta p}\left[(T_i-T_{i-1})-\frac{\alpha}{\beta}\mathrm{e}^{-\beta t}(\mathrm{e}^{\beta T_i}-\mathrm{e}^{\beta T_{i-1}})\right]$$

其中：

$$\alpha=\frac{8}{\pi^2}$$

$$\beta=\frac{8c_{\mathrm{h}}}{Fd_{\mathrm{e}}^2}+\frac{\pi^2c_{\mathrm{v}}}{4H^2}$$

5）饱和黏性土的抗剪强度计算

计算预压荷载下饱和黏性土地基中某点的抗剪强度时，应考虑土体原来的固结状态。对正常固结饱和黏性土地基，某点某一时间的抗剪强度可按下式计算：

$$\tau_{\mathrm{ft}}=\tau_{\mathrm{f0}}+\Delta\sigma_{\mathrm{z}}\cdot U_{\mathrm{t}}\tan\varphi_{\mathrm{cu}}$$

式中：$\tau_{\mathrm{ft}}$——$t$ 时刻，该点土的抗剪强度（kPa）；

$\tau_{\mathrm{f0}}$——地基土的天然抗剪强度（kPa）；

$\Delta\sigma_{\mathrm{z}}$——预压荷载引起的该点的附加竖向应力（kPa）；

$U_{\mathrm{t}}$——该点土的固结度；

$\varphi_{\mathrm{cu}}$——三轴固结不排水压缩试验求得的土的内摩擦角（°）。

6）预压荷载下地基最终竖向变形量计算

$$s_{\mathrm{f}}=\xi\sum_{i=1}^{n}\frac{e_{0i}-e_{1i}}{1+e_{0i}}h_i$$

式中：$s_{\mathrm{f}}$——最终竖向变形量（m）；

$e_{0i}$——第 $i$ 层中点土自重应力所对应的孔隙比，由室内固结试验 $e$-$p$ 曲线查得；

$e_{1i}$——第 $i$ 层中点土自重应力与附加应力之和所对应的孔隙比，由室内固结试验 $e$-$p$ 曲线查得；

$h_i$——第 $i$ 层土层厚度；

$\xi$——经验系数，无经验时对正常固结饱和黏性土地基可取 $\xi=1.1\sim1.4$，荷载较大或地基软弱土层厚度大时应取较大值。

**3. 历年真题解析**

**【例 12.0.1】** 2019 下午 3 题

某工程采用真空预压法处理地基，排水竖井采用塑料排水带，等边三角形布置，穿透 20m 软土层，上覆砂垫层厚度 $H=1.0$m，满足竖井预压构造措施和地坪设计标高要求，瞬时抽真空并保持膜下真空度 90kPa。

地基处理剖面土层分布如图 2019-3 所示。

设计采用塑料排水带宽度 100mm，厚度 6mm，试问，当井径比 $n=20$ 时，塑料排水带布置间距 $l$（mm），与下列何项数值最为接近？

（A）1200　　（B）1300　　（C）1400　　（D）1500

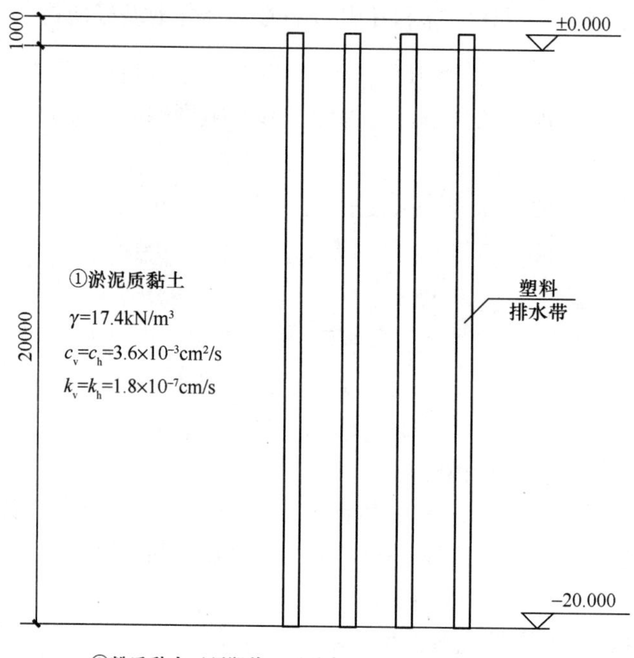


图 2019-3

**【答案】**(B)

根据《地处规》5.2.3 条、5.2.4 条及 5.2.5 条：

$$d_p = \frac{2\times(100+6)}{3.14} = 67.5\text{mm}$$

$$n = \frac{d_e}{d_w} = \frac{d_e}{d_p} = \frac{1.05l}{67.5} = 20$$

解得 $l = 1286\text{mm}$。

**【编者注】**本题考点是排水竖井中塑料排水带相关计算。根据井径比 $n$ 反推塑料排水带布置间距 $l$。

**【例 12.0.2】**2019 下午 4 题

基本题干同例 12.0.1。假定，涂抹影响及井阻影响较小，忽略不计，井径比 $n=20$，竖井的有效排水直径 $d_e=1470\text{mm}$，当仅考虑抽真空荷载下径向排水固结时，试问，60 天竖井径向排水平均固结度 $\overline{U}_r$（%），与下列何项数值最为接近？

**提示：**① 不考虑涂抹影响及井阻影响时，$F=F_n=\ln n-\frac{3}{4}$；

② $\overline{U}_r = 1-e^{-\frac{8c_h}{Fd_e^2}t}$

(A) 80　　(B) 85　　(C) 90　　(D) 95

**【答案】**(D)

根据《地处规》5.2.7 条、5.2.8 条计算。

$$c_h = 3.6\times10^{-3}\text{cm}^2/\text{s},\ d_e = 1470\text{mm}，则$$

$$F = F_n = \ln(n) - \frac{3}{4} = 2.246$$

$$\overline{U}_r = 1 - e^{-\frac{8c_h}{Fd_e^2}t} = 1 - e^{-\frac{8\times 3.6\times 10^{-3}\times 60\times 24\times 60\times 60}{2.246\times 147\times 147}} = 95.4\%$$

**【编者注】**采用堆载预压处理地基时，当地基内设置了竖向排水体，总固结度由竖向固结度和径向固结度两部分组成，以径向固结度为主。本题考察的是瞬时加载条件下，竖井地基径向排水平均固结度。按《地处规》5.2.8条公式计算时要注意单位的统一和换算。

**【例12.0.3】**2019下午5题

基本题干同例12.0.1。假定，不考虑砂垫层本身压缩变形。试问，预压荷载下地基最终竖向变形量（mm），与下列何项数值最为接近？

**提示：**① 沉降经验系数 $\xi = 1.2$；

② $\dfrac{e_0 - e_1}{1 + e_0} = \dfrac{p_0 k_v}{c_v \gamma_w}$；

③ 变形计算深度取至标高−20.00m处。

(A) 300　　(B) 800　　(C) 1300　　(D) 1800

**【答案】**(C)

根据《地规》式(5.3.5)，相应于标准组合时基础底面处的附加压力：

$$p_0 = 90 + 1\times 20 = 110\text{kPa}$$

根据《地处规》式(5.2.12)：

$$s_f = \xi \sum_{i=1}^{n} \frac{e_0 - e_1}{1 + e_0} h_i$$

已知 $\dfrac{e_0 - e_1}{1 + e_0} = \dfrac{p_0 k_v}{c_v \gamma_w}$，且仅计算一层土的沉降变形，则

$$s_f = \xi \sum_{i=1}^{n} \frac{e_{0i} - e_{1i}}{1 + e_{0i}} h_i = \xi \frac{p_0 k_v}{c_v \gamma_w} h$$

其中 $k_v = 1.8\times 10^{-7}\text{cm/s}$，$c_v = 3.6\times 10^{-3}\text{cm}^2/\text{s}$，$h = 20\text{m}$，代入得：

$$s_f = 1.2\times \frac{110\times 1.8\times 10^{-7}\times 10^{-2}\times 20}{3.6\times 10^{-3}\times 10^{-4}\times 10} = 1.320\text{m} = 1320\text{mm}$$

**【编者注】**本题考点是预压荷载下地基最终竖向变形量的计算。《地处规》5.2.12条规定，预压荷载下地基最终竖向变形量按 $s_f = \xi \sum_{i=1}^{n} \dfrac{e_{0i} - e_{1i}}{1 + e_{0i}} h_i$ 计算。本题仅计算一层土的变形量，根据题目提示得出 $s_f = \xi \dfrac{p_0 k_v}{c_v \gamma_w} h$。

**【例12.0.4】**2011下午9题

某建筑场地，受压土层为淤泥质黏土层，其厚度为10m，其底部为不透水层。场地采用排水固结法进行地基处理，竖井采用塑料排水带并打穿淤泥质黏土层，预压荷载总压力为70kPa，场地条件及地基处理示意如图2011-9(a)所示，加荷过程如图2011-9(b)所示。试问，加荷开始后100d时，淤泥质黏土层平均固结度 $\overline{U}_t$ 与下列何项数值最为接近？

**提示：**不考虑竖井井阻和涂抹的影响；$F_n = 2.25$；$\beta = 0.0244(1/\text{d})$。

(A) 0.85　　(B) 0.87　　(C) 0.89　　(D) 0.92

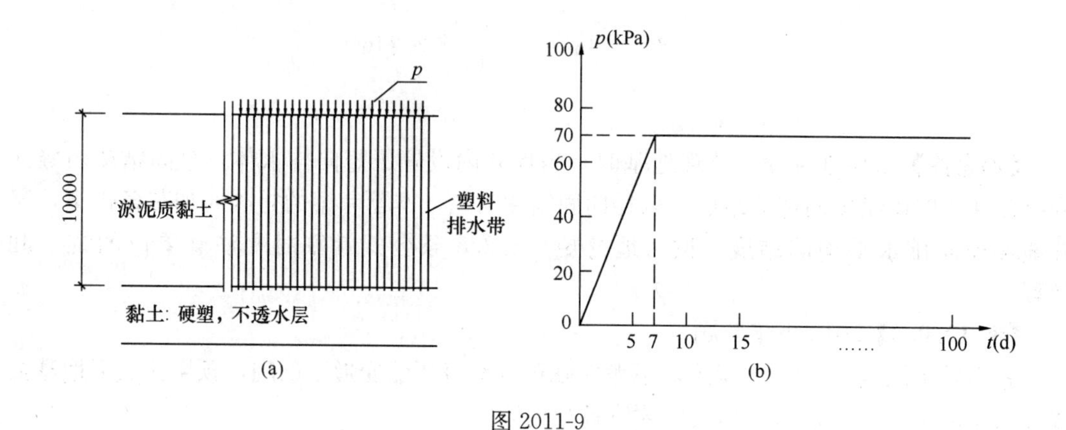


图 2011-9

**【答案】**(D)

根据《地处规》5.2.7 条：

$$\overline{U}_t = \sum_{i=1}^{n} \frac{\dot{q}}{\Sigma \Delta p}\left[(T_i - T_{i-1}) - \frac{\alpha}{\beta} e^{-\beta t}(e^{\beta T_i} - e^{\beta T_{i-1}})\right]$$

其中，$\alpha = \frac{8}{\pi^2} = 0.81$，$\beta = 0.0244$ (l/d)，$\dot{q} = 70/7 = 10\text{kPa/d}$，代入得：

$$\overline{U}_t = \frac{10}{70} \times \left[(7-0) - \frac{0.81}{0.0244} \times e^{-2.44} \times (e^{0.0244\times 7} - e^0)\right] = 0.923$$

**【例 12.0.5】** 2008 下午 10 题

某单层单跨工业厂房建于正常固结的黏性土地基上，跨度 27m，长度 84m，采用柱下钢筋混凝土独立基础。厂房基础完工后，室内外均进行填土。厂房投入使用后，室内地面局部范围内有大面积堆载，堆载宽度 6.8m，堆载的纵向长度 40m。具体的厂房基础及地基情况、地面荷载大小等如图 2008-10 所示。

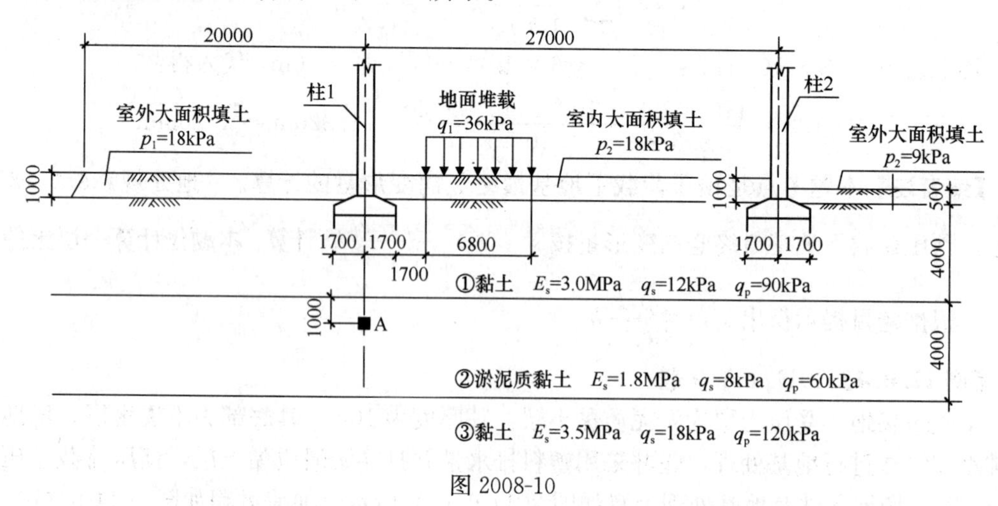


图 2008-10

已知地基②层土的天然抗剪强度 $t_{f0}$ 为 16kPa，三轴固结不排水压缩试验求得的土的内摩擦角 $\phi_{cu}$ 为 12°。地面荷载引起的柱基础下方地基中 A 点的附加竖向应力 $\Delta\sigma_z = 12\text{kPa}$，地面填土三个月时，地基中 A 点土的固结度 $U_t$ 为 50%。试问，地面填土三个月时地基中

A 点土体的抗剪强度 $t_{ft}$（kPa），与下列何项数值最为接近？

**提示：**按《建筑地基处理技术规范》JGJ 79—2012 作答。

(A) 16.3　　(B) 16.9　　(C) 17.3　　(D) 21.0

**【答案】**(C)

根据《地处规》5.2.11 条：

$$\tau_{ft} = \tau_{f0} + \Delta\sigma \cdot U_t \tan\varphi_{cu}$$
$$= 16 + 12 \times 50\% \times \tan 12° = 17.3\text{kPa}$$

# 13 压实地基和夯实地基

## 13.1 压实地基

**1. 主要的规范规定**

1）《地处规》6.1.1 条：压实填土地基适用条件。

2）《地处规》6.2.2 条：压实填土地基的设计规定。

**2. 对规范规定的理解**

1）压实填土的质量以压实系数 $\lambda_c$ 控制。压实系数（$\lambda_c$）为填土的实际干密度（$\rho_d$）与最大干密度（$\rho_{dmax}$）之比。

2）最大干密度（$\rho_{max}$）和最优含水量宜采用击实试验确定，无试验资料时：

$$\rho_{dmax}=\eta\frac{\rho_w d_s}{1+0.01w_{op}d_s}$$

式中：$\rho_{dmax}$——分层压实填土的最大干密度（kg/m³）；

$\eta$——经验系数，粉质黏土取 0.95，粉土取 0.97；

$\rho_w$——水的密度（kg/ m³）；

$d_s$——土粒相对密度；

$w_{op}$——最优含水量（%）。

当填料为碎石或者卵石时，最大干密度可取 2.1～2.2t/m³。

**3. 自编题解析**

**【例 13.1.1】**自编题

某砌体承重结构，地基持力层为厚度较大的粉质黏土，其承载力特征值不能满足设计要求，拟采用压实填土进行地基处理，现场测得粉质黏土的最优含水量为 15%，土粒相对密度为 2.7。

试问，该压实填土在持力层范围内的控制干密度（kg/m³），与下列何项数值最为接近?

(A) 1700　　(B) 1740　　(C) 1790　　(D) 1850

**【答案】**(C)

(1) 确定压实填土的最大干密度

根据《地规》6.3.8 条，取 $\eta$ =0.96（粉质黏土）。

$$\rho_{dmax}=\eta\frac{\rho_w d_s}{1+0.01w_{op}d_s}$$

$$=0.96\times\frac{1000\times2.7}{1+0.01\times15\times2.7}=1845\text{kg/m}^3$$

（2）确定压实填土的干密度

$\rho_d = \lambda_c \rho_{dmax}$，查《地规》表 6.3.7，取 $\lambda_c \geqslant 0.97$。

$$\rho_d \geqslant 0.97 \times 1845 = 1790 \text{kg/m}^3$$

## 13.2 夯实地基

**1. 主要的规范规定**

1）《地处规》6.3.3 条：强夯处理地基的设计规定。

2）《地处规》6.3.5 条：强夯置换处理地基的设计规定。

**2. 对规范规定的理解**

1）强夯法又名固结法或动力压密法。这种方法是将很重的锤（一般 10～40t）从高处自由下落（落距一般为 6～40m）对地基进行冲击和振动，从而提高地基土的强度并降低其压缩性，改善地基性能。

2）单击夯击能是指单位面积上所施加的总夯击能，其大小与地基土的类别有关，一般来说，相同条件下的粉土、黏性土的单击夯击能比碎石土、砂性土要大些。此外，结构类型、荷载的大小和要求处理的深度等也是选择单位夯击能的重要参考因素；对结构性软土，单击夯击能不宜过大，以不破坏原土的结构性为准则。

3）强夯法的有效加固深度既是反映处理效果的重要参数，又是选择地基处理方案的重要依据。强夯法创始人梅那（Men-ard）曾提出下式来估算影响深度 $H$（m）：

$$H \approx \sqrt{Mh}$$

式中：$M$——夯锤质量（t）；

$h$——落距（m）。

4）对于一般建筑物，强夯处理每边超出基础外缘的宽度宜为基底下设计处理深度 1/2～2/3，并不宜小于 3m。对可液化地基，根据《抗规》的规定，扩大范围应超过基础底面下处理深度的 1/2，并不应小于 5m。

**3. 历年真题解析**

**【例 13.2.1】** 2018 下午 6 题

某多层办公楼拟建造于大面积填土地基上，采用钢筋混凝土筏形基础；填土厚度 7.2m，采用强夯地基处理措施。建筑基础、土层分布及地下水位等如图 2018-6 所示。该工程抗震设防烈度为 7 度，设计基本地震加速度为 0.15$g$，设计地震分组为第三组。

设计要求对填土整个深度范围内进行有效加固处理，强夯前勘察查明填土的物理指标见表 2018-6。

**填土物理指标** **表 2018-6**

| 含水量 $w_0$ | 土的重度 $\gamma$ | 孔隙比 $e_0$ | 塑性指数 $I_p$ | 水平渗透系数 $k_h$ | 粒径范围 | | | | | |
|---|---|---|---|---|---|---|---|---|---|---|
| | | | | | >20 (mm) | 20～>0.5 (mm) | 0.5～>0.25 (mm) | 0.25～>0.075 (mm) | 0.075～>0.005 (mm) | <0.005 (mm) |
| (%) | (kN/m³) | (%) | (%) | (cm/s) | (%) | (%) | (%) | (%) | (%) | (%) |
| 27.0 | 19.04 | 0.765 | 7.5 | $5.40\times10^{-4}$ | 0.0 | 0.0 | 5.0 | 18.0 | 69.5 | 7.5 |

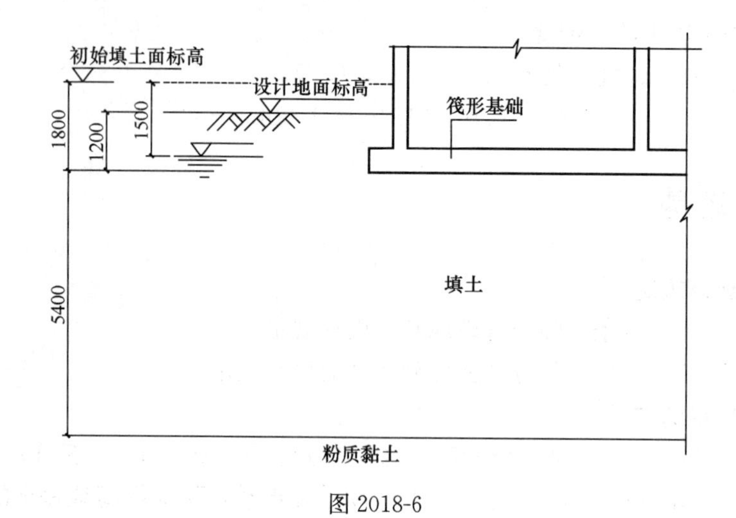


图 2018-6

试问，按《建筑地基处理技术规范》JGJ 79—2012 预估的最小单击夯击能 $E$（kN·m），与下列何项数值最为接近？

(A) 3000　　(B) 4000　　(C) 5000　　(D) 6000

**【答案】**(C)

根据《地规》4.1.11 条，$I_p=7.5<10$，粒径大于 0.075mm 的颗粒含量为全重的 23%，小于全重的 50%，可判断填土为粉土。

根据《地处规》表 6.3.3-1，强夯有效加固深度 7.2m 时，对粉土所需要的单击夯击能 $E$ 为 5000kN·m。

**【例 13.2.2】** 2018 下午 7 题

基本题干同例 13.2.1。假定，填土为砂土，强夯前勘察查明地面以下 3.6m 处土体标准贯入锤击数为 5 击，砂土经初步判别认为需进一步进行液化判别。试问，根据《建筑地基处理技术规范》JGJ 79—2012，强夯处理范围每边超出基础外缘的最小处理宽度（m），与下列何项数值最为接近？

(A) 2　　(B) 3　　(C) 4　　(D) 5

**【答案】**(D)

查《抗规》表 4.3.4，有 $N_0=10$，并有 $\beta=1.05$，$\rho_c=3$，由式（4.3.4），$d_w=1.5$m，得到：

$$N_{cr}=10\times1.05\times[\ln(0.6\times3.6+1.50)-0.1\times1.5]=12.0$$

实测标准贯入锤击数为 5 击，小于 12.7，判断饱和砂土为液化土。

根据《地处规》6.3.3 条 6 款，超出基础边缘的处理宽度，宜为基底下设计处理厚度的 1/2～2/3，且不应小于 3m；对可液化地基，不应小于 5m。

综上所述，超出基础边缘的处理宽度不应小于 5m。

**【例 13.2.3】** 2018 下午 8 题

假定，填土为粉土，本工程强夯处理后间隔一定时间进行地基承载力检验。试问，下列关于间隔时间（d）和平板静载荷试验压板面积（$m^2$）的选项中，何项较为合理？

(A) 10，1.0　　(B) 10，2.0　　(C) 20，1.0　　(D) 20，2.0

**【答案】**（D）

根据《地处规》6.3.14 条，对粉土地基，间隔时间宜为 14～28d；

根据《地处规》附录 A.0.2 条，对夯实地基，压板面积不宜小于 $2m^2$。

**【例 13.2.4】** 2021 下午 9 题

如图 2021-9 所示，某山区工程，建设场地设计地面标高±0.000 比现状地面高 7m，整个建设场地需大面积填土。

工程采用先填土再强夯的处理方案，填料为粉质黏土。要求强夯后场地标高尽量接近±0.000，并要求整个填土深度范围得到有效加固。从施工单位获悉：相同填料，夯击能 $E$=4000kN·m 时加固有效深度 6.9m，夯沉量 1.2m。试问，本工程的最小夯击能 $E$（kN·m）与下列何项数值最为接近？

(A) 4000　　(B) 5000

(C) 6000　　(D) 8000

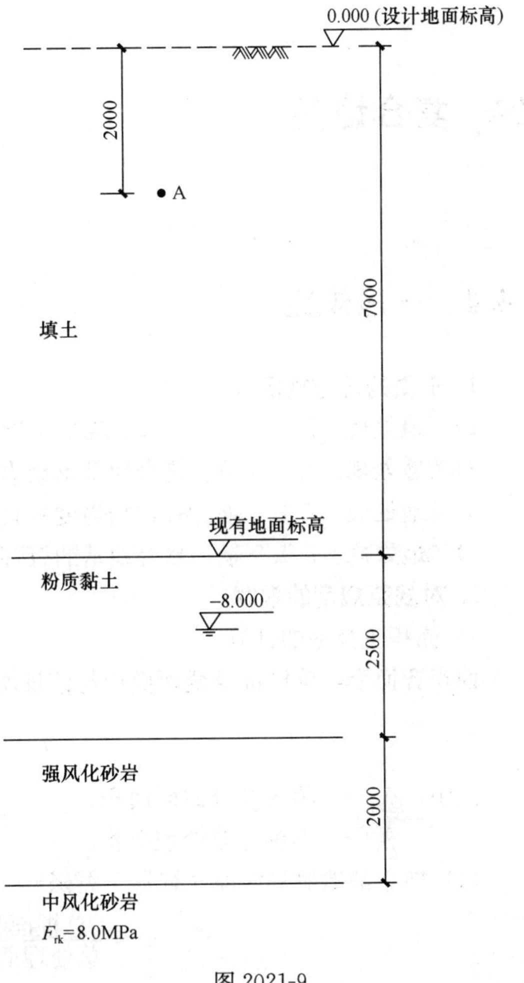


图 2021-9

**【答案】**（D）

根据《地处规》6.3.3 条注，有效加固深度应从最初起夯面算起。

有效深度为 6.9m 时，夯沉量为 1.2m，实际本工程最少需要夯实的厚度 7＋1.2=8.2m。

根据《地处规》表 6.3.3-1，单击夯击能 $E$=8000kN·m 时，粉质黏土有效加固深度为 8～8.5m。

# 14 复合地基

## 14.1 一般规定

**1. 主要的规范规定**

1）《地处规》7.1.2 条～7.1.4 条：复合地基增强体的验收及检验要求。

2）《地处规》7.1.5 条：复合地基承载力特征值的估算公式。

3）《地处规》7.1.6 条：有粘结强度复合地基增强体桩身强度的要求。

4）《地处规》7.1.9 条：复合地基的沉降计算经验系数。

**2. 对规范规定的理解**

1）面积置换率的计算

面积置换率：单桩桩身截面面积与该桩所承担处理地基等效面积之比。

$$m=\frac{A_{\mathrm{p}}}{A_{\mathrm{e}}}$$

式中：$A_{\mathrm{p}}$——单桩桩身截面面积；

$A_{\mathrm{e}}$——单桩等效处理面积。

（1）独立基础地基处理（有限大面积）

$$m=\frac{\text{总桩面积}}{\text{总处理面积}}=\frac{n\cdot A_{\mathrm{p}}}{B\cdot L}$$

注：图 14.1-1 中，如计算 ZH1 面积置换率，$n$ 取 4。

（2）条形基础面积置换率的计算

$$m=\frac{\text{单元体内总桩截面面积}}{\text{重复单元体面积}}=\frac{n\cdot A_{\mathrm{p}}}{\text{重复单元体面积}}$$

注：图 14.1-2 中，阴影区为重复单元，如计算 ZH1 面积置换率，$n$ 取 2，$m=\frac{2\cdot A_{\mathrm{p}}}{B\cdot S1}$。

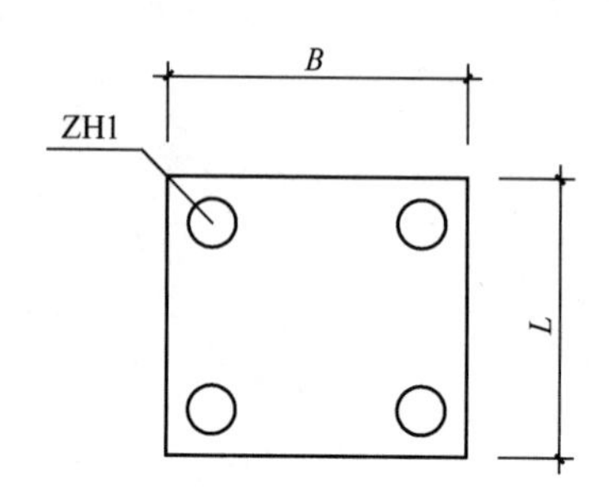


图 14.1-1 独立基础地基处理面积置换率计算

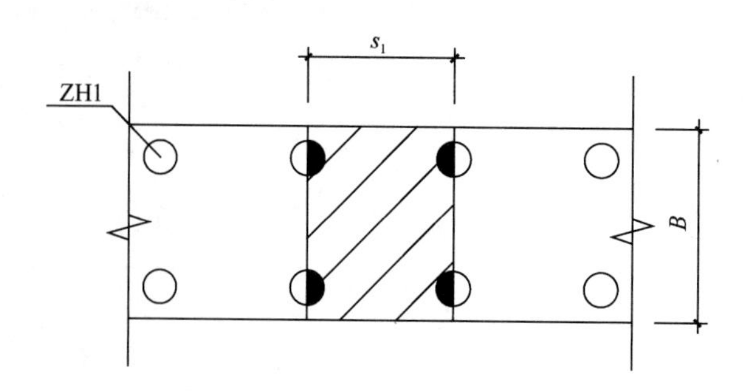


图 14.1-2 条形基础地基处理面积置换率计算

(3) 大面积处理地基（筏形基础）面积置换率的计算（图 14.1-3）

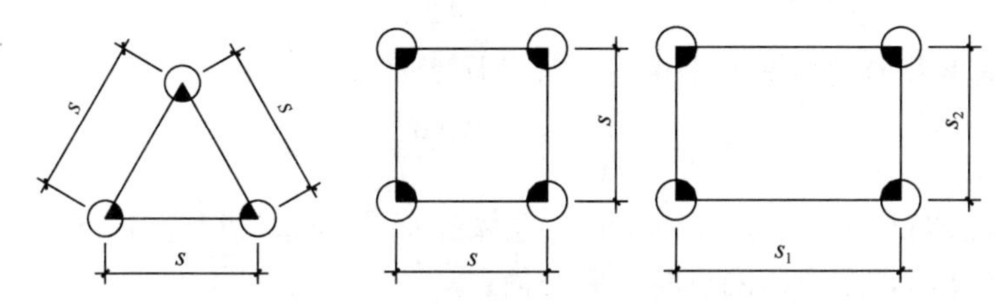


图 14.1-3 大面积处理地基面积置换率计算

(a) 等边三角形布桩；(b) 正方形布桩；(c) 矩形布桩

$$m=\frac{\text{单元体内总桩截面面积}}{\text{重复单元体面积}}=\frac{n\cdot A_{\mathrm{p}}}{\text{重复单元体面积}}$$

① 等边三角形布桩

$$m=\frac{\text{单元体内总桩截面面积}}{\text{重复单元体面积}}=\frac{3\cdot\dfrac{1}{6}\cdot A_{\mathrm{p}}}{\dfrac{\sqrt{3}}{4}\cdot s^2}=\frac{d^2}{(1.05\cdot s)^2}$$

② 正方形布桩

$$m=\frac{\dfrac{1}{4}\pi d^2}{s^2}=\frac{d^2}{(1.13\cdot s)^2}$$

③ 矩形布桩

$$m=\frac{\dfrac{1}{4}\pi d^2}{s_1\cdot s_2}=\frac{d^2}{\left(1.13\cdot\sqrt{s_1\cdot s_2}\right)^2}$$

计算大面积处理地基的面积置换率的关键是准确地找到重复单元体。上述为圆桩面积置换率，对于方桩的面积置换率，可根据定义推导。

正方形布桩：

$$m=\frac{A_{\mathrm{p}}}{A_{\mathrm{e}}}=\frac{b^2}{s^2}$$

正三角形布桩：

$$m=\frac{A_{\mathrm{p}}}{A_{\mathrm{e}}}=\frac{b^2}{\sqrt{3}s^2/2}=\frac{b^2}{(0.93s)^2},\ d_{\mathrm{e}}=0.93s$$

2) 复合地基承载力特征值 $f_{\mathrm{spk}}$——散体材料增强体复合地基

$$f_{\mathrm{spk}}=[1+m(n-1)]f_{\mathrm{sk}}$$

3) 复合地基承载力特征值 $f_{\mathrm{spk}}$——有粘结强度增强体复合地基

(1) 单桩承载力 $R_{\mathrm{a}}$（取下列二者较小值）

① 地基土承载力产生的 $R_{\mathrm{a}}$

$$R_{\mathrm{a}}=u_{\mathrm{p}}\sum_{i=1}^{n}q_{\mathrm{s}i}l_i+\alpha_{\mathrm{p}}q_{\mathrm{p}}A_{\mathrm{p}}$$

② 桩身材料控制

一般情况：

$$f_{cu} \geqslant 4\frac{\lambda R_a}{A_p}$$

当复合地基承载力进行深度修正时，桩身强度要求：

$$f_{cu} \geqslant 4\frac{\lambda R_a}{A_p}\left[1+\frac{\gamma_m(d-0.5)}{f_{spa}}\right]$$

式中：$f_{cu}$——桩体试块（边长 150mm 立方体）标准养护 28d 立方体抗压强度平均值（kPa），多个检测点时，取低值；

$f_{spa}$——深度修正后的复合地基承载力特征值，$f_{spa}=f_{spk}+\gamma_m(d-0.5)$。

（2）复合地基承载力（有粘结强度增强体）

$$f_{spk}=\lambda m\frac{R_a}{A_p}+\beta(1-m)f_{sk}$$

## 14.2 振冲碎石桩和沉管砂石桩复合地基

**1. 主要的规范规定**

1）《地处规》7.2.1 条：振冲碎石桩、沉管砂石桩复合地基处理规定。

2）《地处规》7.2.2 条：振冲碎石桩、沉管砂石桩复合地基设计规定。

**2. 对规范规定的理解**

1）适用范围

适用于挤密处理松散砂土、粉土、粉质黏土、素填土、杂填土等地基，以及用于处理可液化地基。饱和黏土地基，如对变形控制不严格，可采用砂石桩置换处理。

2）处理范围应大于基底面积

一般地基：在基础外缘应扩大 1～3 排桩，且不应小于基底下处理土层厚度的 1/2。

液化地基：在基础外缘扩大的宽度，不应小于基底下可液化土层厚度的 1/2，且不应小于 5m。

3）确定桩间距

（1）振冲碎石桩

结合振冲器功率大小考虑。

（2）沉管碎石桩

等边三角形布置：

$$s=0.95\xi d\sqrt{\frac{1+e_0}{e_0-e_1}} \leqslant 4.5d$$

正方形布置：

$$s=0.89\xi d\sqrt{\frac{1+e_0}{e_0-e_1}} \leqslant 4.5d$$

式中：$\xi$——修正系数，当考虑振动下沉密实作用，可取 $\xi=1.1\sim1.2$；当不考虑振动下沉密实作用，可取 $\xi=1.0$；

$e_0$——处理前，砂土地基的孔隙比；

$e_1$——地基挤密处理后，砂土地基要求达到的孔隙比，按下式估算：

$$e_1=e_{max}-D_{r1}(e_{max}-e_{min})$$

$D_{r1}$ ——地基挤密后要求砂土达到的相对密度，可取 0.70～0.85。

4）复合地基承载力计算 $f_{spk}$（散体材料）

$$f_{spk}=[1+m(n-1)]f_{sk}$$

式中：$f_{sk}$ ——处理后桩间土承载力特征，对于一般黏性土，$f_{sk}=f_{ak}$；对于砂土、粉土地基，$f_{sk}=(1.2\sim1.5)f_{ak}$。

$n$——桩土应力比，黏性土取 2.0 ～ 4.0；砂土、粉土取 1.5 ～ 3.0。

5）经深度修正后的地基承载力

$$f_{spa}=f_{spk}+\gamma_m(d-0.5)$$

**3. 历年真题解析**

**【例 14.2.1】** 2016 下午 11 题

某建筑地基，如图 2016-11 所示，拟采用以④层圆砾为桩端持力层的高压旋喷桩进行地基处理，高压旋喷桩直径 $d$=600mm，正方形均匀布桩，桩间土承载力发挥系数 $\beta$ 和单桩承载力发挥系数 $\lambda$ 分别为 0.8 和 1.0，桩端阻力发挥系数 $\alpha_p$ 为 0.6。

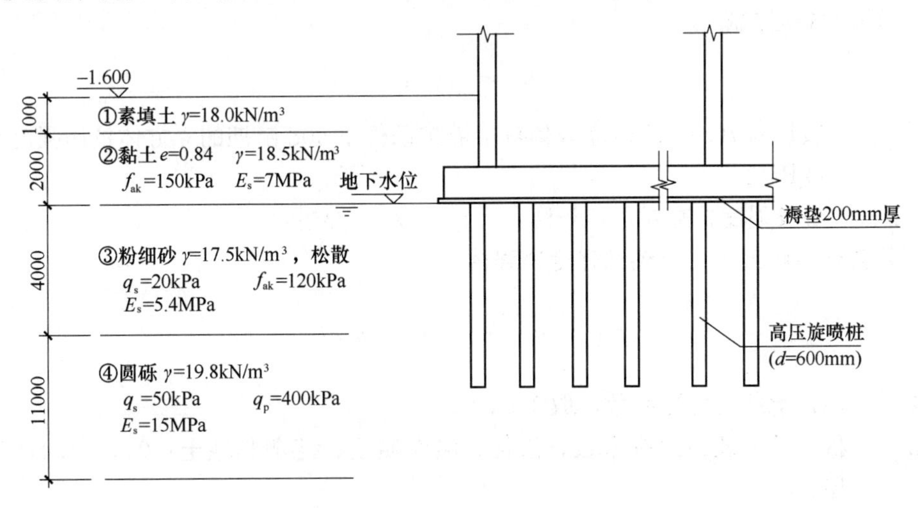


图 2016-11

方案阶段，假定，考虑采用以④层圆砾为桩端持力层的振动沉管碎石桩（直径 800mm）进行地基处理，正方形均匀布桩，桩间距为 2.4m，桩土应力比 $n=2.8$，处理后③粉细砂层桩间土的地基承载力特征值为 170kPa。试问，按上述要求处理后的复合地基承载力特征值（kPa），与下列何项数值最为接近？

**提示：** 根据《建筑地基处理技术规范》JGJ 79—2012 作答。

(A) 195　　(B) 210　　(C) 225　　(D) 240

**【答案】**(A)

根据《地处规》7.1.5 条和式（7.1.5-1）：

$$m=\frac{d^2}{d_e^2}=\frac{0.8^2}{(1.13\times2.40)^2}=0.087$$

$$f_{spk}=[1+m(n-1)]f_{sk}=[1+0.087\times(2.8-1)]\times170=196.6\text{kPa}$$

## 14.3 水泥土搅拌桩复合地基

**1. 主要的规范规定**

1）《地处规》7.3.1条：水泥土搅拌桩复合地基处理规定。

2）《地处规》7.3.3条：水泥土搅拌桩复合地基设计规定。

**2. 对规范规定的理解**

1）单桩承载力 $R_a$（取下列二者较小值）

（1）地基土承载力产生的 $R_a$

$$R_a = u_p \sum_{i=1}^{n} q_{si} l_i + \alpha_p q_p A_p$$

式中：$\alpha_p$ ——桩端阻力发挥系数，0.4～0.6；

$q_p$ ——桩端端阻力特征值，可取桩端土的 $f_{ak}$。

（2）桩身材料控制

$$R_a = \eta f_{cu} A_p$$

式中：$f_{cu}$ ——边长为70.7mm的立方体标准养护条件下90d龄期的立方体抗压强度平均值（kPa）；

$\eta$ ——桩身强度折减系数，干法：0.2～0.25；湿法：0.25。

2）复合地基承载力（有粘结强度增强体）

$$f_{spk} = \lambda m \frac{R_a}{A_p} + \beta(1-m) f_{sk}$$

式中：$\lambda$ ——单桩承载力发挥系数，取1.0；

$\beta$ ——桩间土承载力发挥系数，淤泥、淤泥质土、流塑黏性土：0.1～0.4；其他土层：0.4～0.8；

$f_{sk}$ ——处理后桩间土承载力特征值，取 $f_{sk} = f_{ak}$。

**3. 历年真题解析**

**【例14.3.1】** 2014下午5题

某钢筋混凝土条形基础，基础底面宽度为2m，基础底面标高为−1.4m，基础主要受力层范围内有软土，拟采用水泥土搅拌桩进行地基处理，桩直径为600mm，桩长为11m，土层剖面、水泥土搅拌桩的布置等如图2014-5所示。

假定，水泥土标准养护条件下90d龄期，边长为70.7mm的立方体抗压强度平均值 $f_{cu}$=1900kPa，水泥土搅拌桩采用湿法施工，桩端阻力发挥系数 $\alpha_p$=0.5。试问，初步设计时，估算的搅拌桩单桩承载力特征值 $R_a$（kN），与下列何项数值最为接近？

（A）120　　（B）135　　（C）180　　（D）250

**【答案】**（B）

根据《地处规》7.3.3条：

$$R_a = u_p \sum_{i=1}^{n} q_{si} l_{pi} + \alpha_p q_p A_p$$

$= 3.14 \times 0.6 \times (11 \times 1 + 10 \times 8 + 15 \times 2) + 0.5 \times 3.14 \times 0.3^2 \times 200$

$= 256\text{kN}$

$$R_a = \eta A_p f_{cu} = 0.25 \times 3.14 \times 0.3^2 \times 1900 = 134\text{kN}$$

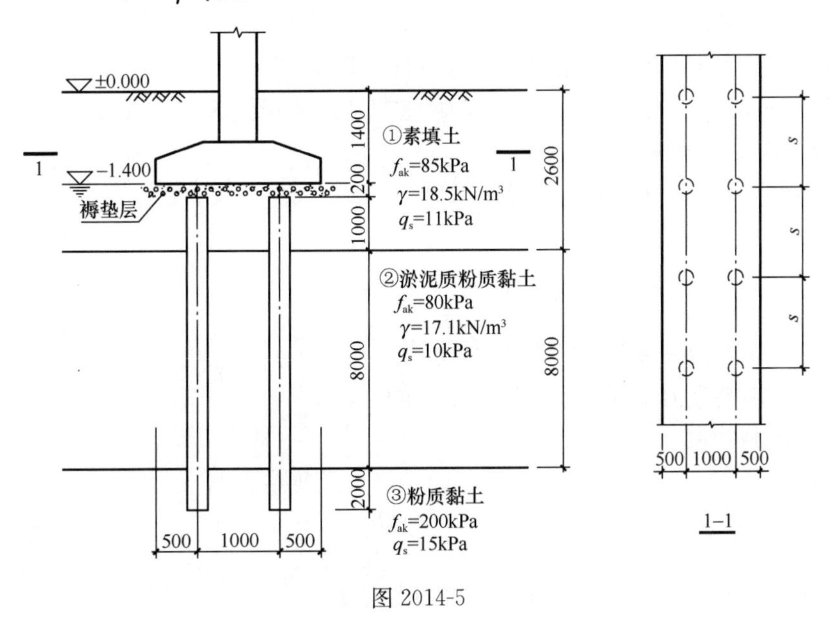


图 2014-5

二者取小值，故选择（B）。

**【例 14.3.2】** 2014 下午 6 题

基本题干同例 14.3.1。假定，水泥土搅拌桩的单桩承载力特征值 $R_a = 145\text{kN}$，单桩承载力发挥系数 $\lambda = 1$，①层土的桩间土承载力发挥系数 $\beta = 0.8$。试问，当本工程要求条形基础底部经过深度修正后的地基承载力不小于 145kPa 时，水泥土搅拌桩的最大纵向桩间距 $s$（mm），与下列何项数值最为接近？

**提示：**处理后桩间土承载力特征值取天然地基承载力特征值。

（A）1500　　（B）1800　　（C）2000　　（D）2300

**【答案】**（C）

根据《地处规》3.0.4 条及《地规》5.2.4 条：

$$f_{spk} = 145 - 1 \times 18.5 \times (1.4 - 0.5) = 128.4\text{kPa}$$

根据《地处规》7.1.5 条：

$$f_{spk} = \lambda m \frac{R_a}{A_p} + \beta(1 - m) f_{sk}$$

$$m = \frac{f_{spk} - \beta f_{sk}}{\lambda R_a / A_p - \beta f_{sk}} = \frac{128.4 - 0.8 \times 85}{1 \times 145/(3.14 \times 0.3^2) - 0.8 \times 85} = 0.136$$

$$m = \frac{d^2}{d_e^2} = \frac{d^2}{1.13^2 s_1 s_2}$$

$$s_2 = \frac{d^2}{1.13^2 \times s_1 \times m} = \frac{0.6 \times 0.6}{1.13^2 \times 1 \times 0.136} = 2.07\text{m} = 2070\text{mm}$$

## 14.4 旋喷桩复合地基

**1. 主要的规范规定**

1）《地处规》7.4.1条：旋喷桩复合地基处理规定。

2）《地处规》7.4.3条～7.4.7条：旋喷桩复合地基设计规定。

**2. 对规范规定的理解**

1）单桩承载力 $R_a$（取下列二者较小值）

（1）地基土承载力产生的 $R_a$

$$R_a = u_p \sum_{i=1}^{n} q_{si} l_i + \alpha_p q_p A_p$$

式中：$\alpha_p$ ——桩端阻力发挥系数，取1.0；

$q_p$ ——桩端端阻力特征值，可取桩端土的 $f_{ak}$。

（2）桩身材料控制

一般情况：

$$f_{cu} \geqslant 4 \frac{\lambda R_a}{A_p}$$

当复合地基承载力进行深度修正时，桩身强度要求：

$$f_{cu} \geqslant 4 \frac{\lambda R_a}{A_p}\left[1 + \frac{\gamma_m (d - 0.5)}{f_{spa}}\right]$$

式中：$f_{cu}$ ——桩体试块（边长150mm立方体）标准养护28d立方体抗压强度平均值(kPa)；多个检测点时，取低值；

$f_{spa}$ ——深度修正后的复合地基承载力特征值，$f_{spa} = f_{spk} + \gamma_m (d - 0.5)$。

2）复合地基承载力（有粘结强度增强体）

$$f_{spk} = \lambda m \frac{R_a}{A_p} + \beta (1 - m) f_{sk}$$

式中：$\lambda$ ——单桩承载力发挥系数，取1.0；

$\beta$ ——桩间土承载力发挥系数，淤泥、淤泥质土、流塑黏性土：0.1～0.4；其他土层：0.4～0.8；

$f_{sk}$ ——处理后桩间土承载力特征值，取 $f_{sk} = f_{ak}$。

**3. 历年真题解析**

**【例14.4.1】** 2016下午9题

某建筑地基，如图2016-9所示，拟采用以④层圆砾为桩端持力层的高压旋喷桩进行地基处理，高压旋喷桩直径 $d$=600mm，正方形均匀布桩，桩间土承载力发挥系数 $\beta$ 和单桩承载力发挥系数 $\lambda$ 分别为0.8和1.0，桩端阻力发挥系数 $\alpha_p$ 为0.6。

假定，③层粉细砂和④层圆砾土中的桩体标准试块（边长为150mm的立方体）标准养护28d的立方体抗压强度平均值分别为5.6MPa和8.4MPa。高压旋喷桩的承载力特征值由桩身强度控制，处理后桩间土③层粉细砂的地基承载力特征值为120kPa，根据地基变形验算要求，需将③层粉细砂的压缩模量提高至不低于10.0MPa，试问，地基处理所需的最小面积置换率 $m$，与下列何项数值最为接近？

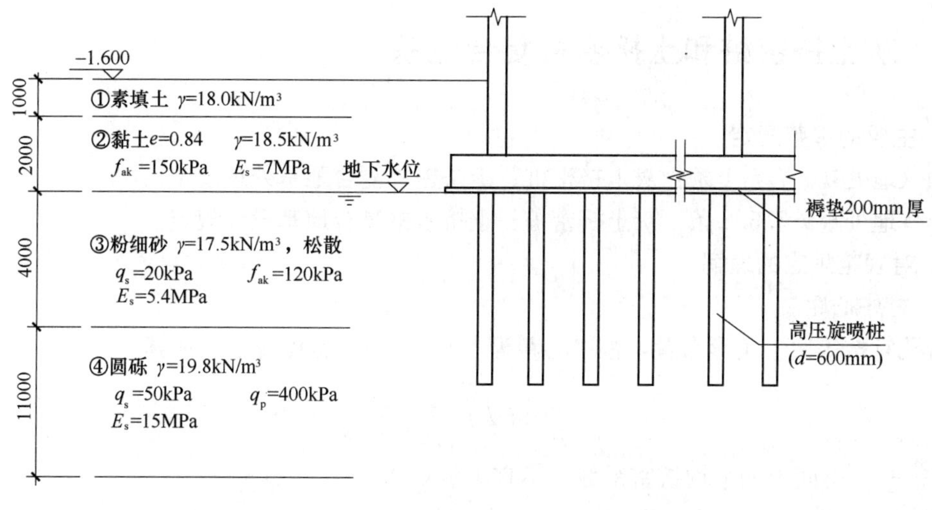


图 2016-9

**提示：**根据《建筑地基处理技术规范》JGJ 79—2012 作答。

(A) 0.06　　(B) 0.08　　(C) 0.10　　(D) 0.12

**【答案】**(C)

根据《地处规》7.1.7 条，复合土层的压缩模量等于该土层天然地基压缩模量的 $\zeta$ 倍，其中，$\zeta = \dfrac{f_{spk}}{f_{ak}}$。

由此可知，要求处理后的地基承载力特征值不小于 $f_{spk} = \dfrac{10}{5.4} \times 120 = 222.2\text{kPa}$。

根据《地处规》7.1.6 条，单桩竖向承载力最大允许值为：

$$R_a = \frac{1}{4\lambda} A_p f_{cu} = \frac{1}{4 \times 1.0} \times \frac{\pi}{4} d^2 f_{cu} = \frac{3.14}{16 \times 1.0} \times 600^2 \times 5.6 = 395.6\text{kN}$$

根据《地处规》7.1.5 条，有：

$$f_{spk} = \lambda m \frac{R_a}{A_p} + \beta(1-m) f_{sk}$$

$$222.2 = m \times \frac{395.6}{\pi \times 0.3^2} + 0.8 \times (1-m) \times 120$$

求解可得 $m$=0.0968。

**【例 14.4.2】** 2016 下午 10 题

基本题干同例 14.4.1。假定，高压旋喷桩进入④层圆砾的深度为 2.4m，试问，根据土体强度指标确定的单桩竖向承载力特征值 (kN)，与下列何项数值最为接近？

(A) 400　　(B) 450　　(C) 500　　(D) 550

**【答案】**(B)

根据《地处规》7.1.5 条 3 款：

$$R_a = u_p \sum_{i=1}^{n} q_{si} l_{pi} + \alpha_p q_p A_p$$

$$R_a = 3.14 \times 0.6 \times (20 \times 4 + 50 \times 2.4) + 0.6 \times 400 \times \frac{\pi}{4} \times 0.6^2 = 444.6\text{kN}$$

## 14.5 灰土挤密桩和土挤密桩复合地基

**1. 主要的规范规定**

1)《地处规》7.5.1条：灰土挤密桩、土挤密桩复合地基处理规定。

2)《地处规》7.5.2条：灰土挤密桩、土挤密桩复合地基设计规定。

**2. 对规范规定的理解**

1) 桩中心距

桩孔宜按等边三角形布置，桩中心距为（2～3）$d$，也可按下式估算：

$$s = 0.95d\sqrt{\frac{\overline{\eta}_c \rho_{dmax}}{\overline{\eta}_c \rho_{dmax} - \overline{\rho}_d}}$$

式中：$\overline{\eta}_c$ ——桩间土的平均挤密系数，不宜小于0.93；

$$\overline{\eta}_c = \frac{\overline{\rho}_{d1}}{\rho_{dmax}}$$

$\overline{\rho}_d$ ——地基处理前土的平均干密度；

$\overline{\rho}_{d1}$ ——成孔挤密深度内，桩间土的平均干密度，平均试样数不应小于6组。

2) 成孔数量

$$n = \frac{A}{A_e}$$

式中：$A$ ——拟处理地基的面积。

整片处理：超出建筑物外墙基础底面外缘的宽度，每边不宜小于处理土层厚度的1/2，且不应小于2m；

局部处理时：对非自重湿陷性黄土、素填土和杂填土等地基，每边不应小于基础底面宽度的25%，且不应小于0.5m；对自重湿陷性黄土地基，每边不应小于基础底面宽度的75%，且不应小于1.0m。

3) 地基承载力验算

$$f_{spk} = [1 + m(n-1)]f_{sk}$$

## 14.6 夯实水泥土复合地基

**1. 主要的规范规定**

1)《地处规》7.6.1条：夯实水泥土桩复合地基处理规定。

2)《地处规》7.6.2条：夯实水泥土桩复合地基设计规定。

**2. 对规范规定的理解**

1) 单桩承载力 $R_a$（取下列二者较小值）

(1) 地基土承载力产生的 $R_a$

$$R_a = u_p \sum_{i=1}^{n} q_{si} l_i + \alpha_p q_p A_p$$

式中：$\alpha_p$ ——桩端阻力发挥系数，取1.0。

(2) 桩身材料控制

一般情况：

$$f_{cu} \geqslant 4\frac{\lambda R_a}{A_p}$$

当复合地基承载力进行深度修正时，桩身强度要求：

$$f_{cu} \geqslant 4\frac{\lambda R_a}{A_p}\left[1+\frac{\gamma_m(d-0.5)}{f_{spa}}\right]$$

式中：$f_{cu}$——桩体试块（边长 150mm 立方体）标准养护 28d 立方体抗压强度平均值（kPa），多个检测点时，取低值；

$f_{spa}$——深度修正后的复合地基承载力特征值，$f_{spa}=f_{spk}+\gamma_m(d-0.5)$。

2) 复合地基承载力（有粘结强度增强体）

$$f_{spk}=\lambda m\frac{R_a}{A_p}+\beta(1-m)f_{sk}$$

式中：$\lambda$——单桩承载力发挥系数，无经验时取 1.0；

$\beta$——单桩承载力发挥系数，取 0.9～1.0；

$f_{sk}$——处理后桩间土承载力，无经验时 $f_{sk}=f_{ak}$。

## 14.7 水泥粉煤灰碎石桩复合地基

**1. 主要的规范规定**

1)《地处规》7.7.1 条：水泥粉煤灰碎石桩复合地基适用于处理黏性土、粉土、砂土和自重固结已完成的素填土地基。

2)《地处规》7.7.2 条：水泥粉煤灰碎石桩复合地基设计规定。

**2. 对规范规定的理解**

1) 单桩承载力 $R_a$（取下列二者较小值）

(1) 地基土承载力产生的 $R_a$

$$R_a=u_p\sum_{i=1}^{n}q_{si}l_i+\alpha_p q_p A_p$$

式中：$\alpha_p$——桩端阻力发挥系数，取 1.0。

(2) 桩身材料控制

一般情况：

$$f_{cu} \geqslant 4\frac{\lambda R_a}{A_p}$$

当复合地基承载力进行深度修正时，桩身强度要求：

$$f_{cu} \geqslant 4\frac{\lambda R_a}{A_p}\left[1+\frac{\gamma_m(d-0.5)}{f_{spa}}\right]$$

式中：$f_{cu}$——桩体试块（边长 150mm 立方体）标准养护 28d 立方体抗压强度平均值（kPa），多个检测点时，取低值；

$f_{spa}$——深度修正后的复合地基承载力特征值，$f_{spa}=f_{spk}+\gamma_m(d-0.5)$。

2) 复合地基承载力（有粘结强度增强体）

$$f_{spk}=\lambda m\frac{R_a}{A_p}+\beta(1-m)f_{sk}$$

式中：$\lambda$——单桩承载力发挥系数，取 0.8～0.9；

$\beta$——桩间土承载力发挥系数，取 0.9～1.0。

$$f_{sk}\begin{cases}非挤土成孔时：f_{sk}=f_{ak}\\ 挤土成孔时\begin{cases}黏性土地基：f_{sk}=f_{ak}\\ 砂土、粉土地基：f_{sk}=(1.2\sim1.5)f_{ak}\end{cases}\end{cases}$$

**3. 历年真题解析**

**【例 14.7.1】** 2009 下午 13 题

某高层住宅，采用筏板基础，基底尺寸 21m×30m，地基基础设计等级为乙级。地基处理采用水泥粉煤灰碎石桩（CFG 桩），桩直径为 400mm，地基土层分布及相关参数如 2009-13 所示。

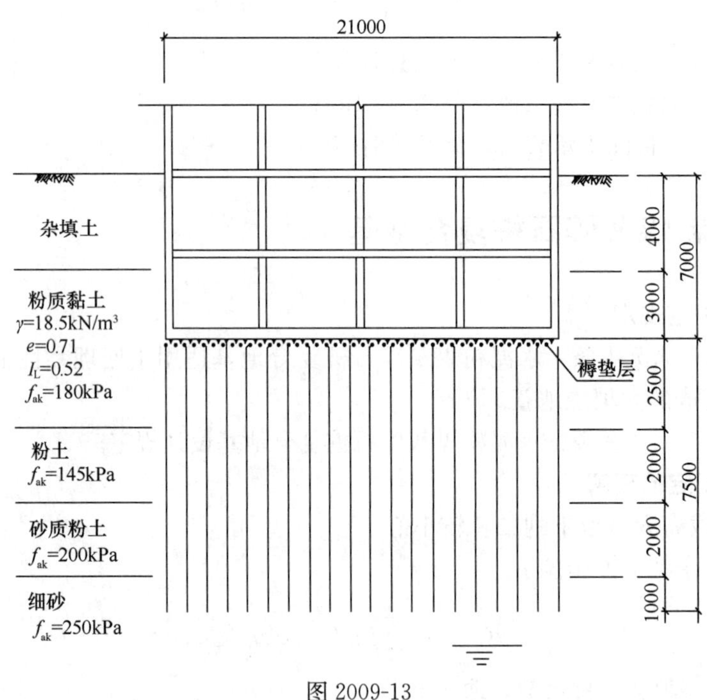


图 2009-13

设计要求经修正后的复合地基承载力特征值不小于 430kPa，假定基础底面以上土的加权平均重度 $\gamma_m$＝18kN/m$^3$，CFG 桩单桩竖向承载力特征值 $R_a$＝450kN，桩间土承载力发挥系数 $\beta$=0.9，单桩承载力发挥系数 $\lambda$=0.9。试问，该工程的 CFG 桩面积置换率 $m$ 的最小值，与下列何项数值最为接近？

**提示：** 地基处理后桩间土承载力特征值可取天然地基承载力特征值。

(A) 3%　　(B) 5%　　(C) 6%　　(D) 8%

**【答案】**(B)

依据《地处规》3.0.4 条，取 $\eta_b=0$，$\eta_d=0$。

再依据《地规》5.2.4 条，有：

$$f_a=f_{spk}+\eta_b\gamma(b-3)+\eta_d\gamma_m(d-0.5)=430$$

$$f_{spk} = 430 - 1 \times 18 \times (7 - 0.5) = 313$$

依据《地处规》7.7.2 条 6 款，结合 7.1.5 条，可得：

$$m = \frac{f_{spk} - \beta f_{sk}}{\lambda R_a / A_p - \beta f_{sk}} = \frac{313 - 0.9 \times 180}{0.9 \times 450/(3.14 \times 0.2^2) - 0.9 \times 180} = 0.049$$

**【例 14.7.2】**2009 下午 14 题

基本题干同例 14.7.1。假定 CFG 桩面积置换率 $m=6\%$，桩按等边三角形布置。试问，CFG 桩的间距 $s$（m），与下列何项数值最为接近？

(A) 1.45 (B) 1.55 (C) 1.65 (D) 1.95

**【答案】**(B)

依据《地处规》7.1.5 条 1 款，等边三角形布桩时，$d_e = 1.05s$，$m = d^2/d_e^2$。于是

$$6\% = \frac{0.4^2}{(1.05s)^2}$$

解得：$s = 1.56$m，选择（B）。

**【例 14.7.3】**2020 下午 11 题

某多层建筑，采用条形基础，基础宽度 $b$ 均为 2m，地基基础设计等级为乙级。地基处理采用水泥粉煤灰碎石桩（CFG 桩）复合地基，CFG 桩采用长螺旋钻中心压灌成桩，条基下单排等距布置，桩径 400mm，桩顶褥垫层厚度 200mm。桩的布置、地基土层分布、土层厚度及相关参数如图 2020-11 所示。

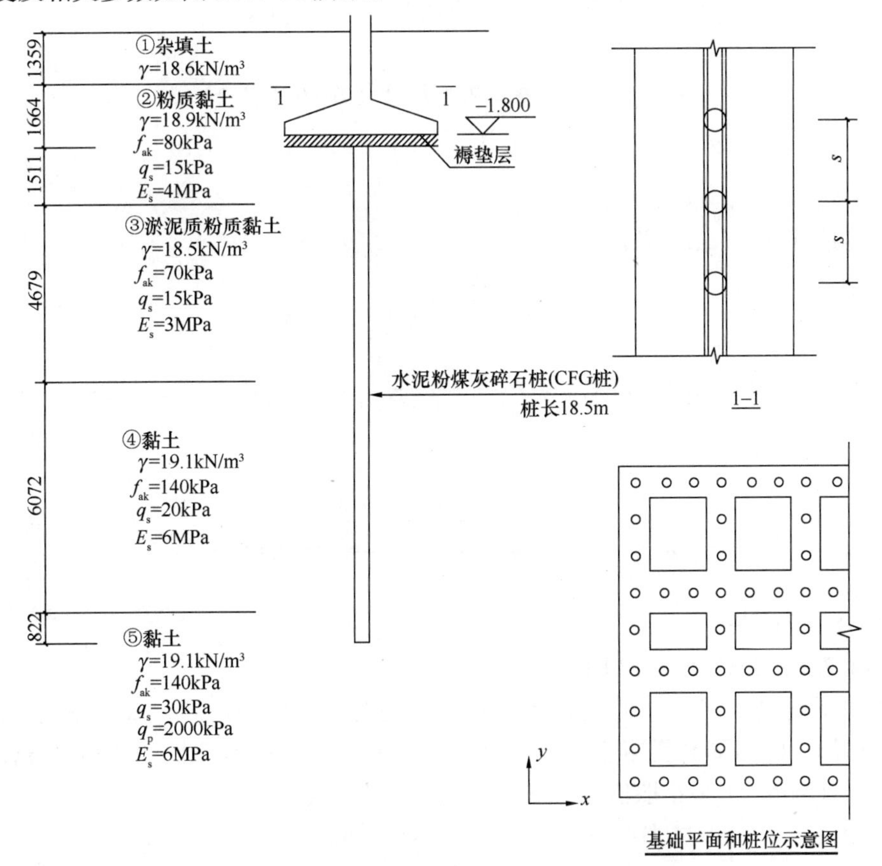


图 2020-11

工程验收时按规范做了三个点的 CFG 桩复合地基静载荷试验，各试验点的复合地基承载力特征值分别为 210kP、220kPa 和 230kPa。试问，该单体工程 CFG 桩复合地基承载力特征值（kPa），取下列何项数值最为合理？

（A）210　　（B）220

（C）230　　（D）需要增加复合地基静载荷试验点数量

**【答案】**（A）

根据《地处规》附录 B.0.11 条，桩数少于 5 根的独立基础或桩数少于 3 排的条形基础，复合地基承载力特征值应取最低值。

本题条形基础下仅有一排桩等距布置，所以，复合地基承载力特征值应取低值 210kPa。

**【例 14.7.4】** 2020 下午 12 题

基本题干同例 14.7.3。地下水位标高为－1.0m，CFG 桩的单桩承载力特征值 $R_a=680kN$，$\lambda=0.9$，$\beta=1.0$，设计要求修正后的复合地基承载力特征值不小于 250kPa，试问，初步设计 CFG 桩的最大间距 $s$（m），与下列何项数值最为接近？

（A）2.0　　（B）1.8　　（C）1.6　　（D）1.4

**【答案】**（A）

根据《地处规》3.0.4 条、《地规》5.2.4 条，$\eta_b=0$，$\eta_d=1.0$。

$$\gamma_m=\frac{1\times18.6+0.8\times8.9}{1.8}=14.3kN/m^3$$

$$f_{spa}=f_{spk}+\eta_b\gamma(b-3)+\eta_d\gamma_m(d-0.5)$$

$$250=f_{spk}+0+1.0\times14.3\times1\times(1.8-0.5)$$

解得：$f_{spk}=231.4kPa$。

根据《地处规》7.1.5 条：

$$f_{spk}=\lambda m\frac{R_a}{A_p}+\beta(1-m)f_{sk}$$

$$231.4=0.9\times m\times\frac{680}{0.25\times3.14\times0.4^2}+1.0\times(1-m)\times80$$

解得：$m=0.0316$。

$$m=\frac{A_p}{bs}=\frac{\frac{3.14\times0.4\times0.4}{4}}{2s}\geqslant0.0316$$

解得：$s\leqslant1.99m$。

**【例 14.7.5】** 2020 下午 13 题

基本题干同例 14.7.3。假定，地下水位标高为－3.000m，$\lambda=0.9$，其余条件同例 13.9.4。试问，CFG 桩体混凝土标准试块（边长 150mm）标准养护 28d 的立方体抗压强度平均值 $f_{cu}$（MPa）的最小取值，与下列何项数值最为接近？

（A）16　　（B）18　　（C）20　　（D）22

**【答案】**（D）

根据《地处规》7.1.6条：

$$\gamma_m = \frac{18.6 \times 1 + 18.9 \times 0.8}{1.8} = 18.73 \text{kN/m}^3$$

$$f_{cu} \geqslant 4\frac{\lambda R_a}{A_p}\left[1+\frac{\gamma_m(d-0.5)}{f_{spa}}\right] = 4 \times \frac{0.9 \times 680}{\frac{3.14 \times 0.4 \times 0.4}{4}}\left[1+\frac{18.73 \times (1.8-0.5)}{250}\right]$$

$$= 21.4 \text{MPa}$$

## 14.8　柱锤冲扩桩复合地基

**1. 主要的规范规定**

1）《地处规》7.8.1条：柱锤冲扩桩复合地基适用于处理地下水位以上的杂填土、粉土、黏性土、素填土和黄土等地基。

2）《地处规》7.8.2条：柱锤冲扩桩复合地基设计规定。

**2. 对规范规定的理解**

1）处理范围应大于基底面积

一般地基：在基础外缘应扩大1～3排桩，且不应小于基底下处理土层厚度的1/2；

液化地基：在基础外缘扩大的宽度，不应小于基底下可液化土层厚度的1/2，且不应小于5m。

2）复合地基承载力特征值 $f_{spk}$（散体材料）

$$f_{spk} = [1 + m(n-1)]f_{sk}$$

式中：$f_{sk}$——处理后桩间土承载力特征值，估算时，$f_{ak} \geqslant 80\text{kPa}$，可取 $f_{sk} = f_{ak}$；

$n$——桩土应力比，2.0～4.0。

## 14.9　多桩型复合地基

**1. 主要的规范规定**

1）《地处规》7.9.1条：多桩型复合地基适用于处理不同深度存在相对硬层的正常固结土，或浅层存在欠固结土、湿陷性黄土、可液化土等特殊土，以及地基承载力和变形要求较高的地基。

2）《地处规》7.9.2条：多桩型复合地基的设计原则。

3）《地处规》7.9.6条：多桩型复合地基承载力特征值估算。

4）《地处规》7.9.8条：多桩型复合地基变形计算可按《地处规》7.1.7条和7.1.8条的规定，复合土层的压缩模量可计算。

**2. 对规范规定的理解**

1）面积置换率计算

（1）独立基础

直接取整个基础作为研究对象，基础下面的某 $i$ 型桩共计 $n$ 根。

$$m=\frac{n\cdot A_{pi}}{\text{基础面积}(B\cdot L)}$$

图 14.9-1 中，如计算 ZH1 面积置换率，$n$ 取 5；如计算 ZH2 面积置换率，$n$ 取 4。

(2) 条形基础

直接取阴影部分重复单元作为研究对象，一个重复单元体内某 $i$ 型桩共计 $n$ 根。

$$m=\frac{n\cdot A_{pi}}{\text{重复单元体面积}}$$

图 14.9-2 中，如计算 ZH1 面积置换率，$n$ 取 1；如计算 ZH2 面积置换率，$n$ 取 2。

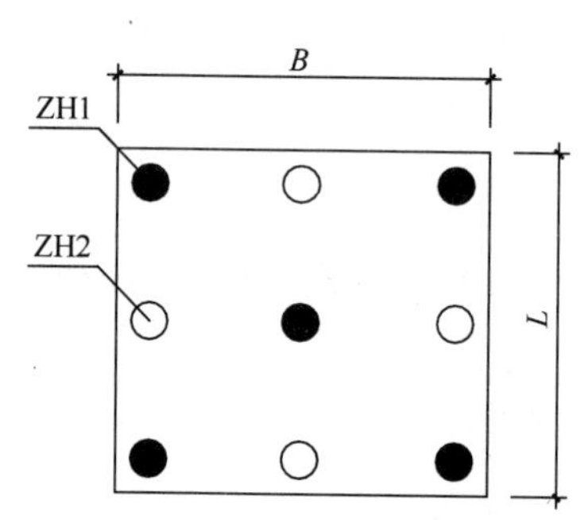


图 14.9-1　独立基础面积置换率示意

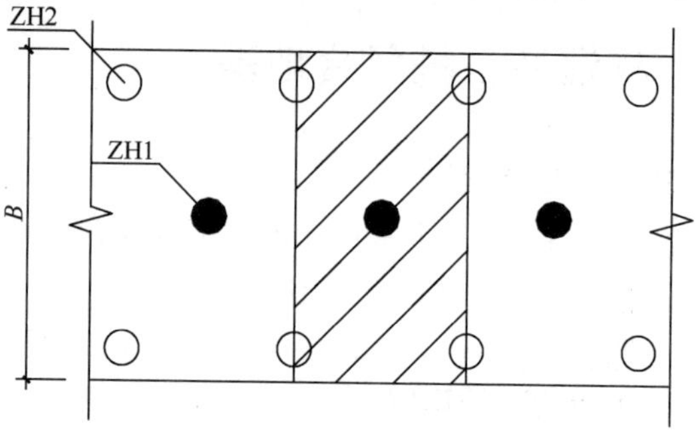

图 14.9-2　条形基础面积置换率示意

(3) 大面积处理（筏形基础）

取重复单元体作为研究对象，一个重复单元体内某 $i$ 型桩共计 $n$ 根。

$$m=\frac{n\cdot A_{pi}}{\text{重复单元体面积}}$$

① 矩形布桩（图 14.9-3）

$$m_1=\frac{A_{p1}}{2s_1s_2}$$

$$m_2=\frac{A_{p2}}{2s_1s_2}$$

② 三角形布桩且 $s_1=s_2$（图 14.9-4）

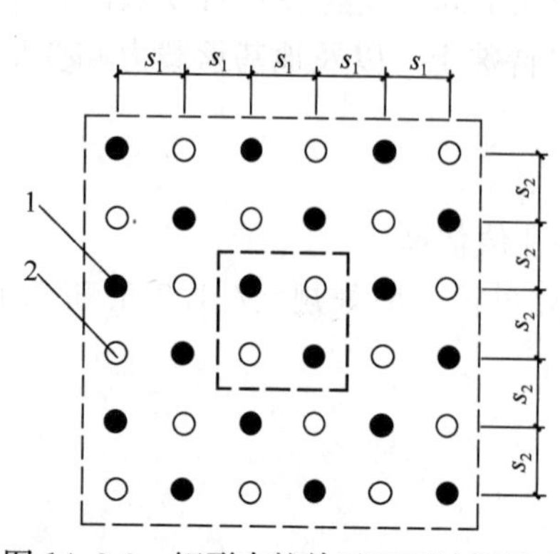


图 14.9-3　矩形布桩单元面积计算模型

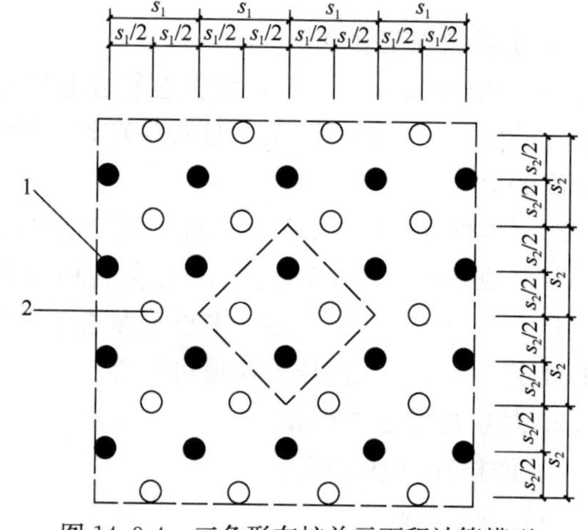


图 14.9-4　三角形布桩单元面积计算模型

$$m_1 = \frac{A_{p1}}{s_1 s_2}$$

$$m_2 = \frac{A_{p2}}{s_1 s_2}$$

2）多桩型复合地基承载力确定

（1）具有粘结强度的两种桩组合形成的多桩型复合地基

$$f_{spk} = m_1 \frac{\lambda_1 R_{a1}}{A_{p1}} + m_2 \frac{\lambda_2 R_{a2}}{A_{p2}} + \beta(1 - m_1 - m_2) f_{sk}$$

（2）具有粘结强度的桩和散体材料桩组合形成的多桩型复合地基

$$f_{spk} = m_1 \frac{\lambda_1 R_{a1}}{A_{p1}} + \beta[1 - m_1 + m_2(n-1)] f_{sk}$$

式中：$\beta$——仅由散体材料桩加固处理形成的复合地基承载力发挥系数；

$n$——仅由散体材料桩加固处理形成的复合地基的桩土应力比；

$f_{sk}$——仅由散体材料桩加固处理后的桩间土承载力特征值（kPa）。

**3. 历年真题解析**

**【例 14.9.1】** 2017 下午 13 题

某多层住宅，采用筏板基础，基底尺寸为 24m×50m，地基基础设计等级为乙级。地基处理采用水泥粉煤灰碎石桩（CFG 桩）和水泥土搅拌桩两种桩型的复合地基，CFG 桩和水泥土搅拌桩的桩径均采用 500mm。桩的布置、地基土层分布、土层厚度及相关参数如图 2017-13 所示。

假定，CFG 桩的单桩承载力特征值 $R_{a1}$ =680kN，单桩承载力发挥系数 $\alpha_1$ =0.9；水泥土搅拌桩单桩的承载力特征值为 $R_{a2}$ =90kN，单桩承载力发挥系数 $\lambda_2$ =1；桩间土承载力发挥系数 $\beta$=0.9；处理后桩间土的承载力特征值可取天然地基承载力特征值。基础底面以上土的加权平均重度 $\gamma_m$ = 17kN/m$^3$。试问，初步设计时，当设计要求经深度修正后的②层淤泥质黏土复合地基承载力特征值不小于 300kPa，复合地基中桩的最大间距 $s$（m），与下列何项数值最为接近？

（A）0.9　　（B）1.0　　（C）1.1　　（D）1.2

**【答案】**（C）

根据《地处规》3.0.4 条：

$$f_{spk} = 300 - 1 \times 17 \times (4 - 0.5) = 240.5\text{kPa}$$

根据《地处规》7.9.6 条：

$$f_{spk} = m_1 \frac{\lambda_1 R_{a1}}{A_{p1}} + m_2 \frac{\lambda_2 R_{a2}}{A_{p2}} + \beta(1 - m_1 - m_2) f_{sk}$$

其中，$m_1 = \frac{A_{p1}}{(2s)^2}$，$m_2 = \frac{4A_{p2}}{(2s)^2}$，$A_{p1} = A_{p2} = 3.14 \times 0.25^2 = 0.1963\text{m}^2$，代入得：

$$240.5 = \frac{0.9 \times 680}{4s^2} + \frac{4 \times 1 \times 90}{4s^2} + 0.9 \times \left(1 - \frac{5 \times 0.1963}{4s^2}\right) \times 70$$

解得：$s = \sqrt{910.2/(4 \times 177.5)} = 1.13\text{m}$。

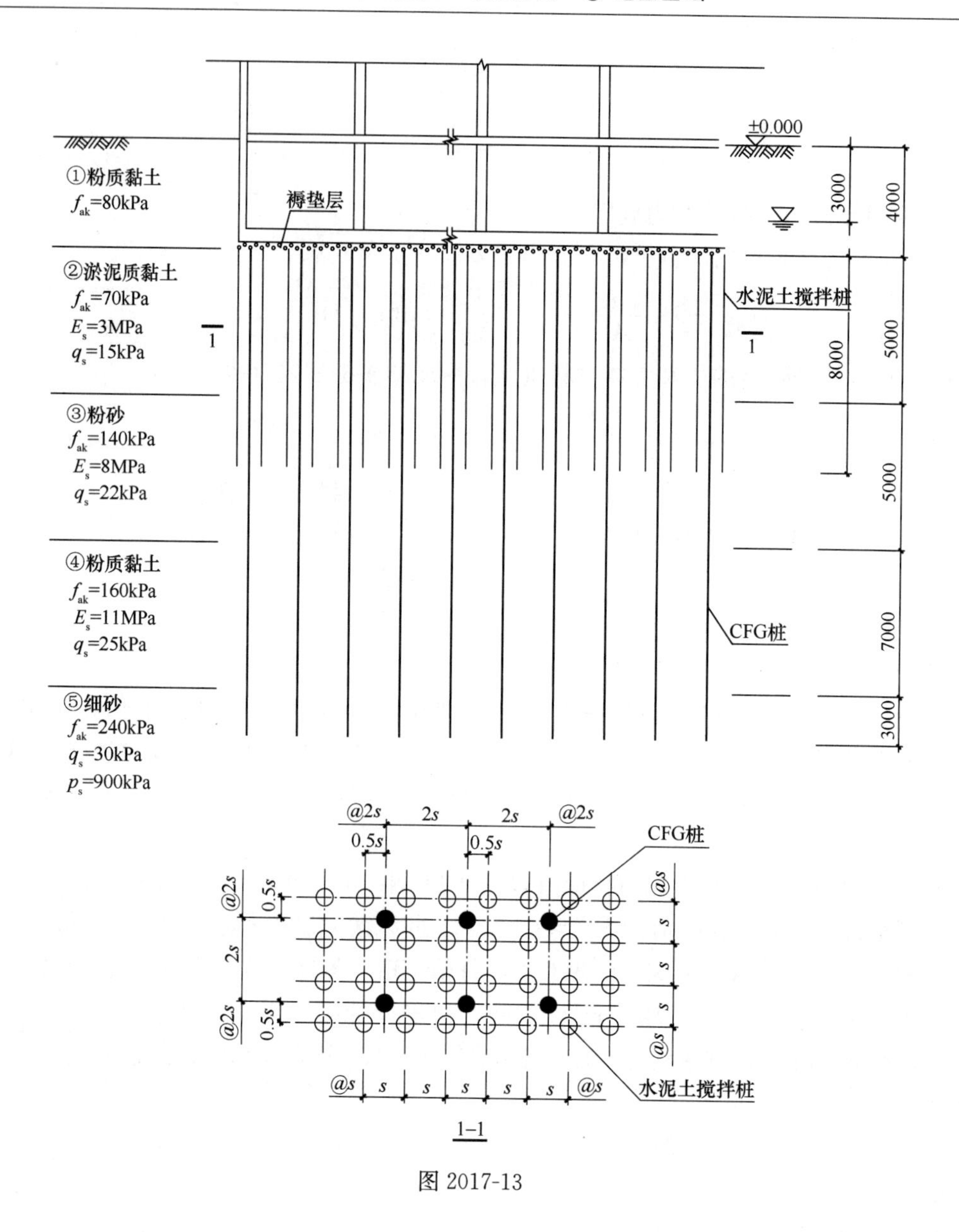


图 2017-13

## 14.10 复合地基沉降计算

**1. 主要的规范规定**

1）《地处规》7.1.7 条：复合地基变形计算应符合现行国家标准《建筑地基基础设计规范》GB 50007 的有关规定，地基变形计算深度应大于复合土层的深度，复合土层的分层与天然地基相间，各复合土层的压缩模量等于该层天然地基压缩模量的 $\zeta$ 倍。

2）《地处规》7.1.8 条：复合地基变形计算沉降经验系数。

3）《地处规》7.9.8 条：多桩型复合地基变形计算规定。

**2. 对规范规定的理解**

1）复合地基变形计算步骤

(1) 地基变形计算深度应大于复合土层的深度。

(2) 复合土层的压缩模量（复合土层的分层和天然地基相同，基底算起，见图 14.10-1）。

① 各复合土层的压缩模量＝该层天然地基压缩模量×$\zeta$

$$\zeta=\frac{f_{\mathrm{spk}}}{f_{\mathrm{ak}}}$$

$$E_{\mathrm{ps}i}=\zeta E_i$$

式中：$f_{\mathrm{spk}}$——复合地基承载力特征值；

$f_{\mathrm{ak}}$——基础底面下（与基底接触的那层土）天然地基承载力特征值。

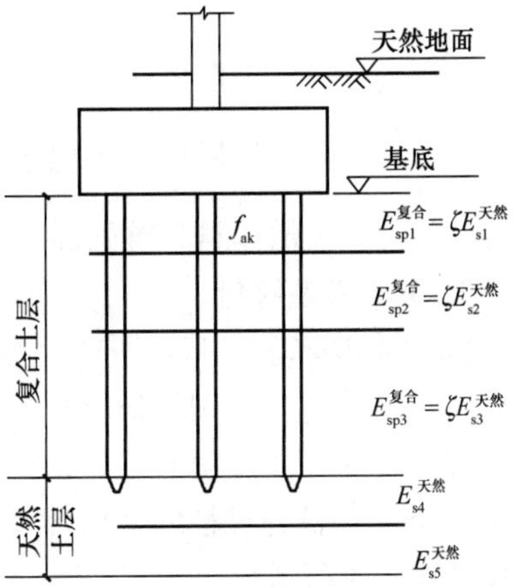

图 14.10-1　复合地基各土层压缩模量

② 复合地基沉降计算经验系数

$$\overline{E}_{\mathrm{s}}=\frac{\sum_{i=1}^{n}A_i+\sum_{j=1}^{m}A_j}{\sum_{i=1}^{n}\frac{A_i}{E_{\mathrm{sp}i}}+\sum_{j=1}^{m}\frac{A_j}{E_{\mathrm{s}j}}}$$

③ 复合地基沉降计算

$$s=\psi_{\mathrm{s}}\cdot\sum_{i=1}^{n}\frac{p_0}{E_{\mathrm{s}i}}(z_i\overline{\alpha}_i-z_{i-1}\overline{\alpha}_{i-1})$$

2) 多桩型复合地基变形模量的确定

(1) 对具有粘结强度的两种桩组合形成的复合地基（图 14.10-2）

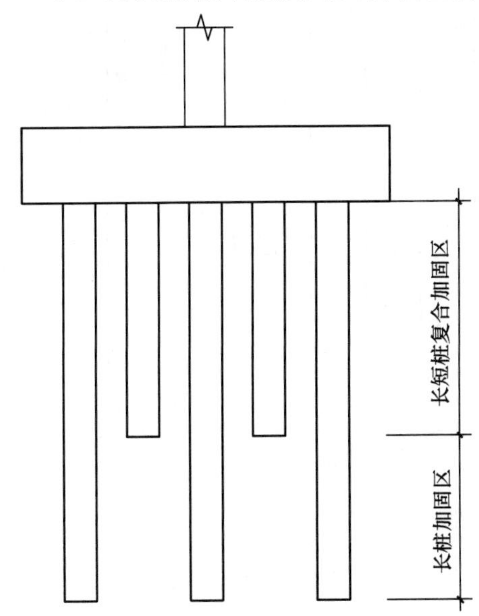


图 14.10-2　长短桩加固区示意

① 长短桩复合加固区

$$\zeta_1=\frac{f_{\mathrm{spk}}}{f_{\mathrm{ak}}}$$

式中：$f_{\mathrm{spk}}$——长短桩复合地基承载力特征值；

$f_{\mathrm{ak}}$——基础底面下天然地基承载力特征值。

② 仅长桩加固区

$$\zeta_2=\frac{f_{\mathrm{pk1}}}{f_{\mathrm{ak}}}$$

式中：$f_{\mathrm{pk1}}$——仅由长桩处理形成的复合地基承载力特征值；

$f_{\mathrm{ak}}$——基础底面下天然地基承载力特征值。

(2) 对具有粘结强度的桩和散体材料桩组合形成的复合地基

加固区土层压缩模量提高系数可按下两式之一确定。

$$\zeta_1=\frac{f_{\mathrm{spk}}}{f_{\mathrm{spk2}}}[1+m(n-1)]\alpha$$

$$\zeta_1 = \frac{f_{spk}}{f_{ak}}$$

式中：$f_{spk2}$ ——仅由散体材料桩加固处理后的复合地基承载力特征值（kPa）；

$\alpha$ ——处理后桩间土地基承载力的调整系数，$\alpha = \frac{f_{sk}}{f_{ak}}$；

$m$——散体材料桩的面积置换率。

**3. 历年真题解析**

**【例 14.10.1】** 2017 下午 14 题

某多层住宅，采用筏板基础，基底尺寸为 24m×50m，地基基础设计等级为乙级。地基处理采用水泥粉煤灰碎石桩（CFG 桩）和水泥土搅拌桩两种桩型的复合地基，CFG 桩和水泥土搅拌桩的桩径均采用 500mm。桩的布置、地基土层分布、土层厚度及相关参数如图 2017-14 所示。

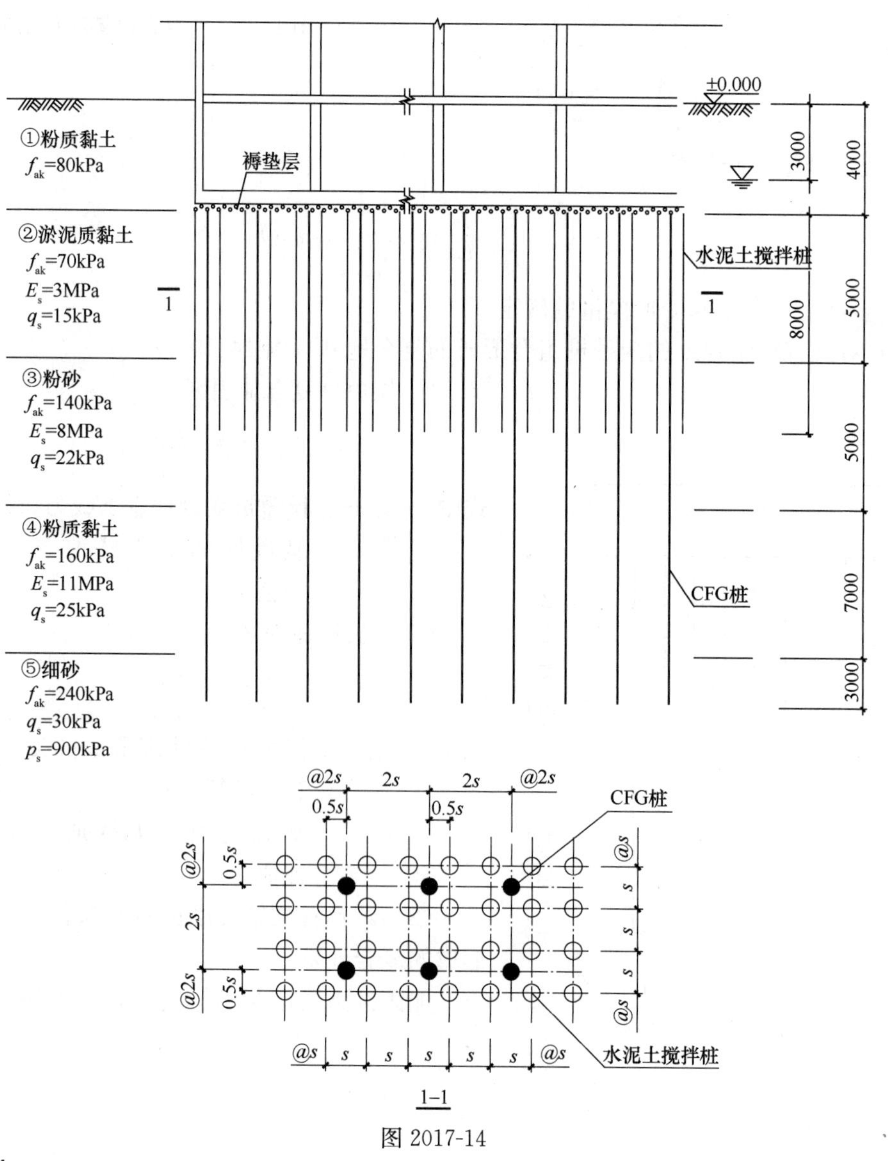


图 2017-14

假定，基础底面处多桩型复合地基的承载力特征值 $f_{spk}=252\text{kPa}$。当对基础进行地基变形计算时，试问，第②层淤泥质黏土层的复合压缩模量 $E_s$（MPa），与下列何项数值最为接近？

(A) 11　　(B) 15

(C) 18　　(D) 20

【答案】(A)

根据《地处规》7.9.8条及7.1.7条：

$$\zeta = f_{spk}/f_{ak} = 252/70 = 3.6$$

$$E_s = 3 \times 3.6 = 10.8\text{MPa}$$

## 14.11 复合地基载荷试验要点

**1. 主要的规范规定**

《地处规》B.0.1条～B.0.11条：复合地基载荷试验要点。

**2. 对规范规定的理解**

适用于单桩复合地基载荷试验和多桩复合地基载荷试验。

1）压力-沉降曲线上极限荷载能确定

极限荷载≥比例荷载×2，取比例界限；

极限荷载<比例荷载×2，取极限荷载的一半。

2）压力-沉降曲线是平缓光滑的曲线

按《地处规》B.0.10条2款规定的相对变形值确定。

3）复合地基承载力特征值的确定

试验点：≥3个；

地基承载力特征值：试验平均值（极差≤0.3×平均值）。

注：极差＝试验最大值－试验最小值。

**3. 历年真题解析**

**【例14.11.1】** 2019下午16题

下列关于水泥粉煤灰碎石桩（CFG桩）复合地基质量检验项目及检验方法的叙述中，何项全部符合《建筑地基处理技术规范》JGJ 79—2012的规定要求？

Ⅰ. 应采用静载荷试验检验处理后地基的承载力。

Ⅱ. 应采用静载荷试验检验复合地基承载力。

Ⅲ. 应进行静载荷试验检验处理后单桩承载力。

Ⅳ. 应采用静力触探检验处理后地基的施工质量。

Ⅴ. 应采用动力触探检验处理后地基的施工质量。

Ⅵ. 应检验桩身强度。

Ⅶ. 应进行低应变试验检验桩身完整性。

Ⅷ. 应采用钻芯法检验桩身混凝土成桩质量。

(A) Ⅰ、Ⅲ、Ⅳ、Ⅶ　　(B) Ⅰ、Ⅲ、Ⅵ、Ⅶ

（C）Ⅱ、Ⅲ、Ⅵ、Ⅶ　　　　（C）Ⅱ、Ⅲ、Ⅴ、Ⅷ

**【答案】**(C)

根据《地处规》10.1.1条条文说明的表29，查得水泥粉煤灰碎石桩的应测项目4个，对照题干应选（C)。

# 15 注浆加固、微型桩加固及规范附录

**1. 主要的规范规定**

1)《地处规》8.2.1 条：水泥为主剂的注浆加固设计规定。

2)《地处规》8.2.3 条：碱液注浆加固设计规定。

3)《地处规》9.2.2 条：树根桩加固设计规定。

4)《地处规》9.3.2 条：预制桩加固设计规定。

5)《地处规》9.4.2 条：注浆钢管桩加固设计规定。

**2. 对规范规定的理解**

1）单液硅化法

$$Q = V\bar{n}d_{\mathrm{N1}}\alpha$$

式中：$Q$——硅酸钠溶液的用量（$\mathrm{m}^3$）；

$V$——拟加固湿陷性黄土的体积（$\mathrm{m}^3$）；

$\bar{n}$——地基加固前，土的平均孔隙率；

$d_{\mathrm{N1}}$——灌注时，硅酸钠溶液的相对密度；

$\alpha$——溶液填充孔隙的系数，可取 0.60～0.80。

注：单液硅化法应由浓度为 10%～15%的硅酸钠溶液，掺入 2.5%氯化钠组成。

2）碱液法加固土层厚度估算

$$h = r + l$$

式中：$l$——灌注孔长度，从注液管底部到灌注孔底部的距离（m）；

$r$——有效加固半径（m），当无试验条件或工程量较小时，可取 0.4～0.5m；

$$r = 0.6\sqrt{\frac{V}{nl \times 10^3}}$$

$V$——每孔碱液灌注量（L）；

$$V = \alpha\beta\pi r^2(l + r)n$$

$\alpha$——碱液填充系数，可取 0.6～0.8；

$\beta$——工作条件系数，考虑碱液流失影响，可取 1.1。

3）树根桩单桩承载力的确定

（1）单桩静载荷试验

$$R_{\mathrm{a}} < \frac{Q_{\mathrm{uk}}}{2}$$

（2）估算公式

$$R_{\mathrm{a}} = u_{\mathrm{p}}\sum_{i=1}^{n} q_{\mathrm{s}i}l_i + \alpha_{\mathrm{p}}q_{\mathrm{p}}A_{\mathrm{p}}$$

当采用水泥浆二次注浆时，桩侧阻力乘 1.2～1.4 的系数。

4）预制桩承载力的确定

（1）单桩静载荷试验

$$R_a < \frac{Q_{uk}}{2}$$

（2）估算公式

$$R_a = u_p \sum_{i=1}^{n} q_{si} l_i + \alpha_p q_p A_p$$

5）注浆钢管桩承载力的确定

注浆钢管桩单桩承载力的设计及计算，应符合现行行业标准《建筑桩基技术规范》JGJ 94 的有关规定；当采用二次注浆工艺时，桩侧摩阻力特征值取值可乘以 1.3 系数。

**3. 历年真题及自编题解析**

**【例 15.0.1】** 2008 下午 14 题（岩土）

采用单液硅化法加固拟建设备基础的地基，设备基础的平面尺寸为 3m×4m，需加固的自重湿陷性黄土层厚 6m，土体初始孔隙比为 1.0，假设硅酸钠溶液的相对密度为 1.00，溶液的填充系数为 0.70，试问，所需硅酸钠溶液用量（t），与下列何项数值最为接近？

（A）50　　（B）55　　（C）60　　（D）65

**【答案】**（D）

根据《地处规》8.2.1 条计算。

报建基础，每边处理宽度增加不小于 1.0m。

拟加固湿陷性黄土体积：

$$V = (B+2)(L+2)h = (3+2)(4+2)\times 6 = 180\text{m}^3$$

孔隙比：

$$\bar{n} = \frac{e}{1+e} = \frac{1}{1+1} = 0.5$$

$$Q = V\bar{n}d_{N1}\alpha = 180\times 0.5\times 1.00\times 0.70 = 63\text{t}$$

**【例 15.0.2】** 自编题

某湿陷性黄土地基采用碱液法加固，已知灌注孔长度 10m，有效加固半径 0.4m，黄土天然孔隙率为 50%，固体煤碱中 NaOH 浓度为 85%，要求配置的碱液密度为 100g/L。假设，充填系数 $\alpha = 0.68$，工作条件系数 $\beta = 1.1$，则每孔成灌注固体烧碱量取以下哪个最合适？

（A）150kg　　（B）230kg　　（C）350kg　　（D）400kg

**【答案】**（B）

每孔应灌碱液量为：

$$\begin{aligned} V &= \alpha\beta\pi r^2(l+r)n \\ &= 0.68\times 1.1\times 3.14\times 0.4^2\times(10+0.4)\times 0.5 = 1.95\text{m}^3 \end{aligned}$$

每立方米碱液的固体烧碱量为：

$$G_s = \frac{1000\cdot M}{p} = \frac{1000\times 0.1}{0.85} = 117.6\text{kg}$$

每孔应灌注固体烧碱量为：

$$1.95\times 117.6 = 229\text{kg}$$

**【例 15.0.3】**2020 下午 15 题

关于地基处理设计有下列观点：

Ⅰ. 大面积压实填土、堆载预压及换填垫层处理后的地基，基础宽度的修正系数应取 0；基础埋深的地基承载力修正系数应取 1.0；

Ⅱ. 对采用振冲碎石桩处理后的堆载场地地基，应进行整体稳定分析，可采用圆弧滑动法，稳定安全系数不应小于 1.30；

Ⅲ. 对于水泥搅拌桩，采用水泥作为加固料时，对含高岭石、蒙脱石及伊利石土的软土加固效果较好；

Ⅳ. 采用碱液注浆加固湿陷性黄土地基，加固土层厚度大于灌注孔长度，但设计取用的加固土层底部深度不超过灌注孔底部深度。

试问，依据《建筑地基处理技术规范》JGJ 79—2012 的有关规定，下列何项结论是正确的?

(A) Ⅰ、Ⅱ正确　　(B) Ⅱ、Ⅳ正确

(C) Ⅰ、Ⅲ正确　　(D) Ⅱ、Ⅲ正确

**【答案】**(B)

(1) 根据《地处规》3.0.4 条，Ⅰ错误；

(2) 根据《地处规》3.0.7 条，Ⅱ正确；

(3) 根据《地处规》7.3.1 条及条文说明，Ⅲ错误；

(4) 根据《地处规》8.2.3 条及条文说明，Ⅳ正确。

# 16 《抗规》补充

## 16.1 场地

**1. 主要的规范规定**

1）《抗规》4.1.4 条：场地覆盖层厚度确定。

2）《抗规》4.1.5 条：土层的等效剪切波速计算。

3）《抗规》4.1.6 条：建筑物场地类别的划分。

**2. 对规范规定的理解**

1）确定覆盖层厚度（图 16.1-1）

（1）一般情况下，应按地面至剪切波速大于 500m/s 且其下卧各层岩土的剪切波速均不小于 500m/s 的土层顶面的距离确定。

（2）当地面 5m 以下存在剪切波速大于其上部各土层剪切波速 2.5 倍的土层，且该层及其下卧各层岩土的剪切波速均不小于 400m/s 时，可按地面至该土层顶面的距离确定。

（3）剪切波速大于 500m/s 的孤石、透镜体，应视同周围土层。

（4）土层中的火山岩硬夹层，应视为刚体，其厚度应从覆盖土层中扣除。

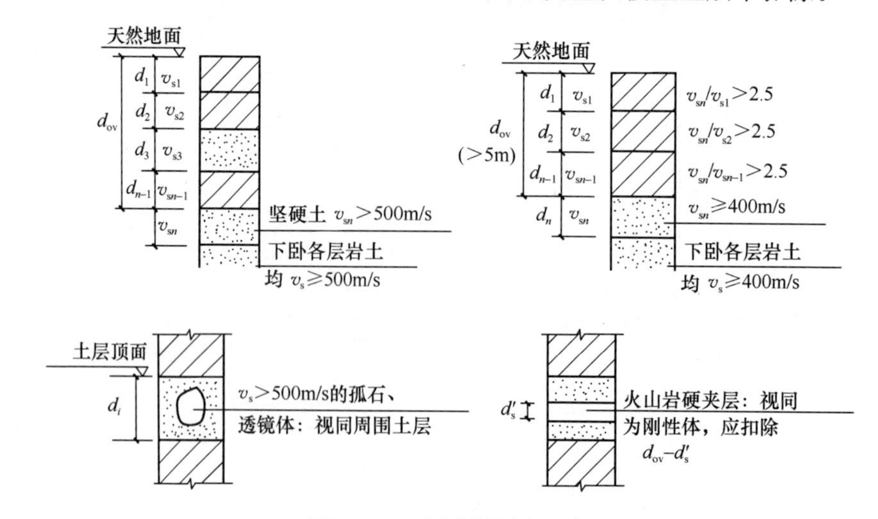


图 16.1-1 覆盖层厚度示意

2）土层等效剪切波速计算

$$v_{se}=d_0/t$$

$$t=\sum_{i=1}^{n}(d_i/v_{si})$$

式中：$d_0$ ——计算深度（m），取覆盖层厚度和 20m 两者的较小值；

$v_{si}$ ——计算深度范围内第 $i$ 土层的剪切波速（m/s），注意孤石、透镜体处理；

$d_i$ ——计算深度范围内第 $i$ 土层的厚度（m），注意火山层硬夹层需扣除。

3）场地类别的划分

建筑的场地类别，应根据土层等效剪切波速和场地覆盖层厚度划分为四类，其中Ⅰ类分为$\text{Ⅰ}_0$、$\text{Ⅰ}_1$两个亚类。当有可靠的剪切波速和覆盖层厚度且其值处于表 16.1-1 所列场地类别的分界线附近时，应允许按插值方法确定地震作用计算所用的特征周期。

**各类建筑场地的覆盖层厚度**（m）　　**表 16.1-1**

| 岩石的剪切波速或土的等效剪切波速（m/s） | 场地类别 | | | | |
|---|---|---|---|---|---|
| | $\text{Ⅰ}_0$ | $\text{Ⅰ}_1$ | Ⅱ | Ⅲ | Ⅳ |
| $v_s>800$ | 0 | | | | |
| $800\geqslant v_s>500$ | | 0 | | | |
| $500\geqslant v_s>250$ | | <5 | ≥5 | | |
| $250\geqslant v_s>150$ | | <3 | 3～50 | >50 | |
| $v_s\leqslant150$ | | <3 | 3～15 | 15～50 | >80 |

**3. 历年真题解析**

**【例 16.1.1】**2017 下午 5 题

某多层砌体房屋，采用钢筋混凝土条形基础。基础剖面及土层分布如图 2017-5 所示。基础及以上土的加权平均重度为 20kN/m³。

假定，场地各土层的实测剪切波速 $v_s$ 如图 2017-5 所示。试问，根据《建筑抗震设计规范》GB 50011—2010，该建筑场地的类别应为下列何项？

(A) Ⅰ　　(B) Ⅱ　　(C) Ⅲ　　(D) Ⅳ

**【答案】**(C)

根据《抗规》4.1.4 条，场地覆盖层厚度为：3+3+12+4=22m>20m。

根据《抗规》4.1.5 条，$d_0=20\text{m}$，则

$$t=\sum_{i=1}^{n}(d_i/v_{si})=3/150+3/75+12/180+2/250=0.135\text{s}$$

$$v_{se}=\frac{d_0}{t}=\frac{20}{0.135}=148\text{m/s}$$

$v_{se}<150\text{m/s}$，覆盖层厚度 22m，查《抗规》表 4.1.6，Ⅲ类场地。

**【例 16.1.2】**2013 下午 12 题

某扩建工程的边柱紧邻既有地下结构，抗震设防烈度 8 度，设计基本地震加速度为 0.30$g$，设计地震分组第一组，基础采用直径 800mm 泥浆护壁旋挖成孔灌注桩，图 2013-12 为某边柱等边三桩承台基础图，柱截面尺寸为 500mm×1000mm，基础及其以上土体的加权平均重度为 20kN/m³。

假定，地下水位以下的各层土处于饱和状态，②层粉砂 A 点处的标准贯入锤击数（未经杆长修正）为 16 击，图 2013-12 给出了①、③层粉质黏土的液限 $w_L$、塑限 $w_p$及含水量 $w_S$。试问，下列关于各地基土层的描述中，何项是正确的？

**提示：**承台平面形心与三桩形心重合。

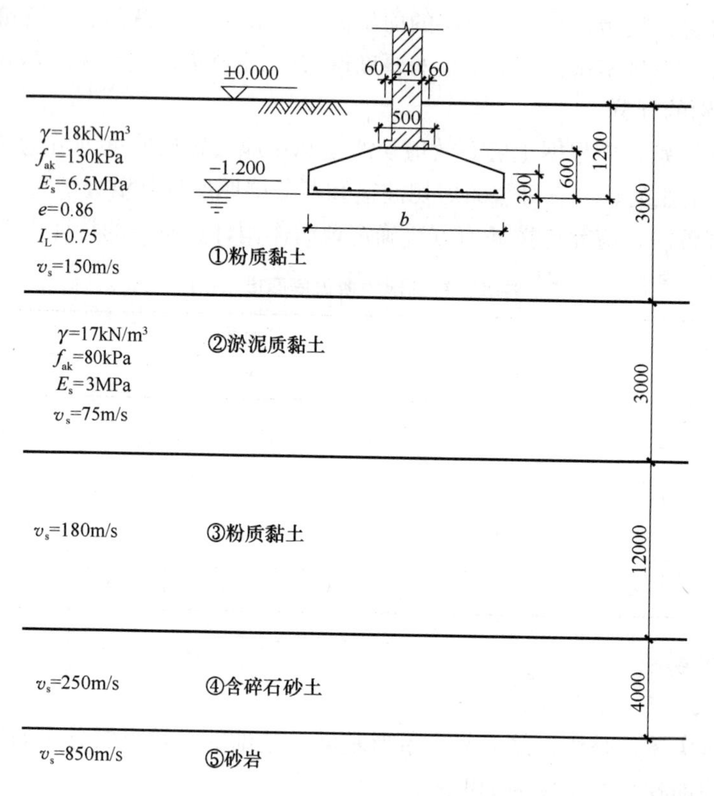


图 2017-5

(A) ①层粉质黏土可判别为震陷性软土

(B) A 点处的粉砂为液化土

(C) ③层粉质黏土可判别为震陷性软土

(D) 该地基上埋深小于 2m 的天然地基的建筑可不考虑②层粉砂液化的影响

**【答案】**(B)

根据《抗规》4.3.11 条判断。

对①层土，$w_S=28\%<0.9w_L=0.9\times35.1\%=31.6\%$；

对③层土，$w_S=26.4\%<0.9w_L=0.9\times34.1\%=30.7\%$。

二者均不满足震陷性软土的判别条件，因此选项（A）、（C）不正确。

对①层土，$I_L=\dfrac{w-w_p}{w_L-w_p}=\dfrac{6}{13.1}=0.46<0.75$；

对③层土，$I_L=\dfrac{5.9}{13.6}=0.43<0.75$。

两者均不满足《抗规》式（4.3.11-2）的要求，因此据此也可以判断（A）、（C）不正确。

对②层粉砂中的 A 点，根据《抗规》式（4.3.4）：

$$N_{cr}=16\times0.8\times[\ln(0.6\times6+1.5)-0.1\times2]\times\sqrt{3/3}=18.3>N=16$$

因此，A 点处的粉砂可判为液化土，(B) 为正确答案。

由于 $d_u=4$m，$d_w=2$m，$d_b=2$m，$d_0=8$m，则

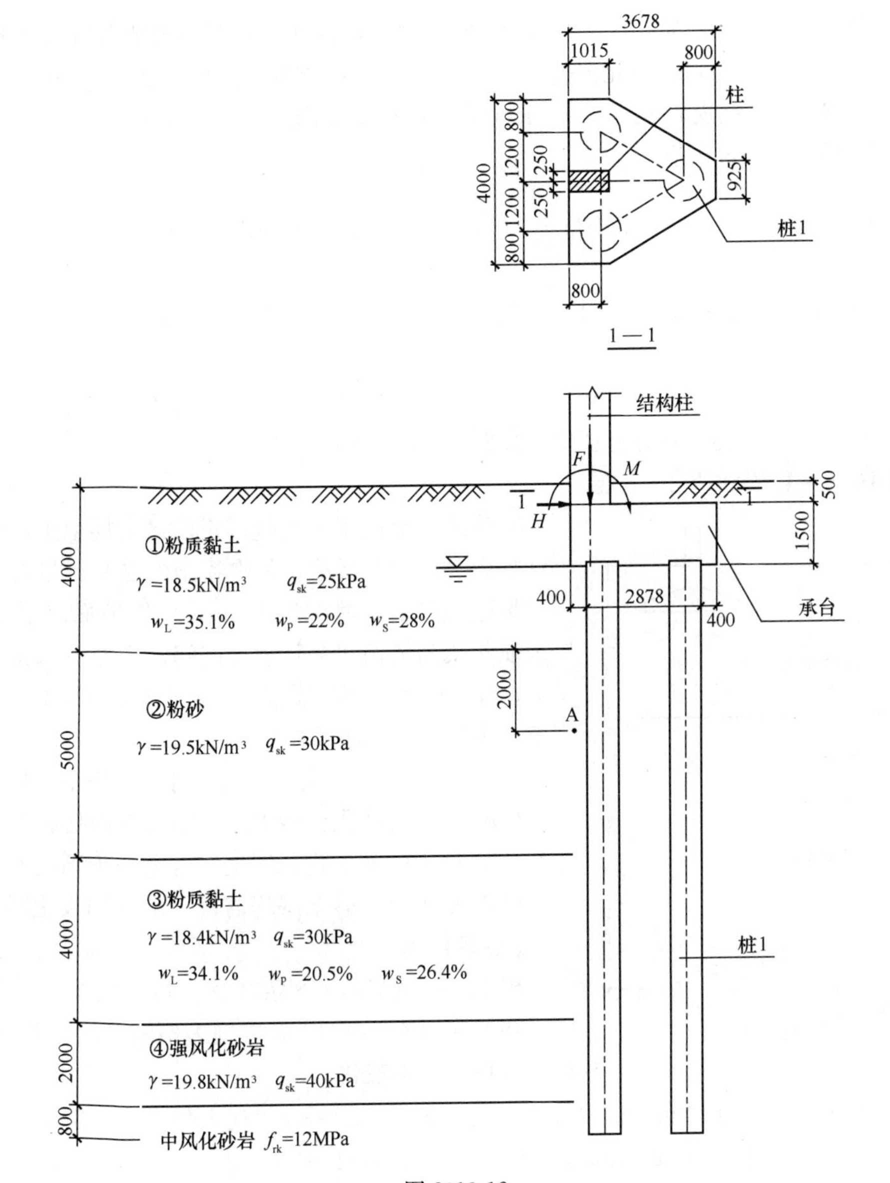


图 2013-12

$$d_u = 4\text{m} < d_0 + d_b - 2 = 8 + 2 - 2 = 8\text{m}$$

$$d_w = 2\text{m} < d_0 + d_b - 3 = 8 + 2 - 3 = 7\text{m}$$

$$d_u + d_w = 6\text{m} < 1.5d_0 + 2d_b - 4.5 = 12 + 4 - 4.5 = 11.5\text{m}$$

浅埋天然地基的建筑，可不考虑液化影响的条件均不满足，因此（D）不正确。

**【例 16.1.3】** 2013 下午 14 题

基本题干同例 16.1.2。假定，粉砂层的实际标贯锤击数与临界标贯锤击数之比在 0.7～0.75 之间，并考虑桩承受全部地震作用。试问，单桩竖向承压抗震承载力特征值（kN）最接近于下列何项数值？

(A) 4000　　(B) 4500　　(C) 8000　　(D) 8400

**【答案】**（A）

桩承台底面上下的粉质黏土厚度均为2m，粉砂层的实际标贯锤击数与临界标贯锤击数之比在0.7～0.75之间，因此根据《抗规》4.4.3条，粉砂层为液化土层。

$d_s$<10m，查《抗规》表4.4.3，得液化土的桩周摩阻力折减系数为1/3。

根据《桩规》5.3.9条：

$$Q_{sk}=0.8\times3.14\times(2\times25+5\times30\times\frac{1}{3}+4\times30+2\times40)=753.6\text{kN}$$

$$Q_{rk}=0.95\times12\times\frac{3.14}{4}\times0.64\times10^3=5727.4\text{kN}$$

$$Q_{uk}=Q_{sk}+Q_{rk}=6481\text{kN}$$

单桩竖向承压抗震承载力特征值=1.25×6481/2=4050kN

**【例16.1.4】** 2011下午15题

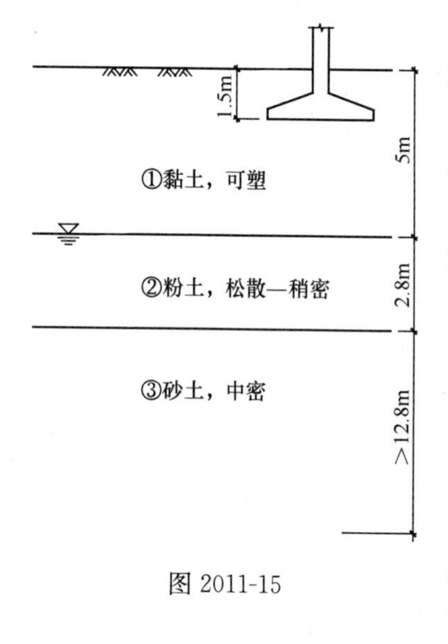


图2011-15

某建筑场地位于8度抗震设防区，场地土层分布及土性如图2011-15所示，其中粉土的黏粒含量百分率为14，拟建建筑基础埋深为1.5m，已知地面以下30m土层地质年代为第四纪全新世。试问，当地下水位在地表下5m时，按《建筑抗震设计规范》GB 50011—2010的规定，下述观点何项正确？

(A) 粉土层不液化，砂土层可不考虑液化影响

(B) 粉土层液化，砂土层可不考虑液化影响

(C) 粉土层不液化，砂土层需进一步判别液化影响

(D) 粉土层、砂土层均需进一步判别液化影响

**【答案】**(A)

根据《抗规》4.3.3条2款，粉土的黏粒含量百分率，在8度时不小于13时可判为不液化土，因为14>13，故粉土层不液化。

$d_b$=1.5m<2m，取2m，查《抗规》表4.3.3，$d_0$=8m，代入公式(4.3.3-3)：

$$d_u+d_w=7.8+5=12.8\text{m}>1.5d_0+2d_b-4.5=1.5\times8+2\times2-4.5=11.5\text{m}$$

故砂土层可不考虑液化影响。

## 16.2　天然地基和基础

**1. 主要的规范规定**

1)《抗规》4.2.3条：地基抗震承载力规定。

2)《抗规》4.2.4条：天然地基抗震承载力验算。

**2. 对规范规定的理解**

天然地基基础抗震验算时，应采用地震作用效应标准组合，且地基抗震承载力应取地基承载力特征值乘以地基抗震承载力调整系数计算。

1) 天然地基地震作用下的竖向承载力验算

基础底面平均压力应满足：

$$p < f_{aE}$$

基础底面边缘最大压力应满足：

$$p_{max} < 1.2 f_{aE}$$

2）地基抗震承载力

$$f_{aE} = \zeta_a f_a$$

3）脱离区（零应力区）

高宽比大于 4 的高层建筑，在地震作用下基础底面不宜出现脱离区（零应力区），即 $e<\dfrac{b}{6}$；

其他建筑，基础底面与地基土之间脱离区（零应力区）面积不应超过基础底面面积的 15%，即 $e < \dfrac{1.3b}{6}$。

## 16.3 液化土和软土地基

**1. 主要的规范规定**

1）《抗规》4.3.3 条：饱和砂土或粉土（不含黄土）的液化初判。

2）《抗规》4.3.4 条：饱和砂土、粉土的液化复判。

3）《抗规》4.3.5 条、4.3.11 条液化指数计算及液化等级确定。

**2. 对规范规定的理解**

（1）液化初判

饱和的砂土或粉土（不含黄土），当符合下列条件之一时，可初步判别为不液化或可不考虑液化影响：

① 地质年代为第四纪晚更新世（Q3）及其以前时，7、8 度时可判为不液化。

② 粉土的黏粒（粒径小于 0.005mm 的颗粒）含量百分率，7 度、8 度和 9 度分别不小于 10、13 和 16 时，可判为不液化土。（注：该条仅适用于粉土。）

③ 浅埋天然地基的建筑，当上覆非液化土层厚度和地下水位深度符合下列条件之一时，可不考虑液化影响：

$$d_u > d_0 + d_b - 2$$

$$d_w > d_0 + d_b - 3$$

$$d_u + d_w > 1.5d_0 + 2d_b - 4.5$$

式中：$d_w$——地下水位深度（m），宜按设计基准期内年平均最高水位采用，也可按近期内年最高水位采用；

$d_u$——上覆盖非液化土层厚度（m），计算时宜将淤泥和淤泥质土层扣除；

$d_b$——基础埋置深度（m），不超过 2m 时应采用 2m；

$d_0$——液化土特征深度（m），可按表 16.3-1 采用。

液化土特征深度（m） 表 16.3-1

| 饱和土类别 | 7度 | 8度 | 9度 |
|---|---|---|---|
| 粉土 | 6 | 7 | 8 |
| 砂土 | 7 | 8 | 9 |

（2）液化复判

① 液化判别深度

一般情况下，判别地面下 20m 范围内土的液化；

对于《抗规》4.2.1 条规定的各类建筑，判别深度为地面下 15m。

② 液化判别标准贯入锤击数临界值

$$N_{cr}=N_0\beta[\ln(0.6d_s+1.5)-0.1d_w]\sqrt{3/\rho_c}$$

式中：$N_{cr}$——液化判别标准贯入锤击数临界值；

$N_0$——液化判别标准贯入锤击数基准值，按表 16.3-2 取值；

$d_s$——饱和土标准贯入点深度（m）；

$d_w$——地下水位（m）；

$\rho_c$——黏粒含量百分率，当小于 3 或为砂土时，应采用 3；

$\beta$——调整系数，设计地震第一组取 0.80，第二组取 0.95，第三组取 1.05。

$N>N_{cr}$判别为不液化；$N\leqslant N_{cr}$判别为液化。

液化判别标准贯入锤击数基准值 $N_0$ 表 16.3-2

| 设计基本地震加速度（$g$） | 0.10 | 0.15 | 0.20 | 0.30 | 0.40 |
|---|---|---|---|---|---|
| 液化判别标准贯入锤击数基准值 | 7 | 10 | 12 | 16 | 19 |

（3）液化指数计算

对存在液化砂土层、粉土层的地基，应探明各液化土层的深度和厚度，按下式计算每个钻孔的液化指数 $I_{lE}$：

$$I_{lE}=\sum_{i=1}^{n}\left(1-\frac{N_i}{N_{cri}}\right)d_iW_i$$

式中：$N_i$、$N_{cri}$——液化 $i$ 点处的标贯锤击数的实测值和临界值，非液化点，不参与计算；当实测值大于临界值时应取临界值；当只需要判别 15m 范围以内的液化时，15m 以下的实测值可按临界值采用；

$d_i$——$i$ 点所代表的土层厚度（m），可采用与该标准贯入试验点相邻的上、下两标准贯入试验点深度差的一半，但上界不高于地下水位深度，下界不深于液化深度；

$W_i$——$i$ 土层单位土层厚度的层位影响权函数值（$m^{-1}$）；

$$W_i=\begin{cases}\frac{2}{3}(20-d_{i中}), & 5m<d_{i中}\leqslant 20m\\ 10, & 0m<d_{i中}\leqslant 5m\end{cases}$$

$d_{i中}$——液化 $i$ 点所代表土层的中点深度（m）。

可结合图 16.3-1 理解各参数含义。

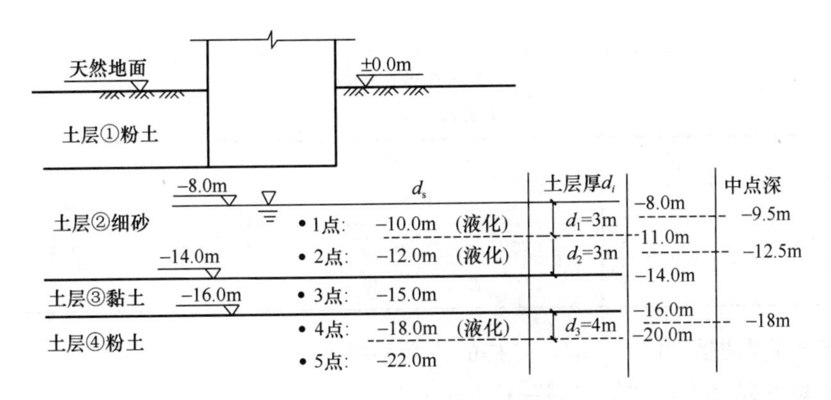


图 16.3-1 液化土层

## 16.4 桩基

**1. 主要的规范规定**

1)《抗规》4.4.2 条：非液化土中低承台桩基的抗震验算。

2)《抗规》4.4.3 条：液化土中低承台桩基的抗震验算。

3)《桩规》5.3.12 条：液化土中低承台桩基的抗震验算。

**2. 对规范规定的理解**

1) 按《桩规》5.2.1 条、5.3.12 条、5.7.2 条进行桩基抗震承载力验算。

(1)《桩规》5.2.1 条，地震作用效应标准组合，桩基竖向抗震承载力比非抗震设计时提高 25%，并应符合下列规定：

轴心荷载作用下：

$$N_{\mathrm{Ek}} \leqslant 1.25R$$

偏心荷载作用下：

$$N_{\mathrm{Ek,\,max}} \leqslant 1.5R \text{ 且 } N_{\mathrm{Ek}} \leqslant 1.25R$$

(2) 根据《桩规》5.7.2 条，桩基水平向抗震承载力特征值可比非抗震设计时提高 25%，但按公式 $R_{\mathrm{h}} = 0.75\dfrac{\alpha^3 EI}{\nu_{\mathrm{x}}}\chi_{0\mathrm{a}}$ 估算的水平承载力不提高，此条与《抗规》规定存在冲突。

(3)《桩规》5.3.12 条，对于桩身周围有液化土层的低桩承台桩基，当承台底面上、下分别有厚度不小于 1.5m、1.0m 的非液化土层或非软弱土层时，可将液化土层极限侧阻力乘以土层液化影响折减系数（如表 16.4-1 所示）计算单桩极限承载力标准值。

**土层液化影响折减系数 $\psi_l$** 表 16.4-1

| $\lambda_{\mathrm{N}} = \dfrac{N}{N_{\mathrm{cr}}}$ | 自地面算起的液化土层深度 $d_{\mathrm{L}}$（m） | $\psi_l$ |
|---|---|---|
| $\lambda_{\mathrm{N}} \leqslant 0.6$ | $d_{\mathrm{L}} \leqslant 10$<br>$10 \leqslant d_{\mathrm{L}} \leqslant 20$ | 0<br>1/3 |

续表

| $\lambda_N=\frac{N}{N_{cr}}$ | 自地面算起的液化土层深度 $d_L$（m） | $\psi_l$ |
|---|---|---|
| $0.6<\lambda_N\leqslant 0.8$ | $d_L\leqslant 10$<br>$10<d_L\leqslant 20$ | 1/3<br>2/3 |
| $0.8<\lambda_N\leqslant 1.0$ | $d_L\leqslant 10$<br>$10<d_L\leqslant 20$ | 2/3<br>1.0 |

对于挤土桩当桩距不大于 $4d$，且桩的排数不少于 5 排、总桩数不少于 25 根时，土层液化影响折减系数可按表列值提高一档取值；桩间土标贯击数达到 $N_{cr}$时，取 $\varphi_l=1$。表中 $d_L$ 为地面算起的液化层深度，而不是液化土层厚度 $d_l$。

当承台底面上下非液化土层厚度小于以上规定时，土层液化影响折减系数取 $\varphi_l=0$。

2）按《抗规》4.4 节进行桩基抗震承载力验算。

（1）承台埋深较浅时，不宜计入承台周围土的抗力或刚性地坪对水平地震作用的分担作用。

（2）当桩承台底面上、下分别有厚度不小于 1.5m、1.0m 的非液化土层或非软弱土层时，可按下列两种情况进行桩的抗震验算，并按不利情况设计。

① 桩承受全部地震作用，桩承载力按《抗规》4.4.2 条取用，液化土的桩周摩阻力及桩水平抗力均应乘以表 16.4-2 的折减系数。

**土层液化影响折减系数** **表 16.4-2**

| 实际标贯锤击数/临界标贯锤击数 | 深度 $d_s$（m） | 折减系数 |
|---|---|---|
| ≤0.6 | $d_s\leqslant 10$ | 0 |
| | $10<d_s\leqslant 20$ | 1/3 |
| >0.6～0.8 | $d_s\leqslant 10$ | 1/3 |
| | $10<d_s\leqslant 20$ | 2/3 |
| >0.8～1.0 | $d_s\leqslant 10$ | 2/3 |
| | $10<d_s\leqslant 20$ | 1 |

② 地震作用按水平地震影响系数最大值的 10%采用，桩承载力仍按《抗规》4.4.2 条 1 款取用，但应扣除液化土层的全部摩阻力及桩承台下 2m 深度范围内非液化土的桩周摩阻力。

### 3. 历年真题解析

**【例 16.4.1】** 2017 下午 6 题

某公共建筑地基基础设计等级为乙级，其联合柱下桩基采用边长为 400mm 的预制方桩，承台及其上土的加权平均重度为 $20kN/m^3$。柱及承台下桩的布置、地下水位、地基土层分布及相关参数如图 2017-6 所示。该工程抗震设防烈度为 7 度，设计地震分组为第三组，设计基本地震加速度值为 $0.15g$。

假定，②层细砂在地震作用下存在液化的可能，需进一步进行判别。该层土厚度中点的标准贯入锤击数实测平均值 $N=11$。试问，按《建筑桩基技术规范》JGJ 94—2008 的有

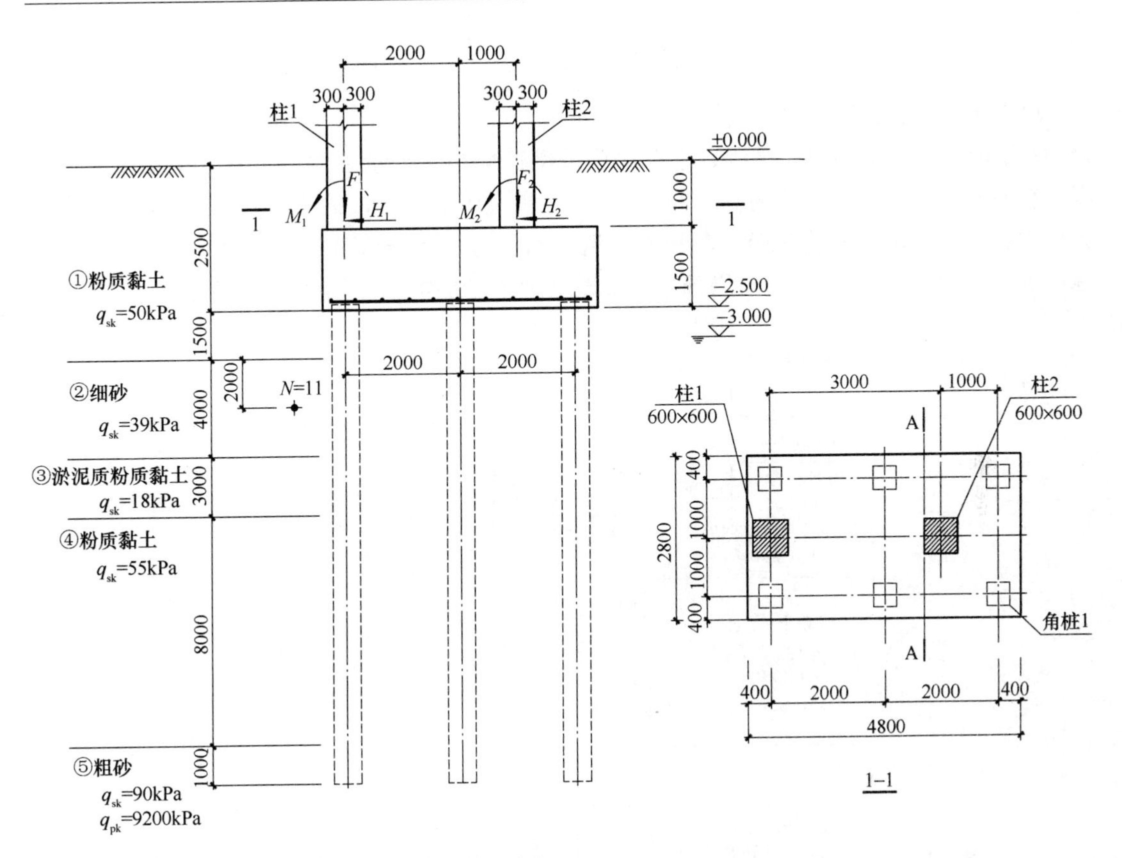


图 2017-6

关规定，基桩的竖向受压抗震承载力特征值（kN），与下列何项数值最为接近？

**提示：**⑤层粗砂不液化。

(A) 1300　　(B) 1600　　(C) 1700　　(D) 2600

**【答案】**(B)

根据《抗规》4.3.4条：

$$N_{cr}=N_0\beta[\ln(0.6d_s+1.5)-0.1d_w]\sqrt{3/\rho_c}$$
$$=10\times1.05[\ln(0.6\times6+1.5)-0.1\times3]\sqrt{3/3}$$
$$=13.96$$

根据《桩规》第5.3.12条：

$$\lambda_N=\frac{N}{N_{cr}}=\frac{11}{13.96}=0.79$$

$0.6<\lambda_N\leqslant0.8$，$d_L\leqslant10$，则 $\psi_l=1/3$。

$$Q_{uk}=u\sum q_{sik}l_i+q_{pk}A_p$$
$$=4\times0.4\times(50\times1.5+1/3\times39\times4+18\times3+55\times8+90\times1)+9200\times0.4\times0.4$$
$$=1.6\times711+9200\times0.16$$
$$=1138+1472=2610\text{kN}$$

基桩的竖向抗震承载力特征值为：

$$1.25R_a = 1.25\frac{Q_{uk}}{2} = 1.25\times\frac{2610}{2} = 1631\text{kN}$$

**【例 16.4.2】** 2020 下午 9 题

7 度抗震设防区某建筑工程，上部结构采用框架结构，设一层地下室，采用预应力混凝土空心管桩基础，承台下普遍布桩 3～5 根，桩型为 AB 型，桩径 400mm，壁厚 95mm，无柱尖，桩基环境类别为三类，场地地下潜水水位标高为－0.500～－1.500m，③粉土中承压水水位标高为－5.000m，局部基础面及场地上分层情况如图 2020-9 所示。

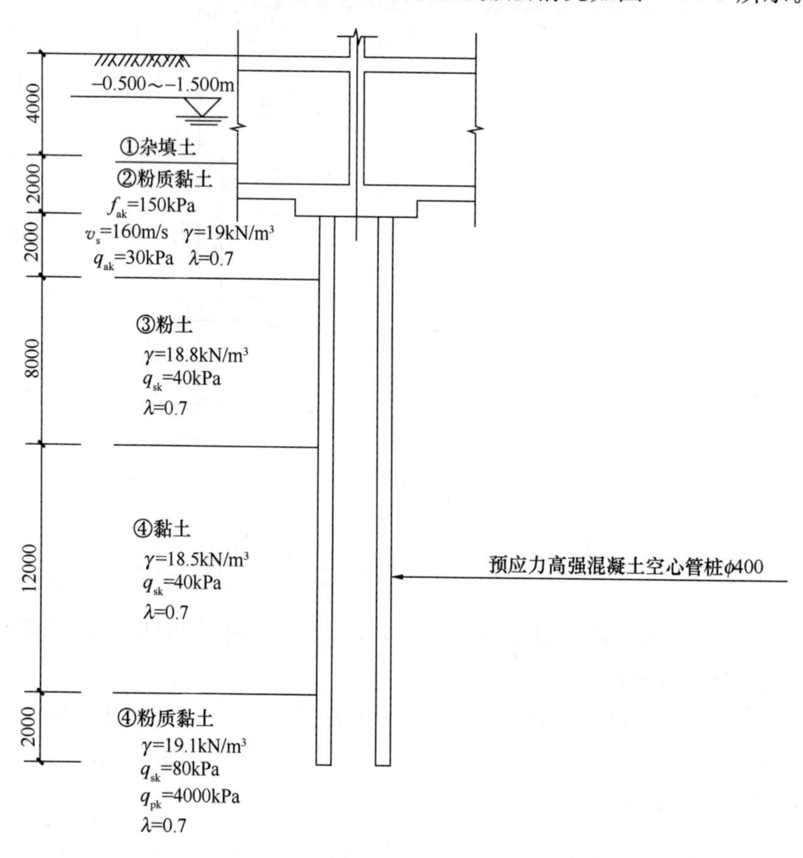


图 2020-9

假定，第②层为非液化土、非软弱土，第③层饱和粉土层为液化土层，标贯试验点竖向间距为 1m，其 $\lambda=\dfrac{N}{N_{cr}}$ 均小于 0.6。试问，进行桩基抗震验算时，根据岩土物理力学参数估算的单桩竖向抗压极限承载力标准值 $Q_{uk}$(kN)，与下列何项数值最为接近？

**提示：**根据《建筑桩基技术规范》JGJ 94—2008 解答。

(A) 1250　　(B) 1450　　(C) 1750　　(D) 1850

**【答案】**(B)

根据《桩规》5.3.12 条，由于粉土层为液化土，且从地面算起的 10m 以内有 2m 粉土，$\psi_l=0$；地下 10m 以下有 6m 粉土，$\psi_l=1/3$。

根据《桩规》5.3.8 条：

$$d_1 = d - 2t_w = 0.4 - 2\times 0.095 = 0.21\text{m}$$

$$A_{p1} = 0.25\pi d_1^2 = 0.25\pi \times 0.21^2 = 0.0346\text{m}^2$$

$$A_j = 0.25\pi(d^2 - d_1^2) = 0.25\pi(0.4^2 - 0.21^2) = 0.0910\text{m}^2$$

$h_b/d_1 = 2/0.21 = 9.52 > 5$，取 $\lambda_p = 0.8$。

$$\begin{aligned} Q_{uk} &= u\sum q_{sik} l_i + q_{pk}(A_j + \lambda_p A_{p1}) \\ &= 3.14 \times 0.4 \times (30 \times 2 + 0 + 6 \times 1/3 \times 40 + 12 \times 40 + 2 \times 80) + \\ &\quad 4000 \times (0.0910 + 0.8 \times 0.0346) \\ &= 1454\text{kN} \end{aligned}$$

# 17 其他知识点真题解析

## 17.1 《坡规》补充

**【例 17.1.1】** 2017 下午 16 题

关于建筑边坡有下列主张：

Ⅰ. 边坡塌滑区内有重要建筑物、稳定性较差的边坡工程，其设计及施工应进行专门论证；

Ⅱ. 计算锚杆面积，传至锚杆的作用效应应采用荷载效应基本组合；

Ⅲ. 对安全等级为一级的临时边坡，边坡稳定安全系数应不小于 1.20；

Ⅳ. 采用重力式挡墙时，土质边坡高度不宜大于 10m。

试问，依据《建筑边坡工程技术规范》GB 50330—2013 的有关规定，针对上述主张的判断，下列何项正确？

(A) Ⅰ、Ⅱ、Ⅳ 正确　　(B) Ⅰ、Ⅳ正确

(C) Ⅰ、Ⅱ正确　　(D) Ⅰ、Ⅱ、Ⅲ正确

**【答案】**(B)

根据《坡规》3.1.12 条 3 款，Ⅰ正确。

根据《坡规》3.3.2 条 3 款，Ⅱ错误。

根据《坡规》5.3.2 条，Ⅲ错误。

根据《坡规》11.1.2 条，Ⅳ正确。

**【例 17.1.2】** 2020 下午 1 题

边坡坡面与水平面夹角为 45°，该建筑采用框架结构，柱下独立基础，基础底面中心线与柱截面中心线重合，方案设计时，靠近边坡的边柱截面尺寸取 500mm×500mm，基础底面形状采用正方形，边柱基础剖面及土层分布如图 2020-1 所示，基础及其底面以上土的加权平均重度为 $20kN/m^3$，无地下水，不考虑地震作用。

假定，①粉质黏土 $c=25kPa$，$\varphi_k=20°$。试问，当坡顶无荷载，不计新建建筑的影响时，边坡坡顶塌滑区外缘至坡顶边缘的水平投影距离估算值 $s$（m），与下述何项数值最为接近？

**提示：**依据《建筑边坡工程技术规范》GB 50330—2013 作答。

(A) 2.20　　(B) 2.85　　(C) 3.55　　(D) 7.85

**【答案】**(B)

根据《坡规》3.2.3 条可得：

$$s=L-5=\frac{H}{\tan\theta}-5=\frac{5}{\tan\left(\frac{45°+20°}{2}\right)}-5=2.85m$$

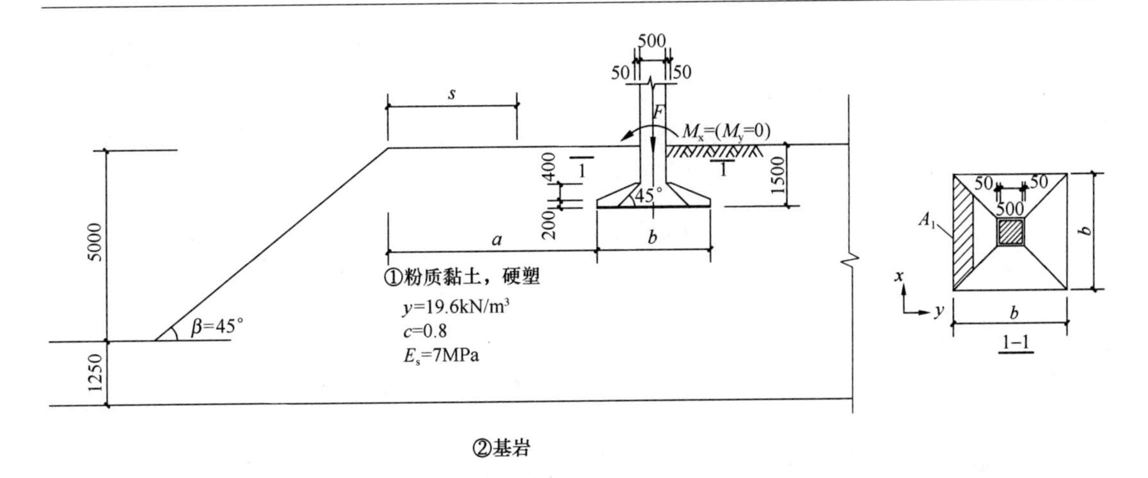


图 2020-1

## 17.2 《既有地规》补充

**【例 17.2.1】** 2018 下午 10 题

某框架结构柱下设置两桩承台，工程桩采用先张法预应力混凝土管桩，桩径 500mm；桩基施工完成后，由于建筑加层，柱竖向力增加，设计采用锚杆静压桩基础加固方案。基础横剖面、场地土分层情况如图 2018-10 所示。

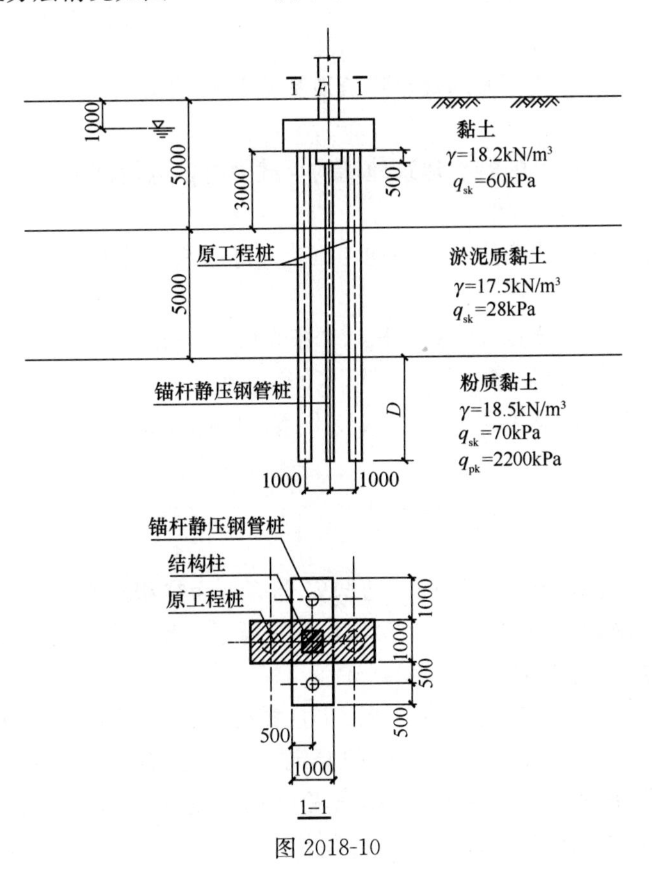


图 2018-10

上部结构施工过程中，该加固部位的结构自重荷载变化如表 2018-10 所示。假定，锚杆静压钢管桩单桩承载力特征值为 300kN，压桩力系数取 2.0，最大压桩力即为设计最终压桩力。试问，为满足两根锚杆静压桩的同时正常施工和结构安全，上部结构需完成施工的最小层数，与下列何项数值最为接近？

**加固部位结构自重荷载** **表 2018-10**

| 上部结构施工完成的层数 | 1 | 2 | 3 | 4 | 5 | 6 |
|---|---|---|---|---|---|---|
| 加固部位结构自重荷载（kN） | 500 | 800 | 1050 | 1300 | 1550 | 1700 |

**提示：**① 本题按《既有建筑地基基础加固技术规范》JGJ 123—2012 作答；

② 不考虑工程桩的抗拔作用。

(A) 3　　(B) 4　　(C) 5　　(D) 6

**【答案】**(B)

根据《既有地规》11.4.3 条 7 款，设计最终压桩力为 300×2×2=1200kN。

根据《既有地规》11.4.2 条 2 款，4 层施工结束后，加固部位结构自重荷载为 1300kN，大于 1200kN，即施工时，压桩力不得大于该加固部分的结构自重荷载，满足要求。

**【例 17.2.2】**2016 下午 15 题

关于既有建筑地基基础设计有下列主张，其中何项不正确？

(A) 当场地地基无软弱下卧层时，测定的既有建筑基础再增加荷载时，变形模量的试验压板尺寸不宜小于 2.0m$^2$

(B) 在低层或建筑荷载不大的既有建筑地基基础加固设计中，应进行地基承载力验算和地基变形计算

(C) 测定地下水位以上的既有建筑地基的承载力时，应使试验土层处于干燥状态，试验板的面积宜取 0.25～0.50m$^2$

(D) 基础补强注浆加固适用于因不均匀沉降、冻胀或其他原因引起的基础裂损的加固

**【答案】**(C)

根据《既有地规》附录 B.0.1 条、B.0.2 条，(A) 正确。

根据《既有地规》3.0.4 条 1 款、2 款，(B) 正确。

根据《既有地规》附录 A.0.1 条、A.0.2 条，应保持试验土层的原状结构和天然湿度，故 (C) 错误。

根据《既有地规》11.2.1 条，(D) 正确。

**【例 17.2.3】**2021 下午 4 题

某多层办公楼，混凝土框架结构，结构安全等级为二级。采用独立基础，基础埋深 2m，基础横剖面、场地土层情况如图 2021-4 (a) 所示。现办公楼拟直接增层改造。基础及基底以上填土的加权平均重度为 20kN/m$^3$。

假定，增层后采用扩大基础加固，新旧形成整体，如图 2021-4 (b) 所示。在荷载效应准永久组合下，上部柱传至基础顶面的竖向力，增层前 $F_1$=1080kN，加层后 $F_2$=2136kN，沉降经验系数 $\psi_s$=0.69，计算只考虑加层荷载增加产生的基础中心下变形 $s_1$ (mm)，与下列何项数值最为接近？

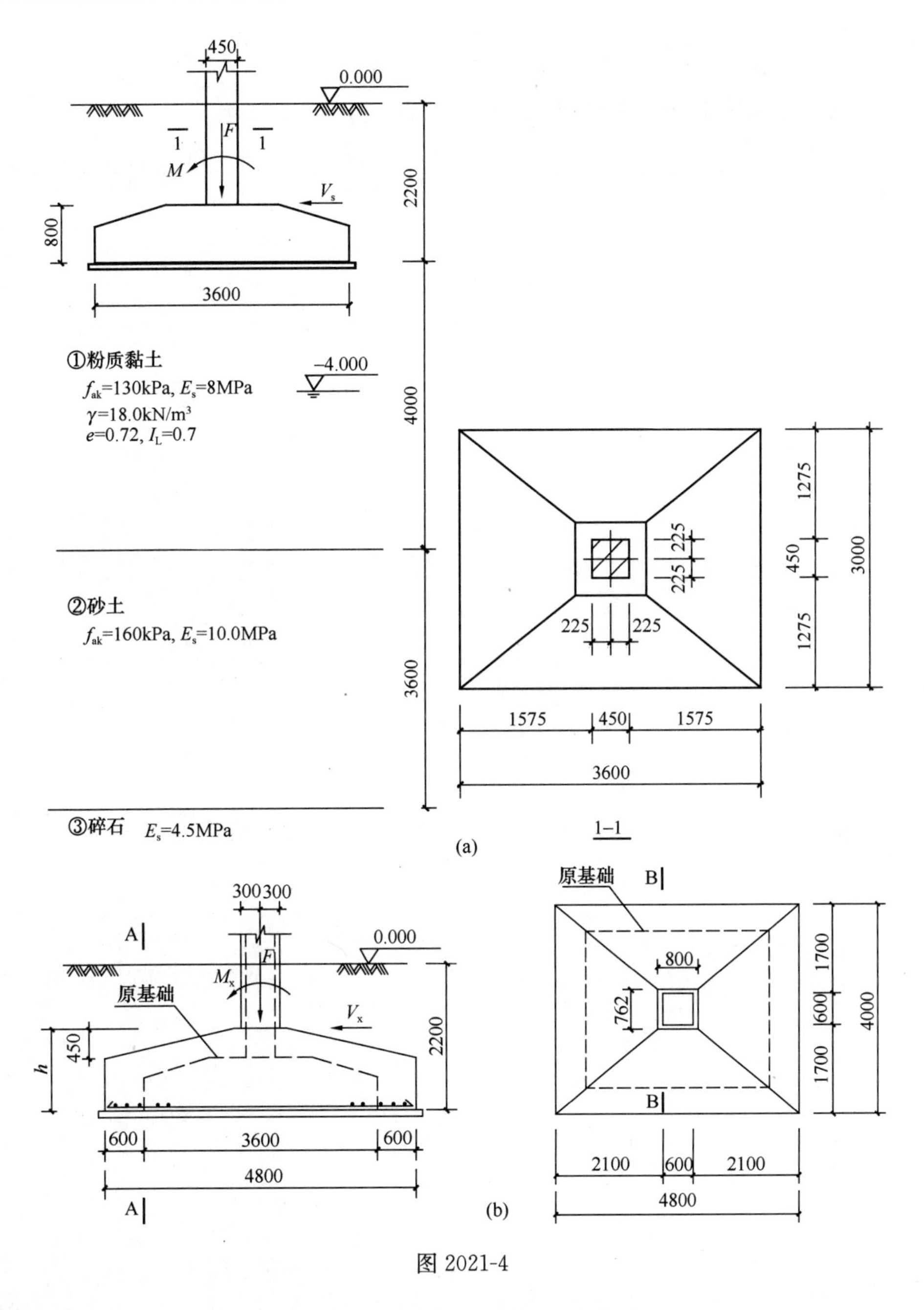

图 2021-4

**提示：**变形计算深度 $z_n=7.6$m，忽略基础自重变化影响。

(A) 13　　(B) 18　　(C) 23　　(D) 28

**【答案】**(B)

根据《既有地规》5.3.4 条 2 款，附加压力增加量：

$$\Delta p_0=\frac{2136-1080}{4.8\times4}=55\text{kPa}$$

根据《地规》5.3.5 条：

$$\frac{l}{b}=\frac{2.4}{2}=1.2,\ \frac{z_1}{b}=\frac{4}{2}=2,\ \frac{z_2}{b}=\frac{4+3.6}{2}=3.8$$

查《地规》附录表 K. 0. 1-2 可得：$\overline{\alpha}_1=0.1822$，$\overline{\alpha}_2=0.1234$。

$$s=\psi_s\frac{p_0}{E_s}(z_2\overline{\alpha_2}-z_1\overline{\alpha_1})=0.69\times55\times4\times\left(\frac{4\times0.1822}{8}+\frac{7.6\times0.1234-4\times0.1822}{10}\right)$$
$$=17\text{mm}$$

# 参 考 文 献

[1] 中华人民共和国住房和城乡建设部. 建筑结构可靠性设计统一标准：GB 50068—2018[S]. 北京：中国建筑工业出版社，2019.

[2] 中华人民共和国住房和城乡建设部. 建筑抗震设计规范：GB 50011—2010(2016 年版)[S]. 北京：中国建筑工业出版社，2016.

[3] 中华人民共和国住房和城乡建设部. 建筑结构荷载规范：GB 50009—2012[S]. 北京：中国建筑工业出版社，2012.

[4] 中华人民共和国住房和城乡建设部. 混凝土结构设计规范：GB 50010—2010(2015 年版)[S]. 北京：中国建筑工业出版社，2016.

[5] 中华人民共和国住房和城乡建设部. 建筑地基基础设计规范：GB 50007—2011[S]. 北京：中国建筑工业出版社，2012.

[6] 中华人民共和国住房和城乡建设部. 建筑桩基技术规范：JGJ 94—2008[S]. 北京：中国建筑工业出版社，2008.

[7] 中华人民共和国住房和城乡建设部. 建筑地基处理技术规范：JGJ 79—2012[S]. 北京：中国建筑工业出版社，2012.

[8] 中华人民共和国住房和城乡建设部. 建筑边坡工程技术规范：GB 50330—2013 [S]. 北京：中国建筑工业出版社，2013.

[9] 中华人民共和国住房和城乡建设部. 建筑地基基础工程施工质量验收规范：GB 50202—2018 [S]. 北京：中国建筑工业出版社，2018.

[10] 李广信，张丙印，于玉贞. 土力学[M]. 2 版. 北京：清华大学出版社，2013.

[11] 周景星，李广信，张建红，等. 基础工程[M]. 3 版. 北京：清华大学出版社，2015.

[12] 本书编委会. 全国一级注册结构工程师专业考试试题解答及分析(2012～2018)[M]. 北京：中国建筑工业出版社，2019.

[13] 朱炳寅. 建筑抗震设计规范应用与分析 GB 50011—2010[M]. 2 版. 北京：中国建筑工业出版社，2017.

[14] 本书编委会. 建筑地基基础设计规范理解与应用[M]. 2 版. 北京：中国建筑工业出版社，2012.

[15] 滕延京. 建筑地基处理技术规范理解与应用[M]. 北京：中国建筑工业出版社，2013.

[16] 刘金波. 建筑桩基技术规范理解与应用[M]. 北京：中国建筑工业出版社，2008.

执业资格考试丛书

# 注册结构工程师专业考试规范解析·解题流程·考点算例

## ⑤ 高层与高耸结构

吴伟河　编著

中国建筑工业出版社

**图书在版编目（CIP）数据**

注册结构工程师专业考试规范解析·解题流程·考点算例. 5，高层与高耸结构 / 吴伟河编著. — 北京：中国建筑工业出版社，2022.2
（执业资格考试丛书）
ISBN 978-7-112-26989-1

Ⅰ. ①注… Ⅱ. ①吴… Ⅲ. ①建筑结构—资格考试—自学参考资料②高层建筑—资格考试—自学参考资料③高耸建筑物—资格考试—自学参考资料 Ⅳ. ①TU3

中国版本图书馆 CIP 数据核字（2021）第 266990 号

# 前　言

注册结构工程师专业考试涉及的专业知识覆盖面较广，如何在有限的复习时间里，掌握考试要点，提高复习效率，是每一个考生希望解决的问题。本书以现行注册结构工程师专业考试大纲为依据，以考试所用规范规程为基础，结合【羿学堂】注册结构工程师专业考试考前培训授课经验以及工程结构设计实践经验编写而成。

现就本书的适用范围、编写方式及使用建议等作如下说明。

**一、适用范围**

本书主要适用于一、二级注册结构工程师专业考试备考考生。

**二、编写方式**

（1）本书主要包括混凝土结构、钢结构、砌体与木结构、地基基础、高层与高耸结构、桥梁结构6个分册。其中，各科目涉及的荷载及地震作用的相关内容，《混凝土结构设计规范》GB 50010—2010第11章的构件内力调整的相关内容，均放在高层分册中。各分册根据考点知识相关性进行内容编排，将不同出处的类似或相关内容全部总结在一起，可以大大节省翻书的时间，提高做题速度。

（2）大部分考点下设“主要的规范规定”“对规范规定的理解”“历年真题解析”三个模块。“主要的规范规定”里列出该考点涉及的主要规范名称、条文号及条文要点；“对规范规定的理解”则是深入剖析规范条文，必要时，辅以简明图表，并在流程化答题步骤中着重梳理易错点、系数取值要点等内容；“历年真题解析”则选取了历年真题中典型的题目，讲解解答过程，以帮助考生熟悉考试思路。对历年未考过的考点，则设置了高质量的自编题，以防在考场上遇到而无从下手。本书所有题目均依据现行规范解答，出处明确，过程详细，并带有知识扩展。部分题后备有注释，讲解本题的关键点和复习时的注意事项，明确一些存在争议的问题。

（3）为节省篇幅，本书涉及的规范名称，除试题题干采用全称外，其余均采用简称。《高层与高耸结构》分册涉及的主要规范及简称如表1所示。

**《高层与高耸结构》分册中主要规范及简称　　表1**

| 规范全称 | 本书简称 |
| --- | --- |
| 《建筑结构可靠性设计统一标准》GB 50068—2018 | 《可靠性标准》 |
| 《建筑结构荷载规范》GB 50009—2012 | 《荷规》 |
| 《建筑抗震设计规范》GB 50011—2010（2016年版） | 《抗规》 |
| 《建筑工程抗震设防分类标准》GB 50223—2008 | 《分类标准》 |
| 《混凝土结构设计规范》GB 50010—2010（2015年版） | 《混规》 |
| 《高层建筑混凝土结构技术规程》JGJ 3—2010 | 《高规》 |
| 《高层民用建筑钢结构技术规程》JGJ 99—2015 | 《高钢规》 |

续表

| 规范全称 | 本书简称 |
| --- | --- |
| 《烟囱设计规范》GB 50051—2013 | 《烟囱规范》 |
| 《建筑设计防火规范》GB 50016—2014（2018年版） | 《防火规范》 |
| 《混凝土异形柱结构技术规程》JGJ 149—2017 | 《异柱规》 |
| 《组合结构设计规范》JGJ 138—2016 | 《组合规范》 |
| 《高耸结构设计标准》GB 50135—2019 | 《高耸规》 |

《烟囱工程技术标准》GB/T 50051—2021，自2021年10月1日起实施。《烟囱设计规范》GB 50051—2013同时废止。考虑到2022年考务文件未出，本书仍然按《烟囱设计规范》GB 50051—2013进行编写，请读者留意后续2022年考务文件相关内容及新旧规范条文对应关系。

**三、使用建议**

本书涵盖专业考试绝大部分基础考点，知识框架体系较为完整，逻辑性强，有助于考生系统地学习和理解各个考点。之后，再通过有针对性的练习，既巩固上一阶段复习效果，还可以熟悉命题规律，抓住复习重点，具有较强的应试针对性。

对于基础薄弱、上手困难，学习多遍仍然掌握不了本书精髓，多年考试未能通过的考生，可以购买注册考试网络培训课程。课程从编者思路出发，帮你快速上手、高效复习，全面深入地掌握本书及考试相关内容。

此外，编者提醒考生，一本好的辅导教材虽然有助于备考，但自己扎实的专业基础才是根本，任何时候都不能本末倒置，辅导教材只是帮你熟悉、理解规范，最终还是要回归到规范本身。正确理解规范的程度和准确查找规范的速度是检验备考效率的重要指标，对规范的规定要在理解其表面含义的基础上发现其隐含的要求和内在逻辑，并学会在实际工程中综合应用。

**四、致谢**

本书在编写过程中参考了朱炳寅、兰定筠等前辈的著作，中国建筑工业出版社刘瑞霞、武晓涛两位老师在审稿、编辑润色等方面的工作给作者带来巨大的帮助与启发，在此一并致以崇高的敬意和衷心的感谢。

由于编者水平有限，书中难免存在疏漏及不足，欢迎读者加入QQ群895622993或添加吴工微信“TandEwwh”，对本书展开讨论或提出批评建议。另外，微信公众号“注册结构”会发布本书的相关更新信息，欢迎关注。

最后祝大家取得好的成绩，顺利通过考试。

# 本 册 目 录

# 1　荷载及地震作用

## 1.1　楼面和屋面活荷载

**1. 主要的规范规定**

1）《荷规》5.1 节：楼面和屋面活荷载。

2）《荷规》第 3 章：荷载分类和荷载组合。

3）《荷规》第 4 章：永久荷载。

4）《建筑结构可靠性设计统一标准》GB 50068—2018。

**2. 对规范规定的理解**

1）《建筑结构可靠性设计统一标准》，编号为 GB 50068—2018，自 2019 年 4 月 1 日起实施，原《建筑结构可靠度设计统一标准》GB 50068—2001 同时废止。自 2020 年起，注册考试使用新版本可靠性标准。由于相关配套规范暂未更新，实际考试题目，持久及短暂设计状况时，可能直接给出设计值、直接给出分项系数或限定依据规范作答，考生考试时需留意题干相关内容。地震设计状况时，按现行《高规》和《抗规》相关规定执行。

2）根据《荷规》3.2.4 条，当永久荷载效应对结构不利时，对由可变荷载效应控制的组合，分项系数取 1.2，对由永久荷载效应控制的组合应取 1.35。当永久荷载效应对结构有利时，分项系数取值不应大于 1.0。当可变荷载效应对结构有利时，分项系数取 0。

3）根据《可靠性标准》，取消了永久荷载效应为主时起控制作用的表达式。持久及短暂设计状况时，当永久荷载效应对结构不利时，分项系数取 1.3，当永久荷载效应对结构有利时，分项系数取值不应大于 1.0。当可变荷载效应对结构不利时，分项系数取 1.5；当可变荷载效应对结构有利时，分项系数取 0。

4）根据《可靠性标准》8.2.8 条，结构的重要性系数与使用年限无关，按表 1.1-1 取值。

结构的重要性系数取值　　表 1.1-1

| 情况 | 安全等级一级 | 安全等级二级 | 安全等级三级 | 偶然与地震设计状况 |
|---|---|---|---|---|
| 取值 | 1.1 | 1.0 | 0.9 | 1.0 |

《高规》3.8.1 条条文说明规定，高层建筑结构的重要性系数取值不应小于 1.0。

《可靠性标准》3.2.1 条条文说明提出，抗震设防类别为乙类的建筑，其安全等级宜为一级。抗震设防类别考虑的是地震时人员的伤害情况，较正常使用状态具有更大的不确定性和危害性，所以一般来说，乙类的建筑物范围比安全等级一级的建筑物范围要广。在正常使用状态下的可靠度，安全等级二级保证延性结构的可靠性指标 $\beta=3.2$，对大多数结构的安全性是足够的。条文说明不是规定，实际工程中，应根据项目的重要性程度确定安全性等级。

5）《荷规》3.2.4 条规定，对标准值大于 4kN/m² 的工业房屋楼面结构的活荷载，可变荷载的分项系数应取 1.3；其他情况，应取 1.4。因此，只有工业厂房中楼面的活荷载标准值大于 4kN/m²（不含 4kN/m²）的那部分楼面，分项系数才可以取 1.3。

6）《荷规》表 3.2.5 注 2 规定，对于荷载标准值可控制的活荷载，设计使用年限调整系数 $\gamma_L$ 取 1.0。即此类活荷载既不能随设计使用年限的增加而增加，也不能随设计使用年限的减少而减少。荷载标准值可控制的活荷载基本包括三类：（1）以储物重量为主的楼面活荷载，如车库、档案库、储藏室等；（2）以车辆重量为主的，按等效均布方法确定的汽车通道及停车库活荷载；（3）以设备重量为主的，按等效均布方法确定的工业楼面活荷载。其他如吊车荷载等以设备核定参数为主确定的活荷载也属于此类荷载。

7）《荷规》4.0.1 条规定，一般情况下，地下水压力按永久荷载考虑。当地下水的水位变化较大时，如位于受潮汐影响的海边或海河边的建筑，地下水压力应按可变荷载考虑。

8）《荷规》表 5.1.1 第 5 项运动场适用于各种体育活动和球类，荷载取值为 4.0kN/m²。而表 5.3.1 规定的屋顶运动场地则仅适用于做操、小型球类等低强度运动，荷载取值为 3.0kN/m²。当屋顶场地也要用于跑、跳等剧烈运动时，则应按运动场的 4.0kN/m² 取值。

9）《荷规》表 5.1.1 中消防车荷载，当双向板板跨小于 3m×3m 时，均布荷载与板跨的线性关系也不再适用，应按实际情况做等效均布计算，且荷载不小于 35kN/m²。当双向板楼盖板跨介于 3m×3m～6m×6m 之间时，应按板跨的短边为参量，按照 3m 时取 35kN/m²，6m 时取 20kN/m² 进行线性插值，得出消防车活荷载标准值。消防车均布活荷载考虑覆土厚度的折算，适用于板、梁、柱、墙结构，并且可以与《荷规》5.1.2 条的规定折减同时考虑。

10）《荷规》5.1.2 条规定了设计楼面梁、柱、墙及基础时，可通过从属面积，确定楼面均布活荷载标准值的折减系数。对于支撑单向板的梁，其从属面积为梁两侧各延伸二分之一的梁间距范围内的面积；对于支撑双向板的梁，其从属面积由板面的剪力零线围成。对于支撑梁的柱，其从属面积为所支撑梁的从属面积的总和；对于多层房屋，柱的从属面积为其上部所有柱从属面积的总和。

根据条文说明，为设计方便，在计算梁时，根据建筑用途按从属面积进行折减；在计算多层柱、墙和基础时，对 1（1）建筑类别采用与计算截面以上的楼层数相关的折减系数，对 1（2）～8 的项的建筑类别，直接按楼面梁的折减系数，按从属面积进行折减，而不另考虑按楼层折减。即柱的从属面积按一层计算，这与 ISO2103 相比略微保守，但与以往的设计经验比较接近。

11）《荷规》5.3.3 条规定，不上人屋面的均布活荷载，可不与雪荷载和风荷载同时组合。其中，不上人屋面的均布活荷载是针对检修或维修而规定的。根据金新阳主编的《建筑结构荷载规范理解与应用》第 194 页说明，该条文的具体含义是指不上人屋面（主要是指那些轻型屋面和大跨屋盖结构）的均布活荷载，可以不与雪荷载或者风荷载同时考虑，只要选择活荷载和雪荷载中的较大值，再分别考虑与风荷载进行组合；而根据中国建筑设计研究院有限公司编著的《结构设计统一技术措施》第 29 页，不上人屋面的活荷载可不与雪荷载组合，也不与风荷载组合，更不与风荷载和雪荷载同时组合。

对于上人屋面，由于活荷载标准值普遍大于雪荷载，一般可不用考虑雪荷载，特种大跨结构由于局部雪荷载较大，需慎重。

**3. 历年真题解析**

**【例 1.1.1】** 2019 上午 2 题

7 度（0.15$g$）地区，某小学单层体育馆，屋面用作屋顶花园，覆土（重度 18kN/m$^3$，厚度 600mm）兼做保温层，结构设计使用年限 50 年，Ⅱ类场地，见图 2019-2。

假定，屋面结构永久荷载（含梁板自重、抹灰、防水，但不包含覆土自重）标准值为 7.0kN/m$^2$，柱自重忽略不计。试问，根据《荷规》，荷载标准组合下，按负荷从属面积估算的 KZ1 的轴力（kN）与下列何项数值最为接近？

**提示：**① 活荷载折减系数为 1.0；

② 活荷载不考虑积灰、积水、机电设备以及花圃土石等其他荷载。

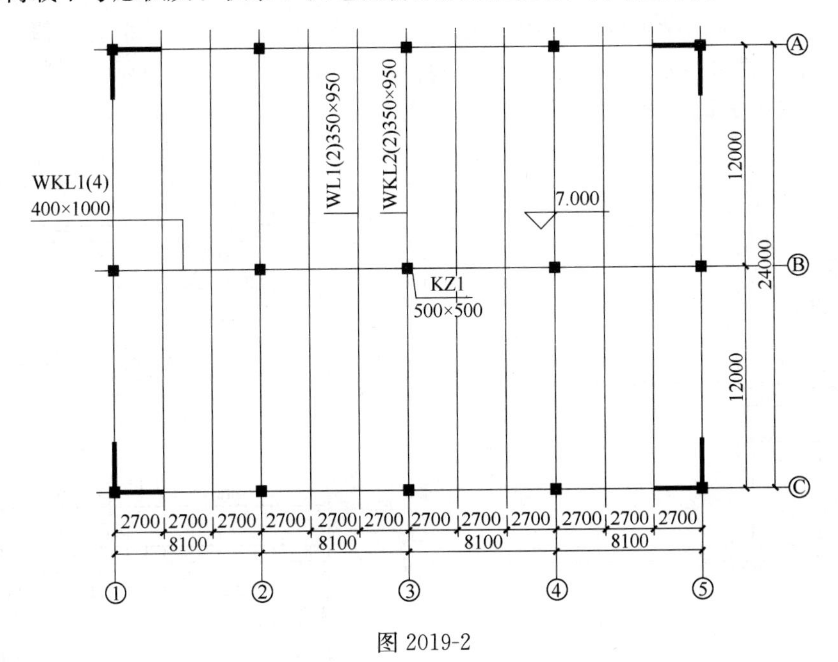


图 2019-2

(A) 2950　　(B) 2650　　(C) 2350　　(D) 2050

**【答案】**(D)

根据《荷规》5.1.2 条及其条文说明，KZ1 从属面积 $A = 2.7 \times 3 \times 12 = 97.2\text{m}^2$。

根据《荷规》5.3.1 条，屋顶花园活荷载标准值为：$q = 3.0\text{kN/m}^2$。

考虑覆土自重，根据《荷规》3.2.8 条，标准组合 KZ1 的轴力：

$$N_k = (7 + 18 \times 0.6 + 3) \times 97.2 = 2022\text{kN}$$

**【例 1.1.2】** 2017 上午 13 题

拟在 8 度地震区新建一栋二层钢筋混凝土框架结构临时性建筑，以下何项不妥？

(A) 结构的设计使用年限为 5 年，结构重要性系数不应小于 0.90

(B) 受力钢筋的保护层厚度可小于《混规》第 8.2 节的要求

(C) 可不考虑地震作用

(D) 根据《荷规》，进行承载能力极限状态验算时，楼面和屋面活荷载可乘以 0.9 的

调整系数

【答案】(B)

(A) 正确，根据《可靠性标准》3.3.3 条，临时性结构的设计使用年限为 5 年。根据 3.2.1 条条文说明，临时建筑安全等级为三级。根据表 8.2.8，结构重要性系数不小于 0.9。

(B) 不妥，根据《混规》8.2.1 条及其条文说明，不论是否为临建，钢筋的保护层厚度不小于受力钢筋直径的要求，是为了保证握裹层混凝土对受力钢筋的锚固。

(C) 正确，根据《分类标准》2.0.3 条及其条文说明，临时性建筑通常可不设防。

(D) 正确，根据《荷规》3.2.5 条，结构设计使用年限为 5 年，楼面和屋面活荷载考虑设计使用年限的调整系数为 0.9。

【例 1.1.3】2016 上午 1 题

某办公楼为现浇混凝土框架结构，设计使用年限 50 年，安全等级为二级。其二层局部平面图、主次梁节点示意图和次梁 L-1 的计算简图如图 2016-1 所示，混凝土强度等级 C35，钢筋均采用 HRB400。

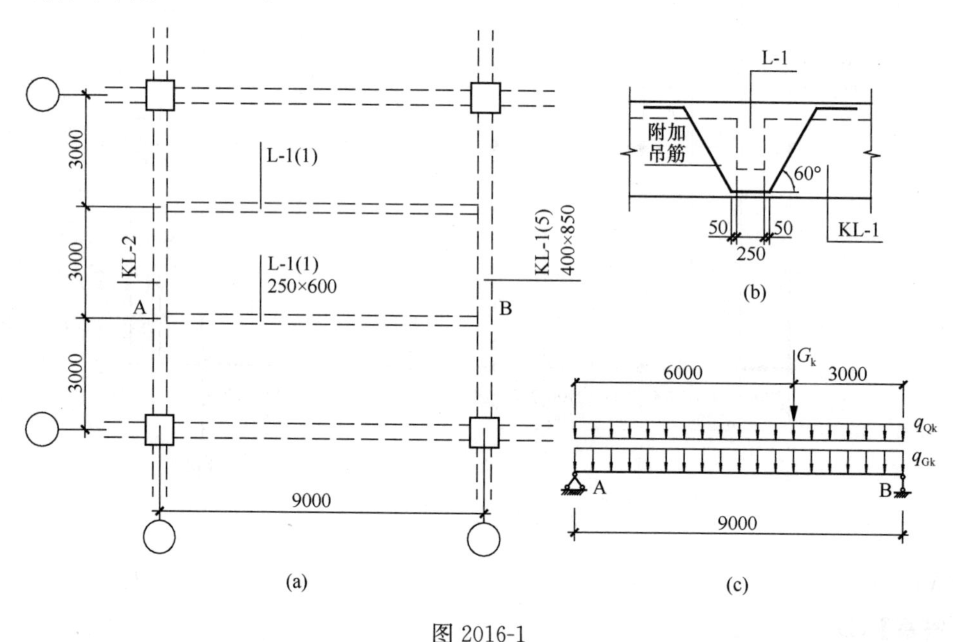


图 2016-1

(a) 局部平面图；(b) 主次梁节点示意图；(c) L-1 计算简图

假定，次梁上的永久均布荷载标准值 $q_{Gk}=18\text{kN/m}$（包括自重），可变均布荷载标准值 $q_{Qk}=6\text{kN/m}$，永久集中荷载标准值 $G_k=30\text{kN}$，可变荷载组合值系数 0.7。试问，当不考虑楼面活载折减系数时，次梁 L-1 传给主梁 KL-1 的集中荷载设计值 $F$（kN），与下列何项数值最为接近？

**提示**：按《建筑结构可靠性设计统一标准》GB 50068—2018 作答。

(A) 130　　(B) 140　　(C) 155　　(D) 170

【答案】(D)

永久荷载对支座 B 的支座反力标准值 $R_{G,k}=18\times 9/2+30\times 6/9=101\text{kN}$。

可变荷载对支座 B 的支座反力标准值 $R_{Q,k} = 6 \times 9/2 = 27\text{kN}$。

根据《可靠性标准》8.2.4 条：

$$R_B = 1.3 \times 101 + 1.5 \times 27 = 171.8\text{kN}$$

**【例 1.1.4】** 2016 上午 8 题

某民用房屋，结构设计使用年限为 50 年，安全等级为二级。二层楼面上有一带悬臂段的预制钢筋混凝土等截面梁，其计算简图和梁截面如图 2016-8 所示。

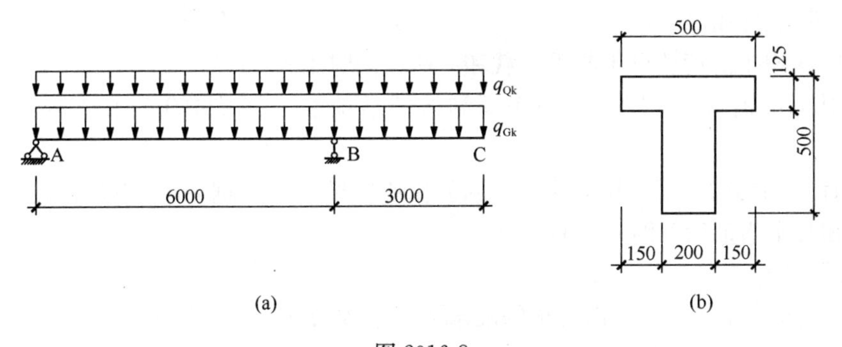


图 2016-8

(a) 计算简图；(b) 截面示意

假定，作用在梁上的永久荷载标准值 $q_{Gk}=25\text{kN/m}$（包括自重），可变荷载标准值 $q_{Qk}=10\text{kN/m}$，组合值系数 0.7。试问，AB 跨的跨中最大正弯矩设计值 $M_{max}$（kN·m），与下列何项数值最为接近？

**提示：** ① 按《建筑结构可靠性设计统一标准》GB 50068—2018 作答；

② 梁上永久荷载的分项系数均取 1.3。

(A) 110　　(B) 145　　(C) 160　　(D) 170

**【答案】** (B)

BC 段上的可变荷载对 AB 跨的跨中弯矩有利，因此 BC 段 $\gamma_{Q1} = 0$。

AB 段上的可变荷载对 AB 跨的跨中弯矩不利，因此 AB 段 $\gamma_{Q2} = 1.5$。

由 BC 段计算 B 支座正弯矩设计值：

$$M_B = \frac{1.3}{2} \times 25 \times 3^2 = 146.25\text{kN} \cdot \text{m}$$

AB 段均布荷载设计值：

$$25 \times 1.3 + 10 \times 1.5 = 47.5\text{kN/m}$$

由 B 支座弯矩，反算 A 支座反力：

$$47.5 \times 6 \times 3 - R_A \times 6 = 146.25 \rightarrow R_A = 118.125\text{kN}$$

剪力为 0 的位置，弯矩最大，设其位置距离 A 点距离为 $x$，$x=118.125/47.5=2.49\text{m}$，则

$$M_{max} = 118.125 \times 2.49 - \frac{1}{2} \times 47.5 \times 2.49^2 = 146.9\text{kN} \cdot \text{m}$$

**【编者注】**《荷规》3.2.4 条中"当永久荷载效应对结构有利时，不应大于 1.0"的规定该如何执行，相关规范没有明确规定，程序计算中也较为含糊。沈蒲生老师《混凝土结构设计原理》(第四版) P126 悬臂梁例题中，恒荷载悬挑段分项系数取值为 1.0。本题为

统一作答给出提示："假定，梁上永久荷载的分项系均取 1.3"，实际工程中，当悬臂端弯矩较大时，应根据工程的具体情况，对悬臂端内跨的跨中弯矩进行补充计算，合理确定悬臂端永久荷载的分项系数，跨中配筋应适当留有余量。

**【例 1.1.5】** 2013 上午 16 题

根据《荷规》，下列关于荷载作用的描述何项正确？

（A）地下室顶板消防车道区域的普通混凝土梁在进行裂缝控制验算和挠度验算时，可不考虑消防车荷载

（B）屋面均布活荷载可不与雪荷载和风荷载同时组合

（C）对标准值大于 $4kN/m^2$ 的楼面结构的活荷载，其基本组合的荷载分项系数应取 1.3

（D）计算结构的温度作用效应时，温度作用标准值应根据 50 年重现期的月平均最高气温 $T_{max}$ 和月平均最低气温 $T_{min}$ 的差值计算

**【答案】**（A）

根据《荷规》表 5.1.1，消防车的准永久值系数为 0，（A）项正确；

根据《荷规》5.3.3 条，（B）项错误；

根据《荷规》3.2.4 条，（C）项错误；

根据《荷规》9.3.1 条，（D）项错误。

**【例 1.1.6】** 2011 上午 10 题

某多层现浇钢筋混凝土结构，设两层地下车库，设计使用年限为 50 年，结构安全等级为二级。假定，地下一层外墙 Q1 简化为上端铰接、下端刚接的受弯构件进行计算，如图 2011-10 所示。

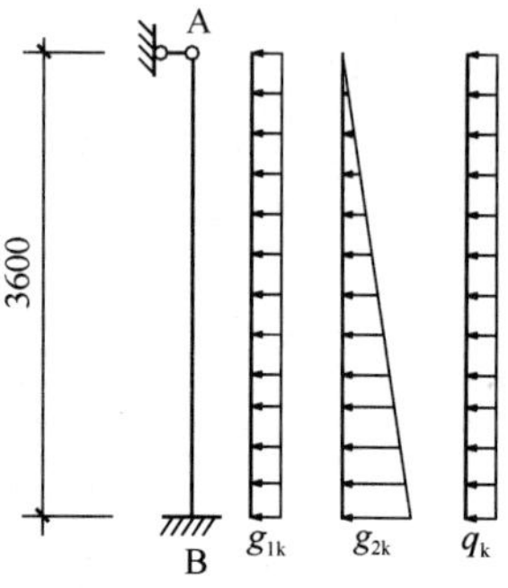

取每延米宽为计算单元，由土压力产生的均布荷载标准值 $g_{1k}=10kN/m$，由土压力产生的三角形荷载标准值 $g_{2k}=33kN/m$，由地面活荷载产生的均布荷载标准值 $q_k=4kN/m$。试问，该墙体下端截面支座弯矩设计值 $M_B$（kN·m）与下列何项数值最为接近？

A
3600
B
$g_{1k}$　$g_{2k}$　$q_k$

图 2011-10

**提示：** ① 按《荷规》作答，活荷载组合值系数 0.7；不考虑地下水压力的作用；

② 均布荷载 $q$ 作用下 $M_B=\frac{1}{8}ql^2$，三角形荷载 $q$ 作用下 $M_B=\frac{1}{15}ql^2$。

（A）46　　（B）53　　（C）63　　（D）66

**【答案】**（D）

根据《荷规》4.0.1 条，土压力为永久荷载。

根据 3.2.3 条及 3.2.5 条，由可变荷载效应控制的组合：

$$M_B=\frac{1}{8}\gamma_G g_1 l^2+\frac{1}{15}\gamma_G g_2 l^2+\frac{1}{8}\gamma_Q q l^2$$

$$=\frac{1}{8}\times1.2\times10\times3.6^2+\frac{1}{15}\times1.2\times33\times3.6^2+\frac{1}{8}\times1.4\times4\times3.6^2$$

$$=19.44+24.88+9.07=62.7kN\cdot m$$

由永久荷载效应控制的组合：

$$M_B = \frac{1}{8}\gamma_G g_1 l^2 + \frac{1}{15}\gamma_G g_2 l^2 + \frac{1}{8}\gamma_Q \psi_c q l^2$$

$$= \frac{1}{8} \times 1.35 \times 10 \times 3.6^2 + \frac{1}{15} \times 1.35 \times 33 \times 3.6^2 + \frac{1}{8} \times 1.4 \times 0.7 \times 4 \times 3.6^2$$

$$= 21.87 + 27.99 + 6.35 = 66.7\text{kN} \cdot \text{m}$$

取大者，$M_B=66.7\text{kN}\cdot\text{m}$。

## 1.2　吊车荷载

**1. 主要的规范规定**

1）《荷规》第6章：吊车荷载。

2）《钢标》3.3.2条：起重机横向水平力计算。

**2. 对规范规定的理解**

1）桥式吊车由大车（即桥架）和小车组成，大车在吊车梁轨道上沿厂房纵向运行，小车在大车的轨道上沿厂房横向运行，在小车上安装带有吊钩的起重卷扬机，用以起吊重物。主钩和副钩都装在小车上，主钩用来提升重物，副钩除可提升轻物外，还可以协同主钩完成工件的吊运，但不允许主、副钩同时提升两个物件。吊车 $Q=25/10$t，表示主钩额定起重量25t，副钩额定起重量10t。

如图1.2-1所示，$B$ 为吊车宽度，$K$ 为轮距，小车吊有额定起吊质量开到大车某一侧的极限位置时，在这一侧的每个大车的轮压称为吊车的最大轮压标准值 $P_{\max,k}$，在另一侧的轮压称为最小轮压标准值 $P_{\min,k}$，两者同时发生。

吊车按其吊钩种类可分为软钩吊车和硬钩吊车两种。软钩吊车指用钢索通过滑轮组带动吊钩起吊重物；硬钩吊车是指用刚臂起吊重物或进行操作。

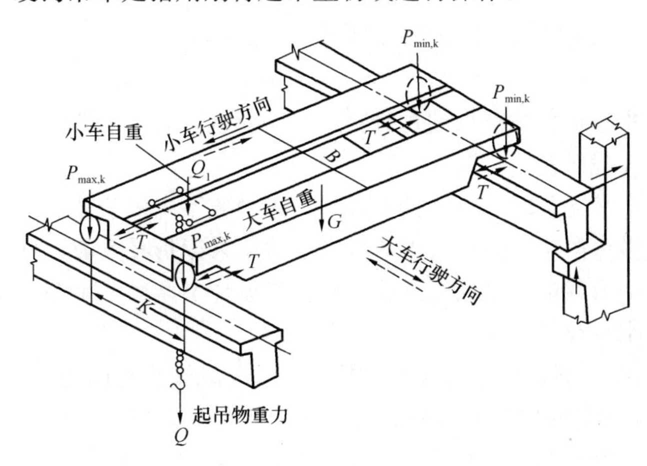


图1.2-1　产生 $P_{\max,k}$、$P_{\min,k}$的小车位置

2）桥式吊车与吊车梁及柱的关系如图1.2-2所示。吊车横向水平荷载是指吊有重物的小车，启动或制动时，小车和重物自重的水平惯性力，其值为运行重量与运行加速度的

乘积。它通过小车制动轮与桥架（大车）轨道之间的摩擦力传至大车，再由大车车轮经吊车轨道传递给吊车梁，而后经过吊车梁与柱之间的连接钢板传给排架柱。小车是沿横向左、右运行的，有正反两个方向的刹车情况，既要考虑它向左作用又要考虑它向右作用。

吊车纵向水平荷载是指当吊车沿厂房纵向启动或制动时，由吊车自重和吊重的惯性力在纵向排架上所产生的水平制动力，它通过吊车两端的制动轮与吊车轨道的摩擦经吊车梁传给纵向柱列或柱间支撑。作用在厂房横向排架上的吊车荷载有吊车竖向荷载和横向水平荷载；作用在厂房纵向排架结构上的为吊车纵向水平荷载。

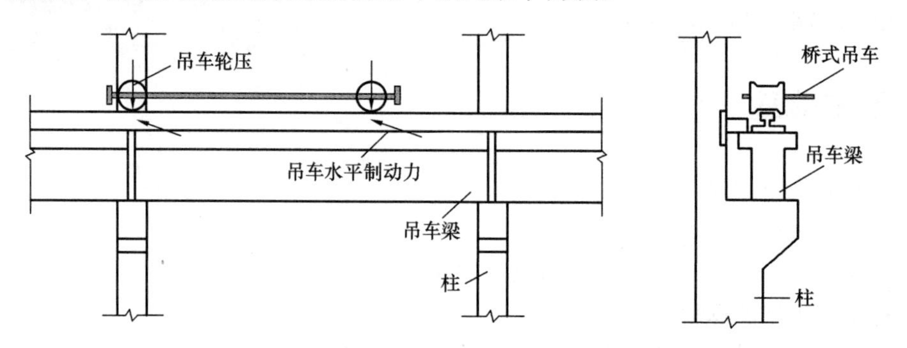


图 1.2-2 吊车与吊车梁及柱的关系

3）吊车竖向荷载与水平荷载按下列规定采用：

（1）竖向荷载：标准值应采用最大轮压 $P_{k,max}$ 或最小轮压 $P_{k,min}$。

（2）水平荷载：

① 纵向：标准值 $H_{纵} = \eta \times n \times P_{k,max} \times 0.1$。

$\eta$ 为计算排架时的多台吊车荷载折减系数，见《荷规》6.2.2。

$n$ 为一边轨道刹车轮数量。考虑一台吊车每侧两个车轮，一边轨道上一个刹车轮，此时 $n$ 等于吊车台数。

荷载作用点位于刹车轮与轨道接触点，方向与轨道方向一致。

② 横向：一台吊车总标准值 $T_k = \alpha'(Q_{1,起重量,kN} + Q_{2,小车重,kN})$。

一个车轮时，$T_{k1} = T_k/n'$。

$\alpha'$ 为吊车横向水平荷载标准值的百分数，见《荷规》表 6.1.2。

$n'$ 为一台吊车车轮数量。

考虑多台吊车水平荷载时，每个排架参与吊车台数不应多于 2 台。

计算排架时，多台吊车竖向和水平荷载标准值应乘以折减系数，见《荷规》表 6.2.2。

悬挂吊车的水平荷载由支撑系统承受，且支撑设计考虑风＋吊车水平荷载；手动吊车及电动葫芦不考虑水平荷载。

（3）根据《荷规》，设计值的分项系数取 1.4；根据《分类标准》，设计值的分项系数取 1.5。关于吊车竖向与横向荷载效应如何组合的问题，朱炳寅老师编著的《建筑结构设计问答及分析（第二版）》第 29 页谈到“吊车竖向与水平荷载组合”时称，“如果只有这两个荷载，则不需要乘组合值系数，如果还有其他活荷载则应根据活荷载效应的大小，确定乘组合值系数”。

4）排架计算要点如下：

（1）每个排架组合台数：

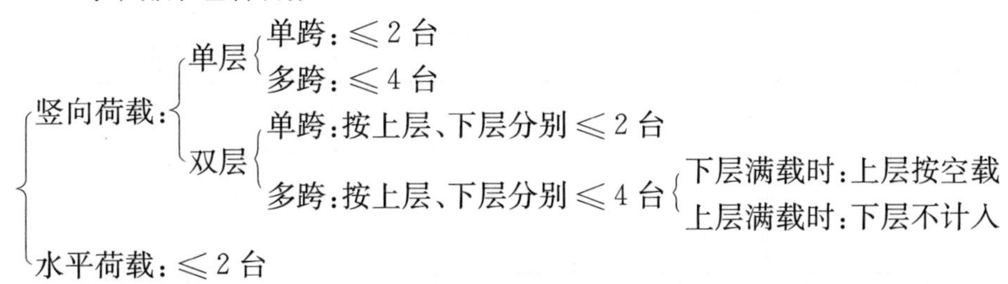


（2）排架计算时，多台吊车竖向和水平荷载标准值应考虑折减系数，见《荷规》6.2.2条。

（3）厂房排架设计时，准永久组合中可不考虑吊车荷载，见《荷规》6.4.2条。

5）吊车梁计算要点如下：

（1）计算吊车梁及其连接的承载力时，吊车竖向荷载应乘以动力系数，见《荷规》6.3.1条。

（2）吊车梁按正常使用极限状态设计时，吊车荷载宜采用准永久值，见《荷规》6.4.2条。

（3）根据条文说明，吊车梁计算应根据见《荷规》6.2.1条考虑参与组合的吊车台数。

（4）吊车梁计算不考虑《荷规》表6.2.2的多台吊车荷载折减系数。但根据《荷规》6.2.1条条文说明，应考虑参与组合的吊车台数限值。

6）简支单跨吊车梁的最大弯矩值及最大剪力，与吊车台数和大车沿厂房纵向运行的位置有关。按结构力学分析方法可知，当梁上有2个及2个以上行动轮压作用时，轮子的排列使所有梁上轮压的合力作用线与最近一个轮子间距离被梁中心线平分时，则此轮所在位置即为梁最大弯矩的截面位置。

根据吊车宽度及轮距（参考图1.2-1及图1.2-4）确定简支吊车梁最大轮压数量，按上述原则即可求得简支吊车梁的内力。当梁上作用有2个、3个、4个车轮时，梁内最大竖向弯矩内力 $M_{\max}^{C}$ 可按表1.2-1算式计算。

而最大剪力即支座反力出现时，最大轮压位于支座上，其余轮子依次排列，$V_{\max}$ 可按梁反力影响线求得。当梁上作用有2个、3个、4个车轮时，梁内最大剪力 $V_{\max}$ 可按表1.2-2算式计算。

需要注意的是，吊车梁为双向受弯构件，其最大水平弯矩值及水平支座反力的计算方法同上，只需将竖向轮压 $P_{k,\max}$ 替换成一个车轮的横向水平荷载 $T_{k1}$。

**吊车梁最大竖向弯矩内力计算表**　　**表1.2-1**

| 梁上轮数 | 最大弯矩 $M_{\max}^{C}$ | |
|---|---|---|
| | 简图 | 算式 |
| 2 | ΣP　P　P　$a_1$　$a_2$　$a_2$　A　C　B　l/2　l/2 | $a_2=\frac{a_1}{4}$<br>$M_{\max}^{C}=\frac{\sum P\left(\frac{l}{2}-a_2\right)^2}{l}$ |

续表

| 梁上轮数 | 最大弯矩 $M_{max}^{C}$ | |
|---|---|---|
| | 简图 | 算式 |
| 3 | 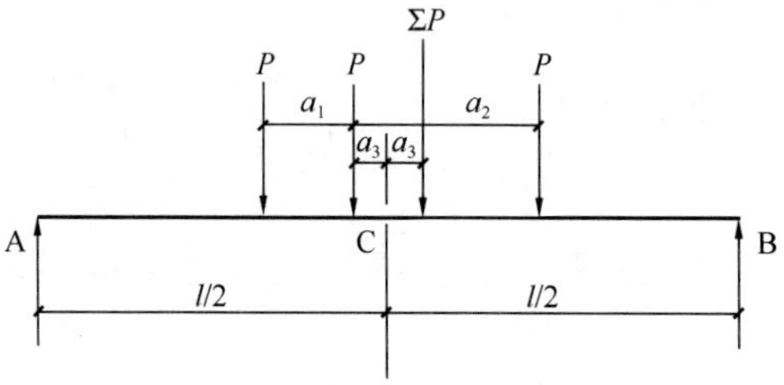 ΣP, P, P, P, $a_1$, $a_2$, $a_3$, $a_3$, A, C, B, l/2, l/2 | $a_3=\frac{a_2-a_1}{6}$ <br> $M_{max}^{C}=\frac{\sum P\left(\frac{l}{2}-a_3\right)^2}{l}-Pa_1$ |
| 4 | 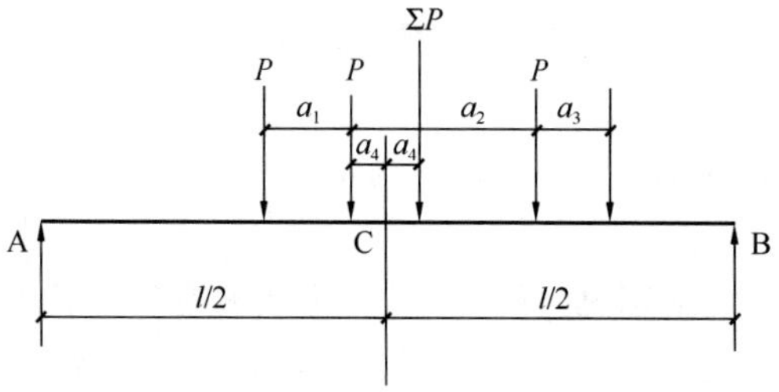 ΣP, P, P, P, $a_1$, $a_2$, $a_3$, $a_4$, $a_4$, A, C, B, l/2, l/2 | $a_4=\frac{2a_2+a_3-a_1}{8}$ <br> $M_{max}^{C}=\frac{\sum P\left(\frac{l}{2}-a_4\right)^2}{l}-Pa_1$ |

**吊车梁最大竖向剪力计算表** **表 1.2-2**

| 梁上轮数 | 最大剪力 $V$ | |
|---|---|---|
| | 简图 | 算式 |
| 2 | 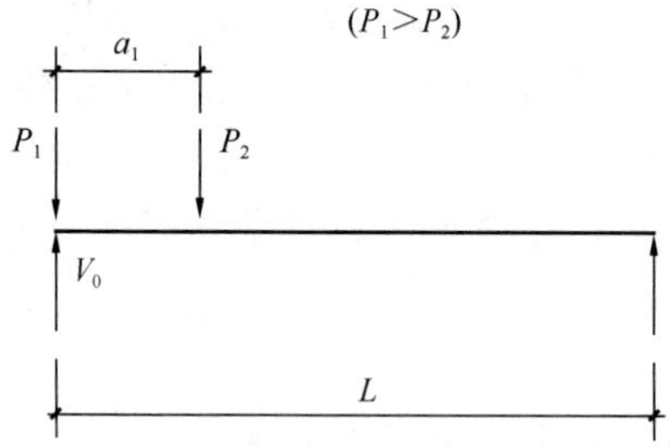 $(P_1>P_2)$, $a_1$, $P_1$, $P_2$, $V_0$, $L$ | $V=P_1+P_2\left(1-\frac{a_1}{L}\right)$ |
| 3 | 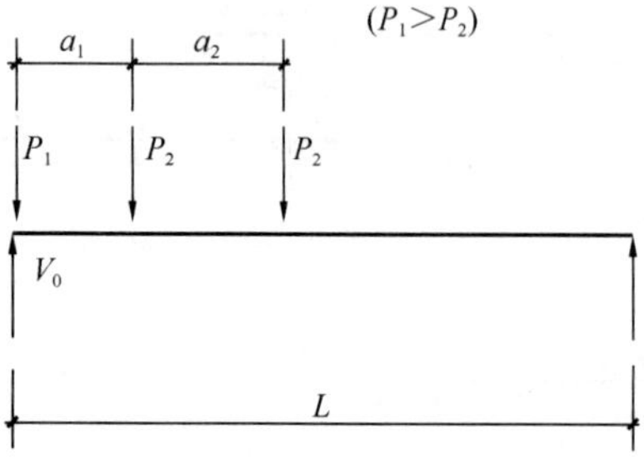 $(P_1>P_2)$, $a_1$, $a_2$, $P_1$, $P_2$, $P_2$, $V_0$, $L$ | $V=P_1+P_2\left[\frac{2(L-a_1)-a_2}{L}\right]$ |

续表

| 梁上轮数 | 最大剪力 $V$ | |
|---|---|---|
| | 简图 | 算式 |
| 4 | $(P_1>P_2)$ $a_1$ $a_3$ $a_2$ $P_1$ $P_1$ $P_2$ $P_2$ $V_0$ $L$ | $V=P_1\left(2-\frac{a_1}{L}\right)+P_2\left[\frac{2(L-a_1-a_3)-a_2}{L}\right]$ |

7）根据平面布置情况，排架柱可能同时承受左右两侧及前后两侧吊车梁传递的竖向及水平荷载。考虑左右两台吊车时，由影响线原理可知，两台并行吊车，当其中一台的最大轮压 $P_{\mathrm{k,max}}$（两台中的较大值）正好运行至计算排架柱轴线处，而另一台吊车与它紧靠并行时，即为两台吊车的最不利轮压位置，此时排架柱承受最大的竖向及横向力，如图 1.2-3 及图 1.2-4 所示。吊车数量多于 2 台时，亦可按其中一台吊车，最大轮子位于支座上，其余轮子依次排列的原则进行计算。

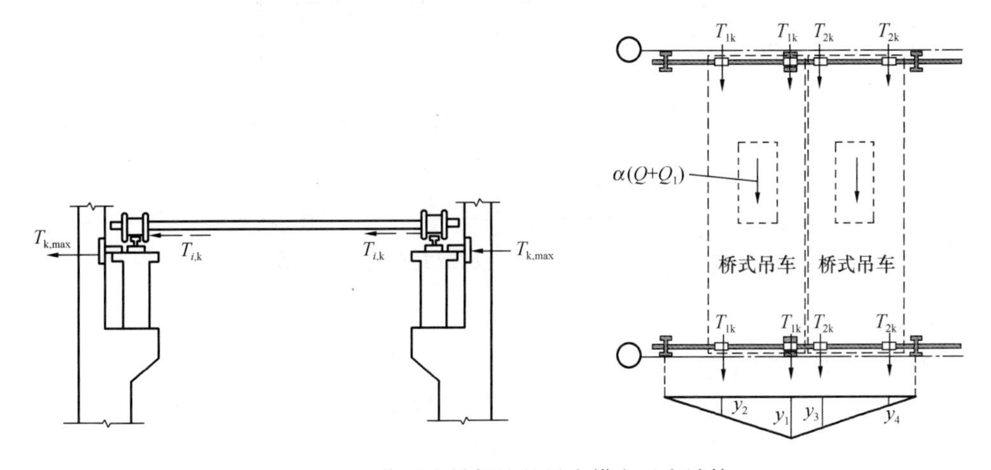


图 1.2-3　作用在排架柱的最大横向反力计算

而考虑前后两台吊车时，两台吊车的最大轮压均运行至计算排架柱轴线处。

8）《钢标》3.3.2 条规定，计算重级工作制吊车梁或吊车桁架及其制动结构的强度、稳定性以及连接的强度时，应考虑由起重机摆动引起的横向水平力，此水平力不宜与《荷规》规定的横向水平荷载同时考虑。《荷规》6.1.2 条规定的“吊车横向水平荷载”系由于小车制动、刹车引起，《钢标》此条规定的“横向水平力”则是大车纵向行走时因吊车摇摆引起的“卡轨力”。《钢标》明确该“横向水平力”的使用范围为局部计算，而对工业厂房排架柱进行整体受力分析时，应采用《荷规》的规定值。邱鹤年《钢结构设计禁忌及实例》（中国建筑工业出版社，2009）第 60 页指出，横向水平力常大于《荷规》规定取值的数倍，两者不同时考虑，取其大者。

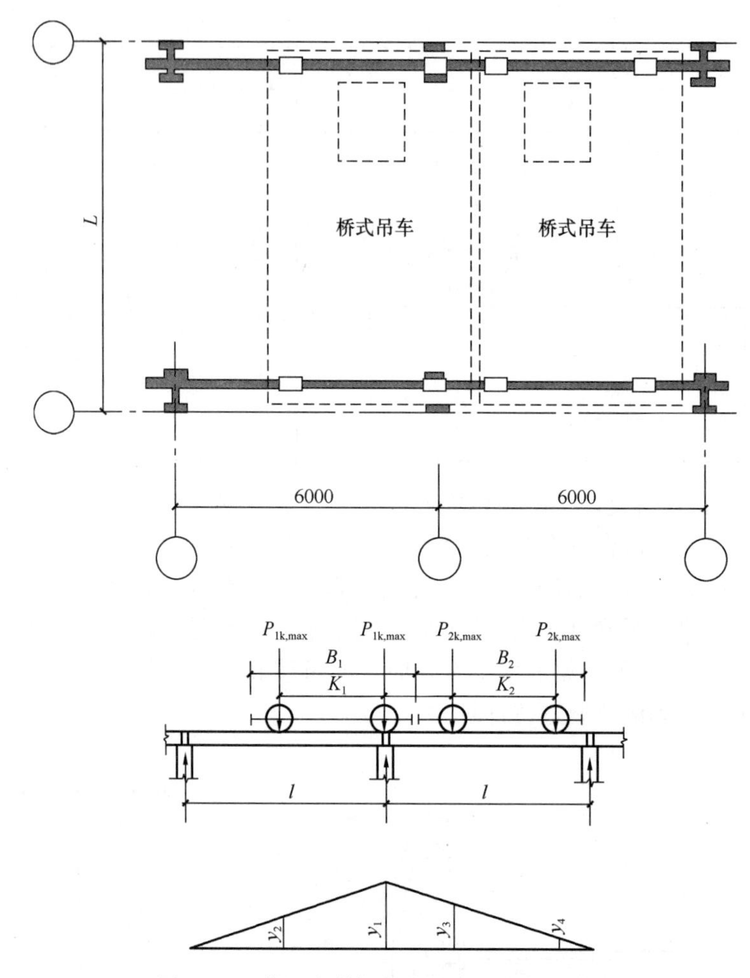


图 1.2-4　作用在排架柱的最大竖向反力计算

**3. 历年真题解析**

**【例 1.2.1】** 2005 上午 5 题

某单层双跨等高钢筋混凝土柱厂房，其平面布置图、边柱尺寸及排架简图如图 2005-5 所示，其屋面为不上人的屋面。该厂房每跨各设有 20/5t 桥式软钩吊车两台，吊车工作级别为 A5 级，吊车参数见表 2005-5。取 1t=10kN。设计使用年限为 50 年。

试问，在计算 A 轴或 C 轴纵向排架的柱间支撑内力时，所用的吊车纵向水平荷载标准值（kN），与下列何项最接近?

(A) 16　　(B) 32　　(C) 48　　(D) 64

**吊车技术数据**　　**表 2005-5**

| 起重量（t） | 吊车宽度（m） | 轮距（m） | 最大轮压（kN） | 最小轮压（kN） | 吊车总重量（t） | 小车重量（t） |
|---|---|---|---|---|---|---|
| 20/5 | 5.94 | 4.0 | 178 | 43.7 | 23.5 | 6.8 |

**【答案】**(B)

根据《荷规》6.1.2 条 1 款规定，一台吊车每侧刹车轮数为 1 个，其纵向水平荷载标准值：

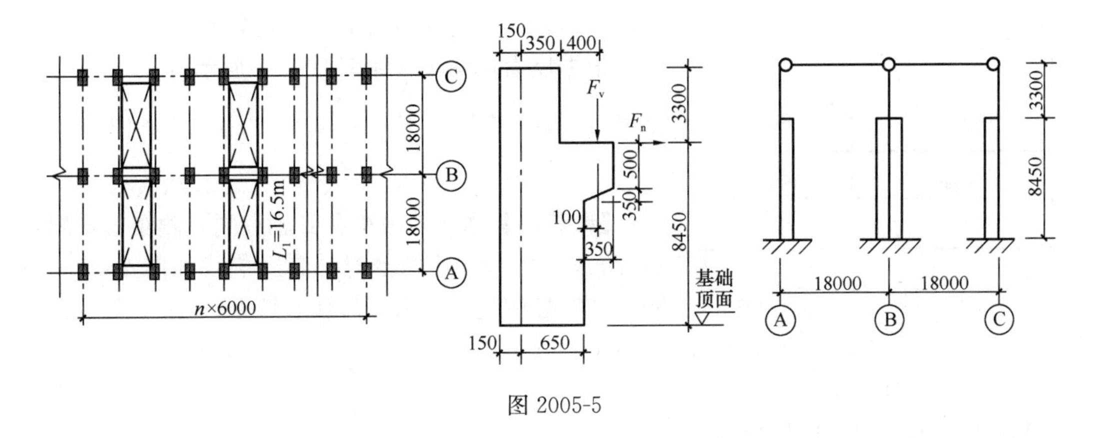


图 2005-5

$$H_k = 0.1 \cdot P_{k,max} = 0.1 \times 178 = 17.8\text{kN}$$

根据《荷规》6.2.1 条、6.2.2 条，取 2 台吊车参与组合，A5 级，取水平荷载的折减系数 0.9：

$$\Sigma H_k = 2 \times 0.9 \times H_k = 2 \times 0.9 \times 17.8 = 32.04\text{kN}$$

**【例 1.2.2】** 2005 上午 6 题

基本题干同例 1.2.1。当进行仅有两台吊车参与组合的横向排架计算时，轮压分布如图 2005-6 所示，作用在边跨柱牛腿顶面的最大、最小吊车竖向荷载标准值（kN），与下列何项数值最为接近？

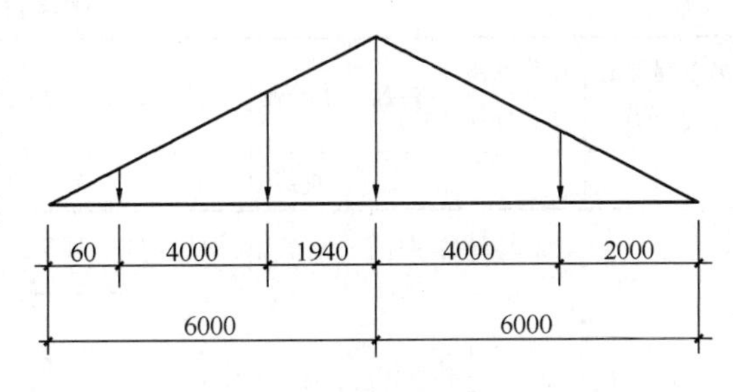


图 2005-6

(A) 178；43

(B) 201.5；50.5

(C) 324；80

(D) 360；88.3

**【答案】**(C)

根据轮压分布可求出吊车梁支承反力影响线值：

$$\Sigma y_i = \frac{0.06}{6} + \frac{4.06}{6} + \frac{6}{6} + \frac{2}{6} = 2.02$$

根据《荷规》6.2.2 条，A5 级，取荷载的折减系数 0.9：

$$D_{k,max} = 0.9 \times 178 \times \Sigma y_i = 0.9 \times 178 \times 2.02 = 324\text{kN}$$

$$D_{k,min} = 0.9 \times 43.7 \times 2.02 = 79.45\text{kN}$$

**【例 1.2.3】** 2005 上午 7 题

基本题干同例 1.2.1。已知作用在每个吊车车轮上的横向水平荷载标准值为 $T_Q$，在进行排架计算时，作用在 B 轴柱上的最大吊车横向水平荷载标准值，应与下列何项表达式最为接近？

(A) $1.2T_Q$　　(B) $2.0T_Q$　　(C) $2.4T_Q$　　(D) $4.8T_Q$

**【答案】**(C)

根据《荷规》6.2.1 条，吊车横向水平荷载，参与组合的吊车台数取 2 台。B 轴为中柱，吊车按 BC 跨、AB 跨各布置一台，一个吊车轮作用在柱上且两台吊车同时在一个方

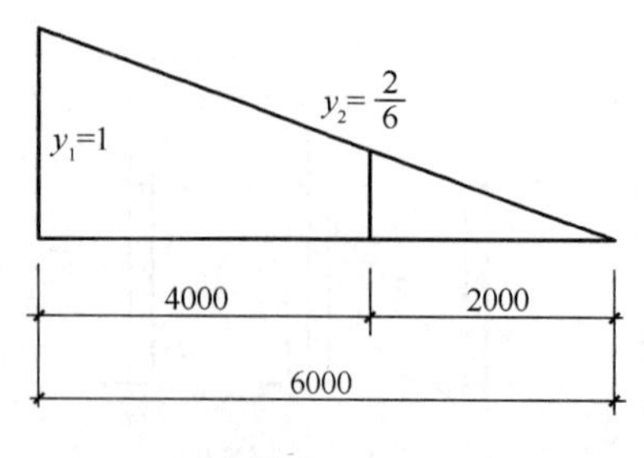

图 2005-7

向刹车时，柱所受的横向水平荷载最大。

根据反力影响线（如图 2005-7 所示）：

$$\Sigma T_k = 0.9 \times T_Q \times \Sigma y_i = 0.9 \times T_Q \times 2 \times \left(1+\frac{2}{6}\right) = 2.4T_Q$$

**【编者注】**当两台吊车在 B 轴柱同一侧布置，即在 BC 跨或 AB 跨布置两台时，其影响线如图 2005-6 所示。此时柱所受横向水平荷载取值为

$$\Sigma T_k = 0.9 \times T_Q \times \Sigma y_i = 0.9 \times T_Q \times (1+2000/6000+4060/6000+60/6000) = 1.818T_Q$$

**【例 1.2.4】**2016 上午 18 题

吊车资料见表 2016-18。试问，仅考虑最大轮压作用时，吊车梁 C 点处（如图 2016-18 所示）竖向弯矩标准值（kN·m）及相应较大剪力标准值（kN，剪力绝对值较大值），与下列何项数值最为接近?

**提示：**吊车梁按两端铰接计算。

**吊车资料** **表 2016-18**

| 吊车起重量 $Q$（t） | 吊车跨度 $L_k$（m） | 台数 | 工作制 | 吊钩类别 | 吊车简图 | 最大轮压 $P_{k,max}$（kN） | 小车重 $g$（t） | 吊车总重 $G$（t） | 轨道型号 |
|---|---|---|---|---|---|---|---|---|---|
| 25 | 22.5 | 2 | 重级 | 软钩 | 参见图 2016-18 | 178 | 9.7 | 21.49 | 38kg/m |

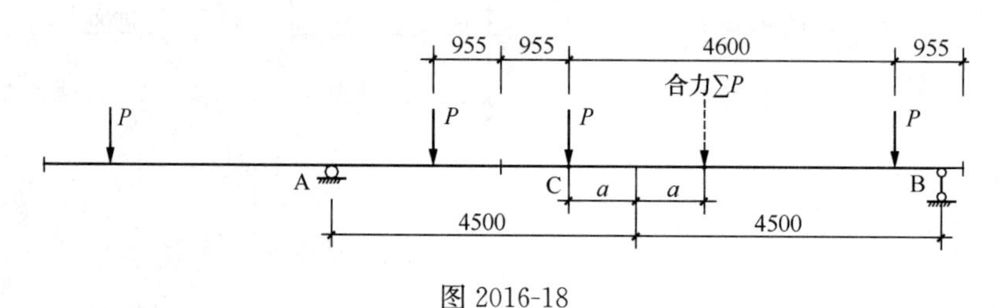

图 2016-18

(A) 430，35 (B) 430，140 (C) 635，60 (D) 635，120

**【答案】**(D)

求合力点位置，车轮对合力点取距：

$$P \cdot 2a + P \cdot (2a + 2 \times 955) = P \cdot (4600 - 2a)$$

解得 $a$=448mm。

已知最大轮压 $P_{k,max}$=178kN，对 B 点取距：

$$V_A \times 9 = 3P_{k,max} \times (4.5 - 0.448)$$

吊车梁最大竖向弯矩在 C 点，其标准值为

$$M_{Cx} = V_A \times (4.5 - 0.448) - 2 \times 0.955 \times P_{k,max}$$
$$= \frac{(4.5-0.448)}{9} \times 3P_{k,max} \times (4.5-0.448) - 2 \times 0.955 \times P_{k,max}$$
$$= 3.56P_{k,max} = 3.56 \times 178 = 634\text{kN} \cdot \text{m}$$

C 点的剪力标准值：

$$V_{\mathrm{Ck}}=\frac{4.5+0.448}{9}\times 3P_{\mathrm{k,max}}-P_{\mathrm{k,max}}=0.65P_{\mathrm{k,max}}=0.65\times 178=116\mathrm{kN}$$

## 1.3 风荷载

**1. 主要的规范规定**

1）《高规》4.2 节：风荷载。

2）《高规》5.1.10 条：风作用效应计算时，风向角取值。

3）《荷规》8.2 节：风荷载。

**2. 对规范规定的理解**

1）根据《高规》4.2.2 条及条文说明，对于房屋高度大于 60m 的高层建筑，承载力设计时，应按基本风压的 1.1 倍取值；变形验算时应按基本风压计算；舒适度验算时依据《荷规》附录 J 及《高规》3.7.6 条，采用 10 年一遇的风荷载标准值。

2）对使用年限为 100 年的结构，承载力设计时按《荷规》重现期为 100 年的风压乘以 1.1 倍取值；变形验算时可按 50 年重现期的风压计算；舒适度验算时可取 10 年一遇的风荷载标准值。

3）根据《荷规》8.1.2 条条文说明，对于房屋高度大于 60m 的高层建筑的围护结构，计算时仍取 50 年重现期的基本风压。

4）地面粗糙度类别，可按《荷规》8.2.1 条条文说明，采用拟建房 2km 为半径的迎风半圆（见图 1.3-1）影响范围内建筑物的平均高度近似确定。风向原则上应以该地区最大风的风向为准，但也可取其主导风，即风玫瑰图出现频率最大、相应的比例长度最长的风向。具体计算方法，可参考图 1.3-2 示例。

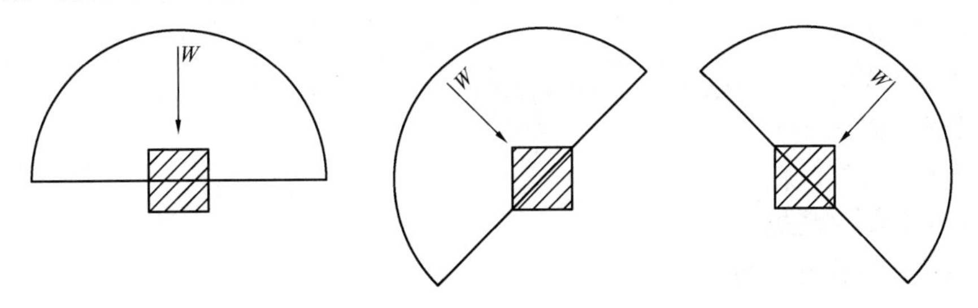


图 1.3-1 拟建房屋的迎风半圆

5）《高规》5.1.10 条规定，高层建筑结构进行风作用效应计算时，正反两个方向的风作用效应宜按两个方向计算的较大值采用；体型复杂的高层建筑，应考虑风向角的不利影响。其中，正反两个方向的较大值，指的是风向角相差 180°的两个方向风压力和风吸力的较大值，如《高规》附录 B 的槽形平面，应计算两个方向的总的作用效应，同时应注意风荷载作用方向不同对局部结构构件的效应影响。

6）承重结构风荷载标准值计算流程（已知 $H$，$B$，$w_0$ 求 $w_k$）：

（1）结构周期：

$T_1$ →《荷规》附录 F；

场地类别→《荷规》8.2.1 条；

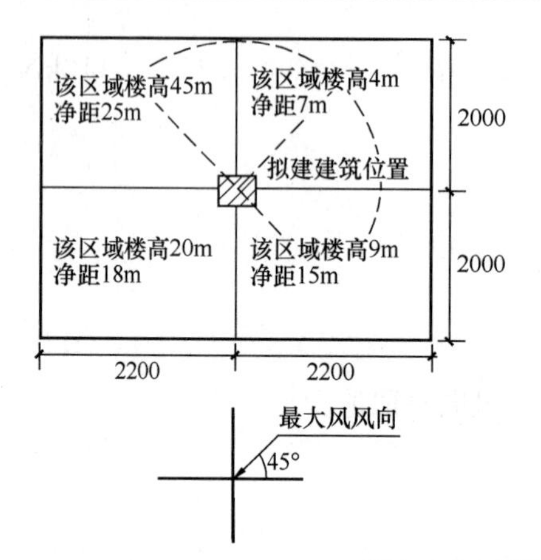


每个区域：净距均<2倍其高，则各楼高为其$\overline{h}_i$

$$\overline{h}=\frac{45\times1+4\times2+9\times1}{4}=15.5\text{m}\begin{matrix}>9\text{m}\\<18\text{m}\end{matrix}，为C类$$

图 1.3-2 地面粗糙度计算示例

$w_0$ →《高规》4.2.2，$H>60$m，承载力计算取 $1.1w_0$；正常使用和围护结构仍取 $w_0$。

（2）风振系数：

$\beta_z$ →《荷规》8.4.3 条：

$$\beta_z=1+2gI_{10}B_z\sqrt{1+R^2}$$

式中：$g$——取 2.5；

$I_{10}$——A，B，C，D 类场地分别对应 0.12，0.14，0.23，0.39；

$R$——见《荷规》8.4.4 条；

$B_z$——均匀高层及高耸，见《荷规》式（8.4.5）；变化高耸，见《荷规》8.4.5 条 2 款。

$H>30$m 且 $H/B>1.5$ 高层、$T_1>0.25$s 高耸、$l>36$m 大跨屋盖，需计算；

其他情况，$\beta_z=l$。

（3）体型系数：

$$\mu_s\begin{cases}《荷规》表 8.3.1\\《高规》4.2.3 条\\精细计算：《高规》附录 B\end{cases}$$

（4）风压高度变化系数：

$\mu_z$ 由 $H$、场地类别，查《荷规》表 8.2.1。

（山区修正系数见 8.2.2 条，远海海面、海岛修正系数见表 8.2.3）。

（5）风荷载标准值（《荷规》8.1.1 条，《高规》4.2.1 条）：

$$w_k=\beta_z\mu_s\mu_z w_0$$

7）设某建筑平面为 $n$ 个边的多边形，其 $z$ 高度处的总风荷载标准值：

$$w_z=\Sigma\mu_{si}B_i\beta_z\mu_z w_0=(\mu_{s1}B_1\cos\alpha_1+\mu_{s2}B_2\cos\alpha_2+\cdots+\mu_{sn}B_n\cos\alpha_n)\cdot\beta_z\mu_z w_0$$

式中，$\alpha_1$，$\alpha_2$，…，$\alpha_n$ 为第 $i$ 个表面法线与风荷载作用方向的夹角。需注意的是，$\mu_{si}$ 为正值时，指向建筑物表面（风压力）；$\mu_{si}$ 为负值时，远离建筑物表面（风吸力）；$w_z$ 的单位是 kN/m，典型平面的 $\Sigma\mu_{si}B_i$ 计算见图 1.3-3。

8）围护结构风荷载标准值计算流程（已知 $H$、$w_0$ 求 $w_k$）：

（1）由《荷规》8.2.1 条确定场地类别。

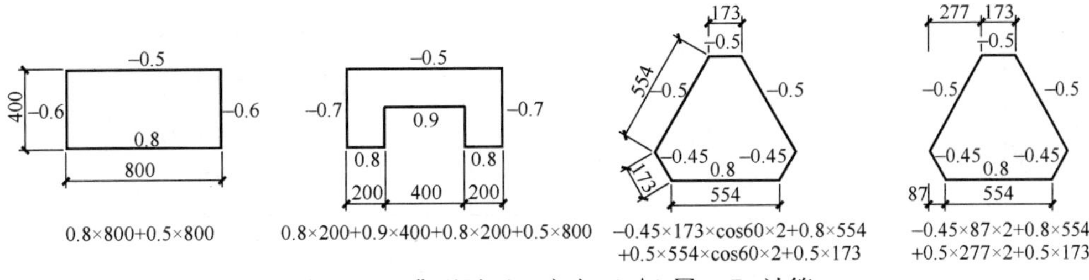


图 1.3-3　典型平面 $Y$ 方向（↑）$\sum \mu_{si} B_i$ 计算

$\beta_{gz}$：由 $H$、场地类别，查表 8.6.1。

$\mu_z$：由 $H$、场地类别，查表 8.2.1。

（2）确定 $\mu_{sl}$。

$\mu_{sl}$ {
- 檐口、雨篷、遮阳板等突出构件，－2.0
- 封闭式矩形平面房屋的墙面及屋面，《荷规》表 8.3.3(外)＋《荷规》8.3.5 条(内)
- 其他房屋和构筑物，《荷规》表 8.3.1 的 1.25 倍（外）＋《荷规》8.3.5 条（内）

当计算非直接承受风荷载的围护构件时（檩条、幕墙骨架等），根据《荷规》主编金新阳老师的观点，仅外部风压需要考虑 8.3.4 条面积折减，内部风压不折减。实际上 8.3.4 条的“局部体型系数 $\mu_{sl}$”，指向的也就是 8.3.3 条的“局部体型系数 $\mu_{sl}$”。折减系数或体型系数取值如下：

从属面积 $A \leqslant 1$ ：

折减系数取 1.0。

$1 <$ 从属面积 $A < 25$：

墙面和绝对值大于 1.0 的屋面，$\mu_{sl} = \mu_{sl}(1) + [\mu_{sl}(25) - \mu_{sl}(1)]\lg A / 1.4$。

从属面积 $A \geqslant 25$：

墙面取 $0.8\mu_{sl}$；

局部体型系数绝对值大于 1.0 的屋面取 $0.6\mu_{sl}$；

其他屋面取 $\mu_{sl}$。

（3）根据《荷规》8.1.1 条计算：

$$w_k = \beta_{gz} \mu_{sl} \mu_z w_0$$

9）对山区、远离海面和海岛的建筑物的风压高度变化系数应按《荷规》8.2.2 条、8.2.3 条进行折减。应注意式（8.2.2）中 $z$ 取值为建筑物计算位置离建筑物底面的高度，而不是建筑计算位置至平坦地面的高度。

**3. 历年真题解析**

**【例 1.3.1】** 2018 上午 5 题

某海岛临海建筑，为封闭式矩形平面房屋，外墙采用单层幕墙，其平面和立面如图 2018-5 所示，P 点位于墙面 AD 上，距海平面高度 15m。假定，基本风压 $w_0 = 1.3\text{kN/m}^2$，墙面 AD 的围护构件直接承受风荷载。试问，在图示风向情况下，当计算墙面 AD 围护构件风荷载时，P 点处垂直于墙面的风荷载标准值的绝对值 $w_k$（$\text{kN/m}^2$），与下列何项数值最为接近？

**提示：**① 按《建筑结构荷载规范》GB 50009—2012 作答，海岛的修正系数 $\eta = 1.0$；② 需同时考虑建筑物墙面的内外压力。

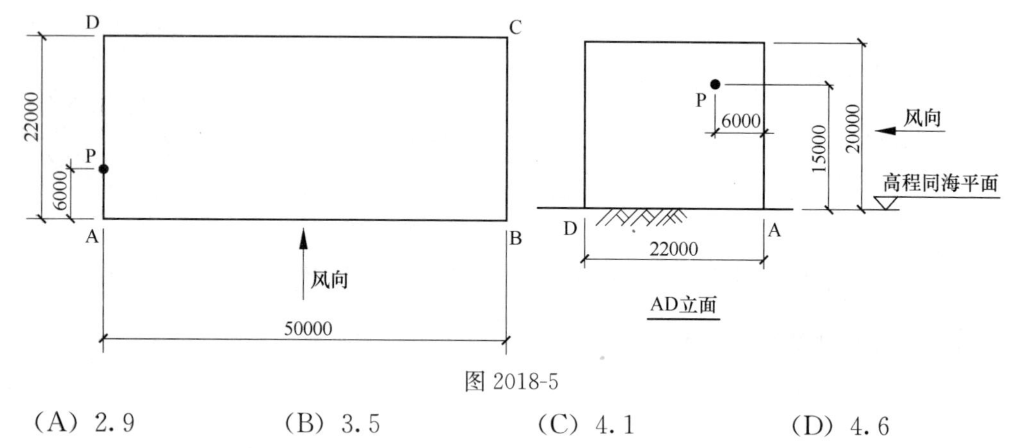


图 2018-5

(A) 2.9　　(B) 3.5　　(C) 4.1　　(D) 4.6

**【答案】**(D)

根据《荷规》8.2.1条，地面粗糙度为A类。

P点离海平面高度15m，海岛的修正系数 $\eta=1.0$，查《荷规》表8.2.1，$\mu_z=1.42$。

查《荷规》表8.6.1，$\beta_{gz}=1.57$。

根据《荷规》表8.3.3第1项次，$E=\min(2H,B)=\min(40,50)=40\text{m}$，$E/5=8\text{m}>6\text{m}$，P点外表面处的 $\mu_{sl}=-1.4$。

根据《荷规》8.3.5条1款，P点内表面的局部体型系数为0.2。

根据《荷规》8.1.1条2款：

$$|w_k|=|\beta_{gz}\mu_{sl}\mu_z w_0|=1.57\times(1.4+0.2)\times1.42\times1.3=4.64\text{kN/m}^2$$

**【例1.3.2】** 2018下午19题

某31层普通办公楼，采用现浇钢筋混凝土框架-核心筒结构，标准层平面如图2018-19所示，首层层高6m，其余各层层高3.8m，结构高度120m。基本风压 $w_0=0.80\text{kN/m}^2$，地面粗糙度为C类。

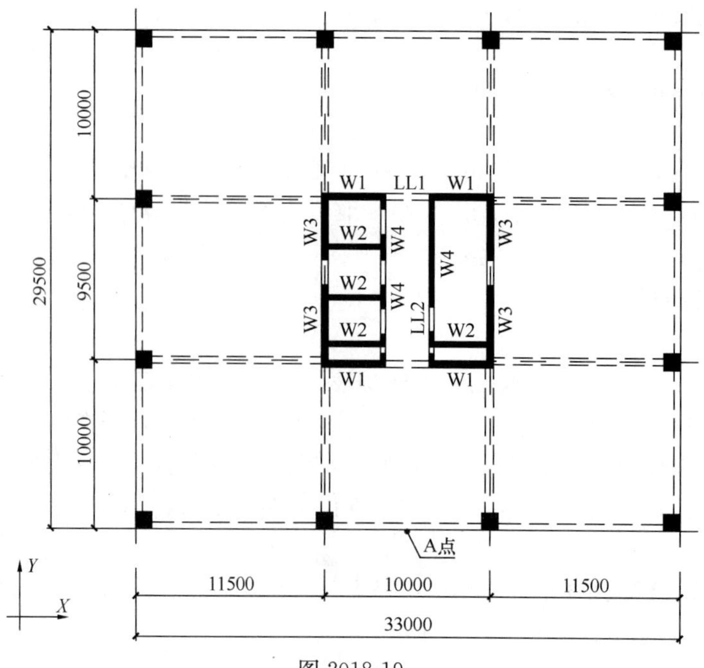


图 2018-19

围护结构为玻璃幕墙，试问，计算办公区室外幕墙骨架结构承载力时，100m 高度 A 点处的风荷载标准值 $w_k$(kN/m$^2$)，与下列何项数值最为接近？

**提示：** 幕墙骨架结构非直接承受风荷载，从属面积为 25m$^2$；按《建筑结构荷载规范》GB 50009—2012 作答。

(A) 1.5　　(B) 2.0　　(C) 2.5　　(D) 3.0

**【答案】**(B)

玻璃幕墙为围护结构，根据《荷规》8.1.2 条及条文说明，基本风压不提高，$w_0=0.80$kN/m$^2$。

根据《荷规》表 8.3.3 项次 1，幕墙外表面 $\mu_{sl}=1.0$。

根据《荷规》8.3.5 条 1 款，内表面 $\mu_{sl}=0.2$。

查表 8.6.1，$\beta_{gz}=1.69$，查表 8.2.1，$\mu_z=1.50$。

根据《荷规》8.3.4 条 2 款，从属面积 25m$^2$时，折减系数为 0.8。

根据《荷规》式（8.1.1-2）：

$$w_k=\beta_{gz}\mu_{sl}\mu_z w_0=1.69\times(1.0\times0.8+0.2)\times1.5\times0.80=2.03\text{kN/m}^2$$

**【编者注】**《全国一级注册结构工程师专业考试试题解答及分析（2012～2018）》（中国建筑工业出版社，2019），1-69 页解答，内外风压均进行了折减。

$$w_k=\beta_{gz}\mu_{sl}\mu_z w_0=1.69\times0.8\times(1.0+0.2)\times1.5\times0.80=1.95\text{kN/m}^2$$

本题根据《荷规》主编金新阳老师 2022 培训课件，“内部压力系数不应考虑面积折减”。

**【例 1.3.3】** 2017 下午 19 题

某 28 层钢筋混凝土框架-剪力墙高层建筑，普通办公楼，如图 2017-19 所示，槽形平面，房屋高度 100m，质量和刚度沿竖向分布均匀，50 年重现期的基本风压为 0.6kN/m$^2$，地面粗糙度为 B 类。

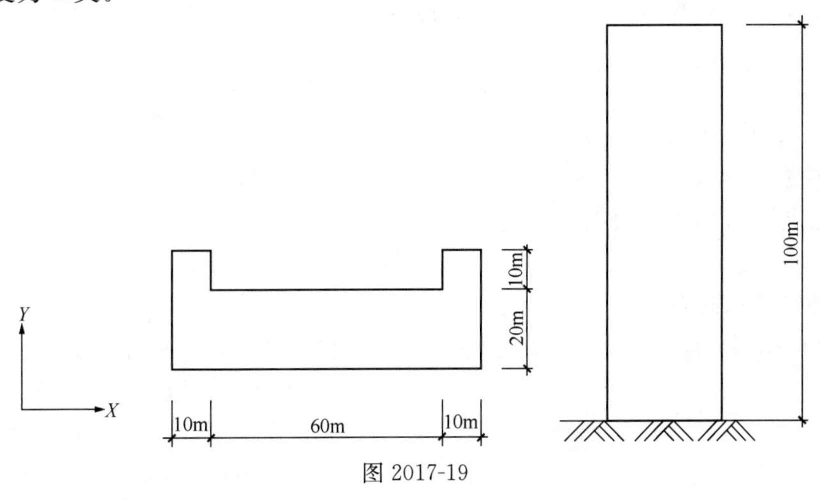


图 2017-19

假定，风荷载沿竖向呈倒三角形分布，地面（±0.000）处为 0，高度 100m 处风振系数取 1.50。试问，估算的±0.000 处沿 Y 方向风荷载作用下的倾覆弯矩标准值（kN·m），与下列何项数值最为接近？

(A) 637000　　(B) 660000　　(C) 700000　　(D) 726000

**【答案】**(D)

主体结构，根据《高规》4.2.2 条及条文说明，$w_0 = 1.1 \times 0.6 = 0.66\text{kN/m}^2$。

根据《荷规》表 8.2.1，$\mu_z = 2.0$。

根据《高规》附录 B，查正反向 $\mu_s$。

根据《高规》式（4.2.1），$w_k = \beta_z \cdot \mu_s \cdot \mu_z \cdot w_0$，则

$Y$ 方向高度 100m 处每米正向风荷载：

$$w_k = 1.5 \times (0.8 \times 80 + 0.6 \times 20 + 0.5 \times 60) \times 2.0 \times 0.66 = 210.0\text{kN/m}$$

$Y$ 方向高度 100m 处每米反向风荷载：

$$w_k = 1.5 \times (0.8 \times 20 + 0.9 \times 60 + 0.5 \times 80) \times 2.0 \times 0.66 = 217.8\text{kN/m}$$

根据《高规》5.1.10 条，$w_k$ 取较大值：217.8kN/m。则地面处风荷载作用下的倾覆弯矩标准值

$$M_{0k} = \frac{1}{2} \times 217.8 \times 100 \times \frac{2}{3} \times 100 = 726000\text{kN} \cdot \text{m}$$

**【例 1.3.4】** 2016 下午 26 题

某地上 35 层的钢框架-核心筒公寓，质量和刚度沿高度分布均匀，房屋高度为 150m。基本风压 $w_0 = 0.65\text{kN/m}^2$，地面粗糙度为 A 类。结构基本自振周期 $T_1 = 4.7\text{s}$（$Y$ 向平动），结构阻尼比取 0.04。试问，在进行风荷载作用下的舒适度计算时，$Y$ 向结构顶点顺风向风振加速度的脉动系数 $\eta_a$，与下列何项数值最为接近？

**提示：** 按《建筑结构荷载规范》GB 50009—2012 作答。

(A) 1.6　　(B) 1.9　　(C) 2.2　　(D) 2.5

**【答案】**（B）

根据《荷规》式（8.4.4-2），$x_1 = 30 \dfrac{f_1}{\sqrt{k_w \cdot w_0}}$。

地面粗糙度为 A 类，$k_w = 1.28$。舒适度属于正常使用状态计算，基本风压不改变。则

$$x_1 = 30 \times \frac{1}{4.7} \times \frac{1}{\sqrt{1.28 \times 0.65}} = 7$$

$\zeta_1 = 0.04$，根据《荷规》表 J.1.2，$\eta_a = 1.90$。

**【编者注】** 本题按《全国一级注册结构工程师专业考试试题解答及分析（2012～2018）》给出题干及解答。根据《高规》3.7.6 条及金新阳老师 2022 培训答疑，舒适度计算时，《荷规》式（8.4.4-2）风压 $w_0$ 按《高规》3.7.6 条采用的重现期为 10 年的风压。超 60m 主体结构承载力计算时，式（8.4.4-2）风压 $w_0$ 一般取 50 年风压，并考虑 1.1 放大系数。且根据《高规》3.7.6 条条文说明，本题阻尼比按 0.04 给出不妥。

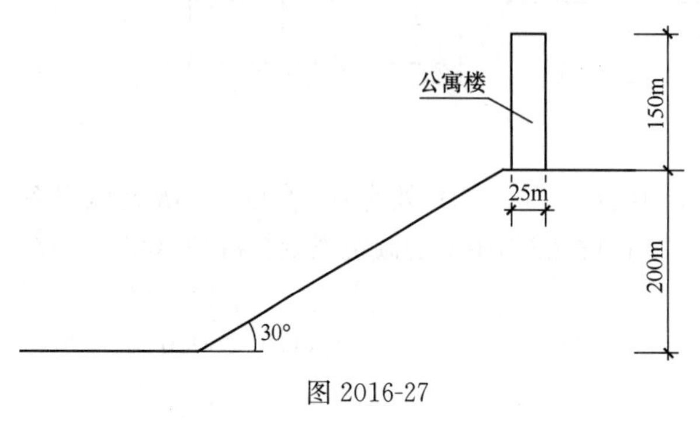


图 2016-27

**【例 1.3.5】** 2016 下午 27 题

基本题干同例 1.3.4。假定，该建筑位于山区山坡上，如图 2016-27 所示。试问，该结构顶部风压高度变化系数 $\mu_z$，与下列何项数值最为接近？

(A) 6.1　　(B) 4.1

(C) 3.3　　(D) 2.5

**【答案】**（B）

修正前：建筑物高度 150m，地面粗糙度为 A 类，查《荷规》表 8.2.1，$\mu_z=2.46$。

根据《荷规》式（8.2.2），坡顶修正系数：

$$\eta=\left[1+k\tan\alpha\left(1-\frac{z}{2.5H}\right)\right]^2=\left[1+1.4\times0.3\times\left(1-\frac{150}{2.5\times200}\right)\right]^2=1.67$$

其中，$\tan\alpha=0.58>0.3$，取 0.3。

根据《荷规》8.2.1 条，$\mu_z=1.67\times2.46=4.11$。

**【例 1.3.6】** 2010 下午 20 题

某 36 层钢筋混凝土框架-核心筒高层建筑，普通办公楼，建于非地震区，如图 2010-20 所示。圆形平面，直径为 30m，房屋地面以上高度为 150m，质量和刚度沿竖向分布均匀，可忽略扭转影响；按 50 年重现期的基本风压为 $0.6\text{kN/m}^2$，地面粗糙度为 B 类。结构基本自振周期 $T_1=2.78\text{s}$。

试问，设计 120m 高度处的遮阳板（小于 $1\text{m}^2$）时所采用风荷载标准值 $w_k(\text{kN/m}^2)$，与下列何项数值最为接近?

**提示：**按《建筑结构荷载规范》GB 50009—2012 作答。

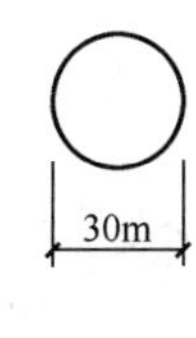


图 2010-20

(A) −1.98　　(B) −2.18

(C) −2.65　　(D) −3.76

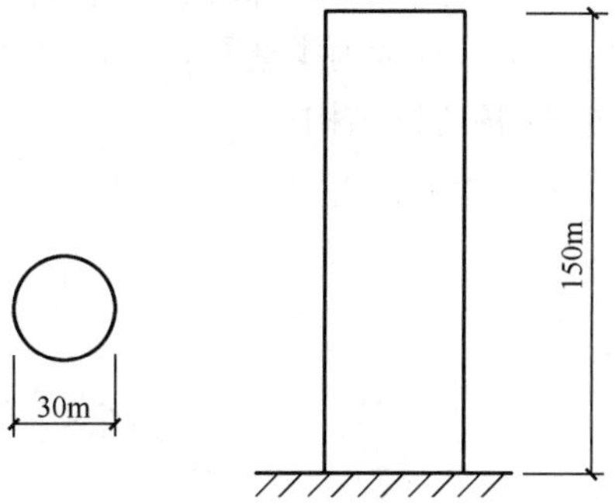

**【答案】**(D)

依据《荷规》8.1.1 条 2 款计算。查《荷规》表 8.6.1，用内插法求得 $\beta_{gz}=1.49$。

依据《荷规》8.3.3 条，取 $\mu_{sl}=-2.0$。

依据《荷规》表 8.2.1，$\mu_z=2.0+\dfrac{2.25-2.0}{150-100}\times(120-100)=2.1$。

依据《荷规》8.1.2 条条文说明，取 50 年一遇的风荷载计算。

$$w_k=\beta_{gz}\mu_{sl}\mu_z w_0=1.49\times(-2.0)\times2.1\times0.6=-3.755\text{kN/m}^2$$

**【例 1.3.7】** 2010 下午 23 题

基本题干同例 1.3.6。该圆形平面建筑物拟建于山区平坦地 A 处，或建于高度为 50m 的山顶 B 处，如图 2010-23 所示，在两处距地面 100m 的楼高处的顺风向荷载标准值分别为 $w_A$ 和 $w_B$，试确定其比值 $w_B/w_A$ 最接近下列何项数值?

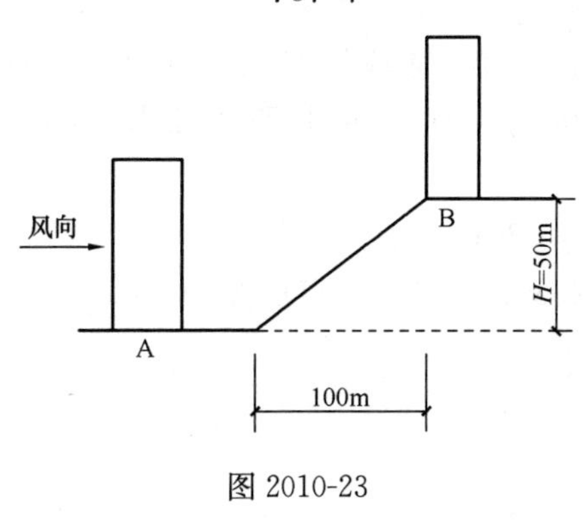


图 2010-23

**提示：**① A 处 100m 的风振系数，$b_{zA}=1.248$；

② B 处 100m 的脉动风荷载共振分量因子 $R=1.36$，$kH^{a_1}\rho_x\rho_z=1.00$，$f_1(z)=0.42$。

(A) 1.36　　(B) 1.24　　(C) 1.14　　(D) 1.95

**【答案】**(C)

B 方案：B 类粗糙度，$z=100\text{m}$，查《荷规》表 8.2.1，取 $\mu_{zB}=2.00$

$$\tan\alpha=50/100=0.5>0.3，取 \tan\alpha=0.3$$

$$z = 100\text{m} < 2.5H = 2.5 \times 50 = 125\text{m}，取 z = 100\text{m}$$

$$\eta_B = \left[1 + K\tan\alpha\left(1 - \frac{z}{2.5H}\right)\right]^2 = \left[1 + 1.4 \times 0.3 \times \left(1 - \frac{100}{2.5 \times 50}\right)\right]^2 = 1.175$$

$$\mu_{zB} = \eta_B \times 2.00 = 1.175 \times 2.00 = 2.35$$

根据《荷规》8.4.5条、8.4.3条：

$$B_{zB} = kH^{a_1}\rho_x\rho_z\frac{\phi_1(z)}{\mu_{zB}} = 1.0 \times \frac{0.42}{2.35} = 0.179$$

$$\beta_{zB} = 1 + 2 \times 2.5 \times 0.14 \times 0.179 \times \sqrt{1 + 1.36^2} = 1.212$$

$$\frac{w_B}{w_A} = \frac{\beta_{zB}\mu_{sB}\mu_{zB}w_0}{\beta_{zA}\mu_{sA}\mu_{zA}w_0} = \frac{\beta_{zB}\mu_{xB}}{\beta_{zA}\mu_{zA}} = \frac{1.212 \times 2.35}{1.248 \times 2.00} = 1.141$$

**【例 1.3.8】** 2009 下午 21 题

某大城市郊区一高层建筑（图 2009-21），地上 28 层，地下 2 层，地面以上高度为 90m。该工程为丙类建筑，抗震设防烈度为 7 度（0.15$g$），Ⅲ类建筑场地，采用钢筋混凝土框架-核心筒结构。

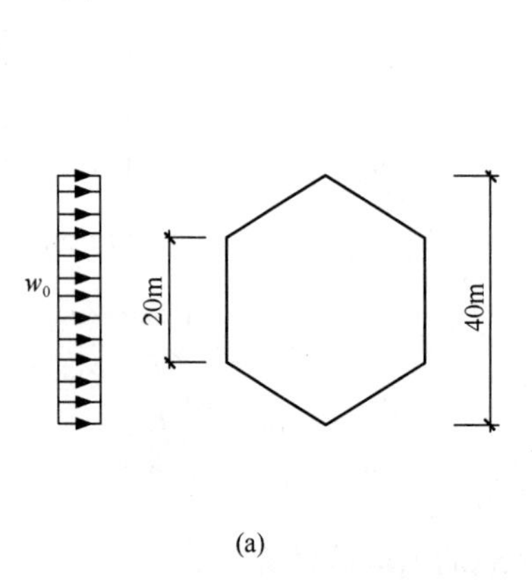


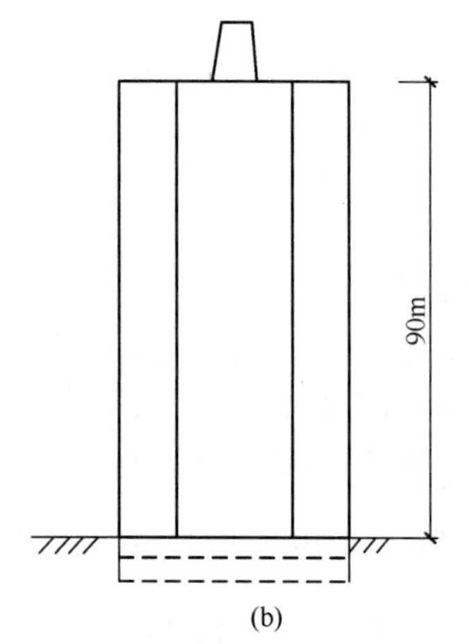


图 2009-21

若已求得 90m 高度屋面处的风振系数为 1.36，假定 50 年一遇基本风压 $w_0 = 0.70\text{kN/m}^2$，试问，当对主体结构进行承载力设计时，90m 高度屋面处的水平风荷载标准值 $w_k$（kN/m²），与下列何项数值最为接近？

**提示：** 按《高层建筑混凝土结构技术规程》JGJ 3—2010 作答。

(A) 2.351 (B) 2.481 (C) 2.607 (D) 2.989

**【答案】** (C)

依据《高规》4.2.1 条，应按照下式计算：

$$w_k = \beta_z\mu_s\mu_z w_0$$

题目已经给出 $\beta_z = 1.36$。

依据《高规》4.2.3 条，正六边形时，$\mu_s = 0.8 + \frac{1.2}{\sqrt{n}} = 0.8 + \frac{1.2}{\sqrt{6}} = 1.29$。

查《荷规》表 8.2.1，高度 90m、B 类地面粗糙度，$\mu_z = 1.93$。

依据《高规》4.2.2 条，对风荷载比较敏感的建筑物，基本风压按照 1.1 倍：

$$w_0 = 1.1 \times 0.7 = 0.77\text{kN/m}^2$$

$$w_k = \beta_z \mu_s \mu_z w_0 = 1.36 \times 1.29 \times 1.93 \times 0.77 = 2.607\text{kN/m}^2$$

**【例 1.3.9】** 2009 下午 22 题

基本题干同例 1.3.8。假定作用于 90m 高度屋面处的水平风荷载标准值 $w_k=2.0\text{kN/m}^2$；由突出屋面小塔架的风荷载产生的作用于屋面的水平剪力标准值 $\Delta P_{90}=200\text{kN}$，弯矩标准值 $\Delta M_{90}=600\text{kN}\cdot\text{m}$；风荷载沿高度按倒三角形分布（地面处为零）。试问，在高度 $z=30\text{m}$ 处风荷载产生的倾覆力矩的设计值（kN·m），与下列何项数值最为接近？

**提示**：按《高层建筑混凝土结构技术规程》JGJ 3—2010 作答。

(A) 124000　　(B) 124600　　(C) 173840　　(D) 174440

**【答案】**(D)

将 90m 高度处的风荷载由面荷载形式化为线荷载形式：$2.0 \times 40 = 80\text{kN/m}$。

根据比例关系可求得 30m 高度处线荷载为：$80 \times 30/90 = 26.67\text{kN/m}$。

将 30m 高度以上的梯形风荷载分为两部分考虑，则高度 30m 处风荷载产生的倾覆力矩标准值为：

$$M_{30} = 200 \times (90-30) + 600 + \frac{26.67 \times (90-30)^2}{2} + \frac{(80-26.67) \times (90-30)}{2} \times \frac{2 \times (90-30)}{3}$$

$$= 124602\text{kN}\cdot\text{m}$$

根据《高规》5.6.2 条，考虑 1.4 的分项系数，得到设计值为 $1.4 \times 124602 = 174443\text{kN}\cdot\text{m}$。

## 1.4　地震作用

**1. 主要的规范规定**

1）《抗规》5.1 节：一般规定。

2）《抗规》5.2 节：水平地震作用计算。

3）《抗规》5.3 节：竖向地震作用计算。

4）《高规》4.3 节：地震作用。

**2. 对规范规定的理解**

1）超越概率指在一定时期内（一般为 50 年），工程场地可能遭遇大于或等于给定的地震烈度值或地震动参数值的概率。重现期指的是回归期，即地震多少年发生一次。抗震设防烈度取 50 年内超越概率为 10% 的地震烈度，重现期 $n=-50/\ln(1-10\%)=475$ 年。

2）将单自由度体系的地震最大绝对反应与其自振周期的关系定义为地震反应谱。反应谱分为加速度反应谱、速度反应谱和位移反应谱，见图 1.4-1。

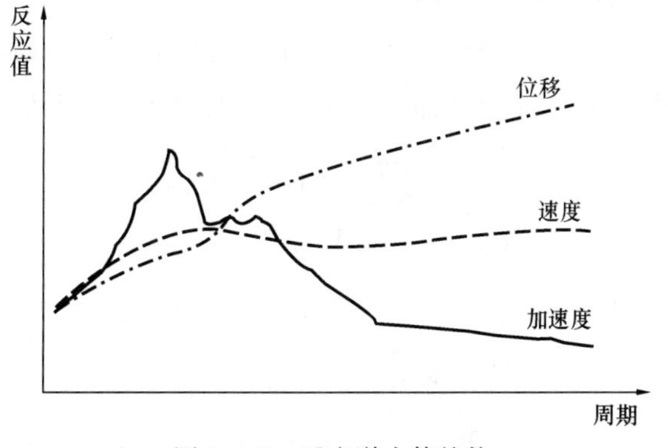


图 1.4-1　反应谱大体趋势

考虑到现有的科技水平及设计习

惯，弹性加速度反应谱仍是现阶段结构抗震设计计算的最基本依据。《抗规》5.1.5 条条文说明将加速度反应谱分为三段：小于等于特征周期 $T_g$ 为反应谱加速度控制段；大于特征周期 $5T_g$ 为反应谱位移控制段；大于特征周期 $T_g$ 小于等于特征周期 $5T_g$ 为反应谱速度控制段，见图 1.4-2。

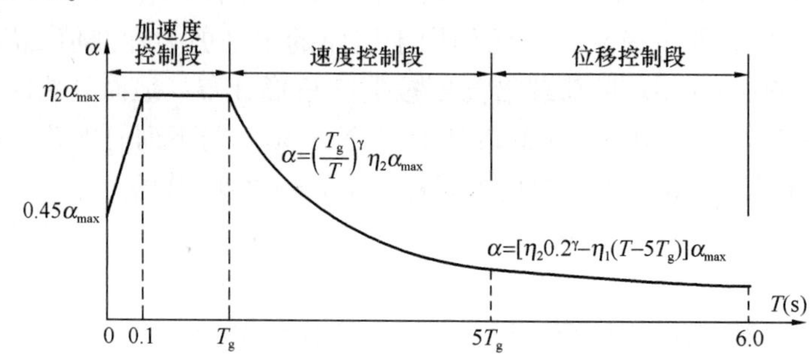


图 1.4-2 地震影响系数曲线分段

$\alpha$—地震影响系数；$\alpha_{max}$—地震影响系数最大值；$\eta_1$—直线下降段的下降斜率调整系数；$\gamma$—衰减指数；$T_g$—特征周期；$\eta_2$—阻尼调整系数；$T$—结构自振周期

从图 1.4-1 中可以看出，对于长周期结构，地震地面运动速度和位移可能对结构的破坏具有更大影响，但是规范所采用的振型分解反应谱尚无法对此做出估计。出于结构安全的考虑，《抗规》5.2.5 条提出了对结构总水平地震剪力及各楼层水平地震剪力最小值的要求：当 $T<3.5$s 时，$\lambda_{min}=0.20\alpha_{max}$；当 $T>5.0$s 时，$\lambda_{min}=0.15\alpha_{max}$，当 $T=3.5\sim5.0$s 时，按插入法取值。对于存在竖向不规则的结构，突变部位的薄弱楼层，可按如下公式验算剪重比：$\eta\cdot V_{Eki}\geqslant1.15\lambda\sum_{j=i}^{n}G_j$，其中 $\eta$ 为薄弱层剪力调整系数，按《抗规》3.4.4 条取 1.15 或按《高规》3.5.8 条取 1.25；1.15 为薄弱层剪力系数增大系数。

根据《抗规》5.2.5 条条文说明，通过调整结构总剪力和各楼层的水平地震剪力使之满足最小剪力系数的方法如下（以下假设底层的实际剪力系数最小）：

（1）结构的基本周期位于设计反应谱的加速度控制段时，各楼层均乘以同样大小的增大系数，即 $V_{调整后}=\dfrac{\lambda_{min}}{\lambda_{底部实际}}V_{调整前}$；

（2）结构的基本周期位于反应谱的位移控制段时，则各楼层均按底部的剪力系数的差值增加该层的地震剪力，即 $V_{调整后}=V_{调整前}+(\lambda_{min}-\lambda_{底部实际})\cdot\sum_{j=i}^{n}G_j$；

（3）结构的基本周期位于反应谱的速度控制段时，顶部增加值可取动位移作用和加速度作用二者的平均值，中间各层的增加值可近似按线性分，即

$$V_{底层,调整后}=\frac{\lambda_{min}}{\lambda_{底部实际}}V_{底层,调整前};$$

$$\Delta_{底层}=V_{底层,调整后}-V_{底层,调整前};$$

$$V_{顶层,调整后}=\left[\frac{\lambda_{min}}{\lambda_{底部实际}}V_{顶层,调整前}+(\lambda_{min}-\lambda_{底部实际})\cdot G_{顶层}+V_{顶层,调整前}\right]/2;$$

$$\Delta_{顶层}=V_{顶层,调整后}-V_{顶层,调整前};$$

$$V_{i,调整后}=V_{i,调整前}+\Delta_{底层}-\frac{i-1}{n-1}(\Delta_{底层}-\Delta_{顶层})=V_{i,调整前}+\Delta_{顶层}+\frac{n-i}{n-1}(\Delta_{底层}-\Delta_{顶层})。$$

假设最小剪力系数 $\lambda_{\min}=0.016$，某 7 度区 8 层住宅，当基本周期处于反应谱的不同分段时，按上述方法的计算结果见表 1.4-1。

**楼层最小剪力系数调整示例** **表 1.4-1**

| 楼层 | | 1 | 2 | 3 | 4 | 5 | 6 | 7 | 8 |
|---|---|---|---|---|---|---|---|---|---|
| $G_j$（kN）（①） | | 18000 | 18000 | 15000 | | | | | 18000 |
| $\sum_{j=i}^{n}G_j$（kN）（②） | | 129000 | 111000 | 93000 | 78000 | 63000 | 48000 | 33000 | 18000 |
| 楼层剪力 $V_{\mathrm{Ek}i}$（kN）（③） | | 1806 | 1610 | 1395 | 1326 | 1008 | 792 | 550 | 306 |
| 楼层剪力系数 $\lambda_1$（④=③/②） | | 0.014<br>(<0.016) | 0.0145<br>(0.016) | 0.015<br>(<0.016) | 0.017 | 0.016 | 0.0165 | 0.0167 | 0.017 |
| 加速度段 | $\Delta V_{\mathrm{Ek}i}$（⑥=⑤−③） | 258 | 230 | 200 | 190 | 144 | 113 | 79 | 44 |
| | $V'_{\mathrm{Ek}i}$（⑤=③×0.016/0.014） | 2064 | 1840 | 1595 | 1516 | 1152 | 905 | 629 | 350 |
| | 调整后 $\lambda'_1\geqslant\lambda_{\min}$（⑦=⑤/②） | 0.016 | 0.0166 | 0.0172 | 0.0194 | 0.0183 | 0.0189 | 0.0191 | 0.0194 |
| 位移段 | $\Delta V_{\mathrm{Ek}i}$（⑧=②×($\lambda_{\min}$−0.014)） | 258 | 222 | 186 | 156 | 126 | 96 | 66 | 36 |
| | $V'_{\mathrm{Ek}i}$（⑨=③+⑧） | 2064 | 1832 | 1581 | 1482 | 1134 | 888 | 616 | 342 |
| | 调整后 $\lambda'_1\geqslant\lambda_{\min}$（⑩=⑨/②） | 0.016 | 0.0165 | 0.017 | 0.019 | 0.018 | 0.0185 | 0.0187 | 0.019 |
| 速度段 | $\Delta V_{\mathrm{Ek}i}\left(40+\dfrac{n-i}{n-1}\times(258-40)\right)$ | 258 | 227 | 195 | 164 | 133 | 102 | 71 | $40\left(\dfrac{44+36}{2}>36\right)$ |
| | $V'_{\mathrm{Ek}i}=V_{\mathrm{Ek}i}+\Delta V_{\mathrm{Ek}i}$ | 2064 | 1837 | 1590 | 1490 | 1141 | 894 | 621 | 346 |
| | 调整后 $\lambda'_1>\lambda_{\min}$（$\lambda'_1=V'_{\mathrm{Ek}i}$/②） | 0.016 | 0.0165 | 0.0171 | 0.0191 | 0.0181 | 0.0186 | 0.0188 | 0.0192 |

3）可根据《抗规》5.1.5 条建筑结构地震影响系数曲线，计算多遇地震、设防地震及罕遇地震下的地震影响系数 $\alpha$ 值。其中，阻尼比取值见表 1.4-2。需要注意的是，计算罕遇地震作用时，特征周期应增加 0.05s。结构的基本周期应考虑《高规》4.3.17 条周期折减系数的影响。

**结构的阻尼比取值** **表 1.4-2**

| 结构类型 | 混凝土结构 | 钢结构 | 混合结构 |
|---|---|---|---|
| 多遇地震 | 0.05<br>（《抗规》5.1.5 条） | $H\leqslant50$，0.04<br>$50<H<200$，0.03<br>$H\geqslant200$，0.02<br>（《抗规》8.2.2 条） | 0.04<br>（《高规》11.3.5 条） |
| 弹塑性计算 | 增加值不大于 0.02<br>（《高规》3.11.3 条条文说明） | 0.05<br>（《抗规》8.2.2 条） | 增加值不大于 0.02<br>（《高规》3.11.3 条条文说明） |
| 风荷载位移及配筋 | 0.05<br>（《荷规》8.4.4 条） | 钢结构，0.01<br>有填充墙，0.02<br>（《荷规》8.4.4 条） | 0.02～0.04<br>（《高规》11.3.5 条） |
| 风荷载舒适度 | 按《荷规》附录 J 及《高规》3.7.6 条条文说明执行 | | |
| 预应力混凝土结构，弹性，0.03；弹塑性，0.05（《混规》11.8.3 条条文说明） | | | |
| 砌体结构弹性，0.05（《抗规》5.1.5 条） | | | |
| 钢结构偏心支撑框架承担倾覆力矩超 50%时，增加 0.005（《抗规》8.2.2 条） | | | |
| 钢结构单层厂房，0.045～0.05（《抗规》9.2.5 条） | | | |
| 屋盖钢结构支承于钢结构或地面时，0.02；支承在混凝土时，0.025～0.035（《抗规》10.2.8 条） | | | |

续表

| 结构类型 | 混凝土结构 | 钢结构 | 混合结构 |
| --- | --- | --- | --- |
| 钢支撑混凝土框架不大于 0.045（《抗规》附录 G） | | | |
| 人行振动计算，楼盖阻尼比要求（《高规》附录 A） | | | |
| 地震作用计算：封闭式房屋，0.05；敞开式房屋，0.035（《门刚》6.2.1 条） | | | |

4）高度不超过 40m，以剪切变形为主且质量和刚度沿高度分布比较均匀的结构，以及近似于单质点体系的结构，可采用《抗规》5.2.1 条的底部剪力法计算。计算注意点如下：① 计算地震影响系数 $a_1$ 时，结构的基本周期应考虑《高规》4.3.17 条周期折减系数的影响。对多层砌体房屋、底部框架砌体房屋，取 $a_1 = a_{max}$。

② $G_{eq}$为结构等效重力荷载，单质点取总重力荷载代表值，多质点可取总重力荷载代表值的 0.85。根据《抗规》5.1.3 条，实际活荷载、等效楼面活荷载、屋面活荷载、楼面藏书库、档案库的组合系数分别为：1.0、0.5、0.0、0.8、0.8。计算重力荷载代表值时，不考虑活荷载楼层折减。《高规》5.1.8 条条文说明给出了目前国内钢筋混凝土结构高层建筑由恒荷载和活荷载引起的单位面积重力，可用来估算结构等效重力荷载。框架与框架-剪力墙结构约为 12～14kN/m²，剪力墙和筒体结构约为 13～16kN/m²，而其中活荷载部分约为 2～3kN/m²，只占全部重力的 15%～20%，活荷载不利分布的影响较小。

③ 顶部附加地震作用系数 $\delta_n$，多层钢筋混凝土和钢结构按《抗规》表 5.2.1 取值，单层厂房及砌体房屋顶部不调整，取 0.0。高层建筑按《高规》附录表 C.0.1 取值。

④ 若主要的屋面层的重力荷载代表值为 $G_{RF}$，突出屋面房屋（楼梯间、电梯间、水箱间）的重力荷载代表值为 $G_{RF+1}$，采用底部剪力法计算时，突出屋面房屋作为一个质点参与计算，即结构等效重力荷载 $G_{eq}$应包括 $G_{RF+1}$。在计算屋面层的水平地震作用标准值 $F_{RF}$时，应计入顶部附加水平地震作用 $\Delta F_n$。在计算突出屋面房屋的水平地震作用标准值 $F_{RF+1}$时，不计入顶部附加水平地震作用 $\Delta F_n$，但应考虑《抗规》5.2.4 条或《高规》附录 C.0.3 条的增大系数，增大后的地震作用仅用于突出屋面房屋自身以及与直接连接的主体结构的构件设计，不向下传递（如主要屋面层的楼层剪力不包括此增大部分）。

5）随着计算机的应用与普及，一般情况下地震作用（$F_{ji}$）均可采用振型分解反应谱法计算。振型个数一般可取振型参与质量达到总质量的 90%时所需的总振型数。B 级高度的高层建筑结构、混合结构及《高规》第 10 章规定的复杂结构，尚应符合《高规》5.1.13 条的相关规定。

6）《抗规》5.2.3 条 1 款，“角部构件宜同时乘以两个方向的各自增大系数”，此条为 2010 抗震规范新增条文。两个方向各自的增大系数，指的是 1.15 和 1.05 连乘。当扭转刚度较小时，取值按 1.3 采用，不需要连乘。

7）地震作用效应（$S_{Ek}$是由地震作用力 $F_{ji}$ 产生的效应，即弯矩、剪力、轴向力和变形等）可采用《抗规》公式（5.2.2-3）平方和开方法（SRSS）简化计算，但当相邻振型的周期比不小于 0.85 时，应采用《抗规》公式（5.2.3-5）的考虑扭转耦联振动影响的振型分解反应谱法，即 CQC 效应组合法计算。

8）《高规》4.3.3 条规定，计算单向地震作用时，应考虑偶然偏心的影响，各层质量偶然偏心为 0.05$L$，$L$ 为垂直于地震作用方向的建筑物总长度，且按各楼层质心偏移方向相同考虑。采用底部剪力法计算地震作用时，也应考虑偶然偏心的不利影响。《高钢规》

5.3.7条，对非方形及矩形平面的质心偏移值给出了不同于《高规》的数值要求。

9）《抗规》式（5.2.3-7）、式（5.2.3-8）给出了双向水平地震作用效应的计算方法，即：

$$S = \max[\sqrt{S_x^2 + (0.85S_y)^2},\quad \sqrt{S_y^2 + (0.85S_x)^2}]$$

公式中的地震作用效应，系指两个正交方向地震作用在每个构件的统一局部坐标方向的地震作用效应，可改写为如下形式：

$$S_x = \max[\sqrt{S_{xX}^2 + (0.85S_{xY})^2}, \sqrt{S_{xY}^2 + (0.85S_{xX})^2}]$$

$$S_y = \max[\sqrt{S_{yX}^2 + (0.85S_{yY})^2}, \sqrt{S_{yY}^2 + (0.85S_{yX})^2}]$$

大写字母表示地震作用方向，小写字母表示效应方向。以偏心压弯框架柱为例，其双向地震作用效应计算如下：

$$N = \max([\sqrt{N_X^2 + (0.85N_Y)^2}, \sqrt{N_Y^2 + (0.85N_X)^2}]$$

$$M_x = \max[\sqrt{M_{xX}^2 + (0.85M_{xY})^2}, \sqrt{M_{xY}^2 + (0.85M_{xX})^2}]$$

$$M_y = \max[\sqrt{M_{yX}^2 + (0.85M_{yY})^2}, \sqrt{M_{yY}^2 + (0.85M_{yX})^2}]$$

双向地震与偶然偏心不同时考虑，即：双向地震公式中，$S_x$，$S_y$采用的是无偶然偏心的考虑扭转耦联的单向地震作用效应。双向地震计算结果，应与考虑偶然偏心并考虑扭转耦联的单向地震作用效应对比取大。

10）《抗规》5.2.7条规定，8度和9度时建造于Ⅲ、Ⅳ类场地，采用箱基、刚性较好的筏基和桩箱联合基础的钢筋混凝土高层，当$1.2 \leqslant T_1/T_g \leqslant 5$时，对刚性地基假定计算的水平地震剪力可进行折减，折减后各楼层剪力应满足剪重比的要求。

11）时程分析：依据每一时刻对应的加速度值、结构的参数，由初始状态开始一步一步积分求解运动方程，从而了解结构整个地震加速度记录时间过程的地震反应。分析过程中，若结构的刚度矩阵不变则称为弹性时程分析；若构件或楼层的刚度要按照恢复力特征曲线上的位置取值不断变化则称为动力弹塑性时程分析。除《抗规》5.1.2条3款、《高规》4.3.4条规定的建筑类型需采用时程分析外，结构顶层取消部分墙、柱形成空旷房间时，宜进行弹性或弹塑性时程分析补充计算并采取有效构造措施。

时程分析的地震波选波要求包括：

① 特征周期相符：时程分析应按建筑场地类别和设计分组，按《抗规》表5.1.4-2特征周期，选用实际强震记录和人工模拟的加速度时程曲线。罕遇地震计算时，特征周期应增加0.05s。

② 统计意义相符：多组时程波的平均地震影响系数曲线（平均谱）与振型分解反应谱法所用的地震影响曲线相比，在对应于结构主要振型的周期点上相差不大于20%，对单条地震波不做要求。如图1.4-3所示，地震波chi-chi，Taiwan-02 NO 2197，单波在第一周期上与规范谱相差24%，但整组三条地震波在第一周期与规范谱相差3%，因此三条地震波均可使用。

③ 数量：天然波数量不少于总数的2/3。体型比较规则的高层建筑，取2+1，即不少于2条天然波和1条人工波；对于超高、大跨、体型复杂的建筑结构，取5+2，即不少于5条天然波和2条人工波。

④ 有效峰值：《抗规》表5.1.2-2给出了时程分析所用地震加速度时程的最大值$A_{max}$

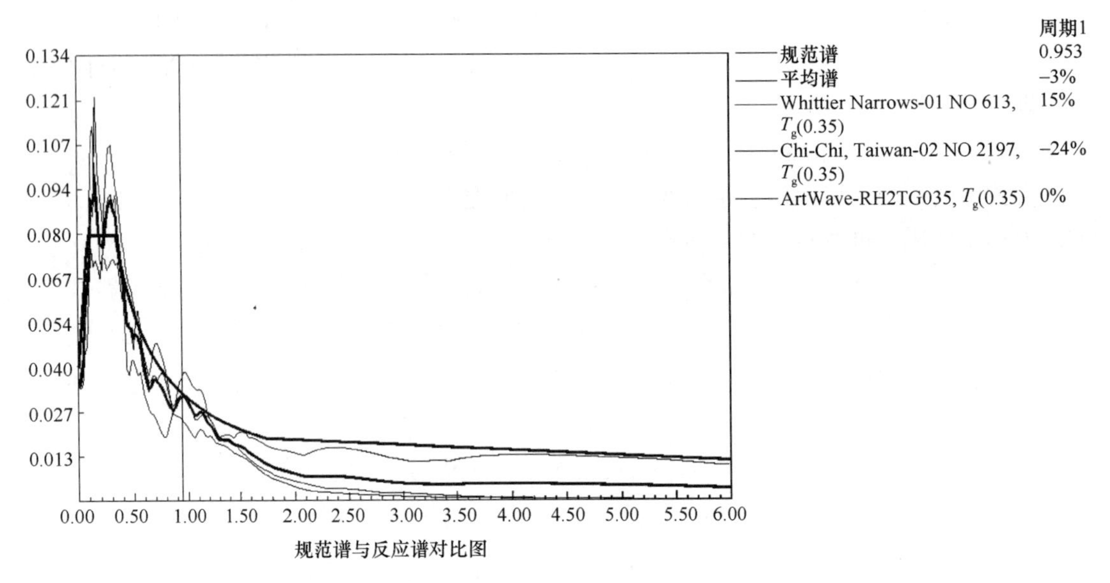


图 1.4-3 规范谱与反应谱对比图

(cm/s$^2$)，当结构采用三维空间模型等需要双向（二个水平向）或三向（二个水平和一个竖向）地震波输入时，其加速度最大值通常按 1（水平 1）：0.85（水平 2）：0.65（竖向）的比例调整。采用天然波时，应将天然波实测峰值加速度调整至规范数值。图 1.4-4 为某一天然地震波信息，当进行 7 度（0.10$g$）小震时程分析时，主方向实测峰值加速度为 18.9673cm/s$^2$，规范要求数值为 35cm/s$^2$，天然波主方向应整体调整 35/18.9673=1.85 倍；次方向实测峰值加速度为 25.1172cm/s$^2$，规范要求数值为 35×0.85cm/s$^2$，天然波次

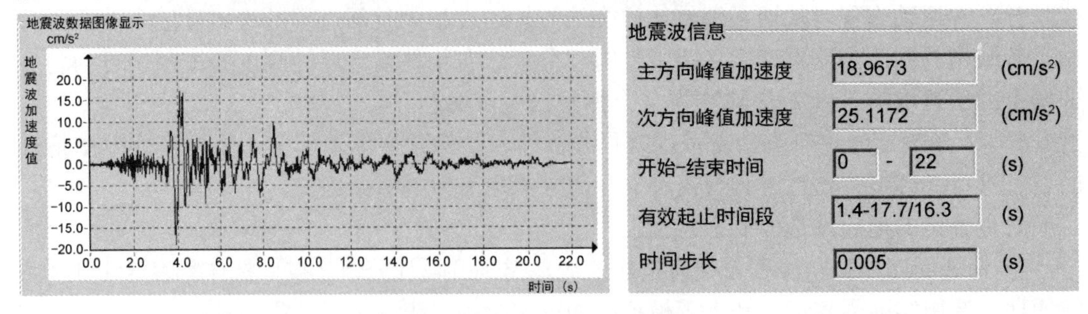


图 1.4-4 某地震波加速度值

方向应整体调整 35×0.85/25.1172=1.18 倍。

水平地震影响系数最大值 $a_{max}$，用于反应谱分析及静力弹塑性分析，而地震加速度最大值 $A_{max}$ 用于时程分析。当动力系数取为 2.25 时，两者之间存在如下换算关系：$a_{max}=A_{max}\beta_{max}/g=2.25A_{max}/g$。当进行 7 度（0.10$g$）小震分析时，则有

$$a_{max}=0.08=A_{max}\beta_{max}/g=2.25\times 35/980$$

⑤ 有效持续时间：地震波从首次达到该时程曲线最大峰值的 10%那一点算起，到最后一点到达最大峰值 10%为止的时长称为有效持续时间。《抗规》要求不小于 $5T\sim 10T$，《高规》要求不宜小于建筑结构基本自振周期的 5 倍和 15s。地震波的时间间距可取 0.01s 或 0.02s。

⑥ 基底剪力要求：每条时程曲线计算所得结构底部剪力不应小于阵型分解反应谱法计算结果的65%，不大于振型分解反应谱法计算结果的135%，即±35%；多条时程曲线计算所得的结构底部剪力的平均值不应小于振型分解反应谱法计算结果的80%，平均不大于120%，即±20%。非底部楼层无需控制剪力范围。

时程分析的结果应用：

当取三组加速度时程曲线输入时，层剪力计算结果宜取时程法的包络值和振型分解反应谱法的较大值；当取七组及七组以上的时程曲线时，层剪力计算结果可取时程法的平均值和振型分解反应谱法的较大值。根据《抗规》5.1.2条条文说明，底部剪力法及振型分解反应谱法是基本方法，时程分析法作为补充计算方法。所谓“补充”，主要指对计算结果的底部剪力、楼层剪力和层间位移进行比较，当时程分析法大于振型分解反应谱法时，相关部位的构件内力和配筋作相应的调整。所谓构件内力相应调整，指的是按振型分解反应谱的构件地震工况内力结果，根据楼层剪力的调整系数进行调整。

根据《抗规》3.10.4条条文说明，大震弹塑性位移的计算需要借助小震反应谱法计算结果进行分析。大震弹塑性时程位移参考值=大震弹塑性时程位移计算值/小震弹性时程位移计算值 $x$ 小震反应谱位移计算值。其中，大震和小震时程分析采用同一地震波，比值结果取平均或者包络值。

12）竖向地震：根据《抗规》5.1.1条及条文说明，需要验算竖向地震的情况见表1.4-3。根据《高规》4.3.2、10.5.2、10.5.3条及条文说明，需要验算竖向地震的情况见表1.4-4。需注意的是，《抗规》式（5.3.1-1）与式（5.2.1-1）两者的$G_{eq}$取值不同，计算水平地震作用时取$G_{eq}=0.85G_E$，而计算竖向地震作用时$G_{eq}=0.75G_E$。与水平地震作用相同，质点竖向地震作用标准值按重力荷载代表值与计算高度的乘积所占比例进行分配，因重量与高度代表了质点的惯性特征。而楼层的竖向地震作用效应可按各构件承受重力荷载代表值的比例分配，并宜乘以增大系数1.5。

**《抗规》需要验算竖向地震的情况　　表1.4-3**

| 设防烈度 | 大跨度结构 | 长悬臂结构 | 高层建筑 |
|---|---|---|---|
| 8度 | ＞24m | ＞2m | — |
| 9度 | ＞18m | ＞1.5m | 需要 |

**《高规》需要验算竖向地震的情况　　表1.4-4**

| 设防烈度 | 大跨度结构 | 长悬臂结构 | 转换结构跨度 | 高层建筑 |
|---|---|---|---|---|
| 6度、7度（0.10$g$） | — | — | — | 高位连体结构的连接体 |
| 7度（0.15$g$）、8度 | ＞24m | ＞2m | ＞8m | 连体结构的连接体 |
| 9度 | 高层均需要 | | | |

**3. 历年真题解析**

**【例1.4.1】** 2020下午20题

某18层普通办公楼，采用现浇钢筋混凝土框架-剪力墙结构，首层层高4.5m，其余各层层高均为3.6m，室内外高差0.45m，房屋高度66.15m，抗震设防烈度8度（0.20$g$），设计地震分组第二组，场地类别Ⅱ类，抗震设防类别为丙类，安全等级为二级。

该结构平面、竖向规则，各层平面布置相同，板厚 120mm，每层建筑面积均为 $2100m^2$，非承重墙体采用轻钢龙骨隔墙，结构竖向荷载由恒荷载和活荷载引起的单位面积重力组成。

假定，每层（含屋面层）重力荷载代表值取值相等，重力荷载代表值按 0.9 倍重力荷载计算，主要计算结果：第一振型为平动，自振周期为 1.8s，按弹性方法计算在水平地震作用下楼层层间最大水平位移与层高之比为 1/850。试问，方案估算时，多遇地震作用下，按规范、规程规定的楼层最小剪力系数计算的，对应于水平地震作用标准值的首层剪力(kN)，与下列何项数值最接近？

(A) 11000　　(B) 15000　　(C) 20000　　(D) 25000

**【答案】**(B)

根据《高规》5.1.8 条文说明，框剪结构单位面积重量取 $12\sim14kN/m^2$。

重力荷载代表值按 0.9 倍重力荷载计算：

$$\Sigma G_j = 0.9\times18\times(12\sim14)\times2100 = 408240\sim476280kN$$

根据《高规》4.3.12 条，8 度（0.20$g$）：

$$V\geqslant\lambda\Sigma G_j = 0.032\times(408240\sim476280) = 13064\sim15241kN$$

**【例 1.4.2】** 2020 下午 21 题

基本题干同例 1.4.1。假定，该办公楼由于业主需求进行方案调整，顶部楼层拟取消部分剪力墙形成大空间，顶层层高由 3.6m 改为 5.4m，框架梁梁高为 800m，剖面如图 2020-21 所示，分析表明，多遇地震作用下，该结构调整后楼层层间最大水平位移与层高之比仍满足规范要求，$X$ 向经振型分解反应谱法分析及七组加速度时程补充弹性分析，顶层楼剪力 $V_{18}$、某边柱 AB 柱底相应弯矩标准值见表 2020-21（已考虑地震作用下对竖向不规则结构要求的剪力放大）。

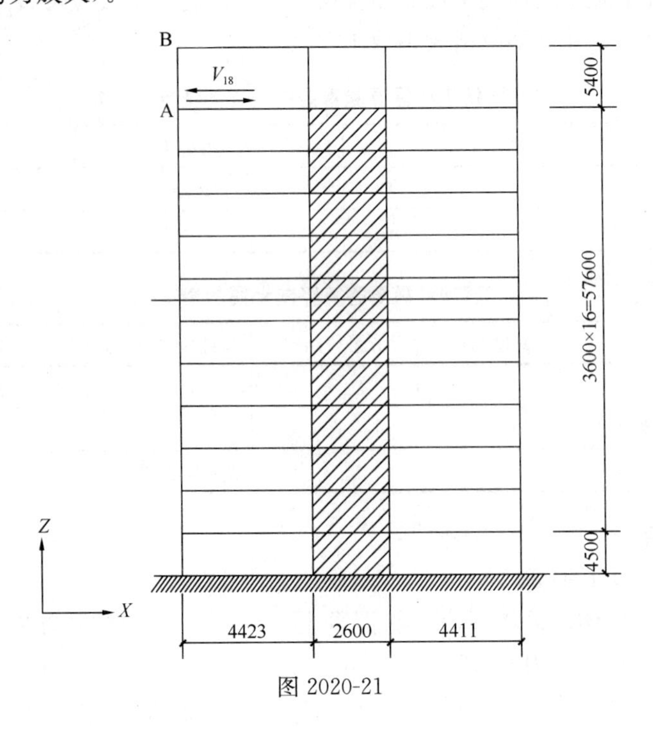


图 2020-21

表 2020-21

| | $M_{ck}^{b}$ | $V_{18}$ |
|---|---|---|
| 振型分解反应谱法 | 500 | 2500 |
| 时程分析平均值 | 700 | 3500 |
| 时程分析包络值 | 800 | 3800 |

试问，多遇地震下，边柱 AB 柱底截面内力组合所采用的对应于地震作用标准值的弯矩（kN·m），与下列数值何项最为接近？

（A）500　　（B）600　　（C）700　　（D）800

**【答案】**（C）

根据《高规》4.3.5 条，七组加速度时程补充弹性分析时取平均值。

依据《高规》4.3.4 条及条文说明：

$$M_{ck}^{b}=\frac{3500}{2500}\times 500=700\text{kN}$$

**【例 1.4.3】** 2020 下午 22 题

某 16 层办公楼，房屋高度 58.5m，标准设防类，抗震设防烈度 8 度（0.20$g$），设计地震分组第一组，场地类别Ⅲ类，安全等级为二级，采用钢筋混凝土框架-剪力墙结构，结构质量和刚度沿高度分布均匀，周期折减系数 0.8。针对两个结构方案分别进行了多遇地震电算分析，现提取首层地震剪力系数 $\lambda_v$（$\lambda_v=V_{Ek1}/\sum_{i=1}^{n}G_j$）、第一自振周期 $T_1$ 如下（其他计算结果初步判断均满足规范要求）：

方案一：$\lambda_v=0.055$，$T_1=1.5$；

方案二：$\lambda_v=0.050$，$T_1=1.3$。

假定，可用底部剪力法计算结构水平地震作用标准值，不考虑其他因素影响，仅从上述数据之间的基本关系判断电算结果的合理性，下列哪一项结论正确？

（A）方案一电算可信；方案二电算有误

（B）方案一电算有误；方案二电算可信

（C）两方案电算均可信

（D）两方案电算均不可信

**【答案】**（A）

根据《高规》4.3.7 条、4.3.8 条，$T_g=0.45\text{s}$，$\alpha_{max}=0.16$。

方案一：

$$T_g\leqslant 0.8T_1=1.2\text{s}\leqslant 5T_g$$

$$\alpha=\left(\frac{T_g}{T}\right)^{\gamma}\eta_2\alpha_{max}=\left(\frac{0.45}{1.5\times 0.8}\right)^{0.9}\times 1.0\times 0.16=0.0662$$

方案二：

$$T_g\leqslant 0.8T_2=1.04\text{s}\leqslant 5T_g$$

$$\alpha=\left(\frac{T_g}{T}\right)^{\gamma}\eta_2\alpha_{max}=\left(\frac{0.45}{1.3\times 0.8}\right)^{0.9}\times 1.0\times 0.16=0.0753$$

根据《高规》附录 C.0.1 条：

方案一：

$$F_{\mathrm{Ek}}=\alpha G_{\mathrm{eq}}=0.0662\times0.85\times\sum_{j=1}^{n}G_j=0.0563\sum_{j=1}^{n}G_j$$

方案二：

$$F_{\mathrm{Ek}}=\alpha G_{\mathrm{eq}}=0.0753\times0.85\times\sum_{j=1}^{n}G_j=0.064\sum_{j=1}^{n}G_j$$

方案一：$\lambda_{\mathrm{v}}=0.0563\approx0.055$；方案二：$\lambda_{\mathrm{v}}=0.064>0.050$。

方案一采用底部剪力法与电算结果基本一致，方案一电算可信；

方案二采用底部剪力法与电算结果差异较大，不可信。

**【编者注】**电算方法为CQC，其计算结果中，周期为未考虑折减系数的结构周期。题目给出的周期折减系数，在计算地震剪力时使用，这一点在CQC与底部剪力法中是一致的。

**【例 1.4.4】**2020下午28题

某A级高度部分框支剪力墙结构，转换层设置在一层，共有8根框支柱，地震作用方向上首层与二层结构的等效剪切刚度比为0.90。首层楼层抗剪承载力为15000kN，二层楼层抗剪承载力为20000kN。该建筑安全等级二级，抗震设防烈度为7度，设计基本加速度0.15$g$，基本周期为2s，总重力荷载代表值为324100kN。假定，首层对应于地震作用标准值的剪力$V_{\mathrm{Ek1}}=11500$kN。试问，根据规程中有关对各楼层水平地震剪力的调整要求，底层全部框支柱承受的地震剪力标准值之和，最小与下列何项数值最接近？

(A) 1970kN　　(B) 1840kN　　(C) 1840kN　　(D) 2300kN

**【答案】**(D)

根据《高规》3.5.8条、4.3.12条：

$$1.25V_{\mathrm{Ek}i}=1.25\times11500=14375\mathrm{kN}\geqslant1.15\lambda\sum_{j=i}^{n}G_j=1.15\times0.024\times324100=8945.16\mathrm{kN}$$

根据《高规》10.2.17条，$n=8<10$，则

$$V=1.25\times11500\times2\%\times8=2300\mathrm{kN}$$

**【例 1.4.5】**2019下午18题

下列关于高层建筑结构设计的一些观点，何项正确？

(A) 超长钢筋混凝土结构，温度作用计算时，地下部分与地上部分结构应考虑不同的“温升”“温降”作用

(B) 高度超过60m的高层建筑，结构设计时基本风压应增大10%

(C) 复杂高层建筑结构应采用弹性时程分析法进行补充计算，关键构件的内力、配筋应与反应谱法的计算结果进行比较，取较大者

(D) 抗震设防烈度为8度(0.30$g$)，基本周期为3s的竖向不规则结构的薄弱层，多遇地震水平地震作用计算时，薄弱层的最小水平地震剪力系数不应小于0.048

**【答案】**(A)

(1) 根据《荷规》9.3.2条及条文说明，(A)选项正确。

(2) 根据《高规》4.2.2条，高度超过60m的高层建筑，承载力设计时取基本风压的1.1倍采用，(B)选项错误。

(3) 根据《抗规》5.1.2条及条文说明，(C)选项错误。

(4) 根据《高规》4.3.12条，对于竖向不规则结构的薄弱层，尚应乘以1.15的增大系数，(D) 选项错误。

**【例1.4.6】** 2019下午23题

某拟建10层普通办公楼，现浇混凝土框架结构，质量和刚度沿高度分布比较均匀，房屋高度为36.4m，一层地下室，地下室顶板作为上部结构嵌固部位，桩基础。抗震设防烈度为8度 (0.20$g$)，第一组，丙类建筑，建筑场地类别为Ⅲ类，已知总重力荷载代表值在146000～166000kN之间。

初步设计时，有四种结构布置方案 ($X$ 向起控制作用)，各方案多遇地震作用下按振型分解反应谱法计算的主要结果见表2019-23。

**各方案计算结果** **表2019-23**

| 参数 | 方案A | 方案B | 方案C | 方案D |
| --- | --- | --- | --- | --- |
| $T_x$(s) | 0.85 | 0.85 | 0.86 | 0.86 |
| $F_{Ekx}$(kN) | 8200 | 8500 | 12000 | 10200 |
| $\lambda_x$ | 0.050 | 0.052 | 0.076 | 0.075 |

注：$T_x$(s)——结构第一自振周期；$F_{Ekx}$(kN)——总水平地震作用标准值；$\lambda_x$——水平地震剪力系数。

试问，从结构剪重比及总重力荷载合理性方面考虑，上述四个方案的电算结果哪个最合理?

**提示：**采用底部剪力法进行解答。

(A) 方案A (B) 方案B (C) 方案C (D) 方案D

**【答案】**(C)

(1) 根据《抗规》5.1.4条，$T_g = 0.45s$，$\alpha_{max} = 0.16$。

(2) 根据《抗规》5.1.5条，$T_g < T_x < 5T_g$。

(A)、(B) 选项：

$$\alpha = \left(\frac{T_g}{T}\right)^{\gamma}\eta_2\alpha_{max} = \left(\frac{0.45}{0.85}\right)^{0.9} \times 1.0 \times 0.16 = 0.09$$

(C)、(D) 选项：

$$\alpha = \left(\frac{T_g}{T}\right)^{\gamma}\eta_2\alpha_{max} = \left(\frac{0.45}{0.86}\right)^{0.9} \times 1.0 \times 0.16 = 0.089$$

(3) 根据《抗规》5.2.1条、5.2.5条：

$$F_{Ek1} = \alpha_1 G_{eq} = \alpha_1 \times 0.85\sum_{j=1}^{n} G_j$$

$$\lambda_x = F_{Ek1} / \sum_{j=1}^{n} G_j = \alpha_1 \times 0.85$$

(A)、(B) 选项：

$$\lambda_x = 0.09 \times 0.85 = 0.0765$$

(C)、(D) 选项：

$$\lambda_x = 0.089 \times 0.85 = 0.0756$$

排除 (A)、(B)。

(C)、(D) 选项：

$$F_{Ek} = \alpha_1 G_{eq} = 0.089 \times 0.85 \times (146000 \sim 166000) = 11045 \sim 12558\text{kN}$$

仅 (C) 选项底部剪力满足要求。

**【例 1.4.7】** 2016 下午 19 题

某 10 层现浇钢筋混凝土剪力墙结构住宅，抗震设防烈度为 9 度，设计基本地震加速度为 0.40$g$，设计地震分组为第三组，建筑场地类别为Ⅱ类，安全等级二级。假定，结构基本自振周期 $T_1$=0.6s，各楼层平面尺寸为 24m×27m，重力荷载代表值均为 14.5kN/m$^2$，墙肢 W1 承受的重力荷载代表值比例为 8.3%。试问，墙肢 W1 底层由竖向地震产生的轴力 $N_{Evk}$（kN），与下列何项数值最为接近？

(A) 1250　　(B) 1550　　(C) 1650　　(D) 1850

**提示：**按《高层建筑混凝土结构技术规程》JGJ 3—2010 作答。

**【答案】**(D)

根据《高规》式（4.3.13-1）、式（4.3.13-3）：

$$F_{Evk} = \alpha_{vmax}G_{eq} = 0.65\alpha_{max}0.75G_E = 0.65\times0.32\times0.75\times24\times27\times14.5\times10 = 14658\text{kN}$$

W1 墙肢根据构件承受的重力荷载代表值比例分配，并乘以 1.5：

$$N_{Evk}=0.083\times14658\times1.5=1825\text{kN}$$

**【例 1.4.8】** 2016 下午 23 题

某地上 35 层的现浇钢筋混凝土框架-核心筒公寓，质量和刚度沿高度分布均匀，抗震设防烈度为 7 度，设计基本地震加速度为 0.10$g$，设计地震分组为第一组，建筑场地类别为Ⅱ类，抗震设防类别为标准设防类，安全等级二级。假定，结构基本自振周期 $T_1$=4.0s（$Y$ 向平动），$T_2$=3.5s（$X$ 向平动），各楼层考虑偶然偏心的最大扭转位移比为 1.18，结构总恒荷载标准值为 600000kN，按等效均布活荷载计算的总楼面活荷载标准值为 80000kN。试问，多遇水平地震作用计算时，按最小剪重比控制对应于水平地震作用标准值的 $Y$ 向底部剪力（kN），不应小于下列何项数值？

(A) 7700　　(B) 8400　　(C) 9500　　(D) 10500

**【答案】**(C)

根据《高规》4.3.6 条，公寓的活荷载组合值系数为 0.5，结构总重力荷载代表值：

$$G=600000+80000\times0.5=640000\text{kN}$$

$Y$ 向基本周期为 4.0s，根据《高规》表 4.3.12，基本周期介于 3.5s 和 5s 之间，则：

$$\lambda=0.012+\frac{0.016-0.012}{5-3.5}\times(5-4.0)=0.0147$$

根据《高规》式（4.3.12）：

$$V_{Ek}\geqslant\lambda G=0.0147\times640000=9408\text{kN}$$

**【例 1.4.9】** 2014 下午 20 题

某 A 级高度现浇钢筋混凝土框架-剪力墙结构办公楼，各楼层层高 4.0m，质量和刚度分布明显不对称，相邻振型的周期比大于 0.85。假定，采用振型分解反应谱法进行多遇地震作用下结构弹性分析，由计算得知，某层框架中柱在单向水平地震作用下的轴力标准值如表 2014-20 所示。

**轴力标准值**　　**表 2014-20**

| 情　况 | $N_{xk}$（kN） | $N_{yk}$（kN） |
|---|---|---|
| 考虑偶然偏心<br>考虑扭转耦联 | 8000 | 12000 |

续表

| 情　况 | $N_{xk}$（kN） | $N_{yk}$（kN） |
|---|---|---|
| 不考虑偶然偏心<br>考虑扭转耦联 | 7500 | 9000 |
| 考虑偶然偏心<br>不考虑扭转耦联 | 9000 | 11000 |

试问，该框架柱进行截面设计时，水平地震作用下的最大轴压力标准值 $N$(kN)，与下列何项数值最为接近？

(A) 13000　　(B) 12000　　(C) 11000　　(D) 9000

**【答案】**(B)

根据《高规》4.3.3 条、4.3.10 条及条文说明：考虑双向地震作用效应计算时，不考虑偶然偏心的影响。

根据《高规》式（4.3.10-7）、式（4.3.10-8）：

$$N_{Ek}=\sqrt{7500^2+(0.85\times9000)^2}=10713\text{kN}$$

$$N_{Ek}=\sqrt{9000^2+(0.85\times7500)^2}=11029\text{kN}$$

取两者大值：$N_{Ek}=11029$kN。

根据《高规》4.3.2 条、4.3.3 条，计算单向地震作用时，应考虑偶然偏心，且应计算扭转影响。根据《抗规》5.2.3 条条文说明，考虑扭转影响的双向地震作用效应小于考虑偶然偏心引起的单向地震效应时，应取后者以策安全。

与单向考虑扭转耦联考虑偶然偏心地震效应比较：$N_{Ek}=11029\text{kN}<12000\text{kN}$

**【例 1.4.10】** 2014 上午 13 题

某高层钢筋混凝土房屋，抗震设防烈度为 8 度，设计地震分组为第一组。根据工程地质详勘报告，该建筑场地土层的等效剪切波速为 270m/s，场地覆盖层厚度为 55m。试问，计算罕遇地震作用时，按插值方法确定的特征周期 $T_g$（s）取下列何项数值最为合适？

(A) 0.35　　(B) 0.38　　(C) 0.40　　(D) 0.43

**【答案】**(D)

根据《抗规》4.1.6 条及其条文说明，$\nu_{se}=270\text{m/s}$，$\dfrac{270-250}{250}=8\%<15\%$，位于Ⅱ、Ⅲ类场地分界线附近，场地的特征周期应允许按插值方法确定。

设计地震分组为第一组时，查《抗规》条文说明图 7，特征周期为 0.38s。

根据《抗规》5.1.4 条，计算罕遇地震作用时，特征周期增加 0.05s，即：

$$T_g=0.38+0.05=0.43\text{s}$$

**【例 1.4.11】** 2013 下午 31 题

某 70 层办公楼，平、立面如图 2013-31 所示，采用钢筋混凝土筒中筒结构，抗震设

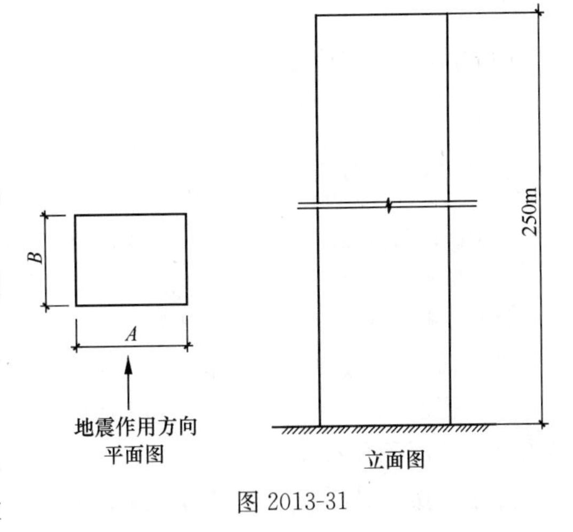


图 2013-31

防烈度为 7 度，丙类建筑，Ⅱ类建筑场地。房屋高度地面以上为 250m，质量和刚度沿竖向分布均匀。已知小震弹性计算时，振型分解反应谱法求得的底部地震剪力为 16000kN，最大层间位移角出现在 $k$ 层，$\theta_k=1/600$。

该结构性能化设计时，需要进行弹塑性动力时程分析补充计算，现有 7 条实际地震记录加速度时程曲线 P1～P7 和 4 组人工模拟加速度时程曲线 RP1～RP4，假定，任意 7 条实际记录地震波及人工波的平均地震影响系数曲线与振型分解反应谱法所采用的地震影响系数曲线在统计意义上相符，各条时程曲线同一软件计算所得的结构底部剪力见表 2013-31。试问，进行弹塑性动力时程分析时，选用下列哪一组地震波最为合理？

**各条时程曲线计算所得结构底部剪力** **表 2013-31**

| 地震波 | P1 | P2 | P3 | P4 | P5 | P6 | P7 |
|---|---|---|---|---|---|---|---|
| $V$（kN）（小震弹性） | 14000 | 13000 | 9600 | 13500 | 11000 | 9700 | 12000 |
| $V$（kN）（大震） | 72000 | 66000 | 60000 | 69000 | 63500 | 60000 | 62000 |

| 地震波 | RP1 | RP2 | RP3 | RP4 |
|---|---|---|---|---|
| $V$（kN）（小震弹性） | 14500 | 10700 | 14000 | 12000 |
| $V$（kN）（大震） | 70000 | 58000 | 72000 | 63500 |

（A）P1、P2、P4、P5、RP1、RP2、RP4
（B）P1、P2、P4、P5、P7、RP1、RP4
（C）P1、P2、P4、P5、P7、RP2、RP4
（D）P1、P2、P3、P4、P5、RP1、RP4

**【答案】**(B)

选用 7 条时加速度时程曲线，实际地震记录的加速度时程曲线数量不应少于总数量的 2/3，即 5 条，人工加速度时程曲线只能选 2 条，排除（A）。

根据《高规》4.3.5 条，每条时程曲线计算所得的结构底部剪力最小值为：16000×65%=10400kN。则 $P_3$、$P_6$不能选用，排除（D）。

各条时程曲线计算所得的剪力的平均值不应小于 16000×80%=12800kN。

若选（C），则

$$(14000+13000+13500+11000+12000+10700+12000)\times\frac{1}{7}=12314\text{kN}<12800\text{kN}$$

排除（C）。

若选（B），则

$$(14000+13000+13500+11000+12000+14500+12000)\times\frac{1}{7}=12857\text{kN}>12800\text{kN}$$

**【例 1.4.12】** 2013 下午 32 题

基本题干同例 1.4.11。假定，正确选用的 7 条时程曲线分别为：AP1～AP7，同一软件计算所得的第 $k$ 层结构的层间位移角（同一层）见表 2013-32。试问，估算的大震下该层的弹塑性层间位移角参考值最接近下列何项数值？

**提示：**按《建筑抗震设计规范》GB 50011—2010 作答。

层间位移角 表 2013-32

| 时程曲线 | $\Delta u/h$（小震） | $\Delta u/h$（大震） |
|---|---|---|
| AP1 | 1/725 | 1/125 |
| AP2 | 1/870 | 1/150 |
| AP3 | 1/815 | 1/140 |
| AP4 | 1/1050 | 1/175 |
| AP5 | 1/945 | 1/160 |
| AP6 | 1/815 | 1/140 |
| AP7 | 1/725 | 1/125 |

(A) 1/90　　(B) 1/100　　(C) 1/125　　(D) 1/145

**【答案】**(B)

同一楼层弹塑性层间位移与小震弹性层间位移之比分别为：5.8；5.8；5.82；6.0；5.91；5.82；5.8。平均值为：5.85；最大值为 6.0。

根据《抗规》3.10.4 条条文说明：

取平均值时：$5.85\times\dfrac{1}{600}=\dfrac{1}{103}$；

取最大值时：$6.0\times\dfrac{1}{600}=\dfrac{1}{100}$。

**【例 1.4.13】** 2011 上午 1 题

某四层现浇钢筋混凝土框架结构，各层结构计算高度均为 6m，抗震设防烈度为 7 度，设计基本地震加速度为 0.15$g$，设计地震分组为第二组，建筑场地类别为Ⅱ类，抗震设防类别为重点设防类。

假定，考虑非承重墙影响的结构基本自振周期 $T_1=1.08$s，各层重力荷载代表值均为 12.5kN/m$^2$（按建筑面积 37.5m×37.5m 计算）。试问，按底部剪力法确定的多遇地震下的结构总水平地震作用标准值 $F_{\mathrm{Ek}}$（kN）与下列何项数值最为接近?

**提示：**按《建筑抗震设计规范》GB 50011—2010 作答。

(A) 2000　　(B) 2700　　(C) 2900　　(D) 3400

**【答案】**(C)

根据《分类标准》3.0.3 条，重点设防按本地区设防烈度确定地震作用。

根据《抗规》图 5.1.5 曲线，表 5.1.4-1 及表 5.1.4-2：$T_{\mathrm{g}}=0.40$s，$\alpha_{\max}=0.12$，$T_1=1.08$s，$\eta_2=1.0$。

由于 $\dfrac{T}{T_{\mathrm{g}}}=\dfrac{1.08}{0.4}=2.7$，处于曲线下降段，$\gamma=0.9$。则

$$\alpha_1=\left(\frac{T_{\mathrm{g}}}{T}\right)^{\gamma}\eta_2\alpha_{\max}=0.049$$

根据《抗规》式 (5.2.1-1)：

$$F_{\mathrm{Ek}}=\alpha_1 G_{\mathrm{eq}}=0.049\times4\times12.5\times37.5\times37.5\times0.85=2929\mathrm{kN}$$

**【例 1.4.14】** 2011 上午 2 题

某四层现浇钢筋混凝土框架结构，各层结构计算高度均为 6m，抗震设防烈度为 7 度，

设计基本地震加速度为 0.15$g$，设计地震分组为第二组，建筑场地类别为Ⅱ类，抗震设防类别为重点设防类。

假定，多遇地震作用下按底部剪力法确定的结构总水平地震作用标准值 $F_{Ek}=3600kN$，顶部附加地震作用系数 $\delta_n=0.118$。试问，当各层重力荷载代表值均相同时，多遇地震下结构总地震倾覆力矩标准值 $M$（kN·m）与下列何项数值最为接近?

**提示：**按《建筑抗震设计规范》GB 50011—2010 作答。

(A) 64000　　(B) 67000　　(C) 75000　　(D) 85000

**【答案】**(B)

根据《抗规》式（5.2.1-2）：

$$F_i=\frac{G_iH_i}{\sum\limits_{j=1}^{n}G_jH_j}F_{Ek}(1-\delta_n)=\frac{H_i}{6+12+18+24}\times3600\times(1-0.118)=52.92H_i$$

$$F_1=6\times52.92=317.52kN$$

$$F_2=12\times52.92=635.04kN$$

$$F_3=18\times52.92=952.56kN$$

$$F_4=24\times52.92=1270.08kN$$

$$\Delta F_4=0.118\times3600=424.8kN$$

水平地震作用倾覆弯矩：

$$M=317.52\times6+635.04\times12+952.56\times18+(1270.08+424.8)\times24=67349kN\cdot m$$

**【例 1.4.15】**2010 下午 24 题

某 11 层办公楼，无特殊库房，采用钢筋混凝土框架-剪力墙结构，首层室内外地面高差 0.45m，房屋高度 39.45m，质量和刚度沿竖向分布均匀，丙类建筑。抗震设防烈度为 9 度。建于Ⅱ类场地，设计地震分组为第一组。初步计算已知：首层楼面永久荷载标准值为 12500kN，其余各层楼面永久荷载标准值均为 12000kN，屋面永久荷载标准值为 10500kN，各楼层楼面活荷载标准值均为 2300kN，屋面活荷载标准值为 650kN；折减后的基本自振周期 $T_1=0.85s$。

试问，采用底部剪力法进行方案比较时，结构顶层附加地震作用标准值（kN），与下列何项数值最接近?

**提示：**按《高层建筑混凝土结构技术规程》JGJ 3—2010 作答。

(A) 2430　　(B) 2460　　(C) 2550　　(D) 2570

**【答案】**(A)

依据《高规》C.0.1 条计算。9 度、多遇地震，查《高规》表 4.3.7-1 得 $\alpha_{max}=0.32$。

场地Ⅱ类、第一组，查《高规》表 4.3.7-2 得 $T_g=0.35s$。$T_g=0.35s<T_1=0.85s<5T_g=1.75s$，依据《高规》4.3.8 条：

$$\alpha_1=\left(\frac{T_g}{T_1}\right)^{\gamma}\eta_2\alpha_{max}=\left(\frac{0.35}{0.85}\right)^{0.9}\times1.0\times0.32=0.1440$$

$T_1=0.85s>1.4T_g=0.49s$，查《高规》表 C.0.1，得到：

$$\delta_n=0.08T_1+0.07=0.08\times0.85+0.07=0.138$$

$$F_{Ek}=\alpha_1G_{eq}=0.1440\times0.85\times(12500+9\times12000+10500+0.5\times10\times2300)$$
$$=17442kN$$

结构顶层附加地震作用标准值为：

$$\Delta F_{n}=\delta_{n}F_{Ek}=0.138\times 17442=2407\mathrm{kN}$$

**【例 1.4.16】** 2009 下午 28 题

某 10 层现浇钢筋混凝土框架-剪力墙普通办公楼，房屋高度 40m，宽度 15.55m，丙类建筑，抗震设防烈度为 9 度，Ⅲ类建筑场地，设计地震分组为第一组，按刚性地基假定确定的结构基本自振周期为 0.8s。假定按刚性地基假定计算的水平地震作用呈倒三角形分布，如图 2009-28 所示。当计入地基与结构动力相互作用的影响时，试问，折减后的底部总水平地震剪力，应为下列何项数值?

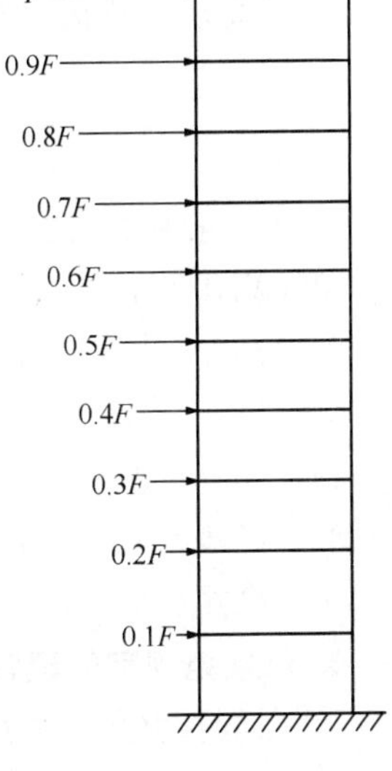

图 2009-28

**提示：** 各层水平地震剪力折减后满足剪重比要求。

(A) 2.95$F$　　(B) 3.95$F$

(C) 4.95$F$　　(D) 5.95$F$

**【答案】** (C)

依据《抗规》5.2.7 条计算折减系数。

今 $T_1=0.8\mathrm{s}>1.2T_g=1.2\times 0.45=0.54\mathrm{s}$，且 $<5T_g=5\times 0.45=2.25\mathrm{s}$，符合折减的条件。

由于 $H/B=40/15.55=2.6<3$，各楼层折减系数按照下式计算：

$$\psi=\left(\frac{T_1}{T_1+\Delta T}\right)^{0.9}=\left(\frac{0.8}{0.8+0.1}\right)^{0.9}=0.899$$

上式中，$\Delta T=0.1\mathrm{s}$ 是依据《抗规》表 5.2.7 得到（9 度、Ⅲ类场地）。

折减后的底部总水平地震剪力为：

$$\psi\sum_{i=1}^{10}F_i=0.899\times\frac{0.1F+F}{2}\times 10=4.94F$$

# 2　结构的整体计算指标

**1. 主要的规范规定**

1)《高规》3.7.3条～3.7.5条：层间位移角的相关规定。

2)《高规》5.5.2条～5.5.3条：弹塑性层间位移的计算方法。

3)《高规》3.4.5条：位移比及周期比。

4)《高规》3.5.2条、《抗规》3.4.3条：侧向刚度不规则的定义。

5)《高规》3.5.3条：楼层层间受剪承载力要求。

6)《高规》5.4节：重力二阶效应及结构稳定。

**2. 对规范规定的理解**

1) 层间位移角：楼层层间最大水平位移与层高之比，$\theta_{\mathrm{H}}=\Delta u_{\mathrm{e}}/h\leqslant(u_i-u_{i-1})_{\max}/h_i$。

多遇地震标准值作用计算时，只需考虑结构自身的扭转耦联，无需考虑偶然偏心及双向地震。(参考“2009全国民用建筑工程设计技术措施”丛书中的《结构（混凝土结构）》第9页）高度（$H$）在150～250m之间的高层建筑，其楼层层间最大位移与层高之比的限值按如下公式插值计算：

$$[\theta_{\mathrm{H}}]=\frac{1}{500}-\frac{\frac{1}{500}-\theta_{表3.7.3}}{250-150}(250-H)$$

《高规》3.7.5条规定，层间位移角限值，对框架结构，当轴压比小于0.4时，可提高10%；当柱子全高的箍筋构造采用比规程中框架柱箍筋最小配箍特征值大30%时，可提高20%，但累计不宜超过25%。而《抗规》5.5.4条规定，采用加大框架柱的体积配箍率(除与最小配箍特征值相关外，还可能有具体最小数值的规定，见《抗规》6.3.9条3款)来适当放宽框架弹塑性位移角限值。两者规定不同，考试时应注意按指定规范作答。

不超过12层且层侧向刚度无突变的框架结构可采用简化方法计算罕遇地震弹塑性位移角，其计算结果由罕遇地震弹性层间位移角乘以增大系数得到。

当$\xi_{\mathrm{y},薄弱层}/\xi_{\mathrm{y},相邻层}\leqslant0.5$时，$\eta_{\mathrm{p},薄弱层}=1.5\eta_{\mathrm{p},表5.5.3}$；

当$0.5<\xi_{\mathrm{y},薄弱层}/\xi_{\mathrm{y},相邻层}<0.8$时，$\eta_{\mathrm{p},薄弱层}=\eta_{\mathrm{p},表5.5.3}\cdot[1+(0.8-\xi_{\mathrm{y},薄弱层}/\xi_{\mathrm{y},相邻层})\times5/3]$；

当$\xi_{\mathrm{y},薄弱层}/\xi_{\mathrm{y},相邻层}\geqslant0.8$时，$\eta_{\mathrm{p},薄弱层}=\eta_{\mathrm{p},表5.5.3}$。

需注意的是，《高规》表5.5.3与《抗规》表5.5.4的规定不同，考试时应注意按指定规范作答。

2) 位移比：在考虑偶然偏心影响的规定水平地震力作用下，楼层竖向构件最大的水平位移和层间位移，与平均值的比值。其中：

① 最大（层间）位移：墙顶、柱顶节点的最大（层间）位移。

② 平均（层间）位移：墙顶、柱顶节点的最大（层间）位移与最小（层间）位移之

和的一半。

③ 计算时假定楼板在其自身平面内为无限刚性，在考虑偶然偏心影响的规定水平地震力作用下计算，无需考虑双向地震。

④ 规定水平地震力：一般可采用振型组合后的楼层地震剪力换算的水平作用力并考虑偶然偏心。水平作用力的换算原则：每一楼面处的水平作用力取该楼面与其上部楼层的地震剪力差的绝对值。结构楼层位移和层间位移控制值验算时仍采用 CQC 的效应组合。

⑤《高规》3.4.5 条规定，位移比限值，A 级高度 1.5，B 级高度及复杂高层 1.4。楼层的最大层间位移角不大于限值的 40%时，可适当放松到 1.6。

3）周期比：结构扭转为主的第一自振周期 $T_t$与平动为主的第一自振周期 $T_1$ 之比。A 级高度高层建筑不应大于 0.9；B 级高度高层建筑、超过 A 级高度的混合结构及《高规》第 10 章所指的复杂高层建筑不应大于 0.85。其中：

① 两个平动和一个扭转方向因子中，当平动方向因子大于 0.5 时，该振型可认为是平动为主的振型；当扭转方向因子大于 0.5 时，则该振型可认为是扭转为主的振型；

② 计算时周期比不考虑偶然偏心；

③ 结构扭转为主的第一自振周期 $T_t$与平动为主的第二自振周期 $T_2$之比，未规定限值；

④《高规》10.6.3 条规定，多塔楼结构，应按整体和分塔楼计算模型分别验算周期比。

4）刚度比：

①《抗规》3.4.3 条规定，当某层的侧向刚度小于相邻上一层的 70%，或小于其上相邻三个楼层侧向刚度平均值的 80%时，为侧向不规则。侧向刚度采用地震力与位移的比值计算：$K_i = V_i/\Delta_i$，$\Delta_i = \mu_i - \mu_{i-1}$。

②《高规》3.5.2 条关于框架结构的刚度比规定与《抗规》相同。对剪力墙相关的以剪弯变形为主的结构类型，侧向刚度采用地震力与位移角的比值计算：$K_i = V_i/\theta_i$，其中 $\theta_i = \Delta_i/h_i$。楼层侧向刚度不宜小于相邻上部楼层侧向刚度的 90%；楼层层高大于相邻上部楼层层高 1.5 倍时，该楼层侧向刚度不宜小于相邻上部楼层侧向刚度的 1.1 倍；对于底部嵌固层，该比值不小于 1.5，如图 2.0-1 所示。

根据《抗规》3.4.4 条，薄弱层楼层地震剪力应乘以增大系数 1.15。《高规》3.5.8 条规定，侧向刚度不满足 3.5.2 条要求时，楼层地震剪力标准值应乘以增大 1.25。

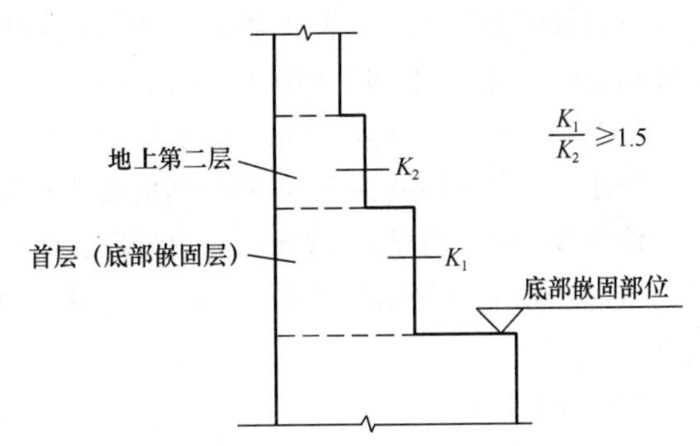


图 2.0-1　剪力墙相关结构类型底部嵌固层刚度比要求

③ 剪切刚度比及剪弯刚度比的计算要求详见《高规》附录 E 及本书第 9 章。

5）受剪承载力：层间受剪承载力是指在所考虑的水平地震作用方向上，该层全部柱、剪力墙、斜撑的受剪承载力之和。柱的受剪承载力可根据柱两端实配的受弯承载力按两端同时屈服的假定失效模式反算，概念上可参考《高规》式（6.2.5-1）；

剪力墙可根据实配钢筋按抗剪设计公式反算，参考《高规》式（7.2.10-2）；斜撑的受剪承载力可计入轴力的贡献，应考虑受压屈服的影响。楼层受剪承载力不符合《高规》3.5.3条规定的楼层，楼层地震剪力标准值应乘以增大1.25。

6）刚重比：

① 重力二阶效应包括整体的侧移引起的$P$-$\Delta$贡献及构件的变形引起$P$-$\delta$贡献，《高规》关注前者，《混规》6.2.3条～6.2.5条关注后者，两者不应同时考虑。

② 刚重比计算时，结构重力荷载设计值，取1.2倍的永久荷载标准值与1.4倍可变荷载标准值的组合值，无需按《可靠性标准》进行调整；框架结构楼层的等效侧向刚度取层剪力与层间位移的比值。剪力墙相关结构类型的弹性等效侧向刚度按《高规》5.4.1条条文说明计算，$EJ_{\mathrm{d}}=11qH^4/(120u)$。

③《高规》5.4.1条给出了重力二阶效应的上限要求，当结构刚重比满足此条要求时，结构按弹性分析的二阶效应对结构的内力位移的增量控制在5%以内，在考虑实际刚度折减50%的情况下，结构内力增量可控制在10%以内，重力$P$-$\Delta$效应可以忽略不计。《高规》5.4.4条给出了重力二阶效应的下限要求，即确保结构稳定性的最小刚重比要求。当结构满足此条规定时，在考虑结构弹性刚度折减50%的情况下，重力$P$-$\Delta$效应可控制在20%范围内，结构的稳定具有适当的安全储备。

④《高规》5.4.3条给出了简单近似的考虑重力$P$-$\Delta$效应的增大系数法。增大系数根据不同的结构形式分别按《高规》式（5.4.3-1）～式（5.4.3-4）计算。注意，结构位移增大系数为$F_1$、$F_{1i}$，结构构件弯矩和剪力增大系数为$F_2$、$F_{2i}$。

⑤《抗规》3.6.3条规定，当结构在地震作用下的重力附加弯矩大于初始弯矩的10%时，应计入重力二阶效应的影响，根据条文说明，可按如下判别式计算：

$$\theta_i=\frac{M_{\mathrm{d}}}{M_0}=\frac{\sum G_i\cdot\Delta u_i}{V_i\cdot h_i}>0.1$$

其中，计算值规范未给出明确定义，可按考题要求取值，若考题无要求时，重力荷载计算值可采用前述结构重力荷载设计值，地震剪力计算值可采用未经调整的组合设计值。

**3. 历年真题解析**

**【例 2.0.1】**2019下午19题

抗震设防烈度为7度的丙类高层建筑，多遇水平地震标准值作用时，需控制弹性层间位移角$\Delta u/h$，比较下列3种结构体系的弹性层间位移角限值$[\Delta u/h]$：

体系1：房屋高度为180m的钢筋混凝土框架-核心筒结构；

体系2：房屋高度为50m的钢筋混凝土框架结构；

体系3：房屋高度为120m的钢框架-屈曲约束支撑结构。

试问，以上三种结构体系$[\Delta u/h]$之比（体系1∶体系2∶体系3）与下列何项最为接近？

(A) 1∶1.45∶2.71　　(B) 1∶1.20∶1.36

(C) 1∶1.04∶1.36　　(D) 1∶1.23∶2.71

**【答案】**(D)

(1) 根据《高规》3.7.3条：

体系1：

$$\left[\frac{\Delta u}{h}\right]=\frac{\frac{1}{500}-\frac{1}{800}}{250-150}(180-150)+\frac{1}{800}=\frac{1}{678}$$

体系 2：

$$\left[\frac{\Delta u}{h}\right]=\frac{1}{550}$$

（2）根据《高规》3.5.2 条：

体系 3：

$$\left[\frac{\Delta u}{h}\right]=\frac{1}{250}$$

$$\text{体系 1：体系 2：体系 3}=\frac{1}{678}:\frac{1}{550}:\frac{1}{250}=1:1.23:2.71$$

**【例 2.0.2】**2019 下午 25 题

某七层民用现浇钢筋混凝土框架结构，层高均为 4.0m，结构沿竖向层刚度无突变，楼层屈服强度系数 $\xi_y$ 分布均匀，安全等级为二级，抗震设防烈度为 8 度（0.20$g$），丙类建筑，建筑场地类别为Ⅱ类。假定，$Y$ 向多遇地震作用下首层地震剪力标准值 $V_0=9000$kN（边柱 14 根，中柱 14 根），罕遇地震作用下首层弹性地震剪力标准值 $V=50000$kN，框架柱按实配钢筋和混凝土强度标准值计算的受剪承载力，每根边柱 $V_{cua1}=780$kN，每根中柱 $V_{cua2}=950$kN，关于结构弹塑性变形验算，有下列 4 种观点：

Ⅰ. 不必进行弹塑性变形验算；

Ⅱ. 增大框架柱实配钢筋使 $V_{cua1}$ 和 $V_{cua2}$ 增加 5%后，可不进行弹塑性变形验算；

Ⅲ. 可采用简化方法计算，弹塑性层间位移增大系数取 1.83；

Ⅳ. 可采用静力弹塑性分析方法或弹塑性时程分析法进行弹塑性变形验算。

试问，下列对是否符合《高层建筑混凝土结构技术规程》JGJ 3—2010 相关规定的判断，何项正确？

（A）Ⅰ不符合，其余符合　　　　（B）Ⅰ、Ⅱ符合，其余不符合

（C）Ⅰ、Ⅱ不符合，其余符合　　（D）Ⅰ符合，其余不符合

**【答案】**（A）

（1）根据《高规》3.7.4 条：

$\xi_y=\dfrac{780\times14+950\times14}{50000}=0.484<0.5$，Ⅰ错误；

$1.05\xi_y=0.508>0.5$，Ⅱ正确。

（2）根据《高规》5.5.3 条：

$\eta_p=\dfrac{2.0-1.8}{0.4-0.5}(0.484-0.4)+2.0=1.83$，Ⅲ正确。

（3）根据《高规》5.5.2 条，Ⅳ正确。

**【例 2.0.3】**2016 下午 31 题

某高层办公楼，采用现浇钢筋混凝土框架结构，顶层为多功能厅，层高 5m，取消部分柱，形成顶层空旷房间，其下部结构刚度、质量沿竖向分布均匀。假定，该结构顶层框架抗震等级为一级，柱截面 500×500，轴压比为 0.20，混凝土强度等级 C30，纵筋直径为$\Phi$25，箍筋采用 HRB400 普通复合箍筋（体积配筋率满足规范要求）。通过静力弹塑性

分析发现顶层为薄弱部位，在预估的罕遇地震作用下，层间弹塑性位移为 120mm。试问，仅从满足层间位移限值方面考虑，下列对顶层框架柱的四种调整方案中哪种方案既满足规范、规程的最低要求且经济合理？

（A）箍筋加密区 4Φ8@100，非加密区 4Φ8@100

（B）箍筋加密区 4Φ10@100，非加密区 4Φ10@200

（C）箍筋加密区 4Φ10@100，非加密区 4Φ10@100

（D）箍筋加密区 4Φ12@100，非加密区 4Φ12@100

**【答案】**（C）

根据《高规》3.7.5 条，在预估的罕遇地震作用下，结构薄弱部位的层间弹塑性位移角应满足限值 1/50 的要求，故层间弹塑性位移限值为

$$[\Delta u_p] \leqslant [\theta_p]h = \frac{1}{50} \times 5000 = 100\text{mm}$$

由题干可知，计算结果 $\Delta u_p = 120\text{mm} > [\Delta u_p] = 100\text{mm}$。

$\frac{120-100}{100} = 0.2 = 20\% < 25\%$，可通过提高框架柱的箍筋配置满足要求。

框架结构，顶层柱轴压比 $\mu_N = 0.20 < 0.4$，$[\theta_p]$ 可提高 10%。

增大框架柱的箍筋配置，当 $\Delta\lambda \geqslant 30\%$ $[\lambda_v]$ 可提高 20%，根据《高规》表 6.4.7，$[\lambda_v] = 0.10$，需提高至 $\lambda_v = 1.3[\lambda_v] = 1.3 \times 0.10 = 0.13$。

混凝土强度等级为 C30，按 C35 计算：

$$\rho_v = \lambda_v \cdot \frac{f_c}{f_{yv}} = 0.13 \times \frac{16.7}{360} = 0.60\%$$

根据《高规》6.4.7 条，抗震等级为一级的框架柱：$\rho_v \geqslant 0.8\%$，加密区构造配箍：4Φ10@100。

根据《高规》3.5.9 条及条文说明，顶层柱全高加密，排除（B）。

不需提高配箍量可满足结构薄弱部位的层间弹塑性位移角限值要求，按加密区构造配箍：4Φ10@100。

（A）方案不满足《高规》表 6.4.3-2 一级框架柱最小箍筋直径的要求。（D）方案虽可以满足要求，但不经济，故选（C）。

**【例 2.0.4】** 2014 下午 19 题

某 A 级高度现浇钢筋混凝土框架-剪力墙结构办公楼，各楼层层高 4.0m，质量和刚度分布明显不对称，相邻振型的周期比大于 0.85。采用振型分解反应谱法进行多遇地震作用下结构弹性位移分析，由计算得知，在水平地震作用下，某楼层竖向构件层间最大水平位移 $\Delta u$ 如表 2014-19 所示。

**层间最大水平位移** **表 2014-19**

| 情况 | $\Delta u$（mm） |
|---|---|
| 弹性楼板假定、不考虑偶然偏心 | 2.2 |
| 刚性楼板假定、不考虑偶然偏心 | 2.0 |
| 弹性楼板假定、考虑偶然偏心 | 2.4 |
| 刚性楼板假定、考虑偶然偏心 | 2.3 |

试问，该楼层符合《高层建筑混凝土结构技术规程》JGJ 3—2010 要求的扭转位移比最大值与下列何项数值最为接近？

(A) 1.2　　(B) 1.4　　(C) 1.5　　(D) 1.6

**【答案】**(D)

根据《高规》3.7.3 条，对钢筋混凝土框架-剪力墙结构：

$$[\Delta u]=\frac{1}{800}h=\frac{1}{800}\times 4000=5\text{mm}$$

层间位移角控制时，取刚性楼板假定，不考虑偶然偏心、考虑扭转耦联的 $\Delta u$，$\Delta u=2.0\text{mm}=40\%[\Delta u]$。

根据《高规》3.4.5 条及注，当该楼层的最大层间位移角不大于《高规》3.7.3 条规定的限值的 40%时，楼层扭转位移比控制值可适当放松，但不应大于 1.6。

**【例 2.0.5】** 2011 下午 23 题

某 12 层现浇框架结构，该建筑物位于 7 度抗震设防区，底层层高 6m，调整构件截面后，经抗震计算，底层框架总侧移刚度 $\Sigma D=5.2\times10^5\text{N/mm}$，柱轴压比大于 0.4，楼层屈服强度系数为 0.4，不小于相邻层该系数平均值的 0.8。试问，在罕遇水平地震作用下，按弹性分析时作用于底层框架的总水平组合剪力标准值 $V_{\text{Ek}}$（kN），最大不能超过下列何值才能满足规范对位移的限值要求？

**提示：**① 罕遇地震作用下薄弱层弹塑性变形计算可采用简化计算法；

② 不考虑重力二阶效应；

③ 不考虑柱配箍影响。

(A) $5.6\times10^3$　　(B) $1.1\times10^4$　　(C) $3.1\times10^4$　　(D) $6.2\times10^4$

**【答案】**(C)

根据《高规》3.7.4 条，该结构应进行弹塑性变形验算。

根据《高规》3.7.5 条，最大弹塑性层间位移 $\Delta u_{\text{p}}\leqslant[\theta_{\text{p}}]h$；根据《高规》表 3.7.5，$\Delta u_{\text{p}}=\frac{1}{50}\times6000=120\text{mm}$。

根据《高规》公式（5.5.3-1），$\Delta u_{\text{e}}=\frac{\Delta u_{\text{p}}}{\eta_{\text{p}}}$，按《高规》表 5.5.3，$\eta_{\text{p}}=2$，$\Delta u_{\text{e}}=\frac{120}{2}=60\text{mm}$。

$$V_{\text{Ek}}=\Sigma D_i\cdot\Delta u_{\text{e}}=5.2\times10^5\times60=3.12\times10^7\text{N}$$
$$=3.12\times10^4\text{kN}$$

**【例 2.0.6】** 2009 下午 31 题

某 12 层现浇钢筋混凝土框架结构，如图 2009-31 所示，质量及侧向刚度沿竖向比较均匀，其地震设防烈度为 8 度，丙类建筑，Ⅱ类建筑场地，设计地震分组为第一组。底层屈服强度系数 $\xi_{\text{y}}=0.4$，且不小于上层该系数平均值的 0.8 倍；柱轴压比大于 0.4。

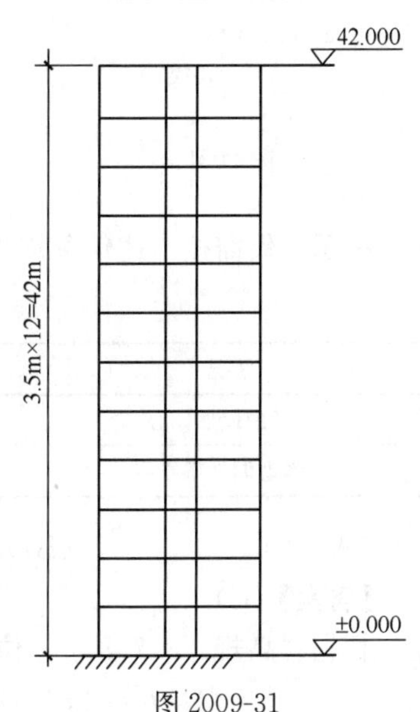

图 2009-31

已知框架底层总抗侧刚度为 $8\times10^5\text{kN/m}$。为满足结构层间弹塑性位移限值，试问，在多遇地震作用下，按弹性分析的底层水平剪力最大标准值（kN），与下列何项数值最为接近？

**提示：**① 不考虑重力二阶效应；

② 从底层层间弹塑性位移限值入手；

③ 假设结构基本周期不变。

(A) 5000　　(B) 6000　　(C) 7000　　(D) 8000

**【答案】**(A)

依据《高规》3.7.5 条和 5.5.3 条，可以得到：$\Delta u_p \leqslant [\theta_p]h$，$\Delta u_p = \eta_p \Delta u_e$。

罕遇地震作用下按弹性分析的层间位移为

$$\Delta u_c \leqslant \frac{[\theta_p]h}{\eta_p} = \frac{1/50 \times 3500}{2.0} = 35\text{mm}$$

上式中，$[\theta_p] = 1/50$ 来源于表 3.7.5；$\eta_p = 2.0$ 来源于表 5.5.3。

对应于罕遇地震作用底层水平剪力最大标准 $\Delta u_e \Sigma D = 0.035 \times 8 \times 10^5 = 28000\text{kN}$。

查《高规》表 4.3.7-1，8 度抗震时，多遇与罕遇地震的水平地震影响系数最大值分别为 0.16 和 0.90。查《高规》表 4.3.7-2，多遇地震时特征周期 0.35s，罕遇地震时特征周期 0.40s。

8 度抗震时，多遇地震与罕遇地震的水平地震影响系数比值，为：

$$\frac{\left(\frac{T_{g,多}}{T_1}\right)^{\gamma}\eta_2\alpha_{\max,多}}{\left(\frac{T_{g,罕}}{T_1}\right)^{\gamma}\eta_2\alpha_{\max,罕}} = \left(\frac{0.35}{0.4}\right)^{0.9}\frac{0.16}{0.90} = 0.158$$

因此，多遇地震作用下，底层水平剪力最大标准值为 $28000 \times 0.158 = 4424\text{kN}$。

**【例 2.0.7】**2021 下午 24 题

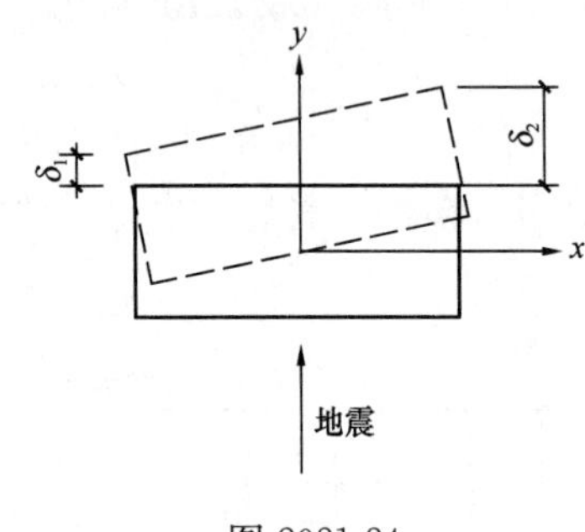

图 2021-24

某高层钢筋混凝土框架-剪力墙结构，房屋高度 80m，层高 5m，$Y$ 向水平地震作用下，结构平面变形如图 2021-24 所示，假定 $Y$ 向多遇水平地震下楼层层间最大水平位移为 $\Delta u$，$Y$ 向规定水平地震力作用下第 3 层角点竖向构件的最小水平层间位移为 $\delta_1$，同一侧的楼层角点竖向构件中的最大水平层间位移为 $\delta_2$，$\Delta\mu$、$\delta_1$ 数值见表 2021-24。试问，第 3 层扭转效应控制时，为满足《高规》时扭转位移比的要求，$\delta_2$（mm）不应超过下列何项数值？

**提示：**仅需按上述信息作答。

**位移值**　　**表 2021-24**

| 情况 | $\Delta\mu$（mm） | $\delta_1$（mm） |
|---|---|---|
| 不考虑偶然偏心 | 2.49 | 1.28 |
| 考虑偶然偏心 | 2.70 | 1.14 |

(A) 3.0　　(B) 3.8　　(C) 4.5　　(D) 5.1

**【答案】**(C)

根据《高规》3.7.3 条，位移角计算不考虑偶然偏心：

$$\Delta u/h = 2.491/5000 = 1/2008 < 1/800 \times 40\% = 1/2000$$

根据《高规》3.4.5 条注，考虑偶然偏心的位移比限值取 1.6：

$$\frac{\delta_2}{(\delta_1+\delta_2)/2}=\frac{\delta_2}{(1.14+\delta_2)/2}\leqslant 1.6$$

解得 $\delta_2\leqslant 4.56$mm。

【例 2.0.8】2017 下午 27 题

某现浇钢筋混凝土结构，地上 37 层，地下 2 层，如图 2017-27A 所示。分析表明地下一层顶板处（±0.000）可作为上部结构嵌固部位。

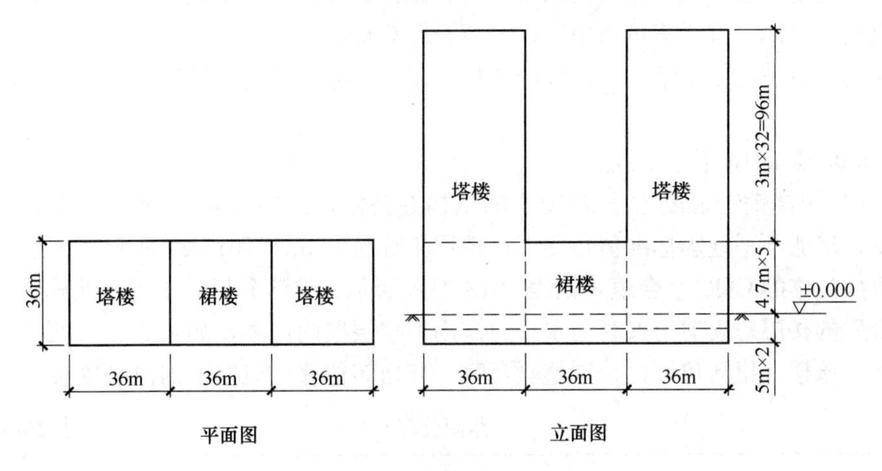


图 2017-27A

假定，裙楼右侧沿塔楼边设防震缝与塔楼分开（1～5 层），左侧与塔楼整体连接。防震缝两侧结构在进行控制扭转位移比计算分析时，有 4 种计算模型，如图 2017-27B 所示。

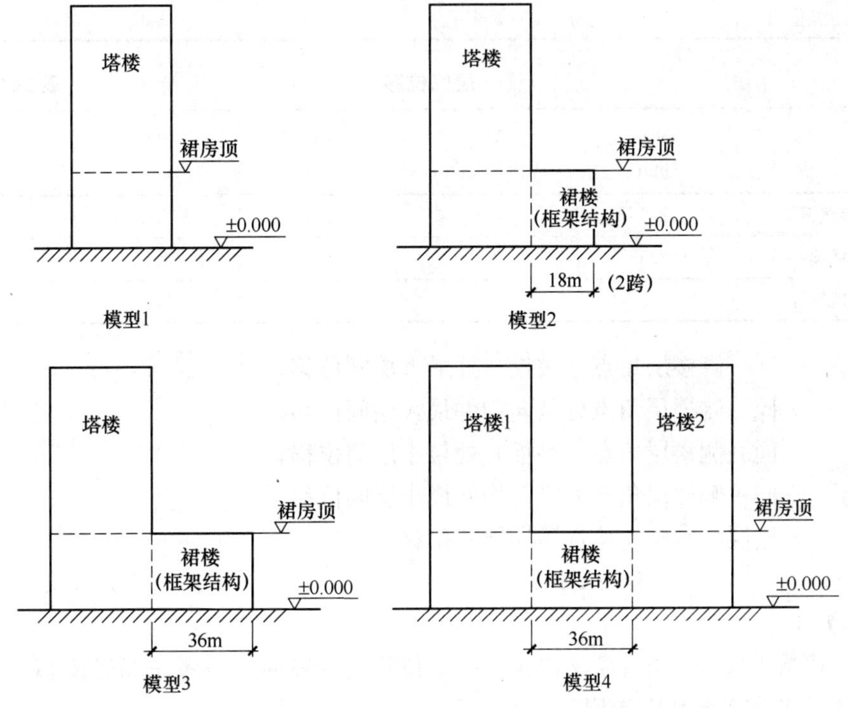


图 2017-27B

如果不考虑地下室对上部结构的影响，试问，采用下列哪一组计算模型，最符合《高层建筑混凝土结构技术规程》JGJ 3—2010 的要求？

(A) 模型 1；模型 3　　(B) 模型 2；模型 3

(C) 模型 1；模型 2；模型 4　　(D) 模型 2；模型 3；模型 4

**【答案】**(A)

裙楼右侧沿塔楼边设防震缝与塔楼分开，此时左右为两栋各自独立的塔楼，不再属于大底盘多塔楼复杂结构，在进行控制扭转位移比计算分析时，不能按《高规》10.6.3 条 4 款要求建模。整体模型 4 不再适用，(C)、(D) 不准确。

非大底盘多塔楼复杂结构，裙楼的“相关范围”亦不适用，模型 2 不再适用，(B) 不准确。

**【例 2.0.9】**2013 下午 21 题

某 20 层现浇钢筋混凝土框架-剪力墙结构办公楼，某层层高 3.5m，楼板自外围竖向构件外挑，多遇水平地震标准值作用下，楼层平面位移如图 2013-21 所示。该层层间位移采用各振型位移的 CQC 组合值，如表 2013-21A 所示；整体分析时采用刚性楼盖假定，在振型组合后的楼层地震剪力换算的水平力作用下楼层层间位移，如表 2013-21B 所示。

试问，该楼层扭转位移比控制值验算时，其扭转位移比应取下列何组数值？

**层间位移　　表 2013-21A**

| 工况 | $\Delta u_A$ (mm) | $\Delta u_B$ (mm) | $\Delta u_C$ (mm) | $\Delta u_D$ (mm) | $\Delta u_E$ (mm) |
|---|---|---|---|---|---|
| 不考虑偶然偏心 | 2.9 | 2.7 | 2.2 | 2.1 | 2.4 |
| 考虑偶然偏心 | 3.5 | 3.3 | 2.0 | 1.8 | 2.5 |
| 考虑双向地震作用 | 3.8 | 3.6 | 2.1 | 2.0 | 2.7 |

**层间位移　　表 2013-21B**

| 工况 | $\Delta u_A$ (mm) | $\Delta u_B$ (mm) | $\Delta u_C$ (mm) | $\Delta u_D$ (mm) | $\Delta u_E$ (mm) |
|---|---|---|---|---|---|
| 不考虑偶然偏心 | 3.0 | 2.8 | 2.3 | 2.2 | 2.5 |
| 考虑偶然偏心 | 3.5 | 3.4 | 2.0 | 1.9 | 2.5 |
| 考虑双向地震作用 | 4.0 | 3.8 | 2.2 | 2.0 | 2.8 |

其中：$\Delta u_A$ ——同一侧楼层角点（挑板）处最大层间位移；

$\Delta u_B$ ——同一侧楼层角点处竖向构件最大层间位移；

$\Delta u_C$ ——同一侧楼层角点（挑板）处最小层间位移；

$\Delta u_D$ ——同一侧楼层角点处竖向构件最小层间位移；

$\Delta u_E$ ——楼层所有竖向构件平均层间位移。

(A) 1.25　　(B) 1.28　　(C) 1.31　　(D) 1.36

**【答案】**(B)

根据《高规》3.4.5 条及条文说明：扭转位移比计算时，应考虑偶然偏心。扭转位移比计算时，不考虑双向地震作用的要求。

层间位移取楼层竖向构件的最大、最小层间位移。

楼层平均层间位移，根据《抗规》3.4.3条条文说明，应取两端竖向构件最大、最小位移的平均值，不能取楼层所有竖向构件层间位移的平均值。

因此，楼层最大层间位移取为3.4mm，最小值为1.9mm。

楼层平均层间位移取：（3.4＋1.9）÷2＝2.65mm。

楼层位移比：3.4÷2.65＝1.28。

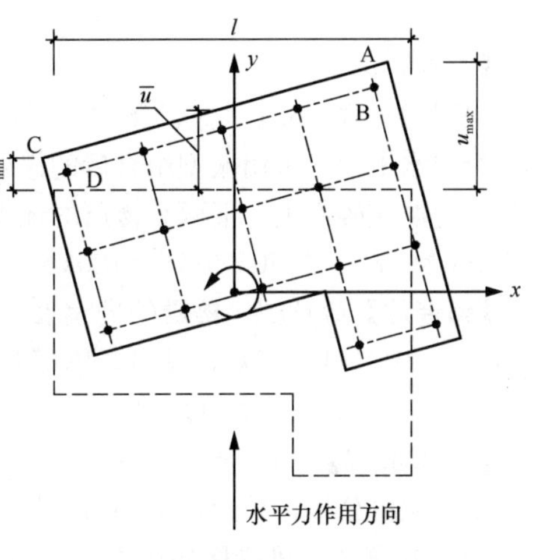

图 2013-21

**【例 2.0.10】** 2011 下午 17 题

根据《建筑抗震设计规范》GB 50011—2010及《高层建筑混凝土结构技术规程》JGJ 3—2010，下列关于高层建筑混凝土结构抗震变形验算（弹性工作状态）的观点，何项相对准确？

（A）结构楼层位移和层间位移控制值验算时，采用CQC的效应组合，位移计算时不考虑偶然偏心影响；扭转位移比计算时，不采用各振型位移的CQC组合计算，位移计算时考虑偶然偏心的影响

（B）结构楼层位移和层间位移控制值验算以及扭转位移比计算时，均采用CQC的效应组合，位移计算时，均考虑偶然偏心影响

（C）结构楼层位移和层间位移控制值验算以及扭转位移比计算时，均采用CQC的效应组合，位移计算时，均不考虑偶然偏心影响

（D）结构楼层位移和层间位移控制值验算时，采用CQC的效应组合，位移计算时考虑偶然偏心影响；扭转位移比计算时，不采用CQC组合计算，位移计算时不考虑偶然偏心的影响

**【答案】**（A）

根据《抗规》3.4.3条、3.4.4条及条文说明，位移控制值计算时，采用CQC组合。扭转位移比计算时，采用规定水平力。

根据《高规》3.7.3条注的规定，位移控制值验算时，位移计算不考虑偶然偏心。

**【例 2.0.11】** 2012 上午 9 题

某五层现浇钢筋混凝土框架-剪力墙结构，假设，用CQC法计算，作用在各楼层的最大水平地震作用标准值 $F_i$（kN）和水平地震作用的各楼层剪力标准值 $V_i$（kN）如表2012-9所示。试问，计算结构扭转位移比对其平面规则性进行判断时，采用的二层顶楼面的给定水平力 $F'_2$（kN）与下列何项数值最为接近？

**$F_i$ 和 $V_i$** **表 2012-9**

| 楼层 | 一 | 二 | 三 | 四 | 五 |
|---|---|---|---|---|---|
| $F_i$（kN） | 702 | 1140 | 1440 | 1824 | 2385 |
| $V_i$（kN） | 6552 | 6150 | 5370 | 4140 | 2385 |

(A) 300　　(B) 780　　(C) 1140　　(D) 1220

**【答案】**(B)

根据《抗规》3.4.3条的条文说明，在进行结构规则性判断时，计算扭转位移比所用的“给定水平力”采用振型组合后的楼层地震剪力换算的水平作用力，每一楼楼面处的水平作用力取该楼面上、下两个楼层的地震剪力差的绝对值。因此，作用在二层顶的给定水平力 $F'_2$ 为：$F'_2=6150-5370=780\text{kN}$。

**【编者注】**留意到，楼层的最大水平地震作用标准值 $F_i$ 并不等于规定水平力大小，如 $F_2\neq F'_2=V_2-V_3$。这是因为，单振型计算时，由内力平衡可得，$F_{2,\text{单振型}}=V_{2,\text{单振型}}-V_{3,\text{单振型}}$。而各振型通过CQC组合后，上述平衡关系不再成立。

**【例 2.0.12】**2009上午3题

某六层办公楼，采用现浇钢筋混凝土框架结构，抗震等级为二级。各楼层在规定水平力作用下的弹性层间位移如表2009-3所示。试问，下列关于该结构扭转规则性的判断，何项正确？

**各楼层在规定水平力作用下的弹性层间位移　　表 2009-3**

| 计算层 | X方向层间位移 | | Y方向层间位移 | |
|---|---|---|---|---|
| | 最大（mm） | 两端平均（mm） | 最大（mm） | 两端平均（mm） |
| 1 | 5.0 | 4.8 | 5.45 | 4.0 |
| 2 | 4.5 | 4.1 | 5.53 | 4.15 |
| 3 | 2.2 | 2.0 | 3.10 | 2.38 |
| 4 | 1.9 | 1.75 | 3.10 | 2.38 |
| 5 | 2.0 | 1.8 | 3.25 | 2.4 |
| 6 | 1.7 | 1.55 | 3.0 | 2.1 |

(A) 不属于扭转不规则结构　　(B) 属于扭转不规则结构

(C) 仅 $X$ 方向属于扭转不规则结构　　(D) 无法对结构规则性进行判断

**【答案】**(B)

依据《抗规》表3.4.3-1，楼层最大弹性水平位移与该层两端弹性水平位移平均值的比值大于1.2判定为扭转不规则。对于本题，计算如表2.0-1所示。

**例 2.0.12 计算过程　　表 2.0-1**

| 计算层 | X方向层间位移 | | | Y方向层间位移 | | |
|---|---|---|---|---|---|---|
| | 最大（mm） | 两端平均（mm） | 最大/两端平均 | 最大（mm） | 两端平均（mm） | 最大/两端平均 |
| 1 | 5.0 | 4.8 | 1.04 | 5.45 | 4.0 | 1.36 |
| 2 | 4.5 | 4.1 | 1.10 | 5.53 | 4.15 | 1.33 |
| 3 | 2.2 | 2.0 | 1.10 | 3.10 | 2.38 | 1.30 |
| 4 | 1.9 | 1.75 | 1.09 | 3.10 | 2.38 | 1.30 |
| 5 | 2.0 | 1.8 | 1.11 | 3.25 | 2.4 | 1.35 |
| 6 | 1.7 | 1.55 | 1.10 | 3.0 | 2.1 | 1.43 |

可见，在 $Y$ 方向，楼层最大弹性水平位移与该层两端弹性水平位移平均值的比值均大

于 1.2，故属于扭转不规则结构。

**【例 2.0.13】** 2017 下午 26 题

假定，某结构多塔整体模型计算的平动为主的第一自振周期 $T_x$、$T_y$，扭转耦联振动周期 $T_t$ 如表 2017-26A 所示；分塔模型计算的平动为主的第一自振周期 $T_x$、$T_y$，扭转偶联振动周期 $T_t$ 如表 2017-26B 所示。试问，对结构扭转不规则判断时，扭转为主的第一自振周期 $T_t$ 与平动为主的第一自振周期 $T_1$ 之比值，与下列何项数值最为接近？

**多塔整体计算周期** **表 2017-26A**

| 工况 | 不考虑偶然偏心 | 考虑偶然偏心 | 扭转方向因子 |
| --- | --- | --- | --- |
| $T_x$ (s) | 1.4 | 1.6 | |
| $T_y$ (s) | 1.7 | 1.8 | |
| $T_{t1}$ (s) | 1.2 | 1.8 | 0.6 |
| $T_{t2}$ (s) | 1.0 | 1.2 | 0.7 |

**分塔计算周期** **表 2017-26B**

| 工况 | 不考虑偶然偏心 | 考虑偶然偏心 | 扭转方向因子 |
| --- | --- | --- | --- |
| $T_x$ (s) | 1.9 | 2.3 | |
| $T_y$ (s) | 2.1 | 2.6 | |
| $T_{t1}$ (s) | 1.7 | 2.1 | 0.6 |
| $T_{t2}$ (s) | 1.5 | 1.8 | 0.7 |

(A) 0.7　　(B) 0.8　　(C) 0.9　　(D) 1.0

**【答案】**(B)

根据《高规》10.6.3 条应进行整体和分塔楼计算，分别验证周期比。

根据《高规》3.4.5 条及条文说明，周期比计算时，可直接计算结构的固有自振特征，不必附加偶然偏心。

$T_1$ 取刚度较弱方向（周期较长）的平动为主的第一自振周期。

$T_t$ 取扭转方向因子大于 0.5 且周期较长的扭转主振型周期。

单塔时，$T_1=2.1$，$T_t=1.7$，则

$$\frac{T_t}{T_1}=\frac{1.7}{2.1}=0.81$$

多塔时，$T_1=1.7$，$T_t=1.2$，则

$$\frac{T_t}{T_1}=\frac{1.2}{1.7}=0.7$$

经比较，取 $\frac{T_t}{T_1}=0.81$。

**【例 2.0.14】** 2013 下午 22 题

某平面不规则的现浇钢筋混凝土高层结构，整体分析时采用刚性楼盖假定计算，结构自振周期如表 2013-22 所示。试问，对结构扭转不规则判断时，扭转为主的第一自振周期 $T_t$ 与平动为主的第一自振周期 $T_1$ 之比值，与下列何项数值最为接近？

**结构自振周期**　　　**表 2013-22**

| 工况 | 不考虑偶然偏心 | 考虑偶然偏心 | 扭转方向因子 |
|---|---|---|---|
| $T_1$ (s) | 2.8 | 3.0 (2.5) | 0.0 |
| $T_2$ (s) | 2.7 | 2.8 (2.3) | 0.1 |
| $T_3$ (s) | 2.6 | 2.8 (2.3) | 0.3 |
| $T_4$ (s) | 2.3 | 2.6 (2.1) | 0.6 |
| $T_5$ (s) | 2.0 | 2.2 (1.9) | 0.7 |

(A) 0.71　　(B) 0.82　　(C) 0.87　　(D) 0.93

**【答案】**(B)

根据《高规》3.4.5 条及条文说明，周期比计算时，可直接计算结构的固有自振特征，不必附加偶然偏心。

$T_1$取刚度较弱方向的平动为主的第一自振周期，即 $T_1=2.8$s。

$T_t$取扭转方向因子大于 0.5 且周期较长的扭转主振型周期，即 $T_t$取 $T_4=2.3$s。

$$\frac{T_t}{T_1}=\frac{2.3}{2.8}=0.82$$

**【例 2.0.15】** 2018 下午 20 题

某 31 层普通办公楼，采用钢筋混凝土框架-核心筒结构，标准层平面如图 2018-20 所示，结构高度 120m。抗震设防烈度为 8 度（0.20$g$），标准设防，设计地震分组第一组，建筑场地类别为Ⅱ类，安全等级二级。在初步设计阶段，发现需要采取措施才能满足规范对 $Y$ 向层间位移角、层受剪承载力的要求。假定，增加墙厚后均能满足上述要求，如果 W1、W2、W3、W4 分别增加相同的厚度，不考虑钢筋变化的影响。试问，下列四组增加墙厚的组合方案，哪一组分别对减小层间位移角、增大层受剪承载力更有效？

(A) W2，W1　　(B) W3，W4　　(C) W1，W4　　(D) W1，W3

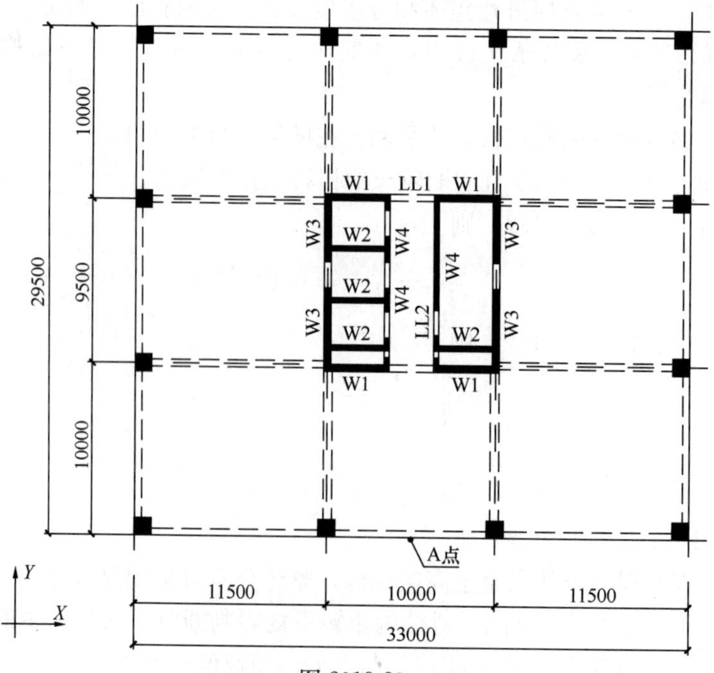


图 2018-20

**【答案】**(D)

工字形或田字形截面的翼缘比腹板对抗弯刚度贡献更大，且越靠近外侧越有效，框架-核心筒的刚度主要由核心筒提供，核心筒主要是弯曲变形，对于增加 $Y$ 向抗弯刚度，W1 更加有效。

楼层受剪承载力与剪力墙受剪承载力相关，根据《高规》式（7.2.10-2）：

$$V \leqslant \frac{1}{\gamma_{\mathrm{RE}}}\left[\frac{1}{\lambda-0.5}\left(0.4 f_{\mathrm{t}} b_{\mathrm{w}} h_{\mathrm{w0}}+0.1 N \frac{A_{\mathrm{w}}}{A}\right)+0.8 f_{\mathrm{yh}} \frac{A_{\mathrm{sh}}}{s} h_{\mathrm{w0}}\right]$$

W3 在核心筒外围，厚度较大，增加 W3 更加有效。

**【例 2.0.16】** 2009 上午 4 题

某五层钢筋混凝土框架结构办公楼，房屋高度 25.45m。抗震设防烈度 8 度，设防类别为丙类，设计基本地震加速度 0.20$g$，设计地震分组为第二组，场地类别Ⅱ类。假定，该结构的基本周期为 0.8s，对应于水平地震作用标准值的各楼层地震剪力、重力荷载代表值和楼层的侧向刚度见表 2009-4。

**楼层荷载与刚度** **表 2009-4**

| 楼层 | 1 | 2 | 3 | 4 | 5 |
|---|---|---|---|---|---|
| 楼层地震剪力 $V_{\mathrm{E}ki}$（kN） | 450 | 390 | 320 | 240 | 140 |
| 楼层重力荷载代表值 $G_j$（kN） | 3900 | 3300 | 3300 | 3300 | 3200 |
| 楼层的侧向刚度 $K_i$（kN/m） | $6.5\times10^4$ | $7.0\times10^4$ | $7.5\times10^4$ | $7.5\times10^4$ | $7.5\times10^4$ |

试问，当仅考虑剪切变形影响时，本建筑物在水平地震作用下的楼顶总位移 $\Delta$（mm），与下列何项数值最为接近？

**提示：**不考虑剪重比及刚重比调整。

(A) 14　　(B) 18　　(C) 22　　(D) 26

**【答案】**(C)

根据《抗规》3.4.3 条及条文说明图 4，各楼层的层间位移 $\delta_i=V_i/K_i$，则

$$\Delta=\sum_{i=1}^{n}\delta_i=\left(\frac{450}{6.5\times10^4}+\frac{390}{7.0\times10^4}+\frac{320}{7.5\times10^4}+\frac{240}{7.5\times10^4}+\frac{140}{7.5\times10^4}\right)\times10^3$$

$$=21.8\mathrm{mm}$$

**【例 2.0.17】** 2016 下午 28 题

某 A 级高度钢筋混凝土高层建筑，采用框架-剪力墙结构，部分楼层初步计算的 $X$ 向地震剪力、楼层抗侧力结构的层间受剪承载力及多遇地震标准值作用下的层间位移如表 2016-28 所示。试问，根据《高层建筑混凝土结构技术规程》JGJ 3—2010 的有关规定，仅就 14 层（中部楼层）与相邻层 $X$ 向计算数据进行比较与判定，下列关于第 14 层的判别表述何项正确？

**楼层相关参数** **表 2016-28**

| 楼层 | 层高（mm） | 地震剪力标准值（kN） | 层间位移（mm） | 楼层抗侧力结构的层间受剪承载力（kN） |
|---|---|---|---|---|
| 15 | 3900 | 4000 | 3.32 | 160000 |
| 14 | 6000 | 4300 | 5.48 | 132000 |
| 13 | 3900 | 4500 | 3.38 | 166000 |

（A）侧向刚度比满足要求，层间受剪承载力比满足要求

（B）侧向刚度比不满足要求，层间受剪承载力比满足要求

（C）侧向刚度比满足要求，层间受剪承载力比不满足要求

（D）侧向刚度比不满足要求，层间受剪承载力比不满足要求

**【答案】**（B）

根据《高规》3.5.2条2款，框架-剪力墙结构采用考虑层高修正的侧向刚度比算法：

$$\gamma=\frac{V_i\Delta_{i+1}}{V_{i+1}\Delta_i}\frac{h_i}{h_{i+1}}=\frac{4300\times3.32}{4000\times5.48}\times\frac{600}{3900}=1.0$$

因 6000/3900＞1.5，侧向刚度比限值为1.1。而1.0＜1.1，故侧向刚度比不满足要求。

根据《高规》3.5.3条，A级高度高层建筑楼层的层间受剪承载力比不应小于0.65，不宜小于0.8，由于132000/160000＝0.825＞0.8，层间受剪承载力比满足要求。

**【例 2.0.18】**2017下午28题

某38层160m高现浇钢筋混凝土框架-核心筒结构，层高4m。抗震设防烈度为7度（0.10$g$），抗震设防类别为标准设防类，无薄弱层。假定，该结构进行方案比较时，刚重比大于1.4，小于2.7。由初步方案分析得知，多遇地震标准值作用下，$Y$方向按弹性方法计算未考虑重力二阶效应的层间最大水平位移在中部楼层，为5mm。试估算，满足规范对$Y$方向楼层位移限值要求的结构最小刚重比，与下列何项数值最为接近？

（A）2.7　　（B）2.5　　（C）2.0　　（D）1.4

**【答案】**（B）

根据《高规》3.7.3条，高度150m高层建筑楼层层间水平位移限值：

$$[\Delta u_1]=\frac{4000}{800}=5\text{mm}$$

高度250m高层建筑楼层层间水平位移限值：

$$[\Delta u_2]=\frac{4000}{500}=8\text{mm}$$

高度160m高层建筑楼层层间水平位移限值：

$$[\Delta u]=5+\frac{8-5}{250-150}\times10=5.3\text{mm}$$

考虑重力二阶效应的位移增大系数：$\frac{5.3}{5.0}=1.06$。

根据《高规》5.4.3条、式（5.4.3-3）：

$$F_1=\frac{1}{1-0.14H^2\sum_{i=1}^{n}G_i/(EJ_d)}\leqslant1.06$$

$$2.473\leqslant\frac{EJ_d}{H^2\sum_{i=1}^{n}G_i}<2.7$$

**【例 2.0.19】**2013下午18题

下列关于高层混凝土结构重力二阶效应的观点，哪一项相对准确？

（A）当结构满足规范要求的顶点位移和层间位移限值时，高度较低的结构重力二阶

效应的影响较小

(B) 当结构在地震作用下的重力附加弯矩大于初始弯矩的10%时，应计入重力二阶效应的影响，风荷载作用时，可不计入

(C) 框架柱考虑多遇地震作用产生的重力二阶效应的内力时，尚应考虑《混凝土结构规范》GB 50010—2010 承载力计算时需要考虑的重力二阶效应

(D) 重力二阶效应影响的相对大小主要与结构的侧向刚度和自重有关，随着结构侧向刚度的降低，重力二阶效应的不利影响呈非线性关系急剧增长，结构侧向刚度满足水平位移限值要求，有可能不满足结构的整体稳定要求

**【答案】**(D)

根据《高规》5.4.1条，重力二阶效应主要与结构的刚重比有关，而刚重比的计算与结构等效计算高度、房屋高度及重力荷载设计值有关，当结构满足规范位移要求时，结构高度较低，并不意味重力二阶效应小，(A) 不准确；

根据《高规》5.4.1条、5.4.4条及条文说明，重力二阶效应影响是指水平力作用下的重力二阶效应影响，包括地震作用及风荷载作用，(B) 不准确；

根据《抗规》3.6.3条及条文说明，混凝土柱考虑多遇地震作用产生的重力二阶效应的内力时，不应与《混规》承载力计算时考虑的重力二阶效应重复，(C) 不准确；

根据《高规》5.4.1条、5.4.4条及条文说明，(D) 准确。

**【例2.0.20】**2009下午32题

某12层现浇钢筋混凝土框架结构，其地震设防烈度为8度，丙类建筑，Ⅱ类建筑场地，设计地震分组为第一组。已知框架底层总抗侧刚度为$8\times10^5$kN/m，各层重力荷载设计值之和为$1\times10^5$kN，底层层高3.5m。在多遇地震下，未考虑重力二阶效应影响，达到结构层间位移限值时，按弹性分析的底层水平剪力标准值为$V_0$。试问，如考虑重力二阶效应影响，其底层多遇地震弹性水平剪力标准值不超过下列何项数值时，才能满足层间位移限值要求?

(A) $0.89V_0$　　(B) $0.96V_0$　　(C) $1.0V_0$　　(D) $1.12V_0$

**【答案】**(B)

依据《高规》5.4.3条，首层位移增大系数$F_{11}$为：

$$F_{11}=\frac{1}{1-\dfrac{\sum\limits_{j=1}^{12}G_j}{D_1h_1}}=\frac{1}{1-\dfrac{1\times10^5}{8\times10^5\times3.5}}=1.037$$

由$F_{11}\Delta u_e=[\Delta u_e]$得$1.037\Delta u_e=[\Delta u_e]$。又$V_0=[\Delta u_e]\cdot\sum D$，则考虑重力二阶效应影响的$V$为：

$$V\leqslant\Delta u_e\cdot\sum D=\frac{[\Delta u_e]}{1.037}\cdot\sum D=\frac{V_0}{1.037}=0.964V_0$$

# 3 结构抗震性能设计

## 3.1 《高规》性能设计

**1. 主要的规范规定**

《高规》3.11节：结构抗震性能设计。

**2. 对规范规定的理解**

1）抗震性能化设计，是一种建立在概念设计基础上的抗震设计新发展，指在不同地震动（小震、中震、大震）下，对不同构件（关键构件、普通竖向构件、耗能构件）或同一构件的不同内力（轴力、弯矩、剪力），指定不同的性能目标（或性能水准）进行设计，保证结构在地震作用下的安全性能（承载力、继续承载的能力）和使用性能。小震不坏、中震可修、大震不倒是一种最基本的性能目标。强柱弱梁、强剪弱弯、强墙肢弱连梁是确定性能目标的基本原则。

2）结构抗震性能目标分为A、B、C、D四个等级，结构抗震性能分为1、2、3、4、5五个水准，每个性能目标均与一组在指定地震地面运动下的结构抗震性能水准相对应。如性能目标为C时，小震性能水准为1、中震性能水准为3、大震性能水准为4。而同一性能水准，可出现在不同的地震水准上，如性能水准3，可出现在性能目标B大震水准时或性能目标C中震水准时。

3）抗震性能设计的基本思路是“高延性，低承载力”或“低延性，高承载力”。结构抗震性能目标的选择考虑因素较多，《高规》3.11.1条条文说明根据房屋高度及结构不规则性给出了一些参考例子。实际工程中，一般来说，烈度越高地区的结构，性能目标可取低一些。如广东省规定，6、7度一般选C，8度项目一般选D。确定整体结构的性能目标后，允许局部构件提高性能水准。如，8度性能目标D，性能水准为1、4、5，允许关键构件在中震提高到性能水准3的要求，也就是“弱C”。

4）关键构件是指该构件的失效可能引起结构的连续破坏或危及生命安全的严重破坏的构件，可根据《高规》3.11.2条条文说明结合工程实际情况分析确定。值得注意的是，根据《高规》7.1.4条及《抗规》6.1.10条条文说明，为保证剪力墙底部抗震设计时出现塑性铰后具有足够的延性，应对可能出现塑性铰的部位加强抗震措施，包括提高其抗剪切破坏的能力，设置约束边缘构件等，该加强部位称为底部加强部位，此时，墙体底部出现塑性铰，即抗弯屈服。而当底部加强部位的剪力墙按关键构件设计时，若抗弯性能目标取为不屈服，则与上述设计意图有冲突。

普通竖向构件指“关键构件”之外的竖向构件。耗能构件指框架梁、剪力墙连梁及耗能支撑。

5）工程中，满足《高规》式（5.6.3）时称为满足小震弹性。类似地，满足《高规》

式（3.11.3-1）时称为满足弹性设计要求。当地震水准采用设防烈度计算时，称为中震弹性。采用《高规》式（3.11.3-1）计算时，不考虑风荷载组合，不考虑抗震等级有关的内力增大系数，考虑分项系数，考虑抗震承载力调整系数，承载力采用设计值计算。

6）工程中，满足《高规》式（3.11.3-2）、式（3.11.3-3）时称为满足不屈服设计要求。当地震水准采用设防烈度计算时，称为中震不屈服；当地震水准采用罕遇地震计算时，称为大震不屈服。采用《高规》式（3.11.3-2）、式（3.11.3-3）计算时，不考虑风荷载组合，不考虑抗震等级有关的内力增大系数，不考虑分项系数，不考虑抗震承载力调整系数，承载力采用标准值计算。满足《高规》式（3.11.3-4）、式（3.11.3-5）时称为满足抗剪截面设计要求，计算时考虑因素同不屈服计算。

7）构件的性能目标，可按表 3.1-1 确定。某 7 度区，性能目标 C 的带加强层的框架-核心筒结构，构件的性能目标选择见表 3.1-2。

**构件性能设计目标选择**　　**表 3.1-1**

| 性能目标 | 地震作用 | 性能水准 | 关键构件 | | 普通竖向构件 | | 耗能构件 | | 大跨度结构和水平长悬臂结构中的关键构件 | |
|---|---|---|---|---|---|---|---|---|---|---|
| | | | 弯矩轴力 | 剪力 | 弯矩轴力 | 剪力 | 弯矩轴力 | 剪力 | 弯矩轴力 | 剪力 |
| A | 中震 | 1 | 式(3.11.3-1)<br>弹性 | 式(3.11.3-1)<br>弹性 | 式(3.11.3-1)<br>弹性 | 式(3.11.3-1)<br>弹性 | 式(3.11.3-1)<br>弹性 | 式(3.11.3-1)<br>弹性 | 式(3.11.3-1)<br>弹性 | 式(3.11.3-1)<br>弹性 |
| | 大震 | 2 | 式(3.11.3-1)<br>弹性 | 式(3.11.3-1)<br>弹性 | 式(3.11.3-1)<br>弹性 | 式(3.11.3-1)<br>弹性 | 式(3.11.3-2)<br>不屈服 | 式(3.11.3-1)<br>弹性 | 式(3.11.3-1)<br>弹性 | 式(3.11.3-1)<br>弹性 |
| B | 中震 | 2 | 式(3.11.3-1)<br>弹性 | 式(3.11.3-1)<br>弹性 | 式(3.11.3-1)<br>弹性 | 式(3.11.3-1)<br>弹性 | 式(3.11.3-2)<br>不屈服 | 式(3.11.3-1)<br>弹性 | 式(3.11.3-1)<br>弹性 | 式(3.11.3-1)<br>弹性 |
| | 大震 | 3 | 式(3.11.3-2)<br>不屈服 | 式(3.11.3-1)<br>弹性 | 式(3.11.3-2)<br>不屈服 | 式(3.11.3-1)<br>弹性 | 部分可屈服 | 式(3.11.3-2)<br>不屈服 | 式(3.11.3-2)<br>式(3.11.3-3)<br>不屈服 | 式(3.11.3-1)<br>弹性 |
| C | 中震 | 3 | 式(3.11.3-2)<br>不屈服 | 式(3.11.3-1)<br>弹性 | 式(3.11.3-2)<br>不屈服 | 式(3.11.3-1)<br>弹性 | 部分可屈服 | 式(3.11.3-2)<br>不屈服 | 式(3.11.3-2)<br>式(3.11.3-3)<br>不屈服 | 式(3.11.3-1)<br>弹性 |
| | 大震 | 4 | 式(3.11.3-2)<br>不屈服 | 式(3.11.3-2)<br>不屈服 | 部分可屈服 | 式(3.11.3-4)<br>式(3.11.3-5)<br>抗剪截面 | 大部分可屈服 | 大部分可屈服 | 式(3.11.3-2)<br>式(3.11.3-3)<br>不屈服 | 式(3.11.3-2)<br>式(3.11.3-3)<br>不屈服 |
| D | 中震 | 4 | 式(3.11.3-2)<br>不屈服 | 式(3.11.3-2)<br>不屈服 | 部分可屈服 | 式(3.11.3-4)<br>式(3.11.3-5)<br>抗剪截面 | 大部分可屈服 | 大部分可屈服 | 式(3.11.3-2)<br>式(3.11.3-3)<br>不屈服 | 式(3.11.3-2)<br>式(3.11.3-3)<br>不屈服 |
| | 大震 | 5 | 式(3.11.3-2)<br>宜不屈服 | 式(3.11.3-2)<br>宜不屈服 | 较多可屈服 | 式(3.11.3-4)<br>式(3.11.3-5)<br>抗剪截面 | 部分严重破坏 | 部分严重破坏 | 式(3.11.3-2)<br>式(3.11.3-3)<br>宜不屈服 | 式(3.11.3-2)<br>式(3.11.3-3)<br>宜不屈服 |

**某框架-核心筒结构构件的性能目标（性能目标 C）**　　**表 3.1-2**

| 地震烈度<br>（50 年超越概率） | 多遇地震<br>（63%） | 设防烈度<br>（10%） | 罕遇地震<br>（2%） |
|---|---|---|---|
| 最低抗震性能要求 | 第 1 水准 | 第 3 水准 | 第 4 水准 |
| 允许层间位移角 | 1/500 | | 1/100 |

续表

| 地震烈度（50年超越概率） | | | 多遇地震（63%） | 设防烈度（10%） | 罕遇地震（2%） |
|---|---|---|---|---|---|
| 构件抗震设计目标 | 关键部位构件 | 核心筒底部加强区及加强层上下层 | 弹性 | 抗剪弹性；正截面不屈服 | 抗剪不屈服；正截面不屈服 |
| | | 与伸臂桁架相连的框架柱 | 弹性 | 抗剪弹性；正截面不屈服 | 抗剪不屈服；正截面不屈服 |
| | 普通竖向构件 | 核心筒一般部位 | 弹性 | 抗剪弹性；正截面不屈服 | 保证抗剪截面 |
| | | 其他外框架柱 | 弹性 | 抗剪弹性；正截面不屈服 | 保证抗剪截面 |
| | 其他部位构件 | 核心筒连梁 | 弹性 | 受剪不屈服 | 允许形成充分塑性铰 |
| | | 普通框架梁 | 弹性 | 受剪不屈服 | 允许形成充分塑性铰 |

8）整体结构进入弹塑性状态时，应进行弹塑性分析（静力弹塑性或动力弹塑性时程分析）。为方便设计，允许采用等效弹性方法进行计算。所谓等效弹性方法，指采用考虑阻尼比增加（增加值不超过0.02）、连梁刚度折减（刚度折减系数不小于0.3）等反映结构进入塑性的因素的规范反应谱计算方法，计算时采用中震或大震的水平地震影响系数，采用CQC组合计算构件内力效应。实际工程中，考虑结构进入塑性的因素，还包括周期折减系数的适当增大、中梁刚度放大系数的适当减小等。

**3. 历年真题解析**

**【例3.1.1】**2020下午33题

某高层钢筋混凝土框架-剪力墙结构，基于抗震性能化进行设计，性能目标C级。其中某层剪力墙连梁LL（400mm×1000mm），混凝土强度等级C40，风荷载作用下梁端剪力标准值$V_{wk}=300kN$，抗震设计时，重力荷载代表值作用下的端梁剪力标准值$V_{Gb}=150kN$，设防烈度地震下梁端剪力标准值$V^*_{Ehk}=1350kN$，钢筋采用HRB400，连梁截面有效截面高度$h_{b0}=940mm$，跨高比为2.0。试问，设防烈度下，连梁箍筋配置，下列何项符合性能水平要求且最为经济？

**提示：**① 连梁不设交叉斜筋、集中对角斜筋、对角暗撑和型钢。

② 箍筋满足最小配筋率要求。

（A）Φ10@100（4）　　（B）Φ12@100（4）

（C）Φ14@100（4）　　（D）Φ16@100（4）

**【答案】**（B）

根据《高规》3.11.1条，主体结构抗震性能目标为C级，在设防地震下对应性能水准3。

根据《高规》3.11.2条及条文说明，连梁为耗能构件，受剪承载力宜符合式（3.11.3-2）的要求：

$$V=S_{GE}+S^*_{Ehk}+0.4S^*_{Evk}\leqslant R_k$$

其中，受剪承载力计算采用标准值，跨高比2.0，按公式（7.2.23-3）计算，计算不考虑抗震承载力调整系数：

$$V \leqslant 0.38 f_{t,k} b_b h_{b0} + 0.9 f_{yv,k} \frac{A_{sv}}{s} h_{b0}$$

$$150 \times 10^3 + 1350 \times 10^3 \leqslant 0.38 \times 2.39 \times 400 \times 940 + 0.9 \times 400 \times \frac{A_{sv}}{s} \times 940$$

$$\frac{A_{sv}}{s} = 3.42 \text{mm}^2/\text{mm}$$

选项（B）：$\frac{A_{sv}}{s} = \frac{4 \times 113.1}{100} = 4.52 \text{mm}^2/\text{mm}$。

**【例 3.1.2】** 2020 下午 33 题

某高层建筑（地上 28 层、地下 3 层），采用现浇钢筋混凝土框架-核心筒结构，房屋总高度 128m，第 3 层顶设置托柱转换梁。抗震设防烈度 8 度（0.2$g$），设计地震分组为第一组，标准设防类，场地类别Ⅱ类，地下室顶板作为上部结构的嵌固部位。鉴于房屋的重要性及结构特征，拟对该结构进行抗震性能化设计。

假定，主体结构抗震性能目标为 C 级，抗震性能化设计时，在设防地震作用下，某房屋的重要性及结构构件的抗震性能要求有下列 4 组，如表 2020-33A～表 2020-33D 所示。试问，设防地震作用下构件抗震性能，采用哪一项最符合《高层建筑混凝土结构技术规程》JGJ 3—2010 的要求？

注：“构件弹性承载力设计值不低于弹性内力设计值”简称“弹性”；“屈服承载力不低于相应内力”简称“不屈服”。

**设防地震性能要求 A　　　　表 2020-33A**

| 部位 | | 设防地震性能要求 |
|---|---|---|
| 核心筒外墙 | 抗弯 | 底部加强部位：弹性<br>一般楼层：不屈服 |
| | 抗剪 | 底部加强部位：弹性<br>一般层：不屈服 |
| 转换梁 | | 抗弯弹性、抗剪弹性 |

**设防地震性能要求 B　　　　表 2020-33B**

| 部位 | | 设防地震性能要求 |
|---|---|---|
| 核心筒外墙 | 抗弯 | 底部加强部位：不屈服<br>一般楼层：不屈服 |
| | 抗剪 | 底部加强部位：弹性<br>一般层：不屈服 |
| 转换梁 | | 抗弯弹性、抗剪弹性 |

**设防地震性能要求 C　　　　表 2020-33C**

| 部位 | | 设防地震性能要求 |
|---|---|---|
| 核心筒外墙 | 抗弯 | 底部加强部位：不屈服<br>一般楼层：不屈服 |
| | 抗剪 | 底部加强部位：弹性<br>一般层：不屈服 |
| 转换梁 | | 抗弯不屈服、抗剪弹性 |

**设防地震性能要求 D** **表 2020-33D**

| 部位 | | 设防地震性能要求 |
|---|---|---|
| 核心筒外墙 | 抗弯 | 底部加强部位：不屈服<br>一般楼层：不屈服 |
| | 抗剪 | 底部加强部位：弹性<br>一般楼层：弹性 |
| 转换梁 | | 抗弯不屈服、抗剪弹性 |

(A) 表 2020-33A (B) 表 2020-33B (C) 表 2020-33C (D) 表 2020-33D

**【答案】**(D)

根据《高规》3.11.1 条，主体结构抗震性能目标为 C 级，在设防地震下对应性能水准 3；

根据《高规》3.11.2 条及条文说明，底部加强部位核心筒外墙和转换梁均为关键构件，一般楼层核心筒外墙为普通竖向构件；

根据《高规》3.11.3 条 3 款，设防地震下，关键构件和普通竖向构件正截面满足《高规》式（3.11.3-2），即满足抗弯不屈服要求；

受剪承载力满足《高规》式（3.11.3-1）要求，即抗剪弹性要求。

**【例 3.1.3】**2020 下午 34 题

假定核心筒底部加强部位按性能水准 2 进行性能设计，其中某耗能连梁 LL 在设防烈度地震作用下，左右两端弯矩标准值 $M_{bk}^{1*}=M_{bk}^{2*}=1520\text{kN}\cdot\text{m}$（同时针方向），截面 500mm×1200mm，$l_n=3.6\text{m}$，混凝土强度等级 C50，钢筋采用 HRB400，对称配筋，$a_s=a_s'=40\text{mm}$。试问，该连梁进行抗震性能设计时，下列何项纵筋配置符合第 2 性能水准的要求且最少？

**提示：**忽略重力荷载及竖向地震下的弯矩。

(A) 6$\Phi$25 (B) 6$\Phi$28 (C) 7$\Phi$25 (D) 7$\Phi$28

**【答案】**(C)

根据《高规》3.11.3 条 2 款，设防烈度地震作用下，连梁的抗弯满足式（3.11.3-2）不屈服的设计要求。

对称配筋，根据《混规》式（11.7.7）计算。

不屈服设计时，弯矩采用标准值，材料强度采用标准值，不考虑抗震承载力调整系数：

$$M_{b,k}\leqslant f_{yk}A_s(h_0-a_s')$$

$$1520\times10^6=400\times A_s\times(1200-40-40)$$

解得：$A_s=A_s'=3393\text{mm}^2$。

(C) 选项，7$\Phi$25，$A_s=3436\text{mm}^2$。

**【例 3.1.4】**2017 下午 32 题

某 38 层现浇钢筋混凝土框架-核心筒结构，普通办公楼。抗震设防烈度为 7 度（0.10$g$），抗震设防类别为标准设防类，无薄弱层。假定，主体结构抗震性能目标定为 C 级，抗震性能设计时，在设防烈度地震作用下，主要构件的抗震性能指标有下列 4 组，如

表2017-32A～表2017-32D所示。试问，设防烈度地震作用下构件抗震性能设计时，采用哪一组符合《高层建筑混凝土结构技术规程》JGJ 3—2010的基本要求？

注：构件承载力满足弹性设计要求简称“弹性”；满足屈服承载力要求简称“不屈服”。

（A）表2017-32A　（B）表2017-32B　（C）表2017-32C　（D）表2017-32D

**结构主要构件的抗震性能指标A　　表2017-32A**

| 部位 | | 抗震性能指标 |
|---|---|---|
| 核心筒墙肢 | 抗弯 | 底部加强部位：不屈服<br>一般楼层：不屈服 |
| | 抗剪 | 底部加强部位：弹性<br>一般楼层：不屈服 |
| 核心筒连梁 | | 允许进入塑性，抗剪不屈服 |
| 外框梁 | | 允许进入塑性，抗剪不屈服 |

**结构主要构件的抗震性能指标B　　表2017-32B**

| 部位 | | 抗震性能指标 |
|---|---|---|
| 核心筒墙肢 | 抗弯 | 底部加强部位：不屈服<br>一般楼层：不屈服 |
| | 抗剪 | 底部加强部位：弹性<br>一般楼层：弹性 |
| 核心筒连梁 | | 允许进入塑性，抗剪不屈服 |
| 外框梁 | | 允许进入塑性，抗剪不屈服 |

**结构主要构件的抗震性能指标C　　表2017-32C**

| 部位 | | 抗震性能指标 |
|---|---|---|
| 核心筒墙肢 | 抗弯 | 底部加强部位：不屈服<br>一般楼层：不屈服 |
| | 抗剪 | 底部加强部位：弹性<br>一般楼层：不屈服 |
| 核心筒连梁 | | 抗弯、抗剪不屈服 |
| 外框梁 | | 抗弯、抗剪不屈服 |

**结构主要构件的抗震性能指标D　　表2017-32D**

| 部位 | | 抗震性能指标 |
|---|---|---|
| 核心筒墙肢 | 抗弯 | 底部加强部位：不屈服<br>一般楼层：不屈服 |
| | 抗剪 | 底部加强部位：弹性<br>一般楼层：弹性 |
| 核心筒连梁 | | 抗弯、抗剪不屈服 |
| 外框梁 | | 抗弯、抗剪不屈服 |

**【答案】**(B)

根据《高规》表 3.11.1，结构的抗震性能水准为 3。

根据《高规》3.11.2 条及条文说明：

底部加强部位：核心筒墙肢为关键构件；

一般楼层：核心筒墙肢为普通竖向构件；

核心筒连梁、外框梁为“耗能构件”。

根据《高规》3.11.3 条 3 款：

关键构件受剪承载力宜符合式（3.11.3-1），即“中震弹性”；

关键构件正截面受弯承载力应符合式（3.11.3-2），即“中震不屈服”；

普通竖向构件受剪承载力宜符合式（3.11.3-1），即“中震弹性”；

普通竖向构件正截面受弯承载力应符合式（3.11.3-2），即“中震不屈服”；

部分“耗能构件”允许进入屈服阶段，即“塑性阶段”。

**【例 3.1.5】**2016 下午 18 题

某现浇钢筋混凝土剪力墙结构，房屋高度 180m，基本自振周期为 4.5s，抗震设防类别为标准设防类，安全等级二级。假定，结构抗震性能设计时，抗震性能目标为 C 级，下列关于该结构设计的叙述，其中何项相对准确？

（A）结构在设防烈度地震作用下，允许采用等效弹性方法计算剪力墙的组合内力，底部加强部位剪力墙受剪承载力应满足屈服承载力设计要求

（B）结构在罕遇地震作用下，允许部分竖向构件及大部分耗能构件屈服，但竖向构件的受剪截面应满足截面限制条件

（C）结构在多遇地震标准值作用下的楼层弹性层间位移角限值为 1/1000，罕遇地震作用下层间弹塑性位移角限值为 1/120

（D）结构弹塑性分析可采用静力弹塑性分析方法或弹塑性时程分析方法，弹塑性时程分析宜采用双向或三向地震输入

**【答案】**(B)

根据《高规》3.11.3 条条文说明，第 3 性能水准在中震作用下竖向构件抗剪宜满足式（3.11.3-1），即弹性设计要求，（A）错误。

根据《高规》3.11.1 条及 3.11.3 条条文说明，（B）正确。

根据《高规》3.7.3 条 3 款，高度在 150～250m 之间的剪力墙结构，层间位移角限值可在 1/1000～1/500 之间插值，（C）错误。

根据《高规》3.11.4 条条文说明，高度在 150～200m 的基本自振周期大于 4s 的房屋，应采用弹塑性时程分析，（D）错误。

**【例 3.1.6】**2016 下午 25 题

某地上 35 层的现浇钢筋混凝土框架-核心筒公寓。假定，某层核心筒耗能连梁 LL（500mm×900mm），混凝土强度等级 C40，风荷载作用下剪力 $V_{wk}=220$kN，在设防烈度地震作用下剪力 $V_{Ehk}=1200$kN，钢筋采用 HRB400，连梁截面有效高度 $h_{b0}=850$mm，跨高比为 2.2。试问，设防烈度地震作用下，该连梁进行抗震性能设计时，下列何项箍筋配置符合第 2 性能水准的要求且配筋最小？

**提示：**忽略重力荷载及竖向地震作用下连梁的剪力。

（A）$\Phi$ 10@100（4）　　（B）$\Phi$ 12@100（4）

（C）$\Phi$ 14@100（4）　　（D）$\Phi$ 16@100（4）

**【答案】**（B）

根据《高规》3.11.3 条，第 2 性能水准耗能构件受剪承载力宜符合式（3.11.3-1）的要求：

$$\gamma_G S_{GE} + \gamma_{Eh} S^*_{Ehk} + \gamma_{Ev} S^*_{Evk} \leqslant R_d / \gamma_{RE}$$

$V = \gamma_{Eh} \times V_{Ehk} = 1.3 \times 1200 = 1560\text{kN}$，根据《高规》式（7.2.23-3）：

$$V \leqslant \frac{1}{\gamma_{RE}}\left(0.38 f_t b_b h_{b0} + 0.9 f_{yv} \frac{A_{sv}}{s} h_{b0}\right)$$

$$1560 \times 10^3 \leqslant \frac{1}{0.85}\left(0.38 \times 1.71 \times 500 \times 850 + 0.9 \times 360 \times \frac{A_{sv}}{100} \times 850\right)$$

解得 $A_{sv} > 381\text{mm}$，$\Phi$ 12@100（4）满足要求且最小。

**【例 3.1.7】** 2014 下午 30 题

假定，多遇地震下，某核心筒抗震等级为一级。核心筒某耗能连梁 LL 在设防烈度地震作用下，左右两端的弯矩标准值 $M_b^{l*} = M_b^{r*} = 1355\text{kN} \cdot \text{m}$（同时针方向），截面为 600mm×1000mm，净跨 $l_n$ 为 3.0m。混凝土强度等级 C40，纵向钢筋采用 HRB400（$\Phi$），对称配筋，$a_s = a_s' = 40\text{mm}$。试问，该连梁进行抗震性能设计时，下列何项纵向钢筋配置符合第 2 性能水准的要求且配筋最小？

**提示**：忽略重力荷载作用下的弯矩。

（A）7 $\Phi$ 25　　（B）6 $\Phi$ 28　　（C）7 $\Phi$ 28　　（D）6 $\Phi$ 32

**【答案】**（B）

根据《高规》3.11.3 条及条文解释，耗能构件按性能水准 2 设计时，正截面承载力应符合式（3.11.3-2）。内力、材料强度均取标准值，且不考虑与抗震等级有关的增大系数，$\gamma_{RE} = 1.0$。结合《混规》式（11.7.7），有：

$$M_b^{l*} = M_b^{r*} = f_{yk}(h_0 - a_s')A_s$$

$$A_s = \frac{M_b^{l*}}{f_{yk}(h_0 - a_s')} = \frac{1355 \times 10^6}{400 \times (1000 - 40 \times 2)} = 3682\text{mm}^2$$

当钢筋面积大于 3682mm² 时，钢筋不屈服。

6 $\Phi$ 28，$A_s = 3695\text{mm}^2$，接近且 > 3682mm²，符合要求。

**【例 3.1.8】** 2013 下午 29 题

某普通办公楼，采用现浇钢筋混凝土框架-核心筒结构抗震设防烈度为 7 度（0.1$g$），丙类建筑，设计地震分组第二组，Ⅱ类建筑场地，地下室顶板处（±0.000）作为上部结构嵌固部位。该结构需控制罕遇地震作用下薄弱层的层间位移。假定，主体结构采用等效弹性方法进行罕遇地震作用下弹塑性计算分析时，结构总体上刚刚进入屈服阶段。电算程序需输入的计算参数分别为：连梁刚度折减系数 $S_1$；结构阻尼比 $S_2$；特征周期值 $S_3$。试问，下列各组参数中（依次为 $S_1$、$S_2$、$S_3$），其中哪一组相对准确？

（A）0.4、0.06、0.45　　（B）0.4、0.06、0.40

（C）0.5、0.05、0.45　　（D）0.2、0.06、0.40

**【答案】**（A）

根据《高规》3.11.3条条文说明，剪力墙连梁刚度折减系数不小于0.3，（D）不准确。

剪力墙结构阻尼比宜适当增加，但增加值不大于0.02，即 $0.05\leqslant\xi\leqslant0.05+0.02=0.07$，（C）不准确。

根据《高规》4.3.7条，计算罕遇地震时，特征周期应增加0.05s，查表4.3.7-2，$T_g=0.40$s，则 $S_3=0.45$s，（B）不准确。

## 3.2 《抗规》性能设计

**1. 主要的规范规定**

1)《抗规》3.10节：建筑抗震性能化设计。

2)《抗规》附录M：实现抗震性能设计目标的参考方法。

**2. 对规范规定的理解**

1)《抗规》附录M抗震性能要求1～4分别对应《高规》抗震性能目标A～D。《抗规》从抗震承载力、变形能力和构造的抗震等级三个方面，给出了构件实现抗震性能设计目标的参考方法。构件承载力与变形的综合要求见表3.2-1，构造的抗震等级要求见表3.2-2。

**构件承载力与变形的综合要求　　表3.2-1**

| 性能要求 | 地震作用 | 承重构件破坏描述 | 承载力计算公式（$S\leqslant R/\gamma_{RE}$）及说明 | | | | | 变形参考值 |
|---|---|---|---|---|---|---|---|---|
| | | | $\gamma_G$、$\gamma_E$、$\gamma_{RE}$ | $S$ | $R$ | 内力调整系数 | 备注 | |
| 性能1 | 小震 | 完好 | 考虑 | 包含风荷载 | 设计值 | 考虑 | 常规设计 | 远小于［$\Delta u_e$］ |
| | 中震 | 完好 | 考虑 | 不包含风荷载 | 设计值 | 考虑 | 式（M.1.2-1） | 小于［$\Delta u_e$］ |
| | 大震 | 基本完好 | 考虑 | 不包含风荷载 | 设计值 | 不考虑 | 式（M.1.2-2） | 可能略大于［$\Delta u_e$］ |
| 性能2 | 小震 | 完好 | 考虑 | 包含风荷载 | 设计值 | 考虑 | 常规设计 | 远小于［$\Delta u_e$］ |
| | 中震 | 基本完好 | 考虑 | 不包含风荷载 | 设计值 | 不考虑 | 式（M.1.2-2） | 可能略大于［$\Delta u_e$］ |
| | 大震 | 轻～中等破坏 | 不考虑 | 不包含风荷载 | 极限值 | 不考虑 | 式（M.1.2-4） | 小于2［$\Delta u_e$］，有轻微塑性变形 |
| 性能3 | 小震 | 完好 | 考虑 | 包含风荷载 | 设计值 | 考虑 | 常规设计 | 明显小于［$\Delta u_e$］ |
| | 中震 | 轻微损坏 | 不考虑 | 不包含风荷载 | 标准值 | 不考虑 | 式（M.1.2-3） | 小于2［$\Delta u_e$］ |
| | 大震 | 中等破坏 | 不考虑 | 不包含风荷载 | 极限值 | 不考虑 | 式（M.1.2-4）超过极值后降低少于5% | 小于4［$\Delta u_e$］，有明显塑性变形 |
| 性能4 | 小震 | 完好 | 考虑 | 包含风荷载 | 设计值 | 考虑 | 常规设计 | 小于［$\Delta u_e$］ |
| | 中震 | 轻～中等破坏 | 不考虑 | 不包含风荷载 | 极限值 | 不考虑 | 式（M.1.2-4） | 小于3［$\Delta u_e$］ |
| | 大震 | 不严重破坏 | 不考虑 | 不包含风荷载 | 极限值 | 不考虑 | 式（M.1.2-4）超过极值后降低少于10% | 小于等于0.9［$\Delta u_e$］ |

**结构构件对应于不同性能要求的构造抗震等级** **表 3.2-2**

| 性能要求 | 构件的抗震等级 |
| --- | --- |
| 性能 1 | 基本抗震构造。可按常规设计的有关规定降低二度采用，但不得低于 6 度，且不发生脆性破坏 |
| 性能 2 | 低延性构造。可按常规设计的有关规定降低一度采用，当构件的承载力高于多遇地震提高二度的要求时，可按降低二度采用；均不得低于 6 度，且不发生脆性破坏 |
| 性能 3 | 中等延性构造。当构件的承载力高于多遇地震提高一度的要求时，可按常规设计的有关规定降低一度且不低于 6 度采用，否则仍按常规设计的规定采用 |
| 性能 4 | 高延性构造。仍按常规设计的有关规定采用 |

2）《抗规》附录 M 公式（M.1.2-1）为弹性设计值验算公式。地震水准可采用小震或中震，隔震结构包含水平向减震影响。计算时，不考虑风荷载组合，考虑反应结构进入塑性的因素，考虑抗震等级有关的内力增大系数，考虑分项系数，考虑抗震承载力调整系数，承载力采用设计值计算。

3）《抗规》附录 M 公式（M.1.2-2）为弹性设计值验算公式。地震水准可采用中震或大震，隔震结构包含水平向减震影响。计算时，不考虑风荷载组合，考虑反应结构进入塑性的因素，不考虑抗震等级有关的内力增大系数，考虑分项系数，考虑抗震承载力调整系数，承载力采用设计值计算。

4）《抗规》附录 M 公式（M.1.2-3）为不屈服标准值验算公式。地震水准可采用中震或大震，隔震结构包含水平向减震影响。计算时，不考虑风荷载组合，考虑反应结构进入塑性的因素，不考虑抗震等级有关的内力增大系数，不考虑分项系数，不考虑抗震承载力调整系数，承载力采用标准值计算。

5）《抗规》附录 M 公式（M.1.2-4）为极限值验算公式。地震水准可采用中震或大震，隔震结构包含水平向减震影响。计算时，不考虑风荷载组合，考虑反应结构进入塑性的因素，不考虑抗震等级有关的内力增大系数，不考虑分项系数，不考虑抗震承载力调整系数，承载力采用极限值计算。

6）根据《抗规》附录 M.1.2 条，混凝土材料极限值取其立方体强度的 0.88 倍，钢筋材料极限值取其屈服强度的 1.25 倍。

**3. 历年真题解析**

**【例 3.2.1】** 2012 上午 8 题

关于建筑抗震性能化设计的以下说法：

Ⅰ. 确定的性能目标不应低于“小震不坏、中震可修、大震不倒”的基本性能设计目标；

Ⅱ. 当构件的承载力明显提高时，相应的延性构造可适当降低；

Ⅲ. 当抗震设防烈度为 7 度、设计基本地震加速度为 $0.15g$ 时，多遇地震、设防地震、罕遇地震的地震影响系数最大值分别为 0.12、0.34、0.72；

Ⅳ. 针对具体工程的需要，可以对整个结构也可以对某些部位或关键构件，确定预期的性能目标。

试问，针对上述说法正确性的判断，下列何项正确？

（A）Ⅰ、Ⅱ、Ⅲ、Ⅳ均正确　　（B）Ⅰ、Ⅱ、Ⅲ正确，Ⅳ错误

（C）Ⅱ、Ⅲ、Ⅳ正确，Ⅰ错误　　　　（D）Ⅰ、Ⅱ、Ⅳ正确，Ⅲ错误

**【答案】**（A）

Ⅰ. 正确，见《抗规》3.10.3 条 2 款；

Ⅱ. 正确，见《抗规》3.10.3 条 3 款；

Ⅲ. 正确，见《抗规》3.10.3 条 1 款及 5.1.4 条；

Ⅳ. 正确，见《抗规》3.10.2 条及条文说明。

**【例 3.2.2】** 2011 下午 18 题

下列关于高层混凝土结构抗震性能化设计的观点，哪一项不符合《建筑抗震设计规范》GB 50011—2010 的要求？

（A）选定性能目标应不低于“小震不坏、中震可修、大震不倒”的性能设计目标

（B）结构构件承载力按性能 3 要求进行中震复核时，承载力按标准值复核，不计入作用分项系数、承载力抗震调整系数和内力调整系数，材料强度取标准值

（C）结构构件地震残余变形按性能 3 要求进行中震复核时，整个结构中变形最大部位的竖向构件，其弹塑性位移角限值，可取常规设计时弹性层间位移角限值

（D）结构构件抗震构造按性能 3 要求确定抗震等级时，当构件承载力高于多遇地震提高一度的要求时，构造所对应的抗震等级可降低一度，且不低于 6 度采用，不包括影响混凝土构件正截面承载力的纵向受力钢筋的构造要求

**【答案】**（C）

根据《抗规》3.10.3 条 2 款，（A）符合；

根据《抗规》附录 M 表 M.1.1-1 及 M.1.2 条及条文说明，（B）符合；

根据《抗规》附录 M 表 M.1.1-2 及 M.1.3 条及条文说明，（C）不符合；

根据《抗规》附录 M 表 M.1.1-3 及条文说明，（D）符合。

# 4　抗震等级与地震作用组合效应

## 4.1　抗震等级

**1. 主要的规范规定**

1)《高规》3.9 节：抗震等级的相关规定。

2)《高规》4.3.1 条：地震作用的相关规定。

3)《高规》6.1.4 条：框架结构楼梯间抗震等级。

4)《高规》8.1.3 条：框架-剪力墙结构的设计方法规定。

5)《高规》9.1.11 条：筒体结构二道防线规定。

6)《高规》10.2.6 条：带转换层的高层建筑结构抗震等级规定。

7)《高规》10.3.3 条：带加强层的框架-核心筒结构的抗震等级规定。

8)《高规》10.4.4 条、10.4.6 条：错层结构的抗震等级规定。

9)《高规》10.5.6 条：连体结构的抗震等级规定。

10)《高规》10.6.4 条：悬挑结构的抗震等级规定。

11)《高规》10.6.5 条：体型收进的高层结构抗震等级规定。

12)《分类标准》。

**2. 对规范规定的理解**

1) 抗震设计时，需要先根据房屋的抗震设防烈度、抗震设防类别、房屋所处的场地类别等，分地震作用、抗震措施（内力计算＋构造措施）对本地区抗震设防烈度进行调整，继而按调整后的设防烈度确定抗震等级。注册结构考试时，应逐一核对结构总高度、设防类别是否提高、场地类别、复杂高层等因素对抗震等级的影响。

2) 地震作用指由地震动引起的结构动态作用，包括水平地震作用和竖向地震作用。《高规》4.3.1 条规定，甲类建筑应按批准的地震安全性评价结果且高于本地区抗震设防烈度的要求确定地震作用；乙、丙类建筑应按本地区抗震设防烈度计算。

3) 抗震措施指除地震作用计算和抗力计算以外的抗震设计内容，包括抗震内力计算措施及抗震构造措施。抗震内力计算措施指强柱弱梁、强剪弱弯、强墙肢弱连梁，强节点弱构件等内力调整。抗震构造措施指一般不需要特别计算而对结构和非结构各部分必须采取的各种细部要求。如：轴压比、配筋率要求、圈梁、构造柱等，具体详见《抗规》6.3～6.5 节、7.3～7.5 节、8.3～8.5 节等。房屋的设防类别影响抗震内力计算措施及抗震构造措施，场地类别仅影响抗震构造措施。

4) A 级高度丙类建筑钢筋混凝土结构的抗震等级按《高规》表 3.9.3 确定；B 级高度丙类建筑钢筋混凝土结构的抗震等级按表 3.9.4 确定。相关的调整内容汇总如下：

(1) 抗震措施（内力计算＋构造）

- 甲类
  - 6、7、8度：提高1度，若 $H$ 超限
    - 内力：不再提高
    - 构造措施：再适当提高
  - 9度：更高（3.9.1条）

- 乙类
  - 6、7、8度：提高1度，若 $H$ 超限
    - 内力：不再提高
    - 构造措施：再适当提高
  - 9度（3.9.1条）
    - A类高度：特一级
    - B类高度：更高

（2）抗震构造措施（不提高抗震措施中的其他要求，如概念设计要求的内力调整）

① Ⅰ类场地
- 甲、乙类：本地区（3.9.1条1款）
- 丙类
  - 6度：本地区
  - 7度、8度、9度：降低一度

② Ⅲ、Ⅳ类场地（3.9.2条）（提高1度后，若 $H$ 超限，构造措施再适当提高）
- $0.15g$：按8度（$0.20g$）
- $0.30g$：按9度（$0.40g$）

（3）地下室（3.9.5条）
- 顶板作为上部结构的嵌固部位时（$k_0/k_1 \geqslant 2$，剪切刚度）
  - 地下一层相关范围抗震措施：与上部结构相同
  - 地下一层以下的抗震构造措施：逐层降低一级，但不小于四级
- 地下室超出上部主楼相关范围且无上部结构的部分，抗震等级：三级或四级

（4）裙房
- 与主楼相连
  - 相关范围内：本身与主楼的最高级别（但主楼按性能要求提高等级时，裙房不提高）
  - 相关范围外：按自身结构体系及高度确定（3.9.6条）
  - 主楼在裙房上、下各一层加强抗震构造措施
- 与主楼分离：按自身结构体系及高度确定

主楼、裙房地下室的抗震等级示意见图4.1-1。

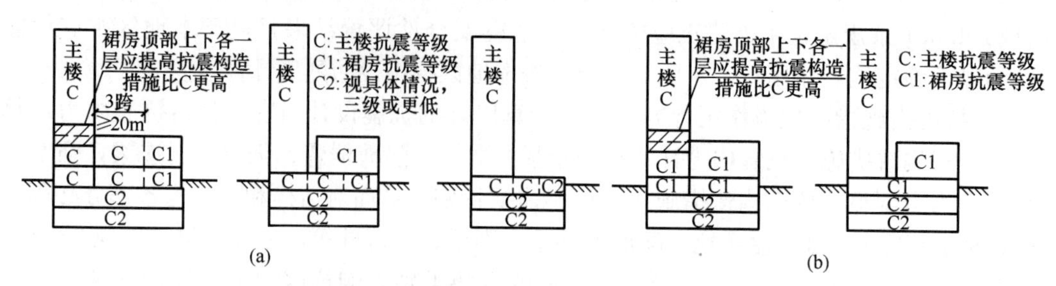


图4.1-1　主楼、裙房地下室的抗震等级

（a）主楼C>裙房C1时；（b）主楼C<裙房C1时

(5) 框剪(8.1.3条)
- $M_{框架} \leqslant 0.1M_{总}$ 时
  - 框架:按框剪中的框架设计
  - 剪力墙:按剪力墙结构
- $M_{框架} > 0.1M_{总}$,$\leqslant 0.8M_{总}$ 时:按框剪,底层框架承受的地震倾覆力矩,

  $M_{框架} = \sum_{i=1}^{n}\sum_{j=1}^{m} V_{ij}h_i$(《抗规》6.1.3条条文说明),$h_i$ 为层高
- $M_{框架} > 0.5M_{总}$,$\leqslant 0.8M_{总}$ 时
  - 框架:按框架结构
  - 剪力墙:按框剪中的剪力墙
- $M_{框架} > 0.8M_{总}$ 时
  - 框架:按框架结构
  - 剪力墙:按框剪

(6) 筒体结构
- 框筒:$H \leqslant 60$m时,可按框剪设计时,抗震等级可按框剪(表3.9.3注2;表9.1.2条)
- $V_{fmax} < 0.1V_0$ 时:核心筒墙体抗震构造措施提高一级,已为特一级时,不再提高(9.1.11条2款)
- 底部带转换层的筒体结构
  - A级高度:转换框架,应按部分框支剪力墙(表3.9.3注2)
  - B级高度:转换框架和底部加强部位筒体,应按部分框支剪力墙(表3.9.4注)

(7) 复杂结构

① 带转换层
- 部分框支剪力墙:转换层3层及以上时,框支柱、剪力墙底部加强部位,抗震措施提高一级
- 带托柱转换层的筒体结构:转换柱、转换梁,按部分框支剪力墙中的框支框架带托柱转换层的筒体结构不考虑高位转换

② 带加强层:加强层及其相邻的框架柱、核心筒剪力墙,提高一级(10.3.3条1款)。

③ 错层结构
- 错层处的框架柱:提高一级(10.4.4条1款)
- 错层处平面外受力的剪力墙:提高一级(10.4.6条)

④ 连体结构:连接体及与连接体相连的结构构件:在连接体高度范围及其上下层:提高一级(10.5.6条1款)。

⑤ 悬挑结构:悬挑结构的关键构件及与之相邻的主体结构关键构件:提高一级(10.6.4条5款)。

⑥ 体型收进的高层,底盘高度$>0.2H_{总}$的多塔楼结构,在体型收进部位上、下各2层塔楼周边的竖向结构构件:提高一级(10.6.5条2款)。

(8) 楼梯间

楼梯间与主体结构整体连接时,连接梁、柱的抗震等级与框架结构本身相同(6.1.4条及条文说明)。

**3. 历年真题解析**

**【例4.1.1】** 2020下午23题

某地上22层商住楼，地下2层（平面同首层，未示出），房屋总高度75.25m。系部分框支剪力墙结构，如图2020-23所示（仅表示左侧1/2，另一半对称）。1～3层墙柱布置相同，4～22层剪力墙布置相同，③、⑤轴为框支剪力墙，其余均为落地剪力墙，水平转换构件设在3层顶，该建筑抗震设防烈度为7度，设计基本地震加速度为0.15$g$，设计地震分组为第一组，标准设防类，安全等级二级，场地类别Ⅳ类，结构基本自振周期2.1s，地下室顶板处（±0.000）可作为上部结构的嵌固部位。

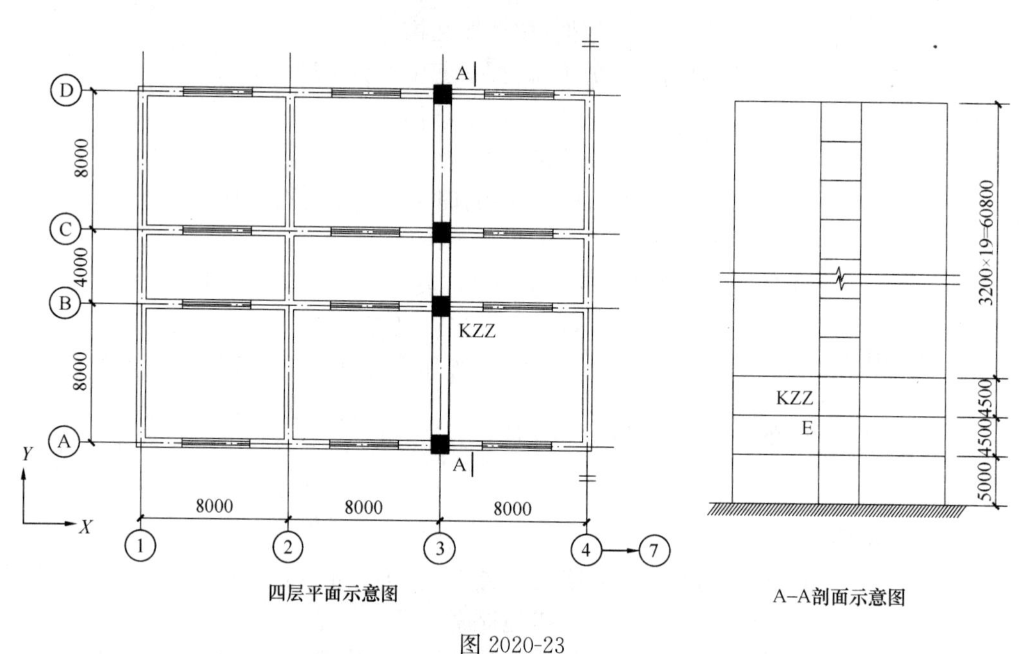


图 2020-23

针对②轴$Y$向剪力墙的抗震等级有4组判断，如表2020-23A～表2020-23D所示。试问，下列何项判定符合《高层建筑混凝土结构按术规程》JGJ 3—2010的规定？

抗震等级判断A　　表2020-23A

| 部位 | 抗震措施等级 | 抗震构造措施等级 |
|---|---|---|
| 地下二层 | 三级 | 一级 |
| 1～2层 | 一级 | 特一级 |
| 8层 | 三级 | 二级 |

抗震等级判断B　　表2020-23B

| 部位 | 抗震措施等级 | 抗震构造措施等级 |
|---|---|---|
| 地下二层 | 无 | 一级 |
| 1～2层 | 一级 | 特一级 |
| 8层 | 三级 | 二级 |

**抗震等级判断 C** **表 2020-23C**

| 部位 | 抗震措施等级 | 抗震构造措施等级 |
|---|---|---|
| 地下二层 | 三级 | 一级 |
| 1～2 层 | 特一级 | 特一级 |
| 8 层 | 一级 | 一级 |

**抗震等级判断 D** **表 2020-23D**

| 部位 | 抗震措施等级 | 抗震构造措施等级 |
|---|---|---|
| 地下二层 | 无 | 二级 |
| 1～2 层 | 二级 | 一级 |
| 8 层 | 三级 | 二级 |

(A) 表 2020-23A　　(B) 表 2020-23B

(C) 表 2020-23C　　(D) 表 2020-23D

**【答案】**(B)

(1) 根据《高规》3.9.3 条，部分框支剪力墙结构，1～2 层剪力墙处于底部加强区，抗震等级为二级，8 层剪力墙处于非底部加强区，抗震等级为三级；

(2) 根据《高规》3.9.2 条，标准设防，7 度 0.15$g$，场地类别Ⅳ类，按 8 度采取构造措施，结合第（1）点，1～2 层剪力墙抗震措施等级为二级、抗震构造措施等级提高为一级；8 层剪力墙抗震措施等级为三级，抗震构造措施提高为二级；

(3) 根据《高规》10.2.6 条，高位转换，底部加强区，抗震等级调整提高一级，非底部加强部位剪力墙不调整。结合第（2）点，1～2 层剪力墙抗震措施等级提高为一级、抗震构造措施等级提高为特一级；8 层剪力墙抗震措施等级仍为三级，抗震构造措施仍为二级；

(4) 根据《高规》3.9.5 条，地下二层剪力墙抗震构造措施抗震等级可比上部结构降低一级，取为一级。根据条文说明，不要求计算地震作用。

**【例 4.1.2】** 2019 下午 26 题

某高层办公室，地上 33 层，地下 2 层，如图 2019-26 所示，房屋高度为 128m，内筒采用钢筋混凝土核心筒，外筒为钢框架，钢框架柱距：1～5 层 9m，6～33 层为 4.5m，5 层设转换桁架。抗震设防烈度为 7 度（0.10$g$），第一组，丙类建筑，场地类别为Ⅲ类，地

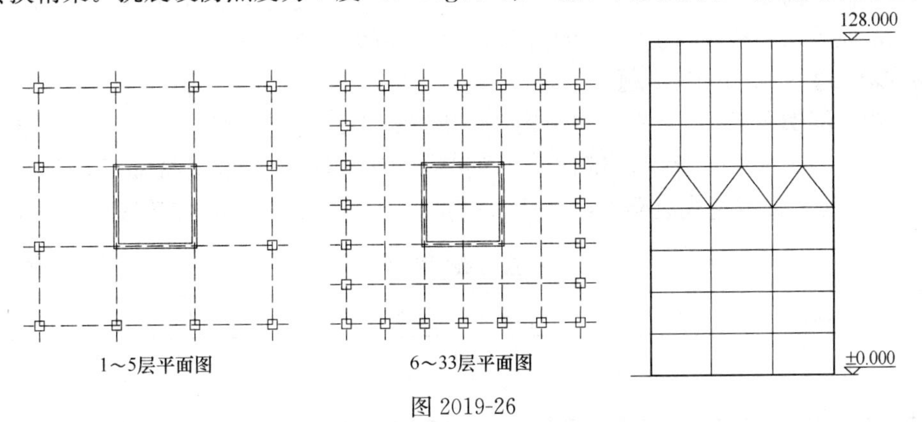


图 2019-26

下一层顶板处（±0.000）作为上部结构嵌固部位。

针对上述结构，部分楼层核心筒抗震等级有下列4组判断，如表2019-26A～表2019-26D所示，试问，其中哪组判断符合《高层建筑混凝土结构技术规程》JGJ 3—2010中规定的抗震等级？

**抗震等级判断A** **表2019-26A**

| 楼层 | 抗震措施抗震等级 | 抗震构造措施抗震等级 |
|---|---|---|
| 地下二层 | 不计算地震作用 | 一级 |
| 20层 | 特一级 | 特一级 |

**抗震等级判断B** **表2019-26B**

| 楼层 | 抗震措施抗震等级 | 抗震构造措施抗震等级 |
|---|---|---|
| 地下二层 | 不计算地震作用 | 二级 |
| 20层 | 一级 | 一级 |

**抗震等级判断C** **表2019-26C**

| 楼层 | 抗震措施抗震等级 | 抗震构造措施抗震等级 |
|---|---|---|
| 地下二层 | 一级 | 二级 |
| 20层 | 一级 | 一级 |

**抗震等级判断D** **表2019-26D**

| 楼层 | 抗震措施抗震等级 | 抗震构造措施抗震等级 |
|---|---|---|
| 地下二层 | 二级 | 二级 |
| 20层 | 二级 | 二级 |

（A）表2019-26A （B）表2019-26B

（C）表2019-26C （D）表2019-26D

**【答案】**（B）

（1）根据《高规》11.1.4条，核心筒抗震等级为一级，（A）选项错误。

（2）根据《高规》3.9.5条及条文说明，地下二层不进行地震作用计算，（C）、（D）选项错误，地下二层核心筒抗震等级可降低一级，应为二级。

**【例4.1.3】**2019下午27题

基本题干同例4.1.1。针对上述结构，外围钢框架的抗震等级判断有下列4组，如表2019-27A～表2019-27D所示，试问，下列哪组判断符合《建筑抗震设计规范》GB 50011—2010及《高层建筑混凝土结构技术规程》JGJ 3—2010的抗震等级最低要求？

**抗震等级判断A** **表2019-27A**

| 楼层 | 抗震措施抗震等级 | 抗震构造措施等级 |
|---|---|---|
| 1～5层 | 三级 | 三级 |
| 6～33层 | 三级 | 三级 |

抗震等级判断 B　　表 2019-27B

| 楼层 | 抗震措施抗震等级 | 抗震构造措施等级 |
| --- | --- | --- |
| 1～5 层 | 二级 | 二级 |
| 6～33 层 | 三级 | 三级 |

抗震等级判断 C　　表 2019-27C

| 楼层 | 抗震措施抗震等级 | 抗震构造措施等级 |
| --- | --- | --- |
| 1～5 层 | 二级 | 三级 |
| 6～33 层 | 二级 | 三级 |

抗震等级判断 D　　表 2019-27D

| 楼层 | 抗震措施抗震等级 | 抗震构造措施等级 |
| --- | --- | --- |
| 1～5 层 | 二级 | 二级 |
| 6～33 层 | 二级 | 二级 |

(A) 表 2019-27A　　(B) 表 2019-27B

(C) 表 2019-27C　　(D) 表 2019-27D

**【答案】**(A)

根据《高规》11.1.4 条注释，钢框架抗震等级为三级。

根据《抗规》G.2.2 条、8.1.3 条，高度 $H>50$m，抗震设防烈度为 7 度（0.10$g$），钢框架抗震等级为三级。

**【例 4.1.4】** 2018 下午 31 题

某现浇钢筋混凝土双塔连体结构，塔楼为办公楼，A 塔和 B 塔地上 31 层，房屋高度 130m，21～23 层连体，连体与主体结构采用刚性连接，地下 2 层，如图 2018-31 所示。抗震设防烈度为 6 度，设计地震分组第一组，建筑场地类别为Ⅱ类，安全等级为二级。塔楼均为框架-核心筒结构，分析表明地下一层顶板处（±0.000）可作为上部结构嵌固部位。

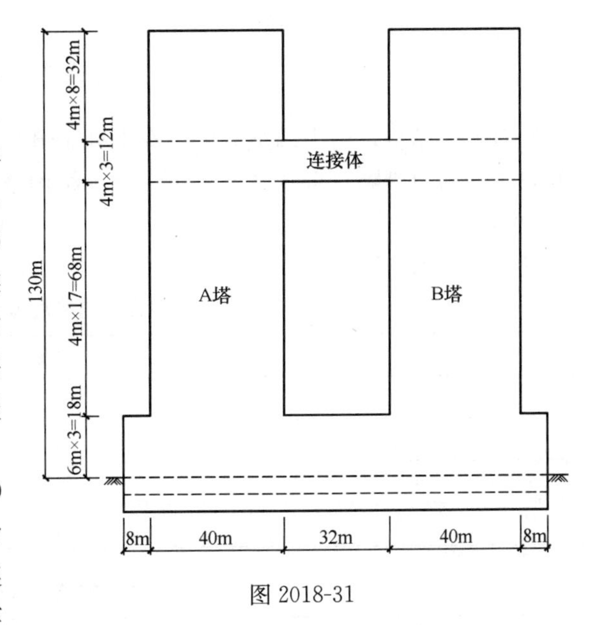

图 2018-31

假定，A 塔经常使用人数为 3700 人，B 塔（含连体）经常使用人数为 3900 人，A 塔楼周边框架柱 KZ1 与连接体相连。试问，KZ1 第 23 层的抗震等级为下列何项？

(A) 一级　　(B) 二级　　(C) 三级　　(D) 四级

**【答案】**(B)

根据《分类标准》6.0.11 条，连体结构双塔楼为同一区段结构单元，塔楼经常使用人数 3700＋3900＝7600＜8000 人，抗震设防类别为丙类。

抗震措施按本地区设防烈度 6 度确定，根据《高规》3.3.1 条，130m 高框筒结构属 A 级高度，根据表 3.9.3，框架抗震等级为三级。

根据《高规》10.5.6 条 1 款，连体相连构件提高一级，KZ1 抗震等级提高为二级。

**【例 4.1.5】**2017 下午 24 题

某现浇钢筋混凝土大底盘双塔结构，地上 37 层，地下 2 层，如图 2017-24 所示。大底盘 5 层均为商场（乙类建筑），高度 23.5m，塔楼为部分框支剪力墙结构，转换层设在 5 层顶板处，塔楼之间为长度 36m（4 跨）的框架结构。6～37 层为住宅（丙类建筑），层高 3.0m，剪力墙结构。抗震设防烈度为 6 度，Ⅲ类建筑场地，混凝土强度等级为 C40。分析表明地下一层顶板处（±0.000）可作为上部结构嵌固部位。

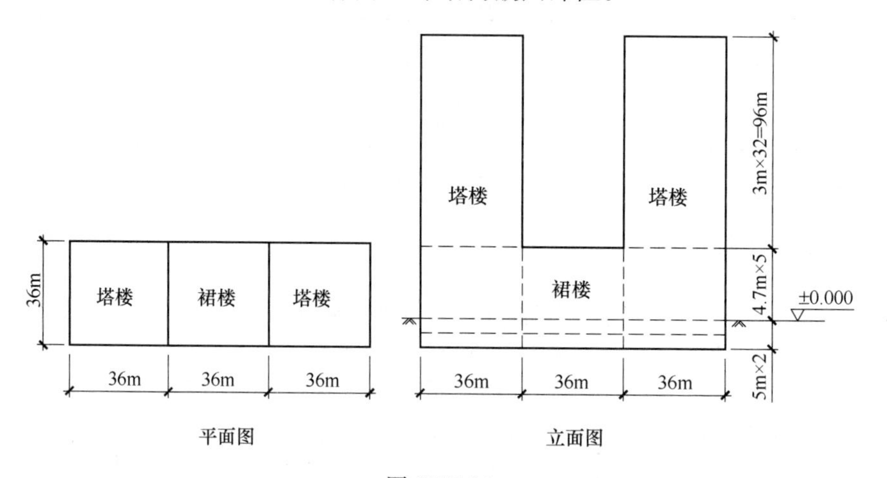


图 2017-24

针对上述结构，剪力墙抗震等级有下列 4 组判断，如表 2017-24A～表 2017-24D 所示。试问，下列何组判断符合《高层建筑混凝土结构技术规程》JGJ 3—2010 的规定？

（A）表 2017-24A　　（B）表 2017-24B

（C）表 2017-24C　　（D）表 2017-24D

**剪力墙的抗震等级 A　　表 2017-24A**

| 楼层 | 抗震措施 | 抗震构造措施 |
|---|---|---|
| 地下二层 | 二级 | 二级 |
| 1～5 层 | 一级 | 特一级 |
| 7 层 | 二级 | 一级 |
| 20 层 | 三级 | 三级 |

**剪力墙的抗震等级 B　　表 2017-24B**

| 楼层 | 抗震措施 | 抗震构造措施 |
|---|---|---|
| 地下二层 | | 一级 |
| 1～5 层 | 特一级 | 特一级 |
| 7 层 | 一级 | 一级 |
| 20 层 | 三级 | 三级 |

**剪力墙的抗震等级 C　　　　表 2017-24C**

| 楼层 | 抗震措施 | 抗震构造措施 |
| --- | --- | --- |
| 地下二层 | | 二级 |
| 1～5 层 | 一级 | 一级 |
| 7 层 | 二级 | 一级 |
| 20 层 | 三级 | 三级 |

**剪力墙的抗震等级 D　　　　表 2017-24D**

| 楼层 | 抗震措施 | 抗震构造措施 |
| --- | --- | --- |
| 地下二层 | | 一级 |
| 1～5 层 | 一级 | 特一级 |
| 7 层 | 三级 | 三级 |
| 20 层 | 三级 | 三级 |

**【答案】**（B）

大底盘按乙类建筑设防，提高一度，按 7 度确定抗震等级；

转换层在 5 层顶板，根据《高规》10.2.2 条，7 层及以下为底部加强部位，根据 10.2.6 条，剪力墙抗震等级应提高一级。

1～5 层剪力墙，结合表 3.9.3，抗震措施等级：特一级；抗震构造措施等级：特一级。

根据《高规》3.9.1 条 2 款、10.2.6 条、表 3.9.3：

7 层，为底部加强部位，按丙类建筑设防。

剪力墙抗震措施等级：一级；抗震构造措施等级：一级。

20 层为非底部加强部位，按丙类建筑设防。

剪力墙抗震措施等级：三级；抗震构造措施等级：三级。

根据《高规》3.9.5 条，地下一层抗震等级同地上一层；地下二层不计地震作用，不考虑抗震计算措施，抗震构造措施比地下一层降低一级。

**【例 4.1.6】**2017 下午 25 题

基本题干同例 4.1.5。针对上述结构，其 1～5 层框架、框支框架抗震等级有下列 4 组判断，如表 2017-25A～表 2017-25D 所示。试问，采用哪一组判断符合《高层建筑混凝土结构技术规程》JGJ 3—2010 的规定？

（A）表 2017-25A　　　　（B）表 2017-25B

（C）表 2017-25C　　　　（D）表 2017-25D

**1～5 层框架、框支框架抗震等级判断 A　　　　表 2017-25A**

| 结构部件 | 抗震措施 | 抗震构造措施 |
| --- | --- | --- |
| 框架 | 一级 | 一级 |
| 框支框架梁 | 一级 | 特一级 |
| 框支框架柱 | 一级 | 特一级 |

1～5层框架、框支框架抗震等级判断 B 表 2017-25B

| 结构部件 | 抗震措施 | 抗震构造措施 |
|---|---|---|
| 框架 | 二级 | 二级 |
| 框支框架梁 | 一级 | 一级 |
| 框支框架柱 | 特一级 | 特一级 |

1～5层框架、框支框架抗震等级判断 C 表 2017-25C

| 结构部件 | 抗震措施 | 抗震构造措施 |
|---|---|---|
| 框架 | 二级 | 二级 |
| 框支框架梁 | 一级 | 特一级 |
| 框支框架柱 | 一级 | 特一级 |

1～5层框架、框支框架抗震等级判断 D 表 2017-25D

| 结构部件 | 抗震措施 | 抗震构造措施 |
|---|---|---|
| 框架 | 二级 | 二级 |
| 框支框架梁 | 一级 | 一级 |
| 框支框架柱 | 一级 | 特一级 |

**【答案】**(B)

主楼部分：

大底盘按乙类建筑设防，提高一度，按7度确定抗震等级；

转换层在5层顶板，根据《高规》10.2.2条，7层及以下为底部加强部位，根据10.2.6条，框支柱抗震等级应提高一级。

根据《高规》表3.9.3，框支框架梁抗震等级一级，抗震构造措施一级。

根据《高规》10.2.6条，框支框架柱抗震等级特一级，抗震构造措施特一级。

裙楼部分：

根据《高规》3.9.1条1款、表3.9.3，按裙楼本身高度，按框架结构：抗震等级二级，抗震构造措施二级。

按主楼相关范围框架，按主楼高度的框架-剪力墙结构，根据《高规》3.9.6条，不低于主楼抗震等级，即：抗震等级二级，非框支柱抗震构造措施按二级。

**【例4.1.7】**2011下午25题

某大底盘单塔楼高层建筑，主楼为钢筋混凝土框架-核心筒，裙房为混凝土框架-剪力墙结构，主楼与裙楼连为整体，如图2011-25所示。抗震设防烈度7度，建筑抗震设防类别为丙类，设计基本地震加速度为0.15$g$，场地Ⅲ类。

裙房一榀横向框架距主楼18m，某一顶层中柱上、下端截面组合弯矩设计值分别为320kN·m、350kN·m（同为顺时针方向）；剪力计算值为125kN，柱断面为500mm×500mm，$H_n$=5.2m，$\lambda>2$，混凝土强度等级C40。在不采用有利于提高轴压比限值的构造措施的条件下，试问，该柱截面设计时，轴压比限值[$\mu_N$]及剪力设计值（kN）应取下列何组数值才能满足规范的要求？

(A) 0.90；125　　(B) 0.75；170

(C) 0.85；155　　(D) 0.75；155

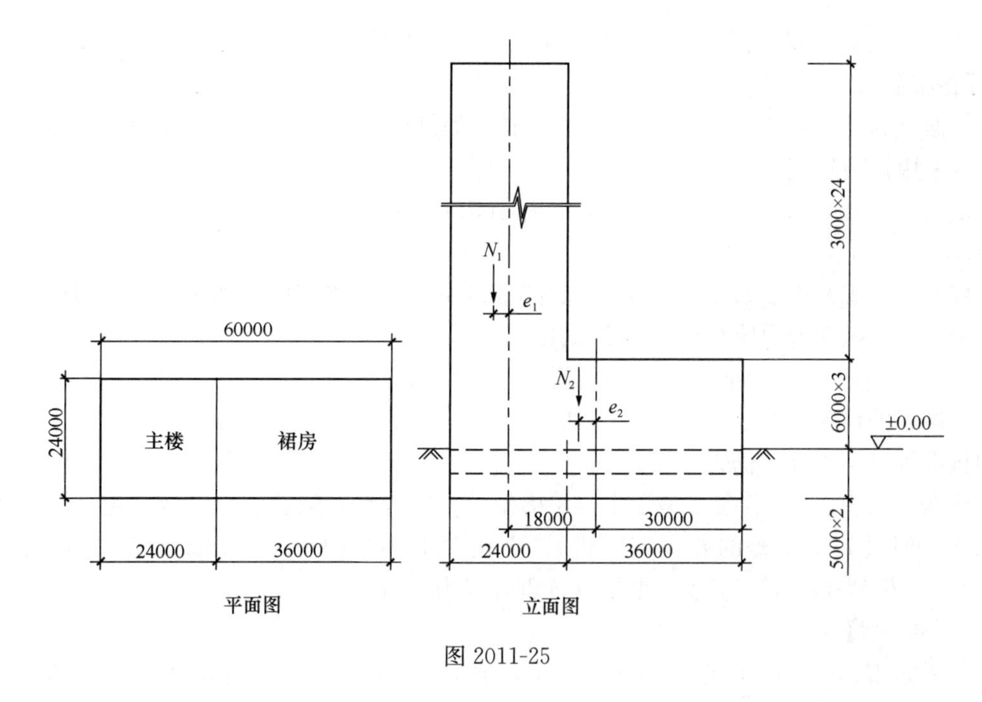


图 2011-25

**【答案】**（D）

7 度 0.15$g$，Ⅲ类场地，根据《高规》3.9.2 条，抗震构造措施按 8 度（0.2$g$）要求确定。

根据《高规》3.9.6 条，框架抗震等级除按本身确定外不低于主楼抗震等级。

裙楼高度 18m，根据《抗规》6.1.2 条，框架本身抗震构造等级为三级；根据《高规》3.9.3 条，主楼框架抗震等级为一级，故该柱在主楼的相关范围内其抗震构造等级取一级。

根据《高规》6.4.2 条，$[\mu_N]\leqslant0.75$，柱内力调整属于抗震计算措施，仍按 7 度抗震要求。

根据《抗规》6.1.2 条，框架本身抗震等级为四级，主楼框架抗震等级为二级，该柱在主楼的相关范围内其抗震等级取二级。

根据《高规》式（6.2.5-2）：

$$V=1.2\times(320+350)/5.2=155\text{kN}>125\text{kN}$$

**【例 4.1.8】** 2010 下午 29 题

某底部带转换层的钢筋混凝土框架-核心筒结构，116m，抗震设防烈度为 7 度，丙类建筑，建于Ⅱ类建筑场地，该建筑物地上 31 层，地下 2 层，地下室在主楼平面以外部分，无上部结构，地下室顶板处（±0.000）可作为上部结构的嵌固部位，纵向两榀边框架在第三层转换层设置托柱转换梁。

试问，主体结构第三层的核心筒、框支框架，以及无上部结构部位的地下室中地下一层框架（以下简称无上部结构的地下室框架）的抗震等级，下列何项符合规程规定？

（A）核心筒一级，框支框架特一级，无上部结构的地下室框架一级

（B）核心筒一级，框支框架一级，无上部结构的地下室框架二级

（C）核心筒二级，框支框架一级，无上部结构的地下室框架二级

(D) 核心筒二级，框支框架二级，无上部结构的地下室框架二级

**【答案】**(C)

依据《高规》表 3.3.1-1，7 度、框架-核心筒结构，116m 属于 A 级高度。丙类建筑应采用设防烈度。

依据《高规》3.9.3 条，框架-核心筒结构、7 度，核心筒、框架的抗震等级均为二级。

依据《高规》表 3.9.3 下注释 2，底部带转换层的筒体结构，其转换框架的抗震等级应按表中部分框支剪力墙结构的规定采用。

7 度、高度>80m，框支框架的抗震等级为一级。依据《高规》10.2.6 条条文说明，尽管转换层的位置设在 3 层，但由于是框架-核心筒结构而不是部分框支剪力墙，故框支框架抗震等级不提高，仍为一级。

依据《高规》3.9.5 条，地下室一层框架的抗震等级，依据上部结构确定（虽然无上部结构，但是处于主楼的相关范围内）。今按照上部结构为一般框架确定。查《高规》表 3.9.3，框架-核心筒、7 度、框架，抗震等级为二级。

**【例 4.1.9】**2009 下午 23 题

某大城市郊区一高层建筑，地上 28 层，地下 2 层，地面以上高度为 90m,。该工程为丙类建筑，抗震设防烈度为 7 度（0.15$g$），Ⅲ类建筑场地，采用钢筋混凝土框架-核心筒结构。假定该建筑物下部有面积 3000m$^2$二层办公用裙房，裙房采用钢筋混凝土框架结构，并与主体连为整体。试问，裙房框架在相关范围内的抗震构造措施等级宜为下列何项所示?

(A) 一级　　(B) 二级　　(C) 三级　　(D) 四级

**【答案】**(A)

依据《高规》表 3.3.1-1，7 度、框架-核心筒结构、建筑高度 90m，属于 A 级高度。

依据《高规》3.9.2 条，由于是Ⅲ类场地，设计基本地震加速度 0.15$g$，应按 8 度考虑抗震构造措施。查《高规》表 3.9.3，框架-核心筒、8 度、高度 90m，框架与核心筒的抗震等级均为一级。

依据《高规》3.9.6 条，与主楼连为整体的裙楼，在相关范围内，抗震等级不应低于主楼的抗震等级，故为一级。

**【例 4.1.10】**2009 下午 24 题

基本题干同例 4.1.8。假定本工程地下一层底板（地下二层顶板）作为上部结构的嵌固部位，试问，地下室结构一、二层在相关范围内采用的抗震构造措施等级，应为下列何组所示?

(A) 地下一层二级、地下二层三级　　(B) 地下一层一级、地下二层三级

(C) 地下一层一级、地下二层二级　　(D) 地下一层一级、地下二层一级

**【答案】**(D)

依据《高规》3.9.5 条，由于地下一层位于嵌固端之上，故与主体结构抗震等级相同，按抗震构造措施，为一级。

嵌固端下一层相关范围取与主体结构相同的抗震等级，故地下二层抗震构造措施也为一级。

## 4.2 荷载组合和地震作用组合的效应

**1. 主要的规范规定**

1)《高规》5.2.3 条：竖向荷载作用下，框架梁竖向弯矩调幅。

2)《高规》3.8 节：高层建筑结构构件的承载力计算规定。

3)《高规》5.6 节：荷载组合和地震作用组合的效应。

**2. 对规范规定的理解**

1)《高规》5.2.3 条规定的“框架梁”及《混规》5.4.1 条规定中的“混凝土连续梁和连续单向板”均可考虑塑性内力重分布，先对竖向荷载下的弯矩进行调幅，若构件承受水平荷载，调幅后再与水平作用产生的弯矩进行组合。梁端弯矩调幅后，应根据弯矩平衡条件相应增加梁的跨中弯矩。平衡条件如下：

$$\frac{M_{\text{调幅前,左支座}}^{\text{竖向荷载}}+M_{\text{调幅前,右支座}}^{\text{竖向荷载}}}{2}+M_{\text{调幅前,跨中}}^{\text{竖向荷载}}$$

$$=\frac{M_{\text{调幅后,左支座}}^{\text{竖向荷载}}+M_{\text{调幅后,右支座}}^{\text{竖向荷载}}}{2}+M_{\text{调幅后,跨中}}^{\text{竖向荷载}}=M_{0,\text{简支梁跨中}}^{\text{竖向荷载}}$$

2) 非抗震设计的高层建筑结构只需按《高规》5.6.1 条要求计算荷载效应组合，而抗震设计的高层建筑结构，除需按公式（5.6.1）要求计算荷载效应组合外，还应按公式（5.6.3）要求计算地震作用控制的效应组合，结构设计时取公式（5.6.1）与公式（5.6.3）的不利情况。注意这里的“最不利情况”不一定是效应值的最大值，而是指结构设计的最不利情况，即抗力计算的最不利情况，对混凝土结构指需要的构件的截面最大或配筋最多等进行设计。

3) 注册考试中，作用组合的效应设计值是否需要乘以承载力抗震调整系数的理解如下：

(1) 名词定义：$S_{\mathrm{d}}$，荷载效应（弯矩、剪力、轴力）；$\gamma_{\mathrm{RE}}$，承载力抗震调整系数；$R_{\mathrm{d}}$，构件承载力设计值，由式（3.8.1-1）、式（3.8.1-2）最不利情况决定；$R_{\mathrm{d}}/\gamma_{\mathrm{RE}}$，构件抗震承载力设计值。

(2) 关键点：最终配筋设计，一定是式（3.8.1-1）和式（3.8.1-2）同时考虑的最不利情况。缺少任何一个公式计算都只是中间过程。

(3) 题目类型：

① 已知各单工况荷载效应，求地震荷载效应 $S_{\mathrm{d}}$，即使出现配筋设计字眼，也不会用到 $\gamma_{\mathrm{RE}}$。因为不需要和非抗震比较，求的是式（3.8.1-2）左侧，还是组合阶段；

② 已知构件配筋，求构件的抗震承载力，则为 $R_{\mathrm{d}}/\gamma_{\mathrm{RE}}$；

③ 已知构件配筋，反算抗震组合效应 $S_{\mathrm{d}}$，根据式（3.8.1-2）右侧求左侧，则为 $R_{\mathrm{d}}/\gamma_{\mathrm{RE}}$；

④ 如果题目是求起控制作用的组合（或者极限承载力），且题目未指定设计状况时，就是比较配筋 $R_{\mathrm{d}}$ 是由式（3.8.1-1）还是式（3.8.1-2）控制。此时式（3.8.1-2）左侧 $S_{\mathrm{d}}$ 需要乘以 $\gamma_{\mathrm{RE}}$，才能和式（3.8.1-1）左侧（考虑 $\gamma_0$）在同一标准下比较。

4）混凝土梁的受弯与受剪承载力抗震调整系数取值分别为 0.75 与 0.85。型钢（钢管）混凝土构件承载力抗震调整系数按《高规》11.1.7 条的规定采用。当仅考虑竖向地震作用组合时，各类结构构件的承载力抗震调整系数均取为 1.0。

**3. 历年真题解析**

**【例 4.2.1】** 2019 上午 3 题

假定，不考虑活荷载的不利布置，梁由竖向荷载控制设计，且该工况下经弹性内力分析得到的，标准组合下支座及跨度中点的弯矩如图 2019-3 所示。该梁按考虑塑性内力重分布的方法设计。试问，当考虑支座负弯矩调幅幅度为 15%时，标准组合下梁跨度中点的弯矩（kN·m），与下列何项最为接近？

**提示**：按图中给出的弯矩值计算。

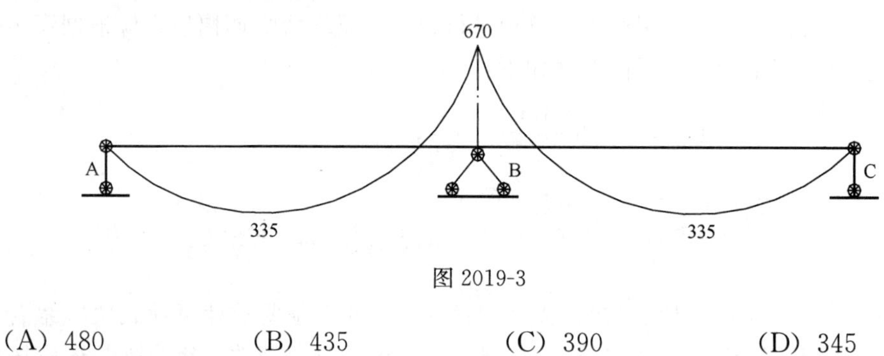


图 2019-3

(A) 480　　(B) 435　　(C) 390　　(D) 345

**【答案】**(C)

根据结构力学，调幅前后有：

$$\frac{M_{左}+M_{右}}{2}+M_{中}=\frac{M'_{左}+M'_{右}}{2}+M'_{中}$$

$M_{左}$、$M_{右}$、$M_{中}$分别为梁左右支座及跨中弯矩。考虑支座负弯矩调幅幅度为 15%时：

$$\frac{0+670}{2}+335=\frac{0+670\times(1-0.15)}{2}+M'_{中}$$

解得调幅后梁跨中弯矩为 $M'_{中}=385.25$。

**【例 4.2.2】** 2017 下午 20 题

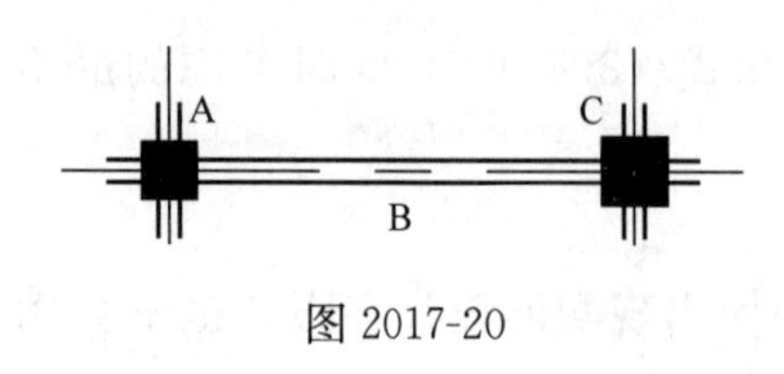


图 2017-20

某现浇钢筋混凝土框架结构办公楼，抗震等级为一级，某一框架梁局部平面如图 2017-20 所示。梁截面 350mm×600mm，$h_0=540$mm，$a_s'=40$mm，混凝土强度等级 C30，纵筋采用 HRB400 钢筋。该梁在各效应下截面 A（梁顶）弯矩标准值分别为：

恒荷载：$M_A=-440$kN·m；

活荷载：$M_A=-240$kN·m；

水平地震作用：$M_A=-234$kN·m。

假定，A 截面处梁底纵筋面积按梁顶纵筋面积的二分之一配置，试问，为满足地震状况下梁端 A（顶面）极限承载力要求，梁端弯矩调幅系数至少应取下列何项数值？

(A) 0.80　　(B) 0.85　　(C) 0.90　　(D) 1.00

**【答案】**(B)

根据《高规》6.3.2 条 1 款，一级抗震要求的框架梁受压区高度：

$$x = 0.25h_0 = 0.25 \times 540 = 135\text{mm}$$

根据《高规》6.3.2 条 3 款，A 截面处梁底纵筋面积按梁顶纵筋面积的二分之一配置，则

$$\frac{x}{h_0} = \frac{f_y A_s - f'_y A'_s}{\alpha_1 b h_0 f_c} = \frac{360 \times 0.5A_s}{1 \times 350 \times 540 \times 14.3} = 0.25$$

解得：$A_s = 3754\text{ mm}^2$，$A'_s = 1877\text{mm}^2$。

截面抗弯承载力为：

$$M = \alpha_1 f_c bx\left(h_0 - \frac{x}{2}\right) + f'_y A'_s (h_0 - a'_s)$$

$$= 1 \times 14.3 \times 350 \times 135 \times \left(540 - \frac{135}{2}\right) + 360 \times 1877 \times (540 - 40)$$

$$= 6.57 \times 10^8 \text{N} \cdot \text{mm}$$

地震设计状况截面抗弯承载力为：

$$M_{地震} = M/\gamma_{RE} = 6.57 \times 10^8 \text{N} \cdot \text{mm}/0.75 = 876\text{kN} \cdot \text{m}$$

根据《高规》5.2.3 条、5.6.3 条：

$$M_A = 1.2 \times (-440 - 0.5 \times 240) + 1.3 \times (-234) = -976\text{kN} \cdot \text{m}$$

$|M_A| > |M_{地震}|$，需要进行弯矩调幅，重力荷载作用下的弯矩调幅系数取 $\gamma$。

根据《高规》5.2.3 条、5.6.3 条，重力荷载代表值的效应调幅后：

$$M_A = 1.2 \times \gamma(-440 - 0.5 \times 240) + 1.3 \times (-234) = -876\text{kN} \cdot \text{m}$$

解得：$\gamma = 0.85$。

**【例 4.2.3】**2016 下午 20 题

某 10 层现浇钢筋混凝土剪力墙结构住宅，抗震设防烈度为 9 度，设计基本地震加速度为 0.40$g$。假定，对悬臂梁 XL 根部进行截面设计时，应考虑重力荷载效应及竖向地震作用效应，在永久荷载作用下梁端负弯矩标准值 $M_{Gk}$=263kN·m，按等效均布活荷载计算，梁端负弯矩标准值 $M_{Qk}$=54kN·m。试问，进行悬臂梁截面配筋设计时，起控制作用的梁端负弯矩设计值（kN·m），与下列何项数值最为接近？

**提示：**①非地震组合按《建筑结构可靠性设计统一标准》GB 50068—2018 作答；

②地震组合按《高层建筑混凝土结构技术规程》JGJ 3—2010 作答。

(A) 325　　(B) 355　　(C) 385　　(D) 425

**【答案】**(D)

持久和短暂设计状况下支座弯矩，根据《可靠性标准》8.2.4 条：

$$M_A = 1.3 \times (-263) + 1.5 \times (-54) = -422.9\text{kN} \cdot \text{m}$$

地震设计状况下支座弯矩，根据《高规》5.6.3 条：

重力荷载和竖向地震作用的弯矩设计值：

$$S_{GE}=(-263)-0.5\times54=-290\text{kN}\cdot\text{m}$$

$$S_{Evk}=0.2\times(-290)=-58\text{kN}\cdot\text{m}（《高规》表 4.3.15）$$

$$M_A=S_d=1.2\times(-290)+1.3\times(-58)=-423.4\text{kN}\cdot\text{m}$$

根据《高规》3.8.2 条，仅考虑竖向地震作用组合时，$\gamma_{RE}=1.0$，则

$$\gamma_{RE}M_A=1.0\times423=423>422.9\text{kN}\cdot\text{m}$$

**【例 4.2.4】** 2014 下午 22 题

某高层现浇钢筋混凝土框架结构普通办公楼，结构设计使用年限 50 年，抗震等级一级，安全等级二级。其中五层某框架梁局部平面如图 2014-22 所示。进行梁截面设计时，需考虑重力荷载、水平地震作用效应组合。

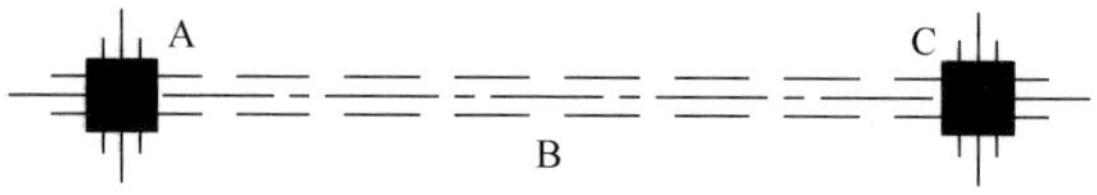

A　C　B

图 2014-22

已知，该梁截面 A 处由重力荷载、水平地震作用产生的负弯矩标准值分别为：

恒荷载：$M_{Gk}=-500\text{kN}\cdot\text{m}$；

活荷载：$M_{Qk}=-100\text{kN}\cdot\text{m}$；

水平地震作用：$M_{Ehk}=-260\text{kN}\cdot\text{m}$。

试问，进行截面 A 梁顶配筋设计时，起控制作用的梁端负弯矩设计值（kN・m），与下列何项数值最为接近？

**提示：**① 非地震组合按《建筑结构可靠性设计统一标准》GB 50068—2018 作答；

② 地震组合按《高层建筑混凝土结构技术规程》JGJ 3—2010 作答；

③ 活荷载按等效均布计算，不考虑梁楼面活荷载标准值折减，重力荷载效应已考虑支座负弯矩调幅，不考虑风荷载组合。

(A) −740　　(B) −800　　(C) −1000　　(D) −1060

**【答案】**(B)

持久和短暂设计状况下支座弯矩，根据《可靠性标准》8.2.4 条：

$$M_{A,非抗震}=1.3\times(-500)+1.5\times(-100)=-800\text{kN}\cdot\text{m}$$

地震设计状况下支座弯矩，根据《高规》5.6.2 条：

荷载和地震作用的弯矩设计值：

$$M_{A,抗震}=S_d=1.2\times(-500-0.5\times100)+1.3\times(-260)=-998\text{kN}\cdot\text{m}$$

根据《高规》3.8.2 条，$\gamma_{RE}=0.75$，则 $0.75\times998=749<800\text{kN}\cdot\text{m}$，最终配筋由非抗震控制。

**【例 4.2.5】** 2012 下午 22 题

假定，地上第 2 层转换梁的抗震等级为一级，某转换梁截面尺寸为 700mm×1400mm，经计算求得梁端截面弯矩标准值（kN・m）如下：恒荷载 $M_{gk}=1304$；活荷载（按等效均布荷载计）$M_{qk}=169$；风荷载 $M_{wk}=135$；水平地震作用 $M_{Ehk}=300$。试问，在进行梁端截面设计时，梁端考虑水平地震作用组合时的弯矩设计值 $M$（kN・m）与下列何项数值最为接近？

(A) 2100　　(B) 2200　　(C) 2350　　(D) 2450

**【答案】**(C)

根据《高规》10.2.4 条，一级转换梁水平地震作用的增大系数为 1.6，即 $M_{Ehk}=300\times1.6=480\text{kN}\cdot\text{m}$。

根据《高规》式（5.6.3）及表 5.6.4：

$$M=1.2\times1304+1.2\times0.5\times169+1.3\times480+1.4\times0.2\times135=2328\text{kN}\cdot\text{m}$$

# 5 框架结构及框架构件设计

## 5.1 框架梁、框架柱、梁柱节点内力调整

**1. 主要的规范规定**

1)《高规》6.2.1 条：框架柱强柱弱梁内力调整。

2)《高规》6.2.2 条：框架结构强柱根弯矩调整。

3)《高规》6.2.3 条：框架柱强剪弱弯内力调整。

4)《高规》6.2.4 条：角柱内力调整。

5)《高规》6.2.5 条：框架梁强剪弱弯内力调整。

6)《混规》11.6.2 条：框架梁柱节点核心区剪力设计值计算。

7)《抗规》附录 D：框架梁柱节点核心区截面抗震验算。

**2. 对规范规定的理解**

1) 弯矩图画在框架梁受拉一侧，根据结构力学矩阵位移法规定，以对杆端而言，顺时针方向的弯矩为正，逆时针方向弯矩为负。而《高规》条文及材料力学，采用的是以使梁截面下边缘受拉弯矩为正，以使梁截面上边缘受拉弯矩为负。如图 5.1-1 所示，承受均布荷载的两端固定的框架梁，按矩阵位移法，支座 A 弯矩为逆时针负值，支座 B 弯矩为顺时针正值；按《高规》条文及材料力学，支座 A 及支座 B 使梁截面上边缘受拉为负弯矩，跨中弯矩使梁截面下边缘受拉为正弯矩。无论是哪种方法，弯矩叠加时，均遵循同向弯矩绝对值相加、逆向弯矩绝对值相减的基本原则。

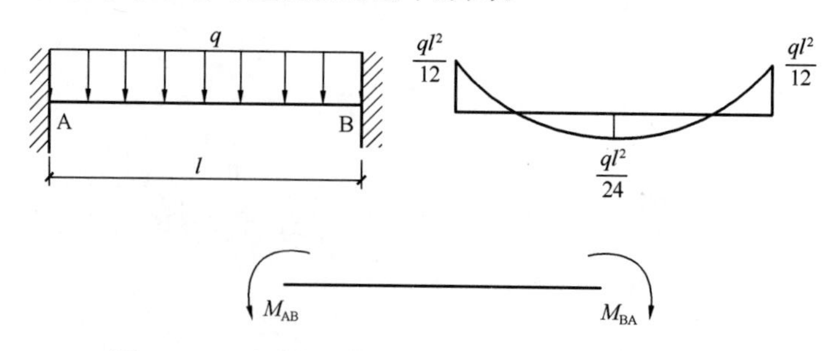


图 5.1-1 承受均布荷载的两端固定的框架梁弯矩图

2)《高规》6.2.5 条规定了框架梁的强剪弱弯内力调整计算方法。

(1) 一级框架结构体系中的框架梁及本地区抗震设防烈度为 9 度的其他结构体系中的框架梁构件，其端部截面组合的剪力设计值，按下列公式计算：

$$V = 1.1(M_{bua}^{l} + M_{bua}^{r})/l_n + V_{Gb}$$

其中，$M_{bua}^{l}$、$M_{bua}^{r}$ 分别为梁端左、右逆时针或顺时针方向实配的正截面抗震受弯承载力所对应的弯矩值，根据条文说明，按下式计算：$M_{bua} = f_{yk}A_s^a(h_0 - a'_s)/\gamma_{RE}$，其中 $f_{yk}$ 采

用的是纵向钢筋的抗拉强度标准值。

如图 5.1-2（a）所示，梁端左支座梁截面下边缘受拉时，弯矩为顺时针方向。梁端右支座梁截面上边缘受拉时，弯矩也为顺时针方向。故梁端左支座底筋及梁端右支座面筋，均能抵抗顺时针弯矩。

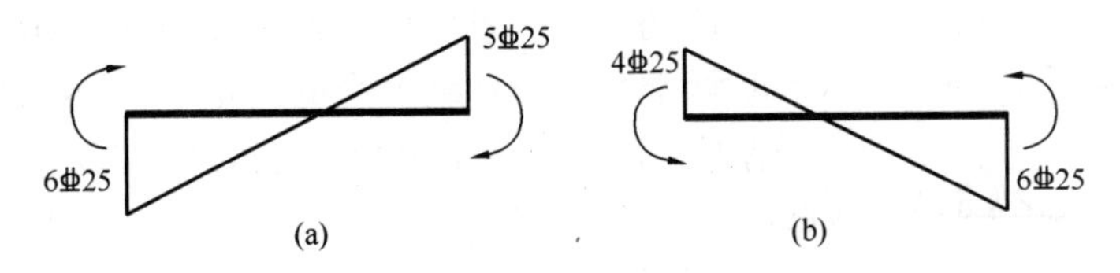


图 5.1-2 框架梁左右顺时针、左右逆时针弯矩

如图 5.1-2（b）所示，梁端左支座梁截面上边缘受拉时，弯矩为逆时针方向。梁端右支座梁截面下边缘受拉时，弯矩也为逆时针方向。故梁端左支座面筋及梁端右支座底筋，均能抵抗逆时针弯矩。因此有：

$$M_{\mathrm{bua}}^{l}+M_{\mathrm{bua}}^{\mathrm{r}}=\max(\text{顺时针弯矩},\text{逆时针弯矩})$$
$$=\max(M_{\mathrm{bua}}^{\text{左支座面筋}}+M_{\mathrm{bua}}^{\text{右支座底筋}},M_{\mathrm{bua}}^{\text{右支座面筋}}+M_{\mathrm{bua}}^{\text{左支座底筋}})$$

钢筋强度相同时，计算可采用较大的（面筋+底筋）面积和对应的弯矩值进行组合。

$l_{\mathrm{n}}$，指梁的净跨，从梁支座（框架柱）边缘算起，见图 5.1-3。

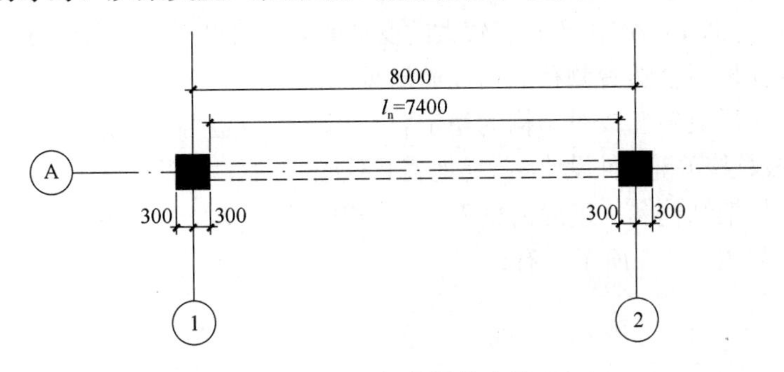


图 5.1-3 框架梁的净跨

$V_{\mathrm{Gb}}$，指重力荷载代表值（9 度时还应包括竖向地震作用标准值）作用下，按简支梁分析的梁端截面剪力设计值。当可变荷载的组合值系数取为 0.5 时，有：

$$V_{\mathrm{Gb}}=1.2(V_{\text{恒}}+0.5V_{\text{活}})+1.3V_{\text{竖},9\text{度}}$$

根据《高规》式（6.2.5-1）计算的按弯矩反算的调整后的剪力设计值，应大于调整前的考虑地震作用组合的剪力计算值（采用 CQC 组合后，内力不再平衡，不同内力的最大值可能出现在不同工况组合，可能出现调整后的剪力设计值小于调整前的考虑地震作用组合的剪力计算值的情况）。

（2）非一级框架结构或 9 度时的框架时，框架梁端部截面组合的剪力设计值，按下列公式计算：

$$V=\eta_{\mathrm{vb}}(M_{\mathrm{b}}^{l}+M_{\mathrm{b}}^{\mathrm{r}})/l_{\mathrm{n}}+V_{\mathrm{Gb}}$$

其中，$M_{\mathrm{b}}^{l}$、$M_{\mathrm{b}}^{\mathrm{r}}$ 分别为梁端左、右逆时针或顺时针方向截面组合（按《高规》表 5.6.4）的弯矩设计值。当抗震等级为一级且梁两端弯矩均为负弯矩时，绝对值较小一端的弯矩应取零。$\eta_{\mathrm{vb}}$ 为两端剪力系数，一、二、三级分别取 1.3、1.2、1.1。

$M_b^l + M_b^r$ 的计算分如下两种情况。

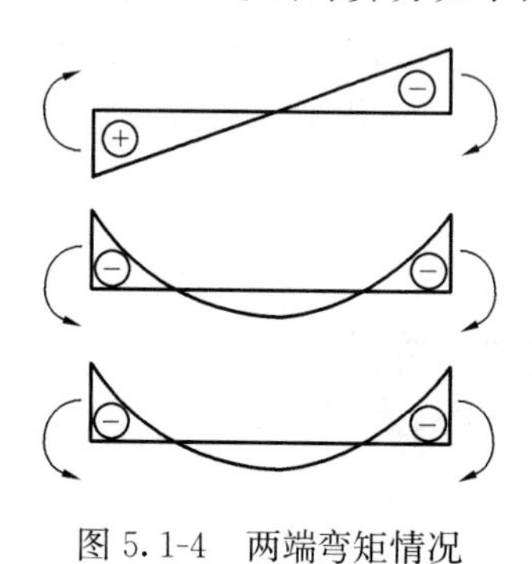
图 5.1-4 两端弯矩情况

情况一，已知梁两端弯矩设计值时，按下述原则叠加（图 5.1-4）：

① 两端弯矩一正一负（同向）：绝对值相加；

② 两端弯矩一级均负（异向）：绝对值取大；

③ 两端弯矩非一级且均负（异向）：绝对值相减。

情况二，已知各工况弯矩标准值（弯矩图），按下述步骤计算：

① 判断弯矩正负：使梁截面上边缘纤维受拉为负，使梁截面下边缘纤维受拉为正；

② 左右端按《高规》5.6.3 条进行工况组合：各工况采用含正负号的代数值；

③ 得到梁两端组合后的弯矩设计值后，按情况一原则叠加。

无论是哪种情况，调整后的剪力设计值，应大于调整前的考虑地震作用组合的剪力计算值。

3）《高规》6.2.1 条规定了框架柱的强柱弱梁调整。

（1）本条仅适用于梁柱节点，不适用于柱根截面（根据《抗规》6.1.14 条条文说明，框架柱嵌固在地下室顶板时，应按“强梁弱柱”设计，即地震时首层柱底屈服，出现塑性铰）。当柱轴压比很小（$<0.15$）时由于具有较大的变形能力，故可不考虑强柱弱梁的要求。

框架的顶层柱顶不会随着侧移的增加而出现二阶弯矩，弯矩不会增大，且在柱顶形成塑性铰，与在梁端形成塑性铰对结构的稳定影响相同，故也可不考虑强柱弱梁的要求。

框支梁与框支柱按关键构件设计，设防地震下不允许屈服，也没有强柱弱梁内力调整要求。

（2）对一级框架结构和 9 度时的框架，《高规》式（6.2.1-1）按梁端实配钢筋确定柱端弯矩设计值。如图 5.1-5 所示，有

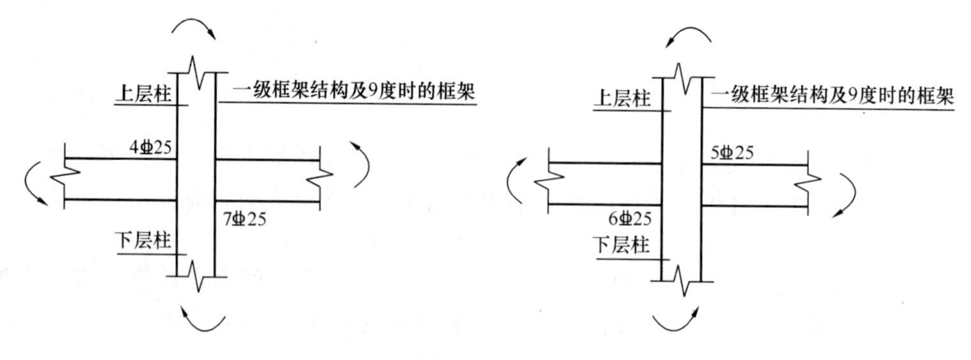

图 5.1-5 一级框架结构和 9 度时的框架梁柱弯矩示意图

$$\sum M_c^{顺时针} = 1.2\sum M_{bua}^{逆时针} = 1.2(M_{bua,左梁端}^{面筋4\Phi25} + M_{bua,右梁端}^{底筋7\Phi25})$$

$$\sum M_c^{逆时针} = 1.2\sum M_{bua}^{顺时针} = 1.2(M_{bua,左梁端}^{底筋6\Phi25} + M_{bua,右梁端}^{面筋5\Phi25})$$

$$M_c^{上,调整后设计值} = \sum M_c^{顺时针或逆时针,总值} \times \frac{M_c^{上,调整前组合值}}{M_c^{上,调整前组合值} + M_c^{下,调整前组合值}} \geqslant M_c^{上,调整前组合值}$$

$$M_c^{下,调整后设计值} = \sum M_c^{顺时针或逆时针,总值} \times \frac{M_c^{下,调整前组合值}}{M_c^{上,调整前组合值} + M_c^{下,调整前组合值}} \geqslant M_c^{下,调整前组合值}$$

（3）非一级框架结构和9度时的框架，《高规》式（6.2.1-2）按增大系数法确定柱端弯矩设计值之和。上、下柱端的弯矩设计值，按弹性分析的弯矩比例进行分配。可按图5.1-6理解。

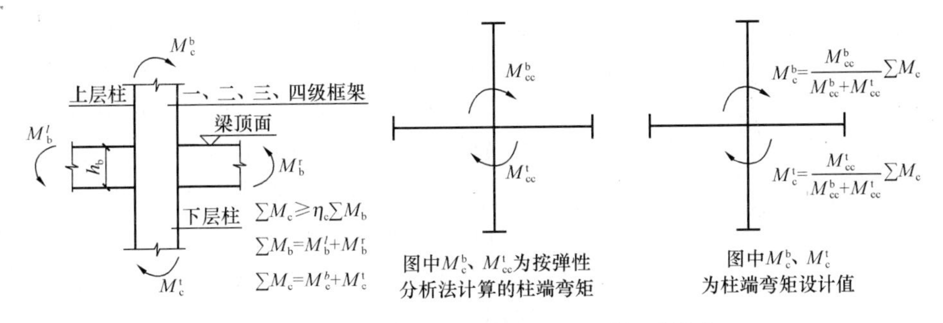


图5.1-6 框架柱强柱弱梁调整——增加系数法

框架柱左右梁端组合弯矩设计值之和$\Sigma M_b$的计算分如下两种情况：

情况一，已知柱节点左右梁端弯矩设计值时，按下述原则叠加：

① 两端弯矩一正一负（同向）：绝对值相加；

② 两端弯矩一级均负（异向）：绝对值取大；

③ 两端弯矩非一级且均负（异向）：绝对值相减。

情况二，已知各工况弯矩标准值（弯矩图），按下述步骤计算：

① 判断弯矩正负：使梁截面上边缘纤维受拉为负，使梁截面下边缘纤维受拉为正；

② 左右端按《高规》5.6.3条进行工况组合：各工况采用含正负号的代数值；

③ 得到梁两端组合后的弯矩设计值后，按情况一原则叠加。

无论是哪种情况，调整后的柱弯矩设计值，应大于调整前的考虑地震作用组合的柱弯矩计算值。

4）《高规》6.2.2条规定了框架结构的框架柱强柱根弯矩调整，将框架结构底层柱下端弯矩计算值乘以增大系数，推迟塑性铰的出现。本条的增大系数只适合框架结构体系中的框架柱，对其他结构类型中的框架柱无此要求。其中，底层柱底指框架柱的嵌固端，一般情况下，有地下室时为地下室顶板处，无地下室时为基础顶面。底层框架柱的纵向钢筋应取经强柱根调整后的底层柱的柱底截面弯矩设计值（框架角柱还需满足《高规》6.2.4条要求）与底层柱顶截面经强柱弱梁调整后的弯矩设计值（框架角柱还需满足《高规》6.2.4条要求）的较大值进行配筋设计。

5）《高规》6.2.3条规定了框架柱、框支柱端部截面的强剪弱弯内力调整。

（1）柱上、下端实配的正截面抗震受弯承载力所对应的弯矩值可参考《混规》11.4.3条条文说明计算。

（2）$H_n$指的是柱的净高，为层高减去柱上端节点最大的梁高，如图5.1-7所示。

（3）本条的柱弯矩设计值，为考虑地震作用组合的弯矩计算值，经过《高规》6.2.1条强柱弱梁、《高规》6.2.2条强柱根（仅框架结构）调整后的数值（不考虑《高规》6.2.4条调整）。

（4）调整后的柱剪力设计值，应大于调整前的考虑地震作用组合的柱剪力计算值。

6）《高规》6.2.4条规定了框架角柱内力放大的要求。

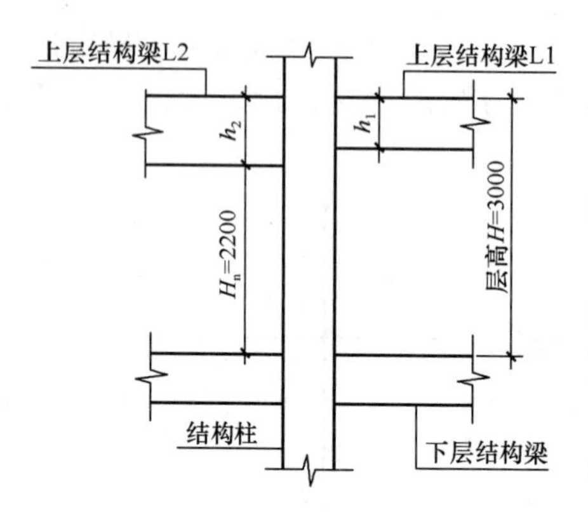

图 5.1-7 框架柱净高计算

(1) 框架角柱：指平面凸角处，与柱在两个正交方向各只有一根框架梁连接的框架柱。

(2) 调整范围：框架结构体系的角柱、其他结构类型的框架角柱。

(3) 调整内容：一、二、三、四级框架角柱经按《高规》6.2.1 条～6.2.3 条调整后的弯矩、剪力设计值应乘以不小于 1.1 的增大系数。

(4) 构件设计：框架角柱应按双向偏心受力构件进行正截面承载力设计。

7)《高规》框架柱内力调整可汇总如表 5.1-1 所示。

**框架柱内力调整汇总** **表 5.1-1**

<table>
<tr><td rowspan="16">框架柱</td><td rowspan="16">内力调整</td><td rowspan="3">强柱弱梁</td><td>规范条文</td><td colspan="2">《高规》6.2.1 条</td></tr>
<tr><td rowspan="2">内容</td><td>9 度框架柱及一级框架结构<br>$\sum M_c=1.2\sum M_{bua}$，调整后结果>调整前组合计算值。顶层、轴压比小于 0.15 者及框支梁柱无需调整</td><td>$M_{bua}\leqslant f_{yk}A_s^a(h_0-a'_s)\gamma_{RE}$<br>$\gamma_{RE}=0.75$</td></tr>
<tr><td>顶层、轴压比小于 0.15，框支除外其他情况：$\sum M_c=\eta_c\sum M_b$，调整后>调整前计算</td><td>$M_b=1.2(M_{恒}+0.5M_{活})+1.3M_{横}$<br>$\eta_c$：框架结构，二、三级分别取 1.5 和 1.3；<br>其他结构中的框架，一、二、三、四级分别取 1.4、1.2、1.1 和 1.1</td></tr>
<tr><td rowspan="3">强柱根</td><td>规范条文</td><td colspan="2">《高规》6.2.2 条</td></tr>
<tr><td rowspan="2">内容</td><td>底层柱底截面弯矩设计值考虑地震组合的弯矩值与增大系数 1.7、1.5、1.3 的乘积</td><td>仅适用于纯框架结构</td></tr>
<tr><td>底层框架柱纵向钢筋应按上、下端的不利情况配置</td><td>柱顶弯矩按强柱弱梁调整</td></tr>
<tr><td rowspan="3">强剪弱弯</td><td>规范条文</td><td colspan="2">《高规》6.2.3 条</td></tr>
<tr><td rowspan="2">内容</td><td>9 度框架柱及一级框架结构：<br>$V=1.2(M_{cua}^t+M_{cua}^b)/H_n$</td><td>$M_{cua}$ 查《混规》11.4.3 条条文说明；<br>$H_n$：柱净高，层高扣除柱上节点最大梁高</td></tr>
<tr><td>其他情况：$V=\eta_{vc}(M_c^t+M_c^b)/H_n$<br>此处柱弯矩应经过强柱弱梁，强柱根调整</td><td>$\eta_{vc}$：框架结构，二、三级分别取 1.3 和 1.2；<br>其他结构中的框架，一、二、三、四级分别取 1.4、1.2、1.1 和 1.1；<br>$H_n$：柱净高，层高扣除柱上节点最大梁高</td></tr>
<tr><td rowspan="2">角柱调整</td><td>规范条文</td><td colspan="2">《高规》6.2.4 条</td></tr>
<tr><td>内容</td><td>抗震设计时，经内力调整后再乘以不小于 1.1 的增大系数</td><td>内力调整为强柱弱梁、强柱根、强剪弱弯。强剪弱弯计算时，弯矩无需考虑 1.1 的增大系数</td></tr>
</table>

注：调整后的内力设计值，应大于调整前的考虑地震作用组合的内力计算值。

8)《混规》11.6.2条及《抗规》附录D规定了框架梁柱节点核心区剪力设计值计算。

(1)《混规》区分顶层及其他楼层，给出了不同的框架梁柱节点核心区剪力设计值计算公式。《抗规》不区分楼层，采用与《混规》式(11.6.2-3)、式(11.6.2-4)相同的计算公式。

(2) 框架柱的反弯点：水平荷载为主时，框架分析得到的弯矩图里，一正一负经过零，零点位置叫反弯点，如图5.1-8所示。

(3) $\Sigma M_{bua}$ 及 $\Sigma M_b$ 的计算方法同框架柱强柱弱梁调整公式。

(4) 应注意，当节点两侧梁高不相同时，梁的截面有效高度、截面高度取平均值。

(5)《高规》无此条款规定。

9) 本节内容对应《混规》第11章及《抗规》第6章的部分内容，在对上午混凝土部分答题时，可按相应规范条文进行。

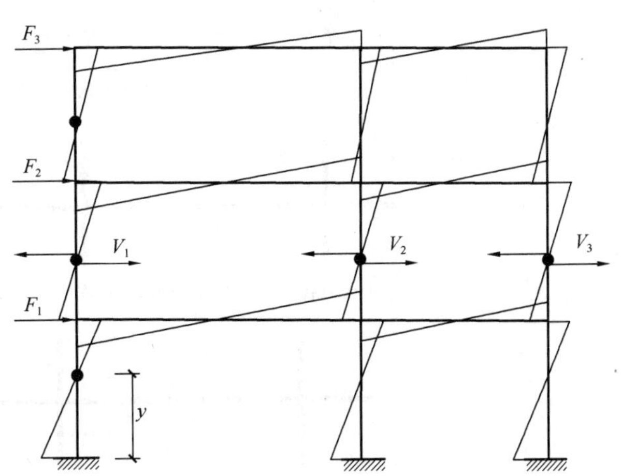


图5.1-8 水平荷载作用下的框架弯矩图

**3. 历年真题解析**

**【例5.1.1】** 2017上午14题

某钢筋混凝土框架结构办公楼，抗震等级为二级，框架梁的混凝土强度等级为C35，梁纵向钢筋及箍筋均采用HRB400。取某边榀框架（C点处为框架角柱）的一段框架梁，梁截面：$b\times h=400\text{mm}\times 900\text{mm}$，受力钢筋的保护层厚度 $c_s=30\text{mm}$，梁上线荷载标准值分布图、简化的弯矩标准值见图2017-14，其中框架梁净跨 $l_n=8.4\text{m}$。假定，永久荷载标准值 $g_k=83\text{kN/m}$，等效均布可变荷载标准值 $q_k=55\text{kN/m}$。

试问，考虑地震作用组合时，BC段框架梁端截面组合的剪力设计值 $V$（kN），与下列何项数值最为接近？

(A) 670　　(B) 740　　(C) 810　　(D) 880

**【答案】**(B)

根据《抗规》5.1.3条及5.4.1条：

$$V_{Gb}=1.2\times(83+0.5\times 55)\times 8.4/2=556.9\text{kN}$$

根据《抗规》6.2.4条，二级框架，$\eta_{vb}=1.2$。

地震作用由左至右：

$$M_b^l=-1.2\times(468+0.5\times 312)+1.3\times 430=-189.8\text{kN}\cdot\text{m}$$

$$M_b^r=1.2\times(387+0.5\times 258)+1.3\times 470=1230.2\text{kN}\cdot\text{m}$$

梁端剪力设计值：

$$V_1=\frac{\eta_{vb}(M_b^l+M_b^r)}{l_n}+V_{Gb}=1.2\times(-189.8+1230.2)/8.4+556.9=705.5\text{kN}$$

地震作用由右至左：

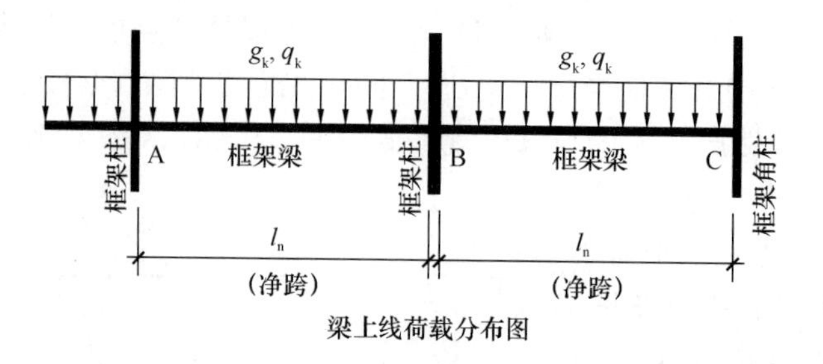

梁上线荷载分布图

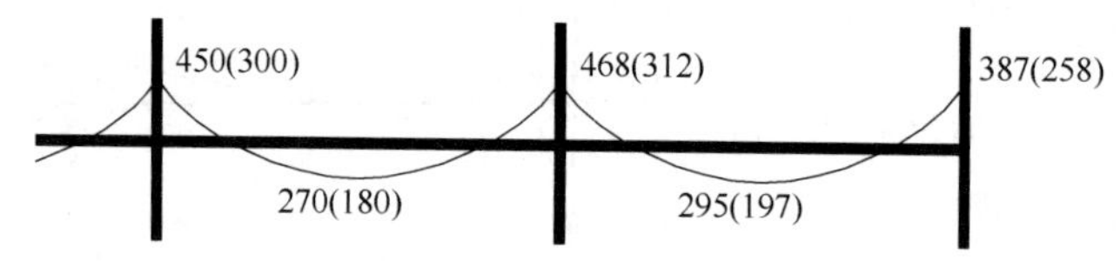

永久荷载（等效均布可变荷载）作用下梁端弯矩标准值（kN·m）

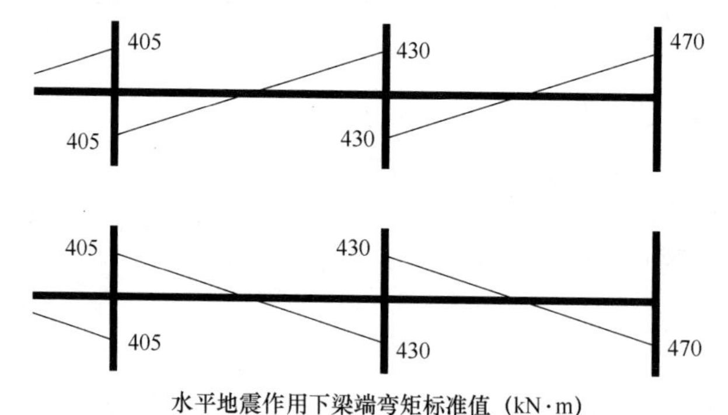

水平地震作用下梁端弯矩标准值（kN·m）

图 2017-14

$$M_b^l = -1.2 \times (468 + 0.5 \times 312) - 1.3 \times 430 = -1307.8\text{kN}\cdot\text{m}$$

$$M_b^r = 1.2 \times (387 + 0.5 \times 258) - 1.3 \times 470 = 8.2\text{kN}\cdot\text{m}$$

梁端剪力设计值：

$$V_2 = \frac{\eta_{vb}(M_b^l + M_b^r)}{l_n} + V_{Gb} = 1.2 \times (1307.8 - 8.2)/8.4 + 556.9 = 742.6\text{kN}$$

$$V = \max\{V_1, V_2\} = 742.6\text{kN}$$

**【例 5.1.2】** 2017 上午 16 题

基本题干同例 5.1.1，假定，多遇地震下的弹性计算结果如下：框架节点 C 处，柱轴压比为 0.5，上柱柱底弯矩与下柱柱顶弯矩大小与方向均相同。试问，框架节点 C 处，上柱柱底截面考虑水平地震作用组合的弯矩设计值 $M_c$（kN·m），与下列何项数值最为接近？

(A) 810　　(B) 920　　(C) 1020　　(D) 1150

**【答案】**(C)

根据《抗规》5.4.1 条：

$$M_b = -1.2 \times (387 + 0.5 \times 258) - 1.3 \times 470 = -1230.2\text{kN}\cdot\text{m}$$

根据《抗规》6.2.2 条，二级框架，$\eta_c = 1.5$。

根据《抗规》6.2.6 条，二级角柱弯矩应乘 1.1 的增大系数。

$$M_c = 1.5 \times 1.1 \times 1230.2/2 = 1015\text{kN}\cdot\text{m}$$

**【例 5.1.3】** 2013 上午 4 题

某 8 度区的框架结构办公楼，框架梁混凝土强度等级为 C35，均采用 HRB400 钢筋。框架的抗震等级为一级。Ⓐ轴框架梁的配筋平面表示法如图 2013-4 所示，$a_s = a'_s = 60\text{mm}$。①轴的柱为边柱，框架柱截面 $b \times h = 800\text{mm} \times 800\text{mm}$，定位轴线均与梁、柱中心线重合。

**提示：** 不考虑楼板内的钢筋作用。

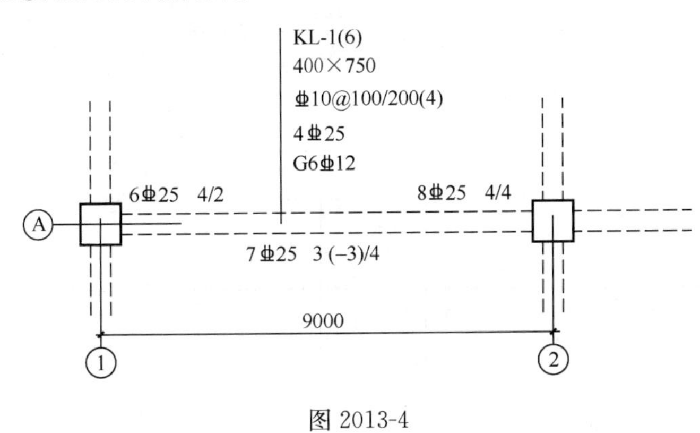


图 2013-4

假定，该梁为中间层框架梁，作用在此梁上的重力荷载全部为沿梁全长的均布荷载，梁上永久均布荷载标准值为 46kN/m（包括自重），可变均布荷载标准值为 12kN/m（可变均布荷载按等效均布荷载计算）。试问，此框架梁端考虑地震组合的剪力设计值 $V_b$（kN），应与下列何项数值最为接近？

(A) 470　　(B) 520　　(C) 570　　(D) 600

**【答案】**(B)

一级框架结构，根据《混规》式（11.3.2-1）：

$$V_b = 1.1\frac{(M_{bua}^l + M_{bua}^r)}{l_n} + V_{Gb}$$

$$l_n = 9 - 0.8 = 8.2\text{m}$$

$$V_{Gb} = 1.2 \times \frac{(46 + 0.5 \times 12) \times 8.2}{2} = 255.8\text{kN}$$

顺时针配筋：右支座+左底筋；逆时针配筋：左支座+右底筋。

由梁端配筋情况可知梁两端均按顺时针方向计算 $M_{bua}$ 时 $V_b$ 最大，则

$$M_{bua}^l = \frac{1}{\gamma_{RE}} f_{yk} A_s^{a,l}(h_0 - a'_s) = \frac{400 \times 4 \times 490.9 \times (690 - 60)}{0.75} = 659.8\text{kN} \cdot \text{m}$$

$$M_{bua}^r = \frac{1}{\gamma_{RE}} f_{yk} A_s^{a,r}(h_0 - a'_s) = \frac{400 \times 8 \times 490.9 \times (690 - 60)}{0.75} = 1319.5\text{kN} \cdot \text{m}$$

$$V_b = 1.1 \times \frac{(659.8 + 1319.5)}{8.2} + 255.8 = 521.3\text{kN}$$

**【例 5.1.4】** 2011 上午 6 题

某五层重点设防类建筑，采用现浇钢筋混凝土框架结构，抗震等级为二级，各柱截面均为 600mm×600mm，混凝土强度等级 C40。假定，二层框架梁 KL1 及 KL2 在重力荷载代表值及 $X$ 向水平地震作用下的弯矩图如图 2011-6 所示，$a_s = a'_s = 35\text{mm}$，柱的计算高度

$H_c$=4000mm。试问，根据《建筑抗震设计规范》GB 50011—2010，B轴KZ2二层节点核芯区组合的X向剪力设计值$V_j$（kN）与下列何项数值最为接近？

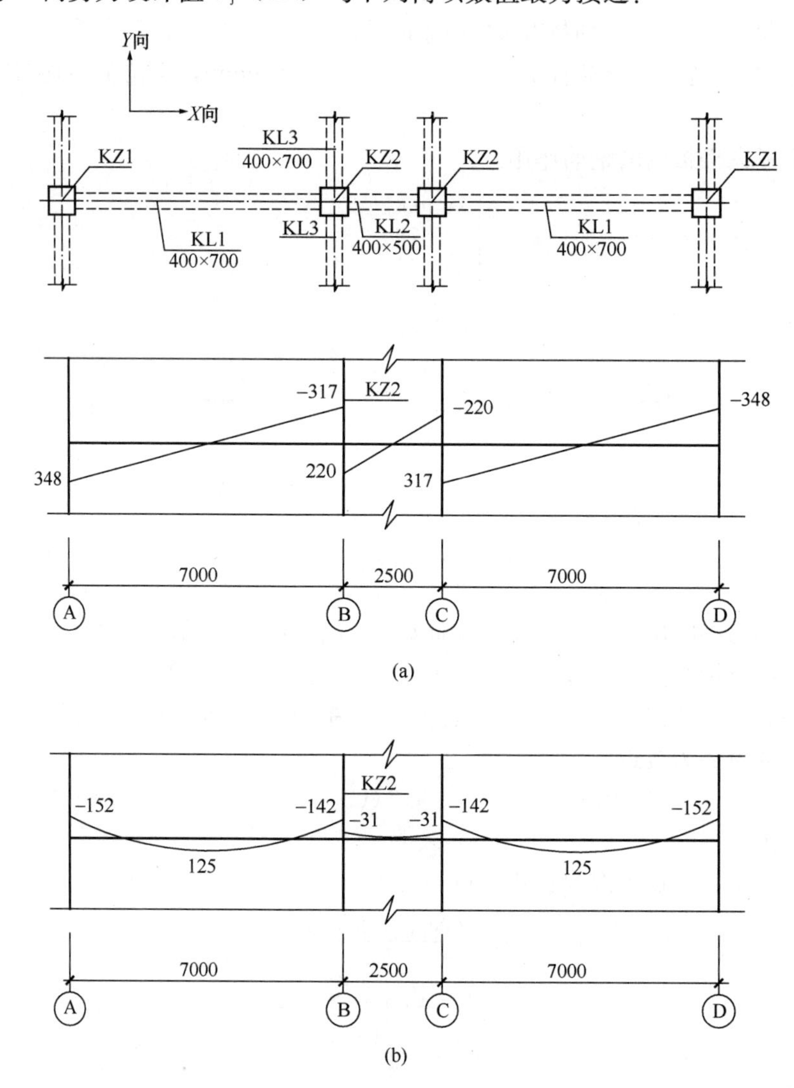


图 2011-6

(a) 正X向水平地震作用下梁弯矩标准值（kN·m）；(b) 重力荷载代表值作用下梁弯矩标准值（kN·m）

(A) 1700　　(B) 2100　　(C) 2400　　(D) 2800

**【答案】**(A)

根据《抗规》公式(D.1.1-1)：

$$V_j=\frac{\eta_{jb}\Sigma M_b}{h_{b0}-a_s'}\left(1-\frac{h_{b0}-a_s'}{H_c-h_b}\right)$$

其中，$\eta_{jb}=1.35$，$h_b=(700+500)/2=600\text{mm}$，$h_{b0}=600-35=565\text{mm}$，$M_b^l=1.2\times142+1.3\times317=582.5\text{kN}\cdot\text{m}$（逆时针），$M_b^r=1.2\times(-31)+1.3\times220=248.8\text{kN}\cdot\text{m}$（逆时针），代入：

$$V_j=\frac{1.35\times(582.5+248.8)\times10^3}{565-35}\times\left(1-\frac{565-35}{4000-600}\right)=1787\text{kN}$$

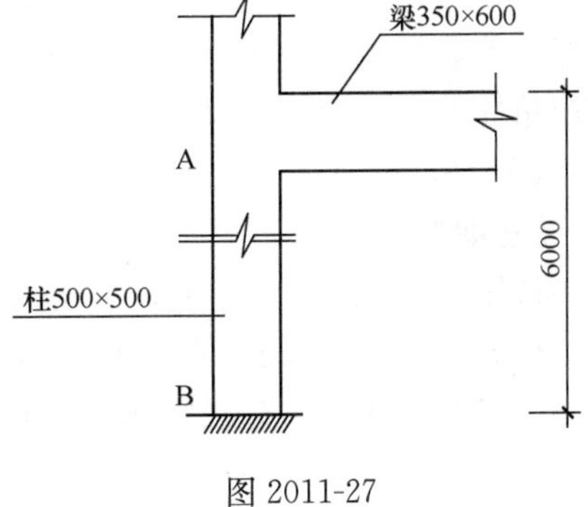

图 2011-27

**【例 5.1.5】** 2011 下午 27 题

某框架结构，抗震等级为一级，底层角柱如图 2011-27所示。考虑地震作用组合时按弹性分析未经调整的构件端部组合弯矩设计值为：

柱：$M_{cA上}=300kN\cdot m$，$M_{cA下}=280kN\cdot m$（同为顺时针方向），柱底 $M_B=320kN\cdot m$；

梁：$M_b=460kN\cdot m$。

已知梁 $h_0=560mm$，$a'_s=40mm$，梁端顶面实配钢筋（HRB400 级）面积 $A_s=2281mm^2$（计入梁受压筋和相关楼板钢筋影响）。试问，该柱进行截面配筋设计时所采用组合弯矩设计值（kN·m），与下列何项最为接近?

(A) 780　　(B) 600　　(C) 545　　(D) 365

**【答案】**(B)

根据《高规》6.2.1 条，对一级框架结构，$\Sigma M_c=1.2\Sigma M_{bua}$。

根据《高规》6.2.5 条条文说明：

$$M_{bua}=\frac{1}{\gamma_{RE}}f_{yk}A_s(h_0-a'_s)=\frac{1}{0.75}\times 400\times 2281\times(560-40)=6.33\times 10^8 N\cdot mm$$

$$\Sigma M_c=1.2\times 6.33\times 10^8 N\cdot mm=7.59\times 10^8 N\cdot mm=759kN\cdot m$$

$$M'_{cA下}=\frac{280}{300+280}\times 759=366kN\cdot m$$

根据《高规》6.2.2 条：

$$M_{cB}=1.7\times 320=544kN\cdot m$$

取上、下截面的大值，该柱为角柱，根据《高规》6.2.4 条：

$$M'_{cB}=1.1M_{cB}=1.1\times 544=598.4kN\cdot m$$

**【例 5.1.6】** 2009 上午 4 题

某六层办公楼，采用现浇钢筋混凝土框架结构，抗震等级为二级，其中梁、柱混凝土强度等级均为 C30。该办公楼中某框架梁，净跨度 6.0m，在永久荷载及楼面活荷载作用下，当按照简支梁分析时，其梁端剪力标准值分别为 30kN 和 18kN；该梁左、右端截面考虑地震作用组合的弯矩设计值之和为 832kN·m。试问，该框架梁梁端剪力的设计值 $V$（kN），与下列何项数值最为接近?

**提示**：该办公楼中无藏书库及档案库。

(A) 178　　(B) 205　　(C) 213　　(D) 224

**【答案】**(C)

依据《抗规》6.2.4 条，二级框架梁，$\eta_{vb}=1.2$。

依据《抗规》5.1.3 条，重力荷载代表值计算时，楼面活荷载组合值系数取 0.5。

$$V=\frac{\eta_{vb}(M_b^l+M_b^r)}{l_n}+V_{Gb}=\frac{1.2\times 832}{6.0}+1.2\times(30+0.5\times 18)=213.2kN$$

**【例 5.1.7】** 2009 上午 5 题

某六层办公楼，采用现浇钢筋混凝土框架结构，抗震等级为二级，其中梁、柱混凝土强度等级均为 C30。该办公楼某框架底层角柱，净高 4.85m，轴压比不小于 0.15，柱上端截面考虑弯矩增大系数的组合弯矩设计值 $M_c^t=104.8\text{kN}\cdot\text{m}$，柱下端截面在永久荷载、活荷载、地震作用下的弯矩标准值分别为 1.5kN·m，0.6kN·m、±115kN·m。试问，该底层角柱剪力的设计值 $V$（kN），与下列何项数值最为接近？

(A) 65　　(B) 73　　(C) 80　　(D) 98

**【答案】**(D)

依据《抗规》6.2.5 条，二级框架柱，$\eta_{vc}=1.3$。

依据《抗规》6.2.3 条，柱下端截面组合的弯矩设计值应乘以增大系数 1.5。于是

$$M_c^b=1.5\times(1.2\times1.5+1.2\times0.5\times0.6+1.3\times115)=227.49\text{kN}\cdot\text{m}$$

$$V=\frac{\eta_{vc}(M_c^b+M_c^t)}{H_s}=\frac{1.3\times(227.49+104.8)}{4.85}=89.07\text{kN}$$

考虑到为角柱，依据《抗规》6.2.6 条，还要乘以增大系数 1.1，89.07×1.1=98.0kN。

**【例 5.1.8】**2009 下午 26 题

某 10 层现浇钢筋混凝土框架-剪力墙普通办公楼，房屋高度为 40m；该工程为丙类建筑，抗震设防烈度为 9 度，Ⅲ类建筑场地，设计地震分组为第一组。

某榀框架第 4 层框架梁 AB，如图 2009-26 所示。考虑地震作用组合的梁端弯矩设计值（顺时针方向起控制作用）为 $M_A=250\text{kN}\cdot\text{m}$，$M_B=650\text{kN}\cdot\text{m}$；同一组合的重力荷载代表值和竖向地震作用下按简支梁分析的梁端截面剪力设计值 $V_{Gb}=30\text{kN}$，梁 A 端实配 4Φ25，梁 B 端实配 6Φ25（4/2），A、B 端截面上部与下部配筋相同；梁纵筋采用 HRB400（$f_{yk}=400\text{N/mm}^2$，$f_y=f'_y=360\text{N/mm}^2$），箍筋采用 HRB335（$f_{yv}=300\text{N/mm}^2$）；单排筋 $a_s=a'_s=40\text{mm}$，双排筋 $a_s=a'_s=60\text{mm}$；抗震设计时，试问，梁 B 截面处考虑地震作用组合的剪力设计值 $V$（kN），与下列何项数值最为接近？

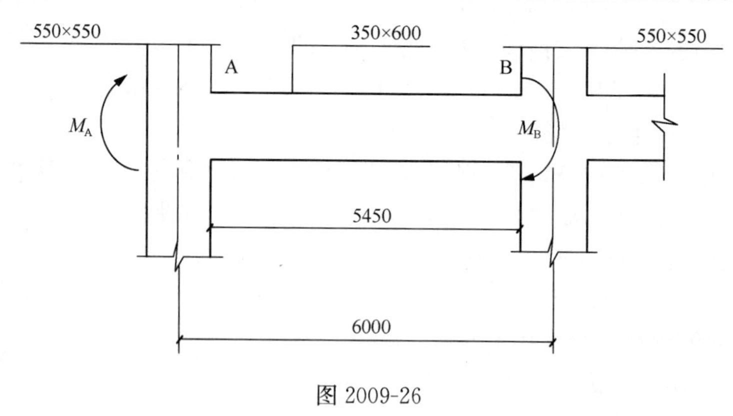


图 2009-26

(A) 245　　(B) 260　　(C) 276　　(D) 292

**【答案】**(D)

依据《高规》表 3.9.3，框架-剪力墙结构、9 度，框架抗震等级为一级。

依据《高规》6.2.5 条，可得

$$M_{bua}^l=\frac{1}{\gamma_{RE}}f_{yk}A_s(h_0-a'_s)=\frac{1}{0.75}\times400\times1964\times(600-2\times40)$$
$$=544.7\times10^6\text{N}\cdot\text{mm}$$

$$M_{\text{bua}}^{\text{r}}=\frac{1}{\gamma_{\text{RE}}}f_{\text{yk}}A_{\text{s}}(h_0-a_{\text{s}}')=\frac{1}{0.75}\times400\times2945\times(600-2\times60)$$

$$=753.9\times10^6\text{N}\cdot\text{mm}$$

$$V=1.1\frac{M_{\text{bua}}^{l}+M_{\text{bua}}^{\text{r}}}{l_{\text{n}}}+V_{\text{Gb}}=1.1\times\frac{544.7+753.9}{5.45}+30=292\text{kN}$$

## 5.2 框架梁及框架柱的构造要求

### 5.2.1 框架梁的构造要求

**1. 主要的规范规定**

1)《高规》6.3 节：框架梁的构造要求。

2)《高规》6.1.8 条：不与框架柱相连的次梁端设计要求。

3)《混规》2.1.23 条：横向钢筋的定义。

4)《混规》4.2.3 条：用作受剪、受扭、受冲切承载力计算的钢筋强度规定。

**2. 对规范规定的理解**

1)《高规》6.3.2 条、6.3.3 条给出了框架梁纵筋抗震构造要求，汇总见表 5.2-1。需要注意的内容包括：

框架梁抗震纵筋构造要求　　　　表 5.2-1

| 纵筋 | 构造要求 | 抗震设计 | | 计算公式 |
|---|---|---|---|---|
| 框架梁 | 受压区高度 | 一级：$x\leqslant0.25h_0$<br>二、三级：$x\leqslant0.35h_0$ | | $x=\dfrac{f_yA_s-f_y'A_s'}{\alpha_1f_cb}$<br>《混规》式(6.2.10-2) |
| | 最小配筋率 | 支座 | 跨中 | |
| | | 一级：max {0.4，$80f_t/f_y$}<br>二级：max {0.3，$65f_t/f_y$}<br>三、四级：max {0.25，$55f_t/f_y$} | 一级：max {0.3，$65f_t/f_y$}<br>二级：max {0.25，$55f_t/f_y$}<br>三、四级：max {0.2，$45f_t/f_y$} | $\rho_{\min}=A_s/bh$ |
| | 最大配筋率 | 梁端纵向受拉钢筋配筋率不宜大于 2.5%，不应大于 2.75%；<br>当大于 2.5%，$\rho_{压}\geqslant0.5\rho_{拉}$ | | $\rho=A_s/bh_0$ |
| | 梁端钢筋面积比 | 一级：$A_{s底}/A_{s顶}\geqslant0.5$<br>二、三级：$A_{s底}/A_{s顶}\geqslant0.3$ | | 梁底钢筋面积只考虑在支座有效锚固的纵筋 |
| | 纵筋直径 | 贯通中柱的纵向钢筋直径不宜大于矩形柱该方向边长或圆柱弦长的 1/20 | 贯通钢筋：一、二级不小于 2$\phi$14 且不应小于两端支座钢筋面积较大值的 1/4；其他情况不应小于 2$\phi$12 | |

(1) 梁端底部钢筋只考虑伸入支座且满足锚固要求的跨中钢筋。

(2) 支座顶面及支座底面均需满足梁支座纵向钢筋最小配筋率验算要求，规范要求的最小配筋率是针对构件可能受力情况，而不是实际受力情况（实际支座底部可不受拉）。

（3）最小配筋率的验算采用毛截面面积。配筋率计算及最大配筋率的验算采用梁有效高度计算。

（4）《高规》6.3.3 条 3 款中，“柱在该方向截面尺寸”指的是与纵向钢筋平行方向的柱截面尺寸。

如图 5.2-1 所示，对 $X$ 向纵筋，$d_{x向} \leqslant b_c/20$；对 $Y$ 向纵筋，$d_{y向} \leqslant h_c/20$。本条规定主要是防止梁在反复作用（如风荷载及地震作用）时钢筋滑移。

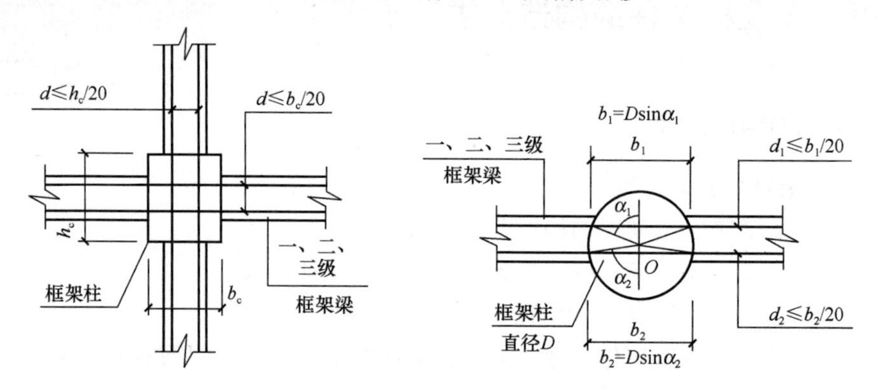


图 5.2-1 贯通中柱的梁纵向钢筋直径要求

2）《高规》6.3.2 条、6.3.4 条、6.3.5 条给出了框架梁箍筋构造要求。汇总见表 5.2-2。需要注意的内容包括：

**框架梁箍筋构造要求** **表 5.2-2**

| 箍筋 | 抗震设计 | | | | | 注 |
|---|---|---|---|---|---|---|
| | 构造要求 | 一级 | 二级 | 三级 | 四级 | |
| 框架梁 | 加密区长度 | max {2.0$h_b$，500} | max {1.5$h_b$，500} | | | $h_b$ 为梁截面高度 |
| | 加密区箍筋最大间距 | min {$h_b$/4，6$d$，100} | min {$h_b$/4，8$d$，100} | min {$h_b$/4，8$d$，150} | | $d$ 为纵筋较小直径；当箍筋直径大于 12、肢数≥4 且肢距≤150，加密区箍筋最大间距可放宽至 150；非加密区箍筋间距不宜大于加密区的 2 倍 |
| | 加密区箍筋最小直径 | 10（+2） | 8（+2） | 8（+2） | 6（+2） | （+2）适用于梁端纵向受拉钢筋 $\rho>2\%$ 时；纵向受拉钢筋配筋率 $\rho=A_s/(bh_0)$ |
| | 加密区箍筋最大肢距 | max {200，20$d$} | max {250，20$d$} | | 300 | $d$ 为箍筋直径 |
| | 沿梁全长箍筋最小面积配筋率 | $\rho_{sv} \geqslant 0.30f_t/f_{yv}$ | $\rho_{sv} \geqslant 0.28f_t/f_{yv}$ | $\rho_{sv} \geqslant 0.26f_t/f_{yv}$ | | 箍筋面积配筋率 $\rho_{sv}=A_s/(bs)$ |
| | 非抗震设计 | | | | | |

续表

<table>
<tr><td rowspan="2">箍筋</td><td colspan="6">抗震设计</td><td rowspan="2">注</td></tr>
<tr><td colspan="2">构造要求</td><td>一级</td><td>二级</td><td>三级</td><td>四级</td></tr>
<tr><td rowspan="11">框架梁</td><td colspan="2" rowspan="2">箍筋最小直径</td><td>$h_b>800$</td><td>其余截面高度</td><td>受力钢筋搭接长度范围内</td><td>梁内有纵向受压钢筋</td><td>$h_b$ 为梁截面高度</td></tr>
<tr><td>$d$ 不宜小于 8</td><td>$d$ 不应小于 6</td><td colspan="2">$d$ 不应小于 $D/4$</td><td>$d$ 为箍筋直径；$D$ 为搭接钢筋或纵向受压钢筋的最大直径</td></tr>
<tr><td colspan="2">箍筋面积配筋率</td><td colspan="2">当 $V>0.7f_tbh_0$ 时：<br>$\rho_{st}\geqslant 0.24f_t/f_{yv}$</td><td colspan="2">当 $V\leqslant 0.7f_tbh_0$ 时<br>满足构造要求</td><td></td></tr>
<tr><td colspan="2">弯、剪、扭箍筋及纵筋配筋率</td><td colspan="4">箍筋：$\rho_{sv}\geqslant 0.28f_t/f_{yv}$；<br>受扭纵向钢筋：<br>$\rho_{tl}=0.6\sqrt{(T/Vb)}f_t/f_y$</td><td>当 $T/(Vb)>2.0$ 时，取 2.0，则 $\rho_{tl}\geqslant 0.85f_t/f_y$</td></tr>
<tr><td rowspan="5">箍筋最大间距</td><td></td><td colspan="2">$V>0.7f_tbh_0$</td><td colspan="2">$V\leqslant 0.7f_tbh_0$</td><td rowspan="5">梁内有纵向受压钢筋时，箍筋间距不应大于 $15d$ 及 400</td></tr>
<tr><td>$h_b\leqslant 300$</td><td colspan="2">150</td><td colspan="2">200</td></tr>
<tr><td>$300<h_b\leqslant 500$</td><td colspan="2">200</td><td colspan="2">300</td></tr>
<tr><td>$500<h_b\leqslant 800$</td><td colspan="2">250</td><td colspan="2">350</td></tr>
<tr><td>$h_b>800$</td><td colspan="2">300</td><td colspan="2">400</td></tr>
</table>

注：表中直径、间距单位为 mm，配筋率单位为%。

(1)《高规》6.3.2 条 4 款“当梁端纵向钢筋配筋率大于 2%时”，应理解为“当梁端纵向受拉钢筋配筋率大于 2%时”，一般指的是梁端面筋配筋率，也包括地震作用较大或由于支座沉降差导致梁端底部受拉配筋率超 2%的情况。但由于梁跨中配筋导致的梁端受压钢筋配筋率较大时，可不用加大箍筋的直径。配筋率采用梁有效高度计算。

(2) 依据《混规》2.1.23 条的规定，横向钢筋指的是垂直于纵向受力钢筋的箍筋或间接钢筋。《混规》4.2.3 条规定，横向钢筋用作受剪、受扭、受冲切承载力计算时，其数值大于 360N/mm$^2$ 时应取 360N/mm$^2$ 时。根据条文说明，限定的是箍筋受剪、受扭、受冲切承载力计算时的抗拉强度值，用作围箍约束混凝土的间接钢筋时，其强度设计值不受限制。具体包括（《混规》《抗规》《高规》有重复条文及相同概念的，不逐一列出）：

①《混规》11.4.17 条、11.7.18 条；《高规》6.4.7 条、7.2.15 条：体积配箍率计算，无限制；

②《混规》11.3.9 条；《高规》6.3.4 条：面筋配箍率，非承载力计算，无限制；

③《混规》11.7.6 条；《高规》7.2.12 条：一级剪力墙施工缝验算，非箍筋，无限制；

④《混规》11.7.4 条、11.7.5 条；《高规》7.2.10 条、7.2.11 条：剪力墙水平抗剪钢筋，非箍筋，无限制；

⑤《混规》9.2.11 条：附加箍筋限制 360N/mm$^2$，附加吊筋无限制。

(3)《高规》6.1.8 条规定，不与框架柱相连的次梁，可按非抗震设计。一端与框架柱相连（包括与剪力墙相连的梁跨高比大于 5 的连梁），另一端与框架梁或次梁相连时，与框架柱（剪力墙）相连端应按抗震设计，其要求与框架梁相同，与梁相连端构造同次梁。

**3. 历年真题解析**

**【例 5.2.1】** 2019 下午 24 题

某七层 28m 民用现浇钢筋混凝土框架结构，安全等级为二级，抗震设防烈度为 8 度（0.20$g$），丙类建筑，建筑场地类别为Ⅱ类。假定，该结构中某一框架梁局部平面如图 2019-24所示，框架梁 AB 截面 350mm×700mm，$h_0 = 640\text{mm}$，$a' = 40\text{mm}$，混凝土强度等级 C40，纵筋采用 HRB500，梁端 A 底部配筋为顶部配筋的一半（顶部纵筋 $A_s = 4920\ \text{mm}^2$）。针对梁端 A 的配筋，试问，计入受压钢筋作用的梁端抗震受弯承载力设计值（kN・m）与下列何项数值最为接近？

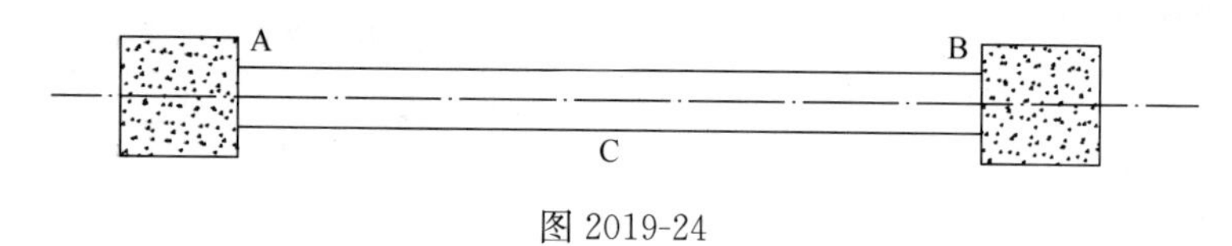


图 2019-24

**提示：** ① 梁抗弯承载力按 $M = M_1 + M_2$，$M_1 = \alpha_1 f_c b_b x\left(h_0 - \frac{x}{2}\right)$，$M_2 = f'_y(h_0 - a')A'_s$。

② 梁按实际配筋计算的受压区高度与抗震要求的最大受压区高度相等。

(A) 1241 (B) 1600 (C) 1820 (D) 2400

**【答案】**(B)

根据《高规》3.9.3 条，框架梁抗震等级一级。

根据《高规》6.3.2 条：

$$x = 0.25h_0 = 0.25 \times 640 = 160\text{mm}$$

$$M_1 = \alpha_1 f_c b_b x\left(h_0 - \frac{x}{2}\right) = 1.0 \times 19.1 \times 350 \times 160 \times \left(640 - \frac{160}{2}\right) = 599\text{kN}\cdot\text{m}$$

$$M_2 = f'_y(h_0 - a')A'_s = 435 \times (640 - 40) \times \frac{4920}{2} = 642.1\text{kN}\cdot\text{m}$$

根据《高规》3.8.2 条，$\gamma_{RE} = 0.75$。

$$M = (M_1 + M_2)/\gamma_{RE} = (599 + 642.1)/0.75 = 1654.75\text{kN}\cdot\text{m}$$

**【例 5.2.2】** 2014 上午 5 题

某现浇钢筋混凝土框架-剪力墙结构高层办公楼，抗震设防烈度为 8 度（0.20$g$），场地类别为Ⅱ类，抗震等级：框架二级、剪力墙一级，二层局部配筋平面表示法如图 2014-5 所示，混凝土强度等级：框架柱及剪力墙 C50，框架梁及楼板 C35，纵向钢筋及箍筋均采用 HRB400（⌽）。

已知，框架梁中间支座截面有效高度 $h_0$=530mm，试问，图 2014-5 框架梁 KL1（2）配筋有几处违反规范的抗震构造要求，并简述理由。

**提示：** $x/h_0 < 0.35$。

(A) 无违反 (B) 有一处 (C) 有二处 (D) 有三处

**【答案】**(C)

根据《抗规》6.3.3 条进行复核：

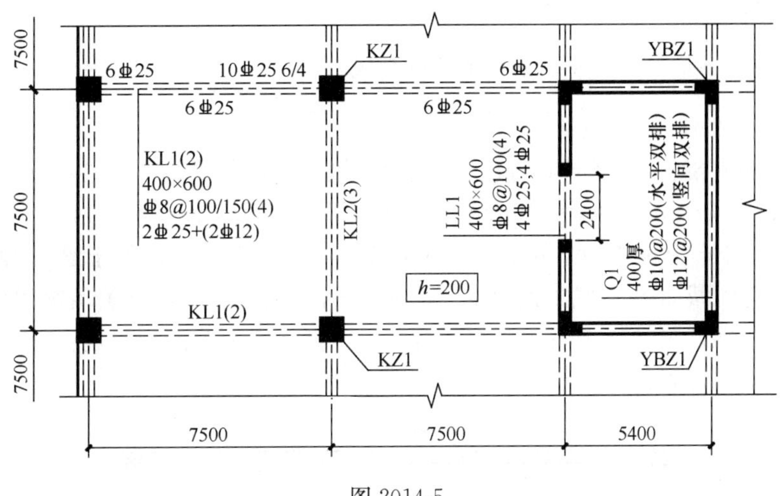


图 2014-5

已经给出 $x/h_0<0.35$，满足第 1 款；

梁右端底面与顶面纵筋配筋量之比为 0.6，满足第 2 款；

KL1 中间支座配筋率 $\rho=\dfrac{A_s}{bh_0}=\dfrac{4909}{400\times530}\times100\%=2.32\%>2.0\%$，箍筋最小直径应为 10，违反第 3 款。

根据《抗规》6.3.4 条进行复核：

KL1 上铁通长钢筋 2⌀25，不满足支座钢筋 10⌀25 的四分之一，不符合要求。

**【例 5.2.3】** 2014 下午 23 题

某高层现浇钢筋混凝土框架结构普通办公楼，结构设计使用年限 50 年，抗震等级一级，安全等级二级。框架梁截面 350mm×600mm，$h_0=540$mm，框架中柱截面 600mm×600mm，混凝土强度等级 C35（$f_c=16.7\text{N/mm}^2$），纵筋采用 HRB400（⌀）（$f_y=360\text{N/mm}^2$）。假定，该框架梁配筋设计时，梁端截面 A 处的顶、底部受拉纵筋面积计算值分别为：$A_s^t=3900\text{ mm}^2$，$A_s^b=1100\text{ mm}^2$；梁跨中底部受拉纵筋为 6⌀25。梁端截面 A 处顶、底纵筋（锚入柱内）有以下 4 组配置。试问，下列哪组配置满足规范、规程的设计要求且最为合理？

(A) 梁顶：8⌀25；梁底：4⌀25　　(B) 梁顶：8⌀25；梁底：6⌀25

(C) 梁顶：7⌀28；梁底：4⌀25　　(D) 梁顶：5⌀32；梁底：6⌀25

**【答案】**(A)

根据《高规》6.3.3 条 3 款，一级抗震要求的框架梁内贯穿中柱的每根纵向钢筋的直径不宜大于柱在该方向尺寸的 1/20。则 $d\leqslant\dfrac{1}{20}h=\dfrac{1}{20}\times600=30\text{mm}$，(D) 不满足要求。

根据《高规》6.3.2 条 3 款要求，$\dfrac{A_s^b}{A_s^t}\geqslant0.5$，(C) 为 0.46，不满足要求。

(B) 项跨中正弯矩钢筋全部锚于柱内，不经济，也不利于强柱弱梁，不合理。

对于 (A) 项：

$$\frac{x}{h_0}=\frac{f_yA_s-f'_yA'_s}{\alpha_1bh_0f_c}=\frac{360\times(3927-1964)}{1\times350\times540\times16.7}=0.22<0.25$$

满足《高规》6.3.2 条 1 款要求；

$\dfrac{A_s^b}{A_s^t}=0.5$，满足《高规》6.3.2 条 3 款要求。

**【例 5.2.4】** 2013 下午 23 题

某现浇钢筋混凝土框架结构，抗震等级为一级，梁局部平面图如图 2013-23 所示。梁 L1 截面 300mm×500mm（$h_0$=440mm），混凝土强度等级 C30（$f_c$=14.3N/mm²），纵筋采用 HRB400（Φ）（$f_y$=360N/mm²），箍筋采用 HRB335（Φ）。关于梁 L1 两端截面 A、C 梁顶配筋及跨中截面 B 梁底配筋（通长，伸入两端梁、柱内，且满足锚固要求），有以下 4 组配置。试问，哪一组配置与规范、规程的最低构造要求最为接近？

**提示：** 不必验算梁抗弯、抗剪承载力。

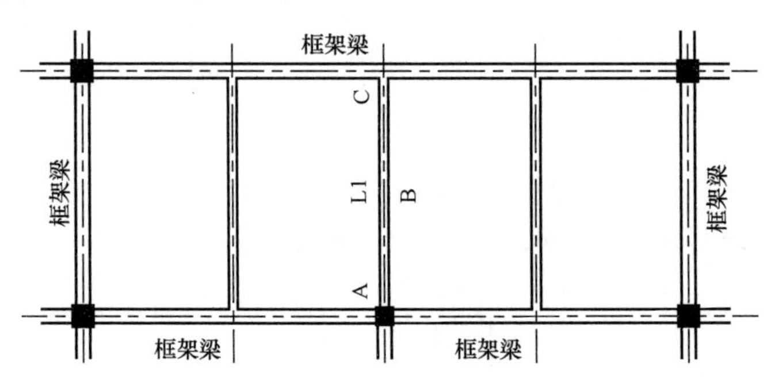


图 2013-23

（A）A 截面：4Φ20+4Φ20；Φ10@100
　　B 截面：4Φ20；　Φ10@200
　　C 截面：4Φ20+2Φ20；Φ10@100

（B）A 截面：4Φ22+4Φ22；Φ10@100
　　B 截面：4Φ22；　Φ10@200
　　C 截面：2Φ22；　Φ10@200

（C）A 截面：2Φ22+6Φ20；Φ10@100
　　B 截面：4Φ18；　Φ10@200
　　C 截面：2Φ20；　Φ10@200

（D）A 截面：4Φ22+2Φ22；Φ10@100
　　B 截面：4Φ22；　Φ10@200
　　C 截面：2Φ22；　Φ10@200

**【答案】**（D）

根据《高规》6.1.8 条及条文说明，梁 L1 与框架柱相连的 A 端按框架梁抗震要求设计，与框架梁相连的 C 端，可按次梁非抗震要求设计，（A）不合理。

对于（B），截面 A：$\rho=\dfrac{3041}{300\times440}=2.30\%>2.0\%$，根据《高规》6.3.2 条 4 款，箍筋直径应为：10+2=12mm，（B）不合理。

对于（C），截面 A：$\dfrac{A_{s2}}{A_{s1}}=\dfrac{1017}{2644}=0.38<0.50$，根据《高规》6.3.2 条 3 款，（C）不

合理。

至此通过排除法仅剩选项（D）。

**【例 5.2.5】** 2012 下午 27 题

某高层现浇钢筋混凝土框架结构，其抗震等级为二级，框架梁局部配筋如图 2012-27 所示，梁、柱混凝土强度等级 C40（$f_c=19.1\text{N/mm}^2$），梁纵筋为 HRB400（$f_y=360\text{N/mm}^2$），箍筋 HRB335（$f_y=300\text{N/mm}^2$），$a_s=60\text{mm}$。

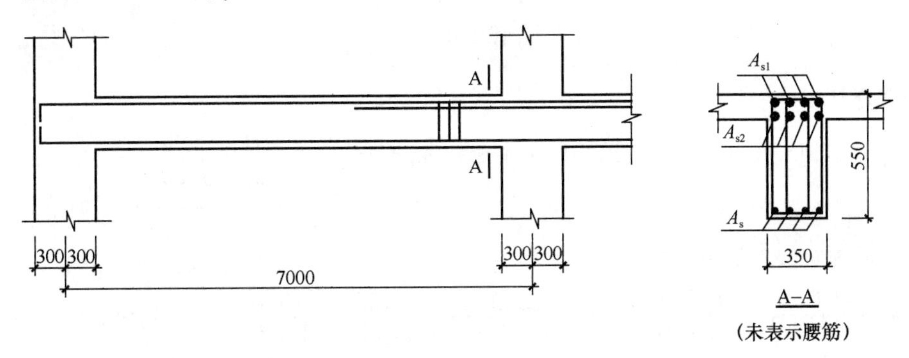


图 2012-27

关于梁端 A-A 剖面处纵向钢筋的配置，如果仅从框架抗震构造措施方面考虑，下列何项配筋相对合理？

**提示：** 按《高层建筑混凝土结构技术规程》JGJ 3—2010 作答。

(A) $A_{s1}=4\Phi28$，$A_{s2}=4\Phi25$；$A_s=4\Phi25$

(B) $A_{s1}=4\Phi28$，$A_{s2}=4\Phi25$；$A_s=4\Phi28$

(C) $A_{s1}=4\Phi28$，$A_{s2}=4\Phi28$；$A_s=4\Phi28$

(D) $A_{s1}=4\Phi28$，$A_{s2}=4\Phi28$；$A_s=4\Phi25$

**【答案】**（B）

根据《高规》6.3.3 条，当梁端纵向受拉钢筋配筋率大于 2.5%时，受压钢筋的配筋率不应小于受拉钢筋的一半，所以（A）不满足。

根据《高规》6.3.3 条，梁纵筋配筋率不宜大于 2.5%不应超过 2.75%。

$$\rho=\frac{615.8\times8}{350\times490}=2.87\%>2.75\%$$

$$2.75\%>\rho=\frac{615.8\times4+490.9\times4}{350\times490}=2.58\%>2.50\%$$

所以（C）、（D）均不满足。至此通过排除法仅剩选项（B）。

**【例 5.2.6】** 2011 下午 26 题

某框架结构抗震等级为一级，框架梁局部配筋图如图 2011-26 所示。梁混凝土强度等级 C30（$f_c=14.3\text{N/mm}^2$），纵筋采用 HRB400(Φ)($f_y=360\text{N/mm}^2$)，箍筋采用 HRB335（Φ），梁 $h_0=440\text{mm}$。试问，下列关于梁的中支座（A-A 处）上部纵向钢筋配置的选项，如果仅从规范、规程对框架梁的抗震构造措施方面考虑，哪一项相对准确？

(A) $A_{s1}=4\Phi22$；$A_{s2}=4\Phi22$　　(B) $A_{s1}=4\Phi22$；$A_{s2}=2\Phi22$

(C) $A_{s1}=4\Phi25$；$A_{s2}=2\Phi20$　　(D) 前三项均不准确

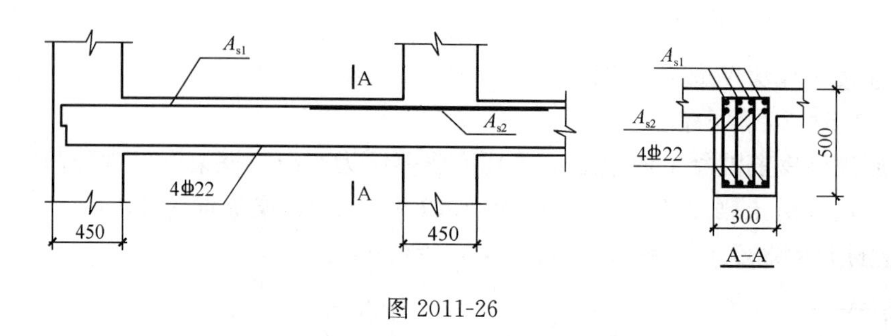


图 2011-26

【答案】(B)

根据《高规》6.3.3 条 3 款，中支座梁纵筋直径：$d \leqslant \frac{B}{20} = \frac{450}{20} = 22.5$，(C) 不准确。

由《高规》6.3.2 条 1 款：

对于 (A)：$\frac{x}{h_0} = \frac{f_y A_s - f'_y A'_s}{\alpha_1 b h_0 f_c} = \frac{360 \times (2 \times 1520 - 1520)}{1 \times 300 \times 440 \times 14.3} = 0.29 > 0.25$，不准确。

对于 (B)：$\frac{x}{h_0} = \frac{360 \times 760}{1 \times 300 \times 440 \times 14.3} = 0.15 < 0.25$，准确。

### 5.2.2 框架柱的构造要求

**1. 主要的规范规定**

1)《高规》6.4 节：框架柱的构造要求。

2)《高规》6.2.6 条：框架柱的剪跨比计算。

3)《混规》6.6.3 条：柱体积配箍率计算。

4)《混规》4.2.3 条：用作受剪、受扭、受冲切承载力计算的钢筋强度规定。

**2. 对规范规定的理解**

1)《高规》6.4.6 条 2 款中，"刚性地面"指无框架梁的建筑地面，其平面内的刚度比较大，在水平力作用下，平面内变形很小，通常为现浇混凝土地面，会对混凝土柱产生约束。其他硬质地面达到一定厚度也属于刚性地面。

2)《高规》6.2.6 条规定了框架柱的剪跨比计算公式：$\lambda = M^c/(V^c h_0)$。

① 剪跨比应沿柱截面的两个方向分别计算，各自取用相应的数值；

② 反弯点位于柱高中部的框架柱，可取柱净高与计算方向两倍柱截面有效高度之比计算，即：$\lambda = H_n/(2h_{c0})$，圆形截面柱按面积等效为方柱：按 $0.886d$ 计算。《抗规》6.2.9 条规定采用"2 倍柱截面高度"计算，与《高规》不符，《混规》6.3.12 条的规定与《高规》相同；

③ $M^c$ 取柱上、下端未经《高规》6.2.1 条、6.2.2 条、6.2.4 条调整的组合弯矩计算值的较大值；$V^c$ 取柱端截面与组合弯矩计算值对应的未经调整的组合剪力计算值。

3)《高规》6.4.2 条规定了框架柱的轴压比计算公式：$\mu_N = N/(f_c A)$。

① 轴压比属于抗震构造措施，受房屋的设防类别及场地类别影响。

② 轴力 $N$ 为按《高规》表 5.6.4，考虑地震作用组合的轴压力设计值。

③ 根据条文说明，"较高的高层建筑"是指高于 40m 的框架结构或高于 60m 的其他

结构体系的混凝土房屋建筑，Ⅳ类场地时，其轴压比限值应适当减小。

④ 混凝土强度等级、剪跨比、箍筋设置、芯柱设置等因素会影响柱轴压比限值，应注意条文注写的相关要求。

⑤ 柱轴压比限值与结构类型有关。

《高规》8.1.3 条 3 款、4 款规定：框架剪力墙结构，当 $M_{框} > 0.5M_{总}$ 时，框架部分轴压比限值按框架结构类型查表；

《高规》9.1.9 条规定，筒体结构中的框筒柱、框架柱的轴压比限值按框架-剪力墙结构的规定采用；

《高规》10.3.3 条、10.5.5. 条，分别对带加强层高层建筑结构及连体结构的加强层及连接体框架柱，提出了轴压比限值的要求。

⑥当采用提高柱轴压比限值的措施时，计算柱的体积配箍率时，分如下两种情况：

情况一：轴压比限值增加不超过 0.10 时，按计算轴压比查《高规》表 6.4.7 确定配箍特征值；

情况二：轴压比限值增加 0.15 时，按 min｛计算轴压比，调整前轴压比限值+0.10｝查《高规》表 6.4.7 确定配箍特征值。

如：实际轴压比 0.78，轴压比限值 0.75+0.1=0.85，确定配箍特征值时轴压比用 0.78。

实际轴压比 0.88，提高轴压比限值 0.75+0.1+0.05=0.9，确定配箍特征值时轴压比用 0.75+0.1=0.85；实际轴压比 0.80，轴压比限值 0.75+0.1+0.05=0.9，确定配箍特征值时轴压比用 0.80（采取的措施过多了，实际设计不合理）。

4）《高规》6.4.3 条、6.4.4 条、6.4.5 条给出了框架柱纵筋构造要求，汇总见表 5.2-3。

**框架柱纵筋构造要求** **表 5.2-3**

| 纵筋 | 构造要求 | 非抗震设计 | 抗震设计 | 备注 |
|---|---|---|---|---|
| 框架柱 | 最大配筋率 | $\rho_{全}$ 不宜大于 5%，不应大于 6% | $\rho_{全}$ 不应大于 5%；<br>$\lambda \leqslant 2$ 的一级柱，$\rho_{一侧}$ 不宜大于 1.2% | $\lambda$ 为剪跨比，当柱反弯点在柱中范围时，$\lambda = H_n/2h_{c0}$；<br>$h_{c0}$ 为计算方向上柱截面有效高度 |
| | 最小配筋率 | 《高规》表 6.4.3-1；<br>$\rho_{一侧}$不应小于 0.2% | 《高规》表 6.4.3-1；<br>Ⅳ类场地较高建筑，+0.1；<br>$\rho_{一侧}$不应小于 0.2%；<br>边柱、角柱及剪力墙端柱产生小偏心受拉时，纵筋面积比计算值增加 25% | 钢筋牌号 HRB335，+0.10；HRB400，+0.05；<br>混凝土等级>C60，+0.10；<br>较高建筑：$H$>40m 的框架结构或 $H$>60m 的其他结构 |
| | 直径 | 不宜小于 12mm；<br>《混规》9.3.1 条 1 款 | — | — |
| | 间距/净距 | 净距不应小于 50mm；间距不宜大于 300mm | 净距不应小于 50mm；间距不宜大于 200mm；四级同非抗震 | — |

5） 《高规》6.4.3 条、6.4.6 条～6.4.9 条给出了框架柱箍筋构造要求，汇总见表 5.2-4。

**框架柱箍筋构造要求** **表 5.2-4**

<table>
<tr><td rowspan="2">箍筋</td><td colspan="5">抗震设计</td><td rowspan="2">注</td></tr>
<tr><td>构造要求</td><td>一级</td><td>二级</td><td>三级</td><td>四级</td></tr>
<tr><td rowspan="9">框架柱</td><td>最小直径</td><td>10</td><td>8</td><td>8</td><td>6（柱根 8）</td><td>三级 $b\leqslant400$，可使用 6；<br>四级剪跨比 $\lambda<2$ 或柱中 $\rho_{全}\geqslant3\%$ 时，不应小于 8</td></tr>
<tr><td>加密区<br>最大间距</td><td>$6d$ 和 100<br>的较小值</td><td>$8d$ 和 100<br>的较小值</td><td>$8d$ 和 150<br>（柱根 100）<br>的较小值</td><td>$8d$ 和 150<br>（柱根 100）<br>的较小值</td><td>《高规》6.4.3 条 2 款 2)：一、二特定条件允许 150；<br>框支柱及 $\lambda\leqslant2$ 的柱不应大于 100</td></tr>
<tr><td>非加密区<br>最大间距</td><td colspan="2">min｛2 倍加密区<br>箍筋间距，$10d$｝</td><td colspan="2">min｛2 倍加密区<br>箍筋间距，$15d$｝</td><td>$d$ 为柱纵向钢筋的较小直径</td></tr>
<tr><td>箍筋肢距</td><td>不宜大于 200</td><td colspan="2">max｛250，$20d$｝</td><td>不宜大于 300</td><td>$d$ 为箍筋直径的较大值；<br>每隔一横纵筋宜在两个方向有箍筋约束</td></tr>
<tr><td>加密区体积<br>配箍率</td><td>max｛0.8%，<br>$\lambda_v f_c/f_{yv}$｝</td><td>max｛0.6%，<br>$\lambda_v f_c/f_{yv}$｝</td><td colspan="2">max｛0.4%，<br>$\lambda_v f_c/f_{yv}$｝</td><td>混凝土强度等级低于 C35 时，$f_c$ 按 C35 计算；<br>框支柱 $\lambda_v+0.02$，$\rho_v\geqslant1.5\%$；<br>$\lambda\leqslant2$ 的柱，$\rho_v\geqslant1.2\%$；<br>$\lambda\leqslant2$ 的柱，9 度一级，$\rho_v\geqslant1.5\%$；<br>非加密区体积配箍率不宜小于加密区的一半</td></tr>
<tr><td colspan="5">非抗震设计</td><td></td></tr>
<tr><td>最大间距</td><td colspan="4">min｛400，柱短边尺寸，$15d$｝；柱中 $\rho_{全}\geqslant3\%$时，<br>不应大于｛200，$10d$｝</td><td>$d$ 为较小柱纵向钢筋直径</td></tr>
<tr><td>最小直径</td><td colspan="4">max｛$d/4$，6｝；当柱中 $\rho_{全}\geqslant3\%$时，不应小于 8</td><td>柱中 $\rho_{全}\geqslant3\%$时，不宜小于 8</td></tr>
<tr><td colspan="6"></td></tr>
<tr><td rowspan="2">箍筋</td><td colspan="5">抗震设计</td><td rowspan="2"></td></tr>
<tr><td>构造要求</td><td>一级</td><td>二级</td><td>三级</td><td>四级</td></tr>
<tr><td>节点<br>核心区</td><td>体积配箍筋</td><td>max｛0.6%，<br>$\lambda_v f_c/f_{yv}$｝，<br>$\lambda_v=0.12$</td><td>max｛0.5%，<br>$\lambda_v f_c/f_{yv}$｝，<br>$\lambda_v=0.10$</td><td>max｛0.4%，<br>$\lambda_v f_c/f_{yv}$｝，<br>$\lambda_v=0.08$</td><td>—</td><td>$\lambda\leqslant2$ 的柱，$\rho_v\geqslant$节点上、下柱端较大值；<br>箍筋最大间距及最小直径满足 6.4.3 条</td></tr>
</table>

注：表中直径、间距单位为 mm，配箍率单位为%。

6)《高规》6.4.7条规定了框架柱的体积配箍率计算要求：$\rho_v \geqslant \lambda_v f_c / f_{yv}$。

① 根据《混规》6.6.3条，普通箍筋及复合箍筋，柱体积配箍率按如下公式计算：

$$\rho_v = \frac{n_1 A_{s1} l_1 + n_2 A_{s2} l_2 + n_3 A_{s3} l_3}{A_{cor} s}$$

螺旋箍筋，柱体积配箍率按如下公式计算：

$$\rho_v = \frac{4A_{ss1}}{d_{cor} s}$$

式中：$n_1 A_{s1} l_1 \sim n_3 A_{s3} l_3$——分别为沿1～3方向（图5.2-2）的箍筋肢数、肢面积及肢长，箍筋肢长取箍筋的中到中长度，复合箍中的重叠肢长应扣除；

$A_{cor}$、$d_{cor}$——分别为普通箍筋或复合箍筋、螺旋箍筋范围内最大的（外圈的）混凝土核心面积和核心直径，核心面积和核心直径计算至箍筋内表面；

$s$——箍筋沿柱高度方向的间距；

$A_{ss1}$——螺旋箍筋的单肢面积。

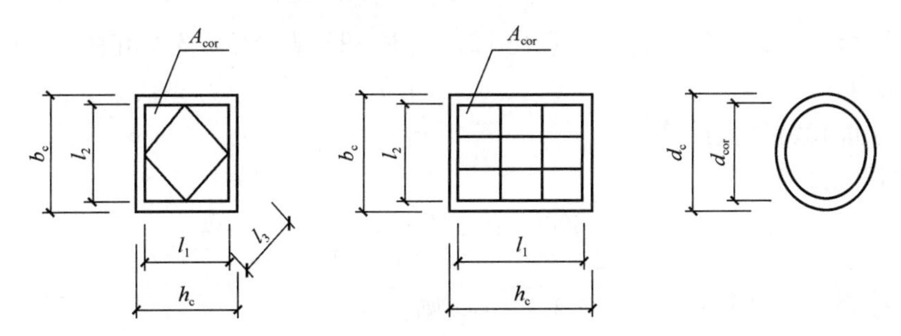


图5.2-2　框架柱体积配箍率计算

② 公式右侧计算时，当柱混凝土强度等级低于C35时，应按C35计算。

**3. 历年真题解析**

**【例5.2.7】** 2021上午20题

某二级转换方柱混凝土强度等级C40，剪跨比2.2，柱底永久荷载作用下轴力标准值$N_{1k}$=7500kN，按等效均布活荷载计算的楼面活荷载产生的轴力标准值$N_{2k}$=1500kN（按办公楼考虑），屋面活荷载产生的轴力标准值$N_{3k}$=200kN，多遇水平地震轴力标准值$N_{Ehk}$=50kN，多遇竖向地震轴力标准值$N_{Evk}$=350kN。试问，当未采用提高轴压比限值的构造措施时，满足轴压比要求的最小截面边长$h$（mm）与下列何项数值最为接近？

**提示：** 按《高层建筑混凝土结构技术规程》JGJ 3—2010作答，忽略风荷载作用。

(A) 800　　(B) 850 (C) 900 (D) 950

**【答案】**(C)

根据《高规》表5.6.4，考虑地震作用的内力组合包括：

$$N_1 = 1.2 \times (7500 + 0.5 \times 1500) + 1.3 \times 50 = 9965\text{kN}$$

$$N_2 = 1.2 \times (7500 + 0.5 \times 1500) + 1.3 \times 350 = 10355\text{kN}$$

$$N_3 = 1.2 \times (7500 + 0.5 \times 1500) + 1.3 \times 50 + 0.5 \times 350 = 10140\text{kN}$$

$$N = \max(N_1, N_2, N_3) = 10355\text{kN}$$

抗震等级为二级，根据《高规》表6.4.2，按框支，轴压比限值取0.7。

$$h=\sqrt{\frac{10355\times10^3}{19.1\times0.7}}=880\text{mm}$$

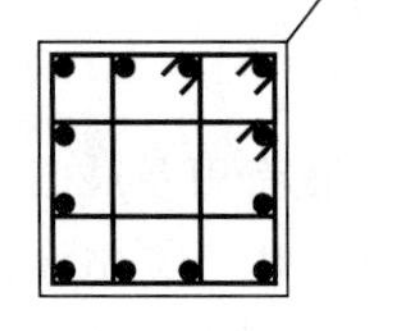

图 2018-11

**【编者注】**本题按《高规》作答，不考虑《抗规》竖向地震为主的同时计算水平与竖向地震的组合。

**【例 5.2.8】**2018 上午 11 题

某办公楼为钢筋混凝土框架-剪力墙结构，纵向钢筋采用 HRB400，箍筋采用 HPB300，框架抗震等级为二级。假定，底层某中柱 KZ-1，混凝土强度等级 C60，剪跨比为 2.8，截面和配筋如图 2018-11 所示。箍筋采用井字复合箍（重叠部分不重复计算），箍筋肢距约为 180mm，箍筋的保护层厚度 22mm。试问，该柱按抗震构造措施确定的最大轴压力设计值 $N$（kN），与下列何项数值最为接近？

（A）7900　　（B）8400　　（C）8900　　（D）9400

**【答案】**（A）

根据轴压比限值计算：

框剪，二级抗震，井字复合箍，直径 12，根据《抗规》表 6.3.6 和注 3，轴压比限值为：0.85＋0.1＝0.95。

根据最小配箍特征值计算：

计算体积配箍率

$$\rho_v=\frac{113.1\times(600-2\times22-12)\times8}{(600-2\times22-2\times12)^2\times100}=1.739\%$$

根据《抗规》式（6.3.9），$\rho_v\geqslant\lambda_v f_c/f_{yv}$，则

$$\lambda_v\leqslant\frac{\rho_v f_{yv}}{f_c}=\frac{0.01739\times270}{27.5}=0.1707$$

查《抗规》表 6.3.9，当 $\lambda_v=0.17$ 时，柱轴压比为 0.8。

最大轴压力设计值的柱轴压比＝min（0.95，0.8）＝0.8，则

$$N=0.8\times27.5\times600\times600/1000=7920\text{kN}$$

**【编者注】**本题最终求解的是：按抗震构造措施确定的最大轴压力设计值 $N$（kN）。最终算的是轴力，控制的因素是抗震构造措施。与轴力大小相关的抗震构造措施包括《高规》6.4.2 条的轴压比限值及《高规》表 6.4.7 的最小配箍特征值，后者决定了实际计算轴压比的限值。应注意此题与例 5.2.8 的异同。

**【例 5.2.9】**2016 下午 24 题

某地上 35 层的现浇钢筋混凝土框架-核心筒公寓，质量和刚度沿高度分布均匀，房屋高度为 150m。抗震设防烈度为 7 度，设计基本地震加速度为 0.10$g$，设计地震分组为第一组，建筑场地类别为Ⅱ类，抗震设防类别为标准设防类，安全等级二级。假定，某层框架柱 KZ1（1200×1200），混凝土强度等级 C60，钢筋构造如图 2016-24 所示，钢筋采用 HRB400，剪跨比 $\lambda=1.8$。试问，框架柱 KZ1 考虑构造措施的轴压比限值，不宜超过下列何项数值？

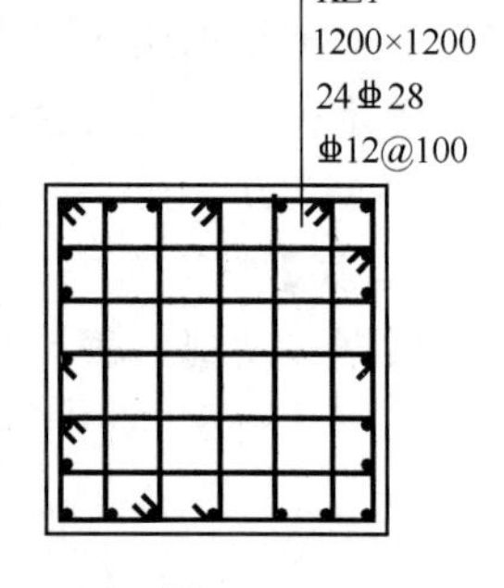

图 2016-24

(A) 0.7　　(B) 0.75　　(C) 0.8　　(D) 0.85

**【答案】**(C)

根据《高规》表 3.9.4，框架柱抗震等级为一级。

查《高规》表 6.4.2，轴压比限值为 0.75；根据表注 3，剪跨比 1.8，限值减小 0.05；根据表注 4，限值增加 0.10。即

$$0.75-0.05+0.10=0.8$$

**【编者注】**本题最终求解的是：考虑构造措施的轴压比限值，此为专有名词，仅与《高规》6.4.2 条有关。应注意此题与例 5.2.7 的异同。

**【例 5.2.10】**2016 上午 14 题

某 7 度 ($0.10g$) 地区多层重点设防类民用建筑，采用现浇钢筋混凝土框架结构，建筑平、立面均规则，框架的抗震等级为二级。框架柱的混凝土强度等级均为 C40，钢筋采用 HRB400，$a_s=a'_s=50$mm。

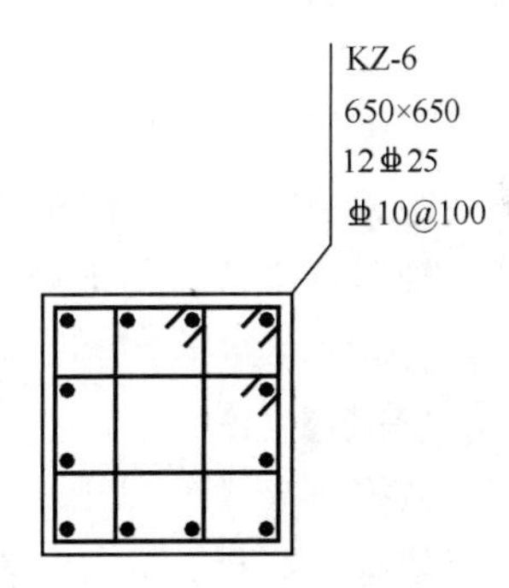

图 2016-14

假定，某中间层的中柱 KZ-6 的净高为 3.5m，截面和配筋如图 2016-14 所示，其柱底考虑地震作用组合的轴向压力设计值为 4840kN，柱的反弯点位于柱净高中点处。试问，该柱箍筋加密区的体积配箍率 $\rho_v$ 与规范规定的最小体积配箍率 $\rho_{vmin}$ 的比值 $\rho_v/\rho_{vmin}$，与下列何项数值最为接近？

**提示：**箍筋的保护层厚度取 27mm，不考虑重叠部分的箍筋面积。

(A) 1.2　　(B) 1.4　　(C) 1.6　　(D) 1.8

**【答案】**(C)

剪跨比 $\lambda=\dfrac{H_n}{2h_0}=\dfrac{3500}{2\times(650-50)}=2.92>2$，轴压比 $=\dfrac{4840\times10^3}{19.1\times650^2}\approx0.6$。

查《抗规》表 6.3.9，柱最小配筋特征值 $\lambda_v=0.13$。

根据《抗规》6.3.9 条：

$$\rho_{vmin}=\lambda_v\cdot f_c/f_{yv}=0.13\times19.1/360=0.69\%>0.6\%$$

$$\rho_v=\frac{78.5\times(650-27\times2-10)\times8}{(650-27\times2-10\times2)^2\times100}=1.11\%$$

$$\frac{\rho_v}{\rho_{vmin}}=\frac{1.11}{0.69}=1.6$$

**【例 5.2.11】**2012 下午 28 题

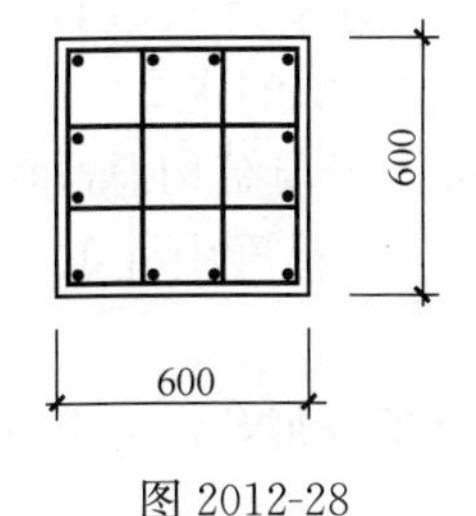

图 2012-28

某高层现浇钢筋混凝土框架结构，其抗震等级为二级。假定，该建筑物较高，其所在建筑场地类别为Ⅳ类，计算表明该结构角柱为小偏心受拉，其计算纵筋面积为 3600mm²，采用 HRB400 级钢筋 ($f_y=360\text{N/mm}^2$)，配置如图 2012-28 所示。试问，该柱纵向钢筋最小取下列何项配筋时，才能满足规范、规程的最低要求？

(A) 12Φ25　　(B) 4Φ25（角筋）+8Φ20

(C) 12Φ22　　(D) 12Φ20

**【答案】**(C)

根据《高规》6.4.3 条，对于建于Ⅳ类场地土上且较高的高层建筑，柱的最小配筋率

增加0.1%；采用HRB400级钢筋，柱的最小配筋率增加0.05%。则角柱的配筋率为：(0.9+0.05+0.1)=1.05。

$A_s \geqslant 1.05\% \times 600 \times 600 = 3780\text{mm}^2$，(D) 不满足。

根据《高规》6.4.4条5款，小偏心受拉柱纵筋比计算值增加25%。即 $A_s = 1.25 \times 3600 = 4500\text{mm}^2$。

所以 (B) 不满足，(A)、(C) 满足，而 (C) 最接近。

**【例5.2.12】** 2010下午28题

某高层框架结构，房屋高度37m，位于抗震设防烈度7度区，设计地震加速度为0.15$g$，丙类建筑，其建筑场地为Ⅲ类。第三层某框架柱截面尺寸为750mm×750mm，混凝土强度等级为C40 ($f_c = 19.1\text{N/mm}^2$，$f_t = 1.71\text{N/mm}^2$)，配置ϕ10井字复合箍（加密区间距为100mm），柱净高2.7m，反弯点位于柱子高度中部；$a_s = a'_s = 45\text{mm}$。试问，该柱的轴压比限值，与下列何项数值最为接近？

(A) 0.80　　(B) 0.75　　(C) 0.70　　(D) 0.60

**【答案】** (D)

依据《高规》表3.3.1-1，7度、框架结构，37m属于A级高度。

依据《高规》3.9.2条，Ⅲ类场地、0.15$g$，应按8度采取抗震构造措施。

查《高规》表3.9.3，框架结构、8度，抗震等级为一级。

查《高规》表6.4.2，框架结构、一级，轴压比限值为0.65，剪跨比 $\lambda = \dfrac{H_n}{2h_0} = \dfrac{2700}{2 \times (750 - 45)} = 1.9 > 1.5$ 且 $< 2.0$。

依据《高规》表6.4.2下的注释3，轴压比限值应减小0.05，故轴压比限值最终为0.65−0.05=0.60。

**【例5.2.13】** 2009下午25题

某10层现浇钢筋混凝土框架-剪力墙普通办公楼，质量和刚度沿竖向分布均匀，房屋高度为40m；设一层地下室，采用箱形基础。该工程为丙类建筑，抗震设防烈度为9度，Ⅲ类建筑场地，设计地震分组为第一组，按刚性地基假定确定的结构基本自振周期为0.8s，混凝土强度等级采用C40 ($f_c = 19.1\text{N/mm}^2$，$f_t = 1.71\text{N/mm}^2$)，各层重力荷载代表值相同，皆为6840kN；柱E承担的重力荷载代表值占全部重力荷载代表值的1/20。

假定，在规定的水平力作用下，结构底层框架部分承受的地震倾覆力矩与结构总倾覆力矩的比值为45%。在重力荷载代表值、水平地震作用及风荷载作用下，首层中柱E的柱底截面产生的轴压力标准值依次为2800kN、500kN和60kN。

试问，在计算首层框架柱E柱底截面轴压比时，采用的轴压力设计值（kN），与下列何项数值最为接近？

**提示：**根据《高层建筑混凝土结构技术规程》JGJ 3—2010作答。

(A) 3360　　(B) 4010　　(C) 4410　　(D) 4494

**【答案】** (C)

依据《高规》表5.6.4，9度抗震设计时应计算竖向地震作用。

依据《高规》4.3.13条，竖向地震作用标准值：

$$F_{Evk} = \alpha_{vmax} G_{eq} = (0.65 \times 0.32) \times (0.75 \times 10 \times 6840) = 10670\text{kN}$$

依据《高规》4.3.13 条 3 款，竖向地震作用按照重力荷载代表值分配之后要乘以增大系数 1.5，首层框架柱 E 承担的竖向地震作用标准值为 $1.5 \times 10670/20 = 800\text{kN}$ 。

依据《高规》5.6.3 条、5.6.4 条进行荷载效应和地震作用效应的组合。

房屋高度$<60\text{m}$，不考虑风荷载参与组合。

由于竖向地震作用 800kN 大于水平地震作用 500kN，故不必计算重力荷载与水平地震作用的组合，只需要考虑重力荷载与竖向地震作用的组合，为：

$$N = 1.2 \times 2800 + 1.3 \times 800 = 4400\text{kN}$$

重力荷载、水平地震作用及竖向地震作用的组合为：

$$N = 1.2 \times 2800 + 1.3 \times 500 + 0.5 \times 800 = 4410\text{kN}$$

取组合的最大值，为 4410kN。

# 6　剪力墙结构及剪力墙构件设计

## 6.1　剪力墙的轴压比及稳定验算

**1. 主要的规范规定**

1)《高规》7.1.7 条：柱形墙肢的设计要求。

2)《高规》7.1.8 条：短肢剪力墙的定义。

3)《高规》7.2.2 条：短肢剪力墙的设计要求。

4)《高规》7.2.13 条：剪力墙轴压比限值要求。

5)《高规》7.2.15 条：翼墙及端柱有效性的判断。

6)《高规》附录 D：墙肢稳定性验算。

**2. 对规范规定的理解**

1)《高规》7.1.7 条规定，$h_w/b_w \leqslant 4$ 的剪力墙按柱进行截面设计。这里的“截面设计”包括抗力（配筋）计算，主要涉及内力臂取值。当按墙计算时，内力臂取 $h_w - b_w$，而按柱计算时则取为 $h_0 - a_s$。参考《高规》9.1.8 条及条文说明，建议按柱的抗震构造要求配置箍筋和纵向钢筋，以加强其抗震能力。《抗规》6.4.6 条亦有类似规定。

2）按墙肢截面的高度与厚度之比，剪力墙可分为一般剪力墙、短肢剪力墙、柱形墙肢、其他剪力墙，见表 6.1-1。

**剪力墙分类**　　**表 6.1-1**

| 剪力墙分类 | 一般剪力墙 | 短肢剪力墙 $b_w \leqslant 300$ | 柱形墙肢 | 其他剪力墙 $b_w > 300$ |
|---|---|---|---|---|
| 截面高宽比 | $h_w/b_w > 8$ | $8 \geqslant h_w/b_w > 4$ | $h_w/b_w \leqslant 4$——《高规》<br>$h_w/b_w \leqslant 3$——《抗规》 | $8 \geqslant h_w/b_w > 4$ |

其中，短肢剪力墙是指截面厚度不大于 300mm，各肢截面高度与厚度之比的最大值大于 4 但不大于 8 的剪力墙。根据条文说明，L 形、T 形、十字形剪力墙，各肢肢长均满足短肢剪力墙的判定时，才划分为短肢剪力墙。对于采用刚度较大的连梁与墙肢形成的开洞剪力墙，不宜按单独墙肢判断其是否属于短肢剪力墙。

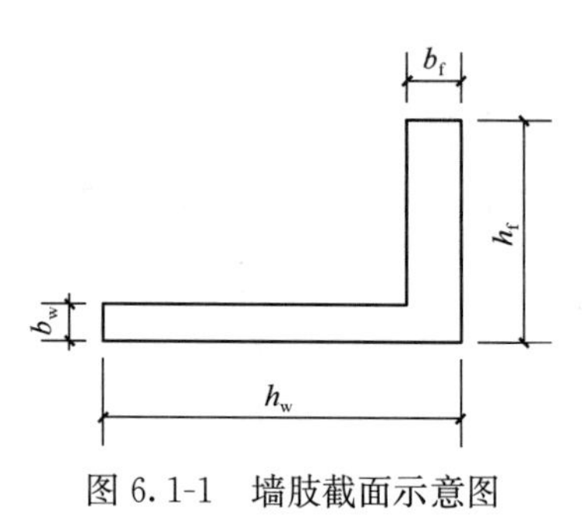

图 6.1-1　墙肢截面示意图

3)《高规》7.2.15 条规定，剪力墙的翼墙长度小于翼墙厚度的 3 倍（图 6.1-1，$h_f/b_f < 3$）或端柱截面边长小于 2 倍墙厚时，视为无翼墙或无端柱。而《混规》11.7.18 条及《抗规》6.4.5 条规定，剪力墙的翼墙长度小于其厚度的 3 倍（图 6.1-1，$h_f/b_w < 3$）或端柱截面边长小于 2 倍墙厚时，视为无翼墙，无端柱。

如图 6.1-2 所示剪力墙，$h_f/b_f = 1200/300 = 4 > 3$ 按

《高规》原则判断属于有效翼墙；而 $h_f/b_w = 1200/500 = 2.4 < 3$，按《抗规》和《混规》原则判断属于无效翼墙。考虑到翼墙是否有效，实际上考察的是翼墙墙肢（$b_f$ 段）对墙肢本身（$b_w$ 段）稳定的有利影响程度，《抗规》《混规》的规定更为合理。

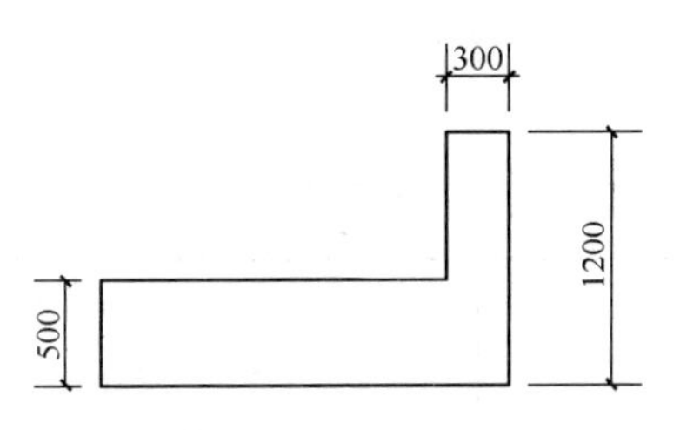


图 6.1-2 墙肢截面尺寸图

翼墙或端柱的有效性，影响墙肢形状的判断，如 L 形、T 形墙柱翼墙无效时，墙肢形状按一字形（墙肢总长度包括无效翼墙厚度）处理，进而影响轴压比、稳定性及边缘构件构造等相关内容。注册考试答题时，对翼墙及端柱的有效性应优先判断。

4）《高规》附录 D 规定了墙肢稳定性验算。

(1) 墙肢的有效支撑（约束）包括上下层楼板、左右侧有效翼墙或端柱。如图 6.1-3 所示槽形截面墙肢，腹板为四边支承墙肢，翼缘为三边支承墙肢。

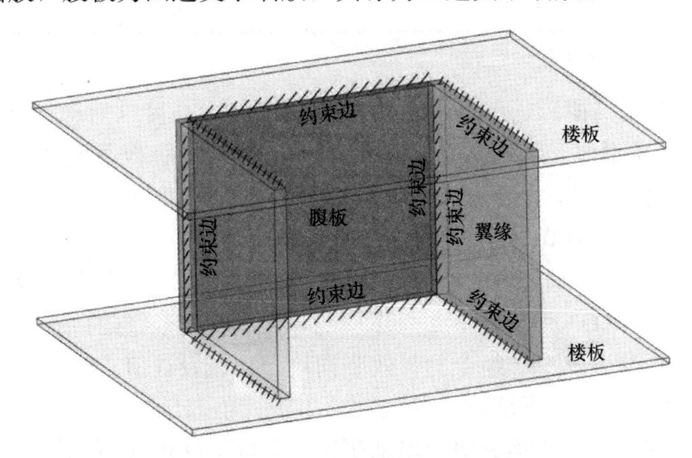


图 6.1-3 墙肢的支撑关系

(2) 剪力墙墙肢计算长度应按下式计算：$l_0 = \beta h$。其中，墙肢计算长度系数应根据墙肢的支承条件按表 6.1-2 采用，其中 T 形、L 形、槽形、工字形剪力墙的单侧翼缘截面高度（《高规》式（D.0.3-1）中的 $b_f$），取图 6.1-4 中各 $b_{fi}$ 的较大值或最大值。对 T 形或工字形翼缘墙肢的长度，取单侧翼缘的较大值计算，如图 6.1-4（d）所示，即取 max｛$b_{f1}$，$b_{f2}$｝计算，相应的 $\beta$ 值用于 $b_{f1}$、$b_{f2}$ 墙肢。如图 6.1-4 所示，表 6.1-2 中 $b_{fi}$、$b_w$ 取值，不包

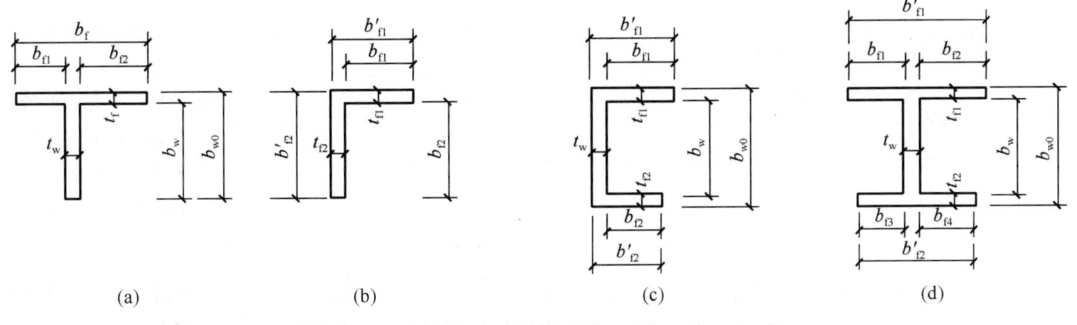


图 6.1-4 剪力墙腹板与单侧翼缘截面高度示意

(a) T 形；(b) L 形；(c) 槽形；(d) 工字形

含支承墙肢厚度。

**墙肢计算长度系数的计算**　　**表 6.1-2**

| 支承形式 | 剪力墙形式 | $\beta$值计算 | 备注 |
|---|---|---|---|
| 两边支承 | 单片独立墙肢 | 1.0 | — |
| | 翼墙为无效翼墙的T形、L形、槽形和工字形剪力墙 | | |
| 三边支承 | T形、L形、槽形和工字形剪力墙的翼缘墙肢 | $\beta=\dfrac{1}{\sqrt{1+\left(\dfrac{h}{2b_{\mathrm{f}}}\right)^{2}}}$ | 当$\beta<0.25$时，取0.25 |
| | T形剪力墙的腹板墙肢 | $\beta=\dfrac{1}{\sqrt{1+\left(\dfrac{h}{2b_{\mathrm{w}}}\right)^{2}}}$ | |
| 四边支承 | 槽形和工字形剪力墙的腹板墙肢 | $\beta=\dfrac{1}{\sqrt{1+\left(\dfrac{3h}{2b_{\mathrm{w}}}\right)^{2}}}$ | 当$\beta<0.2$时，取0.2 |

注：应先判断翼墙或端柱的有效性。

（3）当T形、L形、槽形、工字形剪力墙的翼缘截面高度（对应图6.1-4中，T形取$b_{\mathrm{f}}$；L形、槽形、工字形取$\min\{b'_{\mathrm{f1}},b'_{\mathrm{f2}}\}$），或T形剪力墙的腹板截面高度与翼缘截面厚度之和（对应图6.1-4中$b_{\mathrm{w0}}$），小于截面厚度的2倍和800mm时（即：T形$b_{\mathrm{f}}<2t_{\mathrm{w}}$且$b_{\mathrm{f}}<800$，或$b_{\mathrm{w0}}<2t_{\mathrm{f}}$且$b_{\mathrm{w0}}<800$；L形、槽形、工字形$\min\{b'_{\mathrm{f1}},b'_{\mathrm{f2}}\}<2t_{\mathrm{w}}$且$\min\{b'_{\mathrm{f1}},b'_{\mathrm{f2}}\}<800\}$，应补充对墙肢整体稳定性的计算（整体稳定性的计算无需判断翼墙有效性）。

（4）《高规》公式（D.0.1）中，$q$为作用与单肢（每个方向的一字形剪力墙为一肢）剪力墙上的按《高规》表5.6.3组合的等效竖向均布荷载设计值。

5）重力荷载代表值作用下墙肢承受的轴压力设计值与墙肢的全截面面积和混凝土轴心抗压强度设计值乘积之比值称为剪力墙轴压比（与框架柱定义不同，不考虑地震作用组合）。《高规》7.2.13条规定了剪力墙轴压比限值，《高规》7.2.2条2款给出了短肢剪力墙的轴压比设计要求，其中对一字形短肢剪力墙的判断，应考虑翼墙及端柱的有效性（汇总见表6.1-3）。重力荷载代表值（《抗规》5.1.3条）作用下的墙肢轴压力设计值：

$$S_{\mathrm{d}}=\gamma_{\mathrm{G}}S_{\mathrm{GE}}\xrightarrow{\text{组合系数取 0.5 时}}1.2\times(1.0\,\text{恒}+0.5\,\text{活})$$

**剪力墙轴压比限值**　　**表 6.1-3**

| 剪力墙形式 | 规范条文 | 一级（9度） | 一级（6、7、8度） | 二级 | 三级 | 备注 |
|---|---|---|---|---|---|---|
| 普通剪力墙 | 《高规》7.2.13条 | 0.40 | 0.50 | 0.60 | | 1. $N$不考虑地震作用；2. 一字形短肢剪力墙包括带有无效翼墙或端柱的短肢剪力墙 |
| 短肢剪力墙 | 《高规》7.2.2条 | 0.45 | | 0.50 | 0.55 | |
| 一字形短肢剪力墙 | 《高规》7.2.2条 | 0.35 | | 0.40 | 0.45 | |

剪力墙墙肢轴压比指单个墙肢的轴压比，应采用单个墙肢的轴力与面积计算。对T形和L形截面，当腹板墙肢净长度不大于其厚度的6倍、翼墙外伸长度不大于其厚度的6倍时，也可采用各墙肢的组合轴压比，此时应采用各墙肢的组合轴力及T形和L形墙肢的

全面积计算。

**3. 历年真题解析**

**【例 6.1.1】**2014 下午 24 题

某钢筋混凝土底部加强部位剪力墙，抗震设防烈度 7 度，抗震等级一级，平、立面如图 2014-24 所示，混凝土强度等级 C30（$f_c=14.3\text{N/mm}^2$，$E_c=3.0\times10^4\text{N/mm}^2$）。

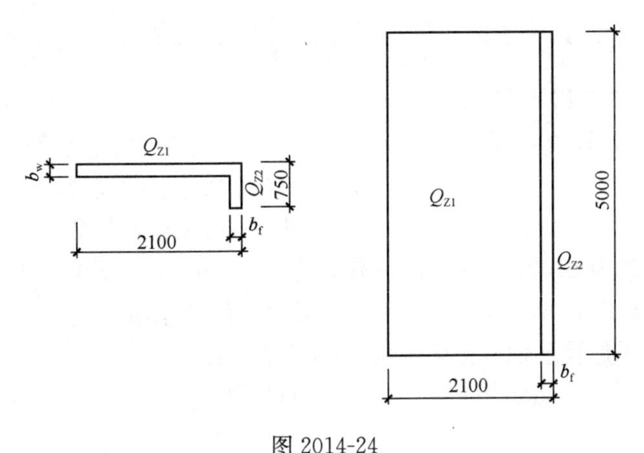


图 2014-24

假定，墙肢 $Q_{Z1}$底部考虑地震作用组合的轴力设计值 $N=4800\text{kN}$，重力荷载代表值作用下墙肢承受的轴压力设计值 $N_{GE}=3900\text{kN}$，$b_f=b_w$。试问，满足 $Q_{Z1}$轴压比要求的最小墙厚 $b_w$（mm），与下列何项数值最为接近？

（A）300　　（B）350　　（C）400　　（D）450

**【答案】**（B）

根据《高规》7.2.15 条注 2，$\dfrac{h_f}{b_w}<3$ 时，按无翼墙考虑。

当 $b_w=300$ 时，$\dfrac{h_f}{b_w}=\dfrac{750}{300}=2.5<3$，$\dfrac{h_w}{b_w}=\dfrac{2100}{300}=7$，按无翼墙短肢剪力墙考虑。

根据《高规》7.2.2 条 2 款，$[\mu_N]\leqslant0.45-0.1=0.35$。

$[N]\leqslant0.35b_wh_wf_c=0.35\times300\times2100\times14.3=3153150\text{N}=3153\text{kN}<N=3900\text{kN}$

当 $b_w>300$ 时，为非短肢普通一字剪力墙，$[\mu_N]\leqslant0.5$。

$$\mu_N=\frac{3900\times10^3}{14.3\times2100\times b_w}\leqslant0.5$$

解得 $b_w\geqslant260\text{mm}$，结合 $b_w>300$ 的要求，故选择（B）。

**【例 6.1.2】**2013 上午 5 题

某 7 层住宅，层高均为 3.1m，房屋高度 22.3m，安全等级为二级，采用现浇钢筋混凝土剪力墙结构，混凝土强度等级 C35，抗震等级三级，结构平面立面均规则。某矩形截面墙肢尺寸 $b_w\times h_w=250\text{mm}\times2300\text{mm}$，各层截面保持不变。假定，底层作用在该墙肢底面的由永久荷载标准值产生的轴向压力 $N_{Gk}=3150\text{kN}$，按等效均布荷载计算的活荷载标准值产生的轴向压力 $N_{Qk}=750\text{kN}$，由水平地震作用标准值产生的轴向压力 $N_{Ek}=900\text{kN}$。试问，按《建筑抗震设计规范》GB 50011—2010 计算，底层该墙肢底截面的轴压比与下列何项数值最为接近？

（A）0.35　　（B）0.40　　（C）0.45　　（D）0.55

**【答案】**（C）

根据《抗规》6.4.2条及条文说明，计算墙肢的轴压比时，不计入地震作用组合，取重力荷载代表值作用下墙的轴压力设计值与墙的全截面面积和混凝土轴心抗压强度设计值乘积的比值。重力荷载代表值取分项系数1.2。

$$\mu_w = \frac{1.2 \times (3150 + 0.5 \times 750) \times 1000}{16.7 \times 250 \times 2300} = 0.44$$

**【例6.1.3】** 2006二级下午27题

高层钢筋混凝土剪力墙结构中的某层剪力墙，为单片独立墙肢（两边支承），如图2006-27所示，层高5m，墙长为3m，按8度抗震设防烈度设计，抗震等级为一级，采用C40混凝土（$E_c = 3.25 \times 10^4 \text{N/mm}^2$）。该墙肢的荷载组合中墙顶的竖向均布荷载标准值分别为：永久荷载为2000kN/m，活荷载为500kN/m，水平地震作用为1200kN/m。其中，活荷载组合系数取0.5，不计墙自重，不考虑风荷载作用。

试问，下列何项是满足轴压比限值的最小墙厚（mm）？

（A）260　　（B）290　　（C）320　　（D）360

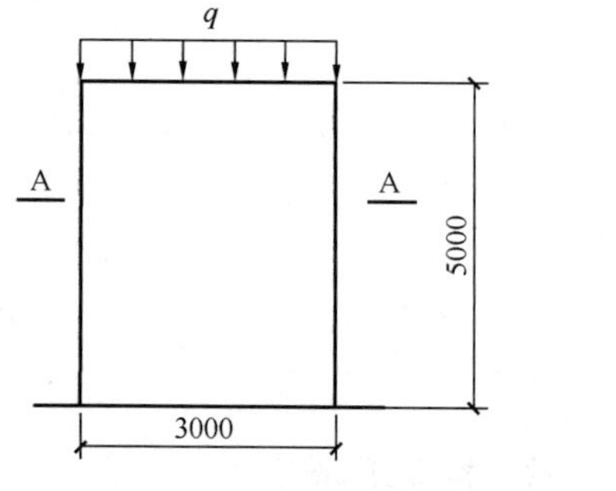


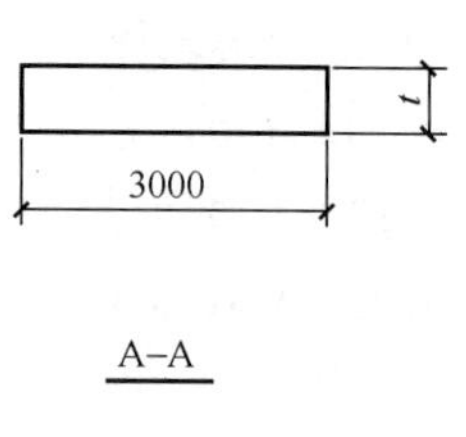


图2006-27

**【答案】**（B）

根据《高规》7.2.13条，轴压比限值0.5。

$$N = 1.2 \times (2000 \times 3 + 0.5 \times 500 \times 3) = 8100\text{kN}$$

$$t = b_w \leqslant \frac{N}{f_c h_w [\mu_N]} = \frac{8100 \times 10^3}{19.1 \times 3000 \times 0.5} = 283\text{mm}$$

对于选项（B），3000/290＝10.3，不属于短肢剪力墙，故选择（B）。

**【例6.1.4】** 2006二级下午28题

基本题干同例6.1.3。当有地震作用组合起控制作用时，假定已求得该组合时墙顶轴力等效均布荷载设计值$q = 4000\text{kN/m}$，试问，下列何项是满足墙稳定的最小墙厚（mm）？

（A）270　　（B）300　　（C）320　　（D）360

**【答案】**（C）

根据《高规》附录D，单片独立两边支撑墙肢，$\beta = 1.0$，$l_0 = \beta h = 5\text{m}$，则

$$t = \sqrt[3]{\frac{10ql_0^2}{E_c}} = \sqrt[3]{\frac{10 \times 4000 \times 5000^2}{3.25 \times 10^4}} = 313\text{mm}$$

## 6.2 剪力墙的内力调整

**1. 主要的规范规定**

1)《高规》7.2.2 条：短肢剪力墙的底部加强部位内力调整。

2)《高规》7.2.4 条：双肢剪力墙偏心受拉内力调整。

3)《高规》7.2.5 条：底部加强部位以上部位内力调整。

4)《高规》7.2.6 条：底部加强部位内力调整。

**2. 对规范规定的理解**

1) 剪力墙底部加强部位高度取值：

(1) 底部加强部位的高度，从地下室顶板算起（房屋高度仍然从室外地面算起）。结构嵌固部位不在地下室顶板时，结构嵌固部位的下移，底部加强部位向下延伸至嵌固端，不影响地面以上底部加强部位的范围。

(2) 高层剪力墙结构、框架-剪力墙结构、板柱-剪力墙结构、框架-核心筒结构、筒中筒结构，底部加强部位的高度可取底部两层和墙体总高度的 1/10 二者的较大值。房屋高度不大于 24m 时，底部加强部位取底部一层（《抗规》6.1.10 条）。

(3) 部分框支剪力墙结构底部加强部位取转换层以上两层且不宜小于房屋高度的 1/10。

(4)《抗规》6.1.10 条条文说明规定，有裙房时，主楼与裙房顶对应的相邻上下层需要加强，此时加强部位的高度也可以延伸至裙房以上一层。

2) 剪力墙、筒体墙内力调整见汇总表 6.2-1。

(1) 组合前内力调整，指的是地震单工况下的内力调整。如《高规》3.5.8 条的薄弱层地震剪力调整；《高规》4.3.5 条的时程结构地震作用效应调整；《高规》8.1.4 条，8.1.10 条，9.1.11 条的二道防线调整；《高规》10.2.4 条的转换结构构件水平地震作用内力调整；《高规》10.2.11 条 2 款转换柱地震轴力调整等。以上均指地震工况下的内力调整放大，放大后的地震作用效应，再考虑与重力荷载代表值及风荷载效应进行组合。

组合后的内力调整，指的是对重力荷载代表值、风荷载和地震作用的组合结果进行调整，如强剪弱弯、强柱弱梁等调整。

(2) 由于底部加强部位剪力墙底截面弯矩不放大，故《高规》式（7.2.6-2）的 $M_w$，“弯矩的组合计算值”与《抗规》6.2.8 条的“组合的弯矩设计值”数值相同。

(3) 一级短肢剪力墙底部加强部位以上部位的组合剪力设计值按《高规》7.2.2 条乘以增大系数 1.4，不需再考虑《高规》7.2.5 条的剪力增大系数 1.3。

(4) 抗震设计的双肢剪力墙不宜出现小偏心受拉；当任一墙肢出现大偏心受拉时，其剪力将会向受压墙肢转移（小偏拉墙肢几乎全部转移到受压墙肢），所以受压墙肢要加强。考虑地震的往复作用，对两肢都要加强。加强的是墙肢受压工况下的剪力，也就是偏压计算时要加强，偏拉计算不用。偏压墙肢的弯矩设计值及剪力设计值应乘以增大系数 1.25。当 $e_0 = M/N > h_w/2 - a$ 时，为大偏心受拉，$a$ 为钢筋合力点到混凝土边缘距离，近似取边缘构件阴影区长度的 1/2。

(5) 本条的剪力墙内力调整，适用于《高规》第 7～11 章的各种结构类型中的剪力墙构件。内力调整时，应按表 6.2-1 逐项核对是否存在多重提高的情况，如底部加强部位的大偏拉双肢剪力墙剪力调整，调整系数应连乘。

**剪力墙及筒体墙内力调整汇总表　　表 6.2-1**

<table>
<tr><td colspan="4">需核对是否有多重提高的情况</td></tr>
<tr><td rowspan="12">内力调整</td><td>二道防线（组合前）</td><td>规范条文</td><td>框剪：《高规》8.1.4 条；<br>板剪：《高规》8.1.10 条；<br>框筒：《高规》9.1.11 条</td></tr>
<tr><td rowspan="3">底部加强部位<br>强剪弱弯</td><td>规范条文</td><td>《高规》7.2.6 条</td></tr>
<tr><td rowspan="2">公式</td><td>9 度一级剪力墙：$V=1.1\frac{M_{wua}}{M_w}V_w$</td></tr>
<tr><td>一、二、三级：$V=\eta_{vw}V_w$<br>四级：不调整</td></tr>
<tr><td rowspan="3">其他部位</td><td>规范条文</td><td>《高规》7.2.5 条</td></tr>
<tr><td rowspan="2">要求</td><td>一级：弯矩增大 1.2；剪力增大 1.3</td></tr>
<tr><td>二、三、四级：不调整</td></tr>
<tr><td rowspan="2">大偏拉<br>双肢剪力墙</td><td>规范条文</td><td>《高规》7.2.4 条、《抗规》6.2.7 条</td></tr>
<tr><td>要求</td><td>任一墙肢出现大偏拉，另一偏压墙肢的弯矩及剪力设计值均增大 1.25<br>《高规》条文说明，两个墙肢均增大偏压剪力<br>《抗规》条文说明，两个墙肢均增大内力配筋</td></tr>
<tr><td rowspan="3">短肢剪力墙</td><td>规范条文</td><td>《高规》7.2.2 条、7.2.6 条</td></tr>
<tr><td rowspan="2">要求</td><td>底部加强部位同上</td></tr>
<tr><td>其他部位：一级弯矩增大 1.2，剪力增大 1.4<br>二、三级剪力分别增大 1.2、1.1</td></tr>
<tr><td colspan="4">特一级剪力墙、筒体墙内力调整见《高规》3.10.5 条 1 款</td></tr>
</table>

**3. 历年真题解析**

**【例 6.2.1】** 2016 下午 21 题

某 10 层现浇钢筋混凝土剪力墙结构住宅，房屋高度为 40.3m。抗震设防烈度为 9 度，设计基本地震加速度为 0.40$g$，设计地震分组为第三组，建筑场地类别为Ⅱ类，安全等级二级。假定，第 3 层的双肢剪力墙 W2 及 W3 在同一方向地震作用下，内力组合后墙肢 W2 出现大偏心受拉，墙肢 W3 在水平地震作用下剪力标准值 $V_{Ek}=1400$kN，风荷载作用下 $V_{wk}=120$kN。试问，考虑地震作用组合的墙肢 W3 在第 3 层的剪力设计值（kN），与下列何项数值最为接近？

**提示：**忽略重力荷载及竖向地震作用下剪力墙承受的剪力。

（A）1900　　（B）2300　　（C）2700　　（D）3000

**【答案】**（D）

忽略重力荷载及竖向地震作用下剪力墙承受的剪力；房屋高度 40.3m，根据《高规》5.6.4 条，不考虑风荷载组合。

根据《高规》公式（5.6.3）：

$$V_w=\gamma_{Ev}S_{Evk}=1.3\times1400=1820\text{kN}$$

根据《高规》表 3.9.3，剪力墙抗震等级为一级；根据《高规》7.1.4 条，第 3 层非底部加强区；根据《高规》7.2.5 条，墙肢剪力增大系数取 1.3；根据《高规》7.2.4 条，当任一墙肢偏心受拉时，另一墙肢剪力值应乘以 1.25。则

$$V=1.25\times1.3\times1820=2958\text{kN}$$

**【例 6.2.2】** 2014 下午 26 题

某地上 38 层的现浇钢筋混凝土框架-核心筒办公楼，房屋高度为 155.4m，该建筑地上第 1 层至地上第 4 层的层高均为 5.1m，第 24 层的层高 6m，其余楼层的层高均为 3.9m。抗震设防烈度 7 度，设计基本地震加速度 0.10$g$，设计地震分组第一组，建筑场地类别为Ⅱ类，抗震设防类别为丙类，安全等级二级。假定，第 3 层核心筒墙肢 Q1 在 $Y$ 向水平地震作用按《高规》9.1.11 条调整后的剪力标准值 $V_{\text{Ehk}}=1900\text{kN}$，$Y$ 向风荷载作用下剪力标准值 $V_{\text{wk}}=1400\text{kN}$。试问，该片墙肢考虑地震作用组合的剪力设计值 $V$（kN），与下列何项数值最为接近？

**提示：**忽略墙肢在重力荷载代表值及竖向地震作用下的剪力。

(A) 2900　　(B) 4000　　(C) 4600　　(D) 5000

**【答案】**(C)

忽略墙肢在重力荷载代表值及竖向地震作用下的剪力，根据《高规》式（5.6.3）：

$$V_{\text{w}}=1.3\times1900+0.2\times1.4\times1400=2862\text{kN}$$

根据《高规》表 3.9.4，筒体抗震等级为一级；根据《高规》7.1.4 条、7.2.6 条，本工程底部加强区范围为第 1 层至第 4 层，第 3 层剪力墙剪力增大系数 $\eta_{\text{vw}}$ 取 1.6。则

$$V=\eta_{\text{vw}}V_{\text{w}}=1.6\times2862=4579\text{kN}$$

**【例 6.2.3】** 2013 下午 28 题

7 度区，底层某一级双肢剪力墙如图 2013-28所示。假定，墙肢 1 在横向正、反向水平地震作用下考虑地震作用组合的内力计算值见表 2013-28A；墙肢 2 相应于墙肢 1 的正、反向考虑地震作用组合的内力计算值见表 2013-28B。试问，墙肢 2 进行截面设计时，其相应于反向地震作用的内力设计值 $M$（kN·m）、$V$（kN）、$N$（kN），应取下列何组数值？

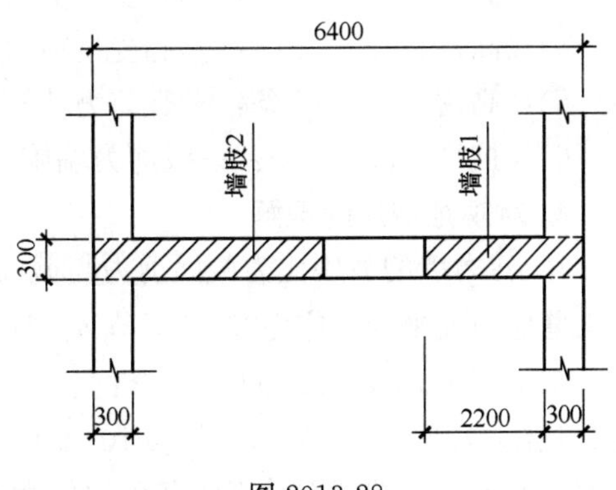


图 2013-28

**提示：**①剪力墙端部受压（拉）钢筋合力点到受压（拉）区边缘的距离 $a_{\text{s}}'=a_{\text{s}}=200\text{mm}$；

② 不考虑翼缘，按矩形截面计算。

**墙肢 1 内力计算值**　　　　**表 2013-28A**

| 工况 | $M$（kN·m） | $V$（kN） | $N$（kN） |
|---|---|---|---|
| $X$ 向正向水平地震作用 | 3000 | 600 | 12000（压力） |
| $X$ 向反向水平地震作用 | −3000 | −600 | −1000（拉力） |

墙肢 2 内力计算值　　表 2013-28B

| 工况 | $M$（kN·m） | $V$（kN） | $N$（kN） |
|---|---|---|---|
| $X$ 向正向水平地震作用 | 5000 | 1000 | 900（压力） |
| $X$ 向反向水平地震作用 | −5000 | −1000 | 14000（压力） |

（A）5000、1600、14000　　（B）5000、2000、17500

（C）6250、1600、17500　　（D）6250、2000、14000

**【答案】**（D）

墙肢 1 反向地震作用组合时：

$$e_0=\frac{M}{N}=\frac{3000}{1000}=3.0\text{ m}>\frac{h_w}{2}-a=\frac{2.5}{2}-0.2=1.05\text{ m，大偏心受拉}$$

根据《高规》7.2.6 条，此时应对墙肢 2 的弯矩及轴力进行调整，增大系数为 1.25。

墙肢 2 抗震等级为一级，根据《高规》7.2.6 条，剪力增大系数为 1.6，故：

$$V_w=1.6\times1.25\times V=1.6\times1.25\times1000=2000\text{kN}$$

$$M_w=1.25\times M=1.25\times5000=6250\text{kN}\cdot\text{m}$$

## 6.3　剪力墙的承载力及施工缝抗滑移验算

**1. 主要的规范规定**

1）《高规》7.2.7 条：剪力墙截面限制条件。

2）《高规》7.2.8 条：剪力墙受弯承载力计算。

3）《高规》7.2.10 条：偏心受压剪力墙受剪承载力计算。

4）《高规》7.2.11 条：偏心受拉剪力墙受剪承载力计算。

5）《高规》7.2.12 条：一级剪力墙施工缝验算要求。

6）《抗规》3.9.7 条：一级剪力墙施工缝验算要求。

**2. 对规范规定的理解**

1）剪力墙的剪压比为截面剪力与截面受压承载力之比：$\gamma_{RE}V/(\beta_c f_c b_w h_{w0})$。剪力墙的名义剪应力或平均剪应力按 $\gamma_{RE}V/b_w h_{w0}$ 计算。剪压比限值与剪跨比数值有关，剪跨比计算 $\lambda=M^c/(V^c h_{w0})$，应取同一组合的、未按有关规定（如《高规》3.10.5 条、7.2.2 条、7.2.4 条、7.2.5 条、7.2.6 条和 10.2.18 条等）调整的墙肢截面弯矩、剪力组合计算值，并取墙肢上、下端截面计算的剪跨比较大值。

2）《高规》式（7.2.10-1）、式（7.2.10-2）、式（7.2.11-1）、式（7.2.11-2）中，$N$ 为 T 形、I 形或矩形含翼缘全截面的轴向压力（拉力）设计值，取正值。$N$ 为压力且大于 $0.2f_c b_w h_w$ 时，应取 $0.2f_c b_w h_w$。永久荷载效应对结构有利，按《高规》5.6.2 条，其分项系数取 1.0。

$A_w$ 为 T 形、I 形或矩形截面剪力墙腹板的面积，矩形截面时 $A_w=A$。

$V$ 为按有关规定（如《高规》3.10.5 条、7.2.2 条、7.2.4 条、7.2.5 条、7.2.6 条和 10.2.18 条等）调整后的墙肢剪力组合设计值。

3）抗震构造措施为一级的剪力墙的水平施工缝截面处承受剪力，考虑施工缝处钢筋处于复合受力状态，对其强度按 0.6 折减，按下式计算：$V_{wj} \leqslant \frac{1}{\gamma_{RE}}(0.6f_yA_s + 0.8N)$。

(1) $V_{wj}$ 为剪力墙水平施工缝处调整后的墙肢施工缝处剪力组合设计值。

(2) $A_s$ 为施工缝处剪力墙的竖向分布钢筋、竖向插筋和边缘构件（包括边缘构件在两侧翼墙的部分，不包括边缘构件以外的两侧翼墙）纵向钢筋的总截面面积。

(3) $N$ 为施工缝不利组合的轴向力设计值，压力取正值，拉力取负值。其中，重力荷载的分项系数，受压时为有利，取 1.0；受拉时取 1.2。

(4) 附加竖向钢筋在上下层剪力墙中均需锚固 $l_{aE}$，总长不小于 $2l_{aE}$。

(5) 水平施工缝验算时，钢筋抗拉强度没有 360MPa 的限制。

**3. 历年真题解析**

**【例 6.3.1】** 2020 下午 28 题

某剪力墙结构，剪力墙底部加强部位均为偏心受压极限承载力状态控制，其中某一墙肢 W1 截面尺寸为 $b_w \times h_w = 250\text{mm} \times 5000\text{mm}$，混凝土强度等级 C35，钢筋采用 HRB400，$a_s = a'_s = 200\text{mm}$，抗震等级二级，轴压比 $\mu_N = 0.45$，假定，W1 考虑地震组合的弯矩设计值 $M = 10500\text{kN} \cdot \text{m}$，$N = 2500\text{kN}$，采用对称配筋，纵向受力钢筋全部配在约束边缘构件阴影区内，W1 为大偏心受压。试问，墙肢 W1 一端约束边缘构件阴影范围内纵向钢筋最小面积 $A_s$（$\text{mm}^2$）与下列何项数值最为接近？

**提示：**①按《高层建筑混凝土结构技术规程》JGJ 3—2010 作答。

②已知 $M_c = 13200\text{kN} \cdot \text{m}$，$M_{sw} = 1570\text{kN} \cdot \text{m}$。

(A) 1210　　(B) 1250　　(C) 1350　　(D) 1450

**【答案】**(C)

计算要求：

根据《高规》7.2.8 条 2 款，大偏心受压，抗震承载力调整系数为 0.85，则

$$N\left(e_0 + h_{w0} - \frac{h_w}{2}\right) \leqslant [A'_s f'_y (h_{w0} - a'_s) - M_{sw} + M_c]/\gamma_{RE}$$

$$2500 \times 10^3 \times \left[\frac{10500}{2500} + (5000 - 200) - \frac{5000}{2}\right]$$

$$\leqslant \{A'_s \times 360 \times [(5000 - 200) - 200] - 1570 \times 10^6 + 13200 \times 10^6\}/0.85$$

解得 $A'_s = A_s = 1318\text{mm}^2$。

构造要求：

根据《高规》表 7.2.15，$\mu_N = 0.45$，约束边缘构件，$l_c = 0.2h_w = 0.2 \times 5000 = 1000\text{mm}$。

根据《高规》图 7.2.15，暗柱面积取：250×1000/2。

二级，最小配筋率为 1.0%：$A_{s,min} = 1.0\% \times 250 \times 500 = 1250\text{mm}^2$ 且大于 6Φ16。

本题取计算和构造的较大值。

**【例 6.3.2】** 2020 下午 28 题

假定，某底部加强部位剪力墙，抗震等级为特一级，安全等级二级，厚度 400mm 墙长 $h_w = 8200\text{mm}$，$h_{w0} = 7800\text{mm}$，$A_w/A = 0.7$，混凝土强度等级为 C50，计算截面处剪跨比计算值 $\lambda$ 为 2.5，考虑地震组合的剪力计算值 $V_w = 4600\text{kN}$，对应的轴向压力设计值 $N = 21000\text{kN}$，该墙竖向分布钢筋为构造钢筋。试问，该底部加强部位剪力墙的竖向及

水平分布钢筋至少应取下列何项配置?

**提示:** $0.2f_c b_w h_w = 15154\text{kN}$。

(A) 2⌀10@150(竖向);2⌀10@150(水平)

(B) 2⌀12@150(竖向);2⌀12@150(水平)

(C) 2⌀14@150(竖向);2⌀14@150(水平)

(D) 2⌀14@150(竖向);2⌀16@150(水平)

**【答案】**(D)

构造要求:

根据《高规》3.10.5 条,最小配筋率取 0.4%。

选项(A):$p=\dfrac{2\times78.5}{150\times400}=0.262\%<0.4\%$,不满足。

选项(B):$p=\dfrac{2\times113}{150\times400}=0.38\%<0.4\%$,不满足。

计算要求:

根据《高规》3.10.5 条:$V = 1.9\times4600 = 8740\text{kN}$。

根据《高规》7.2.10 条:$\lambda=2.5>2.2$,取 $\lambda=2.2$。

$N = 21000\text{kN} > 0.2f_c b_w h_w = 15154\text{kN}$,取 $N = 15154\text{kN}$。

$$V\leqslant\frac{1}{\gamma_{RE}}\left[\frac{1}{\lambda-0.5}\left(0.4f_t b_w h_{w0}+0.1N\frac{A_w}{A}\right)+0.8f_{yh}\frac{A_{sh}}{s}h_{w0}\right]$$

$$8740\leqslant\frac{1}{0.85}\left[\frac{1}{2.2-0.5}(0.4\times1.89\times400\times7800+0.1\times15154\times0.7)+0.8\times360\times\frac{A_{sh}}{s}\times7800\right]$$

解得 $\dfrac{A_{sh}}{s}\geqslant2.412\text{mm}$。

选项(C):$\dfrac{A_{sh}}{s}=\dfrac{2\times153.86}{150}=2.051<2.412$,不满足。

选项(D):$\dfrac{A_{sh}}{s}=\dfrac{2\times201}{150}=2.679>2.412$,满足。

**【例 6.3.3】** 2019 下午 21 题

8 度区框支剪力墙结构,底层某 C40 落地剪力墙如图 2019-21 所示(配筋为示意,沿

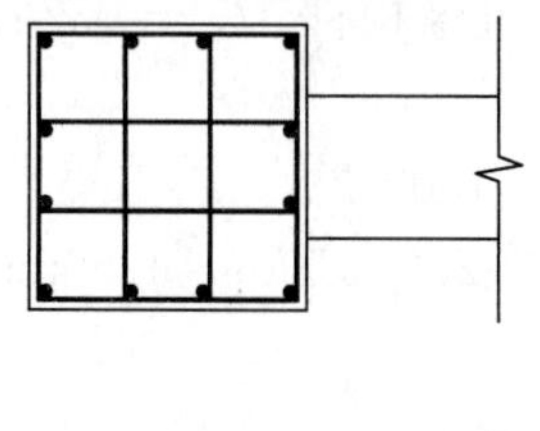

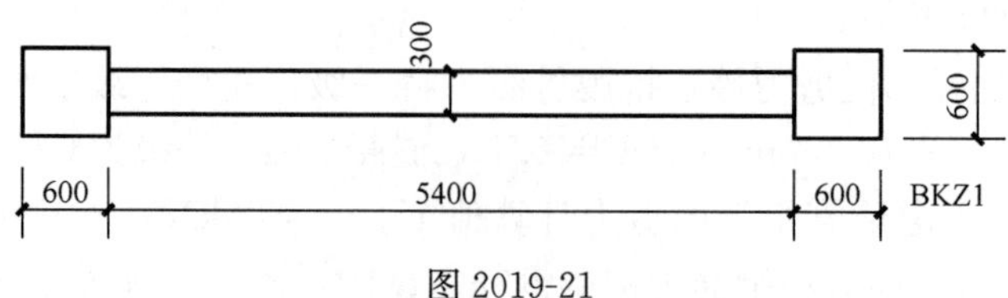


图 2019-21

端柱周边均匀布置），C40，抗震等级为一级，抗震承载力计算时，考虑地震作用组合的墙肢组合内力计算值（未经调整）为 $M=3.9\times10^4\text{kN}\cdot\text{m}$，$V=3.2\times10^3\text{kN}$，$N=1.6\times10^4\text{kN}$(压力)，$\lambda=1.9$。试问，该剪力墙底部截面水平分布筋应按下列何项配筋才能满足规范、规程的最低抗震要求？

**提示：**$A_w/A=1$；$h_{w0}=6300\text{mm}$；$0.2f_cb_wh_{w0}=7563600\text{N}$；$\frac{1}{\gamma_{RE}}(0.15\beta_cf_cb_wh_{w0})=6.37\times10^6\text{N}$。

(A) 2Φ10@200　(B) 2Φ12@200　(C) 2Φ14@200　(D) 2Φ16@200

**【答案】**(D)

根据《高规》10.2.18 条、7.2.6 条：

$$M=1.5\times3.9\times10^4=5.85\times10^4\text{kN}\cdot\text{m}$$
$$V=1.6\times3.2\times10^3=5.12\times10^3\text{kN}\cdot\text{m}$$

根据《高规》7.2.7 条、7.2.10 条：

$$V=5.12\times10^3\text{kN}\cdot\text{m}<\frac{1}{\gamma_{RE}}(0.15\beta_cf_cb_wh_{w0})=6.37\times10^3\text{kN}$$
$$N=1.6\times10^4\text{kN}>0.2f_cb_wh_{w0}=7563.6\text{kN}$$
$$1.5<\lambda=1.9<2.2$$
$$V\leqslant\frac{1}{\gamma_{RE}}\left[\frac{1}{\lambda-0.5}\left(0.4f_tb_wh_{w0}+0.1N\frac{A_w}{A}\right)+0.8f_{yh}\frac{A_{sh}}{s}h_{w0}\right]$$
$$5.12\times10^6\leqslant\frac{1}{0.85}\left[\frac{1}{1.9-0.5}(0.4\times1.71\times300\times6300+0.1\times7563.6\times10^3\times1.0)+0.8\times360\times\frac{A_{sh}}{s}\times6300\right]$$

解得 $\frac{A_{sh}}{s}=1.592>\rho_{sh,\min}\times300=0.3\%\times300=0.9$，满足构造要求。

(A) 选项：$\frac{A_{sh}}{s}=\frac{2\times78.5}{200}=0.785<1.592$，不满足；

(B) 选项：$\frac{A_{sh}}{s}=\frac{2\times113}{200}=1.13<1.592$，不满足；

(C) 选项：$\frac{A_{sh}}{s}=\frac{2\times153}{200}=1.53<1.592$，不满足；

(D) 选项：$\frac{A_{sh}}{s}=\frac{2\times201}{200}=2.01>1.592$，满足。

**【例 6.3.4】**2018 下午 28 题

某 25 层部分框支剪力墙结构住宅，剖面如图 2018-28 所示，首层及二层层高 5.5m，其余各层层高 3m，房屋高度 80m。抗震设防烈度为 8

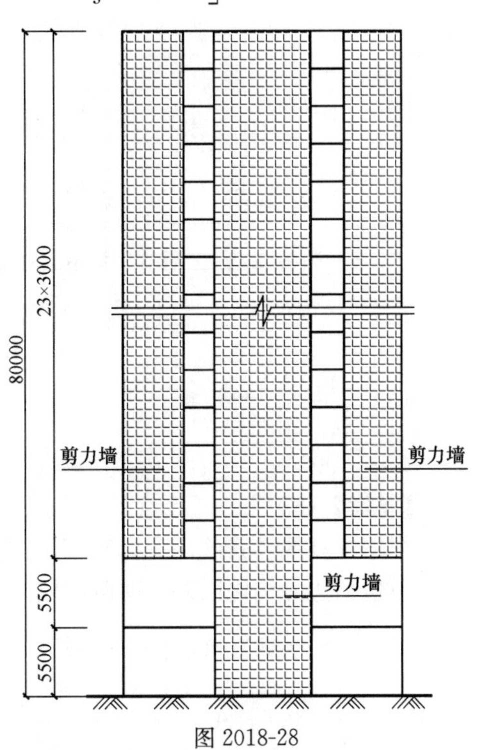

图 2018-28

度（0.20$g$），设计地震分组第一组，建筑场地类别为Ⅱ类，标准设防类建筑，安全等级为二级。

假定，首层一字形独立墙肢W1考虑地震组合且未按有关规定调整的一组不利内力计算值$M_w$=15000kN・m，$V_w$=2300kN，剪力墙截面有效高度$h_{w0}$=4200mm，混凝土强度等级C35。试问，满足规范剪力墙截面名义剪应力限值的最小墙肢厚度$b$（mm），与下列何项数值最为接近？

**提示：** 按《高层建筑混凝土结构技术规程》JGJ 3—2010作答。

（A）250　　（B）300　　（C）350　　（D）400

**【答案】**（B）

根据《高规》7.2.7条，剪跨比$\lambda=\frac{M^c}{V^c h_{w0}}=\frac{15000\times10^6}{2300\times10^3\times4200}=1.55<2.5$。

根据《高规》表3.9.3，底部加强区剪力墙抗震等级为一级。

根据《高规》10.2.18条及7.2.6条，$V=1.6\times V_w=1.6\times2300=3680$kN。

根据《高规》式（7.2.7-3）：

$$V_w\leqslant\frac{1}{\gamma_{RE}}(0.15\beta_c f_c b_w h_{w0})$$

$$3680\leqslant\frac{1}{0.85}\times(0.15\times1.0\times16.7\times b_w\times4200)\times10^{-3}$$

解得$b_w\geqslant$297.3mm。

**【例6.3.5】** 2014下午29题

假定，一级抗震剪力墙Q2第30层墙体及两侧边缘构件配筋如图2014-29所示，剪力墙考虑地震作用组合的轴压力设计值$N$为3800kN。试问，剪力墙水平施工缝处抗滑移承载力设计值$V$（kN），与下列何项数值最为接近？

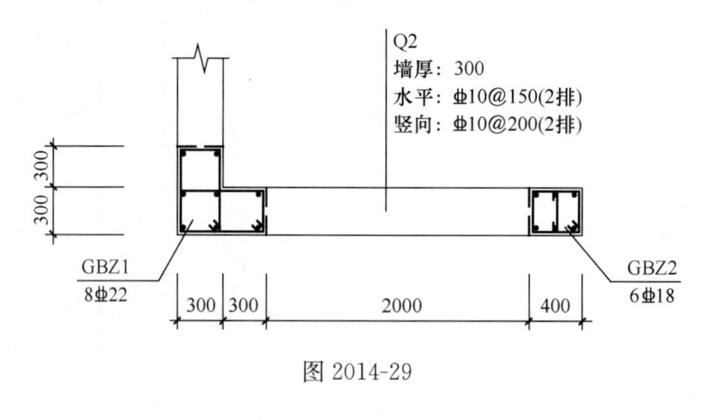


图2014-29

（A）3900　　（B）4500　　（C）4900　　（D）5500

**【答案】**（C）

根据《高规》式（7.2.12），考虑施工缝剪力墙的竖向分布钢筋、竖向插筋和边缘构件（不包括边缘构件以外的两侧翼墙）纵向钢筋的总面积：

$$A_s=8\times380.1+6\times254.5+2\times78.5\times\left(\frac{2000}{200}-1\right)=5980.6\text{mm}^2$$

$$V_{wj}\leqslant\frac{1}{\gamma_{RE}}(0.6f_yA_s+0.8N)=\frac{1}{0.85}\left(0.6\times360\times\frac{5980.8}{1000}+0.8\times3800\right)=5096\text{kN}$$

**【例 6.3.6】** 2012 下午 19 题

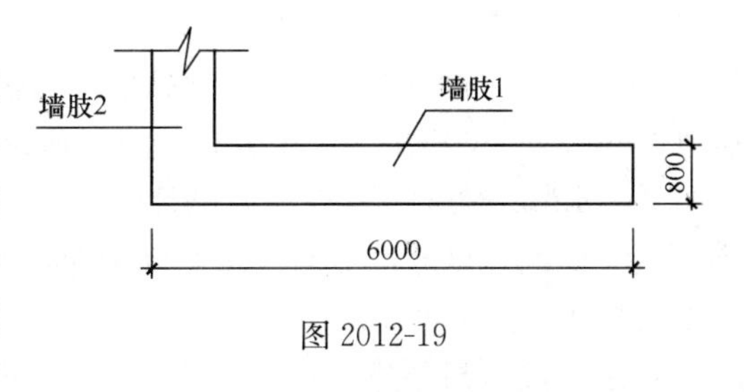

图 2012-19

某 40 层高层办公楼，建筑物总高度 152m，采用型钢混凝土框架-钢筋混凝土核心筒结构体系，楼面梁采用钢梁，核心筒采用普通钢筋混凝土，经计算地下室顶板可作为上部结构的嵌固部位。该建筑抗震设防类别为标准设防类（丙类），抗震设防烈度为 7 度，设计基本地震加速度为 0.10$g$，设计地震分组为第一组，建筑场地类别为Ⅱ类。

首层核心筒某偏心受压墙肢截面如图 2012-19 所示，墙肢 1 考虑地震组合的内力设计值（已按规范、规程要求作了相应调整）如下：$N$=32000kN，$V$=9260kN，计算截面的剪跨比 $\lambda=1.91$，$h_{w0}=5400$mm，墙体采用 C60 混凝土（$f_c=27.5\text{N/mm}^2$，$f_t=2.04\text{N/mm}^2$）、HRB400 级钢筋（$f_y=360\text{N/mm}^2$）。试问，其水平分布钢筋最小选用下列何项配筋时，才能满足《高层建筑混凝土结构技术规程》JGJ 3—2010 的最低要求？

**提示：** 假定 $A_w=A$。

(A) Φ12@200 (4)　　(B) Φ14@200 (2)+Φ12@200 (2)

(C) Φ14@200 (4)　　(D) Φ16@200 (2)+Φ14@200 (2)

**【答案】**(C)

根据《高规》7.2.10 条 2 款：

$$V\leqslant\frac{1}{\gamma_{RE}}\left[\frac{1}{\lambda-0.5}\left(0.4f_tb_wh_{w0}+0.1N\frac{A_w}{A}\right)+0.8f_{yh}\frac{A_{sh}}{s}h_{w0}\right]$$

$$0.2f_cb_wh_w=0.2\times27.5\times800\times6000=2.64\times10^7\text{N}$$

$$=2.64\times10^4\text{kN}<N=32000\text{kN}$$

取 $N=2.64\times10^4$kN，$A_w=A$。查《高规》表 3.8.2，$\gamma_{RE}=0.85$。

$$9260\times10^3\leqslant\frac{1}{0.85}\left[\frac{1}{1.91-0.5}(0.4\times2.04\times800\times5400+0.1\times2.64\times10^7)\right.$$

$$\left.+0.8\times360\frac{A_{sh}}{s}\times5400\right]$$

解得 $\frac{A_{sh}}{s}\geqslant2.25$，(A)、(B)、(C)、(D) 均满足计算要求。

根据《高规》11.4.18 条 1 款，水平分布钢筋配筋率不宜小于 0.35%。

选项 (A)：$\rho=\frac{113\times4}{800\times200}=0.283\%<0.35\%$，不满足；

选项 (B)：$\rho=\frac{154\times2+113\times2}{800\times200}=0.334\%<0.35\%$，不满足；

选项 (C)：$\rho=\frac{154\times4}{800\times200}=0.385\%>0.35\%$，满足；

选项 (D)：$\rho=\frac{201\times2+154\times2}{800\times200}=0.444\%>0.35\%$，非最低要求。

**【编者注】** 虽然《高规》11.4.18 条是对“钢框架-钢筋混凝土核心筒”的规定，主要适用于外框架的侧向刚度较小而内筒侧向刚度较大的结构，但本题为钢梁，且属于混合结构，故采用 11.4.18 条比 9.2.2 条适合。

**【例 6.3.7】** 2011 下午 29 题

部分框支剪力墙结构，底层墙肢 A 的抗震等级为一级，墙厚度 400mm，墙长 $h_w$=6400mm，$h_{w0}$=6000mm，$A_w/A$=0.7，剪跨比 $\lambda$=1.2，考虑地震作用组合的剪力计算值 $V_w$=4100kN，对应的轴向压力设计值 $N$=19000kN，C40 混凝土，已知竖向分布筋为构造配置。试问，该截面竖向及水平向分布筋至少应按下列何项配置，才能满足规范、规程的抗震要求？

**提示：** 按《高层建筑混凝土结构技术规程》JGJ 3—2010 作答。

(A) Φ10@150（竖向）；Φ10@150（水平）

(B) Φ12@150（竖向）；Φ12@150（水平）

(C) Φ12@150（竖向）；Φ14@150（水平）

(D) Φ12@150（竖向）；Φ16@150（水平）

**【答案】**(C)

根据《高规》10.2.19 条，竖向及水平分布筋最小配筋率均为 0.3%，$A_{sv}=0.3\%\times150\times400=180\text{mm}^2$，(A) 不满足。

配Φ12@150，$A_s=2\times113.1=226\text{mm}^2$。

根据《高规》7.2.10 条：

$$V=\eta_{vw}\cdot V_w=1.6\times4100=6560\text{kN}$$

根据《高规》式（7.2.7-3）：

$$V=6560\text{kN}<\frac{1}{\gamma_{RE}}(0.15\beta_c f_c b_w h_{w0})=8090\text{kN}$$

根据《高规》式（7.2.10-2），$\lambda=1.2<1.5$，取 $\lambda=1.5$。

$0.2f_c b_w h_w=9780\text{kN}<N=19000\text{kN}$，取 $N=9780\text{kN}$。

$$V\leqslant\frac{1}{\gamma_{RE}}\left[\frac{1}{\lambda-0.5}\times\left(0.4f_t b_w h_{w0}+0.1N\frac{A_w}{A}\right)+0.8f_{yh}\cdot\frac{A_{sh}}{s}h_{w0}\right]$$

$$0.85\times6560\times10^3\leqslant\frac{1}{1.5-0.5}\times(0.4\times1.71\times400\times6000+$$

$$0.1\times9.78\times10^6\times0.7)+0.8\times360\times\frac{A_{sh}}{150}\times6000$$

$$5576\times10^3\leqslant1641.6\times10^3+684.6\times10^3+11520A_{sh}$$

解得 $A_{sh}\geqslant282\text{mm}^2$，配Φ14@150，$A_{sh}=2\times153.9=308\text{mm}^2$。

## 6.4 剪力墙截面构造

**1. 主要的规范规定**

1)《高规》7.2.17 条：剪力墙分布钢筋配筋率要求。

2)《高规》7.2.2 条：短肢剪力墙竖向钢筋配筋率要求。

3)《高规》7.2.14 条～7.2.16 条：剪力墙边缘构件设置要求。

**2. 对规范规定的理解**

1) 剪力墙墙肢的全部竖向钢筋，包括墙身竖向分布钢筋和边缘构件（包括边缘构件在两侧翼墙的部分，不包括边缘构件以外的两侧翼墙）纵向钢筋的总截面面积。表 6.4-1

汇总了《高规》《抗规》《混规》对剪力墙墙身配筋的相关要求（对短肢剪力墙，表格中数据为对全部竖向钢筋，即墙身竖向分布钢筋＋边缘构件竖向钢筋的配筋率要求）。

**剪力墙配筋要求** **表 6.4-1**

<table>
<tr><td colspan="6">剪力墙墙身配筋要求（对短肢墙为全部竖向钢筋要求）——排数要求见《高规》7.2.3 条</td></tr>
<tr><td>结构体系/构件</td><td colspan="2">非抗震</td><td colspan="2">抗震</td><td>钢筋直径与间距</td></tr>
<tr><td rowspan="2">普通剪力墙</td><td>规范条文</td><td>《高规》7.2.17 条</td><td>规范条文</td><td>《高规》7.2.17 条</td><td>《高规》7.2.18 条</td></tr>
<tr><td>全高竖向和水平配筋率</td><td>0.20%</td><td>全高竖向和水平配筋率</td><td>一、二、三级 0.25%，四级 0.20%</td><td>$0.1b_w \geqslant d \geqslant 8$mm，$s \leqslant 300$mm</td></tr>
<tr><td colspan="3" rowspan="3">短肢剪力墙</td><td>规范条文</td><td>《高规》7.2.2 条</td><td>—</td></tr>
<tr><td>底部加强部位全部竖向钢筋</td><td>一、二级 1.2%，三、四级 1.0%</td><td rowspan="2">—</td></tr>
<tr><td>其他部位全部竖向钢筋</td><td>一、二级 1.0%，三、四级 0.8%</td></tr>
<tr><td rowspan="2">框架剪力墙<br>板柱剪力墙</td><td>规范条文</td><td>《高规》8.2.1 条</td><td>规范条文</td><td>《高规》8.2.1 条</td><td>—</td></tr>
<tr><td>全高竖向和水平配筋率</td><td>0.20%</td><td>全高竖向和水平配筋率</td><td>0.25%</td><td>—</td></tr>
<tr><td colspan="3" rowspan="3">框架核心筒（钢框架核心筒）</td><td>规范条文</td><td>《高规》9.2.2 条（11.4.18 条）</td><td>—</td></tr>
<tr><td>底部加强部位钢筋</td><td>0.3%（0.35%）</td><td rowspan="2">—</td></tr>
<tr><td>其他部位钢筋</td><td>0.25%（0.3%）</td></tr>
<tr><td rowspan="2">框支剪力墙</td><td>规范条文</td><td>《高规》10.2.19 条</td><td>规范条文</td><td>《高规》10.2.19 条</td><td>《高规》10.2.19 条</td></tr>
<tr><td>底部加强区</td><td>0.25%</td><td>底部加强区</td><td>0.30%</td><td>$0.1b_w \geqslant d \geqslant 8$mm，$s \leqslant 200$mm</td></tr>
<tr><td rowspan="2">错层结构</td><td>规范条文</td><td>《高规》10.4.6 条</td><td>规范条文</td><td>《高规》10.4.6 条</td><td>《高规》10.2.19 条</td></tr>
<tr><td>错层剪力墙</td><td>0.30%</td><td>错层剪力墙</td><td>0.50%</td><td>$0.1b_w \geqslant d \geqslant 8$mm，$s \leqslant 200$mm</td></tr>
<tr><td colspan="3" rowspan="2">顶层、长矩形平面楼电梯间、端开间纵墙、墙山墙</td><td>规范条文</td><td>《高规》7.2.19 条</td><td>《高规》7.2.19 条</td></tr>
<tr><td>全高竖向和水平配筋率</td><td>0.25%</td><td>$0.1b_w \geqslant d \geqslant 8$mm，$s \leqslant 200$mm</td></tr>
<tr><td colspan="3" rowspan="2">高度<24m，且剪压比小于 0.02 的四级剪力墙</td><td>规范条文</td><td>《抗规》6.4.3 条</td><td>—</td></tr>
<tr><td>全高竖向配筋率</td><td>0.15%</td><td>—</td></tr>
<tr><td colspan="3" rowspan="2">高度≤10m 且层数≤3 层，墙厚≥120mm</td><td>规范条文</td><td>《混规》9.4.5 条</td><td>—</td></tr>
<tr><td>全高竖向和水平配筋率</td><td>0.15%</td><td>—</td></tr>
</table>

2）根据《高规》7.2.14 条，部分框支剪力墙结构，应在底部加强部位（见《高规》10.2.2 条）及相邻的上一层设置约束边缘构件，无须判断底层墙肢底截面轴压比情况。底部加强部位的上一层的边缘构件，应根据本层墙肢自身的抗震等级和轴压比，按《高规》7.2.15 条设置。

一、二、三级剪力墙构件，若底层墙肢底截面的轴压比超过《高规》表 7.2.14 的规定值时，应在底部加强部位（《高规》7.1.4 条）及相邻的上一层设置约束边缘构件。底部加强部位相邻上一层的边缘构件，纵筋宜下层上通，也可在上层约束边缘构件内满足锚固，并与上层约束边缘构件纵筋连接；箍筋可按本层轴压比按《高规》7.2.15 条设置。

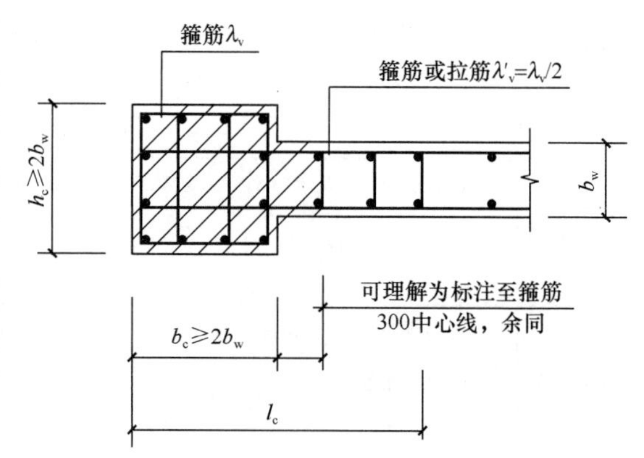

图 6.4-1 剪力墙有端柱时的约束边缘构件

3）约束边缘构件的计算体积配箍率应满足如下公式：

$$\rho_{v,实际}=(\sum n_i A_{svi} l_i)/(A_{cor}S)>\lambda_v f_c/f_{yv}$$

（1）箍筋肢长取箍筋的中到中长度，核心面积计算至最外圈箍筋内表面。

（2）如图 6.4-1 所示，暗柱尺寸标注至箍筋中心线，《高规》图 7.2.15 均按此理解。此时，设箍筋保护层厚度为 $a_{箍}$，纵筋保护层厚度为 $a_{纵}$，则有

$$l_{x向,最长}=b_c-a_{箍}-d_{箍筋}/2+300=b_c-a_{纵}+d_{箍筋}/2+300$$

$$\begin{aligned}A_{cor}=&(h_c-a_{箍}-a_{箍}-2d_{箍筋})\cdot(b_c-a_{箍}-a_{箍}-2d_{箍筋})+\\&(b_w-a_{箍}-a_{箍}-2d_{箍筋})\cdot(300-d_{箍筋}/2+a_{箍}+d_{箍筋})\\=&(h_c-a_{纵}-a_{纵})\cdot(b_c-a_{纵}-a_{纵})+(b_w-a_{纵}-a_{纵})\cdot(300-d_{箍筋}/2+a_{纵})\end{aligned}$$

（3）翼墙及端柱无效时，应按无端柱、无翼墙查《高规》表 7.2.15。即按表 7.2.15 中暗柱一栏确定约束边缘构件沿墙肢的长度 $l_c$，最终暗柱的实际形状包含无效的翼墙及端柱。

（4）当墙内水平分布钢筋伸入约束边缘构件，且在墙端有 90°弯折后延伸到另一排分布钢筋并钩住其竖向钢筋，水平钢筋之间设置了足够的拉筋形成复合箍，可以起到有效约束混凝土的作用时（查阅标准图集 16G101），可在配箍率中计入水平分布钢筋，计入的体积配箍率不应大于实际计算的总体积配箍率的 30%。

（5）计算体积配箍率时，当混凝土强度等级低于 C35 时，应取 C35 的混凝土轴心抗压强度设计值。

（6）依据《混规》4.2.3 条的表述，计算体积配箍率时，钢筋抗拉强度设计值不受 360MPa 的限制。

（7）JGJ 3—2002，即旧版《高规》61 页 6.4.7 条 4 款规定，计算复合箍筋的体积配筋率时，应扣除重叠部分的箍筋体积。JGJ 3—2010，新版《高规》删除了此条规定，没有明确是否扣除。《混规》11.4.17 条，在计算柱体积配箍率时，规定“计算中应扣除重叠部分的箍筋体积”，计算剪力墙约束边缘构件时未提及。《抗规》6.3.9 条条文说明中提到“因重叠部分对混凝土的约束情况比较复杂，如何换算有待进一步研究”。注册考试时，应注意考试题目提示。

4）约束边缘构件的阴影部分的竖向钢筋，除满足计算要求外，其配筋率一、二、三级时分别不应小于 1.2%、1.0%和 1.0%，并分别不应少于 8$\phi$16、6$\phi$16 和 6$\phi$14。其中，8$\phi$16 指的是直径大于等于 16mm 的钢筋至少有 8 根。例：一级约束边缘构件，计算纵筋面积为 2500mm$^2$，在满足配筋率的前提下，纵筋按 14 $\Phi$ 16 或 8 $\Phi$ 18+6 $\Phi$ 12 均满足设计要

求，按 18Φ14 设置时不满足规范要求。

5）除《高规》7.2.14 条 1 款所列部位外，剪力墙构件应按《高规》7.2.16 条相关要求设置构造边缘构件。

（1）《高规》图 7.2.6，剪力墙的构造边缘构件范围与《抗规》6.4.5 条、《混规》11.7.19 条要求不同。

（2）当端柱作为框架梁或普通梁的支座时，可判定为“承受集中荷载”而按“还应满足框架柱的构造要求”设计。此时，应按剪力墙的抗震等级，按框架柱的构造确定端柱的纵筋和箍筋要求。

（3）箍筋“肢距”与“无支长度”不同。箍筋的“无支长度”指箍筋平面内两个拉结点之间的距离，该拉结点能限制箍筋在平面内的侧向移动（当拉筋未钩住箍筋时对外侧箍筋无限制作用，当拉筋钩住箍筋时对外侧箍筋有限制作用），而箍筋“肢距”仅指两肢箍筋之间的距离（与拉筋是否钩住箍筋无关）。

（4）连体结构、错层结构以及 B 级高度高层建筑结构中的剪力墙（筒体），其构造边缘构件竖向钢筋最小量比《高规》表 7.2.16 增加 $0.001A_c$，配箍特征值 $\lambda_v \geqslant 0.1$。

（5）B 级高度高层建筑剪力墙，宜在约束边缘构件层与构造边缘构件层之间设置 1～2 层过渡层，过渡层边缘构件的箍筋要求可低于约束边缘构件的要求，但应高于构造边缘构件的要求。

**3. 历年真题解析**

**【例 6.4.1】** 2016 下午 30 题

某高层钢筋混凝土剪力墙结构住宅，地上 25 层，地下 1 层，嵌固部位为地下室顶板，房屋高度 75.3m，抗震设防烈度为 7 度（0.15$g$），设计地震分组第一组，丙类建筑，建筑场地类别为Ⅲ类，建筑层高均为 3m，第 5 层某墙肢配筋如图 2016-30 所示，墙肢轴压比为 0.35。试问，边缘构件 JZ1 纵筋取下列何项配置才能满足规范、规程的最低抗震构造要求？

（A）12Φ14　　（B）12Φ16

（C）12Φ18　　（D）12Φ20

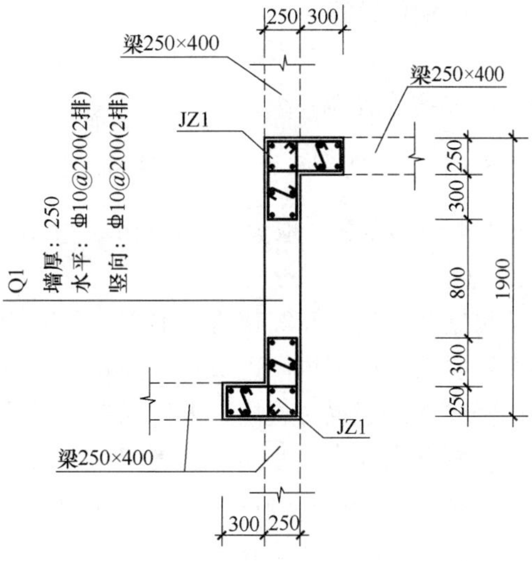

图 2016-30

**【答案】**（C）

根据《高规》7.1.8 条，4<1900/250=7.6<8，该墙肢为短肢剪力墙。

7 度（0.15$g$），Ⅲ类场地，根据《高规》3.9.2 条，按 8 度（0.20$g$）的要求采取抗震构造措施，A 级高度，查《高规》表 3.9.3，抗震构造措施等级按二级。

根据《高规》7.1.4 条，底部加强部位为 75.3/10=7.53m，即 1～3 层为底部加强部位；5 层属其他部位，根据《高规》7.2.2 条，短肢墙全部竖向钢筋（包括墙身钢筋及边缘构件钢筋）配筋率不宜小于 1.0%，即

$$\rho=\frac{2A_s+78.5\times6}{(300\times2+1900)\times250}\geqslant1\%$$

解得 $A_s \geqslant 2890\text{mm}^2$。

12 Φ 18，$A_s = 3048\text{mm}^2$最合适。

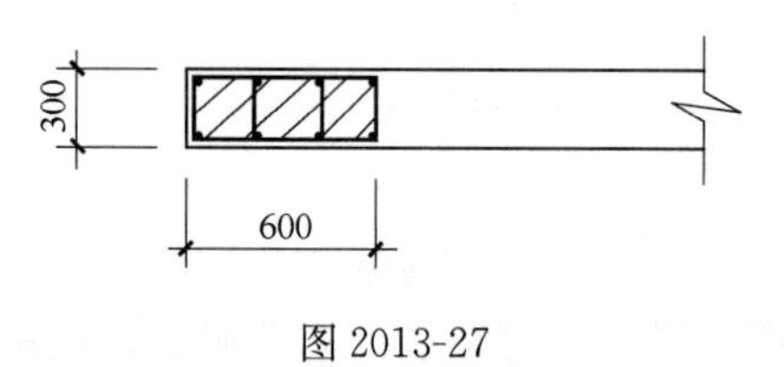

图 2013-27

【例 6.4.2】2013 下午 27 题

某 42 层高层住宅，采用现浇混凝土剪力墙结构，层高为 3.2m，房屋高度 134.7m，地下室顶板作为上部结构的嵌固部位。抗震设防烈度 7 度，Ⅱ类场地，丙类建筑。采用 C40 混凝土，纵向钢筋和箍筋分别采用 HRB400（Φ）和 HRB335（Φ）钢筋。7 层某剪力墙（非短肢墙）边缘构件如图 2013-27所示，阴影部分为纵向钢筋配筋范围，墙肢轴压比 $\mu_N = 0.4$，纵筋混凝土保护层厚度为 30mm。试问，该边缘构件阴影部分的纵筋及箍筋选用下列何项，能满足规范、规程的最低抗震构造要求？

**提示**：① 计算体积配箍率时，不计入墙的水平分布钢筋；

② 箍筋体积配箍率计算时，扣除重叠部分箍筋；

③ 构造边缘构件箍筋采用Φ 8@100。

(A) 8 Φ 18；Φ 8@100　　(B) 8 Φ 20；Φ 8@100

(C) 8 Φ 18；Φ 10@100　　(D) 8 Φ 20；Φ 10@100

**【答案】**(C)

纵向钢筋计算：

134.7m 剪力墙结构，根据《高规》表 3.3.1-2，为 B 级高层，查《高规》表 3.9.4，剪力墙抗震等级为一级。

根据《高规》7.1.4 条，底部加强部位高度：$H_1 = 2 \times 3.2 = 6.4\text{m}$，$H_2 = \frac{1}{10} \times 134.4 = 13.44\text{m}$，取大者 13.44m，故 1～5 层为底部加强部位，−1～6 层设置约束边缘构件。

根据《高规》7.2.14 条，B 级高层宜设过渡层，7 层为过渡层，过渡层边缘构件的箍筋配置要求可低于约束边缘构件的要求，但应高于构造边缘构件的要求。对过渡层边缘构件的竖向钢筋配置《高规》未作规定，不低于构造边缘构件的要求。

根据《高规》7.2.16 条 4 款及表 7.2.16，阴影范围纵向钢筋配筋率取 0.08+0.01=0.09。则 $A_c = 300 \times 600 = 1.8 \times 10^5 \text{mm}^2$，$\rho = 0.9\%$，$A_s = 1620\text{mm}^2$。

8 Φ 18，$A'_s = 2036\text{mm}^2 > A_s$。

阴影范围箍筋计算：

根据提示，构造边缘构件配Φ 8@100，过渡边缘构件的箍筋配置应比构造边缘构件适当加大，配Φ 10@100。

根据《高规》7.2.16 条 4 款，配箍特征值不小于 0.1，则

$$\rho_v = \lambda_v \frac{f_c}{f_{yv}} = 0.1 \times \frac{19.1}{300} = 0.64\%$$

$$A_{cor} = (600 - 30 - 5) \times (300 - 30 - 30) = 135600\text{mm}^2$$

$$L_s = (300 - 30 - 30 + 10) \times 4 + (600 - 30 + 5) \times 2 = 2150\text{mm}$$

$$\rho_v = \frac{L_s \times A_s}{A_{cor} \times s} = \frac{2150 \times 78.5}{135600 \times 100} = 1.24\% > 0.64\%$$

经验算满足要求。

**【例 6.4.3】**2012 下午 25 题

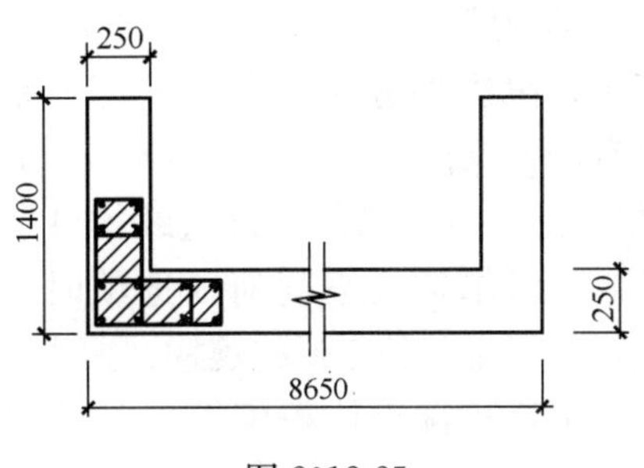

图 2012-25

某底层带托柱转换层的钢筋混凝土框架-筒体结构办公楼，地下 1 层，地上 25 层，地下 1 层层高 6.0m，地上 1 层至 2 层的层高均为 4.5m，其余各层层高均为 3.3m，房屋高度为 85.2m，转换层位于地上 2 层。假定，地面以上第 6 层核心筒的抗震等级为二级，混凝土强度等级为 C35（$f_c=16.7\text{N/mm}^2$，$f_t=1.57\text{N/mm}^2$），筒体转角处剪力墙的边缘构件的配筋形式如图 2012-25 所示，墙肢底截面的轴压比为 0.42，箍筋采用 HPB300（$f_{yv}=270\text{N/mm}^2$）级钢筋，纵筋保护层厚为 30mm。试问，转角处边缘构件中的箍筋最小采用下列何项配置时，才能满足规范、规程的最低构造要求？

**提示：**计算复合箍筋的体积配箍率时，应扣除重叠部分的箍筋体积。

(A) Φ10@80　　(B) Φ10@100

(C) Φ10@125　　(D) Φ10@150

**【答案】**(B)

根据《高规》10.2.2 条，底部加强部位取框支层以上 2 层及总高度的 1/10，故地上 4 层及以下为剪力墙底部加强部位。

根据《高规》9.2.2 条，地上第 6 层核心筒角部墙体宜采用约束边缘构件。

抗震等级二级、轴压比 0.42，根据《高规》7.2.15 条，约束边缘构件的配箍特征值 $\lambda_v=0.2$，根据《高规》式（7.2.15）：

$$\rho_v=\lambda_v\frac{f_c}{f_{yv}}=0.2\times\frac{16.7}{270}=0.01237$$

由图 2012-25 计算：

$$A_{cor}=(250+300-30-5+300+30-5)\times(250-30\times2)=159600\text{mm}^2$$

$$l_v=(550-30+5)\times4+4\times(250-2\times30+10)$$
$$=525\times4+4\times200=2900\text{mm}$$

$$\rho_v=\frac{A_{sv}l_v}{A_{cor}s}=0.01237$$

$$\frac{A_{sv}}{s}=\frac{0.01237\times A_{cor}}{l_v}=\frac{0.01237\times159600}{2900}=0.681$$

Φ10@100 时，$\frac{A_{sv}}{s}=\frac{78.5}{100}=0.785>0.681$，可以。

Φ10@125 时，$\frac{A_{sv}}{s}=\frac{78.5}{125}=0.628<0.681$，不可以。

取Φ10@100，满足《高规》7.2.15 条规定的箍筋最大间距（150mm）的构造要求。

**【例 6.4.4】**2011 下午 30 题

部分框支剪力墙结构，一层为框支层，层高 6.0m，二至二十四层布置剪力墙，层高 3.0m，首层室内外地面高差 0.45m，房屋总高度 75.45m。抗震设防烈度 8 度，建筑抗震设防类别为丙类，设计基本地震加速度 0.20$g$，场地类别Ⅱ类。混凝土强度等级：底层墙、柱为 C40（$f_c=19.1\text{N/mm}^2$，$f_t=1.71\text{N/mm}^2$），板 C35（$f_c=16.7\text{N/mm}^2$，$f_t=1.57\text{N/mm}^2$），其他层墙、板为 C30（$f_c=14.3\text{N/mm}^2$）。钢筋均采用 HRB400 级（Φ，

$f_y=360\text{N/mm}^2$）。

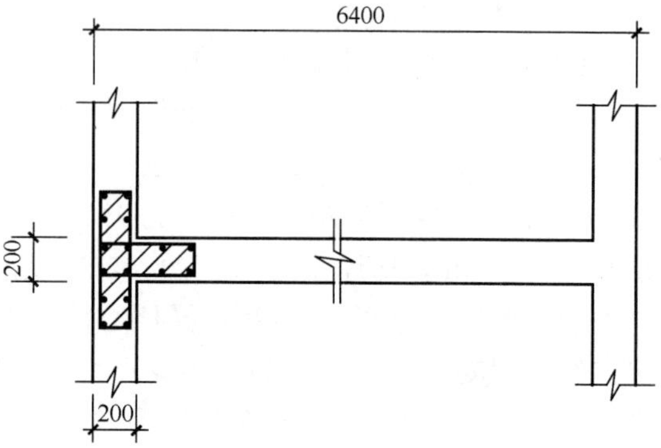

第四层某剪力墙边缘构件如图 2011-30 所示，阴影部分为纵向钢筋配筋范围，纵筋混凝土保护层厚度为 20mm。已知剪力墙轴压比>0.4。试问，该边缘构件阴影部分的纵筋及箍筋为下列何项选项时，才能满足规范、规程的最低抗震构造要求？

**提示：**箍筋体积配箍率计算时，扣除重叠部分箍筋。

（A）16 Φ 16；Φ 10@100

（B）16 Φ 14；Φ 10@100

（C）16 Φ 16；Φ 12@100

（D）16 Φ 14；Φ 12@100

6400
200
200

图 2011-30

**【答案】**（A）

根据《高规》10.2.2 条及 7.2.14 条，第四层为底部加强部位上一层，需设约束边缘构件。

查《高规》表 3.9.3，非底部加强部位，抗震等级为二级。

根据《高规》7.2.15 条，翼墙外伸长度＝300mm。配纵筋阴影范围面积：

$$A=(200+3\times300)\times200=2.2\times10^5\text{mm}^2$$

$A_s=1.0\%A=2200\text{mm}^2$，抗震等级为二级时，纵筋应不少于 6 Φ 16，取 16 Φ 16，$A_s=3218\text{mm}^2$。

箍筋 $\lambda_v=0.2$，混凝土强度等级小于 C35，$f_c$ 取 C35 的值，则

$$\rho_v=\lambda_v\cdot\frac{f_c}{f_{yv}}=0.2\times\frac{16.7}{360}=0.928\%$$

箍筋直径为Φ 10 时：

$$\frac{[3\times(200-30)+2\times800+2\times(300+200-15)]\cdot A_s}{[160\times(300+300+200-10)+160\times(300+20-5)]\times100}\geqslant0.928\%$$

**【例 6.4.5】**2011 下午 31 题

基本题干同例 6.4.4。假定，该建筑物使用需要，转换层设置在 3 层，房屋总高度不变，一至三层层高为 4m，上部 21 层层高均为 3m，第四层某剪力墙的边缘构件仍如图 2011-30所示。试问，该边缘构件纵向钢筋最小构造配箍率 $\rho_{sv}$（%）及配箍特征值最小值 $\lambda_v$ 取下列何项数值时，才能满足规范、规程的最低抗震构造要求？

**提示：**按《高层建筑混凝土结构技术规程》JGJ 3—2010 作答。

（A）1.2；0.2 （B）1.4；0.2

（C）1.2；0.24 （D）1.4；0.24

**【答案】**（D）

根据《高规》10.2.2 条，第四层属于底部加强部位。

由《高规》10.2.6 条，原墙抗震等级为一级，第四层墙抗震等级提高一级，变为特一级。

根据《高规》3.10.5条，约束边缘构件纵筋最小构造配筋率：$\rho_v$ =1.4%。配箍特征值增大20%，$\lambda_v$ =0.20×(1+20%) =0.24。

## 6.5　连梁的构件设计

**1. 主要的规范规定**

1)《高规》7.2.21条~7.2.28条：连梁的构件设计要求。

2)《高规》9.3.8条：连梁交叉暗撑设计要求。

3)《混规》11.7.7条：连梁对称配筋受弯承载力计算。

4)《混规》11.7.10条：连梁交叉斜筋设计规定。

5)《混规》11.7.11条：连梁钢筋构造要求。

**2. 对规范规定的理解**

1) 连梁的受弯及受剪设计要求见表6.5-1。

**连梁受弯及受剪要求　　　　表6.5-1**

| | | | |
|---|---|---|---|
| 受剪 | 内力调整 | 规范条文 | 《高规》7.2.21条 |
| | | 公式 | $V=1.1(M_{bua}^{l}+M_{bua}^{r})/l_n+V_{Gb}>V_{调整前}$（9度一级或不满足《高规》7.2.25条配筋率时） |
| | | | $V=\eta_{vb}\dfrac{M_b^l+M_b^r}{l_n}+V_{Gb}>V_{调整前}$（一、二、三级） |
| | 抗剪截面 | 规范条文 | 《高规》7.2.22条 |
| | | 公式 | $V\leqslant 0.25\beta_c f_c b_b h_{b0}$（非抗震） |
| | | | $V\leqslant\dfrac{1}{\gamma_{RE}}(0.20\beta_c f_c b_b h_{b0})$（抗震，跨高比>2.5） |
| | | | $V\leqslant\dfrac{1}{\gamma_{RE}}(0.15\beta_c f_c b_b h_{b0})$（抗震，跨高比≤2.5） |
| | 普通箍筋 | 规范条文 | 《高规》7.2.23条 |
| | | 公式 | $\dfrac{A_{sv}}{s}>\dfrac{V-0.7f_t b_b h_{b0}}{f_{yv}h_{b0}}$（非抗震） |
| | | | $\dfrac{A_{sv}}{s}>\dfrac{V\gamma_{RE}-0.42f_t b_b h_{b0}}{f_{yv}h_w}$（抗震，跨高比>2.5） |
| | | | $\dfrac{A_{sv}}{s}>\dfrac{V\gamma_{RE}-0.38f_t b_b h_{b0}}{0.9f_{yv}h_w}$（抗震，跨高比≤2.5） |
| | 交叉斜筋 | 规范条文 | 《混规》11.7.10条、11.7.11条 |
| | 对角斜筋<br>交叉暗撑 | 规范条文 | 《高规》9.3.8条，《混规》11.7.10条、11.7.11条 |
| 受弯 | 实际<br>受弯承载力 | 规范条文 | 《高规》6.2.5条及条文说明 |
| | | 公式 | $M_{bua}=f_{yk}A_s^a\ (h_0-a_s')\ /\gamma_{RE}$ |
| | 对称配筋<br>计算 | 规范条文 | 《混规》11.7.7条，含对角斜筋 |

(1) 连梁一般跨度不大，竖向荷载作用下产生的弯矩与剪力不大。但在水平力作用下与墙肢相互作用产生的约束弯矩与剪力较大，一般情况下，连梁两端弯矩是同向的。与框架梁不同，《高规》7.2.21 条没有规定两端弯矩均为负弯矩时，绝对值较小一端的弯矩取为零的情况。

(2)《高规》7.2.22 条规定了连梁名义剪应力的上限值（即剪压比最大值），而连梁的剪力设计值应按《高规》7.2.21 条由弯矩按强剪弱弯要求反算。两条共同适用，就相当于限制了连梁的最大弯矩值，从而限制了连梁的纵向受力钢筋不能过大，限制了连梁的纵向钢筋配筋率。

(3)《高规》表 7.2.25 规定了连梁纵向钢筋的最大配筋率，限制的是顶面及底面的单侧纵向钢筋。

(4)《混规》11.7.8 条条文说明规定，对配置斜筋（含交叉斜筋、对角斜筋、交叉暗撑）的连梁，由于斜筋的水平分量会提高梁的抗弯能力，而竖向分量会提高梁的抗剪能力，因此对配置斜筋的连梁，不能通过再加斜筋数量单纯提高梁的抗剪能力，形成强剪弱弯，对这几种配置斜筋连梁的强剪弱弯剪力增大系数，可取为 1.0。而《高规》无此项规定。

(5)《高规》7.1.3 条规定，跨高比不小于 5 的连梁宜按框架梁设计。即按图集 16G101 中 LLK 设计，连梁刚度不折减，纵向钢筋和箍筋加密区设置同框架梁，混凝土强度等级、腰筋布置、抗震等级等同剪力墙。

(6)《混规》式（11.7.10-2）给出了配置交叉斜筋的连梁斜截面受剪承载力计算公式，其中 $A_{sd}$ 为单向对角斜筋的截面面积（不包括折线筋）。根据《混规》11.7.11 条 1 款，单组折线筋的截面面积可取为单向对角斜筋截面面积的一半，且直径不宜小于 12mm。

2) 连梁不满足《高规》7.2.22 条的要求时，可采取如下措施：

(1) 采取减小连梁截面高度或采取其他减小连梁刚度的措施。对连梁刚度的减小实际上就是直接减小连梁的梁端弯矩。按减小后的梁端弯矩，进行强剪弱弯验算，得到连梁的设计剪力，此时可能满足剪压比设计要求。由于连梁截面高度减小，其能承受的最大剪力也降低，此方法不一定有效。

(2) 抗震设计时，剪力墙连梁的弯矩可塑性调幅。连梁塑性调幅可采用两种方法，一是按《高规》5.2.1 条，在内力计算前对连梁刚度进行调幅；二是计算时不考虑连梁刚度折减系数，在内力计算后，将连梁弯矩和剪力组合值（《高规》表 5.6.4）乘以折减系数。无论用哪种方法，连梁调幅后的弯矩、剪力设计值不应低于使用状况下的值（《高规》5.6.1 条），也不宜低于比设防烈度低一度的地震作用组合（此时连梁刚度不折减）所得的弯矩、剪力设计值。调幅后的弯矩不小于调幅前按刚度不折减计算的弯矩的 80%（6～7 度）和 50%（8～9 度），并不小于风荷载作用下的连梁弯矩 $\gamma_w S_{wk}$ 。

(3) 当连梁不作为次梁的支承梁或跨度较小时，破坏对承受竖向荷载无明显影响，可按连梁两端铰接计算，按独立墙肢的计算简图进行第二次多遇地震作用下的内力分析，墙肢按两次计算（连梁两端刚接与两端铰接）的较大值计算配筋。

3)《抗规》6.2.13 条条文说明规定，计算地震内力时，抗震墙连梁刚度可折减；计算位移时，连梁刚度不折减。

4）连梁的纵筋及箍筋设置见表 6.5-2 及表 6.5-3。

**连梁纵筋设计要求** **表 6.5-2**

| 项目 | 非抗震 | 抗震 |
| --- | --- | --- |
| 最大配筋率 | 《高规》表 7.2.25：<br>底面和顶面单侧纵筋不宜大于 2.5% | 《高规》7.2.25 条：底面和顶面单侧纵筋不宜大于<br>$l_n/h_b \leqslant 1.0, \rho_{max} = 0.6\%$<br>$1.0 < l_n/h_b \leqslant 2.0, \rho_{max} = 1.2\%$<br>$2.0 < l_n/h_b \leqslant 2.5, \rho_{max} = 1.5\%$ |
| 最小配筋率 | 《高规》7.2.24 条：<br>$l_n/h_b \leqslant 1.5, \rho_{min} = 0.2\%$<br>$l_n/h_b > 1.5$，按框架梁；<br>《混规》11.7.11 条：0.15% | 《高规》表 7.2.24：<br>$l_n/h_b \leqslant 0.5, \max\{0.2\%, (45f_t/f_y)\%\}$<br>$0.5 < l_n/h_b \leqslant 1.5, \max\{0.25\%, (55f_t/f_y)\%\}$<br>$l_n/h_b > 1.5$，按框架梁 |
| 直径 | 《混规》9.4.7 条：<br>不少于 2$\phi$12 | 《混规》11.7.11 条 |
| 腰筋 | — | 《高规》7.2.27 条：<br>$h_b > 700mm, d \geqslant 8mm, s \leqslant 200mm; l_n/h_b \leqslant 2.5$<br>$\rho_{腰筋} = A_{s,两侧}/(s_{间距} \cdot b_{梁宽}) \geqslant 0.3\%$<br>《混规》11.7.11 条：<br>$h_w \geqslant 450mm, d \geqslant 8mm, s \leqslant 200mm; l_n/h_b \leqslant 2.5$<br>$\rho_{腰筋} = A_{s,两侧}/(s_{间距} \cdot b_{梁宽}) \geqslant 0.3\%$ |

**连梁箍筋设计要求** **表 6.5-3**

| 项目 | 非抗震 | 抗震 |
| --- | --- | --- |
| 最大间距 | 《高规》7.2.27 条、《混规》9.4.7 条：<br>$s \leqslant 150mm$ | ① 满足框架梁加密区要求（《高规》表 6.3.2-2，《混规》11.3.6 条，11.3.8 条）<br>② 对角暗撑配筋连梁，箍筋间距可按两倍取用 |
| 最小直径 | 《高规》7.2.27 条、《混规》9.4.7 条：<br>$d \geqslant 6mm$ | |

（1）跨高比不小于 5 的连梁宜按框架梁设计，见本书第 5 章及本节要求。

（2）内筒连梁箍筋构造见《高规》9.3.7 条。

（3）《高规》7.2.27 条规定，连梁截面高度大于 700mm 时，其两侧面腰筋的直径不应小于 8mm，间距不应大于 200mm；跨高比不大于 2.5 的连梁，其两侧腰筋的总面积配筋率不应小于 0.3%。其中，$\rho_{腰筋} = A_{s,两侧}/(s_{间距} \cdot b_{梁宽})$，此公式计算方法同剪力墙水平钢筋配筋率。

**3. 历年真题解析**

**【例 6.5.1】** 2018 下午 21 题

某 120m 框筒结构，假定，结构按连梁刚度不折减计算时，某层连梁 LL1 在 8 度（0.20$g$）水平地震作用下梁端负弯矩标准值 $M_{Ehk}=-660kN \cdot m$，在 7 度（0.10$g$）水平地震作用下梁端负弯矩标准值 $M_{Ehk}=-330kN \cdot m$，风荷载作用下梁端负弯矩标准值 $M_{Wk}=-400kN \cdot m$。试问，对弹性计算的连梁弯矩 $M$ 进行调幅后，连梁的弯矩设计值 $M'$（kN·m），不应小于下列何项数值？

**提示：**① 忽略重力荷载及竖向地震作用产生的梁端弯矩。

② 风荷载分项系数取 1.4。

(A) −490　　(B) −560　　(C) −630　　(D) −770

**【答案】**(B)

根据《高规》5.6.3 条、5.6.4 条：

$$S=\gamma_G S_{GE}+\gamma_{Eh}S_{Ehk}+\gamma_{Ev}S_{Evk}+\psi_w\gamma_w S_{wk}$$

其中，$\gamma_{Eh}=1.3$，$\gamma_w=1.4$，$\psi_w=0.2$。

根据《高规》7.2.26 条条文说明，8 度时调幅系数取 0.5，按 8 度调幅后得到：

$$M'=(-1.3\times660-0.2\times1.4\times400)\times0.5=-485\text{kN}\cdot\text{m}$$

且不小于设防烈度低一度组合弯矩：

$$M=-1.3\times330-0.2\times1.4\times400=-541\text{kN}\cdot\text{m}$$

且不小于风荷载作用下弯矩：

$$M=-1.4\times400=-560\text{kN}\cdot\text{m}$$

比较后控制弯矩为 560kN·m。

**【例 6.5.2】**2018 下午 22 题

某 31 层普通办公楼，采用现浇钢筋混凝土框架-核心筒结构，抗震设防烈度为 8 度（0.20$g$），标准设防类建筑，设计地震分组第一组，建筑场地类别为Ⅱ类，安全等级二级。假定，某层连梁 LL1 截面 350mm×750mm，混凝土强度等级 C45，钢筋为 HRB400，对称配筋，$a_s=a'_s=60$mm，净跨 $l_n=3000$mm。试问，下列连梁 LL1 的纵向受力钢筋及箍筋配置，何项满足规范构造要求且最经济？

(A) 6⏀22；⏀10@150 (4)　　(B) 6⏀25；⏀10@100 (4)

(C) 6⏀22；⏀12@150 (4)　　(D) 6⏀25；⏀12@100 (4)

**【答案】**(B)

结构高度 120m，属于 B 级高度，查《高规》表 3.9.4 筒体特一级，连梁特一级。

根据《高规》3.10.5 条 5 款，连梁的要求同一级。

$l_n/h_b=3000/750=4>2.5$，根据《高规》7.1.3 条，连梁纵筋按框架梁的要求配置。

根据《高规》6.3.3 条，最大配筋率 $\rho_{max}\leqslant2.5\%$，则

$$A_{smax}\leqslant\rho_{max}\cdot bh_0=2.5\%\times350\times(750-60)=6038\text{mm}^2$$

选项 (A) ～ (D) 均满足要求。

根据《高规》6.3.2 条 2 款：

$$\rho_{min}\geqslant\max\{0.4\%,(80f_t/f_y)\%=[(80\times1.8)/360]\%=0.4\%\}=0.4\%$$

配 6⏀22，$\rho=2281/(350\times750)=0.87\%>0.4\%$。

选项 (A) ～ (D) 均满足要求。

根据《高规》7.2.27 条及表 6.3.2-2，箍筋⏀10@100 (4) 满足要求，(B) 选项满足要求且最经济。

**【例 6.5.3】**2018（二级）下午 34 题

某剪力墙水平分布钢筋⏀10@200，其连梁净跨 $l_n=2200$mm，$a_s=30$mm，其截面及配筋如图 2018-34 所示。

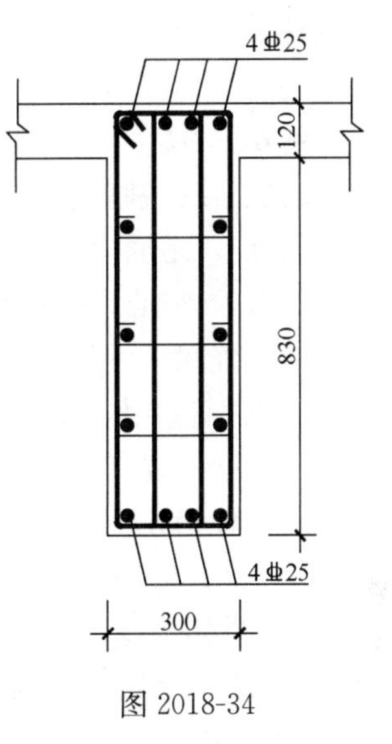

图 2018-34

下列关于连梁每侧腰筋的配置，何项满足规范的最低要求？

(A) 4⏀12　　(B) 5⏀12

(C) 4⏀10　　(D) 5⏀10

**【答案】**(C)

参考剪力墙水平钢筋计算方法，连梁箍筋计算公式：$\rho_{腰筋}=A_{s,两侧}/(s_{间距}\cdot b_{梁宽})$

根据《高规》7.2.27 条 4 款：

$$l_n/h_b=2200/950=2.32<2.5$$

$$h_w=950-30-120=800\text{mm}$$

每侧 4 根，5 个间距时，$s$=800/5=160mm。

单侧配筋：

$$160\times300\times0.3\%\times0.5=72\text{mm}^2$$

⏀10，$A_s$=78.5mm²，满足要求。

**【例 6.5.4】**2016 下午 22 题

某 10 层现浇钢筋混凝土剪力墙结构住宅，房屋高度为 40.3m。抗震设防烈度为 9 度，设计基本地震加速度为 0.40$g$，设计地震分组为第三组，建筑场地类别为Ⅱ类，安全等级二级。假定，第 8 层的连梁 LL1，截面为 300mm×1000mm，混凝土强度等级为 C35，净跨 $l_n$=2000mm，$h_0$=965mm，在重力荷载代表值作用下按简支梁计算的梁端截面剪力设计值 $V_{Gb}$=60kN，连梁采用 HRB400 钢筋，顶面和底面实配纵筋面积均为 1256mm²，$a_s=a'_s$=35mm。试问，连梁 LL1 两端截面的剪力设计值 $V$（kN），与下列何项数值最接近？

(A) 750　　(B) 690　　(C) 580　　(D) 520

**【答案】**(A)

9 度房屋高度为 40.3m 的剪力墙结构，抗震等级为一级。

根据《高规》式（7.2.21-2）及 6.2.5 条条文说明：

$$M_{bua}^l=M_{bua}^r=400\times1256\times(965-35)/0.75=623.0\times10^6\text{N}\cdot\text{mm}$$

$$V=1.1\frac{M_{bua}^l+M_{bua}^r}{l_n}+V_{Gb}=1.1\times\frac{2\times623}{2}+60=745.3\text{kN}$$

**【例 6.5.5】**2014 下午 17 题

下列关于高层混凝土结构作用效应计算时剪力墙连梁刚度折减的观点，哪一项不符合《高层建筑混凝土结构技术规程》JGJ 3—2010 的要求？

(A) 结构进行风荷载作用下的内力计算时，不宜考虑剪力墙连梁刚度折减

(B) 第 3 性能水准的结构采用等效弹性方法进行罕遇地震作用下竖向构件的内力计算时，剪力墙连梁刚度可折减，折减系数不宜小于 0.3

(C) 结构进行多遇地震作用下的内力计算时，可对剪力墙连梁刚度予以折减，折减系数不宜小于 0.5

(D) 结构进行多遇地震作用下的内力计算时，连梁刚度折减系数与抗震设防烈度无关

**【答案】**(D)

根据《高规》5.2.1 条及条文说明，(A)、(C) 准确；

根据《高规》3.11.3 条条文说明，(B) 准确；

根据《高规》5.2.1 条及条文说明，设防烈度高时可多折减一些，(D) 不准确。

**【例 6.5.6】** 2012 下午 26 题

某底层带托柱转换层的钢筋混凝土框架-筒体结构办公楼。假定，地面以上第 2 层（转换层）核心筒的抗震等级为二级，核心筒中某连梁截面尺寸为 400mm × 1200mm，净跨 $l_n$=1200mm，如图 2012-26 所示。连梁的混凝土强度等级为 C50（$f_c$=23.1N/mm²，$f_t$=1.89N/mm²），连梁梁端有地震作用组合的最不利组合弯矩设计值（同为顺时针方向）如下：左端 $M_b^l$=815kN·m；右端 $M_b^r$=−812kN·m；梁端有地震作用组合的剪力 $V_b$=1360kN。在重力荷载代表值作用下，按简支梁计算的梁端剪力设计值为 $V_{Gb}$=54kN，连梁中设置交叉暗撑，暗撑纵筋采用 HRB400（$f_y$=360N/mm²）级钢筋，暗撑与水平线夹角为 40°。试问，计算所需的每根暗撑纵筋的截面积 $A_s$（mm²）与下列何项的配筋面积最为接近？

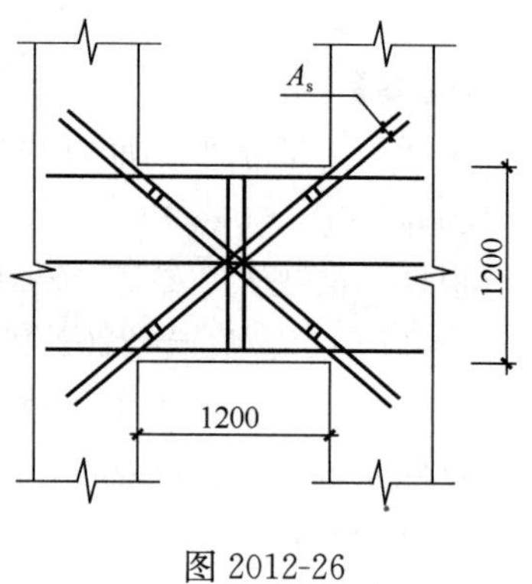

图 2012-26

**提示：**按《高层建筑混凝土结构技术规程》JGJ 3—2010 计算。

(A) 4 Φ 28　　(B) 4 Φ 32

(C) 4 Φ 36　　(D) 4 Φ 40

**【答案】**(B)

根据《高规》式（7.2.21-1），有地震组合时，连梁的剪力设计值：

$$V_b = \eta_{vb}\frac{M_b^l + M_b^r}{l_n} + V_{Gb} = 1.2 \times \frac{815+812}{1.2} + 54 = 1681\text{kN} > 1360\text{kN}$$

取 $V_b$=1681kN·m。

根据《高规》9.3.8 条及式（9.3.8-2），每根暗撑纵筋的截面积：

$$A_s \geqslant \frac{\gamma_{RE}V_b}{2f_y\sin\alpha} = \frac{0.85\times1681\times10^3}{2\times360\times\sin40^\circ} = 3087\text{mm}^2$$

选 4 Φ 32，可提供面积 3217mm²。

**【例 6.5.7】** 2009 下午 27 题

剪力墙连梁 LL-1 平面如图 2009-27 所示，C40 混凝土，抗震等级为一级，截面 $b\times h$=350mm×400mm，纵筋上、下部各配 4 Φ 25，$h_0$=360mm；箍筋采用 HRB335（$f_{yv}$=300N/mm²），截面按构造配箍即可满足抗剪要求。试问，下列依次列出的该连梁端部加

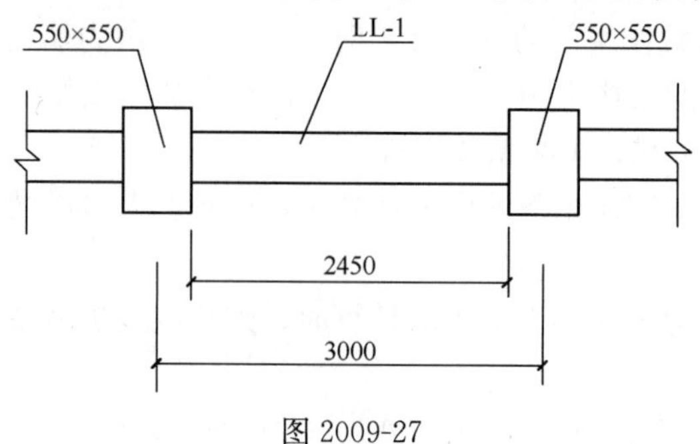

图 2009-27

密区及非加密区的几组构造配箍，其中哪一组能够满足相关规范、规程的最低要求？

**提示**：选项中 4Φ××，表示 4 肢箍。

(A) 4Φ8@100；4Φ8@100　　(B) 4Φ10@100；4Φ10@100

(C) 4Φ10@100；4Φ10@150　　(D) 4Φ10@100；4Φ10@200

**【答案】**(D)

依据《高规》7.1.3 条，跨高比 $l_n/h = 2450/400 = 6.1 > 5$，连梁按框架梁设计。

依据《高规》6.3.2 条，由于纵筋配筋率为 1964/（350×360）＝1.6%＜2%，查《高规》表 6.3.2-2 可知，一级抗震时，对于梁端加密区，箍筋最大间距为 $\min\{h_b/4,6d,100\} = \min\{400/4,150,100\} = 100\text{mm}$，箍筋最小直径为 10mm。

依据《高规》6.3.5 条，沿梁全长箍筋的面积配筋率，一级时应满足

$$\frac{A_{sv}}{bs} \geqslant \frac{0.3f_t}{f_{yv}}$$

从而，采用 4Φ10 钢筋时，要求间距：

$$s \leqslant \frac{A_{sv}f_{yv}}{0.3bf_t} = \frac{314 \times 300}{0.3 \times 350 \times 1.71} = 525\text{mm}$$

依据《高规》6.3.5 条，框架梁非加密区箍筋最大间距不宜大于加密区箍筋间距的 2 倍，因此，非加密区箍筋间距最大为 200mm。

综上，框架梁非加密区箍筋间距最大为 200mm。

# 7 框架-剪力墙结构

**1. 主要的规范规定**

《高规》第 8 章：框架-剪力墙结构设计。

**2. 对规范规定的理解**

1）框架-剪力墙、板柱-剪力墙结构的框架柱、框架梁构件内力调整、截面设计及构造要求应满足《高规》第 6 章框架构件的设计要求；剪力墙构件应满足《高规》第 7 章剪力墙构件的设计要求。

2）《高规》8.1.8 条对长矩形平面或平面中有一部分较长如 L 形平面中有一肢较长的建筑，提出了对横向剪力墙的间距和纵向剪力墙的布置要求。当横向剪力墙间距较大时，在地震作用下，不能保证横墙间楼盖平面的刚性，框架与剪力墙的共同工作能力降低，因此需限定横向剪力墙的最大间距；纵向剪力墙布置在平面尽端时，由于剪力墙对楼盖两端的约束作用，平面尺寸较大时楼盖中部的梁板容易因混凝土收缩和温度变化出现裂缝，因此纵向剪力墙不宜集中布置在房屋的两尽端。

**框架-剪力墙结构的分类与最大适用高度、抗震措施　　表 7.0-1**

| 分类 | 判别 | 最大适用高度 | 抗震措施 | 层间位移控制 |
|---|---|---|---|---|
| 少框的框架-剪力墙结构 | $\frac{M_f}{M} \leqslant 10\%$ | 按框架-剪力墙结构 | ·剪力墙的抗震等级和轴压比按剪力墙结构；<br>·框架的抗震等级和轴压比按框架-剪力墙结构；<br>·框架的剪力调整按框架-剪力墙结构 | 按剪力墙结构 |
| 典型的框架-剪力墙结构 | $10\% < \frac{M_f}{M} \leqslant 50\%$ | 按框架-剪力墙结构 | ·剪力墙的抗震等级和轴压比按框架-剪力墙结构；<br>·框架的抗震等级和轴压比按框架-剪力墙结构；<br>·框架的剪力调整按框架-剪力墙结构 | 按框架-剪力墙结构 |
| 少墙的框架-剪力墙结构 | $50\% < \frac{M_f}{M} \leqslant 80\%$ | 比框架结构适当提高 | ·剪力墙的抗震等级和轴压比按框架-剪力墙结构；<br>·框架的抗震等级和轴压比按框架结构 | 按框架-剪力墙结构 |
| 极少墙的框架-剪力墙结构 | $80\% < \frac{M_f}{M}$ | 按框架结构 | ·剪力墙的抗震等级和轴压比按框架-剪力墙结构；<br>·框架的抗震等级和轴压比按框架结构 | 按框架-剪力墙结构 |

注：框架的抗震等级的按框架结构体系确定后，其强剪弱弯、强柱弱梁调整的相关计算，结构体系仍然按框架-剪力墙结构体系。

3）《高规》8.1.3条依据在规定的水平力作用下结构底层框架部分承受的地震倾覆力矩 $M_f$ 与结构总地震倾覆力矩 $M$ 的比值，给出了框架-剪力墙结构的相应设计方法，汇总见表7.0-1。应注意结构底层框架和剪力墙倾覆力矩比的划分原则，是建立在《抗规》6.1.3条条文说明对结构底层框架和剪力墙倾覆力矩的简化计算的基础之上的，也即是结合抗震经验确定的指标。而考虑弯矩、剪力及轴力等的综合影响的倾覆力矩"轴力算法"，可作为补充和比较计算使用。

4）《高规》8.1.4条给出了框架-剪力墙结构二道防线设计要求，对框架柱和框架梁内力调整时，可按下述方法进行。

（1）有薄弱层时，薄弱层应按《高规》3.5.8条，对地震作用标准值的剪力乘以1.25增大系数。

（2）剪重比不满足《高规》4.3.12条要求时，底部总剪力 $V_0$ 、各层框架部分承担的地震剪力标准值 $V_{fi}$ 、框架部分楼层地震剪力标准值中的最大值 $V_{fi,max}$ 均需按《抗规》5.2.5条条文说明进行剪力调整。其中薄弱层应先按《高规》3.5.8条调整剪力，再满足水平地震剪力系数应乘以增大系数1.15的要求（以下的 $V_0$ 、$V_{fi}$ 、$V_{fi,max}$ 均指调整后的值）。

（3）若 $V_{fi} \geqslant 0.2V_0$ ，$V_{fi}$ 无需调整。

（4）若 $V_{fi} < 0.2V_0$ 时，$V_{fi} = \min\{0.20V_0, 1.5V_{fi,max}\}$。

（5）水平地震作用下，构件单工况内力调整，记 $\lambda_i = V_{fi,调整后}/V_{fi,调整前}$ ，则有

框架柱：$M_{c2}^i = \lambda_i M_{c1}^i, V_{c2}^i = \lambda_i V_{c1}^i, N_{c2}^i = N_{c1}^i$

框架梁：$M_{b2} = \dfrac{\lambda_i + \lambda_{i+1}}{2} M_{b1}, V_{b2} = \dfrac{\lambda_i + \lambda_{i+1}}{2} V_{b1}$

其中，下标1代表调整前内力，下标2代表调整后内力。

（6）其他可能的地震单工况内力调整。

（7）按《高规》5.6.3条进行地震作用工况下荷载组合。

（8）进行强柱弱梁、强剪弱弯等内力调整，并进行构件设计。

5）根据《高规》8.1.3条条文说明，当框架部分承担的倾覆力矩不大于结构总倾覆力矩的10%时，仍然需要按《高规》8.1.4条进行剪力调整。

6）《高规》8.2.2条给出了带边框剪力墙的构造要求，汇总见表7.0-2及图7.0-1。其中，带边框剪力墙指的是《高规》8.1.2条2款，为在框架结构的若干跨内嵌入的剪力墙。其中边框柱属于剪力墙的一部分，其边框与嵌入的剪力墙共同受力，抗震等级按剪力墙构件。边框柱的轴压比限值及构造配筋应同时满足规范对框架柱及剪力墙端柱（边缘构件）的要求。

**带边框剪力墙的构造要求**　　　　**表7.0-2**

| 情况 | | 规定 |
|---|---|---|
| 剪力墙 | 墙厚 $b_w$（1款） | $b_w$：符合附录D，且：<br>1）项　一、二级：底部加强部位，$b_w \geqslant 200$<br>2）项　其他情况：$b_w \geqslant 160$ |
| | 剪力墙水平筋（2款） | 应全部锚入边框梁内，锚固长度：非抗震：$\geqslant l_a$；抗震：$\geqslant l_{aE}$ |
| | 截面设计（4款） | 宜按工字形，其端部纵筋应配置在边框柱内 |
| | 高宽比 | 应$\geqslant 3$ |

续表

<table>
<tr><th>情况</th><th>规定</th></tr>
<tr><td rowspan="2">边框梁暗梁<br>（3 款）</td><td>与剪力墙重合的边框梁可保留，也可做成宽度与墙厚相等的暗梁</td></tr>
<tr><td>暗梁：截面：高：$h_b=2b_w^{墙厚}$，或与该榀框架梁等高；宽：与 $b_w^{墙厚}$ 同<br>配筋：按构造配置，应符合一般框架梁最小配筋要求</td></tr>
<tr><td rowspan="3">边框柱<br>（5 款）</td><td>截面：宜与该榀框架的其他柱相同，应满足剪力墙端柱要求</td></tr>
<tr><td>轴压比限值 [$\mu_N$]：同时满足框架柱及剪力墙端柱（边缘构件）要求</td></tr>
<tr><td>配筋：符合第 6 章框架柱构造配筋<br>箍筋：剪力墙底部加强部位边框柱箍筋：全高加密；剪力墙上的洞口紧邻边框柱时，边框柱箍筋：全高加密</td></tr>
</table>

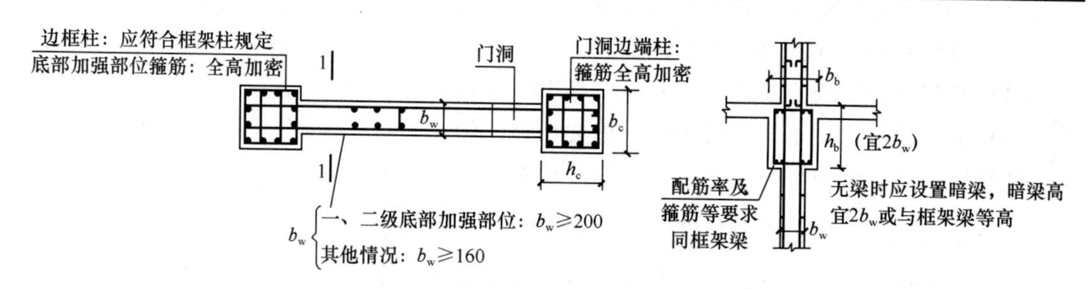


图 7.0-1

7）《高规》8.2.4 条给出了板柱剪力墙结构中板的构造要求，汇总如表 7.0-3 及图 7.0-2。

**板柱剪力墙结构中板的构造要求** **表 7.0-3**

<table>
<tr><th>情况</th><th colspan="2">构造要求</th></tr>
<tr><td rowspan="3">设柱托板时</td><td>非抗震</td><td>托板底部宜布置构造箍筋</td></tr>
<tr><td>抗震</td><td>托板底部钢筋应按计算确定，并满足锚固要求</td></tr>
<tr><td>计算柱上板带支座钢筋时</td><td>可考虑托板厚度（对减小板跨）的有利影响</td></tr>
<tr><td>沿两个主轴方向，通过柱截面，板底连续钢筋总面积（8.2.3 条 3 款）</td><td colspan="2">两个方向：$A_s \geqslant N_G/f_y$（8.2.3 条）；一个方向：$\frac{A_s}{2}$<br>$N_G$：6、7 度：$N_G=1.2(N_{Gk}+\psi_E N_{Qk})$<br>8 度：$N_G=1.2(N_{Gk}+\psi_E N_{Qk})+1.3N_{Evk}$（计入竖向地震）</td></tr>
</table>

续表

| 情况 | | 构造要求 |
|---|---|---|
| 抗震时暗梁设置要求 | | 应在柱上板带中设置构造暗梁 |
| | 暗梁宽 $b_b$ | $b_b = b_c^{柱宽} + 2 \times 1.5h^{板厚}$ |
| | 暗梁内配筋 | 1. 计算暗梁支座抗弯配筋时：截面高 $h_b$ 可包括柱托板厚<br>2. 纵筋：支座上部纵筋：应有 $A_{s,上}^{暗梁} \geqslant 0.5A_s^{柱上板带}$，全跨拉通；下部纵筋：$A_{s,下}^{暗梁} \geqslant 0.5A_{s,上}^{暗梁} \geqslant A_{s,min}$（按框架梁表 6.3.2-1）$\geqslant \dfrac{1}{2}\dfrac{N_G}{f_y}$[式(8.2.3)]；直径：$d_{板筋}^{暗梁外} \leqslant d^{暗梁} \leqslant b_c/20$<br>3. 箍筋：计算不需要时：$d \geqslant 8$mm，$s \geqslant (3/4)h_0$，$s_{肢距} \leqslant 2h_0$，两端加密；计算需要时：$d \geqslant 10$mm，$s \geqslant (1/2)h_0$，$s_{肢距} \leqslant 1.5h_0$，两端加密 |
| 无梁板的开洞限制 | | 无梁楼板：允许开局部洞口，但应验算满足承载力及刚度要求。<br>当未作专门分析时，在板的不同部位开单个洞的大小应符合图 8.2.4-2 的要求。<br>在同一部位开多个洞时：则在同一截面上各个洞宽之和应≤该部位单个洞的允许宽度。<br>所有洞边均应设置补强钢筋 |

注：表中所列条款均指《高规》。

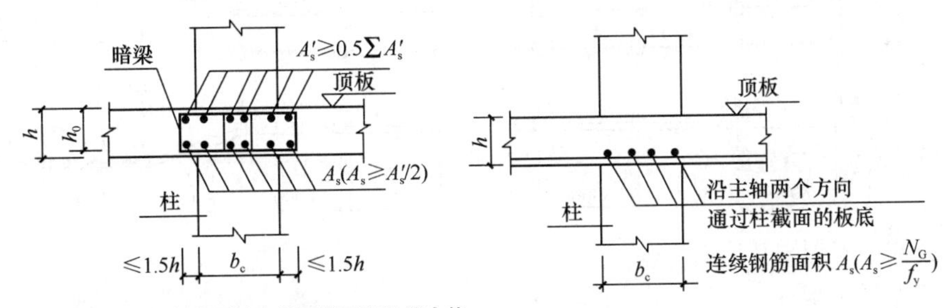


图 7.0-2　暗梁构造及板底连续钢筋要求

### 3. 历年真题及自编题解析

**【例 7.0.1】** 2020 下午 32 题

某 16 层普通民用高层建筑，采用钢筋混凝土框架-剪力墙结构，房屋高度 60.8m，设防烈度 8 度（0.30$g$），设计地震分组第一组，建筑场地类别Ⅱ类。混凝土强度等级：梁、板均为 C30，框架柱和剪力墙均为 C40。结构刚度、质量沿竖向分布均匀，框架柱数量各层相等。假定，对应于多遇水平地震作用标准值，结构基底总剪力 $V_0 = 25000$kN，各层框架所承担的未经调整的地震总剪力中的最大值 $V_{f,max} = 3200$kN，第 2 层框架承担的未经调整的地震总剪力 $V_f = 3000$kN，该楼层某根柱调整前的柱底内力标准值为：弯矩 $M = \pm 280$kN·m，剪力 $V = \pm 70$kN。试问，抗震设计时，为满足二道防线要求，该柱调整后的地震内力标准值，与下列何项数值最为接近？

(A) $M = \pm 280$kN·m，$V = \pm 70$kN　　(B) $M = \pm 420$kN·m，$V = \pm 105$kN

(C) $M=\pm450\text{kN}\cdot\text{m}$，$V=\pm120\text{kN}$　　(D) $M=\pm550\text{kN}\cdot\text{m}$，$V=\pm150\text{kN}$

**【答案】**(C)

根据《高规》8.1.4 条：

$$V_f=3000\text{kN}\leqslant0.2V_0=0.2\times25000=5000\text{kN}$$

$$V_f=\min\{0.2V_0,1.5V_{f,max}\}=\min\{5000,1.5\times3200\}=4800\text{kN}$$

$$M=\frac{4800}{3000}\times280=448\text{kN}\cdot\text{m}$$

$$V=\frac{4800}{3000}\times70=112\text{kN}\cdot\text{m}$$

**【例 7.0.2】** 2013 下午 20 题

某 16 层现浇钢筋混凝土框架-剪力墙结构办公楼，房屋高度为 64.3m，如图 2013-20 所示，楼板无削弱。抗震设防烈度为 8 度，丙类建筑，Ⅱ类建筑场地。假定，方案比较时，发现 $X$、$Y$ 方向每向可以减少两片剪力墙（减墙后结构承载力及刚度满足规范要求）。试问，如果仅从结构布置合理性考虑，下列四种减墙方案中，哪种方案相对合理？

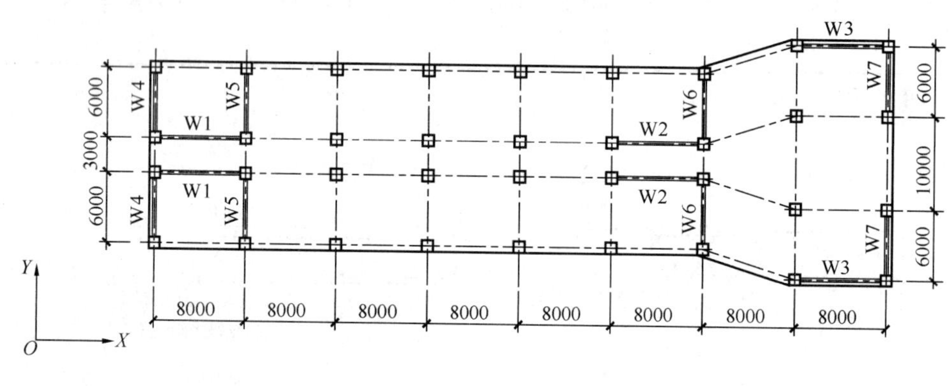


图 2013-20

(A) $X$ 向：W1；$Y$ 向：W5　　(B) $X$ 向：W2；$Y$ 向：W6

(C) $X$ 向：W3；$Y$ 向：W4　　(D) $X$ 向：W2；$Y$ 向：W7

**【答案】**(C)

该结构为长矩形平面，根据《高规》8.1.8 条 2 款，$X$ 向剪力墙不宜集中布置在房屋的两尽端，宜减 W1 或 W3；

根据《高规》8.1.8 条 1 款，8 度现浇，$Y$ 向剪力墙间距不宜大于 $3B$=45m 及 40m 之较小者 40m，宜减 W4 或 W7；

综合上述原因，同时考虑框架-剪力墙结构中剪力墙的布置原则，选（C）。

**【例 7.0.3】** 2011 下午 32 题

长矩形平面现浇钢筋混凝土框架-剪力墙高层结构，楼、屋盖抗震墙之间无大洞口，抗震设防烈度为 8 度时，下列关于剪力墙布置的几种说法，其中何项不够准确？

(A) 结构两主轴方向均应布置剪力墙

(B) 楼、屋盖长宽比不大于 3 时，可不考虑楼盖平面内变形对楼层水平地震剪力分配的影响

(C) 两方向的剪力墙宜集中布置在结构单元的两尽端，增大整个结构的抗扭能力

(D) 剪力墙的布置宜使结构各主轴方向的侧向刚度接近

**【答案】**(C)

根据《高规》8.1.5条，(A) 正确。

根据《抗规》6.1.6条，(B) 正确。

根据《高规》8.1.8条2款，(C) 不正确。

根据《高规》8.1.7条，(D) 正确。

**【例7.0.4】** 2008下午23题

某钢筋混凝土框架-剪力墙结构，房屋高度57.3m，地下2层，地上15层，首层层高6.0m，二层层高4.5m，其余各层层高均为3.6m。纵横方向均有剪力墙，地下一层板顶作为上部结构的嵌固端。该建筑为丙类建筑，抗震设防烈度为8度，设计基本地震加速度为0.2$g$，Ⅰ类建筑场地。在规定水平力作用下，框架部分承受的地震倾覆力矩大于结构总地震倾覆力矩的10%但小于50%。各构件的混凝土强度等级均为C40。

首层某框架中柱剪跨比大于2，为使该柱截面尺寸尽可能小，试问，对该柱箍筋和附加纵向钢筋的配置形式采取所有相关措施之后，满足规程最低要求的该柱轴压比最大限值，应取下列何项数值?

(A) 0.95　　(B) 1.00　　(C) 1.05　　(D) 1.10

**【答案】**(C)

8度，Ⅰ类场地、丙类建筑，根据《高规》3.9.1条2款，按7度考虑抗震构造措施。又由《高规》8.1.3条，属一般的框架-剪力墙结构。

查《高规》表3.9.3，$H=57.3\text{m}<60\text{m}$，框架抗震等级为三级。

查《高规》表6.4.2，轴压比$\mu_N=0.90$；根据表6.4.2注4、5、7的规定，$\mu_N\leqslant 0.90+0.15=1.05$，故取最大值$\mu_N=1.05$。

**【例7.0.5】** 2008下午24题

基本题干同例7.0.3。位于第5层平面中部的某剪力墙端柱截面为500mm×500mm，假定其抗震等级为二级，其轴压比为0.28，端柱纵向钢筋采用HRB400级钢筋，其承受集中荷载，考虑地震作用组合时，由考虑地震作用组合小偏心受拉内力设计值计算出的该端柱纵筋总截面面积计算值为最大（1800mm²），试问，该柱纵筋的实际配筋选择下列何项时，才能满足并且最接近于《高层建筑混凝土结构技术规程》JGJ 3—2010的最低要求?

(A) 4Φ16+4Φ18 ($A_s=1822\text{mm}^2$)　　(B) 8Φ18 ($A_s=2036\text{mm}^2$)

(C) 4Φ20+4Φ18 ($A_s=2275\text{mm}^2$)　　(D) 8Φ20 ($A_s=2513\text{mm}^2$)

**【答案】**(C)

根据《高规》8.1.1条、7.1.4条，底部加强部位高度：$\max\left\{\frac{1}{10}H, 6.0+4.5\right\}=\max\left\{\frac{1}{10}\times 57.3, 10.5\right\}=10.5\text{m}$。

根据《高规》7.2.14条，第5层剪力墙墙肢端部应设置构造边缘构件；根据《高规》7.2.16条2款，该端柱按框架柱构造要求配置钢筋，抗震二级，查《高规》表6.4.3-1，取$\rho_{\min}=0.75\%$，则：

$$A_{s,\min}=\rho_{\min}bh=0.75\%\times 500\times 500=1875\text{mm}^2$$

又根据《高规》6.4.4 条 5 款：

$$A_s = 1.25 \times 1800 = 2250\text{mm}^2 > 1875\text{mm}^2$$

故最终取 $A_s = 2250\text{mm}^2$。

**【例 7.0.6】** 自编题

某 15 层钢筋混凝土框架-剪力墙结构，结构比较规则，抗震设防烈度为 7 度。在水平地震作用下结构的总基底剪力 $V_0 = 15000\text{kN}$，各层框架承担的地震总剪力的最大值为 3000kN，第 6 层框架承担的地震总剪力为 2400kN，该层框架中某根边柱在水平地震剪力下内力标准值为：剪力 $V = \pm 140\text{kN}$；轴力 $N = -500\text{kN}$，柱下端弯矩 $M_下 = \pm 300\text{kN} \cdot \text{m}$。试问，第 6 层边柱下端截面按压弯构件设计时，其轴力(kN)和弯矩标准值(kN·m)与下列何项数值最为接近？

(A) 500；300　　(B) 500；375

(C) 625；300　　(D) 625；375

**【答案】**(B)

根据《高规》8.1.4 条 4 款：

$$V_f = 2400\text{kN} < 0.2V_0 = 0.2 \times 15000 = 3000\text{kN}$$

故 $V_f$ 需要调整：

$$V_f = \min\{0.2V_0, 1.5V_{f,\max}\} = \min\{0.2 \times 15000, 1.5 \times 3000\} = 3000\text{kN}$$

根据《高规》8.1.4 条 2 款：

$$\eta = \frac{3000}{2400} = 1.25$$

$$M_下 = \pm 1.25 \times 300 = \pm 375\text{kN} \cdot \text{m}$$

轴力不调整。

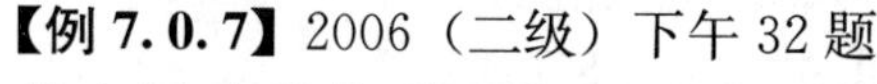

**【例 7.0.7】** 2006（二级）下午 32 题

某高层建筑物采用板柱-剪力墙结构，板厚 200mm，纵横向设暗梁，梁宽均为 1000mm。第 2 层平板某处暗梁如图 2006-32 所示，与其相连的中柱截面为 600mm×600mm。在该梁楼面重力荷载代表值作用下柱的轴向压力设计值为 500kN。由等代平面框架计算分析得知，柱上板带配筋：上部为 3600mm²，下部为 2700mm²；钢筋种类均采用 HRB335。若纵横向暗梁配筋相同，试问，在下列暗梁的各组配筋中，哪一组最符合既经济又安全的要求？

**提示：** 柱上板带（包括暗梁）中的钢筋未全部示出。

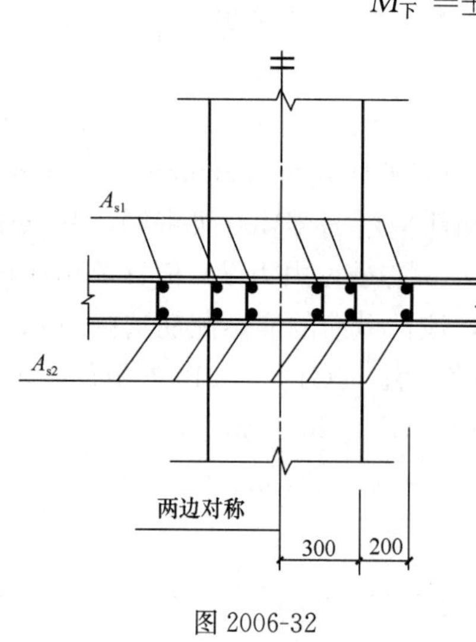


图 2006-32

(A) $A_{s1}$：9Φ14；$A_{s2}$：9Φ12　　(B) $A_{s1}$：9Φ16；$A_{s2}$：9Φ14

(C) $A_{s1}$：6Φ18；$A_{s2}$：9Φ14　　(D) $A_{s1}$：6Φ20；$A_{s2}$：6Φ16

**【答案】**(B)

依据《高规》8.2.4 条 1 款，暗梁支座上部钢筋截面积不宜小于柱上板带钢筋截面积的 50%，即 3600×50%=1800mm²。

9Φ14、9Φ16、6Φ18、6Φ20 分别对应截面积为 1385、1809、1527、1884，单位为 $mm^2$。排除（A）、（C）。

暗梁下部钢筋应不小于上部钢筋的 1/2，（B）、（D）均满足要求。

依据《高规》8.2.3 条 3 款，沿两个主轴方向均应布置通过柱截面的板底连续钢筋，且总截面积应满足 $A_s \geqslant N_G/f_y = 500 \times 10^3/300 = 1667mm^2$。

暗梁下部钢筋布置时，柱截面范围内连续钢筋截面积还应不小于 1667/2=833$mm^2$。

扣除边缘两根钢筋，选项（B）柱截面范围内最多设置 7Φ14，面积 1077$mm^2$，满足要求。选项（D）柱截面范围内最多设置 4Φ16，面积 803$mm^2$，不满足要求。

**【例 7.0.8】** 自编题

某 20 层现浇钢筋混凝土框架-剪力墙结构办公楼，质量和刚度沿竖向分布均匀，丙类建筑，抗震设防烈度为 7 度，Ⅱ类建筑场地，高度 68m，各层层高为 3.3m。在规定水平力作用下，底层框架部分承受的地震倾覆力矩为总地震倾覆力矩的 30%。第 5 层的中间榀带边框剪力墙边框柱截面尺寸为 600mm×600mm，纵筋采用 HRB400 级钢筋，混凝土强度等级为 C40。

试问，该边框柱纵筋的配置，下列何项满足规程规定的最低构造要求？

(A) 12Φ16　　(B) 12Φ18　　(C) 12Φ20　　(D) 12Φ22

**【答案】**（B）

根据《高规》表 3.9.3，框架及剪力墙抗震等级为二级。

根据《高规》7.1.4 条，底部加强区高度：max｛68/10，3.3×2｝=6.8m，故第 5 层为非底部加强区范围，根据《高规》7.2.14 条，应设置构造边缘构件。

边框柱应同时满足构造边缘构件及相应抗震等级框架柱构造要求。

由《高规》7.2.16 条及表 7.2.16，抗震二级：$A_s \geqslant 0.6\% A_c = 2160mm^2 > 678m^2$ (6Φ12)。

根据《高规》8.2.2 条 5 款，按框架-剪力墙结构中框架柱取值，由 6.4.3 条表 6.4.3-1，抗震二级：$A_s \geqslant 0.75\% A_c = 0.75\% \times 600 \times 600 = 2700mm^2 > 2160mm^2$。

故选用 12Φ18（$A_s$=3054$mm^2$），满足。

# 8 筒体及混合结构

## 8.1 筒体结构设计

**1. 主要的规范规定**

《高规》第9章：筒体结构设计。

**2. 对规范规定的理解**

1）筒体结构的框架柱、框架梁构件内力调整、截面设计及构造要求除满足《高规》第9章规定外，应满足《高规》第6章框架构件的设计要求；筒体剪力墙、连梁构件除满足《高规》第9章规定外，应满足《高规》第7章剪力墙构件的设计要求。

2）《高规》9.1.8条规定，核心筒或内筒外墙，洞间墙肢截面高度不宜小于1.2m；当洞间墙肢的截面高度与厚度之比小于4时，宜按框架柱进行截面设计。根据条文说明，应按柱的抗震构造要求配置箍筋和纵向钢筋，以加强其抗震能力，抗震等级应按筒体限值取值。由于剪力墙与框架柱的轴压比计算方法不同，对小墙肢的轴压比限值应包络设计。

3）《高规》9.1.11条给出了筒体结构的二道防线要求，其内力调整步骤如下：

（1）剪重比不满足《高规》4.3.12条要求时，底部总剪力$V_0$、各层框架部分承担的地震剪力标准值$V_{fi}$、框架部分楼层地震剪力标准值中的最大值$V_{fi,max}$均需按《抗规》5.2.5条条文说明进行剪力调整。（以下的$V_0$、$V_{fi}$、$V_{fi,max}$均指调整后的值）

（2）若$V_{fi} \geqslant 0.2V_0$，$V_{fi}$无需调整。

（3）若$V_{fi} < 0.2V_0$且$V_{fi,max} < 0.1V_0$时，$V_{fi} = 0.15V_0$，$V_{墙,调整后} = \min(1.1V_{墙,调整前}, V_0)$。

（4）若$V_{fi} < 0.2V_0$且$V_{fi,max} \geqslant 0.1V_0$时，$V_{fi} = \min(0.20V_0, 1.5V_{fi,max})$。

（5）其他可能的地震单工况内力调整。

（6）水平地震作用下，构件单工况内力调整，记$\lambda_i = V_{fi,调整后}/V_{fi,调整前}$，则有：

框架柱：$M_{c2}^i = \lambda_i M_{c1}^i$，$V_{c2}^i = \lambda_i V_{c1}^i$，$N_{c2}^i = N_{c1}^i$；

框架梁：$M_{b2} = \dfrac{\lambda_i + \lambda_{i+1}}{2} M_{b1}$，$V_{b2} = \dfrac{\lambda_i + \lambda_{i+1}}{2} V_{b1}$。

其中，下标1代表调整前内力，下标2代表调整后内力。

（7）按《高规》5.6.3条进行地震作用工况下荷载组合。

（8）进行强柱弱梁、强剪弱弯等内力调整，并进行构件设计。

4）《高规》9.2.2条提出了核心筒墙体设计的相关要求：

（1）底部加强部位主要墙体的水平和竖向分布钢筋配筋率不宜小于0.3%，比普通剪力墙墙略有提高；

（2）底部加强部位角部墙体约束边缘构件沿墙肢的长度宜取墙肢截面高度的1/4，约束边缘构件范围内主要采用箍筋，见图 8.1-1；

(3) 底部加强部位以上角部墙体宜按《高规》7.2.15 条的规定设置约束边缘构件，见图 8.1-2；

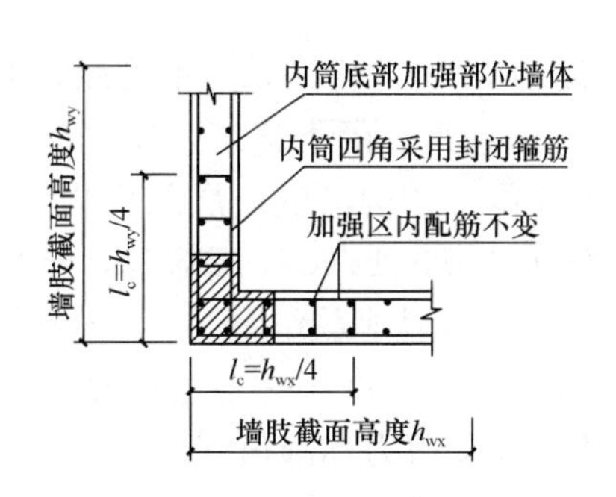


图 8.1-1 核心筒底部加强部位角部墙体约束边缘构件设置要求

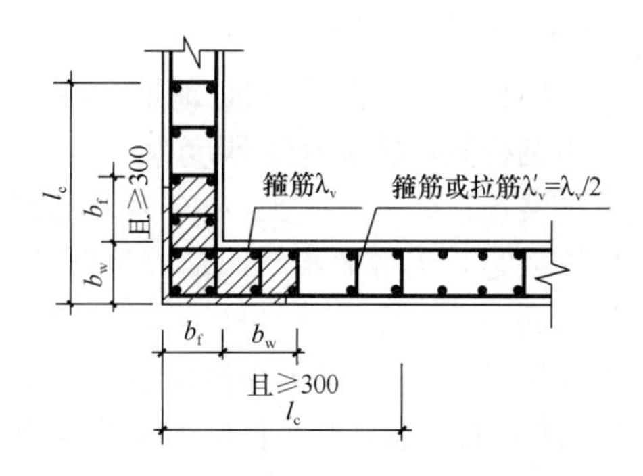


图 8.1-2 核心筒底部加强部位以上角部墙体约束边缘构件设置要求

(4)《抗规》6.7.2 条规定，筒体加强部位及相邻上一层，当侧向刚度无突变时不宜改变墙体厚度。

5) 对于筒中筒结构，在翼缘框架中，远离腹板框架的各柱轴力越来越小；在腹板框架中，远离翼缘框架各柱轴力的递减速度比按直线规律递减的要快。上述现象称为剪力滞后，见图 8.1-3。产生剪力滞后现象的原因是：框筒中各柱之间存在剪力，剪力使联系柱子的窗裙梁产生剪切变形，从而使柱之间的轴力传递减弱。《高规》9.3.5 条 4 款规定，由于外框筒在侧向荷载作用下的“剪力滞后”现象，角柱轴向力约为邻柱的 1～2 倍，为了减小各层楼盖的翘曲，角柱截面面积可取中柱的 1～2 倍，必要时可采用 L 形角墙或角筒。

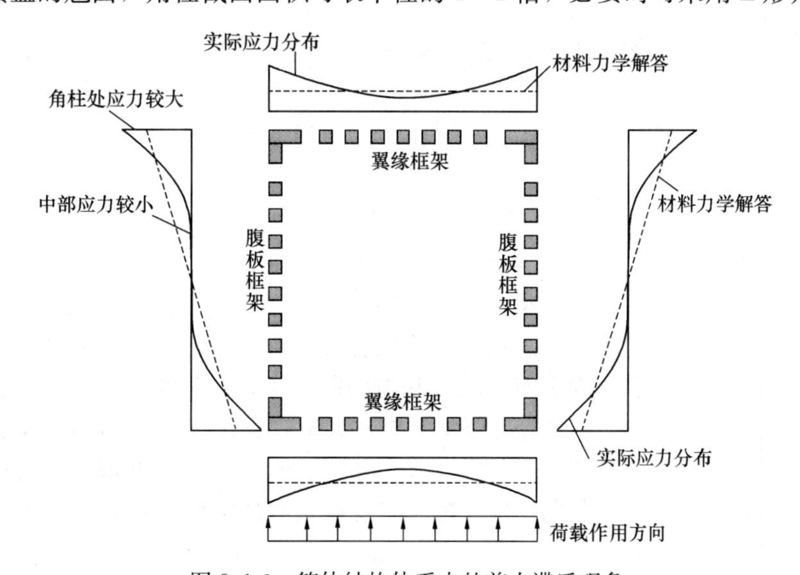


图 8.1-3 筒体结构体系中的剪力滞后现象

《高规》9.3.1 条条文说明指出，选用圆形或正多边形等平面，能减小外框筒的“剪力滞后”现象，使结构更好地发挥空间作用。矩形和三角形平面的“剪力滞后”现象相对严重。应尽量避免矩形平面的长宽比大于2，三角形平面切角后，空间受力性质会相应改善。

**3. 历年真题解析**

**【例 8.1.1】** 2019下午28题

某高层办公室，地上33层，地下2层，房屋高度为128m，内筒采用钢筋混凝土核心筒，外筒为钢框架，抗震设防烈度为7度（0.10$g$），第一组，丙类建筑，场地类别为Ⅲ类，地下一层顶板处（±0.000）作为上部结构嵌固部位。结构沿竖向层刚度均匀分布，扭转效应不明显，无薄弱层。假定，重力荷载代表值为$1.0\times10^6$kN，底部对应于$Y$向水平地震作用的剪力标准值为12800kN，基本周期为4.0s。多遇地震作用下，$Y$向框架部分按侧向刚度分配且未经调整的楼层地震剪力标准值：首层$V_{f1}=900$kN；各层最大值$V_{fmax}=2000$kN。试问，抗震设计时，首层$Y$向框架部分的楼层地震剪力标准值（kN），与下列何项数值最为接近？

**提示：**假定各层剪力调整系数均按底层剪力调整系数取值。

(A) 900　　(B) 2560　　(C) 2940　　(D) 3450

**【答案】**(C)

根据《高规》4.3.12条：

$$\lambda=0.016+\frac{0.012-0.016}{5-3.5}(4-3.5)=0.0147$$

$$V_{Ek1}=12800\text{kN}<\lambda\sum_{j=1}^{n}G_j=0.0147\times1.0\times10^6=14700\text{kN}$$

取$V_{Ek1}=14700$kN。

根据《高规》11.1.6条、9.1.11条：

$$V_{f1}=900\times\frac{14700}{12800}\text{kN}<0.2V_0=2940\text{kN}$$

$$V_{fmax}=2000\times\frac{14700}{12800}\text{kN}\geqslant0.1V_0=1470\text{kN}$$

$$V=\min(0.2V_0,1.5V_{fmax})=\min(2940,3345)=2940\text{kN}$$

**【例 8.1.2】** 2017下午29题

某31层普通办公楼，采用现浇钢筋混凝土框架-核心筒结构。重力荷载代表值为$1\times10^6$kN，底部地震总剪力标准值为12500kN，基本周期为4.3s。7度（0.10$g$），多遇地震标准值作用下，$Y$向框架部分分配的剪力与结构总剪力比例如图2017-29所示。对应于地震作用标准值，$Y$向框架部分按侧向刚度分配且未经调整的楼层地震剪力标准值：首层$V=600$kN；各层最大值$V_{f,max}=2000$kN。试问，抗震设计时，首层$Y$向框架部分按侧向刚度分配的楼层地震剪力标准值（kN），与下列何项数值最为接近？

**提示：**假定各层剪力调整系数均按底层剪力调整系数取值。

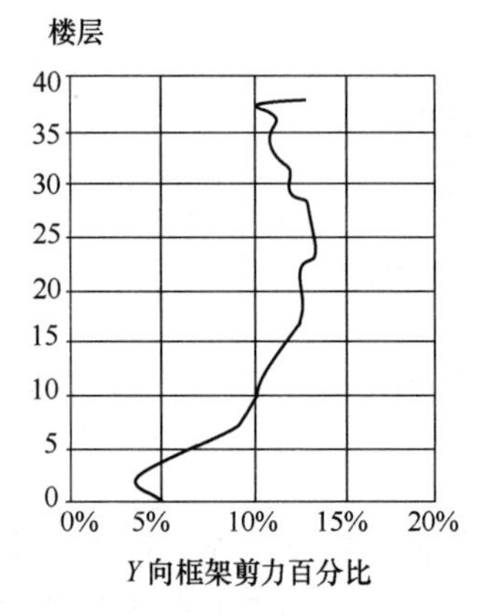


图 2017-29

(A) 2500　　(B) 2800　　(C) 3000　　(D) 3300

**【答案】**(B)

结构的计算剪重比：

$$\lambda = \frac{V_{\mathrm{Ek}i}}{\sum_{j=i}^{n} G_j} = \frac{12500}{1000000} = 0.0125$$

7 度（0.10$g$），基本周期 4.3s，根据《高规》表 4.3.12，结构的最小剪重比：

$$\lambda \geqslant 0.016 - \frac{0.016 - 0.012}{5.0 - 3.5} \times (4.3 - 3.5) = 0.0139 > 0.0125$$

不满足最小剪重比要求，底层剪力增大系数：$\frac{0.0139}{0.0125} = 1.112$。

根据《高规》9.1.11 条 3 款，首层框架部分分配的地震剪力标准值小于底部总地震剪力标准值的 20%，各层最大值大于底部总地震剪力标准值的 10%。

$$20\%V_0 = 0.20 \times 12500 \times 1.112 = 2780\mathrm{kN}$$

$$V = 1.5V_{\mathrm{f,max}} = 1.5 \times 2000 \times 1.112 = 3336\mathrm{kN}$$

经比较，取较小值：$V = 2780\mathrm{kN}$。

**【例 8.1.3】**2017 下午 30 题

某 38 层普通办公楼，采用现浇钢筋混凝土框架-核心筒结构，抗震设防烈度为 7 度（0.10$g$），抗震设防类别为标准设防类，无薄弱层，房屋高度 160m，1～4 层层高 6m，其余层高 4m。假定，多遇地震标准值作用下，$X$ 向框架部分分配的剪力与结构总剪力比例如图 2017-30 所示。第 3 层核心筒墙肢 W1，在 $X$ 向水平地震作用下剪力标准值 $V_{\mathrm{Ehk}} = 2200\mathrm{kN}$，在 $X$ 向风荷载作用下剪力 $V_{\mathrm{wk}} = 1600\mathrm{kN}$。试问，该墙肢的剪力设计值 $V$（kN），与下列何项数值最为接近？

**提示：**忽略墙肢在重力荷载代表值下及竖向地震作用下的剪力。

(A) 8200　　(B) 5800

(C) 5300　　(D) 4600

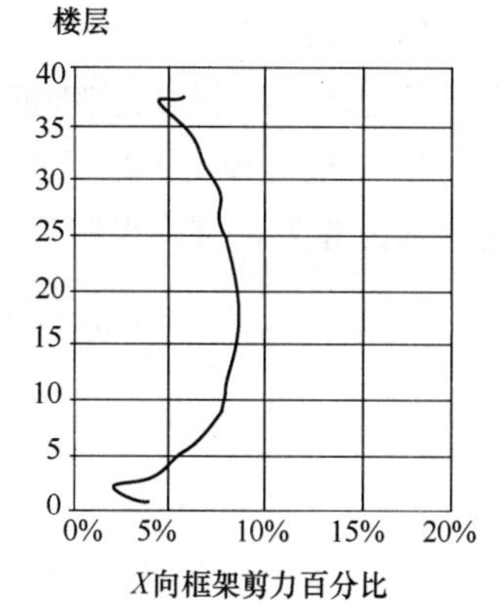


图 2017-30

**【答案】**(B)

各层框架部分分配的地震剪力标准值最大值小于底部总地震剪力标准值的 10%。

根据《高规》9.1.11 条 2 款，核心筒墙体地震剪力标准值增大 1.1 倍。

$$V_{\mathrm{w}} = 1.3 \times 1.1 \times 2200 + 0.2 \times 1.4 \times 1600 = 3594\mathrm{kN}$$

根据《高规》表 3.9.4，9.1.11-2 条，筒体抗震等级为一级，抗震构造措施为特一级。

根据《高规》7.1.4 条，底部加强区部位为第 1 层至第 3 层。

根据《高规》公式（7.2.6-1），7 度一级底部加强区剪力增大系数 $\eta_{\mathrm{vw}}$ 取 1.6，则

$$V = \gamma_{\mathrm{vw}} V_{\mathrm{w}} = 1.6 \times 3594 = 5750\mathrm{kN}$$

**【例 8.1.4】**2012 下午 20 题

某 40 层高层办公楼，建筑物总高度 152m，采用框架-核心筒结构体系，地下室顶板嵌固。该建筑抗震设防类别为标准设防类（丙类），抗震设防烈度为 7 度，设计基本地震

加速度为 0.10$g$，设计地震分组为第一组，建筑场地类别为Ⅱ类。

该结构中框架柱数量各层保持不变，按侧向刚度分配的水平地震作用标准值如下：结构基底总剪力标准值 $V_0=29000\text{kN}$，各层框架承担的地震剪力标准值最大值 $V_{f,max}=3828\text{kN}$。某楼层框架承担的地震剪力标准值 $V_f=3400\text{kN}$，该楼层某柱的柱底弯矩标准值 $M=596\text{kN}\cdot\text{m}$，剪力标准值 $V=156\text{kN}$。试问，该柱进行抗震设计时，相应于水平地震作用的内力标准值 $M$（kN·m）、$V$（kN）最小取下列何项数值时，才能满足规范、规程对框架部分多道防线概念设计的最低要求？

（A）600、160　　（B）670、180

（C）1010、265　　（D）1100、270

**【答案】**（C）

根据《高规》11.1.6 条、9.1.11 条：

$0.1V_0=29000\times0.1=2900\text{kN}<V_f=3400\text{kN}<0.2V_0=29000\times0.2=5800\text{kN}$

该层柱内力需要调整。

$$1.5V_{f,max}=1.5\times3828=5742\text{kN}<0.2V_0$$

取较小值 $V=5742\text{kN}$ 作为框架部分承担的总剪力。

根据《高规》9.1.11 条 3 款，该层框架内力调整系数$=5742\div3400=1.69$，则

$$M=596\times1.69=1007.24\text{kN}\cdot\text{m}$$

$$V=156\times1.69=263.64\text{kN}$$

**【例 8.1.5】** 2014 下午 28 题

某地上 38 层的现浇钢筋混凝土框架-核心筒办公楼，如图 2014-28 所示，房屋高度为 155.4m。抗震设防烈度 7 度，设计基本地震加速度 0.10$g$，设计地震分组第一组，建筑场地类别为Ⅱ类，抗震设防类别为丙类，安全等级二级。

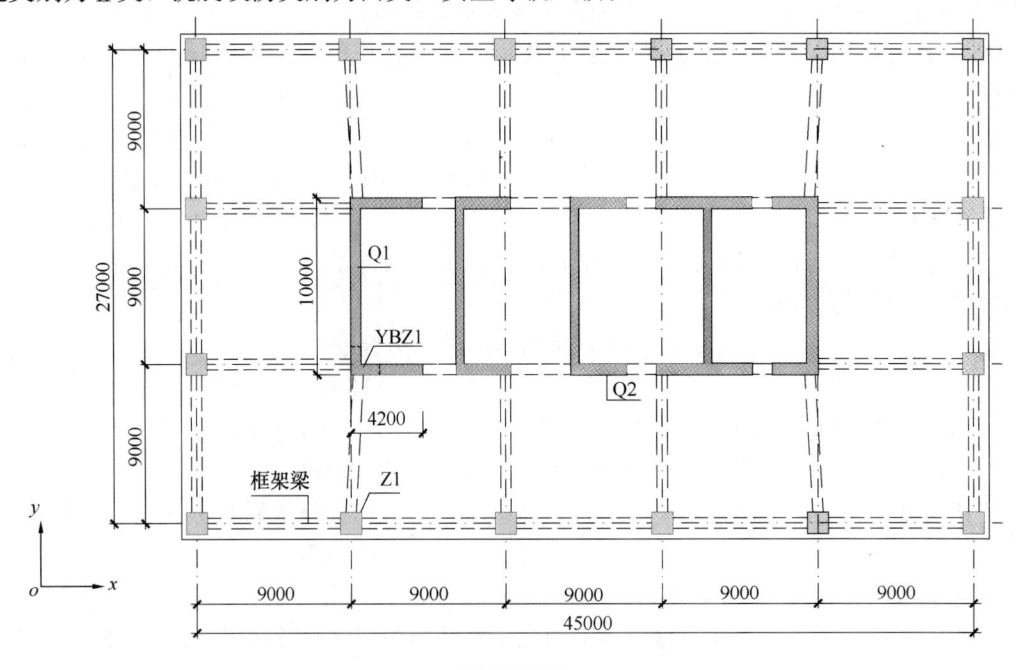


图 2014-28

假定，核心筒剪力墙墙肢 Q1 混凝土强度等级 C60（$f_c$=27.5N/mm²），钢筋均采用 HRB400（Φ）（$f_y$=360N/mm²），墙肢在重力荷载代表值下的轴压比 $\mu_N$ 大于 0.3。试问，关于首层墙肢 Q1 的分布筋、边缘构件尺寸 $l_c$及阴影部分竖向配筋设计，下列何项符合规程、规范的最低构造要求？

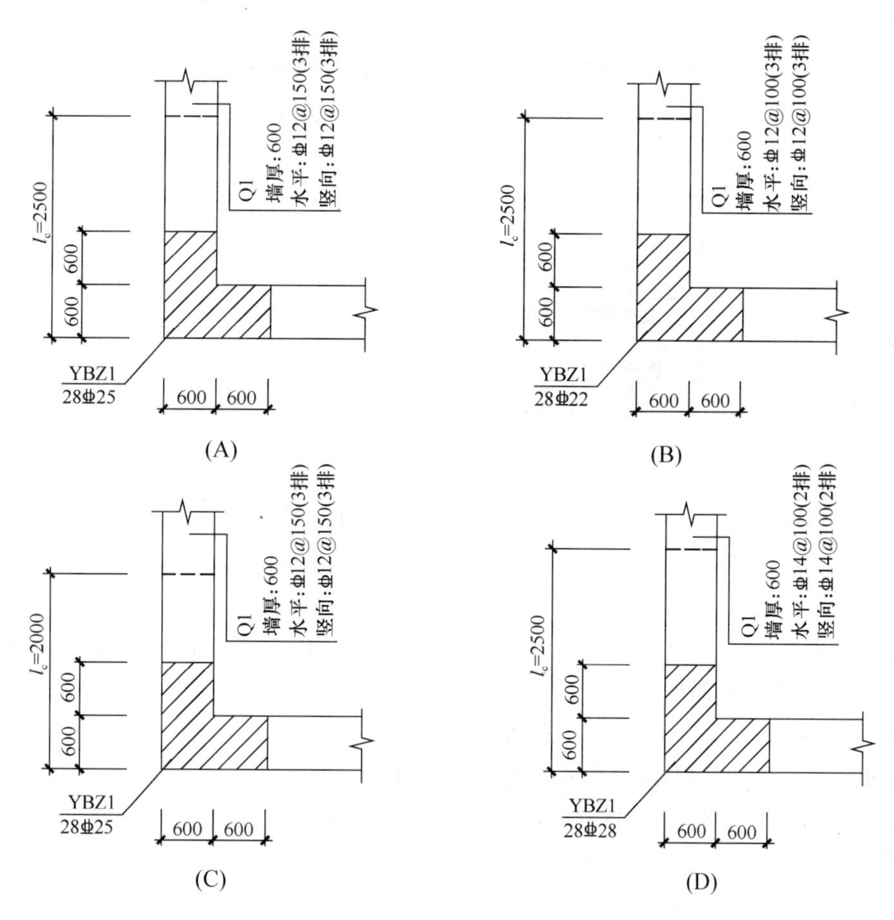


**【答案】**（A）

根据《高规》7.2.3 条，墙厚大于 400mm 但不大于 700mm 时，宜采用 3 排分布筋，（D）不满足。

轴压比>0.3，根据《高规》7.2.14 条，应设置约束边缘构件。

根据《高规》9.2.2 条，约束边缘构件沿墙肢长度取截面高度的 1/4，即 10000/4=2500mm，（C）不满足。

根据《高规》7.2.15 条，抗震等级一级时，约束边缘构件阴影部分配筋率不应小于 1.2%，配筋面积不小于 600×1800×0.012=12960mm²，28 Φ 25 可满足要求，28 Φ 22 不满足要求。

**【例 8.1.6】** 2010 下午 32 题

某底部带转换层的钢筋混凝土框架-核心筒结构，抗震设防烈度为 7 度，丙类建筑，建于Ⅱ类建筑场地，该建筑物地上 31 层，总高度 116m，转换层设置在第三层。底层核心筒外墙转角处，墙厚 400mm，轴压比为 0.5，满足轴压比限值的要求，如果在第四层，如

图 2010-32 所示，该处设边缘构件（其中 $b_w$为墙厚，$l_1$为约束边缘构件的阴影区域，$l_2$为约束边缘构件的非阴影区域）。试问，$b_w$（mm）、$l_1$（mm）、$l_2$（mm）为下列何组数值时，才最接近并符合相关规定、规程的最低构造要求？

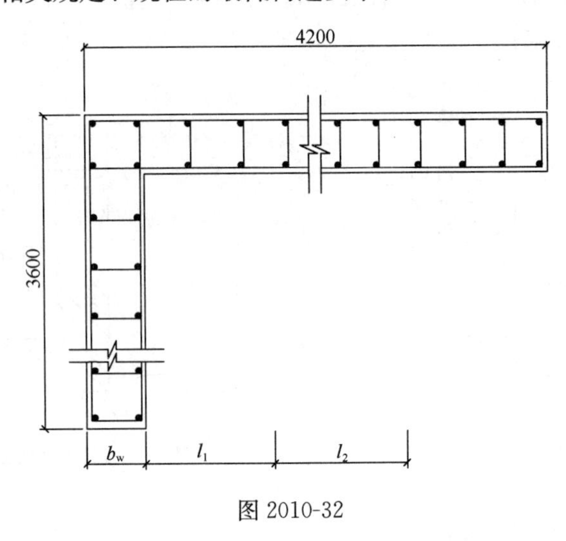


图 2010-32

(A) 350、350、0　　(B) 350、350、630

(C) 400、400、250　　(D) 400、650、0

**【答案】**(C)

依据《高规》10.2.2 条，底部加强部位取至转换层以上两层且不宜小于房屋高度的 1/10，故第 4 层属于底部加强部位。

依据《高规》9.2.2 条，底部加强部位角部墙体约束边缘构件沿墙肢的长度宜取墙肢截面高度的 1/4，约束边缘构件范围内应主要采用箍筋。

依据《抗规》6.7.2 条，筒体底部加强部位及其相邻上一层，当侧向刚度无突变时不宜改变墙体厚度，故取 $b_w = 400$mm。

依据《高规》7.2.15 条以及图 7.2.15 可知，边缘约束构件沿墙肢的长度 $l_c = 4200/4 = 1050$mm，因此 $l_1 = \max(b_w, 300) = 400$mm，$l_2 = 1050 - 400 - 400 = 250$mm。

## 8.2 混合结构与构件设计

**1. 主要的规范规定**

1)《高规》第 11 章：混合结构设计。

2)《高规》附录 F：圆形钢管混凝土构件设计。

**2. 对规范规定的理解**

1)《高规》第 11 章的混合结构类型，特指实际工程中使用最多的框架-核心筒和筒中筒两种混合结构体系，主要包括如下几种类型：型钢混凝土梁＋型钢混凝土柱＋混凝土核心筒、型钢混凝土梁＋钢管混凝土柱＋混凝土核心筒、钢梁＋型钢混凝土柱＋混凝土核心筒、钢梁＋钢管混凝土柱＋混凝土核心筒、钢梁＋钢管混凝土柱＋混凝土核心筒、框筒 / 桁架筒 / 交叉网格筒＋混凝土核心筒、钢框筒 / 桁架筒/交叉网格筒＋混凝土核心筒。

为减小柱子尺寸或增加延性而在混凝土柱中设置构造型钢，而框架梁仍为钢筋混凝土梁时，该体系不宜视为混合结构；对于体系中局部构件（如框支梁柱）采用型钢梁柱（型钢混凝土梁柱）也不应视为混合结构。

2）《高规》11.1.4 条规定了钢-混凝土混合结构抗震等级。其中，混合结构钢结构构件的抗震等级只与设防分类标准有关，抗震设防烈度为 6、7、8、9 度时用分别取为四、三、二、一级（见例 4.1.2）。此条与《抗规》8.1.3 条一致。

3）混合结构阻尼比取值见本书表 1.4-2。弹性分析时，可考虑钢梁与现浇混凝土楼板的共同作用，梁的刚度可取钢梁刚度的 1.5～2 倍，弹塑性分析时不考虑楼板刚度贡献。

4）《高规》11.4.4 条规定了混合结构中型钢混凝土柱的轴压比限值。

（1）《高规》表 11.4.4 中的轴压比限值只适合混合结构中的型钢混凝土柱，但公式（11.4.4）适合所有各类结构中的型钢混凝土柱；

（2）轴压比计算属于抗震构造措施，可能涉及设防类别及场地类别的相关调整；

（3）轴压比限值的调整内容包括：转换柱的轴压比应减小 0.10、剪跨比不大于 2 的柱的轴压比应减小 0.05；采用 C60 以上（不含 C60）混凝土宜减小 0.05。

5）根据《高规》11.3.2 条，结构弹性阶段内力分析和计算时，刚度取值按如下规定：

型钢混凝土构件，钢管混凝土的刚度 $\begin{cases} EI = E_c I_c + E_a I_a \\ EA = E_c A_c + E_a A_a \\ GA = G_c A_c + G_a A_a \end{cases}$

剪力墙：

（1）无端柱型钢混凝土剪力墙：按相同截面的混凝土剪力墙，计算轴向、弯、剪刚度，不计型钢

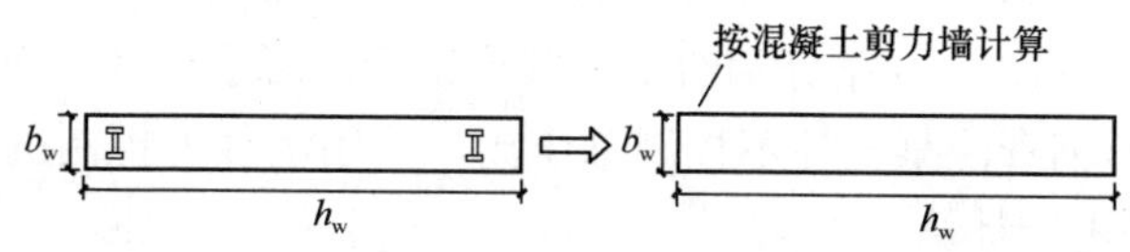


（2）有端柱型钢混凝土剪力墙：

- 轴向 $EA$ 和抗弯 $EI$：按 H 形混凝土截面，端柱内型钢折算为等效混凝土计入 H 形翼缘面积；一端翼缘面积：$A_{ca} = (\alpha_E - 1) \times A_a = h_c b_a \quad \alpha_E = E_a/E_c$
- 抗剪刚度：$GA = G_c A_c$（不计型钢作用）

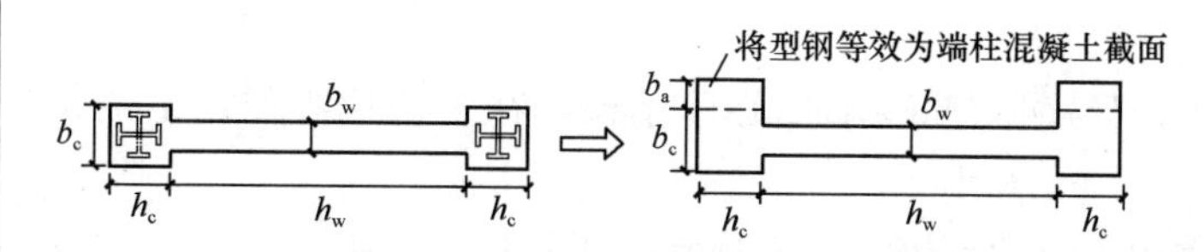


（3）钢板混凝土剪力墙：将钢板折算为等效混凝土面积，等效后的墙厚：$b'_w = b_w + b_a = b_w + (\alpha_E - 1) \times t_{b,钢板}$

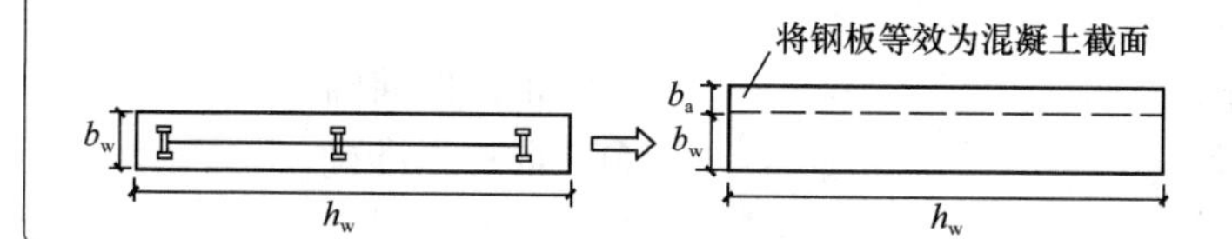

6）抗震设计时，型钢混凝土柱箍筋要求汇总如下：

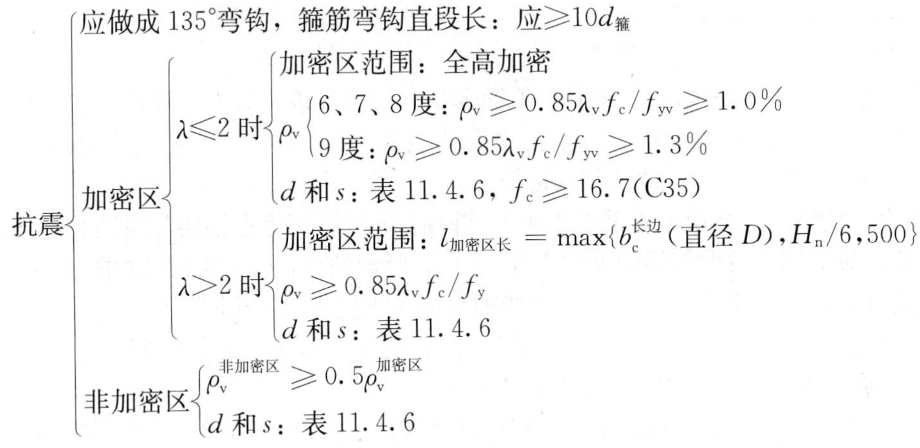


7）抗震设计时，型钢混凝土柱纵筋及含钢率要求汇总如下：

型钢混凝土柱纵筋（11.4.5 条）
- （Ⅰ）混凝土：粗骨料最大直径宜$\leqslant$25mm
  - 混凝土保护层厚度：$\geqslant$150mm（3 款）
- （Ⅱ）净距 $S_n \geqslant$50mm，$1.5d_{纵}$
  - 与型钢的纵距$\geqslant$30mm，$1.5d^{大}_{粗骨料粒径}$（3 款）
- （Ⅲ）受力纵筋
  - $\rho_s \geqslant 0.8\%$，四角应各配 1 根 $d \geqslant$16mm 的纵筋（4 款）
  - $s \leqslant$300mm
  - （$s >$300mm 时：配 $d \geqslant$14mm 的纵向构造筋（5 款））

含钢率 $A_a/A_{全} \geqslant 4\%$，一般为 4%～8%（11.4.5 条 6 款）

8）《高规》11.4.9 条及 11.4.10 条分别给出了圆形钢管混凝土柱及矩形钢管混凝土柱的构造要求。其中，对圆形钢管混凝土柱不控制轴压比，采用承载力控制的方法，直接按《高规》附录 F 规定的方法进行计算。

**3. 历年真题解析**

**【例 8.2.1】**2018 下午 18 题

下列四项观点：

Ⅰ. 有端柱型钢混凝土剪力墙，其截面刚度可按端柱中混凝土截面面积加上型钢按弹性模量比折算的等效混凝土面积计算其抗弯刚度和轴向刚度；墙的抗剪刚度可不计入型钢影响；

Ⅱ. 型钢混凝土框架-钢筋混凝土核心筒结构，在多遇地震作用下的结构阻尼比可取为 0.05；

Ⅲ. 考虑地震作用组合的型钢混凝土柱宜采用外包式柱脚；

Ⅳ. 竖向规则的钢管混凝土外筒-钢筋混凝土核心筒在 7 度区的最大适用高度为 230m。

试问，依据《高层建筑混凝土结构技术规程》JGJ 3—2010，针对上述观点准确性的判断，下列何项正确？

(A) Ⅰ、Ⅳ准确　　(B) Ⅱ、Ⅲ准确

(C) Ⅰ、Ⅱ准确　　(D) Ⅲ、Ⅳ准确

**【答案】**(A)

根据《高规》11.3.2条，Ⅰ准确；

根据《高规》11.3.6条，Ⅱ不准确；

根据《高规》11.4.17条，Ⅲ不准确；

根据《高规》11.1.2条，Ⅳ准确。

**【例8.2.2】**2016下午29题

某型钢混凝土框架-钢筋混凝土核心筒结构，层高为4.2m，中部楼层型钢混凝土柱（非转换柱）配筋示意如图2016-29所示。假定，柱抗震等级为一级，考虑地震作用组合的柱轴压力设计值$N=30000$kN，钢筋采用HRB400，型钢采用Q345B，钢板厚度30mm（$f_a=295$N/mm$^2$），型钢截面积$A_a=61500$mm$^2$，混凝土强度等级为C50，剪跨比$\lambda=1.6$。试问，从轴压比、型钢含钢率、纵筋配筋率及箍筋配箍率4项规定来判断，该柱有几项不符合《高层建筑混凝土结构技术规程》JGJ 3—2010的抗震构造要求？

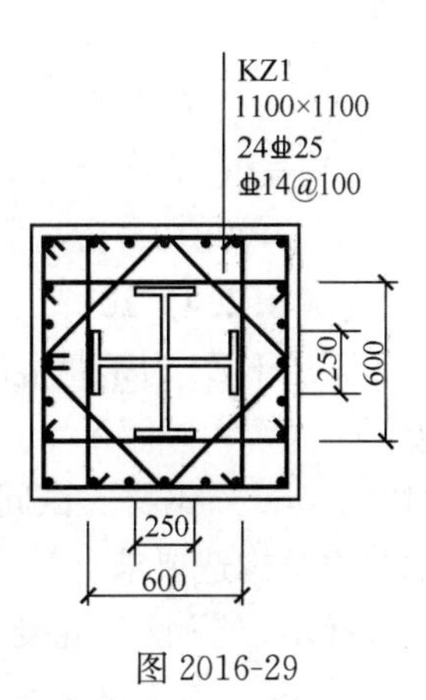

图2016-29

**提示：**箍筋保护层厚度20mm，箍筋配箍率计算时扣除箍筋重叠部分。

(A) 1　　(B) 2　　(C) 3　　(D) 4

**【答案】**(A)

根据《高规》表11.4.4，柱抗震等级为一级，剪跨比1.6<2，柱轴压比限值为0.65，$\mu_N=N/(f_cA_c+f_aA_a)=30000\times10^3/(23.1\times1148500+295\times61500)=0.67>0.65$，轴压比不满足要求。

型钢含钢率61500/(1100×1100)=5.1%>4%，满足《高规》11.4.5条要求。

纵筋配筋率$\frac{24\times3.14\times25^2/4}{1100^2}=0.97\%>0.8\%$，满足11.4.5条要求。

$\rho_v\geqslant0.85\lambda_v\frac{f_c}{f_y}=0.85\times0.17\times\frac{23.1}{360}=0.93\%$，由于剪跨比小于2，$\rho_v=\frac{1046\times8+740\times4}{1032\times1032\times100}\times153.9=1.64\%$，箍筋体积配箍率满足11.4.6条构造要求。

**【例8.2.3】**2012下午21题

某40层高层办公楼，建筑物总高度152m，采用型钢框架-核心筒结构体系，地下室顶板嵌固。该建筑抗震设防类别为标准设防类（丙类），抗震设防烈度为7度，设计基本地震加速度为0.10$g$，设计地震分组为第一组，建筑场地类别为Ⅱ类。

首层某型钢混凝土柱的剪跨比不大于2，其截面为1100mm×1100mm，按规范配置普通钢筋，混凝土强度等级为C65（$f_c=29.7$N/mm$^2$），柱内十字形钢骨面积为51875mm$^2$（$f_a=295$N/mm$^2$），如图2012-21所示。试问，该柱所能承受的考虑地震组合满足轴压比限值的轴力最大设计值（kN）与下列何项数值最为接近？

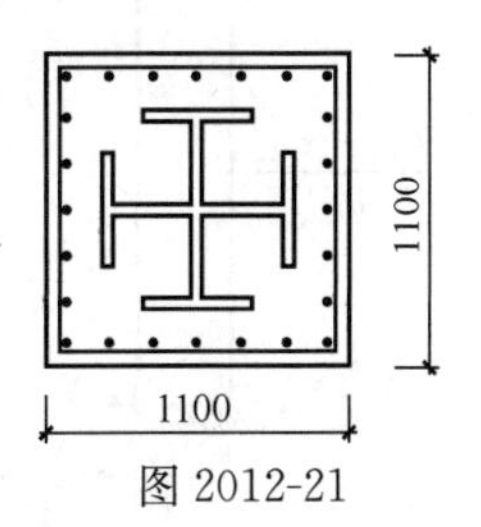

图2012-21

(A) 34900　　(B) 34780

(C) 32300　　(D) 29800

**【答案】**(D)

7 度 152m 型钢框架-核心筒，根据《高规》表 11.1.4，该柱抗震等级为一级。

根据《高规》表 11.4.4，该柱的轴压比限值为 0.7；根据附注 2：剪跨比不大于 2 的柱，其轴压比减少 0.05；根据附注 3：C65 混凝土，其轴压比减少 0.05。所以，该柱的轴压比限值为：0.7−0.05−0.05=0.6。

由 $\mu_N = \dfrac{N}{f_c A_c + f_a A_a}$ 得：

$$N = \mu_N(f_c A_c + f_a A_a) = 0.6 \times [29.7 \times (1100 \times 1100 - 51875) + 295 \times 51875]$$
$$= 29819.7\text{kN}$$

**【例 8.2.4】** 2018 下午 32 题

某层 KZ2 为钢管混凝土柱，考虑地震组合的轴力设计值 $N$=34000kN，混凝土强度等级 C60（$f_c$=27.5N/mm²），钢管直径 $D$=950mm，采用 Q345B（$f_y$=345N/mm²，$f_a$=310N/mm²）钢材。试问，钢管壁厚 $t$（mm）为下列何项数值时，才能满足钢管混凝土柱承载力及构造要求且最经济？

**提示：** ① 钢管混凝土柱承载力折减系数 $\varphi_l = 1, \varphi_e = 0.83, \varphi_l\varphi_e < \varphi_0$；

② 按《高层建筑混凝土结构技术规程》JGJ 3—2010 作答。

(A) 8　　(B) 10　　(C) 12　　(D) 14

**【答案】**(C)

根据《高规》11.4.9 条 3 款：

$$D/t \leqslant 100\sqrt{235/f_y} = 100\sqrt{235/345} = 82.5$$

解得 $t \geqslant 12$mm，排除（A）、（B）。

根据《高规》F.1.1 和 F.1.2 条：

$$N_0 \geqslant \frac{\gamma_{RE} N}{\varphi_i \varphi_0} = \frac{0.8 \times 34000}{1 \times 0.83} = 32771\text{kN}$$

（C）选项：

$$\theta = \frac{A_a f_a}{A_c f_e} = \frac{\pi \times (950^2 - 926^2)/4 \times 310}{\pi \times 926^2/4 \times 27.5} = 0.59 < [\theta] = 1.56$$

$$N = 0.9 A_c f_c (1 + a\theta) = 0.9 \times 3.14 \times 926^2/4 \times 27.5 \times (1 + 1.8 \times 0.59)$$
$$= 34352.3 \times 10^9 \text{N} > 32771\text{kN}$$

（C）选项满足要求。

**【例 8.2.5】** 2013 下午 24 题

某现浇混凝土框架-剪力墙结构，角柱为穿层柱，柱顶支承托柱转换梁，如图 2013-24 所示。该穿层柱抗震等级为一级，实际高度 $L$=10m，考虑柱端约束条件的计算长度系数 $\mu$=1.3，采用钢管混凝土柱，钢管钢材 Q345（$f_a$=300N/mm²），外径 $D$=1000mm，壁厚 20mm；核心混凝土强度等级 C50（$f_c$=23.1N/mm²）。

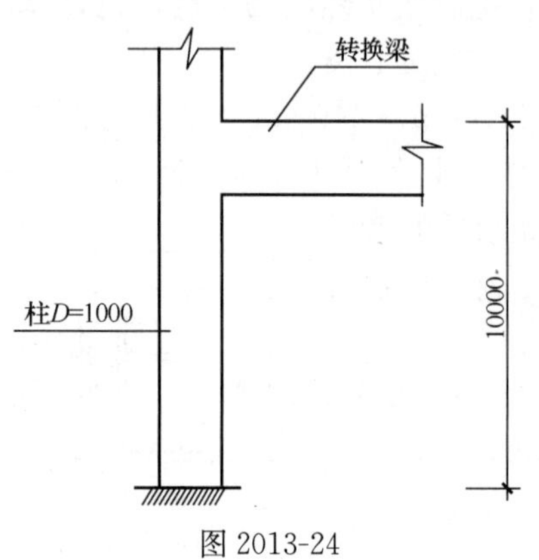

图 2013-24

试问，该穿层柱按轴心受压短柱计算的承载力设计值 $N_0$（kN）与下列何项数值最为接近？

**提示：**按《高层建筑混凝土结构技术规程》JGJ 3—2010 作答。

(A) 24000　　(B) 26000　　(C) 28000　　(D) 47500

**【答案】**(D)

根据《高规》表 F.1.2，$[\theta]=1.0$。

根据《高规》式（F.1.2-4）：

$$\theta=\frac{A_a f_a}{A_c f_c}=\frac{3.14\times(1000^2-960^2)/4\times300}{3.14\times960^2/4\times23.1}=1.105>[\theta]=1.0$$

根据《高规》式（F.1.2-3）：

$$N_0=0.9A_c f_c(1+\sqrt{\theta}+\theta)$$

$$=0.9\times3.14\times960^2/4\times23.1\times(1+\sqrt{1.105}+1.105)=47.5\times10^6\text{N}$$

**【例 8.2.6】**2013 下午 25 题

基本题干同例 8.2.5。假定，考虑地震作用组合时，轴向压力设计值 $N=25900\text{kN}$，按弹性分析的柱顶、柱底截面的弯矩组合值分别为：$M^t=1100\text{kN}\cdot\text{m}$；$M^b=1350\text{kN}\cdot\text{m}$。试问，该穿层柱考虑偏心率影响的承载力折减系数 $\varphi_e$ 与下列何项数值最为接近？

(A) 0.55　　(B) 0.65　　(C) 0.75　　(D) 0.85

**【答案】**(C)

根据《高规》10.2.11 条 3 款及 5 款：

$$M^t=1100\times1.5\times1.1=1815\text{kN}\cdot\text{m}$$

$$M^b=1350\times1.5\times1.1=2228\text{kN}\cdot\text{m}$$

取较大值 $M_2=2228\text{kN}\cdot\text{m}$。

$$e_0=M/N=2228\times10^3/25900=86\text{mm}$$

$$e_0/r_c=86/480=0.18<1.55$$

按《高规》式（F.1.3-1）：

$$\varphi_e=\frac{1}{1+1.85\times\frac{e_0}{r_c}}=\frac{1}{1+1.85\times0.18}=0.75$$

**【例 8.2.7】**2013 下午 26 题

基本题干同例 8.2.5。假定，该穿层柱考虑偏心率影响的承载力折减系数 $\varphi_e=0.60$，$e_0/r_c=0.20$。试问，按有侧移框架计算，该穿层柱轴向受压承载力设计值（$N_u$）与按轴心受压短柱计算的承载力设计值 $N_0$ 之比值（$N_u/N_0$），与下列何项数值最为接近？

(A) 0.32　　(B) 0.41　　(C) 0.53　　(D) 0.61

**【答案】**(B)

根据《高规》式（F.1.2-1），$N_u=\varphi_l\cdot\varphi_e N_0$。

按有侧移柱计算，根据《高规》式（F.1.6-3）：

$$k=1-0.625e_0/r_c=1-0.625\times0.2=0.875$$

根据《高规》式（F.1.5）：

$$L_e=\mu kL=1.3\times0.875\times10=11.375\text{m}$$

$\frac{L_e}{D}=11.375>4$，按《高规》式（F.1.4-1）：

$$\varphi_l = 1 - 0.115\sqrt{\frac{L_e}{D} - 4} = 1 - 0.115\sqrt{\frac{11.375}{1} - 4} = 0.688$$

$$\varphi_l \varphi_e = 0.688 \times 0.6 = 0.413$$

按轴心受压柱 $L_e = 1.3 \times 10 = 13\text{m}$。

$$\varphi_0 = 1 - 0.115\sqrt{\frac{L_e}{D} - 4} = 1 - 0.115\sqrt{\frac{13}{1} - 4} = 0.655$$

由于，$\varphi_l \varphi_e = 0.413 < \varphi_0 = 0.655$，取为 0.413。

$$N_u / N_0 = 0.41$$

# 9 复杂高层

## 9.1 带转换层高层建筑结构

**1. 主要的规范规定**

1）《高规》10.2 节：带转换层高层建筑结构。

2）《高规》附录 E：转换层上、下结构侧向刚度规定。

3）《抗规》6.1.1 条：个别框支的定义。

**2. 对规范规定的理解**

1）在高层建筑结构的底部，当上部楼层部分剪力墙构件不能直接连续贯通落地时，应设置结构转换层，形成底部带托墙转换层的剪力墙结构，也就是部分框支剪力墙结构。直接承托被转换剪力墙的梁为转换梁，也称为框支梁；转换梁以下直接支撑转换梁的柱（一致延伸至柱脚）为转换柱，也称框支柱。

2）在高层建筑结构的底部，框架柱不能直接连续贯通落地时，应设置结构转换层。当上部为密柱，通过转换构件（转换梁及转换柱），下部为稀柱时，形成带托柱转换层的筒体结构。直接承托被转换柱的梁为转换梁；转换梁以下直接支撑转换梁的柱（一致延伸至柱脚）为转换柱。

3）《抗规》6.1.1 条指出，“个别框支”指“个别墙体不落地，例如不落地墙的面积不大于总截面面积的 10%”的情况，此时结构体系不属于部分框支剪力墙结构，可仅对转换的相关范围采取加强措施，对转换构件按《高规》第 10 章规定设计。

4）带托柱转换层的筒体结构，其转换柱和转换梁的抗震等级按部分框支剪力墙中的框支框架采纳。即 A 级高度丙类带托柱转换层的筒体结构，6 度、7 度且 $H \leqslant 80\text{m}$、7 度且 $H > 80\text{m}$、8 度时，转换梁柱抗震等级分别取为二级、二级、一级、一级；B 级高度丙类带托柱转换层的筒体结构，6 度、7 度、8 度时，转换梁柱抗震等级分别取为一级、特一级、特一级。高位转换时无需进行调整。

5）对部分框支剪力墙结构，当转换层的位置设置在 3 层及 3 层以上时，其框支柱、剪力墙底部加强部位的抗震等级宜按《高规》表 3.9.3 和表 3.9.4 的规定提高一级采用，已为特一级时可不提高。

（1）结构的楼层概念与建筑楼层概念不同。转换楼层的确定见图 9.1-1。

（2）根据条文说明，本条规定的抗震等级提高理解为“抗震构造措施的抗震等级”，考虑到转换结构工程的重要性，结合抗震性能设计的要求，可按正文，对抗震内力及构造措施双重提高。

（3）加强的构件为框支柱及底部加强部位的剪力墙，不包括转换梁。

（4）对托柱转换结构，因其受力情况和抗震性能比部分框支剪力墙结构有利，不需要

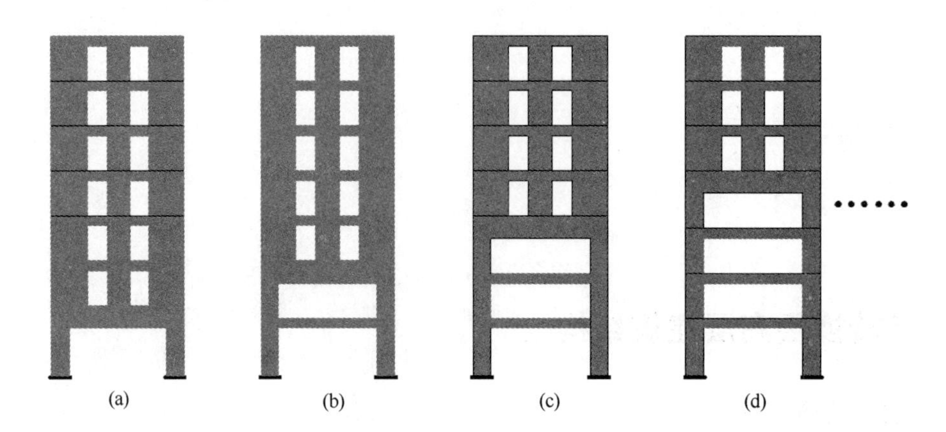


图 9.1-1 转换楼层的确定

（a）首层转换；（b）二层转换；（c）三层转换；（d）四层转换

执行此条规定。

6）《高规》附录 E 给出了转换层上、下结构侧向刚度的规定。

（1）转换层设置在 1、2 层时，应计算转换层与其相邻上层结构的等效剪切刚度比。设楼层层间位移为 $\Delta_i$，层高为 $h_i$，剪切变形模量为 $G_i$，水平力为 $F_i$，则根据抗侧刚度的定义有：$K_i = F_i/\Delta_i = A_iG_i/h_i$。转换层和转换层上层的剪切刚度比 $\gamma_{e1} = K_1/K_2 = \frac{G_1A_1}{G_2A_2} \times \frac{h_2}{h_1}$，即为《高规》式（E.0.1-1）。

（2）当转换层位置在 2 层以上（即 3 层及以上）时，应采用两种不同的计算方法分别计算其刚度比。

① 按《高规》式（3.5.2-1），采用地震力与地震位移的比值计算刚度，且计算的转换层与其相邻上层的侧向刚度比不应小于 0.6，当转换层为整层时，如第 3 层为转换层，则有：

第 2、3 层串联刚度：

$$K_{23} = \frac{1}{\frac{\Delta_2}{V_2} + \frac{\Delta_3}{V_3}}$$

第 4 层刚度：

$$K_4 = \frac{V_4}{\Delta_4}$$

$$\gamma_{23,4} = \frac{K_{23}}{K_4} = \frac{V_2V_3\Delta_4}{(\Delta_2V_3 + \Delta_3V_2)V_4} \geqslant 0.6$$

② 按《高规》式（E.0.3），采用剪弯刚度（等效侧向刚度比）计算，且宜 $\gamma_{e2} \approx 1$，非抗震时 $\gamma_{e2} \geqslant 0.5$，抗震时 $\gamma_{e2} \geqslant 0.8$。

7）转换梁内力调整。《高规》10.2.4 条给出了水平转换结构构件（转换梁、桁架、厚板等）在水平地震作用下单工况内力的调整要求，汇总如下：

（1）应先进行薄弱层及剪重比调整（即《高规》3.5.8 条及 4.3.12 条）。其中，剪重比验算按：$V_{Ek} \times 1.25 \geqslant \lambda \times 1.15 \sum_{j=i}^{n} G_j$。不满足剪重比时，按《抗规》5.2.5 条条文说明调

整；满足剪重比时，按薄弱层调整。

（2）水平地震作用单工况内力调整：特一、一、二级转换结构构件的水平地震作用计算内力（弯矩、剪力、轴力等）应分别乘以增大系数（$\eta$）1.9、1.6、1.3。

（3）根据《高规》4.3.2条，7度0.15$g$和8度时跨度＞8m的转换结构、9度时的转换结构应考虑竖向地震作用。

（4）根据《高规》5.6.3条进行地震作用效应组合，当同时考虑风荷载及竖向地震作用时：

$$M = 1.2(M_{\text{Gk}} + \psi_{\text{E}} M_{\text{Qk}}) + 1.3 \times \eta \times M_{\text{Ehk}} + 0.5 M_{\text{Evk}} + 1.4 \times 0.2 \times M_{\text{wk}}$$

$$V = 1.2(V_{\text{Gk}} + \psi_{\text{E}} V_{\text{Qk}}) + 1.3 \times \eta \times V_{\text{Ehk}} + 0.5 V_{\text{Evk}} + 1.4 \times 0.2 \times V_{\text{wk}}$$

$$N = 1.2(N_{\text{Gk}} + \psi_{\text{E}} N_{\text{Qk}}) + 1.3 \times \eta \times N_{\text{Ehk}} + 0.5 N_{\text{Evk}} + 1.4 \times 0.2 \times N_{\text{wk}}$$

其中，$\psi_{\text{E}}$为可变荷载的重力荷载代表值组合系数，按《抗规》5.1.3条取值。由于框支梁无须进行强剪弱弯等内力调整，上述计算内力值即为构件设计内力值。

注：此处的单工况内力，已满足薄弱层调整要求。

8）转换柱内力调整。《高规》10.2.17条、10.2.11条给出了转换柱内力调整的要求，汇总如下：

（1）框支柱（不包括托柱转换的转换柱）在水平地震作用下单工况剪力及弯矩的调整要求见《高规》10.2.17条。

① 应先进行薄弱层及剪重比调整（即《高规》3.5.8条及4.3.12条）。其中，剪重比验算按：$V_{\text{Ek}} \times 1.25 \geqslant \lambda \times 1.15 \sum_{j=i}^{n} G_j$。不满足剪重比时，按《抗规》5.2.5条条文说明调整；满足剪重比时，按薄弱层调整。

② 水平地震作用下单工况下，记框支柱最终剪力为$V_{ci}$，满足剪重比要求的计算剪力为$V_{ci}^{\text{c}}$，满足剪重比要求的结构的基底剪力为$V_0$。

③ 框支层为1～2层时：$\begin{cases} n \leqslant 10, & V_{ci} = \max\{V_{ci}^{\text{c}},\ 0.02V_0\} \\ n > 10, & V_{ci} = \max\left\{V_{ci}^{\text{c}},\ 0.2V_0 V_{ci}^{\text{c}} / \sum_{i=1}^{n} V_{ci}^{\text{c}}\right\} \end{cases}$

④ 框支层为3层及以上时：$\begin{cases} n \leqslant 10, & V_{ci} = \max\{V_{ci}^{\text{c}},\ 0.03V_0\} \\ n > 10, & V_{ci} = \max\left\{V_{ci}^{\text{c}},\ 0.3V_0 V_{ci}^{\text{c}} / \sum_{i=1}^{n} V_{ci}^{\text{c}}\right\} \end{cases}$

⑤ 框支柱地震作用单工况剪力调整后，应相应调整框支柱的弯矩及柱端框架梁的剪力和弯矩，但框支梁的剪力、弯矩、框支柱的轴力可不调整。

（2）一、二级转换柱（框支柱及托柱转换的转换柱）由地震作用产生的轴力（单工况，组合前内力）应分别乘以增大系数1.5、1.2，计算轴压比时可不考虑增大。

（3）与转换构件相连的一、二级转换柱（框支柱及托柱转换的转换柱）的上端（转换柱顶端）和底层柱下端（转换柱嵌固端）截面的弯矩组合值（按《高规》5.6.3条组合）应分别乘以增大系数1.5（一级转换柱上下端）、1.3（二级转换柱上下端）。其他层（转换柱中间楼层）转换柱端弯矩设计值应符合《高规》6.2.1条的规定（即进行组合后内力的强柱弱梁调整）。

（4）一、二级转换柱（框支柱及托柱转换的转换柱）端截面的剪力设计值应按《高规》6.2.3条进行强剪弱弯调整，其中弯矩设计值取上款调整后的结果。

（5）转换角柱的弯矩和剪力设计值应分别在以上调整后的基础上乘以增大系数1.1。

9）落地剪力墙的内力调整（组合后）见《高规》3.10.5条、7.2.5条、7.2.6条及10.2.18条，汇总见表9.1-1。

**部分框支剪力墙结构中落地剪力墙弯矩和剪力调整** **表9.1-1**

| 序号 | 抗震等级 | 部位 | 弯矩放大系数 | 剪力放大系数 |
|---|---|---|---|---|
| 1 | 特一级 | 底部加强部位 | 1.8(《高规》10.2.18条) | 1.9(《高规》3.10.5条) |
| | | 其他部位 | 1.3(《高规》3.10.5条) | 1.4(《高规》3.10.5条) |
| 2 | 9度一级 | 底部加强部位 | 1.5(《高规》10.2.18条) | 按实配反算(《高规》7.2.6条) |
| | | 其他部位 | 1.2(《高规》7.2.5条) | 1.3(《高规》7.2.5条) |
| 3 | 其他一级 | 底部加强部位 | 1.5(《高规》10.2.18条) | 1.6(《高规》7.2.6条) |
| | | 其他部位 | 1.2(《高规》7.2.5条) | 1.3(《高规》7.2.5条) |
| 4 | 二级 | 底部加强部位 | 1.3(《高规》10.2.18条) | 1.4(《高规》7.2.6条) |
| | | 其他部位 | 1.0(《高规》7.2.5条) | 1.0(《高规》7.2.5条) |
| 5 | 三级 | 底部加强部位 | 1.1(《高规》10.2.18条) | 1.2(《高规》7.2.6条) |
| | | 其他部位 | 1.0(《高规》7.2.5条) | 1.0(《高规》7.2.5条) |

10）转换柱的箍筋的体积配箍率计算按《高规》式（6.4.7），其箍筋配箍特征值应比普通框架柱的要求（《高规》表6.4.7）增加0.02，且箍筋的体积配箍率不小于1.5%。特一级框支柱应满足《高规》3.10.4条3款的要求，其箍筋配箍特征值应比普通框架柱的要求（《高规》表6.4.7）增加0.03，且箍筋的体积配箍率不小于1.6%。

11）《高规》10.2.11条9款规定，框支柱柱顶纵向钢筋的构造，采用纵向钢筋通入上层剪力墙内按能通则通的原则，通入上层墙体至楼板顶（一层高），可按图9.1-2理解。

12）《高规》10.2.22条给出了部分框支剪力墙结构框支梁上部墙体的构造要求，汇总如下，可按图9.1-3理解。

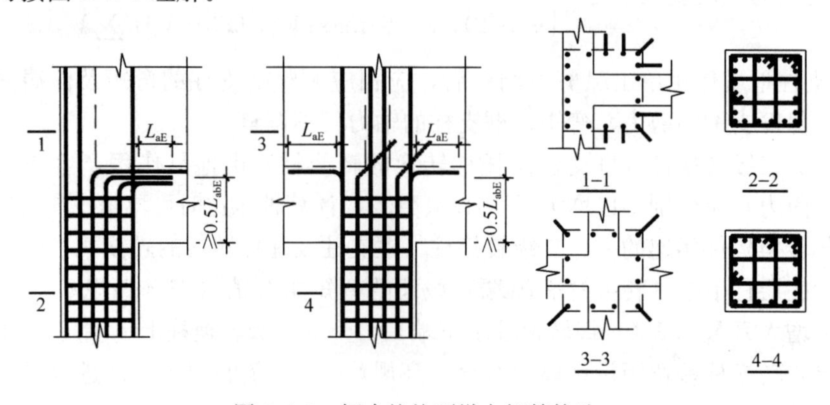


图9.1-2 框支柱柱顶纵向钢筋构造

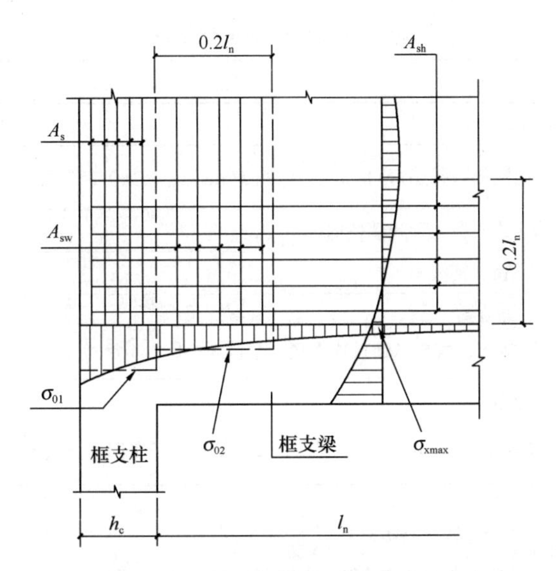


图 9.1-3 框支梁上部墙体应力及钢筋分布图

（1）柱上墙体端部竖筋 $A_s$
- 非抗震：$A_s = h_c b_w(\sigma_{01} - f_c)/f_y$
- 抗震：$A = h_c b_w(\sigma_{01} \times 0.85 - f_c)/f_y$，其中 $A_s \geqslant$
  - 特一级：$A_{阴影} \times 1.4\%$（3.10.5 条 3 款）
  - 一级：$A_{阴影} \times 1.2\%$，8$\phi$16（1608mm²）（7.2.15 条）
  - 二级：$A_{阴影} \times 1.0\%$，6$\phi$16（1206mm²）
  - 三级：$A_{阴影} \times 1.0\%$，6$\phi$14（923mm²）
  - 端柱，小偏拉时：$A_s^{计算值} \times 1.25 \geqslant A_{s,min}$（6.4.4 条 5 款）

（2）柱边 $0.2l_n$ 宽度范围内竖向分布筋 $A_{sw}$
- 非抗震：$A_{sw} = 0.2l_n b_w(\sigma_{02} - f_c)/f_{yw}$
- 抗震：$A_{sw} = 0.2l_n b_w(\sigma_{02} \times 0.85 - f_c)/f_{yw}$
- $\rho_{sw} = \dfrac{A_{sw}}{0.2l_n b_w}$
  - 特一级：$\geqslant 0.4\%$（3.10.5 条）
  - 非抗震：$\geqslant 0.25\%$
  - 抗震：$\geqslant 0.3\%$
- 抗震时：$s \leqslant 200$mm，$d \geqslant 8$mm（10.2.19 条）

（3）框支梁上部 $0.2l_n$ 高度范围内水平分布筋 $A_{sh}$
- 非抗震：$A_{sh} = 0.2l_n b_w \sigma_{xmax}/f_{yh}$
- 抗震：$A_{sh} = 0.2l_n b_w \sigma_{xmax} \times 0.85/f_{yh}$
- 构造要求：符合底部加强部位要求

13）《高规》10.2.23 条、10.2.24 条、10.2.25 条给出了框支转换层楼板的设计要求，汇总见表 9.1-2。

**框支转换层楼板设计要求** **表 9.1-2**

<table>
<tr><th>情况</th><th colspan="2">规定及理解</th><th>《高规》条文</th></tr>
<tr><td>楼板厚</td><td colspan="2">宜≥180mm</td><td rowspan="6">10.2.23 条</td></tr>
<tr><td rowspan="2">配筋</td><td colspan="2">应双层双向配筋，每层每向：$\rho_s = A_{sl}^{单根}/(h_{板厚} s_{间距}) \geqslant 0.25\%$</td></tr>
<tr><td colspan="2">楼板钢筋应锚固在边梁或墙体内</td></tr>
<tr><td rowspan="2">楼板边缘和较大洞口周边：应设置边梁</td><td>边梁宽</td><td>宜≥楼板厚×2</td></tr>
<tr><td>边梁纵筋</td><td>配筋率：$\rho_s \geqslant 1.0\%$<br>接头：宜机械连接或焊接（《抗规》E.1.4 条）</td></tr>
<tr><td>与转换层相邻的楼板</td><td colspan="2">也应适当加强<br>（建议：楼板厚≥150mm，双层双向拉通钢筋，每层每向 $\rho_s = \dfrac{A_{sl}^{单根}}{h_{板厚} s_{间距}} \geqslant 0.2\%$）</td></tr>
<tr><td rowspan="2">矩形平面建筑框支转换层楼板的 $V_f$（$V_f$：由不落地墙传到落地墙处按刚性楼板计算的框支层楼板组合剪力设计值）</td><td colspan="2">① $V_f$ 增大：验算转换层楼板时：7 度：×1.5；8 度：×2<br>验算落地剪力墙时：不增大</td><td rowspan="2">10.2.24 条</td></tr>
<tr><td colspan="2">② 验算：$V_f \leqslant \dfrac{1}{\gamma_{RE}}(0.1\beta_c f_c b_f t_f)$<br>$V_f \leqslant \dfrac{1}{\gamma_{RE}}(f_y A_s)$<br>$\gamma_{RE} = 0.85$；$\beta_c$：≤C50：$\beta_c = 1.0$；$b_f$：楼板宽；$t_f$：楼板厚<br>>C50～<C80：插值法<br>C80：$\beta_c = 0.8$<br>$A_s = A_s^{板内} + A_s^{梁内}$（$A_s$：穿过落地剪力墙的框支转换层楼盖（包括梁和板）的一个方向两层的全部钢筋）<br>$A_s^{板内} = A_s^{1根} \times (b'_f/s) \times 2$（$b'_f$：楼板内的配筋宽度；$s$：间距）<br>$A_s^{1根} \geqslant t_f \cdot s \cdot 0.25\%$（《高规》10.2.23 条）</td></tr>
<tr><td>抗震时，矩形平面建筑，框支转换层楼板</td><td colspan="2">当平面较长或不规则以及各剪力墙内力相差较大时，可采用简化方法验算楼板平面内受弯承载力</td><td>10.2.25 条</td></tr>
</table>

### 3. 历年真题解析

**【例 9.1.1】** 2020 下午 24 题

某地上 22 层商住楼，设防烈度为 7 度，标准设防，系部分框支剪力墙结构，水平转换构件设在 3 层顶。假定，方案阶段，由振型分解反应谱法求得的 2～4 层的 Y 向水平地震剪力标准值 $V_i$ 及相应层间位移值 $\Delta_i$ 如表 2020-24 所示。

**水平剪力标准值与层间位移** **表 2020-24**

| 楼层 | 2 层 | 3 层 | 4 层 |
|---|---|---|---|
| $V_i$(kN) | 12500 | 12000 | 10500 |
| $\Delta_i$(mm) | 3.5 | 4.2 | 2.5 |

在 $P$=10000kN 水平力作用下，按图 2020-24 模型计算的位移分别为：$\Delta_1 = 8.1$mm、$\Delta_2 = 5.8$mm。试问，关于转换层上部结构与下部结构刚度差异的判断方法和结果，下列何项相对准确？

**提示：** ① 转换层及下部与转换层上部混凝土剪切变形模量之比为 1.06；

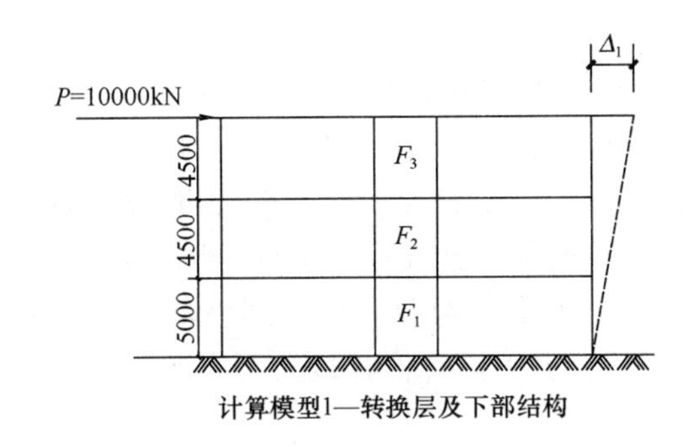


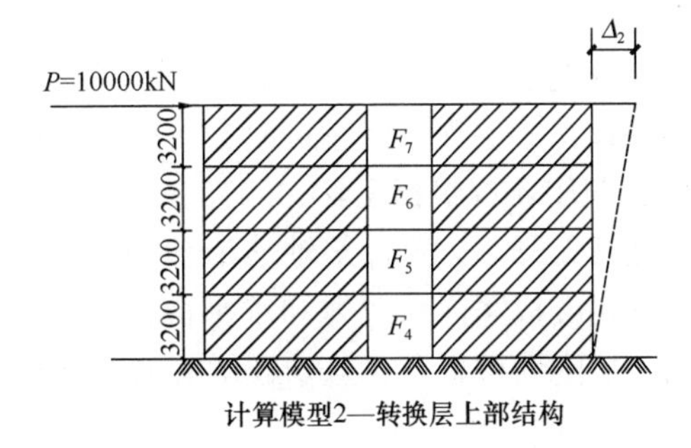


图 2020-24

② 转换层在计算方向（$Y$ 向）全部落地墙抗剪截面有效面积为 28.73m$^2$，第 4 层全部剪力墙在计算方向（$Y$ 向）有效截面面积为 24.60m$^2$。

(A) 采用等效剪切刚度比验算方法判断，满足规范要求

(B) 采用等效侧向刚度比验算方法判断，满足规范要求

(C) 采用楼层侧向刚度比和等效侧向刚度比验算方法判断，满足规范要求

(D) 采用楼层侧向刚度比和等效侧向刚度比验算方法判断，不满足规范要求

**【答案】**(D)

根据《高规》E.0.2 条及式（3.5.2-1），采用楼层刚度比计算方法：

$$\gamma_1 = \frac{V_3\Delta_4}{V_4\Delta_3} = \frac{12000 \times 2.5}{10500 \times 4.2} = 0.68 > 0.6$$

满足要求。

根据《高规》E.0.3 条，采用等效侧向刚度比算法：

$$\gamma_{e2} = \frac{\Delta_2 H_1}{\Delta_1 H_2} = \frac{5.8 \times (5 + 4.5 + 4.5)}{8.1 \times (4 \times 3.2)} = 0.783 < 0.8$$

不满足要求。

**【例 9.1.2】** 2020 下午 25 题

某地上 22 层商住楼，设防烈度为 7 度，标准设防，系部分框支剪力墙结构，水平转换构件设在 3 层顶，房屋总高度 75.25m。抗震分析表明，3 层框支柱 KZZ，柱上端和柱下端考虑地震的弯矩组合值分别为 615kN·m、450kN·m，柱下端左右梁端相应的同向组合弯矩设计值之和 $\Sigma M_b = 1050$kN·m。假定，柱下端节点按弹性分析上、下柱端弯矩相等，试问，在进行柱截面配筋设计时，3 层 KZZ 柱上端和下端考虑地震作用组合的弯矩设计值 $M_c^t$、$M_c^b$(kN·m)，与下列何项数值最为接近?

(A) 800，630　　(B) 930，680　　(C) 930，740　　(D) 800，780

**【答案】**(C)

根据《高规》3.9.2 条、3.9.3 条和 10.2.6 条，框支柱抗震措施抗震等级为一级。

根据《高规》10.2.11 条：

$$M_c^T = 1.5 \times 615 = 922.5\text{kN} \cdot \text{m}$$

根据《高规》10.2.11 条、6.2.1 条：

$$\Sigma M_c = \eta_c \Sigma M_b = 1.4 \times 1050 = 1470\text{kN} \cdot \text{m}$$

$$M_c^b = 1470/2 = 735\text{kN} \cdot \text{m} > 450\text{kN} \cdot \text{m}$$

**【例 9.1.3】**2020 下午 26 题

某地上 22 层商住楼，设防烈度为 7 度，标准设防，系部分框支剪力墙结构，水平转换构件设在 3 层顶。该建筑框支转换层楼板厚度 180mm，混凝土强度等级为 C40，配筋采用双层 HRB400 级钢筋Φ 10@150。落地剪力墙在 1～3 层厚度为 400mm，且落地剪力墙之间楼板无开洞，穿过某轴落地剪力墙的楼板的验算截面宽度按 16400mm，转换层楼板配筋满足楼板竖向承载力和水平面内抗弯要求。试问，由不落地剪力墙传到该落地剪力墙处，按刚性楼板计算且未经增大的框支转换层楼板组合剪力设计值，最大不应超过下列何项数值（kN）？

（A）7200　　（B）6600　　（C）4800　　（D）4400

**【答案】**（D）

根据《高规》式（10.2.24-1）：

$$V_f \leqslant \frac{1}{\gamma_{RE}}(0.1\beta_c f_c b_f t_f) = \frac{1}{0.85} \times (0.1 \times 1.0 \times 19.1 \times 16400 \times 180) = 6633.32\text{kN}$$

7 度剪力增大系数取 1.5，未经调整值取上述较小值除增大系数：6633/1.5＝4422。

题目要求取最大值，此时由选项可知选（D）。无须对《高规》式（10.2.24-2）进行验算。

**【编者注】**本题的楼板验算截面宽度不等于楼板配筋宽度。

**【例 9.1.4】**2020 下午 29 题

假定，某转换柱抗震等级为一级，柱截面为 800mm×900mm，混凝土强度等级为 C50，考虑地震作用组合的轴压力设计值 $N=10810\text{kN}$，沿柱全高配井字复合箍，直径Φ 12，箍筋间距 100mm、肢距 200mm，柱剪跨比 $\lambda=1.95$。试问，该柱满足箍筋构造设置要求的最小配箍特征值，与下列何项数值最为接近？

（A）0.16　　（B）0.18　　（C）0.12　　（D）0.24

**【答案】**（B）

根据《高规》6.4.2 条及注：

$$\mu = \frac{N}{f_c A} = \frac{10810}{800 \times 900 \times 23.1} = 0.65 \leqslant [\mu] = 0.6 - 0.05 + 0.1 = 0.65\text{，满足}$$

根据《高规》6.4.7 条：

$$\lambda_v = \frac{0.15 + 0.17}{2} = 0.16$$

根据《高规》10.2.10 条：

$$\lambda_v = 0.16 + 0.02 = 0.18$$

**【编者注】**本题不需要根据箍筋提交配箍率进行反算，理由如下：

（1）最小配箍特征值是专有名词，根据《高规》6.4.7 条，按表 6.4.7 确定；

（2）数学上，$\rho_v \geqslant \lambda_v f_c / f_{yv}$ 且 $\rho_v \geqslant 1.5\%$，无法得出：$\lambda_v f_c / f_{yv} \geqslant 1.5\%$ 的要求。

**【例 9.1.5】**2019 下午 20 题

某平面为矩形的 24 层现浇钢筋混凝土部分框支剪力墙结构，房屋总高度 75.00m，一层为框支层，转换层楼板局部开大洞，如图 2019-20 所示，其余部位楼板均连续，抗震设防烈度为 8 度（0.20$g$），抗震设防类别为丙类，场地类别为Ⅲ类，安全等级为二级，转换层混凝土强度等级 C40，钢筋采用 HRB400。

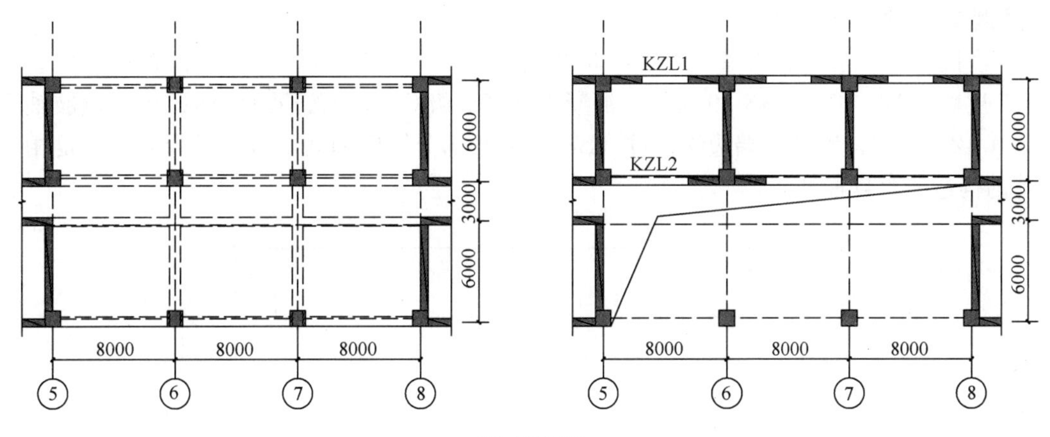


图 2019-20

假定⑤轴落地剪力墙处，由不落地剪力墙传来按刚性楼板计算的楼板组合剪力设计值 $V_0=1400\text{kN}$，KZL1 和 KZL2 穿过⑤轴墙的纵筋总面积 $A_{s1}=4200\text{mm}^2$，转换楼板配筋验算宽度按 $b_f=5600\text{mm}$，板面、板底配筋相同，且均穿过周边墙、梁。试问，该转换层楼板的厚度 $t_f$(mm) 及板底配筋最小应为下列何项才能满足最低抗震要求？

**提示：**① 框支层楼板按构造配筋时，满足竖向承载力和水平平面内抗弯要求。

② 计算转换层楼板的截面时，楼板宽度 $b_f=6300\text{mm}$，忽略梁截面。

(A) $t_f=180\text{mm}$，Φ 12@200　　(B) $t_f=200\text{mm}$，Φ 12@200

(C) $t_f=220\text{mm}$，Φ 12@200　　(D) $t_f=250\text{mm}$，Φ 14@200

**【答案】**(B)

根据《高规》10.2.23 条、10.2.24 条：

$$V_f=\frac{1}{\gamma_{RE}}(0.1\beta_c f_c b_f t_f)$$

$$2.0\times1400\times10^3=\frac{1}{0.85}\times0.1\times1.0\times19.1\times6300\times t_f$$

解得 $t_f=197.8\text{mm}>180\text{mm}$，满足构造要求。

$$V_f=\frac{1}{\gamma_{RE}}(f_y A_s)$$

$$2.0\times1400=\frac{1}{0.85}\times360\times A_s$$

解得 $A_s=6611.11\ \text{mm}^2$。

板底钢筋面积：

$$A_{s底}=\frac{6611.11-4200}{2}=1205.6\text{mm}^2$$

根据《高规》10.2.23 条计算配筋率：

$$\rho=\frac{1205.6}{5600\times200}=0.108\%<0.25\%$$

(B) 选项：

$$\rho=\frac{113}{200\times200}=0.2825\%>0.25\%，满足要求$$

**【例 9.1.6】** 2018 下午 29 题

7 度区某部分框支剪力墙结构，结构总高度 90m，层高 3m，转换层设置在二层。假定，5 层墙肢 W2 如图 2018-29 所示，混凝土强度等级 C35，钢筋采用 HRB400，墙肢轴压比为 0.42，试问，墙肢左端边缘构件（BZ1）阴影部分纵向钢筋配置，下列何项满足相关规范的构造要求且最经济？

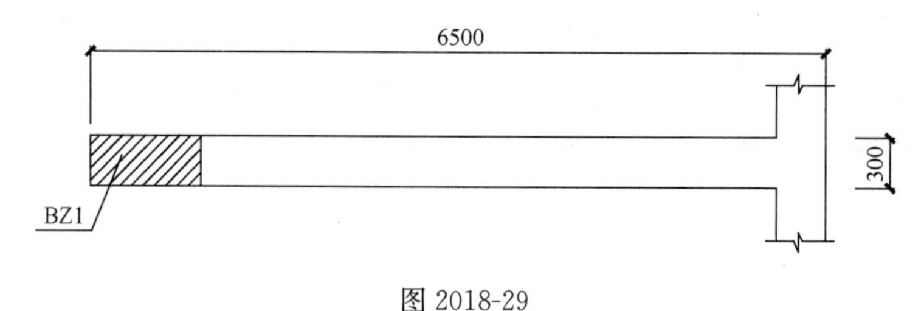


图 2018-29

（A）10 Φ 14　　（B）10 Φ 16　　（C）10 Φ 18　　（D）10 Φ 20

**【答案】**(B)

根据《高规》10.2.2 条，框支剪力墙结构底部加强区取至转换层上两层。

根据《高规》7.2.14 条，第 5 层属于底部加强部位相邻上一层，应设置约束边缘构件。

根据《高规》表 3.9.3，非底部加强部位剪力墙抗震等级为二级。

按墙体自身的抗震等级和轴压比，根据《高规》表 7.2.15，$\mu_N > 0.4$，$l_c = 0.2h_w = 1300\text{mm}$，阴影部分面积 $A_c = 650 \times 300 = 195000\text{mm}^2$，阴影部分纵筋配筋面积，二级，$1.0\% \times 195000 = 1950\text{mm}^2$，且不少于 6 Φ 16，符合要求且最经济的是 10 Φ 16。

**【例 9.1.7】** 2018 下午 30 题

8 度区某部分框支剪力墙结构，高度 80m，首层及二层层高 5.5m，其余层层高 3m，转换层设置在二层。假定，二层某框支中柱 KZZ1 在 Y 向地震作用下剪力标准值 $V_{Ek} = 620\text{kN}$，Y 向风作用下剪力标准值 $V_{wk} = 150\text{kN}$，按规范调整后的柱上下端顺时针方向截面组合的弯矩设计值 $M_c^t = 1070\text{kN}\cdot\text{m}$，$M_c^b = 1200\text{kN}\cdot\text{m}$，框支梁截面均为 800mm×2000mm。试问，该框支柱 Y 向剪力设计值（kN），与下列何项数值最为接近？

（A）800　　（B）850　　（C）900　　（D）1250

**【答案】**(C)

8 度，80m，丙类建筑，根据《高规》表 3.9.3，框支框架抗震等级为一级。

根据《高规》6.2.3 条进行强剪弱弯调整，$\eta_{vc} = 1.4$。

根据《高规》式（6.2.3-2）：

$$V = \eta_{vc}(M_c^t + M_c^b)/H_n = 1.4 \times (1200 + 1070)/(5.5 - 2) = 908\text{kN}$$

按照荷载组合，调整前地震及风荷载作用下剪力：

$$V = 1.3 \times 620 + 1.4 \times 0.2 \times 150 = 848\text{kN} < 908\text{kN}(\text{调整后})$$

**【例 9.1.8】** 2017 下午 22 题

某钢筋混凝土部分框支剪力墙结构，其中底层框支框架及上部墙体如图 2017-22 所示，抗震等级为一级。框支柱截面为 1000mm×1000mm，上部墙体厚度 250mm，混凝土强度等级 C40，钢筋采用 HRB400。

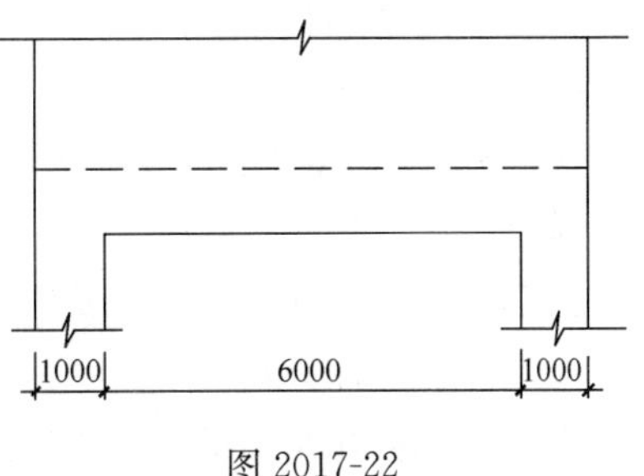

图 2017-22

**提示：**墙体施工缝处抗滑移能力满足要求。

假定，进行有限元应力分析校核时发现，框支梁上部一层墙体水平及竖向分布钢筋均大于整体模型计算结果。由应力分析得知，框支柱边 1200mm 范围内墙体考虑风荷载、地震作用组合的平均压应力设计值为 25N/mm²，框支梁与墙体交接面上考虑风荷载、地震作用组合的水平拉应力设计值为 2.5N/mm²。试问，该层墙体的水平分布筋及竖向分布筋，宜采用下列何项配置才能满足《高层建筑混凝土结构技术规程》JGJ 3—2010 的最低构造要求？

(A) 2 Φ 10@200；2 Φ 10@200　　(B) 2 Φ 12@200；2 Φ 12@200

(C) 2 Φ 12@200；2 Φ 14@200　　(D) 2 Φ 14@200；2 Φ 14@200

**【答案】**(D)

根据《高规》10.2.2 条，框支梁上部一层墙体位于底部加强部位。

根据《高规》10.2.19 条，水平分布筋及竖向分布筋配筋率均为 0.3%，则

$$A_{sh} = A_{sv} = 0.3\% \times 250 \times 200 = 150\text{mm}^2$$

配 2 Φ 10@200，$A_s = 2 \times 78.5 = 157\text{mm}^2$。

框支梁上部 $0.2l_n$(1200mm) 高度范围内墙体水平分布钢筋面积：

$$A_{sh} = 0.2l_n b_w \gamma_{RE} \sigma_{xmax} / f_{yh} = 0.2 \times 6000 \times 250 \times 0.85 \times 2.5/360 = 1771\text{mm}^2$$

配 2 Φ 14@200，$A_s = 2 \times \dfrac{1200}{200} \times 153.9 = 1847\text{m}^2$。

此时已可选出正确答案（D)。以下对竖向分布钢筋进行计算：

根据《高规》10.2.22 条 3 款，该墙体在柱边 $0.2l_n$($0.2 \times 6000 = 1200$mm) 宽度范围内竖向分布钢筋面积：

$$\begin{aligned} A_{sw} &= 0.2l_n b_w (\gamma_{RE} \sigma_{02} - f_c)/f_{yw} \\ &= 0.2 \times 6000 \times 250 \times (0.85 \times 25 - 19.1)/360 = 1792\text{mm}^2 \end{aligned}$$

配 2 Φ 14@200，$A_s = 2 \times \dfrac{1200}{200} \times 153.9 = 1847\text{mm}^2$。

框支梁上部一层墙体水平分布筋及竖向分布筋全部按较大值设置。

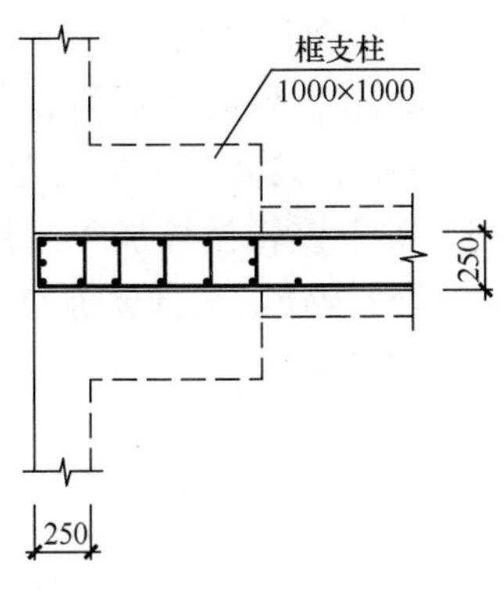

图 2017-23

**【例 9.1.9】**2017 下午 23 题

基本题干同例 9.1.8。假定，进行有限元应力分析校核时发现，框支梁上部一层墙体在柱顶范围竖向钢筋大于整体模型计算结果，由应力分析得知，柱顶范围墙体考虑风荷载、地震作用组合的平均压应力设计值为 32N/mm²。框支柱纵筋配置 40 Φ 28，沿四周均布，如图 2017-23 所示。

试问，框支梁方向框支柱顶范围墙体的纵向配筋采用下列何项配置，才能满足《高层建筑混凝土结构技术规程》

JGJ 3—2010 的最低构造要求？

(A) 12⌀18　　(B) 12⌀20

(C) 8⌀18+6⌀28　　(D) 8⌀20+6⌀28

**【答案】**(C)

根据《高规》10.2.22 条 3 款，框支梁上部一层柱上墙体的端部竖向钢筋面积：

$A_s = h_c b_w(\gamma_{RE}\sigma_{01} - f_c)/f_y = 1000 \times 250 \times (0.85 \times 32 - 19.1)/360 = 5625\text{mm}^2$

若考虑该墙在水平向 $h_c$ 范围内全部为约束边缘构件阴影范围，此时需要的钢筋面积最大，$> 1.2\%A = 1.2\% \times 1000 \times 250 = 3000\text{mm}^2$，上述计算值满足构造要求。

根据《高规》10.2.11 条 9 款，框支柱在框支梁方向应伸于上部一层墙体的纵向钢筋面积：

6⌀28，$A_s = 3695\text{mm}^2$；

剩余钢筋面积：$A_s = 5625 - 3695 = 1930\text{mm}^2$；

配置 8⌀18，$A_s = 2036\text{mm}^2$。

框支梁上部一层墙体柱上墙体的端部纵向钢筋配置：8⌀18+6⌀28。

**【例 9.1.10】**2012 下午 22 题

某底层带托柱转换层的钢筋混凝土框架-筒体结构办公楼，房屋高度为 85.2m，转换层位于地上 2 层。抗震设防烈度为 7 度，设计基本地震加速度为 0.10$g$，设计分组为第一组，丙类建筑，Ⅲ类场地。假定，地上第 2 层转换梁的抗震等级为一级，某转换梁截面尺寸为 700mm×1400mm，经计算求得梁端截面弯矩标准值（kN·m）如下：恒荷载 $M_{gk}=1304$；活荷载（按等效均布荷载计）$M_{qk}=169$；风荷载 $M_{wk}=135$；水平地震作用 $M_{Ehk}=300$。试问，在进行梁端截面设计时，梁端考虑水平地震作用组合时的弯矩设计值 $M$（kN·m）与下列何项数值最为接近？

(A) 2100　　(B) 2200　　(C) 2350　　(D) 2450

**【答案】**(C)

根据《高规》10.2.4 条，一级转换梁水平地震单工况内力的增大系数为 1.6，即 $M_{Ehk}=300\times1.6=480\text{kN}\cdot\text{m}$。

根据《高规》式（5.6.3）及表 5.6.4：

$M = 1.2 \times 1304 + 1.2 \times 0.5 \times 169 + 1.3 \times 480 + 1.4 \times 0.2 \times 135 = 2328\text{kN}\cdot\text{m}$

**【例 9.1.11】**2012 下午 23 题

基本题干同例 9.1.10。假定，某转换柱的抗震等级为一级，其截面尺寸为 900mm×900mm，混凝土强度等级为 C50（$f_c=23.1\text{N/mm}^2$，$f_t=1.89\text{N/mm}^2$），纵筋和箍筋分别采用 HRB400（$f_y=360\text{N/mm}^2$）和 HRB335（$f_{yv}=300\text{N/mm}^2$），箍筋形式为井字复合箍，柱考虑地震作用效应组合的轴压力设计值为 $N=9350\text{kN}$。试问，关于该转换柱加密区箍筋的体积配箍率 $\rho_v$（%），最小取下列何项数值时才能满足规范、规程规定的最低要求？

(A) 1.50　　(B) 1.20　　(C) 0.90　　(D) 0.80

**【答案】**(A)

转换柱的轴压比：

$$\mu_N = \frac{N}{f_c b_c h_c} = \frac{9350 \times 10^3}{23.1 \times 900 \times 900} = 0.5$$

由《高规》表 6.4.7，柱端箍筋加密区的配箍特征值 $\lambda_v = 0.13$。

根据《高规》10.2.10 条 3 款，转换柱的 $\lambda_v$ 比普通框架柱增加 0.02，且体积配箍率不小于 1.5%，即 $\lambda_v = 0.13 + 0.02 = 0.15$。

根据《高规》6.4.7 条：

$$\rho_v \geqslant \frac{\lambda_v f_c}{f_{yv}} = \frac{0.15 \times 23.1}{300} = 1.16\% < 1.5\%$$

取 $\rho_v = 1.5\%$。

**【例 9.1.12】** 2012 下午 24 题

基本题干同例 9.1.10。地上第 2 层某转换柱 KZZ，如图 2012-24 所示。

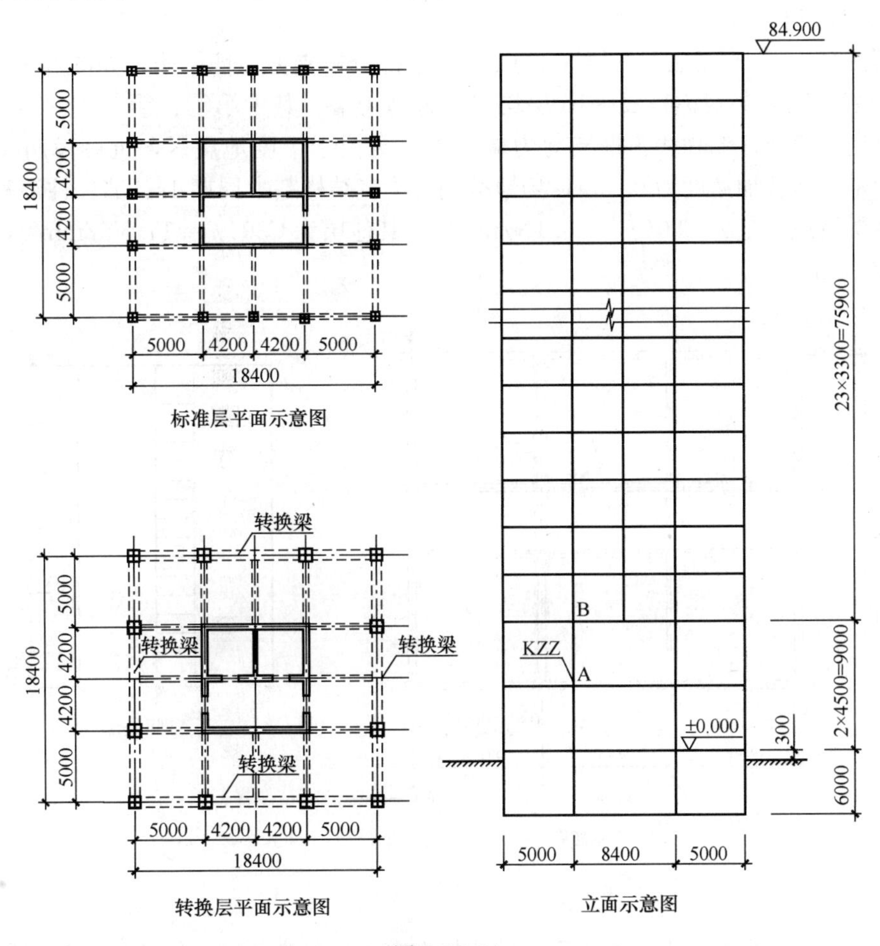


图 2012-24

假定该柱的抗震等级为一级，柱上端和下端考虑地震作用组合的弯矩组合值分别为 580kN·m、450kN·m，柱下端节点 A 左右梁端相应的同向组合弯矩设计值之和 $\Sigma M_b = 1100$kN·m。假设，转换柱 KZZ 在节点 A 处按弹性分析的上、下柱端弯矩相等。试问，在进行柱截面设计时，该柱上端和下端考虑地震作用组合的弯矩设计值 $M^t$、$M^b$（kN·m）与下列何项数值最为接近？

(A) 870、770　　(B) 870、675　　(C) 810、770　　(D) 810、675

【答案】(A)

根据《高规》10.2.11 条 3 款，对转换柱的上端取弯矩增大系数 1.5，则

$$M^{t}=1.5\times580=870\text{kN}\cdot\text{m}$$

节点 A 处为中间节点，根据《高规》6.2.1 条进行强柱弱梁调整，并认为 A 节点处上下柱平分弯矩，故有：

$$\Sigma M_{c}=1.4\Sigma M_{b}=1.4\times1100=1540\text{kN}\cdot\text{m}$$

$$M^{b}=0.5\Sigma M_{c}=0.5\times1540=770\text{kN}\cdot\text{m}$$

**【例 9.1.13】** 2012 下午 30 题

某商住楼地上 16 层地下 2 层（未示出），系部分框支剪力墙结构，如图 2012-30 所示（仅表示 1/2，另一半对称），2～16 层均匀布置剪力墙，其中第①、②、④、⑥、⑦轴线剪力墙落地，第③、⑤轴线为框支剪力墙。该建筑位于 7 度地震区，抗震设防类别为丙类，设计基本地震加速度为 0.15$g$，场地类别Ⅲ类，结构基本周期 1s。墙、柱混凝土强度等级：底层及地下室为 C50（$f_{c}$=23.1N/mm$^{2}$），其他层为 C30（$f_{c}$=14.3N/mm$^{2}$），框支柱截面为 800mm×900mm。

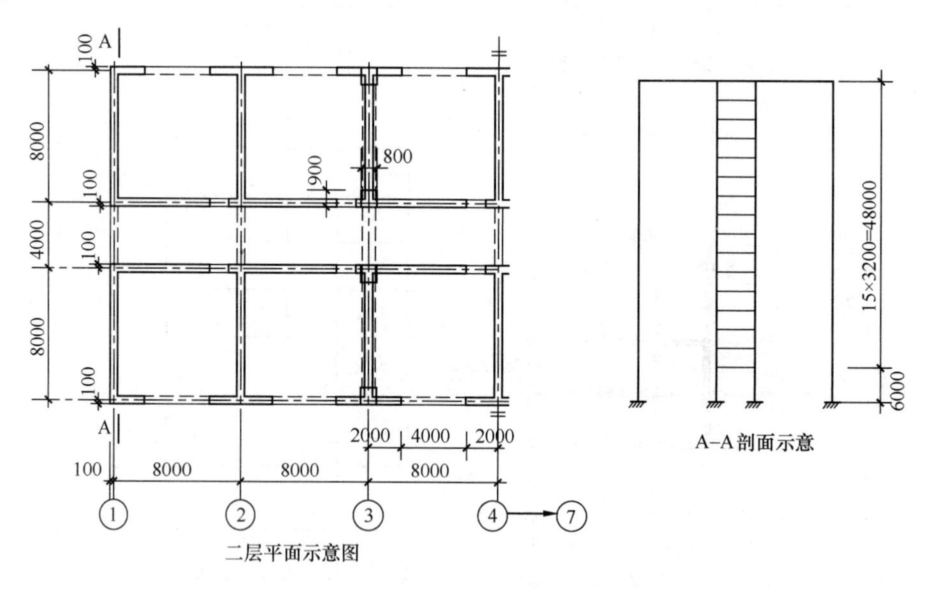


图 2012-30

假定，承载力满足要求，第 1 层各轴线横向剪力墙厚度相同，第 2 层各轴线横向剪力墙厚度均为 200mm。试问，第 1 层横向落地剪力墙的最小厚度 $b_{w}$（mm）为下列何项数值时，才能满足《高层建筑混凝土结构技术规程》JGJ 3—2010 有关侧向刚度的最低要求？

**提示：**① 1 层和 2 层混凝土剪变模量之比为 $G_{1}/G_{2}=1.15$；

② 第 2 层全部剪力墙在计算方向（横向）的有效截面面积 $A_{w2}=22.96\text{m}^{2}$。

(A) 200　　(B) 250　　(C) 300　　(D) 350

【答案】(B)

根据《高规》10.2.3 条，转换层上下刚度应符合附录 E 的要求，第 2 层全部为剪力

墙，横向墙每段长(8+0.1+0.1)=8.2m，共有14片墙，即：

$$A_{w2}=0.2\times8.2\times14=22.96\mathrm{m}^2$$

根据《高规》式（E.0.1-3），一层柱抗剪截面有效系数：

$$c_1=2.5\left(\frac{h_{c1}}{h_1}\right)^2=2.5\times\left(\frac{0.9}{6}\right)^2=0.056$$

由《高规》式（E.0.1-2），一层有8根框支柱，10片剪力墙，则：

$$A_1=A_{w1}+c_1A_{c1}=10b_w\times8.2+0.056\times8\times0.8\times0.9=82b_w+0.323$$

转换层在二层楼面，由《高规》式（E.0.1-1），等效剪切刚度比为：

$$\gamma_{e1}=\frac{G_1A_1h_2}{G_2A_2h_1}\geqslant0.5$$

$$1.15\times\frac{82b_w+0.323}{22.96}\times\frac{3.2}{6}\geqslant0.5$$

解得 $b_w\geqslant0.224$m，取 $b_w=250$mm。

**【例9.1.14】**2012下午31题

基本题干同例9.1.13。该建筑物底层为薄弱层，1～16层总重力荷载代表值为246000kN。假定，地震作用分析计算出的对应于水平地震作用标准值的底层地震剪力为 $V_{Ek}=16000$kN，试问，底层每根框支柱承受的地震剪力标准值 $V_{Ekc}$（kN）最小取下列何项数值时，才能满足《高层建筑混凝土结构技术规程》JGJ 3—2010的最低要求？

(A) 150　　(B) 240　　(C) 320　　(D) 400

**【答案】**(D)

查《高规》表4.3.12知：楼层最小地震剪力系数 $\lambda=0.024$；对于竖向不规则结构的薄弱层，应乘以1.15的增大系数。

依据《高规》3.5.8条，薄弱层剪力调整系数取1.25，则

$$V_{Ek}\times1.25\geqslant\lambda\times1.15\sum_{j=i}^{n}G_j$$

$$1600\times1.25=20000\mathrm{kN}\geqslant0.024\times1.15\times246000=6789.6\mathrm{kN}$$

根据《高规》10.2.17条1款，框支柱数量8根，少于10根，底层每根框支柱承受的地震剪力标准值应取基底剪力的2%。

$$V_{Ekc}=2\%\times1.25V_{Ek}=0.02\times20000=400\mathrm{kN}$$

**【例9.1.15】**2011下午28题

某24层商住楼，现浇钢筋混凝土部分框支剪力墙结构，如图2011-28所示。

一层为框支层，层高6.0m，二至二十四层布置剪力墙，层高3.0m，首层室内外地面高差0.45m，房屋总高度75.45m。抗震设防烈度8度，建筑抗震设防类别为丙类，设计基本地震加速度0.20$g$，场地类别Ⅱ类，结构基本自振周期 $T_1=1.6$s。混凝土强度等级：底层墙、柱为C40($f_c=19.1\mathrm{N/mm^2}$，$f_t=1.71\mathrm{N/mm^2}$)，板C35($f_c=16.7\mathrm{N/mm^2}$，$f_t=1.57\mathrm{N/mm^2}$)，其他层墙、板为C30($f_c=14.3\mathrm{N/mm^2}$)。钢筋均采用HRB400级（Φ，$f_y=360\mathrm{N/mm^2}$）。

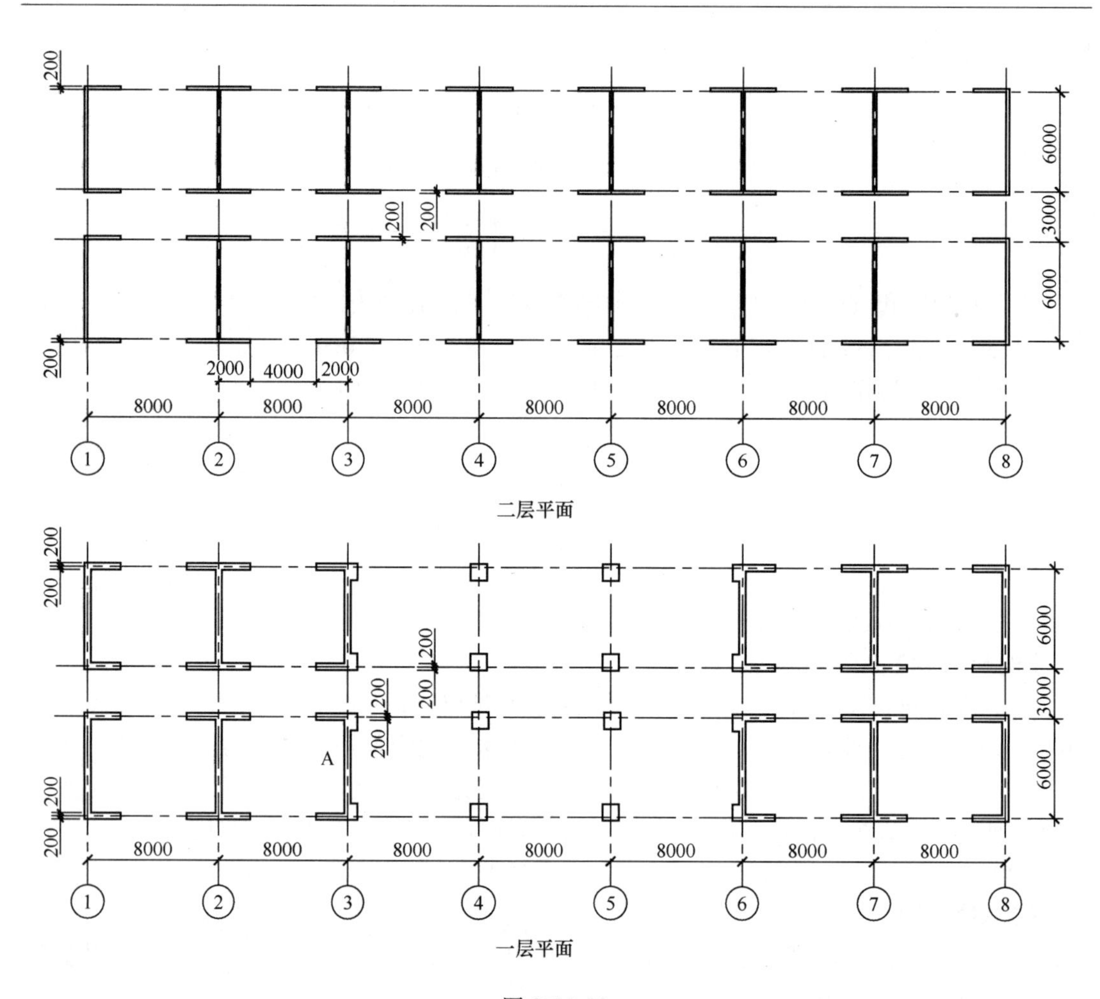


图 2011-28

在第③轴底层落地剪力墙处，由不落地剪力墙传来按刚性楼板计算的框支层楼板组合的剪力设计值为 3000kN（未经调整）。②～⑦轴处楼板无洞口，宽度 15400mm。假定剪力沿③轴墙均布，穿过③轴墙的梁纵筋面积 $A_{sl}=10000\text{mm}^2$，穿墙楼板配筋宽度 10800mm（不包括梁宽）。试问，③轴右侧楼板的最小厚度 $t_f$（mm）及穿过墙的楼板双层配筋中每层配筋的最小值为下列何项时，才能满足规范、规程的最低抗震要求？

**提示：**①按《高层建筑混凝土结构技术规程》JGJ 3—2010 作答。

②框支层楼板按构造配筋时满足楼板竖向承载力和水平平面内抗弯要求。

（A）$t_f=180$；Φ 12@200　　　　（B）$t_f=180$；Φ 12@100

（C）$t_f=200$；Φ 12@200　　　　（D）$t_f=200$；Φ 12@100

**【答案】**（C）

根据《高规》10.2.24 条，$V_f=2V_0$，得：

$$V_f \leqslant \frac{1}{\gamma_{RE}}(0.1f_c b_f t_f)=\frac{1}{0.85}\times(0.1\times16.7\times15400\times t_f)$$

解得 $t_f \geqslant \dfrac{0.85\times2\times3000\times10^3}{0.1\times16.7\times15400}=198.3\text{mm}$，取 200mm＞180mm。

根据《抗规》10.2.23条，$\rho \geqslant 0.25\%$。$t_f=200mm$时，间距200mm范围内钢筋面积$A_s \geqslant 200 \times 200 \times 0.25\% = 100mm^2$。

采用$\Phi$12，$A_s=113.1mm^2$。

根据《高规》10.2.4条：

$$V_f \leqslant \frac{1}{\gamma_{RE}}(f_y A_s)$$

$$A_s \geqslant \frac{0.85 \times 2 \times 3000 \times 10^3}{360} = 14167mm^2$$

穿过每片墙处的梁纵筋$A_{sl}=10000mm^2$，则

$$A_{sb} = A_s - A_{sl} = 14167 - 10000 = 4167mm^2$$

间距200mm范围内钢筋面积为$\frac{4167 \times 200}{10.8 \times 1000} = 77.2mm^2$。

上下层相同，每层为$\frac{1}{2} \times 77.2 = 38.6mm^2 < 113.1mm^2$。

**【例 9.1.16】** 2010 下午 30 题

某底部带转换层的钢筋混凝土框架-核心筒结构，抗震设防烈度为7度，丙类建筑，建于Ⅱ类建筑场地，该建筑物地上31层，地下2层，地下室在主楼平面以外部分，无上部结构，地下室顶板处（±0.000）可作为上部结构的嵌固部位，纵向两榀边框架在第3层转换层设置托柱转换梁，如图2010-30所示。上部结构和地下室混凝土强度等级均采用C40（$f_c=19.1N/mm^2$，$f_t=1.71N/mm^2$）。

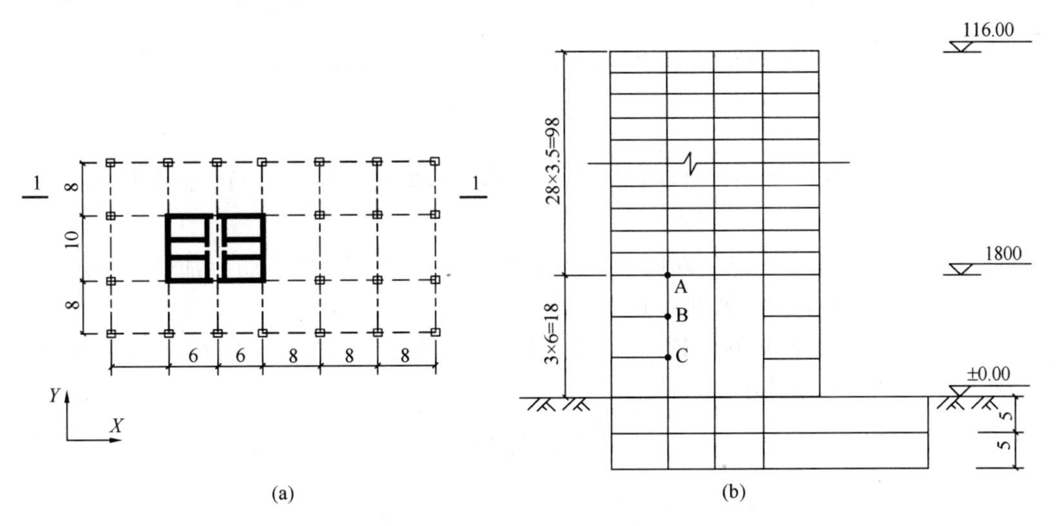


图 2010-30

假定某根转换柱抗震等级为一级，X向考虑地震作用组合的二、三层B、A节点处的梁、柱弯矩组合值分别为：

节点A：上柱柱底弯矩$M_c^b = 600kN \cdot m$，下柱柱顶弯矩$M_c^t = 1800kN \cdot m$；节点左侧梁端弯矩$M_b^l = 480kN \cdot m$；节点右侧梁端弯矩$M_b^r = 1200kN \cdot m$。

节点B：上柱柱底弯矩$M_c'^b = 600kN \cdot m$，下柱柱顶弯矩$M_c'^t = 500kN \cdot m$，节点左侧梁端弯矩$M_b'^l = 520kN \cdot m$。

底层柱底弯矩组合值 $M'_c = 400\text{kN}\cdot\text{m}$。

试问，该转换柱配筋设计时，节点 A、B 下柱柱顶及底层柱柱底的考虑地震作用组合的弯矩设计值 $M_A$、$M_B$、$M_C$（kN·m），应取下列何组数值？

**提示：**柱轴压比＞0.15，按框支柱。

（A）1800、500、400　　　　（B）2520、700、400

（C）2700、500、600　　　　（D）2700、750、600

**【答案】**（C）

依据《高规》10.2.11 条，柱顶与转换构件相连，柱顶 $M_A = 1.5\times1800 = 2700\text{kN}\cdot\text{m}$；底层柱下端 $M_C = 1.5\times400 = 600\text{kN}\cdot\text{m}$。

依据《高规》6.2.1 条，节点 B 下柱顶弯矩 $M_B$要考虑“强柱弱梁”调整，今 600＋500＝1100＞1.4×520＝728，满足要求，故不再调整。

**【例 9.1.17】**2010 下午 31 题

某托柱转换梁，如图 2010-31 所示，C40，假定抗震等级为一级，截面尺寸为 $b\times h$＝1m×2m，箍筋采用 HRB335（$f_{yv}$＝300N/mm²）。试问，截面 B 处的箍筋为下列何值时，最接近并符合规范、规程最低构造要求？

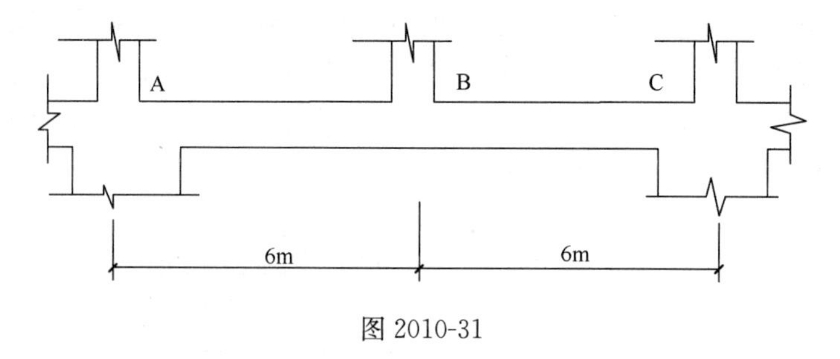


图 2010-31

（A）8Φ10@100　（B）8Φ12@100　（C）8Φ14@150　（D）8Φ14@100

**【答案】**（B）

依据《高规》10.2.8 条，对托柱转换梁的托柱部位，梁的箍筋应加密，箍筋直径、间距、面积配筋率应符合《高规》10.2.7 条 2 款规定。

依据《高规》10.2.7 条 2 款，加密区箍筋直径不小于 10mm，间距不大于 100mm。一级抗震，要求配箍率满足：

$$\frac{A_{sv}}{bs}\geqslant 1.2\frac{f_t}{f_{yv}}$$

$$\frac{A_{sv}}{1000\times100}\geqslant 1.2\times\frac{1.71}{300}$$

解出 $A_{sv}\geqslant 684\text{mm}^2$，8Φ12 的截面积为 905mm²＞684mm²，且最接近，故选择（B）。

## 9.2 其他复杂高层

### 1. 主要的规范规定

1）《高规》10.3 节：带加强层高层建筑结构

2）《高规》10.4 节：错层结构。

3)《高规》10.5 节：连体结构。

4)《高规》10.6 节：竖向体型缩进、悬挑结构。

**2. 对规范规定的理解**

1）带加强层的高层建筑结构

（1）框架-核心筒、筒中筒结构的水平位移角的最大值一般出现在房屋高度的中上部区域，可通过设置加强层、改善上部结构的刚度，实现位移控制要求。加强层常同时或单独设置周边水平环带构件（腰桁架）及水平伸臂构件，通过设置抗弯刚度较大的伸臂桁架（如图 9.2-1 所示），连接核心筒和外框架，可将周边柱的轴向刚度用来增加结构的抗倾覆力矩，显著提高结构的抗侧刚度，减小核心筒倾覆力矩。

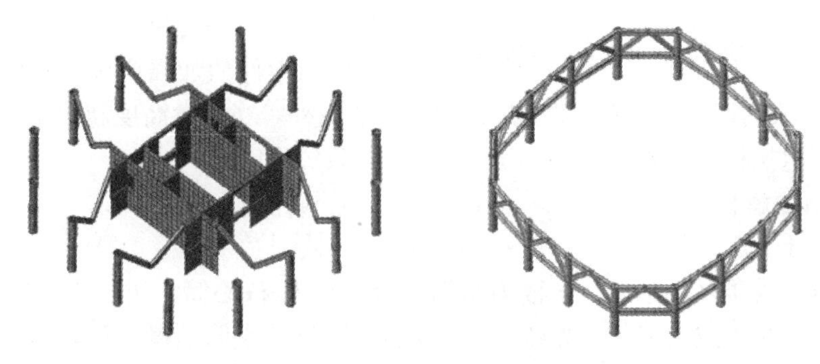

图 9.2-1 加强层的伸臂桁架及腰桁架设置

（2）《高规》10.3.2 条规定，当布置 1 个加强层时，可设置在 0.6 倍房屋高度附近；当布置 2 个加强层时，可分别设置在顶层和 0.5 倍房屋高度附近；当布置多个加强层时，宜沿竖向从顶层向下均匀布置。实际项目应分别对加强层的竖向位置和数量、加强构件的平面布局、伸臂桁架和腰桁架的结构形式，以及框架柱截面不同时对结构侧向刚度的影响程度进行详细分析，根据分析结果选择最优方案，以上即为加强层的敏感性分析。

（3）伸臂桁架与周边框架采用铰接或半刚接，以减轻结构自重及其不均匀沉降引起的次应力，而周边框架梁与柱（在周边框架平面内）应采用刚接，以加大框架的侧向刚度。

（4）加强层及其相邻层的框架柱、核心筒剪力墙的抗震等级应提高一级采用，一级应提高至特一级。加强层及相邻层的框架柱轴压比限值，不按其对应的抗震等级确定，而应按“其他楼层”框架柱的轴压比限值减 0.05。“其他楼层”框架柱的轴压比限值，应按框架-核心筒结构，根据《高规》表 6.4.2 确定。

2）大底盘多塔楼结构

（1）大底盘多塔结构是各栋楼通过下部连接部分互相影响，而上部各部分均有独立的迎风面和独立的变形的结构，而连体结构是无法独立变形的。这是两者重要的区分点。对于多个塔楼仅通过地下室连为一体，地上无裙房或有局部小裙房但不连为一体的情况，工程上一般不归属为多塔楼结构。

（2）多塔楼高层建筑结构中，上部塔楼结构的多塔楼综合质心与底盘结构质心的距离不宜大于底盘相应边长的 20%（图 9.2-2）。“底盘结构质心”可理解为“底盘顶层结构的质心”和“底盘结构整体的综合质心”两者的不利情况。大底盘单塔结构也应满足此条。

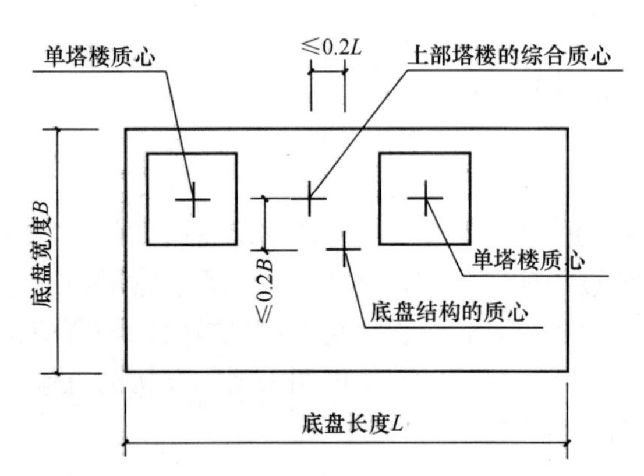


图 9.2-2 多塔楼底盘质心和塔楼质心

(3) 包络设计要求：《高规》5.1.14 条规定，多塔楼结构，宜按整体模型和各塔楼分开的模型分别计算，并采用较不利的结果进行结构设计，当塔楼周边的裙楼超过两跨时，分塔楼模型宜至少附带两跨的裙楼结构；《高规》10.6.3 条规定，应按整体和分塔楼模型分别验算周期比，并满足 $T_t/T_1 \leqslant 0.85$ 的要求。

(4) 《高规》10.6.2 条、10.6.3 条 3 款、10.6.5 条分别给出了多塔楼结构楼板及竖向构件的加强措施，具体理解可参考条文说明图示。应注意多塔楼结构也是体型收进的一种，当底盘高度超过塔楼房屋高度的 20%时，应同时执行《高规》10.6.3 条和 10.6.5 条的规定。

**3. 历年真题解析**

**【例 9.2.1】**2011 下午 24 题

某大底盘单塔楼高层建筑，主楼为钢筋混凝土框架-核心筒，裙房为混凝土框架-剪力墙结构，主楼与裙楼连为整体，如图 2011-24 所示。抗震设防烈度 7 度，建筑抗震设防类别为丙类，设计基本地震加速度为 0.15$g$，场地类别Ⅲ类，采用桩筏形基础。

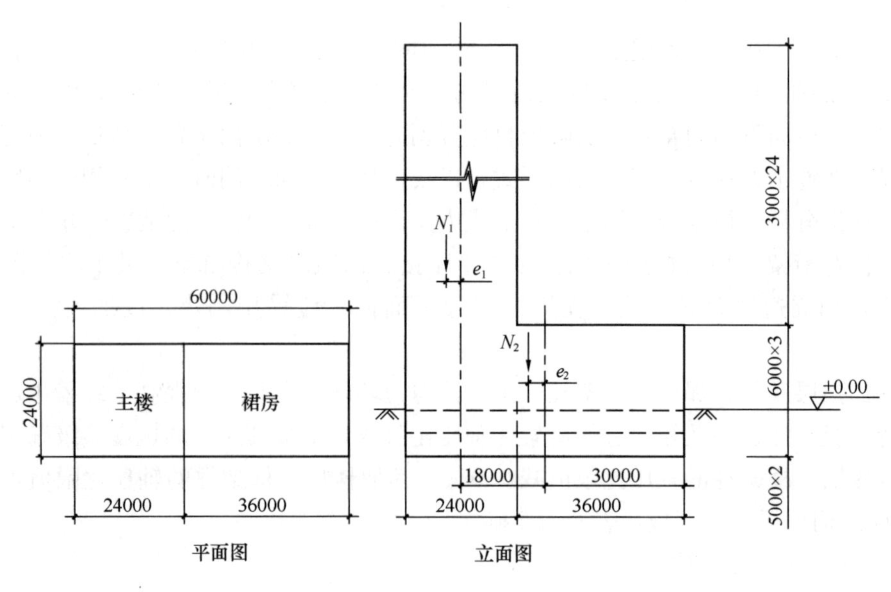


图 2011-24

假定，该建筑物塔楼质心偏心距为 $e_1$，大底盘质心偏心距为 $e_2$，见图 2011-24。如果仅从抗震概念设计方面考虑，试问，偏心距（$e_1$；$e_2$，单位 m）选用下列哪一组数值时结构不规则程度相对最小？

(A) 0.0；0.0　　(B) 0.1；5.0

(C) 0.2；7.2　　(D) 1.0；8.0

**【答案】**(C)

根据《高规》10.6.3条，上部塔楼结构的综合质心与底盘结构质心的距离不宜大于底盘相应边长的20%，即：$e_1+(18-e_2)\leqslant 20\%B=20\%\times(24+36)=12\text{m}$。

对于选项（A）、（B）：偏心距皆大于20%$B$；

对于选项（C）：$0.2+18-7.2=11.0<20\%B$；

对于选项（D）：$1.0+18-8.0=11.0<20\%B$。

偏心距相同时，$e_1$对主楼抗震影响更大，$e_1$越小对主楼抗震越有利。

# 10 隔震与消能减震设计

**1. 主要的规范规定**

1)《抗规》第 12 章：隔震和消能减震设计。

2)《抗规》附录 L：隔震设计简化计算和砌体结构隔震措施。

3)《抗规》3.8.2 条：隔震或消能设计建筑的设防目标要求。

**2. 对规范规定的理解**

1) 隔震和消能的设计方案，除应符合《抗规》3.5.1 条外，尚应与采用抗震设计的方案从安全和经济方面进行综合对比分析。抗震方案与隔震和消能方案可能存在较大的区别，其结构布置和结构体系可能不完全一致（如多层建筑采用隔震设计时，隔震层以上可能采用纯框架结构，而抗震设计方案，可采用框-剪结构等），但两者在技术均应可行。

2) 砌体结构及与其基本周期相当的结构，隔震层以上结构水平地震计算：

(1) 计算隔震后的水平等效刚度（《抗规》式（12.2.4-1））及等效黏滞阻尼比（《抗规》式（12.2.4-2）），简化分析和反应谱分析计算时应取支座水平剪切变形 100%的性能参数（《抗规》12.2.5 条 2 款注 1）。

(2) 计算隔震后体系的基本周期（《抗规》式（L.1.1-3））。

(3) 计算水平向减震系数 $\beta$（砌体结构：《抗规》式（L.1.1-1）；与砌体结构周期相当的结构：《抗规》式（L.1.1-2））。

(4) 计算隔震后的水平地震影响系数最大值：$\alpha_{\max}$（《抗规》式（12.2.5））。

(5) 计算隔震后的水平地震影响系数 $\alpha$（《抗规》5.1.4 条、5.1.5 条）。

(6) 按底部剪力法计算结构的水平地震作用标准值 $F_{\mathrm{Ek}}$ 及 $F_i$（《抗规》5.2.1 条），$F_{\mathrm{Ek}}$ 应大于非隔震 6 度时总水平地震作用。也可采用振型分解反应谱法进行相关计算。

(7) 各楼层水平地震剪力 $V_{\mathrm{Ek}i}$ 应符合本地区设防烈度的剪重比要求（《抗规》式（5.2.5））：

$$V_{\mathrm{Ek}i} \geqslant \lambda \sum_{j=i}^{n} G_j$$

3) 多、高层混凝土结构，隔震层以上结构水平地震计算：

(1) 计算水平向减震系数 $\beta$：

多层：$$\beta = \max\{V_i^{隔震模型}/V_i^{非隔震模型}\}$$

高层：$$\beta = \max\{(V_i^{隔震模型}/V_i^{非隔震模型})_{\max},(M_i^{隔震模型}/M_i^{非隔震模型})_{\max}\}$$

此处的非隔震模型在隔震支座以上的结构布置应完全等同于隔震结构，是一个实际工程并不存在的假想结构。

(2) 计算隔震后的水平地震影响系数最大值：$\alpha_{\max}$（《抗规》式（12.2.5））。

(3) 计算隔震后的水平地震影响系数 $\alpha$（《抗规》5.1.4 条、5.1.5 条）。

(4) 按振型分解反应谱法计算水平地震作用标准值，总水平地震作用应大于非隔震 6

度时总水平地震作用。

(5) 各楼层水平地震剪力 $V_{Eki}$ 应符合本地区设防烈度的剪重比要求(《抗规》式(5.2.5)):

$$V_{Eki} \geqslant \lambda \sum_{j=i}^{n} G_j$$

4) 隔震层以上结构竖向地震计算:

(1) 9 度时和 8 度且计算水平向减震系数 $\beta \leqslant 0.3$ 时,应进行计算(《抗规》12.2.5 条 4 款)。

(2) 竖向地震作用标准值按《抗规》式(5.3.1-2)计算:

$$F_{vik} = \frac{G_i H_i}{\sum G_j H_j} F_{Evk}$$

(3) 8 度(0.20$g$)、8 度(0.30$g$)和 9 度时,竖向地震作用标准值应分别不小于隔震层以上结构总重力荷载代表值的 20%、30%和 40%(《抗规》12.2.1 条)。

(4) 砌体结构按《抗规》12.2.5 条进行竖向地震作用下的抗震验算时,砌体抗震抗剪强度的正应力影响系数,宜按减去竖向地震作用效应后的平均压应力取值(《抗规》L.1.5 条)。

5) 隔震层以上结构的抗震措施的降低:

(1) $\beta > 0.4$(设置阻尼器时为 0.38):不应降低非隔震时的有关要求,即按非隔震结构的要求采取抗震措施;

(2) $\beta \leqslant 0.4$(设置阻尼器时为 0.38):适当降低非隔震时的要求,但降低程度 $\leqslant$ 1 度,且混凝土结构的墙柱轴压比要求不降低、砌体结构外墙尽端墙体的最小尺寸和圈梁有关规定不降低。

6) 隔震支座的设计要求见《抗规》12.2.1 条、12.2.3 条、12.2.4 条及 12.2.6 条,其中:

(1) 隔震支座应进行竖向承载力验算和罕遇地震下水平位移的验算(12.2.1 条);

(2) 隔震支座在罕遇地震的水平和竖向地震作用下,拉应力不应大于 1MPa。罕遇地震计算时,宜采用剪切变形为 250%时的支座参数,当隔震支座直径不小于 600mm 时可采用剪切变形为 100%时的支座参数。

(3) 隔震支座水平剪力计算中对应的"罕遇地震",即为隔震层以上结构隔震后,依据《抗规》12.2.5 条条文说明表 7 所对应的隔震后的烈度所对应的罕遇地震作用。比如,某项目设防烈度为 9 度 0.40$g$,采用隔震设计,水平向减震系数 $\beta = 0.35$,根据《抗规》12.2.5 条条文说明表 7,隔震后结构水平地震作用对应的烈度为 8 度 0.20$g$。根据《高规》表 4.3.7-1,8 度 0.20$g$ 对应的罕遇地震水平地震影响系数最大值为 0.90,此数值与 9 度设防地震 0.40$g$ 的数值相同。即原 9 度 0.40$g$,隔震后对应烈度为 8 度 0.20$g$,此烈度对应的罕遇地震水平地震影响系数最大值为 0.90,此数值相当于设防烈度为 9 度 0.40$g$ 的数值。

7) 隔震层以下的结构和基础设计要求见《抗规》12.2.9 条。其中:

(1) "隔震结构罕遇地震"指隔震层以上结构隔震后遭受的罕遇地震,与上条定义相同。

(2) "隔震后设防地震的抗震承载力"指隔震层以下结构,应满足依据《抗规》

12.2.5 条条文说明表 7 所对应的隔震后的烈度所对应的设防地震作用下的抗震承载力。比如，某项目设防烈度为 9 度 0.40$g$，采用隔震设计，水平向减震系数 $\beta=0.35$，根据《抗规》12.2.5 条条文说明表 7，隔震后结构水平地震作用对应的烈度为 8 度 0.20$g$。根据《高规》表 4.3.7-1，8 度 0.20$g$ 设防地震水平地震影响系数最大值为 0.45，按反应谱法分析时，隔震层以下结构应满足在此 $\alpha_{max}$ 下的抗震承载力要求。

（3）“满足嵌固的刚度比”指满足《抗规》6.1.14 条 2 款嵌固端剪切刚度比的要求。

（4）隔震建筑地基基础的抗震验算和地基处理仍应按本地区设防烈度进行，即按中震验算。甲、乙类建筑的抗液化措施应按提高一个液化等级确定，直至全部消除液化沉陷（《抗规》表 4.3.6）。

**3. 历年真题解析**

**【例 10.0.1】** 2019（二级）下午 40 题

某多层办公室，采用现浇钢筋混凝土框架结构，首层顶设置隔震层，抗震设防烈度为 8 度（0.20$g$），抗震设防分类为丙类。试问，下列何项符合规范对隔震设计的要求？

（A）设置隔震支座，通过隔震层的大变形来减小其上部结构的水平和竖向地震作用

（B）隔震层以下结构需进行设防地震及罕遇地震作用下的相关验算

（C）隔震层以上结构的总水平地震作用，按水平向减震系数的分析取值即可

（D）隔震层上、下框架同时应满足在多遇地震风荷载作用下的层间位移角不大于 1/500，在罕遇地震作用下则满足不大于 1/50 的要求

**【答案】**（B）

依据《抗规》12.1.1 条条文说明，隔震体系通过延长结构的自振周期减小结构的水平地震作用，（A）错误。

依据《抗规》12.2.9 条 2 款，（B）正确。

依据《抗规》式（12.2.5），隔震层以上结构的总水平地震作用，不但与水平向减震系数有关，还与支座有关，（C）错误。

依据《抗规》12.2.9 条 2 款，隔震层以下地面以上的结构，在罕遇地震作用下的层间位移角限值，当为钢筋混凝土框架结构时，为 1/100，故（D）错误。

**【例 10.0.2】** 2018 下午 17 题

假定，某 6 层新建钢筋混凝土框架结构，房屋高度 36m，建成后拟由重载仓库（丙类）改变用途作为人流密集的大型商场，商场营业面积 10000m$^2$，抗震设防烈度为 7 度，设计基本地震加速度为 0.10$g$，结构设计针对建筑功能的变化及抗震设计的要求提出了以下主体结构加固改造方案：

Ⅰ. 按《抗规》性能 3 的要求进行抗震性能化设计，维持框架结构体系，框架构件承载力按 8 度抗震要求复核，对不满足的构件进行加固补强以提高承载力；

Ⅱ. 在楼梯间等位置增设剪力墙，形成框架-剪力墙结构体系，框架部分不加固，剪力墙承担倾覆弯矩为结构总地震倾覆弯矩的 40%；

Ⅲ. 在结构中增加消能部件，提高结构抗震性能，使消能减震结构的地震影响系数为原结构地震影响系数的 40%，同时对不满足的构件进行加固。

试问，针对以上结构方案的可行性，下列何项判断正确？

（A）Ⅰ、Ⅱ可行，Ⅲ不可行　　　　（B）Ⅰ、Ⅲ可行，Ⅱ不可行

(C) Ⅱ、Ⅲ可行，Ⅰ不可行　　　　　(D) Ⅰ、Ⅱ、Ⅲ均可行

**【答案】**(B)

根据《分类标准》，大型商场为乙类，抗震措施应按提高一度即8度考虑，如常规设计，框架抗震措施应为一级。抗震计算措施影响承载力计算，可进行加固处理，故结构方案应能维持原有抗震构造措施。

根据《抗规》表M.1.1-3，当构件承载力高于多遇地震提高一度的要求，构造抗震等级可降低一度，即维持二级。计算措施不满足的进行加固处理，方案Ⅰ可行；

《高规》8.1.3条3款，框架承受倾覆弯矩大于50%时，框架部分抗震等级宜按框架确定，即应为一级，原结构抗震措施为二级，方案Ⅱ不可行；

《抗规》12.3.8条及条文说明，当消能减震结构的地震影响系数小于原结构地震影响系数的50%时，构造抗震等级可降低一度，即维持二级。计算措施不满足的进行加固处理，方案Ⅲ可行。

**【例10.0.3】**2014上午16题

某钢筋混凝土框架结构，房屋高度为28m，高宽比为3，抗震设防烈度为8度，设计基本地震加速度为0.20$g$，抗震设防类别为标准设防类，建筑场地类别为Ⅱ类。方案阶段拟进行隔震与消能减震设计，水平向减震系数为0.35，关于房屋隔震与消能减震设计的以下说法：

Ⅰ.当消能减震结构的地震影响系数不到非消能减震的50%时，主体结构的抗震构造要求可降低一度；

Ⅱ.隔震层以上各楼层的水平地震剪力，尚应根据本地区设防烈度验算楼层最小地震剪力是否满足要求；

Ⅲ.隔震层以上的结构，框架抗震等级可定为二级，且无需进行竖向地震作用的计算；

Ⅳ.隔震层以上的结构，当未采取有利于提高轴压比限值的构造措施时，剪跨比小于2的柱的轴压比限值为0.65。

试问，针对上述说法正确性的判断，下列何项正确？

(A) Ⅰ、Ⅱ、Ⅲ、Ⅳ正确　　　　　(B) Ⅰ、Ⅱ、Ⅲ正确；Ⅳ错误

(C) Ⅰ、Ⅲ、Ⅳ正确；Ⅱ错误　　　(D) Ⅱ、Ⅲ、Ⅳ正确；Ⅰ错误

**【答案】**(B)

依据《抗规》12.3.8条及条文说明，Ⅰ正确。

依据《抗规》12.2.5条3款，Ⅱ正确。

8度区且水平向减震系数0.35>0.3，依据《抗规》12.2.5条4款，无需进行竖向地震作用的计算；依据《抗规》12.2.7条2款及其条文说明，8度(0.20$g$)且水平向减震系数不大于0.40时，抗震措施可按7度(0.10$g$)设置，即降低1度，据此查表得到框架的抗震等级为二级。Ⅲ正确。

依据《抗规》12.2.7条2款和6.3.6条，与抵抗竖向地震作用有关的抗震措施不降低；故轴压比限值按8度0.20$g$，$H$=28m，一级结构确定为0.65；剪跨比小于2的柱的轴压比要降低0.05，0.65−0.05=0.6。Ⅳ错误。

**【例10.0.4】**2011上午16题

某多层钢筋混凝土框架结构，房屋高度20m，混凝土强度等级C40，抗震设防烈度8度，设计基本地震加速度0.30$g$，抗震设防类别为标准设防类，建筑场地类别Ⅱ类。拟进行隔震设计，水平向减震系数为0.35，下列关于隔震设计的叙述，何项正确？

(A) 隔震层以上各楼层的水平地震剪力，可不符合本地区设防烈度的最小地震剪力系数的规定

(B) 隔震层下的地基基础的抗震验算按本地区抗震设防烈度进行，抗液化措施应按提高一个液化等级确定

(C) 隔震层以上的结构，水平地震作用应按7度（0.15$g$）计算，并应进行竖向地震作用的计算

(D) 隔震层以上的结构，框架抗震等级可定为三级，当未采取有利于提高轴压比限值的构造措施时，剪跨比大于2的柱的轴压比限值为0.75

**【答案】**(D)

(A) 项：根据《抗规》12.2.5条3款，应符合本地区设防烈度的最小地震剪力系数的规定。

(B) 项：根据《抗规》12.2.9条3款，丙类建筑抗液化措施不需按提高一个液化等级确定。

(C) 项：根据《抗规》12.2.5条2款，水平地震作用应为本地区设防地震作用并考虑水平向减震系数确定，减震系数大于0.3，可不进行竖向地震作用的计算。

(D) 项：根据《抗规》12.2.7条及条文说明，可按7度（0.15$g$）确定抗震等级，查表6.1.2，框架抗震等级为三级；与抵抗竖向地震作用有关的抗震构造措施不应降低，柱轴压比限值仍按二级，查表6.3.6，取0.75。

**【例10.0.5】**2009下午18题

下列关于高层建筑隔震和消能减震设计的观点，哪一种相对准确？

(A) 隔震技术应用于高度较高的钢或钢筋混凝土高层建筑中，对较低的结构不经济

(B) 隔震技术具有隔离水平及竖向地震的功能

(C) 消能部件沿结构的两个主轴方向分别设置，宜设置在建筑物底部位置

(D) 采用消能减震设计的高层建筑，当遭受高于本地区设防烈度的罕遇地震影响时，不会发生丧失使用功能的破坏

**【答案】**(D)

依据《抗规》12.1.3条条文说明，隔震技术对低层和多层建筑比较合适，故(A)不正确。

依据《抗规》12.2.1条条文说明，目前隔震技术只具有隔离水平地震的功能，故(B)不正确。

依据《抗规》12.3.2条，消能部件宜设置在层间变形较大的位置，故(C)不正确。

依据《抗规》3.8.2条条文说明，(D)正确。

# 11 《烟囱规范》

**1. 主要的规范规定**

1)《烟囱规范》3.1 节：设计原则。

2)《烟囱规范》4.2 节、4.3 节：混凝土与钢材材料强度。

3)《烟囱规范》5.1 节、5.2 节、5.5 节：风荷载与地震作用。

4)《荷规》表 8.3.1 项 37：烟囱体型系数。

5)《荷规》附录 F.1.2 条：烟囱和塔架的基本自振周期计算。

6)《抗规》5.1.5 条：地震影响系数曲线。

**2. 对规范规定的理解**

《烟囱工程技术标准》GB/T 50051—2021，自 2021 年 10 月 1 日起实施。原国家标准《烟囱设计规范》GB 50051—2013 同时废止。考虑到 2022 年考务文件未出，本书仍然按《烟囱设计规范》进行编写，请读者留意后续 2022 年考务文件相关内容。

1) 烟囱风荷载计算：

(1) 烟囱高度≥200m 时，烟囱的安全等级取为一级，其计算风压按基本风压的 1.1 倍确定，结构的重要性系数取值不小于 1.1。

(2) 烟囱和塔架的基本周期可按《荷规》附录 F.1.2 条计算，公式中 $d$ 为烟囱 1/2 高度处的外径 (m)。根据《荷规》8.4.1 条，当基本自振周期 $T_1$ 大于 0.25s 时，应考虑风压脉动对结构产生顺风向风振的影响。

(3) 烟囱的体型系数可按《荷规》表 8.3.1 项 37 计算，公式中 $d$ 为烟囱 1/2 高度处的外径 (m)，$\Delta$ 为表面凸出高度。

(4) 对圆形钢筋混凝土烟囱和自立式钢结构烟囱，当其坡度小于或等于 2%时，应根据雷诺数的不同情况进行横风向风振计算。其中，《烟囱规范》式 (5.2.4-1)、式 (5.2.4-2) 中的 $d$ 为烟囱 2/3 高度处的外径 (m)，$d$＝顶部直径＋$H$×坡度×2/3。需注意的是，斯脱罗哈数 $St$ 在《荷规》8.5.3 条中，取值为 0.2。

(5)《烟囱规范》5.2.4 条 3 款计算中，$a$ 为地面粗糙度系数，根据《荷规》8.4.4 条条文说明，对应于 A、B、C 和 D 类地貌，分别取为 0.12、0.15、0.22 和 0.30；$\varphi_{zj}$ 为在 $z$ 高度处结构的 $j$ 振型系数，可按《荷规》附录 G 取值。

(6) 当烟囱发生横风向共振时，可将横风向共振荷载效应 $S_C$ 与对应风速下顺风向荷载效应 $S_A$ 进行组合：$S=\sqrt{S_C^2+S_A^2}$。

2) 烟囱地震作用计算：

(1) 烟囱和塔架的基本周期可按《荷规》附录 F.1.2 条计算，阻尼比按《烟囱》5.5.1 条取值，对钢筋混凝土和砖烟囱取为 0.05。

(2) 根据《抗规》5.1.4 条确定 $\alpha_{max}$ 和 $T_g$。

(3) 根据《抗规》5.1.5 条确定烟囱水平地震影响系数 $\alpha$。

（4）采用振型分解反应谱法计算（《抗规》5.2.2条），高度不超过150m时，计算取前3个振型组合，水平地震作用效应（弯矩、剪力、轴向力和变形），当相邻周期比小于0.85时，$S_{Ek}=\sqrt{\sum S_j^2}$；高度超过150m时，可计算前3～5个振型组合；高度大于200m时，计算的振型数量不应少于5个。

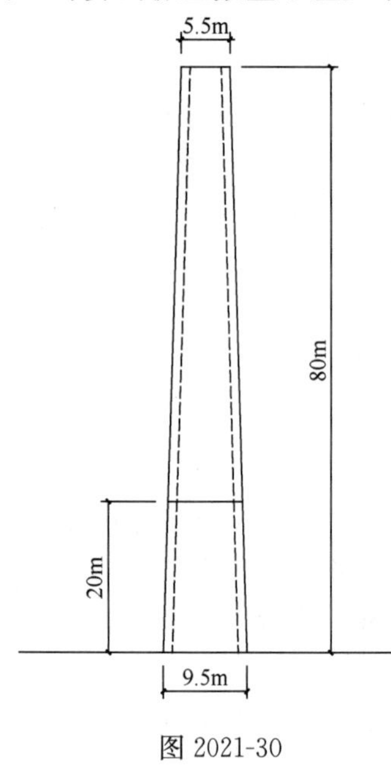

图 2021-30

（5）抗震设防烈度为8度和9度时，应按《烟囱规范》5.5.5条计算竖向地震作用。根据条文说明，最大竖向地震力标准值发生在烟囱中下部，数值为：$F_{Evkmax}=(1+C)\kappa_v G_E=0.65(1+C)\dfrac{a}{g}G_E$。应注意竖向地震作用标准值方向为“竖向”，即对整体结构可能是拉力或是压力，数值应与重力荷载叠加。

**3. 历年真题解析**

**【例 11.0.1】** 2021下午30题

如图2021-30所示，某80m高环形截面钢筋混凝土烟囱，抗震设防烈度8度（0.20$g$），设计地震分组第一组，场地类别Ⅱ类，假定，烟囱基本自振周期1.5s，烟囱估算时划分为4节，每节高度均为20m，自上而下各节重力荷载代表值分别为5800kN、6600kN、7500kN、8800kN。

试问，烟囱20m高度处水平截面与根部水平截面（基础顶面）竖向地震作用之比（$F_{Evik}/F_{Ev0k}$）与下列何项数值最为接近？

（A）2.40　　（B）1.20　　（C）0.71　　（D）0.50

**【答案】**（A）

根据《烟囱规范》式（5.5.5-1）：

$$F_{Ev0}=0.75\alpha_{vmax}G_E$$
$$=0.75\times0.65\times0.16\times(5800+6600+7500+8800)=2238.6\text{kN}$$

根据《烟囱规范》式（5.5.5-2）、式（5.5.5-3）：

$$\eta=4(1+C)\kappa_v=4\times(1+0.7)\times0.13=0.884$$
$$G_{iE}=5800+6600+7500=19900\text{kN}$$
$$G_E=5800+6600+7500+8800=28700\text{kN}$$
$$F_{Evik}=\eta\left(G_{iE}-\frac{G_{iE}^2}{G_E}\right)$$
$$=0.884\times\left(19900-\frac{19900^2}{28700}\right)=5394\text{kN}$$
$$F_{Evik}/F_{Ev0k}=5394/2238.6=2.41$$

**【例 11.0.2】** 2014下午31题

某环形截面钢筋混凝土烟囱，如图2014-31所示，抗震设防烈度为8度，设计基本地震加速度为0.20$g$，设计地震分组第一组，场地类别Ⅱ类，基本风压$w_0=0.40\text{kN/m}^2$。烟囱基础顶面以上总

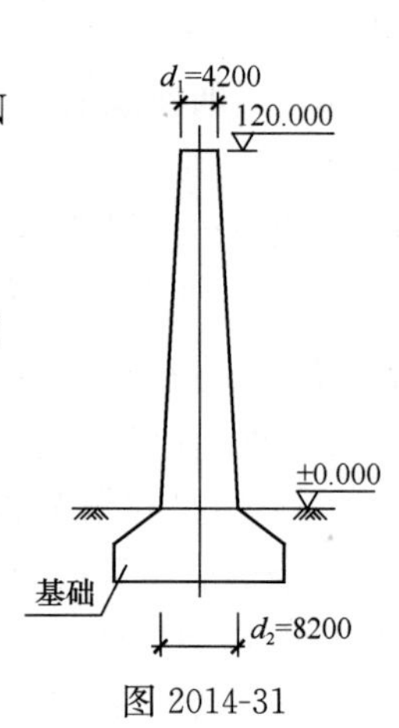

图 2014-31

重力荷载代表值为15000kN，烟囱基本自振周期为$T_1=2.5$s。

已知，烟囱底部（基础顶面处）由风荷载标准值产生的弯矩$M=11000$kN·m，由水平地震作用标准值产生的弯矩$M=18000$kN·m，由地震作用、风荷载、日照和基础倾斜引起的附加弯矩$M=1800$kN·m。试问，烟囱底部截面进行抗震极限承载能力设计时，烟囱抗弯承载力设计值最小值$R_d$（kN·m），与下列何项数值最为接近？

(A) 28200　　(B) 25500　　(C) 25000　　(D) 22500

**【答案】**(B)

根据《烟囱规范》式(3.1.8-1)，钢筋混凝土烟囱$\gamma_{RE}=0.9$，仅水平地震作用$\gamma_{Eh}=1.3$，重力荷载代表值产生的弯矩，体现在地震附加弯矩中，$\psi_{MaE}=1.0$。则

$$\begin{aligned}R_d&=\gamma_{RE}(\gamma_{GE}S_{GE}+\gamma_{Eh}S_{Ehk}+\gamma_{Ev}S_{Evk}+\psi_{WE}\gamma_W S_{Wk}+\psi_{MaE}S_{MaE})\\&=0.9\times(1.3\times18000+0.2\times1.4\times11000+1.0\times1800)\\&=25452\text{kN}\cdot\text{m}\end{aligned}$$

**【例11.0.3】**2014下午32题

基本题干同例11.0.1。烟囱底部（基础顶面处）截面筒壁竖向配筋设计时，需要考虑地震作用并按大、小偏心受压包络设计，已知，小偏心受压时重力荷载代表值的轴压力对烟囱承载能力不利，大偏心受压时重力荷载代表值的轴压力对烟囱承载能力有利。假定，小偏心受压时轴压力设计值为$N_1$（kN），大偏心受压时轴压力设计值为$N_2$（kN）。试问，$N_1$（kN）、$N_2$（kN）与下列何项数值最为接近？

(A) 18000、15660　　(B) 20340、15660

(C) 18900、12660　　(D) 19500、13500

**【答案】**(D)

根据《烟囱规范》5.5.1条3款，抗震设防烈度为8度时，考虑竖向地震作用。

根据《烟囱规范》式(5.5.5-1)：

$$F_{Ev0}=\pm0.75\alpha_{vmax}G_E=\pm0.75\times0.65\times0.16\times15000=1170\text{kN}$$

竖向地震产生的力为轴力，依据其作用方向，可为拉力或压力。

根据《烟囱规范》式(3.1.8-1)：

$$N=\gamma_{GE}S_{GE}+\gamma_{Ev}S_{Evk}$$

重力荷载代表值产生的轴力，小偏压时对烟囱承载能力不利，$\gamma_{GE}=1.2$。

竖向地震作用为主：$\gamma_{Ev}=1.3$，此时压力越大越不利，故竖向地震取为压力。

$$N_1=1.2\times15000+1.3\times1170=19521\text{kN}$$

重力荷载代表值产生的轴力，大偏压时对烟囱承载能力有利，$\gamma_{GE}=1.0$。

竖向地震作用为主：$\gamma_{Ev}=1.3$，此时压力越小越不利，故竖向地震取为拉力。

$$N_2=1.0\times15000-1.3\times1170=13479\text{kN}$$

**【例11.0.4】**2012下午32题

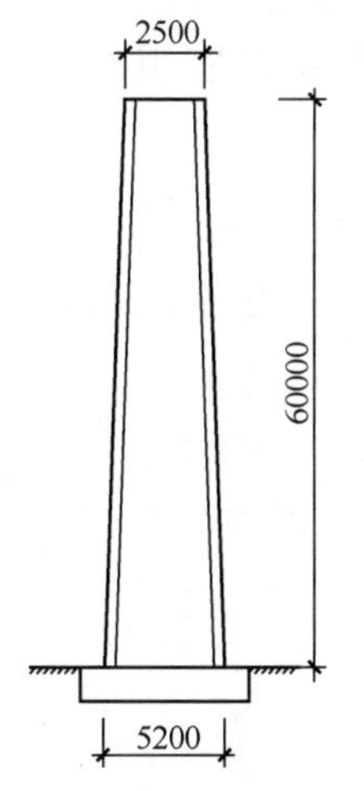

图2012-32

某环形截面钢筋混凝土烟囱，如图2012-32所示，抗震设防烈度为7度，设计基本地震加速度为0.10$g$，设计分组为第二组，场地类别为Ⅲ类。

试问，相应于烟囱基本自振周期的水平地震影响系数与下列何项数值最为接近？

**提示：**按《荷规》计算烟囱基本自振周期。

(A) 0.021　　(B) 0.027　　(C) 0.036　　(D) 0.040

**【答案】**(C)

根据《荷规》附录 F.1.2 条：

$$d = \frac{1}{2} \times (2.5 + 5.2) = 3.85\text{m}$$

$$T_1 = 0.41 + 0.10 \times 10^{-2} \times \frac{60^2}{3.85} = 1.345\text{s}$$

根据《烟囱规范》5.5.1 条，阻尼比为 0.05。

根据《抗规》5.1.4 条、5.1.5 条，$T_g = 0.55\text{s}$，$\gamma = 0.9$，$\eta_2 = 1.0$，$\alpha_{\max} = 0.08$，$T_g < T_1 = 1.479\text{s} < 5T_g = 5 \times 0.45 = 2.25\text{s}$，则

$$\alpha_1 = \left(\frac{T_g}{T}\right)^{\gamma} \eta_2 \alpha_{\max} = \left(\frac{0.55}{1.345}\right)^{0.9} \times 1 \times 0.08 = 0.036$$

**【编著注】**采用《荷规》附录 F 计算自振周期时需要注意，规范给出的两个公式，一个是高度不超过 60m 的“砖烟囱”，另一个是高度不超过 150m 的“钢筋混凝土烟囱”。本题尽管烟囱高度小于 60m，但却是“钢筋混凝土烟囱”。

**【例 11.0.5】**2011 下午 19 题

某环形截面钢筋混凝土烟囱，如图 2011-19 所示，烟囱基础顶面以上总重力荷载代表值为 18000kN，烟囱基本自振周期 $T_1 = 2.5\text{s}$。

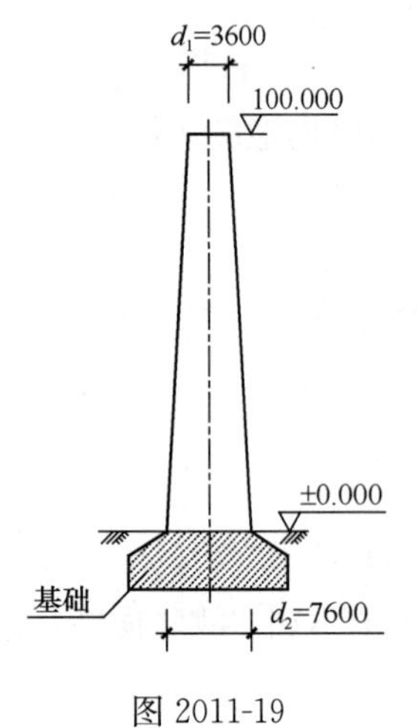


图 2011-19

如果烟囱建于非地震区，基本风压 $w_0 = 0.5\text{kN/m}^2$，地面粗糙度为 B 类。试问，烟囱承载能力极限状态设计时，风荷载按下列何项考虑？

**提示：**假定烟囱第 2 及以上振型，不出现跨临界的强风共振。$St = 0.2$。

(A) 由顺风向风荷载效应控制，可忽略横风向风荷载效应

(B) 由横风向风荷载效应控制，可忽略顺风向风荷载效应

(C) 取顺风向风荷载效应与横风向风荷载效应之较大者

(D) 取顺风向风荷载效应与横风向风荷载效应组合值 $\sqrt{S_A^2 + S_C^2}$

**【答案】**(A)

该烟囱为钢筋混凝土烟囱，烟囱坡度 $\frac{7.6/2 - 3.6/2}{100} = 0.02$，根据《烟囱规范》5.2.4 条，首先判断烟囱是否出现跨临界强风共振。

$v_{cr} = \frac{D}{T_1 St}$，其中：$St = 0.2$，$D$ 取 2/3 高度处的截面直径：$D = 3.6 + 2/3 \times 100 \times 0.02 = 4.933\text{m}$，代入得：

$$v = v_{cr} = \frac{4.933}{2.5 \times 0.2} = 9.866\text{m/s}$$

$$Re = 69000vD = 69000 \times 9.864 \times 4.932 = 3.357 \times 10^6$$

$3.0\times10^5 < Re < 3.5\times10^6$，发生超临界范围的风振，不出现跨临界强风共振，可不作处理。

**【例 11.0.6】** 2011 下午 20 题

基本题干同例 11.0.4。烟囱建于设防烈度为 8 度地震区，设计基本地震加速度为 $0.20g$，设计地震分组第二组，场地类别Ⅲ类。试问，相应于基本自振周期的多遇地震下水平地震影响系数，与下列何项数值最为接近？

(A) 0.031　　(B) 0.038　　(C) 0.041　　(D) 0.048

**【答案】**(C)

根据《烟囱规范》5.5.1 条 1 款，阻尼比取 0.05。

根据《抗规》5.1.4 条及 5.1.5 条，$T_g = 0.55\text{s}$，$\alpha_{max} = 0.16$，$T_g < T < 5T_g = 2.75\text{s}$，则

$$\alpha_1 = \left(\frac{0.55}{2.5}\right)^{0.9} \times 0.16 = 0.041$$

# 12 《高钢规》

**1. 主要的规范规定**

1)《高钢规》第 3 章：结构设计基本规定。

2)《高钢规》第 5 章：荷载与作用。

3)《高钢规》第 6 章：结构计算分析。

4)《高钢规》第 7 章：钢构件设计。

5)《高钢规》第 8 章：连接设计。

**2. 对规范规定的理解**

1) 结构的整体布置与计算分析。高层民用钢结构的设计基本规定与整体计算指标要求与高层混凝土结构相似，以下仅列出两者不同之处或需要特别注意的条文：

(1)《高钢规》表 3.3.2-1，平面不规则的主要类型，包括偏心布置项。根据附录 A.0.1 的规定计算的任一层的偏心率大于 0.15 或相邻层质心相差大于相应边长的 15%时，属于平面不规则。

(2) 根据《高钢规》3.3.3 条，高层钢结构最大位移比限值为 1.5；侧向刚度不规则、竖向抗侧力构件不连续、楼层承载力突变的楼层剪力放大系数取 1.15。

(3) 根据《高钢规》3.3.5 条，高层钢结构防震缝宽度不应小于钢筋混凝土框架结构缝宽的 1.5 倍，与钢结构房屋结构类型是否为框架结构无关（与《抗规》8.1.4 条规定不同）。即：

$$\text{防震缝宽 } \delta_{\min}\begin{cases} H \leqslant 15\text{m}：\delta_{\min} \geqslant 150 \\ H > 15\text{m}：\delta_{\min} \geqslant 150 + 30\dfrac{H-15}{\Delta h}，\Delta h\begin{cases} 6\text{ 度}：5\text{m} \\ 7\text{ 度}：4\text{m} \\ 8\text{ 度}：3\text{m} \\ 9\text{ 度}：2\text{m} \end{cases} \end{cases}$$

(4) 根据《高钢规》3.5.5 条，房屋高度不小于 150m 的高层民用建筑钢结构应满足风振舒适度要求。其中，表 3.5.5 的结构顶点的顺风向和横风向振动最大加速度限值与《高规》表 3.7.6 不同。

(5)《高钢规》5.4.6 条给出了高层民用建筑钢结构抗震计算的阻尼比取值要求。混凝土结构、钢结构、混合结构在不同情况下的结构阻尼比取值汇总见本书表 1.4-2。

(6)《高钢规》6.1.3 条规定，弹性计算时，两侧有楼板的钢梁其惯性矩可取为 $1.5I_b$，仅一侧有楼板的钢梁其惯性矩可取为 $I_b$。弹塑性计算时，不考虑楼板对钢梁惯性矩的增大作用。

(7)《高钢规》6.1.5 条、6.1.6 条规定，考虑非承重填充墙体刚度影响，可对结构的自振周期进行折减，折减系数可取 0.9～1.0。

(8)《高钢规》6.2.2 条规定，高层民用建筑钢结构弹性分析时，应计入重力二阶效应的影响。《高钢规》6.1.7 条控制重力 $P$-$\Delta$ 效应不超过 20%，使结构的稳定具有适宜的安全储备。在水平力作用下，高层民用建筑钢结构的稳定应满足如下要求：

框架结构：

$$D_i = V_i/\Delta_i \geqslant 5\sum_{j=i}^{n} G_j/h_i (i=1,2,\cdots,n)$$

其中，$G_j = 1.2S_{Gk} + 1.4S_{Qk}$；当采用底部剪力法时，由《高钢规》5.4.3 条，首层剪力（底部总剪力）$V_1 = F_{Ek} = \alpha_1 G_{eq}$；框架-支撑结构、框架-延性墙板结构、筒体结构和巨型框架结构：

$$EJ_d = \frac{11}{120}\frac{qH^4}{u} \geqslant 0.7H^2\sum_{i=1}^{n} G_i$$

其中，$G_i = 1.2S_{Gk} + 1.4S_{Qk}$。

(9)《高钢规》6.2.4 条规定，钢框架-支撑结构的支撑斜杆两端宜按铰接计算；当实际构造为刚接时，也可按刚接计算。

(10)《高钢规》6.2.6 条规定，钢框架-支撑结构，钢框架-延性墙板结构的框架部分按刚度分配得到的地震层剪力应乘以调整系数，达到不小于结构总剪力的 25%和框架部分计算最大层剪力 1.8 倍二者的较小值。

2）抗震等级。抗震设计时，丙类高层民用钢结构的抗震等级按《抗规》表 8.1.3 执行。根据条文说明及《抗规》，可能涉及的相关调整内容包括：

(1) 抗震构造措施：

① Ⅰ类场地
- 甲、乙类：按本地区（《抗规》3.3.2 条）
- 丙类：
  - 6 度：按本地区
  - 7 度、8 度、9 度：降低一度

② Ⅲ、Ⅳ类场地（《抗规》3.3.3 条）
- $0.15g$：按 8 度（$0.20g$）
- $0.30g$：按 9 度（$0.40g$）

(2) 构件抗震等级
- 应与结构相同
- 当某个部位各部件承载力均满足 2 倍地震组合内力要求时
  - 7、8、9 度：降低一度
  - 6 度：按本地区
- 2 倍地震组合：$\gamma_G S_{GE} + \gamma_{Eh} 2S_E \leqslant R/\gamma_{RE}$

(3) 框架-中心支撑
- 框架部分：$H \leqslant 100$，且 $V_{Ek}^{框架} \leqslant 0.25V_{Ek}^{底部总}$ 时，一、二、三级的构造措施：按框架结构降低一级
- 其他抗震构造措施：符合 8.3 节的框架结构（《抗规》8.4.3 条）

(4) 框架-偏心支撑《抗规》8.5.7 条
- 框架部分：$H \leqslant 100$，且 $V_{Ek}^{框架} \leqslant 0.25V_{Ek}^{底部总}$ 时，一、二、三级的构造措施：按框架结构降低一级
- 其他抗震构造措施：符合 8.3 节的框架结构

(5) 钢支撑-混凝土框架，丙类
- 钢支撑框架部分：比 8.1.3 条和 6.1.2 条的框架结构提高一级
- 混凝土框架部分：按 6.1.2 条框架结构（G.1.2 条）

(6) 钢框架-混凝土核心筒，丙类（《抗规》G.2.2 条）
- 钢框架部分：按 8.1.3 条
- 混凝土核心筒：
  - 比 6.1.2 条提高一个等级
  - 8 度：高于一级
  - 当框架 $V_{f,max} < V_{Ek总} \times 10\%$ 时：筒体墙构造措施提高一级（G.2.3 条 2 款）

(7) 加强层及其上、下各一层的竖向构件和连接部位，抗震构造措施提高一级。

3) 梁构件设计，按《高钢规》7.1 节。

(1) 梁的抗弯 $\begin{cases}非抗震：\dfrac{M_x}{\gamma_x W_{nx}} \leqslant f \\ 抗震：\dfrac{M_x}{\gamma_x W_{nx}} = \dfrac{M_x}{1.0W_{nx}} \leqslant \dfrac{f}{\gamma_{RE}} = \dfrac{f}{0.75}\end{cases}$

(2) 除设置刚性铺板外，梁的整体稳定 $\begin{cases}非抗震：\dfrac{M_x}{\varphi_b W_x} \leqslant f \\ 抗震：\dfrac{M_x}{\varphi_b W_x} \leqslant \dfrac{f}{\gamma_{RE}}（仅竖震：\gamma_{RE}=1.0）\end{cases}$，《高钢规》3.6.1 条仅规定了柱和支撑稳定计算时的抗震承载力调整系数，梁的稳定验算 $\gamma_{RE}$ 未规定。2001 版《抗规》对梁的验算不区分强度还是稳定，均取 $\gamma_{RE} = 0.75$。

(3) 在主平面内受弯的实腹构件，其抗剪强度 $\begin{cases}非抗震：\tau = \dfrac{VS}{It_w} \leqslant f_v \\ 抗震：\tau = \dfrac{VS}{It_w} \leqslant \dfrac{f_v}{\gamma_{RE}} = \dfrac{f_v}{0.75}\end{cases}$

(4) 框架梁端部截面，其抗剪强度 $\begin{cases}非抗震：\tau = \dfrac{V}{A_{wn}} \leqslant f_v \\ 抗震：\tau = \dfrac{V}{A_{wn}} \leqslant \dfrac{f_v}{\gamma_{RE}} = \dfrac{f_v}{0.75}\end{cases}$，其中 $A_{wn}$ 为扣除焊接孔和螺栓孔后的腹板受剪面积。

(5) 托柱梁地震作用引起的单工况组合前内力，应乘以增大系数 1.5。

4)《高钢规》式 (7.3.2-4) 及式 (7.3.2-11) 分别给出了有侧移（一般为无支撑）框架柱和无侧移（一般为有支撑）框架柱的计算长度系数计算公式，公式是按梁柱节点刚接的子结构推导而来，当实际情况不同时，需要修正（见《高钢规》7.3.2 条 3 款第 1)、2)、3) 点及 7.3.2 条 5 款第 1)、2)、3) 点）。如图 12.0-1 (a) 所示，确定柱 A 计算长度系数时，顶端梁 C，a 端为近端刚接，b 端为远端刚接；确定柱 B 计算长度系数时，顶端梁 C，b 端为近端刚接，a 端为远端刚接。如图 12.0-1 (b) 所示，确定柱 A 计算长度系数时，顶端梁 C，a 端为近端铰接，b 端为远端固接。

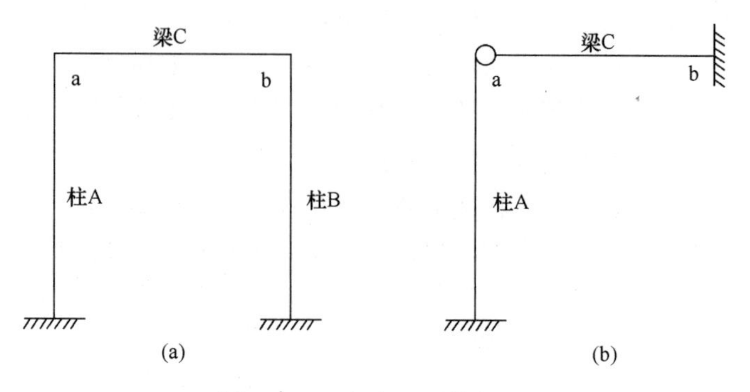


图 12.0-1 框架柱计算简图

5)《高钢规》7.3.3 条给出了钢框架柱的强柱弱梁抗震承载力计算方法，此规定与《抗规》8.2.5 条相同。其中，2 倍地震作用下的组合轴力设计值，为 $\gamma_G S_{GE} + \gamma_{Eh} 2S_E$ 组合下的轴力值。如图 12.0-2 所示，塑性截面模量 $W_p$，当采用双轴对称工字形截面时，$W_p = bt_f(h_w + t_f) + t_w \frac{h_w^2}{4}$。当采用单轴对称工字形截面时，$W_p = b_1t_1\left(h_1 + \frac{t_1}{2}\right) + h_1t_w\frac{h_1}{2} + b_2t_2\left(h_2 + \frac{t_2}{2}\right) + h_2t_w\frac{h_2}{2}$。

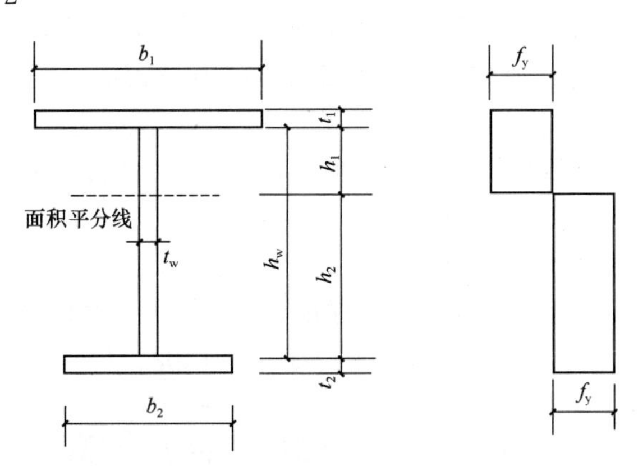


图 12.0-2 截面的塑性中和轴

6)《高钢规》节点域计算的相关规定汇总如下：

(1) 节点域抗剪承载力（7.3.5 条）：

$$(M_{b1} + M_{b2})/V_p \leqslant (4/3) \cdot f_v$$

(2) 节点域屈服承载力（7.3.8 条）：

$$\psi(M_{pb1} + M_{pb2})/V_p \leqslant (4/3) \cdot f_{yv}$$

$$M_{pb} = W_p f_y$$

$\psi$：一、二级，0.85；三、四级，0.75。

$f_{yv} = 0.58f$。

节点域有效体积 $V_p$（7.3.6 条）：

- 工字形柱
  - 绕强轴：$V_p = h_{b1}h_{c1}t_p$
  - 绕弱轴：$V_p = 2h_{b1}bt_f$
- 箱形柱：$V_p = \frac{16}{9}h_{b1}h_{c1}t_p$，
  - 梁 $h_{b1} = h_b^{腹板高} + t_b^{翼缘厚}$
  - 柱 $h_{c1} = h_c^{腹板高} + t^{翼缘厚}$
- 圆管柱：$V_p = (\pi/2) \cdot h_{b1}h_{c1}t_p$，$t_p$ 为一块腹板＋节点域补强板厚，或局部加厚时的节点域板厚，箱形柱为一块腹板的厚度
- 十字形柱：$V_p = \varphi h_{b1}(h_{c1}t_p + 2bt_f)$，$\varphi = \frac{\alpha^2 + 2.6(1+2\beta)}{\alpha^2 + 2.6}$，

  $\alpha = \frac{h_{b1}}{b}$，$\beta = \frac{A_f}{A_w} = \frac{bt_f}{h_{c1}t_p}$

(3) 节点域稳定性（7.3.7 条：设计值）

柱与梁连接处，在梁上、下翼缘对应位置应设置柱的水平加劲肋或隔板。

工字形、箱形柱腹板在节点域的稳定性
$$\begin{cases} t_p \geqslant \dfrac{h_{0b}+h_{0c}}{90}, h_{0b}, h_{0c} \text{分别为梁腹板厚、柱腹板厚，取中心距} \\ \tau = \dfrac{M_{b1}+M_{b2}}{V_p} \leqslant \dfrac{4}{3} \cdot \dfrac{f_v}{\gamma_{RE}} = \dfrac{4}{3} \cdot \dfrac{f_v}{0.75} \end{cases}$$

其中，节点域两侧梁段截面的全塑性受弯承载力，采用钢材的屈服强度 $f_y$ 计算，即 $M_{pb}=W_p f_y$。(2018 真题下午 26 题，《抗规》式（8.2.5-3)，《高钢规》7.3.8 条，命题组解答使用 $f$，设计值，与上述观点矛盾；2016 真题上午 26 题，《抗规》式（8.2.5-3)，命题组解答使用 $f_y$，与上述观点相符)。

7)《抗规》8.2.8 条规定了钢结构抗侧力构件的连接计算。关于钢结构弹性承载力、塑性承载力、屈服承载力和极限承载力，多本规范不统一。现分情况解释如下：

(1)《钢标》第 10 章塑性设计等非抗震设计状况和《抗规》多遇地震设计状况，计算表达式中，需要考虑抗力分项系数时，“塑性承载力”按强度设计值 $f$ 计算：

①《钢标》式（10.3.4-2)、式（10.3.4-4)、式（10.3.4-5)；

②《抗规》式（8.2.7-1)。

(2) 抗震设计时，下列情况下的“塑性承载力”按 $f_y$ 计算：

① 抗震性能化设计中，设防地震下的承载力计算（《钢标》17.2.3 条)；《钢标》在抗震性能化设计中采用设防地震设计状况，采用的地震组合验算式不再用到抗力分项系数和材料抗震调整系数，而是在承载力性能系数中统一考虑；

② 按《抗规》式（8.2.5-3）计算屈服承载力；

③ 以强柱弱梁、强剪弱弯、强节点弱构件等为代表的极限承载力验算，可理解为偶然组合。其中，《抗规》8.2.8 条相关公式右侧梁塑性受弯承载力计算，《钢标》式（17.2.5-1)、式（17.2.5-2）等，《抗规》9.2.11 条 4 款支撑杆件塑性承载力计算，采用 $f_y$ 计算。

(3)“极限承载力”按 $f_u$ 计算：

①《钢标》式（7.1.1-2）及式（17.2.6)，公式右侧；

②《抗规》8.2.8 条相关公式极限承载力计算（公式左侧)；

③《抗规》9.2.11 条 4 款连接承载力计算。

(4)《高钢规》与上述《抗规》一致的条文，强度取值原则相同。

8)《高钢规》7.5.5 条规定了中心支撑斜杆的抗震承载力验算要求。其中，稳定破坏 $\gamma_{RE}=0.80$。

人字形和 V 形支撑的框架梁在支撑连接处应保持连续，并按不计入支撑支点作用的梁验算重力荷载和支撑屈曲时不平衡力作用下的承载力。如图 12.0-3 所示，不平衡力应按

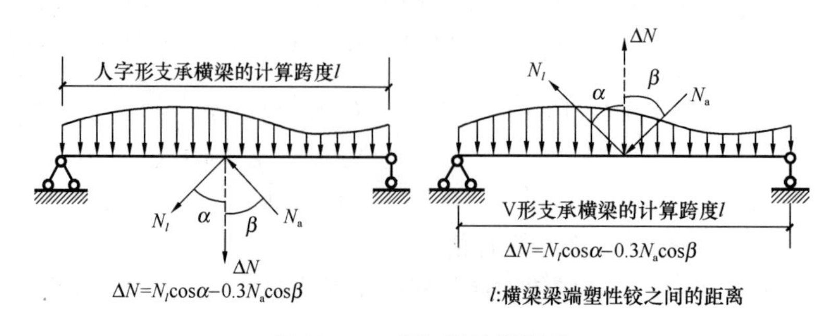


图 12.0-3 框架梁计算简图

受拉支撑的最小屈服承载力（$f_y A_{br}^{支撑面积}$）和受压支撑最大屈曲承载力的 0.3 倍（$0.3\varphi f_y A_{br}^{支撑面积}$）计算。

9)《高钢规》消能梁段抗震承载力计算的相关规定汇总如下。

（1）消能梁段受剪承载力（7.6.2 条）

$$N \leqslant 0.15Af\ 时\begin{cases}消能梁段不计轴力受剪承载力：V_l = \min\left\{0.58A_w f_y,\ 2\dfrac{M_{lp}}{a}\right\}（7.6.3条）\\ M_{lp} = W_p f \\ 验算\begin{cases}非抗震：V \leqslant \phi V_l = 0.9V_l \\ 抗震：V \leqslant \phi V_l/\gamma_{RE} = 0.9V_l/0.75,\ V_l = \min\{0.58A_w f_y,\ 2M_{lp}/a\}\end{cases}\end{cases}$$

$$N > 0.15Af\ 时\begin{cases}计入轴力影响的受剪承载力：\\ V_{lc} = \min\left\{0.58A_w f_y\sqrt{1-\left(\dfrac{N}{Af}\right)^2},\ 2.4M_{lp}\left[1-\dfrac{N}{Af}\right]/a\right\}（7.6.3条）\\ 验算\begin{cases}非抗震：V \leqslant \phi V_{lc} = 0.9V_{lc} \\ 抗震：V \leqslant \phi V_{lc}/\gamma_{RE} = 0.9V_{lc}/0.75\end{cases}\end{cases}$$

（2）消能梁段的受弯承载力（7.6.4 条）

$$非抗震\begin{cases}N \leqslant 0.15Af\ 时：\dfrac{M}{W} + \dfrac{N}{A} \leqslant f \\ N > 0.15Af\ 时：\left(\dfrac{M}{h} + \dfrac{N}{2}\right)\dfrac{1}{b_f t_f} \leqslant f\end{cases}$$

腹板面积 $A_w = (h_{截面高} - 2t_f^{翼缘厚})t_w^{腹板厚}$，$h$、$b_f$、$t_f$ 分别为消能梁段截面高（mm）、翼缘宽（mm）、翼缘厚（mm）。

$$抗震\begin{cases}N \leqslant 0.15Af\ 时：\dfrac{M}{W} + \dfrac{N}{A} \leqslant \dfrac{f}{\gamma_{RE}} = \dfrac{f}{0.75} \\ N > 0.15Af\ 时：\left(\dfrac{M}{h} + \dfrac{N}{2}\right)\dfrac{1}{b_f t_f} \leqslant \dfrac{f}{\gamma_{RE}} = \dfrac{f}{0.75}\end{cases}$$

10)《高钢规》偏心支撑框架除消能梁段外的构件抗震承载力计算的相关规定汇总如下：

（1）偏心支撑斜杆的轴向承载力

① 非抗震：$\dfrac{N_{br}}{\varphi_{min} A_{br}} \leqslant f$，其中，$N_{br}$为支撑的轴力设计值；$A_{br}$为支撑面积。

$$② 抗震\begin{cases}N_{br} = \eta_{br}\dfrac{V_l}{V}N_{br,com}，其中，\eta_{br}\begin{cases}一级：\eta_{br} \geqslant 1.4 \\ 二级：\eta_{br} \geqslant 1.3 \\ 三级：\eta_{br} \geqslant 1.2 \\ 四级：\eta_{br} \geqslant 1.1\end{cases} \\ V_l = \max(0.58A_w f_y,\ 2M_{lp}/a = 2W_p f/a) \\ \dfrac{N_{br}}{\varphi A_{br}} \leqslant \dfrac{f}{\gamma_{RE}} = \dfrac{f}{0.8}\end{cases}$$

（2）偏心支撑框架梁的承载力

① 位于消能梁段同一跨框架梁弯矩：$M_b = \eta_b \dfrac{V_l}{V} M_{br,com}$。

其中，$\eta_b\begin{cases}一级：\eta_b \geqslant 1.3\\ 二、三、四级：\eta_b \geqslant 1.2; V_l = \max\{0.58A_w f_y, 2M_{lp}/a = 2W_p f/a\}。\end{cases}$

② 验算：见本节第 3）点 或《高钢规》7.1 节。

（3）偏心支撑框架柱的承载力

① 柱弯矩、轴力：$M_c = \eta_c \dfrac{V_l}{V} M_{c,com}$，$N_c = \eta_c \dfrac{V_l}{V} N_{c,com}$。

其中，$\eta_c\begin{cases}一级：\eta_c \geqslant 1.3\\ 二、三、四级：\eta_c \geqslant 1.2; V_l = \max\{0.58A_w f_y, 2M_{lp}/a = 2W_p f/a\}。\end{cases}$

② 验算：按《钢标》，强度除以 $\gamma_{RE}$（《高钢规》7.6.7 条）。

11）《高钢规》8.2.4 条给出了梁柱连接极限承载力的设计计算方法，适用于抗震设计的所有等级，包括可不做结构抗震计算但仍需满足构造要求的低烈度区抗震结构。钢框架梁柱连接，梁端弯矩可由翼缘和腹板连接的一部分承受。

**3. 历年真题解析**

**【例 12.0.1】** 2021 下午 32 题

某高层民用钢框架结构，地下一层，层高 5.1m，钢内柱采用埋入式柱脚，钢柱反弯点在地下一层范围，截面 H600×400×16×20，采用 Q345 钢，基础混凝土抗压强度标准值 $f_{ck}$=20.1N/mm²。假定，钢柱考虑轴力影响时，强轴方向的全塑性受弯承载力 $M_{pc}$=1186kN·m，与弯矩作用方向垂直的柱身等效宽度 $b_c$ 取 400mm，钢柱脚计算时连接系数 $\alpha$ 取 1.2。试问，基础顶面可能出现塑性铰时，钢柱柱脚埋置深度 $h_b$（mm）最小取下列何项数值时，方能满足规程对钢柱脚埋置深度的计算要求？

**提示：**①按《高层民用建筑钢结构技术规程》JGJ 99—2015 作答；

②混凝土基础承载力满足要求，不考虑柱底局部承压计算。

（A）800　　（B）1000　　（C）1200　　（D）1400

**【答案】**（B）

根据《高钢规》8.6.4 条：

$$M_u \geqslant \alpha M_{pc} = 1.2 \times 1186 = 1423.2\text{kN}\cdot\text{m}$$

$$M_u = f_{ck} b_c l\left\{\sqrt{(2l+h_B)^2 + h_B^2} - (2l+h_B)\right\}$$

$$= 20.1\times10^3\times0.4\times\left(\frac{2}{3}\times5.1\right)\times\left\{\sqrt{\left(2\times\left(\frac{2}{3}\times5.1\right)+h_B\right)^2 + h_B^2} - \left[2\left(\frac{2}{3}\times5.1\right)+h_B\right]\right\}$$

$$= 27336\times\left[\sqrt{(6.8+h_B)^2 + h_B^2} - (6.8+h_B)\right] \geqslant 1423.2\text{kN}\cdot\text{m}$$

选项（A）：$27336\times\left[\sqrt{(6.8+0.8)^2+0.8^2}-(6.8+0.8)\right]=1147\text{kN}\cdot\text{m}<1423.2\text{kN}\cdot\text{m}$，不满足；

选项（B）：$27336\times\left[\sqrt{(6.8+1)^2+1^2}-(6.8+1)\right]=1745\text{kN}\cdot\text{m}>1423.2\text{kN}\cdot\text{m}$，满足。

**【编者注】** 根据《高钢规》8.6.1 条 3 款，构造要求深度为 1200mm。此题是否考虑构造要求有不同看法。一般来说，计算要求和构造要求是构件设计的不同要求，应分别考虑。

**【例 12.0.2】** 2020 下午 30 题

某高层钢框架结构，抗震等级为三级，安全等级为二级，梁柱钢材采用 Q345 钢，柱截面采用箱形，梁截面采用 H 形，梁与柱（骨式连接）采用翼缘等强焊接、腹板高强度螺栓连接形式。柱的水平隔板厚度均为 20mm，梁腹板过焊孔高度为 35mm。

假定，底部边跨梁柱节点如图 2020-30 所示，梁腹板连接的受弯承载力系数 $m$ 取 0.9。试问，抗震设计时，该结构梁端连接的极限受弯承载力（kN·m），与下列何项数值最为接近？

(A) 1200　　(B) 1250

(C) 1400　　(D) 1500

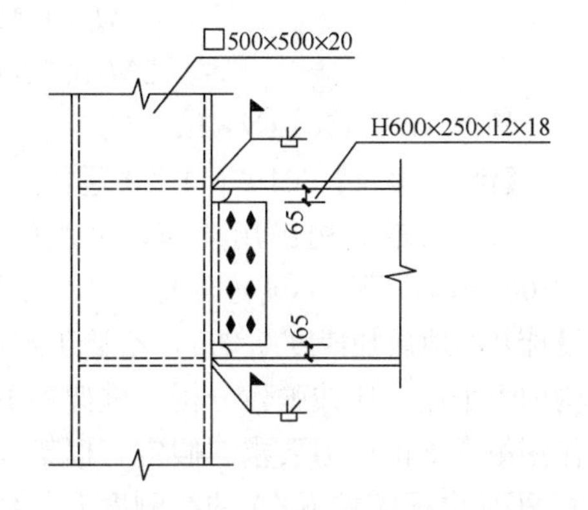

图 2020-30

**【答案】**(C)

根据《高钢规》8.2.4 条计算。

梁翼缘连接的极限受弯承载力：

$$M_{uf}^{j}=A_f(h_b-t_{fb})f_{ub}$$

$$=250\times18\times(600-18)\times470$$

$$=1230.93\text{kN}\cdot\text{m}$$

梁腹板连接的极限受弯承载力：

$$W_{wpe}=\frac{1}{4}(h_b-2t_{fb}-2S_r)^2t_{wb}=\frac{1}{4}\times(600-2\times18-2\times65)^2\times12=565068\text{mm}^4$$

$$M_{uw}^{j}=m\cdot W_{wpe}\cdot f_{yw}=0.9\times565068\times345=175.45\text{kN}\cdot\text{m}$$

梁端连接的极限受弯承载力：

$$M_u^j=M_{uf}^j+M_{uw}^j=1230.93+175.45=1406.38\text{kN}\cdot\text{m}$$

**【例 12.0.3】** 2020 下午 31 题

某高层钢框架结构，抗震等级为三级，安全等级为二级，梁柱钢材采用 Q345 钢，假定，某上部楼层梁柱中间节点如图 2020-31 所示，多遇地震作用下，节点左右梁端综弯矩设计值（同时针方向）相等，均为 $M$。试问，$M$(kN·m) 最大不超过下列项数值时，节点域抗剪承载力满足规程规定？

**提示：**不进行节点域屈服承载力及稳定性验算。

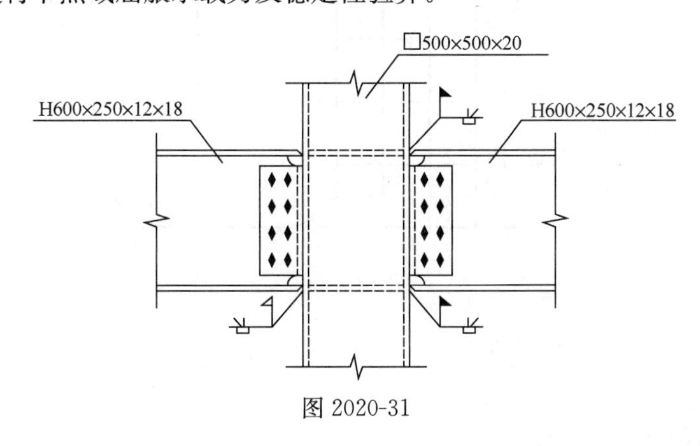

图 2020-31

(A) 900　　(B) 1100　　(C) 1500　　(D) 1800

**【答案】**(C)

根据《高钢规》7.3.6条：

$$V_p=(16/9)h_{b1}h_{c1}t_p=\left(\frac{16}{9}\right)\times(600\div18)\times(500-20)\times20=9932800\text{mm}^3$$

多遇地震作用下，根据《高钢规》3.6.1条，$\gamma_{RE}=0.75$。

根据《高钢规》7.3.6条：

$$(M_{b1}+M_{b2})/V_p\leqslant(4/3)f_v/\gamma_{RE}$$

$$2M/9932800\leqslant(4/3)\times170/0.75$$

解得 $M\leqslant1501\text{kN}\cdot\text{m}$。

**【例 12.0.4】** 2019 下午 29 题

某8层钢结构民用建筑，采用框架中心支撑体系（有侧移，无摇摆柱），房屋高度33.000m，外围局部设通高大空间，其中某榀钢框架如图 2019-29 所示。抗震设防烈度8度，设计基本地震加速度0.20$g$，乙类建筑，Ⅱ类场地，钢材采用Q345($f_y=345\text{N/mm}^2$)，结构内力采用一阶线弹性分析，框架柱KZA与柱顶框架梁KLB的承载力满足2倍多遇地震作用组合下的内力要求。假定，框架柱KZA在$xy$平面外的稳定及构造满足规范要求，在$xy$平面内框架柱KZA的线刚度$i_c$与框架梁KLB的线刚度$i_b$相等，试问，框架柱KZA在$xy$平面内的回转半径$r_c$(mm)最小为下列何值才能满足构件长细比的要求？

**提示：**①按《高层民用建筑钢结构技术规程》JGJ 99—2015作答；

②不考虑KLB的轴力影响，长细比$\lambda=\mu H/r_c$。

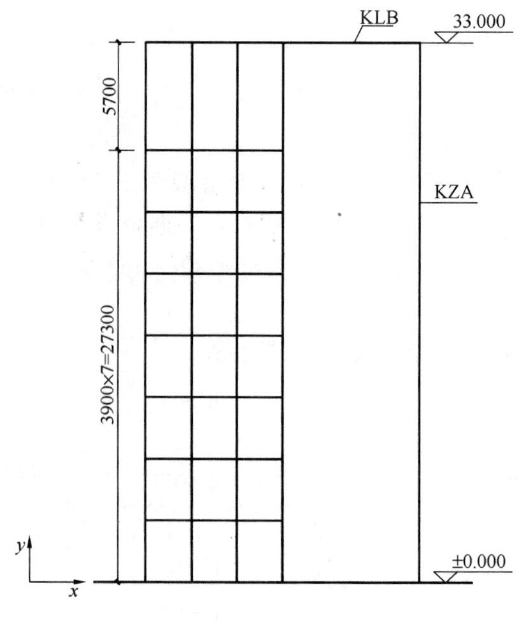


图 2019-29

(A) 610　　(B) 625　　(C) 870　　(D) 1010

**【答案】**(A)

根据《高钢规》7.3.2条：

$$K_1=\frac{\sum i_b}{\sum i_c}=1,\quad K_2=10$$

$$\mu=\sqrt{\frac{7.5K_1K_2+4(K_1+K_2)+1.6}{7.5K_1K_2+K_1+K_2}}=\sqrt{\frac{7.5\times1\times10+4(1+10)+1.6}{7.5\times1\times10+1+10}}=1.18$$

根据《高钢规》3.7.3条、《抗规》8.1.3条，乙类建筑，8度构件抗震等级按9度确定，框架柱KZA的承载力满足2倍多遇地震作用组合下的内力要求，允许降低一度确定，故框架柱抗震等级为三级。

根据《高钢规》7.3.9条：

$$\lambda=\frac{\mu H}{r_c}=\frac{1.18\times33000}{r_c}\leqslant80\times\sqrt{\frac{235}{345}}$$

解得 $r_c\geqslant590$mm。

**【例12.0.5】** 2019下午30题

某26层钢结构办公楼，采用钢框架-支撑体系，如图2019-30所示，抗震设防烈度8度（0.20$g$），丙类建筑，设计地震分组为第一组，Ⅲ类场地，安全等级为二级，钢材采用Q345，为简化计算，$f=305\text{N/mm}^2$，$f_y=345\text{N/mm}^2$。

假定①轴第12层支撑的形状如图2019-30（c）所示，框架梁截面规格H600×300×12×20，$W_{np}=4.42\times10^6\text{mm}^3$，已知，消能梁段的剪力设计值$V$=1190kN，对应于消能梁段剪力设计值$V$的支撑组合轴力计算值$N$=2000kN，支撑斜杆采用H型钢，抗震等级二级且满足承载力及其他构造要求。试问，支撑斜杆轴力设计值$N$(kN)最小应接近下列何项数值才满足规范要求？

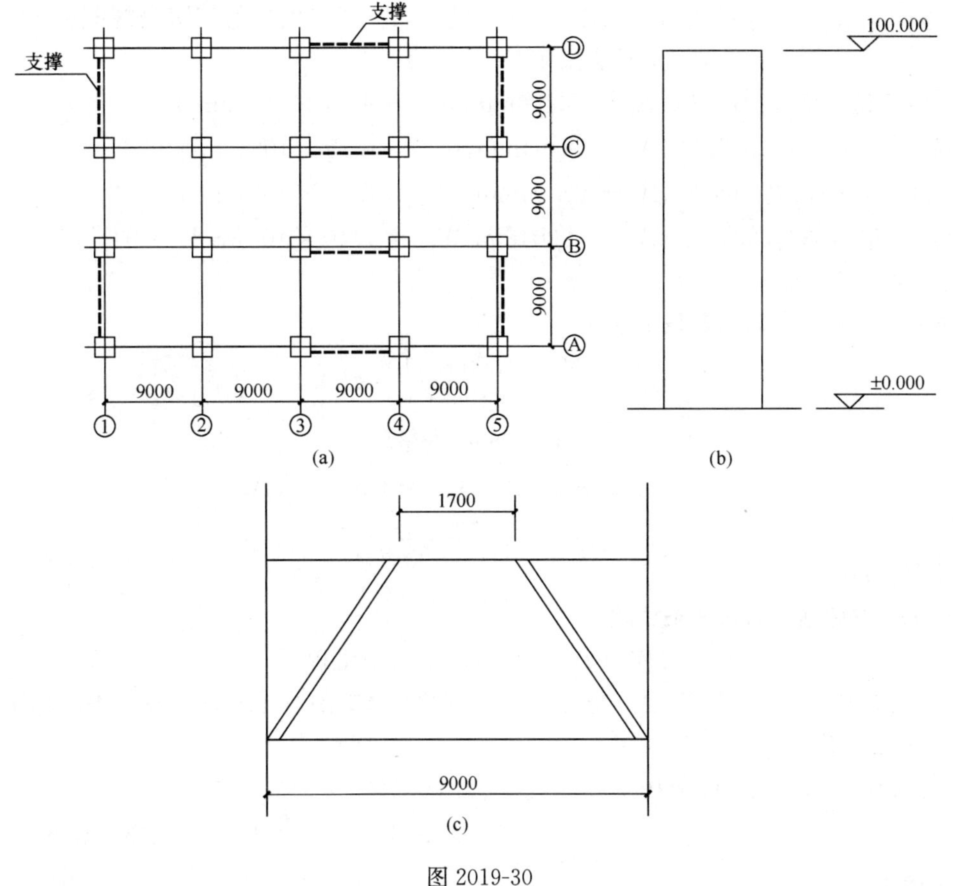


图2019-30

(A) 2940　　(B) 3170　　(C) 3350　　(D) 3470

**【答案】**(D)

根据《高钢规》7.6.3条：

$$A_w(h-2t_f)t_w=(600-2\times20)\times12=6720\text{mm}^2$$

$$M_{lp}=fW_{np}=305\times4.42\times10^6=1.3481\times10^9\text{N}\cdot\text{mm}$$

$$V_l=\frac{2M_{lp}}{a}=\frac{2\times1.3481\times10^9}{1700}=1586\text{kN}>V_l=0.58A_wf_y=1344.672\text{kN}$$

根据《高钢规》7.6.5条：

$$N_{br}=\eta_{br}\frac{V_l}{V}N_{br\cdot com}=1.3\times\frac{1586}{1190}\times2000=3465.2\text{kN}$$

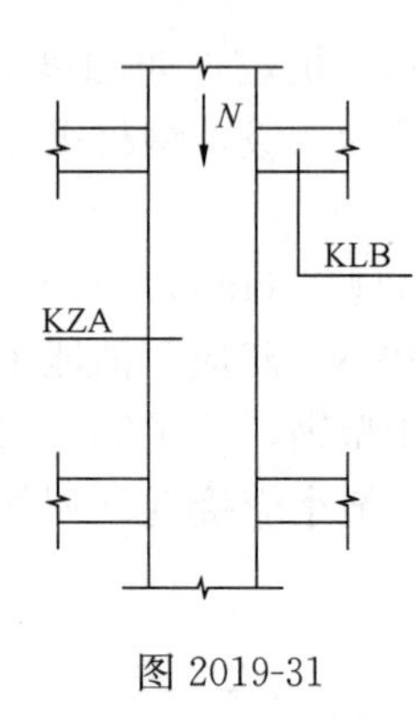

图 2019-31

**【例 12.0.6】** 2019下午31题

基本题干同例12.0.5。中部楼层某框架中柱KZA如图2019-31所示，楼层受剪承载力与上一层基本相同，所有框架梁均为等截面梁，承载力及位移计算所需的柱左、右梁断面均为H600×300×14×24，$W_{pb}=5.21\times10^6\text{mm}^3$，上、下柱截面相同，均为箱形截面。假定柱KZA抗震等级为一级，轴力设计值8500kN，2倍多遇地震作用下，组合轴力设计值为12000kN，结构的二阶效应系数小于0.1，$\varphi=0.6$。为简化计算，$f=305\text{N/mm}^2$，$f_y=345\text{N/mm}^2$。试问，框架柱KZA截面尺寸（mm）最小取下列何项数值能满足规范关于“强柱弱梁”的抗震要求？

(A) 550×550×24×24 ($A_c=50496\text{mm}, W_{pc}=9.97\times10^6\text{ mm}^3$)

(B) 550×550×28×28 ($A_c=58464\text{mm}, W_{pc}=1.15\times10^7\text{ mm}^3$)

(C) 550×550×30×30 ($A_c=62400\text{mm}, W_{pc}=1.22\times10^7\text{ mm}^3$)

(D) 550×550×32×32 ($A_c=66304\text{mm}, W_{pc}=1.40\times10^7\text{ mm}^3$)

**【答案】**(B)

根据《高钢规》7.3.3条1款：

$$\mu=\frac{N}{f_cA_c}=\frac{8500\times10^3}{305\times A_c}\leqslant0.4$$

$$A_c\geqslant69672\text{mm}^2$$

$$N_2=12000\text{kN}\leqslant\varphi A_cf=0.6\times305A_c$$

$$A_c\geqslant65573.77\text{mm}^2$$

排除(D)。

根据《高钢规》7.3.3条2款：

$$\Sigma W_{pc}(f_{yc}-N/A_c)\geqslant\Sigma(\eta f_{yb}W_{pb})$$

$$2\times W_{pc}(345-8500\times10^3/A_c)\geqslant1.15\times345\times2\times5.21\times10^6=4.13\times10^9\text{N}\cdot\text{mm}$$

(A) 选项代入上述公式：

$$2\times W_{pc}(345-8500\times10^3/A_c)=2\times9.97\times10^6\times(345-8500\times10^3/50496)$$

$$=3.522\times10^9\text{N}\cdot\text{mm}<4.13\times10^9\text{N}\cdot\text{mm}$$

不满足。

（B）选项代入上述公式：

$$2\times W_{\rm pc}(345-8500\times10^{3}/A_{\rm c})=2\times1.15\times10^{7}\times(345-8500\times10^{3}/58464)$$

$$=4.591\times10^{9}\,\rm N\cdot mm>4.13\times10^{9}\,\rm N\cdot mm$$

满足。考虑经济性，（B）选项正确。

**【例 12.0.7】** 2019 下午 32 题

基本题干同例 12.0.5。Ⓑ轴第 20 层消能梁段的腹板加劲肋设置如图 2019-32 所示，假定，该消能梁段的净长 $a=1700\rm mm$，截面规格为 H600×300×12×20，轴力设计值为 800kN，剪力设计值为 850kN，支撑采用 H 型钢，为简化计算，$f=305\rm N/mm^2$，$f_{\rm y}=345\rm N/mm^2$。试问，下述四种消能梁段的腹板加劲肋设置图，哪一种符合规范最低构造要求？

**提示：** 该消能梁段不计轴力影响的受剪承载力 $V_l=1345\rm kN$。

$0.15A_{\rm f}=839\rm kN$，$W_{\rm np}=4.42\times10^{6}\,\rm mm^{3}$。

（A）图（a）　　（B）图（b）　　（C）图（c）　　（D）图（d）

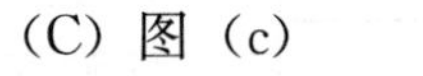

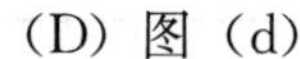

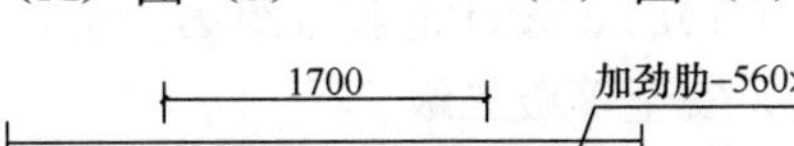

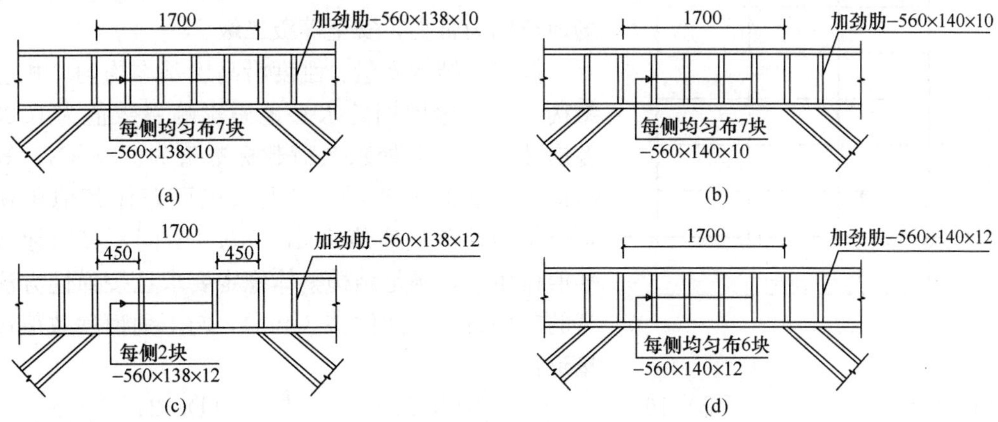


图 2019-32

**【答案】**（D）

根据《高钢规》8.8.5 条 1 款，消能梁段与支撑连接处：

$$加劲肋宽度\geqslant\left(\frac{b_{\rm f}}{2}-t_{\rm w}\right)=\left(\frac{300}{2}-12\right)=138\rm mm$$

$$加劲肋厚度\geqslant\max(0.75t_{\rm w},10)=\max(0.75\times12,10)=10\rm mm$$

根据《高钢规》8.8.5 条 2 款：

$$a=1.7\rm m>\frac{1.6M_{lp}}{V_l}=\frac{1.6\times4.42\times10^{6}\times305}{1345\times10^{3}}=1.604\rm m$$

$$a=1.7\rm m<\frac{2.6M_{lp}}{V_l}=\frac{2.6\times4.42\times10^{6}\times305}{1345\times10^{3}}=2.606\rm m$$

中间加劲肋间距取《高钢规》8.8.5 条 2 款、3 款间的线性插入值：

$$30t_{\rm w}-\frac{h}{5}=30\times12-\frac{600}{5}=240\rm mm$$

$$52t_{\rm w}-\frac{h}{5}=52\times12-\frac{600}{5}=504\rm mm$$

插值后取 $s=265.3\text{mm}$。

$$n=\frac{1700}{265.3}-1=5.41\text{，取 }n=6$$

根据《高钢规》8.8.5 条 6 款：

$$\text{中间加劲肋宽度}\geqslant\left(\frac{b_{\text{f}}}{2}-t_{\text{w}}\right)=\left(\frac{300}{2}-12\right)=138\text{mm}$$

$$\text{中间加劲肋厚度}\geqslant\max(t_{\text{w}},10)=\max(12,10)=12\text{mm}$$

加劲肋高度应与消能梁段的腹板等高。

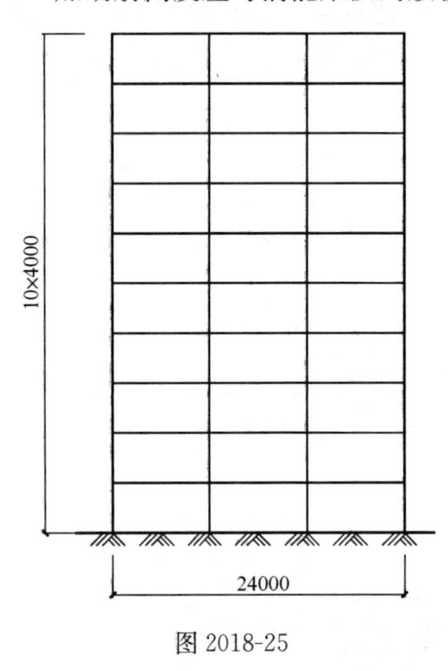


图 2018-25

**【例 12.0.8】** 2018 下午 25 题

某 40m 高层钢框架结构办公楼（无库房），剖面如图 2018-25 所示，各层层高 4m，钢框架梁采用 H500×250×12×16（全塑性截面模量 $W_{\text{p}}=2.6\times10^6\text{mm}^3$，$A=13808\text{mm}^2$），钢材采用 Q345，抗震设防烈度为 7 度（0.10$g$），设计地震分组第一组，建筑场地类别为Ⅲ类，安全等级二级。

假定，结构质量、刚度沿高度基本均匀，相应于结构基本自振周期的水平地震影响系数值为 0.038，各层楼（屋）盖处永久荷载标准值为 5300kN，等效活荷载标准值为 800kN（上人屋面兼作其他用途），顶层重力荷载代表值为 5700kN。试问，多遇地震标准值作用下，满足结构整体稳定要求且按弹性方法计算的首层最大层间位移（mm），与下列何项数值最为接近？

(A) 12　　(B) 16　　(C) 20　　(D) 24

**【答案】**(C)

根据《高钢规》6.1.7 条，钢框架结构整体稳定性应满足：

$$D_i\geqslant5\sum_{j=i}^{n}G_j/h_i(i=1,2,\cdots,n)$$

对于首层，抗侧刚度应满足：

$$D_1=5\times[10\times(1.2\times5300+1.4\times800)]/4=93500\text{kN/m}$$

总水平地震作用标准值：

$$F_{\text{Ek}}=\alpha_1G_{\text{eq}}=0.038\times0.85\times(9\times5300+9\times0.5\times800+5700)=1841\text{kN}$$

首层侧向刚度 $D_1=V_1/\Delta_1$，故：

$$\Delta_1<V_1/D_1=1841/93500=19.7\text{mm}$$

**【例 12.0.9】** 2018 下午 26 题

基本题干同例 12.0.8。假定，某层框架柱采用工字形截面柱，翼缘中心间距离为 580mm，腹板净高 540mm。试问，中柱在节点域不采用其他加强方式时，满足规程要求的腹板最小厚度 $t_{\text{w}}$（mm），与下列何项数值最为接近？

**提示：**① 腹板满足宽厚比限值要求；

② 节点域的抗剪承载力满足弹性设计要求；

③ 为简化计算，取 $f_y$=345kN/mm²。

(A) 14　　(B) 18　　(C) 20　　(D) 22

**【答案】**(B)

根据《高钢规》式(7.3.8)：

$$\psi(M_{pb1}+M_{pb2})/V_p \leqslant (4/3)f_{yv}$$

7度(0.10$g$)，Ⅲ类场地，根据《高钢规》3.7.2条，抗震措施按7度确定，结构高度不大于50m，抗震等级四级，$\psi$=0.75。

工字型截面柱（绕强轴）：

$$V_p = h_{b1}h_{c1}t_p = 484\times580\times t_p = 280720t_p$$

$$M_{p1}=M_{p2}=W_p\times f_y = 2.6\times10^6\times345 = 897000000\text{N}\cdot\text{mm}$$

以上数值代入：

$$0.75\times(897000000\times2)/280720\,t_p \leqslant (4/3)\times0.58\times345$$

解得 $t_p\geqslant$17.96mm。

**【例 12.0.10】** 2018下午27题

基本题干同例12.0.8。为改善结构抗震性能，在框架结构中布置偏心支撑，偏心支撑布置如图2018-27所示。假定，消能梁段轴力设计值 $N$=100kN，剪力设计值 $V$=450kN。试问，消能梁段净长 $a$ 的最大值(m)，与下列何项数值最为接近？

**提示：**消能梁段塑性净截面模量 $W_{np}=W_p$。

(A) 0.8　　(B) 1.1

(C) 1.3　　(D) 1.5

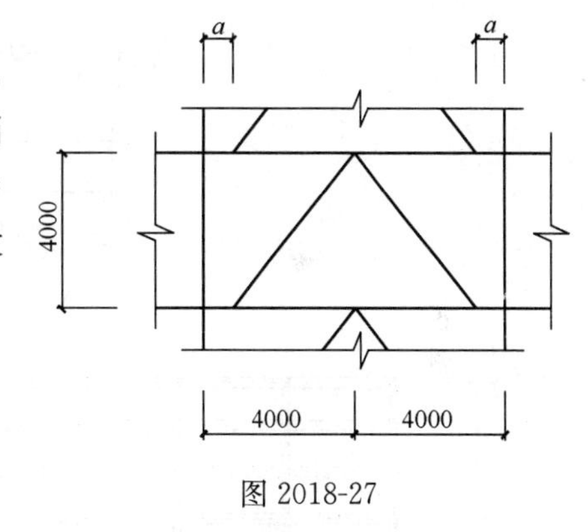

图 2018-27

**【答案】**(B)

根据《高钢规》8.8.3条：

$$N/(Af) = 100000/(13808\times305) = 0.024 < 0.16$$

$$a \leqslant 1.6M_{lp}/V_l$$

$$M_{lp} = W_p\times f = 2.6\times10^6\times305 = 793000000\text{N}\cdot\text{mm} = 793\text{kN}\cdot\text{m}$$

根据《高钢规》7.6.3条：

$$V_l = 0.58A_w f_y$$

$$A_w = (h-2t_f)t_w = (500-2\times16)\times12 = 5616\text{mm}^2$$

$$V_l = 0.58\times5616\times345 = 1123762\text{N} = 1124\text{kN}$$

$$a \leqslant 1.6M_{lp}/V_l = 1.6\times793/1124 = 1.13\text{m}$$

**【例 12.0.11】** 2016上午26题

某9层钢结构办公建筑，房屋高度 $H$=34.9m，抗震设防烈度为8度，结构布置如图2016-26所示，所有连接均采用刚接。支撑框架为强支撑框架，各层均满足刚性平面假定。框架梁柱采用Q345。框架梁采用焊接截面，除跨度为10m的框架梁截面采用H700×200×12×22外，其他框架梁截面均采用H500×200×12×16，柱采用焊接箱形截面B500×22。梁柱截面特性如表2016-26所示。

**梁柱截面特性** **表 2016-26**

| 截面 | 面积 $A$ (mm²) | 惯性矩 $I_x$ (mm⁴) | 回转半径 $i_x$ (mm) | 弹性截面模量 $W_x$ (mm³) | 塑性截面模量 $W_{px}$ (mm³) |
|---|---|---|---|---|---|
| H500×200×12×16 | 12016 | $4.77\times10^8$ | 199 | $1.91\times10^6$ | $2.21\times10^6$ |
| H700×200×12×22 | 16672 | $1.29\times10^9$ | 279 | $3.70\times10^6$ | $4.27\times10^6$ |
| B500×22 | 42064 | $1.61\times10^9$ | 195 | $6.42\times10^6$ | |

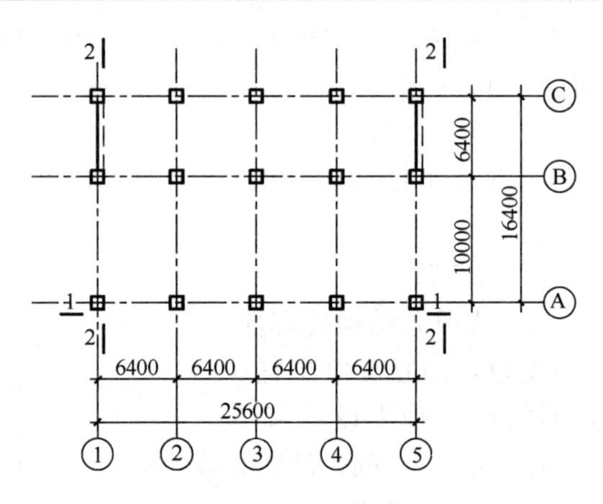


框架柱及柱间支撑布置平面图

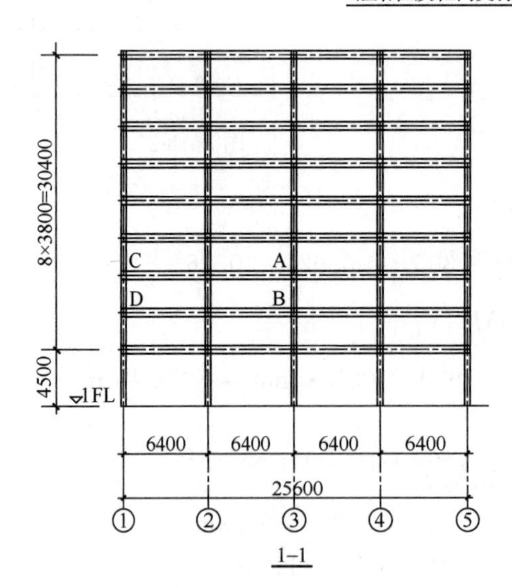


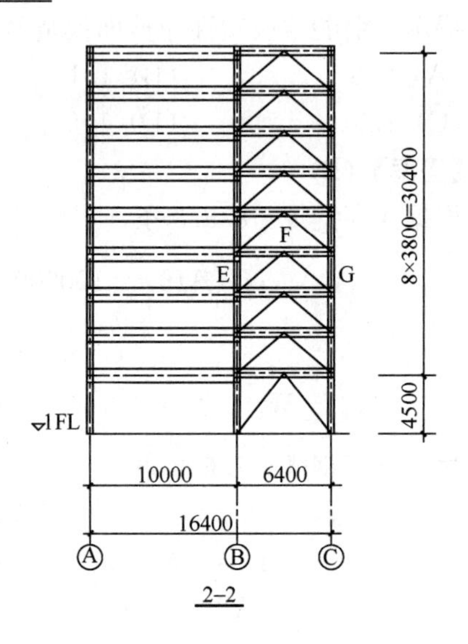


图 2016-26

假定，地震作用下 1-1 剖面图中 B 处框架梁 H500×200×12×16，弯矩设计值最大值为 $M_{x,左}=M_{x,右}=163.9\text{kN}\cdot\text{m}$。试问，当按公式 $\psi(M_{pb1}+M_{pb2})/V_p\leqslant\frac{4}{3}f_{yv}$ 验算梁柱节点域屈服承载力时，剪应力 $\psi(M_{pb1}+M_{pb2})/V_p$ 计算值（N/mm²），与下列何项数值最为接近？

**提示**：按《高层民用建筑钢结构技术规程》JGJ 99—2015 作答。

(A) 36　　(B) 80　　(C) 125　　(D) 165

**【答案】**(C)

根据《抗规》表 8.1.3，可知建筑物抗震等级为三级，则

$$M_{pb1}=M_{pb2}=2.21\times10^6\times345=7.62\times10^8\text{N}\cdot\text{mm}$$

根据《高钢规》式（7.3.6-3）：

$$V_p=16/9h_{b1}h_{c1}t_p=16\div9\times(500-16)\times(500-22)\times22=9048433\text{mm}^3$$

根据《高钢规》式（7.3.8）：

$$\tau=\frac{\psi(M_{pb1}+M_{pb2})}{V_p}=\frac{0.75\times7.62\times10^8\times2}{9048433}=126.32\text{N/mm}^2$$

**【例 12.0.12】**2016 上午 28 题

基本题干同例 12.0.11。假定，结构满足强柱弱梁要求，比较如图 2016-28 所示的栓焊连接。试问，下列说法何项正确？

**提示**：按《高层民用建筑钢结构技术规程》JGJ 99—2015 作答。

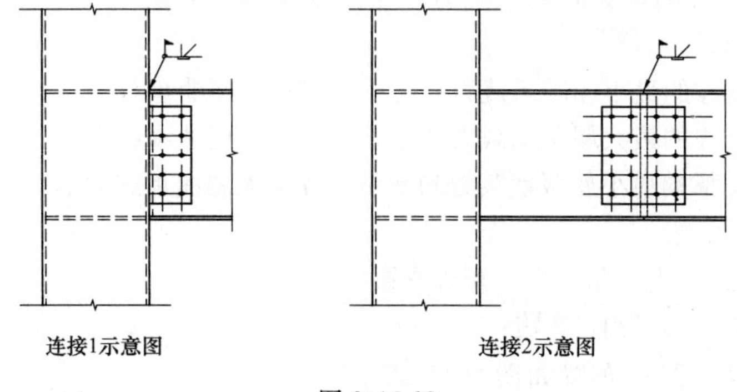


图 2016-28

(A) 满足规范最低设计要求时，连接 1 比连接 2 极限承载力要求高

(B) 满足规范最低设计要求时，连接 1 比连接 2 极限承载力要求低

(C) 满足规范最低设计要求时，连接 1 与连接 2 极限承载力要求相同

(D) 梁柱连接按内力计算，与承载力无关

**【答案】**(A)

连接 1 根据《高钢规》式（8.2.1-1），连接 2 根据《高钢规》式（8.5.2-1）进行连接计算。其中连接系数根据《高钢规》表 8.1.3 取值，可知连接 1 比连接 2 极限承载力要求高。

**【例 12.0.13】**2016 上午 29 题

基本题干同例 12.0.11。假定，支撑均采用 Q235，截面采用 P299×10 焊接钢管，截面面积为 9079mm$^2$，回转半径为 102mm。当框架梁 EG 按不计入支撑支点作用的梁，验算重力荷载和支撑屈曲时不平衡力作用下的承载力，试问，计算此不平衡力时，受压支撑提供的竖向力计算值（kN），与下列何项最为接近？

**提示：**按《高层民用建筑钢结构技术规程》JGJ 99—2015 作答。

(A) 430　　(B) 550　　(C) 1400　　(D) 1650

**【答案】**(A)

支撑的长细比：$\lambda=\dfrac{\sqrt{3200^2+3800^2}}{102}=49$。

根据《钢标》表 7.2.2-1，可知焊接钢管为 b 类截面，查表 D.0.2，可知 $\varphi=0.861$。

根据《高钢规》7.5.6 条 2 款，受压支撑提供的竖向力为：

$$0.3\times0.861\times9079\times235\times\frac{3800}{4968}=422\text{kN}$$

**【例 12.0.14】**2013 上午 30 题

某高层钢结构办公楼，抗震设防烈度为 8 度，采用框架-中心支撑结构，如图 2013-30 所示。试问，与 V 形支撑连接的框架梁 AB，关于其在 C 点处不平衡力的计算，下列说法何项正确?

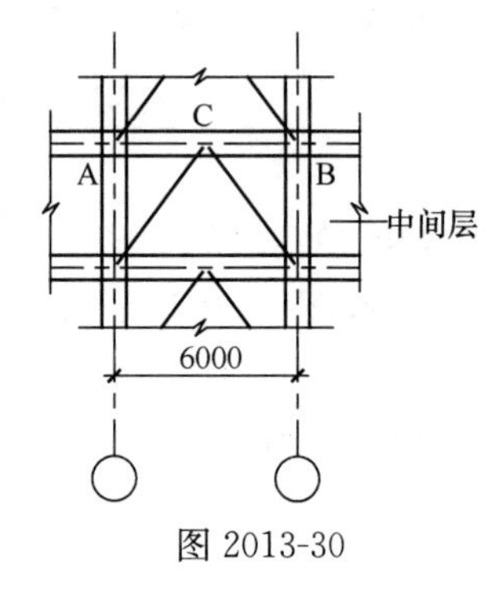

图 2013-30

**提示：**按《高层民用建筑钢结构技术规程》JGJ 99—2015 作答。

(A) 按受拉支撑的最大屈服承载力和受压支撑最大屈曲承载力计算

(B) 按受拉支撑的最小屈服承载力和受压支撑最大屈曲承载力计算

(C) 按受拉支撑的最大屈服承载力和受压支撑最大屈曲承载力的 0.3 倍计算

(D) 按受拉支撑的最小屈服承载力和受压支撑最大屈曲承载力的 0.3 倍计算

**【答案】**(D)

根据《高钢规》7.5.6 条 2 款，正确答案为 (D)。

**【例 12.0.15】**2011 上午 22 题

钢结构办公楼，结构布置如图 2011-22 所示。框架梁、柱采用 Q345，次梁、中心支撑、加劲板采用 Q235，楼面采用 150mm 厚 C30 混凝土楼板，钢梁顶采用抗剪栓钉与楼板连接。

中心支撑为轧制 H 型钢 H250×250×9×14，几何长度 5000mm，截面特性如表 2011-22所示。试问，考虑地震作用时，支撑斜杆的受压承载力限值 (kN) 与下列何项数值最为接近?

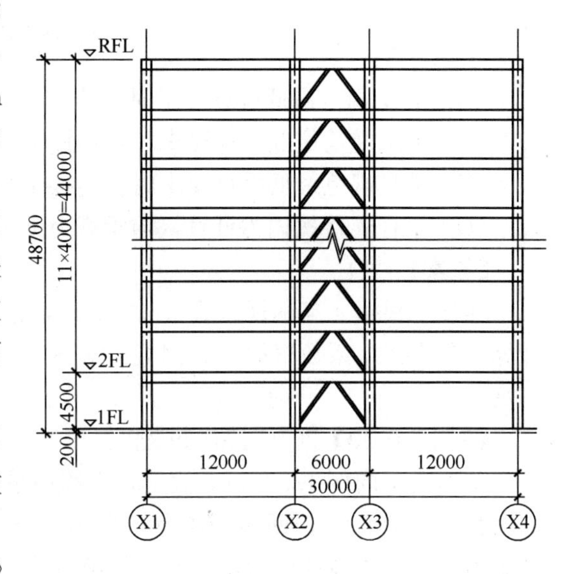

图 2011-22

**提示：**① $f_y=235\text{N/mm}^2$，$E=2.06\times10^5\text{N/mm}^2$，假定支撑的计算长度系数为 1.0。

② 按《高层民用建筑钢结构技术规程》JGJ 99—2015 作答。

**截面特性** **表 2011-22**

| 截面 | $A$ ($mm^2$) | $i_x$ (mm) | $i_y$ (mm) |
|---|---|---|---|
| H250×250×9×14 | $91.43\times10^2$ | 108.1 | 63.2 |

(A) 1100　(B) 1450　(C) 1650　(D) 1800

**【答案】**(A)

根据《高钢规》7.5.5条式(7.5.5-1)~式(7.5.5-3):

$$\frac{N}{\varphi A_{br}}\leqslant\frac{\psi f}{\gamma_{RE}}$$

$$\psi=\frac{1}{1+0.35\lambda_n}$$

$$\lambda_n=\left(\frac{\lambda}{\pi}\right)\sqrt{\frac{f_y}{E}}$$

$$\lambda_y=\frac{5000}{63.2}=79$$

轧制,$b/h>0.8$,查《钢标》表7.2.1-1,该支撑斜杆的截面分类,对$y$轴为c类。查《钢标》附录表D.0.3,$\varphi_y=0.584$。

$$\lambda_n=\left(\frac{\lambda}{\pi}\right)\sqrt{\frac{f_y}{E}}=\frac{79}{3.14}\sqrt{\frac{235}{2.06\times10^5}}=0.85$$

$$\psi=\frac{1}{1+0.35\lambda_n}=\frac{1}{1+0.35\times0.85}=0.77$$

根据《高钢规》表3.6.1,$\gamma_{RE}=0.8$。则

$$N\leqslant\frac{\psi f(\phi A_{br})}{\gamma_{RE}}=\frac{0.77\times215\times0.584\times9143\times10^{-3}}{0.8}=1105\text{kN}$$

**【例 12.0.16】** 2009下午29题

某26层钢结构办公楼,采用钢框架-支撑体系,如图2009-29所示。该工程为丙类建筑,抗震设防烈度8度,设计基本地震加速度为0.20$g$,设计地震分组为第一组,Ⅱ类场地。结构基本自振周期$T$=3.0s,钢材采用Q345。Ⓐ轴第6层偏心支撑框架,局部如图2009-29(c)所示。箱形柱断面为700×700×40,轴线中分;等截面框架,梁断面为H600×300×12×32。为把偏心支撑中的消能梁段$a$设计成剪切屈服型,试问,偏心支撑中的梁段长度$l$的最小值(m),与下列何项数值最为接近?

**提示:**①按《高层民用建筑钢结构技术规程》JGJ 99—2015作答。

②支撑所受轴力满足$N\leqslant0.15Af$要求。

③为简化计算,梁腹板和翼缘的抗压强度设计值均按295N/$mm^2$取值。

(A) 2.88　(B) 3.17　(C) 4.48　(D) 5.46

**【答案】**(B)

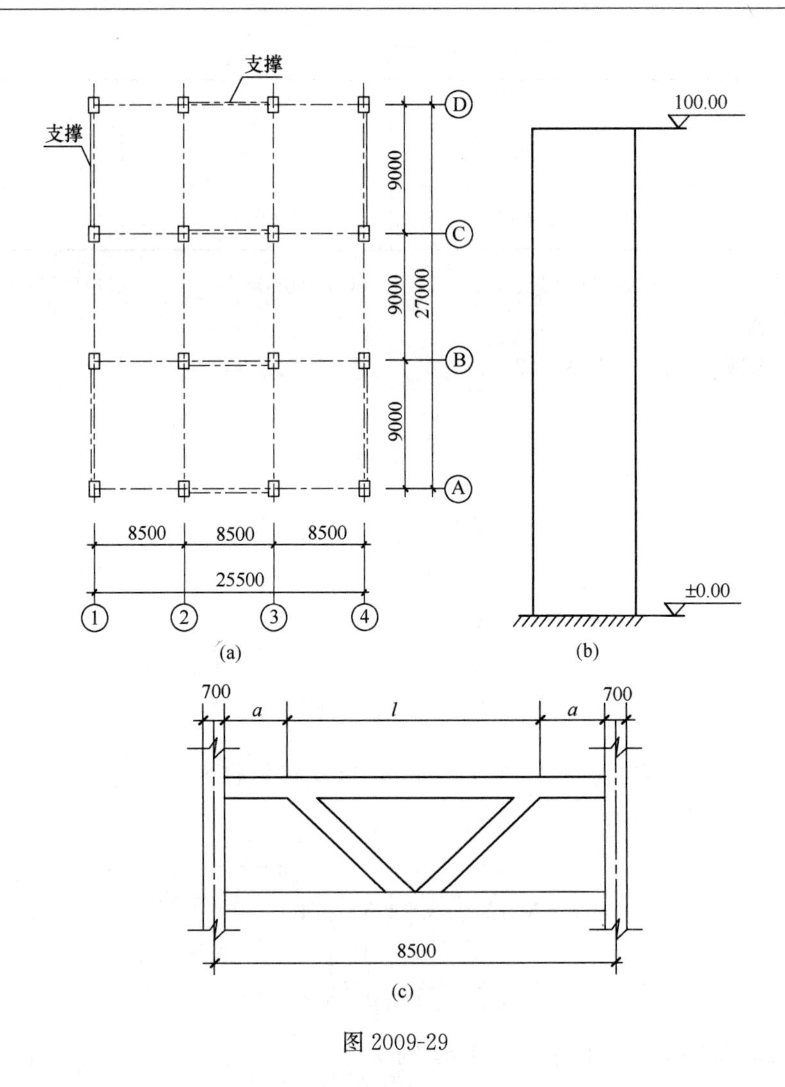


图 2009-29

依据《高钢规》8.8.3 条，消能梁段的净长应满足：$a \leqslant 1.6M_{lp}/V_l$。

依据《高钢规》7.6.3 条计算：

$$h_0 = 600 - 2 \times 32 = 536\text{mm}$$

$$V_l = 0.58A_w f_y = 0.58 \times 536 \times 12 \times 345 = 1287 \times 10^3\text{N}$$

$$W_{np} = 2 \times [300 \times 32 \times (536/2 + 32/2) + 536/2 \times 12 \times 536/4] = 6.315 \times 10^6\text{mm}^3$$

$$M_{lp} = fW_{np} = 295 \times 6.315 \times 10^6 = 1862.9 \times 10^6\text{N}$$

$$a \leqslant \frac{1.6M_{lp}}{V_l} = \frac{1.6 \times 1862.9 \times 10^6}{1287 \times 10^3} = 2316\text{mm}$$

$a$ 取得最大值时 $l$ 取得最小值，故 $l$ 最小为 $8.5 - 0.7 - 2 \times 2.316 = 3.168\text{m}$。

# 参　考　文　献


［1］ 中华人民共和国住房和城乡建设部. 建筑结构可靠性设计统一标准：GB 50068—2018［S］. 北京：中国建筑工业出版社，2019.

［2］ 中华人民共和国住房和城乡建设部. 建筑抗震设计规范：GB 50011—2010(2016年版)［S］. 北京：中国建筑工业出版社，2016.

［3］ 中华人民共和国住房和城乡建设部. 建筑结构荷载规范：GB 50009—2012［S］. 北京：中国建筑工业出版社，2012.

［4］ 中华人民共和国住房和城乡建设部. 混凝土结构设计规范：GB 50010—2010(2015年版)［S］. 北京：中国建筑工业出版社，2016.

［5］ 中华人民共和国住房和城乡建设部. 建筑工程抗震设防分类标准：GB 50223—2008［S］. 北京：中国建筑工业出版社，2008.

［6］ 中华人民共和国住房和城乡建设部. 高层建筑混凝土结构技术规程：JGJ 3—2010［S］. 北京：中国建筑工业出版社，2010.

［7］ 中华人民共和国住房和城乡建设部. 高层民用建筑钢结构技术规程：JGJ 99—2015［S］. 北京：中国建筑工业出版社，2016.

［8］ 朱炳寅. 高层建筑混凝土结构技术规程应用与分析 JGJ 3—2010［M］. 北京：中国建筑工业出版社，2013.

［9］ 金新阳. 建筑结构荷载规范理解与应用［M］. 北京：中国建筑工业出版社，2013.

［10］ 本书编委会. 全国一级注册结构工程师专业考试试题解答及分析(2012～2018)［M］. 北京：中国建筑工业出版社，2019.

［11］ 朱炳寅. 建筑抗震设计规范应用与分析 GB 50011—2010［M］. 2版. 北京：中国建筑工业出版社，2017.

［12］ 兰定筠. 一、二级注册结构工程师专业考试应试技巧与题解［M］. 11版. 北京：中国建筑工业出版社，2019.

执业资格考试丛书

# 注册结构工程师专业考试规范解析·解题流程·考点算例

## ⑥ 桥梁结构

吴伟河　编著

中国建筑工业出版社

**图书在版编目（CIP）数据**

注册结构工程师专业考试规范解析·解题流程·考点算例．6，桥梁结构 / 吴伟河编著．— 北京 ：中国建筑工业出版社，2022.2

（执业资格考试丛书）

ISBN 978-7-112-26989-1

Ⅰ．①注… Ⅱ．①吴… Ⅲ．①建筑结构－资格考试－自学参考资料②桥梁结构－资格考试－自学参考资料 Ⅳ．①TU3

中国版本图书馆 CIP 数据核字(2021)第 266974 号

# 前　　言

注册结构工程师专业考试涉及的专业知识覆盖面较广，如何在有限的复习时间里，掌握考试要点，提高复习效率，是每一个考生希望解决的问题。本书以现行注册结构工程师专业考试大纲为依据，以考试所用规范规程为基础，结合【羿学堂】注册结构工程师专业考试考前培训授课经验以及工程结构设计实践经验编写而成。

现就本书的适用范围、编写方式及使用建议等作如下说明。

**一、适用范围**

本书主要适用于一、二级注册结构工程师专业考试备考考生。

**二、编写方式**

（1）本书主要包括混凝土结构、钢结构、砌体与木结构、地基基础、高层与高耸结构、桥梁结构6个分册。其中，各科目涉及的荷载及地震作用的相关内容，《混凝土结构设计规范》GB 50010—2010第11章的构件内力调整的相关内容，均放在高层分册中。各分册根据考点知识相关性进行内容编排，将不同出处的类似或相关内容全部总结在一起，可以大大节省翻书的时间，提高做题速度。

（2）大部分考点下设“主要的规范规定”“对规范规定的理解”“历年真题解析”三个模块。“主要的规范规定”里列出该考点涉及的主要规范名称、条文号及条文要点；“对规范规定的理解”则是深入剖析规范条文，必要时，辅以简明图表，并在流程化答题步骤中着重梳理易错点、系数取值要点等内容；“历年真题解析”则选取了历年真题中典型的题目，讲解解答过程，以帮助考生熟悉考试思路。对历年未考过的考点，则设置了高质量的自编题，以防在考场上遇到而无从下手。本书所有题目均依据现行规范解答，出处明确，过程详细，并带有知识扩展。部分题后备有注释，讲解本题的关键点和复习时的注意事项，明确一些存在争议的问题。

（3）为节省篇幅，本书涉及的规范名称，除试题题干采用全称外，其余均采用简称。《桥梁结构》分册涉及的主要规范及简称如表1所示。

**《桥梁结构》分册中主要规范及简称　　表1**

| 规范全称 | 本书简称 |
|---|---|
| 《公路桥涵设计通用规范》JTG D60—2015 | 《公桥通规》 |
| 《公路钢筋混凝土及预应力混凝土桥涵设计规范》JTG 3362—2018 | 《公路混规》 |
| 《城市桥梁设计规范》CJJ 11—2011（2019年版） | 《城市桥规》 |
| 《城市桥梁抗震设计规范》CJJ 166—2011 | 《城桥抗规》 |
| 《城市人行天桥与人行地道技术规范》CJJ 69—95 | 《天桥规》 |
| 《公路桥梁抗震设计规范》JTG/T 2231-01—2020 | 《公桥抗规》 |
| 《混凝土结构设计规范》GB 50010—2010（2015年版） | 《混规》 |

## 三、使用建议

本书涵盖专业考试绝大部分基础考点，知识框架体系较为完整，逻辑性强，有助于考生系统地学习和理解各个考点。之后，再通过有针对性的练习，既巩固上一阶段复习效果，还可以熟悉命题规律，抓住复习重点，具有较强的应试针对性。

对于基础薄弱、上手困难，学习多遍仍然掌握不了本书精髓，多年考试未能通过的考生，可以购买注册考试网络培训课程。课程从编者思路出发，帮你快速上手、高效复习，全面深入地掌握本书及考试相关内容。

此外，编者提醒考生，一本好的辅导教材虽然有助于备考，但自己扎实的专业基础才是根本，任何时候都不能本末倒置，辅导教材只是帮你熟悉、理解规范，最终还是要回归到规范本身。正确理解规范的程度和准确查找规范的速度是检验备考效率的重要指标，对规范的规定要在理解其表面含义的基础上发现其隐含的要求和内在逻辑，并学会在实际工程中综合应用。

## 四、致谢

本书在编写过程中参考了朱炳寅、兰定筠等前辈的著作，中国建筑工业出版社刘瑞霞、武晓涛两位老师在审稿、编辑润色等方面的工作给作者带来巨大的帮助与启发，在此一并致以崇高的敬意和衷心的感谢。

由于编者水平有限，书中难免存在疏漏及不足，欢迎读者加入 QQ 群 895622993 或添加吴工微信“TandEwwh”，对本书展开讨论或提出批评建议。另外，微信公众号“注册结构”会发布本书的相关更新信息，欢迎关注。

最后祝大家取得好的成绩，顺利通过考试。

# 本 册 目 录

# 1 《公桥通规》：桥梁的基本设计要求

**1. 主要的规范规定**

1)《公桥通规》1.0.3 条：公路桥涵结构的设计基准期。

2)《公桥通规》1.0.4 条：公路桥涵的设计使用年限。

3)《公桥通规》1.0.5 条：桥梁涵洞分类。

4)《公桥通规》3.1.4 条：公路桥涵的 4 种极限状态设计工况。

5)《公桥通规》3.2.9 条：公路桥涵的设计洪水频率。

6)《公桥通规》3.3.5 条：桥梁全长的计算。

7)《公桥通规》3.4.3 条：公路桥涵的最小净空要求。

8)《公桥通规》3.5.4 条：侧墙后端深入桥头锥坡顶点以内的长度要求。

**2. 对规范规定的理解**

1) 常见的桥梁结构体系有梁式桥［图 1.0-1 (a)］和拱式桥［图 1.0-1 (b)］，通常由上部结构、下部结构和桥面附属构造组成。

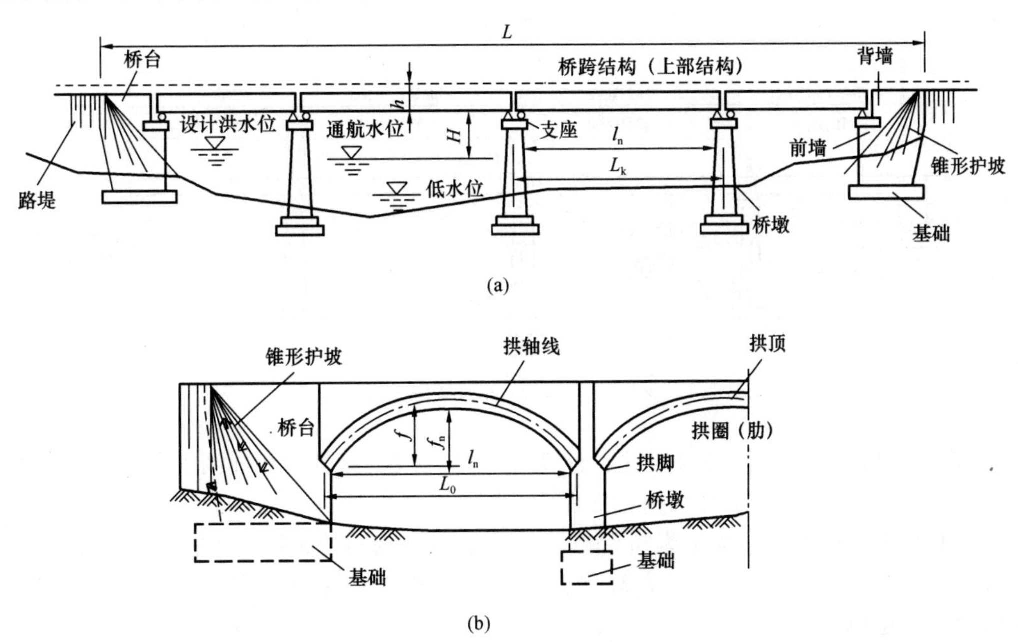


图 1.0-1 桥梁结构分类

(a) 梁式桥；(b) 拱式桥

上部结构是线路跨越障碍的主要承重结构，直接承受车辆或人行荷载。下部结构包括桥墩、桥台和墩台的基础。桥台设在桥跨结构的两端，桥墩则设在两桥台之间，桥台除起支承和传力作用，还起与路堤衔接、防止路堤滑塌的作用。因此，通常需在桥台周围设置锥体护坡（图 1.0-2）。

如图 1.0-3 所示，支座设置在墩台顶部，是支承上部结构并把荷载传递于桥梁墩台的传力装置，它不仅要传递很大荷载，还要适应上部结构产生的变位。

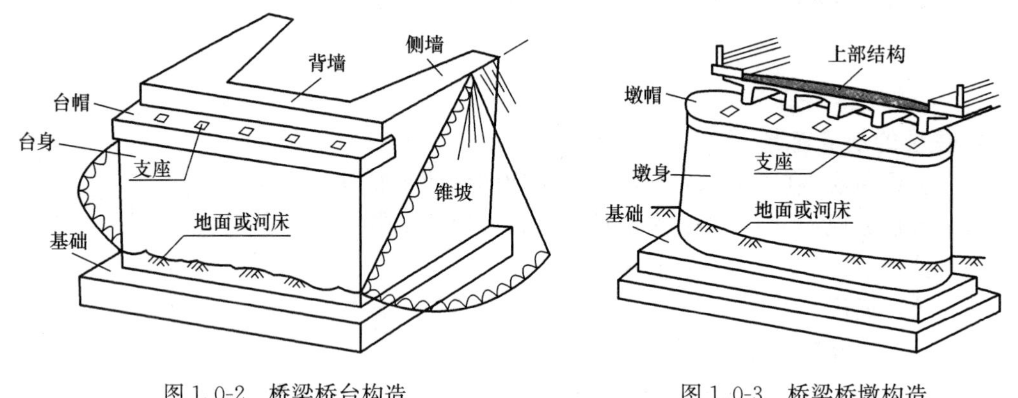


图 1.0-2 桥梁桥台构造

图 1.0-3 桥梁桥墩构造

2）桥涵分类标准采用了两个指标（图 1.0-4）：一个是单孔跨径 $L_k$，用以反映桥涵的技术复杂程度；另一个是桥梁全长 $L$，用以反映建设规模。在确定桥涵分类时，符合其中一个指标即可归类，存在差异时，可采取“就高不就低”的原则。在计算桥梁长度时，曲线桥宜按弧长计，斜桥宜按斜长计。

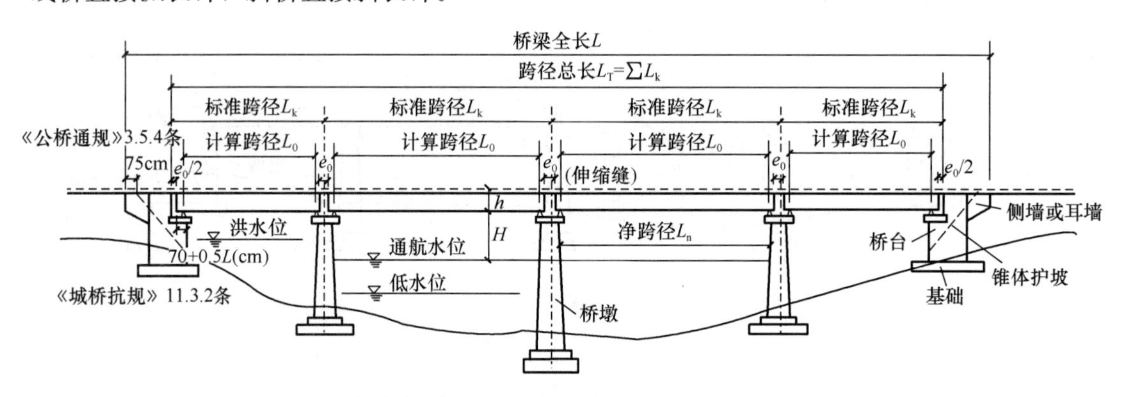


图 1.0-4 桥梁的跨径和全长

根据《公桥通规》表 4.3.1-1 注，计算跨径 $L_0$，设支座的为相邻两支座中心间的水平距离；不设支座的为上、下部结构相交面中心间的水平距离。

3）有桥台的桥梁全长为两岸桥台侧墙或八字墙尾端间的距离。无桥台的桥梁为桥面系长度。参考图 1.0-4、图 1.0-5，埋置式桥台，全长 $L$＝跨径总和＋半个伸缩缝×2＋（耳墙厚＋背墙厚）×2。

4）为了保证桥台或悬臂端与引道路堤的密切衔接，《公桥通规》3.5.4 条规定，桥台侧墙后端和悬臂梁的悬臂端要伸入桥头锥坡不小于 0.75m（按路基和锥坡沉实后计），见图 1.0-5。

5）桥梁的持久状况所对应的是桥梁的使用阶段，要进行承载能力极限状态和正常使用极限状态的计算。

桥梁的短暂状况所对应的是桥梁的施工阶段和维修阶段，在这个阶段，要进行承载能

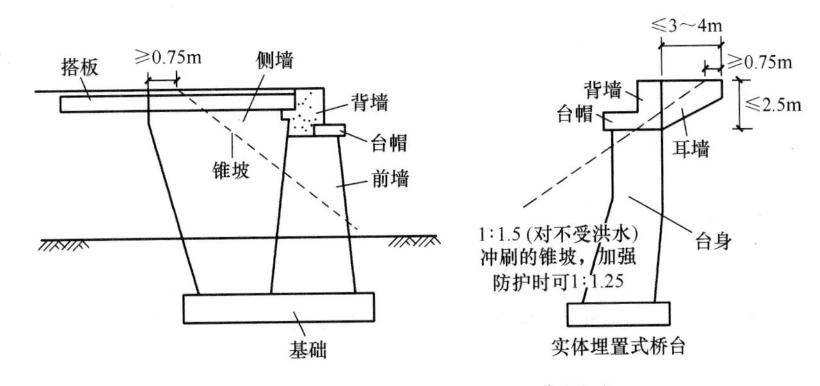


图 1.0-5 《公桥通规》3.5.4 条图示

力极限状态计算，可根据需要作正常使用极限状态计算。

桥梁的偶然状况所对应的是桥梁可能遇到的撞击等状况。偶然状况的设计原则是：主要承重结构不致因非主要承重结构发生破坏而导致丧失承载能力；或允许主要承重结构发生局部破坏而剩余部分在一段时间内不发生连续倒塌。偶然状况一般只进行承载能力极限状态计算。

桥梁的地震作用是一种特殊的偶然作用，可根据《城桥抗规》或《公桥抗规》设计。

6）《公桥通规》3.2.9 条规定了公路桥涵的设计洪水频率，总结见表 1.0-1。其中，条文说明规定，桥梁设计洪水位即为符合《公桥通规》表 3.2.9 规定频率的流量相应的最高洪水位。当以暴雨径流计算设计流量时，其频率需符合《公桥通规》表 3.2.9 的规定。

**桥涵设计洪水频率** **表 1.0-1**

| 公路等级（表 1.0.5） | 特大桥 | | 大桥 | 中桥 | 小桥 | 涵洞及小型排水构造物 |
|---|---|---|---|---|---|---|
| | 一般 | 由多孔中小跨径组成，即 $L>1000$，$5\leqslant L_k\leqslant 40$（可按大桥：3 款） | | | | |
| 高速公路 | 1/300 | 1/100 | 1/100 | 1/100 | 1/100 | 1/100 |
| 一级公路 | 1/300 | 1/100 | 1/100 | 1/100 | 1/100 | 1/100 |
| 二级公路 | 1/100（河床比降大、易于冲刷时：1/300；1 款） | | 1/100 | 1/100 | 1/50 | 1/50 |
| 三级公路 | 1/100 | 1/50 | 1/50（河床比降大、易于冲刷时：1/100；1 款） | 1/50 | 1/25 | 1/25 |
| 四级公路 | 1/100 | 1/50 | 1/50（河床比降大、易于冲刷时：1/100；1 款） | 1/50 | 1/25 | 不作规定 |

**3. 历年真题解析**

**【例 1.0.1】** 2020 下午 35 题

公路桥涵结构应按承载能力极限状态和正常使用极限状态进行设计，试问，下列哪些计算内容属于承载能力极限状态设计？

① 整体式连续箱梁桥横桥向抗倾覆；

② 主梁挠度；

③ 构件强度破坏；

④ 作用频遇组合下的裂缝宽度；

⑤ 轮船撞击。

(A) ①+②+③　　(B) ②+③+⑤

(C) ①+②+③+⑤　　(D) ①+③+⑤

**【答案】**(D)

根据《公桥通规》3.1.3 条条文说明，承载能力极限状态包含构件强度破坏、结构倾覆；

根据《公桥通规》3.1.4 条条文说明，轮船撞击属偶然状况，需进行承载能力极限状态设计。

**【例 1.0.2】**2017 下午 33 题

某标准跨径 3×30m 预应力混凝土连续箱梁桥，当作为一级公路上的桥梁时，试问，其主体结构的设计使用年限不应低于多少年？

(A) 30　　(B) 50　　(C) 100　　(D) 120

**【答案】**(C)

根据《公桥通规》1.0.5 条，判断本桥分类为中桥；

根据《公桥通规》1.0.4 条，一级公路的中桥，设计使用年限为 100 年。

**【例 1.0.3】**2017 下午 34 题

某一级公路的跨河桥，跨越河道特点为河床稳定、河道顺直、河床纵向比降较小，拟采用 25m 简支 T 梁，共 50 孔。试问，其桥涵设计洪水频率最低可采用下列何项数值？

(A) 1/300　　(B) 1/100　　(C) 1/50　　(D) 1/25

**【答案】**(B)

根据《公桥通规》1.0.5 条，依据多孔跨径总长，判断本桥分类为特大桥；

根据《公桥通规》1.0.5 条，依据单孔跨经，属于中桥；

根据《公桥通规》3.2.9 条 3 款，对由多孔中小跨径桥梁组成的特大桥，其设计洪水频率可采用大桥标准，按表 3.2.9 查高速公路大桥设计洪水频率为 1/100。

**【例 1.0.4】**2017 下午 40 题

桥涵结构或其构件应按承载能力极限状态和正常使用极限状态进行设计，试问，下列哪些验算内容属于承载能力极限状态设计？

① 不适于继续承载的变形；

② 结构倾覆；

③ 强度破坏；

④ 满足正常使用的开裂；

⑤ 撞击；

⑥ 地震。

(A) ①+②+③　　(B) ①+②+③+④

(C) ①+②+③+④+⑤　　(D) ①+②+③+⑤+⑥

**【答案】**(D)

根据《公桥通规》3.1.3 条和 3.1.4 条中的定义及条文说明可以明确，除第 4 项外，其余均属于承载能力极限状态计算分析内容。

**【例 1.0.5】** 2016 下午 35 题

某公路桥梁桥台立面布置如图 2016-35，其主梁高度 2000mm，桥面铺装层共厚 200mm，支座高度（含垫石）200mm，采用埋置式肋板桥台，台背墙厚 450mm，台前锥坡坡度 1∶1.5，锥坡坡面通过台帽与背墙的交点（A）。试问，台背耳墙最小长度 $l$（mm）与下列何值最为接近？

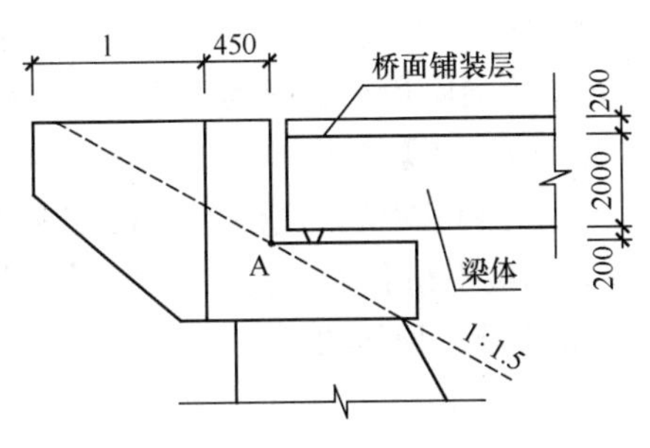

图 2016-35　桥台立面图

(A) 4000　　(B) 3600

(C) 2700　　(D) 2400

**【答案】**(A)

根据《公桥通规》3.5.4 条，耳墙端部深入锥坡顶点内的长度不应小于 750mm。即 $l=$（200＋2000＋200）×1.5－450＋750＝3900mm。

**【例 1.0.6】** 2012 下午 33 题

一级公路上的一座桥梁，位于 7 度地震地区，由主桥和引桥组成。其结构：主桥为三跨（70m＋100m＋70m）变截面预应力混凝土连续箱梁；两引桥各为 5 孔 40m 预应力混凝土小箱梁；桥台为埋置式肋板结构，耳墙长度为 3500mm，背墙厚度 400mm；主桥与引桥和两端的伸缩缝均为 160mm。桥梁行车道净宽 15m，全宽 17.5m。设计汽车荷载（作用）公路-Ⅰ级。试问，该桥的全长计算值（m）与下列何项数值最为接近？

(A) 640.00　　(B) 640.16　　(C) 640.96　　(D) 647.96

**【答案】**(D)

《公桥通规》3.3.5 条规定："有桥台的桥梁，其全长为两岸桥台侧墙端点间的距离"。

埋置式桥台，全长 $L$＝跨径总和＋半个伸缩缝×2＋（耳墙厚＋背墙厚）×2，即

$$L=2(5\times40+70+100/2+0.16/2+0.4+3.5)=647.96\text{m}$$

**【例 1.0.7】** 2012 下午 40 题

某高速公路一座特大桥要跨越一条天然河道。试问，下列可供选择的桥位方案中，何项方案最为经济合理？

(A) 河道宽而浅，但有两个河汊

(B) 河道正处于急弯上

(C) 河道窄而深，且两岸岩石露头较多

(D) 河流一侧有泥石流汇入

**【答案】**(C)

《公桥通规》3.2.1 条规定："特大桥、大桥桥位应选择在河道顺直稳定段，不宜选择在河汊，沙洲，急弯……泥石流等不良地质的河段"。

相对来说，(C) 方案较为有利。

**【例 1.0.8】** 2010 下午 33 题

某高速公路上的一座跨越非通航河道的桥梁，洪水期有大漂浮物通过。该桥的计算水位为 2.5m，支座高度为 0.20m，试问，该桥的梁底最小高程（m），应为下列何项数值？

(A) 3.4 (B) 4.0 (C) 3.2 (D) 3.0

**【答案】**(B)

依据《公桥通规》表3.4.3，桥下净空，当洪水期有大漂浮物时，应高出计算水位1.5m，故梁底最小高程为1.5+2.5=4.0m。

**【例1.0.9】** 2011下午35题

某公路高架桥，主桥为三跨变截面连续钢混凝土组合梁，跨径布置为55m+80m+55m，两端引桥各为5孔40m的预应力混凝土T形梁，高架桥总长590m。试问，其工程规模应属于下列何项?

(A) 小桥 (B) 中桥 (C) 大桥 (D) 特大桥

**【答案】**(C)

依据《公桥通规》1.0.5条，根据总跨径和单孔跨径判断，就高不就低。该桥总跨径590m，以此判断为大桥；单孔跨径最大为80m，以此判断也为大桥。

**【例1.0.10】** 2011下午37题

某公路高架桥，主桥为三跨变截面连续预应力混凝土组合箱形桥，跨径布置为45m+60m+45m，两端引桥各为5孔40m的预应力混凝土T形梁，桥台为埋置式肋板结构，背墙厚度为0.90m，耳墙长3.0m，两端伸缩缝宽度均为160mm。试问，该桥全长(m)，与下列何项数值最为接近?

(A) 548 (B) 550 (C) 552 (D) 558

**【答案】**(D)

《公桥通规》3.2.5条规定，有桥台的桥梁，其全长为两岸桥台侧墙端点间的距离。埋置式桥台，全长$L$=跨径总和+半个伸缩缝×2+(耳墙厚+背墙厚)×2，即

$$L = 2(5 \times 40 + 45 + 60/2 + 0.16/2 + 0.9 + 3.0) = 557.96\text{m}$$

**【例1.0.11】** 2009下午33题

某桥为一座位于高速公路上的特大桥梁，跨越国内内河四级通航河道。试问，该桥的设计洪水频率，采用下列何项数值最为适宜?

(A) 1/300 (B) 1/100 (C) 1/50 (D) 1/25

**【答案】**(A)

依据《公桥通规》表3.2.9，高速公路上的特大桥，设计洪水频率为1/300。

# 2 《公桥通规》：桥梁上的作用和作用组合

**1. 主要的规范规定**

《公桥通规》第 4 章。

**2. 对规范规定的理解**

1）永久作用采用标准值作为代表值，注册考试中，应重点掌握《公桥通规》中 4.2.1 条结构重力的计算、4.2.2 条预应力的计算、4.2.3 条 5 款柱式墩台土压力计算宽度的相关内容。

2）应重点掌握汽车荷载的计算图式，荷载等级及其标准值，加载方法和纵、横向折减等《公桥通规》4.3.1 条的相关内容。其中，应特别注意的内容包括：

（1）桥梁结构的整体计算（一般指梁的相关计算）采用车道荷载；桥梁结构的局部加载（一般指行车道板计算）、涵洞、桥台和挡土墙土压力等的计算采用车辆荷载。车道荷载和车辆荷载的作用不得叠加。

（2）车道荷载由均布荷载和集中荷载组成，其中计算剪力效应时集中荷载标准值应乘以 1.2 的系数。计算桥梁活荷载效应（内力、应力、位移等）的最不利值时，应按最不利原则布置荷载。

一般做法：先计算结构影响线，然后布载并加载。对均布荷载，加载为荷载集度与同号区段影响线面积的乘积；对集中荷载，为荷载大小与对应影响线纵坐标值的乘积。

对公路车道荷载，布载时，应将其中的均布荷载标准值（任意长度，任意截取）满布于使结构产生最不利效应的同号影响线区段上，而集中荷载标准值只布置在相应影响线中的一个最大影响线峰值处。

连续梁最不利活荷载的布置原则：跨中最大正弯矩——本跨布置，隔跨布置；跨中最大负弯矩——左右布置，隔跨布置；支座最大负弯矩——左右布置，隔跨布置；支座最大剪力——同支座最大负弯矩的布置。

（3）车辆荷载的立面、平面尺寸见《公桥通规》图 4.3.1-2，主要技术指标规定见《公桥通规》表 4.3.1-3。在车辆荷载中，车辆布置的各轴的排列间距和重力标准值不得改动。以中、后轮为例，其着地宽度及长度为 0.6m×0.2m，对应的平面方向见图 2.0-1。

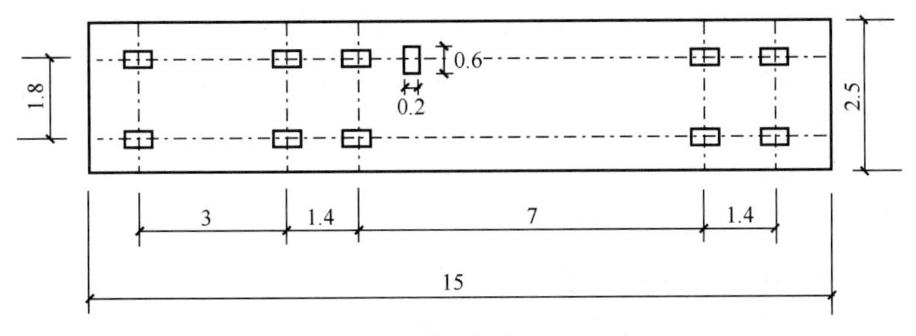


图 2.0-1　车辆荷载平面尺寸

（4）桥涵的设计车道数按《公桥通规》表 4.3.1-4 确定。当无法判断车辆单向或双向行驶时，应按最不利的荷载效应确定其桥涵设计车道数。桥涵的设计车道数与车道数是两个不同的概念。设计车道数用于桥梁结构内力计算；车道数用于桥面车行道宽度的确定。

（5）在桥梁多车道上行驶的汽车荷载使桥梁构件的某一截面产生最大效应时，其同时处于最不利位置的可能性显然随车道数的增加而减小，横桥向布置多车道汽车荷载时，应考虑汽车荷载的折减。而布置一条车道汽车荷载时，应考虑汽车荷载的提高，横向布载系数取为 1.2。

（6）当桥梁计算跨径大于 150m 时，应按《公桥通规》表 4.3.1-6 规定的纵向折减系数进行折减。当为多跨连续结构时，整个结构应按最大的计算跨径考虑汽车荷载效应的纵向折减。

3）车辆荷载作用的冲击力标准值为汽车荷载标准值乘以冲击系数，可按《公桥通规》4.3.2 条计算。其中，汽车荷载的局部加载（如行车道板计算）及在 T 梁、箱梁悬臂板上的冲击系数采用 0.3。对简支梁桥、连续梁桥、拱桥、双塔斜拉桥、单跨简支悬索桥，其冲击系数与结构基频有关，按《公桥通规》式（4.3.2）计算，其中，结构基频可按 4.3.2 条条文说明取值。

4）曲线桥应计算汽车荷载引起的离心力。汽车荷载离心力标准值为车辆荷载（不计冲击力）标准值乘以离心力系数 $C$ 计算，即：$F_k = n\times550\times\xi\times C$。其中，$n$ 为设计车道数，$\xi$ 为横向布载系数，$C$ 为离心力系数。

5）按《公桥通规》4.3.4 条，计算汽车荷载等代均布土层厚度（图 2.0-2）的流程：

（1）计算桥台或挡土墙后填土的破坏棱体长度：$l_0 = H\tan\theta$。其中，$H$ 为挡土墙高，$\theta$ 为破裂面与竖直线间的夹角。

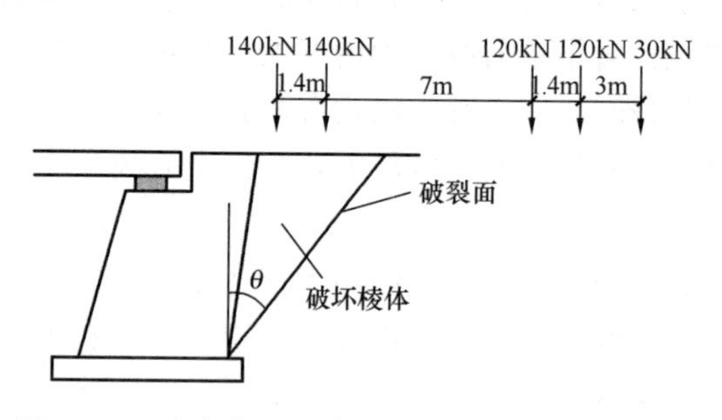


图 2.0-2　汽车荷载等代均布土层厚度计算简图

（2）判断 $l_0$ 范围内纵向布置的车轴数，如 $1.4\text{m}\leqslant l_0<8.4\text{m}$，则布置两个后轴。

（3）根据桥台横向全宽或挡土墙的计算宽度，判断车道数 $n$。计算重力荷载时，应乘以横向布载系数（依据：人民交通出版社出版的《桥梁工程》第 2 版 P52）。

（4）等代均布土层厚度 $h=\Sigma G/(Bl_0\gamma)=P_{B\cdot l_0范围轮重}\cdot n_{车道数}\cdot\xi_{横向布载系数}/(Bl_0\gamma)$。

6）按《公桥通规》4.3.4 条规定，计算涵洞顶上汽车荷载引起的竖向土压力时，车轮按其着地面积的边缘向下作 30°角分布。当几个车轮的压力扩散线相重叠时，扩散面积以最外边的扩散线为准，详见例 2.0.13。

7）制动力是车辆减速或制动时为克服车辆的惯性力而在路面与车辆之间发生的滑动摩擦力，作用于桥跨结构的方向与行车方向一致。《公桥通规》4.3.5 条规定，汽车荷载制动力按同向行驶的汽车荷载（不计冲击力）计算。

当为公路-Ⅰ级荷载时：

同向行驶车道数为1时，制动力取：$\max[(q_k l + P_k) \times 10\%, 165] \times 1.2$；

同向行驶车道数大于等于2时，制动力取：$\max[\eta(q_k l + P_k) \times 10\%, 165\eta]$，式中，$\eta$为与同向行驶车道数有关的调整系数：同向行驶2个车道时，$\eta = 2 \times 1.0 = 2$；同向行驶3个车道时，$\eta = 3 \times 0.78 = 2.34$；同向行驶4个车道时，$\eta = 4 \times 0.67 = 2.68$。其中，1.0、0.78、0.67为相应车道数的横向布载系数。

需要注意的是，公路-Ⅰ级荷载的制动力标准值不得小于165kN，当同向行驶的车道数为1时，是否需考虑1.2的布载系数，规范不明确，不同参考书的观点也不同。经咨询规范主编单位，笔者认为应考虑。

当为公路-Ⅱ级荷载时，上述公式中的165kN应替换为90kN。

汽车荷载制动力的计算，应按《公桥通规》表4.4.1-6的规定，以使桥梁墩台产生最不利纵向力的加载长度进行纵向折减。

《公桥通规》4.1.5条规定，设计弯桥时，当离心力与制动力同时参与组合时，制动力标准值或设计值按70%取用。

8）《公桥通规》4.3.6条规定了人群荷载标准值，应注意在计算人行道板（局部构件）时，以一块板为单元，人群荷载按$4kN/m^2$取值。

9）桥梁的温度作用计算见《公桥通规》4.3.12条。计算均匀温度作用时，应从结构受到约束（架梁或结构合拢）时的结构温度作为起点，计算结构最高和最低有效温度的作用效应。混凝土结构可取当地历年最高日平均温度或最低日平均温度计算；钢结构采用当地历年最高或最低温度计算。

10）当可变作用对结构有利时，该作用不参与组合。实际不可能同时出现或同时参与组合概率很小的作用，按《公桥通规》表4.1.4的规定，不考虑同时参与组合。

11）桥梁结构的重要性系数按《公桥通规》表4.1.5-1规定的安全等级采用，对应于设计安全等级一级、二级和三级分别取1.1、1.0和0.9。应注意的是，确定安全等级时，特大、大、中桥等系按单孔跨径确定，对多跨不等跨桥梁，以其中最大跨径为准。

12）《公桥通规》4.1.5条给出了按承载能力极限状态设计时的荷载组合。公路桥涵的持久状况设计的承载能力极限状态计算，汽车荷载应计入冲击作用。常见的表达式包括：

$$\begin{cases}\text{常见基本组合}\begin{cases}S_{ud} = \gamma_0[1.2\times\text{恒} + 1.4\times\text{车道} + 0.75\times(1.4\times\text{人群} + 1.1\times\text{风} + \cdots\cdots)]\\ S_{ud} = \gamma_0[1.2\times\text{恒} + 1.8\times\text{车辆} + 0.75\times(1.4\times\text{人群} + 1.1\times\text{风} + \cdots\cdots)]\end{cases}\\ \text{常见偶然组合}\begin{cases}\text{取频遇值时}: S_{ad} = \text{恒} + \text{偶然作用设计值} + 0.7\times\text{车} + 0.4\times\text{人} + 0.75\times\text{风} + \cdots\cdots\\ \text{取准永久值时}: S_{ad} = \text{恒} + \text{偶然作用设计值} + 0.4\times\text{车} + 0.4\times\text{人} + 0.75\times\text{风} + \cdots\cdots\end{cases}\end{cases}$$

（1）当作用与作用效应可按线性关系考虑时，作用基本组合的效应设计值$S_{ud}$可通过作用效应代数相加计算：

$S_{ud}=\gamma_0$(恒荷载设计值＋汽车荷载设计值＋人群荷载设计值＋风荷载设计值＋……)

(2) 当某个可变作用在组合中其效应值超过汽车荷载效应时，则该作用取代汽车荷载，其分项系数取 1.4；对专为承受某作用而设置的结构或装置，设计时该作用的分项系数取 1.4；计算人行道板和人行道栏杆的局部荷载，其分项系数也取 1.4。

(3) 永久作用对结构的承载能力有利时，分项系数取为 1.0。永久作用对结构的承载能力不利时，当采用钢桥面板时，分项系数取 1.1；当采用混凝土桥面板时，分项系数取 1.2。永久作用对结构的承载能力不利时，混凝土和圬工结构重力的分项系数取 1.2。

13)《公桥通规》4.1.6 条给出了按正常使用极限状态设计时的荷载组合。公路桥涵的持久状况设计的正常使用极限状态，汽车荷载不计入冲击作用，当题目给出含冲击系数的数值时，应除以 $(1+\mu)$。常见的表达式包括：

$$\begin{cases}\text{频遇组合}:S=\text{恒}+0.7\times\text{汽车荷载}_{\text{不计冲击}}+0.4\times\text{人}+0.75\times\text{风}+\cdots\cdots\\ \text{准永久组合}:S=\text{恒}+0.4\times\text{汽车荷载}_{\text{不计冲击}}+0.4\times\text{人}+0.75\times\text{风}+\cdots\cdots\end{cases}$$

**3. 历年真题解析**

**【例 2.0.1】** 2020 下午 38 题

某二级公路上的一座计算跨径为 15.5m 简支混凝土梁桥，结构跨中截面抗弯惯性矩 $I_c=0.08\text{m}^4$，结构跨中处每延米结构重 $G=80000\text{N/m}$，结构材料弹性模量 $E=3\times10^4\text{MPa}$，重力加速度 $g$ 在本题中近似取 $10\text{m/s}^2$。经计算该结构的跨中截面弯矩标准值为：梁自重弯矩 2500kN·m；汽车作用弯矩（不含冲击力）1300kN·m；人群作用弯矩 200kN·m。试问，该结构跨中截面作用效应基本组合的弯矩设计值（kN·m），与下列何项数值最为接近？

(A) 6400　　(B) 6259　　(C) 5953　　(D) 5734

**【答案】**(C)

根据《公桥通规》4.3.2 条条文说明：

$$m_c=\frac{G}{g}=\frac{80000}{10}=8000\text{kg/m}$$

$$f_1=\frac{\pi}{2l^2}\sqrt{\frac{EI_c}{m_c}}=\frac{3.14}{2\times15.5^2}\sqrt{\frac{3\times10^4\times10^6\times0.08}{8000}}=3.58\text{Hz}$$

$$1.5\text{Hz}<f\leqslant14\text{Hz}$$

根据《公桥通规》4.3.2 条：

$$\mu=0.1767\ln f-0.0157=0.1767\ln3.58-0.0157=0.21$$

根据《公桥通规》4.1.5 条，二级公路小桥安全等级为一级，基本组合值为：

$$M=1.1\times(1.2\times2500+1.4\times1.21\times1300+0.75\times1.4\times200)=5953.4\text{kN}\cdot\text{m}$$

**【例 2.0.2】** 2020 下午 39 题

某高速公路桥梁采用预应力混凝土 T 梁，其截面形状和尺寸见图 2020-39。

假定，该桥面铺装仅采用 90mm 厚沥青混凝土，且不考虑施工阶段沥青摊铺引起的温度影响，试问，计算该梁由于竖向温度梯度引起的效应时，截面Ⅰ-Ⅰ（梁腹板与梁翼缘板加腋根部相交处）竖向日照正温差的温度值（℃），与下列何项数值最为接近？

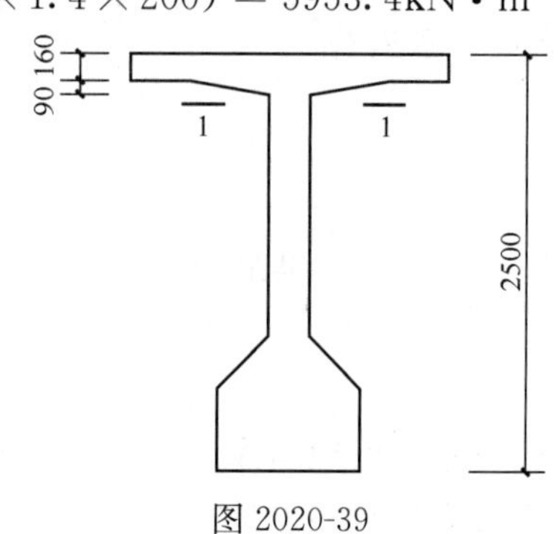

图 2020-39

(A) 4.6　　(B) 5.7　　(C) 2.9　　(D) 3.5

**【答案】**(C)

根据《公桥通规》4.3.12条，插值计算：

$$T_2=\frac{10}{50}\times1.2+5.5=5.74℃$$

计算位置处的温度为：

$$T=\frac{300-(160+90-100)}{300}\times5.74=2.87℃$$

**【例 2.0.3】**2019下午34题

某桥处于寒冷地区，当地历年最高日平均温度34℃，最低日平均温度－10℃，历年最高温度46℃，历年最低温度－21℃。该桥为正在建设的3×50m，墩梁固接的刚构式公路钢桥，施工中采用中跨跨中嵌补段完成全桥合拢。假定该桥预计合拢温度在15～20℃之间，试问，计算结构均匀温度作用效应时，温度升高和温度降低（℃）与下列何项数值最为接近?

(A) 14，25　　(B) 19，30　　(C) 31，41　　(D) 26，36

**【答案】**(C)

根据《公桥通规》4.3.12条文说明及《荷规》9.3.1条、9.3.3条计算。

温度升高：$\Delta T_k=T_{s,max}-T_{0,min}=46-15=31℃$；

温度降低：$\Delta T_k=T_{s,min}-T_{0,max}=-21-20=-41℃$。

**【例 2.0.4】**2019下午38题

某高速公路上一座预应力混凝土连续箱梁桥，如图2019-38所示，不计挡板尺寸，主梁悬臂跨径为1880mm，悬臂根部厚度为350mm。

在进行主梁悬臂板根部抗弯极限承载力状态设计时，假定已知如下各作用在主梁悬臂板根部的每延米弯矩作用标准值：悬臂板自重，铺设屏障和护栏引起的弯矩作用标准值为45kN·m，按百年一遇风压计算的声屏障风载荷引起的弯矩作用标准值为30kN·m，汽车车辆荷载（含冲击力）引起的弯矩标准值为32kN·m。试问，主梁悬臂根部弯矩在不考虑汽车撞击力，每延米承载能力极限状态下的基本组合效应设计值（kN·m）与下列何项数值最为接近?

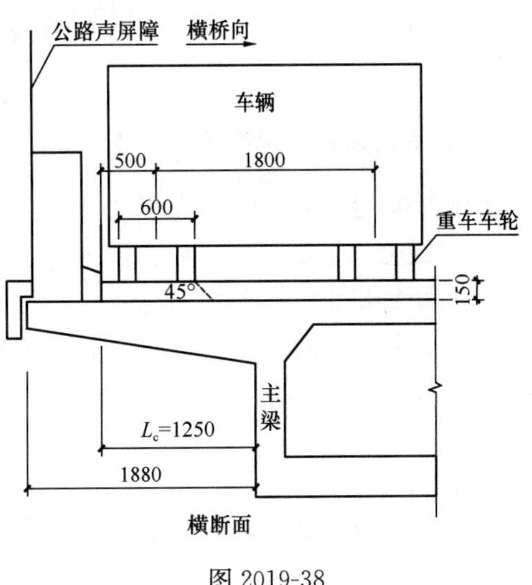

图 2019-38

(A) 123　　(B) 136　　(C) 144　　(D) 150

**【答案】**(D)

根据《公桥通规》1.0.5条、4.1.5条，高速公路大桥，安全等级为一级，$\gamma_0=1.1$。

根据《公桥通规》式（4.1.5-1）：

$$M=1.1\times(1.2\times45+1.8\times32+0.75\times1.0\times1.1\times30)=150\text{kN}\cdot\text{m}$$

**【例 2.0.5】** 2019 下午 39 题

基本题干同例 2.0.4。考虑汽车撞击力下的主梁悬臂根部抗弯承载力设计时，假定，已知汽车撞击力引起的每延米弯矩作用标准值为 126kN·m，利用例 2.0.4 的已知条件，并采用与偶然作用同时出现的可变作用的频遇值时，试问，主梁悬臂根部每延米弯矩承载能力极限状态荷载偶然组合的效应设计值（kN·m）与下列何项数值最为接近？

(A) 194　　(B) 206　　(C) 216　　(D) 227

**【答案】**(C)

根据《公桥通规》4.1.5 条：

$$M=45+126+0.7\times32+0.75\times30=215.9\text{kN}\cdot\text{m}$$

**【例 2.0.6】** 2018 下午 35 题

某公路立交桥中的一单车道匝道弯桥，设计行车速度为 40km/h，平曲线半径为 65m。为计算桥梁下部结构和桥梁总体稳定的需要，需要计算汽车荷载引起的离心力。假定，该匝道桥车辆荷载标准值为 550kN，汽车荷载冲击系数为 0.15。试问，该匝道桥的汽车荷载离心力标准值（kN），与下列何项数值最为接近？

(A) 108　　(B) 118　　(C) 128　　(D) 148

**【答案】**(C)

根据《公桥通规》4.3.3 条：

$$C=\frac{v^2}{127R}=\frac{40^2}{127\times65}=0.1938$$

汽车荷载离心力标准值为车辆荷载（不计冲击力）标准值乘以离心力系数 $C$。

车辆荷载标准值为 550kN。按《公桥通规》表 4.3.1-5 知单车道横向布载系数为 1.2。因此：

$$\text{汽车荷载离心力标准值}=1.2\times550\times\frac{40^2}{127\times65}=128\text{kN}$$

**【例 2.0.7】** 2018 下午 37 题

某一级公路上的一座预应力混凝土梁桥，其结构安全等级为一级。经计算知该梁的跨中截面弯矩标准值为：梁自重弯矩 2500kN·m；汽车作用弯矩（含冲击力）1800kN·m；人群作用弯矩 200kN·m。试问，该梁跨中作用效应基本组合的弯矩设计值（kN·m），与下列何项数值最为接近？

(A) 6400　　(B) 6300　　(C) 5800　　(D) 5700

**【答案】**(B)

根据《公桥通规》4.1.5 条 1 款，结构安全等级为一级，$\gamma_0$ 为 1.1。

因为计算跨中弯矩采用的是车道荷载，汽车作用效应的分项系数取 1.4。则

$$M_{ud}=1.1\times(1.2\times2500+1.4\times1800+0.75\times1.4\times200)=6303\text{kN}\cdot\text{m}$$

**【例 2.0.8】** 2016 下午 36 题

某公路上的一座单跨 30m 的跨线桥梁，设计荷载（作用）为公路-Ⅰ级，桥面宽度为 13m，且与路基宽度相同。桥台为等厚度的 U 形结构，桥台计算高度 5.0m，基础为双排 $\phi$1.2m的钻孔灌注桩。当计算该桥桥台台背土压力时，汽车在台后土体破坏棱体上的作用可换算成等代均布土层厚度计算。试问，其换算土层厚度（m）与下列何项数值最为

接近？

**提示：**①台背竖直、路基水平，土壤内摩擦角 30°，假定台后土体破坏棱体的上口长度 $L_0=3.0\text{m}$，土的重度 $\gamma=18\text{kN/m}^3$；

②不考虑汽车荷载效应的多车道横向折减系数。

(A) 0.9　　(B) 1.0　　(C) 1.2　　(D) 1.4

**【答案】**(C)

根据《公桥通规》式（4.3.4-1），$h_0=\dfrac{\sum G}{\gamma \cdot B \cdot L_0}$。

桥面宽度 13m，单向行驶时为三车道，双向行驶时为双车道。按不利情况取为三车道。查《公桥通规》4.3.1 条，3m 范围可布置两个后轴，$\sum G=3\times2\times140=840\text{kN}$。

按提示不考虑多车道横向折减系数，则

$$h_0=\frac{840}{18\times13\times3}=1.196\text{m}$$

**【例 2.0.9】**2016 下午 39 题

某桥为一座预应力混凝土箱梁桥。假定，主梁的结构基频 $f=4.5\text{Hz}$，试问，在计算其悬臂板的内力时，作用于悬臂板上的汽车作用的冲击系数 $\mu$ 应取用下列何值？

(A) 0.45　　(B) 0.30　　(C) 0.25　　(D) 0.05

**【答案】**(B)

根据《公桥通规》4.3.2 条 6 款：汽车作用在箱梁悬臂板上的冲击系数 $\mu$ 应采用 0.30。

**【例 2.0.10】**2016 下午 40 题

由《公桥通规》知：公路桥梁上的汽车荷载（作用）由车道荷载（作用）和车辆荷载（作用）组成，在计算下列的桥梁构件时，取值不一样。在计算以下构件时：①主梁整体，②主梁桥面板，③桥台，④涵洞，应各采用下列何项汽车荷载（作用）模式，才符合《公桥通规》的规定要求？

(A) ①、②、③、④均采用车道荷载（作用）

(B) ①采用车道荷载（作用），②、③、④采用车辆荷载（作用）

(C) ①、②采用车道荷载（作用），③、④采用车辆荷载（作用）

(D) ①、③采用车道荷载（作用），②、④采用车辆荷载（作用）

**【答案】**(B)

根据《公桥通规》4.3.1 条 2 款，“桥梁结构的整体计算采用车道荷载（作用），桥梁结构的局部加载、桥台、涵洞和挡土墙压力等的计算采用车辆荷载（作用）”。

**【例 2.0.11】**2014 下午 33 题

某二级公路上的一座单跨 30m 的跨线桥梁，可通过双向两列车，重车较多，设计荷载为公路-Ⅰ级，人群荷载 3.5kPa，桥面宽度与路基宽度都为 12m。整体结构的安全等级为一级。假定，计算该桥桥台台背土压力时，汽车在台背土体破坏棱体上的作用可近似用换算等代均布土层厚度计算。试问，其换算土层厚度（m）与下列何项数值最为接近？

**提示：**台背竖直、路基水平，土壤内摩擦角 30°，假定土体破坏棱体的上口长度 $L_0$ 为 2.31m，土的重度 $\gamma$ 为 $18\text{kN/m}^3$。

(A) 0.8　　(B) 1.1　　(C) 1.3　　(D) 1.8

**【答案】**(B)

根据《公桥通规》4.3.1条，设计车道数为2，$B \times L_0$ 范围内的车轮总重力：$\Sigma G = 2 \times 2 \times 140 = 560\text{kN}$。

根据《公桥通规》4.3.4条：

$$h = \frac{\Sigma G}{Bl_0\gamma} = \frac{560}{12 \times 2.31 \times 18} = 1.12\text{m}$$

**【例 2.0.12】**2014 下午 37 题

某二级公路立交桥上的一座直线匝道桥，其中一联为三孔，每孔跨径各 25m，梁高 1.3m，中墩处为单支点，边墩为双支点抗扭支座。设计荷载为公路-Ⅰ级，结构安全等级一级。匝道桥的边支点采用双支座（抗扭支座），梁的重力密度为 158kN/m，汽车居中行驶，其冲击系数按 0.15 计。若双支座平均承担反力，试问，在重力和车道荷载作用时，每个支座的组合力值 $R_A$（kN）与下列何项数值最为接近?

**提示：**反力影响线的面积：第一孔 $w_1 = +0.433L$；第二孔 $w_2 = -0.05L$；第三孔 $w_3 = +0.017L$。

(A) 1147　　(B) 1334　　(C) 1466　　(D) 1566

**【答案】**(D)

根据《公桥通规》4.3.1 条计算。

重力反力：

$$R_q = q(w_1 - w_2 + w_3) = 158 \times (0.433 - 0.05 + 0.017)l = 158 \times 0.40 \times 25 = 1580\text{kN}$$

公路-Ⅰ级均布荷载反力：

$$R_{Q1} = q_k(w_1 + w_3) = 10.5 \times (0.433 + 0.017) \times 25 = 10.5 \times 0.45 \times 25 = 118\text{kN}$$

公路-Ⅰ级集中荷载反力：

$$R_{Q2} = P_k \times 1.0 = 310 \times 1 = 310\text{kN}$$

计算支座反力时 $P_k$ 应乘以 1.2，单车道横向车道布载系数为 1.2，则

$$R_Q = 1.2 \times (1 + 0.15) \times (118 + 310 \times 1.2) = 676.2\text{kN}$$

单车道横向车道布载系数为 1.2，安全等级一级，结构重要性系数 1.1，则

$$R_d = 1.1 \times (1.2 \times 1580 + 1.4 \times 676.2) = 3127\text{kN}$$

每个支座的平均反力组合值：

$$R_A = \frac{1}{2} \times 3127\text{kN} = 1563\text{kN}$$

**【例 2.0.13】**2013 下午 40 题

某二级公路，设计车速 60km/h，双向两车道，全宽（$B$）为 8.5m，汽车荷载等级为公路-Ⅱ级。其下一座现浇普通钢筋混凝土简支实体盖板涵洞，涵洞长度与公路宽度相同，涵洞顶部填土厚度（含路面结构厚）2.6m，若盖板计算跨径 $l_{计} = 3.0\text{m}$。试问，汽车荷载在该盖板跨中截面每延米产生的活荷载弯矩标准值（kN·m）与下列何项数值最为接近?

**提示：**两车道车轮横桥向扩散宽度取为 8.5m。

(A) 16　　(B) 21　　(C) 25　　(D) 27

**【答案】**(A)

根据《公桥通规》4.3.1条，“涵洞计算应采用车辆荷载”，车轮纵桥向着地长度为0.2m，横桥向着地宽度0.6m，车辆作用于洞顶路面上的两个后轴各重140kN，轴距1.4m，轮距1.8m。

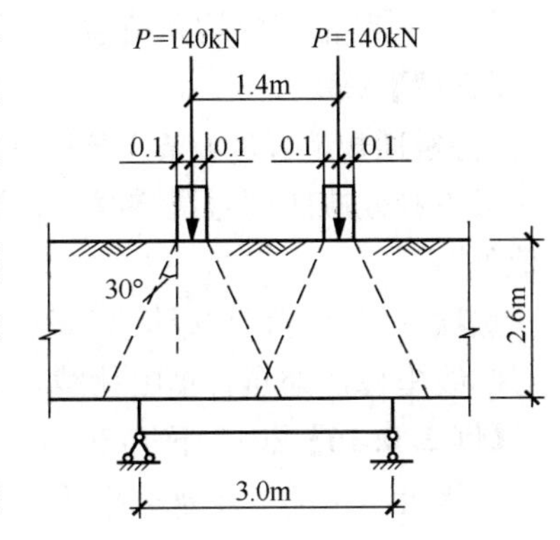

图2.0-3 压力扩散示意

根据《公桥通规》4.3.4条，“计算涵洞顶上车辆荷载引起的竖向土压力时，车轮按其着地面积的边缘向下作30°分布，当几个车轮的压力扩散线相重叠时，扩散面积以最外边的扩散线为准”，如图2.0-3所示。

纵桥向单轴扩散长度$a_1=2.6\tan30°\times2+0.2=1.5\times2+0.2=3.2\text{m}>1.4\text{m}$，两轴压力扩散线重叠，所以应取两轴压力扩散长度，$a=3.2+1.4=4.6\text{m}$。

双车道车辆，两后轴重引起的压力：

$$q_{活}=\frac{2\times2\times140}{4.6\times8.5}=14.32\text{kN/m}^2$$

双车道车辆，两后轴重在盖板跨中截面每延米产生的活荷载弯矩标准值为：

$$M_{活}=\frac{1}{8}ql^2\times1.0=\frac{1}{8}\times14.32\times3^2\times1.0=16.11\text{kN}\cdot\text{m}$$

**【例2.0.14】**2012下午34题

一级公路上的一座桥梁，其主桥为三跨（70m+100m+70m）变截面预应力混凝土连续箱梁；两引桥各为5孔40m预应力混凝土小箱梁。桥梁行车道净宽15m，全宽17.5m。设计汽车荷载（作用）公路-Ⅰ级。试问，该桥按汽车荷载（作用）计算效应时，其横向车道布载系数与下列何项数值最为接近？

(A) 0.60　　(B) 0.67　　(C) 0.78　　(D) 1.00

**【答案】**(B)

由《公桥通规》表4.3.1-4知，净宽15m的行车道适合于单、双向4车道。

根据《公桥通规》表4.3.1-5，4车道的横向车道布载系数取0.67。

**【例2.0.15】**2012下午35题

一级公路上的一座桥梁，其主桥为三跨（70m+100m+70m）变截面预应力混凝土连续箱梁。试问，该桥用车道荷载求边跨（$L_1$）跨中正弯矩最大值，车道荷载顺桥向布置时，下列哪种布置符合规范规定？

**提示：**三跨连续梁的边跨（$L_1$）跨中影响线如图2012-35所示。

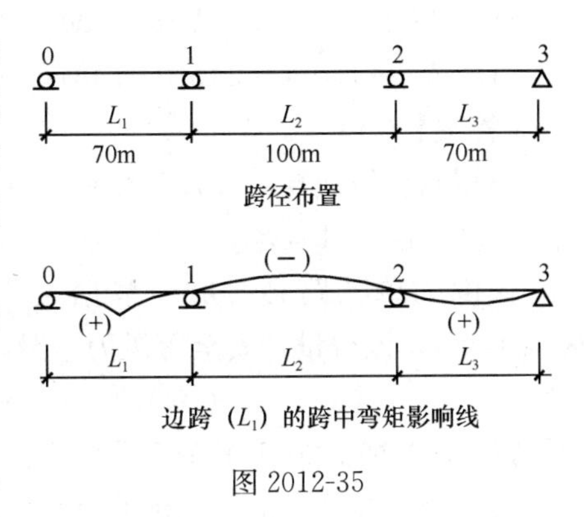

图2012-35

(A) 三跨都布置均布荷载和集中荷载

(B) 只在两边跨（$L_1$和$L_3$）内布置均布荷载，并只在$L_1$跨最大影响线坐标值处布置集中荷载

(C) 只在中间跨（$L_2$）布置均布荷载和集中荷载

（D）三跨都布置均布荷载

**【答案】**（B）

《公桥通规》4.3.1条4款第3项规定："车道荷载的均布荷载标准值应满布于使结构产生最不利效应的同号影响线上；集中荷载标准值只作用于相应影响线中一个最大影响线峰值处"。

选项（B）只在两边跨（$L_1$和$L_3$）内布置均布荷载，弯矩影响线同号，并只在$L_1$跨最大影响线坐标值处布置集中荷载，满足规范要求。

**【例2.0.16】** 2012下午36题

二级公路上的一座永久性桥梁，为单孔30m跨径的预应力混凝土T形梁结构，全宽12m，其中行车道净宽9.0m，两侧各附1.5m的人行道。横向由5片梁组成，主梁计算跨径29.16m，中距2.2m。结构安全等级为一级。设计汽车荷载为公路-Ⅰ级，人群荷载为3.5kN/m²，由计算知，其中一片内主梁跨中截面的弯矩标准值为：总自重弯矩2700kN·m，汽车作用弯矩1670kN·m，人群作用弯矩140kN·m。试问，该片梁的作用效应基本组合的弯矩设计值（kN·m）与下列何项数值最为接近？

（A）4500　　（B）5800　　（C）5700　　（D）6300

**【答案】**（D）

根据《公桥通规》4.1.5条，安全等级为一级，$\gamma_0$取1.1。

$$\gamma_0 S_{ud} = \gamma_0\left(\sum_{i=1}^{m}\gamma_{Gi}S_{Gik} + \gamma_{Q1}S_{Q1k} + \psi_c\sum_{j=2}^{n}\gamma_{Qj}S_{Qjk}\right)$$

$$M_{ud} = 1.1\times(1.2\times2700 + 1.4\times1670 + 0.75\times1.4\times140) = 6298\text{kN}\cdot\text{m}$$

**【例2.0.17】** 2011下午33题

某二级干线公路上一座标准跨径为30m的单跨简支梁桥，主梁跨中断面的结构重力作用弯矩标准值为$M_G$，汽车作用弯矩标准值为$M_Q$、人行道人群作用弯矩标准值为$M_R$。试问，该断面承载能力极限状态下的弯矩效应组合设计值应为下列何式？

（A）$M_d=1.1(1.2M_G+1.4M_Q+0.75\times1.4M_R)$

（B）$M_d=1.0(1.2M_G+1.4M_Q+1.4M_R)$

（C）$M_d=1.0(1.2M_G+1.4M_Q+0.8\times1.4M_R)$

（D）$M_d=1.0(1.2M_G+1.4M_Q+0.7\times1.4M_R)$

**【答案】**（A）

根据《公桥通规》4.1.5条1款：$M_d=\gamma_0(\gamma_G M_G+\gamma_{Q1}M_Q+\varphi_c\gamma_{Qj}M_R)$，其中：$\gamma_0=1.0$，$\gamma_G=1.2$，$\gamma_{Q1}=1.4$，$\gamma_{Qj}=1.4$，$\varphi_c=0.75$。

该桥梁单孔跨径30m，根据《公桥通规》表1.0.5，为中桥，根据《公桥通规》表4.1.5-1，该桥设计安全等级为一级，结构重要性系数应为$\gamma_0=1.1$。则

$$M_d=1.1(1.2M_G+1.4M_Q+0.75\times1.4M_R)$$

**【例2.0.18】** 2011下午34题

某二级干线公路上一座标准跨径为30m的单跨简支梁桥，主梁结构自振频率（基频）$f=4.5$Hz。试问，该桥汽车作用的冲击系数$\mu$与下列何项数值最为接近？

（A）0.05　　（B）0.25　　（C）0.30　　（D）0.45

**【答案】**（B）

根据《公桥通规》4.3.2 条 5 款，当 $1.5\text{Hz}\leqslant f\leqslant 14\text{Hz}$ 时，冲击系数 $\mu=0.1767\ln f-0.0157$，已知 $f=4.5\text{Hz}$，所以

$$\mu=0.1767\ln 4.5-0.0157=0.1767\times 1.504-0.0157=0.2658-0.0157=0.25$$

**【例 2.0.19】** 2010 下午 36 题

某立交桥上的一座匝道桥为单跨简支桥梁，跨径 30m，桥面净宽 8.0m，为同向行驶的两车道，承受公路-Ⅰ级荷载，采用氯丁橡胶板式支座。试问，该桥每个桥台承受的制动力标准值（kN），与下列何项数值最为接近？

**提示：** 车道荷载的均布荷载标准值为 $q_k=10.5\text{kN/m}$，集中荷载标准值为 $P_k=320\text{kN}$，假定两桥台平均承担制动力。

(A) 30　　(B) 60　　(C) 83　　(D) 165

**【答案】**（D）

依据《公桥通规》表 4.3.1-4，桥面净宽 8m，设计车道数应为 2。

依据《公桥通规》4.3.5 条，一个车道的制动力标准值为 $10\%\times(10.5\times 30+320)=63.5\text{kN}<165\text{kN}$，取为 165kN。

两个车道布载系数为 1.0，制动力由两个桥台平均承担，每个应承受 165kN。

**【例 2.0.20】** 2010 下午 38 题

某重要大型桥梁为等高度预应力混凝土箱形梁结构，其设计安全等级为一级。该梁某截面的结构重力弯矩标准值为 $M_{Gk}$，汽车作用的弯矩标准值为 $M_{qk}$，试问，该桥在承载能力极限状态计算时，其作用效应基本组合，应为下列何项？

(A) $M=1.1\times(1.2M_{Gk}+1.4M_{qk})$　　(B) $M=1.0\times(1.2M_{Gk}+1.4M_{qk})$

(C) $M=0.9\times(1.2M_{Gk}+1.4M_{qk})$　　(D) $M=1.1\times(M_{Gk}+M_{qk})$

**【答案】**（A）

依据《公桥通规》4.1.5 条，安全等级为一级，结构重要性系数为 1.1，选择（A）。

**【例 2.0.21】** 2009 下午 36 题

某公路桥梁为一座单跨简支梁桥，计算跨径 40m，桥面净宽 24m，双向 6 车道。试问，该桥每个桥台承受的制动力标准值（kN），与下列何项数值最为接近？

**提示：** 设计荷载为公路-Ⅰ级，其车道荷载的均布荷载标准值为 $q_k=10.5\text{kN/m}$，$P_k=340\text{kN}$，三车道的折减系数为 0.78，制动力由两个桥台平均承担。

(A) 37　　(B) 74　　(C) 87　　(D) 193

**【答案】**（D）

依据《公桥通规》4.3.5 条 1 款，一个设计车道上的汽车制动力标准值为 $10\%\times(40\times 10.5+340)=76\text{kN}<165\text{kN}$，取为 165kN。

同向行驶 3 车道，制动力标准值为 $165\times 2.34=386.1\text{kN}$。

制动力由两个桥台平均承担，于是，每个桥台承担 $386.1/2=193\text{kN}$，选择（D）。

**【例 2.0.22】** 2009 下午 38 题

某公路中桥，为等高度预应力混凝土箱形梁结构，其设计安全等级为一级。该梁某截面的自重剪力标准值为 $V_g$，汽车引起的剪力标准值为 $V_k$。试问，对该桥进行承载能力极限状态计算时，其作用效应的基本组合应为下列何项所示？

(A) $V_{ud}=1.1(1.2V_g+1.4V_k)$　　(B) $V_{ud}=1.0(1.2V_g+1.4V_k)$

(C) $V_{ud}=0.9(1.2V_g+1.4V_k)$　　(D) $V_{ud}=1.0(V_g+V_k)$

**【答案】**(A)

依据《公桥通规》4.1.5条，安全等级为一级时，$\gamma_0=1.1$，永久荷载和汽车荷载效应的分项系数分别取1.2和1.4，故选择(A)。

**【例2.0.23】**2009下午39题

某桥的上部结构为多跨16m后张预制预应力混凝土空心板梁，单板宽度1030mm，板厚900mm。每块板采用15根$\phi^s$15.2mm的高强度低松弛钢绞线；钢绞线的公称截面积为140mm²，抗拉强度标准值$f_{pk}=1860$MPa，张拉控制应力为$0.73f_{pk}$。试问，每块板上预应力筋的总张拉力(kN)，与下列何项数值最为接近?

(A) 2851　　(B) 3125　　(C) 3906　　(D) 2930

**【答案】**(A)

根据《公桥通规》4.2.2条，每块板的总张拉力为：

$$N=\sigma_{con}A_p=0.73\times1860\times15\times140=2851.4\times10^3\text{N}$$

# 3　《公桥通规》+《公路混规》：梁桥及行车道板的计算

## 3.1　梁桥计算

### 3.1.1　不考虑横向分布系数时的荷载效应计算

**1. 主要的规范规定**

1）《公桥通规》4.1.5 条：承载能力极限状态荷载组合。

2）《公桥通规》4.3 节：可变作用。

**2. 对规范规定的理解**

1）简支主梁跨中截面的弯矩及剪力计算（图 3.1-1）

（1）活荷载内力计算

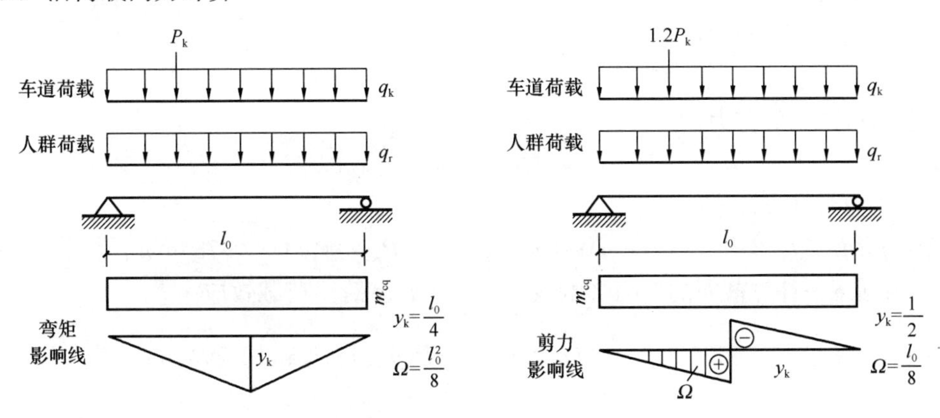


图 3.1-1　简支主梁跨中截面弯矩、剪力计算简图

① 跨中弯矩

汽车荷载产生的弯矩：

$$M_q=(1+\mu)n\xi(q_k\Omega+P_ky_k)=(1+\mu)n\xi(q_kl_0{}^2/8+P_kl_0/4)$$

人群荷载产生的弯矩：

$$M_r=mq_r\Omega=mq_rl_0{}^2/8=m\cdot qb_{人形道宽}^{单侧}\cdot l_0{}^2/8$$

② 跨中剪力（左侧或右侧）

汽车荷载产生的剪力：

$$V_q=(1+\mu)n\xi(q_k\Omega+1.2P_ky_k)=(1+\mu)n\xi(q_kl_0/8+1.2P_k\cdot 1/2)$$

人群荷载产生的剪力：

$$V_r=mq_r\Omega=m\cdot qb_{人形道宽}^{单侧}\cdot l_0/8$$

式中：$\mu$——汽车荷载冲击系数（《公桥通规》4.3.2 条）；

$n$——桥涵设计车道数（《公桥通规》表 4.3.1-4）；

$\xi$——横向车道布载系数（《公桥通规》表 4.3.1-5）；

$P_k$、$q_k$——车道荷载的集中荷载标准值、均布荷载标准值（《公桥通规》4.3.1 条）；

$\Omega$、$y_k$——相应的主梁内力影响线面积、相应的主梁内力影响线的纵坐标值；

$m$——人群荷载个数，单侧取值为 1，两侧取值为 2；

$q_r$——人群荷载集度 $q \cdot b$，为人群荷载值（《公桥通规》4.3.6 条）乘以单侧人形道宽度。

（2）内力组合设计值计算

① 跨中弯矩

$$M = \gamma_0[\gamma_G g_k l_0^2/8 + 1.4(1+\mu)n\xi(q_k l_0^2/8 + P_k l_0/4) + 1.4 \times 0.75 \times mqb_{人形道宽}^{单侧} \times l_0^2/8]$$

② 跨中剪力（左侧或右侧）

$$V = \gamma_0[1.4(1+\mu)n\xi(q_k l_0/8 + 1.2P_k \cdot 1/2) + 1.4 \times 0.75 \times m \cdot qb_{人形道宽}^{单侧} \cdot l_0/8]$$

式中：$\gamma_0$——结构重要性系数（《公桥通规》表 4.1.5-1）；

$\gamma_G$——永久荷载分项系数（《公桥通规》表 4.1.5-2）；

$g_k$——均布荷载永久作用值。

2）简支主梁支座截面的剪力计算

（1）活荷载内力计算

汽车荷载产生的剪力：

$$V_q = (1+\mu)n\xi(q_k l_0/2 + 1.2P_k)$$

人群荷载产生的剪力：

$$V_r = mq_r l_0/2 = mqb_{人形道宽}^{单边} l_0/2$$

（2）内力组合设计值计算

$$V = \gamma_0[\gamma_G g_k l_0/2 + 1.4(1+\mu)n\xi(q_k l_0/2 + 1.2P_k) + 1.4 \times 0.75 \times mqb_{人形道宽}^{单边} l_0/2]$$

3）根据某一计算截面的内力影响线计算（单）多跨梁荷载效应

$$M = \gamma_0\left[\gamma_G g_k \sum_{i=1}^{n} \Omega_i + 1.4(1+\mu)n\xi(q_k \Sigma \Omega_i^{同号} + P_k y_{max}) + 1.4 \times 0.75 \times mqb_{人形道宽}^{单边} \Sigma \Omega_i^{同号}\right]$$

$$V = \gamma_0\left[\gamma_G g_k \sum_{i=1}^{n} \Omega_i + 1.4(1+\mu)n\xi(q_k \Sigma \Omega_i^{同号} + 1.2P_k y_{max}) + 1.4 \times 0.75 \times mqb_{人形道宽}^{单边} \Sigma \Omega_i^{同号}\right]$$

式中：$\Omega_i$——第 $i$ 跨的影响线面积；

$\Omega_i^{同号}$——取使结构产生最不利效应的同号影响线面积；

$y_{max}$——相应同号影响线中一个最大影响线峰值竖距。

4）汽车荷载的纵向折减系数

当桥梁计算跨径大于 150m 时，根据《公桥通规》表 4.3.1-4，考虑汽车荷载的纵向折减系数。

5）内力不均匀系数

当考虑活荷载非对称布置的偏心作用时，可将汽车荷载效应乘以内力不均匀系数。

**3. 历年真题解析**

**【例 3.1.1】** 2020 下午 36 题

高速公路上某座 30m 简支箱梁桥，计算跨径 28.9m，汽车荷载按单向 3 车道设计，该梁距离支点 7.25m 处汽车荷载弯矩和剪力影响线见图 2020-36。

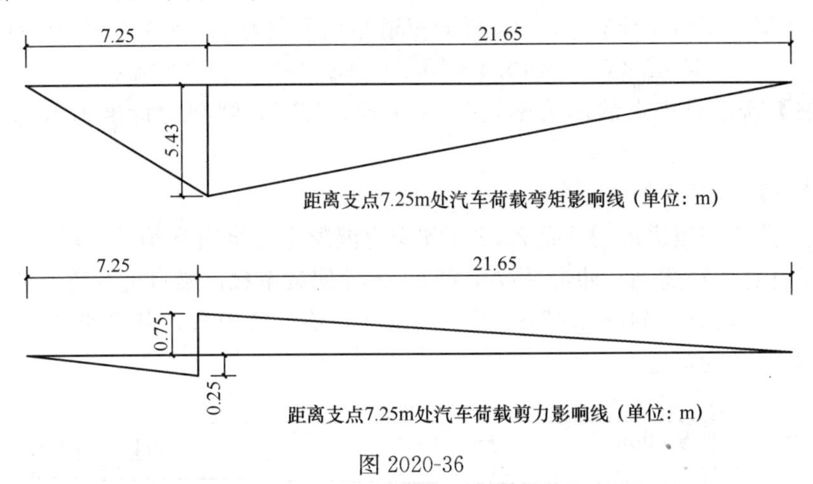


图 2020-36

试问，该简支梁距离支点 7.25m 处汽车荷载引起的弯矩（kN·m）和剪力（kN）标准值，与下列何项数值最为接近？

（A）$M$：7633，$Q$：1114　　（B）$M$：2544，$Q$：371.4

（C）$M$：5966，$Q$：869　　（D）$M$：6283，$Q$：996

**【答案】**（C）

根据《公桥通规》4.3.1 条，桥梁位于高速公路，汽车荷载取公路-Ⅰ级：

$$q_k = 10.5\text{kN/m}, P_k = 2(L_0 + 130) = 2 \times (28.9 + 130) = 317.8\text{kN}$$

根据《公桥通规》4.3.1 条 4 款第 1 点及第 3 点，由题目影响线图形，均布荷载效应为荷载与同号内力影响线面积的乘积、集中荷载效应为荷载与内力影响线的纵坐标值的乘积。计算剪力效应考虑 1.2 系数。单车道汽车荷载效应标准值：

$$M = 317.8 \times 5.43 + \frac{1}{2} \times (7.25 + 21.65) \times 5.43 \times 10.5 = 2549.5\text{kN} \cdot \text{m}$$

$$Q = 1.2 \times 317.8 \times 0.75 + \frac{1}{2} \times 21.65 \times 0.75 \times 10.5 = 371.3\text{kN}$$

根据《公桥通规》4.3.1 条 7 款，考虑多车道效应：

$$M = 3 \times 0.78 \times 2549.5 = 5965.8\text{kN} \cdot \text{m}$$

$$Q = 3 \times 0.78 \times 371.3 = 868.8\text{kN}$$

**【例 3.1.2】** 2018 下午 34 题

高速公路上某一跨 20m 简支箱梁，计算跨径 19.4m，汽车荷载按单向双车道设计。试问，不考虑冲击荷载时，该简支梁支点处汽车荷载产生的剪力标准值（kN），与下列何项数值最为接近？

（A）930　　（B）920　　（C）465　　（D）460

**【答案】**（B）

根据《公桥通规》4.3.1 条，高速公路采用公路-Ⅰ级荷载，整体计算应采用车道荷载：

$$q_k = 10.5\text{kN/m},\ P_k = 2 \times (L_0 + 130) = 2 \times (19.4 + 130) = 298.8\text{kN}$$

根据《公桥通规》4.3.1 条 4 款 1）点规定，计算剪力效应时，集中荷载标准值乘以系数 1.2。

单向双车道，车道荷载应乘以 2，横向车道布载系数为 1。则支点剪力标准值：

$$V=2\times(0.5\times19.4\times10.5+298.8\times1.2)=920\text{kN}$$

**【编者注】**若主梁支点的内力不均匀系数 $K=1.35$，则剪力标准值取为 $920\times1.35=1242\text{kN}$。

**【例 3.1.3】**2017 下午 35 题

某高速公路立交匝道桥为一孔 25.8m 预应力混凝土现浇简支箱梁，桥梁全宽 9m，桥面宽 8m，梁计算跨径 25m，冲击系数 0.222，不计偏载系数，梁自重及桥面铺装等恒荷载作用按 154.3kN/m 计，如图 2017-35 所示。试问，桥梁跨中弯矩基本组合值（kN·m），与下列何项数值最为接近？

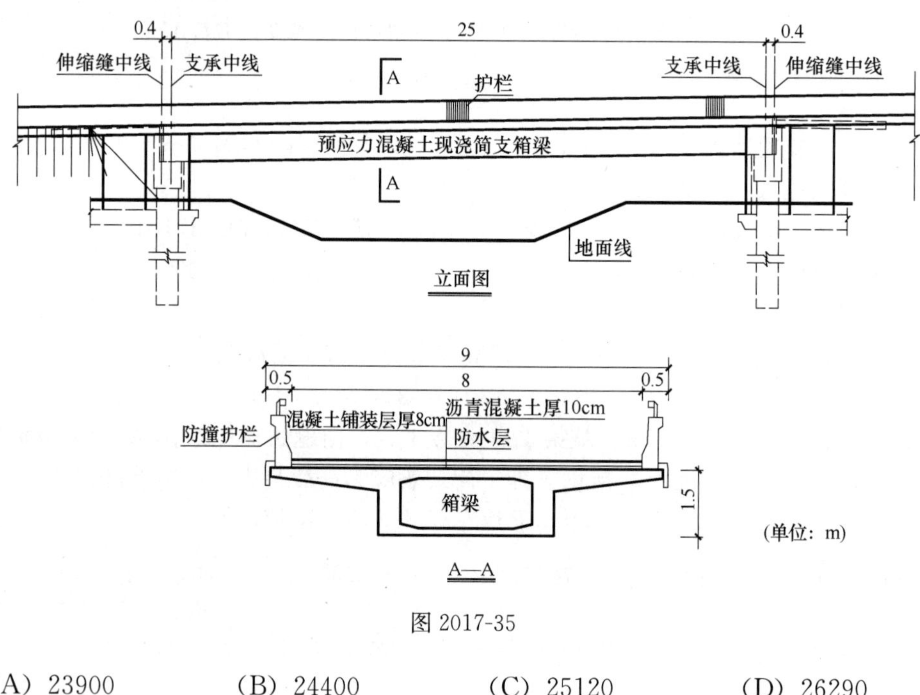


图 2017-35

(A) 23900　　(B) 24400　　(C) 25120　　(D) 26290

**【答案】**(D)

根据《公桥通规》4.3.1 条，汽车荷载等级采用公路-Ⅰ级：

$$q_k=10.5\text{kN/m},\ P_k=2\times(L_0+130)=2\times(25+130)=310\text{kN}$$

根据《公桥通规》表 4.3.1-4，桥涵设计车道数取 2；根据《公桥通规》表 4.3.1-5 横向车道布载系数取 1.0；根据《公桥通规》表 4.3.1-6，纵向折减系数不予折减。则

$$\begin{aligned}M_{Qk}&=2\times(q_k l_0^2/8+P_k l_0/4)(1+\mu)\\&=2\times(10.5\times25^2/8+310\times25/4)\times1.222\\&=6740\text{kN}\cdot\text{m}\end{aligned}$$

根据《公桥通规》表 4.1.5-1，设计安全等级为一级，结构重要性系数取 1.1；根据《公桥通规》表 4.1.5-2，永久作用分项系数取 1.2；根据《公桥通规》表 4.1.5-1，车道荷载计算取分项系数 1.4。则跨中弯矩基本组合：

$$M_{ud}=1.1\times(1.2\times154.3\times25^2/8+1.4\times6740)=26292\text{kN}\cdot\text{m}$$

### 3.1.2 考虑横向分布系数时的荷载效应计算

**1. 主要的规范规定**

1)《公桥通规》4.1.5条：承载能力极限状态荷载组合。

2)《公桥通规》4.3节：可变作用。

**2. 对规范规定的理解**

1) 梁桥由承重结构（主梁）及传力结构（横梁、桥面板等）两大部分组成。多片主梁截面形式有T形、工形或箱形板，依靠横梁和桥面板连成空间整体结构。由于结构的空间整体性，当桥上作用荷载$P$时，各片主梁将共同参与工作，形成了各片主梁之间的内力分布。具体每片主梁分布得到的内力大小，随桥梁横面的构造形式、荷载类型及荷载在横向作用的位置的不同而不同。定义荷载横向分布系数$m$，它表示某根主梁所承受的最大荷载是汽车各个轴重的倍数（通常小于1）。

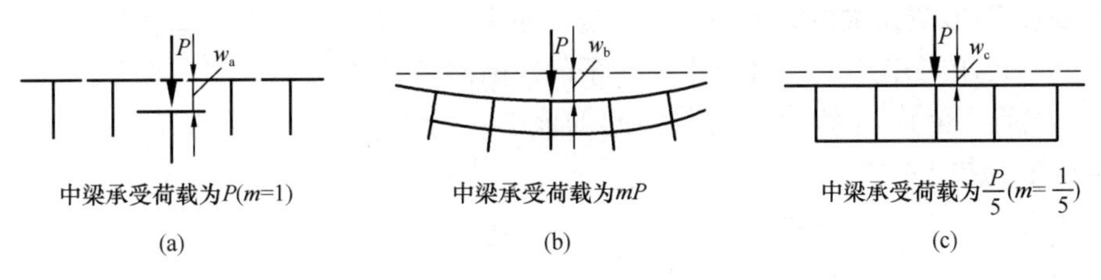


图3.1-2 不同横向刚度下主梁的受力和编写

(a) $EI_H=0$；(b) $\infty>EI_H>0$；(c) $EI_H\to\infty$

图3.1-2(a)表示主梁和主梁间没有横向联系，此时若中梁承受集中力$P$作用，则全桥只有直接承载的中梁受力，其他各主梁不受力，也就是中梁的$m=1$，其他梁$m=0$。

图3.1-2(c)，借助于横隔梁将各主梁相互刚性连接，并且设想横隔梁的刚度趋于无穷大，则在同样的荷载$P$作用下，由于横隔梁无挠曲变形，因此所有5片主梁将共同参与受力。此时各梁的挠度均相等，荷载$P$将由各梁均匀分担，每梁只承受$P/5$，也就是说，各梁$m=1/5$。

图3.1-2(b)，对于钢筋混凝土或预应力混凝土多主梁桥，实际构造情况是：各梁虽通过横向结构连为整体，但是横向结构的刚度并非无穷大。因此，在荷载$P$作用下，设中梁所受的荷载为$mP$，则其荷载横向分布系数$m$也必然小于1而大于1/5。

需要注意的是，“荷载横向分布”仅是借用的一个概念，其实质应该是“内力”横向分布，而并不是“荷载”横向分布，只是在计算式的表现形式上形成了“荷载”横向分布。

2)《公桥通规》4.3.1条6款规定，车道荷载横向分布系数应按《公桥通规》图4.3.1-3所示布置车道荷载进行计算。常用的计算方法包括：杠杆原理法、偏心压力法、铰接梁板法、刚接梁法等。上述计算方法在注册考试规范中均未提及，本节内容可酌情掌握。

3) 考虑横向分布系数$m_{cq}$时，活荷载产生的简支梁内力标准值可按如下公式计算：

(1) 跨中弯矩

汽车荷载产生的弯矩：

$$M_q=(1+\mu)m_{cq}\xi(q_k l_0^2/8+P_k l_0/4)$$

人群荷载产生的弯矩：

$$M_r=m_{cq}\times qb^{\text{单边}}_{\text{人形道宽}}l_0^2/8$$

（2）支座剪力

汽车荷载产生的剪力：

$$V_q=(1+\mu)m_{cq}\xi(q_k l_0/2+1.2P_k)$$

人群荷载产生的剪力：

$$V_r=m_{cq}\times qb^{\text{单边}}_{\text{人形道宽}}l_0/2$$

需要注意的是，在计算横向分布系数时，已经按设计车道数布置轮压，因此无须再考虑设计车道数。

**3. 自编题解析**

**【例 3.1.4】** 自编题

某由多片T形截面梁组成的后张拉预应力混凝土梁桥，计算跨径 $L=24.2$m，行车道宽度为10m。已求得单片主梁跨中弯矩汽车荷载横向分布系数为0.64，汽车荷载冲击系数为0.128。试问，公路-Ⅰ级汽车荷载引起的该主梁跨中计算弯矩标准值（kN·m）与下列何项数值最为接近？

（A）1375　（B）1456　（C）1676　（D）1901

**【答案】**（D）

根据《公桥通规》4.3.1条4款，计算跨径24.2m的公路-Ⅰ级车道荷载，均布荷载为10.5kN/m，集中荷载为2×(24.2+130)＝308.4kN。则跨中汽车荷载引起的弯矩值：

$$\begin{aligned}M_q&=(1+\mu)\xi m_{cq}(P_k y_k+q_k\Omega)\\&=(1+\mu)\xi m_{cq}(P_k\cdot l/4+q_k\cdot l^2/8)\\&=(1+0.128)\times1\times0.64\times(308.4\times24.2/4+10.5\times24.2^2/8)\\&=1901.9\text{kN}\cdot\text{m}\end{aligned}$$

**【例 3.1.5】** 自编题

某双向行驶的装配式钢筋混凝土简支梁桥，标准跨径为16m，计算跨径15.5m，桥面净宽为7m。双侧人行道宽度为0.85m。设计荷载为公路-Ⅰ级，人群荷载为3.0kN/m²，冲击系数0.275。某根主梁的横向荷载分布系数计算结果如图3.1-3所示。

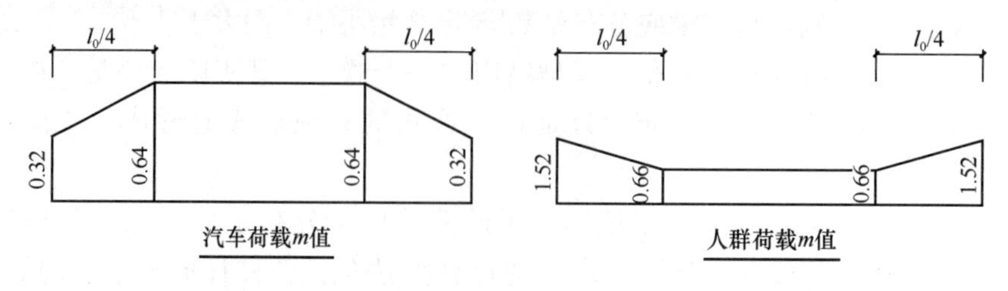


图3.1-3

试问，该主梁跨中截面由汽车荷载、人群荷载产生的弯矩准值（kN·m），与下列何项数值最为接近？

（A）1178；51　（B）1178；118　（C）589；51　（D）589；118

【答案】(A)

公路-Ⅰ级车道荷载，均布荷载为 10.5kN/m，集中荷载为 2×（15.5＋130）＝291kN。

桥面净宽 7m，双向行驶，根据《公桥通规》表 4.3.1-4，设计车道数 2，横向布载系数 1.0。汽车荷载产生的弯矩：

$$
\begin{aligned}
M_q &= (1+\mu)m_{cq}\xi(q_k l_0^2/8 + P_k l_0/4) \\
&= (1+0.275)\times 0.64\times 1\times(10.5\times 15.5^2/8 + 291\times 15.5/4) \\
&= 1178\text{kN}\cdot\text{m}
\end{aligned}
$$

人群荷载产生的弯矩：

$$
M_r = m_{cq}\times q b_{\text{人形道宽}}^{\text{单边}} l_0^2/8 = 0.66\times 3\times 0.85\times 15.5^2/8 = 50.54\text{kN}\cdot\text{m}
$$

### 3.1.3 《公路混规》4.3 节：梁的计算

**1. 主要的规范规定**

《公路混规》4.3 节：梁的计算。

**2. 对规范规定的理解**

1）根据《公路混规》4.3.1 条条文说明，该条仅适用于作用效应分析，不适用于正常使用极限状态的挠度计算。

2）在荷载作用下由于上、下翼板的剪切变形使翼板中弯曲正应力呈不均匀现象，称为“剪力滞效应”。对远离腹板处的弯曲正应力小腹板处的弯曲正应力，称之为正剪力滞效应，反之，称之为负剪力滞效应。

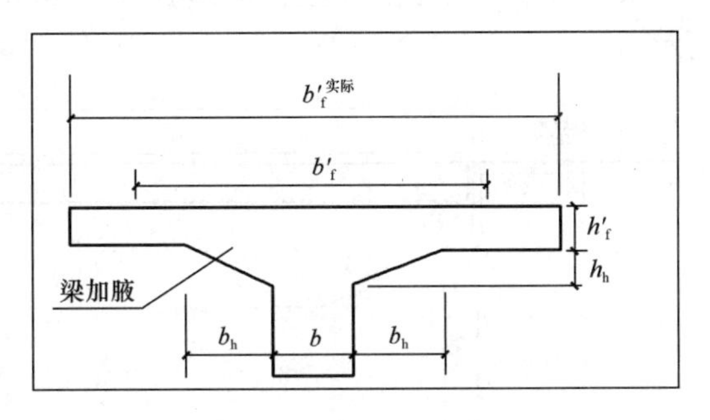


图 3.1-4　T 形、I 形截面梁受压翼缘的有效宽度

《公路混规》4.3.3 条、4.3.4 条，采用翼缘有限宽度法考虑截面的剪力滞效应影响。T 形、I 形截面梁受压翼缘的有效宽度 $b_f'$（见图 3.1-4），可按《公路混规》4.3.3 条，按本书表 3.1-1 取小值计算。

**T 形、I 形截面梁受压翼缘的有效宽度（取小值）**　　表 3.1-1

<table>
<tr><th colspan="3" rowspan="2">情况</th><th rowspan="2">简支梁</th><th colspan="3">连续梁</th></tr>
<tr><th>中间跨<br>正弯矩区段</th><th>中间支点<br>负弯矩区段</th><th>边跨<br>正弯矩区段</th></tr>
<tr><td rowspan="5">内梁</td><td colspan="2">按计算跨径 $l_0$</td><td>$l_0/3$</td><td>$0.2l_0$</td><td>$0.07(l_{0,i}+l_{0,i+1})$<br>（相邻两计算跨径之和的 0.07 倍）</td><td>$0.27l_0$</td></tr>
<tr><td colspan="2">按相邻两梁的平均间距</td><td colspan="4">$\bar{s}=(s_1+s_2)/2$</td></tr>
<tr><td rowspan="2">按翼缘高 $h_f'$</td><td>$h_h/b_h\geq 1/3$</td><td colspan="4">$b+2b_h+12h_f'$</td></tr>
<tr><td>$h_h/b_h<1/3$</td><td colspan="4">$b+6b_h+12h_f'$</td></tr>
<tr><td colspan="2">按翼缘实际宽 $b_f'^{实际}$</td><td colspan="4">$b_f'^{实际}$</td></tr>
</table>

续表

| 情况 | | 简支梁 | 连续梁 | | |
|---|---|---|---|---|---|
| | | | 中间跨<br>正弯矩区段 | 中间支点<br>负弯矩区段 | 边跨<br>正弯矩区段 |
| 外梁 | $b'_f=0.5b'^{相邻内梁有效宽度}_f+0.5b_{腹板宽}+\min\{6t_{外侧悬臂板平均厚度},\ b'^{外侧悬臂板实际宽}_f\}$ | | | | |
| 预应力混凝土梁 | 计算预加力引起的混凝土应力时：预加力作为轴力产生的应力：按实际翼缘全宽 $b'^{实际}_f$；由预加力偏心引起的弯矩产生的应力：按有效宽度 $b'_f$ | | | | |
| 超静定结构 | 进行作用（或荷载）效应分析时，可取实际全宽 $b'^{实际}_f$ | | | | |
| $b$—梁腹板宽度，$b_h$—承托长度；$b'_f$—受压区翼缘悬臂板的厚度，$h_h$—承托根部厚度 | | | | | |

箱形截面采用《公路混规》4.3.4 条计算，需要注意的是，当梁高 $h\geqslant b_i/0.3$ 时，翼缘有效宽度应采用翼缘实际宽度计算。

3）计算连续梁中间支承处的负弯矩时，可考虑支座宽度对弯矩折减的影响，折减后的弯矩可按《公路混规》4.3.5 条计算，但折减后的弯矩不得小于未经折减弯矩的 0.9 倍。

**3. 历年真题及自编题解析**

**【例 3.1.6】**2011 下午 36 题

某二级干线公路上一座标准跨径为 30m 的单跨简支梁桥，其总体布置如图 2011-36 所示。

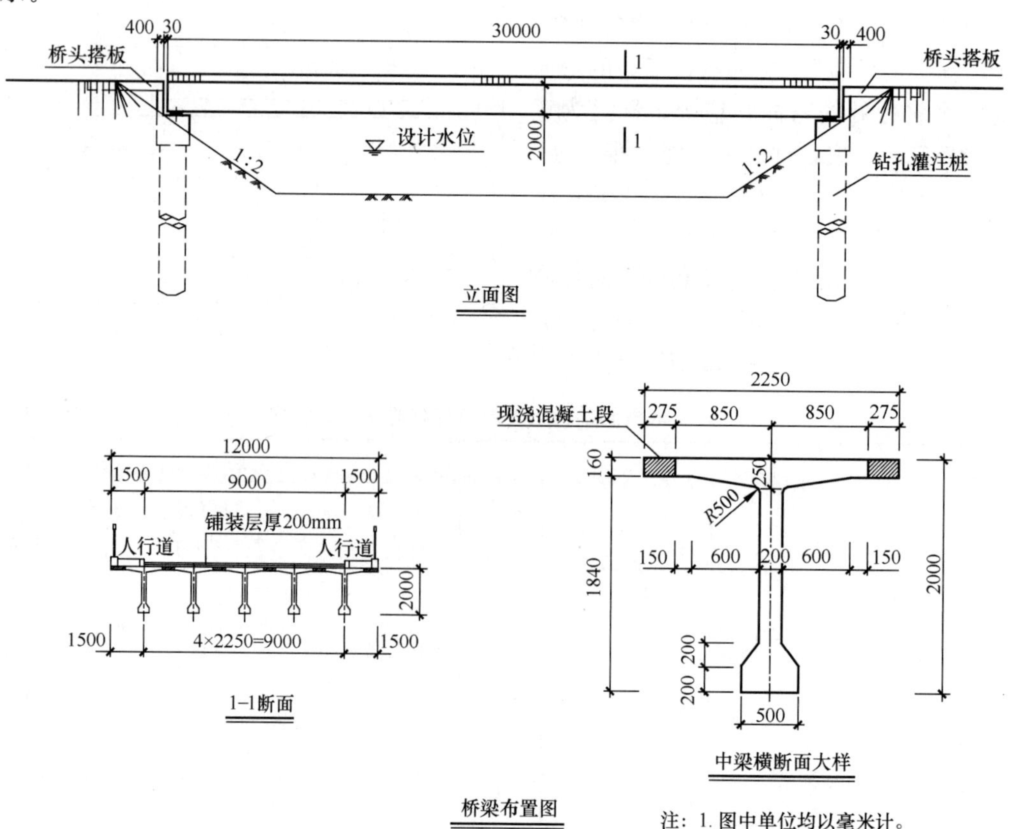


图 2011-36

桥面宽度为12m，其横向布置为1.5m（人行道）+9m（车行道）+1.5m（人行道）。桥梁上部结构由5根长29.94m、高2.0m的预制预应力混凝土T形梁组成，梁与梁间用现浇混凝土连接。

假定，前述桥主梁计算跨径以29m计。试问，该桥中间T形主梁在弯矩作用下的受压翼缘有效宽度（mm）与下列何项数值最为接近？

(A) 9670　　(B) 2250

(C) 2625　　(D) 3320

**【答案】**(B)

根据《公路混规》4.3.3条，T形截面内主梁的翼缘有效宽度取下列三者中的最小值：

(1) 对简支梁，取计算跨径的1/3，$b_f=29000/3=9666.6$mm；

(2) 相邻两梁的平均间距，$b_f=2250$mm；

(3) $b+2b_h+12h'_f=200+2\times270+12\times160=200+540+1920=2660$mm。

上式中，由于 $h_h=250-160=90\text{mm}<b_h/3=600/3=200\text{mm}$，取 $b_h=3h_h=3\times90=270\text{mm}$。

所以，翼缘有效宽度应为2250mm，选择(B)。

**【例3.1.7】**2014下午36题

某二级公路立交桥上的一座直线匝道桥，钢筋混凝土连续箱梁结构（单箱单室），净宽6.0m，全宽7.0m。设计荷载为公路-Ⅰ级，结构安全等级一级。假定，该桥中墩支点处的理论负弯矩为15000kN·m，中墩支点总反力为6600kN。试问，考虑折减因素后的中墩支点的有效负弯矩（kN·m），取下列何项数值较为合理？

**提示：**梁支座反力在支座两侧向上按45°扩散交于梁重心轴的长度$a$为1.85m。

(A) 13474　　(B) 13500　　(C) 14595　　(D) 15000

**【答案】**(B)

根据《公路混规》4.3.5条：

$$M'=\frac{1}{8}qa^2=\frac{1}{8}\times\frac{6600}{1.85}\times1.85^2=1526.25\text{kN}\cdot\text{m}$$

$$M_e=M-M'=15000-1526.25=13473.75\text{kN}\cdot\text{m}<0.9M=13500\text{kN}\cdot\text{m}$$

**【例3.1.8】**自编题

某公路等跨度多跨连续箱形梁，单跨计算跨径$l=20$m。箱形梁截面如图3.1-5所示。

试问，该箱形梁中间跨支点处梁腹板两侧翼缘有效高度$b_{m1}$(m)、$b_{m2}$(m)，与下列何项数值最为接近？

(A) 1.2；3　　(B) 1.2；0.84　　(C) 0.85；0.84　　(D) 0.85；3.0

**【答案】**(B)

根据《公路混规》4.3.4条计算。

$h=4400>b_1/0.3=1200/0.3=4000\text{mm}$，故 $b_{m1}=1.2\text{m}$。

$h=4400\text{mm}<b_2/0.3=3000/0.3=10000\text{mm}$，查《公路混规》表4.3.4，中间跨支点：

$$l_i=0.2(L_1+L_2)=0.2\times(20+20)=8\text{m}$$

$$\rho_s=21.86\times\left(\frac{3}{8}\right)^4-38.01\times\left(\frac{3}{8}\right)^3+24.57\times\left(\frac{3}{8}\right)^2-7.67\times\frac{3}{8}+1.27=0.277$$

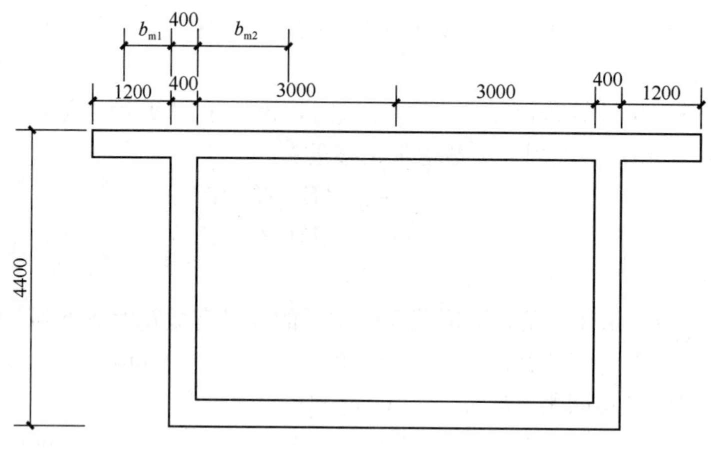


图 3.1-5

$$b_{m2}=\rho_s b_2=0.277\times 3=0.831\text{m}$$

## 3.2 行车道板计算

**1. 主要的规范规定**

1)《公桥通规》4.3.1 条：汽车荷载可变作用。

2)《公桥通规》4.3.2 条：汽车荷载冲击力。

3)《公路混规》4.2 节：板的计算。

**2. 对规范规定的理解**

1) 单向板的跨中弯矩计算。

(1) 计算跨径 $l$，如图 3.2-1 所示。

简支板：$l=l_{短边}=l_n+b_b$。

与梁肋整体连接的板：$l=l_n+t_{跨中}\leqslant l_n+b_b$。

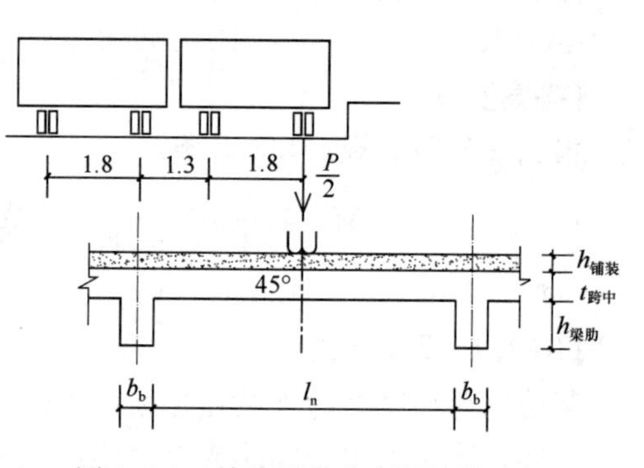


图 3.2-1 单向板跨中弯矩计算跨径

(2) 荷载分布宽度计算，如图 3.2-2 所示。

① 平行板跨方向：

$$\begin{cases}\text{前轮}:b=b_1+2h_{铺装}=0.3+2h_{铺装}。\\ \text{后轮}:b=b_1+2h_{铺装}=0.6+2h_{铺装}。\end{cases}$$

② 垂直板跨方向：

$$\text{单个车轮}\begin{cases}a=a_1+2h_{铺装}+\dfrac{l}{3}=0.2+2h_{铺装}+\dfrac{l}{3}\geqslant\dfrac{2}{3}l\\ \begin{cases}\text{前轴}:a\leqslant 3\text{m}\\ \text{后轴}:a\leqslant 1.4\text{m}\end{cases}\text{时，为单个车轮；}\begin{cases}\text{前轴}:a>3\text{m}\\ \text{后轴}:a>1.4\text{m}\end{cases}\text{时，为多个车轮}\end{cases}$$

多个车轮 $\begin{cases} a = a_1 + 2h_{铺装} + \dfrac{l}{3} + d_{外轮中心距} \geqslant \dfrac{2}{3}l + d_{外轮中心距} \\ 当仅两个后轮时，d = 1.4\text{m} \end{cases}$

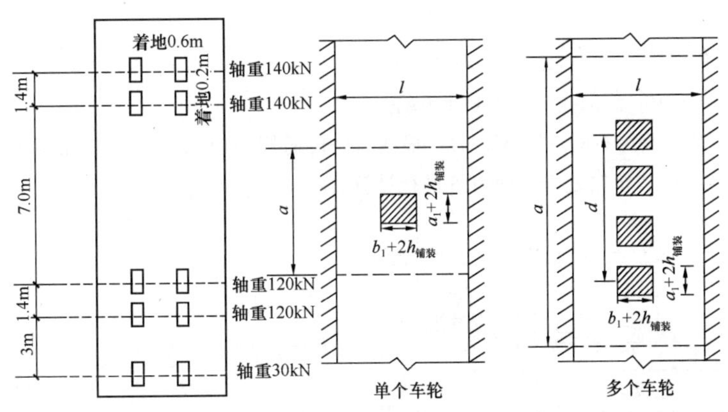


图 3.2-2　单向板荷载分布宽度计算

(3) 简支板跨中弯矩设计值 $M_0$ 计算，如图 3.2-3 所示。

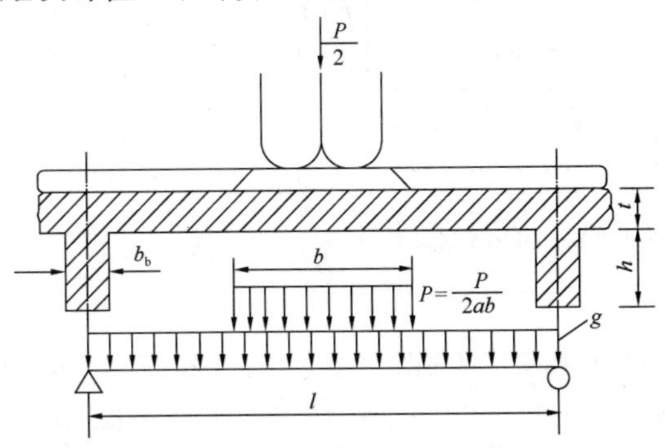


图 3.2-3　行车道板跨中弯矩计算简图

单个车轮：$M_0 = M_{0g} + M_{0p} = \gamma_0\left[1.2 \times \dfrac{1}{8}g_k l^2 + 1.8 \times 1.3 \times \dfrac{P}{8a}\left(l - \dfrac{b}{2}\right)\right]$

两个后轮：$M_0 = M_{0g} + M_{0p} = \gamma_0\left[1.2 \times \dfrac{1}{8}g_k l^2 + 1.8 \times 1.3 \times \dfrac{\Sigma P}{8a}\left(l - \dfrac{b}{2}\right)\right]$

式中：$g_k$ ——恒荷载总和，包括行车道板自重、铺砖层自重及其他荷载；

$p$ ——轴重力标准值（含两个车轮），前轴取 30kN，后轴取 140kN；

$\Sigma P$ ——当为两个后轮时，考虑两个后轴重力标准值，取 140+140=280kN；

1.2——恒荷载分项系数，本书按《公桥通规》取值；

1.8、1.3——车辆荷载分项系数、1+冲击系数 0.3。

(4) 与梁肋整体连接的板弯矩计算。

$t_{板厚}/h_{梁肋} < 1/4$ 时 $\begin{cases} 跨中弯矩：M_{中} = 0.5M_0 \\ 支点弯矩：M_{支} = -0.7M_0 \end{cases}$

$t_{板厚}/h_{梁肋} \geqslant 1/4$ 时 $\begin{cases} 跨中弯矩：M_{中} = 0.7M_0 \\ 支点弯矩：M_{支} = -0.7M_0 \end{cases}$

2）悬臂板的计算（如图 3.2-4 所示，按后轮，注册考试应重点掌握一般位置，$b < l_c$ 时的弯矩计算）。

（1）荷载分布宽度计算

① 平行板跨方向：

$$\begin{cases} 一般位置: b = b_1 + 2h_{铺装} = 0.6 + 2h_{铺装} \\ 板边位置: b = b_1 + h_{铺装} = 0.6 + h_{铺装} \end{cases}$$

注：当悬臂板边有路缘石时（图 3.2-5），根据《公桥通规》图 4.3.1-3，车轮中心线距离路缘石边缘距离为 0.5m，此时应按车轮处于一般位置进行计算。

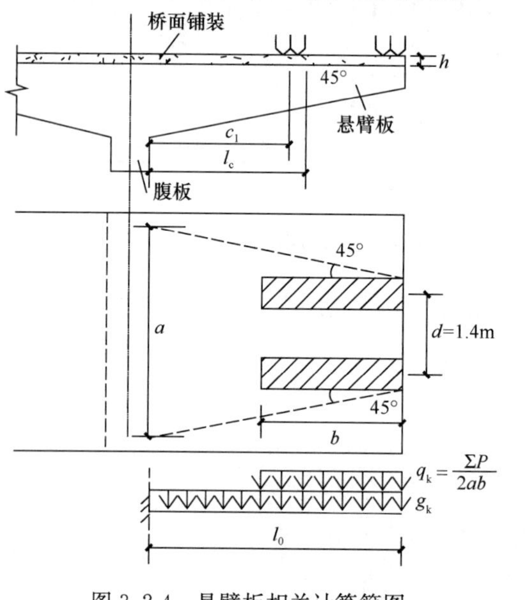


图 3.2-4 悬臂板相关计算简图

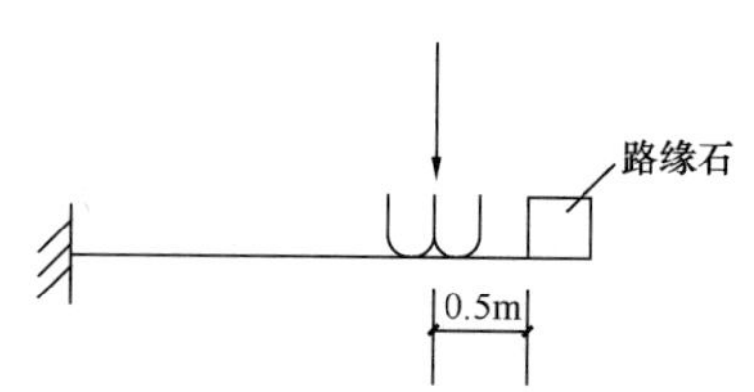


图 3.2-5 有路缘石时的车轮布置

② 垂直板跨方向：

单个车轮 $\begin{cases} a = a_1 + 2h_{铺装} + 2l_c \leqslant l_{板实际长度}，其中\ l_c \begin{cases} 一般位置: l_c = c_1 + b_1/2 + h \\ \qquad\qquad = c_1 + b/2 \\ 板边位置: l_c = l_0 \end{cases} \\ 后轴: a \leqslant 1.4\text{m}，单个车轮；后轴: a > 1.4\text{m}，多个车轮 \end{cases}$

多个车轮 $\begin{cases} a = a_1 + 2h_{铺装} + 2l_c + d \leqslant l_{板实际长度} \\ 当仅两个后轮时，d = 1.4\text{m} \end{cases}$

（2）支座弯矩设计值计算

$$\begin{cases} 一般位置 \begin{cases} b < l_c\ 时, M_A = \gamma_0\left(-1.2 \times \dfrac{1}{2} g_k l_0^2 - 1.8 \times 1.3 \times \dfrac{\sum P}{2a} \times c_1\right) \\ b \geqslant l_c\ 时, M_A = \gamma_0\left(-1.2 \times \dfrac{1}{2} g_k l_0^2 - 1.8 \times 1.3 \times \dfrac{\sum P}{2ab} \times \dfrac{l_c^2}{2}\right) \end{cases} \\ 板边位置 \begin{cases} b < l_0\ 时, M_A = \gamma_0\left[-1.2 \times \dfrac{1}{2} g_k l_0^2 - 1.8 \times 1.3 \times \dfrac{\sum P}{2a} \times \left(l_0 - \dfrac{b}{2}\right)\right] \\ b \geqslant l_0\ 时, M_A = \gamma_0\left(-1.2 \times \dfrac{1}{2} g_k l_0^2 - 1.8 \times 1.3 \times \dfrac{\sum P}{2ab} \times \dfrac{l_0^2}{2}\right) \end{cases} \end{cases}$$

式中： $\sum P$ ——当为 1 个后轮时，取 140kN；当为 2 个后轮时，取 280kN；当为 1 个前轮时，取 30kN；

$c_1$ ——车轮中心线至悬臂板支座边的距离，见图 3.2-4；

$l_c$ ——平行于悬臂板跨径的车轮着地尺寸的边缘，通过铺装层 45°分布线的外边线至腹板外边缘的距离；

$l_0$ ——悬臂板支座边至悬臂板外边缘的距离；

$b \geqslant l_c$ 或($b \geqslant l_0$) ——表示荷载分布宽度超过支座边线，有部分荷载无需悬臂板承担。

3）铰接悬臂板计算。

对于相邻翼缘板沿板互相做成铰接的行车道板，计算悬臂板根部车辆活荷载弯矩时，最不利的加载位置是把车轮荷载对中布置在铰接处。此时铰内的剪力为零，两相邻悬臂板各承受半个车轮荷载，即 $P/4$，见图 3.2-6。

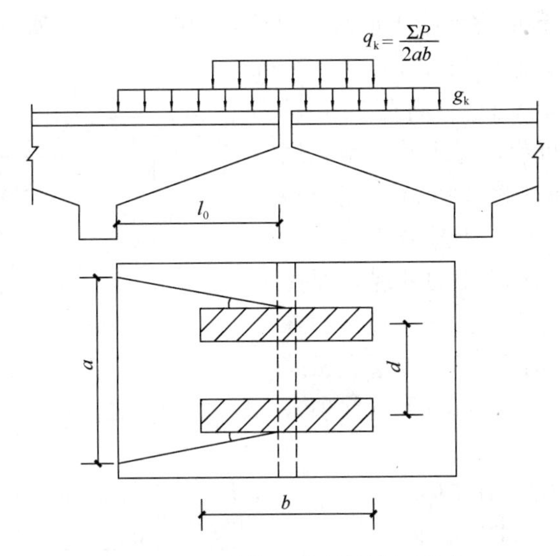


图 3.2-6 铰接悬臂板的计算图式

（1）荷载分布宽度计算

① 平行板跨方向：

$$b = b_1 + 2h_{铺装}$$

② 垂直板跨方向：

$$单个车轮\begin{cases}a = a_1 + 2h_{铺装} + 2l_0 \leqslant l_{板实际长度} \\ 后轴:a \leqslant 1.4\text{m},单个车轮；后轴:a > 1.4\text{m}，多个车轮 \\ 前轴:a \leqslant 3\text{m},单个车轮；前轴：a > 3\text{m}，多个车轮\end{cases}$$

$$多个车轮\begin{cases}a = a_1 + 2h_{铺装} + 2l_0 + d \leqslant l_{板实际长度} \\ 当仅两个后轮时,d = 1.4\text{m}\end{cases}$$

（2）支座弯矩设计值计算（按后轮）

$$\begin{cases}b < 2l_0 时,M_A = \gamma_0\left[-1.2 \times \frac{1}{2}g_k l_0^2 - 1.8 \times 1.3 \times \frac{\sum P}{4a} \times \left(l_0 - \frac{b}{4}\right)\right] \\ b \geqslant 2l_0 时,M_A = \gamma_0\left(-1.2 \times \frac{1}{2}g_k l_0^2 - 1.8 \times 1.3 \times \frac{\sum P}{2ab} \times \frac{l_0^2}{2}\right)\end{cases}$$

式中：$\sum P$——当为 1 个后轮时，取 140kN；当为 2 个后轮时，取 280kN。

4）车轮在单向板支承附近时，垂直于板跨径方向的荷载分布宽度按《公路混规》4.2.3 条 2 款第 4 点计算，可结合条文说明进行理解。

5）若计算板的剪力，可参考计算弯矩时的内力计算图示（图 3.2-3、图 3.2-4）进行计算。需要注意的是，根据《公路混规》4.2.2 条，与梁肋整体连接的简支板，计算剪力时其计算跨径可取两肋间净距，剪力按该计算跨径的简支板计算。

6）与梁肋整体连接且具有承托的板，当进行承托板或肋内板的截面验算时，板的计算高度可按《公路混规》4.2.6 条取值。其中，当承托下缘与悬臂板底面夹角满足 $\tan\alpha > 1/3$ 时，取 1/3。

**3. 历年真题及自编题解析**

**【例 3.2.1】** 2019 下午 37 题

某高速公路上一座预应力混凝土连续箱梁桥，如图 2019-37 所示，不计挡板尺寸，主梁悬臂跨径为 1880mm，悬臂根部厚度为 350mm。

主悬臂梁板上，横梁向车辆荷载后轴（重轴）的车轮按规范布置，每组轮着地宽度 600mm，长度（纵桥向）为 200mm。假设桥面铺装层厚度 150mm，平行于悬臂板跨径方向（横桥向）的车轮着地尺寸的外缘，通过铺装层 45°分布线的外边线至主梁腹板外边缘的距离 $L_c = 1250$mm，试问，垂直于悬臂板跨径的车轮荷载分布宽度（mm）与下列何项最为接近？

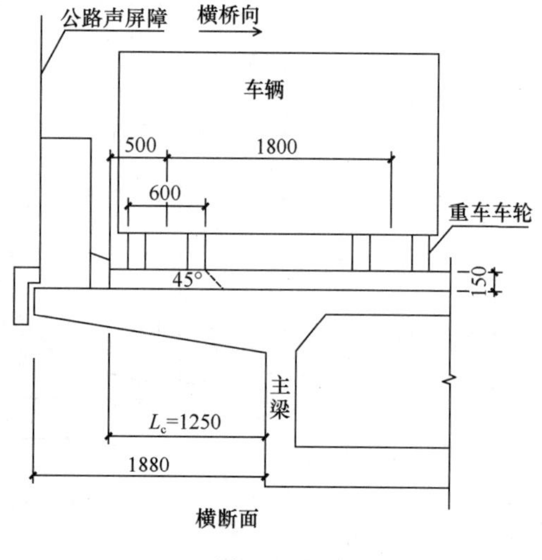


图 2019-37

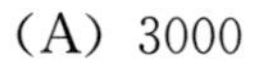

(A) 3000 (B) 3100

(C) 3300 (D) 4400

**【答案】**(D)

根据《公路混规》4.2.5 条计算。

$a = (200 + 2 \times 150) + 2 \times 1250 = 3000\text{mm} > 1400$，考虑重叠，则 $a = 3000 + 1400 = 4400\text{mm}$。

**【例 3.2.2】** 2011 下午 37 题

某二级干线公路上一座标准跨径为 30m 的单跨简支梁桥，桥梁上部结构由 5 根预制预应力混凝土 T 形梁组成，梁与梁间用现浇混凝土连接。桥梁主梁间车行道板计算跨径取为 2250mm，桥面铺装层厚度为 200mm，车辆的后轴车轮作用于车行道板跨中部位。试问，垂直于板跨方向的车轮作用分布宽度（mm）与下列何项数值最为接近？

(A) 1350 (B) 1500 (C) 2750 (D) 2900

**【答案】**(D)

根据《公路混规》4.2.3 条 2 款计算。

(1) 主梁车行道板在车辆作用于板跨中部位时，因单车轮距为 1.8m 且与相邻车的轮距为 1.3m（见《公桥通规》图 4.3.1-3），均大于 2250/2，故横桥向只布置一个车轮。

(2) 单个车轮在板的跨中部位时，垂直于板跨方向的分布宽度为：

$$a = (a_1 + 2h) + L/3 \geqslant 2L/3$$

又根据《公桥通规》表 4.3.1-3：$a_1$=200mm，则

$$a = (200 + 2 \times 200) + 2250/3 = 600 + 750 = 1350\text{mm} \leqslant 2L/3 = 2 \times 2250/3 = 1500\text{mm}$$

(3) 根据《公桥通规》图 4.3.1-2，车辆两后轴间距 $d$=1400mm，可知两后轴车轮在板跨中部位的荷载分布宽度重叠。其垂直于板跨方向的分布宽度应为：

$$a = (a_1 + 2h) + d + L/3 \geqslant 2L/3 + d$$

$$\begin{aligned} a &= (200 + 2 \times 200) + 1400 + 2250/3 \\ &= 600 + 1400 + 750 \\ &= 2750\text{m} < 2 \times 2250/3 + 1400 = 2900\text{mm} \end{aligned}$$

因此，取两后轴重叠后的分布宽度 $a$=2900mm，选择（D）。

**【例 3.2.3】** 自编题

某公路梁桥标准跨径 20m，由 5 片 T 形梁组成，其间距为 1.6m，T 梁宽度为 180mm，梁肋高 1200mm。桥面铺装层为沥青面层厚 80mm，行车道板厚 120mm，按单向板设计。假定计算荷载为公路-Ⅱ级，经计算知每米宽度上恒荷载产生的板跨中弯矩标准值 4.0kN·m，确定在恒荷载、汽车前轴车轮荷载共同作用下按承载能力极限状态计算每米宽度板的跨中弯矩基本组合值（kN·m/m），与下列何项数值最为接近？

(A) 7.8　　(B) 8.2　　(C) 8.8　　(D) 9.1

**【答案】**(C)

根据《公路混规》4.2.2 条，1600−180+120=1540<1600，计算跨径取 1540mm。

前轮着地尺寸为 0.2m×0.3m，根据《公桥通规》4.2.3 条：

$$a = 0.2 + 2 \times 0.08 + \frac{1.54}{3} = 0.873\text{m} \leqslant \frac{2}{3} \times 1.54 = 1.027\text{m}$$

取 $a$=1.027m<3m（前轮轴距），$b$=0.3+2×0.08=0.46m。

标准跨径 20m，根据《公桥通规》表 1.0.5，中桥；按《公桥通规》表 4.1.5-1，安全等级为一级。

$$\begin{aligned} M_0 &= \gamma_0 \left[1.2 \times \frac{1}{8} g_k l^2 + 1.8 \times 1.3 \times \frac{P}{8a}\left(l - \frac{b}{2}\right)\right] \\ &= 1.1 \times [1.2 \times 4 + 1.8 \times 1.3 \times \frac{30}{8 \times 1.027} \times (1.54 - \frac{0.46}{2})] \\ &= 17.6\text{kN} \cdot \text{m} \end{aligned}$$

根据《公路混规》4.2.2 条，0.12/1.2=0.1<1/4，则

$$M_{中} = 0.5M_0 = 0.5 \times 17.6 = 8.8\text{kN} \cdot \text{m}$$

**【例 3.2.4】** 自编题

某公路梁桥为悬臂结构，如图 3.2-7 所示。桥面铺装层厚度为 0.08m。已知汽车计算荷载为公路-Ⅰ级，结构重要性系数为 1.0。试问，由汽车后轮荷载在悬臂板根部产生的弯矩标准值（kN·m）、剪力标准值（kN）与下列何项数值最为接近？

(A) −35；27　　(B) −43；32　　(C) −46；35　　(D) −50；38

**【答案】**(C)

根据《公桥通规》图 4.3.1-3，车轮中心线距离路缘石边缘距离为 0.5m。计算简图如图 3.2-8 所示。

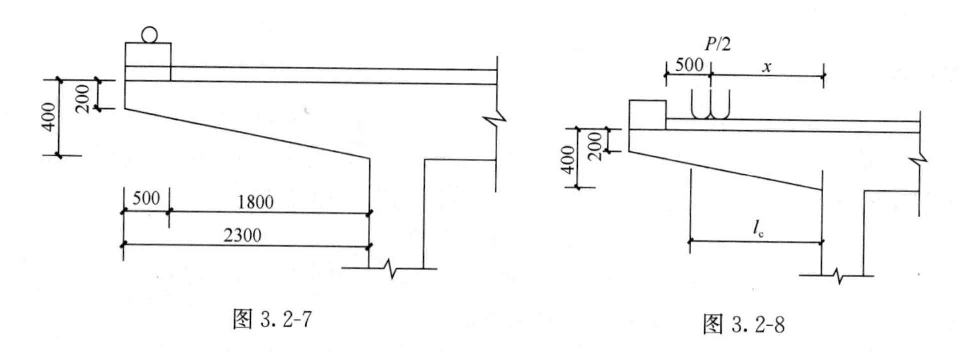


图 3.2-7　　图 3.2-8

平行板跨径方向：

$$b = 0.6 + 2 \times 0.08 = 0.76\text{m}$$

$$l_c = b/2 + x = 0.76/2 + 1.8 - 0.5 = 1.68\text{m}$$

垂直板跨方向：

$$a = a_1 + 2h + 2l_c = 0.2 + 2 \times 0.08 + 2 \times 1.68 = 3.72\text{m} > d = 1.4\text{m}$$

考虑重叠，$a = 3.72 + 1.4 = 5.12\text{m}$；考虑冲击系数 0.3。则

$$M = 1.3 \times \frac{\Sigma P}{2a} \times c_1 = 1.3 \times \frac{280}{2 \times 5.12} \times (1.8 - 0.5) = 46.21\text{kN} \cdot \text{m}$$

$$V = 1.3 \times \frac{\Sigma P}{2a} = 1.3 \times \frac{280}{2 \times 5.12} = 35.55\text{kN}$$

**【例 3.2.5】**自编题

某公路梁桥的 T 形梁翼板所构成的铰接悬臂板，如图 3.2-9 所示，桥面铺装层为 2cm 的沥青混凝土面层和 10cm 厚的 C25 混凝土垫层。已知汽车计算荷载为公路-Ⅱ级，结构重要性系数为 1.0。若汽车后轴作用于铰接处，试问，每米宽板悬臂根部由汽车荷载产生的弯矩标准值（kN・m），与下列何项数值最为接近？

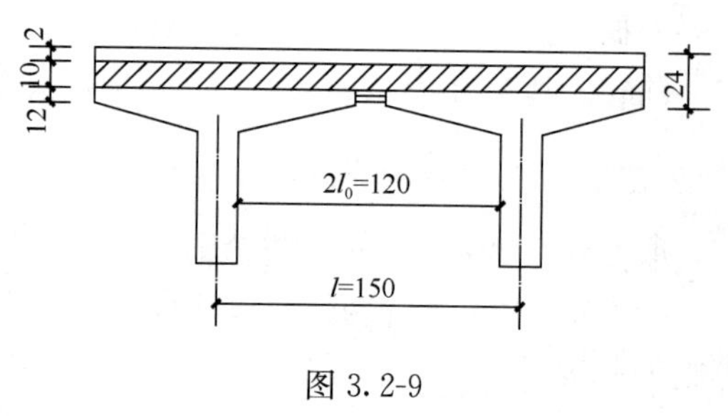


图 3.2-9

(A) 5.5　　(B) 8.7　　(C) 9.7　　(D) 11.7

**【答案】**(D)

根据《公路混规》4.2.5 条计算。

平行板跨径方向：

$$b = 0.6 + 2 \times (0.10 + 0.02) = 0.84\text{m}$$

垂直板跨方向：

$$a = a_1 + 2h + 2l_c = 0.2 + 2 \times (0.10 + 0.02) + 2 \times 1.2/2 = 1.64\text{m} > d = 1.4\text{m}$$

考虑重叠，$a = 1.64 + 1.4 = 3.04\text{m}$；考虑冲击系数 0.3。则

$$M = 1.3 \times \frac{\Sigma P}{4a}\left(l_0 - \frac{b}{4}\right) = 1.3 \times \frac{280}{4 \times 3.04} \times \left(0.6 - \frac{0.84}{4}\right) = 11.67\text{kN} \cdot \text{m}$$

# 4 《公路混规》：承载能力与正常使用状态计算

## 4.1 持久状况承载能力极限状态计算

**1. 主要的规范规定**

1)《公路混规》5.1.1 条：持久状况的承载能力极限状态计算要求。

2)《公路混规》5.1.2 条：构件的承载能力极限状态计算表达式。

3)《公路混规》5.1.6 条：预应力钢筋的锚固长度。

4)《公路混规》5.2.1 条：受弯构件正截面相对界限受压区高度。

5)《公路混规》5.2.2 条：受弯构件正截面抗弯承载力计算公式。

6)《公路混规》5.2.7 条：计算混凝土受压区高度时钢筋面积取值。

7)《公路混规》5.2.8 条：受弯构件斜截面抗剪计算位置。

8)《公路混规》5.2.11 条：受弯构件抗剪截面要求。

9)《公路混规》5.2.12 条：受弯构件可不进行斜截面抗剪承载力计算的条件。

10)《公路混规》5.6.1 条：板抗冲切承载力计算。

11)《公路混规》9.1.12 条、9.1.13 条：纵向受力钢筋的最小配筋率要求。

12)《公路混规》9.2.3 条：板内主钢筋直径要求。

13)《公路混规》9.3.4 条：受弯构件的钢筋净距要求。

**2. 对规范规定的理解**

1)《公路混规》第 5 章的基本计算内容与《混规》第 6 章相关条文的对应关系见表 4.1-1，可将规范对应关系写在《公路混规》条文旁，借用《混规》的解题流程和思路解答，对注册考试中可能出现的计算题（如梁抗弯承载力计算）进行解答。应特别注意的是，构件计算应采用《公路混规》第 3 章中的材料强度值，不应采用《混规》数值。

注册考试应掌握桥梁规范中有特殊要求的相关内容，见表 4.1-1 中填充底灰的条文。其中，非斜体字部分为注册考试需重点关注的内容，斜体字部分为次重点内容。

根据《公路混规》5.1.2 条，承载能力极限状态作用组合的效应设计值，汽车荷载应计入冲击作用。

**《公路混规》第 5 章与《混规》第 6 章条文对应关系** 　　**表 4.1-1**

| 《公路混规》 | 《混规》 | 《公路混规》 | 《混规》 | 《公路混规》 | 《混规》 |
|---|---|---|---|---|---|
| 5.1.1 条 | 3.3.1 条 | 5.2.11 条 | 6.3.1 条 | 5.4.1 条 | 6.2.22 条 |
| 5.1.2 条 | 3.3.2 条 | 5.2.12 条 | 6.3.7 条 | 5.4.2 条 | 6.2.23 条 |
| 5.1.3 条 | 6.2.1 条 5 款 | 5.2.13 条 | — | 5.4.3 条 | 6.2.25 条 |
| 5.1.4 条 | 6.2.6 条 | 5.2.14 条 | 6.3.9 条 | 5.4.4 条 | 6.2.25 条 |

续表

| 《公路混规》 | 《混规》 | 《公路混规》 | 《混规》 | 《公路混规》 | 《混规》 |
|---|---|---|---|---|---|
| 5.1.5 条 | 6.2.8 条 | 5.3.1 条 | 6.2.15 条 | 5.5.1 条 | 6.4.6 条 |
| 5.1.6 条 | 10.1.10 条 | 5.3.2 条 | 6.2.16 条 | 5.5.2 条 | 6.4.3 条 |
| *5.2.1 条* | 6.2.7 条 | 5.3.3 条 | 6.2.7 条 | 5.5.3 条 | 6.4.2 条 |
| *5.2.2 条* | 6.2.10 条 | 5.3.4 条 | 6.2.17 条 | 5.5.4 条 | 6.4.10 条 |
| 5.2.3 条 | 6.2.11 条 | 5.3.5 条 | 6.2.18 条 | 5.5.5 条 | 6.4.5 条 |
| 5.2.4 条 | 6.2.14 条 | 5.3.6 条 | 6.2.17 条 2 款 | 5.5.6 条 | 6.4.13 条 |
| 5.2.5 条 | — | 5.3.7 条 | 6.2.19 条 | *5.6.1 条* | 6.5.1 条 |
| 5.2.6 条 | — | 5.3.8 条 | — | 5.6.2 条 | 6.5.3 条 |
| 5.2.7 条 | 6.2.13 条 | 5.3.9 条 | 6.2.4 条 | 5.6.3 条 | 6.5.5 条 |
| *5.2.8 条* | 6.3.2 条 | *5.3.10 条* | — | 5.7.1 条 | 6.6.1 条 |
| 5.2.9 条 | 6.3.5 条 | 5.3.11 条 | 6.2.21 条 | 5.7.2 条 | 6.6.3 条 |
| 5.2.10 条 | 6.3.8 条 | | | | |

2）《公路混规》式（5.1.2-1）中，桥涵结构的重要性系数，应根据《公桥通规》表 4.1.5-1中桥梁的安全等级确定。根据《公路混规》5.1.2 条条文说明，预应力混凝土连续梁等超静定结构的承载能力极限状态计算，应考虑预应力引起的次效应。

3）根据《公路混规》5.1.6 条条文说明，表 5.1.6 的预应力钢筋的锚固长度，可按 $\sqrt{n}d$ 计算，且不小于受拉钢筋最小锚固长度。

《公路混规》5.1.6 条条文说明式（5-4）中，$f_{pd}$、$f_{td}$ 分别为锚固钢筋的抗拉强度设计值、锚固区混凝土的抗拉强度设计值；

$\alpha$ 为锚固钢筋的外形系数，七股钢绞线取 0.17，螺旋肋钢丝取 0.13；

$d$ 为锚固钢筋的公称直径，当采用束筋时取等效直径 $\sqrt{n}d$，$n$ 为单筋根数，$d$ 为单筋直径。

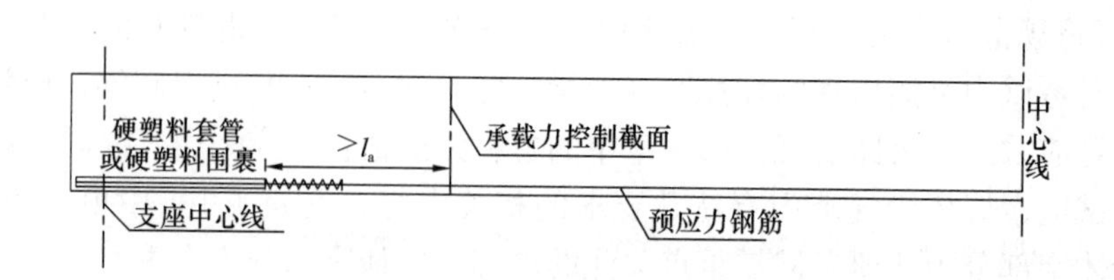


图 4.1-1 先张法预应力钢筋的锚固长度要求

先张法预应力混凝土构件通常在预应力钢筋的端部设置硬塑料套管或硬塑料围裹，如图 4.1-1 所示。此时，预应力钢筋的失效长度不应过长，从抗弯或抗剪承载力控制截面算起，预应力钢筋的锚固长度应满足《公路混规》表 5.1.6 的要求。

4）根据《公路混规》5.2.7 条条文说明，受弯构件的纵向受拉钢筋一般按照承载能力极限状态计算要求、正常使用极限状态计算要求和构造要求配置。当由正常使用极限状态计算要求和构造要求配置的纵向受拉钢筋截面面积大于承载能力极限状态计算要求配置的纵向受拉钢筋截面面积时，计算混凝土受压区高度 $x$ 时，可仅计入按承载能力极限状态计算要求配置的纵向受拉钢筋。

5）根据《公路混规》9.1.12 条、9.1.13 条、9.2.3 条、9.3.4 条，梁板纵筋的构造要求总结如下：

（1）最小配筋率

① 普通受拉钢筋：$\rho_s = 100A_s/bh_0 = \max\{0.2, 45f_{td}/f_{sd}\}$，需要特别注意的是，此处最小配筋率采用有效高度计算，与《混规》要求不同；

② 预应力混凝土受弯构件最小配筋率：

a. 应满足下列条件：$\geqslant 0.003bh_0$

《公路混规》式（9.1.13）中，$M_{ud}$ 为正截面抗弯承载力设计值，按《公路混规》5.2.2 条、5.2.3 条、5.2.5 条计算；

$M_{cr}$ 为正截面开裂弯矩值，按《公路混规》式（6.5.2-6）计算。

b. 部分预应力混凝土受弯构件中，普通受拉钢筋的面积，应不小于 $0.003bh_0$。

（2）板内主钢筋

① 行车道板内主筋，直径应不小于 10mm。人行道板内主筋，直径应不小于 8mm。

② 在简支板跨中和连续板支点处，板内主筋间距应不大于 200mm。

（3）钢筋净距

受弯构件的钢筋净距应考虑浇筑混凝土时，振捣器能顺利插入。各主钢筋间横向净距和层与层之间的竖向净距，应满足：

① 三层及以下时：≥30mm，$\geqslant d_{钢筋直径}$；

② 三层以上时：≥40mm，$\geqslant 1.25d_{钢筋直径}$。

6）斜截面的抗剪截面验算，包括两个方面的内容：

（1）上限：剪压比计算，防止钢筋混凝土梁斜裂缝开展或出现斜压破坏，按《公路混规》式（5.2.11）计算；

（2）下限：构造配筋条件，可不进行斜截面抗剪计算（仅按《公路混规》9.3.12 条构造配置箍筋），按《公路混规》式（5.2.12）计算，对不配置箍筋的板式受弯构件，式（5.2.12）右边计算值可乘以 1.25 提高系数。

**3. 历年真题及自编题解析**

**【例 4.1.1】** 2014 下午 34 题

某二级公路上的一座单跨 30m 的跨线桥梁，可通过双向两列车，重车较多，设计荷载为公路-Ⅰ级，整体结构的安全等级为一级。桥梁的中间 T 形梁的抗剪验算截面取距支点 $h/2$（900mm）处，且已知该截面的最大剪力 $\gamma_0 V_0$ 为 940kN，腹板宽度 540mm，梁的有效高度为 1360mm，混凝土强度等级 C40 的抗拉强度设计值 $f_{td}$ 为 1.65MPa。试问，该截面需要进行下列何项工作？

**提示：** 预应力设计值提高系数 $\alpha_2$ 取 1.25。

（A）需要验算斜截面抗剪承载力，也需要加宽腹板尺寸

（B）不需要验算斜截面抗剪承载力，也不需要加宽腹板尺寸

（C）不需要验算斜截面抗剪承载力，但需要加宽腹板尺寸

（D）需要验算斜截面抗剪承载力，但不需要加宽腹板尺寸

**【答案】**（D）

根据《公路混规》5.2.11 条，T 形截面的受弯构件，其抗剪的上限值：

$$\gamma_0 V_d \leqslant 0.51 \times 10^{-3} \sqrt{f_{cu,k}} b h_0$$

$$b \geqslant \frac{\gamma_0 V_d}{0.51 \times 10^{-3} \sqrt{f_{cu,k}} h_0} = \frac{940}{0.51 \times 10^{-3} \times \sqrt{40} \times 1360} = 214\text{mm}$$

腹板宽度 540mm，满足要求。

根据《公路混规》5.2.12 条，抗剪的下限值：

$$\gamma_0 V_d \leqslant 0.50 \times 10^{-3} \alpha_2 f_{ta} b h_0$$

$$0.50 \times 10^{-3} \alpha_2 f_{ta} b h_0 = 0.50 \times 10^{-3} \times 1.25 \times 1.65 \times 540 \times 1360$$
$$= 757.35\text{kN} < 940\text{kN}$$

故该截面不需要加宽腹板尺寸，但需要验算斜截面抗剪承载力。

**【例 4.1.2】** 2012 下午 37 题

某公路桥在二级公路上，重车较多，该桥上部结构为装配式钢筋混凝土 T 形梁，标准跨径 20m，计算跨径为 19.50m，主梁高度 1.25m，主梁距 1.8m。设计荷载为公路-Ⅰ级。结构安全等级为一级。梁体混凝土强度等级为 C30。按持久状况计算时某内主梁支点截面剪力组合设计值 650kN（已计入结构重要性系数）。试问，该梁最小腹板厚度（mm）与下列何项数值最为接近？

**提示：**主梁有效高度 $h_0$ 为 1200mm。

(A) 180　　(B) 200　　(C) 220　　(D) 240

**【答案】**(B)

根据《公路混规》5.2.11 条，T 形截面的受弯构件，其抗剪的上限值：

$$\gamma_0 V_d \leqslant 0.51 \times 10^{-3} \sqrt{f_{cu,k}} b h_0$$

$$b \geqslant \frac{\gamma_0 V_d}{0.51 \times 10^{-3} \sqrt{f_{cu,k}} h_0} = \frac{650}{0.51 \times 10^{-3} \sqrt{30} \times 1200} = 194\text{mm}$$

**【例 4.1.3】** 自编题

某一级公路上钢筋混凝土桥梁，计算跨径 14.5m，标准跨径 15.0m。主梁由多片 T 形梁组成，某根主梁有效翼缘宽度为 1600mm，截面尺寸如图 4.1-2 所示。

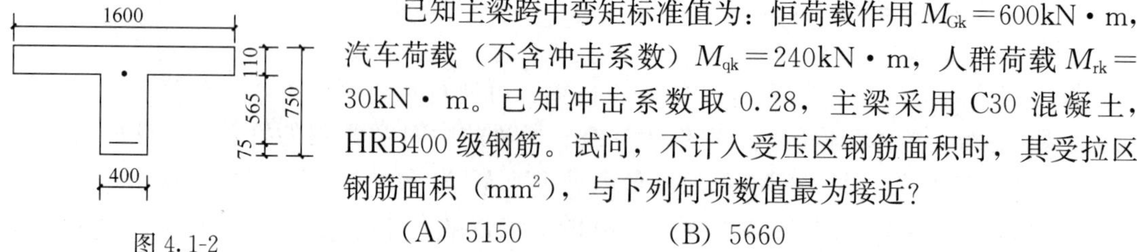


图 4.1-2

已知主梁跨中弯矩标准值为：恒荷载作用 $M_{Gk}=600\text{kN}\cdot\text{m}$，汽车荷载（不含冲击系数）$M_{qk}=240\text{kN}\cdot\text{m}$，人群荷载 $M_{rk}=30\text{kN}\cdot\text{m}$。已知冲击系数取 0.28，主梁采用 C30 混凝土，HRB400 级钢筋。试问，不计入受压区钢筋面积时，其受拉区钢筋面积（$\text{mm}^2$），与下列何项数值最为接近？

(A) 5150　　(B) 5660

(C) 6150　　(D) 6250

**【答案】**(D)

根据《公桥混规》表 1.0.5，标准跨径 15m，属小桥。一级公路根据《公桥通规》表 4.1.5-1，安全等级为一级。

$$\gamma_0 M_d = 1.1 \times (1.2 \times 600 + 1.4 \times 1.28 \times 240 + 0.75 \times 1.4 \times 30) = 1300\text{kN}\cdot\text{m}$$

判断 T 形截面类型：

$$f_{cd}b'_fh'_f\left(h_0-\frac{h'_f}{2}\right)=13.8\times1600\times110\times\left(675-\frac{110}{2}\right)=1505.86\text{kN}\cdot\text{m}>1300\text{kN}\cdot\text{m}$$

属于第一类 T 形截面，计算钢筋面积：

$$\gamma_0M_d=f_{cd}b'_fx\left(h_0-\frac{x}{2}\right)$$

$$x=h_0-\sqrt{h_0^2-\frac{2\gamma_0M_0}{f_{cd}b'_f}}=675-\sqrt{675^2-\frac{2\times1300\times10^6}{13.8\times1600}}$$

$$=93.7\text{mm}<\xi_bh_0=0.53\times675=357.75$$

$$A_s=\frac{f_{cd}b'_fx}{f_{sd}}=\frac{13.8\times1600\times93.7}{330}=6269\text{mm}^2$$

根据《公路混规》9.1.12 条：

$$0.45f_{td}/f_{sd}=0.45\times1.39/330=0.19\%<0.2\%，取\ \rho_{min}=0.2\%$$

$$A_{s,min}=\rho_{min}bh_0=0.2\%\times400\times675=540\text{mm}^2\leqslant6269\text{mm}^2，满足要求$$

**【编者注】**根据桥梁规范进行荷载组合后，构件配筋计算流程与《混规》大同小异。其中，材料强度取值、最小配筋率的计算，均应按桥梁规范条文执行。

## 4.2 持久状况正常使用极限状态计算

**1. 主要的规范规定**

《公路混规》第 6 章：重点条文分布见规范理解部分第 1 点。

**2. 对规范规定的理解**

1）《公路混规》第 6 章的基本计算内容与《混规》第 7 章、第 10 章相关条文的对应关系见表 4.2-1。应特别注意的是，预应力损失、裂缝、挠度等计算内容，与《混规》相关公式有差别，应用《公路混规》第 6 章中的公式进行解答。

注册考试应掌握桥梁规范中有特殊要求的相关内容，见表 4.2-1 中填充底灰的条文。其中，非斜体字部分为重点内容，斜体字部分为次重点内容。

**《公路混规》第 6 章与《混规》第 7、10 章条文对应关系** **表 4.2-1**

| 《公路混规》 | 《混规》 | 《公路混规》 | 《混规》 |
|---|---|---|---|
| 6.1.1 条 | — | 6.2.6 条 | 10.2.1 条 |
| 6.1.2 条 | — | 6.2.7 条 | 10.2.5 条 |
| 6.1.3 条 | — | 6.2.8 条 | 10.2.7 条 |
| 6.1.4 条 | 10.1.3 条 | 6.3.1 条 | 7.1.1 条 |
| 6.1.5 条 | — | 6.3.2 条 | 7.1.5 条 |
| 6.1.6 条 | 10.1.6 条 | 6.3.3 条 | 7.1.7 条 |
| 6.1.6 条 1 款、6.1.6 条 4 款 | 10.1.6 条 1 款、10.1.6 条 4 款 | 5.3.3 条 | 6.2.7 条 |
| 6.1.7 条 | 10.1.7 条 | 6.4.1 条 | — |
| 6.1.8 条 | 7.1.9 条 | 6.4.2 条 | — |
| 6.2.1 条 | 10.2.1 条 | 6.4.3 条 | 7.1.2 条 |

续表

| 《公路混规》 | 《混规》 | 《公路混规》 | 《混规》 |
|---|---|---|---|
| 6.2.2条 | 10.2.4条 | 6.4.4条 | 7.1.4条 |
| 6.2.3条 | 10.2.2条 | 6.4.5条 | 7.1.2条 |
| 6.2.4条 | 10.2.1条 | 6.5节 | 7.2节 |
| 6.2.5条 | — | | |

2）根据《公路混规》6.1.1条，在构件的持久状况正常使用极限状态验算中，对构件的抗裂、裂缝宽度和挠度验算，其荷载组合中的汽车荷载不计入冲击作用。

3）如图4.2-1所示，在混凝土构件承受使用荷载前的制作阶段，预先对使用阶段的受拉区施加压应力，造成一种人为的应力状态。当构件承受使用荷载而产生拉应力时，首先要抵消混凝土的预压应力，然后随着荷载的增加，受拉区混凝土产生拉应力。

根据《公路混规》6.1.2条，在作用频遇组合（见《公桥通规》4.1.6条）下，两种应力状态相互叠加，受拉区混凝土不出现拉应力时，称为全应力混凝土构件；受拉区混凝土出现拉应力但不超过规定限值时，称为A类预应力混凝土构件；受拉区混凝土出现拉应力且超过规定限值时，称为B类预应力混凝土构件。

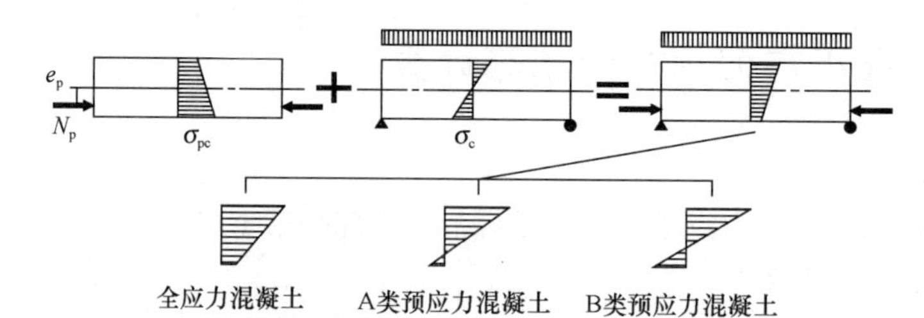


图4.2-1 预应力混凝土构件的分类

4）张拉钢筋时，张拉设备上测力计所指示的总张拉力/预应力筋面积，定义为张拉控制应力$\sigma_{con}$，其数值与预应力的施加方式及钢筋的强度标准值有关，按《公路混规》6.1.4条确定。当对构件进行超张拉或计入锚圈口摩阻损失时，预应力钢筋最大控制应力值可增加$0.05f_{pk}$。

5）计算预应力混凝土构件的弹性阶段应力时，构件截面性质按《公路混规》6.1.5条确定。其中，换算截面面积：

$$A_0 = A_c + \alpha_{Es}A_s + \alpha_E A_p$$

构件净截面的换算面积：

$$A_n = A_0 - \alpha_E A_p = A_c + \alpha_{Es}A_s$$

式中：$A_c$——扣除孔道、钢筋后的截面上的混凝土截面面积；

$\alpha_{Es}$——$E_s/E_c$，普通钢筋弹性模量与混凝土弹性模量之比；

$\alpha_E$——$E_p/E_c$，预应力钢筋弹性模量与混凝土弹性模量之比。

6）预应力筋张拉后，由于各种原因预应力会有一定程度的下降，这一现象称为预应力损失，引起预应力损失的原因主要有6类，按《公路混规》6.2.2条～6.2.7条计算。

预应力混凝土构件各阶段的预应力损失可按《公路混规》6.2.8条进行组合，发生预应力损失后，预应力钢筋的有效预应力为：$\sigma_{pe}=\sigma_{con}-\sigma_{l}$。

7）预应力混凝土受弯构件正截面抗裂按《公路混规》6.3.1 条、6.3.2 条及式（6.1.6-1）、式（6.1.6-2）计算，其本质是预应力构件在荷载作用与预应力下，两种应力状态的相互叠加，即《公路混规》6.1.2 条的公式表现。其中，B 类预应力混凝土受弯构件在结构自重下控制截面的受拉边缘不得消压（消压状态是指荷载在受拉区产生的拉应力刚好将储存在受拉的压应力抵消的状态），即结构自重产生的拉应力不得大于受拉边缘的预压应力。

抗裂计算时，结构自重和直接施加于结构的汽车荷载、人群荷载、风荷载应按《公桥通规》4.1.6 条及抗裂计算要求，进行频遇组合或准永久组合。

8）《公路混规》6.4.3 条（最大裂缝计算宽度）及第 6.4.5 条（纵向受拉钢筋的有效配筋率计算），两个公式均与《混规》不同，注册考试时应注意区分。

9）根据《公路混规》6.5.1 条，受弯构件可根据给定的构件刚度，用结构力学的方法计算挠度。

简支梁、悬臂梁在集中荷载、均布荷载作用下的挠度计算公式：

跨度为 $l$ 的简支梁在跨中集中荷载作用下，挠度计算值为 $v=\dfrac{F_{k}l^{3}}{48EI}$；

跨度为 $l$ 的简支梁在均布荷载作用下，挠度计算值为 $v=\dfrac{5q_{k}l^{4}}{384EI}$；

跨度为 $l$ 的悬臂梁在端部集中荷载作用下，挠度计算值为 $v=\dfrac{F_{k}l^{3}}{3EI}$；

跨度为 $l$ 的悬臂梁在均布荷载作用下，挠度计算值为 $v=\dfrac{q_{k}l^{4}}{8EI}$。

按荷载频遇组合和《公路混规》6.5.2 条规定的刚度计算的挠度值，应按 6.5.3 条的规定乘以长期增长系数。

10）根据《公路混规》6.5.5 条，对钢筋混凝土受弯构件，当由荷载频遇组合并考虑长期效应影响产生的长期挠度超过计算跨径的 1/1600 时，应设置预拱度。预拱度可按结构自重和 1/2 可变荷载频遇值计算的长期挠度值之和采用。根据《公桥通规》4.1.2 条 2 款，频遇值为可变荷载标准值乘以频遇值系数，即上述预拱度应按弯矩为 $M_{Gk}+0.5\sum_{j=1}^{n}\psi_{fi}M_{jk}$ 进行计算，而不能按频率组合的弯矩值计算。

11）钢筋混凝土受弯构件使用阶段挠度验算按下述流程（不考虑横向分布系数）。

（1）计算频遇组合弯矩（汽车荷载不含冲击系数）

$$M_{s}=M_{Gk}+0.7M_{Qk}+0.4M_{rk}\begin{cases}\text{简支：}M_{s}=\dfrac{1}{8}q_{Gk}l^{2}+0.7\times\left(\dfrac{1}{8}q_{qk}l^{2}+\dfrac{1}{4}P_{k}l\right)n\xi+0.4\times\dfrac{1}{8}q_{rk}l^{2}m\\ \text{悬臂：}M_{s}=\dfrac{1}{2}q_{Gk}l^{2}+0.7\times\left(\dfrac{1}{2}q_{qk}l^{2}+P_{k}l\right)n\xi+0.4\times\dfrac{1}{2}q_{rk}l^{2}m\end{cases}$$

式中：$n$——桥涵设计车道数（《公桥通规》表 4.3.1-4）；

$\xi$——横向车道布载系数（《公桥通规》表 4.3.1-5）；

$P_{k}$、$q_{qk}$——车道荷载的集中荷载标准值、均布荷载标准值（《公桥通规》4.3.1 条）；

$m$——人群荷载个数，单侧取值为 1，两侧取值为 2；

$q_{rk}$ ——人群荷载集度 $q \cdot b$，即人群荷载值（《公桥通规》4.3.6 条）乘以单侧人形道宽度。

（2）计算刚度

① 开裂弯矩

$$M_{cr}=\gamma f_{tk}W_0=\gamma f_{tk}I_0/y\text{（《公路混规》式（6.5.2-3））}$$

其中，$\gamma=2S_0/W_0$（《公路混规》式（6.5.2-8））。

② 刚度

$M_s \geqslant M_{cr}$：

$$B=\frac{B_0}{\left(\frac{M_{cr}}{M_s}\right)^2+\left[1-\left(\frac{M_{cr}}{M_s}\right)^2\right]\frac{B_0}{B_{cr}}}\text{（《公路混规》式（6.5.2-1））}$$

$M_s < M_{cr}$：

$$B=B_0=0.95E_cI_0\text{（《公路混规》式（6.5.2-2））}$$

其中，开裂截面抗弯刚度：$B_{cr}=E_cI_{cr}$。

（3）计算使用阶段挠度（《公路混规》6.5.3 条）

① 汽车荷载（不计冲击力）＋人群荷载频遇组合下的挠度 $f_{短期}^{扣重力}$（不计重力）

$$f_{短期}^{扣重力}=f_q+f_r\begin{cases}简支:f_{短}=0.7\times\left(\frac{5}{384}\frac{q_{Qk}l^4}{B}+\frac{1}{48}\frac{F_kl^3}{B}\right)n\xi+0.4\times\frac{5}{384}\frac{q_{rk}l^4}{B}\times m\\悬臂:f_{短}=0.7\times\left(\frac{1}{8}\frac{q_{Qk}l^4}{B}+\frac{1}{3}\frac{F_kl^3}{B}\right)n\xi+0.4\times\frac{1}{8}\frac{q_{rk}l^4}{B}\times m\end{cases}$$

② 计算长期挠度

$$f_{长期}^{扣重力}=f_{短期}^{扣重力}\times\eta_\theta$$

$$其中，挠度长期增长系数\ \eta_\theta\begin{cases}<C40:\eta_\theta=1.6\text{（《公路混规》6.5.3 条）}\\C40\sim C80:\eta_\theta=1.45\sim1.35,插值\ \eta_\theta=1.45-\frac{0.1}{40}(f_{cu,k}-40)\end{cases}$$

③ 挠度验算

梁式桥主梁的最大挠度处：

$$f_{长期}^{扣重力}\leqslant l_{计算跨径}/600$$

梁式桥主梁的悬臂端：

$$f_{长期}^{扣重力}\leqslant l_{悬臂长度}/300$$

（4）设置预拱度（《公路混规》6.5.5 条 1 款）

$$f_{短期}^{包含重力}=f_G+f_q+f_r\begin{cases}简支:f_{短}=\frac{5}{384}\frac{q_{Gk}l^4}{B}+0.7\times\left(\frac{5}{384}\frac{q_{Qk}l^4}{B}+\frac{1}{48}\frac{F_kl^3}{B}\right)n\xi+\\\qquad 0.4\times\frac{5}{384}\frac{q_{rk}l^4}{B}\times m\\悬臂:f_{短}=\frac{1}{8}\frac{q_{Gk}l^4}{B}+0.7\times\left(\frac{1}{8}\frac{q_{Qk}l^4}{B}+\frac{1}{3}\frac{F_kl^3}{B}\right)n\xi+\\\qquad 0.4\times\frac{1}{8}\frac{q_{rk}l^4}{B}\times m\end{cases}$$

$$f_{长期}^{包含重力}=f_{短期}^{包含重力}\times\eta_\theta,\begin{cases}f_{长期}^{包含重力}\leqslant l_{计算跨径}/1600\ 时，可不设预拱度\\f_{长期}^{包含重力}>l_{计算跨径}/1600\ 时，设预拱度\end{cases}$$

$$f_{预拱度}\begin{cases}简支:f_{短}=\left[\dfrac{5}{384}\dfrac{q_{Gk}l^4}{B}+0.5\times0.7\times\left(\dfrac{5}{384}\dfrac{q_{Qk}l^4}{B}+\dfrac{1}{48}\dfrac{F_kl^3}{B}\right)n\xi+\right.\\ \qquad\left.0.5\times1.0\times\dfrac{5}{384}\dfrac{q_{rk}l^4}{B}\times m\right]\times\eta_\theta\\ 悬臂:f_{短}=\left[\dfrac{1}{8}\dfrac{q_{Gk}l^4}{B}+0.5\times0.7\times\left(\dfrac{1}{8}\dfrac{q_{Qk}l^4}{B}+\dfrac{1}{3}\dfrac{F_kl^3}{B}\right)n\xi+\right.\\ \qquad\left.0.5\times1.0\times\dfrac{1}{8}\dfrac{q_{rk}l^4}{B}\times m\right]\times\eta_\theta\end{cases}$$

12）预应力混凝土受弯构件使用阶段挠度验算按下述流程。

（1）使用阶段挠度验算

① 全预应力混凝土、A类预应力混凝土构件

a. 刚度

$$B_0=0.95E_cI_0\ （《公路混规》式（6.5.2-4））$$

b. 汽车荷载（不计冲击力）＋人群荷载频遇组合下的挠度 $f^{扣重力}_{短期}$（不计重力）

$$f^{扣重力}_{短期}=f_q+f_r\begin{cases}简支:f_{短}=0.7\times\left(\dfrac{5}{384}\dfrac{q_{Qk}l^4}{B_0}+\dfrac{1}{48}\dfrac{F_kl^3}{B_0}\right)n\xi+0.4\times\dfrac{5}{384}\dfrac{q_{rk}l^4}{B_0}\times m\\ 悬臂:f_{短}=0.7\times\left(\dfrac{1}{8}\dfrac{q_{Qk}l^4}{B_0}+\dfrac{1}{3}\dfrac{F_kl^3}{B_0}\right)n\xi+0.4\times\dfrac{1}{8}\dfrac{q_{rk}l^4}{B_0}\times m\end{cases}$$

c. 计算长期挠度

$$f^{扣重力}_{长期}=f^{扣重力}_{短期}\times\eta_\theta$$

$$其中，挠度长期增长系数\ \eta_\theta\begin{cases}<C40:\eta_\theta=1.6（《公路混规》6.5.3条）\\ C40\sim C80:\eta_\theta=1.45\sim1.35,插值\ \eta_\theta=1.45-\dfrac{0.1}{40}(f_{cu,k}-40)\end{cases}$$

d. 挠度验算

梁式桥主梁的最大挠度处：

$$f^{扣重力}_{长期}\leqslant l_{计算跨径}/600$$

梁式桥主梁的悬臂端：

$$f^{扣重力}_{长期}\leqslant l_{悬臂长度}/300$$

② 允许开裂的B类预应力混凝土构件

a. 计算刚度

$$M_s=M_{Gk}+0.7M\,Qk+0.4M_{rk}\begin{cases}简支:M_s=\dfrac{1}{8}q_{Gk}l^2+0.7\times\left(\dfrac{1}{8}q_{qk}l^2+\dfrac{1}{4}P_kl\right)n\xi+0.4\times\dfrac{1}{8}q_{rk}l^2m\\ 悬臂:M_s=\dfrac{1}{2}q_{Gk}l^2+0.7\times\left(\dfrac{1}{2}q_{qk}l^2+P_kl\right)n\xi+0.4\times\dfrac{1}{2}q_{rk}l^2m\end{cases}$$

开裂弯矩：

$$M_{cr}=(\sigma_{pc}+\gamma f_{tk})W_0（《公路混规》式(6.5.2-7)）$$

其中，$\gamma=\dfrac{2S_0}{W_0}$。

$M_s<M_{cr}$时：未开裂，按全预应力或A类构件验算

$M_s > M_{cr}$时：刚度$\begin{cases}\text{开裂弯矩 } M_{cr} \text{ 作用下：} B_0 = 0.95E_cI_0 \text{（《公路混规》式(6.5.2-5)）} \\ (M_s - M_{cr}) \text{ 作用下：} B_{cr} = E_cI_{cr} \text{（《公路混规》式(6.5.2-6)）}\end{cases}$

b. 汽车荷载（不计冲击力）＋人群荷载频遇组合下的挠度 $f_{短期}^{扣重力}$（不计重力）

$$f_{短期}^{扣重力} = f_q + f_r\begin{cases}\text{简支：} f_{短} = 0.7\times\left(\dfrac{5}{384}\dfrac{q_{Qk}l^4}{B_0}+\dfrac{1}{48}\dfrac{F_kl^3}{B_0}\right)\eta\xi + 0.4\times\dfrac{5}{384}\dfrac{q_{rk}l^4}{B_0}\times m \\ \text{悬臂：} f_{短} = 0.7\times\left(\dfrac{1}{8}\dfrac{q_{Qk}l^4}{B_0}+\dfrac{1}{3}\dfrac{F_kl^3}{B_0}\right)\eta\xi + 0.4\times\dfrac{1}{8}\dfrac{q_{rk}l^4}{B_0}\times m\end{cases}$$

c. 长期挠度

$$f_{短期}^{扣重力} = f_{短期}^{扣重力} \times \eta_\theta$$

其中，挠度长期增长系数 $\eta_\theta\begin{cases} < \text{C40：} \eta_\theta = 1.6 \quad \text{（《公路混规》6.5.3 条）} \\ \text{C40} \sim \text{C80：} \eta_\theta = 1.45 \sim 1.35\text{，插值 } \eta_\theta = 1.45 - \dfrac{0.1}{40}(f_{cu,k} - 40)\end{cases}$

d. 挠度验算

梁式桥主梁的最大挠度处：

$$f_{长期}^{扣重力} \leqslant l_{计算跨径}/600$$

梁式桥主梁的悬臂端：

$$f_{长期}^{扣重力} \leqslant l_{悬臂长度}/300$$

（2）预加力引起的反拱值（《公路混规》6.5.4 条）

按结构力学方法，刚度 $E_cI_0$ 计算，并乘以长期增长系数 2。即：

$$f_{预加力反拱}^{长期} = f_{预加力反拱}^{短期} \times 2 = \frac{5}{48}\frac{M_{预加力}l^2}{E_cI_0} \times 2$$

计算使用阶段预加力反拱值时，预应力钢筋的预加力应扣除全部预应力损失。

（3）预拱度计算（《公路混规》6.5.5 条 2 款）

① 当预加应力产生的长期反拱值大于按荷载频遇组合计算的长期挠度，即 $f_{预加力反拱}^{长期} = f_{预加力反拱}^{短期} \times 2 > f_{短期} \times \eta_\theta$ 时，可不设预拱度；

② 当预加应力产生的长期反拱值小于按荷载频遇组合计算的长期挠度，即 $f_{预加力反拱}^{长期} = f_{预加力反拱}^{短期} \times 2 < f_{短期} \times \eta_\theta$ 时，应设预拱度；

③ 预拱度应按该项荷载的挠度值与预加应力长期反拱值之差采用，即 $f_{预拱度} = f_{短期} \times \eta_\theta - f_{预应力反拱}^{长期}$。

**3. 历年真题及自编题解析**

**【例 4.2.1】** 2020 下午 40 题

某一级公路上的一座预应力混凝土简支梁桥，混凝土强度等级采用 C50。经计算其跨中截面处挠度值分别为：恒荷载引起的挠度值为 25.04mm，汽车荷载（不计汽车冲击力）引起的挠度值为 6.01mm，预应力钢筋扣除全部预应力损失，按全预应力混凝土和 A 类预应力混凝土构件规定计算，预应力引起的反拱数值为－31.05mm。试问，在不考虑施工等其他因素影响的情况下，仅考虑恒荷载、汽车荷载和预应力共同作用，该桥梁跨中截面使用阶段的挠度数值（mm），与下列何项数值最为接近（反拱数值为负）？

（A）0.00　　（B）10.6　　（C）−20.4　　（D）−17.8

**【答案】**（C）

根据《公路混规》6.5.3条、6.5.4条，C50长期挠度增大系数采用插值计算：

$$\eta_{\theta} = \frac{30}{40} \times 0.1 + 1.35 = 1.425$$

预应力长期增大系数2.0，则

$$f = (25.04 + 0.7 \times 6.01) \times 1.425 - 2 \times 31.05 = -20.4\text{mm}$$

**【例4.2.2】**2019下午40题

某高速公路上一座预应力混凝土连续箱梁桥。混凝土采用C50，某箱梁根部悬臂板厚350mm，顶层每延米布置一排20Φ16钢筋，面积共计4022mm²，钢筋中心至悬臂板顶距离为40mm，假定，正常使用极限状态下悬臂板每延米作用频遇组合弯矩为200kN·m，采用受弯构件在开裂截面状态下的受拉纵向钢筋应力计算公式。试问，钢筋应力值（MPa）与下列何项数值最为接近？

（A）184　　（B）189　　（C）190　　（D）194

**【答案】**（A）

根据《公路混规》6.4.4条：

$$\sigma_{ss} = \frac{200 \times 10^6}{0.87 \times 4022 \times (350 - 40)} = 184.38\text{MPa}$$

**【例4.2.3】**2018下午39题

某矩形钢筋混凝土受弯梁，其截面宽度1600mm、高度1800mm。配置HRB335受弯钢筋16Φ28，间距100mm单层布置，受拉钢筋重心距离梁底60mm。经计算，该构件的跨中截面弯矩标准值为：自重弯矩1500kN·m；汽车荷载（作用）弯矩（不含冲击力）1000kN·m。

试问，该构件的跨中截面最大裂缝宽度（mm），与下列何项数值最为接近？

（A）0.05　　（B）0.08　　（C）0.12　　（D）0.18

**【答案】**（D）

根据《公桥通规》4.1.6条：

$$M_s = 1500 + 0.7 \times 1000 = 2200\text{kN} \cdot \text{m}$$

$$M_l = 1500 + 0.4 \times 1000 = 1900\text{kN} \cdot \text{m}$$

根据《公路混规》6.4.4条，6.4.3条：

$$\sigma_{ss} = \frac{M_s}{0.87 A_s h_0} = \frac{2200}{0.87 \times 16 \times 615.8 \times 1740} \times 10^6 = 147.5$$

$$\rho_{te} = \frac{A_s}{2a_s b} = \frac{16 \times 615.8}{2 \times 60 \times 1600} = 0.0513 > 0.01 \text{ 且} < 0.1$$

带肋钢筋，$C_1 = 1.0$；$C_2 = 1 + 0.5\dfrac{M_l}{M_s} = 1.0 + 0.5 \times \dfrac{1900}{2200} = 1.4318$，$C_3 = 1.0$，则

$$W_{cr} = C_1 C_2 C_3 \frac{\sigma_{ss}}{E_s}\left(\frac{c + d}{0.36 + 1.7\rho_{te}}\right)$$

$$=1.0\times1.4318\times1.0\times\frac{147.5}{200000}\times\frac{46+28}{0.36+1.7\times0.0513}$$

$$=0.175\text{mm}$$

**【例 4.2.4】** 2017 下午 37 题

某预应力混凝土弯箱梁中沿中腹板的一根钢束，如图 2017-37 所示 A 点至 B 点，A 为张拉端，B 为连续梁跨中截面，预应力孔道为预埋塑料波纹管。假定，管道每米局部偏差对摩擦的影响系数 $k=0.0015$，预应力钢绞线与管道壁的摩擦系数 $\mu=0.17$，预应力束锚下的张拉控制应力 $\sigma_{con}=1302\text{MPa}$，由 A 至 B 点预应力钢束在梁内竖弯转角共 5 处，转角 1 为 0.0873rad，转角 2～5 均为 0.2094rad，A、B 点所夹圆心角为 0.2964rad，钢束长按 36.442m 计。试问，计算截面 B 处的后张预应力束与管道壁之间摩擦引起的预应力损失值（MPa），与下列何项数值最为接近？

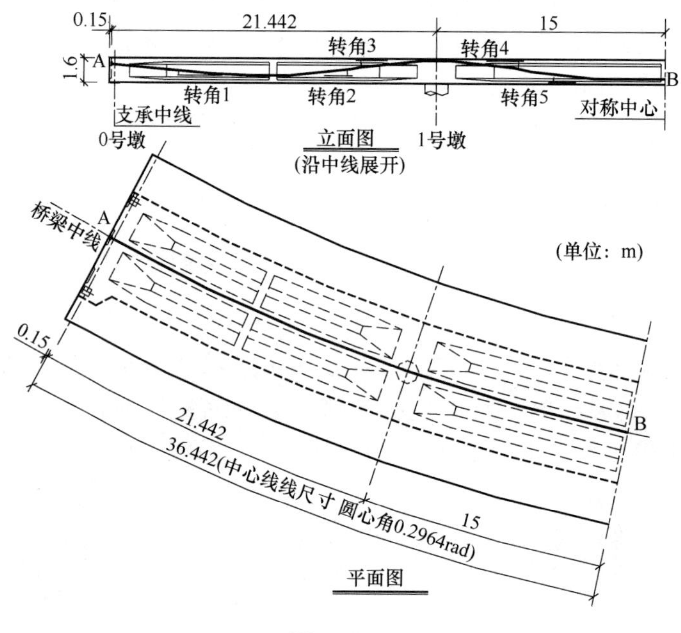


图 2017-37

(A) 190　　(B) 250　　(C) 260　　(D) 300

**【答案】**(C)

根据《公路混规》式（6.2.2）：

$$\sigma_{l1}=\sigma_{con}\left[1-e^{-(\mu\theta+kx)}\right]$$

其中，竖向平面内 $\theta_{竖向}=0.0873+4\times0.2094=0.9249\text{rad}$；水平平面内 $\theta_{水平}=0.2964\text{rad}$。

根据条文说明，夹角之和，$\theta=\sqrt{0.9249^2+0.2964^2}=0.9705$，$x=36.442\text{m}$，则

$$\sigma_{l1}=1302\times\left[1-e^{-(0.17\times0.9705+0.0015\times36.442)}\right]=256.7\text{MPa}$$

**【例 4.2.5】** 2016 下午 37 题

某公路跨径为 30m 的跨线桥，结构为预应力混凝土 T 形梁，混凝土强度等级为 C40。假定，其中梁由预加力产生的跨中反拱值 $f_p$ 为 150mm（已扣除全部预应力损失并考虑长

期增长系数 2.0)，按荷载短期效应组合作用计算的挠度值 $f_s$ 为 80mm。若取荷载长期效应影响的挠度长期增长系数 $\eta_\theta$ 为 1.45，试问，该梁的预拱度（mm）取下列何值较为合理?

(A) 0　　(B) 30　　(C) 59　　(D) 98

**【答案】**(A)

根据《公路混规》6.5.3 条，考虑荷载长期效应影响的长期挠度值：

$$\eta_\theta f_s = 1.45 \times 80 = 116\text{mm}$$

因为 $f_p = 150\text{mm} > \eta_\theta f_s = 116\text{mm}$，根据《公路混规》6.5.5 条，该梁可以不设预拱值。

**【例 4.2.6】**2016 下午 38 题

对某桥梁预应力混凝土主梁进行持久状况下正常使用极限状态验算时，需分别进行下列验算：①抗裂验算，②裂缝宽度验算，③挠度验算。试问，在这三种验算中，汽车荷载（作用）冲击力如何考虑，下列何项最为合理?

**提示：**只需定性地判断。

(A) ①计入、②不计入、③不计入

(B) ①不计入、②不计入、③不计入

(C) ①不计入、②计入、③计入

(D) ①不计入、②不计入、③计入

**【答案】**(B)

根据《公路混规》6.1.1 条，公路桥涵的持久状况设计应按正常使用极限状态的要求，采用作用的短期效应组合、长期效应组合，对构件的抗裂、裂缝宽度和挠度进行验算，在上述各种组合中，汽车荷载（作用）效应可不计冲击系数。

**【例 4.2.7】**2010 下午 39 题

某公路桥梁结构为预制后张预应力混凝土箱形梁，跨径为 30m，单梁宽 3.0m，采用 $\Phi^s$15.20mm 高强度低松弛钢绞线，其抗拉强度标准值 $f_{pk}=1860\text{MPa}$，公称截面面积为 $140\text{mm}^2$，每根预应力束由 9 股 $\Phi^s$15.20mm 钢绞线组成。锚具为夹片式群锚，张拉控制应力采用 $0.75f_{pk}$，试问，超张拉时，单根预应力束的最大张拉力（kN），与下列何项数值最为接近?

(A) 1875　　(B) 1758　　(C) 1810　　(D) 1895

**【答案】**(B)

根据《公路混规》6.1.4 条，超张拉时，预应力钢筋最大控制应力可增加 $0.05f_{pk}$，则

$$N_{max} = 0.8 f_{pk} A_p = 0.8 \times 1860 \times 9 \times 140 = 1874.88\text{kN}$$

**【例 4.2.8】**自编题

某后张法预应力混凝土简支箱形桥梁，梁高 2.3m，C50。经计算，梁跨中截面相关数值为：$A_0=9.6\text{m}^2$，$I_0=7.75\text{m}^4$；换算截面中性轴至上翼缘边缘距离 $y_0^上=0.95\text{m}$，至下翼缘边缘距离 $y_0^下=1.35\text{m}$；预应力钢筋束合力点距下边缘距离为 0.3m，$A_n=8.8\text{m}^2$，$I_n=5.25\text{m}^4$，$y_n^上=1.10\text{m}$，$y_n^下=1.20\text{m}$。

假定该桥梁按 A 类预应力混凝土构件设计，准永久组合作用下，跨中弯矩值 $S_{ld}=60000\text{kN}\cdot\text{m}$；频遇组合作用下，跨中弯矩值 $S_{sd}=70000\text{kN}\cdot\text{m}$。试问，满足抗裂验算要

求的跨中截面所需的永久有效最小预应力值（kN），与下列何项数值最为接近？

(A) 32300　　(B) 32750　　(C) 33100　　(D) 34000

【答案】(B)

根据《公路混规》6.3.1条、6.3.2条计算。

A类预应力混凝土，作用频遇永久组合下：

$$\sigma_{st}-\sigma_{pc}\leqslant 0.7f_{tk}$$

$$\sigma_{st}=\frac{M_s}{W_0}=\frac{S_{sd}}{I_0}\cdot y_0=\frac{70000}{7.75}\times 1.35=12193\text{kN/m}^2$$

$$\sigma_{pc}=\frac{N_p}{A_n}+\frac{N_p e_{pn}}{I_n}\cdot y_n=N_p\cdot\left(\frac{1}{A_n}+\frac{e_{pn}\cdot y_n}{I_n}\right)$$

$$=N_p\left[\frac{1}{8.8}+\frac{(1.20-0.3)\times 1.20}{5.25}\right]=0.3194N_p$$

$$12193-0.3194N_p\leqslant 0.7f_{tk}=0.7\times 2.65\times 10^3$$

解得：$N_p\geqslant 32367$kN。

作用准永久组合下：

$$\sigma_{lt}-\sigma_{pc}\leqslant 0$$

$$\sigma_{lt}=\frac{M_l}{W_0}=\frac{S_{ld}}{I_0}y_0=\frac{60000}{7.75}\times 1.35=10452\text{kN/m}^2$$

$$10452-0.3194N_p\leqslant 0$$

解得：$N_p\geqslant 32724$kN。

取上述结果的较大值：$N_p\geqslant 32724$kN。

## 4.3 持久状况构件的应力计算

### 1. 主要的规范规定

1)《公路混规》7.1.1条：持久状况预应力混凝土构件应力计算的基本原则。

2)《公路混规》7.1.2条：预应力产生的混凝土压应力及拉应力计算原则。

3)《公路混规》7.1.3条：全预应力混凝土和A类预应力混凝土受弯构件应力计算。

4)《公路混规》7.1.6条：根据主拉应力设置箍筋的原则。

### 2. 对规范规定的理解

1)《公路混规》第7章，持久状况构件的应力计算，属于承载力计算范畴，计算时采用标准值，汽车荷载应考虑冲击系数。

2) 全预应力混凝土和A类预应力混凝土受弯构件应力计算，其本质是预应力构件在荷载作用与预应力下，两种应力状态的相互叠加。结构自重和直接施加于结构的汽车荷载、人群荷载、风荷载应按作用标准值进行组合计算。

### 3. 历年真题及自编题解析

**【例4.3.1】**自编题

某公路简支桥梁，采用单箱单室梁截面，梁高2.3m，C50。经计算，梁跨中截面相关数值为：$A_0=9.6\text{m}^2$，$I_0=7.75\text{m}^4$；换算截面中性轴至上翼缘边缘距离$y_0^{上}=0.95$m，至下翼缘边缘距离$y_0^{下}=1.35$m；预应力钢筋束合力点距下边缘距离为0.3m，$A_n=8.8\text{m}^2$，$I_n=$

5.25m$^4$，$y_n^{上}=1.10$m，$y_n^{下}=1.20$m。

采用后张法施工，单箱梁跨中截面正弯矩标准值为 $M_{恒}=46000$kN·m，$M_{活}=13000$kN·m。已知预应力筋扣除全部预应力损失后有效预应力为 $\sigma_{pc}=0.5f_{pk}$，$f_{pk}=1860$MPa。

试问，持久状况下构件应力计算时，在主梁下边缘混凝土应力为零的条件下，估算该截面预应力筋面积（cm$^2$），与下列何项数值最为接近？

(A) 290　　(B) 310　　(C) 340　　(D) 380

**【答案】**(C)

根据《公路混规》7.1.1 条、7.1.2 条、7.1.3 条：

$$M_k=M_{恒}+M_{活}=46000+13000=59000\text{kN}\cdot\text{m}$$

$$\sigma_{kc}=-\frac{M_k}{I_0}y_{0下}=-\frac{59000}{7.75}\times1.35=-10277\text{kN/m}^2=-10.28\text{N/mm}^2$$

后张法，永久有效预加力产生的主梁跨中截面下边缘的法向应力：

$$\sigma_{pc}=\frac{N_p}{A_n}+\frac{N_pe_{pn}}{I_n}\cdot y_{n下}=\sigma_{pe}\cdot A_p\left(\frac{1}{A_n}+\frac{e_{pn}}{I_n}y_{n下}\right)$$

$$=0.5\times1860\cdot A_p\left[\frac{1}{8.80}+\frac{(1.20-0.3)\times1.2}{5.25}\right]\times10^{-6}=2.97\times10^{-4}A_p$$

由于 $\sigma_{kc}+\sigma_{pc}=0$，则：

$$A_p=10.28/(2.97\times10^{-4})=34613\text{ mm}^2=346.0\text{cm}^2$$

**【例 4.3.2】**2017 下午 38 题

某预应力混凝土梁，混凝土强度等级为 C50，梁腹板宽度 0.5m，在支承区域按持久状况进行设计时，由作用标准值和预应力产生的主拉应力为 2.5MPa（受拉为正），不考虑斜截面抗剪承载力计算，假定箍筋采用 HPB300，试问，下列各箍筋配置方案哪个更为合理？

(A) 4 肢Φ12@100　　(B) 4 肢Φ14@150

(C) 2 肢Φ16@100　　(D) 6 肢Φ14@150

**【答案】**(A)

根据《公路混规》7.1.6 条：

$$\sigma_{tp}=1.5\text{MPa}>0.5f_{tk}=0.5\times2.65=1.325\text{MPa}$$

因此采用式（7.1.6-2）：

$$s_v=\frac{f_{sk}A_{sv}}{\sigma_{tp}b}$$

已知：$b=500$mm，$f_{sk}=300$MPa，$\sigma_{tp}=2.5$MPa，则

$$\frac{A_{sv}}{s_v}\geqslant\frac{\sigma_{tp}b}{f_{sk}}=\frac{2.5\times500}{300}=4.17\text{ mm}^2/\text{mm}$$

(A)、(B)、(C)、(D) 各选项的 $\frac{A_{sv}}{s_v}$ 值分别为：4.52、4.02、4.12、6.16mm$^2$/mm。

(A) 符合要求且最经济。

# 5 《公路混规》：构件的计算及构造规定

## 5.1 桥梁支座

**1. 主要的规范规定**

《公路混规》8.7 节：支座。

**2. 对规范规定的理解**

1）梁式桥的支座一般分成固定支座和活动支座两种。固定支座既要固定主梁在墩台上的位置并传递竖向压力和水平力，又要保证主梁发生挠曲时在支承处能自由转动，如图 5.1-1左端所示。活动支座只传递竖向压力，但要保证主梁在支承处既能自由转动又能水平移动，如图 5.1-1 右端所示。活动支座又可分为单向活动支座和多向活动支座。

根据简支梁静力计算图式，简支梁桥应在每跨的一端设置固定支座，另一端设置活动支座。公路 T 梁桥或板梁桥，由于桥面较宽，因而要考虑支座横桥向移动的可能性。

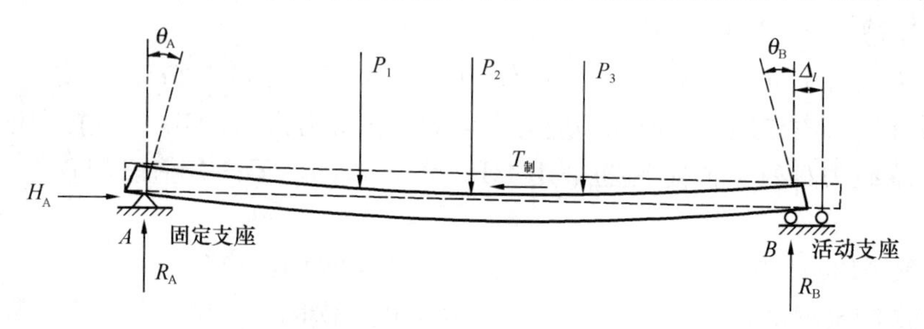


图 5.1-1　简支梁的静力图式

即在固定墩上设置一个固定支座，相邻的支座设置横向可动、纵向固定的单向活动支座，而在活动墩上设置一个纵向活动支座（与固定支座向对应），其余均设置双向活动支座，如图 5.1-2 所示。

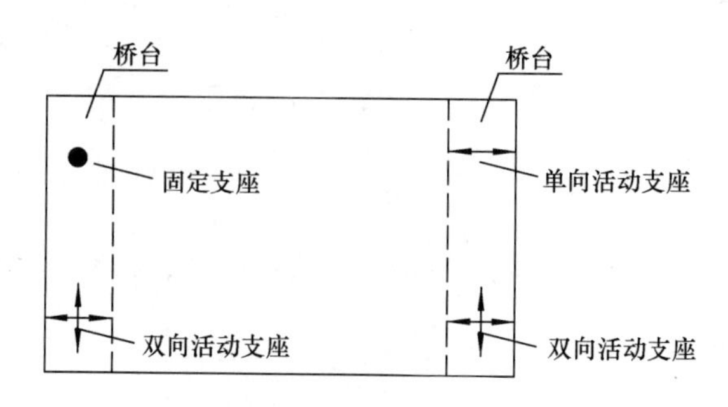


图 5.1-2　单跨简支梁桥的支座布置

对于连续梁桥及桥面连续的简支梁桥，一般在每一联（两个活动支座之间或刚性台与第一个活动支座间称为一联）的一个桥墩（或桥台）上设置一个固定支座，并宜将固定支座设置在靠近温度中心，以使全梁的纵向变形分散在梁的两端，其余桥墩、桥台上均设置活动支座。在设置固定支座的桥墩（或桥台）上，一般采用一个固定支座，其余为横桥向的单向活动支座；在设置活动支座的所有桥墩（或桥台）上，一般沿设置固定支座的一侧，均布置顺桥向的单向活动支座，其余均为双向活动支座，见图 5.1-3。

当悬臂梁桥和连续梁桥在某些特殊情况下支座出现负反力时，应设置拉力支座。由于受拉支座有疲劳问题，所以在公路桥梁中一般尽可能避免设置受拉的支座。

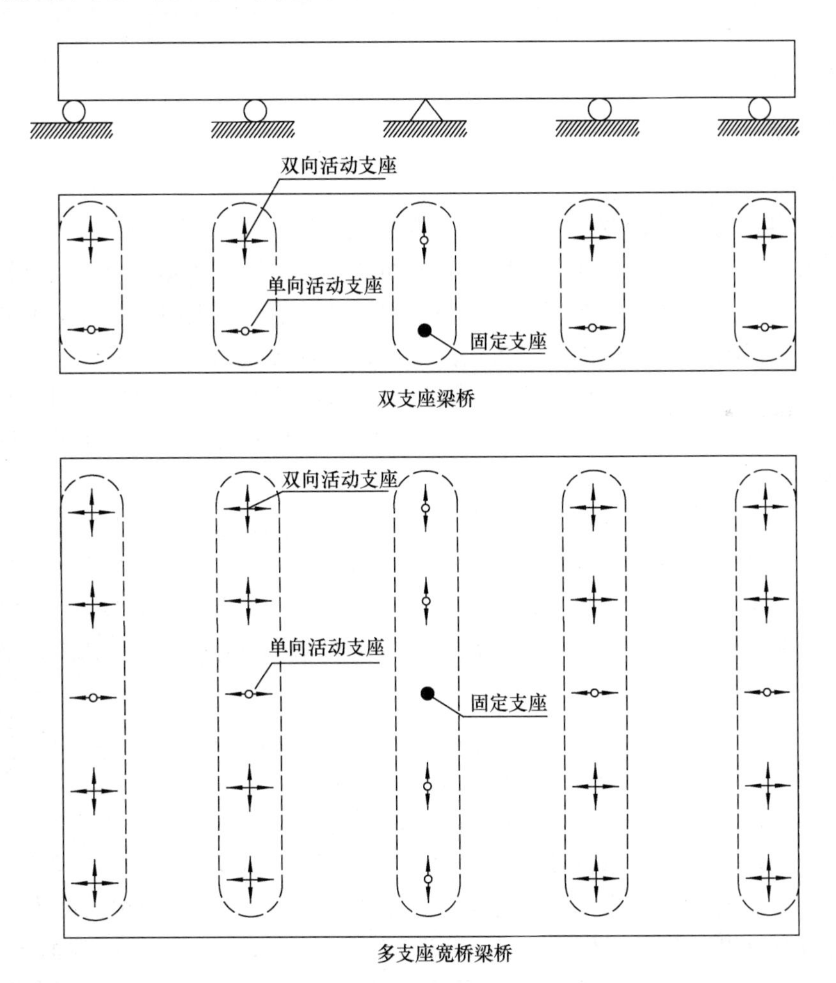


图 5.1-3 连续梁桥的支座布置

2）板式橡胶支座由基层橡胶和薄刚片镶嵌、粘合、压制而成，见图 5.1-4。板式橡胶支座通常分为非加劲支座和加劲支座两种。非加劲支座只由一层橡胶构成，其容许压应力约为 3MPa，故只适用于小跨径桥梁。常用的板式橡胶支座都是用几层薄钢板作为加劲层。由于橡胶之间的薄钢板能起到阻止橡胶片侧向膨胀的作用，从而可以显著提高橡胶片的抗压强度和支座的抗压刚度。

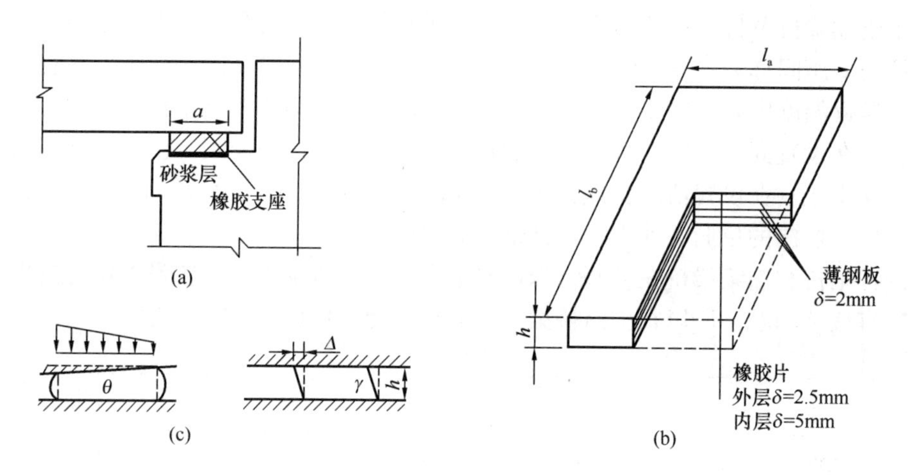


图 5.1-4 加劲板式橡胶支座

加劲层对橡胶板的转动变形和剪切变形几乎没有影响。当活动支座的位移量较大时，要使橡胶支座产生较大的剪切变形，就必须增加橡胶层厚度。这样一则多耗材料，再则支座稳定性变差，而且相邻支座厚度可能不一，车辆驶过时会产生高差，行车不顺。为克服这一缺点，可在用作活动支座的橡胶板顶面贴一片聚四氟乙烯（PTFE）板，再在聚四氟乙烯板与梁底之间垫上一块不锈钢薄板。由于聚四氟乙烯板与不锈钢板之间的摩阻力极小（摩擦系数小于 0.04），故可利用它们之间的滑动来满足活动支座位移的需要，这样的支座称为四氟板式橡胶支座。

3）《公路混规》8.7.1 条的条文说明指出："板式橡胶支座各项计算，均按正常使用极限状态和使用阶段计算。" 8.7.1 条 3 款规定，支座反力设计值 $R_{ck}$ 应按竖向荷载（汽车荷载应计入冲击系数）标准值进行组合。设结构自重、汽车荷载（含冲击系数）、人群荷载引起的支座反力值分别为：$R_{Gk}$、$R_{Qk}$、$R_{rk}$，根据《公路混规》8.7.3 条～8.7.5 条，有：

（1）$R_{ck}=R_{Gk}+R_{Qk}+R_{rk}$ ——用于式（8.7.3-1）、式（8.7.3-8）、式（8.7.3-10）；

（2）$R_{ck}=R_{Gk}+0.5R_{Qk}$ ——用于式（8.7.4-2）；

（3）$R_{ck}=R_{Gk}+R_{Qk}$ ——用于式（8.7.5-2）。

4）根据橡胶支座不超过其容许承压应力，可按《公路混规》式（8.7.3-1）确定其有效承压面积 $A_e$。设橡胶支座内加劲板与支座边缘的距离为 $c$，支座短边长度为 $l_a$、长边长度为 $l_b$，毛截面面积为 $A_g$，则有：$A_g=l_a\cdot l_b$、$A_e=(l_a-c)\cdot(l_b-c)$。根据《公路混规》8.7.3 条，加劲钢板与支座边缘的最小距离不应小于 5mm，上、下保护层厚度不应小于 2.5mm。

根据《公路桥梁板式橡胶支座》JT/T 4—2019 第 5.4.1 条："支座使用阶段平均压应力 $\sigma_c$ 为 10MPa。当支座形状系数小于 7 时，$\sigma_c$ 为 8MPa。"

5）《公路混规》式（8.7.3-2）～式(8.7.3-5）内 $\Delta_l$，由上部结构温度变化、混凝土收缩和徐变产生的支座剪切变形，可直接自上部结构长度变化计算中求得；由纵向力和支座直接设置于有纵坡的梁底面下（如图 5.1-5 所示），在支座顶面由支座承压力顺纵坡方向产生的剪切变形，需先算出分配给支座的剪切力，再计算剪切变形值。

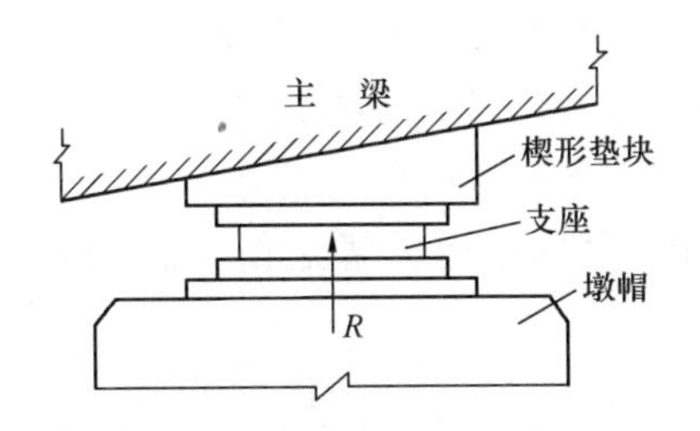


图 5.1-5 支座设于有纵坡的梁底面下

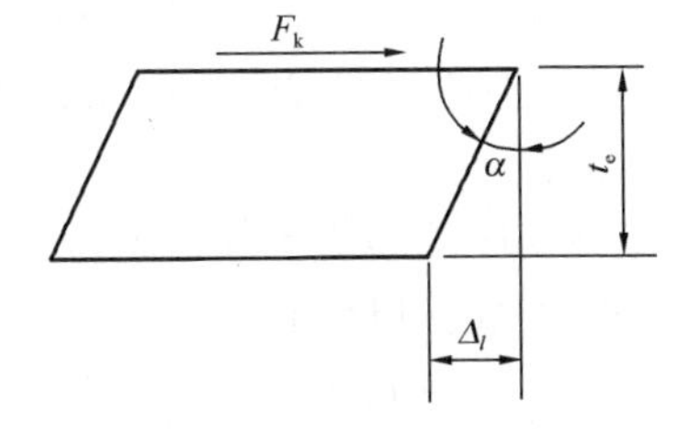


图 5.1-6 支座橡胶层剪切变形

纵向力标准值 $F_k$、支座橡胶层总厚度 $t_e$，纵向力引起的剪切变形 $\Delta_{l,F}$，支座剪切模量 $G_e$，支座平面毛截面面积 $A_g$，支座剪切角正切值 $\tan\alpha$，其关系为：$\tan\alpha = \Delta_{l,F}/t_e = F_k/(A_g G_e)$，如图 5.1-6 所示。其中，支座剪切模量 $G_e$ 可按《公路桥梁板式橡胶支座》JT/T 4—2019 第 5.4.2 条取值，常温下可取 $G_e = 1.0$MPa。

当支座直接设置于不大于 1%纵坡的梁底面下时，顺纵坡方向分力 $F_k$ =支座反力设计值 $R_{ck}$ ×坡度值。由汽车荷载制动力产生的纵向力标准值 $F_k$，应按《公桥通规》4.3.5 条计算并分配到各个支座。

《公路混规》式（8.7.3-6）、式（8.7.3-7）对橡胶层总厚度 $t_e$ 与支座周边尺寸关系作了规定，系考虑支座如过厚影响行车的平稳性，但过薄则又影响支座的剪切变形和转角，所以规定了一个范围。确定橡胶层总厚度 $t_e$ 后，再加上加劲薄钢板的总厚度 $t_s$（《公路混规》式（8.7.3-10）），即为橡胶支座总厚度 $h$。

6）板式橡胶支座的竖向平均压缩变形，可按《公路混规》式（8.7.3-8），改写为如下形式：

$$\delta_{c,m} = \frac{R_{ck}t_e}{A_e E_e} + \frac{R_{ck}t_e}{A_e E_b} = \frac{R_{ck}t_e}{A_e}\left(\frac{1}{E_e} + \frac{1}{E_b}\right) = \sigma_c t_e\left(\frac{1}{E_e} + \frac{1}{E_b}\right)$$

$E_b$ 为橡胶弹性体体积模量，按《公路桥梁板式橡胶支座》JT/T 4—2019 第 5.4.2 条取值。$E_e$ 为支座抗压弹性模量，按《公路桥梁板式橡胶支座》JT/T 4—2019 第 5.4.7 条取值。

如图 5.1-7 所示，公式（8.7.3-9）内，$\delta_{c,m} \geqslant \theta \frac{l_a}{2}$ 是为了满足转角要求，使之不致脱空；$\delta_{c,m} \leqslant 0.07t_e$ 是为了限制竖向压缩变形，不致影响支座稳定。

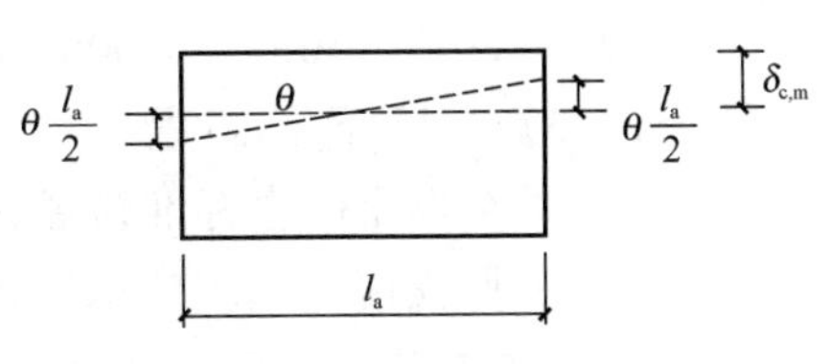


图 5.1-7 支座的压缩变形

7）橡胶支座一般直接搁置在墩台与梁底之间，当它受到水平力后，应保证支座不致滑动，按《公路混规》8.7.4 条进行抗滑移验算。聚四氟乙烯板式橡胶支座，其摩擦力不应大于支座内橡胶层容许的剪切变形，按《公路混规》8.7.5 条验算。其中，小于等于号右边 $G_e A_g \tan\alpha = F_k$，见图 5.1-6 所示，为支座剪切角取限值时的容许水平力值。

**3. 历年真题及自编题解析**

**【例 5.1.1】** 2018 下午 38 题

某高速公路上的一座高架桥，为三孔各 30m 的预应力混凝土简支 T 梁桥，全长 90m，中墩处设连续桥面，支承采用水平放置的普通板式橡胶支座，支座平面尺寸（长×宽）为

350mm×300mm。假定，在桥台处由温度下降、混凝土收缩和徐变引起的梁长缩短量 $\Delta_l$ =26mm。试问，当不计制动力时，该处普通板式橡胶支座的橡胶层总厚度 $t_e$（mm）不能小于下列何项数值？

**提示：**假定该支座的形状系数、承压面积、竖向平均压缩变形、加劲板厚度及抗滑稳定等均符合《公路混规》JTG D62—2018 的规定。

(A) 29　　(B) 45　　(C) 53　　(D) 61

**【答案】**(C)

根据《公路混规》8.7.3 条，从剪切变形角度考虑，$t_e > 2\Delta_l = 2\times26 = 52$mm；为保证受压稳定，$\frac{l_a}{10} < t_e < \frac{l_a}{5}$，即 30mm≤ $t_e$ ≤60mm。

**【例 5.1.2】**2017 下午 36 题

某梁梁底设一个矩形板式橡胶支座，支座尺寸为纵桥向 0.45m，横桥向 0.7m，剪切模量 $G_e=1.0$MPa，支座有效承压面积 $A_e=0.3036\text{m}^2$，橡胶层总厚度 $t_e=0.089$m，形状系数 $S=11.2$；支座与梁墩相接的支座顶、底面水平，在常温下运营，由结构自重与汽车荷载标准值（已计入冲击系数）引起的支座反力为 2500kN，上部结构梁沿纵向梁端转角为 0.003rad，试问，验证支座竖向平均压缩变形时，符合下列哪种情况？

(A) 支座会脱空、不致影响稳定　　(B) 支座会脱空、影响稳定

(C) 支座不会脱空、不致影响稳定　　(D) 支座不会脱空、影响稳定

**提示：**$E_e=5.4G_eS^2$，$E_b=2000$MPa。

**【答案】**(C)

根据《公路混规》8.7.3 条 3 款：

$$E_e = 5.4G_eS^2 = 5.4\times1.0\times11.2^2 = 677.4\text{MPa}$$

$$\delta_{c,m} = \frac{2500\times0.089}{0.3036\times677.4} + \frac{2500\times0.089}{0.3036\times2000} = 1.45\text{mm}$$

根据《公路混规》式（8.7.3-9），板式橡胶支座竖向平均压缩变形公式：

$\theta\cdot l_a/2 = 0.003\times0.45/2 = 0.000675\text{m} = 0.675\text{mm} < \delta_{c,m}$，支座不会脱空

$0.07t_e = 0.07\times0.089 = 0.00623\text{m} = 6.23\text{mm} > \delta_{c,m}$，竖向变形量满足稳定要求

**【例 5.1.3】**2011 下午 35 题

某二级干线公路上一座标准跨径为 30m 的单跨简支梁桥的主梁为 T 形梁，其下采用矩形板式氯丁橡胶支座，支座内承压加劲钢板的侧向保护层每侧各为 5mm；主梁底宽度为 500mm。若主梁最大支座反力为 950kN（已计入冲击系数）。试问，该主梁的橡胶支座平面尺寸[长（横桥向）×宽（纵桥向），单位为 mm]为下列何项数值较为合理？

**提示：**假定橡胶支座形状系数符合规范。$\sigma_c=10.0$MPa。

(A) 450×200　　(B) 400×250　　(C) 450×250　　(D) 310×310

**【答案】**(C)

根据《公路混规》8.7.2 条，板式橡胶支座有效承压面积：$A_e = \frac{R_{ck}}{\sigma_c}$。

(A) 选项：$\sigma_c = (950\times103)/(450-10)(200-10) = 11.36\text{MPa} > 10.0\text{MPa}$，不符合规定。

(B) 选项：$\sigma_c = (950\times103)/(400-10)(250-10) = 10.15\text{MPa} > 10.0\text{MPa}$，不符合

规定。

(C) 选项：$\sigma_c = (950\times103)/(450-10)(250-10) = 9.0\text{MPa} < 10.0\text{MPa}$，符合规定。

(D) 选项：$\sigma_c = (950\times103)/(310-10)(310-10) = 10.56\text{MPa} > 10.0\text{MPa}$，不符合规定。

支座宽度要小于梁宽的要求，结合支座承压应力要不大于 10MPa 的规定，答案为(C)。

**【例 5.1.4】** 自编题

某公路预应力混凝土简支梁桥。由上部结构自重产生的支座反力标准值 $R_{Gk}=600\text{kN}$，汽车荷载支座反力（未计入冲击系数）$R_{qk}=350\text{kN}$，人群荷载支座反力 $R_{rk}=40\text{kN}$。主梁支座设于有 0.6%纵坡的梁底面下，支座顶面形成 0.6%纵坡，支座顶面顺纵坡方向支座反力设计值为：自重 $F_{Gk0}=0.6\%\times600=3.6\text{kN}$，汽车荷载 $F_{qk0}=0.6\%\times350=2.1\text{kN}$，不计人群荷载部分。

取冲击系数 $\mu=0.30$，$G_e=1.0\text{MPa}$，$E_b=2000\text{MPa}$，$E_e=273\text{MPa}$，支座处摩擦系数为 0.3。

经计算知由于温度下降、混凝土收缩和徐变引起的支座剪切变形 $\Delta_{l1}=18.5\text{mm}$。汽车荷载制动力标准值 $F_{bk}=6.5\text{kN}$。

采用板式橡胶支座 GJZ350×350×84 矩形支座，6 层橡胶层，每层厚 12mm，钢板 6 层，每层厚 2mm，每侧保护层 5mm。加劲钢板屈服强度为 235MPa。

试问，仅从满足剪切变形考虑，支座的橡胶层厚度和加劲钢板的厚度，符合下列哪种情况？

(A) 橡胶层总厚度及加劲钢板厚度均满足要求

(B) 橡胶层总厚度满足要求，加劲钢板厚度不满足要求

(C) 橡胶层总厚度不满足要求，加劲钢板厚度满足要求

(D) 橡胶层总厚度及加劲钢板厚度均不满足要求

**【答案】**(A)

根据《公路混规》8.7.1 条，汽车荷载应计入冲击系数。

根据《公路混规》8.7.3 条计算。

橡胶层厚度：

不计汽车制动力时，$\Delta_{l1}=14.5\text{mm}$。

纵向力标准值产生的 $\Delta_{l2}$：

$$\Delta_{l2}=\frac{(F_{Gk0}+F_{qk0})t_e}{G_eA_g}=\frac{(3.6+2.1\times1.3)\times10^3\times72}{1.0\times350\times350}=3.72\text{mm}$$

$$\Delta_l=\Delta_{l1}+\Delta_{l2}=18.5+3.72=22.22\text{mm}$$

由《公路混规》式（8.7.3-2）：

$$t_e=72\text{mm}>2\Delta_l=2\times22.22=44.44\text{mm}，满足$$

计入汽车制动力时，由汽车制动力（不计冲击系数）产生的 $\Delta_{l3}$：

$$\Delta_{l3}=\frac{F_{bk}t_e}{G_eA_g}=\frac{6.5\times10^3\times72}{1.0\times350\times350}=3.82\text{mm}$$

总剪切变形：

$$\Delta_l = \Delta_{l1} + \Delta_{l2} + \Delta_{l3} = 26.04\text{mm}$$

$$t_e = 72\text{mm} > 1.43\Delta_l = 1.43 \times 26.04 = 37.24\text{mm}，满足$$

加劲钢板的厚度，根据《公路混规》式（8.7.3-10）：

$$t_s = \frac{K_p R_{ck}(t_{es,u} + t_{es,l})}{A_c \sigma_s} = \frac{1.3 \times (600 + 350 \times 1.3 + 40) \times (12 + 12)}{(350 - 10) \times (350 - 10) \times 0.65 \times 235}$$

$$= 1.93\text{mm} < 2.0\text{mm}，满足$$

**【例 5.1.5】**自编题

基本题干同例 5.1.4，已知不计制动力时，各项剪切变形之和 $\Delta_l$ =22.22mm；计入制动力时，各项剪切变形之和 $\Delta_l$ =26.04mm。试问，验证支座的抗滑稳定性时，符合下列哪种情况？

（A）支座抗滑移验算满足要求

（B）支座抗滑移验算不满足要求

（C）不计入汽车制动力时，支座抗滑移验算不满足要求

（D）计入汽车制动力时，支座抗滑移验算不满足要求

**【答案】**（A）

根据《公路混规》8.7.4 条计算。

不计汽车制动力时：

$$\mu R_{Gk} = 0.3 \times 600 = 180\text{kN}$$

$$1.4 G_e A_g \frac{\Delta_l}{t_e} = 1.4 \times 1.0 \times 350 \times 350 \times \frac{22.22}{72} = 52.93\text{kN} < 180\text{kN}，满足$$

计入汽车制动力时：

$$R_{ck} = R_{Gk} + 0.5 R_{qk} = 600 + 0.5 \times 350 \times 1.3 = 827.5\text{kN}$$

$$1.4 G_e A_g \frac{\Delta_l}{t} + F_{bk} = 52.93 + 6.5 = 59.43\text{kN} < \mu R_{ck} = 0.3 \times 827.5 = 248.25\text{kN}，满足$$

## 5.2 桥梁伸缩装置

### 1. 主要的规范规定

1）《公路混规》8.8 节：桥梁伸缩装置。

2）《公路混规》附录 C：混凝土收缩及徐变的相关计算。

### 2. 对规范规定的理解

1）《公路混规》附录 C.1 节规定了混凝土收缩应变随时间变化的计算方法，应从以下几个方面把握：

（1）$\varepsilon_{cs}(t,t_s)$、$\beta_s(t-t_s)$、$\varepsilon_s(f_{cm})$ 等与高等数学中的 $f(x)$类似，都是表示函数。

（2）收缩应变计算的时间轴如图 5.2-1 所示，相关参数释义如下：

$t_s$——收缩开始的混凝土龄期，可假定为 3～7d。

$t$——计算考虑时刻的混凝土龄期，可取时间轴上任一点（包括 $t_0$、$t_u$）。

$t_0$——伸缩装置安装完成时梁体混凝土龄期。

$t_u$——收缩终了（完成 100%）的混凝土龄期。

$\varepsilon_{cs}(t,t_s)$ ——表示 $t_s$ 时刻至任一 $t$ 时刻的收缩应变，按式（C.1.1-1）计算。

$\varepsilon_{cs}(t_u,t_0)$ ——伸缩装置安装完成时梁体混凝土龄期 $t_0$ 至收缩终了的混凝土龄期 $t_u$ 之间的混凝土收缩应变，$\varepsilon_{cs}(t_u,t_0)=\varepsilon_{cs}(t_u,t_s)-\varepsilon_{cs}(t_0,t_s)$，即在图 5.2-1 中，③＝④－①。需要注意的是，除上述计算公式外，$\varepsilon_{cs}(t_u,t_0)$ 可按附录 C 条文说明，根据加载龄期、理论厚度及年平均相对湿度，按表 C-1 近似取值（表中数值按 10 年延续期计算）。表 C-1 中数值单位为 $10^{-3}$，当混凝土强度等级为 C50 以上时，应按注 3 乘以修正系数。

$\varepsilon_{cs}(t,t_0)$ ——伸缩装置安装完成时梁体混凝土龄期 $t_0$ 至计算考虑时刻 $t$（如 180d 后）的混凝土收缩应变，$\varepsilon_{cs}(t,t_0)=\varepsilon_{cs}(t,t_s)-\varepsilon_{cs}(t_0,t_s)=\varepsilon_{cso}[\beta_s(t-t_s)-\beta_s(t_0-t_s)]$，即式（C.1.3）。在图 5.2-1 中，可表示为②＝⑤－①。

(3) 名义收缩系数 $\varepsilon_{cso}$ 可用式（C.1.1-2）进行精确计算，其取值与混凝土强度等级有关。对强度等级为 C25～C50 的混凝土，也可按表 C.1.2 取值，可理解为简化的近似计算的结果。应注意表中数值单位为 $10^{-3}$，当混凝土强度等级为 C50 以上时，应按注 3 乘以修正系数。

(4) 计算构件理论厚度时，对箱形截面梁，与大气接触的周边长度包括箱形截面内表面。

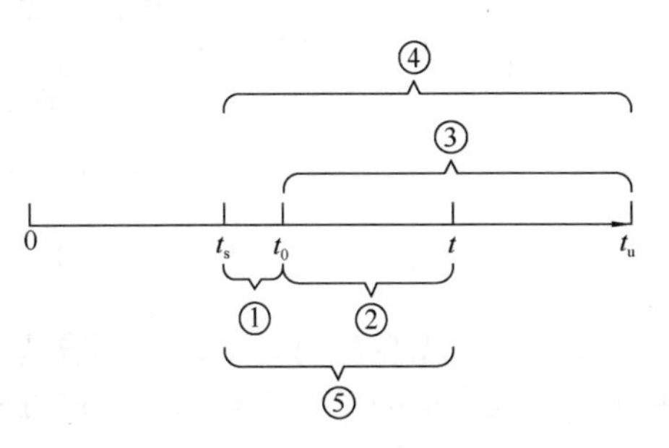


图 5.2-1　收缩计算的时间轴

2)《公路混规》附录 C.2 节规定了混凝土徐变系数随时间变化的计算方法，应从以下几个方面把握：

(1) $\phi(t,t_0)$、$\beta_c(t-t_0)$、$\beta(f_{cm})$ 等与高等数学中的 $f(x)$ 类似，都是表示函数。

(2) 收缩应变计算的时间轴如图 5.2-2 所示，相关参数释义如下：

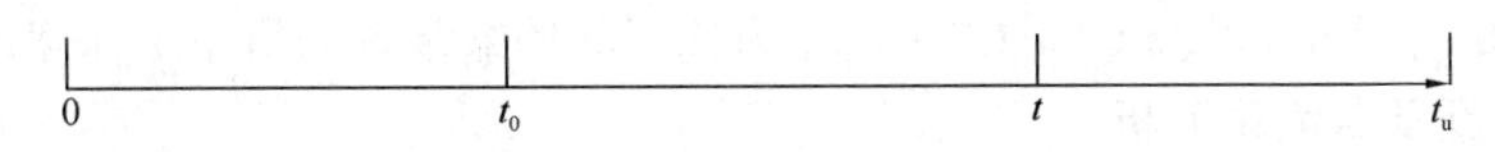


图 5.2-2　徐变计算的时间轴

$t_0$ ——加载时的混凝土龄期。

$t$ ——计算考虑时刻的混凝土龄期，可取时间轴上任一点。

$t_u$ ——徐变终了（完成 100%）的混凝土龄期。

$\phi_0(t,t_0)$ ——加载龄期为 $t_0$，计算考虑龄期为 $t$ 的徐变系数。

$\phi(t_u,t_0)$ ——伸缩装置安装完成时梁体混凝土龄期 $t_0$ 至徐变终了的混凝土龄期 $t_u$ 之间的混凝土徐变系数，可按附录 C 式（2.1-1）计算。需要注意的是，除上述计算公式外，$\phi(t_u,t_0)$ 可按附录 C 条文说明，根据加载龄期、理论厚度及年平均相对湿度，按表 C-2 近似取值（表中数值按 10 年延续期计算）。应注意表中数值单位为 $10^{-3}$，当混凝土强度等级为 C50 以上时，应按注 3 乘以修正系数。

(3) 名义徐变系数 $\phi_0$ 可用式（C.2.1-2）进行精确计算，其取值与混凝土强度等级有关。对强度等级为 C25～C50 的混凝土，也可按表 C.2.2 取值，可理解为简化的近似计算的结果。应注意表中数值单位为 $10^{-3}$，当混凝土强度等级为 C50 以上时，应按注 3 乘以修正系数。

（4）计算构件理论厚度时，对箱形截面梁，与大气接触周边长度包括箱形截面内表面。

3）伸缩缝指为适应材料胀缩变形对结构的影响、在桥跨结构的两端设置的间隙；伸缩装置指为使车辆平稳通过桥面并满足桥面变形的需要，在伸缩缝处设置的各种装置的总称。在设置伸缩装置处，栏杆、路缘石与桥面铺装都需要断开。

4）各因素引起的梁体伸缩量按《公路混规》8.8.2 条计算。其中，$l$ 为计算一个伸缩装置伸缩量所采用的梁体长度，应视梁体长度分段及支座布置情况确定，见图 5.2-3。

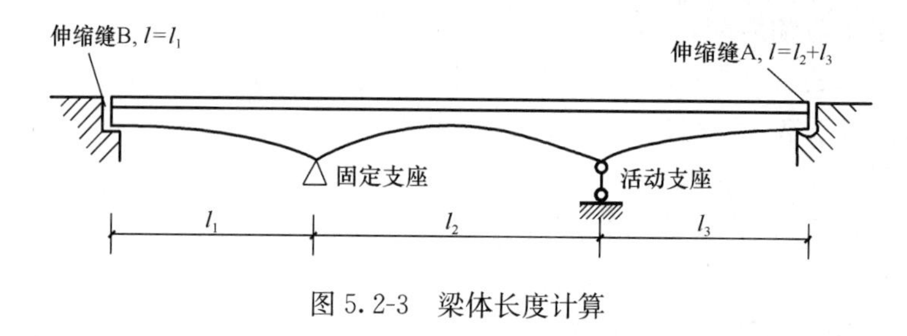


图 5.2-3　梁体长度计算

桥梁在气温变化时，桥面有膨胀或者收缩的纵向变形，车辆荷载也将引起梁端的转动和纵向位移。为使车辆平稳通过桥面并满足桥面变形，需要在桥面伸缩处设置一定的伸缩装置。伸缩装置多为定型成品，根据梁体的伸缩量选用伸缩装置的型号。伸缩量计算采用各项的绝对值之和，不是代数和。

其中，梁体伸长量对应伸缩装置的缩短量，记为闭口量 $C^+$；梁体缩短量对应伸缩装置的伸长量，记为开口量 $C^-$。根据《公路混规》8.8.3 条，伸缩装置的安装宽度（或出厂宽度），可在 $[B_{min}+(C-C^-)]$ 与 $(B_{min}+C^+)$ 两者中或者两者之间取用，其中 $C$ 为选用的伸缩装置的伸缩量，$C\geqslant C^++C^-$；$B_{min}$ 为选用的伸缩装置的最小工作宽度。

**3. 历年真题及自编题解析**

**【例 5.2.1】** 2021 下午 38 题

某高速公路上的立交匝道桥梁，在桥台处设置的桥面伸缩缝装置，拟采用模数式单缝，其伸缩范围介于 20～80mm 间，即总伸缩量为 60mm，最小工作宽度 20mm。经计算，混凝土收缩、徐变引起的梁体缩短量 $\Delta L_s+\Delta L_c=11.5$mm，汽车制动力引起的开口量与闭口量相等，即 $\Delta L_b^-=\Delta L_b^+=6.9$mm，伸缩装置伸缩量增大系数 $\beta=1.3$。

假定，伸缩装置安装时的温度为 25℃，在经历当地最高、最低有效气温时，温降引起的梁体缩短量最大值 $\Delta L_t^-=16$mm，温升引起的梁体伸长量最大值 $\Delta L_t^+=4.6$mm，不考虑地震等因素。试问，伸缩缝的安装宽度（或出厂宽度，mm），与下列何项数值最为接近？

（A）12　　（B）25　　（C）32　　（D）35

**【答案】**（D）

根据《公路混规》式（8.8.2-5），伸缩缝闭口量：

$$C^+=\beta(\Delta l_t^++\Delta l_b^+)=1.3(4.6+6.9)=14.95\text{mm}$$

根据《公路混规》式（8.8.2-6），伸缩缝开口量：

$$C^-=\beta(\Delta l_t^-+\Delta l_s^-+\Delta l_c^-+\Delta l_b^-)=1.3(16+11.5+6.9)=44.92\text{mm}$$

根据《公路混规》8.8.3 条：

$$[B_{\min}+(C-C^{-})]=20+(60-44.92)=35.08\text{mm}$$

$$B_{\min}+C^{+}=20+14.95=34.95\text{mm}$$

安装宽度在两者中或者两者间取用，选择（D）。

**【例 5.2.2】** 2016 下午 34 题

某公路上一座预应力混凝土连续箱形梁桥，采用满堂支架现浇工艺，总体布置如图 2016-34 所示，跨径布置为 70m＋100m＋70m，在连梁两端各设置伸缩装置一道（A 和 B）。梁体混凝土强度等级为 C50（硅酸盐水泥）。假定，桥址处年平均相对湿度（$RH$）为 75%，结构理论厚度 $h$=600mm，混凝土弹性模量 $E_c=3.45\times10^4$MPa，混凝土轴心抗压强度标准值 $f_{ck}$=32.4MPa，混凝土线膨胀系数为 $1.0\times10^{-5}$，预应力引起的箱梁截面重心处的法向平均压应力 $\sigma_{pc}$=9MPa，箱梁混凝土的平均加载龄期为 60d。试问，由混凝土徐变引起伸缩装置 A 处引起的梁体缩短值（mm），与下列何项数值最为接近？

**提示：** 徐变系数按《公路混规》附录 C 条文说明表 C-2 采用。

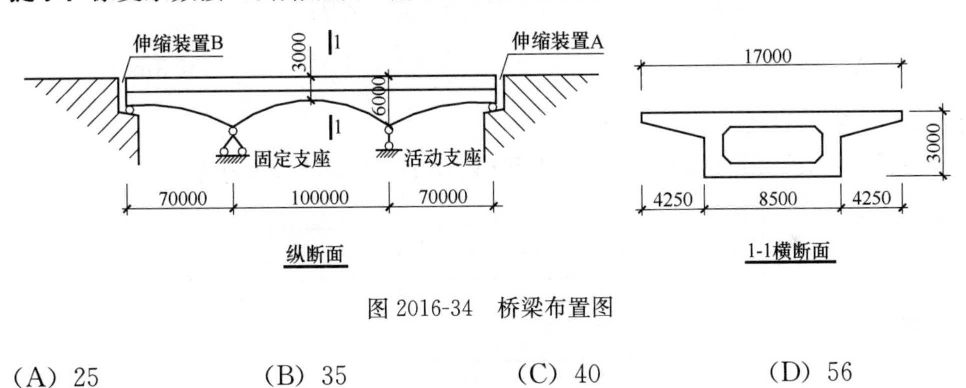


图 2016-34　桥梁布置图

(A) 25　　(B) 35　　(C) 40　　(D) 56

**【答案】**(D)

根据《公路混规》式（8.8.2-4），由混凝土徐变引起的梁体伸缩量为：

$$\Delta l_c^- = \frac{\sigma_{pc}}{E_c}\phi(t_u,t_0)l$$

查《公路混规》条文说明表 C-2，当相对湿度 75%，加载龄期 60d，结构理论厚度≥600mm 时，$\phi=1.25$。$E_c=3.45\times10^4$ MPa，$l=100\text{m}+70\text{m}=170\times10^3$ mm，$f_{ck}=32.4$MPa。则

$$\begin{aligned}\Delta l_c^- &= \frac{\sigma_{pc}}{E_c}\varphi(t_u,t_0)l\\ &= \frac{9}{3.45\times10^4}\times1.25\sqrt{\frac{32.4}{32.4}}\times170\times10^3\\ &= 0.2609\times10^{-3}\times1.25\times1.0\times170\times10^3\\ &= 55.44\text{mm}\approx56\text{mm}\end{aligned}$$

**【编著注】** 附录 C 条文说明中，表 C-1 及表 C-2 给出了混凝土收缩及徐变系数的终极值，表中数据按 10 年的延续期进行计算，计算时，表中 40%≤$RH$≤70%，取 $RH$=55%；70%<$RH$<99%，取 $RH$=80%，属于简化计算。

**【例 5.2.3】** 自编题

基本题干同例 5.2.2。试问，混凝土的龄期按 3650d 计算，混凝土徐变引起伸缩装置

A 处引起的梁体缩短值（mm），与下列何项数值最为接近？

(A) 25　　(B) 35　　(C) 40　　(D) 56

**【答案】**(D)

依据《公路混规》表 C.2.2，加载龄期 60d、$RH=75\%$、理论厚度 $h=600$mm 时，名义徐变系数为 $\phi_0=1.39$。

$$\beta_h = 150\left[1+\left(1.2\frac{RH}{RH_0}\right)^{18}\right]\frac{h}{h_0}+250$$

$$=150[1+(1.2\times0.75)^{18}]\times6+250=1285<1500$$

取 $\beta_h=1285$。

$$\beta_c(t-t_0)=\left(\frac{3650-60}{1285+3650-60}\right)^{0.3}=0.912$$

$$\phi(t_u,t_0)=\phi_0\cdot\beta_c(t-t_0)=1.39\times0.912=1.27$$

依据《公路混规》8.8.2 条 3 款，徐变引起的缩短量为：

$$\Delta l_c^-=\frac{\sigma_{pc}}{E_c}\phi(t_u,t_0)l=\frac{9}{3.45\times10^4}\times1.27\times170\times10^3=56.3\text{mm}$$

**【例 5.2.4】**自编题

某公路预应力连续箱形梁桥，C40 混凝土跨中截面如图 5.2-4 所示。

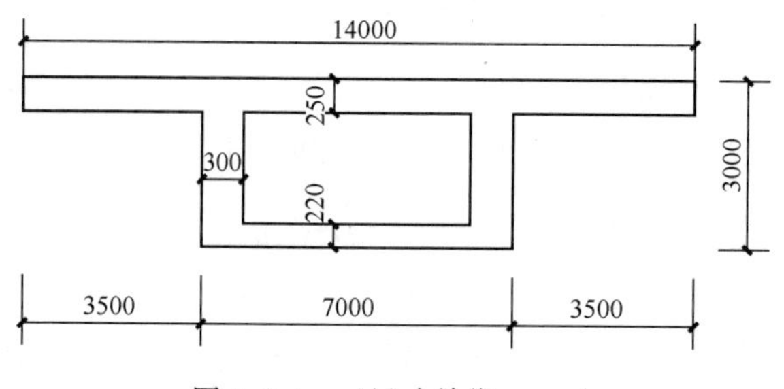


图 5.2-4　(尺寸单位：mm)

假定伸缩缝安装时的温度 $t_0$ 为 20℃，桥梁所在地区的最高有效温度值为 35℃，最低有效温度值为−10℃，大气湿度 $RH$ 为 55%，预应力引起的箱梁截面上的法向平均压应力 $\sigma_{pc}=7$MPa。箱梁混凝土的平均加载龄期为 60d。

试问，箱梁混凝土的徐变系数终极值，与下列何项数值最为接近？

**提示：**徐变系数按《公路混规》附录 C 的条文说明中表 C-2 采用。

(A) 1.90　　(B) 1.85　　(C) 1.76　　(D) 1.70

**【答案】**(B)

根据《公路混规》附录 C 条文说明中表 C-2 计算。

由题目图示，构件截面面积：

$$A=14\times0.25+7\times0.22+2\times0.3\times(3-0.25-0.22)=6.558\text{m}^2$$

构件与大气接触的周边长度：

$$u=2\times(14+3)+2\times(7-2\times0.3+3-0.25-0.22)=51.86\text{m}$$

构件理论厚度：

$$h=2A/u=2\times6.558/51.86=0.253\text{m}=253\text{mm}$$

加载龄期 60d，内插法取值：

$$\phi(t_u, t_0) = 1.78 + (1.91 - 1.78) \times (300 - 253)/(300 - 200) = 1.84$$

## 5.3 构造规定

**1. 主要的规范规定**

《公路混规》第 9 章：构造规定。

**2. 历年真题解析**

**【例 5.3.1】**2019 下午 35 题

某一级公路上一座直线预应力混凝土现浇连续箱梁桥，腹板布置预应力钢铰线 6 根，沿腹板竖向布置三排，沿腹板水平横向布置两列，采用外径为 90mm 的金属波纹管。试问，按后张预应力钢束布置构造要求，腹板的合理宽度（mm）与下列何项数值接近？

(A) 300　　(B) 310　　(C) 325　　(D) 335

**【答案】**(C)

根据《公路混规》9.1.1 条 2 款，保护层厚度最小为 $\frac{1}{2} \times 90 = 45\text{mm}$；

根据《公路混规》9.4.9 条，管道净距为 $\max(40, 0.6 \times 90) = 54\text{mm}$；

由几何关系，腹板宽度最小为 45＋90＋54＋90＋45＝324mm。

**【例 5.3.2】**2018 下午 36 题

某滨海地区的一条一级公路上，需要修建一座跨越海水滩涂的桥梁。桥梁宽度 38m，桥跨布置为 48m＋80m＋48m 的预应力混凝土连续箱梁，下部结构墩柱为钢筋混凝土构件。拟按下列原则进行设计：

① 主梁竖向腹板采用预应力钢筋，沿纵桥向布置间距为 1000mm。

② 主梁按钢铰线的 B 类预应力混凝土构件设计，最大裂缝宽度限值为 0.10mm。

③ 采用 C40 混凝土时，桥梁挠度长期增大系数为 1.60。

④ 桥梁墩柱混凝土强度等级采用 C30。

试问，以上设计原则何项不符合现行规范？

(A) ①②　　(B) ②③④　　(C) ①③④　　(D) ③④

**【答案】**(D)

① 根据《公路混规》9.4.1 条，预应力混凝土梁当设置竖向预应力钢筋时，其纵向间距宜为 500～1000mm。符合。

②符合《公路混规》表 6.4.2。

③ 根据《公路混规》6.5.3 条，挠度长期增大系数为 1.45。不符合。

④ 根据《公路混规》表 4.5.3，结构混凝土耐久性的基本要求，海水环境最低混凝土强度等级 C35。不符合。

**【例 5.3.3】**2014 下午 39 题

某一级公路上一座预应力混凝土桥梁中的一片预制空心板梁，预制板长 15.94m，宽 1.06m，厚 0.70m，其中两个通长的空心孔的直径各为 0.36m，设置 4 个吊环，每端各 2 个，吊环各距板端 0.37m。试问，该板梁吊环的设计吊力（kN），与下列何项数值最为

接近？

**提示：** 板梁动力系数采用1.2，自重为13.5kN/m。

(A) 65　　(B) 72　　(C) 86　　(D) 103

**【答案】**(C)

考虑动力系数后的总重力：

$$1.2\times13.5\times15.94=258.2\text{kN}$$

根据《公路混规》9.8.2条，当一个构件设有4个吊环时，设计时仅考虑3个吊环同时发挥作用。即

$$N_{\text{A}}=\frac{13.5\times15.94\times1.2}{3}=86\text{kN}$$

**【编著注】**《混规》9.7.6条条文说明指出，由于规定吊环应力限值时已经考虑，计算吊环的受力不考虑动力系数。而《公路混规》无相关规定。吊环的计算属于短暂状况的应力计算，依据《公路混规》7.2.2条，应乘以动力系数。

# 6 《城市桥规》

**1. 主要的规范规定**

1）《城市桥规》1.0.2 条：规范适用范围。

2）《城市桥规》3.0.2 条：桥梁按总长或跨径分类。

3）《城市桥规》3.0.8 条、3.0.9 条：桥梁结构的设计基准期及使用年限。

4）《城市桥规》3.0.14 条：桥梁设计安全等级。

5）《城市桥规》3.0.15 条：桥梁结构构件设计的规定。

6）《城市桥规》3.0.19 条：管线敷设要求。

7）《城市桥规》5.0.1 条：人行道宽度要求。

8）《城市桥规》6.0.7 条：防护栏及路缘石设置要求。

9）《城市桥规》8.1.4 条：安全带宽度要求。

10）《城市桥规》第 10 章：桥梁上的作用。

**2. 对规范规定的理解**

1）现行《城市桥规》为 2019 版，适用于城市道路上新建永久性桥梁和地下通道的设计，也适用于镇（乡）村道路上新建永久性桥梁和地下通道的设计。注册考试时，若题干出现“城市桥梁”关键词，非抗震设计时可考虑用《城市桥规》作答。考生可将规范各章节的专有名词，标注在规范目录上，如第 6 章“桥梁的平面、纵断面和横断面设计”，条文涉及的专有名词包括“桥梁最小纵坡”“检修道宽度”“路缘石高”“横坡坡度”，考试时根据题干关键词查找相应章节条文要求。

2）和《公桥通规》表 4.1.5-1 类似，《城市桥规》3.0.14 条给出了桥梁设计的安全等级。不同的是，《城市桥规》的结构类别还涵盖了挡土墙、防撞护栏构件。其中，“重要”的小桥、挡土墙系指城市快速路、主干路及交通特别繁忙的城市次干路上的桥梁、挡土墙。

3）城市桥梁上的作用，按《城市桥规》第 10 章执行，其注意点包括：

（1）除可变荷载中的汽车荷载与人群荷载外，作用与作用效应组合均按《公桥通规》执行。

（2）汽车荷载应分为城-A 级和城-B 级两个等级，应根据城市道路等级，按《城市桥规》表 10.0.3 选用相应的设计汽车荷载等级，且应考虑第 1～3 款的调整。

（3）车道荷载的计算，城-A 级相当于《公桥通规》的公路-Ⅰ级；城-B 级相当于《公桥通规》的公路-Ⅱ级。

（4）车辆荷载的计算，城-A 级的车辆荷载的立面、平面、横向布置、车辆着地尺寸、荷载值均应按《城市桥规》图 10.0.2-2 及表 10.0.2 执行；城-B 级采用《公桥通规》的车辆荷载的立面、平面、横向布置、车辆着地尺寸及荷载值。

（5）城市桥梁人群荷载按《城市桥规》10.0.5 条执行。

(6) 确定了城市桥梁的作用后，根据《城市桥规》3.0.15 条规定，“桥梁结构构件的设计应符合国家现行有关标准的规定”。梁桥及行车道板的相关计算方法，可按本书第 3 章“《公桥通规》+《公路混规》：梁桥及行车道板的计算”中的相关内容执行。

**3. 历年真题解析**

**【例 6.0.1】** 2018 下午 33 题

城市中某主干路上的一座桥梁，设计车速 60km/h，一侧设置人行道，另一侧设置防撞护栏，采用 3×40m 连续箱梁桥结构型式。桥址处地震基本烈度 8 度。该桥拟按照如下原则进行设计：

① 桥梁结构的设计基准期 100 年。

② 桥梁结构的设计使用年限 50 年。

③ 汽车荷载等级为城-A 级。

④ 人行道扶手上的竖向荷载为 1.0kN/m。

⑤ 地震动峰值加速度 0.15$g$。

⑥ 污水管线在人行道内随桥敷设。

试问，以上设计原则何项不符合现行规范？

(A) ① ② ④ ⑥　　(B) ② ③ ④ ⑥　　(C) ② ④ ⑤ ⑥　　(D) ② ③ ④ ⑤

**【答案】**(C)

① 根据《城市桥规》3.0.8 条，桥梁结构的设计基准期应为 100 年。符合。

② 根据《城市桥规》3.0.2 条，该桥属于大桥。按 3.0.9 条规定，桥梁结构的设计使用年限应为 100 年。不符合。

③ 根据《城市桥规》10.0.3 条，城市主干路桥梁设计汽车荷载等级应采用城-A 级。符合。

④ 根据《城市桥规》10.0.7 条，人行道扶手上的竖向荷载为 1.2kN/m。不符合。

⑤ 根据《城桥抗规》1.0.3 条，地震基本烈度 8 度，地震动峰值加速度取 0.20$g$ 或 0.30$g$。不符合。

⑥ 根据《城市桥规》3.0.19 条，不得在桥上敷设污水管、压力大于 0.4MPa 的燃气管和其他可燃、有毒或腐蚀性的液、气管。不符合。

**【例 6.0.2】** 2014 下午 40 题

某城市一座主干路上的跨河桥，为五孔单跨各为 25m 的预应力混凝土小箱梁（先简支后连续）结构，全长 125.8m，横向由 24m 宽的行车道和两侧各为 3.0m 的人行道组成，全宽 30.5m。桥面单向纵坡 1%；横坡：行车道 1.5%，人行道 1.0%。试问，该桥每孔桥面要设置泄水管时，下列泄水管截面积 $F$ (mm$^2$) 和个数 ($n$)，哪项数值较为合理？

**提示：** 每个泄水管的内径采用 $\phi$150mm。

(A) $F=75000$，$n=4.0$　　(B) $F=45000$，$n=2.0$

(C) $F=18750$，$n=1.0$　　(D) $F=0$，$n=0$

**【答案】**(A)

根据《城市桥规》9.2.3 条 4 款，当桥面纵坡小于 1%时，桥面泄水管的截面积不宜小于 100mm$^2$/m$^2$。

$$F=25\times30\times100=75000\text{mm}^2$$

$$n=\frac{75000}{\frac{1}{4}\times\pi\times150^2}=4.24$$

**【例 6.0.3】**2013 下午 33 题

某城市快速路上的一座立交匝道桥，其中一段为四孔各 30m 的简支梁桥，单向双车道，桥梁总宽 9.0m，其中行车道净宽为 8.0m。该桥主梁的计算跨径为 29.4m，冲击系数的 $\mu$=0.25。试问，该桥主梁支点截面在城-A 级汽车荷载作用下的剪力标准值（kN），与下列何项数值最为接近？

**提示：**不考虑活荷载横向不均匀因素。

（A）620　　（B）990　　（C）1090　　（D）1350

**【答案】**（D）

根据《城市桥规》10.0.2 条，主梁截面剪力效应采用车道荷载，并计及汽车的冲击作用。

$$P_k=270+\frac{29.4-5}{50-5}\times(360-270)=318.8\text{kN}$$

$$q_k=10.5\text{kN/m}$$

$\mu$=0.25，集中荷载的剪力增大系数为 1.2，则

$$V=(1+0.25)\times[(1.2\times318.8+29.4/2\times10.5)\times2]=1342\text{kN}$$

**【编者注】**由于梁长与计算跨度有差别，命题组给出的解答，按图 2013-33 影响线计算均布荷载下的剪力标准值：

$$V=\left[\left(\frac{1}{2}\times10.5\times29.7\times\frac{29.7}{29.4}+1.2\times318.8\right)\times(1+0.25)\right]\times2=1350\text{kN}$$

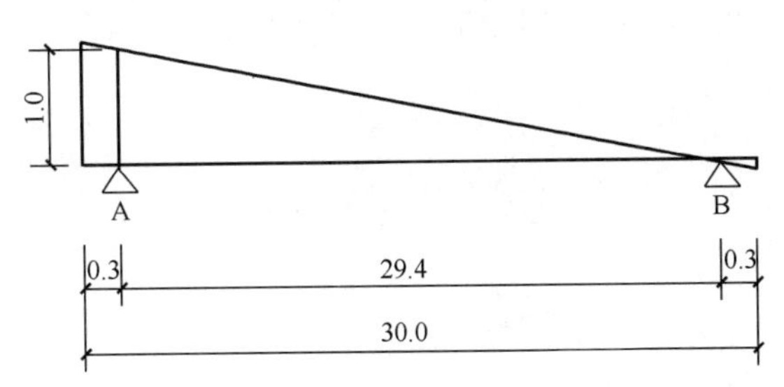


图 2013-33　命题组给出的剪力影响线

**【例 6.0.4】**2013 下午 35 题

某城市快速路上的一座立交匝道桥，其中一段为四孔各 30m 的简支梁桥，其横断面如图 2013-35 所示。

试问，当城-A 级车辆荷载的最重轴（4 号轴）作用在该桥箱梁悬臂板允许的最外侧时，其垂直于悬臂板跨径方向的车轮荷载分布宽度（m），与下列何项数值最为接近？

（A）0.55　　（B）3.45　　（C）4.65　　（D）4.80

**【答案】**（B）

由《城市桥规》10.0.2 条 4 款知，计算箱梁悬臂板上的车辆荷载，其布置如图 6.0-1 所示。

根据《公路混规》4.2.5 条，垂直于悬臂板跨径方向的车轮荷载分布宽度，可按式

(4.2.5) 计算，即

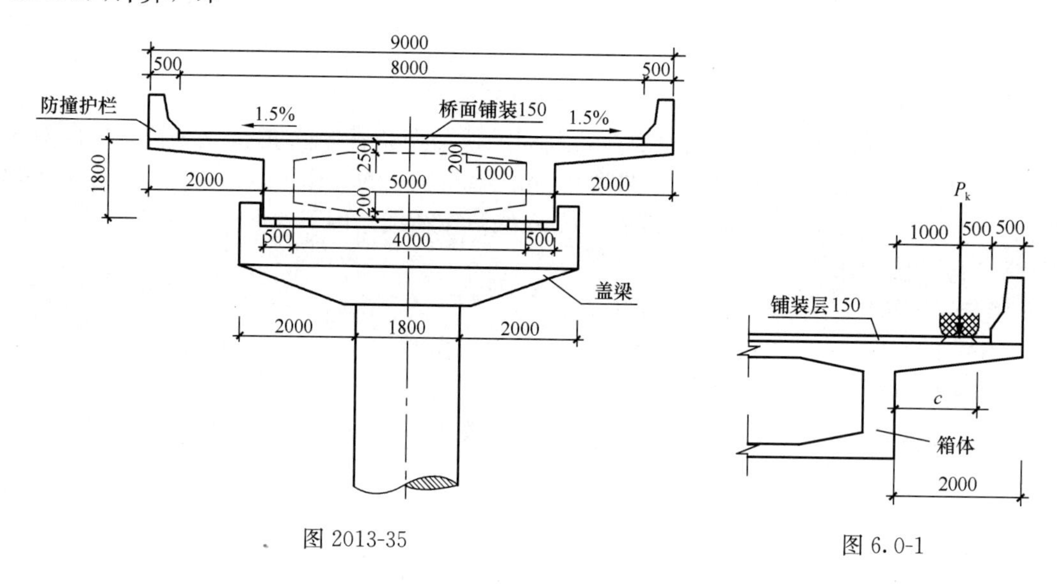


图 2013-35

图 6.0-1

$$a=(a_1+2h)+2c$$

式中，桥面铺装厚度 $h$=0.15m。

由《城市桥规》10.0.2 条及表 10.0.2 知，车辆 4 号轴的车轮的横桥面着地宽度 $b_1$ 为 0.6m，纵桥向着地长度 $a_1$ 为 0.25m。所以相应轴横桥向的 $c$ 为：

$$c=1+0.6/2+0.15=1.45\text{m}$$

对于车辆 4 号轴，纵桥向荷载分布宽度为：

$$a=(0.25+2\times0.15)+2\times1.45=0.55+2.9=3.45\text{m}<6.0\text{m 或 }7.2\text{m}$$

# 7 桥梁抗震设计

## 7.1 《城桥抗规》

**1. 主要的规范规定**

1）《城桥抗规》第 3 章：基本要求。

2）《城桥抗规》4.1.7 条：工程场地类别划分。

3）《城桥抗规》第 5 章：地震作用。

4）《城桥抗规》第 6.1 节：一般规定。

5）《城桥抗规》6.5.2 条：简支梁桥抗震简化计算。

6）《城桥抗规》第 8.1 节：墩柱结构构造。

7）《城桥抗规》第 11 章：抗震措施。

**2. 对规范规定的理解**

1）现行《城桥抗规》为 2011 版，适用于地震基本烈度 6、7、8 和 9 度地区的城市梁式桥和跨度不超过 150m 的拱桥。注册考试时，若题干出现"城市桥梁""烈度""抗震"等关键词，可考虑用《城桥抗规》作答。

2）《城桥抗规》3.3 节条文说明中的 4 个流程图，明确了桥梁抗震设计的方法，总结了规范各章节、条文之间的联系，应重点关注。

3）桥梁结构采用两阶段设防、两阶段设计。其中，工程场地重现期较短的地震作用 E1，对应于第一级设防水准。工程场地重现期较长的地震作用 E2，对应于第二级设防水准。甲类桥梁的地震峰值加速度按地震安全性评价确定；其他类别桥梁的水平地震峰值加速度，按《城桥抗规》表 1.0.3 中的数值，乘以表 3.2.2 中 E1 和 E2 的地震调整系数 $C_i$ 得到。如 8 度 $0.20g$，抗震设防类别为乙类时，E1 水平地震峰值加速度取为：$0.20g\times0.61=0.122g$，约为 $122\text{cm/s}^2$；E2 水平地震峰值加速度取为：$0.20g\times2=0.4g$，约为 $400\text{cm/s}^2$。根据 3.2.2 条条文说明，乙类桥梁，E1 地震作用相当于《抗规》多遇地震的 1.7 倍，E2 地震作用相当于《抗规》的罕遇地震，即：$122\approx70\times1.7$ 及 $400=400$，上述等式右边数据来自《抗规》表 5.1.2-2。

4）《城桥抗规》2.1.15 条，能力保护设计方法，指的是为保证在预期地震作用下，桥梁结构中的能力保护构件在弹性范围工作，其抗弯能力应高于塑性铰区抗弯能力的设计方法。类似《抗规》的强柱弱梁概念，保证在小震作用下，柱子在弹性范围工作，其抗弯能力高于先出现塑性铰的梁的抗弯能力。

对采用 A 类抗震设计方法的桥梁，可采用的抗震体系有两种，具体见《城桥抗规》3.4.2 条。对采用抗震体系为类型 I 的桥梁，其盖梁、基础、支座和墩柱抗剪的内力值应按能力保护设计方法计算，根据墩柱塑性铰区的超强弯矩确定。采用能力保护设计方法，应考虑以下几方面：

（1）塑性铰的位置一般选择出现在墩柱上。墩柱作为延性构件设计，可以发生弹塑性变形，耗散地震能量。

（2）墩柱的设计剪力值按能力设计方法计算，应为柱的极限弯矩（考虑超强系数）所对应的剪力。在计算剪力设计值时应考虑所有塑性铰位置以确定最大的设计剪力。

（3）盖梁、节点及基础按能力保护构件设计，其设计弯矩、设计剪力和设计轴力应为与柱的极限弯矩（考虑超强系数）所对应的弯矩、剪力和轴力；在计算盖梁、节点和基础的设计弯矩、设计剪力和轴力值时，应考虑所有塑性铰位置以确定最大的设计弯矩、剪力和轴力。

根据《城桥抗规》6.2.2 条，在 E2 地震作用下，如结构未进入塑性，桥梁墩柱的剪力设计值，桥梁盖梁、基础和支座的内力设计值可采用 E2 地震作用的计算结果。

5）抗震构造措施可以起到有效减轻震害的作用，而其耗费的工程代价往往较低，因此，《城桥抗规》3.1.4 条对抗震构造措施提出了更高及更细致的要求。一般情况下，甲、乙、丙类桥梁抗震措施，当地震基本烈度为 6、7、8 度时，应分别符合 7、8、9 度的要求；当地震基本烈度为 9 度时，应符合比 9 度更高的要求。丁类桥梁抗震措施应符合本地区地震基本烈度要求。桥梁的抗震措施要求见《城桥抗规》第 11 章。

6）《城桥抗规》3.5.1 条对一联内桥墩的刚度比给出了限值要求，其中，桥墩考虑支座计算出的组合刚度，可按本书 8.2 节的相关方法计算。

7）一般城市桥梁的主要抗震设计流程：

（1）结合《城桥抗规》3.5 节抗震概念设计原则，确定结构参数。

（2）根据桥梁类型，按《城桥抗规》表 3.1.1，分为甲、乙、丙、丁四类。

（3）甲类桥梁按《城桥抗规》第 10 章原则设计，其他桥梁根据抗震设防类别及基本烈度，按《城桥抗规》表 3.3.3 分别采用 A、B、C 三类设计方法。其中，A 类应进行 E1、E2 地震作用下的抗震分析验算；B 类应进行 E1 地震作用下的抗震分析验算；C 类无须进行抗震分析及验算。

（4）根据《城桥抗规》6.1.2 条判断桥梁的规则性，并按 6.1.3 条选择桥梁的抗震分析计算方法。

（5）根据《城桥抗规》3.2.2 条确定 E1、E2 的水平向地震加速度峰值。采用反应谱分析时，根据 5.2 节确定设计加速度反应谱。

（6）进行反应谱分析（《城桥抗规》6.3 节）或时程分析（《城桥抗规》6.4 节），简支规则桥梁尚可采用《城桥抗规》6.5.2 条的简化方法计算。当采用反应谱法时，考虑三个正交方向的最大地震作用效应按式（5.1.2）确定。

（7）按《城桥抗规》7.2 节进行构件在 E1 地震作用下的抗震验算；按《城桥抗规》6.2 节、7.3 节、7.4 节进行 A 类桥梁（能力保护）构件在 E2 地震作用下的抗震计算。

（8）按《城桥抗规》第 8 章进行抗震构造细节设计。

（9）按《城桥抗规》3.1.4 条及 11 章，采取相应的抗震构造措施。

**3. 历年真题及自编题解析**

**【例 7.1.1】** 2019 下午 33 题

某城市主干路上的一座桥梁，跨径布置为 3×30m。桥区地震环境和场地类别属Ⅲ类，分区为 2 区。地震基本烈度为 7 度，地震动峰值加速度为 0.15$g$，属抗震分析规则桥梁，结构水平向低阶自振周期为 1.1s，结构阻尼比为 0.05。试问，该桥在 E2 地震作用下，水平向设计加速度反应谱谱值 $S$，与下列何项数值最为接近？

(A) 0.18$g$ (B) 0.37$g$ (C) 0.40$g$ (D) 0.51$g$

**【答案】**(B)

根据《城桥抗规》3.1.1 条，桥梁位于城市主干路，抗震设防分类为丙类。

根据《城桥抗规》1.0.3 条及表 3.2.2：

$$A = 2.05 \times 0.15g = 0.3075g$$

根据《城桥抗规》式 (5.2.1-2)：

$$S_{max} = 2.25A = 2.25 \times 0.3075g = 0.6919g$$

查表 5.2.1，7 度，Ⅲ类场地，分区为 2 区，$T_g = 0.55$，$T_g < T = 1.1s < 5T_g$。

根据《城桥抗规》式 (5.2.1-2)：

$$S = \eta_2 S_{max}\left(\frac{T_g}{T}\right)^{\gamma} = 1 \times 0.6919g \times \left(\frac{0.55}{1.1}\right)^{0.9} = 0.371g$$

**【例 7.1.2】**2019 下午 33 题

某城市主干路上一座跨线桥，跨径组合为 30m+40m+30m 预应力混凝土连续箱梁桥，桥梁位于 7 度区，0.15$g$。假定在确定设计标准时，以下有几条符合规范？

① 桥梁设防分类为丙类，地震标准为：E1 地震作用下，震后可立即使用，结构总体反应在弹性范围内，基本无损伤；E2 地震作用下，震后经抢修可恢复使用，永久性修复后恢复正常运营功能，桥梁结构有限损伤。

② 桥梁抗震措施采用符合本地区地震基本烈度要求。

③ 地震调整系数，$C_i$ 值在 E1 和 E2 地震作用下分别取 0.46，2.2。

④ 抗震设计方法分类采用 A 类进行 E1 和 E2 地震作用下的抗震分析和验算。

(A) 1 (B) 2 (C) 3 (D) 4

**【答案】**(A)

根据《城桥抗规》3.1.1 条，设防分类为丙类。根据《公桥通规》1.0.5 条，桥梁为大桥。

根据《城桥抗规》3.1.2 条，可知①不符合；

根据《城桥抗规》3.1.4 条，可知②不符合；

根据《城桥抗规》表 3.2.2，可知③不符合；

根据《城桥抗规》3.3.2 条，可知④符合。

**【例 7.1.3】**2014 下午 35 题

某大城市位于 7 度地震区，市内道路上有一座 5 孔各 16m 的永久性桥梁，全长 80.6m，全宽 19m。上部结构为简支预应力混凝土空心板结构，计算跨径 15.5m；中墩为两跨双悬臂钢筋混凝土矩形盖梁，三根 $\phi$1.1m 的圆柱；伸缩缝宽度均为 80mm；每片板梁两端各置两块氯丁橡胶板式支座，支座平面尺寸为 200mm（顺桥向）×250mm（横桥向），支点中心距墩中心的距离为 250mm（含伸缩缝宽度）。试问，根据现行桥规的构造要求，该桥中墩盖梁的最小设计宽度（mm），与下列何项数值最为接近？

(A) 1640 (B) 1390 (C) 1200 (D) 1000

**【答案】**(A)

《城桥抗规》11.3.2条规定，简支梁端至中墩盖梁边缘应有一定的距离，其最小值 $a$ (cm)按下式计算：

$$a \geqslant 70+0.5L=70+0.5\times 15.5=77.75\text{cm}$$

中墩盖梁的最小设计宽度为：

$$B_{中}=2a+b_0\text{（伸缩缝宽度）}=2\times 77.5+80=1635\text{mm}$$

**【例 7.1.4】**2014 下午 38 题

某城市主干路的一座单跨 30m 的梁桥，可通行双向两列车，其抗震基本烈度为 7 度，地震动峰值加速度为 0.15$g$。试问，该桥的抗震措施等级应采用下列何项等级?

(A) 6 度　(B) 7 度　(C) 8 度　(D) 9 度

**【答案】**(C)

根据《城桥抗规》表 3.1.1，主干路上的桥梁抗震设防分类为丙类。

根据《城桥抗规》3.1.4 条 2 款知，7 度地震区的丙类桥梁抗震措施，应提高一度，即 8 度。

**【例 7.1.5】**2013 下午 37 题

某城市快速路上的一座立交匝道桥，其中一段为四孔各 30m 的简支梁桥。单向双车道，桥梁总宽 9.0m，其中行车道净宽度为 8.0m。上部结构采用预应力混凝土箱梁（桥面连续），桥墩由扩大基础上的钢筋混凝土圆柱墩身及带悬臂的盖梁组成。设计荷载为城-A 级。

该桥桥址处地震动峰值加速度为 0.15$g$（相当抗震设防烈度 7 度）。试问，该桥应选用下列何类抗震设计方法?

(A) A 类　(B) B 类　(C) C 类　(D) D 类

**【答案】**(A)

根据《城桥抗规》表 3.1.1，本桥位于城市快速路上，其抗震设防分类应为乙类，又据上述规范表 3.3.3 规定，位于 7 度地震区的乙类桥梁应选用 A 类抗震设计方法。

**【例 7.1.6】**2013 下午 38 题

某城市快速路上的一座立交匝道桥，其中一段为四孔各 30m 的简支梁桥。该桥的中墩为单柱 T 形墩，墩柱为圆形截面，其直径为 1.8m，墩顶设有支座，墩柱高度 $H=14$m，位于 7 度地震区。试问，在进行抗震构造设计时，该墩柱塑性铰区域内箍筋加密区的最小长度（m），与下列何项数值最为接近?

(A) 1.80　(B) 2.35　(C) 2.50　(D) 2.80

**【答案】**(D)

根据《城桥抗规》8.1.1 条 1 款，由于墩柱高度与弯曲方面边长之比为 $14/1.8=7.78>2.5$，加密区的长度不应小于墩柱弯曲方向截面边长或墩柱上弯矩超过最大弯矩 80%的范围。

该中墩为墩顶设有支座的单柱墩，在纵桥向或横桥向水平地震作用下，其潜在塑性铰区域均在墩柱底部，当地震水平作用于墩柱时，最大弯矩 $M_{max}$ 在柱根截面，相应 $0.8M_{max}$ 的截面在距柱根截面 $0.2H$ 处，即 $h=0.2H=0.2\times 14=2.80$m，该值大于墩柱直径；另其墩柱高度与弯曲方向边长之比为 $7.78>2.5$。

所以箍筋加密区最小长度应为 2.80m，即正确答案为（D）。

**【例 7.1.7】**自编题

某高速公路上的一座立交匝道桥，其中一联的总体布置如图 7.1-1 所示。

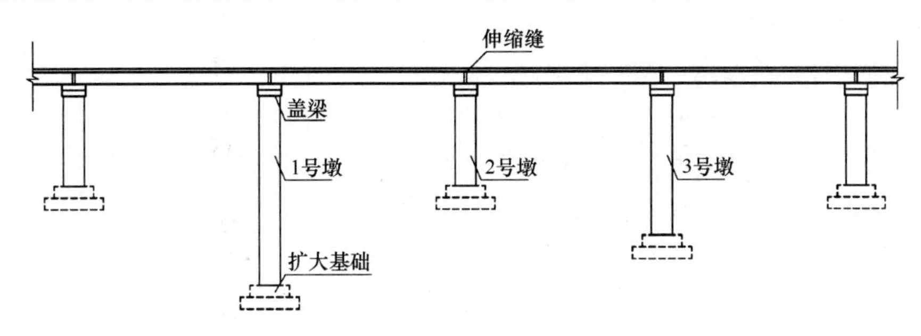


图 7.1-1

已知每个墩顶盖梁处均设置 4 个普通板式橡胶支座，其尺寸均为 600mm×500mm×90mm，一个支座抗推刚度 $K_{支}=4500$kN/m。墩柱 1、墩柱 2、墩柱 3 的抗推刚度分别为 $K_{柱1}=20000$kN/m，$K_{柱2}=50000$kN/m，$K_{柱3}=35000$kN/m。桥面等宽，试问，对该联内桥墩的刚度比进行验算时，桥墩刚度比与规范限值的最小比值，与下列何项数值最为接近？

**提示：**该联桥梁仅验算 1～3 号墩柱间的刚度比。

（A）0.53　　（B）0.80　　（C）0.95　　（D）1.40

**【答案】**（C）

根据《城桥抗规》3.5.3 条条文说明，串联刚度计算如下：

1 号墩：

$$K_1=\frac{4K_{支}\cdot K_{墩1}}{4K_{支}+K_{墩1}}=\frac{4\times4500\times20000}{4\times4500+20000}=9474\text{kN/m}$$

2 号墩：

$$K_2=\frac{4K_{支}\cdot K_{墩2}}{4K_{支}+K_{墩2}}=\frac{4\times4500\times50000}{4\times4500+50000}=13235\text{kN/m}$$

3 号墩：

$$K_3=\frac{4K_{支}\cdot K_{墩3}}{4K_{支}+K_{墩3}}=\frac{4\times4500\times35000}{4\times4500+35000}=11887\text{kN/m}$$

根据式（3.5.1-1）、式（3.5.1-3），有：

$$\frac{K_1}{0.5K_3}=\frac{9474}{0.5\times11887}=1.60$$

$$\frac{K_1}{0.75K_2}=\frac{9474}{0.75\times13235}=0.95$$

$$\frac{K_3}{0.75K_2}=\frac{11887}{0.75\times13235}=1.20$$

## 7.2　《公桥抗规》

**1. 主要的规范规定**

1)《公桥抗规》第 3 章：基本要求。

2)《公桥抗规》4.1.9 条：工程场地类别划分。

3)《公桥抗规》4.4.1 条：桩基础承载力调整系数。

4)《公桥抗规》第 5.1 节：地震作用一般规定。

5)《公桥抗规》第 5.2 节：设计加速度反应谱。

6)《公桥抗规》第 6.1 节：抗震分析的一般规定。

7)《公桥抗规》6.7.1 条～6.7.4 条：能力保护构件计算。

8)《公桥抗规》7.3.4 条：墩柱塑性铰区域斜截面抗剪计算。

9)《公桥抗规》第 7.5 节：支座抗震计算。

10)《公桥抗规》第 8.2 节：墩柱构造细节设计。

11)《公桥抗规》第 11 章：抗震措施。

**2. 对规范规定的理解**

1)《公路桥梁抗震设计规范》JTG/T 2231-01—2020，即本书所称《公桥抗规》，作为公路工程行业推荐性标准，自 2020 年 9 月 1 日起执行，原《公路桥梁抗震设计细则》JTG/T B02-01—2008 同时废止，注册考试以《公桥抗规》为考试参考规范。

2)《公桥抗规》适用于单跨跨径不超过 150m 的圬工或混凝土拱桥、下部结构为混凝土结构的梁桥的抗震设计。注册考试时，若题干出现“公路桥梁”“烈度”“抗震”等关键词，可考虑用《公桥抗规》作答，需要重点掌握的条文内容见“1. 主要的规范规定”。

3)《公桥抗规》前言列举了本次规范主要修订的 14 项内容，其中注册考试应重点关注的包括：

(1) 增加了桥梁结构抗震体系的内容（3.4 节），细化了抗震概念设计的内容（3.5 节）；

(2) 对桩基础验算和承载能力调整系数进行了修订（4.4.1 条）；

(3) 对设计加速度反应谱进行了修订（5.2 节）；

(4) 扩大了线弹性分析方法的适用范围（3.3 节）；

(5) 修改了规则桥梁抗震设计方法（6.6 节）；

(6) 修改了墩柱塑性铰区域抗剪计算公式（6.7.4 条、7.3.4 条）；

(7) 扩大了线弹性分析方法的适用范围（3.3 节）；

(8) 修改了墩梁搭接长度计算公式（11 章）；

(9) 引入“抗震构造措施等级”的新概念（3.1.3 条）。

4) 现将主要条文的注意点列举如下：

(1) 公路桥梁的抗震设防类别按《公桥抗规》3.1.1 条确定；非抗震设计时，其设计安全等级按《公桥通规》4.1.5 条确定。其中，桥梁的分类按《公桥通规》1.0.5 条确定。

(2)《公桥抗规》3.1.2 条规定，A 类、B 类和 C 类桥梁应采用两水准抗震设防，D 类桥梁可采用一水准抗震设防。而《城桥抗规》3.1.2 条中，抗震设防类别为丁类的桥梁，也是采用两水准设防。

(3)《公桥抗规》3.1.3 条规定，根据桥梁的设防烈度及设防类别，确定桥梁的抗震措施等级。桥梁的抗震等级分为一、二、三、四共 4 个等级，其要求逐级增加，此点与《抗规》不同，各等级抗震措施的具体规定见第 11 章。而《城桥抗规》3.1.4 条中，采用（调整后）的烈度，确定抗震构造的要求。

(4)《公桥抗规》3.3.1 条规定，根据桥梁的设防烈度及设防类别，桥梁的抗震设计方法可分为 1、2、3 三种类别，分别与《城桥抗规》3.3.2 条中的 A、B、C 类一一对应。而桥梁的抗震设计方法选用，《公桥抗规》3.3.2 条的规定与《城桥抗规》3.3.3 条不同，注册考试时应注意区分。对于圬工拱桥、重力式桥墩和桥台的设计方法，可选 2 类。

(5)《公桥抗规》3.5.3 条对梁式桥一联内桥墩的刚度比给出了限值要求，与《城桥抗规》3.5.1 条不同，对桥面变宽的情况，分别给出了上、下限值要求。其中，桥墩考虑支座计算出的组合刚度，可按本书 8.2 节的相关方法计算。

(6)《公桥抗规》5.1.2 条对需要同时考虑水平向和竖向地震作用的情况做出了规定，应注意与《城桥抗规》5.1.1 条的区别。

(7)《公桥抗规》5.2 节，设计加速度反应谱的相关内容，为与《中国地震动参数区划图》GB 18306—2015 协调，进行了修订，主要包括动力系数由 2.25 修改为 2.5（式 5.2.2)、按场地类别调整设计反应谱加速度最大值（表 5.2.2-1 及表 5.2.2-2)。应注意，无论是水平向设计加速度反应谱还是竖向设计加速度反应谱，均可按式（5.2.1）计算，其中：

① 在确定特征周期 $T_g$ 时，应根据桥梁工程所在地区，按《中国地震动参数区划图》GB 18306—2015 查取后，根据场地类别进行调整，水平向、竖向分量的特征周期应分别按《公桥抗规》表 5.2.3-1、表 5.2.3-2 取值。

② 在确定桥梁抗震重要性系数 $C_i$ 时，应根据《公桥通规》1.0.5 条确定桥梁分类，再根据《公桥抗规》3.1.1 条确定设防类别，最终按表 3.1.3-2 取值。应注意表格注：高速公路和一级公路上的 B 类大桥、特大桥，其抗震重要性系数取 B 类括号内的值。

③ 在确定场地系数 $C_s$ 时，应根据设防烈度和场地类别，按水平向、竖向，分别按《公桥抗规》表 5.2.2-1、表 5.2.2-2 取值。

④ 除专门规定外，结构的阻尼比取 0.05（根据 6.2.2 条，钢结构的阻尼比取 0.03)，按式（5.2.4）算出的阻尼调整系数 $C_d$ 取 1.0。当阻尼比不为 0.05 时，计算出来的阻尼调整系数小于 0.55 时，取 0.55。

(8)《公桥抗规》6.7.1 条～6.7.4 条给出了能力保护构件计算的基本原则及方法，7.3.4 条给出了墩柱塑性铰区域斜截面抗剪强度的计算公式，应重点掌握。

(9)《公桥抗规》7.5.1 条给出了板式橡胶支座的厚度及抗滑稳定性抗震计算方法；7.5.2 条给出了盆式支座和球形支座的抗震验算方法。其中，支座在顺桥向和横桥向所受地震水平力可分别直接取《公桥抗规》6.7.4 条和 6.7.5 条计算出的各墩柱沿顺桥向和横桥向剪力值。

(10)《公桥抗规》8.2 节给出了墩柱构造细节设计要求，与《城桥抗规》8.1 节内容略有区别，注册考试时应注意题干要求，使用正确的规范作答。

(11)《公桥抗规》第 11 章的抗震措施是考试重点，本次修订，综合考虑桥梁墩高和梁长，给出了梁式桥上部结构搭接长度计算公式（式 11.2.1），该公式适用于简支梁、连续梁等结构形式。应注意，公式右侧各参数的单位为 m，其最终计算结果单位为 cm。式中 $L_k$ 取一联上部结构的最大单孔跨径，“联”的概念见本书 8.2 节。

公式（11.2.1）中，规范规定：$H$ 指支承一联上部结构桥墩的平均高度，桥台的高度取值为 0。此处理解如下：对于一联两端是桥台的情况，桥墩的平均高度，不含桥台。由于“柱式桥台”在实际设计中与桥墩相似，为避免引起歧义，规范后半句补充了“桥台高度为 0”的文字。若一联两端是过渡墩（非桥台），应该含过渡墩，实际工作中，直接取一联中的最大墩高，这样做偏保守。

**3. 历年真题解析**

**【例 7.2.1】** 2021 下午 39 题

某高速公路上的立交匝道桥梁，基本地震动峰值加速度为 0.15$g$。某桥墩设置 6 块矩形板式橡胶支座。每块支座规格相同，即 350mm×550mm×84mm（纵桥向×横桥向×总厚度），其橡胶层厚度总计 60mm，一块支座的纵桥向抗推刚度 $K_{支}$=3850kN/m。在 E2 地震作用下，该墩支座顶面的纵向水平地震力为 945kN，均匀温度作用下最不利标准值为 61.3kN，一块支座的最小恒荷载反力 838.9kN，支座顶底面设钢板，永久作用产生的橡胶支座的水平位移及水平力为 0kN。试问，在进行板式橡胶支座抗震验算时，下列哪种情况与验算结论相符？

（A）支座厚度验算不满足要求，抗滑稳定性验算满足要求

（B）支座厚度验算不满足要求，抗滑稳定性验算不满足要求

（C）支座厚度验算满足要求，抗滑稳定性验算满足要求

（D）支座厚度验算满足要求，抗滑稳定性验算不满足要求

**【答案】**（C）

根据《公桥抗规》7.5.1 条验算。

$$X_{\mathrm{D}}=\frac{945}{6\times3850}\mathrm{m}=40.9\mathrm{mm}$$

$$X_{\mathrm{T}}=\frac{61.3}{6\times3850}\mathrm{m}=2.7\mathrm{mm}$$

$$\Sigma t=60\mathrm{mm}\geqslant X_{\mathrm{B}}=40.9+0.5\times2.7=42.3\mathrm{mm}$$

支座厚度验算满足要求。

$$\mu_{\mathrm{d}}R_{\mathrm{b}}=0.2\times838.9=167.8\mathrm{kN}\geqslant E_{\mathrm{hzh}}=945/6+0.5\times61.3/6=162.6\mathrm{kN}$$

抗滑稳定性验算满足要求。

**【例 7.2.2】** 2020 下午 40 题

某高速公路上的立交匝道桥梁，上部结构采用 3 孔 30m 简支梁，主梁为预制预应力混凝土小箱梁，桥梁全宽 10m，行车道净宽 9m，为单向双车道，如图 2020-40 所示。桥区基本地震动峰值加速度为 0.15$g$。当桥所有支承中线均与纵向桥梁中线正交，中墩处纵桥向梁端间隙为 6cm。假定，桥台高度影响不计，且不参与高度计算，1 号墩高取 620cm，2 号墩高取 750cm，试问，1、2 号中墩盖梁沿纵桥向的最小尺寸（cm），与下列何项数值最为接近？

（A）159　　（B）165　　（C）170　　（D）176

**【答案】**（B）

根据《公桥抗规》11.2.1条：

$$a \geqslant 50 + 0.1L + 0.8H + 0.5L_k = 50 + 0.1 \times 90 + 0.8 \times \frac{6.2 + 7.5}{2} + 0.5 \times 30$$

$$= 79.48\text{cm} \geqslant 60\text{cm}$$

则盖梁宽度应满足：

$$B \geqslant 2a + c = 2 \times 79.48 + 6 = 164.96\text{cm}$$

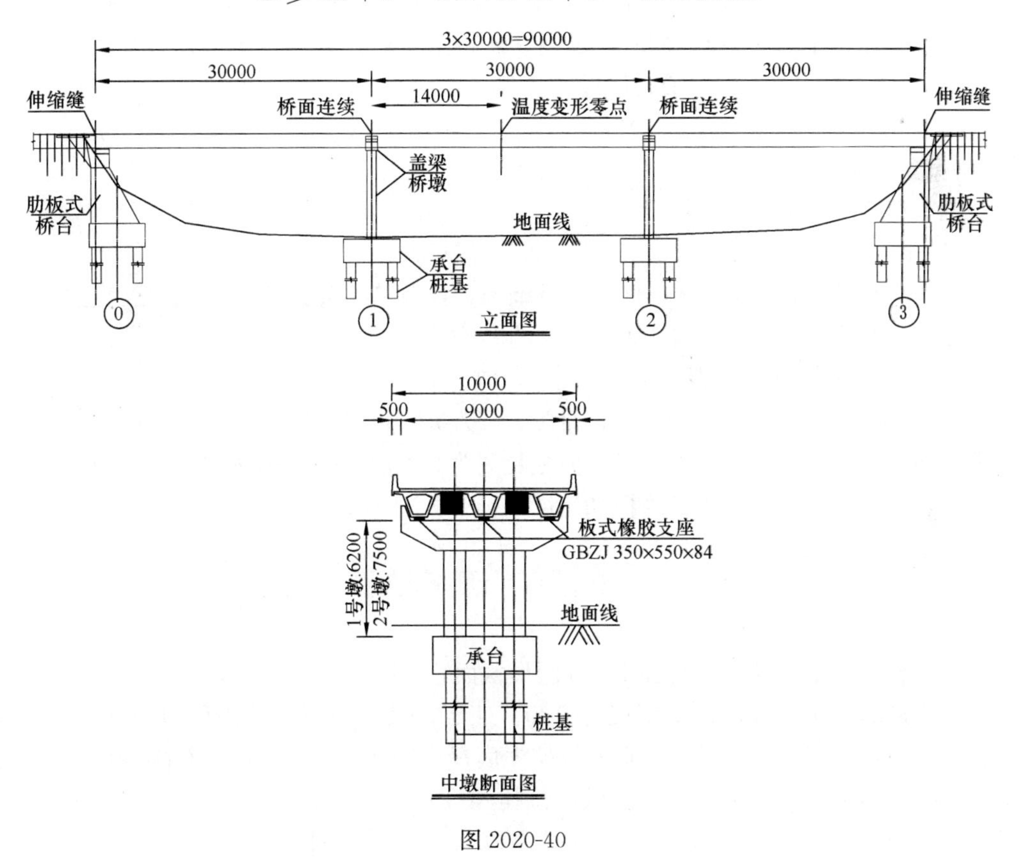


图 2020-40

**【例 7.2.3】**2011 下午 38 题

某二级公路简支单跨桥梁位于抗震设防烈度 7 度区（地震动峰值加速度为 0.15$g$），桥台盖梁上雉墙厚度为 400mm，预制主梁端与雉墙前缘之间缝隙为 60mm，若取主梁标准跨径为 30m，采用 400mm×300mm 的矩形板式氯丁橡胶支座。试问，该盖梁的最小宽度（mm）与下列何项数值最为接近？

**提示：**简支桥梁上部结构总长度近似取为 30m。

（A）1000　　（B）1150　　（C）1250　　（D）1350

**【答案】**（B）

根据《公桥通规》表 1.0.5，属于中桥。

根据《公桥抗规》表 3.1.1，属于 C 类，查表 3.1.3-1，抗震措施等级二级。

根据《公桥抗规》11.3.1 条及式（11.2.1），简支梁端至墩、台帽或盖梁边缘最小距

离 $a$ 按下式计算：

$$a \geqslant 50 + 0.1L + 0.8H + 0.5L_k = 50 + 0.1 \times 30 + 0 + 0.5 \times 30 = 68\text{cm}$$

因此，本桥边墩盖梁最小宽度应为：

$$B = 400 + 60 + 680 = 1140\text{mm}$$

**【例 7.2.4】** 2018 下午 40 题

某高速公路上一座 50m＋80m＋50m 预应力混凝土连续梁桥，其所处地区场地土类别为Ⅲ类，地震基本烈度为 7 度，设计基本地震动峰值加速度为 0.10$g$。结构的阻尼比 $\xi$= 0.05。当计算该桥梁 E1 地震作用时，试问，该桥梁抗震设计中水平向设计加速度反应谱最大值 $S_{max}$，与下列何项数值最为接近？

(A) 0.116$g$　　(B) 0.126$g$　　(C) 0.135$g$　　(D) 0.156$g$

**【答案】**(D)

根据《公桥抗规》5.2.2 条：

$$S_{max} = 2.5C_iC_sC_dA$$

根据《公桥通规》1.0.5 条，属于大桥范围，且单跨不超过 150m。根据《公桥抗规》表 3.1.1，该桥梁属于桥梁抗震设防类别中的 B 类。

$C_i$：根据《公桥抗规》表 3.1.3-2 及注，取为 0.50。

$C_s$：根据《公桥抗规》表 5.2.2，Ⅲ类，7 度 0.10$g$，取为 1.25。

$C_d$：根据《公桥抗规》5.2.4 条，阻尼比 $\xi$ 为 0.05，阻尼调整系数取为 1.0。

$A$：水平向设计基本地震动峰值加速度，已知为 0.10$g$。

将以上参数代入公式计算：

$$S_{max} = 2.5 \times 0.5 \times 1.25 \times 1.0 \times 0.10 = 0.15625g$$

**【例 7.2.5】** 2017 下午 39 题

某公路桥梁桥中墩柱采用直径 1.5m 圆形截面，混凝土强度等级 C40，柱高 8m，桥区位于抗震设防烈度 7 度区，拟采用螺旋箍筋。假定，最不利组合轴向压力为 9000kN，箍筋抗拉强度设计值 $f_{yh}$=330MPa，箍筋抗拉强度标准值 $f_{yk}$=400MPa，纵向钢筋净保护层 50mm，纵向配筋率 $\rho_t$=1%，混凝土轴心抗压强度设计值 $f_{cd}$=18.4MPa，混凝土轴心抗压强度标准值 $f_{ck}$=26.8MPa，螺旋箍筋螺距为 100mm。试问，墩柱潜在塑性铰区域的加密箍筋最小体积含箍率，与下列何项数值最为接近？

(A) 0.0045　　(B) 0.0050　　(C) 0.0075　　(D) 0.0085

**【答案】**(B)

根据《公桥抗规》式 (8.2.2-1)：

$$\rho_{s,min} = [0.14\eta_k + 5.84(\eta_k - 0.1)(\rho_t - 0.01) + 0.028]f_{ck}/f_{yh} \geqslant 0.004$$

其中　$\eta_k = P/(Af_{cd}) = 9000/(0.25 \times 3.14 \times 1.5^2 \times 18.4 \times 1000) = 0.277$

则　$\rho_{s,min} = [0.14 \times 0.277 + 0 + 0.028] \times 26.8/330 = 0.00542$

**【编著注】**按《城桥抗规》式 (8.1.2-1)，箍筋抗拉强度采用标准值。本题按《公桥抗规》作答，箍筋抗拉强度采用设计值。

# 8　抗倾覆、墩台及《天桥规》

## 8.1　桥梁抗倾覆计算

**1. 主要的规范规定**

1)《公路混规》4.1.8 条及条文说明：倾覆特征两特征状态验算要求。

2)《城市桥规》8.2.2 条：桥梁抗倾覆计算原则及要求。

**2. 对规范规定的理解**

1) 自 2007 年以来，我国多地发生桥体倾覆失稳直至垮塌事故。事故基本特征为：上部结构采用整体式箱梁；结构体系为连续梁，上部结构采用单向受压支座；桥台或过渡墩采用双支座或三支座，跨中桥墩全部或部分采用单支座。

2) 桥梁倾覆过程中存在两个明确的特征状态（图 8.1-1)：在特征状态 1，箱梁的单向受压支座开始脱离受压；在特征状态 2，箱梁的抗扭支承全部失效。《公路混规》4.1.8 条采用这两个特征状态作为抗倾覆验算工况。

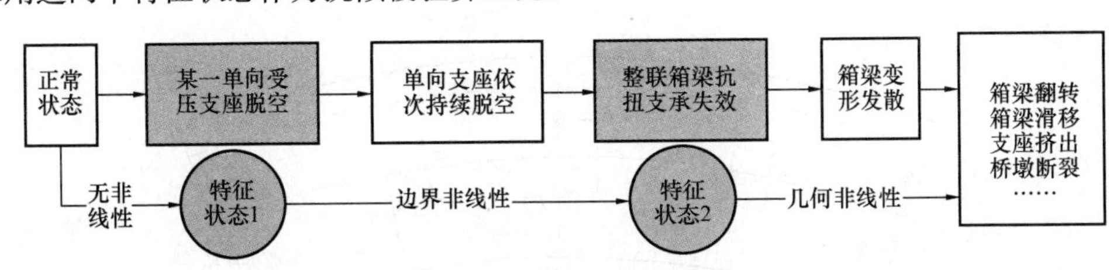


图 8.1-1　桥梁典型破坏过程

(1) 特征状态 1，作用基本组合下，箱梁桥的单向受压支座处于受压状态，即支座应满足：$1.0R_{\mathrm{Gk}}+1.4R_{\mathrm{Qk}}>0$ 。此处取压力为正，恒荷载有利故取分项系数为 1.0，汽车荷载应考虑冲击系数并按对计算支座对应的最不利布置取值。

(2) 特征状态 2，参考挡土墙、刚性基础的横向倾覆验算，采用“稳定作用效应≥稳定系数×失稳作用效应”的表达式。箱形梁处于特征状态 2 时，各个桥墩都存在一个有效支座，如图 8.1-2 所示。稳定效应和失稳效应按照失效支座对有效支座的力矩计算。

稳定效应：

$$\Sigma S_{\mathrm{bk},i}=\Sigma R_{\mathrm{Gk}i}l_i$$

失稳效应：

$$\Sigma S_{\mathrm{sk},i}=\Sigma R_{\mathrm{Qk}i}l_i$$

式中：$l_i$ ——第 $i$ 个桥墩处失效支座与有效支座的支座中心间距；

$R_{\mathrm{Gk}i}$ ——在永久作用下，第 $i$ 个桥墩处失效支座的支反力，按全部支座有效的支承体系计算确定，按标准值组合取值；

$R_{Qki}$ ——在可变作用下，第 $i$ 个桥墩处失效支座的支反力，按全部支座有效的支承体系计算确定，按标准值组合取值，汽车荷载效应（考虑冲击系数）按各失效支座对应的最不利布置形式取值。

横向抗倾覆稳定性系数取 2.5。

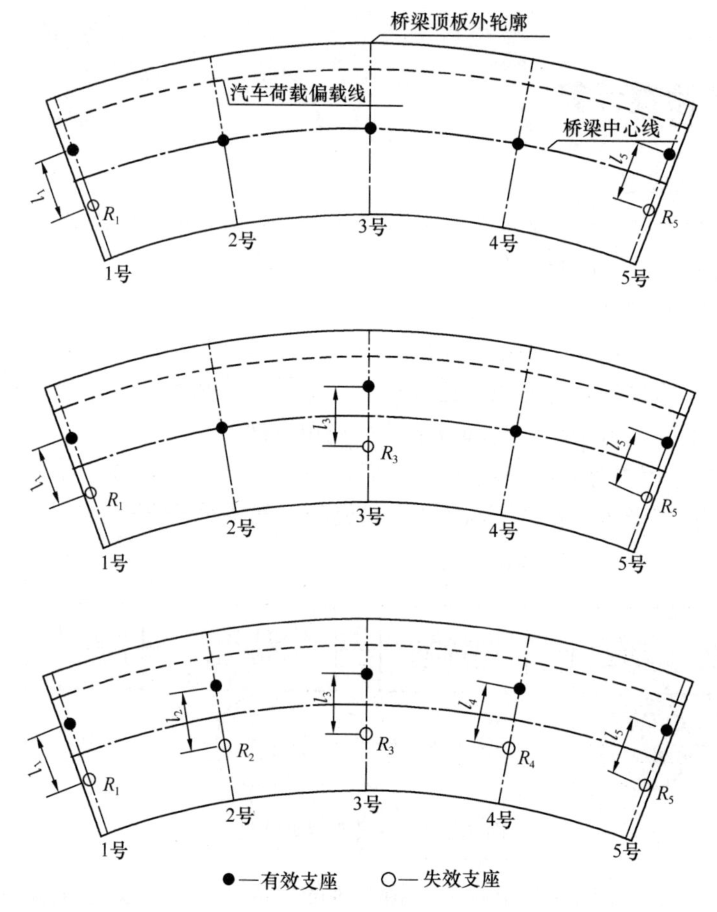


图 8.1-2 特征状态 2 时的有效支座示意

某 4×20m 箱梁桥的曲线半径为 400m，支座布置如图 8.1-2 所示，抗倾覆计算结果见表 8.1-1。

**箱梁桥抗倾覆验算示例** **表 8.1-1**

| 项目 | | | 支座编号 | | | | | | | |
|---|---|---|---|---|---|---|---|---|---|---|
| | | | 1-1 | 1-2 | 2 | 3-1 | 3-2 | 4 | 5-1 | 5-2 |
| $l_i$（m） | | | 4 | 0 | 0 | 4 | 0 | 0 | 4 | 0 |
| 支座竖向力（kN） | $R_{Gki}$（永久作用标准值效应） | | 657 | 699 | 3886 | 1608 | 1611 | 3886 | 657 | 699 |
| | 失效支座对应最不利汽车荷载的标准值效应 | $R_{Qki.11}$ | −335 | 456 | 1030 | −245 | 508 | 260 | −57 | 273 |
| | | $R_{Qki.31}$ | −229 | 515 | 1068 | −494 | 618 | 462 | −119 | 314 |
| | | $R_{Qki.51}$ | −58 | 274 | 266 | −247 | 503 | 1031 | −335 | 456 |

续表

<table>
<tr><th colspan="3" rowspan="2">项目</th><th colspan="8">支座编号</th></tr>
<tr><th>1-1</th><th>1-2</th><th>2</th><th>3-1</th><th>3-2</th><th>4</th><th>5-1</th><th>5-2</th></tr>
<tr><td rowspan="4">特征状态1验算</td><td colspan="2">$1.0R_{Gki}+1.4R_{Qki.11}$ (kN)</td><td>188</td><td>1337</td><td>5328</td><td>1265</td><td>2322</td><td>4250</td><td>577</td><td>1081</td></tr>
<tr><td colspan="2">$1.0R_{Gki}+1.4R_{Qki.31}$ (kN)</td><td>336</td><td>1420</td><td>5381</td><td>917</td><td>2476</td><td>4533</td><td>490</td><td>1138</td></tr>
<tr><td colspan="2">$1.0R_{Gki}+1.4R_{Qki.51}$ (kN)</td><td>576</td><td>1082</td><td>4259</td><td>1262</td><td>2315</td><td>5330</td><td>188</td><td>1337</td></tr>
<tr><td colspan="2">验算结论</td><td colspan="8">满足要求</td></tr>
<tr><td rowspan="6">特征状态2验算</td><td colspan="2">稳定效应$\sum R_{Gki}l_i$ (kN・m)</td><td>2628</td><td>0</td><td>0</td><td>6433</td><td>0</td><td></td><td>2628</td><td>0</td></tr>
<tr><td rowspan="3">失稳效应(kN・m)</td><td>$\sum R_{Qki.11}l_i$</td><td>1340</td><td>0</td><td>0</td><td>980</td><td>0</td><td>0</td><td>228</td><td>0</td></tr>
<tr><td>$\sum R_{Qki.31}l_i$</td><td>916</td><td>0</td><td>0</td><td>1976</td><td>0</td><td>0</td><td>476</td><td>0</td></tr>
<tr><td>$\sum R_{Qki.51}l_i$</td><td>232</td><td>0</td><td>0</td><td>988</td><td>0</td><td>0</td><td>1340</td><td>0</td></tr>
<tr><td colspan="2">稳定性系数</td><td colspan="2">$\sum R_{Gki}l_i/\sum R_{Qki11}l_i$</td><td>4.59</td><td colspan="2">$\sum R_{Gki}l_i/\sum R_{Qki.31}l_i$</td><td>3.47</td><td>$\sum R_{Gki}l_i/\sum R_{Qki.51}l_i$</td><td>4.57</td></tr>
<tr><td colspan="2">验算结论</td><td colspan="8">满足要求</td></tr>
</table>

注：支座竖向力以向下为正，向上为负。

3)《城市桥规》8.2.2 条，2019 版新增了抗倾覆设计原则及要求：结构支承体系应满足桥梁上部结构的受力和变形要求；当采用平面曲线整体梁式结构时，其上部结构应具有足够的抗扭刚度。连续梁桥不宜采用连续的单支点支承形式，简支梁采用双支座支承时支间距不宜过小。正常使用极限状态下，单向受压支座应保持受压状态；承载能力极限状态下，结构应具有足够的抗倾覆性能，且计算分析中应考虑单向受压支座脱空造成的结构支承体系变化。

## 8.2　桥墩台的计算

**1. 主要的规范规定**

1)《公桥通规》4.3.5 条：汽车荷载制动力的计算与分配。

2)《城桥抗规》3.5.3 条条文说明：墩和支座的串联刚度计算。

**2. 对规范规定的理解**

1) 墩（台）具有不同的抗推刚度，并通过支座及梁体使各墩台联系起来，共同抵抗水平力。对多跨桥，可在其两端设置刚性较大的桥，中间各墩则采用柔性墩（其顺桥方向的墩身尺寸较小，抗推刚度较小）；同时，全桥除在一个中墩上设置一活动支座外，其余墩台上均采用固定支座。理论分析和实验表明：作用在桥梁上的水平力将按各墩台的抗推刚度大小进行分配；因此，作用在各柔性墩上的水平力极小，绝大部分水平力由刚性桥台承担。这样，桥墩就可以采用柔性的单排桩墩、柱式墩或其他薄壁式桥墩，达到节省材料、使桥墩轻型化的目的。

由于只设了一个活动支座，当桥梁孔数较多时，柔性墩的墩顶水平位移可能过大，活动支座的位移量要求也要大，刚性桥台的支座所受的水平力也大。因此，多跨长桥采用柔性墩时宜分成若干联。两个活动支座之间或刚性台与第一个活动支座间称为一联，见图

8.2-1。每联设置一个刚性墩（台），刚性墩宜布置在地基较好和地形较高的地方。一联长度的划分视地形、构造和受力情况确定。

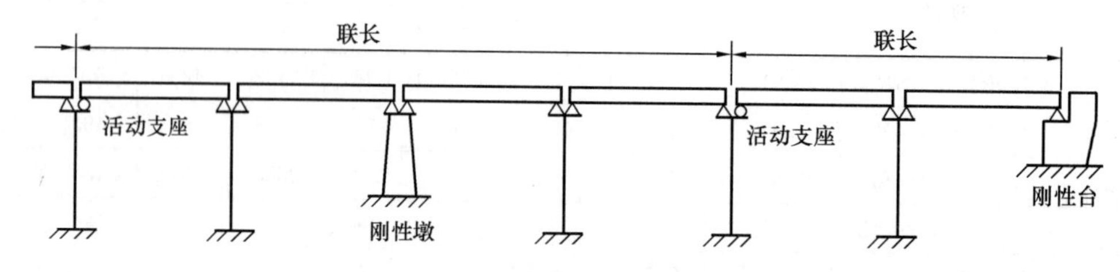


图 8.2-1 多跨柔性墩的布置

△—固定支座；○—活动支座

2）制动力作用下柔性墩台的计算：

(1) 计算各墩台集成刚度 $K_{z,i}$。

① 墩身刚度：

$$K_{墩柱,i} = 3EI_i/l_i^3\text{（双柱式时，取 }K_{墩柱,i}\times 2\text{）}$$

式中：$K_{墩柱,i}$ ——第 $i$ 墩柱的抗推刚度，kN/m；

$I_i$ ——第 $i$ 墩柱横截面对形心轴的惯性距，$m^4$；

$l_i$ ——第 $i$ 墩柱下端固接处到墩顶的高度，m。

② 一个墩上所有支座刚度：

$$K_{支座,i} = n_{支座数量}G_e A_g/t_e$$

式中：$G_e$ ——橡胶的剪切模量，通常取为 1.0MPa；

$A_g$ ——支座承压毛截面面积，$mm^2$；

$t_e$ ——橡胶层的总厚度，mm。

③ 墩柱与支座的集成刚度：

$$K_{z,i} = \frac{1}{\dfrac{1}{K_{墩柱,i}} + \dfrac{1}{K_{支座,i}}} = \frac{K_{墩柱,i}K_{支座,i}}{K_{墩柱,i} + K_{支座,i}}$$

(2) 按《公桥通规》4.3.5 条计算加载长度 $L$ 上的总制动力 $T_{k,总}$。

① 当为公路-Ⅰ级荷载时

同向行驶的车道数为 1 时，制动力为：

$$T_{k,总} = \max[1.2\times(q_k l + P_k)\times 10\%, 165\times 1.2]$$

同向行驶车道数大于等于 2 时，制动力为：

$$T_{k,总} = \max[\eta(q_k l + P_k)\times 10\%, 165\eta]$$

式中，$\eta$ 为与同向行驶车道数有关的调整系数：同向行驶 2 个车道时，$\eta=2\times1.0=2$；同向行驶 3 个车道时，$\eta=3\times0.78=2.34$；同向行驶 4 个车道时，$\eta=4\times0.67=2.68$。其中，1.0、0.78、0.67 为相应车道数的横向布载系数。

② 当为公路-Ⅱ级荷载时

上述①中公式的 165kN 应替换为 90kN。

汽车荷载制动力的计算，应按《公桥通规》表 4.4.1-6 的规定，以使桥梁墩台产生最不利纵向力的加载长度进行纵向折减。

（3）按集成刚度进行制动力的分配，第 $i$ 墩墩顶承受的水平制动力：

$$T_{k,i}=\frac{K_{z,i}}{\sum K_{z,i}}T_{k,总}$$

（4）各墩在纵向水平力作用下的墩顶总水平位移：

$$\Delta_{墩,i}=\frac{T_{k,i}}{K_{z,i}}=\frac{T_{k,总}}{\sum K_{z,i}}$$

其中，墩柱变形：$T_{k,总}/K_{墩柱,i}$；支座剪切变形：$T_{k,总}/K_{支座,i}$。

3）制动力作用下刚性墩台的计算：

（1）设有板式橡胶支座的简支梁，制动力按两端的支座刚度比例分配。

（2）设有固定支座、活动支座（滚动或摆动支座、聚四氟乙烯板支座），按《公桥通规》表 4.3.5 分配。

4）当温度变化、混凝土收缩和徐变时，桥梁上部结构梁体受此作用而伸长或缩短，在一联之内必有一“不动点”，其两侧的梁体分别以此为界向相反方向伸长或缩短，这个“不动点”就称为该联的上部结构位移零点。

5）梁的温度变化引起的墩顶水平位移计算：

（1）计算温度零点位置 $x_0$（图 8.2-2）：

计算方法可类比求“形心”，由于温度作用产生的两方向的力是自平衡的，即

$$\sum K_{z,i}(L_i-x_0)a\cdot\Delta t=0$$

解得

$$x_0=\frac{\sum K_{z,i}L_i}{\sum K_{z,i}}$$

当为对称结构时，温度零点位置在对称轴。

式中：$K_{z,i}$——各墩台集成刚度，kN/m；

$L_i$——第 $i$ 个柔性墩台至该联柔性墩左端的距离，m；

$\Delta t$——温度升降度数；

$a$——桥跨结构材料的线膨胀系数，见《公桥通规》表 4.3.12-1。

（2）各墩在温度作用下的墩顶总水平位移：

$$\Delta_{墩,i}=a\cdot\Delta t\cdot x_i=T_{温,i}/K_{z,i}$$

其中，墩柱变形：$T_{温,i}/K_{墩柱,i}$；支座剪切变形：$T_{温,i}/K_{支座,i}$。

（3）墩顶温度作用标准值：

$T_{温,i}=K_{z,i}\Delta_{墩,i}$（活动支座需小于支座摩阻力）

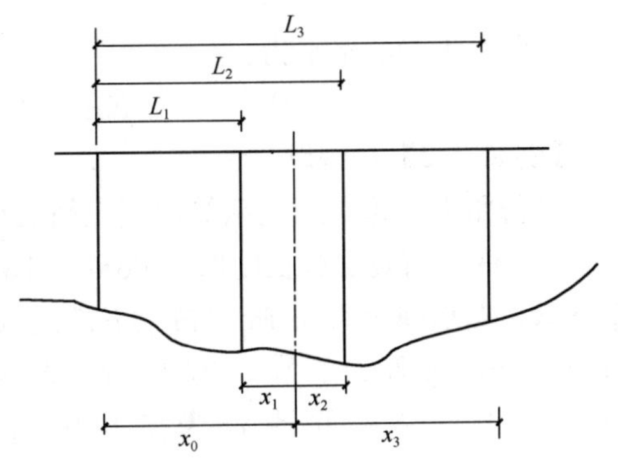


图 8.2-2　温度零点的计算图示

注：$x_i$，虚线左侧为正，虚线右侧为负。

**3. 历年真题及自编题解析**

**【例 8.2.1】** 2013 下午 36 题

某城市快速路上的一座立交匝道桥，其中一段为四孔各 30m 的简支梁桥，其总体布置如图 2013-36 所示。

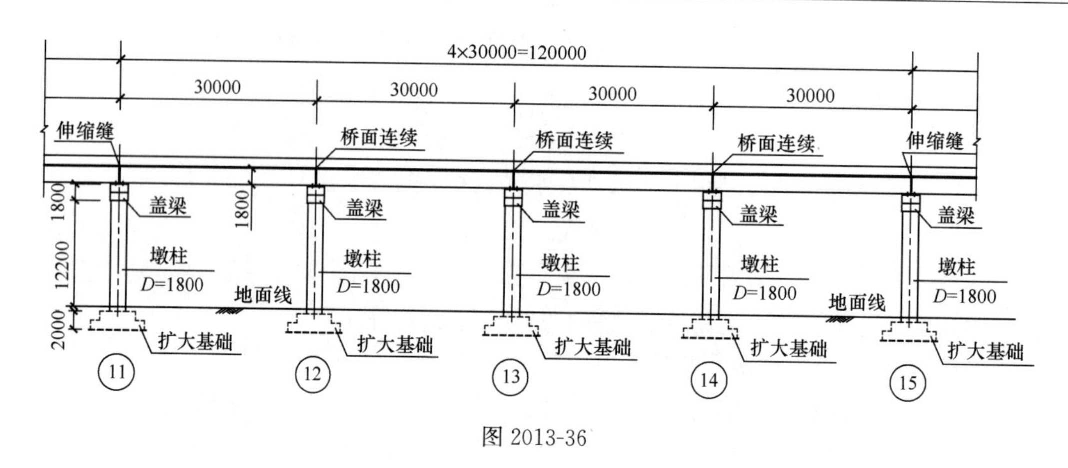


图 2013-36

若三个中墩高度相同，且每个墩顶盖梁处设置的 4 个普通板式橡胶支座尺寸均为 600mm×500mm×90mm（长×宽×高）。假定，该桥四季温度均匀变化，升温时为 +25℃，墩柱抗推刚度 $K_{柱}$=20000kN/m，一个支座抗推刚度 $K_{支}$=4500kN/m。试问，在升温状态下，⑫中墩所承受的水平力标准值（kN），与下列何项数值最为接近？

(A) 70　　(B) 135　　(C) 150　　(D) 285

**【答案】**(A)

该桥纵桥向为对称结构，故温度位移零点必在四跨总长的中心点处，则⑫墩顶距温度位移零点距离 $L$=30m。

升温引起的⑫墩顶处水平位移：

$$\delta_1 = L \cdot \alpha \cdot \Delta t = 30 \times 10^{-5} \times 25 = 0.0075\text{m}$$

墩柱的抗推集成刚度：

$$\frac{1}{K_{墩}} = \frac{1}{4 \times K_{支}} + \frac{1}{K_{柱}}$$

则
$$K_{墩} = \frac{4K_{支} \cdot K_{柱}}{4K_{支} + K_{柱}} = \frac{4 \times 4500 \times 20000}{4 \times 4500 + 20000} = 9474\text{kN/m}$$

⑫墩所承受的水平力：

$$P_1 = \delta_1 \times K_{墩} = 0.0075 \times 9474 = 71.05\text{kN}$$

**【例 8.2.2】**自编题

某公路上三跨等跨径钢筋混凝土简支梁桥，如图 8.2-3 所示，单向行驶，车行道净宽 11.0m，汽车荷载加载长度取为 68m，计算跨径取 22m。支承处采用板式橡胶支座，双支座支承，支承间距为 3.4m。桥梁下部结构采用柔性墩，现浇 C30 钢筋混凝土薄壁墩，墩高为 8.0m，壁厚为 1.4m，宽 4.0m。两侧采用 U 形重力式桥台。设计荷载为：汽车荷载为公路-Ⅰ级，人群荷载为 3.0kN/m。汽车荷载冲击系数 $\mu$=0.275。橡胶支座 $G_e$=1.0MPa。

板式橡胶支座选用 250×250×52，橡胶层厚度为 42mm。试问，在汽车荷载作用下，①号中墩及单侧桥台承受的水平汽车制动力标准值（kN），与下列何项数值最接近？

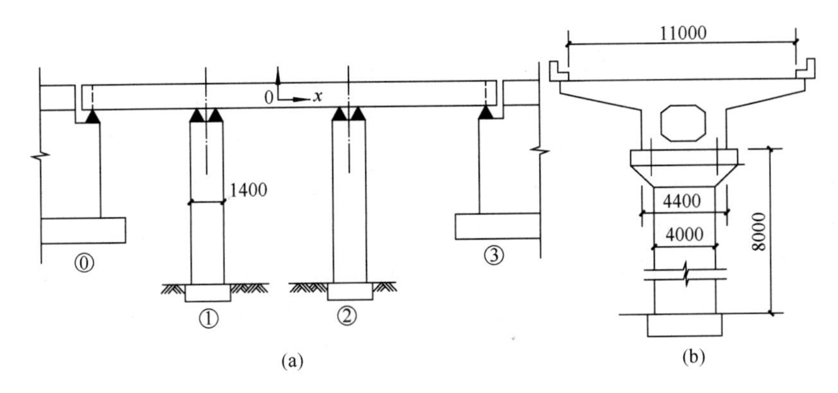


图 8.2-3

(A) 85；48　　(B) 105；75　　(C) 127；63　　(D) 162；81

**【答案】**(C)

①、②号中墩墩柱的抗推刚度为：

$$K_1 = K_2 = \frac{3EI}{l_1^3} = \frac{3\times3\times10^7\times\frac{1}{12}\times4\times1.4^3}{8^3} = 1.61\times10^5\text{kN/m}$$

①、②号中墩上橡胶支座的抗推刚度 $K_{支}$(4 个)：

$$K_{支} = \frac{nG_eA_g}{t_e} = \frac{4\times1.0\times250\times250}{42} = 5952\text{kN/m}$$

桥台上橡胶支座的抗推刚度 $K_{支}$(2 个)：

$$K_{支0} = K_{支}/2 = 2976\text{kN/m}$$

①、②号中墩集成后的抗推刚度为：

$$K_{z1} = K_{z2} = \frac{1}{\frac{1}{K_{支}}+\frac{1}{K_1}} = \frac{1}{\frac{1}{5952}+\frac{1}{1.61\times10^5}} = 5740\text{kN/m}$$

两侧桥台集成后的抗推刚度为：$K_0 = \infty$，则

$$K_{z0} = K_{z3} = \frac{1}{\frac{1}{K_{支0}}+\frac{1}{K_0}} = K_{支0} = 2976\text{kN/m}$$

$$\Sigma K = 5740\times2+2976\times2 = 17432\text{kN/m}$$

根据题干，取汽车荷载加载长度为 68m。

公路-Ⅰ级：$q_k = 10.5\text{kN/m}, P_k = 2\times(22+130) = 304\text{kN}$。

$(10.5\times68+304)\times10\% = 101.8\text{kN} < 165\text{kN}$，一个设计车道制动力标准值取 165kN。

车行道净宽 11m，单向行驶，查《公桥通规》表 4.3.1-4，为三条设计车道。

由《公桥通规》表 4.3.1-5，取 $\xi=0.78$。

①、②号中墩：

$$F_{1bk} = F_{2bk} = \frac{K}{\Sigma K}\times3\times0.78\times165 = \frac{5740}{17432}\times3\times0.78\times165 = 127\text{kN}$$

⓪、③号桥台：

$$F_{0bk} = F_{3bk} = \frac{K}{\Sigma K}\times3\times0.78\times165 = \frac{2976}{17432}\times3\times0.78\times165 = 63.4\text{kN}$$

## 8.3 《天桥规》真题解析

**【例 8.3.1】** 2019 下午 36 题

在设计某座城市过街天桥时，在天桥两端需按要求每端分别设置 1∶2.5 人行梯道和 1∶4考虑自行车推行坡道的人行梯道，全桥共设 2 个 1∶2.5 人行梯道和 2 个 1∶4 人行梯道。其中自行车推行的方式采用梯道两侧布置推行坡道。假定人行梯道的宽度均为 1.8m，一条自行车推行坡道的宽度为 0.4m，在不考虑设计年限内高峰小时人流量及通行能力计算时，试问，天桥主桥桥面最大净宽度（m）与下列何项数值最为接近?

(A) 3.0　　(B) 3.7　　(C) 4.3　　(D) 4.7

**【答案】**(B)

根据《天桥规》2.2.2 条、2.2.4 条，一端梯道净宽之和：

$$1.8+(1.8+2\times 0.4)=4.4\text{m}$$

根据《天桥规》2.2.1 条：

$$\max(3，4.4/1.2)=3.67\text{m}$$

**【编著注】**本题可配合图 8.3-1 理解。

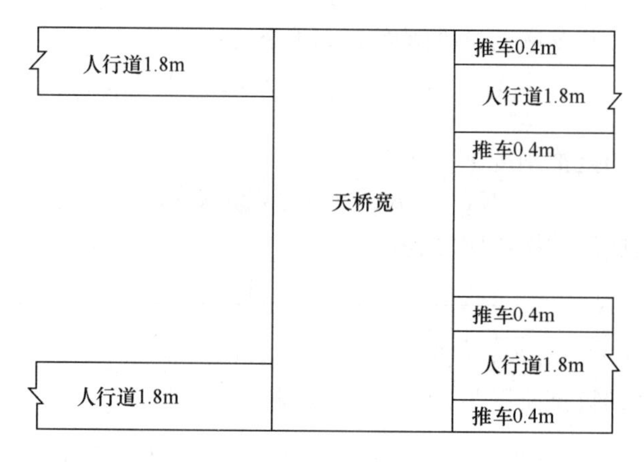


图 8.3-1

**【例 8.3.2】** 2012 下午 39 题

某城市拟建一座人行天桥，横跨 30m 宽的大街，桥面净宽 5.0m，全宽 5.6m。其两端的两侧顺人行道方向各建同等宽度的梯道一处。试问，下列梯道净宽（m）中，哪项与规范的最低要求最为接近?

(A) 1.8　　(B) 2.5　　(C) 3.0　　(D) 2.0

**【答案】**(C)

《天桥规》2.2.2 条规定：“天桥每端梯道净宽之和应大于桥面净宽的 1.2 倍以上，且梯道的最小净宽为 1.8m。”

设天桥净宽为 $B$，每侧梯道净宽为 $b$。根据《天桥规》的规定，又知各梯道净宽都相同。即 $1.2B=2b$，则

$$b=\frac{1.2\times 5}{2}=3.0\text{m}>1.8\text{m}$$

【例 8.3.3】2011 下午 40 题

某城市一座人行天桥，跨越街道车行道，根据《城市人行天桥与人行地道技术规范》CJJ 69－95，对人行天桥上部结构竖向自振频率（Hz）应严格控制。试问，这个控制值的最小值应为下列何项数值？

(A) 2.0　　(B) 2.5　　(C) 3.0　　(D) 3.5

【答案】(C)

《天桥规》2.5.4 条规定："为避免共振，减少行人不安全感，人行天桥上部结构竖向自振频率不应小于 3Hz"。

【例 8.3.4】2010 下午 40 题

某城市一座过街人行天桥，其两端的两侧（即四隅），顺人行道方向各修建一条梯道（如图 2010-40 所示），天桥净宽 5.0m，若各侧的梯道净宽都设计为同宽，试问，梯道最小净宽 $b$（m），应为下列何项数值？

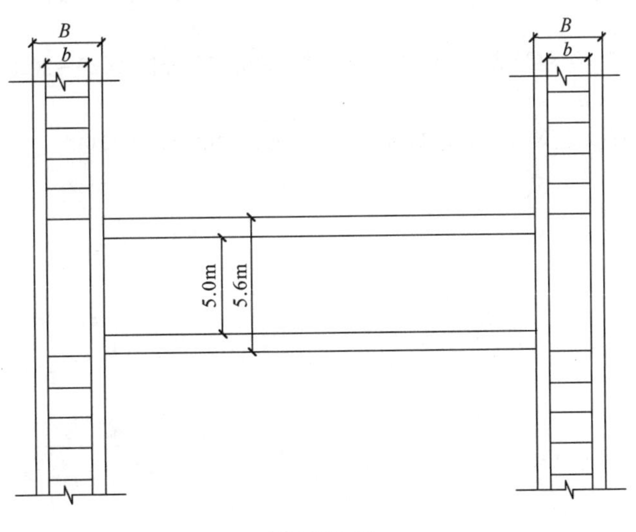


图 2010-40

(A) 5.0　　(B) 1.8　　(C) 2.5　　(D) 3.0

【答案】(D)

依据《天桥规》2.2.2 条，每端梯道（或坡道）的净宽之和应大于桥面净宽的 1.2 倍以上，梯道的最小净宽为 1.8m。

今 $b = 1.2 \times 5/2 = 3\text{m} > 1.8\text{m}$，应取为 3.0m。

# 参 考 文 献


[1] 中华人民共和国交通运输部. 公路桥涵设计通用规范：JTG D60—2015[S]. 北京：人民交通出版社，2015.

[2] 中华人民共和国交通运输部. 公路钢筋混凝土及预应力混凝土桥涵设计规范：JTG 3362—2018[S]. 北京：人民交通出版社，2018.

[3] 中华人民共和国住房和城乡建设部. 城市桥梁抗震设计规范：CJJ 166—2011[S]. 北京：中国建筑工业出版社，2011.

[4] 中华人民共和国交通运输部. 公路桥梁抗震设计规范：JTG/T 2231-01—2020[S]. 北京：人民交通出版社，2020.

[5] 兰定筠. 一、二级注册结构工程师专业考试应试技巧与题解[M]. 11 版. 北京：中国建筑工业出版社，2019.

[6] 本书编委会. 全国一级注册结构工程师专业考试试题解答及分析(2012～2018)[M]. 北京：中国建筑工业出版社，2019.

[7] 李亚东. 桥梁工程概论[M]. 3 版. 成都：西南交通大学出版社，2014.